Incropera | Fundamentos de Transferência de Calor e de Massa

O GEN | Grupo Editorial Nacional – maior plataforma editorial brasileira no segmento científico, técnico e profissional – publica conteúdos nas áreas de ciências exatas, humanas, jurídicas, da saúde e sociais aplicadas, além de prover serviços direcionados à educação continuada e à preparação para concursos.

As editoras que integram o GEN, das mais respeitadas no mercado editorial, construíram catálogos inigualáveis, com obras decisivas para a formação acadêmica e o aperfeiçoamento de várias gerações de profissionais e estudantes, tendo se tornado sinônimo de qualidade e seriedade.

A missão do GEN e dos núcleos de conteúdo que o compõem é prover a melhor informação científica e distribuí-la de maneira flexível e conveniente, a preços justos, gerando benefícios e servindo a autores, docentes, livreiros, funcionários, colaboradores e acionistas.

Nosso comportamento ético incondicional e nossa responsabilidade social e ambiental são reforçados pela natureza educacional de nossa atividade e dão sustentabilidade ao crescimento contínuo e à rentabilidade do grupo.

Incropera | Fundamentos de Transferência de Calor e de Massa

OITAVA EDIÇÃO

THEODORE L. BERGMAN

Departamento de Engenharia Mecânica da University of Kansas

ADRIENNE S. LAVINE

Departamento de Engenharia Aeroespacial e Mecânica da University of California, Los Angeles

Tradução e Revisão Técnica

Fernando Luiz Pellegrini Pessoa
Professor Titular – Centro Universitário SENAI/CIMATEC

Eduardo Mach Queiroz
Professor-Associado – DEQ/Escola de Química
Universidade Federal do Rio de Janeiro (UFRJ)

André Luiz Hemerly Costa
Professor-Associado – DOPI/Instituto de Química
Universidade do Estado do Rio de Janeiro (UERJ)

gen | LTC

- **Atendimento ao cliente: (11) 5080-0751 | faleconosco@grupogen.com.br**

- Traduzido de
  FUNDAMENTALS OF HEAT AND MASS TRANSFER, EIGHTH EDITION

  ISBN: 978-1-119-32042-5

- Travessa do Ouvidor, 11
  Rio de Janeiro – RJ – 20040-040
  www.grupogen.com.br

- Capa: Tom Nery / Wiley
  Imagem de capa: © Cortesia de Theodore Bergman
  Editoração Eletrônica: Edel

CIP-BRASIL. CATALOGAÇÃO NA PUBLICAÇÃO
SINDICATO NACIONAL DOS EDITORES DE LIVROS, RJ

B436f
8. ed.

Bergman, Theodore L.
Incropera fundamentos de transferência de calor e de massa / Theodore L. Bergman, Adrienne S. Lavine ; tradução e revisão técnica Fernando Luiz Pellegrini Pessoa, Eduardo Mach Queiroz, André Luiz Hemerly Costa. - 8. ed. - [Reimpr] - Rio de Janeiro : LTC, 2022.
; 28 cm.

Tradução de: Fundamentals of heat and mass transfer
Apêndice
Inclui bibliografia e índice
ISBN 978-85-216-3659-5

1. Calor - Transmissão. 2. Massa - Transferência. I. Lavine, Adrienne S. II. Pessoa, Fernando Luiz Pellegrini. III. Queiroz, Eduardo Mach. IV. Costa, André Luiz Hemerly. V. Título.

19-57947 CDD: 621.43.016
CDU: 621.4022

Leandra Felix da Cruz - Bibliotecária - CRB-7/6135

Prefácio

Na *Preparação para o Prefácio* da sexta edição deste trabalho, Frank Incropera compartilhou com os leitores a linha do tempo para a transição das múltiplas edições de autoria de Incropera e DeWitt para Bergman e Lavine. Ao longo dos 15 anos de nosso envolvimento com o texto, temos sido inspirados pela diligente insistência de Frank para que a qualidade do material expositivo seja de primordial importância. Buscamos também demonstrar a relevância da transferência de calor fornecendo uma variedade de exemplos, compreendendo desde geração de energia tradicional e não tradicional até mudanças climáticas potenciais, nas quais a transferência de calor exerce um papel fundamental.

Desde a nossa participação inicial na sexta edição, progressos inesperados se expandiram na educação em engenharia. Por exemplo, o debate sobre o crescimento dos custos da educação superior em todos os níveis de liderança política. Como professores em sala de aula e pais de estudantes de graduação, esta preocupação também nos afeta. Em resposta, decidimos diminuir o custo do livro mediante a redução do número de páginas e a preparação de um novo livro complementar, *Introduction to Heat Transfer* (*Introdução à Transferência de Calor*, disponível apenas em inglês, nos Estados Unidos). Quanto aos aspectos pedagógicos, reduzimos a complexidade de muitos exemplos e de problemas de final de cada capítulo. Além da inclusão de novos problemas, modificamos vários dos problemas já existentes, o que demandou a modificação da abordagem para apresentar a solução deles.

Semelhante ao que ocorreu nas duas edições anteriores, mantivemos uma metodologia sistemática e rigorosa na solução de problemas, e fornecemos tanto um amplo espectro de fundamentos, como aplicações motivacionais nos problemas de final de cada capítulo que requerem aos estudantes aprimorar e exercitar os conceitos de transferência de calor e massa. Continuamos com o nosso esforço de oferecer um texto que servirá como uma fonte de consulta valiosa para estudantes e engenheiros ao longo de suas carreiras.

Abordagem e Organização

Como nas edições anteriores, continuamos a abordar quatro amplos objetivos de aprendizado:

1. O estudante deve internalizar o significado da terminologia e dos princípios físicos associados ao assunto.
2. O estudante deve ser capaz de delinear os fenômenos de transporte pertinentes para qualquer processo ou sistema que envolva transferência de calor ou massa.
3. O estudante deve ser capaz de usar as informações necessárias para calcular taxas de transferência de calor ou massa e/ou temperaturas ou concentrações de materiais.
4. O estudante deve ser capaz de desenvolver modelos representativos de processos ou sistemas reais e tirar conclusões sobre o projeto ou o desempenho de processos/sistemas a partir da respectiva análise.

Como nas edições anteriores, conceitos-chave são revistos e questões para testar a compreensão do estudante dos conceitos são inseridas no final de cada capítulo.

É recomendado que problemas envolvendo modelos complexos e/ou considerações de sensibilidade paramétrica sejam tratados usando o pacote computacional *Interactive Heat Transfer* (IHT), que foi desenvolvido e refinado em conjunto com o texto. Com a sua interface para o usuário intuitiva, extenso banco de dados embutido de propriedades termofísicas, correlações para cálculo do coeficiente de convecção oriundas do texto e outras características úteis, os estudantes podem dominar o básico a respeito do uso do IHT em aproximadamente uma hora. Para facilitar o uso do IHT, exemplos de problemas selecionados no material expositivo são identificados com o ícone "IHT", como mostrado à margem do texto. Estes problemas são incluídos como demonstrações no *software* IHT, permitindo aos estudantes observar como podem ser resolvidos de forma rápida e fácil. Mais informações sobre o IHT estão disponíveis mais adiante neste prefácio. Em virtude da farta disponibilidade de pacotes computacionais capazes de resolver problemas de condução multidimensional, o pacote computacional de elementos finitos previamente fornecido aos estudantes foi descontinuado.

Alguns problemas propostos requerem uma solução com base no uso de computadores. Outros incluem tanto cálculos manuais como uma extensão que necessita de apoio computacional. Essa última abordagem já foi bem testada e estimula o hábito de verificação de soluções com base em recursos computacionais usando soluções manuais. Uma vez validadas desta forma, a solução computacional pode ser utilizada para conduzir cálculos paramétricos. Problemas envolvendo tanto soluções manuais como apoiadas em cálculos computacionais são identificados pela inserção da parte exploratória no interior de retângulos, por exemplo, (b), (c) ou (d). Esse recurso também permite que os professores limitem suas exigências a problemas passíveis de solução manual, e se beneficiem da riqueza desses problemas sem abordarem a parte computacional correspondente. Soluções para problemas nos quais o número é marcado (por exemplo, 1.25) são inteiramente resolvidos com recursos computacionais.

O que Há de Novo na 8ª Edição

Apesar de o tamanho do livro ter sido reduzido, adicionamos aproximadamente 90 novos problemas e 225 problemas revisados no final dos capítulos, com ênfase em problemas passíveis de solução analítica. Muitos dos problemas revisados requerem abordagens de solução modificadas. No interior do texto, o tratamento dos conceitos termodinâmicos foi melhorado, com o esclarecimento das várias formas de energia e suas relações com a transferência de calor. Novos materiais a respeito de transferência de calor em micro e nanoescalas e resistências térmicas de contato foram adicionados. A convecção combinada é apresentada de forma mais rigorosa.

Atividades em Sala de Aula

O conteúdo desta obra tem evoluído ao longo de muitos anos em resposta ao desenvolvimento de novos conceitos fundamentais de transferência de calor (e de massa) e novas formas nas quais os princípios de transferência de calor são aplicados. Uma grande variedade de disciplinas e instituições de engenharia, com diferentes propósitos, fazem uso deste texto. Além disso, este livro é usado não apenas em cursos introdutórios, mas também em cursos avançados em muitas faculdades e universidades. Cientes dessa diversidade, a intenção dos autores *não* é organizar um texto cujo conteúdo deva ser abordado na totalidade durante um único curso com duração de um semestre ou quatro meses. Preferencialmente, o texto inclui material básico que acreditamos deva ser coberto em qualquer curso introdutório de transferência de calor, e material opcional que pode ser coberto, dependendo do propósito da instituição, do tempo disponível ou dos interesses do professor ou do engenheiro.

Transferência de Calor e de Massa Para auxiliar os professores na preparação do programa de estudos para um *primeiro curso de transferência de calor de massa*, temos as seguintes sugestões (com propostas para um *primeiro curso em transferência de calor* mais adiante).

O *Capítulo 1 Introdução* prepara o terreno para qualquer discussão sobre transferência de calor. Ele explica a ligação científica entre transferência de calor e termodinâmica, e a relevância da transferência de calor. Ele deve ser coberto na totalidade. A maioria do conteúdo do *Capítulo 2 Introdução à Condução* é fundamental em um primeiro curso, especialmente a Seção 2.1 A Equação da Taxa da Condução, a Seção 2.3 A Equação da Difusão Térmica e a Seção 2.4 Condições de Contorno e Inicial. A Seção 2.2 As Propriedades Térmicas da Matéria não necessita ser coberta com profundidade em um primeiro curso.

O Capítulo 3 *Condução Unidimensional em Regime Estacionário* inclui algum material que pode ser abordado dependendo do interesse do professor. O material opcional inclui a Seção 3.1.5 Meios Porosos e a Seção 3.7 Outras Aplicações da Condução Unidimensional em Regime Estacionário. O conteúdo do Capítulo 4 *Condução Bidimensional em Regime Estacionário* é importante porque são apresentados conceitos fundamentais e técnicas numéricas. Recomendamos que todo o Capítulo 4 seja coberto, embora alguns professores possam optar por não incluir a Seção 4.4 Equações de Diferenças Finitas e a Seção 4.5 Resolvendo as Equações de Diferenças Finitas, se o tempo for curto. É recomendado que o Capítulo 5 *Condução Transiente* seja abordado na sua totalidade, embora alguns professores possam preferir apenas alguns aspectos das Seções 5.8 a 5.10.

O conteúdo do Capítulo 6 *Introdução à Convecção* é frequentemente de difícil entendimento pelos estudantes. Entretanto, o Capítulo 6 introduz conceitos fundamentais de uma forma rigorosa e estabelece a base para os Capítulos 7 a 11. O Capítulo 6 deve ser coberto na sua totalidade em um curso introdutório de transferência de calor e massa.

O Capítulo 7 *Escoamento Externo* parte do Capítulo 6, introduz vários conceitos importantes e apresenta correlações da convecção que os estudantes utilizarão ao longo do texto e na sua subsequente prática profissional. Recomendamos que as Seções 7.1 a 7.5 sejam incluídas em qualquer primeiro curso de transferência de calor e massa. Entretanto, as Seções 7.6 a 7.8 são opcionais. De forma semelhante, o Capítulo 8 *Escoamento Interno* inclui material usado ao longo do texto e na prática profissional. Entretanto, as Seções 8.6 a 8.8 podem ser vistas como opcionais em um primeiro curso.

O escoamento induzido por forças de empuxo é coberto no Capítulo 9 *Convecção Natural*. A maioria do Capítulo 9 deve ser introduzida em um curso inicial. O material opcional inclui a Seção 9.7 Convecção Natural no Interior de Canais Formados entre Placas Paralelas. O conteúdo do Capítulo 10 *Ebulição e Condensação*, que pode ser opcional em um primeiro curso, inclui a Seção 10.5 Ebulição com Convecção Forçada, a Seção 10.9 Condensação em Filme sobre Sistemas Radiais e a Seção 10.10 Condensação em Tubos Horizontais. Entretanto, se o tempo for curto, o Capítulo 10 pode ser omitido sem afetar a capacidade de o estudante entender o restante do texto. Recomendamos que todo o Capítulo 11 *Trocadores de Calor* seja incorporado em um primeiro curso de transferência de calor, embora a Seção 11.6 Considerações Adicionais possa não ser analisada em detalhes em um primeiro curso.

Uma característica que distingue o livro, a partir de seu início, é a cobertura em profundidade da transferência de calor por radiação térmica no Capítulo 12 *Radiação: Processos e Propriedades*. O conteúdo do capítulo é talvez mais relevante hoje do que anteriormente, embora a Seção 12.9 possa fazer parte de um curso avançado. O Capítulo 13 *Troca de Radiação entre Superfícies* pode ser coberto se o tempo permitir ou deixado para um curso intermediário de transferência de calor.

O material no Capítulo 14 *Transferência de Massa por Difusão* é relevante para muitas tecnologias contemporâneas, abrangendo desde o processamento químico até a biotecnologia, e deve ser coberto na sua totalidade em um curso introdutório de transferência de calor e massa. Entretanto, se somente problemas envolvendo meios estacionários forem de interesse, a Seção 14.2 poderá ser omitida ou incluída em um curso seguinte.

Transferência de Calor O uso deste texto para um *primeiro curso em transferência de calor* pode ser estruturado como a seguir.

A cobertura sugerida para os *Capítulos 1 a 5* é idêntica àquela apresentada para o curso de transferência de calor e massa descrito anteriormente. Antes do começo do Capítulo 6 *Introdução à Convecção*, é recomendado que a definição de transferência de massa, presente nos comentários introdutórios do Capítulo 14 *Transferência de Massa por Difusão*, seja revista com os estudantes. Com a definição de transferência de massa firmemente estabelecida, o conteúdo restante que foca, por exemplo, na Lei de Fick, números de Sherwood e Schmidt e resfriamento evaporativo será aparente e não necessita ser abordado. Por exemplo, no Capítulo 6, a Seção 6.1.3 A Camada-limite de Concentração, a Seção 6.2.2 Transferência de Massa, a Seção 6.7.1 A Analogia entre as Transferências de Calor e de Massa e a Seção 6.7.2 Resfriamento Evaporativo podem ser omitidas inteiramente.

A cobertura do Capítulo 7 *Escoamento Externo* é a mesma daquela recomendada para o primeiro curso de transferência de calor e massa antes apresentada. Componentes do Capítulo 7 que podem ser omitidos, tais como o Exemplo 7.3, serão evidentes. A Seção 8.9 Transferência de Massa por Convecção pode ser omitida no Capítulo 8 *Escoamento Interno*, enquanto a Seção 9.10 Transferência de Massa por Convecção no Capítulo 9 *Convecção Natural* não precisa ser coberta.

A cobertura recomendada nos Capítulos 10 a 13 é a mesma como no primeiro curso de transferência de calor e massa apresentado anteriormente. Exceto pelos seus comentários introdutórios, o Capítulo 14 *Transferência de Massa por Difusão* não é incluído em um curso de transferência de calor.

Os problemas de final de cada capítulo envolvendo transferência de massa e/ou resfriamento evaporativo que não devem ser atribuídos a um curso de transferência de calor estão agrupados no fim do conjunto de problemas e identificados com cabeçalhos apropriados.

Agradecimentos

Gostaríamos de agradecer aos muitos colegas e seus estudantes que ofereceram sugestões valiosas ao longo dos anos. Para esta edição, agradecemos a Laurent Pilon da University of California, Los Angeles, por suas sugestões que melhoraram a apresentação da condução transiente no Capítulo 5. Também gostaríamos de expressar nossos agradecimentos a três engenheiros, Haifan Liang, Umesh Mather e Hilbert Li, por seus conselhos que melhoraram a cobertura a respeito da geração de potência termelétrica e sobre superfícies estendidas no Capítulo 3, e radiação térmica em gases no Capítulo 13.

Os agradecimentos também se estendem a Matthew Jones da Brigham Young University pelo aperfeiçoamento da tabela das funções de radiação de corpo negro do Capítulo 12. Finalmente, somos gratos a John Abraham da University of St. Thomas pelas suas inúmeras sugestões úteis relativas ao conteúdo do Capítulo 7.

Para terminar, estamos profundamente gratos aos nossos cônjuges Tricia e Greg, pelo amor que eles compartilharam e pela paciência que tiveram ao longo dos últimos 15 anos.

Theodore L. Bergman (tlbergman@ku.edu)
Lawrence, Kansas
Adrienne S. Lavine (lavine@seas.ucla.edu)
Los Angeles, California

Material Suplementar e na Rede

Diversos materiais suplementares podem ser acessados na página do GEN-IO mediante cadastro, descritos adiante na página de Materiais Suplementares. As Seções Suplementares estão identificadas ao longo do texto pelo ícone mostrado à margem do texto.

O **Interactive Heat Transfer 4.0** está disponível no GEN-IO para estudantes e professores. Como descrito pelos autores em *Abordagem e Organização*, esta ferramenta computacional de fácil uso fornece facilidades computacionais e de modelagem úteis na solução de muitos problemas no livro, tornando possível análises rápidas do tipo o quê/se e exploratórias em muitos tipos de problemas.

Material Suplementar

Este livro conta com os seguintes materiais suplementares:

- Ilustrações da obra em formato de apresentação (.pdf) (restrito a docentes);
- *Interactive Heat Transfer Software 4.0*: aplicativo em inglês que acompanha o livro-texto na versão 4.0 (acesso livre);
- Respostas dos problemas de final de cada capítulo: arquivo em formato (.pdf) contendo respostas de problemas selecionados (restrito a docentes);
- Seções *Online* dos Capítulos 4, 5, 6 e 11: arquivo em formato (.pdf) (acesso livre);
- *Solutions Manual*: arquivo em formato (.pdf) que contém o manual de soluções em inglês (restrito a docentes).

O acesso ao material suplementar é gratuito. Basta que o leitor se cadastre e faça seu *login* em nosso *site* (www.grupogen.com.br), clicando em GEN-IO, no *menu* superior do lado direito.

O acesso ao material suplementar online fica disponível até seis meses após a edição do livro ser retirada do mercado.

Caso haja alguma mudança no sistema ou dificuldade de acesso, entre em contato conosco pelo e-mail gendigital@grupogen.com.br.

Videoaulas

Este livro contém videoaulas exclusivas. Foram criadas e desenvolvidas pela LTC Editora para auxiliar os estudantes no aprimoramento de seu aprendizado.

As videoaulas são ministradas por professores com grande experiência nas disciplinas que apresentam em vídeo. ***Fundamentos de Transferência de Calor e de Massa*** conta com videoaulas para os seguintes capítulos:*

- Capítulo 1 (Introdução): Vídeo 1.1.
- Capítulo 2 (Introdução à Condução): Vídeo 2.1.
- Capítulo 3 (Condução Unidimensional em Regime Estacionário): Vídeos 7.1 e 9.1.
- Capítulo 6 (Introdução à Convecção): Vídeo 4.1.
- Capítulo 11 (Trocadores de Calor): Vídeos 11.1, 11.4 e 11.5.
- Capítulo 14 (Transferência de Massa por Difusão): Vídeo 12.1.

genio
GEN | Informação Online

GEN-IO (GEN | Informação Online) é o ambiente virtual de aprendizagem do GEN | Grupo Editorial Nacional

*As instruções para o acesso às videoaulas encontram-se na orelha deste livro.

Sumário

Símbolos, xv

Capítulo 1 Introdução, 1

1.1 O Quê e Como?, 2
1.2 Origens Físicas e Equações de Taxa, 2
1.2.1 Condução, 2
1.2.2 Convecção, 4
1.2.3 Radiação, 6
1.2.4 O Conceito de Resistência Térmica, 8
1.3 Relações com a Termodinâmica, 9
1.3.1 Relações com a Primeira Lei da Termodinâmica (Conservação de Energia), 9
1.3.2 Relações com a Segunda Lei da Termodinâmica e a Eficiência de Máquinas Térmicas, 17
1.4 Unidades e Dimensões, 20
1.5 Análise de Problemas de Transferência de Calor: Metodologia, 21
1.6 Relevância da Transferência de Calor, 23
1.7 Resumo, 25
Referências, 27
Problemas, 27

Capítulo 2 Introdução à Condução, 38

2.1 A Equação da Taxa da Condução, 39
2.2 As Propriedades Térmicas da Matéria, 40
2.2.1 Condutividade Térmica, 40
2.2.2 Outras Propriedades Relevantes, 44
2.3 A Equação da Difusão Térmica, 47
2.4 Condições de Contorno e Inicial, 51
2.5 Resumo, 53
Referências, 53
Problemas, 54

Capítulo 3 Condução Unidimensional em Regime Estacionário, 63

3.1 A Parede Plana, 64
3.1.1 Distribuição de Temperaturas, 64
3.1.2 Resistência Térmica, 65
3.1.3 A Parede Composta, 66
3.1.4 Resistência de Contato, 67
3.1.5 Meios Porosos, 68
3.2 Uma Análise Alternativa da Condução, 76
3.3 Sistemas Radiais, 78
3.3.1 O Cilindro, 78
3.3.2 A Esfera, 81
3.4 Resumo dos Resultados da Condução Unidimensional, 81
3.5 Condução com Geração de Energia Térmica, 82
3.5.1 A Parede Plana, 82
3.5.2 Sistemas Radiais, 85
3.5.3 Tabelas com Soluções, 86
3.5.4 Aplicações do Conceito de Resistências, 86
3.6 Transferência de Calor em Superfícies Estendidas, 88
3.6.1 Uma Análise Geral da Condução, 89
3.6.2 Aletas com Área de Seção Transversal Uniforme, 90
3.6.3 Desempenho de Aletas, 93
3.6.4 Aletas com Área de Seção Transversal Não Uniforme, 95
3.6.5 Eficiência Global da Superfície, 97
3.7 Outras Aplicações da Condução Unidimensional em Regime Estacionário, 99
3.7.1 A Equação do Biocalor, 99
3.7.2 Geração de Potência Termoelétrica, 102
3.7.3 Condução em Nanoescala, 107
3.8 Resumo, 109
Referências, 110
Problemas, 111

Capítulo 4 Condução Bidimensional em Regime Estacionário, 133

4.1 Considerações Gerais e Técnicas de Solução, 134
4.2 O Método da Separação de Variáveis, 134
4.3 O Fator de Forma da Condução e a Taxa de Condução de Calor Adimensional, 137
4.4 Equações de Diferenças Finitas, 140
4.4.1 A Rede Nodal, 140
4.4.2 Forma da Equação do Calor em Diferenças Finitas: Sem Geração e Propriedades Constantes, 140
4.4.3 Forma da Equação do Calor em Diferenças Finitas: O Método do Balanço de Energia, 141

4.5 Resolvendo as Equações de Diferenças Finitas, 145
4.5.1 Formulação como uma Equação Matricial, 145
4.5.2 Verificando a Acurácia da Solução, 146
4.6 Resumo, 149
Referências, 149
Problemas, 149

CAPÍTULO 5 Condução Transiente, 162

5.1 O Método da Capacitância Global, 163
5.2 Validade do Método da Capacitância Global, 164
5.3 Análise Geral Via Capacitância Global, 166
5.3.1 Somente Radiação, 167
5.3.2 Radiação Desprezível, 167
5.3.3 Somente Convecção com o Coeficiente Convectivo Variável, 167
5.3.4 Considerações Adicionais, 168
5.4 Efeitos Espaciais, 173
5.5 A Parede Plana com Convecção, 174
5.5.1 Solução Exata, 174
5.5.2 Solução Aproximada, 174
5.5.3 Transferência Total de Energia, 174
5.5.4 Considerações Adicionais, 175
5.6 Sistemas Radiais com Convecção, 176
5.6.1 Soluções Exatas, 176
5.6.2 Soluções Aproximadas, 176
5.6.3 Transferência Total de Energia: Soluções Aproximadas, 176
5.6.4 Considerações Adicionais, 177
5.7 O Sólido Semi-infinito, 179
5.8 Objetos com Temperaturas ou Fluxos Térmicos Constantes na Superfície, 183
5.8.1 Condições de Contorno de Temperatura Constante, 183
5.8.2 Condições de Contorno de Fluxo Térmico Constante, 184
5.8.3 Soluções Aproximadas, 185
5.9 Aquecimento Periódico, 189
5.10 Métodos de Diferenças Finitas, 191
5.10.1 Discretização da Equação do Calor: O Método Explícito, 191
5.10.2 Discretização da Equação do Calor: O Método Implícito, 195
5.11 Resumo, 200
Referências, 200
Problemas, 201

CAPÍTULO 6 Introdução à Convecção, 220

6.1 As Camadas-Limite da Convecção, 221
6.1.1 A Camada-Limite de Velocidade, 221
6.1.2 A Camada-Limite Térmica, 222
6.1.3 A Camada-Limite de Concentração, 222
6.1.4 Significado das Camadas-Limite, 223
6.2 Coeficientes Convectivos Locais e Médios, 223
6.2.1 Transferência de Calor, 223
6.2.2 Transferência de Massa, 224
6.3 Escoamentos Laminar e Turbulento, 227
6.3.1 Camadas-Limite de Velocidade Laminar e Turbulenta, 227
6.3.2 Camadas-Limite Térmica e de Concentração de Espécies Laminares e Turbulentas, 229
6.4 As Equações da Camada-Limite, 230
6.4.1 Equações da Camada-Limite para o Escoamento Laminar, 230
6.4.2 Escoamento Compressível, 232
6.5 Similaridade na Camada-Limite: As Equações da Camada-Limite Normalizadas, 233
6.5.1 Parâmetros de Similaridade da Camada-Limite, 233
6.5.2 Parâmetros Adimensionais Dependentes, 233
6.6 Interpretação Física dos Parâmetros Adimensionais, 238
6.7 Analogias das Camadas-Limite, 240
6.7.1 A Analogia entre as Transferências de Calor e de Massa, 240
6.7.2 Resfriamento Evaporativo, 243
6.7.3 A Analogia de Reynolds, 244
6.8 Resumo, 244
Referências, 245
Problemas, 246

CAPÍTULO 7 Escoamento Externo, 255

7.1 O Método Empírico, 256
7.2 A Placa Plana em Escoamento Paralelo, 257
7.2.1 Escoamento Laminar sobre uma Placa Isotérmica: Uma Solução por Similaridade, 257
7.2.2 Escoamento Turbulento sobre uma Placa Isotérmica, 261
7.2.3 Condições de Camada-Limite Mista, 261
7.2.4 Comprimento Inicial Não Aquecido, 262
7.2.5 Placas Planas com Condições de Fluxo Térmico Constante, 262
7.2.6 Limitações no Uso de Coeficientes Convectivos, 263
7.3 Metodologia para um Cálculo de Convecção, 263
7.4 O Cilindro em Escoamento Cruzado, 267
7.4.1 Considerações sobre o Escoamento, 267
7.4.2 Transferência de Calor e de Massa por Convecção, 268
7.5 A Esfera, 273
7.6 Escoamento Cruzado em Feixes Tubulares, 275
7.7 Jatos Colidentes, 280
7.7.1 Considerações Fluidodinâmicas e Geométricas, 280
7.7.2 Transferência de Calor e de Massa por Convecção, 281
7.8 Leitos Recheados, 284

7.9 Resumo, 284
Referências, 286
Problemas, 287

CAPÍTULO 8 Escoamento Interno, 304

8.1 Considerações Fluidodinâmicas, 305
8.1.1 Condições de Escoamento, 305
8.1.2 A Velocidade Média, 306
8.1.3 Perfil de Velocidades na Região de Escoamento Plenamente Desenvolvido, 306
8.1.4 Gradiente de Pressão e Fator de Atrito no Escoamento Plenamente Desenvolvido, 307
8.2 Considerações Térmicas, 308
8.2.1 A Temperatura Média, 309
8.2.2 Lei do Resfriamento de Newton, 309
8.2.3 Condições Plenamente Desenvolvidas, 309
8.3 O Balanço de Energia, 311
8.3.1 Considerações Gerais, 311
8.3.2 Fluxo Térmico na Superfície Constante, 312
8.3.3 Temperatura Superficial Constante, 314
8.4 Escoamento Laminar em Tubos Circulares: Análise Térmica e Correlações da Convecção, 316
8.4.1 A Região Plenamente Desenvolvida, 316
8.4.2 A Região de Entrada, 319
8.4.3 Propriedades Dependentes da Temperatura, 321
8.5 Correlações da Convecção: Escoamento Turbulento em Tubos Circulares, 321
8.6 Correlações da Convecção: Tubos Não Circulares e a Região Anular entre Tubos Concêntricos, 326
8.7 Intensificação da Transferência de Calor, 327
8.8 Convecção Forçada em Canais Pequenos, 329
8.8.1 Convecção em Microescala em Gases ($0{,}1\ \mu m \lesssim D_h \lesssim 100\ \mu m$), 329
8.8.2 Convecção em Microescala em Líquidos, 330
8.8.3 Convecção em Nanoescala ($D_h \lesssim 100$ nm), 330
8.9 Transferência de Massa por Convecção, 332
8.10 Resumo, 334
Referências, 335
Problemas, 336

CAPÍTULO 9 Convecção Natural, 351

9.1 Considerações Físicas, 352
9.2 As Equações que Governam Camadas-Limite Laminares, 353
9.3 Considerações de Similaridade, 354
9.4 Convecção Natural Laminar sobre uma Superfície Vertical, 355
9.5 Os Efeitos da Turbulência, 356
9.6 Correlações Empíricas: Escoamentos de Convecção Natural Externos, 358
9.6.1 A Placa Vertical, 358
9.6.2 Placas Inclinadas e Horizontais, 360
9.6.3 O Cilindro Horizontal Longo, 362
9.6.4 Esferas, 364
9.7 Convecção Natural no Interior de Canais Formados entre Placas Paralelas, 365
9.7.1 Canais Verticais, 365
9.7.2 Canais Inclinados, 367
9.8 Correlações Empíricas: Espaços Confinados, 367
9.8.1 Cavidades Retangulares, 367
9.8.2 Cilindros Concêntricos, 369
9.8.3 Esferas Concêntricas, 369
9.9 Convecções Natural e Forçada Combinadas, 371
9.10 Transferência de Massa por Convecção, 371
9.11 Resumo, 372
Referências, 372
Problemas, 373

CAPÍTULO 10 Ebulição e Condensação, 387

10.1 Parâmetros Adimensionais na Ebulição e na Condensação, 388
10.2 Modos de Ebulição, 388
10.3 Ebulição em Piscina, 389
10.3.1 A Curva de Ebulição, 389
10.3.2 Modos da Ebulição em Piscina, 390
10.4 Correlações da Ebulição em Piscina, 391
10.4.1 Ebulição Nucleada em Piscina, 392
10.4.2 Fluxo Térmico Crítico na Ebulição Nucleada em Piscina, 393
10.4.3 Fluxo Térmico Mínimo, 393
10.4.4 Ebulição em Filme em Piscina, 393
10.4.5 Efeitos Paramétricos na Ebulição em Piscina, 394
10.5 Ebulição com Convecção Forçada, 397
10.5.1 Ebulição com Convecção Forçada em Escoamento Externo, 397
10.5.2 Escoamento Bifásico, 397
10.5.3 Escoamento Bifásico em Microcanais, 399
10.6 Condensação: Mecanismos Físicos, 399
10.7 Condensação em Filme Laminar sobre uma Placa Vertical, 401
10.8 Condensação em Filme Turbulento, 403
10.9 Condensação em Filme sobre Sistemas Radiais, 406
10.10 Condensação em Tubos Horizontais, 408
10.11 Condensação em Gotas, 409
10.12 Resumo, 409
Referências, 410
Problemas, 411

CAPÍTULO 11 Trocadores de Calor, 418

11.1 Tipos de Trocadores de Calor, 419
11.2 O Coeficiente Global de Transferência de Calor, 420

11.3 Análise de Trocadores de Calor: Uso da Média Log das Diferenças de Temperaturas, 422
11.3.1 O Trocador de Calor com Escoamento Paralelo, 422
11.3.2 O Trocador de Calor com Escoamento Contracorrente, 424
11.3.3 Condições Operacionais Especiais, 424
11.4 Análise de Trocadores de Calor: O Método da Efetividade-NUT, 429
11.4.1 Definições, 429
11.4.2 Relações Efetividade-NUT, 430
11.5 Cálculos de Projeto e de Desempenho de Trocadores de Calor, 435
11.6 Considerações Adicionais, 441
11.7 Resumo, 445
Referências, 446
Problemas, 446

CAPÍTULO 12 Radiação: Processos e Propriedades, 457

12.1 Conceitos Fundamentais, 458
12.2 Fluxos Térmicos Radiantes, 459
12.3 Intensidade de Radiação, 461
12.3.1 Definições Matemáticas, 461
12.3.2 Intensidade de Radiação e Sua Relação com a Emissão, 461
12.3.3 Relação com a Irradiação, 464
12.3.4 Relação com a Radiosidade para uma Superfície Opaca, 465
12.3.5 Relação com o Fluxo Radiante Líquido para uma Superfície Opaca, 465
12.4 Radiação de Corpo Negro, 466
12.4.1 A Distribuição de Planck, 466
12.4.2 Lei do Deslocamento de Wien, 467
12.4.3 A Lei de Stefan-Boltzmann, 467
12.4.4 Emissão em uma Banda, 467
12.5 Emissão de Superfícies Reais, 472
12.6 Absorção, Reflexão e Transmissão em Superfícies Reais, 476
12.6.1 Absortividade, 477
12.6.2 Refletividade, 478
12.6.3 Transmissividade, 478
12.6.4 Considerações Especiais, 478
12.7 Lei de Kirchhoff, 481
12.8 A Superfície Cinza, 482
12.9 Radiação Ambiental, 486
12.9.1 Radiação Solar, 486
12.9.2 O Balanço de Radiação na Atmosfera, 488
12.9.3 Irradiação Solar na Superfície da Terra, 489
12.10 Resumo, 491
Referências, 493
Problemas, 493

CAPÍTULO 13 Troca de Radiação entre Superfícies, 510

13.1 O Fator de Forma, 511
13.1.1 A Integral do Fator de Forma, 511
13.1.2 Relações do Fator de Forma, 512
13.2 Troca de Radiação entre Corpos Negros, 517
13.3 Troca de Radiação entre Superfícies Cinzas, Difusas e Opacas em uma Cavidade Fechada, 519
13.3.1 Troca Radiante Líquida em uma Superfície, 520
13.3.2 Troca Radiante entre Superfícies, 520
13.3.3 A Cavidade com Duas Superfícies, 524
13.3.4 Cavidades com Duas Superfícies em Série e Barreiras de Radiação, 525
13.3.5 A Superfície Rerradiante, 527
13.4 Transferência de Calor com Múltiplos Modos, 529
13.5 Implicações das Considerações Simplificadoras, 531
13.6 Troca Radiante com Meio Participante, 531
13.6.1 Absorção Volumétrica, 531
13.6.2 Emissão e Absorção em Gases, 531
13.7 Resumo, 534
Referências, 534
Problemas, 535

CAPÍTULO 14 Transferência de Massa por Difusão, 553

14.1 Origens Físicas e Equações de Taxa, 554
14.1.1 Origens Físicas, 554
14.1.2 Composição de Misturas, 554
14.1.3 Lei de Fick da Difusão, 555
14.1.4 Difusividade Mássica, 555
14.2 Transferência de Massa em Meios Não Estacionários, 557
14.2.1 Fluxos Absoluto e Difusivo de uma Espécie, 557
14.2.2 Evaporação em uma Coluna, 558
14.3 A Aproximação de Meio Estacionário, 560
14.4 Conservação de Espécies em um Meio Estacionário, 561
14.4.1 Conservação de Espécies em um Volume de Controle, 561
14.4.2 A Equação da Difusão Mássica, 561
14.4.3 Meio Estacionário com Concentrações nas Superfícies Especificadas, 562
14.5 Condições de Contorno e Concentrações Descontínuas em Interfaces, 565
14.5.1 Evaporação e Sublimação, 565
14.5.2 Solubilidade de Gases em Líquidos e Sólidos, 566
14.5.3 Reações Catalíticas na Superfície, 568
14.6 Difusão Mássica com Reações Químicas Homogêneas, 569

14.7 Difusão Transiente, 570
14.8 Resumo, 574
Referências, 575
Problemas, 575

APÊNDICE **A** **Propriedades Termofísicas da Matéria, 582**

APÊNDICE **B** **Relações e Funções Matemáticas, 607**

APÊNDICE **C** **Condições Térmicas Associadas à Geração Uniforme de Energia em Sistemas Unidimensionais em Regime Estacionário, 612**

APÊNDICE **D** **O Método de Gauss-Seidel, 616**

APÊNDICE **E** **As Equações de Transferência da Convecção, 617**

E.1 Conservação de Massa, 617
E.2 Segunda Lei de Newton do Movimento, 617
E.3 Conservação de Energia, 618
E.4 Conservação de Espécies, 618

APÊNDICE **F** **Equações de Camada-Limite para o Escoamento Turbulento, 619**

APÊNDICE **G** **Uma Solução Integral da Camada-Limite Laminar para o Escoamento Paralelo sobre uma Placa Plana, 621**

Fatores de Conversão, 623

Constantes Físicas, 624

Índice, 625

Símbolos

A	área, m^2
A_b	área da superfície primária (sem aleta), m^2
A_{tr}	área da seção transversal, m^2
A_p	área corrigida do perfil da aleta, m^2
A_r	área relativa do bocal
a	aceleração, m/s^2, velocidade do som, m/s
Bi	número de Biot
Bo	número de Bond
C	concentração molar, $kmol/m^3$; taxa de capacidade calorífica, W/K
C_D	coeficiente de arrasto
C_f	coeficiente de atrito
C_t	capacitância térmica, J/K
Co	número de confinamento
c	calor específico, J/(kg · K); velocidade da luz, m/s
c_p	calor específico a pressão constante, J/(kg · K)
c_v	calor específico a volume constante, J/(kg · K)
D	diâmetro, m
D_{AB}	difusividade mássica binária, m^2/s
D_b	diâmetro da bolha, m
D_h	diâmetro hidráulico, m
d	diâmetro de uma molécula de gás, nm
E	energia térmica mais mecânica, J; potencial elétrico, V; poder emissivo, W/m^2
E^{tot}	energia total, J
Ec	número de Eckert
$\dot{E}_g$	taxa de geração de energia, W
$\dot{E}_{ent}$	taxa de transferência de energia para dentro do volume de controle, W
$\dot{E}_{sai}$	taxa de transferência de energia para fora do volume de controle, W
$\dot{E}_{acu}$	taxa de aumento da energia acumulada (armazenada) no interior de um volume de controle, W
e	energia interna térmica por unidade de massa, J/kg; rugosidade superficial, m
F	força, N; fração da radiação de um corpo negro em um intervalo de comprimento de onda (banda); fator de forma
Fo	número de Fourier
Fr	número de Froude
f	fator de atrito; variável de similaridade
G	irradiação, W/m^2; velocidade mássica, kg/(s · m^2)
Gr	número de Grashof
Gz	número de Graetz
g	aceleração da gravidade, m/s^2
H	altura do bocal, m; constante de Henry, bar
h	coeficiente de transferência de calor por convecção (coeficiente convectivo), W/(m^2 · K); constante de Planck, J · s
h_{fg}	calor latente de vaporização, J/kg
h'_{fg}	calor latente de vaporização modificado, J/kg
h_{sf}	calor latente de fusão, J/kg
h_m	coeficiente de transferência de massa por convecção, m/s
h_{rad}	coeficiente de transferência de calor por radiação, W/(m^2 · K)
I	corrente elétrica, A; intensidade de radiação, W/(m^2 · sr)
i	densidade de corrente elétrica, A/m^2; entalpia por unidade de massa, J/kg
J	radiosidade, W/m^2
Ja	número de Jakob
J_i^*	fluxo molar difusivo da espécie i em relação à velocidade molar média da mistura, kmol/(s · m^2)
j_i	fluxo mássico difusivo da espécie i em relação à velocidade mássica média da mistura, kg/(s · m^2)
j_C	fator j de Colburn para a transferência de calor
j_m	fator j de Colburn para a transferência de massa
k	condutividade térmica, W/(m · K)
k_B	constante de Boltzmann, J/K
k_0	constante da taxa de reação homogênea, de ordem zero, kmol/(s · m^3)
k_1	constante da taxa de reação homogênea, de primeira ordem, s^{-1}
k''_1	constante da taxa de reação na superfície, de primeira ordem, m/s
L	comprimento, m
Le	número de Lewis
$\dot{M}_i$	taxa de transferência de massa da espécie i, kg/s
$\dot{M}_{i,g}$	taxa de aumento de massa da espécie i em razão de reações químicas, kg/s
$\dot{M}_{ent}$	taxa na qual massa entra em um volume de controle, kg/s
$\dot{M}_{sai}$	taxa na qual massa deixa um volume de controle, kg/s
$\dot{M}_{acu}$	taxa de aumento da massa acumulada (armazenada) no interior de um volume de controle, kg/s
$\mathcal{M}_i$	massa molar da espécie i, kg/kmol
Ma	número de Mach
m	massa, kg
$\dot{m}$	vazão mássica, kg/s
m_i	fração mássica da espécie i, ρ_i/ρ
N	número inteiro
N_L, N_T	número de tubos nas direções longitudinal e transversal
Nu	número de Nusselt
NUT	número de unidades de transferência
N_i	taxa de transferência molar da espécie i em relação a coordenadas fixas, kmol/s
N''_i	fluxo molar da espécie i em relação a coordenadas fixas, kmol/(s · m^2)
$\dot{N}_i$	taxa molar de aumento da espécie i por unidade de volume em função de reações químicas, kmol/(s · m^3)
$\dot{N}''_i$	taxa de reação da espécie i na superfície, kmol/(s · m^2)
$\mathcal{N}$	número de Avogadro
n''_i	fluxo mássico da espécie i em relação a coordenadas fixas, kg/(s · m^2)
$\dot{n}_i$	taxa mássica de aumento da espécie i por unidade de volume em função de reações químicas, kg/(s · m^3)
P	potência, W; perímetro, m
P_L, P_T	passos longitudinal e transversal adimensionais de uma matriz tubular
Pe	número de Peclet
Pr	número de Prandtl
p	pressão, N/m^2
Q	transferência de energia, J
q	taxa de transferência de calor, W
$\dot{q}$	taxa de geração de energia por unidade de volume, W/m^3
q'	taxa de transferência de calor por unidade de comprimento, W/m
q''	fluxo térmico, W/m^2
q^*	taxa de transferência de calor por condução adimensional
R	raio de um cilindro, m; constante do gás, J/(kg · K)

$\mathcal{R}$	constante universal dos gases, J/(kmol · K)
Ra	número de Rayleigh
Re	número de Reynolds
R_e	resistência elétrica, Ω
R_d	fator de deposição, m^2 · K/W
R_m	resistência à transferência de massa, s/m^3
$R_{m,n}$	resíduo do nó m, n
R_t	resistência térmica, K/W
$R_{t,c}$	resistência térmica de contato, K/W
$R_{t,a}$	resistência térmica da aleta, K/W
$R_{t,e}$	resistência térmica de um conjunto de aletas, K/W
r_e	raio de um cilindro ou esfera, m
r, ϕ, z	coordenadas cilíndricas
r, θ, ϕ	coordenadas esféricas
S	solubilidade, kmol/(m^3 · atm); fator de forma para a condução bidimensional, m; passo dos bocais, m; espaçamento entre placas, m; coeficiente de Seebeck, V/K
S_c	constante solar W/m^2
S_D, S_L, S_T	passos diagonal, longitudinal e transversal de uma matriz tubular, m
Sc	número de Schmidt
Sh	número de Sherwood
St	número de Stanton
T	temperatura, K
t	tempo, s
U	coeficiente global de transferência de calor, W/(m^2 · K); energia interna, J
u, v, w	componentes da velocidade mássica média do fluido, m/s
u^*, v^*, w^*	componentes da velocidade molar média, m/s
V	volume, m^3; velocidade do fluido, m/s
v	volume específico, m^3/kg
W	largura de um bocal retangular, m
$\dot{W}$	taxa na qual o trabalho é realizado, W
We	número de Weber
X	qualidade do vapor
X_{tt}	parâmetro de Martinelli
X, Y, Z	componentes da força de corpo por unidade de volume, N/m^3
x, y, z	coordenadas retangulares, m
x_c	posição crítica para a transição para a turbulência, m
$x_{cd,c}$	comprimento de entrada de concentração, m
$x_{cd,v}$	comprimento de entrada fluidodinâmica, m
$x_{cd,t}$	comprimento de entrada térmica, m
x_i	fração molar da espécie i, C_i/C
Z	propriedade termelétrica do material, K^{-1}

Letras Gregas

α	difusividade térmica, m^2/s; coeficiente de acomodação; absortividade
β	coeficiente de expansão volumétrica térmica, K^{-1}
Γ	vazão mássica por unidade de largura na condensação em filme, kg/(s · m)
γ	razão dos calores específicos
δ	espessura da camada-limite fluidodinâmica (de velocidade), m
δ_c	espessura da camada-limite de concentração, m
δ_p	espessura de penetração térmica, m
δ_t	espessura da camada-limite térmica, m
ε	emissividade; porosidade; efetividade de um trocador de calor
ε_a	efetividade da aleta
η	eficiência termodinâmica; variável de similaridade
η_a	eficiência da aleta
η_o	eficiência global da superfície aletada
θ	ângulo de zênite, rad; diferença de temperaturas, K
κ	coeficiente de absorção, m^{-1}
λ	comprimento de onda, μm
λ_{lpm}	livre percurso médio, nm
μ	viscosidade, kg/(s · m)
ν	viscosidade cinemática, m^2/s; frequência da radiação, s^{-1}
ρ	massa específica, kg/m^3; refletividade
ρ_e	resistividade elétrica, Ω/m
σ	constante de Stefan-Boltzmann, W/(m^2 · K^4); condutividade elétrica, 1/(Ω · m); tensão viscosa normal, N/m^2; tensão superficial, N/m
Φ	função dissipação viscosa, s^{-2}
φ	fração volumétrica
ϕ	ângulo de azimute, rad
ψ	função corrente, m^2/s
τ	tensão cisalhante, N/m^2; transmissividade
ω	ângulo sólido, sr; taxa de perfusão, s^{-1}

Subscritos

∞	condições de corrente livre
a	condições de aleta
A, B	espécies em uma mistura binária
abs	absorvido
atm	atmosférica
b	base de uma superfície estendida
C	Carnot
c	concentração; crítico
CC	contracorrente
cd	condições plenamente desenvolvidas
céu	condições do céu
cf	convecção forçada
cn	corpo negro
cond	condução
conv	convecção
cr	espessura crítica de isolamento
D	diâmetro; arrasto
dif	difusão
e	excesso; emissão; elétron; lado externo
ent	condição na entrada do tubo
evap	evaporação
f	fônon
f	propriedades do fluido; condições de líquido saturado; fluido frio; filme
g	condições de vapor saturado
h	hidrodinâmica; helicoidal
i	designação geral de espécies; superfície interna; condição inicial
L	baseado no comprimento característico
l	condições de líquido saturado
lat	energia latente
m	valor médio na seção transversal do tubo
ma	média aritmética
máx	máximo
ml	condição de média logarítmica
N	convecção natural (livre)
o	condição no centro ou no plano central
p	*momentum*
q	fluido quente
R	superfície rerradiante
r, ref	radiação refletida
rad	radiação
	radiação incidente; lado interno
re	regime ou estado estacionário
s	condições na superfície; propriedades de sólido; condições de sólido
S	condições solares
sai	condição na saída do tubo
sat	condições de saturação
	saturado
sens	energia sensível
t	térmico
tr	seção transversal
tr	transmitido
v	condições de vapor saturado
viz	vizinhança
x	condições locais em uma superfície
λ	espectral

Sobrescritos

*	média molar; grandeza adimensional
tot	energia total (todas formas)

Barra sobreposta

$\overline{}$	condições médias; média no tempo

CAPÍTULO 1

Introdução

Videoaula incluída

A partir do estudo da termodinâmica, você aprendeu que energia pode ser transferida por interações de um sistema com a sua vizinhança. Essas interações são chamadas de trabalho e calor. Entretanto, a termodinâmica lida com os estados extremos (inicial e final) do processo ao longo do qual uma interação ocorre e não fornece informação sobre a natureza da interação ou sobre a taxa na qual ela ocorre. O objetivo do presente texto é estender a análise termodinâmica mediante o estudo dos *modos* de transferência de calor e por meio do desenvolvimento de relações para calcular *taxas* de transferência de calor.

Neste capítulo, estabelecemos os fundamentos para uma grande parte do material tratado neste texto. Fazemos isso a partir de várias perguntas: *O que é transferência de calor*? *Como o calor é transferido*? *Por que isso é importante*? Um objetivo é desenvolver uma avaliação dos conceitos fundamentais e princípios que fundamentam os processos de transferência de calor. Um segundo objetivo consiste em ilustrar uma forma na qual um conhecimento de transferência de calor pode ser usado em conjunto com a primeira lei da termodinâmica (*conservação da energia*) para resolver problemas relevantes para a tecnologia e para a sociedade.

1.1 O Quê e Como?

Uma definição simples, mas geral, fornece uma resposta satisfatória para a pergunta: O que é transferência de calor?

> *Transferência de calor (ou calor) é energia térmica em trânsito em razão de uma diferença de temperaturas no espaço.*

Sempre que existir uma diferença de temperaturas em um meio ou entre meios, haverá, necessariamente, transferência de calor.

Como mostrado na Figura 1.1, referimo-nos aos diferentes tipos de processos de transferência de calor por *modos*. Quando existe um gradiente de temperatura em um meio estacionário, que pode ser um sólido ou um fluido, usamos o termo *condução* para nos referirmos à transferência de calor que ocorrerá ao longo do meio. Em contraste, o termo *convecção* se refere à transferência de calor que ocorrerá entre uma superfície e um fluido em movimento quando eles estiverem a diferentes temperaturas. O terceiro modo de transferência de calor é chamado de *radiação térmica*. Todas as superfícies com temperatura não nula emitem energia na forma de ondas eletromagnéticas. Desta forma, na ausência de um meio interposto participante, há transferência de calor líquida, por radiação, entre duas superfícies a diferentes temperaturas.

1.2 Origens Físicas e Equações de Taxa

Como engenheiros, é importante que entendamos os *mecanismos físicos* que fundamentam os modos de transferência de calor e que sejamos capazes de usar as equações das taxas que determinam a quantidade de energia sendo transferida por unidade de tempo.

1.2.1 *Condução*

Com a menção da palavra *condução*, devemos imediatamente visualizar conceitos das *atividades atômicas* e *moleculares*, pois são processos nesses níveis que mantêm este modo de transferência de calor. A condução pode ser vista como a transferência de energia das partículas mais energéticas para as menos energéticas de uma substância como consequência das interações entre partículas.

O mecanismo físico da condução é mais facilmente explicado a partir da consideração de um gás e do uso de ideias familiares vindas de seu conhecimento da termodinâmica. Considere um gás no qual exista um gradiente de temperatura e admita que *não haja movimento global, ou macroscópico*. O gás pode ocupar o espaço entre duas superfícies que são mantidas a diferentes temperaturas, como mostrado na Figura 1.2. Associamos a temperatura em qualquer ponto à energia das moléculas do gás na proximidade do ponto. Essa energia está relacionada com o movimento de translação aleatório, assim como com os movimentos internos de rotação e de vibração das moléculas.

Temperaturas mais altas estão associadas a energias moleculares mais altas. Quando moléculas vizinhas se chocam, como o fazem constantemente, uma transferência de energia das moléculas mais energéticas para as menos energéticas deve ocorrer. Na presença de um gradiente de temperatura, transferência de energia por condução deve, então, ocorrer no sentido da temperatura decrescente. Isso seria verdade, mesmo na ausência de colisões, como está evidente na Figura 1.2.

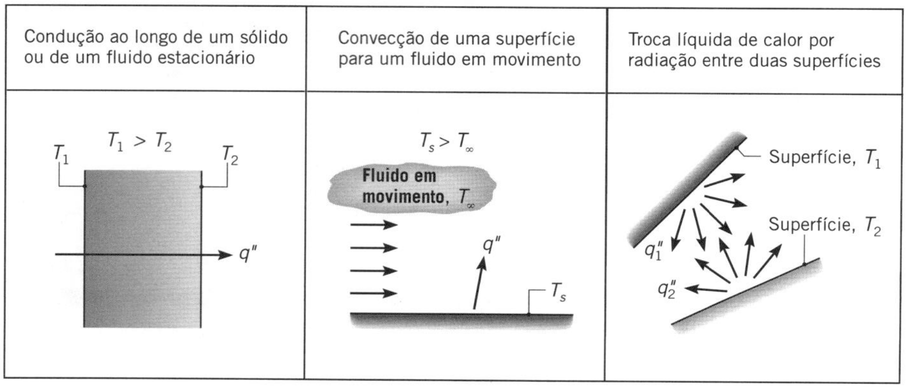

FIGURA 1.1 Modos de transferência de calor: condução, convecção e radiação.

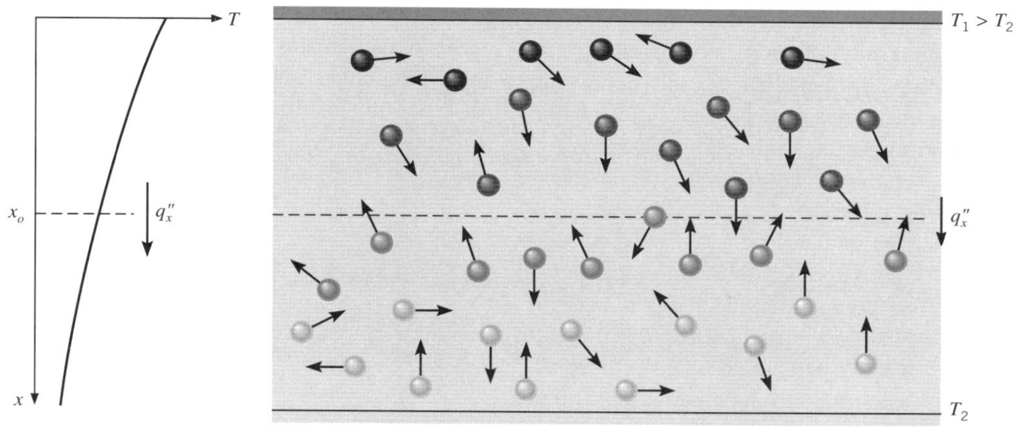

FIGURA 1.2 Associação da transferência de calor por condução à difusão de energia em razão da atividade molecular.

O plano hipotético em x_o está sendo constantemente atravessado por moléculas vindas de cima e de baixo, em razão do movimento *aleatório* destas moléculas. Contudo, moléculas vindas de cima estão associadas a temperaturas superiores àquelas das moléculas vindas de baixo e, neste caso, deve existir uma transferência *líquida* de energia na direção positiva de x. Colisões entre moléculas intensificam essa transferência de energia. Podemos falar da transferência líquida de energia pelo movimento molecular aleatório como uma *difusão* de energia.

A situação é muito semelhante nos líquidos, embora as moléculas estejam mais próximas e as interações moleculares sejam mais fortes e mais frequentes. De modo análogo, em um sólido, a condução pode ser atribuída à atividade atômica na forma de vibrações dos retículos. A visão moderna associa a transferência de energia a *ondas na estrutura de retículos* induzidas pelo movimento atômico. Em um não condutor elétrico, a transferência de energia ocorre exclusivamente por meio dessas ondas; em um condutor, a transferência também ocorre em função do movimento de translação dos elétrons livres. Tratamos as propriedades importantes associadas ao fenômeno da condução no Capítulo 2 e no Apêndice A.

São inúmeros os exemplos de transferência de calor por condução. A extremidade exposta de uma colher de metal subitamente imersa em uma xícara de café quente é aquecida por causa da condução de energia na colher. Em um dia de inverno, há perda significativa de energia de um quarto aquecido para o ar externo. Esta perda ocorre principalmente em virtude da transferência de calor por condução ao longo da parede que separa o ar do interior do quarto do ar externo.

Processos de transferência de calor podem se quantificados a partir de *equações de taxa* apropriadas. Essas equações podem ser usadas para calcular a quantidade de energia sendo transferida por unidade de tempo. Para a condução térmica, a equação da taxa é conhecida como *lei de Fourier*. Para a parede plana unidimensional mostrada na Figura 1.3, com uma distribuição de temperaturas $T(x)$, a equação da taxa é escrita na forma

$$q''_x = -k\frac{dT}{dx} \qquad (1.1)$$

O *fluxo térmico* q''_x (W/m^2) é a taxa de transferência de calor na direção x *por* unidade de área *perpendicular* à direção da transferência e ele é proporcional ao *gradiente de temperatura*, dT/dx, nesta direção. O parâmetro k é uma propriedade de *transporte* conhecida como *condutividade térmica* (W/(m · K)) e constitui uma característica do material da parede. O sinal de menos é uma consequência do fato de o calor ser transferido no sentido da temperatura decrescente. Nas *condições de estado estacionário* mostradas na Figura 1.3, nas quais a distribuição de temperaturas é *linear*, o gradiente de temperatura pode ser representado como

$$\frac{dT}{dx} = \frac{T_2 - T_1}{L}$$

e o fluxo térmico é, então,

$$q''_x = -k\frac{T_2 - T_1}{L}$$

ou

$$q''_x = k\frac{T_1 - T_2}{L} = k\frac{\Delta T}{L} \qquad (1.2)$$

Note que esta equação fornece um *fluxo térmico*, isto é, a taxa de transferência de calor por *unidade de área*. A *taxa de transferência de calor* por condução, q_x(W), ao longo de uma parede plana com área A, é, então, o produto do fluxo e da área, $q_x = q''_x \cdot A$.

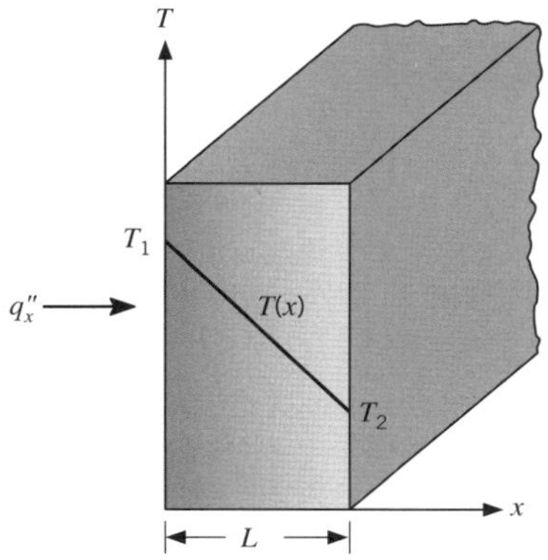

FIGURA 1.3 Transferência de calor unidimensional por condução (difusão de energia).

IHT* EXEMPLO 1.1

A parede de um forno industrial é construída com tijolo refratário com 0,15 m de espessura, cuja condutividade térmica é de 1,7 W/(m · K). Medidas efetuadas ao longo da operação em regime estacionário revelam temperaturas de 1400 e 1150 K nas paredes interna e externa, respectivamente. Qual é a taxa de calor perdida em uma parede que mede 0,5 m × 1,2 m?

SOLUÇÃO

Dados: Condições de regime estacionário com espessura, área, condutividade térmica e temperaturas das superfícies da parede especificadas.

Achar: Taxa de perda de calor pela parede.

Esquema:

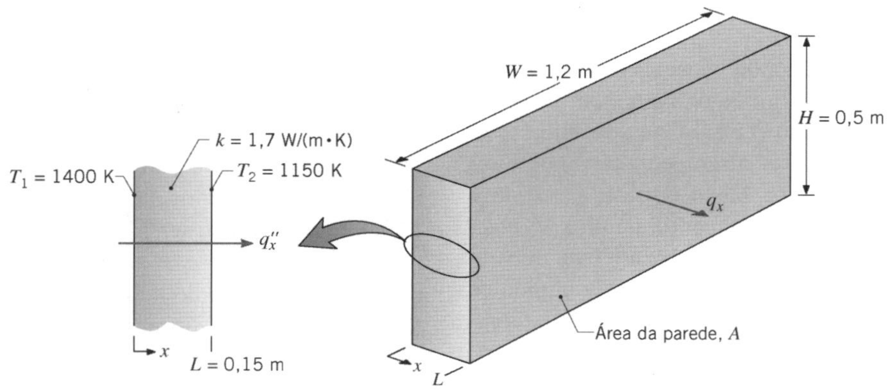

Considerações:

1. Condições de regime estacionário.
2. Condução unidimensional pela parede.
3. Condutividade térmica constante.

Análise: Como a transferência de calor ao longo da parede é por condução, o fluxo térmico pode ser determinado com a lei de Fourier. Usando a Equação 1.2, temos

$$q_x'' = k\,\frac{\Delta T}{L} = 1{,}7\ \text{W/(m}\cdot\text{K)} \times \frac{250\ \text{K}}{0{,}15\ \text{m}} = 2833\ \text{W/m}^2$$

O fluxo térmico representa a taxa de transferência de calor por meio de uma seção de área unitária e é uniforme (invariável) por intermédio da superfície da parede. A taxa da perda de calor ao longo da parede de área $A = H \times W$ é, então,

$$q_x = (HW)\,q_x'' = (0{,}5\ \text{m} \times 1{,}2\ \text{m})\ 2833\ \text{W/m}^2 = 1700\ \text{W} \qquad \triangleleft$$

Comentários: Observe o sentido do fluxo térmico e a diferença entre o fluxo térmico e a taxa de transferência de calor.

1.2.2 *Convecção*

O *modo* de transferência de calor por convecção abrange *dois mecanismos.* Além de transferência de energia em razão do *movimento molecular aleatório (difusão)*, a energia também é transferida pelo *movimento global*, ou *macroscópico*, do fluido. Esse movimento do fluido está associado ao fato de que, em qualquer instante, um grande número de moléculas está se movendo coletivamente ou como agregados. Tal movimento, na presença de um gradiente de temperatura, contribui para a transferência de calor. Como as moléculas nos agregados mantêm seus movimentos aleatórios, a transferência total de calor é, então, resultado não só da superposição do transporte de energia pelo movimento aleatório das moléculas com o transporte, mas também do movimento global do fluido. O termo *convecção* é costumeiramente usado para fazer referência a esse transporte cumulativo e o termo *advecção* se refere ao transporte decorrente apenas do movimento global do fluido.

* Este símbolo identifica exemplos que estão disponíveis na forma tutorial no software *Interactive Heat Transfer* (*IHT*) – que acompanha este texto. Cada tutorial é conciso e ilustra uma função básica do software. O *IHT* pode ser usado para resolver equações simultâneas, para efetuar estudos de sensibilidade paramétrica e representar graficamente os resultados. O uso do *IHT* reduzirá o tempo gasto resolvendo problemas mais complexos apresentados no final dos capítulos.

Estamos especialmente interessados na transferência de calor por convecção, que ocorre com o contato entre um fluido em movimento e uma superfície, estando os dois a diferentes temperaturas. Considere o escoamento de um fluido sobre a superfície aquecida da Figura 1.4. Uma consequência da interação entre o fluido e a superfície é o desenvolvimento de uma região no fluido por meio da qual a sua velocidade varia entre zero, no contato com a superfície, e um valor finito u_∞, associado ao escoamento. Essa região do fluido é conhecida por *camada-limite hidrodinâmica* ou *de velocidade*. Além disso, se as temperaturas da superfície e do fluido forem diferentes, existirá uma região no fluido na qual a temperatura variará de T_s, em $y = 0$, até T_∞, associada à região do escoamento afastada da superfície. Essa região, conhecida por *camada-limite térmica*, pode ser menor, maior ou ter o mesmo tamanho daquela em que a velocidade varia. Em qualquer caso, se $T_s > T_\infty$, transferência de calor por convecção se dará desta superfície para o fluido em escoamento.

O modo de transferência de calor por convecção é mantido pelo movimento molecular aleatório e pelo movimento global do fluido no interior da camada-limite. A contribuição em razão do movimento molecular aleatório (difusão) é dominante próximo à superfície, onde a velocidade do fluido é baixa. Na verdade, na interface entre a superfície e o fluido ($y = 0$), a velocidade do fluido é nula e o calor é transferido somente a partir desse mecanismo. A contribuição do movimento global do fluido origina-se no fato de que a espessura da camada-limite *cresce* à medida que o escoamento progride na direção do eixo x. De fato, o calor conduzido para o interior desta camada é arrastado na direção do escoamento, sendo posteriormente transferido para o fluido que se encontra no exterior da camada-limite. O estudo e a observação dos fenômenos associados às camadas limite são essenciais para a compreensão da transferência de calor por convecção. Por esse motivo, a disciplina de mecânica dos fluidos assumirá um papel importante em nossa análise posterior da convecção.

A transferência de calor por convecção pode ser classificada de acordo com a natureza do escoamento do fluido. Referimonos à *convecção forçada* quando o escoamento é causado por meios externos, tais como um ventilador, uma bomba, ou ventos atmosféricos. Como um exemplo, considere o uso de um ventilador para propiciar o resfriamento com ar, por convecção forçada, dos componentes elétricos quentes em uma série de placas de circuito impresso (Figura 1.5*a*). Em contraste, no caso da *convecção livre* (ou *natural*), o escoamento do fluido é induzido por forças de empuxo, que são originadas a partir de diferenças de massas específicas causadas por variações de temperatura no fluido. Um exemplo é a transferência de calor por convecção natural, que ocorre a partir dos componentes quentes de uma série de placas de circuito impresso dispostas verticalmente e expostas ao ar (Figura 1.5*b*). O ar que entra em contato direto com os componentes experimenta um aumento de temperatura e, portanto, uma redução da massa específica. Como ele fica mais leve do que o ar adjacente, as forças de empuxo induzem um movimento vertical no qual o ar quente perto das placas ascende e é substituído pelo influxo de ar ambiente, mais frio.

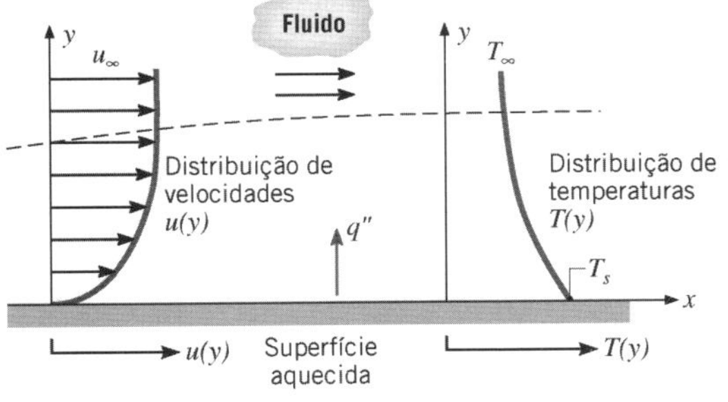

Figura 1.4 Desenvolvimento da camada-limite na transferência de calor por convecção.

Enquanto consideramos convecção forçada *pura* na Figura 1.5*a* e convecção natural *pura* na Figura 1.5*b*, condições correspondentes à *mistura* (*combinação*) de convecção *forçada* e *natural* podem existir. Por exemplo, se as velocidades associadas ao escoamento da Figura 1.5*a* forem pequenas e/ou as forças de empuxo forem grandes, um escoamento secundário, comparável ao escoamento forçado imposto, pode ser induzido. Neste caso, o escoamento induzido pelo empuxo seria perpendicular ao escoamento forçado e poderia ter um efeito significativo na transferência de calor por convecção a partir dos componentes. Na Figura 1.5*b*, ocorreria convecção mista se um ventilador fosse usado para forçar o ar para cima, entre as placas de circuito impresso, dessa forma auxiliando o escoamento causado pelo empuxo; ou então em direção oposta (para baixo), nesse caso opondo-se ao escoamento causado pelo empuxo.

Descrevemos o modo de transferência de calor por convecção como a transferência de energia ocorrendo no interior de um fluido em razão dos efeitos combinados da condução e do escoamento global ou macroscópico do fluido. Tipicamente, a energia que está sendo transferida é a energia *sensível*, ou térmica interna, do fluido. Contudo, em alguns processos convectivos há também troca de calor *latente*. Essa troca de calor latente é geralmente associada a uma mudança de fase entre os estados líquido e vapor do fluido. Dois casos particulares de interesse neste livro são a *ebulição* e a *condensação*. Por exemplo, transferência de calor por convecção resulta da movimentação do fluido induzida por bolhas de vapor geradas no fundo de uma panela contendo água em ebulição (Figura 1.5*c*) ou pela condensação de vapor d'água na superfície externa de uma tubulação por onde escoa água fria (Figura 1.5*d*).

Independentemente da natureza do processo de transferência de calor por convecção, a equação apropriada para a taxa de transferência possui a forma

$$q'' = h(T_s - T_\infty) \tag{1.3a}$$

na qual q'', o *fluxo de calor* por convecção (W/m^2), é proporcional à diferença entre as temperaturas da superfície e do fluido, T_s e T_∞, respectivamente. Essa expressão é conhecida como *lei do resfriamento de Newton*, e o parâmetro h ($W/(m^2 \cdot K)$) é chamado de *coeficiente de transferência de calor por convecção*. Este coeficiente depende das condições na camada-limite, as quais, por sua vez, são influenciadas pela geometria da superfície, pela natureza do escoamento do fluido e por uma série de propriedades termodinâmicas e de transporte do fluido.

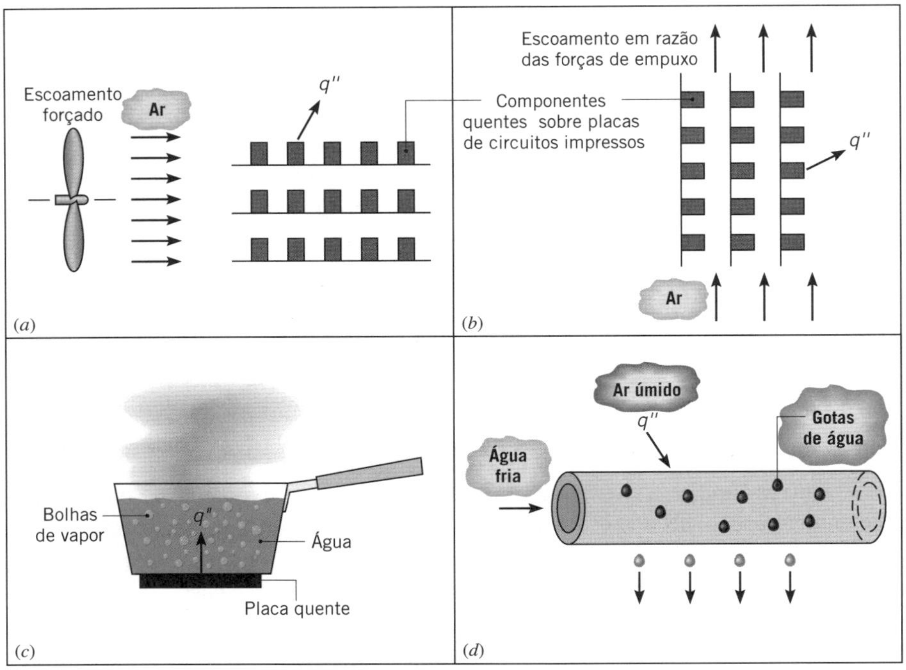

FIGURA 1.5 Processos de transferência de calor por convecção. (*a*) Convecção forçada. (*b*) Convecção natural. (*c*) Ebulição. (*d*) Condensação.

Na verdade, qualquer estudo da convecção se reduz a um estudo de procedimentos pelos quais o h pode ser determinado. Embora a discussão desses procedimentos seja adiada até o Capítulo 6, a transferência de calor por convecção surgirá frequentemente como uma condição de contorno na solução de problemas envolvendo a condução (Capítulos 2 a 5). Na solução de tais problemas, o valor do h é considerado conhecido, podendo-se utilizar valores típicos dados na Tabela 1.1.

TABELA 1.1 Valores típicos do coeficiente de transferência de calor por convecção

Processo	***h*** **(W/(m² · K))**
Convecção natural	
Gases	2–25
Líquidos	50–1000
Convecção forçada	
Gases	25–250
Líquidos	100–20.000
Convecção com mudança de fase	
Ebulição ou condensação	2500–100.000

Quando a Equação 1.3a é usada, o fluxo de calor por convecção é considerado *positivo* se o calor é transferido *a partir* da superfície ($T_s > T_\infty$) e *negativo* se o calor é transferido *para* a superfície ($T_\infty > T_s$). Contudo, nada nos impede de representar a lei do resfriamento de Newton por

$$q'' = h(T_\infty - T_s) \tag{1.3b}$$

situação na qual a transferência de calor é positiva se ocorrer para a superfície.

1.2.3 *Radiação*

Radiação térmica é a energia *emitida* pela matéria que se encontra a uma temperatura diferente de zero. Ainda que voltemos nossa atenção para a radiação a partir de superfícies sólidas, a emissão também ocorre a partir de gases e líquidos. Independentemente da forma da matéria, a emissão pode ser atribuída a mudanças nas configurações eletrônicas dos átomos ou moléculas que constituem a matéria. A energia do campo de radiação é transportada por ondas eletromagnéticas (ou, alternativamente, fótons). Enquanto a transferência de energia por condução ou convecção requer a presença de um meio material, a radiação não necessita dele. Na realidade, a transferência por radiação ocorre mais eficientemente no vácuo.

Considere os processos de transferência de calor por radiação na superfície da Figura 1.6*a*. A radiação que é *emitida* pela superfície tem sua origem na energia térmica da matéria delimitada pela superfície, e a taxa na qual a energia é liberada por unidade de área (W/m²) é conhecida como *poder emissivo*, E, da superfície. Há um limite superior para o poder emissivo, que é determinado pela *lei de Stefan-Boltzmann*

$$E_n = \sigma T_s^4 \tag{1.4}$$

na qual T_s é a *temperatura absoluta* (K) da superfície e σ é a *constante de Stefan-Boltzmann* ($\sigma = 5{,}67 \times 10^{-8}$ W/(m² · K⁴)). Tal superfície é chamada um radiador ideal ou *corpo negro*.

O fluxo térmico emitido por uma superfície real é menor do que aquele emitido por um corpo negro à mesma temperatura e é dado por

$$E = \varepsilon\sigma T_s^4 \tag{1.5}$$

em que ε é uma propriedade radiante da superfície conhecida por *emissividade*. Com valores na faixa de $0 \leq \varepsilon \leq 1$, essa propriedade fornece uma medida da eficiência na qual uma superfície emite energia em relação ao corpo negro. Ela depende fortemente do material da superfície e de seu acabamento. Valores representativos de emissividades são fornecidos no Apêndice A.

Radiação pode também *incidir* sobre uma superfície a partir de sua vizinhança. A radiação pode ser oriunda de uma fonte especial, tal como o Sol, ou de outras superfícies às quais a superfície de interesse esteja exposta. Independentemente da(s) fonte(s), designamos as taxas nas quais todas essas radiações incidem sobre uma área unitária da superfície por *irradiação*, G (Figura 1.6*a*).

Uma porção, ou toda a irradiação, pode ser *absorvida* pela superfície, aumentando dessa forma a energia térmica do material. A taxa na qual a energia radiante é absorvida, por unidade de área da superfície, pode ser calculada com o conhecimento de uma propriedade radiante da superfície denominada *absortividade*, α. Ou seja,

$$G_{abs} = \alpha G \tag{1.6}$$

com $0 \leq \alpha \leq 1$. Se $\alpha < 1$ e a superfície é *opaca*, porções da irradiação são *refletidas*. Se a superfície é *semitransparente*, porções da irradiação podem também ser *transmitidas*. Contudo, enquanto as radiações absorvida e emitida aumentam e reduzem, respectivamente, a energia térmica da matéria, as radiações refletidas e transmitidas não têm efeito nessa energia. Note que o valor de α depende da natureza da irradiação, assim como da superfície propriamente dita. Por exemplo, a absortividade de uma superfície para a radiação solar pode diferir de sua absortividade para a radiação emitida pelas paredes de uma fornalha.

Em muitos problemas de engenharia (uma importante exceção são os que envolvem radiação solar ou radiação oriunda de outras fontes a temperaturas muito altas), líquidos podem ser considerados opacos para a transferência de calor por radiação, e gases podem ser considerados transparentes. Sólidos podem ser opacos (como é o caso dos metais) ou *semitransparentes* (como no caso de finas folhas de alguns polímeros e alguns materiais semicondutores).

Um caso particular que ocorre com frequência é a troca de radiação entre uma pequena superfície a T_s e uma superfície isotérmica, muito maior, que envolve completamente a menor (Figura 1.6*b*). A *vizinhança* poderia ser, por exemplo, as paredes de uma sala ou de um forno, cuja temperatura T_{viz} seja diferente daquela da superfície contida no seu interior ($T_{viz} \neq T_s$). Vamos mostrar no Capítulo 12 que, nesta condição, a irradiação pode ser aproximada pela emissão de um corpo negro a T_{viz}, ou seja, $G = \sigma T_{viz}^4$. Se a superfície for considerada uma para a qual $\alpha = \varepsilon$ (uma *superfície cinza*), a taxa *líquida* de transferência de calor por radiação *saindo* da superfície, expressa por unidade de área da superfície, é

$$q''_{rad} = \frac{q}{A} = \varepsilon E_n(T_s) - \alpha G = \varepsilon\sigma(T_s^4 - T_{viz}^4) \tag{1.7}$$

Essa expressão fornece a diferença entre a energia térmica liberada em virtude da emissão de radiação e aquela ganha graças à absorção de radiação.

Em muitas aplicações é conveniente expressar a troca líquida de calor por radiação na forma

$$q_{rad} = h_r A(T_s - T_{viz}) \tag{1.8}$$

na qual, em função da Equação 1.7, o *coeficiente de transferência de calor por radiação* h_r é

$$h_r \equiv \varepsilon\sigma(T_s + T_{viz})(T_s^2 + T_{viz}^2) \tag{1.9}$$

Aqui modelamos o modo de transferência de calor por radiação de uma maneira análoga à convecção. Nesse sentido, *linearizamos* a equação da taxa de transferência de calor por radiação, fazendo a taxa de troca térmica proporcional a uma diferença de temperaturas em vez da proporcionalidade com a diferença entre as duas temperaturas elevadas à quarta potência. Note, contudo, que h_r depende fortemente da temperatura, enquanto a dependência do coeficiente de transferência de calor por convecção h em relação à temperatura é, em geral, fraca.

As superfícies da Figura 1.6 podem também, simultaneamente, transferir calor por convecção para um gás adjacente. Para as condições da Figura 1.6*b*, a taxa total de transferência de calor *saindo* da superfície é, então,

$$q = q_{conv} + q_{rad} = hA(T_s - T_\infty) + \varepsilon A\sigma(T_s^4 - T_{viz}^4) \tag{1.10}$$

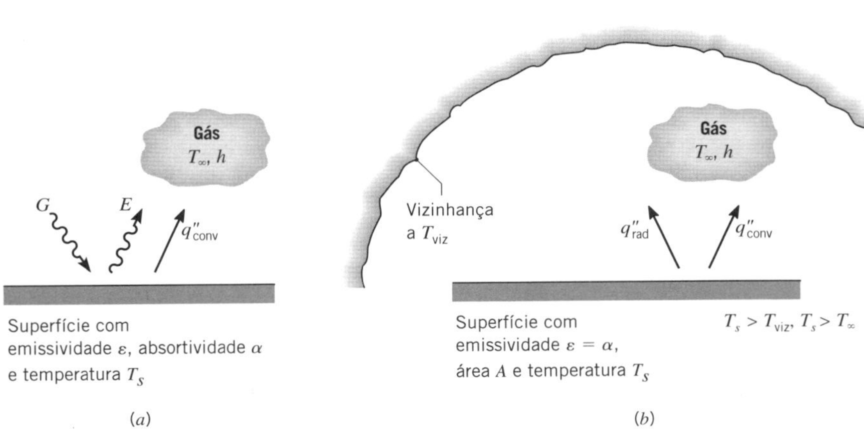

FIGURA 1.6 Troca por radiação: (*a*) em uma superfície e (*b*) entre uma superfície e uma grande vizinhança.

EXEMPLO 1.2

Uma tubulação de vapor d'água sem isolamento térmico atravessa uma sala na qual o ar e as paredes se encontram a 25 °C. O diâmetro externo do tubo é de 70 mm, a temperatura de sua superfície é de 200 °C e esta superfície tem emissividade igual a 0,8. Quais são o poder emissivo da superfície e a sua irradiação? Sendo o coeficiente associado à transferência de calor por convecção natural da superfície para o ar igual a 15 W/(m² · K), qual é a taxa de calor perdida pela superfície por unidade de comprimento do tubo?

SOLUÇÃO

Dados: Tubo sem isolamento térmico, com diâmetro, emissividade e temperatura superficial conhecidas, em uma sala com temperaturas fixas do ar e das paredes.

Achar:

1. Poder emissivo da superfície e irradiação.
2. Taxa de perda de calor no tubo por unidade de comprimento, q'.

Esquema:

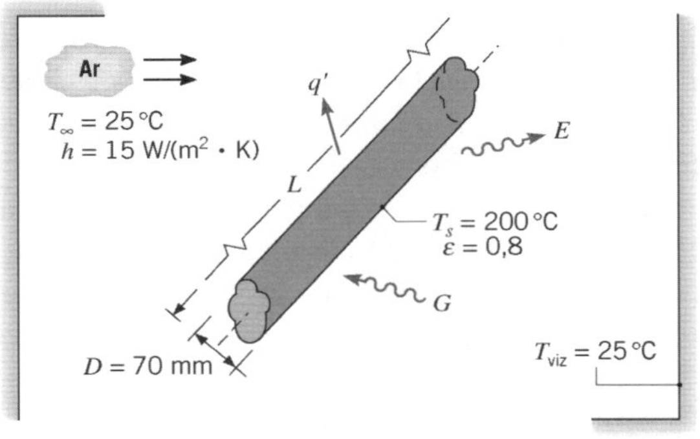

Considerações:

1. Condições de regime estacionário.
2. Troca por radiação entre o tubo e a sala semelhante àquela entre uma superfície pequena e um envoltório muito maior.
3. Emissividade e absortividade da superfície iguais.

Análise:

1. O poder emissivo da superfície pode ser determinado com a Equação 1.5, enquanto a irradiação corresponde a $G = \sigma T_{viz}^4$. Logo,

$$E = \varepsilon\sigma T_s^4 = 0{,}8(5{,}67 \times 10^{-8}\ \text{W/(m}^2 \cdot \text{K}^4))(473\ \text{K})^4) = 2270\ \text{W/m}^2 \quad \triangleleft$$

$$G = \sigma T_{viz}^4 = 5{,}67 \times 10^{-8}\ \text{W/(m}^2 \cdot \text{K}^4)(298\ \text{K})^4 = 447\ \text{W/m}^2 \quad \triangleleft$$

2. A perda de calor na tubulação se dá por convecção para o ar e por troca de radiação com as paredes. Logo, $q = q_{conv} + q_{rad}$ e da Equação 1.10, com $A = \pi$DL,

$$q = h(\pi DL)(T_s - T_\infty) + \varepsilon(\pi DL)\sigma(T_s^4 - T_{viz}^4)$$

A taxa da perda de calor por unidade de comprimento do tubo é, então,

$$q' = \frac{q}{L} = 15\ \text{W/(m}^2 \cdot \text{K)}(\pi \times 0{,}07\ \text{m})(200 - 25)°\text{C} + 0{,}8(\pi \times 0{,}07\ \text{m})\ 5{,}67 \times 10^{-8}\ \text{W/(m}^2 \cdot \text{K}^4)(473^4 - 298^4)\ \text{K}^4$$

$$q' = 577\ \text{W/m} + 421\ \text{W/m} = 998\ \text{W/m} \quad \triangleleft$$

Comentários:

1. Note que temperaturas podem ser expressas em unidades de °C ou K quando avaliando a diferença de temperaturas para uma taxa de transferência de calor por convecção (ou condução). Entretanto, temperaturas devem ser expressas em kelvin (K) quando se avalia uma taxa de transferência por radiação.
2. A taxa líquida de transferência de calor por radiação saindo da tubulação pode ser representada por

$$q'_{rad} = \pi D\ (E - \alpha G)$$

$$q'_{rad} = \pi \times 0{,}07\ \text{m}\ (2270 - 0{,}8 \times 447)\ \text{W/m}^2 = 421\ \text{W/m}$$

3. Nessas condições, as taxas de transferência de calor por radiação e por convecção são comparáveis, pois T_s é grande quando comparado a T_{viz} e o coeficiente associado à convecção natural é pequeno. Para valores mais moderados de T_s e os valores maiores de h associados à convecção forçada, o efeito da radiação pode ser frequentemente desprezado. O coeficiente de transferência de calor por radiação pode ser calculado pela Equação 1.9. Nas condições desse problema seu valor é de $h_r = 11$ W/(m² · K).

1.2.4 *O Conceito de Resistência Térmica*

Os três modos de transferência de calor foram apresentados nas seções anteriores. Como fica evidente a partir das Equações 1.2, 1.3 e 1.8, a taxa de transferência de calor pode ser representada na forma

$$q = q''A = \frac{\Delta T}{R_t} \qquad (1.11)$$

na qual ΔT é uma diferença de temperaturas pertinente e A é a área perpendicular à direção da transferência de calor. A grandeza R_t é chamada de *resistência térmica* e assume diferentes formas para os três modos de transferência de calor. Por exemplo, a Equação 1.2 pode ser multiplicada pela área A e reescrita na forma $q_x = \Delta T/R_{t,cond}$, na qual $R_{t,cond} = L/(kA)$ é uma resistência térmica associada à condução, com unidades K/W. O conceito de resistência térmica será considerado em detalhes no Capítulo 3, no qual será mostrada sua grande utilidade na solução de problemas complexos de transferência de calor.

1.3 Relações com a Termodinâmica

Se você frequentou um curso de termodinâmica, você está ciente de que a troca de calor exerce um papel vital na primeira e na segunda lei da termodinâmica, porque ela é um dos mecanismos principais para a transferência de energia entre um sistema e sua vizinhança. Enquanto a termodinâmica pode ser usada para determinar a *quantidade* de energia requerida na forma de calor por um sistema para passar de um estado para outro, ela não trata dos mecanismos que promovem a troca de calor nem dos métodos que existem para calcular a *taxa* de troca de calor. A disciplina de transferência de calor procura especificamente quantificar a taxa na qual calor é trocado a partir das equações de taxa representadas, por exemplo, pelas Equações 1.2, 1.3 e 1.7. Na verdade, os princípios de transferência de calor possibilitam ao engenheiro implementar os conceitos da termodinâmica. Por exemplo, o tamanho real de uma planta de potência a ser construída não pode ser determinado a partir somente da termodinâmica; os princípios de transferência de calor devem também ser utilizados no estágio de projeto.

Esta seção trata da relação da transferência de calor com a termodinâmica. Como a *primeira lei* da termodinâmica (a *lei da conservação de energia*) fornece um ponto de partida útil, frequentemente essencial, para a solução de problemas de transferência de calor, a Seção 1.3.1 apresentará um desenvolvimento das formulações gerais da primeira lei. A eficiência ideal (Carnot) de uma *máquina térmica*, como determinada pela *segunda lei* da termodinâmica, será revista na Seção 1.3.2. Será mostrado que uma descrição realística da transferência de calor entre uma máquina térmica e sua vizinhança limita ainda mais a eficiência real de uma máquina térmica.

1.3.1 *Relações com a Primeira Lei da Termodinâmica (Conservação de Energia)*

A primeira lei da termodinâmica estabelece que a energia total de um sistema é conservada, de forma que *energia total* consiste na energia mecânica (composta pelas energias cinética e potencial) e energia interna, como mostrado esquematicamente na Figura 1.7. A energia interna pode ser subdivida em energia térmica (que será definida de forma mais cuidadosa posteriormente) e outras formas de energia interna, tais como as energias química e nuclear. Uma vez que a energia total do sistema é conservada, a única maneira que a quantidade de energia em um sistema pode mudar é se a energia atravessar suas fronteiras. Para um *sistema fechado* (uma região de massa fixa), há apenas duas maneiras que a energia pode atravessar as fronteiras do sistema: transferência de calor por meio das fronteiras e trabalho realizado pelo ou no sistema. Isto leva ao seguinte enunciado da primeira lei para um sistema fechado, que é familiar se você já cursou termodinâmica:

$$\Delta E_{acu}^{tot} = Q - W \tag{1.12a}$$

no qual ΔE_{acu}^{tot} é a variação da energia total acumulada no sistema, Q é o valor *líquido* do calor transferido para o sistema e W é o valor *líquido* do trabalho efetuado pelo sistema. Isso está ilustrado esquematicamente na Figura 1.8*a*.

A primeira lei pode também ser aplicada em um *volume de controle* (ou *sistema aberto*), uma região do espaço delimitada por uma *superfície de controle* ao longo da qual massa pode passar. A massa, entrando ou saindo do volume de controle, carrega energia com ela; este processo, chamado de *advecção de energia*, adiciona uma terceira forma na qual a energia pode cruzar a fronteira de um volume de controle. Para resumir, a primeira lei da termodinâmica pode ser enunciada de forma muito simples, como a seguir, tanto para um volume de controle como para um sistema fechado.

1. Conservação de Energia Total: Primeira Lei da Termodinâmica em um Intervalo de Tempo (Δt)

> *O aumento na quantidade de energia acumulada (armazenada) em um volume de controle deve ser igual à quantidade de energia que entra no volume de controle menos a quantidade de energia que deixa o volume de controle.*

Como engenheiros, frequentemente focamos nossa atenção nas formas de energia térmica e mecânica. Devemos reconhecer que a soma das energias térmica e mecânica *não* é conservada, pois pode existir conversão entre outras formas de energia e entre as energias térmica ou mecânica. Por exemplo, durante a combustão, a quantidade de energia química no sistema irá diminuir e a quantidade de energia térmica irá aumentar. Se um motor elétrico operar no interior do sistema, ele

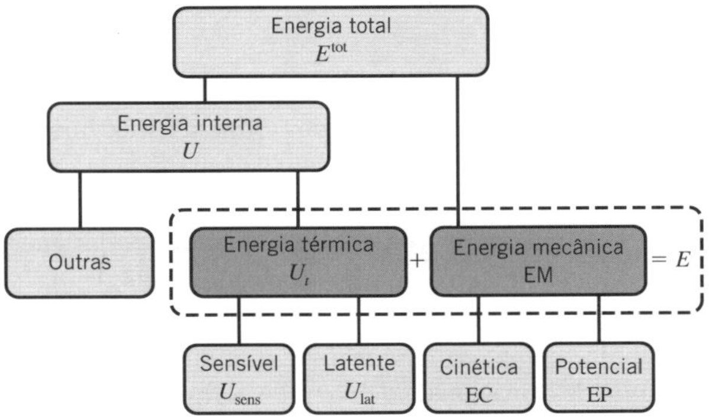

FIGURA 1.7 Componentes da energia total. A soma da energia térmica e da energia mecânica, E, é de interesse do campo da transferência de calor.

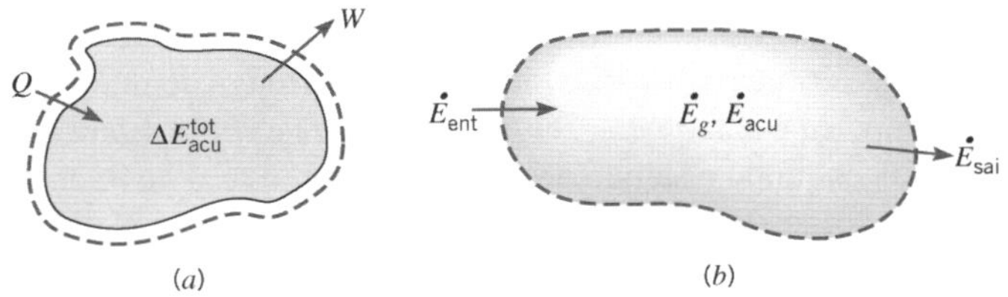

FIGURA 1.8 Conservação da: (*a*) energia total em um sistema fechado durante um intervalo de tempo, e (*b*) energia térmica e energia potencial em um volume de controle em um instante.

causará conversão de energia elétrica em energia mecânica. Podemos considerar que tais conversões de energia resultem na *geração de energia térmica ou mecânica* (que pode ser positiva ou negativa). Desta forma, um enunciado da primeira lei bem adequado a análises de transferência de calor é:

2. Conservação das Energias Térmica e Mecânica em um Intervalo de Tempo (Δt)

O aumento na quantidade das energias térmica e mecânica acumulada (armazenada) em um volume de controle deve ser igual à quantidade das energias térmica e mecânica que entra no volume de controle, menos a quantidade das energias térmica e mecânica que deixa o volume de controle, mais a quantidade das energias térmica e mecânica que é gerada no interior do volume de controle.

Essa expressão se aplica em um intervalo de tempo Δt, e todos os termos representando energia são medidos em joule. Como a primeira lei deve ser satisfeita a cada *instante* de tempo t, podemos também formular a lei com *base em taxas*. Isto é, em qualquer instante, deve existir um balanço entre todas as *taxas de energia*, medidas em joule por segundo (W). Em palavras, isto é dito da seguinte forma:

3. Conservação das Energias Térmica e Mecânica em um Instante (t)

A taxa de aumento da quantidade das energias térmica e mecânica acumulada (armazenada) em um volume de controle deve ser igual à taxa na qual as energias térmica e mecânica entram no volume de controle, menos a taxa na qual as energias térmica e mecânica deixam o volume de controle, mais a taxa na qual as energias térmica e mecânica são geradas no interior do volume de controle.

Se a entrada e a geração de energias térmica e mecânica excedem a saída, a quantidade armazenada (acumulada) de energias térmica e mecânica no volume de controle tem que aumentar. Se o inverso for verdadeiro, a quantidade das energias térmica e mecânica armazenadas tem que diminuir. Se a entrada e a geração forem iguais à saída, tem que prevalecer uma condição de *regime estacionário* tal que não haverá variação na quantidade armazenada de energias térmica e mecânica no interior do volume de controle.

Agora iremos reescrever os enunciados da conservação das energias térmica e potencial no interior dos retângulos como equações. Para isto, façamos E representar a soma das energias térmica e mecânica (diferentemente do símbolo E^{tot} para energia total, como mostrado na Figura 1.7). A variação das energias térmica e mecânica acumuladas ao longo do intervalo de tempo Δt é então ΔE_{acu}. Os subscritos *ent* e *sai* se referem à energia entrando e saindo do volume de controle. Finalmente, a geração de energias térmica e mecânica recebe o símbolo E_g. Assim, o enunciado 2 no retângulo pode ser escrito como:

$$\Delta E_{acu} = E_{ent} - E_{sai} + E_g \tag{1.12b}$$

A seguir, usando um ponto acima do termo para indicar uma taxa, o enunciado 3 emoldurado se torna:

$$\dot{E}_{acu} \equiv \frac{dE_{acu}}{dt} = \dot{E}_{ent} - \dot{E}_{sai} + \dot{E}_g \tag{1.12c}$$

Esta expressão está esquematicamente ilustrada na Figura 1.8b.

Toda aplicação da primeira lei deve iniciar com a identificação de um volume de controle apropriado e de sua superfície de controle, no qual a análise é posteriormente efetuada. A primeira etapa consiste em indicar a superfície de controle valendo-se do desenho de uma linha tracejada. A segunda etapa é decidir se a análise será efetuada em um intervalo de tempo Δt (Equação 1.12b) ou em termos de taxas (Equação 1.12c). Essa escolha depende do objetivo da solução e de como as informações são fornecidas no problema. A próxima etapa é identificar os termos de energia que são relevantes no problema que você está resolvendo. Para desenvolver sua confiança na realização desta última etapa, o restante desta seção é dedicado a esclarecer os seguintes termos nas equações de conservação das energias térmica e potencial, Equações 1.12b e 1.12c.

Energias Térmica e Mecânica, E Como apresentado anteriormente, *energia mecânica* é a soma da energia cinética (EC = ½ mV^2, em que m e V são a massa e a velocidade, respectivamente) e da energia potencial (EP = mgz, em que g é a aceleração da gravidade e z é a coordenada vertical).

Como mostrado na Figura 1.7, a *energia térmica* é constituída por um *componente sensível* U_{sens}, que leva em consideração os movimentos de translação, rotação e/ou vibração dos átomos/moléculas que compõem a matéria; um *componente latente* U_{lat}, relacionado com as forças intermoleculares ligadas a mudanças de fase entre os estados sólido, líquido e vapor. A energia sensível é a porção que associamos principalmente às variações de temperatura (embora ela possa também depender da pressão). A energia latente é o componente que associamos às mudanças de fase. Por exemplo, se o material no volume de controle tem sua temperatura aumentada, sua energia sensível aumenta. Se o material no volume de controle muda de sólido para líquido (*fusão*) ou de líquido para vapor (*vaporização, evaporação, ebulição*), a energia latente aumenta. Inversamente, se a mudança de fase se dá do vapor para o líquido (*condensação*) ou do líquido para o sólido (*solidificação, congelamento*), a energia latente diminui.

Com base nessa discussão, a *variação nas energias térmica e mecânica acumuladas* é dada por $\Delta E_{acu} = \Delta(\text{EC} + \text{EP} + U_t)$, com $U_t = U_{sen} + U_{lat}$. Em muitos problemas de transferência de calor, as variações nas energias cinética e potencial são pequenas e podem ser desprezadas. Adicionalmente, se não há mudança de fase, então o único termo relevante será a mudança de energia sensível, ou seja, $\Delta E_{acu} = \Delta U_{sens}$. Para um gás ideal ou substância *incompressível* (quando a massa específica pode ser considerada constante), a mudança na energia sensível pode ser expressa por $\Delta U_{sens} = mc_v\Delta T$ ou em termos de taxas, $dU_{sens}/dt = mc_v dT/dt$.

Geração de Energia, E_g Para entender a geração de energia, cabe lembrar que a energia térmica é apenas uma parcela da *energia interna*, que é a energia associada ao estado termodinâmico da matéria. Em adição aos componentes sensível e latente, a energia interna inclui outros componentes, tais como um *componente químico*, que leva em conta a energia armazenada nas ligações químicas entre os átomos; um *componente nuclear*, que leva em conta as forças no interior do núcleo; e componentes como a energia elétrica ou magnética. A *geração de energia*, E_g, está associada à conversão de alguma outra forma de energia (química, nuclear, elétrica ou magnética) em energia térmica ou mecânica. Esse é um *fenômeno volumétrico*. Ou seja, ele ocorre no interior do volume de controle e geralmente é proporcional ao tamanho desse volume. Tal como mencionado, um exemplo de geração de energia ocorre quando a energia química é convertida em energia sensível por combustão. Outro exemplo é a conversão de energia elétrica observada em razão do aquecimento resistivo, quando se passa uma corrente elétrica por um condutor. Isto é, se uma corrente elétrica I passa por meio de uma resistência R no interior do volume de controle, energia elétrica é dissipada a uma taxa igual a I^2R, que corresponde à taxa na qual a energia térmica é gerada (liberada) no interior do volume.

Entrada e Saída, E_{ent} e E_{sai} A entrada e a saída de energia são fenômenos de superfície, ou seja, estão associados exclusivamente aos processos que ocorrem na superfície de controle. Como discutido anteriormente, os termos de entrada e saída de energia incluem transferência de calor e interações de trabalho que acontecem nas fronteiras do sistema (por exemplo, em razão do deslocamento da fronteira, por meio de um eixo em rotação e/ou de efeitos eletromagnéticos). Em situações nas quais a massa atravessa a fronteira do volume de controle (por exemplo, situações envolvendo escoamento de um fluido), os termos de entrada e saída também incluem a energia (térmica e mecânica) que é carregada (advecção) pela massa que entra e sai do volume de controle. Por exemplo, se a vazão mássica que entra pela fronteira for $\dot{m}$, então a taxa na qual as energias térmica e mecânica entram com o escoamento é $\dot{m}(u_t + \frac{1}{2}V^2 + gz)$, em que u_t é a energia térmica por unidade de massa. A *vazão mássica* pode ser expressa como $\dot{m} = \rho V A_{tr}$, na qual ρ é a massa específica e A_{tr} é a área transversal do canal pelo qual o fluido escoa. A *vazão volumétrica* é simplesmente $\dot{\forall} = VA_c = \dot{m}/\rho$.

Quando a primeira lei é aplicada em um volume de controle com fluido atravessando a sua fronteira, é comum dividir o termo do trabalho em duas contribuições. A primeira contribuição, chamada de *trabalho de escoamento*, é associada ao trabalho realizado por forças de pressão movimentando fluido pela fronteira. Para uma *unidade de massa*, a quantidade de trabalho é equivalente ao produto da pressão pelo volume específico do fluido (pv). O símbolo $\dot{W}$ é tradicionalmente usado para a taxa na qual o trabalho restante (não incluindo o trabalho de escoamento) é realizado. Se a operação ocorre em condições de regime estacionário ($dE_{acu}/dt = 0$) e se não há geração de energias térmica ou mecânica, a Equação 1.12c se reduz à forma a seguir da equação da energia em regime estacionário (veja a Figura 1.9), que será familiar caso você tenha feito um curso de termodinâmica:

$$\dot{m}(u_t + pv + \tfrac{1}{2}V^2 + gz)_{ent} - \dot{m}(u_t + pv + \tfrac{1}{2}V^2 + gz)_{sai} + q - \dot{W} = 0 \qquad (1.12d)$$

Os termos entre parênteses são expressos por unidade de massa de fluido nos locais de entrada e saída. Quando multiplicados pela vazão mássica $\dot{m}$, eles fornecem a taxa na qual a forma

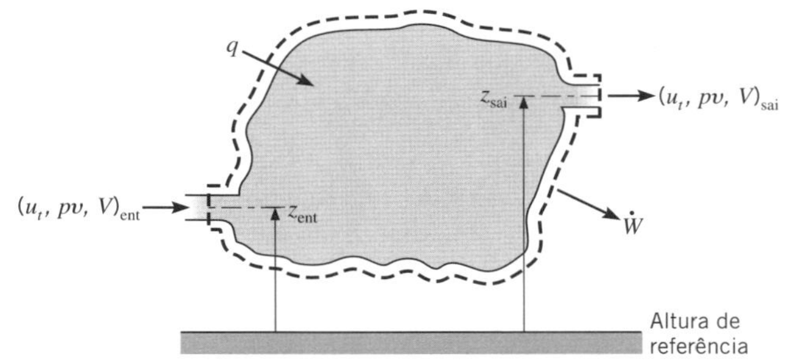

FIGURA 1.9 Conservação de energia em um sistema aberto, com escoamento em regime estacionário.

correspondente de energia (térmica, trabalho de escoamento, cinética e potencial) entra ou sai no volume de controle. A soma da energia térmica e do trabalho de escoamento, ambos por unidade de massa, pode ser substituída pela entalpia por unidade de massa, $i = u_t + pv$.

Na maioria das aplicações em sistemas abertos de interesse no presente texto, variações na energia latente entre as condições de entrada e saída da Equação 1.12d podem ser desprezadas, de tal forma que a energia térmica se reduz somente ao componente sensível. Se o fluido é considerado um *gás ideal* com *calores específicos constantes*, a diferença de entalpias (por unidade de massa) entre os escoamentos de entrada e de saída pode então ser representada por $(i_{ent} - i_{sai}) = c_p(T_{ent} - T_{sai})$, em que c_p é o calor específico a pressão constante, e T_{ent} e T_{sai} são as temperaturas na entrada e na saída, respectivamente. Se o fluido for um *líquido incompressível*, seus calores específicos a pressão constante e a volume constante são iguais, $c_p = c_v \equiv c$, e na Equação 1.12d a variação da energia sensível (por unidade de massa) se reduz a $(u_{t,ent} - u_{t,sai}) = c(T_{ent} - T_{sai})$. A não ser que a queda de pressão seja extremamente grande, a diferença nos termos do trabalho de escoamento, $(pv)_{ent} - (pv)_{sai}$, é desprezível para um líquido. Desta forma, para gases ideais *ou* líquidos incompressíveis sem mudanças no calor latente, é frequentemente apropriado utilizar a aproximação $(i_{ent} - i_{sai}) = c_p(T_{ent} - T_{sai})$.

Equação Simplificada da Energia Térmica com Escoamento em Regime Estacionário Tendo já considerado condições de regime estacionário e ausência de geração de energia térmica ou mecânica, também adotaremos a aproximação $(i_{ent} - i_{sai}) = c_p(T_{ent} - T_{sai})$, como discutido no parágrafo anterior. Adotando também que as mudanças nas energias cinética e potencial são desprezíveis, assim como o trabalho, a Equação 1.12d se reduz à *equação simplificada da energia térmica com escoamento em regime estacionário*:

$$q = \dot{m}c_p(T_{sai} - T_{ent}) \qquad (1.12e)$$

O lado direito da Equação 1.12e representa a taxa líquida de saída de entalpia (energia térmica mais trabalho de escoamento) para um gás ideal ou de saída de energia térmica para um líquido incompressível.

Uma vez que muitas aplicações em engenharia satisfazem as considerações relativas à Equação 1.12e, esta equação é comumente utilizada para a análise da transferência de calor em fluidos em movimento. Esta equação será utilizada neste livro para o estudo da transferência de calor por convecção no escoamento interno.

EXEMPLO 1.3

As pás de uma turbina eólica giram um grande eixo a uma velocidade relativamente baixa. A velocidade de rotação é aumentada por uma caixa de engrenagens que tem uma eficiência de $\eta_{ce} = 0{,}93$. Por sua vez, o eixo na saída da caixa de engrenagens atua em um gerador elétrico com eficiência de $\eta_{ger} = 0{,}95$. O envoltório cilíndrico (nacela) que abriga a caixa de engrenagens, o gerador e os equipamentos associados, tem comprimento igual a $L = 6$ m e diâmetro $D = 3$ m. Se a turbina produzir $P = 2{,}5$ MW de potência elétrica, e as temperaturas do ar e da vizinhança forem iguais a $T_\infty = 25$ °C e $T_{viz} = 20$ °C, respectivamente, determine a temperatura no exterior da nacela. A emissividade da nacela é $\varepsilon = 0{,}83$ e o coeficiente de transferência de calor por convecção no seu lado externo é igual a $h = 35$ W/(m^2 · K). A superfície da nacela adjacente à hélice (cubo) pode ser considerada adiabática e a irradiação solar pode ser desprezada.

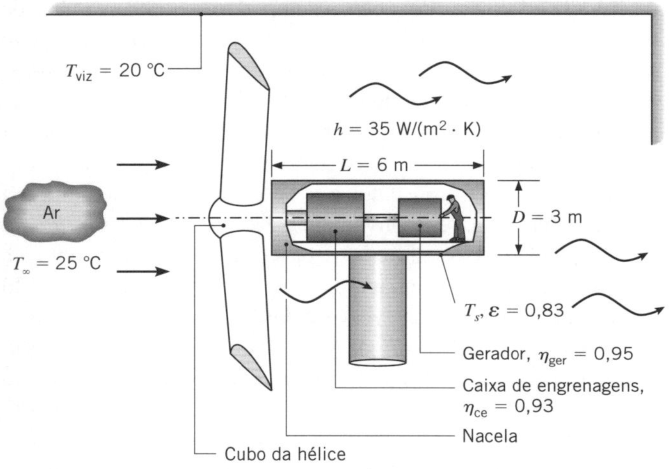

SOLUÇÃO

Dados: Potência elétrica produzida por uma turbina eólica. Eficiências da caixa de engrenagens e do gerador, dimensões e emissividade da nacela, temperaturas ambiente e da vizinhança, e coeficiente de transferência de calor.

Achar: Temperatura exterior da nacela.

Esquema:

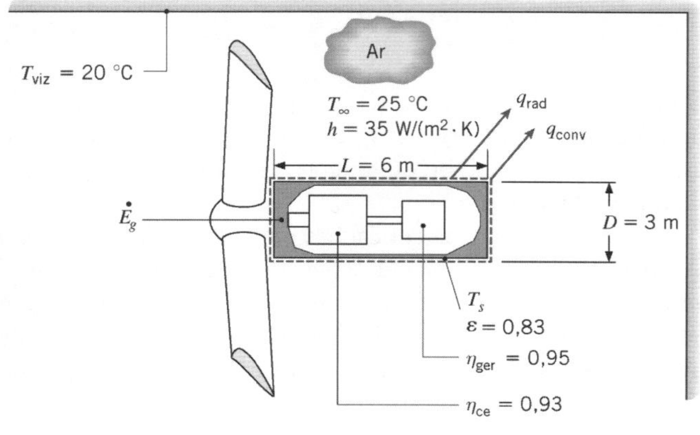

Considerações:

1. Condições de regime estacionário.
2. Vizinhança muito grande, $\alpha = \varepsilon$.
3. Superfície da nacela adjacente ao cubo da hélice é adiabática.

Análise: A primeira etapa é realizar um balanço de energia na nacela para determinar a taxa de transferência de calor da nacela para o ar e a vizinhança, em condições de regime estacionário. Esta etapa pode ser executada usando a conservação da energia *total* ou a conservação das energias *térmica e mecânica*; estas duas abordagens são comparadas.

Conservação da Energia Total O primeiro dos três enunciados emoldurados da primeira lei na Seção 1.3 pode ser convertido para uma base de taxa e representado na forma de equação como a seguir:

$$\frac{dE_{acu}^{tot}}{dt} = \dot{E}_{ent}^{tot} - \dot{E}_{sai}^{tot} \tag{1}$$

Em condições de regime estacionário, ela se reduz a $\dot{E}_{ent}^{tot} - \dot{E}_{sai}^{tot} = 0$. O termo $\dot{E}_{ent}^{tot}$ corresponde ao trabalho mecânico entrando na nacela $\dot{W}$ e o termo $\dot{E}_{ent}^{tot}$ inclui a potência elétrica produzida P e a taxa de transferência de calor deixando a nacela, q. Desta forma

$$\dot{W} - P - q = 0 \tag{2}$$

Conservação das Energias Térmica e Mecânica Alternativamente, podemos representar a conservação das energias térmica e mecânica a partir da Equação 1.12c. Em condições de regime estacionário, ela se reduz a

$$\dot{E}_{ent} - \dot{E}_{sai} + \dot{E}_g = 0 \tag{3}$$

Aqui, $\dot{E}_{ent}$ novamente corresponde ao trabalho mecânico $\dot{W}$. Contudo, $\dot{E}_{sai}$ agora inclui *somente* a taxa de transferência de calor deixando a nacela q. Ela *não* inclui a potência elétrica, porque E representa somente as formas de energia térmica e mecânica. A potência elétrica aparece no termo de geração, pois energia mecânica é convertida em energia elétrica no gerador, fazendo aparecer uma fonte negativa de energia mecânica. Isto é, $\dot{E}_g = -P$. Assim, a Equação (3) se torna

$$\dot{W} - q - P = 0 \tag{4}$$

que é equivalente à Equação (2), como ela teria que ser. Qualquer que seja a forma na qual a primeira lei da termodinâmica é aplicada, resulta a expressão a seguir para a taxa de transferência de calor:

$$q = \dot{W} - P \tag{5}$$

O trabalho mecânico e a potência elétrica estão relacionados com as eficiências da caixa de engrenagens e do gerador,

$$P = \dot{W}\eta_{ce}\eta_{ger} \tag{6}$$

Consequentemente, a Equação (5) pode ser escrita na forma

$$q = P\left(\frac{1}{\eta_{ce}\eta_{ger}} - 1\right) = 2{,}5 \times 10^6\ \text{W} \times \left(\frac{1}{0{,}93 \times 0{,}95} - 1\right)$$
$$= 0{,}33 \times 10^6\ \text{W} \tag{7}$$

Aplicação das Equações de Taxa A transferência de calor é decorrente da convecção e da radiação a partir da superfície externa da nacela, descritas pelas Equações 1.3a e 1.7, respectivamente. Assim,

$$q = q_{rad} + q_{conv} = A[q''_{rad} + q''_{conv}]$$
$$= \left[\pi DL + \frac{\pi D^2}{4}\right][\varepsilon\sigma(T_s^4 - T_{viz}^4) + h(T_s - T_\infty)]$$
$$= 0{,}33 \times 10^6\ \text{W}$$

ou

$$\left[\pi \times 3\ \text{m} \times 6\ \text{m} + \frac{\pi \times (3\ \text{m})^2}{4}\right]$$
$$\times\ [0{,}83 \times 5{,}67 \times 10^{-8}\ \text{W/(m}^2 \cdot \text{K}^4)\ (T_s^4 - (273 + 20)^4)\text{K}^4$$
$$+\ 35\ \text{W/(m}^2 \cdot \text{K)}\ (T_s - (273 + 25)\text{K})] = 0{,}33 \times 10^6\ \text{W}$$

A equação anterior não tem uma forma explícita em T_s, mas a temperatura superficial pode ser facilmente determinada por tentativa e erro ou com o uso de um pacote computacional como o *Interative Heat Transfer* (*IHT*), disponível no GEN-IO, Ambiente Virtual de Aprendizagem do Grupo Editorial Nacional | Grupo GEN. Agindo desta forma, obtém-se

$$T_s = 416\ \text{K} = 143\ °\text{C}$$

Comentários:

1. A temperatura no interior da nacela tem que ser maior do que a temperatura na sua superfície externa T_s, porque o calor gerado no interior da nacela tem que ser transferido do seu interior para a sua superfície, e de sua superfície para o ar e a vizinhança.
2. A temperatura muito alta poderia impedir, por exemplo, a realização de uma manutenção de rotina por um trabalhador, como ilustrado no enunciado do problema. Procedimentos de gerenciamento térmico envolvendo ventiladores ou sopradores têm que ser empregados para reduzir a temperatura para um nível aceitável.
3. Melhorias nas eficiências tanto da caixa de engrenagens quanto do gerador propiciariam mais potência elétrica e reduziriam o tamanho e o custo dos equipamentos para gerenciamento térmico. Desta forma, maiores eficiências aumentariam a receita gerada pela turbina eólica e diminuiriam os seus custos de capital e operacionais.
4. O coeficiente de transferência de calor não teria um valor estacionário (constante) mas variaria periodicamente com a passagem das pás da turbina. Consequentemente, o valor do coeficiente de transferência de calor representa uma grandeza *média no tempo*.

IHT EXEMPLO 1.4

Uma barra longa feita de material condutor, com diâmetro D e resistência elétrica por unidade de comprimento R'_e, encontra-se inicialmente em equilíbrio térmico com o ar ambiente e a sua vizinhança. Esse equilíbrio é perturbado quando uma corrente elétrica I passa pelo bastão. Desenvolva uma equação que possa ser usada para calcular a variação na temperatura da barra em função do tempo durante a passagem da corrente.

SOLUÇÃO

Dados: Temperatura de uma barra com diâmetro e resistência elétrica conhecidos, que varia ao longo do tempo em razão da passagem de uma corrente elétrica.

Achar: A equação que representa a variação da temperatura da barra em função do tempo.

Esquema:

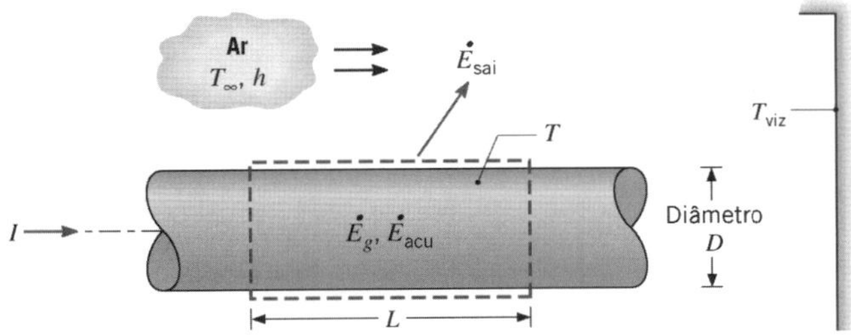

Considerações:

1. A qualquer tempo t, a temperatura da barra é uniforme.
2. Propriedades constantes (ρ, c_v, $\varepsilon = \alpha$).
3. Troca de calor por radiação entre a superfície externa da barra e a sua vizinhança do tipo que ocorre entre uma pequena superfície e um grande envoltório.

Análise: Neste problema, não há o componente mecânico da energia. Assim, os termos relevantes incluem a transferência de calor por convecção e radiação a partir da superfície, a geração de energia térmica em função do aquecimento elétrico resistivo no interior do condutor e uma variação no acúmulo da energia térmica. Uma vez que desejamos determinar a taxa de variação da temperatura, a primeira lei deve ser aplicada em um instante de tempo. Logo, usando a Equação 1.12c em um volume de controle de comprimento L que envolve a barra, tem-se que

$$\dot{E}_g - \dot{E}_{sai} = \dot{E}_{acu}$$

na qual a geração de energia térmica é decorrente do aquecimento elétrico resistivo,

$$\dot{E}_g = I^2 R'_e L$$

O aquecimento se dá de forma uniforme no interior do volume de controle e também poderia ser representado em termos de uma taxa de geração de calor volumétrica $\dot{q}$(W/m^3). A taxa de geração para todo o volume de controle é, então, $\dot{E}_g = \dot{q}V$, com $\dot{q} = I^2 R'_e/(\pi D^2/4)$. A saída de energia se dá por convecção e radiação líquida a partir da superfície, Equações 1.3a e 1.7, respectivamente,

$$\dot{E}_{sai} = h(\pi DL)(T - T_\infty) + \varepsilon\sigma(\pi DL)(T^4 - T_{viz}^4)$$

e a variação no acúmulo de energia resulta somente da variação de energia sensível,

$$\dot{E}_{acu} = \frac{dU_{sens}}{dt} = mc_v \frac{dT}{dt} = \rho V c_v \frac{dT}{dt}$$

na qual ρ e c_v são a massa específica e o calor específico, respectivamente, do material da barra, e V é o seu volume, $V = (\pi D^2/4)L$. Substituindo as equações das taxas no balanço de energia, segue-se que

$$I^2 R'_e L - h(\pi DL)(T - T_\infty) - \varepsilon\sigma(\pi DL)(T^4 - T_{viz}^4) = \rho c\left(\frac{\pi D^2}{4}\right) L \frac{dT}{dt}$$

Donde

$$\frac{dT}{dt} = \frac{I^2 R'_e - \pi D h(T - T_\infty) - \pi D\varepsilon\sigma(T^4 - T_{viz}^4)}{\rho c(\pi D^2/4)} \quad \triangleleft$$

Comentários:

1. Sólidos e líquidos podem usualmente ser tratados como incompressíveis, neste caso $c_v = c_p = c$. Esta consideração será adotada no restante deste texto.
2. A equação anterior poderia ser resolvida para fornecer o comportamento dinâmico da temperatura da barra a partir de sua integração numérica. Uma condição de regime estacionário seria no final atingida, na qual $dT/dt = 0$. A temperatura da barra é, então, determinada por uma equação algébrica na forma

$$\pi D h(T - T_\infty) + \pi D\varepsilon\sigma(T^4 - T_{viz}^4) = I^2 R'_e$$

3. Para condições ambientes fixas (h, T_∞, T_{viz}), bem como uma barra com geometria (D) e propriedades (ε, R'_e) fixas, a temperatura do regime estacionário depende da taxa de geração de energia térmica e, portanto, do valor da corrente elétrica. Considere um fio de cobre sem isolamento (D = 1 mm; ε = 0,8; R'_e = 0,4 Ω/m) no interior de um grande ambiente (T_{viz} = 300 K), no qual circula ar para resfriamento [h = 100 W/(m^2 · K), T_∞ = 300 K]. Substituindo esses valores na equação anterior, a temperatura da barra foi calculada para correntes de operação na faixa de $0 \le I \le 10$ A e os resultados a seguir foram obtidos:

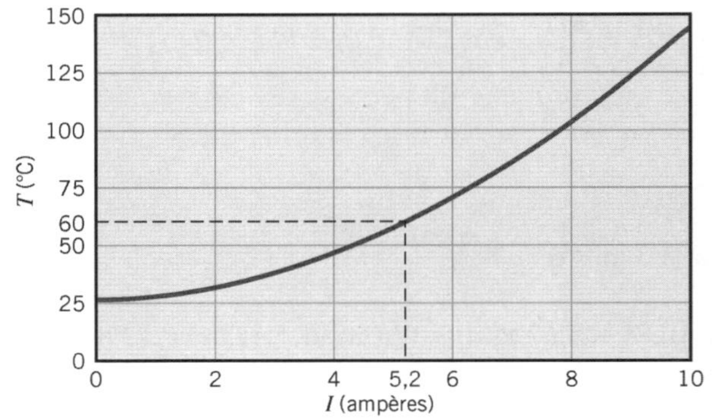

4. Se, por questões de segurança, for estabelecida uma temperatura de operação máxima de T = 60 °C, a corrente não deve exceder 5,2 A. Nessa temperatura, a transferência de calor por radiação (0,6 W/m) é muito menor do que a transferência de calor por convecção (10,4 W/m). Logo, se houvesse o desejo de operar a uma corrente elétrica mais elevada, ainda mantendo a temperatura da barra dentro do limite de segurança, o coeficiente de transferência de calor por convecção deveria ser aumentado mediante o aumento da velocidade de circulação do ar. Para h = 250 W/(m^2 · K), a corrente máxima tolerável poderia ser aumentada para 8,1 A.
5. O *software IHT* é muito útil na solução de equações, como o balanço térmico no Comentário 2, e na geração de resultados gráficos, como no Comentário 3.

IHT EXEMPLO 1.5

Considere uma massa m de gelo em sua temperatura de fusão (T_f = 0 °C) que está dentro de um recipiente cúbico de lados com W de comprimento. A parede do recipiente tem L de espessura e condutividade térmica k. Se a superfície externa do recipiente for aquecida a uma temperatura $T_1 > T_f$ para fundir o gelo, obtenha uma expressão para o tempo necessário para fundir toda a massa de gelo.

SOLUÇÃO

Dados: Massa e temperatura do gelo. Dimensões, condutividade térmica e temperatura da superfície externa da parede do recipiente.

Achar: Expressão para o tempo necessário para fundir o gelo.

Esquema:

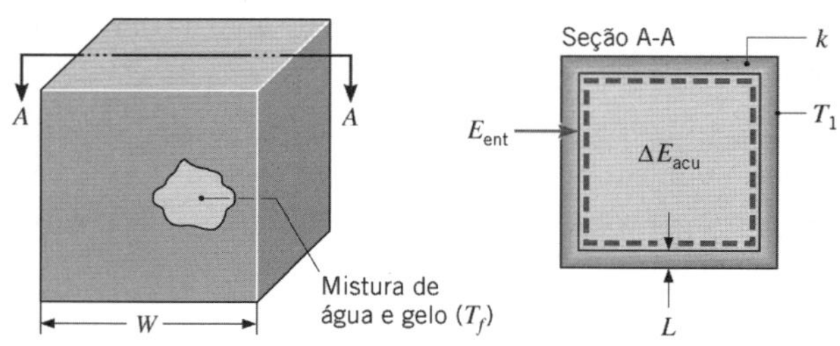

Considerações:

1. Superfície interna da parede mantida a T_f ao longo do processo.
2. Propriedades constantes.

3. Condução unidimensional e em regime estacionário ao longo de cada parede.
4. A área de condução de uma parede pode ser aproximada por W^2 ($L \ll W$).

Análise: Como devemos determinar o tempo de fusão t_f, a primeira lei deve ser aplicada no intervalo de tempo $\Delta t = t_f$. Desta forma, aplicando a Equação 1.12b em um volume de controle em torno da mistura gelo-água, tem-se que

$$E_{ent} = \Delta E_{acu} = \Delta U_{lat}$$

na qual o aumento da energia acumulada no interior do volume de controle deve-se, exclusivamente, à variação da energia latente associada à mudança do estado sólido para o estado líquido. Calor é transferido para o gelo por condução pelas paredes do recipiente. Como considera-se que a diferença de temperaturas pela parede se mantém a $(T_1 - T_f)$ ao longo de todo o processo de fusão, a taxa de transferência de calor por condução na parede é constante

$$q_{cond} = k(6W^2)\frac{T_1 - T_f}{L}$$

e a quantidade de energia que entra é

$$E_{ent} = \left[k(6W^2)\frac{T_1 - T_f}{L}\right]t_f$$

A quantidade de energia necessária para realizar tal mudança de fase por unidade de massa de sólido é chamada de *calor latente de fusão* h_{fs}. Consequentemente, o aumento da energia acumulada é

$$\Delta E_{acu} = Mh_{fs}$$

Substituindo na expressão da primeira lei, tem-se que

$$t_f = \frac{Mh_{fs}L}{6W^2k(T_1 - T_f)} \qquad \triangleleft$$

Comentários:

1. Várias complicações apareceriam se o gelo no início estivesse sub-resfriado. O termo de acúmulo deveria incluir a variação da energia sensível (térmica interna) necessária para levar o gelo da condição de sub-resfriado para a temperatura de fusão. Ao longo deste processo apareceriam gradientes de temperatura no gelo.
2. Considere um recipiente com lados medindo $W = 100$ mm, espessura de parede $L = 5$ mm e condutividade térmica $k = 0{,}05$ W/(m · K). A massa de gelo no interior do recipiente é

$$M = \rho_s(W - 2L)^3 = 920\ \text{kg/m}^3 \times (0{,}100 - 0{,}01)^3\ \text{m}^3 = 0{,}67\ \text{kg}$$

Se a temperatura da superfície externa for $T_1 = 30$ °C, o tempo necessário para fundir o gelo é

$$t_f = \frac{0{,}67\ \text{kg} \times 334.000\ \text{J/kg} \times 0{,}005\ \text{m}}{6(0{,}100\ \text{m})^2 \times 0{,}05\ \text{W/(m} \cdot \text{K)}\ (30 - 0)°\text{C}} = 12.430\ \text{s} = 207\ \text{min}$$

A massa específica e o calor latente de fusão do gelo são $\rho_s = 920$ kg/m³ e $h_{fs} = 334$ kJ/kg, respectivamente.

3. Note que as unidades K e °C se cancelam mutuamente na expressão anterior para t_f. Tal situação ocorre frequentemente em análises da transferência de calor em consequência do fato de ambas as unidades aparecerem no contexto de uma *diferença de temperaturas*.

O Balanço de Energia em uma Superfície Com frequência nós vamos ter oportunidade de aplicar a exigência de conservação de energia em uma superfície de um meio. Nesse caso particular, as superfícies de controle estão localizadas em ambos os lados da fronteira física e não envolvem massa ou volume (veja a Figura 1.10). Como consequência, os termos relativos à geração e ao acúmulo na expressão da conservação, Equação 1.12c, não são mais relevantes, sendo somente necessário lidar com os fenômenos na superfície. Nesse caso, a exigência de conservação se torna

$$\dot{E}_{ent} - \dot{E}_{sai} = 0 \qquad (1.13)$$

Embora possa estar ocorrendo geração de energia no meio, o processo não afetaria o balanço de energia na superfície de controle. Além disso, essa exigência de conservação vale tanto para condições de *regime estacionário* como de *regime transiente*.

Na Figura 1.10, são mostrados três termos de transferência de calor para a superfície de controle. Com base em uma unidade de área, eles são a condução do meio *para* a superfície de controle (q''_{cond}), a convecção *da* superfície para um fluido (q''_{conv}), e a troca líquida de calor por radiação da superfície para a sua vizinhança (q''_{rad}). O balanço de energia assume, então, a forma

$$q''_{cond} - q''_{conv} - q''_{rad} = 0 \qquad (1.14)$$

e podemos escrever cada um dos termos usando a equação de taxa apropriada, Equações 1.2, 1.3a e 1.7.

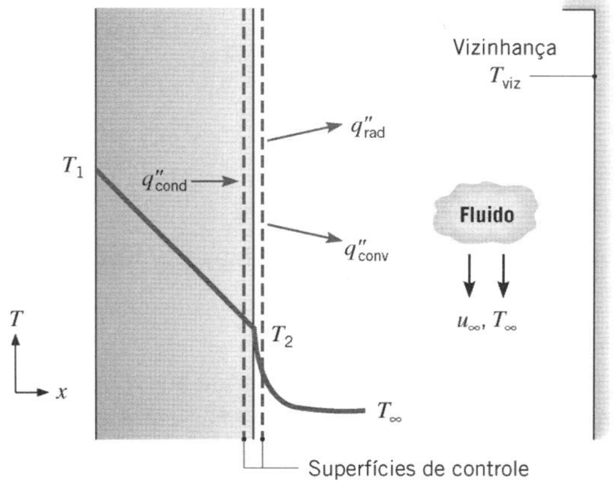

FIGURA 1.10 O balanço de energia para a conservação de energia na superfície de um meio.

IHT **EXEMPLO 1.6**

Humanos são capazes de controlar suas taxas de produção de calor e de perda de calor para manter aproximadamente constante a sua temperatura corporal de $T_c = 37$ °C, sob uma ampla faixa de condições ambientais. Este processo é chamado de *termorregulação*. Com a perspectiva de calcular a transferência de calor entre um corpo humano e sua vizinhança, focamos em uma camada de pele e gordura, com sua superfície externa exposta ao ambiente e sua superfície interna a uma temperatura um pouco abaixo da temperatura corporal, $T_i = 35$ °C = 308 K. Considere uma pessoa com uma camada de pele/gordura com espessura $L = 3$ mm e com condutividade térmica efetiva $k = 0{,}3$ W/(m · K). A pessoa tem uma área superficial $A = 1{,}8$ m^2 e está vestindo roupa de banho. A emissividade da pele é $\varepsilon = 0{,}95$.

1. Estando a pessoa no ar em repouso a $T_\infty = 297$ K, qual é a temperatura superficial da pele e a taxa de perda de calor para o ambiente? A transferência de calor por convecção para o ar é caracterizada por um coeficiente de convecção natural $h = 2$ W/(m^2 · K).
2. Estando a pessoa imersa em água a $T_\infty = 297$ K, qual é a temperatura superficial da pele e a taxa de perda de calor? A transferência de calor para a água é caracterizada por um coeficiente de convecção $h = 200$ W/(m^2 · K).

SOLUÇÃO

Dados: Temperatura da superfície interna da camada de pele/gordura, que tem espessura, condutividade térmica, emissividade e área superficial conhecidas. Condições ambientais.

Achar: Temperatura superficial da pele e taxa de perda de calor da pessoa no ar e na água.

Esquema:

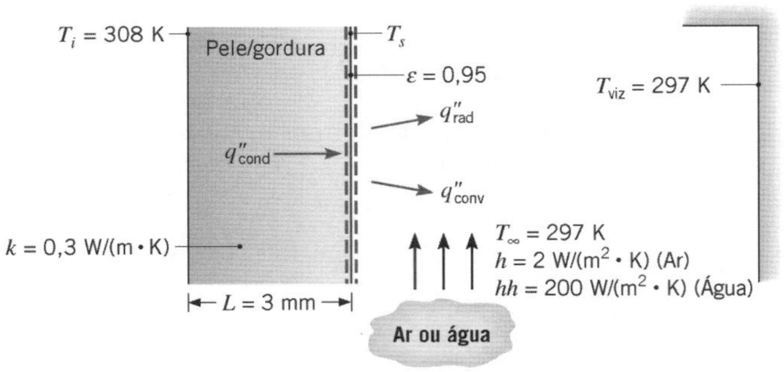

Considerações:

1. Condições de regime estacionário.
2. Transferência de calor por condução unidimensional por meio da camada de pele/gordura.
3. Condutividade térmica uniforme.
4. Na parte 1, troca por radiação entre a superfície da pele e a vizinhança equacionada como a troca entre uma superfície pequena e um amplo envoltório na temperatura do ar.
5. Água líquida opaca para a radiação.
6. Roupa de banho não afeta a perda de calor do corpo.
7. Radiação solar desprezível.
8. Na parte 2, corpo completamente imerso na água.

Análise:

1. A temperatura da superfície da pele pode ser obtida fazendo-se um balanço de energia na superfície da pele. A partir da Equação 1.13,

$$\dot{E}_{ent} - \dot{E}_{sai} = 0$$

Com base em uma unidade de área, tem-se que

$$q''_{cond} - q''_{conv} - q''_{rad} = 0$$

ou, rearranjando e substituindo as Equações 1.2, 1.3a e 1.7,

$$k\frac{T_i - T_s}{L} = h(T_s - T_\infty) + \varepsilon\sigma(T_s^4 - T_{viz}^4)$$

A única incógnita é T_s, mas não podemos determiná-la explicitamente em função da dependência com a quarta potência no termo da radiação. Consequentemente, devemos resolver a equação iterativamente, o que pode ser feito manualmente ou usando o *IHT*, ou ainda com algum *software* específico para solução de equações. Para acelerar a solução manual, escrevemos o fluxo térmico por radiação em função do coeficiente de transferência de calor por radiação usando as Equações 1.8 e 1.9:

$$k\frac{T_i - T_s}{L} = h(T_s - T_\infty) + h_r(T_s - T_{viz})$$

Explicitando T_s, com $T_{viz} = T_\infty$, temos

$$T_s = \frac{\dfrac{kT_i}{L} + (h + h_r)T_\infty}{\dfrac{k}{L} + (h + h_r)}$$

Calculamos h_r usando a Equação 1.9, com um valor estimado de $T_s = 305$ K e com $T_\infty = 297$ K, obtendo $h_r = 5{,}9$ W/(m^2 · K). Então, substituindo os valores numéricos na equação anterior, achamos

$$T_s = \frac{\dfrac{0{,}3\text{ W/(m}\cdot\text{K)} \times 308\text{ K}}{3 \times 10^{-3}\text{ m}} + (2 + 5{,}9)\text{W/(m}^2\cdot\text{K)} \times 297\text{ K}}{\dfrac{0{,}3\text{ W/(m}\cdot\text{K)}}{3 \times 10^{-3}\text{ m}} + (2 + 5{,}9)\text{ W/(m}^2\cdot\text{K)}}$$
$$= 307{,}2\text{ K}$$

Com este novo valor de T_s, podemos recalcular h_r e T_s, que não mudam. Assim, a temperatura da pele é de 307,2 K ≅ 34 °C. ◁

A taxa de calor perdido pode ser encontrada pela determinação da condução por meio da camada de pele/gordura:

$$q_s = kA\frac{T_i - T_s}{L} = 0{,}3\text{ W/(m}\cdot\text{K)} \times 1{,}8\text{ m}^2 \times \frac{(308 - 307{,}2)\text{ K}}{3 \times 10^{-3}\text{ m}}$$
$$= 146\text{ W}$$ ◁

2. Como a água líquida é opaca para a radiação térmica, a perda de calor na superfície da pele ocorre somente por convecção. Usando a expressão anterior com $h_r = 0$, encontramos

$$T_s = \frac{\dfrac{0{,}3\ \text{W/(m}\cdot\text{K)} \times 308\ \text{K}}{3 \times 10^{-3}\ \text{m}} + 200\ \text{W/(m}^2\cdot\text{K)} \times 297\ \text{K}}{\dfrac{0{,}3\ \text{W/(m}\cdot\text{K)}}{3 \times 10^{-3}\ \text{m}} + 200\ \text{W/(m}^2\cdot\text{K)}}$$

$$= 300{,}7\ \text{K} \qquad \triangleleft$$

e

$$q_s = kA\,\frac{T_i - T_s}{L} = 0{,}3\ \text{W/(m}\cdot\text{K)} \times 1{,}8\ \text{m}^2$$

$$\times \frac{(308 - 300{,}7)\ \text{K}}{3 \times 10^{-3}\ \text{m}} = 1320\ \text{W} \qquad \triangleleft$$

Comentários:

1. Ao usar balanços de energia envolvendo trocas por radiação, as temperaturas que aparecem nos termos da radiação devem ser expressas em kelvin, sendo então recomendado que se use kelvin em todos os termos para evitar confusão.
2. Na parte 1, as perdas de calor decorrentes da convecção e da radiação são de 37 W e 109 W, respectivamente. Assim, não teria sido razoável desprezar a radiação. Deve-se tomar cuidado e incluir a radiação quando o coeficiente de transferência de calor é pequeno (como é frequente na convecção natural para um gás), mesmo se o enunciado do problema não fornecer qualquer indicação de sua importância.
3. Uma taxa típica para a geração de calor metabólica é de 100 W. Se a pessoa permanecesse na água por muito tempo, a sua temperatura corporal começaria a cair. A grande perda de calor na água é resultado do maior coeficiente de transferência de calor, que, por sua vez, se deve ao fato de a condutividade térmica da água ser muito maior quando comparada à do ar.
4. A temperatura da pele de 34 °C na parte 1 é confortável, mas a temperatura da pele de 28 °C na parte 2 é desconfortavelmente fria.

Aplicação das Leis de Conservação: Metodologia Além de estar familiarizado com as equações das taxas de transferência de calor descritas na Seção 1.2, o analista de transferência de calor deve ser capaz de trabalhar com as exigências de conservação de energia representadas pelas Equações 1.12 e 1.13. A aplicação de tais balanços é simplificada se algumas regras básicas forem seguidas.

1. O volume de controle apropriado deve ser definido, com as superfícies de controle representadas por uma linha ou linhas tracejadas.
2. A base de tempo apropriada deve ser identificada.
3. Os processos relevantes envolvendo energia devem ser identificados e cada processo deve ser mostrado no volume de controle com uma seta apropriadamente identificada.
4. A equação de conservação deve, então, ser escrita e as expressões apropriadas para as taxas devem ser substituídas nos termos relevantes da equação.

Observe que a exigência de conservação de energia pode ser aplicada tanto em um volume de controle *finito* quanto em um volume de controle *diferencial* (infinitesimal). No primeiro caso, a expressão resultante governa o comportamento global do sistema. No segundo caso, é obtida uma equação diferencial que pode ser resolvida para as condições em cada ponto no sistema. Volumes de controle diferenciais são apresentados no Capítulo 2 e ambos os tipos de volumes de controle são usados extensivamente ao longo deste livro.

1.3.2 *Relações com a Segunda Lei da Termodinâmica e a Eficiência de Máquinas Térmicas*

Nesta seção, mostramos como a transferência de calor desempenha um papel crucial no gerenciamento e promoção da eficiência de uma ampla gama de dispositivos de conversão de energia. Lembre-se de que uma máquina térmica é qualquer dispositivo que opere contínua ou ciclicamente e que converta calor em trabalho. Exemplos incluem motores de combustão interna, plantas de potência e dispositivos termoelétricos (a serem discutidos na Seção 3.7.2). A melhoria da eficiência de máquinas térmicas é um assunto de extrema importância; por exemplo, motores de combustão interna mais eficientes consomem menos combustível para produzir uma dada quantidade de trabalho e reduzem as emissões de poluentes e de dióxido de carbono correspondentes. Dispositivos termoelétricos mais eficientes podem gerar mais eletricidade a partir de calor residual. Qualquer que seja o dispositivo de conversão de energia, seus tamanho, peso e custo podem todos ser reduzidos a partir da melhoria de sua eficiência de conversão de energia.

Recorre-se frequentemente à segunda lei da termodinâmica quando se tem interesse na eficiência e ela pode ser escrita em variadas, porém equivalentes, formas. O *enunciado de Kelvin-Planck* é particularmente relevante para a operação de máquinas térmicas [1]. Ele afirma:

> *É impossível para qualquer sistema operar em um ciclo termodinâmico e ceder uma quantidade líquida de trabalho à sua vizinhança enquanto recebe energia mediante a transferência de calor de um único reservatório térmico.*

Lembre-se de que um ciclo termodinâmico é um processo no qual os estados inicial e final do sistema são idênticos. Consequentemente, a energia armazenada no sistema não muda entre os estados inicial e final e a primeira lei da termodinâmica (Equação 1.12a) se reduz a $W = Q$.

Uma consequência do enunciado de Kelvin-Planck é que a máquina térmica deve trocar calor com dois (ou mais) reservatórios, recebendo energia térmica do reservatório de maior temperatura e rejeitando energia térmica para o de menor temperatura. Assim, a conversão de toda entrada de calor em trabalho é impossível, e $W = Q_{ent} - Q_{sai}$, sendo Q_{ent} e Q_{sai}

definidos como positivos. Isto é, Q_{ent} é o calor transferido do reservatório de maior temperatura para a máquina térmica e Q_{sai} é o calor transferido da máquina térmica para o reservatório de menor temperatura.

A eficiência de uma máquina térmica é definida como a fração do calor transferido para o interior da máquina térmica que é convertida em trabalho, a saber

$$\eta \equiv \frac{W}{Q_{ent}} = \frac{Q_{ent} - Q_{sai}}{Q_{ent}} = 1 - \frac{Q_{sai}}{Q_{ent}} \tag{1.15}$$

A segunda lei também nos diz que, para um processo *reversível*, a razão Q_{sai}/Q_{ent} é igual à razão das temperaturas absolutas dos respectivos reservatórios [1]. Assim, a eficiência de uma máquina térmica sob condições de processo reversível, chamada de *eficiência de Carnot* η_C, é dada por

$$\eta_C = 1 - \frac{T_f}{T_q} \tag{1.16}$$

em que T_f e T_q são as temperaturas absolutas dos reservatórios com a menor e a maior temperaturas, respectivamente. A eficiência de Carnot é a eficiência máxima possível que qualquer máquina térmica pode atingir operando entre aquelas duas temperaturas. Qualquer máquina térmica *real*, que necessariamente envolve processo irreversível, terá uma eficiência menor que η_C.

De nosso conhecimento de termodinâmica, sabemos que, para a transferência de calor ocorrer reversivelmente, ela tem que se dar a partir de uma diferença de temperaturas infinitesimal entre o reservatório e a máquina térmica. Entretanto, com base no que acabamos de aprender sobre mecanismos de transferência de calor, como incorporado nas Equações 1.2, 1.3 e 1.7, temos a percepção de que para ocorrer transferência de calor *tem que* haver uma diferença de temperaturas não nula entre o reservatório e a máquina térmica. Essa realidade introduz a irreversibilidade e reduz a eficiência.

Com os conceitos do parágrafo anterior em mente, agora consideramos um modelo mais realístico de uma máquina térmica [2–5], no qual calor é transferido para dentro da máquina por meio de uma resistência térmica $R_{t,q}$, enquanto calor é extraído da máquina por uma segunda resistência $R_{t,f}$ (Figura 1.11). Os subscritos q e f se referem aos lados quente e frio da máquina térmica, respectivamente. Como discutido na Seção 1.2.4, estas resistências térmicas estão associadas à transferência de calor entre a máquina térmica e os reservatórios a partir de uma diferença de temperaturas não nula, por intermédio dos mecanismos da condução, convecção e/ou radiação. Por exemplo, as resistências poderiam representar condução ao longo de paredes separando a máquina térmica dos dois reservatórios. Note que as temperaturas dos reservatórios são ainda T_q e T_f, mas que as temperaturas vistas pela máquina térmica são $T_{q,i} < T_q$ e $T_{f,i} > T_f$, como mostrado no diagrama. A máquina térmica é ainda considerada ser *internamente* reversível e sua eficiência é ainda a eficiência de Carnot. Entretanto, a eficiência de Carnot está *agora baseada nas temperaturas internas* $T_{q,i}$ e $T_{f,i}$. Consequentemente, uma eficiência modificada

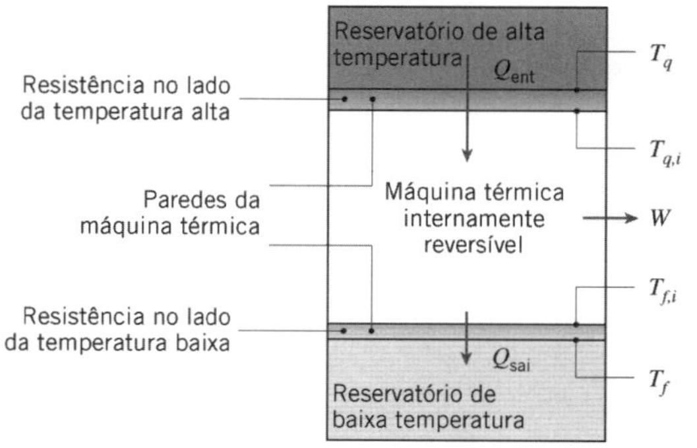

FIGURA 1.11 Máquina térmica internamente reversível trocando calor com reservatórios de alta e baixa temperaturas por meio de resistências térmicas.

que leva em conta os processos reais (irreversíveis) de transferência de calor η_m é

$$\eta_m = 1 - \frac{Q_{sai}}{Q_{ent}} = 1 - \frac{q_{sai}}{q_{ent}} = 1 - \frac{T_{f,i}}{T_{q,i}} \tag{1.17}$$

na qual a razão entre as *quantidades* de calor em um intervalo de tempo, Q_{sai}/Q_{ent}, foi substituída pela razão correspondente de taxas de calor, q_{sai}/q_{ent}. Esta substituição está baseada na aplicação da conservação da energia em um instante de tempo,[1] como discutido na Seção 1.3.1. Utilizando a definição de resistência térmica, as taxas de transferência de calor entrando e saindo da máquina térmica são dadas por

$$q_{ent} = (T_q - T_{q,i})/R_{t,q} \tag{1.18a}$$

$$q_{sai} = (T_{f,i} - T_f)/R_{t,f} \tag{1.18b}$$

As temperaturas internas podem ser explicitadas a partir das Equações 1.18, fornecendo

$$T_{q,i} = T_q - q_{ent}\, R_{t,q} \tag{1.19a}$$

$$T_{f,i} = T_f + q_{sai}\, R_{t,f} = T_f + q_{ent}(1 - \eta_m) R_{t,f} \tag{1.19b}$$

Na Equação 1.19b, q_{sai} foi escrita em função de q_{ent} e η_m, usando a Equação 1.17. A eficiência modificada, mais realista, pode então ser escrita como

$$\eta_m = 1 - \frac{T_{f,i}}{T_{q,i}} = 1 - \frac{T_f + q_{ent}(1 - \eta_m)R_{t,f}}{T_q - q_{ent}R_{t,q}} \tag{1.20}$$

Explicitando η_m, tem-se

$$\eta_m = 1 - \frac{T_f}{T_q - q_{ent}\, R_{tot}} \tag{1.21}$$

[1] A máquina térmica é suposta operar em um processo contínuo, em regime estacionário, de modo que todos os processos térmicos e de trabalho estão ocorrendo simultaneamente e os termos correspondentes devem ser representados em watt (W). Para uma máquina térmica operando em um processo cíclico com processos térmicos e de trabalho sequenciais ocorrendo em diferentes intervalos de tempo, teríamos que introduzir os intervalos de tempo para cada processo e cada termo deveria ser representado em joule (J).

na qual $R_{tot} = R_{t,q} + R_{t,f}$. Fica facilmente evidente que $\eta_m = \eta_C$ somente se as resistências térmicas $R_{t,q}$ e $R_{t,f}$ possam, de algum forma, ser feitas infinitesimalmente pequenas (ou se $q_{ent} = 0$). Para valores reais (não nulos) de R_{tot}, $\eta_m < \eta_C$ e η_m piora na medida em que R_{tot} ou q_{ent} aumenta. Como um caso extremo, note que $\eta_m = 0$ quando $T_q = T_f + q_{ent} R_{tot}$, significando que nenhuma potência poderia ser produzida, mesmo que a eficiência de Carnot, como representada pela Equação 1.16, fosse diferente de zero.

Juntamente com a eficiência, outro importante parâmetro a ser considerado é a potência produzida pela máquina térmica, dada por

$$\dot{W} = q_{ent}\,\eta_m = q_{ent}\left[1 - \frac{T_f}{T_q - q_{ent}R_{tot}}\right] \tag{1.22}$$

Já foi observado em nossa discussão da Equação 1.21 que a eficiência é igual à eficiência de Carnot máxima ($\eta_m = \eta_C$), se $q_{ent} = 0$. Contudo, sob essas circunstâncias, a produção de potência $\dot{W}$ é zero, de acordo com a Equação 1.22. Para aumentar $\dot{W}$, q_{ent} tem que ser aumentado à custa da diminuição da eficiência. Em qualquer aplicação real, um balanço tem que ser obtido entre maximizar a eficiência e maximizar a potência produzida. Se o fornecimento na entrada de calor for barato (por exemplo, se calor residual é convertido em potência), uma opção poderia ser sacrificar a eficiência para maximizar a potência produzida. Ao contrário, se o combustível for caro ou as emissões forem prejudiciais (como em plantas de potência convencionais utilizando combustível fóssil), a eficiência da conversão de energia pode ter igual ou maior importância do que a potência produzida. Qualquer que seja o caso, princípios da transferência de calor e da termodinâmica devem ser utilizados para determinar a eficiência real e a potência produzida por uma máquina térmica.

Embora tenhamos restringido nossa discussão da segunda lei às máquinas térmicas, a análise anterior mostra como os princípios da termodinâmica e da transferência de calor podem ser combinados para tratar importantes problemas de interesse contemporâneo.

EXEMPLO 1.7

Em uma grande planta de potência a vapor, a combustão de carvão fornece uma taxa de calor de $q_{ent} = 2500$ MW a uma temperatura de chama de $T_q = 1000$ K. Calor é descartado da planta para um rio, que está a $T_f = 300$ K. Calor é transferido dos produtos de combustão para o exterior de grandes tubos na caldeira por radiação e convecção, por meio dos tubos da caldeira por condução e, então, da superfície interna dos tubos para o fluido de trabalho (água) por convecção. No lado frio, calor é extraído da planta de potência pela condensação de vapor d'água sobre a superfície externa dos tubos do condensador, ao longo das paredes dos tubos do condensador por condução e do interior dos tubos do condensador para a água do rio por convecção. As resistências térmicas nos lados quente e frio, levando em conta os efeitos combinados de condução, convecção e radiação e sob *condições de projeto*, são, respectivamente, $R_{t,q} = 8 \times 10^{-8}$ K/W e $R_{t,f} = 2 \times 10^{-8}$ K/W.

1. Determine a eficiência e a potência produzida na planta de potência, levando em conta efeitos da transferência de calor para e a partir dos reservatórios frio e quente. Trate a planta de potência como uma máquina térmica internamente reversível.
2. Com o passar do tempo, escória de carvão se acumulará no lado dos tubos da caldeira em contato com a combustão. Esse *processo de deposição* aumenta a resistência no lado quente para $R_{t,q} = 9 \times 10^{-8}$ K/W. Concomitantemente, matéria biológica pode se acumular no lado da água do rio nos tubos do condensador, aumentando a resistência no lado frio para $R_{t,f} = 2{,}2 \times 10^{-8}$ K/W. Determine a eficiência e a potência produzida pela planta com a presença da deposição.

SOLUÇÃO

Dados: Temperaturas da fonte e do sumidouro, e taxa de entrada de calor para uma máquina térmica internamente reversível. Resistências térmicas separando a máquina térmica da fonte e do sumidouro, sob condições limpas e com deposição.

Achar:

1. Eficiência e potência produzida em condições limpas.
2. Eficiência e potência produzida em condições com deposição.

Esquema:

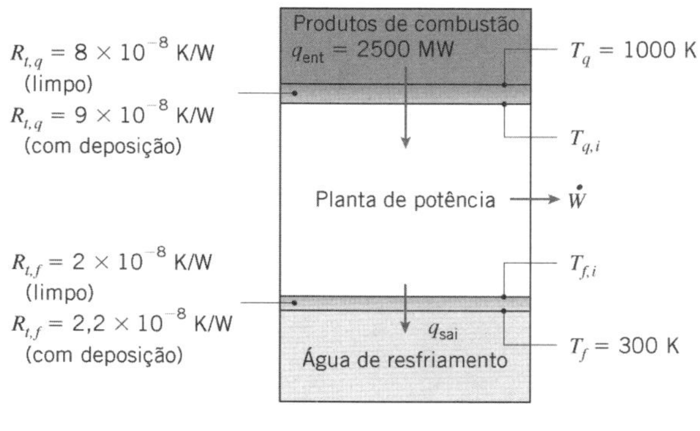

Considerações:

1. Condições de regime estacionário.
2. Planta de potência se comporta como uma máquina térmica internamente reversível, de modo que sua eficiência é a eficiência modificada.

Análise:

1. A eficiência modificada de uma planta de potência internamente reversível, considerando efeitos reais da transferência de calor nos lados quente e frio da planta de potência, é dada pela Equação 1.21:

$$\eta_m = 1 - \frac{T_f}{T_q - q_{ent}R_{tot}}$$

na qual, para condições limpas

$$R_{tot} = R_{t,q} + R_{t,f} = 8 \times 10^{-8} \text{ K/W} + 2 \times 10^{-8} \text{ K/W}$$
$$= 1{,}0 \times 10^{-7} \text{ K/W}$$

Desta forma,

$$\eta_m = 1 - \frac{T_f}{T_q - q_{ent} R_{tot}}$$
$$= 1 - \frac{300 \text{ K}}{1000 \text{ K} - 2500 \times 10^6 \text{ W} \times 1{,}0 \times 10^{-7} \text{ K/W}}$$
$$= 0{,}60 = 60 \ \% \quad \triangleleft$$

A potência produzida é dada por

$$\dot{W} = q_{ent}\, \eta_m = 2500 \text{ MW} \times 0{,}60 = 1500 \text{ MW} \quad \triangleleft$$

2. Com a presença da deposição, os cálculos anteriores são repetidos, fornecendo

$$\eta_m = 0{,}583 = 58{,}3 \ \% \ \text{ e } \ \dot{W} = 1460 \text{ MW} \quad \triangleleft$$

Comentários:

1. A eficiência real e a potência produzida por uma planta de potência operando entre estas temperaturas seriam menores do que os valores anteriormente determinados, pois haveria outras irreversibilidades internas na planta de potência. Mesmo se essas irreversibilidades fossem consideradas em uma análise mais detalhada, efeitos da deposição reduziriam a eficiência da planta e a potência produzida.
2. A eficiência de Carnot é $\eta_C = 1 - T_f/T_q = 1 - 300$ K/1000 K = 70 %. A potência produzida correspondente seria $\dot{W} = q_{ent}\, \eta_C = 2500$ MW × 0,70 = 1750 MW. Desta forma, se o efeito da transferência de calor irreversível para e a partir dos reservatórios frio e quente, respectivamente, fosse desprezado, a potência produzida na planta seria significativamente superestimada.
3. A deposição reduz a potência produzida pela planta por $\Delta P = 40$ MW. Se o dono da planta vender a eletricidade a um preço de \$0,08/(kW · h), a perda diária de receita associada à operação da planta com deposição seria de C = 40.000 kW × \$0,08/(kW · h) × 24 h/dia = \$76.800/dia.

1.4 Unidades e Dimensões

As grandezas físicas da transferência de calor são especificadas em termos de *dimensões*, que são medidas em termos de unidades. Quatro dimensões *básicas* são necessárias para o desenvolvimento da transferência de calor: comprimento (L), massa (m), tempo (t) e temperatura (T). Todas as outras grandezas físicas de interesse podem ser relacionadas com essas quatro dimensões básicas.

Nos Estados Unidos, as dimensões têm sido habitualmente medidas em termos do *sistema inglês de unidades*, no qual as *unidades básicas* são:

Dimensão		Unidade
Comprimento (L)	→	pé (ft)
Massa (m)	→	libra-massa (lb_m)
Tempo (t)	→	segundo (s)
Temperatura (T)	→	grau Fahrenheit (°F)

As unidades necessárias para especificar outras grandezas físicas podem, então, ser deduzidas a partir desse grupo.

Em 1960, o sistema SI de unidades (Système International d'Unités) foi definido pela 11ª Conferência Geral de Pesos e Medidas e recomendado como um padrão mundial. Em resposta a essa tendência, a American Society of Mechanical Engineers (ASME) exigiu o uso de unidades SI em todas as suas publicações desde 1974. Por esse motivo e pelo fato de as unidades SI serem operacionalmente mais convenientes do que o sistema inglês, o Sistema SI é usado nos cálculos deste livro. Contudo, uma vez que ainda por algum tempo os engenheiros também terão que trabalhar com resultados expressos no sistema inglês, você deve ser capaz de converter valores de um sistema para o outro. Para sua conveniência, fatores de conversão são fornecidos após os Apêndices.

As unidades *básicas* do SI necessárias para este livro estão resumidas na Tabela 1.2. Com referência a essas unidades, note que um mol é a quantidade de substância que possui tantos átomos ou moléculas quanto o número de átomos em 12 g de carbono-12 (^{12}C); isto é a molécula-grama (mol). Embora o mol tenha sido recomendado como a quantidade unitária de matéria no sistema SI, é mais consistente trabalhar com o quilograma-mol (kmol, kg-mol). Um kmol é simplesmente a quantidade de substância que contém tantos átomos ou moléculas quanto o número de átomos em 12 kg de ^{12}C. Em um problema, desde que haja coerência, não há dificuldades no uso do mol ou do kmol. A massa molar de uma substância é a massa associada a um mol ou a um quilograma-mol. Para o oxigênio, por exemplo, a massa molar $\mathcal{M}$ é de 16 g/mol ou 16 kg/kmol.

Embora a unidade de temperatura no sistema SI seja o kelvin, o uso da escala de temperatura Celsius continua muito

TABELA 1.2 Unidades SI básicas e suplementares

Grandeza e Símbolo	Unidade e Símbolo
Comprimento (L)	metro (m)
Massa (m)	quilograma (kg)
Quantidade de substância	mol (mol)
Tempo (t)	segundo (s)
Corrente elétrica (I)	ampère (A)
Temperatura termodinâmica (T)	kelvin (K)
Ângulo plano[a] (θ)	radiano (rad)
Ângulo sólido[a] (ω)	estereorradiano (sr)

[a] Unidade suplementar.

difundido. O zero na escala Celsius (0 °C) é equivalente a 273,15 K na escala termodinâmica,[2] ou seja,

$$T(K) = T(°C) + 273{,}15$$

Contudo, as *diferenças* de temperaturas são equivalentes nas duas escalas e podem ser indicadas por °C ou K. Além disso, embora a unidade de tempo do sistema SI seja o segundo, outras unidades de tempo (minuto, hora e dia) são tão comuns que o seu uso com o sistema SI é geralmente aceito.

As unidades do sistema SI abrangem uma forma coerente do sistema métrico. Ou seja, todas as unidades restantes podem ser derivadas das unidades básicas usando-se fórmulas que não envolvem quaisquer fatores numéricos. Unidades *derivadas* para algumas grandezas selecionadas estão listadas na Tabela 1.3. Note que força é medida em newton, onde uma força de 1 N irá acelerar uma massa de 1 kg a 1 m/s^2. Logo, 1 N = 1 kg · m/s^2. A unidade de pressão (N/m^2) é frequentemente reportada como o pascal. No sistema SI existe uma unidade de energia (térmica, mecânica ou elétrica) chamada joule (J); 1 J = 1 N · m. A unidade para taxa de energia, ou potência, é então J/s. Um joule por segundo é equivalente a um watt (1 J/s = 1 W). Como é frequente a necessidade de se trabalhar com números extremamente grandes ou pequenos, um conjunto de prefixos padrões foi introduzido a título de simplificação (Tabela 1.4). Por exemplo, 1 megawatt (MW) = 10^6 W e 1 micrômetro (μm) = 10^{-6} m.

TABELA 1.3 Unidades SI derivadas para grandezas selecionadas

Grandeza	Nome e Símbolo	Fórmula	Expressão em Unidades SI básicas
Força	newton (N)	m · kg/s^2	m · kg/s^2
Pressão e tensão	pascal (Pa)	N/m^2	kg/(m · s^2)
Energia	joule (J)	N · m	m^2 · kg/s^2
Potência	watt (W)	J/s	m^2 · kg/s^3

TABELA 1.4 Prefixos multiplicadores

Prefixo	Abreviação	Multiplicador
femto	f	10^{-15}
pico	p	10^{-12}
nano	n	10^{-9}
micro	μ	10^{-6}
mili	m	10^{-3}
centi	c	10^{-2}
hecto	h	10^{2}
kilo	k	10^{3}
mega	M	10^{6}
giga	G	10^{9}
tera	T	10^{12}
peta	P	10^{15}
exa	E	10^{18}

[2] O símbolo de grau é mantido na representação da temperatura Celsius (°C) para evitar confusão com o uso do C para a unidade de carga elétrica (coulomb).

1.5 Análise de Problemas de Transferência de Calor: Metodologia

O principal objetivo deste texto é prepará-lo para resolver problemas de engenharia que envolvam processos de transferência de calor. Para esse fim, um grande número de problemas é fornecido ao final de cada capítulo. Ao trabalhar nesses problemas, você desenvolverá uma avaliação mais aprofundada dos fundamentos do assunto e ganhará confiança na sua capacidade de aplicar tais fundamentos na resolução de problemas de engenharia.

Ao resolver problemas, defendemos o uso de um procedimento sistemático, caracterizado por um formato predeterminado. Esse procedimento é empregado de forma consistente nos exemplos apresentados e solicitamos que nossos alunos o utilizem na resolução dos problemas. Ele é constituído pelas seguintes etapas:

1. *Dados:* Após uma leitura cuidadosa do problema, escreva sucinta e objetivamente o que se conhece a respeito do problema. Não repita o enunciado do problema.
2. *Achar:* Escreva sucinta e objetivamente o que deve ser determinado.
3. *Esquema:* Desenhe um esquema do sistema físico. Se for previsto que as leis de conservação serão aplicadas, represente no esquema a superfície ou superfícies de controle necessárias com linhas tracejadas. Identifique os processos de transferência de calor relevantes por meio de setas apropriadamente identificadas.
4. *Considerações:* Liste todas as considerações simplificadoras pertinentes.
5. *Propriedades:* Compile os valores das propriedades físicas necessárias para a execução dos cálculos subsequentes e identifique a fonte na qual elas foram obtidas.
6. *Análise:* Comece sua análise aplicando as leis de conservação apropriadas e introduza as equações de taxa quando necessárias. Desenvolva a análise da forma mais completa possível antes de substituir os valores numéricos. Execute os cálculos necessários para obter os resultados desejados.
7. *Comentários:* Discuta os seus resultados. Tal discussão pode incluir um resumo das principais conclusões, uma crítica das considerações originais e uma estimativa de tendências obtida por cálculos adicionais do tipo *qual seria o comportamento se* e *análise de sensibilidade paramétrica.*

A importância de realizar as etapas 1 a 4 não deve ser subestimada. Elas fornecem um guia útil para pensar a respeito de um problema antes de resolvê-lo. Na etapa 7, esperamos que você tenha a iniciativa de chegar a conclusões adicionais a partir da execução de cálculos que podem ter apoio computacional. O *software* que acompanha este texto está disponível no GEN-IO, Ambiente Virtual de Aprendizagem do Grupo Editorial Nacional | Grupo GEN, e consiste em uma ferramenta útil para efetuar estes cálculos.

EXEMPLO 1.8

O revestimento de uma placa é curado pela sua exposição a uma lâmpada de infravermelho que fornece uma irradiação uniforme de 2000 W/m^2. Ele absorve 80 % da irradiação e possui uma emissividade de 0,50. A placa também se encontra exposta a uma corrente de ar e a uma grande vizinhança, cujas temperaturas são de 20 °C e 30 °C, respectivamente.

1. Se o coeficiente de transferência de calor por convecção entre a placa e o ar ambiente for de 15 W/(m^2 · K), qual é a temperatura de cura da placa?
2. As características finais do revestimento, incluindo uso e durabilidade, são sabidamente dependentes da temperatura na qual é efetuada a cura. Um sistema de escoamento de ar é capaz de controlar a velocidade do ar e, portanto, o coeficiente convectivo sobre a superfície curada. Entretanto, o engenheiro de processos precisa saber como a temperatura depende deste coeficiente convectivo. Forneça a informação desejada calculando e representando graficamente a temperatura superficial em função do valor de h para $2 \leq h \leq 100$ W/(m^2 · K). Que valor de h forneceria uma temperatura de cura de 50 °C?

SOLUÇÃO

Dados: Revestimento com propriedades radiantes conhecidas é curado pela irradiação de uma lâmpada de infravermelho. A transferência de calor a partir do revestimento é por convecção para o ar ambiente e por troca radiante com a vizinhança.

Achar:

1. Temperatura de cura para $h = 15$ W/(m^2 · K).
2. Influência do escoamento do ar na temperatura de cura para $2 \leq h \leq 100$ W/(m^2 · K). O valor do h para o qual a temperatura de cura é de 50 °C.

Esquema:

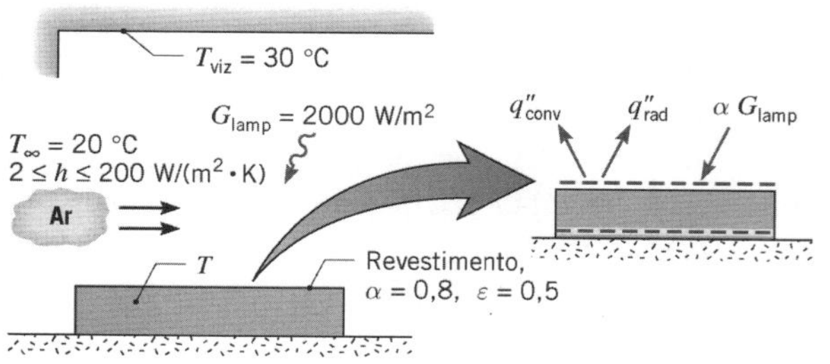

Considerações:

1. Condições de regime estacionário.
2. Perda de calor pela superfície inferior da placa desprezível.
3. A placa é um objeto pequeno em uma vizinhança grande e o revestimento possui uma absortividade $\alpha_{viz} = \varepsilon = 0{,}5$ em relação à irradiação oriunda da vizinhança.

Análise:

1. Uma vez que o processo apresenta condições de regime estacionário e não há transferência de calor pela superfície inferior da placa, a placa deve ser isotérmica ($T_s = T$). Assim, a temperatura desejada pode ser determinada posicionando-se uma superfície de controle em torno da superfície exposta e aplicando a Equação 1.13, ou colocando-se a superfície de controle ao redor de toda a placa e usando a Equação 1.12c. Adotando o segundo procedimento e reconhecendo que não há geração de energia ($\dot{E}g = 0$), a Equação 1.12c se reduz a

$$\dot{E}_{\text{ent}} - \dot{E}_{\text{sai}} = 0$$

em que $\dot{E}_{\text{acu}} = 0$ para condições de regime estacionário. Com a entrada de energia em face da absorção da irradiação da lâmpada pelo revestimento e a saída de energia em função da convecção e da troca líquida por radiação para a vizinhança, segue-se que

$$(\alpha G)_{\text{lamp}} - q''_{\text{conv}} - q''_{\text{rad}} = 0$$

Substituindo as Equações 1.3a e 1.7, obtemos

$$(\alpha G)_{\text{lamp}} - h(T - T_\infty) - \varepsilon\sigma(T^4 - T_{\text{viz}}^4) = 0$$

Substituindo os valores numéricos

$$0{,}8 \times 2000\ \text{W/m}^2 - 15\ \text{W/(m}^2\cdot\text{K)}\,(T - 293)\ \text{K}$$
$$- 0{,}5 \times 5{,}67 \times 10^{-8}\ \text{W/(m}^2\cdot\text{K}^4)\,(T^4 - 303^4)\ \text{K}^4 = 0$$

e resolvendo por tentativa e erro, obtemos

$$T = 377\ \text{K} = 104\text{°C} \quad \lhd$$

2. Resolvendo o balanço de energia anterior para valores selecionados de h dentro da faixa desejada e representando graficamente os resultados, obtemos

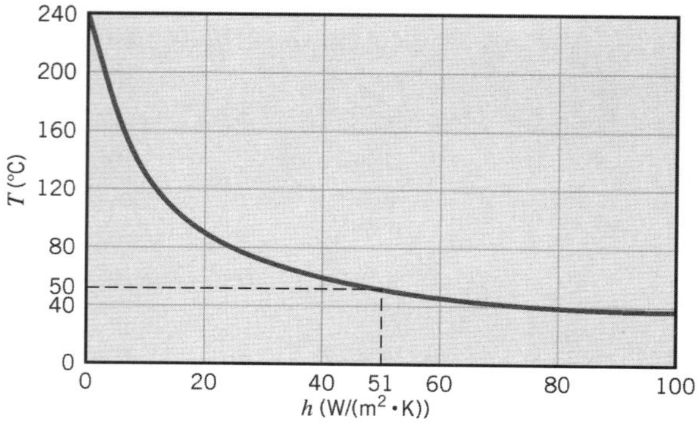

Se uma temperatura de cura de 50 °C for desejada, a corrente de ar deve ser tal que o coeficiente de transferência de calor por convecção resultante seja

$$h(T = 50\ \text{°C}) = 51{,}0\ \text{W/(m}^2\cdot\text{K)}$$

Comentários:

1. A temperatura do revestimento (placa) pode ser reduzida pela diminuição de T_∞ e T_{viz}, bem como pelo aumento da velocidade do ar e, consequentemente, do coeficiente de transferência de calor por convecção.
2. As contribuições relativas das transferências de calor por convecção e por radiação saindo da placa variam bastante com o valor do h. Para $h = 2\ W/(m^2 \cdot K)$, $T = 204\ °C$, a radiação é dominante ($q''_{rad} \approx 1232\ W/m^2$, $q''_{conv} \approx 368\ W/m^2$). Ao contrário, para $h = 200\ W/(m^2 \cdot K)$, $T = 28\ °C$, a convecção prevalece ($q''_{conv} \approx 1606\ W/m^2$, $q''_{rad} \approx -6\ W/m^2$). Na verdade, nesta condição a temperatura da placa é ligeiramente inferior àquela da vizinhança e a troca líquida radiante é *para* a placa.

1.6 Relevância da Transferência de Calor

Dedicaremos muito tempo para adquirir um entendimento dos efeitos da transferência de calor e para desenvolver as habilidades necessárias para prever taxas de transferência de calor e temperaturas presentes em certas situações. Qual é o valor deste conhecimento? Em quais problemas ele pode ser aplicado? Alguns poucos exemplos servirão para ilustrar o rico campo de aplicações, nas quais a transferência de calor desempenha um papel central.

O desafio de fornecer quantidade suficiente de energia para a humanidade é bem conhecido. Suprimentos adequados de energia são necessários não somente para abastecer a produtividade industrial, mas também para fornecer de forma confiável água potável e comida para a maioria da população mundial, além de disponibilizar o saneamento necessário para controlar doenças que ameaçam a vida.

Para avaliar o papel desempenhado pela transferência de calor no desafio energético, considere um fluxograma que represente o uso de energia nos Estados Unidos, como mostrado na Figura 1.12*a*. No presente, por volta de 61 % dos aproximadamente 100 EJ de energia que são consumidos anualmente nos Estados Unidos são descartados na forma de calor. Aproximadamente 70 % da energia usada para gerar eletricidade é

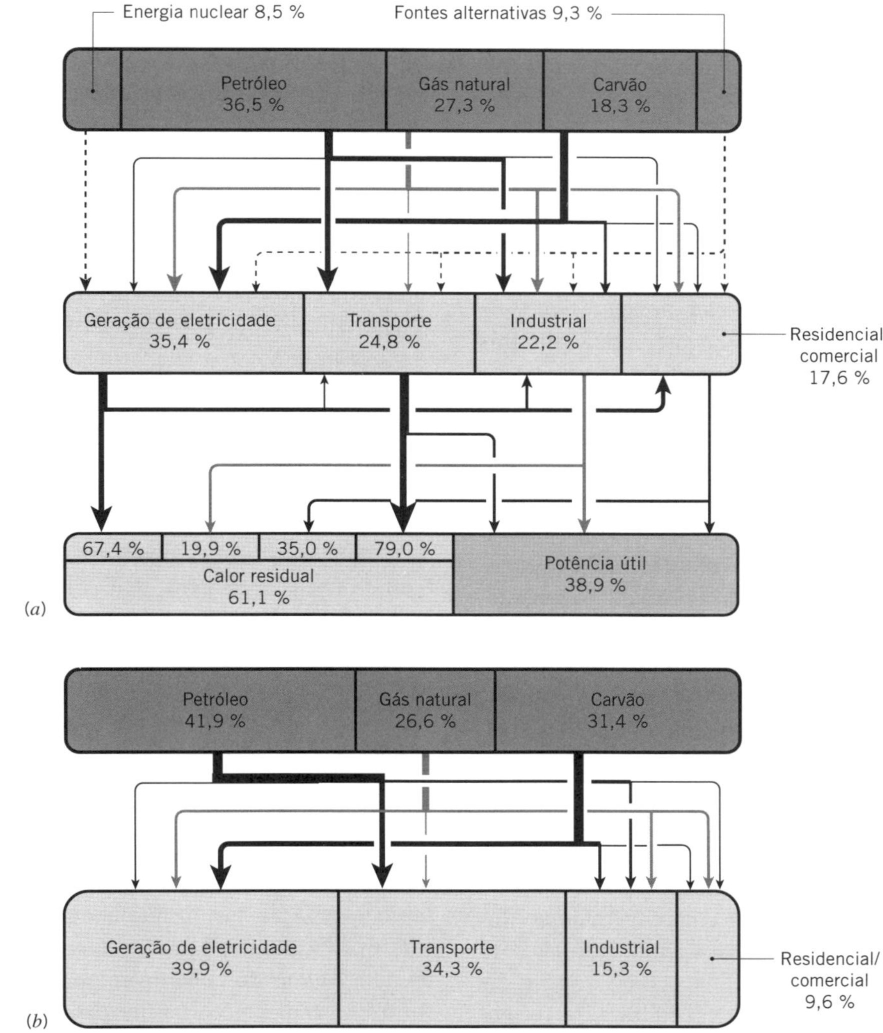

FIGURA 1.12 Fluxograma do consumo de energia e emissões associadas de CO_2 nos Estados Unidos, em 2012. (*a*) Produção e consumo de energia. (Baseados em dados do U.S. Department of Energy e do Lawrence Livermore National Laboratory). (*b*) Dióxido de carbono por fonte de combustível fóssil e aplicações finais [6]. A espessura das setas representa valores relativos do escoamento nas correntes.

perdida na forma de calor. O setor de transportes, que depende quase que exclusivamente dos combustíveis a base de petróleo, utiliza somente 21 % da energia que ele consume; os 79 % restantes são liberados na forma de calor. Embora o uso industrial e residencial/comercial de energia seja relativamente mais eficiente, oportunidades para a *conservação de energia* são abundantes. Engenharia térmica conduzida de forma criativa, utilizando as ferramentas da termodinâmica e da transferência de calor, pode levar a novas formas para (1) aumentar a eficiência na qual energia é gerada e convertida, (2) reduzir perdas de energia e (3) colher uma grande porção do calor rejeitado.

Como evidente na Figura 1.12*a*, *combustíveis fósseis* (petróleo, gás natural e carvão) dominam o portfólio energético em muitos países, como nos Estados Unidos. A combustão de combustíveis fósseis produz enormes quantidades de dióxido de carbono; a quantidade de CO_2 liberada nos Estados Unidos, em base anual, em decorrência da combustão é atualmente 5,07 Eg ($5{,}07 \times 10^{15}$ kg). Na medida em que mais CO_2 é jogado na atmosfera, mecanismos da transferência de calor radiante na atmosfera são modificados, resultando em potenciais mudanças nas temperaturas globais. Em um país como os Estados Unidos, a geração de eletricidade e o transporte são responsáveis por aproximadamente 75 % do total de CO_2 descartado na atmosfera em razão do uso de energia (Figura 1.12*b*).

Quais são algumas das formas de aplicação dos princípios da transferência de calor pelos engenheiros para tratar problemas de *sustentabilidade* energética e ambiental?

A eficiência de um *motor de turbina a gás* pode ser significativamente aumentada mediante o aumento de sua temperatura de operação. Hoje, a temperatura dos gases de combustão no interior desses motores em muito excede o ponto de fusão das ligas especiais usadas na construção das pás e rotor da turbina. Uma operação segura é tipicamente obtida com três iniciativas. Primeira, gases relativamente frios são injetados por pequenos orifícios nas extremidades das pás da turbina (Figura 1.13). Esses gases envolvem a pá na medida em que são arrastados pelo escoamento principal e auxiliam no isolamento da pá em relação aos gases de combustão quentes. Segunda, finas camadas com condutividade térmica muito baixa, *revestimento barreira térmica* cerâmico, são aplicadas nas pás e rotor para garantirem uma camada extra de isolamento. Esses revestimentos são produzidos com a aspersão de pós de cerâmica fundidos sobre os componentes do motor usando fontes com temperaturas extremamente altas, como canhões de plasma, que podem operar acima de 10.000 kelvin. Terceira, as pás e o rotor são projetados com um emaranhado de passagens internas para resfriamento, todas cuidadosamente configuradas pelo engenheiro térmico para permitir que o motor de turbina a gás opere sob tais condições extremas.

Fontes alternativas representam uma pequena fração do portfólio energético de muitas nações, como ilustrado no fluxograma da Figura 1.12*a* para os Estados Unidos. A natureza intermitente da potência gerada por fontes como o vento e a irradiação solar limita a sua utilização generalizada, e formas criativas de armazenamento do excesso de energia para uso durante os períodos de baixa geração são necessárias urgentemente. Para a irradiação solar, os raios do Sol podem ser concentrados e utilizados para aquecer fluidos a temperaturas muito altas. O fluido quente pode então ser bombeado para uma planta de potência para acionar uma turbina a vapor convencional ou outra máquina térmica. Se, no entanto, parte desta energia solar coletada for armazenada durante o dia e recuperada a noite, energia elétrica de origem solar pode ser produzida continuamente. Adicionalmente, distribuir a geração de energia elétrica ao longo do dia permite a mesma quantidade de energia elétrica produzida a cada dia, porém associada à metade da potência em operação. Desta forma, o tamanho e o custo da planta de potência é reduzido por um fator de aproximadamente dois com a utilização do armazenamento de energia térmica. Transferir enormes quantidades de calor para dentro e para fora de dispositivos de armazenamento de energia térmica requer novos projetos de transferência de calor caracterizados por resistências térmicas extremamente baixas. A criação destes dispositivos para armazenamento de energia térmica é um fator-chave para fazer a geração de energia elétrica a partir do Sol mais eficiente e economicamente viável [7].

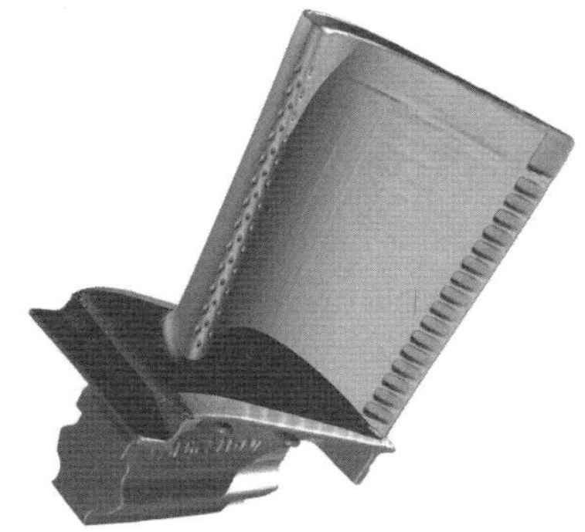

(*a*)

(*b*)

Figura 1.13 Pá de turbina a gás. (*a*) Vista externa mostrando orifícios para a injeção de gases de resfriamento. (*b*) Vista de raios X mostrando as passagens internas para resfriamento. (Cortesia de FarField Technology, Ltd., Christchurch, Nova Zelândia.)

Em face da revolução da *tecnologia da informação* nas últimas décadas, um forte aumento da produtividade industrial trouxe uma melhoria na qualidade de vida ao redor do mundo. Muitas descobertas importantes na tecnologia da informação vêm sendo viabilizadas por avanços na engenharia térmica que garantiram o controle preciso de temperaturas em sistemas abrangendo desde tamanhos de nanoescala em circuitos integrados, até grandes centrais de dados repletas de equipamentos que dissipam calor. Na medida em que os dispositivos eletrônicos se tornam mais rápidos e incorporam maiores funcionalidades, eles geram mais energia térmica. De modo simultâneo, os dispositivos se tornaram menores. Inevitavelmente, fluxos térmicos (W/m^2) e taxas volumétricas de geração de energia (W/m^3) continuam crescendo, porém, as temperaturas de operação dos dispositivos devem ser mantidas em valores razoavelmente baixos para garantir sua operação confiável. Melhorias adicionais na tecnologia de microprocessadores são atualmente limitadas pela nossa habilidade de resfriar estes pequenos dispositivos [8]. Especialistas têm apresentado sua preocupação sobre os limites de continuamente reduzir o custo de processamento computacional e, em consequência como sociedade, manter o crescimento na produtividade que tem caracterizado os últimos 30 anos, especificamente citando a necessidade de intensificar a transferência de calor no resfriamento de dispositivos eletrônicos [9]. O quanto o nosso conhecimento de transferência de calor pode ajudar a garantir uma contínua produtividade industrial no futuro?

A transferência de calor não é importante somente em sistemas de engenharia, mas também na natureza. A temperatura regula e dispara respostas biológicas em todos os sistemas vivos e, no limite, marca a fronteira entre a doença e a saúde. Dois exemplos comuns incluem a *hipotermia*, que resulta do resfriamento excessivo do corpo humano, e o *choque térmico*, que é disparado em ambientes quentes e úmidos. Ambos são mortais e ambos estão associados a temperaturas corporais que excedem os limites fisiológicos. Ambos estão diretamente ligados aos processos de convecção, radiação e evaporação que ocorrem na superfície do corpo, ao transporte de calor no interior do corpo e à energia metabólica gerada volumetricamente no interior do corpo.

Avanços recentes na *engenharia biomédica*, como cirurgias a laser, foram viabilizados pela aplicação com sucesso de princípios fundamentais da transferência de calor [10, 11]. Enquanto altas temperaturas resultantes do contato com objetos quentes podem causar *queimaduras* térmicas, *tratamentos hipertérmicos* benéficos são usados para destruir propositadamente, por exemplo, lesões cancerosas. Em uma forma similar, temperaturas muito baixas podem induzir a perda de extremidades do corpo por *congelamento*, mas o congelamento localizado intencional pode destruir seletivamente tecidos doentes em *criocirurgias*. Consequentemente, muitas terapias e dispositivos médicos operam a partir do aquecimento ou resfriamento destrutivo de tecidos doentes, deixando os tecidos sadios adjacentes inalterados.

A capacidade de projetar muitos dispositivos médicos e desenvolver o protocolo apropriado para o seu uso depende da capacidade do engenheiro de prever e controlar a distribuição de temperaturas ao longo do tratamento térmico e a distribuição de espécies químicas em quimioterapias. O tratamento de tecidos de mamíferos se torna complicado em função de sua morfologia, como mostrado na Figura 1.14. O escoamento do sangue no interior das estruturas venosa e capilar de uma área tratada termicamente afeta a transferência de calor por meio de processos de advecção. Grandes veias e artérias, que normalmente estão presentes em pares ao longo do corpo, carregam sangue a diferentes temperaturas e arrastam energia

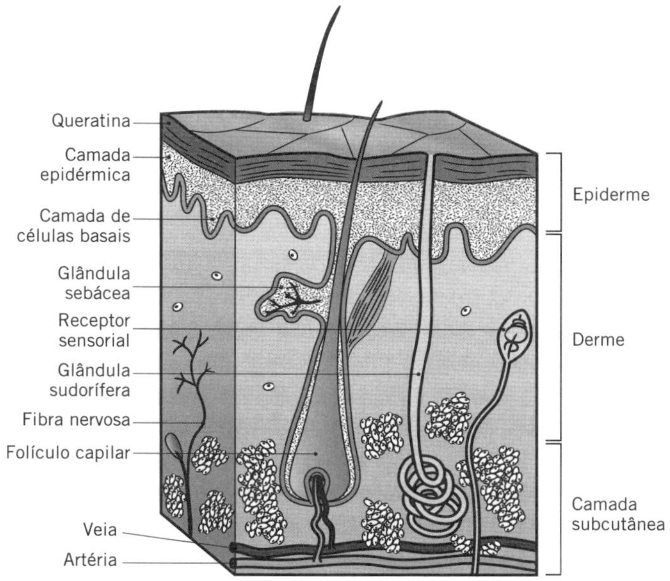

FIGURA 1.14 Morfologia da pele humana.

térmica a diferentes taxas. Consequentemente, as veias e as artérias estão em uma configuração de *troca térmica em contracorrente* com o sangue arterial quente trocando calor com o sangue venoso mais frio, por intermédio do tecido sólido interposto. Redes de capilares menores podem também afetar temperaturas locais ao permitirem a *perfusão* de sangue pela área tratada.

Nos capítulos seguintes, exemplos e problemas irão lidar com a análise destes e de muitos outros *sistemas térmicos*.

1.7 Resumo

Ainda que a maior parte do material deste capítulo será discutida com mais detalhes, você deve agora possuir uma visão geral razoável da transferência de calor. Você deve estar a par dos vários modos de transferência e de suas origens físicas. Você dedicará uma grande parte do seu tempo à aquisição das ferramentas necessárias para calcular fenômenos de transferência de calor. No entanto, antes que possa usar essas ferramentas efetivamente, você deve ter a intuição para determinar o que fisicamente está acontecendo. Especificamente, dada uma situação física, deve ser capaz de identificar os fenômenos de transporte relevantes; a importância de desenvolver esta habilidade não pode ser subestimada. O exemplo e os problemas ao final deste capítulo lançarão você no caminho do desenvolvimento dessa intuição.

Você também deve avaliar o significado das equações das taxas e se sentir confortável ao usá-las para calcular taxas de transporte. Essas equações, resumidas na Tabela 1.5, *devem ser guardadas na memória*. Você também deve reconhecer a importância das leis de conservação e a necessidade de identificar cuidadosamente os volumes de controle. Com as equações das taxas, as leis de conservação podem ser usadas para resolver inúmeros problemas de transferência de calor.

Finalmente, você deve ter iniciado a aquisição de um entendimento da terminologia e dos conceitos físicos que sustentam o assunto transferência de calor. Teste o seu entendimento

TABELA 1.5 Resumo de processos de transferência de calor

Modo	Mecanismo(s)	Equação da Taxa	Número da Equação	Propriedade ou Coeficiente de Transporte
Condução	Difusão de energia devido ao movimento molecular aleatório	$q''_x(\text{W/m}^2) = -k\dfrac{dT}{dx}$	(1.1)	k (W/(m · K))
Convecção	Difusão de energia devido ao movimento molecular aleatório acrescido da transferência de energia em função do movimento global (advecção)	$q''(\text{W/m}^2) = h(T_s - T_\infty)$	(1.3a)	h (W/(m² · K))
Radiação	Transferência de energia por ondas eletromagnéticas	$q''(\text{W/m}^2) = \varepsilon\sigma(T_s^4 - T_{viz}^4)$ ou $q(\text{W}) = h_r A(T_s - T_{viz})$	(1.7) (1.8)	ε h_r (W/(m² · K))

acerca dos termos e conceitos importantes introduzidos neste capítulo, respondendo às questões a seguir:

- Quais são os *mecanismos físicos* associados à transferência de calor por *condução*, *convecção* e *radiação*?
- Qual é o potencial motriz para a transferência de calor? Quais são os análogos deste potencial e da própria transferência de calor no transporte de cargas elétricas?
- Qual é a diferença entre um *fluxo* térmico e uma *taxa* de transferência de calor? Quais são suas unidades?
- O que é um *gradiente de temperatura*? Quais são suas unidades? Qual é a relação entre fluxo térmico e gradiente de temperatura?
- O que é a *condutividade térmica*? Quais são suas unidades? Qual o papel desempenhado por ela na transferência de calor?
- O que é a *lei de Fourier*? Você pode escrever a equação de memória?
- Se a transferência de calor por condução ao longo de um meio ocorrer em condições de *regime estacionário*, haverá variação de temperatura no meio em relação à posição em determinado instante? Haverá variação da temperatura com o tempo em uma posição determinada?
- Qual é a diferença entre *convecção natural* e *convecção forçada*?
- Quais condições são necessárias para o desenvolvimento de uma *camada-limite hidrodinâmica*? E de uma *camada-limite térmica*? O que varia ao longo de uma camada-limite hidrodinâmica? E de uma camada-limite térmica?
- Se a transferência de calor por convecção no escoamento de um líquido ou de um vapor não é caracterizada por uma mudança de fase líquido/vapor, qual é a natureza da energia sendo transferida? Qual será se tal mudança de fase estiver presente?
- O que é a *lei do resfriamento de Newton*? Você pode escrever a equação de memória?
- Qual é o papel desempenhado pelo *coeficiente de transferência de calor por convecção* na lei do resfriamento de Newton? Quais são suas unidades?
- Qual efeito tem a transferência de calor por convecção de ou para uma superfície no sólido por ela delimitado?
- O que é previsto pela lei de Stefan-Boltzmann e qual unidade de temperatura deve ser usada com esta lei? Você pode escrever a equação de memória?
- O que é a *emissividade* e qual papel ela desempenha na caracterização da transferência de calor por radiação em uma superfície?
- O que é *irradiação*? Quais são suas unidades?
- Quais duas ocorrências caracterizam a resposta de uma superfície *opaca* à radiação incidente? Qual das duas afeta a energia térmica do meio delimitado pela superfície e como? Qual propriedade caracteriza essa ocorrência?
- Quais condições estão associadas ao uso do *coeficiente de transferência de calor por radiação*?
- Você pode escrever a equação usada para expressar a troca líquida radiante entre uma pequena superfície isotérmica e um grande envoltório isotérmico?
- Considere a superfície de um sólido que se encontra a uma temperatura elevada e está exposta a uma vizinhança mais fria. Por qual(is) modo(s) o calor é transferido da superfície se (1) ela estiver em contato perfeito com outro sólido, (2) ela estiver exposta ao escoamento de um líquido, (3) ela estiver exposta ao escoamento de um gás e (4) ela estiver no interior de uma câmara onde há vácuo?
- Qual é a diferença entre a aplicação da conservação de energia em um *intervalo de tempo* ou em um *instante de tempo*?
- O que é *acúmulo (armazenamento) de energia térmica*? Como ele se diferencia da *geração de energia térmica*? Qual papel esses termos desempenham em um balanço de energia em uma superfície?

EXEMPLO 1.9

Um recipiente fechado cheio com café quente encontra-se em uma sala cujo ar e paredes estão a uma temperatura fixa. Identifique todos os processos de transferência de calor que contribuem para o resfriamento do café. Comente sobre características que contribuiriam para um melhor projeto do recipiente.

SOLUÇÃO

Dados: Café quente separado da vizinhança, mais fria, por um frasco de plástico, um espaço contendo ar e um invólucro plástico.

Achar: Processos de transferência de calor relevantes.

Esquema:

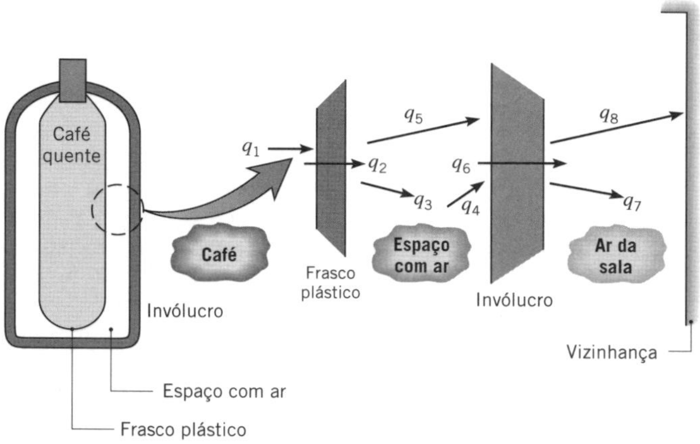

As trajetórias para a transferência da energia que sai do café são as seguintes:

q_1: convecção natural do café para o frasco.
q_2: condução pelo frasco.
q_3: convecção natural do frasco para o ar.
q_4: convecção natural do ar para o invólucro.
q_5: troca líquida radiante entre a superfície externa do frasco e a superfície interna do invólucro.
q_6: condução pelo invólucro.
q_7: convecção natural do invólucro para o ar da sala.
q_8: troca líquida radiante entre a superfície externa do invólucro e a vizinhança.

Comentários: Melhorias no projeto estão associadas (1) ao uso de superfícies aluminizadas (baixa emissividade) no frasco e no invólucro para reduzir a radiação líquida e (2) ao uso de vácuo no espaço entre o frasco e o invólucro ou de um material de enchimento para impedir a convecção natural.

Referências

1. Moran, M. J., and H. N. Shapiro, *Fundamentals of Engineering Thermodynamics*, Wiley, Hoboken, NJ, 2004.
2. Curzon, F. L., and B. Ahlborn, *American J. Physics*, **43**, 22, 1975.
3. Novikov, I. I., J. *Nuclear Energy II*, **7**, 125, 1958.
4. Callen, H. B., *Thermodynamics and an Introduction to Thermostatistics*, Wiley, Hoboken, NJ, 1985.
5. Bejan, A., *American J. Physics*, **64**, 1054, 1996.
6. U.S. Environmental Protection Agency, *Inventory of U.S. Greenhouse Emissions and Sinks:* 1990–2012, Publication EPA 430-R-14-003, 2014.
7. Shabgard, H., T. L. Bergman, and A. Faghri, *Energy*, **60**, 474, 2013.
8. Bar-Cohen, A., and I. Madhusudan, *IEEE Trans. Components and Packaging Tech.*, **25**, 584, 2002.
9. Miller, R., *Business Week*, November 11, 2004.
10. Diller, K. R., and T. P. Ryan, *J. Heat Transfer*, **120**, 810, 1998.
11. Datta, A.K., *Biological and Bioenvironmental Heat and Mass Transfer*, Marcel Dekker, New York, 2002.

Problemas

Condução

1.1 Considere a parede de refratário do Exemplo 1.1 que está operando em diferentes condições térmicas. A distribuição de temperatura, em um instante de tempo, é $T(x) = a + bx$, na qual $a = 1400$ K e $b = -1000$ K/m. Determine os fluxos térmicos, q''_x, e as taxas de transferência de calor, q_x, em $x = 0$ e $x = L$. As condições de estado estacionário existem?

1.2 Informa-se que a condutividade térmica de uma folha de isolante extrudado rígido é igual a $k = 0{,}029$ W/(m · K). A diferença de temperaturas medida entre as superfícies de uma folha com 25 mm de espessura deste material é $T_1 - T_2 = 12$ °C.

(a) Qual é o fluxo térmico ao longo de uma folha do isolante com 3 m × 3 m?

(b) Qual é a taxa de transferência de calor pela folha de isolante?

(c) Qual é a resistência térmica da folha em razão da condução?

1.3 O fluxo térmico aplicado na face esquerda de uma parede plana é $q'' = 20$ W/m². A parede tem espessura igual a $L = 10$ mm e sua condutividade térmica é $k = 12$ W/(m · K). Se as temperaturas superficiais forem medidas, sendo iguais a 50 °C no lado esquerdo e 30 °C no lado direito, condições de regime estacionário estão presentes?

1.4 Uma parede de concreto, que tem uma área superficial de 20 m² e espessura de 0,30 m, separa o ar refrigerado de um quarto do ar ambiente. A temperatura da superfície interna da parede é mantida a 25 °C e a condutividade térmica do concreto é de 1 W/(m · K).

(a) Determine a perda de calor pela parede considerando que a temperatura de sua superfície externa varie de −15 a 38 °C, que correspondem aos extremos do inverno e do verão, respectivamente. Apresente os seus resultados graficamente.

(b) No seu gráfico, represente também a perda de calor como uma função da temperatura da superfície externa para materiais da parede com condutividades térmicas de 0,75 a 1,25 W/(m · K). Explique a família de curvas que você obteve.

1.5 A laje de concreto de um porão tem 11 m de comprimento, 8 m de largura e 0,20 m de espessura. Durante o inverno, as temperaturas são normalmente de 17 e 10 °C em suas superfícies superior e inferior, respectivamente. Se o concreto tiver uma condutividade térmica de 1,4 W/(m · K), qual é a taxa de perda de calor ao longo da laje? Se o porão for aquecido por um forno a gás operando a uma eficiência de $\eta_f = 0{,}90$ e o gás natural estiver cotado a $C_g = 0{,}02$ \$/MJ, qual é o custo diário da perda térmica?

1.6 O fluxo térmico em uma lâmina de madeira, com espessura de 50 mm, cujas temperaturas das superfícies interna e externa são 40 e 20 °C, respectivamente, foi determinado como igual a 40 W/m². Qual é a condutividade térmica da madeira?

1.7 As temperaturas interna e externa de uma janela de vidro com 5 mm de espessura são 15 e 5 °C. A resistência térmica da parede de vidro em função da condução é $R_{t,\text{cond}} = 1{,}19 \times 10^{-3}$ K/W. Qual é a taxa da perda de calor por uma janela de 1 m × 3 m? Qual é a condutividade térmica do vidro?

1.8 Uma análise termodinâmica de uma turbina a gás com ciclo Brayton fornece $P = 5$ MW como produção de potência líquida. O compressor, a uma temperatura média de $T_f = 400$ °C, é impulsionado pela turbina a uma temperatura média de $T_q = 1000$ °C, por intermédio de um eixo com $L = 1$ m de comprimento e $d = 70$ mm de diâmetro, com condutividade térmica $k = 40$ W/(m · K).

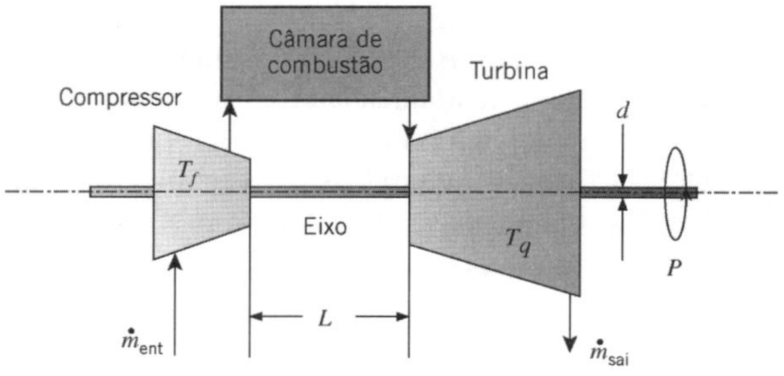

(a) Compare a taxa por condução em regime estacionário ao longo do eixo que conecta a turbina quente ao compressor aquecido com a potência líquida prevista pela análise baseada na termodinâmica.

(b) Uma equipe de pesquisa propõe uma redução de escala da turbina a gás da parte (a), mantendo todas as dimensões nas mesmas proporções. A equipe supõe que as mesmas temperaturas quente e fria do item (a) se mantêm e que a potência líquida produzida pela turbina a gás é proporcional ao volume global do modelo. Represente graficamente a razão entre a condução ao longo do eixo e a potência líquida produzida pela turbina na faixa $0{,}005 \text{ m} \leq L \leq 1$ m. O modelo em escala reduzida com $L = 0{,}005$ m é factível?

1.9 O fluxo térmico aplicado em uma face de uma parede plana é $q'' = 20$ W/m^2. A face oposta está exposta ao ar a uma temperatura de 30 °C, com um coeficiente de transferência de calor por convecção de 20 W/(m^2 · K). A temperatura da superfície exposta ao ar é medida, sendo igual a 50 °C. Condições de regime estacionário estão presentes? Se não, a temperatura da parede está aumentando ou diminuindo com o tempo?

1.10 Uma parede é feita com um material não homogêneo (não uniforme) no qual a condutividade térmica varia ao longo da espessura na forma $k = ax + b$, em que a e b são constantes. Sabe-se que o fluxo térmico é constante. Determine expressões para o gradiente de temperatura e para a distribuição de temperaturas quando a superfície em $x = 0$ está a uma temperatura T_1.

1.11 A base, com 8 mm de espessura, de uma panela com diâmetro de 220 mm pode ser feita com alumínio ($k = 240$ W/(m · K)) ou cobre ($k = 390$ W/(m · K)). Quando usada para ferver água, a superfície da base exposta à água encontra-se a 110 °C. Se calor é transferido do fogão para a panela a uma taxa de 600 W, qual é a temperatura da superfície voltada para o fogão para cada um dos dois materiais?

Convecção

1.12 Você vivenciou um resfriamento por convecção se alguma vez estendeu sua mão para fora da janela de um veículo em movimento ou a imergiu em uma corrente de água. Com a superfície de sua mão a uma temperatura de 30 °C, determine o fluxo de calor por convecção para (a) uma velocidade do veículo de 40 km/h no ar a −8 °C com um coeficiente convectivo de 40 W/(m^2 · K), e para (b) uma corrente de água com velocidade de 0,2 m/s, temperatura de 10 °C e coeficiente convectivo de 900 W/(m^2 · K). Qual a condição que o faria sentir *mais frio*? Compare esses resultados com uma perda de calor de aproximadamente 30 W/m^2 em condições ambientais normais.

1.13 Ar a 40 °C escoa sobre um cilindro longo com 25 mm de diâmetro que possui um dispositivo de aquecimento elétrico embutido em seu interior. Em uma série de testes, medidas foram realizadas da potência por unidade de comprimento, P', necessária para manter a superfície do cilindro a 300 °C para diferentes velocidades de uma corrente livre de escoamento de ar a uma velocidade V. Os resultados são os seguintes:

Velocidade do ar, V (m/s)	1	2	4	8	12
Potência, P' (W/m)	450	658	983	1507	1963

(a) Determine o coeficiente de convecção para cada velocidade e apresente seus resultados graficamente.

(b) Considerando que a dependência do coeficiente de convecção com a velocidade ocorra na forma $h = CV^n$, determine os parâmetros C e n a partir dos resultados do item (a).

1.14 Uma parede tem temperaturas superficiais interna e externa iguais a 16 e 6 °C, respectivamente. As temperaturas do ar interno e externo são 20 e 5 °C, respectivamente. Os coeficientes de transferência de calor por convecção nas superfícies interna e externa são 5 e 20 W/(m^2 · K), respectivamente. Calcule os fluxos térmicos do ar interior para a parede, da parede para o ar exterior, e da parede para o ar interior. Está a parede sob condições de regime estacionário?

1.15 O coeficiente de transferência de calor por convecção natural sobre uma chapa quente, fina e na posição vertical, suspensa no ar em repouso, pode ser determinado a partir da observação da variação da temperatura da chapa com o tempo, na medida em que ela esfria. Considerando a placa isotérmica e que a troca de calor por radiação com a vizinhança seja desprezível, determine o coeficiente de convecção no instante de tempo no qual a temperatura da chapa é de 245 °C e a sua taxa de variação com o tempo (dT/dt) é de −0,028 K/s. A temperatura do ar ambiente é de 25 °C, a chapa mede 0,4 × 0,4 m, possui massa de 4,25 kg, com um calor específico de 2770 J/(kg · K).

1.16 Uma caixa de transmissão, medindo $W = 0{,}30$ m de lado, recebe uma entrada de potência de $P_{\text{ent}} = 150$ hp vinda do motor.

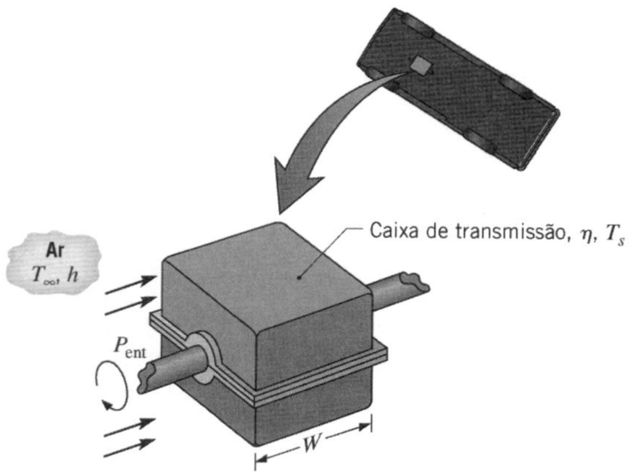

Sendo a eficiência de transmissão $\eta = 0{,}93$; com o escoamento do ar caracterizado por $T_\infty = 30$ °C e $h = 200$ W/(m² · K), qual é a temperatura superficial da caixa de transmissão? Qual é a resistência térmica associada à convecção?

1.17 Um aquecedor elétrico de cartucho possui a forma de um cilindro, com comprimento $L = 300$ mm e diâmetro externo $D = 30$ mm. Em condições normais de operação, o aquecedor dissipa 2 kW quando submerso em uma corrente de água a 20 °C onde o coeficiente de transferência de calor por convecção é de $h = 5000$ W/(m² · K). Desprezando a transferência de calor nas extremidades do aquecedor, determine a sua temperatura superficial T_s e a resistência térmica decorrente da convecção. Se o escoamento da água for inadvertidamente eliminado e o aquecedor permanecer em operação, sua superfície passa a estar exposta ao ar, que também se encontra a 20 °C, mas para o qual $h = 50$ W/(m² · K). Quais são a resistência térmica em razão da convecção e a temperatura superficial correspondente? Quais são as consequências de tal evento?

1.18 Um procedimento comum para medir a velocidade de correntes de ar envolve a inserção de um fio aquecido eletricamente (chamado de *anemômetro de fio quente*) no escoamento do ar, com o eixo do fio orientado perpendicularmente à direção do escoamento. Considera-se que a energia elétrica dissipada no fio seja transferida para o ar por convecção forçada. Consequentemente, para uma potência elétrica especificada, a temperatura do fio depende do coeficiente de convecção, o qual, por sua vez, depende da velocidade do ar. Considere um fio com comprimento $L = 20$ mm e diâmetro $D = 0{,}5$ mm, para o qual foi determinada uma calibração na forma $V = 6{,}25 \times 10^{-5} h^2$. A velocidade V e o coeficiente de convecção h têm unidades de m/s e W/(m² · K), respectivamente. Em uma aplicação envolvendo ar a uma temperatura $T_\infty = 25$ °C, a temperatura superficial do anemômetro é mantida a $T_s = 75$ °C, com uma diferença de voltagem de 5 V e uma corrente elétrica de 0,1 A. Qual é a velocidade do ar?

1.19 Um *chip* quadrado, com lado $w = 5$ mm, opera em condições isotérmicas. O *chip* é posicionado em um substrato de modo que suas superfícies laterais e inferior estão isoladas termicamente, enquanto sua superfície superior encontra-se exposta ao escoamento de um refrigerante a $T_\infty = 15$ °C. A partir de considerações de confiabilidade, a temperatura do *chip* não pode exceder a $T = 85$ °C.

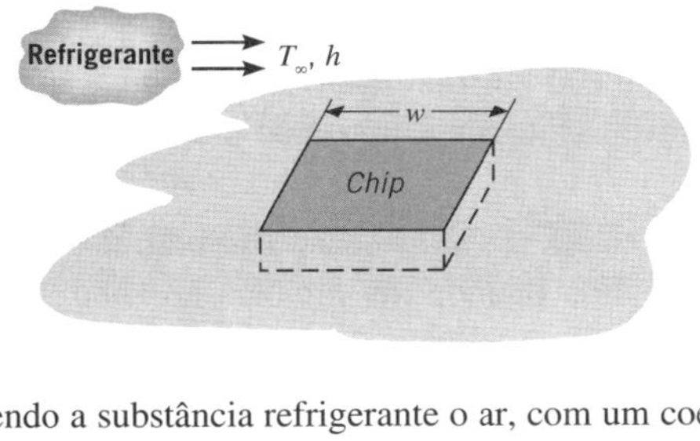

Sendo a substância refrigerante o ar, com um coeficiente de transferência de calor por convecção correspondente $h = 200$ W/(m² · K), qual é a potência máxima permitida para o *chip*? Sendo o refrigerante um líquido dielétrico para o qual $h = 3000$ W/(m² · K), qual é a potência máxima permitida?

1.20 Para um processo de ebulição, tal como mostrado na Figura 1.5*c*, a temperatura ambiente T_∞ na lei do resfriamento de Newton é substituída pela temperatura de saturação do fluido T_{sat}. Considere uma situação onde o fluxo térmico a partir da placa quente é $q'' = 20 \times 10^5$ W/m². Sendo o fluido água a pressão atmosférica e o coeficiente de transferência convectiva de calor igual a $h_a = 20 \times 10^3$ W/(m² · K), determine a temperatura da superfície superior da placa, $T_{s,a}$. Em um esforço para minimizar a temperatura da superfície, um técnico propõe substituir a água por um fluido dielétrico cuja temperatura de saturação é $T_{sat,d} = 52$ °C. Se o coeficiente de transferência de calor associado ao fluido dielétrico for $h_d = 3 \times 10^3$ W/(m² · K), o plano do técnico irá funcionar?

Radiação

1.21 Uma parede plana unidimensional é exposta a condições de transferência de calor por convecção e radiação em $x = 0$. As temperaturas ambiente e da vizinhança são $T_\infty = 20$ °C e $T_{viz} = 40$ °C, respectivamente. O coeficiente de transferência de calor por convecção é 20 W/(m² · K) e a absortividade da superfície exposta é $\alpha = 0{,}78$. Determine os fluxos convectivo e radiante para a parede em $x = 0$, se a temperatura da superfície da parede for $T_s = 24$ °C. Considere que a superfície exposta da parede é cinza e a vizinhança é grande.

1.22 Uma tubulação industrial aérea de vapor d'água não isolada termicamente, com 25 m de comprimento e 100 mm de diâmetro, atravessa uma construção cujas paredes e o ar ambiente estão a 25 °C. Vapor pressurizado mantém uma temperatura superficial na tubulação de 150 °C e o coeficiente associado à convecção natural é de $h = 10$ W/(m² · K). A emissividade da superfície é $\varepsilon = 0{,}8$.

(a) Qual é a taxa de perda de calor na linha de vapor?

(b) Sendo o vapor gerado em uma caldeira alimentada por gás natural, operando com uma eficiência de $\eta_f = 0{,}90$, e o gás natural cotado a C_g = \$0,02 por MJ, qual é o custo anual da perda de calor na linha?

1.23 Sob condições nas quais a mesma temperatura em um quarto é mantida por um sistema de aquecimento ou resfriamento, não é incomum uma pessoa sentir frio no inverno e estar confortável no verão. Forneça uma explicação razoável para esta situação (apoiada em cálculos), considerando um quarto cuja temperatura ambiente seja mantida a 20 °C ao longo do ano, enquanto suas paredes encontram-se normalmente a 27 °C e 14 °C no verão e no inverno, respectivamente. A superfície exposta de uma pessoa no quarto pode ser considerada a uma temperatura de 32 °C ao longo do ano, com uma emissividade de 0,90. O coeficiente associado à transferência de calor por convecção natural entre a pessoa e o ar do quarto é de aproximadamente 2 W/(m² · K). Qual é a razão entre as resistências térmicas em face da convecção e da radiação no verão? Qual é a razão entre estas resistências no inverno?

1.24 Uma sonda interplanetária esférica, de diâmetro 0,5 m, contém dispositivos eletrônicos que dissipam 150 W. Se a superfície da sonda possui uma emissividade de 0,8 e não recebe radiação de outras fontes, como, por exemplo, do Sol, qual é a sua temperatura superficial?

1.25 Um conjunto de instrumentos tem uma superfície externa esférica de diâmetro $D = 100$ mm e emissividade $\varepsilon = 0{,}25$. O conjunto é colocado no interior de uma grande câmara de simulação espacial cujas paredes são mantidas a 77 K. Se a operação dos componentes eletrônicos se restringe à faixa de temperaturas de $40 \leq T \leq 85$ °C, qual é a faixa aceitável de dissipação de potência do conjunto de instrumentos? Apresente os seus resultados graficamente, mostrando também o efeito de variações na emissividade ao considerar os valores de 0,20 e 0,30.

1.26 Considere as condições do Problema 1.15. Contudo, agora a placa está no vácuo com uma temperatura na vizinhança de 25 °C. Qual é a emissividade da placa? Qual é a taxa na qual radiação é emitida pela superfície?

1.27 Um sistema de vácuo, como aqueles utilizados para a deposição de finas películas eletricamente condutoras sobre microcircuitos, é composto por uma base plana mantida a 400 K por um aquecedor elétrico e possui um revestimento interior mantido a 97 K por um circuito de refrigeração que utiliza nitrogênio líquido. A base plana circular possui 0,3 m de diâmetro e uma emissividade de 0,25, e encontra-se isolada termicamente no seu lado inferior.

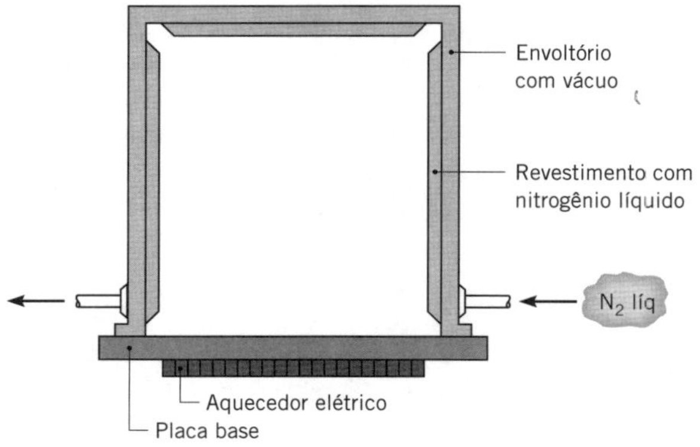

(a) Quanto de potência elétrica deve ser fornecida ao aquecedor da base?

(b) A que taxa deve ser alimentado o nitrogênio líquido no interior da camisa do revestimento, se o seu calor de vaporização é de 125 kJ/kg?

(c) Para reduzir o consumo de nitrogênio líquido, propõe-se colar uma folha de papel-alumínio fina ($\varepsilon = 0{,}09$) sobre a base. Tal procedimento alcançará o efeito desejado?

Relação com a Termodinâmica

1.28 Armazenamento de energia é necessário para, por exemplo, permitir que eletricidade de fonte solar possa ser gerada de forma contínua. Para uma dada massa de médio armazenamento, mostre que a razão entre a capacidade de armazenamento de energia térmica sensível e a capacidade de armazenamento de energia potencial pode ser expressa por

$$R = \frac{\Delta E_{\text{ar,t}}}{\Delta E_{\text{ar,ep}}} = \frac{c\Delta T}{gz}$$

na qual ΔT é a diferença entre as temperaturas máxima e mínima associadas com o armazenamento de energia térmica, c é o calor específico e z é a coordenada vertical do dispositivo de armazenamento de energia potencial. Considerando um meio de armazenamento de concreto, determine o valor de R para $\Delta T = 100$ °C e $z = 100$ m. Qual dispositivo de armazenamento de energia, térmica ou potencial, será mais efetivo para os parâmetros deste problema?

1.29 Um resistor elétrico está conectado a uma bateria, conforme mostrado no esquema. Após um curto período em condições transientes, o resistor atinge uma temperatura em estado estacionário de 95 °C, aproximadamente uniforme. A bateria e os fios condutores, por sua vez, permanecem à temperatura ambiente de 25 °C. Despreze a resistência elétrica nos fios condutores.

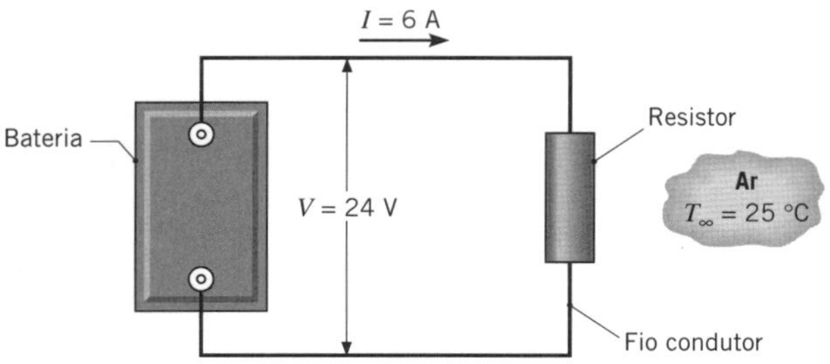

(a) Considere o resistor como um sistema ao redor do qual uma superfície de controle é posicionada e a Equação 1.12c é aplicada. Determine os valores correspondentes de $\dot{E}_{ent}$ (W), $\dot{E}_g$ (W), $\dot{E}_{sai}$ (W), e $\dot{E}_{acu}$ (W). Se uma superfície de controle for colocada ao redor de todo o sistema, quais são os valores de $\dot{E}_{ent}$ (W), $\dot{E}_g$ (W), $\dot{E}_{sai}$ (W), e $\dot{E}_{acu}$ (W)?

(b) Se energia elétrica for dissipada uniformemente no interior do resistor, que é um cilindro com diâmetro $D = 60$ mm e comprimento $L = 250$ mm, qual é a taxa de geração de calor volumétrica, $\dot{q}$ (W/m^3)?

(c) Desprezando a radiação a partir do resistor, qual é o coeficiente convectivo?

1.30 Água pressurizada ($p_{ent} = 10$ bar, $T_{ent} = 110$ °C) entra na base de um longo tubo vertical, com comprimento $L = 12$ m e diâmetro $D = 100$ mm, a uma vazão mássica de $\dot{m} = 1{,}5$ kg/s. O tubo está localizado no interior de uma câmara de combustão, o que resulta em transferência de calor para o tubo. Vapor d'água superaquecido sai no topo do tubo a $p_{sai} = 7$ bar e $T_{sai} = 600$ °C. Determine a mudança nas taxas nas quais as grandezas a seguir entram e saem do tubo: (a) a energia térmica e o trabalho de escoamento combinados; (b) a energia mecânica; e (c) a energia total da água. Também, (d) determine a taxa de transferência de calor, q. *Sugestão*: propriedades relevantes podem ser obtidas em textos de termodinâmica.

1.31 Considere o tubo e as condições de entrada do Problema 1.30. Uma taxa de transferência de calor de $q = 3{,}89$ MW é transferida para o tubo. Para uma pressão na saída de $p = 8$ bar, determine (a) a temperatura da água na saída do tubo, assim como a variação na (b) energia térmica e trabalho de escoamento combinados; (c) energia mecânica; e (d) energia total da água entre a entrada e a saída do tubo. *Sugestão*: como uma primeira estimativa, despreze a variação na energia mecânica ao resolver o item (a). Propriedades relevantes podem ser obtidas em textos de termodinâmica.

1.32 Um refrigerador internamente reversível tem um coeficiente de desempenho modificado em função dos processos reais de transferência de calor determinado por

$$\text{COP}_m = \frac{q_{ent}}{\dot{W}} = \frac{q_{ent}}{q_{sai} - q_{ent}} = \frac{T_{f,i}}{T_{q,i} - T_{f,i}}$$

em que q_{ent} é a taxa de resfriamento do refrigerador, q_{sai} é a taxa de rejeição de calor e $\dot{W}$ é a alimentação de potência. Mostre que COP_m pode ser representado em termos das temperaturas dos reservatórios T_f e T_q, das resistências térmicas nos lados quente e frio $R_{t,f}$ e $R_{t,q}$, e q_{ent}, por

$$\text{COP}_m = \frac{T_f - q_{ent}R_{tot}}{T_q - T_f + q_{ent}R_{tot}}$$

com $R_{tot} = R_{t,f} + R_{t,q}$. Mostre também que a alimentação de potência pode ser representada por

$$\dot{W} = q_{ent} \frac{T_q - T_f + q_{ent} R_{tot}}{T_f - q_{ent} R_{tot}}$$

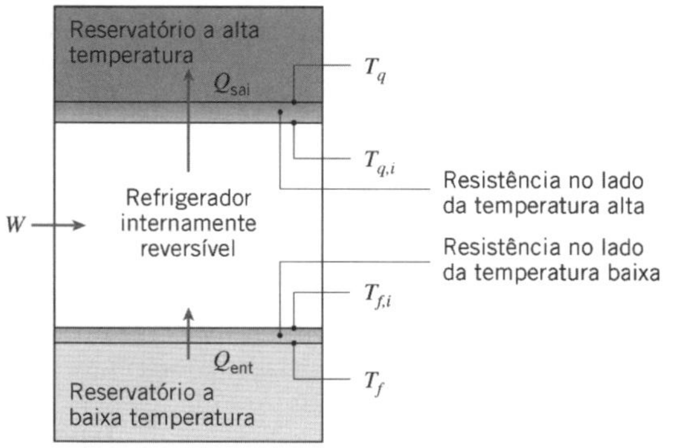

1.33 Aproximadamente 40 % da água que é bombeada nos Estados Unidos é utilizada para resfriar plantas de potência. Quantidades suficientes de água podem não estar disponíveis em regiões áridas, demandando o uso de condensadores resfriados por ar. Considere uma planta de potência operando nas condições do Exemplo 1.7, mas com o condensador da planta resfriado por água substituído por um condensador resfriado por ar. A resistência térmica no lado frio pode ser aproximada por $R_{t,f} = 1/(h_f A)$, na qual h_f é o coeficiente de transferência de calor por convecção para o escoamento nos tubos do condensador e A é a área superficial de transferência de calor. A área da superfície de transferência de calor do condensador com resfriamento por ar é dez vezes maior que aquela do condensador com resfriamento por água, e o coeficiente de transferência convectiva de calor do condensador resfriado por água é 25 vezes maior do que aquele do condensador resfriado por ar. Determine a eficiência modificada e a saída de potência da planta com o condensador resfriado por ar. Sabendo que o custo do condensador é proporcional a área de transferência de calor, o maior custo do condensador resfriado por ar é compensado por uma melhor eficiência da planta de potência e/ou maior saída de potência utilizando o resfriamento por ar? Considere condições limpas.

1.34 Um refrigerador residencial opera com reservatórios frio e quente com temperaturas de T_f = 5 °C e T_q = 25 °C, respectivamente. Quando novo, as resistências térmicas nos lados frio e quente são $R_{f,n}$ = 0,05 K/W e $R_{q,n}$ = 0,04 K/W, respectivamente. Com o tempo, poeira se acumula sobre a serpentina do condensador, localizado na parte de trás do refrigerador, aumentando a resistência no lado quente para $R_{q,p}$ = 0,1 K/W. Deseja-se uma taxa de resfriamento no refrigerador de q_{ent} = 750 W. Usando os resultados do Problema 1.32, determine o coeficiente de desempenho modificado e a alimentação de potência requerida $\dot{W}$ nas condições da serpentina (a) limpa e (b) com poeira.

Balanço de Energia e Efeitos Combinados

1.35 *Chips*, com L = 15 mm de lado, são montados em um substrato que se encontra instalado em uma câmara cujas paredes e o ar interior são mantidos à temperatura de $T_{viz} = T_\infty$ = 25 °C. Os *chips* têm uma emissividade ε = 0,60 e temperatura máxima permitida de T_s = 85 °C.

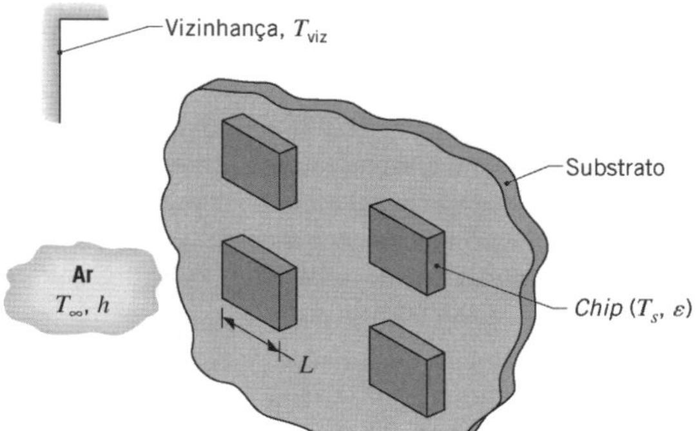

(a) Se calor é descartado pelos *chips* por radiação e convecção natural, qual é a potência operacional máxima de cada *chip*? O coeficiente convectivo depende da diferença entre as temperaturas do *chip* e do ar e pode ser aproximado por $h = C(T_s - T_\infty)^{1/4}$, em que C = 4,2 W/(m^2 · K$^{5/4}$).

(b) Se um ventilador for usado para manter o ar no interior da câmara em movimento e a transferência de calor for por convecção forçada com h = 250 W/(m^2 · K), qual é a potência operacional máxima?

1.36 Considere a caixa de transmissão do Problema 1.16, mas agora permita a troca por radiação com a sua vizinhança, que pode ser aproximada por um grande envoltório a T_{viz} = 30 °C. Sendo a emissividade da superfície da caixa igual a ε = 0,80, qual é a sua temperatura? Quais são os valores das resistências térmicas em razão da convecção e da radiação?

1.37 Um método para produzir finas lâminas de silício para uso em painéis solares fotovoltaicos é passar, de baixo para cima, duas fitas finas de material com alta temperatura de fusão por um banho de silício líquido. O silício se solidifica sobre as fitas próximo à superfície do líquido fundido, e as lâminas sólidas de silício são puxadas vagarosamente para fora do líquido. O silício é reabastecido pela adição de pó de silício sólido que é jogado no banho. Considere uma lâmina de silício, que tem largura W_{Si} = 75 mm e espessura t_{Si} = 140 μm, sendo puxada para fora do banho a uma velocidade de V_{Si} = 18 mm/min. O silício é fundido a partir do suprimento de potência elétrica à câmara cilíndrica de produção, com altura H = 400 mm e diâmetro D = 350 mm. As superfícies expostas da câmara de produção estão a T_s = 350 K, o coeficiente convectivo correspondente nas superfícies expostas é h = 8 W/(m^2 · K) e a superfície é caracterizada por uma emissividade igual a ε_s = 0,9. O pó de silício sólido está a $T_{Si,ent}$ = 298 K e a lâmina sólida de silício deixa a câmara a $T_{Si,sai}$ = 420 K. As temperaturas da vizinhança e do ambiente são $T_\infty = T_{viz}$ = 298 K.

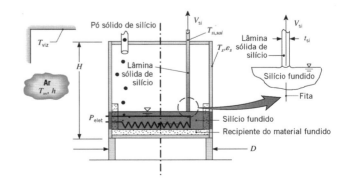

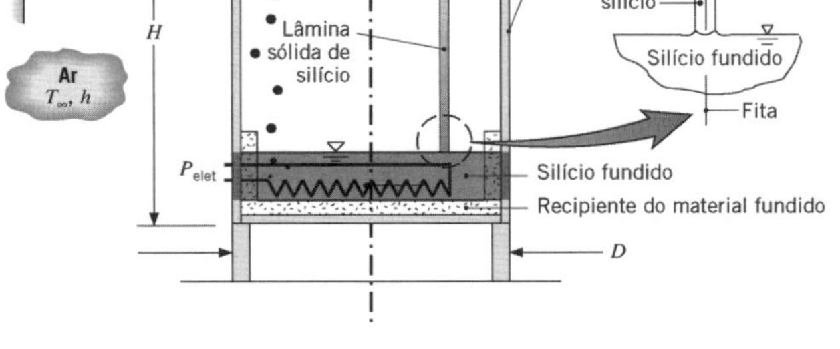

(a) Determine a potência elétrica, $P_{elét}$, necessária para operar o sistema em regime estacionário.

(b) Se o painel fotovoltaico absorver um fluxo solar médio no tempo de $q''_{sol} = 180$ W/m² e o painel tiver uma eficiência de conversão (razão entre a potência elétrica produzida e potência solar absorvida) de $\eta = 0{,}20$, quanto tempo o painel solar deve operar para produzir energia elétrica suficiente para compensar a energia elétrica consumida na sua fabricação?

1.38 Calor é transferido por radiação e convecção entre a superfície interna do envoltório cilíndrico da turbina eólica (nacela) do Exemplo 1.3 e as superfícies externas da caixa de engrenagens e do gerador. Os fluxos térmicos convectivos associados à caixa de engrenagens e ao gerador podem ser descritos por $q''_{conv,ce} = h(T_{ce} - T_\infty)$ e $q''_{conv,ger} = h(T_{ger} - T_\infty)$, respectivamente, nas quais a temperatura ambiente $T_\infty \approx T_s$ (que é a temperatura do envoltório cilíndrico) e $h = 40$ W/(m² · K). As superfícies externas da caixa de engrenagens e do gerador são caracterizadas por uma emissividade de $\varepsilon = 0{,}9$. Se as áreas das superfícies da caixa de engrenagens e do gerador forem de $A_{ce} = 6$ m² e $A_{ger} = 4$ m², respectivamente, determine as suas temperaturas superficiais.

1.39 Rejeitos radiativos são estocados em recipientes cilíndricos longos e com paredes finas. Os rejeitos geram energia térmica de forma não uniforme, de acordo com a relação $\dot{q} = \dot{q}_o[1 - (r/r_o)^2]$, em que $\dot{q}$ é a taxa local de geração de energia por unidade de volume, $\dot{q}_o$ é uma constante e r_o é o raio do recipiente. Condições de regime estacionário são mantidas pela submersão do recipiente em um líquido que está a T_∞ e fornece um coeficiente de transferência de calor por convecção uniforme e igual a h.

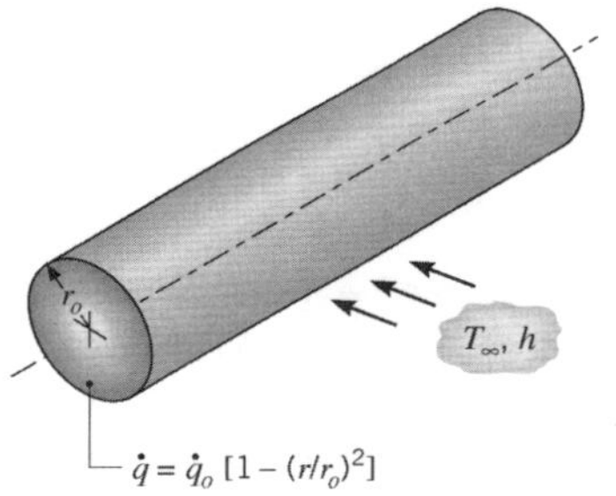

Obtenha uma expressão para a taxa total na qual a energia é gerada por unidade de comprimento do recipiente. Use esse resultado para obter uma expressão para a temperatura T_s da parede do recipiente.

1.40 Uma placa de alumínio, com 4 mm de espessura, encontra-se na posição horizontal e a sua superfície inferior está isolada termicamente. Um fino revestimento especial é aplicado sobre sua superfície superior de tal forma que ela absorva 80 % de qualquer radiação solar nela incidente, enquanto tem uma emissividade de 0,25. A densidade ρ e o calor específico c do alumínio são conhecidos, sendo iguais a 2700 kg/m³ e 900 J/(kg · K), respectivamente.

(a) Considere condições nas quais a placa está à temperatura de 25 °C e a sua superfície superior é subitamente exposta ao ar ambiente a $T_\infty = 20$ °C e à radiação solar que fornece um fluxo incidente de 900 W/m². O coeficiente de transferência de calor por convecção entre a superfície e o ar é de $h = 20$ W/(m² · K). Qual é a taxa inicial da variação da temperatura da placa?

(b) Qual será a temperatura de equilíbrio da placa quando as condições de regime estacionário forem atingidas?

1.41 Um aquecedor de sangue é usado durante a transfusão de sangue para um paciente. Este dispositivo deve aquecer o sangue, retirado do banco de sangue a 10 °C, até 37 °C a uma vazão de 200 ml/min. O sangue passa por um tubo com comprimento de 2 m e uma seção transversal retangular com 6,4 mm × 1,6 mm. A que taxa o calor deve ser adicionado ao sangue para cumprir o aumento de temperatura desejado? Se o sangue vem de um grande reservatório onde sua velocidade é praticamente nula e escoa verticalmente para baixo pelo tubo de 2 m, estime os valores das variações das energias cinética e potencial. Admita que as propriedades do sangue sejam similares às da água.

1.42 Oxigênio líquido, que possui ponto de ebulição igual a 90 K e calor latente de vaporização de 214 kJ/kg, é armazenado em um recipiente esférico cuja superfície externa possui um diâmetro de 500 mm e está a uma temperatura de −10 °C. O recipiente é guardado em um laboratório cujo ar e paredes se encontram a 25 °C.

(a) Se a emissividade da superfície for de 0,20 e o coeficiente de transferência de calor associado à convecção natural na superfície externa do recipiente for de 10 W/(m² · K), qual é a taxa, em kg/s, na qual o vapor de oxigênio deve ser retirado do sistema?

[(b)] A umidade presente no ar ambiente resultará na formação de gelo sobre o recipiente, causando um aumento na emissividade da sua superfície. Supondo que a temperatura superficial e o coeficiente convectivo permaneçam iguais a −10 °C e 10 W/(m² · K), respectivamente, calcule a taxa de evaporação do oxigênio, em kg/s, em função da emissividade da superfície para valores na faixa de $0{,}2 \leq \varepsilon \leq 0{,}94$.

1.43 A emissividade de uma chapa de aço galvanizado, um material usado normalmente em telhados, é igual a $\varepsilon = 0{,}13$ a temperaturas de aproximadamente 300 K, enquanto a absortividade em relação à irradiação solar é de $\alpha_S = 0{,}65$. Um gato das redondezas se sentiria confortável ao andar sobre o telhado construído com este material em um dia no qual $G_S = 750$ W/m², $T_\infty = 16$ °C e $h = 7$ W/(m² · K). Considere que a superfície inferior da chapa esteja isolada termicamente.

1.44 Em um estágio de um processo de têmpera, a temperatura de uma chapa de aço inoxidável AISI 304 é levada de 300 para 1250 K ao passar por um forno aquecido eletricamente a uma velocidade de $V_c = 12$ mm/s. A espessura e largura da chapa são $t_c = 10$ mm e $W_c = 3$ m, respectivamente, enquanto a altura, a largura e o comprimento do forno são $H_f = 3$ m, $W_f = 3{,}4$ m e $L_f = 30$ m, respectivamente. O teto e as quatro paredes laterais do forno estão expostos ao ar ambiente e a uma grande vizinhança, ambos a 300 K. Sua temperatura superficial, coeficiente de transferência de calor por convecção e emissividade correspondentes são $T_s = 350$ K, $h = 10$ W/(m² · K) e $\varepsilon_s = 0{,}8$. A superfície inferior do forno também se encontra a 350 K e está assentada sobre uma placa de concreto com 0,5 m de espessura, cuja base encontra-se a 300 K. Estime a potência elétrica $P_{elét}$ que deve ser fornecida ao forno.

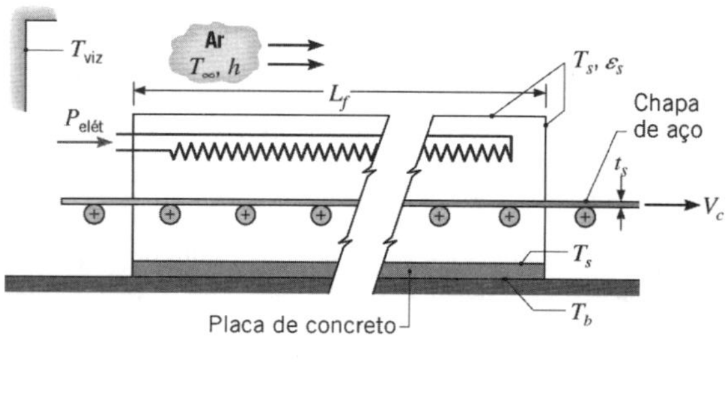

1.45 Fornos de convecção operam com base no princípio de promover convecção forçada em sua câmara interna com um ventilador. Um bolo *pequeno* deve ser assado em um forno quando o dispositivo convectivo está desativado. Nesta situação, o coeficiente convectivo por convecção natural associado ao bolo e à sua forma é de $h_{nat} = 3$ W/(m^2 · K). O ar no interior do forno e as superfícies internas do forno encontram-se a $T_\infty = T_{viz} = 180$ °C. Determine o fluxo térmico para a forma do bolo e sua massa quando eles são colocados no forno a uma temperatura inicial de $T_i = 24$ °C. Se o dispositivo convectivo for ativado, o coeficiente convectivo por convecção forçada passa a ser de $h_{for} = 27$ W/(m^2 · K). Qual é o fluxo térmico na massa ou na forma se o dispositivo convectivo estiver ativado? Considere um valor para a emissividade da massa do bolo e sua forma de 0,97.

1.46 Um forno para o processamento de materiais semicondutores é formado por uma câmara de carbeto de silício que tem uma zona quente na seção superior e uma zona fria na seção inferior. Com o elevador na posição inferior, um braço robô insere a pastilha de silício nos pinos de apoio. Em uma operação de produção, a pastilha é rapidamente deslocada para a zona quente para cumprir o histórico temperatura-tempo especificado para o processo. Nesta posição, as superfícies superior e inferior da pastilha trocam radiação com as zonas quente e fria, respectivamente, da câmara. As temperaturas das zonas são $T_q = 1500$ K e $T_f = 330$ K, e as emissividade e espessura da pastilha são $\varepsilon = 0,65$ e $d = 0,78$ mm, respectivamente. Com o gás no ambiente a $T_\infty = 700$ K, os coeficientes de transferência de calor por convecção nas superfícies superior (h_{sup}) e inferior (h_{inf}) da pastilha são 8 e 4 W/(m^2 · K), respectivamente. A pastilha de silício tem uma densidade de 2700 kg/m^3 e um calor específico de 875 J/(kg · K).

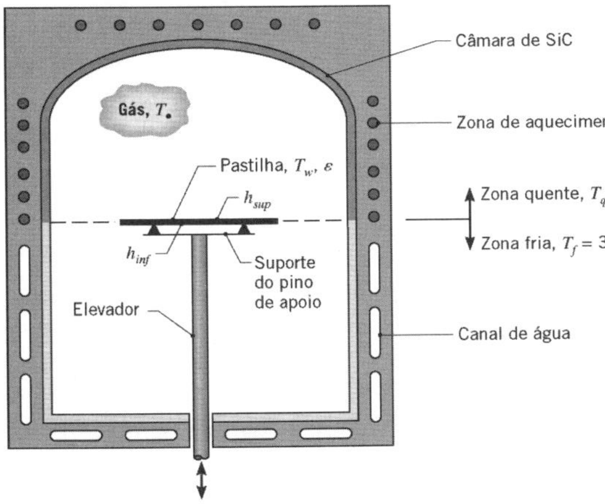

(a) Para uma condição inicial que corresponde a uma temperatura da pastilha de $T_{p,i} = 300$ K e a posição da pastilha como mostrado no esquema, determine a taxa de variação temporal correspondente da temperatura da pastilha, $(dT_p/dt)_i$.

(b) Determine a temperatura no estado estacionário que a pastilha atinge se ela se mantiver nesta posição. O quanto a transferência de calor por convecção é significativa nesta situação? Esboce como você espera que a temperatura da pastilha varie como uma função da posição vertical do elevador.

1.47 Considere a turbina eólica do Exemplo 1.3. Para reduzir a temperatura no envoltório cilíndrico da turbina (nacela) para $T_s = 30$ °C é aberta uma comunicação com o exterior e um ventilador instalado para forçar a circulação do ar externo para seu interior. Qual é a vazão mássica mínima de ar necessária no caso de sua temperatura chegar à temperatura da superfície interna do envoltório antes de deixar o ambiente interno. O calor específico do ar é de 1007 J/(kg · K).

1.48 Uma esfera pequena de ferro puro padrão, com calor específico de 447 J/(kg · K) e massa de 0,515 kg, é subitamente imersa em uma mistura gelo-água. Finos fios de termopar mantêm a esfera suspensa. Observa-se que a sua temperatura varia de 15 para 14 °C em 6,35 s. O experimento é repetido com uma esfera metálica de mesmo diâmetro, com composição desconhecida e massa de 1,263 kg. Com a mesma variação de temperatura observada ocorrendo em 4,59 s, qual é o calor específico do material desconhecido?

1.49 Um carregador de telefone celular com 50 mm × 45 mm × 20 mm tem uma temperatura superficial de $T_s = 33$ °C, quando ligado a uma tomada elétrica, sem estar em uso. A superfície do carregador tem emissividade $\varepsilon = 0,92$ e está submetida a um coeficiente de transferência de calor por convecção natural $h = 4,5$ W/(m^2 · K). A temperatura do ar no ambiente e a temperatura da vizinhança são $T_\infty = 22$ °C e $T_{viz} = 20$ °C, respectivamente. Sendo os custos da eletricidade iguais a $C = \$0,18/(\text{kW} \cdot \text{h})$, determine o custo diário de manter o carregador ligado na tomada, sem estar em uso.

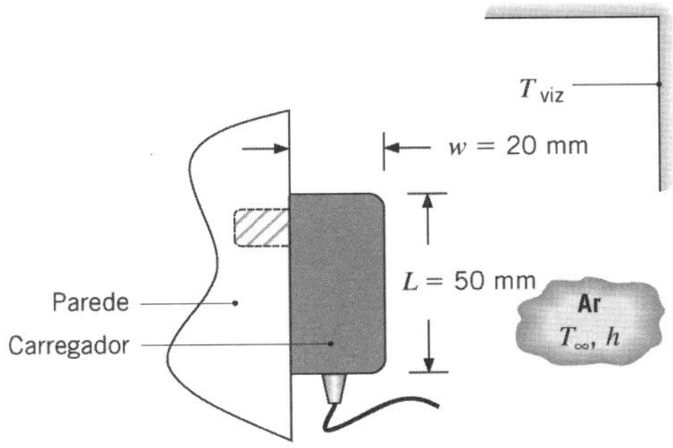

1.50 Um reator esférico de aço inoxidável (AISI 302) é usado para armazenar um meio reacional que fornece um fluxo de calor uniforme q''_i para a sua superfície interna. O reator é subitamente submerso em um banho líquido a uma temperatura $T_\infty < T_i$, sendo T_i a temperatura inicial da parede do reator.

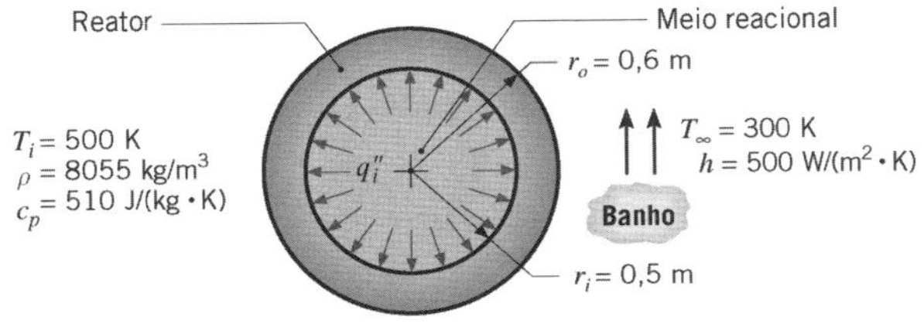

(a) Considerando que o gradiente de temperatura na parede do reator seja desprezível e um fluxo de calor constante e igual a q''_i, desenvolva uma equação para a variação da temperatura da parede em função do tempo durante o processo transiente. Qual é a taxa inicial de variação da temperatura na parede se $q''_i = 10^5$ W/m^2?

(b) Qual a temperatura da parede em condições de regime estacionário?

[c] O coeficiente de transferência de calor por convecção depende da velocidade do escoamento do fluido externo ao reator e do fato de a temperatura da parede ser ou não elevada o suficiente para induzir a ebulição do líquido. Calcule e represente graficamente a temperatura

da parede em regime estacionário em função do valor de h para a faixa $100 \leq h \leq 10.000$ W/(m^2 · K). Existe algum valor de h abaixo do qual a operação seria inaceitável?

1.51 Um compartimento de um congelador fica coberto com uma camada de 3 mm de espessura de gelo quando o seu funcionamento não está 100 %. Estando o compartimento exposto ao ar ambiente a 20 °C com um coeficiente $h = 2$ W/(m^2 · K) caracterizando a transferência de calor por convecção natural na superfície exposta da camada de gelo, estime o tempo requerido para a completa fusão do gelo. Considere a densidade do gelo igual a 700 kg/m^3 e um calor latente de fusão de 334 kJ/kg.

1.52 Um painel fotovoltaico de dimensões 2 m × 4 m é instalado no telhado de uma residência. O painel é irradiado com um fluxo solar $G_S = 700$ W/m^2, perpendicular à superfície superior do painel. A absortividade do painel em relação à irradiação solar é de $\alpha_S = 0{,}83$ e a eficiência de conversão do fluxo absorvido em potência elétrica é $\eta = P/(\alpha_S G_S A) = 0{,}553 - 0{,}001\ (\text{K}^{-1})T_p$, em que T_p é a temperatura do painel expressa em kelvin e A é a área do painel solar. Determine a potência elétrica gerada para (a) um dia tranquilo de verão, no qual $T_{viz} = T_\infty = 35$ °C, $h = 10$ W/(m^2 · K), e (b) um dia de inverso com vento, no qual $T_{viz} = T_\infty = -15$ °C, $h = 30$ W/(m^2 · K). A emissividade do painel é $\varepsilon = 0{,}90$.

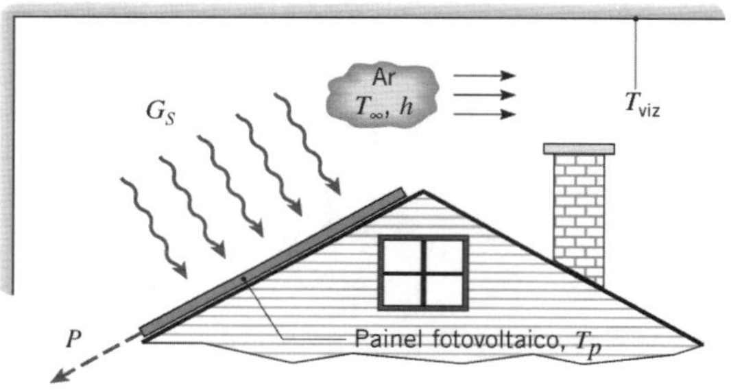

1.53 Considere um transistor para montagem sobre a superfície de um circuito integrado cuja temperatura é mantida a 35 °C. Ar a 20 °C escoa sobre a superfície superior, de dimensões 4 mm × 8 mm, com um coeficiente convectivo de 50 W/(m^2 · K). Três terminais, cada um com seção transversal de 1 mm × 0,25 mm e comprimento de 4 mm, conduzem calor da cobertura do transistor para a placa do circuito. O espaço entre a cobertura e a placa é de 0,2 mm.

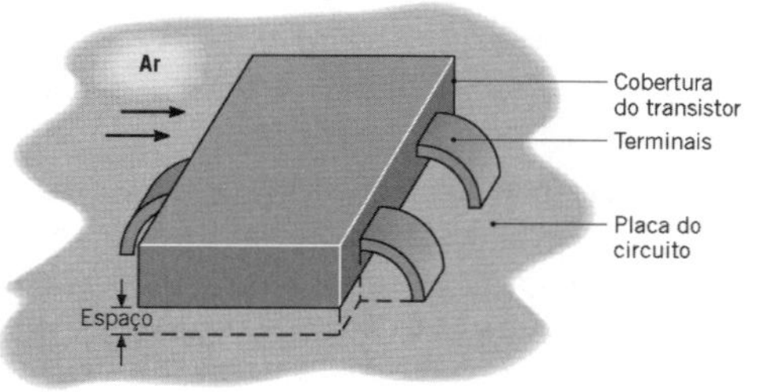

(a) Considerando a cobertura isotérmica e desprezando a radiação, estime a temperatura da cobertura quando 150 mW são dissipados pelo transistor e (i) ar estagnado ou (ii) uma pasta condutiva preenche o espaço entre a cobertura e a placa do circuito. As condutividades térmicas dos terminais, do ar e da pasta condutiva são 25, 0,0263 e 0,12 W/(m · K), respectivamente.

(b) Usando a pasta condutiva para preencher o espaço cobertura-placa, desejamos determinar a tolerância para o aumento da dissipação de calor, sujeitos à restrição de que a temperatura da cobertura do transistor não pode exceder os 40 °C. Opções incluem o aumento da velocidade do ar para obter um coeficiente convectivo h maior e/ou a mudança no material dos terminais para um com maior condutividade térmica. Considerando independentemente terminais fabricados com materiais com condutividade térmica de 200 e 400 W/(m · K), calcule e represente graficamente a dissipação de calor máxima permitida para variações do h na faixa de $50 \leq h \leq 250$ W/(m^2 · K).

1.54 Considere as condições do Problema 1.15, porém a temperatura da vizinhança é de 25 °C e a troca térmica por radiação com a vizinhança não é desprezível. Sendo o coeficiente convectivo igual a 6,4 W/(m^2 · K) e a emissividade da placa $\varepsilon = 0{,}42$, determine a taxa de variação com o tempo da temperatura da placa, dT/dt, quando a temperatura da placa é de 225 °C. Calcule as taxas de calor perdido por convecção e por radiação.

1.55 A maior parte da energia que consumimos como alimento é convertida em energia térmica nos processos vinculados a todas nossas funções corporais e é, ao final, perdida como calor do corpo para o ambiente. Considere uma pessoa que consuma 2100 kcal por dia (note que o que usualmente é chamado de caloria do alimento na realidade são quilocalorias), das quais 2000 kcal são convertidas em energia térmica. (As 100 quilocalorias restantes são usadas para realizar trabalho no ambiente.) A pessoa tem uma área superficial de 1,8 m^2 e está vestida com roupa de banho.

(a) A pessoa está em um quarto a 20 °C, com um coeficiente de transferência de calor por convecção de 3 W/(m^2 · K). Nesta temperatura do ar, a pessoa não está transpirando muito. Estime a temperatura média da pele da pessoa.

(b) Se a temperatura do ambiente fosse 33 °C, qual taxa de transpiração seria necessária para manter uma temperatura da pele confortável de 33 °C?

1.56 Considere o Problema 1.2.

(a) Estando a superfície fria exposta do isolante a $T_2 = 20$ °C, qual é o valor do coeficiente de transferência de calor por convecção no lado frio do isolante, se a temperatura da vizinhança for de $T_{viz} = 320$ K, a temperatura ambiente $T_\infty = 5$ °C e a emissividade $\varepsilon = 0{,}95$? Expresse o seu resultado nas unidades W/(m^2 · K) e W/(m^2 · °C).

(b) Usando o coeficiente de transferência de calor por convecção calculado no item (a), calcule a temperatura superficial, T_2, na medida em que a emissividade da superfície é variada na faixa $0{,}05 \leq \varepsilon \leq 0{,}95$. A temperatura da parede quente do isolante permanece fixa a $T_1 = 30$ °C. Apresente os seus resultados graficamente.

1.57 A parede de um forno utilizado para tratar peças plásticas possui uma espessura $L = 0{,}05$ m e a sua superfície externa está exposta ao ar e a uma grande vizinhança. O ar e a vizinhança encontram-se a 300 K.

(a) Sendo a temperatura da superfície externa igual a 400 K, e o seu coeficiente de transferência de calor por convecção e a sua emissividade iguais a $h = 20$ W/(m^2 · K) e $\varepsilon = 0{,}8$, respectivamente, qual é a temperatura da superfície interna, se a parede possuir uma condutividade térmica $k = 0{,}7$ W/(m · K)?

(b) Considere condições para as quais a temperatura da superfície interna é mantida em 600 K, enquanto o ar e a grande vizinhança aos quais a superfície externa está exposta são mantidos a 300 K. Explore os efeitos de variações nos valores de k, h e ε (i) na temperatura da superfície externa, (ii) no fluxo térmico ao longo da parede e (iii) nos fluxos térmicos associados à convecção e à radiação a partir da superfície externa do forno. Especificamente, calcule e represente graficamente as variáveis dependentes anteriores para variações paramétricas ao redor dos seguintes valores referenciais: $k = 10$ W/(m · K), $h = 20$ W/(m^2 · K) e $\varepsilon = 0{,}5$. As faixas sugeridas para as variáveis independentes são: $0{,}1 \leq k \leq 400$ W/(m · K); $2 \leq h \leq 200$ W/(m^2 · K); e $0{,}05 \leq \varepsilon \leq 1$. Discuta as implicações físicas dos seus resultados. Sob quais condições a temperatura da superfície externa será inferior a 45 °C, que pode ser considerado um limite superior razoável para se evitar queimaduras por contato?

1.58 Um experimento para determinar o coeficiente convectivo associado ao escoamento de ar sobre a superfície de um molde de aço inoxidável espesso envolve a inserção de termopares no molde, a distâncias de 15 e 30 mm da superfície, ao longo de uma linha hipotética perpendicular à superfície. O aço tem condutividade térmica de 15 W/(m · K). Se os termopares medirem temperaturas de 60 e 50 °C no aço quando a temperatura do ar é de 100 °C, qual é o coeficiente convectivo?

1.59 Durante sua fabricação, placas de vidro a 600 °C são resfriadas com a passagem de ar sobre sua superfície de tal forma que o coeficiente de transferência de calor por convecção é de $h = 5$ W/(m^2 · K). Para prevenir o aparecimento de rachaduras, é sabido que o gradiente de temperatura não pode exceder aos 15 °C/mm em qualquer ponto no vidro durante o processo de resfriamento. Sendo a condutividade térmica do vidro igual a 1,4 W/(m · K) e a emissividade de sua superfície 0,8, qual é a menor temperatura do ar que pode ser usada no início do resfriamento? Considere que a temperatura do ar é igual à da vizinhança.

1.60 O diâmetro e a emissividade da superfície de uma placa eletricamente aquecida são $D = 300$ mm e $\varepsilon = 0{,}80$, respectivamente.

(a) Estime a potência necessária para manter uma temperatura na superfície igual a 200 °C em uma sala na qual o ar e as paredes estão a 25 °C. O coeficiente que caracteriza a transferência de calor por convecção natural depende da temperatura da superfície e, na unidade W/(m^2 · K), pode ser aproximado por uma expressão na forma $h = 0{,}80 (T_s - T_\infty)^{1/3}$.

(b) Avalie o efeito da temperatura da superfície na potência requerida, assim como na contribuição relativa da convecção e da radiação para a transferência de calor na superfície.

1.61 Um fluxo solar de 700 W/m^2 incide sobre um coletor solar plano usado para aquecer água. A área do coletor é de 3 m^2, e 90 % da radiação solar atravessa a cobertura de vidro e é absorvida pela placa absorvedora. Os 10 % restantes são refletidos para fora do coletor. A água escoa pelos tubos presos no lado inferior da placa absorvedora e é aquecida da temperatura de entrada T_{ent} até uma temperatura de saída T_{sai}. A cobertura de vidro, operando a uma temperatura de 30 °C, tem uma emissividade de 0,94 e troca calor por radiação com o céu a −10 °C. O coeficiente convectivo entre a cobertura de vidro e o ar ambiente, a 25 °C, é igual a 10 W/(m^2 · K).

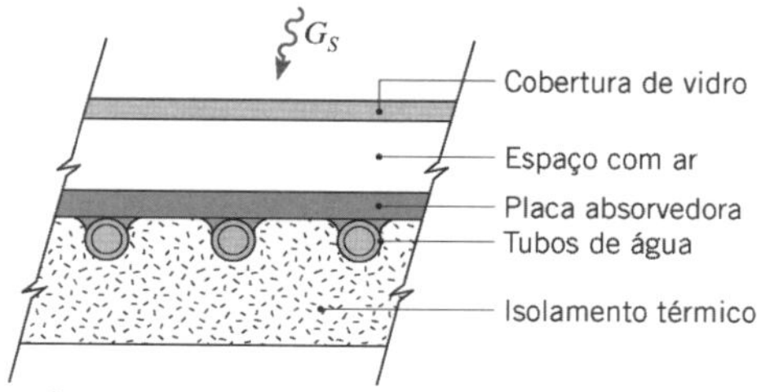

(a) Faça um balanço global de energia no coletor para obter uma expressão para a taxa na qual calor útil é coletado por unidade de área do coletor, q''_u. Determine o valor de q''_u.

(b) Calcule o aumento de temperatura da água, $T_{sai} - T_{ent}$, se a sua vazão for de 0,01 kg/s. Admita que o calor específico da água seja 4179 J/(kg · K).

(c) A eficiência do coletor η é definida como a razão entre o calor útil coletado e a taxa na qual a energia solar incide no coletor. Qual é o valor de η?

Identificação de Processos

1.62 Ao analisar o desempenho de um sistema térmico, o engenheiro tem que ser capaz de identificar os processos de transferência de calor relevantes. Somente então o comportamento do sistema pode ser devidamente quantificado. Nos sistemas a seguir, identifique os processos pertinentes, indicando-os com setas apropriadamente identificadas em um esquema do sistema. Responda, ainda, a perguntas adicionais que são feitas no enunciado do problema.

(a) Identifique os processos de transferência de calor que determinam a temperatura de uma pavimentação em asfalto em um dia de verão. Escreva um balanço de energia para a superfície do pavimento.

(b) É sabido que a radiação micro-ondas é transmitida por meio de plásticos, vidros e cerâmicas, mas absorvida por materiais que possuem moléculas polares, como a água. Moléculas de água expostas à radiação micro-ondas se alinham e revertem o alinhamento com a radiação micro-ondas a frequências de até $10^9 \cdot s^{-1}$, causando a geração de calor. Compare o cozimento em um forno de micro-ondas com o cozimento em um forno convencional radiante ou convectivo. Em cada caso, qual é o mecanismo físico responsável pelo aquecimento do alimento? Qual forno apresenta a maior eficiência na utilização da energia? Por quê? O aquecimento com micro-ondas vem sendo cogitado para a secagem de roupas. Como a operação de um secador por micro-ondas se diferenciaria da operação de um secador convencional? Qual deve ter a maior eficiência na utilização da energia? Por quê?

(c) Sua avó está empenhada em reduzir suas contas de aquecimento no inverno. Sua estratégia é pendurar folhas isolantes rígidas de poliestireno sobre suas janelas de vidro duplo logo após a chegada dos primeiros dias muito frios no outono. Identifique os processos de transferência de calor relevantes em uma noite fria de inverno quando a folha de isolante é posicionada (i) sobre a superfície interna e (ii) sobre a superfície externa de sua janela. Para evitar prejuízo com a condensação, qual a configuração preferível? Não ocorre condensação sobre os vidros da janela quando a folha isolante não está presente.

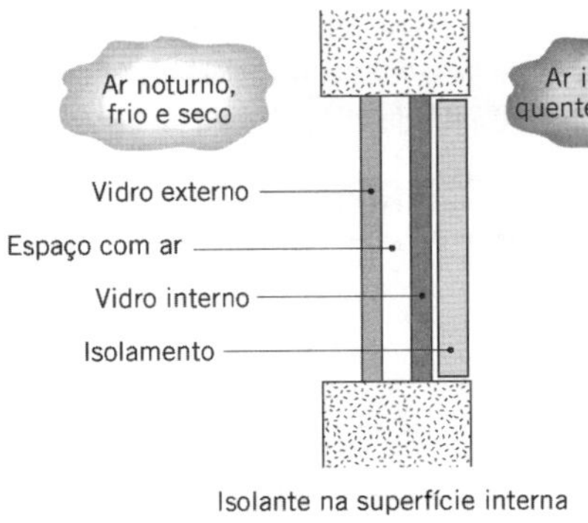

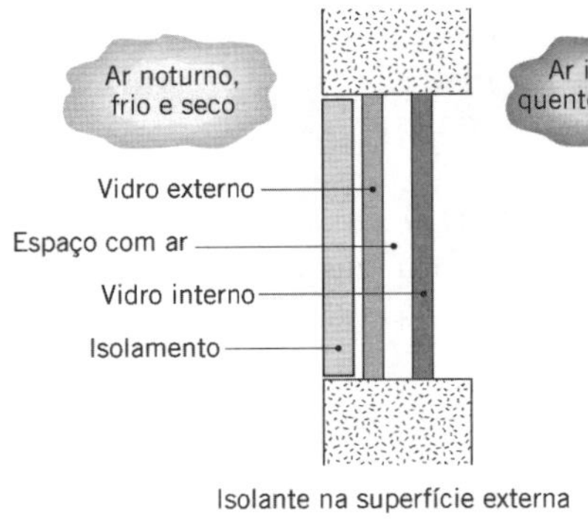

(d) Há interesse considerável no desenvolvimento de materiais de construção que tenham boa qualidade de isolamento térmico. O desenvolvimento de tais materiais teria como efeito a melhoria da conservação de energia ao reduzir as necessidades de aquecimento de ambientes. Foi sugerido que melhores qualidades estruturais e de isolamento poderiam ser obtidas pelo uso do material compósito mostrado. O material é constituído por uma colmeia com células de seção transversal quadrada entre duas chapas sólidas. Há ar no interior das células e as chapas, assim como a matriz da colmeia, são fabricadas com plásticos de baixa condutividade térmica. Para a transferência de calor normal às chapas, identifique todos os processos de transferência de calor pertinentes ao funcionamento do material compósito. Sugira formas para melhorar este desempenho.

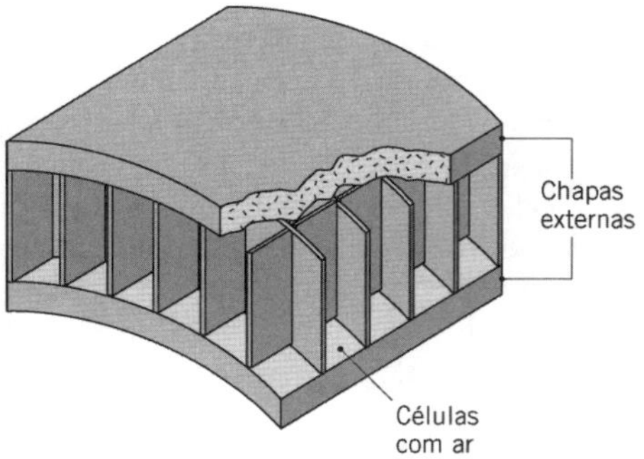

(e) A junta de um termopar é usada para medir a temperatura de uma corrente de gás quente escoando em um canal a partir do seu posicionamento na corrente principal do gás. A superfície do canal é resfriada de tal forma que a sua temperatura é bem menor que aquela do gás. Identifique os processos de transferência de calor associados à superfície da junta do termopar. A junta do termopar estará (e, assim, medirá) a uma temperatura menor, igual ou maior do que a temperatura do gás? Uma barreira de radiação é um pequeno tubo, aberto nos dois lados, que envolve a junta do termopar, mas permite a passagem do gás pelo seu interior. Como o uso de tal barreira melhora a exatidão da medida de temperatura?

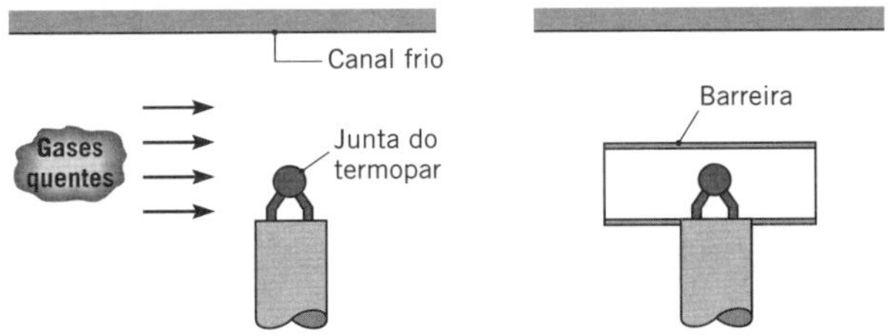

(f) Uma tela de vidro para lareira com lâmina dupla é colocada entre o local de queima da madeira e o interior de uma sala. A tela é constituída por duas placas de vidro verticais separadas por um espaço por meio do qual o ar da sala pode escoar (o espaço é aberto nas partes de cima e de baixo). Identifique os processos de transferência de calor associados à tela.

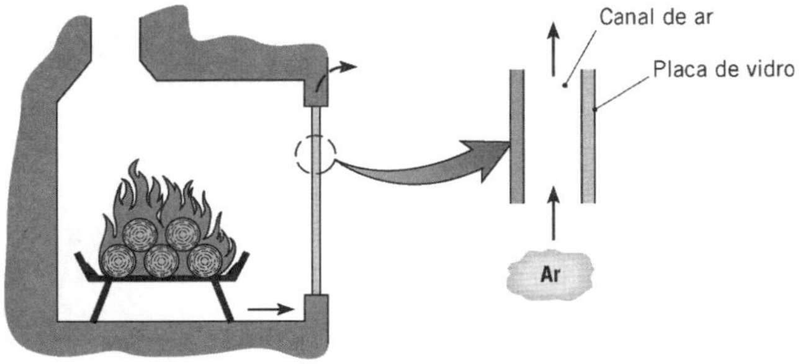

(g) Uma junta de um termopar é usada para medir a temperatura de um material sólido. A junta é inserida no interior de um pequeno orifício circular que é mantido no lugar por epóxi. Identifique os processos de transferência de calor associados à junta. A junta será sensibilizada por uma temperatura menor, igual ou maior do que a temperatura do sólido? Como a condutividade térmica do epóxi afetará a temperatura da junta?

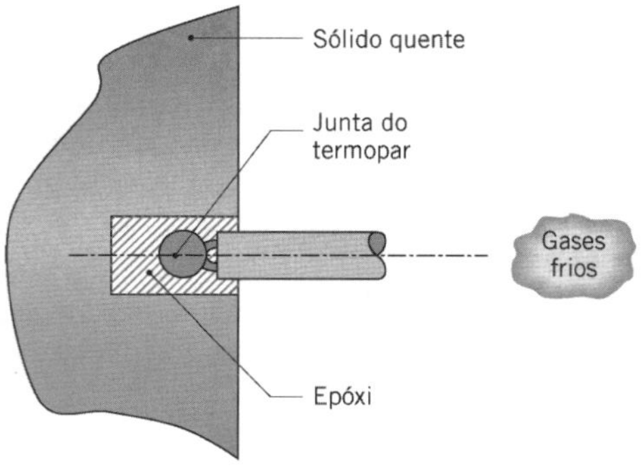

1.63 Ao analisar os problemas a seguir envolvendo a transferência de calor no ambiente natural (ao ar livre), lembre-se de que a radiação solar é formada por componentes com grandes e pequenos comprimentos de onda. Se esta radiação incide sobre um *meio semitransparente*, como, por exemplo, água ou vidro, duas coisas irão acontecer à porção não refletida da radiação. O componente com grandes comprimentos de onda será absorvido na superfície do meio, enquanto o componente com pequenos comprimentos de onda será transmitido pela superfície.

(a) O número de placas de vidro em uma janela pode influenciar fortemente a perda de calor de um quarto aquecido para o ar ambiente exterior. Compare as unidades com dupla placa (vidro duplo) e placa simples mostradas a partir da identificação dos processos de transferência de calor relevantes em cada caso.

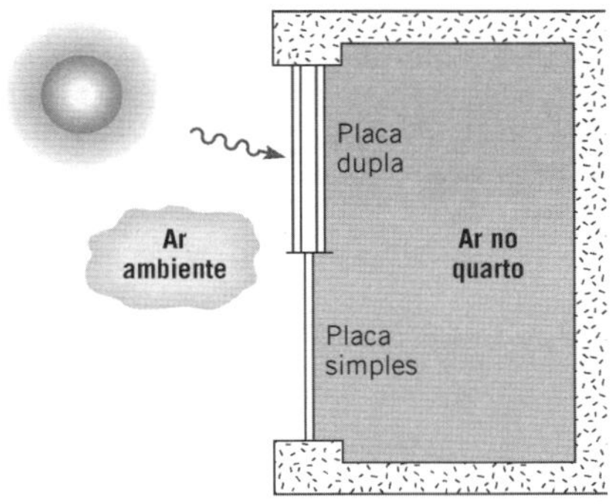

(b) Em um coletor solar plano típico, energia é coletada por um fluido de trabalho que é circulado através de tubos que estão em contato íntimo com a face posterior da placa absorvedora. A face posterior é isolada termicamente da vizinhança e a placa absorvedora recebe radiação solar na sua face frontal, em geral, coberta por uma ou mais placas transparentes. Identifique os processos de transferência de calor relevantes, em primeiro lugar para a placa absorvedora sem a presença de placa transparente e depois para a placa absorvedora com uma placa transparente de cobertura.

(c) O projeto de coletor de energia solar mostrado esquematicamente foi usado para aplicações ligadas à agricultura. Ar é insuflado através de um longo duto de seção transversal na forma de um triângulo equilátero. Em um lado do triângulo há uma cobertura semitransparente de dupla camada, enquanto os outros dois lados são construídos com folhas de alumínio pintadas de preto no lado de dentro e cobertas por uma camada de espuma de estireno isolante na parte externa. Durante períodos ensolarados, o ar que entra no sistema é aquecido para uso em estufas, em unidade de secagem de grãos ou em um sistema de armazenamento.

Identifique todos os processos de transferência de calor associados às placas da cobertura de dupla camada, à(s) placa(s) absorvedora(s) e ao ar.

(d) Coletores solares com tubos a vácuo são capazes de apresentar melhor desempenho em relação aos coletores planos. O seu projeto consiste em um tubo interno inserido em um tubo externo que é transparente à radiação solar. Há vácuo na região anular entre os dois tubos. A superfície externa opaca do tubo interno absorve radiação solar e um fluido de trabalho é passado através deste tubo para coletar a energia solar. O projeto geralmente prevê uma montagem em linha desses tubos posicionada em frente a um painel refletor. Identifique todos os processos de transferência de calor relevantes para o desempenho deste dispositivo.

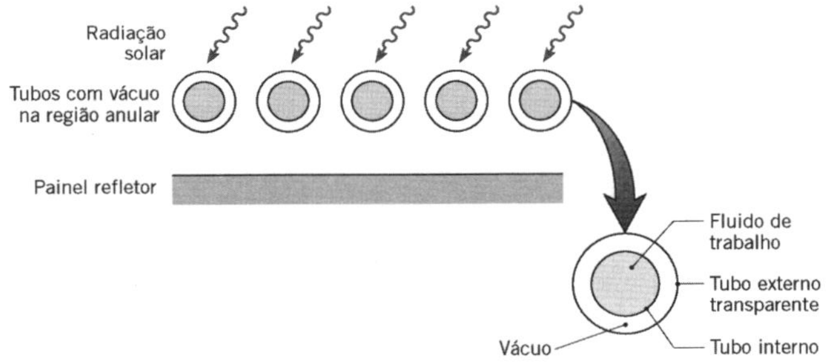

2

CAPÍTULO

Introdução à Condução

Videoaula incluída

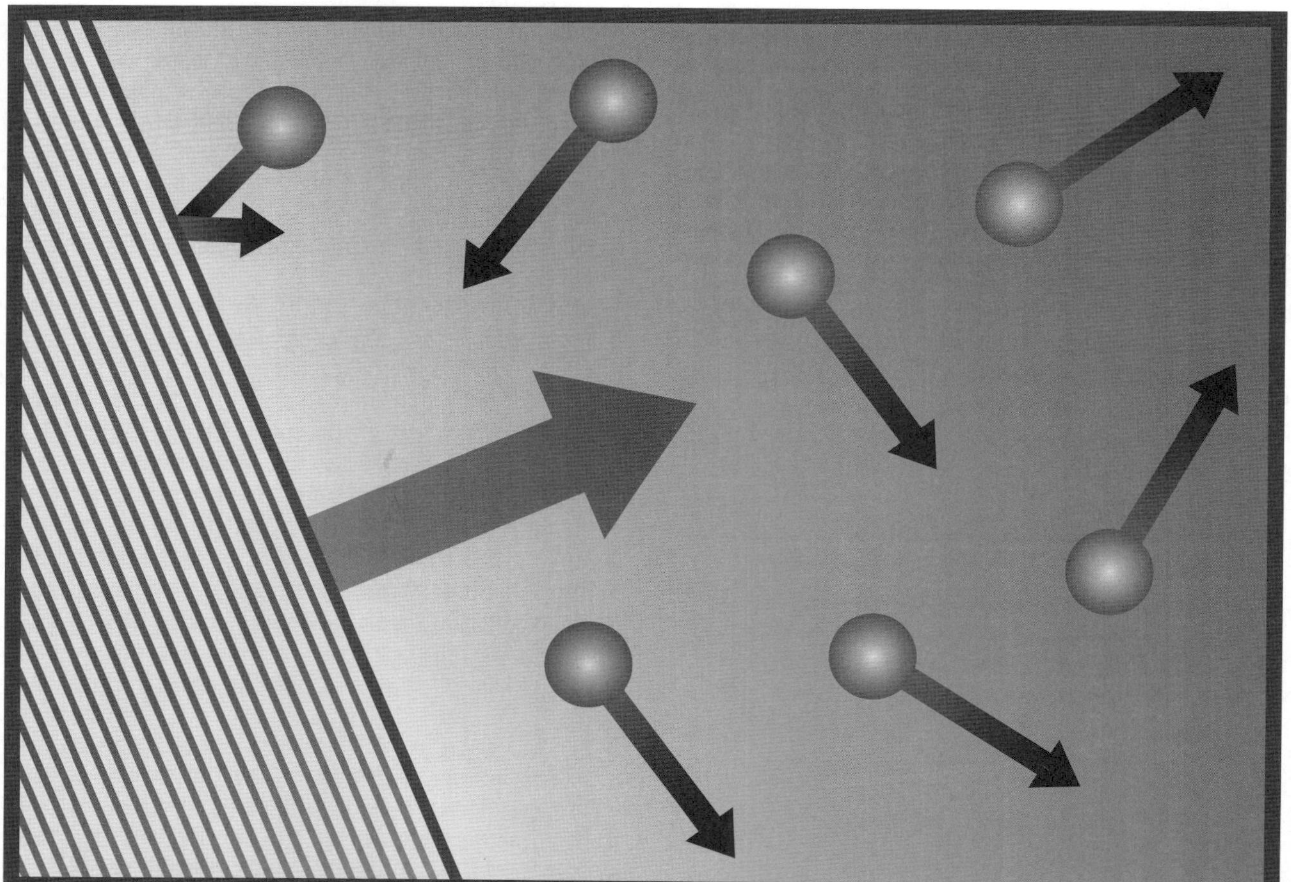

Lembre-se de que a *condução* é o transporte de energia em um meio em razão de um gradiente de temperatura, e o mecanismo físico é a atividade atômica ou molecular aleatória. No Capítulo 1 aprendemos que a transferência de calor por condução é governada pela *lei de Fourier* e que o uso desta lei para determinar o fluxo térmico depende do conhecimento da forma na qual a temperatura varia no meio (a *distribuição de temperaturas*). Inicialmente, restringimos nossa atenção a condições simplificadas (condução unidimensional e em regime estacionário em uma parede plana). Contudo, a lei de Fourier pode ser aplicada à condução transiente e multidimensional em geometrias complexas.

Os objetivos deste capítulo são dois. Primeiramente, desejamos desenvolver um entendimento mais aprofundado da lei de Fourier. Quais são suas origens? Que formas ela tem em diferentes geometrias? Como sua constante de proporcionalidade (a *condutividade térmica*) depende da natureza física do meio? Nosso segundo objetivo é desenvolver, a partir de princípios básicos, a equação geral, chamada de *equação do calor*, que governa a distribuição de temperaturas em um meio no qual a condução é o único modo de transferência de calor. A solução dessa equação fornece o conhecimento da distribuição de temperaturas, que pode ser, então, usada com a lei de Fourier para determinar o fluxo térmico.

2.1 A Equação da Taxa da Condução

Embora a equação da taxa da condução, a lei de Fourier, tenha sido apresentada na Seção 1.2, este é o momento apropriado para analisarmos a sua origem. A lei de Fourier é *fenomenológica*, isto é, desenvolvida a partir de fenômenos observados em vez de ser derivada a partir de princípios fundamentais. Por esse motivo, vemos a equação da taxa como uma generalização baseada em uma vasta evidência experimental. Por exemplo, considere o experimento de condução de calor, em regime estacionário, mostrado na Figura 2.1. Um bastão cilíndrico de material conhecido tem a sua superfície lateral isolada termicamente, enquanto as duas faces de suas extremidades são mantidas a diferentes temperaturas, com $T_1 > T_2$. A diferença de temperaturas causa transferência de calor por condução no sentido positivo do eixo x. Somos capazes de medir a taxa de transferência de calor q_x e buscamos determinar como q_x depende das seguintes variáveis: ΔT, a diferença de temperaturas; Δx, o comprimento do bastão; e A, a área da seção transversal do bastão.

Podemos imaginar que, inicialmente, os valores de ΔT e Δx sejam mantidos constantes, enquanto o valor de A varia. Ao fazermos isso, verificamos que q_x é diretamente proporcional a A. De maneira análoga, mantendo ΔT e A constantes, observamos que q_x varia inversamente com Δx. Por fim, mantendo A e Δx constantes, temos que q_x é diretamente proporcional a ΔT. O efeito conjunto é, então,

$$q_x \propto A \frac{\Delta T}{\Delta x}$$

Ao mudarmos o material (por exemplo, de um metal para um plástico), observaríamos que esta proporcionalidade permanece válida. Contudo, também constataríamos que, para valores idênticos de A, Δx e ΔT, o valor de q_x seria menor para o plástico do que para o metal. Isso sugere que a proporcionalidade pode ser convertida em uma igualdade a partir da introdução de um coeficiente que é uma medida do comportamento do material. Assim, escrevemos

$$q_x = kA \frac{\Delta T}{\Delta x}$$

na qual k, a *condutividade térmica* (W/(m · K)), é uma importante *propriedade* do material. Avaliando esta expressão no limite quando $\Delta x \to 0$, obtemos para a *taxa* de transferência de calor

$$q_x = -kA \frac{dT}{dx} \tag{2.1}$$

ou para o *fluxo* de calor (fluxo térmico)

$$q''_x = \frac{q_x}{A} = -k \frac{dT}{dx} \tag{2.2}$$

Lembre-se de que o sinal de menos é necessário porque o calor é sempre transferido no sentido da diminuição das temperaturas.

A lei de Fourier, como escrita na Equação 2.2, implica que o fluxo térmico é uma grandeza direcional. Em particular, a direção de q''_x é *normal* à área da seção transversal A. Ou, de uma forma mais geral, a direção do fluxo térmico será sempre normal a uma superfície de temperatura constante, chamada de superfície *isotérmica*. A Figura 2.2 ilustra a direção e o sentido do fluxo térmico q''_x em uma parede plana na qual o *gradiente de temperatura dT/dx* é negativo. A partir da Equação 2.2, conclui-se que q''_x é positivo. Note que as superfícies isotérmicas são planos normais à direção x.

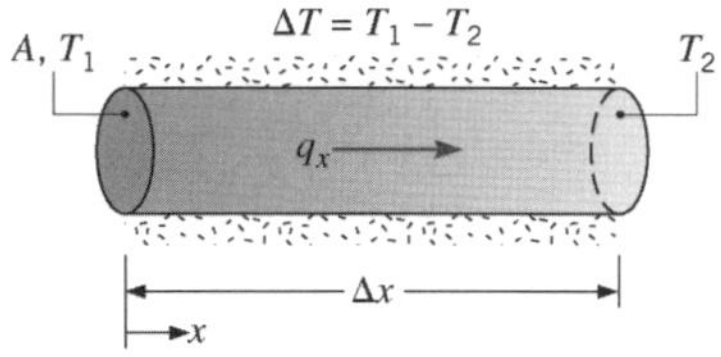

FIGURA 2.1 Experimento de condução térmica em regime estacionário.

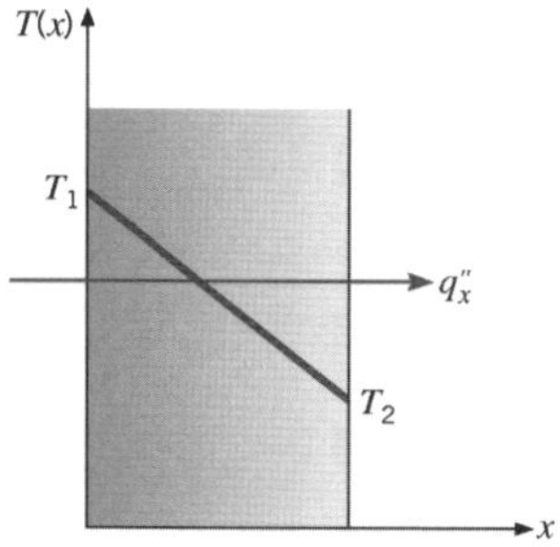

FIGURA 2.2 A relação entre o sistema de coordenadas, o sentido do fluxo térmico e o gradiente de temperatura em uma dimensão.

Reconhecendo que o fluxo térmico é uma grandeza vetorial, podemos escrever um enunciado mais geral da equação da taxa da condução (*lei de Fourier*) da seguinte forma:

$$\mathbf{q}'' = -k\nabla T = -k\left(\mathbf{i}\frac{\partial T}{\partial x} + \mathbf{j}\frac{\partial T}{\partial y} + \mathbf{k}\frac{\partial T}{\partial z}\right) \tag{2.3}$$

sendo ∇ o operador "grad" tridimensional, $\mathbf{i}$, $\mathbf{j}$ e $\mathbf{k}$ são os vetores unitários nas direções x, y e z e $T(x, y, z)$ é o campo escalar de temperaturas. Está implícito na Equação 2.3 que o vetor fluxo térmico encontra-se em uma direção perpendicular às superfícies isotérmicas. Consequentemente, uma forma alternativa da lei de Fourier é

$$\mathbf{q}'' = q_n''\mathbf{n} = -k\frac{\partial T}{\partial n}\mathbf{n} \tag{2.4}$$

na qual q_n'' é o fluxo térmico em uma direção n, que é normal a uma *isoterma*, e $\mathbf{n}$ é o vetor unitário normal nesta direção. Isto está ilustrado para o caso bidimensional na Figura 2.3. A transferência de calor é mantida pelo gradiente de temperatura ao longo de $\mathbf{n}$. Observe também que o vetor fluxo térmico pode ser decomposto em componentes, de tal forma que, em coordenadas cartesianas, a expressão geral para q'' é

$$\mathbf{q}'' = \mathbf{i}q_x'' + \mathbf{j}q_y'' + \mathbf{k}q_z'' \tag{2.5}$$

na qual, a partir da Equação 2.3, tem-se que

$$q_x'' = -k\frac{\partial T}{\partial x} \qquad q_y'' = -k\frac{\partial T}{\partial y} \qquad q_z'' = -k\frac{\partial T}{\partial z} \tag{2.6}$$

Cada uma dessas expressões relaciona o fluxo térmico *através de uma superfície* ao gradiente de temperatura em uma direção perpendicular à superfície. Também está implícito na Equação 2.3 que o meio ao longo do qual a condução ocorre é *isotrópico*. Em tal meio, o valor da condutividade térmica é independente da direção da coordenada.

A lei de Fourier é a pedra fundamental da transferência de calor por condução e suas características principais são resumidas a seguir. Ela *não* é uma expressão que possa ser derivada a partir de princípios fundamentais; ao contrário, ela é uma generalização baseada em evidências experimentais. Ela é uma expressão que *define* uma importante propriedade dos materiais, a condutividade térmica. Além disso, a lei de Fourier é uma expressão vetorial, indicando que o fluxo térmico é normal a uma isoterma e no sentido da diminuição das temperaturas. Finalmente, note que a lei de Fourier se aplica a toda matéria, independentemente do seu estado físico (sólido, líquido ou gás).

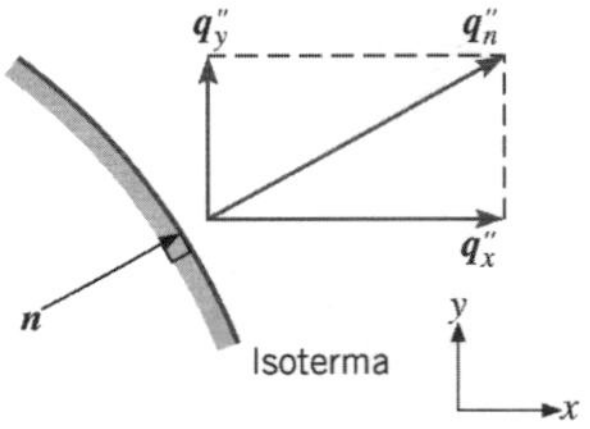

FIGURA 2.3 O vetor fluxo térmico normal a uma isoterma em um sistema de coordenadas bidimensional.

2.2 As Propriedades Térmicas da Matéria

Para usar a lei de Fourier, a condutividade térmica do material deve ser conhecida. Essa propriedade, que é classificada como uma *propriedade de transporte*, depende da estrutura física da matéria, atômica e molecular, que está relacionada com o estado da matéria. Nesta seção analisaremos várias formas da matéria, identificando aspectos importantes de seus comportamentos e apresentando valores típicos desta propriedade.

2.2.1 *Condutividade Térmica*

A partir da lei de Fourier, Equação 2.6, a condutividade térmica associada à condução na direção x é definida como

$$k_x \equiv -\frac{q_x''}{(\partial T/\partial x)}$$

Definições similares estão associadas às condutividades térmicas nas direções y e z (k_y, k_z), porém para um material isotrópico a condutividade térmica é independente da direção de transferência, $k_x = k_y = k_z \equiv k$.

Da equação anterior tem-se que, para um dado gradiente de temperatura, o fluxo térmico por condução aumenta com o aumento da condutividade térmica. Em geral, a condutividade térmica de um sólido é maior do que a de um líquido, que, por sua vez, é maior do que a de um gás. Conforme ilustrado na Figura 2.4, a condutividade térmica de um sólido pode ser mais do que quatro ordens de grandeza superior à de um gás. Essa tendência se deve, em grande parte, à diferença no espaçamento intermolecular nos dois estados.

O Estado Sólido Na visão moderna dos materiais, um sólido pode ser composto por elétrons livres e átomos ligados em um arranjo periódico chamado de *lattice*. Consequentemente, o transporte de energia térmica pode ser resultado de dois efeitos: migração de elétrons livres e ondas vibracionais no *lattice*. Quando visto como um fenômeno de partículas, os

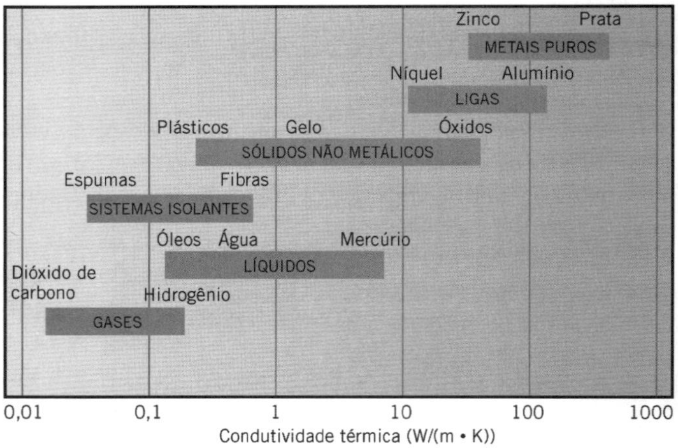

FIGURA 2.4 Faixas de condutividades térmicas de vários estados da matéria a temperaturas e pressões normais.

quanta da vibração do *lattice* são chamados de *fônons*. Em metais puros, a contribuição dos elétrons para a transferência de calor por condução predomina, enquanto em não condutores e semicondutores a contribuição dos fônons é dominante.

A teoria cinética fornece a expressão a seguir para a condutividade térmica [1]:

$$k = \frac{1}{3} C \bar{c} \lambda_{\text{lpm}} \tag{2.7}$$

Para materiais condutores como os metais, $C \equiv C_e$ é o calor específico do elétron por unidade de volume, $\bar{c}$ é a velocidade média do elétron e $\lambda_{\text{lpm}} \equiv \lambda_e$ é o livre percurso médio do elétron, que é definido como a distância média percorrida por um elétron antes de colidir com uma imperfeição no material ou com um fônon. Em sólidos não condutores, $C \equiv C_f$ é o calor específico do fônon, $\bar{c}$ é a velocidade média do som e $\lambda_{\text{lpm}} \equiv \lambda_f$ é o livre percurso médio do fônon, que novamente é determinado por colisões com imperfeições ou outros fônons. Em todos os casos, a condutividade térmica aumenta na medida em que o livre percurso médio dos *transportadores de energia* (elétrons ou fônons) é aumentado.

Quando elétrons e fônons transportam energia térmica levando à transferência de calor por condução em um sólido, a condutividade térmica pode ser representada por

$$k = k_e + k_f \tag{2.8}$$

Em uma primeira aproximação, k_e é inversamente proporcional à resistividade elétrica, ρ_e. Para metais puros, que possuem um valor baixo de ρ_e, k_e é muito maior do que k_f. Ao contrário, para ligas, que possuem um valor de ρ_e substancialmente mais elevado, a contribuição de k_f para k passa a não ser mais desprezível. Para sólidos não metálicos, k é determinada principalmente por k_f, que aumenta na medida em que a frequência das interações entre os átomos e o *lattice* diminuem. A regularidade do arranjo do *lattice* tem um efeito importante em k_f, com materiais cristalinos (bem-ordenados), como o quartzo, possuindo uma condutividade térmica maior do que materiais amorfos, como o vidro. Na realidade, para sólidos cristalinos não metálicos, tais como o diamante e o óxido de berílio, k_f pode ser bastante grande, excedendo valores de k associados a bons condutores, como o alumínio.

A dependência de k com a temperatura é mostrada na Figura 2.5 para sólidos metálicos e não metálicos representativos. Valores de materiais selecionados, de importância técnica, também são fornecidos na Tabela A.1 (sólidos metálicos) e nas Tabelas A.2 e A.3 (sólidos não metálicos). Análises mais detalhadas da condutividade térmica estão disponíveis na literatura [2].

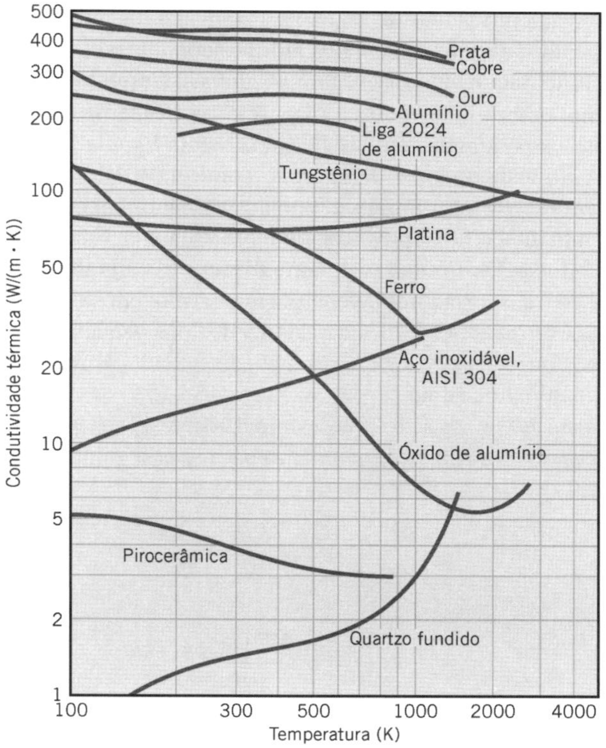

FIGURA 2.5 A dependência com a temperatura da condutividade térmica de sólidos selecionados.

O Estado Sólido: Efeitos em Escalas Micro e Nano Na discussão anterior, a condutividade térmica *global* é descrita, e os valores de condutividades térmicas listados nas Tabelas A.1 a A.3 são apropriados para o uso quando as dimensões físicas do material de interesse são relativamente grandes. Este é o caso em muitos problemas tradicionais de engenharia. Entretanto, em algumas áreas da tecnologia, como a microeletrônica, as dimensões características dos materiais podem ser da ordem de micrômetros ou nanômetros. Nesses casos, deve-se tomar cuidado para levar em conta as possíveis modificações em k que podem ocorrer na medida em que as dimensões físicas ficam pequenas.

Seções transversais de *filmes* do mesmo material que possuem espessuras L_1 e L_2 são mostradas na Figura 2.6. Elétrons ou fônons que estão associados à condução de energia térmica são também mostrados qualitativamente. Note que as fronteiras físicas do filme agem no *espalhamento* dos transportadores de energia e no *redirecionamento* de sua propagação. Para grandes L/λ_{lpm}[1] (Figura 2.6*a*), o efeito das fronteiras na redução do

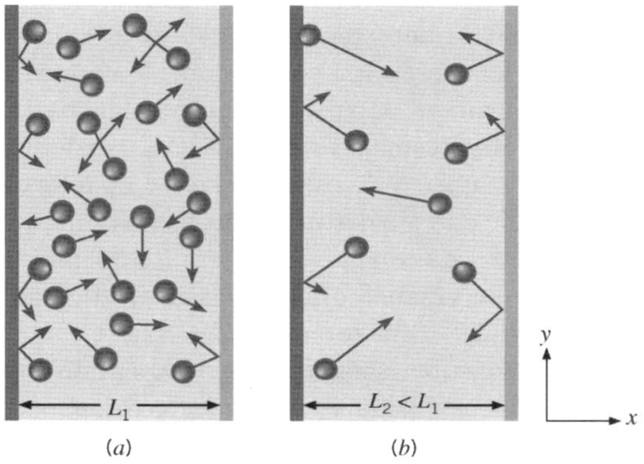

FIGURA 2.6 Trajetórias de elétrons e fônons em (*a*) um filme relativamente espesso e (*b*) um filme relativamente fino com efeitos de fronteiras.

[1] A grandeza λ_{lpm}/L é um parâmetro adimensional conhecido como número de Knudsen. Grandes números de Knudsen (pequenos L/λ_{lpm}) sugerem efeitos de micro e nanoescalas potencialmente significativos.

comprimento *médio* da trajetória do transportador de energia é menor e a transferência de calor por condução ocorre como descrito para materiais em termos globais. Contudo, na medida em que o filme se torna mais fino, as fronteiras físicas do material podem diminuir a distância média *líquida* percorrida pelos transportadores de energia, como mostrado na Figura 2.6*b*. Além disso, elétrons e fônons que se movimentam na diminuta direção x (representando a condução na direção x) são afetados pelas fronteiras de uma forma mais significativa do que os transportadores de energia que se movem na direção y. Desta forma, para filmes caracterizados por pequenos L/λ_{lpm}, temos que $k_x < k_y < k$, sendo k a condutividade térmica global do material do filme.

Para $L/\lambda_{lpm} \geq 1$, os valores previstos de k_x e k_y podem ser estimados com 20 % de acurácia a partir das seguintes expressões [1]:

$$\frac{k_x}{k} = 1 - \frac{\lambda_{lpm}}{3L} \tag{2.9a}$$

$$\frac{k_y}{k} = 1 - \frac{2\lambda_{lpm}}{3\pi L} \tag{2.9b}$$

As Equações 2.9a,b revelam que os valores de k_x e k_y se afastam no máximo aproximadamente 5 % da condutividade térmica global se $L/\lambda_{lpm} > 7$ (para k_x) e $L/\lambda_{lpm} > 4{,}5$ (para k_y). Valores do livre percurso médio, assim como da espessura de filme crítica, $L_{crít}$, abaixo da qual os efeitos de microescala têm que ser considerados, estão incluídos na Tabela 2.1 para alguns materiais a $T \approx 300$ K. Para filmes com $\lambda_{lpm} < L < L_{crít}$, k_x e k_y são determinados a partir dos valores globais, como indicado nas Equações 2.9a,b. Não há regras gerais para prever valores das condutividades térmicas para $L/\lambda_{lpm} < 1$. Note que, em sólidos, os valores de λ_{lpm} diminuem na medida em que a temperatura aumenta.

Em adição ao espalhamento a partir das fronteiras físicas, como no caso da Figura 2.6*b*, os transportadores de energia podem ser redirecionados por *dopantes* químicos inseridos no material ou pelas *fronteiras dos grãos*, que separam *clusters* individuais de material em matéria de outra forma homogênea. Um exemplo de um *material nanoestruturado* é aquele quimicamente idêntico ao seu correspondente na forma convencional, porém processado para fornecer tamanhos de grãos muito pequenos. Esta característica impacta a transferência de calor a partir do aumento do espalhamento e da reflexão dos transportadores de energia nas fronteiras dos grãos.

Valores medidos da condutividade térmica de um material nanoestruturado de zircônia estabilizada com ítrio são mostrados na Figura 2.7. Esta cerâmica particular é largamente usada com objetivos de isolamento térmico em dispositivos de combustão a alta temperatura. A condução é dominada pela transferência de fônons, e o livre percurso médio dos transportadores de energia na forma de fônons é, a partir da Tabela 2.1, λ_{lpm} = 25 nm a 300 K. Na medida em que o tamanho dos grãos é reduzido para dimensões características menores do que 25 nm (e mais fronteiras de grãos são introduzidas no material por unidade de volume), ocorre uma significativa redução da condutividade térmica. A extrapolação dos resultados da Figura 2.7 para temperaturas maiores não é recomendada, pois o livre percurso médio diminui com o aumento da temperatura ($\lambda_{lpm} \approx 4$ nm para $T \approx 1525$ K) *e* grãos do material podem coalescer, se unir e aumentar a temperaturas elevadas. Consequentemente, L/λ_{lpm} se torna maior em altas temperaturas e a redução de k em razão dos efeitos de nanoescala é menos pronunciada. A pesquisa da transferência de calor em materiais nanoestruturados continua a revelar novas formas de os engenheiros manipularem a nanoestrutura para reduzir ou aumentar a condutividade térmica [5]. Consequências potencialmente importantes incluem aplicações como a tecnologia de motores de turbina a gás [6], a microeletrônica [7] e energia renovável [8].

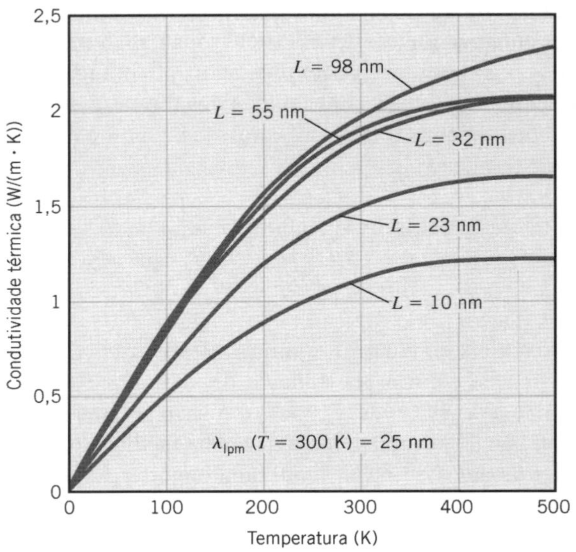

FIGURA 2.7 Condutividades térmicas medidas da zircônia estabilizada com ítrio como uma função da temperatura e do tamanho médio dos grãos, L [3].

TABELA 2.1 Livre percurso médio e espessura de filme crítica para vários materiais a $T \approx 300$ K [3,4]

Material	λ_{lpm} (nm)	$L_{crit,x}$ (nm)	$L_{crit,y}$ (nm)
Óxido de alumínio	5,08	36	22
Diamante (IIa)	315	2200	1400
Arsenito de gálio	23	160	100
Ouro	31	220	140
Silício	43	290	180
Dióxido de silício	0,6	4	3
Zircônia estabilizada com ítrio	25	170	110

O Estado Fluido O estado fluido inclui tanto líquidos quanto gases. Como o espaçamento intermolecular é muito maior e o movimento das moléculas é mais aleatório no estado fluido em relação ao estado sólido, o transporte de energia térmica é menos efetivo. Consequentemente, a condutividade térmica de gases e de líquidos é geralmente menor do que a de sólidos.

O efeito da temperatura, da pressão e das espécies químicas na condutividade térmica de um gás pode ser explicado pela teoria cinética dos gases [9]. Desta teoria sabe-se que a condutividade térmica é diretamente proporcional à massa específica do gás, à velocidade molecular média $\bar{c}$ e ao livre percurso médio λ_{lpm}, que é a distância média percorrida por um transportador de energia (uma molécula) antes de experimentar uma colisão.

$$k \approx \frac{1}{3} c_v \rho \bar{c} \lambda_{\text{lpm}} \tag{2.10}$$

Para um gás ideal, o livre percurso médio pode ser representado por

$$\lambda_{\text{lpm}} = \frac{k_B T}{\sqrt{2}\pi d^2 p} \tag{2.11}$$

na qual k_B é a constante de Boltzmann, $k_B = 1{,}381 \times 10^{-23}$ J/K, d é o diâmetro da molécula do gás, cujos valores representativos estão incluídos na Figura 2.8, e p é a pressão. Como esperado, o livre percurso médio é pequeno para altas pressões ou baixas temperaturas, que causa moléculas densamente empacotadas. O livre percurso médio também depende do diâmetro da molécula, com moléculas maiores com maior probabilidade de colidir do que moléculas menores; no caso limite de uma molécula infinitamente pequena, ela não pode colidir, resultando em um livre percurso médio infinito. A velocidade molecular média, $\bar{c}$, pode ser determinada a partir da teoria cinética dos gases, e a Equação 2.10 pode ser finalmente escrita na forma

$$k = \frac{9\gamma - 5}{4} \frac{c_v}{\pi d^2} \sqrt{\frac{\mathcal{M} k_B T}{\mathcal{N} \pi}} \tag{2.12}$$

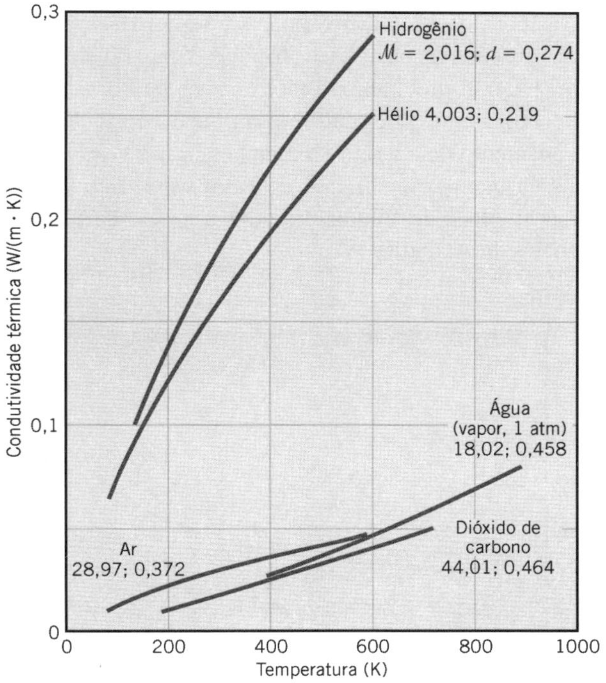

FIGURA 2.8 A dependência com a temperatura da condutividade térmica de gases selecionados a pressões normais. Diâmetros moleculares (d) estão em nm [10]. Massas moleculares ($\mathcal{M}$) dos gases também são mostradas.

na qual o parâmetro γ é a razão dos calores específicos, $\gamma \equiv c_p/c_v$, e $\mathcal{N}$ é o número de Avogadro, $\mathcal{N} = 6{,}022 \times 10^{23}$ moléculas por mol. A Equação 2.12 pode ser usada para estimar a condutividade térmica de um gás, embora modelos mais acurados tenham sido desenvolvidos [10].

É importante notar que a condutividade térmica é independente da pressão, à exceção de casos extremos, como, por exemplo, quando as condições se aproximam daquelas do vácuo perfeito. Consequentemente, a hipótese de que k é independente da pressão do gás para grandes volumes de gás é apropriada para as pressões de interesse neste texto. Dessa forma, embora os valores de k apresentados na Tabela A.4 se refiram à pressão atmosférica ou à pressão de saturação correspondente à temperatura dada, eles podem ser usados em uma faixa muito mais ampla de pressões.

As condições moleculares associadas ao estado líquido são mais difíceis de serem descritas, e mecanismos físicos para explicar a condutividade térmica não são bem entendidos [11]. A condutividade térmica de líquidos não metálicos geralmente diminui com o aumento da temperatura. Como mostrado na Figura 2.9, água, glicerina e óleo de motor são exceções notáveis. A condutividade térmica de líquidos normalmente não varia com a pressão, exceto nas proximidades do ponto crítico. Também há geralmente a diminuição da condutividade térmica com o aumento da massa molecular. Valores da condutividade térmica são frequentemente tabelados em função da temperatura para o estado saturado do líquido. As Tabelas A.5 e A.6 apresentam esses dados para vários líquidos de uso comum.

Metais líquidos são frequentemente utilizados em aplicações com elevados fluxos térmicos, tais como as que existem em usinas nucleares de potência. A condutividade térmica desses líquidos é dada na Tabela A.7. Observe que os valores são muito maiores do que aqueles dos líquidos não metálicos [12].

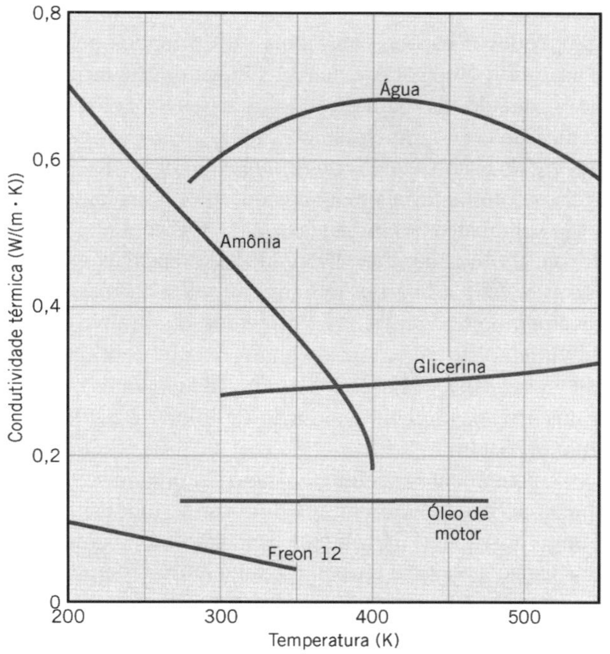

FIGURA 2.9 A dependência com a temperatura da condutividade térmica de líquidos não metálicos selecionados sob condições saturadas.

O Estado Fluido: Efeitos em Escalas Micro e Nano Como ocorre para o estado sólido, a condutividade térmica global de um fluido pode ser modificada quando as dimensões características do sistema se tornam pequenas, em particular para valores pequenos de L/λ_{lpm}. De forma similar à situação de um filme sólido delgado, mostrada na Figura 2.6*b*, o livre percurso médio das moléculas é restrito quando o fluido está limitado por uma pequena dimensão física, afetando a condução ao longo de uma fina camada de fluido.

Misturas de fluidos e sólidos podem também ser formuladas para adaptar as propriedades de transporte da *suspensão* resultante. Por exemplo, *nanofluidos* são *líquidos base* semeados com partículas sólidas de tamanho nanométrico. Seu tamanho muito pequeno permite que as partículas sólidas permaneçam suspensas no líquido base por um longo período. Na perspectiva da transferência de calor, um nanofluido tira proveito da alta condutividade térmica que é característica da maioria dos sólidos, como está evidente na Figura 2.5, para aumentar a condutividade térmica relativamente baixa do líquido base, valores típicos destas condutividades são mostrados na Figura 2.9. Nanofluidos típicos envolvem água líquida semeada com nanopartículas ditas esféricas de Al_2O_3 ou CuO.

Sistemas de Isolamento Isolantes térmicos são constituídos por materiais de baixa condutividade térmica combinados para obter uma condutividade térmica do sistema ainda menor. Nos isolantes tradicionais do tipo *fibras*, *pós* e *flocos*, o material sólido encontra-se finamente disperso em um espaço de ar. Tais sistemas são caracterizados por uma *condutividade térmica efetiva*, que depende da condutividade térmica e das propriedades radiantes da superfície do material sólido, bem como da natureza e da fração volumétrica do ar ou espaços vazios. Um importante parâmetro do sistema é a sua massa específica aparente (massa de sólido/volume total), que depende fortemente da forma na qual o material está empacotado.

Se pequenos espaços ou túneis são formados pela ligação ou fusão de porções do material sólido, uma matriz rígida é criada. Quando não há ligação entre esses espaços, o sistema é conhecido como um isolante *celular*. Exemplos de tais isolantes rígidos são sistemas de *espumas*, particularmente aqueles feitos com materiais plásticos ou vítreos. Isolantes *refletivos* são compostos por múltiplas e paralelas camadas de folhas finas ou lâminas de alta refletividade, espaçadas entre si de modo a refletir a energia radiante de volta à sua origem. O espaçamento entre as folhas é projetado de modo a restringir o movimento do ar e, em isolantes de alto desempenho, há vácuo nesse espaço. Em todos os tipos de isolantes, vácuo nos espaços vazios implica a redução da condutividade térmica efetiva do sistema.

A transferência de calor por meio de qualquer um desses sistemas de isolamento pode incluir vários modos: condução ao longo dos materiais sólidos; condução ou convecção pelo ar nos espaços vazios; e troca radiante entre as superfícies da matriz sólida. A condutividade térmica efetiva leva em consideração todos esses processos, e valores para alguns sistemas de isolamento selecionados estão resumidos na Tabela A.3. Informações básicas adicionais e dados estão disponíveis na literatura [13, 14].

Como em filmes finos, efeitos de micro e nanoescala podem ser importantes na condutividade térmica efetiva de materiais isolantes. O valor de k para um aerogel de sílica nanoestruturado, que é composto por aproximadamente 5 % em volume de material sólido e 95 % em volume de ar retido no interior de poros de $L \approx 20$ nm, é mostrado na Figura 2.10. Note que, a $T \approx 300$ K, o livre percurso médio do ar na pressão atmosférica é aproximadamente 80 nm. Na medida em que a pressão é reduzida, o λ_{lpm} cresceria para um gás não confinado, mas o movimento molecular do ar retido está restrito pelas paredes dos pequenos poros e k é reduzida a valores extremamente baixos em relação às condutividades térmicas de materiais convencionais mostrados na Figura 2.4.

2.2.2 *Outras Propriedades Relevantes*

Em nossa análise de problemas de transferência de calor, será necessário o uso de várias propriedades da matéria. Essas propriedades são geralmente conhecidas por propriedades *termofísicas* e incluem duas categorias distintas: as propriedades de *transporte* e as propriedades *termodinâmicas*. As propriedades de transporte incluem os coeficientes das taxas de difusão, como k, a condutividade térmica (para a transferência de calor), e ν, a viscosidade cinemática (para a transferência de momento). As propriedades termodinâmicas, por outro lado, referem-se ao estado de equilíbrio de um sistema. A massa específica (ρ) e o calor específico (c_p) são duas dessas propriedades muito usadas na análise termodinâmica. O produto ρc_p (J/(m^3 · K)), comumente chamado de *capacidade térmica volumétrica*, mede a capacidade de um material armazenar energia térmica. Uma vez que substâncias que possuem massa específica elevada são normalmente caracterizadas por calores específicos com valores pequenos, muitos sólidos e líquidos, considerados meios bons para o armazenamento de energia, possuem capacidades térmicas comparáveis ($\rho c_p > 1$ MJ/(m^3 · K)). Entretanto, em face de suas muito baixas massas específicas, os gases são muito pouco adequados para o armazenamento de energia térmica ($\rho c_p \approx 1$ kJ/(m^3 · K)). Os valores da massa específica e do calor específico para uma grande variedade de sólidos, líquidos e gases são fornecidos nas tabelas do Apêndice A.

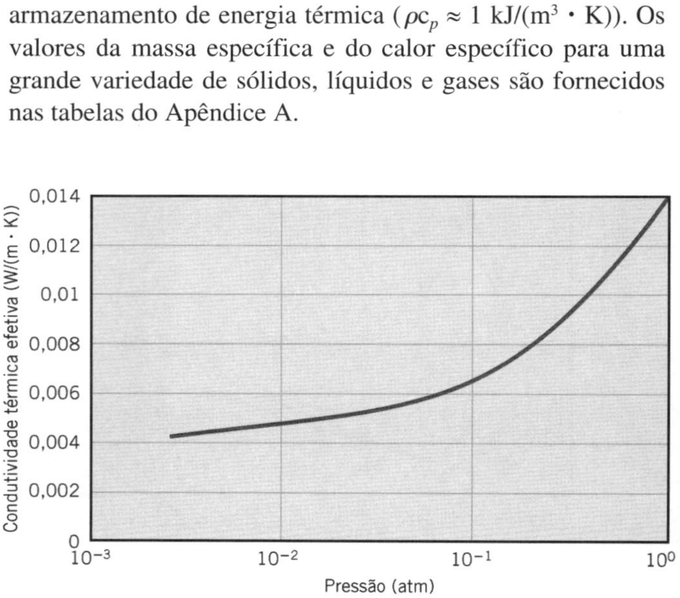

FIGURA 2.10 Condutividade térmica medida de aerogel de sílica dopada com carbono como uma função da pressão a $T \approx 300$ K [15].

Em análises de transferência de calor, a razão entre a condutividade térmica e a capacidade térmica volumétrica é uma importante propriedade chamada *difusividade térmica*, α, que possui unidades de m^2/s:

$$\alpha = \frac{k}{\rho c_p}$$

Ela mede a capacidade de um material conduzir energia térmica em relação à sua capacidade de armazená-la. Materiais com elevados α responderão rapidamente a mudanças nas condições térmicas a eles impostas, enquanto materiais com α pequenos responderão mais lentamente, levando mais tempo para atingir uma nova condição de equilíbrio.

A acurácia dos cálculos de engenharia depende da exatidão com que são conhecidos os valores das propriedades termofísicas [16–18]. Poderiam ser citados inúmeros exemplos de defeitos em equipamentos e no projeto de processos, ou então de não atendimento de especificações de desempenho, que foram atribuídos a informações erradas associadas à seleção de valores das propriedades-chave. A seleção de dados confiáveis para as propriedades é uma parte importante em qualquer análise de engenharia criteriosa. Valores recomendados para muitas propriedades termofísicas podem ser obtidos na Referência 19.

IHT EXEMPLO 2.1

A difusividade térmica α é a propriedade de transporte que controla processos de transferência de calor por condução em regime transiente. Usando valores apropriados de k, ρ e c_p, disponíveis no Apêndice A, calcule α para os seguintes materiais nas temperaturas indicadas: alumínio puro, 300 e 700 K; carbeto de silício, 1000 K; parafina, 300 K.

SOLUÇÃO

Dados: Definição da difusividade térmica α.

Achar: Valores numéricos de α para materiais selecionados em temperaturas definidas.

Propriedades: Tabela A.1, alumínio puro (300 K):

$$\left.\begin{aligned} \rho &= 2702\ \text{kg/m}^3 \\ c_p &= 903\ \text{J/(kg}\cdot\text{K)} \\ k &= 237\ \text{W/(m}\cdot\text{K)} \end{aligned}\right\} \alpha = \frac{k}{\rho c_p} = \frac{237\ \text{W/(m}\cdot\text{K)}}{2702\ \text{kg/m}^3 \times 903\ \text{J/(kg}\cdot\text{K)}}$$

$$= 97{,}1 \times 10^{-6}\ \text{m}^2/\text{s} \quad \triangleleft$$

Tabela A.1, alumínio puro (700 K):

$\rho = 2702\ \text{kg/m}^3$ a 300 K

$c_p = 1090\ \text{J/(kg}\cdot\text{K)}$ a 700 K (por interpolação linear)

$k = 225\ \text{W/(m}\cdot\text{K)}$ a 700 K (por interpolação linear)

Donde

$$\alpha = \frac{k}{\rho c_p} = \frac{225\ \text{W/(m}\cdot\text{K)}}{2702\ \text{kg/m}^3 \times 1090\ \text{J/(kg}\cdot\text{K)}}$$

$$= 76 \times 10^{-6}\ \text{m}^2/\text{s} \quad \triangleleft$$

Tabela A.2, carbeto de silício (1000 K):

$$\left.\begin{aligned} \rho &= 3160\ \text{kg/m}^3 && \text{a 300 K} \\ c_p &= 1195\ \text{J/(kg}\cdot\text{K)} && \text{a 1000 K} \\ k &= 87\ \text{W/(m}\cdot\text{K)} && \text{a 1000 K} \end{aligned}\right\} \alpha = \frac{87\ \text{W/(m}\cdot\text{K)}}{3160\ \text{kg/m}^3 \times 1195\ \text{J/(kg}\cdot\text{K)}}$$

$$= 23 \times 10^{-6}\ \text{m}^2/\text{s} \quad \triangleleft$$

Tabela A.3, parafina (300 K):

$$\left.\begin{aligned} \rho &= 900\ \text{kg/m}^3 \\ c_p &= 2890\ \text{J/(kg}\cdot\text{K)} \\ k &= 0{,}24\ \text{W/(m}\cdot\text{K)} \end{aligned}\right\} \alpha = \frac{k}{\rho c_p} = \frac{0{,}24\ \text{W/(m}\cdot\text{K)}}{900\ \text{kg/m}^3 \times 2890\ \text{J/(kg}\cdot\text{K)}}$$

$$= 9{,}2 \times 10^{-8}\ \text{m}^2/\text{s} \quad \triangleleft$$

Comentários:

1. Observe a dependência das propriedades termofísicas do alumínio e do carbeto de silício em relação à temperatura. Por exemplo, a partir da Tabela A.2 para o carbeto de silício, $\alpha(1000\ \text{K}) \approx 0{,}1 \times \alpha(300\ \text{K})$; logo, as propriedades desse material apresentam uma grande dependência da temperatura.
2. A interpretação física de α é que ela fornece uma medida do transporte de calor (k) em relação ao armazenamento de energia (ρc_p). Em geral, sólidos metálicos possuem elevados α, enquanto os não metálicos (por exemplo, parafina) possuem valores menores de α.
3. A interpolação linear de valores das propriedades é, em geral, aceitável nos cálculos de engenharia.
4. O uso de massas específicas obtidas a uma temperatura baixa (300 K) em cálculos que envolvem temperaturas mais elevadas ignora os efeitos da expansão térmica, mas também é aceitável para cálculos de engenharia.
5. O *software IHT* fornece uma biblioteca de propriedades termofísicas para sólidos, líquidos e gases selecionados, que pode ser acessada acionando o botão *Properties*, na barra de ferramentas. Veja o Exemplo 2.1 no *IHT*.

EXEMPLO 2.2

A condutividade térmica global de um nanofluido contendo nanopartículas esféricas uniformemente dispersas e sem haver contato entre elas pode ser aproximada pela expressão

$$k_{nf} = \left[\frac{k_p + 2k_{fb} + 2\varphi(k_p - k_{fb})}{k_p + 2k_{fb} - \varphi(k_p - k_{fb})}\right] k_{fb}$$

na qual φ é a fração volumétrica das nanopartículas, e k_{fb}, k_p e k_{nf} são as condutividades térmicas do fluido base, da partícula e do nanofluido, respectivamente. Do mesmo modo, a viscosidade dinâmica pode ser aproximada por [20]

$$\mu_{nf} = \mu_{fb}(1 + 2{,}5\varphi)$$

Determine os valores de k_{nf}, ρ_{nf}, $c_{p,nf}$, μ_{nf} e α_{nf} para uma mistura de água e nanopartículas de Al_2O_3 a uma temperatura $T = 300$ K e uma fração volumétrica de partículas $\varphi = 0{,}05$. As propriedades termofísicas das partículas são $k_p = 36{,}0$ W/(m · K), $\rho_p = 3970$ kg/m^3 e $c_{p,p} = 0{,}765$ kJ/(kg · K).

SOLUÇÃO

Dados: Expressões para a condutividade térmica e a viscosidade globais de um nanofluido com nanopartículas esféricas. Propriedades das nanopartículas.

Achar: Valores da condutividade térmica, da massa específica, do calor específico, da viscosidade dinâmica e da difusividade térmica do nanofluido.

Esquema:

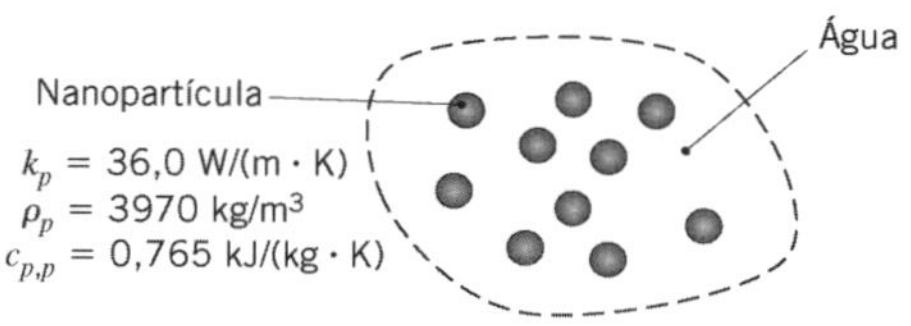

Considerações:

1. Propriedades constantes.
2. Massa específica e calor específico não são afetados pelos fenômenos em nanoescala.

Propriedades: Tabela A.6 ($T = 300$ K): Água: $k_{fb} = 0{,}613$ W/(m · K), $\rho_{fb} = 997$ kg/m^3, $c_{p,fb} = 4{,}179$ kJ/(kg · K), $\mu_{fb} = 855 \times 10^{-6}$ N · s/m^2.

Análise: A partir do enunciado do problema,

$$k_{nf} = \left[\frac{k_p + 2k_{fb} + 2\varphi(k_p - k_{fb})}{k_p + 2k_{fb} - \varphi(k_p - k_{fb})}\right]k_{fb}$$

$$= \left[\frac{36{,}0\ \text{W/(m·K)} + 2 \times 0{,}613\ \text{W/(m·K)} + 2 \times 0{,}05(36{,}0 - 0{,}613)\ \text{W/(m·K)}}{36{,}0\ \text{W/(m·K)} + 2 \times 0{,}613\ \text{W/(m·K)} - 0{,}05(36{,}0 - 0{,}613)\ \text{W/(m·K)}}\right] \times 0{,}613\ \text{W/(m·K)}$$

$$= 0{,}705\ \text{W/(m·K)} \quad \triangleleft$$

Considere o volume de controle mostrado no esquema como o volume total V. Então, a massa específica média do nanofluido, ρ_{nf}, é igual à massa total no interior do volume dividida pelo volume

$$\rho_{nf}V = [\rho_{fb}V(1 - \varphi) + \rho_p V\varphi]/V$$

ou

$$\rho_{nf} = 997\ \text{kg/m}^3 \times (1 - 0{,}05) + 3970\ \text{kg/m}^3 \times 0{,}05 = 1146\ \text{kg/m}^3 \quad \triangleleft$$

Similarmente, o calor específico médio pode ser definido como a energia total estocada por unidade de diferença de temperatura dividida pela massa:

$$c_{p,nf} = [\rho_{fb}V(1-\varphi)c_{p,fb} + \rho_p V\varphi c_{p,p}]/(\rho_{nf}V)$$

cujo resultado é

$$c_{p,nf} = \frac{997\ \text{kg/m}^3 \times 4{,}179\ \text{kJ/(kg·K)} \times (1 - 0{,}05) + 3970\ \text{kg/m}^3 \times 0{,}765\ \text{kJ/(kg·K)} \times (0{,}05)}{1146\ \text{kg/m}^3}$$

$$= 3{,}587\ \text{kJ/(kg·K)} \quad \triangleleft$$

A partir do enunciado do problema, a viscosidade dinâmica do nanofluido é

$$\mu_{nf} = 855 \times 10^{-6}\ \text{N·s/m}^2 \times (1 + 2{,}5 \times 0{,}05) = 962 \times 10^{-6}\ \text{N·s/m}^2 \quad \triangleleft$$

A difusividade térmica do nanofluido é

$$\alpha_{nf} = \frac{k_{nf}}{\rho_{nf}c_{p,nf}} = \frac{0{,}705\ \text{W/(m·K)}}{1146\ \text{kg/m}^3 \times 3587\ \text{J/(kg·K)}} = 171 \times 10^{-9}\ \text{m}^2\text{/s} \quad \triangleleft$$

Comentários:

1. A razão entre a condutividade térmica do nanofluido em relação à condutividade térmica do fluido base (água) é

$$\frac{k_{nf}}{k_{fb}} = \frac{0{,}705\ \text{W/(m·K)}}{0{,}613\ \text{W/(m·K)}} = 1{,}150$$

Da mesma forma, $\rho_{nf}/\rho_{fb} = 1{,}149$, $c_{p,nf}/c_{p,fb} = 0{,}858$, $\mu_{nf}/\mu_{fb} = 1{,}130$ e $\alpha_{nf}/\alpha_{fb} = 1{,}166$. A condutividade térmica e a difusividade térmica relativamente altas do nanofluido aumentam as taxas de transferência de calor em algumas aplicações. Entretanto, todas as propriedades termofísicas são afetadas pela adição das nanopartículas e, como se tornará evidente nos Capítulos 6 a 9, propriedades como a viscosidade e o calor específico são afetadas negativamente. Esta condição pode degradar o desempenho térmico quando o uso de nanofluidos envolve a transferência de calor por convecção.

2. A expressão para a condutividade térmica (e viscosidade) do nanofluido é limitada a misturas diluídas de partículas esféricas, sem contato entre elas. Em alguns casos, as partículas não permanecem separadas e podem se *aglomerar* em longas cadeias, fornecendo trajetórias efetivas para a condução de calor pelo fluido e condutividades térmicas

globais maiores. Assim, a expressão para a condutividade térmica representa o *mínimo* aumento possível da condutividade térmica com o uso de nanopartículas esféricas. Uma expressão para a condutividade térmica *isotrópica* máxima possível de um nanofluido, correspondendo à aglomeração das partículas esféricas, está disponível [21], assim como expressões para suspensões diluídas de partículas não esféricas [22]. Note que estas expressões podem também ser usadas para *materiais compósitos* nanoestruturados constituídos por uma fase particulada intercalada em um meio de ligação, como será discutido em mais detalhes no Capítulo 3.

3. A massa específica e o calor específico do nanofluido são valores médios. Como tal, estas propriedades não dependem da forma na qual as nanopartículas estão dispersas no líquido base.

2.3 A Equação da Difusão Térmica

Um dos objetivos principais em uma análise da condução é determinar o *campo de temperaturas* em um meio resultante das condições impostas em suas fronteiras. Ou seja, desejamos conhecer a *distribuição de temperaturas*, que representa como a temperatura varia com a posição no meio. Uma vez conhecida essa distribuição, o fluxo de calor por condução (fluxo térmico condutivo) em qualquer ponto do meio ou na sua superfície pode ser determinado pela lei de Fourier. Outras importantes grandezas de interesse podem também ser determinadas. Para um sólido, o conhecimento da distribuição de temperaturas pode ser usado para averiguar a sua integridade estrutural a partir da determinação de tensões, expansões e deflexões térmicas. A distribuição de temperaturas também pode ser usada para otimizar a espessura de um material isolante ou para determinar a compatibilidade entre revestimentos especiais ou adesivos usados com o material.

Agora vamos deduzir uma equação diferencial cuja solução fornece a distribuição de temperaturas no meio. Considere um meio homogêneo no interior do qual não há movimento macroscópico (advecção) e a distribuição de temperaturas $T(x, y, z)$ está representada em coordenadas cartesianas. O meio é considerado incompressível, desta forma, sua massa específica pode ser considerada constante. Seguindo a metodologia em quatro etapas da aplicação da conservação da energia (Seção 1.3.1), inicialmente definimos um volume de controle infinitesimalmente pequeno (diferencial), $dx \cdot dy \cdot dz$, como mostrado na Figura 2.11. Optando por formular a primeira lei para um dado instante do tempo, a segunda etapa consiste em identificar os processos energéticos relevantes para esse volume de controle. Na ausência de movimento, não há variações na energia mecânica e não há trabalho sendo feito no sistema. Somente formas térmicas de energia devem ser consideradas. Especificamente, se houver gradientes de temperatura, irá ocorrer transferência de calor por condução através de cada uma das superfícies de controle. As taxas de transferência de calor por condução perpendiculares a cada uma das superfícies de controle nas posições x, y e z das respectivas coordenadas são indicadas pelos termos q_x, q_y e q_z, respectivamente. As taxas de transferência de calor por condução nas superfícies opostas podem, então, ser expressas como uma expansão em série de Taylor, na qual, desprezando os termos de ordens superiores, tem-se

$$q_{x+dx} = q_x + \frac{\partial q_x}{\partial x} dx \tag{2.13a}$$

$$q_{y+dy} = q_y + \frac{\partial q_y}{\partial y} dy \tag{2.13b}$$

$$q_{z+dz} = q_z + \frac{\partial q_z}{\partial z} dz \tag{2.13c}$$

Em palavras, a Equação 2.13a afirma simplesmente que o componente x da taxa de transferência de calor na posição $x + dx$ é igual ao valor desse componente em x somado à quantidade na qual ele varia com x multiplicada por dx.

No interior do meio pode haver, também, um termo de *fonte de energia* associado à taxa de geração de energia térmica. Esse termo é representado por

$$\dot{E}_g = \dot{q}\, dx\, dy\, dz \tag{2.14}$$

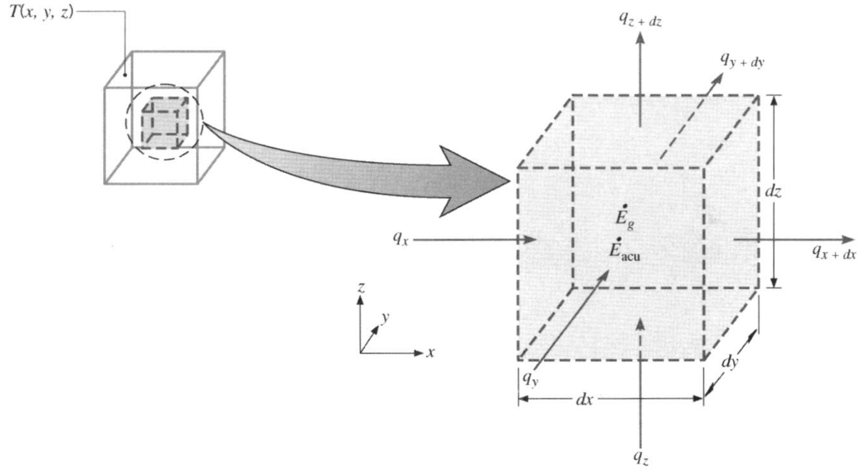

FIGURA 2.11 Volume de controle diferencial, $dx\, dy\, dz$, para a análise da condução em coordenadas cartesianas.

em que $\dot{q}$ é a taxa na qual a energia é gerada por unidade de volume do meio (W/m^3). Além disso, também podem ocorrer variações na quantidade de energia interna térmica armazenada pelo material no interior do volume de controle. Na ausência de mudança de fase, os efeitos da energia latente não são pertinentes e o termo referente ao *acúmulo de energia* se reduz à taxa de mudança de energia sensível:

$$\dot{E}_{acu} = \frac{\partial U_{sens}}{\partial t} = \rho c_v \frac{\partial T}{\partial t} dx\,dy\,dz = \rho c_p = \frac{\partial T}{\partial t} dx\,dy\,dz \quad (2.15)$$

Aqui, foi adotado o fato que $c_p = c_v$ para uma substância incompressível.[2]

Mais uma vez é importante notar que os termos $\dot{E}_g$ e $\dot{E}_{acu}$ representam processos físicos diferentes. O termo referente à geração de energia $\dot{E}_g$ é uma manifestação de algum processo de conversão de energia, envolvendo, de um lado, energia térmica e, do outro, alguma outra forma de energia, como energia química, elétrica ou nuclear. O termo é positivo (uma *fonte*) se a energia térmica está sendo gerada no material à custa de alguma outra forma de energia; ele é negativo (um *sumidouro*) se energia térmica está sendo consumida. Por outro lado, o termo relativo ao acúmulo de energia $\dot{E}_{acu}$ se refere à taxa de variação da energia térmica acumulada (armazenada) pela matéria.

A última etapa da metodologia descrita na Seção 1.3.1 consiste em representar a conservação de energia utilizando as equações de taxa anteriormente discutidas. Em uma base de *taxa*, a forma geral da exigência de conservação da energia é

$$\dot{E}_{ent} + \dot{E}_g - \dot{E}_{sai} = \dot{E}_{acu} \quad (1.12c)$$

Logo, reconhecendo que as taxas de condução de calor constituem a entrada de energia, $\dot{E}_{ent}$, e a saída de energia, $\dot{E}_{sai}$, e substituindo as Equações 2.14 e 2.15, obtemos

$$q_x + q_y + q_z + \dot{q}\,dx\,dy\,dz - q_{x+dx} - q_{y+dy} - q_{z+dz} = \rho c_p \frac{\partial T}{\partial t} dx\,dy\,dz \quad (2.16)$$

Substituindo as Equações 2.13, tem-se que

$$-\frac{\partial q_x}{\partial x} dx - \frac{\partial q_y}{\partial y} dy - \frac{\partial q_z}{\partial z} dz + \dot{q}\,dx\,dy\,dz = \rho c_p \frac{\partial T}{\partial t} dx\,dy\,dz \quad (2.17)$$

As taxas de transferência de calor por condução em um material isotrópico podem ser determinadas pela lei de Fourier,

$$q_x = -k\,dy\,dz \frac{\partial T}{\partial x} \quad (2.18a)$$

$$q_y = -k\,dx\,dz \frac{\partial T}{\partial y} \quad (2.18b)$$

$$q_z = -k\,dx\,dy \frac{\partial T}{\partial z} \quad (2.18c)$$

[2] O acúmulo de energia será representado usando c_p no restante do texto. Utilizar c_p no lugar de c_v amplia a aplicabilidade da Equação 2.15 para alguns cenários além de substâncias incompressíveis [23, 24] e é consistente com a forma simplificada da equação em energia térmica em regime estacionário, Equação 1.12e.

na qual cada componente do fluxo térmico da Equação 2.6 foi multiplicado pela área (diferencial) apropriada da superfície de controle para obter a taxa de transferência de calor. Substituindo as Equações 2.18 na Equação 2.17 e dividindo todos os termos pelas dimensões do volume de controle ($dx \cdot dy \cdot dz$), obtemos

$$\frac{\partial}{\partial x}\left(k\frac{\partial T}{\partial x}\right) + \frac{\partial}{\partial y}\left(k\frac{\partial T}{\partial y}\right) + \frac{\partial}{\partial z}\left(k\frac{\partial T}{\partial z}\right) + \dot{q} = \rho c_p \frac{\partial T}{\partial t} \quad (2.19)$$

A Equação 2.19 é a forma geral, em coordenadas cartesianas, da equação da difusão térmica. Essa equação, frequentemente chamada de *equação do calor*, fornece a ferramenta básica para a análise da condução de calor. A partir de sua solução, podemos obter a distribuição de temperaturas $T(x, y, z)$ como uma função do tempo. A aparente complexidade dessa expressão não deve obscurecer o fato de que ela descreve uma condição física importante, que é a conservação da energia. Você deve possuir uma clara compreensão do significado físico de cada uma das parcelas que aparecem nessa equação. Por exemplo, a parcela $\partial(k\partial T/\partial x)/\partial x$ está relacionada com o fluxo *líquido* de calor por condução *para* o interior do volume de controle na direção da coordenada x. Desta forma, multiplicando por dx,

$$\frac{\partial}{\partial x}\left(k\frac{\partial T}{\partial x}\right) dx = q''_x - q''_{x+dx} \quad (2.20)$$

expressões similares se aplicam aos fluxos nas direções y e z. Portanto, em palavras, a equação do calor, Equação 2.19, afirma que *em qualquer ponto do meio, a taxa líquida de transferência de energia por condução para o interior de um volume unitário somada à taxa volumétrica de geração de energia térmica tem que ser igual à taxa de variação da energia térmica acumulada no interior deste volume.*

Com frequência, é possível trabalhar com versões simplificadas da Equação 2.19. Por exemplo, se a condutividade térmica for constante, a equação do calor é

$$\frac{\partial^2 T}{\partial x^2} + \frac{\partial^2 T}{\partial y^2} + \frac{\partial^2 T}{\partial z^2} + \frac{\dot{q}}{k} = \frac{1}{\alpha}\frac{\partial T}{\partial t} \quad (2.21)$$

na qual $\alpha = k/(\rho c_p)$ é a *difusividade térmica*. Simplificações adicionais da forma geral da equação do calor são frequentemente possíveis. Por exemplo, em condições de *regime estacionário* não pode haver variação na quantidade da energia armazenada; assim, a Equação 2.19 se reduz a

$$\frac{\partial}{\partial x}\left(k\frac{\partial T}{\partial x}\right) + \frac{\partial}{\partial y}\left(k\frac{\partial T}{\partial y}\right) + \frac{\partial}{\partial z}\left(k\frac{\partial T}{\partial z}\right) + \dot{q} = 0 \quad (2.22)$$

Além disso, se a transferência de calor for *unidimensional* (por exemplo, na direção x) e *não houver geração de energia*, a Equação 2.22 se reduz a

$$\frac{d}{dx}\left(k\frac{dT}{dx}\right) = 0 \quad (2.23)$$

A importante consequência desse resultado é que, *em condições de transferência de calor unidimensional, em regime estacionário, sem geração de energia*, o fluxo de calor é uma constante na direção da transferência ($dq''_x/dx = 0$).

A equação do calor também pode ser escrita em coordenadas cilíndricas e esféricas. Os volumes de controle diferenciais para esses dois sistemas de coordenadas são mostrados nas Figuras 2.12 e 2.13.

Coordenadas Cilíndricas Quando o operador grad ∇ da Equação 2.3 é representado em coordenadas cilíndricas, com $\boldsymbol{i}, \boldsymbol{j}$ e $\boldsymbol{k}$ representando vetores unitários nas direções r, ϕ e z, a forma geral do vetor fluxo térmico e, portanto, da lei de Fourier é

$$\boldsymbol{q}'' = -k\nabla T = -k\left(\boldsymbol{i}\frac{\partial T}{\partial r} + \boldsymbol{j}\frac{1}{r}\frac{\partial T}{\partial \phi} + \boldsymbol{k}\frac{\partial T}{\partial z}\right) \quad (2.24)$$

em que

$$q''_r = -k\frac{\partial T}{\partial r} \qquad q''_\phi = -\frac{k}{r}\frac{\partial T}{\partial \phi} \qquad q''_z = -k\frac{\partial T}{\partial z} \quad (2.25)$$

são os componentes do fluxo térmico nas direções radial, circunferencial e axial, respectivamente. Aplicando um balanço de energia no volume de controle diferencial da Figura 2.12, é obtida a forma geral da equação do calor a seguir:

$$\frac{1}{r}\frac{\partial}{\partial r}\left(kr\frac{\partial T}{\partial r}\right) + \frac{1}{r^2}\frac{\partial}{\partial \phi}\left(k\frac{\partial T}{\partial \phi}\right) + \frac{\partial}{\partial z}\left(k\frac{\partial T}{\partial z}\right) + \dot{q} = \rho c_p\frac{\partial T}{\partial t} \quad (2.26)$$

Coordenadas Esféricas Em coordenadas esféricas, com $\boldsymbol{i}$, $\boldsymbol{j}$ e $\boldsymbol{k}$ representando vetores unitários nas direções r, θ e ϕ, a forma geral do vetor fluxo térmico e da lei de Fourier é

$$\boldsymbol{q}'' = -k\nabla T = -k\left(\boldsymbol{i}\frac{\partial T}{\partial r} + \boldsymbol{j}\frac{1}{r}\frac{\partial T}{\partial \theta} + \boldsymbol{k}\frac{1}{r\,\text{sen}\theta}\frac{\partial T}{\partial \phi}\right) \quad (2.27)$$

em que

$$q''_r = -k\frac{\partial T}{\partial r} \qquad q''_\theta = -\frac{k}{r}\frac{\partial T}{\partial \theta} \qquad q''_\phi = -\frac{k}{r\,\text{sen}\theta}\frac{\partial T}{\partial \phi} \quad (2.28)$$

são os componentes do fluxo térmico nas direções radial, polar e azimutal, respectivamente. Aplicando um balanço de energia no volume de controle diferencial da Figura 2.13, é obtida a forma geral da equação do calor a seguir:

$$\frac{1}{r^2}\frac{\partial}{\partial r}\left(kr^2\frac{\partial T}{\partial r}\right) + \frac{1}{r^2\,\text{sen}^2\theta}\frac{\partial}{\partial \phi}\left(k\frac{\partial T}{\partial \phi}\right) + \frac{1}{r^2\,\text{sen}\theta}\frac{\partial}{\partial \theta}\left(k\,\text{sen}\theta\frac{\partial T}{\partial \theta}\right) + \dot{q} = \rho c_p\frac{\partial T}{\partial t} \quad (2.29)$$

Você deve tentar deduzir a Equação 2.26 ou 2.29 para ganhar experiência na aplicação dos princípios de conservação em volumes de controle diferenciais (veja os Problemas 2.27 e 2.28). Note que o gradiente de temperatura na lei de Fourier deve ter unidades de K/m. Por esse motivo, ao determinar o gradiente para uma coordenada angular, ele deve estar expresso em termos de uma variação diferencial de *comprimento do arco*. Por exemplo, o componente do fluxo térmico na direção circunferencial no sistema de coordenadas cilíndricas é $q''_\phi = -(k/r)(\partial T/\partial \phi)$ e *não* $q''_\phi = -k(\partial T/\partial \phi)$.

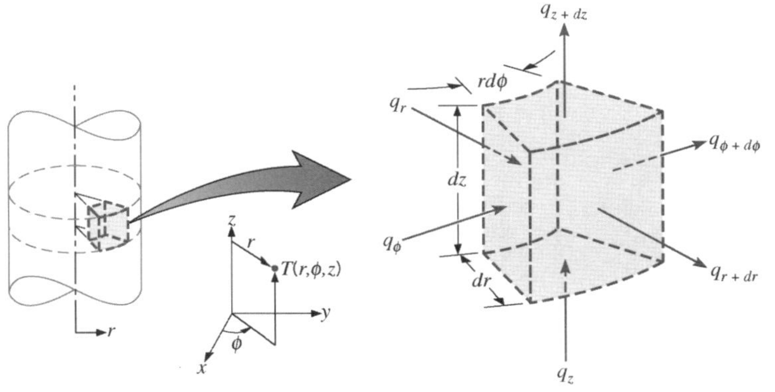

FIGURA 2.12 Volume de controle diferencial, $dr \cdot r\,d\phi \cdot dz$, para análise da condução em coordenadas cilíndricas (r, ϕ, z).

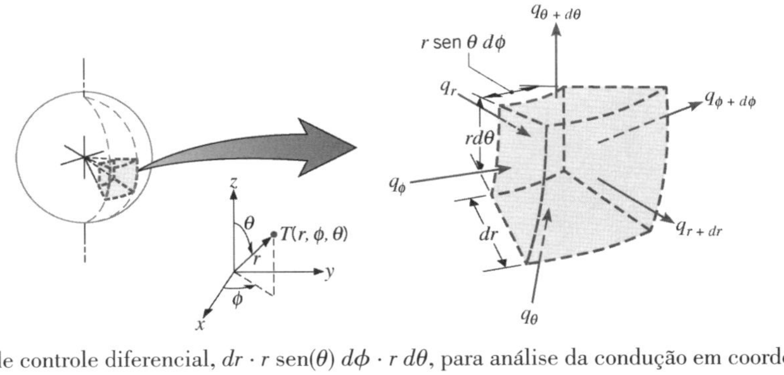

FIGURA 2.13 Volume de controle diferencial, $dr \cdot r\,\text{sen}(\theta)\,d\phi \cdot r\,d\theta$, para análise da condução em coordenadas esféricas (r, ϕ, θ).

EXEMPLO 2.3

A distribuição de temperaturas ao longo de uma parede com espessura de um metro, em determinado instante de tempo, é dada por

$$T(x) = a + bx + cx^2$$

na qual T está em graus Celsius e x em metros, enquanto $a = 900$ °C, $b = -300$ °C/m e $c = -50$ °C/m². Uma geração de calor uniforme, $\dot{q} = 1000$ W/m³, está presente na parede, cuja área é de 10 m². O seu material possui as seguintes propriedades: $\rho = 1600$ kg/m³, $k = 40$ W/(m · K) e $c_p = 4$ kJ/(kg · K).

1. Determine a taxa de transferência de calor que entra na parede ($x = 0$) e que deixa a parede ($x = 1$ m).
2. Determine a taxa de variação da energia acumulada na parede.
3. Determine a taxa de variação da temperatura em relação ao tempo nas posições $x = 0$; 0,25 e 0,5 m.

SOLUÇÃO

Dados: Distribuição de temperaturas $T(x)$ em um dado instante de tempo t em uma parede unidimensional com geração de calor uniforme.

Achar:

1. As taxas de transferência de calor entrando, q_{ent} ($x = 0$), e saindo, q_{sai} ($x = 1$ m), da parede.
2. A taxa de variação da energia acumulada na parede, $\dot{E}_{acu}$.
3. A taxa de variação da temperatura em relação ao tempo em $x = 0$, 0,25 e 0,5 m.

Esquema:

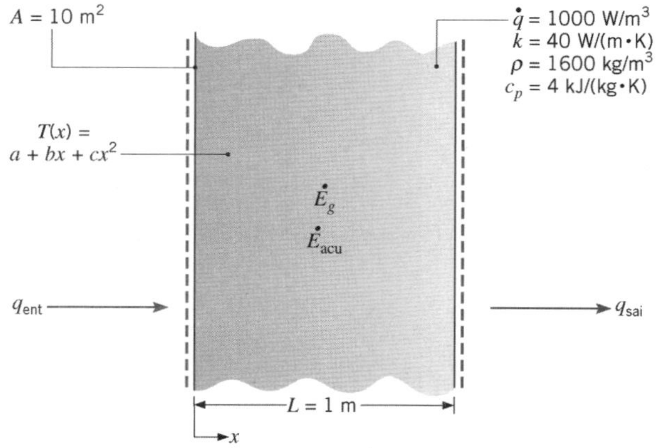

Considerações:

1. Condução unidimensional na direção x.
2. Meio isotrópico incompressível com propriedades constantes.
3. Geração interna de calor uniforme, $\dot{q}$(W/m³).

Análise:

1. Lembre-se de que, uma vez conhecida a distribuição de temperaturas no meio, a determinação da taxa de transferência de calor por condução em qualquer ponto desse meio, ou nas suas superfícies, é uma tarefa simples com o uso da lei de Fourier. Assim, as taxas de transferência de calor desejadas podem ser determinadas a partir da utilização da distribuição de temperaturas dada com a Equação 2.1. Desta forma,

$$q_{ent} = q_x(0) = -kA\left.\frac{\partial T}{\partial x}\right|_{x=0} = -kA(b + 2cx)_{x=0}$$

$$q_{ent} = -bkA = 300\,°\text{C/m} \times 40\,\text{W/(m}\cdot\text{K)} \times 10\,\text{m}^2$$
$$= 120\,\text{kW} \quad \triangleleft$$

De modo similar,

$$q_{sai} = q_x(L) = -kA\left.\frac{\partial T}{\partial x}\right|_{x=L} = -kA(b + 2cx)_{x=L}$$

$$q_{sai} = -(b + 2cL)kA = -[-300\,°\text{C/m} + 2(-50\,°\text{C/m}^2) \times 1\,\text{m}] \times 40\,\text{W/(m}\cdot\text{K)} \times 10\,\text{m}^2$$
$$= 160\,\text{kW} \quad \triangleleft$$

2. A taxa de variação da energia acumulada na parede $\dot{E}_{acu}$ pode ser determinada aplicando-se um balanço de energia global na parede. Usando a Equação 1.12c em um volume de controle no entorno da parede,

$$\dot{E}_{ent} + \dot{E}_g - \dot{E}_{sai} = \dot{E}_{acu}$$

no qual $\dot{E}_g = \dot{q}AL$. Tem-se então que

$$\dot{E}_{acu} = \dot{E}_{ent} + \dot{E}_g - \dot{E}_{sai} = q_{ent} + \dot{q}AL - q_{sai}$$

$$\dot{E}_{acu} = 120\,\text{kW} + 1000\,\text{W/m}^3 \times 10\,\text{m}^2 \times 1\,\text{m} - 160\,\text{kW}$$

$$\dot{E}_{acu} = -30\,\text{kW} \quad \triangleleft$$

3. A taxa de variação da temperatura em relação ao tempo, em qualquer ponto do meio, pode ser determinada pela equação do calor, Equação 2.21, reescrita na forma

$$\frac{\partial T}{\partial t} = \frac{k}{\rho c_p}\frac{\partial^2 T}{\partial x^2} + \frac{\dot{q}}{\rho c_p}$$

A partir da distribuição de temperaturas dada, tem-se que

$$\frac{\partial^2 T}{\partial x^2} = \frac{\partial}{\partial x}\left(\frac{\partial T}{\partial x}\right)$$
$$= \frac{\partial}{\partial x}(b + 2cx) = 2c = 2(-50\,°\text{C/m}^2) = -100\,°\text{C/m}^2$$

Note que essa derivada é independente da posição no meio. Assim, a taxa de variação da temperatura em relação ao tempo é também independente da posição e é dada por

$$\frac{\partial T}{\partial t} = \frac{40\ \text{W/(m}\cdot\text{K)}}{1600\ \text{kg/m}^3 \times 4\ \text{kJ/(kg}\cdot\text{K)}} \times (-100\ ^\circ\text{C/m}^2)$$

$$+ \frac{1000\ \text{W/m}^3}{1600\ \text{kg/m}^3 \times 4\ \text{kJ/(kg}\cdot\text{K)}}$$

$$\frac{\partial T}{\partial t} = -6{,}25 \times 10^{-4}\ ^\circ\text{C/s} + 1{,}56 \times 10^{-4}\ ^\circ\text{C/s}$$

$$= -4{,}69 \times 10^{-4}\ ^\circ\text{C/s} \qquad \triangleleft$$

Comentários:

1. A partir deste resultado fica evidente que a temperatura em todos os pontos no interior da parede está diminuindo com o tempo.
2. A lei de Fourier pode sempre ser usada para calcular a taxa de transferência de calor por condução a partir do conhecimento da distribuição de temperaturas, mesmo em condições transientes com geração interna de calor.

Efeitos de Microescala Para a maioria das situações práticas, as equações da difusão térmica geradas neste texto podem ser usadas de forma confiável. Contudo, essas equações estão baseadas na lei de Fourier, que não leva em conta a velocidade finita na qual a informação térmica é propagada no meio pelos vários transportadores de energia. As consequências da velocidade de propagação finita podem ser desprezadas se os eventos de interesse para a transferência de calor ocorrerem em uma escala de tempo suficientemente longa, Δt, tal que

$$\frac{\lambda_{\text{lpm}}}{\bar{c}\Delta t} \ll 1 \qquad (2.30)$$

As equações da difusão térmica deste texto são igualmente inválidas para problemas nos quais o espalhamento nas fronteiras deve ser considerado explicitamente. Por exemplo, a distribuição de temperaturas *no interior* do filme delgado da Figura 2.6*b* não pode ser determinada com o uso das equações da difusão do calor anteriores. Discussões adicionais de aplicações de transferência de calor e métodos de análise, em micro e nanoescalas, estão disponíveis na literatura [1, 5, 10, 25].

2.4 Condições de Contorno e Inicial

Para determinar a distribuição de temperaturas em um meio, é necessário resolver a forma apropriada da equação do calor. No entanto, tal solução depende das condições físicas existentes nas *fronteiras* do meio, e, se a situação variar com o tempo, a solução também depende das condições existentes no meio em algum *instante inicial*. Com relação às *condições nas fronteiras*, ou *condições de contorno*, há várias possibilidades usuais que são expressas de maneira simples em forma matemática. Como a equação do calor é de segunda ordem em relação às coordenadas espaciais, duas condições de contorno devem ser fornecidas para cada coordenada espacial necessária para descrever o sistema. Como a equação é de primeira ordem em relação ao tempo, apenas uma condição, chamada de *condição inicial*, deve ser especificada.

Os três tipos de condições de contorno usualmente encontrados na transferência de calor estão resumidos na Tabela 2.2. As condições estão especificadas na superfície $x = 0$, para um sistema unidimensional. A transferência de calor se dá no sentido positivo da direção x, com a distribuição de temperaturas, que pode ser função do tempo, designada por $T(x, t)$.

A primeira condição corresponde a uma situação na qual a superfície é mantida a uma temperatura fixa T_s. Ela é comumente chamada de uma *condição de Dirichlet* ou de uma condição de contorno de *primeira espécie*. Ela descreve bem situações quando, por exemplo, a superfície está em contato com um sólido em fusão ou com um líquido em ebulição. Em ambos os casos há transferência de calor na superfície, enquanto a superfície permanece na temperatura do processo de mudança de fase. A segunda condição corresponde à existência de um fluxo térmico fixo ou constante q''_s na superfície. Esse fluxo térmico está relacionado com o gradiente de temperatura na superfície pela lei de Fourier, Equação 2.6, que pode ser escrita na forma

$$q''_x(0) = -k\frac{\partial T}{\partial x}\bigg|_{x=0} = q''_s$$

Ela é conhecida por *condição de Neumann* ou como uma condição de contorno de *segunda espécie*, e pode ser obtida

TABELA 2.2 Condições de contorno para a equação da difusão térmica na superfície ($x = 0$)

1. Temperatura na superfície constante $T(0, t) = T_s$	(2.31)	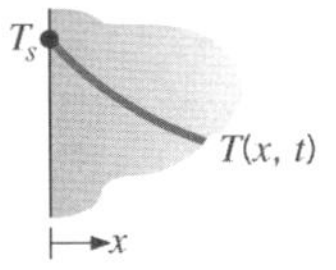
2. Fluxo térmico na superfície constante (a) Fluxo térmico diferente de zero $-k\frac{\partial T}{\partial x}\Big\|_{x=0} = q''_s$	(2.32)	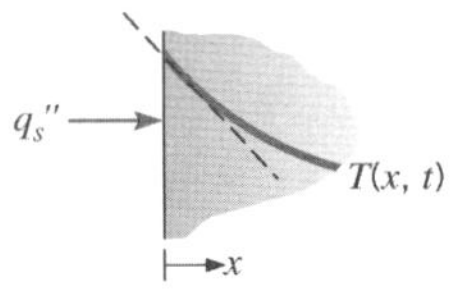
(b) Superfície adiabática ou isolada termicamente $\frac{\partial T}{\partial x}\Big\|_{x=0} = 0$	(2.33)	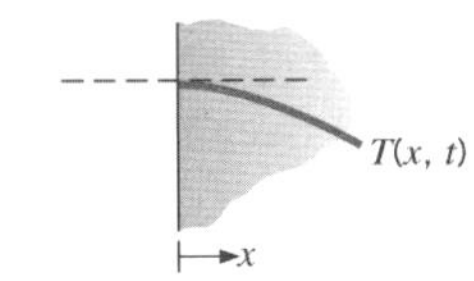
3. Condição de convecção na superfície $-k\frac{\partial T}{\partial x}\Big\|_{x=0} = h[T_\infty - T(0, t)]$	(2.34)	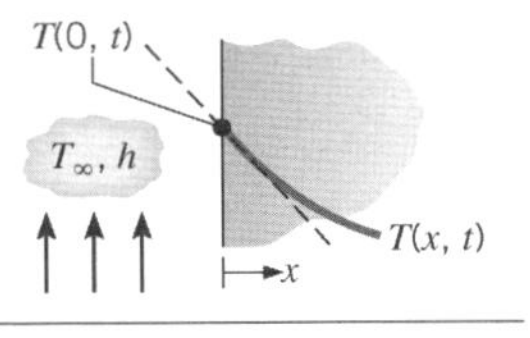

a partir da fixação de um aquecedor elétrico na forma de uma fina película à superfície. Um caso particular dessa condição corresponde a uma superfície *perfeitamente isolada*, ou *adiabática*, superfície na qual $\partial T/\partial x|_{x=0} = 0$. A condição de contorno de *terceira espécie* corresponde à existência, na superfície, de um aquecimento (ou resfriamento) por convecção e é obtida a partir de um balanço de energia na superfície, conforme discutido na Seção 1.3.1.

EXEMPLO 2.4

Uma longa barra de cobre com seção transversal retangular, cuja largura w é muito maior do que a sua espessura L, é mantida em contato com um *sumidouro de calor* (veja o Comentário 1 mais adiante) na sua superfície inferior e a temperatura ao longo da barra é aproximadamente igual à do sumidouro, T_o. Subitamente, uma corrente elétrica é passada através da barra e uma corrente de ar, com temperatura T_∞, é passada sobre a sua superfície superior, enquanto a superfície inferior continua mantida a T_o. Obtenha a equação diferencial e as condições inicial e de contorno que podem ser usadas para determinar a temperatura em função da posição e do tempo na barra.

SOLUÇÃO

Dados: Uma barra de cobre inicialmente em equilíbrio térmico com um sumidouro de calor é subitamente aquecida pela passagem de uma corrente elétrica.

Achar: A equação diferencial e as condições inicial e de contorno necessárias para determinar a temperatura no interior da barra em função da posição e do tempo.

Esquema:

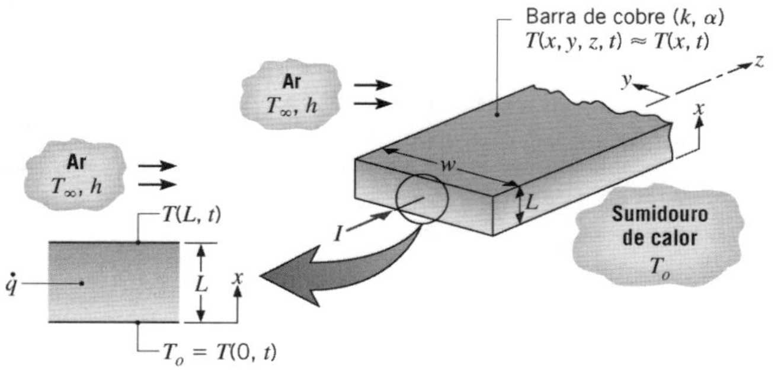

Considerações:

1. Uma vez que a barra é longa e $w \gg L$, os efeitos de pontas e laterais são desprezíveis e a transferência de calor no interior da barra é principalmente unidimensional na direção x.
2. Taxa de geração volumétrica de calor uniforme, $\dot{q}$.
3. Propriedades constantes.

Análise: A distribuição de temperaturas é governada pela equação do calor (Equação 2.19), que, para condições unidimensionais e de propriedades constantes do presente problema, se reduz a

$$\frac{\partial^2 T}{\partial x^2} + \frac{\dot{q}}{k} = \frac{1}{\alpha}\frac{\partial T}{\partial t} \qquad (1) \quad \triangleleft$$

na qual a temperatura é uma função da posição e do tempo, $T(x, t)$. Como essa equação diferencial é de segunda ordem em relação à coordenada espacial x e de primeira ordem em relação ao tempo t, devem ser fornecidas duas condições de contorno na direção x e uma condição, chamada de condição inicial, para o tempo. A condição de contorno para a superfície inferior corresponde ao caso 1 da Tabela 2.2. Em particular, como a temperatura nessa superfície é mantida em um valor, T_o, constante ao longo do tempo, tem-se que

$$T(0, t) = T_o \qquad (2) \quad \triangleleft$$

A condição de transferência de calor por convecção na superfície, caso 3 da Tabela 2.2, é apropriada para a superfície superior. Logo,

$$-k\frac{\partial T}{\partial x}\bigg|_{x=L} = h[T(L, t) - T_\infty] \qquad (3) \quad \triangleleft$$

A condição inicial é inferida a partir do reconhecimento de que, antes da mudança nas condições, a barra encontrava-se a uma temperatura uniforme T_o. Assim,

$$T(x, 0) = T_o \qquad (4) \quad \triangleleft$$

Se T_o, T_∞, $\dot{q}$ e h forem conhecidos, as Equações 1 a 4 podem ser resolvidas para se obter a distribuição de temperaturas $T(x, t)$ em função do tempo, após a imposição da corrente elétrica.

Comentários:

1. O sumidouro de calor em $x = 0$ poderia ser mantido pela exposição desta superfície a um banho de gelo ou pelo contato com uma *placa fria*. Uma placa fria possui canais refrigerantes usinados em um sólido de elevada condutividade térmica (em geral, cobre). Por meio da circulação de um líquido (em geral, água) pelos canais, a placa, e, portanto, a superfície com a qual ela está em contato, pode ser mantida a uma temperatura praticamente uniforme.
2. A temperatura da superfície superior, $T(L, t)$, variará com o tempo. Essa temperatura é uma incógnita e pode ser obtida após a determinação de $T(x, t)$.
3. Podemos usar nossa intuição física para esboçar distribuições de temperaturas na barra em tempos selecionados do início ao final do processo transiente. Se considerarmos que $T_\infty > T_o$ e que a corrente elétrica é suficientemente alta para aquecer a barra até temperaturas superiores a T_∞, as distribuições a seguir corresponderiam à condição inicial ($t \le 0$), à condição final (regime estacionário, $t \to \infty$) e a dois tempos intermediários.

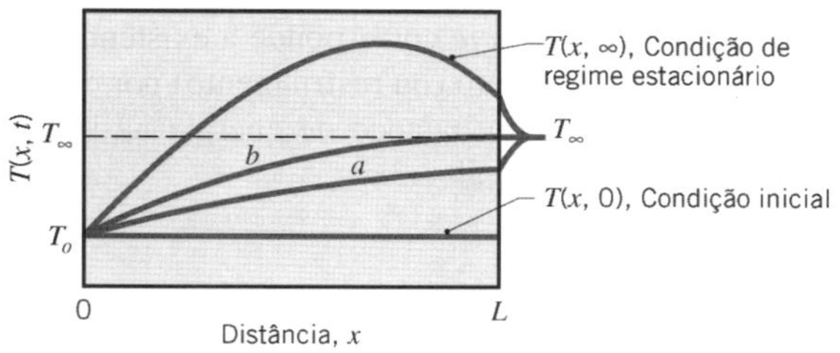

Note que as distribuições satisfazem às condições de contorno e inicial. Qual é a característica particular da distribuição identificada por (b)?

4. Nossa intuição pode, também, ser usada para inferir a forma na qual o fluxo térmico varia com o tempo nas superfícies ($x = 0, L$) da barra. Em coordenadas $q''_x - t$, as variações transientes são como mostradas a seguir.

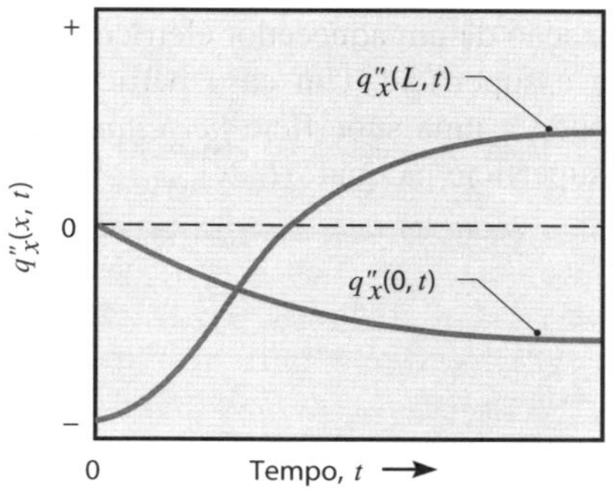

Certifique-se de que as variações anteriores são consistentes com as distribuições de temperaturas do Comentário 3. Para $t \to \infty$, como $q''_x(0)$ e $q''_x(L)$ estão relacionados com a taxa volumétrica de geração de energia?

2.5 Resumo

Apesar da relativa concisão deste capítulo, sua importância não pode ser subestimada. O entendimento da equação da taxa de condução, lei de Fourier, é essencial. Você deve estar ciente da importância das propriedades termofísicas; com o tempo, você desenvolverá uma percepção da magnitude das propriedades de muitos materiais reais. Do mesmo modo, você deve reconhecer que a equação do calor é obtida por meio da aplicação do princípio da conservação de energia em um volume de controle diferencial e que ela é usada para determinar distribuições de temperaturas no interior da matéria. A partir do conhecimento da distribuição, a lei de Fourier pode ser usada para determinar as taxas de transferência de calor correspondentes. É vital uma forte compreensão dos vários tipos de condições de contorno térmicas utilizadas em conjunto com a equação do calor. Na verdade, o Capítulo 2 é a base na qual os Capítulos 3 a 5 estão fundamentados, e você está convidado a frequentemente revisitar este capítulo. Você pode testar o seu entendimento de vários conceitos ao responder às questões a seguir.

- Na formulação geral da *lei de Fourier* (aplicável em qualquer geometria), quais são as grandezas vetoriais e as escalares? Por que há um sinal de menos no lado direito desta equação?
- O que é uma *superfície isotérmica*? O que pode ser dito sobre o fluxo térmico em qualquer local desta superfície?
- Qual forma a *lei de Fourier* assume em cada direção ortogonal dos sistemas de coordenadas cartesiano, cilíndrico e esférico? Em cada caso, quais são as unidades do gradiente de temperatura? Você pode escrever de memória cada equação?
- Uma importante propriedade da matéria é definida pela *lei de Fourier*. Qual é ela? Qual é o seu significado físico? Quais são suas unidades?
- O que é um material *isotrópico*?
- Por que geralmente a condutividade térmica de um sólido é maior do que a de um líquido? Por que a condutividade térmica de um líquido é maior do que a de um gás?
- Por que geralmente a condutividade térmica de um sólido condutor elétrico é maior do que a de um não condutor? Por que materiais como o óxido de berílio, o diamante e o carbeto de silício (veja a Tabela A.2) são exceções a esta regra?
- É a *condutividade térmica efetiva* de um sistema de isolamento uma manifestação verdadeira da eficácia com a qual calor é transferido por meio do sistema somente por condução?
- Por que a condutividade térmica de um gás aumenta com o aumento da temperatura? Por que ela é aproximadamente independente da pressão?
- Qual é o significado físico da *difusividade térmica*? Como ela é definida e quais são suas unidades?
- Qual é o significado físico de cada termo que aparece na *equação do calor*?
- Cite alguns exemplos de *geração de energia térmica*. Se a taxa na qual a energia térmica é gerada por unidade de volume, $\dot{q}$, variar com a posição em um meio de volume V, como pode ser determinada a taxa de geração de energia para todo o meio, $\dot{E}g$, a partir do conhecimento de $\dot{q}(x, y, z)$?
- Para um meio com reação química, qual tipo de reação fornece uma *fonte* de energia térmica ($\dot{q} > 0$)? Qual tipo de reação fornece um *sumidouro* de energia térmica ($\dot{q} < 0$)?
- Para resolver a *equação do calor*, determinando a distribuição de temperaturas em um meio, *condições de contorno* nas superfícies do meio devem ser especificadas. Que condições físicas são normalmente adequadas para este objetivo?

Referências

1. Flik, M. I., B.-I. Choi, and K. E. Goodson, *J. Heat Transfer*, **114**, 666, 1992.
2. Klemens, P. G., "Theory of the Thermal Conductivity of Solids," in R. P. Tye, Ed., *Thermal Conductivity*, Vol. 1, Academic Press, London, 1969.
3. Yang, H.-S., G.-R. Bai, L. J. Thompson, and J. A. Eastman, *Acta Materialia*, **50**, 2309, 2002.
4. Chen, G., *J. Heat Transfer*, **118**, 539, 1996.
5. Carey, V. P., G. Chen, C. Grigoropoulos, M. Kaviany, and A. Majumdar, *Nano. and Micro. Thermophys. Engng*. **12**, 1, 2008.

6. Padture, N. P., M. Gell, and E. H. Jordan, *Science*, **296**, 280, 2002.
7. Schelling, P. K., L. Shi, and K. E. Goodson, *Mat. Today*, **8**, 30, 2005.
8. Baxter, J., Z. Bian, G. Chen, D. Danielson, M. S. Dresselhaus, A. G. Federov, T. S. Fisher, C. W. Jones, E. Maginn, W. Kortshagen, A. Manthiram, A. Nozik, D. R. Rolison, T. Sands, L. Shi, D. Sholl, and Y. Wu, *Energy and Environ. Sci.*, **2**, 559, 2009.
9. Vincenti, W. G., and C. H. Kruger Jr., *Introduction to Physical Gas Dynamics*, Wiley, New York, 1986.
10. Zhang, Z. M., *Nano/Microscale Heat Transfer*, McGraw-Hill, New York, 2007.
11. McLaughlin, E., "Theory of the Thermal Conductivity of Fluids," in R. P. Tye, Ed., *Thermal Conductivity*, Vol. 2, Academic Press, London, 1969.
12. Foust, O. J., Ed., "Sodium Chemistry and Physical Properties," in *Sodium-NaK Engineering Handbook*, Vol. 1, Gordon & Breach, New York, 1972.
13. Mallory, J. F., *Thermal Insulation*, Reinhold Book Corp., New York, 1969.
14. American Society of Heating, Refrigeration and Air Conditioning Engineers, *Handbook of Fundamentals*, Chapters 23–25 and 31, ASHRAE, New York, 2001.
15. Zeng, S. Q., A. Hunt, and R. Greif, *J. Heat Transfer*, **117**, 1055, 1995.
16. Sengers, J. V., and M. Klein, Eds., *The Technical Importance of Accurate Thermophysical Property Information*, National Bureau of Standards Technical Note No. 590, 1980.
17. Najjar, M. S., K. J. Bell, and R. N. Maddox, *Heat Transfer Eng.*, **2**, 27, 1981.
18. Hanley, H. J. M., and M. E. Baltatu, *Mech. Eng.*, **105**, 68, 1983.
19. Touloukian, Y. S., and C. Y. Ho, Eds., *Thermophysical Properties of Matter, The TPRC Data Series* (13 volumes on thermophysical properties: thermal conductivity, specific heat, thermal radiative, thermal diffusivity, and thermal linear expansion), Plenum Press, New York, 1970 through 1977.
20. Chow, T. S., *Phys. Rev. E*, **48**, 1977, 1993.
21. Keblinski, P., R. Prasher, and J. Eapen, *J. Nanopart. Res.*, **10**, 1089, 2008.
22. Hamilton, R. L., and O. K. Crosser, *I&EC Fundam.* **1**, 187, 1962.
23. Panton, R. L., *Incompressible Flow*, Wiley, Hoboken, 2013.
24. Burmeister, L. C., *Convective Heat Transfer*, Wiley-Interscience, New York, 1993.
25. Cahill, D. G., W. K. Ford, K. E. Goodson, G. D. Mahan, A. Majumdar, H. J. Maris, R. Merlin, and S. R. Phillpot, *App. Phys. Rev.*, **93**, 793, 2003.

Problemas

Lei de Fourier

2.1 Considere condução de calor unidimensional, em regime estacionário, a partir da geometria axissimétrica mostrada na figura a seguir, que é isolada em torno do seu perímetro.

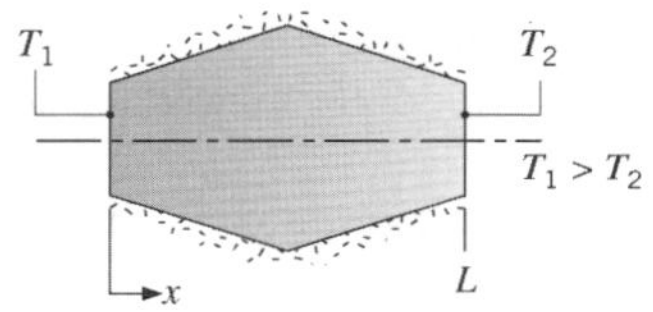

Supondo propriedades constantes e ausência de geração interna de calor, esboce as distribuições do fluxo térmico, $q''_x(x)$, de temperaturas $T(x)$. Explique as formas dos perfis de suas curvas. Como as suas curvas dependem da condutividade térmica do material?

2.2 Um tubo de água quente, com raio externo r_1, está a uma temperatura T_1. Uma espessa camada de isolamento térmico, aplicada para reduzir a perda de calor, possui um raio externo r_2 e a sua superfície externa está a uma temperatura T_2. Em um sistema de coordenadas $T - r$, esboce a distribuição de temperaturas no isolante para uma transferência de calor unidimensional, em regime estacionário, com propriedades constantes. Justifique, resumidamente, a forma da curva proposta.

2.3 Uma casca esférica com raio interno r_1 e raio externo r_2 possui temperaturas superficiais T_1 e T_2, respectivamente, sendo $T_1 > T_2$. Esboce a distribuição de temperaturas em coordenadas $T - r$ considerando condução unidimensional, em regime estacionário, com propriedades constantes. Justifique, sucintamente, a forma da curva proposta.

2.4 Para determinar o efeito da dependência da condutividade térmica em relação à temperatura na distribuição de temperaturas em um sólido, considere um material para o qual essa dependência possa ser representada por

$$k = k_o + aT$$

na qual k_o é uma constante positiva e a é um coeficiente que pode ser positivo ou negativo. Esboce a distribuição de temperaturas, em regime estacionário, associada à transferência de calor ao longo de uma parede plana para os três casos: $a > 0$, $a = 0$ e $a < 0$.

2.5 É solicitado a um jovem engenheiro o projeto de uma barreira para proteção térmica de um dispositivo eletrônico sensível, que pode vir a ser exposto à irradiação de um *laser* de alta potência. Tendo aprendido na época de estudante que um material com baixa condutividade térmica fornece boas características de isolamento, o engenheiro especifica para a barreira de proteção o uso de um aerogel nanoestruturado, caracterizado por uma condutividade térmica de $k_a = 0{,}005$ W/(m · K). O chefe do engenheiro questiona a razão da escolha do aerogel *em função* de ele ter uma baixa condutividade térmica. Considere a súbita irradiação com o *laser* de (a) alumínio puro, (b) vidro e (c) aerogel. O *laser* fornece uma irradiação de $G = 10 \times 10^6$ W/m². As absortividades dos materiais são $\alpha = 0{,}2$; 0,9 e 0,8 para o alumínio, o vidro e o aerogel, respectivamente, e a temperatura inicial da barreira é de $T_i = 300$ K. Explique a razão da preocupação do chefe. *Sugestão:* todos materiais sofrem expansão (ou contração) térmica e as tensões locais que se desenvolvem no seu interior são, em uma primeira aproximação, proporcionais ao gradiente de temperatura local.

2.6 Considere condições de regime estacionário na condução unidimensional em uma parede plana com uma condutividade térmica $k = 50$ W/(m · K) e espessura $L = 0{,}35$ m, sem geração interna de calor.

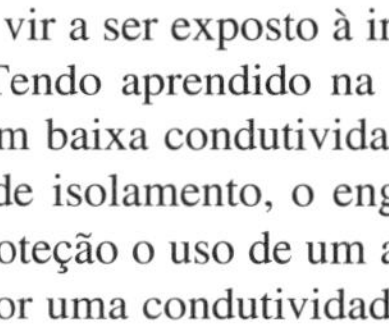

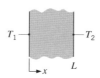

Determine o fluxo térmico e a grandeza desconhecida em cada caso e esboce a distribuição de temperaturas, indicando o sentido do fluxo térmico.

Caso	T_1(°C)	T_2(°C)	dT/dx (K/m)
1	50	−20	
2	−30	−10	
3	70		160
4		40	−80
5		30	200

2.7 Considere uma parede plana com 120 mm de espessura e condutividade térmica igual a 120 W/(m · K). Sabe-se que há condições de regime estacionário quando $T_1 = 500$ K e $T_2 = 700$ K. Determine o fluxo térmico q''_x e o gradiente de temperatura dT/dx para os sistemas de coordenadas mostrados.

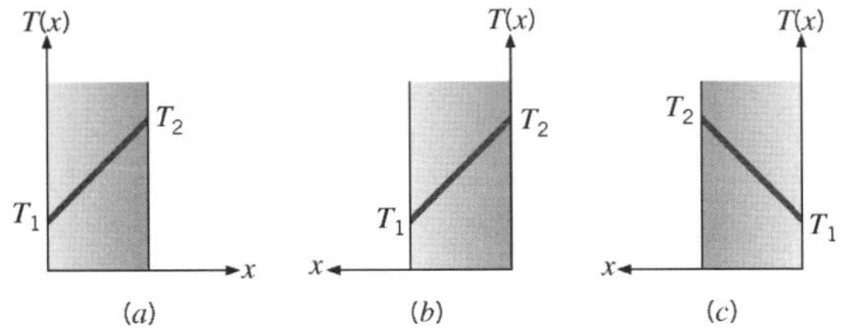

2.8 No corpo bidimensional mostrado na figura, sabe-se que o gradiente de temperatura na superfície A é $\partial T/\partial y = 30$ K/m. Quais são os valores dos gradientes $\partial T/\partial y$ e $\partial T/\partial x$ na superfície B?

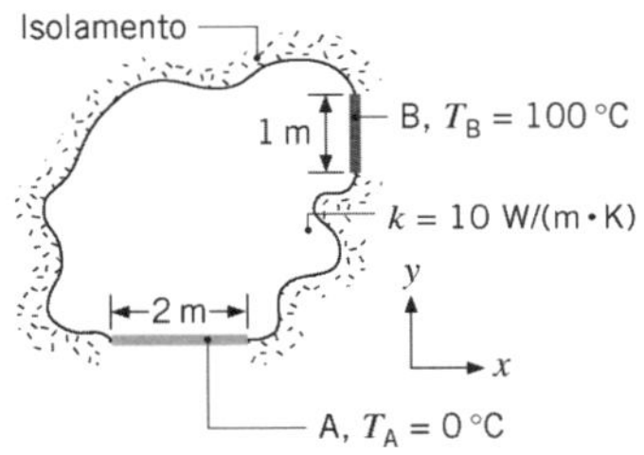

2.9 Considere a geometria do Problema 2.8 para o caso no qual a condutividade térmica varia com a temperatura na forma $k = k_o + aT$, em que $k_o = 10$ W/(m · K), $a = -10^{-3}$ W/(m · K^2) e T está em kelvin. O gradiente na superfície B é $\partial T/\partial x = 30$ K/m. Qual é o valor de $\partial T/\partial y$ na superfície A?

Propriedades Termofísicas

2.10 Um aparato experimental para medir condutividade térmica emprega um aquecedor elétrico posicionado entre duas amostras idênticas, com 25 mm de diâmetro e 60 mm de comprimento, que são pressionadas entre placas mantidas a uma temperatura uniforme $T_o = 77$ °C, por um fluido circulante. Uma graxa condutora é colocada entre todas as superfícies para garantir um bom contato térmico. Termopares diferenciais, espaçados de 15 mm, são instalados no interior das amostras. As superfícies laterais das amostras são isoladas de modo a garantir transferência de calor unidimensional ao longo das amostras.

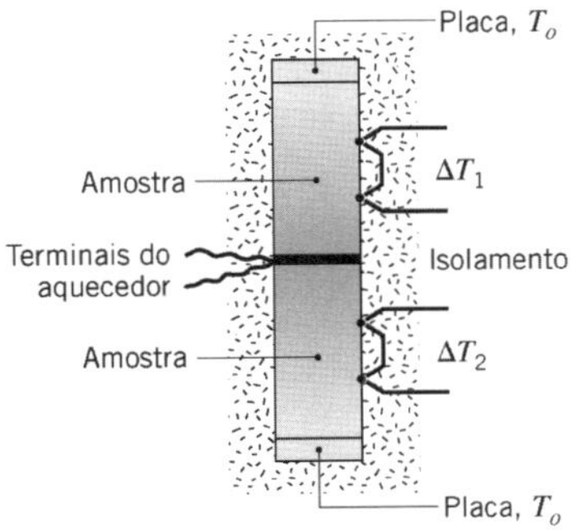

(a) Com duas amostras de aço inoxidável 316 no aparato experimental, a corrente elétrica no aquecedor é de 0,250 A a 100 V, e os termopares diferenciais indicam $\Delta T_1 = \Delta T_2 = 25{,}0$ °C. Qual é a condutividade térmica do aço inoxidável das amostras? Qual é a temperatura média das amostras? Compare o seu resultado com o valor da condutividade térmica para este material fornecido na Tabela A.1.

(b) Por engano, uma amostra de ferro Armco foi colocada na posição inferior do aparato. Na posição superior permanece a amostra de aço inoxidável 316 utilizada no item (a). Para essa situação, a corrente no aquecedor é de 0,425 A a 100 V, e os termopares diferenciais indicam $\Delta T_1 = \Delta T_2 = 15{,}0$ °C. Quais são a condutividade térmica e a temperatura média da amostra de ferro Armco?

(c) Qual é a vantagem em se construir o aparato experimental com duas amostras idênticas imprensando o aquecedor em vez de construí-lo com uma única combinação aquecedor-amostra? Quando a perda de calor pelas superfícies laterais das amostras se tornaria significativa? Em quais condições você esperaria $\Delta T_1 \neq \Delta T_2$?

2.11 Considere uma janela com 400 mm × 400 mm em um avião. Para uma diferença de temperaturas de 90 °C entre as superfícies interna e externa da janela, calcule a perda térmica ao longo de janelas com $L = 12$ mm de espessura de policarbonato, de vidro cal-soda e de aerogel, respectivamente. As condutividades térmicas do aerogel e do policarbonato são $k_{ag} = 0{,}014$ W/(m · K) e $k_{pc} = 0{,}21$ W/(m · K), respectivamente. Avalie a condutividade térmica do vidro cal-soda a 300 K. Se o avião possuir 130 janelas e o custo para aquecer o ar da cabine é de \$1/(kW · h), compare os custos associados às perdas térmicas ao longo das janelas em um voo intercontinental de oito horas.

2.12 Use o *IHT* para desempenhar as seguintes tarefas.

(a) Represente graficamente a condutividade térmica do cobre, do alumínio 2024 e do aço inoxidável AISI 302 na faixa de temperaturas de $300 \leq T \leq 600$ K. Insira todos os dados em um mesmo gráfico e comente as tendências observadas.

(b) Represente graficamente a condutividade térmica do hélio e do ar na faixa de temperaturas de $300 \leq T \leq 800$ K. Insira todos os dados em um mesmo gráfico e comente as tendências observadas.

(c) Represente graficamente a viscosidade cinética do óleo de motor, do etileno glicol e da água líquida na faixa de temperaturas de $300 \leq T \leq 360$ K. Insira todos os dados em um mesmo gráfico e comente as tendências observadas.

(d) Represente graficamente a condutividade térmica do nanofluido formado por água e Al_2O_3, a $T = 300$ K, na faixa de fração volumétrica de $0 \leq \varphi \leq 0{,}08$. Veja o Exemplo 2.2.

2.13 Calcule a condutividade térmica do ar, do hidrogênio e do dióxido de carbono a 300 K, considerando comportamento de gás ideal. Compare os seus valores calculados com os da Tabela A.4.

2.14 A condutividade térmica do hélio a determinada temperatura é 0,15 W/(m · K). Calcule a temperatura do hélio considerando comportamento de gás ideal e compare-a com o valor encontrado na Tabela A.4.

2.15 Um método para determinar a condutividade térmica k e o calor específico c_p de um material está ilustrado na figura. Inicialmente, as duas amostras idênticas, de diâmetro $D = 50$ mm e espessura $L = 10$ mm, e o aquecedor delgado se encontram a uma temperatura uniforme $T_i = 23{,}00$ °C, enquanto envolvidos por um pó isolante térmico. Em um dado instante, o aquecedor é energizado, fornecendo um fluxo térmico uniforme q''_o em cada uma das interfaces das amostras, que é mantido constante por um período de tempo Δt_o. Logo após o início do aquecimento, a temperatura nesta interface, T_o, está relacionada com o fluxo térmico pela expressão

$$T_o(t) - T_i = 2q''_o\left(\frac{t}{\pi \rho c_p k}\right)^{1/2}$$

Em determinado teste, o aquecedor elétrico dissipa uma potência de 20,0 W durante um período de $\Delta t_o = 100$ s e a temperatura na interface, após 60 s de aquecimento, é T_o (60 s) = 26,77 °C. Passado um longo intervalo de tempo após o desligamento do aquecedor, $t \gg \Delta t_o$, as amostras atingem a temperatura uniforme de $T_o(\infty) = 39{,}80$ °C. A massa de cada amostra é $m = 78$ gramas.

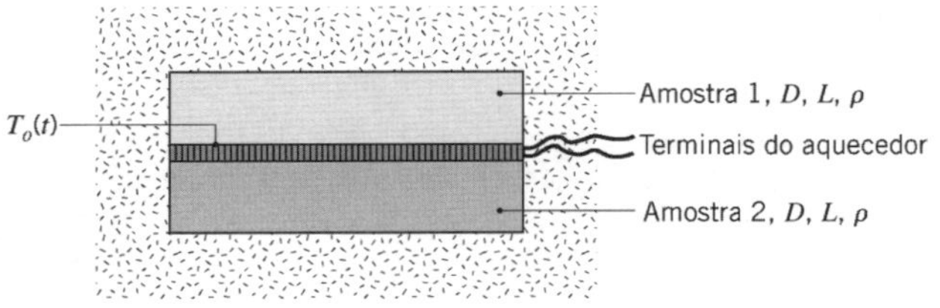

Determine o calor específico e a condutividade térmica do material testado. Olhando os valores das propriedades termofísicas nas Tabelas A.1 e A.2, identifique o material das amostras testadas.

2.16 Compare e contraste a capacidade térmica ρc_p do tijolo comum, do aço-carbono plano, do óleo de motor, da água e do solo. Qual material permite a maior quantidade de armazenamento de energia por unidade de volume? Qual material você esperaria ter o menor custo por unidade de capacidade térmica? Use as propriedades a 300 K.

2.17 Uma barra cilíndrica de aço inoxidável encontra-se isolada em sua lateral, mas não nas extremidades. A distribuição de temperaturas em regime estacionário é $T(x) = a - bx/L$, na qual $a = 305$ K e $b = 10$ K. O diâmetro e o comprimento da barra são $D = 20$ mm e $L = 100$ mm, respectivamente. Determine o fluxo térmico ao longo da barra, q''_x. *Sugestão*: a massa da barra é $m = 0{,}248$ kg.

A Equação do Calor

2.18 Considere as distribuições de temperaturas associadas a um volume de controle diferencial dx no interior de uma parede plana unidimensional mostradas a seguir.

(a) Condições de regime estacionário existem. Há energia térmica sendo gerada no interior do volume de controle diferencial? Se houver, a taxa de geração é positiva ou negativa?

(b) Condições de regime estacionário existem tal como no item anterior. A taxa de geração volumétrica é positiva ou negativa no interior do volume de controle diferencial?

(c) Condições de regime estacionário não existem e não há geração volumétrica de energia térmica. A temperatura do material no volume de controle diferencial está aumentando ou diminuindo com o tempo?

(d) Condições transientes existem como no item (c). A temperatura está aumentando ou diminuindo com o tempo?

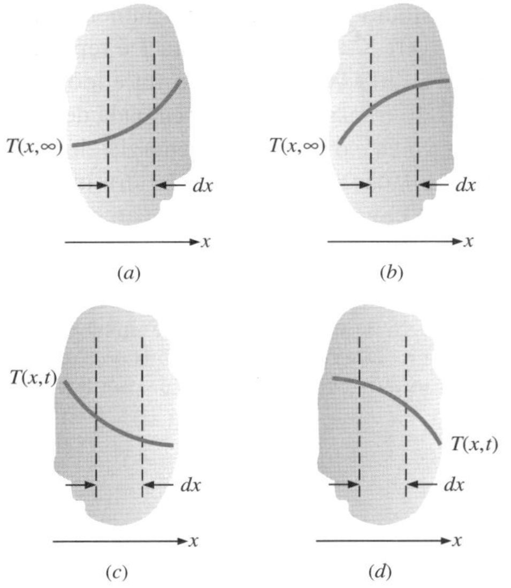

2.19 Considere uma parede plana unidimensional de espessura $2L$, na qual há uma geração volumétrica de calor uniforme. As temperaturas das superfícies da parede são mantidas a $T_{s,1}$ e $T_{s,2}$, como mostrado no desenho. Verifique, por substituição direta, que uma expressão da forma

$$T(x) = \frac{\dot{q}L^2}{2k}\left(1 - \frac{x^2}{L^2}\right) + \frac{T_{s,2} - T_{s,1}}{2}\frac{x}{L} + \frac{T_{s,1} + T_{s,2}}{2}$$

satisfaz a forma em regime estacionário da equação da difusão do calor. Determine uma expressão para a distribuição do fluxo térmico, $q''(x)$.

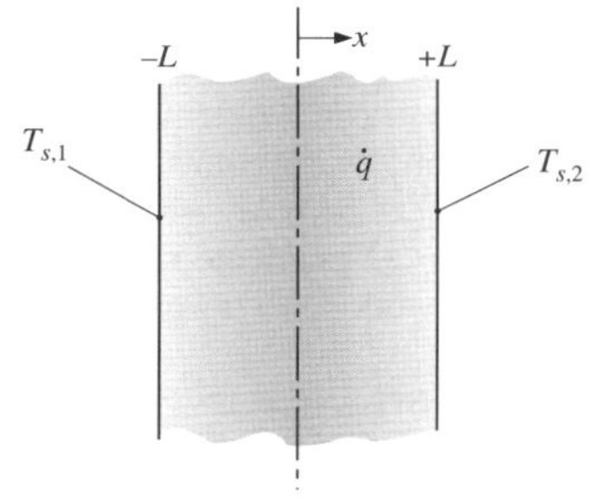

2.20 Uma panela é usada para ferver água. Ela é posicionada sobre um fogão, a partir do qual calor é transferido a uma taxa fixa q_o. Há dois estágios no processo. No Estágio 1, a água é levada de sua temperatura inicial (ambiente) T_i até o ponto de ebulição, quando calor é transferido da panela para a água por convecção natural. Durante esse estágio pode-se admitir um valor constante do coeficiente de transferência de calor h, enquanto a temperatura média da água aumenta com o tempo, $T_\infty = T_\infty(t)$. No Estágio 2, a água encontra-se em ebulição e a sua temperatura mantém-se em um valor fixo, $T_\infty = T_{eb}$, enquanto o fornecimento de calor continua. Considere uma base de panela com espessura L e diâmetro D, com um sistema de coordenadas no qual $x = 0$ e $x = L$ nas superfícies em contato com o fogão e com a água, respectivamente.

(a) Escreva a forma da equação do calor e as condições inicial e de contorno que determinam a variação da temperatura com a posição e o tempo, $T(x, t)$, na base da panela ao longo do Estágio 1. Expresse o seu resultado em termos dos parâmetros q_o, D, L, h e T_∞, assim como das propriedades pertinentes do material da panela.

(b) Durante o Estágio 2, a superfície da panela em contato com a água encontra-se a uma temperatura fixa, $T(L, t) = T_L > T_{eb}$. Escreva a forma da equação do calor e as condições de contorno que determinam a distribuição de temperaturas, $T(x)$, na base da panela. Expresse o seu resultado em termos dos parâmetros q_o, D, L e T_L, assim como das propriedades pertinentes do material da panela.

2.21 Em um elemento combustível cilíndrico para reator nuclear, com 60 mm de diâmetro, há geração interna de calor a uma taxa uniforme de $\dot{q} = 6 \times 10^7$ W/m³. Em condições de regime estacionário, a distribuição de temperaturas no seu interior tem a forma $T(r) = a + br^2$, em que T está em graus Celsius e r em metros, enquanto $a = 900$ °C e $b = -5{,}26 \times 10^5$ °C/m². As propriedades do elemento combustível são $k = 30$ W/(m · K), $\rho = 1100$ kg/m³ e $c_p = 800$ J/(kg · K).

(a) Qual é a taxa de transferência de calor, por unidade de comprimento do elemento, em $r = 0$ (a linha central do elemento) e em $r = 30$ mm (a superfície)?

(b) Se o nível de potência do reator for subitamente aumentado para $\dot{q}_2 = 10^8$ W/m³, quais são as taxas iniciais da variação de temperaturas com o tempo em $r = 0$ e $r = 30$ mm?

2.22 Observa-se que a distribuição de temperaturas, em regime estacionário, no interior de uma parede unidimensional com condutividade térmica de 50 W/(m · K) e espessura de 50 mm tem a forma $T(°C) = a + bx^2$, em que $a = 200$ °C, $b = -2000$ °C/m² e x está em metros.

(a) Qual a taxa de geração de calor $\dot{q}$ na parede?

(b) Determine os fluxos térmicos nas duas superfícies da parede. De que forma esses fluxos térmicos estão relacionados com a taxa de geração de calor?

2.23 Em uma parede plana com espessura $2L = 60$ mm e condutividade térmica $k = 5$ W/(m · K), há geração volumétrica de calor uniforme a uma taxa $\dot{q}$, enquanto transferência de calor por convecção ocorre em suas duas superfícies ($x = -L, +L$), cada uma exposta a um fluido com temperatura $T_\infty = 30$ °C. Em condições de regime estacionário, a distribuição de temperaturas no interior da parede tem a forma $T(x) = a + bx + cx^2$, com $a = 86{,}0$ °C, $b = -200$ °C/m, $c = -2 \times 10^4$ °C/m² e x está em metros. A origem da coordenada x encontra-se no plano central da parede.

(a) Esboce a distribuição de temperaturas e identifique características físicas significativas.

(b) Qual é a taxa volumétrica de geração de calor $\dot{q}$ na parede?

(c) Determine os fluxos térmicos nas superfícies, $q''_x(-L)$ e $q''_x(+L)$. Como esses fluxos estão relacionados com a taxa de geração de calor?

(d) Quais são os coeficientes de transferência de calor por convecção nas superfícies $x = -L$ e $x = +L$?

(e) Obtenha uma expressão para a distribuição de fluxos térmicos, $q''_x(x)$. O fluxo térmico é nulo em algum local? Explique algumas características significativas desta distribuição.

(f) Se a fonte da geração térmica for subitamente desativada ($\dot{q} = 0$), qual é a taxa de variação da energia acumulada na parede neste instante?

(g) Com $\dot{q} = 0$, qual temperatura a parede atingirá após um longo período de tempo? Que quantidade de energia tem que ser removida da parede pelo fluido, por unidade de área da parede (J/m²), para ela atingir esse estado? A massa específica e o calor específico do material da parede são 2600 kg/m³ e 800 J/(kg · K), respectivamente.

2.24 Distribuições de temperaturas no interior de uma série de paredes planas unidimensionais no instante inicial, no regime estacionário e em alguns tempos intermediários têm a forma mostrada na figura.

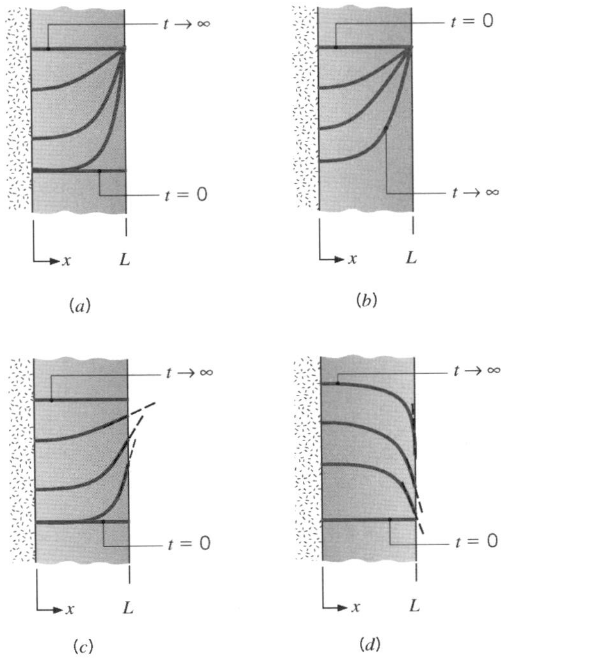

Para cada caso, escreva a forma apropriada da equação da difusão térmica. Também escreva as equações para as condições inicial e de contorno que são aplicadas em $x = 0$ e $x = L$. Se ocorrer geração volumétrica, ela é uniforme em toda a parede. As propriedades são constantes.

2.25 Uma barra cilíndrica é formada por dois materiais, A e B, cada um com comprimento 0,5L.

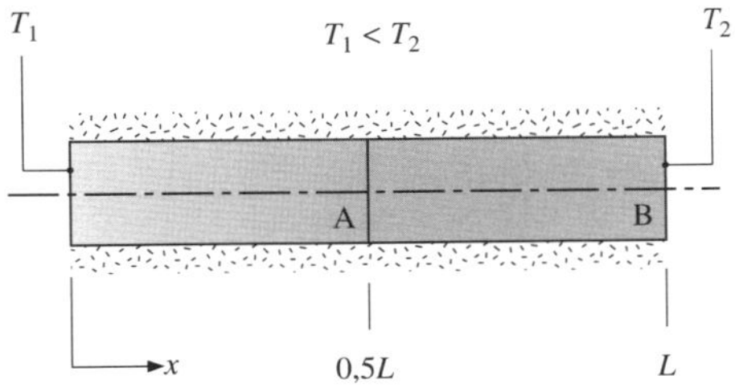

A condutividade térmica do Material A é metade da condutividade térmica do material B, ou seja, $k_A/k_B = 0{,}5$. Esboce as distribuições em regime estacionário das temperaturas e fluxos térmicos, $T(x)$ e q''_x, respectivamente. Considere propriedades constantes e ausência de geração de energia em ambos os materiais.

2.26 Uma parede plana unidimensional de espessura $2L = 80$ mm, na qual há uma geração uniforme de energia térmica de $\dot{q} = 1000$ W/m³, é resfriada por convecção em $x = \pm 40$ mm por um fluido ambiente caracterizado por $T_\infty = 30$ °C. Se a distribuição de temperaturas em regime estacionário no interior da parede é $T(x) = a(L^2 - x^2) + b$, na qual $a = 15$ °C/m² e $b = 40$ °C, qual é a condutividade térmica da parede?

Qual é o valor do coeficiente de transferência convectiva de calor, h?

2.27 Deduza a equação da difusão térmica, Equação 2.26, para coordenadas cilíndricas partindo do volume de controle diferencial mostrado na Figura 2.12.

2.28 Deduza a equação da difusão térmica, Equação 2.29, para coordenadas esféricas partindo do volume de controle diferencial mostrado na Figura 2.13.

2.29 A distribuição de temperaturas, em regime estacionário, em um material semitransparente, com condutividade térmica k e espessura L, exposto à irradiação por *laser* é descrita por

$$T(x) = -\frac{A}{ka^2}e^{-ax} + Bx + C$$

sendo A, a, B e C constantes conhecidas. Nessa condição, a absorção de radiação no material é manifestada por um termo de geração de energia distribuída, $\dot{q}(x)$.

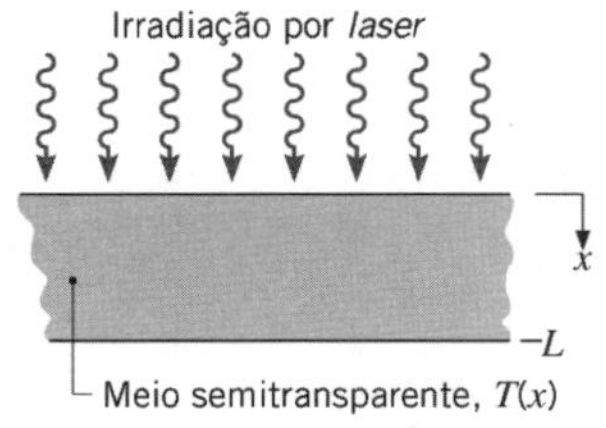

(a) Obtenha expressões para os fluxos de calor por condução nas superfícies superior e inferior.

(b) Deduza uma expressão para $\dot{q}(x)$.

(c) Desenvolva uma expressão para a taxa na qual a radiação é absorvida em todo material, por unidade de área superficial. Expresse o seu resultado em termos das constantes conhecidas para a distribuição de temperaturas, da condutividade térmica do material e de sua espessura.

2.30 Condução unidimensional, sem geração de energia e em regime estacionário, está ocorrendo em uma casca cilíndrica com raio interno r_1 e raio externo r_2. Sob quais condições a distribuição de temperaturas linear mostrada é possível?

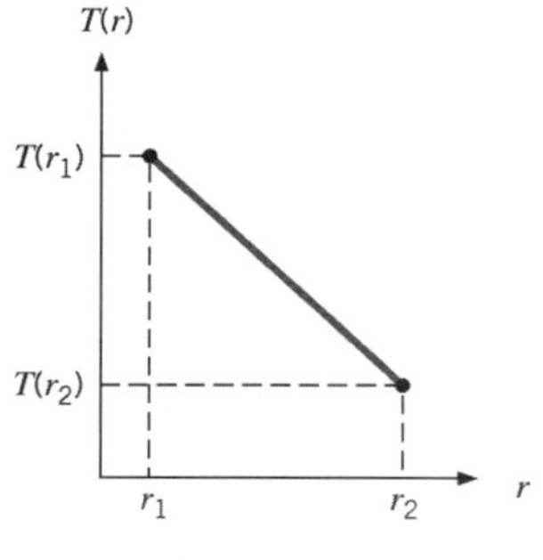

2.31 A distribuição de temperaturas, em regime estacionário, em uma parede unidimensional com condutividade térmica k e espessura L tem a forma $T = ax^2 + bx + c$. Desenvolva expressões para os fluxos térmicos em suas duas superfícies ($x = 0, L$), e a taxa de geração de energia na parede por unidade de área da parede.

2.32 Condução unidimensional, em regime estacionário e sem geração interna de energia, está ocorrendo em uma parede plana com condutividade térmica constante.

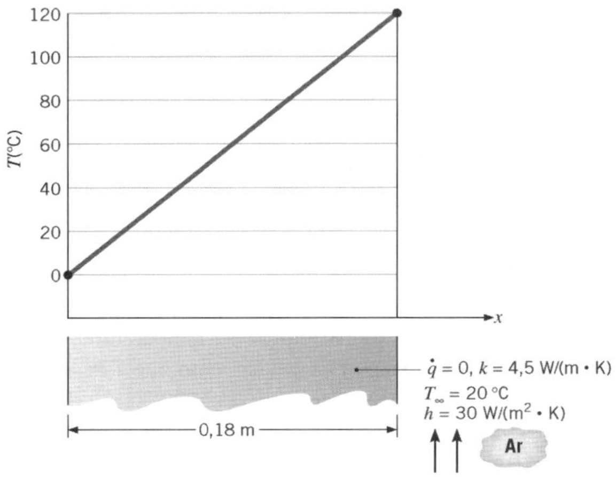

(a) A distribuição de temperaturas mostrada no gráfico é possível? Explique sucintamente o seu raciocínio.

(b) Com a temperatura em $x = 0$ e a temperatura do fluido fixas em $T(0) = 0$ °C e $T_\infty = 20$ °C, respectivamente, calcule e represente graficamente a temperatura em $x = L$, $T(L)$, como uma função de h para $10 \leq h \leq 100$ W/(m² · K). Explique sucintamente os seus resultados.

2.33 Em uma camada plana de carvão, com espessura $L = 1$ m, ocorre geração volumétrica uniforme a uma taxa $\dot{q} = 10$ W/m³ em razão da lenta oxidação de partículas de carvão. Com base em valores médios diários, a superfície superior da camada transfere calor por convecção para o ar ambiente, no qual $h = 8$ W/(m² · K) e $T_\infty = 30$ °C, enquanto recebe irradiação solar em uma quantidade $G_S = 500$ W/m². Irradiação a partir da atmosfera pode ser desprezada. A absortividade em relação aos raios solares e a emissividade da superfície são, cada uma, $\alpha_S = \varepsilon = 0{,}95$.

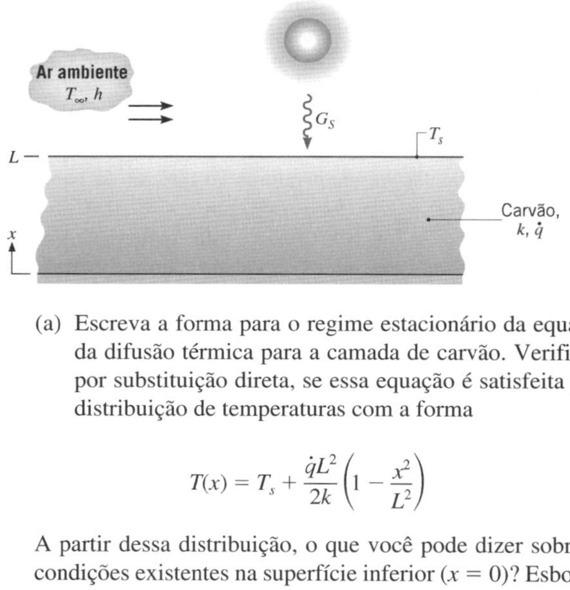

(a) Escreva a forma para o regime estacionário da equação da difusão térmica para a camada de carvão. Verifique, por substituição direta, se essa equação é satisfeita pela distribuição de temperaturas com a forma

$$T(x) = T_s + \frac{\dot{q}L^2}{2k}\left(1 - \frac{x^2}{L^2}\right)$$

A partir dessa distribuição, o que você pode dizer sobre as condições existentes na superfície inferior ($x = 0$)? Esboce a distribuição de temperaturas e aponte suas principais características.

(b) Obtenha uma expressão para a taxa de transferência de calor por condução, por unidade de área, em $x = L$. Aplicando um balanço de energia em uma superfície de controle ao redor da superfície superior da camada, obtenha uma expressão para T_s. Calcule T_s e $T(0)$ para as condições especificadas.

(c) Os valores médios diários de G_S e h dependem de uma série de fatores, tais como o período do ano, nebulosidade e condições do vento. Para $h = 8$ W/(m$^2 \cdot$ K), calcule e represente graficamente T_s e $T(0)$ em função do valor de G_S para $50 \leq G_S \leq 500$ W/m^2. Para $G_S = 500$ W/m^2, calcule e represente graficamente T_s e $T(0)$ em função de h para $5 \leq h \leq 50$ W/(m$^2 \cdot$ K).

2.34 O sistema cilíndrico ilustrado possui variações de temperatura nas direções r e z desprezíveis. Considere que $\Delta r = r_e - r_i$ seja pequena quando comparada a r_i e represente o comprimento na direção z, normal à página, por L.

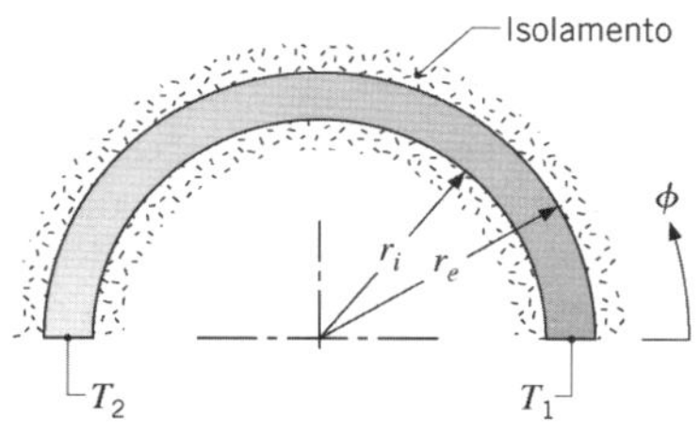

(a) Começando pela definição de um volume de controle apropriado e considerando os efeitos de geração e acúmulo de energia, deduza a equação diferencial que descreve a variação da temperatura em função da coordenada angular ϕ. Compare o seu resultado com a Equação 2.26.

(b) Para condições de regime estacionário, sem geração interna de calor e propriedades constantes, determine a distribuição de temperaturas $T(\phi)$ em termos das constantes T_1, T_2, r_i e r_e. Esta distribuição é linear em ϕ?

(c) Para as condições do item (b), escreva a expressão para a taxa de transferência de calor, q_φ.

2.35 Partindo de um volume de controle diferencial em forma de uma casca cilíndrica, desenvolva a equação da difusão térmica para um sistema unidimensional na direção radial em coordenadas cilíndricas com geração interna de calor. Compare seu resultado com a Equação 2.26.

2.36 Partindo de um volume de controle diferencial em forma de uma casca esférica, desenvolva a equação da difusão térmica para um sistema unidimensional na direção radial em coordenadas esféricas com geração interna de calor. Compare seu resultado com a Equação 2.29.

2.37 Considere a distribuição de temperaturas em regime estacionário em uma parede radial (cilindro ou esfera) de raios interno e externo r_i e r_e, respectivamente. A distribuição de temperaturas é

$$T(r) = C_1 \ln\left(\frac{r}{r_e}\right) + C_2$$

Esta parede é de um cilindro ou de uma esfera? Como o fluxo térmico e a taxa de transferência de calor variam com o raio?

2.38 A passagem de uma corrente elétrica por um longo bastão condutor, de raio r_i e condutividade térmica k_b, resulta em um aquecimento volumétrico uniforme a uma taxa $\dot{q}$. O bastão condutor é coberto por um revestimento de material não condutor elétrico, com raio externo r_e e condutividade térmica k_r. A superfície externa é resfriada por convecção por um fluido.

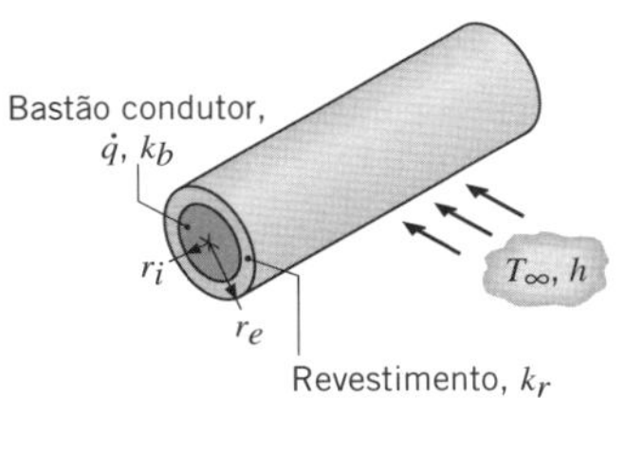

Para condições de regime estacionário, escreva formas apropriadas da equação do calor para o bastão e para o revestimento. Escreva também as condições de contorno apropriadas para a solução dessas equações.

2.39 Condução bidimensional, em regime estacionário, ocorre em um sólido cilíndrico oco de condutividade térmica $k = 22$ W/(m $\cdot$ K), raio externo $r_e = 1{,}5$ m e comprimento total $2z_e = 8$ m, no qual a origem do sistema de coordenadas encontra-se localizada no meio da linha central. A superfície interna do cilindro é isolada termicamente e a distribuição de temperaturas no cilindro tem a forma $T(r, z) = a + br^2 + c\ln(r) + dz^2$, na qual $a = -20$ °C, $b = 150$ °C/m^2, $c = -12$ °C, $d = -300$ °C/m^2, e r e z estão em metros.

(a) Determine o raio interno r_i do cilindro.

(b) Obtenha uma expressão para a taxa volumétrica de geração de calor, $\dot{q}$(W/m^3).

(c) Determine a distribuição axial dos fluxos térmicos na superfície externa, $q_r''(r_e, z)$. Qual é a taxa de transferência de calor na superfície externa? Ela ocorre para dentro ou para fora do cilindro?

(d) Determine a distribuição radial dos fluxos térmicos nas faces extremas do cilindro, $q_r''(r, +z_e)$ e $q_r''(r, -z_e)$. Quais são as taxas de transferência de calor correspondentes? Elas ocorrem para dentro ou para fora do cilindro?

(e) Verifique se os seus resultados são consistentes com um balanço de energia global no cilindro.

2.40 Uma casca esférica com raios interno e externo r_i e r_e, respectivamente, contém componentes que dissipam calor de tal modo que em um dado instante de tempo a distribuição de temperaturas na casca é representada por uma expressão com a forma

$$T(r) = \frac{C_1}{r} + C_2$$

Essas condições correspondem a um regime estacionário ou transiente? Como o fluxo térmico e a taxa de transferência de calor variam em função do raio?

2.41 Uma mistura quimicamente reativa é armazenada em um recipiente esférico com paredes finas, de raio $r_1 = 200$ mm. A reação exotérmica gera calor a uma taxa volumétrica uniforme, porém dependente da temperatura na forma $\dot{q} = \dot{q}_o \exp(-A/T_o)$, em que $\dot{q}_o = 5000$ W/m^3, $A = 75$ K e T_o a temperatura da mistura em kelvin. O recipiente é envolto por uma camada de material isolante que possui raio externo r_2, condutividade térmica k e emissividade ε. A superfície externa do isolamento troca calor por convecção e radiação com o ar adjacente e uma grande vizinhança, respectivamente.

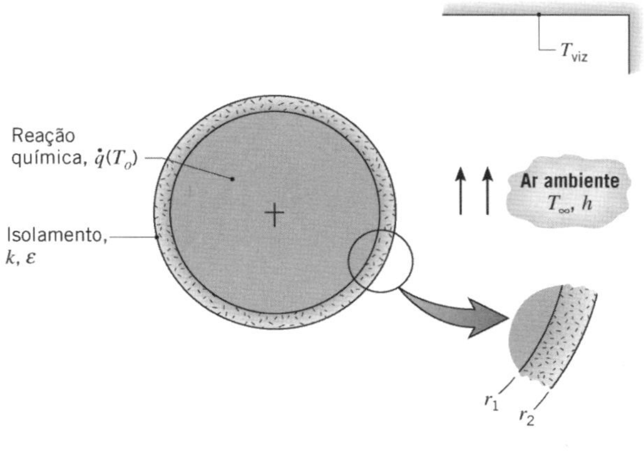

(a) Escreva a forma no regime estacionário da equação da difusão térmica para o isolante. Verifique se essa equação é satisfeita pela seguinte distribuição de temperaturas

$$T(r) = T_{s,1} - (T_{s,1} - T_{s,2})\left[\frac{1 - (r_1/r)}{1 - (r_1/r_2)}\right]$$

Esboce a distribuição de temperaturas, $T(r)$, identificando as suas principais características.

(b) Utilizando a lei de Fourier, mostre que a taxa de transferência de calor por condução através do isolamento pode ser representada por

$$q_r = \frac{4\pi k(T_{s,1} - T_{s,2})}{(1/r_1) - (1/r_2)}$$

Fazendo um balanço de energia em uma superfície de controle envolvendo o recipiente, obtenha uma expressão alternativa para q_r, apresentando o seu resultado em termos de $\dot{q}$ e r_1.

(c) Fazendo um balanço de energia em uma superfície de controle coincidente com a superfície externa da camada de isolamento, obtenha uma expressão na qual $T_{s,2}$ possa ser determinada em função de $\dot{q}$, r_1, h, T_∞, ε e T_{viz}.

(d) O engenheiro de processos deseja manter a temperatura no reator em $T_o = T(r_1) = 95$ °C em condições nas quais $k = 0{,}05$ W/(m · K); $r_2 = 208$ mm; $h = 5$ W/(m² · K); $\varepsilon = 0{,}9$; $T_\infty = 25$ °C e $T_{viz} = 35$ °C. Quais são as temperaturas reais no reator e na superfície externa do isolamento térmico, $T_{s,2}$?

(e) Calcule e represente graficamente a variação de $T_{s,2}$ em função de r_2 para $201 \leq r_2 \leq 210$ mm. O engenheiro está preocupado com eventuais acidentes por queimadura que possam ocorrer com o pessoal que entrar em contato com a superfície exposta do isolante térmico. O aumento da espessura da camada de isolamento térmico é uma solução prática para manter $T_{s,2} \leq 45$ °C? Que outro parâmetro poderia ser alterado para reduzir o valor de $T_{s,2}$?

Representações Gráficas

2.42 Um aquecedor elétrico delgado, dissipando 4000 W/m², encontra-se inserido entre duas placas, ambas com espessura de 25 mm, cujas superfícies expostas trocam calor por convecção com um fluido a $T_\infty = 20$ °C e $h = 400$ W/(m² · K). As propriedades termofísicas do material das placas são $\rho = 2500$ kg/m³, $c = 700$ J/(kg · K) e $k = 5$ W/(m · K).

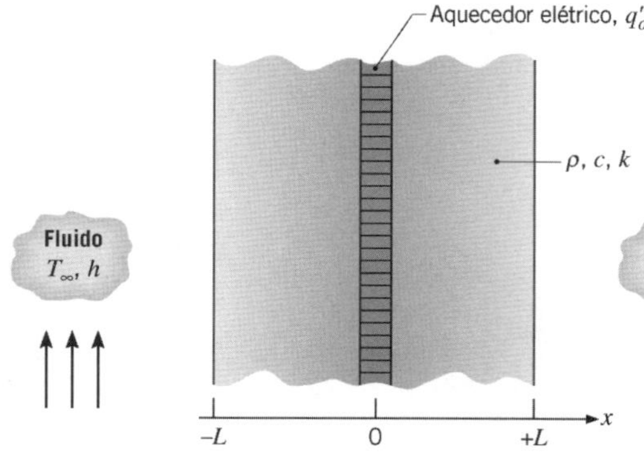

(a) Em coordenadas $T - x$, esboce a distribuição de temperaturas no regime estacionário para $-L \leq x \leq +L$. Calcule os valores das temperaturas nas superfícies, $x = \pm L$, e no plano central, $x = 0$. Identifique essa distribuição como Caso 1 e explique suas características marcantes.

(b) Considere condições nas quais haja uma perda de refrigerante e a existência de uma condição aproximadamente adiabática na superfície $x = +L$. Nas coordenadas $T - x$ usadas no item (a), esboce a distribuição de temperaturas no regime estacionário correspondente e indique as temperaturas em $x = 0$ e $\pm L$. Identifique essa distribuição como Caso 2 e explique suas características importantes.

(c) Com o sistema operando como descrito no item (b), a superfície $x = -L$ também passa por uma perda súbita de resfriamento. Essa situação perigosa ficou sem ser percebida por 15 minutos, quando então a potência do aquecedor foi desativada. Considerando a inexistência de perda de calor pelas superfícies das placas, qual será a distribuição de temperaturas nas placas, uniforme e em regime estacionário, após um longo período de tempo ($t \to \infty$)? No seu esboço, mostre essa distribuição como Caso 3 e explique suas características marcantes. *Sugestão*: aplique a exigência de conservação de energia com base em um intervalo de tempo, Equação 1.12b, com as condições inicial e final correspondendo aos Casos 2 e 3, respectivamente.

(d) Em coordenadas $T - t$, esboce o histórico da temperatura, nas posições das placas $x = 0$ e $\pm L$, ao longo do período transiente entre as distribuições dos Casos 2 e 3. Onde e quando a temperatura no sistema atinge um valor máximo?

2.43 A parede plana mostrada na figura, com propriedades constantes e sem geração interna de calor, está inicialmente a uma temperatura uniforme T_i. De repente, a superfície em $x = L$ é aquecida por um fluido à temperatura T_∞, com um coeficiente de transferência de calor por convecção h. A fronteira em $x = 0$ encontra-se perfeitamente isolada.

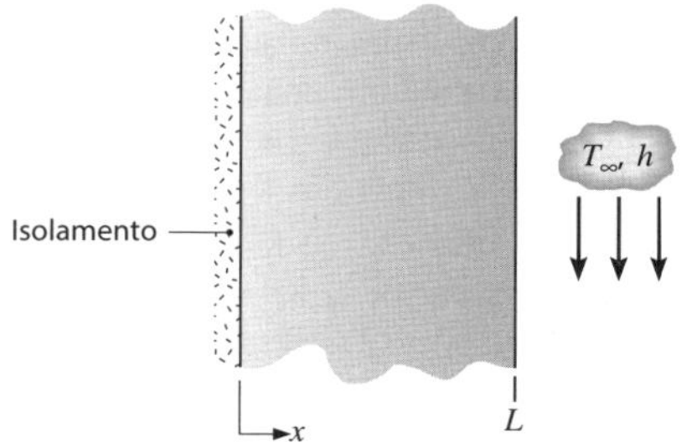

(a) Escreva a equação diferencial e identifique as condições inicial e de contorno que podem ser usadas para determinar a temperatura na parede em função da posição e do tempo.

(b) Em coordenadas $T - x$, esboce as distribuições de temperaturas para as seguintes condições: condição inicial ($t \leq 0$), condição de regime estacionário ($t \to \infty$) e dois tempos intermediários.

(c) Em coordenadas $q''_x - t$, esboce o fluxo térmico nas posições $x = 0$ e $x = L$. Ou seja, mostre qualitativamente como $q''_x(0, t)$ e $q''_x(L, t)$ variam com o tempo.

(d) Escreva uma expressão para a quantidade total de energia transferida para a parede por unidade de volume da parede (J/m³).

2.44 Considere as distribuições de temperaturas em regime estacionário no interior de uma parede composta pelos Materiais A e B para os dois casos mostrados. Não há geração interna e o processo de condução é unidimensional.

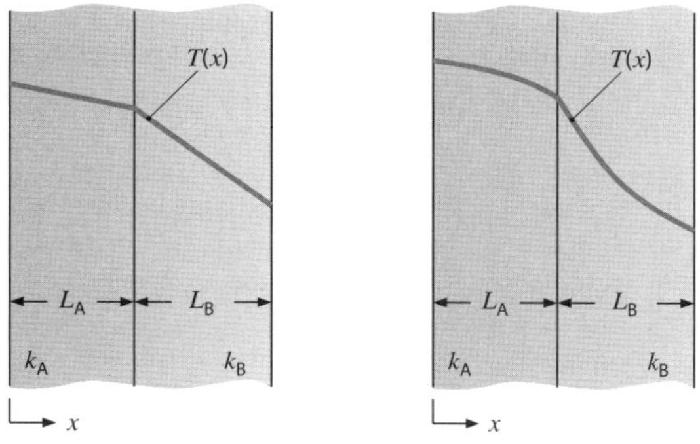

Caso 1 Caso 2

Responda às perguntas a seguir para os dois casos. Qual material tem a maior condutividade térmica? A condutividade térmica varia de forma significativa com a temperatura? Se sim, como? Descreva a distribuição de fluxos térmicos $q_x''(x)$ ao longo da parede composta. Se a espessura e a condutividade térmica dos dois materiais forem dobradas e as temperaturas nas extremidades permanecerem as mesmas, qual seria o efeito na distribuição de fluxos térmicos?

Caso 1. As distribuições de temperaturas nos dois materiais são lineares, como mostrado.

Caso 2. As distribuições de temperaturas nos dois materiais não são lineares, como mostrado.

2.45 Uma parede plana, com propriedades constantes e sem geração interna de calor, está inicialmente a uma temperatura uniforme T_i. De repente, a superfície em $x = L$ é aquecida pelo contato com um fluido à temperatura T_∞, com um coeficiente de transferência de calor por convecção h. No mesmo instante, o aquecedor elétrico é energizado, fornecendo um fluxo térmico constante q_o'' em $x = 0$.

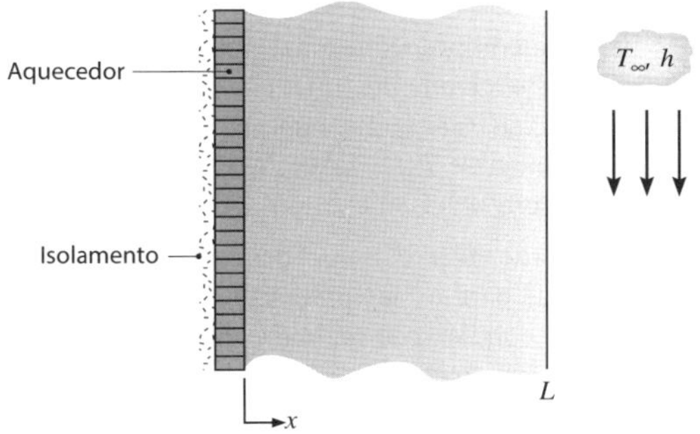

(a) Em coordenadas $T - x$, esboce as distribuições de temperaturas para as seguintes condições: condição inicial ($t \leq 0$), condição de regime estacionário ($t \to \infty$) e dois tempos intermediários.

(b) Em coordenadas $q_x'' - x$, esboce os fluxos térmicos correspondentes às quatro distribuições de temperaturas do item (a).

(c) Em coordenadas $q_x'' - t$, esboce os fluxos térmicos nas posições $x = 0$ e $x = L$. Ou seja, mostre qualitativamente como $q_x''(0, t)$ e $q_x''(L, t)$ variam com o tempo.

(d) Desenvolva uma expressão para a temperatura no regime estacionário da superfície do aquecedor, $T(0, \infty)$, em termos de q_o'', T_∞, k, h e L.

2.46 Uma parede plana, com propriedades constantes, está inicialmente a uma temperatura uniforme T_o. De repente, a superfície em $x = L$ é exposta a um processo convectivo com um fluido a $T_\infty(>T_o)$, com um coeficiente de transferência de calor por convecção h. Também, no mesmo instante, inicia-se na parede um aquecimento volumétrico interno uniforme $\dot{q}$, que é suficientemente grande para induzir, no regime estacionário, uma temperatura máxima no interior da parede superior à do fluido. A superfície em $x = 0$ permanece à temperatura T_o.

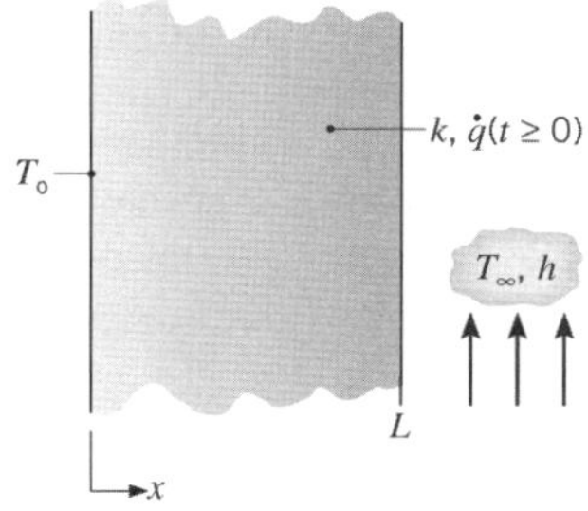

(a) Em coordenadas $T - x$, esboce as distribuições de temperaturas para as seguintes condições: condição inicial ($t \leq 0$), condição de regime estacionário ($t \to \infty$) e dois tempos intermediários. Mostre também a distribuição de temperaturas para a condição especial na qual não há fluxo de calor na fronteira em $x = L$.

(b) Em coordenadas $q_x'' - t$, esboce o fluxo térmico nas posições $x = 0$ e $x = L$, ou seja, $q_x''(0, t)$ e $q_x''(L, t)$, respectivamente.

2.47 Considere a distribuição de temperaturas em regime estacionário no interior de uma parede composta pelos Materiais A e B.

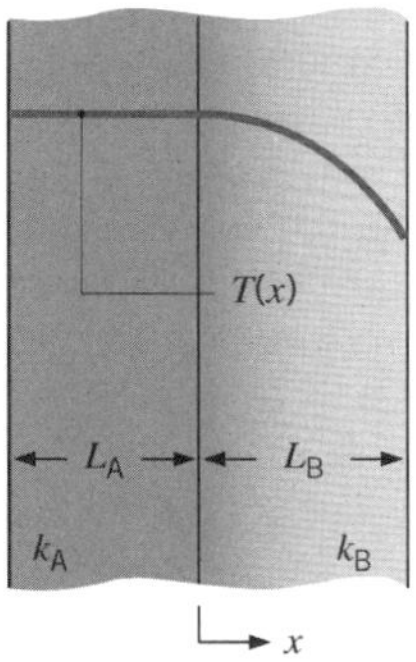

O processo condutivo é unidimensional. No interior de qual material ocorre geração volumétrica de calor uniforme? Qual é a condição de contorno em $x = -L_A$? Como a distribuição de temperaturas se modificaria caso a condutividade térmica do Material A for dobrada? Como a distribuição de temperaturas se modificaria caso a condutividade térmica do Material B for dobrada? Esboce a distribuição de fluxos térmicos $q_x''(x)$ ao longo da parede composta.

2.48 Em uma partícula esférica de raio r_1, há geração térmica uniforme a uma taxa $\dot{q}$. A partícula é encapsulada por uma casca esférica com raio externo r_2, que é resfriada pelo ar ambiente. As condutividades térmicas da partícula e da casca são k_1 e k_2, respectivamente, em que $k_1 = 2k_2$.

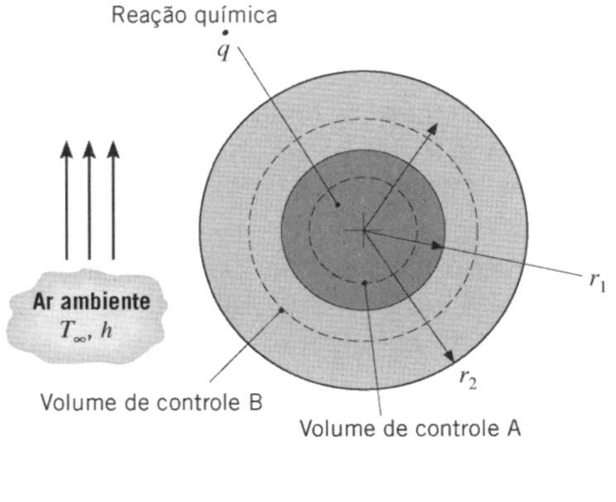

(a) Aplicando o princípio da conservação de energia no volume de controle esférico A, que é posicionado em uma posição arbitrária no interior da esfera, determine uma relação entre o gradiente de temperatura, dT/dr, e o raio local, r, para $0 \leq r \leq r_1$.

(b) Aplicando o princípio da conservação de energia no volume de controle esférico B, que é posicionado em uma posição arbitrária no interior da casca esférica, determine uma relação entre o gradiente de temperatura, dT/dr, e o raio local, r, para $r_1 \leq r \leq r_2$.

(c) Em coordenadas $T - r$, esboce a distribuição de temperaturas em $0 \leq r \leq r_2$.

2.49. Uma *longa* haste cilíndrica, inicialmente a uma temperatura uniforme T_i, é subitamente imersa em um *grande* reservatório de líquido a $T_\infty < T_i$. Esboce a distribuição de temperaturas no interior da haste, $T(r)$, no instante inicial, no regime estacionário e em dois instantes intermediários. *No mesmo gráfico*, esboce cuidadosamente as distribuições de temperaturas que estariam presentes nos mesmos instantes em uma segunda haste, com as mesmas dimensões da primeira. As massas específicas e os calores específicos das duas hastes são iguais, mas a condutividade térmica da segunda haste é muito grande. Qual haste irá se aproximar das condições de regime estacionário mais rápido? Escreva as condições de contorno apropriadas que seriam usadas em $r = 0$ e $r = D/2$ em cada haste.

2.50 Em uma parede plana, de espessura $L = 0{,}1$ m, há aquecimento volumétrico uniforme a uma taxa $\dot{q}$. Uma superfície da parede ($x = 0$) é isolada termicamente, enquanto a outra superfície está exposta a um fluido a $T_\infty = 20$ °C, com o coeficiente de transferência de calor por convecção caracterizado por $h = 1000$ W/(m^2 · K). Inicialmente, a distribuição de temperaturas na parede é $T(x, 0) = a + bx^2$, na qual $a = 300$ °C, $b = -1{,}0 \times 10^4$ °C/m^2 e x está em metros. Subitamente, a geração de calor volumétrica é desativada ($\dot{q} = 0$ para $t \geq 0$), enquanto a transferência de calor convectiva continua ocorrendo em $x = L$. As propriedades da parede são $\rho = 7000$ kg/m^3, $c_p = 450$ J/(kg · K) e $k = 90$ W/(m · K).

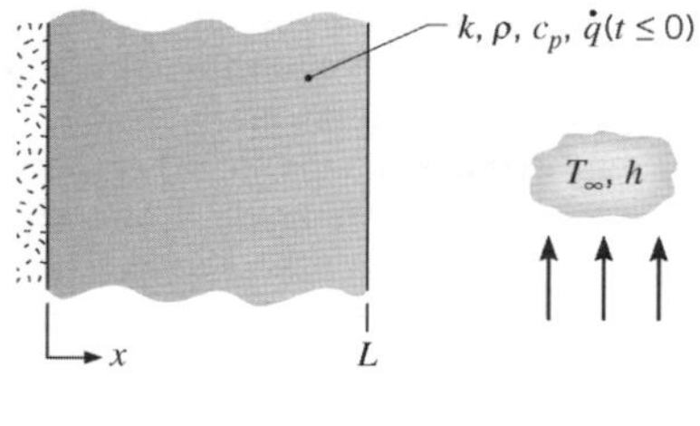

(a) Determine o valor da taxa volumétrica de geração de energia $\dot{q}$ associada à condição inicial ($t < 0$).

(b) Em coordenadas $T - x$, esboce as distribuições de temperaturas para as seguintes condições: condição inicial ($t < 0$), condição de regime estacionário ($t \to \infty$) e duas condições intermediárias.

(c) Em coordenadas $q''_x - t$, esboce a variação com o tempo do fluxo térmico na fronteira exposta ao processo convectivo, $q''_x(L, t)$. Calcule o valor correspondente do fluxo térmico em $t = 0$, $q''_x(L, 0)$.

(d) Calcule a quantidade de energia removida da parede, por unidade de área (J/m^2), pelo escoamento do fluido durante o resfriamento da parede de sua condição inicial até o regime estacionário.

2.51 Uma parede plana composta e unidimensional tem espessura global igual a $2L$. O Material A está no domínio $-L \leq x < 0$ e há no seu interior uma reação química *exotérmica* que ocasiona uma taxa de geração volumétrica uniforme $\dot{q}_A$. O Material B está no domínio $0 \leq x \leq L$ e há no seu interior uma reação química *endotérmica* que ocasiona uma taxa de geração volumétrica uniforme $\dot{q}_B = -\dot{q}_A$. As superfícies em $x = \pm L$ estão isoladas termicamente. Esboce as distribuições, em regime estacionário, de temperaturas e de fluxos térmicos, $T(x)$ e $q''_x(x)$, respectivamente, no domínio $-L \leq x \leq L$ para $k_A = k_B$, $k_A = 0{,}5k_B$ e $k_A = 2k_B$. Aponte as características importantes das distribuições que você desenhou. Se $\dot{q}_B = -2\dot{q}_A$, você pode esboçar a distribuição de temperaturas no regime estacionário?

2.52 Em geral, ar é aquecido em um secador de cabelos ao ser soprado por meio de um fio enrolado, no qual passa uma corrente elétrica. Energia térmica é gerada pelo aquecimento resistivo elétrico no interior do fio e, então, transferida por convecção da superfície do fio para o ar. Considere condições nas quais o fio está inicialmente a temperatura do ambiente, T_i, e o aquecimento resistivo é iniciado em conjunto com o escoamento do ar em $t = 0$.

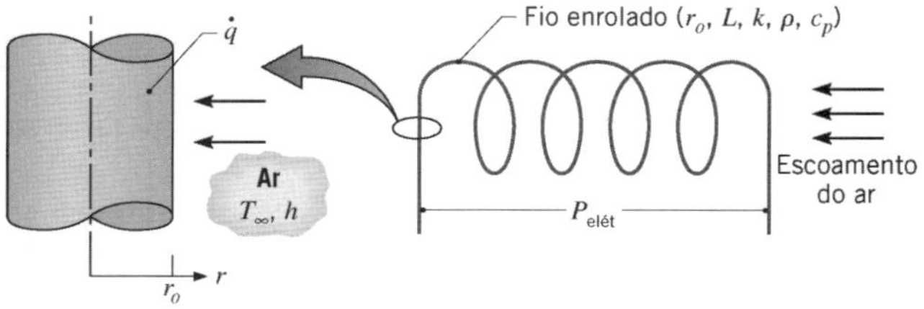

(a) Para um raio de fio r_o, uma temperatura do ar T_∞ e um coeficiente convectivo h, escreva a forma da equação do calor e as condições inicial e de contorno que descrevem a resposta térmica transiente, $T(r, t)$, do fio.

(b) Para um comprimento e um raio do fio de 500 mm e 1 mm, respectivamente, qual é a taxa volumétrica de geração de energia térmica correspondente a um consumo de potência de $P_{elét} = 500$ W? Qual é o fluxo térmico convectivo em condições de regime estacionário?

(c) Em coordenadas $T - r$, esboce as distribuições de temperaturas para as seguintes condições: condição inicial ($t \leq 0$), condição de regime estacionário ($t \to \infty$) e dois tempos intermediários.

(d) Em coordenadas $q''_r - t$, esboce a variação do fluxo térmico com o tempo nas posições $r = 0$ e $r = r_o$.

2.53 A distribuição de temperaturas, em regime estacionário, em uma parede plana composta por três diferentes materiais, cada um com condutividade constante, é mostrada na figura.

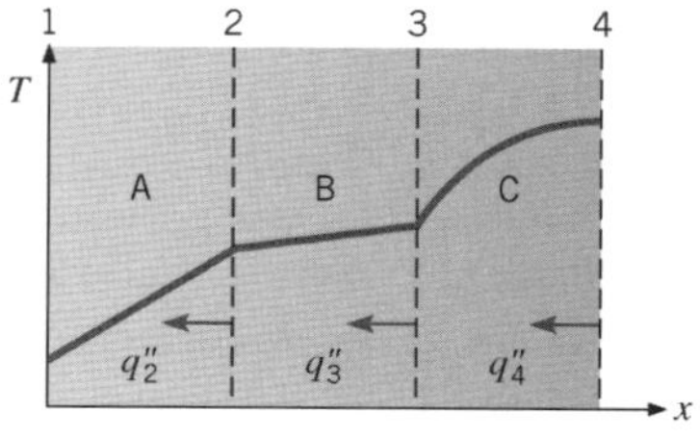

(a) Comente sobre os valores relativos de q''_2 e q''_3, e de q''_3 e q''_4.

(b) Comente sobre os valores relativos de k_A e k_B, e de k_B e k_C.

(c) Esboce o fluxo térmico como uma função de x.

CAPÍTULO 3

Condução Unidimensional em Regime Estacionário

Videoaulas incluídas

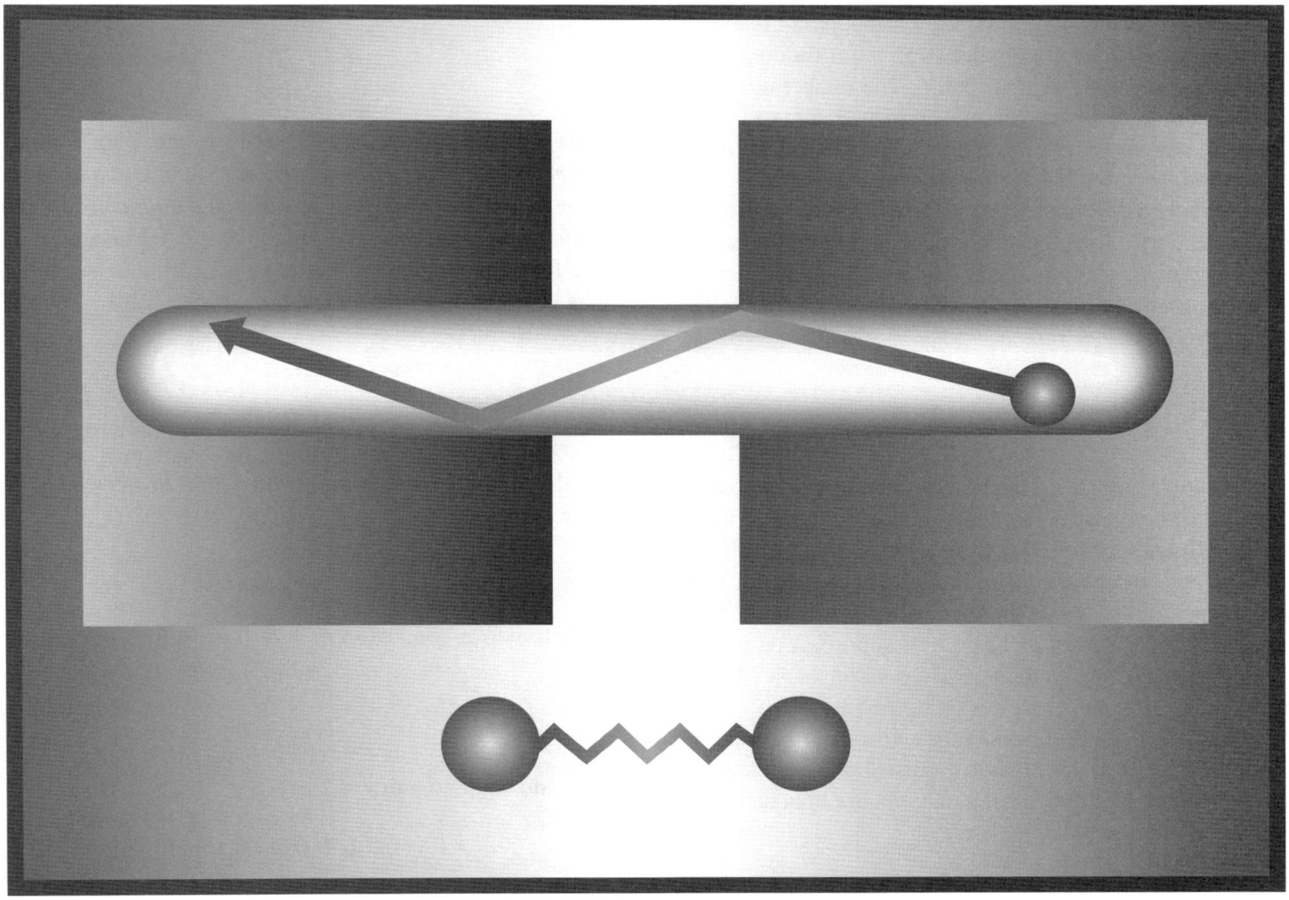

Neste capítulo tratamos situações nas quais calor é transferido por difusão em condições unidimensionais e em regime estacionário. O termo *unidimensional* se refere ao fato de que gradientes de temperatura existem ao longo de uma única direção e a transferência de calor ocorre exclusivamente nesta direção. O sistema é caracterizado por condições de *regime estacionário* se a temperatura, em cada ponto do sistema, for independente do tempo. Apesar de sua inerente simplicidade, os modelos unidimensionais em regime estacionário podem ser usados para representar, acuradamente, inúmeros sistemas da engenharia.

Começamos a nossa análise da condução unidimensional, em regime estacionário, pela discussão da transferência de calor em sistemas sem geração interna de energia térmica (Seções 3.1 a 3.4). O objetivo é determinar expressões para a distribuição de temperaturas e para a taxa de transferência de calor em geometrias comuns (plana, cilíndrica e esférica). Em tais geometrias, um objetivo adicional é apresentar o conceito de *resistência térmica* e mostrar como *circuitos térmicos* podem ser usados para modelar o escoamento do calor, da mesma forma que os circuitos elétricos são utilizados para a corrente elétrica. O efeito da geração interna de calor é tratado na Seção 3.5 e, novamente, nosso objetivo é obter expressões para determinar distribuições de temperaturas e taxas de transferência de calor. Na Seção 3.6, consideramos o caso especial da condução unidimensional em regime estacionário em *superfícies estendidas*. Nas suas formas mais comuns, estas superfícies, chamadas de *aletas*, são usadas para *aumentar* a transferência de calor por convecção para um fluido adjacente. Além de determinar as distribuições de temperaturas e taxas de transferência de calor correspondentes, nosso objetivo é introduzir *parâmetros de desempenho* que podem ser usados para determinar sua eficácia. Finalmente, na Seção 3.7, utilizamos conceitos da transferência de calor e de resistências térmicas no corpo humano, incluindo os efeitos da *geração de calor metabólica* e da *perfusão*; na geração de potência termoelétrica; e na condução em escalas nano e micro em *finas camadas de gás* e *finos filmes sólidos*.

3.1 A Parede Plana

Na condução de calor unidimensional em uma parede plana, a temperatura é uma função somente da coordenada x e o calor é transferido exclusivamente nessa direção. Na Figura 3.1*a*, uma parede plana separa dois fluidos, que se encontram a diferentes temperaturas. A transferência de calor ocorre por convecção do fluido quente a $T_{\infty,1}$ para uma superfície da parede a $T_{s,1}$, por condução através da parede e por convecção da outra superfície da parede a $T_{s,2}$ para o fluido frio a $T_{\infty,2}$.

Começamos analisando condições *no interior* da parede. Em primeiro lugar, determinamos a distribuição de temperaturas, a partir da qual podemos, então, obter a taxa de transferência de calor por condução.

3.1.1 *Distribuição de Temperaturas*

A distribuição de temperaturas na parede pode ser determinada a partir da solução da equação do calor com as condições de contorno pertinentes. Para condições de regime estacionário, sem a presença de fontes ou sumidouros de energia distribuídos no interior da parede, a forma apropriada da equação do calor é a Equação 2.23

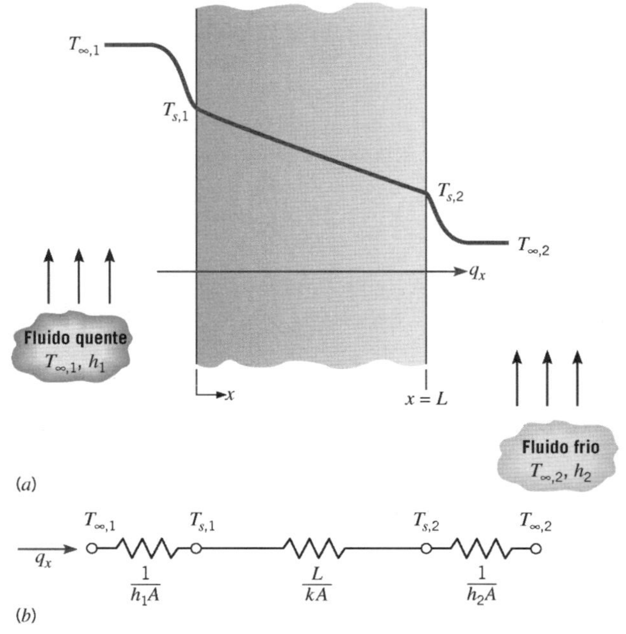

FIGURA 3.1 Transferência de calor através de uma parede plana. (*a*) Distribuição de temperaturas. (*b*) Circuito térmico equivalente.

$$\frac{d}{dx}\left(k\frac{dT}{dx}\right) = 0 \tag{3.1}$$

Logo, a partir da Equação 2.2, tem-se que, para a *condução unidimensional em regime estacionário em uma parede plana sem geração de calor, o fluxo térmico é uma constante, independente de x.* Se a condutividade térmica do material da parede for considerada constante, a equação pode ser integrada duas vezes, obtendo-se a *solução geral*

$$T(x) = C_1x + C_2 \tag{3.2}$$

Para obter as constantes de integração, C_1 e C_2, condições de contorno devem ser introduzidas. Optamos pela aplicação de condições de contorno do primeiro tipo em $x = 0$ e $x = L$, assim

$$T(0) = T_{s,1} \qquad \text{e} \qquad T(L) = T_{s,2}$$

Substituindo a condição em $x = 0$ na solução geral, tem-se que

$$T_{s,1} = C_2$$

De modo análogo, em $x = L$,

$$T_{s,2} = C_1L + C_2 = C_1L + T_{s,1}$$

ou ainda

$$\frac{T_{s,2} - T_{s,1}}{L} = C_1$$

Substituindo na solução geral, a distribuição de temperaturas é então

$$T(x) = (T_{s,2} - T_{s,1})\frac{x}{L} + T_{s,1} \tag{3.3}$$

A partir desse resultado, fica evidente que, para *a condução unidimensional em regime estacionário em uma parede plana sem geração de calor e com condutividade térmica constante, a temperatura varia linearmente com x.*

Agora que temos a distribuição de temperaturas, podemos usar a lei de Fourier, Equação 2.1, para determinar a taxa de transferência de calor por condução. Isto é,

$$q_x = -kA\frac{dT}{dx} = \frac{kA}{L}(T_{s,1} - T_{s,2}) \tag{3.4}$$

Note que A é a área da parede *normal* à direção da transferência de calor. Na parede plana, ela é uma constante independente de x. O fluxo térmico é, então,

$$q''_x = \frac{q_x}{A} = \frac{k}{L}(T_{s,1} - T_{s,2}) \tag{3.5}$$

As Equações 3.4 e 3.5 indicam que tanto a taxa de transferência de calor q_x quanto o fluxo térmico q''_x são constantes, independente de x.

Nos parágrafos anteriores utilizamos o *procedimento-padrão* para a solução de problemas de condução. Isto é, em primeiro lugar, a solução geral para a distribuição de temperaturas é obtida a partir da resolução da forma apropriada da equação de calor. As condições de contorno são, então, utilizadas para obter a solução particular, que é usada em conjunto com a lei de Fourier para determinar a taxa de transferência de calor. Note que optamos por especificar as temperaturas nas superfícies em $x = 0$ e $x = L$ como condições de contorno, embora, em geral, sejam conhecidas as temperaturas dos fluidos e não as temperaturas superficiais. Contudo, uma vez que as temperaturas da superfície e do fluido adjacente são facilmente relacionadas mediante um balanço de energia na superfície (veja a Seção 1.3.1), é uma questão simples expressar as Equações 3.3 a 3.5 em termos das temperaturas dos fluidos no lugar das temperaturas superficiais. De modo alternativo, resultados equivalentes poderiam ser obtidos de forma direta com o uso dos balanços de energia nas superfícies da parede como condições de contorno do terceiro tipo quando da avaliação das constantes na Equação 3.2 (veja o Problema 3.1).

3.1.2 *Resistência Térmica*

Neste ponto registramos que, para o caso especial da transferência de calor unidimensional sem geração interna de energia e com propriedades constantes, um conceito muito importante é sugerido pela Equação 3.4. Em particular, existe uma analogia entre as difusões de calor e de carga elétrica. Da mesma forma que uma resistência elétrica está associada à condução de eletricidade, uma resistência térmica pode ser associada à condução de calor. Definindo resistência como a razão entre um potencial motriz e a correspondente taxa de transferência, vem da Equação 3.4 que a *resistência térmica na condução* em uma parede plana é

$$R_{t,\text{cond}} \equiv \frac{T_{s,1} - T_{s,2}}{q_x} = \frac{L}{kA} \tag{3.6}$$

De modo similar, para a condução elétrica no mesmo sistema, a lei de Ohm fornece uma resistência elétrica com a forma

$$R_e = \frac{E_{s,1} - E_{s,2}}{I} = \frac{L}{\sigma A} \tag{3.7}$$

A analogia entre as Equações 3.6 e 3.7 é óbvia. Uma resistência térmica pode também ser associada à transferência de calor por convecção em uma superfície. A partir da lei do resfriamento de Newton,

$$q = hA(T_s - T_\infty) \tag{3.8}$$

A *resistência térmica para a convecção* é, então,

$$R_{t,\text{conv}} \equiv \frac{T_s - T_\infty}{q} = \frac{1}{hA} \tag{3.9}$$

Representações na forma de circuitos fornecem uma ferramenta útil tanto para a conceituação quanto para a quantificação de problemas da transferência de calor. O *circuito térmico equivalente* para a parede plana com condições de convecção nas superfícies é mostrado na Figura 3.1*b*. A taxa de transferência de calor pode ser determinada pela consideração em separado de cada elemento da rede. Uma vez que q_x é constante ao longo da rede, tem-se que

$$q_x = \frac{T_{\infty,1} - T_{s,1}}{1/h_1A} = \frac{T_{s,1} - T_{s,2}}{L/kA} = \frac{T_{s,2} - T_{\infty,2}}{1/h_2A} \tag{3.10}$$

Em termos da *diferença de temperaturas global*, $T_{\infty,1} - T_{\infty,2}$, e da *resistência térmica total*, R_{tot}, a taxa de transferência de calor pode também ser representada por

$$q_x = \frac{T_{\infty,1} - T_{\infty,2}}{R_{\text{tot}}} \tag{3.11}$$

Em função de as resistências condutiva e convectiva estarem em série e poderem ser somadas, tem-se que

$$R_{\text{tot}} = \frac{1}{h_1A} + \frac{L}{kA} + \frac{1}{h_2A} \tag{3.12}$$

A troca radiante entre a superfície e a vizinhança pode, também, ser importante se o coeficiente de transferência de calor por convecção for pequeno (como o é frequente na convecção natural em um gás). Uma *resistência térmica para a radiação* pode ser definida tendo-se como referência a Equação 1.8:

$$R_{t,\text{rad}} = \frac{T_s - T_{\text{viz}}}{q_{\text{rad}}} = \frac{1}{h_rA} \tag{3.13}$$

Para radiação entre uma superfície e uma *grande vizinhança*, h_r é determinado a partir da Equação 1.9. As resistências convectiva e radiante em uma superfície atuam em paralelo, e, se $T_\infty = T_{viz}$, elas podem ser combinadas para se obter uma única resistência efetiva na superfície.

3.1.3 A Parede Composta

Circuitos térmicos equivalentes também podem ser usados em sistemas mais complexos, como, por exemplo, *paredes compostas*. Tais paredes podem possuir uma quantidade qualquer de resistências térmicas em série e em paralelo, em razão da presença de camadas de diferentes materiais. Seja a parede composta, em série, da Figura 3.2. A taxa de transferência de calor unidimensional para esse sistema pode ser representada por

$$q_x = \frac{T_{\infty,1} - T_{\infty,4}}{\Sigma R_t} \tag{3.14}$$

com $T_{\infty,1} - T_{\infty,4}$ sendo a diferença de temperaturas *global* e o somatório incluindo todas as resistências térmicas. Logo,

$$q_x = \frac{T_{\infty,1} - T_{\infty,4}}{[(1/h_1A) + (L_A/k_AA) + (L_B/k_BA) + (L_C/k_CA) + (1/h_4A)]} \tag{3.15}$$

De modo alternativo, a taxa de transferência de calor pode ser relacionada com a diferença de temperaturas e a resistência térmica associadas a cada elemento. Por exemplo,

$$q_x = \frac{T_{\infty,1} - T_{s,1}}{(1/h_1A)} = \frac{T_{s,1} - T_2}{(L_A/k_AA)} = \frac{T_2 - T_3}{(L_B/k_BA)} = \cdots \tag{3.16}$$

Em sistemas compostos, é frequentemente conveniente o trabalho com um *coeficiente global de transferência de calor*, U, que é definido por uma expressão análoga à lei do resfriamento de Newton. Consequentemente,

$$q_x \equiv UA\,\Delta T \tag{3.17}$$

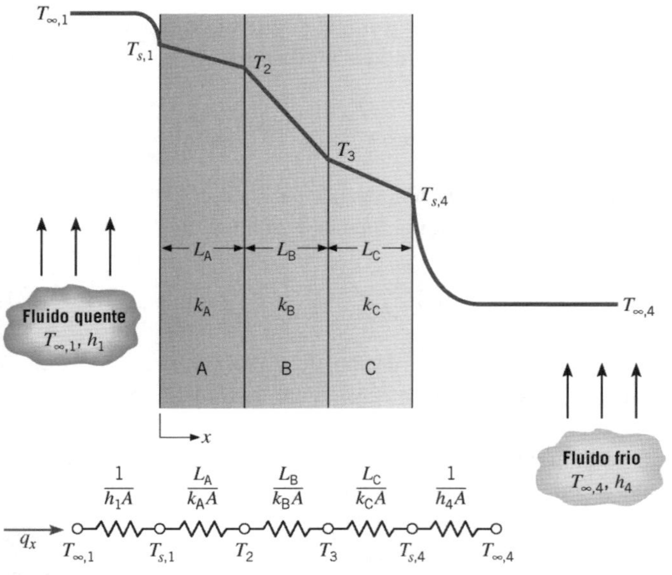

FIGURA 3.2 Circuito térmico equivalente para uma parede composta em série.

na qual ΔT é a diferença de temperaturas global. O coeficiente global de transferência de calor está relacionado com a resistência térmica total e, a partir das Equações 3.14 e 3.17, verificamos que $UA = 1/R_{tot}$. Portanto, para a parede composta da Figura 3.2,

$$U = \frac{1}{R_{tot}A} = \frac{1}{[(1/h_1) + (L_A/k_A) + (L_B/k_B) + (L_C/k_C) + (1/h_4)]} \tag{3.18}$$

Em geral, podemos escrever

$$R_{tot} = \sum R_t = \frac{\Delta T}{q} = \frac{1}{UA} \tag{3.19}$$

Paredes compostas podem também ser caracterizadas por configurações série-paralelo, tal como aquela mostrada na Figura 3.3. Embora nesse sistema o escoamento de calor seja multidimensional, frequentemente é razoável a hipótese de condições unidimensionais. Com base nesta hipótese, dois circuitos térmicos diferentes podem ser usados. No caso (*a*), considera-se que as superfícies normais à direção x sejam isotérmicas, enquanto, no caso (*b*), supõe-se que as superfícies paralelas à direção x sejam adiabáticas. São obtidos resultados diferentes para R_{tot}, e o valor real da taxa de transferência de calor está compreendido entre os valores previstos em cada um dos casos. Essas diferenças aumentam à medida que o valor de $|k_F - k_G|$ aumenta, uma vez que os efeitos multidimensionais se tornam mais significativos.

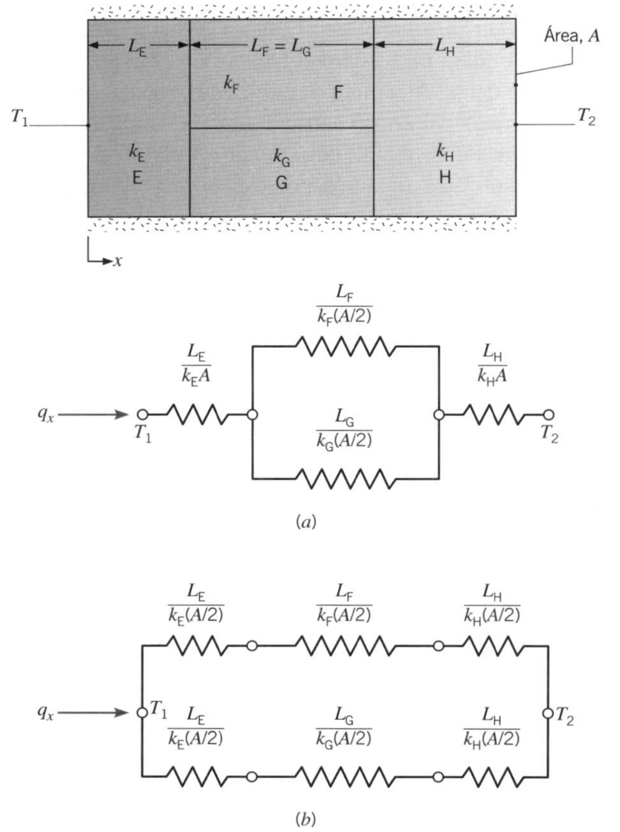

FIGURA 3.3 Circuitos térmicos equivalentes para uma parede composta em série-paralelo.

3.1.4 *Resistência de Contato*

Embora desprezada até o momento, é importante reconhecer que, em sistemas compostos, a queda de temperatura na interface entre materiais pode ser considerável. Essa mudança de temperatura é atribuída ao que é conhecido por *resistência térmica de contato*, $R_{t,c}$. O efeito é mostrado na Figura 3.4 e, para uma área de interface unitária, a resistência é definida como

$$R''_{t,c} = \frac{T_A - T_B}{q''_x} \tag{3.20}$$

A existência de uma resistência de contato não nula se deve, principalmente, aos efeitos da rugosidade da superfície. Pontos de contato se entremeiam com interstícios que são, na maioria dos casos, preenchidos com ar. A transferência de calor é, portanto, decorrente da condução através da área de contato real e da condução e/ou radiação através dos interstícios. A resistência de contato pode ser vista como duas resistências em paralelo: aquela resultante dos pontos de contato e aquela vinculada aos interstícios. Em geral, a área de contato é pequena e, particularmente no caso de superfícies rugosas, a principal contribuição para a resistência é fornecida pelos interstícios.

Para sólidos cujas condutividades térmicas são superiores às do fluido interfacial, a resistência de contato pode ser reduzida pelo aumento da área dos pontos de contato. Tal aumento pode ser efetivado por um acréscimo na pressão de contato e/ou pela redução da rugosidade das superfícies em contato. A resistência de contato também pode ser reduzida pela seleção

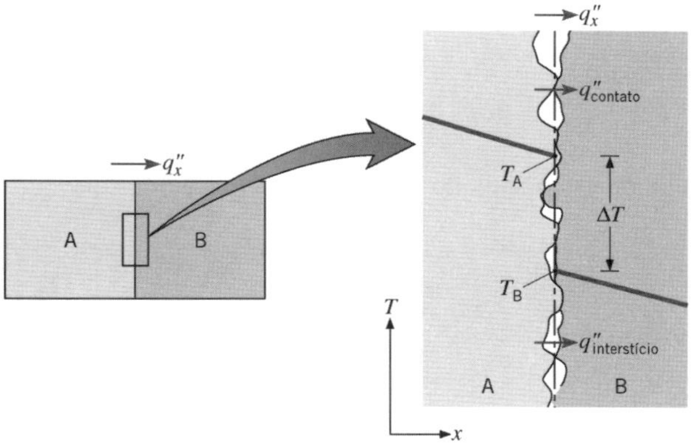

FIGURA 3.4 Queda de temperatura em razão da resistência térmica de contato.

de um fluido interfacial com elevada condutividade térmica. Nesse sentido, a ausência de um fluido (vácuo na interface) elimina a condução pelos interstícios, contribuindo, assim, para a elevação da resistência de contato. Da mesma forma, se a largura característica do interstício, L, se torna pequena (como, por exemplo, no caso de superfícies muito lisas em contato), L/λ_{lpm} pode se aproximar de valores para os quais a condutividade térmica do gás interfacial é reduzida por efeitos de microescala, como discutido na Seção 2.2.

Embora teorias tenham sido desenvolvidas para prever $R''_{t,c}$, os resultados mais confiáveis são aqueles obtidos experimentalmente. O efeito do preenchimento de interfaces metálicas pode ser visto na Tabela 3.1*a*, que apresenta uma faixa aproximada de resistências térmicas sob condições de vácuo. O efeito do fluido interfacial na resistência térmica em uma interface de alumínio é mostrado na Tabela 3.1*b*.

Distintamente dos resultados da Tabela 3.1, muitas aplicações envolvem o contato entre sólidos diferentes e/ou uma ampla variedade de possíveis materiais intersticiais (enchimentos) (Tabela 3.2). Qualquer substância intersticial que preencha os interstícios entre superfícies em contato e cuja condutividade térmica exceda a do ar irá causar uma redução na resistência de contato. Duas classes de materiais bastante adequadas para esse propósito são os metais macios e as graxas térmicas. Os metais, que incluem o índio, o chumbo, o estanho e a prata, podem ser inseridos na forma de finas folhas ou aplicados como um fino revestimento em um dos materiais em contato. Graxas térmicas à base de silicone são atrativas em virtude de sua capacidade de preencherem completamente os interstícios com um material cuja condutividade térmica supera em até 50 vezes a condutividade térmica do ar.

Diferindo das interfaces anteriores, que não são permanentes, muitas interfaces envolvem juntas definitivamente aderidas. A junta pode ser formada por uma resina epóxi, por uma solda macia rica em chumbo, ou então por uma solda firme, tal como uma liga de ouro e estanho. Em face das resistências interfaciais entre o material da superfície original e o da junta de ligação, a resistência térmica real da junta é superior ao valor teórico (L/k) calculado a partir da espessura L e da condutividade térmica k do material da junta. A resistência térmica de juntas com material epóxi e soldadas é também afetada negativamente por vazios e rachaduras, que podem se formar durante a sua fabricação ou como resultado de ciclos térmicos durante a operação normal.

Amplas revisões que abordam resultados e modelos relativos às resistências térmicas de contato são fornecidas por Snaith *et al.* [3], Madhusudana e Fletcher [7] e Yovanovich [8].

TABELA 3.1 Resistência térmica de contato para (*a*) interfaces metálicas sob condições de vácuo e (*b*) interface de alumínio (rugosidade superficial de 10 μm, 10^5 N/m^2) com diferentes fluidos interfaciais [1]

Resistência Térmica, $R''_{t,c} \times 10^4$ (m$^2\cdot$K/W)				
(*a*) Vácuo na Interface			**(*b*) Fluido Interfacial**	
Pressão de contato	100 kN/m^2	10.000 kN/m^2	Ar	2,75
Aço inoxidável	6–25	0,7–4,0	Hélio	1,05
Cobre	1–10	0,1–0,5	Hidrogênio	0,720
Magnésio	1,5–3,5	0,2–0,4	Óleo de silicone	0,525
Alumínio	1,5–5,0	0,2–0,4	Glicerina	0,265

TABELA 3.2 Resistência térmica em interfaces sólido/sólido representativas

Interface	$R''_{t,c} \times 10^4$ ($m^2 \cdot K/W$)	Fonte
Chip de silício/alumínio esmerilhado com ar (27–500 kN/m^2)	0,3–0,6	[2]
Alumínio/alumínio com preenchimento de folha de índio (~100 kN/m^2)	~0,07	[1, 3]
Aço inoxidável/aço inoxidável com preenchimento de folha de índio (~3500 kN/m^2)	~0,04	[1, 3]
Alumínio/alumínio com revestimento metálico (Pb)	0,01–0,1	[4]
Alumínio/alumínio com graxa Dow Corning 340 (~100 kN/m^2)	~0,07	[1, 3]
Aço inoxidável/aço inoxidável com graxa Dow Corning 340 (~3500 kN/m^2)	~0,04	[1, 3]
Chip de silício/alumínio com 0,02 mm de epóxi	0,2–0,9	[5]
Latão/latão com 15 μm de solda de estanho	0,025–0,14	[6]

3.1.5 *Meios Porosos*

Em muitas aplicações, transferência de calor ocorre no interior de *meios porosos*, que são combinações de um sólido estacionário com um fluido. Quando o fluido for um gás *ou* um líquido, o meio poroso resultante é dito estar *saturado*. Em contraste, todas as três fases coexistem em um meio poroso *insaturado*. Exemplos de meios porosos incluem leitos de pós com um fluido ocupando as regiões intersticiais entre os grãos individuais, assim como os sistemas de isolamento e os nanofluidos da Seção 2.2.1. Um meio poroso saturado constituído por uma fase sólida estacionária através da qual um fluido escoa é chamado de *leito recheado* e é discutido na Seção 7.8.

Considere um meio poroso saturado submetido a temperaturas superficiais T_1 em $x = 0$ e T_2 em $x = L$, conforme mostrado na Figura 3.5*a*. Após as condições de regime estacionário serem atingidas e se $T_1 > T_2$, a taxa de transferência de calor pode ser representada por

$$q_x = \frac{k_{ef}A}{L}(T_1 - T_2) \qquad (3.21)$$

em que k_{ef} é uma condutividade térmica efetiva. A Equação 3.21 é válida se a movimentação do fluido e a transferência de calor por radiação *no interior* do meio forem desprezíveis. A condutividade térmica efetiva varia com a porosidade ou fração de vazios do meio ε, que é definida como a razão entre o volume do fluido e o volume total (sólido e fluido). Além disto, k_{ef} depende das condutividades térmicas de cada uma das fases e, nesta discussão, será considerado que $k_s > k_f$. A geometria detalhada da fase sólida, por exemplo, a distribuição de tamanhos e a forma de empacotamento das partículas individuais do pó, também influencia o valor de k_{ef}. Resistências de contato que podem aparecer nas interfaces entre partículas sólidas adjacentes podem impactar o valor de k_{ef}. Como discutido na Seção 2.2.1, fenômenos em nanoescala podem também influenciar a condutividade térmica efetiva. Desta forma, a previsão de k_{ef} pode ser difícil e, em geral, requer conhecimento detalhado de parâmetros que podem não estar prontamente disponíveis.

Não obstante a complexidade da situação, o valor da condutividade térmica efetiva pode ser enquadrado considerando-se as paredes compostas das Figuras 3.5*b* e 3.5*c*. Na Figura 3.5*b*, o meio é modelado como equivalente a uma parede composta em série constituída por uma região fluida de comprimento εL e uma região sólida de comprimento $(1 - \varepsilon)L$. Aplicando as Equações 3.17 e 3.18 a este modelo no qual não há convecção ($h_1 = h_2 = 0$) e somente dois termos condutivos, tem-se que

$$q_x = \frac{A\,\Delta T}{(1 - \varepsilon)L/k_s + \varepsilon L/k_f} \qquad (3.22)$$

Igualando este resultado à Equação 3.21, obtemos que

$$k_{ef,min} = \frac{1}{(1 - \varepsilon)/k_s + \varepsilon/k_f} \qquad (3.23)$$

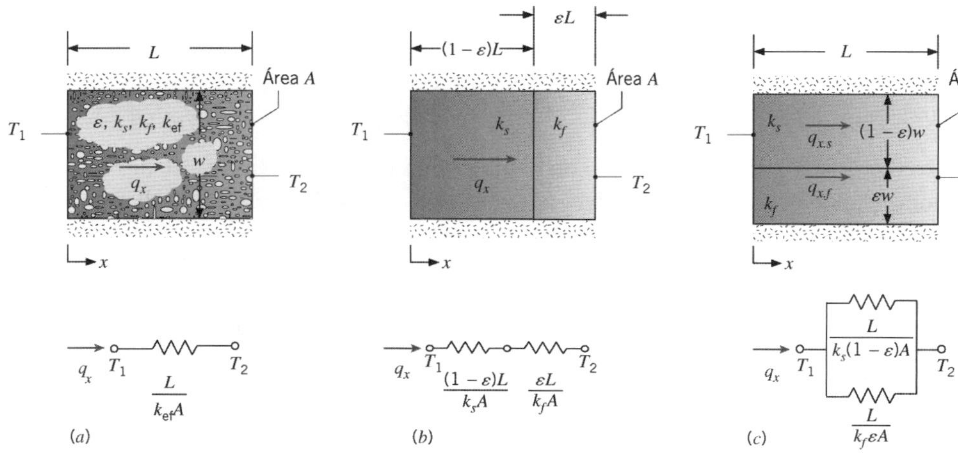

FIGURA 3.5 Um meio poroso. (*a*) O meio e suas propriedades. (*b*) Representação em resistências térmicas em série. (*c*) Representação em resistências em paralelo.

De modo alternativo, o meio da Figura 3.5*a* poderia ser descrito como equivalente a uma parede composta em paralelo constituída por uma região fluida de largura εw e uma região sólida de largura $(1 - \varepsilon)w$, como mostrado na Figura 3.5*c*. Combinando a Equação 3.21 com uma expressão para a resistência equivalente de duas resistências em paralelo, obtém-se

$$k_{ef,max} = \varepsilon k_f + (1 - \varepsilon)k_s \qquad (3.24)$$

Enquanto as Equações 3.23 e 3.24 fornecem os valores mínimo e máximo possíveis de k_{ef}, expressões mais acuradas foram desenvolvidas para sistemas compostos específicos no interior dos quais efeitos de nanoescala são desprezíveis. Maxwell [9] desenvolveu uma expressão para a condutividade elétrica efetiva de uma matriz sólida com inclusões uniformemente distribuídas de esferas isoladas. Observando a analogia entre as Equações 3.6 e 3.7, o resultado de Maxwell pode ser usado para determinar a condutividade térmica efetiva de um meio poroso saturado constituído por uma fase sólida interconectada no interior da qual há uma distribuição diluída de regiões esféricas de fluidos. O resultado é uma expressão com a forma [10]

$$k_{ef} = \left[\frac{k_f + 2k_s - 2\varepsilon(k_s - k_f)}{k_f + 2k_s + \varepsilon(k_s - k_f)}\right]k_s \qquad (3.25)$$

A Equação 3.25 é válida para porosidades relativamente baixas ($\varepsilon \lesssim 0{,}25$), conforme mostrado esquematicamente na Figura 3.5*a* [11]. Ela é equivalente à expressão apresentada no Exemplo 2.2 para um fluido que contém uma mistura diluída de partículas sólidas, mas com a inversão entre o fluido e o sólido.

Ao analisar a condução no interior de meios porosos, é importante considerar a potencial dependência direcional da condutividade térmica efetiva. Por exemplo, os meios representados pela Figura 3.5*b* ou Figura 3.5*c* *não* seriam caracterizados por propriedades isotrópicas, visto que a condutividade térmica efetiva na direção x é claramente diferente dos valores de k_{ef} na direção vertical. Desta forma, apesar de as Equações 3.23 e 3.24 poderem ser usadas para delimitar o valor real da condutividade térmica efetiva, elas irão geralmente sobreestimar a variação possível de k_{ef} em meios isotrópicos. Para meios isotrópicos, expressões têm sido desenvolvidas para determinar as possíveis condutividades térmicas efetivas máxima e mínima baseadas somente no conhecimento da porosidade e das condutividades térmicas do sólido e do fluido. Especificamente, o valor *máximo* possível de k_{ef} em um meio poroso isotrópico é dado pela Equação 3.25, que corresponde a uma fase sólida interconectada com alta condutividade térmica. O valor *mínimo* possível de k_{ef} para um meio isotrópico corresponde ao caso no qual a fase fluida forma longos canais aleatoriamente orientados no interior do meio [12]. Informações adicionais em relação à condução em meios porosos saturados estão disponíveis [13].

IHT EXEMPLO 3.1

No Exemplo 1.6, calculamos a taxa de perda de calor de um corpo humano no ar e na água. Aqui consideramos as mesmas condições, exceto a vizinhança (ar ou água), que se encontra a 10 °C. Para reduzir a taxa de perda de calor, a pessoa veste roupas especiais esportivas (casacos para neve ou impermeáveis) feitas com um isolante de aerogel de sílica com uma condutividade térmica extremamente baixa, igual a 0,014 W/(m · K). A emissividade da superfície externa dos casacos para neve e impermeáveis é de 0,95. Qual espessura do isolante de aerogel é necessária para reduzir a taxa de perda de calor para 100 W (uma taxa de geração de calor metabólica típica) no ar e na água? Quais são as temperaturas resultantes da pele?

SOLUÇÃO

Dados: Temperatura superficial interna de uma camada de pele/gordura com espessura, condutividade térmica e área superficial conhecidas. Condutividade térmica e emissividade dos casacos de neve e impermeáveis. Condições ambientais.

Achar: Espessura do isolante necessária para reduzir a taxa de perda de calor para 100 W e a temperatura da pele correspondente.

Esquema:

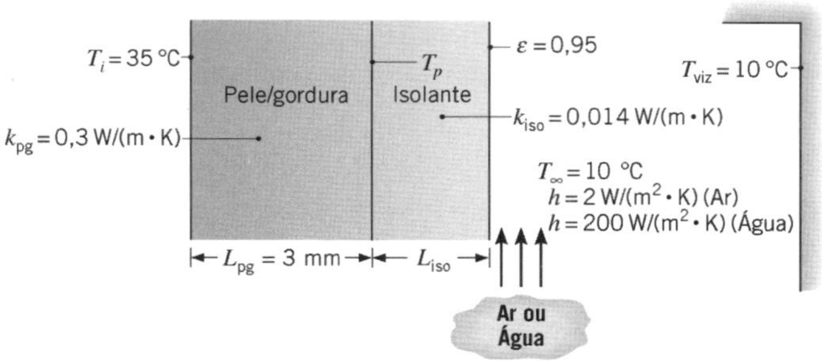

Considerações:

1. Condições de regime estacionário.
2. Transferência de calor unidimensional por condução por meio das camadas de pele/gordura e de isolante.
3. Resistência de contato é desprezível.
4. Condutividades térmicas são uniformes.
5. Troca radiante entre a superfície dos casacos e a vizinhança pode ser vista como entre uma pequena superfície e uma grande vizinhança na temperatura do ar.
6. Água líquida é opaca para a radiação térmica.
7. Radiação solar é desprezível.

8. O corpo encontra-se completamente imerso na água na parte 2.

Análise: O circuito térmico pode ser construído reconhecendo-se que a resistência ao escoamento do calor está associada à condução nas camadas de pele/gordura e do isolante, e às convecção e radiação na superfície externa. Desta forma, o circuito e as resistências têm a seguinte forma (com $h_r = 0$ para a água):

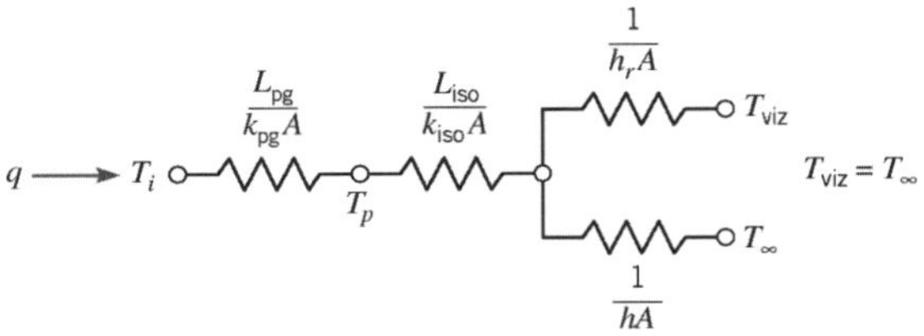

A resistência térmica total necessária para atingir a taxa de perda de calor desejada é determinada pela Equação 3.19,

$$R_{tot} = \frac{T_i - T_\infty}{q} = \frac{(35 - 10)\ \text{K}}{100\ \text{W}} = 0{,}25\ \text{K/W}$$

A resistência térmica total entre a superfície interna da camada de pele/gordura e a vizinhança fria inclui resistências condutivas na camada de pele/gordura e de isolante, e uma resistência efetiva associada à convecção e à radiação, que atuam em paralelo. Assim,

$$R_{tot} = \frac{L_{pg}}{k_{pg}A} + \frac{L_{iso}}{k_{iso}A} + \left(\frac{1}{1/hA} + \frac{1}{1/h_r A}\right)^{-1}$$
$$= \frac{1}{A}\left(\frac{L_{pg}}{k_{pg}} + \frac{L_{iso}}{k_{iso}} + \frac{1}{h + h_r}\right)$$

A espessura do isolante pode ser explicitada nesta equação.

Ar

O coeficiente de transferência de calor por radiação é aproximado como tendo o mesmo valor do Exemplo 1.6: $h_r = 5{,}9\ \text{W/(m}^2 \cdot \text{K)}$.

$$L_{iso} = k_{iso}\left[AR_{tot} - \frac{L_{pg}}{k_{pg}} - \frac{1}{h + h_r}\right]$$
$$= 0{,}014\ \text{W/(m} \cdot \text{K)}\left[1{,}8\ \text{m}^2 \times 0{,}25\ \text{K/W} - \frac{3 \times 10^{-3}\ \text{m}}{0{,}3\ \text{W/(m} \cdot \text{K)}}\right.$$
$$\left. - \frac{1}{(2 + 5{,}9)\ \text{W/(m}^2 \cdot \text{K)}}\right] = 0{,}0044\ \text{m} = 4{,}4\ \text{mm} \quad \triangleleft$$

Água

$$L_{iso} = k_{iso}\left[AR_{tot} - \frac{L_{pg}}{k_{pg}} - \frac{1}{h}\right]$$
$$= 0{,}014\ \text{W/(m} \cdot \text{K)}\left[1{,}8\ \text{m}^2 \times 0{,}25\ \text{K/W} - \frac{3 \times 10^{-3}\ \text{m}}{0{,}3\ \text{W/(m} \cdot \text{K)}}\right.$$
$$\left. - \frac{1}{200\ \text{W/(m}^2 \cdot \text{K)}}\right] = 0{,}0061\ \text{m} = 6{,}1\ \text{mm} \quad \triangleleft$$

A temperatura da pele pode ser calculada considerando-se a condução através da camada de pele/gordura:

$$q = \frac{k_{pg}A(T_i - T_p)}{L_{pg}}$$

ou, explicitando T_p:

$$T_p = T_i - \frac{qL_{pg}}{k_{pg}A} = 35\ °\text{C} - \frac{100\ \text{W} \times 3 \times 10^{-3}\ \text{m}}{0{,}3\ \text{W/(m} \cdot \text{K)} \times 1{,}8\ \text{m}^2}$$
$$= 34{,}4\ °\text{C} \quad \triangleleft$$

A temperatura da pele é a mesma nos dois casos, pois a taxa de perda térmica é a mesma e as propriedades da camada de pele/gordura também são as mesmas.

Comentários:

1. O aerogel de sílica é um material poroso que tem apenas aproximadamente 5 % de sólido. Sua condutividade térmica é menor do que a condutividade térmica do gás que preenche os seus poros. Como explicado na Seção 2.2, a razão para este resultado aparentemente impossível é que o tamanho do poro é por volta de 20 nm, o que reduz o livre percurso médio do gás e, consequentemente, diminui a sua condutividade térmica.
2. Ao reduzir a taxa de perda de calor para 100 W, uma pessoa pode permanecer no ambiente frio por tempo indefinido sem ter hipotermia. A temperatura da pele de 34,4 °C gera uma sensação de conforto.
3. No caso da água, a resistência térmica do isolante domina e todas as outras resistências podem ser desprezadas.
4. O coeficiente de transferência de calor por convecção associado ao ar depende das condições do vento e pode variar em uma ampla faixa. Ao mudar o seu valor, a temperatura da superfície externa da camada do isolante também muda. Como o coeficiente de transferência de calor por radiação depende dessa temperatura, ele também irá variar. Podemos realizar uma análise mais completa que leva isto em conta. O coeficiente de transferência de calor por radiação é dado pela Equação 1.9:

$$h_r = \varepsilon\sigma(T_{s,e} + T_{viz})(T_{s,e}^2 + T_{viz}^2) \qquad (1)$$

Aqui, $T_{s,e}$ é a temperatura da superfície externa da camada de isolante, que pode ser calculada por

$$T_{s,e} = T_i - q\left[\frac{L_{pg}}{k_{pg}A} + \frac{L_{iso}}{k_{iso}A}\right] \qquad (2)$$

na qual, a partir da solução do problema:

$$L_{iso} = k_{iso}\left(AR_{tot} - \frac{L_{pg}}{k_{pg}} - \frac{1}{h + h_r}\right) \qquad (3)$$

Usando todos os valores fornecidos anteriormente, estas três equações foram resolvidas para valores de h na faixa $0 \leq h \leq 100\ \text{W/(m}^2 \cdot \text{K)}$, e os resultados estão representados graficamente.

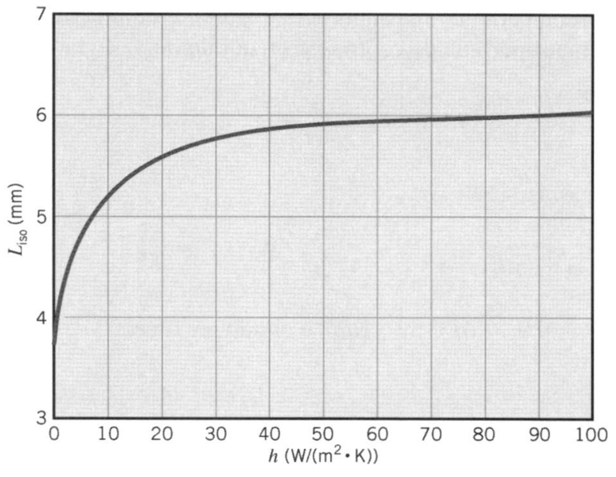

O aumento de h diminui a resistência convectiva correspondente, o que requer, então, isolamento adicional para manter a taxa de transferência de calor em 100 W. Quando o coeficiente de transferência de calor é superior a aproximadamente 60 W/(m^2 · K), a resistência convectiva é desprezível e aumentos posteriores no h têm pequeno efeito na espessura de isolante requerida.

A temperatura da superfície externa e o coeficiente de transferência de calor radiante também podem ser calculados. Na medida em que h aumenta de 0 a 100 W/(m^2 · K), $T_{s,e}$ diminui de 294 para 284 K, enquanto h_r diminui de 5,2 para 4,9 W/(m^2 · K). A estimativa inicial de h_r = 5,9 W/(m^2 · K) não foi muito acurada. Usando este modelo mais completo da transferência de calor por radiação, com h = 2 W/(m^2 · K), o coeficiente de transferência de calor radiante é igual a 5,1 W/(m^2 · K) e a espessura de isolante requerida é de 4,2 mm, valor próximo ao calculado na primeira parte do problema.

5. Veja o Exemplo 3.1 no *IHT*. Este problema pode também ser resolvido usando o construtor de redes de resistências térmicas, *Models/Resistance Networks*, disponível no *IHT*.

EXEMPLO 3.2

Um fino circuito integrado (*chip*) de silício e um substrato de alumínio com 8 mm de espessura são separados por uma junta epóxi com 0,02 mm de espessura. O *chip* e o substrato possuem, cada um, 10 mm de lado, e suas superfícies expostas são resfriadas por ar, que se encontra a uma temperatura de 25 °C e fornece um coeficiente convectivo de 100 W/(m^2 · K). Se o *chip* dissipar 10^4 W/m^2 em condições normais, ele irá operar abaixo da temperatura máxima permitida de 85 °C?

SOLUÇÃO

Dados: Dimensões, dissipação de calor e temperatura máxima permitida de um *chip* de silício. Espessuras do substrato de alumínio e da junta epóxi. Condições convectivas nas superfícies expostas do *chip* e do substrato.

Achar: Se a temperatura máxima permitida é excedida.

Esquema:

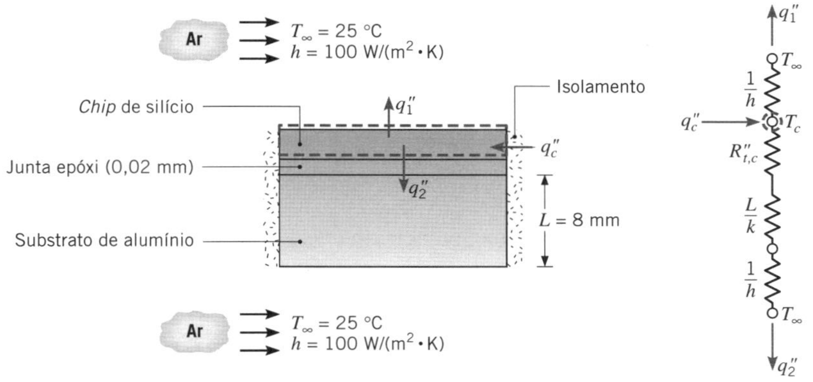

Considerações:

1. Condições de regime estacionário.
2. Condução unidimensional (transferência de calor desprezível nas laterais do conjunto).
3. Resistência térmica no *chip* desprezível (*chip* isotérmico).
4. Propriedades constantes.
5. Troca radiante com a vizinhança desprezível.

Propriedades: Tabela A.1, alumínio puro (T ~ 350 K): k = 239 W/(m · K).

Análise: O calor dissipado no *chip* é transferido para o ar diretamente a partir de sua superfície exposta e indiretamente por meio da junta e do substrato. Executando um balanço de energia em uma superfície de controle ao redor do *chip*, segue-se que, com base em uma área superficial unitária,

$$q''_c = q''_1 + q''_2$$

ou

$$q''_c = \frac{T_c - T_\infty}{(1/h)} + \frac{T_c - T_\infty}{R''_{t,c} + (L/k) + (1/h)}$$

Para estimar T_c de forma conservativa, o valor máximo possível de $R''_{t,c} = 0{,}9 \times 10^{-4}\ \text{m}^2 \cdot \text{K/W}$ é obtido na Tabela 3.2. Logo,

$$T_c = T_\infty + q''_c\left[h + \frac{1}{R''_{t,c} + (L/k) + (1/h)}\right]^{-1}$$

ou

$$T_c = 25\ °\text{C} + 10^4\ \text{W/m}^2 \times \left[100 + \frac{1}{(0{,}9 + 0{,}33 + 100) \times 10^{-4}}\right]^{-1} \text{m}^2 \cdot \text{K/W}$$

$$T_c = 25\ °\text{C} + 50{,}3\ °\text{C} = 75{,}3\ °\text{C}$$

Portanto, o *chip* irá operar abaixo de sua temperatura máxima permitida.

Comentários:

1. As resistências térmicas na junta e no substrato são muito menores do que a resistência convectiva. A resistência da junta teria que ser aumentada até um valor elevado não realista de $50 \times 10^{-4}\ \text{m}^2 \cdot \text{K/W}$, antes que a temperatura máxima permitida do *chip* fosse atingida.
2. A potência dissipada permitida pode ser aumentada com a elevação dos coeficientes de transferência de calor por convecção, mediante o aumento da velocidade do ar e/ou pela substituição do ar por um fluido mais efetivo em termos de transferência de calor. Explorando esta opção, para $100 \leq h \leq 2000\ \text{W/(m}^2 \cdot \text{K)}$ com $T_c = 85\ °\text{C}$, os resultados a seguir são obtidos.

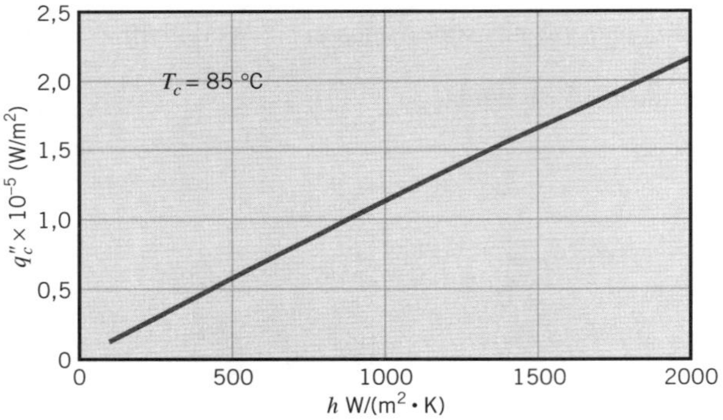

À medida que $h \to \infty$, $q''_2 \to 0$ e, virtualmente, toda a potência do *chip* é transferida diretamente para a corrente do fluido.

3. Como calculado, a *diferença* entre a temperatura do ar ($T_\infty = 25\ °\text{C}$) e a temperatura do *chip* ($T_c = 75{,}3\ °\text{C}$) é de 50,3 K. Lembre-se de que este resultado é uma *diferença* de temperaturas e, assim, também é igual a 50,3 °C.
4. Considere condições nas quais o escoamento do ar sobre as superfícies do *chip* (superior) ou do substrato (inferior) cessa em função de um bloqueio no canal de suprimento de ar. Se a transferência de calor for desprezível em cada uma das superfícies, quais são as temperaturas do *chip* para $q''_c = 10^4\ \text{W/m}^2$? [Resposta: 126 °C ou 125 °C.]

EXEMPLO 3.3

Um painel fotovoltaico é constituído por (do topo para a base) um vidro, dopado com cério, com 3 mm de espessura ($k_v = 1{,}4$ W/(m · K)), uma camada de 0,1 mm de espessura de adesivo de padrão ótico, ($k_a = 145$ W/(m · K)), uma camada *muito fina* de silício no interior da qual energia solar é convertida em energia elétrica, uma camada de soldagem com 0,1 mm de espessura e um substrato de nitreto de alumínio com espessura de 2 mm. A eficiência da conversão da energia solar em elétrica no interior da camada de silício η diminui com o aumento da temperatura do silício, T_{Si}, de acordo com a expressão $\eta = a - bT_{si}$, com a = 0,553 e b = 0,001 K^{-1}. A temperatura T é representada em kelvin, variando na faixa 300 K $\leq T_{si} \leq$ 525 K. Da irradiação solar incidente, G_S = 700 W/m^2, 7 % são refletidos na superfície superior do vidro, 10 % são absorvidos na superfície superior do vidro e 83 % são transmitidos até a camada de silício e lá absorvidos. Parte da irradiação solar absorvida no silício é convertida em energia térmica e o restante em energia elétrica. O vidro tem uma emissividade ε = 0,90; e a base, assim como as laterais do painel, estão isoladas termicamente. Determine a potência elétrica P produzida por um painel solar com L = 1 m de comprimento e w = 0,1 m de largura, em condições caracterizadas por h = 35 W/(m^2 · K) e $T_\infty = T_{viz}$ = 20 °C.

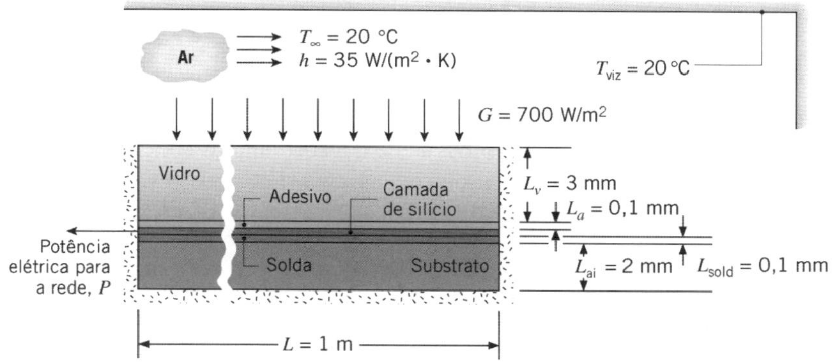

SOLUÇÃO

Dados: Dimensões e materiais de um painel solar fotovoltaico. Propriedades dos materiais, irradiação solar, coeficiente convectivo e temperatura ambiente, emissividade da superfície superior do painel e temperatura da vizinhança. Divisão da irradiação solar e expressão para a eficiência de conversão de energia solar para energia elétrica.

Achar: Potência elétrica produzida por um painel fotovoltaico.

Esquema:

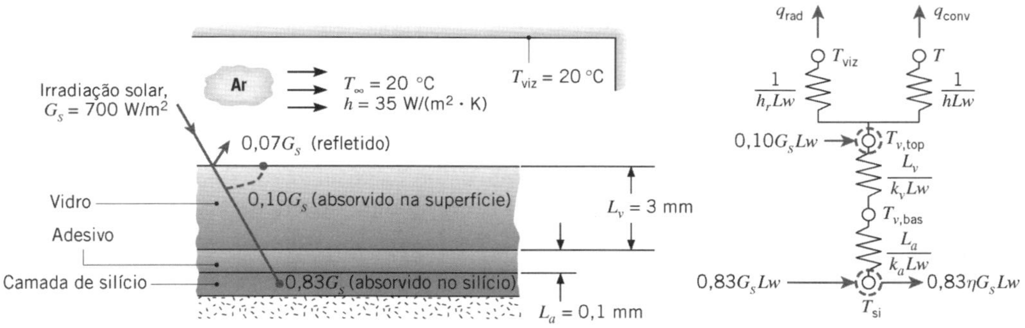

Considerações:

1. Condições de regime estacionário.
2. Transferência de calor unidimensional.
3. Propriedades constantes.
4. Resistências térmicas de contato desprezíveis.
5. Diferenças de temperaturas no interior da camada de silício desprezíveis.

Análise: Admita que não há transferência de calor para a base isolada termicamente do painel solar. Assim, a camada de soldagem e o substrato de nitreto de alumínio não afetam a solução, e toda a energia solar absorvida pelo painel deve, no final das contas, deixar o painel na forma de transferência de calor por radiação e por convecção pela superfície superior do vidro, e por meio de potência elétrica para a rede, $P = \eta 0{,}83G_SLw$. Fazendo um balanço de energia no nó associado à camada de silício, tem-se

$$0{,}83G_SLw - \eta 0{,}83G_SLw = \frac{T_{si} - T_{v,top}}{\dfrac{L_a}{k_aLw} + \dfrac{L_v}{k_vLw}}$$

Substituindo a expressão para a eficiência da conversão de energia solar em energia elétrica e simplificando, tem-se

$$0{,}83G_S(1 - a + bT_{si}) = \frac{T_{si} - T_{v,top}}{\frac{L_a}{k_a} + \frac{L_v}{k_v}} \tag{1}$$

Fazendo um segundo balanço de energia no nó associado à superfície superior (topo) do vidro, obtém-se

$$0{,}83G_SLw(1 - \eta) + 0{,}1\, G_SLw = hLw(T_{v,top} - T_\infty) + \varepsilon\sigma Lw(T_{v,top}^4 - T_{viz}^4)$$

Substituindo a expressão para a eficiência da conversão de energia solar em energia elétrica na equação anterior e simplificando, tem-se

$$0{,}83G_S(1 - a + bT_{si}) + 0{,}1\, G_S = h(T_{v,top} - T_\infty) + \varepsilon\sigma(T_{v,top}^4 - T_{viz}^4) \tag{2}$$

Finalmente, substituindo os valores conhecidos nas Equações 1 e 2 e resolvendo-as simultaneamente, obtém-se $T_{si} = 307$ K = 34 °C, fornecendo uma eficiência de conversão de energia solar em energia elétrica de $\eta = 0{,}553 - 0{,}001\ \text{K}^{-1} \times 307\ \text{K} = 0{,}247$. Desta forma, a potência produzida pelo painel fotovoltaico é

$$P = \eta 0{,}83G_SLw = 0{,}247 \times 0{,}83 \times 700\ \text{W/m}^2 \times 1\ \text{m} \times 0{,}1\ \text{m} = 14{,}3\ \text{W} \qquad \triangleleft$$

Comentários:

1. A aplicação correta da exigência de conservação de energia é crucial para determinar a temperatura do silício e a potência elétrica. Note que a energia solar é convertida *tanto* em energia térmica *quanto* em energia elétrica, e o circuito térmico é utilizado para quantificar *somente* a transferência de energia térmica.
2. Em função da condição de contorno termicamente isolada, não é necessário incluir as camadas de solda e do substrato na análise. Isto porque não há condução através destes materiais e, a partir da lei de Fourier, não pode haver gradientes de temperatura no interior destes materiais. No regime estacionário, $T_{sold} = T_{al} = T_{si}$.
3. Com o aumento do coeficiente convectivo, a temperatura do silício diminui. Isto ocasiona uma maior eficiência de conversão de energia solar em elétrica e um aumento na produção de potência. Por exemplo, P = 13,6 W e 14,6 W para h = 15 W/(m^2 · K) e 55 W/(m^2 · K), respectivamente.
4. O custo de sistemas fotovoltaicos pode ser reduzido significativamente pela *concentração* da energia solar sobre o relativamente caro painel fotovoltaico, usando espelhos ou lentes concentradores baratos. Entretanto, o gerenciamento térmico se torna ainda mais importante. Por exemplo, se a irradiação fornecida ao painel for aumentada para G_S = 7000 W/m^2 por um sistema concentrador, a eficiência de conversão cai para $\eta = 0{,}160$ com o aumento da temperatura do silício para T_{si} = 119 °C, mesmo com h = 55 W/(m^2 · K). Uma solução para a redução do custo da geração fotovoltaica de potência é o desenvolvimento de tecnologias inovadoras de resfriamento para serem usadas em sistemas fotovoltaicos com concentração.
5. A solução simultânea das Equações 1 e 2 pode ser feita usando o *IHT*, outro código comercial ou uma calculadora. Uma solução por tentativa e erro também pode ser obtida, mas com esforço considerável. As Equações 1 e 2 poderiam ser combinadas, formando uma única expressão transcendental para a temperatura do silício, mas a equação teria que ser resolvida numericamente ou por tentativa e erro.

EXEMPLO 3.4

A condutividade térmica de um nanotubo de carbono com diâmetro D = 14 nm é medida com um instrumento fabricado com uma pastilha de nitreto de silício a uma temperatura de T_∞ = 300 K. O nanotubo com 20 μm de comprimento repousa sobre duas ilhas quadradas, 10 μm × 10 μm, espessura de 0,5 μm, que estão separadas por uma distância de s = 5 μm. Uma fina camada de platina é usada como um resistor elétrico na *ilha aquecida* (a temperatura T_q) para dissipar q = 11,3 μW de potência elétrica. Na *ilha sensora*, uma camada similar de platina é usada para determinar a sua temperatura, T_s. A resistência elétrica da platina, $R(T_s) = E/I$, é encontrada pela medida da queda de voltagem e da corrente elétrica através da camada de platina. A temperatura da ilha sensora, T_s, é então determinada a partir da relação da resistência elétrica da platina com a sua temperatura. Cada ilha é sustentada por duas vigas de nitrito de silício com comprimento de L_{ns} = 250 μm, com largura de w_{ns} = 3 μm e espessura t_{ns} = 0,5 μm. Uma linha de platina, com largura w_{pt} = 1 μm e espessura t_{pt} = 0,2 μm, encontra-se depositada no interior de cada viga de nitrito de silício para fornecer energia à ilha aquecida ou para detectar a queda de voltagem associada à determinação de T_s. O experimento completo é realizado no vácuo com T_{viz} = 300 K e, em regime estacionário, T_s = 308,4 K. Estime a condutividade térmica do nanotubo de carbono.

SOLUÇÃO

Dados: Dimensões, calor dissipado na ilha aquecida e temperaturas da ilha sensora e da vizinha pastilha de nitrito de silício.

Achar: A condutividade térmica do nanotubo de carbono.

Esquema:

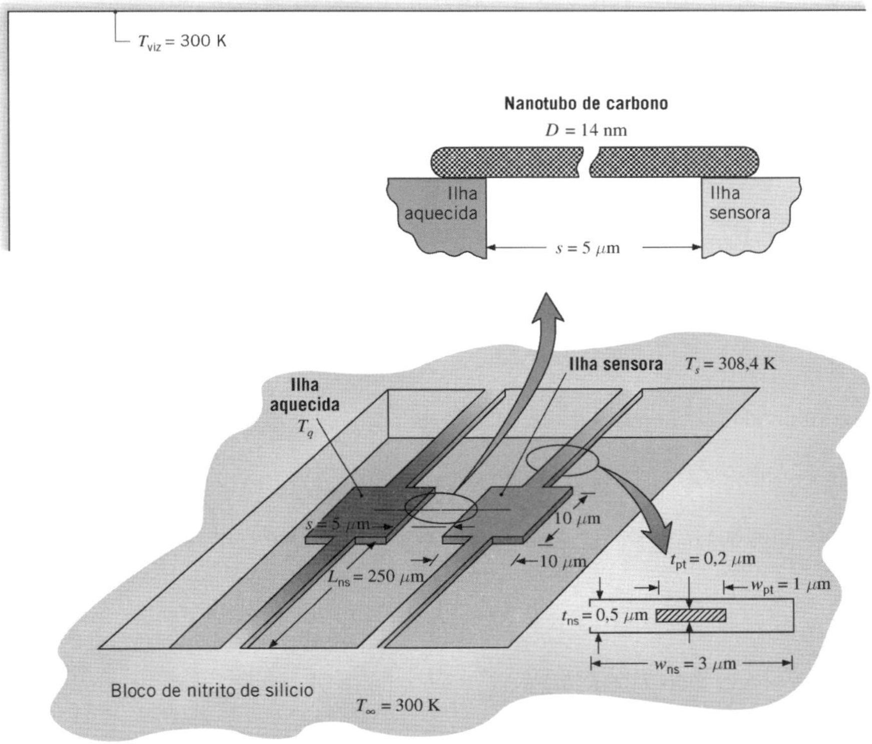

Considerações:

1. Condições de regime estacionário.
2. Transferência de calor unidimensional.
3. As ilhas aquecida e sensora são isotérmicas.
4. Troca radiante entre as superfícies e a vizinhança é desprezível.
5. Perdas convectivas são desprezíveis.
6. Aquecimento ôhmico nas linhas de platina é desprezível.
7. Propriedades constantes.
8. Resistência de contato entre o nanotubo e as ilhas é desprezível.

Propriedades: Tabela A.1, platina (325 K, suposta): k_{pt} = 71,6 W/(m · K). Tabela A.2, nitrito de silício (325 K, suposta): k_{ns} = 15,5 W/(m · K).

Análise: Energia térmica é conduzida a partir da ilha aquecida através das duas vigas de suporte da ilha aquecida, assim como através do nanotubo de carbono para a ilha sensora. Consequentemente, o circuito térmico é

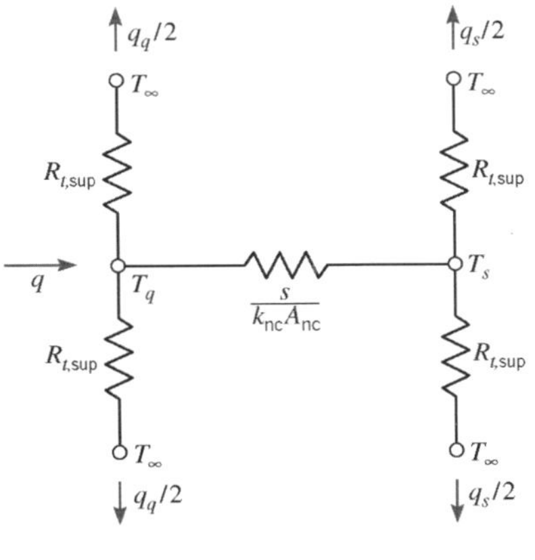

na qual cada viga de suporte fornece uma resistência térmica, $R_{t,\text{sup}}$, composta de uma resistência em razão do nitrito de silício (ns) em paralelo com uma resistência em função da linha de platina (pt).

As áreas das seções transversais dos materiais nas vigas de suporte são

$$A_{pt} = w_{pt}t_{pt} = (1 \times 10^{-6}\,\text{m}) \times (0{,}2 \times 10^{-6}\,\text{m}) = 2 \times 10^{-13}\,\text{m}^2$$

$$A_{ns} = w_{ns}t_{ns} - A_{pt} = (3 \times 10^{-6}\,\text{m}) \times (0{,}5 \times 10^{-6}\,\text{m}) - 2 \times 10^{-13}\,\text{m}^2 = 1{,}3 \times 10^{-12}\,\text{m}^2$$

enquanto a área da seção transversal do nanotubo de carbono é

$$A_{nc} = \pi D^2/4 = \pi(14 \times 10^{-9}\,\text{m})^2/4 = 1{,}54 \times 10^{-16}\,\text{m}^2$$

A resistência térmica de cada suporte é

$$R_{t,\text{sup}} = \left[\frac{k_{pt}A_{pt}}{L_{pt}} + \frac{k_{ns}A_{ns}}{L_{ns}}\right]^{-1} = \left[\frac{71{,}6\,\text{W/(m}\cdot\text{K)} \times 2 \times 10^{-13}\,\text{m}^2}{250 \times 10^{-6}\,\text{m}} + \frac{15{,}5\,\text{W/(m}\cdot\text{K)} \times 1{,}3 \times 10^{-12}\,\text{m}^2}{250 \times 10^{-6}\,\text{m}}\right]^{-1}$$

$$= 7{,}25 \times 10^6\,\text{K/W}$$

A taxa de perda térmica combinada nos suportes da ilha sensora é

$$q_s = 2(T_s - T_\infty)/R_{t,\text{sup}} \tag{1}$$

Utilizando a Equação 1 e notando que $q_q = q - q_s$, a análise do circuito térmico conectando T_q e T_∞ leva à relação

$$T_q = T_\infty + \frac{1}{2}q_q R_{t,\text{sup}} - (T_s - T_\infty) \tag{2}$$

A partir da porção do circuito conectando T_q e T_s, $q_s = (T_q - T_s)/(s/(k_{nc}A_{nc}))$, que pode ser combinada com as Equações 1 e 2 para fornecer

$$k_{nc} = \frac{q_s S}{A_{nc}(T_q - T_s)} = \frac{2(T_s - T_\infty)s/R_{t,\text{sup}}}{A_{nc}\left(\frac{1}{2}qR_{t,\text{sup}} - 2(T_s - T_\infty\right)} = \frac{2 \times (308{,}4\,\text{K} - 300\,\text{K}) \times 5 \times 10^{-6}\,\text{m} / 7{,}25 \times 10^6\,\text{K/W}}{1{,}54 \times 10^{-16}\,\text{m}^2 \times \left(\frac{1}{2} \times 11{,}3 \times 10^6\,\text{W} \times 7{,}25 \times 10^6\,\text{K/W} - 2 \times (308{,}4\,\text{K} - 300\,\text{K}\right)}$$

$$k_{nc} = 3113\,\text{W/(m}\cdot\text{K)}$$ ◁

Comentários:

1. A condutividade térmica medida é extremamente alta, como fica evidente pela comparação de seu valor com as condutividades térmicas de metais puros mostradas na Figura 2.4.
2. Resistências de contato entre o nanotubo de carbono e as ilhas de aquecimento e sensora foram desprezadas porque pouco é conhecido sobre tais resistências em nanoescala. Contudo, *se* uma resistência de contato fosse incluída na análise, a condutividade térmica medida do nanotubo de carbono seria ainda maior do que o valor previsto.
3. A importância da transferência de calor radiante pode ser estimada pela aproximação da ilha aquecida por um corpo negro, emitindo para T_{viz}, a partir de suas superfícies superior e inferior. Da expressão de T_q anterior, tem-se $T_q = 332{,}6$ K. Assim, $q_{rad,n} \approx 5{,}67 \times 10^{-8}\,\text{W/(m}^2\cdot\text{K}^4) \times 2 \times (10 \times 10^{-6}\,\text{m})^2 \times (332{,}6^4 - 300^4)\,\text{K}^4 = 4{,}7 \times 10^{-8}\,\text{W} = 0{,}047\,\mu\text{W}$, e a radiação é desprezível.

3.2 Uma Análise Alternativa da Condução

A análise da condução feita na Seção 3.1 foi realizada utilizando-se o *procedimento-padrão*. Isto é, a equação do calor foi resolvida obtendo-se a distribuição de temperaturas, Equação 3.3, e, então, com a lei de Fourier, foi determinada a taxa de transferência de calor, Equação 3.4. Contudo, um procedimento alternativo pode ser usado para as condições de interesse no momento. Considerando a condução no sistema da Figura 3.6, reconhecemos que, para *condições de regime estacionário*, *sem geração de calor* e *sem perda de calor pelas superfícies laterais*, a taxa de transferência de calor q_x é necessariamente uma constante independente de x. Isto é, para qualquer elemento diferencial dx, $q_x = q_{x+dx}$. Essa condição é, obviamente, uma consequência da exigência de conservação da energia e deve ser válida mesmo se a área variar com a posição, $A(x)$, e a condutividade térmica for função da temperatura, $k(T)$. Além disso, ainda que a distribuição de temperaturas possa ser bidimensional, variando em função de x e y, com frequência é razoável desprezar a variação na direção y e supor *uma distribuição unidimensional* em x.

Para as condições anteriores é possível trabalhar exclusivamente com a lei de Fourier ao efetuar uma análise da condução. Em particular, uma vez que a taxa condutiva é uma *constante*, a equação da taxa pode ser *integrada*, mesmo sem o

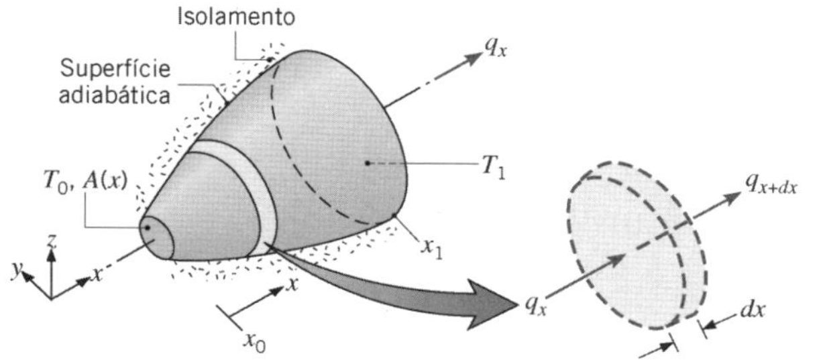

FIGURA 3.6 Sistema com uma taxa de transferência de calor condutiva constante.

prévio conhecimento da taxa de transferência e da distribuição de temperaturas. Considere a lei de Fourier, Equação 2.1, que pode ser aplicada ao sistema da Figura 3.6. Embora possamos não conhecer o valor de q_x ou a forma de $T(x)$, sabemos que q_x é uma constante. Assim, podemos escrever a lei de Fourier na forma integral

$$q_x \int_{x_0}^{x} \frac{dx}{A(x)} = -\int_{T_0}^{T} k(T)\,dT \tag{3.26}$$

A área da seção transversal pode ser uma função conhecida de x e a condutividade térmica do material pode variar com a temperatura de uma forma conhecida. Se a integração for efetuada a partir de um ponto x_0, no qual a temperatura T_0 é conhecida, a equação resultante fornece a forma funcional de $T(x)$. Além disso, se a temperatura $T = T_1$, em um ponto qualquer $x = x_1$, também for conhecida, a integração entre x_0 e x_1 fornece uma expressão na qual q_x pode ser calculada. Note que, se a área A for uniforme e k for independente da temperatura, a Equação 3.26 se reduz a

$$\frac{q_x \Delta x}{A} = -k\,\Delta T \tag{3.27}$$

na qual $\Delta x = x_1 - x_0$ e $\Delta T = T_1 - T_0$.

Com frequência, optamos por resolver problemas de difusão trabalhando com formas integradas das equações da taxa de difusão. Entretanto, as condições limitantes que permitem tal procedimento devem estar firmemente consolidadas em nossas mentes: *regime estacionário* e transferência *unidimensional sem geração de calor.*

EXEMPLO 3.5

O diagrama mostra uma seção cônica fabricada em pirocerâmica. Ela possui seção transversal circular com o diâmetro $D = ax$, em que $a = 0{,}25$. A base menor se encontra em $x_1 = 50$ mm e a maior em $x_2 = 250$ mm. As temperaturas nas bases são $T_1 = 400$ K e $T_2 = 600$ K. A superfície lateral é isolada termicamente.

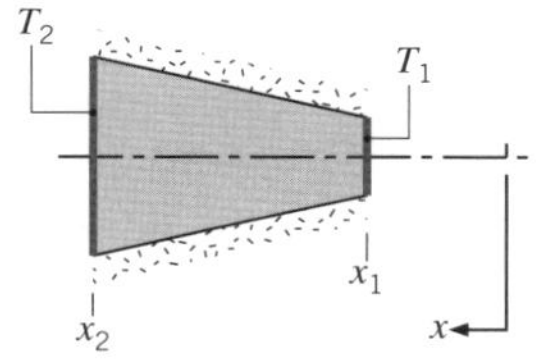

1. Deduza uma expressão literal para a distribuição de temperaturas $T(x)$ supondo condições unidimensionais. Esboce a distribuição de temperaturas.
2. Calcule a taxa de transferência de calor q_x pelo cone.

SOLUÇÃO

Dados: Condução em uma seção cônica circular que possui diâmetro $D = ax$, em que $a = 0{,}25$.

Achar:

1. A distribuição de temperaturas $T(x)$.
2. A taxa de transferência de calor q_x.

Esquema:

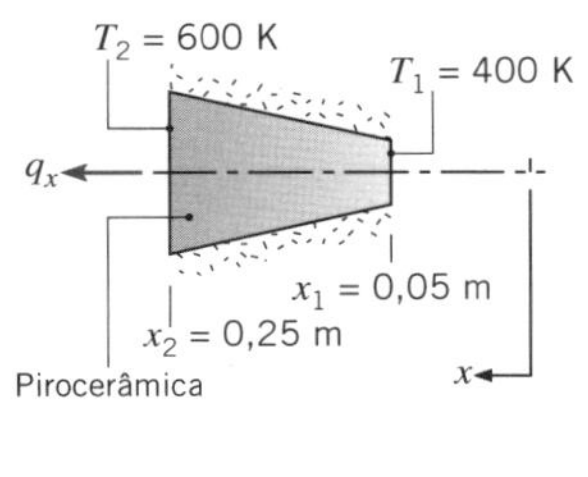

Considerações:

1. Condições de regime estacionário.
2. Condução unidimensional na direção x.
3. Não há geração de calor no interior do cone.
4. Propriedades constantes.

Propriedades: Tabela A.2, pirocerâmica (500 K): $k = 3{,}46$ W/(m · K).

Análise:

1. Uma vez que a condução de calor ocorre em condições unidimensionais, em estado estacionário, e não há geração interna de calor, a taxa de transferência de calor q_x é uma constante independente de x. Nesse contexto, a lei de Fourier, Equação 2.1, pode ser usada para determinar a distribuição de temperaturas

$$q_x = -kA\frac{dT}{dx}$$

com $A = \pi D^2/4 = \pi a^2 x^2/4$. Separando variáveis,

$$\frac{4q_x dx}{\pi a^2 x^2} = -k dT$$

Integrando de x_1 até algum x no interior do cone e lembrando que q_x e k são constantes, segue-se que

$$\frac{4q_x}{\pi a^2}\int_{x_1}^{x}\frac{dx}{x^2} = -k\int_{T_1}^{T} dT$$

Portanto

$$\frac{4q_x}{\pi a^2}\left(-\frac{1}{x} + \frac{1}{x_1}\right) = -k(T - T_1)$$

ou, explicitando T

$$T(x) = T_1 - \frac{4q_x}{\pi a^2 k}\left(\frac{1}{x_1} - \frac{1}{x}\right)$$

Embora q_x seja uma constante, seu valor ainda é uma incógnita. Entretanto, ela pode ser determinada pela avaliação da expressão anterior em $x = x_2$, em que $T(x_2) = T_2$. Desse modo,

$$T_2 = T_1 - \frac{4q_x}{\pi a^2 k}\left(\frac{1}{x_1} - \frac{1}{x_2}\right)$$

e explicitando q_x

$$q_x = \frac{\pi a^2 k(T_1 - T_2)}{4[(1/x_1) - (1/x_2)]}$$

Substituindo q_x na expressão para $T(x)$, a distribuição de temperaturas se torna

$$T(x) = T_1 + (T_1 - T_2)\left[\frac{(1/x) - (1/x_1)}{(1/x_1) - (1/x_2)}\right] \quad \triangleleft$$

Com este resultado, a temperatura pode ser calculada como uma função de x e a distribuição é mostrada a seguir.

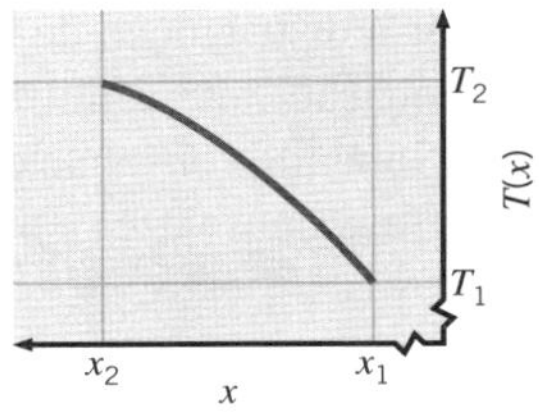

Note que, como $dT/dx = -4q_x/(k\pi a^2x^2)$, pela lei de Fourier tem-se que o gradiente de temperatura e o fluxo de calor diminuem com o aumento de x.

2. Substituindo os valores numéricos no resultado anterior para a taxa de transferência de calor, tem-se que

$$q_x = \frac{\pi(0{,}25)^2 \times 3{,}46\ \text{W/(m}\cdot\text{K)}(400 - 600)\ \text{K}}{4\,(1/0{,}05\ \text{m} - 1/0{,}25\ \text{m})} = -2{,}12\ \text{W} \quad \triangleleft$$

Comentários: Quando o parâmetro a aumenta, a área da seção transversal varia de forma mais pronunciada com a distância, tornando menos apropriada a hipótese de condução unidimensional.

3.3 Sistemas Radiais

Com frequência, em sistemas cilíndricos e esféricos há gradientes de temperatura somente na direção radial, o que possibilita analisá-los como sistemas unidimensionais. Além disso, em condições de estado estacionário sem geração de calor, tais sistemas podem ser analisados usando o método-*padrão*, que começa com a forma apropriada da equação do calor, ou o método *alternativo*, que se inicia com a forma apropriada da lei de Fourier. Nesta seção, o sistema cilíndrico é analisado seguindo o método-padrão e o sistema esférico com o método alternativo.

3.3.1 *O Cilindro*

Um exemplo comum é o cilindro oco, cujas superfícies interna e externa estão expostas a fluidos com diferentes temperaturas (Figura 3.7). Para condições de estado estacionário sem geração de calor, a forma apropriada da equação do calor, Equação 2.26, é

$$\frac{1}{r}\frac{d}{dr}\left(kr\frac{dT}{dr}\right) = 0 \qquad (3.28)$$

na qual, por enquanto, k é tratada como uma variável. O significado físico desse resultado se torna evidente se também considerarmos a forma apropriada da lei de Fourier. A taxa na qual a energia é conduzida através de qualquer superfície cilíndrica no sólido pode ser representada por

$$q_r = -kA\frac{dT}{dr} = -k(2\pi rL)\frac{dT}{dr} \qquad (3.29)$$

na qual $A = 2\pi rL$ é a área normal à direção da transferência de calor. Como a Equação 3.28 dita que a grandeza $kr(dT/dr)$

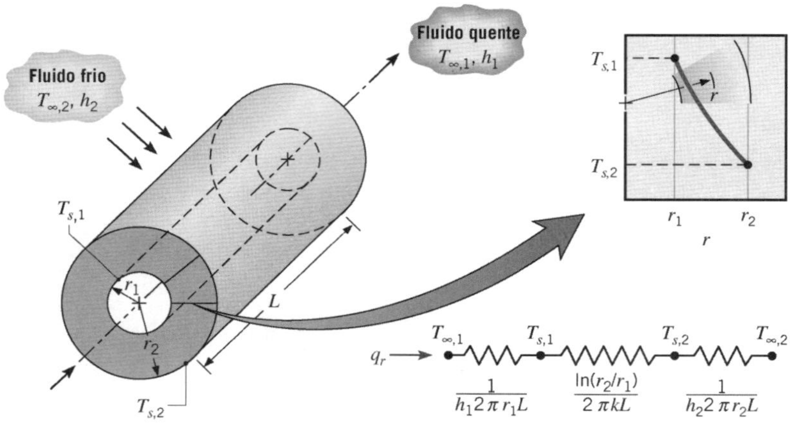

FIGURA 3.7 Cilindro oco com condições convectivas nas superfícies.

é independente de r, da Equação 3.29 conclui-se que a *taxa de transferência de calor por condução* q_r (*não* o fluxo térmico q''_r) é uma *constante na direção radial*.

Podemos determinar a distribuição de temperaturas no cilindro resolvendo a Equação 3.28 e utilizando condições de contorno apropriadas. Supondo constante o valor de k, a Equação 3.28 pode ser integrada duas vezes para se obter a solução geral

$$T(r) = C_1 \ln r + C_2 \tag{3.30}$$

Para obter as constantes de integração C_1 e C_2, introduzimos as seguintes condições de contorno:

$$T(r_1) = T_{s,1} \quad \text{e} \quad T(r_2) = T_{s,2}$$

Substituindo essas condições na solução geral, obtemos

$$T_{s,1} = C_1 \ln r_1 + C_2 \quad \text{e} \quad T_{s,2} = C_1 \ln r_2 + C_2$$

Resolvendo para C_1 e C_2 e substituindo na solução geral, obtemos então

$$T(r) = \frac{T_{s,1} - T_{s,2}}{\ln(r_1/r_2)} \ln\left(\frac{r}{r_2}\right) + T_{s,2} \tag{3.31}$$

Note que a distribuição de temperaturas associada à condução radial através de uma parede cilíndrica é logarítmica, não sendo linear como na parede plana sob as mesmas condições. A distribuição logarítmica é esboçada no detalhe da Figura 3.7.

Se a distribuição de temperaturas, Equação 3.31, for agora utilizada com a lei de Fourier, Equação 3.29, obtemos a seguinte expressão para a taxa de transferência de calor:

$$q_r = \frac{2\pi Lk(T_{s,1} - T_{s,2})}{\ln(r_2/r_1)} \tag{3.32}$$

Neste resultado fica evidente que, para a condução radial em uma parede cilíndrica, a resistência térmica tem a forma

$$R_{t,\text{cond}} = \frac{\ln(r_2/r_1)}{2\pi Lk} \tag{3.33}$$

Essa resistência é mostrada no circuito em série na Figura 3.7. Note que, como o valor de q_r é independente de r, o resultado anterior poderia ter sido obtido com o uso do método alternativo, ou seja, pela integração da Equação 3.29.

Considere agora o sistema composto da Figura 3.8. Lembrando como tratamos a parede plana composta e desprezando as resistências de contato interfaciais, a taxa de transferência de calor pode ser representada por

$$q_r = \frac{T_{\infty,1} - T_{\infty,4}}{\dfrac{1}{2\pi r_1 L h_1} + \dfrac{\ln(r_2/r_1)}{2\pi k_A L} + \dfrac{\ln(r_3/r_2)}{2\pi k_B L} + \dfrac{\ln(r_4/r_3)}{2\pi k_C L} + \dfrac{1}{2\pi r_4 L h_4}} \tag{3.34}$$

O resultado anterior também pode ser apresentado em termos de um coeficiente global de transferência de calor, na forma,

$$q_r = \frac{T_{\infty,1} - T_{\infty,4}}{R_{\text{tot}}} = UA(T_{\infty,1} - T_{\infty,4}) \tag{3.35}$$

Se U for definido em termos da área da superfície interna, $A_1 = 2\pi r_1 L$, as Equações 3.34 e 3.35 podem ser igualadas para fornecer

$$U_1 = \frac{1}{\dfrac{1}{h_1} + \dfrac{r_1}{k_A}\ln\dfrac{r_2}{r_1} + \dfrac{r_1}{k_B}\ln\dfrac{r_3}{r_2} + \dfrac{r_1}{k_C}\ln\dfrac{r_4}{r_3} + \dfrac{r_1}{r_4}\dfrac{1}{h_4}} \tag{3.36}$$

Esta definição é *arbitrária* e o coeficiente global também pode ser definido em termos de A_4 ou de qualquer uma das áreas intermediárias. Note que

$$U_1A_1 = U_2A_2 = U_3A_3 = U_4A_4 = (\Sigma R_t)^{-1} \tag{3.37}$$

e as formas específicas de U_2, U_3 e U_4 podem ser deduzidas a partir das Equações 3.34 e 3.35.

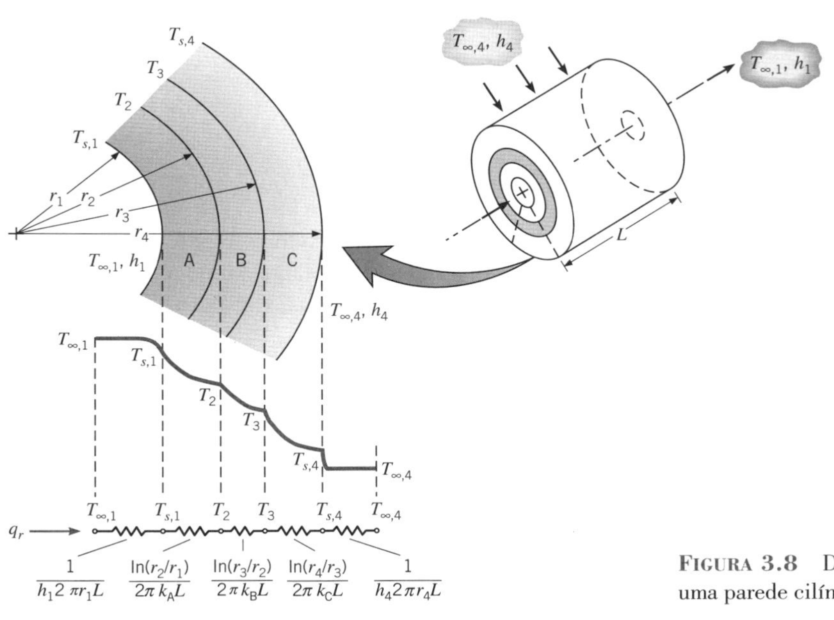

FIGURA 3.8 Distribuição de temperaturas em uma parede cilíndrica composta.

EXEMPLO 3.6

A possível existência de uma espessura ótima para uma camada de isolamento térmico em sistemas radiais é sugerida pela presença de efeitos concorrentes associados ao aumento dessa espessura. Em particular, embora a resistência condutiva aumente com a adição de isolante, a resistência convectiva diminui em razão do aumento da área superficial externa. Dessa forma, deve existir uma espessura de isolamento que minimize a perda de calor pela maximização da resistência total à transferência de calor. Resolva esse problema levando em consideração o seguinte sistema.

1. Um tubo de cobre com parede delgada, de raio r_i, é usado para transportar um refrigerante a uma baixa temperatura T_i, que é inferior à temperatura ambiente T_∞ adjacente ao tubo. Há uma espessura ótima associada à aplicação de isolamento sobre o tubo?
2. Confirme o resultado anterior calculando a resistência térmica total, por unidade de comprimento do tubo, em um tubo com 10 mm de diâmetro possuindo as seguintes espessuras de isolamento: 0, 2, 5, 10, 20 e 40 mm. O isolamento é composto por vidro celular e o coeficiente de transferência de calor por convecção em sua superfície externa é de 5 W/(m^2 · K).

SOLUÇÃO

Dados: Raio r_i e temperatura T_i de um tubo de cobre com parede delgada, para ser isolado termicamente do ar ambiente.

Achar:

1. Se existe uma espessura ótima de isolamento que minimize a taxa de transferência de calor.
2. A resistência térmica associada ao uso de isolante de vidro celular com várias espessuras.

Esquema:

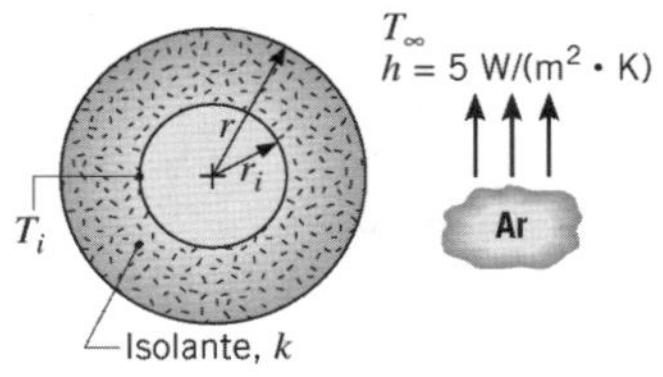

Considerações:

1. Condições de regime estacionário.
2. Transferência de calor unidimensional na direção radial (cilíndrica).
3. Resistência térmica na parede do tubo desprezível.
4. Propriedades constantes do isolante.
5. Troca térmica por radiação entre a superfície externa do isolante e a vizinhança desprezível.

Propriedades: Tabela A.3, vidro celular (285 K, por hipótese): $k = 0{,}055$ W/(m · K).

Análise:

1. A resistência à transferência de calor entre o fluido refrigerante e o ar é dominada pela condução no isolante e pela convecção no ar. O circuito térmico é, portanto,

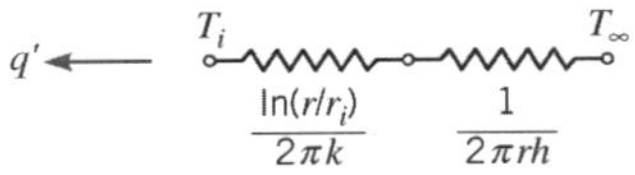

no qual as resistências condutiva e convectiva, por unidade de comprimento, são fornecidas pelas Equações 3.33 e 3.9, respectivamente. A resistência térmica total por unidade de comprimento do tubo é, então,

$$R'_{\text{tot}} = \frac{\ln(r/r_i)}{2\pi k} + \frac{1}{2\pi rh}$$

e a taxa de transferência de calor por unidade de comprimento do tubo é

$$q' = \frac{T_\infty - T_i}{R'_{\text{tot}}}$$

Uma espessura de isolamento ótima poderia ser associada ao valor de r que minimiza q' ou maximiza R'_{tot}. Tal valor poderia ser obtido pela exigência de que

$$\frac{dR'_{\text{tot}}}{dr} = 0$$

Em que

$$\frac{1}{2\pi kr} - \frac{1}{2\pi r^2 h} = 0$$

ou

$$r = \frac{k}{h}$$

Para determinar se o resultado anterior maximiza ou minimiza a resistência total, a segunda derivada deve ser avaliada. Desse modo,

$$\frac{d^2R'_{\text{tot}}}{dr^2} = -\frac{1}{2\pi kr^2} + \frac{1}{\pi r^3 h}$$

ou, em $r = k/h$,

$$\frac{d^2R'_{\text{tot}}}{dr^2} = \frac{1}{\pi(k/h)^2}\left(\frac{1}{k} - \frac{1}{2k}\right) = \frac{1}{2\pi k^3/h^2} > 0$$

Como esse resultado é sempre positivo, tem-se que $r = k/h$ é o raio do isolante para o qual a resistência total é um mínimo e não um máximo. Logo, uma espessura *ótima* de isolante *não existe*.

Como base no resultado anterior, faz mais sentido pensar em termos de um *raio crítico do isolante*

$$r_{\text{cr}} \equiv \frac{k}{h}$$

que maximiza a transferência de calor, isto é, abaixo do qual q' aumenta com o aumento de r e acima do qual q' diminui com o aumento de r.

2. Com $h = 5\ W/(m^2 \cdot K)$ e $k = 0{,}055\ W/(m \cdot K)$, o raio crítico é

$$r_{cr} = \frac{0{,}055\ W/(m \cdot K)}{5\ W/(m^2 \cdot K)} = 0{,}011\ m$$

Como $r_{cr} > r_i$, a transferência de calor irá aumentar com a adição de isolamento até uma espessura de

$$r_{cr} - r_i = (0{,}011 - 0{,}005)\,m = 0{,}006\ m$$

As resistências térmicas correspondentes às espessuras de isolante especificadas podem ser calculadas e são representadas graficamente a seguir:

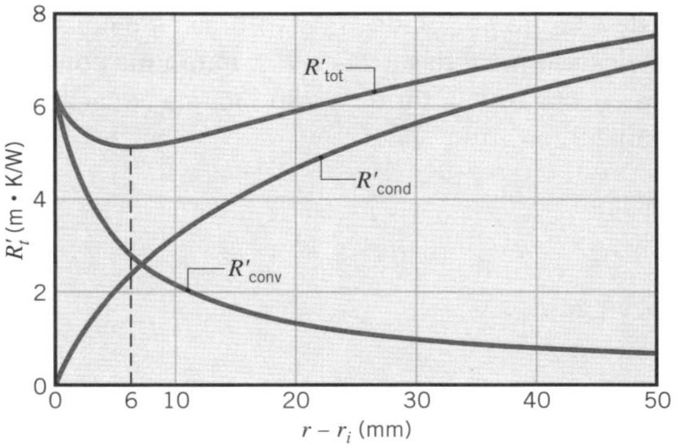

Comentários:

1. O efeito do raio crítico é revelado pelo fato de que, mesmo para 20 mm de isolamento, a resistência total não é tão grande quanto o valor para o tubo sem isolamento.

2. Se $r_i < r_{cr}$, como é o caso desse exemplo, a resistência térmica total decresce e, portanto, a taxa de transferência de calor aumenta com a adição do isolante. Esta tendência permanece até que o raio externo do isolante corresponda ao raio crítico. Esta tendência é desejável no caso de uma corrente elétrica passando em um fio, uma vez que a adição do isolamento elétrico iria auxiliar na transferência do calor dissipado no fio para a vizinhança. De forma inversa, se $r_i > r_{cr}$, qualquer adição de isolante aumenta a resistência total e, portanto, diminui a perda de calor. Este comportamento é desejável para o escoamento de vapor através de uma tubulação, onde o isolante é adicionado para reduzir a perda de calor para a vizinhança.

3. Em sistemas radiais, o problema de reduzir a resistência total a partir da aplicação de isolamento existe somente para o caso de tubos ou fios de pequeno diâmetro e para coeficientes de transferência de calor por convecção pequenos, tais que $r_{cr} > r_i$. Para um isolante típico ($k \approx 0{,}03\ W/(m \cdot K)$) e convecção natural no ar ($h \approx 10\ W/(m^2 \cdot K)$), $r_{cr} = (k/h) \approx 0{,}003\ m$. Um valor tão pequeno nos indica que, normalmente, $r_i > r_{cr}$ e não precisamos estar preocupados com os efeitos de um raio crítico.

4. A existência de um raio crítico exige que a área de transferência de calor varie na direção da transferência, como é o caso da condução radial em um cilindro (ou em uma esfera). Em uma parede plana, a área normal à direção da transferência de calor é constante e não há uma espessura crítica de isolamento (a resistência total sempre aumenta com o aumento da espessura do isolante).

3.3.2 *A Esfera*

Agora considere a utilização do método alternativo para analisar a condução na esfera oca da Figura 3.9. Para o volume de controle diferencial da figura, a conservação de energia exige que $q_r = q_{r+dr}$ em condições de transferência de calor unidimensional, em regime estacionário, sem geração de calor. A forma apropriada da lei de Fourier é

$$q_r = -kA\frac{dT}{dr} = -k(4\pi r^2)\frac{dT}{dr} \tag{3.38}$$

na qual $A = 4\pi r^2$ é a área normal à direção da transferência de calor.

Reconhecendo que q_r é uma constante, independente de r, a Equação 3.38 pode ser escrita na forma integral

$$\frac{q_r}{4\pi}\int_{r_1}^{r_2}\frac{dr}{r^2} = -\int_{T_{s,1}}^{T_{s,2}} k(T)\,dT \tag{3.39}$$

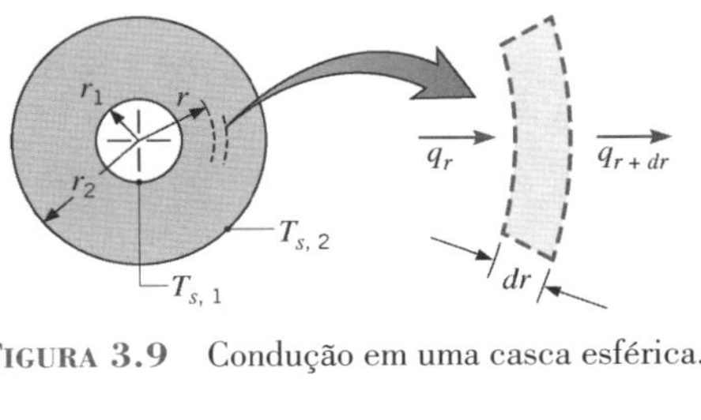

FIGURA 3.9 Condução em uma casca esférica.

Supondo k constante, obtemos então

$$q_r = \frac{4\pi k(T_{s,1} - T_{s,2})}{(1/r_1) - (1/r_2)} \tag{3.40}$$

Lembrando que a resistência térmica é definida como a razão entre a diferença de temperaturas e a taxa de transferência de calor, obtemos

$$R_{t,cond} = \frac{1}{4\pi k}\left(\frac{1}{r_1} - \frac{1}{r_2}\right) \tag{3.41}$$

Note que a distribuição de temperaturas e as Equações 3.40 e 3.41 poderiam ter sido obtidas usando-se o procedimento-padrão, que inicia com a forma apropriada da equação do calor.

Esferas compostas podem ser tratadas da mesma forma que as paredes e os cilindros compostos, nos quais formas apropriadas da resistência total e do coeficiente global de transferência de calor podem ser determinadas.

3.4 Resumo dos Resultados da Condução Unidimensional

Muitos problemas importantes são caracterizados pela condução unidimensional, em regime estacionário, em paredes planas, cilíndricas ou esféricas, sem geração de energia térmica. Os resultados principais para estas três geometrias estão resumidos na Tabela 3.3, em que ΔT se refere à diferença de temperaturas, $T_{s,1} - T_{s,2}$, entre as superfícies interna e externa, identificadas nas Figuras 3.1, 3.7 e 3.9. Em cada caso, partindo da equação do calor, você deve ser capaz de deduzir as expressões correspondentes para a distribuição de temperaturas, para o fluxo térmico, para a taxa de transferência de calor e para a resistência térmica.

3.5 Condução com Geração de Energia Térmica

Na seção anterior, analisamos problemas de condução nos quais a distribuição de temperaturas em um meio foi determinada somente pelas condições nas suas fronteiras. Agora queremos considerar o efeito adicional na distribuição de temperaturas de processos que possam ocorrer *no interior* do meio. Em particular, desejamos analisar situações nas quais energia térmica está sendo *gerada* em razão da *conversão* a partir de outra forma de energia.

Um processo comum de geração de energia térmica envolve a conversão de *energia elétrica em energia térmica* em um meio que conduz corrente elétrica (*aquecimento ôhmico, resistivo* ou *Joule*). A taxa na qual energia é gerada em função da passagem de uma corrente I em um meio com resistência elétrica R_e é

$$\dot{E}_g = I^2 R_e \tag{3.42}$$

Se esta geração de potência (W) ocorrer uniformemente em todo o meio com volume V, a taxa volumétrica de geração (W/m^3) é, então,

$$\dot{q} \equiv \frac{\dot{E}_g}{V} = \frac{I^2 R_e}{V} \tag{3.43}$$

A geração de energia também pode ocorrer como um resultado da desaceleração e absorção de nêutrons no elemento combustível de um reator nuclear ou de reações químicas exotérmicas que ocorrem em um meio. Reações endotérmicas apresentam, obviamente, o efeito inverso (um sumidouro de energia térmica), convertendo energia térmica em energia de ligações químicas. Finalmente, uma conversão de energia eletromagnética em energia térmica pode ocorrer em face da absorção de radiação no interior do meio. O processo ocorre, por exemplo, quando raios gama são absorvidos em componentes externos de reatores nucleares (revestimento, blindagens térmicas, vasos de pressão etc.), ou quando radiação visível é absorvida em um meio semitransparente. Lembre-se de não confundir geração de energia com armazenamento de energia (Seção 1.3.1).

3.5.1 *A Parede Plana*

Seja a parede plana da Figura 3.10*a*, na qual há geração *uniforme* de energia por unidade de volume ($\dot{q}$ é constante) e as superfícies são mantidas a $T_{s,1}$ e $T_{s,2}$. Para uma condutividade térmica constante k, a forma apropriada da equação do calor, Equação 2.22, é

$$\frac{d^2T}{dx^2} + \frac{\dot{q}}{k} = 0 \tag{3.44}$$

A solução geral é

$$T = -\frac{\dot{q}}{2k}x^2 + C_1 x + C_2 \tag{3.45}$$

na qual C_1 e C_2 são as constantes de integração. Para as condições de contorno especificadas,

$$T(-L) = T_{s,1} \qquad \text{e} \qquad T(L) = T_{s,2}$$

As constantes podem ser determinadas e têm a seguinte forma

$$C_1 = \frac{T_{s,2} - T_{s,1}}{2L} \qquad \text{e} \qquad C_2 = \frac{\dot{q}}{2k}L^2 + \frac{T_{s,1} + T_{s,2}}{2}$$

A distribuição de temperaturas é então

$$T(x) = \frac{\dot{q}L^2}{2k}\left(1 - \frac{x^2}{L^2}\right) + \frac{T_{s,2} - T_{s,1}}{2}\frac{x}{L} + \frac{T_{s,1} + T_{s,2}}{2} \tag{3.46}$$

Naturalmente, o fluxo térmico em qualquer ponto da parede pode ser determinado com o uso da Equação 3.46 em conjunto com a lei de Fourier. Note, contudo, que *com geração o fluxo térmico não é mais independente de x*.

TABELA 3.3 Soluções unidimensionais, em regime estacionário, da equação do calor sem geração

	Parede Plana	Parede Cilíndrica[a]	Parede Esférica[a]
Equação do calor	$\frac{d^2T}{dx^2} = 0$	$\frac{1}{r}\frac{d}{dr}\left(r\frac{dT}{dr}\right) = 0$	$\frac{1}{r^2}\frac{d}{dr}\left(r^2\frac{dT}{dr}\right) = 0$
Distribuição de temperaturas	$T_{s,1} - \Delta T\frac{x}{L}$	$T_{s,2} + \Delta T\frac{\ln(r/r_2)}{\ln(r_1/r_2)}$	$T_{s,1} - \Delta T\left[\frac{1-(r_1/r)}{1-(r_1/r_2)}\right]$
Fluxo térmico (q'')	$k\frac{\Delta T}{L}$	$\frac{k\,\Delta T}{r\ln(r_2/r_1)}$	$\frac{k\,\Delta T}{r^2[(1/r_1) - (1/r_2)]}$
Taxa de transferência de calor (q)	$kA\frac{\Delta T}{L}$	$\frac{2\pi Lk\,\Delta T}{\ln(r_2/r_1)}$	$\frac{4\pi k\,\Delta T}{(1/r_1) - (1/r_2)}$
Resistência térmica ($R_{t,\text{cond}}$)	$\frac{L}{kA}$	$\frac{\ln(r_2/r_1)}{2\pi Lk}$	$\frac{(1/r_1) - (1/r_2)}{4\pi k}$

[a] O raio crítico do isolante é $r_{cr} = k/h$ para o cilindro e $r_{cr} = 2k/h$ para a esfera.

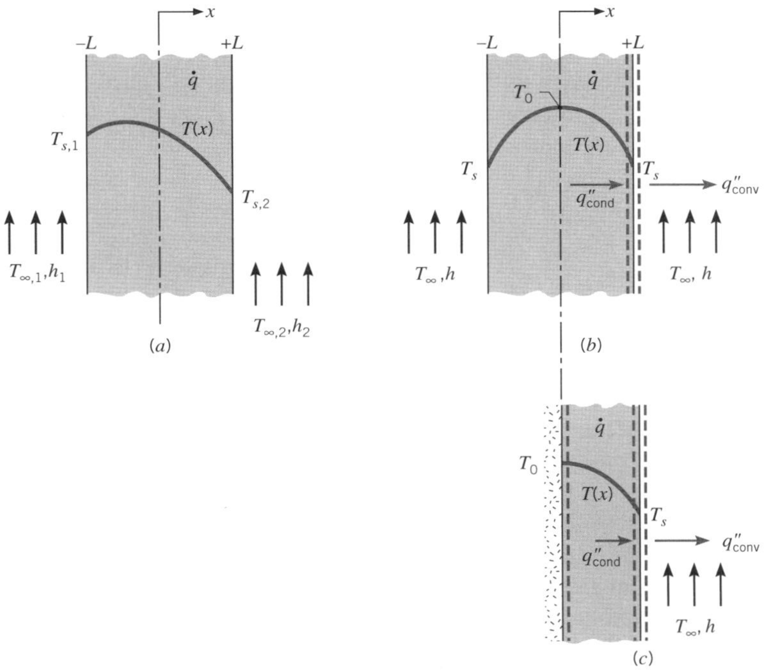

FIGURA 3.10 Condução em uma parede plana com geração de calor uniforme. (*a*) Condições de contorno assimétricas. (*b*) Condições de contorno simétricas. (*c*) Superfície adiabática no plano central.

O resultado anterior é simplificado quando as duas superfícies são mantidas a uma mesma temperatura, $T_{s,1} = T_{s,2} \equiv T_s$. A distribuição de temperaturas é, então, *simétrica* em relação ao plano central, Figura 3.10*b*, e é dada por

$$T(x) = \frac{\dot{q}L^2}{2k}\left(1 - \frac{x^2}{L^2}\right) + T_s \qquad (3.47)$$

Há uma temperatura máxima no plano central

$$T(0) \equiv T_0 = \frac{\dot{q}L^2}{2k} + T_s \qquad (3.48)$$

com base na qual a distribuição de temperaturas, Equação 3.47, pode ser expressa na forma

$$\frac{T(x) - T_0}{T_s - T_0} = \left(\frac{x}{L}\right)^2 \qquad (3.49)$$

É importante notar que, no plano de simetria na Figura 3.10*b*, o gradiente de temperatura é nulo, $(dT/dx)_{x=0} = 0$. Assim, não há transferência de calor cruzando esse plano e ele pode ser representado pela superfície *adiabática* mostrada na Figura 3.10*c*. Uma implicação desse resultado é que a Equação 3.47 também se aplica para paredes planas que têm uma de suas superfícies ($x = 0$) perfeitamente isolada, enquanto a outra superfície ($x = L$) é mantida a uma temperatura fixa T_s.

Para usar os resultados anteriores, a(s) temperatura(s) da(s) superfície(s) T_s deve(m) ser conhecida(s). No entanto, uma situação comum é aquela na qual se conhece a temperatura de um fluido adjacente, T_∞, e não a T_s. Nesse caso, se torna necessário relacionar T_s com T_∞. Essa relação pode ser obtida pela aplicação de um balanço de energia na superfície. Considere a superfície em $x = L$ na parede plana simétrica (Figura 3.10*b*) ou na parede plana perfeitamente isolada (Figura 3.10*c*). Desprezando a radiação e substituindo as equações de taxa apropriadas, o balanço de energia dado pela Equação 1.13 se reduz a

$$-k\left.\frac{dT}{dx}\right|_{x=L} = h(T_s - T_\infty) \qquad (3.50)$$

Substituindo o gradiente de temperatura em $x = L$, obtido na Equação 3.47, segue-se que

$$T_s = T_\infty + \frac{\dot{q}L}{h} \qquad (3.51)$$

Desta forma, T_s pode ser calculada a partir do conhecimento de T_∞, $\dot{q}$, L e h.

A Equação 3.51 também pode ser obtida pela aplicação de um balanço de energia *global* na parede plana da Figura 3.10*b* ou 3.10*c*. Por exemplo, em relação a uma superfície de controle ao redor da parede da Figura 3.10*c*, a taxa na qual a energia é gerada no interior da parede deve ser equilibrada pela taxa na qual a energia sai, via convecção, pela fronteira. A Equação 1.12c se reduz a

$$\dot{E}_g = \dot{E}_{sai} \qquad (3.52)$$

ou, para uma área de superfície unitária,

$$\dot{q}L = h(T_s - T_\infty) \qquad (3.53)$$

Explicitando T_s, a Equação 3.51 é obtida.

A Equação 3.51 pode ser combinada com a Equação 3.47 para retirar T_s da expressão para a distribuição de temperaturas, que fica, então, representada em termos das grandezas conhecidas $\dot{q}$, L, k, h e T_∞. O mesmo resultado pode ser obtido diretamente pelo uso da Equação 3.50 como uma condição de contorno para avaliar as constantes de integração que aparecem na Equação 3.45.

EXEMPLO 3.7

Uma parede plana é composta por dois materiais, A e B. Na parede de material A há geração de calor uniforme $\dot{q} = 1{,}5 \times 10^6$ W/m³, $k_A = 75$ W/(m · K) e a espessura é $L_A = 50$ mm. A parede de material B não apresenta geração de calor, $k_B = 150$ W/(m · K) e a sua espessura é $L_B = 20$ mm. A superfície interna do material A está perfeitamente isolada, enquanto a superfície externa do material B é resfriada por uma corrente de água com $T_\infty = 30$ °C e $h = 1000$ W/(m² · K).

1. Esboce a distribuição de temperaturas que existe na parede composta em condições de regime estacionário.
2. Determine a temperatura T_0 da superfície isolada e a temperatura T_2 da superfície resfriada.

SOLUÇÃO

Dados: Parede plana do material A, com geração interna de calor, está isolada em um dos lados e tem o outro em contato com uma segunda parede, feita com um material B, que não apresenta geração de calor e que está sujeita a resfriamento por convecção.

Achar:

1. Esboço da distribuição de temperaturas em regime estacionário na parede composta.
2. Temperaturas nas superfícies interna e externa da parede composta.

Esquema:

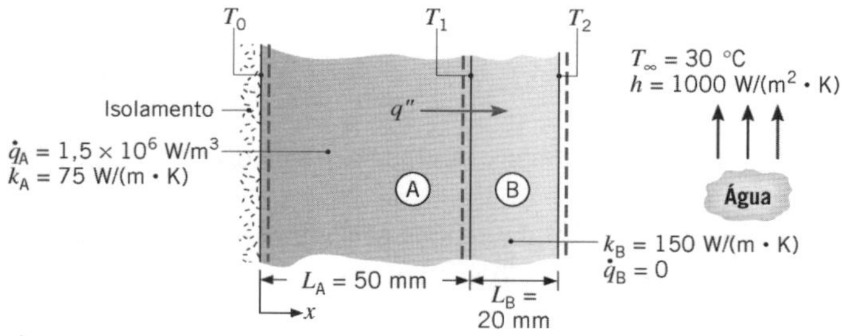

Considerações:

1. Condições de regime estacionário.
2. Condução unidimensional na direção x.
3. Resistência de contato entre as paredes desprezível.
4. Superfície interna de A adiabática.
5. Propriedades dos materiais A e B constantes.

Análise:

1. A partir das condições físicas especificadas, sabe-se que a distribuição de temperaturas na parede composta possui as seguintes características, como mostrado na figura:

(a) Parabólica no material A.

(b) Inclinação nula no contorno isolado.

(c) Linear no material B.

(d) Mudança na inclinação $= k_B/k_A = 2$ na interface.

A distribuição de temperaturas na água é caracterizada por

(e) Grande gradiente próximo à superfície.

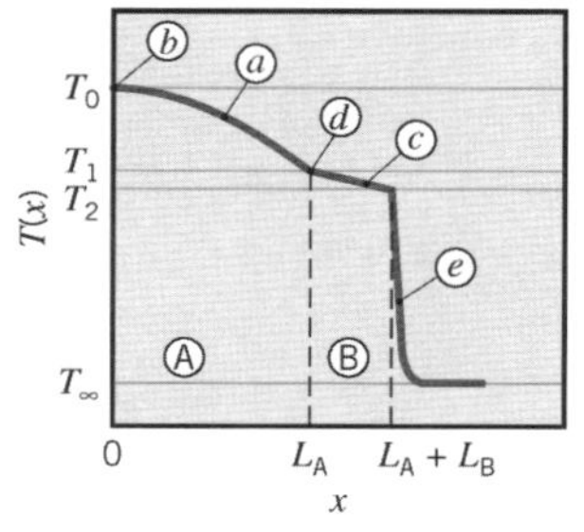

2. A temperatura da superfície externa T_2 pode ser obtida a partir de um balanço de energia em um volume de controle ao redor do material B. Como não há geração nesse material, tem-se que, em condições de regime estacionário e para uma área superficial unitária, o fluxo térmico que entra em $x = L_A$ deve ser igual ao fluxo térmico que sai, por convecção, em $x = L_A + L_B$. Portanto,

$$q'' = h(T_2 - T_\infty) \tag{1}$$

O fluxo térmico q'' pode ser determinado pela execução de um segundo balanço de energia em um volume de controle envolvendo o material A. Em particular, uma vez que a superfície em $x = 0$ é adiabática, não há entrada de energia e a taxa na qual a energia é gerada deve ser igual à taxa que deixa o material. Desta forma, para uma área superficial unitária,

$$\dot{q}L_A = q'' \tag{2}$$

Combinando as Equações 1 e 2, a temperatura da superfície externa é

$$T_2 = T_\infty + \frac{\dot{q}L_A}{h}$$

$$T_2 = 30\ °\text{C} + \frac{1{,}5 \times 10^6\ \text{W/m}^3 \times 0{,}05\ \text{m}}{1000\ \text{W/(m}^2 \cdot \text{K)}} = 105\ °\text{C} \quad \triangleleft$$

Da Equação 3.48, a temperatura na superfície isolada é

$$T_0 = \frac{\dot{q}L_A^2}{2k_A} + T_1 \tag{3}$$

na qual T_1 pode ser obtida a partir do seguinte circuito térmico:

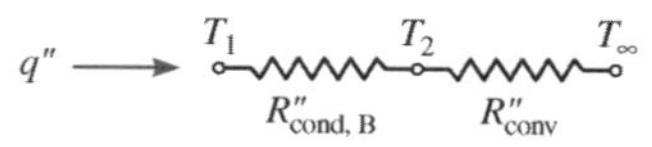

Isto é,

$$T_1 = T_\infty + (R''_{\text{cond,B}} + R''_{\text{conv}})\, q''$$

na qual as resistências para uma área superficial unitária são

$$R''_{\text{cond, B}} = \frac{L_B}{k_B} \qquad R''_{\text{conv}} = \frac{1}{h}$$

Assim,

$$T_1 = 30\,°\text{C} + \left(\frac{0{,}02\text{ m}}{150\text{ W/(m}\cdot\text{K)}} + \frac{1}{1000\text{ W/(m}^2\cdot\text{K)}}\right)$$
$$\times 1{,}5 \times 10^6\text{W/m}^3 \times 0{,}05\text{ m}$$
$$T_1 = 30\,°\text{C} + 85\,°\text{C} = 115\,°\text{C}$$

Substituindo na Equação 3,

$$T_0 = \frac{1{,}5 \times 10^6\text{W/m}^3(0{,}05\text{ m})^2}{2 \times 75\text{ W/(m}\cdot\text{K)}} + 115\,°\text{C}$$
$$T_0 = 25\,°\text{C} + 115\,°\text{C} = 140\,°\text{C} \quad \triangleleft$$

Comentários:

1. O material A, onde há geração de calor, não pode ser representado por um elemento de circuito térmico.
2. Como a resistência à transferência de calor por convecção é significativamente maior do que aquela associada à condução no material B, $R''_{\text{conv}}/R''_{\text{conv}} = 7{,}5$, a diferença de temperaturas entre a superfície e o fluido é muito maior do que a queda de temperatura ao longo do material B, $(T_2 - T_\infty)/(T_1 - T_2) = 7{,}5$. Esse resultado é consistente com a distribuição de temperaturas esboçada na parte 1.
3. As temperaturas das superfícies e da interface (T_0, T_1 e T_2) dependem da taxa de geração $\dot{q}$, das condutividades térmicas k_A e k_B, e do coeficiente convectivo h. Cada material terá uma temperatura operacional máxima permissível, que não pode ser ultrapassada se a fadiga térmica do sistema deve ser evitada. Exploramos o efeito de um desses parâmetros calculando e representando graficamente distribuições de temperaturas para valores de h = 200 e 1000 W/(m^2 · K), que podem ser considerados representativos para um resfriamento com ar e com um líquido, respectivamente.

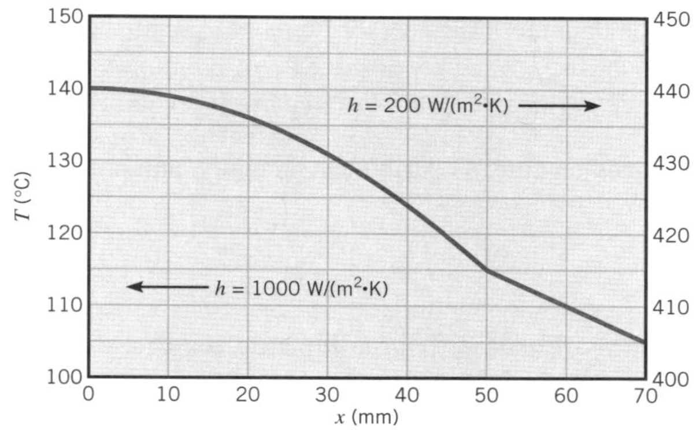

Note que a forma das duas distribuições de temperaturas é idêntica, com temperaturas maiores correspondendo ao menor valor do coeficiente de transferência convectiva de calor. Observe a leve descontinuidade no gradiente de temperatura, dT/dx, em x = 50 mm. Qual é a base física para esta descontinuidade? Admitimos, neste local, resistência de contato desprezível. Qual seria o efeito de tal resistência na distribuição de temperaturas ao longo de todo o sistema? Esboce uma distribuição representativa. Qual seria o efeito na distribuição de temperaturas de um aumento em $\dot{q}$, k_A ou k_B? Esboce qualitativamente o efeito de tais variações na distribuição de temperaturas.

4. Este exemplo está resolvido na seção *Advanced* do *IHT*.

3.5.2 *Sistemas Radiais*

Geração de calor pode ocorrer em uma variedade de geometrias radiais. Considere o cilindro sólido longo da Figura 3.11, que pode representar um fio condutor de corrente elétrica ou um elemento combustível em um reator nuclear. Em condições de regime estacionário, a taxa na qual o calor é gerado no interior do cilindro deve ser igual à taxa na qual o calor é transferido por convecção da superfície do cilindro para um fluido em movimento. Essa condição permite que a temperatura da superfície seja mantida em um valor fixo T_s.

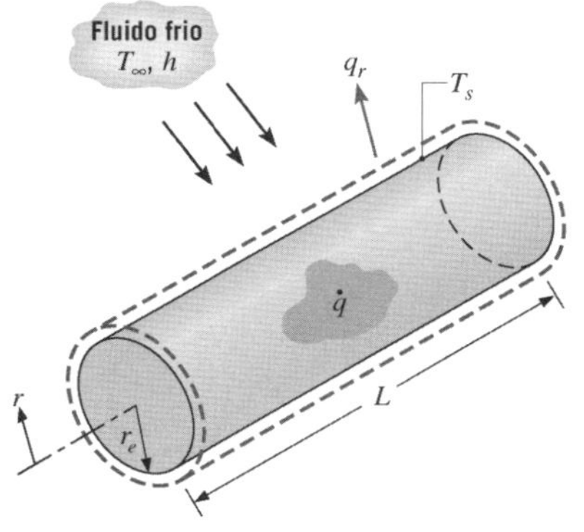

FIGURA 3.11 Condução em um cilindro sólido com geração de calor uniforme.

Para determinar a distribuição de temperaturas no cilindro, iniciamos com a forma apropriada da equação do calor. Para condutividade térmica k constante, a Equação 2.26 se reduz a

$$\frac{1}{r}\frac{d}{dr}\left(r\frac{dT}{dr}\right) + \frac{\dot{q}}{k} = 0 \qquad (3.54)$$

Separando variáveis e supondo geração uniforme, essa expressão pode ser integrada para obter-se

$$r\frac{dT}{dr} = -\frac{\dot{q}}{2k}r^2 + C_1 \qquad (3.55)$$

Repetindo o procedimento, a solução geral para a distribuição de temperaturas se torna

$$T(r) = -\frac{\dot{q}}{4k}r^2 + C_1 \ln r + C_2 \qquad (3.56)$$

Para obter as constantes de integração C_1 e C_2, utilizamos as condições de contorno

$$\left.\frac{dT}{dr}\right|_{r=0} = 0 \quad \text{e} \quad T(r_e) = T_s$$

A primeira condição vem da simetria da situação. Isto é, para o cilindro sólido a linha de centro é uma linha de simetria para a distribuição de temperaturas e o gradiente de temperatura nesta posição tem que ser zero. Lembre-se de que condições análogas estiveram presentes no plano central de uma parede com condições de contorno simétricas (Figura 3.10*b*). Da condição de simetria em $r = 0$ e da Equação 3.55, fica evidente que $C_1 = 0$. Usando a condição de contorno na superfície em $r = r_e$ com a Equação 3.56, obtemos

$$C_2 = T_s + \frac{\dot{q}}{4k} r_e^2 \tag{3.57}$$

Consequentemente, a distribuição de temperaturas é

$$T(r) = \frac{\dot{q} r_e^2}{4k}\left(1 - \frac{r^2}{r_e^2}\right) + T_s \tag{3.58}$$

Avaliando a Equação 3.58 na linha de centro e dividindo a própria Equação 3.58 pelo resultado, obtemos a distribuição de temperaturas na forma adimensional,

$$\frac{T(r) - T_s}{T_o - T_s} = 1 - \left(\frac{r}{r_e}\right)^2 \tag{3.59}$$

na qual T_o é a temperatura na linha de centro. Naturalmente, a taxa de transferência de calor em qualquer raio no interior do cilindro pode ser determinada utilizando a Equação 3.58 com a lei de Fourier.

Para relacionar a temperatura na superfície, T_s, com a temperatura do fluido frio, T_∞, um balanço de energia na superfície ou um balanço de energia global pode ser usado. Adotando o segundo procedimento, obtemos

$$\dot{q}(\pi r_e^2 L) = h(2\pi r_e L)(T_s - T_\infty)$$

ou

$$T_s = T_\infty + \frac{\dot{q} r_e}{2h} \tag{3.60}$$

3.5.3 *Tabelas com Soluções*

Um procedimento conveniente e sistemático para tratar as diferentes combinações de condições nas superfícies, que pode ser usado em geometrias unidimensionais planas e radiais (cilíndricas e esféricas) com geração de energia térmica uniforme, é fornecido no Apêndice C. A partir dos resultados apresentados nesse apêndice, é uma tarefa simples a obtenção de distribuições de temperaturas, de fluxos térmicos e de taxas de transferência de calor para condições de contorno do *segundo tipo* (um fluxo térmico na superfície uniforme) e do *terceiro tipo* (um fluxo térmico na superfície proporcional a um coeficiente convectivo h ou a um coeficiente global de transferência de calor U). Recomenda-se que você se familiarize com o conteúdo desse apêndice.

3.5.4 *Aplicações do Conceito de Resistências*

Concluímos nossa discussão dos efeitos da geração de calor com uma palavra de alerta. Em particular, quando tais efeitos estão presentes, a taxa de transferência de calor não é uma constante independente da coordenada espacial. Consequentemente, seria *incorreto* usar os conceitos de resistências condutivas e as equações a elas relacionadas para a taxa de transferência de calor, que foram desenvolvidas nas Seções 3.1 e 3.3.

IHT EXEMPLO 3.8

Considere um tubo sólido longo, isolado no raio externo r_2 e resfriado no raio interno r_1, com geração uniforme de calor $\dot{q}$(W/m³) no interior do sólido.

1. Obtenha a solução geral para a distribuição de temperaturas no tubo.
2. Em uma aplicação prática, um limite poderia ser fixado para a temperatura máxima permitida na superfície isolada ($r = r_2$). Especificando esse limite como $T_{s,2}$, identifique condições de contorno apropriadas que poderiam ser usadas para determinar as constantes arbitrárias que aparecem na solução geral. Determine essas constantes e a forma correspondente da distribuição de temperaturas.
3. Determine a taxa de retirada de calor por unidade de comprimento do tubo.
4. Se o refrigerante estiver disponível a uma temperatura T_∞, obtenha uma expressão para o coeficiente convectivo que deveria ser mantido na superfície interna para permitir a operação nas condições especificadas de $T_{s,2}$ e $\dot{q}$.

SOLUÇÃO

Dados: Tubo sólido com geração de calor uniforme, isolado na sua superfície externa e resfriado em sua superfície interna.

Achar:

1. Solução geral para a distribuição de temperaturas $T(r)$.
2. Condições de contorno apropriadas e a forma correspondente da distribuição de temperaturas.
3. Taxa de remoção de calor para uma temperatura máxima especificada.
4. Coeficiente convectivo correspondente necessário na superfície interna.

Esquema:

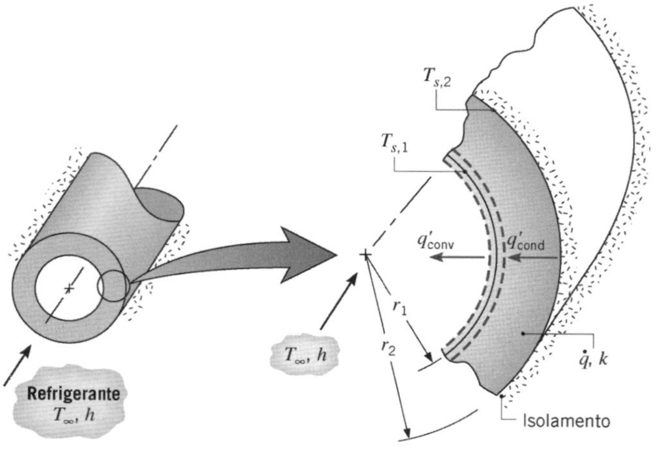

Considerações:

1. Condições de regime estacionário.
2. Condução radial unidimensional.
3. Propriedades constantes.
4. Geração de calor volumétrica uniforme.
5. Superfície externa adiabática.

Análise:

1. Para determinar $T(r)$, a forma apropriada da equação do calor, Equação 2.26, deve ser resolvida. Para as condições especificadas, essa expressão se reduz à Equação 3.54 e a solução geral é dada pela Equação 3.56. Assim, esta solução se aplica em uma casca cilíndrica, da mesma forma que em um cilindro sólido (Figura 3.11).
2. Duas condições de contorno são necessárias para determinar C_1 e C_2, e no presente problema é apropriado especificar ambas em r_2. Usando o limite de temperatura especificado,

$$T(r_2) = T_{s,2} \tag{1}$$

e aplicando a lei de Fourier, Equação 3.29, na superfície externa adiabática

$$\left.\frac{dT}{dr}\right|_{r_2} = 0 \tag{2}$$

Usando as Equações 3.56 e 1, segue-se que

$$T_{s,2} = -\frac{\dot{q}}{4k}r_2^2 + C_1 \ln r_2 + C_2 \tag{3}$$

De modo similar, a partir das Equações 3.55 e 2

$$0 = -\frac{\dot{q}}{2k}r_2^2 + C_1 \tag{4}$$

Assim, da Equação 4,

$$C_1 = \frac{\dot{q}}{2k}r_2^2 \tag{5}$$

e da Equação 3

$$C_2 = T_{s,2} + \frac{\dot{q}}{4k}r_2^2 - \frac{\dot{q}}{2k}r_2^2 \ln r_2 \tag{6}$$

Substituindo as Equações 5 e 6 na solução geral, Equação 3.56, tem-se que

$$T(r) = T_{s,2} + \frac{\dot{q}}{4k}(r_2^2 - r^2) - \frac{\dot{q}}{2k}r_2^2 \ln\frac{r_2}{r} \tag{7}$$

3. A taxa de remoção de calor pode ser determinada pela obtenção da taxa condutiva em r_1 ou pela avaliação da taxa de geração total no tubo. Da lei de Fourier

$$q'_r = -k2\pi r\frac{dT}{dr}$$

Assim, substituindo a Equação 7 e avaliando o resultado em r_1,

$$q'_r(r_1) = -k2\pi r_1\left(-\frac{\dot{q}}{2k}r_1 + \frac{\dot{q}}{2k}\frac{r_2^2}{r_1}\right) = -\pi\dot{q}(r_2^2 - r_1^2) \tag{8}$$

Alternativamente, como o tubo está isolado em r_2, a taxa na qual o calor é gerado no tubo deve ser igual à taxa de remoção em r_1. Isto é, para um volume de controle ao redor do tubo, a exigência de conservação da energia, Equação 1.12c, se reduz a $\dot{E}_g - \dot{E}_{sai} = 0$, em que $\dot{E}_g = \dot{q}\pi(r_2^2 - r_1^2)L$ e $\dot{E}_{sai} = q'_{cond}L = -q'_r(r_1)L$. Assim,

$$q'_r(r_1) = -\pi\dot{q}(r_2^2 - r_1^2) \tag{9}$$

4. Usando a exigência de conservação da energia, Equação 1.13, na superfície interna, segue-se que

$$q'_{cond} = q'_{conv}$$

ou

$$\pi\dot{q}(r_2^2 - r_1^2) = h2\pi r_1(T_{s,1} - T_\infty)$$

Em que

$$h = \frac{\dot{q}(r_2^2 - r_1^2)}{2r_1(T_{s,1} - T_\infty)} \tag{10}$$

na qual $T_{s,1}$ pode ser obtida pela avaliação da Equação 7 em $r = r_1$.

Comentários:

1. Note que, com a utilização da lei de Fourier na parte 3, o sinal de $q'_r(r_1)$ foi determinado como negativo, Equação 8, implicando uma transferência de calor no sentido negativo de r. Contudo, ao aplicar o balanço de energia, reconhecemos que a transferência de calor foi *para fora* da parede. Assim, representamos q'_{cond} como $-q'_r(r_1)$ e q'_{cond} em termos de $(T_{s,1} - T_\infty)$, em vez de $(T_\infty - T_{s,1})$.
2. Resultados da análise anterior podem ser usados para determinar o coeficiente convectivo necessário para manter a temperatura máxima no tubo, $T_{s,2}$, abaixo de um valor especificado. Considere um tubo com condutividade térmica $k = 5$ W/(m · K) e raios interno e externo $r_1 = 20$ mm e $r_2 = 25$ mm, respectivamente, com uma temperatura máxima permitida de $T_{s,2} = 350$ °C. No tubo há geração a uma taxa de $\dot{q} = 5 \times 10^6$ W/m³ e o refrigerante está a uma temperatura de $T_\infty = 80$ °C. Obtendo $T(r_1) = T_{s,1} = 336{,}5$ °C na Equação 7 e substituindo na Equação 10, o coeficiente convectivo necessário é determinado igual a $h = 110$ W/(m² · K). Usando o *IHT Workspace*, pode-se fazer um estudo de sensibilidade paramétrica para determinar os efeitos do coeficiente convectivo e da taxa de geração na temperatura máxima no tubo. A seguir, são representados resultados da temperatura máxima como uma função de h para três valores de $\dot{q}$.

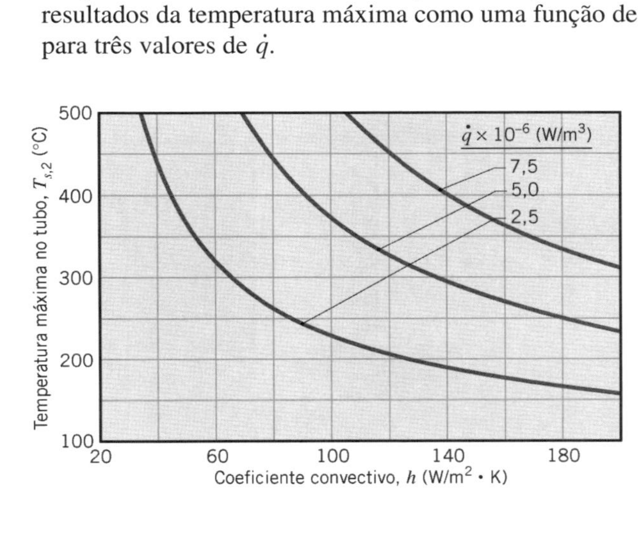

Para cada taxa de geração, o valor mínimo de h necessário para manter $T_{s,2} \leq 350$ °C pode ser determinado na figura.

3. A distribuição de temperaturas, Equação 7, pode também ser obtida usando-se os resultados apresentados no Apêndice C. Fazendo um balanço de energia na superfície em $r = r_1$, com $q(r) = -\dot{q}\pi(r_2^2 - r_1^2)L$, $(T_{s,2} - T_{s,1})$ pode ser determinada pela Equação C.8 e o resultado substituído na Equação C.2 para eliminar $T_{s,1}$ e obter a expressão desejada.

3.6 Transferência de Calor em Superfícies Estendidas

O termo *superfície estendida* é comumente usado para descrever um caso especial importante envolvendo a transferência de calor por condução no interior de um sólido e a transferência de calor por convecção (e/ou radiação) nas fronteiras do sólido. Até agora, consideramos transferência de calor nas fronteiras de um sólido na mesma direção da transferência de calor por condução em seu interior. De forma distinta, em uma superfície estendida, a direção da transferência de calor nas fronteiras é perpendicular à direção principal da transferência de calor no interior do sólido.

Seja um suporte que une duas paredes a diferentes temperaturas, sobre o qual há um escoamento cruzado de um fluido (Figura 3.12). Com $T_1 > T_2$, gradientes de temperatura na direção x mantêm a transferência de calor por condução no suporte. Contudo, com $T_1 > T_2 > T_\infty$, há ao mesmo tempo transferência de calor por convecção para o fluido, causando a diminuição de q_x com o aumento de x, e, consequentemente, do gradiente de temperatura, $|dT/dx|$.

Embora existam muitas situações diferentes que envolvem tais efeitos combinados de condução/convecção, a aplicação mais frequente é aquela na qual uma superfície estendida é usada especificamente para *aumentar* a taxa de transferência de calor entre um sólido e um fluido adjacente. Tal superfície estendida é chamada de *aleta*.

Considere a parede plana da Figura 3.13*a*. Se T_s é fixa, há duas formas nas quais a taxa de transferência de calor pode ser aumentada. O coeficiente convectivo h poderia ser aumentado com o aumento da velocidade do fluido e/ou a temperatura do fluido T_∞ poderia ser reduzida. No entanto, há muitas situações nas quais o aumento de h até o valor máximo possível é insuficiente para obter a taxa de transferência de calor desejada ou os custos associados são proibitivos. Tais custos estão relacionados com a exigência de potência no soprador ou na bomba necessária para elevar o h a partir do aumento da movimentação do fluido. Além disso, a segunda opção de redução de T_∞ é frequentemente impraticável. Contudo, examinando a Figura 3.13*b*, verificamos que há uma terceira opção. Ou seja, a taxa de transferência de calor pode ser elevada pelo aumento da área da superfície através da qual ocorre a convecção. Isso pode ser efetuado pelo emprego de *aletas* que *se estendem* da parede para o interior do fluido adjacente. A condutividade térmica do material da aleta pode ter um grande efeito na distribuição de temperaturas ao longo da aleta e, consequentemente, influencia o nível de melhora da taxa de transferência de calor. Idealmente, o material da aleta deveria ter uma condutividade térmica elevada para minimizar variações de temperatura desde a sua base até a sua extremidade. No limite de condutividade térmica infinita, toda a aleta estaria à mesma temperatura da superfície de sua base, assim fornecendo o máximo possível de melhora da transferência de calor.

Exemplos de aplicações de aletas são fáceis de encontrar. São exemplos os dispositivos para resfriar o cabeçote de motores de motocicletas e de cortadores de grama, ou para resfriar transformadores de potência elétrica. Considere também os tubos aletados usados para promover a troca de calor entre o ar e o fluido de trabalho em um aparelho de ar condicionado. Dois arranjos comuns de tubos aletados são mostrados na Figura 3.14.

Diferentes configurações de aletas são mostradas na Figura 3.15. Uma *aleta plana* é qualquer superfície estendida que se encontra fixada a uma *parede plana*. Ela pode ter uma área de seção transversal uniforme ou variando com a distância x da parede. Uma *aleta anular* é aquela que se encontra fixada radialmente à circunferência externa de um cilindro, e sua seção transversal varia com o raio a partir da parede do cilindro. Os tipos anteriores de aletas possuem seção transversal retangular, cuja área pode ser representada como um produto entre a espessura da aleta t e a sua largura w, no caso das aletas planas, ou entre a espessura e a sua circunferência $2\pi r$, no caso de aletas anulares. Em contraste, uma *aleta piniforme*,

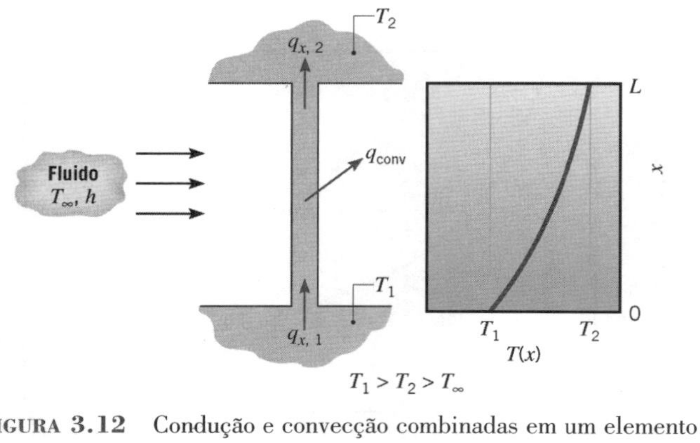

FIGURA 3.12 Condução e convecção combinadas em um elemento estrutural.

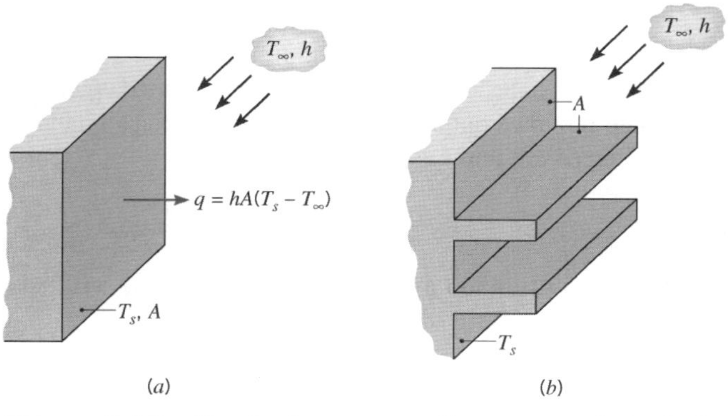

FIGURA 3.13 Uso de aletas para melhorar a transferência de calor em uma parede plana. (*a*) Superfície sem aletas. (*b*) Superfície aletada.

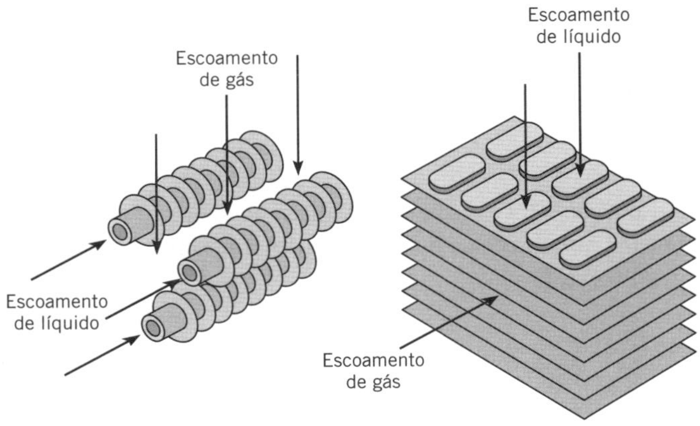

FIGURA 3.14 Esboço de trocadores de calor típicos com tubos aletados.

ou *pino*, é uma superfície estendida com área de seção transversal circular. As aletas piniformes podem também possuir seção transversal uniforme ou não. Em qualquer aplicação, a seleção de determinada configuração de aletas pode depender de considerações de espaço, de peso, de fabricação e custo, bem como da extensão na qual as aletas reduzem o coeficiente convectivo na superfície e aumentam a queda de pressão associada ao escoamento sobre as aletas.

3.6.1 *Uma Análise Geral da Condução*

Como engenheiros, estamos principalmente interessados em saber a extensão na qual superfícies estendidas ou arranjos de aletas poderiam melhorar a transferência de calor de uma superfície para o fluido adjacente. Para determinar a taxa de transferência de calor associada a uma aleta, em primeiro lugar, devemos obter a distribuição de temperaturas ao longo

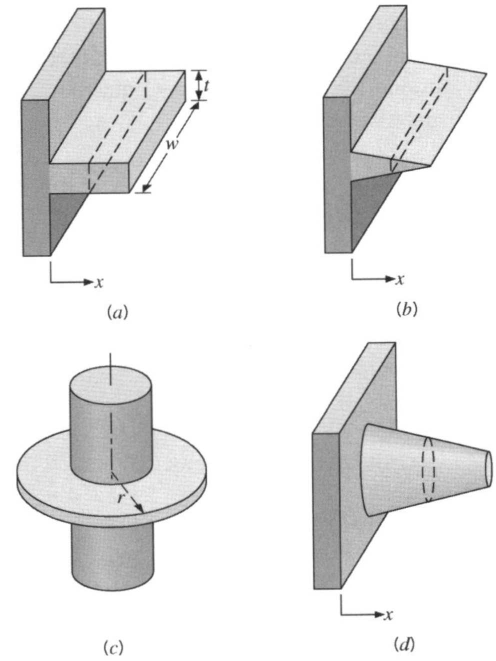

FIGURA 3.15 Configurações de aletas. (*a*) Aleta plana com seção transversal uniforme. (*b*) Aleta plana com seção transversal não uniforme. (*c*) Aleta anular. (*d*) Aleta piniforme.

da aleta. Como fizemos nos sistemas anteriores, iniciamos fazendo um balanço de energia em um elemento diferencial apropriado. Considere a superfície estendida da Figura 3.16. A análise é simplificada se certas suposições forem feitas. Optamos por considerar condições unidimensionais na direção (x) longitudinal, embora, na realidade, a condução no interior da aleta seja bidimensional. A taxa na qual a energia passa para o fluido por convecção em qualquer ponto da superfície da aleta deve ser igualada à taxa líquida na qual a energia atinge aquele ponto em razão da condução na direção (y, z) normal. Contudo, na prática, a aleta é fina e as variações de temperatura na direção normal no interior da aleta são pequenas quando comparadas à diferença de temperaturas entre a aleta e o ambiente. Assim, podemos considerar que a temperatura é uniforme ao longo da espessura da aleta, isto é, ela é somente função de x. Iremos supor condições de regime estacionário, condutividade térmica constante, radiação na superfície desprezível, efeitos de geração de calor ausentes e coeficiente de transferência de calor por convecção h uniforme ao longo da superfície.

Aplicando a exigência de conservação da energia, Equação 1.12c, no elemento diferencial da Figura 3.16, obtemos

$$q_x = q_{x+dx} + dq_{\text{conv}} \tag{3.61}$$

Da lei de Fourier sabemos que

$$q_x = -kA_{tr}\frac{dT}{dx} \tag{3.62}$$

em que A_{tr} é a área da *seção transversal*, que pode variar com x. Como a taxa de condução de calor em $x + dx$ pode ser representada por

$$q_{x+dx} = q_x + \frac{dq_x}{dx}dx \tag{3.63}$$

tem-se que

$$q_{x+dx} = -kA_{tr}\frac{dT}{dx} - k\frac{d}{dx}\left(A_{tr}\frac{dT}{dx}\right)dx \tag{3.64}$$

A taxa de transferência de calor por convecção pode ser representada por

$$dq_{\text{conv}} = h\,dA_s(T - T_\infty) = hP\,dx(T - T_\infty) \tag{3.65}$$

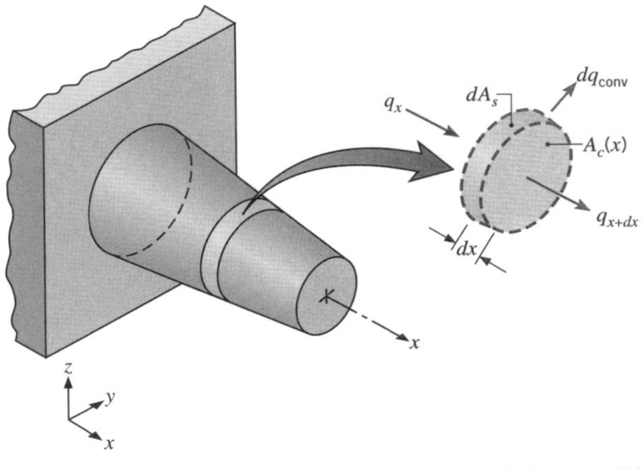

FIGURA 3.16 Balanço de energia em uma superfície estendida.

na qual dA_s é a área *superficial* do elemento diferencial e P é o seu perímetro. Substituindo as equações de taxa anteriores no balanço de energia, Equação 3.61, obtemos

$$\frac{d}{dx}\left(A_{tr}\frac{dT}{dx}\right) - \frac{hP}{k}(T - T_\infty) = 0$$

ou

$$\frac{d^2T}{dx^2} + \left(\frac{1}{A_{tr}}\frac{dA_{tr}}{dx}\right)\frac{dT}{dx} - \frac{hP}{kA_{tr}}(T - T_\infty) = 0 \qquad (3.66)$$

Este resultado fornece uma forma geral da equação da energia para uma superfície estendida. Sua solução, com condições de contorno apropriadas, fornece a distribuição de temperaturas, que pode ser usada com a Equação 3.62 para calcular a taxa de condução em qualquer x.

3.6.2 Aletas com Área de Seção Transversal Uniforme

Para resolver a Equação 3.66 é necessário ser mais específico em relação à geometria. Iniciamos pelo caso mais simples de aletas planas retangulares ou piniformes de seção transversal uniforme (Figura 3.17). Cada aleta está fixada a uma superfície base, que está a uma temperatura $T(0) = T_b$ e se estende para o interior de um fluido à temperatura T_∞.

Nas aletas especificadas, A_{tr} e P são constantes. Consequentemente, com $dA_{tr}/dx = 0$, a Equação 3.66 se reduz a

$$\frac{d^2T}{dx^2} - \frac{hP}{kA_{tr}}(T - T_\infty) = 0 \qquad (3.67)$$

Para simplificar a forma dessa equação, transformamos a variável dependente definindo um *excesso de temperatura* θ como

$$\theta(x) \equiv T(x) - T_\infty \qquad (3.68)$$

a partir da qual, como T_∞ é uma constante, $d\theta/dx = dT/dx$. Substituindo a Equação 3.68 na Equação 3.67, obtemos então

$$\frac{d^2\theta}{dx^2} - m^2\theta = 0 \qquad (3.69)$$

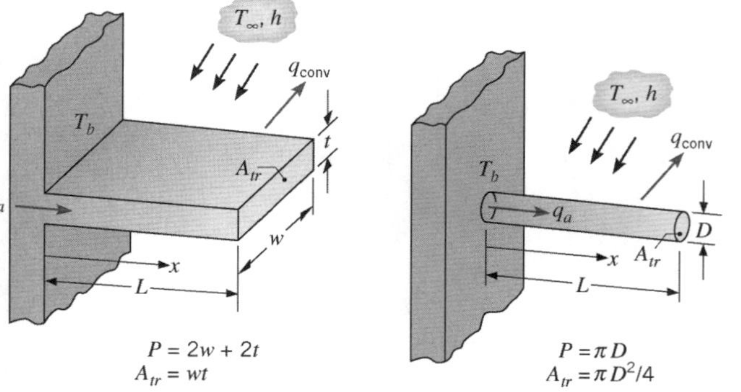

(*a*) (*b*)

FIGURA 3.17 Aletas planas de seção transversal uniforme. (*a*) Aleta retangular. (*b*) Aleta piniforme (Pino).

na qual

$$m^2 \equiv \frac{hP}{kA_{tr}} \qquad (3.70)$$

A Equação 3.69 é uma equação diferencial de segunda ordem, linear e homogênea, com coeficientes constantes. Sua solução geral tem a forma[1]

$$\theta(x) = C_1e^{mx} + C_2e^{-mx} \qquad (3.71)$$

Para determinar as constantes C_1 e C_2 da Equação 3.71, é necessário especificar condições de contorno apropriadas. Uma dessas condições pode ser especificada em termos da temperatura na *base* da aleta ($x = 0$)

$$\theta(0) = T_b - T_\infty \equiv \theta_b \qquad (3.72)$$

A segunda condição, especificada na extremidade da aleta ($x = L$), pode corresponder a uma entre quatro diferentes situações físicas.

A primeira condição, Caso A, considera haver transferência de calor por convecção na extremidade da aleta. Aplicando um balanço de energia em uma superfície de controle nessa extremidade (Figura 3.18), obtemos

$$hA_{tr}[T(L) - T_\infty] = -kA_{tr}\left.\frac{dT}{dx}\right|_{x=L}$$

ou

$$h\theta(L) = -k\left.\frac{d\theta}{dx}\right|_{x=L} \qquad (3.73)$$

Isto é, a taxa na qual a energia é transferida para o fluido por convecção na extremidade da aleta deve ser igual à taxa na qual a energia atinge a extremidade por condução através da aleta. Substituindo a Equação 3.71 nas Equações 3.72 e 3.73, obtemos, respectivamente,

$$\theta_b = C_1 + C_2 \qquad (3.74)$$

e

$$h(C_1e^{mL} + C_2e^{-mL}) = km(C_2e^{-mL} - C_1e^{mL})$$

Após explicitar C_1 e C_2, pode-se mostrar, após alguma manipulação algébrica, que

$$\frac{\theta}{\theta_b} = \frac{\cosh m(L - x) + (h/mk)\,\text{senh}\, m(L - x)}{\cosh mL + (h/mk)\,\text{senh}\, mL} \qquad (3.75)$$

A forma desta distribuição de temperaturas é mostrada esquematicamente na Figura 3.18. Note que a magnitude do gradiente de temperatura diminui com o aumento de x. Esta tendência é uma consequência da redução na transferência de

[1] Por meio de substituição, pode-se verificar facilmente que a Equação 3.71 é de fato uma solução da Equação 3.69.

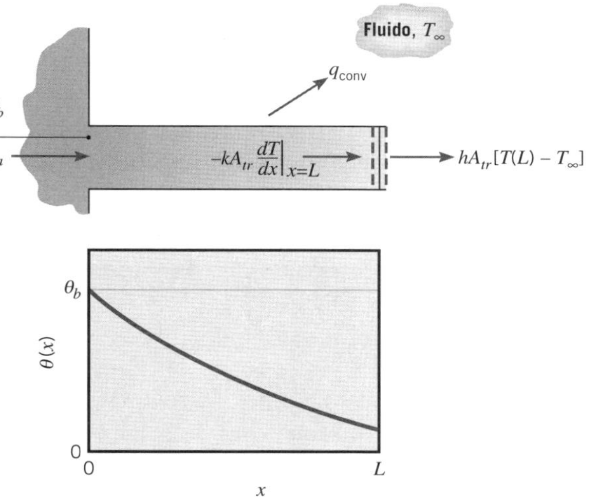

FIGURA 3.18 Condução e convecção em uma aleta de seção transversal uniforme.

calor por condução $q_x(x)$ com o aumento de x à custa de contínua perda de calor por convecção na superfície da aleta.

Estamos particularmente interessados na quantidade de calor transferida em toda a aleta. Na Figura 3.18 fica evidente que a taxa de transferência de calor na aleta q_a pode ser avaliada por duas formas alternativas, ambas envolvendo o uso da distribuição de temperaturas. O procedimento mais simples, que será aqui utilizado, envolve a aplicação da lei de Fourier na base da aleta. Assim,

$$q_a = q_b = -kA_{tr} \frac{dT}{dx}\bigg|_{x=0} = -kA_{tr} \frac{d\theta}{dx}\bigg|_{x=0} \qquad (3.76)$$

Da qual, conhecendo a distribuição de temperaturas, $\theta(x)$, q_a pode ser determinada, fornecendo

$$q_a = \sqrt{hPkA_{tr}}\,\theta_b \frac{\text{senh } mL + (h/mk)\cosh mL}{\cosh mL + (h/mk)\text{ senh } mL} \qquad (3.77)$$

De modo alternativo, a conservação de energia dita que a taxa na qual o calor é transferido por convecção na superfície da aleta deve ser igual à taxa condutiva por meio da base da aleta. Consequentemente, a formulação alternativa para q_a é

$$q_a = \int_{A_a} h[T(x) - T_\infty]\, dA_s$$

$$q_a = \int_{A_a} h\theta(x)\, dA_s \qquad (3.78)$$

nas quais A_a é a *área superficial total da aleta*, incluindo a extremidade. A substituição da Equação 3.75 na Equação 3.78 leva à Equação 3.77. Equações 3.75 e 3.77 são mostradas na Tabela 3.4, nas quais $M = \sqrt{hPkA_c}\theta_b$.

A segunda condição na extremidade, Caso B, corresponde à hipótese de que a perda de calor por convecção na extremidade da aleta é desprezível, caso no qual a extremidade pode ser tratada como adiabática e

$$\frac{d\theta}{dx}\bigg|_{x=L} = 0 \qquad (3.79)$$

Substituindo a Equação 3.71 e dividindo por m, obtemos, então,

$$C_1 e^{mL} - C_2 e^{-mL} = 0$$

Usando esta expressão com a Equação 3.74 para determinar C_1 e C_2, e substituindo os resultados na Equação 3.71, obtemos a distribuição de temperaturas na aleta, Equação 3.80 da Tabela 3.4. Utilizando a Equação 3.80 com a Equação 3.76, a taxa de transferência da aleta é então dada pela Equação 3.81 da Tabela 3.4.

Da mesma forma, podemos obter a distribuição de temperaturas na aleta e a taxa de transferência de calor para o Caso C, no qual a temperatura na extremidade da aleta é especificada. Isto é, a segunda condição de contorno é $\theta(L) = \theta_L$ e as expressões resultantes para a distribuição de temperaturas e equação da taxa correspondem às Equações 3.82 e 3.83 da Tabela 3.4, respectivamente. A aleta muito longa, Caso D, é uma extensão interessante desses resultados. Em particular, com $L \to \infty$, $\theta_L \to 0$ e é fácil verificar que a distribuição de temperatura e taxa de transferência de calor são dadas pelas Equações 3.84 e 3.85 da Tabela 3.4, respectivamente.

TABELA 3.4 Distribuição de temperaturas e taxas de perda de calor em aletas de seção transversal uniforme

Caso	Condição na Extremidade ($x = L$)	Distribuição de Temperaturas, θ/θ_b		Transferência de Calor na Aleta q_a	
A	Convecção: $h\theta(L) = -kd\theta/dx\vert_{x=L}$	$\dfrac{\cosh m(L-x) + (h/mk)\text{ senh } m(L-x)}{\cosh mL + (h/mk)\text{ senh } mL}$	(3.75)	$M\dfrac{\text{senh } mL + (h/mk)\cosh mL}{\cosh mL + (h/mk)\text{ senh } mL}$	(3.77)
B	Adiabática: $d\theta/dx\vert_{x=L} = 0$	$\dfrac{\cosh m(L-x)}{\cosh mL}$	(3.80)	$M \tanh mL$	(3.81)
C	Temperatura especificada: $\theta(L) = \theta_L$	$\dfrac{(\theta_L/\theta_b)\text{ senh } mx + \text{senh } m(L-x)}{\text{senh } mL}$	(3.82)	$M\dfrac{(\cosh mL - \theta_L/\theta_b)}{\text{senh } mL}$	(3.83)
D	Aleta infinita ($L \to \infty$): $\theta(L) = 0$	e^{-mx}	(3.84)	M	(3.85)

$\theta \equiv T - T_\infty$ $\qquad m^2 \equiv hP/kA_{tr}$

$\theta_b = \theta(0) = T_b - T_\infty$ $\qquad M \equiv \sqrt{hPkA_{tr}}\,\theta_b$

Uma tabela de funções hiperbólicas é fornecida no Apêndice B.1.

EXEMPLO 3.9

Um bastão muito longo, com 5 mm de diâmetro, tem uma de suas extremidades mantida a 100 °C. A superfície do bastão está exposta ao ar ambiente a 25 °C, com um coeficiente de transferência de calor por convecção de 100 W/(m² · K).

1. Determine as distribuições de temperaturas ao longo de bastões construídos em cobre puro, liga de alumínio 2024 e aço inoxidável AISI 316. Quais são as respectivas taxas de perda de calor nos bastões?
2. Estime o comprimento que devem ter os bastões para que a hipótese de *comprimento infinito* forneça uma estimativa precisa para a taxa de perda de calor.

SOLUÇÃO

Dados: Um bastão circular longo exposto ao ar ambiente.

Achar:

1. Distribuição de temperaturas e taxa de perda de calor em bastões fabricados com cobre, com uma liga de alumínio ou com aço inoxidável.
2. Comprimentos que os bastões devem ter para serem considerados com comprimento infinito.

Esquema:

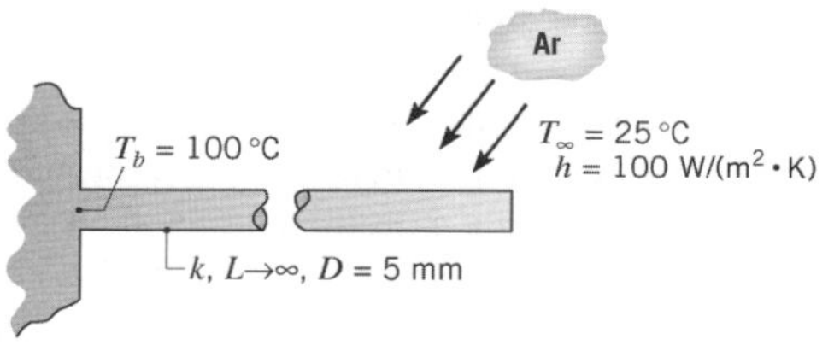

Considerações:

1. Condições de regime estacionário.
2. Temperatura uniforme na seção transversal do bastão.
3. Propriedades constantes.
4. Troca radiante com a vizinhança desprezível.
5. Coeficiente de transferência de calor uniforme.
6. Bastão com comprimento infinito.

Propriedades: Tabela A.1, cobre [$T = (T_b + T_\infty)/2 = 62{,}5$ °C ≈ 335 K]: $k = 398$ W/(m · K). Tabela A.1, alumínio 2024 (335 K): $k = 180$ W/(m · K). Tabela A.1, aço inoxidável, AISI 316 (335 K): $k = 14$ W/(m · K).

Análise:

1. Com a hipótese de comprimento infinito da aleta, as distribuições de temperaturas são determinadas pela Equação 3.84, que pode ser escrita na forma

$$T = T_\infty + (T_b - T_\infty)e^{-mx}$$

na qual $m = (hP/kA_{tr})^{1/2} = (4h/kD)^{1/2}$. Substituindo os valores de h e D, assim como as condutividades térmicas do cobre, da liga de alumínio e do aço inoxidável, respectivamente, os valores de m são 14,2; 21,2; e 75,6 m^{-1}. As distribuições de temperaturas podem, então, ser determinadas e representadas no gráfico a seguir:

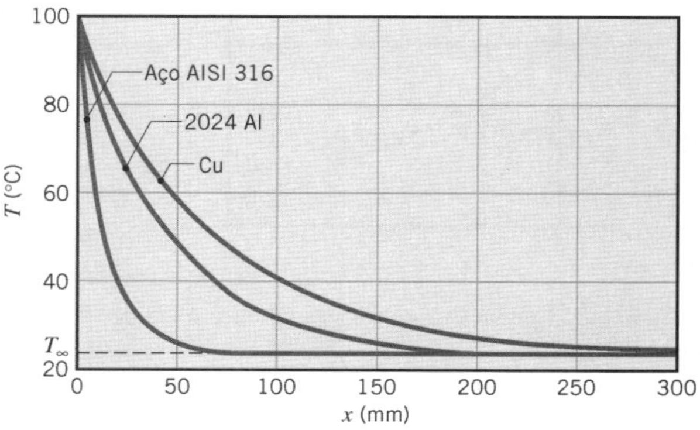

Nestas distribuições fica evidente que há pouca transferência de calor adicional associada à extensão do comprimento do bastão além de 50, 200 e 300 mm, respectivamente, para o aço inoxidável, a liga de alumínio e o cobre.

A partir da Equação 3.85, a taxa de perda de calor é

$$q_a = \sqrt{hPkA_{tr}}\,\theta_b$$

Assim, para o cobre,

$$q_a = \left[100\ \text{W/(m}^2\cdot\text{K)} \times \pi \times 0{,}005\ \text{m} \times 398\ \text{W/(m}\cdot\text{K)} \times \frac{\pi}{4}(0{,}005\ \text{m})^2\right]^{1/2}(100 - 25)\ °\text{C}$$

$$= 8{,}3\ \text{W} \quad \triangleleft$$

De modo similar, para a liga de alumínio e para o aço inoxidável, respectivamente, as taxas de transferência de calor são $q_a = 5{,}6$ W e 1,6 W.

2. A validade da hipótese de comprimento infinito pode ser avaliada pela comparação das Equações 3.81 e 3.85. Para uma aproximação satisfatória, as expressões fornecem resultados equivalentes se tanh $mL \geq 0{,}99$ ou $mL \geq 2{,}65$. Assim, um bastão pode ser considerado de comprimento infinito se

$$L \geq L_\infty \equiv \frac{2{,}65}{m} = 2{,}65\left(\frac{kA_{tr}}{hP}\right)^{1/2}$$

Para o cobre,

$$L_\infty = 2{,}65\left[\frac{398\ \text{W/(m}\cdot\text{K)} \times (\pi/4)(0{,}005\ \text{m})^2}{100\ \text{W/(m}^2\cdot\text{K)} \times \pi(0{,}005\ \text{m})}\right]^{1/2}$$

$$= 0{,}19\ \text{m} \quad \triangleleft$$

Os resultados para a liga de alumínio e o aço inoxidável são $L_\infty = 0{,}13$ m e $L_\infty = 0{,}04$ m, respectivamente.

Comentários:

1. Os resultados anteriores sugerem que a taxa de transferência de calor na aleta pode ser estimada acuradamente pela aproximação de aleta infinita quando $mL \geq 2{,}65$. Entretanto, se a aproximação de aleta infinita tiver que estimar com precisão a distribuição de temperaturas $T(x)$, um valor maior para mL seria necessário. Esse valor pode ser deduzido da Equação 3.84 e da exigência de que a temperatura na extremidade da aleta seja muito próxima da temperatura do fluido. Assim, se exigirmos que $\theta(L)/\theta_b = \exp(-mL) < 0{,}01$, segue-se que $mL > 4{,}6$; o que implica em $L_\infty \approx 0{,}33$; 0,23 e 0,07 m para os bastões de cobre, de liga de alumínio e aço inoxidável, respectivamente. Esses resultados são coerentes com as distribuições representadas na parte 1.
2. Este exemplo está resolvido na seção *Advanced* do *IHT*.

3.6.3 *Desempenho de Aletas*

Lembre-se de que aletas são usadas para aumentar a transferência de calor em uma superfície a partir do aumento da área superficial efetiva. Contudo, a aleta em si representa uma resistência condutiva. Por essa razão, não existe qualquer garantia de que a taxa de transferência de calor será aumentada com o uso de aletas.

Efetividade da Aleta e Resistência da Aleta Uma investigação sobre o desempenho de aletas pode ser efetuada mediante a determinação da efetividade da aleta, ε_a. Ela é definida, para uma superfície da base com temperatura constante, como a *razão entre a taxa de transferência de calor na aleta e a taxa de transferência de calor que existiria sem a presença da aleta*. Consequentemente,

$$\varepsilon_a = \frac{q_a}{hA_{tr,b}\theta_b} \tag{3.86}$$

em que $A_{tr,b}$ é a área da seção transversal da aleta na sua base. Em geral, o uso de aletas será raramente justificado a não ser que $\varepsilon_a \gtrsim 2$.

Para qualquer uma das quatro condições na extremidade que foram consideradas na Seção 3.6.2, a efetividade de uma aleta de área de seção transversal uniforme pode ser obtida pela divisão da expressão apropriada para q_a, disponível na Tabela 3.4, por $hA_{tr,b}\theta_b$.[2] Por exemplo, para uma aleta infinitamente longa (Caso D da Tabela 3.4) e considerando o coeficiente convectivo na superfície aletada equivalente àquele na base sem aletas, tem-se que

$$\varepsilon_a = \left(\frac{kP}{hA_{tr}}\right)^{1/2} \tag{3.87}$$

Algumas tendências importantes podem ser inferidas a partir deste resultado. Obviamente, a efetividade da aleta é melhorada pela seleção de um material com elevada condutividade térmica. Ligas de alumínio e de cobre vêm à mente. No entanto, embora o cobre seja superior do ponto de vista da condutividade térmica, as ligas de alumínio são a opção mais comum, em função dos benefícios adicionais relacionados com os menores custo e peso. A efetividade da aleta também é melhorada pelo aumento da razão entre o perímetro e a área de seção transversal. Por essa razão, o uso de aletas *finas*, porém com um pequeno espaçamento entre elas, é preferido, com a condição de que o espaço entre aletas não seja reduzido a um valor no qual o escoamento do fluido entre elas seja severamente prejudicado, reduzindo assim o coeficiente convectivo.

A Equação 3.87 também sugere que o uso de aletas pode ser melhor justificado sob condições nas quais o coeficiente convectivo h seja pequeno. Assim, da Tabela 1.1 fica evidente que a necessidade de aletas é maior quando o fluido é um gás em vez de um líquido. Se aletas devem ser usadas em uma superfície que separa um gás de um líquido, elas geralmente são instaladas no lado do gás. Um exemplo comum é a tubulação em um radiador de automóvel. As aletas são usadas na superfície externa do tubo, sobre a qual há o escoamento do ar ambiente (h pequeno), e não na superfície interna, na qual há o escoamento de água (h grande). Note que, se $\varepsilon_a > 2$ for usado como um critério para justificar a utilização de aletas, a Equação 3.87 gera uma exigência de que $(kP/hA_{tr}) > 4$.

A Equação 3.87 fornece um limite superior para ε_a, que é alcançado quando L se aproxima de infinito. Entretanto, certamente não é necessário o uso de aletas muito longas para chegar próximo ao limite máximo de melhora na taxa de transferência de calor. Como visto no Exemplo 3.9, 99 % da taxa máxima possível de transferência de calor na aleta são atingidos para $mL = 2{,}65$. Assim, não faria sentido estender as aletas além de $L = 2{,}65/m$.

O desempenho de aletas pode também ser quantificado em termos de uma resistência térmica. Tratando a diferença entre as temperaturas da base da aleta e do fluido como o potencial motriz, uma *resistência da aleta* pode ser definida como

$$R_{t,a} = \frac{\theta_b}{q_a} \tag{3.88}$$

Esse resultado é extremamente útil, particularmente quando representando uma superfície aletada por um circuito térmico. Note que, de acordo com a condição na extremidade da aleta, uma expressão apropriada para q_a pode ser obtida na Tabela 3.4.

Combinando a expressão para a resistência térmica convectiva na base exposta

$$R_{t,b} = \frac{1}{hA_{tr,b}} \tag{3.89}$$

Com as Equações 3.86 e 3.88, tem-se que

$$\varepsilon_a = \frac{R_{t,b}}{R_{t,a}} \tag{3.90}$$

[2] Embora a instalação de aletas irá alterar o coeficiente de convecção na superfície, este efeito comumente não é considerado.

Desta forma, a efetividade da aleta pode ser interpretada como uma razão entre resistências térmicas, e para aumentar ε_a é necessário reduzir a resistência condutiva/convectiva da aleta. Se a aleta for para melhorar a transferência de calor, a sua resistência não deve exceder a da base exposta.

Eficiência da Aleta Outra medida do desempenho térmico de uma aleta é fornecida pela eficiência da aleta η_a. Uma definição lógica da eficiência da aleta é a taxa de transferência de calor real na aleta, q_a, dividida pela taxa máxima de transferência de calor possível. A taxa máxima de transferência de calor pela aleta ocorreria se ela estivesse toda na temperatura da base, T_b. Consequentemente

$$\eta_a \equiv \frac{q_a}{q_{\text{máx}}} = \frac{q_a}{hA_a(T_b - T_\infty)} = \frac{q_a}{hA_a\theta_b} \qquad (3.91)$$

na qual A_a é a área superficial da aleta. Para uma aleta plana com seção transversal uniforme e extremidade adiabática, as Equações 3.81 e 3.91 fornecem

$$\eta_a = \frac{M \tanh mL}{hPL\theta_b} = \frac{\tanh mL}{mL} \qquad (3.92)$$

De acordo com a Tabela B.1, este resultado nos indica que η_a se aproxima de seus valores máximo e mínimo, um e zero, respectivamente, na medida em que L se aproxima de zero e ∞. O conhecimento da eficiência da aleta pode ser usado para determinar a sua eficiência, onde, a partir das Equações 3.88 e 3.91, segue que

$$R_{t,a} = \frac{1}{hA_a\eta_a} \qquad (3.93)$$

Comprimento da aleta corrigido Em vez da expressão um tanto complicada para a transferência de calor de uma aleta plana retangular com uma extremidade ativa, Equação 3.77, foi mostrado que estimativas aproximadas, porém acuradas, podem ser obtidas pelo uso do resultado para uma aleta com extremidade adiabática, Equação 3.81, com um comprimento da aleta corrigido na forma $L_c = L + (t/2)$, para uma aleta retangular, e $L_c = L + (D/4)$, para uma aleta piniforme [14]. A correção está baseada na hipótese de equivalência entre a transferência de calor na extremidade da aleta real, com convecção na extremidade, e a transferência de calor em uma aleta hipotética, mais longa e com a extremidade adiabática. Assim, com convecção na extremidade, a taxa de transferência de calor na aleta pode ser aproximada por

$$q_a = M \tanh mL_c \qquad (3.94)$$

e a eficiência correspondente por

$$\eta_a = \frac{\tanh mL_c}{mL_c} \qquad (3.95)$$

Erros associados a esta aproximação são desprezíveis se (ht/k) ou $(hD/2k) \lesssim 0{,}0625$ [15].

Se a largura de uma aleta retangular é muito maior do que sua espessura, $w \gg t$, o perímetro pode ser aproximado por $P = 2w$ e

$$mL_c = \left(\frac{hP}{kA_{tr}}\right)^{1/2} L_c = \left(\frac{2h}{kt}\right)^{1/2} L_c$$

Multiplicando o numerador e o denominador por $L_c^{1/2}$ e introduzindo uma área corrigida do perfil da aleta, $A_p = L_c t$, segue-se que

$$mL_c = \left(\frac{2h}{kA_p}\right)^{1/2} L_c^{3/2} \qquad (3.96)$$

Assim, como mostrado na Figura 3.19, a eficiência de uma aleta retangular com convecção na extremidade pode ser representada como uma função de $L_c^{3/2}(h/kA_p)^{1/2}$. A mesma dependência funcional se aplica a todos os tipos de aletas representados nas Figuras 3.19 e 3.20.

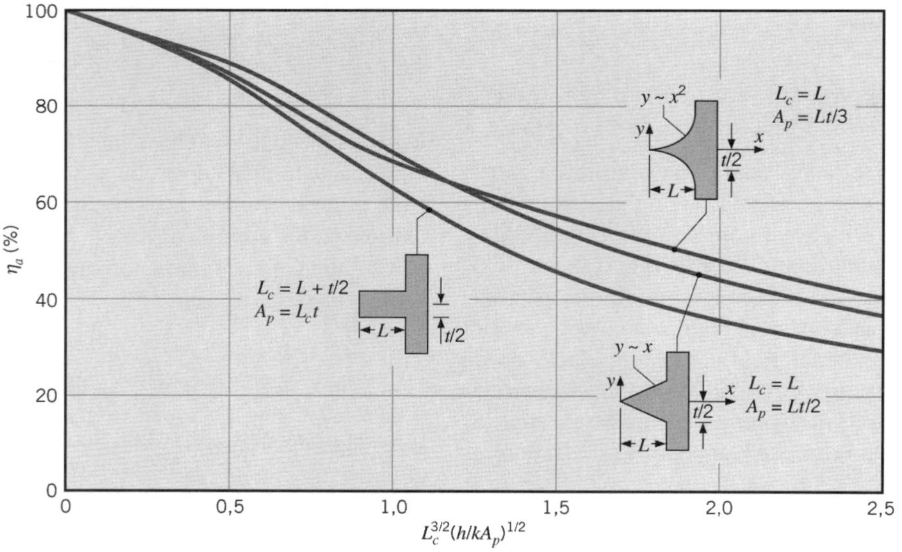

FIGURA 3.19 Eficiência de aletas planas (perfis retangular, triangular e parabólico).

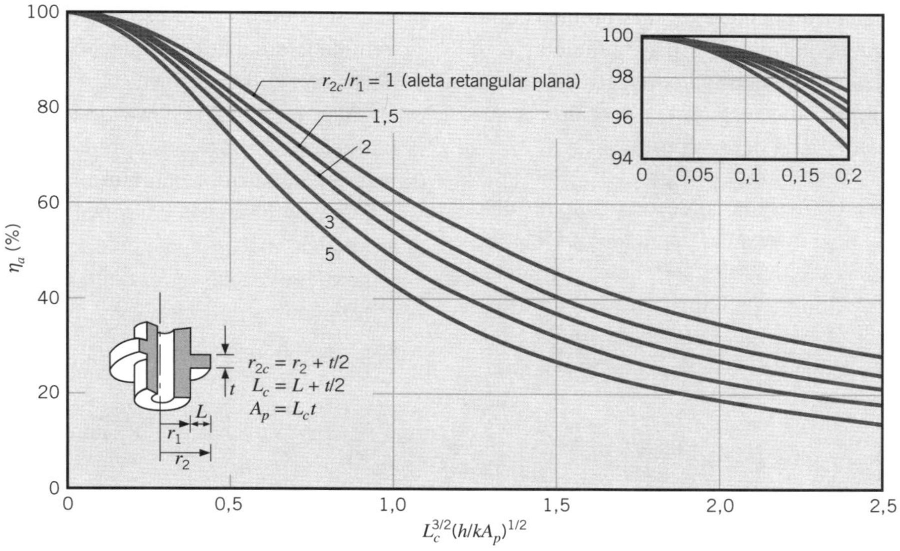

FIGURA 3.20 Eficiência de aletas anulares de perfil retangular.

3.6.4 *Aletas com Área de Seção Transversal Não Uniforme*

O segundo termo da Equação 3.66 tem que ser mantido para aletas com área de seção transversal não uniforme e as soluções não são mais na forma de funções exponenciais simples ou funções hiperbólicas. Como um caso particular, considere a aleta anular mostrada no detalhe da Figura 3.20. Embora a espessura da aleta seja uniforme (t é independente de r), a área da seção transversal, $A_{tr} = 2\pi rt$, varia com r. Substituindo x por r na Equação 3.66 e representando a área superficial por $A_s = 2\pi(r_2^2 - r_1^2)$, a forma geral da equação da aleta se reduz a

$$\frac{d^2T}{dr^2} + \frac{1}{r}\frac{dT}{dr} - \frac{2h}{kt}(T - T_\infty) = 0$$

ou, com $m^2 \equiv 2h/kt$ e $\theta \equiv T - T_\infty$,

$$\frac{d^2\theta}{dr^2} + \frac{1}{r}\frac{d\theta}{dr} - m^2\theta = 0$$

A expressão anterior é uma *equação de Bessel modificada* de ordem zero e sua solução geral tem a forma

$$\theta(r) = C_1 I_0(mr) + C_2 K_0(mr)$$

na qual I_0 e K_0 são funções de Bessel modificadas de ordem zero, de primeira e de segunda espécies, respectivamente. Se a temperatura na base da aleta for especificada, $\theta(r_1) = \theta_b$, e uma extremidade adiabática for suposta, $d\theta/dr|_{r_2} = 0$, C_1 e C_2 podem ser determinadas para fornecer uma distribuição de temperaturas com a forma

$$\frac{\theta}{\theta_b} = \frac{I_0(mr)K_1(mr_2) + K_0(mr)I_1(mr_2)}{I_0(mr_1)K_1(mr_2) + K_0(mr_1)I_1(mr_2)}$$

na qual $I_1(mr) = d[I_0(mr)]/d(mr)$ e $K_1(mr) = -d[K_0(mr)]/d(mr)$ são funções de Bessel modificadas de primeira ordem, de primeira e segunda espécies, respectivamente. Tabelas das funções de Bessel são apresentadas no Apêndice B.

Com a taxa de transferência de calor na aleta representada por

$$q_a = -kA_{tr,b}\left.\frac{dT}{dr}\right|_{r=r_1} = -k(2\pi r_1 t)\left.\frac{d\theta}{dr}\right|_{r=r_1}$$

segue-se que

$$q_a = 2\pi k r_1 t\theta_b m \frac{K_1(mr_1)I_1(mr_2) - I_1(mr_1)K_1(mr_2)}{K_0(mr_1)I_1(mr_2) + I_0(mr_1)K_1(mr_2)}$$

a partir da qual a eficiência da aleta se torna

$$\eta_a = \frac{q_a}{h2\pi(r_2^2 - r_1^2)\theta_b} = \frac{2r_1}{m(r_2^2 - r_1^2)}\frac{K_1(mr_1)I_1(mr_2) - I_1(mr_1)K_1(mr_2)}{K_0(mr_1)I_1(mr_2) + I_0(mr_1)K_1(mr_2)} \quad (3.97)$$

Este resultado pode ser utilizado para uma extremidade ativa (com convecção), desde que o raio da extremidade r_2 seja substituído por um raio corrigido com a forma $r_{2c} = r_2 + (t/2)$. Resultados para aletas anulares são representados graficamente na Figura 3.20. A Figura 3.19 inclui resultados para aletas planas triangulares e parabólicas.

Expressões para a eficiência e para a área superficial de aletas com várias geometrias usuais estão resumidas na Tabela 3.5. Embora os resultados para as aletas com espessura ou diâmetro uniforme tenham sido obtidos com a hipótese de extremidade adiabática, os efeitos da convecção na extremidade podem ser levados em conta com o uso de um comprimento corrigido (Equações 3.95 e 3.100) ou de um raio corrigido (Equação 3.97). As aletas triangulares e parabólicas possuem espessura não uniforme, que se reduz a zero na extremidade. Expressões para a área do perfil, A_p, ou para o volume, V, de uma aleta são também fornecidas na Tabela 3.5. O volume de uma aleta plana é simplesmente o produto de sua largura pela sua área do perfil, $V = wA_p$.

O projeto de aletas é, frequentemente, motivado por um desejo de minimizar o material da aleta e/ou os custos necessários relacionados com sua fabricação para atingir uma

TABELA 3.5 Eficiência de perfis de aletas comuns

Aletas Planas

Retangular[a]

$A_a = 2wL_c$

$L_c = L + (t/2)$

$A_p = tL$

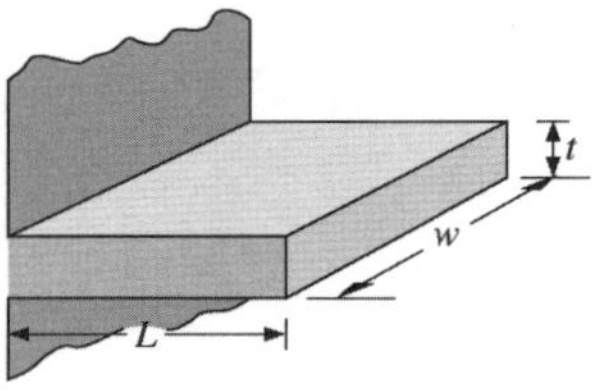

$$\eta_a = \frac{\tanh mL_c}{mL_c} \qquad (3.95)$$

Triangular[a]

$A_a = 2w[L^2 + (t/2)^2]^{1/2}$

$A_p = (t/2)L$

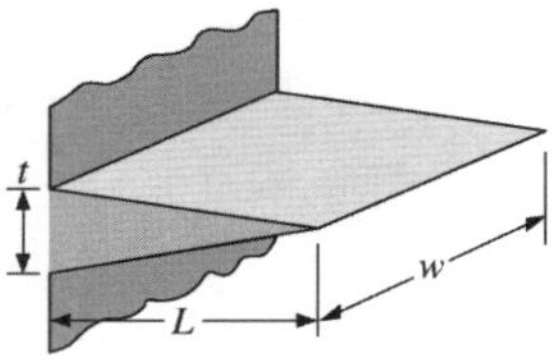

$$\eta_a = \frac{1}{mL}\frac{I_1(2mL)}{I_0(2mL)} \qquad (3.98)$$

Parabólica[a]

$A_a = w[C_1 L + (L^2/t)\ln(t/L + C_1)]$

$C_1 = [1 + (t/L)^2]^{1/2}$

$A_p = (t/3)L$

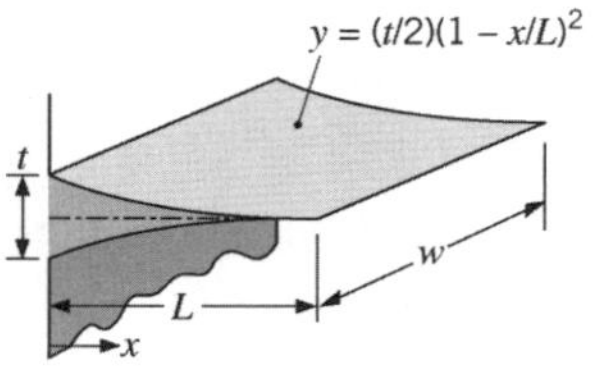

$$\eta_a = \frac{2}{[4(mL)^2 + 1]^{1/2} + 1} \qquad (3.99)$$

Aleta Anular

Retangular[a]

$A_a = 2\pi(r_{2c}^2 - r_1^2)$

$r_{2c} = r_2 + (t/2)$

$V = \pi(r_2^2 - r_1^2)t$

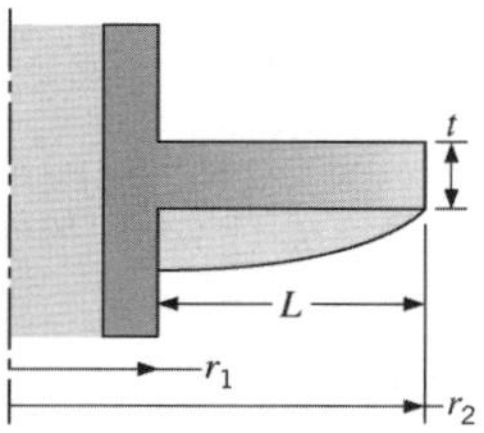

$$\eta_a = C_2 \frac{K_1(mr_1)I_1(mr_{2c}) - I_1(mr_1)K_1(mr_{2c})}{I_0(mr_1)K_1(mr_{2c}) + K_0(mr_1)I_1(mr_{2c})} \qquad (3.97)$$

$$C_2 = \frac{(2r_1/m)}{(r_{2c}^2 - r_1^2)}$$

Pinos

Retangular[b]

$A_a = \pi D L_c$

$L_c = L + (D/4)$

$V = (\pi D^2/4)L$

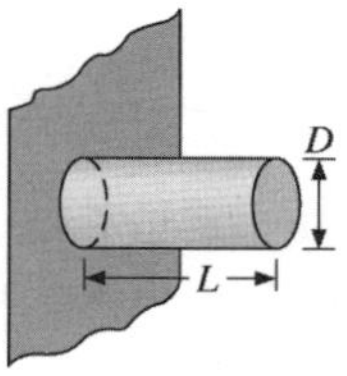

$$\eta_a = \frac{\tanh mL_c}{mL_c} \qquad (3.100)$$

Triangular[b]

$A_a = \frac{\pi D}{2}[L^2 + (D/2)^2]^{1/2}$

$V = (\pi/12)D^2 L$

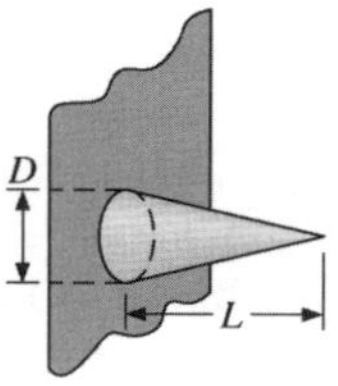

$$\eta_a = \frac{2}{mL}\frac{I_2(2mL)}{I_1(2mL)} \qquad (3.101)$$

Parabólica[b]

$A_a = \frac{\pi L^3}{8D}\left\{C_3 C_4 - \frac{L}{2D}\ln[(2DC_4/L) + C_3]\right\}$

$C_3 = 1 + 2(D/L)^2$

$C_4 = [1 + (D/L)^2]^{1/2}$

$V = (\pi/20)D^2 L$

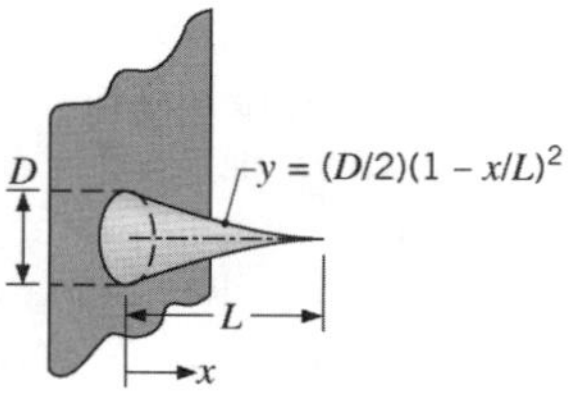

$$\eta_a = \frac{2}{[4/9(mL)^2 + 1]^{1/2} + 1} \qquad (3.102)$$

[a] $m = (2h/kt)^{1/2}$.

[b] $m = (4h/kD)^{1/2}$.

efetividade de resfriamento especificada. Desta forma, uma aleta plana *triangular* é uma opção atrativa porque, para uma transferência de calor equivalente, requer um volume muito menor (material da aleta) do que um perfil retangular. Nesse contexto, a dissipação de calor por unidade de volume, $(q/V)_a$, é maior para um perfil *parabólico*. Contudo, como $(q/V)_a$ para o perfil *parabólico* é apenas um pouco superior ao do perfil triangular, o seu uso pode ser justificado raramente em função de seu maior custo de fabricação. A aleta *anular* de perfil retangular é comumente utilizada para melhorar a transferência de calor em tubos circulares.

3.6.5 Eficiência Global da Superfície

De forma distinta da eficiência da aleta η_a, que caracteriza o desempenho de uma única aleta, a *eficiência global da superfície* η_o caracteriza um *conjunto* de aletas e a superfície base na qual ele está fixado. Conjuntos representativos de aletas são mostrados na Figura 3.21, em que S designa o passo das aletas. Em cada caso, a eficiência global é definida como

$$\eta_o = \frac{q_t}{q_{\text{máx}}} = \frac{q_t}{hA_t\theta_b} \tag{3.103}$$

na qual q_t é a taxa total de transferência de calor na área superficial A_t associada à área das aletas e à área exposta da base (frequentemente chamada de superfície *primária*). Se existirem N aletas no conjunto, cada uma com área superficial A_a, e a área da superfície primária for designada por A_b, a área superficial total será dada por

$$A_t = NA_a + A_b \tag{3.104}$$

A taxa máxima possível de transferência de calor ocorreria se toda superfície da aleta, assim como a área exposta da base, fossem mantidas a temperatura T_b.

A taxa total de transferência de calor por convecção nas aletas e na superfície primária (sem aletas) pode ser representada por

$$q_t = N\eta_a hA_a\theta_b + hA_b\theta_b \tag{3.105}$$

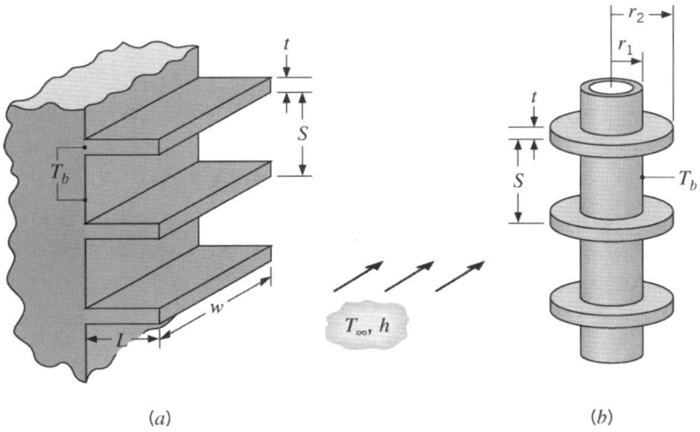

FIGURA 3.21 Conjuntos representativos de aletas. (*a*) Aletas retangulares. (*b*) Aletas anulares.

na qual o coeficiente convectivo h é considerado equivalente para a superfície das aletas e a superfície primária, e η_a é a eficiência de uma aleta. Assim,

$$q_t = h[N\eta_a A_a + (A_t - NA_a)]\theta_b$$
$$= hA_t\left[1 - \frac{NA_a}{A_t}(1 - \eta_a)\right]\theta_b \tag{3.106}$$

Substituindo a Equação 3.106 na Equação 3.103, tem-se que

$$\eta_o = 1 - \frac{NA_a}{A_t}(1 - \eta_a) \tag{3.107}$$

A partir do conhecimento de η_o, a Equação 3.103 pode ser usada para calcular a taxa total de transferência de calor em um conjunto de aletas.

Lembrando a definição da resistência térmica da aleta, Equação 3.88, a Equação 3.103 pode ser utilizada na dedução de uma expressão para a resistência térmica de um conjunto de aletas. Isto é,

$$R_{t,o} = \frac{\theta_b}{q_t} = \frac{1}{\eta_o hA_t} \tag{3.108}$$

na qual $R_{t,o}$ é uma resistência efetiva que leva em conta as trajetórias do calor paralelas por condução/convecção nas aletas e por convecção na superfície primária. A Figura 3.22 ilustra os circuitos térmicos correspondentes às trajetórias paralelas e as suas representações em termos de uma resistência efetiva.

Se as aletas forem usinadas como uma parte integrante da parede da qual elas se projetam (Figura 3.22*a*), não há resistência de contato em suas bases. Entretanto, é mais frequente as aletas serem fabricadas separadamente e depois fixadas à parede por meio de uma junta metalúrgica ou adesiva. Alternativamente, a fixação pode envolver uma *junta de pressão*, na qual as aletas são forçadas em fendas usinadas sobre o material da parede. Nestes casos (Figura 3.22*b*), há uma resistência térmica de contato, $R_{t,c}$, que pode influenciar negativamente o desempenho térmico global. Uma resistência efetiva para o circuito pode novamente ser obtida, onde, agora, com a resistência de contato,

$$R_{t,o(c)} = \frac{\theta_b}{q_t} = \frac{1}{\eta_{o(c)}hA_t} \tag{3.109}$$

Mostra-se facilmente que a eficiência global da superfície correspondente é

$$\eta_{o(c)} = 1 - \frac{NA_a}{A_t}\left(1 - \frac{\eta_a}{C_1}\right) \tag{3.110a}$$

na qual

$$C_1 = 1 + \eta_a hA_a(R''_{t,c}/A_{c,b}) \tag{3.110b}$$

Na fabricação, deve-se tomar cuidado para garantir que $R_{t,c} \ll R_{t,a}$.

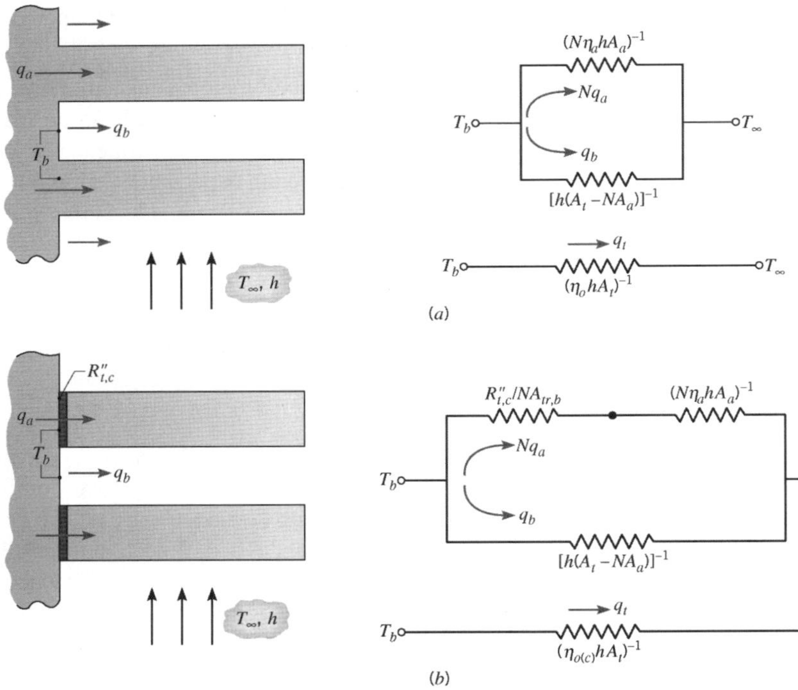

FIGURA 3.22 Conjunto de aletas e circuitos térmicos. (*a*) Aletas integradas à base. (*b*) Aletas fixadas na base.

EXEMPLO 3.10

O cilindro do pistão do motor de uma motocicleta é construído em liga de alumínio 2024-T6, tendo uma altura $H = 100$ mm e um diâmetro externo $D = 2r_1 = 50$ mm. Sob condições típicas de operação, uma taxa de $q_t = 2$ kW é transferida do cilindro para o ar ambiente a 300 K, com um coeficiente de convecção de 75 W/(m^2 · K). Aletas anulares são fundidas integralmente com o cilindro para reduzir a temperatura do mesmo. Considere dez destas aletas, com espessura $t = 4$ mm, comprimento $L = 20$ mm e igualmente espaçadas. Qual é a redução da temperatura do cilindro que pode ser atingida com o uso de aletas?

SOLUÇÃO

Dados: Condições operacionais de um cilindro aletado de uma motocicleta.

Achar: Redução da temperatura do cilindro associado ao uso de aletas.

Esquema:

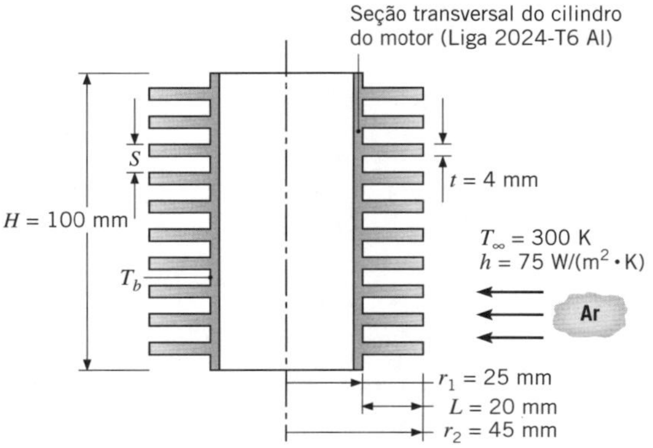

Considerações:

1. Condições de regime estacionário.
2. Temperatura uniforme através da espessura da aleta.
3. Propriedades constantes.
4. Troca radiante com a vizinhança desprezível.
5. Coeficiente convectivo uniforme sobre a superfície externa (com ou sem aletas).

Propriedades: Tabela A.1, liga de alumínio 2024-T6 ($T \approx$ 550 K): $k = 186$ W/(m · K).

Análise: Com as aletas no lugar, a Equação 3.106 pode ser reorganizada para determinar uma expressão para a temperatura do cilindro

$$T_b = T_\infty + \frac{q_t}{hA_a\left[1 - \frac{NA_a}{A_t}(1 - n_a)\right]}$$

na qual $A_a = 2\pi(r_{2c}^2 - r_1^2) = 2\pi[(0{,}047\ \text{m})^2 - (0{,}025\ \text{m})^2] = 0{,}00995\ \text{m}^2$ e, da Equação 3.104, $A_t = NA_a + 2\pi r_1(H - Nt) = 0{,}0995\ \text{m}^2 + 2\pi(0{,}025\ \text{m})[0{,}10\ \text{m} - 0{,}04\ \text{m}] = 0{,}109\ \text{m}^2$. Com $r_{2c}/r_1 = 1{,}88$, $L_c = 0{,}022$ m, $A_p = 8{,}8 \times 10^{-5}\ \text{m}^2$, obtemos $L_c^{3/2}(h/kA_p)^{1/2} = 0{,}221$. Assim, da Figura 3.20 (ou Equação 3.96), a eficiência da aleta é $\eta_a \approx 0{,}96$. Com as aletas, a temperatura do cilindro é

$$T_b = 27\ °\text{C} + \frac{2000\ \text{W}}{75\ \text{W/(m}^2 \cdot \text{K)} \times 0{,}109\ \text{m}^2 \left[1 - \frac{10 \times 0{,}00995\ \text{m}^2}{0{,}109\ \text{m}^2}(1 - 0{,}96)\right]}$$

$$= 282\ °\text{C}$$

Sem as aletas, a temperatura do cilindro seria

$$T_{b,\text{wo}} = T_\infty + \frac{q_t}{h(2\pi r_1 H)} = 27\ °\text{C}$$
$$+ \frac{2000\ \text{W}}{75\ \text{W/(m}^2\cdot\text{K)}(2\pi \times 0{,}025\ \text{m} \times 0{,}10\ \text{m})} = 1725\ °\text{C}$$

Desta forma, a redução na temperatura do cilindro é

$$\Delta T_b = T_{b,\text{wo}} - T_b = 1725\ °\text{C} - 282\ °\text{C} = 1443\ °\text{C} \qquad \triangleleft$$

Comentários:

1. Da Tabela A.1, a temperatura de fusão da liga de alumínio 2024-T6 é 775 K = 502 °C. O motor tem que ser equipado com aletas para evitar sua falha.
2. As aletas são de alta eficiência. Considerando aletas isotérmicas ($\eta_a = 1$), a temperatura do cilindro seria $T_b = T_\infty + q_t/hA_t = 272$ °C, que é apenas levemente menor que a temperatura prevista.
3. Reduções maiores na temperatura do cilindro poderiam ser alcançadas pela adição de mais aletas. Considerando uma folga de 2 mm em cada extremidade do conjunto de aletas e um espaçamento mínimo entre as aletas de 4 mm o número máximo de aletas possível é $N_{\text{máx}} = H/S =$ 0,10 m/(0,004 + 0,004) m = 12,5, que arredondamos para baixo para $N_{\text{máx}} = 12$. O uso de 12 aletas reduz a temperatura do cilindro para $T_b = 245$ °C.
4. A temperatura considerada de 550 K (277 °C), que foi usada para determinar a condutividade térmica, é razoável.
5. A opção *Models/Extended Surfaces* na seção *Advanced* do *IHT* fornece modelos prontos para o uso de aletas planas, pinos e aletas anulares, bem como para conjuntos de aletas. Os modelos incluem as relações da eficiência das Figuras 3.19 e 3.20, e da Tabela 3.5.

3.7 Outras Aplicações da Condução Unidimensional em Regime Estacionário

Concluímos nossa discussão sobre condução unidimensional em regime estacionário considerando três tópicos especiais. A quantificação da transferência de calor no interior do corpo humano é importante em virtude do desenvolvimento de novos tratamentos médicos, que envolvem temperaturas extremas [16], e nós exploramos ambientes termicamente adversos, como o Ártico, o ambiente submarino e o espaço. Como ficará evidente, a previsão da transferência de calor em tecidos vivos envolve extensões do material sobre condução com geração de energia térmica, Seção 3.5, e da transferência de calor a partir de superfícies estendidas, Seção 3.6. Geração termoelétrica de potência envolve a conversão em estado sólido de calor em energia elétrica, que pode ser utilizada para reduzir, talvez significativamente, a quantidade de energia desperdiçada associada com a geração de potência mostrada na Figura 1.12*a*. Em face da conversão de uma forma de energia (calor) em uma segunda forma (potência elétrica), a análise da conversão de energia termoelétrica requer a aplicação cuidadosa da primeira lei da termodinâmica, como apresentado na Seção 1.3. A análise também utiliza o material relativo à condução com geração de energia térmica, apresentado na Seção 3.5 e no Apêndice C. Finalmente, efeitos em nanoescala, inicialmente apresentados na Seção 2.2.1 no contexto de propriedades termofísicas da matéria, são quantificados em maiores detalhes nesta seção.

3.7.1 *A Equação do Biocalor*

Há dois principais fenômenos que tornam a transferência de calor em tecidos vivos mais complexa do que nos materiais convencionais de engenharia: geração de calor metabólica e a troca de energia térmica entre o sangue em escoamento e o tecido circundante. Pennes [17] introduziu uma modificação na equação do calor, atualmente conhecida como equação de Pennes ou equação do biocalor, para levar em conta estes efeitos. Sabe-se que a equação do biocalor tem limitações, mas ela continua sendo uma ferramenta útil para o entendimento da transferência de calor em tecidos vivos. Nesta seção, apresentamos uma versão simplificada da equação do biocalor para o caso de transferência de calor unidimensional em regime estacionário.

A geração de calor metabólica e a troca de energia térmica com o sangue podem ser vistas como efeitos de geração de energia térmica. Consequentemente, podemos reescrever a Equação 3.44 para levar em conta estas duas fontes de calor na forma

$$\frac{d^2T}{dx^2} + \frac{\dot{q}_m + \dot{q}_p}{k} = 0 \qquad (3.111)$$

na qual $\dot{q}_m$ e $\dot{q}_p$ são os termos de fonte de calor *metabólica* e em função da *perfusão*, respectivamente. O termo da perfusão representa a troca de energia entre o sangue e o tecido e é uma fonte ou um sumidouro de energia em função de a transferência de calor ocorrer do sangue ou para o sangue, respectivamente. A condutividade térmica foi considerada constante ao se escrever a Equação 3.111.

Pennes propôs uma expressão para o termo da perfusão, $\dot{q}_p$, supondo que, no interior de qualquer pequeno volume de tecido, o sangue que escoa nos pequenos capilares entra com a temperatura arterial, T_a, e sai com a temperatura do tecido local, T. A taxa na qual o calor é ganho pelo tecido é a taxa na qual o calor é perdido pelo sangue. Sendo a taxa de perfusão ω (m^3/s de escoamento volumétrico de sangue por m^3 de tecido), a perda de calor do sangue pode ser calculada pela Equação 1.12e, ou, com base em uma unidade de volume,

$$\dot{q}_p = \omega \rho_s c_s (T_a - T) \qquad (3.112)$$

na qual ρ_s e c_s são a massa específica e o calor específico do sangue, respectivamente. Note que $\omega\rho_s$ é a vazão mássica de sangue por unidade de volume do tecido.

Substituindo a Equação 3.112 na Equação 3.111, encontramos

$$\frac{d^2T}{dx^2} + \frac{\dot{q}_m + \omega\rho_s c_s(T_a - T)}{k} = 0 \qquad (3.113)$$

Usando nossa experiência com superfícies estendidas, é conveniente definir um excesso de temperatura na forma $\theta \equiv T - T_a - \dot{q}_m/(\omega\rho_s c_s)$. Então, se considerarmos T_a, $\dot{q}_m$, ω e as propriedades do sangue constantes, a Equação 3.113 pode ser reescrita como

$$\frac{d^2\theta}{dx^2} - \tilde{m}^2\theta = 0 \qquad (3.114)$$

na qual $\tilde{m}^2 = \omega\rho_s c_s/k$. Essa equação é idêntica, na forma, à Equação 3.69. Dependendo da forma das condições de contorno, pode ser possível o uso dos resultados da Tabela 3.4 para estimar a distribuição de temperaturas no interior do tecido vivo.

EXEMPLO 3.11

No Exemplo 1.6, a temperatura na superfície interna da camada de pele/gordura foi informada igual a 35 °C. Na realidade, essa temperatura depende das condições de transferência de calor existentes, incluindo fenômenos que ocorrem mais para o interior do corpo. Considere uma região de músculo com uma camada de pele/gordura sobre ela. Em uma profundidade L_m = 30 mm no interior do músculo, a temperatura pode ser considerada igual à temperatura do núcleo corporal T_c = 37 °C. A condutividade térmica do músculo é k_m = 0,5 W/(m · K). A taxa de geração de calor metabólica no interior do músculo é $\dot{q}_m$ = 700 W/m^3. A taxa de perfusão é ω = 0,0005 s^{-1}; a massa específica e o calor específico do sangue são ρ_s = 1000 kg/m^3 e c_s = 3600 J/(kg · K), respectivamente, e a temperatura do sangue arterial, T_a, é a mesma da temperatura do núcleo corporal. A espessura, a emissividade e a condutividade térmica da camada de pele/gordura são as mesmas que foram informadas no Exemplo 1.6; a geração de calor metabólica e a perfusão nessa camada podem ser desprezadas. Desejamos prever a taxa de perda de calor do corpo e a temperatura na superfície interna da camada de pele/gordura para o corpo no ar e na água, como no Exemplo 1.6.

SOLUÇÃO

Dados: Dimensões e condutividades térmicas de uma camada de músculo e de uma camada de pele/gordura. Emissividade da pele e área superficial. Taxa de geração de calor metabólica e taxa de perfusão no interior da camada de músculo. Temperatura do núcleo corporal e temperatura arterial. Massa específica e calor específico do sangue. Condições ambientais.

Achar: Taxa de perda de calor do corpo e temperatura na superfície interna da camada de pele/gordura.

Esquema:

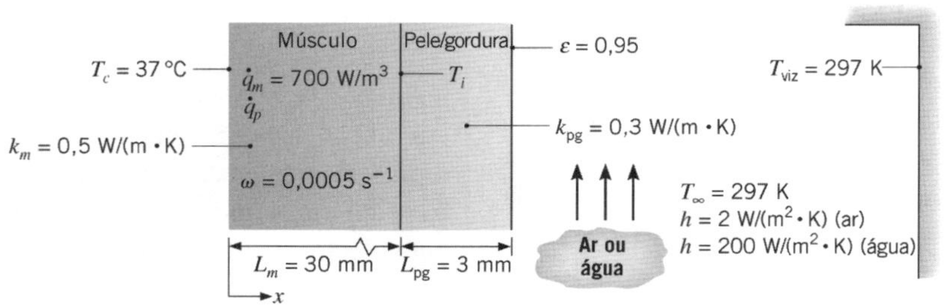

Considerações:

1. Condições de regime estacionário.
2. Transferência de calor unidimensional através das camadas de músculo e de pele/gordura.
3. Taxa de geração de calor metabólica, taxa de perfusão, temperatura arterial, propriedades do sangue e condutividades térmicas uniformes.
4. Coeficiente de transferência de calor por radiação conhecido do Exemplo 1.6.
5. Irradiação solar desprezível.

Análise: Combinaremos uma análise da camada de músculo com o tratamento da transferência de calor através da camada de pele/gordura e para o ambiente. A taxa de transferência de calor pela camada de pele/gordura e para o ambiente pode ser representada em termos de uma resistência total, R_{tot}, como

$$q = \frac{T_i - T_\infty}{R_{tot}} \qquad (1)$$

Como no Exemplo 3.1 e para a exposição da pele ao ar, R_{tot} responde pela condução através da camada de pele/gordura em série com a transferência de calor por convecção e por radiação, que estão em paralelo. Assim,

$$R_{tot} = \frac{L_{pg}}{k_{pg}A} + \left(\frac{1}{1/hA} + \frac{1}{1/h_rA}\right)^{-1} = \frac{1}{A}\left(\frac{L_{pg}}{k_{pg}} + \frac{1}{h + h_r}\right)$$

Usando os valores do Exemplo 1.6 para o ar,

$$R_{tot} = \frac{1}{1,8 \text{ m}^2}\left(\frac{0,003 \text{ m}}{0,3 \text{ W/(m}\cdot\text{K)}} + \frac{1}{(2 + 5,9) \text{ W/(m}^2\cdot\text{K)}}\right) = 0,076 \text{ K/W}$$

Para a água, com $h_r = 0$ e $h = 200$ W/(m^2 · K), $R_{tot} = 0,0083$ W/(m^2 · K).

A transferência de calor na camada de músculo é governada pela Equação 3.114. As condições de contorno são especificadas em termos das temperaturas, T_c e T_i, em que T_i é a temperatura da superfície interna da camada de pele/gordura, até agora desconhecida. Em termos do excesso de temperatura $\theta = T - T_a - \dot{q}_m/(\omega\rho_s c_s)$, as condições de contorno são, então,

$$\theta(0) = T_c - T_a - \frac{\dot{q}_m}{\omega\rho_s c_s} = \theta_c \quad \text{e} \quad \theta(L_m) = T_i - T_a - \frac{\dot{q}_m}{\omega\rho_s c_s} = \theta_i$$

Como temos duas condições de contorno envolvendo temperaturas especificadas, a solução para θ é dada pelo Caso C da Tabela 3.4,

$$\frac{\theta}{\theta_c} = \frac{(\theta_i/\theta_c)\text{senh } \tilde{m}x + \text{senh } \tilde{m}(L_m - x)}{\text{senh } \tilde{m}L_m}$$

O valor de q_a dado na Tabela 3.4 corresponderia à taxa de transferência de calor em $x = 0$, mas isso não é o nosso interesse. Nós procuramos a taxa na qual o calor deixa o músculo e entra na camada de pele/gordura, de tal forma que possamos igualar esta grandeza à taxa na qual o calor é transferido através da camada de pele/gordura e para o ambiente. Consequentemente, calculamos a taxa de transferência de calor em $x = L_m$ como

$$q\Big|_{x=L_m} = -k_m A \frac{dT}{dx}\Big|_{x=L_m} = -k_m A \frac{d\theta}{dx}\Big|_{x=L_m} = -k_m A\tilde{m}\theta_c \frac{(\theta_i/\theta_c)\cosh \tilde{m}L_m - 1}{\text{senh } \tilde{m}L_m} \tag{2}$$

Combinando as Equações 1 e 2, obtemos

$$-k_m A\tilde{m}\theta_c \frac{(\theta_i/\theta_c)\cosh \tilde{m}L_m - 1}{\text{senh } \tilde{m}L_m} = \frac{T_i - T_\infty}{R_{tot}}$$

Essa expressão pode ser explicitada em T_i, lembrando que T_i também aparece em θ_i.

$$T_i = \frac{T_\infty \text{ senh } \tilde{m}L_m + k_m A\tilde{m}R_{tot}\left[\theta_c + \left(T_a + \frac{\dot{q}_m}{\omega\rho_s c_s}\right)\cosh \tilde{m}L_m\right]}{\text{senh } \tilde{m}L_m + k_m A\tilde{m}R_{tot}\cosh \tilde{m}L_m}$$

em que

$$\tilde{m} = \sqrt{\omega\rho_s c_s/k_m} = [0,0005 \text{ s}^{-1} \times 1000 \text{ kg/m}^3 \times 3600 \text{ J/(kg}\cdot\text{K)}/0,5 \text{ W/(m}\cdot\text{K)}]^{1/2} = 60 \text{ m}^{-1}$$

$$\text{senh}(\tilde{m}L_m) = \text{senh}(60 \text{ m}^{-1} \times 0,03 \text{ m}) = 2,94$$
$$\cosh(\tilde{m}L_m) = \cosh(60 \text{ m}^{-1} \times 0,03 \text{ m}) = 3,11$$

e

$$\theta_c = T_c - T_a - \frac{\dot{q}_m}{\omega\rho_s c_s} = -\frac{\dot{q}_m}{\omega\rho_s c_s} = -\frac{700 \text{ W/m}^3}{0,0005 \text{ s}^{-1} \times 1000 \text{ kg/m}^3 \times 3600 \text{ J/(kg}\cdot\text{K)}} = -0,389 \text{ K}$$

O excesso de temperatura pode ser representado em kelvin ou em graus Celsius, pois ele é uma diferença de temperaturas.

Desta forma, para o ar:

$$T_i = \frac{\{24\ ^\circ\text{C} \times 2,94 + 0,5 \text{ W/(m}\cdot\text{K)} \times 1,8 \text{ m}^2 \times 60 \text{ m}^{-1} \times 0,076 \text{ K/W}[-0,389\ ^\circ\text{C} + (37\ ^\circ\text{C} + 0,389\ ^\circ\text{C}) \times 3,11]\}}{2,94 + 0,5 \text{ W/(m}\cdot\text{K)} \times 1,8 \text{ m}^2 \times 60 \text{ m}^{-1} \times 0,076 \text{ K/W} \times 3,11} = 34,8\ ^\circ\text{C} \triangleleft$$

A seguir, podemos determinar a taxa de perda de calor:

$$q = \frac{T_i - T_\infty}{R_{tot}} = \frac{34{,}8\ °C - 24\ °C}{0{,}076\ K/W} = 142\ W \qquad \triangleleft$$

Repetindo o cálculo para a água, encontramos

$$T_i = 28{,}2\ °C \qquad \triangleleft$$

$$q = 514\ W \qquad \triangleleft$$

Comentários:

1. A taxa de perda de calor para o ar concorda bem com o valor calculado no Exemplo 1.6. Isto ocorre porque a temperatura interna especificada da camada de pele/gordura no Exemplo 1.6 (T_i = 35 °C) é próxima ao valor calculado aqui (T_i = 34,8 °C). Em contraste, a taxa de perda de calor para a água não tem uma boa concordância com o valor calculado no Exemplo 1.6, pois a temperatura T_i determinada aqui (28,2 °C) difere substancialmente do valor especificado no Exemplo 1.6.
2. Em realidade, nossos corpos se ajustam de muitas maneiras ao ambiente térmico. Por exemplo, se estivermos com muito frio, nós iremos tremer, o que aumenta nossa taxa de geração metabólica de calor. Se estivermos com muito calor, a taxa de perfusão próxima à temperatura da pele irá aumentar, aumentando localmente a temperatura da pele de forma a aumentar a taxa de perda de calor para o ambiente.
3. Os cálculos podem ser repetidos para uma faixa de valores da taxa de perfusão e a dependência da taxa de perda de calor com a taxa de perfusão é ilustrada a seguir. O efeito é mais forte para o caso da água como ambiente, porque a temperatura do músculo é menor e, consequentemente, o efeito da perfusão do sangue arterial quente é mais pronunciado.

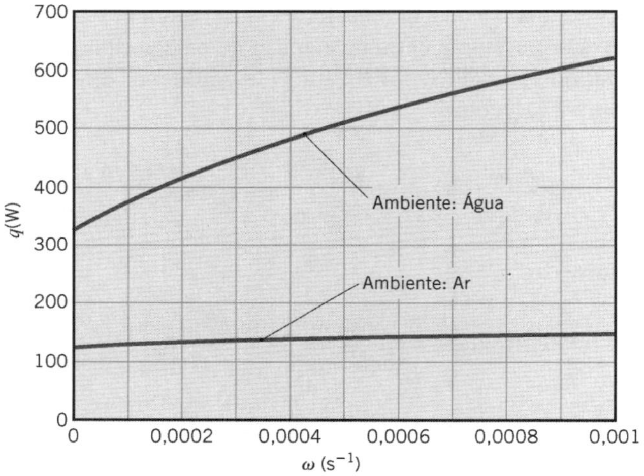

3.7.2 *Geração de Potência Termoelétrica*

Como observado na Seção 1.6, aproximadamente 60 % da energia consumida no mundo é rejeitada na forma de calor residual. Como tal, existe uma oportunidade de colher esta corrente de energia e converter parte dela em potência útil. Uma abordagem envolve a *geração de potência termoelétrica*, que opera baseada em um princípio fundamental chamado de *efeito Seebeck*, que enuncia que, quando um gradiente de temperatura é estabelecido no interior de um material, um gradiente de voltagem correspondente é induzido. O *coeficiente de Seebeck S* é uma propriedade do material representando a proporcionalidade entre gradientes de voltagem e temperatura e, portanto, tem unidades de volt/K. Em um material com propriedade constante no qual há condução unidimensional, como ilustrado na Figura 3.23*a*,

$$E_1 - E_2 = S(T_1 - T_2) \qquad (3.115)$$

Materiais condutores elétricos podem exibir valores negativos ou positivos do coeficiente de Seebeck, dependendo de como ele dispersa elétrons. O coeficiente de Seebeck é muito pequeno em metais, mas pode ser relativamente grande em alguns materiais semicondutores.

Se o material da Figura 3.23*a* estiver instalado em um circuito elétrico, a diferença de voltagens induzida pelo efeito Seebeck pode fazer aparecer uma corrente elétrica *I*, e potência elétrica pode ser gerada a partir de calor rejeitado que induza uma diferença de temperaturas ao longo do material. Um *circuito termoelétrico* simplificado, constituído por dois *pellets* de material semicondutor, é mostrado na Figura 3.23*b*. Misturando diminutas quantidades de um elemento secundário no material dos *pellets*, o sentido da corrente induzida pelo efeito Seebeck pode ser manipulado. Os semicondutores *tipo-p* e *tipo-n* resultantes, que são caracterizados por coeficientes de Seebeck positivos e negativos, respectivamente, podem ser arrumados como mostrado na figura. Calor é fornecido no

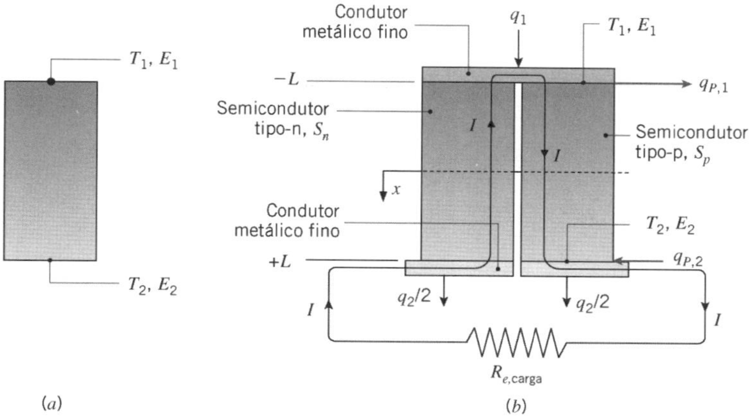

Figura 3.23 Fenômenos termoelétricos. (*a*) O efeito Seebeck. (*b*) Um circuito termoelétrico simplificado constituído por um par ($N = 1$) de *pellets* semicondutores.

topo do dispositivo e perdido pela base, e finos condutores metálicos conectam os semicondutores a uma carga externa representada por uma resistência elétrica, $R_{e,\text{carga}}$. No final das contas, a quantidade de potência elétrica produzida é governada pelas taxas de transferência de calor entrando e saindo do par de *pellets* semicondutores mostrados na Figura 3.23*b*.

Além de induzir uma corrente elétrica I, efeitos termoelétricos também induzem a geração ou absorção de calor *na interface* entre dois materiais diferentes. Este fenômeno de fonte ou sumidouro de calor é conhecido como *efeito Peltier*, e a quantidade de calor absorvida q_P está relacionada com os coeficientes de Seebeck dos materiais adjacentes por uma equação com a forma

$$q_P = I(S_p - S_n)T = IS_{p\text{-}n}T \tag{3.116}$$

na qual os coeficientes de Seebeck individuais, S_p e S_n, correspondem aos semicondutores tipo-p e tipo-n, e o coeficiente de Seebeck diferencial é $S_{p\text{-}n} \equiv S_p - S_n$. Na Equação 3.116 a temperatura é expressa em kelvin. A absorção de calor é positiva (geração é negativa) quando a corrente elétrica escoa do semicondutor tipo-n para o tipo-p. Consequentemente, na Figura 3.23*b*, a absorção de calor em função do efeito Peltier ocorre na interface quente entre os *pellets* semicondutores, e o fino condutor metálico superior, enquanto a geração de calor em função do efeito Peltier ocorre na interface fria entre os *pellets* e o condutor inferior.

Quando $T_1 > T_2$, as taxas de transferência de calor para e a partir do dispositivo, q_1 e q_2, respectivamente, podem ser determinadas a partir da solução da forma apropriada da equação da energia. A análise da condução unidimensional, em regime estacionário, no interior do arranjo da Figura 3.23*b* é feita como a seguir.

Admitindo que os finos condutores metálicos têm condutividades térmica e elétrica relativamente altas, a dissipação ôhmica ocorre exclusivamente no interior dos *pellets* semicondutores, cada um com uma área de seção transversal $A_{tr,s}$. As resistências térmicas dos condutores metálicos são consideradas desprezíveis, assim como a transferência de calor em qualquer gás retido entre os *pellets* semicondutores. Reconhecendo que a resistência elétrica de cada um dos dois *pellets* pode ser representada por $R_{e,s} = \rho_{e,s}(2L)/A_{tr,s}$, em que $\rho_{e,s}$ é a resistividade elétrica do material semicondutor, a Equação 3.43 pode ser usada para determinar a taxa volumétrica de geração uniforme no interior de cada *pellet*

$$\dot{q} = \frac{I^2\rho_{e,s}}{A_{tr,s}^2} \tag{3.117}$$

Considerando resistências de contato desprezíveis e propriedades termofísicas idênticas e uniformes em cada um dos dois *pellets* (com a exceção sendo $S_p = -S_n$), a Equação C.7 pode ser usada para escrever expressões para a condução térmica saindo e entrando no material semicondutor

$$q(x = L) = 2A_{tr,s}\left[\frac{k_s}{2L}(T_1 - T_2) + \frac{I^2\rho_{e,s}L}{A_{tr,s}^2}\right] \tag{3.118a}$$

$$q(x = -L) = 2A_{tr,s}\left[\frac{k_s}{2L}(T_1 - T_2) - \frac{I^2\rho_{e,s}L}{A_{tr,s}^2}\right] \tag{3.118b}$$

O fator 2 fora dos colchetes leva em conta a transferência de calor nos *dois pellets* e, como evidente, $q(x = L) > q(x = -L)$.

Em função do efeito Peltier, q_1 e q_2 *não* são iguais às taxas de transferência de calor para dentro e saindo dos *pellets*, como representadas nas Equações 3.118a,b. Incorporando a Equação 3.116 em um balanço de energia em uma superfície de controle envolvendo a interface entre o fino condutor metálico e o material semicondutor em $x = -L$, tem-se

$$q_1 = q(x = -L) + q_{P,1} = q(x = -L) + IS_{p\text{-}n}T_1 \tag{3.119}$$

Analogamente, em $x = L$,

$$q_2 = q(x = L) - IS_{n\text{-}p}T_2 = q(x = L) + IS_{p\text{-}n}T_2 \tag{3.120}$$

Combinando as Equações 3.118b e 3.119, obtém-se

$$q_1 = \frac{A_{tr,s}k_s}{L}(T_1 - T_2) + IS_{p\text{-}n}T_1 - 2\frac{I^2\rho_{e,s}L}{A_{tr,s}} \tag{3.121}$$

De modo similar, combinando as Equações 3.118a e 3.120, obtém-se

$$q_2 = \frac{A_{tr,s}k_s}{L}(T_1 - T_2) + IS_{p\text{-}n}T_2 + 2\frac{I^2\rho_{e,s}L}{A_{tr,s}} \tag{3.122}$$

A partir de um balanço de energia global no dispositivo termoelétrico, a potência elétrica produzida pelo efeito Seebeck é

$$P = q_1 - q_2 \tag{3.123}$$

Substituindo as Equações 3.121 e 3.122 nesta expressão, tem-se

$$\begin{aligned} P &= IS_{p\text{-}n}(T_1 - T_2) - 4\frac{I^2\rho_{e,s}L}{A_{tr,s}} \\ &= IS_{p\text{-}n}(T_1 - T_2) - I^2R_{e,\text{tot}} \end{aligned} \tag{3.124}$$

sendo $R_{e,\text{tot}} = 2R_{e,s}$.

A diferença de voltagens induzida pelo efeito Seebeck é relativamente pequena para um único par de *pellets* semicondutores. Para amplificar a diferença de voltagens, *módulos* termoelétricos são fabricados, como mostrado na Figura 3.24*a*, nos quais $N \gg 1$ pares de *pellets* semicondutores são ligados em série. Finas camadas de material dielétrico, usualmente uma cerâmica, emolduram os módulos para garantir rigidez estrutural e isolamento elétrico da vizinhança. Considerando as resistências térmicas das finas camadas de cerâmica desprezíveis, q_1, q_2, e a potência elétrica total do módulo, P_N, podem ser escritas a partir de modificações nas Equações 3.121, 3.122, 3.124 nas formas

$$q_1 = \frac{1}{R_{t,\text{cond,mod}}}(T_1 - T_2) + IS_{p\text{-}n,\text{ef}}T_1 - \frac{I^2R_{e,\text{ef}}}{2} \tag{3.125}$$

$$q_2 = \frac{1}{R_{t,\text{cond,mod}}}(T_1 - T_2) + IS_{p\text{-}n,\text{ef}}T_2 + \frac{I^2R_{e,\text{ef}}}{2} \tag{3.126}$$

$$P_N = q_1 - q_2 = IS_{p\text{-}n,\text{ef}}(T_1 - T_2) - I^2R_{e,\text{ef}} \tag{3.127}$$

nas quais $S_{p\text{-}n,\text{ef}} = NS_{p\text{-}n}$ e $R_{e,\text{ef}} = 2NR_{e,s}$ são o coeficiente de Seebeck *efetivo* e a resistência elétrica interna total do módulo, enquanto $R_{t,\text{cond,mod}} = L/(NA_{tr}k_s)$ é a resistência condutiva associada à matriz de módulos semicondutores p-n. Um circuito térmico equivalente para um módulo termoelétrico aquecido e resfriado por convecção é mostrado na Figura 3.24*b*. Se o aquecimento ou resfriamento for aplicado por radiação ou condução, a rede de resistências externas à parcela do módulo termoelétrico do circuito devem ser apropriadamente modificadas.

Retornando a um único circuito termoelétrico, como na Figura 3.23*b*, a eficiência é definida como $\eta_{TE} \equiv P/q_1$. Das Equações 3.121 e 3.124 pode ser visto que a eficiência depende da corrente elétrica de uma forma complexa. Entretanto, a eficiência pode ser maximizada ajustando-se a corrente a partir de variações na resistência da carga. A eficiência máxima resultante é dada por [18]

$$\eta_{TE} = \left(1 - \frac{T_2}{T_1}\right)\frac{\sqrt{1 + Z\bar{T}} - 1}{\sqrt{1 + Z\bar{T}} + T_2/T_1} \tag{3.128}$$

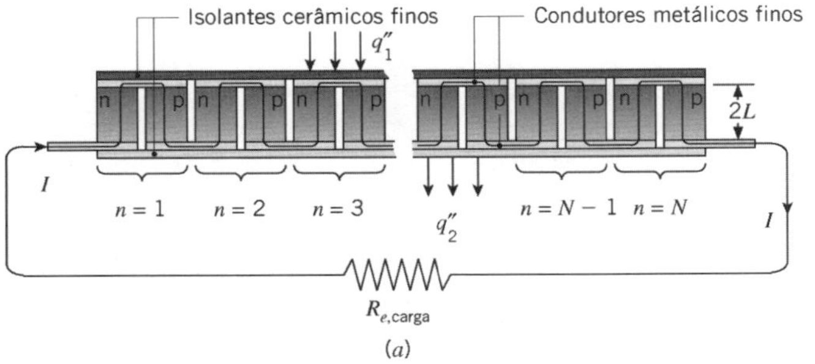

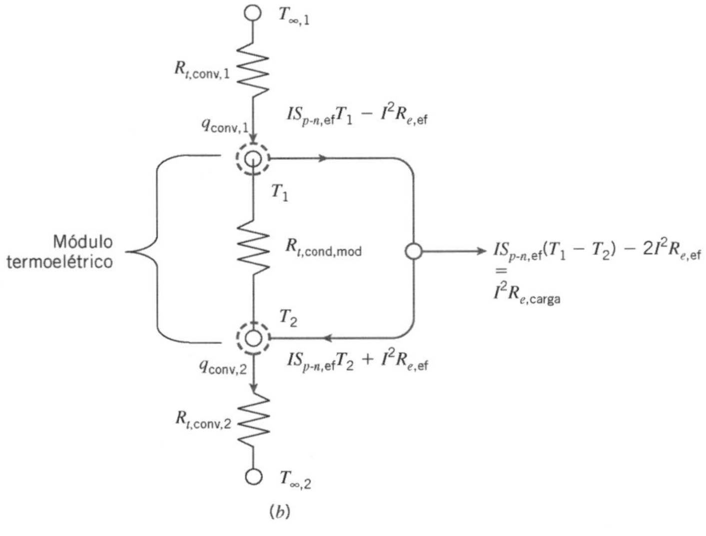

FIGURA 3.24 Módulo termoelétrico. (*a*) Seção transversal de um módulo constituído por *N* pares semicondutores. (*b*) Circuito térmico equivalente para um módulo aquecido e resfriado por convecção.

sendo $\overline{T} = (T_1 + T_2)/2$, $S \equiv S_p = -S_n$, e

$$Z = \frac{S^2}{\rho_{e,s} k_s} \tag{3.129}$$

Como a eficiência aumenta com o aumento de $Z\overline{T}$, $Z\overline{T}$ pode ser visto como um *índice de mérito* adimensional associado à geração termoelétrica [19]. Na medida em que $Z\overline{T} \to \infty$, $\eta_{TE} \to (1 - T_2/T_1) = (1 - T_f/T_q) \equiv \eta_C$, em que η_C é a eficiência de Carnot. Como discutido na Seção 1.3.2, a eficiência de Carnot e, por sua vez, a eficiência termoelétrica não podem ser determinadas até que as temperaturas quente e fria apropriadas sejam calculadas a partir de uma análise de transferência de calor.

Como $Z\overline{T}$ é definido em termos de condutividades térmicas e elétricas inter-relacionadas, muitas pesquisas estão sendo conduzidas para obter sob medida as propriedades dos *pellets* semicondutores, principalmente pela manipulação da nanoestrutura do material de modo a controlar independentemente o movimento de fônons e elétrons e, desta forma, as condutividades térmica e elétrica do material. No presente, valores de $Z\overline{T}$ aproximadamente iguais à unidade na temperatura ambiente são facilmente obtidos. Finalmente, observamos que os módulos termoelétricos podem ser operados na direção inversa; o fornecimento de potência elétrica *para* o módulo permite o controle das taxas de transferência de calor para ou a partir as superfícies externas da cerâmica. Tais *refrigeradores termoelétricos* ou *aquecedores termoelétricos* são usados em uma ampla variedade de aplicações. Uma discussão completa da modelagem da transferência de calor, unidimensional e em regime estacionário, associada a módulos termoelétricos de aquecimento e resfriamento, está disponível na literatura [20].

EXEMPLO 3.12

Um conjunto de $M = 48$ módulos termoelétricos está instalado na exaustão de um carro esporte. Cada módulo tem um coeficiente de Seebeck efetivo de $S_{p\text{-}n,\text{ef}} = 0{,}1435$ V/K, e uma resistência elétrica interna de $R_{e,\text{ef}} = 8\ \Omega$. Além disso, cada módulo tem largura e comprimento $W = 54$ mm e contém $N = 100$ pares de *pellets* semicondutores. Cada *pellet* tem um comprimento global de $2L = 5$ mm e uma área transversal $A_{tr,s} = 1{,}2 \times 10^{-5}$ m^2, e é caracterizado por uma condutividade térmica $k_s = 1{,}2$ W/(m · K). O lado quente de cada módulo é exposto aos gases de exaustão a $T_{\infty,1} = 550$ °C, com $h_1 = 40$ W/(m^2 · K), enquanto o lado oposto de cada módulo é resfriado por água pressurizada a $T_{\infty,2} = 105$ °C, com $h_2 = 500$ W/(m^2 · K). Estando os módulos ligados em série e a resistência da carga $R_{e,\text{carga}} = 400\ \Omega$, qual é a potência elétrica obtida a partir dos gases de exaustão quentes?

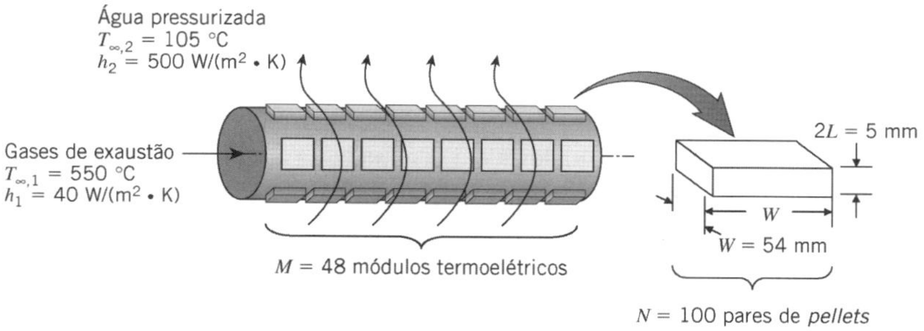

SOLUÇÃO

Dados: Propriedades e dimensões dos módulos termoelétricos, número de pares de semicondutores em cada módulo e número de módulos no conjunto. Temperaturas dos gases de exaustão e da água pressurizada, assim como os coeficientes de transferência de calor por convecção nas superfícies quente e fria dos módulos. Os módulos estão ligados em série e a resistência elétrica da carga é conhecida.

Achar: Potência produzida pelo conjunto de módulos.

Esquema:

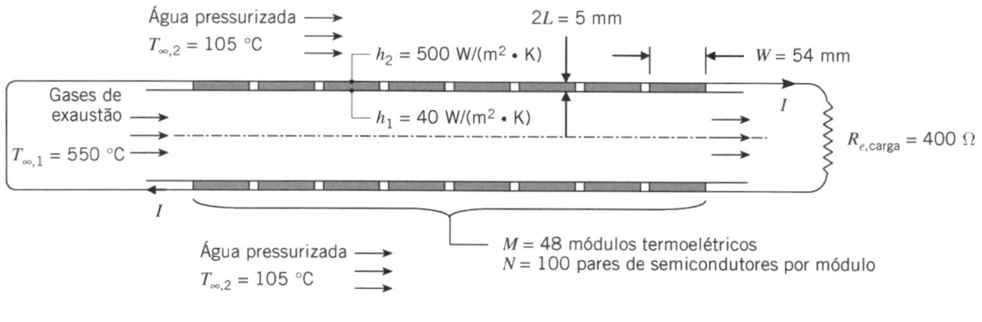

Considerações:

1. Condições de regime estacionário.
2. Transferência de calor unidimensional.
3. Propriedades constantes.
4. Resistências de contato elétricas e térmicas desprezíveis.
5. Troca por radiação desprezível e transferência de calor no gás dentro dos módulos desprezível.
6. Resistência condutiva desprezível nos contatos metálicos e nos isolantes cerâmicos dos módulos.

Análise: Começamos pela análise de um único módulo. A resistência condutiva em cada conjunto de semicondutores nos módulos é

$$R_{t,\text{cond,mod}} = \frac{L}{NA_{tr,s}k_s} = \frac{2{,}5 \times 10^{-3}\ \text{m}}{100 \times 1{,}2 \times 10^{-5}\ \text{m}^2 \times 1{,}2\ \text{W/(m} \cdot \text{K)}} = 1{,}736\ \text{K/W}$$

Da Equação 3.125,

$$q_1 = \frac{1}{R_{t,\text{cond,mod}}}(T_1 - T_2) + IS_{p\text{-}n,\text{ef}}\, T_1 - \frac{I^2 R_{e,\text{ef}}}{2} = \frac{(T_1 - T_2)}{1{,}736\ \text{K/W}} + I \times 0{,}1435\ \text{V/K} \times T_1 - I^2 \times 4\ \Omega \qquad (1)$$

enquanto da Equação 3.126,

$$q_2 = \frac{1}{R_{t,\text{cond,mod}}}(T_1 - T_2) + IS_{p\text{-}n,\text{ef}}\, T_2 + \frac{I^2 R_{e,\text{ef}}}{2} = \frac{(T_1 - T_2)}{1{,}736\ \text{K/W}} + I \times 0{,}1435\ \text{V/K} \times T_2 + I^2 \times 4\ \Omega \qquad (2)$$

Na superfície quente, a lei do resfriamento de Newton pode ser escrita na forma

$$q_1 = h_1 W^2 (T_{\infty,1} - T_1) = 40\ \text{W/(m}^2 \cdot \text{K)} \times (0{,}054\ \text{m})^2 \times [(550 + 273)\ \text{K} - T_1] \qquad (3)$$

enquanto na superfície fria,

$$q_2 = h_2 W^2 (T_2 - T_{\infty,2}) = 500\ \text{W/(m}^2 \cdot \text{K)} \times (0{,}054\ \text{m})^2 \times [T_2 - (105 + 273)\ \text{K}] \qquad (4)$$

Quatro equações foram escritas que incluem cinco incógnitas, q_1, q_2, T_1, T_2 e I. Uma equação adicional é obtida a partir do circuito elétrico. Com os módulos ligados em série, a potência elétrica total produzida pelos $M = 48$ módulos é igual à potência elétrica dissipada na resistência que representa a carga. A Equação 3.127 fornece

$$P_{\text{tot}} = MP_N = M[IS_{p\text{-}n,\text{ef}}(T_1 - T_2) - I^2 R_{e,\text{ef}}] = 48[I \times 0{,}1435\ \text{V/K} \times (T_1 - T_2) - I^2 \times 8\ \Omega] \qquad (5)$$

Como a potência elétrica produzida pelo módulo termoelétrico é dissipada na carga, tem-se que

$$P_{\text{tot}} = I^2 R_{\text{carga}} = I^2 \times 400\ \Omega \qquad (6)$$

As Equações de 1 a 6 podem ser resolvidas simultaneamente, fornecendo $P_{\text{tot}} = 46{,}9$ W. ◁

Comentários:

1. As Equações de 1 a 5 podem ser escritas diretamente a partir da observação do circuito térmico da Figura 3.24*b*.
2. As temperaturas das superfícies dos módulos são $T_1 = 173$ °C e $T_2 = 134$ °C, respectivamente. Se estas temperaturas fossem especificadas no enunciado do problema, a potência elétrica poderia ser obtida diretamente das Equações 5 e 6. Entretanto, em qualquer projeto prático de um gerador termoelétrico, uma análise da transferência de calor tem que ser efetuada para determinar a potência gerada.
3. A geração de potência é muito sensível em relação às resistências à transferência de calor por convecção. Para $h_1 = h_2 \to \infty$, $P_{\text{tot}} = 5900$ W. Para reduzir a resistência térmica entre o módulo e as correntes dos fluidos, dissipadores de calor aletados são frequentemente usados para aumentar a diferença de temperaturas por meio dos módulos e, desta forma, aumentar a sua produção de potência. Bons projeto e gerenciamento térmico são cruciais na maximização da geração de potência.
4. A recuperação de energia térmica contida na descarga com geradores termoelétricos pode eliminar a necessidade de um alternador, resultando no aumento na potência líquida produzida por um motor, em uma redução no peso do automóvel e em um aumento na relação distância/consumo de combustível de até 10 %.
5. Módulos termoelétricos, operando no modo aquecimento, podem ser embutidos em assentos de carros e alimentados por coletores termoelétricos na descarga, reduzindo os custos energéticos associados ao aquecimento da cabine do carro. Os módulos no assento podem também ser operados no modo resfriamento, potencialmente eliminando a necessidade de condicionadores de ar com base em compressão de vapor. Refrigerantes comuns, como o R134a, que são gases que causam o efeito estufa, são eliminados na atmosfera pelo vazamento por meio de selos e conexões, e despejados em quantidades maiores em colisões. A substituição em automóveis de condicionadores de ar com base na compressão de vapor por assentos termoelétricos refrigeradores personalizados pode eliminar o equivalente ao despejo de 45 milhões de toneladas métricas de CO_2 na atmosfera a cada ano somente nos Estados Unidos.

3.7.3 Condução em Nanoescala

Finalmente, consideramos situações nas quais as dimensões físicas pertinentes são pequenas, levando a efeitos de nanoescala potencialmente importantes.

Condução por Meio de Finas Camadas de Gás A Figura 3.25 mostra trajetórias instantâneas de moléculas de um gás entre duas superfícies sólidas, isotérmicas, separadas por uma distância L. Como discutido na Seção 1.2.1, mesmo na ausência de movimentação *global* do fluido, moléculas individualmente colidem continuamente nas duas fronteiras sólidas, que são mantidas a temperaturas uniformes $T_{s,1}$ e $T_{s,2}$, respectivamente. As moléculas também colidem entre si, trocando energia *no interior* do meio gasoso. Quando a espessura da camada gasosa é grande, $L = L_1$ (Figura 3.25*a*), uma certa molécula do gás irá colidir com mais frequência com outras moléculas do gás em comparação com suas colisões nas fronteiras sólidas. De modo alternativo, em uma camada de gás muito fina, $L = L_2 \ll L_1$ (Figura 3.25*b*), a probabilidade de uma molécula bater em qualquer das fronteiras sólidas é maior em relação à probabilidade de ela colidir com outra molécula.

O conteúdo energético de uma molécula de gás está associado às suas energias cinéticas translacional, rotacional e vibracional. É esta energia cinética em escala molecular que acaba definindo a temperatura do gás, e as colisões entre moléculas individuais determinam o valor da condutividade térmica, como discutido na Seção 2.2.1. Entretanto, a maneira na qual uma molécula de gás é refletida ou espalhada nas paredes sólidas também afeta seu nível de energia cinética e, por sua vez, a sua temperatura. Desta forma, colisões parede-molécula podem se tornar importantes na determinação da taxa de transferência de calor, q_x, na medida em que L/λ_{lpm} se torna pequeno.

A colisão de uma molécula individual de gás com uma parede sólida e o subsequente espalhamento podem ser descritos por um coeficiente de acomodação térmica, α_t,

$$\alpha_t = \frac{T_i - T_{\text{esp}}}{T_i - T_s} \tag{3.130}$$

com T_i sendo a temperatura efetiva da molécula imediatamente antes de bater na superfície sólida, T_{esp} a temperatura da

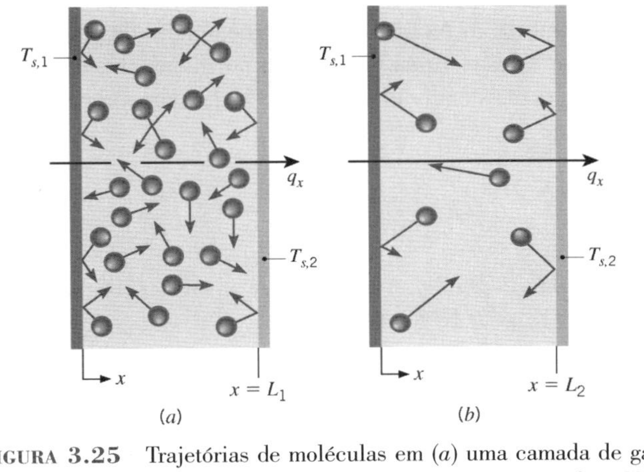

FIGURA 3.25 Trajetórias de moléculas em (*a*) uma camada de gás relativamente espessa e (*b*) uma camada de gás relativamente fina. Moléculas colidem entre si e nas duas paredes sólidas.

molécula logo após ser espalhada ou refletida pela superfície e T_s a temperatura da superfície. Quando a temperatura da molécula espalhada é idêntica à temperatura da parede, $\alpha_t = 1$. Por outro lado, se $T_{\text{esp}} = T_i$, a energia cinética da molécula e temperatura não são afetadas pela colisão com a parede e $\alpha_t = 0$.

Na condução unidimensional em um gás ideal contido entre duas superfícies mantidas a temperaturas $T_{s,1}$ e $T_{s,2} < T_{s,1}$, a taxa de transferência de calor através da camada de gás pode ser representada por [21]

$$q = \frac{T_{s,1} - T_{s,2}}{(R_{t,m-m} + R_{t,m-s})} \tag{3.131}$$

na qual, no nível molecular, as resistências térmicas estão associadas às colisões molécula-molécula e molécula-superfície

$$R_{t,m-m} = \frac{L}{kA} \quad \text{e} \quad R_{t,m-s} = \frac{\lambda_{\text{lpm}}}{kA}\left[\frac{2-\alpha_t}{\alpha_t}\right]\left[\frac{9\gamma - 5}{\gamma + 1}\right] \tag{3.132a,b}$$

Na expressão anterior, $\gamma \equiv c_p/c_v$ é a razão dos calores específicos do gás ideal. Os dois sólidos são considerados serem constituídos pelo mesmo material com valores iguais de α_t, e a diferença de temperaturas é suposta ser pequena em relação à parede fria, $(T_{s,1} - T_{s,2})/T_{s,2} \ll 1$, com a temperatura expressa em kelvin. As Equações 3.132a,b podem ser combinadas para fornecerem

$$\frac{R_{t,m-s}}{R_{t,m-m}} = \frac{\lambda_{\text{lpm}}}{L}\left[\frac{2-\alpha_t}{\alpha_t}\right]\left[\frac{9\gamma - 5}{\gamma + 1}\right]$$

da qual fica evidente que $R_{t,m\text{-}s}$ pode ser desprezada se L/λ_{lpm} for grande e $\alpha_t \neq 0$. Neste caso, a Equação 3.131 se reduz à Equação 3.6. Entretanto, $R_{t,m\text{-}s}$ pode ser significativa se L/λ_{lpm} for pequena. Da Equação 2.11, o livre percurso médio aumenta com a diminuição da pressão do gás. Assim, $R_{t,m\text{-}s}$ aumenta com a diminuição da pressão do gás, e a taxa de transferência de calor pode ser dependente da pressão quando L/λ_{lpm} for pequena. Valores de α_t para combinações específicas gás-superfícies variam de 0,87 a 0,97 para ar-alumínio e ar-aço, mas podem ser menores do que 0,02 quando hélio interage com superfícies metálicas limpas [21]. As Equações 3.131 e 3.132a,b podem ser usadas em situações nas quais $L/\lambda_{\text{lpm}} \gtrsim 0{,}1$. Para o ar na pressão atmosférica, isto corresponde a $L \gtrsim 10$ nm.

Condução Através de Interfaces Sólido-Sólido Como mostrado na Figura 3.4, uma resistência térmica de contato está associada com a interface separando dois materiais. A partir da Seção 3.1.4, sabemos que, para materiais de tamanho convencional, o valor da resistência de contato depende da rugosidade e topografia das superfícies adjacentes, assim como do fluido que preenche os interstícios da interface. Entretanto, uma resistência térmica entre dois materiais existirá mesmo quando as superfícies dos sólidos adjacentes são perfeitamente lisas, sem interstícios entre elas. Esta *resistência térmica de* *fronteira*, $R''_{t,f}$, é definida da mesma maneira que a resistência térmica de contato (Equação 3.20)

$$R''_{t,f} = \frac{T_A - T_B}{q''_x} \tag{3.133}$$

e é fundamentalmente em razão de diferenças nas estruturas dos dois materiais em nível atômico. A mudança abrupta da estrutura na interface impede a transferência dos fônons e elétrons pela interface e, desta forma, implica uma resistência térmica de fronteira.

Valores medidos de resistência térmica de fronteira entre duas superfícies sólidas perfeitamente lisas são mostrados na Tabela 3.6. Uma comparação das resistências térmicas de fronteira da Tabela 3.6 com as resistências térmicas de contato das Tabelas 3.1 e 3.2 mostra que as $R''_{t,f}$ são muitas ordens de grandeza menores que $R''_{t,c}$. Desta forma, resistências térmicas de fronteira são usualmente desprezíveis em aplicações envolvendo materiais de tamanho convencional. Entretanto, para materiais nanoestruturados ou nanodispositivos, a resistência térmica de fronteira pode ser significativa, como demonstrado no Exemplo 3.13.

TABELA 3.6 Resistência térmica de fronteira, $R''_{t,f} \times 10^{10}$ ($m^2 \times K/W$), para várias combinações sólido-sólido a 300 K [22]

Sólido A \ Sólido B	Alumínio	Ouro	Chumbo
Fluoreto de bário (BaF_2)	100	250	161
Óxido de alumínio (Al_2O_3)	95	222	182
Diamante	217	250	323

Condução Através de Finos Filmes Sólidos A condução unidimensional através ou ao longo de finos filmes sólidos foi discutida na Seção 2.2.1 em termos das condutividades térmicas k_x e k_y. A taxa de transferência de calor em um fino filme sólido pode ser aproximada pela combinação da Equação 2.9a com a Equação 3.5, que fornece

$$q_x = \frac{k_x A}{L}(T_{s,1} - T_{s,2}) = \frac{k[1 - \lambda_{\text{lpm}}/(3L)]A}{L}(T_{s,1} - T_{s,2}) \tag{3.134}$$

Quando L/λ_{lpm} é grande, a Equação 3.134 se reduz à Equação 3.4. Muitas expressões alternativas para k_x estão disponíveis e são discutidas na literatura [21].

EXEMPLO 3.13

Seja uma parede plana de um nanocompósito, mantido a temperatura ambiente, constituído por $N = 10.000$ camadas alternadas de ouro e óxido de alumínio (safira), cada uma com espessura δ. A parede possui espessura total $L = 1$ mm. Determine a resistência térmica da parede de nanocompósito e compare-a com as resistências térmicas de paredes de ouro puro e safira pura, também de espessura de $L = 1$ mm.

SOLUÇÃO

Dados: Composição, espessura e número de camadas alternadas de uma parede plana de nanocompósito.

Achar: Resistência térmica de paredes formadas pelo nanocompósito, por ouro e por safira.

Esquema:

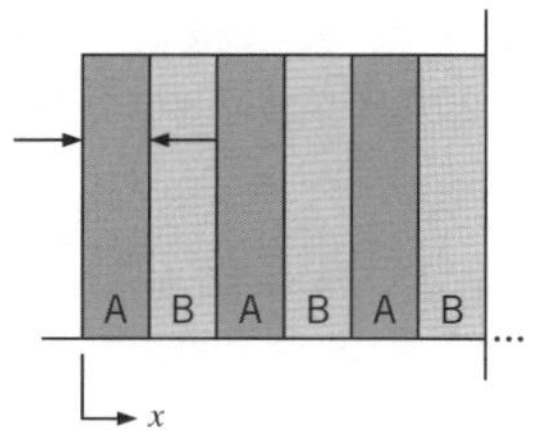

Considerações:

1. Condições de regime estacionário.
2. Condução unidimensional na direção x.
3. Sem geração interna de calor.
4. Propriedades constantes.

Propriedades: Tabela A.1, ouro (300 K): $k_{\text{Au}} = 317$ W/(m · K). Tabela A.2, safira (300 K): $k_s = 46$ W/(m · K).

Análise: A espessura de cada camada é $\delta_s = \delta_{Au} = L/N = 1 \times 10^{-3}$ m/10.000 = 100×10^{-9} m = 100 nm. A partir da Tabela 2.1, $\delta_s > L_{\text{crít},x,s} = 36$ nm e a condutividade térmica da safira é a mesma do seu valor global, $k_s = 46$ W/(m · K). Para as camadas de ouro, $\delta_{Au} < L_{\text{crít},x,Au} = 220$ nm. Da Equação 2.9a e da Tabela 2.1

$$k_{x,\text{au}} = k_{\text{au}}\left[1 - \frac{\lambda_{\text{lpm,au}}}{3\delta}\right] = 317\ \text{W/(m}\cdot\text{K)}\left[1 - \frac{31\ \text{nm}}{3 \times 100\ \text{nm}}\right]$$
$$= 284\ \text{W/(m}\cdot\text{K)}$$

A parede de nanocompósito é metade em volume em ouro e metade em safira. As resistências das camadas de ouro, safira e das interfaces ouro-safira estão organizadas em série. Desta forma, a resistência total da parede de nanocompósito por unidade de área é

$$R''_{\text{tot}} = \frac{L/2}{k_{x,\text{au}}} + \frac{L/2}{k_s} + NR''_{t,f}$$

A partir da Tabela 3.6, a interface ouro-safira (300 K): $R''_{t,f} = 222 \times 10^{-10}$ m^2 · K/W. Assim,

$$R''_{\text{tot}} = \frac{(0{,}5 \times 10^{-3}\ \text{m})}{284\ \text{W/(m}\cdot\text{K)}} + \frac{(0{,}5 \times 10^{-3}\ \text{m})}{46\ \text{W/(m}\cdot\text{K)}}$$
$$+ 1 \times 10^4 \times 222 \times 10^{-10}\ \text{m}^2 \cdot \text{K/W}$$
$$= 2{,}35 \times 10^{-4}\ \text{m}^2 \cdot \text{K/W} \quad \triangleleft$$

A resistência térmica da parede de ouro é

$$R''_{\text{tot,au}} = \frac{L}{k_{au}} = \frac{1\times10^{-3}\text{ m}}{317\text{ W/(m}\cdot\text{K)}} = 3{,}15\times10^{-6}\text{ m}^2\cdot\text{K/W} \quad \triangleleft$$

De modo similar, para a parede de safira

$$R''_{\text{tot},s} = \frac{L}{k_s} = \frac{1\times10^{-3}\text{ m}}{46\text{ W/(m}\cdot\text{K)}} = 21{,}7\times10^{-6}\text{ m}^2\cdot\text{K/W} \quad \triangleleft$$

Comentários:

1. Considerando a discussão da Seção 2.2.1, esta parede é outro exemplo de *material nanoestruturado*. A resistência térmica do nanocompósito é consideravelmente maior que aquela das paredes de ouro puro ou da safira pura.
2. Tentativas foram feitas para *reduzir* a resistência térmica de materiais de baixa condutividade térmica a partir da mistura destes materiais com nanopartículas sólidas de alta condutividade térmica. Por exemplo, nanotubos de carbono, tais como aqueles do Exemplo 3.4, poderiam ser misturados com um material plástico. Tais tentativas envolvem um balanço entre os efeitos benéficos associados com a alta condutividade térmica das nanopartículas e os efeitos adversos da resistência térmica de fronteira entre os nanotubos e o material base que o envolve. O nanocompósito resultante pode exibir uma resistência térmica que é menor ou maior do que o material base.
3. Se a parede tivesse espessura de $L = 1$ m com $N = 10.000$, a espessura de cada camada seria igual a $\delta = 100\ \mu$m $=$ 0,1 mm. Neste caso, as condutividades térmicas das camadas de ouro e safira seriam iguais aos seus valores globais, e as resistências térmicas totais seriam 0,00315, 0,0127 e 0,0217 m$^2\cdot$K/W para a parede de ouro, a parede compósita e a parede de safira, respectivamente. Agora, a resistência térmica da parede compósita está entre os valores das resistências térmicas das paredes de ouro e safira, como seria de se esperar em aplicações que não envolvessem efeitos de nanoescala na transferência de calor.
4. As resistências condutivas de 5000 camadas de ouro e 5000 camadas de safira foram combinadas em uma única resistência equivalente.

3.8 Resumo

Apesar da simplicidade matemática intrínseca, a transferência de calor unidimensional, em regime estacionário, ocorre em inúmeras aplicações de engenharia. Embora as condições unidimensionais, em regime estacionário, possam não representar fielmente a realidade, com frequência estas hipóteses podem ser feitas para a obtenção de resultados de razoável precisão. Portanto, você deve estar totalmente familiarizado com os métodos utilizados na solução desses problemas. Em particular, deve se sentir confortável ao usar os circuitos térmicos equivalentes e as expressões para as resistências térmicas condutivas nas três geometrias usuais. Você deve, também, estar familiarizado de como a equação do calor e a lei de Fourier podem ser usadas na obtenção de distribuições de temperaturas e dos fluxos correspondentes. As implicações da presença de uma fonte de energia internamente distribuída também devem estar compreendidas com clareza. Além disso, é preciso valorizar o papel importante que as superfícies estendidas podem desempenhar no projeto de sistemas térmicos e ter capacidade de efetuar projetos e cálculos de desempenho em tais superfícies. Finalmente, você deve entender como os conceitos anteriores podem ser aplicados na análise da transferência de calor no corpo humano, na geração termoelétrica de potência e na condução em escala nano.

Você pode testar o seu entendimento dos principais conceitos deste capítulo ao responder às questões a seguir.

- Sob quais condições pode ser dito que o *fluxo térmico* é uma constante independente da direção do escoamento do calor? Para cada uma destas condições, use argumentos físicos para se convencer de que o fluxo térmico não seria independente da direção se a condição não fosse satisfeita.
- Para a condução unidimensional, em regime estacionário, em uma casca cilíndrica ou esférica, sem geração de calor, o fluxo de calor radial é independente do raio? A taxa de transferência de calor radial é independente do raio?
- Para a condução unidimensional, em regime estacionário, sem geração de calor, qual é a forma da distribuição de temperaturas em uma *parede plana*? E em uma *casca cilíndrica*? E em uma *casca esférica*?
- O que é a *resistência térmica*? Como ela é definida? Quais são suas unidades?
- Para a condução através de uma *parede plana*, você pode escrever de memória a expressão da resistência térmica? Da mesma forma, você pode escrever expressões para a resistência térmica associada à condução através de cascas *cilíndricas* e *esféricas*? De memória, você pode escrever expressões para as resistências térmicas associadas à convecção em uma superfície e à troca líquida de radiação entre a superfície e uma grande vizinhança?
- Qual é a base física para a existência de um *raio crítico de isolante*? Como a condutividade térmica e o coeficiente convectivo afetam o seu valor?
- Como a resistência condutiva de um sólido é afetada pela sua condutividade térmica? Como a resistência convectiva em uma superfície é afetada pelo coeficiente convectivo? Como a resistência radiante é afetada pela emissividade da superfície?
- Se calor é transferido para fora de uma superfície por convecção e radiação, como as resistências térmicas correspondentes são representadas em um circuito?
- Considere condução em regime estacionário através de uma parede plana que separa dois fluidos a diferentes temperaturas, $T_{\infty,i}$ e $T_{\infty,e}$, adjacentes às superfícies interna e externa, respectivamente. Se o coeficiente convectivo na superfície externa for cinco vezes maior do que o na superfície interna, $h_e = 5h_i$, o que você pode dizer sobre a proximidade relativa das temperaturas das superfícies correspondentes, $T_{s,e}$ e $T_{s,i}$, em relação às dos respectivos fluidos adjacentes?
- Pode uma resistência térmica condutiva ser aplicada em um cilindro *sólido* ou em uma esfera *sólida*?
- O que é uma *resistência de contato*? Como ela é definida? Quais são suas unidades para uma interface de área especificada? Quais são suas unidades para uma área unitária?

- Como a resistência de contato é afetada pela rugosidade das superfícies em contato?
- Se o ar na região de contato entre duas superfícies for substituído por hélio, como a resistência térmica de contato é afetada? Como ela é afetada se for feito vácuo na região de contato?
- O que é o *coeficiente global de transferência de calor*? Como ele é definido e como está relacionado com a *resistência térmica total*? Quais são as suas unidades?
- Em um cilindro sólido circular com aquecimento volumétrico uniforme e transferência de calor por convecção em sua superfície, como o fluxo térmico varia com o raio? Como a taxa de transferência de calor varia com o raio?
- Em uma esfera sólida com aquecimento volumétrico uniforme e transferência de calor por convecção em sua superfície, como o fluxo térmico varia com o raio? Como a taxa de transferência de calor varia com o raio?
- É possível conseguir condições de regime estacionário em um cilindro ou esfera sólida na qual haja geração de calor e cuja superfície esteja perfeitamente isolada? Explique.
- Pode um material com geração de calor ser representado por uma resistência térmica e ser incluído em uma análise usando circuito? Se pode, por quê? Se não, por que não?
- Qual é o mecanismo físico associado ao cozimento em um forno de micro-ondas? Como as condições se diferenciam de um forno convencional (convectivo ou radiante)?
- Se radiação incide na superfície de um meio semitransparente e é absorvida na medida em que se propaga através do meio, a taxa volumétrica de geração de calor $\dot{q}$ correspondente será distribuída uniformemente no meio? Se não, como $\dot{q}$ variará com a distância da superfície?
- De que forma uma parede plana de espessura $2L$, com aquecimento volumétrico uniforme e condições convectivas equivalentes em ambas as superfícies, é similar a uma parede plana de espessura L, com o mesmo aquecimento volumétrico uniforme e as mesmas condições convectivas em uma superfície, mas com a superfície oposta isolada termicamente?
- Qual objetivo é satisfeito com a inserção de *aletas* em uma superfície?
- Na dedução da forma geral da equação da energia para uma superfície estendida, por que a hipótese de condução unidimensional é uma aproximação? Sob quais condições ela é uma boa aproximação?
- Considere uma aleta plana de seção transversal uniforme (Figura 3.15*a*). Para uma posição x na aleta, esboce a distribuição de temperaturas na direção normal (y), posicionando a origem da coordenada no plano central da aleta ($-t/2 \leq y \leq t/2$). Qual é a forma do balanço de energia na *superfície* aplicado na posição (x, $t/2$)?
- O que é *efetividade da aleta*? Qual é a faixa de valores possíveis? Sob quais condições as aletas são mais efetivas?
- O que é *eficiência da aleta*? Qual é a faixa de valores possíveis? Sob quais condições a eficiência será grande?
- O que é *resistência da aleta*? Quais são as suas unidades?
- Como a efetividade, a eficiência e a resistência térmica de uma aleta são afetadas se a sua condutividade térmica for aumentada? Se o coeficiente convectivo for aumentado? Se o comprimento da aleta for aumentado? Se a espessura (ou diâmetro) da aleta for aumentada?
- Calor é transferido da água quente escoando no interior de um tubo para o ar escoando sobre o tubo. Para aumentar a taxa de transferência de calor, aletas deveriam ser instaladas na superfície interior ou exterior do tubo?
- Uma aleta pode ser fabricada como parte integrante da superfície usando-se um processo de fundição ou extrusão, ou alternativamente ela pode ser soldada ou aderida à superfície. Com base em considerações térmicas, qual opção é preferível?
- Descreva as origens físicas dos dois termos fonte de calor na equação do biocalor. Sob quais condições o termo da perfusão é um sumidouro de calor?
- Como sumidouros de calor aumentam a potência elétrica gerada por um dispositivo termoelétrico?
- Sob quais condições as resistências térmicas associadas às interações molécula-parede se tornam importantes?

Referências

1. Fried, E., "Thermal Conduction Contribution to Heat Transfer at Contacts," in R. P. Tye, Ed., *Thermal Conductivity*, Vol. 2, Academic Press, London, 1969.
2. Eid, J. C., and V. W. Antonetti, "Small Scale Thermal Contact Resistance of Aluminum Against Silicon," in C. L. Tien, V. P. Carey, e J. K. Ferrel, Eds., Heat Transfer—1986, Vol. 2, Hemisphere, New York, 1986, pp. 659–664.
3. Snaith, B., P. W. O'Callaghan, and S. D. Probert, *Appl. Energy*, **16**, 175, 1984.
4. Yovanovich, M. M., "Theory and Application of Constriction and Spreading Resistance Concepts for Microelectronic Thermal Management," Apresentado no Simpósio International on Cooling Technology for Electronic Equipment, Honolulu, 1987.
5. Peterson, G. P., and L. S. Fletcher, "Thermal Contact Resistance of Silicon Chip Bonding Materials," Proceedings do Simpósio International on Cooling Technology for Electronic Equipment, Honolulu, 1987, pp. 438–448.
6. Yovanovich, M. M., and M. Tuarze, AIAA J. *Spacecraft Rockets*, **6**, 1013, 1969.
7. Madhusudana, C. V., and L. S. Fletcher, *AIAA J.*, **24**, 510, 1986.
8. Yovanovich, M. M., "Recent Developments in Thermal Contact, Gap and Joint Conductance Theories and Experiment," in C. L. Tien, V. P. Carey, and J. K. Ferrel, Eds., *Heat Transfer—1986*, Vol. 1, Hemisphere, New York, 1986, pp. 35–45.
9. Maxwell, J. C., *A Treatise on Electricity and Magnetism*, 3rd ed., Oxford University Press, Oxford, 1892.
10. Hamilton, R. L., and O. K. Crosser, *I&EC Fund.* **1**, 187, 1962.
11. Jeffrey, D. J., *Proc. Roy. Soc. A*, **335**, 355, 1973.
12. Hashin Z., and S. Shtrikman, *J. Appl. Phys.*, **33**, 3125, 1962.
13. Aichlmayr, H. T., and F. A. Kulacki, "The Effective Thermal Conductivity of Saturated Porous Media," in J. P. Hartnett, A. Bar-Cohen, e Y. I Cho, Eds., *Advances in Heat Transfer*, Vol. 39, Academic Press, London, 2006.
14. Harper, D. R., and W. B. Brown, "Mathematical Equations for Heat Conduction in the Fins of Air Cooled Engines," NACA Report No. 158, 1922.
15. Schneider, P. J., *Conduction Heat Transfer*, Addison-Wesley, Reading, MA, 1957.
16. Diller, K. R., and T. P. Ryan, *J. Heat Transfer*, **120**, 810, 1998.

17. Pennes, H. H., *J. Applied Physiology*, **85**, 5, 1998.
18. Goldsmid, H. J., "Conversion Efficiency and Figure-of-Merit," in D. M. Rowe, Ed., *CRC Handbook of Thermoelectrics*, Chap. 3, CRC Press, Boca Raton, 1995.
19. Majumdar, A., *Science*, **303**, 777, 2004.
20. Hodes, M., *IEEE Trans. Com. Pack. Tech.*, **28**, 218, 2005.
21. Zhang, Z. M., *Nano/Microscale Heat Transfer*, McGraw-Hill, New York, 2007.
22. Cahill, D. G., P. V. Braun, G. Chen, D. R. Clarke, S. Fan, K. E. Goodson, P. Keblinski, W. P. King, G. D. Mahan, A. Majumdar, J. M. Humphrey, S. R. Phillpot, E. Pop, and L. Shi, *App. Phys. Rev.*, **1**, 011305, 2014.

Problemas

Paredes Planas e Compostas

3.1 Considere a parede plana da Figura 3.1, que separa dois fluidos, um quente e o outro frio, a temperaturas $T_{\infty,1}$ e $T_{\infty,2}$, respectivamente. Usando balanços de energia nas superfícies $x = 0$ e $x = L$ como condições de contorno (veja a Equação 2.34), obtenha a distribuição de temperaturas no interior da parede e o fluxo térmico em termos de $T_{\infty,1}$, $T_{\infty,2}$, h_1, h_2, k e L.

3.2 Uma nova construção a ser localizada em clima frio está sendo projetada com um porão que tem uma parede com espessura $L = 200$ mm. As temperaturas interna e externa desta parede estarão a $T_i = 20$ °C e $T_e = 0$ °C, respectivamente. O arquiteto pode especificar o material da parede, composto por blocos de concreto aerado com $k_{ca} = 0{,}15$ W/(m · K) ou por concreto com brita. Para reduzir o fluxo térmico condutivo através da parede de concreto com brita em um nível equivalente ao da parede com concreto aerado, qual espessura de uma folha de poliestireno extrudado tem que ser aplicada na superfície interna da parede de concreto com brita? A dimensão do piso do porão é 20 m × 30 m e o aluguel esperado é de \$50/m²/mês. Qual o custo anual, em termos da perda de receita com o aluguel, se a parede de concreto com brita, com isolamento de poliestireno, for especificada?

3.3 O vidro traseiro de um automóvel é desembaçado pela passagem de ar quente sobre a sua superfície interna.

(a) Se o ar quente está a $T_{\infty,i} = 40$ °C e o coeficiente de transferência de calor por convecção correspondente é de $h_i = 30$ W/(m² · K), quais são as temperaturas das superfícies interna e externa do vidro, que tem 4 mm de espessura, se a temperatura do ar ambiente externo for $T_{\infty,e} = -10$ °C e o coeficiente convectivo associado for $h_e = 65$ W/(m² · K)?

[(b)] Na prática, $T_{\infty,e}$ e h_e variam com as condições climáticas e com a velocidade do carro. Para valores de $h_e = 2$, 65 e 100 W/(m² · K), calcule e represente graficamente as temperaturas das superfícies interna e externa do vidro como funções de $T_{\infty,e}$, para $-30 \leq T_{\infty,e} \leq 0$ °C.

3.4 Um dormitório em uma grande universidade, construído há 50 anos, tem as paredes externas construídas com um forro, que tem condutividade térmica $k_f = 0{,}1$ W/(m · K) e espessura $L = 30$ mm. Para reduzir a perda térmica no inverno, a universidade decidiu encapsular todo o dormitório com a aplicação de uma camada de $L_i = 30$ mm de isolante extrudado com $k_i = 0{,}029$ W/(m · K) na superfície externa do forro. O isolante extrudado é, por sua vez, coberto com vidro arquitetônico, $L_v = 5$ mm com $k_v = 1{,}4$ W/(m · K). Determine o fluxo térmico através das paredes original e remodelada, quando as temperaturas do ar interno e externo são $T_{\infty,i} = 22$ °C e $T_{\infty,e} = 0$ °C, respectivamente. Os coeficientes de transferência de calor interno e externo são $h_i = 5$ W/(m² · K) e $h_e = 30$ W/(m² · K), respectivamente.

3.5 Em um processo de fabricação, uma película transparente está sendo fixada sobre um substrato, conforme mostrado no esboço. Para curar a adesão a uma temperatura T_0, uma fonte radiante é usada para fornecer um fluxo térmico q_0'' (W/m²), que é totalmente absorvido na superfície da fixação. A parte inferior do substrato é mantida a T_1, enquanto a superfície livre da película está exposta ao ar a T_∞, com um coeficiente de transferência de calor por convecção h.

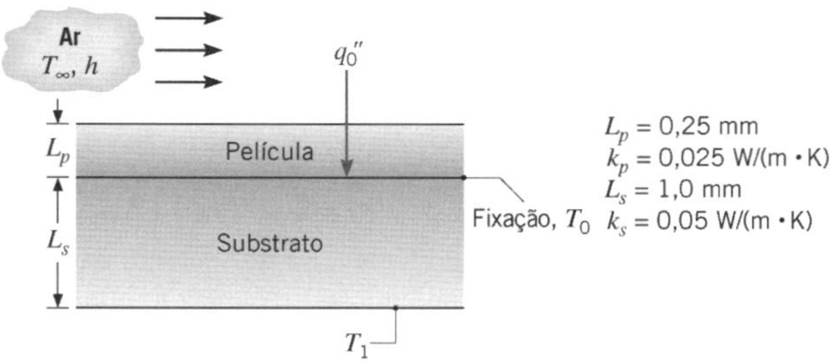

(a) Mostre o circuito térmico que representa a situação de transferência de calor em regime estacionário. Certifique-se de que sejam identificados *todos* os elementos, nós e taxas de transferência de calor. Deixe na forma simbólica.

(b) Suponha as seguintes condições: $T_\infty = 20$ °C, $h = 50$ W/(m² · K) e $T_1 = 30$ °C. Calcule o fluxo térmico q_0'' necessário para manter a temperatura da superfície de fixação a $T_0 = 60$ °C.

[(c)] Calcule e represente graficamente o fluxo térmico necessário como uma função da espessura da película para $0 \leq L_p \leq 1$ mm.

[(d)] Se a película não for transparente e todo o fluxo térmico radiante for absorvido na sua superfície superior, determine o fluxo térmico necessário para se obter a fixação. Represente graficamente os seus resultados em função de L_p para $0 \leq L_p \leq 1$ mm.

3.6 Uma parede é composta de um material isolante de condutividade térmica $k_{iso} = 1{,}5$ W/(m · K), localizado entre duas folhas de aço inox de condutividade térmica $k_{ai} = 15$ W/(m · K). A parede separa dois fluidos com temperaturas $T_{\infty,i} = 50$ °C e $T_{\infty,e} = 25$ °C, respectivamente. Determine a espessura do isolamento necessária para limitar o fluxo térmico ao longo da parede em 60 W/m² para os casos mostrados na tabela. Os coeficientes de transferência convectiva de calor são $h = 5$ W/(m² · K) para a convecção livre em gases, $h = 50$ W/(m² · K) para a convecção forçada em gases, $h = 500$ W/(m² · K) para a convecção forçada em líquidos e $h = 5000$ W/(m² · K) para a ebulição ou condensação.

Caso	h_1 (W/(m² · K))	h_2 (W/(m² · K))
1	convecção natural em gases	convecção natural em gases
2	convecção forçada em gases	convecção natural em gases
3	convecção forçada em gases	convecção forçada em líquidos
4	condensação	ebulição

3.7 Uma camada horizontal de água, com espessura t = 10 mm, tem as temperaturas de sua superfície superior $T_f = -4$ °C e de sua superfície inferior $T_q = 2$ °C. Determine a localização da interface sólido-líquido, em regime estacionário.

3.8 Uma técnica para medir coeficientes de transferência de calor por convecção envolve a adesão de uma das superfícies de uma folha metálica delgada a um material isolante e a exposição da outra superfície ao escoamento do fluido nas condições de interesse.

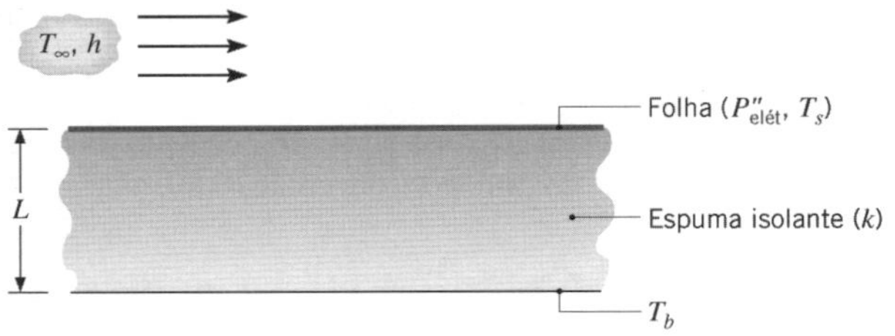

Ao passar uma corrente elétrica através da folha, calor é dissipado uniformemente no interior da folha e o fluxo correspondente, $P''_{elét}$, pode ser inferido a partir de medidas da voltagem e da corrente elétrica. Se a espessura da camada de isolante L e a sua condutividade térmica k forem conhecidas, e as temperaturas do fluido, da folha e da base do isolante (T_∞, T_s e T_b) forem medidas, o coeficiente convectivo pode ser determinado. Considere condições nas quais $T_\infty = T_b = 25$ °C, $P''_{elét} = 2000$ W/m^2, L = 10 mm e k = 0,040 W/(m · K).

(a) Com o escoamento de água sobre a superfície, a medida da temperatura da folha fornece $T_s = 27$ °C. Determine o coeficiente convectivo. Qual seria o erro cometido se fosse considerado que toda a potência dissipada fosse transferida para a água por convecção?

(b) Se ar escoasse sobre a superfície e a medida da temperatura fornecesse $T_s = 125$ °C, qual seria o coeficiente convectivo? A folha possui uma emissividade de 0,15 e está exposta a uma grande vizinhança a 25 °C. Qual seria o erro cometido se fosse considerado que toda a potência dissipada fosse transferida para o ar por convecção?

[(c)] Em geral, medidores de fluxo térmico são operados a uma temperatura fixa (T_s), quando a dissipação de potência fornece uma medida direta do coeficiente convectivo. Para $T_s = 27$ °C, represente graficamente $P''_{elét}$ em função de h, para $10 \le h_o \le 1000$ W/(m^2 · K). Qual o efeito do h no erro associado à consideração de que a condução pelo isolante é desprezível?

3.9 A sensação de *calafrio* (resfriamento pelo vento), experimentada em dias frios com vento, está relacionada com o aumento da transferência de calor na pele humana exposta à atmosfera circundante. Considere uma camada de tecido gorduroso que possua 3 mm de espessura e cuja superfície interna seja mantida a uma temperatura de 36 °C. Em um dia calmo, o coeficiente de transferência de calor por convecção na superfície externa é de 25 W/(m^2 · K), mas com vento de 30 km/h ele chega a 65 W/(m^2 · K). Em ambos os casos, a temperatura do ar ambiente é de −15 °C.

(a) Qual é a razão entre as taxas de perdas de calor, por unidade de área de pele, em um dia calmo e em um dia com vento?

(b) Qual será a temperatura da superfície externa da pele em um dia calmo? E em um dia com vento?

(c) Qual a temperatura que o ar deveria ter no dia calmo para causar a mesma taxa de perda de calor que ocorre com a temperatura do ar a −15 °C em um dia com vento?

3.10 Determine a condutividade térmica do nanotubo de carbono do Exemplo 3.4, quando a temperatura da ilha de aquecimento é de T_q = 332,6 K, sem avaliar as resistências térmicas dos suportes. As condições são as mesmas do exemplo.

3.11 Uma casa possui uma parede composta com camadas de madeira, isolamento à base de fibra de vidro e placa de gesso, como indicado no esboço. Em um dia frio de inverno, os coeficientes de transferência de calor por convecção são h_e = 60 W/(m^2 · K) e h_i = 30 W/(m^2 · K). A área total da superfície da parede é de 350 m^2.

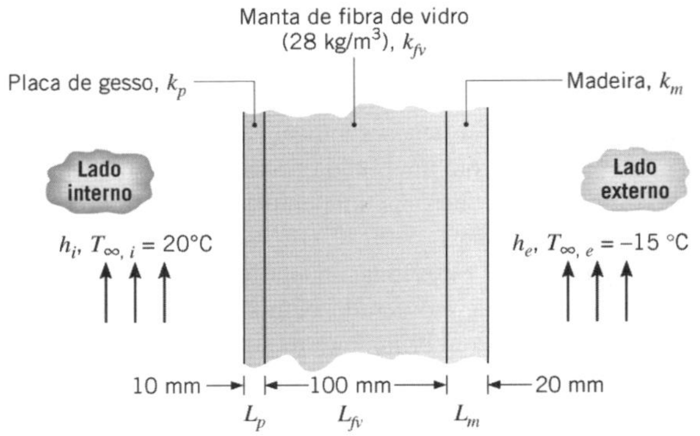

(a) Determine uma expressão simbólica para a resistência térmica total da parede, incluindo os efeitos da convecção nas superfícies interna e externa, para as condições especificadas.

(b) Determine a taxa de perda total de calor através da parede.

(c) Se o vento soprar violentamente, aumentando h_e para 300 W/(m^2 · K), determine o aumento percentual na perda de calor.

(d) Qual é a resistência dominante que determina a quantidade de calor que atravessa a parede?

3.12 Seja a parede composta do Problema 3.11 sob condições nas quais o ar interior ainda é caracterizado por $T_{\infty,i}$ = 20 °C e h_i = 30 W/(m^2 · K). Entretanto, use condições mais realistas para o ar externo, caracterizando-o por uma variação diurna (tempo) da temperatura na forma

$$T_{\infty,e}(\text{K}) = 273 + 5 \text{ sen}\left(\frac{2\pi}{24}t\right) \qquad 0 \le t \le 12 \text{ h}$$

$$T_{\infty,e}(\text{K}) = 273 + 11 \text{ sen}\left(\frac{2\pi}{24}t\right) \qquad 12 \le t \le 24 \text{ h}$$

com h_e = 60 W/(m^2 · K). Supondo condições pseudoestacionárias, nas quais mudanças na quantidade de energia armazenada no interior da parede podem ser desprezadas, estime a perda diária de calor através da parede se a sua área superficial total for igual a 200 m^2.

3.13 Seja uma parede composta com altura H = 20 mm e espessura L = 30 mm. A seção A possui espessura L_A = 10 mm e as seções B e C possuem altura H_B = 10 mm e espessura L_B = 20 mm. As temperaturas na face esquerda e direita da parede são T_1 = 50 ºC e T_2 = 20 ºC, respectivamente. Se as superfícies superior e inferior da parede são isoladas, determine a taxa de transferência de calor por unidade de profundidade da parede para cada um dos seguintes três casos. Qual dos casos estaria associado a maior taxa de transferência de calor por unidade de profundidade? Qual dos casos estaria associado a menor taxa de transferência de calor por unidade de profundidade?

Caso	k_A(W/(m · K))	k_B(W/(m · K))	k_C(W/(m · K))
1	1	2	3
2	2	3	1
3	3	1	2

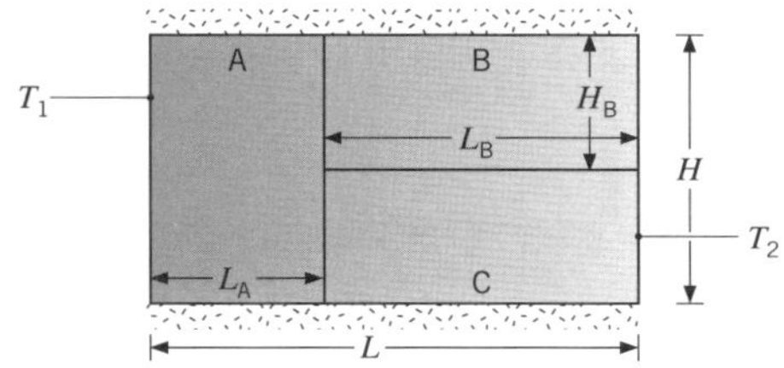

3.14 Considere uma parede composta que inclui um painel lateral em madeira dura com 8 mm de espessura; travessas de suporte em madeira dura com dimensões de 40 mm por 130 mm, afastadas com 0,65 m de distância (centro a centro) e com espaço livre preenchido com isolamento à base de fibra de vidro (revestida de papel, 28 kg/m^3); e uma camada de 12 mm de painéis de gesso (vermiculita).

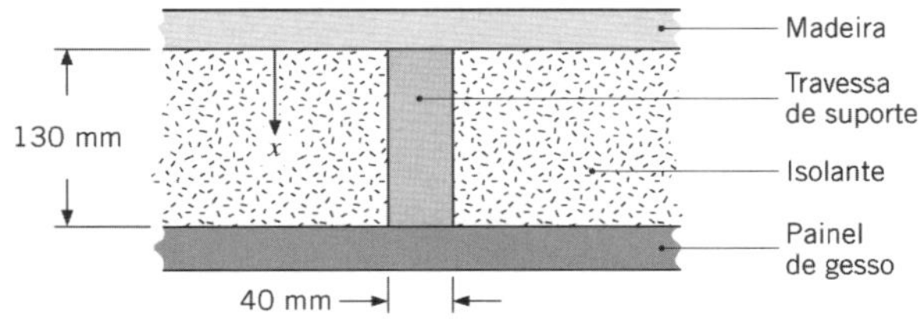

Qual é a resistência térmica associada a uma parede com 2,5 m de altura e 6,5 m de largura (possuindo dez travessas de suporte, cada uma com 2,5 m de altura)? Suponha que as superfícies normais à direção x sejam isotérmicas.

3.15 Trabalhe o Problema 3.14 supondo que as superfícies paralelas à direção x sejam adiabáticas.

3.16 A parede composta de um forno possui três materiais, dois dos quais com condutividade térmica, k_A = 25 W/(m · K) e k_C = 60 W/(m · K), e espessura L_A = 0,40 m e L_C = 0,20 m conhecidas. O terceiro material, B, que se encontra entre os materiais A e C, possui espessura L_B = 0,20 m conhecida, mas a sua condutividade térmica k_B é desconhecida.

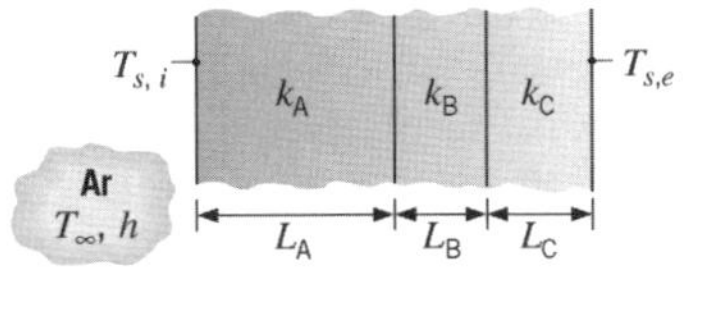

Sob condições de operação em regime estacionário, medidas revelam uma temperatura na superfície externa do forno de $T_{s,e}$ = 20 °C, uma temperatura na superfície interna de $T_{s,i}$ = 600 °C e uma temperatura do ar no interior do forno de T_∞ = 800 °C. O coeficiente convectivo interno h é conhecido, sendo igual a 25 W/(m^2 · K). Qual é o valor de k_B?

3.17 As janelas de vidro de um automóvel têm área superficial A = 2,6 m^2 e espessura t = 4 mm. A temperatura externa é de $T_{\infty,e}$ = 32 °C, enquanto o compartimento dos passageiros é mantido a $T_{\infty,i}$ = 22 °C. O coeficiente convectivo na superfície externa dos vidros é igual a h_e = 90 W/(m^2 · K). Determine o ganho de calor pelas janelas quando o coeficiente convectivo interno é de h_i = 15 W/(m^2 · K). Controlando o escoamento do ar no compartimento dos passageiros, o coeficiente convectivo interno pode ser reduzido para h_i = 5 W/(m^2 · K), sem sacrificar o conforto dos passageiros. Determine o ganho de calor pelas janelas no caso do coeficiente convectivo interno reduzido.

3.18 Um sistema térmico específico envolve três objetos de forma fixa com resistências condutivas R_1 = 1 K/W, R_2 = 2 K/W e R_3 = 4 K/W, respectivamente. Um objetivo é minimizar a resistência térmica total R_{tot} associada à combinação de R_1, R_2 e R_3. O engenheiro chefe deseja investir uma quantia limitada para especificar um material alternativo para somente um dos três objetos; o material alternativo terá uma condutividade térmica que será o dobro de seu valor nominal. Qual objeto (1, 2 ou 3) deve ser fabricado com o material de maior condutividade térmica de modo que haja a diminuição mais significativa em R_{tot}? *Sugestão*: considere dois casos: um com as três resistências térmicas em série e o segundo com elas em paralelo.

Resistência de Contato

3.19 Considere que a água do Exemplo 1.5 esteja inicialmente líquida na sua temperatura de fusão. A temperatura da superfície externa da parede é repentinamente reduzida a T_1 = −30 °C, resultando na solidificação da água. Na realidade, resistências térmicas de contato surgem na interface entre a parede sólida e o gelo à medida que o processo de solidificação avança. Determine a resistência térmica interfacial, $R''_{t,c}$, logo após o início do processo de congelamento, dadas as condições do Comentário 2. A taxa inicial de solidificação é 0,05 g/s.

3.20 Uma parede composta separa gases de combustão a 2400 °C de um líquido refrigerante a 100 °C, com coeficientes de transferência de calor no lado do gás e no do líquido iguais a 25 e 1000 W/(m^2 · K). A parede é composta por uma camada de espessura igual a 12 mm de óxido de berílio no lado do gás e uma placa de 24 mm de espessura de aço inoxidável (AISI 304) no lado do líquido. A resistência de contato entre o óxido e o aço é de 0,05 m^2 · K/W. Qual é a taxa de perda de calor por unidade de área da superfície na parede composta? Esboce a distribuição de temperaturas do gás para o líquido.

3.21 Duas placas em aço inoxidável (AISI 304), com espessura de 10 mm, estão sujeitas a uma pressão de contato de 1 bar sob vácuo. Nestas condições, há uma queda global de temperatura ao longo das placas de 100 °C. Qual é o fluxo térmico nas placas? Qual é a queda de temperatura no plano de contato?

3.22 Considere uma parede plana composta constituída por dois materiais com condutividades térmicas k_A = 0,09 W/(m · K) e k_B = 0,03 W/(m · K) e espessuras L_A = 8 mm e L_B = 16 mm. A resistência de contato na interface entre os dois materiais é conhecida, sendo 0,30 m^2 · K/W. O material A está em contato com um fluido a 200 °C com h = 10 W/(m^2 · K), e o material B está em contato com um fluido a 40 °C, no qual h = 20 W/(m^2 · K).

(a) Qual é a taxa de transferência de calor ao longo de uma parede que tem 2 m de altura e 2,5 m de largura?

(b) Esboce a distribuição de temperaturas.

3.23 O desempenho de motores de turbina a gás pode ser melhorado pelo aumento da tolerância das pás da turbina aos gases quentes que emergem do combustor. Um procedimento que permite atingir altas temperaturas de operação envolve a aplicação de um *revestimento de barreira térmica* (RBT) sobre a superfície externa da pá, enquanto se passa ar de resfriamento pelo seu interior. Em geral, a pá é feita com uma superliga resistente a altas temperaturas, como o Inconel ($k \approx 25$ W/(m · K)), enquanto uma cerâmica, como a zircônia ($k \approx 1{,}3$ W/(m · K)), é usada como RBT.

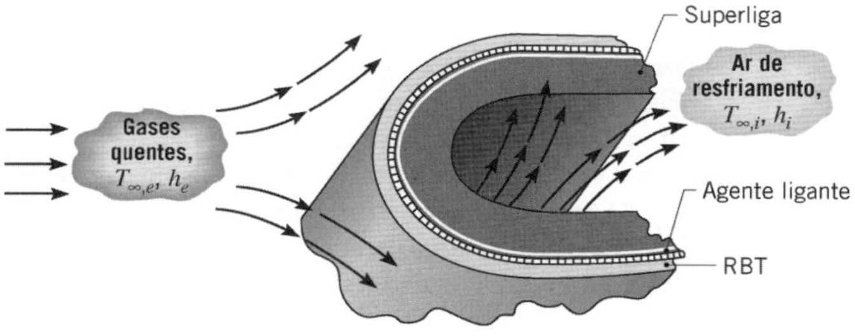

Sejam condições para as quais os gases quentes estão a $T_{\infty,e} = 1700$ K e o ar de resfriamento a $T_{\infty,i} = 400$ K, fornecendo coeficientes convectivos nas superfícies externa e interna de $h_e = 1000$ W/(m^2 · K) e $h_i = 500$ W/(m^2 · K), respectivamente. Se um RBT de zircônia, com 0,5 mm de espessura, for fixado sobre uma parede de uma pá de Inconel com 5 mm de espessura, usando-se um agente adesivo metálico que fornece uma resistência térmica interfacial de $R''_{t,c} = 10^{-4}$ m^2 · K/W, pode o Inconel ser mantido a uma temperatura inferior ao seu valor máximo permissível de 1250 K? Os efeitos da radiação podem ser desprezados e a pá da turbina pode ser aproximada por uma parede plana. Represente graficamente a distribuição de temperaturas com e sem o RBT. Há algum limite para a espessura do RBT?

3.24 Um congelador cúbico comercial, com 3 m de lado, tem uma parede composta constituída por uma folha externa de aço-carbono plano com 6,35 mm de espessura, uma camada intermediária de 100 mm de cortiça e uma folha interna de 6,35 mm de uma liga de alumínio (2024). Interfaces adesivas entre o isolante e as folhas metálicas são, cada uma, caracterizadas por uma resistência térmica de contato de $R''_{t,c} = 2{,}5 \times 10^{-4}$ m^2 · K/W. Em regime estacionário, qual é a carga de resfriamento que deve ser mantida pelo congelador sob condições nas quais as temperaturas das superfícies externa e interna sejam 22 °C e −6 °C, respectivamente?

3.25 Físicos determinaram o valor teórico da condutividade térmica de um nanotubo de carbono como $k_{nc,T} = 5000$ W/(m · K).

(a) Considerando que a condutividade térmica real do nanotubo de carbono seja igual ao seu valor teórico, determine a resistência térmica de contato, $R_{t,c}$, que existe entre o nanotubo de carbono e as superfícies superiores das ilhas aquecida e sensora no Exemplo 3.4.

[(b)] Usando o valor da resistência térmica de contato calculado no item (a), represente graficamente a fração da resistência total entre as ilhas aquecida e sensora em função das resistências térmicas de contato, para distâncias de separação das ilhas de 5 μm $\leq s \leq$ 20 μm.

3.26 Considere um transistor de potência encapsulado em uma cápsula de alumínio que tem a sua base presa a uma placa quadrada de alumínio de condutividade térmica $k = 240$ W/(m · K), espessura $L = 8$ mm e largura $W = 24$ mm. A cápsula é presa à placa por parafusos que mantêm uma pressão de contato de 1 bar, e a superfície de trás da placa transfere calor por convecção natural e radiação para o ar ambiente e uma grande vizinhança a $T_\infty = T_{viz} = 30$ °C. A superfície tem uma emissividade $\varepsilon = 0{,}9$ e o coeficiente convectivo é de $h = 8$ W/(m^2 · K). A cápsula encontra-se completamente envolvida por uma cobertura, de tal forma que se possa admitir que a transferência de calor ocorra exclusivamente pela placa da base.

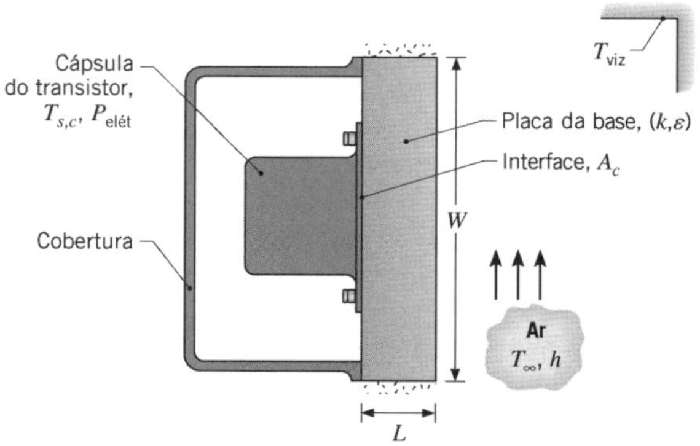

(a) Sendo a interface alumínio-alumínio, preenchida com ar, caracterizada por uma área $A_c = 2 \times 10^{-4}$ m^2 e uma rugosidade de 10 μm, qual será a dissipação de potência máxima permitida se a temperatura superficial da cápsula, $T_{s,c}$, não puder ser superior a 85 °C?

[(b)] O coeficiente convectivo pode ser aumentado ao submeter-se a superfície da placa a um escoamento forçado de ar. Explore o efeito de aumentar-se o coeficiente na faixa de $4 \leq h \leq 200$ · W/(m^2 · K).

Meios Porosos

3.27 Madeiras, formadas pela superposição de *anéis*, como o carvalho, são caracterizadas pela presença de veios. Os veios escuros são constituídos por material de baixa densidade e se formam no início da primavera. A madeira circundante, mais clara, é composta por material com alta densidade, que se forma vagarosamente ao longo da estação de crescimento.

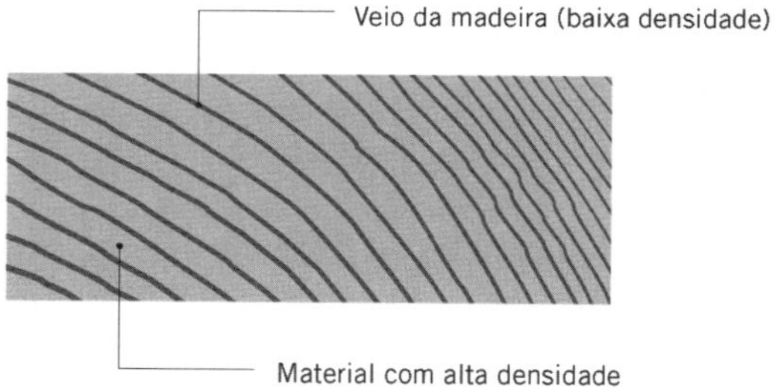

Admitindo que o material de baixa densidade é altamente poroso e que o carvalho esteja seco, determine a fração da seção transversal do carvalho que parece ser ocupada pelo material de baixa densidade. *Sugestão*: admita que a condutividade térmica paralela aos veios seja igual à condutividade térmica radial do Apêndice A.3.

3.28 Um lote de isolante de fibra de vidro tem a densidade de $\rho = 28$ kg/m^3. Determine os valores máximo e mínimo possíveis da condutividade térmica efetiva do isolante a $T = 300$ K e compare com os valores informados no Apêndice A.3.

3.29 Sorvetes comerciais são constituídos de até 50 % do volume de ar, que assume a forma de pequenas bolhas esféricas dispersadas no interior de uma matriz de material congelado. A condutividade térmica de sorvetes que não possuem ar é de $k_{sa} = 1{,}1$ W/(m · K) a $T = -20$ °C. Determine a condutividade térmica de um sorvete comercial caracterizado por $\varepsilon = 0{,}20$, também a $T = -20$ °C.

3.30 Uma placa de agregado de concreto leve com massa específica $\rho = 1500$ kg/m^3 é constituída por um sólido formado por uma matriz de concreto com brita no interior da qual há pequenas esferas preenchidas com ar. Determine a condutividade térmica efetiva da placa. Avalie as propriedades a $T = 300$ K.

3.31 Uma parede plana unidimensional, com espessura L, é construída com um material sólido com uma distribuição linear e não uniforme de porosidade, descrita por $\varepsilon(x) = \varepsilon_{\text{máx}}(x/L)$. Represente graficamente as distribuições de temperaturas, em regime estacionário, $T(x)$, para $k_s = 10$ W/(m · K), $k_f = 0{,}1$ W/(m · K), $L = 1$ m, $\varepsilon_{\text{máx}} = 0{,}25$; $T(x = 0) = 30$ °C e $q''_x = 100$ W/m^2, utilizando a expressão para a condutividade térmica efetiva mínima de um meio poroso, a expressão para a condutividade térmica efetiva máxima de um meio poroso, expressão de Maxwell, e para o caso no qual $k_{\text{ef}}(x) = k_s$.

Análise Alternativa da Condução

3.32 Use a análise alternativa da condução da Seção 3.2 para deduzir uma expressão relacionando a taxa de transferência de calor radial, q_r, com as temperaturas das paredes $T_{s,1}$ e $T_{s,2}$ para o cilindro oco da Figura 3.7. Utilize a sua expressão para calcular a taxa de transferência de calor associada a um cilindro com $L = 2$ m de comprimento e raios interno e externo iguais a $r_1 = 50$ mm e $r_2 = 75$ mm, respectivamente. A condutividade térmica da parede cilíndrica é igual a $k = 2{,}5$ W/(m · K) e as temperaturas das superfície interna e externa são $T_{s,1} = 100$ °C e $T_{s,2} = 67$ °C, respectivamente.

3.33 O diagrama mostra uma seção cônica fabricada em puro alumínio. Ela possui uma seção transversal circular com diâmetro $D = ax^{1/2}$, em que $a = 0{,}5$ m$^{1/2}$. A menor extremidade está localizada em $x_1 = 25$ mm e a extremidade maior em $x_2 = 125$ mm. As temperaturas nas extremidades são $T_1 = 600$ K e $T_2 = 400$ K, enquanto a superfície lateral é isolada termicamente.

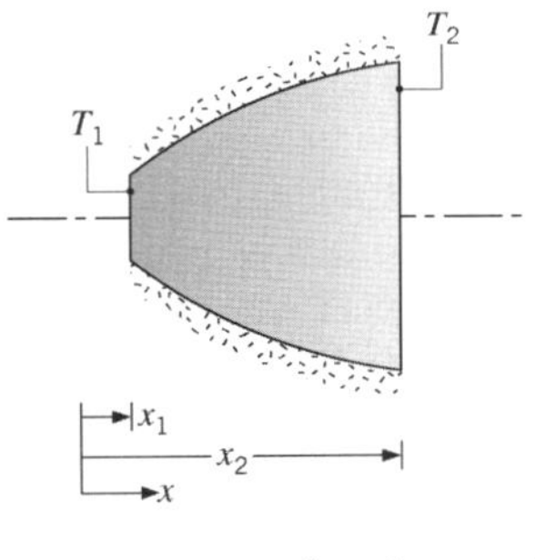

(a) Deduza uma expressão literal para a distribuição de temperaturas $T(x)$, supondo condições unidimensionais. Esboce a distribuição de temperaturas.

(b) Calcule a taxa de transferência de calor q_x.

3.34 Um cone sólido truncado possui seção transversal circular e o seu diâmetro está relacionado com a coordenada axial por uma expressão com a forma $D = ax^{3/2}$, com $a = 2{,}0$ m$^{-1/2}$.

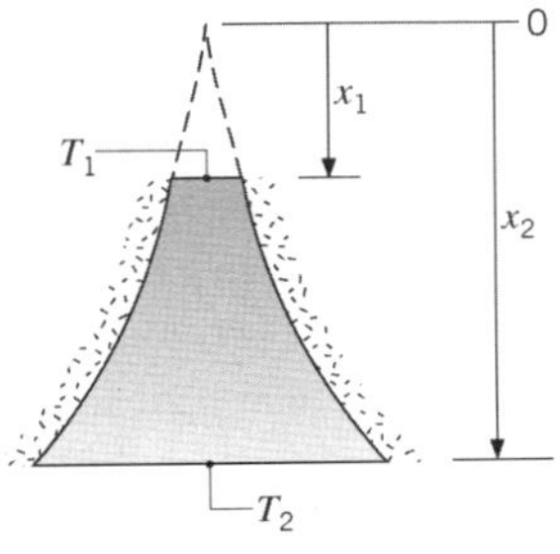

A lateral é isolada termicamente, enquanto a superfície superior do cone, em x_1, é mantida a T_1 e a superfície inferior, em x_2, é mantida a T_2.

(a) Obtenha uma expressão para a distribuição de temperaturas $T(x)$.

(b) Qual é a taxa de transferência de calor ao longo do cone, se ele for construído em alumínio puro com $x_1 = 0{,}080$ m, $T_1 = 100$ °C, $x_2 = 0{,}240$ m e $T_2 = 20$ °C?

3.35 Na Figura 2.5 fica evidente que, em uma larga faixa de temperaturas, a dependência com a temperatura da condutividade térmica de muitos sólidos pode ser aproximada por uma expressão linear que tem a forma $k = k_o + aT$, na qual k_o é uma constante positiva e a é um coeficiente que pode ser positivo ou negativo. Obtenha uma expressão para o fluxo térmico ao longo de uma parede plana cujas superfícies interna e externa sejam mantidas a T_0 e T_1, respectivamente. Esboce as formas da distribuição de temperaturas que correspondem a $a > 0$, $a = 0$ e $a < 0$.

3.36 Seja a parede de um tubo com raios interno e externo iguais a r_i e r_e, cujas temperaturas são mantidas a T_i e T_e, respectivamente. A condutividade térmica do material do tubo é função da temperatura e pode ser representada por uma expressão na forma $k = k_o(1 + aT)$, na qual k_o e a são constantes. Obtenha uma expressão para a taxa de transferência de calor por unidade de comprimento do tubo. Qual é a resistência térmica da parede do tubo?

3.37 Medidas mostram que a condução em regime estacionário através de uma parede plana, sem geração de calor, produz uma distribuição de temperaturas convexa, de tal forma que a temperatura no centro é ΔT_o superior àquela que seria esperada para uma distribuição de temperaturas linear.

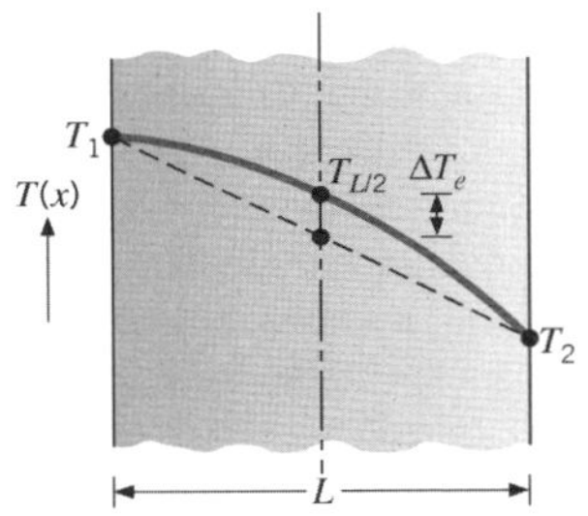

Supondo que a condutividade térmica apresente uma dependência linear com a temperatura, $k = k_o(1 + \alpha T)$, na qual α é uma constante, desenvolva uma relação para determinar α em termos de ΔT_o, T_1 e T_2.

3.38 Um dispositivo para medir a temperatura superficial de um objeto, com uma resolução espacial de aproximadamente 50 nm, é mostrado no esquema. Ele é constituído por uma ponteira muito bem afiada em um pequeno braço suporte, posicionado ao longo da superfície. A ponta da sonda tem seção transversal circular e é fabricada com dióxido de silício policristalino. A temperatura ambiente é medida na extremidade articulada do suporte, sendo $T_\infty = 25$ °C, e o dispositivo é equipado com um sensor para medir a temperatura na extremidade superior da ponta afiada, T_{sen}. A resistência térmica entre o sensor da sonda e a extremidade articulada é $R_t = 5 \times 10^6$ K/W.

(a) Determine a resistência térmica entre a temperatura da superfície e a temperatura do sensor.

(b) Sendo a temperatura do sensor $T_{\text{sen}} = 28{,}5$ °C, determine a temperatura da superfície.

Sugestão: embora possam ser importantes para a transferência de calor efeitos em nanoescala, considere que a condução que ocorre no ar adjacente à ponta da sonda possa ser descrita pela lei de Fourier, com a condutividade térmica encontrada na Tabela A.4.

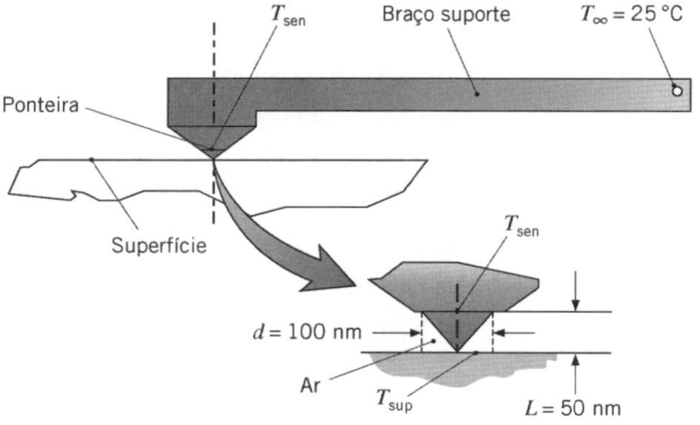

Parede Cilíndrica

3.39 Uma tubulação de vapor com 0,12 m de diâmetro externo está isolada termicamente por uma camada de silicato de cálcio.

(a) Se o isolante possui uma espessura de 20 mm e as suas superfícies interna e externa são mantidas a $T_{s,1} = 800$ K e $T_{s,2} = 490$ K, respectivamente, qual é a taxa de perda de calor por unidade de comprimento (q') da tubulação?

[(b)] Desejamos analisar o efeito da espessura do isolante na taxa de perda de calor q' e na temperatura da superfície externa $T_{s,2}$, com a temperatura da superfície interna mantida em $T_{s,1} = 800$ K. A superfície externa está exposta a uma corrente de ar ($T_\infty = 25$ °C), que mantém um coeficiente de transferência de calor $h = 25$ W/(m^2 · K), e a uma grande vizinhança na qual $T_{viz} = T_\infty = 25$ °C. A emissividade da superfície de silicato de cálcio é de aproximadamente 0,8. Calcule e represente graficamente a distribuição de temperaturas no isolante em função da coordenada radial adimensional, $(r - r_1)/(r_2 - r_1)$, na qual $r_1 = 0{,}06$ m e r_2 é uma variável $(0{,}06 < r_2 \leq 0{,}20$ m). Calcule e represente graficamente a taxa de perda de calor em função da espessura do isolante para $0 \leq (r_2 - r_1) \leq 0{,}14$ m.

3.40 Para maximizar a produção e minimizar custos de bombeamento, óleo cru é aquecido para reduzir sua viscosidade no transporte vindo dos campos de produção.

(a) Considere uma configuração *bitubular*, constituída por tubos concêntricos de aço, com um material isolante na região anular. O tubo interno é usado para o escoamento do óleo cru quente, e o sistema atravessa água oceânica gelada. O tubo interno, de aço ($k_a = 35$ W/(m · K)), tem um diâmetro interno de $D_{i,1} = 150$ mm, com espessura de parede $t_i = 10$ mm. O tubo de aço externo tem diâmetro interno $D_{i,2} = 250$ mm e espessura de parede $t_e = t_i$. Determine a temperatura do óleo cru máxima permitida para garantir que o isolante de espuma de poliuretano ($k_{iso} = 0{,}075$ W/(m · K)), presente na região anular (entre os tubos), não atinja a sua temperatura máxima de serviço, igual a $T_{iso,máx} = 70$ °C. A água oceânica está a $T_\infty = -5$ °C e fornece um coeficiente de transferência de calor externo igual a $h_\infty = 500$ W/(m^2 · K). O coeficiente de transferência de calor associado ao escoamento do óleo cru é de $h_i = 450$ W/(m^2 · K).

(b) É proposto para melhorar o desempenho do sistema bitubular a substituição de uma fina seção ($t_a = 5$ mm) do poliuretano, localizada sobre a superfície externa do tubo interno, por um material isolante aerogel ($k_a = 0{,}012$ W/(m · K)). Determine a temperatura do óleo cru máxima permitida para garantir que o isolante de espuma de poliuretano permaneça abaixo de $T_{iso,máx} = 70$ °C.

3.41 Um aquecedor elétrico delgado é enrolado ao redor da superfície externa de um longo tubo cilíndrico cuja superfície interna é mantida a uma temperatura de 6 °C. A parede do tubo possui raios interno e externo iguais a 24 e 78 mm, respectivamente, e uma condutividade térmica de 10 W/(m · K). A resistência térmica de contato entre o aquecedor e a superfície externa do tubo (por unidade de comprimento do tubo) é $R'_{t,c} = 0{,}01$ m · K/W. A superfície externa do aquecedor está exposta a um fluido com $T_\infty = -10$ °C, com um coeficiente convectivo $h = 100$ W/(m^2 · K). Determine a potência do aquecedor, por unidade de comprimento do tubo, requerida para mantê-lo a $T_o = 25$ °C.

3.42 Vapor d'água superaquecido a 575 °C é conduzido de uma caldeira para a turbina de uma usina de geração de potência elétrica através de tubos de aço ($k = 35$ W/(m · K)), com diâmetro interno igual a 300 mm e 30 mm de espessura de parede. Para reduzir a perda térmica para a vizinhança e manter uma temperatura externa *segura para o toque*, uma camada de isolante de silicato de cálcio ($k = 0{,}10$ W/(m · K)) é aplicada nos tubos. A degradação do isolante é reduzida ao cobri-lo com uma folha fina de alumínio que possui uma emissividade $\varepsilon = 0{,}20$. A temperatura do ar e das paredes da planta de potência é igual a 27 °C.

(a) Considerando que a temperatura da superfície interna do tubo de aço seja igual à do vapor e que o coeficiente convectivo externo à folha de alumínio seja igual a 6 W/(m^2 · K), qual é a espessura mínima de isolante necessária para garantir que a temperatura do alumínio não seja superior a 50 °C? Qual é a perda de calor correspondente, por metro de comprimento de tubo?

[(b)] Explore o efeito da espessura do isolante na temperatura do alumínio e na taxa de perda de calor por unidade de comprimento do tubo.

3.43 Um fio, com diâmetro $D = 2$ mm e temperatura uniforme T, tem uma resistência elétrica de 0,01 Ω/m. Passa nesse fio uma corrente elétrica de 20 A.

(a) Qual é a taxa na qual calor é dissipado por unidade de comprimento do fio? Qual é a dissipação térmica por unidade de volume no interior do fio?

(b) Se o fio não for isolado e estiver em um ambiente com ar e vizinhança a $T_\infty = T_{viz} = 20$ °C, qual será a temperatura T do fio? O fio tem uma emissividade de 0,3, e o coeficiente associado à transferência de calor por convecção natural pode ser aproximado por uma expressão na forma $h = C[(T - T_\infty)/D]^{1/4}$, na qual $C = 1{,}25$ W/(m$^{7/4}$ · K$^{5/4}$).

[(c)] Se o fio for coberto com um isolante plástico de 2 mm de espessura e condutividade térmica igual a 0,25 W/(m · K), quais serão as temperaturas das superfícies interna e externa do isolante? O isolante tem uma emissividade de 0,9 e o coeficiente convectivo é fornecido pela expressão do item (b). Explore o efeito da espessura do isolante nas temperaturas das superfícies.

3.44 Um fio elétrico, com 3 mm de diâmetro, é isolado por um forro emborrachado ($k = 0{,}13$ W/(m · K)) de 2 mm de espessura, e a interface forro/fio é caracterizada por uma resistência térmica de contato de $R''_{t,c} = 3 \times 10^{-4}$ m$^2 \cdot$ K/W. O coeficiente de transferência de calor por convecção na superfície externa do forro é igual a 15 W/(m$^2 \cdot$ K) e a temperatura do ar ambiente igual a 20 °C. Se a temperatura do isolante não pode exceder os 50 °C, qual é a potência elétrica máxima permitida que pode ser dissipada por unidade de comprimento do condutor? Qual é o raio crítico do isolante?

3.45 Uma corrente elétrica passa por uma barra longa, gerando energia térmica a uma taxa volumétrica uniforme de $\dot{q} = 2 \times 10^6$ W/m^3. A barra é concêntrica com um cilindro de cerâmica oco, criando um espaço cheio de ar entre os dois.

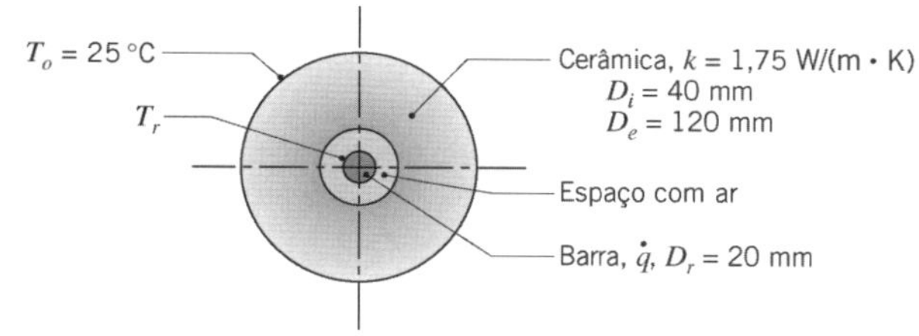

A resistência térmica por unidade de comprimento em razão da radiação entre as superfícies do espaço barra/cerâmica é igual a $R'_{rad} = 0{,}30$ m $\cdot$ K/W e o coeficiente associado à convecção natural neste mesmo espaço é de $h = 20$ W/(m$^2 \cdot$ K).

(a) Construa um circuito térmico que possa ser utilizado para calcular a temperatura superficial da barra, T_b. Identifique todas as temperaturas, as taxas de transferência de calor e as resistências térmicas, e calcule cada resistência térmica.

(b) Calcule a temperatura superficial da barra para as condições especificadas.

3.46 A seção de evaporação de uma unidade de refrigeração é formada por tubos de 10 mm de diâmetro com paredes delgadas, através dos quais escoa a substância refrigerante a uma temperatura de −18 °C. Ar é refrigerado à medida que passa sobre os tubos, mantendo um coeficiente convectivo na superfície de 100 W/(m$^2 \cdot$ K). Posteriormente, o ar refrigerado é direcionado para a câmara fria.

(a) Para as condições anteriores e uma temperatura do ar de −3 °C, qual é a taxa na qual o calor é retirado do ar, por unidade de comprimento dos tubos?

(b) Se a unidade de descongelamento do refrigerador apresentar defeito, lentamente haverá acúmulo de gelo sobre a superfície externa do tubo. Avalie o efeito da formação de gelo na capacidade de refrigeração de um tubo em função da espessura da camada formada na faixa $0 \leq \delta \leq 4$ mm. A condutividade térmica de gelo pode ser considerada igual a 0,4 W/(m $\cdot$ K).

(c) O refrigerador é desligado após a unidade de descongelamento apresentar defeito, e a camada de gelo formada possui uma espessura de 2 mm. Se os tubos estiverem em um ar ambiente a $T_\infty = 20$ °C e a convecção natural mantiver um coeficiente de transferência de calor de 2 W/(m$^2 \cdot$ K), quanto tempo irá levar para que todo o gelo derreta? O gelo pode ser considerado com uma densidade de 700 kg/m^3 e um calor latente de fusão de 334 kJ/kg.

3.47 Uma parede composta cilíndrica é constituída por dois materiais com condutividades térmicas k_A e k_B, que estão separados por um aquecedor elétrico resistivo muito fino. As resistências de contato nas interfaces são desprezíveis.

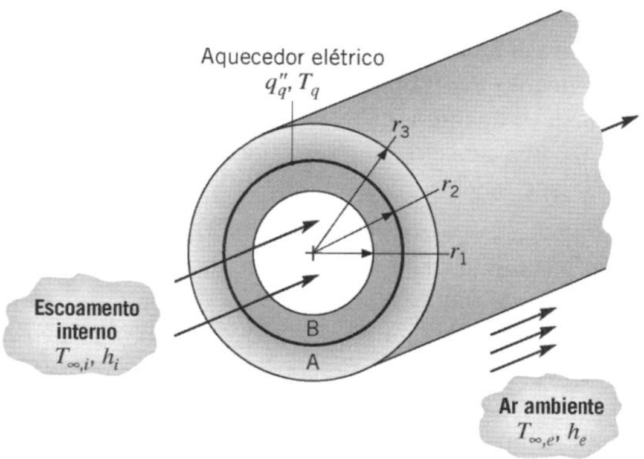

O líquido bombeado através do tubo se encontra a uma temperatura $T_{\infty,i}$ e fornece um coeficiente convectivo h_i na superfície interna da parede composta. A superfície externa está exposta ao ar ambiente, que se encontra a $T_{\infty,e}$ e fornece um coeficiente de transferência de calor h_e. Em condições de regime estacionário, um fluxo térmico uniforme q''_q é dissipado pelo aquecedor.

(a) Esboce o circuito térmico equivalente do sistema e represente todas as resistências em termos das variáveis relevantes.

(b) Obtenha uma expressão que possa ser usada para determinar a temperatura do aquecedor, T_q.

(c) Obtenha uma expressão para a razão entre as taxas de transferência de calor para os fluidos externo e interno, q'_e/q'_i. Como poderiam ser ajustadas as variáveis do problema para minimizar esta razão?

3.48 Uma corrente elétrica de 700 A passa em um cabo de aço inoxidável com diâmetro de 5 mm e resistência elétrica de 6×10^{-4} Ω/m (ou seja, por metro de comprimento do cabo). O cabo encontra-se em um ambiente que está a uma temperatura de 30 °C, e o coeficiente total associado à convecção e à radiação entre o cabo e a vizinhança é de aproximadamente 25 W/(m$^2 \cdot$ K).

(a) Se o cabo estiver desencapado, qual será a temperatura na sua superfície?

(b) Se um revestimento muito fino de um isolante elétrico for aplicado sobre o cabo, com uma resistência de contato de 0,02 m$^2 \cdot$ K/W, quais serão as temperaturas das superfícies do isolamento e do cabo?

(c) Há alguma preocupação em relação à capacidade do isolamento em suportar temperaturas elevadas. Que espessura desse isolante ($k = 0{,}5$ W/(m $\cdot$ K)) produzirá o menor valor para a temperatura máxima no isolante? Qual será o valor da temperatura máxima quando esta espessura de isolante for utilizada?

3.49 Uma tubulação de aço com parede delgada e 0,20 m de diâmetro é usada para transportar vapor d'água saturado a uma pressão de 20 bar em uma sala onde a temperatura do ar é de 25 °C e o coeficiente de transferência de calor por convecção na superfície externa da tubulação é de 20 W/(m$^2 \cdot$ K).

(a) Qual é a taxa de perda de calor por unidade de comprimento para o tubo nu (sem isolamento)? Estime a taxa da perda de calor, por unidade de comprimento, se uma camada de isolante (magnésia 85 %) com 50 mm de espessura for instalada. O aço e a magnésia podem ser considerados com uma emissividade igual a 0,8 e a resistência convectiva no lado do vapor pode ser desprezada.

(b) Os custos associados à geração do vapor e à instalação do isolante equivalem a $4/10^9$ J e \$100/m de comprimento do tubo, respectivamente. Se a linha de vapor deve operar a 7500 h/ano, quantos anos são necessários para que se tenha o retorno do investimento inicial no isolamento?

3.50 Um tubo de parede delgada com 100 mm de diâmetro, sem isolamento térmico, é usado para transportar água para um equipamento que opera ao ar livre e usa água como fluido refrigerante. Em condições de inverno rigoroso, a parede do tubo chega a atingir temperaturas de −15 °C e uma camada cilíndrica de gelo se forma sobre a sua superfície interna. Se uma temperatura média da água de 3 °C e um coeficiente convectivo de 2000 W/(m² · K) são mantidos na superfície interna da camada de gelo, que se encontra a 0 °C, qual é a espessura da camada de gelo presente?

Parede Esférica

3.51 Uma casca esférica de vidro Pyrex tem diâmetros interno e externo de $D_1 = 0{,}15$ m e $D_2 = 0{,}30$ m, respectivamente. A superfície interna está a $T_{s,1} = 150$ °C e a superfície externa está a $T_{s,2} = 30$ °C.

(a) Determine a temperatura no ponto central da espessura da casca, $T(r_m = 0{,}1125$ m).

(b) Para as mesmas temperaturas nas superfícies e dimensões do item (a), mostre como a temperatura no ponto central mudaria se a casca fosse de alumínio.

3.52 No Exemplo 3.6 foi deduzida uma expressão para o raio crítico do isolante em um tubo cilíndrico isolado. Desenvolva a expressão que seria apropriada para uma esfera isolada.

3.53 Uma esfera oca de alumínio, com um aquecedor elétrico no centro, é usada em testes para determinar a condutividade térmica de materiais isolantes. Os raios interno e externo da esfera são 0,18 e 0,21 m, respectivamente, e os testes são realizados em condições de regime estacionário com a superfície interna do alumínio mantida a 250 °C. Em um teste específico, uma casca esférica de isolante é moldada sobre a superfície externa da esfera até uma espessura de 0,15 m. O sistema encontra-se em uma sala na qual a temperatura do ar é de 20 °C e o coeficiente de transferência de calor por convecção na superfície externa do isolante é de 30 W/(m² · K). Se 80 W são dissipados pelo aquecedor em condições de regime estacionário, qual é a condutividade térmica do isolante?

3.54 Um tanque esférico para armazenar oxigênio líquido deve ser construído em aço inoxidável com 0,75 m de diâmetro externo e 6 mm de espessura de parede. O ponto de ebulição e o calor latente de vaporização do oxigênio líquido são 90 K e 213 kJ/kg, respectivamente. O tanque será instalado em um grande compartimento cuja temperatura deve ser mantida em 240 K. Projete um sistema de isolamento térmico que irá manter as perdas de oxigênio em razão da ebulição abaixo de 1 kg/dia.

3.55 Uma sonda criocirúrgica esférica pode ser introduzida em tecidos doentes com o propósito de congelar e, dessa maneira, destruir o tecido. Considere uma sonda com 3 mm de diâmetro cuja superfície é mantida a −30 °C quando introduzida em um tecido que se encontra a 37 °C. Uma camada esférica de tecido congelado se forma ao redor da sonda, com uma temperatura de 0 °C na fronteira (interface) entre os tecidos congelado e normal. Se a condutividade térmica do tecido congelado é de aproximadamente 1,5 W/(m · K) e a transferência de calor na fronteira entre as fases pode ser caracterizada por um coeficiente convectivo efetivo de 50 W/(m² · K), qual é a espessura da camada de tecido congelado (suponha a perfusão desprezível)?

3.56 Uma casca esférica composta de raio interno $r_1 = 0{,}25$ m é construída com uma camada de chumbo de raio externo $r_2 = 0{,}30$ m e uma camada de aço inoxidável AISI 302 de raio externo $r_3 = 0{,}31$ m. No seu interior há rejeitos radioativos que geram calor a uma taxa de $\dot{q} = 5 \times 10^5$ W/m³. É proposto submergir o recipiente em águas oceânicas que estão a uma temperatura de $T_\infty = 10$ °C e propiciam um coeficiente convectivo de $h = 500$ W/(m² · K) na superfície externa do recipiente. Há algum problema associado à proposta?

3.57 A energia transferida da câmara anterior do olho através da córnea varia consideravelmente dependendo do uso ou não de uma lente de contato. Trate o olho como um sistema esférico e suponha o sistema em regime estacionário. O coeficiente convectivo h_e permanece inalterado com ou sem a presença da lente de contato. A córnea e a lente cobrem um terço da área da superfície esférica.

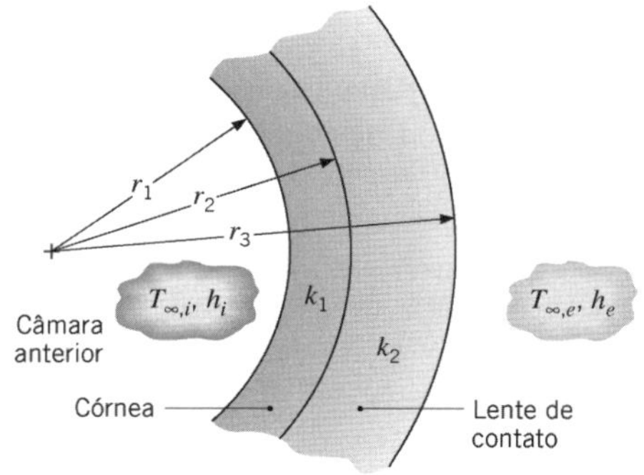

Os valores dos parâmetros que representam essa situação são os seguintes:

$r_1 = 10{,}2$ mm	$r_2 = 12{,}7$ mm
$r_3 = 16{,}5$ mm	$T_{\infty,e} = 21$ °C
$T_{\infty,i} = 37$ °C	$k_2 = 0{,}80$ W/(m · K)
$k_1 = 0{,}35$ W/(m · K)	$h_e = 6$ W/(m² · K)
$h_i = 12$ W/(m² · K)	

(a) Construa os circuitos térmicos, identificando todos os potenciais e escoamentos para os sistemas com e sem a lente de contato. Escreva as resistências em termos dos parâmetros apropriados.

(b) Determine a taxa de perda de calor da câmara anterior, com e sem a lente de contato.

(c) Discuta a implicação de seus resultados.

3.58 A superfície externa de uma esfera oca de raio r_2 está sujeita a um fluxo térmico uniforme q_2''. A superfície interna em r_1 é mantida a uma temperatura constante $T_{s,1}$.

(a) Desenvolva uma expressão para a distribuição de temperaturas $T(r)$ na parede da esfera em termos de q_2'', $T_{s,1}$, r_1, r_2 e da condutividade térmica do material da parede k.

(b) Se os raios interno e externo da esfera são $r_1 = 50$ mm e $r_2 = 100$ mm, respectivamente, que fluxo térmico q_2'' é necessário para manter a superfície externa a $T_{s,2} = 50$ °C, estando a superfície interna a $T_{s,1} = 20$ °C? A condutividade térmica do material da parede é de $k = 10$ W/(m · K).

3.59 Uma casca esférica, com raios interno e externo r_i e r_e, respectivamente, está cheia de um material gerador de calor que fornece uma taxa volumétrica de geração (W/m³) e uniforme igual a $\dot{q}$. A superfície externa da casca está exposta a um fluido com temperatura T_∞ e coeficiente convectivo h. Obtenha uma expressão para a distribuição de temperaturas em regime estacionário $T(r)$ na casca, expressando o seu resultado em termos de r_i, r_e, $\dot{q}$, h, T_∞ e da condutividade térmica k do material da casca.

3.60 Um tanque esférico de 4 m de diâmetro armazena um gás liquefeito de petróleo a −60 °C. Isolamento com uma condutividade térmica de 0,06 W/(m · K) e espessura de 250 mm é instalado no exterior do tanque para reduzir o ganho de calor.

(a) Determine a posição radial na camada de isolante na qual a temperatura é de 0 °C, quando a temperatura do ar ambiente é de 20 °C e o coeficiente convectivo na superfície externa é de 6 W/(m² · K).

(b) Se o isolante for permeável em relação à umidade do ar atmosférico, que conclusões pode você tirar sobre a formação de gelo no isolante? Que efeito terá a formação de gelo no ganho de calor do GLP? Como esta situação poderia ser evitada?

3.61 Nitrogênio líquido (T = 77 K) é armazenado em um recipiente esférico de parede delgada coberto com uma camada de isolamento de espessura uniforme com condutividade térmica k = 0,15 W/(m · K). A superfície externa do isolamento está a uma temperatura $T_{s,2}$ = 20 °C. Em face das restrições de espaço, o raio externo do isolamento é fixado em r_2 = 0,5 m. Determine o raio da parede do recipiente esférico que irá resultar na mínima taxa de transferência de calor por unidade de volume de nitrogênio. Também calcule o valor mínimo da taxa de transferência de calor por unidade de volume.

3.62 Uma técnica para destruir tecidos malignos envolve a inserção de uma pequena fonte de calor esférica, de raio r_o, no interior do tecido e a manutenção de temperaturas locais acima de um valor crítico T_c por um período prolongado. Pode-se considerar que o tecido que se encontra bem afastado da fonte de calor permaneça na temperatura normal do corpo (T_{corp} = 37 °C). Obtenha uma expressão geral para a distribuição de temperaturas radial no tecido, em condições de regime estacionário, no qual há uma dissipação de calor a uma taxa q. Se r_o = 0,5 mm, qual a taxa de calor que deve ser fornecida para manter uma temperatura no tecido de $T \geq T_c$ = 42 °C na região $0{,}5 \leq r \leq 5$ mm? A condutividade térmica do tecido é de aproximadamente 0,5 W/(m · K). Suponha perfusão desprezível.

Condução com Geração de Energia Térmica

3.63 Um cabo sólido, sem cobertura, com comprimento L = 1 m e diâmetro D = 40 mm é exposto a condições convectivas caracterizadas por h = 55 W/(m² · K) e T_∞ = 20 °C. Determine a máxima corrente elétrica que pode ser transportada pelo cabo se este for de cobre puro, alumínio puro ou estanho puro. Calcule as temperaturas mínimas correspondentes do fio. A resistividade elétrica é $\rho_{elét} = 10 \times 10^{-8}\ \Omega \cdot$ m para o cobre e o alumínio nas suas temperaturas de ponto de fusão, enquanto a resistividade elétrica do estanho é $\rho_{elét} = 20 \times 10^{-8}\ \Omega \cdot$ m no seu ponto de fusão.

3.64 Ar *no interior* de uma câmara a $T_{\infty,i}$ = 50 °C é aquecido por convecção, com h_i = 20 W/(m² · K), por uma parede com 200 mm de espessura, condutividade térmica de 4 W/(m · K) e com geração uniforme de calor a uma taxa de 1000 W/m³. Para evitar que qualquer calor gerado no interior da parede seja perdido para o *lado de fora* da câmara, a $T_{\infty,e}$ = 25 °C e h_e = 5 W/(m² · K), uma fita aquecedora elétrica muito fina é colocada sobre a superfície externa da parede para fornecer um fluxo térmico uniforme, q''_o.

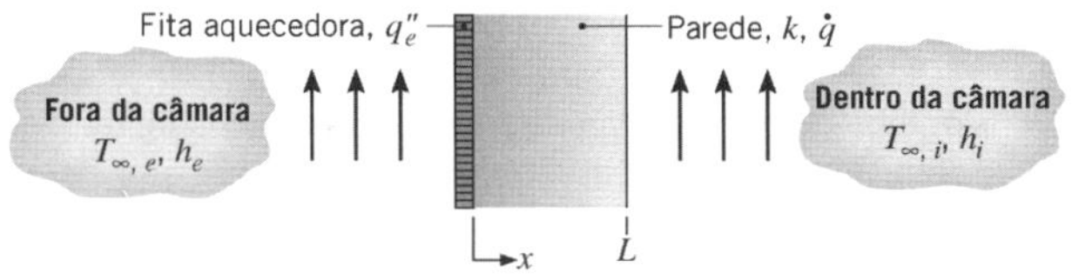

(a) Esboce a distribuição de temperaturas na parede, em um sistema de coordenadas $T - x$, para a condição na qual nenhum calor gerado no seu interior é perdido para o *lado de fora* da câmara.

(b) Quais são as temperaturas nas superfícies da parede, $T(0)$ e $T(L)$, para as condições do item (a)?

(c) Determine o valor de q''_o que deve ser fornecido pela fita aquecedora de modo que todo o calor gerado no interior da parede seja transferido para o *interior* da câmara.

(d) Se a geração de calor na parede for interrompida enquanto o fluxo fornecido pela fita aquecedora permanecer constante, qual será a temperatura em regime estacionário, $T(0)$, na superfície externa da parede?

3.65 Uma parede plana, com espessura de 0,2 m e condutividade térmica de 30 W/(m · K), apresenta uma taxa volumétrica de geração de calor uniforme de 0,4 MW/m³ e está isolada em um de seus lados, enquanto o outro encontra-se exposto a um fluido a 92 °C. O coeficiente de transferência de calor por convecção entre a parede e o fluido é de 400 W/(m² · K). Determine a temperatura máxima na parede.

3.66 Grandes fardos cilíndricos de feno, usados para alimentar o gado nos meses de inverno, têm diâmetro D = 2 m e são armazenados encostados um a um de modo a formarem longos cilindros. Geração microbiológica de energia ocorre no feno e pode ser excessiva se o fazendeiro enfardar o feno em condições muito úmidas. Supondo que a condutividade térmica do feno no fardo seja k = 0,04 W/(m · K), determine a temperatura máxima do feno, em estado estacionário, para o feno seco ($\dot{q}$ = 1 W/m³), para o feno úmido ($\dot{q}$ = 10 W/m³) e para o feno molhado ($\dot{q}$ = 100 W/m³). As condições do ambiente são: T_∞ = 0 °C e h = 25 W/(m² · K).

3.67 Considere os fardos cilíndricos de feno no Problema 3.66. É proposto usar a geração microbiológica de energia associada ao feno molhado para aquecer água. Considere um tubo com 30 mm de diâmetro, com parede delgada, inserido na direção longitudinal no centro de um fardo cilíndrico. O tubo transporta água a $T_{\infty,i}$ = 20 °C, com h_i = 200 W/(m² · K).

(a) Determine a taxa de transferência de calor, em regime estacionário, para a água, por unidade de comprimento do tubo.

(b) Represente graficamente a distribuição radial de temperaturas no feno, $T(r)$.

(c) Represente graficamente a transferência de calor para a água, por unidade de comprimento do tubo, para diâmetros do fardo na faixa $0{,}2\ \text{m} \leq D \leq 2$ m.

3.68 Seja a condução unidimensional em uma parede plana composta. Sua superfície externa está exposta a um fluido a 25 °C, com um coeficiente de transferência convectiva de 1000 W/(m² · K). Na parede intermediária B há geração uniforme de calor a uma taxa $\dot{q}_B$, enquanto não existe geração nas paredes A e C. As temperaturas nas interfaces são T_1 = 261 °C e T_2 = 211 °C.

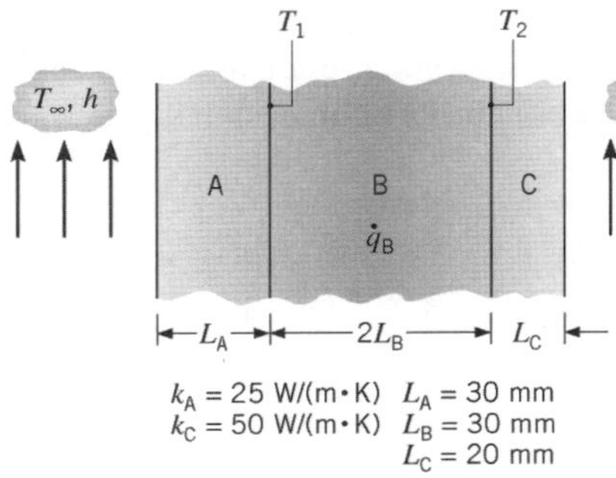

(a) Supondo resistências de contato desprezíveis nas interfaces, determine a taxa volumétrica de geração de calor $\dot{q}_B$ e a condutividade térmica k_B.

(b) Represente graficamente a distribuição de temperaturas, mostrando suas características importantes.

(c) Considere condições que correspondam à *perda de refrigerante* na superfície exposta do material A ($h = 0$). Determine T_1 e T_2 e represente a distribuição de temperaturas ao longo de todo o sistema.

3.69 Um aquecedor de ar pode ser fabricado pelo enrolamento de um fio de níquel cromo e passagem do ar em escoamento cruzado ao fio. Considere um aquecedor fabricado com um fio de diâmetro $D = 2$ mm, resistividade elétrica $\rho_e = 10^{-6}\ \Omega \cdot$ m, condutividade térmica $k = 25$ W/(m · K) e emissividade $\varepsilon = 0{,}20$. O aquecedor é projetado para fornecer ar a uma temperatura de $T_\infty = 60$ °C sob condições de escoamento que fornecem um coeficiente convectivo de $h = 250$ W/(m^2 · K) na superfície do fio. A temperatura do envoltório que envolve o fio e por meio do qual o ar escoa é igual a $T_{viz} = 60$ °C.

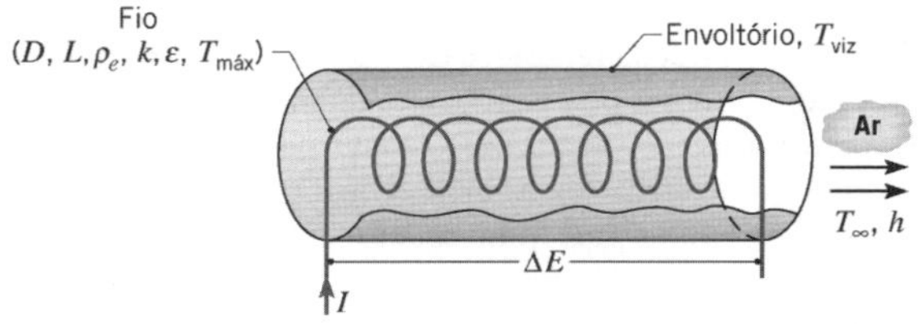

Se a temperatura máxima admissível do fio é igual a $T_{máx} = 1000$ °C, qual é a corrente elétrica máxima admissível, I? Se a voltagem máxima disponível é de $\Delta E = 110$ V, quais são o comprimento L do fio que pode ser usado no aquecedor e a potência nominal do aquecedor? *Sugestão*: na sua solução, suponha variação de temperatura no interior do fio desprezível, mas após obter os resultados desejados, avalie a validade desta suposição.

3.70 Considere a parede composta do Exemplo 3.7. Na seção de Comentários, distribuições de temperaturas na parede foram determinadas considerando resistência de contato desprezível entre os materiais A e B. Calcule e represente graficamente as distribuições de temperaturas para uma resistência térmica de contato igual a $R''_{t,c} = 10^{-4}$ m^2 · K/W.

3.71 Deduza as Equações C.2, C.5 e C.8 do Apêndice C.

3.72 Deduza as Equações C.3, C.6 e C.9 do Apêndice C.

3.73 Uma parede plana de espessura $2L$ e condutividade térmica k experimenta uma taxa volumétrica de geração uniforme $\dot{q}$. Como mostrado no esboço do Caso 1, a superfície em $x = -L$ é perfeitamente isolada, enquanto a outra superfície é mantida a uma temperatura constante e uniforme T_o. Para o Caso 2, uma fita dielétrica muito fina é inserida no plano central da parede ($x = 0$) para isolar eletricamente as duas seções, A e B. A resistência térmica da fita é $R''_{t,c} = 0{,}0005$ m^2 · K/W. Os parâmetros associados à parede são: $k = 50$ W/(m · K), $L = 20$ mm, $\dot{q} = 5 \times 10^6$ W/m^3 e $T_o = 50$ °C.

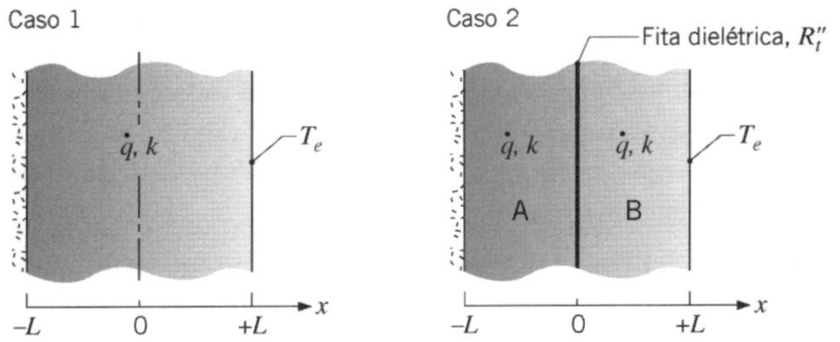

(a) Esboce a distribuição de temperaturas para o Caso 1 em coordenadas $T - x$. Descreva as características principais dessa distribuição. Identifique a localização da temperatura máxima na parede e calcule essa temperatura.

(b) Esboce a distribuição de temperaturas para o Caso 2 nas mesmas coordenadas $T - x$. Descreva as características principais dessa distribuição.

(c) Qual é a diferença de temperaturas entre as duas paredes em $x = 0$ no Caso 2?

(d) Qual é a posição da temperatura máxima na parede composta do Caso 2? Calcule essa temperatura.

3.74 Um elemento de combustível nuclear, com espessura $2L$, é coberto com um revestimento de aço com espessura b. O calor gerado no interior do combustível nuclear, a uma taxa $\dot{q}$, é removido por um fluido a T_∞, que se encontra em contato com uma das superfícies e é caracterizado por um coeficiente convectivo h. A outra superfície encontra-se isolada termicamente. O combustível e o aço possuem condutividades térmicas k_c e k_a, respectivamente.

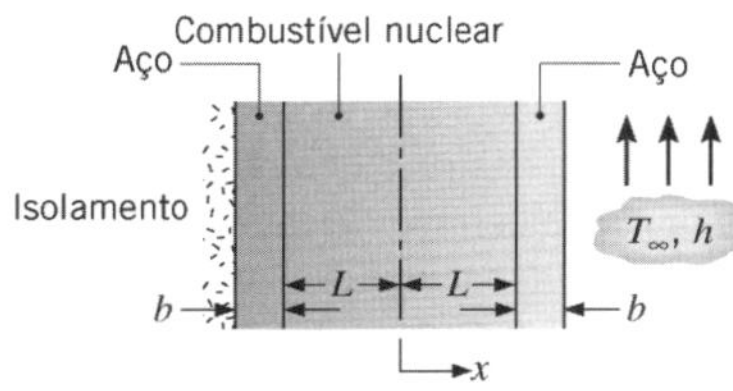

(a) Obtenha uma equação para a distribuição de temperaturas $T(x)$ no combustível nuclear. Expresse seus resultados em termos de $\dot{q}$, k_c, L, b, k_a, h e T_∞.

(b) Esboce a distribuição de temperaturas $T(x)$ para todo o sistema.

3.75 Considere o elemento combustível revestido do Problema 3.74.

(a) Usando relações apropriadas das Tabelas C.1 e C.2, obtenha uma expressão para a distribuição de temperaturas $T(x)$ no elemento combustível. Para $k_c = 60$ W/(m · K), $L = 15$ mm, $b = 3$ mm, $k_a = 15$ W/(m · K), $h = 10.000$ W/(m^2 · K) e $T_\infty = 200$ °C, quais são a maior e a menor temperatura no elemento combustível, se calor estiver sendo gerado uniformemente a uma taxa volumétrica de $\dot{q} = 2 \times 10^7$ W/m^3? Quais são as respectivas posições?

(b) Se o isolamento for removido e condições equivalentes de convecção forem mantidas em cada superfície, qual é a forma correspondente da distribuição de temperaturas no elemento combustível? Para as condições do item (a), quais são a maior e a menor temperatura no combustível? Quais são as respectivas posições?

(c) Para as condições dos itens (a) e (b), represente graficamente as distribuições de temperaturas no elemento combustível.

3.76 Condições de estado estacionário estão presentes no interior do cilindro unidimensional composto mostrado. Os três materiais possuem condutividade térmica k_A, $k_B = 2k_A$ e k_C

$= k_A$, respectivamente. Geração volumétrica uniforme de energia, $\dot{q}$, ocorre no interior do Material B e resistências de contato existem em r_A e r_B. O cilindro é inserido no interior de uma câmara de vácuo de forma que apenas perda de calor por radiação ocorre em $r = r_C$.

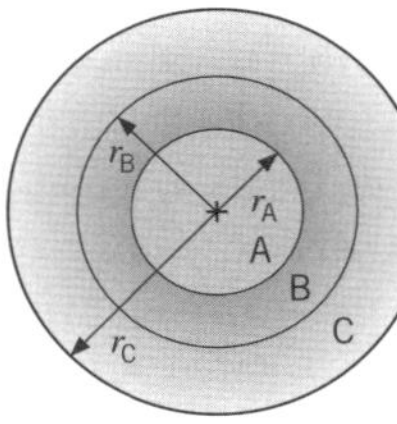

(a) Escreva a forma apropriada da equação do calor para cada um dos três materiais.

(b) Escreva uma expressão para a temperatura $T(r_C)$ em termos das grandezas relevantes fornecidas anteriormente, da temperatura da vizinhança T_{viz} e da emissividade da superfície exposta.

(c) Em coordenadas $T - r$, esboce a distribuição radial de temperaturas $T(r)$ para $0 \leq r \leq r_C$, para o caso no qual $r_A = r_B - r_A = r_C - r_B$.

(d) Em coordenadas $q'' - r$, esboce o fluxo térmico radial para $0 \leq r \leq r_C$.

3.77 A superfície exposta ($x = 0$) de uma parede plana, com condutividade térmica k, é submetida à radiação de micro-ondas, que causa um aquecimento volumétrico que varia segundo

$$\dot{q}(x) = \dot{q}_o\left(1 - \frac{x}{L}\right)$$

em que $\dot{q}_o$(W/m^3) é uma constante. A fronteira em $x = L$ está perfeitamente isolada, enquanto a superfície exposta é mantida a uma temperatura constante T_o. Determine a distribuição de temperaturas $T(x)$ em termos de x, L, k, $\dot{q}_o$ e T_o.

3.78 Uma janela de quartzo com espessura L serve como visor em um forno usado para temperar aço. A superfície interna ($x = 0$) da janela é irradiada com um fluxo de calor uniforme q''_o em face da emissão dos gases quentes no interior do forno. Pode-se supor que uma fração, β, dessa radiação é absorvida na superfície interna, enquanto a radiação restante é parcialmente absorvida ao atravessar o quartzo. A geração de calor volumétrica associada a essa absorção pode ser descrita por uma expressão com a forma

$$\dot{q}(x) = (1 - \beta)q''_e\alpha e^{-\alpha x}$$

na qual α é o coeficiente de absorção do quartzo. Há transferência de calor por convecção na superfície externa ($x = L$) da janela para o ar ambiente, a T_∞, e ela é caracterizada por um coeficiente convectivo h. A convecção e a emissão de radiação na superfície interna podem ser desprezadas, assim como a emissão de radiação da superfície externa. Determine a distribuição de temperaturas no quartzo, representando o seu resultado em termos dos parâmetros definidos anteriormente.

3.79 Para as condições descritas no Problema 1.39, determine a distribuição de temperaturas, $T(r)$, no recipiente, expressando o seu resultado em termos de $\dot{q}_o$, r_o, T_∞, h e da condutividade térmica k dos rejeitos radioativos.

3.80 Uma casca cilíndrica com raios interno e externo r_i e r_e, respectivamente, é feita com um material gerador de calor que fornece uma taxa volumétrica de geração uniforme (W/m^3) de $\dot{q}$. A superfície interna é isolada, enquanto a superfície externa da casca está exposta a uma fluido a T_∞ com um coeficiente convectivo h.

(a) Obtenha uma expressão para a distribuição de temperaturas em estado estacionário, $T(r)$, na casca, representando o seu resultado em termos de r_i, r_e, $\dot{q}$, h, T_∞ e da condutividade térmica k do material da casca.

(b) Determine uma expressão para a taxa de transferência de calor, $q'(r_e)$, no raio externo da casca, em termos de $\dot{q}$ e das dimensões da casca.

3.81 Na figura é mostrada a seção transversal de um elemento combustível cilíndrico longo em um reator nuclear. Geração de energia ocorre uniformemente no bastão combustível de tório, que possui diâmetro $D = 25$ mm e é envolto por um fino revestimento de alumínio.

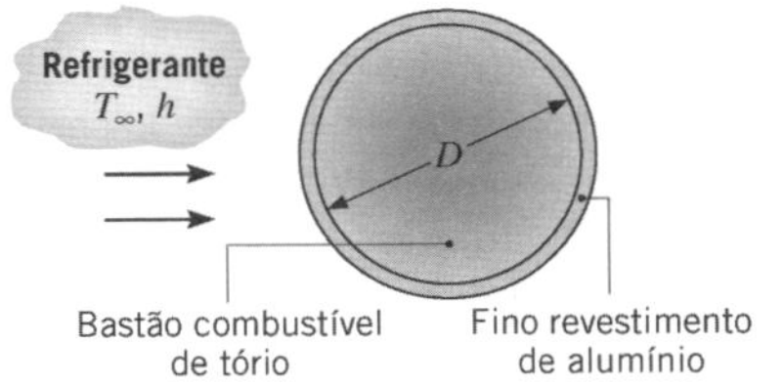

(a) É proposto que, em condições de regime estacionário, o sistema opere com uma taxa de geração de $\dot{q} = 7 \times 10^8$ W/m^3 e um sistema de resfriamento caracterizado por $T_\infty = 95$ °C e $h = 7000$ W/(m^2 · K). Essa proposta é satisfatória?

[(b)] Explore o efeito de variações em $\dot{q}$ e h, representando graficamente distribuições de temperaturas, $T(r)$, para uma faixa de valores dos parâmetros. Sugira um envelope de condições operacionais aceitáveis.

3.82 Um reator nuclear de alta temperatura com resfriamento a gás é formado por uma parede cilíndrica composta, na qual um elemento combustível de tório ($k \approx 57$ W/(m · K)) encontra-se envolto em grafite ($k \approx 3$ W/(m · K)) e hélio gasoso escoa através de um canal anular de resfriamento. Considere condições nas quais a temperatura do hélio é de $T_\infty = 600$ K e o coeficiente convectivo na superfície externa do grafite é de $h = 2000$ W/(m^2 · K).

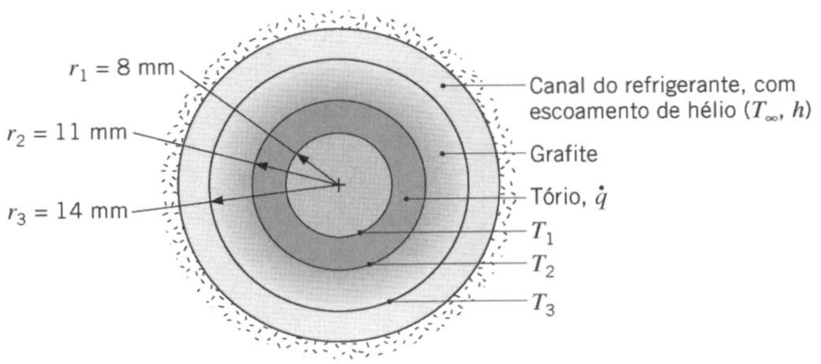

(a) Se energia térmica é gerada uniformemente no elemento combustível a uma taxa $\dot{q} = 10^8$ W/m^3, quais são as temperaturas T_1 e T_2 nas superfícies interna e externa, respectivamente, do elemento combustível?

[(b)] Calcule e represente a distribuição de temperaturas na parede composta para valores selecionados de $\dot{q}$. Qual é o valor máximo permissível para $\dot{q}$?

3.83 Em um longo bastão cilíndrico, com 240 mm de diâmetro e condutividade térmica de 0,6 W/(m · K), há geração volumétrica uniforme de calor a uma taxa de 24.000 W/m^3. O bastão está encapsulado por uma luva cilíndrica, com diâmetro externo igual a 440 mm e condutividade térmica de 6 W/(m · K). A superfície externa da luva está exposta a um escoamento cruzado de ar a 27 °C com um coeficiente convectivo de 25 W/(m^2 · K).

(a) Ache a temperatura na interface entre o bastão e a luva, e na superfície externa.

(b) Qual é a temperatura no centro do bastão?

3.84 Um material radioativo com condutividade térmica k é moldado como uma esfera sólida de raio r_o e colocado em um banho líquido, no qual a temperatura T_∞ e o coeficiente convectivo h são conhecidos. Calor é gerado uniformemente no interior do sólido a uma taxa volumétrica $\dot{q}$. Obtenha a distribuição de temperaturas radial no sólido, no regime estacionário, expressando o seu resultado em termos de r_o, $\dot{q}$, k, h e T_∞.

3.85 Rejeitos radioativos são colocados em um recipiente esférico de parede delgada. Os rejeitos geram energia térmica de forma não uniforme de acordo com a relação $\dot{q} = \dot{q}_o\,[1 - (r/r_o)^2]$, na qual $\dot{q}$ é a taxa local de geração de energia por unidade de volume, $\dot{q}_o$ é uma constante e r_o é o raio do recipiente. Condições de regime estacionário são mantidas pela imersão do recipiente em um líquido que se encontra a T_∞ e fornece um coeficiente convectivo h uniforme.

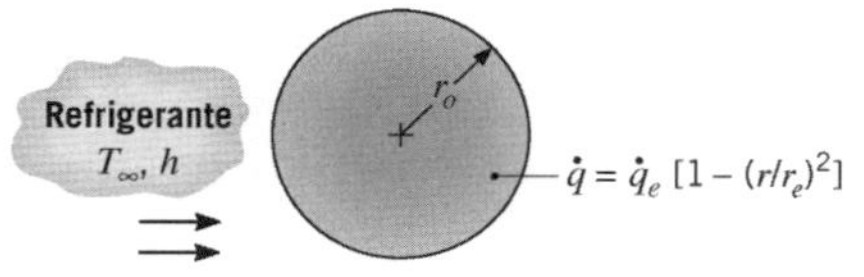

Determine a distribuição de temperaturas, $T(r)$, no interior do recipiente. Expresse o seu resultado em termos de $\dot{q}_o$, r_o, T_∞, h e da condutividade térmica k dos rejeitos radiativos.

3.86 Rejeitos radioativos ($k_{rr} = 20$ W/(m · K)) são armazenados em um recipiente esférico de aço inoxidável ($k_{ai} = 15$ W/(m · K)), com raios interno e externo iguais a $r_i = 0{,}5$ m e $r_e = 0{,}6$ m. Calor é gerado no interior dos rejeitos a uma taxa volumétrica uniforme $\dot{q} = 10^5$ W/m³ e a superfície externa do recipiente está exposta a um escoamento de água no qual $h = 1000$ W/(m² · K) e $T_\infty = 25$ °C.

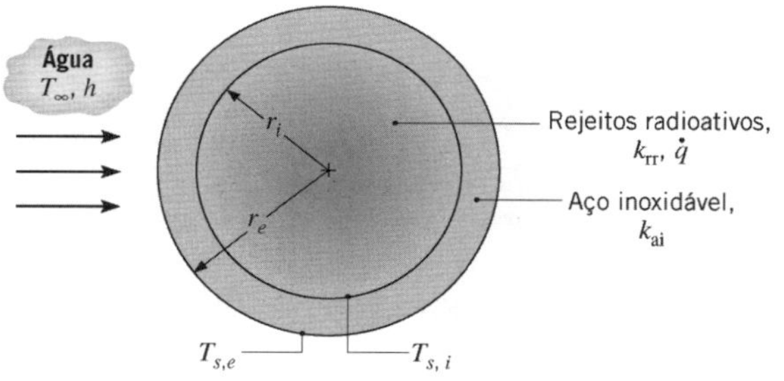

(a) Calcule a temperatura da superfície externa $T_{s,e}$, em condições de regime estacionário.

(b) Calcule a temperatura da superfície interna $T_{s,i}$, em condições de regime estacionário.

(c) Obtenha uma expressão para a distribuição de temperaturas, $T(r)$, nos rejeitos radioativos. Expresse o seu resultado em termos de r_i, $T_{s,i}$, k_{rr} e $\dot{q}$. Calcule a temperatura em $r = 0$.

(d) Uma extensão proposta para o projeto anterior envolve o armazenamento de rejeitos radioativos com a mesma condutividade térmica e duas vezes a taxa de geração de calor ($\dot{q} = 2 \times 10^5$ W/m³) em um recipiente de aço inoxidável com raio interno equivalente ($r_i = 0{,}5$ m). Considerações de segurança ditam que a temperatura máxima do sistema não deve exceder 475 °C e que a espessura da parede do recipiente não deve ser inferior a $t = 0{,}04$ m, sendo preferencialmente igual ou próxima à do projeto original ($t = 0{,}1$ m). Avalie o efeito da variação do coeficiente convectivo externo até o valor máximo atingível de $h = 5000$ W/(m² · K) (por meio do aumento da velocidade da água) e da espessura da parede do recipiente. A extensão proposta é factível? Caso afirmativo, recomende condições operacionais e de projeto apropriadas para h e t, respectivamente.

3.87 Considere a parede plana, o cilindro longo e a esfera mostrados esquematicamente, todos com o mesmo comprimento característico a, mesma condutividade térmica k e mesma taxa volumétrica de geração de energia uniforme $\dot{q}$.

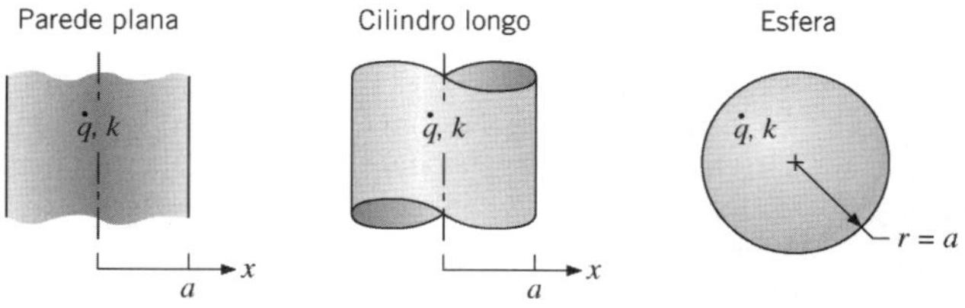

(a) No mesmo gráfico, represente a temperatura adimensional em regime estacionário, $[T(x \text{ ou } r) - T(a)]/[\dot{q}a^2/2k]$, em função dos comprimentos característicos adimensionais, x/a ou r/a, para cada geometria.

(b) Que geometria tem a menor diferença de temperaturas entre o centro e a superfície? Explique esse comportamento comparando a razão volume/área superficial.

(c) Que geometria seria preferível para uso como um elemento combustível nuclear? Explique por quê.

Superfícies Estendidas e Aletas Individuais

3.88 O medidor de calor radiante mostrado na figura é feito com uma folha metálica de constantan, pintada de preto e com o formato de um disco circular com raio R e espessura t. O medidor é posicionado em um envoltório onde há vácuo. O fluxo de radiação incidente absorvido pela folha, q''_i, difunde-se em direção à circunferência externa e ao grande anel de cobre, que atua como um sumidouro de calor a uma temperatura constante $T(R)$. Dois fios de cobre estão fixados ao centro da folha e ao anel, fechando um circuito de termopar que permite a medição da diferença de temperaturas entre o centro da folha e a sua extremidade, $\Delta T = T(0) - T(R)$.

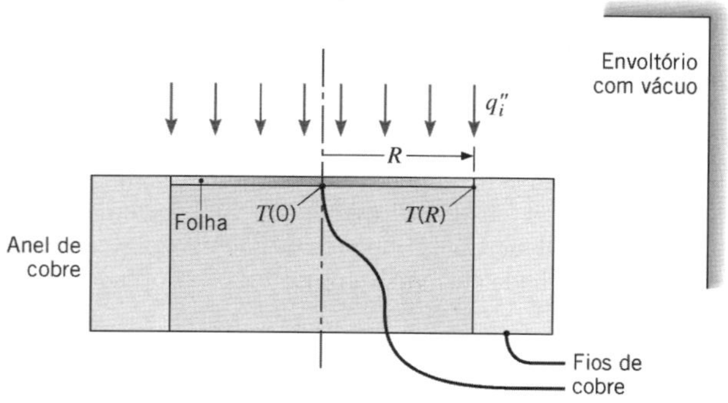

Obtenha a equação diferencial que determina $T(r)$, a distribuição de temperaturas na folha, em condições de regime estacionário. Resolva essa equação para obter uma expressão que relacione ΔT com q''_i. Você pode desprezar a troca de calor por radiação entre a folha e a sua vizinhança.

3.89 Tubos de cobre estão fixados à placa absorvedora de um coletor solar plano, conforme mostrado na figura.

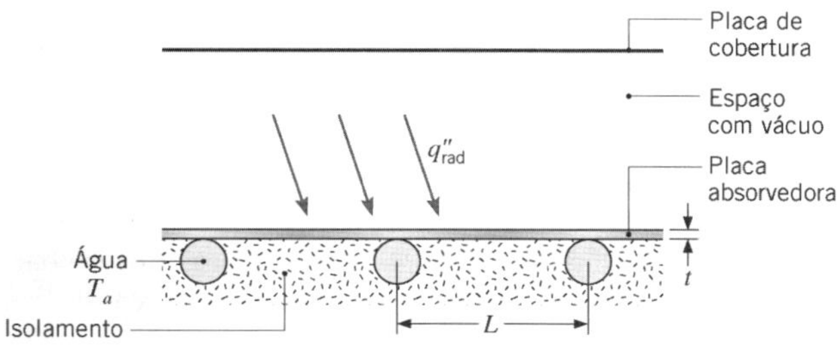

A placa absorvedora feita com a liga de alumínio (2024-T6) possui 6 mm de espessura e está bem isolada termicamente na sua superfície inferior. Há vácuo no espaço que separa a superfície superior da placa e a placa de cobertura transparente. Os tubos encontram-se espaçados entre si por uma distância L de 0,20 m, e água escoa nos tubos para remover a energia coletada. A água pode ser considerada a uma temperatura uniforme $T_a = 60$ °C. Em condições de operação em regime estacionário, nas quais o fluxo radiante *líquido* na superfície absorvedora é de $q''_{rad} = 800$ W/m^2, quais são a temperatura máxima na placa e a taxa de transferência de calor para a água por unidade de comprimento do tubo? Note que q''_{rad} representa o efeito líquido da absorção da radiação solar pela placa absorvedora e da troca de radiação entre a placa absorvedora e a placa de cobertura. Você pode supor que a temperatura da placa absorvedora exatamente acima de um tubo seja igual à da água.

3.90 Um método usado para formar nanofios (nanotubos com núcleo sólido) inicia-se com a deposição de uma pequena gota de um catalisador líquido sobre uma superfície plana. A superfície e o catalisador são aquecidos e simultaneamente expostos a um gás, com alta temperatura e baixa pressão, que contém uma mistura de espécies químicas, a partir das quais o nanofio será formado. O catalisador líquido *vagarosamente* absorve as espécies do gás por meio de sua superfície superior e as converte em um material sólido sobre a interface inferior líquido-sólido, resultando na construção do nanofio. O catalisador líquido permanece suspenso na extremidade superior do nanotubo.

Considere o crescimento de um nanofio de carbeto de silício com 15 nm de diâmetro sobre uma superfície de carbeto de silício. A superfície é mantida a uma temperatura $T_s = 2400$ K, e o catalisador líquido específico usado deve ser mantido na faixa de $2400 \text{ K} \leq T_c \leq 3000$ K para executar a sua função. Determine o comprimento máximo de um nanofio que pode ser formado em condições caracterizadas por $h = 10^5$ W/(m$^2 \cdot$ K) e $T_\infty = 8000$ K. Suponha que as propriedades do nanofio sejam as mesmas do carbeto de silício em escala normal.

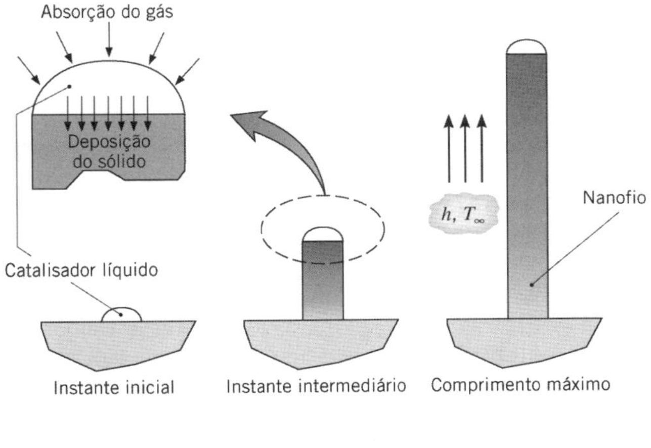

3.91 Considere a fabricação de silício fotovoltaico, como descrito no Problema 1.37. A lâmina fina de silício é puxada do banho de silício fundido *muito devagar* e é submetida a uma temperatura ambiente de $T_\infty = 450$ °C no interior da câmara de crescimento. Um coeficiente convectivo de $h = 5{,}7$ W/(m$^2 \cdot$ K) está associado às superfícies expostas da lâmina de silício enquanto ela encontra-se dentro da câmara de crescimento. Calcule a velocidade máxima permitida da lâmina de silício, V_{Si}. O calor latente de fusão do silício é de $h_{sf} = 1{,}8 \times 10^6$ J/kg. Pode-se considerar que a energia térmica liberada pela solidificação é removida por condução ao longo da lâmina.

3.92 Uma placa plana fina de comprimento L, espessura t e largura $W \gg L$ está termicamente ligada a dois grandes sumidouros de calor, que são mantidos a uma temperatura T_o. A superfície inferior da placa encontra-se bem isolada, enquanto o fluxo térmico líquido para a sua superfície superior é uniforme e igual a q''_e.

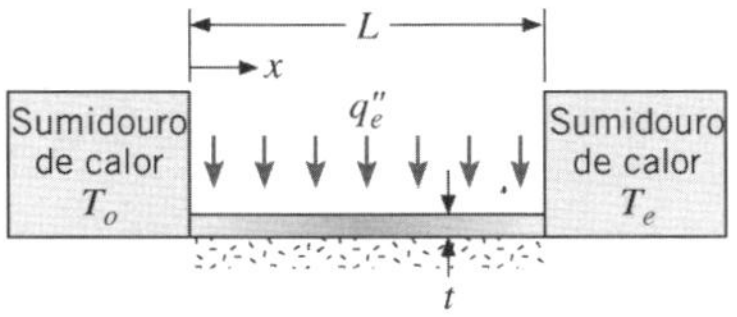

(a) Deduza a equação diferencial que determina a distribuição de temperaturas em regime estacionário $T(x)$ na placa.

(b) Resolva a equação anterior para a distribuição de temperaturas e obtenha uma expressão para a taxa de transferência de calor da placa para os sumidouros de calor.

3.93 A temperatura de um gás escoando deve ser medida com uma junção de termopar em um fio esticado entre duas alças de uma *pinça*, um acessório de testes em túneis de vento. A junção é formada pela solda de topo de dois fios de diferentes materiais, como mostrado no esquema. Para fios com diâmetro $D = 125$ μm e um coeficiente convectivo $h = 700$ W/(m$^2 \cdot$ K), determine a distância de separação mínima entre as duas alças da pinça, $L = L_1 + L_2$, para garantir que a temperatura da pinça não influencie a temperatura da junção e, desta forma, inviabilize a medida da temperatura do gás. Considere dois tipos diferentes de junções de termopares constituídas de (i) fios de cobre e constantan, e (ii) fios de chromel e alumel. Avalie a condutividade térmica do cobre e do constantan a $T = 300$ K. Use $k_{Ch} = 19$ W/(m $\cdot$ K) e $k_{Al} = 29$ W/(m $\cdot$ K) para as condutividades térmicas dos fios de chromel e de alumel, respectivamente.

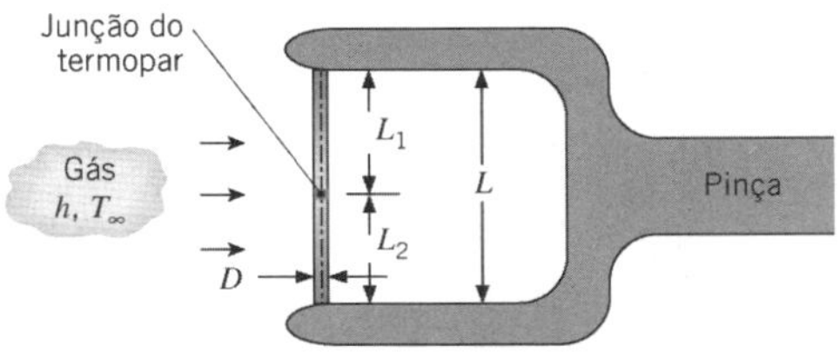

3.94 Um fino fio metálico de condutividade térmica k, diâmetro D e comprimento $2L$ é temperado pela passagem de uma corrente elétrica que induz uma geração de calor volumétrica uniforme $\dot{q}$. O ar ambiente ao redor do fio está a uma temperatura T_∞, enquanto suas extremidades em $x = \pm L$ também são mantidas a T_∞. A transferência de calor do fio para o ar é caracterizada por um coeficiente convectivo h. Obtenha expressões para:

(a) A distribuição de temperaturas $T(x)$, em regime estacionário, ao longo do fio.

(b) A temperatura máxima no fio.

(c) A temperatura média no fio.

3.95 Um bastão de aço inoxidável (AISI 304) com comprimento $L = 100$ mm e seção transversal triangular é fixado entre dois dissipadores de calor isotérmicos a uma temperatura $T_o = 50$ °C. O perímetro do bastão é igual a $P = 5$ mm. Quando um fluido desconhecido a $T_\infty = 23$ °C escoa transversalmente ao bastão, o valor medido da temperatura do cilindro no ponto médio entre as duas extremidades é igual a $T_{méd} = 25$ °C. Determine o valor do coeficiente de convecção e a taxa de perda de calor pelo cilindro.

3.96 Um nanotubo de carbono está suspenso atravessando uma vala de largura $s = 5$ μm que separa duas ilhas, cada uma a $T_\infty = 300$ K. Um feixe a *laser* irradia o nanotubo, a uma distância ξ da ilha esquerda, fornecendo $q = 10$ μW de energia para o nanotubo. A temperatura do nanotubo é medida no centro da vala utilizando um sensor pontual. A temperatura do nanotubo medida é $T_1 = 324{,}5$ K para $\xi_1 = 1{,}5$ μm e $T_2 = 326{,}4$ K para $\xi_2 = 3{,}5$ μm.

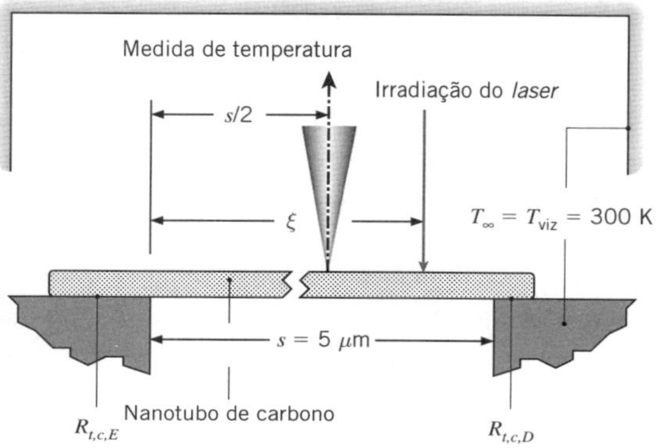

Determine as duas resistências de contato, $R_{t,c,E}$ e $R_{t,c,D}$, nas extremidades esquerda e direita do nanotubo, respectivamente. O experimento é realizado em uma câmara de vácuo com $T_{viz} = 300$ K. A condutividade térmica e o diâmetro do nanotubo são $k_{nc} = 3100$ W/(m · K) e $D = 14$ nm, respectivamente.

3.97 Um bastão com diâmetro $D = 25$ mm e condutividade térmica $k = 60$ W/(m · K) se estende perpendicularmente da parede externa de um forno, que está a $T_p = 200$ °C, e está coberto parcialmente por um isolante com espessura $L_{iso} = 200$ mm. O bastão está soldado à parede do forno e é utilizado para sustentação de cabos de instrumentação. A fim de evitar danos aos cabos, a temperatura na superfície exposta do bastão, T_e, deve ser mantida abaixo de um limite operacional especificado de $T_{máx} = 100$ °C. A temperatura do ar ambiente é $T_\infty = 25$ °C e o coeficiente de transferência de calor por convecção é igual a $h = 15$ W/(m² · K).

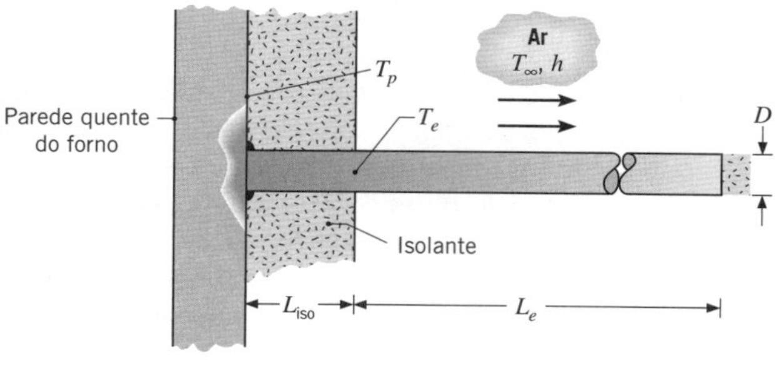

(a) Desenvolva uma expressão para a temperatura da superfície exposta T_e em função dos parâmetros térmicos e geométricos especificados. O bastão possui um comprimento exposto L_e e a sua extremidade é isolada.

(b) Irá um bastão com $L_e = 200$ mm atender ao limite de operação especificado? Se não, quais parâmetros de projeto você mudaria? Considere o uso de outro material, o aumento da espessura do isolante e o aumento do comprimento do bastão. Analise também como você poderia fazer a fixação da base do bastão à parede do forno a fim de reduzir T_e.

3.98 Um bastão muito longo, com 5 mm de diâmetro e condutividade térmica uniforme $k = 25$ W/(m · K), é submetido a um processo de tratamento térmico. Sua porção central, com 30 mm de comprimento, está envolta por uma bobina de aquecimento por indução, havendo então, nesta porção, uma geração de calor volumétrica e uniforme de $7{,}5 \times 10^6$ W/m³.

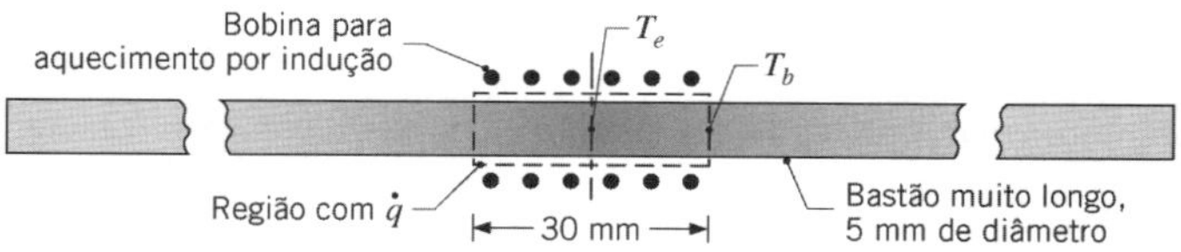

Nas porções não aquecidas do bastão, que são continuações das duas extremidades da porção aquecida, há convecção com o ar a uma temperatura $T_\infty = 20$ °C com $h = 10$ W/(m² · K). Suponha que não haja convecção na superfície do bastão no interior da bobina.

(a) Calcule a temperatura T_o do bastão no ponto central da porção aquecida coberta pela bobina, no regime estacionário.

(b) Calcule a temperatura T_b do bastão na extremidade da porção aquecida, no regime estacionário.

3.99 Pás de turbina montadas sobre um disco rotativo em um motor de turbina a gás estão expostas a uma corrente de gás a $T_\infty = 1200$ °C, que mantém um coeficiente de transferência convectiva de calor sobre a pá de $h = 250$ W/(m² · K).

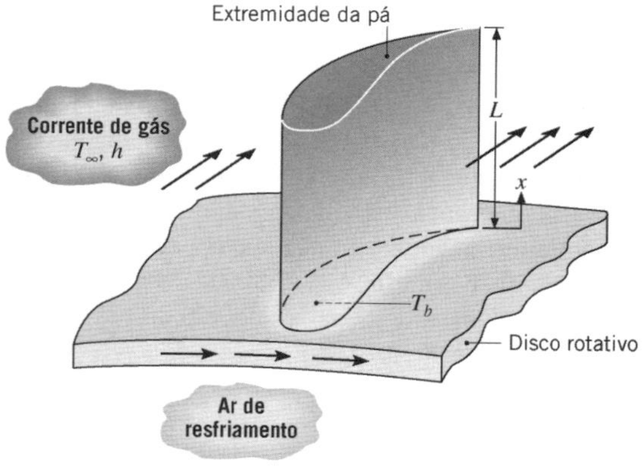

As pás, fabricadas em Inconel, $k \approx 20$ W/(m · K), têm um comprimento $L = 50$ mm. O perfil da pá possui uma área de seção transversal uniforme $A_{tr} = 6 \times 10^{-4}$ m² e um perímetro $P = 110$ mm. Um sistema proposto para o resfriamento das pás, que envolve a passagem de ar pelo disco de suporte, é capaz de manter a base de cada pá a uma temperatura de $T_b = 300$ °C.

(a) Sendo a temperatura máxima permissível para a pá de 1050 °C e a extremidade da pá podendo ser considerada adiabática, o sistema de resfriamento proposto é satisfatório?

(b) Para o sistema de resfriamento proposto, qual é a taxa na qual o calor é transferido de cada pá para o ar de resfriamento?

3.100 Em um teste para determinar o coeficiente de atrito μ associado a um disco de freio, um disco e o seu eixo giram a uma velocidade angular constante ω, enquanto um conjunto equivalente disco/eixo permanece parado. Os discos possuem raio externo r_2 = 180 mm, raio do eixo r_1 = 20 mm, espessura t = 12 mm e condutividade térmica k = 15 W/(m · K). Uma força conhecida F é aplicada no sistema e o torque correspondente τ necessário para manter a rotação é medido. A pressão de contato disco/disco pode ser considerada uniforme (ou seja, independente da localização na interface) e os discos supostos termicamente bem isolados da vizinhança.

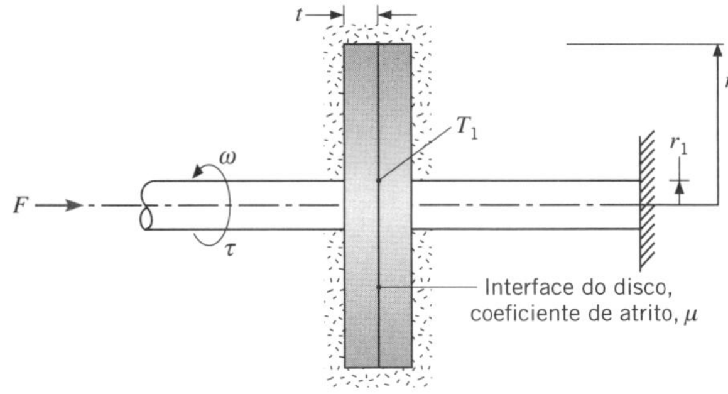

(a) Obtenha uma expressão que permita avaliar μ a partir das grandezas conhecidas.

(b) Para a região $r_1 \leq r \leq r_2$, determine a distribuição de temperaturas radial, $T(r)$, no disco. Nesta distribuição, $T(r_1) = T_1$ é considerada conhecida.

(c) Sejam condições de teste nas quais F = 200 N, ω = 40 rad/s, τ = 8 N · m e T_1 = 80 °C. Calcule o coeficiente de atrito e a temperatura máxima no disco.

3.101 Considere uma superfície estendida de seção transversal retangular com transferência de calor na direção longitudinal.

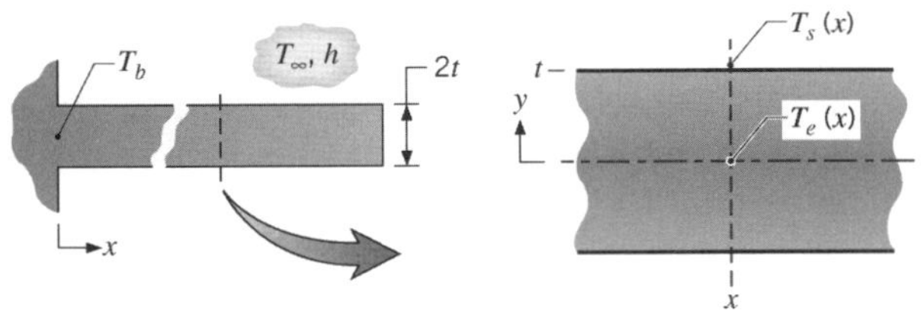

Neste problema procuramos determinar condições nas quais a diferença de temperaturas transversal (direção y) no interior da superfície estendida é desprezível em comparação com a diferença de temperaturas entre a superfície e o ambiente, de tal forma que a análise unidimensional da Seção 3.6.1 seja válida.

(a) Suponha que a diferença de temperaturas transversal seja parabólica e com a forma

$$\frac{T(y) - T_e(x)}{T_s(x) - T_e(x)} = \left(\frac{y}{t}\right)^2$$

na qual $T_s(x)$ é a temperatura da superfície e $T_o(x)$ é a temperatura na linha central em cada ponto x. Usando a lei de Fourier, escreva uma expressão para o fluxo térmico condutivo na superfície, $q''_y(t)$, em termos de T_s e T_o.

(b) Escreva uma expressão para o fluxo térmico convectivo na superfície, na posição x. Igualando as duas expressões para o fluxo térmico condutivo e para o convectivo, identifique o parâmetro que determina a razão $(T_o - T_s)/(T_s - T_\infty)$.

(c) Com base na análise anterior, desenvolva um critério para estabelecer a validade da hipótese unidimensional usada para modelar uma superfície estendida.

3.102 Um longo bastão circular de alumínio tem uma de suas extremidades fixada a uma parede aquecida e transfere calor por convecção para um fluido frio.

(a) Se o diâmetro do bastão fosse dobrado, qual seria a mudança na taxa de remoção de calor ao longo do bastão?

(b) Se um bastão de cobre com o mesmo diâmetro fosse usado em lugar do bastão de alumínio, qual seria a mudança na taxa de remoção de calor ao longo do bastão?

3.103 Um bastão de latão com 100 mm de comprimento e 5 mm de diâmetro se estende horizontalmente a partir de uma peça a 200 °C. O bastão encontra-se em um ambiente com T_∞ = 20 °C e h = 30 W/(m^2 · K). Quais são as temperaturas no bastão a 25, 50 e 100 mm da peça?

3.104 A intensidade na qual a condição na extremidade afeta o desempenho térmico de uma aleta depende da geometria da aleta e de sua condutividade térmica, assim como do coeficiente convectivo. Considere uma aleta retangular de uma liga de alumínio (k = 180 W/(m · K)), com comprimento L = 10 mm, espessura t = 1 mm e largura $w \gg t$. A temperatura na base da aleta é T_b = 100 °C e ela está exposta a um fluido com temperatura T_∞ = 25 °C.

(a) Supondo um coeficiente convectivo uniforme h = 100 W/(m^2 · K) sobre toda a superfície da aleta, determine a taxa de transferência de calor na aleta por unidade de largura q'_a, a eficiência η_a, a efetividade ε_a, a resistência térmica por unidade de largura $R'_{t,a}$ e a temperatura na extremidade $T(L)$, para os Casos A e B da Tabela 3.4. Compare os seus resultados com aqueles para a aproximação de *aleta infinita*.

(b) Explore o efeito de variações no coeficiente convectivo na taxa de transferência de calor para 10 < h < 1000 W/(m^2 · K). Também considere o efeito de tais variações em uma aleta de aço inoxidável (k = 15 W/(m · K)).

3.105 Um pino de área transversal uniforme é fabricado em uma liga de alumínio (k = 160 W/(m K)). O diâmetro da aleta é D = 4 mm e ela está exposta a condições convectivas caracterizadas por h = 220 W/(m^2 · K). É informado que a eficiência da aleta é igual a η_a = 0,65. Determine o comprimento da aleta L e a efetividade da aleta ε_a. Leve em consideração a convecção na extremidade.

3.106 Uma aleta plana fabricada com a liga de alumínio 2024 (k = 185 W/(m · K)) tem uma espessura na base de t = 3 mm e um comprimento de L = 15 mm. Sua temperatura na base é T_b = 100 °C e ela está exposta a um fluido no qual T_∞ = 20 °C e h = 50 W/(m^2 · K). Para as condições anteriores e uma aleta de largura unitária, compare a taxa de transferência de calor na aleta, a eficiência e o volume para os perfis retangular, triangular e parabólico.

3.107 Dois longos bastões de cobre, com diâmetro D = 8 mm, serão soldados ponta a ponta com uma solda com ponto de fusão de 250 °C. Os bastões se encontram em um ambiente a 30 °C com um coeficiente de transferência convectiva de calor igual a 10 W/(m^2 · K). Qual é a menor alimentação de potência necessária para efetuar a soldagem?

3.108 Bastões circulares de cobre, com diâmetro $D = 1$ mm e comprimento $L = 25$ mm, são usados para aumentar a transferência de calor em uma superfície mantida a $T_{s,1} = 100$ °C. Uma extremidade do bastão é presa a essa superfície (em $x = 0$), enquanto a outra extremidade ($x = 25$ mm) é conectada a uma segunda superfície, mantida a $T_{s,2} = 0$ °C. Ar, escoando entre as superfícies (e sobre os bastões), também se encontra a uma temperatura $T_\infty = 0$ °C, mantendo um coeficiente convectivo $h = 100$ W/(m^2 · K).

(a) Qual é a taxa de transferência de calor por convecção entre um único bastão de cobre e o ar?

(b) Qual é a taxa total de transferência de calor dissipada em uma seção da superfície a 100 °C, com dimensões de 1 m por 1 m, se for instalado um feixe de bastões com distância entre os centros de 4 mm?

3.109 Durante os estágios iniciais do crescimento do nanotubo do Problema 3.90, uma pequena perturbação na gota do catalisador líquido pode causar um deslocamento fazendo com que ela fique suspensa na extremidade do nanofio fora da posição central. A deposição não uniforme resultante do sólido na interface sólido-líquido pode ser manipulada para gerar formas específicas como uma *nanomola*, que é caracterizada por um raio da mola r, um passo da mola, s, um comprimento total L_t (comprimento ao longo da mola) e um comprimento entre as extremidades L, como mostrado no esboço. Seja uma nanomola de carbeto de silício de diâmetro $D = 15$ nm, $r = 30$ nm, $s = 25$ nm e $L_t = 425$ nm. A partir de experimentos, sabe-se que o passo médio da mola $\bar{s}$ varia com a temperatura média $\bar{T}$ de acordo com a relação $d\bar{s}/d\bar{T} = 0{,}1$ nm/K. Usando esta informação, um estudante sugere que um *nanoatuador* pode ser construído conectando-se uma extremidade da nanomola a um pequeno aquecedor e elevando-se a temperatura dessa extremidade acima de seu valor inicial. Calcule a distância de atuação (alcance), ΔL, para condições nas quais $h = 10^6$ W/(m^2 · K), $T_\infty = T_i = 25$ °C, com uma temperatura na base de $T_b = 50$ °C. Se a temperatura na base puder ser controlada na faixa de 1 °C, calcule a acurácia na qual a distância de atuação poderá ser controlada. *Sugestão*: suponha que o raio da mola não mude quando ela é aquecida. O comprimento total da mola pode ser aproximado pela fórmula,

$$L = \frac{\bar{s}}{2\pi} \frac{L_c}{\sqrt{r^2 + (\bar{s}/2\pi)^2}}$$

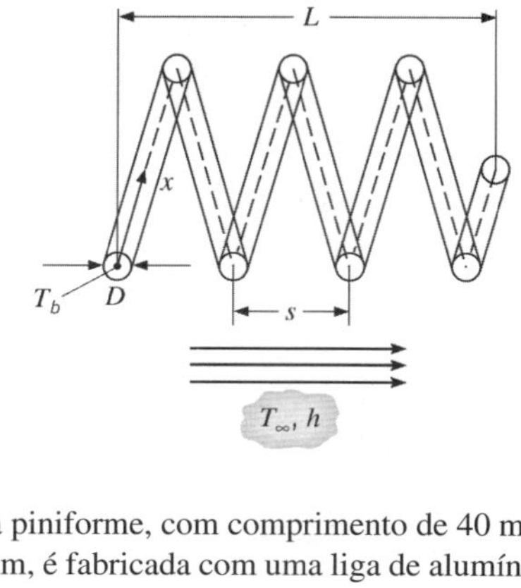

3.110 Uma aleta piniforme, com comprimento de 40 mm e diâmetro de 2 mm, é fabricada com uma liga de alumínio ($k = 140$ W/(m · K)).

(a) Determine a taxa de transferência de calor na aleta para $T_b = 50$ °C, $T_\infty = 25$ °C, $h = 1000$ W/(m^2 · K) e condição de extremidade adiabática.

(b) Determine a espessura da cobertura de uma camada de tinta uniformemente distribuída com o objetivo de maximizar a taxa de transferência de calor pela aleta. Compare a taxa de transferência de calor da aleta pintada com aquela da aleta sem a cobertura de tinta. A condutividade térmica da tinta é $k = 2{,}5$ W/(m · K). Despreze qualquer resistência térmica de contato entre a aleta de alumínio e a tinta.

3.111 Um dispositivo experimental para medir a condutividade térmica de materiais sólidos envolve o uso de dois bastões longos, equivalentes em todos os aspectos, exceto que um é fabricado com um material-padrão com condutividade térmica conhecida k_A, enquanto o outro é fabricado com o material cuja condutividade térmica k_B se deseja determinar. Uma das extremidades dos dois bastões é fixada a uma mesma fonte de calor com uma temperatura fixa T_b. Os bastões são expostos a um fluido à temperatura T_∞ e estão instrumentados com termopares para medir a temperatura a uma distância fixa x_1 da fonte de calor. Se o material-padrão for o alumínio, com $k_A = 180$ W/(m · K) e as medições revelarem valores de $T_A = 77$ °C e $T_B = 62$ °C em x_1, para $T_b = 100$ °C e $T_\infty = 25$ °C, qual é a condutividade térmica k_B do material em teste?

Sistemas e Séries de Aletas

3.112 Em face do bloqueio do escoamento, o coeficiente de transferência de calor para a superfície das aletas e para a base sem aletas de um conjunto de aletas diminui à medida que o número de aletas aumenta. Considere o conjunto de aletas mostrado na Figura 3.21*a*, com a altura da parede de 20 mm, $w = 20$ mm, $t = 2$ mm e $L = 20$ mm. As aletas são de alumínio e as temperaturas da base e do ambiente são iguais a $T_b = 95$ ºC e $T_\infty = 20$ ºC. Como uma primeira aproximação, considere que $h = h_{máx} \times (1 - N/N_{máx})$ na qual $N_{máx}$ é o número máximo de aletas que pode ser colocado sobre a superfície, tal que $N_{máx} = 20$ mm/2 mm $= 10$. Para $h_{máx} = 50$ W/(m^2 · K), determine a taxa de transferência de calor total para $N = 0$, 3, 6 e 9 aletas.

3.113 Passagens aletadas são frequentemente formadas entre placas paralelas para melhorar a transferência de calor por convecção no núcleo de trocadores de calor compactos. Uma importante aplicação é no resfriamento de equipamentos eletrônicos, onde uma ou mais estantes de aletas, resfriadas a ar, são posicionadas entre componentes eletrônicos que dissipam calor. Seja uma única estante de aletas retangulares, com comprimento L e espessura t, com condições de transferência de calor por convecção correspondente a h e T_∞.

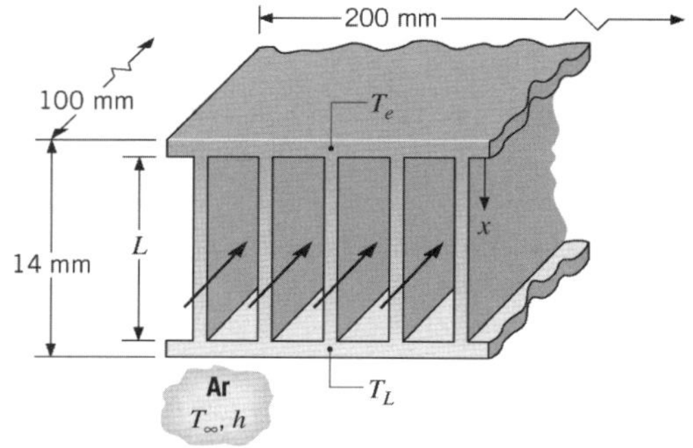

(a) Obtenha expressões para as taxas de transferência de calor nas aletas, $q_{a,o}$ e $q_{a,L}$, em termos das temperaturas nas extremidades, T_o e T_L.

(b) Em uma aplicação específica, uma estante de aletas, com 200 mm de largura e 100 mm de profundidade, contém 50 aletas de comprimento $L = 12$ mm. A estante completa é feita em alumínio e todas as placas possuem espessura de 1,0 mm. Se limitações de temperatura associadas aos componentes elétricos fixados às placas opostas ditam que as temperaturas máximas permitidas nestas placas são de $T_o = 400$ K e $T_L = 350$ K, quais são as dissipações máximas de potência correspondentes se $h = 150$ W/(m^2 · K) e $T_\infty = 300$ K?

3.114 Um *chip* de silício isotérmico, com um lado de largura $W = 20$ mm, encontra-se soldado a um dissipador de calor de alumínio ($k = 180$ W/(m · K)) com largura equivalente. O dissipador tem uma base com espessura $L_b = 3$ mm e uma série de aletas retangulares, cada uma com comprimento $L_a = 15$ mm. Um escoamento de ar com $T_\infty = 20$ °C é mantido ao longo dos canais formados pelas aletas e uma placa de cobertura, e para um coeficiente convectivo de $h = 100$ W/(m^2 · K) é necessário um espaçamento mínimo entre as aletas de 1,8 mm em função de limitações na queda de pressão no escoamento. A junta soldada tem resistência térmica de $R''_{t,c} = 2 \times 10^{-6}$ m^2 · K/W.

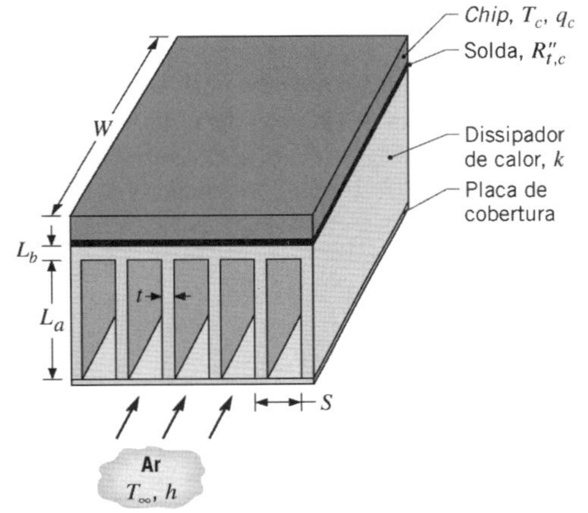

(a) Considere uma série que tem $N = 11$ aletas, cujas limitações levam a valores da espessura da aleta de $t = 0,182$ mm e do passo de $S = 1,982$ mm, obtidos das imposições de que $W = (N - 1)S + t$ e $S - t = 1,8$ mm. Se a máxima temperatura permitida do *chip* for $T_c = 85$ °C, qual é o valor correspondente da potência do *chip* q_c? Uma condição de aleta com extremidade adiabática pode ser admitida e pode-se considerar que o escoamento do ar ao longo das superfícies externas do dissipador fornece um coeficiente convectivo equivalente ao associado ao escoamento do ar pelos canais.

(b) Com $(S - t)$ e h fixos em 1,8 mm e 100 W/(m^2 · K), respectivamente, explore o efeito de aumentar a espessura das aletas a partir da redução do número de aletas. Com $N = 11$ e $S - t$ fixo em 1,8 mm, porém, com a relaxação da limitação sobre a queda de pressão, explore o efeito de aumentar o escoamento do ar e, assim, o coeficiente convectivo.

3.115 Como visto no Problema 3.90, nanofios de carbeto de silício, de diâmetro $D = 15$ nm, podem ser formados sobre uma superfície sólida de carbeto de silício a partir da colocação cuidadosa de gotas de uma catalisador líquido sobre o substrato plano de carbeto de silício. Nanofios de carbeto de silício crescem a partir das gotas depositadas e, se as gotas forem depositadas seguindo um padrão, um conjunto de aletas de nanofios pode ser gerado, formando um *nanodissipador de calor* de carbeto de silício. Sejam pacotes eletrônicos com aletas e sem aletas, nos quais um dispositivo eletrônico extremamente pequeno, 10 μm × 10 μm, encontra-se posicionado entre duas folhas de carbeto de silício com espessura, cada uma, de $d = 100$ nm. Em ambos os casos, o refrigerante é um líquido dielétrico a 20 °C. Um coeficiente de transferência de calor $h = 1 \times 10^5$ W/(m^2 · K) pode ser considerado no topo e no fundo do pacote sem aletas e em todas as superfícies das aletas de carbeto de silício expostas. Cada aleta tem um comprimento de $L = 300$ nm. Cada nanodissipador de calor tem um conjunto de 200 × 200 nanoaletas. Determine a máxima taxa de calor que pode ser gerada pelo dispositivo eletrônico de tal forma que sua temperatura seja mantida a $T_t < 85$ °C nos conjuntos sem aletas e com aletas.

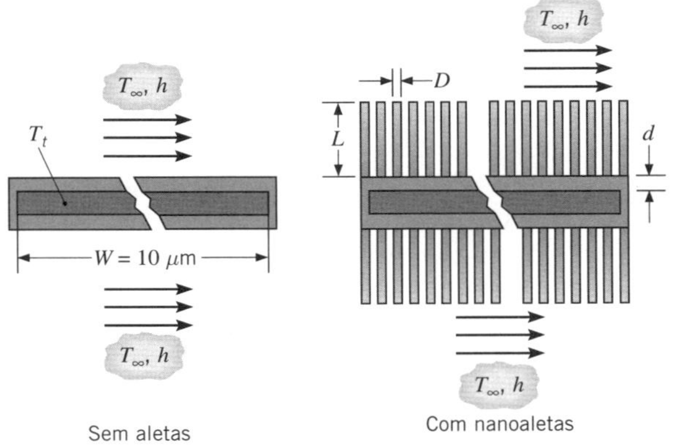

3.116 Um fogão a lenha é equipado com um queimador superior para cozimento. O queimador, com diâmetro $D = 200$ mm, é fabricado em ferro fundido ($k = 65$ W/(m K)). O lado inferior (combustão) do queimador tem oito aletas planas de seção transversal uniforme, montadas como mostrado no esquema. Um revestimento muito fino de cerâmica ($\varepsilon = 0,95$) encontra-se sobre todas as superfícies do queimador. A parte superior do queimador está exposta às condições do ambiente externo ($T_{viz,sup} = T_{\infty,sup} = 20$ °C, $h_{sup} = 40$ W/(m^2 · K)), enquanto a parte inferior do queimador está exposta às condições de combustão ($T_{viz,inf} = T_{\infty,inf} = 450$ °C, $h_{inf} = 50$ W/(m^2 · K)). Compare a temperatura na superfície superior do queimador aletado àquela que estaria presente para um queimador sem aletas. *Sugestão*: use a mesma expressão para a transferência de calor por radiação para a parte inferior do queimador aletado e para o queimador sem aletas.

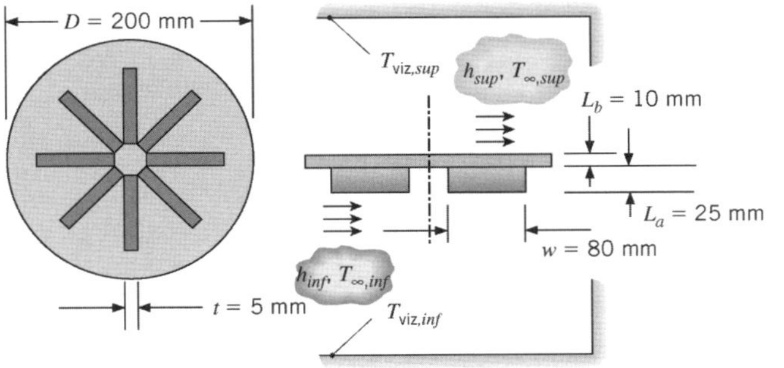

3.117 Água é aquecida em um tanque com tubos submersos de cobre, com paredes delgadas e diâmetro de 50 mm, nos quais escoam gases de combustão ($T_g = 750$ K). Para melhorar a transferência de calor para a água, quatro aletas planas de seção transversal uniforme, em forma de cruz, são inseridas no interior de cada tubo. As aletas têm 5 mm de espessura e também são construídas em cobre ($k = 400$ W/(m · K)).

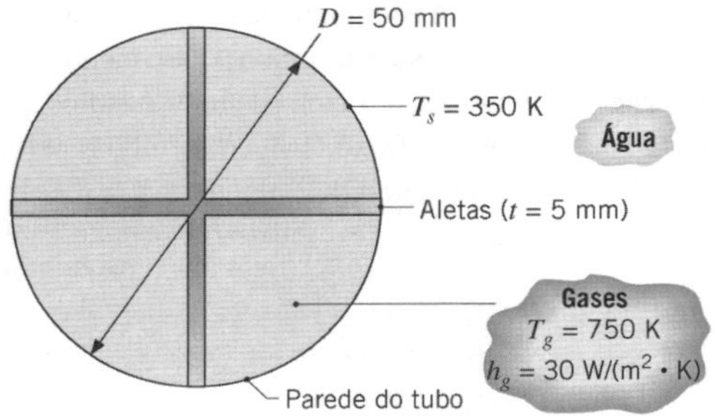

Sendo a temperatura na superfície do tubo igual a $T_s = 350$ K e o coeficiente de transferência de calor por convecção no lado do gás $h_g = 30$ W/(m^2 · K), qual é a taxa de transferência de calor para a água por metro de comprimento do tubo?

3.118 Em virtude do grande número de componentes nos *chips* dos PCs atuais, dissipadores de calor aletados são usados com frequência para manter o *chip* a uma temperatura de operação aceitável. Dois projetos de dissipadores aletados devem ser avaliados, ambos com a área da base (sem aletas) de dimensões 53 mm × 57 mm. As aletas possuem seção transversal quadrada e são fabricadas em uma liga de alumínio extrudada com uma condutividade térmica de 175 W/(m · K). Ar de resfriamento pode ser fornecido a 25 °C e a temperatura máxima permissível do *chip* é de 75 °C. Outras características do projeto e condições operacionais são apresentadas na tabela a seguir.

	Dimensões da Aleta			
Projeto	**Seção Transversal $w \times w$ (mm)**	**Comprimento L (mm)**	**Número de Aletas no Conjunto**	**Coeficiente Convectivo (W/(m² · K))**
A	3 × 3	30	6 × 9	125
B	1 × 1	7	14 × 17	375

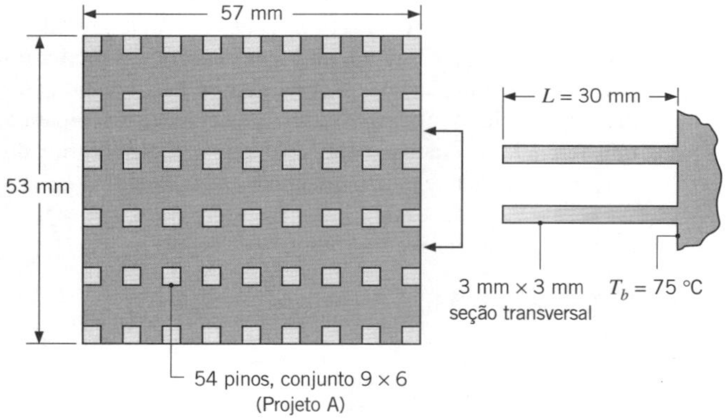

Determine o melhor arranjo de aletas. Na sua análise, calcule a taxa de transferência de calor, a eficiência e a efetividade de uma única aleta, bem como a taxa total de transferência de calor e a eficiência global do conjunto de aletas. Uma vez que o espaço disponível no interior de um computador é importante, compare a taxa total de transferência de calor por unidade de volume para os dois projetos.

3.119 Seja o projeto B do Problema 3.118. Com o tempo, pode haver a deposição de poeira nas pequenas fendas que separam as aletas. Considere a formação de uma camada de poeira de espessura L_p, como mostrado no desenho. Calcule e represente graficamente a taxa de transferência de calor total para o projeto B para camadas de poeira na faixa de $0 \leq L_p \leq 5$ mm. A condutividade térmica da poeira pode ser tomada como $k_p = 0{,}032$ W/(m · K). Inclua os efeitos da convecção nas extremidades.

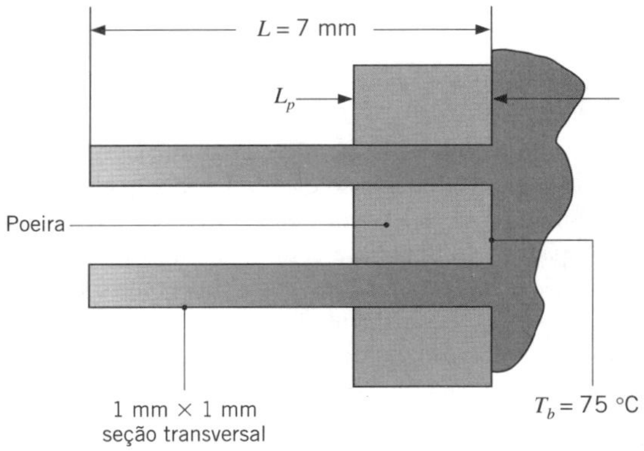

3.120 Um aquecedor de ar é constituído por um tubo de aço (k = 20 W/(m · K)), com raios interno e externo $r_1 = 13$ mm e $r_2 = 16$ mm, respectivamente, e oito aletas longitudinais usinadas no tubo, cada uma com espessura $t = 3$ mm. As aletas se estendem até um tubo concêntrico, que possui raio $r_3 = 40$ mm e está isolado na sua superfície externa. Água, a uma temperatura $T_{\infty,i} = 90$ °C, escoa através do tubo interno, enquanto ar, a $T_{\infty,e} = 25°$ C, escoa através da região anular formada pelo tubo com maior diâmetro.

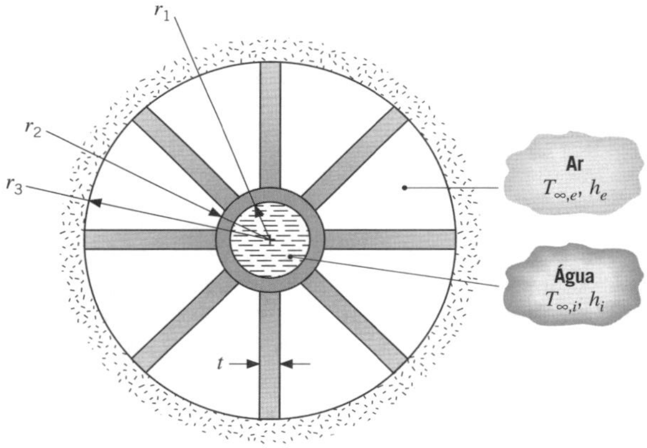

(a) Esboce o circuito térmico equivalente do aquecedor e relacione cada resistência térmica aos parâmetros apropriados do sistema.

(b) Sendo $h_i = 5000$ W/(m^2 · K) e $h_e = 200$ W/(m^2 · K), qual é a taxa de transferência de calor por unidade de comprimento?

(c) Avalie o efeito na taxa de transferência de calor causado pelo aumento no número de aletas N e/ou na espessura das aletas t, sujeitos à restrição $Nt < 50$ mm.

3.121 Determine o aumento percentual na transferência de calor associado à fixação de aletas de alumínio de perfil retangular a uma parede plana. As aletas têm 45 mm de comprimento; 0,5 mm de espessura e são igualmente espaçadas a uma distância de 2 mm (500 aletas/m). O coeficiente convectivo associado à parede sem aletas é de 45 W/(m^2 · K), enquanto o resultante após a colocação das aletas é de 30 W/(m^2 · K).

3.122 Calor é uniformemente gerado a uma taxa de 2×10^5 W/m^3 em uma parede de condutividade térmica 25 W/(m · K) e espessura de 60 mm. A parede está exposta à convecção nos dois lados, com diferentes coeficientes de transferência de calor e temperaturas, como mostrado. Há aletas planas retangulares no lado direito da parede, com as dimensões mostradas e condutividade térmica de 250 W/(m · K). Qual é a temperatura máxima no interior da parede?

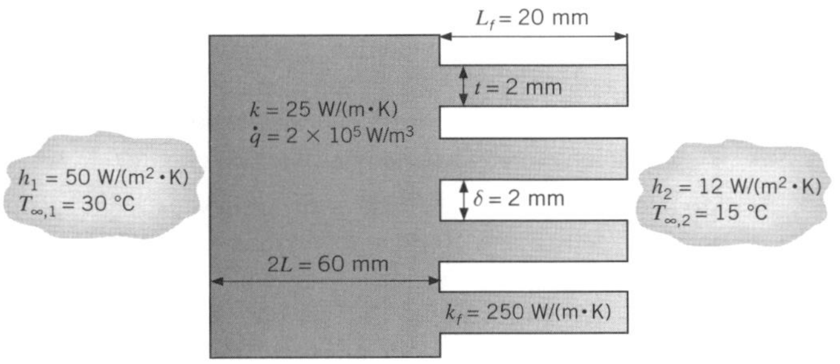

3.123 Aletas de alumínio com perfil triangular estão fixadas a uma parede plana cuja temperatura na superfície é de 250 °C. A espessura da base das aletas é de 2 mm e o seu comprimento é de 6 mm. O sistema encontra-se em um ambiente a uma temperatura de 20 °C, com um coeficiente de transferência de calor na superfície de 40 W/(m^2 · K).

(a) Quais são a eficiência e a efetividade das aletas?

(b) Qual é o calor dissipado por unidade de largura em uma única aleta?

3.124 Uma aleta anular de alumínio com perfil retangular está fixada a um tubo circular que possui um diâmetro externo de 25 mm e uma temperatura superficial de 250 °C. A aleta possui 1 mm de espessura e 10 mm de comprimento, e a temperatura e o coeficiente de transferência de calor associados ao fluido adjacente são 25 °C e 25 W/(m^2 · K), respectivamente.

(a) Qual é a taxa de perda de calor por aleta?

(b) Se 200 dessas aletas são posicionadas espaçadas em 5 mm ao longo do tubo, qual é a perda de calor por unidade de comprimento do tubo?

3.125 É proposto resfriar com ar os cilindros de uma câmara de combustão a partir da fixação de um revestimento de alumínio com aletas anulares (k = 240 W/(m · K)) à parede do cilindro (k = 50 W/(m · K)).

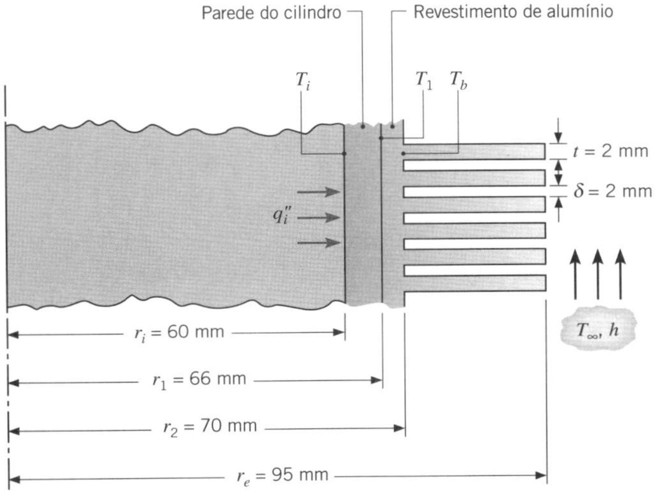

O ar está a 320 K e o coeficiente convectivo correspondente é igual a 100 W/(m^2 · K). Embora o aquecimento na superfície interna seja periódico, é razoável supor condições de regime estacionário com um fluxo térmico médio no tempo de $q_i'' = 10^5$ W/m^2. Considerando desprezível a resistência de contato entre a parede e o revestimento, determine a temperatura interna da parede T_i, a temperatura na interface T_1 e a temperatura na base das aletas T_b. Determine essas temperaturas se a resistência de contato na interface fosse de $R''_{t,c} = 10^{-4}$ m^2 · K/W.

3.126 Sejam as condições do Problema 3.117, porém agora com uma espessura da parede do tubo de 5 mm (diâmetros interno e externo de 50 e 60 mm, respectivamente), uma resistência térmica de contato entre as aletas e o tubo de 10^{-4} m^2 · K/W e o fato de que é a temperatura da água T_a = 350 K e não a temperatura na superfície do tubo que é conhecida. O coeficiente convectivo no lado da água é h_a = 2000 W/(m^2 · K). Determine a taxa de transferência de calor para a água por unidade de comprimento do tubo (W/m). Qual seria o efeito, em separado, de cada uma das seguintes mudanças de projeto sobre a taxa de transferência de calor: (i) eliminação da resistência de contato; (ii) aumento do número de aletas de quatro para oito; (iii) mudança do material da parede do tubo e das aletas de cobre para aço inoxidável AISI 304 (k = 20 W/(m · K))?

A Equação do Biocalor

3.127 Considere as condições do Exemplo 3.11, exceto que agora a pessoa está fazendo exercício (no ar como ambiente), o que multiplica por oito a taxa de geração de calor metabólica, passando então para 5600 W/m^3. Para que a pessoa mantenha a mesma temperatura da pele do exemplo, qual deveria ser a sua taxa de transpiração (em litros/s)?

3.128 Considere as condições do Exemplo 3.11, com o ar como ambiente, exceto agora pelo fato de o ar e de a vizinhança estarem a 15 °C. Seres humanos respondem ao frio tremendo, o que aumenta a taxa de geração de calor metabólica. Qual deveria ser a taxa de geração de calor metabólica (por unidade de volume) para manter uma temperatura da pele confortável de 33 °C sob estas condições?

3.129 Considere a transferência de calor em um antebraço, que pode ser aproximado por um cilindro de músculo de raio 50 mm (desprezando a presença dos ossos), com uma camada externa de pele e gordura com espessura de 3 mm. Há geração de calor metabólica e perfusão no interior do músculo. A taxa de geração de calor metabólica, a taxa de perfusão, a temperatura arterial, e as propriedades do sangue, do músculo e da camada de pele/gordura são as mesmas do Exemplo 3.11. O ambiente e a vizinhança são os mesmos do ar ambiente no Exemplo 3.11.

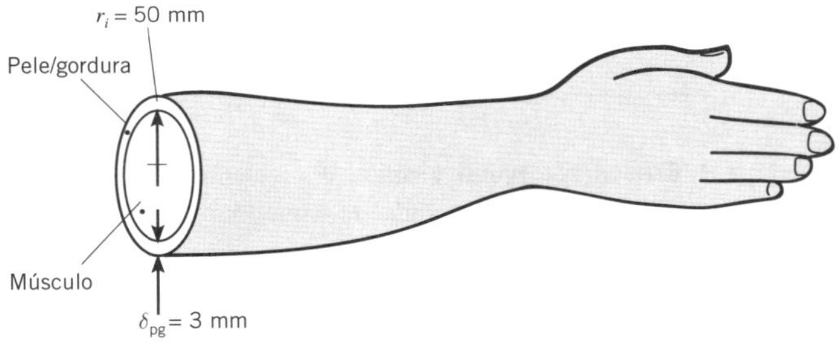

(a) Escreva a equação do biocalor em coordenadas radiais. Escreva as condições de contorno que expressam simetria no eixo central do antebraço e temperatura especificada na superfície externa do músculo. Resolva a equação diferencial e aplique as condições de contorno para encontrar uma expressão para a distribuição de temperaturas. Note que as derivadas das funções de Bessel modificadas são dadas na Seção 3.6.4.

(b) Iguale o fluxo térmico na superfície externa do músculo ao fluxo térmico ao longo da camada de pele/gordura e para o ambiente, para determinar a temperatura na superfície externa do músculo.

(c) Encontre a temperatura máxima no antebraço.

Geração de Potência Termoelétrica

3.130 Para um dos $M = 48$ módulos do Exemplo 3.12, determine uma variedade de diferentes valores de eficiências relativas à conversão de calor residual em energia elétrica.

(a) Determine a eficiência termodinâmica, $\eta_{\text{termod}} \equiv P_{M=1}/q_1$.

(b) Determine o índice de mérito $Z\overline{T}$ para um módulo e a eficiência termoelétrica, η_{TE}, usando a Equação 3.128.

(c) Determine a eficiência de Carnot, $\eta_C = 1 - T_2/T_1$.

(d) Determine tanto a eficiência termodinâmica quanto a eficiência de Carnot para o caso quando $h_1 = h_2 \to \infty$.

(e) A eficiência da conversão de energia de dispositivos termoelétricos é comumente informada com o uso da Equação 3.128, mas utilizando $T_{\infty,1}$ e $T_{\infty,2}$ no lugar de T_1 e T_2, respectivamente. Determine o valor de η_{TE} baseado no uso inapropriado de $T_{\infty,1}$ e $T_{\infty,2}$, e compare com as suas respostas para os itens (b) e (d).

3.131 Um dos módulos termoelétricos do Problema 3.12 está instalado entre um gás quente a $T_{\infty,1} = 450$ °C e um gás frio a $T_{\infty,2} = 20$ °C. O coeficiente convectivo associado ao escoamento dos dois gases é $h = h_1 = h_2 = 80$ W/(m^2 · K), enquanto a resistência elétrica da carga é de $R_{e,\text{carga}} = 4\ \Omega$.

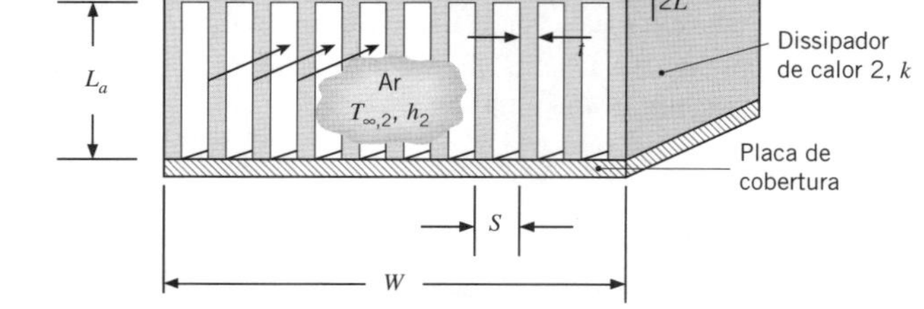

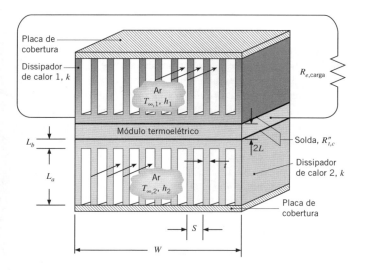

(a) Esboce o circuito térmico equivalente e determine a potência elétrica gerada pelo módulo para a situação na qual os gases quente e frio fornecem aquecimento e resfriamento convectivos diretamente para os módulos (sem dissipadores de calor).

(b) Dois dissipadores de calor ($k = 180$ W/(m · K); veja no esboço), cada um com espessura da base $L_b = 4$ mm e comprimento das aletas de $L_a = 20$ mm, estão soldados nos lados superior e inferior do módulo. O espaço entre as aletas é de 3 mm, enquanto as juntas de solda têm, cada uma, uma resistência térmica de $R''_{t,c} = 2{,}5 \times 10^{-6}$ m^2 · K/W. Cada dissipador tem $N = 11$ aletas, de modo que $t = 2{,}182$ mm e $S = 5{,}182$ mm, como determinado a partir das exigências de que $W = [(N - 1)S + t]$ e $(S - t) = 3$ mm. Esboce o circuito térmico equivalente e determine a potência elétrica gerada pelo módulo. Compare a potência elétrica gerada com a sua resposta para o item (a). Suponha extremidades adiabáticas nas aletas e coeficientes convectivos iguais aos do item (a).

3.132 Módulos termoelétricos têm sido utilizados para gerar potência elétrica a partir do aproveitamento do calor gerado em fogões a lenha. Considere a instalação de um módulo termoelétrico do Exemplo 3.12 em uma superfície vertical de um fogão a lenha que tem uma temperatura superficial de $T_s = 375$ °C. Uma resistência térmica de contato de $R''_{t,c} = 5 \times 10^{-6}$ m^2 · K/W está presente na interface entre o fogão e o módulo termoelétrico, enquanto o ar da sala e suas paredes encontram-se a $T_\infty = T_{\text{viz}} = 25$ °C. A superfície exposta do módulo termoelétrico tem uma emissividade $\varepsilon = 0{,}90$ e está submetida a um coeficiente convectivo $h = 15$ W/(m^2 · K). Esboce o circuito térmico equivalente e determine a potência elétrica gerada pelo módulo. A resistência elétrica da carga é de $R_{e,\text{carga}} = 3\ \Omega$.

3.133 O gerador de potência elétrica de um satélite em órbita é composto por uma fonte de calor cilíndrica e longa, feita de urânio, que se encontra no interior de um recipiente de seção transversal quadrada. A única forma de o calor gerado pelo urânio deixar o recipiente é através de quatro filas de módulos termoelétricos do Exemplo 3.12. Os módulos termoelétricos geram potência elétrica e também emitem radiação para o espaço, caracterizado por $T_{\text{viz}} = 4$ K. Considere a situação na qual há 20 módulos em cada fila, ou seja, um total de $M = 4 \times 20 = 80$ módulos. Os módulos estão ligados em série com uma carga elétrica de $R_{e,\text{carga}} = 250\ \Omega$ e tem uma emissividade de $\varepsilon = 0{,}93$. Determine a potência elétrica gerada para $\dot{E}g = 1$, 10 e 100 kW. Também determine as temperaturas superficiais dos módulos para as três taxas de geração de energia térmica.

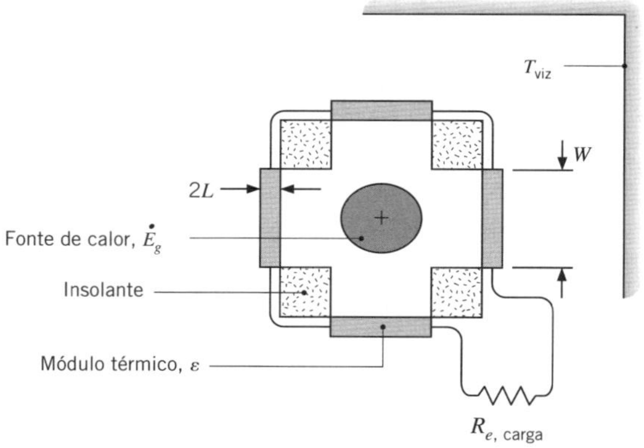

3.134 Filas de módulos termoelétricos do Exemplo 3.12 estão fixados na placa plana absorvedora do Problema 3.89. As filas de módulos estão separadas por $L_{\text{sep}} = 0{,}5$ m e a parte inferior dos módulos é resfriada por água a uma temperatura de $T_a = 40$ °C, com $h = 45$ W/(m^2 · K).

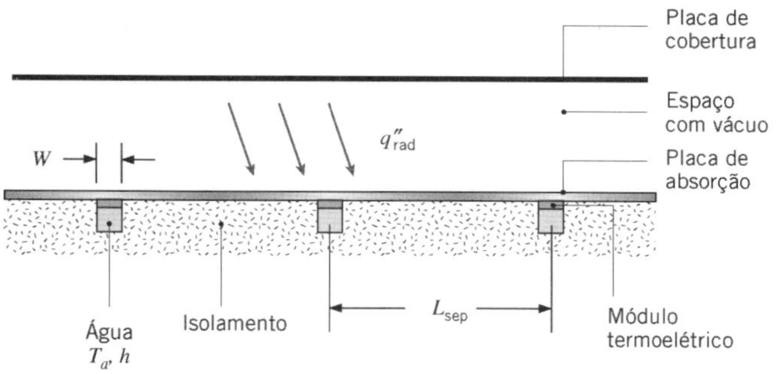

Determine a potência elétrica produzida por uma fila de módulos termoelétricos conectados eletricamente em série com uma resistência da carga de 60 Ω. Calcule a taxa de transferência de calor para a água escoando nos canais. Suponha filas com 20 módulos colocados um junto ao outro, com comprimento da fila e do tubo de água iguais a $L_{fila} = 20\,W$, na qual $W = 54$ mm é a dimensão do módulo retirada do Exemplo 3.12. Despreze resistências térmicas de contato e a queda de temperatura ao longo da parede do tubo, e suponha que a alta condutividade térmica da parede do tubo crie uma temperatura uniforme ao redor de seu perímetro. Em função da resistência térmica presente associada aos módulos termoelétricos, não é apropriado supor que a temperatura da placa de absorção, diretamente acima de um tubo, seja igual à temperatura da água.

Condução em Nanoescala

3.135 Determine a transferência de calor por condução ao longo de uma camada de ar mantida entre duas placas (10 mm × 10 mm) paralelas de alumínio. As placas estão nas temperaturas $T_{s,1} = 305$ K e $T_{s,2} = 295$ K, respectivamente, e o ar está a pressão atmosférica. Determine a taxa de transferência de calor por condução para espaçamentos entre as placas de $L = 1$ mm, $L = 1$ μm e $L = 10$ nm. Suponha um coeficiente de acomodação térmica de $\alpha_t = 0{,}92$.

3.136 Determine a distância de separação L entre duas placas paralelas, acima da qual a resistência térmica associada às colisões moléculas-superfície $R_{t\text{-}m\text{-}s}$ é menor do que 1 % da resistência associada às colisões molécula-molécula, $R_{t,m\text{-}m}$, para (i) ar entre placas de aço com $\alpha_t = 0{,}92$ e (ii) hélio entre placas de alumínio limpas com $\alpha_t = 0{,}02$. Os gases estão a pressão atmosférica e a temperatura é de $T = 300$ K.

3.137 Determine o fluxo térmico condutivo ao longo de várias camadas planas que estão submetidas a temperaturas nas extremidades de $T_{s,1} = 301$ K e $T_{s,2} = 299$ K, e encontram-se a pressão atmosférica. *Sugestão*: não leve em conta os efeitos de nanoescala no interior do sólido e suponha que o coeficiente de acomodação térmica para a interface alumínio-ar seja igual a $\alpha_t = 0{,}92$.

(a) Caso A: a camada plana é alumínio. Determine o fluxo térmico q''_x para $L_{tot} = 600$ μm e $L_{tot} = 600$ nm.

(b) Caso B: a condução ocorre ao longo de uma camada de ar. Determine o fluxo térmico q''_x para $L_{tot} = 600$ μm e $L_{tot} = 600$ nm.

(c) Caso C: a parede composta é formada por ar mantido entre duas folhas de alumínio. Determine o fluxo térmico q''_x para $L_{tot} = 600$ μm (com a espessura da folha de alumínio igual a $\delta = 40$ μm) e $L_{tot} = 600$ nm (com a espessura da folha de alumínio igual a $\delta = 40$ nm).

(d) Caso D: a parede composta é formada por sete camadas de ar retidas entre oito folhas de alumínio. Determine o fluxo térmico q''_x para $L_{tot} = 600$ μm (com a espessura das folhas de alumínio e das camadas de ar iguais a $\delta = 40$ μm) e $L_{tot} = 600$ nm (com a espessura das folhas de alumínio e das camadas de ar iguais a $\delta = 40$ nm).

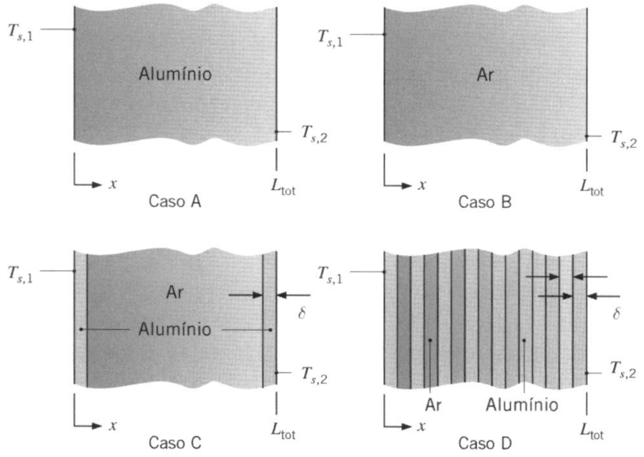

3.138 O número de Knudsen, $Kn = \lambda_{lpm}/L$, é um parâmetro adimensional usado para descrever efeitos potenciais em micro e nanoescalas. Deduza uma expressão para a razão entre a resistência térmica associada às colisões moléculas-superfície e a resistência térmica vinculada às colisões molécula-molécula, $R_{t,m\text{-}s}/R_{t,m\text{-}m}$, em termos do número de Knudsen, do coeficiente de acomodação térmica α_t e da razão dos calores específicos γ, para um gás ideal. Represente graficamente o número de Knudsen crítico, $Kn_{crít}$, que está associado a $R_{t,m\text{-}s}/R_{t,m\text{-}m} = 0{,}01$, *versus* α_t, para $\gamma = 1{,}4$ e $1{,}67$ (correspondentes ao ar e ao hélio, respectivamente).

3.139 Um material nanolaminado é fabricado com um processo de deposição de camada atômica, que resulta em uma série de camadas alternadas empilhadas de tungstênio e óxido de alumínio (policristalino), cada camada com $\delta = 0{,}5$ nm de espessura. Cada interface tugstênio-óxido de alumínio está associada a uma resistência térmica de $R''_{t,i} = 3{,}85 \times 10^{-9}$ $m^2 \cdot K/W$. Os valores teóricos das condutividades térmicas das *finas* camadas de óxido de alumínio e de tungstênio são $k_A = 1{,}65$ W/(m · K) e $k_T = 6{,}10$ W/(m · K), respectivamente. As propriedades estão avaliadas a $T = 300$ K.

(a) Determine a condutividade térmica efetiva do material nanolaminado. Compare o valor da condutividade térmica efetiva aos valores da condutividade térmica global do óxido de alumínio (policristalino) e do tungstênio, dadas nas Tabelas A.1 e A.2.

(b) Determine a condutividade térmica efetiva do material nanolaminado considerando que as condutividades térmicas das camadas de tungstênio e óxido de alumínio sejam iguais aos seus valores globais.

3.140 Ouro é comumente utilizado no empilhamento de semicondutores para formar interconexões que transportam sinais elétricos entre diferentes dispositivos no conjunto. Além de ser um bom condutor elétrico, interconexões de ouro são também efetivas na proteção dos dispositivos geradores de calor aos quais estão fixadas a partir da condução de energia térmica para fora dos dispositivos, para a vizinhança, regiões mais frias. Considere um filme fino de ouro que tem seção transversal de 60 nm × 250 nm.

(a) Para a imposição de uma diferença de temperaturas de 20 °C, determine a energia conduzida ao longo de uma interconexão (filme fino) com 1 μm de comprimento. Avalie as propriedades a 300 K.

(b) Represente graficamente as condutividades térmicas longitudinal (na direção do 1 μm) e na menor dimensão (direção mais fina) do filme de ouro como funções da espessura do filme L, na faixa $30 \leq L \leq 140$ nm.

3.141 Um tubo de alumínio com diâmetro interno $D_i = 1$ mm e espessura de parede 0,1 mm é usado para transportar um fluido biológico aquecido. O tubo é coberto com $N = 500$ camadas alternadas de alumínio e óxido de alumínio (safira), cada uma com espessura de 60 nm. Determine a resistência térmica na direção radial por unidade de comprimento de tubo para a parede de alumínio do tubo, assim como para o revestimento de nanocompósito do tubo. Considere que o livre percurso médio do alumínio é $\lambda_{\text{lpm,Al}} = 35$ nm. Avalie a efetividade do revestimento de nanocompósito como um isolante térmico.

CAPÍTULO

4

Condução Bidimensional em Regime Estacionário

Até este ponto restringimos nossa atenção em problemas da condução, nos quais o gradiente de temperatura é significativo em apenas uma direção coordenada. Entretanto, em muitos casos, problemas são simplificados de forma grosseira se o tratamento unidimensional for utilizado, sendo então necessário levar em conta os efeitos multidimensionais. Neste capítulo, analisamos diversas técnicas para o tratamento de sistemas bidimensionais em condições de regime estacionário.

Iniciamos nossa análise da condução bidimensional, em regime estacionário, revendo, resumidamente, abordagens alternativas para determinar temperaturas e taxas de transferência de calor (Seção 4.1). As abordagens abrangem desde *soluções exatas*, que podem ser obtidas para condições idealizadas, até *métodos aproximados* de complexidade e precisão variadas. Na Seção 4.2 analisamos alguns dos temas matemáticos associados à obtenção de soluções exatas. Na Seção 4.3 apresentamos compilações de soluções exatas existentes para uma variedade de geometrias simples. Nosso objetivo nas Seções 4.4 e 4.5 é mostrar como *métodos numéricos* podem ser usados para prever com acurácia temperaturas e taxas de transferência de calor no interior do meio e em seus contornos.

4.1 Considerações Gerais e Técnicas de Solução

Seja um sólido prismático longo, no qual há condução de calor bidimensional (Figura 4.1). Com duas superfícies isoladas e as outras mantidas a diferentes temperaturas, $T_1 > T_2$, há transferência de calor por condução da superfície 1 para a superfície 2. De acordo com a lei de Fourier, Equação 2.3 ou 2.4, o fluxo térmico local no sólido é um vetor perpendicular, em qualquer ponto, às linhas de temperatura constante (*isotermas*). As direções do vetor fluxo térmico são representadas pelas *linhas de fluxo de calor* (fluxo térmico) da Figura 4.1, e o vetor é a resultante dos componentes do fluxo térmico nas direções x e y. Esses componentes são determinados pela Equação 2.6. Como as linhas de fluxo de calor são, por definição, na direção do escoamento do calor, *nenhum calor pode ser transferido por condução cruzando uma linha de fluxo de calor*, e elas são, consequentemente, às vezes chamadas de *adiabatas*. Reciprocamente, superfícies adiabáticas (ou linhas de simetria) são linhas de fluxo de calor.

Lembre-se de que, em qualquer análise da condução, há dois objetivos principais. O primeiro objetivo é determinar a distribuição de temperaturas no meio, o que, para o presente problema, significa a determinação de $T(x, y)$. Este objetivo é atingido a partir da resolução da forma apropriada da equação do calor. Para condições bidimensionais, em regime estacionário, sem geração e com condutividade térmica constante, essa forma é, a partir da Equação 2.22,

$$\frac{\partial^2 T}{\partial x^2} + \frac{\partial^2 T}{\partial y^2} = 0 \tag{4.1}$$

Se a Equação 4.1 puder ser resolvida, determinando-se $T(x, y)$, é então uma tarefa simples satisfazer o segundo objetivo principal, que consiste em determinar os componentes do fluxo térmico q''_x e q''_y a partir das equações da taxa (2.6). Os métodos para resolver a Equação 4.1 incluem o uso de abordagens *analíticas*, *gráficas* e *numéricas* (*diferenças finitas*, *elementos finitos* ou *elementos de contorno*).

O método analítico envolve a elaboração de uma solução matemática exata para a Equação 4.1. O problema é mais difícil do que aqueles considerados no Capítulo 3, pois agora envolve uma equação diferencial parcial, no lugar de uma equação diferencial ordinária. Embora várias técnicas estejam disponíveis para a solução de tais equações, as soluções geralmente envolvem séries e funções matemáticas complicadas e podem ser obtidas para somente um conjunto restrito de geometrias e condições de contorno simples [1−5]. Todavia, as soluções têm valor, uma vez que a variável dependente T é determinada como uma função contínua das variáveis independentes (x, y). Desta forma, a solução pode ser usada no cálculo da temperatura em *qualquer* ponto de interesse no meio. Para ilustrar a natureza e a importância das técnicas analíticas, uma solução exata para a Equação 4.1 é obtida na Seção 4.2, usando o método da *separação de variáveis*. Fatores de forma da condução e taxas de condução de calor adimensionais (Seção 4.3) são compilações de soluções existentes para geometrias comumente encontradas na prática da engenharia.

Em contraste com os métodos analíticos, que fornecem resultados *exatos* em *qualquer* ponto, os métodos gráficos e numéricos podem fornecer somente resultados *aproximados* em pontos *discretos*. Embora suplantado por soluções computacionais baseadas em procedimentos numéricos, o método gráfico, ou de plotagem do fluxo, pode ser usado para obter uma rápida estimativa da distribuição de temperaturas. O seu uso está restrito a problemas bidimensionais envolvendo contornos adiabáticos e isotérmicos. O método está baseado no fato de que isotermas têm que ser perpendiculares às linhas de fluxo de calor, como observado na Figura 4.1. Diferentemente das abordagens analítica ou gráfica, os métodos numéricos (Seções 4.4 e 4.5) podem ser usados para obter resultados acurados em geometrias bi ou tridimensionais complexas envolvendo uma ampla variedade de condições de contorno.

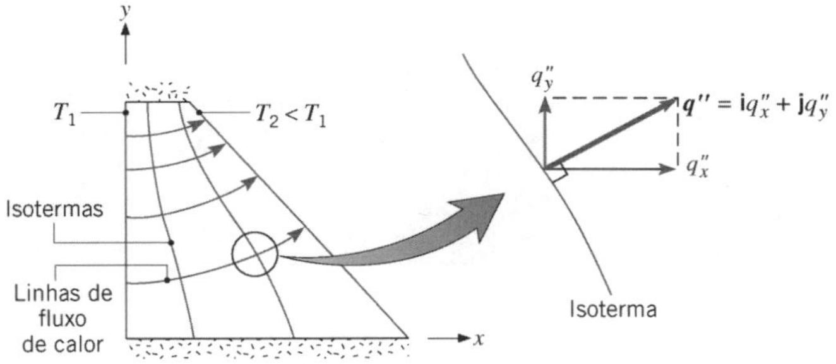

FIGURA 4.1 Condução bidimensional.

4.2 O Método da Separação de Variáveis

Para termos uma noção de como o método da separação de variáveis pode ser usado para resolver problemas de condução bidimensionais, consideramos o sistema da Figura 4.2. Três lados de uma placa retangular delgada ou de um longo bastão

O método gráfico é descrito e o seu uso demonstrado na Seção 4S.1.

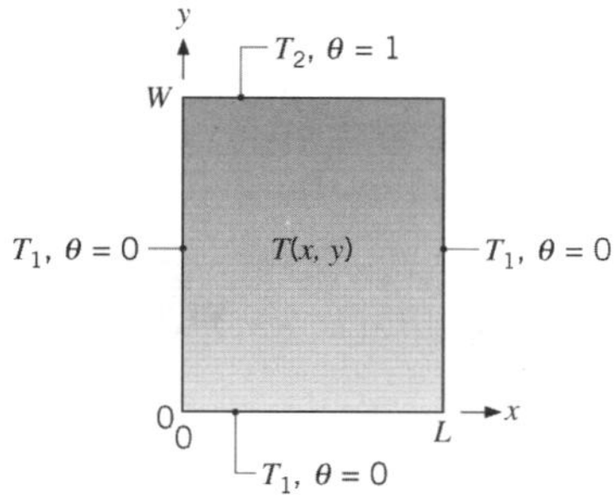

FIGURA 4.2 Condução bidimensional em uma placa retangular delgada ou em um longo bastão retangular.

retangular são mantidos a uma temperatura constante T_1, enquanto o quarto lado é mantido a uma temperatura constante $T_2 \neq T_1$. Supondo desprezível a transferência de calor nas superfícies da placa ou nas extremidades do bastão, gradientes de temperatura normais ao plano x–y podem ser desprezados ($\partial^2 T/\partial z^2 \approx 0$) e a transferência de calor por condução é basicamente nas direções x e y.

Estamos interessados na distribuição de temperaturas $T(x, y)$, mas para simplificar a solução introduzimos a transformação

$$\theta \equiv \frac{T - T_1}{T_2 - T_1} \tag{4.2}$$

Substituindo a Equação 4.2 na Equação 4.1, a equação diferencial transformada é, então,

$$\frac{\partial^2\theta}{\partial x^2} + \frac{\partial^2\theta}{\partial y^2} = 0 \tag{4.3}$$

Como a equação é de segunda ordem em x e em y, duas condições de contorno são necessárias para cada uma das coordenadas. São elas

$$\theta(0, y) = 0 \quad \text{e} \quad \theta(x, 0) = 0$$
$$\theta(L, y) = 0 \quad \text{e} \quad \theta(x, W) = 1$$

Note que, a partir da transformação da Equação 4.2, três das quatro condições de contorno são agora homogêneas e o valor de θ ficou restrito ao intervalo de zero a um.

Agora aplicamos a técnica da separação de variáveis ao considerar que a solução pretendida pode ser escrita como o produto de duas funções, uma delas dependente somente de x e a outra somente de y. Isto é, consideramos a existência de uma solução com a forma

$$\theta(x, y) = X(x) \cdot Y(y) \tag{4.4}$$

Substituindo na Equação 4.3 e dividindo por XY, obtemos

$$-\frac{1}{X}\frac{d^2X}{dx^2} = \frac{1}{Y}\frac{d^2Y}{dy^2} \tag{4.5}$$

ficando evidente que a equação diferencial é, de fato, separável. Isto é, o lado esquerdo da equação depende somente de x, e o lado direito depende exclusivamente de y. Desta forma, a igualdade se aplica em geral (para quaisquer x ou y) somente se ambos os lados forem iguais a uma mesma constante. Identificando esta *constante de separação*, até agora desconhecida, por λ^2, temos, então,

$$\frac{d^2X}{dx^2} + \lambda^2 X = 0 \tag{4.6}$$

$$\frac{d^2Y}{dy^2} - \lambda^2 Y = 0 \tag{4.7}$$

e a equação diferencial parcial foi reduzida a duas equações diferenciais ordinárias. Note que a designação de λ^2 como uma constante positiva não foi arbitrária. Se um valor negativo fosse selecionado ou um valor de $\lambda^2 = 0$ fosse escolhido, ver-se-ia facilmente (Problema 4.1) que seria impossível obter uma solução que satisfizesse às condições de contorno especificadas.

As soluções gerais das Equações 4.6 e 4.7 são, respectivamente,

$$X = C_1 \cos \lambda x + C_2 \operatorname{sen} \lambda x$$
$$Y = C_3 e^{-\lambda y} + C_4 e^{+\lambda y}$$

e, neste caso, a forma geral da solução bidimensional é

$$\theta = (C_1 \cos \lambda x + C_2 \operatorname{sen} \lambda x)(C_3 e^{-\lambda y} + C_4 e^{\lambda y}) \tag{4.8}$$

Aplicando a condição $\theta(0, y) = 0$, fica evidente que $C_1 = 0$. Além disso, em função da exigência de que $\theta(x, 0) = 0$, obtemos

$$C_2 \operatorname{sen} \lambda x (C_3 + C_4) = 0$$

que somente pode ser satisfeita se $C_3 = -C_4$. Embora esta exigência também pudesse ser satisfeita tendo-se $C_2 = 0$, isso resultaria em $\theta(x, y) = 0$, o que não satisfaz a condição de contorno $\theta(x, W) = 1$. Se agora usarmos a exigência de que $\theta(L, y) = 0$, obtemos

$$C_2 C_4 \operatorname{sen} \lambda L (e^{\lambda y} - e^{-\lambda y}) = 0$$

A única forma na qual essa condição pode ser satisfeita (e ainda possuir solução não nula) é exigir que λ assuma valores discretos para os quais $\operatorname{sen}(\lambda L) = 0$. Esses valores devem, então, ter a forma

$$\lambda = \frac{n\pi}{L} \qquad n = 1, 2, 3, \ldots \tag{4.9}$$

na qual o inteiro $n = 0$ é descartado, pois ele implica que $\theta(x, y) = 0$. A solução desejada pode, agora, ser escrita como

$$\theta = C_2 C_4 \operatorname{sen} \frac{n\pi x}{L} (e^{n\pi y/L} - e^{-n\pi y/L}) \tag{4.10}$$

Combinando as constantes e reconhecendo que a nova constante pode depender de n, obtemos

$$\theta(x, y) = C_n \operatorname{sen} \frac{n\pi x}{L} \operatorname{senh} \frac{n\pi y}{L}$$

na qual também usamos o fato de que $(e^{n\pi y/L} - e^{-n\pi y/L}) = 2 \operatorname{senh}(n\pi y/L)$. Desta forma, obtivemos na realidade um número infinito de soluções que satisfazem à equação diferencial e às condições de contorno. Contudo, como o problema é linear, uma solução mais geral pode ser obtida por uma superposição na forma

$$\theta(x, y) = \sum_{n=1}^{\infty} C_n \operatorname{sen} \frac{n\pi x}{L} \operatorname{senh} \frac{n\pi y}{L} \qquad (4.11)$$

Para determinar C_n utilizamos agora a condição de contorno restante, que possui a forma

$$\theta(x, W) = 1 = \sum_{n=1}^{\infty} C_n \operatorname{sen} \frac{n\pi x}{L} \operatorname{senh} \frac{n\pi W}{L} \qquad (4.12)$$

Embora a Equação 4.12 possa parecer uma relação extremamente complicada para a determinação de C_n, um método-padrão está disponível. Ele envolve escrever uma expansão em série infinita em termos de *funções ortogonais*. Um conjunto infinito de funções $g_1(x), g_2(x), \ldots, g_n(x), \ldots$ é dito ser ortogonal no domínio $a \le x \le b$ se

$$\int_a^b g_m(x) g_n(x)\, dx = 0 \qquad m \neq n \qquad (4.13)$$

Muitas funções exibem ortogonalidade, incluindo as funções trigonométricas $\operatorname{sen}(n\pi x/L)$ e $\cos(n\pi x/L)$ para $0 \le x \le L$. Sua utilidade no presente problema reside no fato de que qualquer função $f(x)$ pode ser representada em termos de uma série infinita de funções ortogonais

$$f(x) = \sum_{n=1}^{\infty} A_n g_n(x) \qquad (4.14)$$

A forma dos coeficientes A_n nesta série pode ser determinada pela multiplicação de cada lado da equação por $g_m(x)$, seguida pela integração entre os limites a e b.

$$\int_a^b f(x) g_m(x)\, dx = \int_a^b g_m(x) \sum_{n=1}^{\infty} A_n g_n(x)\, dx \qquad (4.15)$$

Entretanto, da Equação 4.13 fica evidente que todos os termos, exceto um, no lado direito da Equação 4.15 devem ser nulos, deixando-nos com

$$\int_a^b f(x) g_m(x)\, dx = A_m \int_a^b g_m^2(x)\, dx$$

Logo, explicitando A_m e reconhecendo que o resultado vale para qualquer A_n ao mudar-se m por n:

$$A_n = \frac{\int_a^b f(x) g_n(x)\, dx}{\int_a^b g_n^2(x)\, dx} \qquad (4.16)$$

As propriedades das funções ortogonais podem ser usadas para resolver a Equação 4.12 para C_n a partir da formulação de uma série infinita com a forma apropriada para $f(x)$. Na Equação 4.14 fica evidente que devemos escolher $f(x) = 1$ e a função ortogonal $g_n(x) = \operatorname{sen}(n\pi x/L)$. Substituindo na Equação 4.16, obtemos

$$A_n = \frac{\int_0^L \operatorname{sen} \frac{n\pi x}{L}\, dx}{\int_0^L \operatorname{sen}^2 \frac{n\pi x}{L}\, dx} = \frac{2}{\pi} \frac{(-1)^{n+1} + 1}{n}$$

Portanto, a partir da Equação 4.14 temos

$$1 = \sum_{n=1}^{\infty} \frac{2}{\pi} \frac{(-1)^{n+1} + 1}{n} \operatorname{sen} \frac{n\pi x}{L} \qquad (4.17)$$

que é simplesmente a expansão da unidade em uma série de Fourier. Comparando as Equações 4.12 e 4.17, obtemos

$$C_n = \frac{2[(-1)^{n+1} + 1]}{n\pi \operatorname{senh}(n\pi W/L)} \qquad n = 1, 2, 3, \ldots \qquad (4.18)$$

Substituindo a Equação 4.18 na Equação 4.11, obtemos para a solução final

$$\theta(x, y) = \frac{2}{\pi} \sum_{n=1}^{\infty} \frac{(-1)^{n+1} + 1}{n} \operatorname{sen} \frac{n\pi x}{L} \frac{\operatorname{senh}(n\pi y/L)}{\operatorname{senh}(n\pi W/L)} \qquad (4.19)$$

A Equação 4.19 é uma série convergente, a partir da qual o valor de θ pode ser determinado para qualquer x e y. Resultados representativos são mostrados na forma de isotermas em um esboço da placa retangular (Figura 4.3). A temperatura T correspondente a um valor de θ pode ser obtida na Equação 4.2, e os componentes do fluxo térmico podem ser determinados usando-se a Equação 4.19 com a Equação 2.6. Os componentes do fluxo térmico determinam as linhas de fluxo de calor, que são mostradas na figura. Observamos que a distribuição de temperaturas é simétrica em relação a $x = L/2$, com $\partial T/\partial x = 0$ nesta posição. Portanto, da Equação 2.6, sabemos que o plano de simetria em $x = L/2$ é adiabático e, consequentemente, é uma linha de fluxo de calor. Contudo, note que as descontinuidades previstas nos vértices superiores da placa são fisicamente insustentáveis. Na realidade, grandes gradientes de temperatura poderiam ser mantidos na proximidade dos vértices, mas descontinuidades não poderiam existir.

Soluções exatas foram obtidas para outras geometrias e condições de contorno, incluindo sistemas cilíndricos e esféricos. Tais soluções são apresentadas em livros especializados na transferência de calor por condução [1–5].

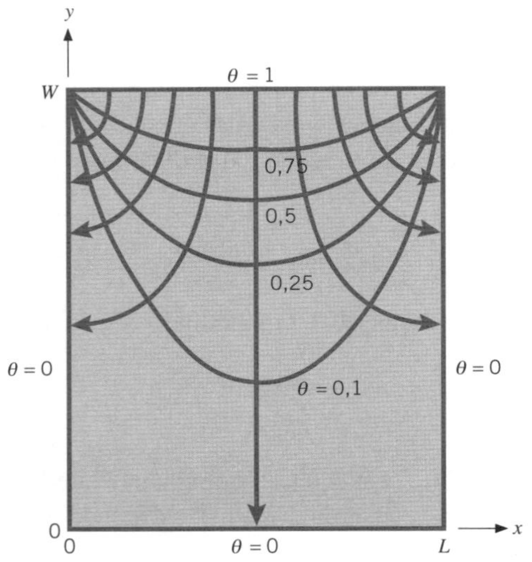

FIGURA 4.3 Isotermas e linhas de fluxo de calor para a condução bidimensional em uma placa retangular.

4.3 O Fator de Forma da Condução e a Taxa de Condução de Calor Adimensional

Em geral, achar soluções analíticas para a equação do calor nas formas bi e tridimensionais é uma tarefa que demanda tempo e, em muitos casos, não é possível. Em decorrência, uma abordagem diferente é frequentemente adotada. Por exemplo, em muitos casos, problemas de condução bi e tridimensionais podem ser resolvidos rapidamente usando-se soluções *existentes* da equação da difusão do calor. Estas soluções são apresentadas em termos de um *fator de forma S* ou de uma *taxa de condução de calor adimensional em regime estacionário*, q^*_{re}. O fator de forma é definido tal que

$$q = Sk\Delta T_{1-2} \tag{4.20}$$

em que $\Delta T_{1\text{-}2}$ é a diferença de temperaturas entre os contornos, como mostrado na Figura 4.2, por exemplo. Tem-se também que a resistência condutiva bidimensional pode ser escrita na forma

$$R_{t,\text{cond(2D)}} = \frac{1}{Sk} \tag{4.21}$$

Fatores de forma foram obtidos analiticamente para inúmeros sistemas bi e tridimensionais e, para algumas configurações comuns, os resultados são resumidos na Tabela 4.1. Resultados também estão disponíveis para outras configurações [6−9]. Nos Casos de 1 a 8 e no Caso 11, supõe-se que a condução bidimensional ocorra entre os contornos que

Fatores de forma para geometrias bidimensionais também podem ser estimados com o método gráfico descrito na Seção 4S.1.

TABELA 4.1 Fatores de forma da condução e taxas de condução de calor adimensionais para sistemas selecionados

(*a*) Fatores de forma [$q = Sk(T_1 - T_2)$]

Sistema	Esquema	Restrições	Fator de Forma
Caso 1 Esfera isotérmica enterrada em um meio semi-infinito	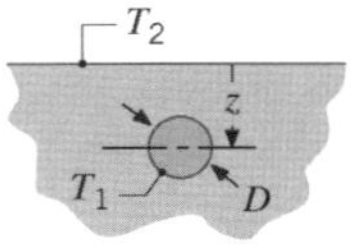	$z > D/2$	$\dfrac{2\pi D}{1 - D/4z}$
Caso 2 Cilindro horizontal isotérmico de comprimento L enterrado em um meio semi-infinito	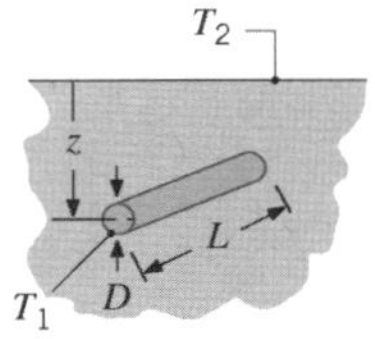	$L \gg D$ $L \gg D$ $z > 3D/2$	$\dfrac{2\pi L}{\cosh^{-1}(2z/D)}$ $\dfrac{2\pi L}{\ln(4z/D)}$
Caso 3 Cilindro vertical em um meio semi-infinito	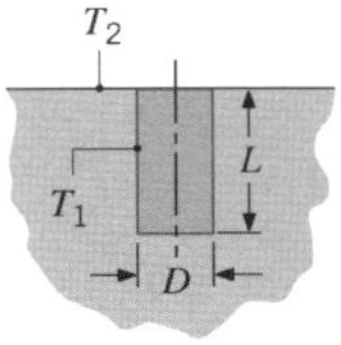	$L \gg D$	$\dfrac{2\pi L}{\ln(4L/D)}$
Caso 4 Condução entre dois cilindros de comprimento L em um meio infinito	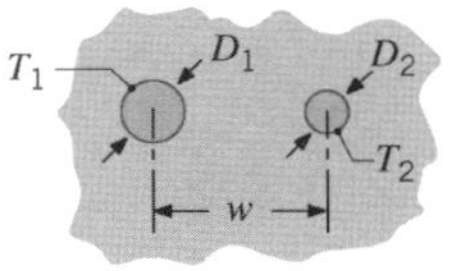	$L \gg D_1, D_2$ $L \gg w$	$\dfrac{2\pi L}{\cosh^{-1}\left(\dfrac{4w^2 - D_1^2 - D_2^2}{2D_1D_2}\right)}$
Caso 5 Cilindro circular horizontal de comprimento L no meio do caminho entre dois planos paralelos de igual comprimento e largura infinita	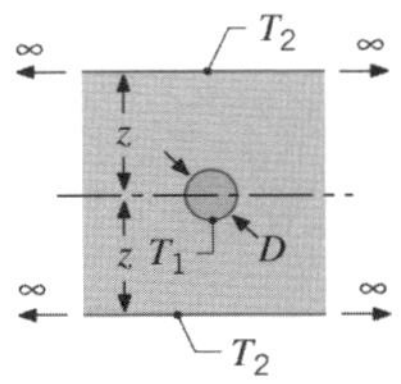	$z \gg D/2$ $L \gg z$	$\dfrac{2\pi L}{\ln(8z/\pi D)}$
Caso 6 Cilindro circular de comprimento L centrado em um sólido quadrado de igual comprimento	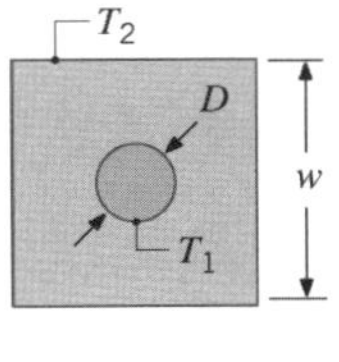	$w > D$ $L \gg w$	$\dfrac{2\pi L}{\ln(1{,}08\, w/D)}$

(*continua*)

Tabela 4.1 Fatores de forma da condução e taxas de condução de calor adimensionais para sistemas selecionados (*continuação*)

Sistema	Esquema	Restrições	Fator de Forma
Caso 7 Cilindro circular excêntrico de comprimento L em um cilindro de igual comprimento	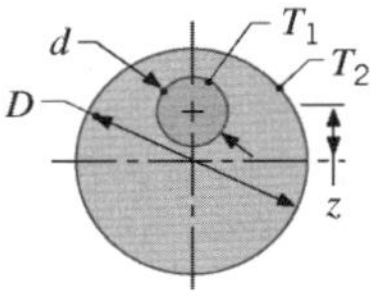	$D > d$ $L \gg D$	$\dfrac{2\pi L}{\cosh^{-1}\left(\dfrac{D^2 + d^2 - 4z^2}{2Dd}\right)}$
Caso 8 Condução na aresta de paredes adjacente	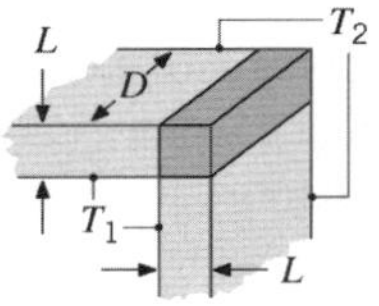	$D > 5L$	$0{,}54\,D$
Caso 9 Condução no vértice de três paredes com uma diferença de temperaturas ΔT_{1-2} através das paredes	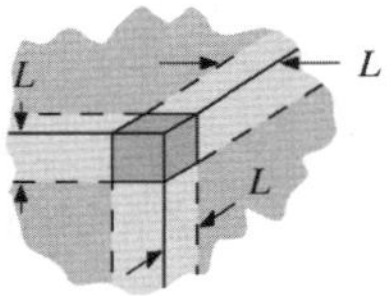	$L \ll$ comprimento e largura da parede	$0{,}15L$
Caso 10 Disco de diâmetro D e temperatura T_1 sobre um meio semi-infinito de condutividade térmica k e temperatura T_2	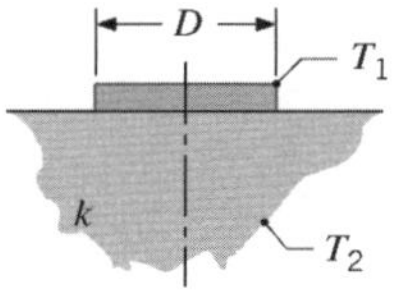	Não há	$2D$
Caso 11 Canal quadrado de comprimento L	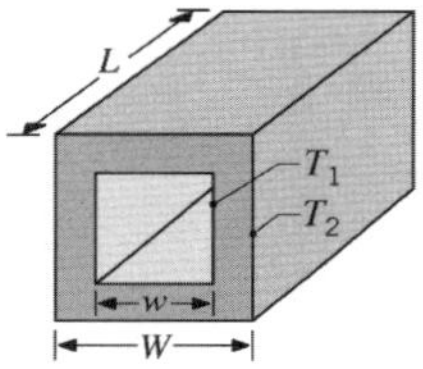	$\dfrac{W}{w} < 1{,}4$	$\dfrac{2\pi L}{0{,}785\ln(W/w)}$
		$\dfrac{W}{w} > 1{,}4$	$\dfrac{2\pi L}{0{,}930\ln(W/w) - 0{,}050}$
		$L \gg W$	

(*b*) **Taxas de condução de calor adimensionais** $[q = q^*_{re}\,kA_s(T_1 - T_2)/L_c;\ L_c \equiv (A_s/4\pi)^{1/2}]$

Sistema	Esquema	Área Ativa, A_s	q''_{re}
Caso 12 Esfera isotérmica de diâmetro D e temperatura T_1 em um meio infinito de temperatura T_2	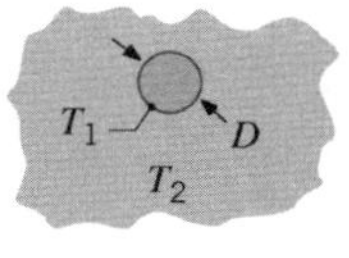	πD^2	1
Caso 13 Disco delgado isotérmico de diâmetro D e temperatura T_1, em um meio infinito a temperatura T_2	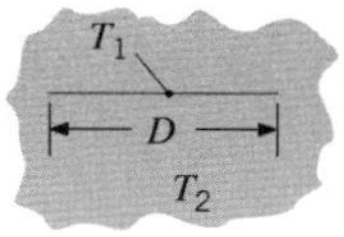	$\dfrac{\pi D^2}{2}$	$\dfrac{2\sqrt{2}}{\pi} = 0{,}900$
Caso 14 Retângulo delgado de comprimento L e largura w, a temperatura T_1, em um meio infinito a temperatura T_2	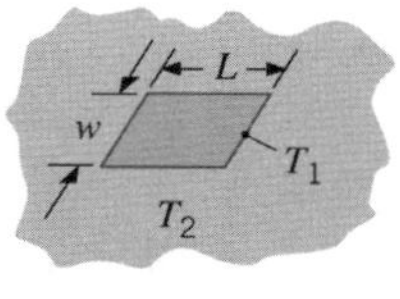	$2wL$	0,932
Caso 15 Forma cuboide de altura d com base quadrada de lado D, a temperatura T_1, em um meio infinito a temperatura T_2	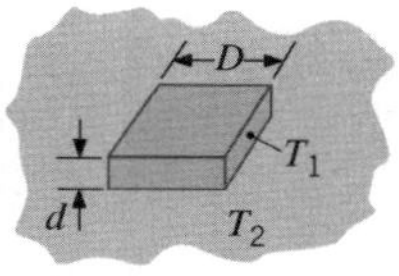	$2D^2 + 4Dd$	d/D — q^*_{ss}: 0,1 — 0,943; 1,0 — 0,956; 2,0 — 0,961; 10 — 1,111

são mantidos a temperaturas uniformes, com $\Delta T_{1\text{-}2} = T_1 - T_2$. No Caso 9, há condução tridimensional na região do vértice, enquanto no Caso 10 a condução ocorre entre um disco isotérmico (T_1) e um meio semi-infinito de temperatura uniforme (T_2) em locais bem afastados do disco. Fatores de forma também podem ser definidos para geometrias unidimensionais e, a partir dos resultados da Tabela 3.3, tem-se que para paredes plana, cilíndrica e esférica os fatores de forma são, respectivamente, A/L, $2\pi L/\ln(r_2/r_1)$ e $4\pi r_1 r_2/(r_2 - r_1)$.

Os Casos 12 a 15 estão associados à condução a partir de objetos mantidos a uma temperatura isotérmica (T_1), que estão inseridos em um meio infinito de temperatura uniforme (T_2) em locais bem afastados do objeto. Para os casos que envolvem meios infinitos, resultados úteis podem ser obtidos com a definição de um *comprimento característico*

$$L_c \equiv (A_s/4\pi)^{1/2} \tag{4.22}$$

em que A_s é a área superficial do objeto. Taxas de transferência de calor por condução do objeto para o meio infinito podem, então, ser representadas em termos de uma *taxa de condução de calor adimensional* [10]

$$q_{\text{re}}^* \equiv qL_c/kA_s(T_1 - T_2) \tag{4.23}$$

Na Tabela 4.1 fica evidente que os valores de q_{re}^*, que foram obtidos analítica e numericamente, são similares para uma ampla gama de configurações geométricas. Como uma consequência desta similaridade, valores de q_{re}^* podem ser *estimados* para configurações *similares* àquelas para as quais q_{re}^* é conhecida. Por exemplo, taxas de condução de calor adimensionais para formas cuboides (Caso 15) na faixa de 0,1 $\leq d/D \leq$ 10 podem ser bem aproximadas pela interpolação de valores de q_{re}^* apresentados na Tabela 4.1. Procedimentos adicionais, que podem ser explorados para estimar valores de q_{re}^* em outras geometrias, são explicados em [10]. Note que resultados para q_{re}^* na Tabela 4.1*b* podem ser convertidos em expressões para S listadas na Tabela 4.1*a*. Por exemplo, o fator de forma do Caso 10 pode ser deduzido a partir da taxa de condução de calor adimensional do Caso 13 (reconhecendo que o meio infinito pode ser visto como dois meios semi-infinitos adjacentes).

Os fatores de forma e as taxas de condução de calor adimensionais reportados na Tabela 4.1 estão associados a objetos que são mantidos a temperaturas uniformes. Para condições de fluxo térmico uniforme, a temperatura do objeto não é mais uniforme e, assim, varia espacialmente, com as temperaturas mais baixas localizadas perto da periferia do objeto aquecido. Portanto, a diferença de temperaturas usada para definir S ou q_{re}^* é substituída por uma diferença de temperaturas que envolve a temperatura superficial *média espacial* do objeto ($\overline{T} - T_2$) ou pela diferença entre a temperatura superficial *máxima* do objeto aquecido e a temperatura do meio adjacente afastada da superfície, ($T_{1,\text{máx}} - T_2$). Para a geometria *uniformemente aquecida* do Caso 10 (um disco de diâmetro D em contato com um meio semi-infinito de condutividade térmica k e temperatura T_2), os valores de S são $3\pi^2 D/16$ e $\pi D/2$ para diferenças de temperaturas baseadas nas temperaturas do disco média e máxima, respectivamente.

EXEMPLO 4.1

Um fio elétrico metálico, de diâmetro d = 5 mm, deve ser coberto com um isolante de condutividade térmica k = 0,35 W/(m · K). Espera-se que, para uma instalação típica, o fio coberto seja exposto a condições nas quais o coeficiente total associado à convecção e à radiação seja h = 15 W/(m^2 · K). Para minimizar o aumento de temperatura no fio em função do aquecimento resistivo, a espessura do isolante é especificada de tal forma que seja obtido o *raio crítico do isolante* (veja o Exemplo 3.6). Entretanto, durante o processo de recobrimento do fio, a espessura do isolante às vezes varia ao redor de sua periferia, resultando em excentricidade do fio em relação ao recobrimento. Determine a variação na resistência térmica do isolante em função de uma excentricidade que é de 50 % da espessura crítica do isolante.

SOLUÇÃO

Dados: Diâmetro do fio, condições convectivas e condutividade térmica do isolante.

Achar: Resistência térmica do recobrimento do fio associada a variações periféricas da espessura do recobrimento.

Esquema:

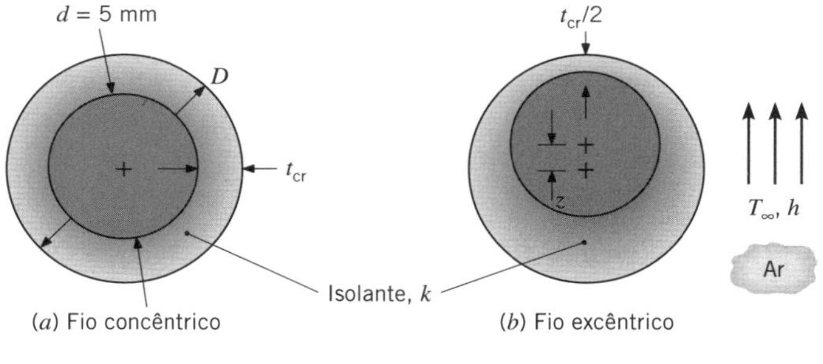

Considerações:

1. Condições de regime estacionário.
2. Condução bidimensional.
3. Transferência de calor radiante para a vizinhança desprezível.
4. Propriedades constantes.
5. As superfícies externa e interna do recobrimento com temperaturas uniformes.

Análise: Do Exemplo 3.6, o raio crítico do isolante é

$$r_{\text{cr}} = \frac{k}{h} = \frac{0{,}35\ \text{W/(m} \cdot \text{K)}}{15\ \text{W/(m}^2 \cdot \text{K)}} = 0{,}023\ \text{m} = 23\ \text{mm}$$

Consequentemente, a espessura crítica do isolante é

$$t_{cr} = r_{cr} - d/2 = 0{,}023 \text{ m} - \frac{0{,}005 \text{ m}}{2} = 0{,}021 \text{ m} = 21 \text{ mm}$$

A resistência térmica do recobrimento associada ao fio concêntrico pode ser determinada usando-se a Equação 3.33 e é

$$R'_{t,\text{cond}} = \frac{\ln[r_{cr}/(d/2)]}{2\pi k} = \frac{\ln[0{,}023\,\text{m}/(0{,}005\,\text{m}/2)]}{2\pi(0{,}35\,\text{W}/(\text{m}\cdot\text{K}))} = 1{,}0\,\text{m}\cdot\text{K/W}$$

Para o fio excêntrico, a resistência térmica do isolante pode ser determinada usando-se o Caso 7 da Tabela 4.1, em que a excentricidade é $z = 0{,}5 \times t_{cr} = 0{,}5 \times 0{,}021 \text{ m} = 0{,}010 \text{ m}$

$$R'_{t,\text{cond(2D)}} = \frac{1}{Sk} = \frac{\cosh^{-1}\left(\dfrac{D^2 + d^2 - 4z^2}{2Dd}\right)}{2\pi k}$$

$$= \frac{\cosh^{-1}\left(\dfrac{(2\times 0{,}023\,\text{m})^2 + (0{,}005\,\text{m})^2 - 4(0{,}010\,\text{m})^2}{2 \times (2 \times 0{,}023 \text{ m}) \times 0{,}005 \text{ m}}\right)}{2\pi \times 0{,}35 \text{ W}/(\text{m}\cdot\text{K})}$$

$$= 0{,}91 \text{ m}\cdot\text{K/W}$$

Consequentemente, a redução na resistência térmica do isolante é de 0,10 m · K/W, ou 10 %. ◁

Comentários:

1. A redução na espessura local do isolante leva a uma resistência térmica local do isolante menor. Por outro lado, locais associados a coberturas mais espessas têm suas resistências térmicas locais aumentadas. Estes efeitos se contrabalançam, mas não exatamente; a resistência máxima está associada ao caso do fio concêntrico. Para a aplicação em tela, excentricidade do fio em relação à cobertura fornece um *melhor* desempenho térmico em relação ao caso do fio concêntrico.
2. A superfície interna do recobrimento estará a uma temperatura aproximadamente uniforme, se a condutividade térmica do fio for grande em relação àquela do isolante. Este é o caso para fios metálicos. Entretanto, a temperatura da superfície externa do recobrimento não será perfeitamente uniforme em razão da variação da espessura local do isolante.

4.4 Equações de Diferenças Finitas

Como discutido nas Seções 4.1 e 4.2, em certos casos os métodos analíticos podem ser usados na obtenção de soluções matemáticas exatas para problemas de condução bidimensional em regime estacionário. Estas soluções foram obtidas para um conjunto de geometrias e condições de contorno simples e estão bem documentadas na literatura [1–5]. Contudo, são muito frequentes os problemas bidimensionais que envolvem geometrias e/ou condições de contorno que impedem tais soluções. Nesses casos, a melhor alternativa é normalmente a utilização de uma técnica *numérica* como a de *diferenças finitas*, a dos *elementos finitos* ou o método dos *elementos de contorno*. Outro ponto forte dos métodos numéricos é que eles podem ser facilmente estendidos para problemas tridimensionais. Em face de sua facilidade de aplicação, o método de diferenças finitas é bem apropriado para um tratamento introdutório das técnicas numéricas.

4.4.1 *A Rede Nodal*

Ao contrário de uma solução analítica, que permite a determinação da temperatura em *qualquer* ponto de interesse em um meio, uma solução numérica permite somente a determinação da temperatura em pontos *discretos*. Consequentemente, a primeira etapa em qualquer análise numérica deve ser a seleção destes pontos. Conforme mostrado na Figura 4.4, isto pode ser feito com a subdivisão do meio de interesse em um número de pequenas regiões e especificando para cada uma um ponto de referência localizado no seu centro. O ponto de referência é frequentemente chamado de *ponto nodal* (ou simplesmente um *nó*), e o agregado de pontos é chamado de *rede* (ou *grade* ou *malha*) *nodal*. Os pontos nodais são identificados por um esquema de numeração que, para um sistema bidimensional, pode assumir a forma mostrada na Figura 4.4*a*. As posições x e y são identificadas pelos índices m e n, respectivamente.

Cada nó representa determinada região e a sua temperatura é uma medida da temperatura *média* da região. Por exemplo, a temperatura do nó (m, n) na Figura 4.4*a* pode ser vista como a temperatura média da área sombreada adjacente. Raramente a seleção dos pontos nodais é arbitrária, dependendo, com frequência, de aspectos como conveniência geométrica e acurácia desejada. A acurácia numérica dos cálculos depende fortemente do número de pontos nodais utilizados. Se este número for grande (uma *malha fina*), soluções acuradas podem ser obtidas.

4.4.2 *Forma da Equação do Calor em Diferenças Finitas: Sem Geração e Propriedades Constantes*

A determinação numérica da distribuição de temperaturas exige que uma equação de conservação apropriada seja escrita para *cada* um dos pontos nodais de temperatura desconhecida. O conjunto resultante de equações deve, então, ser resolvido simultaneamente para determinar as temperaturas em cada nó. Para *qualquer* nó *interior* em um sistema bidimensional sem geração e com condutividade térmica uniforme, a forma *exata* da exigência de conservação de energia é dada pela equação do calor, Equação 4.1. Entretanto, se o sistema for caracterizado em termos de uma rede nodal, torna-se necessário trabalhar com uma forma *aproximada*, ou *em diferenças finitas*, desta equação.

Uma equação de diferenças finitas adequada para os pontos nodais interiores de um sistema bidimensional pode ser deduzida diretamente da Equação 4.1. Considere a segunda derivada, $\partial^2 T/\partial x^2$. Com base na Figura 4.4*b*, o valor dessa derivada no ponto nodal (m, n) pode ser aproximado por

$$\left.\frac{\partial^2 T}{\partial x^2}\right|_{m,n} \approx \frac{\partial T/\partial x|_{m+1/2,n} - \partial T/\partial x|_{m-1/2,n}}{\Delta x} \tag{4.24}$$

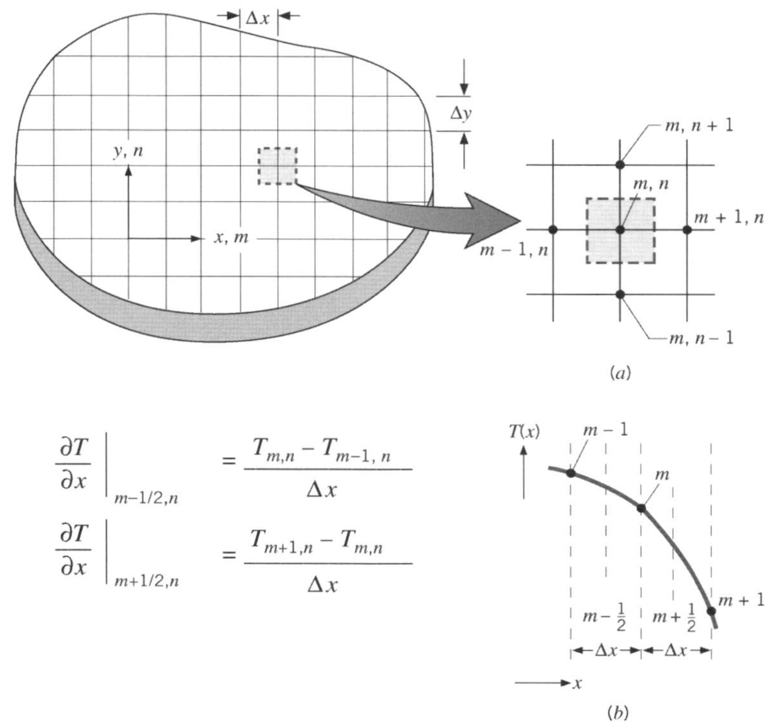

FIGURA 4.4 Condução bidimensional. (*a*) Rede nodal. (*b*) Aproximação por diferenças finitas.

Os gradientes de temperatura podem, por sua vez, ser representados como uma função das temperaturas nodais. Isto é,

$$\left.\frac{\partial T}{\partial x}\right|_{m+1/2,n} \approx \frac{T_{m+1,n} - T_{m,n}}{\Delta x} \tag{4.25}$$

$$\left.\frac{\partial T}{\partial x}\right|_{m-1/2,n} \approx \frac{T_{m,n} - T_{m-1,n}}{\Delta x} \tag{4.26}$$

Substituindo as Equações 4.25 e 4.26 na 4.24, obtemos

$$\left.\frac{\partial^2 T}{\partial x^2}\right|_{m,n} \approx \frac{T_{m+1,n} + T_{m-1,n} - 2T_{m,n}}{(\Delta x)^2} \tag{4.27}$$

Procedendo de forma análoga, mostra-se rapidamente que

$$\left.\frac{\partial^2 T}{\partial y^2}\right|_{m,n} \approx \frac{T_{m,n+1} + T_{m,n-1} - 2T_{m,n}}{(\Delta y)^2} \tag{4.28}$$

Usando uma rede na qual $\Delta x = \Delta y$ e substituindo as Equações 4.27 e 4.28 na Equação 4.1, obtemos

$$T_{m,n+1} + T_{m,n-1} + T_{m+1,n} + T_{m-1,n} - 4T_{m,n} = 0 \tag{4.29}$$

Desta forma, para o ponto nodal (m, n), a equação do calor, que é uma *equação diferencial exata*, é reduzida a uma *equação algébrica aproximada*. Essa aproximação, a *forma da equação do calor em diferenças finitas*, pode ser aplicada em qualquer ponto nodal interior que esteja equidistante de seus quatro pontos nodais vizinhos. Ela simplesmente exige que a temperatura de um ponto nodal interior seja igual à média das temperaturas dos quatro pontos nodais vizinhos.

4.4.3 Forma da Equação do Calor em Diferenças Finitas: O Método do Balanço de Energia

Em muitos casos, é desejável desenvolver as equações de diferenças finitas a partir de um método alternativo chamado de *método do balanço de energia*. Como ficará evidente, essa abordagem permite a análise de muitos diferentes fenômenos, tais como problemas envolvendo múltiplos materiais, a presença de fontes de calor ou superfícies expostas que não estejam na direção de um eixo do sistema coordenado. No método do balanço de energia, a equação de diferenças finitas para um ponto nodal é obtida pela aplicação da conservação de energia em um volume de controle no entorno da região nodal. Uma vez que a direção real do fluxo térmico (entrando ou saindo do nó) é frequentemente desconhecida, é conveniente formular o balanço de energia *supondo* que *todos* os fluxos térmicos estão dirigidos *para dentro do ponto nodal*. Tal condição é, obviamente, impossível, mas se as equações de taxa forem representadas de uma forma consistente com essa suposição, a forma correta da equação de diferenças finitas é obtida. Para condições de regime estacionário com geração, a forma apropriada da Equação 1.12c é, então,

$$\dot{E}_{\text{ent}} + \dot{E}_g = 0 \tag{4.30}$$

Seja a aplicação da Equação 4.30 em um volume de controle ao redor do ponto nodal interior (m, n), mostrado na Figura 4.5. Para condições bidimensionais, a troca de energia é influenciada pela condução entre (m, n) e os seus quatro nós adjacentes, bem como pela geração. Assim, a Equação 4.30 se reduz a

$$\sum_{i=1}^{4} q_{(i)\rightarrow(m,n)} + \dot{q}(\Delta x \cdot \Delta y \cdot 1) = 0$$

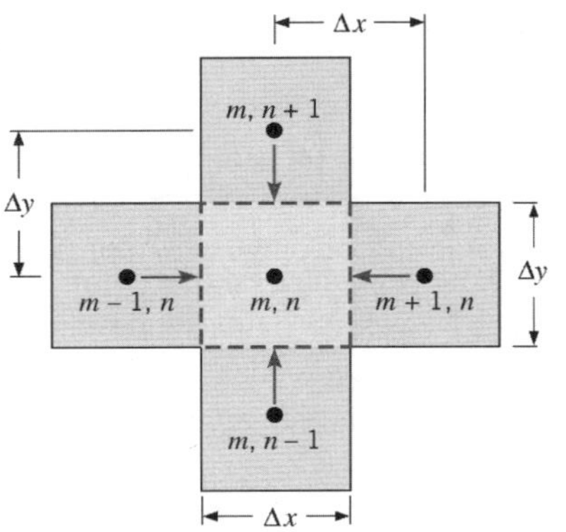

FIGURA 4.5 Condução para um ponto nodal interior a partir de seus pontos nodais vizinhos.

na qual i se refere aos pontos nodais vizinhos, $q_{(i) \rightarrow (m,n)}$ é a taxa de condução entre os pontos nodais. Está admitida profundidade unitária. Para determinar os termos das taxas de condução, *consideramos* que a transferência por condução ocorra exclusivamente ao longo das *faixas* que estão orientadas nas direções x ou y. Formas simplificadas da lei de Fourier podem, então, ser utilizadas. Por exemplo, a taxa na qual energia é transferida por condução do ponto nodal $(m - 1, n)$ para o (m, n) pode ser representada por

$$q_{(m-1,n) \rightarrow (m,n)} = k(\Delta y \cdot 1) \frac{T_{m-1,n} - T_{m,n}}{\Delta x} \qquad (4.31)$$

A grandeza $(\Delta y \cdot 1)$ é a área de transferência de calor, e o termo $(T_{m\text{-}1,n} - T_{m,n})/\Delta x$ é a aproximação em diferenças finitas do gradiente de temperatura na fronteira entre os dois pontos nodais. As taxas de condução restantes podem ser escritas nas formas

$$q_{(m+1,n) \rightarrow (m,n)} = k(\Delta y \cdot 1) \frac{T_{m+1,n} - T_{m,n}}{\Delta x} \qquad (4.32)$$

$$q_{(m,n+1) \rightarrow (m,n)} = k(\Delta x \cdot 1) \frac{T_{m,n+1} - T_{m,n}}{\Delta y} \qquad (4.33)$$

$$q_{(m,n-1) \rightarrow (m,n)} = k(\Delta x \cdot 1) \frac{T_{m,n-1} - T_{m,n}}{\Delta y} \qquad (4.34)$$

Note que, ao determinarmos cada taxa de condução, subtraímos a temperatura do ponto nodal (m, n) da temperatura do seu ponto nodal vizinho. Esta convenção é necessária em função da suposição de fluxo térmico para o interior do nó (m, n), estando consistente com os sentidos das setas mostradas na Figura 4.5. Substituindo as Equações 4.31 a 4.34 no balanço de energia e lembrando que $\Delta x = \Delta y$, segue-se que a equação de diferenças finitas para um ponto nodal interior com geração é

$$T_{m,n+1} + T_{m,n-1} + T_{m+1,n} + T_{m-1,n} + \frac{\dot{q}(\Delta x)^2}{k} - 4T_{m,n} = 0 \qquad (4.35)$$

Se não houver uma fonte de energia internamente distribuída $(\dot{q} = 0)$, essa expressão se reduz à Equação 4.29.

É importante observar que uma equação de diferenças finitas é necessária para cada ponto nodal com temperatura desconhecida. No entanto, nem sempre é possível classificar todos esses pontos como interiores e, dessa forma, utilizar as Equações 4.29 ou 4.35. Por exemplo, a temperatura pode ser desconhecida em uma superfície isolada ou em uma superfície exposta a condições de convecção. Para pontos localizados em tais superfícies, a equação de diferenças finitas deve ser obtida usando-se o método do balanço de energia.

Para ilustrar mais esse método, considere o nó correspondente ao vértice interior mostrado na Figura 4.6. Esse nó representa os três quartos de seção sombreados e troca energia por convecção com um fluido adjacente a T_∞. Condução para a região nodal (m, n) ocorre por meio de quatro diferentes faixas a partir dos nós vizinhos no sólido. As taxas condutivas de calor q_{cond} podem ser representadas como a seguir

$$q_{(m-1,n) \rightarrow (m,n)} = k(\Delta y \cdot 1) \frac{T_{m-1,n} - T_{m,n}}{\Delta x} \qquad (4.36)$$

$$q_{(m,n+1) \rightarrow (m,n)} = k(\Delta x \cdot 1) \frac{T_{m,n+1} - T_{m,n}}{\Delta y} \qquad (4.37)$$

$$q_{(m+1,n) \rightarrow (m,n)} = k\left(\frac{\Delta y}{2} \cdot 1\right) \frac{T_{m+1,n} - T_{m,n}}{\Delta x} \qquad (4.38)$$

$$q_{(m,n-1) \rightarrow (m,n)} = k\left(\frac{\Delta x}{2} \cdot 1\right) \frac{T_{m,n-1} - T_{m,n}}{\Delta y} \qquad (4.39)$$

Note que as áreas para a condução proveniente das regiões nodais $(m - 1, n)$ e $(m, n + 1)$ são proporcionais a Δy e Δx, respectivamente, enquanto a condução vinda dos nós $(m + 1, n)$ e $(m, n - 1)$ ocorre ao longo de faixas que possuem largura $\Delta y/2$ e $\Delta x/2$, respectivamente.

As condições na região nodal (m, n) são também influenciadas pela troca de calor por convecção com o fluido, e essa troca pode ser visualizada ocorrendo ao longo de meias faixas nas direções x e y. A taxa total de convecção q_{conv} pode ser representada por

$$q_{(\infty) \rightarrow (m,n)} = h\left(\frac{\Delta x}{2} \cdot 1\right)(T_\infty - T_{m,n}) + h\left(\frac{\Delta y}{2} \cdot 1\right)(T_\infty - T_{m,n}) \qquad (4.40)$$

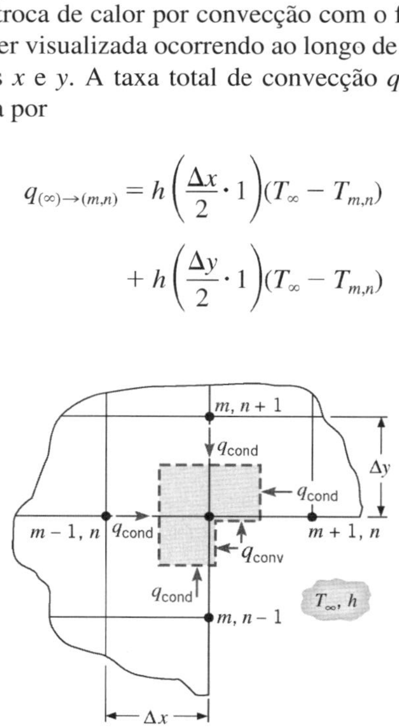

FIGURA 4.6 Formulação da equação de diferenças finitas para um vértice interno de um sólido com convecção na superfície.

Está implícita nessa expressão a hipótese de que as superfícies expostas do vértice estejam a uma temperatura uniforme, que corresponde à temperatura nodal $T_{m,n}$. Essa hipótese é consistente com a premissa de que toda a região nodal é caracterizada por uma única temperatura, que representa uma média da distribuição real de temperaturas na região. Na ausência de efeitos transientes, tridimensionais e de geração de calor, a conservação de energia, Equação 4.30, exige que a soma das Equações 4.36 a 4.40 seja igual a zero. Somando estas equações e organizando os termos, obtemos

$$T_{m-1,n} + T_{m,n+1} + \frac{1}{2}(T_{m+1,n} + T_{m,n-1}) + \frac{h\Delta x}{k}T_\infty - \left(3 + \frac{h\Delta x}{k}\right)T_{m,n} = 0 \qquad (4.41)$$

na qual, novamente, a malha é tal que $\Delta x = \Delta y$.

Equações pertinentes de balanços de energia em regiões nodais para várias configurações comuns, nas quais não há geração interna de energia, são apresentadas na Tabela 4.2.

TABELA 4.2 Resumo de equações de diferenças finitas para pontos nodais

Configuração	Equação de Diferenças Finitas para $\Delta x = \Delta y$
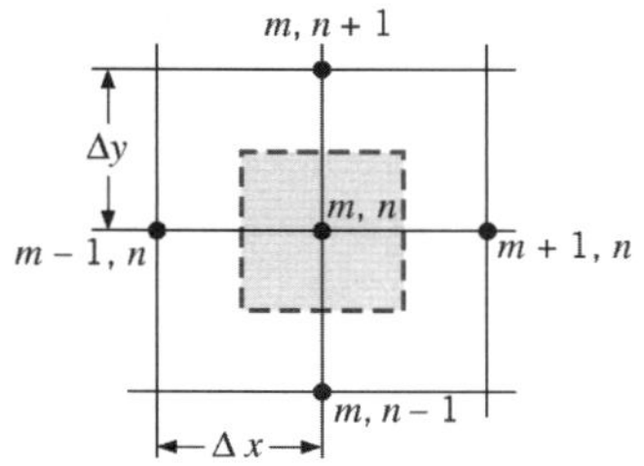	$T_{m,n+1} + T_{m,n-1} + T_{m+1,n} + T_{m-1,n} - 4T_{m,n} = 0$ (4.29) **Caso 1.** Ponto nodal interior
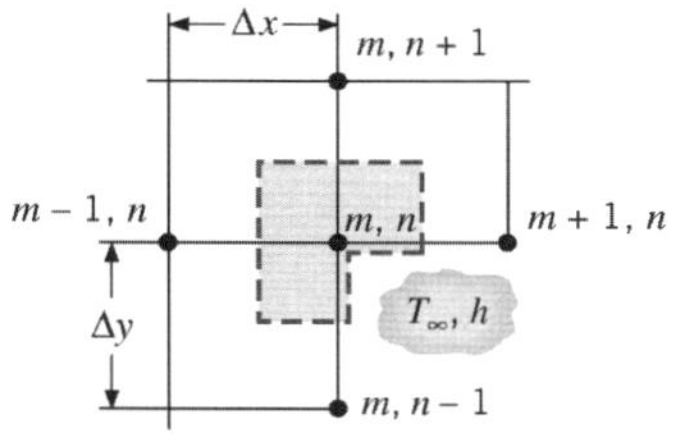	$2(T_{m-1,n} + T_{m,n+1}) + (T_{m+1,n} + T_{m,n-1}) + 2\frac{h\,\Delta x}{k}T_\infty - 2\left(3 + \frac{h\,\Delta x}{k}\right)T_{m,n} = 0$ (4.41) **Caso 2.** Ponto nodal em um vértice interno com convecção
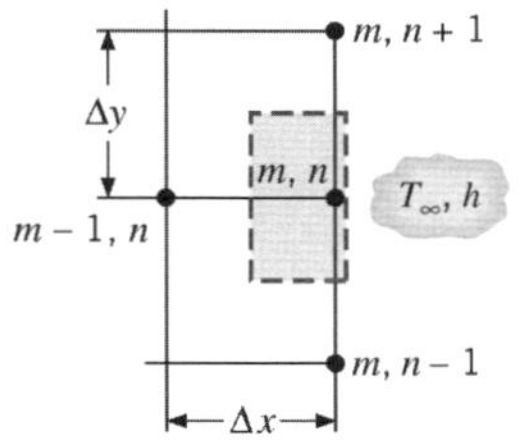	$(2T_{m-1,n} + T_{m,n+1} + T_{m,n-1}) + \frac{2h\,\Delta x}{k}T_\infty - 2\left(\frac{h\,\Delta x}{k} + 2\right)T_{m,n} = 0$ (4.42)[a] **Caso 3.** Ponto nodal em uma superfície plana com convecção
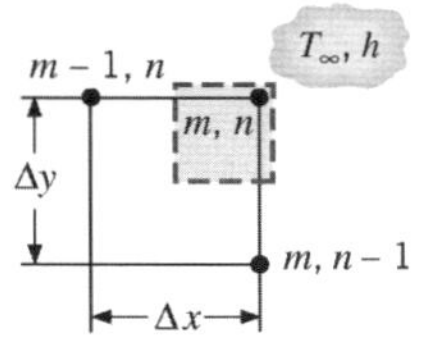	$(T_{m,n-1} + T_{m-1,n}) + 2\frac{h\,\Delta x}{k}T_\infty - 2\left(\frac{h\,\Delta x}{k} + 1\right)T_{m,n} = 0$ (4.43) **Caso 4.** Ponto nodal em um vértice externo com convecção
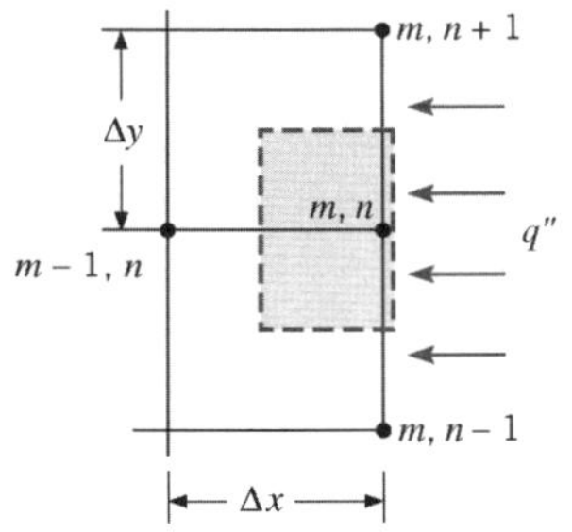	$(2T_{m-1,n} + T_{m,n+1} + T_{m,n-1}) + \frac{2q''\,\Delta x}{k} - 4T_{m,n} = 0$ (4.44)[b] **Caso 5.** Ponto nodal em uma superfície plana com fluxo térmico uniforme

[a,b] Para obter a equação de diferenças finitas para uma superfície adiabática (ou superfície de simetria), simplesmente coloque h ou q'' igual a zero.

EXEMPLO 4.2

Usando o método do balanço de energia, deduza a equação de diferenças finitas para o ponto nodal (m, n) localizado em uma superfície plana e isolada de um meio no qual há geração uniforme de calor.

SOLUÇÃO

Dados: Rede de pontos nodais vizinhos a uma superfície isolada.

Achar: Equação de diferenças finitas para o ponto nodal na superfície.

Esquema:

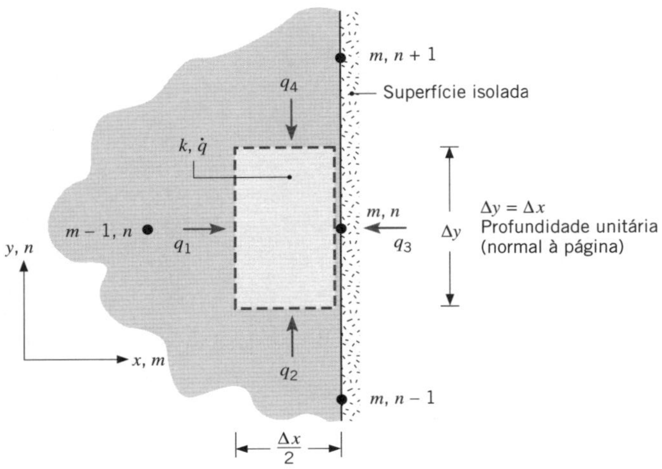

Considerações:

1. Condições de regime estacionário.
2. Condução bidimensional.
3. Propriedades constantes.
4. Geração de calor interna uniforme.

Análise: Aplicando a exigência da conservação de energia, Equação 4.30, na superfície de controle ao redor da região ($\Delta x/2 \cdot \Delta y \cdot 1$) associada ao ponto nodal (m, n), tem-se que, com geração volumétrica de calor a uma taxa $\dot{q}$,

$$q_1 + q_2 + q_3 + q_4 + \dot{q}\left(\frac{\Delta x}{2} \cdot \Delta y \cdot 1\right) = 0$$

em que

$$q_1 = k(\Delta y \cdot 1)\frac{T_{m-1,n} - T_{m,n}}{\Delta x}$$

$$q_2 = k\left(\frac{\Delta x}{2} \cdot 1\right)\frac{T_{m,n-1} - T_{m,n}}{\Delta y}$$

$$q_3 = 0$$

$$q_4 = k\left(\frac{\Delta x}{2} \cdot 1\right)\frac{T_{m,n+1} - T_{m,n}}{\Delta y}$$

Substituindo no balanço de energia e dividindo por $k/2$, tem-se que

$$2T_{m-1,n} + T_{m,n-1} + T_{m,n+1} - 4T_{m,n} + \frac{\dot{q}(\Delta x \cdot \Delta y)}{k} = 0 \quad \triangleleft$$

Comentários:

1. O mesmo resultado poderia ser obtido usando-se a condição de simetria, $T_{m+1,n} = T_{m-1,n}$, com a equação de diferenças finitas (Equação 4.35) para um ponto nodal interior. Se $\dot{q} = 0$, o resultado desejado poderia também ser obtido fazendo-se $h = 0$ na Equação 4.42 (Tabela 4.2).

2. Como em uma aplicação da equação de diferenças finitas anterior, considere o sistema bidimensional a seguir, no qual energia térmica é uniformemente gerada a uma taxa desconhecida $\dot{q}$. A condutividade térmica do sólido é conhecida, assim como as condições convectivas em uma das superfícies. Além disso, foram medidas temperaturas em locais correspondentes aos pontos nodais de uma malha de diferenças finitas.

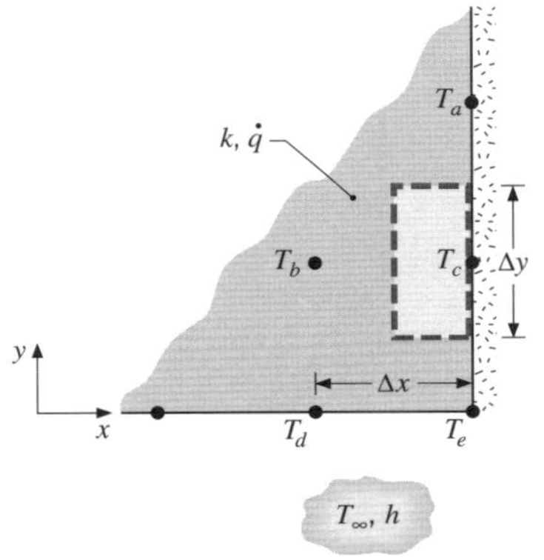

$T_a = 235{,}9$ °C $T_b = 227{,}6$ °C

$T_c = 230{,}9$ °C $T_d = 220{,}1$ °C

$T_e = 222{,}4$ °C $T_\infty = 200{,}0$ °C

$h = 50$ W/(m$^2 \cdot$K) $k = 1$ W/(m$\cdot$K)

$\Delta x = 10$ mm $\Delta y = 10$ mm

A taxa de geração pode ser determinada pela aplicação da equação de diferenças finitas no ponto nodal c.

$$2T_b + T_e + T_a - 4T_c + \frac{\dot{q}(\Delta x \cdot \Delta y)}{k} = 0$$

$$(2 \times 227{,}6 + 222{,}4 + 235{,}9 - 4 \times 230{,}9)\,°\mathrm{C}$$

$$+ \frac{\dot{q}(0{,}01\ \mathrm{m})^2}{1\ \mathrm{W/(m \cdot K)}} = 0$$

$$\dot{q} = 1{,}01 \times 10^5\ \mathrm{W/m^3}$$

A partir das condições térmicas especificadas e do conhecimento de $\dot{q}$, podemos também determinar se a exigência de conservação da energia é satisfeita para o ponto nodal *e*. Fazendo um balanço de energia em um volume de controle ao redor desse nó, tem-se que

$$q_1 + q_2 + q_3 + q_4 + \dot{q}(\Delta x/2 \cdot \Delta y/2 \cdot 1) = 0$$

$$k(\Delta x/2 \cdot 1)\frac{T_c - T_e}{\Delta y} + 0 + h(\Delta x/2 \cdot 1)(T_\infty - T_e)$$

$$+ k(\Delta y/2 \cdot 1)\frac{T_d - T_e}{\Delta x} + \dot{q}(\Delta x/2 \cdot \Delta y/2 \cdot 1) = 0$$

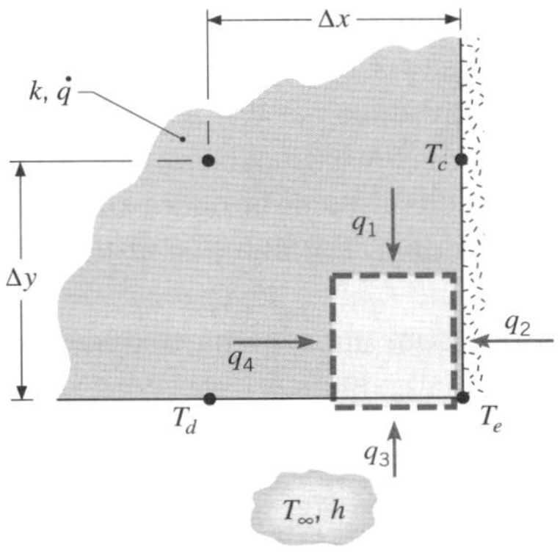

Se o balanço de energia for satisfeito, o lado esquerdo dessa equação será identicamente igual a zero. Substituindo valores, obtemos

$$1\ \text{W/(m}\cdot\text{K)}(0{,}005\ \text{m}^2)\frac{(230{,}9 - 222{,}4)\ °\text{C}}{0{,}010\ \text{m}}$$

$$+ 0 + 50\ \text{W/(m}^2\cdot\text{K)}(0{,}005\ \text{m}^2)\,(200 - 222{,}4)\ °\text{C}$$

$$+ 1\ \text{W/(m}\cdot\text{K)}(0{,}005\ \text{m}^2)\frac{(220{,}1 - 222{,}4)\ °\text{C}}{0{,}010\ \text{m}}$$

$$+ 1{,}01 \times 10^5\ \text{W/m}^3(0{,}005)^2\ \text{m}^3 = 0(?)$$

$$4{,}250\ \text{W} + 0 - 5{,}600\ \text{W} - 1{,}150\ \text{W} + 2{,}525\ \text{W} = 0(?)$$

$$0{,}025\ \text{W} \approx 0$$

A incapacidade de satisfazer precisamente o balanço de energia pode ser atribuída a erros de medida das temperaturas, às aproximações empregadas no desenvolvimento das equações de diferenças finitas e ao uso de uma malha relativamente grossa.

O Método do Balanço de Energia com Resistências Térmicas É útil observar que as taxas de transferência de calor entre pontos nodais vizinhos podem, também, ser formuladas em termos das resistências térmicas correspondentes. Olhando, por exemplo, para a Figura 4.6, a taxa de transferência de calor por condução do nó $(m - 1, n)$ para o (m, n) pode ser escrita na forma

$$q_{(m-1,n)\to(m,n)} = \frac{T_{m-1,n} - T_{m,n}}{R_{t,\text{cond}}} = \frac{T_{m-1,n} - T_{m,n}}{\Delta x/k\,(\Delta y \cdot 1)}$$

produzindo um resultado equivalente ao obtido na Equação 4.36. De maneira análoga, a taxa de transferência de calor por convecção para (m, n) pode ser representada por

$$q_{(\infty)\to(m,n)} = \frac{T_\infty - T_{m,n}}{R_{t,\text{conv}}} = \frac{T_\infty - T_{m,n}}{\{h[(\Delta x/2)\cdot 1 + (\Delta y/2)\cdot 1]\}^{-1}}$$

que é equivalente à Equação 4.40.

Como um exemplo da utilidade dos conceitos de resistência, considere uma interface que separa dois materiais diferentes e é caracterizada por uma resistência térmica de contato $R''_{t,c}$ (Figura 4.7). A taxa de transferência de calor do nó (m, n) para o $(m, n - 1)$ pode ser representada por

$$q_{(m,n)\to(m,n-1)} = \frac{T_{m,n} - T_{m,n-1}}{R_{\text{tot}}} \tag{4.45}$$

na qual, para uma profundidade unitária,

$$R_{\text{tot}} = \frac{\Delta y/2}{k_A(\Delta x \cdot 1)} + \frac{R''_{t,c}}{\Delta x \cdot 1} + \frac{\Delta y/2}{k_B(\Delta x \cdot 1)} \tag{4.46}$$

4.5 Resolvendo as Equações de Diferenças Finitas

Uma vez estabelecida a rede nodal e escrita uma equação de diferenças finitas apropriada para cada ponto nodal, a distribuição de temperaturas pode ser determinada. O problema se reduz ao da solução de um sistema de equações algébricas lineares. Nesta seção formulamos o sistema de equações algébricas lineares como uma equação matricial e discutimos brevemente a sua solução pelo método da inversão de matrizes. Também apresentamos algumas considerações para a verificação da acurácia da solução.

4.5.1 Formulação como uma Equação Matricial

Seja um sistema composto por *N* equações de diferenças finitas correspondentes a *N* temperaturas desconhecidas. Identificando os pontos nodais por um único número inteiro subscrito, em vez de um índice duplo (m, n), o procedimento para efetuar uma inversão de matriz inicia-se por escrever as equações na forma

$$\begin{aligned}
a_{11}T_1 + a_{12}T_2 + a_{13}T_3 + \cdots + a_{1N}T_N &= C_1\\
a_{21}T_1 + a_{22}T_2 + a_{23}T_3 + \cdots + a_{2N}T_N &= C_2\\
\vdots \quad\quad \vdots \quad\quad \vdots \quad\quad\quad \vdots \quad\quad &\vdots\\
a_{N1}T_1 + a_{N2}T_2 + a_{N3}T_3 + \cdots + a_{NN}T_N &= C_N
\end{aligned} \tag{4.47}$$

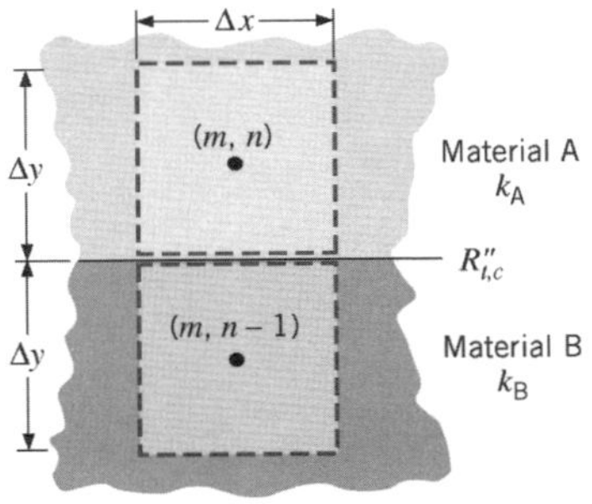

FIGURA 4.7 Condução entre dois materiais diferentes com uma resistência de contato na interface entre eles.

na qual as grandezas a_{11}, a_{12}, ..., C_1, ... são coeficientes e constantes conhecidos, que envolvem grandezas tais como Δx, k, h e T_∞. Usando notação matricial, essas equações podem ser representadas por

$$[A][T] = [C] \tag{4.48}$$

em que

$$A \equiv \begin{bmatrix} a_{11} & a_{12} & \cdots & a_{1N} \\ a_{21} & a_{22} & \cdots & a_{2N} \\ \vdots & \vdots & & \vdots \\ a_{N1} & a_{N2} & \cdots & a_{NN} \end{bmatrix}, \quad T \equiv \begin{bmatrix} T_1 \\ T_2 \\ \vdots \\ T_N \end{bmatrix}, \quad C \equiv \begin{bmatrix} C_1 \\ C_2 \\ \vdots \\ C_N \end{bmatrix}$$

A *matriz dos coeficientes* $[A]$ é quadrada ($N \times N$) e os seus *elementos* são identificados por uma notação com subscrito de índice duplo, na qual o primeiro e o segundo subscritos se referem às linhas e às colunas, respectivamente. As matrizes $[T]$ e $[C]$ possuem uma única coluna e são conhecidas por *vetores coluna*. Em geral, elas são chamadas de *vetor solução* e *vetor do lado direito*, respectivamente. Se a multiplicação de matrizes representada no lado esquerdo da Equação 4.48 for efetuada, as Equações 4.47 serão obtidas.

Inúmeros métodos matemáticos estão disponíveis para resolver sistemas de equações algébricas lineares [11, 12] e muitos *softwares* computacionais têm disponíveis ferramentas para determinar o vetor solução $[T]$ a partir da Equação 4.48. Para matrizes pequenas, a solução pode ser encontrada usando uma calculadora programável ou cálculos manuais. Um método adequado para o cálculo manual ou computacional é o método de Gauss-Seidel, apresentado no Apêndice D.

4.5.2 *Verificando a Acurácia da Solução*

É uma boa prática verificar se uma solução numérica foi corretamente formulada pela execução de um balanço de energia em uma superfície de controle envolvendo todas as regiões nodais cujas temperaturas foram determinadas. As temperaturas devem ser substituídas na equação do balanço de energia, e, se o balanço não for satisfeito dentro de um elevado grau de precisão, as equações de diferenças finitas devem ser checadas à procura de erros.

Mesmo quando as equações de diferenças finitas tenham sido apropriadamente formuladas e resolvidas, os resultados podem ainda representar uma aproximação grosseira do campo de temperaturas real. Esse comportamento é uma consequência do espaçamento finito (Δx, Δy) entre nós e das aproximações em diferenças finitas, tais como $k(\Delta y \cdot 1)(T_{m-1,n} - T_{m,n})/\Delta x$, para representar a lei de Fourier da condução, $-k(dy \cdot 1)\partial T/\partial x$. As aproximações em diferenças finitas se tornam mais acuradas à medida que a rede nodal é refinada (Δx e Δy são reduzidos). Portanto, se resultados acurados são desejados, estudos de malha devem ser efetuados, nos quais resultados obtidos com uma malha fina são comparados aos obtidos com uma malha mais grossa. Por exemplo, uma redução pela metade dos valores de Δx e Δy quadruplica o número de nós e de equações de diferenças finitas. Se a concordância for insatisfatória, novos refinamentos poderiam ser feitos até que as temperaturas calculadas não mais dependam significativamente da escolha de Δx e Δy. Tais resultados *independentes das dimensões da malha* forneceriam uma solução acurada para o problema físico.

Outra opção para validar uma solução numérica envolve a comparação de seus resultados com aqueles obtidos por uma solução exata. Por exemplo, uma solução por diferenças finitas para o problema físico descrito na Figura 4.2 poderia ser comparada com a solução exata dada pela Equação 4.19. Entretanto, se raramente buscamos soluções numéricas em problemas para os quais existem soluções exatas, quando buscamos uma solução numérica para um problema complexo para o qual não há solução exata, é frequentemente recomendável testar nossos procedimentos por diferenças finitas aplicando-os em versões mais simples do problema que têm uma solução exata.

IHT **EXEMPLO 4.3**

Como discutido na Seção 1.6, um objetivo importante no avanço das tecnologias de turbina a gás é aumentar o limite de temperatura associado à operação das pás da turbina. Por exemplo, é comum o uso de resfriamento interno a partir da inserção de canais de escoamento no interior das pás, com passagem de ar no interior destes canais. Desejamos avaliar o efeito de tal configuração aproximando a pá por um sólido retangular com canais retangulares. A pá, com condutividade térmica $k = 25$ W/(m · K), tem espessura de 6 mm. Cada canal possui uma seção transversal retangular de 2 mm × 6 mm e há um espaçamento de 4 mm entre canais adjacentes.

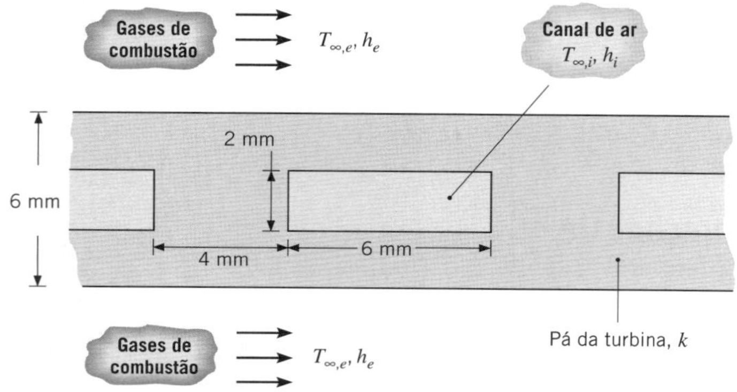

Sob condições de operação nas quais $h_e = 1000\ \text{W/(m}^2 \cdot \text{K)}$, $T_{\infty,e} = 1700\ \text{K}$, $h_i = 200\ \text{W/(m}^2 \cdot \text{K)}$ e $T_{\infty,i} = 400\ \text{K}$, determine o campo de temperaturas na pá da turbina e a taxa de transferência de calor por unidade de comprimento para o canal. Em qual posição a temperatura é um máximo?

SOLUÇÃO

Dados: Dimensões e condições de operação para uma pá de turbina a gás com canais internos.

Achar: Campo de temperaturas na pá, incluindo um local de temperatura máxima. Taxa de transferência de calor para o canal, por unidade de comprimento.

Esquema:

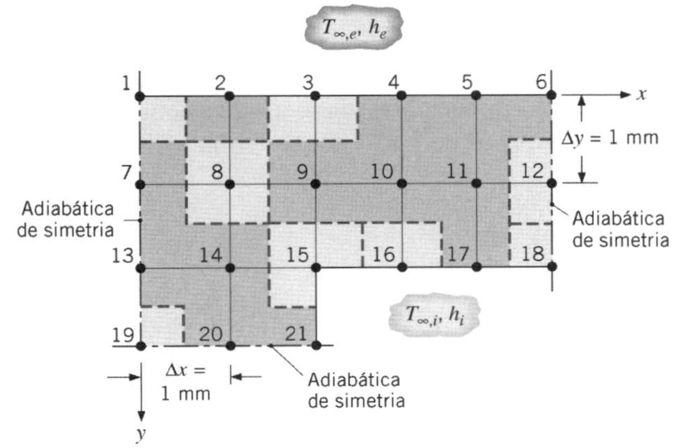

Considerações:

1. Condução bidimensional em regime estacionário.
2. Propriedades constantes.

Análise: Adotando um espaçamento na malha de $\Delta x = \Delta y = 1$ mm e identificando as três linhas de simetria, a rede nodal mostrada no esquema é construída. As equações de diferenças finitas correspondentes podem ser obtidas pela aplicação do método do balanço de energia nos nós 1, 6, 18, 19 e 21, e pelo uso dos resultados da Tabela 4.2 para os demais pontos nodais.

A transferência de calor para o nó 1 ocorre por condução proveniente dos nós 2 e 7, bem como por convecção a partir do fluido externo. Como não há transferência de calor originada na região localizada além da adiabática de simetria, a aplicação de um balanço de energia ao quarto de seção associado ao nó 1 fornece uma equação de diferenças finitas com a forma

$$\text{Nó 1:} \quad T_2 + T_7 - \left(2 + \frac{h_e \Delta x}{k}\right) T_1 = -\frac{h_e \Delta x}{k} T_{\infty,e}$$

Um resultado similar pode ser obtido para a região nodal 6, caracterizada por condições equivalentes nas superfícies (2 condução, 1 convecção e 1 adiabática). Os nós 2 a 5 correspondem ao Caso 3 da Tabela 4.2 e, escolhendo o nó 3 como um exemplo, segue-se que

$$\text{Nó 3:} \quad T_2 + T_4 + 2T_9 - 2\left(\frac{h_e \Delta x}{k} + 2\right) T_3 = -\frac{2h_e \Delta x}{k} T_{\infty,e}$$

Os nós 7, 12, 13 e 20 correspondem ao Caso 5 da Tabela 4.2, com $q'' = 0$, e, escolhendo o nó 12 como um exemplo, tem-se que

$$\text{Nó 12:} \quad T_6 + 2T_{11} + T_{18} - 4T_{12} = 0$$

Os nós 8 a 11 e 14 são nós interiores (Caso 1). Nesse caso, a equação de diferenças finitas para o nó 8 é

$$\text{Nó 8:} \quad T_2 + T_7 + T_9 + T_{14} - 4T_8 = 0$$

O nó 15 é um vértice interno (Caso 2), para o qual

$$\text{Nó 15:} \quad 2T_9 + 2T_{14} + T_{16} + T_{21} - 2\left(3 + \frac{h_i \Delta x}{k}\right) T_{15} = -2\frac{h_i \Delta x}{k} T_{\infty,i}$$

enquanto os nós 16 e 17 estão situados sobre uma superfície plana com convecção (Caso 3):

$$\text{Nó 16:} \quad 2T_{10} + T_{15} + T_{17} - 2\left(\frac{h_i \Delta x}{k} + 2\right) T_{16} = -\frac{2h_i \Delta x}{k} T_{\infty,i}$$

Em cada caso, a transferência de calor para as regiões nodais 18 e 21 é caracterizada pela condução proveniente de dois nós vizinhos e pela convecção a partir do escoamento interno, com nenhuma transferência de calor pela adiabática vizinha. Efetuando um balanço de energia na região nodal 18, segue-se que

$$\text{Nó 18:} \quad T_{12} + T_{17} - \left(2 + \frac{h_i \Delta x}{k}\right) T_{18} = -\frac{h_i \Delta x}{k} T_{\infty,i}$$

O último caso especial corresponde à região nodal 19, que possui duas superfícies adiabáticas e apresenta transferência de calor por condução através das duas outras superfícies.

$$\text{Nó 19:} \quad T_{13} + T_{20} - 2T_{19} = 0$$

As equações para os nós de 1 a 21 podem ser resolvidas simultaneamente usando o *IHT*, outro código computacional comercial ou uma calculadora. Os seguintes resultados são obtidos:

T_1	T_2	T_3	T_4	T_5	T_6
1526,0 K	1525,3 K	1523,6 K	1521,9 K	1520,8 K	1520,5 K

T_7	T_8	T_9	T_{10}	T_{11}	T_{12}
1519,7 K	1518,8 K	1516,5 K	1514,5 K	1513,3 K	1512,9 K

T_{13}	T_{14}	T_{15}	T_{16}	T_{17}	T_{18}
1515,1 K	1513,7 K	1509,2 K	1506,4 K	1505,0 K	1504,5 K

T_{19}	T_{20}	T_{21}
1513,4 K	1511,7 K	1506,0 K

O campo de temperaturas pode também ser representado na forma de isotermas, e quatro dessas curvas de temperatura constante são mostradas no esquema a seguir. Também são mostradas linhas de fluxo de calor que foram cuidadosamente desenhadas de tal forma que são, em qualquer lugar, perpendiculares às isotermas e coincidentes com as adiabáticas de simetria. As superfícies que estão expostas aos gases de combustão e ao ar não são isotérmicas e, consequentemente, as linhas de fluxo de calor não são perpendiculares a estes contornos.

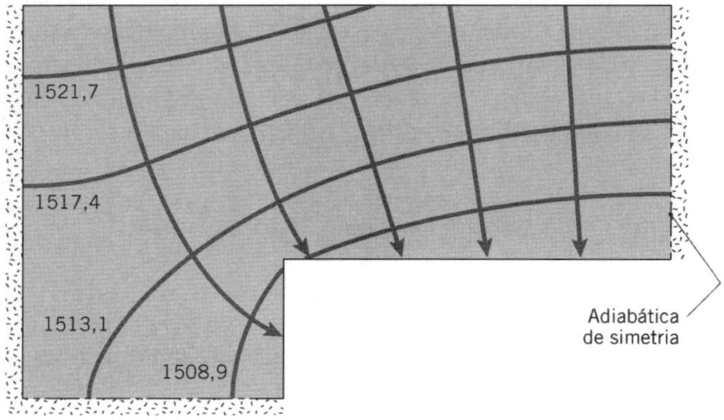

Como esperado, a temperatura máxima está localizada no ponto mais distante do refrigerante, que corresponde ao nó 1.

A taxa de transferência de calor por unidade de comprimento do canal pode ser calculada de duas formas. Com base na transferência de calor da pá para o ar, tem-se

$$q' = 4h_i[(\Delta y/2)(T_{21} - T_{\infty,i}) + (\Delta y/2 + \Delta x/2)(T_{15} - T_{\infty,i}) + (\Delta x)(T_{16} - T_{\infty,i}) + \Delta x(T_{17} - T_{\infty,i}) + (\Delta x/2)(T_{18} - T_{\infty,i})]$$

De modo alternativo, com base na transferência de calor dos gases de combustão para a pá:

$$q' = 4h_e[(\Delta x/2)(T_{\infty,e} - T_1) + (\Delta x)(T_{\infty,e} - T_2) + (\Delta x)(T_{\infty,e} - T_3) + (\Delta x)(T_{\infty,e} - T_4) + (\Delta x)(T_{\infty,e} - T_5) + (\Delta x/2)(T_{\infty,e} - T_6)]$$

na qual o fator 4 tem sua origem nas condições de simetria. Em ambos os casos, obtemos

$$q' = 3540{,}6 \text{ W/m} \quad \triangleleft$$

Comentários:

1. Em notação matricial, segundo a Equação 4.48, as equações para os nós de 1 a 21 têm a forma $[A][T] = [C]$, na qual

$$[A] = \begin{bmatrix}
-a & 1 & 0 & 0 & 0 & 0 & 1 & 0 & 0 & 0 & 0 & 0 & 0 & 0 & 0 & 0 & 0 & 0 & 0 & 0 & 0 \\
1 & -b & 1 & 0 & 0 & 0 & 0 & 2 & 0 & 0 & 0 & 0 & 0 & 0 & 0 & 0 & 0 & 0 & 0 & 0 & 0 \\
0 & 1 & -b & 1 & 0 & 0 & 0 & 0 & 2 & 0 & 0 & 0 & 0 & 0 & 0 & 0 & 0 & 0 & 0 & 0 & 0 \\
0 & 0 & 1 & -b & 1 & 0 & 0 & 0 & 0 & 2 & 0 & 0 & 0 & 0 & 0 & 0 & 0 & 0 & 0 & 0 & 0 \\
0 & 0 & 0 & 1 & -b & 1 & 0 & 0 & 0 & 0 & 2 & 0 & 0 & 0 & 0 & 0 & 0 & 0 & 0 & 0 & 0 \\
0 & 0 & 0 & 0 & 1 & -a & 0 & 0 & 0 & 0 & 0 & 1 & 0 & 0 & 0 & 0 & 0 & 0 & 0 & 0 & 0 \\
1 & 0 & 0 & 0 & 0 & 0 & -4 & 2 & 0 & 0 & 0 & 0 & 1 & 0 & 0 & 0 & 0 & 0 & 0 & 0 & 0 \\
0 & 1 & 0 & 0 & 0 & 0 & 1 & -4 & 1 & 0 & 0 & 0 & 0 & 1 & 0 & 0 & 0 & 0 & 0 & 0 & 0 \\
0 & 0 & 1 & 0 & 0 & 0 & 0 & 1 & -4 & 1 & 0 & 0 & 0 & 0 & 1 & 0 & 0 & 0 & 0 & 0 & 0 \\
0 & 0 & 0 & 1 & 0 & 0 & 0 & 0 & 1 & -4 & 1 & 0 & 0 & 0 & 0 & 1 & 0 & 0 & 0 & 0 & 0 \\
0 & 0 & 0 & 0 & 1 & 0 & 0 & 0 & 0 & 1 & -4 & 1 & 0 & 0 & 0 & 0 & 1 & 0 & 0 & 0 & 0 \\
0 & 0 & 0 & 0 & 0 & 1 & 0 & 0 & 0 & 0 & 2 & -4 & 0 & 0 & 0 & 0 & 0 & 1 & 0 & 0 & 0 \\
0 & 0 & 0 & 0 & 0 & 0 & 1 & 0 & 0 & 0 & 0 & 0 & -4 & 2 & 0 & 0 & 0 & 0 & 1 & 0 & 0 \\
0 & 0 & 0 & 0 & 0 & 0 & 0 & 1 & 0 & 0 & 0 & 0 & 1 & -4 & 1 & 0 & 0 & 0 & 0 & 1 & 0 \\
0 & 0 & 0 & 0 & 0 & 0 & 0 & 0 & 2 & 0 & 0 & 0 & 0 & 2 & -c & 1 & 0 & 0 & 0 & 0 & 1 \\
0 & 0 & 0 & 0 & 0 & 0 & 0 & 0 & 0 & 2 & 0 & 0 & 0 & 0 & 1 & -d & 1 & 0 & 0 & 0 & 0 \\
0 & 0 & 0 & 0 & 0 & 0 & 0 & 0 & 0 & 0 & 2 & 0 & 0 & 0 & 0 & 1 & -d & 1 & 0 & 0 & 0 \\
0 & 0 & 0 & 0 & 0 & 0 & 0 & 0 & 0 & 0 & 0 & 1 & 0 & 0 & 0 & 0 & 1 & -e & 0 & 0 & 0 \\
0 & 0 & 0 & 0 & 0 & 0 & 0 & 0 & 0 & 0 & 0 & 0 & 1 & 0 & 0 & 0 & 0 & 0 & -2 & 1 & 0 \\
0 & 0 & 0 & 0 & 0 & 0 & 0 & 0 & 0 & 0 & 0 & 0 & 0 & 2 & 0 & 0 & 0 & 0 & 1 & -4 & 1 \\
0 & 0 & 0 & 0 & 0 & 0 & 0 & 0 & 0 & 0 & 0 & 0 & 0 & 0 & 1 & 0 & 0 & 0 & 0 & 1 & -e
\end{bmatrix} \qquad [C] = \begin{bmatrix} -f \\ -2f \\ -2f \\ -2f \\ -2f \\ -f \\ 0 \\ 0 \\ 0 \\ 0 \\ 0 \\ 0 \\ 0 \\ 0 \\ -2g \\ -2g \\ -2g \\ -g \\ 0 \\ 0 \\ -g \end{bmatrix}$$

Com $h_e\Delta x/k = 0{,}04$ e $h_i\Delta x/k = 0{,}008$; os coeficientes nas equações podem ser calculados: $a = 2{,}04$; $b = 4{,}08$; $c = 6{,}016$; $d = 4{,}016$; $e = 2{,}008$; $f = 68$; $g = 3{,}2$. Ao enquadrar as equações como uma equação matricial, ferramentas-padrão para a solução de equações matriciais podem ser utilizadas.

2. Para garantir que não há erros na formulação e na solução das equações de diferenças finitas, as temperaturas calculadas devem ser usadas para verificar se a conservação de energia é satisfeita em uma superfície de contorno ao redor de todas as regiões nodais. Esta verificação já foi feita, uma vez que foi mostrado que a taxa de transferência de calor dos gases de combustão para a pá é igual à taxa da pá para o ar.

3. A acurácia da solução por diferenças finitas pode ser melhorada pelo refinamento da malha. Se, por exemplo, reduzirmos pela metade o espaçamento da malha ($\Delta x = \Delta y = 0{,}5$ mm) e, dessa forma, aumentarmos o número de temperaturas nodais desconhecidas para 65, obtemos os seguintes resultados para temperaturas selecionadas e para a taxa de transferência de calor:

$$T_1 = 1525{,}9 \text{ K}, \quad T_6 = 1520{,}5 \text{ K}, \quad T_{15} = 1509{,}2 \text{ K},$$
$$T_{18} = 1504{,}5 \text{ K}, \quad T_{19} = 1513{,}5 \text{ K}, \quad T_{21} = 1505{,}7 \text{ K},$$
$$q' = 3539{,}9 \text{ W/m}$$

A concordância entre os dois conjuntos de resultados é excelente. Obviamente, o uso da malha mais fina aumenta os tempos de implementação e computacional, e em muitos casos os resultados obtidos com uma malha mais grossa são satisfatórios. A seleção da malha apropriada é uma decisão que deve ser tomada pelo engenheiro.

4. Na indústria de turbinas a gás, há um grande interesse na adoção de medidas que reduzam a temperatura nas pás. Tais medidas podem incluir o uso de uma liga diferente, com maior condutividade térmica, e/ou o aumento da vazão do refrigerante através dos canais, dessa forma aumentando o h_i. Usando a solução por diferenças finitas com $\Delta x = \Delta y = 1$ mm, os seguintes resultados são obtidos para variações paramétricas de k e h_i:

k (W/(m · K))	h_i (W/(m^2 · K))	T_1 (K)	q' (W/m)
25	200	1526,0	3540,6
50	200	1523,4	3563,3
25	1000	1154,5	11.095,5
50	1000	1138,9	11.320,7

Por que os aumentos em k e h_i reduzem a temperatura na pá?

5. Note que, como a superfície exterior da pá se encontra a uma temperatura extremamente elevada, as perdas por radiação para a vizinhança podem ser significativas. Na análise por diferenças finitas, tais efeitos poderiam ser considerados a partir da linearização da equação da taxa da radiação (veja as Equações 1.8 e 1.9) e pelo seu tratamento da mesma forma que a convecção. Contudo, uma vez que o coeficiente radiante h_r depende da temperatura superficial, uma solução iterativa para as equações de diferenças finitas seria necessária para garantir que as temperaturas superficiais resultantes correspondam às temperaturas utilizadas na determinação do h_r em cada ponto nodal.

6. Veja o Exemplo 4.3 no *IHT*. Este problema pode também ser resolvido utilizando *Tools*, *Finite-Difference Equations* na seção *Advanced* do *IHT*.

4.6 Resumo

O primeiro objetivo deste capítulo foi desenvolver uma visão da natureza de um problema de condução em duas dimensões e dos métodos que estão disponíveis para a sua solução. Ao se deparar com um problema bidimensional, você deve primeiramente verificar se uma solução exata é conhecida. Isto pode ser feito examinando-se algumas das excelentes referências nas quais soluções exatas para a equação do calor são obtidas [1−5]. Você pode, também, querer verificar se o fator de forma ou a taxa de condução de calor adimensional é conhecida para o sistema de interesse [6−10]. Contudo, frequentemente, as condições são tais que o uso de um fator de forma, da taxa de condução de calor adimensional ou de uma solução exata não é possível, e, então, é necessária a utilização de uma solução por diferenças finitas ou elementos finitos. Você deve, portanto, avaliar a própria natureza do *processo de discretização* e saber como formular e resolver as equações de diferenças finitas para os pontos discretos de uma rede nodal. Você deve testar o seu entendimento de conceitos relacionados com esses assuntos ao responder às questões a seguir.

- O que é uma *isoterma*? O que é uma *linha de fluxo de calor*? Como estão relacionadas geometricamente essas duas linhas?
- O que é uma *adiabata*? Como ela está relacionada com uma linha de simetria? Como ela é interceptada por uma isoterma?
- Que parâmetros caracterizam o efeito da geometria na relação entre a taxa de transferência de calor e a diferença de temperaturas global na condução em regime estacionário em um sistema bidimensional? Como esses parâmetros estão relacionados com a resistência condutiva?
- O que é representado pela temperatura de um *ponto nodal* e como a acurácia de uma temperatura nodal depende da proposta da *rede nodal*?

Referências

1. Schneider, P. J., *Conduction Heat Transfer*, Addison-Wesley, Reading, MA, 1955.
2. Carslaw, H. S., and J. C. Jaeger, *Conduction of Heat in Solids*, Oxford University Press, London, 1959.
3. Özisik, M. N., *Heat Conduction*, Wiley Interscience, New York, 1980.
4. Kakac, S., and Y. Yener, *Heat Conduction*, Hemisphere Publishing, New York, 1985.
5. Poulikakos, D., *Conduction Heat Transfer*, Prentice-Hall, Englewood Cliffs, NJ, 1994.
6. Sunderland, J. E., and K. R. Johnson, *Trans.* ASHRAE, **10**, 237–241, 1964.
7. Kutateladze, S. S., *Fundamentals of Heat Transfer*, Academic Press, New York, 1963.
8. General Electric Co. (Corporate Research and Development), *Heat Transfer Data Book*, Section 502, General Electric Company, Schenectady, NY, 1973.
9. Hahne, E., and U. Grigull, *Int. J. Heat Mass Transfer*, **18**, 751–767, 1975.
10. Yovanovich, M. M., in W. M. Rohsenow, J. P. Hartnett, and Y. I. Cho, Eds., *Handbook of Heat Transfer*, McGraw-Hill, New York, 1998, pp. 3.1–3.73.
11. Gerald, C. F., and P. O. Wheatley, *Applied Numerical Analysis*, Pearson Education, Upper Saddle River, NJ, 1998.
12. Hoffman, J. D., *Numerical Methods for Engineers and Scientists*, McGraw-Hill, New York, 1992.

Problemas

Soluções Exatas

4.1 No método da separação de variáveis (Seção 4.2) para a condução bidimensional em regime estacionário, a constante de separação λ^2 nas Equações 4.6 e 4.7 deve ser uma constante positiva. Mostre que valores negativos ou iguais a zero para λ^2 resultarão em soluções que não podem satisfazer às condições de contorno especificadas.

4.2 Uma placa retangular bidimensional está sujeita às condições de contorno especificadas. Usando os resultados da solução exata para a equação do calor apresentados na Seção

4.2, calcule as temperaturas ao longo do plano médio da placa (x = 1 m) em y = 0,25; 0,5 e 0,75 m, considerando os cinco primeiros termos não nulos da série infinita. Avalie o erro decorrente do uso somente dos três primeiros termos da série infinita.

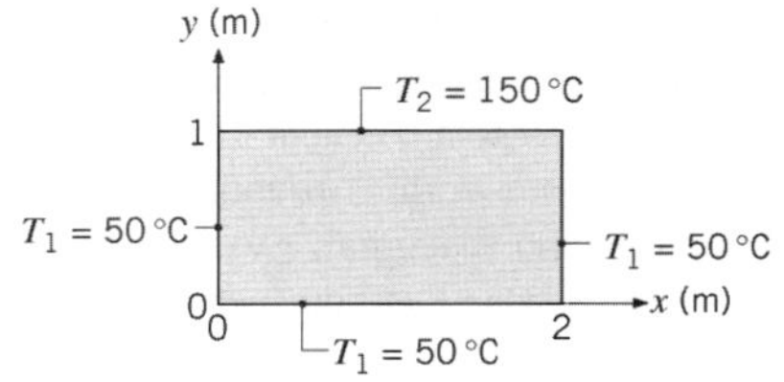

4.3 Considere que a placa retangular bidimensional do Problema 4.2 possua uma condutividade térmica de 50 W/(m · K). Partindo da solução exata para a distribuição de temperaturas, deduza uma expressão para a taxa de transferência de calor, por unidade de espessura, saindo pela superfície inferior ($0 \leq x \leq 2$, $y = 0$) da placa. Calcule a taxa de transferência de calor considerando os cinco primeiros termos não nulos da série infinita.

4.4 Uma placa retangular bidimensional está sujeita às condições de contorno mostradas na figura. Deduza uma expressão para a distribuição de temperaturas em regime estacionário $T(x, y)$ e a distribuição de fluxo térmico em regime estacionário $q''(x, y = b)$ para $0 \leq x \leq a$.

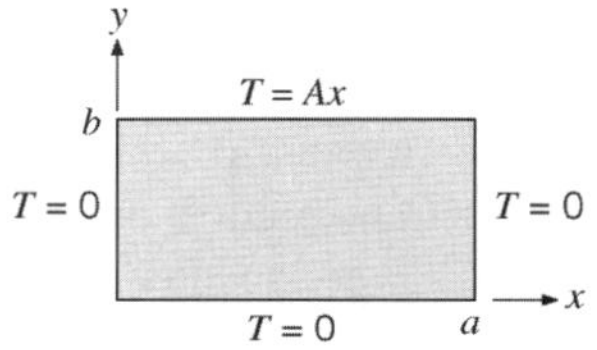

4.5 Uma placa retangular bidimensional é submetida a condições de contorno de temperatura especificada em três lados e à condição de fluxo térmico uniforme *para dentro* da placa em sua superfície superior. Usando a abordagem geral da Seção 4.2, deduza uma expressão para a distribuição de temperaturas na placa.

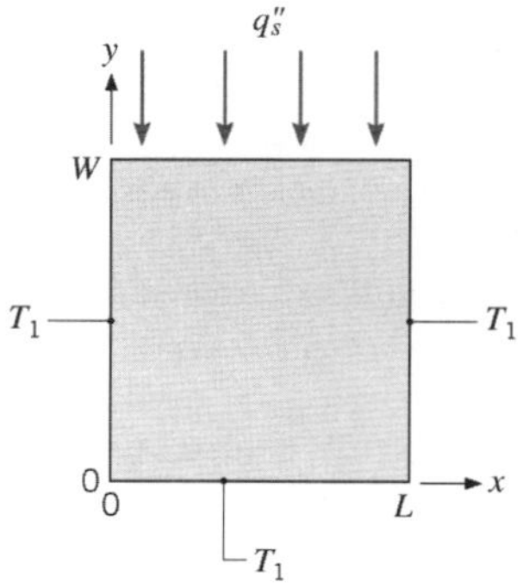

Fatores de Forma e Taxas de Condução de Calor Adimensionais

4.6 Transferência de calor por convecção natural é, às vezes, quantificada escrevendo-se a Equação 4.20 na forma $q_{conv} = Sk_{ef}\Delta T_{1\text{-}2}$, na qual k_{ef} é a condutividade térmica *efetiva*. A razão k_{ef}/k é maior do que a unidade em função da movimentação induzida pelas forças de empuxo, como representado pelas linhas de corrente tracejadas.

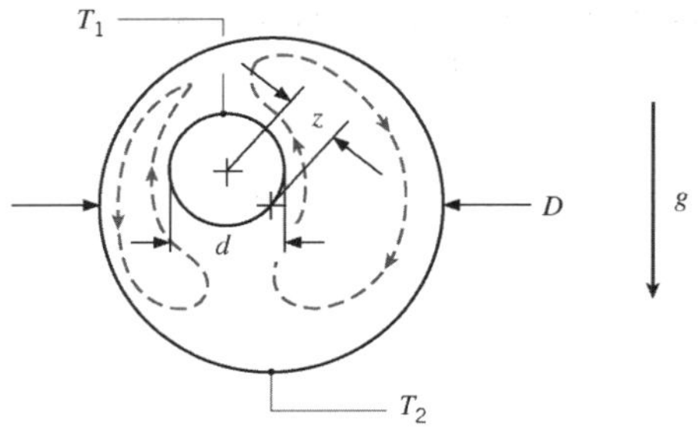

Um experimento para a configuração mostrada fornece uma taxa de transferência de calor por unidade de comprimento de q'_{conv} = 110 W/m para temperaturas superficiais de T_1 = 53 °C e T_2 = 15 °C, respectivamente. Para cilindros interno e externo com diâmetros d = 20 mm e D = 60 mm, e um fator de excentricidade de z = 10 mm, determine o valor de k_{ef}. A condutividade térmica real do fluido é k = 0,255 W/(m · K).

4.7 Seja o Problema 4.5, agora com a placa tendo seção transversal quadrada, $W = L$.

(a) Deduza uma expressão para o fator de forma, $S_{máx}$, associado à temperatura *máxima* na superfície superior, tal que $q = S_{máx}\,k(T_{2,máx} - T_1)$, na qual $T_{2,máx}$ é a temperatura máxima ao longo de $y = W$.

(b) Deduza uma expressão para o fator de forma, $S_{méd}$, associado à temperatura *média* na superfície superior, $q = S_{méd}\,k(\overline{T}_2 - T_1)$, na qual $\overline{T}_2$ é a temperatura média ao longo de $y = W$.

(c) Determine os fatores de forma que podem ser usados para determinar as temperaturas máxima e média ao longo de $y = W$. Determine as temperaturas máxima e média para T_1 = 0 °C, $L = W$ = 10 mm, k = 20 W/(m · K) e q''_s = 1000 W/m^2.

4.8 Rejeitos radioativos são temporariamente armazenados em um recipiente esférico, cujo centro encontra-se enterrado a uma distância de 10 m abaixo da superfície da terra. O diâmetro externo do recipiente é igual a 2 m, e 500 W de calor são liberados como resultado do processo de decaimento radioativo. Se a temperatura da superfície do solo é de 20 °C, qual é a temperatura da superfície externa do recipiente em condições de regime estacionário?

4.9 Com base nas taxas de transferência de calor por condução adimensionais para os Casos 12−15 na Tabela 4.1*b*, encontre fatores de forma para os seguintes objetos com temperatura T_1, localizados na superfície de um meio semi-infinito que está à temperatura T_2. A superfície do meio semi-infinito é adiabática.

(a) Um hemisfério enterrado, com o plano no mesmo nível da superfície.

(b) Um disco sobre a superfície. Compare o seu resultado com o da Tabela 4.1*a*, Caso 10.

(c) Um quadrado na superfície.

(d) Um cubo enterrado, com uma face no mesmo nível da superfície.

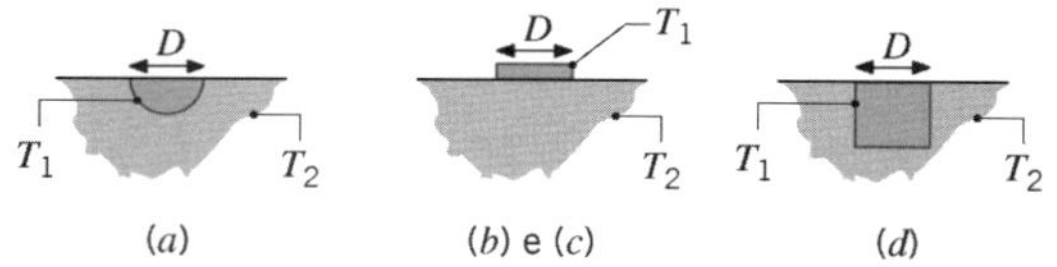

4.10 Determine a taxa de transferência de calor entre duas partículas de diâmetro D = 100 μm e temperaturas T_1 = 300,1 K e T_2 = 299,9 K, respectivamente. As partículas estão em contato e são circundados por ar.

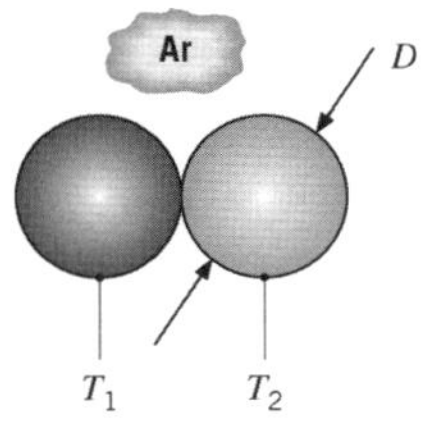

4.11 Um objeto bidimensional é submetido a condições isotérmicas nas suas superfícies esquerda e direita, como mostrado no esquema. As duas superfícies diagonais são adiabáticas e a profundidade do objeto é L = 100 mm.

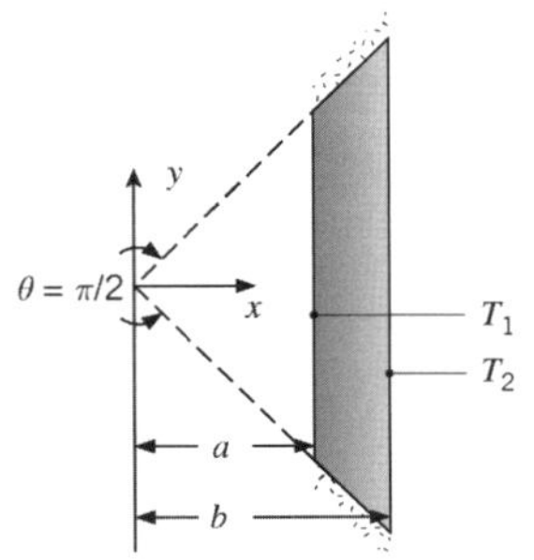

(a) Determine o fator de forma bidimensional para o objeto, para a = 10 mm e b = 12 mm.

(b) Determine o fator de forma bidimensional para o objeto, para a = 10 mm e b = 15 mm.

(c) Use a análise alternativa da condução da Seção 3.2 para estimar o fator de forma para os itens (a) e (b). Compare os valores dos fatores de forma aproximados da análise alternativa da condução com os fatores de forma bidimensionais dos itens (a) e (b).

(d) Para T_1 = 100 °C e T_2 = 60 °C, determine a taxa de transferência de calor por unidade de profundidade para k = 15 W/(m · K), no caso dos itens (a) e (b).

4.12 Um aquecedor elétrico com 100 mm de comprimento e 5 mm de diâmetro é inserido no interior de um orifício perfurado perpendicularmente à superfície de um grande bloco de um material cuja condutividade térmica é de 5 W/(m · K). Estime a temperatura atingida pelo aquecedor quando ele dissipa 50 W, com a temperatura na superfície do bloco igual a 25 °C.

4.13 Duas dutovias paralelas, separadas por uma distância de 2,0 m, estão enterradas em um solo cuja condutividade térmica é de 0,5 W/(m · K). Os dutos possuem diâmetros externos de 300 e 200 mm, com temperaturas superficiais de 95 °C e 5 °C, respectivamente. Estime a taxa de transferência de calor, por unidade de comprimento, entre as duas dutovias.

4.14 Uma pequena gota de água com diâmetro D = 100 μm e temperatura T_{pf} = 0 °C cai sobre uma superfície metálica não molhável que se encontra a T_s = −15 °C. Determine o tempo necessário para a gota congelar completamente. O calor latente de fusão é h_{sf} = 334 kJ/kg.

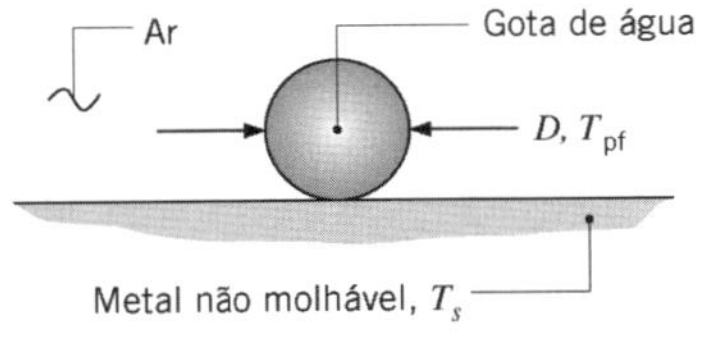

4.15 Vapor d'água pressurizado a 400 K escoa através de um tubo comprido de parede delgada com 0,6 m de diâmetro. O tubo encontra-se no interior de um invólucro de concreto com seção transversal quadrada de 1,75 m de lado. O eixo do tubo está centrado no invólucro e as superfícies externas do invólucro são mantidas a 300 K. Qual é a perda de calor por unidade de comprimento do tubo?

4.16 A distribuição de temperaturas em materiais irradiados por *laser* é determinada pela potência, tamanho e forma do feixe de *laser*, juntamente com as propriedades do material que está sendo irradiado. Em geral, a forma do feixe é gaussiana e o fluxo de irradiação local do feixe (com frequência, chamado de *fluência* do *laser*) é

$$q''(x, y) = q''(x = y = 0)\exp(-x/r_f)^2 \exp(-y/r_f)^2$$

As coordenadas x e y determinam o local de interesse na superfície do material irradiado. Seja o caso no qual o centro do feixe é localizado em $x = y = r = 0$. O feixe é caracterizado por um raio, r_f, definido como a localização radial onde a fluência local é $q''(r_f) = q''(r = 0)/e \approx 0{,}368q''(r = 0)$.

Um fator de forma para aquecimento gaussiano é $S = 2\pi^{1/2}r_f$, sendo S definido em termos de $T_{1,máx} - T_2$ [Nissin, Y. I., A. Lietoila, R. G. Gold e J. F. Gibbons, *J. Appl. Phys.*, **51**, 274, 1980]. Calcule a temperatura superficial máxima, no regime estacionário, associada à irradiação, por um feixe gaussiano com r_f = 0,1 mm e potência P = 1 W, de um material com condutividade térmica k = 27 W/(m · K) e absortividade α = 0,45. Compare o seu resultado com a temperatura máxima que ocorreria se a irradiação fosse com um feixe circular com mesmos diâmetro e potência, mas caracterizado por uma fluência uniforme (um feixe *plano*). Calcule, também, a temperatura média da superfície irradiada pelo feixe com fluência uniforme. A temperatura muito afastada do ponto irradiado é de T_2 = 25 °C.

4.17 Água quente a 80 °C escoa por um tubo de cobre com parede delgada e diâmetro de 30 mm. O tubo encontra-se no interior de uma casca cilíndrica excêntrica, mantida a 35 °C e com diâmetro de 120 mm. A excentricidade, definida como a distância entre os centros do tubo e da casca, é de 15 mm. O espaço entre o tubo e a casca é preenchido com um material isolante que possui uma condutividade térmica de 0,05 W/(m · K). Calcule a perda de calor por unidade de comprimento do tubo e compare o resultado com a perda de calor para um arranjo concêntrico.

4.18 Uma fornalha de formato cúbico, com dimensões externas de 0,35 m, é construída com tijolos refratários. Sendo a espessura da parede igual a 50 mm, a temperatura da superfície interna igual a 600 °C e a da superfície externa a 75 °C, calcule a taxa de perda de calor na fornalha.

Fatores de Forma com Circuitos Térmicos

4.19 Uma janela de vidro duplo é constituída por duas folhas de vidro separadas por um espaço com L = 0,2 mm de espessura. Há vácuo neste espaço, o que elimina a condução e a convecção por meio dele. Pequenos bastões cilíndricos, cada um com L = 0,2 mm de comprimento e D = 0,20 mm de diâmetro, são inseridos entre as folhas de vidro para garantir que o vidro não se quebre em razão das tensões causadas pelas diferenças de pressões impostas em cada folha. Há uma resistência de contato de $R''_{t,c} = 2{,}0 \times 10^{-6}$ m² · K/W entre os bastões e o vidro. Para temperaturas dos vidros de T_1 = 20 °C e T_2 = −10 °C, determine a taxa de transferência de calor por condução ao longo de cada bastão, feito de aço inoxidável AISI 302.

4.20 Um duto, utilizado para o transporte de óleo cru, está enterrado no solo de tal modo que o seu eixo central se encontra a uma distância de 1,5 m abaixo da superfície. O duto possui um diâmetro externo de 0,5 m e está isolado com uma camada de 100 mm de espessura de vidro celular. Qual é a taxa de perda de calor, por unidade de comprimento do duto, em condições nas quais óleo aquecido a uma temperatura de 120 °C escoa através do duto, e a superfície do solo se encontra a uma temperatura de 0 °C?

4.21 Um longo cabo de transmissão de potência está enterrado a uma profundidade (distância do nível do solo ao eixo central do cabo) de um metro. O cabo encontra-se encapsulado no interior de um tubo de parede delgada com diâmetro igual a 0,05 m. Para fazer com que o cabo opere com *propriedades de um supercondutor* (essencialmente dissipação de potência nula), o espaço entre o cabo e o tubo é preenchido com nitrogênio líquido a 77 K. Estando o tubo coberto com um superisolante (k_i = 0,005 W/(m · K)) com 0,05 m de espessura e a superfície do solo (k_s = 1,2 W/(m · K)) a 300 K, qual é a carga de resfriamento, em W/m, que deve ser mantida pelo refrigerante criogênico por unidade de comprimento do tubo?

4.22 Um pequeno dispositivo é usado para medir a temperatura superficial de um objeto. Uma junção de termopar, com diâmetro D = 120 μm, está posicionada a uma distância z = 100 μm da superfície de interesse. Os dois fios do termopar, cada um com diâmetro d = 25 μm e comprimento L = 300 μm, são presos a um grande manipulador que se encontra a uma temperatura T_m = 23 °C.

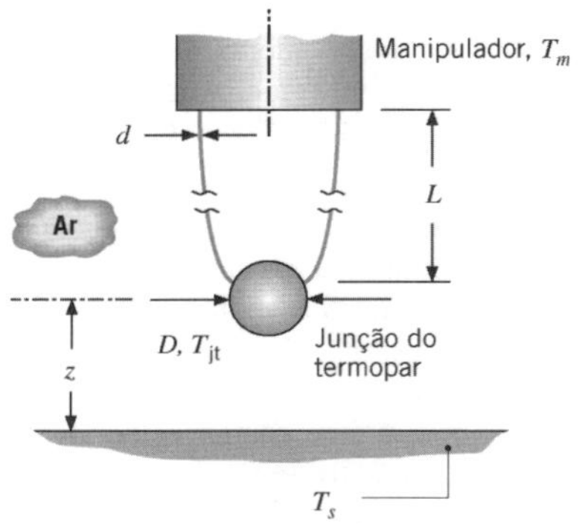

Se o termopar registrar uma temperatura de T_{jt} = 29 °C, qual é a temperatura da superfície? As condutividades térmicas dos fios de chromel e alumel do termopar são k_{Cr} = 19 W/(m · K) e k_{Al} = 29 W/(m · K), respectivamente. Você pode desprezar os efeitos da radiação e convecção.

4.23 Um forno cúbico para fusão de vidro possui dimensões externas de W = 5 m de lado e é construído com tijolos refratários, com espessura L = 0,35 m e condutividade térmica k = 1,4 W/(m · K). As laterais e o topo do forno estão expostos ao ar ambiente a 25 °C, com a convecção natural caracterizada por um coeficiente médio h = 5 W/(m^2 · K). A base do forno encontra-se sobre uma plataforma, que permite a exposição de uma grande parte de sua superfície ao ar ambiente, e, em uma primeira aproximação, um coeficiente convectivo de h = 5 W/(m^2 · K) pode ser também admitido. Sob condições de operação nas quais gases da combustão mantêm as superfícies internas do forno a 1100 °C, qual é a taxa de perda de calor no forno?

4.24 Duas paredes espessas são separadas por um espaço vazio, no qual há vácuo, de espessura L. Um cilindro de diâmetro D está localizado entre as paredes. Todas as superfícies são altamente polidas (sua emissividade é pequena). As temperaturas das paredes em pontos afastados do cilindro são $T_{p,1}$ e $T_{p,2}$.

(a) Represente a rede de resistências térmicas.

(b) Deduza uma expressão para o fator de forma, S, associado à condução entre $T_{p,1}$ e $T_{p,2}$.

(c) Determine o valor do fator de forma para D = 0,01 m, L = 0,5 m e k = 23 W/(m · K).

4.25 Um dissipador de calor de alumínio (k = 230 W/(m · K)), usado para resfriar uma série de *chips* eletrônicos, é constituído por um canal quadrado de dimensão interna w = 30 mm, no qual pode-se supor que um escoamento de um líquido mantenha uma temperatura superficial interna uniforme T_1 = 20 °C. A largura externa e o comprimento do canal são W = 40 mm e L = 160 mm, respectivamente.

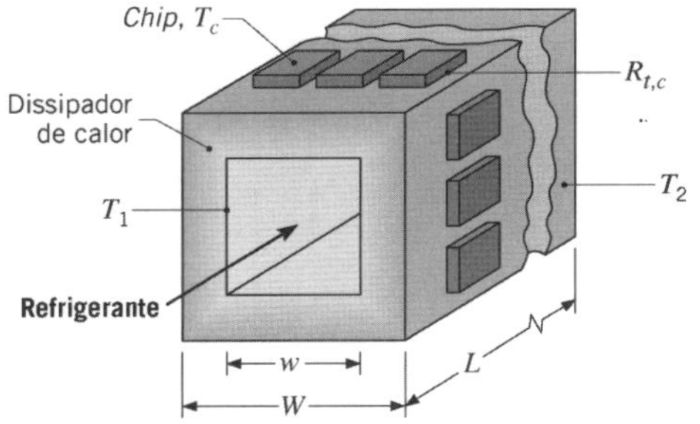

Se N = 120 *chips* fixados à superfície externa do dissipador de calor mantêm uma temperatura superficial aproximadamente uniforme de T_2 = 60 °C e supondo-se que todo calor dissipado nos *chips* seja transferido para o refrigerante, qual é a dissipação de calor em cada *chip*? Sendo a resistência de contato entre cada *chip* e o dissipador de calor igual a $R_{t,c}$ = 0,1 K/W, qual é a temperatura do *chip*?

4.26 Água quente é transportada de uma estação de cogeração de potência para usuários comerciais e industriais através de tubos de aço com diâmetro D = 150 mm. Cada tubo encontra-se no centro de um bloco de concreto (k = 1,4 W/(m · K)) de seção transversal quadrada (w = 300 mm). As superfícies externas do concreto estão expostas ao ar ambiente, no qual T_∞ = 0 °C e h = 25 W/(m^2 · K).

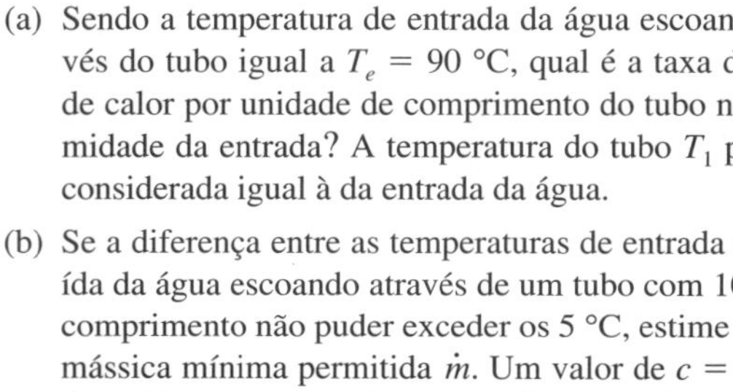

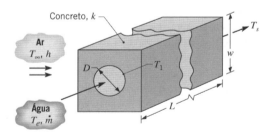

(a) Sendo a temperatura de entrada da água escoando através do tubo igual a T_e = 90 °C, qual é a taxa de perda de calor por unidade de comprimento do tubo na proximidade da entrada? A temperatura do tubo T_1 pode ser considerada igual à da entrada da água.

(b) Se a diferença entre as temperaturas de entrada e de saída da água escoando através de um tubo com 100 m de comprimento não puder exceder os 5 °C, estime a vazão mássica mínima permitida $\dot{m}$. Um valor de c = 4207 J/(kg · K) pode ser usado para o calor específico da água.

4.27 Um fio comprido de constantan, com 1 mm de diâmetro, tem uma de suas extremidades soldada à superfície de um grande bloco de cobre, formando uma junção de termopar. O fio se comporta como uma aleta, permitindo a saída de calor da superfície e, assim, diminuindo a temperatura medida na junção T_j em relação à temperatura do bloco, T_o.

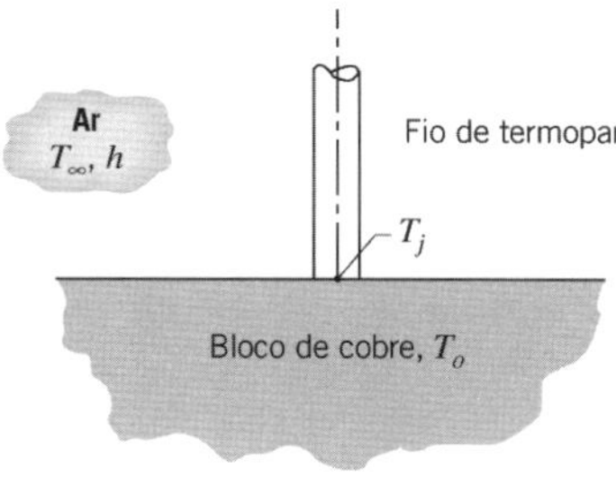

(a) Se o fio encontra-se no ar a 25 °C, com um coeficiente convectivo de 25 W/(m² · K), estime o erro de medida ($T_j - T_o$) do termopar quando o bloco estiver a 125 °C.

(b) Para coeficientes de transferência de calor por convecção de 5, 10 e 25 W/(m² · K), represente graficamente o erro de medida em função da condutividade térmica do material do bloco na faixa de 15 a 400 W/(m · K). Sob quais circunstâncias é vantajoso utilizar um fio com menor diâmetro?

4.28 Um furo de diâmetro $D = 0{,}25$ m é perfurado através do centro de um bloco sólido de seção transversal quadrada com $w = 1$ m de lado. O furo atravessa o comprimento do bloco, que é de $l = 2$ m. O bloco tem condutividade térmica $k = 150$ W/(m · K). As quatro superfícies externas estão expostas ao ar ambiente, com $T_{\infty,2} = 25$ °C e $h_2 = 4$ W/(m² · K), enquanto óleo quente escoando pelo furo pode ser caracterizado por $T_{\infty,1} = 300$ °C e $h_1 = 50$ W/(m² · K). Determine a taxa de transferência de calor e as temperaturas superficiais correspondentes.

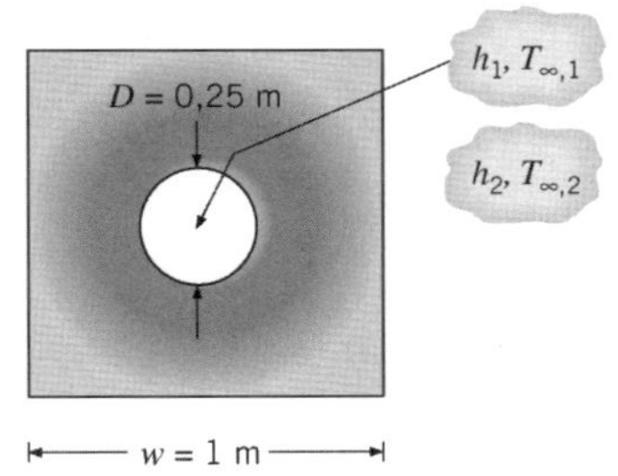

4.29 Um cilindro de diâmetro $D = 10$ mm e temperatura $T_1 = 100$ ºC está localizado no centro de uma cobertura extrudada quadrada de baquelite, com dimensão $w = 11$ mm. A temperatura ambiente é $T_\infty = 25$ ºC e o coeficiente de convecção na superfície externa da baquelite possui um valor de $h = 100$ W/(m² · K). Determine a taxa de transferência de calor por unidade de comprimento do cilindro. Faça um gráfico da taxa de transferência de calor por unidade de comprimento para o intervalo 10 mm ≤ w ≤ 100 mm. Explique a dependência desta taxa de transferência de calor ao longo da espessura da baquelite, que fica evidente no seu gráfico. Também deduza o valor crítico de w que maximiza a transferência de calor a partir do cilindro.

4.30 No Capítulo 3, supusemos que, sempre que aletas eram fixadas a uma superfície (base), a temperatura da base permanecia inalterada. O que ocorre, na realidade, se a temperatura da base for superior à temperatura do fluido, é que a fixação de uma aleta reduz a temperatura na junção T_j a um nível inferior ao valor da temperatura original da base, e o fluxo de calor do material da base para a aleta é bidimensional.

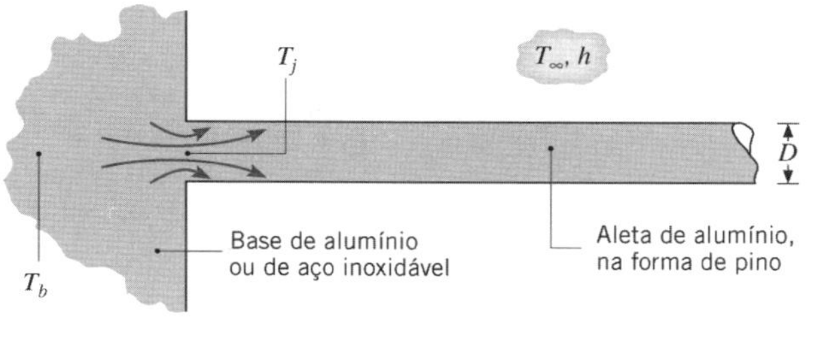

Considere condições nas quais um longo pino de alumínio, com diâmetro $D = 5$ mm, é fixado a uma base cuja temperatura em um ponto distante da junção é mantida a $T_b = 100$ °C. As condições de convecção no pino correspondem a $h = 50$ W/(m² · K) e $T_\infty = 25$ °C.

(a) Quais são a taxa de transferência de calor no pino e a temperatura na junção, quando o material da base for (i) alumínio ($k = 240$ W/(m · K)) e (ii) aço inoxidável ($k = 15$ W/(m · K))?

(b) Repita os cálculos anteriores supondo haver uma resistência térmica de contato de $R''_{t,j} = 3 \times 10^{-5}$ m² · K/W associada ao método utilizado para a fixação do pino ao material base.

(c) Considerando a resistência térmica de contato, para cada um dos dois materiais, represente graficamente a taxa de transferência de calor no pino em função do coeficiente convectivo, na faixa de $10 \le h \le 100$ W/(m² · K).

4.31 Um componente eletrônico na forma de um disco com 20 mm de diâmetro dissipa 100 W quando montado sobre um grande bloco de uma liga de alumínio (2024), cuja temperatura é mantida a 27 °C. A configuração de montagem é tal que há uma resistência de contato de $R''_{t,c} = 5 \times 10^{-5}$ m² · K/W na interface entre o componente eletrônico e o bloco.

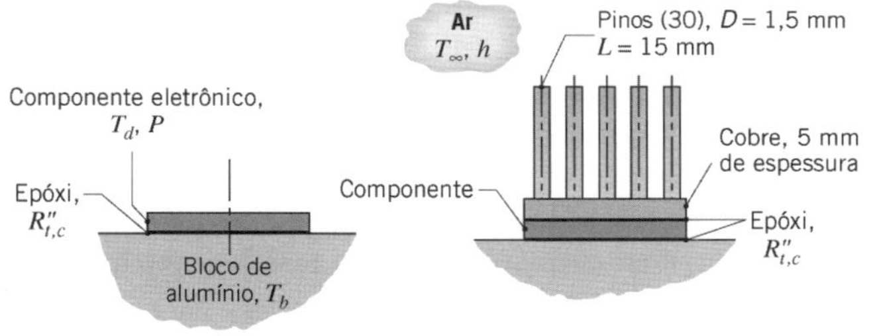

(a) Calcule a temperatura que o componente atingirá, supondo que toda a potência gerada pelo componente deva ser transferida por condução para o bloco.

(b) Com o objetivo de operar o componente com um nível mais elevado de potência, um projetista de circuito propõe fixar um dissipador de calor aletado no topo do componente. As aletas, em forma de pino, e o material de sua base são fabricados em cobre ($k = 400$ W/(m · K)) e estão expostos a uma corrente de ar a 27 °C, com um coeficiente por convecção de 1000 W/(m² · K). Para a temperatura do componente calculada no item (a), qual é a nova potência de operação permissível?

4.32 Para uma pequena fonte de calor fixada a um grande substrato, a resistência de *espalhamento* associada à condução multidimensional no substrato pode ser aproximada pela expressão [Yovanovich, M. M. e V. W. Antonetti, in *Adv. Thermal Modeling Elec. Comp. and Systems*, Vol. 1, A. Bar-Cohen e A. D. Kraus (Ed.), Hemisphere, NY, 79-128, 1988]

$$R_{t(\text{esp})} = \frac{1 - 1{,}410\,A_r + 0{,}344\,A_r^3 + 0{,}043\,A_r^5 + 0{,}034\,A_r^7}{4k_{\text{sub}}A_{s,a}^{1/2}}$$

na qual $A_r = A_{s,h}/A_{s,sub}$ é a razão entre a área da fonte de calor e a área do substrato. Considere a aplicação da expressão para uma série em linha de *chips* quadrados com lado $L_h = 5$ mm e passo $S_h = 8$ mm. A interface entre os *chips* e o grande substrato, com condutividade térmica $k_{sub} = 80$ W/(m · K), é caracterizada por uma resistência térmica de contato $R''_{t,c} = 0{,}5 \times 10^{-4}$ m² · K/W.

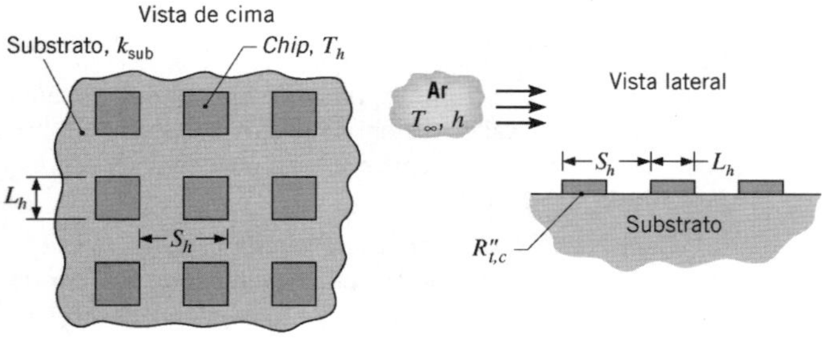

Se um coeficiente de transferência de calor por convecção $h = 100$ W/(m² · K) estiver associado ao escoamento do ar ($T_\infty = 15$ °C) sobre os *chips* e o substrato, qual é a dissipação de potência máxima no *chip* permitida se a temperatura do *chip* não puder exceder $T_h = 85$ °C?

Equações de Diferenças Finitas: Deduções

4.33 Seja a configuração nodal 2 da Tabela 4.2. Deduza as equações de diferenças finitas, para condições de regime estacionário, nas seguintes situações.

(a) O contorno horizontal do vértice interno está perfeitamente isolado e o contorno vertical sujeito a um processo de convecção (T_∞, h).

(b) Ambos os contornos do vértice interno estão perfeitamente isolados. Como esse resultado se compara com a Equação 4.41?

4.34 Seja a configuração nodal 3 da Tabela 4.2. Deduza as equações de diferenças finitas, para condições de regime estacionário, nas seguintes situações:

(a) O contorno está isolado. Explique como a Equação 4.42 pode ser modificada para concordar com o seu resultado.

(b) O contorno está sujeito a um fluxo de calor constante.

4.35 Um dos pontos fortes dos métodos numéricos é a sua capacidade de lidar com condições de contorno complexas. No esboço, a condição de contorno muda de fluxo térmico especificado, q''_s (para dentro do domínio), para convecção, na posição do nó (m, n). Escreva a equação de diferenças finitas bidimensional, em regime estacionário, neste nó.

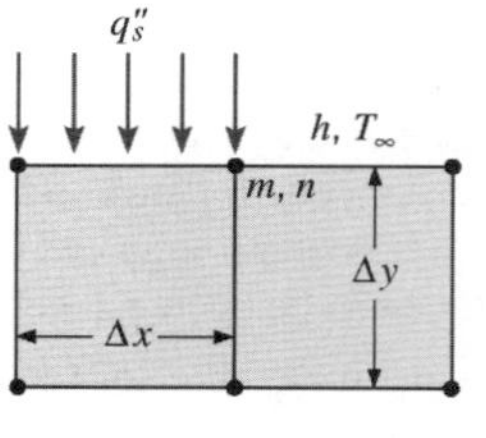

4.36 Determine expressões para $q_{(m-1,n)\to(m,n)}$, $q_{(m+1,n)\to(m,n)}$, $q_{(m,n-1)\to(m,n)}$, na condução associada a um volume de controle que abrange dois diferentes materiais. Não há resistência de contato na interface entre os materiais. Os volumes de controle têm L unidades de comprimento para dentro da página. Escreva a equação de diferenças finitas para o ponto nodal (m, n) sob condições de regime estacionário.

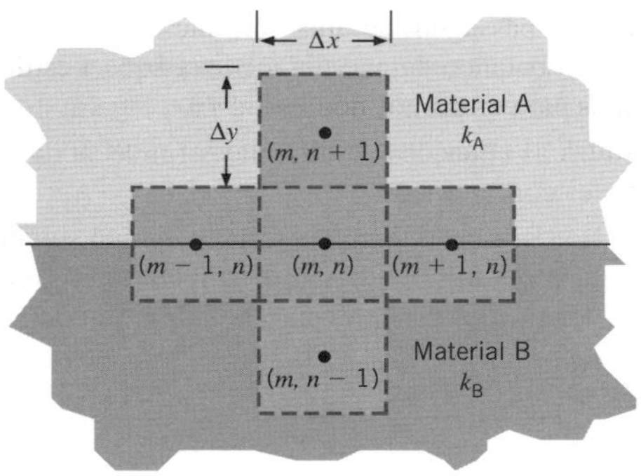

4.37 Seja a transferência de calor unidimensional (radial) em um sistema de coordenadas cilíndricas em regime estacionário com geração volumétrica de calor.

(a) Deduza a equação de diferenças finitas para qualquer nó interior m.

(b) Deduza a equação de diferenças finitas para o nó n localizado no contorno externo sujeito a um processo de convecção (T_∞, h).

4.38 Em uma configuração cilíndrica bidimensional, os espaçamentos radiais (Δr) e angulares ($\Delta\phi$) entre os pontos nodais são uniformes. O contorno em $r = r_i$ está a uma temperatura uniforme T_i. Na direção radial os contornos são adiabático (isolado) e exposto a condições de convecção na superfície (T_∞, h), como ilustrado na figura. Deduza as equações de diferenças finitas para: (i) o ponto nodal 2, (ii) o ponto nodal 3 e (iii) o ponto nodal 1.

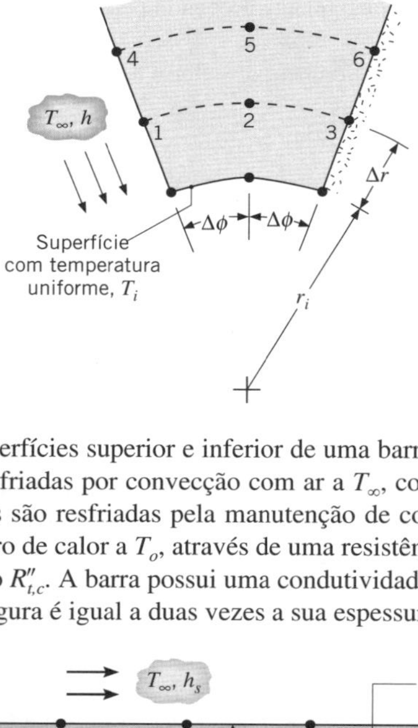

4.39 As superfícies superior e inferior de uma barra de condução são resfriadas por convecção com ar a T_∞, com $h_s \neq h_i$. As laterais são resfriadas pela manutenção de contato com sumidouro de calor a T_o, através de uma resistência térmica de contato $R''_{t,c}$. A barra possui uma condutividade térmica k e a sua largura é igual a duas vezes a sua espessura L.

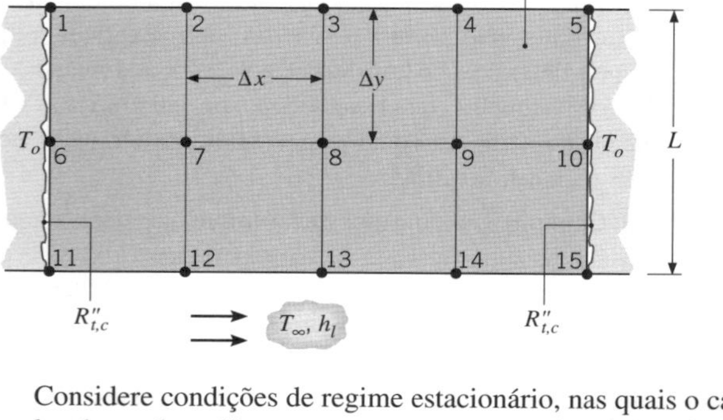

Considere condições de regime estacionário, nas quais o calor é gerado uniformemente a uma taxa volumétrica $\dot{q}$ em razão da passagem de uma corrente elétrica. Usando o método do balanço de energia, deduza equações de diferenças finitas para os pontos nodais 1 e 13.

4.40 Deduza as equações de diferenças finitas nodais para as seguintes configurações:

(a) Nó (m, n) sobre um contorno diagonal sujeito à convecção com um fluido a uma temperatura T_∞, com um coeficiente de transferência de calor h. Suponha $\Delta x = \Delta y$.

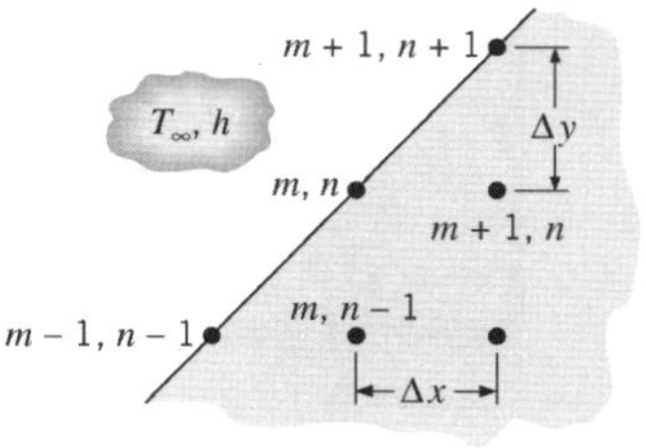

(b) Nó (m, n) na extremidade de uma ferramenta de corte cuja superfície superior está exposta a um fluxo térmico constante q''_o, e a superfície diagonal está exposta a um processo de resfriamento por convecção com um fluido a T_∞, com um coeficiente de transferência de calor h. Suponha $\Delta x = \Delta y$.

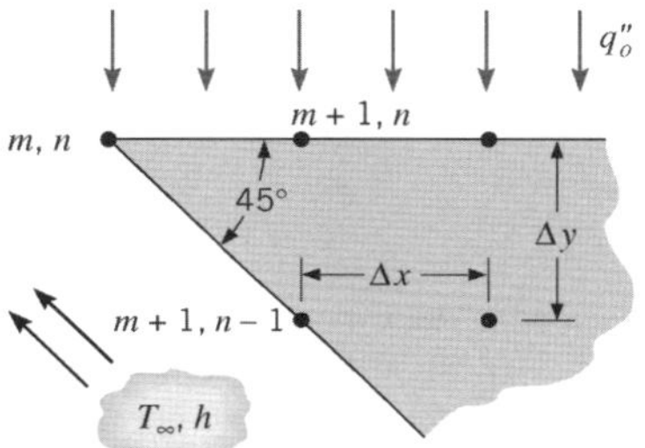

4.41 Seja a ferramenta de corte do Problema 4.40, mas com a ponta formando um ângulo de 60°. Deduza as equações de diferenças finitas nodais para o nó (m, n).

4.42 Seja o ponto nodal 0 localizado na fronteira entre materiais com condutividades térmicas k_A e k_B.

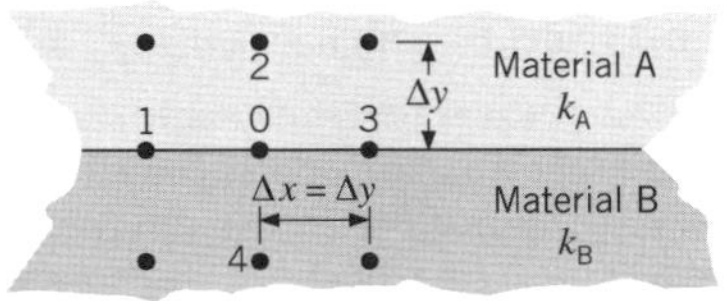

Deduza a equação de diferenças finitas, considerando a ausência de geração interna.

4.43 Seja a malha bidimensional ($\Delta x = \Delta y$) representando condições de regime estacionário, sem geração volumétrica interna de calor, em um sistema com condutividade térmica k. Um dos contornos é mantido a uma temperatura constante T_s, enquanto os demais são adiabáticos.

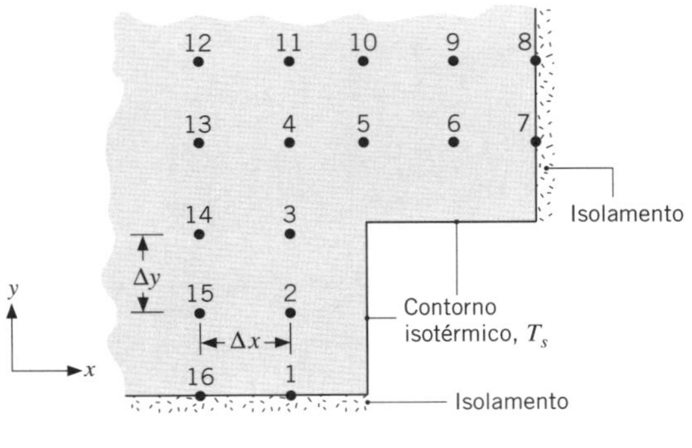

Desenvolva uma expressão para a taxa de transferência de calor cruzando o contorno isotérmico (T_s), por unidade de comprimento normal à página.

4.44 Seja uma aleta unidimensional, com área de seção transversal uniforme, isolada na sua extremidade, $x = L$. (Veja a Tabela 3.4, Caso B.) A temperatura na base da aleta T_b e a do fluido vizinho T_∞, bem como o coeficiente de transferência de calor h e a condutividade térmica k, são conhecidos.

(a) Deduza a equação de diferenças finitas para qualquer nó interior m.

(b) Deduza a equação de diferenças finitas para um nó n localizado na extremidade isolada termicamente.

Equações de Diferenças Finitas: Análise

4.45 Considere a rede para um sistema bidimensional, sem geração volumétrica interna de calor, que possui as temperaturas nodais mostradas a seguir. Sendo o espaçamento da malha de 100 mm e a condutividade térmica do material de 50 W/(m · K), calcule a taxa de transferência de calor na superfície isotérmica (T_s), por unidade de comprimento normal à página.

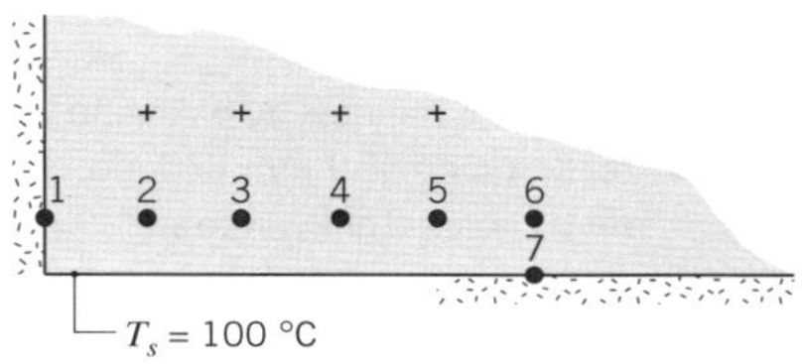

Nó	T_i (°C)
1	123,63
2	123,74
3	124,48
4	127,47
5	139,76
6	158,06
7	154,21

4.46 Seja o canal quadrado mostrado na figura, operando sob condições de regime estacionário. A superfície interna do canal está a uma temperatura uniforme de 600 K, enquanto a superfície externa está exposta à troca de calor por convecção com um fluido a 300 K e um coeficiente convectivo de 50 W/(m^2 · K). Com base em um elemento simétrico do canal, foi construída uma malha bidimensional e identificados os seus nós. As temperaturas nos nós 1, 3, 6, 8 e 9 são fornecidas.

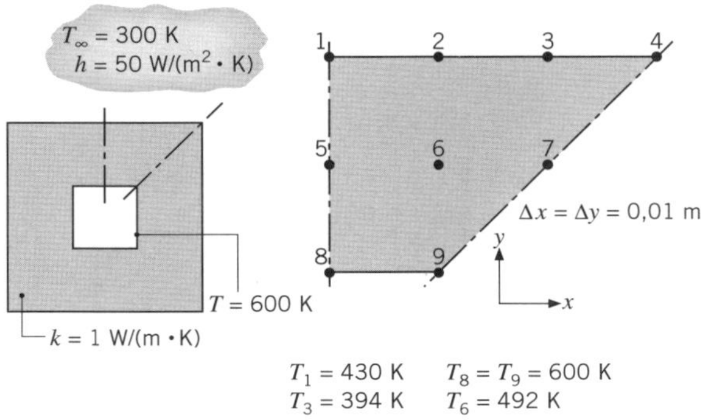

(a) Partindo de volumes de controle apropriadamente definidos, deduza as equações de diferenças finitas para os nós 2, 4 e 7 e determine as temperaturas T_2, T_4 e T_7 (K).

(b) Calcule a taxa de perda de calor por unidade de comprimento do canal.

4.47 Canais quadrados de dimensão $L_c = \sqrt{2} \cdot 10$ mm mm $=$ 14,14 mm estão igualmente espaçados a uma distância $S = 25$ mm ao longo da linha de centro de uma placa com espessura $L_p = 40$ mm. Fluidos quente e frio escoam através dos canais em um padrão alternado, como mostrado na figura. Determine as temperaturas máxima e mínima no interior da placa sólida e a taxa de transferência de calor por unidade de comprimento da placa. Há $N = 50$ canais no total, com $T_{\infty,q} = 120$ °C, $T_{\infty,f} = 20$ °C, $h = 40$ W/(m^2 · K) e $k = 14$ W/(m · K). Use $\Delta x = \Delta y = 5$ mm e o domínio computacional mostrado na figura.

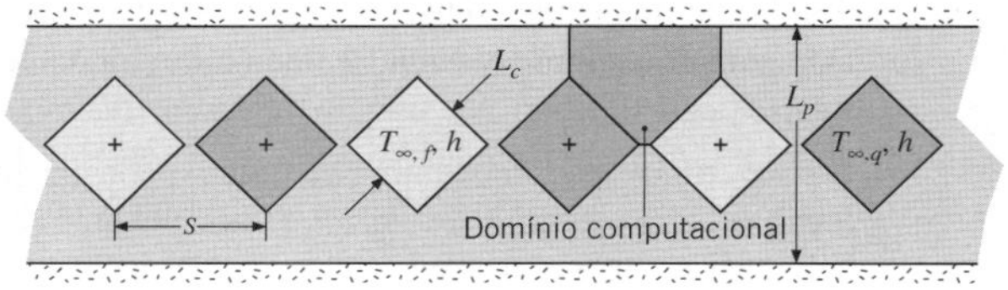

4.48 Uma longa barra condutora com seção transversal retangular (20 mm × 30 mm) e condutividade térmica $k = 20$ W/(m · K), experimenta geração térmica uniforme a uma taxa de $\dot{q} = 5 \times 10^7$ W/m^3, enquanto suas superfícies são mantidas a 300 K.

(a) Usando o método de diferenças finitas com um espaçamento na malha de 5 mm, determine a distribuição de temperaturas na barra.

(b) Mantidas as mesmas condições de contorno, qual taxa de geração de calor irá causar uma temperatura de 600 K no ponto central da barra?

4.49 Um canal por onde passam gases quentes de exaustão possui uma seção transversal quadrada de 400 mm de lado. As paredes são construídas com tijolos refratários com 200 mm de espessura e condutividade térmica de 1,5 W/(m · K). Calcule a perda de calor dos gases, por unidade de comprimento, quando as superfícies interior e exterior do canal são mantidas a 350 e 25 °C, respectivamente. Use uma malha com espaçamento de 100 mm.

4.50 As temperaturas (em K), em regime estacionário, de três pontos nodais de uma longa barra retangular são fornecidas na figura. A barra experimenta uma taxa de geração volumétrica de calor uniforme igual a 5×10^7 W/m^3 e possui uma condutividade térmica de 20 W/(m · K). Dois de seus lados são mantidos a uma temperatura constante de 300 K, enquanto os demais se encontram isolados.

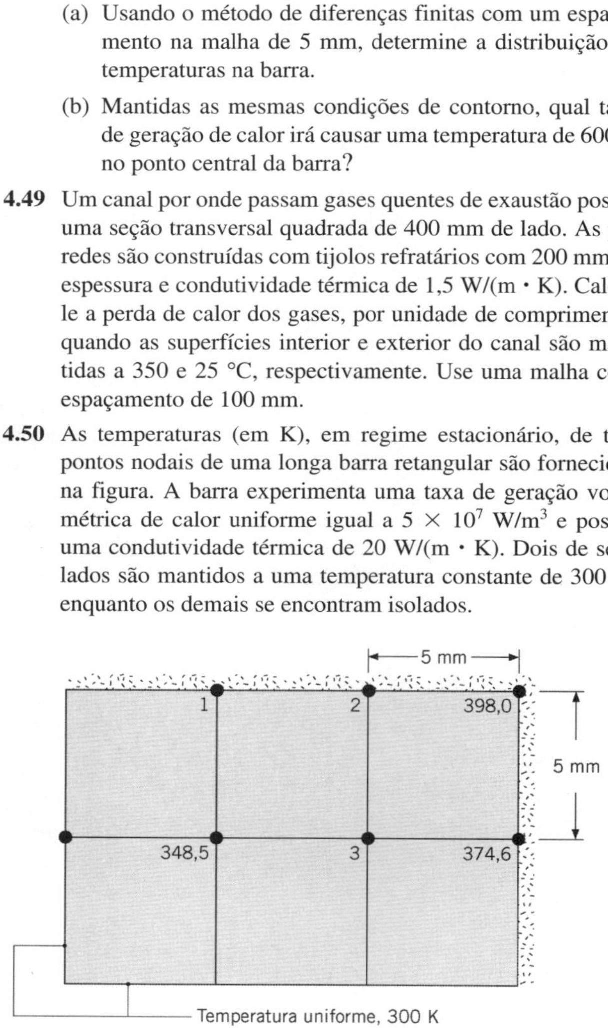

(a) Determine as temperaturas nos nós 1, 2 e 3.

(b) Calcule a taxa de transferência de calor saindo da barra, por unidade de comprimento (W/m), utilizando as temperaturas nodais. Compare esse resultado com o da taxa calculada a partir do conhecimento da taxa de geração volumétrica e das dimensões da barra.

4.51 Materiais funcionalmente graduados são intencionalmente fabricados para estabelecerem uma distribuição espacial de propriedades no produto final. Seja um objeto $L \times L$ bidimensional, com $L = 20$ mm. A distribuição de condutividades térmicas no material funcionalmente graduado é $k(x) = 20$ [W/(m · K)] + 7070 [W/(m$^{5/2}$ · K)] $x^{3/2}$. Dois conjuntos de condições de contorno, identificados por Casos 1 e 2, são aplicados.

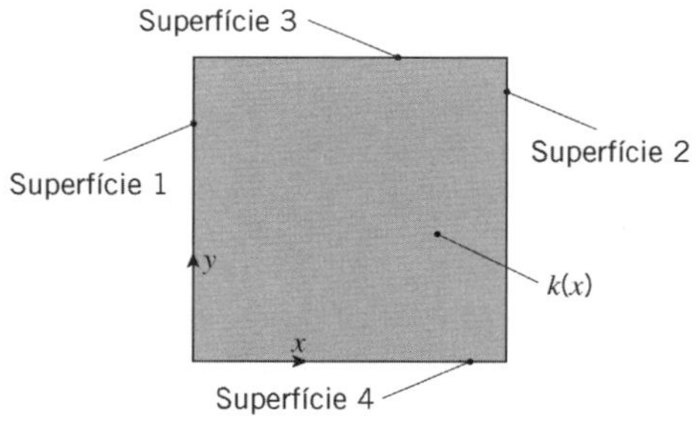

Caso	Superfície	Condição de contorno
1	1	$T = 100$ °C
—	2	$T = 50$ °C
—	3	Adiabática
—	4	Adiabática
2	1	Adiabática
—	2	Adiabática
—	3	$T = 50$ °C
—	4	$T = 100$ °C

(a) Determine o valor médio espacial da condutividade térmica $\bar{k}$. Use este valor para estimar a taxa de transferência de calor por unidade de comprimento nos Casos 1 e 2.

(b) Usando um espaçamento na grade de 2 mm, determine a taxa de transferência de calor por unidade de profundidade no Caso 1. Compare o seu resultado com o valor estimado calculado no item (a).

(c) Usando um espaçamento na grade de 2 mm, determine a taxa de transferência de calor por unidade de profundidade no Caso 2. Compare o seu resultado com o valor estimado calculado no item (a).

4.52 Temperaturas em regime estacionário em pontos nodais escolhidos da seção simétrica de um canal de escoamento são conhecidas: $T_2 = 95{,}47$ °C, $T_3 = 117{,}3$ °C, $T_5 = 79{,}79$ °C, $T_6 = 77{,}29$ °C, $T_8 = 87{,}28$ °C e $T_{10} = 77{,}65$ °C. Há na parede geração de calor volumétrica e uniforme de $\dot{q} = 10^6$ W/m^3 e a sua condutividade térmica é igual a $k = 10$ W/(m · K). Há convecção nas superfícies interna e externa do canal com fluidos com temperaturas $T_{\infty,i} = 50$ °C e $T_{\infty,e} = 25$ °C, com coeficientes convectivos de $h_i = 500$ W/(m^2 · K) e $h_e = 250$ W/(m^2 · K).

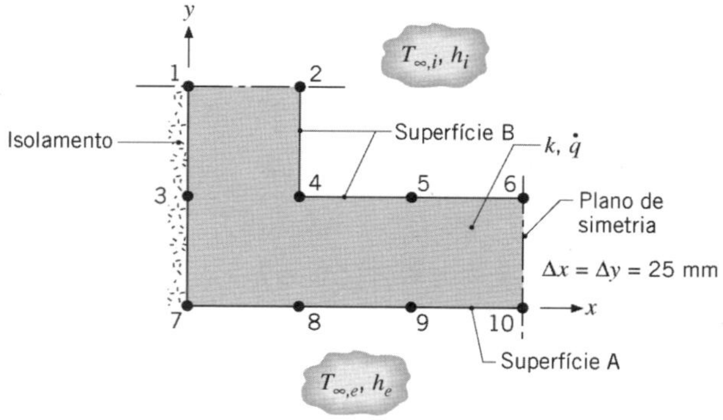

(a) Determine as temperaturas nos pontos nodais 1, 4, 7 e 9.

(b) Calcule a taxa de transferência de calor por unidade de comprimento (W/m) da superfície externa A para o fluido adjacente.

(c) Calcule a taxa de transferência de calor por unidade de comprimento do fluido interno para a superfície B.

(d) Verifique se os seus resultados estão consistentes com um balanço de energia global na seção do canal.

4.53 Seja um dissipador de calor de alumínio (k = 240 W/(m · K)), como o mostrado esquematicamente no Problema 4.25. As larguras interna e externa do canal quadrado são w = 20 mm e W = 40 mm, respectivamente, e uma temperatura na superfície externa de T_s = 50 °C é mantida pela série de *chips* eletrônicos. Nesse caso, não se conhece a temperatura da superfície interna, mas sim as condições (T_∞, h) associadas ao escoamento do refrigerante através do canal. Desejamos determinar a taxa de transferência de calor para o refrigerante por unidade de comprimento do canal. Com esse propósito, considere uma seção simétrica do canal e uma malha bidimensional com $\Delta x = \Delta y$ = 5 mm.

(a) Para T_∞ = 20 °C e h = 5000 W/(m² · K), determine as temperaturas desconhecidas, T_1, ..., T_7, e a taxa de transferência de calor por unidade de comprimento do canal, $\dot{q}$.

(b) Avalie o efeito de variações no h nas temperaturas desconhecidas e na taxa de transferência de calor.

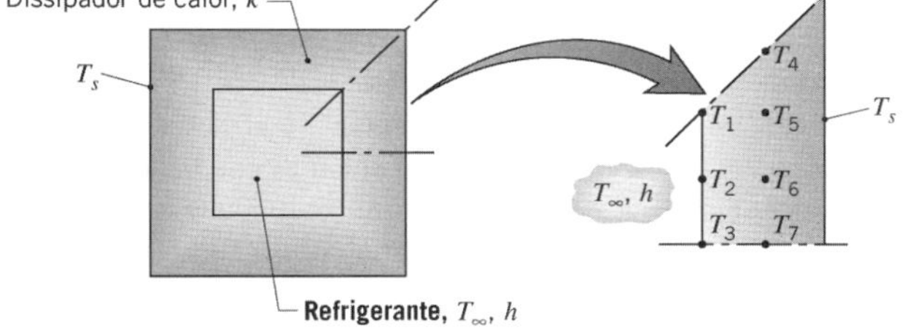

4.54 A condução no interior de geometrias relativamente complexas pode, às vezes, ser avaliada usando métodos de diferenças finitas deste livro, que podem ser aplicados em *subdomínios* e depois *unidos*. Considere o domínio bidimensional formado por um subdomínio retangular e um subdomínio cilíndrico unidos por uma superfície de controle comum, representada pela linha tracejada. Note que, ao longo da superfície de controle, temperaturas nos dois subdomínios são idênticas e os fluxos condutivos locais para o subdomínio cilíndrico são idênticos aos fluxos condutivos locais saindo do subdomínio retangular.

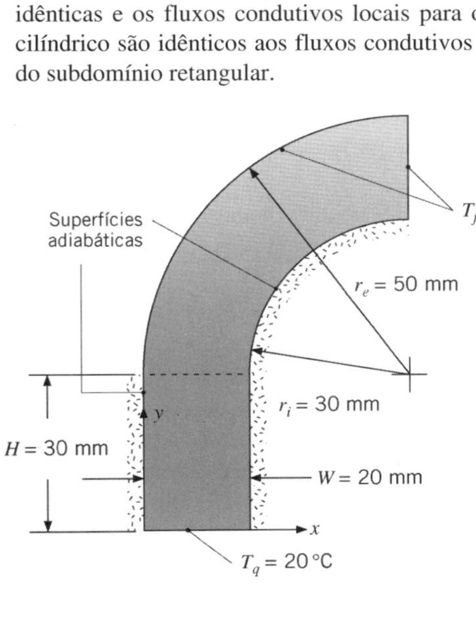

Calcule a taxa de transferência de calor por unidade de profundidade para dentro da página, $\dot{q}$, usando $\Delta x = \Delta y = \Delta r$ = 10 mm e $\Delta\phi = \pi/8$. A base do subdomínio retangular é mantida a T_q = 20 °C, enquanto a superfície vertical do subdomínio cilíndrico e a superfície do raio externo r_e estão a T_f = 0 °C. As superfícies restantes são adiabáticas e a condutividade térmica é k = 10 W/(m · K).

4.55 Seja o tubo bidimensional de seção transversal não circular formado por subdomínios retangular e semicilíndrico unidos pelas superfícies de controle comuns, representadas pela linha tracejada, de forma similar à descrita no Problema 4.54. Note que, ao longo destas superfícies, temperaturas nos dois subdomínios são idênticas e os fluxos condutivos locais para o subdomínio semicilíndrico são idênticos aos fluxos condutivos locais saindo do subdomínio retangular. A base do domínio é mantida a T_s = 100 °C por vapor condensando, enquanto o fluido em escoamento é caracterizado pela temperatura e coeficiente convectivo mostrados na figura. As superfícies restantes estão isoladas e a condutividade térmica é k = 15 W/(m · K).

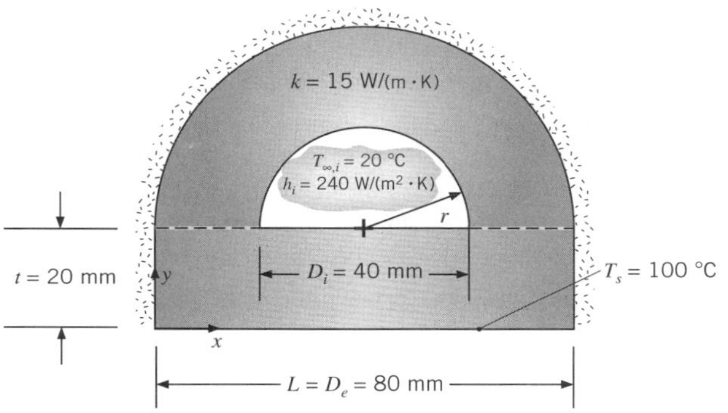

Ache a taxa de transferência de calor por unidade de comprimento do tubo, q', usando $\Delta x = \Delta y = \Delta r$ = 10 mm e $\Delta\phi = \pi/8$. *Sugestão:* aproveite a simetria do problema e use somente metade do domínio completo.

4.56 Uma análise por diferenças finitas, em condições de regime estacionário, foi efetuada em uma aleta cilíndrica com um diâmetro de 12 mm e condutividade térmica de 15 W/(m · K). O processo de transferência de calor por convecção é caracterizado por uma temperatura no fluido de 25 °C e um coeficiente de transferência de calor igual a 25 W/(m² · K).

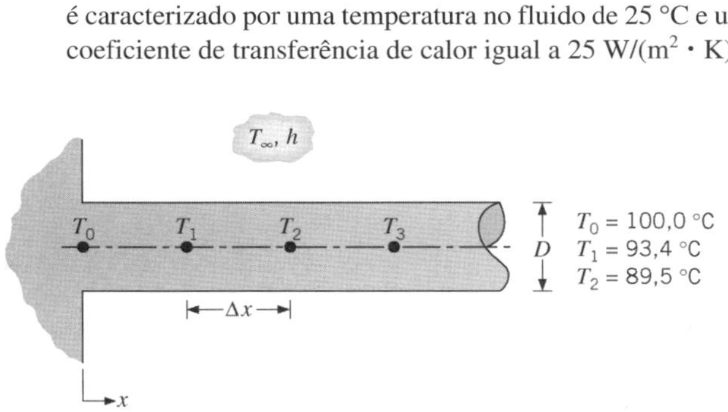

(a) As temperaturas para os três primeiros nós, separados por um incremento espacial de x = 10 mm, são dadas na figura. Determine a taxa de transferência de calor na aleta.

(b) Determine a temperatura no nó 3, T_3.

4.57 Seja o domínio bidimensional mostrado. Todas as superfícies estão isoladas, exceto as superfícies isotérmicas em x = 0 e L.

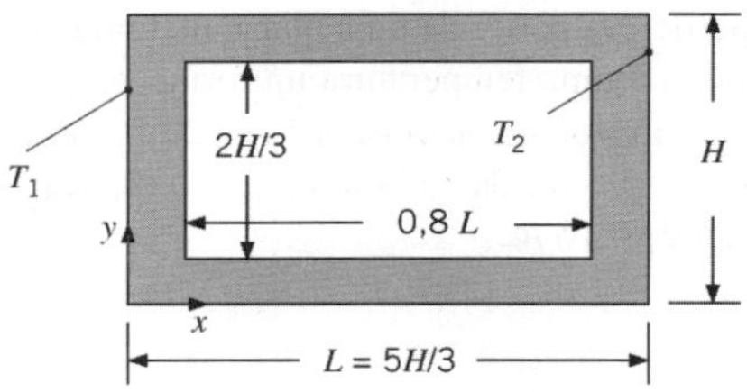

(a) Use uma análise unidimensional para estimar o fator de forma S.

(b) Estime o fator de forma usando uma análise de diferenças finitas com $\Delta x = \Delta y = 0{,}05\ L$. Compare sua resposta com a do item (a) e explique a diferença entre as duas soluções.

4.58 Seja uma longa barra com seção transversal quadrada (0,8 m de lado) e condutividade térmica de 2 W/(m · K). Três laterais da barra são mantidas a uma temperatura uniforme de 300 °C. A quarta superfície está exposta a um fluido a 100 °C, com um coeficiente de transferência de calor por convecção igual a 10 W/(m² · K).

(a) Usando uma técnica numérica apropriada com um espaçamento na malha de 0,2 m, determine a temperatura no ponto central e a taxa de transferência de calor, por unidade de comprimento da barra, entre a barra e o fluido.

(b) Reduzindo à metade o espaçamento na malha, determine a temperatura no ponto central e a taxa de transferência de calor. Represente graficamente a distribuição de temperaturas correspondente ao longo da superfície exposta ao fluido. Represente também as isotermas a 200 e 250 °C.

4.59 Considere uma aleta plana triangular, bidimensional, com comprimento $L = 50$ mm e espessura na base de $t = 20$ mm. A condutividade térmica da aleta é $k = 25$ W/(m · K). A temperatura de sua base é $T_b = 50$ °C e a aleta está exposta a condições convectivas caracterizadas por $h = 75$ W/(m² · K) e $T_\infty = 25$ °C. Usando uma malha de diferenças finitas com $\Delta x = 10$ mm e $\Delta y = 2$ mm, e aproveitando a simetria, determine a eficiência de aleta, η_a. Compare o seu valor para a eficiência da aleta com o informado na Figura 3.19.

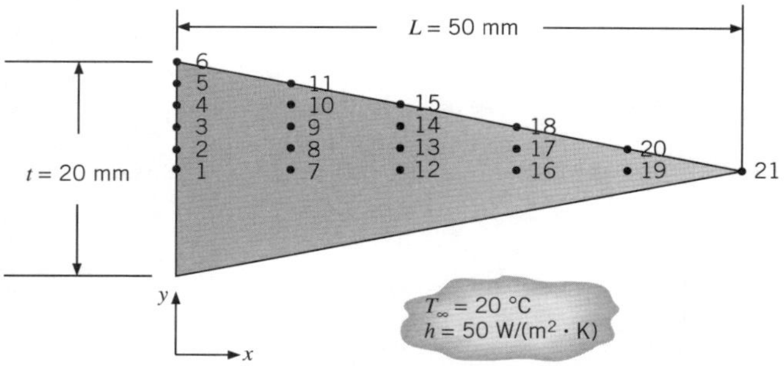

4.60 Um sistema comum para o aquecimento de uma grande área superficial consiste em passar ar quente através de dutos retangulares localizados abaixo da superfície. Os dutos são quadrados e posicionados na metade do caminho entre as superfícies superior e inferior, que estão expostas ao ar ambiente e isolada, respectivamente.

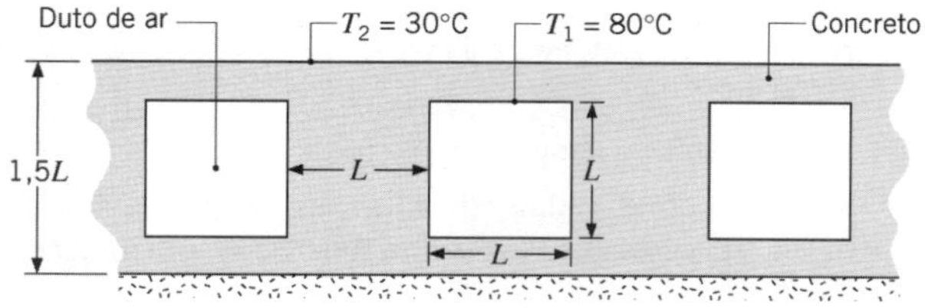

Para a condição na qual as temperaturas do chão e dos dutos são de 30 e 80 °C, respectivamente, e a condutividade térmica do concreto é de 1,4 W/(m · K), calcule a taxa de transferência de calor saindo de cada duto, por unidade de comprimento do duto. Use uma malha com espaçamento de $\Delta x = 2\ \Delta y$, com $\Delta y = 0{,}125L$ e $L = 150$ mm.

4.61 Uma barra com condutividade térmica $k = 140$ W/(m · K) possui seção transversal trapezoidal como mostrado na figura. As faces esquerda e direita estão a temperaturas de $T_q = 100$ °C e $T_f = 0$ °C, respectivamente. Determine a taxa de transferência de calor por unidade de comprimento da barra usando uma abordagem de diferenças finitas com $\Delta x = \Delta y = 10$ mm. Compare a taxa de transferência de calor com aquela de uma barra de seção transversal retangular de 20 mm × 30 mm na qual a altura do domínio é 20 mm.

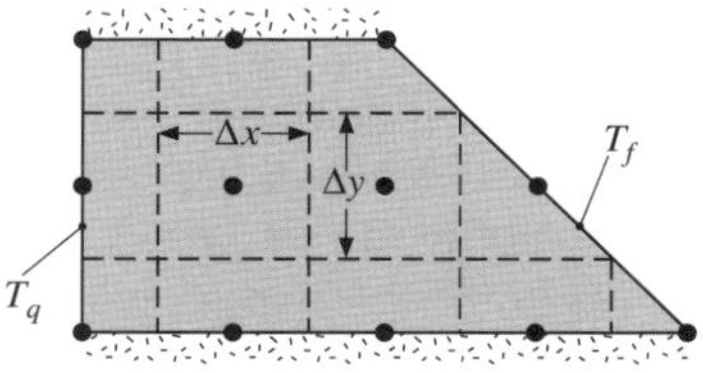

4.62 Um longo cilindro sólido, com diâmetro $D = 25$ mm, é formado por um núcleo isolante que é coberto por um revestimento metálico altamente polido e *muito fino* ($t = 50\ \mu$m), com condutividade térmica de $k = 25$ W/(m · K). Corrente elétrica passa pelo aço inoxidável de uma extremidade do cilindro para a outra, induzindo um aquecimento volumétrico uniforme no revestimento de $\dot{q} = 5 \times 10^6$ W/m³. Como ficará evidente no Capítulo 6, valores do coeficiente de transferência de calor entre a superfície e o ar nesta situação são especialmente não uniformes e, para as condições do escoamento do ar deste experimento, o coeficiente de transferência de calor por convecção varia com o ângulo θ na forma $h(\theta) = 26 + 0{,}637\theta - 8{,}92\theta^2$, para $0 \leq \theta \leq \pi/2$ e $h(\theta) = 5$ para $\pi/2 \leq \theta \leq \pi$.

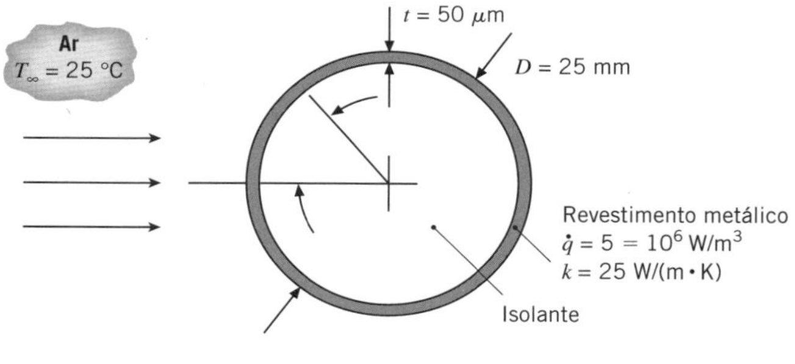

(a) Desprezando a condução na direção θ no aço inoxidável, represente graficamente a distribuição de temperaturas $T(\theta)$ para $0 \leq \theta \leq \pi$ e $T_\infty = 25$ °C.

(b) Levando em conta a condução na direção θ no aço inoxidável, determine temperaturas no aço inoxidável em incrementos de $\Delta\theta = \pi/20$ para $0 \leq \theta \leq \pi$. Compare a distribuição de temperaturas com a do item (a).

Sugestão: a distribuição de temperaturas é simétrica em relação à linha central horizontal do cilindro.

4.63 Seja o Problema 4.62. Um engenheiro deseja medir a temperatura superficial do fino revestimento, pintando ele de preto ($\varepsilon = 0{,}98$) e usando um dispositivo de medição infravermelho para, de forma não intrusiva, determinar a distribuição superficial de temperaturas. Preveja a distribuição de temperaturas na superfície pintada, levando em conta a transferência de calor por radiação com uma grande vizinhança a $T_{viz} = 25$ °C.

4.64 Considere usar a metodologia experimental do Problema 4.63 para determinar a distribuição de coeficientes de transferência de calor ao redor de um aerofólio de forma complexa.

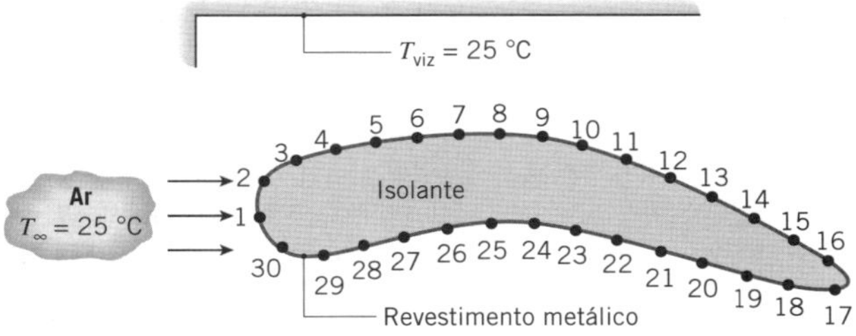

Levando em conta a condução através do revestimento metálico e perdas por radiação para a grande vizinhança, determine os coeficientes de transferência de calor por convecção nas posições identificadas. As posições na superfície nas quais a temperatura foi medida estão espaçadas de 2 mm. A espessura do revestimento metálico é $t = 20$ μm, a taxa de geração volumétrica é $\dot{q} = 20 \times 10^6$ W/m^3, a condutividade térmica do revestimento é $k = 25$ W/(m · K) e a emissividade da superfície pintada é $\varepsilon = 0{,}98$. Compare seus resultados a situações nas quais (i) tanto a condução ao longo do revestimento quanto a radiação são desprezados, e (ii) quando somente a radiação é desprezada.

Localização	Temperatura (°C)	Localização	Temperatura (°C)	Localização	Temperatura (°C)
1	27,77	11	34,29	21	31,13
2	27,67	12	36,78	22	30,64
3	27,71	13	39,29	23	30,60
4	27,83	14	41,51	24	30,77
5	28,06	15	42,68	25	31,16
6	28,47	16	42,84	26	31,52
7	28,98	17	41,29	27	31,85
8	29,67	18	37,89	28	31,51
9	30,66	19	34,51	29	29,91
10	32,18	20	32,36	30	28,42

4.65 Uma longa barra, com seção transversal retangular, 0,2 m × 0,3 m, e condutividade térmica igual a 1,5 W/(m · K), está sujeita às condições de contorno mostradas na figura.

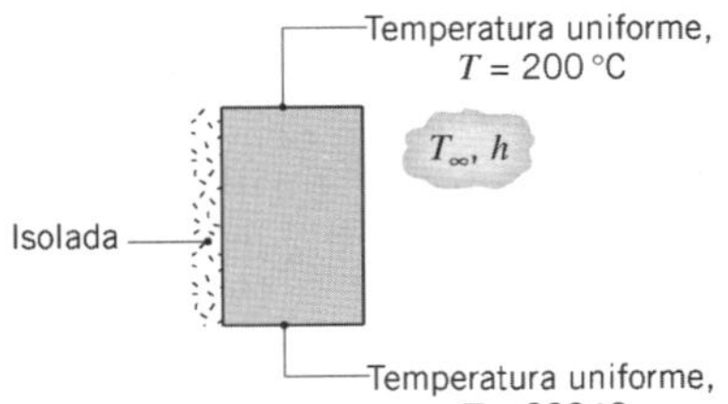

Duas das laterais são mantidas a uma temperatura uniforme de 200 °C. Uma das laterais é adiabática e o lado restante está sujeito a um processo convectivo com $T_\infty = 30$ °C e $h = 60$ W/(m^2 · K). Usando uma técnica numérica apropriada, com uma malha com espaçamento de 0,05 m, determine a distribuição de temperaturas na barra e a taxa de transferência de calor entre a barra e o fluido, por unidade de comprimento da barra.

4.66 A superfície superior de uma placa, incluindo os seus sulcos, é mantida a uma temperatura uniforme $T_1 = 200$ °C. A superfície inferior se encontra a $T_2 = 20$ °C. A condutividade térmica da placa é de 15 W/(m · K) e o espaçamento entre os sulcos é de 0,16 m.

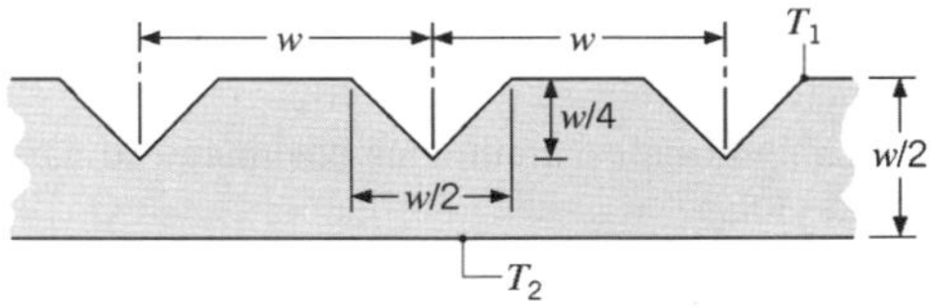

(a) Usando um método de diferenças finitas com um tamanho de malha de $\Delta x = \Delta y = 40$ mm, calcule as temperaturas nodais desconhecidas e a taxa de transferência de calor por largura do espaçamento dos sulcos (w) e por unidade de comprimento normal à página.

(b) Com um tamanho de malha de $\Delta x = \Delta y = 10$ mm, repita os cálculos anteriores, determinando o campo de temperaturas e a taxa de transferência de calor. Analise, também, condições nas quais a superfície inferior não se encontra a uma temperatura uniforme T_2, mas está exposta a um fluido com $T_\infty = 20$ °C. Com $\Delta x = \Delta y = 10$ mm, determine o campo de temperaturas e a taxa de transferência de calor para valores de $h = 5$, 200 e 1000 W/(m^2 · K), bem como para $h \to \infty$.

4.67 Lembre-se da placa retangular bidimensional do Problema 4.2. Usando um método numérico apropriado, com $\Delta x = \Delta y = 0{,}25$ m, determine a temperatura no seu ponto central (1; 0,5).

4.68 O fator de forma para a condução através do canto formado por duas paredes adjacentes, com $D > L/5$, sendo D e L a profundidade e a espessura da parede, respectivamente, é mostrado na Tabela 4.1. O elemento simétrico bidimensional do canto, que está representado no detalhe (a), é delimitado pela diagonal de simetria adiabática e por uma seção da espessura da parede, na qual a distribuição de temperaturas é considerada ser linear entre T_1 e T_2.

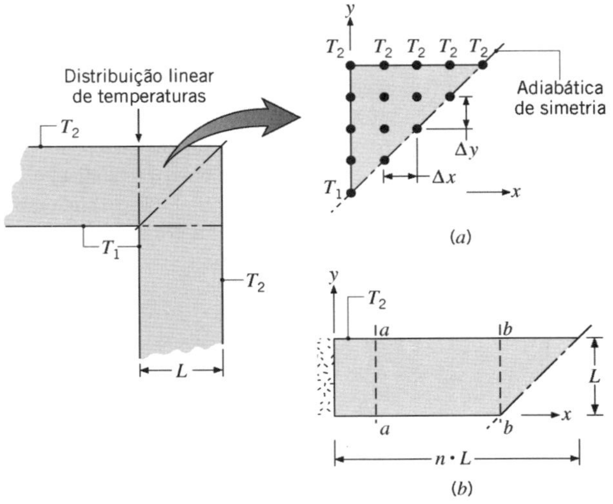

(a) Usando a rede nodal do detalhe (a), com $L = 40$ mm, determine a distribuição de temperaturas no elemento para $T_1 = 100$ °C e $T_2 = 0$ °C. Calcule a taxa de transferência de calor, para uma profundidade unitária ($D = 1$ m), se $k = 1$ W/(m · K). Determine o fator de forma correspondente para o canto e compare o seu resultado com aquele da Tabela 4.1.

(b) Escolhendo um valor de $n = 1$ ou $n = 1,5$, estabeleça uma rede nodal para o trapézio mostrado no detalhe (*b*) e determine o campo de temperaturas correspondente. Avalie a validade da suposição da existência de distribuições lineares de temperaturas ao longo das seções $a-a$ e $b-b$.

4.69 Uma aleta plana com seção transversal uniforme é feita com um material de condutividade térmica igual a 50 W/(m · K), tem espessura $w = 6$ mm e comprimento de $L = 48$ mm, e é muito longa na direção normal à página. O coeficiente de transferência de calor por convecção é de 500 W/(m^2 · K) com uma temperatura do ar ambiente $T_\infty = 30$ °C. A base da aleta é mantida a $T_b = 100$ °C, enquanto a sua extremidade encontra-se isolada.

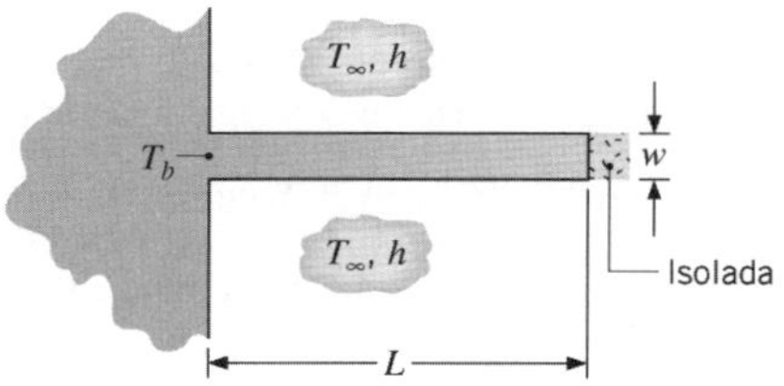

(a) Usando um método de diferenças finitas com um incremento espacial de 4 mm, estime a distribuição de temperaturas no interior da aleta. A hipótese de transferência de calor unidimensional é razoável para essa aleta?

(b) Estime a taxa de transferência de calor na aleta, por unidade de comprimento normal à página. Compare o seu resultado com o obtido utilizando a solução analítica para sistemas unidimensionais, Equação 3.81.

(c) Usando a malha de diferenças finitas do item (a), calcule e represente graficamente a distribuição de temperaturas na aleta para valores de $h = 10$, 100, 500 e 1000 W/(m^2 · K). Determine e represente graficamente a taxa de transferência de calor na aleta em função de h.

4.70 Uma barra cilíndrica com 10 mm de diâmetro e 250 mm de comprimento possui uma de suas extremidades mantida a 100 °C. Na superfície da barra há transferência de calor por convecção natural com o ar ambiente a 25 °C e um coeficiente convectivo que depende da diferença entre as temperaturas da superfície e do ar ambiente. Especificamente, o coeficiente é estabelecido por uma correlação que tem a forma $h_{cn} = 2,89[0,6 + 0,624\,(T - T_\infty)^{1/6}]^2$, na qual as unidades são h_{cn} (W/(m^2 · K)) e T (K). A superfície da barra possui uma emissividade $\varepsilon = 0,2$ e troca calor por radiação com a vizinhança a $T_{viz} = 25$ °C. Na extremidade da aleta também há convecção natural e troca de calor por radiação.

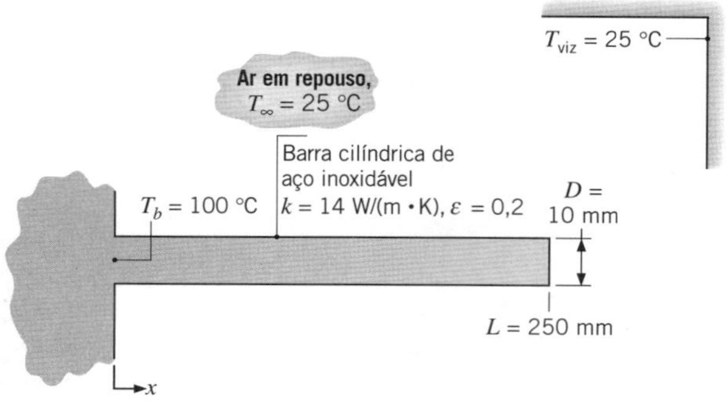

Supondo condução unidimensional e usando um método de diferenças finitas, representando a aleta por cinco nós, estime a distribuição de temperaturas na aleta. Determine também a taxa de transferência de calor na aleta e as contribuições relativas da convecção natural e da radiação. *Sugestão*: para cada nó que necessite de um balanço de energia, use a forma linearizada da equação para a taxa radiante, Equação 1.8, com o coeficiente de transferência de calor por radiação h_r, Equação 1.9, calculado para cada nó. Da mesma forma, na equação para a taxa de transferência de calor por convecção natural associada a cada nó, o coeficiente convectivo h_{cn} deve ser calculado em cada nó.

4.71 Um sumidouro de calor para o resfriamento de *chips* de computador é fabricado em cobre ($k_s = 400$ W/(m · K)) e possui microcanais usinados, por onde escoa um fluido refrigerante com $T_\infty = 25$ °C e $h = 30.000$ W/(m^2 · K). Não há retirada de calor pelo lado inferior do sumidouro e um projeto preliminar para ele indica as seguintes dimensões: $a = b = w_s = w_f = 200$ μm. Um elemento simétrico da trajetória do calor saindo do *chip* até o fluido é mostrado no detalhe.

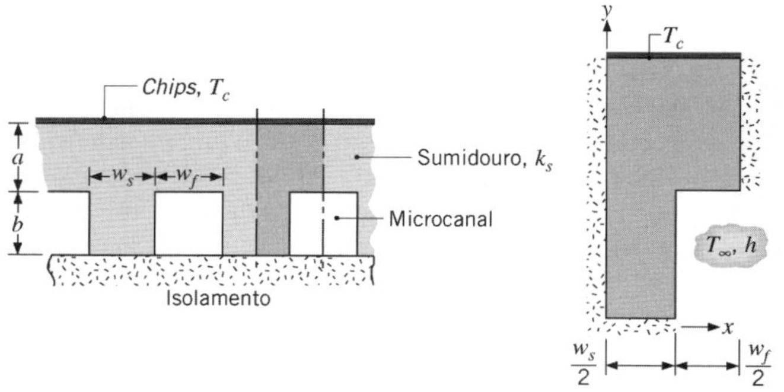

(a) Usando o elemento simétrico com uma rede nodal quadrada com $\Delta x = \Delta y = 100$ μm, determine o campo de temperaturas correspondente e a taxa de transferência de calor q' para o refrigerante, por unidade de comprimento do canal (W/m), para uma temperatura máxima permissível no *chip* de $T_{c,\text{máx}} = 75$ °C. Estime a resistência térmica correspondente entre a superfície do *chip* e o fluido, $R'_{t,c-f}$ (m · K/W). Qual é a dissipação de calor máxima permissível para um *chip* que mede 10 mm × 10 mm de lado?

(b) O espaçamento de malha utilizado na solução anterior por diferenças finitas é grosseiro, resultando em uma pequena precisão para a distribuição de temperaturas e para a taxa de remoção de calor. Investigue a influência do espaçamento na malha considerando incrementos espaciais de 50 e 25 μm.

(c) Mantendo consistência com a exigência de que $a + b = 400$ μm, podem as dimensões do sumidouro de calor ser alteradas de uma forma que reduza a resistência térmica global?

4.72 Uma longa barra com seção transversal retangular, de 60 mm × 90 mm, tem condutividade térmica igual a 1 W/(m · K). Uma superfície está exposta a um processo de convecção com ar a 100 °C e um coeficiente convectivo de 100 W/(m^2 · K), enquanto as superfícies restantes são mantidas a 50 °C.

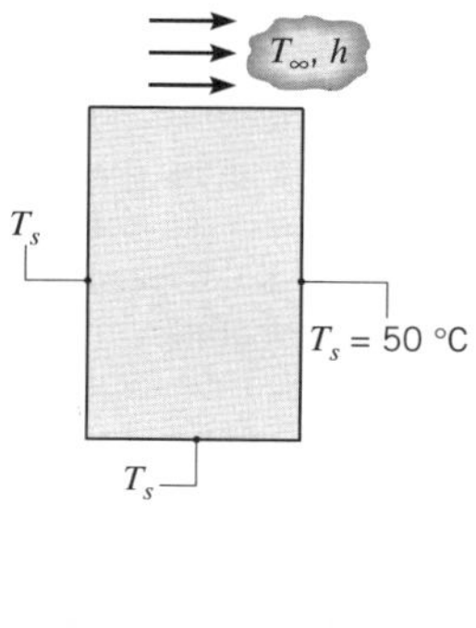

(a) Usando uma malha com espaçamento de 30 mm, determine as temperaturas nodais e a taxa de transferência de calor do ar para a barra, por unidade de comprimento normal à página.

(b) Determine o efeito do espaçamento da malha no campo de temperaturas e na taxa de transferência de calor. Especificamente, considere uma malha com espaçamento de 15 mm. Para essa malha, explore o efeito de variações no h no campo de temperaturas e nas isotermas.

4.73 Transferência de calor por radiação pode ocorrer no interior de meios porosos em conjunto com a condução, uma vez que o calor é transferido por radiação através dos poros preenchidos com fluido intersticial. Sob certas condições, os efeitos desta radiação interna podem ser aproximados em termos de uma condutividade térmica efetiva devido à condução e radiação, $k_{ef,r+c} = k_{ef,c} + \sigma T^3$, na qual σ é a constante de Stefan-Boltzmann, T é a temperatura absoluta local no interior do meio e $k_{ef,c}$ é a condutividade térmica efetiva do meio devido à condução nas fases sólida e fluida do meio, como descrito na Seção 3.1.5. Seja um meio plano poroso com espessura $L = 100$ mm, caracterizado por $k_{ef,c} = 4{,}0$ W/(m · K). Usando uma malha com espaçamento de $\Delta x = 10$ mm, calcule as temperaturas nodais e o fluxo térmico através de uma parede para temperaturas superficiais de $T_{s,1} = 800$ K e $T_{s,2} = 400$ K. O efeito da radiação é significativo?

4.74 Seja a condução unidimensional em uma parede composta plana. As superfícies expostas dos materiais A e B são mantidas a $T_1 = 600$ K e $T_2 = 300$ K, respectivamente. O material A, com espessura $L_a = 20$ mm, tem condutividade térmica em função da temperatura na forma $k_a = k_o[1 + \alpha(T - T_o)]$, com $k_o = 4{,}4$ W/(m · K), $\alpha = 0{,}008$ K^{-1}, $T_o = 300$ K e T está em kelvin. O material B, com espessura $L_b = 5$ mm, tem condutividade térmica $k_b = 1$ W/(m · K).

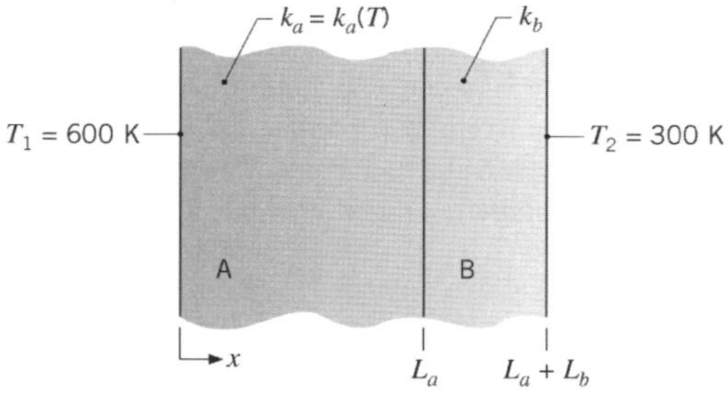

(a) Calcule o fluxo térmico através da parede composta supondo que o material A tenha uma condutividade térmica uniforme, calculada na temperatura média da seção.

(b) Usando um incremento no espaço de 1 mm, obtenha as equações de diferenças finitas para os pontos nodais internos e calcule o fluxo térmico considerando a dependência com a temperatura da condutividade térmica do material A. Se o *software IHT* for usado, a chamada de funções em *Tools/Finite-Difference Equations* pode ser utilizada para obter as equações nodais. Compare o seu resultado com aquele obtido no item (a).

5

CAPÍTULO

Condução Transiente

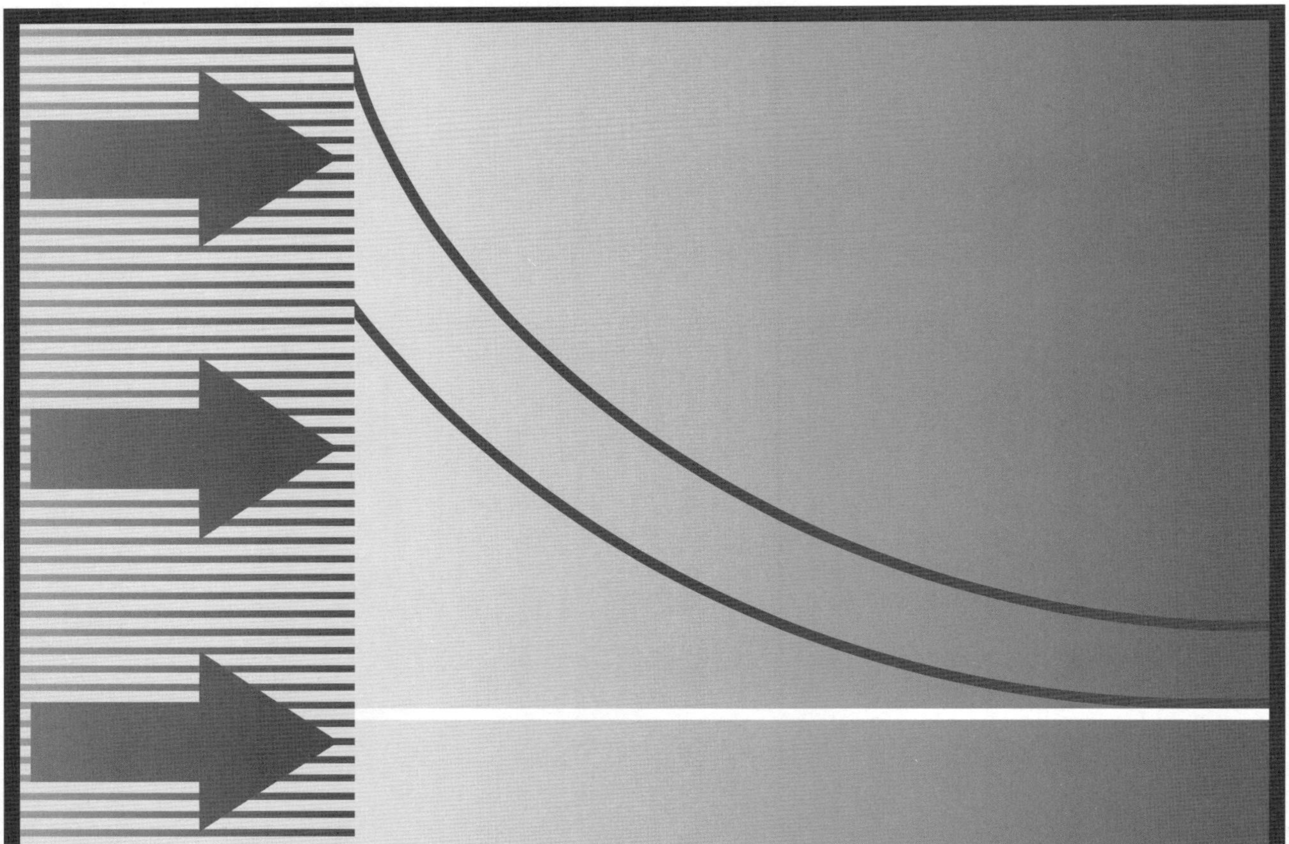

No nosso estudo da condução, analisamos gradativamente condições mais complicadas. Iniciamos com o caso simples da condução unidimensional, em regime estacionário e sem geração interna, e a seguir consideramos situações mais realísticas envolvendo efeitos multidimensionais e de geração. No entanto, até o presente momento, ainda não examinamos situações nas quais as condições mudam com o tempo.

Agora reconhecemos que muitos problemas de transferência de calor são dependentes do tempo. Em geral, tais problemas *não estacionários*, ou *transientes*, surgem quando as condições de contorno de um sistema são mudadas. Por exemplo, se a temperatura superficial de um sistema for alterada, a temperatura em cada ponto desse sistema também começará a mudar. As mudanças continuarão a ocorrer até que, como é frequentemente o caso, uma distribuição de temperaturas *estacionária* seja alcançada. Seja um lingote de metal quente, removido de um forno e exposto a uma corrente de ar frio. Energia é transferida por convecção e por radiação de sua superfície para a vizinhança. Transferência de energia por condução também ocorre do interior do metal para a superfície, e a temperatura em cada ponto no lingote decresce até que uma condição de regime estacionário seja alcançada.

Nosso objetivo neste capítulo é desenvolver procedimentos para determinar a dependência da distribuição de temperaturas no interior de um sólido em relação ao tempo durante um processo transiente, assim como para determinar a transferência de calor entre o sólido e a vizinhança. A natureza do procedimento depende das hipóteses que podem ser feitas para o processo. Se, por exemplo, gradientes de temperatura no interior do sólido podem ser desprezados, uma abordagem comparativamente mais simples, conhecida por *método da capacitância global*, pode ser usada para determinar a variação da temperatura com o tempo. O método é desenvolvido nas Seções 5.1 a 5.3.

Sob condições nas quais os gradientes de temperatura não são desprezíveis, mas a transferência de calor no interior do sólido é unidimensional, soluções exatas da equação do calor podem ser usadas para calcular a dependência da temperatura com a posição e o tempo. Tais soluções são analisadas para *sólidos finitos* (paredes planas, cilindros longos e esferas) nas Seções 5.4 a 5.6 e para *sólidos semi-infinitos* na Seção 5.7. A Seção 5.8 apresenta a resposta térmica transiente de uma variedade de objetos submetidos a uma variação degrau na temperatura superficial ou no fluxo térmico na superfície. Na Seção 5.9, a resposta de um sólido semi-infinito a condições periódicas de aquecimento na sua superfície é explorada. Para condições mais complexas, métodos de diferenças finitas ou de elementos finitos devem ser usados para prever a dependência com o tempo de temperaturas no interior de sólidos, assim como das taxas de transferência de calor em seus contornos (Seção 5.10).

5.1 O Método da Capacitância Global

Um problema simples e comum de condução transiente envolve um sólido que passa por uma súbita mudança no seu ambiente térmico. Considere a forja de um metal quente que está, inicialmente, a uma temperatura uniforme T_i e é temperado pela sua imersão em um líquido a uma temperatura mais baixa $T_\infty < T_i$ (Figura 5.1). Se o processo de têmpera inicia-se no tempo $t = 0$, a temperatura do sólido irá diminuir para tempos $t > 0$, até que eventualmente atinja T_∞. Essa redução é decorrente da transferência de calor por convecção na interface sólido-líquido. A essência do método da capacitância global é a hipótese de que a temperatura do sólido é *espacialmente uniforme*, em qualquer instante durante o processo transiente. Essa hipótese implica que os gradientes de temperatura no interior do sólido sejam desprezíveis.

Pela lei de Fourier, a condução térmica na ausência de um gradiente de temperatura implica a existência de uma condutividade térmica infinita. Tal condição é obviamente impossível. Entretanto, a condição é aproximada, se a resistência à condução no interior do sólido for pequena em comparação à resistência à transferência de calor entre o sólido e a sua vizinhança. No momento, supomos que esse é, na realidade, o caso.

Ao desprezar os gradientes de temperatura no interior do sólido, não mais podemos analisar o problema do ponto de vista da equação do calor, uma vez que a equação do calor é uma equação diferencial que descreve a distribuição espacial de temperaturas no interior do sólido. De modo alternativo, a resposta transiente da temperatura é determinada pela formulação de um balanço de energia global no sólido. Esse balanço deve relacionar a taxa de perda de calor na superfície com a taxa de variação da energia interna. Aplicando a Equação 1.12c ao volume de controle da Figura 5.1, essa exigência toma a forma

$$-\dot{E}_{\text{sai}} = \dot{E}_{\text{acu}} \tag{5.1}$$

ou

$$-hA_s(T - T_\infty) = \rho V c \frac{dT}{dt} \tag{5.2}$$

Definindo a diferença de temperaturas

$$\theta \equiv T - T_\infty \tag{5.3}$$

e reconhecendo que $(d\theta/dt) = (dT/dt)$, se T_∞ for uma constante, segue-se que

$$\frac{\rho V c}{hA_s} \frac{d\theta}{dt} = -\theta$$

Separando as variáveis e integrando a partir da condição inicial, na qual $t = 0$ e $T(0) = T_i$, obtemos, então,

$$\frac{\rho V c}{hA_s} \int_{\theta_i}^{\theta} \frac{d\theta}{\theta} = -\int_0^t dt$$

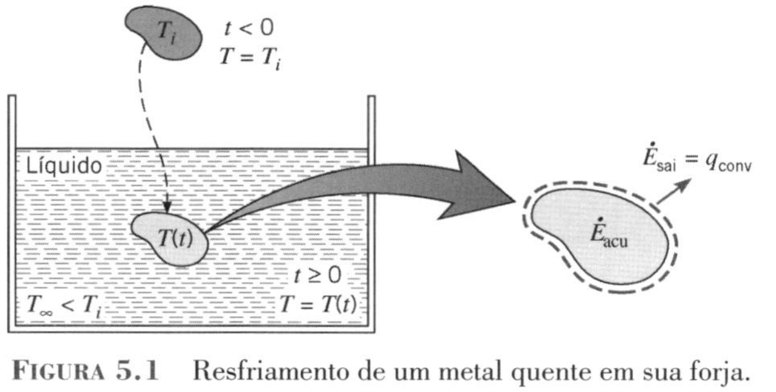

FIGURA 5.1 Resfriamento de um metal quente em sua forja.

em que

$$\theta_i \equiv T_i - T_\infty \quad (5.4)$$

Efetuando as integrações, segue-se que

$$\frac{\rho V c}{h A_s} \ln \frac{\theta_i}{\theta} = t \quad (5.5)$$

ou

$$\frac{\theta}{\theta_i} = \frac{T - T_\infty}{T_i - T_\infty} = \exp\left[-\left(\frac{hA_s}{\rho V c}\right)t\right] \quad (5.6)$$

A Equação 5.5 pode ser usada para determinar o tempo necessário para o sólido alcançar uma dada temperatura T, ou, por outro lado, a Equação 5.6 pode ser utilizada no cálculo da temperatura alcançada no sólido em algum tempo t.

Os resultados anteriores indicam que a diferença entre as temperaturas do sólido e do fluido diminui exponencialmente para zero à medida que o t se aproxima de infinito. Esse comportamento é mostrado na Figura 5.2. Na Equação 5.6 também fica evidente que a grandeza $(\rho Vc/hA_s)$ pode ser interpretada como uma *constante de tempo térmica* representada por

$$\tau_t = \left(\frac{1}{hA_s}\right)(\rho V c) = R_t C_t \quad (5.7)$$

na qual, da Equação 3.9, R_t é a resistência à transferência de calor por convecção e C_t é a *capacitância térmica global* do sólido. Qualquer aumento em R_t ou C_t causará uma resposta mais lenta do sólido a mudanças no seu ambiente térmico. Esse comportamento é análogo ao decaimento da voltagem que ocorre quando um capacitor é descarregado por meio de um resistor em um circuito elétrico RC.

Para determinar o total da energia transferida Q até algum instante de tempo t, simplesmente escrevemos

$$Q = \int_0^t q\, dt = hA_s \int_0^t \theta\, dt$$

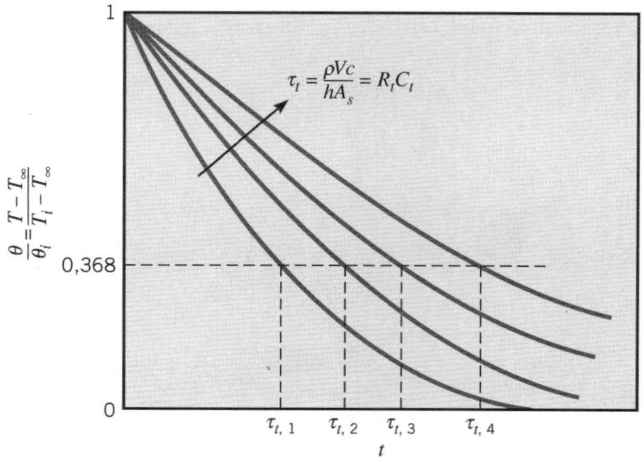

FIGURA 5.2 Resposta transiente da temperatura de sólidos com capacitâncias globais para diferentes constantes de tempo térmicas τ_t.

Substituindo a expressão para θ presente na Equação 5.6 e integrando, obtemos

$$Q = (\rho V c)\theta_i \left[1 - \exp\left(-\frac{t}{\tau_t}\right)\right] \quad (5.8a)$$

A grandeza Q está, obviamente, relacionada com a mudança na energia interna do sólido, e a partir da Equação 1.12b

$$-Q = \Delta E_{acu} \quad (5.8b)$$

No processo de têmpera, Q é positivo e o sólido experimenta um decréscimo na energia. As Equações 5.5, 5.6 e 5.8a também se aplicam a situações nas quais o sólido é aquecido ($\theta < 0$), quando Q é negativo e a energia interna do sólido aumenta.

5.2 Validade do Método da Capacitância Global

Os resultados anteriores demonstram que o método da capacitância global é um método simples e conveniente que pode ser utilizado na solução de problemas transientes de aquecimento e de resfriamento. Nesta seção, vamos determinar sob quais condições ele pode ser empregado com acurácia satisfatória.

Para desenvolver um critério apropriado, considere a condução em regime estacionário através da parede plana com área A (Figura 5.3). Embora estejamos supondo condições de regime estacionário, esse critério pode ser prontamente estendido a processos transientes. Uma superfície é mantida a uma temperatura $T_{s,1}$ e a outra é exposta a um fluido com temperatura $T_\infty < T_{s,1}$. A temperatura desta última superfície terá um valor intermediário, $T_{s,2}$, para o qual $T_\infty < T_{s,2} < T_{s,1}$. Assim, para condições de regime estacionário, o balanço de energia na superfície, Equação 1.13, se reduz a

$$\frac{kA}{L}(T_{s,1} - T_{s,2}) = hA(T_{s,2} - T_\infty)$$

no qual k é a condutividade térmica do sólido. Rearranjando, obtemos, então,

$$\frac{T_{s,1} - T_{s,2}}{T_{s,2} - T_\infty} = \frac{(L/kA)}{(1/hA)} = \frac{R_{t,\text{cond}}}{R_{t,\text{conv}}} = \frac{hL}{k} \equiv Bi \quad (5.9)$$

A grandeza (hL/k) que aparece na Equação 5.9 é um *parâmetro adimensional*. Ele é chamado de *número de Biot* e desempenha um papel fundamental nos problemas de condução que envolvem efeitos convectivos nas superfícies. De acordo com a Equação 5.9 e como ilustrado na Figura 5.3, o número de Biot fornece uma medida da queda de temperatura no sólido em relação à diferença de temperaturas entre a sua superfície e o fluido. Na Equação 5.9, também fica evidente que o número de Biot pode ser interpretado como uma razão entre resistências térmicas. *Particularmente, se $Bi \ll 1$, a resistência à condução no interior do sólido é muito menor do que a resistência à convecção através da camada-limite no*

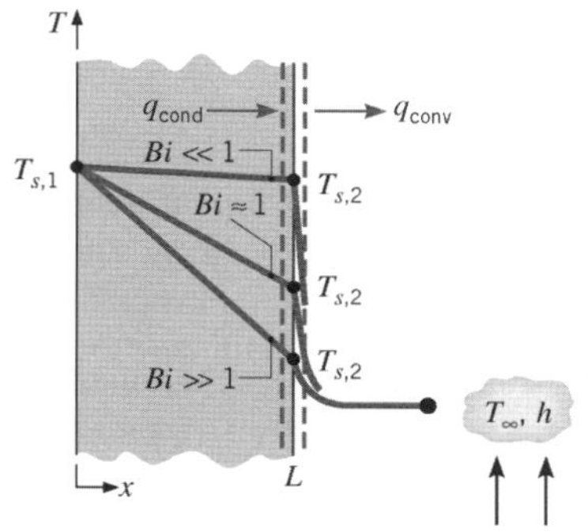

FIGURA 5.3 Efeito do número de Biot na distribuição de temperaturas, em regime estacionário, em uma parede plana com convecção na superfície.

fluido. Dessa forma, a hipótese de distribuição de temperaturas uniforme no interior do sólido é razoável, se o número de Biot for pequeno.

Embora tenhamos discutido o número de Biot no contexto das condições estacionárias, estamos reconsiderando esse parâmetro em razão de sua importância nos problemas de condução transiente. Seja a parede plana da Figura 5.4, que está inicialmente a uma temperatura uniforme T_i e experimenta resfriamento por convecção quando é imersa em um fluido a $T_\infty < T_i$. O problema pode ser tratado como unidimensional na direção x e estamos interessados na variação da temperatura em função da posição e do tempo, $T(x, t)$. Essa variação é uma forte função do número de Biot e três possibilidades são apresentadas na Figura 5.4. Novamente, para $Bi \ll 1$, os gradientes de temperatura no sólido são pequenos e a suposição de distribuição de temperaturas uniforme, $T(x, t) \approx T(t)$, é razoável. Virtualmente, toda a diferença de temperaturas está entre o sólido e o fluido, e a temperatura do sólido permanece praticamente uniforme à medida que diminui para T_∞. Entretanto, para valores do número de Biot de moderados para elevados, os gradientes de temperatura no interior do sólido são significativos. Dessa forma, $T = T(x, t)$. Note que, para $Bi \gg 1$, a diferença de temperaturas ao longo do sólido é muito maior do que a diferença entre a superfície e o fluido.

Terminamos esta seção enfatizando a importância do método da capacitância global. Sua simplicidade inerente o transforma no método preferido para a resolução de problemas transientes de aquecimento e resfriamento. Desta forma, ao se confrontar com tal tipo de problema, *a primeira providência a ser tomada é calcular o número de Biot*. Se a seguinte condição for satisfeita

$$Bi = \frac{hL_c}{k} < 0{,}1 \tag{5.10}$$

o erro associado à utilização do método da capacitância global é pequeno. Por conveniência, é comum definir o *comprimento característico* da Equação 5.10 como a razão entre o volume do sólido e a sua área superficial, $L_c \equiv V/A_s$. Tal definição facilita o cálculo de L_c para sólidos com formas complexas e reduz à metade da espessura L o valor de L_c para a parede plana com espessura $2L$ (Figura 5.4), a $r_o/2$ o valor para o cilindro longo e a $r_o/3$ o valor para a esfera. Contudo, se houver o desejo de implementar o critério de forma conservativa, L_c deve ser associado à escala do comprimento correspondente à máxima diferença espacial de temperaturas. Consequentemente, para uma parede plana simetricamente aquecida (ou resfriada) com espessura $2L$, L_c continuaria igual à metade da espessura L. Entretanto, no caso do cilindro longo ou da esfera, L_c passaria a ser igual ao raio real r_o, no lugar de $r_o/2$ ou $r_o/3$, respectivamente.

Por fim, observamos que, com $L_c \equiv V/A_s$, o expoente da Equação 5.6 pode ser representado por

$$\frac{hA_s t}{\rho V c} = \frac{ht}{\rho c L_c} = \frac{hL_c}{k}\frac{k}{\rho c}\frac{t}{L_c^2} = \frac{hL_c}{k}\frac{\alpha t}{L_c^2}$$

ou

$$\frac{hA_s t}{\rho V c} = Bi \cdot Fo \tag{5.11}$$

na qual,

$$Fo \equiv \frac{\alpha t}{L_c^2} \tag{5.12}$$

é conhecido por número de Fourier. Ele é um *tempo adimensional* que, com o número de Biot, caracteriza problemas de condução transiente. Substituindo a Equação 5.11 na Equação 5.6, obtemos

$$\frac{\theta}{\theta_i} = \frac{T - T_\infty}{T_i - T_\infty} = \exp(-Bi \cdot Fo) \tag{5.13}$$

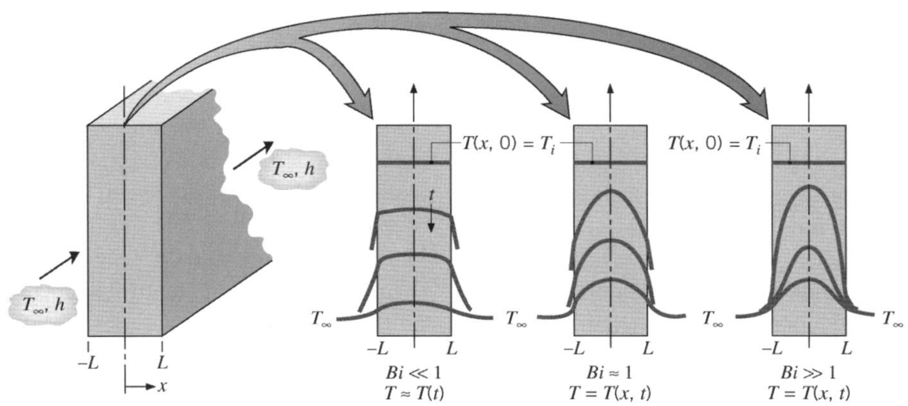

FIGURA 5.4 Distribuições de temperaturas transientes para números de Biot diferentes em uma parede plana simetricamente resfriada por convecção.

EXEMPLO 5.1

Uma junta de termopar, que pode ser aproximada por uma esfera, é usada para medir a temperatura de uma corrente gasosa. O coeficiente convectivo entre a superfície da junta e o gás é igual a $h = 400$ W/(m^2 · K), e as propriedades termofísicas da junta são $k = 20$ W/(m · K), $c = 400$ J/(kg · K) e $\rho = 8500$ kg/m^3. Determine o diâmetro que a junta deve possuir para que o termopar tenha uma constante de tempo de 1 s. Se a junta está a 25 °C e encontra-se posicionada em uma corrente de gás a 200 °C, quanto tempo será necessário para a junta alcançar 199 °C?

SOLUÇÃO

Dados: Propriedades termofísicas da junta de um termopar usado para medir a temperatura de uma corrente gasosa.

Achar:

1. Diâmetro da junta necessário para uma constante de tempo de 1 s.
2. Tempo necessário para alcançar 199 °C em uma corrente de gás a 200 °C.

Esquema:

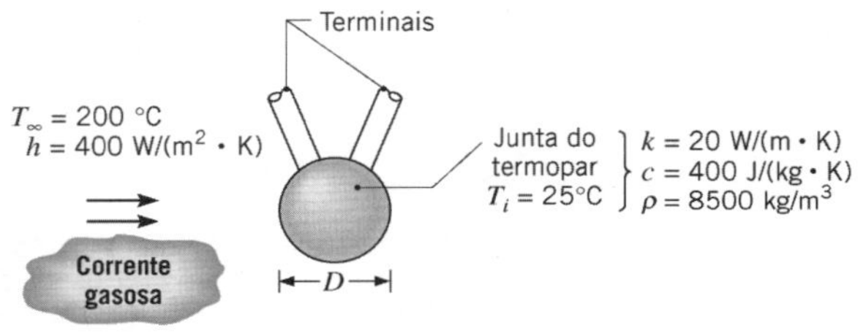

Considerações:

1. Temperatura da junta é uniforme a todo instante.
2. Troca de calor por radiação com a vizinhança é desprezível.
3. Perdas por condução através dos terminais são desprezíveis.
4. Propriedades constantes.

Análise:

1. Como o diâmetro da junta é desconhecido, não é possível começar a solução pela determinação se o critério para a utilização do método da capacitância global, Equação 5.10, é satisfeito. Contudo, uma abordagem razoável é usar o método para achar o diâmetro e, então, verificar se o critério é satisfeito. Da Equação 5.7 e pelo fato de que $A_s = \pi D^2$ e $V = \pi D^3/6$ para uma esfera, tem-se que

$$\tau_t = \frac{1}{h\pi D^2} \times \frac{\rho\pi D^3}{6} c$$

Rearranjando e substituindo os valores numéricos,

$$D = \frac{6h\tau_t}{\rho c} = \frac{6 \times 400\ \mathrm{W/(m^2 \cdot K)} \times 1\ \mathrm{s}}{8500\ \mathrm{kg/m^3} \times 400\ \mathrm{J/(kg \cdot K)}} = 7{,}06 \times 10^{-4}\ \mathrm{m} \quad \triangleleft$$

Com $L_c = r_o/3$, tem-se então da Equação 5.10 que

$$Bi = \frac{h(r_o/3)}{k} = \frac{400\ \mathrm{W/(m^2 \cdot K)} \times 3{,}53 \times 10^{-4}\ \mathrm{m}}{3 \times 20\ \mathrm{W/(m \cdot K)}}$$

$$= 2{,}35 \times 10^{-3}$$

Consequentemente, a Equação 5.10 é satisfeita (para $L_c = r_o$, bem como para $L_c = r_o/3$) e o método da capacitância global pode ser usado com uma excelente aproximação.

2. Pelas Equações 5.5 e 5.6, o tempo necessário para a junta alcançar a temperatura T pode ser escrito como

$$t = \frac{\rho V c}{h A_s} \ln\left(\frac{T_i - T_\infty}{T - T_\infty}\right) = \tau_t \ln\left(\frac{T_i - T_\infty}{T - T_\infty}\right)$$

Desta forma, o tempo necessário para alcançar $T = 199$ °C é

$$t = \tau_t \ln\left(\frac{25 - 200}{199 - 200}\right) = 5{,}2\tau_t = 5{,}2 \times 1\ \mathrm{s} = 5{,}2\ \mathrm{s} \quad \triangleleft$$

Comentários: As transferências de calor por radiação entre a junta e a vizinhança e por condução através dos terminais afetariam o tempo de resposta da junta e forneceriam, na realidade, uma temperatura de equilíbrio diferente de T_∞.

5.3 Análise Geral Via Capacitância Global

Embora a condução transiente em um sólido seja normalmente iniciada pela transferência de calor por convecção para ou de um fluido adjacente, outros processos podem induzir condições térmicas transientes no interior do sólido. Por exemplo, um sólido pode estar separado de uma grande vizinhança por um gás ou pelo vácuo. Se as temperaturas do sólido e da vizinhança forem diferentes, a troca de calor por radiação poderia causar uma variação na energia interna térmica do sólido e, assim, na sua temperatura. Mudanças na temperatura do sólido também poderiam ser induzidas pela aplicação de um fluxo térmico sobre a sua superfície ou parte dela, ou pelo início de um processo de geração de energia térmica no seu interior. O aquecimento da superfície poderia, por exemplo, ser efetuado a partir da fixação de um aquecedor elétrico delgado sobre ela, enquanto energia térmica poderia ser gerada pela passagem de uma corrente elétrica através do sólido.

A Figura 5.5 mostra a situação geral na qual as condições térmicas no interior de um sólido podem ser influenciadas simultaneamente pela convecção, pela radiação, pela aplicação de um fluxo em sua superfície e pela geração interna de energia. Considera-se que, no instante inicial ($t = 0$), a temperatura do sólido T_i é diferente daquelas do fluido, T_∞, e da vizinhança, T_{viz}, e que tanto o aquecimento superficial quanto o aquecimento volumétrico (q''_s e $\dot{q}$) são iniciados. O fluxo térmico imposto q''_s e as transferências de calor por convecção/radiação ocorrem em regiões da superfície mutuamente exclusivas, $A_{s(a)}$ e $A_{s(c,r)}$, respectivamente, e as transferências de calor por convecção e por radiação são presumidas *saindo*

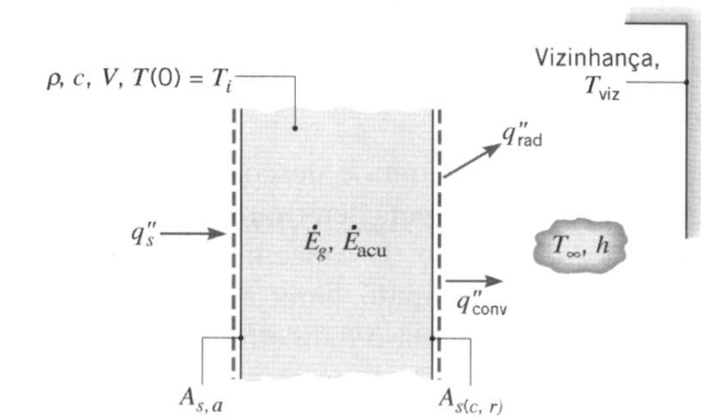

FIGURA 5.5 Superfície de controle para a análise geral via capacitância global.

da superfície. Além disso, embora as transferências de calor por convecção e por radiação tenham sido especificadas na mesma superfície, as superfícies podem, na realidade, ser diferentes ($A_{s,c} \neq A_{s,r}$). Aplicando a conservação de energia em qualquer instante t, vem da Equação 1.12c que

$$q''_s A_{s,a} + \dot{E}_g - (q''_{conv} + q''_{rad})A_{s(c,r)} = \rho Vc \frac{dT}{dt} \quad (5.14)$$

ou, das Equações 1.3a e 1.7,

$$q''_s A_{s,a} + \dot{E}_g - [h(T - T_\infty) + \varepsilon\sigma(T^4 - T^4_{viz})]A_{s(c,r)} = \rho Vc \frac{dT}{dt} \quad (5.15)$$

A Equação 5.15 é uma equação diferencial ordinária não linear de primeira ordem, não homogênea, que não pode ser integrada para obter-se uma solução exata.[1] Entretanto, soluções exatas podem ser obtidas para versões simplificadas dessa equação.

5.3.1 *Somente Radiação*

Se não houver imposição de fluxo térmico ou geração, e a convecção também não estiver presente (um vácuo) ou for desprezível em relação à radiação, a Equação 5.15 se reduz a

$$\rho Vc \frac{dT}{dt} = -\varepsilon A_{s,r}\sigma(T^4 - T^4_{viz}) \quad (5.16)$$

Separando variáveis e integrando da condição inicial até algum tempo t, tem-se que

$$\frac{\varepsilon A_{s,r}\sigma}{\rho Vc}\int_0^t dt = \int_{T_i}^{T} \frac{dT}{T^4_{viz} - T^4} \quad (5.17)$$

Efetuando as integrais e rearranjando o resultado, o tempo necessário para alcançar a temperatura T se torna

$$t = \frac{\rho Vc}{4\varepsilon A_{s,r}\sigma T^3_{viz}}\left\{\ln\left|\frac{T_{viz} + T}{T_{viz} - T}\right| - \ln\left|\frac{T_{viz} + T_i}{T_{viz} - T_i}\right| + 2\left[\tan^{-1}\left(\frac{T}{T_{viz}}\right) - \tan^{-1}\left(\frac{T_i}{T_{viz}}\right)\right]\right\} \quad (5.18)$$

[1] Uma solução aproximada por diferenças finitas pode ser obtida pela *discretização* da derivada no tempo (Seção 5.10) e *avanço* da solução no tempo.

Essa expressão pode ser usada para determinar o tempo necessário para o sólido atingir uma temperatura, T. A Equação 5.17 também pode ser integrada para o caso limite quando $T_{viz} = 0$ (radiação para o espaço infinito) fornecendo

$$t = \frac{\rho Vc}{3\varepsilon A_{s,r}\sigma}\left(\frac{1}{T^3} - \frac{1}{T_i^3}\right) \quad (5.19)$$

5.3.2 *Radiação Desprezível*

Uma solução exata para a Equação 5.15 também pode ser obtida se a radiação puder ser desprezada e todas as grandezas (exceto T, obviamente) forem independentes do tempo. Definindo uma diferença de temperaturas $\theta \equiv T - T_\infty$, na qual $d\theta/dt = dT/dt$, a Equação 5.15 se reduz a uma equação diferencial linear de primeira ordem, não homogênea, com a forma

$$\frac{d\theta}{dt} + a\theta - b = 0 \quad (5.20)$$

na qual $a \equiv (hA_{s,c}/(\rho Vc))$ e $b \equiv [(q''_s A_{s,a} + \dot{E}_g)/(\rho Vc)]$. Embora a Equação 5.20 possa ser resolvida pela soma das suas soluções homogênea e particular, uma abordagem alternativa consiste em eliminar a não homogeneidade pela introdução da transformação

$$\theta' \equiv \theta - \frac{b}{a} \quad (5.21)$$

Reconhecendo que $d\theta'/dt = d\theta/dt$, a Equação 5.21 pode ser substituída na Equação 5.20 para fornecer

$$\frac{d\theta'}{dt} + a\theta' = 0 \quad (5.22)$$

Separando variáveis e integrando de 0 até t (θ'_i até θ'), segue-se que

$$\frac{\theta'}{\theta'_i} = \exp(-at) \quad (5.23)$$

ou substituindo as definições de θ' e θ,

$$\frac{T - T_\infty - (b/a)}{T_i - T_\infty - (b/a)} = \exp(-at) \quad (5.24)$$

Logo

$$\frac{T - T_\infty}{T_i - T_\infty} = \exp(-at) + \frac{b/a}{T_i - T_\infty}[1 - \exp(-at)] \quad (5.25)$$

Como deve ser, a Equação 5.25 se reduz à Equação 5.6 quando $b = 0$ e fornece $T = T_i$ em $t = 0$. No limite $t \to \infty$, a Equação 5.25 se transforma em $(T - T_\infty) = (b/a)$, resultado que poderia também ser obtido pela execução de um balanço de energia, em condições de regime estacionário, na superfície de controle da Figura 5.5.

5.3.3 *Somente Convecção com o Coeficiente Convectivo Variável*

Em alguns casos, como os envolvendo convecção natural ou ebulição, o coeficiente convectivo h varia com a diferença de temperaturas entre o objeto e o fluido. Nessas situações, o coeficiente convectivo pode frequentemente ser aproximado por uma expressão com a forma

$$h = C(T - T_\infty)^n \qquad (5.26)$$

na qual n é uma constante e o parâmetro C tem unidades de $W/(m^2 \cdot K^{(1+n)})$. Se a radiação, o aquecimento superficial e a geração volumétrica forem desprezíveis, a Equação 5.15 pode ser rescrita como a seguir

$$-C(T - T_\infty)^n A_{s,c}(T - T_\infty) = -CA_{s,c}(T - T_\infty)^{1+n} = \rho Vc \frac{dT}{dt} \qquad (5.27)$$

Substituindo θ e $d\theta/dt = dT/dt$ na expressão anterior, separando variáveis e integrando, obtém-se

$$\frac{\theta}{\theta_i} = \left[\frac{nCA_{s,c}\theta_i^n}{\rho Vc} t + 1\right]^{-1/n} \qquad (5.28)$$

Pode-se mostrar que a Equação 5.28 se reduz à Equação 5.6, se o coeficiente de transferência de calor for independente da temperatura, $n = 0$.

5.3.4 *Considerações Adicionais*

Em alguns casos, a temperatura do ambiente ou da vizinhança pode variar com o tempo. Por exemplo, se o recipiente da Figura 5.1 estiver isolado e tiver um volume finito, a temperatura do líquido aumentará na medida em que o metal forjado é resfriado. Uma solução analítica para o comportamento dinâmico da temperatura do sólido (e do líquido) é apresentada no Exemplo 11.8. Como evidente nos Exemplos 5.2 a 5.4, a equação diferencial do método da capacitância global pode ser resolvida numericamente para uma ampla variedade de situações envolvendo propriedades variáveis ou condições de contorno variando com o tempo, taxas de geração de energia interna, ou aquecimento ou resfriamento superficiais.

IHT EXEMPLO 5.2

Sejam o termopar e as condições convectivas do Exemplo 5.1, mas agora considere a troca de calor por radiação com as paredes do duto que confina a corrente gasosa. Com as paredes do duto a 400 °C e a emissividade da junta do termopar de 0,9; calcule a temperatura da junta no regime estacionário. Também determine o tempo para a temperatura da junta aumentar de sua condição inicial a 25 °C até uma temperatura que está a 1 °C do valor no regime estacionário.

SOLUÇÃO

Dados: Propriedades termofísicas e diâmetro da junta do termopar usado para medir a temperatura de uma corrente gasosa escoando através de um duto com paredes quentes.

Achar:

1. Temperatura da junta no regime estacionário.
2. Tempo necessário para o termopar alcançar uma temperatura que difere em 1 °C do seu valor no regime estacionário.

Esquema:

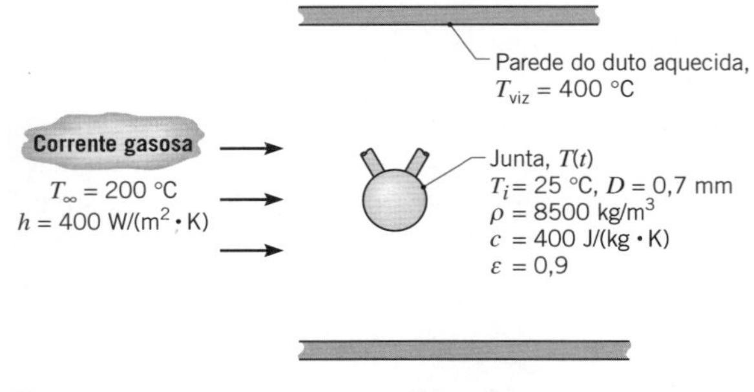

Considerações: As mesmas do Exemplo 5.1, exceto que a transferência radiante não é mais tratada como desprezível e é aproximada pela troca entre uma pequena superfície e uma grande vizinhança.

Análise:

1. Para condições de regime estacionário, o balanço de energia na junta do termopar tem a forma

$$\dot{E}_{ent} - \dot{E}_{sai} = 0$$

Reconhecendo que a radiação líquida para a junta deve ser equilibrada pela convecção a partir da junta para o gás, o balanço de energia pode ser representado por

$$[\varepsilon\sigma(T_{viz}^4 - T^4) - h(T - T_\infty)]A_s = 0$$

Substituindo os valores numéricos, obtemos

$$T = 218{,}7\ °C \qquad \triangleleft$$

2. O histórico da temperatura no tempo, $T(t)$, para a junta, inicialmente a $T(0) = T_i = 25$ °C, vem do balanço de energia para condições transientes,

$$\dot{E}_{ent} - \dot{E}_{sai} = \dot{E}_{acu}$$

Da Equação 5.15, o balanço de energia pode ser representado por

$$-[h(T - T_\infty) + \varepsilon\sigma(T^4 - T_{viz}^4)]A_s = \rho Vc \frac{dT}{dt}$$

A solução desta equação diferencial de primeira ordem pode ser obtida por integração numérica, fornecendo o resultado, $T(4{,}9\ s) = 217{,}7$ °C. Desta forma, o tempo necessário para alcançar uma temperatura que difere em 1 °C do valor do regime estacionário é

$$t = 4{,}9\ s. \qquad \triangleleft$$

Comentários:

1. O efeito da troca de calor radiante com as paredes quentes do duto é o aumento da temperatura da junta, de tal forma

que o termopar indica uma temperatura da corrente gasosa errada, que excede a temperatura real em 18,7 °C. O tempo necessário para alcançar uma temperatura que difere em 1 °C do valor do regime estacionário é ligeiramente menor do que o resultado do Exemplo 5.1, que somente considera a transferência de calor por convecção. Qual a razão disto?

2. A resposta do termopar e a temperatura da corrente gasosa indicada dependem da velocidade da corrente gasosa, que, por sua vez, afeta o valor do coeficiente convectivo. Históricos da temperatura com o tempo para a junta do termopar são mostrados na figura a seguir para valores de $h = 200$, 400 e 800 W/(m² · K).

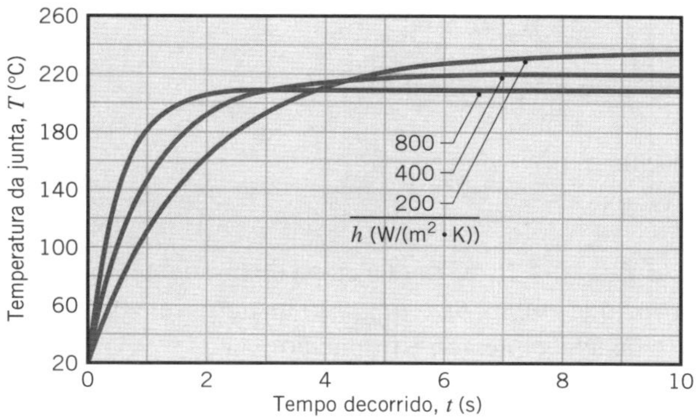

O efeito de aumentar o coeficiente convectivo é causar que a junta indique uma temperatura mais próxima daquela da corrente gasosa. Ainda mais, o efeito é reduzir o tempo necessário para a junta alcançar a proximidade da condição do regime estacionário. Qual explicação física você pode dar para esses resultados?

3. Em problemas envolvendo aquecimento ou resfriamento convectivo e radiante, a Equação 1.9 pode ser usada para definir um coeficiente de transferência de calor *efetivo* $h_{ef} = h + h_r$ para testar a validade do método da capacitância global. Como uma primeira aproximação, podemos aplicar o método da capacitância global se $Bi_{máx} = h_{ef,máx} L_c/k < 0{,}1$. Para este problema, $T_{máx} = 218{,}7$ °C $= 491{,}7$ K e $h_{ef,máx} = h + \varepsilon\sigma(T_{máx} + T_{viz})(T^2_{máx} + T^2_{viz}) = 400$ W/(m² · K) $+ 0{,}9 \times 5{,}67 \times 10^{-8}$ W/(m² · K⁴) $(491{,}7 + 673)$ K $(491{,}7^2 + 673^2)$ K² $= 400$ W/(m² · K) $+ 41$ W/(m² · K) $= 441$ W/(m² · K). Desta forma, $Bi_{máx} = h_{ef,máx}(r_o/3)/k = 2{,}6 \times 10^{-3} < 0{,}1$. Esta inequação *sugere* que a aproximação do método da capacitância global permanece válida quando a radiação é incluída na análise.

4. O *software IHT* tem uma função integral, Der(T, t), que pode ser usada para representar a derivada da temperatura em relação ao tempo e para integrar equações diferenciais de primeira ordem.

EXEMPLO 5.3

Um painel em liga de alumínio com 3 mm de espessura ($k = 177$ W/(m · K), $c = 875$ J/(kg · K) e $\rho = 2770$ kg/m³) é revestido em ambos os lados com uma camada epóxi, que deve ser curada a uma temperatura igual ou superior a $T_c = 150$ °C por, pelo menos, cinco minutos. A linha de produção para a operação de cura envolve duas etapas: (1) aquecimento em um grande forno com ar a $T_{\infty,f} = 175$ °C e um coeficiente convectivo de $h_f = 40$ W/(m² · K), e (2) resfriamento em uma grande câmara com ar a $T_{\infty,resf} = 25$ °C e um coeficiente convectivo de $h_{resf} = 10$ W/(m² · K). A etapa de aquecimento do processo é conduzida em um intervalo de tempo t_a, que excede o tempo t_c, necessário para atingir 150 °C, em cinco minutos ($t_a = t_c + 300$ s). O revestimento possui uma emissividade de $\varepsilon = 0{,}8$, e as temperaturas das paredes do forno e da câmara são de 175 e 25 °C, respectivamente. Se o painel for colocado no interior do forno a uma temperatura inicial de 25 °C e removido da câmara a uma temperatura *segura para o toque* de 37 °C, qual é o tempo total gasto nas duas etapas da operação de cura?

SOLUÇÃO

Dados: Condições de operação para um processo de aquecimento/resfriamento em duas etapas, no qual um painel de alumínio revestido é mantido a uma temperatura igual ou superior a 150 °C por, pelo menos, cinco minutos.

Achar: Tempo total t_t requerido pelo processo em duas etapas.

Esquema:

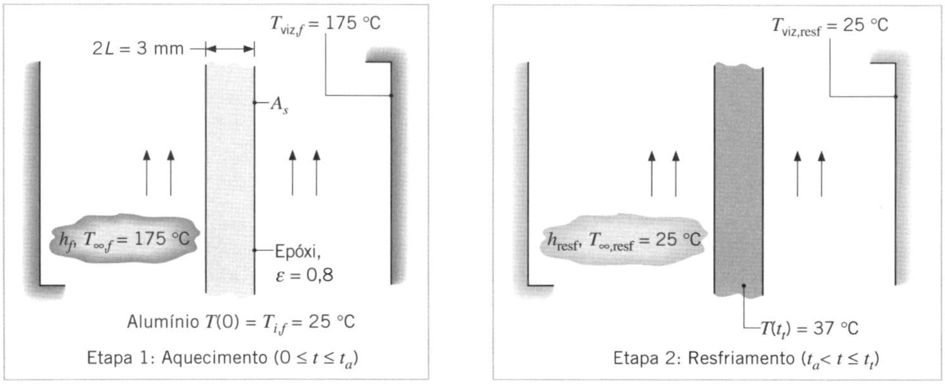

Considerações:

1. Temperatura do painel é uniforme a qualquer instante.
2. Resistência térmica do revestimento de epóxi é desprezível.
3. Propriedades constantes.

Análise: Para avaliar a validade da aproximação da capacitância global, iniciamos calculando os números de Biot para os processos de aquecimento e resfriamento, ambos com efeitos convectivos e radiantes. Seguindo o Comentário 3 do Exemplo 5.2, um valor representativo do coeficiente de transferência de calor por radiação pode ser determinado a partir da Equação 1.9 usando a máxima temperatura possível para o painel, $T_{\text{máx},f} = 175\ °\text{C} = 448\ \text{K}$, e considerando $T_{\text{viz},f} = T_{\infty,f}$, em cada caso

$$\begin{aligned} h_{\text{ef,máx},f} &= h_f + h_{r,\text{máx},f} = h_f + \varepsilon\sigma(T_{\text{máx},f} + \text{T}_{\text{viz},f})(T^2_{\text{máx},f} + \text{T}_{\text{viz},f}) \\ &= 40\ \text{W/(m}^2\cdot\text{K)} + 0{,}8 \times 5{,}76 \times 10^{-8}\ \text{W/(m}^2\cdot\text{K}^4)(448 + 448)\text{K}(448^2 + 448^2)\text{K}^2 \\ &= 40\ \text{W/(m}^2\cdot\text{K)} + 16\ \text{W/(m}^2\cdot\text{K)} = 56\ \text{W/(m}^2\cdot\text{K)} \end{aligned}$$

Novamente, seguindo o Comentário 3 do Exemplo 5.2, o número de Biot para o aquecimento é

$$Bi_f = \frac{h_{\text{ef,máx},f} L_{\text{resf}}}{k} = \frac{(56\ \text{W/(m}^2\cdot\text{K)})(0{,}0015\ \text{m})}{177\ \text{W/(m}^2\cdot\text{K)}} = 4{,}8 \times 10^{-4}$$

na qual L_{resf} é a metade da espessura do painel. Usando $T_{\text{máx},f} = 175\ °\text{C}$ e $T_{\text{viz,resf}} = 25\ °\text{C}$ para a etapa de resfriamento, podemos também obter $h_{\text{ef,máx,resf}} = 49{,}8\ \text{W/(m}^2\cdot\text{K)}$ e $Bi_{\text{resf}} = 4{,}2 \times 10^{-4}$. Uma vez que ambos Bi_f e Bi_{resf} são menores que 0,1, a aproximação do método da capacitância global é válida para o processo inteiro de aquecimento/resfriamento.

Com $V = 2LA_s$ e $A_{s,c} = A_{s,r} = 2A_s$, a Equação 5.15 pode ser expressa como

$$-[h(T - T_\infty) + \varepsilon\sigma(T^4 - T^4_{\text{viz}})] = \rho c L \frac{dT}{dt}$$

na qual h, T_∞ e T_{viz} assumem diferentes valores durante as duas etapas do processo.

Selecionando um incremento de tempo Δt apropriado, a equação pode ser integrada numericamente para se obter a temperatura do painel em $t = \Delta t$, $2\Delta t$, $3\Delta t$ e assim por diante. Selecionando $\Delta t = 10$ s, os cálculos para o processo de aquecimento são estendidos até $t_a = t_c + 300$ s, que representa cinco minutos além do tempo necessário para o painel alcançar $T_c = 150\ °\text{C}$. Em t_a o processo de resfriamento é iniciado e continua até que a temperatura no painel atinja 37 °C em $t = t_t$. A integração foi efetuada usando-se o *IHT* e os seus resultados estão representados a seguir:

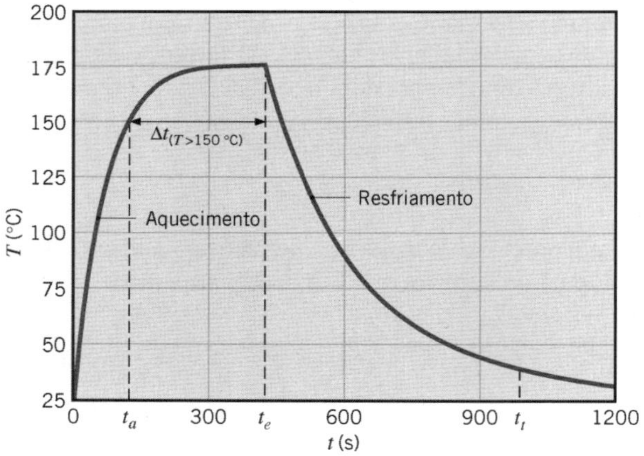

O tempo total para o processo em duas etapas é

$$t_t = 989\ \text{s} \qquad \triangleleft$$

com tempos intermediários de $t_c = 124$ s e $t_a = 424$ s.

Comentários:

1. A duração do processo em duas etapas pode ser reduzida pelo aumento dos coeficientes convectivos e/ou pela redução do prolongamento do período de aquecimento. A segunda opção se torna possível pelo fato de, durante uma parte do período de resfriamento, a temperatura no painel permanecer acima de 150 °C. Assim, para satisfazer a exigência da cura, não é necessário estender o aquecimento por um período de cinco minutos após $t = t_c$. Se os coeficientes convectivos forem aumentados

para $h_f = h_c = 100$ W/(m² · K) e o período de prolongamento do aquecimento for mantido em 300 s, a integração numérica fornece $t_c = 58$ s e $t_t = 445$ s. O intervalo de tempo correspondente no qual a temperatura do painel é superior a 150 °C é de $\Delta t_{(T>150\,°C)} = 306$ s (58 s ≤ t ≤ 364 s). Se o período de prolongamento do aquecimento for reduzido para 294 s, a integração numérica fornece $t_c = 58$ s, $t_t = 439$ s e $\Delta t_{(T>150\,°C)} = 300$ s. Assim, o tempo total do processo é reduzido, enquanto a exigência para a cura permanece satisfeita.

2. Geralmente, a acurácia de uma integração numérica melhora com a redução do Δt, porém, à custa de um acréscimo no tempo de computação. Nesse caso, entretanto, os resultados obtidos para $\Delta t = 1$ s são virtualmente idênticos aos obtidos com $\Delta t = 10$ s, indicando que o intervalo de tempo maior é suficiente para representar de forma acurada o histórico (comportamento dinâmico) da temperatura.
3. A solução completa deste exemplo é fornecida como um modelo pronto para resolver na seção *Advanced* do *IHT*, usando *Models, Lumped Capacitance*. O modelo pode ser usado para verificar os resultados do Comentário 1 ou para independentemente explorar modificações no processo de cura.
4. Se os números de Biot não fossem pequenos, não seria apropriada a utilização do método da capacitância global. Para Biot moderados ou grandes, temperaturas próximas à linha central do sólido continuariam a subir por algum tempo após o término do aquecimento, visto que a energia térmica próxima à superfície do sólido se propaga para dentro. As temperaturas próximas à linha central posteriormente alcançariam um máximo e, então, decresceriam até o valor do regime estacionário. Correlações para a temperatura máxima presente na linha central do painel, juntamente com os tempos nos quais estas temperaturas máximas são atingidas, foram correlacionadas para uma ampla faixa de valores de Bi_f e Bi_c [1].

EXEMPLO 5.4

Ar a ser fornecido para uma sala de cirurgia é primeiramente purificado passando-o através de um compressor de um estágio. Ao passar pelo compressor, a temperatura do ar inicialmente aumenta em razão da compressão, então diminui com o ar sendo retornado a pressão atmosférica. Partículas patogênicas no ar também serão aquecidas e posteriormente resfriadas, e elas serão destruídas se sua temperatura máxima exceder uma temperatura *letal* T_d. Considere partículas patogênicas esféricas ($D = 10$ μm, $\rho = 900$ kg/m³, $c = 1100$ J/(kg · K) e $k = 0{,}2$ W/(m · K)) dispersas no ar impuro. Durante o processo, a temperatura do ar pode ser descrita por uma expressão na forma $T_\infty(t) = 125\,°C - 100\,°C \cdot \cos(2\pi t/t_p)$, na qual t_p é o tempo do processo associado ao escoamento através do compressor. Sendo $t_p = 0{,}004$ s e as temperaturas inicial e letal $T_i = 25$ °C e $T_d = 220$ °C, respectivamente, as partículas patogênicas serão destruídas? O valor do coeficiente de transferência de calor associado às partículas patogênicas é de $h = 4600$ W/(m² · K).

SOLUÇÃO

Dados: Temperatura do ar *versus* tempo, coeficiente de transferência de calor, geometria, tamanho e propriedades dos agentes patogênicos.

Achar: Se os agentes patogênicos são destruídos para $t_p = 0{,}004$ s.

Esquema:

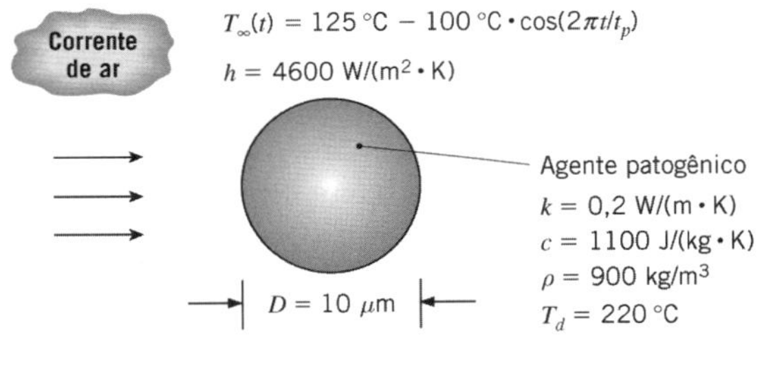

Considerações:

1. Propriedades constantes.
2. Radiação desprezível.

Análise: O número de Biot associado à partícula esférica patogênica é

$$Bi = \frac{h(D/6)}{k} = \frac{4600\ \text{W/(m}^2\cdot\text{K)} \times (10 \times 10^{-6}\ \text{m}/6)}{0{,}2\ \text{W/(m}\cdot\text{K)}} = 0{,}038$$

Desta forma, a aproximação pela capacitância global é válida e podemos usar a Equação 5.2.

$$\frac{dT}{dt} = -\frac{hA_s}{\rho Vc}[T - T_\infty(t)]$$
$$= -\frac{6h}{\rho cD}[T - 125\,°C + 100\,°C\cdot\cos(2\pi t/t_p)] \quad (1)$$

A solução desta equação diferencial de primeira ordem pode ser obtida analiticamente ou por integração numérica.

Integração Numérica Uma solução numérica da Equação 1 pode ser obtida especificando-se a temperatura inicial da partícula, T_i, e usando-se o *IHT* ou um pacote numérico para integrar a equação. A seguir é apresentada a representação gráfica da solução numérica.

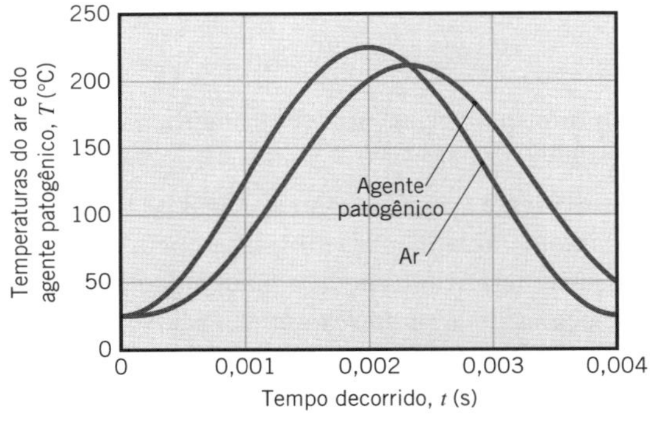

Uma inspeção das temperaturas previstas para o agente patogênico fornece

$$T_{máx} = 212\,°C < 220\,°C$$

Assim, o agente patogênico não é destruído. ◁

Solução Analítica A Equação 1 é uma equação diferencial linear não homogênea, consequentemente sua solução pode ser achada como a soma de uma solução homogênea e uma particular, $T = T_h + T_p$. A parte homogênea, T_h, corresponde à equação diferencial homogênea, $dT_h/dt = -(6h/(\rho c D))T_h$, que tem a solução familiar, $T_h = C_0 \exp(-6ht/(\rho c D))$. A solução particular, T_p, pode então ser determinada usando-se o método dos coeficientes indeterminados; para um termo não homogêneo que inclui uma função cosseno e um termo constante, a solução particular é considerada ter a forma $T_p = C_1 \cos(2\pi t/t_p) + C_2\,\text{sen}(2\pi t/t_p) + C_3$. A substituição desta expressão na Equação 1 fornece os valores dos coeficientes, resultando em

$$T_p = 125\,°C - 100\,°C \times A\left[\cos\left(\frac{2\pi t}{t_p}\right) + \frac{2\pi\rho c D}{6ht_p}\,\text{sen}\left(\frac{2\pi t}{t_p}\right)\right] \quad (2)$$

em que

$$A = \frac{(6h/\rho c D)^2}{(6h/\rho c D)^2 + (2\pi/t_p)^2}$$

A condição inicial, $T(0) = T_i$, é então usada na solução completa, $T = T_h + T_p$, para fornecer $C_0 = 100\,°C(A - 1)$. Assim, a temperatura da partícula é

$$T(t) = 125°C + 100°C\left\{(A-1)\exp\left(-\frac{6ht}{\rho c D}\right) - A\left[\cos\left(\frac{2\pi t}{t_p}\right) + \frac{2\pi\rho c D}{6ht_p}\,\text{sen}\left(\frac{2\pi t}{t_p}\right)\right]\right\} \quad (3)$$

Para achar a temperatura máxima do agente patogênico, poderíamos derivar a Equação 3 e igualar o resultado a zero. Isto fornece uma equação longa e implícita para o tempo crítico $t_{crít}$ no qual a temperatura máxima é atingida. A temperatura máxima pode então ser determinada pela substituição $t = t_{crít}$ na Equação 3. De modo alternativo, a Equação 3 pode ser representada graficamente ou $T(t)$ pode ser tabulada, encontrando-se

$$T_{máx} = 212\,°C < 220\,°C \quad ◁$$

Assim, o agente patogênico não é destruído.

Comentários:

1. Como tem que ser, as soluções analítica e numérica são coincidentes.
2. Como evidente no gráfico anterior, o ar e as partículas patogênicas têm inicialmente a mesma temperatura, $T_i = 25\,°C$. A resposta térmica do agente patogênico tem um retardo em relação a do ar, uma vez que deve haver uma diferença de temperaturas entre o ar e a partícula de modo que o agente seja aquecido ou resfriado. Como requerido pela Equação 1 e evidente na representação gráfica, a temperatura máxima da partícula é atingida quando não há diferença de temperaturas entre o ar e o agente patogênico.
3. A temperatura máxima do agente patogênico pode ser aumentada pela extensão da duração do processo. Para um tempo de processo de $t_p = 0{,}008$ s, as temperaturas do ar e da partícula patogênica são como a seguir.

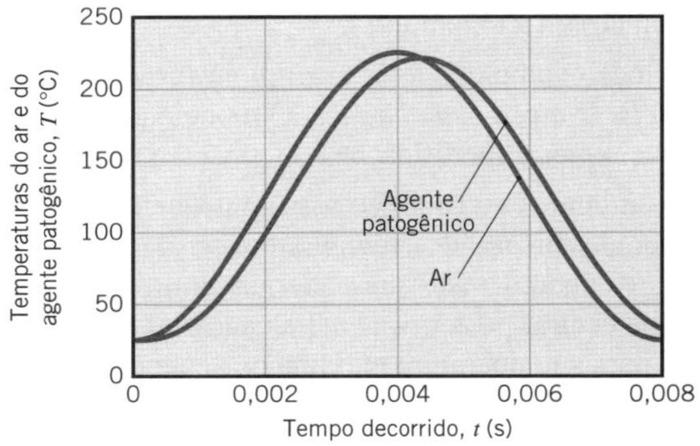

A temperatura máxima da partícula é agora $T_{máx} = 221\,°C > T_d = 220\,°C$, e o agente patogênico seria morto. Entretanto, como a duração do processo é o dobro da originalmente especificada, aproximadamente metade do ar seria fornecido para a sala de cirurgia quando comparado ao caso com $t_p = 0{,}004$ s. Um compromisso existe entre a quantidade de ar que pode ser enviada à sala de cirurgia e a sua pureza.
4. O coeficiente de transferência de calor por radiação máximo possível pode ser calculado com base nas temperaturas extremas do problema e considerando-se uma emissividade da partícula unitária. Desta forma,

$$h_{r,máx} = \sigma(T_{máx} + T_{mín})(T^2_{máx} + T^2_{mín})$$
$$= 5{,}67 \times 10^{-8}\,W/(m^2 \cdot K^4) \times (498 + 298)K \times (498^2 + 298^2)K^2 = 15{,}2\,W/(m^2 \cdot K)$$

Como $h_{r,máx} \ll h$, a transferência de calor por radiação é desprezível.
5. A função Der(T, t) do *software IHT* foi usada para gerar a solução numérica deste problema. Veja o Comentário 3 do Exemplo 5.2. Se você tem familiaridade com um *solver* numérico como o *IHT*, é frequentemente mais rápida a obtenção de uma solução numérica do que de uma solução analítica, como é o caso do presente exemplo. Além disso, se procuramos valores máximos ou mínimos da variável ou variáveis dependentes, como a temperatura do agente patogênico neste exemplo, é frequentemente mais rápido determinar o máximo ou mínimo por inspeção, em vez de achá-lo a partir da solução analítica. Entretanto, em geral, soluções analíticas mostram explicitamente a influência dos parâmetros e podem permitir uma interpretação que soluções numéricas podem ocultar.
6. Um incremento no tempo de $\Delta t = 10\,\mu s$ foi usado para gerar as soluções numéricas. Geralmente, a acurácia de uma integração numérica melhora com a diminuição do Δt, mas à custa de um aumento do tempo computacional. Neste exemplo, resultados para $\Delta t = 5\,\mu s$ são virtualmente

idênticos aos obtidos com o incremento no tempo maior, indicando que este é suficiente para representar com precisão o histórico da temperatura e determinar a temperatura máxima da partícula.

7. A hipótese de morte instantânea do agente patogênico na temperatura letal é uma aproximação. A destruição de agentes patogênicos também depende da duração da exposição às altas temperaturas [2].

5.4 Efeitos Espaciais

Com frequência, surgem situações nas quais o número de Biot não é pequeno e temos que enfrentar o fato de os gradientes de temperatura no meio não serem mais desprezíveis. O uso do método da capacitância global forneceria resultados incorretos, de modo que abordagens alternativas, apresentadas na sequência deste capítulo, têm que ser utilizadas.

Nas suas formas mais gerais, os problemas de condução transiente são descritos pela equação do calor, Equação 2.19, para coordenadas retangulares, ou Equações 2.26 e 2.29, respectivamente, para coordenadas cilíndricas e esféricas. As soluções dessas equações diferenciais parciais fornecem a variação da temperatura com o tempo e com as coordenadas espaciais. Entretanto, em muitos problemas, como o da parede plana da Figura 5.4, somente uma coordenada espacial é necessária para descrever a distribuição interna de temperaturas. Sem geração interna e com a hipótese de condutividade térmica constante, a Equação 2.19 se reduz a

$$\frac{\partial^2 T}{\partial x^2} = \frac{1}{\alpha}\frac{\partial T}{\partial t} \tag{5.29}$$

Para resolver a Equação 5.29, determinando a distribuição de temperaturas $T(x, t)$, é necessário especificar uma condição *inicial* e duas *condições de contorno*. Para o problema típico de condução transiente mostrado na Figura 5.4, a condição inicial é

$$T(x, 0) = T_i \tag{5.30}$$

e as condições de contorno são

$$\left.\frac{\partial T}{\partial x}\right|_{x=0} = 0 \tag{5.31}$$

e

$$-k\left.\frac{\partial T}{\partial x}\right|_{x=L} = h[T(L, t) - T_\infty] \tag{5.32}$$

A Equação 5.30 presume uma distribuição de temperaturas uniforme no tempo $t = 0$; a Equação 5.31 reflete a *exigência de simetria* no plano central da parede; e a Equação 5.32 descreve a condição na superfície para $t > 0$. Das Equações 5.29 a 5.32 fica evidente que, além de serem função de x e de t, as temperaturas na parede também dependem de uma série de parâmetros físicos. Em particular,

$$T = T(x, t, T_i, T_\infty, L, k, \alpha, h) \tag{5.33}$$

O problema anterior pode ser resolvido de forma analítica ou numericamente. Esses métodos serão analisados em seções seguintes, mas, em primeiro lugar, é importante observar as vantagens que podem ser obtidas pela *adimensionalização* das equações que descrevem o processo. Isso pode ser feito pelo agrupamento das variáveis relevantes em *grupos* apropriados. Considere a variável dependente T. Se a diferença de temperaturas $\theta \equiv T - T_\infty$ for dividida pela *máxima diferença de temperaturas possível*, $\theta_i \equiv T_i - T_\infty$, uma forma adimensional da variável dependente pode ser definida como

$$\theta^* \equiv \frac{\theta}{\theta_i} = \frac{T - T_\infty}{T_i - T_\infty} \tag{5.34}$$

Consequentemente, θ^* deve estar no intervalo $0 \le \theta^* \le 1$. Uma coordenada espacial adimensional pode ser definida pela expressão

$$x^* \equiv \frac{x}{L} \tag{5.35}$$

na qual L é a metade da espessura da parede plana, e um tempo adimensional pode ser definido pela expressão

$$t^* \equiv \frac{\alpha t}{L^2} \equiv Fo \tag{5.36}$$

na qual t^* é equivalente ao adimensional número de Fourier, Equação 5.12.

Substituindo as definições representadas pelas Equações 5.34 a 5.36 nas Equações 5.29 a 5.32, a equação do calor se torna

$$\frac{\partial^2 \theta^*}{\partial x^{*2}} = \frac{\partial \theta^*}{\partial Fo} \tag{5.37}$$

e as condições iniciais e de contorno se tornam

$$\theta^*(x^*, 0) = 1 \tag{5.38}$$

$$\left.\frac{\partial \theta^*}{\partial x^*}\right|_{x^*=0} = 0 \tag{5.39}$$

e

$$\left.\frac{\partial \theta^*}{\partial x^*}\right|_{x^*=1} = -Bi\,\theta^*(1, t^*) \tag{5.40}$$

na qual o *número de Biot* é $Bi \equiv hL/k$. Na forma adimensional, a dependência funcional da Equação 5.33 pode agora ser representada como

$$\theta^* = f(x^*, Fo, Bi) \tag{5.41}$$

Lembre-se de que uma dependência funcional semelhante, sem a variação com x^*, foi obtida no método da capacitância global, conforme mostrado na Equação 5.13.

Comparando as Equações 5.33 e 5.41, a vantagem considerável de equacionar o problema na forma adimensional fica evidente. A Equação 5.41 implica que, *para uma dada geometria, a distribuição transiente de temperaturas é uma função universal de* x^*, Fo *e* Bi. Isto é, a *solução adimensional* tem uma forma especificada que não depende dos valores particulares de T_i, T_∞, L, k, α ou h. Como essa generalização simplifica muito a apresentação e a utilização das soluções transientes, as variáveis adimensionais serão muito usadas nas seções seguintes.

5.5 A Parede Plana com Convecção

Soluções analíticas exatas para problemas de condução transiente foram obtidas para muitas geometrias e condições de contorno simples, estando bem documentadas [3–6]. Diversas técnicas matemáticas, incluindo o método da separação de variáveis (Seção 4.2), podem ser usadas para esse propósito e, em geral, a solução para a distribuição de temperaturas adimensional, Equação 5.41, tem a forma de uma série infinita. Entretanto, exceto para valores muito pequenos do número de Fourier, essa série pode ser aproximada por um único termo, simplificando consideravelmente a sua avaliação.

5.5.1 *Solução Exata*

Seja a *parede plana* com espessura $2L$ (Figura 5.6*a*). Se a espessura for pequena quando comparada à largura e à altura da parede, é razoável supor que a condução ocorra exclusivamente na direção x. Se a parede se encontra inicialmente a uma temperatura uniforme, $T(x, 0) = T_i$, e é subitamente imersa em um fluido com $T_\infty \neq T_i$, as temperaturas resultantes podem ser obtidas a partir da solução da Equação 5.37 sujeita às condições das Equações 5.38 a 5.40. Como as condições convectivas nas superfícies em $x^* = \pm 1$ são as mesmas, a distribuição de temperaturas em qualquer instante tem que ser simétrica em relação ao plano central ($x^* = 0$). Uma solução exata para esse problema tem a forma [4]

$$\theta^* = \sum_{n=1}^{\infty} C_n \exp(-\zeta_n^2 Fo) \cos(\zeta_n x^*) \qquad (5.42a)$$

na qual $Fo = \alpha t/L^2$, o coeficiente C_n é

$$C_n = \frac{4 \operatorname{sen} \zeta_n}{2\zeta_n + \operatorname{sen}(2\zeta_n)} \qquad (5.42b)$$

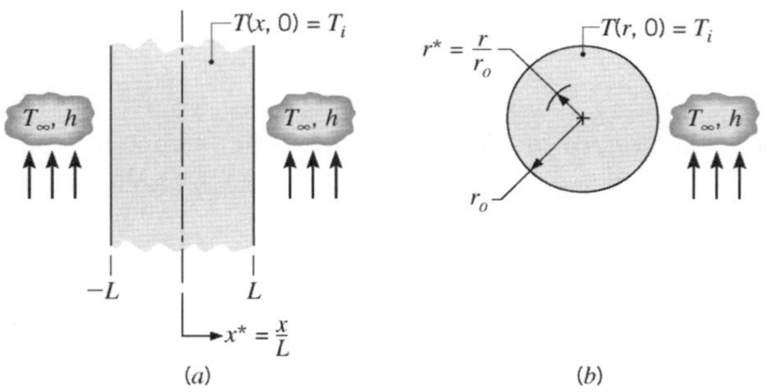

FIGURA 5.6 Sistemas unidimensionais com uma temperatura inicial uniforme submetidos subitamente a condições convectivas: (*a*) Parede plana. (*b*) Cilindro infinito ou esfera.

e os valores discretos (*autovalores*) de ζ_n são raízes positivas da equação transcendental

$$\zeta_n \tan \zeta_n = Bi \qquad (5.42c)$$

As quatro primeiras raízes dessa equação são fornecidas no Apêndice B.3. A solução exata dada pela Equação 5.42a é válida para qualquer tempo, $0 \leq Fo \leq \infty$.

5.5.2 *Solução Aproximada*

Pode-se demonstrar (Problema 5.35) que, para valores de $Fo > 0{,}2$, a solução em série infinita, Equação 5.42a, pode ser aproximada pelo primeiro termo da série, $n = 1$. Utilizando essa aproximação, a forma adimensional da distribuição de temperaturas se transforma em

$$\theta^* = C_1 \exp(-\zeta_1^2 Fo) \cos(\zeta_1 x^*) \qquad (5.43a)$$

ou

$$\theta^* = \theta_o^* \cos(\zeta_1 x^*) \qquad (5.43b)$$

na qual $\theta_o^* \equiv (T_o - T_\infty)/(T_i - T_\infty)$ representa a temperatura adimensional no plano central ($x^* = 0$)

$$\theta_o^* = C_1 \exp(-\zeta_1^2 Fo) \qquad (5.44)$$

Uma consequência importante da Equação 5.43b é que a *dependência temporal da temperatura em qualquer posição no interior da parede é igual à dependência da temperatura no plano central*. Os coeficientes C_1 e ζ_1 são calculados pelas Equações 5.42b e 5.42c, respectivamente, e fornecidos na Tabela 5.1 para uma faixa de números de Biot.

5.5.3 *Transferência Total de Energia*

Em muitas situações é útil saber a energia total que deixou (ou entrou) a parede até um dado tempo t em um processo transiente. A exigência de conservação da energia, Equação 1.12b, pode ser aplicada no intervalo de tempo delimitado pela condição inicial ($t = 0$) e por qualquer tempo $t > 0$

$$E_{ent} - E_{sai} = \Delta E_{acu} \qquad (5.45)$$

Igualando a quantidade de energia transferida a partir da parede Q a E_{sai} e estabelecendo $E_{ent} = 0$ e $\Delta E_{acu} = E(t) - E(0)$, segue-se que

$$Q = -[E(t) - E(0)] \qquad (5.46a)$$

ou

$$Q = -\int \rho c[T(x, t) - T_i]dV \qquad (5.46b)$$

na qual a integração é efetuada no volume da parede. É conveniente adimensionalizar esse resultado com a definição da grandeza

$$Q_o = \rho c V(T_i - T_\infty) \qquad (5.47)$$

Representações gráficas das aproximações pelo primeiro termo são apresentadas na Seção 5S.1.

TABELA 5.1 Coeficientes usados na aproximação pelo primeiro termo para as soluções em série na condução transiente unidimensional

	Parede Plana		Cilindro Infinito		Esfera	
Bi^a	ζ_1 (rad)	C_1	ζ_1 (rad)	C_1	ζ_1 (rad)	C_1
0,01	0,0998	1,0017	0,1412	1,0025	0,1730	1,0030
0,02	0,1410	1,0033	0,1995	1,0050	0,2445	1,0060
0,03	0,1723	1,0049	0,2440	1,0075	0,2991	1,0090
0,04	0,1987	1,0066	0,2814	1,0099	0,3450	1,0120
0,05	0,2218	1,0082	0,3143	1,0124	0,3854	1,0149
0,06	0,2425	1,0098	0,3438	1,0148	0,4217	1,0179
0,07	0,2615	1,0114	0,3709	1,0173	0,4551	1,0209
0,08	0,2791	1,0130	0,3960	1,0197	0,4860	1,0239
0,09	0,2956	1,0145	0,4195	1,0222	0,5150	1,0268
0,10	0,3111	1,0161	0,4417	1,0246	0,5423	1,0298
0,15	0,3779	1,0237	0,5376	1,0365	0,6609	1,0445
0,20	0,4328	1,0311	0,6170	1,0483	0,7593	1,0592
0,25	0,4801	1,0382	0,6856	1,0598	0,8447	1,0737
0,30	0,5218	1,0450	0,7465	1,0712	0,9208	1,0880
0,4	0,5932	1,0580	0,8516	1,0932	1,0528	1,1164
0,5	0,6533	1,0701	0,9408	1,1143	1,1656	1,1441
0,6	0,7051	1,0814	1,0184	1,1345	1,2644	1,1713
0,7	0,7506	1,0919	1,0873	1,1539	1,3525	1,1978
0,8	0,7910	1,1016	1,1490	1,1724	1,4320	1,2236
0,9	0,8274	1,1107	1,2048	1,1902	1,5044	1,2488
1,0	0,8603	1,1191	1,2558	1,2071	1,5708	1,2732
2,0	1,0769	1,1785	1,5994	1,3384	2,0288	1,4793
3,0	1,1925	1,2102	1,7887	1,4191	2,2889	1,6227
4,0	1,2646	1,2287	1,9081	1,4698	2,4556	1,7202
5,0	1,3138	1,2402	1,9898	1,5029	2,5704	1,7870
6,0	1,3496	1,2479	2,0490	1,5253	2,6537	1,8338
7,0	1,3766	1,2532	2,0937	1,5411	2,7165	1,8673
8,0	1,3978	1,2570	2,1286	1,5526	1,7654	1,8920
9,0	1,4149	1,2598	2,1566	1,5611	2,8044	1,9106
10,0	1,4289	1,2620	2,1795	1,5677	2,8363	1,9249
20,0	1,4961	1,2699	2,2881	1,5919	2,9857	1,9781
30,0	1,5202	1,2717	2,3261	1,5973	3,0372	1,9898
40,0	1,5325	1,2723	2,3455	1,5993	3,0632	1,9942
50,0	1,5400	1,2727	2,3572	1,6002	3,0788	1,9962
100,0	1,5552	1,2731	2,3809	1,6015	3,1102	1,9990
∞	1,5708	1,2733	2,4050	1,6018	3,1415	2,0000

[a] $Bi = hL/k$ para a parede plana e hr_o/k para o cilindro infinito e a esfera. Veja a Figura 5.6.

que pode ser interpretada como a energia interna inicial da parede em relação à temperatura do fluido. Ela também é a quantidade *máxima* de transferência de energia que poderia ocorrer se o processo se estendesse até $t = \infty$. Dessa forma, supondo propriedades constantes, a razão entre a quantidade total de energia transferida a partir da parede ao longo do intervalo de tempo t e a transferência máxima possível é

$$\frac{Q}{Q_o} = \int \frac{-[T(x,t) - T_i]}{T_i - T_\infty} \frac{dV}{V} = \frac{1}{V}\int (1 - \theta^*)\, dV \quad (5.48)$$

Utilizando a forma aproximada da distribuição de temperaturas para a parede plana, Equação 5.43b, a integração especificada na Equação 5.48 pode ser efetuada, obtendo-se

$$\frac{Q}{Q_o} = 1 - \frac{\text{sen}\,\zeta_1}{\zeta_1}\theta_o^* \quad (5.49)$$

na qual θ_o^* pode ser determinada pela Equação 5.44, usando a Tabela 5.1 na obtenção dos valores dos coeficientes C_1 e ζ_1.

5.5.4 Considerações Adicionais

Em função de o problema matemático ser precisamente o mesmo, os resultados anteriores também podem ser utilizados em uma parede plana, com espessura L, que seja isolada em um de seus lados ($x^* = 0$) e haja transporte convectivo no outro ($x^* = +1$). Essa equivalência é uma consequência do fato de que, indiferentemente de haver uma exigência de simetria ou de condição adiabática estabelecida em $x^* = 0$, a condição de contorno tem a forma $\partial\theta^*/\partial x^* = 0$.

Cabe, ainda, observar que os resultados anteriores podem ser utilizados na determinação da resposta transiente de uma parede plana submetida a uma súbita mudança na sua temperatura *superficial*. O processo é equivalente à presença de um coeficiente convectivo infinito, no qual o número de Biot é infinito ($Bi = \infty$) e a temperatura no fluido T_∞ é substituída pela temperatura superficial T_s especificada.

5.6 Sistemas Radiais com Convecção

Para um cilindro infinito ou uma esfera com raio r_o (Figura 5.6*b*), que está inicialmente a uma temperatura uniforme e passa por uma mudança nas condições convectivas, resultados semelhantes aos obtidos na Seção 5.5 podem ser desenvolvidos. Isto é, uma solução exata na forma de uma série pode ser obtida para a dependência temporal da distribuição radial de temperaturas, e uma aproximação pelo primeiro termo dessa série pode ser usada na maioria das condições. O cilindro infinito é uma idealização que permite a adoção da hipótese de condução unidimensional na direção radial. Ela é uma aproximação razoável para cilindros com $L/r_o \gtrsim 10$.

5.6.1 *Soluções Exatas*

Para uma temperatura inicial uniforme e condições de contorno convectivas, as soluções exatas [4], aplicáveis em qualquer tempo ($Fo > 0$), são apresentadas a seguir.

Cilindro Infinito Na forma adimensional, a temperatura é

$$\theta^* = \sum_{n=1}^{\infty} C_n \exp(-\zeta_n^2 Fo) J_0(\zeta_n r^*) \tag{5.50a}$$

na qual $Fo = \alpha t/r_o^2$ e $r^* = r/r_o$,

$$C_n = \frac{2}{\zeta_n} \frac{J_1(\zeta_n)}{J_0^2(\zeta_n) + J_1^2(\zeta_n)} \tag{5.50b}$$

e os valores discretos de ζ_n são raízes positivas da equação transcendental

$$\zeta_n \frac{J_1(\zeta_n)}{J_0(\zeta_n)} = Bi \tag{5.50c}$$

na qual $Bi = hr_o/k$. As grandezas J_1 e J_0 são funções de Bessel de primeira espécie, e seus valores estão tabelados no Apêndice B.4. Raízes da equação transcendental (5.50c) estão tabeladas em Schneider [4].

Esfera De modo análogo, para a esfera

$$\theta^* = \sum_{n=1}^{\infty} C_n \exp(-\zeta_n^2 Fo) \frac{1}{\zeta_n r^*} \operatorname{sen}(\zeta_n r^*) \tag{5.51a}$$

na qual $Fo = \alpha t/r_o^2$ e $r^* = r/r_o$,

$$C_n = \frac{4[\operatorname{sen}(\zeta_n) - \zeta_n \cos(\zeta_n)]}{2\zeta_n - \operatorname{sen}(2\zeta_n)} \tag{5.51b}$$

e os valores discretos de ζ_n são raízes positivas da equação transcendental

$$1 - \zeta_n \cot \zeta_n = Bi \tag{5.51c}$$

na qual $Bi = hr_o/k$. As raízes da equação transcendental estão tabeladas em Schneider [4].

5.6.2 *Soluções Aproximadas*

Para o cilindro infinito e a esfera, as soluções anteriores em séries podem, mais uma vez, ser aproximadas por um único termo, $n = 1$, para $Fo > 0{,}2$. Assim, da mesma forma que no caso da parede plana, a dependência da temperatura em relação ao tempo em qualquer ponto no interior do sistema radial é a mesma que na linha central ou no ponto central.

Cilindro Infinito A aproximação pelo primeiro termo da Equação 5.50a é

$$\theta^* = C_1 \exp(-\zeta_1^2 Fo) J_0(\zeta_1 r^*) \tag{5.52a}$$

ou

$$\theta^* = \theta_o^* J_0(\zeta_1 r^*) \tag{5.52b}$$

na qual θ_o^* representa a temperatura na linha central e tem a forma

$$\theta_o^* = C_1 \exp(-\zeta_1^2 Fo) \tag{5.52c}$$

Valores dos coeficientes C_1 e ζ_1 foram determinados e estão listados na Tabela 5.1 para uma faixa de números de Biot.

Esfera Na Equação 5.51a, a aproximação pelo primeiro termo é

$$\theta^* = C_1 \exp(-\zeta_1^2 Fo) \frac{1}{\zeta_1 r^*} \operatorname{sen}(\zeta_1 r^*) \tag{5.53a}$$

ou

$$\theta^* = \theta_o^* \frac{1}{\zeta_1 r^*} \operatorname{sen}(\zeta_1 r^*) \tag{5.53b}$$

na qual θ_o^* representa a temperatura no centro e tem a forma

$$\theta_o^* = C_1 \exp(-\zeta_1^2 Fo) \tag{5.53c}$$

Valores dos coeficientes C_1 e ζ_1 foram determinados e estão listados na Tabela 5.1 para uma faixa de números de Biot.

5.6.3 *Transferência Total de Energia: Soluções Aproximadas*

Da mesma forma que na Seção 5.5.3, um balanço de energia pode ser efetuado para determinar o total de energia transferida a partir do cilindro infinito ou da esfera durante o intervalo de tempo $\Delta t = t$. Utilizando as soluções aproximadas, Equações 5.52b e 5.53b, e definindo Q_o a partir da Equação 5.47, os resultados são os a seguir.

Cilindro Infinito

$$\frac{Q}{Q_o} = 1 - \frac{2\theta_o^*}{\zeta_1} J_1(\zeta_1) \tag{5.54}$$

Representações gráficas das aproximações pelo primeiro termo são apresentadas na Seção 5S.1.

Esfera

$$\frac{Q}{Q_o} = 1 - \frac{3\theta_o^*}{\zeta_1^3}[\text{sen}(\zeta_1) - \zeta_1 \cos(\zeta_1)] \qquad (5.55)$$

Os valores para as temperaturas centrais, θ_o^*, são determinados nas Equações 5.52c ou 5.53c, usando os coeficientes da Tabela 5.1 para o sistema apropriado.

5.6.4 Considerações Adicionais

Da mesma forma que para a parede plana, os resultados anteriores podem ser usados para predizer a resposta transiente de cilindros longos e de esferas submetidos a uma súbita mudança na temperatura *superficial*. Para tal, um número de Biot infinito é estabelecido, e a temperatura no fluido T_∞ é substituída pela temperatura superficial constante T_s.

EXEMPLO 5.5

Considere um oleoduto de aço (AISI 1010) que possui 1 m de diâmetro e uma espessura de parede de 40 mm. O oleoduto é muito bem isolado pelo seu lado externo, e, antes do início do escoamento do fluido, suas paredes se encontram a uma temperatura uniforme de −20 °C. Com o início do escoamento, o óleo quente a 60 °C é bombeado através do oleoduto, gerando na superfície interna do duto condições convectivas correspondentes a um $h = 500$ W/(m^2 · K).

1. Quais são os valores dos números de Biot e Fourier apropriados oito minutos após o início do escoamento?
2. Em $t = 8$ min, qual é a temperatura na superfície externa do duto coberta pelo isolamento?
3. Qual é o fluxo térmico q''(W/m^2) do óleo para o duto em $t = 8$ min?
4. Qual a quantidade total de energia, por metro linear do oleoduto, que foi transferida do óleo para o duto em $t = 8$ min?

SOLUÇÃO

Dados: Parede submetida a uma súbita mudança nas condições convectivas em sua superfície.

Achar:

1. Números de Biot e Fourier após oito minutos.
2. Temperatura na superfície externa do duto após oito minutos.
3. Fluxo térmico para a parede no tempo de oito minutos.
4. Energia transferida para o duto, por unidade de comprimento, após oito minutos.

Esquema:

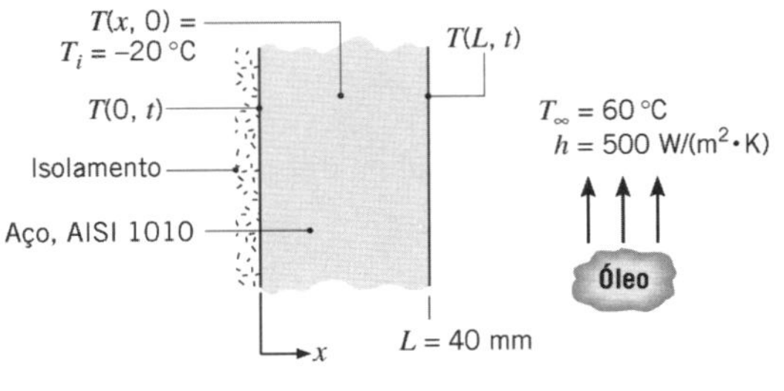

Considerações:

1. Parede do duto pode ser aproximada por uma parede plana, uma vez que sua espessura é muito menor do que o seu diâmetro.
2. Propriedades constantes.
3. Superfície externa do duto adiabática.

Propriedades: Tabela A.1, aço tipo AISI 1010 [T = (−20 + 60) °C/2 ≈ 300 K]: ρ = 7832 kg/m^3, c = 434 J/(kg · K), k = 63,9 W/(m · K), $\alpha = 18{,}8 \times 10^{-6}$ m^2/s.

Análise:

1. Em $t = 8$ min, os números de Biot e Fourier são calculados pelas Equações 5.10 e 5.12, respectivamente, com $L_c = L$. Assim

$$Bi = \frac{hL}{k} = \frac{500\ \text{W/(m}^2\cdot\text{K)} \times 0{,}04\ \text{m}}{63{,}9\ \text{W/(m}\cdot\text{K)}} = 0{,}313 \qquad \triangleleft$$

$$Fo = \frac{\alpha t}{L^2} = \frac{18{,}8 \times 10^{-6}\ \text{m}^2\text{/s} \times 8\ \text{min} \times 60\ \text{s/min}}{(0{,}04\ \text{m})^2} = 5{,}64 \triangleleft$$

2. Com $Bi = 0{,}313$, o uso do método da capacitância global é inapropriado. Contudo, como $Fo > 0{,}2$ e as condições transientes na parede isolada do duto de espessura L correspondem às existentes em uma parede plana com espessura $2L$ submetida à mesma condição superficial, os resultados desejados podem ser obtidos com a aproximação pelo primeiro termo para a parede plana. A temperatura no plano central pode ser determinada pela Equação 5.44

$$\theta_o^* = \frac{T_o - T_\infty}{T_i - T_\infty} = C_1 \exp(-\zeta_1^2 Fo)$$

na qual, com $Bi = 0{,}313$, na Tabela 5.1 tem-se que $C_1 = 1{,}047$ e $\zeta_1 = 0{,}531$ rad. Com $Fo = 5{,}64$,

$$\theta_o^* = 1{,}047 \exp[-(0{,}531\ \text{rad})^2 \times 5{,}64] = 0{,}214$$

Assim, após oito minutos, a temperatura na superfície externa do duto, que corresponde à temperatura no plano central da parede plana, é

$$T(0, 8\ \text{min}) = T_\infty + \theta_o^*(T_i - T_\infty)$$
$$= 60\ °\text{C} + 0{,}214(-20 - 60)\ °\text{C} = 42{,}9\ °\text{C} \qquad \triangleleft$$

3. A transferência de calor para a superfície interna em $x = L$ ocorre por convecção, e a qualquer tempo t o fluxo térmico pode ser obtido a partir da lei do resfriamento de Newton. Assim, em $t = 480$ s,

$$q_x''(L, 480\ \text{s}) \equiv q_L'' = h[T(L, 480\ \text{s}) - T_\infty]$$

Usando a aproximação pelo primeiro termo para a temperatura na superfície, a Equação 5.43b com $x^* = 1$ possui a forma

$$\theta^* = \theta_o^* \cos(\zeta_1)$$

$$T(L, t) = T_\infty + (T_i - T_\infty)\theta_o^* \cos(\zeta_1)$$

$$T(L, 8 \text{ min}) = 60\ °\text{C} + (-20 - 60)\ °\text{C} \times 0{,}214 \times \cos(0{,}531 \text{ rad})$$

$$T(L, 8 \text{ min}) = 45{,}2\ °\text{C}$$

O fluxo térmico em $t = 8$ min é, então

$$q''_L = 500 \text{ W/(m}^2 \cdot \text{K)} (45{,}2 - 60)\ °\text{C} = -7400 \text{ W/m}^2 \quad \triangleleft$$

4. A transferência de energia para a parede do duto ao longo do intervalo de oito minutos pode ser obtida pelas Equações 5.47 e 5.49. Com

$$\frac{Q}{Q_o} = 1 - \frac{\text{sen}(\zeta_1)}{\zeta_1}\theta_o^*$$

$$\frac{Q}{Q_o} = 1 - \frac{\text{sen}(0{,}531 \text{ rad})}{0{,}531 \text{ rad}} \times 0{,}214 = 0{,}80$$

segue-se que

$$Q = 0{,}80\ \rho c V(T_i - T_\infty)$$

ou, com um volume por unidade de comprimento do duto de $V' = \pi DL$,

$$Q' = 0{,}80\ \rho c \pi DL(T_i - T_\infty)$$

$$Q' = 0{,}80 \times 7832 \text{ kg/m}^3 \times 434 \text{ J/(kg} \cdot \text{K)} \times \pi \times 1 \text{ m} \times 0{,}04 \text{ m} (-20 - 60)°\text{C}$$

$$Q' = -2{,}73 \times 10^7 \text{ J/m} \quad \triangleleft$$

Comentários:

1. O sinal de menos associado aos valores de q'' e Q' indicam simplesmente que a direção da transferência de calor ocorre do óleo para o duto (para dentro da parede do duto).
2. A solução deste exemplo é fornecida como um modelo pronto para resolver na seção *Advanced* do *IHT*, usando a opção *Models, Transient Conduction, Plane Wall*. Como o modelo *IHT* usa uma aproximação com múltiplos termos para a solução em série, os resultados são mais acurados do que os obtidos com a aproximação de primeiro termo anteriormente usada. *IHT Models* para *Transient Conduction* estão também disponíveis para os sistemas radiais tratados na Seção 5.6.

EXEMPLO 5.6

Um novo processo para o tratamento de um material especial deve ser avaliado. O material, uma esfera com raio $r_o = 5$ mm, encontra-se inicialmente em equilíbrio a 400 °C no interior de um forno. O material é repentinamente removido do forno e submetido a um processo de resfriamento em duas etapas.

Etapa 1 Resfriamento no ar a 20 °C por um período de tempo t_a até que a temperatura do centro atinja um valor crítico, $T_a(0, t_a) = 335$ °C. Para essa situação, o coeficiente de transferência de calor por convecção é $h_a = 10$ W/(m² · K).

Após a esfera ter atingido essa temperatura crítica, a segunda etapa é iniciada.

Etapa 2 Resfriamento em um banho agitado de água a 20 °C, com um coeficiente de transferência de calor por convecção de $h_b = 6000$ W/(m² · K).

As propriedades termofísicas do material são $\rho = 3000$ kg/m³, $k = 20$ W/(m · K), $c = 1000$ J/(kg · K) e $\alpha = 6{,}66 \times 10^{-6}$ m²/s.

1. Calcule o tempo t_a requerido para a Etapa 1 do processo de resfriamento se completar.
2. Calcule o tempo t_b requerido na Etapa 2 do processo para o centro da esfera se resfriar de 335 °C (a condição ao final da Etapa 1) até 50 °C.

SOLUÇÃO

Dados: Requisitos de temperatura para o resfriamento de uma esfera.

Achar:

1. Tempo t_a requerido para completar o resfriamento desejado no ar.
2. Tempo t_b requerido para completar o resfriamento no banho de água.

Esquema:

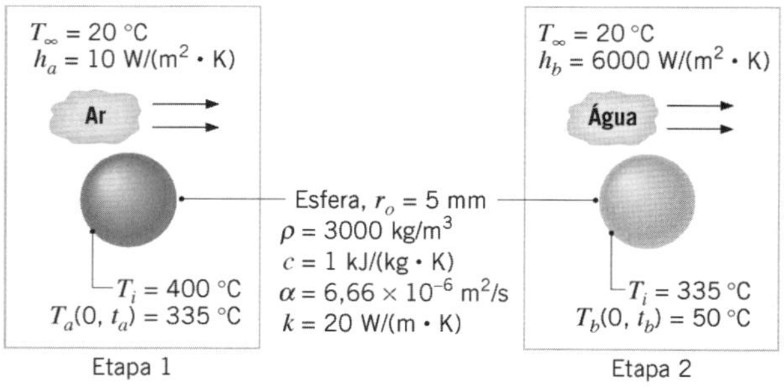

Considerações:

1. Condução unidimensional na direção r.
2. Propriedades constantes.

Análise:

1. Para determinar se o método da capacitância global pode ser usado, o número de Biot é calculado. Pela Equação 5.10, com $L_c = r_o/3$,

$$Bi = \frac{h_a r_o}{3k} = \frac{10 \text{ W/(m}^2 \cdot \text{K)} \times 0{,}005 \text{ m}}{3 \times 20 \text{ W/(m} \cdot \text{K)}} = 8{,}33 \times 10^{-4}$$

Consequentemente, o método da capacitância global pode ser utilizado, e a temperatura no interior da esfera é praticamente uniforme. Pela Equação 5.5, tem-se que

$$t_a = \frac{\rho V c}{h_a A_s} \ln \frac{\theta_i}{\theta_a} = \frac{\rho r_o c}{3h_a} \ln \frac{T_i - T_\infty}{T_a - T_\infty}$$

na qual $V = (4/3)\pi r_o^3$ e $A_s = 4\pi r_o^2$. Assim,

$$t_a = \frac{3000\ \text{kg/m}^3 \times 0{,}005\ \text{m} \times 1000\ \text{J/(kg}\cdot\text{K)}}{3 \times 10\ \text{W/(m}^2\cdot\text{K)}} \ln \frac{400-20}{335-20}$$

$$= 94\ \text{s} \qquad \triangleleft$$

2. Para determinar se o método da capacitância global pode também ser usado na segunda etapa do processo de resfriamento, o número de Biot é novamente calculado. Nesse caso,

$$Bi = \frac{h_b r_o}{3k} = \frac{6000\ \text{W/(m}^2\cdot\text{K)} \times 0{,}005\ \text{m}}{3 \times 20\ \text{W/(m}\cdot\text{K)}} = 0{,}50$$

e o método da capacitância global não é apropriado. Entretanto, com uma excelente aproximação, a temperatura da esfera é uniforme em $t = t_a$ e a aproximação pelo primeiro termo pode ser utilizada para os cálculos. O tempo t_b, no qual a temperatura no centro atinge 50 °C, isto é, $T(0, t_b) = 50$ °C, pode ser obtido mediante um rearranjo da Equação 5.53c,

$$Fo = -\frac{1}{\zeta_1^2} \ln\left[\frac{\theta_o^*}{C_1}\right] = -\frac{1}{\zeta_1^2} \ln\left[\frac{1}{C_1} \times \frac{T(0, t_b) - T_\infty}{T_i - T_\infty}\right]$$

na qual $t_b = Fo\, r_o^2/\alpha$. Com o número de Biot agora definido como

$$Bi = \frac{h_b r_o}{k} = \frac{6000\ \text{W/(m}^2\cdot\text{K)} \times 0{,}005\ \text{m}}{20\ \text{W/(m}\cdot\text{K)}} = 1{,}50$$

A Tabela 5.1 fornece $C_1 = 1{,}376$ e $\zeta_1 = 1{,}800$ rad. Tem-se, então, que

$$Fo = -\frac{1}{(1{,}800\ \text{rad})^2} \ln\left[\frac{1}{1{,}376} \times \frac{(50-20)\,°\text{C}}{(335-20)\,°\text{C}}\right] = 0{,}82$$

e

$$t_b = Fo \frac{r_o^2}{\alpha} = 0{,}82 \frac{(0{,}005\ \text{m})^2}{6{,}66 \times 10^{-6}\ \text{m}^2/\text{s}} = 3{,}1\ \text{s} \qquad \triangleleft$$

Note que, com $Fo = 0{,}82$, o uso da aproximação pelo primeiro termo está justificado.

Comentários:

1. Se a distribuição de temperaturas no interior da esfera na conclusão da Etapa 1 não fosse uniforme, os cálculos da Etapa 2 não poderiam ter sido realizados tanto empregando a aproximação de primeiro termo como a solução por série exata, uma vez que ambas consideram a temperatura inicial uniforme.

2. A temperatura na superfície da esfera ao término da Etapa 2 pode ser obtida pela Equação 5.53b. Com $\theta_o^* = 0{,}095$ e $r^* = 1$,

$$\theta^*(r_o) = \frac{T(r_o) - T_\infty}{T_i - T_\infty} = \frac{0{,}095}{1{,}800\ \text{rad}} \operatorname{sen}(1{,}800\ \text{rad}) = 0{,}0514$$

e

$$T(r_o) = 20\ °\text{C} + 0{,}0514(335 - 20)\ °\text{C} = 36\ °\text{C}$$

A série infinita, Equação 5.51a, e a sua aproximação de primeiro termo, Equação 5.53b, podem ser usadas para calcular a temperatura em qualquer local na esfera em qualquer tempo $t > t_a$. Para $(t - t_a) < 0{,}2(0{,}005\ \text{m})^2/(6{,}66 \times 10^{-6}\ \text{m}^2/\text{s}) = 0{,}75$ s; um número suficiente de termos deve ser mantido com o objetivo de assegurar a convergência da série. Para $(t - t_a) > 0{,}75$ s, uma convergência satisfatória é obtida com a aproximação pelo primeiro termo. Calculando e representando graficamente os históricos das temperaturas em $r = 0$ e $r = r_o$, obtemos os seguintes resultados para $0 \leq (t - t_a) \leq 5$ s:

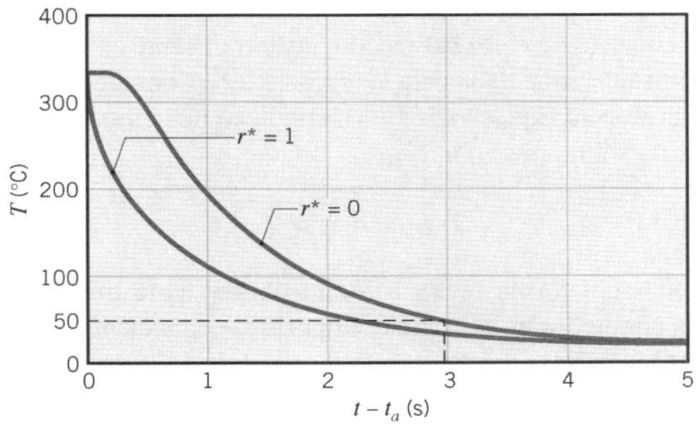

3. A opção *IHT Models*, *Transient Conduction*, *Sphere* poderia ser usada para analisar os processos de resfriamento experimentados pela esfera no ar e na água, Etapas 1 e 2. A opção *IHT Models*, *Lumped Capacitance* somente pode ser usada para analisar o processo de resfriamento com ar, Etapa 1.

5.7 O Sólido Semi-infinito

Uma geometria simples e importante, para a qual soluções analíticas podem ser obtidas, é o *sólido semi-infinito*. Como, em princípio, tal sólido se estende até o infinito em todas as direções exceto uma, ele é caracterizado por uma única superfície identificável (Figura 5.7). Se uma súbita mudança de condições for imposta nessa superfície, condução unidimensional transiente ocorrerá no interior do sólido. O sólido semi-infinito fornece uma *idealização útil* para muitos problemas práticos. Ele pode ser usado para determinar a resposta transiente de um sólido finito, como uma placa espessa. Para esta situação, a aproximação de sólido semi-infinito seria razoável para a porção inicial do transiente, durante a qual as temperaturas no interior da placa (em pontos bem distantes de sua superfície) estão essencialmente não influenciadas pela mudança nas condições superficiais. Esta porção inicial do transiente pode corresponder a números de Fourier muito pequenos, e as

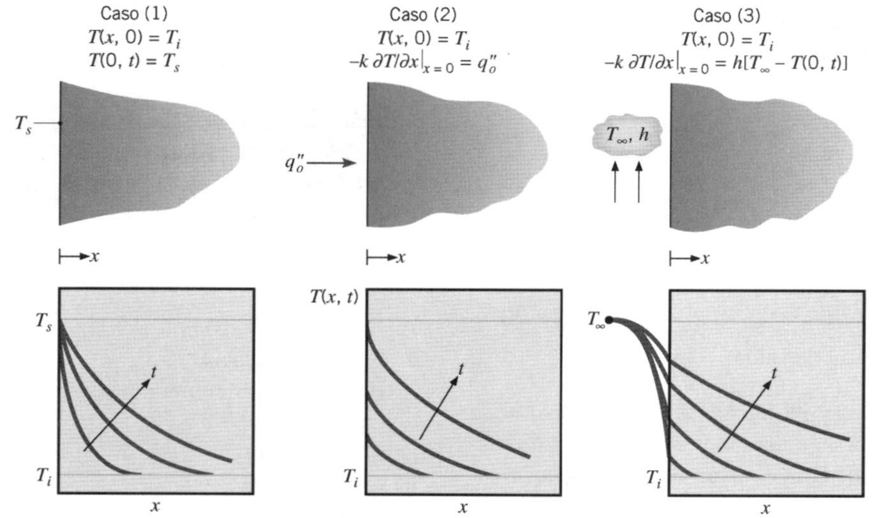

FIGURA 5.7 Distribuições de temperaturas transientes em um sólido semi-infinito para três condições na superfície: temperatura constante na superfície, fluxo térmico constante na superfície e convecção na superfície.

soluções aproximadas das Seções 5.5 e 5.6 não seriam válidas. Embora as soluções exatas das seções anteriores pudessem ser usadas para determinar as distribuições de temperaturas, muitos termos poderiam ser necessários para avaliar a expressão das séries infinitas. As soluções a seguir para os sólidos semi-infinitos frequentemente eliminam a necessidade de avaliar as soluções exatas com séries infinitas complicadas, em Fo pequenos. Será mostrado que uma parede plana com espessura $2L$ pode ser aproximada com acurácia por um sólido semi-infinito para $Fo = \alpha t/L^2 \lesssim 0{,}2$.

A equação do calor para a condução transiente em um sólido semi-infinito é dada pela Equação 5.29. A condição inicial é descrita pela Equação 5.30, e a condição de contorno no interior do sólido possui a forma

$$T(x \rightarrow \infty, t) = T_i \tag{5.56}$$

Soluções em forma fechada foram obtidas para três importantes condições na superfície, impostas instantaneamente em $t = 0$ [3, 4]. Essas condições são mostradas na Figura 5.7. Elas incluem a imposição de uma temperatura superficial constante $T_s \neq T_i$, a aplicação de um fluxo térmico constante na superfície q''_o e a exposição da superfície a um fluido caracterizado por $T_\infty \neq T_i$ e um coeficiente convectivo h.

A solução para o Caso 1 pode ser obtida a partir do reconhecimento da existência de uma *variável similar* η, com a qual a equação do calor pode ser transformada de uma equação diferencial parcial, envolvendo duas variáveis independentes (x e t), em uma equação diferencial ordinária escrita em termos de uma única variável similar. Para confirmar que tal exigência é satisfeita por $\eta \equiv x/(4\alpha t)^{1/2}$, primeiramente são transformados os operadores diferenciais pertinentes, de modo que

$$\frac{\partial T}{\partial x} = \frac{dT}{d\eta}\frac{\partial \eta}{\partial x} = \frac{1}{(4\alpha t)^{1/2}}\frac{dT}{d\eta}$$

$$\frac{\partial^2 T}{\partial x^2} = \frac{d}{d\eta}\left[\frac{\partial T}{\partial x}\right]\frac{\partial \eta}{\partial x} = \frac{1}{4\alpha t}\frac{d^2T}{d\eta^2}$$

$$\frac{\partial T}{\partial t} = \frac{dT}{d\eta}\frac{\partial \eta}{\partial t} = -\frac{x}{2t(4\alpha t)^{1/2}}\frac{dT}{d\eta}$$

Substituindo na Equação 5.29, a equação do calor se torna

$$\frac{d^2T}{d\eta^2} = -2\eta\frac{dT}{d\eta} \tag{5.57}$$

Com $x = 0$ correspondendo a $\eta = 0$, a condição na superfície pode ser representada por

$$T(\eta = 0) = T_s \tag{5.58}$$

e com $x \rightarrow \infty$, bem como $t = 0$, correspondendo a $\eta \rightarrow \infty$, tanto a condição inicial quanto a condição de contorno interior correspondem a uma única exigência de que

$$T(\eta \rightarrow \infty) = T_i \tag{5.59}$$

Como a equação do calor transformada e as condições de contorno/inicial são independentes de x e t, $\eta \equiv x/(4\alpha t)^{1/2}$ é, de fato, uma variável similar. Sua existência implica que, independentemente dos valores de x e t, a temperatura pode ser representada como uma única função de η.

A forma específica da dependência da temperatura, $T(\eta)$, pode ser obtida pela separação de variáveis na Equação 5.57, tal que

$$\frac{d(dT/d\eta)}{(dT/d\eta)} = -2\eta\, d\eta$$

Integrando, tem-se que

$$\ln(dT/d\eta) = -\eta^2 + C_1'$$

ou

$$\frac{dT}{d\eta} = C_1 \exp(-\eta^2)$$

Integrando uma segunda vez, obtemos

$$T = C_1\int_0^\eta \exp(-u^2)\, du + C_2$$

na qual u é uma variável muda (variável de integração). Aplicando a condição de contorno em $\eta = 0$, Equação 5.58, segue-se que $C_2 = T_s$ e

$$T = C_1 \int_0^{\eta} \exp(-u^2)\, du + T_s$$

Com a segunda condição de contorno, Equação 5.59, obtemos

$$T_i = C_1 \int_0^{\infty} \exp(-u^2)\, du + T_s$$

ou, determinando a integral definida,

$$C_1 = \frac{2(T_i - T_s)}{\pi^{1/2}}$$

Portanto, a distribuição de temperaturas pode ser representada por

$$\frac{T - T_s}{T_i - T_s} = (2/\pi^{1/2}) \int_0^{\eta} \exp(-u^2)\, du \equiv \text{erf}(\eta) \qquad (5.60)$$

na qual a *função erro de Gauss*, erf(η), é uma função matemática clássica que se encontra tabelada no Apêndice B. Observe que erf(η) se aproxima assintoticamente da unidade quando η se torna infinito. Assim, em qualquer tempo não nulo, é previsto que temperaturas em qualquer lugar tenham mudado de T_i (se tornando mais próximas de T_s).[2] O fluxo térmico na superfície pode ser obtido pela aplicação da lei de Fourier em $x = 0$, de forma que

$$q''_s = -k \frac{\partial T}{\partial x}\bigg|_{x=0} = -k(T_i - T_s) \frac{d(\text{erf}(\eta))}{d\eta} \frac{\partial \eta}{\partial x}\bigg|_{\eta=0}$$

$$q''_s = k(T_s - T_i)(2/\pi^{1/2})\exp(-\eta^2)(4\alpha t)^{-1/2}|_{\eta=0}$$

$$q''_s = \frac{k(T_s - T_i)}{(\pi \alpha t)^{1/2}} = \frac{(k\rho c)^{1/2}}{(\pi t)^{1/2}}(T_s - T_i) \qquad (5.61)$$

A grandeza $(k\rho c)^{1/2}$ aparece em uma variedade de problemas transiente de condução de calor e é, às vezes, denominada *efusividade térmica* de um material. Soluções analíticas também podem ser obtidas para os Casos 2 e 3 das condições superficiais, e os resultados para todos os três casos são resumidos a seguir.

Caso 1 Temperatura na Superfície Constante: $T(0, t) = T_s$

$$\frac{T(x, t) - T_s}{T_i - T_s} = \text{erf}\left(\frac{x}{2\sqrt{\alpha t}}\right) \qquad (5.60)$$

$$q''_s(t) = \frac{k(T_s - T_i)}{\sqrt{\pi \alpha t}} \qquad (5.61)$$

Caso 2 Fluxo Térmico na Superfície Constante: $q''_s = q''_o$

$$T(x, t) - T_i = \frac{2q''_o(\alpha t/\pi)^{1/2}}{k} \exp\left(\frac{-x^2}{4\alpha t}\right) - \frac{q''_o x}{k} \text{erfc}\left(\frac{x}{2\sqrt{\alpha t}}\right) \qquad (5.62)$$

Caso 3 Convecção na Superfície: $-k \dfrac{\partial T}{\partial x}\bigg|_{x=0} = h[T_\infty - T(0, t)]$

$$\frac{T(x, t) - T_i}{T_\infty - T_i} = \text{erfc}\left(\frac{x}{2\sqrt{\alpha t}}\right) - \left[\exp\left(\frac{hx}{k} + \frac{h^2 \alpha t}{k^2}\right)\right]\left[\text{erfc}\left(\frac{x}{2\sqrt{\alpha t}} + \frac{h\sqrt{\alpha t}}{k}\right)\right] \qquad (5.63)$$

A *função erro complementar*, erfc(w), é definida como erfc(w) ≡ 1 – erf(w).

Históricos de temperaturas para os três casos são mostrados na Figura 5.7, e as características que os distinguem podem ser observadas. Com uma mudança em forma de degrau na temperatura da superfície, Caso 1, temperaturas no interior do meio se aproximam monotonicamente de T_s com o aumento de t, enquanto a magnitude do gradiente de temperatura na superfície e, portanto, do fluxo térmico, diminui proporcionalmente a $t^{-1/2}$. Uma *espessura de penetração térmica* δ_p pode ser definida como a profundidade até a qual efeitos significativos na temperatura se propagam no meio. Por exemplo, definindo δ_p como a posição x na qual $(T - T_s)/(T_i - T_s) = 0{,}90$, da Equação 5.60 temos que $\delta_p = 2{,}3\sqrt{\alpha t}$.[3] Assim, a espessura de penetração térmica aumenta com $t^{1/2}$ e é maior para materiais com altas difusividades térmicas. Para um fluxo térmico constante na superfície (Caso 2), a Equação 5.62 revela que $T(0, t) = T_s(t)$ aumenta monotonicamente com $t^{1/2}$. Para convecção na superfície (Caso 3), a temperatura na superfície e as temperaturas no interior do meio tendem ao valor da temperatura do fluido T_∞ com o passar do tempo. À medida que T_s se aproxima de T_∞, há, obviamente, uma redução do fluxo térmico na superfície, $q''_s(t) = h[T_\infty - T_s(t)]$.

Históricos específicos de temperaturas, calculados pela Equação 5.63, estão representados na Figura 5.8. O resultado correspondendo a $h = \infty$ é equivalente ao associado a uma

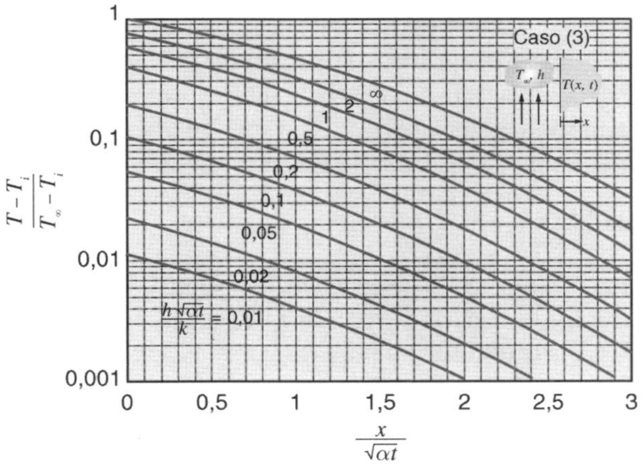

FIGURA 5.8 Históricos de temperaturas em um sólido semi-infinito com convecção na superfície.

---

[2] A velocidade infinita na qual a informação da condição de contorno se propaga para dentro do sólido semi-infinito é fisicamente irreal, mas essa limitação da lei de Fourier não é importante, exceto em escalas de tempo extremamente pequenas, como discutido na Seção 2.3.

[3] Para aplicar a aproximação de sólido semi-infinito em uma parede com espessura $2L$, é necessário que $\delta_p < L$. Substituindo $\delta_p = L$ na expressão para a espessura de penetração térmica, obtém-se $Fo = 0{,}19 \approx 0{,}20$. Assim, uma parede plana de espessura $2L$ pode ser aproximada com acurácia por um sólido semi-infinito para $Fo = \alpha t/L^2 \lesssim 0{,}2$. Esta restrição será também demonstrada na Seção 5.8.

súbita mudança na temperatura superficial, Caso 1. Isto é, para $h = \infty$, a superfície atinge instantaneamente a temperatura imposta do fluido ($T_s = T_\infty$) e, com o segundo termo no lado direito da Equação 5.63 se reduzindo a zero, o resultado é equivalente à Equação 5.60.

Uma permutação interessante do Caso 1 ocorre quando dois sólidos semi-infinitos, inicialmente a temperaturas uniformes $T_{A,i}$ e $T_{B,i}$, têm as suas superfícies livres colocadas em contato (Figura 5.9). Se a resistência de contato for desprezível, a exigência de equilíbrio térmico dita que, no instante do contato

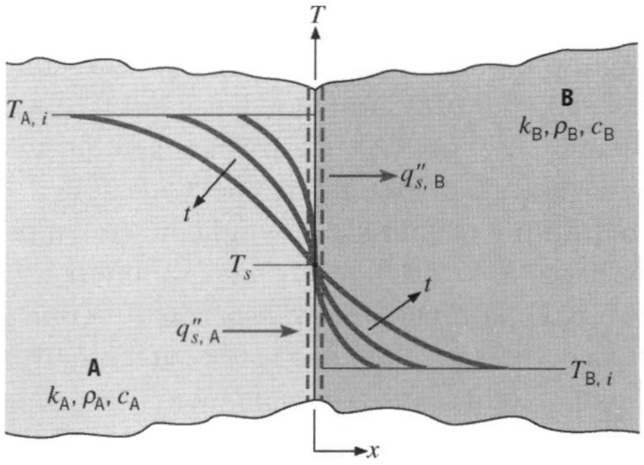

FIGURA 5.9 Contato interfacial entre dois sólidos semi-infinitos a diferentes temperaturas iniciais.

($t = 0$), as duas superfícies devem assumir a mesma temperatura T_s, para a qual $T_{B,i} < T_s < T_{A,i}$. Como T_s não varia com o aumento do tempo, tem-se que a resposta térmica transiente e o fluxo térmico na superfície para cada um dos sólidos são determinados pelas Equações 5.60 e 5.61, respectivamente.

A temperatura superficial de equilíbrio na Figura 5.9 pode ser determinada por um balanço de energia na superfície, que indica que

$$q''_{s,A} = q''_{s,B} \tag{5.64}$$

Utilizando a Equação 5.61 para representar $q''_{s,A}$ e $q''_{s,B}$, e reconhecendo que a coordenada do eixo x na Figura 5.9 exige uma mudança de sinal em $q''_{s,A}$, tem-se que

$$\frac{-k_A(T_s - T_{A,i})}{(\pi\alpha_A t)^{1/2}} = \frac{k_B(T_s - T_{B,i})}{(\pi\alpha_B t)^{1/2}} \tag{5.65}$$

ou, explicitando T_s,

$$T_s = \frac{(k\rho c)_A^{1/2} T_{A,i} + (k\rho c)_B^{1/2} T_{B,i}}{(k\rho c)_A^{1/2} + (k\rho c)_B^{1/2}} \tag{5.66}$$

Assim, a *efusividade térmica*, $m \equiv (k\rho c)^{1/2}$, desempenha um papel de fator de ponderação que determina se T_s se aproximará mais de $T_{A,i}(m_A > m_B)$ ou de $T_{B,i}(m_B > m_A)$.

EXEMPLO 5.7

Em um dia quente e ensolarado, o *deck* de concreto ao redor de uma piscina está a uma temperatura de T_d = 55 °C. Um nadador atravessa o *deck* seco na direção da piscina. As plantas dos pés do nadador, secas, são caracterizadas por uma camada de pele/gordura com L_{pg} = 3 mm de espessura e condutividade térmica k_{pg} = 0,3 W/(m · K). Considere dois tipos de concreto no *deck*: (i) mistura densa de pedras e (ii) agregado leve de concreto, caracterizado por massa específica, calor específico e condutividade térmica de: ρ_{al} = 1495 kg/m^3; c_{al} = 880 J/(kg · K); e k_{al} = 0,28 W/(m · K), respectivamente. A massa específica e o calor específico da camada de pele/gordura podem ser aproximados àqueles da água líquida, e esta camada está a uma temperatura inicial de $T_{pg,i}$ = 37 °C. Qual é a temperatura da base dos pés do nadador passado um tempo de t = 1 s?

SOLUÇÃO

Dados: Temperatura do concreto, temperatura inicial do pé e espessura da camada de pele/gordura na planta do pé. Propriedades da camada de pele/gordura e do agregado leve de concreto.

Achar: A temperatura da base dos pés do nadador após 1 s.

Esquema:

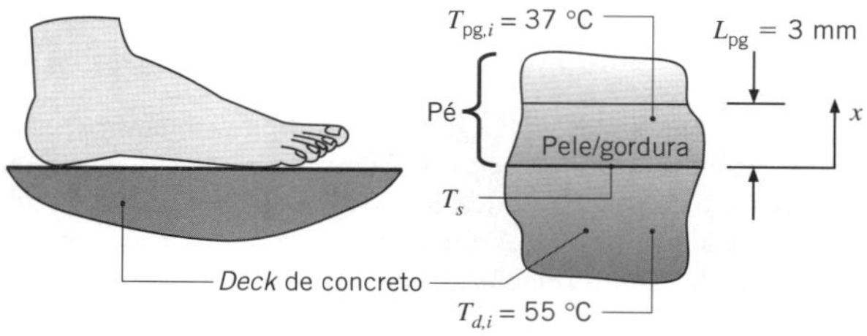

Considerações:

1. Condução unidimensional na direção x.
2. Propriedades constantes e uniformes.
3. Resistência de contato desprezível.

Propriedades: Tabela A.3, concreto mistura densa de pedras (T = 300 K): ρ_{mp} = 2300 kg/m^3; k_{mp} = 1,4 W/(m · K); c_{mp} = 880 J/(kg · K). Tabela A.6, água (T = 310 K): ρ_{pg} = 993 kg/m^3; c_{pg} = 4178 J/(kg · K).

Análise: Se a camada de pele/gordura e o *deck* forem ambos meios semi-infinitos, da Equação 5.66 a temperatura da superfície T_s é constante quando o pé do nadador estiver em contato com o *deck*. Para o *deck* de agregado leve de concreto, a espessura de penetração térmica em t = 1 s é

$$\delta_{p,al} = 2{,}3\sqrt{\alpha_{al} t} = 2{,}3\sqrt{\frac{k_{al}\, t}{\rho_{al}\, c_{al}}}$$

$$= 2{,}3\sqrt{\frac{0{,}28 \text{ W/(m·K)} \times 1\text{s}}{1495 \text{ kg/m}^3 \times 880 \text{ J/(kg·K)}}}$$

$$= 1{,}06 \times 10^{-3}\text{ m} = 1{,}06 \text{ mm}$$

Como a espessura de penetração térmica é relativamente pequena, é razoável supor que o *deck* de agregado leve se comporte como um meio semi-infinito. De maneira análoga, a espessura de penetração térmica no concreto denso é $\delta_{p,mp}$ = 1,91 mm, e a espessura de penetração térmica associada à camada de pele/gordura do pé é $\delta_{p,pg}$ = 0,62 mm. Desta forma, é razoável supor que o *deck* de concreto denso responde como um meio semi-infinito e, como $\delta_{p,\text{pg}} < L_{\text{pg}}$, também é correto admitir que a camada de pele/gordura se comporte como um meio semi-infinito. Consequentemente, a Equação 5.66 pode ser usada para determinar a temperatura da superfície do pé do nadador quando exposta aos dois tipos de *deck* de concreto. Para o agregado leve,

$$T_{s,\text{al}} = \frac{(k\rho c)_{\text{al}}^{1/2}\, T_{d,i} + (k\rho c)_{\text{pg}}^{1/2}\, T_{\text{pg},i}}{(k\rho c)_{\text{al}}^{1/2} + (k\rho c)_{\text{pg}}^{1/2}}$$

$$= \frac{\begin{bmatrix}(0{,}28\ \text{W/(m}\cdot\text{K)} \times 1495\ \text{kg/m}^3 \times 880\ \text{J/(kg}\cdot\text{K)}^{1/2} \\ \times\ 55\ °\text{C} + (0{,}3\ \text{W/(m}\cdot\text{K)} \times 993\ \text{kg/m}^3 \\ \times\ 4178\ \text{J/(kg}\cdot\text{K)}^{1/2} \times 37\ °\text{C}\end{bmatrix}}{\begin{bmatrix}(0{,}28\ \text{W/(m}\cdot\text{K)} \times 1495\ \text{kg/m}^3 \times 880\ \text{J/(kg}\cdot\text{K))}^{1/2} \\ +\ (0{,}3\ \text{W/(m}\cdot\text{K)} \times 993\ \text{kg/m}^3 \times 4178\ \text{J/(kg}\cdot\text{K))}^{1/2}\end{bmatrix}}$$

$$= 43{,}3\ °\text{C} \qquad \triangleleft$$

Repetindo o cálculo para o concreto denso, obtemos $T_{s,\text{mp}} = 47{,}8\ °\text{C}$. ◁

Comentários:

1. O concreto agregado leve parece mais frio para o nadador em relação ao concreto denso. Especificamente, o aumento de temperatura a partir da temperatura inicial da camada de pele/gordura que está associado ao concreto denso é $\Delta T_{\text{mp}} = T_{\text{mp}} - T_{\text{pg},i} = 47{,}8\ °\text{C} - 37\ °\text{C} = 10{,}8\ °\text{C}$, enquanto o aumento de temperatura associado ao concreto agregado leve é $\Delta T_{\text{al}} = T_{\text{al}} - T_{\text{pg},i} = 43{,}3\ °\text{C} - 37\ °\text{C} = 6{,}3\ °\text{C}$.
2. As espessuras de penetração térmica associadas ao tempo de exposição de $t = 1$ s são pequenas. Pedras e bolsas de ar no interior do concreto podem ter o mesmo tamanho do que a espessura de penetração térmica, fazendo com que a hipótese de propriedades uniformes seja um tanto questionável. As temperaturas previstas para o pé devem ser vistas como valores representativos.

5.8 Objetos com Temperaturas ou Fluxos Térmicos Constantes na Superfície

Nas Seções 5.5 e 5.6, as respostas térmicas transientes de paredes planas, cilindros e esferas em função da aplicação de condições de contorno convectivas foram analisadas em detalhes. Foi chamada a atenção para o fato de que as soluções naquelas seções podem ser usadas para casos envolvendo uma variação degrau na temperatura da superfície, nos quais o número de Biot deve ser considerado infinito. Na Seção 5.7, a resposta de um sólido semi-infinito a uma variação degrau na temperatura da superfície ou a uma aplicação de um fluxo térmico constante foi determinada. Esta seção concluirá nossa discussão da transferência de calor transiente em objetos unidimensionais com condições de contorno de temperatura na superfície constante ou fluxo térmico na superfície constante. Uma variedade de soluções aproximadas é apresentada.

5.8.1 *Condições de Contorno de Temperatura Constante*

Na discussão a seguir, a resposta térmica transiente de objetos a uma variação degrau na temperatura da superfície é analisada.

Sólido Semi-infinito Uma melhor visão da resposta térmica de objetos à aplicação de uma condição de contorno de temperatura constante pode ser obtida ao se escrever o fluxo térmico na Equação 5.61 na forma adimensional

$$q^* \equiv \frac{q_s'' L_c}{k(T_s - T_i)} \qquad (5.67)$$

na qual L_c é um *comprimento característico* e q^* é a *taxa de transferência de calor condutiva adimensional* definida na Seção 4.3. A substituição da Equação 5.67 na Equação 5.61 fornece

$$q^* = \frac{1}{\sqrt{\pi Fo}} \qquad (5.68)$$

na qual o número de Fourier é definido como $Fo \equiv \alpha t/L_c^2$. Quando as Equações 5.67 e 5.68 são combinadas, observamos que o valor de q_s'' é independente da escolha do comprimento característico, como tem que ser para um sólido semi-infinito. A Equação 5.68 é representada graficamente na Figura 5.10*a* e, como $q^* \propto Fo^{-1/2}$, a inclinação da linha é −1/2 em um gráfico log-log.

Transferência de Calor Interna: Parede Plana, Cilindro e Esfera Resultados para a transferência de calor no *interior* de uma parede plana, cilindro e esfera são também mostrados na Figura 5.10*a*. Esses resultados são gerados usando a lei de Fourier em conjunto com as Equações 5.42, 5.50 e 5.51 para $Bi \to \infty$. Como nas Seções 5.5 e 5.6, o comprimento característico é $L_c = L$ ou r_o para a parede plana de espessura $2L$ ou para um cilindro (ou esfera) de raio r_o, respectivamente. Para cada geometria, q^* inicialmente segue a solução do sólido semi-infinito, porém em algum ponto decresce rapidamente na medida em que o objeto se aproxima de sua temperatura de equilíbrio e $q_s''\ (t \to \infty) \to 0$. Espera-se que o valor de q^* diminua mais rapidamente para geometrias que possuam altas razões entre a área superficial e o volume, e essa tendência está evidente na Figura 5.10*a*.

Transferência de Calor Externa: Várias Geometrias Resultados adicionais são mostrados na Figura 5.10*a* para objetos que estejam imersos em um meio exterior (vizinhança) de extensão infinita. O meio infinito está inicialmente a T_i, e a temperatura da superfície do objeto é subitamente mudada para T_s. Para os casos exteriores, L_c é o comprimento característico usado na Seção 4.3, ou seja, $L_c = (A_s/4\pi)^{1/2}$. Para a

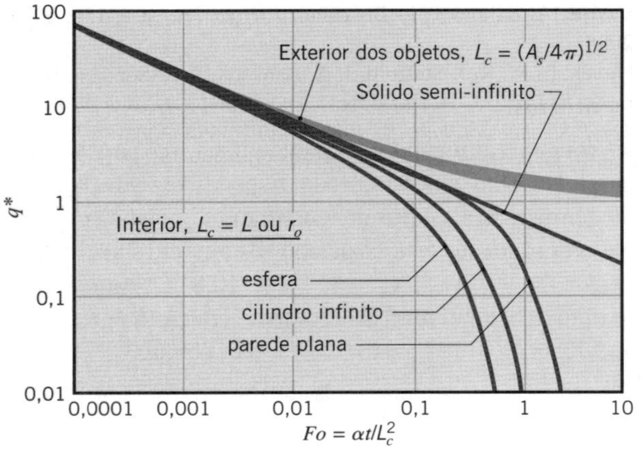

(a)

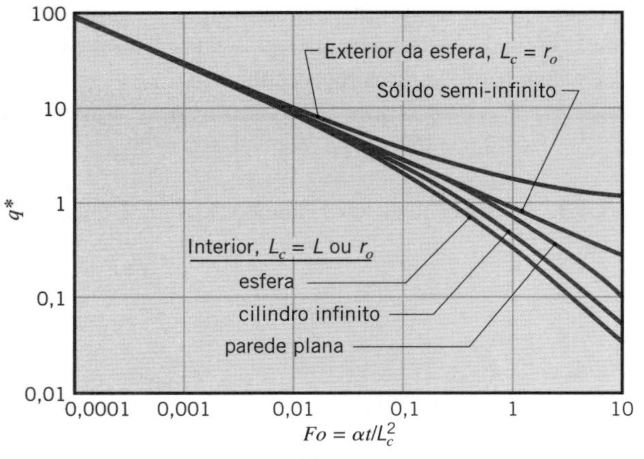

(b)

FIGURA 5.10 Taxa de transferência de calor condutiva adimensional transiente para uma variedade de geometrias. (*a*) Temperatura constante na superfície. Resultados para as geometrias da Tabela 4.1 estão na região sombreada, retirados de Yovanovich [7]. (*b*) Fluxo térmico constante na superfície.

esfera em um meio circundante infinito, a solução exata para $q^*(Fo)$ é [7]

$$q^* = \frac{1}{\sqrt{\pi Fo}} + 1 \tag{5.69}$$

Como visto na figura, para todos os casos externos q^* segue de perto o comportamento da esfera quando a escala de comprimento apropriada é usada em sua definição, não importando a forma do objeto. Além disso, de uma forma consistente com os casos interiores, q^* inicialmente segue a solução do sólido semi-infinito. De forma distinta aos casos internos, q^* tende a um valor em regime estacionário não nulo q^*_{re} que está listado na Tabela 4.1. Observe que q''_s na Equação 5.67 é o fluxo térmico *médio* na superfície para geometrias que não têm fluxo térmico uniforme na superfície.

Como visto na Figura 5.10*a*, *todas* as respostas térmicas se juntam a do sólido semi-infinito em tempos próximos ao inicial, isto é, para Fo menores do que aproximadamente 10^{-3}. Essa consistência marcante reflete o fato de que as variações de temperatura estão confinadas em finas camadas adjacentes à superfície de qualquer objeto em tempos pequenos, indiferentemente de ser a transferência de calor de interesse interna ou externa. Como consequência, em pequenos tempos, as Equações 5.60 e 5.61 podem ser usadas para prever as temperaturas e os fluxos térmicos nas finas regiões adjacentes aos contornos de qualquer objeto. Por exemplo, a previsão de fluxos térmicos locais e temperaturas adimensionais locais usando as soluções para o sólido semi-infinito estão aproximadamente a 5 % das previsões obtidas das soluções exatas para os casos de transferência de calor internas e externas envolvendo esferas quando $Fo \leq 10^{-3}$.

5.8.2 Condições de Contorno de Fluxo Térmico Constante

Quando um fluxo térmico constante na superfície é aplicado em um objeto, há frequentemente interesse no histórico resultante da temperatura na superfície. Nesse caso, o fluxo térmico no numerador da Equação 5.67 é agora uma constante, e a diferença de temperaturas no denominador, $T_s - T_i$, aumenta com o tempo.

Sólido Semi-infinito No caso de um sólido semi-infinito, o histórico da temperatura da superfície pode ser encontrado pelo cálculo da Equação 5.62 em $x = 0$, que pode ser rearranjada e combinada com a Equação 5.67 para fornecer

$$q^* = \frac{1}{2}\sqrt{\frac{\pi}{Fo}} \tag{5.70}$$

Como no caso de temperatura constante, $q^* \propto Fo^{-1/2}$, mas com um coeficiente diferente. Resultados da Equação 5.70 são apresentados na Figura 5.10*b*.

Transferência de Calor Interna: Parede Plana, Cilindro e Esfera Um segundo conjunto de resultados é mostrado na Figura 5.10*b* para os casos no *interior* da parede plana, do cilindro e da esfera. Como nos resultados para temperatura na superfície constante da Figura 5.10*a*, q^* inicialmente segue a solução do sólido semi-infinito e, depois, diminui mais rapidamente, com a diminuição ocorrendo primeiro para a esfera, depois para o cilindro e, por fim, para a parede plana. Comparada com o caso de temperatura na superfície constante, a taxa na qual q^* decresce não é tão drástica, pois condições de regime estacionário não são atingidas; a temperatura na superfície tem que continuar a aumentar com o tempo, uma vez que mais calor é adicionado a estes objetos. Em tempos *grandes* (altos Fo), a temperatura da superfície aumenta linearmente com o tempo, fornecendo $q^* \propto Fo^{-1}$, com uma inclinação de −1 no gráfico log-log.

Transferência de Calor Externa: Várias Geometrias Resultados para a transferência de calor entre uma esfera e um meio exterior infinito são também apresentados na Figura 5.10*b*. A solução exata para a esfera imersa é

$$q^* = [1 - \exp(Fo)\,\text{erfc}(Fo^{1/2})]^{-1} \tag{5.71}$$

Como no caso de temperatura na superfície constante da Figura 5.10*a*, essa solução tende a um valor estacionário, com $q''_{\text{re}} = 1$. Para objetos de outras formas que se encontram imersos em um meio infinito, q^* deve seguir a solução do sólido semi-infinito em pequenos Fo. Para maiores Fo, q^* tem que assintoticamente tender para os valores de q''_{re} dados na Tabela 4.1, nos quais T_s na Equação 5.67 é a temperatura superficial *média* para geometrias que têm temperaturas não uniformes na superfície.

5.8.3 *Soluções Aproximadas*

Expressões simples foram desenvolvidas para $q^*(Fo)$ [8]. Essas expressões podem ser usadas para aproximar todos os resultados incluídos na Figura 5.10 *em toda a faixa de Fo*. Essas expressões estão listadas na Tabela 5.2, juntamente com as correspondentes soluções exatas. A Tabela 5.2*a* é para o caso da temperatura na superfície constante, relativa à Figura 5.10*a*, enquanto a Tabela 5.2*b* é para a situação de fluxo térmico na superfície constante, relativa à Figura 5.10*b*. Para cada geometria listada na coluna à esquerda, as tabelas fornecem a escala de comprimento a ser usada nas definições de Fo e q^*, a solução exata para $q^*(Fo)$, a solução aproximada para tempos pequenos ($Fo < 0,2$) e para tempos grandes ($Fo \geq 0,2$), e o erro percentual máximo associado ao uso das aproximações (que ocorre em $Fo \approx 0,2$ para todos os resultados, exceto para o lado externo da esfera com fluxo térmico constante).

EXEMPLO 5.8

Deduza uma expressão para a razão entre a quantidade total de calor transferida das superfícies isotérmicas de uma parede plana para o seu interior e a quantidade máxima possível, Q/Q_o, que seja válida para $Fo < 0,2$. Represente os seus resultados em termos do número de Fourier, Fo.

SOLUÇÃO

Dados: Parede plana com temperaturas superficiais constantes.

Achar: Expressão para Q/Q_o como uma função de $Fo = \alpha t/L^2$.

Esquema:

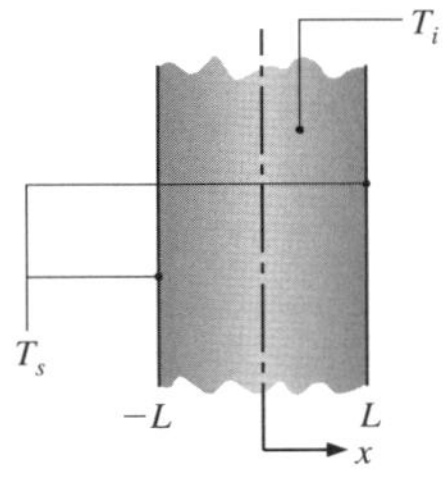

Considerações:

1. Condução unidimensional.
2. Propriedades constantes.
3. Validade da solução aproximada da Tabela 5.2*a*.

Análise: Da Tabela 5.2*a* para uma parede plana com espessura $2L$ e $Fo < 0,2$;

$$q^* = \frac{q''_s L}{k(T_s - T_i)} = \frac{1}{\sqrt{\pi Fo}} \quad \text{em que} \quad Fo = \frac{\alpha t}{L^2}$$

Combinando as equações anteriores, obtemos

$$q''_s = \frac{k(T_s - T_i)}{\sqrt{\pi \alpha t}}$$

Reconhecendo que Q é o calor acumulado que entrou na parede até o tempo t, podemos escrever

$$\frac{Q}{Q_o} = \frac{\int_{t=0}^{t} q''_s dt}{L\rho c(T_s - T_i)} = \frac{\alpha}{L\sqrt{\pi\alpha}} \int_{t=0}^{t} t^{-1/2} dt = \frac{2}{\sqrt{\pi}}\sqrt{Fo} \quad \triangleleft$$

Comentários:

1. A solução exata de Q/Q_o para pequenos números de Fourier envolve muitos termos que deveriam ser avaliados na expressão em forma de série infinita. O uso da solução aproximada simplifica consideravelmente o cálculo de Q/Q_o.
2. Para $Fo = 0,2$; $Q/Q_o \approx 0,5$. Metade da variação total possível na energia térmica da parede plana ocorre para $Fo \leq 0,2$. A solução para muitos problemas não permitiria o uso da aproximação de primeiro termo para a solução exata, Equação 5.49, que é válida apenas para $Fo > 0,2$.

EXEMPLO 5.9

Um tratamento de câncer proposto utiliza *nanocápsulas* de material compósito, cujos tamanho e composição são cuidadosamente determinados de tal forma que as partículas absorvam eficientemente irradiação por *laser* com comprimentos de onda específicos [9]. Antes do tratamento, anticorpos são aderidos às nanopartículas. As partículas dopadas são, então, injetadas na corrente sanguínea do paciente e distribuídas em todo o corpo. Os anticorpos são atraídos para os locais malignos e, consequentemente, carregam e aderem as nanocápsulas somente nos tecidos cancerosos. Após as partículas estacionarem no interior do tumor, um feixe de *laser* penetra através do tecido entre a pele e o câncer e é absorvido pelas nanocápsulas, que, por sua vez, se aquecem e destroem os tecidos cancerosos.

Considere um tumor aproximadamente esférico com diâmetro $D_t = 3$ mm que está uniformemente infiltrado com nanocápsulas com alto poder de absorção da radiação por *laser* vinda de uma fonte externa ao corpo do paciente.

TABELA 5.2*a* Resumo de resultados para a transferência de calor transiente para casos de temperaturas superficiais constantes[a] [8]

Geometria	Escala de Comprimento, L_c	q^* (Fo) Soluções Exatas	Soluções Aproximadas $Fo < 0{,}2$	Soluções Aproximadas $Fo \geq 0{,}2$	Erro Máximo (%)
Semi-infinito	L (arbitrária)	$\dfrac{1}{\sqrt{\pi Fo}}$	Use a solução exata.		Nenhuma
Casos Interiores					
Parede plana com espessura $2L$	L	$2\sum_{n=1}^{\infty}\exp(-\zeta_n^2 Fo)$ $\quad \zeta_n = (n - \frac{1}{2})\pi$	$\dfrac{1}{\sqrt{\pi Fo}}$	$2\exp(-\zeta_1^2 Fo)$ $\quad \zeta_1 = \pi/2$	1,7
Cilindro infinito	r_o	$2\sum_{n=1}^{\infty}\exp(-\zeta_n^2 Fo)$ $\quad J_0(\zeta_n) = 0$	$\dfrac{1}{\sqrt{\pi Fo}} - 0{,}50 - 0{,}65\, Fo$	$2\exp(-\zeta_1^2 Fo)$ $\quad \zeta_1 = 2{,}4050$	0,8
Esfera	r_o	$2\sum_{n=1}^{\infty}\exp(-\zeta_n^2 Fo)$ $\quad \zeta_n = n\pi$	$\dfrac{1}{\sqrt{\pi Fo}} - 1$	$2\exp(-\zeta_1^2 Fo)$ $\quad \zeta_1 = \pi$	6,3
Casos Exteriores					
Esfera	r_o	$\dfrac{1}{\sqrt{\pi Fo}} + 1$	Use a solução exata.		Nenhuma
Várias formas (Tabela 4.1, casos 12–15)	$(A_s / 4\pi)^{1/2}$	Nenhuma	$\dfrac{1}{\sqrt{\pi Fo}} + q^*_{\text{re}}$	q^*_{re} da Tabela 4.1	7,1

[a] $q^* \equiv q_s'' L_c / (k(T_s - T_i))$ e $Fo \equiv \alpha t / L_c^2$, nas quais L_c é a escala de comprimento dada na tabela, T_s é a temperatura superficial do objeto e T_i é (a) a temperatura inicial do objeto para os casos interiores e (b) a temperatura do meio infinito nos casos exteriores.

TABELA 5.2*b* Resumo de resultados para a transferência de calor transiente para casos de fluxo térmico nas superfícies constantes[a] [8]

Geometria	Escala de Comprimento, L_c	$q^*(Fo)$ Soluções Exatas	$q^*(Fo)$ Soluções Aproximadas $Fo < 0{,}2$	$q^*(Fo)$ Soluções Aproximadas $Fo \geq 0{,}2$	Erro Máximo (%)
Semi-infinito	L (arbitrária)	$\frac{1}{2}\sqrt{\frac{\pi}{Fo}}$	Use a solução exata.		Nenhuma
Casos Interiores					
Parede plana com espessura $2L$	L	$\left[Fo + \frac{1}{3} - 2\sum_{n=1}^{\infty}\frac{\exp(-\zeta_n^2 Fo)}{\zeta_n^2}\right]^{-1}$ $\zeta_n = n\pi$	$\frac{1}{2}\sqrt{\frac{\pi}{Fo}}$	$\left[Fo + \frac{1}{3}\right]^{-1}$	5,3
Cilindro infinito	r_o	$\left[2Fo + \frac{1}{4} - 2\sum_{n=1}^{\infty}\frac{\exp(-\zeta_n^2 Fo)}{\zeta_n^2}\right]^{-1}$ $J_1(\zeta_n) = 0$	$\frac{1}{2}\sqrt{\frac{\pi}{Fo}} - \frac{\pi}{8}$	$\left[2Fo + \frac{1}{4}\right]^{-1}$	2,1
Esfera	r_o	$\left[3Fo + \frac{1}{5} - 2\sum_{n=1}^{\infty}\frac{\exp(-\zeta_n^2 Fo)}{\zeta_n^2}\right]^{-1}$ $\tan(\zeta_n) = \zeta_n$	$\frac{1}{2}\sqrt{\frac{\pi}{Fo}} - \frac{\pi}{4}$	$\left[3Fo + \frac{1}{5}\right]^{-1}$	4,5
Casos Exteriores					
Esfera	r_o	$[1 - \exp(Fo)\operatorname{erfc}(Fo^{1/2})]^{-1}$	$\frac{1}{2}\sqrt{\frac{\pi}{Fo}} + \frac{\pi}{4}$	$\frac{0{,}77}{\sqrt{Fo}} + 1$	3,2
Várias formas (Tabela 4.1, casos 12–15)	$(A_s/4\pi)^{1/2}$	Nenhuma	$\frac{1}{2}\sqrt{\frac{\pi}{Fo}} + \frac{\pi}{4}$	$\frac{0{,}77}{\sqrt{Fo}} + q^*_{\text{re}}$	Desconhecido

[a] $q^* \equiv q_s'' L_c / (k(T_s - T_i))$ e $Fo \equiv \alpha t / L_c^2$, nas quais L_c é a escala de comprimento dada na tabela, T_s é a temperatura superficial do objeto e T_i é (a) a temperatura inicial do objeto para os casos interiores e (b) a temperatura do meio infinito nos casos exteriores.

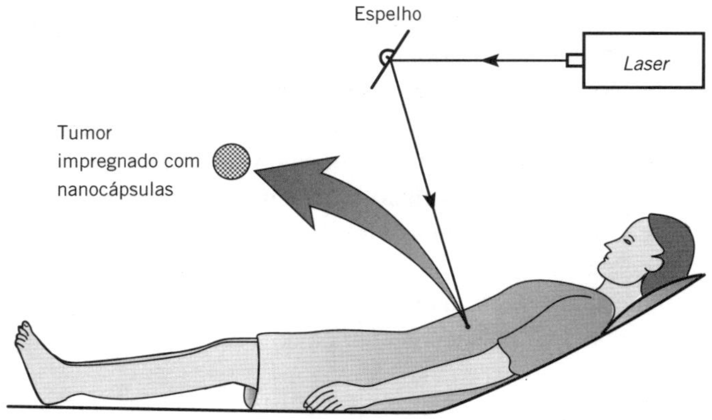

1. Estime a taxa de transferência de calor do tumor para o tecido sadio vizinho para uma temperatura de tratamento em regime estacionário de $T_{t,\text{re}} = 55$ °C na superfície do tumor. A condutividade térmica do tecido sadio é aproximadamente $k = 0{,}5$ W/(m · K) e a temperatura do corpo é $T_c = 37$ °C.
2. Ache a potência do *laser* necessária para sustentar a temperatura da superfície do tumor a $T_{t,\text{re}} = 55$ °C, se o tumor estiver localizado $d = 20$ mm abaixo da superfície da pele e se o fluxo térmico do *laser* decair exponencialmente, $q''_l(x) = q''_{l,o}(1 - \rho)\,e^{-\kappa x}$, entre a superfície do corpo e o tumor. Na expressão anterior, $q''_{l,o}$ é o fluxo térmico do *laser* fora do corpo, $\rho = 0{,}05$ é a refletividade da superfície da pele, e $\kappa = 0{,}02$ mm^{-1} é o *coeficiente de extinção* do tecido entre o tumor e a superfície da pele. O feixe de *laser* tem um diâmetro de $D_l = 5$ mm.
3. Desprezando a transferência de calor para o tecido vizinho, estime o tempo necessário para a temperatura do tumor estar a 3 °C de $T_{t,\text{re}} = 55$ °C, para a potência encontrada na parte 2. Suponha que a massa específica e o calor específico do tecido sejam iguais aos da água.
4. Desprezando a capacitância térmica do tumor, mas levando em conta a transferência de calor para o tecido vizinho, estime o tempo necessário para a temperatura da superfície do tumor atingir $T_t = 52$ °C.

SOLUÇÃO

Dados: Tamanho do tumor esférico; condutividade térmica, refletividade e coeficiente de extinção do tecido; profundidade da esfera abaixo da superfície da pele.

Achar:

1. Calor transferido do tumor para manter sua temperatura superficial a $T_{t,\text{re}} = 55$ °C.
2. Potência do *laser* necessária para manter a temperatura superficial do tumor a $T_{t,\text{re}} = 55$ °C.
3. Tempo para o tumor alcançar $T_t = 52$ °C quando a transferência de calor para o tecido vizinho é desprezada.
4. Tempo para o tumor alcançar $T_t = 52$ °C quando a transferência de calor para o tecido vizinho é considerada e a capacitância térmica do tumor é desprezada.

Esquema:

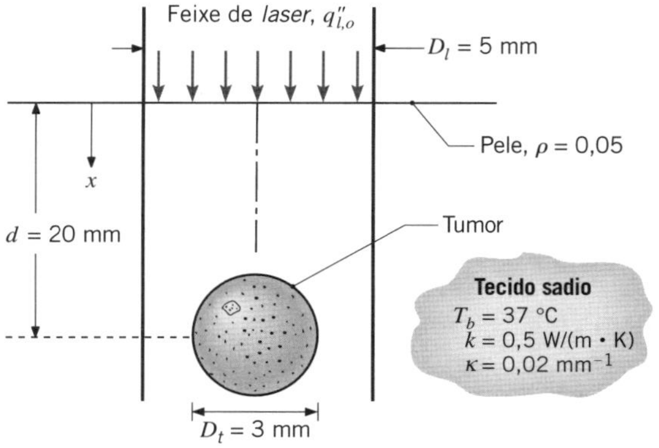

Considerações:

1. Condução unidimensional na direção radial.
2. Propriedades constantes.
3. Tecido sadio pode ser tratado como um meio infinito.
4. Tumor em tratamento absorve toda a irradiação incidente vinda do *laser*.
5. Comportamento de capacitância global para o tumor.
6. Efeitos potenciais da transferência de calor em nanoescala desprezados.
7. Efeitos da perfusão desprezados.

Propriedades: Tabela A.6, água (320 K, suposta): $\rho = v_f^{-1} = 989{,}1$ kg/m^3, $c_p = 4180$ J/(kg · K).

Análise:

1. A taxa de perda de calor em regime estacionário no tumor esférico pode ser determinada pelo cálculo da taxa de transferência de calor adimensional com a expressão para o Caso 12 da Tabela 4.1:

$$q = 2\pi k D_t (T_{t,\text{re}} - T_b) = 2 \times \pi \times 0{,}5\ \text{W/(m}\cdot\text{K)} \times 3 \times 10^{-3}\ \text{m} \times (55 - 37)\ ^\circ\text{C} = 0{,}170\ \text{W} \quad \triangleleft$$

2. A irradiação do *laser* será absorvida com base na área projetada do tumor, $\pi D_t^2/4$. Para determinar a potência do *laser* correspondente a $q = 0{,}170$ W, em primeiro lugar escrevemos um balanço de energia para a esfera. Para uma superfície de controle ao redor da esfera, a energia absorvida da irradiação do *laser* é equilibrada pela condução do calor para o tecido sadio, $q = 0{,}170\ \text{W} \approx q''_l(x = d)\pi D_t^2/4$, com $q''_l(x = d) = q''_{l,o}(1 - \rho)\,e^{-\kappa d}$ e a potência do *laser* é P_l $q''_{l,o}\,\pi D_l^2/4$. Dessa forma,

$$P_l = q D_l^2 e^{\kappa d}/[(1 - \rho)D_t^2] = 0{,}170\ \text{W} \times (5 \times 10^{-3}\ \text{m})^2 \times e^{(0{,}02\ \text{mm}^{-1} \times 20\ \text{mm})}/[(1 - 0{,}05) \times (3 \times 10^{-3}\ \text{m})^2] = 0{,}74\ \text{W} \quad \triangleleft$$

3. O balanço de energia geral via capacitância global, Equação 5.14, pode ser escrito na forma

$$q''_l(x = d)\pi D_t^2/4 = q = \rho V c_p \frac{dT}{dt}$$

Separando variáveis e integrando entre os limites apropriados,

$$\frac{q}{\rho V c}\int_{t=0}^{t} dt = \int_{T_b}^{T_t} c$$

obtém-se

$$t = \frac{\rho V c_p}{q}(T_t - T_c)$$

$$= \frac{989{,}1\ \text{kg/m}^3 \times (\pi/6) \times (3 \times 10^{-3}\ \text{m})^3 \times 4180\ \text{J/(kg}\cdot\text{K)}}{0{,}170\ \text{W}}$$

$$\times (52\ °\text{C} - 37\ °\text{C})$$

ou

$$t = 5{,}16\ \text{s} \qquad \triangleleft$$

4. Usando a Equação 5.71,

$$q/2\pi k D_t(T_t - T_c) = q^* = [1 - \exp(Fo)\text{erfc}(Fo^{1/2})]^{-1}$$

que pode ser resolvida por tentativa e erro para fornecer $Fo = 10{,}3 = 4\alpha t/D_t^2$. Então, com $\alpha = k/(\rho c_p) = 0{,}50$ W/(m · K)/(989,1 kg/m³ × 4180 J/(kg · K)) = $1{,}21 \times 10^{-7}$ m²/s, encontramos

$$t = FoD_t^2/4\alpha$$

$$= 10{,}3 \times (3 \times 10^{-3}\ \text{m})^2/(4 \times 1{,}21 \times 10^{-7}\ \text{m}^2/\text{s})$$

$$= 192\ \text{s} \qquad \triangleleft$$

Comentários:

1. A análise não leva em conta a perfusão do sangue. O escoamento do sangue levaria à advecção de fluido quente para fora do tumor (e sangue relativamente frio para a vizinhança do tumor), aumentando a potência necessária para atingir a temperatura de tratamento desejada.

2. A potência do *laser* requerida para tratar tumores de vários tamanhos, calculada como nas partes 1 e 2 da solução do problema, é mostrada a seguir. Note que, na medida em que os tumores se tornam menores, um *laser* com maior potência é necessário, o que pode parecer contrário à intuição. A potência necessária para aquecer o tumor, que é igual à perda de calor calculada na parte 1, aumenta na proporção direta do diâmetro, como deveria ser esperado. Entretanto, como o fluxo de potência do *laser* permanece constante, um tumor menor não pode absorver tanta energia (a energia absorvida depende de D_t^2). Uma menor parcela da potência total do *laser* é utilizada para aquecer o tumor, e a potência requerida do *laser* aumenta para tumores menores.

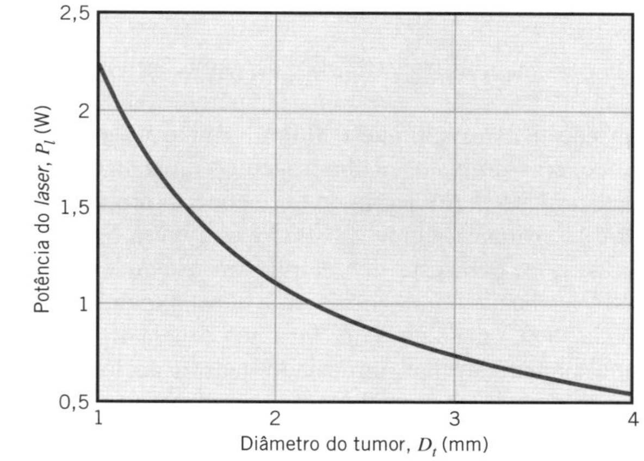

3. Para determinar o tempo real necessário para a temperatura do tumor se aproximar das condições de regime estacionário, uma solução numérica da equação da difusão do calor aplicada no tecido vizinho, *acoplada* a uma solução para o histórico da temperatura no interior do tumor, seria necessária. Contudo, vemos que significativamente mais tempo é necessário para o tecido vizinho alcançar condições de regime estacionário do que para aumentar a temperatura do tumor esférico isolado (5,16 s). Consequentemente, o tempo real para aquecer *tanto* o tumor e *quanto* o tecido vizinho será um pouco superior aos 192 s.

5.9 Aquecimento Periódico

Na discussão anterior sobre transferência de calor transiente, consideramos objetos que têm condições de contorno envolvendo temperatura superficial constante ou fluxo térmico constante na superfície. Em muitas aplicações práticas, as condições de contorno não são constantes e soluções analíticas foram obtidas para situações nas quais as condições variam com o tempo. Uma situação envolvendo condições de contorno não constantes é o aquecimento periódico, que descreve várias aplicações, tais como o processamento térmico de materiais usando *lasers* pulsantes, também ocorrendo naturalmente em situações como aquelas envolvendo a coleta de energia solar.

Considere, por exemplo, o sólido semi-infinito da Figura 5.11*a*. Para um histórico da temperatura da superfície descrito por $T(0, t) = T_i + \Delta T\ \text{sen}(\omega t)$, a solução da Equação 5.29 sujeita à condição de contorno interior $T(x \to \infty, t) = T_i$ é

$$\frac{T(x, t) - T_i}{\Delta T} = \exp[-x\sqrt{\omega/2\alpha}]\ \text{sen}\,[\omega t - x\sqrt{\omega/2\alpha}] \qquad (5.72)$$

Essa solução se aplica após ter passado um tempo suficiente para fornecer um estado *quase* estacionário no qual todas as temperaturas flutuam periodicamente ao redor de um valor médio que não varia com o tempo. Em locais no sólido, as flutuações têm um atraso no tempo relativo à temperatura na superfície. Além disso, a amplitude das flutuações no interior do material decai exponencialmente com a distância da superfície. De forma consistente com a definição anterior de espessura de penetração térmica, δ_p pode ser definida como a posição x na qual a amplitude das flutuações de temperatura é reduzida em aproximadamente 90 % em relação à amplitude na superfície. Isto resulta em $\delta_p = 4\sqrt{\alpha/\omega}$. O fluxo térmico

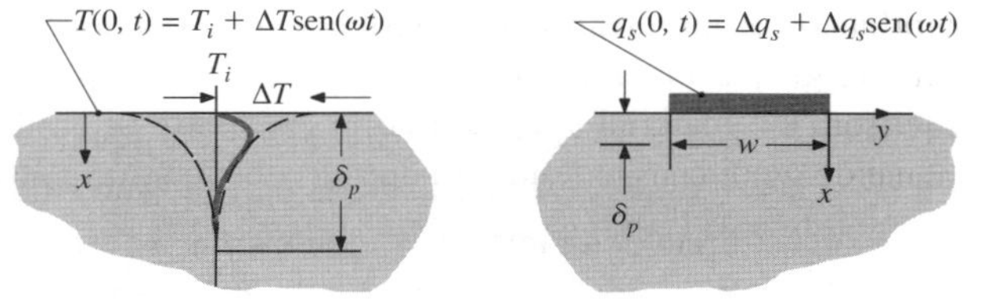

FIGURA 5.11 Esboço de (*a*) sólido semi-infinito, unidimensional, aquecido periodicamente e (*b*) uma lâmina aquecida periodicamente e presa a um sólido semi-infinito.

na superfície pode ser determinado pela aplicação da lei de Fourier em $x = 0$, fornecendo

$$q''_s(t) = k\Delta T\sqrt{\omega/\alpha}\,\text{sen}(\omega t + \pi/4) \qquad (5.73)$$

A Equação 5.73 revela que o fluxo térmico na superfície é periódico, com um valor médio no tempo igual a zero.

Aquecimento periódico pode também ocorrer em arranjos bi e tridimensionais, como mostrado na Figura 5.11*b*. Lembre-se de que, para esta geometria, um estado estacionário pode ser alcançado com aquecimento constante da lâmina posicionada sobre um sólido semi-infinito (Tabela 4.1, Caso 13). De uma maneira similar, um estado quase estacionário pode ser obtido quando um aquecimento senoidal ($q_s = \Delta q_s + \Delta q_s$ sen(ωt)) é aplicado na lâmina. Novamente, um estado quase estacionário é obtido no qual todas as temperaturas flutuam ao redor de um valor médio que não varia com o tempo.

A solução da equação da difusão do calor bidimensional transiente para a configuração bidimensional mostrada na Figura 5.11*b* foi obtida, e a relação entre a amplitude do aquecimento senoidal aplicada e a amplitude da resposta da temperatura da lâmina aquecida pode ser aproximada por [10]

$$\Delta T \approx \frac{\Delta q_s}{L\pi k}\left[-\frac{1}{2}\ln(\omega/2) - \ln(w^2/4\alpha) + C_1\right]$$
$$= \frac{\Delta q_s}{L\pi k}\left[-\frac{1}{2}\ln(\omega/2) + C_2\right] \qquad (5.74)$$

na qual a constante C_1 depende da resistência térmica de contato na interface entre a lâmina aquecida e o material sob ela. Note que a amplitude da flutuação da temperatura, ΔT, corresponde à temperatura média no espaço da lâmina retangular de comprimento L e largura w. Supõe-se que o fluxo térmico da lâmina para o meio semi-infinito seja espacialmente uniforme. A aproximação é válida para $L \gg w$. Para o sistema da Figura 5.11*b*, a espessura de penetração térmica é menor do que aquela da Figura 5.11*a*, em função do espalhamento lateral da energia térmica, e é igual a $\delta_p \approx \sqrt{\alpha/\omega}$.

EXEMPLO 5.10

Um material dielétrico nanoestruturado foi fabricado, e o método a seguir é usado para medir a sua condutividade térmica. Uma longa lâmina metálica, com 3000 ångströms de espessura, $w = 100\ \mu$m de largura e $L = 3{,}5$ mm de comprimento, é depositada por uma técnica de fotolitografia na superfície superior de uma amostra do novo material com $d = 300\ \mu$m de espessura. A lâmina é aquecida periodicamente por uma corrente elétrica fornecida por dois conectores. A taxa de aquecimento é $q_s(t) = \Delta q_s + \Delta q_s \times \text{sen}(\omega t)$, em que Δq_s igual a 3,5 mW. A temperatura média espacial instantânea da lâmina metálica é determinada experimentalmente pela medida da variação no tempo de sua resistência elétrica, $R(t) = E(t)/I(t)$, e pelo conhecimento de como a resistência elétrica do metal varia com a temperatura. A temperatura medida da lâmina metálica é periódica; ela tem uma amplitude de $\Delta T = 1{,}37$ K a uma frequência de aquecimento relativamente baixa de $\omega = 2\pi$ rad/s e 0,71 K a uma frequência de 200π rad/s. Determine a condutividade térmica do material dielétrico nanoestruturado. A massa específica e o calor específico da versão convencional do material são 3100 kg/m^3 e 820 J/(kg · K), respectivamente.

SOLUÇÃO

Dados: Dimensões de uma lâmina metálica delgada, a frequência e a amplitude da potência elétrica dissipada na lâmina, a amplitude das oscilações induzidas na temperatura da lâmina e a espessura do material nanoestruturado sob a lâmina.

Achar: A condutividade térmica do material nanoestruturado.

Esquema:

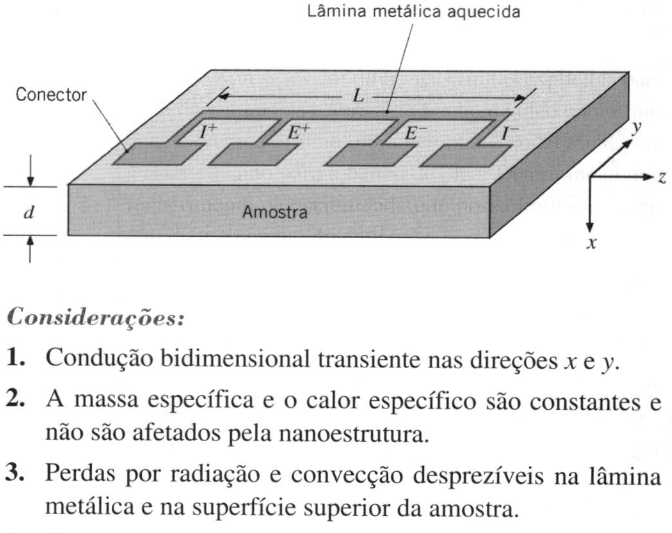

Considerações:

1. Condução bidimensional transiente nas direções x e y.
2. A massa específica e o calor específico são constantes e não são afetados pela nanoestrutura.
3. Perdas por radiação e convecção desprezíveis na lâmina metálica e na superfície superior da amostra.
4. A amostra do material nanoestruturado é um sólido semi-infinito.
5. Fluxo térmico uniforme na interface entre a lâmina aquecida e a amostra.

Análise: A substituição de $\Delta T = 1{,}37$ K a $\omega = 2\pi$ rad/s e $\Delta T = 0{,}71$ K a $\omega = 200\pi$ rad/s na Equação 5.74 resulta em duas equações que podem ser resolvidas simultaneamente para fornecer

$$C_2 = 5{,}35 \qquad k = 1{,}11\ \text{W/ m} \cdot \text{K} \qquad \triangleleft$$

A difusividade térmica é $\alpha = 4{,}37 \times 10^{-7}$ m²/s, enquanto as espessuras de penetração térmica são estimadas por $\delta_p \approx \sqrt{\alpha/\omega}$, resultando em

$$\delta_p = 260\ \mu\text{m};\ \delta_p = 26\ \mu\text{m} \qquad \triangleleft$$

a $\omega = 2\pi$ rad/s e $\omega = 200\pi$ rad/s, respectivamente.

Comentários:

1. A técnica experimental anterior é amplamente usada, sendo conhecida como o *método 3 ω*. A técnica não é influenciada por resistências térmicas de contato ou de fronteira que podem existir na interface entre a lâmina sensora e o material sob ela, pois esses efeitos se anulam quando medidas são feitas em duas frequências de excitação diferentes [10].
2. As espessuras de penetração térmica são menores do que a espessura da amostra. Consequentemente, o tratamento da amostra como um sólido semi-infinito é uma abordagem válida. Amostras mais finas poderiam ser utilizadas desde que maiores frequências de aquecimento fossem empregadas.

5.10 Métodos de Diferenças Finitas

Soluções analíticas para problemas transientes estão restritas a geometrias e condições de contorno simples, tais como os casos unidimensionais analisados nas seções anteriores. Para algumas geometrias bi e tridimensionais simples, soluções analíticas ainda são possíveis. Contudo, em muitos casos, a geometria e/ou as condições de contorno descartam totalmente a possibilidade do uso de técnicas analíticas, tornando necessária a utilização de métodos de *diferenças finitas* (ou *elementos finitos*). Tais métodos, apresentados na Seção 4.4 para condições de regime estacionário, são facilmente estendidos para problemas transientes. Nesta seção, analisamos formas *explícitas* e *implícitas* de soluções por diferenças finitas para problemas de condução transiente.

5.10.1 *Discretização da Equação do Calor: O Método Explícito*

Novamente considere o sistema bidimensional da Figura 4.4. Sob condições transientes com propriedades constantes e na ausência de geração interna, a forma apropriada da equação do calor, Equação 2.21, é

$$\frac{1}{\alpha}\frac{\partial T}{\partial t} = \frac{\partial^2 T}{\partial x^2} + \frac{\partial^2 T}{\partial y^2} \tag{5.75}$$

Para obter a forma em diferenças finitas dessa equação, podemos usar as aproximações por *diferença central* para as derivadas espaciais representadas pelas Equações 4.27 e 4.28. Mais uma vez, os índices subscritos m e n podem ser usados para designar as posições dos *pontos nodais discretos* em relação aos eixos x e y. Entretanto, além de ser discretizado no espaço, o problema também deve ser discretizado no tempo. O inteiro p é introduzido com esse propósito, sendo

$$t = p\Delta t \tag{5.76}$$

e a aproximação em diferenças finitas para a derivada em relação ao tempo na Equação 5.75 é representada por

$$\left.\frac{\partial T}{\partial t}\right|_{m,n} \approx \frac{T_{m,n}^{p+1} - T_{m,n}^{p}}{\Delta t} \tag{5.77}$$

Soluções analíticas para algumas geometrias simples bi e tridimensionais são encontradas na Seção 5S.2.

O sobrescrito p é usado para indicar a dependência temporal da temperatura T, e a derivada em relação ao tempo é expressa em termos da diferença entre as temperaturas associadas aos instantes de tempo *novo* ($p + 1$) e *anterior* (p). Assim, os cálculos devem ser efetuados em instantes de tempo sucessivos separados por um intervalo de tempo Δt. Da mesma forma que a solução por diferenças finitas no espaço se limita à determinação da temperatura em pontos discretos, este procedimento também está restrito à determinação da temperatura em pontos discretos no tempo.

Se a Equação 5.77 for substituída na Equação 5.75, a natureza da solução por diferenças finitas dependerá do instante de tempo específico no qual as temperaturas estão sendo determinadas nas aproximações por diferenças finitas para as derivadas espaciais. Na solução pelo *método explícito*, essas temperaturas são avaliadas no instante de tempo *anterior* (p). Assim, a Equação 5.77 é considerada uma aproximação por *diferença adiantada* para a derivada em relação ao tempo. Determinando os termos do lado direito das Equações 4.27 e 4.28 em p e substituindo na Equação 5.75, a forma explícita da equação de diferenças finitas para o nó interior (m, n) é

$$\frac{1}{\alpha}\frac{T_{m,n}^{p+1} - T_{m,n}^{p}}{\Delta t} = \frac{T_{m+1,n}^{p} + T_{m-1,n}^{p} - 2T_{m,n}^{p}}{(\Delta x)^2} + \frac{T_{m,n+1}^{p} + T_{m,n-1}^{p} - 2T_{m,n}^{p}}{(\Delta y)^2} \tag{5.78}$$

Explicitando a temperatura nodal no novo instante de tempo ($p + 1$) e considerando que $\Delta x = \Delta y$, tem-se que

$$T_{m,n}^{p+1} = Fo(T_{m+1,n}^{p} + T_{m-1,n}^{p} + T_{m,n+1}^{p} + T_{m,n-1}^{p}) + (1 - 4Fo)T_{m,n}^{p} \tag{5.79}$$

na qual Fo é uma forma em diferenças finitas do número de Fourier

$$Fo = \frac{\alpha\,\Delta t}{(\Delta x)^2} \tag{5.80}$$

Essa abordagem pode ser facilmente estendida para sistemas uni ou tridimensionais. Se o sistema for unidimensional em x, a forma explícita da equação de diferenças finitas para um nó interior m se reduz a

$$T_m^{p+1} = Fo(T_{m+1}^{p} + T_{m-1}^{p}) + (1 - 2Fo)T_m^{p} \tag{5.81}$$

As Equações 5.79 e 5.81 são *explícitas* porque as temperaturas nodais *desconhecidas* para o novo instante de tempo são determinadas exclusivamente por temperaturas nodais *conhecidas* no instante de tempo anterior. Dessa forma, o cálculo das temperaturas desconhecidas é direto. Uma vez que a temperatura em cada um dos nós interiores é conhecida em $t = 0$ ($p = 0$) em função das condições iniciais estipuladas, os cálculos começam em $t = \Delta t$ ($p = 1$), em que as Equações 5.79 ou 5.81 são utilizadas em cada nó interior para determinar a sua temperatura. Com as temperaturas conhecidas em $t = \Delta t$, a equação de diferenças finitas apropriada é, então, utilizada em cada nó para determinar a sua temperatura em $t = 2\,\Delta t$ ($p = 2$). Dessa forma, a distribuição de temperaturas transiente é obtida *avançando no tempo*, usando intervalos de Δt.

A acurácia da solução por diferenças finitas pode ser melhorada pela diminuição dos valores de Δx e Δt. Obviamente, o número de pontos nodais interiores a serem considerados aumenta à medida que Δx diminui, e o número de intervalos de tempo necessários para desenvolver a solução até um dado instante de tempo final aumenta com a diminuição de Δt. Assim, o tempo de computação aumenta com a diminuição de Δx e Δt. A escolha de Δx é tipicamente baseada no compromisso entre a acurácia e as exigências computacionais. Entretanto, uma vez feita essa seleção, o valor de Δt não pode ser escolhido independentemente. Ao contrário, o valor de Δt é determinado por exigências de *estabilidade*.

Uma característica indesejada do método explícito está no fato de ele não ser *incondicionalmente estável*. Em um problema transiente, a solução para as temperaturas nodais deve, com o avanço do tempo, se aproximar continuamente de valores finais (estado estacionário). No entanto, com o método explícito, essa solução pode ser caracterizada por oscilações induzidas numericamente, que são fisicamente impossíveis. As oscilações podem se tornar instáveis, fazendo com que a solução divirja das condições reais. Para evitar essa divergência, o valor especificado para Δt deve ser mantido abaixo de um certo limite, que depende de Δx e de outros parâmetros do sistema. Essa dependência é chamada de *critério de estabilidade*, que pode ser obtido matematicamente ou demonstrado a partir de um argumento termodinâmico (veja o Problema 5.87). Para os problemas de interesse neste texto, o *critério é determinado pela exigência de que o coeficiente associado aos termos envolvendo $T^p_{m,n}$ seja maior ou igual a zero*. Com as Equações 5.79 e 5.81 já escritas na forma desejada, segue-se que o critério de estabilidade para um nó interior unidimensional é $(1 - 2Fo) \geq 0$, ou

$$Fo \leq \frac{1}{2} \tag{5.82}$$

e, para um nó bidimensional, ele é $(1 - 4Fo) \geq 0$, ou

$$Fo \leq \frac{1}{4} \tag{5.83}$$

Para valores especificados de Δx e α, esses critérios podem ser usados para determinar limites superiores para o valor de Δt.

As Equações 5.79 e 5.81 podem, também, ser deduzidas pela aplicação do método do balanço de energia da Seção 4.4.3 em um volume de controle ao redor do nó interior. Levando em consideração mudanças na energia térmica acumulada, uma forma geral da equação do balanço de energia pode ser representada por

$$\dot{E}_{ent} + \dot{E}_g = \dot{E}_{acu} \tag{5.84}$$

Como na Seção 4.4.3, iremos considerar que todos os fluxos de calor estão *no sentido do* nó nas deduções a seguir das equações de diferenças finitas.

Para ilustrar a utilização da Equação 5.84, considere o nó na superfície do sistema unidimensional mostrado na Figura 5.12. Com espaçamento uniforme entre os nós, a espessura associada com um nó na superfície equivale à metade da espessura dos nós interiores. Considerando transferência de calor por convecção de um fluido adjacente e geração nula, tem-se da Equação 5.84 que

$$hA(T_\infty - T_0^p) + \frac{kA}{\Delta x}(T_1^p - T_0^p) = \rho c A \frac{\Delta x}{2} \frac{T_0^{p+1} - T_0^p}{\Delta t}$$

ou, explicitando a temperatura na superfície em $t + \Delta t$,

$$T_0^{p+1} = \frac{2h\,\Delta t}{\rho c\,\Delta x}(T_\infty - T_0^p) + \frac{2\alpha\,\Delta t}{\Delta x^2}(T_1^p - T_0^p) + T_0^p$$

Reconhecendo que $(2h\Delta t/(\rho c\Delta x)) = 2(h\Delta x/k)(\alpha\Delta t/\Delta x^2) = 2\,Bi\,Fo$ e agrupando os termos envolvendo T_0^p, tem-se que

$$T_0^{p+1} = 2Fo(T_1^p + Bi\,T_\infty) + (1 - 2Fo - 2Bi\,Fo)T_0^p \tag{5.85}$$

A forma do número de Biot para diferenças finitas é

$$Bi = \frac{h\,\Delta x}{k} \tag{5.86}$$

Relembrando o procedimento para determinar o critério de estabilidade, exigimos que o coeficiente de T_0^p seja maior ou igual a zero. Desta forma

$$1 - 2Fo - 1Bi\,Fo \geq 0$$

ou

$$Fo(1 + Bi) \leq \frac{1}{2} \tag{5.87}$$

Como a solução completa por diferenças finitas requer o uso da Equação 5.81 para os nós interiores, bem como o da Equação 5.85 para o nó na superfície, a Equação 5.87 deve ser

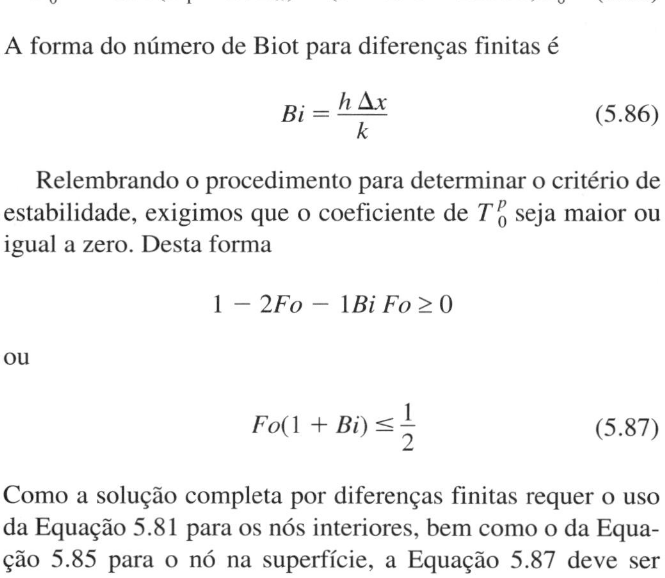

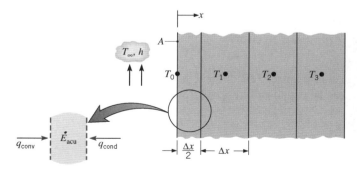

FIGURA 5.12 Nó na superfície com convecção e condução transiente unidimensional.

comparada à Equação 5.82 para determinar qual exigência é mais restritiva. Como $Bi \geq 0$, fica evidente que o valor limite para Fo estabelecido pela Equação 5.87 é menor do que o para a Equação 5.82. Portanto, para assegurar estabilidade em todos os nós, a Equação 5.87 deve ser usada para selecionar o valor máximo permissível para Fo e, consequentemente, para Δt a ser utilizado nos cálculos.

Formas da equação de diferenças finitas explícita para várias geometrias usuais são apresentadas na Tabela 5.3*a*. Cada equação pode ser deduzida pela aplicação do método do balanço de energia em um volume de controle ao redor do nó correspondente. Para desenvolver confiança na sua habilidade de aplicar esse método, você deve tentar verificar pelo menos uma dessas equações.

TABELA 5.3 Equações de diferenças finitas bidimensionais transientes ($\Delta x = \Delta y$)

	(*a*) Método Explícito		(*b*) Método Implícito
Configuração	**Equação de Diferenças Finitas**	**Critério de Estabilidade**	
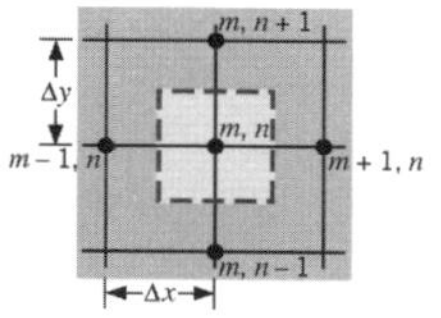	$T^{p+1}_{m,n} = Fo(T^p_{m+1,n} + T^p_{m-1,n} + T^p_{m,n+1} + T^p_{m,n-1}) + (1 - 4Fo)T^p_{m,n}$ (5.79) 1. Ponto nodal interior	$Fo \leq \frac{1}{4}$ (5.83)	$(1 + 4Fo)T^{p+1}_{m,n} - Fo(T^{p+1}_{m+1,n} + T^{p+1}_{m-1,n} + T^{p+1}_{m,n+1} + T^{p+1}_{m,n-1}) = T^p_{m,n}$ (5.95)
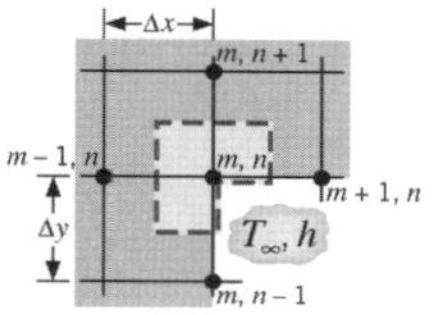	$T^{p+1}_{m,n} = \frac{2}{3}Fo(T^p_{m+1,n} + 2T^p_{m-1,n} + 2T^p_{m,n+1} + T^p_{m,n-1} + 2Bi\,T_\infty) + (1 - 4Fo - \frac{4}{3}Bi\,Fo)T^p_{m,n}$ (5.88) 2. Ponto nodal em um vértice interior com convecção	$Fo(3 + Bi) \leq \frac{3}{4}$ (5.89)	$(1 + 4Fo(1 + \frac{1}{3}Bi))T^{p+1}_{m,n} - \frac{2}{3}Fo \cdot (T^{p+1}_{m+1,n} + 2T^{p+1}_{m-1,n} + 2T^{p+1}_{m,n+1} + T^{p+1}_{m,n-1}) = T^p_{m,n} + \frac{4}{3}Bi\,Fo\,T_\infty$ (5.98)
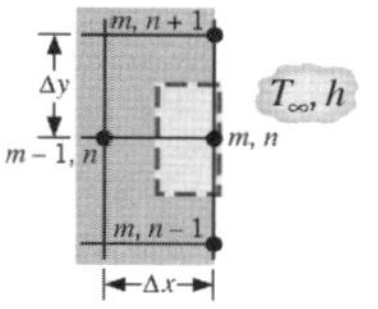	$T^{p+1}_{m,n} = Fo(2T^p_{m-1,n} + T^p_{m,n+1} + T^p_{m,n-1} + 2Bi\,T_\infty) + (1 - 4Fo - 2Bi\,Fo)T^p_{m,n}$ (5.90) 3. Ponto nodal em superfície plana com convecção[a]	$Fo(2 + Bi) \leq \frac{1}{2}$ (5.91)	$(1 + 2Fo(2 + Bi))T^{p+1}_{m,n} - Fo(2T^{p+1}_{m-1,n} + T^{p+1}_{m,n+1} + T^{p+1}_{m,n-1}) = T^p_{m,n} + 2Bi\,Fo\,T_\infty$ (5.99)
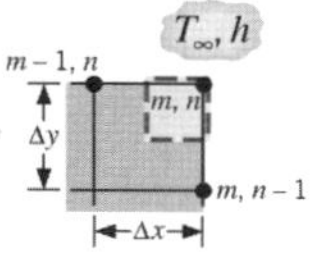	$T^{p+1}_{m,n} = 2Fo(T^p_{m-1,n} + T^p_{m,n-1} + 2Bi\,T_\infty) + (1 - 4Fo - 4Bi\,Fo)T^p_{m,n}$ (5.92) 4. Ponto nodal em vértice exterior com convecção	$Fo(1 + Bi) \leq \frac{1}{4}$ (5.93)	$(1 + 4Fo(1 + Bi))T^{p+1}_{m,n} - 2Fo(T^{p+1}_{m-1,n} + T^{p+1}_{m,n-1}) = T^p_{m,n} + 4Bi\,Fo\,T_\infty$ (5.100)

[a]Para obter a equação de diferenças finitas e/ou o critério de estabilidade para uma superfície adiabática (ou superfície de simetria), simplesmente faça Bi igual a zero.

EXEMPLO 5.11

Um elemento combustível de um reator nuclear tem a forma de uma parede plana com espessura $2L = 20$ mm e é resfriado por convecção em ambas as superfícies, com $h = 1100$ W/(m^2 · K) e $T_\infty = 250$ °C. Na potência normal de operação, calor é gerado uniformemente no interior do elemento a uma taxa volumétrica de $\dot{q}_1 = 10^7$ W/m^3. Um desvio das condições estacionárias associadas à operação normal do sistema irá ocorrer se houver uma mudança na taxa de geração. Considere uma mudança súbita nesta taxa para $\dot{q}_2 = 2 \times 10^7$ W/m^3 e use o método de diferenças finitas explícito para determinar a distribuição de temperaturas no elemento combustível após 1,5 s. As propriedades térmicas do elemento combustível são $k = 30$ W/(m · K) e $\alpha = 5 \times 10^{-6}$ m^2/s.

SOLUÇÃO

Dados: Condições associadas à geração de calor em um elemento combustível retangular com resfriamento na superfície.

Achar: Distribuição de temperaturas 1,5 s após uma mudança na potência de operação.

Esquema:

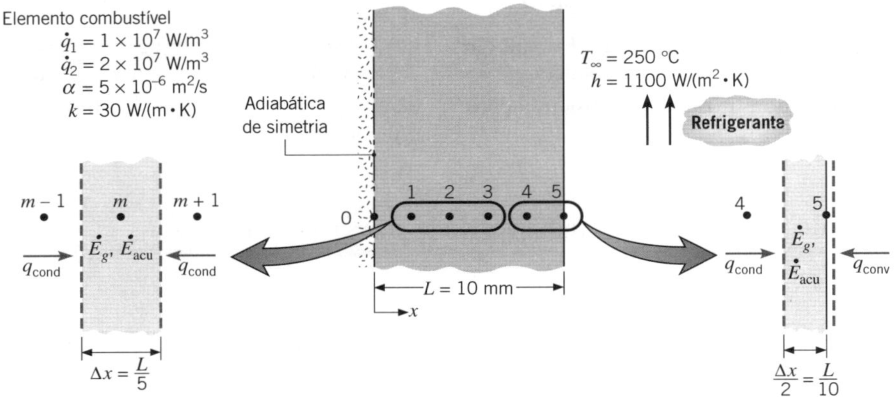

Considerações:

1. Condução unidimensional em x.
2. Geração uniforme.
3. Propriedades constantes.

Análise: Uma solução numérica será obtida usando-se um incremento no espaço de $\Delta x = 2$ mm. Como há simetria em relação ao plano central, a rede nodal fornece seis temperaturas nodais desconhecidas. Usando-se o método do balanço de energia, Equação 5.84, uma equação de diferenças finitas explícita pode ser deduzida para qualquer nó interior m.

$$kA\frac{T_{m-1}^p - T_m^p}{\Delta x} + kA\frac{T_{m+1}^p - T_m^p}{\Delta x} + \dot{q}A\,\Delta x = \rho A\,\Delta x\,c\frac{T_m^{p+1} - T_m^p}{\Delta t}$$

Explicitando T_m^{p+1} e rearranjando,

$$T_m^{p+1} = Fo\left[T_{m-1}^p + T_{m+1}^p + \frac{\dot{q}(\Delta x)^2}{k}\right] + (1 - 2Fo)T_m^p \quad (1)$$

Em função da simetria em relação a $x = 0$, essa equação pode também ser usada para o nó $m = 0$, com $T_{-1}^p = T_1^p$. Aplicando a conservação de energia para um volume de controle ao redor do ponto nodal 5,

$$hA(T_\infty - T_5^p) + kA\frac{T_4^p - T_5^p}{\Delta x} + \dot{q}A\frac{\Delta x}{2} = \rho A\frac{\Delta x}{2}c\frac{T_5^{p+1} - T_5^p}{\Delta t}$$

ou

$$T_5^{p+1} = 2Fo\left[T_4^p + Bi\,T_\infty + \frac{\dot{q}(\Delta x)^2}{2k}\right] + (1 - 2Fo - 2Bi\,Fo)T_5^p \quad (2)$$

Como o critério de estabilidade mais restritivo está associado à Equação 2, selecionamos Fo a partir da exigência de que

$$Fo(1 + Bi) \le \frac{1}{2}$$

Assim, com

$$Bi = \frac{h\,\Delta x}{k} = \frac{1100\ \text{W/(m}^2\cdot\text{K)}\,(0{,}002\ \text{m})}{30\ \text{W/(m}\cdot\text{K)}} = 0{,}0733$$

tem-se que

$$Fo \le 0{,}466$$

ou

$$\Delta t = \frac{Fo(\Delta x)^2}{\alpha} \le \frac{0{,}466(2 \times 10^{-3}\ \text{m})^2}{5 \times 10^{-6}\ \text{m}^2/\text{s}} \le 0{,}373\ \text{s}$$

Para estar bem dentro do limite de estabilidade, selecionamos $\Delta t = 0{,}3$ s, o que corresponde a

$$Fo = \frac{5 \times 10^{-6}\ \text{m}^2/\text{s}(0{,}3\ \text{s})}{(2 \times 10^{-3}\ \text{m})^2} = 0{,}375$$

Substituindo os valores numéricos, incluindo $\dot{q} = \dot{q}_2 = 2 \times 10^7$ W/m³, as equações de diferenças finitas se tornam

$$T_0^{p+1} = 0{,}375(2T_1^p + 2{,}67) + 0{,}250T_0^p$$
$$T_m^{p+1} = 0{,}375(T_{m-1}^p + T_{m+1}^p + 2{,}67) + 0{,}250T_m^P \qquad m = 1,2,3,4$$
$$T_5^{p+1} = 0{,}750(T_4^p + 19{,}67) + 0{,}195T_5^p$$

A distribuição inicial de temperaturas deve ser conhecida. Da Equação 3.51, com $\dot{q} = \dot{q}_1$,

$$T_5 = T_s = T_\infty + \frac{\dot{q}_1 L}{h} = 250\ °\text{C} + \frac{10^7\ \text{W/m}^3 \times 0{,}01\ \text{m}}{1100\ \text{W/(m}^2\cdot\text{K)}} = 340{,}91\ °\text{C}$$

e da Equação 3.47

$$T(x) = 16{,}67\left(1 - \frac{x^2}{L^2}\right) + 340{,}91\ °\text{C}$$

As temperaturas iniciais para os pontos nodais são mostradas na primeira linha da tabela a seguir.

Registro das Temperaturas Nodais (°C)

p	t(s)	T_0	T_1	T_2	T_3	T_4	T_5
0	0	357,58	356,91	354,91	351,58	346,91	340,91
1	0,3	358,08	357,41	355,41	352,08	347,41	341,41
2	0,6	358,58	357,91	355,91	352,58	347,91	341,88
3	0,9	359,08	358,41	356,41	353,08	348,41	342,35
4	1,2	359,58	358,91	356,91	353,58	348,89	342,82
5	1,5	360,08	359,41	357,41	354,07	349,37	343,27
∞	∞	465,15	463,82	459,82	453,15	443,82	431,82

Usando as equações de diferenças finitas, as temperaturas nodais podem ser calculadas sequencialmente com um incremento de tempo de 0,3 s até que se atinja o instante final desejado. Os resultados são apresentados nas linhas 2 a 6 da tabela e podem ser comparados com a nova condição de regime estacionário (linha 7), que foi obtida utilizando-se as Equações 3.47 e 3.51 com $\dot{q} = \dot{q}_2$.

Comentários:

1. Fica evidente que, em $t = 1{,}5$ s, a parede se encontra no estágio inicial do processo transiente e que muitos cálculos adicionais teriam que ser efetuados até a solução atingir as condições de regime estacionário pelo método das diferenças finitas. O tempo de computação poderia ser ligeiramente reduzido usando-se o incremento máximo de tempo permitido ($\Delta t = 0{,}373$ s), porém, com alguma perda de acurácia. Com o objetivo de maximizar a precisão, o intervalo de tempo deveria ser reduzido até que os resultados calculados se tornassem independentes de reduções adicionais em Δt.

   Estendendo a solução por diferenças finitas para $t = 400$ s, os históricos de temperaturas calculados nos nós no plano central (0) e na superfície (5) possuem as formas mostradas a seguir.

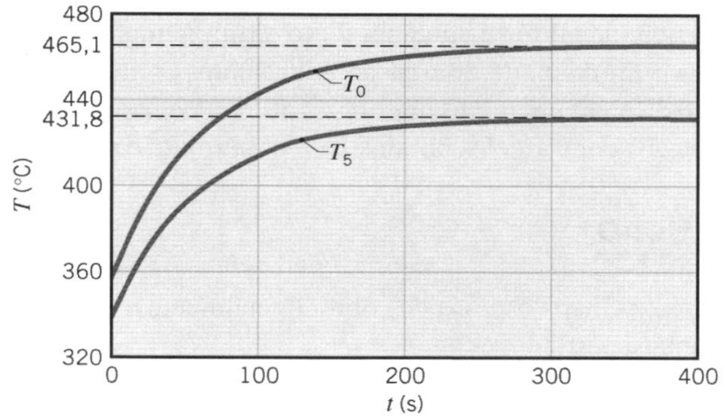

   Fica evidente que a nova condição de equilíbrio é atingida 250 s após o degrau na potência de operação.

2. Este problema pode ser resolvido usando *Tools, Finite-Difference Equations, One-Dimensional, Transient* na seção *Advanced* do *IHT*.

5.10.2 *Discretização da Equação do Calor: O Método Implícito*

No esquema *explícito* de diferenças finitas, a temperatura em qualquer ponto nodal em $t + \Delta t$ pode ser calculada a partir do conhecimento das temperaturas no próprio ponto nodal e nos pontos nodais vizinhos no *instante anterior t*. Assim, a determinação de uma temperatura nodal em algum tempo é *independente* das temperaturas nos outros pontos nodais no *mesmo instante*. Embora o método ofereça vantagens computacionais, ele apresenta limitações na seleção do Δt. Para um dado incremento no espaço, o incremento no tempo deve ser compatível com as exigências de estabilidade. Com frequência, isso obriga à utilização de valores para Δt extremamente pequenos, e um número muito grande de intervalos de tempo pode ser necessário na obtenção de uma solução.

Uma redução no tempo computacional pode frequentemente ser obtida com o emprego de um esquema de diferenças finitas *implícito*, no lugar do esquema explícito. A forma implícita da equação de diferenças finitas pode ser deduzida utilizando-se a Equação 5.77 para aproximar a derivada no tempo, mas calculando todas as outras temperaturas no *novo* instante ($p + 1$), em vez de no instante anterior (p). A Equação 5.77 é então considerada para fornecer uma aproximação por *diferença atrasada* da derivada em relação ao tempo. Em contraste com a Equação 5.78, a forma implícita da equação de diferenças finitas para um ponto nodal interior em um sistema bidimensional é, então,

$$\frac{1}{\alpha}\frac{T_{m,n}^{p+1} - T_{m,n}^{p}}{\Delta t} = \frac{T_{m+1,n}^{p+1} + T_{m-1,n}^{p+1} - 2T_{m,n}^{p+1}}{(\Delta x)^2} + \frac{T_{m,n+1}^{p+1} + T_{m,n-1}^{p+1} - 2T_{m,n}^{p+1}}{(\Delta y)^2} \quad (5.94)$$

Rearranjando e considerando $\Delta x = \Delta y$, tem-se que

$$(1 + 4Fo)T_{m,n}^{p+1} - Fo(T_{m+1,n}^{p+1} + T_{m-1,n}^{p+1} + T_{m,n+1}^{p+1} + T_{m,n-1}^{p+1}) = T_{m,n}^{p} \quad (5.95)$$

A partir da Equação 5.95 fica evidente que a *nova* temperatura no nó (m, n) depende das *novas* temperaturas nos seus nós adjacentes, que são, em geral, desconhecidas. Assim, para determinar as temperaturas nodais desconhecidas no instante $p + 1$, todas as equações nodais correspondentes devem ser *resolvidas simultaneamente*. Tal solução pode ser efetuada usando-se inversão de matrizes ou a iteração de Gauss-Seidel, como discutido na Seção 4.5 e no Apêndice D. A *solução evolutiva* envolveria, então, a resolução simultânea das equações nodais em cada tempo $t = \Delta t, 2\Delta t, ...,$ até que o instante final desejado seja atingido.

Em relação ao método explícito, a formulação implícita tem a importante vantagem de ser *incondicionalmente estável*. Isto é, todos os coeficientes de $T_{m,n}^{p+1}$ são positivos, e a solução permanece estável para todos os intervalos no espaço e de tempo, neste caso não há restrições em Δx e Δt. Como maiores valores de Δt podem ser, consequentemente, empregados com um método implícito, os tempos de computação podem frequentemente ser reduzidos, com pequena perda de acurácia. Todavia, para maximizar a acurácia, Δt deve ser suficientemente pequeno para assegurar que os resultados sejam independentes de mais reduções no seu valor.

A forma implícita da equação de diferenças finitas pode também ser deduzida a partir do método do balanço de energia. Para o ponto nodal na superfície da Figura 5.12, pode-se facilmente mostrar que

$$(1+2Fo+2FoBi)T_0^{p+1} - 2FoT_1^{p+1} = 2FoBi\,T_\infty + T_0^p \quad (5.96)$$

Para qualquer ponto nodal interior na Figura 5.12, também pode ser mostrado que

$$(1 + 2Fo)T_m^{p+1} - Fo\,(T_{m-1}^{p+1} + T_{m+1}^{p+1}) = T_m^p \quad (5.97)$$

Formas da equação de diferenças finitas implícita para outras geometrias comuns estão apresentadas na Tabela 5.3*b*. Cada equação pode ser deduzida usando-se o método do balanço de energia.

EXEMPLO 5.12

Uma chapa espessa de cobre, inicialmente a uma temperatura uniforme de 20 °C, é subitamente exposta à radiação em uma superfície de tal forma que um fluxo térmico líquido é mantido a um valor constante de 3×10^5 W/m². Usando as técnicas explícita e implícita de diferenças finitas com um incremento no espaço de $\Delta x = 75$ mm, determine a temperatura na superfície irradiada e em um ponto interior a 150 mm da superfície, passados dois minutos do início da exposição à radiação. Compare os resultados com aqueles obtidos com uma solução analítica apropriada.

SOLUÇÃO

Dados: Chapa espessa de cobre, inicialmente a uma temperatura uniforme, é submetida a um fluxo térmico líquido constante em uma superfície.

Achar:

1. Usando o método de diferenças finitas explícito, determine as temperaturas na superfície e a 150 mm da superfície, 2 min após o início da exposição.
2. Repita os cálculos usando o método de diferenças finitas implícito.
3. Determine as mesmas temperaturas analiticamente.

Esquema:

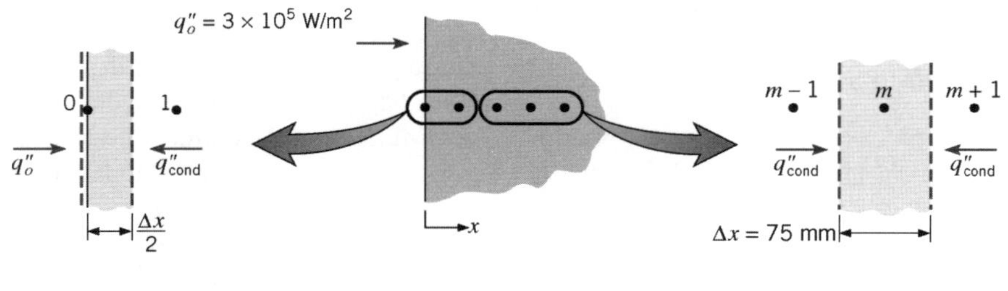

Considerações:

1. Condução unidimensional em x.
2. Propriedades constantes.

Propriedades: Tabela A.1, cobre (300 K): $k = 401$ W/(m · K), $\alpha = 117 \times 10^{-6}$ m²/s.

Análise:

1. Uma forma explícita da equação de diferenças finitas para o nó da superfície pode ser obtida aplicando-se um balanço de energia em um volume de controle ao redor desse nó.

$$q''_o A + kA\frac{T_1^p - T_0^p}{\Delta x} = \rho A \frac{\Delta x}{2} c \frac{T_0^{p+1} - T_0^p}{\Delta t}$$

ou

$$T_0^{p+1} = 2Fo\left(\frac{q''_0 \Delta x}{k} + T_1^p\right) + (1 - 2Fo)T_0^p$$

A equação de diferenças finitas para qualquer nó interior é dada pela Equação 5.81. Tanto o nó da superfície quanto os nós interiores são regidos pelo critério de estabilidade

$$Fo \leq \frac{1}{2}$$

Observando que as equações de diferenças finitas são simplificadas com a escolha do valor máximo permitido para Fo, selecionamos $Fo = ½$. Assim,

$$\Delta t = Fo\frac{(\Delta x)^2}{\alpha} = \frac{1}{2}\frac{(0{,}075 \text{ m})^2}{117 \times 10^{-6} \text{ m}^2/\text{s}} = 24 \text{ s}$$

com

$$\frac{q''_o \Delta x}{k} = \frac{3 \times 10^5 \text{ W/m}^2 (0{,}075 \text{ m})}{401 \text{ W/(m} \cdot \text{K)}} = 56{,}1 \text{ °C}$$

as equações de diferenças finitas se tornam

$$T_0^{p+1} = 56{,}1 \text{ °C} + T_1^p \quad \text{e} \quad T_m^{p+1} = \frac{T_{m+1}^p + T_{m-1}^p}{2}$$

para os nós na superfície e interiores, respectivamente. Efetuando os cálculos, os resultados estão na tabela a seguir:

Solução por Diferenças Finitas, Método Explícito, para $Fo = \frac{1}{2}$

p	t(s)	T_0	T_1	T_2	T_3	T_4
0	0	20	20	20	20	20
1	24	76,1	20	20	20	20
2	48	76,1	48,1	20	20	20
3	72	104,2	48,1	34,0	20	20
4	96	104,2	69,1	34,0	27,0	20
5	120	125,2	69,1	48,1	27,0	23,5

Após dois minutos, a temperatura na superfície e a temperatura interior desejada são $T_0 = 125{,}2$ °C e $T_2 = 48{,}1$ °C.

Pode ser visto na solução explícita por diferenças finitas que, com cada incremento sucessivo no tempo, uma nova temperatura nodal sai do seu valor inicial. Por esta razão, não é necessário implementar formalmente a segunda condição de contorno, $T(x \to \infty) = T_i$. Note também que o cálculo de temperaturas idênticas em instantes sucessivos em um mesmo nó é uma característica do uso do valor máximo permitido para *Fo* com a técnica explícita de diferenças finitas. A condição física real é, obviamente, uma na qual a temperatura muda continuamente com o tempo.

Para determinar a extensão da melhora na precisão com a redução de *Fo*, refazemos os cálculos com $Fo = 1/4$ ($\Delta t = 12$ s). As equações de diferenças finitas têm, então, a forma

$$T_0^{p+1} = \frac{1}{2}(56{,}1 \text{ °C} + T_1^p) + \frac{1}{2}T_0^p \quad \text{e} \quad T_m^{p+1} = \frac{1}{4}(T_{m+1}^p + T_{m-1}^p) + \frac{1}{2}T_m^p$$

e os resultados dos cálculos são apresentados na tabela a seguir:

Solução por Diferenças Finitas, Método Explícito, para $Fo = \frac{1}{4}$

p	t(s)	T_0	T_1	T_2	T_3	T_4	T_5	T_6	T_7	T_8
0	0	20	20	20	20	20	20	20	20	20
1	12	48,1	20	20	20	20	20	20	20	20
2	24	62,1	27,0	20	20	20	20	20	20	20
3	36	72,6	34,0	21,8	20	20	20	20	20	20
4	48	81,4	40,6	24,4	20,4	20	20	20	20	20
5	60	89,0	46,7	27,5	21,3	20,1	20	20	20	20
6	72	95,9	52,5	30,7	22,5	20,4	20,0	20	20	20
7	84	102,3	57,9	34,1	24,1	20,8	20,1	20,0	20	20
8	96	108,1	63,1	37,6	25,8	21,5	20,3	20,0	20,0	20
9	108	113,6	67,9	41,0	27,6	22,2	20,5	20,1	20,0	20,0
10	120	118,8	72,6	44,4	29,6	23,2	20,8	20,2	20,0	20,0

Após dois minutos, as temperaturas desejadas são $T_0 = 118{,}8$ °C e $T_2 = 44{,}4$ °C para $Fo = 1/4$. Fica claro que a redução do *Fo* eliminou o problema das temperaturas repetidas. Uma avaliação da melhora na acurácia será feita mais tarde, mediante a comparação com uma solução exata. Na ausência de uma solução exata, o valor de *Fo* poderia ser sucessivamente reduzido até que os resultados fiquem independentes de *Fo*.

2. Efetuando um balanço de energia em um volume de controle ao redor do nó na superfície, a forma implícita da equação de diferenças finitas é

$$q''_o + k\frac{T_1^{p+1} - T_0^{p+1}}{\Delta x} = \rho \frac{\Delta x}{2} c \frac{T_0^{p+1} - T_0^p}{\Delta t}$$

ou

$$(1 + 2Fo)T_0^{p+1} - 2FoT_1^{p+1} = \frac{2\alpha q''_o \Delta t}{k\,\Delta x} + T_0^p$$

Escolhendo arbitrariamente $Fo = 1/2$ ($\Delta t = 24$ s), tem-se que

$$2T_0^{p+1} - T_1^{p+1} = 56{,}1 + T_0^p$$

Da Equação 5.97, a equação de diferenças finitas para qualquer nó interior tem então a forma

$$-T_{m-1}^{p+1} + 4T_m^{p+1} - T_{m+1}^{p+1} = 2T_m^p$$

Em contraste com o método explícito, o método implícito requer a solução simultânea das equações nodais para todos os pontos nodais no tempo $p + 1$. Assim, o número de nós sendo considerados deve ser especificado, e uma condição de contorno tem que ser aplicada no último nó. Com base nos resultados do método explícito, é provável ser segura a escolha de nove nós, correspondendo a T_0, T_1, ..., T_8. Estamos assim supondo que, em $t = 120$ s, não houve mudança em T_9 e a condição de contorno é implementada numericamente como $T_9 = 20$ °C.

Temos agora um conjunto de nove equações que devem ser resolvidas simultaneamente em cada incremento do tempo. Podemos escrever as equações na forma $[A][T] = [C]$, com

$$[A] = \begin{bmatrix} 2 & -1 & 0 & 0 & 0 & 0 & 0 & 0 & 0 \\ -1 & 4 & -1 & 0 & 0 & 0 & 0 & 0 & 0 \\ 0 & -1 & 4 & -1 & 0 & 0 & 0 & 0 & 0 \\ 0 & 0 & -1 & 4 & -1 & 0 & 0 & 0 & 0 \\ 0 & 0 & 0 & -1 & 4 & -1 & 0 & 0 & 0 \\ 0 & 0 & 0 & 0 & -1 & 4 & -1 & 0 & 0 \\ 0 & 0 & 0 & 0 & 0 & -1 & 4 & -1 & 0 \\ 0 & 0 & 0 & 0 & 0 & 0 & -1 & 4 & -1 \\ 0 & 0 & 0 & 0 & 0 & 0 & 0 & -1 & 4 \end{bmatrix}$$

$$[C] = \begin{bmatrix} 56{,}1 + T_0^p \\ 2T_1^p \\ 2T_2^p \\ 2T_3^p \\ 2T_4^p \\ 2T_5^p \\ 2T_6^p \\ 2T_7^p \\ 2T_8^p + T_9^{p+1} \end{bmatrix}$$

Note que os valores numéricos dos componentes de $[C]$ são determinados a partir de valores anteriores das temperaturas nodais. Note também como a equação de diferenças finitas para o nó 8 aparece nas matrizes $[A]$ e $[C]$, com $T_9^{p+1} = 20$ °C, como indicado anteriormente.

Uma tabela com temperaturas nodais pode ser construída começando-se pela primeira linha ($p = 0$), que corresponde à condição inicial especificada. Para obter as temperaturas nodais nos instantes seguintes, a equação matricial tem que ser resolvida. A cada incremento de tempo $p + 1$, $[C]$ é atualizada usando os valores do intervalo de tempo anterior (p). O processo é efetuado por cinco vezes para determinar as temperaturas nodais em $t = 120$ s. As temperaturas desejadas são $T_0 = 114{,}7$ °C e $T_2 = 44{,}2$ °C.

Solução por Diferenças Finitas, Método Implícito, para $Fo = \frac{1}{2}$

p	t(s)	T_0	T_1	T_2	T_3	T_4	T_5	T_6	T_7	T_8
0	0	20,0	20,0	20,0	20,0	20,0	20,0	20,0	20,0	20,0
1	24	52,4	28,7	22,3	20,6	20,2	20,0	20,0	20,0	20,0
2	48	74,0	39,5	26,6	22,1	20,7	20,2	20,1	20,0	20,0
3	72	90,2	50,3	32,0	24,4	21,6	20,6	20,2	20,1	20,0
4	96	103,4	60,5	38,0	27,4	22,9	21,1	20,4	20,2	20,1
5	120	114,7	70,0	44,2	30,9	24,7	21,9	20,8	20,3	20,1

3. Aproximando a placa por um meio semi-infinito, a expressão analítica apropriada é dada pela Equação 5.62, que pode ser utilizada para qualquer ponto na chapa.

$$T(x, t) - T_i = \frac{2q''_o(\alpha t/\pi)^{1/2}}{k} \exp\left(-\frac{x^2}{4\alpha t}\right) - \frac{q''_o x}{k} \operatorname{erfc}\left(\frac{x}{2\sqrt{\alpha t}}\right)$$

Na superfície, essa expressão fornece

$$T(0, 120\text{ s}) - 20\,°\text{C} = \frac{2 \times 3 \times 10^5\text{ W/m}^2}{401\text{ W/(m}\cdot\text{K)}}(117 \times 10^{-6}\text{m}^2\text{/s} \times 120\text{s}/\pi)^{1/2}$$

ou

$$T(0, 120\text{ s}) = 120{,}0\text{ °C} \qquad \triangleleft$$

No ponto interior ($x = 0{,}15$ m)

$$T(0{,}15\text{ m}, 120\text{ s}) - 20\text{ °C} = \frac{2 \times 3 \times 10^5\text{ W/m}^2}{401\text{ W/(m}\cdot\text{K)}} \times (117 \times 10^{-6}\text{ m}^2\text{/s} \times 120\text{ s}/\pi)^{1/2} \times \exp\left[-\frac{(0{,}15\text{ m})^2}{4 \times 117 \times 10^{-6}\text{ m}^2\text{/s} \times 120\text{ s}}\right]$$

$$- \frac{3 \times 10^5\text{ W/m}^2 \times 0{,}15\text{ m}}{401\text{ W/(m}\cdot\text{K)}} \times \left[1 - \operatorname{erf}\left(\frac{0{,}15\text{ m}}{2\sqrt{117 \times 10^{-6}\text{ m}^2\text{/s} \times 120\text{ s}}}\right)\right]$$

$$T(0{,}15\text{ m}, 120\text{ s}) = 45{,}4\text{ °C} \qquad \triangleleft$$

Comentários:

1. A acurácia dos cálculos anteriores é afetada negativamente pelo espaçamento grosseiro da malha ($\Delta x = 75$ mm), assim como pelos grandes incrementos de tempo ($\Delta t = 24$ s, 12 s). Resultados do método implícito com $\Delta x = 18{,}75$ mm e $\Delta t = 6$ s ($Fo = 2{,}0$) são comparados com os resultados anteriores na tabela a seguir e mostram uma boa concordância com a solução exata.

Método	$T_0 = T(0, 120\text{ s})$	$T_2 = T(0{,}15\text{ m}, 120\text{ s})$
Explícito (Fo = ½)	125,2	48,1
Explícito (Fo = ¼)	118,8	44,4
Implícito (Fo = ½)	114,7	44,2
Implícito (Fo = 2)	119,2	45,3
Exato	120,0	45,4

2. Distribuições de temperaturas na chapa de cobre para $t = 60$ e 120 s são mostrados a seguir:

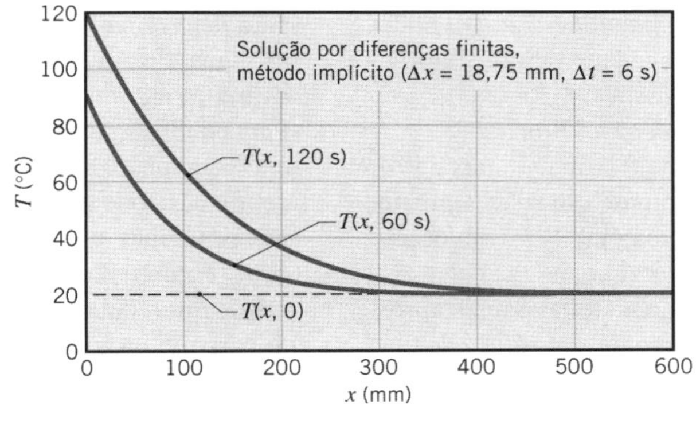

Note que, mesmo em $t = 120$ s, a hipótese de meio semi-infinito ainda permaneceria válida se a espessura da chapa fosse superior a aproximadamente 500 mm.

3. Uma condição mais geral de aquecimento radiante seria aquela na qual a superfície é subitamente exposta a uma grande vizinhança com uma temperatura elevada T_{viz} (Problema 5.104). A taxa líquida na qual radiação é transferida para a superfície pode, então, ser calculada pela Equação 1.7. Considerando também a transferência de calor por convecção para a superfície, a aplicação da conservação de energia no nó da superfície fornece uma equação de diferenças finitas explícita na forma

$$\varepsilon\sigma[T_{viz}^4 - (T_0^p)^4] + h(T_\infty - T_0^p) + k\frac{T_1^p - T_0^p}{\Delta x} = \rho\frac{\Delta x}{2}c\frac{T_0^{p+1} - T_0^p}{\Delta t}$$

O uso dessa equação de diferenças finitas em uma solução numérica é complicado em função de sua *não linearidade*. Entretanto, a equação pode ser *linearizada* pela introdução do coeficiente de transferência de calor por radiação h_r, definido pela Equação 1.9, e a equação de diferenças finitas é

$$h_r^p(T_{viz} - T_0^p) + h(T_\infty - T_0^p) + k\frac{T_1^p - T_0^p}{\Delta x} = \rho\frac{\Delta x}{2}c\frac{T_0^{p+1} - T_0^p}{\Delta t}$$

A solução pode ser efetuada da forma usual, embora o efeito do número de Biot radiante ($Bi_r \equiv h_r\,\Delta x/k$) deva ser incluído no critério de estabilidade, e o valor de h_r deva ser atualizado a cada etapa do cálculo. Se o método implícito for usado, h_r é calculado em $p + 1$, tornando necessário um cálculo iterativo a cada novo incremento de tempo.

4. Este problema pode ser resolvido usando *Tools, Finite-Difference Equations, One-Dimensional, Transient* na seção *Advanced* do *IHT*. A função Der(T, t) do *IHT* pode ser usada para representar a derivada da temperatura em relação ao tempo na Equação 5.75. Consulte o Problema 5.94.

5.11 Resumo

Condução transiente ocorre em diversas aplicações de engenharia e pode ser analisada usando diferentes métodos. Buscando-se privilegiar a simplicidade, em cada caso, ao se confrontar com um problema transiente, a primeira providência que deve ser tomada é o cálculo do número de Biot. Se esse número for muito menor do que a unidade, você pode usar o método da capacitância global para obter resultados acurados com um mínimo de exigências computacionais. Entretanto, se o número de Biot não for muito menor do que a unidade, os efeitos espaciais têm que ser considerados e algum outro método alternativo deve ser empregado. Resultados analíticos e soluções aproximadas estão disponíveis em uma forma conveniente para a parede plana, o cilindro infinito, a esfera e o sólido semi-infinito. Você deve saber quando e como usar esses resultados. Se a complexidade geométrica e/ou a forma das condições de contorno não permitirem o uso desses resultados, faz-se necessário o emprego de técnicas numéricas aproximadas, como o método das diferenças finitas.

Você pode testar o seu entendimento de conceitos importantes respondendo às questões a seguir:

- Sob quais condições o *método da capacitância global* pode ser usado para prever a resposta transiente de um sólido a uma mudança no seu ambiente térmico?
- Qual é a interpretação física do *número de Biot*?
- A análise pelo método da capacitância global é mais apropriada para ser usada no resfriamento de um sólido quente por convecção forçada no ar ou na água? Por convecção forçada no ar ou por convecção natural no ar?
- A análise pelo método da capacitância global é mais apropriada para ser usada no resfriamento de um sólido de cobre ou de alumínio? No nitreto de silício ou no vidro?
- Quais parâmetros determinam a *constante de tempo* associada à resposta térmica transiente de um sólido via capacitância global? Essa resposta é acelerada ou desacelerada por um aumento no coeficiente convectivo? Por um aumento na massa específica ou no calor específico do sólido?
- Para a condução unidimensional transiente em uma parede plana, em um cilindro longo ou em uma esfera com convecção na superfície, quais parâmetros adimensionais podem ser usados para simplificar a representação das condições térmicas? Como esses parâmetros são definidos?
- Por que a solução semi-infinita é aplicável em qualquer geometria em tempos pequenos?
- Qual é a interpretação física do *número de Fourier*?
- Qual exigência deve ser satisfeita para se usar a *aproximação de primeiro termo* para determinar a resposta térmica transiente de uma parede plana, de um cilindro longo ou de uma esfera nos quais há condução unidimensional em razão de uma mudança nas condições na superfície? Em qual estágio de um processo transiente a exigência não é satisfeita?
- O que há em comum no aquecimento ou resfriamento transiente de uma parede plana com condições convectivas equivalentes nas superfícies opostas e no aquecimento ou resfriamento de uma parede plana por convecção através de uma das superfícies com a outra isolada termicamente?
- Como pode uma aproximação de primeiro termo ser usada para determinar a resposta térmica transiente de uma parede plana, de um cilindro longo ou de uma esfera submetida a uma súbita mudança na temperatura da superfície?
- Para condução unidimensional transiente, o que está implícito pela idealização de um sólido *semi-infinito*? Sob quais condições pode a idealização ser usada em uma parede plana? Em um longo cilindro? Em uma esfera? Em um objeto com geometria arbitrária?
- O que diferencia uma solução de diferenças finitas *explícita* para um problema de condução transiente de uma solução *implícita*?
- O que significa a caracterização do método implícito de diferenças finitas *como incondicionalmente estável*? Qual restrição é colocada no método explícito para garantir uma solução estável?

Referências

1. Bergman, T. L., J. *Heat Transfer*, **130**, 094503, 2008.
2. Peleg, M., *Food Res. Int.*, **33**, 531–538, 2000.
3. Carslaw, H. S., and J. C. Jaeger, *Conduction of Heat in Solids*, 2nd ed., Oxford University Press, London, 1986.
4. Schneider, P. J., *Conduction Heat Transfer*, Addison-Wesley, Reading, MA, 1957.
5. Kakac, S., and Y. Yener, *Heat Conduction*, Taylor & Francis, Washington, DC, 1993.

6. Poulikakos, D., Conduction *Heat Transfer*, Prentice-Hall, Englewood Cliffs, NJ, 1994.
7. Yovanovich, M. M., "Conduction and Thermal Contact Resistances (Conductances)," in W. M. Rohsenow, J. P. Hartnett, and Y. I. Cho, Eds., *Handbook of Heat Transfer*, McGraw-Hill, New York, 1998, pp. 3.1–3.73.
8. Lavine, A. S., and T. L. Bergman, *J. Heat Transfer*, **130**, 101302, 2008.
9. Hirsch, L. R., R. J. Stafford, J. A. Bankson, S. R. Sershen, B. Rivera, R. E. Price, J. D. Hazle, N. J. Halas, and J. L. West, *Proc. Nat. Acad. Sciences of the U.S.*, **100**, 13549–13554, 2003.
10. Cahill, D. G., Rev. *Sci. Instrum.*, 61, 802–808, 1990.

Problemas

Considerações Qualitativas

5.1 Considere um aquecedor elétrico delgado fixado a uma placa e isolado no outro lado. Inicialmente, o aquecedor e a placa se encontram à temperatura do ar ambiente, T_∞. Subitamente, a potência do aquecedor é ativada, fazendo-o liberar um fluxo térmico constante q''_o (W/m^2) na superfície interna da placa.

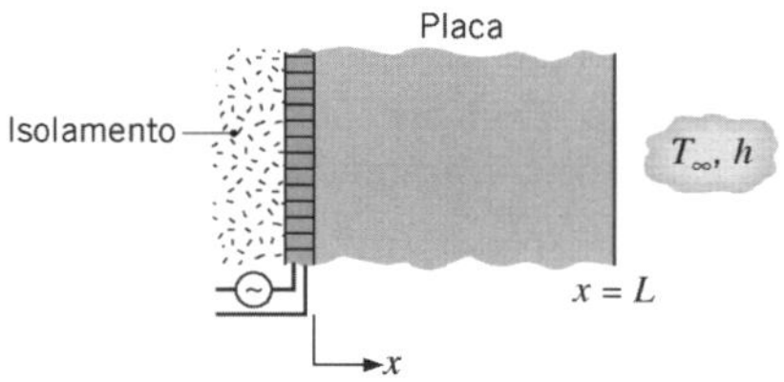

(a) Esboce e identifique, em coordenadas $T - x$, as distribuições de temperaturas: inicial, em regime estacionário e em dois tempos intermediários.

(b) Esboce o fluxo térmico na superfície externa $q''_x(L, t)$ como uma função do tempo.

5.2 A superfície interna de uma parede plana é isolada e a superfície externa está exposta a uma corrente de ar a T_∞. A parede se encontra a uma temperatura uniforme correspondente à da corrente de ar. De repente, uma fonte de calor radiante é ligada, ocasionando a incidência de um fluxo térmico uniforme q''_o sobre a superfície externa.

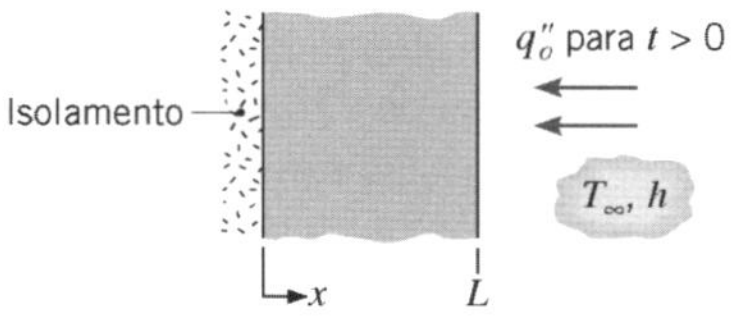

(a) Esboce e identifique, em coordenadas $T - x$, as distribuições de temperaturas: inicial, em regime estacionário e em dois tempos intermediários.

(b) Esboce o fluxo térmico na superfície externa $q''_x(L, t)$ como uma função do tempo.

5.3 Um forno de micro-ondas opera segundo o princípio no qual a aplicação de um campo de alta frequência induz um movimento oscilatório nas moléculas eletricamente polarizadas do alimento. O efeito líquido resultante é uma *geração*, praticamente *uniforme*, de energia térmica no interior do alimento. Considere o processo de cozimento de um bife com espessura $2L$ em um forno de micro-ondas e compare esse processo ao cozimento em um forno convencional, no qual *cada lado* do bife é *aquecido por radiação*. Em cada caso, a carne deve ser aquecida de 0 °C a uma temperatura *mínima* de 90 °C. Baseie sua comparação em um esboço da distribuição de temperaturas, em instantes de tempo selecionados, para cada um dos processos de cozimento. Em particular, analise o tempo t_0 no qual o aquecimento é iniciado, um instante t_1 durante o processo de aquecimento, o tempo t_2 correspondente ao término do aquecimento e um tempo t_3 passado um longo período do início do processo de resfriamento subsequente.

5.4 Um fino disco de aço inoxidável de espessura b e raio externo r_o foi tratado termicamente até uma alta temperatura inicial uniforme T_i. O disco é então colocado sobre um pequeno suporte e deixado para resfriar. As temperaturas ambiente e da vizinhança são T_∞ e T_{viz}, respectivamente. Os coeficientes de convecção nas superfícies superior e inferior do disco, h_{sup} e h_{inf}, são conhecidos, assim como a sua emissividade, ε. Deduza a equação diferencial que pode ser resolvida para determinar a resposta térmica transiente do disco, $T(r, t)$. Liste as condições inicial e de contorno apropriadas.

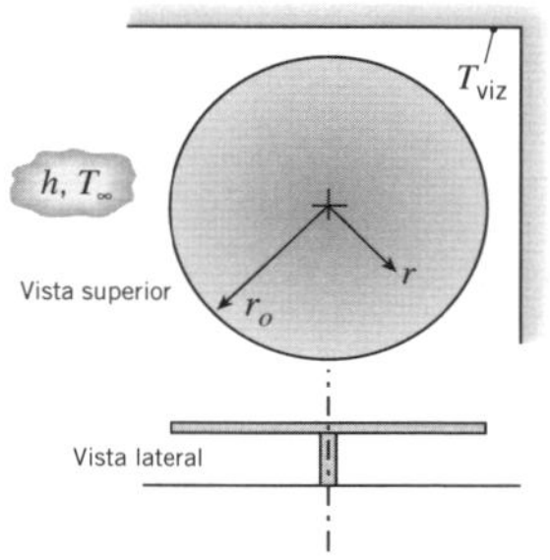

5.5 Uma placa com espessura $2L$, área superficial A_s, massa m e calor específico c_p, que se encontra inicialmente a uma temperatura uniforme T_i, é subitamente aquecida a través de suas duas superfícies por meio de um processo convectivo (T_∞, h) por um período de tempo t_o, após o qual a placa é isolada. Suponha que a temperatura no plano central não atinja T_∞ durante esse período de tempo.

(a) Supondo $Bi \gg 1$ para o processo de aquecimento, esboce e identifique, em coordenadas $T - x$, as distribuições de temperaturas a seguir: inicial, em regime estacionário ($t \rightarrow \infty$), $T(x, t_o)$, e em dois instantes intermediários entre $t = t_o$ e $t \rightarrow \infty$.

(b) Esboce e identifique, em coordenadas $T - t$, as distribuições de temperaturas no plano central e na superfície exposta.

(c) Repita os itens (a) e (b) supondo $Bi \ll 1$ para a placa.

(d) Desenvolva uma expressão para a temperatura no regime estacionário $T(x, \infty) = T_f$, deixando o seu resultado em termos dos parâmetros da placa (m, c_p), das condições térmicas (T_i, T_∞, h), da temperatura na superfície $T(L, t)$ e do tempo de aquecimento t_o.

Método da Capacitância Global

5.6 Para cada um dos casos a seguir, determine um comprimento característico apropriado, L_c, e o número de Biot, Bi, correspondente que está associado à resposta térmica transiente do objeto sólido. Diga se a aproximação pela capacitância global é válida. Se a informação da temperatura não for fornecida, avalie as propriedades a $T = 300$ K.

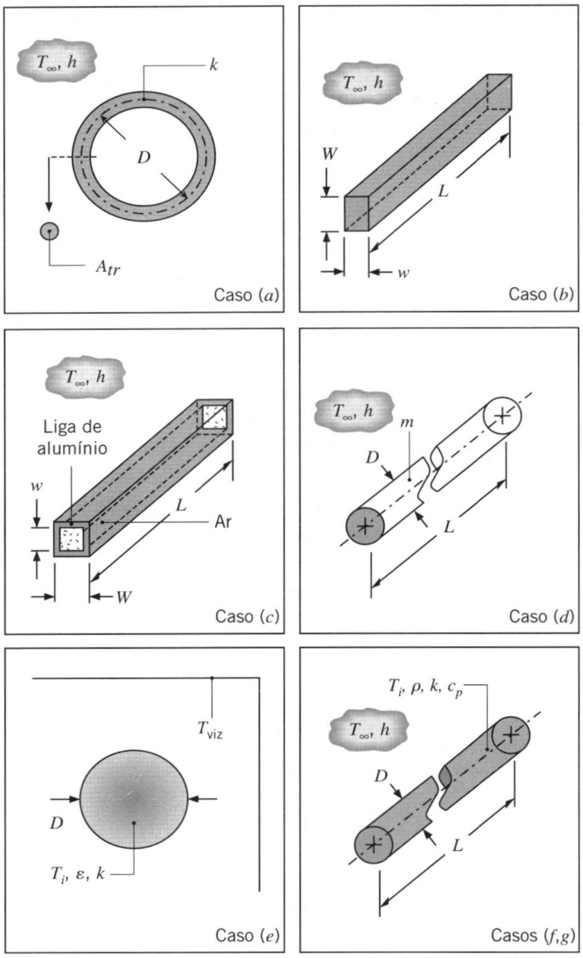

(a) Uma forma toroidal de diâmetro $D = 50$ mm e área da seção transversal $A_c = 5$ mm², com condutividade térmica $k = 2{,}3$ W/(m · K). A superfície do toroide está exposta a um refrigerante correspondente a um coeficiente convectivo $h = 50$ W/(m² · K).

(b) Uma longa barra aquecida de aço inoxidável AISI 304, com seção transversal retangular, e dimensões $w = 3$ mm, $W = 5$ mm e $L = 100$ mm. A barra está submetida a um refrigerante que fornece um coeficiente de transferência de calor $h = 15$ W/(m² · K) em todas as superfícies expostas.

(c) Um longo tubo extrudado de alumínio (liga 2024) com dimensões interna e externa $w = 20$ mm e $W = 24$ mm, respectivamente, é subitamente submerso em água, resultando em um coeficiente convectivo de $h = 37$ W/(m² · K) nas quatro superfícies externas do tubo. O tubo encontra-se fechado em suas extremidades, o que mantém ar estagnado em seu interior.

(d) Um bastão sólido, com comprimento $L = 300$ mm, de aço inoxidável com diâmetro $D = 13$ mm e massa $m = 0{,}328$ kg está exposto a um coeficiente convectivo $h = 30$ W/(m² · K).

(e) Uma esfera sólida de diâmetro $D = 13$ mm e condutividade térmica $k = 130$ W/(m · K) está suspensa em um grande forno, no qual há vácuo no interior e paredes com temperatura interna de $T_{viz} = 18$ °C. A temperatura inicial da esfera é de $T_i = 100$ °C e sua emissividade $\varepsilon = 0{,}75$.

(f) Um longo bastão cilíndrico com diâmetro $D = 20$ mm, massa específica $\rho = 2300$ kg/m³, calor específico $c_p = 1750$ J/(kg · K) e condutividade térmica $k = 16$ W/(m · K) é subitamente exposto a condições convectivas com $T_\infty = 20$ °C. O bastão encontra-se inicialmente a uma temperatura uniforme $T_i = 200$ °C e atinge uma temperatura média espacial de $T = 100$ °C em $t = 225$ s.

(g) Repita o item (f) considerando agora um bastão com diâmetro $D = 200$ m.

5.7 Bolas de aço com 10 mm de diâmetro são temperadas pelo aquecimento a 1150 K seguido pelo resfriamento lento até 450 K em um ambiente com ar a $T_\infty = 325$ K e $h = 25$ W/(m² · K). Supondo que as propriedades do aço sejam $k = 40$ W/(m · K), $\rho = 7800$ kg/m³ e $c = 600$ J/(kg · K), estime o tempo necessário para o processo de resfriamento.

5.8 Sejam as bolas de aço do Problema 5.7, mas agora a temperatura do ar aumenta com o tempo na forma $T_\infty(t) = 325\text{ K} + at$, sendo $a = 0{,}1875$ K/s.

(a) Esboce a temperatura da bola *versus* o tempo para $0 \leq t \leq 1$ h. Mostre também a temperatura ambiente, T_∞, em seu esboço. Explique características especiais do comportamento da temperatura da bola.

(b) Ache uma expressão para a temperatura da bola em função do tempo, $T(t)$, e apresente graficamente a temperatura da bola para $0 \leq t \leq 1$ h. O seu esboço estava correto?

5.9 O coeficiente de transferência de calor para hidrogênio escoando sobre uma esfera deve ser determinado pela observação do comportamento dinâmico da temperatura de uma esfera, que é fabricada em cobre puro. A esfera, que possui 20 mm de diâmetro, encontra-se a 75 °C antes de ser inserida na corrente gasosa, que tem a temperatura de 27 °C. Um termopar sobre a superfície externa da esfera indica 55 °C após 97 s da inserção da esfera na corrente de hidrogênio. Admita, e depois justifique, que a esfera se comporta como um objeto espacialmente isotérmico e calcule o coeficiente de transferência de calor.

5.10 Uma esfera sólida de aço (AISI 1010), com diâmetro de 100 mm, é revestida com uma camada de um material dielétrico com espessura de 2 mm e condutividade térmica de 0,04 W/(m · K). A esfera revestida encontra-se inicialmente a uma temperatura uniforme de 500 °C e é subitamente resfriada pela imersão em um grande banho de óleo, no qual $T_\infty = 100$ °C e $h = 3000$ W/(m² · K). Estime o tempo necessário para a temperatura da esfera revestida atingir 150 °C. *Sugestão*: despreze o efeito do armazenamento de energia no material dielétrico, uma vez que a sua capacitância térmica (ρcV) é pequena quando comparada à da esfera de aço.

5.11 Um floco de cereal tem espessura $2L = 1{,}2$ mm. A massa específica, o calor específico e a condutividade térmica do floco são $\rho = 700$ kg/m³, $c_p = 2400$ J/(kg · K) e $k = 0{,}34$ W/(m · K), respectivamente. O produto deve ser cozido pelo aumento de sua temperatura de $T_i = 20$ °C até $T_f = 220$ °C em um forno convectivo, através do qual o produto é passado sobre uma esteira. Se o forno tiver $L_{fo} = 3$ m de comprimento, e o coeficiente de transferência convectiva de calor na superfície do produto e a temperatura do ar no interior do forno forem $h = 55$ W/(m² · K) e $T_\infty = 300$ °C, respectivamente, determine a velocidade requerida da esteira, V. Um engenheiro sugere que se a espessura do floco for reduzida para $2L = 1{,}0$ mm, a velocidade da esteira por ser aumentada, resultando em maior produtividade. Determine a velocidade requerida da esteira para o floco mais fino.

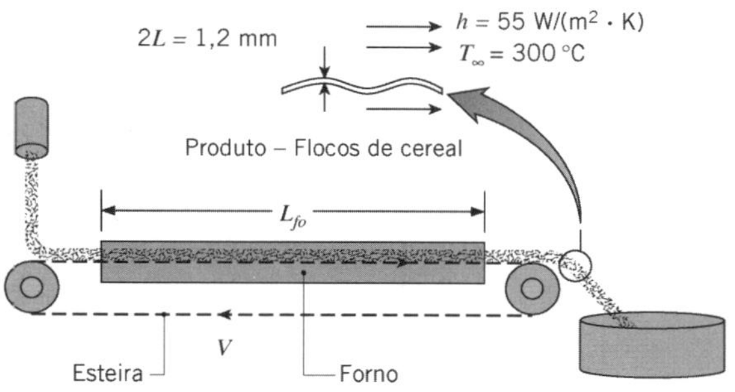

5.12 A placa base de um ferro de passar tem uma espessura de $L = 7$ mm e é feita com uma liga de alumínio ($\rho = 2800$ kg/m^3, $c = 900$ J/(kg $\cdot$ K), $k = 180$ W/(m $\cdot$ K), $\varepsilon = 0{,}80$). Um aquecedor de resistência elétrica é fixado à superfície interna da placa, enquanto a superfície externa é exposta ao ar ambiente e a uma grande vizinhança a $T_\infty = T_{viz} = 25$ °C. As áreas das superfícies interna e externa são cada uma $A_s = 0{,}040$ m^2.

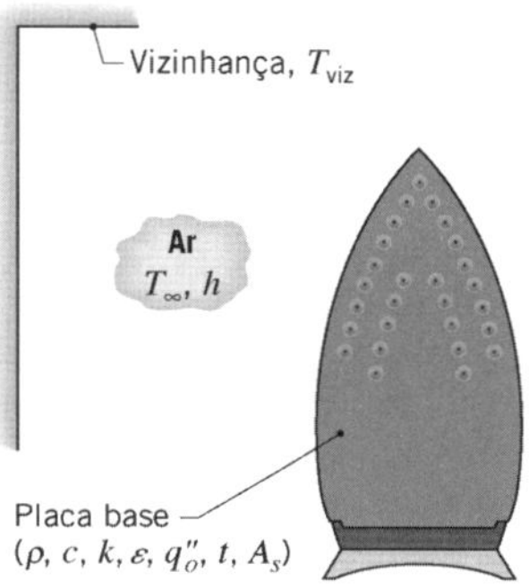

Se um fluxo térmico aproximadamente uniforme de $q''_o = 1{,}5 \times 10^4$ W/m^2 for aplicado na superfície interna da placa base do ferro e o coeficiente convectivo na superfície externa for $h = 10$ W/(m$^2 \cdot$ K), estime o tempo necessário para a placa atingir uma temperatura de 135 °C. *Sugestão*: integração numérica é sugerida para resolver o problema.

5.13 Sistemas de armazenamento de energia térmica normalmente envolvem um *leito* de esferas sólidas, através do qual um gás quente escoa se o sistema estiver sendo carregado ou um gás frio se o sistema estiver sendo descarregado. Em um processo de carregamento, a transferência de calor do gás quente aumenta a energia térmica armazenada nas esferas mais frias; durante a descarga, a energia armazenada diminui à medida que calor é transferido das esferas quentes para o gás mais frio.

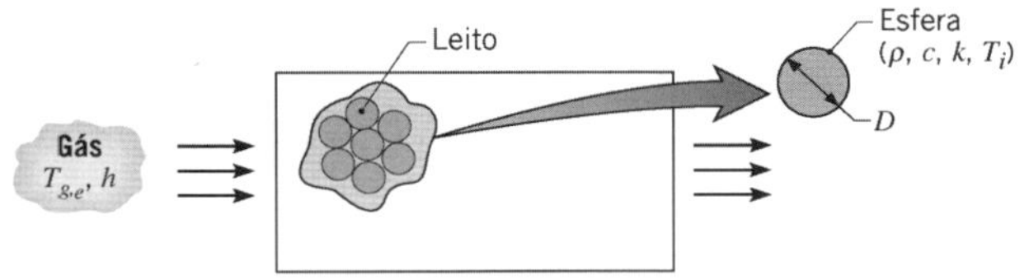

Considere um leito de esferas de alumínio ($\rho = 2700$ kg/m^3, $c = 950$ J/(kg $\cdot$ K), $k = 240$ W/(m $\cdot$ K)) com 75 mm de diâmetro e um processo de carregamento no qual o gás entra na unidade de armazenamento a uma temperatura $T_{g,e} = 300$ °C. Sendo a temperatura inicial das esferas $T_i = 25$ °C e o coeficiente de convecção $h = 75$ W/(m$^2 \cdot$ K), quanto tempo demora para uma esfera próximo à entrada do sistema acumular 90 % da energia térmica máxima possível? Qual é a temperatura correspondente no centro da esfera? Há alguma vantagem em se usar cobre no lugar do alumínio?

5.14 Uma folha de cobre, com espessura $2L = 2$ mm, tem uma temperatura inicial de $T_i = 118$ °C. Ela é subitamente imersa em água líquida, resultando em ebulição em suas duas superfícies. Para a ebulição, a lei do resfriamento de Newton é representada na forma $q'' = h(T_s - T_{sat})$, na qual T_s é a temperatura da superfície do sólido e T_{sat} é a temperatura de saturação do fluido (neste caso, $T_{sat} = 100$ °C). O coeficiente de transferência de calor por convecção pode ser avaliado por $h = 1010$ W/(m$^2 \cdot$ K^3) $(T - T_{sat})^2$. Determine o tempo necessário para a folha atingir uma temperatura de $T = 102$ °C. Represente graficamente a temperatura do cobre *versus* o tempo para $0 \leq t \leq 0{,}5$ s. No mesmo gráfico, represente o histórico da temperatura do cobre supondo que o coeficiente de transferência de calor seja constante, calculado na temperatura média do cobre $\overline{T} = 110$ °C. Suponha comportamento de capacitância global.

5.15 Eixos de aço carbono (AISI 1010) com 0,1 m de diâmetro são tratados termicamente pelo aquecimento em fornalhas a gás onde os gases se encontram a 1200 K e mantêm um coeficiente convectivo de 100 W/(m$^2 \cdot$ K). Se os eixos entram no forno a 300 K, quanto tempo eles devem permanecer no interior da fornalha para que suas linhas de centro atinjam a temperatura de 800 K?

5.16 Processos em batelada são frequentemente usados em operações químicas e farmacêuticas para obter uma composição química desejada no produto final e, em geral, envolvem uma operação de aquecimento transiente para levar os reagentes da temperatura ambiente para a temperatura necessária no processo. Seja uma situação na qual uma substância química de massa específica $\rho = 1200$ kg/m^3 e calor específico $c = 2200$ J/(kg $\cdot$ K) ocupa um volume de $V = 2{,}25$ m^3 em um vaso isolado termicamente. A substância deve ser aquecida da temperatura ambiente, $T_i = 300$ K, até uma temperatura de processo igual a $T = 450$ K, pela passagem de vapor d'água saturado a $T_a = 500$ K através da serpentina no interior do vaso, cujo tubo tem parede delgada e 20 mm de diâmetro. O vapor condensando no interior da serpentina mantém um coeficiente convectivo no seu interior de $h_i = 10.000$ W/(m$^2 \cdot$ K), enquanto o líquido altamente agitado no interior do vaso mantém um coeficiente convectivo externo de $h_e = 2000$ W/(m$^2 \cdot$ K).

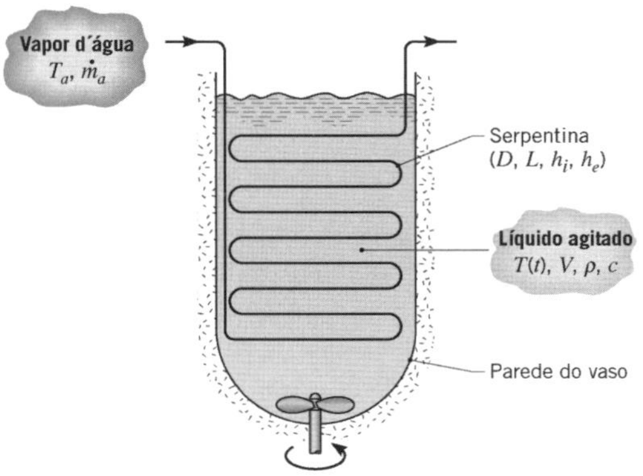

Se a substância deve ser aquecida de 300 a 450 K, em 60 minutos, qual é o comprimento L necessário da serpentina submersa?

5.17 Um dispositivo eletrônico, como um transistor de potência montado sobre um dissipador de calor aletado, pode ser modelado como um objeto espacialmente isotérmico com geração de calor interna e uma resistência convectiva externa.

(a) Considere um desses sistemas com massa m, calor específico c e área superficial A_s, que se encontra inicialmente em equilíbrio com o ambiente a T_∞. Subitamente, o dispositivo eletrônico é energizado e ocorre uma geração de calor constante $\dot{E}_g$(W). Mostre que a resposta da temperatura do dispositivo é

$$\frac{\theta}{\theta_i} = \exp\left(-\frac{t}{RC}\right)$$

na qual $\theta \equiv T - T(\infty)$ e $T(\infty)$ é a temperatura no regime estacionário correspondente a $t \to \infty$; $\theta_i = T_i - T(\infty)$; T_i = temperatura inicial do dispositivo; R = resistência térmica $1/(\bar{h}A_s)$; e C = capacitância térmica mc.

(b) Um dispositivo eletrônico, que gera 100 W de calor, está montado sobre um dissipador de calor feito em alumínio pesando 0,35 kg, que em condições de regime estacionário atinge uma temperatura de 100 °C no ar ambiente a 20 °C. Se o dispositivo estiver inicialmente a 20 °C, qual é a temperatura que ele atingirá cinco minutos após a potência ser ligada?

5.18 *Eletrônica molecular* é um campo emergente associado à computação e armazenamento de dados utilizando transferência de energia em escala molecular. Nessa escala, energia térmica está associada exclusivamente à vibração de cadeias moleculares. A principal resistência à transferência de energia nestes dispositivos propostos é a resistência de contato na interface metal-molécula. Para medir a resistência de contato, moléculas individuais são *autoarranjadas* em um padrão regular sobre um substrato de ouro muito fino. O substrato é subitamente aquecido por um pequeno pulso de irradiação por *laser*, simultaneamente transferindo energia térmica para as moléculas. As moléculas vibram intensamente em seu estado "quente" e a sua intensidade vibracional pode ser medida pela detecção da aleatoriedade do campo elétrico produzido pelas extremidades das moléculas, como indicado pelas linhas circulares tracejadas no esquema.

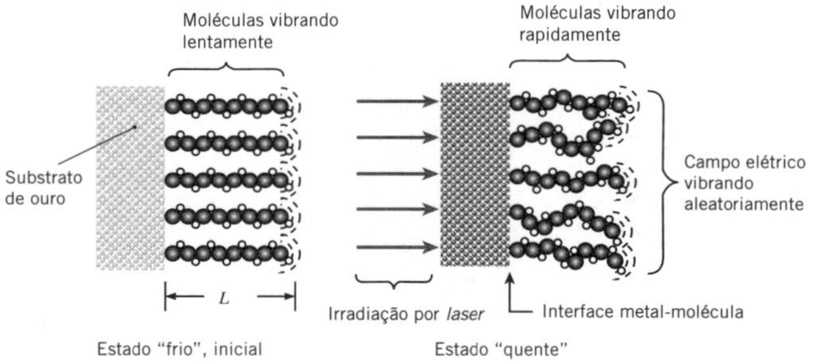

Moléculas com massa específica ρ = 180 kg/m³ e calor específico c = 3000 J/(kg · K) têm um comprimento inicial em repouso de L = 2 nm. A intensidade da vibração molecular aumenta exponencialmente de um valor inicial I_i até um valor no regime estacionário $I_{re} > I_i$, com a constante de tempo associada à resposta exponencial igual a τ_I = 5 ps. Supondo que a intensidade da vibração molecular representa a temperatura na escala molecular e que cada molécula pode ser vista como um cilindro com comprimento inicial L e seção transversal A_c, determine a resistência térmica de contato, $R''_{t,c}$, na interface metal-molécula.

5.19 A parede plana de uma fornalha é fabricada em aço-carbono não ligado (k = 60 W/(m · K), ρ = 7850 kg/m³, c = 430 J/(kg · K)) e tem uma espessura L = 15 mm. Para proteger essa parede dos efeitos corrosivos dos gases de combustão da fornalha, uma superfície da parede é revestida por uma fina película cerâmica que, para uma unidade de área superficial, possui uma resistência térmica de $R''_{t,p}$ = 0,01 m² · K/W. A superfície oposta encontra-se termicamente isolada da vizinhança.

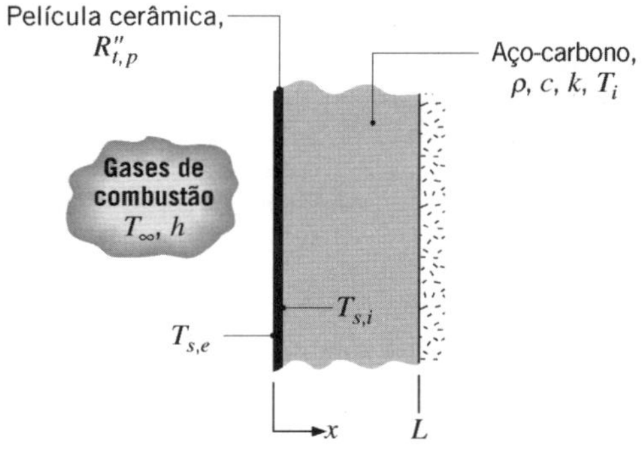

Na partida da fornalha, a parede se encontra a uma temperatura inicial de T_i = 300 K e gases de combustão, a T_∞ = 1300 K, entram na fornalha, mantendo na película cerâmica um coeficiente convectivo h = 30 W/(m² · K). Supondo que a película possui uma capacitância térmica desprezível, quanto tempo irá levar até que a superfície interna do aço atinja uma temperatura de $T_{s,i}$ = 1000 K? Neste instante, qual é a temperatura $T_{s,e}$ na superfície externa da película cerâmica?

5.20 Uma lâmina de aço, com espessura δ = 12 mm, é temperada pela sua passagem através de um grande forno cujas paredes são mantidas a uma temperatura T_p, que corresponde a dos gases de combustão que escoam através do forno ($T_p = T_\infty$). A lâmina, cuja massa específica, calor específico, condutividade térmica e emissividade são ρ = 7900 kg/m³, c_p = 640 J/(kg · K), k = 30 W/(m · K) e ε = 0,7, respectivamente, deve ser aquecida de 300 °C a 600 °C.

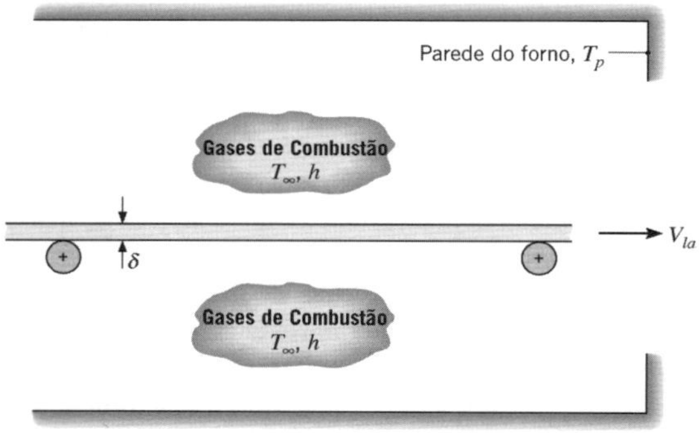

(a) Para um coeficiente de transferência de calor uniforme h = 100 W/(m² · K) e uma temperatura $T_p = T_\infty$ = 700 °C, determine o tempo necessário para aquecer a lâmina. Se a lâmina se move a uma velocidade de 0,5 m/s, qual deve ser o comprimento do forno?

(b) O processo de têmpera pode ser acelerado (a velocidade da lâmina aumentada) pelo aumento da temperatura ambiente. Para o comprimento do forno obtido no item (a), determine a velocidade da lâmina para $T_p = T_\infty$ = 850 °C e para $T_p = T_\infty$ = 1000 °C. Para cada conjunto de temperaturas ambiente (700, 850 e 1000 °C), represente graficamente a temperatura da lâmina em função do tempo na faixa 25 °C ≤ T ≤ 600 °C. Ao longo dessa faixa, represente também o coeficiente de transferência de calor por radiação, h_r, como uma função do tempo.

5.21 Processos de revestimento por pulverização de plasma são usados com frequência para fornecer proteção superficial a materiais que ficam expostos a ambientes hostis, que induzem a degradação da superfície por meio de fatores, tais como desgaste mecânico, corrosão ou fadiga térmica. Revestimentos *cerâmicos* são usados comumente para esse propósito. A partir da injeção de pó cerâmico através do bico (anodo) de um maçarico de plasma, as partículas são arrastadas pelo jato de plasma, no interior do qual elas são aceleradas e aquecidas.

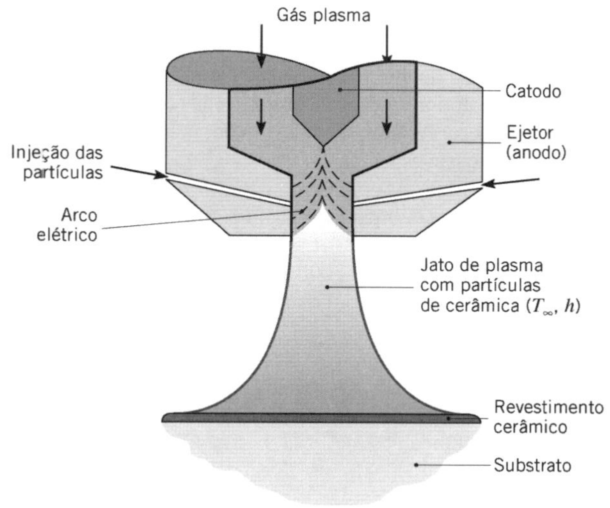

Durante o seu *tempo de voo*, as partículas cerâmicas devem ser aquecidas até o seu ponto de fusão e convertidas completamente para o estado líquido. O revestimento é formado com a colisão das gotas fundidas (*que se espalham*) sobre o material do substrato, que passam por uma rápida solidificação. Considere condições nas quais partículas esféricas de alumina (Al_2O_3), com diâmetro $D_p = 50$ μm, massa específica $\rho_p = 3970$ kg/m^3, condutividade térmica $k_p = 10{,}5$ W/(m · K) e calor específico $c_p = 1560$ J/(kg · K), são injetadas no interior de um arco de plasma, que se encontra a $T_\infty = 10.000$ K e fornece um coeficiente $h = 30.000$ W/(m^2 · K) para o aquecimento convectivo das partículas. O ponto de fusão e o calor latente de fusão da alumina são $T_{pf} = 2318$ K e $h_{sf} = 3577$ kJ/kg, respectivamente.

(a) Desprezando a radiação, obtenha uma expressão para o tempo de voo, $t_{i\text{-}f}$, necessário para aquecer a partícula de sua temperatura inicial T_i até o seu ponto de fusão T_{pf}, e, uma vez na temperatura de fusão, para que a partícula se funda completamente. Calcule $t_{i\text{-}f}$ para $T_i = 300$ K e as condições de aquecimento especificadas.

(b) Supondo que a alumina possua uma emissividade de $\varepsilon_p = 0{,}4$ e que as partículas troquem calor por radiação com uma grande vizinhança a $T_{viz} = 300$ K, avalie a validade de se desprezar a radiação.

5.22 O processo de revestimento por pulverização de plasma do Problema 5.21 pode ser usado para produzir revestimentos cerâmicos *nanoestruturados*. Tais revestimentos são caracterizados por baixas condutividades térmicas, que são desejáveis em aplicações nas quais o revestimento serve para proteger o substrato contra gases quentes, como nos motores de turbina a gás. Um método para produzir revestimentos nanoestruturados envolve a pulverização de partículas esféricas, cada uma delas composta de grânulos em nanoescala de Al_2O_3 aglomerado. Para formar o revestimento, partículas com diâmetro $D_p = 50$ μm têm que ser *parcialmente* fundidas quando elas batem na superfície, com o Al_2O_3 líquido propiciando um meio para a aderência do material cerâmico à superfície, e o Al_2O_3 não fundido fornecendo as muitas fronteiras entre grãos que conferem ao revestimento sua baixa condutividade térmica. As fronteiras entre grânulos individuais espalham os fônons e reduzem a condutividade térmica da partícula cerâmica para $k_p = 5$ W/(m · K). A massa específica das partículas porosas é reduzida para $\rho = 3800$ kg/m^3. Todas as outras propriedades e condições estão especificadas no Problema 5.21.

(a) Determine o *tempo de voo* correspondente a 30 % da fusão da massa da partícula sendo fundida.

(b) Determine o *tempo de voo* correspondente a 70 % da fusão da partícula.

(c) Se a partícula viajar a uma velocidade $V = 35$ m/s, determine a *distância* entre o ejetor e o substrato associada com suas respostas nos itens (a) e (b).

5.23 Um circuito integrado (*chip*), que possui $L = 5$ mm de lado e espessura $t = 1$ mm, é encaixado em um substrato cerâmico. Sua superfície exposta é resfriada por convecção por um líquido dielétrico com $h = 150$ W/(m^2 · K) e $T_\infty = 20$ °C.

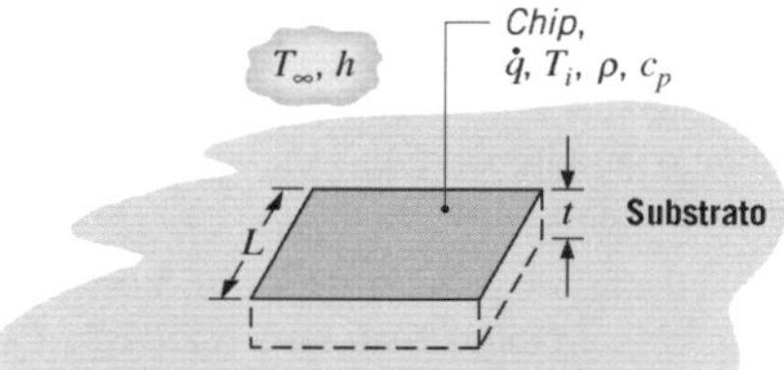

Quando desligado, o *chip* encontra-se em equilíbrio térmico com o refrigerante ($T_i = T_\infty$). Contudo, quando o *chip* é energizado, sua temperatura aumenta até que uma nova condição de regime estacionário seja alcançada. Na análise a seguir, o *chip* energizado é caracterizado por um aquecimento volumétrico uniforme com $\dot{q} = 9 \times 10^6$ W/m^3. Supondo uma resistência de contato infinita entre o *chip* e o substrato, e uma resistência condutiva no interior do *chip* desprezível, determine a temperatura do *chip* no regime estacionário, T_f. Após a ativação do *chip*, quanto tempo ele leva para atingir uma temperatura 1 °C inferior à temperatura do regime estacionário? A massa específica e o calor específico do *chip* são $\rho = 2000$ kg/m^3 e $c = 700$ J/(kg · K), respectivamente.

5.24 Considere as condições do Problema 5.23. Além de levar em conta a transferência de calor por convecção diretamente do *chip* para o refrigerante, uma análise mais realista deveria também considerar a transferência de calor indireta que ocorre do *chip* para o substrato e, então, deste último para o refrigerante. A resistência térmica total associada a essa rota indireta inclui as contribuições da interface *chip*-substrato (uma resistência de contato), da condução multidimensional no interior do substrato e da convecção da superfície do substrato para o refrigerante. Se essa resistência total equivale a $R_t = 200$ K/W, qual é a nova temperatura em regime estacionário do *chip* em operação, T_f? Após a ativação do *chip*, quanto tempo ele leva para atingir uma temperatura 1 °C inferior à nova temperatura do regime estacionário?

5.25 Um longo fio com diâmetro $D = 1$ mm está submerso em um banho de óleo que se encontra a $T_\infty = 25$ °C. O fio possui uma resistência elétrica por unidade de comprimento de $R'_e = 0{,}01$ Ω/m. Se uma corrente de $I = 100$ A passa pelo fio e o coeficiente convectivo é $h = 500$ W/(m^2 · K), qual é a sua temperatura em condições de regime estacionário? A partir do instante no qual a corrente é aplicada, quanto tempo é necessário para que a temperatura no fio seja 1 °C inferior ao valor do regime estacionário? As propriedades termofísicas do fio são ρ = 8000 kg/m^3, c = 500 J/(kg · K) e k = 20 W/(m · K).

5.26 Antes de ser injetado no interior de uma fornalha, carvão pulverizado é preaquecido com a sua passagem através de um tubo cilíndrico cuja superfície é mantida a T_{viz} = 1000 °C. As partículas de carvão ficam suspensas no escoamento do ar e se movem a uma velocidade de 3 m/s. Aproximando as partículas por esferas com 1 mm de diâmetro e supondo que elas sejam aquecidas por transferência radiante com a superfície do tubo, qual deve ser o comprimento do tubo para que o carvão, entrando a 25 °C, seja aquecido até 600 °C? A utilização do método da capacitância global é justificável?

5.27 Como observado no Problema 5.3, fornos de micro-ondas operam alinhando e revertendo rapidamente moléculas de água no interior do alimento, resultando em geração volumétrica de energia e, desta forma, no cozimento do alimento. Entretanto, quando o alimento está inicialmente congelado, as moléculas de água não oscilam facilmente em resposta às micro-ondas, e as taxas de geração volumétrica ficam entre uma e duas ordens de grandeza menores em relação às taxas presentes se a água estivesse na forma líquida (a potência das micro-ondas que não é absorvida no alimento é refletida de volta para o gerador de micro-ondas, onde deve ser dissipada na forma de calor para evitar danos ao gerador).

(a) Considere um pedaço de carne congelada, esférico e com 1 kg, a uma temperatura inicial de T_i = –20 °C, no interior de um forno de micro-ondas com T_∞ = 30 °C e h = 15 W/(m^2 · K). Determine quanto tempo vai levar para a carne atingir uma temperatura uniforme de T = 0 °C, com toda a água na forma de gelo. Suponha que as propriedades da carne são iguais às do gelo e considere que 3 % da potência do forno (P = 1 kW total) é absorvida no alimento.

(b) Após todo o gelo ser convertido em líquido, determine quanto tempo leva para aquecer a carne até T_f = 80 °C, se 95 % da potência do forno for absorvida no alimento. Suponha que as propriedades da carne são as mesmas da água líquida.

(c) Quando descongelamos alimentos em fornos de micro-ondas, é possível observar que parte do alimento permanece congelada enquanto outras partes são cozidas em demasia. Explique por que isto ocorre. Explique por que a maioria dos fornos de micro-ondas possui ciclos de descongelamento associados a potências muito baixas no forno.

5.28 Uma estrutura horizontal é constituída por uma camada de cobre com L_A = 10 mm de espessura e uma camada de alumínio com L_B = 10 mm de espessura. A superfície inferior da estrutura composta recebe um fluxo térmico q'' = 100 kW/m^2, enquanto a superfície superior está exposta a condições convectivas caracterizadas por h = 40 W/(m^2 · K) e T_∞ = 25 °C. A temperatura inicial dos dois materiais é $T_{i,A}$ = $T_{i,B}$ = 25 °C, e uma resistência de contato de $R''_{t,c}$ = 400 × 10^{-6} m^2 · K/W existe na interface entre os dois materiais.

(a) Determine os tempos nos quais o cobre e o alumínio atingem, cada um, a temperatura de T_f = 90 °C. A camada de cobre é a inferior.

(b) Repita o item (a) com a camada de cobre na posição superior.

Sugestão: modifique a Equação 5.15 para incluir um termo associado à transferência de calor através de uma resistência de contato. Use a forma modificada da Equação 5.15 em cada uma das camadas. Veja o Comentário 4 do Exemplo 5.2.

5.29 À medida que as estações espaciais permanentes aumentam de tamanho, existe um consequente aumento na quantidade de potência elétrica que elas dissipam. Para manter a temperatura nos compartimentos internos dentro de limites estabelecidos, torna-se necessário transferir o calor dissipado para o espaço. Um novo sistema proposto para a dissipação de calor é conhecido por Radiador de Gotículas Líquidas (LDR – *Liquid Droplet Radiator*). O calor é inicialmente transferido para um óleo especial para alto vácuo, que é então injetado no espaço exterior na forma de uma corrente de pequenas gotículas. A corrente percorre uma distância L, ao longo da qual se resfria pela irradiação de energia para o espaço exterior, que se encontra a uma temperatura absoluta igual a zero. As gotículas são, então, coletadas e retornadas para a estação espacial.

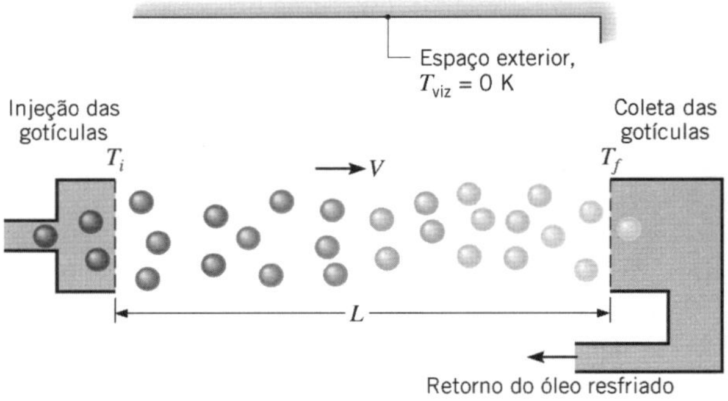

Considere condições nas quais gotas, com emissividade ε = 0,95 e diâmetro D = 0,5 mm, são injetadas no espaço a uma temperatura T_i = 500 K e a uma velocidade V = 0,1 m/s. As propriedades do óleo são ρ = 885 kg/m^3, c = 1900 J/(kg · K) e k = 0,145 W/(m · K). Supondo que cada gota irradia calor para o espaço externo a T_{viz} = 0 K, determine a distância L necessária para que as gotas atinjam o coletor a uma temperatura final de T_f = 300 K. Qual é a quantidade de energia térmica dissipada por cada gota?

5.30 Finos filmes de revestimento caracterizados por uma alta resistência à abrasão e à fratura podem ser formados pelo uso de partículas de compósitos em microescala em um processo de pulverização de plasma. Em geral, uma partícula esférica é constituída por um *núcleo cerâmico*, como, por exemplo, carbeto de tungstênio (WC), e uma *casca metálica*, como, por exemplo, cobalto (Co). A cerâmica fornece o fino filme de revestimento com a sua dureza desejada a altas temperaturas, enquanto o metal serve para coalescer as partículas na superfície revestida e para inibir a formação de fraturas. No processo de pulverização de plasma, as partículas são injetadas em um jato de plasma, que as aquece a uma temperatura acima do ponto de fusão da casca metálica e funde essa casca antes de as partículas colidirem com a sua superfície.

Considere partículas esféricas compostas por um núcleo de WC com diâmetro D_i = 16 μm, que encontra-se encapsulado por uma casca de Co de diâmetro externo D_e = 20 μm. Se as partículas escoam em um plasma a T_∞ = 10.000 K e o coeficiente associado à convecção do gás para as partículas é h = 20.000 W/(m^2 · K), quanto tempo leva para aquecer as partículas de sua temperatura inicial T_i = 300 K até a temperatura de fusão do cobalto, T_{pf} = 1770 K? A massa específica e o calor específico do WC (o núcleo das partículas) são ρ_n = 16.000 kg/m^3, c_n = 300 J/(kg · K), enquanto os valores correspondentes para o Co (a casca externa) são ρ_c = 8900 kg/m^3, c_c = 750 J/(kg · K). Uma vez atingido o ponto de fusão, quanto tempo adicional é necessário para fundir completamente o cobalto, sendo o seu calor latente de fusão igual a $h_{sf} = 2{,}59 \times 10^5$ J/kg? Você pode usar o método de análise da capacitância global e desprezar a troca radiante entre as partículas e a sua vizinhança.

5.31 Um bastão longo de alumínio altamente polido, com diâmetro $D = 35$ mm, está pendurado verticalmente em uma grande sala. A temperatura inicial do bastão é $T_i = 90$ °C e o ar da sala está a $T_\infty = 20$ °C. No instante $t_1 = 1250$ s, a temperatura do bastão é $T_1 = 65$ °C e, no instante $t_2 = 6700$ s, a temperatura do bastão é $T_2 = 30$ °C. Determine o valor das constantes C e n que aparecem na Equação 5.26. Represente graficamente a temperatura do bastão *versus* o tempo para $0 \leq t \leq 10.000$ s. No mesmo gráfico, represente a temperatura do bastão *versus* o tempo para um valor constante do coeficiente de transferência de calor, calculado a uma temperatura do bastão de $\overline{T} = (T_i + T_\infty)/2$. Em todos os casos, avalie as propriedades em $\overline{T} = (T_i + T_\infty)/2$.

5.32 Em um processo de manufatura, uma partícula esférica de cerâmica com diâmetro de $D = 300\ \mu$m e temperatura inicial $T_i = 1100$ K é injetada em uma câmara contendo uma corrente quente de gás a $T_\infty = 1200$ K, $h = 500$ W/(m² · K). O material das partículas possui massa específica $\rho = 2500$ kg/m³, calor específico $c = 750$ J/(kg · K), condutividade térmica $k = 1{,}4$ W/(m · K) e emissividade $\varepsilon = 0{,}94$. A temperatura da vizinhança é controlada pelo aquecimento ou resfriamento das paredes da câmara. Determine a temperatura da partícula para $t = 0{,}1$ s considerando $T_{viz} = 750$ K, 850 K e 950 K. Represente graficamente as temperaturas da partícula no intervalo de tempo $0 \leq t \leq 0{,}5$ s para as três temperaturas da vizinhança.

5.33 No armazenamento termomecânico de dados, uma cabeça de processamento, constituída por M pontas aquecidas, é usada para escrever os dados sobre um meio polimérico de armazenamento. Há microaquecedores por resistência elétrica em cada cabeça de gravação, que continuamente se deslocam sobre a superfície do meio. Os aquecedores são ligados e desligados mediante o controle da corrente elétrica para cada braço. Quando um braço passa por um ciclo completo de aquecimento e resfriamento, o polímero abaixo dele é amolecido e um bit de dados é escrito na forma de um *furo na superfície* do polímero. Uma trilha de bits de dados individuais (furos), cada um separado por aproximadamente 50 nm, pode ser feita. Múltiplas trilhas de bits, também separadas por aproximadamente 50 nm, são então esculpidas na superfície do meio de armazenamento. Seja um único braço fabricado com silício com uma massa de 50×10^{-18} kg e uma área superficial de 600×10^{-15} m². O braço está inicialmente a $T_i = T_\infty = 300$ K, e o coeficiente de transferência de calor entre o braço e o ambiente é de 200×10^3 W/(m² · K).

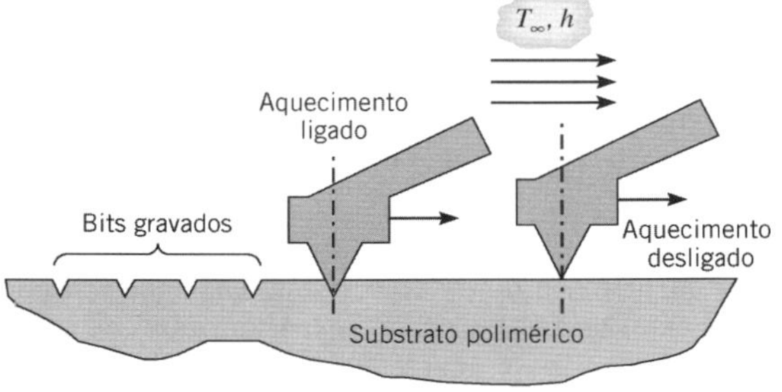

(a) Determine o aquecimento ôhmico requerido para elevar a temperatura do braço para $T = 1000$ K em um tempo de aquecimento de $t_a = 1\ \mu$s. *Sugestão*: veja o Problema 5.17.

(b) Ache o tempo requerido para resfriar o braço de 1000 K para 400 K (t_r) e o tempo de processamento térmico requerido para um ciclo de aquecimento e resfriamento completo, $t_p = t_a + t_r$.

(c) Determine quantos bits (N) podem ser escritos em um meio polimérico de armazenamento de 1 mm × 1 mm. Se $M = 100$ braços são montados em uma única cabeça de processamento, determine o tempo total de processamento térmico necessário para escrever os dados.

5.34 O derretimento da água inicialmente na temperatura de fusão, $T_f = 0$ °C, foi considerado no Exemplo 1.5. O congelamento da água frequentemente ocorre a 0 °C. Contudo, líquidos puros, que passam por um processo de resfriamento, podem permanecer em um estado de líquido *super-resfriado* bem abaixo de sua temperatura de congelamento de equilíbrio, T_f, particularmente quando o líquido não está em contato com qualquer material sólido. Gotas de água líquida na atmosfera têm uma temperatura de congelamento super-resfriado, $T_{f,sr}$, que pode ser bem correlacionada com o diâmetro da gota pela expressão $T_{f,sr} = -28 + 0{,}87 \ln(D_p)$ na faixa de diâmetros $10^{-7} < D_p < 10^{-2}$ m, com $T_{f,sr}$ em graus Celsius e D_p em metros. Para uma gota de diâmetro $D = 50\ \mu$m e temperatura inicial $T_i = 10$ °C, em condições ambientais de $T_\infty = -40$ °C e $h = 900$ W/(m² · K), compare o tempo necessário para solidificar completamente a gota para o caso A, quando a gota se solidifica a $T_f = 0$ °C, e para o caso B, quando a gota inicia o congelamento a $T_{f,sr}$. Esboce o histórico da temperatura do tempo inicial ao tempo no qual a gota está completamente solidificada. *Sugestão*: quando a gota atinge $T_{f,sr}$ no caso B, uma rápida solidificação ocorre durante a qual a energia latente liberada pela água que está congelando é absorvida pelo líquido restante na gota. Tão logo algum gelo é formado no interior da gota, o líquido restante fica em contato com um sólido (o gelo) e a temperatura de congelamento muda imediatamente de $T_{f,sr}$ para $T_f = 0$ °C.

Condução Unidimensional: A Parede Plana

5.35 Considere a solução em série, Equação 5.42, para a parede plana com convecção. Calcule as temperaturas θ^* no seu plano central ($x^* = 0$) e na sua superfície ($x^* = 1$) para $Fo = 0{,}1$ e 1, usando $Bi = 0{,}1$; 1 e 10. Considere somente os quatro primeiros autovalores. Com base nesses resultados, discuta a validade das soluções aproximadas, Equações 5.43 e 5.44.

5.36 Considere a parede unidimensional mostrada na figura, que se encontra inicialmente a uma temperatura uniforme T_i e que é subitamente submetida à condição de contorno convectiva com um fluido a T_∞.

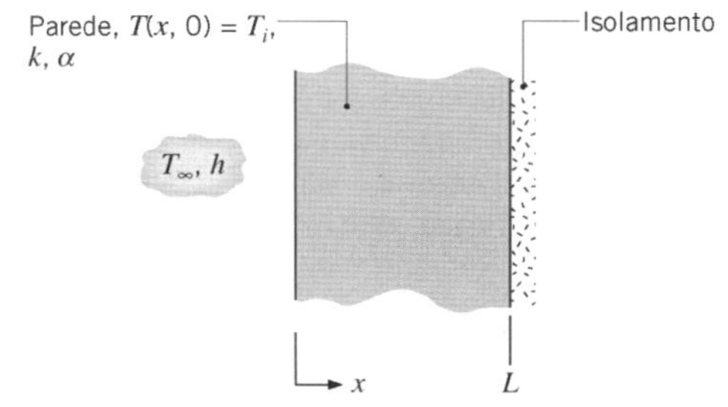

Para uma parede em particular, Caso 1, a temperatura em $x = L_1$, após $t_1 = 100$ s, é $T_1 = (L_1, t_1) = 315$ °C. Uma outra parede, Caso 2, possui espessura e condições térmicas diferentes, conforme mostrado a seguir.

Caso	L (m)	α (m²/s)	k (W/(m · K))	T_i (°C)	T_∞ (°C)	h (W/(m² · K))
1	0,10	15×10^{-6}	50	300	400	200
2	0,40	25×10^{-6}	100	30	20	100

Quanto tempo será necessário para a segunda parede atingir 28,5 °C na posição $x = L_2$? Use como base para a sua análise a dependência funcional adimensional da distribuição de temperaturas transiente representada pela Equação 5.41.

5.37 Uma lâmina plana unidimensional, com propriedades constantes, com espessura $2L$ e inicialmente a uma temperatura uniforme, é aquecida convectivamente com $Bi = 1$.

(a) Em um tempo adimensional de Fo_1, o aquecimento é subitamente interrompido e a lâmina é rapidamente coberta com um isolante. Esboce as temperaturas adimensionais da lâmina no plano central e na superfície como uma função do tempo adimensional na faixa $0 < Fo < \infty$. Mudando o tempo de aquecimento para Fo_2, a temperatura no plano central no *regime estacionário* pode ser especificada igual à temperatura no plano central em Fo_1. O valor de Fo_2 é igual, maior ou menor do que Fo_1? *Sugestão*: suponha que Fo_1 e Fo_2 são maiores do que 0,2.

(b) Fazendo $Fo_2 = Fo_1 + \Delta Fo$, deduza uma expressão analítica para ΔFo e avalie ΔFo para as condições do item (a).

(c) Determine ΔFo para Bi = 0,01; 0,1; 10; 100 e ∞, quando tanto Fo_1 quanto Fo_2 são maiores do que 0,2.

5.38 Têmpera é um processo no qual o aço é reaquecido e, então, resfriado para ficar menos quebradiço. Seja o estágio de reaquecimento para uma placa de aço com 100 mm de espessura (ρ = 7830 kg/m³, c = 550 J/(kg · K), k = 48 W/(m · K)) que está inicialmente a uma temperatura uniforme de T_i = 200 °C e deve ser aquecida a uma temperatura mínima de 550 °C. O aquecimento é efetuado em um forno de fogo direto, no qual os produtos de combustão a T_∞ = 800 °C mantêm um coeficiente de convecção h = 250 W/(m² · K) em ambas as superfícies da placa. Quanto tempo a placa deve ser deixada dentro do forno?

5.39 Seja uma folha de acrílico com espessura L = 5 mm usada para cobrir um substrato metálico isotérmico e quente a T_q = 300 °C. As propriedades do acrílico são ρ = 1990 kg/m³, c = 1470 J/(kg · K) e k = 0,21 W/(m · K). Desprezando a resistência térmica de contato entre o acrílico e o substrato metálico, determine quanto tempo levará para o lado oposto do acrílico, isolado termicamente, atingir sua temperatura de amolecimento, T_{amol} = 90 °C. A temperatura inicial do acrílico é T_i = 20 °C.

5.40 A parede, com 150 mm de espessura, de um forno a fogo direto é construída com tijolos de argila refratária (k = 1,5 W/(m · K), ρ = 2600 kg/m³, c_p = 1000 J/(kg · K)) e está perfeitamente isolada em sua superfície externa. A parede está a uma temperatura inicial uniforme de 20 °C, quando os queimadores são acesos e a superfície interna é exposta aos produtos de combustão, para os quais T_∞ = 950 °C e h = 100 W/(m² · K).

(a) Quanto tempo demora para a superfície externa da parede atingir uma temperatura de 750 °C?

(b) Represente graficamente a distribuição de temperaturas no interior da parede no tempo determinado no item (a), assim como em diversos tempos intermediários.

5.41 Placas de concreto (com pedras misturadas) são usadas para absorver energia térmica a partir de um escoamento de ar oriundo de um grande coletor solar concentrador. As placas são aquecidas durante o dia e liberam sua energia para o ar frio durante a noite. Se o escoamento durante o dia for caracterizado por uma temperatura e um coeficiente de transferência de calor T_∞ = 200 °C e h = 35 W/(m² · K), respectivamente, determine a espessura da placa $2L$ necessária para transferir uma quantidade total de energia tal que Q/Q_o = 0,90 em um período de t = 8 h. A temperatura inicial do concreto é T_i = 40 °C.

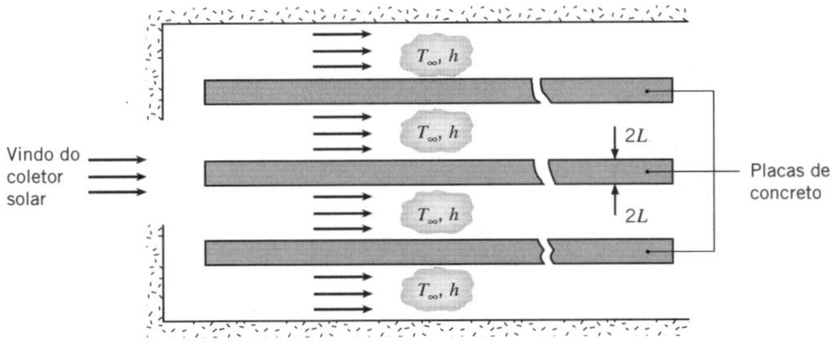

5.42 Uma placa com espessura $2L$ = 25 mm, a uma temperatura de 600 °C, é removida de uma operação de prensagem a quente e tem que ser resfriada rapidamente de modo a adquirir as propriedades físicas desejadas. A engenheira de processo planeja usar jatos de ar para controlar a taxa de resfriamento, mas ela está na dúvida se há necessidade de resfriar os dois lados (Caso 1) ou somente um lado (Caso 2) da placa. A dúvida não está somente no *tempo para resfriar*, mas também em relação à máxima diferença de temperaturas no interior da placa. Se esta diferença de temperaturas for muito grande, pode haver um empeno significativo na placa.

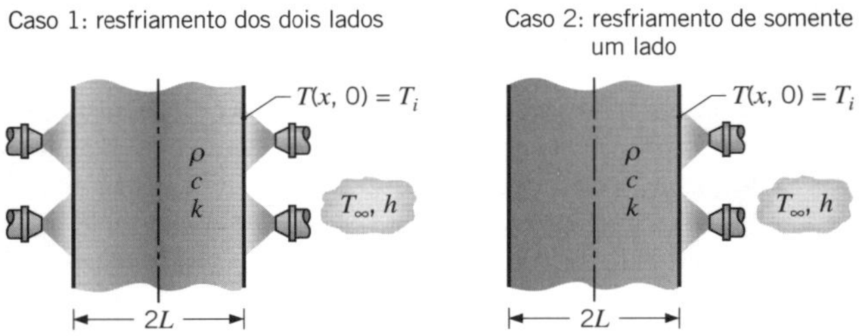

O ar é fornecido a 25 °C e o coeficiente convectivo na superfície é de 400 W/(m² · K). As propriedades termofísicas da placa são: ρ = 3000 kg/m³, c = 750 J/(kg · K) e k = 15 W/(m · K).

(a) Usando o *software IHT*, calcule e represente graficamente os comportamentos dinâmicos da temperatura nos Casos 1 e 2 para um período de resfriamento de 500 s. Compare os tempos necessários para a temperatura máxima na placa atingir 100 °C. Suponha que não haja perda de calor pela superfície não exposta do Caso 2.

(b) Para os dois casos, calcule e represente graficamente a variação com o tempo da diferença máxima de temperaturas no interior da placa. Comente sobre o tamanho relativo dos gradientes de temperatura no interior da placa como funções do tempo.

5.43 Durante a operação transiente, o ejetor de aço de um motor de foguete não deve exceder uma temperatura máxima de operação de 1500 K quando exposto a gases de combustão caracterizados por uma temperatura de 2300 K e um coeficiente de transferência de calor por convecção de 5000 W/(m² · K). Para estender o período de duração da operação do motor, propõe-se a aplicação de um *revestimento protetor térmico* cerâmico (k = 10 W/(m · K), $\alpha = 6 \times 10^{-6}$ m²/s) sobre a superfície interna do ejetor.

(a) Para um revestimento cerâmico com 10 mm de espessura e inicialmente a uma temperatura de 300 K, obtenha uma estimativa conservativa para a máxima duração permitida de operação do motor. O raio do ejetor é muito maior do que o somatório das espessuras da parede e do revestimento.

(b) Calcule e represente graficamente as temperaturas das superfícies interna e externa do revestimento em função do tempo para $0 \leq t \leq 150$ s. Repita os cálculos para um revestimento com espessura de 40 mm.

5.44 Duas placas do mesmo material e espessura L estão em diferentes temperaturas iniciais $T_{i,1}$ e $T_{i,2}$, sendo $T_{i,2} > T_{i,1}$. Suas superfícies são subitamente colocadas em contato. As superfícies externas das duas placas estão isoladas.

(a) Seja uma temperatura adimensional definida por $T^*(Fo) \equiv (T - T_{i,1})/(T_{i,2} - T_{i,1})$. Desprezando a resistência térmica de contato na interface entre as placas, quais são as temperaturas adimensionais no estado estacionário de cada uma das duas placas, $T^*_{re,1}$ e $T^*_{re,2}$? Qual é a temperatura adimensional na interface T^*_{int} em qualquer tempo?

(b) Um coeficiente global de transferência de calor efetivo entre as duas placas pode ser definido com base nas temperaturas médias espaciais adimensionais e instantâneas das placas, $U^*_{ef} \equiv q^*/(\bar{T}_2^* - \bar{T}_1^*)$. Observando que a taxa de transferência de calor adimensional para ou a partir de uma das duas placas pode ser representada por $q^* = d(Q/Q_o)/d\,Fo$, determine uma expressão para U^*_{ef} para $Fo > 0{,}2$.

5.45 Em um processo de têmpera, uma lâmina de vidro, que se encontra inicialmente a uma temperatura uniforme T_i, é resfriada pela redução súbita da temperatura em ambas as superfícies para T_s. A lâmina tem uma espessura de 10 mm e o vidro possui uma difusividade térmica de 6×10^{-7} m²/s.

(a) Quanto tempo levará até que a temperatura no plano central da lâmina atinja 75 % de sua máxima redução de temperatura possível?

(b) Se $(T_i - T_s) = 300$ °C, qual é o máximo gradiente de temperatura no vidro no instante de tempo calculado no item (a)?

5.46 A resistência e a estabilidade de pneus podem ser melhoradas pelo aquecimento de ambos os lados da borracha ($k = 0{,}14$ W/(m · K), $\alpha = 6{,}35 \times 10^{-8}$ m²/s) em uma câmara de vapor d'água na qual $T_\infty = 200$ °C. No processo de aquecimento, uma parede de borracha com 20 mm de espessura (suposta não frisada) é levada de sua temperatura inicial de 25 °C até uma temperatura no plano central de 150 °C.

(a) Se o escoamento do vapor d'água sobre as superfícies do pneu mantém um coeficiente convectivo de $h = 200$ W/(m² · K), quanto tempo será necessário para se atingir a temperatura desejada no plano central?

(b) Para acelerar o processo de aquecimento, recomenda-se que o escoamento do vapor d'água seja feito com vigor suficiente a fim de manter as superfícies do pneu a uma temperatura de 200 °C durante todo o processo. Calcule e represente graficamente as temperaturas no plano central e nas superfícies do pneu para esse caso, assim como para as condições do item (a).

5.47 Inicia-se a aplicação de um revestimento plástico em painéis de madeira pela deposição de polímero fundido sobre o painel e o posterior resfriamento da superfície do polímero ao submetê-la a uma corrente de ar a 25 °C. Como uma primeira aproximação, o calor de reação associado à solidificação do polímero pode ser desprezado e a interface polímero/madeira pode ser considerada adiabática.

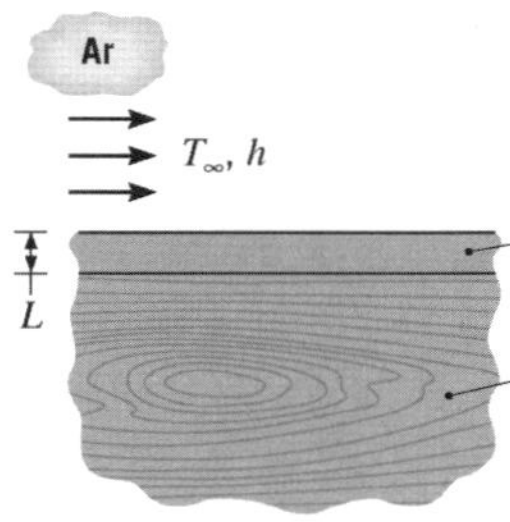

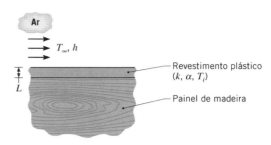

Sendo a espessura do revestimento $L = 1$ mm e ele estando a uma temperatura inicial de $T_i = 200$ °C, quanto tempo é necessário para a superfície atingir a temperatura *segura para o toque* de 42 °C, se o coeficiente de convecção for $h = 200$ W/(m² · K)? Qual é o valor correspondente da temperatura da interface? A condutividade térmica e a difusividade térmica do plástico são $k = 0{,}25$ W/(m · K) e $\alpha = 1{,}20 \times 10^{-7}$ m²/s, respectivamente.

Condução Unidimensional: O Cilindro Longo

5.48 Um longo bastão cilíndrico, com 60 mm de diâmetro e propriedades termofísicas iguais a $\rho = 8000$ kg/m³, $c = 500$ J/(kg · K) e $k = 50$ W/(m · K), encontra-se inicialmente a uma temperatura uniforme e é aquecido em um forno de convecção forçada mantido a 750 K. O coeficiente de convecção é estimado igual a 1000 W/(m² · K).

(a) Qual é a temperatura no eixo central do bastão quando a sua temperatura na superfície for 550 K?

(b) Em um processo de tratamento térmico, a temperatura no eixo central do bastão deve ser aumentada de $T_i = 300$ K a $T = 500$ K. Calcule e represente graficamente os históricos de temperatura no eixo central do bastão para $h = 100$, 500 e 1000 W/(m² · K). Em cada caso, o cálculo pode ser interrompido quando $T = 500$ K.

5.49 Um cilindro comprido com 30 mm de diâmetro, inicialmente a uma temperatura uniforme de 1000 K, é subitamente resfriado pela imersão em um grande banho de óleo que se encontra a uma temperatura constante de 350 K. As propriedades do cilindro são $k = 1{,}7$ W/(m · K), $c = 1600$ J/(kg · K) e $\rho = 400$ kg/m³, enquanto o coeficiente convectivo é de 50 W/(m² · K).

(a) Calcule o tempo necessário para a superfície do cilindro atingir 500 K.

(b) Calcule e represente o histórico da temperatura da superfície do cilindro ao longo do intervalo $0 \leq t \leq 300$ s. Se o óleo fosse agitado, fornecendo um coeficiente convectivo de 250 W/(m² · K), como o histórico da temperatura iria mudar?

5.50 Trabalhe o Problema 5.37 para um cilindro de raio r_o e comprimento $L = 20\,r_o$.

5.51 Um longo bastão de pirocerâmica com 20 mm de diâmetro é revestido por um tubo metálico muito fino para proteção mecânica. A fixação entre o bastão e o tubo possui uma resistência térmica de contato de $R'_{t,c} = 0{,}12$ m · K/W.

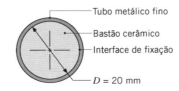

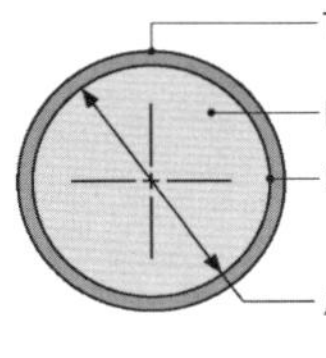

(a) Se o bastão está inicialmente a uma temperatura uniforme de 900 K e é subitamente resfriado pela sua exposição a uma corrente de ar, na qual $T_\infty = 300$ K e $h = 100$ W/(m^2 · K), em qual instante de tempo a temperatura no eixo central do bastão atinge 600 K?

(b) O resfriamento pode ser acelerado pelo aumento da velocidade do ar e, portanto, do coeficiente convectivo. Para valores de $h = 100$, 500 e 1000 W/(m^2 · K), calcule e represente graficamente as temperaturas no eixo central e na superfície do bastão de pirocerâmica em função do tempo para $0 \leq t \leq 300$ s. Comente a respeito das implicações de melhorar o resfriamento do bastão exclusivamente pelo aumento no valor de h.

5.52 Uma barra comprida cilíndrica, com 40 mm de diâmetro, fabricada em safira (óxido de alumínio) e inicialmente a uma temperatura uniforme de 800 K, é resfriada subitamente por um fluido a 300 K, que mantém um coeficiente de transferência de calor de 1600 W/(m^2 · K). Após 35 s, ela é enrolada com uma manta isolante, de tal modo que não mais perde calor. Qual será a temperatura da barra após um longo período de tempo?

5.53 Um longo bastão de plástico com 20 mm de diâmetro ($k =$ 0,3 W/(m · K) e $\rho c_p = 1040$ kJ/(m^3 · K) é aquecido uniformemente em uma estufa como preparação para uma operação de prensagem. Para obtenção de melhores resultados, a temperatura no bastão não deve ser inferior a 200 °C. Até qual temperatura uniforme o bastão deve ser aquecido na estufa se, para o pior dos casos, o bastão repousa sobre uma esteira transportadora por três minutos antes da prensagem, permanecendo exposto a um resfriamento por convecção ao ar ambiente a 25 °C, com um coeficiente convectivo de 10 W/(m^2 · K)? Uma outra condição para a obtenção de bons resultados é a diferença entre as temperaturas máxima e mínima no bastão, que não deve exceder 10 °C. Essa condição é satisfeita e, se não, o que você poderia fazer para satisfazê-la?

5.54 Como parte de um processo de tratamento térmico, bastões cilíndricos de aço inoxidável 304 com 100 mm de diâmetro são resfriados a partir de uma temperatura inicial de 500 °C pela sua suspensão em um banho de óleo a 30 °C. Se um coeficiente de transferência de calor por convecção de 500 W/(m^2 · K) for mantido pela circulação do óleo, quanto tempo leva para o eixo central dos bastões atingir uma temperatura de 50 °C, quando então ele é retirado do banho? Se dez bastões de comprimento $L = 1$ m forem processados por hora, qual é a taxa nominal na qual energia deve ser retirada do banho (a carga de resfriamento)?

5.55 A massa específica e o calor específico de determinado material são conhecidos ($\rho = 1200$ kg/m^3, $c_p = 1250$ J/(kg · K)), mas a sua condutividade térmica é desconhecida. Para determinar a condutividade térmica, um longo cilindro do material com diâmetro $D = 40$ mm é torneado e um termopar é inserido através de um pequeno furo ao longo de seu eixo central.

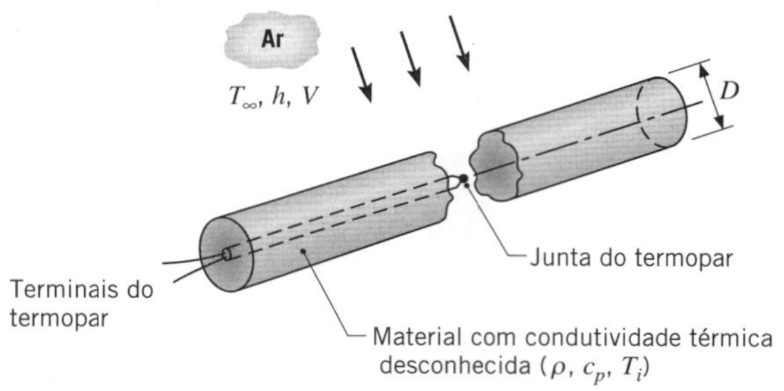

A condutividade térmica é determinada realizando-se um experimento no qual o cilindro é aquecido até uma temperatura uniforme $T_i = 100$ °C e, então, resfriado pela passagem de ar a $T_\infty = 25$ °C em escoamento cruzado sobre o cilindro. Para a velocidade do ar especificada, o coeficiente convectivo é de $h = 55$ W/(m^2 · K).

(a) Se uma temperatura no eixo central de $T(0, t) = 40$ °C for registrada após $t = 1136$ s de resfriamento, verifique que o material tem uma condutividade térmica de $k =$ 0,30 W/(m · K).

(b) Para o ar em escoamento cruzado sobre o cilindro, o valor especificado de $h = 55$ W/(m^2 · K) corresponde a uma velocidade de $V = 6{,}8$ m/s. Se $h = CV^{0,618}$, estando a constante C com unidades de W · s^{0,618}/(m^{2,618} · K), como a temperatura no eixo central em $t = 1136$ s varia com a velocidade para $3 \leq V \leq 20$ m/s? Determine os históricos da temperatura no eixo central para $0 \leq t \leq$ 1500 s e velocidades de 3, 10 e 20 m/s.

Condução Unidimensional: A Esfera

5.56 Uma esfera de vidro cal-soda de diâmetro $D_1 = 25$ mm é encapsulada em uma casca esférica de baquelite de espessura $L = 10$ mm. A esfera composta está inicialmente a uma temperatura uniforme, $T_i = 40$ °C, e exposta a uma fluido com $T_\infty = 10$ °C, com $h = 30$ W/(m^2 · K). Determine a temperatura no centro do vidro em $t = 200$ s. Despreze a resistência térmica de contato na interface entre os dois materiais.

5.57 Bilhas de aço inoxidável (AISI 304), que foram aquecidas uniformemente até 850 °C, são endurecidas pelo resfriamento em um banho de óleo mantido a 40 °C. O diâmetro de cada esfera é de 20 mm, e o coeficiente convectivo associado ao banho de óleo é de 1000 W/(m^2 · K).

(a) Se o resfriamento deve prosseguir até que a temperatura superficial das esferas atinja 100 °C, quanto tempo as esferas devem permanecer imersas no banho de óleo? Qual é a temperatura no centro das esferas no instante da conclusão do período de resfriamento?

(b) Se 10.000 bilhas devem ser resfriadas a cada hora, qual é a taxa na qual energia deve ser removida pelo sistema de resfriamento do banho de óleo de modo a mantê-lo à temperatura de 40 °C?

5.58 Uma esfera sólida com $D = 100$ mm de diâmetro, inicialmente a uma temperatura uniforme $T_i = 50$ °C, é colocada em contato com um fluido em escoamento a $T_\infty = 20$ °C. As propriedades da esfera são: $k = 2$ W/(m · K), $\rho = 2500$ kg/m^3 e $c_p = 750$ J/(kg · K). O coeficiente convectivo é $h = 30$ W/(m^2 · K). Quanto tempo irá demorar para a superfície da esfera atingir 26 °C? Quanta energia terá sido transferida da esfera até este instante?

5.59 Uma esfera com 30 mm de diâmetro inicialmente a 800 K é resfriada em um grande banho, mantido a uma temperatura constante de 320 K e com um coeficiente de transferência de calor por convecção de 75 W/(m^2 · K). As propriedades termofísicas do material da esfera são: $\rho = 400$ kg/m^3, $c =$ 1600 J/(kg · K) e $k = 1{,}7$ W/(m · K).

(a) Mostre, de maneira qualitativa em coordenadas $T - t$, as temperaturas no centro e na superfície da esfera em função do tempo.

(b) Calcule o tempo necessário para a superfície da esfera atingir a temperatura de 415 K.

(c) Determine o fluxo térmico (W/m^2) na superfície externa da esfera no instante determinado no item (b).

(d) Determine a energia (J) que foi perdida pela esfera durante o processo de resfriamento até a sua temperatura na superfície atingir 415 K.

(e) No tempo determinado no item (b), a esfera é rapidamente removida do banho de resfriamento e coberta por uma camada de um isolante térmico perfeito, de tal forma que não há mais perda de calor pela superfície da esfera. Qual será a temperatura da esfera após transcorrido um longo período de tempo?

(f) Calcule e represente graficamente os históricos das temperaturas no centro e na superfície da esfera para o período $0 \leq t \leq 150$ s. Que efeito tem um aumento no valor do coeficiente de transferência de calor por convecção para $h = 200$ W/(m^2 · K) sobre os históricos representados anteriormente? Para $h = 75$ e 200 W/(m^2 · K), calcule e represente o fluxo térmico na superfície em função do tempo para $0 \leq t \leq 150$ s.

5.60 Trabalhe o Problema 5.37 para o caso de uma esfera de raio r_o.

5.61 Duas esferas, A e B, inicialmente a 800 K, são subitamente resfriadas em grandes banhos, mantidos à mesma temperatura constante de 320 K. Os parâmetros a seguir estão associados a cada uma das esferas e aos seus respectivos processos de resfriamento.

	Esfera A	Esfera B
Diâmetro (mm)	300	30
Massa específica (kg/m^3)	1600	400
Calor específico (kJ/(kg · K))	0,400	1,60
Condutividade térmica (W/(m · K))	170	1,70
Coeficiente convectivo (W/(m^2 · K))	5	50

(a) Mostre de maneira qualitativa, em coordenadas $T - t$, as temperaturas no centro e na superfície de cada esfera em função do tempo. Explique sucintamente o raciocínio utilizado na determinação do posicionamento relativo das duas curvas.

(b) Calcule o tempo necessário para a superfície de cada esfera atingir 415 K.

(c) Determine a energia ganha por cada um dos banhos durante o processo de resfriamento das esferas até a temperatura superficial de 415 K.

5.62 Considere um leito fixo operando nas condições do Problema 5.13, mas com Pyrex ($\rho = 2225$ kg/m^3, $c = 835$ J/(kg · K), $k = 1{,}4$ W/(m · K)) sendo usado no lugar do alumínio. Quanto tempo leva para uma esfera perto da entrada do sistema acumular 90 % da energia térmica máxima possível? Qual é a temperatura correspondente no centro da esfera?

5.63 O coeficiente convectivo associado ao escoamento de um fluido sobre uma esfera sólida pode ser determinado pela imersão da esfera, inicialmente a 25 °C, no interior do escoamento a 75 °C, e a medida de sua temperatura superficial em algum instante de tempo durante o processo transiente de aquecimento.

(a) Se a esfera possui um diâmetro de 0,1 m, uma condutividade térmica de 15 W/(m · K) e uma difusividade térmica de 10^{-5} m^2/s, em que instante de tempo a temperatura superficial de 60 °C será registrada se o coeficiente convectivo for de 300 W/(m^2 · K)?

(b) Avalie o efeito do valor da difusividade térmica na resposta térmica do material calculando os históricos das temperaturas no centro e na superfície da esfera para $\alpha = 10^{-6}$, 10^{-5} e 10^{-4} m^2/s. Represente graficamente os seus resultados para o período $0 \leq t \leq 300$ s. De maneira análoga, avalie o efeito da condutividade térmica considerando valores de $k = 1{,}5$; 15 e 150 W/(m · K).

5.64 Seja a esfera do Exemplo 5.6, que está inicialmente a uma temperatura uniforme quando é subitamente removida do forno e submetida a um processo de resfriamento em duas etapas. Use o modelo *Transient Conduction*, *Sphere*, do *IHT*, para obter as soluções a seguir.

(a) Para a Etapa 1, calcule o tempo necessário para a temperatura do centro atingir $T(0, t) = 335$ °C, sendo resfriada no ar a 20 °C com um coeficiente convectivo de 10 W/(m^2 · K). Qual é o número de Biot para esse processo de resfriamento? Você espera que os gradientes de temperatura radiais sejam significativos? Compare os seus resultados com aqueles do exemplo.

(b) Para a Etapa 2, calcule o tempo necessário para a temperatura do centro atingir $T(0, t) = 50$ °C, sendo resfriada em um banho de água a 20 °C com um coeficiente convectivo de 6000 W/(m^2 · K).

(c) Para o processo de resfriamento da Etapa 2, calcule e represente graficamente os históricos de temperaturas, $T(r, t)$, para o centro e para a superfície da esfera. Identifique e explique características importantes desses históricos. Quando você espera que os gradientes de temperatura no interior da esfera sejam os maiores?

Meios Semi-infinitos

5.65 Dois grandes blocos feitos com materiais diferentes, como alumínio e vidro, ficaram em repouso no interior de uma sala (20 °C) por um longo período de tempo. Qual dos dois blocos, se algum, parecerá mais quente quando tocado? Considere que os blocos sejam sólidos semi-infinitos e que a sua mão esteja a uma temperatura de 37 °C.

5.66 Uma parede plana de espessura 0,6 m ($L = 0{,}3$ m) é feita de aço ($k = 30$ W/(m · K), $\rho = 7900$ kg/m^3, $c = 640$ J/(kg · K)). Ela está inicialmente a uma temperatura uniforme e, então, é exposta ao ar em suas duas superfícies. Considere duas condições de convecção diferentes: convecção natural, caracterizada por $h = 10$ W/(m^2 · K), e convecção forçada, com $h = 100$ W/(m^2 · K). Você deve calcular a temperatura na superfície em três instantes diferentes: $t = 2{,}5$ min, 25 min e 250 min, para um total de seis diferentes casos.

(a) Para cada um desses seis casos, calcule a temperatura adimensional na superfície, $\theta_s^* = (T_s - T_\infty)/(T_i - T_\infty)$, usando quatro métodos diferentes: solução exata, primeiro termo da solução em série, capacitância global e sólido semi-infinito. Apresente os seus resultados em uma tabela.

(b) Explique rapidamente as condições para as quais (i) a solução com o primeiro termo é uma boa aproximação para a solução exata, (ii) a solução da capacitância global é uma boa aproximação e (iii) a solução do sólido semi-infinito é uma boa aproximação.

5.67 Uma lâmina espessa de aço ($\rho = 7800$ kg/m^3, $c = 480$ J/(kg · K), $k = 50$ W/(m · K)) está inicialmente a 300 °C e é resfriada por jatos de água colidindo sobre uma de suas superfícies. A temperatura da água é de 25 °C, e os jatos mantêm um coeficiente convectivo extremamente alto e aproximadamente uniforme na superfície. Supondo que a superfície seja mantida na temperatura da água ao longo de todo o resfriamento, quanto tempo irá levar para a temperatura atingir 50 °C a uma distância de 25 mm da superfície?

5.68 Um procedimento simples para a medição de coeficientes de transferência de calor por convecção em superfícies envolve o revestimento da superfície com uma fina película de um material com uma temperatura de fusão bem definida. A superfície é, então, aquecida e, pela determinação do tempo necessário para que a fusão ocorra, o coeficiente convectivo é determinado. O dispositivo experimental mostrado na figura a seguir usa esse procedimento para determinar o coeficiente convectivo em um escoamento de um gás normal a uma superfície. Especificamente, um longo bastão de cobre é embutido no interior de um material superisolante com condutividade térmica muito baixa, e uma película muito fina é aplicada sobre a sua superfície exposta.

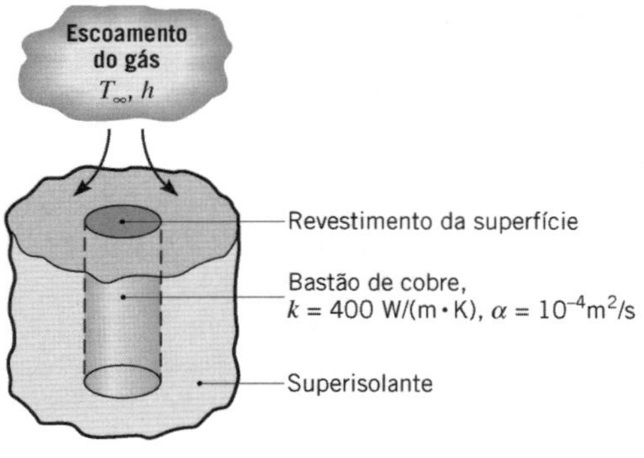

Se o bastão está inicialmente a 25 °C e o escoamento do gás, para o qual h = 200 W/(m² • K) e T_∞ = 300 °C, tem início, qual é o ponto de fusão do revestimento se a sua fusão ocorrer no instante t = 400 s?

5.69 Uma companhia de seguros contratou você como consultor para melhorar a sua compreensão a respeito de queimaduras. Eles estão especialmente interessados em queimaduras causadas pelo contato de parte do corpo do trabalhador com máquinas que se encontram a temperaturas elevadas, na faixa de 50 a 100 °C. O consultor médico da companhia informa que ferimentos térmicos irreversíveis (morte das células) irão ocorrer se qualquer tecido vivo for mantido a $T \geq 48$ °C por um intervalo $\Delta t \geq 10$ s. Eles desejam informações no que diz respeito ao grau de extensão dos danos irreversíveis ao tecido celular (medido pela distância da superfície da pele) em função da temperatura da máquina e do tempo de contato entre a pele e a máquina. Considere que células vivas têm uma temperatura normal de 37 °C, sejam isotrópicas e possuam propriedades constantes equivalentes às da água líquida.

(a) Para avaliar a seriedade do problema, calcule as posições no tecido celular onde a temperatura atingirá 48 °C após 10 s de contato com máquinas a 50 °C e a 100 °C.

(b) Para uma temperatura da máquina de 100 °C e $0 \leq t \leq 30$ s, calcule e represente graficamente os históricos das temperaturas no tecido a 0,5; 1 e 2 mm da superfície da pele.

5.70 Um procedimento para determinar a condutividade térmica de um material sólido envolve embutir um termopar em uma espessa chapa do material e medir a resposta à determinada mudança na temperatura em uma superfície. Considere um arranjo no qual o termopar está posicionado 10 mm abaixo da superfície, que tem sua temperatura subitamente elevada e mantida a 100 °C pela sua exposição à água em ebulição. Se a temperatura inicial da chapa era de 30 °C e o termopar mede uma temperatura de 65 °C, dois minutos após a superfície ter sido colocada a 100 °C, qual é a condutividade térmica do material? A massa específica e o calor específico do material são, respectivamente, 2200 kg/m³ e 700 J/(kg • K).

5.71 Uma generosa quantidade de gel é aplicada à superfície de uma janela de uma sonda de ultrassom antes do seu uso. A janela é feita de policarbonato com massa específica ρ = 1200 kg/m³, condutividade térmica k = 0,2 W/(m • K) e calor específico 1200 J/(kg • K). A sonda está inicialmente a uma temperatura T_i = 20 °C. Para garantir que o gel permaneça aderido à sonda até que esta seja colocada em contato com a superfície da pele do paciente, sua viscosidade, dependente da temperatura, não poderá cair abaixo de um valor crítico. Esta condição impõe que a máxima temperatura do gel permaneça abaixo de 12 °C antes do contato com o paciente. Determinar a temperatura inicial necessária do gel. A condutividade térmica, massa específica e calor específico do gel podem ser considerados equivalentes à da água líquida.

5.72 Uma grossa parede feita em madeira de carvalho, inicialmente a 25 °C, é subitamente exposta a produtos de combustão para os quais T_∞ = 800 °C e h = 20 W/(m² • K).

(a) Determine o tempo de exposição necessário para a superfície da parede atingir a temperatura de ignição de 400 °C.

(b) Represente graficamente a distribuição de temperaturas $T(x)$ na parede em t = 325 s. A distribuição deve se estender até a posição na qual $T \approx 25$ °C.

5.73 Padrões para paredes contra fogo podem ser baseados em suas respostas térmicas a um fluxo térmico radiante especificado. Seja uma parede de concreto com 0,25 m de espessura (ρ = 2300 kg/m³, c = 880 J/(kg • K), k = 1,4 W/(m • K)), que se encontra a uma temperatura inicial de T_i = 25 °C e é irradiada em uma superfície por lâmpadas que fornecem um fluxo térmico uniforme de $q''_s = 10^4$ W/m². A absortividade da superfície em relação à radiação é α_s = 1,0. Se as exigências de construção ditam que as temperaturas nas superfícies irradiada e não irradiada, após 30 min de aquecimento, não podem exceder 325 °C e 25 °C, respectivamente, as exigências serão atendidas?

5.74 Sabe-se que, embora dois materiais estejam a uma mesma temperatura, um deles pode provocar ao toque a sensação de estar mais frio. Considere placas espessas de cobre e de vidro, ambas a uma temperatura inicial de 300 K. Supondo que o seu dedo esteja a uma temperatura inicial de 310 K e que ele possua propriedades termofísicas iguais a ρ = 1000 kg/m³, c = 4180 J/(kg • K) e k = 0,625 W/(m • K), determine qual das duas chapas parecerá mais fria ao toque.

5.75 Duas placas em aço inoxidável (ρ = 8000 kg/m³, c = 500 J/(kg • K) e k = 15 W/(m • K)), ambas com 20 mm de espessura e com uma de suas superfícies isolada, estão inicialmente a 400 e 300 K quando são pressionadas uma contra a outra com o contato feito através das superfícies sem isolamento térmico. Qual é a temperatura da superfície isolada da placa mais quente um minuto após o contato?

5.76 Revestimentos especiais são frequentemente formados pela deposição de finas camadas de um material fundido sobre um substrato sólido. A solidificação tem início na superfície do substrato e prossegue até que a espessura S da camada solidificada se torne igual à espessura δ do depósito.

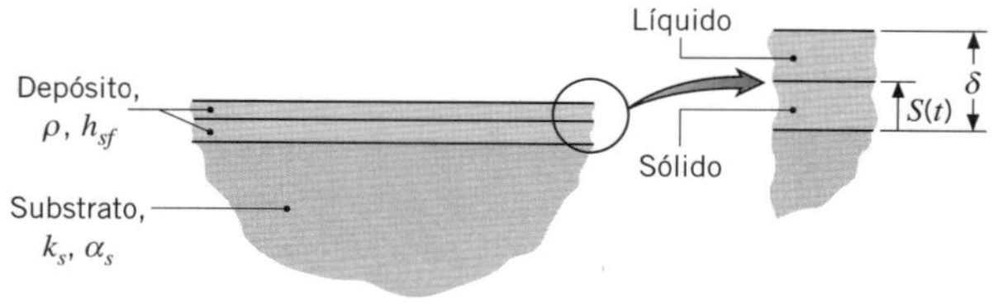

(a) Considere condições nas quais material fundido, à sua temperatura de fusão T_f, é depositado sobre um *grande* substrato que se encontra inicialmente a uma temperatura uniforme T_i. Com $S = 0$ em $t = 0$, desenvolva uma expressão para estimar o tempo t_d necessário para solidificar completamente o depósito, considerando que ele permanece à temperatura T_f durante todo o processo de solidificação. Expresse o seu resultado em termos da condutividade térmica e da difusividade térmica do substrato (k_s, α_s), da massa específica e do calor latente de fusão do depósito (ρ, h_{sf}), da espessura do depósito δ e das temperaturas relevantes (T_f, T_i).

(b) O processo de deposição por pulverização de plasma descrito no Problema 5.21 é usado para aplicar um fino revestimento ($\delta = 2$ mm) de alumina sobre um espesso substrato de tungstênio. O substrato possui uma temperatura inicial uniforme $T_i = 300$ K, e as suas condutividade térmica e difusividade térmica podem ser aproximadas por $k_s = 120$ W/(m · K) e $\alpha_s = 4{,}0 \times 10^{-5}$ m²/s, respectivamente. A massa específica e o calor latente de fusão da alumina são $\rho = 3970$ kg/m³ e $h_{sf} = 3577$ kJ/kg, respectivamente, e a alumina se solidifica na sua temperatura de fusão ($T_f = 2318$ K). Supondo que a camada fundida seja depositada instantaneamente sobre o substrato, estime o tempo necessário para o depósito se solidificar.

5.77 Juntas de alta qualidade podem ser formadas com solda por fricção. Considere a solda por fricção de dois bastões de Inconel com 40 mm de diâmetro. O bastão inferior encontra-se estacionário, enquanto o superior é forçado em um movimento linear de vai e volta caracterizado por um deslocamento horizontal instantâneo, $d(t) = a \cos(\omega t)$, sendo $a = 2$ mm e $\omega = 1000$ rad/s. O coeficiente de atrito de deslizamento entre as duas peças é $\mu = 0{,}3$. Determine a força de compressão que deve ser aplicada para aquecer a junta até o ponto de fusão do Inconel em $t = 3$ s, partindo de uma temperatura inicial de 20 °C. *Sugestão*: a frequência do movimento e a taxa de aquecimento resultante são muito altas. A resposta da temperatura pode ser aproximada como se a taxa de aquecimento fosse constante no tempo, igual ao seu valor médio.

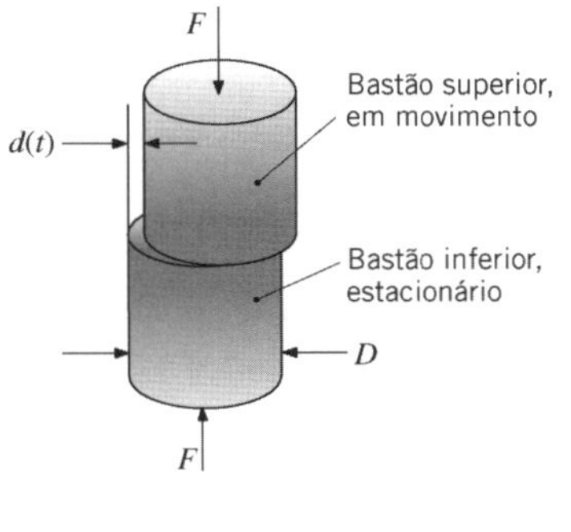

Objetos com Temperaturas Superficiais ou Fluxos Térmicos na Superfície Constantes e Aquecimento Periódico

5.78 Bombas de calor, com base no subsolo, operam usando o solo, e não o ar ambiente, como a fonte de calor (ou sumidouro) para aquecimento (ou resfriamento) de construções. Um líquido troca energia com o solo (recebendo ou doando) através de uma tubulação plástica enterrada. A tubulação encontra-se em uma profundidade na qual as variações anuais na temperatura do solo são muito menores do que aquelas no ar ambiente. Por exemplo, em um local como South Bend, Indiana, a temperatura no subsolo a certa profundidade pode se manter em aproximadamente 11 °C, enquanto as variações, ao logo do ano, da temperatura do ar ambiente têm uma faixa de −25 °C a +37 °C. Suponha que a tubulação esteja disposta em um arranjo em serpentina com *pequeno espaçamento*.

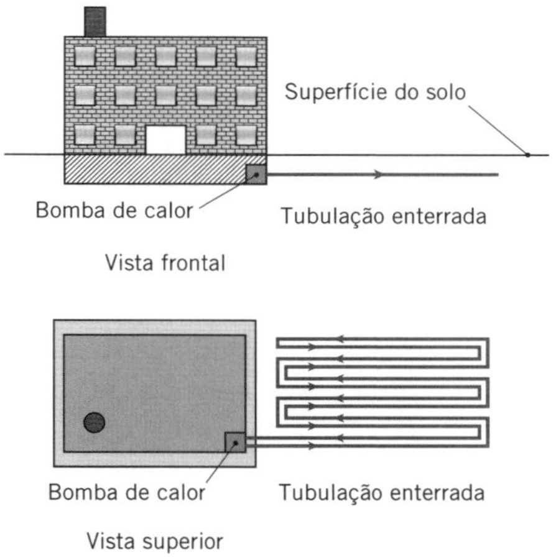

Em qual profundidade a tubulação deve ser enterrada de modo que o solo seja visto como um meio infinito a temperatura constante em um período de 12 meses? Leve em conta o resfriamento (aquecimento) periódico do solo em função das variações anuais nas condições ambientais e das mudanças na operação da bomba de calor do modo aquecimento no inverno para o modo resfriamento no verão.

5.79 Para permitir o cozimento de uma ampla gama de alimentos em fornos de micro-ondas, materiais de empacotamento metálicos e finos, que absorvem facilmente a energia das micro-ondas, foram desenvolvidos. Na medida em que o material de empacotamento é aquecido por micro-ondas, condução ocorre simultaneamente do empacotamento aquecido para o alimento frio. Seja o pedaço de carne esférico e congelado do Problema 5.27, que agora está embrulhado em um material de empacotamento fino que absorve micro-ondas. Determine o tempo necessário para a carne, que está bem próxima do material de empacotamento, atingir $T = 0$ °C, quando 70 % da potência do forno ($P = 1$ kW total) são absorvidos no material de empacotamento.

5.80 Deduza uma expressão para a razão da energia total transferida a partir da superfície isotérmica de um cilindro infinito para o seu interior, Q/Q_o, que seja válida para $Fo < 0{,}2$. Represente os seus resultados em termos do número de Fourier, Fo.

5.81 Sejam a parede plana com espessura $2L$, o cilindro infinito com raio r_o e uma esfera de raio r_o. Cada configuração é submetida a um fluxo térmico constante na superfície q''_s. Usando as soluções apropriadas da Tabela 5.2*b* para $Fo \geq 0{,}2$, deduza expressões para cada uma das três geometrias para a grandeza $(T_{s,\text{rel}} - T_i)/(T_{s,\text{cg}} - T_i)$. Nesta expressão, $T_{s,\text{rel}}$ é a temperatura superficial real como determinada pelas relações da Tabela 5.2*b*, e $T_{s,\text{cg}}$ é a temperatura associada com o comportamento de capacitância global. Determine critérios associados a $(T_{s,\text{rel}} - T_i)/(T_{s,\text{cg}} - T_i) \leq 1{,}1$, isto é, determine quando a aproximação por capacitância global é precisa na faixa de 10 %.

5.82 O Problema 4.8 tratou do armazenamento de lixo radioativo no subsolo em recipientes esféricos. Em função das incertezas nas propriedades térmicas do solo, deseja-se medir a temperatura em regime estacionário usando-se um recipiente de teste (idêntico ao recipiente real), que é equipado com aquecedores elétricos em seu interior. Estime quanto tempo levará para o recipiente de teste estar a 10 °C da sua temperatura de regime estacionário, supondo que ele esteja enterrado profundamente. Na sua análise, use as propriedades do solo da Tabela A.3.

5.83 Deduza uma expressão para a razão entre a energia total transferida a partir da superfície isotérmica de uma esfera para o seu interior e a quantidade máxima possível, Q/Q_o, que seja válida para $Fo < 0{,}2$. Represente os seus resultados em termos do número de Fourier, Fo.

5.84 Seja a medida experimental do Exemplo 5.10. Deseja-se medir a condutividade térmica de uma amostra muito fina do mesmo material nanoestruturado com os mesmos comprimento e largura. Para minimizar incertezas experimentais, o experimentalista deseja manter a amplitude da resposta de temperatura, ΔT, acima do valor de 0,1 °C. Qual é a espessura mínima da amostra que pode ser medida? Suponha que as propriedades da amostra fina e o valor da taxa de aquecimento aplicada sejam as mesmas daquelas medidas e usadas no Exemplo 5.10.

5.85 Seja um leito fixo de esferas, no qual cada esfera possui um diâmetro de $D = 2$ mm, cuja temperatura inicial seja $T_i = 90$ °C. Água fria a $T_a = 5$ °C escoa através do leito em $t = 0$, implicando um grande coeficiente de convecção sobre cada esfera. Determine a taxa (em °C/s) na qual cada esfera individual próxima à temperatura do topo do leito é resfriada em $t = 0{,}1$; 0,25 e 1 s. As esferas possuem propriedades termofísicas similares ao Pyrex.

5.86 Durante os meses frios do inverno, um edifício comercial é parcialmente aquecido através da extração de energia térmica armazenada no solo abaixo do edifício por meio de uma bomba de calor. Durante o verão, o edifício é parcialmente resfriado através do envio de energia térmica para o mesmo solo por um ar condicionado. O sistema bomba de calor-ar condicionado cria uma variação periódica na temperatura da superfície do solo $T(0, t)$ caracterizada por uma amplitude de $\Delta T = 30$ °C. Determine a espessura de penetração térmica no interior do solo e o máximo fluxo térmico na superfície.

Equações de Diferenças Finitas: Deduções

5.87 O critério de estabilidade para o método explícito exige que o coeficiente do termo T_m^p na equação de diferenças finitas unidimensional seja zero ou positivo. Analise a situação na qual as temperaturas nos dois nós vizinhos (T_{m-1}^p e T_{m+1}^p) são 100 °C, enquanto o nó central (T_m^p) está a 50 °C. Mostre que para valores de $Fo > \frac{1}{2}$ a equação de diferenças finitas preverá um valor para T_m^{p+1} que viola a segunda lei da termodinâmica.

5.88 Um fino bastão com diâmetro D está inicialmente em equilíbrio com a sua vizinhança, um grande recipiente, onde há vácuo, a uma temperatura T_{viz}. De repente, uma corrente elétrica I (A) é passada através do bastão, que possui uma resistividade elétrica ρ_e e uma emissividade ε. Outras propriedades termofísicas pertinentes estão identificadas na figura. Deduza a equação de diferenças finitas, em regime transiente, para o nó m.

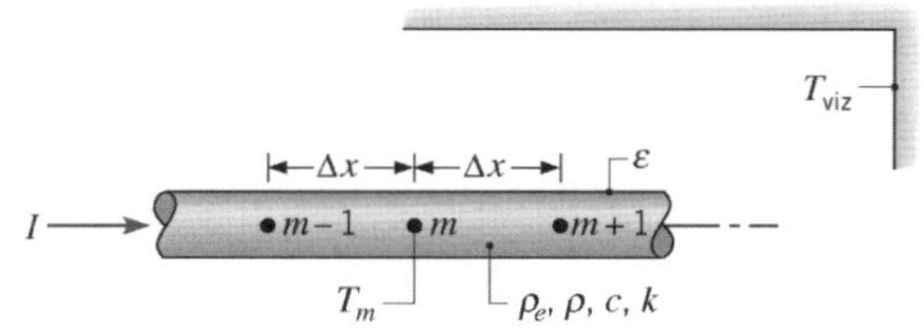

5.89 Uma placa unidimensional com espessura $2L$ está inicialmente a uma temperatura uniforme T_i. Subitamente, uma corrente elétrica é passada através da placa, causando um aquecimento volumétrico uniforme $\dot{q}$(W/m³). No mesmo instante, as duas superfícies externas ($x = \pm L$) são submetidas a um processo de convecção a T_∞ com um coeficiente de transferência de calor h.

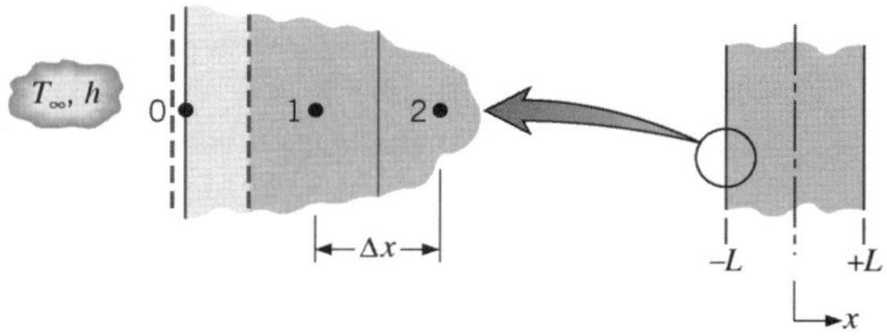

Escreva a equação de diferenças finitas que representa a conservação de energia no nó 0, localizado na superfície externa em $x = -L$. Reordene a sua equação e identifique alguns coeficientes adimensionais importantes.

5.90 Seja o Problema 5.10, exceto pelo fato de que agora o volume combinado do banho de óleo e da esfera é igual a $V_{tot} = 1$ m³. O banho de óleo é bem misturado e isolado termicamente.

(a) Considerando que as propriedades do líquido de resfriamento são iguais às do óleo de motor a 380 K, determine a temperatura da esfera no regime estacionário.

(b) Deduza expressões em diferenças finitas explícitas para as temperaturas da esfera e do banho de óleo como funções do tempo usando um único ponto nodal tanto para a esfera quanto para o banho de óleo. Determine algum requerimento de estabilidade que possa limitar o tamanho do incremento no tempo Δt.

(c) Determine as temperaturas da esfera e do banho de óleo após um incremento de tempo usando as expressões explícitas do item (b) e incrementos de tempo de 1000, 10.000 e 20.000 s.

(d) Usando uma formulação implícita com $\Delta t = 100$ s, determine o tempo necessário para a esfera revestida atingir 140 °C. Compare a sua resposta com o tempo associado com um banho muito grande, isolado termicamente. Represente graficamente as temperaturas da esfera e do óleo como funções do tempo na faixa 0 h $\leq t \leq$ 15 h. *Sugestão*: veja o Comentário 4 do Exemplo 5.2.

5.91 Deduza uma equação de diferenças finitas explícita para um nó interior para a condução tridimensional transiente. Também determine o critério de estabilidade. Suponha propriedades constantes e espaçamento na malha igual nas três direções.

5.92 Deduza a equação de diferenças finitas, bidimensional e transiente, para a temperatura no ponto nodal 0 localizado sobre a fronteira entre dois materiais diferentes.

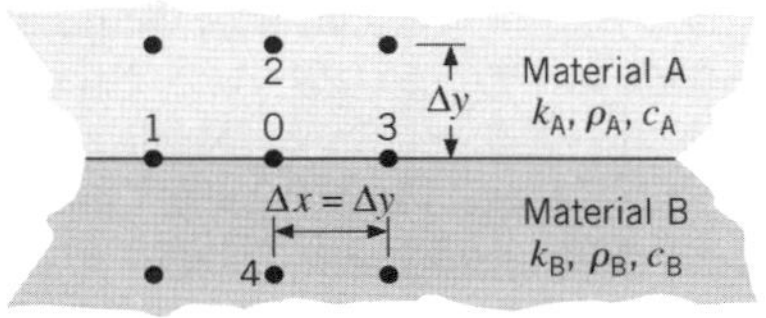

Soluções de Diferenças Finitas: Sistemas Unidimensionais

5.93 Uma parede, com 0,12 m de espessura e difusividade térmica de $1{,}5 \times 10^{-6}$ m²/s, encontra-se inicialmente a uma temperatura uniforme igual a 85 °C. Subitamente, uma de suas faces tem a sua temperatura reduzida a 20 °C, enquanto a outra é perfeitamente isolada.

(a) Usando a técnica explícita de diferenças finitas, com incrementos espacial e no tempo de 30 mm e 300 s, respectivamente, determine a distribuição de temperaturas em $t = 45$ min.

(b) Com $\Delta x = 30$ mm e $\Delta t = 300$ s, calcule $T(x, t)$ para $0 \le t \le t_{re}$, sendo t_{re} o tempo necessário para que a temperatura em cada um dos pontos nodais atinja um valor que se encontre a menos de 1 °C do seu valor em regime estacionário. Repita os cálculos anteriores para $\Delta t = 75$ s. Para cada valor de Δt, represente graficamente os históricos das temperaturas em cada face da parede e no seu plano central.

5.94 A função Der(*T*, *t*) do *IHT* pode ser usada para representar a derivada da temperatura com o tempo na Equação 5.75. Neste problema, usaremos a função Der para resolver o Exemplo 5.12.

(a) Mostre, usando o método do balanço de energia, que as equações de diferenças finitas na forma implícita para nós $1 \le m \le 8$ do Exemplo 5.12 podem ser escritas como

$$\rho c \Delta x \text{Der}(T_m^{p+1}, t) = \frac{k}{\Delta x}(T_{m-1}^{p+1} - T_m^{p+1}) + \frac{k}{\Delta x}(T_{m+1}^{p+1} - T_m^{p+1})$$

Nota: O *IHT* usa o esquema implícito de diferenças finitas.

(b) Deduza a equação de diferenças finitas na forma implícita para o nó $m = 0$ do Exemplo 5.12.

(c) Para $T_9 = 20$ °C e usando um incremento de tempo de $\Delta t = 24$ s, determine as temperaturas nos nós 0 até 8 para $t = 120$ s.

5.95 Seja o coletor solar do Problema 3.89. Após atingir a condição de regime estacionário com $q''_{rad} = 800$ W/m², o fluxo radiante líquido para a superfície é subitamente reduzido para $q''_{rad} = 0$ em razão da passagem de uma nuvem.

(a) Com $q''_{rad} = 800$ W/m², determine a distribuição de temperaturas em estado estacionário no interior da placa absorvedora e a taxa de energia térmica fornecida por um tubo individual por unidade de comprimento, q', usando o modelo de diferenças finitas com $\Delta x = 10$ mm. Explore como vantagem a simetria próxima a $x = 0$ (localizado diretamente acima de um tubo representativo) e $L/2$ para minimizar o número de equações de diferenças finitas. Qual é a máxima temperatura em estado estacionário da placa absorvedora? Calcule as propriedades da placa para $T = 325$ K.

(b) Usando a distribuição de temperaturas do item (a) como condição inicial, determine a distribuição de temperaturas no interior da placa absorvedora $T(x, t)$ quando $q''_{rad} = 0$ ao longo de um período de tempo $0 \le t \le 500$ s. Utilize um espaçamento da malha de $\Delta x = 10$ mm e um incremento temporal de $\Delta t = 1$ s. Represente graficamente a temperatura máxima na placa absorvedora ao longo do período de tempo $0 \le t \le 500$ s. Qual é a máxima temperatura da placa absorvedora a $t = 0$, 10, e 100 s? *Sugestão*: a solução pode ser encontrada mais rapidamente usando a função Der(*T*, *t*) do *IHT*. Veja o Problema 5.94.

(c) Represente graficamente a taxa de transferência de calor para o tubo por unidade de comprimento ao longo do intervalo de tempo $0 \le t \le 500$ s. Quanto tempo a cobertura de nuvens pode durar antes que a taxa de transferência de calor para o tubo a partir da placa absorvedora seja reduzida em 50 %?

5.96 Um produto plástico moldado ($\rho = 1200$ kg/m³, $c = 1500$ J/(kg · K), $k = 0{,}30$ W/(m · K)) é resfriado pela exposição de uma superfície a uma série de jatos de ar, enquanto a superfície oposta está isolada. O produto pode ser aproximado por uma placa de espessura $L = 60$ mm, que se encontra inicialmente a uma temperatura uniforme de $T_i = 80$ °C. Os jatos de ar estão a uma temperatura de $T_\infty = 20$ °C e fornecem um coeficiente convectivo uniforme $h = 100$ W/(m² · K) na superfície resfriada.

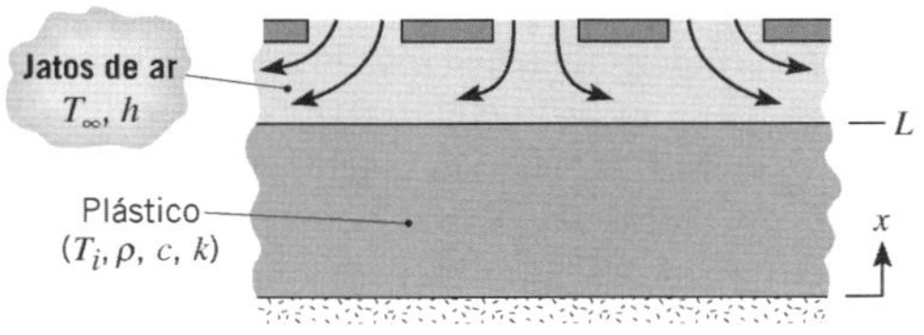

Usando uma solução de diferenças finitas com um incremento espacial de $\Delta x = 6$ mm, determine temperaturas nas superfícies resfriada e isolada depois de uma hora de exposição aos jatos de ar.

5.97 Considere uma parede plana unidimensional a uma temperatura inicial uniforme T_i. A parede tem espessura de 10 mm e uma difusividade térmica de $\alpha = 6 \times 10^{-7}$ m²/s. A face esquerda está isolada e, subitamente, a face direita tem a sua temperatura reduzida para $T_{s,d}$.

(a) Usando a técnica implícita de diferenças finitas, com $\Delta x = 2$ mm e $\Delta t = 2$ s, determine quanto tempo leva para a temperatura da face esquerda $T_{s,e}$ atingir 50 % da redução máxima possível de sua temperatura.

(b) No tempo determinado no item (a), a face direita é subitamente retornada à temperatura inicial. Determine quanto tempo levará para a temperatura na face esquerda retornar a 20 % da redução de temperatura, isto é, $T_i - T_{s,e} = 0{,}2(T_i - T_{s,e})$.

5.98 Seja o elemento combustível do Exemplo 5.11. Inicialmente, o elemento está a uma temperatura uniforme de 250 °C sem geração de energia. Subitamente, o elemento é inserido no núcleo do reator passando a ter uma taxa volumétrica de geração de energia uniforme de $\dot{q} = 10^8$ W/m³. As superfícies são resfriadas por convecção com $T_\infty = 250$ °C e $h = 1100$ W/(m² · K). Usando o método explícito com um incremento espacial de 2 mm, determine a distribuição de temperaturas 1,5 s após o elemento ser inserido no núcleo do reator.

5.99 Considere duas placas, A e B, que estão, cada uma, inicialmente isotérmicas e têm espessura $L = 5$ mm. As faces das placas são subitamente colocadas em contato em um processo de união. O material A é acrílico, inicialmente a

$T_{i,A} = 20$ °C, com $\rho_A = 1990$ kg/m^3, $c_A = 1470$ J/(kg · K) e $k_A = 0{,}21$ W/(m · K). O material B é aço, inicialmente a $T_{i,B} = 300$ °C, com $\rho_B = 7800$ kg/m^3, $c_B = 500$ J/(kg · K) e $k_B = 45$ W/(m · K). As superfícies do acrílico e do aço opostas às da união estão isoladas termicamente. Desprezando a resistência térmica de contato entre as placas, determine quanto tempo levará para a temperatura da superfície do acrílico, oposta à da união, atingir sua temperatura de amolecimento, $T_{amole} = 90$ °C. Represente graficamente a temperatura desta superfície do acrílico, bem como as temperaturas médias dos dois materiais ao longo do intervalo de tempo $0 \leq t \leq 300$ s. Use 20 pontos nodais igualmente espaçados.

5.100 Seja o elemento combustível do Exemplo 5.11, que opera a uma taxa volumétrica de geração uniforme de $\dot{q} = 10^7$ W/m^3, até que a taxa de geração mude subitamente para $\dot{q} = 2 \times 10^7$ W/m^3. Use o organizador de modelos de condução *Finite-Difference Equations, One-Dimensional, Transient* do *IHT* para obter a forma implícita das equações de diferenças finitas para os seis nós, com $\Delta x = 2$ mm, como mostrado no exemplo.

(a) Calcule a distribuição de temperaturas 1,5 s depois da mudança na potência de operação e compare os seus resultados com aqueles apresentados na tabela do exemplo.

(b) Use as opções *Explore* e *Graph* do *IHT* para calcular e representar graficamente os históricos das temperaturas nos nós no plano central (00) e na superfície (05) para $0 \leq t \leq 400$ s. Quais são as temperaturas no regime estacionário e, aproximadamente, quanto tempo leva para o novo estado de equilíbrio ser atingido após o degrau na potência de operação?

5.101 Determine a distribuição de temperaturas em $t = 30$ min para as condições do Problema 5.93.

(a) Use uma técnica de diferenças fintas explícita, com um incremento de tempo de 600 s e um incremento no espaço de 30 mm.

(b) Use o método implícito no *IHT*, em *Tools, Finite-Difference Equations, One-Dimensional Transient Conduction*.

5.102 Uma placa de grande espessura, com difusividade térmica de $5{,}6 \times 10^{-6}$ m^2/s e condutividade térmica de 20 W/(m · K), está inicialmente a uma temperatura uniforme de 325 °C. De repente, a sua superfície é exposta a uma substância refrigerante a 15 °C, que mantém um coeficiente de transferência de calor por convecção igual a 100 W/(m^2 · K). Usando o método de diferenças finitas com um incremento espacial de $\Delta x = 15$ mm e um incremento no tempo de 18 s, determine as temperaturas na superfície e a uma profundidade de 45 mm, passados três minutos do início do processo.

5.103 Considere o envoltório cilíndrico (*nacela*) da turbina eólica no Exemplo 1.3. A nacela é formada por um material compósito termoplástico de espessura $L = 20$ mm. A condutividade térmica, massa específica e calor específico do material da nacela são: $k = 1{,}5$ W/(m · K), $\rho = 1250$ kg/m^3 e $c = 1500$ J/(kg · K). Em realidade, o coeficiente de transferência de calor na superfície externa da nacela não é constante, mas varia à medida que as pás giram próximas à nacela levando a uma variação senoidal do coeficiente de convecção, $h(t) = \bar{h} + \Delta h \,\text{sen}(\omega t)$. Os valores de $\bar{h}$ e Δh são 35 W/(m^2 · K) e 15 W/(m^2 · K), respectivamente. A frequência ω pode ser determinada a partir do número de pás (3) e da velocidade rotacional das pás (17 rpm).

No tempo $t = 0$, a distribuição de temperaturas através da parede é dada por $T(x, t = 0) = Ax + B$, na qual $x = 0$ corresponde à superfície interior da nacela, $A = -3460$ °C/m e $B = 212$ °C. Usando esta condição inicial, determine a distribuição de temperaturas no interior da parede $T(x, t)$ ao longo do período de tempo $40 \leq t \leq 50$ s. Considere que a superfície interna da nacela é mantida no seu valor inicial de 212 °C. Utilize um espaçamento da malha de $\Delta x = 2$ mm e um incremento temporal de $\Delta t = 0{,}05$ s. Represente graficamente a temperatura na superfície externa da nacela, o fluxo térmico convectivo na superfície externa e o fluxo térmico radiante na superfície externa ao logo do período de tempo $40 \leq t \leq 50$ s. Explique o embasamento físico para os fenômenos que você observa na sua solução. *Sugestão*: a solução pode ser encontrada mais rapidamente usando a função Der(T, t) do *IHT*. Veja o Problema 5.94.

5.104 Com referência ao Comentário 3 do Exemplo 5.12, analise a súbita exposição da superfície a uma grande vizinhança, a uma temperatura elevada (T_{viz}) e a condições de convecção (T_∞, h).

(a) Deduza a equação de diferenças finitas explícita para o nó na superfície em termos de Fo, Bi e Bi_r.

(b) Obtenha o critério de estabilidade para o nó na superfície. Esse critério muda com o tempo? Esse critério é mais restritivo do que o critério para um nó interior?

(c) Uma placa espessa de um material ($k = 1{,}5$ W/(m · K), $\alpha = 7 \times 10^{-7}$ m^2/s, $\varepsilon = 0{,}9$), inicialmente a uma temperatura uniforme de 27 °C, é subitamente exposta a uma grande vizinhança a 1000 K. Desprezando a convecção e usando um incremento espacial de 10 mm, determine as temperaturas na superfície e a 30 mm da superfície após um intervalo de um minuto.

5.105 Uma parede plana unidimensional com espessura $2L$, propriedades constantes, a uma temperatura inicial T_i, é aquecida convectivamente (nas duas superfícies) com um fluido ambiente a $T_\infty = T_{\infty,1}$, $h = h_1$. Em um instante posterior no tempo, $t = t_1$, o aquecimento é interrompido e resfriamento convectivo é iniciado. As condições do resfriamento são caracterizadas por $T_\infty = T_{\infty,2} = T_i$, $h = h_2$.

(a) Escreva a equação do calor, assim como as condições inicial e de contorno, em suas formas adimensionais para a fase de aquecimento (Fase 1). Escreva as equações em termos das grandezas adimensionais θ^*, x^*, Bi_1 e Fo, com Bi baseado em h_1.

(b) Escreva a equação do calor, assim como as condições inicial e de contorno, em suas formas adimensionais para a fase de resfriamento (Fase 2). Escreva as equações em termos das grandezas adimensionais θ^*, x^*, Bi_2, Fo_1 e Fo, sendo Fo_1 o tempo adimensional associado a t_1, e Bi_2 baseado em h_2. Para ser consistente com o item (a), escreva a temperatura adimensional em termos de $T_\infty = T_{\infty,1}$.

(c) Seja um caso no qual $Bi_1 = 10$, $Bi_2 = 1$ e $Fo_1 = 0{,}1$. Usando o método de diferenças finitas com $\Delta x^* = 0{,}1$ e $\Delta Fo = 0{,}001$, determine as respostas térmicas transientes da superfície ($x^* = 1$), do plano central ($x^* = 0$) e do plano entre o plano central e a superfície ($x^* = 0{,}5$) da parede. Represente graficamente as três temperaturas adimensionais como uma função do tempo adimensional na faixa $0 \leq Fo \leq 0{,}5$.

(d) Determine a temperatura adimensional mínima no plano médio da parede e o tempo adimensional no qual esta temperatura mínima é atingida.

5.106 Na Seção 5.5, a aproximação pelo primeiro termo da solução em série para a distribuição de temperaturas foi desenvolvida para uma parede plana de espessura $2L$, que se encontra inicialmente a uma temperatura uniforme e subitamente é submetida à transferência de calor por convecção. Se $Bi < 0,1$, a parede pode ser aproximada como isotérmica e representada como uma capacitância global (Equação 5.7). Para as condições mostradas no esquema, desejamos comparar predições baseadas na aproximação pelo primeiro termo, no método da capacitância global e com uma solução por diferenças finitas.

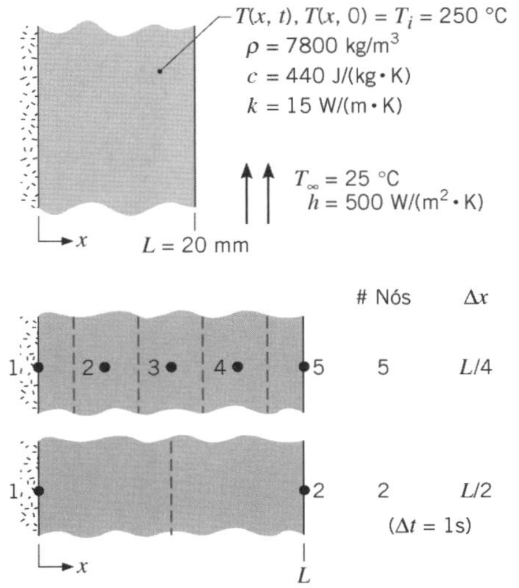

(a) Determine as temperaturas no plano central, $T(0, t)$, e na superfície, $T(L, t)$, em $t = 100$, 200 e 500 s usando a aproximação de primeiro termo da solução em série, Equação 5.43. Qual é o número de Biot para o sistema?

(b) Tratando a parede como uma capacitância global, calcule as temperaturas em $t = 50$, 100, 200 e 500 s. Você esperava que esses resultados tivessem uma boa concordância com aqueles do item (a)? Por que as temperaturas estão consideravelmente mais altas?

[(c)] Sejam as redes com dois e cinco nós mostradas no esquema. Escreva a forma implícita das equações de diferenças finitas para cada rede e determine as distribuições de temperaturas em $t = 50$, 100, 200 e 500 s usando um incremento de tempo de $\Delta t = 1$ s. Prepare uma tabela resumindo os resultados dos itens (a), (b) e (c). Comente sobre as diferenças relativas das temperaturas previstas. *Sugestão*: a solução será obtida rapidamente usando a função Der(T, t) do *IHT*. Veja o Problema 5.94.

5.107 Uma das extremidades de um bastão de aço inoxidável (AISI 316), com diâmetro de 10 mm e comprimento de 0,16 m, é inserida em um suporte mantido a 200 °C. O bastão, coberto por uma manta isolante, atinge uma temperatura uniforme ao longo de todo o seu comprimento. Quando a manta é removida, o bastão fica exposto ao ar ambiente a 25 °C com um coeficiente de transferência de calor por convecção de 30 W/(m² · K).

(a) Usando uma técnica explícita de diferenças finitas com um incremento espacial de $\Delta x = 0,016$ m, calcule o tempo necessário para a temperatura na metade do comprimento do bastão atingir 100 °C.

[(b)] Com $\Delta x = 0,016$ m e $\Delta t = 10$ s, calcule $T(x, t)$ para $0 \leq t \leq t_1$, sendo t_1 o tempo necessário para o ponto na metade do comprimento do bastão atingir 50 °C. Represente graficamente as distribuições de temperaturas para $t = 0$, 200 s, 400 s e t_1.

[5.108] Um bastão de tantálio, com 3 mm de diâmetro e comprimento de 120 mm, é sustentado por dois eletrodos no interior de um grande recipiente onde há vácuo. Inicialmente, o bastão está em equilíbrio com os eletrodos e com a sua vizinhança, que são mantidos a 300 K. Subitamente, uma corrente elétrica, $I = 80$ A, é passada através do bastão. Considere a emissividade do bastão igual a 0,1 e a resistividade elétrica igual a $95 \times 10^{-8}\ \Omega \cdot$ m. Utilize a Tabela A.1 para obter as outras propriedades termofísicas necessárias para a sua solução. Use um método de diferenças finitas com um incremento espacial de 10 mm.

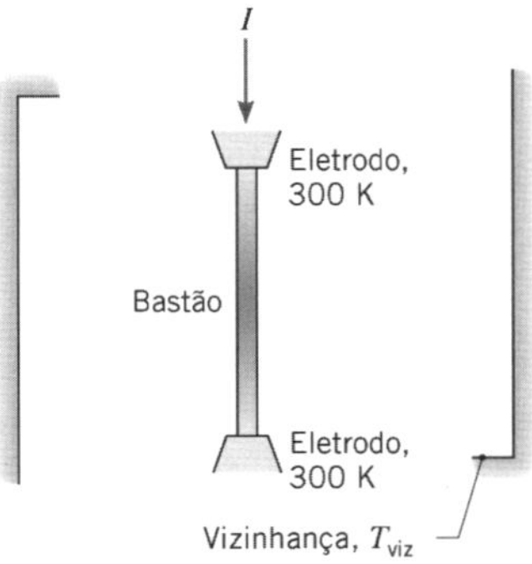

(a) Calcule o tempo necessário para o ponto na metade do comprimento do bastão atingir 1000 K.

(b) Determine a distribuição de temperaturas no regime estacionário e calcule, aproximadamente, quanto tempo será necessário para atingir essa condição.

[5.109] Um bastão de sustentação ($k = 15$ W/(m · K), $\alpha = 4,0 \times 10^{-6}$ m²/s), com diâmetro $D = 15$ mm e comprimento $L = 100$ mm, atravessa um canal cujas paredes são mantidas a uma temperatura de $T_b = 300$ K. Subitamente, o bastão é exposto a um escoamento cruzado de gases quentes com $T_\infty = 600$ K e $h = 75$ W/(m² · K). As paredes do canal são resfriadas e permanecem a 300 K.

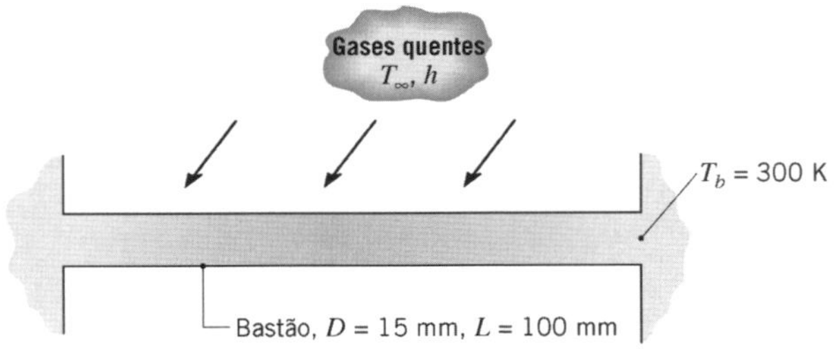

(a) Usando uma técnica numérica apropriada, determine a resposta térmica do bastão ao aquecimento por convecção. Represente graficamente a temperatura no ponto central do bastão como uma função do tempo decorrido. Usando um modelo analítico apropriado para o bastão, determine a distribuição de temperaturas no regime estacionário e compare o resultado com o obtido numericamente para um longo período de tempo.

(b) Após o bastão ter atingido condições de regime estacionário, o escoamento dos gases quentes é subitamente interrompido e o bastão resfria-se por convecção natural para o ar ambiente a $T_\infty = 300$ K e por radiação com uma grande vizinhança a $T_{viz} = 300$ K. O coeficiente de transferência de calor por convecção natural pode ser estimado pela expressão $h(\text{W}/(\text{m}^2 \cdot \text{K})) = C\,(\Delta T)^n$, com $C = 4{,}4$ W/(m^2 · K^{1,188}) e $n = 0{,}188$. A emissividade do bastão é igual a 0,5. Determine a resposta térmica do bastão nesta nova condição. Represente graficamente a temperatura no ponto central do bastão em função do tempo de resfriamento e determine o tempo necessário para o bastão atingir uma temperatura *segura para o toque* de 315 K.

Equações de Diferenças Finitas: Coordenadas Cilíndricas

5.110 Um disco circular delgado está sujeito ao aquecimento por indução a partir de uma bobina, cujo efeito é o de propiciar uma geração uniforme de calor no interior de uma seção anular, conforme mostrado na figura. Transferência de calor por convecção ocorre na superfície superior do disco, enquanto a sua superfície inferior encontra-se termicamente isolada.

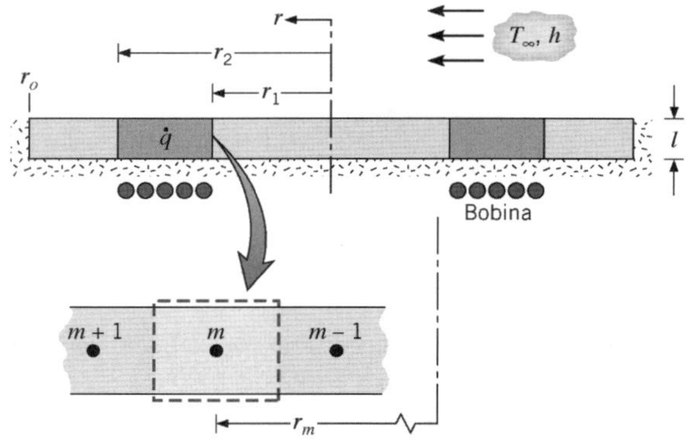

(a) Deduza a equação transiente de diferenças finitas para o nó m, que se encontra no interior da região submetida ao aquecimento por indução.

(b) Em coordenadas $T - r$, esboce, qualitativamente, a distribuição estacionária de temperaturas, identificando suas características importantes.

5.111 Um cabo elétrico, que experimenta uma geração volumétrica de calor a uma taxa uniforme $\dot{q}$, encontra-se semienterrado em um material isolante, enquanto a sua superfície superior está exposta a um processo convectivo (T_∞, h).

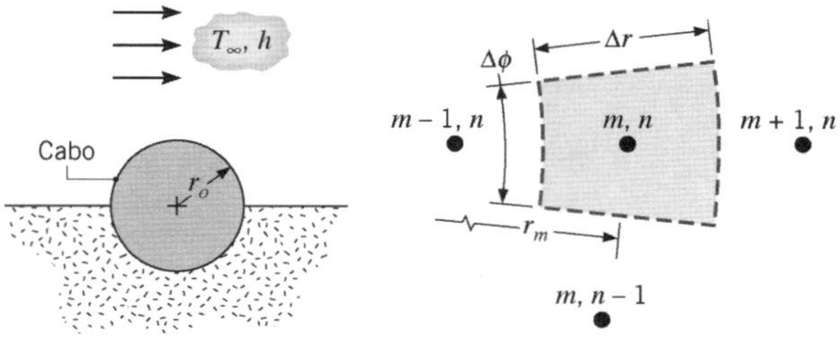

(a) Deduza as equações de diferenças finitas, pelo método explícito, para um nó interior (m, n); para o nó central ($m = 0$); e para os nós na superfície externa (M, n) no contorno isolado termicamente e no contorno sujeito ao processo convectivo.

(b) Obtenha o critério de estabilidade para cada uma das equações de diferenças finitas. Identifique o critério mais restritivo.

Soluções de Diferenças Finitas: Sistemas Bidimensionais

5.112 Duas barras muito longas (na direção normal à página) com as distribuições iniciais de temperaturas mostradas na tabela devem ser soldadas lateralmente uma à outra. No tempo $t = 0$, a face equivalente a $m = 3$ da barra de cobre puro é colocada em contato com a face $m = 4$ da barra de aço (AISI 1010). A solda atua como uma camada interfacial com espessura desprezível e resistência de contato efetiva $R''_{t,c} = 2 \times 10^{-5}$ m^2 · K/W.

Temperaturas Iniciais (K)

n/m	1	2	3	4	5	6
1	700	700	700	1000	900	800
2	700	700	700	1000	900	800
3	700	700	700	1000	900	800

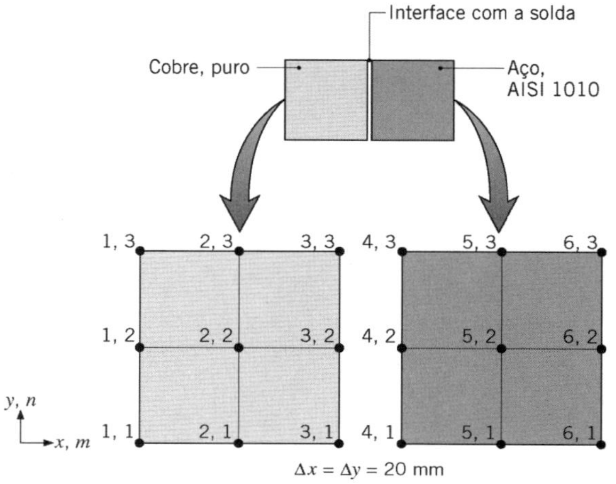

(a) Deduza a equação de diferenças finitas, utilizando o método explícito, em termos de Fo e $Bi_c = \Delta x/(kR''_{t,c})$ para $T_{4,2}$ e determine o critério de estabilidade correspondente.

(b) Usando $Fo = 0{,}01$, determine $T_{4,2}$ um incremento de tempo após o contato entre as duas superfícies ter sido feito. Qual o valor de Δt? O critério de estabilidade é satisfeito?

5.113 Uma passagem de gases de exaustão tem uma seção transversal quadrada com 300 mm de lado. As paredes são construídas de tijolo refratário com 150 mm de espessura com condutividade térmica 0,85 W/(m · K) e difusividade térmica $\alpha = 5{,}5 \times 10^{-7}$ m^2/s. Inicialmente, sem escoamento dos gases, as paredes estão a uma temperatura uniforme de 25 °C. A superfície interna é subitamente exposta a gases quentes a 350 °C com um coeficiente de convecção de 100 W/(m^2 · K), enquanto a superfície externa está em contato com ar a 25 °C com um coeficiente de convecção de 5 W/(m^2 · K). Usando o método de diferenças fintas na forma implícita com um espaçamento da malha de 50 mm e um incremento temporal de uma hora, determine a distribuição de temperaturas na parede e a taxa de calor perdida por convecção para o exterior em 5, 10, 50 e 100 h depois da introdução dos gases quentes.

5.114 Elementos de aquecimento elétrico, com pequeno diâmetro, dissipando 50 W/m (comprimento normal a folha) são usados para aquecer uma placa de cerâmica com condutividade térmica 2 W/(m · K). A superfície superior da placa é exposta a ar ambiente a 30 °C com um coeficiente de convecção de 100 W/(m^2 · K), enquanto a superfície interior é perfeitamente isolada.

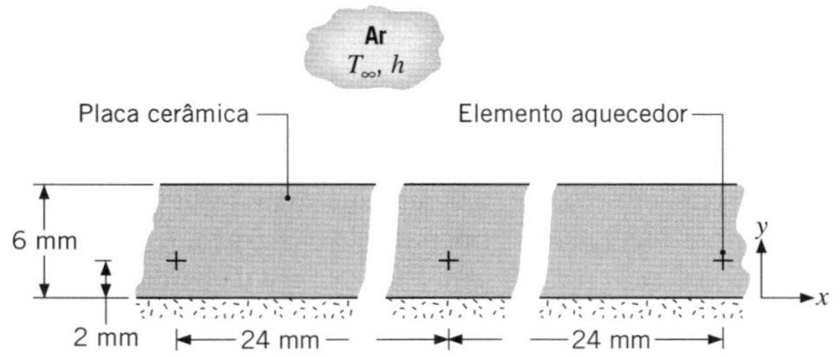

Inicialmente, a placa cerâmica ($\alpha = 1{,}5 \times 10^{-6}$ m^2/s) está a uma temperatura uniforme de 30 °C e os elementos de aquecimento são subitamente energizados. Usando o método das diferenças finitas na forma implícita, estime o tempo necessário para que a diferença entre a temperatura na superfície imediatamente acima do elemento de aquecimento e a temperatura inicial atinja 95 % da diferença nas condições de estado estacionário. Use um espaçamento da malha de $\Delta x = 6$ mm e $\Delta y = 2$ mm e um incremento temporal de um segundo.

CAPÍTULO 6

Introdução à Convecção

Videoaula incluída

Até agora focalizamos nossa atenção na transferência de calor por condução e consideramos a convecção somente como uma possível condição de contorno para problemas de condução. Na Seção 1.2.2, usamos o termo *convecção* para descrever a transferência de energia entre uma superfície e um fluido em movimento sobre essa superfície. A convecção inclui transferência de energia pelo movimento global do fluido (advecção) e pelo movimento aleatório das moléculas do fluido (condução ou difusão).

Em nossa análise da convecção, temos dois objetivos principais. Além de adquirir uma compreensão dos mecanismos físicos que embasam a transferência por convecção, desejamos desenvolver os meios para executar cálculos envolvendo a transferência por convecção. Este capítulo e o material do Apêndice E são dedicados principalmente à realização do primeiro objetivo. Origens físicas são discutidas e parâmetros adimensionais relevantes, assim como importantes analogias, são desenvolvidos.

Uma característica especial deste capítulo é a forma pela qual os efeitos da transferência de massa por convecção são introduzidos por analogia com aqueles da transferência de calor por convecção. Na transferência de massa por convecção, o movimento global do fluido se combina com a difusão para promover o transporte de uma espécie da qual existe um gradiente de concentração. Neste texto, focamos na transferência de massa por convecção que ocorre na superfície de um sólido volátil ou líquido em razão do movimento de um gás sobre a superfície.

Com os fundamentos conceituais estabelecidos, os capítulos subsequentes são usados para desenvolver ferramentas úteis para a quantificação dos efeitos convectivos. Os Capítulos 7 e 8 apresentam métodos para o cálculo dos coeficientes associados à convecção forçada em escoamentos de configurações externas e internas, respectivamente. O Capítulo 9 descreve métodos para determinar esses coeficientes na convecção natural, e o Capítulo 10 analisa o problema da convecção com mudança de fase (ebulição e condensação). O Capítulo 11 desenvolve métodos para projetar e avaliar o desempenho de trocadores de calor, equipamentos amplamente utilizados na prática de engenharia para efetuar a transferência de calor entre fluidos.

Desta forma, iniciamos pelo desenvolvimento de nossa compreensão da natureza da convecção.

6.1 As Camadas-Limite da Convecção

O conceito de camadas-limite é crucial para o entendimento das transferências de calor e de massa por convecção entre uma superfície e um fluido em escoamento em contato com esta superfície. Nesta seção, as camadas-limite de velocidade, térmica e de concentração são descritas, e as suas relações com o coeficiente de atrito, com o coeficiente de transferência de calor por convecção e com o coeficiente de transferência de massa por convecção são apresentadas.

6.1.1 *A Camada-Limite de Velocidade*

Para apresentar o conceito de uma camada-limite, considere o escoamento sobre a placa plana na Figura 6.1. Quando partículas do fluido entram em contato com a superfície, suas velocidades são reduzidas significativamente em relação à velocidade do fluido a montante da placa, e para a maioria das situações é válido supor que a velocidade da partícula é zero na parede.[1] Essas partículas atuam, então, no retardamento do movimento das partículas na camada de fluido adjacente, que, por sua vez, atuam no retardamento do movimento das partículas da próxima camada e assim sucessivamente até que, a uma distância $y = \delta$ da superfície, o efeito se torna desprezível. Esse retardamento do movimento do fluido está associado às *tensões de cisalhamento* τ que atuam em planos paralelos à velocidade do fluido (Figura 6.1). Com o aumento da distância y da superfície, o componente x da velocidade do fluido, u, deve, então, aumentar até atingir o valor na corrente livre, u_∞. O subscrito ∞ é usado para designar condições na *corrente livre*, fora da camada-limite.

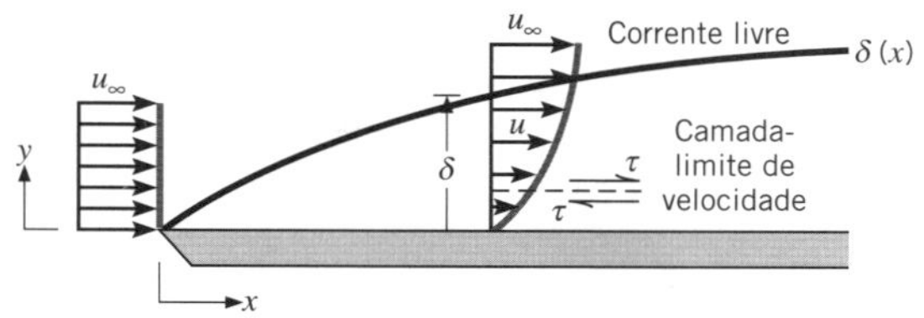

FIGURA 6.1 Desenvolvimento da camada-limite de velocidade sobre uma placa plana.

A grandeza δ, chamada de *espessura da camada-limite*, geralmente é definida como o valor de y para o qual $u = 0{,}99u_\infty$. O *perfil de velocidades na camada-limite* se refere à maneira como u varia com y através da camada-limite. Dessa forma, o escoamento do fluido é caracterizado pela existência de duas regiões distintas, uma fina camada de fluido (a camada-limite), na qual gradientes de velocidade e tensões de cisalhamento são grandes, e uma região fora da camada-limite, na qual gradientes de velocidade e tensões de cisalhamento são desprezíveis. Com o aumento da distância da borda frontal da placa, os efeitos da viscosidade penetram cada vez mais na corrente livre e a camada-limite aumenta (δ aumenta com x).

Como está relacionada com a velocidade do fluido, a camada-limite descrita anteriormente pode ser chamada mais especificamente de *camada-limite de velocidade*. Ela se desenvolve sempre que há escoamento de um fluido sobre uma superfície, e é fundamental em problemas que envolvem transporte convectivo. Na mecânica dos fluidos, sua importância para o engenheiro está baseada na sua relação com a tensão de cisalhamento na superfície, τ_s, e, portanto, com os efeitos do atrito na superfície. Para os escoamentos externos, ela fornece a base para a determinação do *coeficiente de atrito* local

$$C_f \equiv \frac{\tau_s}{\rho u_\infty^2/2} \tag{6.1}$$

[1] Esta é uma aproximação da situação discutida na Seção 3.7.3, na qual moléculas de fluido ou partículas continuamente colidem com a superfície e são de lá refletidas. O momento de uma partícula individual de fluido irá mudar em função de sua colisão com a superfície. Este efeito pode ser descrito por *coeficientes de acomodação de momento*, como será discutido na Seção 8.8. Neste capítulo, supomos que os efeitos em nano e microescalas não são importantes, situação na qual a suposição de velocidade do fluido igual a zero na parede é válida.

um parâmetro-chave adimensional a partir do qual o arrasto viscoso na superfície pode ser determinado. Supondo um *fluido newtoniano*, a tensão cisalhante na superfície pode ser determinada a partir do conhecimento do gradiente de velocidade na superfície

$$\tau_s = \mu \frac{\partial u}{\partial y}\bigg|_{y=0} \tag{6.2}$$

sendo μ uma propriedade do fluido conhecida como *viscosidade dinâmica*. Em uma camada-limite de velocidade, o gradiente de velocidade na superfície depende da distância x da borda frontal da placa. Consequentemente, a tensão cisalhante na superfície e o coeficiente de atrito também dependem de x.

6.1.2 *A Camada-Limite Térmica*

Da mesma forma que uma camada-limite de velocidade se forma quando há o escoamento de um fluido sobre uma superfície, uma *camada-limite térmica* deve se desenvolver se houver diferença entre as temperaturas do fluido na corrente livre e da superfície. Seja o escoamento sobre uma placa plana isotérmica (Figura 6.2). Na borda frontal o *perfil de temperaturas* é uniforme, com $T(y) = T_\infty$. Contudo, as partículas do fluido que entram em contato com a placa atingem o equilíbrio térmico na temperatura da superfície da placa.[2] Por sua vez, essas partículas trocam energia com as da camada de fluido adjacente, e há o desenvolvimento de gradientes de temperatura no fluido. A região do fluido na qual há esses gradientes de temperatura é a camada-limite térmica, e a sua espessura δ_t é definida, em geral, como o valor de y no qual a razão $[(T_s - T)/(T_s - T_\infty)] = 0{,}99$. Com o aumento da distância a partir da borda frontal, os efeitos da transferência de calor penetram cada vez mais na corrente livre e a camada-limite térmica cresce.

A relação entre as condições nessa camada-limite e o coeficiente de transferência de calor por convecção pode ser prontamente demonstrada. A qualquer distância x da borda frontal, o fluxo térmico *local* na superfície pode ser obtido utilizando-se a lei de Fourier no *fluido*, em $y = 0$. Isto é,

$$q''_s = -k_f \frac{\partial T}{\partial y}\bigg|_{y=0} \tag{6.3}$$

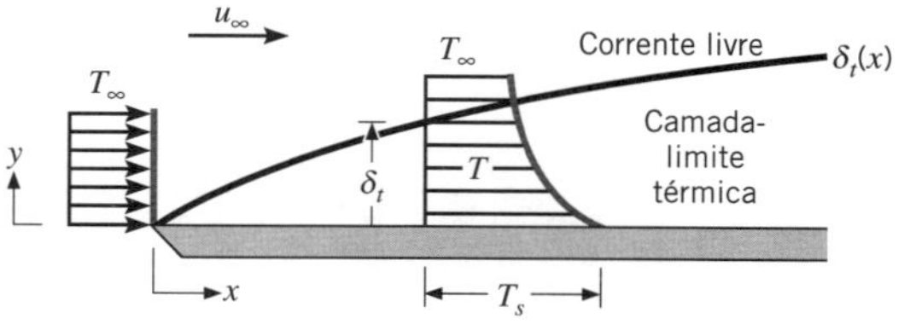

FIGURA 6.2 Desenvolvimento da camada-limite térmica sobre uma placa plana isotérmica.

O subscrito s foi usado para enfatizar que esse é o fluxo térmico na superfície, mas ele será retirado nas próximas seções. Essa expressão é apropriada porque, *na superfície, não há movimento de fluido e a transferência de energia se dá unicamente por condução*. Lembrando da lei do resfriamento de Newton, vemos que

$$q''_s = h(T_s - T_\infty) \tag{6.4}$$

e combinando essa equação com a Equação 6.3, obtemos

$$h = \frac{-k_f\, \partial T/\partial y|_{y=0}}{T_s - T_\infty} \tag{6.5}$$

Assim, as condições no interior da camada-limite térmica, que influenciam fortemente o gradiente de temperatura na superfície $\partial T/\partial y|_{y=0}$, determinam a taxa de transferência de calor a partir da superfície. Como $(T_s - T_\infty)$ é uma constante, independente de x, enquanto δ_t cresce com o aumento de x, os gradientes de temperatura na camada-limite devem diminuir com o aumento de x. Desta forma, a magnitude de $\partial T/\partial y|_{y=0}$ diminui com o aumento de x, e tem-se que q''_s e h diminuem com o aumento de x.

6.1.3 *A Camada-Limite de Concentração*

Quando ar se movimenta ao longo da superfície de uma poça d'água, a água líquida irá evaporar e vapor d'água será transferido para dentro da corrente de ar. Isto é um exemplo de transferência de massa por convecção. De uma forma mais geral, considere uma *mistura binária* de espécies químicas A e B, que escoa sobre uma superfície (Figura 6.3). A concentração molar (kmol/m^3) da espécie A na superfície é $C_{A,s}$ e na corrente livre é $C_{A,\infty}$. Se $C_{A,s}$ é diferente de $C_{A,\infty}$, irá ocorrer transferência da espécie A por convecção. Por exemplo, a espécie A pode ser um vapor que é transferido para dentro da corrente gasosa (espécie B) em decorrência da *evaporação* em uma superfície líquida (como no exemplo da água) ou da *sublimação* em uma superfície sólida. Nesta situação, uma *camada-limite de concentração*, similar às camadas-limite de velocidade e térmica, irá se desenvolver. A camada-limite de concentração é a região do fluido na qual existem gradientes de concentração, e a sua espessura δ_c é tipicamente definida como o valor de y no qual $[(C_{A,s} - C_A)/(C_{A,s} - C_{A,\infty})] = 0{,}99$. Com o aumento da distância da borda frontal, os efeitos da transferência da espécie penetram cada vez mais na corrente livre e a camada-limite de concentração cresce.

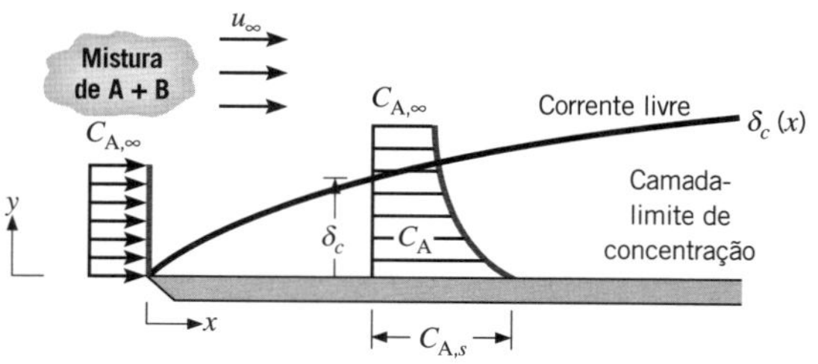

FIGURA 6.3 Desenvolvimento da camada-limite de concentração de uma espécie sobre uma placa plana.

---

[2] Efeitos em micro e nanoescalas são supostos serem desprezíveis neste capítulo. Desta forma, o coeficiente de acomodação térmica da Seção 3.7.3 atinge um valor unitário, situação na qual as partículas de fluido alcançam o equilíbrio térmico com a superfície da placa. Efeitos em micro e nanoescalas serão discutidos na Seção 8.8.

A transferência de espécies por convecção entre a superfície e a corrente livre do fluido é determinada pelas condições na camada-limite, e nós estamos interessados na determinação da taxa na qual essa transferência ocorre. Em particular, estamos interessados no fluxo molar da espécie A, N''_A(kmol/(s · m²)). É útil lembrar que o fluxo molar associado à transferência de uma espécie *por difusão* é determinado por uma expressão análoga à lei de Fourier. Para as condições de interesse neste capítulo, a expressão, que é chamada de *lei de Fick*, tem a forma

$$N''_A = -D_{AB}\frac{\partial C_A}{\partial y} \quad (6.6)^3$$

sendo D_{AB} uma propriedade da mistura binária conhecida por *coeficiente de difusão binária*. Em qualquer ponto correspondente a $y > 0$ no interior da camada-limite de concentração da Figura 6.3, a transferência de uma espécie é decorrente do movimento global do fluido (*advecção*) e da difusão. Entretanto, na ausência de efeitos em nano e microescalas e da influência da difusão da espécie na velocidade normal à superfície, o movimento do fluido na superfície pode ser desprezado.[4] Desta forma, a transferência da espécie na superfície ocorre somente por difusão, e aplicando a lei de Fick em $y = 0$, o fluxo molar é

$$N''_{A,s} = -D_{AB}\left.\frac{\partial C_A}{\partial y}\right|_{y=0} \quad (6.7)$$

O subscrito s foi usado para enfatizar que esse é o fluxo molar na superfície, mas ele será retirado nas próximas seções. De maneira análoga à lei do resfriamento de Newton, uma equação pode ser escrita relacionando o fluxo molar com a diferença de concentrações através da camada-limite, como

$$N''_{A,s} = h_m(C_{A,s} - C_{A,\infty}) \quad (6.8)$$

sendo h_m (m/s) o *coeficiente de transferência de massa por convecção*, análogo ao coeficiente de transferência de calor por convecção. Combinando as Equações 6.7 e 6.8, tem-se que

$$h_m = \frac{-D_{AB}\partial C_A/\partial y|_{y=0}}{C_{A,s} - C_{A,\infty}} \quad (6.9)$$

Consequentemente, as condições na camada-limite de concentração, que influenciam fortemente o gradiente de concentração na superfície $\partial C_A/\partial y|_{y=0}$, também influenciam o coeficiente de transferência de massa por convecção e, assim, a taxa de transferência de massa saindo da superfície.

[3] Essa expressão é uma aproximação de uma forma mais geral da lei de Fick da difusão (Seção 14.1.3), quando a concentração molar total da mistura, $C = C_A + C_B$, é uma constante.

[4] A base para desprezar os efeitos da difusão no movimento global do fluido é considerada nas Seções 14.2 e 14.3.

6.1.4 *Significado das Camadas-Limite*

Para o escoamento sobre qualquer superfície, existirá sempre uma camada-limite de velocidade e, portanto, atrito na superfície. Da mesma forma, uma camada-limite térmica e, assim, transferência de calor por convecção estarão sempre presentes, se houver diferença entre as temperaturas na superfície e na corrente livre. De modo similar, uma camada-limite de concentração e transferência de massa por convecção estará presente, se a concentração de uma espécie na superfície for diferente de sua concentração na corrente livre. A camada-limite de velocidade tem uma extensão $\delta(x)$ e é caracterizada pela presença de gradientes de velocidade e de tensões cisalhantes. A camada-limite térmica apresenta uma espessura $\delta_t(x)$ e é caracterizada por gradientes de temperatura e pela transferência de calor. Finalmente, a camada-limite de concentração tem espessura $\delta_c(x)$ e é caracterizada por gradientes de concentração e pela transferência da espécie. Podem ocorrer situações nas quais as três camadas-limite estão presentes. Nesses casos, raramente as camadas-limite crescem na mesma taxa, e os valores de δ, δ_t e δ_c em uma dada posição não são os mesmos.

Para o engenheiro, as principais manifestações das três camadas-limite são, respectivamente, o *atrito superficial*, a *transferência de calor por convecção* e a *transferência de massa por convecção*. Os parâmetros-chave das camadas-limite são, então, o *coeficiente de atrito* C_f e os *coeficientes de transferência de calor e de massa por convecção* h e h_m, respectivamente. Voltamos nossa atenção agora para o exame desses três parâmetros-chave, fundamentais para a análise de problemas de transferência de calor e de massa por convecção.

6.2 Coeficientes Convectivos Locais e Médios

6.2.1 *Transferência de Calor*

Considere as condições da Figura 6.4*a*. Um fluido, com velocidade V e temperatura T_∞, escoa sobre uma superfície de forma arbitrária e área superficial A_s. Presume-se que a superfície se encontre a uma temperatura uniforme, T_s, e se $T_s \neq T_\infty$, sabemos que irá ocorrer transferência de calor por convecção. Da Seção 6.1.2, também sabemos que o fluxo térmico na superfície e o coeficiente de transferência de calor por convecção variam ao longo da superfície. A *taxa total de transferência de calor* q pode ser obtida pela integração do fluxo local ao longo de toda a superfície. Isto é,

$$q = \int_{A_s} q'' dA_s \quad (6.10)$$

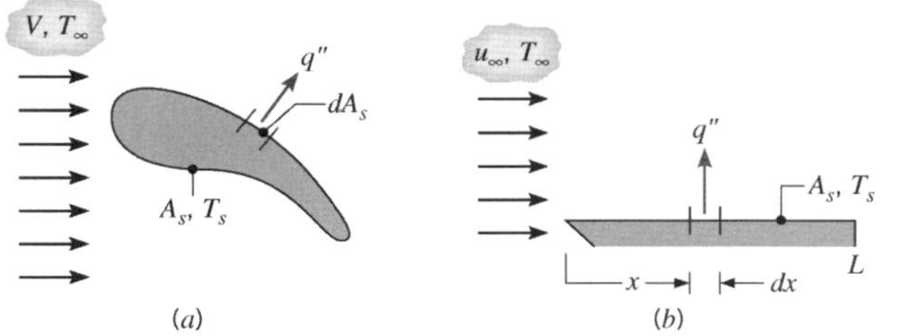

FIGURA 6.4 Transferência de calor por convecção local e total. (*a*) Superfície de forma arbitrária. (*b*) Placa plana.

ou, a partir da Equação 6.4,

$$q = (T_s - T_\infty)\int_{A_s} h dA_s \qquad (6.11)$$

Definindo um *coeficiente convectivo médio* $\bar{h}$ para toda a superfície, a taxa de transferência de calor total também pode ser escrita na forma

$$q = \bar{h} A_s(T_s - T_\infty) \qquad (6.12)$$

Igualando as Equações 6.11 e 6.12, tem-se que os coeficientes convectivos médio e local estão relacionados por uma expressão que tem a forma

$$\bar{h} = \frac{1}{A_s}\int_{A_s} h dA_s \qquad (6.13)$$

Note que, para o caso particular do escoamento sobre uma placa plana (Figura 6.4*b*), h varia somente com a distância x da borda frontal e a Equação 6.13 se reduz a

$$\bar{h} = \frac{1}{L}\int_0^L h dx \qquad (6.14)$$

O Problema da Transferência Convectiva de Calor O fluxo local e/ou a taxa de transferência total são de suma importância em qualquer problema de convecção. Essas grandezas podem ser determinadas a partir das equações das taxas, Equações 6.4 e 6.12, que dependem do conhecimento dos coeficientes convectivos local (h) e médio ($\bar{h}$). É por esse motivo que a determinação desses coeficientes é vista como o *problema da convecção*. Contudo, o problema não é simples, pois, além de dependerem de numerosas *propriedades do fluido*, tais como massa específica, viscosidade, condutividade térmica e calor específico, os coeficientes são funções da *geometria da superfície* e das *condições do escoamento*. Essa multiplicidade de variáveis independentes resulta da dependência da transferência por convecção em relação às camadas-limite que se desenvolvem sobre a superfície.

6.2.2 *Transferência de Massa*

Resultados similares podem ser obtidos para a transferência de massa por convecção. Se um fluido, com uma concentração molar de uma espécie $C_{A,\infty}$, escoa sobre uma superfície na qual a concentração dessa espécie é mantida em algum valor uniforme $C_{A,s} \neq C_{A,\infty}$ (Figura 6.5*a*), transferência dessa espécie por convecção irá ocorrer. Da Seção 6.1.3 sabemos que o fluxo molar na superfície e o coeficiente de transferência de massa convectivo variam ao longo da superfície. A taxa de transferência molar total para a superfície inteira, N_A (kmol/s), pode então ser representada por

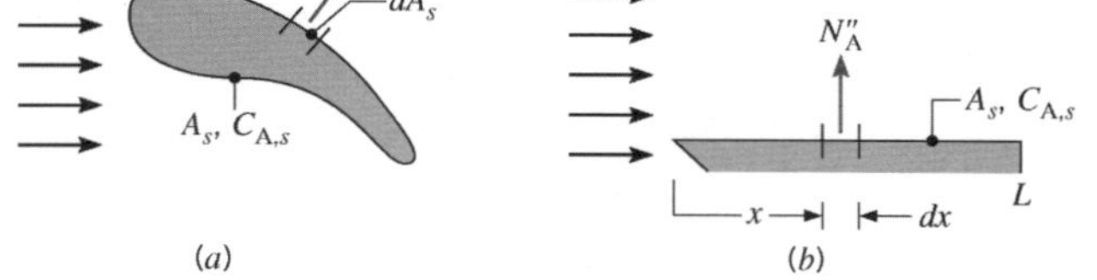

FIGURA 6.5 Transferência de uma espécie por convecção local e total. (*a*) Superfície de forma arbitrária. (*b*) Placa plana.

$$N_A = \bar{h}_m A_s(C_{A,s} - C_{A,\infty}) \qquad (6.15)$$

com os coeficientes de transferência de massa por convecção médio e local relacionados por uma equação na forma

$$\bar{h}_m = \frac{1}{A_s}\int_{A_s} h_m dA_s \qquad (6.16)$$

Para a placa plana da Figura 6.5*b*, tem-se que

$$\bar{h}_m = \frac{1}{L}\int_0^L h_m dx \qquad (6.17)$$

A transferência de uma espécie também pode ser expressa como um fluxo mássico, n''_A (kg/(s · m^2)), ou como uma taxa de transferência de massa, n_A (kg/s), pela multiplicação de ambos os lados das Equações 6.8 e 6.15, respectivamente, pela massa molar $\mathcal{M}_A$ (kg/kmol) da espécie A. Dessa forma,

$$n''_A = h_m(\rho_{A,s} - \rho_{A,\infty}) \qquad (6.18)$$

e

$$n_A = \bar{h}_m A_s(\rho_{A,s} - \rho_{A,\infty}) \qquad (6.19)$$

sendo ρ_A (kg/m^3) a concentração mássica da espécie A.[5] Podemos também escrever a lei de Fick, em uma base mássica, multiplicando a Equação 6.7 por $\mathcal{M}_A$, o que fornece

$$n''_{A,s} = -D_{AB}\frac{\partial \rho_A}{\partial y}\bigg|_{y=0} \qquad (6.20)$$

Além disso, a multiplicação do numerador e do denominador da Equação 6.9 por $\mathcal{M}_A$ fornece uma expressão alternativa para h_m:

$$h_m = \frac{-D_{AB}\partial\rho_A/\partial y|_{y=0}}{\rho_{A,s} - \rho_{A,\infty}} \qquad (6.21)$$

Para executar um cálculo de transferência de massa por convecção é necessário determinar o valor de $C_{A,s}$ ou $\rho_{A,s}$. Tal determinação pode ser efetuada supondo-se equilíbrio

[5] Embora a nomenclatura anterior seja adequada para caracterizar processos de transferência de massa de interesse neste texto, não há uma nomenclatura-padrão e, frequentemente, é difícil reconciliar os resultados de diferentes publicações. Uma revisão das diferentes formas nas quais potenciais motrizes, fluxos e coeficientes convectivos podem ser formulados é apresentada por Webb [1].

termodinâmico na interface entre o gás e a fase líquida ou sólida. Uma implicação do equilíbrio é que a temperatura do vapor na interface é igual à temperatura da superfície T_s. Uma segunda implicação é que o vapor se encontra em um *estado saturado*, estado no qual as tabelas termodinâmicas, como a Tabela A.6 para a água, podem ser usadas para obter a sua concentração mássica a partir do conhecimento de T_s. Com uma boa aproximação, a concentração molar do vapor na superfície também pode ser determinada a partir da pressão de vapor, a partir da utilização da equação de estado para um gás ideal. Isto é,

$$C_{A,s} = \frac{p_{sat}(T_s)}{\mathcal{R}T_s} \tag{6.22}$$

sendo $\mathcal{R}$ a constante universal dos gases e $p_{sat}(T_s)$ a pressão de vapor correspondente à saturação a uma temperatura T_s. Note que a concentração mássica do vapor e a sua concentração molar estão relacionadas pela expressão $\rho_A = \mathcal{M}_A C_A$.

O Problema da Transferência de Massa Convectiva O fluxo mássico local e/ou a taxa de transferência de massa total podem ser determinados a partir das Equações 6.8 e 6.15, que dependem do conhecimento dos coeficientes de transferência de massa local (h_m) e médio ($\bar{h}_m$). O *problema da convecção mássica* é então determinar esses coeficientes, que dependem de *propriedades do fluido*, tais como massa específica, viscosidade e coeficiente de difusão, a *geometria da superfície* e as *condições do escoamento*.

EXEMPLO 6.1

Resultados experimentais para o coeficiente de transferência de calor local h_x para o escoamento sobre uma placa plana com superfície extremamente rugosa são correlacionados pela relação

$$h_x(x) = ax^{-0,1}$$

em que a é um coeficiente (W/(m^{1,9} · K)) e x (m) a distância da borda frontal da placa.

1. Desenvolva uma expressão para a razão entre o coeficiente de transferência de calor médio $\bar{h}_x$ sobre a região entre 0 e x e o coeficiente de transferência de calor local h_x em x.
2. Represente graficamente a variação de h_x e $\bar{h}_x$ em função de x.

SOLUÇÃO

Dados: Variação do coeficiente de transferência de calor local, $h_x(x)$.

Achar:

1. A razão entre o coeficiente de transferência de calor médio $\bar{h}(x)$ e o coeficiente local $h_x(x)$.
2. Representação gráfica das variações de h_x e $\bar{h}_x$ com x.

Esquema:

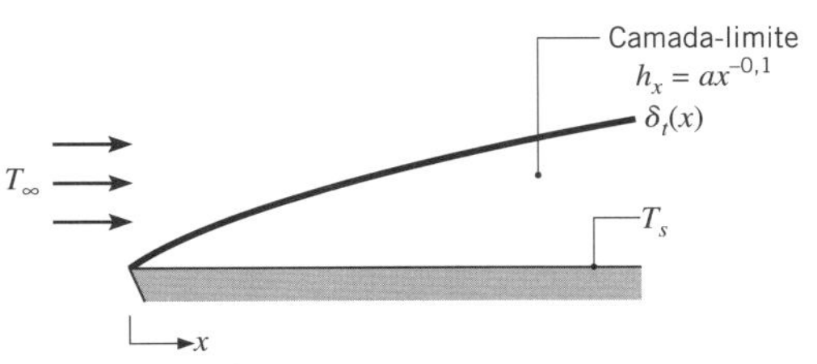

Análise:

1. Da Equação 6.14, o valor médio do coeficiente de transferência convectiva de calor, $h_x(x) = ax^{-0,1}$, de 0 a x é

$$\bar{h}_x = \frac{1}{x}\int_0^x ax^{-0,1}dx$$

$$= \frac{a}{x}\int_0^x x^{-0,1}dx$$

$$= \frac{a}{x}\left(\frac{x^{+0,9}}{0,9}\right) = 1,11ax^{-0,1}$$

ou

$$\bar{h}_x = 1,11h_x \quad \triangleleft$$

2. A variação de h_x e $\bar{h}_x$ com x tem a seguinte forma:

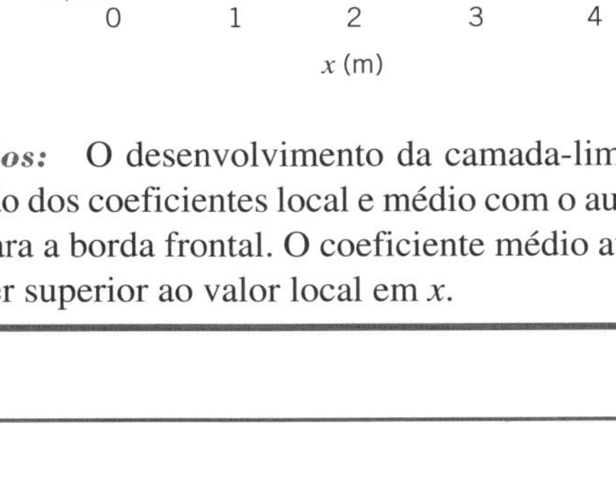

$\triangleleft$

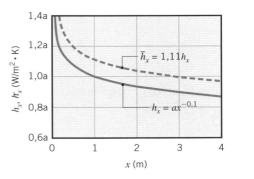

Comentários: O desenvolvimento da camada-limite causa a diminuição dos coeficientes local e médio com o aumento da distância para a borda frontal. O coeficiente médio até x deve, portanto, ser superior ao valor local em x.

EXEMPLO 6.2

Um longo cilindro circular com 20 mm de diâmetro é fabricado com naftaleno sólido, um repelente comum contra traças, e exposto a uma corrente de ar que proporciona um coeficiente de transferência de massa convectivo médio de $\bar{h}_m = 0,05$ m/s. A concentração molar do vapor de naftaleno na superfície do cilindro é 5×10^{-6} kmol/m^3, e a sua massa molar é de 128,16 kg/kmol. Qual é a taxa mássica de sublimação por unidade de comprimento do cilindro?

SOLUÇÃO

Dados: Concentração do vapor saturado de naftaleno.

Achar: Taxa de sublimação por unidade de comprimento, n'_A(kg/(s · m)).

Esquema:

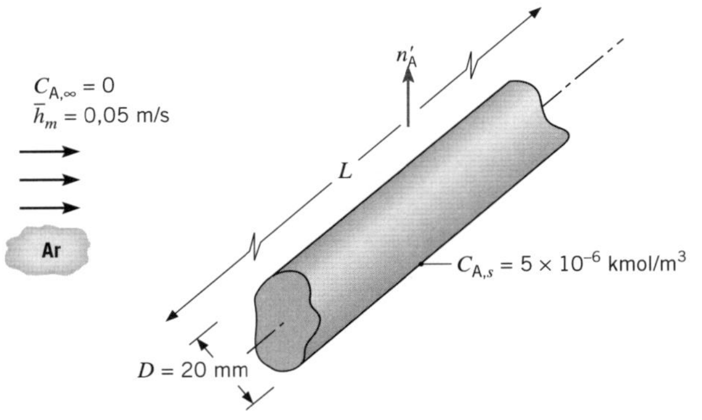

Considerações:

1. Condições de regime estacionário.
2. Concentração de naftaleno desprezível na corrente livre do ar.

Análise: O naftaleno é transportado para o ar por convecção e, da Equação 6.15, a taxa de transferência molar para o cilindro é

$$N_A = \bar{h}_m \pi DL(C_{A,s} - C_{A,\infty})$$

Com $C_{A,\infty} = 0$ e $N'_A = N_A/L$, tem-se que

$$N'_A = (\pi D)\bar{h}_m C_{A,s}$$
$$= \pi \times 0{,}02 \text{ m} \times 0{,}05 \text{ m/s} \times 5 \times 10^{-6} \text{ kmol/m}^3$$
$$N'_A = 1{,}57 \times 10^{-8} \text{ kmol/(s} \cdot \text{m)}$$

A taxa mássica de sublimação é, então,

$$n'_A = \mathcal{M}_A N'_A = 128{,}16 \text{ kg/kmol} \times 1{,}57 \times 10^{-8} \text{ kmol/(s}\cdot\text{m)}$$
$$n'_A = 2{,}01 \times 10^{-6} \text{ kg/(s}\cdot\text{m)} \quad \triangleleft$$

EXEMPLO 6.3

Em algum ponto sobre a superfície de uma panela contendo água a uma atmosfera são efetuadas medidas da pressão parcial de vapor d'água p_A (atm) em função da distância y da superfície do líquido. Os resultados obtidos são os seguintes:

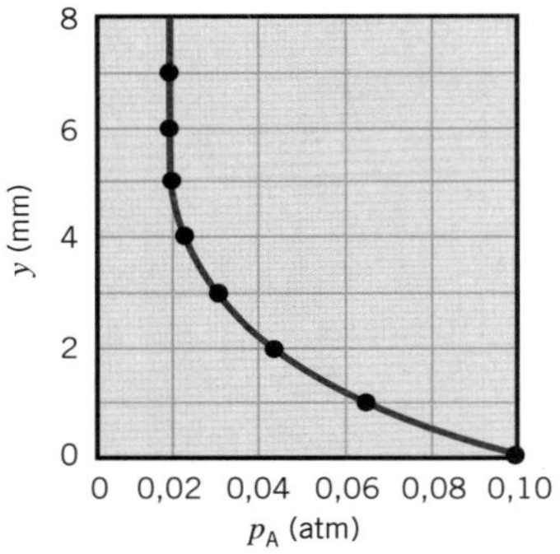

Determine o coeficiente de transferência de massa por convecção $h_{m,x}$ nessa posição.

SOLUÇÃO

Dados: Pressão parcial p_A de vapor d'água em função da distância y em uma posição específica sobre a superfície de uma camada de água.

Achar: Coeficiente de transferência de massa por convecção nessa posição.

Esquema:

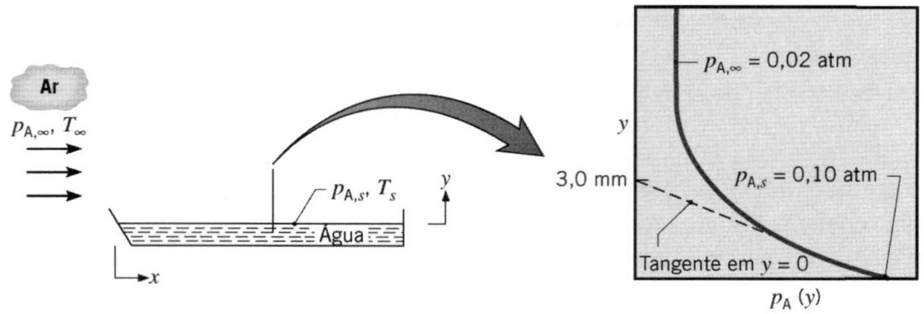

Considerações:

1. O vapor d'água pode ser considerado um gás ideal.
2. Condições são isotérmicas.

Propriedades: Tabela A.6, vapor saturado (0,1 atm = 0,101 bar): $T_s = 319$ K. Tabela A.8, vapor d'água-ar (319 K): D_{AB} (319 K) $= D_{AB}$ (289 K) $\times$ (319 K/298 K)$^{3/2}$ = 0,288 $\times$ 10^{-4} m^2/s.

Análise: Da Equação 6.21, o coeficiente de transferência de massa por convecção local é

$$h_{m,x} = \frac{-D_{AB}\,\partial \rho_A/\partial y|_{y=0}}{\rho_{A,s} - \rho_{A,\infty}}$$

ou, aproximando o vapor como um gás ideal

$$p_A = \rho_A RT$$

com T constante (condições isotérmicas),

$$h_{m,x} = \frac{-D_{AB}\,\partial p_A/\partial y|_{y=0}}{p_{A,s} - p_{A,\infty}}$$

Com base na distribuição de pressões do vapor medida

$$\left.\frac{\partial p_A}{\partial y}\right|_{y=0} = \frac{(0 - 0{,}1)\text{ atm}}{(0{,}003 - 0)\text{ m}} = -33{,}3\text{ atm/m}$$

Assim,

$$h_{m,x} = \frac{-0{,}288 \times 10^{-4}\text{ m}^2\text{/s }(-33{,}3\text{ atm/m})}{(0{,}1 - 0{,}02)\text{ atm}} = 0{,}0120\text{ m/s} \qquad \triangleleft$$

Comentários: A partir do equilíbrio termodinâmico na interface líquido-vapor, a temperatura interfacial, T_s = 319 K, foi determinada na Tabela A.6.

6.3 Escoamentos Laminar e Turbulento

Na discussão da convecção até agora, não nos preocupamos com o significado das *condições do escoamento*. Uma etapa essencial no tratamento de qualquer problema de convecção é a determinação se a camada-limite é *laminar* ou *turbulenta*. O atrito superficial e as taxas de transferência por convecção dependem fortemente de qual dessas condições está presente.

6.3.1 *Camadas-Limite de Velocidade Laminar e Turbulenta*

O *desenvolvimento* de uma camada-limite sobre uma placa plana é ilustrado na Figura 6.6. Em muitos casos, coexistem as condições de escoamento laminar e turbulento, com a seção laminar precedendo a turbulenta. Para cada condição, o movimento do fluido é caracterizado por componentes da velocidade nas direções x e y. O movimento do fluido se afastando da superfície se faz necessário pela desaceleração do fluido próximo à parede na medida em que a camada-limite cresce na direção x. A Figura 6.6 mostra que há diferenças marcantes entre as condições de escoamento laminar e turbulento, conforme descrito nos parágrafos seguintes.

Na camada-limite laminar, o escoamento do fluido é altamente ordenado, sendo possível identificar linhas de corrente ao longo das quais as partículas do fluido se movem. Da Seção 6.1.1 sabemos que a espessura da camada-limite aumenta e que os gradientes de velocidade em $y = 0$ diminuem no sentido do escoamento (aumento de x). Na Equação 6.2 vemos que a tensão cisalhante local na superfície τ_s também diminui com o aumento de x. O comportamento altamente ordenado continua até que uma zona de *transição* é atingida, ao longo da qual ocorre uma conversão das condições laminares para as turbulentas. As condições na zona de transição mudam com o tempo, com o escoamento às vezes mostrando comportamento laminar e, em outras, exibindo características de escoamento turbulento.

O escoamento na camada-limite completamente turbulenta é, em geral, altamente irregular, sendo caracterizado pelo movimento tridimensional aleatório. A mistura no interior da camada-limite direciona fluido com alta velocidade na direção da superfície do sólido e transfere fluido com movimento mais lento para dentro da corrente livre. A maior parte da mistura é promovida por vórtices na direção do escoamento chamados de *streaks*, que são intermitentemente gerados próximo à placa plana, onde eles crescem e decaem rapidamente. Estudos

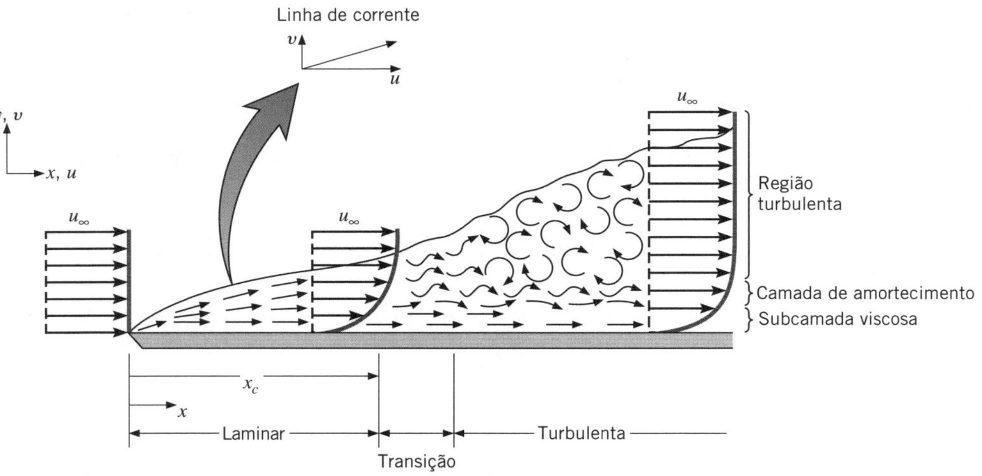

FIGURA 6.6 Desenvolvimento da camada-limite de velocidade sobre uma placa plana.

analíticos e experimentais recentes sugerem que essas e outras *estruturas coerentes* no interior de escoamentos turbulentos podem se deslocar em *ondas* com velocidades que podem ser superiores a u_∞, interagem não linearmente e geram as condições caóticas que caracterizam o escoamento turbulento [2].

Como um resultado das interações que levam às condições de escoamento caótico, flutuações de velocidade e de pressão ocorrem em qualquer ponto no interior da camada-limite turbulenta. Três regiões distintas podem ser delineadas no interior da camada-limite turbulenta como uma função da distância da superfície. Podemos falar em uma *subcamada viscosa* na qual o transporte é dominado pela difusão e o perfil de velocidades é aproximadamente linear. Há uma *camada de amortecimento* adjacente na qual a difusão e a mistura turbulenta são comparáveis, e há uma *zona turbulenta* na qual o transporte é dominado pela mistura turbulenta. Uma comparação dos perfis do componente x da velocidade nas camadas-limite laminar e turbulenta, fornecida pela Figura 6.7, mostra que o perfil de velocidades turbulentas é relativamente plano em razão da mistura que ocorre no interior da camada de amortecimento e da região turbulenta, dando lugar a grandes gradientes de velocidade na subcamada viscosa. Desta forma, τ_s é geralmente maior na porção turbulenta da camada-limite da Figura 6.6 do que na porção laminar.

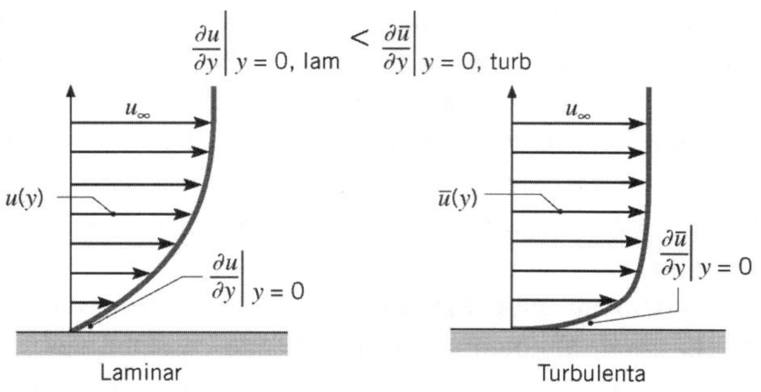

FIGURA 6.7 Comparação dos perfis de velocidades nas camadas-limite de velocidade laminar e turbulenta para a mesma velocidade na corrente livre.[6]

A transição do escoamento laminar para o turbulento deve-se, em última análise, a *mecanismos de gatilho*, tais como a interação de estruturas transientes do escoamento que se desenvolvem naturalmente no interior do fluido ou pequenos distúrbios que existem no interior de muitas camadas-limite típicas. Esses distúrbios podem se originar em flutuações na corrente livre ou podem ser induzidos pela rugosidade superficial ou minúsculas vibrações na superfície. O início da turbulência depende se os mecanismos de gatilho são amplificados ou atenuados na direção do escoamento do fluido, o que, por sua vez, depende de um agrupamento adimensional de parâmetros chamado de *número de Reynolds*,

$$Re_x = \frac{\rho u_\infty x}{\mu} \tag{6.23}$$

no qual, para uma placa plana, o comprimento característico é x, a distância a partir da borda frontal. Será mostrado posteriormente que o número de Reynolds representa a razão entre as forças de inércia e as viscosas. Se o número de Reynolds for pequeno, as forças de inércia são insignificantes em relação às forças viscosas. Os distúrbios são, então, dissipados e o escoamento permanece laminar. Entretanto, para um número de Reynolds grande, as forças de inércia podem ser suficientes para amplificar os mecanismos de gatilho, e a transição para a turbulência ocorre.

Na determinação se a camada-limite é laminar ou turbulenta, frequentemente é razoável supor que a transição comece em um certo local x_c, como mostrado na Figura 6.6. Esse local é determinado pelo número de Reynolds *crítico*, $Re_{x,c}$. Para o escoamento sobre uma placa plana, sabe-se que o $Re_{x,c}$ varia de aproximadamente 10^5 até 3×10^6, dependendo da rugosidade da superfície e do nível de turbulência na corrente livre. Um valor representativo de

$$Re_{x,c} \equiv \frac{\rho u_\infty x_c}{\mu} = 5 \times 10^5 \tag{6.24}$$

é frequentemente admitido em cálculos da camada-limite e, caso não haja observação em contrário, é usado nos cálculos deste texto que envolvem placas planas.

[6] Como a velocidade flutua com o tempo no escoamento turbulento, a velocidade média no tempo, $\bar{u}$, é representada na Figura 6.7.

6.3.2 *Camadas-Limite Térmica e de Concentração de Espécies Laminares e Turbulentas*

Como a distribuição de velocidades determina o componente advectivo do transporte de energia térmica ou da espécie química no interior da camada-limite, a natureza do escoamento também tem uma profunda influência nas taxas de transferência de calor e de massa convectivas. Para condições laminares, as camadas-limite térmica e de concentração crescem no sentido do escoamento (aumento de x). Desta forma, os gradientes de temperatura e de concentração da espécie no fluido em $y = 0$ diminuem no sentido do escoamento e, de acordo com as Equações 6.5 e 6.9, os coeficientes de transferência de calor e de massa também diminuem com o aumento de x.

Da mesma forma que induz grandes gradientes de velocidade em $y = 0$, como mostrado na Figura 6.7, a mistura turbulenta promove grandes gradientes de temperatura e de concentração de espécies adjacentes à superfície do sólido, assim como um aumento correspondente nos coeficientes de transferência de calor e de massa ao longo da região de transição.

Quando ambas as condições laminar e turbulenta ocorrem, a espessura da camada-limite de velocidade δ e o coeficiente de transferência de calor local por convecção h variam como ilustrado na Figura 6.8. Em função de a turbulência induzir mistura, que, por sua vez, reduz a importância da condução e da difusão na determinação das espessuras das camadas-limite térmica e de concentração de espécies, *diferenças* nas espessuras das camadas-limite de velocidade, térmica e de uma espécie tendem a ser bem menores no escoamento turbulento do que no escoamento laminar. Como está evidente na Equação 6.24, a presença da transferência de calor e/ou de massa pode afetar o local da transição de escoamento laminar para o turbulento x_c, visto que a massa específica ou a viscosidade dinâmica do fluido podem depender da temperatura ou da concentração das espécies.

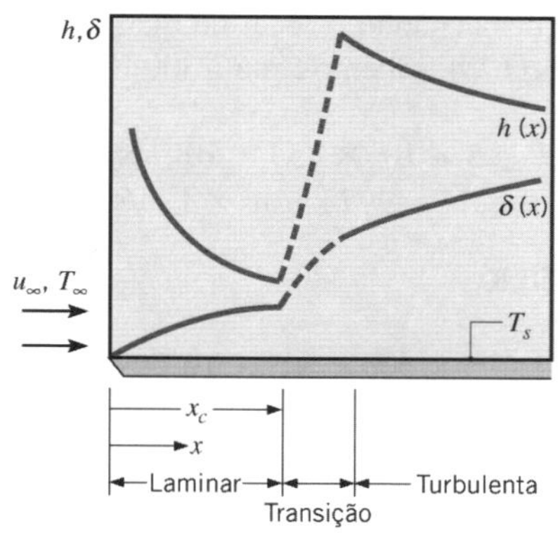

FIGURA 6.8 Variações da espessura da camada-limite de velocidade δ e do coeficiente de transferência de calor local h para o escoamento sobre uma placa plana isotérmica.

EXEMPLO 6.4

Água escoa a uma velocidade de $u_\infty = 1$ m/s sobre uma placa plana de comprimento $L = 0{,}6$ m. Considere dois casos, um no qual a temperatura da água é de aproximadamente 300 K e o outro para uma temperatura aproximada da água de 350 K. Nas regiões laminar e turbulenta, medidas experimentais mostram que os coeficientes convectivos locais são bem descritos pelas relações

$$h_{\text{lam}}(x) = C_{\text{lam}}x^{-0,5} \qquad h_{\text{turb}}(x) = C_{\text{turb}}x^{-0,2}$$

nas quais x está em metros. A 300 K,

$$C_{\text{lam},300} = 395 \text{ W/(m}^{1,5} \cdot \text{K)} \qquad C_{\text{turb},300} = 2330 \text{ W/(m}^{1,8} \cdot \text{K)}$$

enquanto a 350 K,

$$C_{\text{lam},350} = 477 \text{ W/(m}^{1,5} \cdot \text{K)} \qquad C_{\text{turb},350} = 3600 \text{ W/(m}^{1,8} \cdot \text{K)}$$

Como está evidente, a constante C depende da natureza do escoamento, assim como da temperatura da água, em função da dependência com a temperatura de várias propriedades do fluido.

Determine o coeficiente convectivo médio, $\bar{h}$, sobre a placa inteira para as duas temperaturas da água.

SOLUÇÃO

Dados: Escoamento de água sobre uma placa plana; expressões para a dependência do coeficiente convectivo local em relação à distância da borda frontal da placa, x; e temperatura aproximada da água.

Achar: Coeficiente convectivo médio, $\bar{h}$.

Esquema:

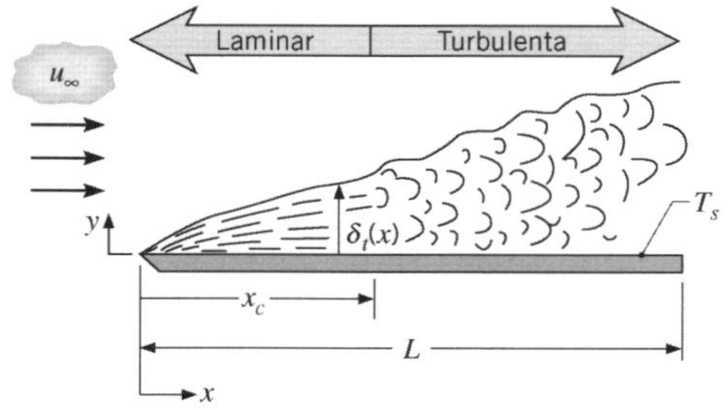

Considerações:

1. Condições de regime estacionário.
2. Transição ocorre em um número de Reynolds crítico de $Re_{x,c} = 5 \times 10^5$.

Propriedades: Tabela A.6, água ($\bar{T} \approx 300$ K): $\rho = v_f^{-1} = 997$ kg/m^3, $\mu = 855 \times 10^{-6}$ N · s/m^2. Tabela A.6 ($\bar{T} \approx 350$ K): $\rho = v_f^{-1} = 974$ kg/m^3, $\mu = 365 \times 10^{-6}$ N · s/m^2.

Análise: O coeficiente convectivo local é altamente dependente do fato de ser o escoamento laminar ou turbulento. Consequentemente, em primeiro lugar determinamos a extensão dessas condições achando o local no qual a transição ocorre, x_c. Da Equação 6.24, sabemos que a 300 K,

$$x_c = \frac{Re_{x,c}\mu}{\rho u_\infty} = \frac{5 \times 10^5 \times 855 \times 10^{-6}\ \text{N}\cdot\text{s/m}^2}{997\ \text{kg/m}^3 \times 1\ \text{m/s}} = 0{,}43\ \text{m}$$

enquanto a 350 K,

$$x_c = \frac{Re_{x,c}\mu}{\rho u_\infty} = \frac{5 \times 10^5 \times 365 \times 10^{-6}\ \text{N}\cdot\text{s/m}^2}{974\ \text{kg/m}^3 \times 1\ \text{m/s}} = 0{,}19\ \text{m}$$

Da Equação 6.14, sabemos que

$$\bar{h} = \frac{1}{L}\int_0^L h dx = \frac{1}{L}\left[\int_0^{x_c} h_{\text{lam}}\, dx + \int_{x_c}^{L} h_{\text{turb}}\, dx\right]$$

ou

$$\bar{h} = \frac{1}{L}\left[\frac{C_{\text{lam}}}{0{,}5}x^{0{,}5}\Big|_0^{x_c} + \frac{C_{\text{turb}}}{0{,}8}x^{0{,}8}\Big|_{x_c}^{L}\right]$$

A 300 K,

$$\bar{h} = \frac{1}{0{,}6\ \text{m}}\left[\frac{395\ \text{W/(m}^{1{,}5}\cdot\text{K)}}{0{,}5} \times (0{,}43^{0{,}5})\ \text{m}^{0{,}5} + \frac{2330\ \text{W/(m}^{1{,}8}\cdot\text{K)}}{0{,}8} \times (0{,}6^{0{,}8} - 0{,}43^{0{,}8})\ \text{m}^{0{,}8}\right]$$
$$= 1620\ \text{W/(m}^2\cdot\text{K)} \qquad \triangleleft$$

enquanto a 350 K,

$$\bar{h} = \frac{1}{0{,}6\ \text{m}}\left[\frac{477\ \text{W/(m}^{1{,}5}\cdot\text{K)}}{0{,}5} \times (0{,}19^{0{,}5})\ \text{m}^{0{,}5} + \frac{3600\ \text{W/(m}^{1{,}8}\cdot\text{K)}}{0{,}8} \times (0{,}6^{0{,}8} - 0{,}19^{0{,}8})\ \text{m}^{0{,}8}\right]$$
$$= 3710\ \text{W/(m}^2\cdot\text{K)} \qquad \triangleleft$$

As distribuições dos coeficientes convectivos locais e médios na placa são mostradas na figura a seguir.

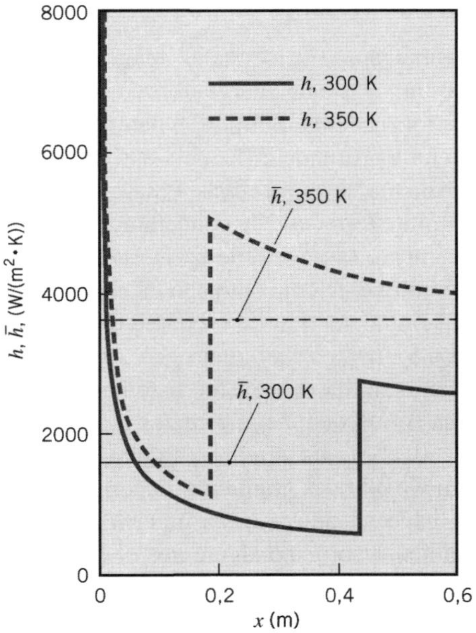

Comentários:

1. O coeficiente convectivo médio a $T \approx 350$ K é mais do que o dobro do valor a $T \approx 300$ K. Essa forte dependência com a temperatura decorre, principalmente, do significativo deslocamento de x_c, que está associado à menor viscosidade da água na maior temperatura. Uma consideração cuidadosa da dependência com a temperatura das propriedades do fluido é crucial ao se fazer uma análise da transferência de calor por convecção.
2. Variações com a posição do coeficiente convectivo local são significativas. Os maiores coeficientes convectivos locais ocorrem na borda frontal da placa plana, onde a camada-limite térmica laminar é extremamente fina, e logo a jusante x_c, onde a camada-limite turbulenta é mais fina.

6.4 As Equações da Camada-Limite

Podemos aprimorar nossa compreensão do comportamento da camada-limite e também ilustrar sua relevância para o transporte convectivo a partir da análise das equações que governam as condições na camada-limite, como aquelas mostradas na Figura 6.9.

Como discutido na Seção 6.1, a camada-limite de velocidade resulta da diferença entre a velocidade na corrente livre e a velocidade nula na parede, enquanto a camada-limite térmica decorre da diferença entre as temperaturas da corrente livre e da superfície. O fluido é considerado uma mistura binária das espécies A e B, e a camada-limite de concentração tem sua origem na diferença entre as concentrações na corrente livre e na superfície ($C_{A,\infty} \neq C_{A,s}$). A ilustração das espessuras relativas ($\delta_t > \delta_c > \delta$) na Figura 6.9 é arbitrária até o momento, e os fatores que influenciam o desenvolvimento relativo das camadas-limite são discutidos posteriormente neste capítulo.

Nosso objetivo nesta seção é examinar as equações diferenciais que governam os campos de velocidades, de temperaturas e de concentrações de espécies que se aplicam ao escoamento na camada-limite com transferência de calor e de espécies. A Seção 6.4.1 apresenta as equações da camada-limite laminar, e o Apêndice F fornece as equações correspondentes para as condições turbulentas. Na Seção 6.5, essas equações serão usadas para determinar importantes parâmetros adimensionais associados à convecção, os quais serão muito utilizados nos capítulos seguintes.

6.4.1 *Equações da Camada-Limite para o Escoamento Laminar*

O movimento de um fluido no qual coexistem gradientes de velocidade, de temperatura e de concentração deve obedecer a várias *leis fundamentais da natureza*. Em particular, em cada ponto do fluido, a *conservação de massa*, *de energia* e *de espécies químicas*, assim como a *segunda lei de Newton do movimento*, devem ser satisfeitas. Equações representando

Essas equações são deduzidas na Seção 6S.1.

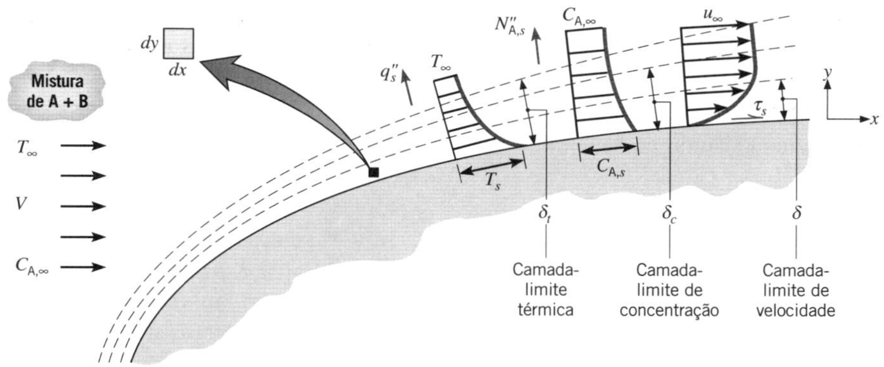

FIGURA 6.9 Desenvolvimento das camadas-limite de velocidade, térmica e de concentração em uma superfície arbitrária.

essas exigências são deduzidas por meio da aplicação das leis em um volume de controle diferencial estacionário situado no escoamento. As equações resultantes, em coordenadas cartesianas, para o *escoamento bidimensional em regime estacionário* de um *fluido incompressível* com *propriedades constantes* são dadas no Apêndice E. Essas equações servem como ponto de partida para a nossa análise de camadas-limite laminares. Observe que os escoamentos turbulentos são inerentemente não estacionários, e as equações que os governam são apresentadas no Apêndice F.

Iniciamos restringindo nossa atenção em aplicações nas quais as *forças de corpo são desprezíveis* ($X = Y = 0$ nas Equações E.2 e E.3), *não há geração de energia térmica no fluido* ($\dot{q} = 0$ na Equação E.4) e o *escoamento é não reativo* ($\dot{N}_A = 0$ na Equação E.6). Simplificações adicionais podem ser feitas invocando-se aproximações pertinentes às condições nas camadas-limite de velocidade, térmica e de concentração. Especificamente, as espessuras das camadas-limite são, em geral, muito pequenas em relação ao tamanho do objeto sobre o qual elas se formam, e a velocidade na direção x, a temperatura e a concentração devem mudar dos seus valores na superfície para os seus valores na corrente livre nestas distâncias muito pequenas. Consequentemente, gradientes normais à superfície do objeto são muito maiores do que aqueles ao longo da superfície. Como resultado, podemos desprezar termos que representam a difusão na direção x do momento, da energia térmica e da espécie química, em relação aos seus correspondentes na direção y. Isto é [3, 4]:

$$\frac{\partial^2 u}{\partial x^2} \ll \frac{\partial^2 u}{\partial y^2} \qquad \frac{\partial^2 T}{\partial x^2} \ll \frac{\partial^2 T}{\partial y^2} \qquad \frac{\partial^2 C_A}{\partial x^2} \ll \frac{\partial^2 C_A}{\partial y^2} \tag{6.25}$$

Desprezando os termos na direção x, estamos supondo que a tensão cisalhante, o fluxo condutivo e o fluxo difusivo da espécie líquidos na direção x são desprezíveis. Além disso, em função da camada-limite ser tão fina, o gradiente de pressão na direção x no interior da camada-limite pode ser aproximado pelo gradiente de pressão na corrente livre:

$$\frac{\partial p}{\partial x} \approx \frac{dp_\infty}{dx} \tag{6.26}$$

A forma de $p_\infty(x)$ depende da geometria da superfície e pode ser obtida pela consideração em separado das condições do escoamento na corrente livre, onde as tensões de cisalhamento são desprezíveis [5]. Desta forma, o gradiente de pressão pode ser tratado como uma grandeza conhecida.

Com as simplificações e aproximações anteriores, a equação da continuidade global permanece inalterada em relação à Equação E.1:

$$\frac{\partial u}{\partial x} + \frac{\partial v}{\partial y} = 0 \tag{6.27}$$

Essa equação é um resultado da aplicação da conservação da massa em um volume de controle diferencial $dx \cdot dy \cdot 1$, mostrado na Figura 6.9. As duas parcelas representam a saída *líquida* (saída menos entrada) de massa nas direções x e y, cuja soma deve ser zero em um escoamento em regime estacionário.

A equação do momento na direção x (Equação E.2) se reduz a:

$$u\frac{\partial u}{\partial x} + v\frac{\partial u}{\partial y} = -\frac{1}{\rho}\frac{dp_\infty}{dx} + \nu\frac{\partial^2 u}{\partial y^2} \tag{6.28}$$

Essa equação resulta da aplicação da segunda lei de Newton do movimento na direção x no volume de controle diferencial $dx \cdot dy \cdot 1$ no fluido. O lado esquerdo representa a taxa líquida na qual o momento na direção x deixa o volume de controle em razão do movimento do fluido através de suas fronteiras. A primeira parcela no lado direito representa a força de pressão líquida, e a segunda parcela, a força líquida em razão das tensões de cisalhamento viscosas.

A equação da energia (Equação E.4) se reduz a

$$u\frac{\partial T}{\partial x} + v\frac{\partial T}{\partial y} = \alpha\frac{\partial^2 T}{\partial y^2} + \frac{\nu}{c_p}\left(\frac{\partial u}{\partial y}\right)^2 \tag{6.29}$$

Essa equação resulta da aplicação da conservação de energia no volume de controle diferencial $dx \cdot dy \cdot 1$ em um fluido em escoamento. As parcelas no lado esquerdo levam em conta a taxa líquida na qual a energia térmica deixa o volume de controle em função do movimento global do fluido (advecção). A primeira parcela no lado direito reflete a entrada líquida de energia térmica em face da condução na direção y. A última parcela no lado direito é o que resta da dissipação viscosa, Equação E.5, quando é reconhecido que, na camada-limite, o componente da velocidade na direção ao longo da superfície, u, é muito maior do que aquele na direção normal à superfície, v, e os gradientes normais à superfície são muito maiores do que aqueles ao longo da superfície. Em muitas situações, essa parcela pode ser desprezada em relação àquelas que levam em conta a advecção e a condução. Entretanto, o aquecimento aerodinâmico que acompanha voos com alta velocidade (especialmente supersônicos) é uma situação digna de nota na qual essa parcela é importante.

A equação da conservação de uma espécie (Equação E.6) se reduz a

$$u\frac{\partial C_A}{\partial x} + v\frac{\partial C_A}{\partial y} = D_{AB}\frac{\partial^2 C_A}{\partial y^2} \tag{6.30}$$

Essa equação é obtida ao se aplicar a conservação de uma espécie química em um volume de controle diferencial $dx \cdot dy \cdot 1$ em um escoamento. As parcelas no lado esquerdo levam em conta o transporte líquido da espécie A em razão do movimento global do fluido (advecção), enquanto o lado direito representa a entrada líquida em função da difusão na direção y.

Depois de especificar condições de contorno apropriadas, as Equações 6.27 a 6.30 podem ser resolvidas para determinar as variações espaciais de u, v, T e C_A nas diferentes camadas-limite laminares. Para o escoamento incompressível com propriedades constantes, as Equações 6.27 e 6.28 são *desacopladas* das Equações 6.29 e 6.30. Isto é, as Equações 6.27 e 6.28 podem ser resolvidas para determinar o *campo de velocidades*, $u(x, y)$ e $v(x, y)$, sem considerar as Equações 6.29 e 6.30. A partir do conhecimento de $u(x, y)$, o gradiente de velocidade $\partial u/\partial y|_{y=0}$ pode, então, ser determinado, e a tensão de cisalhamento na parede pode ser obtida da Equação 6.2. Em contraste, a partir da presença de u e v nas Equações 6.29 e 6.30, os campos de temperaturas e de concentrações de espécies são *acoplados* ao campo de velocidades. Dessa forma, $u(x, y)$ e $v(x, y)$ têm que ser conhecidas antes que as Equações 6.29 e 6.30 possam ser resolvidas para determinar $T(x, y)$ e $C_A(x, y)$. Uma vez que $T(x, y)$ e $C_A(x, y)$ tenham sido determinados nessas soluções, os coeficientes de transferência de calor e de massa por convecção podem ser determinados pelas Equações 6.5 e 6.9, respectivamente. Tem-se, então, que esses coeficientes dependem fortemente do campo de velocidades.[7]

Como as soluções de camadas-limite geralmente envolvem matemática além do escopo deste texto, nosso tratamento de tais soluções estará restrito à análise do escoamento paralelo laminar sobre uma placa plana (Seção 7.2 e Apêndice G). Contudo, outras soluções analíticas são discutidas em textos avançados sobre convecção [7–9], e soluções de camada-limite detalhadas podem ser obtidas usando-se técnicas numéricas (diferenças finitas ou elementos finitos) [10]. É também essencial reconhecer que um grande conjunto de situações de relevância para a engenharia envolve transferência de calor convectiva turbulenta, que é matemática e fisicamente mais complexa do que a convecção laminar. As equações de camada-limite para escoamento turbulento estão incluídas no Apêndice F.

É importante ressaltar que não desenvolvemos as equações de camada-limite laminar com o objetivo de somente obter soluções para elas. Na realidade, fomos motivados principalmente por duas outras considerações. Uma motivação foi obter uma compreensão dos processos físicos que ocorrem nas camadas-limite. Esses processos afetam o atrito na parede, assim como a transferência de energia e de espécies nas camadas-limite. Uma segunda motivação importante surge do fato de que as equações podem ser usadas para identificar *parâmetros-chave de similaridade da camada-limite*, bem como importantes *analogias* entre as transferências de *momento*, *calor* e *massa*, que têm inúmeras aplicações práticas. As equações laminares pertinentes serão usadas para esse propósito nas Seções 6.5 a 6.7, mas os mesmos parâmetros-chave e analogias se mantêm válidos também para condições turbulentas.

6.4.2 *Escoamento Compressível*

As equações da seção anterior e do Apêndice E estão restritas aos escoamentos incompressíveis, isto é, aos casos nos quais a massa específica do fluido pode ser tratada como constante.[8] Escoamentos em que o fluido passa por variações significativas de massa específica em função de *variações de pressão* associadas à movimentação do fluido são considerados compressíveis. O tratamento da transferência de calor por convecção associados aos *escoamentos compressíveis* está além do escopo deste texto. Embora os líquidos possam quase sempre ser tratados como incompressíveis, variações de massa específica em escoamentos de gases devem ser consideradas quando a velocidade se aproxima ou é superior à velocidade do som. Especificamente, uma transição gradual do escoamento incompressível para o compressível em gases ocorre em um número de Mach crítico de $Ma_c \approx 0{,}3$, sendo $Ma \equiv V/a$, e V e a são a velocidade do gás e a velocidade do som, respectivamente [11, 12]. Para um gás ideal, $a = \sqrt{\gamma RT}$, sendo γ a razão dos calores específicos, $\gamma \equiv c_p/c_v$, R é a constante do gás e a temperatura é expressa em kelvin. Como um exemplo, para o ar a $T = 300$ K e $p = 1$ atm, podemos considerar comportamento de gás ideal. A constante do gás é $R \equiv \mathcal{R}/\mathcal{M} = 8315$ J/(kmol · K)/28,7 kg/kmol = 287 J/(kg · K) e $c_v \equiv c_p - R = 1007$ J/(kg · K) − 287 J/(kg · K) = 720 J/(kg · K). Consequentemente, a razão dos calores específicos é $\gamma = c_p/c_v = 1007$ J/(kg · K) / 720 J/(kg · K) = 1,4; e a velocidade

[7] Atenção especial deve ser dada ao efeito do transporte de espécies na camada-limite de velocidade. Lembre-se de que o desenvolvimento da camada-limite de velocidade é geralmente caracterizado pela existência de uma velocidade igual a zero *na superfície*. Essa condição se aplica ao componente da velocidade v normal à superfície, da mesma forma que ao componente da velocidade u ao longo da superfície. Contudo, se houver transferência de massa simultânea para ou saindo da superfície, é evidente que v não pode mais ser nulo na superfície. Todavia, nos problemas de transferência de massa de interesse neste texto é razoável supor que $v = 0$ na superfície, o que equivale considerar que a transferência de massa tem uma influência desprezível na camada-limite de velocidade. A suposição é apropriada em muitos problemas envolvendo evaporação ou sublimação em interfaces gás-líquido ou gás-sólido, respectivamente. Entretanto, ela não é apropriada em problemas de *resfriamento com transferência de massa*, que envolvem altas taxas de transferência de massa na superfície [6]. Além disso, observamos que, com a transferência de massa, o fluido na camada-limite é uma mistura binária das espécies A e B, e suas propriedades devem ser aquelas da mistura. Contudo, em todos os problemas deste texto, $C_A \ll C_B$ e é razoável a suposição de que as propriedades na camada-limite (tais como k, μ, c_p etc.) são aquelas da espécie B.

[8] O Capítulo 9 trata escoamentos que aparecem em função da variação da densidade com a temperatura. Estes escoamentos de *convecção natural* podem, quase sempre, ser tratados com o fluido sendo considerado incompressível, mas com uma parcela extra na equação do momento que leva em conta as forças de empuxo.

do som é $a = \sqrt{1{,}4 \times 287\text{J/kg} \times \text{K} \times 300\text{K}} = 347$ m/s. Desta forma, ar escoando a 300 K tem que ser tratado como compressível se $V > 0{,}3 \times 347$ m/s $\cong 100$ m/s.

Como o material nos Capítulos 6 a 9 está restrito ao escoamento incompressível ou de *baixa velocidade*, é importante confirmar que os efeitos da compressibilidade não são importantes quando utilizando o material para resolver um problema de transferência de calor convectiva.[9]

6.5 Similaridade na Camada-Limite: As Equações da Camada-Limite Normalizadas

Se examinarmos as Equações 6.28, 6.29 e 6.30, observaremos uma forte similaridade. Na realidade, se o gradiente de pressão que aparece na Equação 6.28 e o termo da dissipação viscosa na Equação 6.29 forem desprezíveis, as três equações têm a mesma forma. *Cada equação é caracterizada por termos relacionados com a advecção no lado esquerdo e um termo difusivo no lado direito.* Essa situação descreve *escoamentos de convecção forçada a baixas velocidades*, que são encontrados em muitas aplicações de engenharia. Implicações dessa similaridade podem ser desenvolvidas de uma maneira racional primeiramente *adimensionalizando* as equações que governam os processos.

6.5.1 *Parâmetros de Similaridade da Camada-Limite*

As equações da camada-limite são *normalizadas* partindo-se da definição de variáveis independentes adimensionais com as formas

$$x^* \equiv \frac{x}{L} \qquad \text{e} \qquad y^* \equiv \frac{y}{L} \tag{6.31}$$

sendo L um *comprimento característico* para a superfície de interesse (por exemplo, o comprimento de uma placa plana). Além disso, variáveis dependentes adimensionais também podem ser definidas como

$$u^* \equiv \frac{u}{V} \qquad \text{e} \qquad v^* \equiv \frac{v}{V} \tag{6.32}$$

com V sendo a velocidade a montante da superfície (Figura 6.9) e como

$$T^* \equiv \frac{T - T_s}{T_\infty - T_s} \tag{6.33}$$

$$C_A^* \equiv \frac{C_A - C_{A,s}}{C_{A,\infty} - C_{A,s}} \tag{6.34}$$

As variáveis dimensionais podem então ser escritas em termos das novas variáveis adimensionais (por exemplo, da Equação 6.31 $x \equiv x^*L$ e $y \equiv y^*L$) e as expressões resultantes para x, y, u, v, T e C_A podem ser substituídas nas Equações 6.28, 6.29 e 6.30 para se obter as formas adimensionais das equações de conservação mostradas na Tabela 6.1. Note que a dissipação viscosa foi desprezada e que $p^* \equiv (p_\infty/(\rho V^2))$ é uma pressão adimensional. As condições de contorno na direção y necessárias na solução das equações são também mostradas na tabela.

Com a normalização das equações das camadas-limite, três *parâmetros de similaridade* adimensionais muito importantes aparecem e são introduzidos na Tabela 6.1. Eles são o número de Reynolds, Re_L; o número de Prandtl, Pr; e o número de Schmidt, Sc. Tais parâmetros de similaridade são importantes, pois nos permitem a utilização de resultados, obtidos em uma superfície submetida a um conjunto de condições convectivas, em superfícies *geometricamente similares* submetidas a condições inteiramente diferentes. Essas condições podem variar, por exemplo, com o fluido, com a velocidade do fluido, descrita pelo seu valor na corrente livre V, e/ou com o tamanho da superfície, descrita pelo comprimento característico, L. Contanto que os parâmetros de similaridade *e* as condições de contorno adimensionais sejam os mesmos para dois conjuntos de condições, as soluções das equações diferenciais da Tabela 6.1 para a velocidade, a temperatura e a concentração adimensionais serão *idênticas*. Esse conceito será mais expandido no restante desta seção.

6.5.2 *Parâmetros Adimensionais Dependentes*

As Equações 6.35 a 6.43 na Tabela 6.1 são extremamente úteis do ponto de vista da sugestão de como resultados importantes das camadas-limite podem ser simplificados e generalizados. A equação do momento (6.35) sugere que, embora as condições na camada-limite de velocidade dependam das propriedades do fluido ρ e μ, da velocidade V e da escala de comprimento L, essa dependência pode ser simplificada pelo agrupamento dessas variáveis na forma do número de Reynolds. Consequentemente, prevemos que a solução da Equação 6.35 terá a seguinte forma funcional

$$u^* = f\left(x^*, y^*, Re_L, \frac{dp^*}{dx^*}\right) \tag{6.44}$$

Como a distribuição de pressões $p^*(x^*)$ depende da geometria da superfície e pode ser obtida de forma independente, analisando-se as condições do escoamento na corrente livre, a presença de dp^*/dx^* na Equação 6.44 representa a influência da geometria na distribuição de velocidades.

Das Equações 6.2, 6.31 e 6.32, a tensão de cisalhamento na superfície, $y^* = 0$, pode ser representada por

$$\tau_s = \mu \left.\frac{\partial u}{\partial y}\right|_{y=0} = \left(\frac{\mu V}{L}\right) \left.\frac{\partial u^*}{\partial y^*}\right|_{y^*=0}$$

e das Equações 6.1 e 6.41, tem-se que o coeficiente de atrito é

Coeficiente de Atrito:

$$C_f = \frac{\tau_s}{\rho V^2/2} = \frac{2}{Re_L} \left.\frac{\partial u^*}{\partial y^*}\right|_{y^*=0} \tag{6.45}$$

---

[9] Turbulência e compressibilidade frequentemente estão juntas, pois altas velocidades podem levar a grandes números de Reynolds e de Mach. Pode ser mostrado (Problema 6.22) que, para geometrias suficientemente pequenas, qualquer escoamento turbulento também é compressível.

Tabela 6.1 As equações das camadas-limite e suas condições de contorno na direção y na forma adimensional

Camada-Limite	Equação de Conservação	Condições de Contorno: Parede	Condições de Contorno: Corrente Livre	Parâmetros de Similaridade
Velocidade	$u^* \frac{\partial u^*}{\partial x^*} + v^* \frac{\partial u^*}{\partial y^*} = -\frac{dp^*}{dx^*} + \frac{1}{Re_L} \frac{\partial^2 u^*}{\partial y^{*2}}$ (6.35)	$u^*(x^*, 0) = 0$	$u^*(x^*, \infty) = \frac{u_\infty(x^*)}{V}$ (6.38)	$Re_L = \frac{VL}{\nu}$ (6.41)
Térmica	$u^* \frac{\partial T^*}{\partial x^*} + v^* \frac{\partial T^*}{\partial y^*} = \frac{1}{Re_L Pr} \frac{\partial^2 T^*}{\partial y^{*2}}$ (6.36)	$T^*(x^*, 0) = 0$	$T^*(x^*, \infty) = 1$ (6.39)	$Re_L, Pr = \frac{\nu}{\alpha}$ (6.42)
Concentração	$u^* \frac{\partial C_A^*}{\partial x^*} + v^* \frac{\partial C_A^*}{\partial y^*} = \frac{1}{Re_L Sc} \frac{\partial^2 C_A^*}{\partial y^{*2}}$ (6.37)	$C_A^*(x^*, 0) = 0$	$C_A^*(x^*, \infty) = 1$ (6.40)	$Re_L, Sc = \frac{\nu}{D_{AB}}$ (6.43)

Parâmetros de Similaridade Convectiva Re_L, Pr e Sc

Com base na Equação 6.44, também sabemos que

$$\left.\frac{\partial u^*}{\partial y^*}\right|_{y^*=0} = f\left(x^*, Re_L, \frac{dp^*}{dx^*}\right)$$

Assim, *para uma dada geometria*, a Equação 6.45 pode ser escrita na forma

$$C_f = \frac{2}{Re_L} f(x^*, Re_L) \qquad (6.46)$$

O significado desse resultado não deve ser desprezado. A Equação 6.46 estabelece que o coeficiente de atrito, um parâmetro adimensional de importância considerável para o engenheiro, pode ser representado exclusivamente em termos de uma coordenada espacial adimensional e do número de Reynolds. Portanto, para uma geometria especificada, esperamos que a função que relaciona C_f a x^* e Re_L seja *universalmente* aplicável. Isto é, esperamos que ela se aplique para diferentes fluidos e em uma ampla faixa de valores para V e L.

Resultados similares podem ser obtidos para os coeficientes convectivos de transferência de calor e de massa. Intuitivamente, podemos antecipar que h depende das propriedades do fluido (k, c_p, μ e ρ), da velocidade do fluido V, da escala de comprimento L e da geometria da superfície. Contudo, a Equação 6.36 sugere a maneira pela qual essa dependência pode ser simplificada. Em particular, a solução dessa equação pode ser representada na forma

$$T^* = f\left(x^*, y^*, Re_L, Pr, \frac{dp^*}{dx^*}\right) \qquad (6.47)$$

com a dependência em relação a dp^*/dx^* se originando na influência da geometria no movimento do fluido (u^* e v^*), que, por sua vez, afeta as condições térmicas. Mais uma vez, o termo dp^*/dx^* representa o efeito da geometria da superfície. A partir da definição do coeficiente convectivo, Equação 6.5, e das variáveis adimensionais, Equações 6.31 e 6.33, obtemos também

$$h = -\frac{k_f}{L} \frac{(T_\infty - T_s)}{(T_s - T_\infty)} \left.\frac{\partial T^*}{\partial y^*}\right|_{y^*=0} = +\frac{k_f}{L} \left.\frac{\partial T^*}{\partial y^*}\right|_{y^*=0}$$

Essa expressão sugere a definição de um importante parâmetro adimensional dependente, conhecido por número de Nusselt.

Número de Nusselt:

$$Nu \equiv \frac{hL}{k_f} = +\left.\frac{\partial T^*}{\partial y^*}\right|_{y^*=0} \qquad (6.48)$$

Esse parâmetro é igual ao gradiente de temperatura adimensional na superfície e fornece uma medida da transferência de calor por convecção que ocorre na superfície. Da Equação 6.47 tem-se que, *para uma geometria especificada*,

$$Nu = f(x^*, Re_L, Pr) \qquad (6.49)$$

O número de Nusselt representa para a camada-limite térmica o que o coeficiente de atrito representa para a camada-limite de velocidade. A Equação 6.49 indica que, para uma dada geometria, o número de Nusselt deve ser alguma *função universal* de x^*, Re_L e Pr. Se essa função for conhecida, ela pode ser usada para calcular o valor de Nu para diferentes fluidos e para diferentes valores de V e L. A partir do conhecimento de Nu, o coeficiente convectivo local h pode ser determinado e o fluxo térmico *local* pode, então, ser calculado pela Equação 6.4. Além disso, como o coeficiente de transferência de calor *médio* é obtido por uma integração ao longo da superfície do corpo, ele tem que ser independente da variável espacial x^*. Assim, a dependência funcional do número de Nusselt *médio* é

$$\overline{Nu} = \frac{\bar{h}L}{k_f} = f(Re_L, Pr) \qquad (6.50)$$

De modo similar, pode-se argumentar que, no caso da transferência de massa no escoamento de um gás sobre um líquido evaporando ou um sólido sublimando, o coeficiente de transferência de massa por convecção h_m depende das propriedades D_{AB}, ρ e μ, da velocidade V e do comprimento característico L. Entretanto, a Equação 6.37 sugere que essa dependência pode ser simplificada. A solução para essa equação deve possuir a forma

$$C_A^* = f\left(x^*, y^*, Re_L, Sc, \frac{dp^*}{dx^*}\right) \qquad (6.51)$$

com a dependência em relação a dp^*/dx^* novamente se originando na influência da geometria da superfície. A partir da definição do coeficiente convectivo, Equação 6.9, e das variáveis adimensionais, Equações 6.31 e 6.34, sabemos que

$$h_m = -\frac{D_{AB}}{L}\frac{(C_{A,\infty} - C_{A,s})}{(C_{A,s} - C_{A,\infty})}\frac{\partial C_A^*}{\partial y^*}\bigg|_{y^*=0} = +\frac{D_{AB}}{L}\frac{\partial C_A^*}{\partial y^*}\bigg|_{y^*=0}$$

Assim, podemos definir um parâmetro adimensional dependente chamado de número de Sherwood (Sh).

Número de Sherwood:

$$Sh \equiv \frac{h_m L}{D_{AB}} = +\frac{\partial C_A^*}{\partial y^*}\bigg|_{y^*=0} \qquad (6.52)$$

Esse parâmetro é igual ao gradiente de concentração adimensional na superfície e fornece uma medida da transferência de massa convectiva que ocorre na superfície. Da Equação 6.51 tem-se que, *para uma geometria especificada*,

$$Sh = f(x^*, Re_L, Sc) \qquad (6.53)$$

O número de Sherwood representa para a camada-limite de concentração o que o número de Nusselt representa para a camada-limite térmica, e a Equação 6.53 indica que ele tem que ser uma função universal de x^*, Re_L e Sc. Como para o número de Nusselt, também é possível trabalhar com um número de Sherwood *médio*, que depende somente de Re_L e Sc.

$$\overline{Sh} = \frac{\bar{h}_m L}{D_{AB}} = f(Re_L, Sc) \qquad (6.54)$$

A partir do desenvolvimento anterior, obtivemos os parâmetros adimensionais relevantes para as camadas-limite de convecção forçada a baixas velocidades. Fizemos isso a partir da adimensionalização das equações diferenciais que descrevem os processos físicos que ocorrem no interior das camadas-limite. Um procedimento alternativo envolveria o uso da análise dimensional na forma do teorema pi de Buckingham [5]. No entanto, o sucesso desse método depende da habilidade na seleção, em grande parte por intuição, dos vários parâmetros que influenciam o problema. Por exemplo, sabendo de antemão que $\bar{h} = f(k, c_p, \rho, \mu, V, L)$, o teorema pi de Buckingham poderia ser usado na obtenção da Equação 6.50. Entretanto, tendo partido da forma diferencial das equações de conservação, eliminamos o trabalho de adivinhação e estabelecemos os parâmetros de similaridade de uma maneira rigorosa.

A importância de uma expressão como a Equação 6.50 deve ser plenamente valorizada. Ela estabelece que valores do coeficiente de transferência de calor médio $\bar{h}$, quer obtidos teoricamente, experimentalmente ou numericamente, podem ser completamente representados em termos de somente três grupos adimensionais, em vez dos sete parâmetros dimensionais originais. A conveniência e potencialidade presentes em tais simplificações ficarão evidentes nos Capítulos de 7 a 10. Além disso, uma vez determinada a dependência funcional da Equação 6.50 para uma geometria superficial específica, por exemplo, a partir de experimentos realizados em laboratório, sabe-se que ela é *universalmente* aplicável. Em outras palavras, queremos dizer que ela pode ser utilizada para diferentes fluidos, velocidades e escalas de comprimento, bastando para tal que as hipóteses implícitas nas equações originais da camada-limite permaneçam válidas (por exemplo, dissipação viscosa e forças de corpo desprezíveis).

EXEMPLO 6.5

Testes experimentais, usando ar como fluido de trabalho, foram realizados em uma parte da pá da turbina mostrada na figura. O fluxo térmico para a pá em um ponto particular (x^*) sobre a superfície foi medido, sendo $q'' = 95.000$ W/m^2. Para manter uma temperatura superficial em regime estacionário de 800 °C, o calor transferido para a pá é removido por uma substância refrigerante que circula em seu interior.

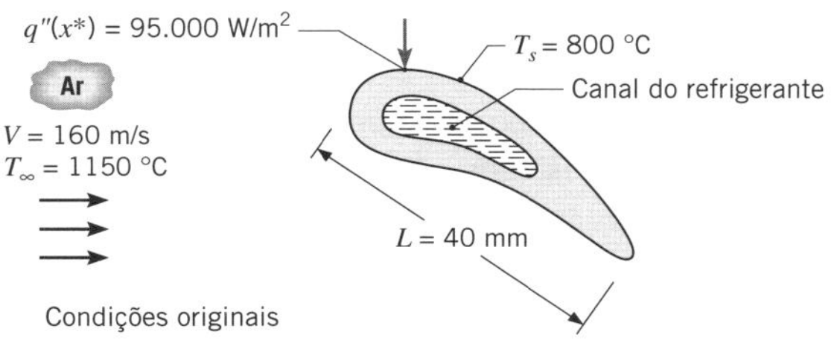

1. Determine o fluxo térmico para a pá em x^*, se a sua temperatura superficial for reduzida para $T_{s,1} = 700$ °C a partir do aumento da vazão do refrigerante.
2. Determine o fluxo térmico no mesmo local adimensional x^* em uma pá de turbina similar com um comprimento de corda de $L = 80$ mm, quando a pá operar em um escoamento de ar com $T_\infty = 1150$ °C e $V = 80$ m/s, com $T_s = 800$ °C.

SOLUÇÃO

Dados: Condições operacionais de uma pá de turbina com resfriamento interno.

Achar:

1. Fluxo térmico para a pá em um ponto x^* quando a temperatura superficial é reduzida.
2. Fluxo térmico no mesmo local adimensional em uma pá de turbina maior, com o mesmo formato e com a velocidade do ar reduzida.

Esquema:

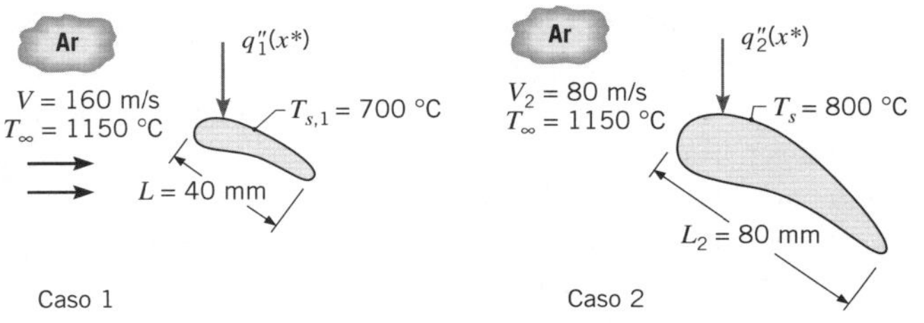

Considerações:

1. Escoamento incompressível e em regime estacionário.
2. Propriedades do ar constantes.

Análise:

1. Quando a superfície está a 800 °C, o coeficiente de transferência de calor convectivo local entre a superfície e o ar em x^* pode ser obtido com a lei do resfriamento de Newton:

$$q'' = h(T_\infty - T_s)$$

Assim.

$$h = \frac{q''}{(T_\infty - T_s)}$$

Prosseguiremos sem calcular o valor agora. Da Equação 6.49, tem-se que, para a geometria especificada,

$$Nu = \frac{hL}{k} = f(x^*, Re_L, Pr)$$

Assim, uma vez que as propriedades físicas do ar são consideradas constantes, x^*, Re_L ou Pr são iguais para os dois casos, e o número de Nusselt local permanece inalterado. Além disso, como L e k não mudam, o coeficiente convectivo local permanece o mesmo. Assim, quando a temperatura da superfície é reduzida para 700 °C, o fluxo térmico pode ser obtido pela lei do resfriamento de Newton, usando o mesmo coeficiente convectivo local:

$$q_1'' = h(T_\infty - T_{s,1}) = \frac{q''}{(T_\infty - T_s)}(T_\infty - T_{s,1})$$

$$= \frac{95.000 \text{ W/m}^2}{(1150 - 800)\,°\text{C}}(1150 - 700)\,°\text{C}$$

$$= 122.000 \text{ W/m}^2 \qquad \triangleleft$$

2. Para determinar o fluxo térmico em x^* associado à pá maior e ao escoamento do ar reduzido (Caso 2), em primeiro lugar observamos que, embora L tenha aumentado por um fator de 2, a velocidade diminuiu pelo mesmo fator e o número de Reynolds não mudou. Isto é,

$$Re_{L,2} = \frac{V_2 L_2}{\nu} = \frac{VL}{\nu} = Re_L$$

Consequentemente, como x^* e Pr também não se alteraram, o número de Nusselt local permanece o mesmo.

$$Nu_2 = Nu$$

Entretanto, em função do comprimento característico ser diferente, o coeficiente convectivo local muda,

$$\frac{h_2 L_2}{k} = \frac{hL}{k} \quad \text{ou} \quad h_2 = h\frac{L}{L_2} = \frac{q''}{(T_\infty - T_s)}\frac{L}{L_2}$$

O fluxo térmico em x^* é, então,

$$q_2'' = h_2(T_\infty - T_s) = q''\frac{(T_\infty - T_s)}{(T_\infty - T_s)}\frac{L}{L_2}$$

$$q_2'' = 95.000 \text{ W/m}^2 \times \frac{0{,}04 \text{ m}}{0{,}08 \text{ m}} = 47.500 \text{ W/m}^2 \qquad \triangleleft$$

Comentários:

1. Se os números de Reynolds nas duas situações da parte 2 fossem diferentes, ou seja, $Re_{L,2} \neq Re_L$, o fluxo térmico local q_2'' somente poderia ser determinado se a dependência funcional específica da Equação 6.49 fosse conhecida. Tais dependências para várias formas diferentes são fornecidas nos capítulos seguintes.
2. As temperaturas do ar na camada-limite variam da temperatura da superfície da pá T_s até o valor da temperatura ambiente T_∞. Desta forma, como será mostrado na Seção 7.1, propriedades do ar representativas devem ser avaliadas na temperatura média aritmética ou temperatura do *filme*, $T_{f,1} = (T_{s,1} + T_\infty)/2 = (700\text{ °C} + 1150\text{ °C})/2 = 925$ °C e $T_{f,2} = (800\text{ °C} + 1150\text{ °C})/2 = 975$ °C, respectivamente. Com base nas propriedades correspondentes a estas temperaturas do filme, os números de Reynolds (e Nusselt) para os dois casos seriam um pouco diferentes. Contudo, a diferença não seria grande o suficiente para mudar significativamente o valor calculado do fluxo térmico local para o Caso 2.
3. Em $T = 1150$ °C $= 1423$ K, $c_v \equiv c_p - R = 1167$ J/(kg · K) $- 287$ J/(kg · K) $= 880$ J/(kg · K), e a razão dos calores

específicos é $\gamma = c_p/c_v$ = 1167 J/(kg · K)/800 J/(kg · K) = 1,33. Considerando que o ar se comporte como um gás ideal, a velocidade do som no ar é $a = \sqrt{\gamma RT} = \sqrt{1{,}33 \times 287 \text{ J/(kg}\cdot\text{K)} \times 1423 \text{ K}}$ = 736 m/s. Consequentemente, $Ma = V/a$ = 0,22 e 0,11 para os Casos 1 e 2, respectivamente. Desta forma, o escoamento é incompressível nos dois casos. Se o escoamento fosse compressível em um deles, o número de Nusselt também dependeria do número de Mach e as duas camadas-limite térmicas não seriam similares.

EXEMPLO 6.6

Considere o resfriamento convectivo de um suporte aerodinâmico bidimensional com comprimento característico L_{H_2} = 40 mm. O suporte está exposto a um escoamento de hidrogênio com p_{H2} = 2 atm, V_{H2} = 8,1 m/s e $T_{\infty,H2}$ = –30 °C. Temos interesse no valor do coeficiente de transferência de calor médio $\bar{h}_{H2}$, quando a temperatura superficial for $T_{s,H2}$ = −15 °C. Em lugar de realizar experimentos caros envolvendo hidrogênio pressurizado, um engenheiro propõe aproveitar a similaridade e realizar experimentos em um túnel de vento com ar a pressão atmosférica a $T_{\infty,Ar}$ = 23 °C. Um suporte geometricamente similar, com comprimento característico L_{Ar} = 60 mm e perímetro P = 150 mm, é posicionado no túnel de vento. Medidas revelam uma temperatura superficial de $T_{s,Ar}$ = 30°C, quando a taxa de perda de calor, por unidade de comprimento do objeto (normal à página), é de q'_{Ar} = 50 W/m. Determine a velocidade do ar requerida no experimento no túnel de vento V_{Ar} e o coeficiente de transferência de calor convectivo médio no hidrogênio $\bar{h}_{H2}$.

SOLUÇÃO

Dados: Escoamento através de um suporte. Pressão, velocidade e temperatura do hidrogênio. Temperatura e pressão do ar, assim como a taxa de perda de calor por unidade de comprimento. Temperaturas superficiais do suporte no hidrogênio e no ar.

Achar: Velocidade do ar e coeficiente de transferência de calor convectivo médio para o suporte que está exposto ao hidrogênio.

Esquema:

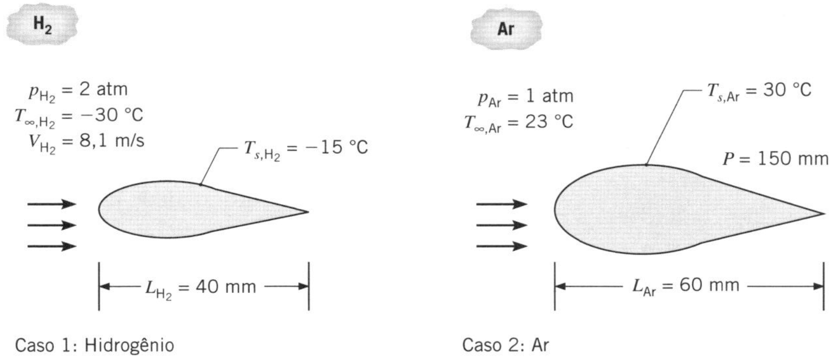

Considerações:

1. Comportamento incompressível na camada-limite e regime estacionário.
2. Comportamento de gás ideal.
3. Propriedades constantes.
4. Dissipação viscosa desprezível.

Propriedades: Tabela A.4, ar (p = 1 atm, T_f = (23 °C + 30 °C)/2 = 26,5 °C ≈ 300 K): Pr = 0,707; $\nu = 15{,}89 \times 10^{-6}$ m²/s; $k = 26{,}3 \times 10^{-3}$ W/(m · K). Tabela A.4, hidrogênio (p = 1 atm, T_f = −22,5 °C ≈ 250 K): Pr = 0,707; $\nu = 81{,}4 \times 10^{-6}$ m²/s; $k = 157 \times 10^{-3}$ W/(m · K).

As propriedades k, Pr, c_p e μ podem ser consideradas independentes da pressão com uma excelente aproximação. Entretanto, para um gás, a viscosidade cinemática $\nu = \mu/\rho$ irá variar com a pressão a partir de sua dependência com a massa específica. A partir da lei dos gases ideais, $\rho = p/(RT)$, tem-se que a razão entre as viscosidades cinemáticas de um gás na mesma temperatura e diferentes pressões, p_1 e p_2, é $(\nu_1/\nu_2) = (p_2/p_1)$. Assim, a viscosidade cinemática do hidrogênio a 250 K e 2 atm é $\nu_{H2} = 81{,}4 \times 10^{-6}$ m²/s × 1 atm/2 atm = $40{,}7 \times 10^{-6}$ m²/s. Como Pr é independente da pressão, Pr_{H2} (p = 2 atm, T_f = −22,5 °C) = Pr_{Ar} (p = 1 atm, T_f = 26,5 °C) = 0,707.

Análise: Da Equação 6.50, sabemos que os números de Nusselt médios estão relacionados com os números de Reynolds e de Prandtl pela dependência funcional

$$\overline{Nu}_{H_2} = \frac{\bar{h}_{H_2} L_{H_2}}{k_{H_2}} = f(Re_{L,H_2}, Pr_{H_2}) \quad \text{e} \quad \overline{Nu}_{Ar} = \frac{\bar{h}_{Ar} L_{Ar}}{k_{Ar}} = f(Re_{L,Ar}, Pr_{Ar})$$

Como $Pr_{H2} = Pr_{Ar}$, há similaridade se $Re_{L,Ar} = Re_{L,H2}$, situação na qual os números de Nusselt médios para o hidrogênio e para o ar serão idênticos. Igualando os números de Reynolds para o hidrogênio e do ar, temos a expressão

$$V_{Ar} = \frac{Re_{L,Ar}\, \nu_{Ar}}{L_{Ar}} = \frac{Re_{L,H_2} \nu_{Ar}}{L_{Ar}} = \frac{V_{H_2} L_{H_2} \nu_{Ar}}{\nu_{H_2} L_{Ar}} = \frac{8{,}1 \text{ m/s} \times 0{,}04 \text{ m} \times 15{,}89 \times 10^{-6} \text{ m}^2/\text{s}}{40{,}7 \times 10^{-6} \text{ m}^2/\text{s} \times 0{,}06 \text{ m}} = 2{,}10 \text{ m/s} \quad \triangleleft$$

Com $Re_{L,Ar} = Re_{L,H2}$ e $Pr_{Ar} = Pr_{H2}$, podemos igualar os números de Nusselt para o hidrogênio e para o ar, e incorporar a lei do resfriamento de Newton. Temos, então,

$$\bar{h}_{H_2} = \bar{h}_{Ar} \frac{L_{Ar} k_{H_2}}{L_{H_2} k_{Ar}} = \frac{q'_{Ar}}{P(T_{s,Ar} - T_{\infty,Ar})} \times \frac{L_{Ar} k_{H_2}}{L_{H_2} k_{Ar}} = \frac{50 \text{ W/m}}{150 \times 10^{-3} \text{ m} \times (30 - 23)\,°\text{C}} \times \frac{0{,}06 \text{ m} \times 0{,}157 \text{ W/(m} \cdot \text{K)}}{0{,}04 \text{ m} \times 0{,}0263 \text{ W/(m} \cdot \text{K)}}$$

$$= 426 \text{ W/(m}^2 \cdot \text{K)} \quad \triangleleft$$

Comentários:

1. As propriedades dos fluidos são avaliadas na média aritmética entre as temperaturas da corrente livre e da superfície. Como ficará evidente na Seção 7.1, a dependência com a temperatura das propriedades dos fluidos é frequentemente levada em conta mediante a avaliação das propriedades na temperatura do filme, $T_f = (T_s + T_\infty)/2$.
2. Experimentos envolvendo hidrogênio pressurizado podem ser relativamente caros, pois há necessidade de se tomar cuidado para prevenir vazamentos deste gás, inflamável e formado por uma molécula pequena.

6.6 Interpretação Física dos Parâmetros Adimensionais

Todos os parâmetros adimensionais anteriores possuem interpretações físicas relacionadas com as condições no escoamento, não somente para camadas-limite, mas também para outros tipos de escoamento, tais como os escoamentos internos, que serão vistos no Capítulo 8. Seja o *número de Reynolds*, Re_L (Equação 6.41), que pode ser interpretado como a *razão entre as forças de inércia e as forças viscosas* em uma região de dimensão característica L. As forças de inércia estão associadas a um aumento no momento de um fluido em movimento. Na Equação 6.28 fica evidente que essas forças (por unidade de massa) têm a forma $u\partial u/\partial x$, que uma aproximação em termos de ordem de grandeza fornece $F_I \approx V^2/L$. De maneira análoga, a força de cisalhamento líquida (por unidade de massa) está no lado direito da Equação 6.28 na forma $\nu(\partial^2 u/\partial y^2)$ e pode ser aproximada por $F_c \approx \nu V/L^2$. Consequentemente, a razão entre as forças é

$$\frac{F_I}{F_c} \approx \frac{\rho V^2/L}{\mu V/L^2} = \frac{\rho V L}{\mu} = Re_L$$

Assim, esperamos que as forças inerciais dominem em grandes valores de Re_L e que as forças viscosas sejam dominantes em pequenos valores de Re_L.

Existem várias implicações importantes desse resultado. Lembre-se da Seção 6.3.1 que o número de Reynolds determina a existência do escoamento laminar ou turbulento. Também devemos esperar que a magnitude do número de Reynolds influencie a espessura da camada-limite de velocidade δ. Com o aumento de Re_L em um ponto fixo sobre uma superfície, esperamos que as forças viscosas se tornem menos influentes em relação às forças de inércia. Dessa forma, os efeitos da viscosidade não penetram tão profundamente na corrente livre, e o valor de δ diminui.

O *número de Prandtl* é definido como a razão entre a viscosidade cinemática, também chamada de difusividade de momento, ν, e a difusividade térmica α. Ele é, consequentemente, uma propriedade do fluido. O número de Prandtl fornece uma *medida da efetividade relativa dos transportes, por difusão, de momento e de energia no interior das camadas-limite de velocidade e térmica*, respectivamente. A partir dessa interpretação, tem-se que o valor de Pr influencia fortemente o crescimento relativo das camadas-limite de velocidade e térmica. Na realidade, para camadas-limite laminares (nas quais o transporte por difusão *não* é sobrepujado pela mistura turbulenta), é razoável esperar que

$$\frac{\delta}{\delta_t} \approx Pr^n \tag{6.55}$$

sendo n um expoente positivo. Na Tabela A.4 vemos que o número de Prandtl de gases é próximo da unidade, neste caso $\delta_t = \delta$. Em um metal líquido (Tabela A.7), $Pr \ll 1$ e $\delta_t \gg \delta$. O oposto é verdade para os óleos (Tabela A.5), para os quais $Pr \gg 1$ e $\delta_t \ll \delta$.

Analogamente, o *número de Schmidt*, definido na Equação 6.43, é uma propriedade do fluido e fornece *uma medida da efetividade relativa dos transportes difusivos de momento e de massa nas camadas-limite de velocidade e de concentração*, respectivamente. Para a transferência de massa por convecção em escoamentos laminares, ele, consequentemente, determina as espessuras relativas das camadas-limite de velocidade e de concentração,

$$\frac{\delta}{\delta_c} \approx Sc^n \tag{6.56}$$

Outra propriedade adimensional dos fluidos, que está relacionada com o *Pr* e o *Sc*, é o *número* de *Lewis* (*Le*). Ele é definido como

$$Le = \frac{\alpha}{D_{AB}} = \frac{Sc}{Pr} \tag{6.57}$$

e é relevante em qualquer situação que envolva a transferência simultânea de calor e de massa por convecção. Das Equações 6.55 a 6.57, tem-se então que

$$\frac{\delta_t}{\delta_c} \approx Le^n \tag{6.58}$$

O número de Lewis é, portanto, uma medida das espessuras relativas das camadas-limite térmica e de concentração. Para a maioria das aplicações é razoável admitir um valor de $n = 1/3$ nas Equações 6.55, 6.56 e 6.58.

A Tabela 6.2 lista os grupos adimensionais que aparecem com frequência nas transferências de calor e de massa. A lista inclui grupos já citados, bem como aqueles ainda por serem apresentados em condições especiais. Quando um novo grupo for encontrado, sua definição e sua interpretação devem ser memorizadas. Note que o *número de Grashof* fornece uma medida da razão entre as forças de empuxo e as forças viscosas na camada-limite de velocidade. Seu papel na convecção natural (Capítulo 9) é muito semelhante ao do número de Reynolds na convecção forçada. O *número de Eckert* fornece uma medida da relação entre a energia cinética do escoamento e a diferença de entalpias que existe através da camada-limite térmica. Ele desempenha um papel importante nos escoamentos a altas velocidades, nos quais a dissipação viscosa é significativa. Note também que, embora similares na forma, os números de Nusselt e de Biot são diferentes tanto na definição quanto na interpretação. Enquanto o número de Nusselt é definido em termos da condutividade térmica do fluido, o número de Biot, Equação 5.9, é baseado na condutividade térmica do sólido, geralmente não é usado em análises de convecção.

TABELA 6.2 Grupos adimensionais selecionados das transferências de calor e de massa

Grupo	Definição	Interpretação
Número de Biot (*Bi*)	$\frac{hL}{k_s}$	Razão entre a resistência térmica interna de um sólido e a resistência térmica na camada-limite
Número de Biot da transferência de massa (Bi_m)	$\frac{h_m L}{D_{AB}}$	Razão entre a resistência interna à transferência de uma espécie e a resistência à transferência desta espécie na camada-limite
Número de Bond (*Bo*)	$\frac{g(\rho_l - \rho_v)L^2}{\sigma}$	Razão entre as forças gravitacional e de tensão superficial
Coeficiente de atrito (C_f)	$\frac{\tau_s}{\rho V^2/2}$	Tensão de cisalhamento adimensional na superfície
Número de Eckert (*Ec*)	$\frac{V^2}{c_p(T_s - T_\infty)}$	Energia cinética do escoamento relativa à diferença de entalpias na camada-limite
Número de Fourier (*Fo*)	$\frac{\alpha t}{L^2}$	Razão entre a taxa de transferência de calor por condução e a taxa de armazenamento de energia térmica em um sólido. Tempo adimensional
Número de Fourier da transferência de massa (Fo_m)	$\frac{D_{AB}t}{L^2}$	Razão entre a taxa de difusão de uma espécie e a taxa de seu armazenamento. Tempo adimensional
Fator de atrito (*f*)	$\frac{\Delta p}{(L/D)(\rho u_m^2/2)}$	Queda de pressão adimensional no escoamento interno
Número de Grashof (Gr_L)	$\frac{g\beta(T_s - T_\infty)L^3}{\nu^2}$	Medida da razão entre as forças de empuxo e as forças viscosas
Fator *j* de Colburn (j_C)	$St\, Pr^{2/3}$	Coeficiente de transferência de calor adimensional
Fator *j* de Colburn (j_m)	$St_m\, Sc^{2/3}$	Coeficiente de transferência de massa adimensional
Número de Jakob (*Ja*)	$\frac{c_p(T_s - T_{sat})}{h_{fg}}$	Razão entre a energia sensível e a energia latente absorvidas durante mudança de fase líquido-vapor
Número de Lewis (*Le*)	$\frac{\alpha}{D_{AB}}$	Razão entre as difusividades térmica e mássica
Número de Mach (*Ma*)	$\frac{V}{a}$	Razão entre a velocidade e a velocidade do som
Número de Nusselt (Nu_L)	$\frac{hL}{k_f}$	Razão entre as transferências de calor por convecção e somente por condução
Número de Peclet (Pe_L)	$\frac{VL}{\alpha} = Re_L\, Pr$	Razão entre as taxas de advecção e as taxas de transferência de calor por condução
Número de Prandtl (*Pr*)	$\frac{c_p \mu}{k} = \frac{\nu}{\alpha}$	Razão entre as difusividades de momento e térmica

(*continua*)

TABELA 6.2 Grupos adimensionais selecionados das transferências de calor e de massa (*continuação*)

Grupo	Definição	Interpretação
Número de Reynolds (Re_L)	$\frac{VL}{\nu}$	Razão entre forças de inércia e viscosas
Número de Schmidt (Sc)	$\frac{\nu}{D_{AB}}$	Razão entre as difusividades de momento e de massa
Número de Sherwood (Sh_L)	$\frac{h_m L}{D_{AB}}$	Razão entre a convecção e a transferência de massa por difusão pura
Número de Stanton (St)	$\frac{h}{\rho V c_p} = \frac{Nu_L}{Re_L\, Pr}$	Número de Nusselt modificado
Número de Stanton da transferência de massa (St_m)	$\frac{h_m}{V} = \frac{Sh_L}{Re_L\, Sc}$	Número de Sherwood modificado
Número de Weber (We)	$\frac{\rho V^2 L}{\sigma}$	Razão entre forças de inércia e forças de tensão superficial

6.7 Analogias das Camadas-Limite

Como engenheiros, nosso interesse no comportamento das camadas-limite está direcionado principalmente para os parâmetros adimensionais C_f, Nu e Sh. A partir do conhecimento desses parâmetros, podemos calcular a tensão de cisalhamento na parede e as taxas de transferência de calor e de massa por convecção. É, portanto, compreensível que as expressões que relacionam C_f, Nu e Sh entre si possam ser ferramentas úteis na análise da convecção. Tais expressões estão disponíveis na forma de *analogias das camadas-limite*.

6.7.1 *A Analogia entre as Transferências de Calor e de Massa*

Se dois ou mais processos são governados por equações adimensionais com a mesma forma, os processos são ditos *análogos*. É evidente, então, pelas Equações 6.36 e 6.37 e pelas condições de contorno, Equações 6.39 e 6.40 da Tabela 6.1, que as transferências de calor e de massa por convecção são análogas. Além disso, conforme mostrado nas Equações 6.36 e 6.37, cada equação está relacionada com o campo de velocidades por meio de Re_L, e os parâmetros Pr e Sc assumem papéis análogos. Uma implicação dessa analogia é que as relações adimensionais que governam o comportamento da camada-limite térmica devem ter a mesma forma daquelas que governam a camada-limite de concentração. Assim, os perfis de temperatura e de concentração nas camadas-limite devem também ser da mesma forma funcional se as condições de contorno aplicadas forem análogas.

Lembrando a discussão da Seção 6.5.2, cujas características estão resumidas na Tabela 6.3, um resultado importante da analogia das transferências de calor e de massa pode ser obtido. A partir do parágrafo anterior, tem-se que a Equação 6.47 deve apresentar a mesma forma funcional da Equação 6.51. Das Equações 6.48 e 6.52, tem-se, então, que os gradientes de temperatura e de concentração adimensionais determinados na superfície, e, portanto, os valores de Nu e Sh, são análogos. De maneira similar, as expressões para os valores médios dos números de Nusselt e de Sherwood, Equações 6.50 e 6.54, respectivamente, são também da mesma forma. *Consequentemente, para uma geometria específica, as relações das transferências de calor e de massa são intercambiáveis*. Se, por exemplo, alguém tenha executado uma série de experimentos de transferência de calor para determinar a forma funcional da Equação 6.49 para uma geometria particular, os resultados podem ser usados para a transferência de massa convectiva envolvendo a mesma geometria, simplesmente a partir da substituição de Nu por Sh e Pr por Sc.

A analogia também pode ser usada para relacionar diretamente os dois coeficientes convectivos. Nos capítulos seguintes, iremos descobrir que Nu e Sh são, em geral, proporcionais a Pr^n e Sc^n, respectivamente, com n sendo um expoente

TABELA 6.3 Relações funcionais pertinentes para as analogias das camadas-limite

Escoamento de Fluidos		Transferência de Calor		Transferência de Massa	
$u^* = f\left(x^*, y^*, Re_L, \frac{dp^*}{dx^*}\right)$	(6.44)	$T^* = f\left(x^*, y^*, Re_L, Pr, \frac{dp^*}{dx^*}\right)$	(6.47)	$C_A^* = f\left(x^*, y^*, Re_L, Sc, \frac{dp^*}{dx^*}\right)$	(6.51)
$C_f = \frac{2}{Re_L}\frac{\partial u^*}{\partial y^*}\Big\vert_{y^*=0}$	(6.45)	$Nu = \frac{hL}{k} = +\frac{\partial T^*}{\partial y^*}\Big\vert_{y^*=0}$	(6.48)	$Sh = \frac{h_m L}{D_{AB}} = +\frac{\partial C_A^*}{\partial y^*}\Big\vert_{y^*=0}$	(6.52)
$C_f = \frac{2}{Re_L} f(x^*, Re_L)$	(6.46)	$Nu = f(x^*, Re_L, Pr)$	(6.49)	$Sh = f(x^*, Re_L, Sc)$	(6.53)
		$\overline{Nu} = f(Re_L, Pr)$	(6.50)	$\overline{Sh} = f(Re_L, Sc)$	(6.54)

positivo menor do que um. Antecipando essa dependência, usamos as Equações 6.49 e 6.53 para obter

$$Nu = f(x^*, Re_L)Pr^n \qquad \text{e} \qquad Sh = f(x^*, Re_L)Sc^n$$

e, neste caso, com funções equivalentes, $f(x^*, Re_L)$,

$$\frac{Nu}{Pr^n} = \frac{Sh}{Sc^n} \tag{6.59}$$

Substituindo as Equações 6.48 e 6.52, obtemos, então,

$$\frac{hL/k}{Pr^n} = \frac{h_m L/D_{AB}}{Sc^n}$$

ou, da Equação 6.57,

$$\frac{h}{h_m} = \frac{k}{D_{AB}Le^n} = \rho c_p Le^{1-n} \tag{6.60}$$

Frequentemente, esse resultado pode ser usado para determinar um coeficiente convectivo, por exemplo, h_m, a partir do conhecimento do outro coeficiente. A mesma relação pode ser aplicada aos coeficientes médios $\overline{h}$ e $\overline{h}_m$ e, então, empregada em escoamentos turbulentos, assim como em laminares. Na maioria das aplicações, é razoável admitir um valor de $n = 1/3$.

EXEMPLO 6.7

Um sólido, de forma arbitrária, está suspenso em ar atmosférico com uma corrente livre com temperatura e velocidade iguais a 20 °C e 100 m/s, respectivamente. O sólido possui um comprimento característico de 1 m, e sua superfície é mantida a 80 °C. Sob essas condições, medidas do fluxo térmico em determinado ponto (x^*) na superfície e da temperatura na camada-limite acima desse ponto (x^*, y^*) revelam valores de 10^4 W/m^2 e 60 °C, respectivamente. Uma operação de transferência de massa deve ser efetuada em um segundo sólido com a mesma forma, porém com um comprimento característico de 2 m. Em particular, uma fina película de água sobre o sólido deve ser evaporada para o ar atmosférico seco, com uma velocidade na corrente livre de 50 m/s, estando o ar e o sólido a uma mesma temperatura de 50 °C. Quais são a concentração molar e o fluxo molar do vapor d'água na mesma posição adimensional na qual as medidas de temperatura e de fluxo térmico foram efetuadas no primeiro caso?

SOLUÇÃO

Dados: Uma temperatura e um fluxo térmico em determinada posição sobre um sólido, em uma camada-limite de uma corrente de ar com temperatura e velocidade especificadas.

Achar: Concentração e fluxo de vapor d'água associados ao mesmo local em uma superfície maior com a mesma forma.

Esquema:

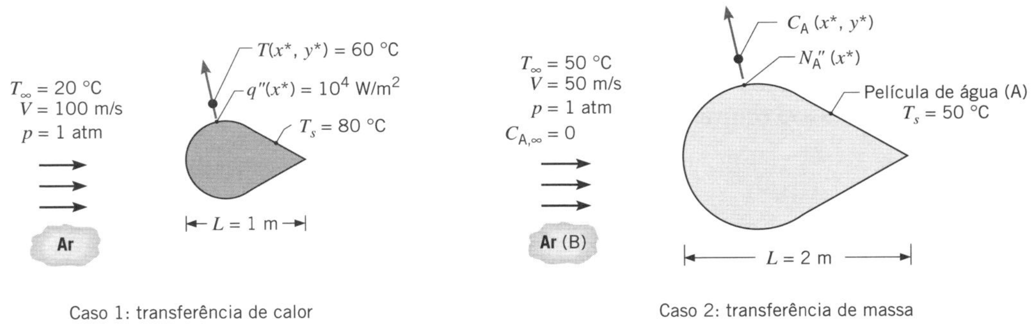

Considerações:

1. Comportamento de camada-limite incompressível, bidimensional e em regime estacionário; propriedades constantes.
2. Aproximações da camada-limite válidas.
3. Dissipação viscosa desprezível.
4. Fração molar do vapor d'água na camada-limite de concentração muito menor do que a unidade.

Propriedades: Tabela A.4, ar (50 °C): $\nu = 18{,}2 \times 10^{-6}$ m/s^2, $k = 28 \times 10^{-3}$ W/(m · K), $Pr = 0{,}70$. Tabela A.6, vapor d'água saturado (50 °C): $\rho_{A,sat} = v_g^{-1} = 0{,}082$ kg/m^3. Tabela A.8, vapor d'água-ar (50 °C): $D_{AB} \approx 0{,}26 \times 10^{-4}$ m^2/s.

Análise: A concentração molar e o fluxo desejados podem ser determinados utilizando-se a analogia entre as transferências de calor e de massa. Das Equações 6.47 e 6.51, sabemos que

$$T^* \equiv \frac{T - T_s}{T_\infty - T_s} = f\left(x^*, y^*, Re_L, Pr, \frac{dp^*}{dx^*}\right)$$

e

$$C_A^* \equiv \frac{C_A - C_{A,s}}{C_{A,\infty} - C_{A,s}} = f\left(x^*, y^*, Re_L, Sc, \frac{dp^*}{dx^*}\right)$$

Para o Caso 1

$$Re_{L,1} = \frac{V_1 L_1}{\nu} = \frac{100 \text{ m/s} \times 1 \text{ m}}{18{,}2 \times 10^{-6} \text{m}^2/\text{s}} = 5{,}5 \times 10^6, \qquad Pr = 0{,}70$$

enquanto para o Caso 2

$$Re_{L,1} = \frac{V_2 L_2}{\nu} = \frac{50 \text{ m/s} \times 2 \text{ m}}{18{,}2 \times 10^{-6} \text{m}^2/\text{s}} = 5{,}5 \times 10^6$$

$$Sc = \frac{\nu}{D_{AB}} = \frac{18{,}2 \times 10^{-6} \text{ m}^2/\text{s}}{26 \times 10^{-6} \text{ m}^2/\text{s}} = 0{,}70$$

Como $Re_{L,1} = Re_{L,2}$; $Pr = Sc$; $x_1^* = x_2^*$; $y_1^* = y_2^*$; e as geometrias das superfícies são as mesmas, tem-se que as distribuições de temperaturas e de concentrações têm a mesma forma funcional. Assim,

$$\frac{C_A(x^*, y^*) - C_{A,s}}{C_{A,\infty} - C_{A,s}} = \frac{T(x^*, y^*) - T_s}{T_\infty - T_s} = \frac{60 - 80}{20 - 80} = 0{,}33$$

ou, com $C_{A,\infty} = 0$,

$$C_A(x^*, y^*) = C_{A,s}(1 - 0{,}33) = 0{,}67 C_{A,s}$$

Com

$$C_{A,s} = C_{A,\text{sat}}(50°\text{C}) = \frac{\rho_{A,\text{sat}}}{\mathcal{M}_A} = \frac{0{,}082 \text{ kg/m}^3}{18 \text{ kg/kmol}} = 0{,}0046 \text{ kmol/m}^3$$

segue-se que

$$C_A(x^*, y^*) = 0{,}67\ (0{,}0046 \text{ kmol/m}^3) = 0{,}0031 \text{ kmol/m}^3 \qquad \triangleleft$$

O fluxo molar pode ser obtido com a Equação 6.8

$$N_A''(x^*) = h_m(C_{A,s} - C_{A,\infty})$$

com h_m determinado a partir da analogia. Pelas Equações 6.49 e 6.53, sabemos que, como $x_1^* = x_2^*$; $Re_{L,1} = Re_{L,2}$ e $Pr = Sc$, as formas funcionais correspondentes são equivalentes. Assim,

$$Sh = \frac{h_m L_2}{D_{AB}} = Nu = \frac{h L_1}{k}$$

Com $h = q''/(T_s - T_\infty)$ em função da lei do resfriamento de Newton,

$$h_m = \frac{L_1}{L_2} \times \frac{D_{AB}}{k} \times \frac{q''}{(T_s - T_\infty)} = \frac{1}{2} \times \frac{0{,}26 \times 10^{-4} \text{ m}^2/\text{s}}{0{,}028 \text{ W/(m} \cdot \text{K)}} \times \frac{10^4 \text{ W/m}^2}{(80 - 20)\,°\text{C}}$$

$$h_m = 0{,}077 \text{ m/s}$$

A partir da qual

$$N_A''(x^*) = 0{,}077 \text{ m/s } (0{,}0046 - 0{,}0) \text{ kmol/m}^3$$

ou

$$N_A''(x^*) = 3{,}54 \times 10^{-4} \text{ kmol/(s} \cdot \text{m}^2) \qquad \triangleleft$$

Comentário:

1. Note que, como a fração molar do vapor d'água na camada-limite de concentração é pequena, a viscosidade cinemática do ar (ν_B) pode ser usada para calcular $Re_{L,2}$.
2. Propriedades do ar para o Caso 1 são avaliadas na temperatura do filme, $T_f = (T_s + T_\infty)/2 = (80\ °\text{C} + 20\ °\text{C})/2 = 50\ °\text{C}$.

6.7.2 *Resfriamento Evaporativo*

Uma aplicação importante da analogia das transferências de calor e de massa é o processo de *resfriamento evaporativo*, que ocorre quando um gás escoa sobre um líquido (Figura 6.10). A evaporação ocorre na superfície do líquido, e a energia associada à mudança de fase é o calor latente de vaporização do líquido. A evaporação acontece quando as moléculas do líquido próximas à superfície sofrem colisões que aumentam a sua energia para um valor acima daquele necessário para superar a energia de ligação na superfície. A energia necessária para sustentar a evaporação tem que vir da energia interna do líquido, que deve então experimentar uma redução na sua temperatura (o efeito de resfriamento). No entanto, se condições de regime estacionário forem mantidas, a energia latente perdida pelo líquido em função da evaporação tem que ser reposta pela transferência de energia para o líquido a partir de sua vizinhança. Desprezando efeitos radiantes, essa transferência pode ser decorrente da convecção de energia sensível a partir do gás ou da adição de calor por outros meios, como, por exemplo, por um aquecedor elétrico submerso no líquido. Aplicando a conservação de energia em uma superfície de controle em torno do líquido (Equação 1.12c), tem-se que, por uma unidade de área superficial,

$$q''_{\text{conv}} + q''_{\text{adi}} = q''_{\text{evap}} \qquad (6.61)$$

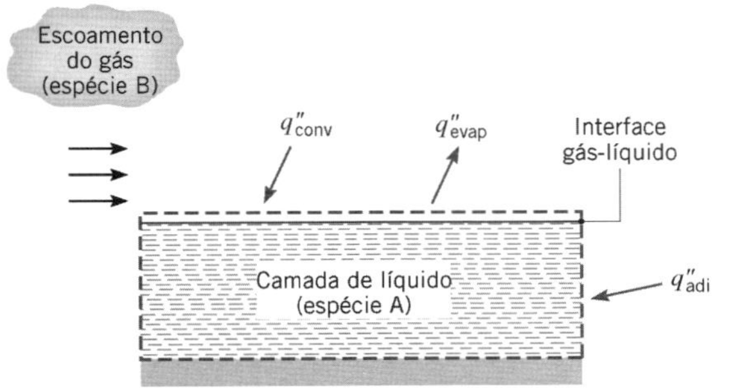

FIGURA 6.10 Troca de calor latente e sensível em uma interface gás-líquido.

com q''_{evap} podendo ser aproximado pelo produto do fluxo de massa evaporado pelo calor latente de vaporização

$$q''_{\text{evap}} = n''_{\text{A}} h_{fg} \qquad (6.62)$$

Se não houver adição de calor por outros meios, a Equação 6.61 se reduz a um equilíbrio entre a transferência de calor por convecção a partir do gás e a perda de calor do líquido em função da evaporação. Substituindo as Equações 6.4, 6.18 e 6.62, a Equação 6.61 pode, então, ser escrita na forma

$$h(T_\infty - T_s) = h_{fg} h_m [\rho_{\text{A,sat}}(T_s) - \rho_{\text{A},\infty}] \qquad (6.63)$$

na qual a massa específica do vapor na superfície é aquela associada às condições de saturação a T_s. Assim, a magnitude do efeito de resfriamento pode ser representada por

$$T_\infty - T_s = h_{fg}\left(\frac{h_m}{h}\right)[\rho_{\text{A,sat}}(T_s) - \rho_{\text{A},\infty}] \qquad (6.64)$$

Substituindo (h_m/h) vindo da Equação 6.60 e as massas específicas do vapor obtidas pela lei dos gases ideais, o efeito de resfriamento também pode ser representado por

$$(T_\infty - T_s) = \frac{\mathcal{M}_{\text{A}} h_{fg}}{\mathcal{R} \rho c_p Le^{2/3}}\left[\frac{p_{\text{A,sat}}(T_s)}{T_s} - \frac{p_{\text{A},\infty}}{T_\infty}\right] \qquad (6.65)$$

Com o objetivo de melhorar a acurácia, as propriedades do gás (espécie B) ρ, c_p e Le devem ser calculadas na temperatura média aritmética, ou do filme, da camada-limite térmica, $T_{\text{ma}} = T_f = (T_s + T_\infty)/2$, enquanto o calor latente de vaporização da espécie A, h_{fg}, deve ser avaliado na temperatura da superfície T_s. Um valor representativo de $n = 1/3$ foi adotado como expoente do Pr e do Sc na Equação 6.60.

Várias aplicações ambientais e industriais dos resultados anteriores surgem em situações nas quais o gás é o *ar* e o líquido é a *água*.

EXEMPLO 6.8

Um recipiente, que se encontra envolvido por um tecido continuamente umedecido com um líquido altamente volátil, pode ser usado para manter bebidas resfriadas em regiões quentes e áridas. Suponha que o recipiente seja colocado em um ambiente com ar seco a 40 °C, com as transferências de calor e de massa entre o agente umectante e o ar ocorrendo por convecção forçada. O agente umectante possui massa molar de 200 kg/kmol e um calor latente de vaporização de 100 kJ/kg. Sua pressão de vapor saturado para as condições especificadas é de aproximadamente 5000 N/m², e o coeficiente de difusão do vapor no ar é igual a $0{,}2 \times 10^{-4}$ m²/s. Qual é a temperatura da bebida em regime estacionário?

SOLUÇÃO

Dados: Propriedades do agente umectante usado para resfriar, por evaporação, um recipiente de bebida.

Achar: Temperatura da bebida no regime estacionário.

Esquema:

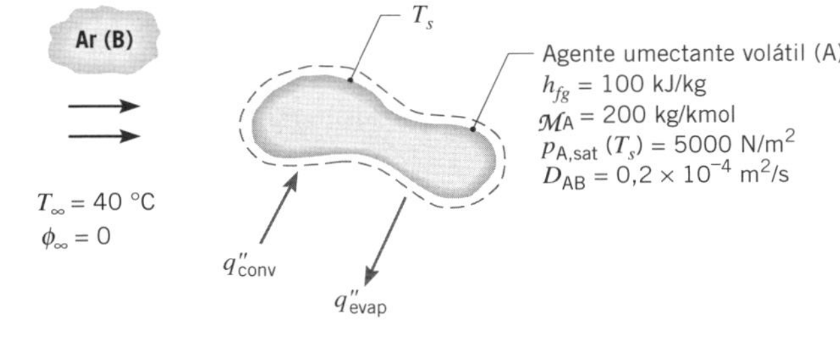

Considerações:

1. Analogia das transferências de calor e de massa aplicável.
2. Vapor apresenta comportamento de gás ideal.

3. Efeitos da radiação desprezíveis.
4. Propriedades do ar podem ser calculadas na temperatura média da camada-limite, suposta ser $T_f = 300$ K.

Propriedades: Tabela A.4, ar (300 K): $\rho = 1{,}16$ kg/m^3, $c_p = 1{,}007$ kJ/(kg · K), $\alpha = 22{,}5 \times 10^{-6}$ m^2/s.

Análise: Sujeito às considerações anteriores, o efeito do resfriamento evaporativo é dado pela Equação 6.65.

$$(T_\infty - T_s) = \frac{\mathcal{M}_A h_{fg}}{\mathcal{R}\rho c_p Le^{2/3}}\left[\frac{p_{A,sat}(T_s)}{T_s} - \frac{p_{A,\infty}}{T_\infty}\right]$$

Estabelecendo $p_{A,\infty} = 0$ e rearranjando, tem-se que

$$T_s^2 - T_\infty T_s + B = 0$$

com o coeficiente B calculado por

$$B = \frac{\mathcal{M}_A h_{fg} p_{A,sat}}{\mathcal{R}\rho c_p Le^{2/3}}$$

ou

$$B = [200 \text{ kg/kmol} \times 100 \text{ kJ/kg} \times 5000 \text{ N/m}^2 \times 10^{-3} \text{ kJ/(N} \cdot \text{m)}] \div \left[8{,}314 \text{ kJ/(kmol} \cdot \text{K)} \times 1{,}16 \text{ kg/m}^3 \times 1{,}007 \text{ kJ/(kg} \cdot \text{K)} \times \left(\frac{22{,}5 \times 10^{-6} \text{ m}^2\text{/s}}{20 \times 10^{-6} \text{ m}^2\text{/s}}\right)^{2/3}\right] = 9520 \text{ K}^2$$

Desta forma

$$T_s = \frac{T_\infty \pm \sqrt{T_\infty^2 - 4B}}{2} = \frac{313 \text{ K} \pm \sqrt{(313)^2 - 4(9520)} \text{ K}}{2}$$

Não considerando o sinal de menos com base em argumentos físicos (T_s tem que ser igual a T_∞ se não houver evaporação, caso no qual $p_{A,sat} = 0$ e $B = 0$), tem-se que

$$T_s = 278{,}9 \text{ K} = 5{,}9 \text{ °C} \qquad \triangleleft$$

Comentários: O resultado é independente da forma do recipiente desde que a analogia das transferências de calor e de massa possa ser usada.

6.7.3 *A Analogia de Reynolds*

Uma segunda analogia da camada-limite pode ser obtida observando-se na Tabela 6.1 que, para $dp^*/dx^* = 0$ e $Pr = Sc = 1$, as equações de camada-limite, Equações 6.35 a 6.37, possuem exatamente a mesma forma. Para uma placa plana paralela ao escoamento a montante, temos que $dp^*/dx^* = 0$ e não há variação na velocidade da corrente livre fora da camada-limite. Com $u_\infty = V$, as Equações 6.38 a 6.40 também possuem a mesma forma. Consequentemente, as formas funcionais das soluções para u^*, T^* e C_A^*, Equações 6.44, 6.47 e 6.51, têm que ser equivalentes. Das Equações 6.45, 6,48 e 6.52, segue-se que

$$C_f \frac{Re_L}{2} = Nu = Sh \tag{6.66}$$

Substituindo Nu e Sh pelo número de *Stanton* (St) e pelo *número de Stanton da transferência de massa* (St_m), respectivamente,

$$St \equiv \frac{h}{\rho V c_p} = \frac{Nu}{Re\, Pr} \tag{6.67}$$

$$St_m \equiv \frac{h_m}{V} = \frac{Sh}{Re\, Sc} \tag{6.68}$$

A Equação 6.66 também pode ser escrita na forma

$$\frac{C_f}{2} = St = St_m \tag{6.69}$$

A Equação 6.69 é conhecida por *analogia de Reynolds*. Ela relaciona os parâmetros-chave de engenharia das camadas-limite de velocidade, térmica e de concentração. Se o parâmetro de velocidade for conhecido, a analogia pode ser usada para obter os outros parâmetros e vice-versa. Entretanto, há restrições associadas ao uso desse resultado. Além de estar baseado na validade das aproximações da camada-limite, a acurácia da Equação 6.69 depende de se ter Pr e $Sc \approx 1$ e $dp^*/dx^* \approx 0$. Contudo, foi mostrado que a analogia pode ser aplicada em uma ampla faixa de Pr e Sc, se certas correções forem introduzidas. Em particular, as *analogias de Reynolds modificadas*, ou *analogias de Chilton-Colburn* [13, 14], possuem as formas

$$\frac{C_f}{2} = St\, Pr^{2/3} \equiv j_H \qquad 0{,}6 < Pr < 60 \tag{6.70}$$

$$\frac{C_f}{2} = St_m Sc^{2/3} \equiv j_m \qquad 0{,}6 < Sc < 3000 \tag{6.71}$$

com j_C e j_m sendo os *fatores j de Colburn* para as transferências de calor e de massa, respectivamente. Para escoamentos laminares, as Equações 6.70 e 6.71 são apropriadas somente quando $dp^*/dx^* < 0$, mas nos escoamentos turbulentos as condições são menos sensíveis ao efeito dos gradientes de pressão e essas equações permanecem aproximadamente válidas. Se a analogia se aplicar em todos os pontos da superfície, ela também pode ser utilizada para os coeficientes médios na superfície.

6.8 Resumo

Neste capítulo analisamos vários temas fundamentais relacionados com os fenômenos do transporte convectivo. No processo, entretanto, esperamos que você não tenha perdido de vista o resto do *problema da convecção*. Nosso objetivo principal ainda é o de desenvolver os meios para determinar os coeficientes convectivos h e h_m. Embora esses coeficientes possam ser obtidos pela solução das equações de camada-limite, somente em condições de escoamento mais simples tais soluções podem ser obtidas de imediato. A abordagem mais prática envolve, frequentemente, o cálculo de h e h_m a partir de relações empíricas com a forma dada pelas Equações 6.49 e 6.53. A forma particular dessas equações é obtida pela *correlação* de resultados medidos das transferências de calor e de massa em termos dos grupos adimensionais apropriados. É essa abordagem que é enfatizada nos capítulos a seguir.

Para testar o seu entendimento do material deste capítulo, você deve se desafiar com questões apropriadas.

- Qual é a diferença entre um coeficiente de transferência de calor por convecção *local* e um coeficiente *médio*? Quais são as suas unidades? Qual é a diferença entre o coeficiente convectivo local e médio para o transporte de uma espécie? Quais são as suas unidades?
- Quais são as formas da *lei do resfriamento de Newton* para o *fluxo térmico* e para a *taxa de transferência de calor*? Quais são as formas análogas para a transferência de massa convectiva, representadas em unidades molar e mássica?
- Prepare alguns exemplos nos quais a transferência de uma espécie por convecção seja pertinente.
- O que é a *lei de Fick*?
- O que são as *camadas-limite de velocidade*, *térmica* e de *concentração*? Sob quais condições elas se desenvolvem?
- Que grandezas mudam com a posição em uma *camada-limite de velocidade*? E em uma *camada-limite térmica*? E em uma *camada-limite de concentração*?
- Reconhecendo que a transferência de calor (massa) por convecção é fortemente influenciada pelas condições associadas ao escoamento do fluido sobre uma superfície, como podemos determinar o fluxo térmico (de uma espécie) convectivo aplicando-se a lei de Fourier (Fick) no fluido na superfície?
- Devemos esperar que as transferências de calor e de massa mudem com a transição de camada-limite laminar para turbulenta? Se sim, como?
- Que leis da natureza estão incorporadas nas *equações de transferência convectiva*?
- Que processos físicos são representados pelos termos da equação do momento na direção x (6.28)? E pelos termos da equação da energia (6.29)? E pelos termos da equação de conservação da espécie (6.30)?
- Que aproximações especiais podem ser feitas para as condições no interior de camadas-limite de velocidade, térmicas e de concentração *finas*?
- O que é a temperatura do *filme* e como ela é usada?
- Como o *número de Reynolds* é definido? Qual é a sua interpretação física? Qual é o papel desempenhado pelo *número de Reynolds crítico*?
- Qual é a definição do *número de Prandtl*? Como o seu valor afeta o crescimento relativo das camadas-limite de velocidade e térmica no escoamento laminar sobre uma superfície? Indique valores representativos do número de Prandtl à temperatura ambiente de um metal líquido, de um gás, da água e de um óleo?
- Qual é a definição do *número de Schmidt*? E a do *número de Lewis*? Quais são as suas interpretações físicas e como eles influenciam o desenvolvimento relativo das camadas-limite de velocidade, térmica e de concentração no escoamento laminar sobre uma superfície?
- O que é o *coeficiente de atrito*? E o *número de Nusselt*? E o *número* de *Sherwood*? Para o escoamento sobre uma geometria especificada, quais são os parâmetros independentes que determinam os valores local e médio dessas grandezas?
- Sob quais condições podem as camadas-limite de velocidade, térmica e de concentração serem ditas *análogas*? Qual é a base física para o comportamento análogo?
- Que parâmetros das camadas-limite importantes estão ligados pela *analogia entre as transferências de calor e de massa*?
- Qual é a base física para o *efeito do resfriamento evaporativo*? Você já vivenciou esse efeito?
- Que parâmetros das camadas-limite importantes estão ligados pela *analogia de Reynolds*?
- Que características físicas distinguem um escoamento turbulento de um escoamento laminar?

Referências

1. Webb, R. L., *Int. Comm. Heat Mass Trans.*, **17,** 529, 1990.
2. Hof, B., C. W. H. van Doorne, J. Westerweel, F. T. M. Nieuwstadt, H. Faisst, B. Eckhardt, H. Wedin, R. R. Kerswell, and F. Waleffe, *Science*, **305,** 1594, 2004.
3. Schlichting, H., and K. Gersten, *Boundary Layer Theory*, 8th ed., Springer-Verlag, New York, 1999.
4. Bird, R. B., W. E. Stewart, and E. N. Lightfoot, *Transport Phenomena*, 2nd ed., Wiley, New York, 2002.
5. Fox, R. W., A. T. McDonald, and P. J. Pritchard, *Introduction to Fluid Mechanics*, 6th ed., Wiley, Hoboken, NJ, 2003.
6. Hartnett, J. P., "Mass Transfer Cooling," in W. M. Rohsenow and J. P. Hartnett, Eds., *Handbook of Heat Transfer*, McGraw-Hill, New York, 1973.
7. Kays, W. M., M. E. Crawford, and B. Weigand, *Convective Heat and Mass Transfer*, 4th ed., McGraw-Hill Higher Education, Boston, 2005.
8. Burmeister, L. C., Convective *Heat Transfer*, 2nd ed., Wiley, New York, 1993.
9. Kaviany, M., *Principles of Convective Heat Transfer*, Springer-Verlag, New York, 1994.
10. Patankar, S. V., *Numerical Heat Transfer and Fluid Flow*, Hemisphere Publishing, New York, 1980.
11. Oosthuizen, P. H., and W. E. Carscallen, *Compressible Fluid Flow*, McGraw-Hill, New York, 1997.
12. John, J. E. A., and T. G. Keith, *Gas Dynamics*, 3rd ed., Pearson Prentice Hall, Upper Saddle River, NJ, 2006.
13. Colburn, A. P., *Trans. Am. Inst. Chem. Eng.*, **29,** 174, 1933.
14. Chilton, T. H., and A. P. Colburn, *Ind. Eng. Chem.*, **26,** 1183, 1934.

Problemas

Perfis das Camadas-Limite

6.1 A distribuição de temperaturas no interior de uma camada-limite térmica laminar associada ao escoamento sobre uma placa plana isotérmica é mostrada no esboço. A distribuição de temperaturas mostrada está localizada em $x = x_2$.

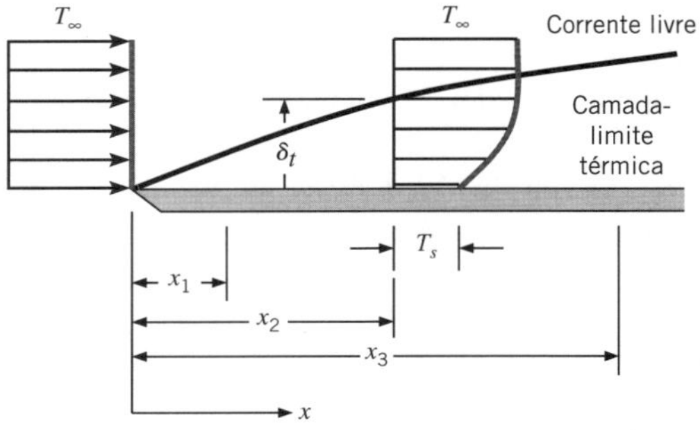

(a) A placa está sendo aquecida ou resfriada pelo fluido?

(b) Esboce cuidadosamente as distribuições de temperaturas em $x = x_1$ e $x = x_3$. Com base no seu esboço, em qual das três posições em x o fluxo térmico local é maior? Em qual local o fluxo térmico local é menor?

(c) Com o aumento da velocidade na corrente livre, as camadas-limite de velocidade e térmica se tornam mais finas. Cuidadosamente esboce as distribuições de temperaturas em $x = x_2$ para (i) uma velocidade baixa na corrente livre e (ii) uma velocidade alta na corrente livre. Com base em seu esboço, qual condição de velocidade irá induzir o maior fluxo térmico convectivo local.

6.2 No escoamento sobre uma superfície, os perfis de velocidades e de temperaturas têm as formas

$$u(y) = Ay + By^2 - Cy^3 \quad \text{e}$$

$$T(y) = D + Ey + Fy^2 - Gy^3$$

nas quais os coeficientes de A a G são constantes. Obtenha expressões para o coeficiente de atrito C_f e para o coeficiente convectivo h em termos de u_∞, T_∞, e coeficientes apropriados dos perfis e das propriedades do fluido.

6.3 Em uma aplicação específica que envolve o escoamento de ar sobre uma superfície aquecida, a distribuição de temperaturas na camada-limite pode ser aproximada por

$$\frac{T - T_s}{T_\infty - T_s} = 1 - \exp\left(-Pr\frac{u_\infty y}{\nu}\right)$$

sendo y a distância normal à superfície e o número de Prandtl, $Pr = c_p\mu/k = 0{,}7$, uma propriedade adimensional do fluido. Com $T_\infty = 400$ K, $T_s = 300$ K e $u_\infty/\nu = 5000$ m^{-1}, qual é o fluxo térmico na superfície?

6.4 Água a uma temperatura de $T_\infty = 25$ °C escoa sobre uma das superfícies de uma parede de aço inoxidável (AISI 302), cuja temperatura é de $T_{s,1} = 40$ °C. A parede possui uma espessura de 0,05 m e sua outra superfície está a uma temperatura de $T_{s,2} = 100$ °C. Em condições de regime estacionário, qual é o coeficiente convectivo associado ao escoamento da água? Quais são os gradientes de temperatura na parede e na água que está em contato com a parede? Esboce a distribuição de temperaturas na parede e na água a ela adjacente.

Coeficientes de Transferência de Calor

6.5 Para o escoamento laminar sobre uma placa plana, sabe-se que o coeficiente de transferência de calor local h_x varia com $x^{-1/2}$, sendo x a distância da borda frontal da placa ($x = 0$). Qual é a razão do coeficiente médio entre a borda frontal e alguma posição x na placa e o coeficiente local em x?

6.6 Uma placa plana tem dimensões 1 m × 0,75 m. Para o escoamento laminar paralelo sobre a placa, calcule a razão dos coeficientes de transferência de calor médios sobre toda a placa, $\bar{h}_{L,1}/\bar{h}_{L,2}$, para os dois casos. No Caso 1, o escoamento está na direção da menor dimensão ($L = 0{,}75$ m); no Caso 2, o escoamento está na direção da maior dimensão ($L = 1$ m). Qual orientação resultará em uma maior taxa de transferência de calor? Veja o Problema 6.5.

6.7 Um jato circular de gases quentes a T_∞ encontra-se direcionado normalmente a uma placa circular, que tem raio r_o e é mantida a uma temperatura uniforme T_s. O escoamento do gás sobre a placa é axissimétrico, causando uma dependência radial do coeficiente convectivo local na forma $h(r) = a + br^n$, em que a, b e n são constantes. Determine a taxa de transferência de calor para a placa, escrevendo o seu resultado em termos de T_∞, T_s, r_0, a, b e n.

6.8 O escoamento laminar normalmente persiste em uma placa plana lisa até que o valor do número de Reynolds crítico seja atingido. Entretanto, o escoamento pode ser *levado* ao estado turbulento a partir da adição de uma rugosidade na borda frontal da placa. Para uma situação particular, resultados experimentais mostram que os coeficientes de transferência e calor locais para as condições laminar e turbulenta são

$$h_{\text{lam}}(x) = 1{,}74\ \text{W/(m}^{1,5}\cdot\text{K)}x^{-0,5}$$

$$h_{\text{lam}}(x) = 3{,}98\ \text{W/(m}^{1,8}\cdot\text{K)}x^{-0,2}$$

Calcule os coeficientes de transferência de calor médios para as condições laminar e turbulenta para placas de comprimento $L = 0{,}1$ m e 1 m.

6.9 Foram efetuados experimentos para determinar coeficientes de transferência de calor locais para o escoamento perpendicular a uma longa barra isotérmica de seção transversal retangular. A barra tem largura c, paralela ao escoamento, e altura d, normal ao escoamento. Para números de Reynolds na faixa de $10^4 \leq Re_d \leq 5 \times 10^4$, os números de Nusselt *médios nas superfícies* são bem correlacionados por uma expressão na forma

$$\overline{Nu}_d = \bar{h}d/k = C\,Re_d^m\,Pr^{1/3}$$

Os valores de C e m para a face frontal, faces laterais e face posterior da barra retangular foram determinados e mostrados a seguir:

Face	c/d	C	m
Frontal	$0{,}33 \leq c/d \leq 1{,}33$	0,674	1/2
Lateral	0,33	0,153	2/3
Lateral	1,33	0,107	2/3
Posterior	0,33	0,174	2/3
Posterior	1,33	0,153	2/3

Determine o valor do coeficiente de transferência de calor médio para a superfície exposta total (isto é, média no total das quatro faces) em uma barra retangular com $c = 40$ mm de largura e d = 30 mm de altura. A barra está exposta ao escoamento cruzado de ar com V = 10 m/s e T_∞ = 300 K. Forneça uma explicação plausível para os valores relativos dos coeficientes de transferência de calor médios nas faces frontal, laterais e posterior.

6.10 Um coletor solar concentrador é constituído por um refletor parabólico e um tubo coletor de diâmetro D, através do qual escoa um fluido de trabalho que é aquecido pela irradiação solar concentrada. Ao longo do dia, o refletor é reposicionado lentamente para seguir o Sol. Para condições de vento caracterizadas por um escoamento estacionário horizontal normal ao eixo do tubo, o coeficiente de transferência de calor local na superfície do tubo varia, como mostrado no esquema, para várias posições do refletor.

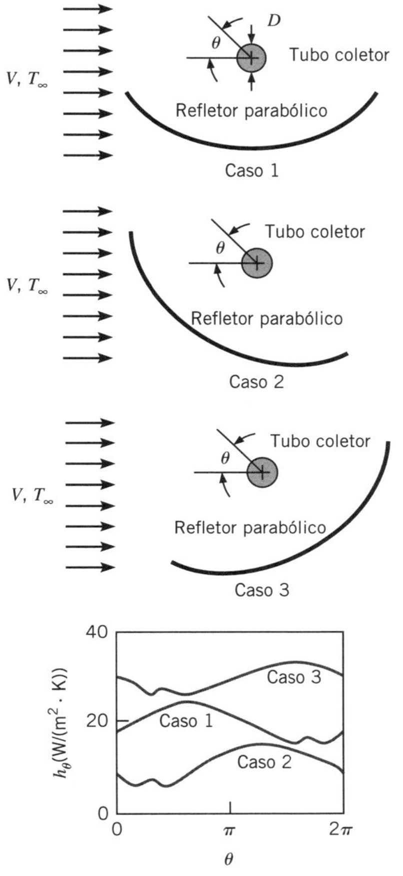

(a) Estime o valor do coeficiente de transferência de calor médio sobre toda a superfície do tubo coletor para cada um dos três casos.

(b) Supondo que o tubo recebe a mesma quantidade de energia solar em cada um dos três casos, em qual caso o coletor teria a maior eficiência?

6.11 Hélio com uma temperatura na corrente livre de T_∞ = 25 °C, escoa paralelamente sobre uma placa plana de comprimento L = 3 m e temperatura T_s = 85 °C. Entretanto, obstáculos colocados no escoamento intensificam a mistura com o aumento da distância x da borda frontal, e a variação espacial das temperaturas medidas no interior da camada-limite é correlacionada por uma expressão da forma $T(°C) = 25 + 60 \exp(-600xy)$, com x e y em metros. Determine e represente graficamente a maneira pela qual o coeficiente convectivo local h varia com x. Calcule o coeficiente convectivo médio $\bar{h}$ para a placa.

6.12 A taxa de transferência de calor, por unidade de largura (normal à página), em uma seção longitudinal, $x_2 - x_1$, pode ser representada por $q'_{12} = \bar{h}_{12}(x_2 - x_1)(T_s - T_\infty)$, sendo $\bar{h}_{12}$ o coeficiente médio na seção de comprimento $(x_2 - x_1)$. Considere escoamento laminar sobre uma placa plana com uma temperatura uniforme T_s. A variação espacial do coeficiente convectivo local tem a forma $h_x = Cx^{-1/2}$, sendo C uma constante.

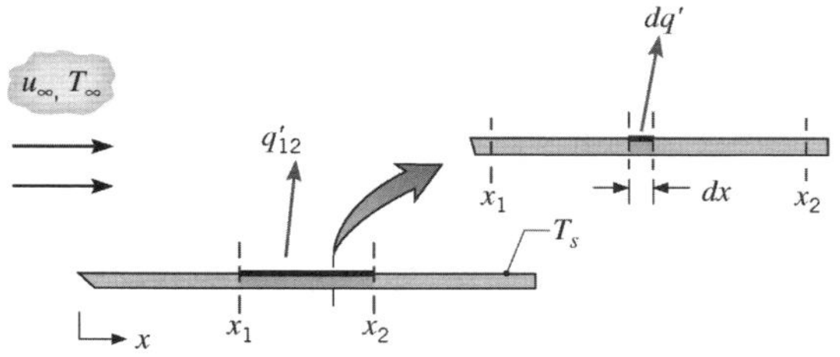

(a) Partindo da equação da taxa convectiva na forma $dq' = h_x dx(T_s - T_\infty)$, deduza uma expressão para $\bar{h}_{12}$ em termos de C, x_1 e x_2.

(b) Deduza uma expressão para $\bar{h}_{12}$ em termos de x_1, x_2 e dos coeficientes médios $\bar{h}_1$ e $\bar{h}_2$, correspondentes aos comprimentos x_1 e x_2, respectivamente.

6.13 Se escoamento laminar for induzido na superfície de um disco em função de sua rotação no entorno de seu eixo, sabe-se que o coeficiente convectivo local é uma constante, $h = C$, independente do raio. Considere condições nas quais um disco de raio r_e = 100 mm está girando no ar estagnado a T_∞ = 20 °C e um valor de C = 20 W/(m² · K) é mantido.

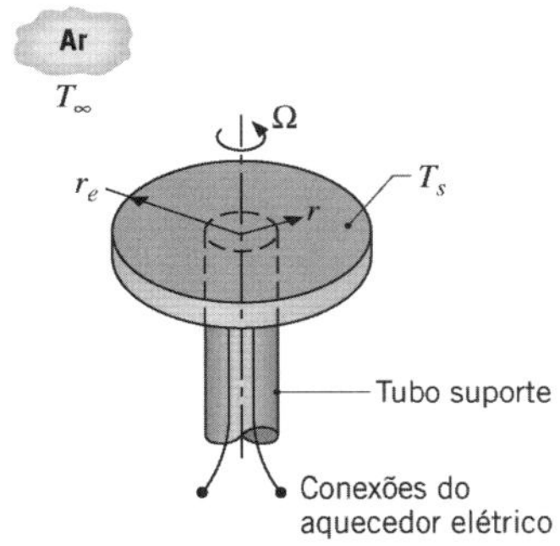

Se um aquecedor elétrico embutido no disco mantém uma temperatura superficial de T_s = 50 °C, qual é o fluxo térmico local na superfície superior do disco? Qual é a potência elétrica total requerida? O que você pode dizer sobre a natureza do desenvolvimento da camada-limite sobre o disco?

6.14 Seja o disco em rotação do Problema 6.13. Uma placa estacionária, em forma de disco, é posicionada um pouco acima do disco em rotação, formando um espaço de espessura g. A placa estacionária e o ar ambiente estão a T_∞ = 20 °C. Se o escoamento for laminar e a razão entre a espessura do espaço entre discos e o raio dos discos, $G = g/r_e$, for pequena, a distribuição de números de Nusselt locais tem a forma

$$Nu_r = \frac{h(r)r}{k} = 70(1 + e^{-140G})\, Re_{r_e}^{-0{,}456}\, Re_r^{0{,}478}$$

com $Re_r = \Omega r^2/\nu$ [Pelle, J. e Harmand, S., *Exp. Thermal Fluid Science*, **31**, 165, 2007]. Determine o valor do número de Nusselt médio, $\overline{Nu}_D = \bar{h}D/k$, com $D = 2r_e$. Sendo a temperatura do disco em rotação igual a T_s = 50 °C, qual é o fluxo térmico total saindo da superfície superior do disco para g = 1 mm, Ω = 150 rad/s? Qual é a potência elétrica total requerida? O que você pode falar sobre a natureza do escoamento entre os discos?

Transição da Camada-Limite

6.15 Considere o escoamento de ar sobre uma placa plana com comprimento $L = 1$ m, sob condições nas quais a transição ocorre em $x_c = 0{,}5$ m baseada em um número de Reynolds crítico de $Re_{x,c} = 5 \times 10^5$.

(a) Calculando as propriedades termofísicas do ar a 350 K, determine a velocidade do ar.

(b) Nas regiões laminar e turbulenta, os coeficientes convectivos locais são, respectivamente,

$$h_{\text{lam}}(x) = C_{\text{lam}}\, x^{-0,5} \quad \text{e} \quad h_{\text{turb}} = C_{\text{turb}}\, x^{-0,2}$$

nas quais, em $T = 350$ K, $C_{\text{lam}} = 8{,}845$ W/(m$^{3/2} \cdot$ K), $C_{\text{turb}} = 49{,}75$ W/(m$^{1,8} \cdot$ K) e x possui unidade de m. Desenvolva uma expressão para o coeficiente convectivo médio, $\overline{h}_{\text{lam}}(x)$, como uma função da distância da borda frontal, x, para a região laminar, $0 \le x \le x_c$.

(c) Desenvolva uma expressão para o coeficiente convectivo médio, $\overline{h}_{\text{turb}}(x)$, como uma função da distância da borda frontal, x, para a região turbulenta, $x_c \le x \le L$.

(d) Nas mesmas coordenadas, represente os coeficientes convectivos locais e médios, h_x e $\overline{h}_x$, respectivamente, em função de x para $0 \le x \le L$.

6.16 Um ventilador, que pode fornecer velocidades de ar de até 30 m/s, deve ser usado em um túnel de vento de baixa velocidade com ar atmosférico a 23 °C. Se alguém desejar usar o túnel de vento para estudar o comportamento da camada-limite sobre uma placa plana com números de Reynolds de até $Re_x = 10^7$, qual é o comprimento mínimo da placa que deveria ser usado? A que distância da borda frontal ocorreria a transição se o número de Reynolds crítico fosse $Re_{x,c} = 5 \times 10^5$?

6.17 Considere as condições do Exemplo 6.4. Uma camada-limite laminar pode ser *levada* a condições de turbulência em $x = x_r$, tornando a superfície da placa rugosa em x_r. Calcule os coeficientes de convecção médios mínimo e máximo possíveis para placa. Em qual temperatura, $T = 300$ K ou $T = 350$ K, cada um destes valores extremos de $\overline{h}$ ocorrem? Quais são os valores correspondentes de x_r?

6.18 Considerando um número de Reynolds de transição igual a 5×10^5, determine a distância da borda frontal de uma placa plana na qual a transição irá ocorrer, para cada um dos seguintes fluidos, quando $u_\infty = 1$ m/s: ar atmosférico, óleo de motor e mercúrio. Em cada caso, determine a posição da transição para temperaturas do fluido de 27 °C e 77 °C.

6.19 Com uma boa aproximação, a viscosidade dinâmica μ, a condutividade térmica k e o calor específico c_p são independentes da pressão. De que forma a viscosidade cinemática ν e a difusividade térmica α de um líquido incompressível e de um gás ideal variam com a pressão? Determine α do ar a 350 K para pressões de 1, 5 e 10 atm. Supondo um número de Reynolds de transição de 5×10^5, determine a distância da borda frontal de uma placa plana na qual a transição irá ocorrer para o ar a 350 K em pressões de 1, 5 e 10 atm, com $u_\infty = 2$ m/s.

Similaridade e Parâmetros Adimensionais

6.20 Seja uma camada-limite laminar se desenvolvendo sobre uma placa plana isotérmica. O escoamento é incompressível e a dissipação viscosa é desprezível.

(a) Substitua as Equações 6.31 e 6.33 na Equação 6.39 para determinar as condições de contorno na forma dimensional associadas ao escoamento sobre uma placa plana com comprimento L e temperatura T_s.

(b) Substitua as Equações 6.31, 6.32 e 6.33, assim como a definição de Re_L e Pr, na Equação 6.36, e compare a expressão dimensional resultante com a Equação 6.29.

6.21 Seja uma camada-limite laminar sobre uma placa plana. Para condições de escoamento idênticas, determine as posições da tabela não mostradas a seguir, utilizando o fato de que $\delta/\delta_t = Pr^n$. A pressão é $p = 1$ atm para cada caso. *Sugestão*: veja os Apêndices A.4 até A.6.

Fluido	Temperatura (K)	δ/δ_t
Ar	300	0,89
Água (líquida)	350	
Óleo de motor		15,4
		45,3

6.22 Experimentos mostraram que a transição das condições laminares para as turbulentas no escoamento normal ao eixo de um longo cilindro ocorre em um número de Reynolds crítico $Re_{D,c} \approx 2 \times 10^5$, sendo D o diâmetro do cilindro. Além disso, a transição de escoamento incompressível para compressível ocorre em um número de Mach crítico $Ma_c \approx 0{,}3$. Para o ar a uma pressão $p = 1$ atm e temperatura $T = 27$ °C, determine o diâmetro crítico do cilindro D_c abaixo do qual, se o escoamento for turbulento, efeitos de compressibilidade provavelmente serão importantes.

6.23 Um objeto, de forma irregular, possui um comprimento característico $L = 0{,}5$ m e é mantido a uma temperatura superficial uniforme $T_s = 400$ K. Quando colocado ao ar atmosférico a uma temperatura $T_\infty = 300$ K e movendo-se a uma velocidade $V = 25$ m/s, o fluxo térmico médio da superfície do objeto para o ar é de 10.000 W/m^2. Se um segundo objeto com a mesma forma, mas com um comprimento característico $L = 2{,}5$ m, for mantido a uma temperatura superficial $T_s = 400$ K e colocado ao ar atmosférico a uma temperatura $T_\infty = 300$ K, qual será o valor do coeficiente convectivo médio se a velocidade do ar for $V = 5$ m/s?

6.24 Experimentos mostraram que, para um escoamento de ar a $T_\infty = 35$ °C e $V_1 = 100$ m/s, a taxa de transferência de calor em uma pá de turbina com comprimento característico $L_1 = 0{,}15$ m e temperatura superficial $T_{s,1} = 300$ °C é de $q_1 = 1500$ W. Qual seria a taxa de transferência de calor em uma segunda pá de turbina com comprimento característico $L_2 = 0{,}3$ m operando a $T_{s,2} = 400$ °C em um escoamento de ar a $T_\infty = 35$ °C e $V_2 = 50$ m/s? A área superficial da pá pode ser considerada diretamente proporcional ao seu comprimento característico.

6.25 Medidas experimentais do coeficiente de transferência de calor por convecção em uma barra de seção quadrada em um escoamento cruzado fornecem os seguintes valores:

$\overline{h}_1 = 50$ W/(m$^2 \cdot$ K) quando $V_1 = 20$ m/s

$\overline{h}_2 = 40$ W/(m$^2 \cdot$ K) quando $V_2 = 15$ m/s

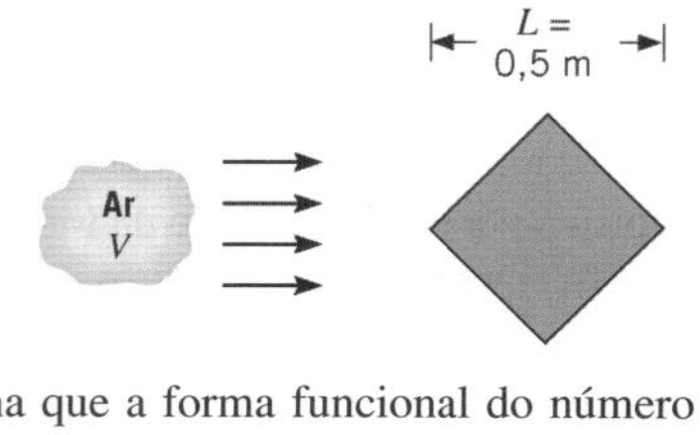

Suponha que a forma funcional do número de Nusselt seja $\overline{Nu} = C\, Re^m\, Pr^n$, em que C, m e n são constantes.

(a) Qual será o coeficiente de transferência de calor por convecção para uma barra similar com $L = 1$ m, quando $V = 15$ m/s?

(b) Qual será o coeficiente de transferência de calor por convecção para uma barra similar com $L = 1$ m, quando $V = 30$ m/s?

(c) Seus resultados seriam os mesmos se o lado da barra, em vez de sua diagonal, fosse usado como o comprimento característico?

6.26 Para avaliar a eficácia de diferentes líquidos no resfriamento por convecção forçada de um objeto de um dado tamanho e forma, é conveniente definir um *índice de mérito*, F_F, que combina a influência de todas as propriedades pertinentes do fluido no coeficiente convectivo. Sendo o número de Nusselt descrito por uma expressão com a forma $\overline{Nu}_L \sim Re_L^m Pr^n$, obtenha a relação correspondente entre F_F e as propriedades dos fluidos. Para valores representativos dos parâmetros da expressão, $m = 0{,}80$ e $n = 0{,}33$, calcule valores de F_F para o ar ($k = 0{,}026$ W/(m · K), $\nu = 1{,}6 \times 10^{-5}$ m²/s, $Pr = 0{,}71$), água ($k = 0{,}600$ W/(m · K), $\nu = 10^{-6}$ m²/s, $Pr = 5{,}0$) e um líquido dielétrico ($k = 0{,}064$ W/(m · K), $\nu = 10^{-6}$ m²/s, $Pr = 25$). Qual fluido é o agente de resfriamento mais efetivo?

6.27 Gases são frequentemente usados no lugar de líquidos para resfriar eletrônicos em aplicações na aviação em função de considerações de peso. Os sistemas de resfriamento são frequentemente *fechados* de tal forma que refrigerantes diferentes do ar podem ser usados. Gases com altos índices de mérito (veja o Problema 6.26) são desejáveis. Para valores representativos, $m = 0{,}85$ e $n = 0{,}33$, na expressão do Problema 6.26, determine os índices de mérito para o ar, para o hélio puro, para o xenônio puro ($k = 0{,}006$ W/(m · K), $\mu = 24{,}14 \times 10^{-6}$ N · s/m²) e uma mistura ideal de He-Xe contendo uma fração molar de hélio de 0,75 ($k = 0{,}0713$ W/(m · K), $\mu = 25{,}95 \times 10^{-6}$ N · s/m²). Determine as propriedades a 300 K e a pressão atmosférica. Para gases monoatômicos, tais como o hélio, o xenônio e as suas misturas, o calor específico a pressão constante é bem descrito pela relação $c_p = (5/2)\mathcal{R}/\mathcal{M}$.

6.28 Seja o nanofluido do Exemplo 2.2.

(a) Calcule os números de Prandtl do fluido base e do nanofluido, usando informações fornecidas no problema exemplo.

(b) Para uma geometria com uma dimensão característica fixa L, e com uma velocidade característica também fixa V, determine a razão entre os números de Reynolds associados aos dois fluidos, Re_{nf}/Re_{fb}. Calcule a razão entre os números de Nusselt médios, $\overline{Nu}_{L,nf}/\overline{Nu}_{L,fb}$, que está associada a coeficientes de transferência de calor médios idênticos para os dois fluidos, $\bar{h}_{nf} = \bar{h}_{fb}$.

(c) A dependência funcional do número de Nusselt médio em relação aos números de Reynolds e de Prandtl para um amplo conjunto de várias geometrias pode ser representada de uma forma geral por

$$\overline{Nu}_L = \bar{h}L/k = C\,Re^m\,Pr^{1/3}$$

sendo C e m constantes, cujos valores dependem da geometria a partir ou para a qual a transferência de calor por convecção ocorre. Na maioria das condições, o valor de m é positivo. Para m positivo, é possível que o fluido base forneça taxas de transferência de calor convectivas maiores do que o nanofluido, para condições envolvendo uma geometria fixa, as mesmas velocidades características e temperaturas ambiente e superficial idênticas?

6.29 Esboce a variação das espessuras das camadas-limite de velocidade e térmica com a distância da borda frontal de uma placa plana para o escoamento laminar de ar, água, óleo de motor e mercúrio. Para cada caso, considere uma temperatura média no fluido de 300 K.

6.30 Seja o escoamento paralelo, sobre uma placa plana, de ar a 300 K e de óleo de motor a 380 K. A velocidade na corrente livre é $u_\infty = 2$ m/s. A diferença de temperaturas entre a superfície e a corrente livre é a mesma nos dois casos, com $T_s > T_\infty$.

(a) Determine o local no qual a transição para a turbulência ocorre, x_c, para os dois fluidos.

(b) Para o escoamento laminar sobre uma placa plana, a espessura da camada-limite de velocidade é dado por

$$\frac{\delta}{x} = \frac{5}{\sqrt{Re_x}}$$

Calcule e represente graficamente a espessura da camada-limite de velocidade δ na faixa $0 \le x \le x_c$, para cada fluido.

(c) Calcule e represente graficamente a espessura da camada-limite térmica δ_t para os dois fluidos na mesma faixa de x usada no item (b). Em uma posição x na qual os dois fluidos apresentam condições de escoamento laminar, explique qual fluido tem o maior gradiente de temperatura na superfície da placa, $-\partial T/\partial y|_{y=0}$. Qual fluido está associado ao maior número de Nusselt local Nu? Qual fluido está associado ao maior coeficiente de transferência de calor local h?

6.31 Ar forçado a $T_\infty = 25$ °C e $V = 10$ m/s é usado para resfriar elementos eletrônicos em uma placa de circuito. Um desses elementos é um *chip*, que mede 4 mm por 4 mm, localizado a 120 mm da borda frontal da placa. Experimentos revelaram que o escoamento sobre a placa é perturbado pelos elementos e que a transferência de calor por convecção é correlacionada por uma expressão com a forma

$$Nu_x = 0{,}04\,Re_x^{0{,}85}\,Pr^{1/3}$$

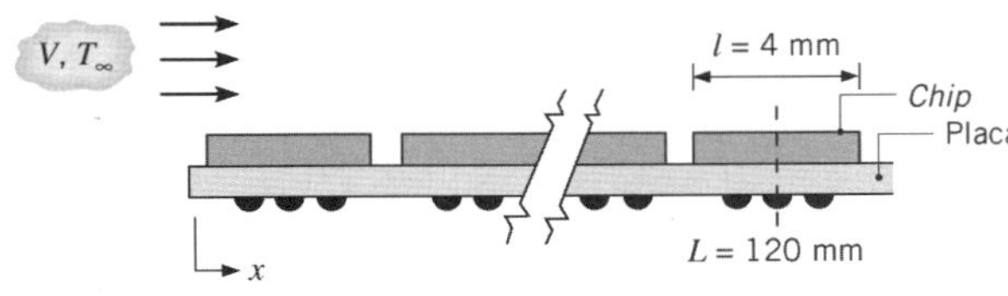

Estime a temperatura superficial do *chip* se ele estiver dissipando 30 mW.

6.32 Sejam os elementos eletrônicos resfriados por convecção forçada do Problema 6.31. O sistema de resfriamento foi projetado e testado no nível do mar ($p \approx 1$ atm), mas a placa de circuito foi vendida para um cliente na Cidade do México, que tem uma altitude de 2250 m e pressão atmosférica de 76,5 kPa.

(a) Determine a temperatura da superfície do *chip* localizado a 120 mm da borda frontal da placa quando ela é operada na Cidade do México. A dependência de várias propriedades termofísicas com a pressão é observada no Problema 6.19.

(b) É desejável que a temperatura de operação do *chip* seja independente da localização do cliente. Qual velocidade do ar é necessária para que na operação na Cidade do México a temperatura do *chip* seja a mesma da temperatura no nível do mar?

6.33 Considere o *chip* sobre a placa de circuito impresso do Problema 6.31. Para assegurar uma operação confiável por longos períodos de tempo, a temperatura no *chip* não deve exceder 85 °C. Supondo a disponibilidade de ar forçado a $T_\infty = 25$ °C e a aplicabilidade da correlação para a transferência de calor já especificada, calcule e represente graficamente a dissipação máxima de potência permitida para o *chip*, P_c, em função da velocidade do ar para $1 \leq V \leq 25$ m/s. Se a superfície do *chip* possuir uma emissividade de 0,80 e a placa de circuito se encontrar no interior de um grande recipiente cujas paredes estejam a 25 °C, qual é o efeito da radiação no gráfico $P_c - V$?

6.34 O desembaçador de um carro funciona jogando ar quente na superfície interna do para-brisa. Para evitar a condensação de vapor d'água nesta superfície, a temperatura do ar e o coeficiente convectivo na superfície ($T_{\infty,i}$, $\overline{h}_i$) devem ser grandes o suficiente para manter uma temperatura na superfície $T_{s,i}$ que seja, pelo menos, superior ao ponto de orvalho ($T_{s,i} \geq T_{po}$).

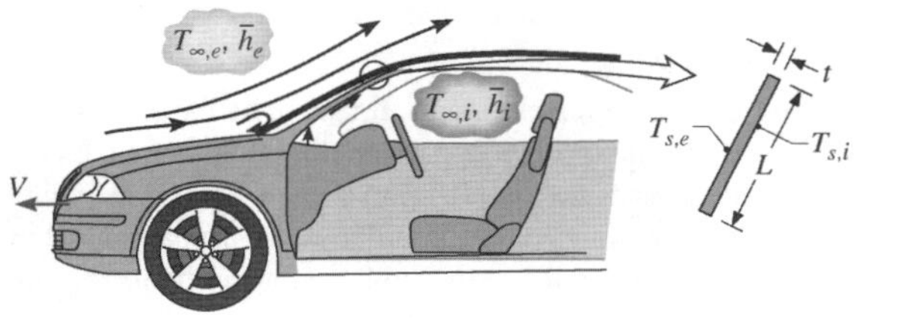

Considere um para-brisa com comprimento $L = 800$ mm e espessura $t = 6$ mm, e condições de direção nas quais o carro se desloca a uma velocidade de $V = 70$ mph em um ar ambiente a $T_{\infty,e} = -15$ °C. Com base em experimentos de laboratório efetuados em um modelo do carro, sabe-se que o coeficiente de convecção médio na superfície externa do para-brisa é correlacionado por uma expressão com a forma $\overline{Nu}_L = 0{,}030\, Re_L^{0,8}\, Pr^{1/3}$, com $Re_L \equiv VL/\nu$. As propriedades do ar podem ser aproximadas por $k = 0{,}023$ W/(m · K), $\nu = 12{,}5 \times 10^{-6}$ m²/s e $Pr = 0{,}71$. Se $T_{po} = 10$ °C e $T_{\infty,i} = 50$ °C, qual é o menor valor de $\overline{h}_i$ requerido para evitar a condensação na superfície interna?

6.35 Um detector de microescala monitora um escoamento em regime estacionário ($T_\infty = 27$ °C, $V = 10$ m/s) de ar em relação à possível presença de matéria particulada pequena e perigosa, que pode estar suspensa no ambiente. O sensor é aquecido até uma temperatura um pouco superior com objetivo de induzir uma reação química associada a certas substâncias de interesse, que podem colidir na superfície ativa do sensor. A superfície ativa produz uma corrente elétrica se tais reações ocorrerem na superfície e a corrente elétrica é, então, enviada para um alarme. Para maximizar a área da superfície da cabeça do sensor e, desta forma, a probabilidade de captura e detecção de uma partícula, a cabeça do sensor é projetada com uma forma muito complexa. O valor do coeficiente de transferência de calor médio associado ao sensor aquecido deve ser conhecido de tal forma que a potência elétrica requerida pelo sensor possa ser determinada.

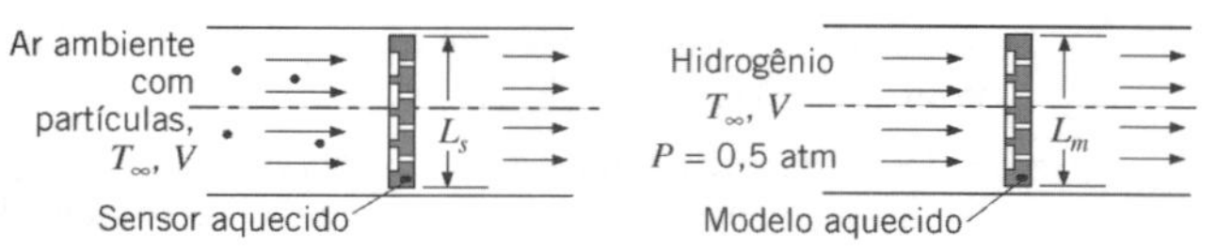

Seja um sensor com uma dimensão característica de $L_s = 80$ μm. Um modelo em escala do sensor encontra-se posicionado em um túnel de vento com recirculação (fechado) usando hidrogênio como fluido de trabalho. Se o túnel de vento opera com uma pressão absoluta de hidrogênio de 0,5 atm e uma velocidade $V = 0{,}5$ m/s, ache a temperatura do hidrogênio e a dimensão característica do modelo em escala, L_m, requeridas.

Analogia de Reynolds

6.36 Uma placa delgada e plana, de 0,2 m por 0,2 m de lado, está orientada paralelamente a uma corrente de ar atmosférico, que possui uma velocidade de 40 m/s. O ar está a uma temperatura $T_\infty = 20$ °C, enquanto a placa é mantida a $T_s = 120$ °C. O ar escoa sobre as superfícies superior e inferior da placa, e medidas da força de arrasto revelam um valor de 0,075 N. Qual é a taxa total de transferência de calor para o ar nas duas superfícies da placa?

6.37 Ar atmosférico escoa paralelamente ($u_\infty = 10$ m/s, $T_\infty = 15$ °C) sobre a superfície plana de um aquecedor que deve ser mantida a uma temperatura de 90 °C. A área da superfície do aquecedor é de 0,25 m², e sabe-se que o escoamento produz uma força de arrasto sobre o aquecedor de 0,15 N. Qual é a potência elétrica necessária para manter a temperatura superficial especificada?

6.38 Determine a força de arrasto exercida na superfície superior da placa plana do Exemplo 6.4 para temperaturas da água de 300 K e 350 K. Considere que a dimensão da placa na direção z seja $W = 1$ m.

6.39 Uma placa plana fina, com 0,2 m por 0,2 m de lado, e superfícies superior e inferior rugosas, encontra-se posicionada em um túnel de vento de tal forma que suas superfícies estão paralelas a uma corrente de ar atmosférico com uma velocidade de 30 m/s. O ar está a uma temperatura de $T_\infty = 20$ °C, enquanto a placa é mantida a $T_s = 80$ °C. A placa está rotacionada em 45° em torno de seu ponto central, como mostrado no esquema. Ar escoa sobre as superfícies superior e inferior da placa e medidas da taxa de transferência de calor indicam 2000 W. Qual é a força de arrasto na placa?

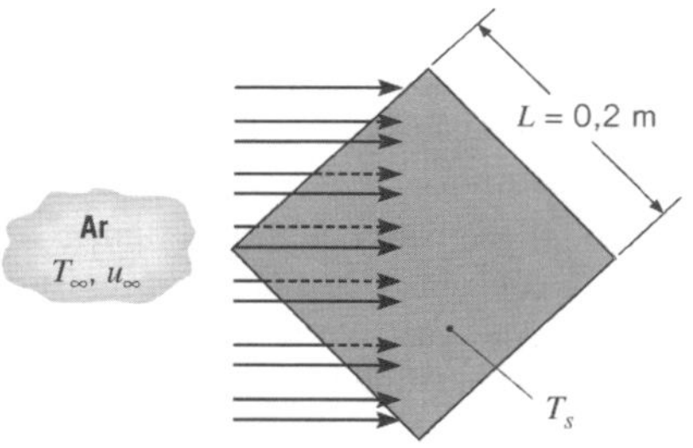

Vista superior da placa plana fina

6.40 Como um meio para evitar a formação de gelo nas asas de um pequeno avião particular, propõe-se que sejam instalados elementos aquecedores de resistência elétrica no interior das asas. Para determinar necessidades de potência representativas, considere condições de voo nominais nas quais o avião se desloca a 100 m/s no ar que está a uma temperatura de −23 °C. Se o comprimento característico do aerofólio é de $L = 2$ m e medidas em túnel de vento indicam um coeficiente de atrito médio de $\overline{C}_f = 0{,}0025$ para as condições nominais, qual é o fluxo térmico médio necessário para manter uma temperatura superficial de $T_s = 5$ °C?

6.41 Uma placa de circuitos com uma densa distribuição de circuitos integrados (CI) e dimensões de 20 mm por 20 mm de lado é resfriada pelo escoamento paralelo de ar atmosférico com uma velocidade de 2 m/s.

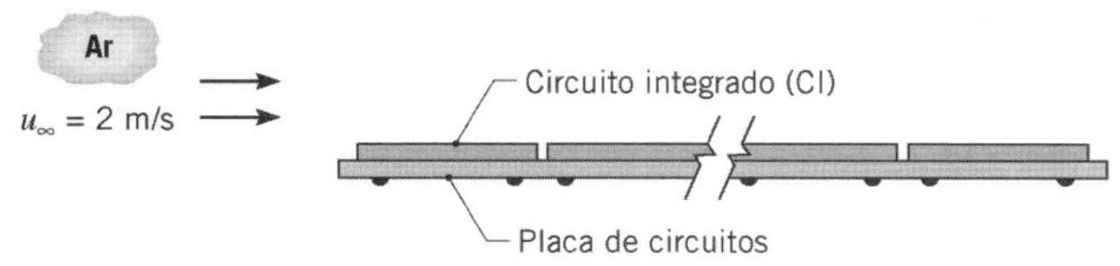

A partir de teste em túnel de vento sob as mesmas condições de escoamento, a tensão cisalhante viscosa média na superfície superior é determinada igual a 0,0575 N/m^2. Qual é a dissipação de potência admissível na superfície superior da placa se a temperatura superficial média dos CI não pode exceder a temperatura do ar ambiente em mais de 30 °C? Determine as propriedades termofísicas do ar a 300 K.

Coeficientes de Transferência de Massa

6.42 Em um dia de verão, a temperatura do ar é de 30 °C e sua umidade relativa é de 55 %. Água evapora da superfície de um lago a uma taxa de 0,08 kg/h por metro quadrado de área de sua superfície. A temperatura da água também é de 30 °C. Determine o valor do coeficiente de transferência de massa por convecção.

6.43 É observado que uma panela com 230 mm de diâmetro contendo água a 23 °C apresenta uma taxa de perda de massa de $1{,}5 \times 10^{-5}$ kg/s, quando o ar ambiente está seco e a uma temperatura de 23 °C.

(a) Determine o coeficiente de transferência de massa por convecção nessa situação.

(b) Estime a taxa de perda de massa por evaporação quando o ar ambiente apresentar uma umidade relativa de 50 %.

(c) Estime a taxa de perda de massa por evaporação para as temperaturas da água e do ar ambiente iguais a 47 °C, admitindo que o coeficiente de transferência de massa por convecção permaneça inalterado e que o ar ambiente esteja seco.

6.44 A seção de secagem de um moinho de papel consiste em 30 rolos quentes de 1,5 m de diâmetro e 3 m de comprimento. Um arco de 225º de cada rolo está em contato com a folha de papel umedecido, enquanto o restante da superfície do rolo está coberto com uma película de água diretamente exposta a uma corrente de ar a alta velocidade a uma temperatura de T_∞ = 35 ºC e umidade relativa de 95 %. Determine o coeficiente de transferência de massa médio ao longo da área associado com as superfícies expostas do rolo se a temperatura da agua é 90 ºC e a taxa de evaporação total a partir das superfícies expostas é de 80 kg/s.

6.45 A taxa na qual água é perdida em razão da evaporação em uma superfície de um corpo de água pode ser determinada a partir da medida da taxa de variação do seu nível. Considere um dia de verão no qual as temperaturas da água e do ar ambiente são de 305 K e a umidade relativa do ar é de 40 %. Se a taxa de queda de nível for de 0,1 mm/h, qual é a taxa, por unidade de área superficial, de perda de massa de água causada pela evaporação? Qual é o coeficiente de transferência de massa por convecção?

6.46 A fotossíntese, como ocorre nas folhas de uma planta verde, envolve o transporte de dióxido de carbono (CO_2) da atmosfera para os cloroplastos das folhas. A taxa de fotossíntese pode ser quantificada em termos da taxa de assimilação do CO_2 pelos cloroplastos. Essa assimilação é fortemente influenciada pela transferência de CO_2 através da camada-limite que se desenvolve sobre a superfície da folha. Sob condições nas quais a concentração mássica do CO_2 no ar é de 6×10^{-4} kg/m^3 e na superfície da folha é de $5{,}5 \times 10^{-4}$ kg/m^3, e o coeficiente de transferência de massa por convecção é igual a 2×10^{-2} m/s, qual é a taxa de fotossíntese em termos de quilogramas de CO_2 assimilados por unidade de tempo e de área da superfície da folha?

6.47 A espécie A está evaporando de uma superfície plana para o interior da espécie B. Admita que o perfil de concentrações de A no interior da camada-limite de concentração possua a forma $C_A(y) = Dy^2 + Ey + F$, com D, E e F sendo constantes em qualquer posição x, e y é medido ao longo da direção normal à superfície. Desenvolva uma expressão para o coeficiente de transferência de massa por convecção, h_m, em termos dessas constantes, da concentração de A na corrente livre, $C_{A,\infty}$, e da difusividade mássica, D_{AB}. Escreva uma expressão para o fluxo molar da transferência de massa por convecção da substância A.

Similaridade e Analogia entre as Transferências de Calor e de Massa

6.48 Considere o escoamento cruzado de um gás X sobre um objeto que possui um comprimento característico de $L = 0{,}1$ m. Para um número de Reynolds de 1×10^4, o coeficiente de transferência de calor médio é de 25 W/(m^2 · K). O mesmo objeto é, então, impregnado com um líquido Y e submetido às mesmas condições de escoamento. Dadas as propriedades termofísicas a seguir, qual é o coeficiente de transferência de massa por convecção médio?

	ν (m^2/s)	k (W/(m · K))	α (m^2/s)
Gás X	21×10^{-6}	0,030	29×10^{-6}
Líquido Y	$3{,}75 \times 10^{-7}$	0,665	$1{,}65 \times 10^{-7}$
Vapor Y	$4{,}25 \times 10^{-5}$	0,023	$4{,}55 \times 10^{-5}$
Mistura do gás X com o vapor Y: $S_c = 0{,}72$			

6.49 Um objeto de forma irregular possui um comprimento característico L = 1 m e tem a sua superfície mantida a uma temperatura uniforme T_s = 325 K. Ele encontra-se suspenso em uma corrente de ar a pressão atmosférica (p = 1 atm), que tem uma velocidade V = 100 m/s e uma temperatura T_∞ = 275 K. O fluxo térmico médio da superfície para o ar é de 12.000 W/m^2. Chamando a situação anterior de Caso 1, analise os casos a seguir e determine se as condições são análogas às do Caso 1. Cada caso envolve um objeto com a mesma forma, que está suspenso em uma corrente de ar da mesma maneira. Quando houver comportamento análogo, determine o valor correspondente do coeficiente convectivo médio.

(a) Os valores de T_s, T_∞ e p permanecem os mesmos, porém L = 2 m e V = 50 m/s.

(b) Os valores de T_s e T_∞ permanecem os mesmos, porém L = 2 m, V = 50 m/s e p = 0,2 atm.

(c) A superfície é coberta por uma película de um líquido que evapora para o ar. Todo o sistema se encontra a 300 K e o coeficiente de difusão da mistura ar-vapor é $D_{AB} = 1{,}12 \times 10^{-4}$ m^2/s. Também, L = 2 m, V = 50 m/s e p = 1 atm.

(d) A superfície é coberta por outra película de líquido, para o qual $D_{AB} = 1{,}12 \times 10^{-4}$ m^2/s, e o sistema está a 300 K. Nesse caso, L = 2 m, V = 250 m/s e p = 0,2 atm.

6.50 Em um dia frio do mês de agosto, um atleta pouco vestido, ao correr em uma superfície plana, perde calor a uma taxa de 450 W em função da convecção para o ar vizinho a T_∞ = 15 °C. A pele do corredor permanece seca e a uma temperatura T_s = 30 °C. Três meses depois, o atleta se desloca com a mesma velocidade, porém o dia é quente e úmido, com uma temperatura T_∞ = 33 °C e uma umidade relativa ϕ_∞ = 60 %. O corredor está agora molhado de suor e sua pele está a uma temperatura de 35 °C. Em ambas as condições, as propriedades do ar podem ser consideradas constantes e iguais a $\nu = 1{,}6 \times 10^{-5}$ m²/s; k = 0,026 W/(m · K); Pr = 0,70; e D_{AB}(vapor d'água-ar) = $2{,}3 \times 10^{-5}$ m²/s.

(a) Qual é a taxa de perda de água em função da evaporação no dia de verão?

(b) Qual é a taxa total de perda térmica por convecção no dia de verão?

6.51 Um experimento envolve o escoamento de ar a pressão atmosférica e 300 K sobre um objeto com comprimento característico L = 1 m, que está recoberto por uma espécie A. Os coeficientes de transferência de massa médios medidos estão apresentados na tabela. Determine os números de Schmidt, Reynolds e Sherwood para cada caso. Se $\overline{Sh}$ estiver relacionado com Re e Sc por uma expressão da forma $\overline{Sh} = CRe_L^m Sc^n$, determine os valores de C, m e n a partir da análise dos resultados experimentais. Com base nos valores que você determinou para a expressão, calcule o coeficiente de transferência de massa médio ao longo da superfície para a evaporação de benzeno em ar escoando a uma velocidade de 3,0 m/s sobre o objeto.

Espécie A	V (m/s)	$\overline{h}_m \times 10^3$ (m/s)
Água	2	12
Naftaleno	1,5	3,6
Acetona	2,5	8,0

6.52 Um processo industrial envolve a evaporação de água de uma película líquida que se forma sobre uma superfície curva. Ar seco é passado sobre a película e, com base em medidas de laboratório, determinou-se que a correlação para a transferência de calor por convecção tem a forma

$$\overline{Nu}_L = 0{,}43\, Re_L^{0{,}58}\, Pr^{0{,}4}$$

(a) Para uma temperatura e velocidade do ar de 27 °C e 10 m/s, respectivamente, qual é a taxa de evaporação a partir de uma superfície com 1 m² de área e um comprimento característico L = 1 m? Aproxime a concentração mássica do vapor saturado por $\rho_{A,sat}$ = 0,0077 kg/m³.

(b) Qual é a temperatura na película do líquido em regime estacionário?

6.53 A *técnica de sublimação do naftaleno* envolve o uso de um experimento de transferência de massa acoplado com uma análise baseada na analogia dos transportes de calor e massa para obter coeficientes convectivos locais ou médios para geometrias superficiais complexas. Um revestimento de naftaleno, um sólido volátil à temperatura ambiente, é aplicado sobre a superfície e, então, submetido a um escoamento de ar em um túnel de vento. Alternativamente, objetos sólidos podem ser moldados a partir de naftaleno líquido. Durante um intervalo de tempo determinado, Δt, há uma perda perceptível de naftaleno em razão da sublimação e, a partir da medida do retrocesso da superfície em locais de interesse ou da perda de massa da amostra, coeficientes de transferência de massa locais e médio podem ser determinados.

Considere um bastão retangular de naftaleno exposto ao ar em escoamento cruzado com V = 10 m/s e T_∞ = 300 K, como no Problema 6.9, exceto pelo fato de que agora c = 10 mm e d = 30 mm. Determine a mudança na massa de um bastão com comprimento L = 500 mm em um período de tempo de Δt = 30 min. A pressão de saturação sólido-vapor do naftaleno a 27 °C e 1 atm é de $p_{A,sat} = 1{,}33 \times 10^{-4}$ bar.

6.54 Seja a aplicação da técnica de sublimação do naftaleno (Problema 6.53) em uma pá de turbina a gás coberta com naftaleno e que tem uma área superficial de A_s = 0,045 m².

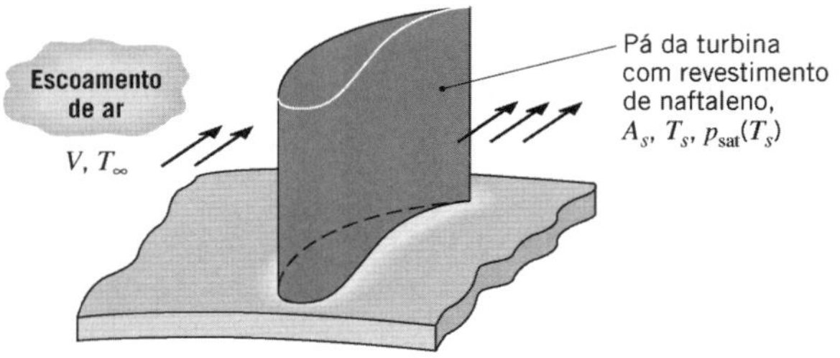

Para determinar o coeficiente de transferência de calor por convecção médio para uma condição de operação representativa, um experimento é efetuado no qual a pá revestida é exposta por 20 min ao ar atmosférico a uma velocidade desejada e a uma temperatura de T_∞ = 27 °C. Durante o experimento, a temperatura da superfície é de T_s = 27 °C e, no seu final, a massa da pá está reduzida em Δm = 6 g. Qual é o coeficiente de transferência de calor por convecção médio associado à condição de operação?

6.55 Um suporte aerodinâmico encontra-se exposto ao escoamento de ar quente. É necessário executar experimentos para determinar o coeficiente de transferência de calor por convecção médio $\overline{h}$ entre o ar e o suporte, a fim de ser possível prever o resfriamento do suporte até uma temperatura superficial desejada T_s. Decidiu-se efetuar experimentos de transferência de massa em um objeto com o mesmo formato do original e obter os resultados desejados para a transferência de calor usando-se a analogia entre as transferências de calor e de massa.

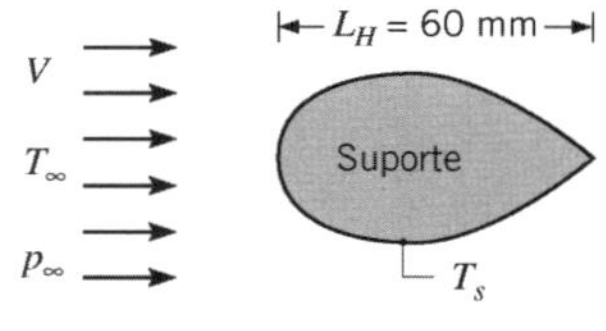

Os experimentos de transferência de massa foram conduzidos usando-se um modelo em meia escala do suporte, construído em naftaleno e exposto a uma corrente de ar a 27 °C. As medidas de transferência de massa forneceram os seguintes resultados:

Re_L	$\overline{Sh}_L$
72.000	269
144.000	462
288.000	794

(a) Usando os resultados experimentais da transferência de massa, determine os coeficientes C e m para uma correlação com a forma $\overline{Sh}_L = CRe_L^m Sc^{1/3}$.

(b) Determine o coeficiente de transferência de calor por convecção médio $\overline{h}$ para o suporte com o tamanho original, L_H = 60 mm, quando ele estiver exposto a uma corrente livre de ar com V = 50 m/s, T_∞ = 184 °C e p_∞ = 1 atm, com T_s = 70 °C.

(c) A área superficial do suporte pode ser representada por $A_s = 2{,}3\, L_H \cdot l$, sendo l o comprimento normal à página. Para as condições do item (b), qual será a variação na taxa de transferência de calor para o suporte se o comprimento característico L_H for dobrado?

6.56 Considere as condições do Problema 6.3, porém com uma fina película de água sobre a superfície. Se o ar estiver seco e o número de Schmidt *Sc* for igual a 0,6, qual é o fluxo de massa evaporando? Há transferência líquida de energia para ou saindo da água?

6.57 Um experimento de laboratório envolve transferência simultânea de calor e de massa em uma toalha embebida com água, submetida à irradiação proveniente de um conjunto de lâmpadas radiantes e a um escoamento paralelo de ar sobre a sua superfície. Usando uma correlação convectiva a ser apresentada no Capítulo 7, o coeficiente de transferência de calor por convecção médio é estimado em $\bar{h} = 28{,}7$ W/(m² · K). Considere que as propriedades radiantes da toalha são iguais às da água, para a qual $\alpha = \varepsilon = 0{,}96$ e que a vizinhança se encontra a 300 K.

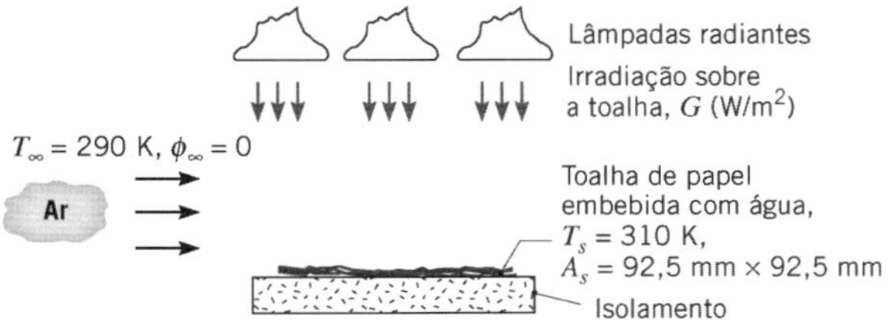

(a) Determine a taxa na qual a água evapora da toalha, n_A (kg/s).

(b) Efetue um balanço de energia na toalha para determinar a taxa líquida de transferência por radiação, q_{rad} (W), para a toalha. Determine a irradiação G (W/m²).

6.58 Na primavera, às vezes, superfícies de concreto, como calçadas e estradas, ficam muito molhadas no período da manhã, mesmo na ausência de chuva durante a noite. Condições típicas para o período noturno são mostradas na figura.

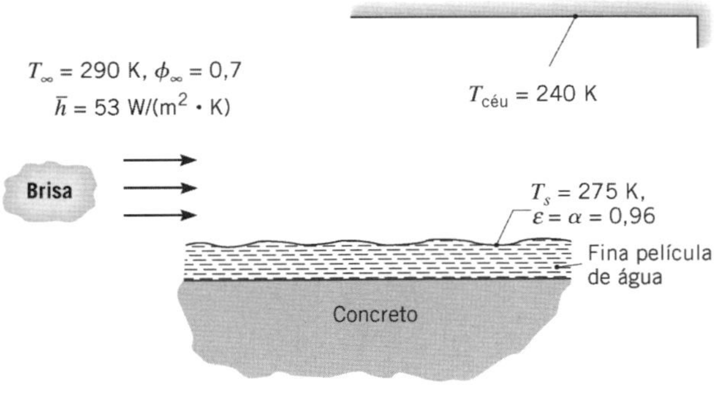

(a) Determine os fluxos térmicos associados à convecção, q''_{conv}, à evaporação, q''_{evap}, e à troca radiante com o céu, q''_{rad}.

(b) Os seus cálculos sugerem a razão de o concreto estar molhado em vez de seco? Explique sucintamente.

(c) O calor flui da película de líquido para o concreto? Ou do concreto para a camada de líquido? Determine o fluxo térmico condutivo entrando ou saindo do concreto.

6.59 Ar seco a 32 °C escoa sobre uma placa úmida (água) com área de 0,25 m². O coeficiente convectivo médio é de $\bar{h} = 22$ W/(m² · K) e a potência do aquecedor necessária para manter a placa a uma temperatura de 27 °C é de 498 W. Estime a potência necessária para manter a placa úmida a uma temperatura de 42 °C em ar seco a 32 °C, se os coeficientes convectivos se mantiverem inalterados.

6.60 Ar seco a 32 °C escoa sobre uma placa molhada com água com 200 mm de comprimento e largura de um metro (Caso A). Um aquecedor elétrico embutido na placa fornece 432 W e a temperatura na superfície é de 27 °C.

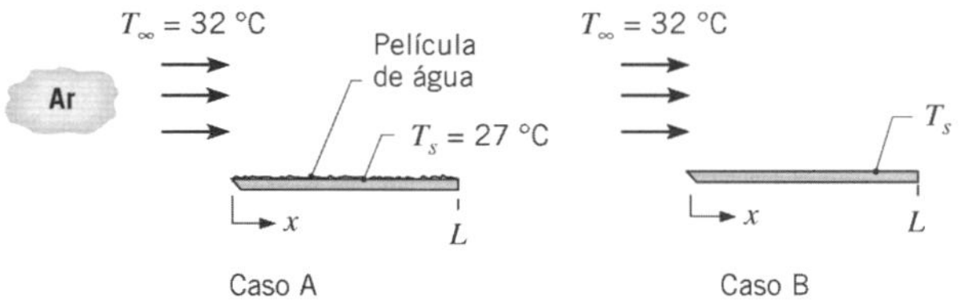

(a) Qual é a taxa de evaporação de água a partir da placa (kg/h)?

(b) Após um longo período de operação, toda a água é evaporada e a superfície da placa fica seca (Caso B). Para as mesmas condições na corrente livre e a mesma potência do aquecedor do Caso A, estime a temperatura da placa, T_s. Considere $\overline{Nu}_L = C Re^{1/2} Pr^{1/3}$.

Resfriamento Evaporativo

6.61 Uma esfera com 20 mm de diâmetro está suspensa em uma corrente de ar seco com uma temperatura de 22 °C. A potência fornecida a um aquecedor elétrico embutido no interior da esfera é de 2,51 W, quando a temperatura em sua superfície é de 32 °C. Quanta potência é necessária para manter a esfera a 32 °C, se a sua superfície externa tiver uma fina cobertura porosa saturada com água? Determine as propriedades do ar e o coeficiente de difusão da mistura ar-vapor d'água a 300 K.

6.62 Sabe-se que, em noites limpas, a temperatura do ar não precisa ser inferior a 0 °C para que uma fina camada de água sobre o solo se congele. Considere uma dessas camadas de água sobre o solo em uma noite limpa, na qual a temperatura efetiva do céu é de −30 °C e o coeficiente de transferência de calor por convecção, em razão do vento, é de $h = 20$ W/(m² · K). Pode-se considerar que a água possua uma emissividade igual a 0,96 e que esteja isolada do solo no que se refere à transferência de calor por condução.

(a) Desprezando a evaporação, determine a menor temperatura que o ar pode ter para que não haja congelamento da água.

(b) Para as condições dadas, estime o coeficiente de transferência de massa para a evaporação da água h_m (m/s).

(c) Levando em conta agora o efeito da evaporação, qual a menor temperatura que o ar pode ter para que não haja congelamento da água? Considere que o ar esteja seco.

6.63 Um refrigerador de névoa é usado para oferecer alívio a um atleta fatigado. Água a $T_i = 10$ °C é injetada como uma névoa em uma corrente de um ventilador a uma temperatura ambiente de $T_\infty = 32$ °C. Os diâmetros das gotas são $D = 100$ μm. Para pequenas gotas o número de Nusselt médio é correlacionado por uma expressão com a forma

$$\overline{Nu}_D = \bar{h}D/k = 2$$

(a) No tempo inicial, calcule a taxa de transferência de calor por convecção para a gota, a taxa de perda de calor decorrente da evaporação e a taxa de variação da temperatura da gota para dois valores da umidade relativa da corrente do ventilador, $\phi_\infty = 0{,}20$ e 0,95. Explique o que está acontecendo com a gota em cada caso.

(b) Calcule a temperatura da gota em regime estacionário para cada um dos dois valores de umidade relativa no item (a).

6.64 Um termômetro de bulbo úmido é um termômetro de vidro contendo mercúrio, cujo bulbo é coberto por um tecido umedecido (com água). Quando suspenso em uma corrente de ar, a leitura do termômetro em regime estacionário indica a temperatura de bulbo úmido, T_{bu}. Obtenha uma expressão para determinar a umidade relativa do ar a partir do conhecimento da temperatura do ar (T_∞), da temperatura de bulbo úmido e das propriedades pertinentes do ar e do vapor d'água. Se $T_\infty = 45$ °C e $T_{bu} = 25$ °C, qual é a umidade relativa da corrente de ar?

6.65 Uma camada de água, com 1 mm de espessura, sobre uma placa eletricamente aquecida é mantida a uma temperatura de $T_a = 340$ K, enquanto ar seco a $T_\infty = 300$ K escoa sobre a sua superfície (Caso A). O conjunto é circundado por uma grande vizinhança que também está a 300 K.

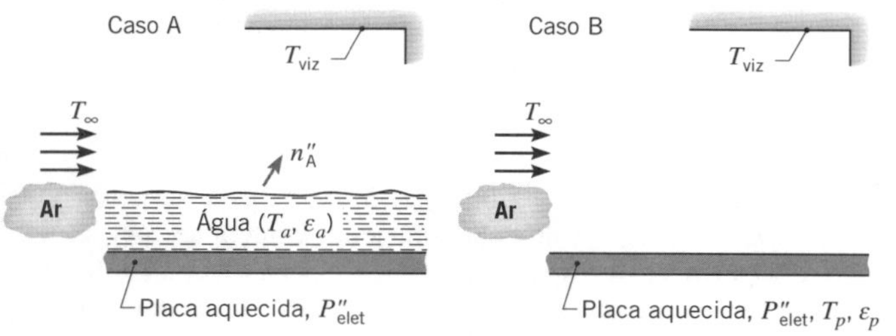

(a) Se o fluxo de evaporação na superfície da água para o ar for de $n''_A = 0{,}028$ kg/(s · m²), qual é o valor correspondente do coeficiente de transferência de massa por convecção? Quanto tempo levará para a água evaporar completamente?

(b) Quais são os valores correspondentes do coeficiente de transferência de calor por convecção e da taxa na qual a potência elétrica deve ser fornecida, por unidade de área da placa, para manter a temperatura especificada da água? A emissividade da água é $\varepsilon_a = 0{,}96$.

(c) Se a potência elétrica determinada no item (b) for mantida após a completa evaporação da água (Caso B), qual é a temperatura resultante da placa, cuja emissividade é $\varepsilon_p = 0{,}60$?

6.66 Um disco com 20 mm de diâmetro está coberto por uma película de água. Sob condições de regime estacionário, um aquecedor com potência de 200 mW é necessário para manter o sistema disco-película de água a 305 K em meio ao ar seco a 295 K. A taxa de evaporação observada é igual a 2,55 $\times 10^{-4}$ kg/h.

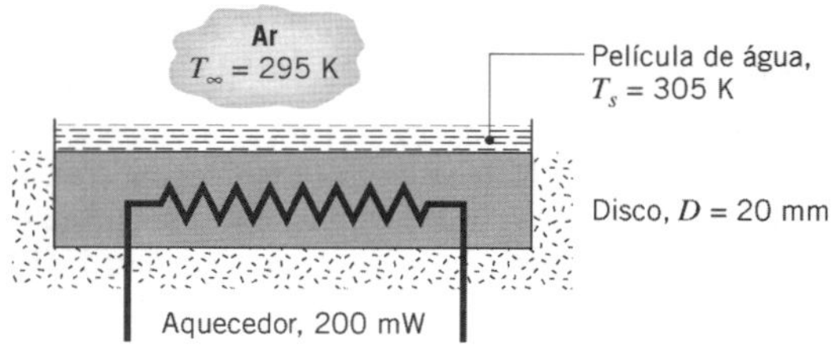

(a) Calcule o coeficiente de transferência de massa por convecção médio, $\bar{h}_m$, para o processo de evaporação.

(b) Calcule o coeficiente de transferência de calor por convecção médio, $\bar{h}$.

(c) Os valores de $\bar{h}_m$ e $\bar{h}$ satisfazem à analogia calor-massa?

(d) Sendo a umidade relativa do ar ambiente, a 295 K, aumentada de zero (ar seco) para 0,50, mas o suprimento de energia para o aquecedor mantido em 200 mW, a taxa de evaporação aumenta ou diminui? A temperatura no disco aumenta ou diminui?

6.67 Deseja-se desenvolver um modelo simples para prever o histórico temperatura-tempo de um prato durante o ciclo de secagem em uma máquina de lavar louças. Após o ciclo de lavagem, o prato encontra-se a $T_p(t) = T_p(0) = 65$ °C e o ar no interior da máquina está completamente saturado ($\phi_\infty = 1{,}0$) a $T_\infty = 55$ °C. Os valores da área superficial, A_s, da massa, m, e do calor específico, c, do prato são tais que $mc/A_s = 1600$ J/(m² · K).

(a) Supondo que o prato esteja completamente coberto por uma fina película de água e desprezando as resistências térmicas no prato e na película líquida, deduza uma equação diferencial para prever a temperatura do prato em função do tempo.

(b) Para as condições iniciais ($t = 0$), determine a variação da temperatura do prato com o tempo, dT/dt (°C/s), considerando que o coeficiente de transferência de calor médio sobre o prato seja igual a 3,5 W/(m² · K).

CAPÍTULO

7

Escoamento Externo

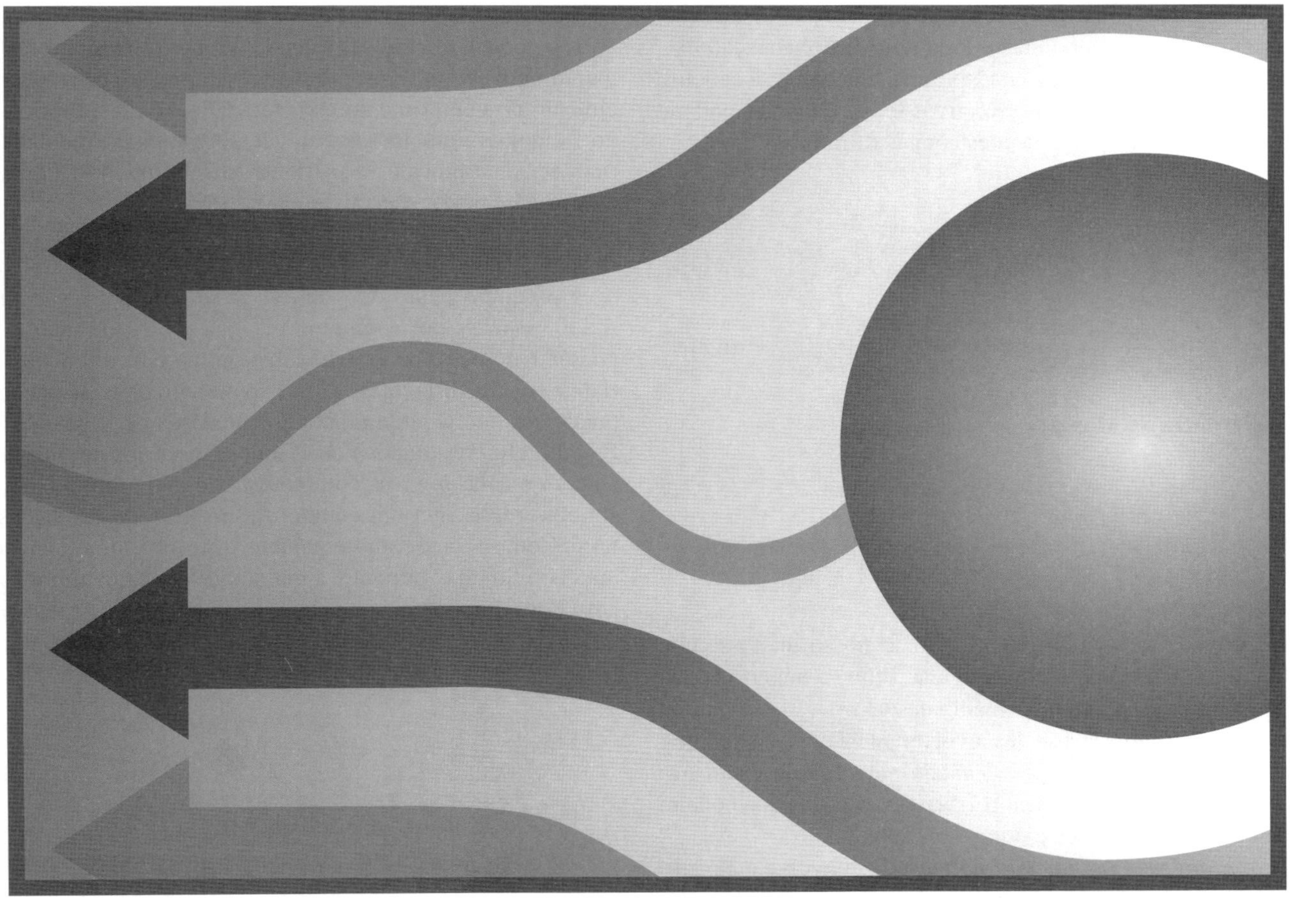

Neste capítulo focalizamos o problema de calcular taxas de transferência de calor e de massa entrando ou saindo de uma superfície em contato com um *escoamento externo*. Nesses escoamentos, as camadas-limite se desenvolvem livremente, sem restrições impostas por superfícies adjacentes. Consequentemente, sempre existirá uma região do escoamento externa à camada-limite, na qual os gradientes de velocidade, de temperatura e/ou de concentração são desprezíveis. Exemplos incluem o movimento de um fluido sobre uma placa plana (inclinada ou paralela à direção da velocidade na corrente livre) e o escoamento sobre superfícies curvas, tais como uma esfera, um cilindro, um aerofólio ou uma pá de turbinas.

No momento, concentraremos nossa atenção nos problemas de *convecção forçada*, com *baixas velocidades* e *sem mudança de fase* no fluido. Além disso, não consideraremos efeitos potenciais de micro ou nanoescalas no interior do fluido, como descrito na Seção 2.2, neste capítulo. Na convecção *forçada*, o movimento relativo entre o fluido e a superfície é mantido por meios externos, tais como um ventilador/soprador ou uma bomba, e não pelas forças de empuxo em razão dos gradientes de temperatura no fluido (convecção *natural*). *Escoamentos internos*, *convecção natural* e *convecção com mudança de fase* são tratados nos Capítulos 8, 9 e 10, respectivamente.

Nosso principal objetivo é determinar os coeficientes convectivos em diferentes geometrias de escoamento. Em particular, desejamos obter formas específicas para as funções que representam esses coeficientes. Pela adimensionalização das equações da camada-limite no Capítulo 6, chegamos à conclusão de que os coeficientes convectivos locais e médios podem ser correlacionados por equações com as formas

Transferência de Calor:

$$Nu_x = f(x^*, Re_x, Pr) \tag{6.49}$$

$$\overline{Nu}_x = f(Re_x, Pr) \tag{6.50}$$

Transferência de Massa:

$$Sh_x = f(x^*, Re_x, Sc) \tag{6.53}$$

$$\overline{Sh}_x = f(Re_x, Sc) \tag{6.54}$$

O subscrito x foi incluído para enfatizar nosso interesse em condições em uma posição particular sobre a superfície. A barra sobrescrita indica uma média desde $x^* = 0$, no qual a camada-limite começa a se desenvolver, até a posição de interesse. Lembre-se de que o *problema da convecção* é justamente o de se obter essas funções. Há duas abordagens que podem ser adotadas, uma teórica e outra experimental.

A *abordagem experimental* ou *empírica* envolve a execução de medidas da transferência de calor ou de massa sob condições controladas em laboratório e a correlação dos dados em termos de parâmetros adimensionais apropriados. Uma discussão geral da abordagem é fornecida na Seção 7.1. Ela foi aplicada em diferentes geometrias e condições de escoamento, e resultados importantes são apresentados nas Seções 7.2 a 7.8.

A *abordagem teórica* envolve a resolução das equações da camada-limite para determinada geometria. Por exemplo, obtido o perfil de temperaturas T^* em tal solução, a Equação 6.48 pode ser utilizada para determinar o número de Nusselt local Nu_x e, consequentemente, o coeficiente convectivo local h_x. Com o conhecimento de como h_x varia ao longo da superfície, a Equação 6.13 pode, então, ser usada para determinar o coeficiente convectivo médio $\overline{h}_x$, e assim, o número de Nusselt médio $\overline{Nu}_x$. Na Seção 7.2.1, essa abordagem é ilustrada com o uso do *método da similaridade* para obter uma *solução exata* das equações da camada-limite para o escoamento laminar paralelo a uma placa plana [1−3]. Uma *solução aproximada* para o mesmo problema é obtida no Apêndice G a partir do *método integral* [4].

7.1 O Método Empírico

A maneira pela qual uma correlação para a transferência de calor por convecção pode ser obtida experimentalmente está ilustrada na Figura 7.1. Se uma geometria específica, como a placa plana em um escoamento paralelo, for aquecida eletricamente de modo a manter $T_s > T_\infty$, transferência de calor por convecção ocorre da superfície para o fluido. Seria então uma tarefa simples medir T_s e T_∞, assim como a potência elétrica, $E \cdot I$, que é igual à taxa de transferência de calor total q. O coeficiente convectivo $\overline{h}_L$, que é uma média associada a toda a placa, poderia então ser calculado a partir da lei do resfriamento de Newton, Equação 6.12. Além disso, com o conhecimento do comprimento característico L e das propriedades do fluido, os números de Nusselt, Reynolds e Prandtl poderiam ser determinados a partir de suas definições, Equações 6.50, 6.41 e 6.42, respectivamente.

O procedimento anterior poderia ser repetido para uma variedade de condições de teste. Poderíamos variar a velocidade u_∞ e o comprimento da placa L, assim como a natureza do fluido, usando, por exemplo, ar, água e óleo de motor, que possuem números de Prandtl substancialmente diferentes. Teríamos, então, diferentes valores do número de Nusselt correspondentes a uma ampla faixa dos números de Reynolds e de Prandtl, e os resultados poderiam ser inseridos em um gráfico com escalas *log-log*, como mostrado na Figura 7.2*a*. Cada símbolo representa um conjunto específico de condições de teste. Como ocorre com frequência, os resultados associados a um dado fluido e, portanto, a um número de Prandtl fixo, situam-se próximos a uma linha reta. Isso indica uma dependência

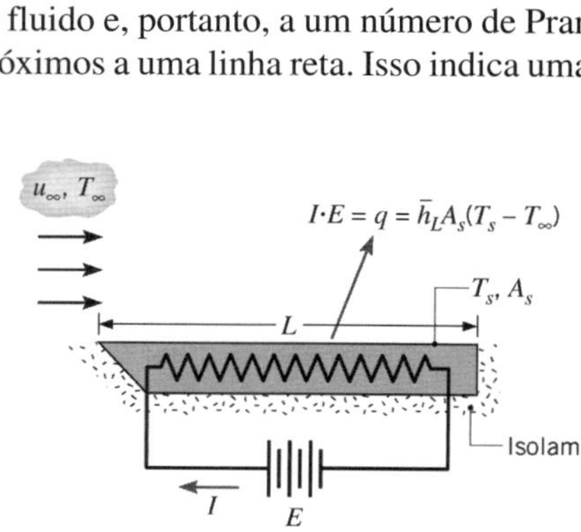

FIGURA 7.1 Experimento para medir o coeficiente de transferência de calor por convecção médio $\overline{h}_L$.

do número de Nusselt em relação ao número de Reynolds na forma de uma lei de potência. Considerando todos os fluidos, os dados podem então ser representados por uma expressão algébrica com a forma

$$\overline{Nu}_L = C\, Re_L^m\, Pr^n \tag{7.1}$$

Como os valores de C, m e n são frequentemente independentes da natureza do fluido, a família de linhas retas correspondentes a diferentes números de Prandtl pode ser concentrada em uma única linha ao se representar os resultados em termos da razão $\overline{Nu}_L/Pr^n$, como mostrado na Figura 7.2*b*.

Em virtude de a Equação 7.1 ser inferida a partir de dados experimentais, ela é chamada de uma *correlação empírica*. Os valores específicos do coeficiente C e dos expoentes m e n variam com a natureza da geometria da superfície e com o tipo de escoamento.

Em muitos casos especiais usaremos expressões com a forma dada pela Equação 7.1, e é importante observar que a hipótese de *propriedades do fluido constantes* está frequentemente implícita nos resultados. Entretanto, sabemos que as propriedades do fluido variam com a temperatura através da camada-limite e que essa variação pode certamente influenciar a taxa de transferência de calor. Essa influência pode ser tratada em uma entre duas maneiras. Em um método, a Equação 7.1 é utilizada com todas as propriedades avaliadas a uma temperatura média da camada-limite T_f, chamada de *temperatura do filme*.

$$T_f \equiv \frac{T_s + T_\infty}{2} \tag{7.2}$$

O método alternativo é avaliar todas as propriedades a T_∞ e multiplicar o lado direito da Equação 7.1 por um parâmetro adicional para levar em conta a variação das propriedades.

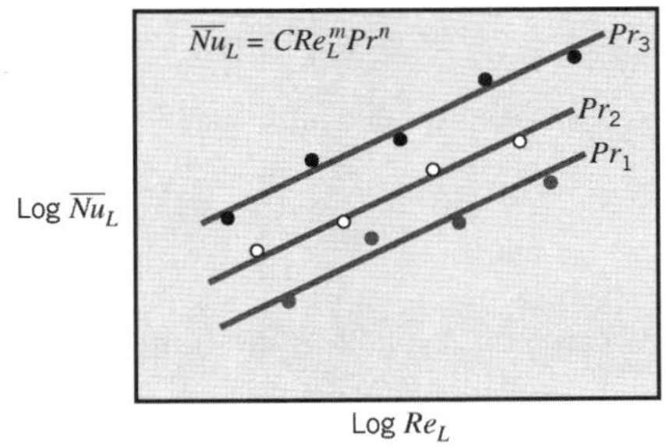

(*a*)

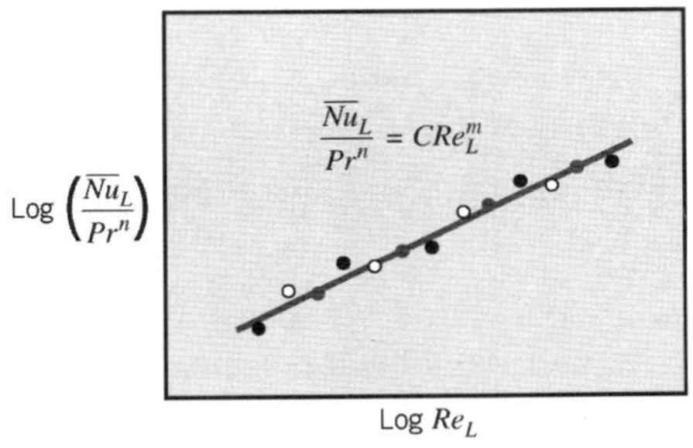

(*b*)

FIGURA 7.2 Representação adimensional das medidas da transferência de calor por convecção.

O parâmetro possui comumente a forma $(Pr_\infty/Pr_s)^r$ ou $(\mu_\infty/\mu_s)^r$, com os subscritos ∞ e s indicando a avaliação das propriedades nas temperaturas da corrente livre e da superfície, respectivamente. Os dois métodos são utilizados nos resultados a seguir.

Finalmente, observamos que experimentos também podem ser executados para a obtenção de correlações da transferência de massa por convecção. Contudo, em condições nas quais a analogia entre as transferências de calor e de massa (Seção 6.7.1) pode ser aplicada, a correlação da transferência de massa assume a mesma forma da correlação da transferência de calor correspondente. Assim, antecipamos correlações com a forma

$$\overline{Sh}_L = C\, Re_L^m\, Sc^n \tag{7.3}$$

nas quais, para uma dada geometria e condição de escoamento, os valores de C, m e n são os mesmos que aparecem na Equação 7.1.

7.2 A Placa Plana em Escoamento Paralelo

Apesar de sua simplicidade, o escoamento paralelo sobre uma placa plana (Figura 7.3) ocorre em inúmeras aplicações da Engenharia. Como discutido na Seção 6.3, o desenvolvimento da camada-limite laminar começa na borda frontal ($x = 0$) e a transição para o regime turbulento pode ocorrer em uma posição (x_c) a jusante, na qual um número de Reynolds crítico $Re_{x,c}$ é atingido. Iniciamos determinando analiticamente as distribuições de velocidade, de temperatura e de concentração nas camadas-limite laminares, mostradas qualitativamente nas Figuras 6.1, 6.2 e 6.3, respectivamente. A partir do conhecimento destas distribuições, determinaremos expressões para os coeficientes de atrito, números de Nusselt e números de Sherwood locais e médios. Posteriormente, apresentaremos correlações determinadas empiricamente para o coeficiente de atrito, para os números de Nusselt e para os números de Sherwood para camadas-limite turbulentas.

7.2.1 *Escoamento Laminar sobre uma Placa Isotérmica: Uma Solução por Similaridade*

Os principais parâmetros da convecção podem ser obtidos a partir da resolução de formas apropriadas das equações da

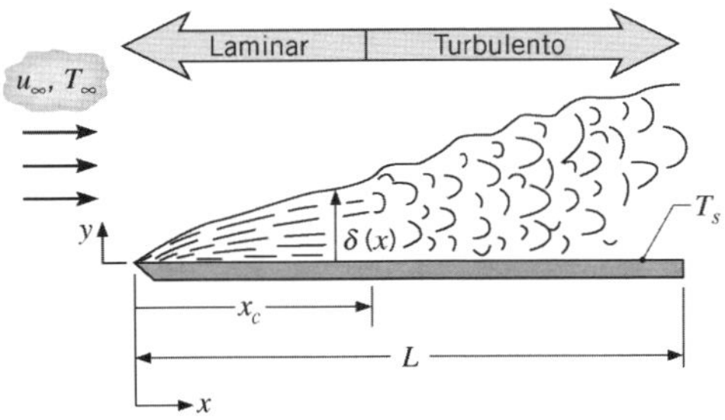

FIGURA 7.3 A placa plana em escoamento paralelo.

camada-limite. Supondo escoamento *laminar, incompressível* e *em regime estacionário*, com *propriedades do fluido constantes* e *dissipação viscosa desprezível*, e reconhecendo ainda que $dp/dx = 0$, as equações da camada-limite (Equações 6.27, 6.28, 6.29 e 6.30) se reduzem a

Continuidade:

$$\frac{\partial u}{\partial x} + \frac{\partial v}{\partial y} = 0 \tag{7.4}$$

Momento:

$$u\frac{\partial u}{\partial x} + v\frac{\partial u}{\partial y} = \nu\frac{\partial^2 u}{\partial y^2} \tag{7.5}$$

Energia:

$$u\frac{\partial T}{\partial x} + v\frac{\partial T}{\partial y} = \alpha\frac{\partial^2 T}{\partial y^2} \tag{7.6}$$

Espécie:

$$u\frac{\partial \rho_A}{\partial x} + v\frac{\partial \rho_A}{\partial y} = D_{AB}\frac{\partial^2 \rho_A}{\partial y^2} \tag{7.7}$$

A solução dessas equações é simplificada pelo fato de que, para propriedades constantes, as condições na camada-limite de velocidade (fluidodinâmica) são independentes da temperatura e da concentração da espécie. Dessa forma, podemos começar resolvendo o problema fluidodinâmico, Equações 7.4 e 7.5, sem levar em conta as Equações 7.6 e 7.7. Uma vez resolvido o problema fluidodinâmico, as soluções para as Equações 7.6 e 7.7, que dependem de u e v, podem ser obtidas.

Solução Fluidodinâmica A solução fluidodinâmica segue o método de Blasius [1, 2]. A primeira etapa consiste em definir uma função corrente $\psi(x, y)$, tal que

$$u \equiv \frac{\partial \psi}{\partial y} \quad \text{e} \quad v \equiv -\frac{\partial \psi}{\partial x} \tag{7.8}$$

A Equação 7.4 é então automaticamente satisfeita e, assim, não mais necessária. As novas variáveis dependente e independente, f e η, respectivamente, são então definidas de tal forma que

$$f(\eta) \equiv \frac{\psi}{u_\infty\sqrt{\nu x/u_\infty}} \tag{7.9}$$

$$\eta \equiv y\sqrt{u_\infty/\nu x} \tag{7.10}$$

Como verificaremos, o uso dessas variáveis simplifica a questão mediante a redução da equação diferencial parcial, Equação 7.5, para uma equação diferencial ordinária.

A solução de Blasius é dita uma *solução por similaridade*, e η é uma *variável de similaridade*. Essa terminologia é usada porque, apesar do crescimento da camada-limite com a distância x da borda frontal, o perfil de velocidades u/u_∞ permanece *geometricamente similar*. Essa similaridade possui a forma funcional

$$\frac{u}{u_\infty} = \phi\left(\frac{y}{\delta}\right)$$

em que δ é a espessura da camada-limite. Descobriremos a partir da solução de Blasius que δ varia com $(\nu x/u_\infty)^{1/2}$; assim, tem-se que

$$\frac{u}{u_\infty} = \phi(\eta) \tag{7.11}$$

Desta forma, o perfil de velocidades é unicamente determinado pela variável de similaridade η, que depende de x e y.

Das Equações 7.8 a 7.10, obtemos

$$u = \frac{\partial \psi}{\partial y} = \frac{\partial \psi}{\partial \eta}\frac{\partial \eta}{\partial y} = u_\infty\sqrt{\frac{\nu x}{u_\infty}}\frac{df}{d\eta}\sqrt{\frac{u_\infty}{\nu x}}\,u_\infty = \frac{df}{d\eta} \tag{7.12}$$

e

$$v = -\frac{\partial \psi}{\partial x} = -\left(u_\infty\sqrt{\frac{\nu x}{u_\infty}}\frac{\partial f}{\partial x} + \frac{u_\infty}{2}\sqrt{\frac{\nu}{u_\infty x}}f\right)$$

$$v = \frac{1}{2}\sqrt{\frac{\nu u_\infty}{x}}\left(\eta\frac{df}{d\eta} - f\right) \tag{7.13}$$

Diferenciando os componentes da velocidade, também pode ser mostrado que

$$\frac{\partial u}{\partial x} = -\frac{u_\infty}{2x}\eta\frac{d^2 f}{d\eta^2} \tag{7.14}$$

$$\frac{\partial u}{\partial y} = u_\infty\sqrt{\frac{u_\infty}{\nu x}}\frac{d^2 f}{d\eta^2} \tag{7.15}$$

$$\frac{\partial^2 u}{\partial y^2} = \frac{u_\infty^2}{\nu x}\frac{d^3 f}{d\eta^3} \tag{7.16}$$

Substituindo essas expressões na Equação 7.5, obtemos então

$$2\frac{d^3 f}{d\eta^3} + f\frac{d^2 f}{d\eta^2} = 0 \tag{7.17}$$

Assim, o problema da camada-limite fluidodinâmica é reduzido à solução de uma equação diferencial ordinária, não linear, de terceira ordem. As condições de contorno apropriadas são

$$u(x, 0) = v(x, 0) = 0 \quad \text{e} \quad u(x, \infty) = u_\infty$$

ou, em termos das variáveis de similaridade,

$$\left.\frac{df}{d\eta}\right|_{\eta=0} = f(0) = 0 \quad \text{e} \quad \left.\frac{df}{d\eta}\right|_{\eta\to\infty} = 1 \tag{7.18}$$

A solução da Equação 7.17, submetida às condições das Equações 7.18, pode ser obtida por uma expansão em série [2] ou por integração numérica [3]. Resultados selecionados estão apresentados na Tabela 7.1, a partir da qual informações úteis podem ser extraídas. O componente na direção x da distribuição de velocidades é representado graficamente

TABELA 7.1 Funções da camada-limite laminar em uma placa plana [3]

$\eta = y\sqrt{\frac{u_\infty}{\nu x}}$	f	$\frac{df}{d\eta} = \frac{u}{u_\infty}$	$\frac{d^2f}{d\eta^2}$
0	0	0	0,332
0,4	0,027	0,133	0,331
0,8	0,106	0,265	0,327
1,2	0,238	0,394	0,317
1,6	0,420	0,517	0,297
2,0	0,650	0,630	0,267
2,4	0,922	0,729	0,228
2,8	1,231	0,812	0,184
3,2	1,569	0,876	0,139
3,6	1,930	0,923	0,098
4,0	2,306	0,956	0,064
4,4	2,692	0,976	0,039
4,8	3,085	0,988	0,022
5,2	3,482	0,994	0,011
5,6	3,880	0,997	0,005
6,0	4,280	0,999	0,002
6,4	4,679	1,000	0,001
6,8	5,079	1,000	0,000

na Figura 7.4*a*, com os dados retirados da terceira coluna da tabela. Observamos também que, com uma boa aproximação, $(u/u_\infty) = 0{,}99$ para $\eta = 5{,}0$. Definindo a espessura da camada-limite δ como o valor de y no qual $(u/u_\infty) = 0{,}99$, tem-se da Equação 7.10 que

$$\delta = \frac{5{,}0}{\sqrt{u_\infty/\nu x}} = \frac{5x}{\sqrt{Re_x}} \tag{7.19}$$

Da Equação 7.19 fica claro que δ aumenta com o aumento de x e ν, mas diminui com o aumento de u_∞ (quanto maior a velocidade na corrente livre, *mais estreita* a camada-limite). Além disso, pela Equação 7.15, a tensão de cisalhamento na parede pode ser representada por

$$\tau_s = \mu \left.\frac{\partial u}{\partial y}\right|_{y=0} = \mu u_\infty \sqrt{u_\infty/\nu x} \left.\frac{d^2f}{d\eta^2}\right|_{\eta=0}$$

Assim, da Tabela 7.1

$$\tau_s = 0{,}332 u_\infty \sqrt{\rho\mu u_\infty/x}$$

Da Equação 6.45, o coeficiente de atrito *local* é, então,

$$C_{f,x} \equiv \frac{\tau_{s,x}}{\rho u_\infty^2/2} = 0{,}664\, Re_x^{-1/2} \tag{7.20}$$

Solução da Transferência de Calor A partir do conhecimento das condições na camada-limite de velocidade, a equação da energia pode agora ser resolvida. Iniciamos pela definição da temperatura adimensional $T^* \equiv [(T - T_s)/(T_\infty - T_s)]$ e supomos uma solução de similaridade com a forma $T^* = T^*(\eta)$. Efetuando as substituições necessárias, a Equação 7.6 se reduz a

$$\frac{d^2T^*}{d\eta^2} + \frac{Pr}{2} f \frac{dT^*}{d\eta} = 0 \tag{7.21}$$

Observe a dependência da solução térmica em relação às condições fluidodinâmicas por meio da presença da variável f na Equação 7.21. As condições de contorno apropriadas são

$$T^*(0) = 0 \quad \text{e} \quad T^*(\infty) = 1 \tag{7.22}$$

Submetida às condições da Equação 7.22, a Equação 7.21 pode ser resolvida por integração numérica para diferentes valores do número de Prandtl; distribuições de temperaturas representativas para $Pr = 0{,}6$; 1 e 7 são mostradas na Figura 7.4*b*. A distribuição de temperaturas é idêntica à distribuição de velocidades para $Pr = 1$. Os efeitos térmicos penetram

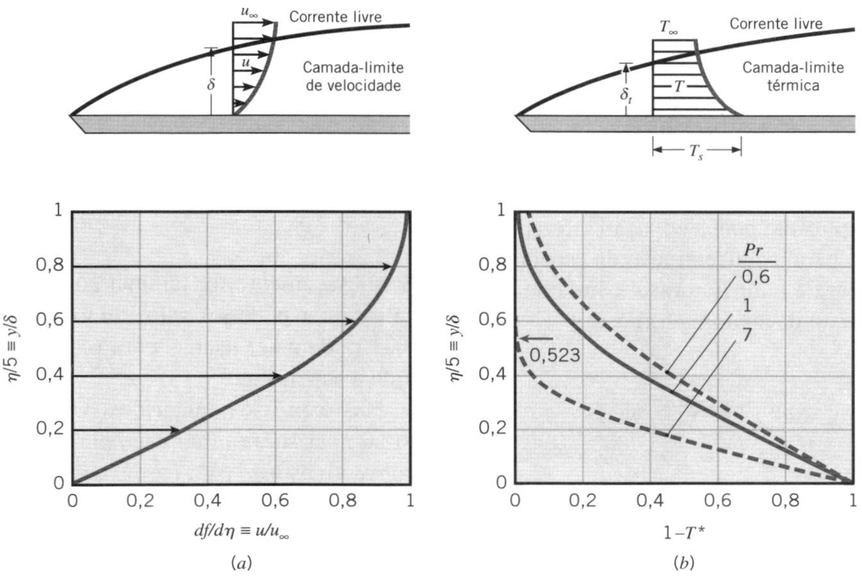

FIGURA 7.4 Solução por similaridade para o escoamento laminar sobre uma placa isotérmica. (*a*) O componente x da velocidade. (*b*) Distribuições de temperatura para $Pr = 0{,}6$; 1 e 7.

mais na camada-limite de velocidade com a diminuição do número de Prandtl e ultrapassam a camada-limite de velocidade para $Pr < 1$. Uma consequência prática dessa solução é que, para $Pr \gtrsim 0{,}6$, resultados para o gradiente de temperatura na superfície $dT^*/d\eta|_{\eta=0}$ podem ser correlacionados pela seguinte relação:

$$\left.\frac{dT^*}{d\eta}\right|_{\eta=0} = 0{,}332\ Pr^{1/3}$$

Representando o coeficiente convectivo local por

$$h_x = \frac{q''_s}{T_s - T_\infty} = -\frac{T_\infty - T_s}{T_s - T_\infty} k \left.\frac{\partial T^*}{\partial y}\right|_{y=0}$$

$$h_x = k\left(\frac{u_\infty}{\nu x}\right)^{1/2} \left.\frac{dT^*}{d\eta}\right|_{\eta=0}$$

segue-se da Equação 6.48 que o número de Nusselt *local* é

$$Nu_x \equiv \frac{h_x x}{k} = 0{,}332\ Re_x^{1/2}\ Pr^{1/3} \qquad Pr \gtrsim 0{,}6 \qquad (7.23)$$

A partir da solução da Equação 7.21, tem-se também que, para $Pr \gtrsim 0{,}6$, a razão entre as espessuras das camadas-limite de velocidade e térmica é

$$\frac{\delta}{\delta_t} \approx Pr^{1/3} \qquad (7.24)$$

com δ fornecida pela Equação 7.19. Por exemplo, para $Pr = 7$, $\delta/\delta_t = 1{,}91$ ($\delta_t/\delta = 0{,}523$), como mostrado na Figura 7.4*b*.

Solução da Transferência de Massa A equação da camada-limite de uma espécie, Equação 7.7, tem a mesma forma da equação da camada-limite da energia, Equação 7.6, com D_{AB} substituindo α. Introduzindo uma concentração mássica normalizada da espécie A, $\rho_A^* = [(\rho_A - \rho_{A,s})/(\rho_{A,s} - \rho_{A,s})]$ e observando que, para uma concentração da espécie na superfície fixa

$$\rho_A^*(0) = 0 \quad \text{e} \quad \rho_A^*(\infty) = 1 \qquad (7.25)$$

vemos também que as condições de contorno para a espécie têm a mesma forma das condições de contorno para a temperatura dadas pela Equação 7.22. Consequentemente, como discutido na Seção 6.7.1, a analogia das transferências de calor e de massa pode ser aplicada, pois a equação diferencial e as condições de contorno para a concentração da espécie têm a mesma forma do que para a temperatura. Assim, com base na Equação 7.23, a aplicação da analogia fornece

$$Sh_x \equiv \frac{h_{m,x} x}{D_{AB}} = 0{,}332\ Re_x^{1/2}\ Sc^{1/3} \qquad Sc \gtrsim 0{,}6 \qquad (7.26)$$

Por analogia com a Equação 7.24, tem-se também que a razão das espessuras das camadas-limite é

$$\frac{\delta}{\delta_c} \approx Sc^{1/3} \qquad (7.27)$$

Os resultados anteriores podem ser usados para calcular importantes parâmetros da camada-limite *laminar* para $0 < x < x_c$, sendo x_c a distância da borda frontal na qual a transição inicia. As Equações 7.20, 7.23 e 7.26 implicam que $\tau_{s,x}$, h_x e $h_{m,x}$ são, a princípio, infinitos na borda frontal e diminuem com $x^{-1/2}$ no sentido do escoamento. As Equações 7.24 e 7.27 também implicam que, para valores de Pr e Sc próximos à unidade, o caso da maioria dos gases, as três camadas-limite apresentam crescimento praticamente idêntico.

Parâmetros da Camada-Limite Médios para Condições Laminares A partir dos resultados locais anteriores, parâmetros médios da camada-limite podem ser determinados. Com o coeficiente de atrito médio definido por

$$\overline{C}_{f,x} \equiv \frac{\overline{\tau}_{s,x}}{\rho u_\infty^2/2} \qquad (7.28)$$

na qual

$$\overline{\tau}_{s,x} \equiv \frac{1}{x}\int_0^x \tau_{s,x}\, dx$$

a forma de $\tau_{s,x}$ pode ser obtida da Equação 7.20 e a integração efetuada, fornecendo

$$\overline{C}_{f,x} = 1{,}328\ Re_x^{-1/2} \qquad (7.29)$$

Além disso, com base nas Equações 6.14 e 7.23, o coeficiente de transferência de calor *médio* para o escoamento laminar é

$$\overline{h}_x = \frac{1}{x}\int_0^x h_x dx = 0{,}332\left(\frac{k}{x}\right)Pr^{1/3}\left(\frac{u_\infty}{\nu}\right)^{1/2}\int_0^x \frac{dx}{x^{1/2}}$$

Integrando e substituindo a Equação 7.23, tem-se que $\overline{h}_x = 2h_x$. Assim,

$$\overline{Nu}_x \equiv \frac{\overline{h}_x x}{k} = 0{,}664\ Re_x^{1/2}\ Pr^{1/3} \qquad Pr \gtrsim 0{,}6 \qquad (7.30)$$

Empregando a analogia das transferências de calor e de massa, tem-se também que

$$\overline{Sh}_x \equiv \frac{\overline{h}_{m,x} x}{D_{AB}} = 0{,}664\ Re_x^{1/2}\ Sc^{1/3} \qquad Sc \gtrsim 0{,}6 \qquad (7.31)$$

Se o escoamento for laminar ao longo de toda a superfície, o subscrito x pode ser substituído por L, e as Equações 7.29 a 7.31 podem ser usadas para prever as condições médias em toda a superfície.

Nas expressões anteriores vemos que, para o escoamento laminar sobre uma placa plana, os coeficientes de atrito e convectivos *médios* a partir da borda frontal até o ponto x sobre a superfície são o *dobro* dos coeficientes *locais* naquele ponto. Também observamos que, ao usarmos essas expressões, o efeito de propriedades variáveis pode ser tratado pela avaliação de todas as propriedades na *temperatura do filme*, Equação 7.2.

Metais Líquidos Para fluidos com número de Prandtl pequeno, os *metais líquidos*, a Equação 7.23 não se aplica. Contudo, nesse caso, o desenvolvimento da camada-limite térmica é muito mais rápido do que o desenvolvimento da camada-limite de velocidade ($\delta_t \gg \delta$), e é razoável admitir velocidade uniforme ($u = u_\infty$) ao longo da camada-limite térmica. A partir de uma solução para a equação da camada-limite térmica baseada nessa hipótese [5], pode-se então mostrar que

$$Nu_x = 0{,}564\,Pe_x^{1/2} \qquad Pr \lesssim 0{,}05, \quad Pe_x \gtrsim 100 \qquad (7.32)$$

sendo $Pe_x \equiv Re_x Pr$ o *número de Peclet* (Tabela 6.2). Apesar da natureza corrosiva e reativa dos metais líquidos, suas propriedades peculiares (ponto de fusão e pressão de vapor reduzidos, bem como elevadas capacidade e condutividade térmicas) os tornam bons candidatos a refrigerantes em aplicações que exigem elevadas taxas de transferência de calor.

Uma expressão única, que se aplica a todos os números de Prandtl, foi recomendada por Churchill e Ozoe [6]. Para o escoamento laminar sobre uma placa isotérmica, o coeficiente convectivo local pode ser obtido por

$$Nu_x = \frac{0{,}3387\,Re_x^{1/2}\,Pr^{1/3}}{[1 + (0{,}0468/Pr)^{2/3}]^{1/4}} \qquad Pe_x \gtrsim 100 \qquad (7.33)$$

com $\overline{Nu}_x = 2Nu_x$.

7.2.2 Escoamento Turbulento sobre uma Placa Isotérmica

Não é possível a obtenção de soluções analíticas exatas para camadas-limite turbulentas, que são inerentemente não estacionárias. A partir de experimentos [2] sabe-se que, para escoamentos turbulentos com números de Reynolds de até aproximadamente 10^8, o coeficiente de atrito *local* é correlacionado, com 15 % de acurácia, por uma expressão na forma

$$C_{f,x} = 0{,}0592\,Re_x^{-1/5} \qquad Re_{x,c} \lesssim Re_x \lesssim 10^8 \qquad (7.34)$$

Além disso, sabe-se que, com uma aproximação razoável, a espessura da camada-limite de velocidade pode ser representada por

$$\delta = 0{,}37x\,Re_x^{-1/5} \qquad (7.35)$$

Comparando esses resultados com aqueles para a camada-limite laminar, Equações 7.19 e 7.20, verificamos que o crescimento da camada-limite turbulenta é muito mais rápido (δ varia com $x^{4/5}$ em contraste com $x^{1/2}$ para o escoamento laminar) e que o decréscimo do coeficiente de atrito é mais gradual ($x^{-1/5}$ contra $x^{-1/2}$). Para o escoamento turbulento, o desenvolvimento da camada-limite é fortemente influenciado por flutuações aleatórias no fluido e não pela difusão molecular. Dessa forma, o crescimento relativo das camadas-limite não depende do valor de Pr ou Sc, e a Equação 7.35 pode ser usada para fornecer as espessuras das camadas-limite térmica e de concentração, bem como da camada-limite de velocidade. Isto é, para o escoamento turbulento, $\delta \approx \delta_t \approx \delta_c$.

Usando a Equação 7.34 com a analogia de Reynolds modificada, ou analogia de Chilton-Colburn, Equações 6.70 e 6.71, o número de Nusselt *local* para o escoamento turbulento é

$$\begin{aligned} Nu_x &= St\,Re_x\,Pr \\ &= 0{,}0296\,Re_x^{4/5}\,Pr^{1/3} \qquad 0{,}6 \lesssim Pr \lesssim 60 \end{aligned} \qquad (7.36)$$

e o número de Sherwood *local* é

$$\begin{aligned} Sh_x &= St_m\,Re_x\,Sc \\ &= 0{,}0296\,Re_x^{4/5}\,Sc^{1/3} \qquad 0{,}6 \lesssim Sc \lesssim 3000 \end{aligned} \qquad (7.37)$$

A mistura mais intensa causa um crescimento mais rápido da camada-limite turbulenta, quando comparado ao da camada-limite laminar, e faz com que ela tenha maiores coeficientes de atrito e convectivos.

Expressões para os coeficientes médios podem, agora, ser determinadas. Entretanto, como a camada-limite turbulenta é geralmente precedida por uma camada-limite laminar, analisaremos primeiramente condições de camada-limite *mista*.

7.2.3 Condições de Camada-Limite Mista

Para o escoamento laminar sobre toda a placa, as Equações 7.29 a 7.31 podem ser usadas para calcular os coeficientes médios. Além disso, se a transição ocorrer próximo à borda traseira da placa, por exemplo, no intervalo $0{,}95 \lesssim (x_c/L) \lesssim 1$, essas equações podem ser usadas na determinação dos coeficientes médios com uma aproximação razoável. Contudo, quando a transição ocorre suficientemente a montante da borda traseira da placa, $(x_c/L) \lesssim 0{,}95$, os coeficientes médios na superfície serão influenciados pelas condições tanto na camada-limite laminar quanto na camada-limite turbulenta.

No caso da camada-limite mista (Figura 7.3), a Equação 6.14 pode ser usada para obter o coeficiente de transferência de calor por convecção médio em toda a placa. Integrando ao longo da região laminar ($0 \le x \le x_c$) e, então, ao longo da região turbulenta ($x_c < x \le L$), essa equação pode ser escrita na forma

$$\bar{h}_L = \frac{1}{L}\left(\int_0^{x_c} h_{\text{lam}}\,dx + \int_{x_c}^{L} h_{\text{turb}}\,dx\right)$$

na qual admite-se que a transição ocorra abruptamente em $x = x_c$. Substituindo as Equações 7.23 e 7.36 para h_{lam} e h_{turb}, respectivamente, obtemos[1]

$$\bar{h}_L = \left(\frac{k}{L}\right)\left[0{,}332\left(\frac{u_\infty}{\nu}\right)^{1/2}\int_0^{x_c}\frac{dx}{x^{1/2}} + 0{,}0296\left(\frac{u_\infty}{\nu}\right)^{4/5}\int_{x_c}^{L}\frac{dx}{x^{1/5}}\right]Pr^{1/3}$$

[1] Além de considerar uma transição abrupta em $x = x_c$, considera-se que a origem virtual da camada-limite turbulenta é em $x = 0$. A relaxação destas hipóteses gera variações levemente modificadas da Equação 7.38 [7].

Integrando, temos então

$$\overline{Nu}_L = (0{,}037\, Re_L^{4/5} - A)\, Pr^{1/3} \qquad (7.38)$$

$$\left[\begin{array}{c} 0{,}6 \lesssim Pr \lesssim 60 \\ Re_{x,c} \lesssim Re_L \lesssim 10^8 \end{array}\right]$$

na qual as relações entre colchetes indicam a faixa de aplicabilidade e a constante A é determinada pelo valor do número de Reynolds crítico, $Re_{x,c}$. Isto é,

$$A = 0{,}037\, Re_{x,c}^{4/5} - 0{,}664\, Re_{x,c}^{1/2} \qquad (7.39)$$

Analogamente, o coeficiente de atrito médio pode ser encontrado usando a expressão

$$\overline{C}_{f,L} = \frac{1}{L}\left(\int_0^{x_c} C_{f,x,\text{lam}}\, dx + \int_{x_c}^{L} C_{f,x,\text{turb}}\, dx\right)$$

Substituindo as expressões para $C_{f,x,\text{lam}}$ e $C_{f,x,\text{turb}}$, presentes nas Equações 7.20 e 7.34, respectivamente, e efetuando a integração, obtém-se uma expressão com a forma

$$\overline{C}_{f,L} = 0{,}074\, Re_L^{-1/5} - \frac{2A}{Re_L} \qquad (7.40)$$

$$[Re_{x,c} \lesssim Re_L \lesssim 10^8]$$

A aplicação da analogia entre as transferências de calor e de massa na Equação 7.38 fornece

$$\overline{Sh}_L = (0{,}037\, Re_L^{4/5} - A)\, Sc^{1/3} \qquad (7.41)$$

$$\left[\begin{array}{c} 0{,}6 \lesssim Sc \lesssim 60 \\ Re_{x,c} \lesssim Re_L \lesssim 10^8 \end{array}\right]$$

Para uma camada-limite completamente turbulenta ($Re_{x,c} = 0$), $A = 0$. Tal condição pode ser obtida pela *perturbação* da camada-limite na borda frontal, usando um arame fino ou algum outro promotor de turbulência. Para um número de Reynolds de transição de $Re_{x,c} = 5 \times 10^5$, $A = 871$.

Todas as correlações anteriores exigem a avaliação das propriedades do fluido na temperatura do filme, Equação 7.2.

7.2.4 *Comprimento Inicial Não Aquecido*

Todas as expressões anteriores para o número de Nusselt estão restritas a situações nas quais a temperatura superficial T_s é uniforme. Uma exceção comum envolve a existência de um *comprimento inicial não aquecido* ($T_s = T_\infty$) a montante da seção aquecida ($T_s \neq T_\infty$). Como mostrado na Figura 7.5, o crescimento da camada-limite de velocidade inicia em $x = 0$, enquanto o desenvolvimento da camada-limite térmica começa em $x = \xi$. Assim, não há transferência de calor em $0 \leq x \leq \xi$. A partir do uso de uma solução integral de camada-limite [5], sabe-se que, para o escoamento laminar,

$$Nu_x = \frac{Nu_x|_{\xi=0}}{[1 - (\xi/x)^{3/4}]^{1/3}} \qquad (7.42)$$

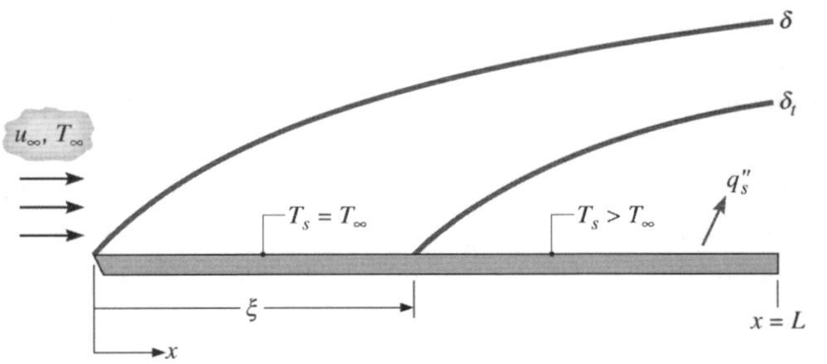

FIGURA 7.5 Placa plana em escoamento paralelo com comprimento inicial não aquecido.

em que $Nu_x|_{\xi=0}$, é dado pela Equação 7.23. Em Nu_x e em $Nu_x|_{\xi=0}$, o comprimento característico x é medido a partir da borda frontal do comprimento inicial não aquecido. Determinou-se também que, para o escoamento turbulento,

$$Nu_x = \frac{Nu_x|_{\xi=0}}{[1 - (\xi/x)^{9/10}]^{1/9}} \qquad (7.43)$$

em que $Nu_x|_{\xi=0}$ é dado pela Equação 7.36. Resultados da transferência de massa análogos são obtidos pela substituição de (Nu_x, Pr) por (Sh_x, Sc).

Usando a Equação 6.14 com os coeficientes convectivos locais dados pelas relações anteriores, podem ser obtidas expressões para o *número de Nusselt médio* em uma placa isotérmica com um comprimento inicial não aquecido [8]. Para uma placa com comprimento total L, com escoamento laminar *ou* turbulento sobre toda a superfície, as expressões têm a forma

$$\overline{Nu}_L = \overline{Nu}_L|_{\xi=0}\, \frac{L}{L-\xi}\, [1 - (\xi/L)^{(p+1)/(p+2)}]^{p/(p+1)} \qquad (7.44)$$

com $p = 2$ para o escoamento laminar e $p = 8$ para o escoamento turbulento. A grandeza $\overline{Nu}_L|_{\xi=0}$ é o número de Nusselt médio para uma placa de comprimento L quando o aquecimento inicia na borda frontal da placa. Para o escoamento laminar, ele pode ser obtido da Equação 7.30 (com x substituído por L); para o escoamento turbulento ele é dado pela Equação 7.38 com $A = 0$ (supondo escoamento turbulento sobre toda a superfície). Note que $\overline{Nu}_L$ é igual a $\overline{h}L/k$, sendo $\overline{h}$ a média somente sobre a porção aquecida da placa, que tem comprimento ($L - \xi$). Consequentemente, o valor correspondente de $\overline{h}_L$ deve ser multiplicado pela área da seção aquecida para determinar a taxa total de transferência de calor na placa.

7.2.5 *Placas Planas com Condições de Fluxo Térmico Constante*

Também é possível ter um fluxo térmico uniforme na superfície, em vez de uma temperatura uniforme, imposto na placa. Para o escoamento laminar, pode ser mostrado que [5]

$$Nu_x = 0{,}453\, Re_x^{1/2}\, Pr^{1/3} \qquad Pr \gtrsim 0{,}6 \qquad (7.45)$$

enquanto para o escoamento turbulento

$$Nu_x = 0{,}0308\, Re_x^{4/5}\, Pr^{1/3} \qquad 0{,}6 \lesssim Pr \lesssim 60 \qquad (7.46)$$

Assim, o número de Nusselt é 36 % e 4 % superior do que o resultado para temperatura na superfície constante para os regimes laminar e turbulento, respectivamente. A correção para o efeito da existência de um comprimento inicial não aquecido pode ser feita com o uso das Equações 7.45 e 7.46, em conjunto com as Equações 7.42 e 7.43, respectivamente. Se o fluxo térmico for conhecido, o coeficiente convectivo pode ser usado para determinar a temperatura superficial local

$$T_s(x) = T_\infty + \frac{q''_s}{h_x} \tag{7.47}$$

Como a taxa total de transferência de calor é facilmente determinada pelo produto do fluxo térmico uniforme pela área superficial, $q = q''_s A_s$, não é necessário a introdução de um coeficiente convectivo médio com o propósito de determinar q. Contudo, pode-se ainda desejar determinar uma *temperatura superficial média* a partir de uma expressão com a forma

$$\overline{(T_s - T_\infty)} = \frac{1}{L}\int_0^L (T_s - T_\infty)dx = \frac{q''_s}{L}\int_0^L \frac{x}{k\,Nu_x}dx$$

com Nu_x obtido a partir de uma correlação convectiva apropriada. Substituindo a Equação 7.45, tem-se que

$$\overline{(T_s - T_\infty)} = \frac{q''_s L}{k\overline{Nu}_L} \tag{7.48}$$

na qual

$$\overline{Nu}_L = 0{,}680\, Re_L^{1/2}\, Pr^{1/3} \tag{7.49}$$

Esse resultado é apenas 2 % superior ao obtido pelo uso da Equação 7.30 em $x = L$. As diferenças são ainda menores para o escoamento turbulento, sugerindo que qualquer resultado para $\overline{Nu}_L$ obtido para temperatura superficial uniforme pode ser usado com a Equação 7.48 para determinar $\overline{(T_s - T_\infty)}$. Expressões para a temperatura média de uma placa que é submetida a um fluxo térmico uniforme a jusante de uma seção inicial não aquecida foram obtidas por Ameel [8].

7.2.6 *Limitações no Uso de Coeficientes Convectivos*

Embora as equações desta seção sejam adequadas para a maioria dos cálculos de engenharia, na prática elas raramente fornecem valores exatos para os coeficientes convectivos. As condições variam de acordo com a turbulência na corrente livre e com a rugosidade da superfície, e erros de até 25 % podem ser causados pelo uso das expressões. Uma descrição detalhada dos efeitos da turbulência na corrente livre é fornecida por Blair [9].

7.3 Metodologia para um Cálculo de Convecção

Embora tenhamos discutido apenas correlações para o escoamento paralelo sobre uma placa plana, a seleção e a aplicação de uma correlação da convecção para *qualquer situação de escoamento* são facilitadas ao se seguir algumas poucas regras simples.

1. *Reconheça imediatamente a geometria do escoamento.* Por exemplo, o problema envolve o escoamento sobre uma placa plana, uma esfera ou um cilindro? A forma específica da correlação da convecção depende, obviamente, da geometria.
2. *Especifique a temperatura de referência apropriada e determine as propriedades do fluido pertinentes naquela temperatura.* Para diferenças de temperatura na camada-limite moderadas, a temperatura do filme, Equação 7.2, pode ser usada com esse propósito. Entretanto, iremos considerar correlações que exigem a determinação das propriedades na temperatura da corrente livre e incluem uma razão entre propriedades para levar em conta os efeitos de propriedades não constantes.
3. *Nos problemas de transferência de massa, as propriedades pertinentes do fluido são aquelas da espécie B.* No nosso tratamento da transferência de massa por convecção, estamos envolvidos apenas com misturas binárias diluídas. Isto é, os problemas envolvem o transporte de uma espécie A, para a qual $x_A \ll 1$. Com uma boa aproximação, as propriedades da mistura podem, então, ser consideradas como as propriedades do componente B. O número de Schmidt, por exemplo, seria $Sc = \nu_B/D_{AB}$, e o número de Reynolds seria $Re_L = (VL/\nu_B)$.
4. *Calcule o número de Reynolds.* As condições na camada-limite são fortemente influenciadas por esse parâmetro. Se a geometria for a de uma placa plana em escoamento paralelo, determine se o escoamento é laminar ou turbulento.
5. *Decida se um coeficiente local ou um coeficiente médio na superfície é necessário.* Lembre-se de que, para temperatura ou concentração mássica do vapor constante na superfície, o coeficiente local é usado para determinar o fluxo em um ponto específico sobre a superfície, enquanto o coeficiente médio determina a taxa de transferência em toda a superfície.
6. *Selecione a correlação apropriada.*

IHT EXEMPLO 7.1

Ar, a uma pressão de 6 kN/m^2 e a uma temperatura de 300 °C, escoa com uma velocidade de 10 m/s sobre uma placa plana com 0,5 m de comprimento. Determine a taxa de resfriamento, por unidade de largura da placa, necessária para mantê-la com uma temperatura superficial de 27 °C.

SOLUÇÃO

Dados: Escoamento de ar sobre uma placa plana isotérmica.

Achar: Taxa de resfriamento, por unidade de largura da placa, q' (W/m).

Esquema:

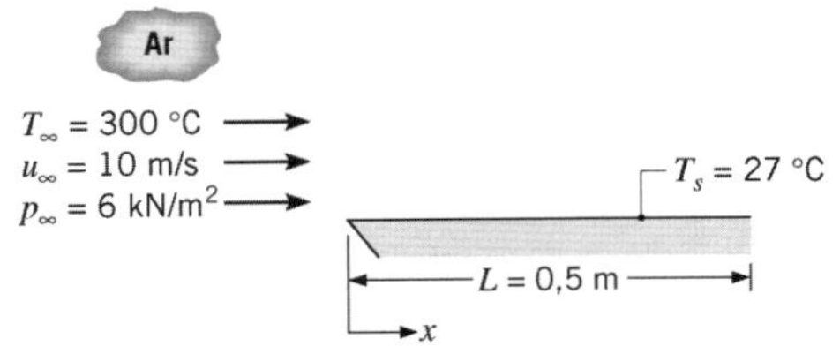

Considerações:

1. Condições de escoamento incompressível em regime estacionário.
2. Efeitos radiantes desprezíveis.

Propriedades: Tabela A.4, ar (T_f = 437 K, p = 1 atm): $\nu = 30{,}84 \times 10^{-6}$ m²/s, $k = 36{,}4 \times 10^{-3}$ W/(m · K), Pr = 0,687. Como observado no Exemplo 6.6, as propriedades k, Pr, c_p e μ podem ser consideradas independentes da pressão. Contudo, para um gás, a viscosidade cinética é inversamente proporcional à pressão. Assim, a viscosidade cinética do ar a 437 K e $p_\infty = 6 \times 10^3$ N/m² é

$$\nu = 30{,}84 \times 10^{-6}\,\text{m}^2/\text{s} \times \frac{1{,}0133 \times 10^5\,\text{N/m}^2}{6 \times 10^3\,\text{N/m}^2}$$
$$= 5{,}21 \times 10^{-4}\,\text{m}^2/\text{s}$$

Análise: Para uma placa de largura unitária, vem da lei do resfriamento de Newton que a taxa de transferência de calor por convecção *para* a placa é

$$q' = \bar{h}L(T_\infty - T_s)$$

Para determinar a correlação da convecção apropriada para calcular $\bar{h}$, o número de Reynolds deve, em primeiro lugar, ser determinado

$$Re_L = \frac{u_\infty L}{\nu} = \frac{10\,\text{m/s} \times 0{,}5\,\text{m}}{5{,}21 \times 10^{-4}\,\text{m}^2/\text{s}} = 9597$$

Assim, o escoamento é laminar sobre toda a placa e a correlação apropriada é dada pela Equação 7.30.

$$\overline{Nu}_L = 0{,}664\,Re_L^{1/2}\,Pr^{1/3} = 0{,}664(9597)^{1/2}(0{,}687)^{1/3}$$
$$= 57{,}4$$

O coeficiente convectivo médio é, então,

$$\bar{h} = \frac{\overline{Nu}_L k}{L} = \frac{57{,}4 \times 0{,}0364\,\text{W/(m}\cdot\text{K)}}{0{,}5\,\text{m}}$$
$$= 4{,}18\,\text{W/(m}^2\cdot\text{K)}$$

e a taxa de resfriamento necessária, por unidade de largura da placa, é

$$q' = 4{,}18\,\text{W/(m}^2\cdot\text{K)} \times 0{,}5\,\text{m}\,(300 - 27)\,°\text{C}$$
$$= 570\,\text{W/m} \qquad \triangleleft$$

Comentários:

1. Os resultados da Tabela A.4 se aplicam aos gases a pressão atmosférica.
2. O Exemplo 7.1 no *IHT* demonstra como usar as ferramentas *Correlations* e *Properties*, que podem facilitar e execução de cálculos de convecção.

EXEMPLO 7.2

Uma placa plana com largura w = 1 m é mantida a uma temperatura superficial uniforme, T_s = 230 °C, pelo uso de fitas aquecedoras controladas independentemente, cada uma com 50 mm de comprimento. Se ar atmosférico a 25 °C escoa sobre a placa a uma velocidade de 60 m/s, em qual aquecedor a potência de aquecimento é máxima? Qual o valor dessa potência?

SOLUÇÃO

Dados: Escoamento de ar sobre uma placa plana com aquecedores segmentados.

Achar: Potência máxima requerida no aquecedor.

Esquema:

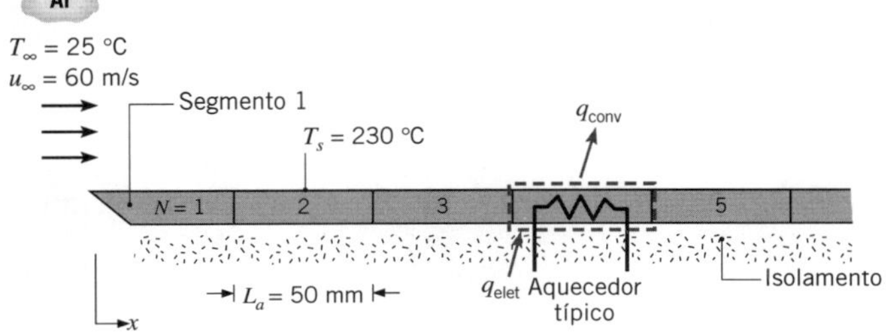

Considerações:

1. Condições de escoamento incompressível em regime estacionário.
2. Efeitos radiantes desprezíveis.
3. Superfícies inferiores dos segmentos aquecidos são adiabáticas.

Propriedades: Tabela A.4, ar (T_f = 400 K, p = 1 atm): ν = 26,41 × 10^{-6} m²/s, k = 0,0338 W/(m · K), Pr = 0,690.

Análise: O número de Reynolds baseado no comprimento L_a do primeiro segmento aquecido é

$$Re_1 = \frac{u_\infty L_1}{\nu} = \frac{60\,\text{m/s} \times 0{,}05\,\text{m}}{26{,}41 \times 10^{-6}\,\text{m}^2/\text{s}} = 1{,}14 \times 10^5$$

Se o número de Reynolds de transição for considerado $Re_{x,c}$ = 5 × 10^5, tem-se que a transição ocorrerá em

$$x_c = \frac{\nu}{u_\infty} Re_{x,c} = \frac{26{,}41 \times 10^{-6}\,\text{m}^2/\text{s}}{60\,\text{m/s}} 5 \times 10^5 = 0{,}22\,\text{m}$$

que está no interior do quinto segmento aquecido. Conhecendo a forma como o coeficiente convectivo local varia com a distância da borda frontal da placa, existem três possibilidades relativas a qual segmento terá a máxima potência requerida:

1. Segmento 1, uma vez que ele corresponde ao maior coeficiente convectivo local no regime laminar.
2. Segmento 5, uma vez que ele corresponde ao maior coeficiente convectivo local no regime turbulento.
3. Segmento 6, uma vez que condições turbulentas estão presentes em toda a sua extensão.

De uma forma geral, para o segmento aquecido N, a potência requerida é

$$q_{\text{elet},N} = q_{\text{conv},N} = \bar{h}_N L_a\, w\, (T_s - T_\infty) \qquad (1)$$

Aplicando o princípio da conservação de energia, a potência requerida por um segmento N pode ser determinada a partir da subtração da taxa de perda de calor associada aos primeiros $N - 1$ segmentos da taxa de perda de calor associada a todos os N segmentos. Sendo $\bar{h}_{1-N}$ definido como o coeficiente de transferência de calor por convecção sobre os segmentos 1 até N, a potência requerida para o segmento N é igual à taxa de transferência de calor a partir do segmento, que pode ser expressa por

$$q_{\text{conv},N} = \bar{h}_{1-N}(NL_a)w(T_s - T_\infty) - \bar{h}_{1-(N-1)}\,[(N-1)L_a]w(Ts - T_\infty)$$
$$= [N\bar{h}_{1-N} - (N-1)\bar{h}_{1-(N-1)}]\, L_a\, w(Ts - T_\infty) \qquad (2)$$

A combinação das Equações 1 e 2 fornece

$$\bar{h}_N = N\bar{h}_{1-N} - (N-1)h_{1-(N-1)} \qquad (3)$$

Segmento 1: O escoamento é laminar e o coeficiente de convecção médio, $\bar{h}_1$, pode ser determinado pela Equação 7.30,

$$\overline{Nu}_1 = 0{,}664\, Re_1^{1/2}\, Pr^{1/3}$$
$$= 0{,}664(1{,}14 \times 10^5)^{1/2}(0{,}69)^{1/3} = 198$$

fornecendo

$$\bar{h}_1 = \frac{\overline{Nu}_1 k}{L_a} = \frac{198 \times 0{,}0338\ \text{W/(m}\cdot\text{K)}}{0{,}05\ \text{m}} = 134\ \text{W/(m}^2\cdot\text{K)}$$

Segmento 5: Condições mistas estão presentes. O número de Nusselt médio para os segmentos 1 a 5 pode ser obtido a partir da Equação 7.38 com $A = 871$ e $Re_5 = 5Re_1 = 5{,}68 \times 10^5$:

$$\overline{Nu}_5 = (0{,}037\, Re_5^{4/5} - 871)Pr^{1/3}$$
$$= [0{,}037(5{,}68 \times 10^5)^{4/5} - 871](0{,}69)^{1/3} = 542$$

Consequentemente

$$\bar{h}_{1-5} = \frac{\overline{Nu}_5 k}{5L_a} = \frac{542 \times 0{,}0338\ \text{W/(m}\cdot\text{K)}}{0{,}25\ \text{m}} = 73{,}3\text{W(m}^2\cdot\text{K)}$$

O valor de $\overline{Nu}_4$ pode ser obtido pela Equação 7.30. Com $Re_4 = 4Re_1 = 4{,}54 \times 10^5$,

$$\overline{Nu}_4 = 0{,}664(4{,}54 \times 10^5)^{1/2}(0{,}69)^{1/3} = 396$$

Consequentemente

$$\bar{h}_{1-4} = \frac{\overline{Nu}_4 k}{4L_a} = \frac{396 \times 0{,}0338\ \text{W/(m}\cdot\text{K)}}{0{,}2\ \text{m}} = 66{,}8\ \text{W/(m}^2\cdot\text{K)}$$

Usando a Equação 3, tem-se

$$\bar{h}_5 = 5\bar{h}_{1-5} - 4\bar{h}_{1-4} = 5 \times 73{,}3\ \text{W/(m}^2\cdot\text{K)} - 4$$
$$\times\ 66{,}8\ \text{W/(m}^2\cdot\text{K)} = 99{,}3\ \text{W/(m}^2\cdot\text{K)}$$

Segmento 6: O valor de $\overline{Nu}_6$ pode ser obtido pela Equação 7.38. Com $Re_6 = 6Re_1 = 6{,}84 \times 10^5$,

$$\overline{Nu}_6 = [0{,}037(6{,}82 \times 10^5)^{4/5} - 871](0{,}69)^{1/3} = 748$$

Consequentemente

$$\bar{h}_{1-6} = \frac{\overline{Nu}_6 k}{6L_a} = \frac{748 \times 0{,}0338\ \text{W/(m}\cdot\text{K)}}{0{,}3\ \text{m}} = 84{,}3\ \text{W/(m}^2\cdot\text{K)}$$

A Equação 3 fornece

$$\bar{h}_6 = 6\bar{h}_{1-6} - 5\bar{h}_{1-5} = 6 \times 84{,}3\ \text{W/(m}^2\cdot\text{K)}$$
$$- 5 \times 73{,}3\ \text{W/(m}^2\cdot\text{K)} = 139\ \text{W/(m}^2\cdot\text{K)}$$

Como $\bar{h}_6 > \bar{h}_1 > \bar{h}_5$, a potência máxima requerida está associada ao segmento 6 e seu valor é

$$q_{\text{conv},6} = \bar{h}_6 L_a w(T_s - T_\infty) = 139\ \text{W/(m}^2\cdot\text{K)} \times 0{,}05\ \text{m}$$
$$\times\ 1\ \text{m} \times (230\ ^\circ\text{C} - 25\ ^\circ\text{C}) = 1430\ \text{W} \qquad \triangleleft$$

Comentários:

1. Um método alternativo, menos acurado, consiste em considerar que o coeficiente de transferência de calor médio para um segmento particular N é bem representado pelo valor local do coeficiente de transferência de calor no meio do segmento, $x_{\text{méd},N}$. Os seguintes resultados foram obtidos utilizando esta abordagem

Segmento	$x_{\text{med},N}$ (m)	Escoamento	Correlação	$h_{x,\text{med}}$ (W/m² · K)
1	0,025	Laminar	Equação 7.23	$95 \neq \bar{h}_1$
5	0,225	Turbulento	Equação 7.36	$145 \neq \bar{h}_5$
6	0,275	Turbulento	Equação 7.36	$139 = \bar{h}_6$

Com esta abordagem, nós não só determinaríamos valores incorretos para o coeficiente de transferência de calor médio para cada segmento, como também identificaríamos erradamente o segmento 5 como tendo a máxima potência requerida. Este procedimento fornece resultados razoáveis apenas quando a variação espacial do coeficiente de convecção é gradual, tais como nas regiões de escoamento turbulento que não estão nas vizinhanças da transição do escoamento.

2. Este exemplo está resolvido na seção *Advanced* do *IHT*.

EXEMPLO 7.3

Condições de estiagem no sudoeste dos Estados Unidos levaram representantes do governo a questionar se a operação de piscinas residenciais deveria ser permitida. Como engenheiro chefe de uma cidade que possui um grande número de piscinas, você deve estimar a perda de água diária nas piscinas em razão da evaporação. Para condições representativas, você pode supor temperaturas da água e do ar ambiente iguais a 25 °C e umidade relativa do ar ambiente de 50 %. Dimensões típicas da superfície da piscina são de 6 m por 12 m. Há um *deck* com 1,5 m de largura ao redor da piscina, posicionado acima do solo. O vento sopra na direção do lado mais longo da piscina, com uma velocidade de 2 m/s. Você pode admitir que a turbulência do ar na corrente livre seja desprezível, que a superfície da água da piscina seja lisa e esteja nivelada com o *deck* e que o *deck* seja seco. Qual é a taxa de perda de água na piscina, em quilogramas por dia?

SOLUÇÃO

Dados: Condições do ar ambiente acima de uma piscina, dimensões da piscina e do *deck*.

Achar: Perda de água diária por evaporação.

Esquema:

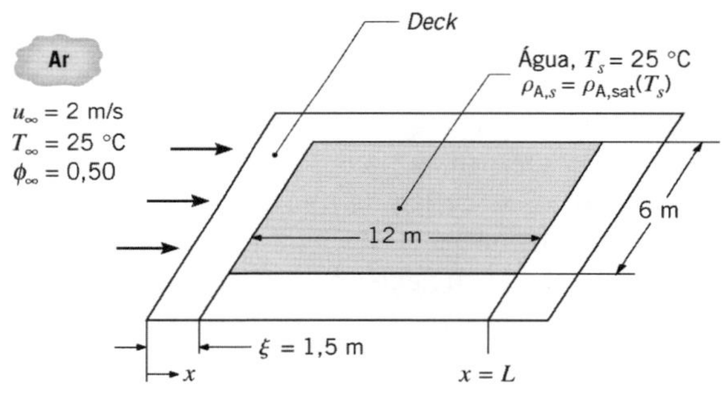

Considerações:

1. Condições de escoamento incompressível em regime estacionário.
2. Superfície da água lisa e turbulência na corrente livre desprezível.
3. *Deck* seco.
4. Analogia entre as transferências de calor e de massa aplicável.
5. Escoamento transformado em turbulento na borda frontal do *deck*.
6. Comportamento de gás ideal do vapor d'água na corrente livre.

Propriedades: Tabela A.4, ar (25 °C): $\nu = 15{,}7 \times 10^{-6}\,\text{m}^2/\text{s}$. Tabela A.8, vapor d'água-ar (25 °C): $D_{AB} = 0{,}26 \times 10^{-4}\,\text{m}^2/\text{s}$, $Sc = \nu/D_{AB} = 0{,}60$. Tabela A.6, vapor d'água saturado (25 °C): $\rho_{A,sat} = v_g^{-1} = 0{,}0226\,\text{kg/m}^3$.

Análise: A borda frontal da camada-limite de velocidade está na borda do *deck*, consequentemente a borda de saída da piscina está a uma distância de L = 13,5 m da borda frontal. O número de Reynolds nesse ponto é

$$Re_L = \frac{u_\infty L}{\nu} = \frac{2\,\text{m/s} \times 13{,}5\,\text{m}}{15{,}7 \times 10^{-6}\,\text{m}^2/\text{s}} = 1{,}72 \times 10^6$$

A aplicação da analogia entre as transferências de calor e de massa na Equação 7.44 fornece

$$\overline{Sh}_L = \overline{Sh}_L\big|_{\xi=0} \frac{L}{L-\xi}\left[1 - (\xi/L)^{(p+1)/(p+2)}\right]^{p/(p+1)} \qquad (1)$$

O número de Sherwood médio, $\overline{Sh}_L\big|_{\xi=0}$, é determinado pela Equação 7.41 com $A = 0$, pois a camada-limite é tornada turbulenta pela borda frontal do *deck*

$$\overline{Sh}_L\big|_{\xi=0} = 0{,}037\, Re_L^{4/5} Sc^{1/3}$$

$$\overline{Sh}_L\big|_{\xi=0} = 0{,}037(1{,}72 \times 10^6)^{4/5} \times (0{,}60)^{1/3} = 3040$$

Com $p = 8$ para o escoamento turbulento, a Equação 1 pode ser avaliada como

$$\overline{Sh}_L = 3040 \frac{13{,}5\,\text{m}}{(13{,}5\,\text{m} - 1{,}5\,\text{m})}\left[1 - (1{,}5\,\text{m}/13{,}5\,\text{m})^{(8+1)/(8+2)}\right]^{8/8+1}$$
$$= 2990$$

Tem-se que

$$\overline{h}_{m,L} = \overline{Sh}_L\left(\frac{D_{AB}}{L}\right) = 2990\,\frac{0{,}26 \times 10^{-4}\,\text{m}^2/\text{s}}{13{,}5\,\text{m}}$$
$$= 5{,}77 \times 10^{-3}\,\text{m/s}$$

A taxa de evaporação na piscina é, então,

$$n_A = \overline{h}_m A(\rho_{A,s} - \rho_{A,\infty})$$

sendo A a área da piscina (não incluindo o *deck*). Com o vapor d'água na corrente livre considerado um gás ideal,

$$\phi_\infty = \frac{\rho_{A,\infty}}{\rho_{A,sat}(T_\infty)}$$

e com $\rho_{A,s} = \rho_{A,sat}(T_s)$,

$$n_A = \overline{h}_m A[\rho_{A,sat}(T_s) - \phi_\infty \rho_{A,sat}(T_\infty)]$$

Como $T_s = T_\infty = 25$ °C, tem-se que

$$n_A = \overline{h}_m A \rho_{A,sat}(25\,°\text{C})[1 - \phi_\infty]$$

Consequentemente

$$n_A = 5{,}77 \times 10^{-3}\,\text{m/s} \times 72\,\text{m}^2 \times 0{,}0226\,\text{kg/m}^3$$
$$\times\, 0{,}5 \times 86.400\,\text{s/dia}$$
$$n_A = 405\,\text{kg/dia} \qquad \triangleleft$$

Comentários:

1. É provável que a temperatura da superfície da água seja ligeiramente inferior à temperatura do ar em função do efeito do resfriamento evaporativo.
2. O volume perdido, com a massa específica da água de 996 kg/m^3, é de $n_A/\rho = 0{,}4$ m^3/dia. Isso significaria uma queda do nível da piscina de 6 mm por dia. Naturalmente, a perda seria maior no verão quando a temperatura do ar é maior.
3. A influência do comprimento do *deck* na taxa de evaporação diária é mostrada na figura. Na medida em que o comprimento do *deck* é aumentado, a taxa total de evaporação é reduzida em razão do deslocamento da borda frontal da camada-limite de velocidade para mais longe da piscina.

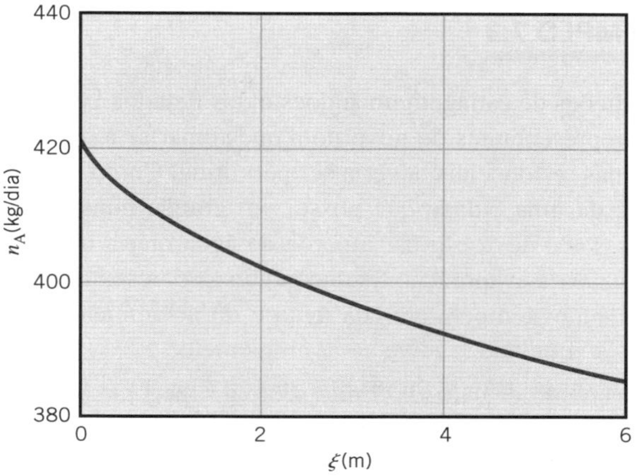

7.4 O Cilindro em Escoamento Cruzado

7.4.1 *Considerações sobre o Escoamento*

Outro escoamento externo comum envolve o movimento de um fluido na direção normal ao eixo de um cilindro circular. Como mostrado na Figura 7.6, o fluido da corrente livre é levado ao repouso no *ponto de estagnação frontal*, com um correspondente aumento de pressão. A partir desse ponto, a pressão diminui com o aumento de x, a coordenada da linha de corrente, e a camada-limite se desenvolve sob a influência de um *gradiente de pressão favorável* ($dp/dx < 0$). Contudo, a pressão tem que atingir um mínimo, e na direção da parte de trás do cilindro a continuação do desenvolvimento da camada-limite ocorre na presença de um *gradiente de pressão adverso* ($dp/dx > 0$).

Na Figura 7.6, a distinção entre a velocidade a montante V e a velocidade do fluido na corrente livre u_∞ deve ser observada. De modo distinto das condições para a placa plana em escoamento paralelo, essas velocidades são diferentes, com u_∞ dependendo agora da distância x do ponto de estagnação. A partir da equação de Euler para o escoamento sem efeitos viscosos [10], $u_\infty(x)$ deve exibir um comportamento oposto ao de $p(x)$. Isto é, a partir de $u_\infty = 0$ no ponto de estagnação, o fluido acelera em razão do gradiente de pressão favorável ($du_\infty/dx > 0$ quando $dp/dx < 0$), atinge uma velocidade máxima quando $dp/dx = 0$ e, então, desacelera em face do gradiente de pressão adverso ($du_\infty/dx < 0$ quando $dp/dx > 0$). À medida que o fluido desacelera, o gradiente de velocidade na superfície, $\partial u\partial y|_{y=0}$, acaba se tornando igual a zero (Figura 7.7). Nesse local, conhecido por *ponto de separação*, o fluido próximo à superfície carece de momento suficiente para superar o gradiente de pressão, e a continuação do movimento para jusante se torna impossível. Uma vez que o fluido, ao chegar continuamente a esse ponto, obstrui o escoamento na direção inversa, tem que haver a *separação da camada-limite*. Essa é uma condição na qual a camada-limite descola da superfície e uma *esteira* é formada na região a jusante. O escoamento nessa região é caracterizado pela formação de vórtices e é altamente irregular. Uma excelente revisão das condições de escoamento na esteira de um cilindro circular é fornecida por Coutanceau e Defaye [11].

A ocorrência de *transição na camada-limite*, que depende do número de Reynolds, influencia fortemente a posição do ponto de separação. Para o cilindro circular, o comprimento característico é o diâmetro, e o número de Reynolds é definido como

$$Re_D \equiv \frac{\rho VD}{\mu} = \frac{VD}{\nu}$$

Como o momento do fluido em uma camada-limite turbulenta é maior do que o momento em uma camada-limite laminar, é razoável esperar que a transição retarde a ocorrência da separação. Se $Re_D \lesssim 2 \times 10^5$, a camada-limite permanece laminar e a separação ocorre em $\theta \approx 80°$ (Figura 7.8). Entretanto, se $Re_D \gtrsim 2 \times 10^5$, ocorre transição na camada-limite e a separação é retardada até $\theta \approx 140°$.

Os processos anteriores influenciam fortemente a força de arrasto, F_D, que atua sobre o cilindro. Essa força possui duas contribuições, uma das quais resultante da tensão de

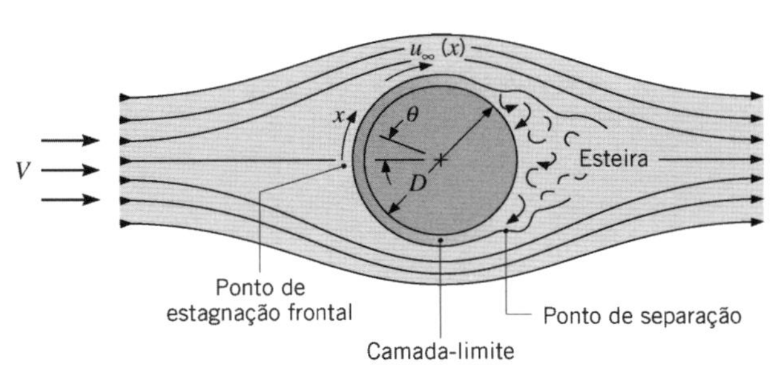

FIGURA 7.6 Formação e separação da camada-limite sobre um cilindro circular em escoamento cruzado.

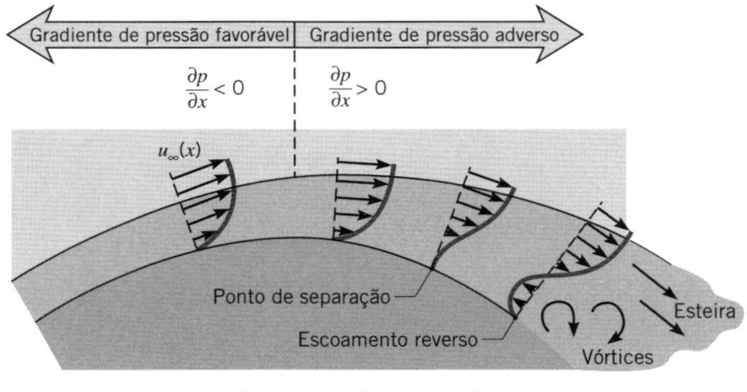

FIGURA 7.7 Perfis de velocidades associados com a separação sobre um cilindro em escoamento cruzado.

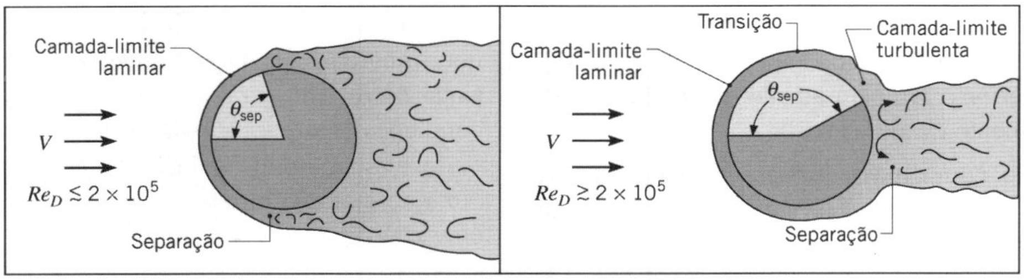

Figura 7.8 A influência da turbulência na separação.

cisalhamento da camada-limite sobre a superfície (*arrasto de atrito* ou *arrasto viscoso*). A outra contribuição decorre de um diferencial de pressão no sentido do escoamento resultante da formação da esteira (*arrasto de forma* ou *arrasto de pressão*). Um *coeficiente de arrasto*, C_D, adimensional pode ser definido como

$$C_D \equiv \frac{F_D}{A_f(\rho V^2/2)} \tag{7.50}$$

sendo A_f a área frontal do cilindro (área projetada no plano perpendicular à velocidade da corrente livre). O coeficiente de arrasto é uma função do número de Reynolds e resultados são apresentados na Figura 7.9. Para $Re_D \lesssim 2$, os efeitos da separação são desprezíveis e as condições são dominadas pelo arrasto viscoso. Contudo, com o aumento do número de Reynolds, o efeito da separação e, portanto, do arrasto de forma, se torna mais importante. A grande redução no C_D que ocorre em $Re_D \gtrsim 2 \times 10^5$ é resultante da transição na camada-limite, que retarda a separação, assim reduzindo a extensão da região da esteira e a magnitude do arrasto de forma.

7.4.2 *Transferência de Calor e de Massa por Convecção*

Resultados experimentais para a variação do número de Nusselt local com θ para um cilindro em um escoamento cruzado de ar são mostrados na Figura 7.10. Como esperado, os resultados são fortemente influenciados pela natureza do desenvolvimento da camada-limite sobre a superfície. Considere condições nas quais $Re_D \lesssim 10^5$. Partindo do ponto de estagnação, Nu_θ diminui com o aumento de θ como um resultado do desenvolvimento da camada-limite laminar. Contudo, um valor mínimo é atingido em $\theta \approx 80°$, onde a separação ocorre e Nu_θ passa a aumentar com θ em razão da mistura associada à formação de vórtices na esteira. Em contraste, para $Re_D \gtrsim 10^5$, a variação de Nu_θ com θ é caracterizada pela existência de dois mínimos. O declínio de Nu_θ a partir de seu valor no ponto de estagnação é novamente decorrente do desenvolvimento da camada-limite laminar, porém o aumento brusco que ocorre entre 80° e 100° agora se deve à transição para o regime turbulento. Com o posterior desenvolvimento da camada-limite turbulenta, Nu_θ começa novamente a diminuir. Por fim, ocorre a separação ($\theta \approx 140°$) e Nu_θ aumenta como um resultado da mistura na região da esteira. O aumento de Nu_θ com o aumento de Re_D resulta de uma redução correspondente na espessura da camada-limite.

Correlações podem ser obtidas para o número de Nusselt local. No ponto de estagnação frontal, para $Pr \gtrsim 0{,}6$, uma análise de camada-limite [5] fornece uma expressão com a forma a seguir, que é mais acurada em baixos números de Reynolds,

$$Nu_D(\theta = 0) = 1{,}15\, Re_D^{1/2}\, Pr^{1/3} \tag{7.51}$$

Entretanto, do ponto de vista dos cálculos de engenharia, estamos mais interessados nas condições médias globais. Uma correlação empírica proposta por Hilpert [12] que foi modificada para ser usada em fluidos com vários números de Prandtl,

$$\overline{Nu}_D \equiv \frac{\bar{h}D}{k} = C\, Re_D^m\, Pr^{1/3} \tag{7.52}$$

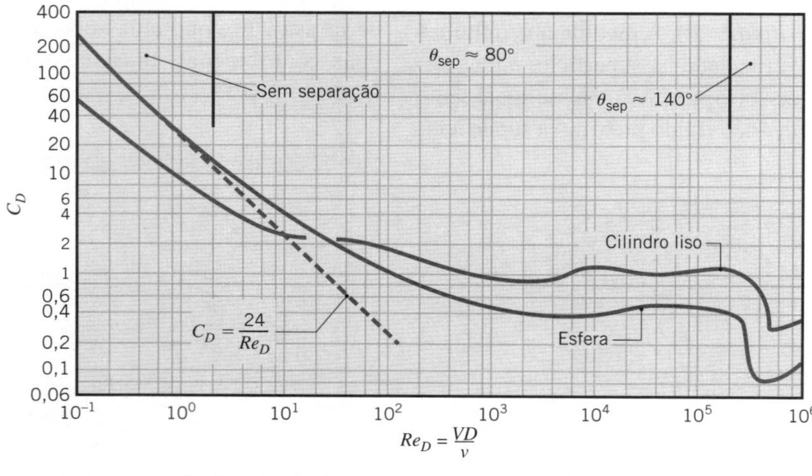

Figura 7.9 Coeficientes de arrasto para um cilindro circular liso em escoamento cruzado e para uma esfera. Os ângulos de separação da camada-limite são para cilindros. Baseada em Schlichting, H. e K. Gersten, *Boundary Layer Theory*, Springer, New York, 2000.

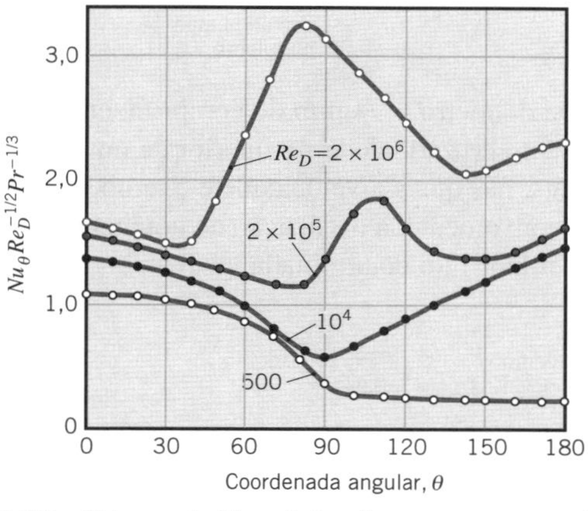

FIGURA 7.10 Número de Nusselt local para escoamento de ar normal a um cilindro circular. (Adaptada com permissão de Zukauskas, A., "Convective Heat Transfer in Cross Flow," in Kakac, S. R. K. Shah, e W. Aung (Eds.). *Handbook of Single-Phase Convective Heat Transfer*, Wiley, New York, 1987.)

é amplamente utilizada para $Pr \gtrsim 0{,}7$. As constantes C e m estão listadas na Tabela 7.2. A Equação 7.52 também pode ser empregada para o escoamento sobre cilindros com seção transversal não circular, com o comprimento característico D e as constantes obtidas na Tabela 7.3. Ao trabalhar com as Equações 7.51 e 7.52, todas as propriedades são avaliadas na temperatura do filme.

Outras correlações foram sugeridas para o cilindro circular em escoamento cruzado [16, 17, 18]. A correlação proposta por Zukauskas [17] tem a forma

$$\overline{Nu}_D = C\, Re_D^m\, Pr^n \left(\frac{Pr}{Pr_s}\right)^{1/4} \tag{7.53}$$

$$\begin{bmatrix} 0{,}7 \lesssim Pr \lesssim 500 \\ 1 \lesssim Re_D \lesssim 10^6 \end{bmatrix}$$

Nessa correlação, todas as propriedades são avaliadas a T_∞, com exceção de Pr_s, que é avaliado a T_s. Os valores de C e m estão listados na Tabela 7.4. Se $Pr \lesssim 10$, $n = 0{,}37$; se $Pr \gtrsim 10$, $n = 0{,}36$. Churchill e Bernstein [18] propuseram uma única equação que cobre toda a faixa de Re_D na qual há dados disponíveis, assim como uma ampla faixa de Pr. A equação é recomendada para todos $Re_D Pr \gtrsim 0{,}2$ e possui a forma

$$\overline{Nu}_D = 0{,}3 + \frac{0{,}62\, Re_D^{1/2}\, Pr^{1/3}}{[1 + (0{,}4/Pr)^{2/3}]^{1/4}} \left[1 + \left(\frac{Re_D}{282.000}\right)^{5/8}\right]^{4/5} \tag{7.54}$$

com todas as propriedades avaliadas na temperatura do filme.

TABELA 7.2 Constantes da Equação 7.52 para o cilindro circular em escoamento cruzado [12, 13]

Re_D	C	m
0,4–4	0,989	0,330
4–40	0,911	0,385
40–4000	0,683	0,466
4000–40.000	0,193	0,618
40.000–400.000	0,027	0,805

Mais uma vez alertamos o leitor para não considerar qualquer uma das correlações anteriores como verdade absoluta. Cada correlação é razoável dentro de determinada faixa de condições, mas para a maioria dos cálculos de engenharia não se deve esperar uma acurácia muito melhor do que 20 %. Uma vez que elas são baseadas em resultados mais recentes, que englobam uma ampla faixa de condições, as Equações 7.53 e 7.54 são normalmente usadas nos cálculos neste livro. Revisões detalhadas das muitas correlações que foram desenvolvidas para o cilindro circular são fornecidas por Sparrow *et. al.* [15], assim como por Morgan [19]. Finalmente, observamos que, pelo uso da analogia entre as transferências de calor e de massa, as Equações 7.51 a 7.54 podem ser utilizadas em problemas envolvendo a transferência de massa convectiva em um cilindro em escoamento cruzado. Simplesmente se deve substituir $\overline{Nu}_D$ por $\overline{Sh}_D$ e Pr por Sc. Em problemas de transferência de massa, variações nas propriedades na camada-limite são tipicamente pequenas. Assim, quando for usada a relação de transferência de massa análoga à Equação 7.53, a razão entre propriedades, que leva em conta os efeitos de sua variação, pode ser desprezada.

TABELA 7.3 Constantes da Equação 7.52 para cilindros não circulares em escoamento cruzado de um gás [14, 15][a]

Geometria	Re_D	C	m
Quadrado			
	6000–60.000	0,304	0,59
	5000–60.000	0,158	0,66
Hexágono			
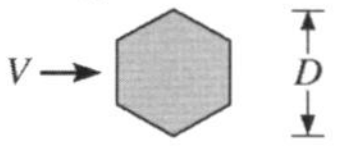	5200–20.400	0,164	0,638
	20.400–105.000	0,039	0,78
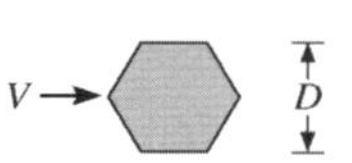	4500–90.700	0,150	0,638
Placa fina perpendicular ao escoamento	10.000–50.000	0,667	0,500
	7000–80.000	0,191	0,667

[a]Estes valores tabelados estão baseados em recomendações de Sparrow *et al.* [15] para o ar, com extensão para outros fluidos a partir da dependência em relação a $Pr^{1/3}$ da Equação 7.52. Um número de Prandtl de $Pr = 0{,}7$ foi considerado para os resultados experimentais para o ar que estão descritos em [15].

TABELA 7.4 Constantes da Equação 7.53 para o cilindro circular em escoamento cruzado [18]

Re_D	C	m
1–40	0,75	0,4
40–1000	0,51	0,5
10^3–2×10^5	0,26	0,6
2×10^5–10^6	0,076	0,7

EXEMPLO 7.4

Experimentos foram conduzidos com um cilindro metálico com 12,7 mm de diâmetro e 94 mm de comprimento. O cilindro é aquecido internamente por um aquecedor elétrico e submetido a um escoamento cruzado de ar no interior de um túnel de vento de baixas velocidades. Sob um conjunto específico de condições operacionais, nas quais a velocidade e a temperatura do ar na corrente a montante do cilindro são mantidas em $V = 10$ m/s e 26,2 °C, respectivamente, a dissipação de potência no aquecedor foi medida, com $P = 46$ W, enquanto a temperatura média na superfície do cilindro foi determinada igual a $T_s = 128{,}4$ °C.

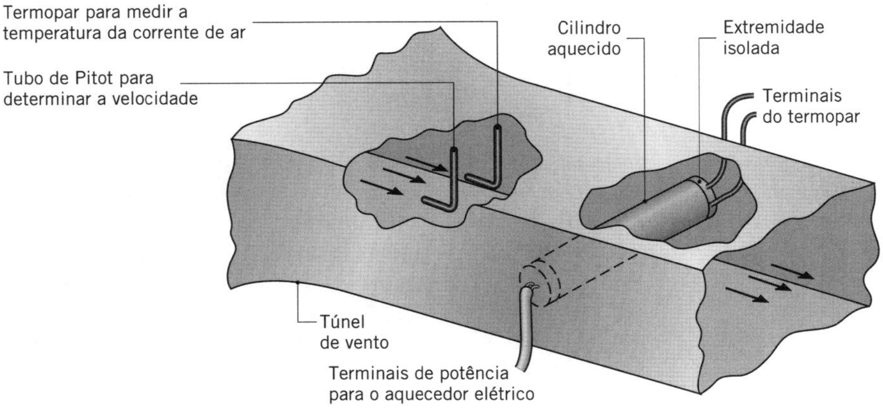

Estima-se que 15 % da dissipação de potência sejam perdidos em função dos efeitos cumulativos da radiação na superfície e da condução pelos terminais nas extremidades do cilindro. A incerteza cumulativa associada com (*i*) as medidas de velocidade e temperatura do ar, (*ii*) estimativas das perdas de calor por radiação e pelas extremidades do cilindro, e (*iii*) adoção de um valor médio da temperatura da superfície do cilindro que varia axial e circunferencialmente, implica um valor experimental do coeficiente de convecção com acurácia não melhor do que 20 %.

1. Determine o coeficiente de transferência de calor por convecção a partir das observações experimentais.
2. Compare o resultado experimental com o coeficiente de transferência de calor calculado por uma correlação apropriada.

SOLUÇÃO

Dados: Condições operacionais para um cilindro aquecido.

Achar:

1. Coeficiente convectivo associado às condições operacionais.
2. Coeficiente convectivo com uma correlação apropriada.

Esquema:

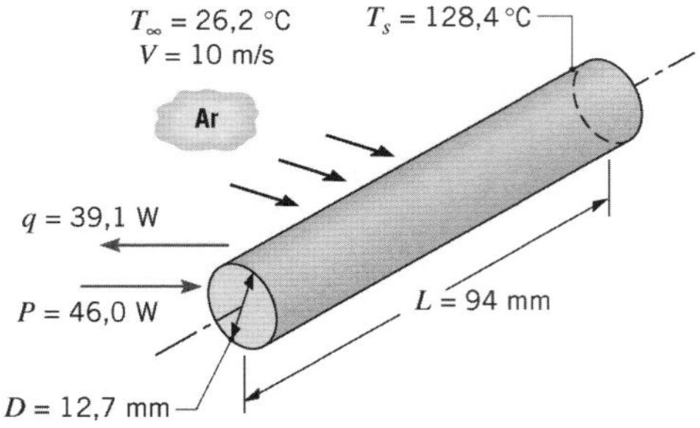

Considerações:

1. Condições de escoamento incompressível em regime estacionário.
2. Temperatura na superfície do cilindro uniforme.

Propriedades: Tabela A.4, ar ($T_\infty = 26{,}2$ °C ≈ 300 K): $\nu = 15{,}89 \times 10^{-6}$ m²/s, $k = 26{,}3 \times 10^{-3}$ W/(m · K); $Pr = 0{,}707$. Tabela A.4, ar ($T_f \approx 350$ K): $\nu = 20{,}92 \times 10^{-6}$ m²/s, $k = 30 \times 10^{-3}$ W/(m · K); $Pr = 0{,}700$. Tabela A.4, ar ($T_s = 128{,}4$ °C = 401 K): $Pr = 0{,}690$.

Análise:

1. O coeficiente de transferência de calor por convecção pode ser determinado a partir dos dados experimentais mediante o uso da lei do resfriamento de Newton. Isto é,

$$\bar{h} = \frac{q}{A(T_s - T_\infty)}$$

Com $q = 0{,}85P$ e $A = \pi DL$, segue-se que

$$\bar{h} = \frac{0{,}85 \times 46\ \text{W}}{\pi \times 0{,}0127\ \text{m} \times 0{,}094\ \text{m}\,(128{,}4 - 26{,}2)\,°\text{C}} = 102\ \text{W/(m}^2 \cdot \text{K)} \qquad \triangleleft$$

2. Trabalhando com a relação de Zukauskas, Equação 7.53,

$$\overline{Nu}_D = C\, Re_D^m\, Pr^n \left(\frac{Pr}{Pr_s}\right)^{1/4}$$

com todas as propriedades, exceto Pr_s, avaliadas a T_∞. Consequentemente,

$$Re_D = \frac{VD}{\nu} = \frac{10\ \text{m/s} \times 0{,}0127\ \text{m}}{15{,}89 \times 10^{-6}\ \text{m}^2\text{/s}} = 7992$$

Assim, da Tabela 7.4, $C = 0{,}26$ e $m = 0{,}6$. Também, como $Pr < 10$, $n = 0{,}37$. Tem-se, então,

$$\overline{Nu}_D = 0{,}26(7992)^{0{,}6}(0{,}707)^{0{,}37}\left(\frac{0{,}707}{0{,}690}\right)^{0{,}25} = 50{,}5$$

$$\bar{h} = \overline{Nu}_D \frac{k}{D} = 50{,}5\, \frac{0{,}0263\ \text{W/(m} \cdot \text{K)}}{0{,}0127\ \text{m}} = 105\ \text{W/(m}^2 \cdot \text{K)} \qquad \triangleleft$$

Usando a relação de Churchill, Equação 7.54,

$$\overline{Nu}_D = 0{,}3 + \frac{0{,}62\, Re_D^{1/2}\, Pr^{1/3}}{[1 + (0{,}4/Pr)^{2/3}]^{1/4}} \left[1 + \left(\frac{Re_D}{282.000}\right)^{5/8}\right]^{4/5}$$

Com todas as propriedades avaliadas a T_f, $Pr = 0{,}70$ e

$$Re_D = \frac{VD}{\nu} = \frac{10\ \text{m/s} \times 0{,}0127\ \text{m}}{20{,}92 \times 10^{-6}\ \text{m}^2\text{/s}} = 6071$$

Dessa forma, o número de Nusselt e o coeficiente convectivo são

$$\overline{Nu}_D = 0{,}3 + \frac{0{,}62(6071)^{1/2}(0{,}70)^{1/3}}{[1 + (0{,}4/0{,}70)^{2/3}]^{1/4}} \left[1 + \left(\frac{6071}{282.000}\right)^{5/8}\right]^{4/5} = 40{,}6$$

$$\bar{h} = \overline{Nu}_D \frac{k}{D} = 40{,}6\, \frac{0{,}030\ \text{W/(m} \cdot \text{K)}}{0{,}0127\ \text{m}} = 96{,}0\ \text{W/(m}^2 \cdot \text{K)} \qquad \triangleleft$$

Alternativamente, pela correlação de Hilpert, Equação 7.52,

$$\overline{Nu}_D = C\, Re_D^m\, Pr^{1/3}$$

Com todas as propriedades avaliadas na temperatura do filme, $Re_D = 6071$ e $Pr = 0{,}70$. Assim, da Tabela 7.2, $C = 0{,}193$ e $m = 0{,}618$. O número de Nusselt e o coeficiente convectivo são então

$$\overline{Nu}_D = 0{,}193(6071)^{0{,}618}(0{,}700)^{0{,}333} = 37{,}3$$

$$\bar{h} = \overline{Nu}_D \frac{k}{D} = 37{,}3\, \frac{0{,}030\ \text{W/(m} \cdot \text{K)}}{0{,}0127\ \text{m}} = 88\ \text{W/(m}^2 \cdot \text{K)} \qquad \triangleleft$$

Comentários:

1. Cálculos baseados nas três correlações encontram-se dentro da faixa dos valores medidos para o coeficiente de transferência de calor, $\bar{h} = 102 \pm 20\ \text{W/(m}^2 \cdot \text{K)}$.
2. Reconheça a importância de usar a temperatura apropriada ao avaliar as propriedades do fluido.

EXEMPLO 7.5

Hidrogênio é frequentemente armazenado pela sua *adsorção* em pó de um hidreto metálico. O hidrogênio pode ser dessorvido quando necessário, pelo aquecimento do hidreto metálico ao longo de seu volume. Seja um automóvel movido a célula combustível de hidrogênio trafegando a uma velocidade de $V = 25$ m/s. O automóvel consome $\dot{m}_{H_2} = 1{,}35 \times 10^{-4}$ kg/s de hidrogênio, que é fornecido por um tanque cilíndrico de aço inoxidável, carregado com pó de hidreto metálico. O tanque tem diâmetro interno $D_i = 0{,}1$ m, comprimento $L = 0{,}8$ m e espessura de parede $t = 0{,}5$ mm, e está submetido ao escoamento cruzado de ar a $V =$ 25 m/s e $T_\infty = 23$ °C.

Para haver a dessorção, o hidreto metálico tem que ser mantido a uma temperatura de operação mínima de 275 K. O processo de dessorção é uma reação endotérmica correspondente a uma taxa de geração térmica escrita na forma

$$\dot{E}_g = -\dot{m}_{H_2} \times (29{,}5 \times 10^3 \text{ kJ/kg})$$

sendo $\dot{m}_{H_2}$ a taxa de dessorção do hidrogênio (kg/s). Determine quanto aquecimento adicional, além do propiciado pela convecção vinda do ar, deve ser fornecido ao tanque para manter a temperatura operacional requerida.

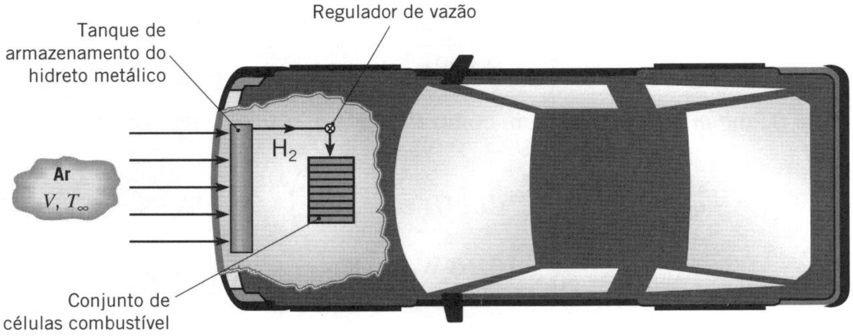

SOLUÇÃO

Dados: Tamanho e forma de um tanque de armazenamento de hidrogênio, taxa de dessorção do hidrogênio, pressão de operação do hidrogênio requerida, velocidade e temperatura do ar em escoamento cruzado.

Achar: A transferência de calor por convecção para o tanque e o aquecimento adicional necessário para manter $p_{H_2} > p_{cc}$.

Esquema:

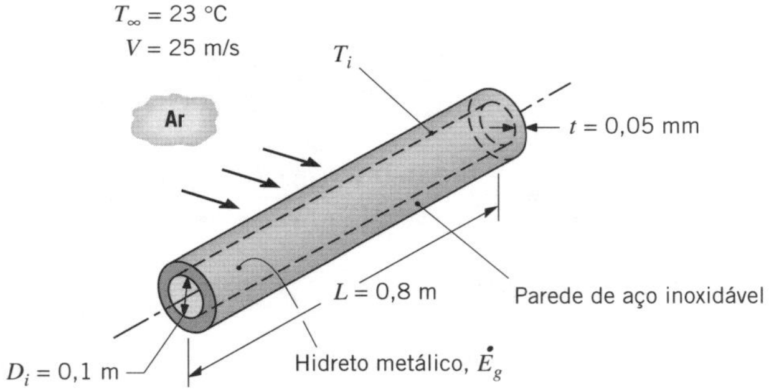

Considerações:

1. Condições de escoamento incompressível em regime estacionário.
2. Temperatura na superfície do cilindro uniforme.
3. Ganho de calor pelas extremidades do cilindro desprezível.
4. Temperatura do hidreto metálico uniforme.
5. Resistência de contato desprezível entre a parede do tanque e o hidreto metálico.

Propriedades: Tabela A.4, ar ($T_f \approx 285$ K): $\nu = 14{,}56 \times 10^{-6}$ m²/s, $k = 25{,}2 \times 10^{-3}$ W/(m · K), $Pr = 0{,}712$. Tabela A.1, aço inoxidável AISI 316 ($T_{ai} \approx 300$ K): $k_{ai} = 13{,}4$ W/(m · K).

Análise: A taxa de geração de energia térmica associada com a dessorção do hidrogênio do hidreto metálico na vazão mássica requerida é

$$\dot{E}_g = -(1{,}35 \times 10^{-4}\ \text{kg/s}) \times (29{,}5 \times 10^6\ \text{J/kg}) = -3982\ \text{W}$$

Para determinar a taxa de transferência de calor por convecção, iniciamos calculando o número de Reynolds:

$$Re_D = \frac{V(D_i + 2t)}{\nu} = \frac{23\ \text{m/s} \times (0{,}1\ \text{m} + 2 \times 0{,}005\ \text{m})}{14{,}56 \times 10^{-6}\ \text{m}^2/\text{s}} = 173.760$$

Usando a Equação 7.54

$$\overline{Nu}_D = 0{,}3 + \frac{0{,}62\, Re_D^{1/2}\, Pr^{1/3}}{[1 + (0{,}4/Pr)^{2/3}]^{1/4}}\left[1 + \left(\frac{Re_D}{282.000}\right)^{5/8}\right]^{4/5}$$

fornece

$$\overline{Nu}_D = 0{,}3 + \frac{0{,}62(173.760)^{1/2}(0{,}712)^{1/3}}{[1 + (0{,}4/0{,}712)^{2/3}]^{1/4}}\left[1 + \left(\frac{173.760}{282.000}\right)^{5/8}\right]^{4/5} = 315{,}8$$

Consequentemente, o coeficiente de transferência de calor convectivo médio é

$$\bar{h} = \overline{Nu}_D \frac{k}{(D_i + 2t)} = 315{,}8 \times \frac{25{,}3 \times 10^{-3}\ \text{W/(m}\cdot\text{K)}}{(0{,}1\ \text{m} + 2 \times 0{,}005\ \text{m})} = 72{,}6\ \text{W/(m}^2\cdot\text{K)}$$

Simplificando a Equação 3.34, encontramos

$$q_{\text{conv}} = \frac{T_\infty - T_i}{\dfrac{1}{\pi L(D_i + 2t)\bar{h}} + \dfrac{\ln[(D_i + 2t)/D_i]}{2\pi k_{\text{ai}} L}}$$

ou, substituindo os valores,

$$q_{\text{conv}} = \frac{296\ \text{K} - 275{,}2\ \text{K}}{\dfrac{1}{\pi(0{,}8\ \text{m})(0{,}1\ \text{m} + 2 \times 0{,}005\ \text{m})(72{,}6\ \text{W/(m}^2\cdot\text{K))}} + \dfrac{\ln[(0{,}1\ \text{m} + 2 \times 0{,}005\ \text{m})/0{,}1\ \text{m}]}{2\pi(13{,}4\ \text{W/(m}\cdot\text{K))}(0{,}8\ \text{m})}} = 406\ \text{W}$$

A energia térmica adicional, q_{ad}, que tem que ser fornecida ao tanque para manter a temperatura de operação em regime estacionário, pode ser determinada a partir de um balanço de energia, $q_{\text{ad}} + q_{\text{conv}} + \dot{E}_g = 0$. Consequentemente,

$$q_{\text{ad}} = -q_{\text{conv}} - \dot{E}_g = -406\ \text{W} + 3982\ \text{W} = 3576\ \text{W} \qquad \triangleleft$$

Comentários:

1. Aquecimento adicional ocorrerá por radiação, pela condução através do sistema de suporte do tanque e das linhas de combustível, e possivelmente pela condensação de vapor d'água sobre o tanque frio.
2. As resistências térmicas associadas à condução na parede do tanque e à convecção são 0,0014 K/W e 0,053 K/W, respectivamente. A resistência convectiva domina e pode ser reduzida pela adição de aletas na superfície externa do tanque.
3. A quantidade necessária de aquecimento adicional aumentará se o automóvel se deslocar a uma velocidade maior, pois o consumo de hidrogênio aumenta com V^3, enquanto o coeficiente de transferência de calor por convecção aumenta com $V^{0,7}$ a $V^{0,8}$. Aquecimento adicional é também necessário quando o automóvel é operado em um clima mais frio.

7.5 A Esfera

Os efeitos da camada-limite associados ao escoamento sobre uma esfera são muito semelhantes àqueles no cilindro circular, com a transição e a separação representando papéis importantes. Resultados para o coeficiente de arrasto, definido pela Equação 7.50, são apresentados na Figura 7.9. No limite para números de Reynolds muito pequenos (*escoamento lento*), o coeficiente de arrasto é inversamente proporcional ao número de Reynolds e a relação específica é conhecida por *lei de Stokes*

$$C_D = \frac{24}{Re_D} \qquad Re_D \lesssim 0{,}5 \qquad (7.55)$$

Inúmeras correlações da transferência de calor foram propostas, e Whitaker [16] recomenda uma expressão com a forma

$$\overline{Nu}_D = 2 + (0{,}4\, Re_D^{1/2} + 0{,}06\, Re_D^{2/3})Pr^{0,4}\left(\frac{\mu}{\mu_s}\right)^{1/4} \quad (7.56)$$

$$\begin{bmatrix} 0{,}71 \lesssim Pr \lesssim 380 \\ 3{,}5 \lesssim Re_D \lesssim 7{,}6 \times 10^4 \\ 1{,}0 \lesssim (\mu/\mu_s) \lesssim 3{,}2 \end{bmatrix}$$

Todas as propriedades, exceto μ_s, são avaliadas a T_∞, e o resultado pode ser aplicado para problemas de transferência de massa simplesmente pela substituição de $\overline{Nu}_D$ e Pr por $\overline{Sh}_D$ e Sc, respectivamente. Um caso especial de transferência de calor e de massa por convecção em esferas está relacionado com o transporte em gotas em queda livre, e a correlação de Ranz e Marshall [20] é frequentemente usada

$$\overline{Nu}_D = 2 + 0{,}6\, Re_D^{1/2}\, Pr^{1/3} \quad (7.57)$$

No limite quando $Re_D \rightarrow 0$, as Equações 7.56 e 7.57 se reduzem a $\overline{Nu}_D = 2$, que corresponde à transferência de calor por condução de uma superfície esférica para um meio infinito e estacionário ao redor de sua superfície, como pode ser deduzido do Caso 1 da Tabela 4.1.

EXEMPLO 7.6

Circuitos elétricos são gravados sobre painéis fotovoltaicos pelo depósito de uma corrente de pequenas gotas ($D = 55\ \mu$m) de uma tinta condutora elétrica, oriundas de uma impressora térmica de jato de tinta. As gotas estão a uma temperatura inicial de $T_i = 200$ °C e deseja-se que elas toquem o painel a uma temperatura final de $T_{final} = 50$ °C. O ar estagnado e a vizinhança estão a $T_\infty = T_{viz} = 25$ °C, e as gotas são ejetadas da cabeça da impressora em sua velocidade terminal. Determine a distância L requerida entre a impressora e o painel fotovoltaico. As propriedades da gota de tinta condutora elétrica são $\rho_g = 2400$ kg/m³, $c_g = 800$ J/(kg · K) e $k_g = 5{,}0$ W/(m · K).

SOLUÇÃO

Dados: Tamanho e propriedades da gota, temperaturas inicial e final desejada da gota. Gotas ejetadas em sua velocidade terminal.

Achar: Distância requerida entre a impressora e o painel fotovoltaico.

Esquema:

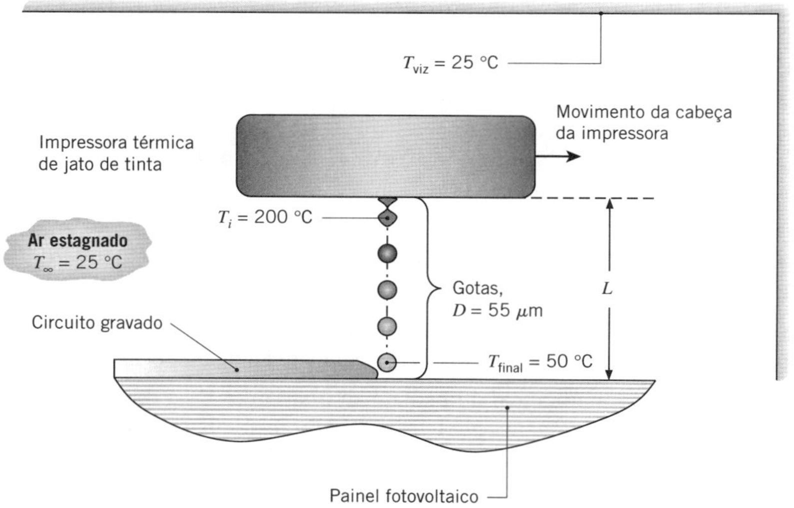

Considerações:

1. Propriedades do ar constantes e avaliadas a 25 °C.
2. Efeitos radiantes desprezíveis.
3. Variação de temperatura no interior da gota desprezível (aproximação pela capacitância global).

Propriedades: Tabela A.4, ar ($T_f = 75$ °C): $\rho = 1{,}002$ kg/m³, $\nu = 20{,}72 \times 10^{-6}$ m²/s. Tabela A.4, ar ($T_\infty = 25$ °C): $\nu = 15{,}71 \times 10^{-6}$ m²/s, $k = 0{,}0261$ W/(m · K), $Pr = 0{,}708$.

Análise: Como as gotas viajam com a sua velocidade terminal, a força resultante em cada gota tem que ser nula. Assim, o peso da gota é equilibrado pela força de empuxo associada ao ar deslocado e pela força de arrasto:

$$\rho_g g\left(\pi \frac{D^3}{6}\right) = \rho g\left(\pi \frac{D^3}{6}\right) + C_D\left(\frac{\pi D^2}{4}\right)\left(\rho \frac{V^2}{2}\right) \tag{1}$$

Nesta expressão a Equação 7.50 foi utilizada para representar a força de arrasto, F_D. Como as gotas são pequenas, antecipamos que o número de Reynolds também será pequeno. Sendo este o caso, a lei de Stokes, Equação 7.55, pode ser usada para representar o coeficiente de arrasto como

$$C_D = \frac{24}{Re_D} = \frac{24\nu}{VD} \tag{2}$$

Substituindo a Equação (2) na Equação (1) e explicitando a velocidade,

$$V = \frac{gD^2}{18\nu\rho}(\rho_g - \rho) = \frac{9{,}8\ \text{m/s}^2 \times (55 \times 10^{-6}\ \text{m})^2}{18 \times 20{,}72 \times 10^{-6}\ \text{m}^2/\text{s} \times 1{,}002\ \text{kg/m}^3} \times (2400 - 1{,}002)\text{kg/m}^3 = 0{,}190\ \text{m/s} = 190\ \text{mm/s}$$

Consequentemente, o número de Reynolds é $Re_D = VD/\nu = 0{,}190\ \text{m/s} \times 55 \times 10^{-6}\ \text{m}/(20{,}72 \times 10^{-6}\ \text{m}^2/\text{s}) = 0{,}506$, e o uso da lei de Stokes é apropriado. O número de Nusselt e o coeficiente convectivo podem ser calculados com a correlação de Ranz e Marshall, Equação 7.57, usando propriedades avaliadas na temperatura da corrente livre (veja a Tabela 7.7):

$$\overline{Nu}_D = 2 + 0{,}6\, Re_D^{1/2}\, Pr^{1/3} = 2 + 0{,}6 \times \left(\frac{0{,}190\ \text{m/s} \times 55 \times 10^{-6}\ \text{m}}{15{,}71 \times 10^{-6}\ \text{m}^2/\text{s}}\right)^{1/2} \times 0{,}708^{1/3} = 2{,}44$$

$$\bar{h} = \frac{\overline{Nu}_D k}{D} = \frac{2{,}44 \times 0{,}0261\ \text{W/(m}\cdot\text{K)}}{55 \times 10^{-6}\ \text{m}} = 1160\ \text{W/(m}^2\cdot\text{K)}$$

Utilizando o método da capacitância global, Equação 5.5, o *tempo de voo* requerido é então

$$t = \frac{\rho_g V c_g}{\bar{h} A_s} \ln\left(\frac{\theta_i}{\theta_{\text{final}}}\right) = \frac{\rho_g c_g D}{6\bar{h}} \ln\left(\frac{T_i - T_\infty}{T_{\text{final}} - T_\infty}\right) = \frac{2400\ \text{kg/m}^3 \times 800\ \text{J/(kg}\cdot\text{K)} \times 55 \times 10^{-6}\ \text{m}}{6 \times 1160\ \text{W/(m}^2\cdot\text{K)}} \ln\left(\frac{(200 - 25)\,°\text{C}}{(50 - 25)\,°\text{C}}\right) = 0{,}030\ \text{s}$$

e a distância requerida é

$$L = Vt = 0{,}190\ \text{m/s} \times 0{,}030\ \text{s} = 0{,}0056\ \text{m} = 5{,}6\ \text{mm} \quad \triangleleft$$

Comentários:

1. A validade do método da capacitância global pode ser determinada pelo cálculo do número de Biot. Usando a Equação 5.10 no modo conservativo com $L_c = D/2$,

$$Bi = \frac{\bar{h}(D/2)}{k_p} = \left(\frac{1160\ \text{W/(m}^2\cdot\text{K)} \times 55 \times 10^{-6}\ \text{m}}{2}\right)/5{,}0\ \text{W/(m}\cdot\text{K)} = 0{,}006 < 0{,}1$$

   e o critério é satisfeito.

2. O uso da Equação 7.55, lei de Stokes, para descrever a dependência da força de arrasto em relação ao número de Reynolds é válida desde que $Re_D \lesssim 0{,}5$. Para partículas maiores, poderia haver a necessidade de consultar a Figura 7.9 para determinar a relação entre C_D e Re_D.
3. Se as partículas não fossem injetadas com a sua velocidade terminal, elas iriam acelerar ou desacelerar durante o voo, complicando a análise.
4. Considerando comportamento de corpo negro e utilizando a temperatura máxima (inicial) da partícula, $T_s = 473$ K, o coeficiente de transferência de calor por radiação máximo seria $h_r = \sigma(T_s + T_{\text{viz}})(T_s^2 + T_{\text{viz}}^2) = 5{,}67 \times 10^{-8}\ \text{W/(m}^2\cdot\text{K}^4) \times (473\ \text{K} + 298\ \text{K}) \times [(473\ \text{K})^2 + (298\ \text{K})^2] = 13{,}7\ \text{W/(m}^2\cdot\text{K)}$. Como $h_r \ll h$, a transferência de calor por radiação é desprezível.

7.6 Escoamento Cruzado em Feixes Tubulares

A transferência de calor para ou a partir de um feixe (banco ou matriz) de tubos em um escoamento cruzado é relevante em diversas aplicações industriais, tais como geração de vapor em uma caldeira ou resfriamento de ar na serpentina de um condicionador de ar. O arranjo geométrico é mostrado esquematicamente na Figura 7.11. Em geral, um fluido se move sobre os tubos, enquanto um segundo fluido, a uma temperatura diferente, escoa no interior dos tubos. Nesta seção estamos especificamente interessados na transferência de calor por convecção associada ao escoamento cruzado sobre os tubos.

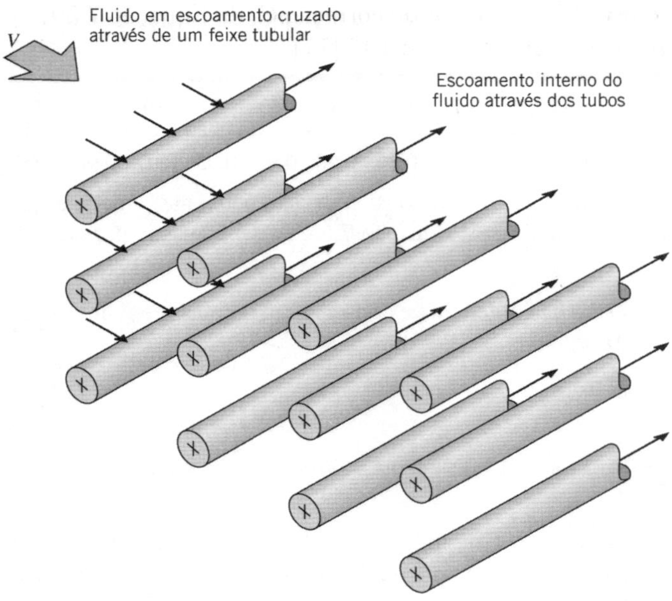

FIGURA 7.11 Esboço de um feixe de tubos (matriz tubular) em escoamento cruzado.

As filas de tubos em um feixe tubular podem estar *alinhadas* ou *alternadas* na direção da velocidade do fluido V (Figura 7.12). A configuração (arranjo) é caracterizada pelo diâmetro dos tubos D, e pelos *passos transversal* S_T e *longitudinal* S_L, medidos entre os centros dos tubos. As condições do escoamento no interior do feixe são dominadas pelos efeitos de separação da camada-limite e por interações das esteiras, que, por sua vez, influenciam a transferência de calor por convecção.

O escoamento ao redor dos tubos da primeira fila de um feixe é similar àquele para um único cilindro em escoamento cruzado. Desta forma, o coeficiente de transferência de calor em um tubo na primeira fila é aproximadamente igual àquele em um único tubo em escoamento cruzado. Nas filas a jusante, as condições do escoamento dependem fortemente do arranjo do feixe (Figura 7.13). Tubos alinhados a partir da primeira fila estão nas esteiras dos tubos a montante, e, para valores moderados de S_L, os coeficientes convectivos associados às filas a jusante são aumentados pela mistura, ou turbilhonamento, do escoamento. Em geral, o coeficiente convectivo de uma fila aumenta com o aumento do número da fila até aproximadamente a quinta fila, além da qual há pequenas mudanças nas condições do escoamento e, consequentemente, no coeficiente convectivo. Para altos S_L, a influência das filas a montante diminui e a transferência de calor nas filas a jusante não é aumentada. Por essa razão, a operação de feixes de tubos alinhados com $S_T/S_L < 0{,}7$ não é desejável. No feixe de tubos alternados, a trajetória do escoamento principal é mais tortuosa, e a mistura do fluido em escoamento cruzado é aumentada em relação ao arranjo alinhado. Em geral, a intensificação da transferência de calor é favorecida pelo escoamento mais tortuoso do arranjo alternado, particularmente para pequenos números de Reynolds ($Re_D \lesssim 100$).

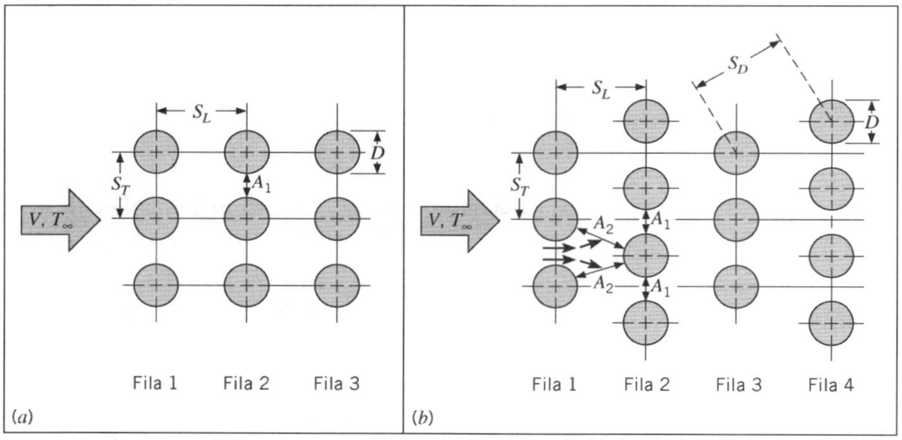

FIGURA 7.12 Arranjos dos tubos em um feixe. (*a*) Alinhados. (*b*) Alternados.

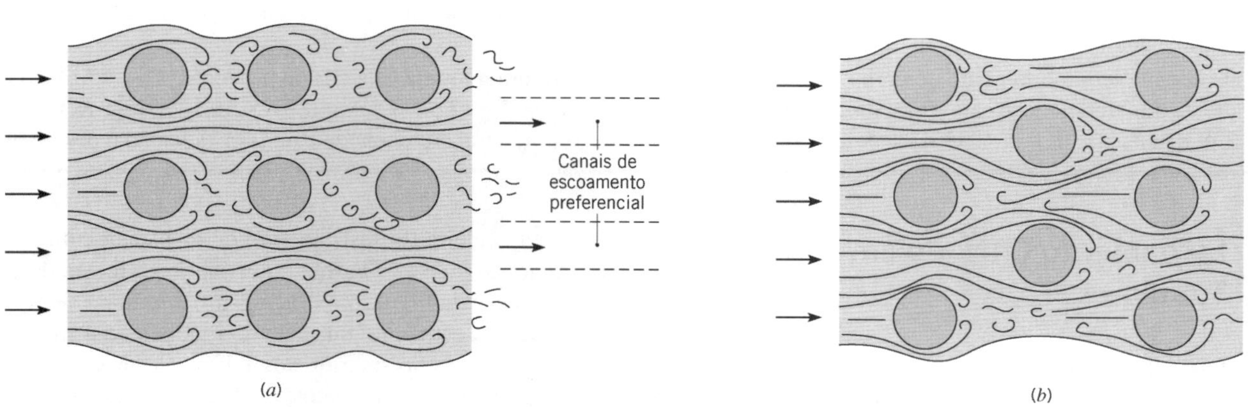

FIGURA 7.13 Condições do escoamento em tubos (*a*) alinhados e (*b*) alternados.

Com frequência, desejamos conhecer o coeficiente de transferência de calor *médio* para a *totalidade* do feixe de tubos. Zukauskas [17] propôs uma correlação na forma

$$\overline{Nu}_D = C_1\, Re_{D,\text{máx}}^m\, Pr^{0,36}\left(\frac{Pr}{Pr_s}\right)^{1/4} \tag{7.58}$$

$$\left[\begin{array}{l} N_F \geq 20 \\ 0,7 \lesssim Pr \lesssim 500 \\ 10 \lesssim Re_{D,\text{máx}} \lesssim 2 \times 10^6 \end{array}\right]$$

na qual N_F é o número de filas de tubos, todas propriedades, exceto Pr_s, são avaliadas na temperatura média aritmética entre as temperaturas do fluido na entrada ($T_{\text{ent}} = T_\infty$) e na saída ($T_{\text{sai}}$), e as constantes C_1 e m estão listadas na Tabela 7.5. A necessidade de avaliar as propriedades do fluido na média aritmética das temperaturas de entrada e saída é estabelecida pelo fato de a temperatura do fluido diminuir ou aumentar, respectivamente, em função da transferência de calor para ou a partir dos tubos. Se a variação da temperatura média do fluido, $|T_{\text{ent}} - T_{\text{sai}}|$, for grande, um erro significativo pode resultar em função da avaliação das propriedades na temperatura de entrada.

Se houver 20 ou menos filas de tubos, $N_F \lesssim 20$, o coeficiente de transferência de calor médio normalmente é reduzido e um fator de correção pode ser usado de modo que

$$\overline{Nu}_D\big|_{(N_F<20)} = C_2\overline{Nu}_D\big|_{(N_F\geq 20)} \tag{7.59}$$

com C_2 fornecido na Tabela 7.6.

O número de Reynolds $Re_{D,\text{máx}}$ nas correlações anteriores é baseado na *velocidade do fluido máxima* presente no interior do feixe tubular, $Re_{D,\text{máx}} \equiv \rho V_{\text{máx}} D/\mu$. No arranjo alinhado, $V_{\text{máx}}$ ocorre no plano transversal A_1 mostrado na Figura 7.12*a*

TABELA 7.5 Constantes da Equação 7.58 para um feixe de tubos em escoamento cruzado [17]

Configuração	$Re_{D,\text{máx}}$	C_1	m
Alinhados	10–10^2	0,80	0,40
Alternados	10–10^2	0,90	0,40
Alinhados Alternados	10^2–10^3 10^2–10^3	Aproxime por um único cilindro	
Alinhados ($S_T/S_L > 0,7$)[a]	10^3–2×10^5	0,27	0,63
Alternados ($S_T/S_L < 2$)	10^3–2×10^5	$0,35(S_T/S_L)^{1/5}$	0,60
Alternados ($S_T/S_L > 2$)	10^3–2×10^5	0,40	0,60
Alinhados	2×10^5–2×10^6	0,021	0,84
Alternados	2×10^5–2×10^6	0,022	0,84

[a] Para $S_T/S_L < 0,7$, a transferência de calor é ineficiente e tubos alinhados não devem ser usados.

TABELA 7.6 Fator de correção C_2 da Equação 7.59 para $N_F < 20$ ($R_{eD,\text{máx}} \gtrsim 10^3$) [17]

N_F	1	2	3	4	5	7	10	13	16
Alinhados	0,70	0,80	0,86	0,90	0,92	0,95	0,97	0,98	0,99
Alternados	0,64	0,76	0,84	0,89	0,92	0,95	0,97	0,98	0,99

e a partir da exigência de conservação da massa em um fluido incompressível

$$V_{\text{máx}} = \frac{S_T}{S_T - D}V \tag{7.60}$$

No arranjo alternado, a velocidade máxima pode ocorrer tanto no plano transversal A_1 quanto no plano diagonal A_2 da Figura 7.12*b*. Ela irá ocorrer em A_2 se as filas estiverem espaçadas de modo que

$$2(S_D - D) < (S_T - D)$$

O fator 2 resulta da bifurcação experimentada pelo fluido ao escoar do plano A_1 para os planos A_2. Assim, $V_{\text{máx}}$ ocorre em A_2 se

$$S_D = \left[S_L^2 + \left(\frac{S_T}{2}\right)^2\right]^{1/2} < \frac{S_T + D}{2}$$

e, nesse caso, é fornecida por

$$V_{\text{máx}} = \frac{S_T}{2(S_D - D)}V \tag{7.61}$$

Se $V_{\text{máx}}$ ocorre em A_1 para o arranjo alternado, mais uma vez ela pode ser calculada pela Equação 7.60.

Como o fluido pode experimentar uma grande variação de temperatura à medida que escoa através do feixe tubular, a taxa de transferência de calor pode ser significativamente superestimada pelo uso de $\Delta T = T_s - T_\infty$ como a diferença de temperaturas na lei do resfriamento de Newton. À medida que o fluido escoa através do feixe, sua temperatura se aproxima de T_s e $|\Delta T|$ diminui. No Capítulo 8 é mostrado que a forma apropriada para ΔT é a *média logarítmica das diferenças de temperatura*,

$$\Delta T_{\text{ml}} = \frac{(T_s - T_{\text{ent}}) - (T_s - T_{\text{sai}})}{\ln\left(\dfrac{T_s - T_{\text{ent}}}{T_s - T_{\text{sai}}}\right)} \tag{7.62}$$

com T_{ent} e T_{sai} sendo as temperaturas do fluido na entrada e na saída do feixe, respectivamente. A temperatura de saída, necessária para determinar ΔT_{ml}, pode ser estimada pela expressão

$$\frac{T_s - T_{\text{sai}}}{T_s - T_{\text{ent}}} = \exp\left(-\frac{\pi D N \bar{h}}{\rho V N_T S_T c_p}\right) \tag{7.63}$$

na qual N é o número total de tubos no feixe e N_T é o número de tubos em cada fila. Uma vez conhecida ΔT_{ml}, a taxa de transferência de calor por unidade de comprimento dos tubos pode ser calculada por

$$q' = N(\bar{h}\pi D\Delta T_{ml}) \tag{7.64}$$

Resultados adicionais, obtidos para valores específicos de S_T/D e S_L/D, são reportados por Zukauskas [17] e Grimison [21]. Os resultados de Grimison estão restritos ao ar como fluido em escoamento cruzado, e os valores previstos para os números de Nusselt médios geradas pelas correlações das duas referências coincidem na faixa de aproximadamente 15 % em uma ampla faixa de $Re_{D,\text{máx}}$. Os resultados anteriores podem ser usados para determinar as taxas de transferência de massa associadas à evaporação ou à sublimação nas superfícies de um feixe de cilindros em escoamento cruzado. Mais uma vez, é preciso somente substituir $\overline{Nu}_D$ e Pr por $\overline{Sh}_D$ e Sc, respectivamente.

Encerramos reconhecendo que, em geral, existe tanto interesse na queda de pressão associada ao escoamento através de um feixe tubular quanto na taxa de transferência de calor global. A potência necessária para deslocar o fluido através do feixe corresponde, com frequência, a um custo operacional relevante e é diretamente proporcional à queda de pressão, que pode ser representada por [17]

$$\Delta p = N_L \chi \left(\frac{\rho V_{\text{máx}}^2}{2}\right) f \tag{7.65}$$

O fator de atrito f e o fator de correção χ estão representados nas Figuras 7.14 e 7.15. A Figura 7.14 corresponde a um arranjo quadrado, com os tubos alinhados, no qual os passos longitudinal e transversal adimensionais, $P_L \equiv S_L/D$ e $P_T \equiv S_T/D$, respectivamente, são iguais. O fator de correção χ, apresentado no detalhe, é usado para corrigir os resultados para outros arranjos com tubos alinhados. De maneira análoga, a Figura 7.15 aplica-se a um arranjo de tubos alternados na forma de um triângulo equilátero ($S_T = S_D$), e o fator de correção permite a extensão dos resultados para outros arranjos alternados. Note que o número de Reynolds que aparece nas Figuras 7.14 e 7.15 é baseado na velocidade do fluido máxima $V_{\text{máx}}$.

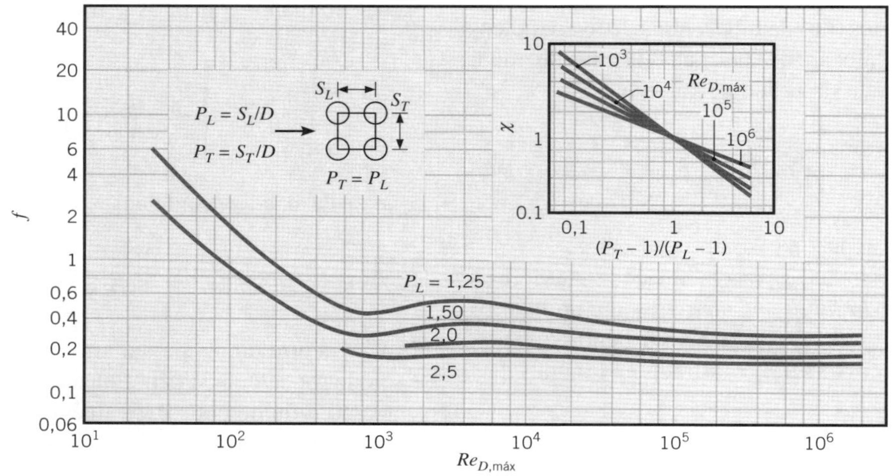

FIGURA 7.14 Fator de atrito f e fator de correção χ para a Equação 7.65. Arranjo alinhado de tubos no feixe [17]. (Usado com permissão.)

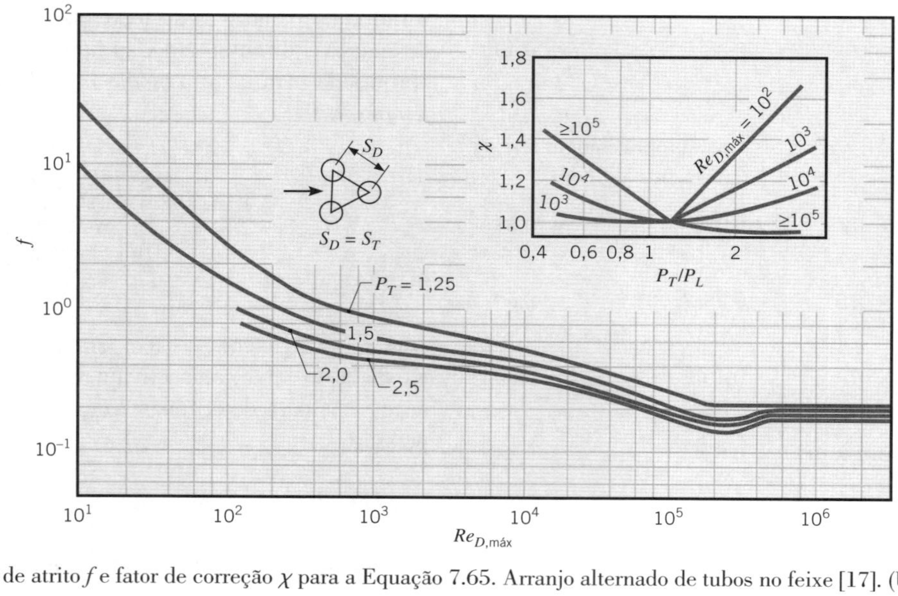

FIGURA 7.15 Fator de atrito f e fator de correção χ para a Equação 7.65. Arranjo alternado de tubos no feixe [17]. (Usado com permissão.)

EXEMPLO 7.7

Com frequência, água pressurizada está disponível a temperaturas elevadas e pode ser usada para o aquecimento ambiental ou em processos industriais. Em tais casos é comum se utilizar um feixe de tubos no qual a água é passada pelo interior dos tubos, enquanto o ar escoa em escoamento cruzado pelo lado externo dos tubos. Considere um arranjo alternado, no qual o diâmetro externo dos tubos é de 16,4 mm e os passos longitudinal e transversal são S_L = 34,3 mm e S_T = 31,3 mm. Há sete filas de tubos na direção do escoamento do ar e oito tubos por fila. Sob condições operacionais típicas, a temperatura na superfície externa dos tubos é de 70 °C, enquanto a temperatura e a velocidade do ar na corrente a montante do feixe são 15 °C e 6 m/s, respectivamente. Determine o coeficiente de transferência de calor por convecção no lado do ar e a taxa de transferência de calor no feixe de tubos. Qual é a queda de pressão na corrente de ar?

SOLUÇÃO

Dados: Geometria e condições de operação em um feixe de tubos.

Achar:

1. Coeficiente convectivo no lado do ar e taxa de transferência de calor.
2. Queda de pressão.

Esquema:

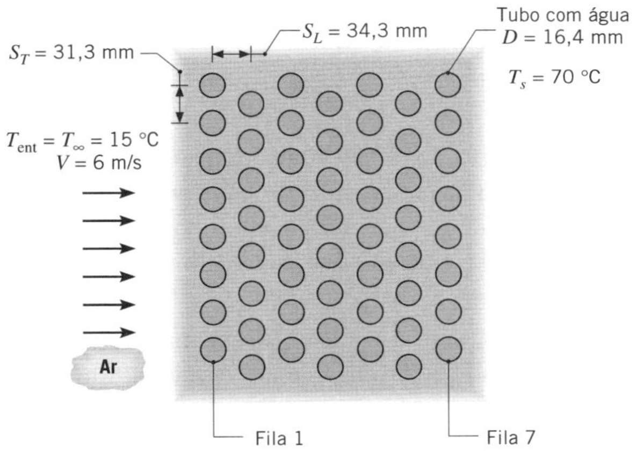

Considerações:

1. Condições de escoamento incompressível em regime estacionário.
2. Efeitos radiantes desprezíveis.
3. Efeito da variação da temperatura do ar ao atravessar o feixe de tubos nas propriedades do ar desprezível.

Propriedades: Tabela A.4, ar (T_∞ = 15 °C): ρ = 1,217 kg/m³, c_p = 1007 J/(kg · K), ν = 14,82 × 10⁻⁶ m²/s, k = 0,0253 W/(m · K), Pr = 0,710. Tabela A.4, ar (T_s = 70 °C): Pr = 0,701. Tabela A.4, ar (T_f = 43 °C): ν = 17,4 × 10⁻⁶ m²/s, k = 0,0274 W/(m · K), Pr = 0,705.

Análise:

1. Das Equações 7.58 e 7.59, o número de Nusselt no lado do ar é

$$\overline{Nu}_D = C_2 C_1 Re_{D,\text{máx}}^m Pr^{0,36}\left(\frac{Pr}{Pr_s}\right)^{1/4}$$

Como $S_D = [S_L^2 + (S_T/2)^2]^{1/2} = 37{,}7$ mm é maior do que $(S_T + D)/2$, a velocidade máxima ocorre no plano transversal, A_1, da Figura 7.12. Dessa forma, pela Equação 7.60,

$$V_{\text{máx}} = \frac{S_T}{S_T - D}V = \frac{31{,}3\text{ mm}}{(31{,}3 - 16{,}4)\text{ mm}}6\text{ m/s} = 12{,}6\text{ m/s}$$

Com

$$Re_{D,\text{máx}} = \frac{V_{\text{máx}}D}{\nu} = \frac{12{,}6\text{ m/s} \times 0{,}0164\text{ m}}{14{,}82 \times 10^{-6}\text{ m}^2/\text{s}} = 13.943$$

e

$$\frac{S_T}{S_L} = \frac{31{,}3\text{ mm}}{34{,}3\text{ mm}} = 0{,}91 < 2$$

segue-se das Tabelas 7.5 e 7.6 que

$$C_1 = 0{,}35\left(\frac{S_T}{S_L}\right)^{1/5} = 0{,}34, \quad m = 0{,}60 \quad \text{e} \quad C_2 = 0{,}95$$

Assim

$$\overline{Nu}_D = 0{,}95 \times 0{,}34(13.943)^{0{,}60}(0{,}71)^{0{,}36}\left(\frac{0{,}710}{0{,}701}\right)^{0{,}25}$$
$$= 87{,}9$$

e

$$\bar{h} = \overline{Nu}_D\frac{k}{D} = 87{,}9 \times \frac{0{,}0253\text{ W/(m}\cdot\text{K)}}{0{,}0164\text{ m}}$$
$$= 135{,}6\text{ W/(m}^2\cdot\text{K)} \quad \triangleleft$$

Da Equação 7.63

$$T_s - T_{\text{sai}} = (T_s - T_{\text{ent}})\exp\left(-\frac{\pi D N \bar{h}}{\rho V N_T S_T c_p}\right)$$

$$T_s - T_{\text{sai}} = (55\text{ °C})\exp\left(-\frac{\pi(0{,}0164\text{ m})\,56\,(135{,}6\text{ W/(m}^2\cdot\text{K)})}{1{,}217\text{ kg/m}^3\,(6\text{ m/s})\,8\,(0{,}0313\text{ m})\,1007\text{ J/(kg}\cdot\text{K)}}\right)$$

$$T_s - T_{\text{sai}} = 44{,}5\text{ °C}$$

Assim, das Equações 7.62 e 7.64

$$\Delta T_{\text{ml}} = \frac{(T_s - T_{\text{ent}}) - (T_s - T_{\text{sai}})}{\ln\left(\dfrac{T_s - T_{\text{ent}}}{T_s - T_{\text{sai}}}\right)} = \frac{(55 - 44{,}5)\text{ °C}}{\ln\left(\dfrac{55}{44{,}5}\right)}$$
$$= 49{,}6\text{ °C}$$

e

$$q' = N(\bar{h}\pi D\Delta T_{\text{lm}}) = 56\pi \times 135{,}6\ \text{W/(m}^2\cdot\text{K)}$$
$$\times\ 0{,}0164\ \text{m} \times 49{,}6\,°\text{C}$$
$$q' = 19{,}4\ \text{kW/m} \qquad \triangleleft$$

2. A queda de pressão pode ser obtida com a Equação 7.65.

$$\Delta p = N_F\chi\left(\frac{\rho V_{\text{máx}}^2}{2}\right)f$$

Com $Re_{D,\text{máx}} = 13.943$; $P_T = (S_T/D) = 1{,}91$; $P_L = (S_L/D) = 2{,}09$ e $(P_T/P_L) = 0{,}91$, tem-se que, da Figura 7.15, que $\chi \approx 1{,}04$ e $f \approx 0{,}35$. Portanto, com $N_F = 7$

$$\Delta p = 7 \times 1{,}04\left[\frac{1{,}217\ \text{kg/m}^3(12{,}6\ \text{m/s})^2}{2}\right]0{,}35$$
$$\Delta p = 246\ \text{N/m}^2 = 2{,}46 \times 10^{-3}\ \text{bars} \qquad \triangleleft$$

Comentários:

1. Caso $\Delta T_{\text{ent}} \equiv T_s - T_{\text{ent}}$ fosse usada em lugar de ΔT_{ml} na Equação 7.64, a taxa de transferência de calor teria sido superestimada em 11 %.

2. Como a previsão de aumento na temperatura do ar é de somente 10,5 °C, a avaliação das propriedades do ar a $T_{\text{ent}} = 15$ °C é uma aproximação razoável. Contudo, se uma maior acurácia for desejada, os cálculos deveriam ser repetidos com as propriedades reavaliadas a $(T_{\text{ent}} + T_{\text{sai}})/2 = 20{,}25$ °C. Uma exceção é representada pela massa específica ρ no termo exponencial da Equação 7.63. Como ela aparece no denominador deste termo, ρ está ligada à velocidade na entrada fornecendo um produto (ρV) que está relacionado com a vazão mássica de ar entrando no feixe tubular. Assim, nesse termo, ρ deve ser avaliado a T_{ent}.

3. A temperatura de saída do ar e a taxa de transferência de calor podem ser aumentadas pelo aumento no número de filas de tubos e, para um número fixo de filas, elas podem ser mudadas pelo ajuste da velocidade do ar. Para $5 \le N_F \le 25$ e $V = 6$ m/s, cálculos variando o parâmetro N_F baseados nas Equações 7.58, 7.59 e 7.62 a 7.64 fornecem os seguintes resultados:

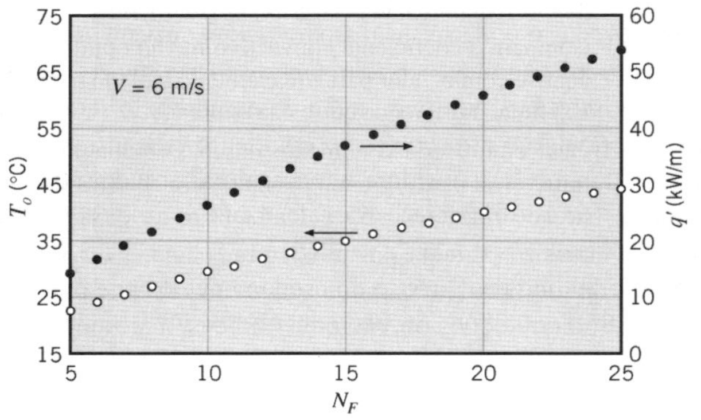

Com o aumento de N_F, a temperatura de saída do ar irá se aproximar assintoticamente da temperatura da superfície, quando a taxa de transferência de calor total atinge um valor constante e não há vantagem adicional em se acrescentar mais filas de tubos. Observe que Δp aumenta linearmente com o aumento de N_F. Para $N_F = 25$ e $1 \le V \le 20$ m/s, obtemos

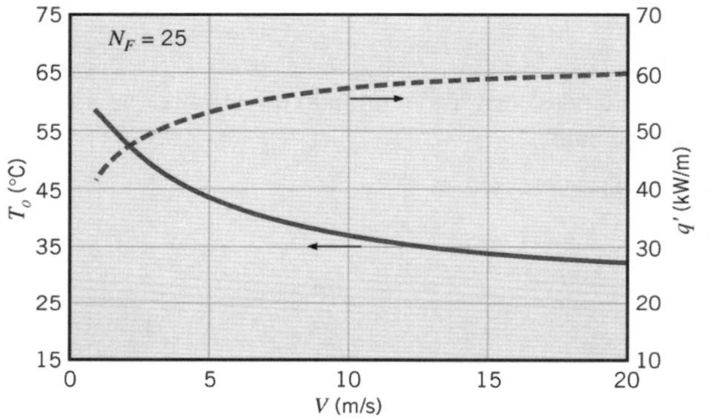

Embora a taxa de transferência de calor aumente com o aumento de V, a temperatura de saída do ar diminui, aproximando-se de T_{ent} quando $V \to \infty$.

7.7 Jatos Colidentes

Um único jato de gás ou uma série de jatos, colidindo perpendicularmente sobre uma superfície, podem ser usados para se obter coeficientes mais elevados no aquecimento por convecção, no resfriamento ou na secagem. As aplicações incluem a têmpera de placas de vidro, o tratamento térmico de chapas metálicas, a secagem de produtos têxteis e de papel, o resfriamento de componentes aquecidos em motores de turbinas a gás e o degelo de sistemas em aeronaves.

7.7.1 *Considerações Fluidodinâmicas e Geométricas*

Como mostrado na Figura 7.16, jatos de gás são geralmente descarregados em um ambiente estagnado a partir de um bocal circular, com diâmetro D, ou de um bocal na forma de uma fenda retangular, com largura W. Normalmente, o jato é turbulento e, na saída do bocal, é caracterizado por um perfil de velocidades uniforme. Contudo, com o aumento da distância da saída do bocal, a transferência de momento entre o jato e o ambiente causa o alargamento da fronteira livre do jato e o *núcleo potencial*, no interior do qual a velocidade do jato na saída do bocal é mantida, se contrai. A jusante do núcleo potencial, o perfil de velocidades é não uniforme em toda a seção transversal do jato e a velocidade máxima (no centro) diminui com o aumento da distância da saída do bocal. A região do escoamento na qual as condições não são afetadas pela superfície de colisão (superfície-alvo) é conhecida por *jato livre*.

No interior da *zona de estagnação* ou *de colisão*, o escoamento é influenciado pela superfície-alvo e é desacelerado e acelerado nas direções normal (z) e transversal (r ou x), respectivamente. Contudo, como o escoamento continua arrastando fluido do ambiente que possui momento nulo, a aceleração transversal não pode continuar indefinidamente e

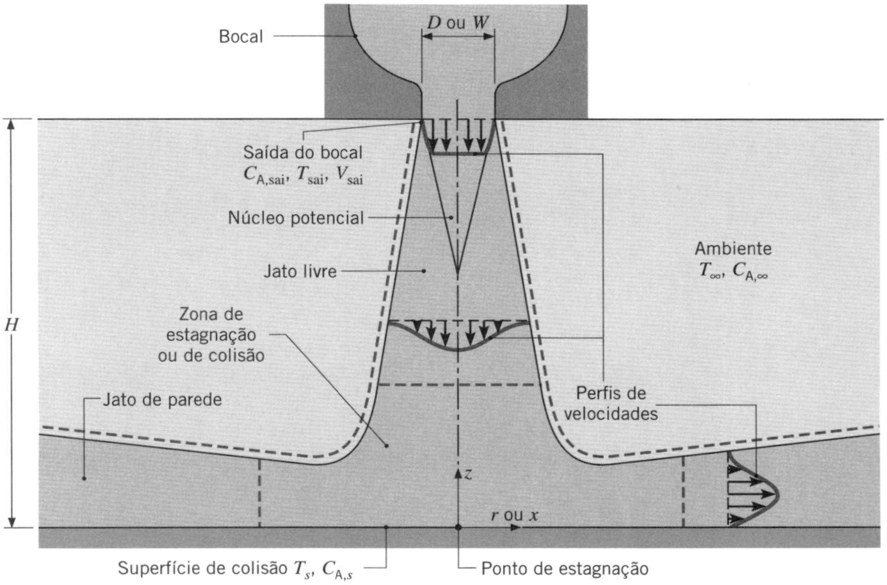

FIGURA 7.16 Colisão em uma superfície de um jato de gás circular ou retangular.

o escoamento acelerado na zona de estagnação é transformado em um *jato de parede* em desaceleração. Assim, com o aumento de r ou x, os componentes da velocidade paralelos à superfície aumentam de zero até algum valor máximo e, posteriormente, decaem para zero. Os perfis de velocidades no interior do jato de parede são caracterizados por velocidade nula na superfície de colisão e na superfície livre. Se $T_s \neq T_{sai}$ e/ou $C_{A,s} \neq C_{A,sai}$, há transferência de calor e/ou de massa por convecção nas regiões de estagnação e de jato de parede.

Muitos esquemas de transferência de calor (massa) por colisão de jatos envolvem uma série de jatos, como, por exemplo, a série de jatos retangulares mostrada na Figura 7.17. Além do escoamento originado em cada bocal com as respectivas regiões de jato livre, de estagnação e de jato de parede, existem zonas de estagnação secundárias resultantes das interações entre regiões de jato de parede adjacentes. Em muitos desses esquemas, os jatos são descarregados no interior de um volume restrito, delimitado pela superfície-alvo e pela placa dos bocais, de onde são originados os jatos. A taxa de transferência de calor (massa) global depende fortemente da forma pela qual o *gás esgotado*, cuja temperatura (concentração da espécie) encontra-se entre os valores associados ao da saída do bocal e ao da superfície de colisão, é retirado do sistema. Para a configuração da Figura 7.17, o gás esgotado não pode escoar para cima por entre os bocais, mas, em vez disso, tem que escoar simetricamente nas direções $\neq y$. Como a temperatura (resfriamento superficial) ou a concentração da espécie (evaporação superficial) do gás aumenta com o aumento de $|y|$, a diferença local de temperaturas ou de concentrações entre a superfície e o gás diminui, causando uma redução nos fluxos convectivos locais. Uma situação preferível é a presença de aberturas para o ambiente entre bocais adjacentes, permitindo, assim, um escoamento ascendente contínuo e a descarga direta do gás esgotado.

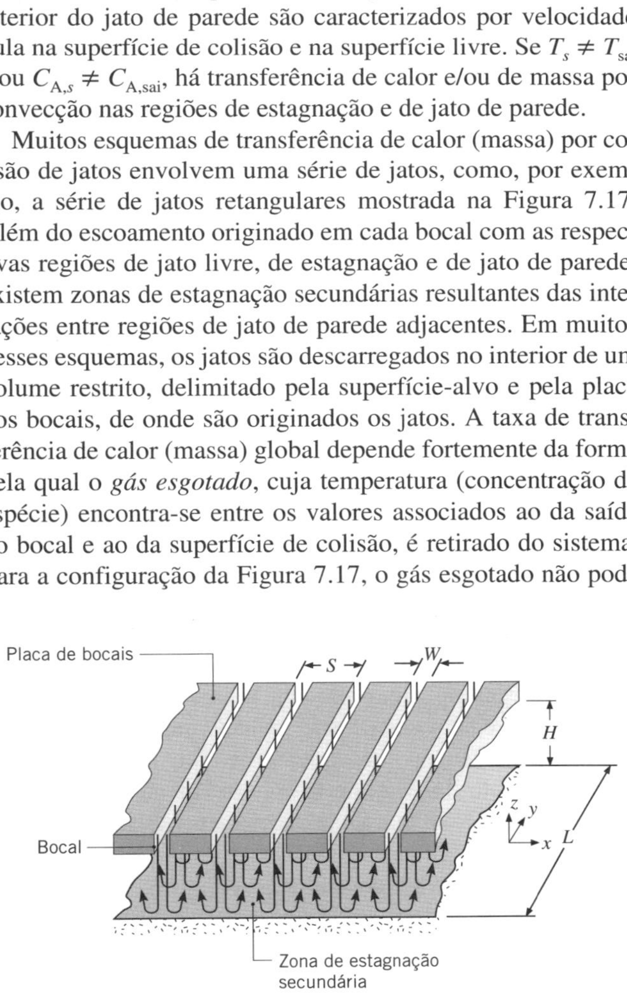

FIGURA 7.17 Colisão em uma superfície de uma série de jatos retangulares.

Vistas planas (superiores) de bocais circulares ou retangulares, assim como de séries regulares de bocais circulares e retangulares, são mostradas na Figura 7.18. Para os bocais isolados (Figura 7.18*a*, *d*), os coeficientes convectivos local e médio estão associados a quaisquer $r > 0$ e $x > 0$. Nas séries, com a descarga do gás esgotado na direção vertical (z), a simetria dita a equivalência entre os valores locais e médios em cada uma das células unitárias delimitadas pelas linhas tracejadas. Para um grande número de jatos circulares em uma configuração alinhada quadrada (Figura 7.18*b*) ou alternada equilátera (Figura 7.18*c*), as células unitárias correspondem a um quadrado ou a um hexágono, respectivamente. Um parâmetro geométrico pertinente é a área relativa do bocal, que é definida como a razão entre a área da seção transversal da saída do bocal e a área superficial da célula ($A_r \equiv A_{st,sai}/A_{célula}$). Em cada caso, S representa o passo da série de bocais.

7.7.2 Transferência de Calor e de Massa por Convecção

Nos resultados a seguir, presume-se que o jato de gás saia do bocal com velocidade V_{sai}, temperatura T_{sai} e concentração de espécie $C_{A,sai}$ uniformes. Por hipótese, o jato encontra-se em equilíbrio térmico e de composição com o ambiente ($T_{sai} = T_\infty$, $C_{A,sai} = C_{A,\infty}$), enquanto a transferência de calor e/ou de massa por convecção pode ocorrer na superfície de colisão, que possui temperatura e/ou composição uniformes

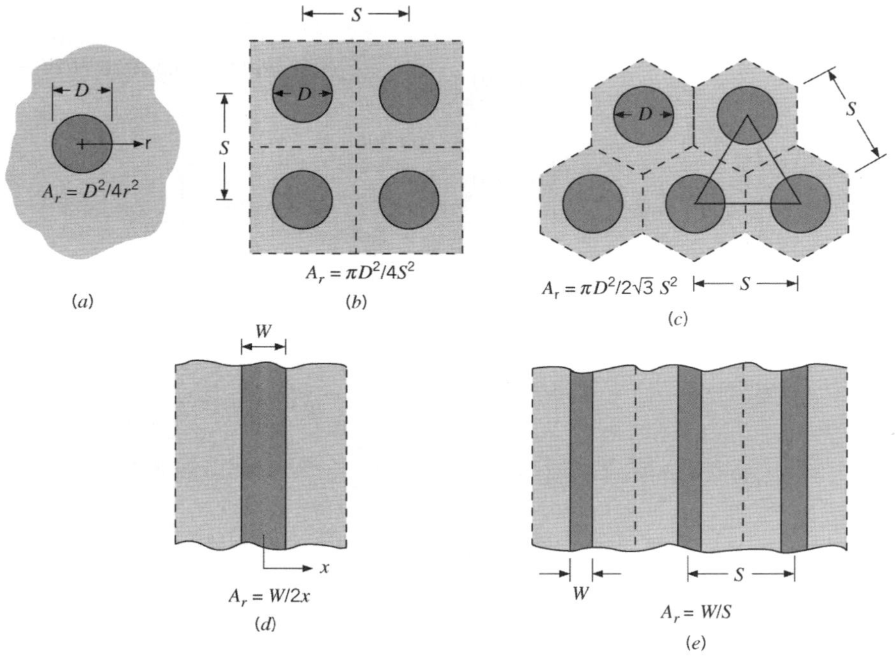

FIGURA 7.18 Vista plana superior de características geométricas pertinentes para (*a*) um jato circular, (*b*) uma série alinhada de jatos circulares, (*c*) uma série alternada de jatos circulares, (*d*) um jato retangular e (*e*) uma série de jatos retangulares.

($T_s \neq T_{\text{sai}}$, $C_{A,s} \neq C_{A,\text{sai}}$). A lei do resfriamento de Newton e a sua análoga na transferência de massa são, então,

$$q'' = h(T_s - T_{\text{sai}}) \quad (7.66)$$

$$N''_A = h_m(C_{A,s} - C_{A,\text{sai}}) \quad (7.67)$$

Supõe-se que as condições não sejam influenciadas pelo nível de turbulência na saída do bocal e que a superfície encontra-se estacionária. Contudo, essa exigência pode ser relaxada para velocidades da superfície muito menores do que a velocidade de impacto do jato.

Uma extensa revisão dos dados disponíveis para o coeficiente convectivo em jatos colidentes de gás foi executada por Martin [22], e, para um único bocal circular ou retangular, as distribuições dos números de Nusselt *locais* têm as formas características mostradas na Figura 7.19. O comprimento característico é o *diâmetro hidráulico* do bocal, definido como quatro vezes a sua área de seção transversal dividida pelo seu perímetro molhado ($D_h \equiv 4A_{sr,\text{sai}}/P$). Assim, o comprimento característico é o diâmetro de um bocal circular e, supondo $L \gg W$, ele é o dobro da largura de um bocal retangular. Tem-se, então, que $Nu = hD/k$ para bocais circulares e $Nu = h(2W/k)$ para bocais retangulares. Para grandes distâncias entre o bocal e a placa, Figura 7.19*a*, a distribuição é caracterizada por uma curva em forma de sino, na qual Nu diminui monotonamente a partir de um valor máximo no *ponto de estagnação*, r/D ou $x/(2W)$ igual a zero.

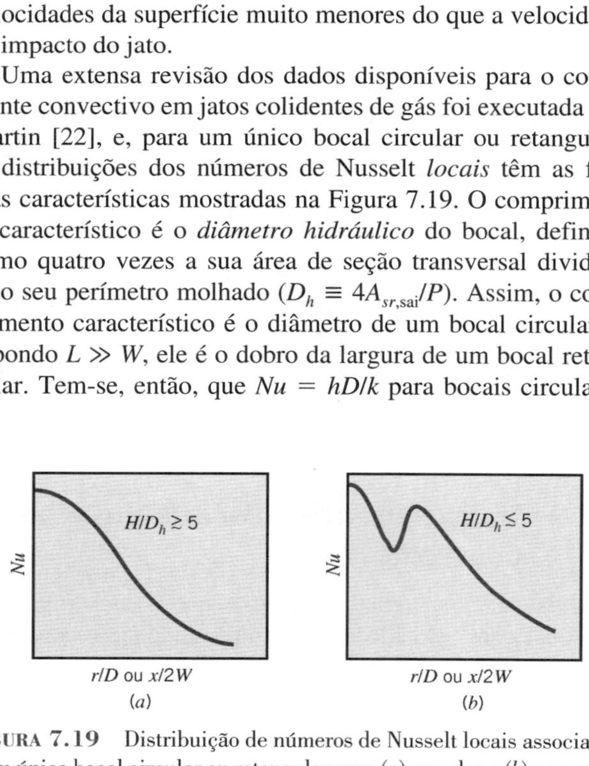

FIGURA 7.19 Distribuição de números de Nusselt locais associados a um único bocal circular ou retangular para (*a*) grandes e (*b*) pequenas distâncias relativas entre o bocal e a placa.

Para pequenas distâncias, Figura 7.19*b*, a distribuição é caracterizada por um segundo máximo, cujo valor aumenta com o aumento do número de Reynolds para o jato, podendo até mesmo exceder o valor do primeiro máximo. A separação limite de $H/D \approx 5$, abaixo da qual há o segundo máximo, está de certa forma associada ao comprimento do núcleo potencial (Figura 7.16). O surgimento do segundo máximo é atribuído a um aumento brusco no nível de turbulência que acompanha a transição de um escoamento acelerado na região de estagnação para o jato de parede, onde há desaceleração [22]. Máximos adicionais foram observados e atribuídos à formação de vórtices na zona de estagnação, bem como à transição para o regime turbulento no jato de parede [23].

Máximos secundários do Nu estão também associados à interação entre jatos de parede em uma série de bocais [22, 24]. Entretanto, as distribuições são bidimensionais, exibindo, por exemplo, variações com x e y na série de jatos retangulares mostrada na Figura 7.17. Pode-se esperar que variações com x possam fornecer máximos na linha de centro do jato e a meia distância entre jatos adjacentes, enquanto restrições ao escoamento de esgotamento na direção $\pm y$ induziriam aceleração com o aumento de $|y|$ e, portanto, um aumento monotônico de Nu com $|y|$. Entretanto, variações com y diminuem com o aumento da área da seção transversal do escoamento de esgotamento e podem ser desprezadas se $S \times H \gtrsim W \times L$ [22].

Números de Nusselt médios podem ser obtidos pela integração dos resultados locais na área superficial apropriada. As correlações resultantes são apresentadas na forma

$$\overline{Nu} = f(Re, Pr, A_r, H/D_h) \quad (7.68)$$

na qual

$$\overline{Nu} \equiv \frac{\bar{h}D_h}{k} \quad (7.69)$$

$$Re = \frac{V_{sai}D_h}{\nu} \quad (7.70)$$

com $D_h = D$ (bocais circulares) e $D_h = 2W$ (bocais retangulares).

Bocais Circulares Tendo avaliado dados de diversas fontes, Martin [22] recomenda a seguinte correlação para *um bocal circular* ($A_r = D^2/(4r^2)$)

$$\frac{\overline{Nu}}{Pr^{0,42}} = G\left(A_r, \frac{H}{D}\right)[2\,Re^{1/2}(1 + 0{,}005\,Re^{0,55})^{1/2}] \quad (7.71)$$

na qual

$$G = 2A_r^{1/2}\frac{1 - 2{,}2A_r^{1/2}}{1 + 0{,}2(H/D - 6)A_r^{1/2}} \quad (7.72)$$

Os intervalos de validade são

$$\begin{bmatrix} 2000 \lesssim Re \lesssim 400.000 \\ 2 \lesssim H/D \lesssim 12 \\ 0{,}004 \lesssim A_r \lesssim 0{,}04 \end{bmatrix}$$

Para $A_r \gtrsim 0{,}04$, os resultados para $\overline{Nu}$ estão disponíveis na forma gráfica [22].

Para uma *série de bocais circulares* ($A_r = \pi D^2)/(4S^2)$ ou $\pi D^2/2\sqrt{3}S^2$ para séries alinhadas e alternadas, respectivamente),

$$\frac{\overline{Nu}}{Pr^{0,42}} = 0{,}5\,K\left(A_r, \frac{H}{D}\right)G\left(A_r, \frac{H}{D}\right)Re^{2/3} \quad (7.73)$$

na qual

$$K = \left[1 + \left(\frac{H/D}{0{,}6/A_r^{1/2}}\right)^6\right]^{-0,05} \quad (7.74)$$

e G é a função do bocal isolado, dada pela Equação 7.72. A função K leva em consideração o fato de que, para $H/D \gtrsim 0{,}6/A_r^{1/2}$, o número de Nusselt médio para a série diminui mais rapidamente com o aumento de H/D do que para um bocal isolado. A correção é válida nos intervalos

$$\begin{bmatrix} 2000 \lesssim Re \lesssim 100.000 \\ 2 \lesssim H/D \lesssim 12 \\ 0{,}004 \lesssim A_r \lesssim 0{,}04 \end{bmatrix}$$

Bocais Retangulares Para um bocal retangular ($A_r = W/(2x)$), a correlação recomendada é

$$\frac{\overline{Nu}}{Pr^{0,42}} = \frac{3{,}06}{0{,}5/A_r + H/W + 2{,}78}Re^m \quad (7.75)$$

na qual

$$m = 0{,}695 - \left[\left(\frac{1}{4A_r}\right) + \left(\frac{H}{2W}\right)^{1,33} + 3{,}06\right]^{-1} \quad (7.76)$$

e os intervalos de validade são

$$\begin{bmatrix} 3000 \lesssim Re \lesssim 90.000 \\ 2 \lesssim H/W \lesssim 10 \\ 0{,}025 \lesssim A_r \lesssim 0{,}125 \end{bmatrix}$$

Como uma *primeira aproximação*, a Equação 7.75 pode ser usada para $A_r \gtrsim 0{,}125$, fornecendo estimativas para o ponto de estagnação ($x = 0$, $A_r \to \infty$) que se encontram a 40 % dos resultados medidos.

Para uma *série de bocais retangulares* ($A_r = W/S$), a correlação recomendada é

$$\frac{\overline{Nu}}{Pr^{0,42}} = \frac{2}{3}A_{r,o}^{3/4}\left(\frac{2\,Re}{A_r/A_{r,o} + A_{r,o}/A_r}\right)^{2/3} \quad (7.77)$$

na qual

$$A_{r,o} = \left[60 + 4\left(\frac{H}{2W} - 2\right)^2\right]^{-1/2} \quad (7.78)$$

A correlação está vinculada a condições nas quais o escoamento de esgotamento do gás está restrito às direções $\pm y$ da Figura 7.17 e a área para este escoamento é grande o suficiente para satisfazer a exigência de que $(S \times H)/(W \times L) \gtrsim 1$. Restrições adicionais são

$$\begin{bmatrix} 1500 \lesssim Re \lesssim 40.000 \\ 2 \lesssim H/W \lesssim 80 \\ 0{,}008 \lesssim A_r \lesssim 2{,}5A_{r,o} \end{bmatrix}$$

Uma configuração *ótima* de bocais seria aquela na qual os valores de H, S e D_h fornecessem o maior valor de $\overline{Nu}$ para uma dada vazão total de gás, por unidade de área da superfície-alvo. Para H fixo e para montagens com bocais circulares ou retangulares, valores ótimos de D_h e S foram determinados [22], sendo

$$D_{h,op} \approx 0{,}2H \quad (7.79)$$

$$S_{op} \approx 1{,}4H \quad (7.80)$$

O valor ótimo de $(D_h/H)^{-1} \approx 5$ coincide aproximadamente com o comprimento do núcleo potencial. Além do núcleo potencial, a velocidade no eixo central do jato diminui, causando uma redução correspondente nos coeficientes convectivos.

Recorrendo à analogia entre as transferências de calor e de massa, e substituindo $\overline{Sh}/Sc^{0,42}$ por $\overline{Nu}/Pr^{0,42}$, as correlações anteriores também podem ser utilizadas na transferência de massa por convecção. Entretanto, tanto para a transferência de calor quanto para a transferência de massa, a aplicação das equações deve estar restrita às condições para as quais elas foram desenvolvidas. Por exemplo, nas suas formas presentes, as correlações não podem ser usadas se os jatos emanam de orifícios com arestas vivas, e sim com jatos originados em bocais com arestas em forma de sino. O jato que sai do orifício é fortemente afetado pelo fenômeno de contração do escoamento que altera as transferências de calor ou de massa por convecção [22, 23]. No caso da transferência de calor por convecção, as condições também são influenciadas por diferenças entre as temperaturas na saída do jato e do ambiente ($T_{sai} \neq T_\infty$). A temperatura de saída é, então, uma temperatura inapropriada para ser usada na lei do resfriamento de Newton, Equação 7.66, e deve ser substituída pela comumente chamada temperatura de recuperação ou de parede adiabática [25, 26]. Por fim, deve-se ter cuidado em situações envolvendo bocais com pequenos diâmetros ou fendas retangulares muito estreitas. Para estas situações, altas velocidades no jato são necessárias para que o número de Reynolds esteja na faixa de aplicação das Equações 7.71, 7.73, 7.75, ou 7.77. Quando o número de Mach baseado na velocidade do jato excede 0,3 ($V_{sai}/a \gtrsim 0{,}3$), efeitos da compressibilidade podem ser significativos [27], invalidando o uso das correlações desta seção. Correlações adicionais para jatos colidentes líquidos, jatos colidentes de chamas e colisão em superfícies não planas estão disponíveis [28–30].

7.8 Leitos Recheados

O escoamento de um gás em um *leito recheado* de partículas sólidas (Figura 7.20) é relevante em muitos processos industriais, que incluem a transferência e o armazenamento de energia térmica, reações catalíticas heterogêneas e secagem. O termo *leito recheado* se refere a uma condição na qual a posição das partículas é *fixa*. Em contraste, um *leito fluidizado* é aquele no qual as partículas estão em movimento em razão da advecção com o fluido.

Em um leito recheado, uma grande área superficial para a transferência de calor ou de massa pode ser obtida em um pequeno volume, e o escoamento irregular que existe nos espaços vazios do leito intensifica o transporte na mistura. Muitas correlações que foram desenvolvidas para diferentes formas e tamanhos de partículas, e densidades de empacotamento estão descritas na literatura [31–34]. Uma dessas correlações, que foi recomendada para o escoamento de um gás em um leito de esferas, tem a seguinte forma

$$\varepsilon \bar{j}_C = \varepsilon \bar{j}_m = 2{,}06\, Re_D^{-0{,}575} \quad \begin{bmatrix} Pr\,(\text{ou}\, Sc) \approx 0{,}7 \\ 90 \lesssim Re_D \lesssim 4000 \end{bmatrix} \tag{7.81}$$

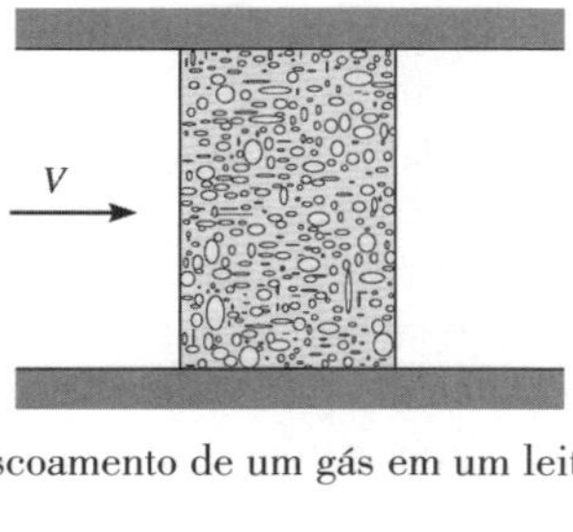

FIGURA 7.20 Escoamento de um gás em um leito recheado de partículas sólidas.

na qual $\bar{j}_C$ e $\bar{j}_m$ são os fatores j de Colburn definidos pelas Equações 6.70 e 6.71. O número de Reynolds $Re_D = VD/\nu$ é definido em termos do diâmetro das esferas e da velocidade V a montante do leito que estaria presente no canal vazio sem o recheio. A grandeza ε é a *porosidade*, ou *fração de vazio*, do leito (volume do espaço vazio por unidade de volume do leito), e o seu valor situa-se, em geral, na faixa de 0,30 a 0,50. A correlação pode ser utilizada para outros recheios diferentes de esferas a partir da multiplicação do lado direito por um fator de correção apropriado. Para um leito de cilindros de tamanho uniforme, com razão entre comprimento e diâmetro igual a um, o fator é de 0,79; para um leito de cubos, o seu valor é de 0,71.

Ao usar a Equação 7.81, as propriedades devem ser avaliadas na temperatura média aritmética das temperaturas do fluido na entrada e na saída do leito. Se as partículas estiverem a uma temperatura uniforme T_s, a taxa de transferência de calor para o leito pode ser calculada a partir de

$$q = \bar{h} A_{p,t}\, \Delta T_{ml} \tag{7.82}$$

sendo $A_{p,t}$ a área superficial total das partículas e ΔT_{ml} a média logarítmica das diferenças de temperaturas, definida pela Equação 7.62. A temperatura de saída, necessária para calcular ΔT_{ml}, pode ser estimada pela expressão

$$\frac{T_s - T_{sai}}{T_s - T_{ent}} = \exp\left(-\frac{\bar{h} A_{p,t}}{\rho V A_{c,l}\, c_p}\right) \tag{7.83}$$

sendo ρ e V a densidade e a velocidade na entrada, respectivamente, e $A_{c,l}$ a área da seção transversal do leito (canal).

7.9 Resumo

Neste capítulo, analisamos a transferência de calor e de massa por *convecção forçada* em uma importante classe de problemas envolvendo *escoamentos externos* com velocidades baixas a moderadas. Foram consideradas várias geometrias comuns, nas quais os coeficientes convectivos dependem da natureza do desenvolvimento da camada-limite. Você pode testar o seu entendimento de conceitos relacionados a esse assunto respondendo às questões a seguir.

- O que é um *escoamento externo*?
- O que é um coeficiente de transferência de calor ou de massa empírico?
- Quais são os parâmetros adimensionais próprios para a convecção forçada?
- Como a espessura da camada-limite de velocidade varia com a distância da borda frontal no escoamento laminar sobre uma placa plana? E no escoamento turbulento? O que determina as espessuras relativas das camadas-limite de velocidade, térmica e de concentração no escoamento laminar? E no escoamento turbulento?
- Como o coeficiente convectivo *local* de transferência de calor e de massa varia com a distância da borda frontal no *escoamento laminar* sobre uma placa plana? E no *escoamento turbulento*? E em escoamentos nos quais a *transição* para a turbulência ocorre sobre a placa?

- Como a transferência de calor local na superfície de uma placa plana é afetada pela existência de um *comprimento inicial não aquecido*?
- Quais são as manifestações da *separação da camada-limite* da superfície de um cilindro circular em escoamento cruzado? Como a separação é afetada se o escoamento a montante for laminar ou turbulento?
- Como a variação do coeficiente convectivo local na superfície de um cilindro circular com escoamento cruzado é afetada pela separação da camada-limite? E pela transição da camada-limite? Onde ocorrem máximos e mínimos locais do coeficiente convectivo sobre a superfície?
- Como o coeficiente convectivo médio em um tubo varia com a sua localização em um feixe tubular?
- Na colisão de um jato sobre uma superfície, quais são as características que distinguem o *jato livre*? E o *núcleo potencial*? E a *zona de colisão*? E o *jato de parede*?
- Em qual local sobre a superfície atingida por um jato colidente sempre haverá um máximo do coeficiente convectivo? Sob quais condições haverá um máximo secundário?
- Em uma *série* de jatos colidentes, como o escoamento e a transferência de calor são afetados pela forma na qual o *fluido sendo esgotado* é descarregado do sistema?
- Qual é a diferença entre um *leito recheado* e um *leito fluidizado* de partículas sólidas?
- O que é a *temperatura do filme*?
- Que diferença de temperaturas tem que ser usada quando do cálculo da taxa de transferência de calor total em um feixe tubular ou em um leito recheado?

Neste capítulo também compilamos correlações da convecção que podem ser usadas para estimar taxas de transferência convectivas em uma variedade de condições de escoamentos externos. Para geometrias superficiais simples, esses resultados podem ser deduzidos a partir de uma análise da camada-limite, mas, na maioria dos casos, eles são obtidos a partir de generalizações baseadas em experimentos. Você deve saber quando e como usar as várias expressões e deve estar familiarizado com a metodologia geral de um cálculo envolvendo convecção. Para facilitar o seu uso, as correlações estão resumidas na Tabela 7.7.

TABELA 7.7 Resumo de correlações para a transferência de calor por convecção em escoamentos externos[a,b]

Correlação		Geometria	Condições[c]
$\delta = 5x\, Re_x^{-1/2}$	(7.19)	Placa plana	Laminar, T_f
$C_{f,x} = 0{,}664\, Re_x^{-1/2}$	(7.20)	Placa plana	Laminar, local, T_f
$Nu_x = 0{,}332\, Re_x^{1/2}\, Pr^{1/3}$	(7.23)	Placa plana	Laminar, local, T_f, $Pr \gtrsim 0{,}6$
$\delta_t = \delta\, Pr^{-1/3}$	(7.24)	Placa plana	Laminar, T_f
$\overline{C}_{f,x} = 1{,}328\, Re_x^{-1/2}$	(7.29)	Placa plana	Laminar, médio, T_f
$\overline{Nu}_x = 0{,}664\, Re_x^{1/2}\, Pr^{1/3}$	(7.30)	Placa plana	Laminar, médio, T_f, $Pr \gtrsim 0{,}6$
$Nu_x = 0{,}564\, Pe_x^{1/2}$	(7.32)	Placa plana	Laminar, médio, T_f, $Pr \lesssim 0{,}05$, $Pe_x \gtrsim 100$
$C_{f,x} = 0{,}0592\, Re_x^{-1/5}$	(7.34)	Placa plana	Turbulento, local, T_f, $Re_x \lesssim 10^8$
$\delta = 0{,}37x\, Re_x^{-1/5}$	(7.35)	Placa plana	Turbulento, T_f, $Re_x \lesssim 10^8$
$Nu_x = 0{,}0296\, Re_x^{4/5}\, Pr^{1/3}$	(7.36)	Placa plana	Turbulento, local, T_f, $Re_x \lesssim 10^8$, $0{,}6 \lesssim Pr \lesssim 60$
$\overline{C}_{f,L} = 0{,}074\, Re_L^{-1/5} - 1742\, Re_L^{-1}$	(7.40)	Placa plana	Mista, médio, T_f, $Re_{x,c} = 5 \times 10^5$, $Re_L \lesssim 10^8$
$\overline{Nu}_L = (0{,}037\, Re_x^{4/5} - 841)Pr^{1/3}$	(7.38)	Placa plana	Mista, médio, T_f, $Re_{x,c} = 5 \times 10^5$, $Re_L \lesssim 10^8$, $0{,}6 \lesssim Pr \lesssim 60$
$\overline{Nu}_D = C\, Re_D^m\, Pr^{1/3}$ (Tabela 7.2)	(7.52)	Cilindro	Médio, T_f, $0{,}4 \lesssim Re_D \lesssim 4 \times 10^5$, $Pr \gtrsim 0{,}7$
$\overline{Nu}_D = C\, Re_D^m\, Pr^n\, (Pr/Pr_s)^{1/4}$ (Tabela 7.4)	(7.53)	Cilindro	Médio, T_∞, $1 \lesssim Re_D \lesssim 10^6$, $0{,}7 \lesssim Pr \lesssim 500$
$\overline{Nu}_D = 0{,}3 + [0{,}62\, Re_D^{1/2}\, Pr^{1/3} \times [1 + (0{,}4/Pr)^{2/3}]^{-1/4}] \times [1 + (Re_D/282.000)^{5/8}]^{4/5}$	(7.54)	Cilindro	Médio, T_f, $Re_D\, Pr \gtrsim 0{,}2$
$\overline{Nu}_D = 2 + (0{,}4\, Re_D^{1/2} + 0{,}06\, Re_D^{2/3})\, Pr^{0{,}4} \times (\mu/\mu_s)^{1/4}$	(7.56)	Esfera	Médio, T_∞, $3{,}5 \lesssim Re_D \lesssim 7{,}6 \times 10^4$, $0{,}71 \lesssim Pr \lesssim 380$, $1{,}0 \lesssim (\mu/\mu_s) \lesssim 3{,}2$

(*continua*)

TABELA 7.7 Resumo de correlações para a transferência de calor por convecção em escoamentos externos[a,b] (*continuação*)

Correlação		Geometria	Condições[c]
$\overline{Nu}_D = 2 + 0{,}6\, Re_D^{1/2}\, Pr^{1/3}$	(7.57)	Gota caindo	Médio, T_∞
$\overline{Nu}_D = C_1 C_2\, Re_{D,\text{máx}}^m\, Pr^{0{,}36}\, (Pr/Pr_s)^{1/2}$ (Tabelas 7.5, 7.6)	(7.58), (7.59)	Feixe de tubos[d]	Médio, $\overline{T}$, $10 \lesssim Re_D \lesssim 2 \times 10^6$, $0{,}7 \lesssim Pr \lesssim 500$
Um bocal circular	(7.71)	Jato colidente	Médio, T_f, $2000 \lesssim Re \lesssim 4 \times 10^5$, $2 \lesssim (H/D) \lesssim 12$, $2{,}5 \lesssim (r/D) \lesssim 7{,}5$
Um bocal retangular	(7.75)	Jato colidente	Médio, T_f, $3000 \lesssim Re \lesssim 9 \times 10^4$, $2 \lesssim (H/W) \lesssim 10$, $4 \lesssim (x/W) \lesssim 20$
Série de bocais circulares	(7.73)	Jato colidente	Médio, T_f, $2000 \lesssim Re \lesssim 10^5$, $2 \lesssim (H/D) \lesssim 12$, $0{,}004 \lesssim A_r \lesssim 0{,}04$
Série de bocais retangulares	(7.77)	Jato colidente	Médio, T_f, $1500 \lesssim Re \lesssim 4 \times 10^4$, $2 \lesssim (H/W) \lesssim 80$, $0{,}008 \lesssim A_r \lesssim 2{,}5\, A_{r,o}$
$\varepsilon \bar{j}_C = \varepsilon \bar{j}_m = 2{,}06\, Re_D^{-0{,}575}$	(7.81)	Leito recheado de esferas[d]	Médio, $\overline{T}$, $90 \lesssim Re_D \lesssim 4000$, Pr (ou Sc) $\approx 0{,}7$

[a] Correlações nesta tabela são para superfícies isotérmicas; para casos especiais envolvendo um comprimento inicial não aquecido ou um fluxo térmico na superfície uniforme, veja a Seção 7.2.4 ou 7.2.5.

[b] Quando a analogia entre as transferências de calor e de massa se aplica, as correlações correspondentes para a transferência de massa podem ser obtidas pela substituição de Nu e Pr por Sh e Sc, respectivamente.

[c] A temperatura listada na coluna "Condições" é a temperatura na qual as propriedades devem ser avaliadas.

[d] Para feixes de tubos e leitos recheados, as propriedades são avaliadas na temperatura média do fluido, $\overline{T} = (T_{\text{ent}} + T_{\text{sai}})/2$.

Referências

1. Blasius, H., Z. *Math. Phys.*, **56**, 1, 1908. English translation in National Advisory Committee for Aeronautics Technical Memo No. 1256.
2. Schlichting, H., and K. Gersten, *Boundary Layer Theory*, Springer, New York, 2000.
3. Howarth, L., *Proc. R. Soc. Lond., Ser. A*, **164**, 547, 1938.
4. Pohlhausen, E., Z. *Angew. Math. Mech.*, **1**, 115, 1921.
5. Kays, W. M., M. E. Crawford, and B. Weigand, *Convective Heat and Mass Transfer*, 4th ed. McGraw-Hill Higher Education, Boston, 2005.
6. Churchill, S. W., and H. Ozoe, *J. Heat Transfer*, **95**, 78, 1973.
7. Brewster, M. Q., *J. Heat Transfer*, **136**, 114501–1, 2014.
8. Ameel, T. A., *Int. Comm. Heat Mass Transfer*, **24**, 1113, 1997.
9. Blair, M. F., *J. Heat Transfer*, **105**, 33 and 41, 1983.
10. Fox, R. W., A. T. McDonald, and P. J. Pritchard, *Introduction to Fluid Mechanics*, 6th ed., Wiley, New York, 2003.
11. Coutanceau, M., and J.-R. Defaye, *Appl. Mech. Rev.*, **44**, 255, 1991.
12. Hilpert, R., *Forsch. Geb. Ingenieurwes.*, **4**, 215, 1933.
13. Knudsen, J. D., and D. L. Katz, *Fluid Dynamics and Heat Transfer*, McGraw-Hill, New York, 1958.
14. Jakob, M., *Heat Transfer*, Vol. 1, Wiley, New York, 1949.
15. Sparrow, E. M., J. P. Abraham, and J. C. K. Tong, *Int. J. Heat Mass Transfer*, **47**, 5285, 2004.
16. Whitaker, S., *AIChE J.*, **18**, 361, 1972.
17. Zukauskas, A., "Heat Transfer from Tubes in Cross Flow," in J. P. Hartnett and T. F. Irvine, Jr., Eds., *Advances in Heat Transfer*, Vol. 8, Academic Press, New York, 1972.
18. Churchill, S. W., and M. Bernstein, *J. Heat Transfer*, **99**, 300, 1977.
19. Morgan, V. T., "The Overall Convective Heat Transfer from Smooth Circular Cylinders," in T. F. Irvine, Jr. and J. P. Hartnett, Eds., *Advances in Heat Transfer*, Vol. 11, Academic Press, New York, 1975.
20. Ranz, W., and W. Marshall, *Chem. Eng. Prog.*, **48**, 141, 1952.
21. Grimison, E. D., *Trans. ASME*, **59**, 583, 1937.
22. Martin, H., "Heat and Mass Transfer between Impinging Gas Jets and Solid Surfaces," in J. P. Hartnett and T. F. Irvine, Jr., Eds., *Advances in Heat Transfer*, Vol. 13, Academic Press, New York, 1977.
23. Popiel, Cz. O., and L. Bogusiawski, "Mass or Heat Transfer in Impinging Single Round Jets Emitted by a Bell-Shaped Nozzle and Sharp-Ended Orifice," in C. L. Tien, V. P. Carey, and J. K. Ferrell, Eds., *Heat Transfer 1986*, Vol. 3, Hemisphere Publishing, New York, 1986.
24. Goldstein, R. J., and J. F. Timmers, *Int. J. Heat Mass Transfer*, **25**, 1857, 1982.
25. Hollworth, B. R., and L. R. Gero, *J. Heat Transfer*, **107**, 910, 1985.
26. Goldstein, R. J., A. I. Behbahani, and K. K. Heppelman, *Int. J. Heat Mass Transfer*, **29**, 1227, 1986.
27. Pence, D. V., P. A. Boeschoten, and J. A. Liburdy, *J. Heat Transfer*, **125**, 447, 2003.
28. Webb, B. W., and C.-F. Ma, in J. P. Hartnett, T. F. Irvine, Y. I. Cho, and G. A. Greene, Eds., *Advances in Heat Transfer*, Vol. 26, Academic Press, New York, 1995.
29. Baukal, C. E., and B. Gebhart, *Int. J. Heat and Fluid Flow*, **4**, 386, 1996.
30. Chander, S., and A. Ray, *Energy Conversion and Management*, **46**, 2803, 2005.
31. Bird, R. B., W. E. Stewart, and E. N. Lightfoot, *Transport Phenomena*, 2nd ed., Wiley, New York, 2002.
32. Jakob, M., *Heat Transfer*, Vol. 2, Wiley, New York, 1957.
33. Geankopplis, C. J., *Mass Transport Phenomena*, Holt, Rinehart & Winston, New York, 1972.
34. Sherwood, T. K., R. L. Pigford, and C. R. Wilkie, *Mass Transfer*, McGraw-Hill, New York, 1975.

Problemas

Placa Plana em Escoamento Paralelo

7.1 Considere os fluidos a seguir a uma temperatura do filme de 300 K, em escoamento paralelo sobre uma placa plana com uma velocidade de 1 m/s: ar atmosférico, água, óleo de motor e mercúrio.

(a) Para cada fluido, determine as espessuras das camadas-limite de velocidade e térmica a uma distância de 40 mm da borda frontal.

(b) Para cada um dos fluidos especificados e nas mesmas coordenadas, represente em um gráfico as espessuras das camadas-limite em função da distância da borda frontal em uma placa com 40 mm de comprimento.

7.2 Óleo de motor a 100 °C e a uma velocidade de 0,1 m/s escoa sobre as duas superfícies de uma placa plana com um metro de comprimento mantida a 20 °C. Determine:

(a) As espessuras das camadas-limite de velocidade e térmica na borda de saída da placa.

(b) O fluxo térmico local e a tensão de cisalhamento na superfície local na borda de saída da placa.

(c) A força de arrasto e a taxa de transferência de calor totais, por unidade de largura da placa.

(d) Represente graficamente as espessuras das camadas-limite e os valores locais da tensão de cisalhamento na superfície, do coeficiente convectivo e do fluxo térmico como uma função de x, para $0 \leq x \leq 1$ m.

7.3 Considere um metal líquido ($Pr \ll 1$), com condições na corrente livre u_∞ e T_∞, escoando paralelamente sobre uma placa plana isotérmica a T_s. Admitindo que $u = u_\infty$ ao longo de toda a camada-limite térmica, escreva a forma correspondente da equação da energia na camada-limite. Aplicando condições inicial ($x = 0$) e de contorno apropriadas, resolva essa equação para determinar o campo de temperaturas na camada-limite, $T(x, y)$. Use o resultado para obter uma expressão para o número de Nusselt local Nu_x. *Sugestão*: este problema é análogo ao da transferência de calor unidimensional em um meio semi-infinito com uma mudança súbita na sua temperatura superficial.

7.4 Seja o perfil na camada-limite de velocidade sobre uma placa plana representado por $u = C_1 + C_2 y$. Utilizando condições de contorno apropriadas, obtenha uma expressão para o perfil de velocidades em termos da espessura da camada-limite δ e da velocidade na corrente livre u_∞. Usando a forma integral da equação do momento na camada-limite (Apêndice G), obtenha expressões para a espessura da camada-limite e para o coeficiente de atrito local, expressando o seu resultado em termos do número de Reynolds local. Compare os seus resultados com aqueles obtidos com a solução exata (Seção 7.2.1) e pela solução integral com um perfil cúbico (Apêndice G).

7.5 Considere uma camada-limite turbulenta, em regime estacionário, sobre uma placa plana isotérmica a uma temperatura T_s. A camada-limite é "perturbada" na borda frontal, $x = 0$, por um fio fino. Suponha propriedades físicas constantes e perfis de velocidades e de temperaturas nas formas

$$\frac{u}{u_\infty} = \left(\frac{y}{\delta}\right)^{1/7} \quad \text{e} \quad \frac{T - T_\infty}{T_s - T_\infty} = 1 - \left(\frac{y}{\delta_t}\right)^{1/7}$$

(a) Com base em experimentos, sabe-se que a tensão de cisalhamento na superfície está relacionada com a espessura da camada-limite por uma expressão que tem a forma

$$\tau_s = 0{,}0228\rho u_\infty^2\left(\frac{u_\infty \delta}{\nu}\right)^{-1/4}$$

Partindo da equação integral do momento (Apêndice G), mostre que

$$\delta/x = 0{,}376\, Re_x^{-1/5}.$$

Determine o coeficiente de atrito médio $\overline{C}_{f,x}$.

(b) Partindo da equação integral da energia, obtenha uma expressão para o número de Nusselt local Nu_x e use esse resultado para calcular o número de Nusselt médio $\overline{Nu}_x$.

7.6 Seja o escoamento sobre uma placa plana no qual se deseja determinar o coeficiente de transferência de calor médio em uma pequena seção entre x_1 e x_2, $\overline{h}_{1-2}$, com $(x_2 - x_1) \ll L$.

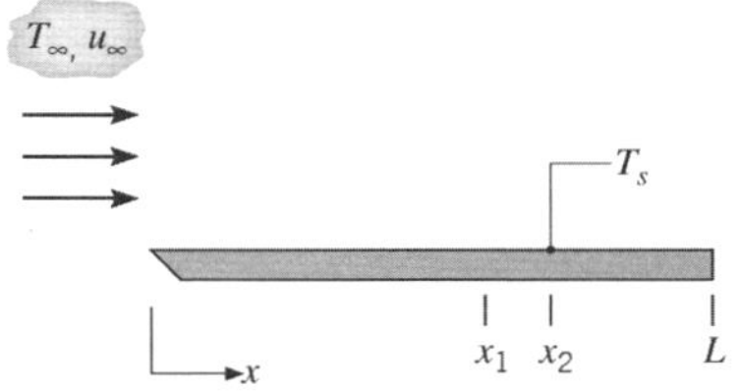

Forneça três expressões diferentes que possam ser usadas para determinar $\overline{h}_{1-2}$ em termos (a) do coeficiente local em $x = (x_1 + x_2)/2$, (b) dos coeficientes locais em x_1 e em x_2 e (c) dos coeficientes médios em x_1 e x_2. Indique qual das expressões é aproximada. Considerando as possibilidades de escoamento laminar, turbulento ou misto, indique quando o uso de cada uma das equações é apropriado ou não.

7.7 Considere ar atmosférico a 20 °C e a uma velocidade de 30 m/s escoando sobre as duas superfícies de uma placa plana com um metro de comprimento, mantida a 130 °C. Determine a taxa de transferência de calor saindo da placa, por unidade de largura, para valores do número de Reynolds crítico de 10^5, 5×10^5 e 10^6.

7.8 Seja o escoamento laminar e paralelo em uma placa plana isotérmica de comprimento L, fornecendo um coeficiente de transferência de calor médio de $\overline{h}_L$. Se a placa for dividida em N placas menores, cada uma com comprimento $L_N = L/N$, determine uma expressão para a razão entre o coeficiente de transferência de calor médio em relação às N placas e o coeficiente de transferência de calor médio sobre toda a placa, $\overline{h}_{L,N} / \overline{h}_{L,1}$.

7.9 Repita do Problema 7.8 para o caso no qual a camada-limite é feita turbulenta já na borda frontal da placa.

7.10 Seja uma placa plana sujeita a um escoamento paralelo (superior e inferior) caracterizado por $u_\infty = 5$ m/s, $T_\infty = 20$ °C.

(a) Determine o coeficiente de transferência de calor por convecção médio, a taxa de transferência de calor por convecção e a força de arrasto associadas a uma placa plana com um comprimento $L = 2$ m e largura $w = 3$ m, para o escoamento de ar e temperaturas superficiais de $T_s = 30$ °C e 80 °C.

(b) Determine o coeficiente de transferência de calor por convecção médio, a taxa de transferência de calor por convecção e a força de arrasto associadas a uma placa plana com um comprimento $L = 0{,}1$ m e largura $w = 0{,}1$ m, para o escoamento de água e temperaturas superficiais de $T_s = 30$ °C e 80 °C.

7.11 Sejam dois casos envolvendo o escoamento paralelo de ar seco a $V = 1$ m/s, $T_\infty = 45$ ºC, e pressão atmosférica sobre uma placa plana isotérmica a $T_s = 20$ ºC. No primeiro caso, $Re_{x,c} = 5 \times 10^5$, enquanto no segundo caso o escoamento é feito turbulento em $x = 0$ m. Em qual posição x as espessuras das camadas-limite térmicas são iguais nos dois casos? Quais são os fluxos térmicos locais nesta posição nos dois casos?

7.12 No Exemplo 7.2 foi determinado que o sexto segmento da placa plana estava associado à máxima potência requerida. Qual segmento está associado à mínima demanda de potência se as condições são idênticas exceto que a temperatura do ar é aumentada para $T_\infty = 190$ °C? Qual é o valor desta demanda de potência?

7.13 Considere água a 27 °C em escoamento paralelo sobre uma placa plana isotérmica com um metro de comprimento, a uma velocidade de 2 m/s.

(a) Represente graficamente a variação do coeficiente de transferência de calor por convecção local, $h_x(x)$, com a distância ao longo da placa para três condições de escoamento correspondentes aos seguintes números de Reynolds de transição (i) 5×10^5, (ii) 3×10^5 e (iii) 0 (somente escoamento turbulento).

(b) Represente graficamente a variação do coeficiente convectivo médio, $\bar{h}_x(x)$, com a distância para as três condições de escoamento do item (a).

(c) Quais são os coeficientes convectivos médios para toda a placa, $\bar{h}_L$, nas três condições de escoamento do item (a)?

7.14 Seja o painel solar fotovoltaico do Exemplo 3.3. O coeficiente de transferência de calor não deve mais ser tomado como um valor especificado.

(a) Determine a temperatura do silício e a potência elétrica produzida pela célula solar para uma velocidade do ar de 4 m/s paralela à direção do comprimento, com as temperaturas do ar e da vizinhança iguais a 20 °C. A camada-limite é levada a uma condição turbulenta na borda frontal do painel.

(b) Repita o item (a), agora com o painel orientado de tal forma que o seu lado menor encontra-se paralelo ao escoamento do ar, isto é, $L = 0{,}1$ e $w = 1$ m.

(c) Represente graficamente a produção de potência elétrica e a temperatura do silício *versus* a velocidade do ar na faixa de $0 \le u_m \le 10$ m/s, para o caso $L = 0{,}1$ m e $w = 1$ m.

7.15 A concentração da luz solar sobre células fotovoltaicas é desejável, pois os espelhos e lentes concentradores são menos caros do que o material fotovoltaico. Considere a célula solar fotovoltaica do Exemplo 3.3. Uma célula fotovoltaica de 100 mm × 100 mm é irradiada com energia solar concentrada. Como as lentes concentradoras são feitas em vidro, elas absorvem 10 % da irradiação no lugar da superfície superior da célula solar, como no Exemplo 3.3. A irradiação restante é refletida para fora do sistema (7 %) ou absorvida no material semicondutor de silício da célula (83 %). A célula é resfriada por ar direcionado paralelamente às suas superfícies superior e inferior. A temperatura e a velocidade do ar são 25 °C e 5 m/s, respectivamente, e a superfície inferior é coberta com uma tinta de alta emissividade, $\varepsilon_i = 0{,}95$.

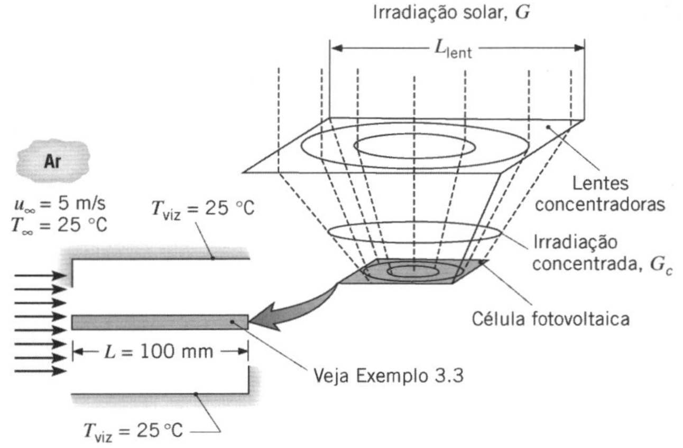

(a) Determine a potência elétrica produzida pela célula fotovoltaica e a temperatura do silício, em um sistema que tem uma lente concentradora quadrada com $L_{lent} = 400$ mm, que concentra a irradiação nela incidente para uma área menor ocupada pela célula fotovoltaica. Suponha que a temperatura da lente concentradora seja de 25 °C e que ela não interfira no desenvolvimento da camada-limite sobre a superfície superior da célula. As camadas-limite nas superfícies superior e inferior são levadas à condição de turbulência na borda frontal do material fotovoltaico.

(b) Determine a potência elétrica produzida pela célula e a temperatura do silício na faixa de 100 mm $\le L_{lent} \le$ 600 mm.

7.16 O teto do baú de um caminhão refrigerado é fabricado com um material composto, sendo constituído por uma camada de isolante de espuma de uretano ($t_2 = 50$ mm, $k_i = 0{,}026$ W/(m · K)) posicionada entre painéis de liga de alumínio ($t_1 = 5$ mm, $k_p = 180$ W/(m · K)). O comprimento e largura do teto são $L = 12$ m e $W = 3{,}5$ m, respectivamente, e a temperatura da superfície interna é $T_{s,i} = -10$ °C. Sejam condições nas quais o caminhão se desloca a uma velocidade $V = 110$ km/h, a temperatura do ar é $T_\infty = 30$ °C e a irradiação solar é $G_s = 900$ W/m². Escoamento turbulento pode ser suposto ao longo de todo o teto.

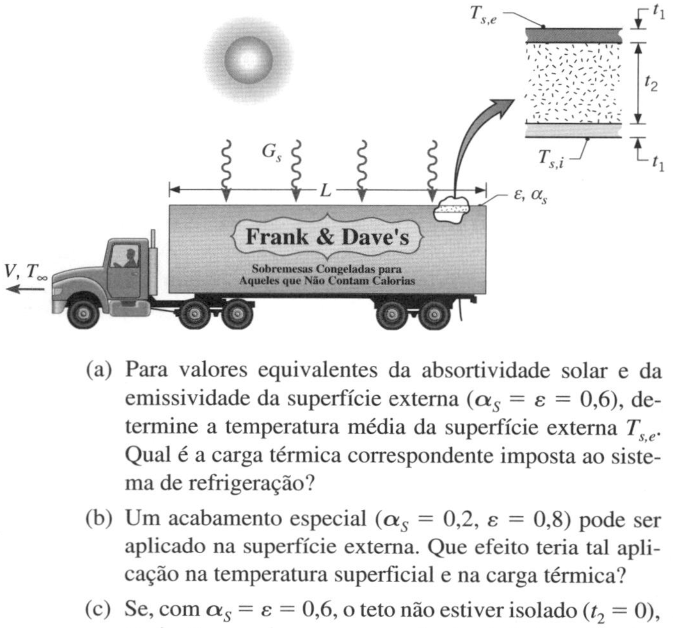

(a) Para valores equivalentes da absortividade solar e da emissividade da superfície externa ($\alpha_S = \varepsilon = 0{,}6$), determine a temperatura média da superfície externa $T_{s,e}$. Qual é a carga térmica correspondente imposta ao sistema de refrigeração?

(b) Um acabamento especial ($\alpha_S = 0{,}2$, $\varepsilon = 0{,}8$) pode ser aplicado na superfície externa. Que efeito teria tal aplicação na temperatura superficial e na carga térmica?

(c) Se, com $\alpha_S = \varepsilon = 0{,}6$, o teto não estiver isolado ($t_2 = 0$), quais são os valores correspondentes da temperatura superficial e da carga térmica?

7.17 A superfície superior de um compartimento possui uma porção muito lisa (A) e outra acentuadamente rugosa (B), e encontra-se em contato com uma corrente de ar atmosférico. Com o interesse de minimizar a transferência de calor por convecção total na superfície, qual das duas orientações, (1) ou (2), é preferível? Se T_s = 10 °C, T_∞ = 35 °C e u_∞ = 25 m/s, qual é a taxa de transferência de calor por convecção em toda a superfície para essa orientação?

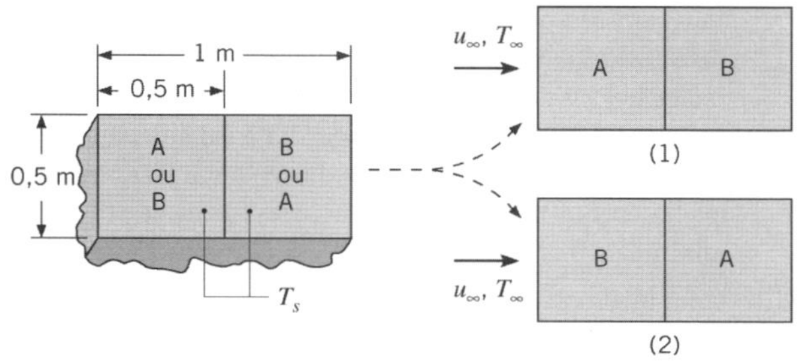

7.18 Calcule o valor do coeficiente de transferência de calor médio para a placa do Problema 7.17 quando a placa inteira é rotacionada em 90°, de modo que metade da borda frontal fica constituída pela porção muito lisa (A) e a outra metade pela porção acentuadamente rugosa (B).

7.19 Placas de aço (AISI 1010), de espessura δ = 6 mm e lados com comprimento L = 1 m, são transportadas na saída de um processo de tratamento térmico e simultaneamente resfriadas por ar atmosférico com velocidade u_∞ = 10 m/s e T_∞ = 20 °C em escoamento paralelo sobre as placas.

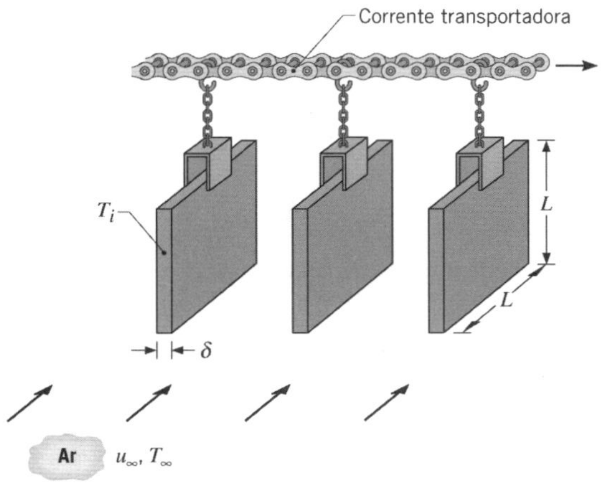

Para uma temperatura da placa inicial de T_i = 300 °C, qual é a taxa de transferência de calor saindo da placa? Qual é a taxa de variação da temperatura da placa correspondente? A velocidade do ar é muito maior do que a velocidade da placa.

7.20 Considere uma aleta retangular usada para resfriar o motor de uma motocicleta. A aleta possui 0,15 m de comprimento e está a uma temperatura de 250 °C, quando a motocicleta se desloca a uma velocidade de 80 km/h em ar a 27 °C. O ar encontra-se em escoamento paralelo às superfícies da aleta e condições de escoamento turbulento podem ser admitidas ao longo de toda a superfície.

(a) Qual é a taxa de remoção de calor por unidade de largura da aleta?

(b) Gere um gráfico da taxa de remoção de calor por unidade de largura da aleta para velocidades da motocicleta entre 10 e 100 km/h.

7.21 O Canal do Tempo informa que é um dia quente e úmido, com uma temperatura do ar de 90 °F, uma brisa de 10 mph na direção sudoeste e sol claro com uma insolação de 400 W/m^2. Considere a parede de uma construção metálica sobre a qual o vento sopra. O comprimento da parede na direção do vento é de 10 m e a emissividade da parede igual a 0,93. Suponha que toda a irradiação solar seja absorvida, que a vizinhança esteja a T_{viz} = 85 °F e que o escoamento seja totalmente turbulento sobre toda a parede. Determine a temperatura média da parede.

7.22 Uma série de *chips* eletrônicos é montada no interior de um recipiente retangular fechado e o resfriamento é implementado pela fixação de um dissipador de calor de alumínio (k = 180 W/(m · K)). A base do dissipador tem dimensões de $w_1 = w_2$ = 100 mm, enquanto as seis aletas têm espessura t = 10 mm e passo S = 18 mm. O comprimento das aletas é de L_a = 50 mm e a base do dissipador de calor tem uma espessura de L_b = 10 mm.

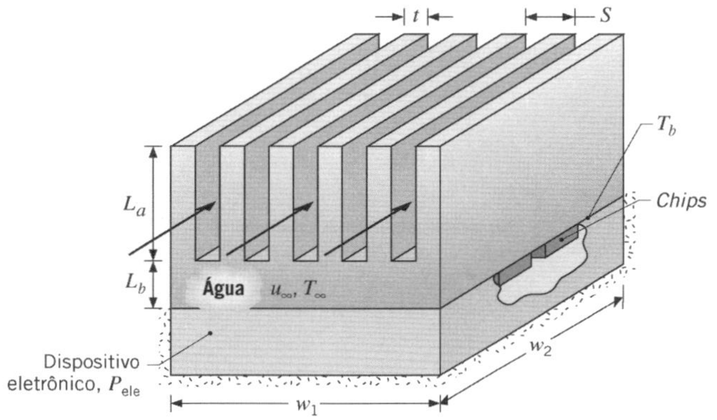

Se o resfriamento é promovido pelo escoamento de água através do dissipador de calor com u_∞ = 3 m/s e T_∞ = 17 °C, qual é a temperatura da base do dissipador T_b quando a potência dissipada pelos *chips* for de P_{ele} = 1800 W? O coeficiente convectivo médio nas superfícies das aletas e na base exposta pode ser determinado supondo escoamento paralelo sobre uma placa plana. As propriedades da água podem ser aproximadas por k = 0,62 W/(m · K), ρ = 995 kg/m^3, c_p = 4178 J/(kg · K), $\nu = 7{,}73 \times 10^{-7}$ m^2/s e Pr = 5,2.

7.23 Considere o aparato fotovoltaico concentrador do Problema 7.15. O aparato deve ser instalado em um ambiente desértico, de tal forma que o espaço entre as lentes concentradoras e o topo da célula fotovoltaica é fechado para proteger a célula da abrasão por areia em condições de ventos. Como o resfriamento por convecção no topo da célula é reduzido pelo envoltório, um engenheiro propõe resfriar a célula fotovoltaica através da fixação de um dissipador de calor de alumínio na sua superfície inferior. As dimensões do dissipador de calor e o material são os mesmos do Problema 7.22. Há uma resistência de contato de $0{,}5 \times 10^{-4}$ m^2 K/W na interface célula/dissipador de calor, e um líquido dielétrico (k = 0,064 W/(m · K), ρ = 1400 kg/m^3, c_p = 1300 J/(kg · K), $\nu = 10^{-6}$ m^2/s, Pr = 25) escoa entre as aletas do dissipador com u_∞ = 3 m/s e T_∞ = 25 °C.

(a) Determine a potência elétrica produzida pela célula fotovoltaica e a temperatura do silício para uma lente concentradora quadrada com L_{lent} = 400 mm.

(b) Compare as potências elétricas produzidas pela célula com o dissipador de calor no lugar e com a superfície inferior resfriada diretamente pelo fluido dielétrico (isto é, sem o dissipador) para L_{lent} = 1,5 m.

(c) Determine a potência elétrica produzida e a temperatura do silício na faixa 100 mm ≤ L_{lent} ≤ 3000 mm com o dissipador de alumínio no lugar.

7.24 Na produção de folhas metálicas ou plásticas, é costume resfriar o material antes que ele deixe o processo de produção para armazenamento ou embarque para o cliente. Em geral, o processo é contínuo, com uma folha de espessura δ e largura W sendo resfriada enquanto transita por uma distância L e com uma velocidade V entre dois rolos. Neste problema, consideramos o resfriamento de aço-carbono não ligado por uma corrente de ar, que se move a uma velocidade u_∞ em escoamento cruzado sobre as superfícies superior e inferior da folha. Um promotor de turbulência é usado para propiciar um desenvolvimento de camada-limite turbulenta sobre toda a superfície.

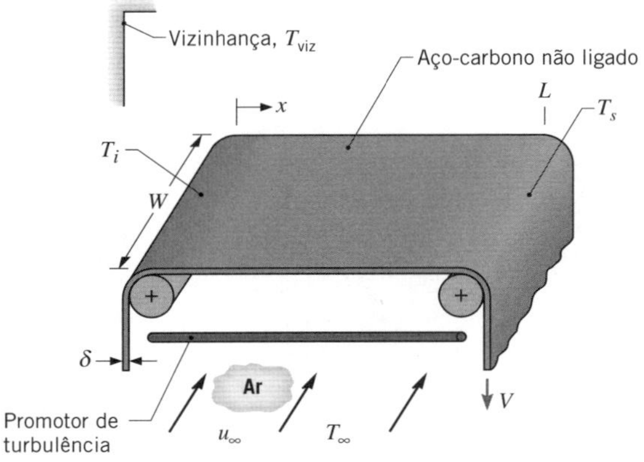

(a) Aplicando a conservação de energia em uma superfície de controle diferencial de comprimento dx, que se move com a folha *ou* é estacionária e através da qual a folha passa, e supondo uma temperatura da folha uniforme na direção do escoamento do ar, deduza uma equação diferencial que governe a distribuição de temperaturas, $T(x)$, ao longo da folha. Considere os efeitos radiantes, assim como os convectivos, e escreva o seu resultado em termos da velocidade, da espessura e das propriedades da folha (V, δ, ρ, c_p, ε), do coeficiente convectivo médio $\overline{h}_W$ associado ao escoamento cruzado e as temperaturas ambientes (T_∞, T_{viz}).

(b) Desprezando a radiação, obtenha uma solução em forma fechada para a equação anterior. Para δ = 3 mm, V = 0,10 m/s, L = 10 m, W = 1 m, u_∞ = 20 m/s, T_∞ = 20 °C e uma temperatura da folha no início do resfriamento de T_i = 500 °C, qual é a temperatura na saída T_s? Suponha influência desprezível da velocidade da folha no desenvolvimento da camada-limite na direção do escoamento do ar. A massa específica e o calor específico da folha são ρ = 7850 kg/m^3 e c_p = 620 J/(kg · K), enquanto as propriedades do ar podem ser consideradas iguais a k = 0,044 W/(m · K), $\nu = 4{,}5 \times 10^{-5}$ m^2/s, Pr = 0,68.

(c) Levando em conta os efeitos da radiação, com ε = 0,70 e T_{viz} = 20 °C, integre numericamente a equação diferencial deduzida no item (a) e determine a temperatura da folha em L = 10 m. Estude o efeito de V na distribuição de temperaturas ao longo da folha.

7.25 Uma fita de aço emerge da seção de laminação a quente de uma usina siderúrgica a uma velocidade de 20 m/s e a uma temperatura de 1200 K. Seu comprimento e espessura são L = 100 m e δ = 0,003 m, respectivamente, e a sua massa específica e calor específico são 7900 kg/m^3 e 640 J/(kg · K), respectivamente.

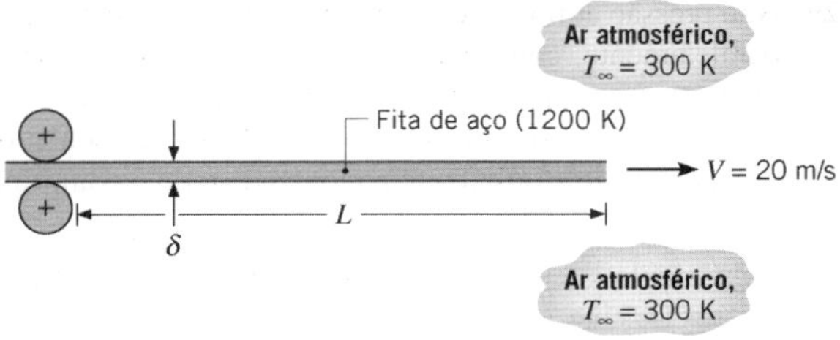

Levando em consideração a transferência de calor nas superfícies superior e inferior da fita, e desprezando efeitos da radiação e da condução na fita, determine a taxa de variação com o tempo da temperatura da fita a uma distância de um metro da borda frontal e na borda de saída. Determine a distância da borda frontal onde ocorre a taxa de resfriamento mínima.

7.26 Uma placa plana, com um metro de largura e comprimento 0,2 m, é mantida a temperatura de 32 °C. Fluido ambiente a 22 °C escoa através da superfície superior da placa em escoamento paralelo. Determine o coeficiente de transferência de calor médio, a taxa de transferência de calor a partir da superfície superior da placa e a força de arrasto na placa nas seguintes condições:

(a) O fluido é água escoando a uma velocidade de 0,5 m/s.

(b) O nanofluido do Exemplo 2.2 escoando a uma velocidade de 0,5 m/s.

(c) Água escoando a uma velocidade de 2,5 m/s.

(d) O nanofluido do Exemplo 2.2 escoando a uma velocidade de 2,5 m/s.

7.27 Cem componentes elétricos, cada um dissipando 25 W, estão fixados à superfície de uma placa quadrada de cobre (0,2 m × 0,2 m), e toda a energia dissipada é transferida para a água que se encontra em escoamento paralelo sobre a superfície oposta. Uma protuberância na borda frontal da placa atua na *perturbação* da camada-limite e a placa pode ser considerada isotérmica. A velocidade e a temperatura da água são u_∞ = 2 m/s e T_∞ = 17 °C, e as propriedades termofísicas da água podem ser aproximadas por $\nu = 0{,}96 \times 10^{-6}$ m^2/s, k = 0,620 W/(m · K) e Pr = 5,2.

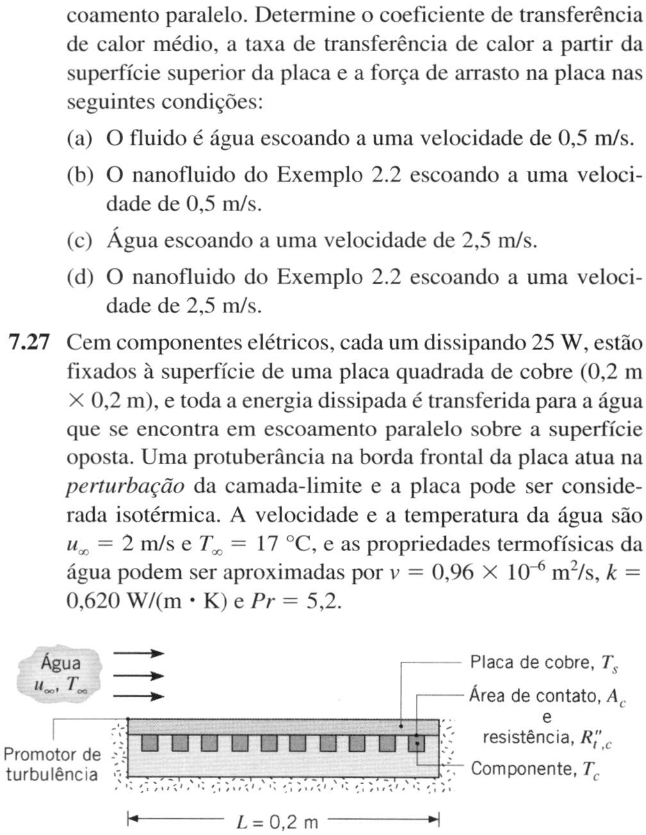

(a) Qual é a temperatura da placa de cobre?

(b) Se cada componente possui uma área superficial de contato com a placa de cobre igual a 1 cm^2 e a resistência térmica de contato correspondente é igual a 2×10^{-4} m^2 K/W, qual é a temperatura dos componentes? Despreze a variação de temperatura ao longo da espessura da placa de cobre.

7.28 A camada-limite associada ao escoamento paralelo sobre uma placa isotérmica pode ser perturbada em qualquer posição x pelo uso de um fino fio que é esticado cruzando a largura da placa. Determine o valor do número de Reynolds crítico $Re_{x,c,ot}$ que está associado com a posição ótima do fio, a partir da borda frontal da placa, que resultará na máxima transferência de calor de uma placa aquecida para um fluido frio.

7.29 Ar a pressão atmosférica e a uma temperatura de 25 °C escoa paralelamente, com velocidade de 5 m/s, sobre uma placa plana com um metro de comprimento que é aquecida com um fluxo térmico uniforme de 1250 W/m². Suponha que o escoamento seja turbulento ao longo de todo o comprimento da placa.

(a) Calcule a temperatura da superfície da placa, $T_s(L)$, e o coeficiente convectivo local, $h_x(L)$, na borda de saída, $x = L$.

(b) Calcule a temperatura média da superfície da placa, $\overline{T}_s$.

[(c)] Represente graficamente a variação da temperatura da superfície, $T_s(x)$, e do coeficiente convectivo, $h_x(x)$, com a distância no mesmo gráfico. Explique as características principais dessas distribuições.

7.30 Considere ar atmosférico a $u_\infty = 2$ m/s e $T_\infty = 300$ K em escoamento paralelo sobre uma placa plana isotérmica de comprimento $L = 1$ m e temperatura $T_s = 350$ K.

(a) Calcule o coeficiente convectivo local nas bordas frontal e de saída da placa aquecida, com e sem um comprimento inicial sem aquecimento de $\xi = 1$ m.

(b) Calcule o coeficiente convectivo médio na placa para as mesmas condições do item (a).

[(c)] Represente graficamente a variação do coeficiente convectivo local ao longo da placa, com e sem um comprimento inicial sem aquecimento.

7.31 A placa de cobertura de um coletor solar plano encontra-se a 15 °C, enquanto ar ambiente a 10 °C escoa paralelamente a sua superfície superior com uma velocidade $u_\infty = 2$ m/s.

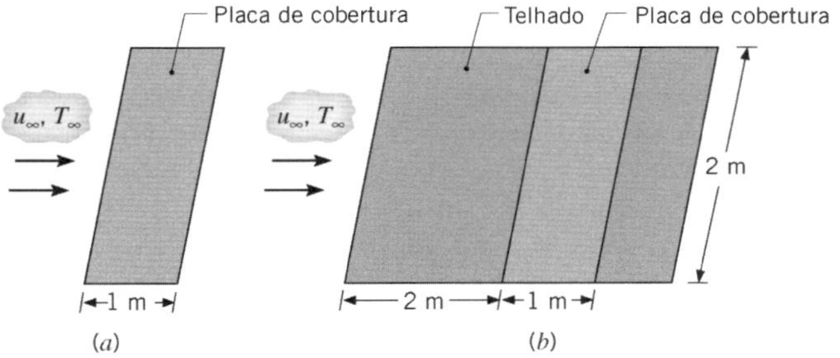

(a) Qual é a taxa de perda de calor por convecção na placa de cobertura?

(b) Se a placa estiver instalada a dois metros da borda frontal do telhado e encontrar-se alinhada com a sua superfície, qual é a taxa de perda de calor por convecção?

7.32 Uma série de dez circuitos integrados (*chips*) de silício, cada um com comprimento $L = 10$ mm, é isolada em uma de suas superfícies e resfriada pela superfície oposta com ar atmosférico, em escoamento paralelo, com $T_\infty = 24$ °C e $u_\infty = 40$ m/s. Quando em operação, a mesma potência elétrica é dissipada em cada *chip*, mantendo um fluxo térmico uniforme ao longo de toda a superfície resfriada.

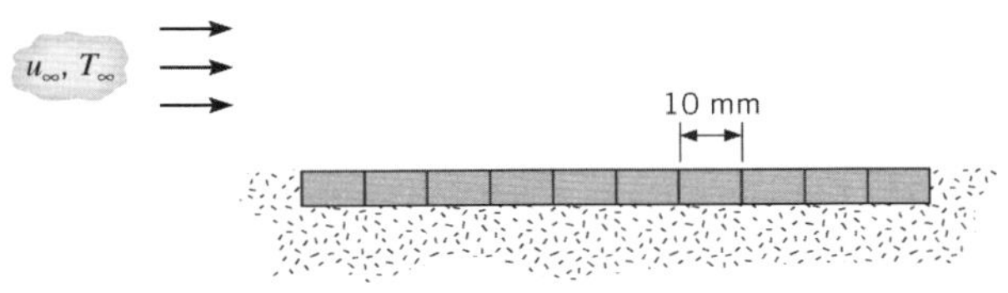

Se a temperatura em cada *chip* não pode ultrapassar 80 °C, qual é a potência máxima permitida em cada *chip*? Qual é a potência máxima permitida se um promotor de turbulência for utilizado para perturbar a camada-limite na borda frontal? Seria preferível orientar a série de *chips* em uma direção normal ao escoamento do ar em vez de na direção paralela?

7.33 Um *chip* de silício quadrado (10 mm × 10 mm) é isolado termicamente em um de seus lados e resfriado no lado oposto por ar atmosférico, em escoamento paralelo, com $u_\infty = 20$ m/s e $T_\infty = 24$ °C. Quando em operação, a dissipação de potência elétrica no interior do *chip* mantém um fluxo térmico uniforme na superfície resfriada. Se a temperatura do *chip* não pode exceder 80 °C em qualquer ponto de sua superfície, qual é a potência máxima permitida? Qual é a potência máxima permitida se o *chip* for instalado no interior de um substrato que forneça um comprimento inicial sem aquecimento de 20 mm?

Cilindro em Escoamento Cruzado

7.34 Considere os fluidos a seguir, cada um com uma velocidade de $V = 3$ m/s e uma temperatura de $T_\infty = 20$ °C, em escoamento cruzado sobre um cilindro com 10 mm de diâmetro, mantido a 50 °C: ar atmosférico, água saturada e óleo de motor.

(a) Calcule a taxa de transferência de calor por unidade de comprimento do cilindro, q', usando a correlação de Churchill-Bernstein.

[(b)] Gere um gráfico de q' como uma função da velocidade do fluido para $0{,}5 \leq V \leq 10$ m/s.

7.35 Um tubo vertical de cobre, com $L = 1$ m de comprimento, diâmetro interno $D_i = 20$ mm e espessura de parede $t = 2$ mm, contém água líquida a $T_a = 0$ °C. Em um dia de inverno, ar com $V = 3$ m/s e a $T_\infty = -20$ °C escoa em escoamento cruzado ao redor do tubo.

(a) Determine a perda de calor por unidade de massa da água (W/kg) quando o tubo está cheio de água.

(b) Determine a perda de calor da água (W/kg) quando o tubo tem água até a sua metade.

7.36 Um elemento aquecedor elétrico, na forma de um longo cilindro, com diâmetro $D = 12$ mm, condutividade térmica $k = 240$ W/(m · K), massa específica $\rho = 2700$ kg/m³ e calor específico $c_p = 900$ J/(kg · K), é instalado em um duto através do qual ar, a uma temperatura de 30 °C e a uma velocidade de 8 m/s, escoa em escoamento cruzado em relação ao elemento aquecedor.

(a) Desprezando a radiação, calcule a temperatura superficial em regime estacionário quando, por unidade de comprimento do aquecedor, energia elétrica é dissipada a uma taxa de 1000 W/m.

(b) Se o aquecedor for ativado estando a uma temperatura inicial de 30 °C, estime o tempo necessário para a sua temperatura superficial atingir uma temperatura 10 °C inferior ao seu valor em regime estacionário.

[**7.37**] Considere as condições do Problema 7.36, porém agora leve em conta a troca de calor por radiação entre a superfície do elemento aquecedor ($\varepsilon = 0{,}8$) e as paredes do duto, que formam um grande recinto a 30 °C.

(a) Calcule a temperatura superficial em condições de regime estacionário.

(b) Se o aquecedor for ativado estando a uma temperatura inicial de 30 °C, calcule o tempo necessário para a sua temperatura superficial atingir uma temperatura 10 °C inferior ao seu valor em regime estacionário.

(c) Para proteção contra o superaquecimento causado por possíveis problemas no funcionamento do soprador de ar, o controlador do aquecedor é projetado para manter uma temperatura superficial fixa de 275 °C. Determine a dissipação de potência necessária para manter essa temperatura com velocidades no escoamento do ar na faixa de $5 \leq V \leq 10$ m/s.

7.38 Determine o coeficiente de transferência de calor por convecção, a resistência térmica convectiva e a taxa de transferência de calor por convecção que estão associados ao escoamento cruzado de ar a pressão atmosférica sobre um cilindro de diâmetro $D = 100$ mm e comprimento $L = 2$ m. A temperatura do cilindro é $T_s = 70$ °C enquanto a velocidade e a temperatura do ar são $V = 3$ m/s e $T_\infty = 20$ °C, respectivamente. Represente graficamente a variação do coeficiente de transferência de calor por convecção e da taxa de transferência de calor a partir do cilindro no intervalo entre $0{,}05 \text{ m} \leq D \leq 0{,}5$ m.

7.39 Uma placa de metal, longa e fina, encontra-se pendurada verticalmente depois de ter sofrido um tratamento térmico. A placa, de largura $W = 0{,}2$ m, dimensão vertical de 3 m e temperatura inicial $T_s = 320$ °C, é resfriada por ar atmosférico com velocidade $V = 4$ m/s e $T_\infty = 30$ °C. Determine a taxa inicial de perda de calor a partir da placa com o ar escoando paralelamente ao longo da placa. Considere a perda de calor por ambas as superfícies da placa fina. Determine a taxa inicial de perda de calor se a placa for virada de modo que sua largura esteja perpendicular ao escoamento de ar. Considere a perda de calor pela superfície da face frontal e da face traseira da placa. Qual orientação maximizará a taxa de resfriamento?

7.40 Pinos (aletas) devem ser especificados para o uso em uma aplicação industrial de resfriamento. As aletas serão submetidas a um gás em escoamento cruzado com $V = 10$ m/s. Os pinos cilíndricos têm um diâmetro de $D = 15$ mm e a área da seção transversal é a mesma para cada uma das configurações mostradas no esboço.

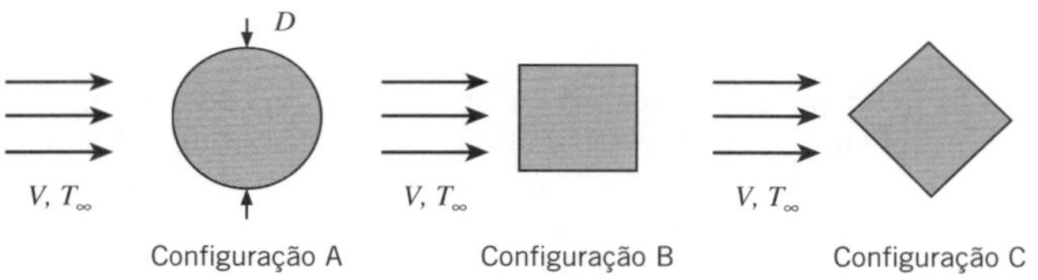

Seções transversais das aletas cilíndrica e quadrada, em escoamento cruzado

Para pinos de igual comprimento e, consequentemente, de igual massa, qual pino terá a maior taxa de transferência de calor? Suponha que as propriedades do gás são iguais àquelas do ar a $T = 350$ K. *Sugestão:* suponha que os pinos possam ser tratados como infinitamente longos e use a correlação de Hilpert para o pino de seção transversal circular.

7.41 Ar, a 27°C e com uma velocidade de 5 m/s, passa sobre a pequena região A_s (20 mm × 20 mm) de uma grande superfície, que é mantida a $T_s = 127$ °C. Nessas condições, uma taxa de 0,5 W é removida da superfície A_s. Com objetivo de aumentar a taxa de remoção de calor, um pino de aço inoxidável (AISI 304) com diâmetro de 5 mm é fixado sobre a superfície A_s que supostamente permanece a $T_s = 127$ °C.

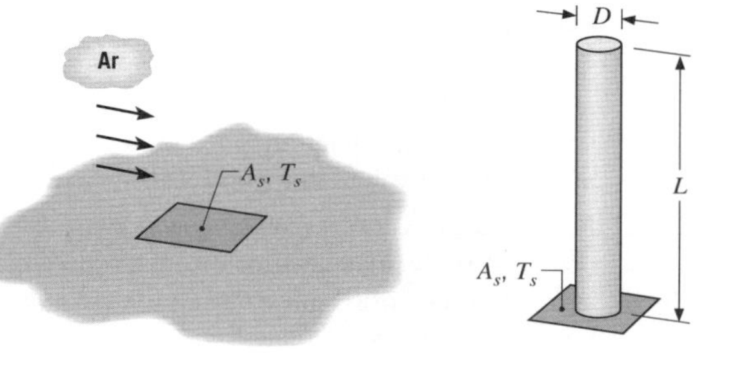

(a) Determine a taxa de remoção de calor máxima possível através do pino.

(b) Qual comprimento do pino propiciaria uma boa aproximação da taxa de transferência de calor determinada no item (a)? *Sugestão*: veja o Exemplo 3.9.

(c) Determine a efetividade do pino, ε_p.

(d) Qual é o aumento percentual na taxa de transferência de calor na superfície A_s causado pela instalação do pino?

7.42 Água quente a 50 °C é transportada de um prédio no qual ela é gerada para um prédio adjacente em que ela é usada para aquecimento ambiental. A transferência entre os prédios ocorre em tubo de aço ($k = 60$ W/(m · K)), com diâmetro externo de 100 mm e 8 mm de espessura de parede. Durante o inverno, condições ambientais representativas envolvem o ar a $T_\infty = -5$ °C e $V = 3$ m/s em escoamento cruzado sobre o tubo.

(a) Sendo o custo de produzir a água quente de \$0,10 por kW · h, qual é o custo diário representativo da perda térmica para o ar em um tubo não isolado, por metro de comprimento de tubo? A resistência convectiva associada ao escoamento da água no interior do tubo pode ser desprezada.

(b) Determine a economia associada à aplicação na superfície externa do tubo de um revestimento de 10 mm de espessura de isolante de uretano ($k = 0{,}026$ W/(m · K)).

7.43 Em um processo de fabricação, longos bastões de alumínio de seção transversal quadrada com $d = 25$ mm são resfriados a partir de uma temperatura inicial de $T_i = 400$ °C. Qual configuração do esboço deve ser utilizada para minimizar o tempo necessário para os bastões alcançarem uma temperatura *segura para o toque* de 60 °C, quando expostos ao ar em escoamento cruzado com $V = 8$ m/s e $T_\infty = 30$ °C? Qual é o tempo requerido para o resfriamento na configuração preferida? A emissividade dos bastões é $\varepsilon = 0{,}10$ e a temperatura da vizinhança é de $T_{viz} = 20$ °C.

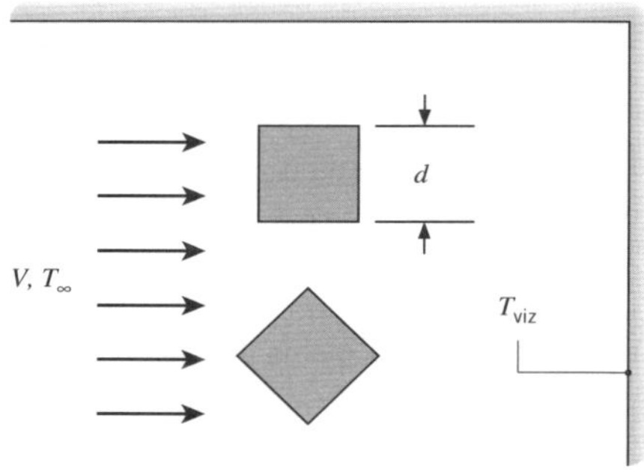

7.44 Um fio metálico fino com diâmetro D está posicionado transversalmente a uma passagem para determinar a velocidade do escoamento a partir de características da transferência de calor. Uma corrente elétrica é passada através do fio para aquecê-lo, e o calor é dissipado por convecção para o fluido em escoamento. A resistência elétrica do fio é determinada por medidas elétricas, e sua temperatura é conhecida a partir desta resistência.

(a) Para um fluido com número de Prandtl arbitrário, desenvolva uma expressão para a sua velocidade em termos da diferença entre a temperatura do fio e a temperatura da corrente livre do fluido.

(b) Qual é a velocidade de uma corrente de ar a 1 atm e 25 °C, se um fio com 0,5 mm de diâmetro atinge uma temperatura de 40 °C enquanto dissipa 35 W/m?

7.45 Para determinar mudanças na velocidade do ar, propõe-se medir a corrente elétrica necessária para manter um fio de platina com 0,25 mm de diâmetro a uma temperatura constante de 77 °C em meio a uma corrente de ar a 27 °C.

(a) Admitindo números de Reynolds na faixa de $40 < Re_D < 1000$, desenvolva uma relação entre a corrente elétrica no fio e a velocidade do ar, que escoa normal à superfície do fio. Use esse resultado para estabelecer uma relação entre pequenas variações na corrente, $\Delta I/I$, e na velocidade do ar, $\Delta V/V$.

(b) Calcule a corrente necessária quando a velocidade do ar é de 15 m/s e a resistividade elétrica do fio de platina é de $17{,}1 \times 10^{-5}\ \Omega \cdot$ m.

7.46 Determine a perda de calor convectiva pelas superfícies superior e inferior de uma placa plana a $T_s = 80$ °C, com ar em escoamento paralelo a $T_\infty = 25$ °C e $u_\infty = 3$ m/s. A placa tem espessura igual a $t = 1$ mm, comprimento $L = 25$ mm e profundidade $w = 50$ mm. Despreze as perdas térmicas nas bordas da placa. Compare a perda de calor convectiva na placa com a perda em um cilindro com comprimento de $L_c = 50$ mm, com o mesmo volume da placa. As condições convectivas associadas ao cilindro são as mesmas das associadas à placa.

7.47 Um sensor de temperatura, com 10,5 mm de diâmetro, recebe um escoamento de água normal a sua superfície, com uma temperatura na corrente livre de 80 °C e velocidade variável. Deduza uma expressão para o coeficiente de transferência de calor por convecção em função da temperatura superficial do sensor T_s no intervalo $20 < T_s < 80$ °C e para velocidades V na faixa de $0{,}005 < V < 0{,}20$ m/s. Use a correlação de Zukauskas para o intervalo $40 < Re_D < 1000$ e admita que o número de Prandtl da água tem uma dependência linear com a temperatura.

7.48 Uma linha de transmissão de alumínio com um diâmetro de 20 mm tem uma resistência elétrica de $R'_{\text{elét}} = 2{,}636 \times 10^{-4}\ \Omega$/m e transporta uma corrente de 700 A. A linha está sujeita a ventos cruzados frequentes e severos, aumentando a probabilidade de contato entre linhas adjacentes, o que causa faíscas e acarreta um perigo potencial de fogo na vegetação próxima. A saída é isolar a linha, mas com o efeito adverso de aumentar a temperatura de operação do condutor.

(a) Calcule a temperatura do condutor quando a temperatura do ar é de 20 °C e a linha está sujeita a um escoamento cruzado com uma velocidade de 10 m/s.

(b) Calcule a temperatura do condutor para as mesmas condições, mas estando isolado com 2 mm de espessura de um isolante com condutividade térmica de 0,15 W/(m · K).

[(c)] Calcule e represente graficamente as temperaturas dos condutores isolado e sem isolamento para velocidades do vento na faixa de 2 a 20 m/s. Comente sobre as características destas curvas e sobre o efeito da velocidade do vento na temperatura do condutor.

7.49 Para aumentar a transferência de calor entre dois fluidos escoando é proposta a inserção de uma aleta piniforme de alumínio 2024, com 100 mm de comprimento e 5 mm de diâmetro, através da parede que separa os dois fluidos. O pino é inserido até uma profundidade d no fluido 1. O fluido 1 é ar com uma temperatura média de 10 °C e velocidade de 10 m/s. O fluido 2 é ar com uma temperatura média de 40 °C e velocidade de 3 m/s.

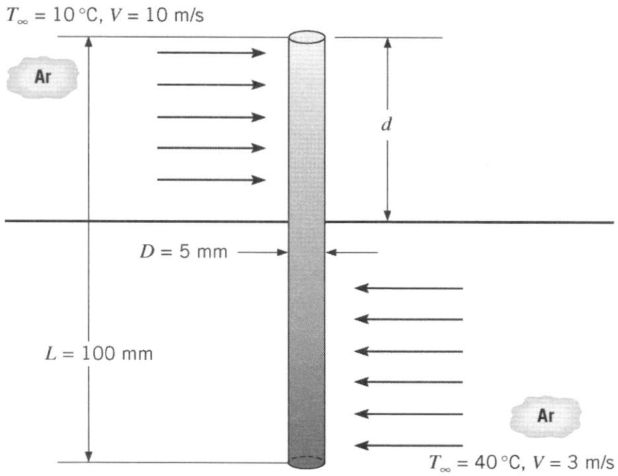

(a) Determine a taxa de transferência de calor do ar quente para o ar frio através do pino para $d = 50$ mm.

[(b)] Represente graficamente a variação da taxa de transferência de calor com a distância de inserção, d. Existe uma distância de inserção ótima?

7.50 Uma tubulação de vapor sem isolamento térmico é utilizada para transportar vapor d'água a altas temperaturas de um prédio para outro. A tubulação tem 0,5 m de diâmetro, apresenta uma temperatura superficial de 150 °C e está exposta ao ar ambiente a −10 °C. O ar se move em escoamento cruzado sobre a tubulação com uma velocidade de 5 m/s.

(a) Qual é a perda de calor por unidade de comprimento do tubo?

[(b)] Analise o efeito de se isolar a tubulação com espuma de uretano rígida ($k = 0{,}026$ W/(m · K)). Calcule e represente graficamente a perda de calor em função da espessura δ da camada de isolamento térmico para $0 \leq \delta \leq 50$ mm.

7.51 Um termopar é inserido no interior de um duto de ar quente para medir a temperatura do ar. O termopar (T_1) está soldado à extremidade de um *poço termométrico* feito em aço e que possui comprimento $L = 0{,}15$ m e diâmetros interno e externo $D_i = 5$ mm e $D_e = 10$ mm, respectivamente. Um segundo termopar (T_2) é usado para medir a temperatura da parede do duto.

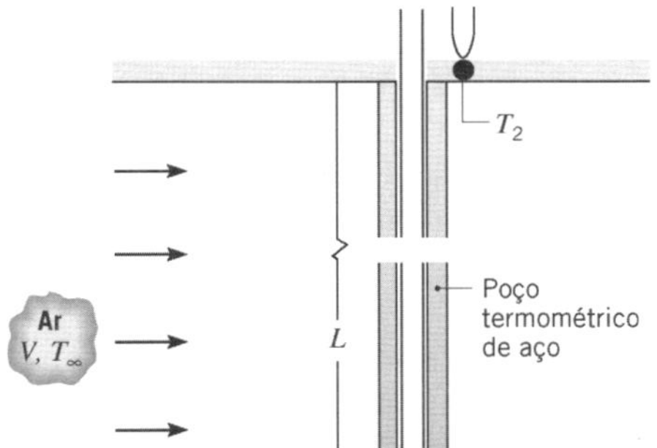

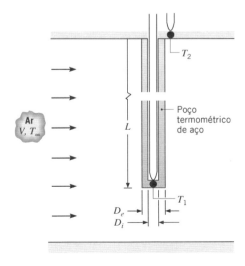

Considere condições nas quais a velocidade do ar no duto é de $V = 3$ m/s e os dois termopares registram temperaturas de $T_1 = 450$ K e $T_2 = 375$ K. Desprezando a radiação, determine a temperatura do ar T_∞. Admita que, para o aço, $k = 35$ W/(m · K), e, para o ar, $\rho = 0{,}774$ kg/m³, $\mu = 251 \times 10^{-7}$ N · s/m², $k = 0{,}0373$ W/(m · K) e $Pr = 0{,}686$.

7.52 Em um processo de fabricação, um longo bastão de plástico revestido ($\rho = 2200$ kg/m³, $c = 800$ J/(kg · K), $k = 1$ W/(m · K)) com diâmetro $D = 20$ mm está inicialmente a uma temperatura uniforme de 25 °C e é subitamente exposto a um escoamento cruzado de ar a $T_\infty = 350$ °C e $V = 50$ m/s.

(a) Quanto tempo levará para a superfície do bastão atingir 175 °C, a temperatura acima da qual o revestimento especial será curado?

[(b)] Gere um gráfico do tempo para atingir 175 °C como uma função da velocidade do ar para $5 \leq V \leq 50$ m/s.

7.53 Em um processo de extrusão, um fio de cobre emerge do extrusor a uma velocidade V_e e é resfriado pela transferência de calor por convecção para o ar em escoamento cruzado sobre o fio, assim como por radiação para a vizinhança.

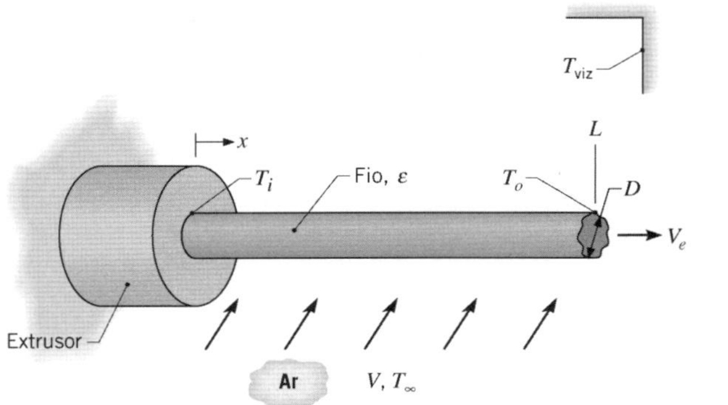

(a) Aplicando a conservação de energia em uma superfície de controle diferencial de comprimento dx, que se move com o fio *ou* é estacionária e através da qual o fio passa, deduza uma equação diferencial que governe a distribuição de temperaturas, $T(x)$, ao longo do fio. Na sua dedução, o efeito da condução axial ao longo do fio pode ser desprezado. Escreva o seu resultado em termos da velocidade, do diâmetro e das propriedades do fio (V_e, D, ρ, c_p, ε), do coeficiente convectivo associado ao escoamento cruzado ($\bar{h}$) e das temperaturas ambientes (T_∞, T_{viz}).

(b) Desprezando a radiação, obtenha uma solução em forma fechada para a equação anterior. Para $V_e = 0{,}2$ m/s, $D = 5$ mm, $V = 5$ m/s, $T_\infty = 25$ °C e uma temperatura do fio inicial de $T_i = 600$ °C, calcule a temperatura T_o do fio em $x = L = 5$ m. A massa específica e o calor específico do cobre são $\rho = 8900$ kg/m³ e $c_p = 400$ J/(kg · K), enquanto as propriedades do ar podem ser consideradas iguais a $k = 0{,}037$ W/(m · K), $\nu = 3 \times 10^{-5}$ m²/s e $Pr = 0{,}69$.

[(c)] Levando em conta os efeitos da radiação, com $\varepsilon = 0{,}55$ e $T_{viz} = 25$ °C, integre numericamente a equação diferencial deduzida no item (a) e determine a temperatura do fio em $L = 5$ m. Estude os efeitos de V_e e de ε na distribuição de temperaturas ao longo do fio.

Esferas

7.54 Ar a 25 °C escoa sobre uma esfera, com 10 mm de diâmetro, com uma velocidade de 15 m/s, enquanto a superfície da esfera é mantida a 75 °C.

(a) Qual é a força de arrasto na esfera?

(b) Qual é a taxa de transferência de calor saindo da esfera?

[(c)] Gere um gráfico da taxa de transferência de calor saindo da esfera em função da velocidade do ar para o intervalo de 1 a 25 m/s.

7.55 Seja uma esfera com diâmetro de 20 mm e uma temperatura superficial de 60 °C, que está imersa em um fluido a uma temperatura de 30 °C e a uma velocidade de 2,5 m/s. Calcule a força de arrasto e a taxa de transferência de calor quando o fluido é (a) água e (b) ar a pressão atmosférica. Explique por que os resultados para os dois fluidos são tão diferentes?

7.56 Um recipiente esférico de instrumentos para medições submarinas, usado para sondagens e para medir condições da água, tem um diâmetro de 100 mm e dissipa 400 W.

(a) Determine a temperatura superficial do recipiente quando suspenso em uma baía na qual a corrente é de 1 m/s e a temperatura da água é de 15 °C.

(b) Inadvertidamente, o recipiente é retirado da água e suspenso no ar ambiente sem desativar a potência. Determine a temperatura superficial do recipiente com o ar a 15 °C e uma velocidade do vento de 3 m/s.

7.57 Óleo é resfriado por aspersão de uma névoa do líquido quente através do ar frio a $T_\infty = 27$ ºC. Duas gotas, cada uma de diâmetro $D = 100$ μm e temperatura 250 ºC, repentinamente colidem e coalescem em uma única gota. Determine a taxa de transferência de calor do óleo para o ar antes e depois da coalescência das gotas. A velocidade das gotas é $V = 5$ m/s.

7.58 Ao redor do mundo, mais de um bilhão de bolas de solda devem ser fabricadas diariamente para a montagem de pacotes eletrônicos. O método de *spray de gotas uniformes* usa um dispositivo piezoelétrico para vibrar um eixo em um recipiente com solda fundida, que, por sua vez, ejeta pequenas gotas de solda através de um bocal elaborado com precisão. Ao atravessarem a câmara de coleta, as gotas se resfriam e solidificam. Na câmara de coleta há um gás inerte, como o nitrogênio, para evitar a oxidação das superfícies das bolas de solda.

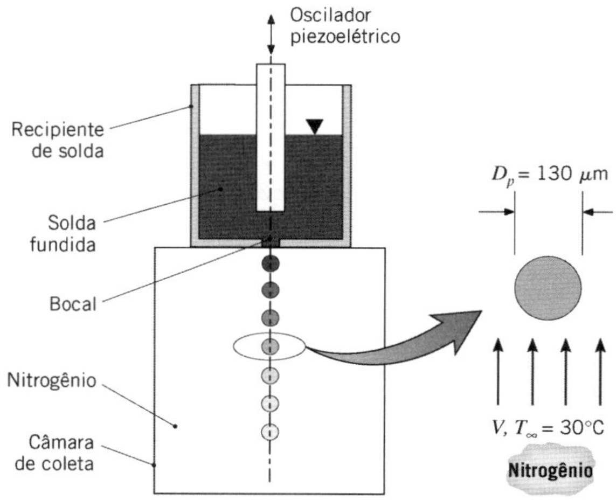

(a) Gotas de solda fundida de diâmetro 130 μm são ejetadas a uma velocidade de 2 m/s a uma temperatura inicial de 225 °C em nitrogênio gasoso, que se encontra a 30 °C e a uma pressão um pouco acima da atmosférica. Determine a velocidade terminal das partículas e a distância por elas percorrida até que elas se tornem completamente solidificadas. As propriedades da solda são $\rho = 8230$ kg/m³, $c = 240$ J/(kg · K), $k = 38$ W/(m · K), $h_{sf} = 42$ kJ/kg. A temperatura de fusão da solda é igual a 183 °C.

(b) O dispositivo piezoelétrico oscila a 1,8 kHz, produzindo 1800 partículas por segundo. Determine a distância de separação entre as partículas ao atravessarem o nitrogênio gasoso e o volume do recipiente necessário para produzir as bolas de solda continuamente durante uma semana.

7.59 Uma esfera de cobre puro, com diâmetro de 15 mm e uma emissividade de 0,5, está suspensa em um grande forno com as paredes a uma temperatura uniforme de 600 °C. Ar escoa ao redor da esfera a uma temperatura de 900 °C e a uma velocidade de 7,5 m/s.

(a) Determine a temperatura da esfera no regime estacionário.

(b) Estime o tempo necessário para a esfera chegar a 5 °C da temperatura do regime estacionário, se ela estiver a uma temperatura inicial, uniforme, de 25 °C.

(c) Com o objetivo de diminuir o tempo para aquecer a esfera, a velocidade do ar é dobrada, com todas as outras condições permanecendo as mesmas. Determine a temperatura da esfera no regime estacionário e o tempo necessário para ela atingir uma temperatura a 5 °C desse valor. Represente no mesmo gráfico o histórico da temperatura da esfera para as duas velocidades.

7.60 Esferas de cobre com 20 mm de diâmetro são resfriadas pela imersão em um tanque contendo água, que é mantida a 280 K. Pode-se considerar que as esferas atinjam a sua velocidade terminal ao se chocarem com a superfície da água e que elas se desloquem livremente através da água. Estime a velocidade terminal das esferas igualando as forças de arrasto e gravitacional que atuam nas esferas. Qual é a altura aproximada que o tanque de água deve possuir para resfriar as esferas desde uma temperatura inicial de 360 K até uma temperatura no centro de 320 K?

7.61 Para as condições fornecidas no Problema 7.60, quais são a velocidade terminal e a altura do tanque se óleo de motor a 315 K for usado como refrigerante no lugar da água?

7.62 Considere o processo de revestimento por pulverização de plasma citado no Problema 5.21. Além das condições especificadas, sabe-se que o jato de plasma de argônio possui uma velocidade média de $V = 400$ m/s, enquanto a velocidade *inicial* das partículas de alumina injetadas pode ser considerada igual a zero. A saída do bocal e o substrato estão separados por uma distância de $L = 100$ mm, e as propriedades pertinentes do plasma de argônio podem ser aproximadas por $k = 0{,}671$ W/(m · K), $c_p = 1480$ J/(kg · K), $\mu = 2{,}70 \times 10^{-4}$ kg/(s · m) e $\nu = 5{,}6 \times 10^{-3}$ m²/s.

(a) Supondo que o movimento das partículas arrastadas pelo jato de plasma seja governado pela lei de Stokes, deduza expressões para a velocidade das partículas, $V_p(t)$, e para a distância percorrida após a saída do bocal, $x_p(t)$, como uma função do tempo, t, com $t = 0$ correspondendo ao instante de injeção da partícula. Avalie o "tempo de voo" necessário para que a partícula percorra a distância de separação, $x_p = L$, e a velocidade V_p nesse instante.

(b) Admitindo uma velocidade relativa média de $\overline{(V - V_p)} = 315$ m/s durante o percurso, estime o coeficiente convectivo associado à transferência de calor do plasma para a partícula. Usando esse coeficiente e supondo uma temperatura inicial da partícula de $T_i = 300$ K, estime o "tempo de voo" necessário para aquecer a partícula até o seu ponto de fusão, T_{pf}, e, uma vez a T_{pf}, para que a partícula se funda completamente. O valor de L especificado é suficiente para assegurar a fusão completa da partícula antes do seu impacto com a superfície?

7.63 Revestimentos de alumínio altamente refletivos podem ser formados na superfície de um substrato pela aspersão da superfície com gotas de alumínio fundido. As gotas são descarregadas de um injetor, deslocam-se através de um gás inerte (hélio) e devem ainda estar no estado líquido no instante da colisão.

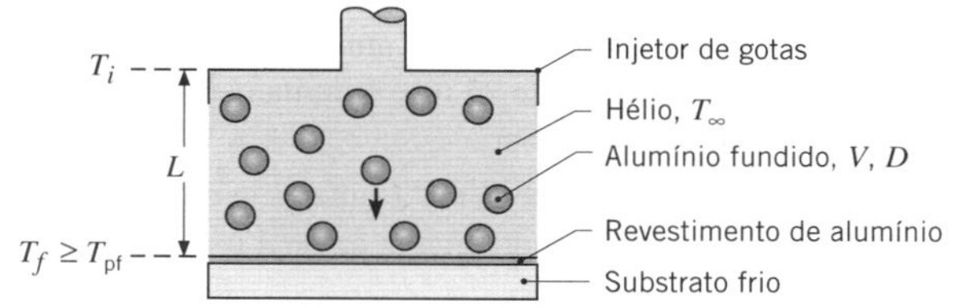

Considere condições nas quais gotas com diâmetro, velocidade e temperatura inicial de $D = 500$ μm, $V = 3$ m/s e $T_i = 1100$ K, respectivamente, atravessam uma camada estagnada de hélio atmosférico que se encontra a uma temperatura de $T_\infty = 300$ K. Qual é a espessura máxima permitida para a camada de hélio de modo a garantir que a temperatura das gotas colidindo com o substrato seja maior ou igual ao ponto de fusão do alumínio ($T_f \geq T_{pf} = 933$ K)? As propriedades do alumínio fundido podem ser aproximadas por $\rho = 2500$ kg/m³, $c = 1200$ J/(kg · K) e $k = 200$ W/(m · K).

7.64 Bioengenharia tecidual envolve o desenvolvimento de substitutos biológicos que restauram ou melhoram a função de tecidos. Uma vez fabricados, os órgãos engendrados podem ser implantados e crescem no interior do paciente, evitando a carência crônica de órgãos naturais que acontecem quando o transplante tradicional de órgãos é usado. A fabricação de um órgão artificial envolve duas etapas principais. Primeiramente, uma *base de sustentação* porosa é fabricada com tamanho e distribuição dos poros específicos, assim como forma e tamanho total. Em segundo lugar, a superfície externa da base de sustentação é semeada com células humanas que crescem no interior dos poros da base. O material da base é biodegradável e com o tempo é substituído por tecido sadio. O órgão artificial está, então, pronto para ser implantado no paciente.

As formas complexas dos poros, os pequenos tamanhos dos poros e as formas não usuais dos órgãos impedem o emprego de métodos de fabricação tradicionais para construir as bases de sustentação. Um método que tem sido usado com sucesso é uma técnica de *fabricação de sólido sem forma*, na qual pequenas gotas esféricas são direcionadas para um substrato. As gotas estão inicialmente fundidas e se solidificam quando colidem com o substrato a temperatura do ambiente. Pelo controle do local da deposição da gota, bases de sustentação complexas podem ser construídas, de gota em gota. Um dispositivo similar ao do Problema 7.58 é usado para gerar gotas uniformes com 75 μm de diâmetro a uma temperatura inicial $T_i = 150$ °C. As partículas são enviadas através de ar estagnado a $T_\infty = 25$ °C. As propriedades da gota são $\rho = 2200$ kg/m³ e $c = 700$ J/(kg · K).

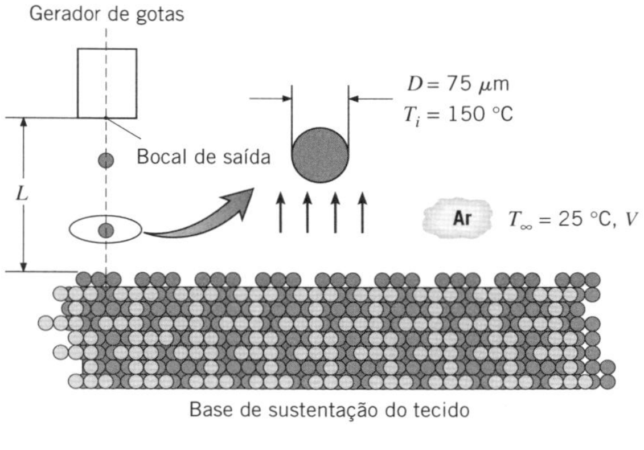

(a) É desejável que as gotas saiam do bocal na sua velocidade terminal. Determine a velocidade terminal das gotas.

(b) É desejável que as gotas colidam na estrutura a uma temperatura $T_2 = 120$ °C. Qual é a distância necessária entre a saída do bocal e a estrutura, L?

7.65 Uma junta de termopar esférica, com 1,0 mm de diâmetro, está inserida no interior de uma câmara de combustão para medir a temperatura T_∞ dos produtos de combustão. Os gases quentes possuem uma velocidade de $V = 5$ m/s.

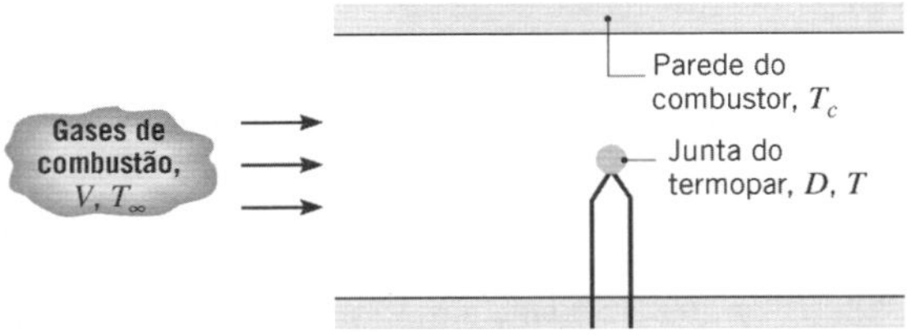

(a) Se o termopar estiver a temperatura ambiente, T_i, quando for inserido na câmara, estime o tempo necessário para que a diferença de temperaturas, $T_\infty - T$, atinja 2 % da diferença de temperaturas inicial, $T_\infty - T_i$. Despreze os efeitos da radiação e da condução através dos terminais do termopar. As propriedades da junta do termopar podem ser aproximadas por $k = 100$ W/(m · K), $c = 385$ J/(kg · K) e $\rho = 8920$ kg/m^3, e as dos gases de combustão por $k = 0{,}05$ W/(m · K), $\nu = 50 \times 10^{-6}$ m^2/s e $Pr = 0{,}69$.

(b) Se a junta do termopar possuir uma emissividade de 0,5 e as paredes da câmara de combustão estiverem a $T_c = 400$ K, qual é a temperatura da junta em regime estacionário, estando os gases de combustão a 1000 K? A condução através dos terminais pode ser desprezada.

(c) Para determinar a influência da velocidade do gás no erro de medida do termopar, calcule a temperatura da junta do termopar, em regime estacionário, para velocidades na faixa de $1 \le V \le 25$ m/s. A emissividade da junta pode ser controlada a partir da aplicação de um fino revestimento. Para reduzir o erro de medida, deve a emissividade ser aumentada ou diminuída? Para $V = 5$ m/s, calcule a temperatura da junta em regime estacionário, para emissividades na faixa de $0{,}1 \le \varepsilon \le 1{,}0$.

7.66 Uma junta de termopar é inserida em um grande duto para medir a temperatura de gases quentes que escoam através do duto.

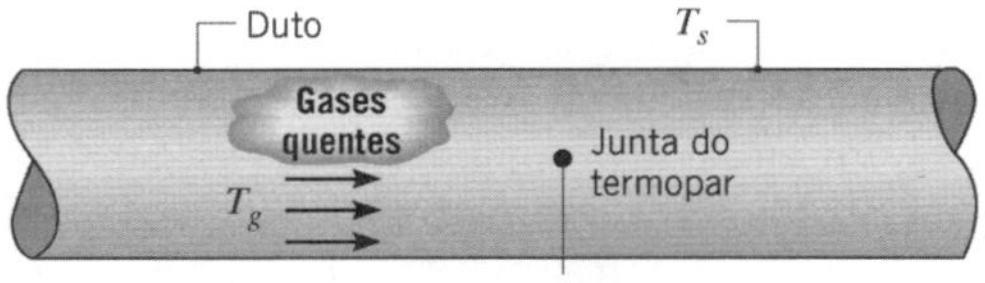

(a) Se a temperatura da superfície do duto T_s for menor do que a temperatura do gás T_g, o termopar irá medir uma temperatura menor, igual ou maior do que a temperatura T_g? Justifique a sua resposta com base em uma análise simplificada.

(b) Uma junta de termopar, na forma de uma esfera com 2 mm de diâmetro e com emissividade superficial 0,60, é colocada em uma corrente de gás que escoa a 3 m/s. Se o termopar mede uma temperatura de 320 °C quando a temperatura superficial do duto é de 175 °C, qual é a temperatura real do gás? Pode-se considerar que o gás possua as propriedades do ar a pressão atmosférica.

(c) De que maneira variações na velocidade do gás e na emissividade da junta afetam o erro da medida de temperatura? Determine o erro da medida para velocidades na faixa de $1 \le V \le 25$ m/s ($\varepsilon = 0{,}6$) e para emissividades na faixa de $0{,}1 \le \varepsilon \le 1{,}0$ ($V = 3$ m/s).

7.67 Considere a medida de temperatura em uma corrente de gás com a junta de termopar descrita no Problema 7.66 ($D = 2$ mm, $\varepsilon = 0{,}60$). Se a velocidade e a temperatura do gás são de 2 m/s e 500 °C, respectivamente, qual será a temperatura indicada pelo termopar se a temperatura da superfície do duto for de 350 °C? O gás pode ser considerado como possuindo propriedades do ar atmosférico. Qual será a temperatura indicada pelo termopar se a pressão do gás for dobrada enquanto todas as demais condições permanecem as mesmas?

Feixes de Tubos

7.68 Repita o Exemplo 7.7 para uma matriz tubular mais compacta na qual os passos longitudinal e transversal são $S_L = S_T = 20{,}5$ mm. Todas as demais condições permanecem idênticas.

7.69 Um preaquecedor utiliza vapor d'água saturado a 100 °C, alimentado pelo lado interno dos tubos de um feixe, para aquecer ar que entra no sistema a 1 atm e 25 °C. O ar escoa em escoamento cruzado no lado externo dos tubos a 5 m/s. Cada tubo possui um metro de comprimento e 10 mm de diâmetro externo. O feixe contém 196 tubos em um arranjo alinhado quadrado, no qual $S_T = S_L = 15$ mm. Qual é a taxa de transferência de calor total para o ar? Qual é a queda de pressão associada ao escoamento do ar?

7.70 Seja o feixe alinhado de tubos do Problema 7.69 ($D = 10$ mm, $L = 1$ m e $S_T = S_L = 15$ mm), com vapor d'água em condensação usado para aquecer ar atmosférico entrando no feixe a $T_i = 25$ °C e $V = 5$ m/s. Agora, contudo, a temperatura de saída requerida é conhecida, e não o número de filas de tubos. Qual é o valor mínimo N_F necessário para atingir uma temperatura de saída $T_{sai} \ge 75$ °C? Qual é a queda de pressão correspondente ao longo do feixe tubular?

7.71 Uma matriz tubular utiliza um arranjo alinhado com tubos de 15 mm de diâmetro com $S_T = S_L = 30$ mm. Existem dez filas de tubos contendo 50 tubos cada uma. Considere uma aplicação na qual água fria escoa através dos tubos, mantendo uma temperatura na superfície externa dos tubos de 40 °C, enquanto gases de exaustão, a 427 °C e a uma velocidade de 5 m/s, escoam em escoamento cruzado através da matriz. As propriedades dos gases de exaustão podem ser aproximadas pelas do ar atmosférico a 427 °C. Qual é a taxa de transferência de calor total, por unidade de comprimento dos tubos, na matriz?

7.72 Um duto de aquecimento de ar é constituído por um arranjo alinhado de elementos de aquecimento elétricos no qual os passos longitudinal e transversal são $S_L = S_T = 24$ mm. Há três filas de elementos na direção do escoamento ($N_F = 3$) e quatro elementos por fila ($N_T = 4$). Ar atmosférico com uma velocidade a montante de 12 m/s e uma temperatura de 25 °C escoa em escoamento cruzado sobre os elementos, que têm um diâmetro de 12 mm, um comprimento de 250 mm e são mantidos com uma temperatura superficial de 350 °C.

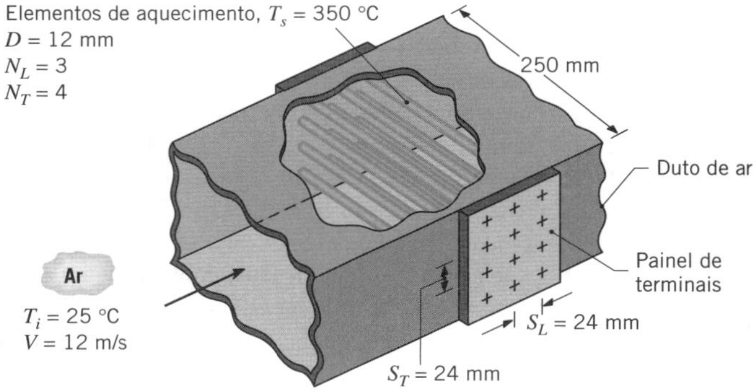

(a) Determine a taxa de transferência de calor total para o ar e a temperatura do ar deixando o duto aquecedor.

(b) Determine a queda de pressão ao longo do feixe de elementos e a potência necessária do ventilador.

(c) Compare o coeficiente convectivo médio obtido em sua análise com o valor para um elemento isolado (sozinho). Explique a diferença entre os resultados.

(d) Qual efeito teria o aumento dos passos longitudinal e transversal para 30 mm na temperatura de saída do ar, na taxa de transferência de calor total e na queda de pressão?

7.73 Uma matriz de tubos possui um arranjo alinhado com tubos de 30 mm de diâmetro e um metro de comprimento, com $S_T = S_L = 60$ mm. Existem dez filas de tubos na direção do escoamento ($N_F = 10$) e sete tubos por fila ($N_T = 7$). Ar, com condições a montante da matriz iguais a $T_\infty = 27$ °C e $V = 15$ m/s, escoa em escoamento cruzado sobre os tubos, enquanto suas paredes são mantidas a 100 °C pela condensação de vapor no seu interior. Determine a temperatura do ar ao deixar a matriz tubular, a queda de pressão ao longo da matriz e a potência necessária para o ventilador.

7.74 Repita o Problema 7.73, agora com $N_F = 7$, $N_T = 10$ e $V =$ 10,5 m/s.

7.75 Um condensador de vapor d'água resfriado a ar é operado com ar em escoamento cruzado sobre uma matriz quadrada composta por 400 tubos alinhados ($N_F = N_T = 20$). O diâmetro externo dos tubos é de 20 mm e os passos longitudinal e transversal na matriz tubular são $S_L = 60$ mm e $S_T = 30$ mm, respectivamente. Vapor d'água saturado a uma pressão de 2,455 bar entra nos tubos e pode-se considerar que uma temperatura uniforme de $T_s = 390$ K seja mantida na superfície externa dos tubos em função da condensação no seu interior.

(a) Se a temperatura e a velocidade da corrente de ar a montante da matriz tubular são $T_{ent} = 300$ K e $V = 4$ m/s, qual é a temperatura T_{sai} do ar que deixa a matriz? Como uma primeira aproximação, avalie as propriedades do ar a 300 K.

(b) Se os tubos possuírem dois metros de comprimento, qual é a taxa de transferência de calor total na matriz? Qual é a taxa de condensação do vapor em kg/s?

(c) Avalie o efeito de dobrar o valor de N_F enquanto o valor de S_L é reduzido para 30 mm. Para essa configuração, explore o efeito de mudanças na velocidade do ar.

Jatos Colidentes

7.76 Aquecimento e resfriamento com jatos colidentes *em miniatura* foram propostos para muitas aplicações. Para um jato circular individual, determine o diâmetro mínimo do jato para o qual a Equação 7.71 pode ser aplicada para ar a pressão atmosférica (a) a $T_{sai} = 0$ °C e (b) $T_{sai} = 500$ °C.

7.77 Um transistor circular com 15 mm de diâmetro é resfriado pela colisão de um jato de ar que sai de um bocal circular com 3 mm de diâmetro a uma velocidade de 20 m/s e a uma temperatura de 15 °C. A saída do bocal e a superfície exposta do transistor estão separadas por uma distância de 15 mm.

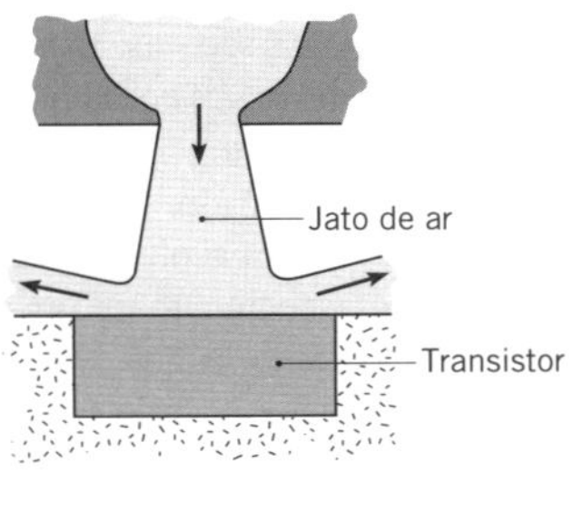

Se o transistor se encontra isolado em todas as suas superfícies, exceto na superfície exposta, e a sua temperatura superficial não pode ultrapassar 85 °C, qual é a potência operacional máxima permissível do transistor?

7.78 Uma longa placa retangular, feita em aço inoxidável AISI 304, encontra-se inicialmente a 1200 K e é resfriada por uma série de jatos retangulares (veja a Figura 7.17). A largura do bocal e o passo entre os bocais são $W = 10$ mm e $S =$ 100 mm, respectivamente, e a separação entre os bocais e a placa é de $H = 200$ mm. A espessura e a largura da placa são $t = 8$ mm e $L = 1$ m, respectivamente. Se o ar deixa os bocais a uma temperatura de 400 K e a uma velocidade de 30 m/s, qual é a taxa de resfriamento inicial da placa?

7.79 Uma sonda criogênica é usada para tratar tecido cutâneo canceroso. A sonda é constituída por um único jato circular de diâmetro $D_{sai} = 2$ mm emanado de um bocal encapsulado concentricamente no interior de um tubo cilindro maior (sonda), com diâmetro externo $D_e = 15$ mm. A espessura da parede da sonda feita com aço inoxidável AISI 302 é $t = 2$ mm, e a distância de separação entre o bocal e a superfície interna da base da sonda é $H = 5$ mm.

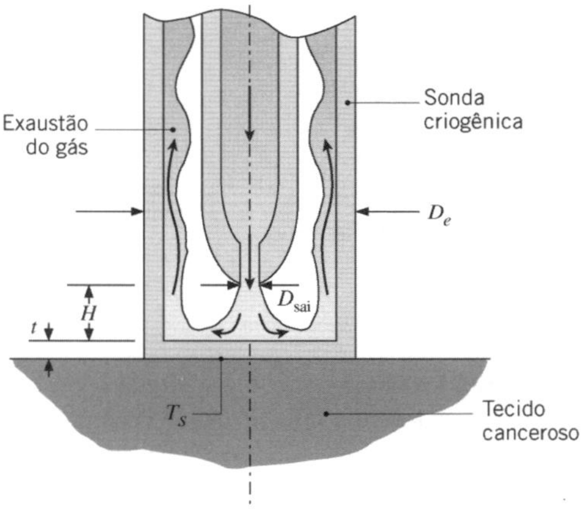

Supondo que o tecido cutâneo canceroso seja um meio semi-infinito com $k_c = 0{,}20$ W/(m · K) e a $T_c = 37$ °C, em posição bem afastada da sonda, determine a temperatura da superfície T_s. Despreze a resistência de contato entre a sonda e o tecido. Nitrogênio frio sai do bocal a $T_{sai} = 100$ K e $V_{sai} = 20$ m/s. *Sugestão:* em função das paredes da sonda, o jato é confinado e se comporta como se fosse um jato de uma série tal como na Figura 7.18*c*.

7.80 Uma superfície quente com 25 mm de diâmetro a $T_s = 85$ °C é resfriada por um jato de ar que sai de um bocal circular com 5 mm de diâmetro a uma velocidade de 35 m/s e temperatura de 25 °C. A saída do bocal está afastada 25 mm da superfície quente. Determine a mudança percentual no coeficiente de transferência de calor médio na superfície quente se o ar for substituído por dióxido de carbono ou hélio.

7.81 Ar, a 10 m/s e 15 °C, é usado para resfriar uma placa quadrada de plástico, moldada a quente, que tem 0,5 m de lado e cuja superfície está a uma temperatura de 140 °C. Para aumentar a produtividade do processo, propõe-se resfriar a placa usando-se uma série de bocais retangulares com largura e passo de 4 mm e 56 mm, respectivamente, e com uma distância de separação entre os bocais e a placa de 40 mm. O ar sai dos bocais a uma temperatura de 15 °C e a uma velocidade de 10 m/s.

(a) Determine a melhora na taxa de resfriamento que pode ser obtida ao se usar o arranjo de bocais quadrados no lugar de uma corrente de ar, a 10 m/s e 15 °C, em escoamento turbulento e paralelo sobre toda a placa.

(b) As taxas de transferência de calor nas duas configurações irão variar significativamente se a velocidade do ar for duplicada?

(c) Qual é a vazão mássica de ar necessária para a configuração de bocais retangulares?

7.82 Considere o Problema 7.81, no qual foi demonstrada a melhora no desempenho do resfriamento obtida com o uso de jatos retangulares no lugar de um escoamento paralelo sobre a placa. Projete uma configuração otimizada de uma série de bocais circulares, usando a mesma velocidade e temperatura do jato, 10 m/s e 15 °C, respectivamente, e compare as taxas de resfriamento e as necessidades de fornecimento de ar. Discuta as características associadas a cada um dos três métodos relevantes para a seleção de um deles para o resfriamento da peça de plástico.

7.83 Foi solicitado a você que determinasse a viabilidade de usar um jato colidente em uma operação de solda para montagens eletrônicas. A figura ilustra o uso de um único bocal circular para direcionar ar quente, com alta velocidade, para um local no qual uma junta *de superfície* deve ser formada.

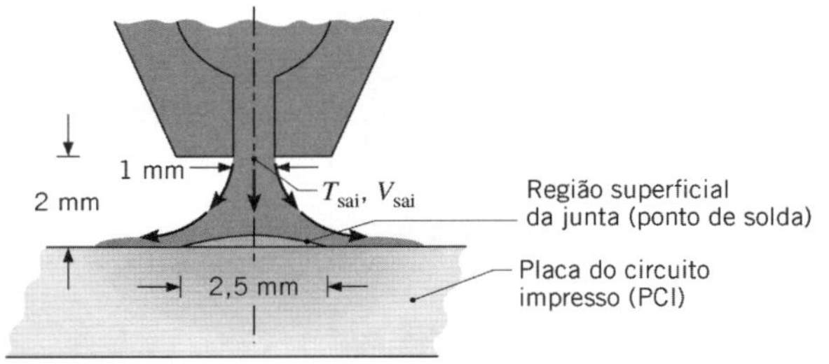

No seu estudo considere um bocal circular com um diâmetro de 1 mm localizado a uma distância de 2 mm da região da junta de superfície, que tem um diâmetro de 2,5 mm.

(a) Para uma velocidade do jato de ar de 70 m/s e uma temperatura de 500 °C, estime o coeficiente convectivo médio na área da junta de superfície.

(b) Suponha que a região da junta de superfície na placa do circuito impresso (PCI) possa ser modelada como um meio semi-infinito, que se encontra inicialmente a uma temperatura uniforme de 25 °C e subitamente passa a ser aquecida por convecção pelo jato. Estime o tempo necessário para a superfície atingir 183 °C. As propriedades termofísicas de uma solda típica são $\rho = 8333$ kg/m^3, $c_p = 188$ J/(kg · K) e $k = 51$ W/(m · K).

(c) Para três temperaturas do jato de ar 500, 600 e 700 °C, calcule e represente graficamente a temperatura da superfície como uma função do tempo para $0 \leq t \leq 150$ s. Nesse gráfico, identifique limites de temperatura importantes para o processo de solda: o limite inferior correspondente à temperatura eutética da solda, $T_{sol} = 183$ °C, e o limite superior correspondente à temperatura de transição vítrea, $T_{vi} = 250$ °C, na qual a PCI se torna plástica. Comente sobre o resultado do seu estudo, a pertinência das hipóteses e a possibilidade de usar o jato para uma aplicação de soldagem.

Leitos Recheados

7.84 Seja o leito recheado de esferas de alumínio descrito no Problema 5.13 sob condições nas quais o leito é carregado por ar quente com uma velocidade na entrada de $V = 1$ m/s e temperatura de $T_{g,ent} = 300$ °C, mas o coeficiente convectivo é desconhecido. Sendo a porosidade do leito $\varepsilon = 0{,}40$ e a temperatura inicial das esferas $T_i = 25$ °C, quanto tempo leva para uma esfera próxima à entrada do leito acumular 90 % da energia máxima possível de ser acumulada?

7.85 O uso de um sistema de armazenamento de energia térmica composto por um leito de rochas foi cogitado para aplicações envolvendo energia solar e em processos industriais. Um sistema em particular envolve um recipiente cilíndrico, com 2 m de comprimento por um metro de diâmetro, no interior do qual rochas aproximadamente esféricas, com 0,025 m de diâmetro, encontram-se empacotadas. O leito possui uma fração de vazios de 0,45; e a massa específica e o calor específico das rochas são $\rho = 2300$ kg/m^3 e $c_p = 879$ J/(kg · K), respectivamente. Considere condições nas quais ar atmosférico é fornecido ao leito de rochas a uma vazão mássica constante de 1,5 kg/s e a uma temperatura de 90 °C. O ar escoa na direção axial através do recipiente. Se as rochas se encontram a uma temperatura de 25 °C, qual é a taxa de transferência de calor total do ar para o leito de rochas?

7.86 Uma câmara cilíndrica de um *reator nuclear de leito de partículas* tem comprimento $L = 10$ m e diâmetro $D = 3$ m. A câmara abriga um leito composto por partículas esféricas de óxido de urânio com um núcleo de diâmetro $D_p = 50$ mm. Cada partícula gera energia térmica em seu núcleo a uma taxa $\dot{E}_g$ e é coberta com uma camada de grafite, que não gera energia, e tem uma espessura uniforme $\delta = 5$ mm. O óxido de urânio e o grafite possuem ambos uma condutividade térmica de 2 W/(m · K). O leito recheado possui uma porosidade $\varepsilon = 0{,}40$. Hélio pressurizado a 40 bar é usado para absorver a energia térmica das partículas. O hélio entra no leito recheado a $T_{ent} = 450$ °C com uma velocidade de 3,2 m/s. As propriedades do hélio podem ser consideradas como $c_p = 5193$ J/(kg · K), $k = 0{,}3355$ W/(m · K), $\rho = 2{,}1676$ kg/m^3, $\mu = 4{,}214 \times 10^{-5}$ kg/(s · m) e $Pr = 0{,}654$.

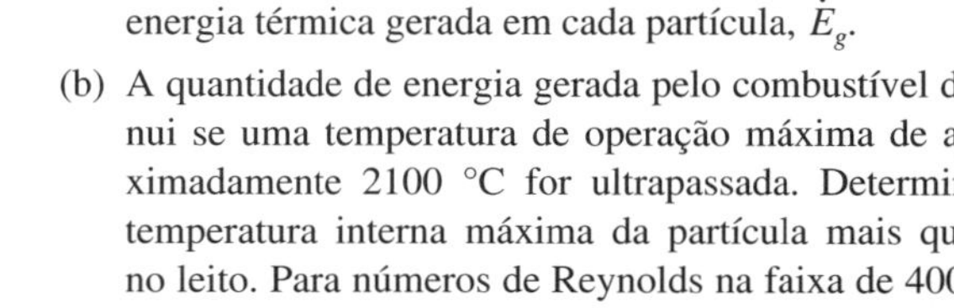

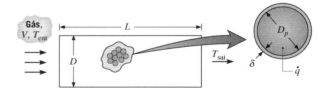

(a) Para uma taxa de transferência de energia térmica global desejada de $q = 125$ MW, determine a temperatura média do hélio que deixa o leito, T_{sai}, e a quantidade de energia térmica gerada em cada partícula, $\dot{E}_g$.

(b) A quantidade de energia gerada pelo combustível diminui se uma temperatura de operação máxima de aproximadamente 2100 °C for ultrapassada. Determine a temperatura interna máxima da partícula mais quente no leito. Para números de Reynolds na faixa de $4000 \leq Re_D \leq 10.000$, a Equação 7.81 pode ser substituída por $\varepsilon \bar{j}_C = 2{,}876\, Re_D^{-1} + 0{,}3023\, Re_D^{-0{,}35}$.

7.87 *Cápsulas de calor latente* são cascas esféricas com parede fina no interior das quais um material que muda de fase sólido-líquido (MMF) com ponto de fusão T_{pf} e calor latente de fusão h_{sf} encontra-se confinado. Como mostrado na figura, as cápsulas podem estar empacotadas em um vaso cilíndrico através do qual há o escoamento de um fluido. Se o MMF estiver no seu estado sólido e $T_{pf} < T_{ent}$, calor é transferido do fluido para as cápsulas e energia latente é armazenada no MMF na medida em que ele funde. Inversamente, se o MMF for um líquido e $T_{pf} > T_{ent}$, energia é liberada pelo MMF na medida em que ele congela e calor é transferido para o fluido. Em ambas as situações, todas as cápsulas no leito permaneceriam a T_{pf} em razão, principalmente, do processo de mudança de fase, quando então a temperatura de saída permaneceria em um valor fixo T_{sai}.

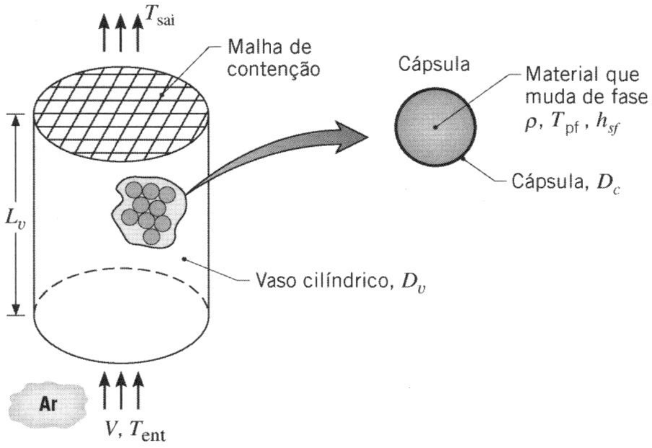

Considere uma aplicação na qual ar a pressão atmosférica é refrigerado ao passá-lo através de um leito recheado (ε = 0,5) de cápsulas (D_c = 50 mm) contendo um composto orgânico com ponto de fusão de T_{pf} = 4 °C. O ar entra no vaso cilíndrico ($L_v = D_v$ = 0,40 m) a T_{ent} = 25 °C e V = 1,0 m/s.

(a) Se o MMF em cada cápsula estiver no seu estado sólido a T_{pf} quando a fusão passa a ocorrer no interior da cápsula, qual é a temperatura de saída do ar? Sendo a massa específica e o calor latente de fusão do MMF ρ = 1200 kg/m^3 e h_{sf} = 165 kJ/kg, qual é a taxa mássica (kg/s) na qual o MMF é convertido de sólido para líquido no vaso?

(b) Explore o efeito da velocidade do ar na entrada e do diâmetro da cápsula na temperatura de saída.

(c) Em que local no interior do vaso ocorrerá primeiro a fusão completa do MMF em uma cápsula? Quando a fusão completa começa a ocorrer, como irá variar a temperatura de saída com o tempo e qual é o seu valor assintótico?

7.88 A porosidade de um leito recheado pode ser diminuída mediante a vibração do vaso que contém o leito no momento de seu enchimento com as partículas. A vibração promove a acomodação das partículas.

(a) Seja o processo de refrigeração do ar do Problema 7.87a. Determine a temperatura de saída do ar T_{sai} e a taxa mássica na qual o MMF se funde para ε = 0,30. Suponha que a massa total de MMF e a vazão mássica do ar se mantenham inalterados. O comprimento do vaso que contém o leito L_v é diminuído para compensar a redução na porosidade.

(b) Determine T_{sai} e a taxa de fusão do MMF para o caso no qual o diâmetro do vaso do leito D_v é diminuído para compensar a redução na porosidade. Qual configuração do vaso é preferível?

7.89 Seja o leito recheado (ε = 0,5) de cápsulas de calor latente (D_c = 50 mm) descrito no Problema 7.87, porém agora em uma aplicação na qual o ar ambiente deve ser aquecido pela sua passagem através do leito. Nesse caso, as cápsulas contêm um composto orgânico com um ponto de fusão de T_{pf} = 50 °C, e o ar entra no vaso ($L_v = D_v$ = 0,40 m) a T_{ent} = 20 °C e V = 1,0 m/s.

(a) Se o MMF em cada cápsula está no seu estado líquido a T_{pf} quando a solidificação começa a ocorre no interior das cápsulas, qual é a temperatura de saída do ar? Sendo a densidade e o calor latente de fusão do MMF ρ = 900 kg/m^3 e h_{sf} = 200 kJ/kg, qual é a taxa mássica (kg/s) na qual o MMF é convertido de líquido para sólido no interior do vaso?

(b) Explore o efeito da velocidade do ar na entrada e do diâmetro da cápsula na temperatura de saída.

(c) Em que local no interior do vaso ocorrerá primeiro o congelamento completo do MMF em uma cápsula? Quando o congelamento completo começa a ocorrer, como irá variar a temperatura de saída com o tempo e qual é o seu valor assintótico?

7.90 Leitos recheados de partículas esféricas podem ser *sinterizados* a altas temperaturas para formar espumas rígidas permeáveis. Uma folha de espuma com espessura t = 10 mm é formada por esferas de bronze sinterizadas, cada uma com diâmetro D = 0,6 mm. A esponja metálica tem porosidade ε = 0,25 e a folha da esponja preenche a seção transversal de L = 40 mm × W = 40 mm de um túnel de vento. As superfícies superior e inferior da esponja estão a uma temperatura T_s = 80 °C, e as duas outras extremidades da esponja (a superfície frontal mostrada na figura e a superfície posterior correspondente) estão isoladas. Ar escoa no túnel de vento com uma temperatura e uma velocidade a montante da esponja de T_{ent} = 20 °C e V = 10 m/s, respectivamente.

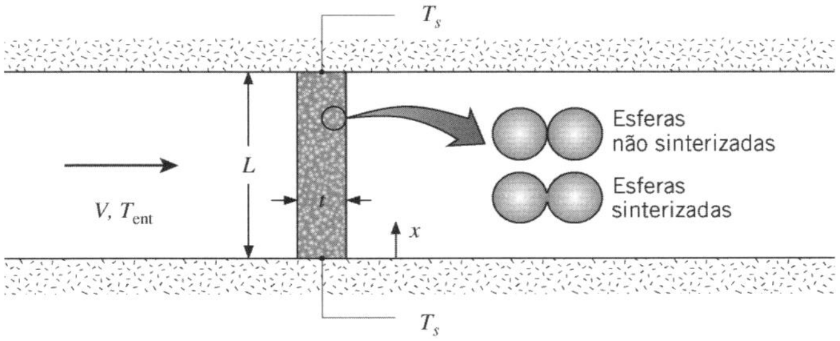

(a) Considerando que a esponja esteja a uma temperatura uniforme T_s, *estime* a taxa de transferência de calor por convecção para o ar. Você espera que a taxa de transferência de calor real seja igual, menor ou maior do que o valor que você estimou?

(b) Considerando condução unidimensional na direção x, use uma análise de superfície estendida para *estimar* a taxa de transferência de calor para o ar. Para tal, mostre que o perímetro *efetivo* associado à Equação 3.70 é $P_{ef} = A_{p,t}/L$. Determine a condutividade térmica efetiva da esponja k_{ef} usando a Equação 3.25. Você espera que a taxa de transferência de calor real seja igual, menor ou maior do que o valor que você estimou?

Transferência de Calor e Massa

7.91 Considere a perda de massa na superfície de uma placa plana lisa e molhada, em função da convecção forçada à pressão atmosférica. A placa possui um comprimento de 0,4 m e uma largura de 2 m. Ar seco, a 300 K e com uma velocidade na corrente livre de 3,5 m/s, escoa sobre a superfície, que também se encontra a temperatura de 300 K. Estime o coeficiente de transferência de massa médio $\overline{h}_m$ e determine a taxa mássica (kg/s) de perda de vapor d'água na placa.

7.92 Considere ar atmosférico seco em escoamento paralelo sobre uma placa com 0,5 m de comprimento cuja superfície encontra-se molhada. A velocidade do ar é de 35 m/s, e tanto o ar quanto a água encontram-se a uma temperatura de 300 K.

(a) Estime a perda de calor e a taxa de evaporação por unidade de largura da placa, q' e n'_A, respectivamente.

[(b)] Admitindo que a temperatura do ar permaneça em 300 K, gere gráficos de q' e n'_A para uma faixa de temperatura da água entre 300 e 350 K, com velocidades do ar de 10, 20 e 35 m/s.

[(c)] Para as velocidades e a temperatura do ar do item (b), determine as temperaturas da água nas quais a perda de calor será nula.

7.93 Uma placa plana coberta por uma substância volátil (espécie A) está exposta a um escoamento paralelo de ar atmosférico seco a $T_\infty = 20$ °C e com $u_\infty = 8$ m/s. A placa é mantida a uma temperatura constante de 134 °C por um elemento aquecedor elétrico e a substância evapora da superfície. A placa possui uma largura de 0,25 m (normal ao plano da figura) e sua superfície inferior encontra-se isolada.

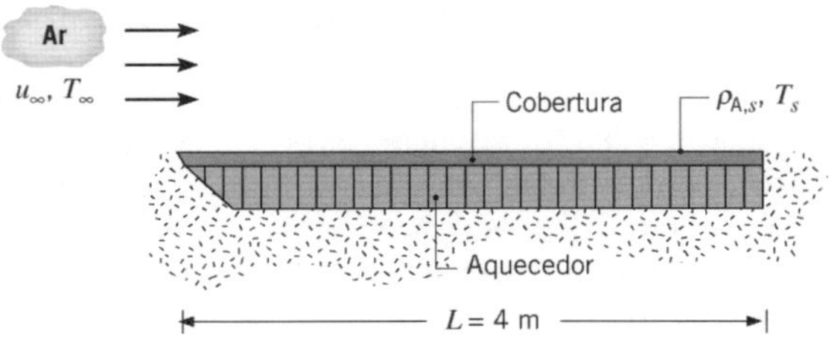

A massa molar e o calor latente de vaporização da espécie A são $\mathcal{M}_A = 150$ kg/kmol e $h_{fg} = 5{,}44 \times 10^6$ J/kg, respectivamente, e a difusividade mássica é de $D_{AB} = 7{,}75 \times 10^{-7}$ m²/s. Se a pressão de vapor da espécie é de 0,12 atm a 134 °C, qual é a potência elétrica necessária para manter o sistema em condições de regime estacionário?

7.94 Uma série de bandejas contendo água, cada uma com 222 mm de comprimento, experimenta um processo evaporativo de secagem. Ar seco a $T_\infty = 300$ K escoa sobre as bandejas com uma velocidade de 15 m/s, enquanto aquecedores radiantes mantêm a temperatura superficial a $T_s = 330$ K.

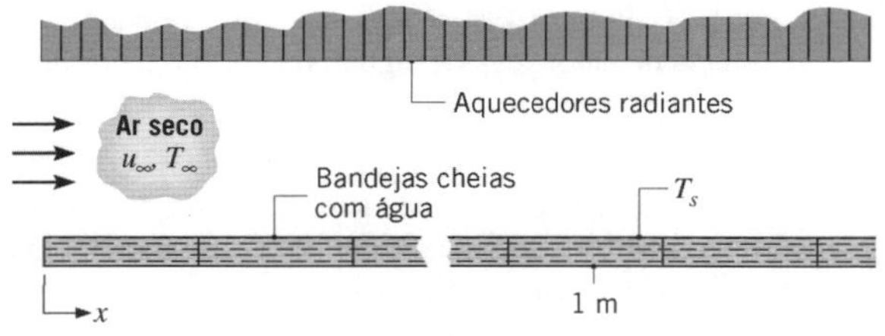

(a) Qual é o fluxo de evaporação (kg/(s · m²)) a uma distância de um metro da aresta frontal?

(b) Qual é a irradiação (W/m²) que deve ser fornecida à superfície da bandeja nesse local para manter a temperatura da água a 330 K?

(c) Admitindo que a temperatura da água seja uniforme na bandeja nessa posição, qual é a taxa de evaporação (kg/(s · m)) nesta bandeja por unidade de largura da bandeja?

[(d)] Qual irradiação deve ser fornecida a cada uma das quatro primeiras bandejas de tal forma que as taxas de evaporação correspondentes sejam idênticas à encontrada no item (c)?

7.95 Uma pequena camionete trafegando a 60 km/h acabou de atravessar uma tempestade que deixou uma película de água com 0,05 mm de espessura sobre o seu teto. O teto pode ser considerado uma placa plana com 6 m de comprimento. Admita condições isotérmicas a 27 °C, uma umidade relativa do ar ambiente de 85 % e escoamento turbulento sobre toda a superfície. Qual posição sobre o teto da camionete será a última a secar? Qual é a taxa de evaporação da água por unidade de área (kg/(s · m²)) na borda de saída do teto da camionete?

7.96 Benzeno, um conhecido composto cancerígeno, foi derramado sobre o chão do laboratório e se espalhou por um comprimento de 2 m. Havendo a formação de uma película com 1 mm de espessura, quanto tempo será necessário para o benzeno se evaporar completamente? A ventilação no laboratório fornece um escoamento de ar paralelo à superfície da película a 1 m/s, e tanto o benzeno como o ar se encontram a 25 °C. As massas específicas do benzeno nos estados de vapor saturado e de líquido são 0,417 e 900 kg/m³, respectivamente.

7.97 Uma corrente de ar atmosférico é usada para secar uma série de amostras biológicas sobre placas que possuem, cada uma, um comprimento de $L_i = 0{,}25$ m na direção do escoamento do ar. O ar está seco e a uma temperatura igual à das placas ($T_\infty = T_s = 50$ °C). A velocidade do ar é $u_\infty = 9{,}1$ m/s.

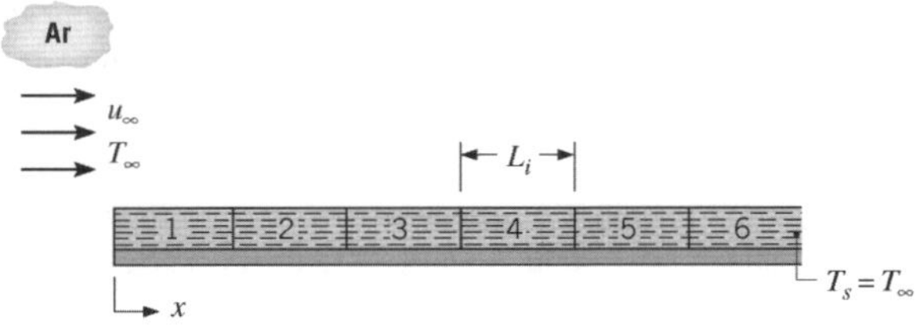

(a) Esboce a variação do coeficiente de transferência de massa local $h_{m,x}$ com a distância x da borda frontal. Indique a natureza específica da dependência em x.

(b) Qual das placas irá secar mais rápido? Calcule a taxa de secagem por metro de largura nesta placa (kg/(s · m)).

(c) A que taxa deveria ser fornecido calor à placa que seca mais rápido para mantê-la a $T_s = 50$ °C durante o processo de secagem?

7.98 Uma planta de potência gera 500 MW de energia elétrica e opera com uma eficiência térmica de 38 %. O calor rejeitado da planta de potência é transferido para o ambiente através de uma lagoa de resfriamento com 2000 m de largura e 2000 m de comprimento. Considerando que as condições são estacionárias, uma temperatura ambiente de $T_\infty = 20$ ºC e uma umidade relativa de 50 %, determine a temperatura da água da lagoa se uma brisa de 3 m/s escoa paralelamente à superfície da lagoa. Qual é a taxa de perda de calor devido à convecção? Qual é a taxa de perda de calor decorrente da evaporação? Condições de turbulência estão presentes ao longo de toda a superfície. Considere que a transferência de calor por radiação é desprezível.

7.99 Um tudo de cobre com parede fina, com 20 mm de diâmetro e um metro de comprimento, contém uma material que gera energia térmica a uma taxa volumétrica de $\dot{q} = 0{,}2$ MW/m³. O cilindro é resfriado por ar a pressão atmosférica em escoamento cruzado a uma velocidade de 2 m/s. Visando diminuir a temperatura do material, propõe-se a pulverização de um revestimento fino poroso de espessura $t = 2$ mm no exterior do tubo de cobre. O revestimento é então saturado com água líquida, levando ao resfriamento evaporativo na superfície exposta do revestimento. A condutividade térmica do revestimento saturado com água é $k_r = 3{,}5$ W/(m · K). Determine a temperatura do tubo de cobre com e sem o revestimento. As condições ambiente são caracterizadas por uma temperatura de 25 ºC e uma umidade relativa de 45 %.

7.100 Seja o sistema de transporte de placas do Problema 7.19, mas agora sob condições nas quais as placas estão sendo transportadas saindo de um banho líquido usado para limpeza da superfície. A temperatura inicial da placa é de $T_i = 40$ °C, e suas superfícies estão cobertas por um fino filme de líquido. Sendo a velocidade do ar e a temperatura iguais a $u_\infty = 1$ m/s e $T_\infty = 20$ °C, respectivamente, qual é a taxa de transferência de calor inicial saindo da placa? Qual é a taxa correspondente de mudança de temperatura da placa? O calor latente de vaporização do solvente, o coeficiente de difusão associado ao transporte de seu vapor no ar e a concentração mássica de seu vapor saturado a 40 °C são $h_{fg} = 900$ kJ/kg, $D_{AB} = 10^{-5}$ m²/s e $\rho_{A,sat} = 0{,}75$ kg/m³, respectivamente. A velocidade da corrente transportadora pode ser desprezada em relação à velocidade do ar.

7.101 Em um processo de secagem de papel, o papel se move sobre uma esteira transportadora a 0,2 m/s, enquanto ar seco oriundo de uma série de jatos circulares alinhados (Figura 7.18*b*) colide em direção normal à sua superfície. O diâmetro dos bocais e o passo são $D = 20$ mm e $S = 100$ mm, respectivamente, e a separação entre os bocais e o papel é de $H = 200$ mm. O ar sai do bocal a uma velocidade e uma temperatura de 20 m/s e 300 K, enquanto o papel úmido é mantido a 300 K. Em kg/(s · m²), qual é a taxa de secagem média do papel?

7.102 Em um processo de secagem em uma fábrica de papel, uma folha de pasta de papel (uma mistura de água e fibra) possui uma velocidade linear de 5 m/s quando é enrolada. Aquecedores radiantes mantêm a temperatura da folha em $T_s = 330$ K, enquanto há evaporação da água para o ar ambiente seco a 300 K, acima e abaixo da folha.

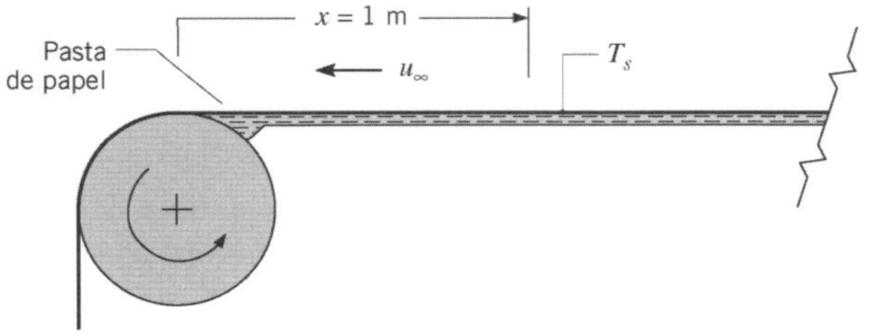

(a) Qual é o fluxo de evaporação a uma distância $x = 1$ m da borda frontal do rolo? Qual é o valor correspondente do fluxo radiante (irradiação *G*) que deve ser fornecido à folha para manter a sua temperatura em 330 K? A folha tem uma absortividade $\alpha = 1$.

[(b)] Para acelerar os processos de secagem e produção de papel, a velocidade e a temperatura da tira são aumentadas para 10 m/s e 340 K, respectivamente. Para manter uma temperatura uniforme na tira, a irradiação *G* deve ser variada com *x* ao longo da tira. Para $0 \leq x \leq 1$ m, calcule e represente graficamente as variações de $h_{m,x}(x)$, $N''_A(x)$ e $G(x)$.

7.103 Um canal com seção transversal triangular, que possui 25 m de comprimento e um metro de profundidade, é usado para o armazenamento de água.

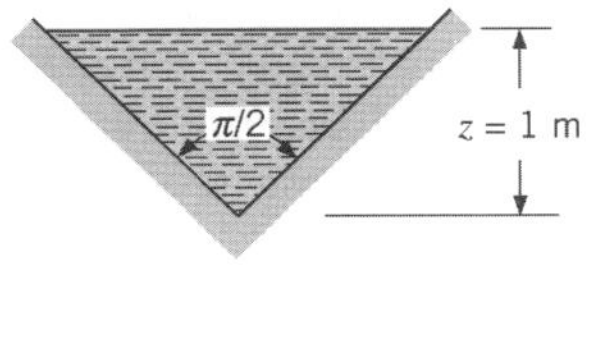

A água e o ar vizinho estão ambos a uma temperatura de 25 °C, e a umidade relativa do ar é de 50 %.

(a) Se o ar se mover a uma velocidade de 5 m/s ao longo do comprimento do canal, qual será a taxa de perda de água devido à evaporação na superfície?

(b) Obtenha uma expressão para a taxa na qual a profundidade da água diminui com o tempo em virtude da evaporação. Para as condições anteriores, quanto tempo será necessário para que toda a água evapore?

7.104 Foram conduzidos experimentos de transferência de massa com um cilindro de naftaleno, com 18,4 mm de diâmetro e 88,9 mm de comprimento, submetido a um escoamento cruzado de ar em um túnel de vento de baixas velocidades. Após a exposição por 39 min a uma corrente de ar a uma temperatura de 26 °C e a uma velocidade de 12 m/s, foi determinado que houve uma diminuição de 0,35 g na massa do cilindro. A pressão barométrica foi medida, sendo igual a 750,6 mm Hg. A pressão de saturação p_{sat} do naftaleno vapor em equilíbrio com o naftaleno sólido é dada pela relação $p_{sat} = p \times 10^E$, sendo $E = 8{,}67 - (3766/T)$, com T (K) e p (bar) representando a temperatura e a pressão do ar, respectivamente. O naftaleno possui uma massa molar de 128,16 kg/kmol.

(a) Determine o coeficiente de transferência de massa por convecção a partir das observações experimentais.

(b) Compare esse resultado com uma estimativa feita com uma correlação apropriada para as condições de escoamento fornecidas.

7.105 Ar seco, a uma pressão de 1 atm e a uma velocidade de 15 m/s, deve ser umedecido pela sua passagem em escoamento cruzado sobre um cilindro poroso com diâmetro $D = 40$ mm, que se encontra saturado com água.

(a) Considerando que a água e o ar estejam a 300 K, calcule a taxa mássica de evaporação da água sob condições de regime estacionário na superfície do cilindro, por unidade de comprimento.

[(b)] Como a taxa de evaporação irá variar se o ar e a água forem mantidos a uma temperatura mais elevada? Gere um gráfico para o intervalo de temperaturas entre 300 e 350 K de modo a ilustrar o efeito da temperatura na taxa de evaporação.

7.106 Ar seco, a 35 °C e a uma velocidade de 20 m/s, escoa sobre um longo cilindro com 25 mm de diâmetro. O cilindro é coberto por um fino revestimento poroso que se encontra saturado com água, e um aquecedor elétrico embutido no cilindro fornece potência para manter a temperatura na superfície do revestimento em 20 °C.

(a) Qual é a taxa de evaporação da água no cilindro por unidade de comprimento (kg/(h · m))? Qual potência elétrica, por unidade de comprimento do cilindro (W/m), é necessária para manter condições de regime estacionário?

(b) Após um longo período de operação, toda a água do revestimento é evaporada e a sua superfície fica seca. Para as mesmas condições na corrente livre e de potência no aquecedor do item (a), estime a temperatura da superfície.

7.107 Aproxime o formato do corpo humano a um cilindro vertical descoberto com 0,3 m de diâmetro e 1,75 m de comprimento, com uma temperatura superficial de 30 °C.

(a) Calcule a perda de calor em um vento com 10 m/s a 20 °C.

(b) Qual é a perda de calor se a pele estiver coberta por uma fina camada de água a 30 °C e a umidade relativa do ar for de 60 %?

7.108 Foi sugerido que a transferência de calor em uma superfície pode ser aumentada pelo seu umedecimento com água. Como um exemplo específico, considere um tubo horizontal que se encontra exposto a uma corrente transversal de ar seco. Você pode supor que o tubo, que é mantido a uma temperatura $T_s > T_\infty$, esteja completamente umedecido no seu lado externo por uma fina película de água. Deduza uma equação para determinar o aumento obtido na transferência de calor devido ao umedecimento da superfície. Avalie esse aumento para $V = 10$ m/s, $D = 10$ mm, $T_s = 320$ K e $T_\infty = 300$ K.

7.109 Termômetros cilíndricos de bulbo seco e de bulbo úmido estão instalados em um duto de grande diâmetro com o objetivo de obter a temperatura T_∞ e a umidade relativa ϕ_∞ do ar úmido que escoa através do duto a uma velocidade V. O termômetro de bulbo seco possui uma superfície exposta de vidro com diâmetro D_{bs} e emissividade ε_v. O termômetro de bulbo úmido está coberto com um fino pavio que é mantido saturado com água que escoa continuamente por capilaridade a partir de um reservatório localizado abaixo do bulbo. Seu diâmetro e emissividade são designados por D_{bu} e ε_a. A superfície interna do duto encontra-se a uma temperatura conhecida T_s, que é menor do que T_∞. Desenvolva expressões que possam ser usadas para obter-se T_∞ e ϕ_∞ a partir do conhecimento das temperaturas de bulbo seco e de bulbo úmido, T_{bs} e T_{bu}, e dos parâmetros citados anteriormente. Determine T_∞ e ϕ_∞ quando $T_{bs} = 45$ °C, $T_{bu} = 25$ °C, $T_s = 35$ °C, $p = 1$ atm, $V = 5$ m/s, $D_{bs} = 3$ mm, $D_{bu} = 4$ mm e $\varepsilon_v = \varepsilon_a = 0{,}95$. Como uma primeira aproximação, estime as propriedades do ar para o bulbo seco e para o bulbo úmido a 45 °C e 25 °C, respectivamente.

7.110 O problema de poluição térmica está associado à descarga de água quente de plantas de potência elétrica ou de fontes industriais em um corpo natural de água. Métodos para minimizar esse problema envolvem o resfriamento da água quente antes de permitir o seu descarte. Dois desses métodos, envolvendo torres de resfriamento úmidas ou lagoas de pulverização, estão baseados na transferência de calor da água quente, na forma de gotículas, para a atmosfera vizinha. Para desenvolver uma melhor compreensão dos mecanismos que contribuem para esse resfriamento, considere uma gotícula esférica com diâmetro D e temperatura T, que está se movendo a uma velocidade V em relação ao ar que está a uma temperatura T_∞ e a uma umidade relativa ϕ_∞. A vizinhança é caracterizada por uma temperatura T_{viz}. Desenvolva expressões para as taxas de evaporação e de resfriamento da gotícula. Calcule a taxa de evaporação (kg/s) e a taxa de resfriamento (K/s) quando $D = 3$ mm, $V = 7$ m/s, $T = 40$ °C, $T_\infty = 25$ °C, $T_{viz} = 15$ °C e $\phi_\infty = 0{,}60$. A emissividade da água é $\varepsilon_a = 0{,}96$.

7.111 Oxicocos (*cranberries*) são colhidos pelo alagamento dos atoleiros nos quais eles crescem e são classificados em tonéis para o transporte. Na planta de processamento, a umidade superficial dos frutos é removida na medida em que eles rolam sobre uma peneira fina através da qual ar morno é soprado. Os frutos têm um diâmetro médio de 15 mm e a espessura da camada de água é de 0,2 mm.

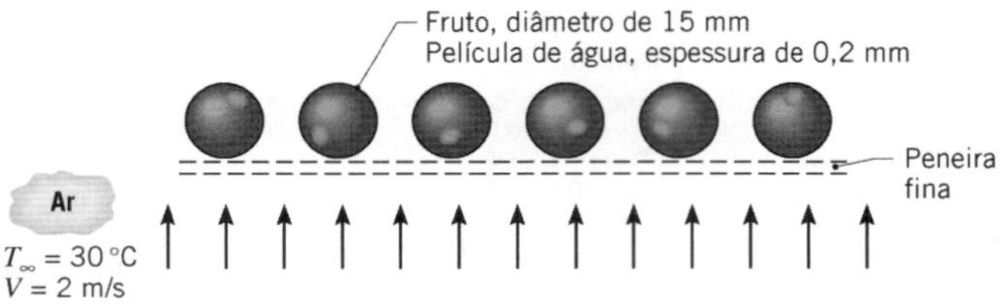

Sendo a velocidade e a temperatura do ar aquecido iguais a 2 m/s e 30 °C, respectivamente, determine o tempo necessário para secar os frutos. Suponha que a película de água nos frutos também esteja a 30 °C.

7.112 Uma gotícula esférica de álcool, com 0,5 mm de diâmetro, cai livremente através de ar em repouso a uma velocidade de 1,8 m/s. A concentração de vapor de álcool na superfície da gotícula é de 0,0573 kg/m^3 e o coeficiente de difusão do álcool no ar é de 10^{-5} m^2/s. Desprezando a radiação e supondo condições de regime estacionário, calcule a temperatura superficial da gotícula se a temperatura do ar ambiente for de 300 K. O calor latente de vaporização do álcool é de $8{,}42 \times 10^5$ J/kg.

7.113 Como descrito no Problema 7.64, a segunda etapa na engenharia tecidual é a semeação da superfície superior da base de sustentação com células humanas que, em seguida, crescem para o interior dos poros da base. Um método de semeação proposto envolve o uso de um gerador de gotas similar ao do Problema 7.64 para gerar gotas com diâmetro $D_p = 50$ μm. O material no gerador de gotas é uma lama constituída por uma mistura de um líquido hospedeiro e células de fígado humano. O líquido hospedeiro tem propriedades similares às da água e as células de fígado são esféricas com diâmetro $D_{cf} = 20$ μm e massa específica $\rho_{cf} = 2400$ kg/m^3. As gotas são injetadas no ar atmosférico com uma umidade relativa e uma temperatura de $\phi_\infty = 0{,}50$ e $T_\infty = 25$ °C, respectivamente. As partículas são injetadas com uma temperatura inicial de $T_i = 25$ °C.

(a) É desejável que cada gota contenha uma célula de fígado. Determine a fração volumétrica, f, de células de fígado na lama e a velocidade terminal para uma gota contendo uma célula.

(b) A gota contendo uma célula de fígado é injetada com a sua velocidade terminal. Determine o tempo de voo para uma distância entre o bocal do ejetor e a base de sustentação de $L = 4$ mm.

(c) Determine a taxa de evaporação inicial na gota.

(d) O engenheiro de tecido está ciente de que a evaporação mudará a massa da gota e, por sua vez, afetará o seu tempo de voo e a precisão com a qual as sementes podem ser colocadas na base de sustentação. Estime a máxima variação de massa devido à evaporação durante o tempo de voo. Compare a variação de massa decorrente da evaporação com a variação associada à existência de uma a três células de fígado por gota. O que influencia a variação da massa da gota de forma mais significativa, a evaporação ou a população de células por gota?

7.114 Bactérias móveis são equipadas com flagelos que são girados por minúsculos motores eletroquímicos biológicos que, por sua vez, impulsionam a bactéria através de um líquido hospedeiro. Considere uma bactéria nominalmente esférica *Escherichia coli*, que tem diâmetro $D = 2$ μm. A bactéria está em uma solução aquosa a 37 °C contendo um nutriente que é caracterizado por um coeficiente de difusão binária de $D_{AB} = 0{,}7 \times 10^{-9}$ m^2/s e um valor energético alimentício de $\mathcal{N} = 16.000$ kJ/kg. Há uma diferença de concentração do nutriente entre o fluido e o envoltório da bactéria de $\Delta\rho_A = 860 \times 10^{-12}$ kg/m^3. Supondo uma eficiência de propulsão de $\eta = 0{,}5$, determine a velocidade máxima da *E. coli*. Apresente a sua resposta em diâmetros do corpo por segundo.

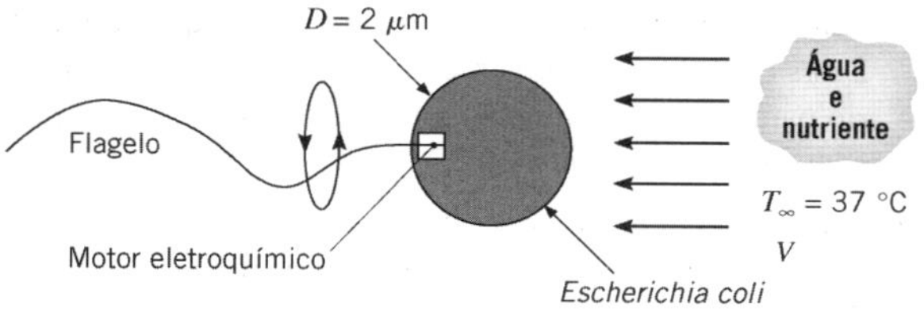

7.115 A evaporação de gotículas de combustíveis líquidos é frequentemente estudada em laboratório usando-se a técnica da esfera porosa, na qual o combustível é alimentado a uma taxa que é suficiente apenas para manter a superfície da esfera completamente molhada.

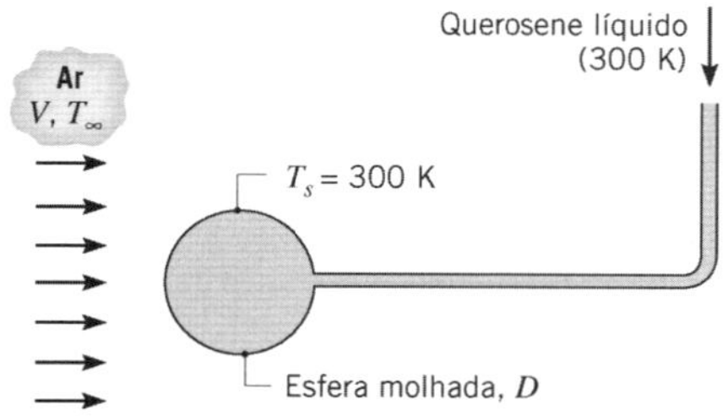

Considere o uso de querosene a 300 K com uma esfera porosa de 1 mm de diâmetro. Nessa temperatura, a concentração mássica do vapor saturado de querosene é de 0,015 kg/m^3 e o seu calor latente de vaporização igual a 300 kJ/kg. A difusividade mássica para a mistura vapor-ar é de 10^{-5} m^2/s. Se ar atmosférico seco escoa sobre a esfera com $V = 15$ m/s e $T_\infty = 300$ K, qual é a vazão mássica mínima de querosene que deve ser alimentada para manter a superfície molhada? Para essa condição, de quanto a temperatura T_∞ deve de fato exceder a temperatura T_s para manter a superfície molhada da esfera a 300 K?

7.116 Em um processo de secagem de papel, o papel se move em uma esteira transportadora a uma velocidade de 0,2 m/s, enquanto ar seco proveniente de uma série de jatos retangulares (Figura 7.17) colide perpendicularmente com a sua superfície. A largura dos bocais e o passo são $W = 10$ mm e $S = 100$ mm, respectivamente, e a separação entre os bocais e a placa é de $H = 200$ mm. O papel molhado possui uma largura de $L = 1$ m e é mantido a 300 K, enquanto o ar sai dos bocais a uma temperatura de 300 K e a uma velocidade de 20 m/s. Em kg/(s · m^2), qual é a taxa de secagem média por unidade de área superficial do papel?

8

CAPÍTULO

Escoamento Interno

Tendo adquirido meios para calcular taxas de transferência por convecção em escoamentos externos, agora analisamos o problema da transferência convectiva em *escoamentos internos*. Lembre-se de que um escoamento externo é aquele no qual o desenvolvimento da camada-limite sobre uma superfície ocorre sem restrições externas, como na placa plana mostrada na Figura 6.6. Ao contrário, um escoamento interno, como o escoamento no interior de um tubo, é aquele no qual o fluido encontra-se *confinado* por uma superfície. Dessa forma, a camada-limite é incapaz de se desenvolver sem finalmente ter este desenvolvimento restringido. A configuração de escoamento interno representa uma geometria conveniente para o aquecimento e o resfriamento de fluidos usados em processos químicos, no controle ambiental e em tecnologias de conversão de energia.

Nossos objetivos são o desenvolvimento de uma avaliação dos fenômenos físicos associados ao escoamento interno e a obtenção de coeficientes convectivos para condições de escoamento de importância prática. Como no Capítulo 7, restringiremos nossa atenção em problemas de convecção forçada com baixas velocidades, sem a ocorrência de mudança de fase no fluido. Iniciaremos analisando efeitos de velocidade (efeitos hidrodinâmicos ou fluidodinâmicos) pertinentes aos escoamentos internos, concentrando-nos em certas características específicas do desenvolvimento da camada-limite. Os efeitos da camada-limite térmica são considerados em seguida, e um balanço de energia global é utilizado para determinar as variações na temperatura do fluido no sentido do escoamento. Finalmente, são apresentadas correlações para estimar o coeficiente de transferência de calor por convecção para uma variedade de condições do escoamento interno.

8.1 Considerações Fluidodinâmicas

Ao analisar o escoamento externo, é necessário perguntar somente se o escoamento é laminar ou turbulento. Entretanto, em um escoamento interno, também temos que estar atentos para a existência de regiões *de entrada* e *plenamente* (ou *completamente*) *desenvolvidas*.

8.1.1 *Condições de Escoamento*

Considere o escoamento laminar no interior de um tubo circular de raio r_o (Figura 8.1), onde o fluido entra no tubo com uma velocidade uniforme. Sabemos que, quando o fluido entra em contato com a superfície, os efeitos viscosos se tornam importantes e uma camada-limite se desenvolve com o aumento de x. Esse desenvolvimento ocorre à custa do encolhimento da região de escoamento não viscoso e termina com a fusão da camada-limite no eixo central do tubo. Após essa fusão, os efeitos viscosos se estendem ao longo de toda a seção transversal do tubo e o perfil de velocidades não mais se altera com o aumento de x. Diz-se, então, que o escoamento está *plenamente desenvolvido*, e a distância entre a entrada do tubo e o ponto onde essa condição é atingida denomina-se *comprimento de entrada fluidodinâmica* (ou *hidrodinâmica*), $x_{cd,v}$. Como mostrado na Figura 8.1, no escoamento laminar em um tubo circular, o *perfil de velocidades na região de escoamento plenamente desenvolvido* é parabólico. No escoamento turbulento, o perfil de velocidades é mais *achatado* em razão da mistura turbulenta na direção radial.

Ao lidar com escoamentos internos, é importante estar ciente da extensão da região de entrada, que depende se o escoamento é laminar ou turbulento. O número de Reynolds para o escoamento em um tubo circular é definido como

$$Re_D \equiv \frac{\rho u_m D}{\mu} = \frac{u_m D}{\nu} \qquad (8.1)$$

sendo u_m a velocidade média do fluido na seção transversal e D o diâmetro do tubo. Em um escoamento plenamente desenvolvido, o número de Reynolds crítico, que corresponde ao *surgimento* de turbulência, é

$$Re_{D,c} \approx 2300 \qquad (8.2)$$

embora números de Reynolds muito maiores ($Re_D \approx 10.000$) sejam necessários para a obtenção de condições plenamente turbulentas. Provavelmente, a transição para a turbulência tem início na camada-limite em desenvolvimento na região de entrada [1].

Para o escoamento laminar ($Re_D \lesssim 2300$), o comprimento de entrada fluidodinâmica pode ser obtido a partir de uma expressão com a forma [2]

$$\left(\frac{x_{cd,v}}{D}\right)_{lam} \approx 0{,}05\, Re_D \qquad (8.3)$$

Essa expressão está baseada na premissa de que o fluido entra no tubo oriundo de um bocal convergente arredondado e, desta forma, sendo caracterizado por um perfil de velocidades aproximadamente uniforme na entrada (Figura 8.1). Embora não exista expressão geral satisfatória para o comprimento

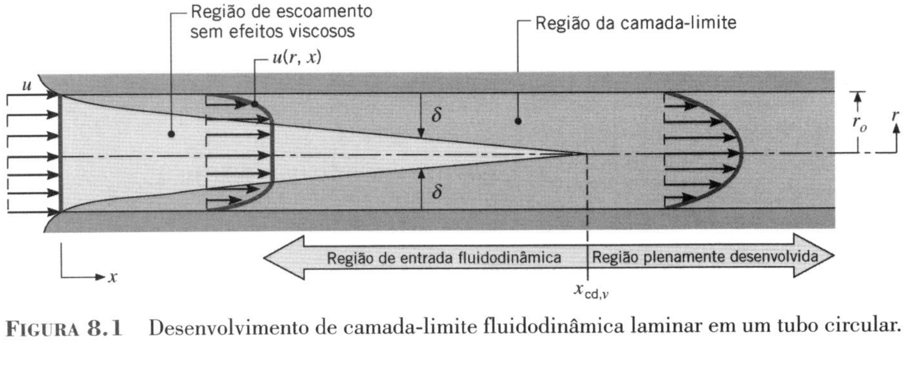

FIGURA 8.1 Desenvolvimento de camada-limite fluidodinâmica laminar em um tubo circular.

de entrada em um escoamento turbulento, sabemos que ele é aproximadamente independente do número de Reynolds e que, como uma primeira aproximação [3],

$$10 \lesssim \left(\frac{x_{\text{cd},v}}{D}\right)_{\text{turb}} \lesssim 60 \tag{8.4}$$

Para os propósitos deste texto, admitiremos escoamento turbulento plenamente desenvolvido para $(x/D) > 10$.

8.1.2 *A Velocidade Média*

Uma vez que a velocidade varia ao longo da seção transversal e não há uma corrente livre bem definida, é necessário trabalhar com uma velocidade média u_m ao lidar com escoamentos internos. Essa velocidade é definida de tal forma que, quando multiplicada pela massa específica do fluido ρ e pela área da seção transversal do tubo A_{tr}, obtém-se a vazão mássica do escoamento através do tubo. Assim,

$$\dot{m} = \rho u_m A_{tr} \tag{8.5}$$

Para o escoamento incompressível em regime estacionário em um tubo com área de seção transversal uniforme, $\dot{m}$ e u_m são constantes, independentes de x. Com base nas Equações 8.1 e 8.5, fica evidente que, para o escoamento em um *tubo circular* ($A_{tr} = \pi D^2/4$), o número de Reynolds se reduz a

$$Re_D = \frac{4\dot{m}}{\pi D \mu} \tag{8.6}$$

Como a vazão mássica também pode ser representada pela integral do fluxo de massa (ρu) na seção transversal

$$\dot{m} = \int_{A_{tr}} \rho u(r, x)\, dA_{tr} \tag{8.7}$$

tem-se que, para o escoamento *incompressível* em um tubo *circular*,

$$u_m = \frac{\int_{A_{tr}} \rho u(r, x)\, dA_{tr}}{\rho A_{tr}} = \frac{2\pi\rho}{\rho \pi r_o^2} \int_0^{r_o} u(r, x) r\, dr$$
$$= \frac{2}{r_o^2} \int_0^{r_o} u(r, x) r\, dr \tag{8.8}$$

A expressão anterior pode ser usada para determinar u_m em qualquer posição axial x, a partir do conhecimento do perfil de velocidades $u(r)$ nessa posição.

8.1.3 *Perfil de Velocidades na Região de Escoamento Plenamente Desenvolvido*

A forma do perfil de velocidades pode ser facilmente determinada para o *escoamento laminar* de um *fluido incompressível com propriedades constantes*, na *região plenamente desenvolvida*, de um *tubo circular*. Uma característica importante das condições fluidodinâmicas na região plenamente desenvolvida é que o componente radial da velocidade, v, e o gradiente do componente axial da velocidade, $(\partial u/\partial x)$, são iguais a zero qualquer que seja a posição.

$$v = 0 \quad \text{e} \quad \left(\frac{\partial u}{\partial x}\right) = 0 \tag{8.9}$$

Assim, o componente axial da velocidade depende somente de r, $u(x, r) = u(r)$.

A dependência radial da velocidade axial pode ser obtida a partir da resolução da forma apropriada da equação do momento na direção x. Essa forma é determinada primeiramente reconhecendo que, para as condições da Equação 8.9, o fluxo líquido de momento é nulo em qualquer ponto na região plenamente desenvolvida. Portanto, a exigência de conservação do momento se reduz a um simples equilíbrio entre as forças de cisalhamento e as forças de pressão no escoamento. No elemento diferencial anular mostrado na Figura 8.2, esse equilíbrio de forças pode ser representado por

$$\tau_r(2\pi r\, dx) - \left\{\tau_r(2\pi r\, dx) + \frac{d}{dr}[\tau_r(2\pi r\, dx)]\, dr\right\}$$
$$+ p(2\pi r\, dr) - \left\{p(2\pi r\, dr) + \frac{d}{dx}[p(2\pi r\, dr)]\, dx\right\} = 0$$

que se reduz a

$$-\frac{d}{dr}(r\tau_r) = r\frac{dp}{dx} \tag{8.10}$$

Com $y = r_o - r$, a lei da viscosidade de Newton, Equação 6S.10, assume a forma

$$\tau_r = -\mu \frac{du}{dr} \tag{8.11}$$

e a Equação 8.10 se torna

$$\frac{\mu}{r}\frac{d}{dr}\left(r\frac{du}{dr}\right) = \frac{dp}{dx} \tag{8.12}$$

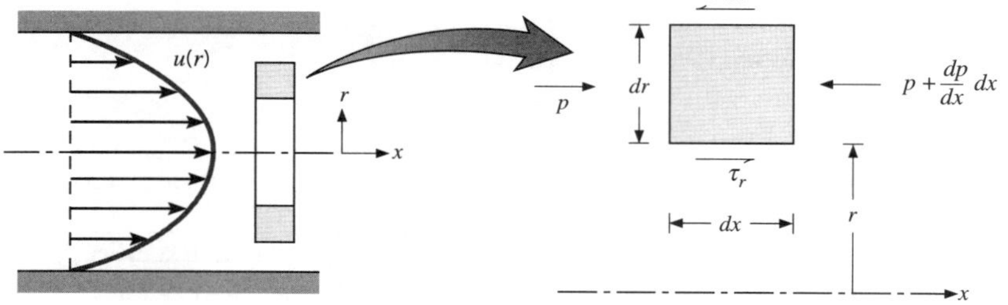

FIGURA 8.2 Balanço de forças em um elemento diferencial no escoamento laminar plenamente desenvolvido em um tubo circular.

Como o gradiente de pressão na direção axial é independente de r, a Equação 8.12 pode ser resolvida com duas integrações, obtendo-se

$$r\frac{du}{dr} = \frac{1}{\mu}\left(\frac{dp}{dx}\right)\frac{r^2}{2} + C_1$$

e

$$u(r) = \frac{1}{\mu}\left(\frac{dp}{dx}\right)\frac{r^2}{4} + C_1 \ln r + C_2$$

As constantes de integração podem ser determinadas com a utilização das condições de contorno

$$u(r_o) = 0 \qquad \text{e} \qquad \left.\frac{\partial u}{\partial r}\right|_{r=0} = 0$$

que impõem, respectivamente, as exigências de deslizamento nulo na superfície do tubo e de simetria radial em relação ao eixo central. É fácil a tarefa de determinar as constantes, chegando-se a

$$u(r) = -\frac{1}{4\mu}\left(\frac{dp}{dx}\right)r_o^2\left[1 - \left(\frac{r}{r_o}\right)^2\right] \tag{8.13}$$

Portanto, o perfil de velocidades plenamente desenvolvido é *parabólico*, como ilustrado na Figura 8.2. Note que o gradiente de pressão deve ser sempre negativo.

O resultado anterior pode ser usado para determinar a velocidade média do escoamento. Substituindo a Equação 8.13 na Equação 8.8 e integrando, obtém-se

$$u_m = -\frac{r_o^2}{8\mu}\frac{dp}{dx} \tag{8.14}$$

Substituindo esse resultado na Equação 8.13, o perfil de velocidades é, então,

$$\frac{u(r)}{u_m} = 2\left[1 - \left(\frac{r}{r_o}\right)^2\right] \tag{8.15}$$

Como u_m pode ser calculada a partir do conhecimento da vazão mássica, a Equação 8.14 pode ser usada para determinar o gradiente de pressão.

8.1.4 Gradiente de Pressão e Fator de Atrito no Escoamento Plenamente Desenvolvido

Com frequência, o engenheiro está interessado na queda de pressão necessária para manter um escoamento interno, pois esse parâmetro determina a exigência de potência em bombas ou ventiladores. Para determinar a queda de pressão, é conveniente trabalhar com o *fator de atrito de Moody* (ou de Darcy), um parâmetro adimensional definido pela expressão

$$f \equiv \frac{-(dp/dx)D}{\rho u_m^2/2} \tag{8.16}$$

Essa grandeza não deve ser confundida com o *coeficiente de atrito*, algumas vezes também chamado de fator de atrito de Fanning, definido como

$$C_f \equiv \frac{\tau_s}{\rho u_m^2/2} \tag{8.17}$$

Como $\tau_s = -\mu(du/dr)_{r=r_o}$, tem-se pela Equação 8.13 que

$$C_f = \frac{f}{4} \tag{8.18}$$

Substituindo as Equações 8.1 e 8.14 na Equação 8.16, tem-se que, para o escoamento laminar plenamente desenvolvido,

$$f = \frac{64}{Re_D} \tag{8.19}$$

Para um escoamento turbulento plenamente desenvolvido, a análise é muito mais complicada e acabamos contando com resultados experimentais. Além de depender do número de Reynolds, o fator de atrito é uma função das condições na superfície do tubo e aumenta com a rugosidade da superfície, e. Fatores de atrito medidos abrangendo uma ampla faixa de condições foram correlacionados por Colebrook [4, 5] e são descritos pela expressão transcendental

$$\frac{1}{\sqrt{f}} = -2{,}0\log\left[\frac{e/D}{3{,}7} + \frac{2{,}51}{Re_D\sqrt{f}}\right] \tag{8.20}$$

Uma correlação para a condição de tubo liso que cobre uma ampla faixa de números de Reynolds foi desenvolvida por Petukhov [6] e possui a forma

$$f = (0{,}790 \ln Re_D - 1{,}64)^{-2} \qquad 3000 \lesssim Re_D \lesssim 5 \times 10^6 \tag{8.21}$$

As Equações 8.19 e 8.20 são representadas no *diagrama de Moody* [7] da Figura 8.3.

Note que f e, portanto, dp/dx, é uma constante na região plenamente desenvolvida. A partir da Equação 8.16, a queda de pressão $\Delta p = p_1 - p_2$ associada ao escoamento plenamente desenvolvido de uma posição axial x_1 até x_2 pode, então, ser representada como

$$\Delta p = -\int_{p_1}^{p_2} dp = f\frac{\rho u_m^2}{2D}\int_{x_1}^{x_2} dx = f\frac{\rho u_m^2}{2D}(x_2 - x_1) \tag{8.22a}$$

sendo f obtido na Figura 8.3 ou da Equação 8.19 para o escoamento laminar e da Equação 8.20 ou 8.21 para o escoamento turbulento. A potência requerida na bomba ou no ventilador para superar a resistência ao escoamento associada a essa queda de pressão pode ser representada pela expressão

$$P = (\Delta p)\dot{\forall} \tag{8.22b}$$

na qual a vazão volumétrica do escoamento $\dot{\forall}$ pode, por sua vez, ser escrita como $\dot{\forall} = \dot{m}/\rho$ para um fluido incompressível.

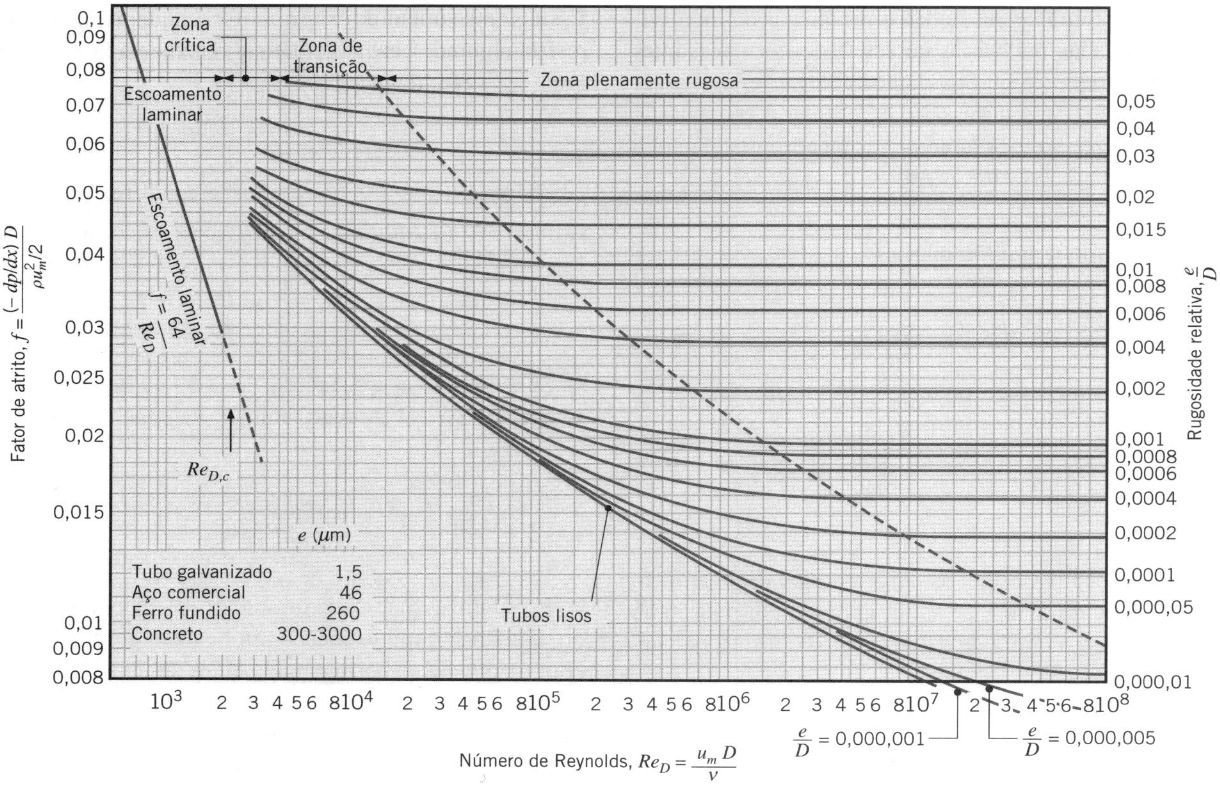

FIGURA 8.3 Fator de atrito para escoamentos plenamente desenvolvidos em um tubo circular. Usada com permissão a partir de Moody, L. F., *Trans. ASME*, **66**, 671, 1944.

8.2 Considerações Térmicas

Tendo revisado a mecânica dos fluidos do escoamento interno, agora analisamos os efeitos térmicos. Se o fluido entra no tubo mostrado na Figura 8.4 a uma temperatura uniforme $T(r, 0)$, que é menor do que a temperatura da superfície, ocorre transferência de calor por convecção e uma *camada-limite térmica* começa a se desenvolver. Ainda mais, se a condição na *superfície* do tubo for fixada pela imposição de uma temperatura uniforme (T_s é constante) ou de um fluxo térmico uniforme (q''_s é constante), termina-se por atingir uma *condição térmica plenamente desenvolvida*. A forma do perfil de temperaturas plenamente desenvolvido, $T(r, x)$, difere em função da condição mantida na superfície, temperatura ou fluxo térmico uniformes. Entretanto, em ambas as condições superficiais, a diferença entre a temperatura do fluido e a sua temperatura na entrada aumenta com o aumento de x.

Para o escoamento laminar, o *comprimento de entrada térmico* pode ser representado por [3]

$$\left(\frac{x_{cd,t}}{D}\right)_{lam} \approx 0{,}05\, Re_D\, Pr \tag{8.23}$$

Comparando as Equações 8.3 e 8.23, fica evidente que, se $Pr > 1$, a camada-limite fluidodinâmica se desenvolve mais rapidamente do que a camada-limite térmica ($x_{cd,v} < x_{cd,t}$), enquanto o inverso é verdadeiro quando $Pr < 1$. Para fluidos com número de Prandtl elevados, tais como óleos, $x_{cd,v}$ é muito menor do que $x_{cd,t}$, sendo então razoável admitir um perfil de velocidades plenamente desenvolvido ao longo de toda a região de entrada térmica. Ao contrário, no escoamento turbulento, as condições são praticamente independentes do número de Prandtl e, em uma primeira aproximação, podemos supor $(x_{cd,t}/D) = 10$.

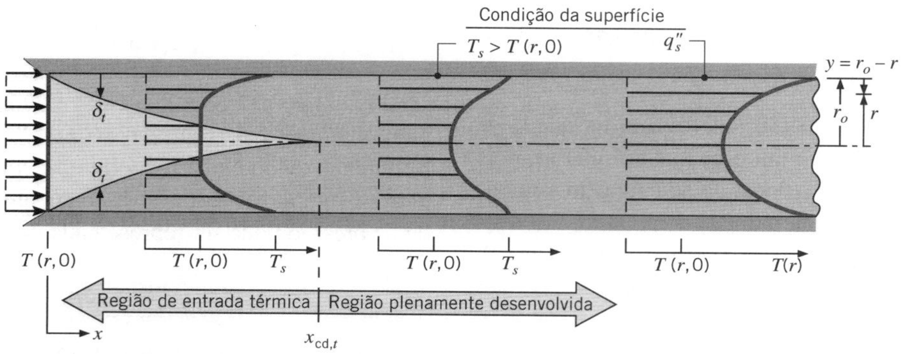

FIGURA 8.4 Desenvolvimento de camada-limite térmica em um tubo circular aquecido.

As condições térmicas na região plenamente desenvolvida são caracterizadas por várias características interessantes e úteis. Entretanto, antes que possamos analisar essas características (Seção 8.2.3), é necessário apresentar o conceito de uma temperatura média, bem como a forma apropriada para a lei do resfriamento de Newton.

8.2.1 *A Temperatura Média*

Da mesma forma que a ausência de uma velocidade na corrente livre requer o uso de uma velocidade média para descrever um escoamento interno, a ausência de uma temperatura fixa na corrente livre exige o uso de uma *temperatura média* (ou média de mistura). Para fornecer uma definição para a temperatura média, começamos retornando à Equação 1.12e:

$$q = \dot{m}c_p(T_{\text{sai}} - T_{\text{ent}}) \tag{1.12e}$$

Lembre-se de que os termos no lado direito representam a energia térmica para um líquido incompressível ou a entalpia (energia térmica mais trabalho de escoamento) para um gás ideal, que é carregada pelo fluido. Ao desenvolver essa equação, implicitamente estava suposto que a temperatura era uniforme nas seções transversais na entrada e na saída. Na realidade, isso não é verdadeiro se ocorrer transferência de calor por convecção. *Definimos*, então, a temperatura média de tal forma que o termo $\dot{m}c_pT_m$ seja igual à taxa real de advecção de energia térmica (ou entalpia) integrada na seção transversal. Essa taxa real de advecção pode ser obtida pela integração do produto entre o fluxo de massa (ρu) e a energia térmica (ou entalpia) por unidade de massa, c_pT, em toda a seção transversal do escoamento. Consequentemente, definimos T_m a partir de

$$\dot{m}c_pT_m = \int_{A_{tr}} \rho u c_p T dA_{tr} \tag{8.24}$$

ou

$$T_m = \frac{\int_{A_{tr}} \rho u c_p T dA_{tr}}{\dot{m}c_p} \tag{8.25}$$

Para o escoamento em um tubo circular com ρ e c_p constantes, tem-se das Equações 8.5 e 8.25 que

$$T_m = \frac{2}{u_m r_o^2}\int_0^{r_o} uTrdr \tag{8.26}$$

É importante observar que, quando multiplicada pela vazão mássica e pelo calor específico, T_m fornece a taxa na qual a energia térmica (ou entalpia) é carregada pelo fluido à medida que ele escoa ao longo do tubo.

8.2.2 *Lei do Resfriamento de Newton*

A temperatura média T_m é uma temperatura de referência conveniente para escoamentos internos, desempenhando um papel muito semelhante àquele da temperatura na corrente livre T_∞ nos escoamentos externos. Consequentemente, a lei do resfriamento de Newton pode ser representada pela expressão

$$q''_s = h(T_s - T_m) \tag{8.27}$$

na qual h é o coeficiente de transferência de calor *local*. No entanto, há uma diferença essencial entre T_m e T_∞. Enquanto T_∞ é constante no sentido do escoamento, T_m tem que variar neste sentido. Isto é, dT_m/dx nunca é igual a zero se estiver ocorrendo transferência de calor. O valor de T_m aumenta com x se a transferência de calor for da superfície para o fluido ($T_s > T_m$); ela diminui com x se o oposto estiver acontecendo ($T_s < T_m$).

8.2.3 *Condições Plenamente Desenvolvidas*

Como a existência de transferência convectiva de calor entre a superfície e o fluido dita que a temperatura do fluido deve se alterar com x, pode-se questionar legitimamente se condições térmicas plenamente desenvolvidas serão de fato atingidas. A situação é certamente diferente do caso fluidodinâmico, no qual $(\partial u/\partial x) = 0$ na região plenamente desenvolvida. Ao contrário, se houver transferência de calor, (dT_m/dx), assim como $(\partial T/\partial x)$ em qualquer raio r, são diferentes de zero. Consequentemente, o perfil de temperaturas $T(r)$ está continuamente mudando com x, deixando parecer que uma condição plenamente desenvolvida nunca poderá ser atingida. Essa contradição aparente pode ser reanalisada trabalhando-se com uma forma adimensional da temperatura, como feito para a condução transiente (Capítulo 5) e na equação da conservação de energia (Capítulo 6).

Introduzindo uma diferença de temperaturas adimensional, na forma $(T_s - T)/(T_s - T_m)$, sabe-se que há condições nas quais essa razão se torna independente de x [3]. Isto é, embora o perfil de temperaturas $T(r)$ continue variando com x, a forma *relativa* desse perfil permanece inalterada e diz-se que o escoamento está *termicamente plenamente desenvolvido*. A exigência para tal condição é formalmente estabelecida pela expressão

$$\frac{\partial}{\partial x}\left[\frac{T_s(x) - T(r,x)}{T_s(x) - T_m(x)}\right]_{\text{cd},t} = 0 \tag{8.28}$$

na qual T_s é a temperatura da superfície do tubo, T é a temperatura local do fluido e T_m é a temperatura média do fluido na seção transversal do tubo.

A condição dada pela Equação 8.28 é atingida em um tubo no qual há um *fluxo térmico uniforme na superfície* (q''_s é constante) ou uma *temperatura superficial uniforme* (T_s é constante). Essas condições superficiais ocorrem em muitas aplicações da engenharia. Por exemplo, um fluxo térmico constante na superfície pode existir caso a parede do tubo for aquecida eletricamente ou se a sua superfície externa for uniformemente irradiada. Por outro lado, uma temperatura superficial constante pode estar presente caso uma mudança de fase (devida à ebulição ou à condensação) estiver ocorrendo na superfície externa. Note que é impossível impor na superfície *simultaneamente* as condições de fluxo térmico constante e de temperatura constante. Se q''_s for constante, T_s tem que variar com x; de forma inversa, se T_s for constante, q''_s tem que variar com x.

Algumas características importantes dos escoamentos termicamente desenvolvidos podem ser inferidas a partir da Equação 8.28. Como a razão entre temperaturas é independente de x, a derivada dessa razão em relação a r também deve ser independente de x. Efetuando essa derivada na superfície do tubo (note que T_s e T_m são constantes no que se refere à diferenciação em relação a r), obtemos então

$$\frac{\partial}{\partial r}\left(\frac{T_s - T}{T_s - T_m}\right)\Bigg|_{r=r_o} = \frac{-\partial T/\partial r|_{r=r_o}}{T_s - T_m} \neq f(x)$$

Substituindo $\partial T/\partial r$ obtida da lei de Fourier, que, de acordo com a Figura 8.4, assume a forma

$$q_s'' = -k\frac{\partial T}{\partial y}\bigg|_{y=0} = k\frac{\partial T}{\partial r}\bigg|_{r=r_o}$$

e substituindo q_s'' obtido da lei do resfriamento de Newton, Equação 8.27, obtemos

$$\frac{h}{k} \neq f(x) \tag{8.29}$$

Portanto, *no escoamento termicamente plenamente desenvolvido* de um fluido *com propriedades constantes*, o *coeficiente de transferência de calor por convecção local é uma constante, independente de x*.

A Equação 8.28 não é satisfeita na região de entrada, em que h varia com x, conforme mostrado na Figura 8.5. Como a espessura da camada-limite térmica é zero na entrada do tubo, o coeficiente convectivo é extremamente elevado em $x = 0$. Entretanto, h decai rapidamente à medida que a camada-limite térmica se desenvolve até que o valor constante, associado às condições plenamente desenvolvidas, seja atingido.

Simplificações adicionais estão associadas ao caso particular de *fluxo térmico na superfície uniforme*. Como tanto h quanto q_s'' são constantes na região plenamente desenvolvida, tem-se da Equação 8.27 que

$$\frac{dT_s}{dx}\bigg|_{cd,t} = \frac{dT_m}{dx}\bigg|_{cd,t} \qquad q_s'' = \text{constante} \tag{8.30}$$

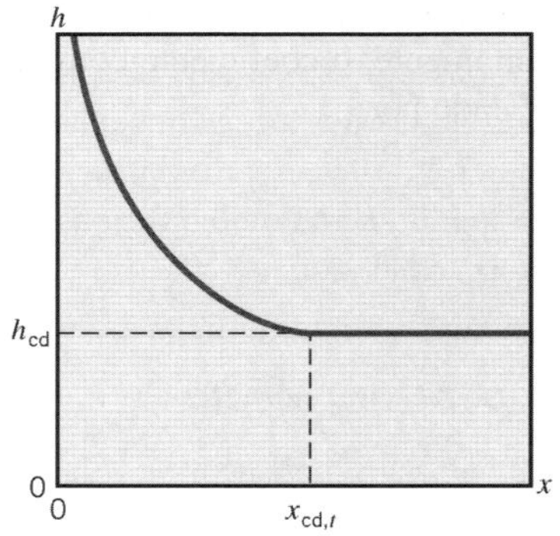

FIGURA 8.5 Variação axial do coeficiente de transferência de calor por convecção no escoamento em um tubo.

Se expandirmos a Equação 8.28 e explicitarmos $\partial T/\partial x$, segue-se também que

$$\frac{\partial T}{\partial x}\bigg|_{cd,t} = \frac{dT_s}{dx}\bigg|_{cd,t} - \frac{(T_s - T)}{(T_s - T_m)}\frac{dT_s}{dx}\bigg|_{cd,t} + \frac{(T_s - T)}{(T_s - T_m)}\frac{dT_m}{dx}\bigg|_{cd,t} \tag{8.31}$$

Utilizando a Equação 8.30, obtemos então

$$\frac{\partial T}{\partial x}\bigg|_{cd,t} = \frac{dT_m}{dx}\bigg|_{cd,t} \qquad q_s'' = \text{constante} \tag{8.32}$$

Assim, o gradiente de temperatura na direção axial é independente da posição radial.

Para o caso de temperatura superficial constante ($dT_s/dx = 0$), tem-se também, a partir da Equação 8.31, que

$$\frac{\partial T}{\partial x}\bigg|_{cd,t} = \frac{(T_s - T)}{(T_s - T_m)}\frac{dT_m}{dx}\bigg|_{cd,t} \qquad T_s = \text{constante} \tag{8.33}$$

situação na qual o valor de $\partial T/\partial x$ depende da coordenada radial.

Nos resultados anteriores, fica evidente que a temperatura média é uma variável muito importante em escoamentos internos. Para descrever tais escoamentos, sua variação com x deve ser conhecida. Essa variação pode ser obtida pela aplicação de um *balanço de energia global* no escoamento, como será mostrado na próxima seção.

EXEMPLO 8.1

Para o escoamento de um metal líquido através de um tubo circular, os perfis de velocidades e de temperaturas, em uma dada posição axial, podem ser aproximados como uniforme e parabólico, respectivamente. Isto é, $u(r) = C_1$ e $T(r) - T_s = C_2[1 - (r/r_o)^2]$, com C_1 e C_2 constantes. Qual é o valor do número de Nusselt Nu_D nessa posição?

SOLUÇÃO

Dados: Forma dos perfis de velocidades e de temperaturas em uma dada posição axial de um escoamento em um tubo circular.

Achar: Número de Nusselt na posição especificada.

Esquema:

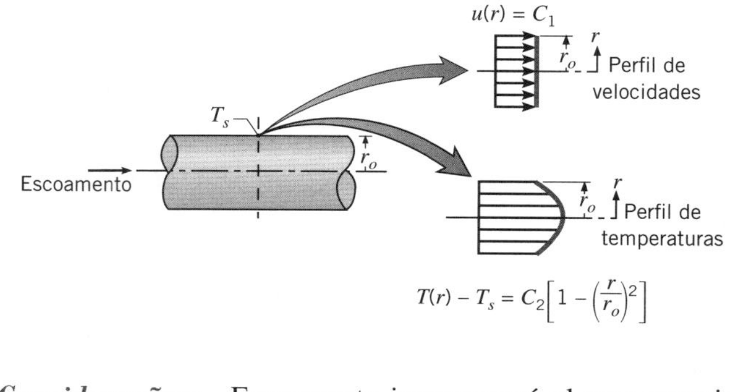

Considerações: Escoamento incompressível com propriedades constantes.

Análise: O número de Nusselt pode ser obtido determinando-se, primeiramente, o coeficiente convectivo, que, pela Equação 8.27, é dado por

$$h = \frac{q_s''}{T_s - T_m}$$

Da Equação 8.26, a temperatura média é

$$T_m = \frac{2}{u_m r_o^2}\int_0^{r_o} uTr\,dr = \frac{2C_1}{u_m r_o^2}\int_0^{r_o}\left\{T_s + C_2\left[1 - \left(\frac{r}{r_o}\right)^2\right]\right\}r\,dr$$

ou, como $u_m = C_1$, pela Equação 8.8,

$$T_m = \frac{2}{r_o^2}\int_0^{r_o}\left\{T_s + C_2\left[1 - \left(\frac{r}{r_o}\right)^2\right]\right\}r\,dr$$

$$T_m = \frac{2}{r_o^2}\left[T_s\frac{r^2}{2} + C_2\frac{r^2}{2} - \frac{C_2}{4}\frac{r^4}{r_o^2}\right]\Bigg|_0^{r_o}$$

$$T_m = \frac{2}{r_o^2}\left(T_s\frac{r_o^2}{2} + \frac{C_2}{2}r_o^2 - \frac{C_2}{4}r_o^2\right) = T_s + \frac{C_2}{2}$$

O fluxo térmico pode ser obtido pela lei de Fourier, que, neste caso, fornece

$$q_s'' = k\frac{\partial T}{\partial r}\bigg|_{r=r_o} = -kC_2 2\frac{r}{r_o^2}\bigg|_{r=r_o} = -2C_2\frac{k}{r_o}$$

Em que

$$h = \frac{q_s''}{T_s - T_m} = \frac{-2C_2(k/r_o)}{-C_2/2} = \frac{4k}{r_o}$$

e

$$Nu_D = \frac{hD}{k} = \frac{(4k/r_o) \times 2r_o}{k} = 8 \qquad \triangleleft$$

8.3 O Balanço de Energia

8.3.1 *Considerações Gerais*

Como o escoamento em um tubo é completamente confinado, um balanço de energia pode ser utilizado para determinar como a temperatura média $T_m(x)$ varia com a posição ao longo do tubo e como a transferência de calor por convecção total q_{conv} está relacionada com a diferença entre as temperaturas na entrada e na saída do tubo. Considere o escoamento em um tubo mostrado na Figura 8.6. O fluido escoa a uma vazão mássica constante $\dot{m}$, e transferência de calor por convecção ocorre na superfície interna. Normalmente, será razoável fazer uma das quatro suposições da Seção 1.3 que leva à equação da energia térmica em escoamentos em regime estacionário simplificada, Equação 1.12e. Por exemplo, é frequente o caso de a dissipação viscosa ser desprezível (veja o Problema 8.10) e do fluido poder ser modelado como um líquido incompressível ou um gás ideal com variação de pressão desprezível. Além disso, é usualmente razoável desprezar a transferência de calor por condução na direção axial, de tal forma que o termo da transferência de calor na Equação 1.12e inclui somente q_{conv}. Consequentemente, a Equação 1.12e pode ser escrita na forma

$$q_{conv} = \dot{m}c_p(T_{m,sai} - T_{m,ent}) \qquad (8.34)$$

para um tubo de comprimento não nulo. Esse balanço de energia global simples relaciona três importantes variáveis térmicas (q_{conv}, $T_{m,sai}$, $T_{m,ent}$). *Ela é uma expressão geral que se aplica independentemente da natureza das condições térmicas na superfície e no escoamento no tubo.*

Utilizando a Equação 1.12e no volume de controle diferencial da Figura 8.6 e relembrando que a temperatura média é definida de tal forma que $\dot{m}c_pT_m$ represente a taxa real de advecção de energia térmica (ou entalpia) integrada na seção transversal, obtemos

$$dq_{conv} = \dot{m}c_p[(T_m + dT_m) - T_m] \qquad (8.35)$$

ou

$$dq_{conv} = \dot{m}c_p dT_m \qquad (8.36)$$

A Equação 8.36 pode ser moldada em uma forma conveniente, representando a taxa de transferência de calor por convecção para o elemento diferencial por $dq_{conv} = q_s'' P dx$, sendo P o perímetro da superfície ($P = \pi D$ para um tubo circular). Substituindo na Equação 8.27, tem-se que

$$\frac{dT_m}{dx} = \frac{q_s'' P}{\dot{m}c_p} = \frac{P}{\dot{m}c_p}h(T_s - T_m) \qquad (8.37)$$

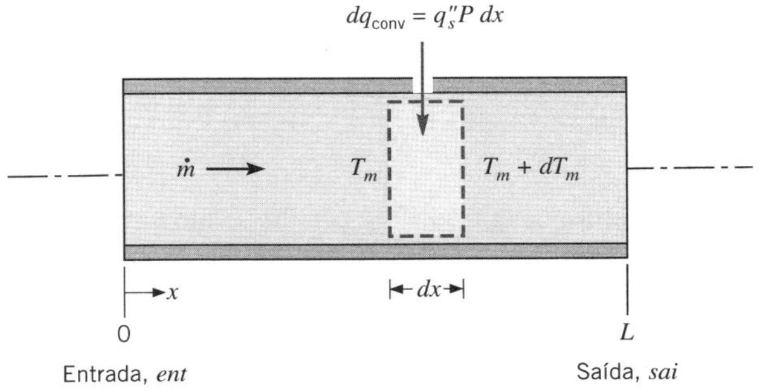

FIGURA 8.6 Volume de controle para o escoamento interno em um tubo.

Esta expressão é um resultado extremamente útil, a partir do qual a variação axial de T_m pode ser determinada. Se $T_s > T_m$, calor é transferido para o fluido e T_m aumenta com x; se $T_s < T_m$, ocorre o oposto.

A forma na qual as grandezas no lado direito da Equação 8.37 variam com x deve ser observada. Embora P possa variar com x, normalmente ela é uma constante (um tubo com área de seção transversal constante). Dessa forma, a grandeza $(P/\dot{m}c_p)$ é uma constante. Na região plenamente desenvolvida, o coeficiente convectivo h também é constante, embora ele diminua com x na região de entrada (Figura 8.5). Finalmente, ainda que T_s possa ser constante, T_m deve sempre variar com x (exceto no caso trivial de ausência de transferência de calor, $T_s = T_m$).

A solução da Equação 8.37 para $T_m(x)$ depende da condição térmica na superfície. Lembre-se de que os dois casos particulares de interesse são *fluxo térmico constante na superfície* e *temperatura superficial constante*. Com uma aproximação razoável, é comum considerar a presença de uma dessas condições.

8.3.2 *Fluxo Térmico na Superfície Constante*

Para um fluxo térmico na superfície constante, primeiro observamos que é uma tarefa simples determinar a taxa de transferência de calor total q_{conv}. Como q_s'' é independente de x, tem-se que

$$q_{\text{conv}} = q_s''(P \cdot L) \qquad (8.38)$$

Esta expressão pode ser usada com a Equação 8.34 para determinar a variação na temperatura do fluido, $T_{m,\text{sai}} - T_{m,\text{ent}}$.

Para q_s'' constante, tem-se também que a expressão central na Equação 8.37 é uma constante independente de x. Portanto,

$$\frac{dT_m}{dx} = \frac{q_s''P}{\dot{m}c_p} \neq f(x) \qquad (8.39)$$

Integrando desde $x = 0$, tem-se que

$$T_m(x) = T_{m,\text{ent}} + \frac{q_s''P}{\dot{m}c_p}x \qquad q_s'' = \text{constante} \qquad (8.40)$$

Consequentemente, a temperatura média varia *linearmente* com x ao longo do tubo (Figura 8.7*a*). Além disso, com base na Equação 8.27 e na Figura 8.5, esperamos também que a diferença de temperaturas $(T_s - T_m)$ varie com x, como mostrado na Figura 8.7*a*. Essa diferença é inicialmente pequena (em razão do grande valor de h próximo à entrada), mas aumenta com o aumento de x em face da diminuição do h que ocorre com o desenvolvimento da camada-limite. Entretanto, na região plenamente desenvolvida, sabemos que h é independente de x. Dessa forma, da Equação 8.27 temos que $(T_s - T_m)$ também deve ser independente de x nessa região.

Deve ser observado que, se o fluxo térmico não for constante e sim uma função conhecida de x, a Equação 8.37 ainda pode ser integrada para se obter a variação da temperatura média com x. De modo análogo, a taxa total de transferência de calor pode ser obtida da exigência de que $q_{\text{conv}} = \int_0^L q''_s(x)P\,dx$.

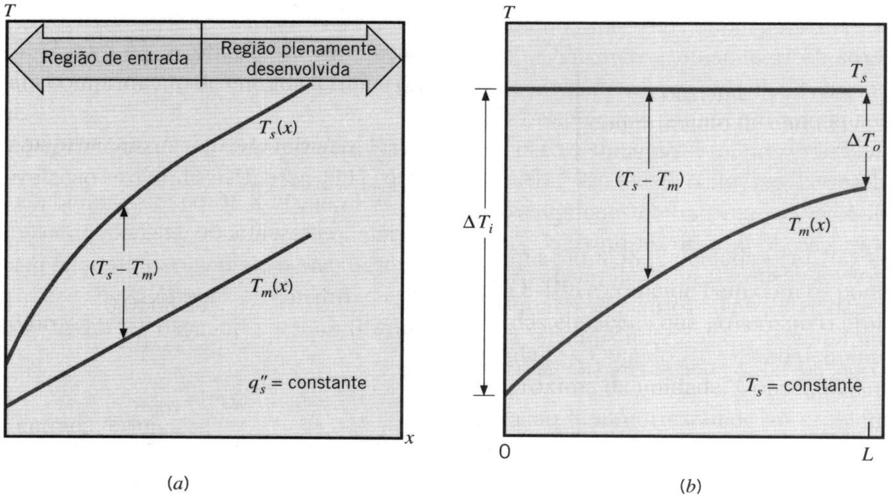

FIGURA 8.7 Variações axiais de temperatura na transferência de calor em um tubo. (*a*) Fluxo térmico na superfície constante. (*b*) Temperatura na superfície constante.

EXEMPLO 8.2

Um sistema para aquecer água de uma temperatura de entrada $T_{m,\text{ent}} = 20$ °C até uma temperatura de saída $T_{m,\text{sai}} = 60$ °C envolve a passagem da água através de um tubo de parede espessa, com diâmetros interno e externo de 20 e 40 mm. A superfície externa do tubo encontra-se isolada, e aquecimento elétrico no interior da parede fornece uma taxa de geração uniforme $\dot{q} = 10^6$ W/m³.

1. Para uma vazão mássica da água $\dot{m} = 0,1$ kg/s, qual deve ser o comprimento do tubo para que a temperatura de saída desejada seja alcançada?

2. Se a temperatura da superfície interna do tubo em sua saída for $T_{s,\text{sai}} = 70$ °C, qual é o coeficiente de transferência de calor por convecção local na saída do tubo?

SOLUÇÃO

Dados: Escoamento interno através de um tubo com parede espessa, com geração de calor uniforme.

Achar:

1. Comprimento de tubo necessário para atingir a temperatura de saída desejada.
2. Coeficiente convectivo local na saída do tubo.

Esquema:

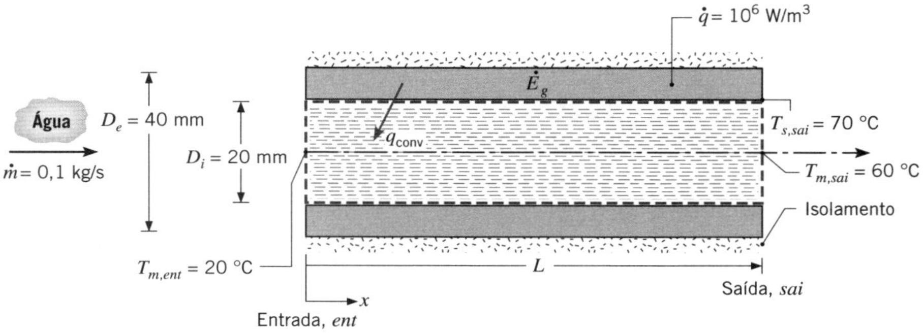

Considerações:

1. Condições de regime estacionário.
2. Fluxo térmico uniforme.
3. Líquido incompressível e dissipação viscosa desprezível.
4. Propriedades constantes.
5. Superfície externa do tubo adiabática.

Propriedades: Tabela A.6, água ($\overline{T}_m = 313$ K): $c_p = 4179$ J/(kg · K).

Análise:

1. Como a superfície externa do tubo é adiabática, a taxa na qual a energia é gerada no interior da parede do tubo deve ser igual à taxa na qual ela é transferida por convecção para a água.

$$\dot{E}_g = q_{\text{conv}}$$

Com

$$\dot{E}_g = \dot{q}\frac{\pi}{4}(D_e^2 - D_i^2)L$$

tem-se, da Equação 8.34, que

$$\dot{q}\,\frac{\pi}{4}\,(D_e^2 - D_i^2)\,L = \dot{m}c_p(T_{m,\text{sai}} - T_{m,\text{ent}})$$

ou

$$L = \frac{4\dot{m}c_p}{\pi(D_e^2 - D_i^2)\dot{q}}(T_{m,\text{sai}} - T_{m,\text{ent}})$$

$$L = \frac{4 \times 0{,}1 \text{ kg/s} \times 4179 \text{ J/(kg}\cdot\text{K)}}{\pi(0{,}04^2 - 0{,}02^2)\,\text{m}^2 \times 10^6 \text{ W/m}^3}(60 - 20)\,°\text{C} = 17{,}7 \text{ m} \qquad \triangleleft$$

2. Pela lei do resfriamento de Newton, Equação 8.27, o coeficiente convectivo local na saída do tubo é

$$h_{\text{sai}} = \frac{q_s''}{T_{s,\text{sai}} - T_{m,\text{sai}}}$$

Admitindo que a geração de calor uniforme na parede proporciona um fluxo térmico na superfície constante, com

$$q_s'' = \frac{\dot{E}_g}{\pi D_i L} = \frac{\dot{q}}{4}\frac{D_e^2 - D_i^2}{D_i}$$

$$q_s'' = \frac{10^6\ \text{W/m}^3}{4}\frac{(0{,}04^2 - 0{,}02^2)\ \text{m}^2}{0{,}02\ \text{m}} = 1{,}5 \times 10^4\ \text{W/m}^2$$

tem-se que

$$h_{\text{sai}} = \frac{1{,}5 \times 10^4\ \text{W/m}^2}{(70 - 60)\ °\text{C}} = 1500\ \text{W/(m}^2 \cdot \text{K)} \qquad \triangleleft$$

Comentários:

1. Se as condições estiverem plenamente desenvolvidas ao longo de todo o tubo, o coeficiente convectivo local e a diferença de temperaturas ($T_s - T_m$) são independentes de x. Assim, $h = 1500$ W/(m² · K) e ($T_s - T_m$) = 10 °C ao longo de todo o tubo. A temperatura na superfície interna do tubo em sua entrada é, então, $T_{s,\text{ent}} = 30$ °C.
2. O comprimento de tubo necessário L poderia ter sido calculado com a utilização da expressão para $T_m(x)$, Equação 8.40, em $x = L$.

8.3.3 *Temperatura Superficial Constante*

Resultados para a taxa de transferência de calor total e para a distribuição axial das temperaturas médias são inteiramente diferentes para a condição de *temperatura superficial constante*. Definindo ΔT como $T_s - T_m$, a Equação 8.37 pode ser escrita na forma

$$\frac{dT_m}{dx} = -\frac{d(\Delta T)}{dx} = \frac{P}{\dot{m}c_p} h\,\Delta T$$

Separando variáveis e integrando da entrada do tubo até a sua saída,

$$\int_{\Delta T_{\text{ent}}}^{\Delta T_{\text{sai}}} \frac{d(\Delta T)}{\Delta T} = -\frac{P}{\dot{m}c_p}\int_0^L h\,dx$$

ou

$$\ln\frac{\Delta T_{\text{sai}}}{\Delta T_{\text{ent}}} = -\frac{PL}{\dot{m}c_p}\left(\frac{1}{L}\int_0^L h\,dx\right)$$

A partir da definição do coeficiente de transferência de calor por convecção médio, Equação 6.13, tem-se que

$$\ln\frac{\Delta T_{\text{sai}}}{\Delta T_{\text{ent}}} = -\frac{PL}{\dot{m}c_p}\bar{h}_L \qquad T_s = \text{constante} \qquad (8.41a)$$

sendo $\bar{h}_L$, ou simplesmente $\bar{h}$, o valor médio de h em todo o tubo. Reordenando,

$$\frac{\Delta T_{\text{sai}}}{\Delta T_{\text{ent}}} = \frac{T_s - T_{m,\text{sai}}}{T_s - T_{m,\text{ent}}} = \exp\left(-\frac{PL}{\dot{m}c_p}\bar{h}\right)$$

$$T_s = \text{constante} \qquad (8.41b)$$

Se tivéssemos integrado da entrada do tubo até alguma posição axial x no interior do tubo, teríamos obtido o resultado similar, porém mais geral, que

$$\frac{T_s - T_m(x)}{T_s - T_{m,\text{ent}}} = \exp\left(-\frac{Px}{\dot{m}c_p}\bar{h}\right) \qquad T_s = \text{constante} \qquad (8.42)$$

com $\bar{h}$ (x) agora sendo o valor médio de h da entrada do tubo até x. Esse resultado nos diz que a diferença de temperaturas ($T_s - T_m$) *decai exponencialmente* com a distância ao longo do eixo do tubo. As distribuições axiais das temperaturas superficiais e médias são, consequentemente, como mostradas na Figura 8.7*b*.

A determinação de uma expressão para a taxa de transferência de calor total q_{conv} é dificultada pela natureza exponencial da diminuição da temperatura. Expressando a Equação 8.34 na forma

$$q_{\text{conv}} = \dot{m}c_p[(T_s - T_{m,\text{ent}}) - (T_s - T_{m,\text{sai}})] = \dot{m}c_p(\Delta T_{\text{ent}} - \Delta T_{\text{sai}})$$

e substituindo uma expressão para $\dot{m}c_p$ retirada da Equação 8.41a, obtemos

$$q_{\text{conv}} = \bar{h}A_s\Delta T_{\text{ml}} \qquad T_s = \text{constante} \qquad (8.43)$$

sendo A_s a área da superfície do tubo ($A_s = P \cdot L$) e ΔT_{ml} é a *média logarítmica das diferenças de temperaturas*,

$$\Delta T_{\text{ml}} \equiv \frac{\Delta T_{\text{sai}} - \Delta T_{\text{ent}}}{\ln(\Delta T_{\text{sai}}/\Delta T_{\text{ent}})} \qquad (8.44)$$

A Equação 8.43 é a forma da lei do resfriamento de Newton para toda a extensão do tubo, e ΔT_{ml} é a *média* apropriada das diferenças de temperaturas ao longo do comprimento do tubo. A natureza logarítmica dessa média das diferenças de temperaturas [em contraste, por exemplo, com uma *média aritmética das diferenças de temperatura* com a forma $\Delta T_{ma} = (\Delta T_{ent} + \Delta T_{sai})/2$] é devida à natureza exponencial da diminuição da temperatura.

Antes de concluir esta seção, é importante observar que, em muitas aplicações, é a temperatura de um fluido *externo*, e não a temperatura superficial do tubo, que é especificada (Figura 8.8). Nestes casos, pode ser facilmente mostrado que os resultados desta seção ainda podem ser usados se T_s for substituída por T_∞ (a temperatura na corrente livre do fluido externo) e $\bar{h}$ por $\bar{U}$ (o coeficiente global de transferência de calor médio). Para esses casos, tem-se que

$$\frac{\Delta T_{sai}}{\Delta T_{ent}} = \frac{T_\infty - T_{m,sai}}{T_\infty - T_{m,ent}} = \exp\left(-\frac{\bar{U}A_s}{\dot{m}c_p}\right) \quad (8.45a)$$

e

$$q = \bar{U}A_s\,\Delta T_{ml} \quad (8.46a)$$

O coeficiente global de transferência de calor é definido na Seção 3.3.1 e nesta aplicação ele incluiria as contribuições devidas à convecção nas superfícies interna e externa do tubo. Para um tubo de parede espessa de pequena condutividade térmica, ele também deveria incluir o efeito da condução ao longo da parede do tubo. Note que o produto $\bar{U}A_s$ fornece o mesmo resultado, independentemente do fato de ser definido em termos da área da superfície interna ($\bar{U}_iA_{s,i}$) ou da área da superfície externa ($\bar{U}_eA_{s,e}$) do tubo (veja a Equação 3.37). Observe também que $(\bar{U}A_s)^{-1}$ é equivalente à resistência térmica

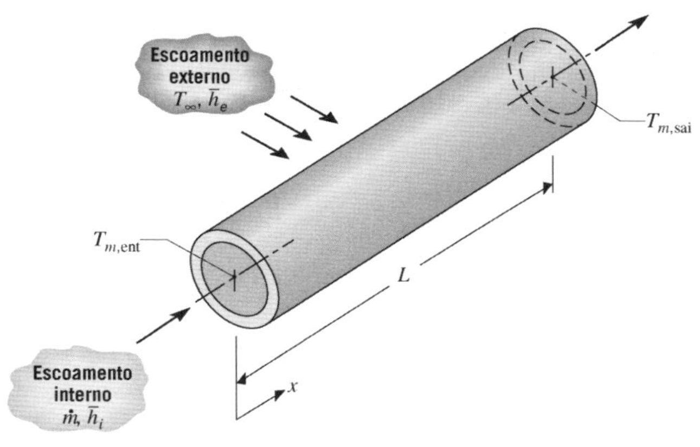

FIGURA 8.8 Transferência de calor entre um fluido escoando sobre um tubo e um fluido passando por dentro do tubo.

total entre os dois fluidos, caso no qual as Equações 8.45a e 8.46a podem ser escritas na forma

$$\frac{\Delta T_{sai}}{\Delta T_{ent}} = \frac{T_\infty - T_{m,sai}}{T_\infty - T_{m,ent}} = \exp\left(-\frac{1}{\dot{m}c_pR_{tot}}\right) \quad (8.45b)$$

e

$$q = \frac{\Delta T_{ml}}{R_{tot}} \quad (8.46b)$$

Uma variação usual das condições anteriores é representada pelo conhecimento de uma temperatura uniforme na superfície *externa*, $T_{s,e}$, no lugar da temperatura na corrente livre de um fluido externo, T_∞. Nas equações anteriores, T_∞ é então substituída por $T_{s,e}$, e a resistência total incorpora a resistência convectiva associada ao escoamento interno, assim como a resistência condutiva entre a superfície interna do tubo e a superfície que se encontra a temperatura $T_{s,e}$.

EXEMPLO 8.3

Vapor d'água condensando sobre a superfície externa de um tubo circular de parede fina, com diâmetro $D = 50$ mm e comprimento $L = 6$ m, mantém uma temperatura na superfície externa uniforme de 100 °C. Água escoa através do tubo a uma vazão de $\dot{m} = 0{,}25$ kg/s, e suas temperaturas na entrada e na saída do tubo são $T_{m,ent} = 15$ °C e $T_{m,sai} = 57$ °C. Qual é o coeficiente convectivo médio associado ao escoamento da água?

SOLUÇÃO

Dados: Vazão mássica e temperaturas de entrada e de saída da água escoando através de um tubo com dimensões e temperatura superficial especificadas.

Achar: Coeficiente de transferência de calor por convecção médio.

Esquema:

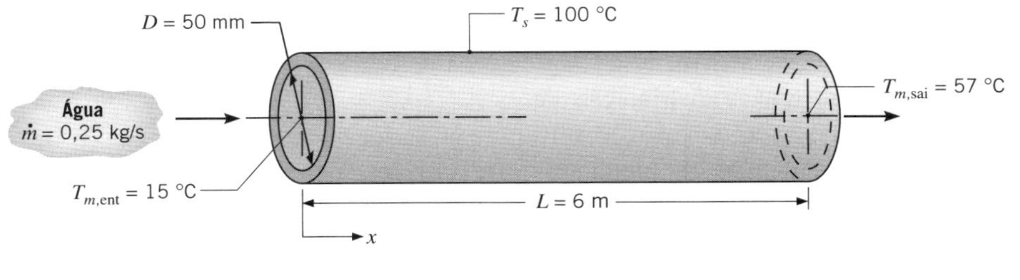

Considerações:

1. Resistência condutiva na parede do tubo desprezível.
2. Líquido incompressível e dissipação viscosa desprezível.
3. Propriedades constantes.

Propriedades: Tabela A.6, água ($\overline{T}_m = 36$ °C): $c_p = 4178$ J/(kg · K).

Análise: Combinando o balanço de energia, Equação 8.34, com a equação da taxa, Equação 8.43, o coeficiente convectivo médio é dado por

$$\overline{h} = \frac{\dot{m}c_p}{\pi DL}\frac{(T_{m,\text{sai}} - T_{m,\text{ent}})}{\Delta T_{\text{ml}}}$$

Da Equação 8.44

$$\Delta T_{\text{ml}} = \frac{(T_s - T_{m,\text{sai}}) - (T_s - T_{m,\text{ent}})}{\ln[(T_s - T_{m,\text{sai}})/(T_s - T_{m,\text{ent}})]}$$

$$\Delta T_{\text{ml}} = \frac{(100 - 57) - (100 - 15)}{\ln[(100 - 57)/(100 - 15)]} = 61{,}6\ \text{°C}$$

Da qual

$$\overline{h} = \frac{0{,}25\ \text{kg/s} \times 4178\ \text{J/(kg} \cdot \text{K)}}{\pi \times 0{,}05\ \text{m} \times 6\ \text{m}}\frac{(57 - 15)\ \text{°C}}{61{,}6\ \text{°C}}$$

ou

$$\overline{h} = 755\ \text{W/(m}^2 \cdot \text{K)} \qquad \triangleleft$$

Comentários: Se as condições estivessem plenamente desenvolvidas ao longo de toda a extensão do tubo, o coeficiente convectivo local seria em qualquer ponto igual a 755 W/(m^2 · K).

8.4 Escoamento Laminar em Tubos Circulares: Análise Térmica e Correlações da Convecção

Para usar muitos dos resultados anteriores, os coeficientes convectivos devem ser conhecidos. Nesta seção apresentamos a forma na qual tais coeficientes podem ser obtidos teoricamente para o escoamento laminar em um tubo circular. Em seções subsequentes, analisaremos correlações empíricas pertinentes ao escoamento turbulento em tubos circulares, assim como ao escoamento em tubos com seção transversal não circular.

8.4.1 *A Região Plenamente Desenvolvida*

Aqui, o problema da transferência de calor em *escoamento laminar* de um *fluido incompressível com propriedades constantes* na *região plenamente desenvolvida* de um *tubo circular* é tratado teoricamente. A distribuição de temperaturas resultante é usada para determinar o coeficiente convectivo.

Uma equação diferencial que governa a distribuição de temperaturas é determinada pela aplicação da equação simplificada da energia térmica em escoamentos em regime estacionário, Equação 1.12e [$q = \dot{m}c_p\,(T_{\text{sai}} - T_{\text{ent}})$], no elemento diferencial anular da Figura 8.9. Se desprezarmos os efeitos da condução axial líquida, a entrada de calor, q, decorrente apenas da condução através das superfícies radiais. Como a velocidade radial é nula na região plenamente desenvolvida, não há advecção de energia térmica nas superfícies de controle radiais, e a única advecção é na direção axial. Assim, a Equação 1.12e leva à Equação 8.47, que expressa um equilíbrio entre a condução radial e a advecção axial:

$$q_r - q_{r+dr} = (d\dot{m})c_p\left[\left(T + \frac{\partial T}{\partial x}dx\right) - T\right] \tag{8.47a}$$

ou

$$(d\dot{m})c_p\frac{\partial T}{\partial x}dx = q_r - \left(q_r + \frac{\partial q_r}{\partial r}dr\right) = -\frac{\partial q_r}{\partial r}dr \tag{8.47b}$$

A vazão mássica diferencial na direção axial é $d\dot{m} = \rho u 2\pi r dr$ e a taxa de transferência de calor radial é $q_r = -k(\partial T/\partial r)2\pi r dr$. Se supusermos propriedades constantes, a Equação 8.47b se torna

$$u\frac{\partial T}{\partial x} = \frac{\alpha}{r}\frac{\partial}{\partial r}\left(r\frac{\partial T}{\partial r}\right) \tag{8.48}$$

Continuamos agora definindo o objetivo de determinar a distribuição de temperaturas no caso de *fluxo térmico na superfície constante*. Neste caso, a hipótese de condução axial líquida desprezível é satisfeita exatamente, isto é, $(\partial^2 T/\partial x^2) = 0$.

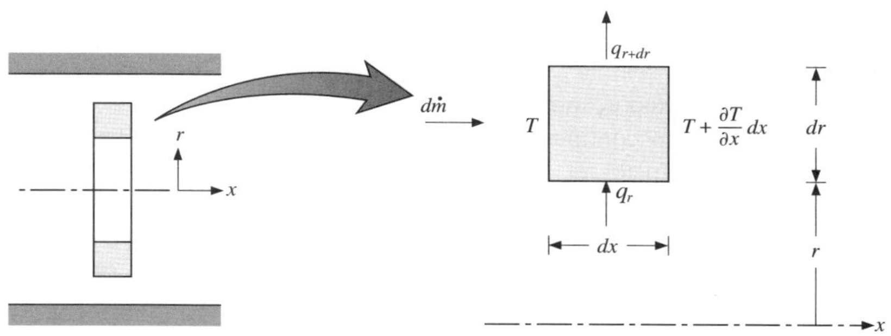

FIGURA 8.9 Balanço de energia térmica em um elemento diferencial no escoamento laminar plenamente desenvolvido em um tubo circular.

Substituindo o gradiente de temperatura axial a partir da Equação 8.32 e o componente axial da velocidade, u, da Equação 8.15, a equação da energia, Equação 8.48, reduz-se à forma

$$\frac{1}{r}\frac{\partial}{\partial r}\left(r\frac{\partial T}{\partial r}\right) = \frac{2u_m}{\alpha}\left(\frac{dT_m}{dx}\right)\left[1 - \left(\frac{r}{r_o}\right)^2\right]$$

$$q_s'' = \text{constante} \qquad (8.49)$$

na qual $T_m(x)$ varia linearmente com x e $(2u_m/\alpha)(dT_m/dx)$ é uma constante. Separando variáveis e integrando duas vezes, obtemos uma expressão para a distribuição de temperaturas radial:

$$T(r, x) = \frac{2u_m}{\alpha}\left(\frac{dT_m}{dx}\right)\left[\frac{r^2}{4} - \frac{r^4}{16r_o^2}\right] + C_1 \ln r + C_2$$

As constantes de integração podem ser determinadas utilizando condições de contorno apropriadas. Da exigência de que a temperatura permaneça finita em $r = 0$, tem-se que $C_1 = 0$. Da exigência de que $T(r_o) = T_s$, com T_s variando com x, tem-se também que

$$C_2 = T_s(x) - \frac{2u_m}{\alpha}\left(\frac{dT_m}{dx}\right)\left(\frac{3r_o^2}{16}\right)$$

Consequentemente, na região plenamente desenvolvida com fluxo térmico na superfície constante, o perfil de temperatura possui a forma

$$T(r, x) = T_s(x) - \frac{2u_m r_o^2}{\alpha}\left(\frac{dT_m}{dx}\right)\left[\frac{3}{16} + \frac{1}{16}\left(\frac{r}{r_o}\right)^4 - \frac{1}{4}\left(\frac{r}{r_o}\right)^2\right] \qquad (8.50)$$

A partir do conhecimento do perfil de temperaturas, todos os demais parâmetros térmicos podem ser determinados. Por exemplo, se os perfis de velocidades e de temperaturas, Equações 8.15 e 8.50, respectivamente, forem substituídos na Equação 8.26 e a integração em r efetuada, determina-se a temperatura média

$$T_m(x) = T_s(x) - \frac{11}{48}\left(\frac{u_m r_o^2}{\alpha}\right)\left(\frac{dT_m}{dx}\right) \qquad (8.51)$$

Da Equação 8.39, com $P = \pi D$ e $\dot{m} = \rho u_m(\pi D^2/4)$, obtemos então

$$T_m(x) - T_s(x) = -\frac{11}{48}\frac{q_s''D}{k} \qquad (8.52)$$

Combinando a lei do resfriamento de Newton, Equação 8.27, e a Equação 8.52, tem-se que

$$h = \frac{48}{11}\left(\frac{k}{D}\right)$$

ou

$$Nu_D \equiv \frac{hD}{k} = 4{,}36 \qquad q_s'' = \text{constante} \qquad (8.53)$$

Assim, em um *tubo circular* caracterizado por um *fluxo térmico na superfície uniforme* e *condições de escoamento laminar plenamente desenvolvido, o número de Nusselt é uma constante*, independentemente de Re_D, Pr e da posição axial.

Para *condições laminares plenamente desenvolvidas* com uma *temperatura na superfície constante*, a suposição de condução axial desprezível é frequentemente razoável. Substituindo o perfil de velocidades da Equação 8.15 e o gradiente axial de temperatura da Equação 8.33, a equação da energia se torna

$$\frac{1}{r}\frac{\partial}{\partial r}\left(r\frac{\partial T}{\partial r}\right) = \frac{2u_m}{\alpha}\left(\frac{dT_m}{dx}\right)\left[1 - \left(\frac{r}{r_o}\right)^2\right]\frac{T_s - T}{T_s - T_m}$$

$$T_s = \text{constante} \qquad (8.54)$$

Uma solução para esta equação pode ser obtida a partir de um procedimento iterativo, que envolve fazer aproximações sucessivas para o perfil de temperaturas. O perfil resultante não é descrito por uma expressão algébrica simples, mas pode-se mostrar que o número de Nusselt resultante é [3]

$$Nu_D = 3{,}66 \qquad T_s = \text{constante} \qquad (8.55)$$

Note que, ao usar a Equação 8.53 ou 8.55 para determinar h, a condutividade térmica deve ser avaliada a T_m.[1]

[1] Se a transferência de calor ocorrer em um líquido que seja caracterizado por uma viscosidade altamente dependente da temperatura, como no caso de muitos óleos, resultados experimentais mostraram que os números de Nusselt da Equação 8.53 ou 8.55 podem ser corrigidos para levar em conta essa variação de propriedade, como descrito na Seção 8.4.3.

EXEMPLO 8.4

No corpo humano, o sangue escoa a partir do coração em uma série de vasos sanguíneos que se ramificam continuamente em vasos de menores diâmetros. Valores típicos de diâmetros, comprimentos e velocidades médias do sangue para três tipos de vasos sanguíneos são fornecidos na tabela. O termo de perfusão na equação do biocalor (Eq. 3.112) é baseado na consideração de que o sangue entra no vaso a temperatura arterial, T_a, e sai na temperatura do tecido circundante, T (chamado aqui como T_t). Para cada um desses três tipos de vasos, considere uma temperatura de entrada $T_{m,\text{ent}} = T_a$ e determine o *comprimento de equilíbrio* L necessário para a temperatura média do sangue se aproximar da temperatura do tecido, especificamente, para satisfazer o critério $(T_t - T_{m,\text{sai}})/(T_t - T_{m,\text{ent}}) = 0{,}05$ [8, 9]. A transferência de calor entre a parede do vaso e o tecido ao redor pode ser descrita por um coeficiente de transferência de calor efetivo, $h_t = k_t/D$, com $k_t = 0{,}5$ W/(m · K).

Vaso	Diâmetro do Vaso, D (mm)	Comprimento do Vaso, L_v (mm)	Velocidade do Sangue, u_m (mm/s)
Artéria grande	3	200	130
Arteríola	0,02	2	3
Capilar	0,008	1	0,7

SOLUÇÃO

Dados: Diâmetro do vaso sanguíneo e velocidade média do sangue. Condutividade térmica e coeficiente de transferência de calor efetivo no tecido.

Achar: Comprimento de equilíbrio, L, necessário para que a temperatura média do sangue se aproxime da temperatura do tecido.

Esquema:

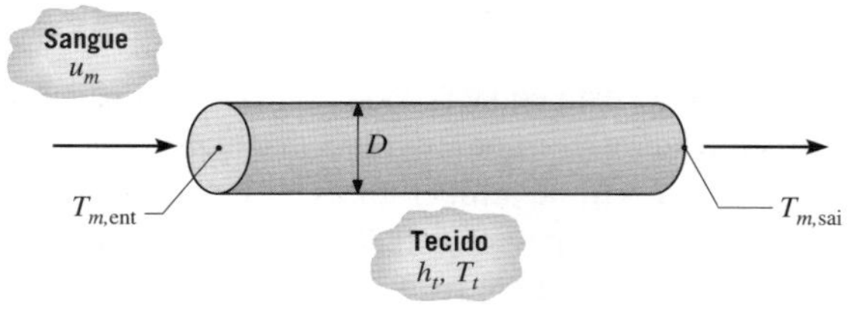

Considerações:

1. Condições de regime estacionário.
2. Propriedades constantes.
3. Resistência térmica na parede dos vasos sanguíneos desprezível.
4. Propriedades térmicas do sangue podem ser aproximadas por aquelas da água.
5. O sangue é um líquido incompressível com dissipação viscosa desprezível.
6. Temperatura do tecido fixa.
7. Efeitos da pulsação do escoamento desprezíveis.

Propriedades: Tabela A.6, água ($\overline{T}_m = 310$ K): $\rho = v_f^{-1} = 993$ kg/m³, $c_p = 4178$ J/(kg · K), $\mu = 695 \times 10^{-6}$ N · s/m², $k = 0{,}628$ W/(m · K), $Pr = 4{,}62$.

Análise: Como a temperatura do tecido T_t está fixa e a transferência de calor entre o vaso sanguíneo e o tecido pode ser representada por um coeficiente de transferência de calor efetivo, a Equação 8.45a se aplica, com a temperatura na corrente livre T_∞ substituída pela temperatura do tecido, T_t. Essa equação pode ser usada para achar o comprimento necessário L, que satisfaz o critério. Entretanto, devemos primeiramente achar $\overline{U}$, o que requer o conhecimento do coeficiente de transferência de calor no escoamento do sangue, h_{san}.

Tomando a artéria grande, o número de Reynolds é

$$Re_D = \frac{\rho u_m D}{\mu} = \frac{993\ \text{kg/m}^3 \times 130 \times 10^{-3}\ \text{m/s} \times 3 \times 10^{-3}\ \text{m}}{695 \times 10^{-6}\ \text{N}\cdot\text{s/m}^2}$$
$$= 557$$

assim, o escoamento é laminar. Como os outros vasos têm diâmetros e velocidades menores, os seus escoamentos também serão laminares. Iniciamos supondo condições plenamente desenvolvidas. Além disso, como a situação não é de temperatura na superfície constante nem de fluxo térmico na superfície constante, aproximaremos o número de Nusselt por $Nu_D \approx 4$, quando então $h_{san} = 4\,k_{san}/D$. Desprezando a resistência térmica na parede do vaso, para a artéria grande

$$\frac{1}{\overline{U}} = \frac{1}{h_{san}} + \frac{1}{h_t} = \frac{D}{4k_{san}} + \frac{D}{k_t}$$
$$= \frac{3 \times 10^{-3}\ \text{m}}{4 \times 0{,}628\ \text{W/(m}\cdot\text{K)}} + \frac{3 \times 10^{-3}\ \text{m}}{0{,}5\ \text{W/(m}\cdot\text{K)}}$$
$$= 7{,}2 \times 10^{-3}\ \text{m}^2\cdot\text{K/W}$$

ou

$$\overline{U} = 140\ \text{W/(m}^2\cdot\text{K)}$$

O comprimento da artéria grande necessário para satisfazer o critério pode ser encontrado pela solução da Equação 8.45a, com $\dot{m} = \rho u_m \pi D^2/4$:

$$L = -\frac{\rho u_m D c_p}{4\overline{U}} \ln\left(\frac{T_t - T_{m,\text{sai}}}{T_t - T_{m,\text{ent}}}\right)$$
$$= -\frac{993\ \text{kg/m}^3 \times 130 \times 10^{-3}\ \text{m/s} \times 3 \times 10^{-3}\ \text{m} \times 4178\ \text{J/(kg}\cdot\text{K)}}{4 \times 140\ \text{W/(m}^2\cdot\text{K)}}$$
$$\ln(0{,}05) = 8{,}7\ \text{m}$$

Usando as Equações 8.3 e 8.23:

$$x_{\text{cd},v} = 0{,}05\,Re_D D = 0{,}05 \times 557 \times 3 \times 10^{-3}\ \text{m} = 0{,}08\ \text{m}$$
$$x_{\text{cd},t} = x_{\text{cd},v}\,Pr = 0{,}08\ \text{m} \times 4{,}62 = 0{,}4\ \text{m}$$

Consequentemente, o escoamento se tornaria plenamente desenvolvido no comprimento de 8,7 m. Os cálculos podem ser repetidos para os outros dois casos, e os resultados estão apresentados na tabela a seguir.

Vaso	Re_D	$\overline{U}$ (W/ ($m^2 \cdot K$))	L (m)	$x_{cd,v}$ (m)	$x_{cd,t}$ (m)
Artéria grande	557	140	8,7	0,08	0,4
Arteríola	$8,6 \times 10^{-2}$	$2,1 \times 10^4$	$8,9 \times 10^{-6}$	9×10^{-8}	4×10^{-7}
Capilar	$8,0 \times 10^{-3}$	$5,2 \times 10^4$	$3,3 \times 10^{-7}$	3×10^{-9}	1×10^{-8}

O maior valor de L para a artéria grande sugere que a temperatura permanece próxima à temperatura de entrada do sangue arterial. Isto se deve ao seu relativamente grande diâmetro, que leva a um pequeno coeficiente global de transferência de calor. Nas arteríolas intermediárias, a temperatura do sangue se aproxima da temperatura do tecido em um comprimento da ordem de 10 μm. Como as arteríolas têm comprimento da ordem de milímetros, a temperatura do sangue, saindo delas e entrando nos capilares, seria aproximadamente igual à temperatura do tecido. Então, não poderia haver mais diminuição de temperatura nos capilares. Desta forma, é nas arteríolas e nos vasos ligeiramente maiores que a temperatura do sangue se equilibra com a temperatura do tecido, e não nos pequenos capilares como suposto por Pennes.

Comentários:

1. Como o comprimento de uma artéria ($L_v \approx 200$ mm) é pequeno comparado ao comprimento de equilíbrio, L, a temperatura do sangue permanece perto da temperatura arterial de entrada e a consideração inerente do termo de perfusão da Equação 3.112 não é satisfeita. O sangue que sai das grandes artérias entra nas arteríolas a uma temperatura próxima a T_a e o comprimento de uma arteríola ($L_v \approx 2$ mm) é muito maior que o comprimento de equilíbrio. Desta forma, o sangue deixa a arteríola a uma temperatura próxima à temperatura do tecido, satisfazendo a consideração do termo de perfusão. Uma vez que o sangue viaja das arteríolas para os capilares, a temperatura do sangue já está na temperatura do tecido quando entra nos capilares. Desta forma, a hipótese da Equação 3.112 não é satisfeita nos capilares.
2. As propriedades do sangue são moderadamente próximas às da água. A propriedade que difere mais é a viscosidade, com o sangue sendo mais viscoso do que a água. Contudo, essa discrepância não deve ter efeito nos resultados e conclusões anteriores. O número de Reynolds seria ainda menor para o sangue mais viscoso, o escoamento permaneceria ainda sendo laminar e a transferência de calor não seria afetada.
3. Células do sangue têm dimensões da ordem do diâmetro do capilar. Assim, para os capilares, um modelo preciso do escoamento do sangue deveria levar em conta as células individuais circundadas pelo plasma.

8.4.2 *A Região de Entrada*

Os resultados da seção anterior são válidos somente quando os perfis de velocidades e temperaturas estão plenamente desenvolvidos, como determinado pelas expressões dos comprimentos de entrada das Equações 8.3 e 8.23. Se ambos ou somente um dos perfis não estiver plenamente desenvolvido, o escoamento é dito estar na *região de entrada*. A equação da energia para a região de entrada é mais complicada do que a Equação 8.48, pois deve haver um termo de advecção radial (como $v \neq 0$ na região de entrada). Além disso, agora tanto a velocidade como a temperatura dependem de x, assim como de r, e o gradiente de temperatura na direção axial $\partial T / \partial x$ não pode mais ser simplificado mediante a Equação 8.32 ou 8.33. Contudo, duas soluções diferentes do comprimento de entrada foram obtidas. A solução mais simples é para o *problema do comprimento de entrada térmica* e está baseada na hipótese de que as condições térmicas se desenvolvem na presença de um *perfil de velocidades plenamente desenvolvido*. Tal situação estaria presente caso a posição onde a transferência de calor se inicia fosse precedida por um *comprimento inicial não aquecido*. Ela também poderia ser considerada uma aproximação razoável para fluidos com números de Prandtl elevados, como os óleos. Mesmo na ausência de um comprimento inicial não aquecido, o desenvolvimento da camada-limite de velocidade seria muito mais rápido do que o desenvolvimento da camada-limite térmica para fluidos com grandes números de Prandtl, e a aproximação de comprimento de entrada térmico poderia ser feita. Em contraste, o *problema do comprimento de entrada combinada* (térmica e fluidodinâmica) corresponde ao caso no qual os perfis de temperaturas e de velocidades se desenvolvem simultaneamente. Não haveria o caso no qual condições térmicas estejam plenamente desenvolvidas e as condições fluidodinâmicas se desenvolvendo. Como a distribuição de temperaturas depende da distribuição de velocidades, enquanto a velocidade estiver variando as condições térmicas não podem estar plenamente desenvolvidas.

Soluções foram obtidas para condições de comprimento de entrada térmica e combinada [3], e resultados selecionados são apresentados na Figura 8.10. Como evidente na Figura 8.10*a*, números de Nusselt locais, Nu_D, são, em princípio, infinitos em $x = 0$ e diminuem para os seus valores assintóticos (plenamente desenvolvidos) com o aumento de x. Estes resultados são representados graficamente em função do parâmetro adimensional $x\alpha/(u_m D^2) = x/(DRe_D Pr)$, que é o inverso do número de *Graetz*,

$$Gz_D \equiv (D/x)\, Re_D\, Pr \tag{8.56}$$

A forma na qual Nu_D varia com Gz_D^{-1} é independente de Pr para o problema do comprimento de entrada térmica, pois o perfil de velocidades plenamente desenvolvido, dado pela Equação 8.13, é independente da viscosidade do fluido. Ao contrário, para o problema do comprimento de entrada combinada, os resultados dependem da forma como a distribuição de velocidades se desenvolve, que é sensível em relação à viscosidade do fluido. Portanto, resultados da transferência de calor dependem do número de Prandtl para o caso da entrada combinada e são apresentados na Figura 8.10*a* para $Pr = 0,7$, que é representativo para a maioria dos gases. Em qualquer posição no interior da região de entrada, Nu_D diminui com o aumento de Pr e se aproxima da condição de comprimento

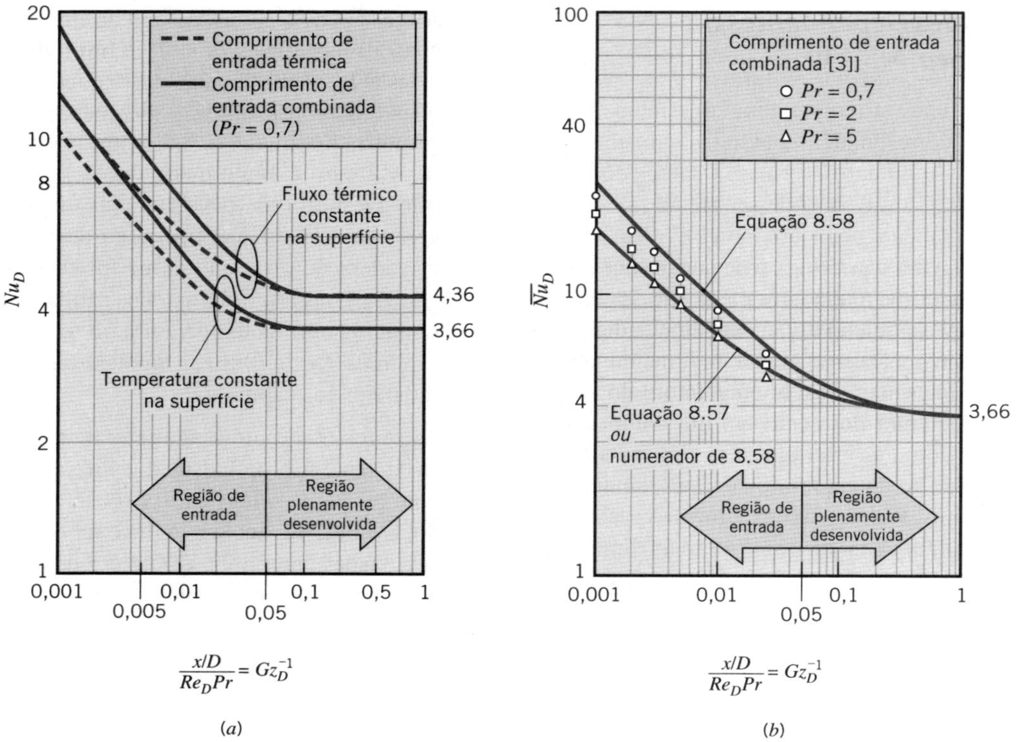

FIGURA 8.10 Resultados obtidos em soluções de comprimento de entrada para o escoamento laminar em um tubo circular: (*a*) números de Nusselt locais e (*b*) números de Nusselt médios.

de entrada térmica quando $Pr \to \infty$. Note que as condições plenamente desenvolvidas são atingidas para $[(x/D)/(Re_D Pr)] \approx 0{,}05$.

Para a condição de *temperatura da superfície constante*, é desejável conhecer o coeficiente convectivo *médio* para usá-lo com a Equação 8.42 ou 8.43. A seleção da correlação apropriada depende se um comprimento de entrada térmica ou combinada está presente.

Para o *problema de comprimento de entrada térmica*, Kays [10] apresenta uma correlação atribuída a Hausen [11], que possui a forma

$$\overline{Nu}_D = 3{,}66 + \frac{0{,}0668\, Gz_D}{1 + 0{,}04\, Gz_D^{2/3}} \tag{8.57}$$

$$\left[\begin{array}{l} T_s = \text{constante} \\ \text{comprimento de entrada térmica} \\ \textit{ou} \\ \text{comprimento de entrada combinada com } Pr \gtrsim 5 \end{array}\right]$$

na qual $\overline{Nu}_D \equiv \bar{h}D/k$, e $\bar{h}$ é o coeficiente de transferência de calor médio da entrada até x. A Equação 8.57 se aplica a todas as situações nas quais o perfil de velocidades está plenamente desenvolvido. Entretanto, na Figura 8.10*b*, está aparente que, para $Pr \gtrsim 5$, a aproximação de comprimento de entrada térmica é razoável, visto que ela apresenta boa coincidência com a solução de comprimento de entrada combinada [3].

No *problema de entrada combinada*, o número de Nusselt depende dos números de Prandtl e de Graetz. Baehr e Stephan [12] recomendam uma correlação com a forma

$$\overline{Nu}_D = \frac{\dfrac{3{,}66}{\tanh[2{,}264\, Gz_D^{-1/3} + 1{,}7\, Gz_D^{-2/3}]} + 0{,}0499\, Gz_D \tanh(Gz_D^{-1})}{\tanh(2{,}432\, Pr^{1/6}\, Gz_D^{-1/6})} \tag{8.58}$$

$$\left[\begin{array}{l} T_s = \text{constante} \\ \text{comprimento de entrada combinada} \\ Pr \gtrsim 0{,}1 \end{array}\right]$$

A Equação 8.58, calculada para $Pr = 0{,}7$, é mostrada na Figura 8.10*b* e coincide bem com os pontos obtidos com a solução das equações que governam o problema de entrada combinada [3]. Quando $Pr \to \infty$, o denominador da Equação 8.58 se aproxima da unidade. Consequentemente, o numerador da Equação 8.58 corresponde ao problema de comprimento de entrada térmica com $Pr \to \infty$ e fornece valores para $\overline{Nu}_D$ que estão a 3 % dos estimados pela correlação de Hausen para $0{,}006 \le Gz_D^{-1} \le 1$, como mostrado na Figura 8.10*b*. Todas as propriedades que aparecem nas Equações 8.57 e 8.58 devem ser estimadas no valor médio da temperatura média, $\overline{T}_m = (T_{m,\text{ent}} + T_{m,\text{sai}})/2$.

O assunto escoamento laminar em dutos tem sido estudado extensivamente e vários resultados estão disponíveis para uma variedade de seções transversais e de condições superficiais. Resultados representativos foram compilados em uma monografia feita por Shah e London [13] e em uma revisão atualizada efetuada por Shah e Bhatti [14]. Correlações para a região de entrada combinada em tubos não circulares foram desenvolvidas por Muzychka e Yovanovich [15].

8.4.3 *Propriedades Dependentes da Temperatura*

Quando as diferenças entre a temperatura superficial T_s e a temperatura média T_m correspondem a grandes variações nas propriedades do fluido, o número de Nusselt calculado pelas Equações 8.53, 8.55, 8.57 ou 8.58 pode ser afetado. Para gases, este efeito é normalmente pequeno. Para líquidos, contudo, a variação da viscosidade pode ser particularmente importante. Isto é especialmente verdade para óleos. Variações na viscosidade mudam a distribuição radial de velocidades, que afeta a distribuição radial de temperaturas e, finalmente, altera o número de Nusselt. Kays *et al.* [3] recomendam a aplicação do fator de correção a seguir para o número de Nusselt em líquidos:

$$\frac{Nu_{D,c}}{Nu_D} = \frac{\overline{Nu}_{D,c}}{\overline{Nu}_D} = \left(\frac{\mu}{\mu_s}\right)^{0,14} \qquad (8.59)$$

Nesta expressão, $Nu_{D,c}$ e $\overline{Nu}_{D,c}$ são os números de Nusselt corrigidos, enquanto Nu_D e $\overline{Nu}_D$ são os números de Nusselt calculados pelas Equações 8.53, 8.55, 8.57 ou 8.58. Todas as propriedades na Equação 8.59 são avaliadas em $\overline{T}_m$, exceto μ_s, que é estimada na temperatura da superfície T_s. Este fator de correção pode ser aplicado no escoamento laminar de um líquido em um tubo circular, não importando se o escoamento esteja plenamente desenvolvido ou na região de entrada. Na ausência de outras alternativas, o fator de correção também pode ser aplicado em tubos com seção transversal não circular [16].

8.5 Correlações da Convecção: Escoamento Turbulento em Tubos Circulares

Como a análise das condições em escoamentos turbulentos é consideravelmente mais complicada, uma ênfase maior é dada na determinação de correlações empíricas. Para *escoamentos turbulentos plenamente desenvolvidos* (*fluidodinâmica e termicamente*) em um *tubo circular liso*, o número de Nusselt *local* pode ser obtido com a *equação de Dittus-Boelter*[2] [17]:

$$Nu_D = 0{,}023\, Re_D^{4/5}\, Pr^n \qquad (8.60)$$

com $n = 0{,}4$ para o aquecimento ($T_s > T_m$) e $n = 0{,}3$ para o resfriamento ($T_s < T_m$). Essas equações foram confirmadas experimentalmente na seguinte faixa de condições

$$\begin{bmatrix} 0{,}6 \lesssim Pr \lesssim 160 \\ Re_D \gtrsim 10.000 \\ \dfrac{L}{D} \gtrsim 10 \end{bmatrix}$$

As equações podem ser usadas em diferenças de temperaturas pequenas a moderadas, $T_s - T_m$, com todas as propriedades estimadas a T_m. Para escoamentos caracterizados por grandes variações das propriedades, é recomendada a equação a seguir, proposta por Sieder e Tate [18]:

$$Nu_D = 0{,}027\, Re_D^{4/5}\, Pr^{1/3} \left(\frac{\mu}{\mu_s}\right)^{0,14} \qquad (8.61)$$

$$\begin{bmatrix} 0{,}7 \lesssim Pr \lesssim 16.700 \\ Re_D \gtrsim 10.000 \\ \dfrac{L}{D} \gtrsim 10 \end{bmatrix}$$

na qual todas as propriedades, com exceção de μ_s, são estimadas a T_m. *Com uma boa aproximação, as correlações anteriores podem ser utilizadas em condições de temperatura na superfície e de fluxo térmico uniformes.*

Embora as Equações 8.60 e 8.61 sejam de fácil utilização e certamente satisfatórias para os propósitos deste texto, o seu uso pode resultar em erros de até 25 %. Esses erros podem ser reduzidos a menos de 10 % com o uso de correlações mais recentes, porém normalmente mais complexas [6, 19]. Uma correlação, válida para *tubos lisos* em uma ampla faixa de números de Reynolds, incluindo a região de transição, é fornecida por Gnielinski [20]:

$$Nu_D = \frac{(f/8)(Re_D - 1000)\, Pr}{1 + 12{,}7(f/8)^{1/2}(Pr^{2/3} - 1)} \qquad (8.62)$$

na qual o fator de atrito pode ser obtido no diagrama de Moody ou da Equação 8.21. A correlação é válida para $0{,}5 \lesssim Pr \lesssim 2000$ e $3000 \lesssim Re_D \lesssim 5 \times 10^6$. Ao usar a Equação 8.62, que se aplica tanto para fluxo térmico quanto para temperatura na superfície uniforme, as propriedades devem ser estimadas a T_m. Se as diferenças de temperaturas forem grandes, uma consideração adicional dos efeitos da variação das propriedades tem que ser feita e opções disponíveis são revisadas por Kakaç [21].

Observamos que, a menos que desenvolvidas especificamente para a região de transição ($2300 < Re_D < 10^4$), deve-se tomar cuidado ao se utilizar uma correlação de escoamento turbulento para $Re_D < 10^4$. Se a correlação foi desenvolvida para condições completamente turbulentas ($Re_D > 10^4$), ela pode ser usada como uma primeira aproximação para números de Reynolds menores, tendo em mente que o coeficiente convectivo será superestimado. Se for desejado um maior nível de precisão, a correlação de Gnielinski, Equação 8.62, pode ser utilizada. Uma discussão completa da transferência de calor na região de transição é fornecida por Ghajar e Tam [22].

Também observamos que as Equações 8.60 a 8.62 são para tubos lisos. Para o escoamento turbulento em *tubos rugosos*, o coeficiente de transferência de calor aumenta com o aumento da rugosidade da parede do tubo e, como uma primeira aproximação, pode ser calculado usando-se a Equação 8.62, com os fatores de atrito obtidos pela Equação 8.20 ou no diagrama de Moody, Figura 8.3. Entretanto, embora a tendência geral seja o aumento de h com o aumento de f, o aumento em f é proporcionalmente maior, e quando f é aproximadamente quatro

---

[2] Embora tenha se tornado prática comum se referir à Equação 8.60 como *equação de Dittus-Boelter*, as equações originais de Dittus-Boelter têm na realidade a forma

$Nu_D = 0{,}0243 Re_D^{4/5} Pr^{0,4}$ (Aquecimento)

$Nu_D = 0{,}0265 Re_D^{4/5} Pr^{0,3}$ (Resfriamento)

As origens históricas da Equação 8.60 são discutidas por Winterton [17].

vezes maior do que o seu valor correspondente para uma superfície lisa, o h não mais varia com aumentos adicionais de f [23]. Procedimentos para estimar os efeitos da rugosidade da parede no coeficiente de transferência de calor no escoamento turbulento plenamente desenvolvido são discutidos por Bhatti e Shah [19].

Como os comprimentos de entrada para escoamentos turbulentos são, em geral, curtos, $10 \lesssim (x_{cd}/D) \lesssim 60$, é frequentemente razoável admitir que o número de Musset médio em todo o tubo seja igual ao valor associado à região de escoamento plenamente desenvolvido, $\overline{Nu}_D \approx Nu_{D,cd}$. Entretanto, em tubos curtos, $\overline{Nu}_D$ será superior a $Nu_{D,cd}$ e pode ser calculado por uma expressão com a forma

$$\frac{\overline{Nu}_D}{Nu_{D,cd}} = 1 + \frac{C}{(x/D)^m} \qquad (8.63)$$

com C e m dependendo da natureza da entrada (por exemplo, aresta viva ou bocal) e da região de entrada (térmica ou combinada), assim como dos números de Prandtl e de Reynolds [3, 19, 24]. Em geral, erros inferiores a 15 % estão associados à hipótese de $\overline{Nu}_D = Nu_{D,cd}$ para $(L/D) > 60$. Ao determinar $\overline{Nu}_D$, todas as propriedades do fluido devem ser estimadas na média aritmética da temperatura média, $\overline{T}_m \equiv (T_{m,ent} + T_{m,sai})/2$.

Finalmente, observamos que as correlações anteriores não se aplicam para *metais líquidos*. Para escoamentos turbulentos plenamente desenvolvidos em tubos circulares lisos com fluxo térmico na superfície constante, Skupinski *et al.* [25] recomendaram uma correlação com a forma

$$Nu_D = 4{,}82 + 0{,}0185\, Pe_D^{0,827} \qquad q_s'' = \text{constante} \qquad (8.64)$$

$$\begin{bmatrix} 3 \times 10^{-3} \lesssim Pr \lesssim 5 \times 10^{-2} \\ 3{,}6 \times 10^{3} \lesssim Re_D \lesssim 9{,}05 \times 10^{5} \\ 10^{2} \lesssim Pe_D \lesssim 10^{4} \end{bmatrix}$$

De modo similar, para temperatura superficial constante, Seban e Shimazaki [26] recomendaram a correlação a seguir para $Pe_D \gtrsim 100$:

$$Nu_D = 5{,}0 + 0{,}025\, Pe_D^{0,8} \qquad T_s = \text{constante} \qquad (8.65)$$

Uma grande quantidade de dados e outras correlações estão disponíveis na literatura [27].

EXEMPLO 8.5

Um método para gerar potência elétrica a partir da irradiação solar envolve a concentração da luz solar em tubos absorvedores que se encontram posicionados em pontos focais de refletores parabólicos. Nos tubos absorvedores passa um *fluido concentrador* líquido que é aquecido ao atravessá-los. Após deixar o campo concentrador, o fluido entra em um trocador de calor, onde ele transfere energia térmica para um *fluido de trabalho* de um ciclo de Rankine. O fluido concentrador resfriado é retornado ao campo concentrador após deixar o trocador de calor. A planta de potência é constituída por muitos conjuntos concentradores.

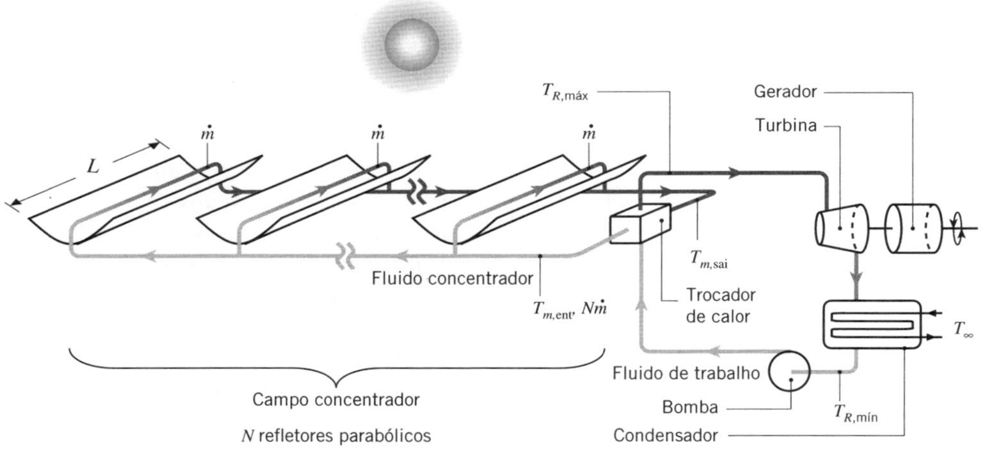

Considere condições nas quais um fluxo térmico concentrado de $q''_s = 20.000$ W/m², suposto uniforme na superfície do tubo, aquece um fluido concentrador com massa específica, condutividade térmica, calor específico e viscosidade de $\rho = 700$ kg/m³, $k = 0{,}078$ W/(m · K), $c_p = 2590$ J/(kg · K) e $\mu = 0{,}15 \times 10^{-3}$ N · s/m², respectivamente. O diâmetro do tubo é $D = 70$ mm e a vazão mássica do fluido em um conjunto concentrador é de $\dot{m} = 2{,}5$ kg/s.

1. Se o fluido concentrador entra em cada tubo a $T_{m,ent} = 400$ °C e sai a $T_{m,sai} = 450$ °C, qual é o comprimento necessário do concentrador, L? Qual é taxa de transferência de calor q para o fluido concentrador em um conjunto concentrador?
2. Qual é a temperatura da superfície do tubo na saída do concentrador, $T_s(L)$?
3. As temperaturas máxima e mínima da planta de potência como um todo são a temperatura de saída do fluido concentrador, $T_{m,sai}$, e a temperatura ambiente, T_∞, respectivamente. Se uma diferença de temperaturas de $\Delta T = T_{m,sai} - T_{R,máx} = 20$ °C estiver presente no trocador de calor e uma segunda diferença de temperaturas de $\Delta T = T_{R,mín} - T_\infty = 20$ °C no condensador, com $T_\infty = 20$ °C, determine o número mínimo de concentradores N, cada um com comprimento L, necessário para gerar $P = 20$ MW de potência elétrica.

SOLUÇÃO

Dados: Diâmetro do tubo, fluxo térmico na superfície, vazão mássica e propriedades do fluido. Temperaturas médias de entrada e de saída do fluido no concentrador. Diferenças de temperaturas ao longo do trocador de calor e do condensador.

Achar:

1. Comprimento do concentrador para atingir o aumento de temperatura necessário e a taxa de transferência de calor correspondente q.
2. Temperatura da superfície do tubo na saída do concentrador.
3. Número mínimo de concentradores necessário para gerar $P = 20$ MW de potência elétrica.

Esquema:

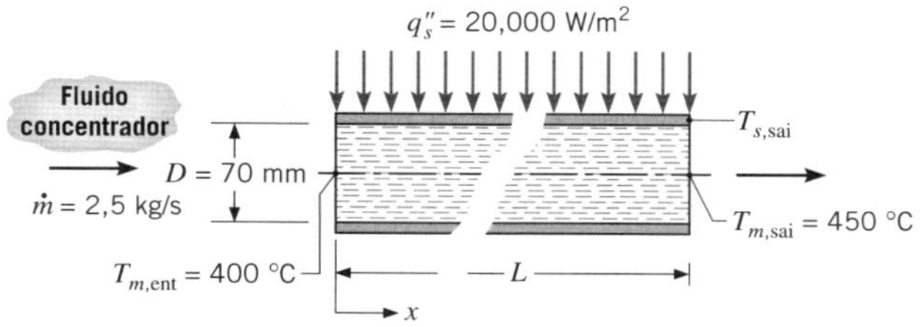

Considerações:

1. Condições de regime estacionário.
2. Líquido incompressível com dissipação viscosa desprezível.
3. Propriedades constantes.
4. Parede do duto delgada.

Análise:

1. Para condições de fluxo térmico constante, a Equação 8.38 pode ser usada com o balanço de energia apropriado, Equação 8.34, para obter

$$A_s = \pi DL = \frac{\dot{m}c_p(T_{m,\text{sai}} - T_{m,\text{ent}})}{q_s''}$$

ou

$$L = \frac{\dot{m}c_p}{\pi D q_s''}(T_{m,\text{sai}} - T_{m,\text{ent}})$$

com L sendo o comprimento do tubo concentrador. Assim,

$$L = \frac{2{,}5\ \text{kg/s} \times 2590\ \text{J/(kg}\cdot\text{K)}}{\pi \times 0{,}070\ \text{m} \times 20.000\ \text{W/m}^2}(450\ °\text{C} - 400\ °\text{C}) = 73{,}6\ \text{m} \qquad \triangleleft$$

A taxa de transferência de calor é

$$q = q_s''A = q_s''\pi DL = 20.000\ \text{W/m}^2 \times \pi \times 0{,}070\ \text{m} \times 73{,}6\ \text{m} = 0{,}324 \times 10^6\ \text{W} = 0{,}324\ \text{MW} \qquad \triangleleft$$

2. A temperatura da superfície do tubo no final do concentrador pode ser obtida com a lei do resfriamento de Newton, Equação 8.27, que pode ser escrita na forma

$$T_s(L) = \frac{q_s''}{h} + T_{m,\text{sai}}$$

Para achar o coeficiente de transferência de calor local na saída do tubo, a natureza das condições do escoamento tem que ser determinada em primeiro lugar. Da Equação 8.6,

$$Re_D = \frac{4\dot{m}}{\pi D\mu} = \frac{4 \times 2{,}5\ \text{kg/s}}{\pi \times 0{,}070\ \text{m} \times 0{,}15 \times 10^{-3}\ \text{N}\cdot\text{s/m}^2} = 3{,}03 \times 10^5$$

Desta forma, o escoamento é turbulento. O número de Prandtl do fluido concentrador pode ser determinado a partir de sua definição

$$Pr = \frac{\nu}{\alpha} = \frac{\mu c_p}{k} = \frac{0,15 \times 10^{-3}\ \text{N} \cdot \text{s/m}^2 \times 2590\ \text{J/(kg} \cdot \text{K)}}{0,078\ \text{W/(m} \cdot \text{K)}} = 4,98$$

Como $L/D = 73,6\ \text{m}/0,070\ \text{m} = 1050$, concluímos da Equação 8.4 que as condições estão plenamente desenvolvidas no interior do tubo no término do concentrador. O número de Nusselt local em $x = L$ é obtido usando-se a Equação 8.60

$$Nu_D = 0,023\ Re_D^{4/5}\ Pr^{0,4} = 0,023 \times (3,03 \times 10^5)^{4/5} \times 4,98^{0,4} = 1113$$

a partir do qual o coeficiente de transferência de calor local é

$$h = \frac{k}{D} Nu_D = \frac{0,078\ \text{W/(m} \cdot \text{K)}}{0,070\ \text{m}} \times 1113 = 1240\ \text{W/(m}^2 \cdot \text{K)}$$

A temperatura na superfície do tubo no final do concentrador é

$$T_s(L) = \frac{20.000\ \text{W/m}^2}{1240\ \text{W/(m}^2 \cdot \text{K)}} + 450\ °\text{C} = 466\ °\text{C} \qquad \triangleleft$$

3. O número *mínimo* de concentradores pode ser determinado calculando primeiramente a quantidade mínima correspondente de energia térmica requerida para gerar $P = 20$ MW de eletricidade. A eficiência máxima possível (Carnot) é $\eta_C = 1 - T_{R,\text{mín}}/T_{R,\text{máx}} = 1 - (T_\infty + \Delta T)/(T_{m,\text{sai}} - \Delta T) = 1 - (293\ \text{K} + 20\ \text{K})/(723\ \text{K} - 20\ \text{K}) = 0,555$. Assim, a energia térmica mínima requerida é

$$q_{\text{mín}} = \frac{P}{\eta_C} = \frac{20\ \text{MW}}{0,555} = 36,1\ \text{MW}$$

Consequentemente, o número mínimo necessário de concentradores é

$$N = \frac{q_{\text{mín}}}{q} = \frac{36,0\ \text{MW}}{0,324\ \text{MW}} = 111 \qquad \triangleleft$$

Comentários:

1. Se as diferenças de temperaturas no trocador de calor e no condensador pudessem ser eliminadas ($\Delta T = 0$ °C), a eficiência de Carnot seria $\eta_C = 1 - T_{R,\text{mín}}/T_{R,\text{máx}} = 1 - T_\infty/T_{m,\text{sai}} = 1 - (293\ \text{K})/(723\ \text{K}) = 0,595$. Este valor fornece $q_{\text{mín}} = 33,6$ MW e $N = 104$. A minimização de resistência térmicas no trocador de calor e no condensador reduz o número necessário de concentradores para gerar uma quantidade específica de potência elétrica e pode reduzir os custos de capital da planta.
2. Eficiências térmicas reais são inferiores à eficiência de Carnot, e um valor nominal de 38 % está associado a dispositivos parabólicos em *Estações Solares de Geração Elétrica* (ESGE) operando no sul da Califórnia desde meados dos anos 1980. Entretanto, a *eficiência global* de plantas de potência usando coletores solares concentradores é geralmente definida como a razão entre a taxa de geração de potência e a taxa na qual a energia solar é interceptada pelos coletores. Com uma eficiência nominal de 40 % para a conversão de energia solar em energia térmica, a eficiência global dos sistemas ESGE é de aproximadamente 15 %.
3. Um desafio contemporâneo da pesquisa consiste em desenvolver fluidos concentradores que não entrem em ebulição durante períodos de alta irradiação solar e que não congelem durante a noite. Além disso, o desenvolvimento de líquidos baratos e seguros capazes de suportar temperaturas mais altas levará a maiores temperaturas máximas no ciclo de Rankine, $T_{R,\text{máx}}$, e, por sua vez, a eficiências da planta superiores.

EXEMPLO 8.6

Ar quente escoa a uma vazão mássica de $\dot{m} = 0,050$ kg/s em um duto feito com uma folha metálica, sem isolamento térmico, com diâmetro $D = 0,15$ m, que se encontra no porão de uma casa. O ar quente entra a 103 °C e, após uma distância de $L = 5$ m, se resfria atingindo 85 °C. O coeficiente de transferência de calor entre a superfície externa do duto e o ar ambiente, a $T_\infty = 0$ °C, é igual a $h_e = 6$ W/(m² · K).

1. Calcule a taxa de perda de calor (W) no duto ao longo do comprimento L.
2. Determine o fluxo térmico e a temperatura na superfície do duto em $x = L$.

SOLUÇÃO

Dados: Ar quente escoando em um duto.

Achar:

1. Taxa de perda de calor no duto ao longo do comprimento L.
2. Fluxo térmico e temperatura superficial em $x = L$.

Esquema:

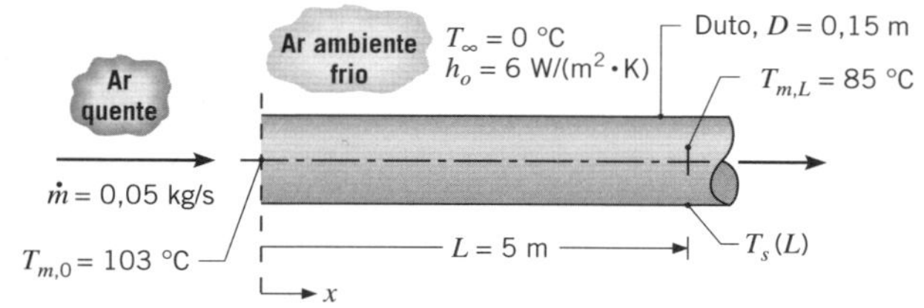

Considerações:

1. Condições de regime estacionário.
2. Propriedades constantes.
3. Comportamento de gás ideal.
4. Dissipação viscosa desprezível e variações de pressão desprezíveis.
5. Resistência térmica na parede do duto desprezível.
6. Coeficiente convectivo uniforme na superfície externa do duto.
7. Radiação desprezível.

Propriedades: Tabela A.4, ar ($\overline{T}m = 367$ K): $c_p = 1011$ J/(kg · K). Tabela A.4, ar ($T_{m,L} = 358$ K): $k = 0{,}0306$ W/(m · K), $\mu = 211{,}7 \times 10^{-7}$ N · s/m², $Pr = 0{,}698$.

Análise:

1. Do balanço de energia em todo o duto, Equação 8.34,

$$q = \dot m c_p (T_{m,L} - T_{m,0})$$

$$q = 0{,}05 \text{ kg/s} \times 1011 \text{ J/(kg·K)}(85 - 103)\,°\text{C}$$

$$= -910 \text{ W} \quad \triangleleft$$

2. Uma expressão para o fluxo térmico em $x = L$ pode ser deduzida a partir da rede de resistências térmicas

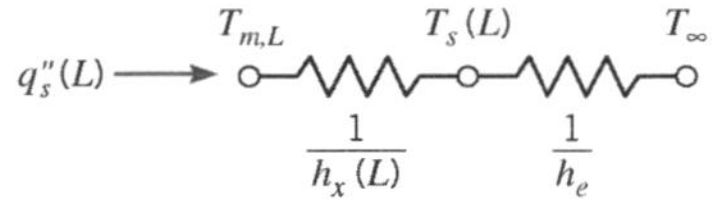

na qual $h_x(L)$ é o coeficiente de transferência de calor no lado interno do duto em $x = L$. Assim,

$$q''_s(L) = \frac{T_{m,L} - T_\infty}{1/h_x(L) + 1/h_e}$$

O coeficiente convectivo interno pode ser obtido a partir do conhecimento do número de Reynolds. Da Equação 8.6

$$Re_D = \frac{4\dot m}{\pi D \mu} = \frac{4 \times 0{,}05 \text{ kg/s}}{\pi \times 0{,}15 \text{ m} \times 211{,}7 \times 10^{-7} \text{ N·s/m}^2}$$

$$= 20.050$$

Assim, o escoamento é turbulento. Além disso, com $(L/D) = (5/0{,}15) = 33{,}3$, é razoável admitir condições plenamente desenvolvidas em $x = L$. Da Equação 8.60 com $n = 0{,}3$,

$$Nu_D = \frac{h_x(L)D}{k} = 0{,}023\, Re_D^{4/5}\, Pr^{0,3}$$

$$= 0{,}023(20.050)^{4/5}(0{,}698)^{0,3} = 56{,}4$$

$$h_x(L) = Nu_D \frac{k}{D} = 56{,}4\, \frac{0{,}0306 \text{ W/(m·K)}}{0{,}15 \text{ m}} = 11{,}5 \text{ W/(m}^2\text{·K)}$$

Consequentemente,

$$q''_s(L) = \frac{(85 - 0)\,°\text{C}}{(1/11{,}5 + 1/6{,}0)\text{m}^2\text{·K/W}} = 335 \text{ W/m}^2$$

Fazendo novamente referência à rede de resistências térmicas, tem-se também que

$$q''_s(L) = \frac{T_{m,L} - T_{s,L}}{1/h_x(L)}$$

de tal forma que

$$T_{s,L} = T_{m,L} - \frac{q''_s(L)}{h_x(L)} = 85\,°\text{C} - \frac{335 \text{ W/m}^2}{11{,}5 \text{ W/(m}^2\text{·K)}} = 55{,}9\,°\text{C} \quad \triangleleft$$

Comentários:

1. Ao usar o balanço de energia da parte 1 para o duto completo, as propriedades (neste caso, apenas c_p) são estimadas em $\overline{T}_m = (T_{m,0} + T_{m,L})/2$. Contudo, ao usar a correlação para o coeficiente de transferência de calor local, Equação 8.60, as propriedades são estimadas na temperatura média local, $T_{m,L} = 85$ °C.
2. O coeficiente global de transferência de calor médio $\overline{U}$ pode ser determinado pela Equação 8.45a, que pode ser rearrumada para fornecer:

$$\overline{U} = -\frac{\dot m c_p}{\pi D L} \ln\left[\frac{T_\infty - T_{m,\text{sai}}}{T_\infty - T_{m,\text{ent}}}\right] =$$

$$-\frac{0{,}05 \text{ kg/s} \times 1011 \text{ J/(kg·K)}}{\pi \times 0{,}15 \text{ m} \times 5 \text{ m}} \ln\left[\frac{-85\,°\text{C}}{-103\,°\text{C}}\right]$$

$$= 4{,}12 \text{ W/(m}^2\text{·K)}$$

Vem da Consideração 6 que $\overline{h}_e = h_e$ e que $h_i = 1/(1/\overline{U} - 1/h_e) = 13{,}2$ W/(m² · K). O coeficiente de transferência de calor interno médio é maior do que $h_x(L)$, como esperado com base Equação 8.63.

3. Esse problema não é caracterizado nem por uma temperatura superficial constante nem por um fluxo térmico na superfície constante. Consequentemente, seria errado presumir que a perda de calor total no tubo seja dada por $q''_s(L)\pi DL = 790$ W. Esse resultado é substancialmente menor do que a perda de calor real de 910 W, pois $q''(x)$ diminui com o aumento de x. Essa diminuição de $q''_x(x)$ é decorrente das reduções no $h_x(x)$ e em $[T_m(x) - T_\infty]$ com o aumento de x.

8.6 Correlações da Convecção: Tubos Não Circulares e a Região Anular entre Tubos Concêntricos

Embora até aqui tenhamos nos restringido à análise de escoamentos internos em dutos com seção transversal circular, muitas aplicações em engenharia envolvem o transporte por convecção em *tubos não circulares*. Entretanto, pelo menos como uma primeira aproximação, muitos dos resultados para tubos circulares podem ser empregados com a utilização de *um diâmetro efetivo* como o comprimento característico. Ele é conhecido por *diâmetro hidráulico* e definido como

$$D_h \equiv \frac{4A_{tr}}{P} \tag{8.66}$$

com A_{tr} e P sendo a área de seção transversal do *escoamento* e o *perímetro molhado*, respectivamente. É esse o diâmetro que deve ser utilizado no cálculo de parâmetros como Re_D e Nu_D.

Para o escoamento turbulento, que ocorre quando $Re_D \gtrsim 2300$, é aceitável a utilização das correlações da Seção 8.5 para $Pr \gtrsim 0{,}7$. Entretanto, em um tubo não circular, os coeficientes convectivos variam ao longo do perímetro, aproximando-se de zero nos cantos. Assim, ao utilizar uma correlação de tubo circular, presume-se que o coeficiente determinado represente uma média no perímetro do tubo.

Para o escoamento laminar, o uso de correlações para tubos circulares é menos acurado, particularmente em seções transversais caracterizadas por cantos vivos. Em tais casos, o número de Nusselt correspondente às condições plenamente desenvolvidas pode ser obtido na Tabela 8.1, que está baseada em soluções das equações diferenciais do momento e da energia em escoamentos através de dutos com diferentes geometrias de seção transversal. Como para o tubo circular, os resultados diferem de acordo com a condição térmica na superfície. Os números de Nusselt apresentados para a condição de fluxo térmico uniforme na superfície presumem um fluxo constante na direção axial (direção do escoamento), mas uma temperatura constante ao longo do perímetro em uma seção transversal qualquer. Essa condição é típica dos tubos com paredes de materiais com elevada condutividade térmica. Os resultados tabelados para a condição de temperatura superficial uniforme se aplicam quando a temperatura é constante na direção axial e ao longo do perímetro. Deve-se tomar cuidado quando forem comparados valores de números de Nusselt associados a formas diferentes de seções transversais. Especificamente, uma seção transversal caracterizada por um maior número de Nusselt não necessariamente implica uma transferência de calor por convecção mais efetiva, pois tanto o diâmetro hidráulico como o perímetro molhado são dependentes da seção transversal. Veja o Problema 8.66.

Embora os procedimentos anteriores sejam, em geral, satisfatórios, existem exceções. Discussões detalhadas sobre a transferência de calor em tubos não circulares são fornecidas em diversas fontes [13, 14, 28].

Muitos problemas de escoamentos internos envolvem a transferência de calor em uma *região anular entre tubos concêntricos* (Figura 8.11). Um fluido passa no espaço formado pelos tubos concêntricos (região anular), e transferência de calor por convecção pode ocorrer tanto da superfície do tubo interno quanto da superfície do tubo externo. É possível especificar de forma independente o fluxo térmico ou a temperatura, isto é, a condição térmica, em cada uma dessas superfícies. Em qualquer caso, o fluxo térmico em cada superfície pode ser calculado por expressões com a forma

TABELA 8.1 Números de Nusselt e fatores de atrito para escoamentos laminares plenamente desenvolvidos em tubos de diferentes seções transversais

Seção Transversal	$\frac{b}{a}$	$Nu_D \equiv \frac{hD_h}{k}$ (q''_s uniforme)	$Nu_D \equiv \frac{hD_h}{k}$ (T_s uniforme)	$f\,Re_{D_h}$
	—	4,36	3,66	64
a  b	1,0	3,61	2,98	57
a  b	1,43	3,73	3,08	59
a  b	2,0	4,12	3,39	62
a  b	3,0	4,79	3,96	69
a  b	4,0	5,33	4,44	73
a  b	8,0	6,49	5,60	82
	∞	8,23	7,54	96
Aquecida 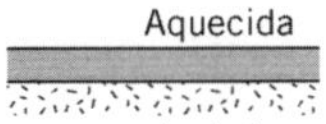 Isolada	∞	5,39	4,86	96
	—	3,11	2,47	53

Adaptada de W. M. Kays e M. E. Crawford, *Convection Heat and Mass Transfer*, 3. ed. McGraw-Hill, New York, 1993.

$$q''_i = h_i(T_{s,i} - T_m) \tag{8.67}$$

$$q''_e = h_e(T_{s,e} - T_m) \tag{8.68}$$

Note que coeficientes de transferência de calor diferentes estão associados às superfícies interna e externa da região anular. Os números de Nusselt correspondentes possuem a forma

$$Nu_i \equiv \frac{h_i D_h}{k} \tag{8.69}$$

$$Nu_e \equiv \frac{h_e D_h}{k} \tag{8.70}$$

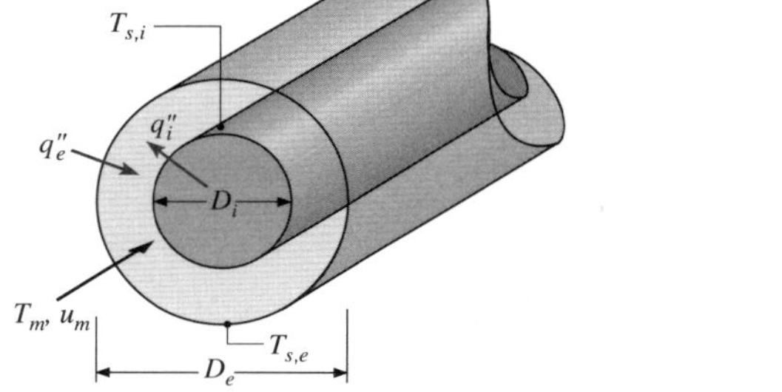

FIGURA 8.11 A região anular entre tubos concêntricos.

nas quais, da Equação 8.66, o diâmetro hidráulico D_h é

$$D_h = \frac{4(\pi/4)(D_e^2 - D_i^2)}{\pi D_e + \pi D_i} = D_e - D_i \quad (8.71)$$

Para o caso de escoamento laminar plenamente desenvolvido com uma superfície termicamente isolada e a outra a uma temperatura constante, Nu_i ou Nu_e podem ser obtidos na Tabela 8.2. Observe que, em tais situações, estamos interessados somente no coeficiente de transferência de calor associado à superfície isotérmica (superfície não adiabática).

Se condições de fluxo térmico uniforme estão presentes em ambas as superfícies, os números de Nusselt podem ser calculados por expressões na forma

$$Nu_i = \frac{Nu_{ii}}{1 - (q_e''/q_i'')\theta_i^*} \quad (8.72)$$

$$Nu_e = \frac{Nu_{ee}}{1 - (q_i''/q_e'')\theta_e^*} \quad (8.73)$$

Os coeficientes de influência (Nu_{ii}, Nu_{ee}, θ_i^* e θ_e^*) que aparecem nessas equações podem ser obtidos na Tabela 8.3. Note que q_i'' e q_e'' podem ser positivos ou negativos, dependendo do fato de a transferência de calor ser para ou saindo do fluido, respectivamente. Além disso, podem ocorrer situações nas quais os valores de h_i e h_e são negativos. Tais resultados, quando usados com a convenção de sinais implícita nas Equações 8.67 e 8.68, revelam os valores relativos de T_s e T_m.

Para escoamentos turbulentos plenamente desenvolvidos, os coeficientes de influência são funções dos números de Reynolds e de Prandtl [28]. Contudo, em uma primeira aproximação, os coeficientes de convecção nas superfícies interna e externa da região anular podem ser considerados iguais, podendo ser estimados com o emprego do diâmetro hidráulico, Equação 8.71, com a equação de Dittus-Boelter, Equação 8.60.

TABELA 8.2 Número de Nusselt para escoamento laminar plenamente desenvolvido em uma região anular circular com uma superfície isolada e a outra a temperatura constante

D_i/D_e	Nu_i	Nu_e	Comentários
0	—	3,66	Veja a Equação 8.55
0,05	17,46	4,06	
0,10	11,56	4,11	
0,25	7,37	4,23	
0,50	5,74	4,43	
≈1,00	4,86	4,86	Veja a Tabela 8.1, $b/a \to \infty$

Usada com permissão de W. M. Kays e H. C. Perkins, in W. M. Rohsenow e J. P. Hartnett (Ed.). *Handbook of Heat Transfer*, Cap. 7, McGraw-Hill, New York, 1973.

TABELA 8.3 Coeficientes de influência para o escoamento laminar plenamente desenvolvido em uma região anular circular com fluxo térmico uniforme mantido nas duas superfícies

D_i/D_e	Nu_{ii}	Nu_{ee}	θ_i^*	θ_e^*
0	—	4,364[a]	∞	0
0,05	17,81	4,792	2,18	0,0294
0,10	11,91	4,834	1,384	0,0562
0,20	8,499	4,883	0,904	0,1039
0,40	6,583	4,979	0,602	0,1822
0,60	5,912	5,099	0,474	0,2455
0,80	5,58	5,24	0,401	0,298
1,00	5,385	5,385[b]	0,346	0,346

Usada com permissão de W. M. Kays e H. C. Perkins, in W. M. Rohsenow e J. P. Hartnett (Ed.). *Handbook of Heat Transfer*, Cap. 7, McGraw-Hill, New York, 1973.

[a]Veja a Equação 8.53.

[b]Veja a Tabela 8.1 para $b/a \to \infty$ com uma superfície isolada.

8.7 Intensificação da Transferência de Calor

Diversas opções estão disponíveis para intensificar a transferência de calor nos escoamentos internos. A intensificação pode ser obtida pelo aumento de coeficiente convectivo e/ou pelo aumento da área superficial na qual há a convecção. Por exemplo, h pode ser elevado pela introdução de rugosidade superficial, que aumenta a turbulência. Esse aumento da turbulência pode ser obtido, por exemplo, pela usinagem da superfície ou pela inserção de uma mola em espiral. A colocação da mola (Figura 8.12*a*) proporciona um elemento helicoidal de rugosidade em contato com a superfície interna do tubo. De forma alternativa, o coeficiente convectivo pode ser aumentado pela indução de um movimento rotacional, efetuada pela inserção de uma fita torcida (Figura 8.12*b*). O elemento inserido é uma fina tira que se encontra periodicamente torcida em 360°. A introdução de um componente tangencial da velocidade aumenta a velocidade do escoamento, particularmente próximo à parede do tubo. A área de transferência de calor pode ser aumentada pela fabricação de tubos com a superfície interna com sulcos (Figura 8.12*c*), enquanto tanto o coeficiente de convecção quanto a área superficial podem ser aumentados pelo uso de aletas helicoidais ou frisos (Figura 8.12*d*). Ao avaliar qualquer esquema para a intensificação da taxa de transferência de calor, deve-se prestar atenção também ao correspondente aumento na queda de pressão e, portanto, à maior demanda de potência nos ventiladores ou bombas. Abordagens amplas de opções para a intensificação da transferência de calor foram publicadas [29–32], e o *Journal of Enhanced Heat Transfer* oferece acesso aos recentes desenvolvimentos nesse campo.

Fazendo-se com que um tubo adquira uma configuração helicoidal (Figura 8.13), transferência de calor pode ser intensificada sem a indução de turbulência ou a utilização de uma área superficial adicional. Nesse caso, as forças centrífugas no fluido induzem um *escoamento secundário* constituído por um par de vórtices longitudinais que, em contraste com as condições em um tubo reto, podem resultar em coeficientes de transferência de calor locais altamente não uniformes ao longo da periferia do tubo. Dessa forma, coeficientes de transferência de calor locais variam com θ, assim como com x. Se condições de fluxo térmico constante forem aplicadas, a temperatura do fluido média, $T_m(x)$, pode ser calculada usando-se o princípio da conservação de energia, Equação 8.40. Para situações nas quais o fluido é aquecido, as temperaturas do fluido máximas

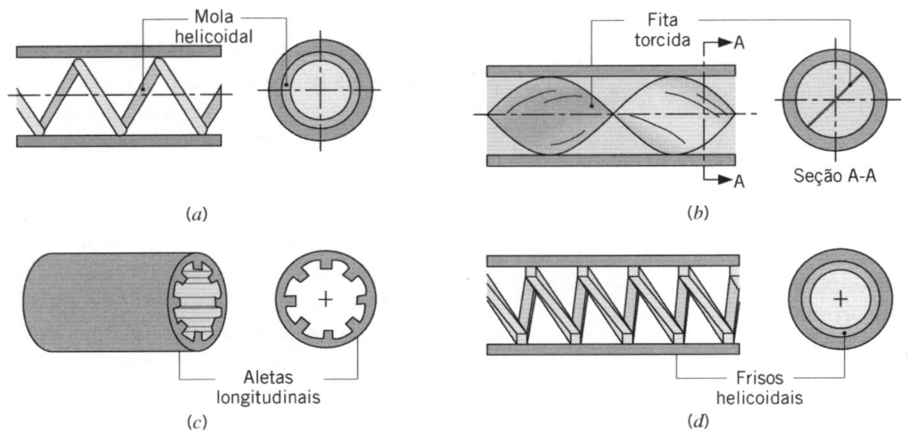

FIGURA 8.12 Esquemas de intensificação da transferência de calor em escoamentos internos: (*a*) seção longitudinal e vista frontal de um interno na forma de mola em espiral, (*b*) seção longitudinal e vista da seção transversal de um interno na forma de uma fita torcida, (*c*) corte e vista frontal de aletas longitudinais, e (*d*) seção longitudinal e vista frontal de frisos helicoidais.

ocorrem na parede do tubo, porém o cálculo da temperatura máxima local não é direto em função da dependência com θ do coeficiente de transferência de calor. Consequentemente, correlações para o número de Nusselt *médio periférico* têm pouco uso, se condições de fluxo térmico constante são aplicadas. Por outro lado, correlações para o número de Nusselt médio periférico para condições de contorno de temperatura de parede constante são úteis, e as relações recomendadas por Shah e Joshi [33] são fornecidas nos próximos parágrafos.

O escoamento secundário aumenta as perdas por atrito e as taxas de transferência de calor. Além disso, o escoamento secundário diminui os comprimentos de entrada e reduz a diferença entre as taxas de transferência de calor nos regimes laminar e turbulento, em relação ao que ocorre no tubo reto considerado anteriormente neste capítulo. Quedas de pressão e taxas de transferência de calor mostram pequena dependência em relação ao passo da serpentina, S. O número de Reynolds crítico correspondente ao surgimento da turbulência no tubo em forma de serpentina, $Re_{D,c,serp}$, é

$$Re_{D,c,serp} = Re_{D,c}[1 + 12(D/C)^{0,5}] \qquad (8.74)$$

com $Re_{D,c}$ dado pela Equação 8.2 e C definida na Figura 8.13. Fortes escoamentos secundários associados a serpentinas enroladas de forma compacta retardam a transição para a turbulência.

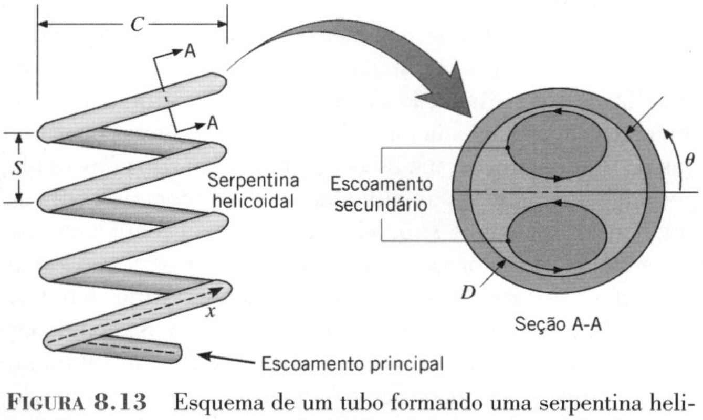

FIGURA 8.13 Esquema de um tubo formando uma serpentina helicoidal e o escoamento secundário em uma vista aumentada da seção transversal.

Em escoamentos laminares plenamente desenvolvidos com $C/D \gtrsim 3$, o fator de atrito é

$$f = \frac{64}{Re_D} \qquad Re_D(D/C)^{1/2} \lesssim 30 \qquad (8.19)$$

$$f = \frac{27}{Re_D^{0,725}}(D/C)^{0,1375} \qquad 30 \lesssim Re_D(D/C)^{1/2} \lesssim 300 \qquad (8.75a)$$

$$f = \frac{7,2}{Re_D^{0,5}}(D/C)^{0,25} \qquad 300 \lesssim Re_D(D/C)^{1/2} \qquad (8.75b)$$

Para casos nos quais $C/D \lesssim 3$, recomendações feitas por Shah e Joshi [33] devem ser seguidas. O coeficiente de transferência de calor para ser usado na Equação 8.27 pode ser determinado por uma correlação na forma

$$Nu_D = \left[\left(3,66 + \frac{4,343}{a}\right)^3 + 1,158\left(\frac{Re_D(D/C)^{1/2}}{b}\right)^{3/2}\right]^{1/3}\left(\frac{\mu}{\mu_s}\right)^{0,14} \qquad (8.76)$$

na qual

$$a = \left(1 + \frac{927(C/D)}{Re_D^2\,Pr}\right) \quad \text{e} \quad b = 1 + \frac{0,477}{Pr} \qquad (8.77a,b)$$

$$\begin{bmatrix} 0,005 \lesssim Pr \lesssim 1600 \\ 1 \lesssim Re_D(D/C)^{1/2} \lesssim 1000 \end{bmatrix}$$

Correlações para o fator de atrito para o escoamento turbulento são baseadas em dados limitados. Além disso, a intensificação da transferência de calor decorrente do escoamento secundário é menor quando o escoamento é turbulento, sendo menor do que 10 % para $C/D \gtrsim 20$. Desta forma, a intensificação com o uso de tubos na forma de serpentinas geralmente é empregada apenas em situações de escoamento laminar. No escoamento laminar, o comprimento de entrada é de 20 % a 50 % menor do que para um tubo reto, enquanto o escoamento se torna plenamente desenvolvido na primeira meia volta da serpentina sob condições turbulentas. Consequentemente, a região de entrada pode ser desprezada na maioria dos cálculos de engenharia. Uma compilação de mais correlações está disponível [34].

Quando um gás ou um líquido é aquecido em um tubo reto, uma parcela do fluido que entra próximo ao eixo central do tubo irá sair do tubo mais rápido e sempre estará mais fria do que uma parcela do fluido que entra próximo à parede do tubo. Portanto, os *históricos dinâmicos das temperaturas* de parcelas individuais do fluido, processadas no mesmo tubo de aquecimento, podem ser completamente diferentes. Além de intensificar a transferência de calor, o escoamento secundário associado ao tubo em forma de serpentina serve para *misturar* o fluido em comparação com o escoamento laminar em um tubo reto, resultando em históricos dinâmicos das temperaturas similares para todas as parcelas de fluido. É por essa razão que serpentinas são rotineiramente usadas para processar e fabricar fluidos altamente viscosos e com alto valor agregado, como fármacos, cosméticos e produtos de cuidados pessoais [34].

8.8 Convecção Forçada em Canais Pequenos

Os tubos e canais analisados até agora foram caracterizados por tamanhos convencionais. Entretanto, muitas tecnologias envolvem escoamentos internos em canais com dimensões relativamente pequenas. Uma motivação importante para desenvolver *dispositivos microfluídicos* fica facilmente evidente pela observação das Equações 8.53 e 8.55, assim como das Tabelas 8.1 a 8.3. Isto é, coeficientes convectivos são inversamente proporcionais ao diâmetro hidráulico e, quando canais pequenos são usados, pode-se obter valores que podem exceder em muito os valores típicos listados na Tabela 1.1 [35].

8.8.1 *Convecção em Microescala em Gases ($0{,}1\ \mu m \lesssim D_h \lesssim 100\ \mu m$)*

Na maioria das situações, velocidades em gases irrealisticamente altas são necessárias para escoamento turbulento em canais ou tubos caracterizados por $D_h \lesssim 100\ \mu$m. Consequentemente, convecção turbulenta em microescala envolvendo gases é raramente encontrada. Entretanto, correlações-padrão para a convecção laminar podem não representar o fenômeno, pois a interação das moléculas do gás com a parede do tubo ou o canal pode afetar o processo convectivo. Como discutido na Seção 3.7.3, a condução através de uma camada de gás pode ser afetada quando o comprimento característico do volume do gás é da mesma magnitude do livre percurso médio do gás, λ_{lpm}. Processos convectivos podem também ser afetados da mesma maneira em canais com diâmetros hidráulicos pequenos. Mais especificamente, as correlações de convecção em escoamento interno apresentadas nas seções anteriores não se aplicam para gases quando $D_h/\lambda_{\text{lpm}} \lesssim 100$. Para o ar a temperatura e pressão atmosféricas, este limite corresponde a $D_h \lesssim 10\ \mu$m.

Se a situação mostrada na Figura 3.25 envolvesse um escoamento global na direção vertical, a maneira na qual as moléculas individuais do gás se espalham a partir das duas paredes sólidas afetaria o transporte de momento através do gás e, por sua vez, a distribuição de velocidades no gás. Como a distribuição de temperaturas no gás depende da velocidade do gás, um *coeficiente de acomodação de momento* α_p irá influenciar as taxas de transferência de calor por convecção, assim como o coeficiente de acomodação térmica α_t da Equação 3.130 [36]. Valores do coeficiente de acomodação de momento estão na faixa de $0 \leq \alpha_p \leq 1$. Especificamente, a *reflexão especular* (na qual a velocidade da molécula não muda e o ângulo de reflexão a partir da superfície é igual ao ângulo de incidência na superfície) corresponde a $\alpha_p = 0$. Por outro lado, a *reflexão difusa* (sem ângulo de preferência para reflexão) corresponde a $\alpha_p = 1$. Valores de α_p para o ar interagindo com a maioria das superfícies de engenharia estão entre 0,87 e a unidade, enquanto para o nitrogênio, o argônio ou o CO_2 em canais de silício $0{,}75 \lesssim \alpha_p \lesssim 0{,}85$ [36].

A transferência de calor por convecção no escoamento interno de gases em microescala foi analisada, levando em conta interações térmicas e de momento entre as moléculas de gás e as paredes sólidas. Para o escoamento laminar plenamente desenvolvido em um tubo circular com diâmetro D e com fluxo uniforme na superfície, o número de Nusselt pode ser determinado pela expressão [37]

$$Nu_D = \frac{hD}{k} = \frac{48}{11 - 6\zeta + \zeta^2 + 48\Gamma_t} \tag{8.78a}$$

na qual

$$\zeta = 8\Gamma_p/(1 + 8\Gamma_p) \tag{8.78b}$$

$$\Gamma_p = \frac{2-\alpha_p}{\alpha_p}\left[\frac{\lambda_{\text{lpm}}}{D}\right] \tag{8.78c}$$

$$\Gamma_t = \frac{2-\alpha_t}{\alpha_t}\,\frac{2\gamma}{\gamma+1}\left[\frac{\lambda_{\text{lpm}}}{Pr\,D}\right] \tag{8.78d}$$

O termo $\gamma \equiv c_p/c_v$ é a razão dos calores específicos do gás. Para diâmetros do tubo grandes ($\lambda_{\text{lpm}}/D \to 0$), $Nu_D \to 48/11 = 4{,}36$, em concordância com a Equação 8.53.

De maneira análoga, para o escoamento laminar plenamente desenvolvido em um canal formado por grandes placas separadas por uma distância a, o número de Nusselt para fluxos térmicos nas placas iguais e uniformes é dado pela expressão [38]

$$Nu_D = \frac{hD_h}{k} = \frac{140}{17 - 6\zeta + (2/3)\zeta^2 + 70\Gamma_t} \tag{8.79a}$$

na qual

$$\zeta = 6\Gamma_p/(1 + 6\Gamma_p) \tag{8.79b}$$

Os parâmetros Γ_p e Γ_t são definidos como nas Equações 8.78c,d com $D = D_h$. Para placas infinitamente grandes o diâmetro hidráulico é $D_h = 2a$, e para uma grande distância entre as placas $\lambda_{\text{lpm}}/D_h \to 0$, $Nu_D \to 140/17 = 8{,}23$, em concordância com a Tabela 8.1.

As relações anteriores podem ser aplicadas somente quando o escoamento do gás pode ser tratado como incompressível, isto é, quando o número de Mach é pequeno ($Ma \lesssim 0{,}3$).

8.8.2 Convecção em Microescala em Líquidos

Experimentos mostraram que as Equações 8.19 e 8.22a podem ser aplicadas em escoamentos laminares de líquidos em tubos com diâmetros tão pequenos quanto 17 μm [39, 40].[3] Há a expectativa que estas equações sejam válidas para a maioria dos líquidos para diâmetros hidráulicos tão pequenos como 1 μm [39, 41]. A transferência de calor por convecção em escoamentos internos em microescala envolvendo líquidos é assunto de pesquisas em andamento. Os resultados analíticos dos Capítulos 6 e 8 devem ser utilizados com cuidado para líquidos quando $D_h \lesssim 1$ μm.

8.8.3 Convecção em Nanoescala ($D_h \lesssim 100$ nm)

Na medida em que o diâmetro hidráulico se aproxima de $D_h \approx 0{,}1$ μm $= 100$ nm, interações moleculares, em geral, têm que ser levadas em conta tanto no fluido quanto na parede sólida. Convecção em nanoescala é uma área atual de pesquisa [42].

EXEMPLO 8.7

Química combinatorial é usada na indústria farmacêutica para reduzir grandes populações, ou *bibliotecas*, de compostos, que são, posteriormente, analisados para identificar candidatos com valor terapêutico. Um *chip microrreator* submete dois reagentes, A e B, a N históricos dinâmicos de temperatura individuais, resultando em N novos compostos para teste. O *chip* com 20 mm $\times$ 20 mm é fabricado, em primeiro lugar, pela cobertura de uma lâmina de microscópio com 1 mm de espessura com um material fotorresistente de espessura $a = 40$ μm. Canais com largura de $b = 160$ μm e $L = 20$ mm de comprimento são então esculpidos no material fotorresistente e uma segunda lâmina de microscópio é aderida na parte superior da estrutura. O espaçamento entre os canais é de $s = 40$ μm, de tal forma que $N = L/(b + s) = 100$ canais paralelos são formados. O escoamento é induzido através de cada canal pela aplicação de um diferencial de pressão de $\Delta P = 500$ kPa entre a entrada e saída do microrreator. Os reagentes entram em cada canal a $T_{m,\text{ent}} = 5$ °C, e os N produtos de reação são resfriados de volta aos 5 °C depois de saírem do *chip*. As paredes dos N canais são mantidas a uma temperatura particular a partir da manutenção das extremidades do *chip* nas temperaturas $T_1 = 125$ °C e $T_2 = 25$ °C. Para os microcanais mais quente (125 °C) e mais frio (25 °C), estime o tempo que o líquido demora para estar a 1 °C da temperatura da parede. Considere que o fluido tenha propriedades termofísicas similares às do etilenoglicol.

SOLUÇÃO

Dados: Dimensões e condições de operação do escoamento de reagentes escoando através de um microrreator.

Achar: Tempo nas temperaturas associadas aos canais mais quente e mais frio.

Esquema:

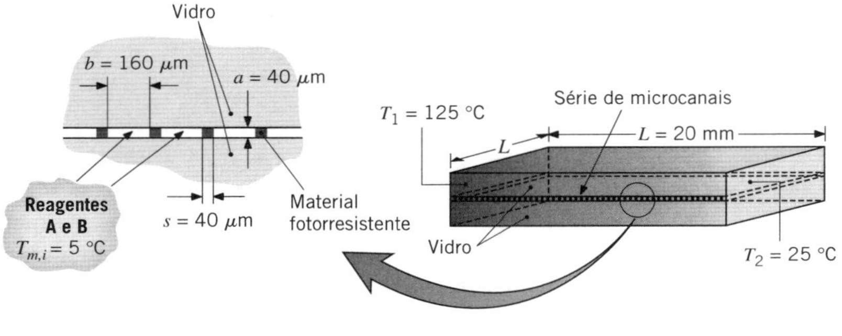

Considerações:

1. Distribuição de temperaturas linear ao longo da largura do microrreator.
2. Condições de regime estacionário.
3. Líquido incompressível com propriedades constantes.
4. Dissipação viscosa desprezível.
5. Temperaturas de parede uniformes em cada canal.

Propriedades: Tabela A.5, etilenoglicol ($\overline{T}_m = 288$ K): $\rho = 1120{,}2$ kg/m^3, $c_p = 2359$ J/(kg · K), $\mu = 2{,}82 \times 10^{-2}$ N · s/m^2, $k = 247 \times 10^{-3}$ W/(m · K), $Pr = 269$. ($\overline{T}_m = 338$ K): $\rho = 1085$ kg/m^3, $c_p = 2583$ J/(kg · K), $\mu = 0{,}427 \times 10^{-2}$ N · s/m^2, $k = 261 \times 10^{-3}$ W/(m · K), $Pr = 45{,}2$.

[3] Da discussão na Seção 6.3.1 pode-se antecipar que, como a turbulência é caracterizada pelo movimento de parcelas relativamente grandes do fluido em dispositivos com tamanho convencional, as Equações 8.2, 8.20 e 8.21 não seriam aplicáveis em escoamentos em dispositivos microfluídicos, pois o volume das parcelas de fluido está restrito pelo diâmetro hidráulico do canal. Todavia, medidas cuidadosas usando vários líquidos mostraram que a Equação 8.2, na realidade, se mantém válida para o escoamento de líquidos com diâmetros no mínimo tão pequenos como 17 μm [40].

Análise: O diâmetro hidráulico de cada microcanal é determinado com a Equação 8.66 e é

$$D_h = \frac{4A_{tr}}{P} = \frac{4ab}{(2a+2b)} = \frac{4\times 40\times 10^{-6}\,\text{m}\times 160\times 10^{-6}\,\text{m}}{(80\times 10^{-6}\,\text{m}\times 320\times 10^{-6}\,\text{m})} = 64\times 10^{-6}\,\text{m}$$

Iniciamos supondo escoamento laminar e um comprimento de entrada pequeno, fatos a serem verificados posteriormente, de tal forma que a vazão possa ser estimada usando o fator de atrito para condições plenamente desenvolvidas. Da Tabela 8.1, para $b/a = 4$, $f = 73/Re_{Dh}$. Substituindo essa expressão na Equação 8.22a, rearrumando termos e usando propriedades a $T_m = 338$ K para o microcanal a 125 °C (nessa equação e nas próximas), tem-se como resultado

$$u_m = \frac{2}{73}\frac{D_h^2\Delta p}{\mu L} = \frac{2}{73}\times\frac{(64\times 10^{-6}\,\text{m})^2\times 500\times 10^3\,\text{N/m}^2}{0{,}427\times 10^{-2}\,\text{N}\cdot\text{s/m}^2\times 20\times 10^{-3}\,\text{m}} = 0{,}657\,\text{m/s}$$

Assim, o número de Reynolds é

$$Re_{D_h} = \frac{u_m D_h \rho}{\mu} = \frac{0{,}657\,\text{m/s}\times 64\times 10^{-6}\,\text{m}\times 1085\,\text{kg/m}^3}{0{,}427\times 10^{-2}\,\text{N}\cdot\text{s/m}^2} = 10{,}7$$

e o escoamento está bem dentro do regime laminar. A Equação 8.3 pode ser usada para determinar o comprimento de entrada fluidodinâmico, que é

$$x_{\text{cd},v} \approx 0{,}05\,D_h\,Re_D = 0{,}05\times 64\times 10^{-6}\,\text{m}\times 10{,}7 = 34{,}2\times 10^{-6}\,\text{m}$$

e o comprimento de entrada térmico pode ser obtido da Equação 8.23, que fornece

$$x_{\text{cd},t} \approx x_{\text{cd},v}\,Pr = 34{,}2\times 10^{-6}\,\text{m}\times 45{,}2 = 1{,}55\times 10^{-3}\,\text{m}$$

Ambos os comprimentos de entrada ocupam menos do que 10 % do comprimento total do microcanal, $L = 20$ mm. Consequentemente, o uso de valores de f para condições plenamente desenvolvidas está justificado, e a vazão mássica no microcanal a $T = 125$ °C é de

$$\dot{m} = \rho A_{tr} u_m = \rho a b u_m = 1085\,\text{kg/m}^3\times 40\times 10^{-6}\,\text{m}\times 160\times 10^{-6}\,\text{m}\times 0{,}657\,\text{m/s} = 4{,}56\times 10^{-6}\,\text{kg/s}$$

A Equação 8.42 pode agora ser usada para determinar a distância entre a entrada do microcanal e o local, x_c, no qual $T_{m,c} = 124$ °C, isto é, 1 °C inferior à temperatura da superfície. O coeficiente de transferência de calor médio, $\overline{h}$, é substituído pelo valor para condições plenamente desenvolvidas do coeficiente de transferência de calor, h, em função do relativamente pequeno comprimento de entrada térmico. Da Tabela 8.1, $Nu_D = hD_h/k = 4{,}44$ para $b/a = 4$. Consequentemente,

$$\overline{h} \approx h = Nu_D\frac{k}{D_h} = 4{,}44\times\frac{0{,}261\,\text{W/(m}\cdot\text{K)}}{64\times 10^{-6}\,\text{m}} = 1{,}81\times 10^4\,\text{W/(m}^2\cdot\text{K)}$$

Como esperado, o coeficiente convectivo é grande.

Explicitando x_c na Equação 8.42,

$$x_c = \frac{\dot{m}c_p}{Ph}\ln\left[\frac{T_s - T_{m,\text{ent}}}{T_s - T_{m,c}}\right] = \frac{4{,}56\times 10^{-6}\,\text{kg/s}\times 2583\,\text{J/(kg}\cdot\text{K)}}{0{,}4\times 10^{-3}\,\text{m}\times 1{,}81\times 10^4\,\text{W/(m}^2\cdot\text{K)}}\ln\left[\frac{(125-5)\,°\text{C}}{(125-124)\,°\text{C}}\right] = 7{,}79\times 10^{-3}\,\text{m}$$

Consequentemente, o tempo para atingir a temperatura é

$$t_T = (L - x_c)/u_c = (20\times 10^{-3} - 7{,}79\times 10^{-3})\,\text{m}/0{,}657\,\text{m/s} = 0{,}019\,\text{s} \qquad \triangleleft$$

Repetindo os cálculos para o microcanal associado à menor temperatura de processamento, igual a 25 °C, obtém-se $u_m = 0{,}0995$ m/s, $Re_D = 0{,}253$, $x_{\text{cd},v} = 8{,}09\times 10^{-7}$ m, $x_{\text{cd},t} = 0{,}218\times 10^{-3}$ m, $h = 1{,}71\times 10^4$ W/(m² · K), $x_c = 0{,}73\times 10^{-3}$ m e $t_c = 0{,}19$ s. ◁

Comentários:

1. A espessura total do vidro (2 mm) é 50 vezes maior do que a profundidade de cada microcanal, enquanto a condutividade térmica do vidro, $k_{\text{vid}} \approx 1{,}4$ W/(m · K) (Tabela A.3), é cinco vezes maior do que a do fluido. Supõe-se que a presença de uma quantidade tão pequena de fluido tenha influência desprezível na distribuição de temperaturas linear que é estabelecida ao longo do *chip*. A diferença de temperaturas ao longo da superfície superior ou inferior de cada canal é de aproximadamente $\Delta T = (T_1 - T_2)b/L = (125 - 25)°\text{C}\times(160\times 10^{-6}\,\text{m})/(20\times 10^{-3}\,\text{m}) = 0{,}8$ °C.

2. Como discutido na Seção 8.7, as distribuições não uniformes de velocidades e de temperaturas no interior de um canal reto aquecido levam a menores tempos de residência e temperaturas menores para as parcelas de fluido próximas à linha de centro do canal, relativamente aos tempos de residência e temperaturas associados com as parcelas próximas às paredes do canal. Atingir um histórico dinâmico de temperatura uniforme em fluidos escoando em microrreatores é difícil para condições em regime laminar. No entanto, induzir um movimento rotacional nos líquidos utilizando microcanais curvados, ou inserir frisos helicoidais no interior das paredes do microcanal, podem promover mistura e um histórico dinâmico de temperatura mais uniforme para os fluidos em escoamento [43].

3. As distribuições das temperaturas médias nos canais mais quente e mais frio são mostradas a seguir.

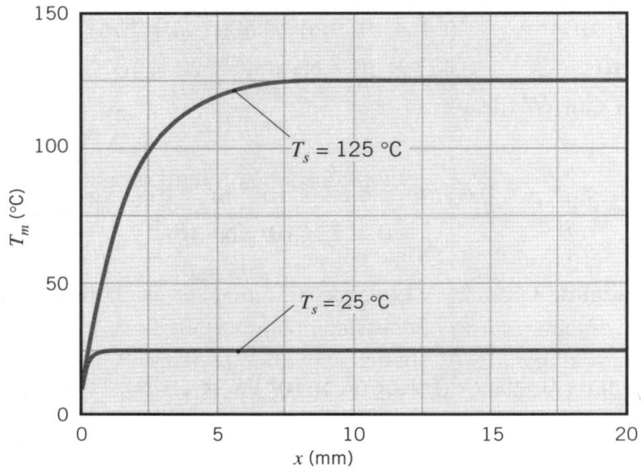

8.9 Transferência de Massa por Convecção

Transferência de massa por convecção também pode ocorrer em escoamentos internos. Por exemplo, um gás pode escoar através de um tubo cuja superfície tenha sido molhada ou possa ser sublimável. Evaporação ou sublimação irá, então, ocorrer, e uma camada-limite de concentração se desenvolverá. Da mesma forma que a temperatura média é a temperatura de referência apropriada para a transferência de calor, a concentração média da espécie $\rho_{A,m}$ desempenha um papel análogo na transferência de massa. Definindo a vazão mássica da espécie A em um duto de seção transversal A_{tr} arbitrária como $\dot{m}_A = \rho_{A,m}u_m A_{tr} = \int_{A_c}(\rho_A u)dA_{tr}$ a concentração mássica média da espécie A é, consequentemente,

$$\rho_{A,m} = \frac{\int_{A_{tr}}(\rho_A u)\,dA_{tr}}{u_m A_{tr}} \tag{8.80a}$$

ou, para um tubo circular,

$$\rho_{A,m} = \frac{2}{u_m r_o^2}\int_0^{r_o}(\rho_A u r)\,dr \tag{8.80b}$$

O desenvolvimento da camada-limite de concentração é caracterizado pela existência de uma região de entrada e de uma região plenamente desenvolvida, e a Equação 8.23 pode ser usada (com *Pr* substituído por *Sc*) para determinar o *comprimento de entrada de concentração* $x_{cd,c}$ para o escoamento laminar. A Equação 8.4 pode, mais uma vez, ser utilizada como uma primeira aproximação no caso de escoamento turbulento.

Além disso, por analogia com a Equação 8.28, tanto para escoamentos laminares quanto para escoamentos turbulentos, condições plenamente desenvolvidas estão presentes quando

$$\frac{\partial}{\partial x}\left[\frac{\rho_{A,s} - \rho_A(r,x)}{\rho_{A,s} - \rho_{A,m}(x)}\right]_{cd,c} = 0 \tag{8.81}$$

expressão na qual se presume que haja na superfície uma concentração da espécie $\rho_{A,s}$ uniforme.

O fluxo mássico local da espécie A saindo da superfície pode ser calculado com uma expressão na forma

$$n''_A = \overline{h}_m(\rho_{A,s} - \rho_{A,m}) \tag{8.82}$$

enquanto a taxa total de transferência da espécie A em um duto com área de superfície A_s pode ser representada pela expressão

$$n_A = \overline{h}_m A_s \Delta\rho_{A,ml} \tag{8.83}$$

na qual a *média logarítmica de diferenças de concentrações*

$$\Delta\rho_{A,ml} = \frac{\Delta\rho_{A,sai} - \Delta\rho_{A,ent}}{\ln(\Delta\rho_{A,sai}/\Delta\rho_{A,ent})} \tag{8.84}$$

é análoga à média logarítmica de diferenças de temperaturas da Equação 8.44 e a diferença de concentrações é definida como $\Delta\rho_A = \rho_{A,s} - \rho_{A,m}$. Da aplicação da conservação da espécie A em um volume de controle ao redor do duto, a taxa total de transferência da espécie A pode também ser escrita na forma

$$n_A = \frac{\dot{m}}{\rho}(\rho_{A,sai} - \rho_{A,ent}) \tag{8.85}$$

na qual ρ e $\dot{m}$ são a massa específica total (densidade mássica) e a vazão mássica, respectivamente, e $\dot{m}/\rho = u_m A_{tr}$. As Equações 8.83 e 8.85 são as equivalentes na transferência de massa das Equações 8.43 e 8.34, respectivamente, na transferência de calor. Além disso, a análoga à Equação 8.42 que caracteriza a variação da concentração mássica média de vapor com a distância x da entrada do duto pode ser escrita como

$$\frac{\rho_{A,s} - \rho_{A,m}(x)}{\rho_{A,s} - \rho_{A,m,\text{ent}}} = \exp\left(-\frac{\overline{h}_{m(x)}\rho P}{\dot{m}}x\right) \qquad (8.86)$$

com P sendo o perímetro do duto.

Os coeficientes de transferência de massa por convecção, h_m e $\overline{h}_m$, podem ser obtidos com correlações apropriadas para os números de Sherwood correspondentes, que são definidos como $Sh_D = h_m D/D_{AB}$ e $\overline{Sh}_D = \overline{h}_m D/D_{AB}$. A forma específica de uma correlação pode ser inferida dos resultados anteriores para a transferência de calor usando a analogia entre as transferências de calor e de massa, com Sh_D e Sc substituindo Nu_D e Pr, respectivamente. Por exemplo, com uma concentração de vapor uniforme na superfície de um duto circular e escoamento laminar plenamente desenvolvido através do duto,

$$Sh_D = 3{,}66 \qquad (8.87)$$

Para o escoamento turbulento plenamente desenvolvido, a análoga na transferência de massa da equação de Dittus-Boelter é

$$Sh_D = 0{,}023\, Re_D^{4/5}\, Sc^{0,4} \qquad (8.88)$$

As condições em microescala para a transferência de massa são similares àquelas discutidas para a transferência de calor na Seção 8.8.

EXEMPLO 8.8

Uma fina película de amônia (NH_3) líquida, que se formou sobre a superfície interna de um tubo com diâmetro $D = 10$ mm e comprimento $L = 1$ m, é removida pela passagem de ar seco pelo tubo a uma vazão de 3×10^{-4} kg/s. O tubo e o ar se encontram a 25 °C. Qual é o coeficiente convectivo de transferência de massa médio?

SOLUÇÃO

Dados: Amônia líquida sobre a superfície interna de um tubo é removida por evaporação para uma corrente de ar.

Achar: Coeficiente convectivo de transferência de massa médio no tubo.

Esquema:

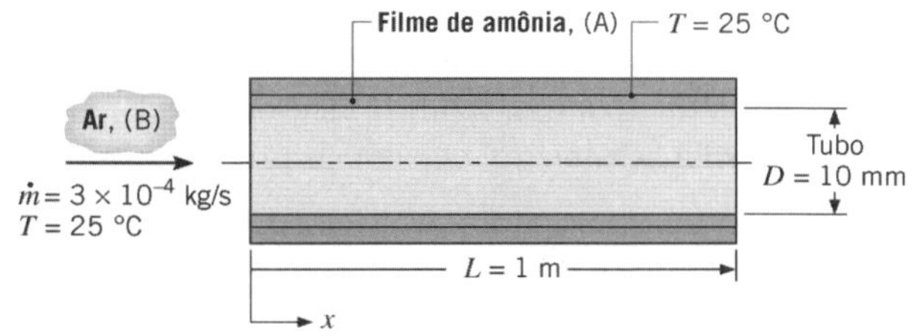

Considerações:

1. Película fina de amônia com superfície lisa.
2. A analogia entre as transferências de calor e a de massa se aplica.

Propriedades: Tabela A.4, ar (25 °C): $\nu = 15{,}7 \times 10^{-6}$ m²/s, $\mu = 183{,}6 \times 10^{-7}$ N · s/m². Tabela A.8, amônia-ar (25 °C): $D_{AB} = 0{,}28 \times 10^{-4}$ m²/s, $Sc = (\nu/D_{AB}) = 0{,}56$.

Análise: Da Equação 8.6,

$$Re_D = \frac{4 \times 3 \times 10^{-4}\,\text{kg/s}}{\pi \times 0{,}01\,\text{m} \times 183{,}6 \times 10^{-7}\,\text{N}\cdot\text{s/m}^2} = 2080$$

ou seja, o escoamento é laminar. Da Equação 8.3, o comprimento de entrada fluidodinâmica é

$$x_{\text{cd},v} \approx 0{,}05\, DRe_D = 0{,}05 \times 0{,}01\,\text{m} \times 2080 = 1{,}04\ \text{m}$$

O comprimento de entrada de concentração pode ser obtido a partir da expressão para a transferência de massa análoga à Equação 8.23, fornecendo

$$x_{\text{cd},c} \approx x_{\text{cd},v}\, Sc = 1{,}04\ \text{m} \times 0{,}56 = 0{,}58\ \text{m}$$

Como $x_{\text{cd},v} > L$, a condição de comprimento de entrada combinada prevalece mesmo que $x_{\text{cd},c} < L$. Uma concentração de vapor de amônia constante é mantida na superfície da película, o que é análogo a uma temperatura superficial constante. A análoga na transferência de massa da Equação 8.58 é apropriada, com $Gz_D = (D/L)\, Re_D Sc = (0{,}01\ \text{m}/1\ \text{m}) \times 2080 \times 0{,}56 = 11{,}6$. Assim

$$\overline{Sh}_D = \frac{\dfrac{3{,}66}{\tanh[2{,}264\, Gz_D^{-1/3} + 1{,}7\, Gz_D^{-2/3}]} + 0{,}0499\, Gz_D \tanh(Gz_D^{-1})}{\tanh(2{,}432\, Sc^{1/6}\, Gz_D^{-1/6})}$$

$$= \frac{\dfrac{3{,}66}{\tanh[2{,}264 \times 11{,}6^{-1/3} + 1{,}7 \times 11{,}6^{-2/3}]} + \begin{matrix}0{,}0499 \times 11{,}6\\ \times \tanh(11{,}6^{-1})\end{matrix}}{\tanh(2{,}432 \times 0{,}56^{1/6} \times 11{,}6^{-1/6})}$$

$$= 4{,}74$$

Finalmente,

$$\overline{h}_m = \overline{Sh}_D \frac{D_{AB}}{D} = \frac{4{,}74 \times 0{,}28 \times 10^{-4}\,\text{m}^2/\text{s}}{0{,}01\ \text{m}} = 0{,}013\ \text{m/s} \quad \triangleleft$$

Comentários: Uma hipótese de condições plenamente desenvolvidas ao longo de todo o tubo iria fornecer um valor de $\overline{Sh}_D = 3{,}66$, que é 23 % menor do que o resultado anterior.

8.10 Resumo

Neste capítulo analisamos a transferência de calor e de massa por convecção forçada em uma importante classe de problemas envolvendo *escoamentos internos*. Esses escoamentos são encontrados em inúmeras aplicações e você deve ser capaz de fazer cálculos de engenharia que envolvam um balanço de energia e correlações da convecção apropriadas. A metodologia compreende a determinação se o escoamento é laminar ou turbulento e o estabelecimento do comprimento de regiões de entrada. Após a decisão sobre se você está interessado em condições locais (em uma determinada posição axial) ou em condições médias (para o tubo inteiro), a correlação da convecção deve ser selecionada e usada em conjunto com a forma apropriada do balanço de energia para resolver o problema. Um resumo das correlações é fornecido na Tabela 8.4.

Você deve testar o seu entendimento de conceitos relacionados com esse assunto respondendo às questões a seguir.

- Quais são as características marcantes de uma *região de entrada fluidodinâmica*? E de uma *região de entrada térmica*? Os comprimentos de entrada fluidodinâmico e térmico são equivalentes? Se não, os comprimentos relativos dependem de quê?
- Quais são as características *fluidodinâmicas* marcantes do *escoamento plenamente desenvolvido*? Como o fator de atrito no escoamento plenamente desenvolvido é afetado pela rugosidade da parede?
- À qual importante característica do escoamento interno a *temperatura média de mistura* (*bulk*) está ligada?

TABELA 8.4 Resumo de correlações da convecção para o escoamento no interior de um tubo circular[a,b,e]

Correlação		Condições
$f = 64/Re_D$	(8.19)	Laminar, plenamente desenvolvidas
$Nu_D = 4{,}36$	(8.53)	Laminar, plenamente desenvolvidas, q''_s uniforme
$Nu_D = 3{,}66$	(8.55)	Laminar, plenamente desenvolvidas, T_s uniforme
$\overline{Nu}_D = 3{,}66 + \dfrac{0{,}0668\, Gz_D}{1 + 0{,}04\, Gz_D^{2/3}}$	(8.57)	Laminar, entrada térmica (ou entrada combinada com $Pr \gtrsim 5$), T_s uniforme, $Gz_D = (D/x)\, Re_D Pr$
$\overline{Nu}_D = \dfrac{\dfrac{3{,}66}{\tanh[2{,}264\, Gz_D^{-1/3} + 1{,}7\, Gz_D^{-2/3}]} + 0{,}0499\, Gz_D \tanh(Gz_D^{-1})}{\tanh(2{,}432\, Pr^{1/6}\, Gz_D^{-1/6})}$	(8.58)	Laminar, entrada combinada, $Pr \gtrsim 0{,}1$, T_s uniforme, $Gz_D = (D/x)\, Re_D Pr$
$\dfrac{1}{\sqrt{f}} = -2{,}0 \log\left[\dfrac{e/D}{3{,}7} + \dfrac{2{,}51}{Re_D\sqrt{f}}\right]$	(8.20)[c]	Turbulenta, plenamente desenvolvidas
$f = (0{,}790 \ln Re_D - 1{,}64)^{-2}$	(8.21)[c]	Turbulenta, plenamente desenvolvidas, paredes lisas, $3000 \lesssim Re_D \lesssim 5 \times 10^6$
$Nu_D = 0{,}023\, Re_D^{4/5}\, Pr^n$	(8.60)[d]	Turbulenta, plenamente desenvolvidas, $0{,}6 \lesssim Pr \lesssim 160$, $Re_D \gtrsim 10.000$, $(L/D) \gtrsim 10$, $n = 0{,}4$ para $T_s < T_m$ e $n = 0{,}3$ para $T_s < T_m$
$Nu_D = 0{,}027\, Re_D^{4/5}\, Pr^{1/3}\left(\dfrac{\mu}{\mu_s}\right)^{0{,}14}$	(8.61)[d]	Turbulenta, plenamente desenvolvidas, $0{,}7 \lesssim Pr \lesssim 16.700$, $Re_D \gtrsim 10.000$, $(L/D) \gtrsim 10$
$Nu_D = \dfrac{(f/8)(Re_D - 1000)\, Pr}{1 + 12{,}7(f/8)^{1/2}(Pr^{2/3} - 1)}$	(8.62)[d]	Turbulenta, plenamente desenvolvidas, $0{,}5 \lesssim Pr \lesssim 2000$, $3000 \lesssim Re_D \lesssim 5 \times 10^6$, $(L/D) \gtrsim 10$
$Nu_D = 4{,}82 + 0{,}0185\, (Re_D\, Pr)^{0{,}827}$	(8.64)	Metais líquidos, turbulenta, plenamente desenvolvidas, q''_s uniforme, $3{,}6 \times 10^3 \lesssim Re_D \lesssim 9{,}05 \times 10^5$, $3 \times 10^{-3} \lesssim Pr \lesssim 5 \times 10^{-2}$, $10^2 \lesssim Re_D\, Pr \lesssim 10^4$
$Nu_D = 5{,}0 + 0{,}025\, (Re_D\, Pr)^{0{,}8}$	(8.65)	Metais líquidos, turbulenta, plenamente desenvolvidas, T_s uniforme, $Re_D\, Pr \gtrsim 100$

[a]As correlações da transferência de massa podem ser obtidas pela substituição de Nu_D e Pr por Sh_D e Sc, respectivamente.
[b]As propriedades nas Equações 8.53, 8.55, 8.60, 8.61, 8.62, 8.64 e 8.65 são baseadas em T_m; as propriedades nas Equações 8.19, 8.20 e 8.21 são baseadas em $T_f = (T_s + T_m)/2$; as propriedades nas Equações 8.57 e 8.58 são baseadas em $\overline{T}_m = (T_{m,\text{ent}} + T_{m,\text{sai}})/2$.
[c]A Equação 8.20 se aplica para tubos lisos ou rugosos. A Equação 8.21 é para tubos lisos.
[d]Como uma primeira aproximação, as Equações 8.60, 8.61 ou 8.62 podem ser usadas para calcular o número de Nusselt médio $\overline{Nu}_D$ em todo o comprimento do tubo, se $(L/D) \gtrsim 10$. As propriedades devem então ser calculadas na média das temperaturas médias, $\overline{T}_m = (T_{m,\text{ent}} + T_{m,\text{sai}})/2$.
[e]Para tubos com seção transversal não circular, $Re_D \equiv D_h u_m/\nu$, $D_h \equiv 4A_{tr}/P$ e $u_m = \dot{m}/(\rho A_{tr})$. Resultados para o escoamento laminar plenamente desenvolvido são fornecidos na Tabela 8.1. Para o escoamento turbulento, a Equação 8.60 pode ser usada como uma primeira aproximação.

- Quais são as características *térmicas* marcantes do *escoamento plenamente desenvolvido*?
- Se um fluido entra em um tubo a uma temperatura uniforme e há transferência de calor para ou da superfície do tubo, como o coeficiente convectivo varia com a distância ao longo do tubo?
- No escoamento de um fluido por um tubo com fluxo térmico na superfície uniforme, como a temperatura média de mistura do fluido varia com a distância para a entrada do tubo (a) na região de entrada e (b) na região plenamente desenvolvida? Como a temperatura da superfície varia com a distância nas regiões de entrada e plenamente desenvolvida?
- Na transferência de calor para ou de um fluido escoando por um tubo com uma temperatura de superfície uniforme, como a temperatura média de mistura (*bulk*) do fluido varia com a distância para a entrada do tubo? Como o fluxo térmico na superfície varia com a distância para a entrada do tubo?
- Por que a *média log de diferenças de temperaturas*, em lugar da média aritmética de diferenças de temperaturas, é usada para calcular a taxa de transferência de calor total de ou para um fluido escoando através de um tubo com uma temperatura superficial constante?
- Que duas equações podem ser usadas para calcular a taxa de transferência de calor total para um fluido escoando por um tubo com um fluxo térmico na superfície uniforme? Que duas equações podem ser usadas para calcular a taxa de transferência de calor total para ou de um fluido escoando por um tubo com temperatura superficial uniforme?
- Sob quais condições o número de Nusselt associado ao escoamento interno é igual a um valor constante, independentemente dos números de Reynolds e de Prandtl?
- O número de Nusselt médio associado ao escoamento no interior de um tubo é maior, igual ou menor do que o número de Nusselt para condições plenamente desenvolvidas? Por quê?
- Como o comprimento característico é definido para um tubo não circular?
- Quais são as características marcantes de uma *região de entrada de concentração*?
- Quais são as características marcantes do escoamento plenamente desenvolvido na transferência de massa?
- Como correlações da transferência de massa por convecção podem ser inferidas?

Diversas características que complicam os escoamentos internos não foram consideradas neste capítulo. Por exemplo, pode haver uma situação na qual há uma variação axial preestabelecida em T_s ou q''_s, em vez de condições superficiais uniformes. Entre outras coisas, tal variação poderia impedir a existência de uma região plenamente desenvolvida. Podem ainda existir efeitos causados pela rugosidade da superfície, por variações circunferenciais do fluxo térmico ou da temperatura, por grandes variações nas propriedades do fluido, ou por condições de escoamento em regime de transição. Para uma discussão completa desses efeitos, a literatura deve ser consultada [13, 14, 19, 21, 28].

Referências

1. Abraham, J. P., E. M. Sparrow, and J. C. K. Tong, *Int. J. Heat Mass Transfer*, **52**, 557, 2009.
2. Langhaar, H. L., J. *Appl. Mech.*, **64**, A-55, 1942.
3. Kays, W. M., M. E. Crawford, and B. Weigand, *Convective Heat and Mass Transfer*, 4th ed., McGraw-Hill Higher Education, Boston, 2005.
4. Munson, B. R., D. F. Young, T. H. Okiishi, and W. W. Huebsch, *Fundamentals of Fluid Mechanics*, 6th ed.Wiley, Hoboken, NJ, 2009.
5. Fox, R. W., P. J. Pritchard, and A. T. McDonald, *Introduction to Fluid Mechanics*, 7th ed., Wiley, Hoboken, NJ, 2009.
6. Petukhov, B. S., in T. F. Irvine and J. P. Hartnett, Eds., *Advances in Heat Transfer*, Vol. 6, Academic Press, New York, 1970.
7. Moody, L. F., *Trans.* ASME, **66**, 671, 1944.
8. Chen, M. M., and K. R. Holmes, *Ann. N. Y. Acad. Sci.*, **335**, 137, 1980.
9. Chato, J. C., *J. Biomech. Eng.*, **102**, 110, 1980.
10. Kays, W. M., *Trans. ASME*, **77**, 1265, 1955.
11. Hausen, H., Z. VDI *Beih. Verfahrenstech.*, **4**, 91, 1943.
12. Baehr, H. D., and K. Stephan, *Heat Transfer*, 2nd ed., Springer, Berlin, 2006.
13. Shah, R. K., and A. L. London, *Laminar Flow Forced Convection in Ducts*, Academic Press, New York, 1978.
14. Shah, R. K., and M. S. Bhatti, in S. Kakac, R. K. Shah, and W. Aung, Eds., *Handbook of Single-Phase Convective Heat Transfer*, Chap. 3, Wiley-Interscience, Hoboken, NJ, 1987.
15. Muzychka, Y. S., and M. M. Yovanovich, *J. Heat Transfer*, **126**, 54, 2004.
16. Burmeister, L. C., *Convective Heat Transfer*, 2nd ed., Wiley, Hoboken, NJ, 1993.
17. Winterton, R. H. S., *Int. J. Heat Mass Transfer*, **41**, 809, 1998.
18. Sieder, E. N., and G. E. Tate, *Ind. Eng. Chem.*, **28**, 1429, 1936.
19. Bhatti, M. S., and R. K. Shah, in S. Kakac, R. K. Shah, and W. Aung, Eds., *Handbook of Single-Phase Convective Heat Transfer*, Chap. 4, Wiley-Interscience, Hoboken, NJ, 1987.
20. Gnielinski, V., *Int. Chem. Eng.*, **16**, 359, 1976.
21. Kakac, S., in S. Kakac, R. K. Shah, and W. Aung, Eds., *Handbook of Single-Phase Convective Heat Transfer*, Chap. 18, Wiley-Interscience, Hoboken, NJ, 1987.
22. Ghajar, A. J., and L.-M. Tam, *Exp. Thermal and Fluid Science*, **8**, 79, 1994.
23. Norris, R. H., in A. E. Bergles and R. L. Webb, Eds., *Augmentation of Convective Heat and Mass Transfer*, ASME, New York, 1970.
24. Molki, M., and E. M. Sparrow, *J. Heat Transfer*, **108**, 482, 1986.
25. Skupinski, E. S., J. Tortel, and L. Vautrey, *Int. J. Heat Mass Transfer*, **8**, 937, 1965.
26. Seban, R. A., and T. T. Shimazaki, *Trans. ASME*, **73**, 803, 1951.
27. Reed, C. B., in S. Kakac, R. K. Shah, and W. Aung, Eds., *Handbook of Single-Phase Convective Heat Transfer*, Chap. 8, Wiley-Interscience, Hoboken, NJ, 1987.
28. Kays, W. M., and H. C. Perkins, in W. M. Rohsenow, J. P. Hartnett, and E. N. Ganic, Eds., *Handbook of Heat Transfer, Fundamentals*, Chap. 7, McGraw-Hill, New York, 1985.
29. Bergles, A. E., "Principles of Heat Transfer Augmentation," *Heat Exchangers, Thermal-Hydraulic Fundamentals and Design*, Hemisphere Publishing, New York, 1981, pp. 819–842.
30. Webb, R. L., in S. Kakac, R. K. Shah, and W. Aung, Eds., *Handbook of Single-Phase Convective Heat Transfer*, Chap. 17, Wiley-Interscience, Hoboken, NJ, 1987.
31. Webb, R. L., *Principles of Enhanced Heat Transfer*, Wiley, Hoboken, NJ, 1993.
32. Manglik, R. M., and A. E. Bergles, in J. P. Hartnett, T. F. Irvine, Y. I. Cho, and R. E. Greene, Eds., *Advances in Heat Transfer*, Vol. 36, Academic Press, New York, 2002.
33. Shah, R. K., and S. D. Joshi, in *Handbook of Single-Phase Convective Heat Transfer*, Chap. 5, Wiley-Interscience, Hoboken, NJ, 1987.

34. Vashisth, S., V. Kumar, and K. D. P. Nigam, *Ind. Eng. Chem. Res.*, **47**, 3291, 2008.
35. Jensen, K. F., *Chem. Eng. Sci.*, **56**, 293, 2001.
36. Zhang, Z. M., *Nano/Microscale Heat Transfer*, McGraw-Hill, New York, 2007.
37. Sparrow, E. M., and S. H. Lin, *J. Heat Transfer*, **84**, 363, 1962.
38. Inman, R., *Laminar Slip Flow Heat Transfer in a Parallel Plate Channel or a Round Tube with Uniform Wall Heating,* NASA TN D-2393, 1964.
39. Sharp, K. V., and R. J. Adrian, *Exp. Fluids*, **36**, 741, 2004.
40. Rands, C., B. W. Webb, and D. Maynes, *Int. J. Heat Mass Transfer*, **49**, 2924, 2006.
41. Travis, K. P., B. D. Todd, and D. J. Evans, *Phys. Rev. E*, **55**, 4288, 1997.
42. Whitby, M., and N. Quirke, in K. D. Sattler, Ed., *Handbook of Nanophysics*, Chap. 11, CRC Press, Boca Raton, FL, 2011.
43. Stroock, A. D., S. K. W. Deteringer, A. Ajdar, I. Mezić, H. A. Stone, and G. M. Whitesides, *Science*, **295**, 647, 2002.

Problemas

Considerações Fluidodinâmicas

8.1 Sabe-se que estão presentes condições plenamente desenvolvidas no escoamento de água, com vazão de 0,02 kg/s e a 27 °C, em um tubo com 50 mm de diâmetro. Qual é a velocidade máxima da água no tubo? Qual é o gradiente de pressão associado ao escoamento?

8.2 Água a 35 °C é bombeada através de um tubo horizontal de 30 mm de diâmetro e 200 m de comprimento a uma vazão de 0,25 kg/s. Ao longo do tempo, uma camada de precipitado de 2 mm de espessura com rugosidade superficial de $e = 200\ \mu$m se deposita no interior da parede do tubo. Determine a queda de pressão entre a entrada e a saída do tubo e a potência de bombeamento necessária para as condições limpa e com depósitos.

8.3 Qual é a queda de pressão associada ao escoamento de água a 27 ºC e a uma velocidade média de 0,1 m/s através de um tubo de ferro fundido, com 800 m de comprimento e diâmetro interno de 0,30 m?

8.4 Água a 27 °C escoa, com uma velocidade média de 1 m/s, através de uma tubulação com 1 km de comprimento e 0,25 m de diâmetro interno.

(a) Determine a queda de pressão ao longo do comprimento da tubulação e a potência de bombeamento necessária, sendo a superfície da tubulação lisa.

(b) Se a tubulação for de ferro fundido e sua superfície estiver limpa, determine a queda de pressão e a potência de bombeamento requerida.

(c) Para a condição de tubo liso, gere um gráfico da queda de pressão e da potência de bombeamento requerida para velocidades médias do fluido na faixa entre 0,05 e 1,5 m/s.

8.5 Um resfriador de óleo de motor possui um feixe de 25 tubos lisos, cada um com comprimento $L = 2{,}5$ m e diâmetro $D =$ 10 mm.

(a) Se óleo a 300 K e a uma vazão mássica total de 24 kg/s escoa em condições plenamente desenvolvidas pelos tubos, quais são a queda de pressão e a potência de bombeamento requerida?

(b) Calcule e represente graficamente a queda de pressão e a potência de bombeamento requerida como uma função da vazão para $10 \le \dot{m} \le 30$ kg/s.

8.6 Para o escoamento laminar plenamente desenvolvido através de um canal entre placas paralelas, o componente na direção x da equação do momento tem a forma

$$\mu\left(\frac{d^2u}{dy^2}\right) = \frac{dp}{dx} = \text{constante}$$

O objetivo deste problema é desenvolver expressões para a distribuição de velocidades e o gradiente de pressão análogas àquelas para o tubo circular na Seção 8.1.

(a) Mostre que o perfil de velocidades, $u(y)$, é parabólico e tem a forma

$$u(y) = \frac{3}{2}u_m\left[1 - \frac{y^2}{(a/2)^2}\right]$$

na qual u_m é a velocidade média

$$u_m = -\frac{a^2}{12\mu}\left(\frac{dp}{dx}\right)$$

e $-dp/dx = \Delta p/L$, com Δp sendo a queda de pressão ao longo do canal com comprimento L.

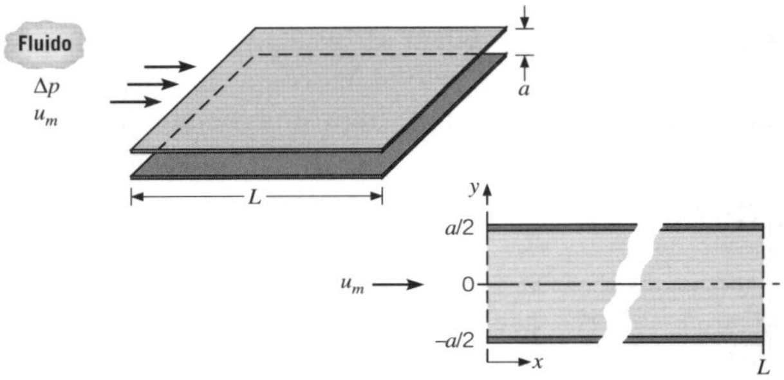

(b) Escreva uma expressão definindo o fator de atrito, f, usando como comprimento característico o diâmetro hidráulico D_h. Qual é o diâmetro hidráulico para o canal de placas paralelas?

(c) O fator de atrito é estimado com a expressão $f = C/Re_{D_h}$, com C sendo uma função da seção transversal do escoamento, como mostrado na Tabela 8.1. Qual é o coeficiente C para o escoamento entre placas?

(d) Ar escoa em um canal entre placas paralelas com uma separação entre placas de 5 mm e um comprimento de 200 mm, apresentando uma queda de pressão de $\Delta p =$ 3,75 N/m^2. Calcule a velocidade média e o número de Reynolds para o ar na pressão atmosférica e a 300 K. A hipótese de escoamento plenamente desenvolvido é razoável nesta aplicação? Se não, qual é o efeito na estimativa de u_m?

Considerações sobre o Comprimento de Entrada Térmico e o Balanço de Energia

8.7 Considere água pressurizada, óleo de motor (não usado) e NaK (22/78 %) escoando em um tubo com 20 mm de diâmetro.

(a) Determine a velocidade média, o comprimento de entrada fluidodinâmico e o comprimento de entrada térmico para cada um dos fluidos, quando sua temperatura é de 366 K e a vazão mássica é de 0,01 kg/s.

(b) Determine a vazão mássica, o comprimento de entrada fluidodinâmico e o comprimento de entrada térmico para a água e o óleo de motor a 300 K e a 400 K, e a uma velocidade média de 0,02 m/s.

8.8 Os perfis de velocidades e de temperaturas para o escoamento laminar em um tubo com raio $r_o = 10$ mm possuem as formas

$$u(r) = 0{,}1[1 - (r/r_o)^2]$$
$$T(r) = 344{,}8 + 75{,}0(r/r_o)^2 - 18{,}8(r/r_o)^4$$

com unidades de m/s e K, respectivamente. Determine o valor correspondente para a temperatura média (média de mistura, *bulk*), T_m, nessa posição axial.

8.9 No Capítulo 1 foi afirmado que, para líquidos incompressíveis, o trabalho de escoamento pode normalmente ser desprezado na equação da energia para escoamentos em regime estacionário (Equação 1.12d). No oleoduto que atravessa o Alasca, a alta viscosidade do óleo e as longas distâncias causam quedas de pressão significativas, sendo então razoável o questionamento se o trabalho de escoamento deve ser considerado. Seja um comprimento de duto $L = 100$ km com diâmetro $D = 1{,}2$ m, com uma vazão mássica de óleo $\dot{m} = 500$ km/s. As propriedades do óleo são $\rho = 900$ kg/m^3, $c_p = 2000$ J/(kg · K) e $\mu = 0{,}765$ N · s/m^2. Calcule a queda de pressão, o trabalho de escoamento e o aumento de temperatura causados pelo trabalho de escoamento.

8.10 Quando a dissipação viscosa é incluída, a Equação 8.48 (multiplicada por ρc_p) se torna

$$\rho c_p u \frac{\partial T}{\partial x} = \frac{k}{r}\frac{\partial}{\partial r}\left(r\frac{\partial T}{\partial r}\right) + \mu\left(\frac{du}{dr}\right)^2$$

Este problema analisa a importância da dissipação viscosa. As condições em consideração são de um escoamento laminar, plenamente desenvolvido em um tubo circular, com u dada pela Equação 8.15.

(a) Integrando o lado esquerdo em uma seção do tubo de comprimento L e raio r_o, mostre que esse termo fornece o lado direito da Equação 8.34.

(b) Integre o termo da dissipação viscosa no mesmo volume.

(c) Ache o aumento de temperatura causado pela dissipação viscosa, igualando os dois termos calculados anteriormente. Use as mesmas condições do Problema 8.9.

8.11 Considere um tubo circular com diâmetro D e comprimento L, com uma vazão mássica $\dot{m}$.

(a) Para condições de fluxo térmico constante, deduza uma expressão para a razão entre a diferença de temperaturas entre a parede do tubo na sua saída e a temperatura de entrada, $T_s(x = L) - T_{m,\text{ent}}$, e a taxa total de transferência de calor para o fluido, q. Represente o seu resultado em termos de $\dot{m}$, L, do número de Nusselt local na saída do tubo, $Nu_D(x = L)$, e das propriedades relevantes do fluido.

(b) Repita o item (a) para condições de temperatura constante na superfície. Represente os seus resultados em termos de $\dot{m}$, L, do número de Nusselt médio da entrada à saída do tubo, $\overline{Nu}_D$, e das propriedades relevantes do fluido.

8.12 Ar comprimido seco a $T_{m,\text{ent}} = 75$ °C, $p = 10$ atm, com uma vazão mássica de $\dot{m} = 0{,}001$ kg/s, entra em um tubo com 30 mm de diâmetro e 5 m de comprimento cuja superfície está a $T_s = 25$ °C.

(a) Determine o comprimento de entrada térmico, a temperatura média do ar na saída da tubulação, a taxa de transferência de calor do ar para a parede do tubo e a potência requerida para o escoamento do ar através do tubo. Para estas condições, o coeficiente de transferência de calor em condições plenamente desenvolvidas é $h = 3{,}58$ W/(m^2 · K).

(b) Em um esforço para reduzir o investimento associado à instalação, propõe-se usar um menor diâmetro de tubo com 28 mm. Determine o comprimento de entrada térmico, a temperatura média do ar na saída do tubo, a taxa de transferência de calor e a potência requerida para o tubo menor. Para condições de regime laminar, é sabido que o valor coeficiente de transferência de calor é inversamente proporcional ao diâmetro do tubo.

8.13 Água entra em um tubo a 27 °C com uma vazão de 450 kg/h. A taxa de transferência de calor da parede do tubo para o fluido é dada pela expressão $q_s'(\text{W/m}) = ax$, sendo o coeficiente a igual a 20 W/m^2 e x (m) é a distância axial para a entrada do tubo.

(a) Partindo de um volume de controle diferencial propriamente definido no tubo, deduza uma expressão para a distribuição de temperaturas $T_m(x)$ na água.

(b) Qual é a temperatura de saída da água para uma seção aquecida com 30 m de comprimento?

(c) Esboce o comportamento da temperatura média do fluido, $T_m(x)$, e da temperatura da parede do tubo, $T_s(x)$, como uma função da posição ao longo do tubo, para condições de escoamento plenamente desenvolvido *e* de escoamento em desenvolvimento.

(d) Qual valor de um fluxo térmico na parede uniforme, q_s'' (no lugar de $q_s' = ax$), iria fornecer uma temperatura do fluido na saída do tubo igual à determinada no item (b)? Para esse tipo de aquecimento, esboce as distribuições de temperaturas solicitadas no item (c).

8.14 Seja um bastão cilíndrico de combustível nuclear, com comprimento L e diâmetro D, que se encontra no interior de um tubo concêntrico. Água pressurizada escoa na região anular entre o bastão e o tubo a uma vazão $\dot{m}$, e a superfície externa do tubo encontra-se isolada termicamente. Geração térmica ocorre no interior do bastão combustível, e sabe-se que a taxa volumétrica de geração varia senoidalmente com a distância ao longo do bastão. Isto é, $\dot{q}(x) = \dot{q}_o \text{sen}(\pi x/L)$, com $\dot{q}_o$(W/m^3) sendo uma constante. Pode-se admitir um coeficiente de convecção h uniforme entre a superfície do bastão e a água.

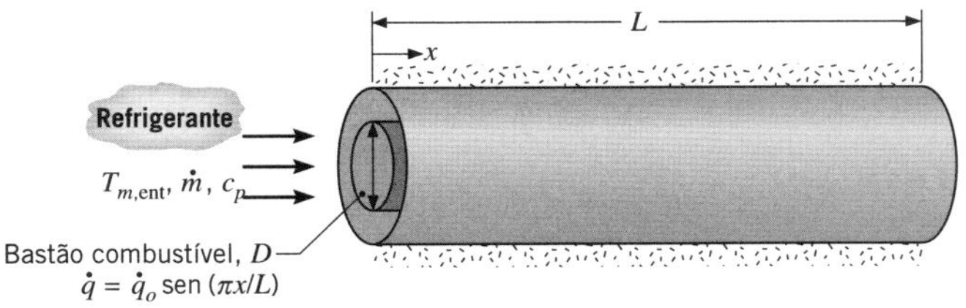

(a) Obtenha expressões para o fluxo térmico local $q''(x)$ e para a taxa de transferência de calor total q do bastão combustível para a água.

(b) Obtenha uma expressão para a variação da temperatura média $T_m(x)$ da água com a distância x ao longo do tubo.

(c) Obtenha uma expressão para a variação da temperatura superficial no bastão $T_s(x)$ com a distância x ao longo do tubo. Desenvolva uma expressão para determinar a posição x na qual essa temperatura é máxima.

8.15 Em uma aplicação específica que envolve o escoamento de um fluido a uma vazão $\dot{m}$ através de um tubo circular com comprimento L e diâmetro D, sabe-se que o fluxo térmico na superfície apresenta uma variação senoidal com x, que tem a forma $q_s''(x) = q_{s,m}''(x)\text{sen}(\pi x/L)$. O fluxo máximo, $q_{s,m}''$, é uma constante conhecida, e o fluido entra no tubo a uma temperatura também conhecida, $T_{m,\text{ent}}$. Supondo o coeficiente convectivo constante, como a temperatura média do fluido e a temperatura superficial variam com x?

8.16 Água, a 300 K e com uma vazão de 5 kg/s, entra em um tubo de parede delgada preta, que atravessa uma grande fornalha cujas paredes e o ar estão a uma temperatura de 700 K. O diâmetro e o comprimento do tubo são de 0,25 m e 8 m, respectivamente. Os coeficientes convectivos associados ao escoamento da água no interior do tubo e do ar sobre sua superfície externa são 300 W/(m² · K) e 50 W/(m² · K), respectivamente.

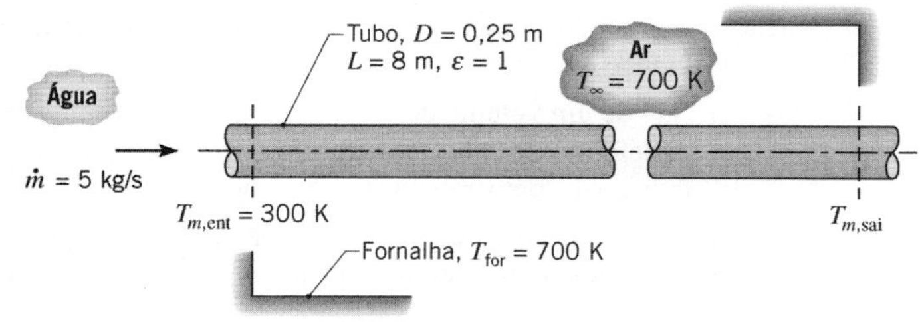

(a) Escreva uma expressão para o coeficiente radiante linearizado correspondente à troca radiante entre a superfície externa do tubo e as paredes da fornalha. Explique como calcular esse coeficiente se a temperatura da superfície do tubo for representada pela média aritmética dos seus valores na entrada e na saída do tubo.

(b) Determine a temperatura da água na saída do tubo, $T_{m,\text{sai}}$.

8.17 O escoamento pistonado é uma condição idealizada de escoamento na qual a velocidade é supostamente uniforme em toda a seção transversal. Para o caso de um escoamento laminar pistonado em um tubo circular com fluxo térmico na superfície uniforme, determine a forma da distribuição de temperaturas $T(r)$ em condições plenamente desenvolvidas e o número de Nusselt Nu_D.

8.18 Utilizando um volume de controle diferencial em x nas condições de escoamento em um tubo mostradas na Figura 8.8, deduza a Equação 8.45a.

8.19 Água, a 20 °C e a uma vazão de 0,1 kg/s, entra em um tubo aquecido, de parede delgada, com um diâmetro de 15 mm e um comprimento de 2 m. O fluxo térmico na parede, fornecido por elementos aquecedores, depende da temperatura da parede de acordo com a relação

$$q_s''(x) = q_{s,o}''[1 + \alpha(T_s - T_{\text{ref}})]$$

sendo $q_{s,o}'' = 10^4$ W/m², $\alpha = 0{,}2$ K^{-1}, $T_{\text{ref}} = 20$ °C e T_s a temperatura da parede em °C. Suponha escoamento e condições térmicas plenamente desenvolvidos com um coeficiente convectivo de 3000 W/(m² · K).

(a) Partindo de um volume de controle diferencial propriamente definido no tubo, deduza expressões para a variação das temperaturas da água, $T_m(x)$, e da parede, $T_s(x)$, como funções da distância da entrada do tubo.

[(b)] Usando um esquema de integração numérica, calcule e represente as distribuições de temperaturas, $T_m(x)$ e $T_s(x)$, no mesmo gráfico. Identifique e comente as principais características das distribuições. *Sugestão:* a função integral $DER(T_m, x)$ do *IHT* pode ser usada para efetuar a integração ao longo do comprimento do tubo.

(c) Calcule a taxa de transferência de calor total para a água.

Correlações da Transferência de Calor: Tubos Circulares

8.20 Óleo de motor escoa através de um tubo de 25 mm de diâmetro a uma vazão de 0,5 kg/s. O óleo entra no tubo a uma temperatura de 25 °C, enquanto a temperatura da superfície do tubo é mantida a 100 °C.

(a) Determine a temperatura do óleo na saída para tubos com comprimentos de 5 m e 100 m. Para cada caso, compare a média logarítmica das diferenças de temperaturas com a média aritmética das diferenças de temperaturas.

[(b)] Para $5 \leq L \leq 100$ m, calcule e represente graficamente o número de Nusselt médio $\overline{Nu}_D$ e a temperatura de saída do óleo como uma função de L.

8.21 No estágio final de produção, um produto farmacêutico é esterilizado pelo aquecimento de 25 a 75 °C à medida que ele se movimenta, a 0,2 m/s, através de um tubo reto de aço inoxidável, com parede delgada e diâmetro de 12,7 mm. Um fluxo térmico uniforme é mantido por um aquecedor de resistência elétrica, que se encontra enrolado ao redor da superfície externa do tubo. Se o tubo possui 10 m de comprimento, qual é o fluxo térmico requerido? Se o fluido entra no tubo com um perfil de velocidades plenamente desenvolvido e um perfil de temperaturas uniforme, quais são as temperaturas da superfície na saída do tubo e a uma distância de 0,5 m de sua entrada? As propriedades do fluido podem ser aproximadas por $\rho = 1000$ kg/m³, $c_p = 4000$ J/(kg · K), $\mu = 2 \times 10^{-3}$ kg/(s · m), $k = 0{,}8$ W/(m · K) e $Pr = 10$.

8.22 Seja o desenvolvimento da camada-limite térmica laminar perto da entrada de um tubo mostrado na Figura 8.4. Quando a camada-limite fluidodinâmica é fina relativamente ao diâmetro do tubo, a região de escoamento invíscido possui velocidade uniforme que é aproximadamente igual à velocidade média u_m. Desta forma, o desenvolvimento da camada-limite é similar àquele que ocorreria em uma placa plana.

(a) Iniciando com a Equação 7.23, deduza uma expressão para o número de Nusselt local Nu_D, como uma função do número de Prandtl Pr e o inverso do número de Graetz Gz_D^{-1}. Represente graficamente a expressão usando as coordenadas mostradas na Figura 8.10*a* para $Pr = 0{,}7$.

(b) Iniciando com a Equação 7.30, deduza uma expressão para o número de Nusselt médio $\overline{Nu}_D$, como uma função do número de Prandtl Pr e o inverso do número de Graetz Gz_D^{-1}. Compare os seus resultados com o número de Nusselt para o comprimento de entrada combinado no limite de um pequeno valor de x.

8.23 Um fluido entra em um tubo com uma vazão de 0,020 kg/s e uma temperatura de entrada de 20 °C. O tubo, com comprimento de 8 m e diâmetro de 20 mm, possui uma temperatura da superfície de 30 ºC.

a) Determine a taxa de transferência de calor para o fluido se este for água.

b) Determine a taxa de transferência de calor para o nanofluido do Exemplo 2.2.

8.24 Um preaquecedor de óleo é constituído por um único tubo de 10 mm de diâmetro e 5 m de comprimento, com a sua superfície mantida a 180 °C por gases de combustão. O óleo de motor (novo) entra a 70 °C. Qual vazão deve ser alimentada para manter a temperatura de saída do óleo a 105 °C? Qual é a taxa de transferência de calor correspondente?

8.25 Óleo de motor escoa a uma vazão de 1 kg/s em um tubo reto com diâmetro de 5 mm. O óleo tem uma temperatura na entrada de 45 °C e deseja-se aquecê-lo até uma temperatura média na saída do tubo de 80 °C. A superfície do tubo é mantida a 150 °C. Determine o comprimento do tubo necessário para tal tarefa. *Sugestão*: calcule o número de Reynolds na entrada e na saída do tubo antes de continuar a sua análise.

8.26 Ar, a $p = 1$ atm e uma temperatura $T_{m,\text{ent}} = 100$ °C, entra em um tubo de parede delgada (diâmetro $D = 10$ mm) e longo ($L = 2$ m). Um fluxo térmico constante é aplicado ao ar a partir da superfície do tubo. A vazão mássica do ar é $\dot{m} = 270 \times 10^{-6}$ kg/s.

(a) Se a temperatura da superfície do tubo em sua saída for de $T_{s,\text{sai}} = 160$ °C, determine a taxa de transferência de calor entrando no tubo. Determine as propriedades a $T = 400$ K.

(b) Se o comprimento do tubo do item (a) for reduzido para $L = 0{,}2$ m, como as condições do escoamento na saída do tubo seriam afetadas? O valor do coeficiente de transferência de calor na saída do tubo seria maior, igual ou menor do que o coeficiente de transferência de calor no item (a)?

(c) Se a vazão do item (a) for aumentada por um fator igual a 10, haveria diferença nas condições do escoamento na saída do tubo? O valor do coeficiente de transferência de calor na saída do tubo seria maior, igual ou menor do que o coeficiente de transferência de calor no item (a)?

8.27 Para refrigerar uma casa de verão sem usar um ciclo de refrigeração por compressão de vapor, ar é passado por um tubo plástico ($k = 0{,}15$ W/(m · K), $D_i = 0{,}15$ m, $D_e = 0{,}17$ m), que está submerso em um corpo de água próximo à casa. A temperatura da água no corpo de água é de $T_\infty = 17$ °C, e um coeficiente convectivo de $h_e = 1500$ W/(m^2 · K) é mantido na superfície externa do tubo.

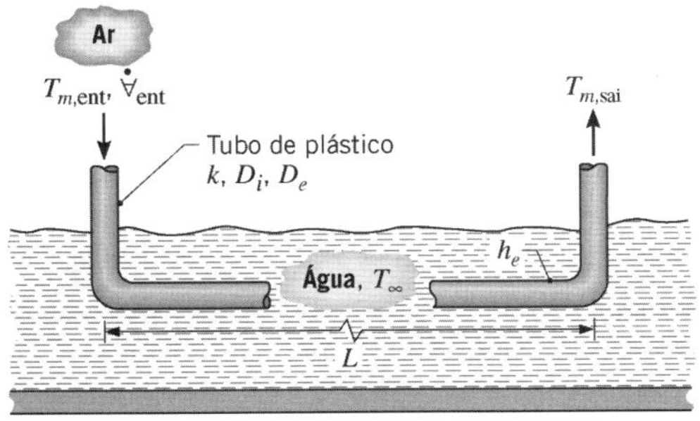

Se o ar vindo da casa entra no tubo com uma temperatura de $T_{m,\text{ent}} = 29$ °C e a uma vazão volumétrica $\forall_{\text{ent}} = 0{,}025$ m^3/s, qual comprimento do tubo é necessário para se ter uma temperatura na sua saída de $T_{m,\text{sai}} = 21$ °C? Qual é a potência do ventilador necessária para passar o ar através do comprimento do tubo, sendo a sua superfície interna lisa?

8.28 A seção de evaporação de uma bomba de calor está instalada no interior de um grande tanque de água, que é usado como uma fonte de calor durante o inverno. À medida que a energia é extraída da água, ela começa a congelar, formando um banho de água e gelo a 0 °C, que pode ser usado para o resfriamento do ar durante o verão. Considere condições para o resfriamento durante o verão, nas quais o ar é passado pelo interior de um conjunto de tubos de cobre, cada um com diâmetro interno $D = 50$ mm, submerso no banho.

(a) Se o ar entra em cada tubo a uma temperatura média de $_{m,\text{ent}} = 24$ °C e a uma vazão de $\dot{m} = 0{,}01$ kg/s, qual comprimento de tubo L fornecerá uma temperatura na saída de $T_{m,\text{sai}} = 14$ °C? Com dez tubos passando através de um tanque com volume total $V = 10$ m^3, que contém inicialmente 80 % de gelo em volume, quanto tempo irá levar para fundir a totalidade do gelo? A massa específica e o calor latente de fusão do gelo são 920 kg/m^3 e 3,34 × 10^5 J/kg, respectivamente.

(b) A temperatura de saída do ar pode ser controlada pelo ajuste da vazão mássica do ar. Para o comprimento do tubo determinado no item (a), calcule e represente graficamente $T_{m,\text{sai}}$ como uma função de $\dot{m}$ para $0{,}005 \leq \dot{m} \leq 0{,}05$ kg/s. Se a residência refrigerada por esse sistema exige aproximadamente 0,05 kg/s de ar a 16 °C, que projeto e condições de operação devem ser especificados para o sistema?

8.29 Um produto alimentício líquido é processado em um esterilizador de fluxo contínuo. O líquido entra no esterilizador a uma temperatura e a uma vazão de $T_{m,\text{ent},h} = 20$ °C e $\dot{m} = 1$ kg/s, respectivamente. Uma restrição tempo-temperatura requer que o produto seja mantido a uma temperatura média de $T_m = 90$ °C por 10 s para matar bactérias, enquanto a segunda restrição é que a temperatura local do produto não pode exceder $T_{\text{máx}} = 230$ °C, de modo a preservar um gosto agradável. O esterilizador é constituído por uma primeira seção de aquecimento, $L_h = 5$ m, caracterizada por um fluxo térmico uniforme, uma seção intermediária de esterilização isolada termicamente e uma terceira seção onde há resfriamento, com comprimento $L_c = 10$ m. A seção de resfriamento é composta por um tubo não isolado exposto a um ambiente, sem vento, a $T_\infty = 20$ °C. O tubo do esterilizador tem parede delgada com diâmetro $D = 40$ mm. As propriedades do alimento são similares às da água líquida a $T = 330$ K.

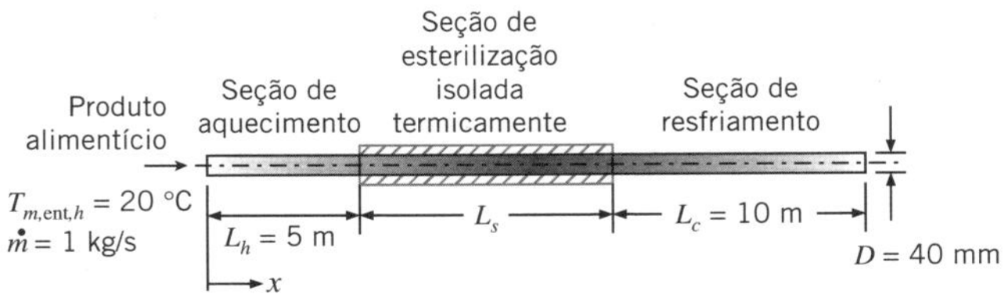

(a) Qual fluxo térmico é necessário na seção de aquecimento para garantir uma temperatura média do produto máxima de $T_m = 90$ °C?

(b) Determine a localização é o valor da temperatura local do produto máxima. A segunda restrição é satisfeita?

(c) Determine o comprimento mínimo da seção de esterilização necessário para satisfazer a restrição tempo-temperatura.

(d) Esboce a distribuição axial das temperaturas média, na superfície e na linha central, da entrada da seção de aquecimento até a saída da seção de resfriamento.

8.30 Ar comprimido seco, a $T_{m,\text{ent}} = 55$ °C e $p = 15$ atm, com uma vazão mássica de $\dot{m} = 0{,}05$ kg/s, entra em um tubo com $D = 50$ mm e comprimento de $L = 2{,}5$ m, cuja temperatura superficial encontra a $T_s = 25$ °C.

(a) Determine a temperatura média do ar na saída do tubo, a taxa de transferência de calor do ar para a parede do tubo e a potência requerida para o escoamento do ar através do tubo.

(b) Em um esforço para reduzir o investimento associado à instalação, é proposta a utilização de um tubo menor com 40 mm de diâmetro. Determine o comprimento do tubo requerido e a potência requerida para o tubo menor visando atingir a mesma taxa de transferência de calor que o tubo maior.

8.31 Considere as condições associadas ao tubo de água quente do Problema 7.42, mas agora leve em conta a resistência convectiva associada ao escoamento da água no tubo com uma velocidade média de $u_m = 0{,}4$ m/s. Qual o custo diário correspondente da perda de calor por metro de tubo não isolado?

8.32 Um tubo de aço inoxidável (AISI 316), com parede espessa e diâmetros interno e externo de $D_i = 20$ mm e $D_e = 40$ mm, é aquecido eletricamente para fornecer uma taxa de geração térmica uniforme de $\dot{q} = 10^6$ W/m^3. A superfície externa do tubo encontra-se termicamente isolada, enquanto água escoa através do tubo a uma vazão de $\dot{m} = 0{,}1$ kg/s.

(a) Se a temperatura de entrada da água é de $T_{m,\text{ent}} = 20$ °C e a temperatura de saída desejada é de $T_{m,\text{sai}} = 40$ °C, qual é o comprimento do tubo necessário?

(b) Quais são a localização e o valor da temperatura máxima no tubo?

8.33 Considere condições plenamente desenvolvidas em um tubo circular com temperatura superficial constante $T_s < T_m$. Determine se um tubo com maior ou menor diâmetro é mais efetivo na minimização das perdas térmicas de um fluido escoando caracterizado por uma vazão mássica $\dot{m}$. Considere condições tanto laminares quanto turbulentas.

8.34 NaK (56/44 %), uma liga de sódio e potássio, é usada para resfriar reatores nucleares de nêutrons rápidos. O NaK escoa a uma vazão de $\dot{m} = 0{,}8$ kg/s através de um tubo com diâmetro $D = 40$ mm, que tem uma temperatura superficial $T_s = 435$ K. O NaK entra no tubo a $T_{m,\text{ent}} = 335$ K e sai a uma temperatura de $T_{m,\text{sai}} = 397$ K. Determine o comprimento do tubo L e o fluxo térmico convectivo local na saída do tubo.

8.35 Os produtos de combustão de um queimador são direcionados para uma aplicação industrial através de um tubo metálico de parede delgada, com diâmetro $D_i = 1$ m e comprimento $L = 100$ m. O gás entra no tubo a pressão atmosférica, com temperatura média e velocidade de $T_{m,\text{ent}} = 1600$ K e $u_{m,\text{ent}} = 10$ m/s, respectivamente. Ele tem que sair do tubo com uma temperatura não inferior a $T_{m,\text{sai}} = 1400$ K. Qual é a espessura mínima de um isolamento de alumina-sílica ($k_{\text{iso}} = 0{,}125$ W/(m · K)) necessária para satisfazer a exigência na saída no caso das piores condições, que são o tubo exposto ao ar ambiente a $T_\infty = 250$ K e com uma velocidade de escoamento cruzado $V = 15$ m/s? As propriedades do gás podem ser aproximadas pelas do ar e, como uma primeira estimativa, o efeito da espessura do isolante no coeficiente convectivo e na resistência térmica associada ao escoamento cruzado pode ser desprezado.

8.36 Uma vazão de 0,25 kg/s de mercúrio líquido deve ser aquecida de 325 a 375 K ao ser passada em um tubo com 25 mm de diâmetro, cuja superfície é mantida a 400 K. Calcule o comprimento de tubo necessário, utilizando uma correlação apropriada para a transferência de calor por convecção em metais líquidos. Compare o seu resultado com aquele que seria obtido com o uso de uma correlação apropriada para $Pr \gtrsim 0{,}7$.

8.37 A superfície de um tubo, com parede delgada e 50 mm de diâmetro, é mantida a uma temperatura de 100 °C. Em um caso, ar encontra-se em escoamento cruzado sobre o tubo com uma temperatura de 25 °C e a uma velocidade de 30 m/s. Em outro caso, ar encontra-se em escoamento plenamente desenvolvido no interior do tubo com uma temperatura de 25 °C e uma velocidade média de 30 m/s. Compare o fluxo térmico do tubo para o ar nos dois casos.

8.38 Considere um tubo circular horizontal com parede delgada e diâmetro $D = 0{,}025$ m, submerso em um recipiente que contém n-octadecano (parafina), usada para armazenar energia térmica. À medida que água quente escoa através do tubo, calor é transferido para a parafina, convertendo-a do estado sólido para o estado líquido na temperatura de mudança de fase $T_\infty = 27{,}4$ °C. O calor latente de fusão e a massa específica da parafina são $h_{sf} = 244$ kJ/kg e $\rho = 770$ kg/m^3, respectivamente, e as propriedades termofísicas da água são: $c_p = 4{,}185$ kJ/(kg · K), $k = 0{,}653$ W/(m · K), $\mu = 467 \times 10^{-6}$ kg/(s · m) e $Pr = 2{,}99$.

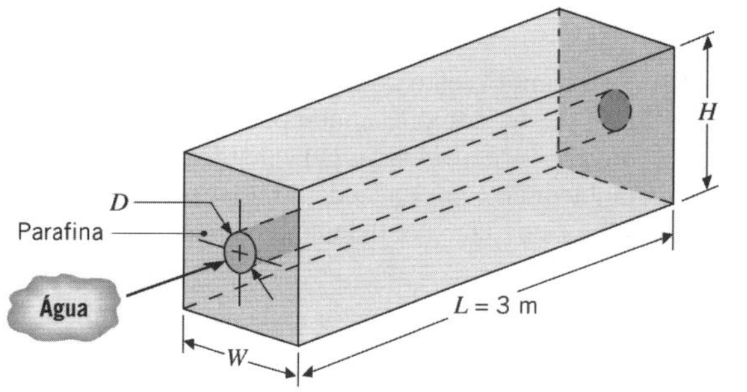

(a) Supondo que a superfície do tubo possua uma temperatura uniforme que corresponde àquela da mudança de fase, determine a temperatura de saída da água e a taxa de transferência de calor total para uma vazão de água de 0,1 kg/s e uma temperatura de entrada de 60 °C. Se $H = W = 0{,}25$ m, quanto tempo irá levar para a liquefação completa da parafina, partindo de um estado inicial no qual toda a parafina encontra-se no estado sólido a uma temperatura de 27,4 °C?

(b) O processo de liquefação pode ser acelerado pelo aumento da vazão da água. Calcule e represente graficamente a taxa de transferência de calor e a temperatura de saída da água em função da vazão no intervalo $0{,}1 \leq \dot{m} \leq 0{,}5$ kg/s. Quanto tempo irá levar para fundir a parafina com $\dot{m} = 0{,}5$ kg/s?

8.39 Ar comprimido a $p = 20$ atm entra em um tubo de 20 mm de diâmetro com $T_{m,\text{ent}} = 20$ °C e uma vazão de $\dot{m} = 6 \times 10^{-4}$ kg/s. O ar é aquecido por um fluxo térmico constante na superfície de forma que a sua temperatura de saída seja $T_{m,\text{sai}} = 50$ °C. Determine o fluxo térmico superficial requerido e a temperatura da parede do tubo na saída para $L = 0{,}15$; 1,5 e 15 m.

8.40 Considere água líquida pressurizada escoando com uma vazão $\dot{m} = 0{,}1$ kg/s em um tubo circular com diâmetro $D = 0{,}1$ m e comprimento $L = 6$ m.

(a) Se a água entrar no tubo a $T_{m,\text{ent}} = 500$ K e a temperatura superficial do tubo for $T_s = 510$ K, determine a temperatura de saída da água $T_{m,\text{sai}}$.

(b) Se a água entrar no tubo a $T_{m,\text{ent}} = 300$ K e a temperatura superficial do tubo for $T_s = 310$ K, determine a temperatura de saída da água $T_{m,\text{sai}}$.

(c) Se a água entrar no tubo a $T_{m,\text{ent}} = 300$ K e a temperatura superficial do tubo for $T_s = 647$ K, discuta se o escoamento é laminar ou turbulento.

8.41 O canal de ar para o resfriamento da pá de uma turbina a gás pode ser aproximado por um tubo de 3 mm de diâmetro e 75 mm de comprimento. A temperatura de operação da pá é de 650 °C e o ar entra no tubo a 427 °C.

(a) Para uma vazão de ar de 0,18 kg/h, calcule a temperatura de saída do ar e o calor removido da pá.

(b) Gere um gráfico da temperatura de saída do ar em função da vazão no intervalo $0{,}1 \leq \dot{m} \leq 0{,}6$ kg/h. Compare esse resultado com aqueles obtidos para pás com canais com diâmetro de 2 e 4 mm, considerando que as demais condições permaneçam inalteradas.

8.42 O núcleo de um reator nuclear de alta temperatura, resfriado a gás, possui tubos de resfriamento com 20 mm de diâmetro e 780 mm de comprimento. Hélio entra no sistema a 600 K e sai a 1000 K, quando a sua vazão é de 8×10^{-3} kg/s por tubo.

(a) Determine a temperatura uniforme na superfície do tubo nessas condições.

(b) Se o gás de resfriamento utilizado for o ar, determine a vazão requerida se a taxa de remoção de calor e a temperatura na superfície do tubo permanecerem as mesmas. Qual é a temperatura de saída do ar?

8.43 Ar aquecido necessário para um processo de secagem de alimentos é gerado pela passagem de ar ambiente a 20 °C através de longos tubos circulares ($D = 50$ mm, $L = 5$ m) posicionados no interior de um condensador de vapor. Vapor d'água saturado a pressão atmosférica condensa sobre a superfície externa dos tubos, mantendo uma temperatura superficial uniforme de 100 °C.

(a) Se uma vazão de ar de 0,01 kg/s for mantida em cada tubo, determine a temperatura de saída do ar $T_{m,\text{sai}}$ e a taxa de transferência de calor total q no tubo.

(b) A temperatura de saída do ar pode ser controlada pelo ajuste da vazão mássica no tubo. Calcule e represente graficamente $T_{m,\text{sai}}$ como uma função de $\dot{m}$ para $0{,}005 \leq \dot{m} \leq 0{,}050$ kg/s. Se um processo específico de secagem necessita de aproximadamente 1 kg/s de ar a 75 °C, que projeto e condições de operação devem ser estabelecidos para o aquecedor de ar, sujeito à limitação de que o diâmetro e o comprimento do tubo permaneçam fixos em 50 mm e 5 m, respectivamente?

8.44 Seja o escoamento laminar de um fluido com $Pr = 4$, com uma vazão $\dot{m}$, que passa por um processo de entrada combinada, com uma temperatura superficial constante, em um tubo com comprimento $L < x_{\text{cd},t}$. Um engenheiro sugere que a taxa de transferência de calor total pode ser aumentada se o tubo for dividido em N tubos menores, cada um com comprimento $L_N = L/N$ e com vazão igual a $\dot{m}/N$. Determine uma expressão para a razão entre o coeficiente de transferência de calor médio em relação aos N tubos, cada um com um processo de entrada combinada, e o coeficiente de transferência de calor médio no tubo original, $\bar{h}_{D,N}/\bar{h}_{D,1}$.

8.45 Uma forma de resfriar *chips* nas placas de circuito de um computador é colocar as placas em quadros de metal que permitem a passagem eficiente da condução térmica para *placas frias*, que suportam o arranjo. O calor gerado pelos *chips* é, então, dissipado a partir da transferência para a água que escoa através de passagens perfuradas nas placas frias. Como as placas são feitas com um metal de alta condutividade térmica (em geral, alumínio ou cobre), pode-se considerar que elas estão a uma temperatura $T_{s,\text{pf}}$.

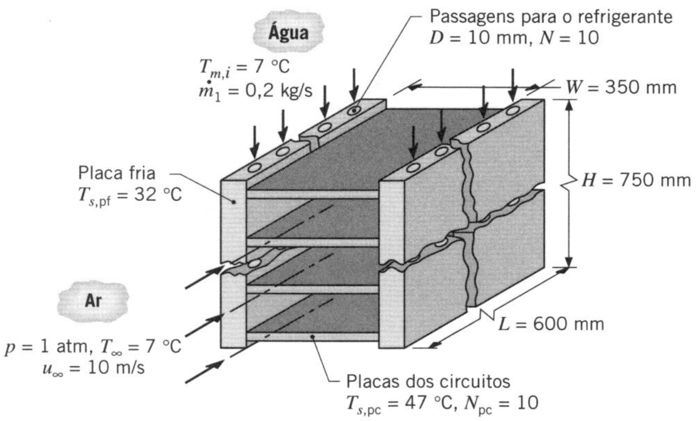

(a) Considere placas de circuitos fixadas a placas frias de altura $H = 750$ mm e largura $L = 600$ mm, cada uma com $N = 10$ furos de diâmetro $D = 10$ mm. Se as condições operacionais mantêm a temperatura das placas a $T_{s,\text{pf}} = 32$ °C com uma vazão de água de $\dot{m}_1 = 0{,}2$ kg/s por furo com uma temperatura de entrada de $T_{m,\text{ent}} = 7$ °C, qual é a taxa de calor que pode ser gerada no interior das placas de circuito?

(b) Para melhorar o resfriamento e, assim, permitir uma maior geração de potência sem um aumento correspondente das temperaturas do sistema, um esquema de resfriamento híbrido pode ser usado. O esquema prevê um escoamento forçado de ar sobre as placas de circuito no conjunto, bem como o escoamento de água através das placas frias. Considere condições nas quais $N_{\text{pc}} = 10$ placas de circuito de largura $W = 350$ mm estão fixadas às placas frias e a sua temperatura superficial média é de $T_{s,\text{pc}} = 47$ °C, quando $T_{s,\text{pf}} = 32$ °C. Estando o ar em escoamento paralelo sobre os circuitos com $u_\infty = 10$ m/s e $T_\infty = 7$ °C, qual taxa de calor gerado pelas placas de circuito é transferida para o ar?

8.46 Refrigerante-134a é transportado a 0,08 kg/s através de um tubo de Teflon com diâmetro interno $D_i = 20$ mm e diâmetro externo $D_e = 25$ mm, enquanto ar atmosférico a $V = 28$ m/s e 300 K escoa em escoamento cruzado sobre o tubo. Qual é a taxa de transferência de calor para o Refrigerante-134a a 240 K, por unidade de comprimento do tubo?

8.47 Óleo a 150 °C escoa *lentamente* através de um tubo longo com parede delgada e diâmetro interno de 35 mm. O tubo está suspenso em uma sala na qual a temperatura do ar é de 25 °C e o coeficiente de transferência de calor por convecção na superfície externa do tubo é de 12 W/(m^2 · K). Estime a perda de calor por unidade de comprimento dotubo.

8.48 Os gases de exaustão de um forno de processamento de fios são descarregados em uma grande chaminé, e as temperaturas do gás e da superfície na saída da chaminé devem ser estimadas. O conhecimento da temperatura de saída do gás $T_{m,\text{sai}}$ é útil para prever a dispersão dos efluentes na pluma térmica, enquanto o conhecimento da temperatura da superfície na saída da chaminé $T_{s,\text{sai}}$ indica se irá ocorrer a condensação dos produtos gasosos. A chaminé cilíndrica e com parede delgada possui 0,5 m de diâmetro e 6,0 m de altura. A vazão dos gases de exaustão é de 0,5 kg/s e a temperatura de entrada dos gases igual a 600 °C.

(a) Considere condições nas quais a temperatura do ar ambiente e a velocidade do vento são de 4 °C e 5 m/s, respectivamente. Aproximando as propriedades termofísicas do gás por aquelas do ar atmosférico, estime as temperaturas de saída do gás e da superfície da chaminé em sua saída para as condições dadas.

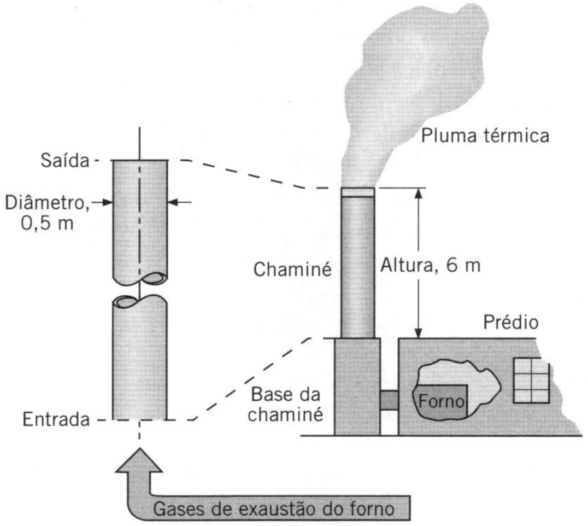

(b) A temperatura de saída do gás é sensível a variações na temperatura do ar ambiente e na velocidade do vento. Para $T_\infty = -25$ °C, 5 °C e 35 °C, calcule e represente graficamente a temperatura de saída do gás em função da velocidade do vento para $2 \leq V \leq 10$ m/s.

8.49 Um fluido quente passa através de um tubo de parede delgada, com 10 mm de diâmetro e um metro de comprimento, e um refrigerante a $T_\infty = 25$ °C escoa em escoamento cruzado sobre o tubo. Quando a vazão é $\dot{m} = 18$ kg/h e a temperatura na entrada é $T_{m,\text{ent}} = 85$ °C, a temperatura na saída é $T_{m,\text{sai}} = 78$ °C.

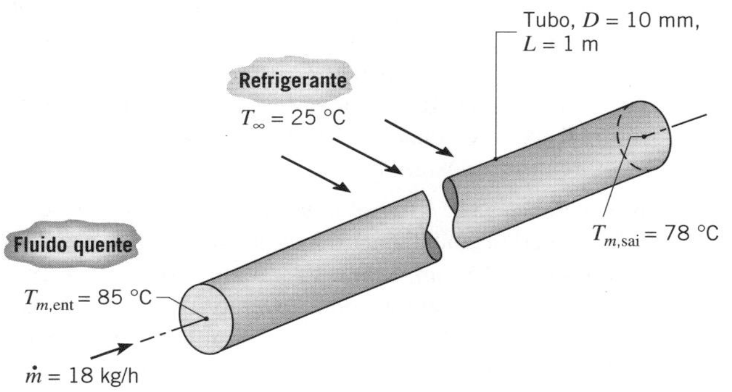

Admitindo o escoamento e as condições térmicas no interior do tubo plenamente desenvolvidas, determine a temperatura de saída, $T_{m,\text{sai}}$, se a vazão for duplicada. Isto é, $\dot{m} = 36$ kg/h, com todas as demais condições inalteradas. As propriedades termofísicas do fluido quente são: $\rho = 1079$ kg/m^3, $c_p = 2637$ J/(kg · K), $\mu = 0{,}0034$ N · s/m^2 e $k = 0{,}261$ W/(m · K).

8.50 Considere um tubo com parede delgada com 10 mm de diâmetro e 2 m de comprimento. Água entra no tubo, saindo de um grande reservatório, a $\dot{m} = 0{,}2$ kg/s e $T_{m,\text{ent}} = 47$ °C.

(a) Se a superfície do tubo for mantida a uma temperatura uniforme de 27 °C, qual é a temperatura de saída da água, $T_{m,\text{sai}}$? Para obter as propriedades da água, suponha uma temperatura média da água de $\overline{T}_m = 300$ K.

(b) Qual é a temperatura de saída da água se ela é aquecida pela passagem de ar, a $T_\infty = 100$ °C e $V = 10$ m/s, em escoamento cruzado sobre o tubo? As propriedades do ar podem ser determinadas a uma temperatura do filme estimada de $T_f = 350$ K.

(c) Nos cálculos anteriores, os valores considerados para $\overline{T}_m$ e T_f foram apropriados? Caso negativo, usando valores para as propriedades estimados de forma apropriada, calcule novamente $T_{m,\text{sai}}$ para as condições do item (b).

8.51 Seja um tubo metálico de parede delgada, com comprimento $L = 1$ m e diâmetro interno $D_i = 3$ mm. Água entra no tubo a uma vazão $\dot{m} = 0{,}015$ kg/s e $T_{m,\text{ent}} = 97$ °C.

(a) Qual é a temperatura de saída da água se a temperatura na superfície do tubo for mantida a 27 °C?

(b) Se uma camada com 0,5 mm de espessura de um isolante térmico com $k = 0{,}05$ W/(m · K) for aplicada sobre o tubo e a sua superfície externa for mantida em 27 °C, qual será a temperatura de saída da água?

(c) Se a superfície externa do isolante térmico não for mais mantida a 27 °C, mas sim for permitida a troca de calor por convecção natural entre essa superfície e o ar ambiente a 27 °C, qual será a temperatura de saída da água? O coeficiente de transferência de calor para a convecção natural é de 5 W/(m^2 · K).

8.52 Um tubo circular de diâmetro $D = 0{,}2$ mm e comprimento $L = 100$ mm impõe um fluxo térmico constante de $q'' = 20 \times 10^3$ W/m^2 em um fluido que escoa a uma vazão mássica de $\dot{m} = 0{,}1$ kg/s. Para uma temperatura na entrada de $T_{m,\text{ent}} = 29$ °C, determine a temperatura na parede do tubo em $x = L$ para o fluido sendo água pura. Avalie as propriedades do fluido a $\overline{T} = 300$ K. Para as mesmas condições, determine a temperatura da parede do tubo em $x = L$ para o fluido sendo o nanofluido do Exemplo 2.2.

8.53 Repita o Problema 8.52 para um tubo circular de diâmetro $D = 2$ mm, um fluxo imposto de $q'' = 200.000$ W/m^2 e uma vazão mássica de $\dot{m} = 10$ g/s.

8.54 Um tubo de parede delgada, com diâmetro de 12 mm e comprimento de 25 m, é usado para transportar gases de exaustão de uma chaminé até o laboratório, em um prédio próximo, para análise. O gás entra no tubo a 200 °C e a uma vazão mássica de 0,006 kg/s. Ventos do outono, a uma temperatura de 15 °C, sopram em direção cruzada ao tubo a uma velocidade de 2,5 m/s. Considere as propriedades termofísicas dos gases de exaustão iguais às do ar.

(a) Estime o coeficiente de transferência de calor médio para os gases de exaustão escoando no interior do tubo.

(b) Estime o coeficiente de transferência de calor para o ar que escoa em escoamento cruzado sobre a superfície externa do tubo.

(c) Estime o coeficiente global de transferência de calor U e a temperatura dos gases de exaustão quando eles chegam ao laboratório.

8.55 Um duto com parede delgada e sem isolamento térmico, com diâmetro de 0,4 m, é usado para conduzir ar refrigerado a uma vazão de 0,07 kg/s através do sótão de um grande prédio comercial. O ar no sótão encontra-se a 37 ºC, e a circulação natural fornece um coeficiente de transferência de calor por convecção de 4 W/(m^2 · K) na superfície externa do duto. Se o ar refrigerado entra no duto, com 16 m de comprimento, a uma temperatura de 7 °C, quais são a sua temperatura na saída do duto e a taxa de transferência de calor absorvida pelo ar? As propriedades do ar refrigerado podem ser avaliadas a uma temperatura média estimada de 300 K.

8.56 Água pressurizada a $T_{m,\text{ent}} = 200$ °C é bombeada a uma vazão de $\dot{m} = 2$ kg/s de uma planta de potência para um usuário industrial próximo, através de um tubo circular de parede delgada e com diâmetro interno $D = 1$ m. O tubo é revestido por uma camada de isolamento térmico com espessura $t = 0{,}15$ m e condutividade térmica $k = 0{,}05$ W/(m · K).

O tubo, que tem um comprimento $L = 500$ m, está exposto a um escoamento cruzado de ar a $T_\infty = -10$ °C e $V = 4$ m/s. Obtenha uma equação diferencial que possa ser usada para determinar a variação da temperatura média da água $T_m(x)$ em função da coordenada axial. Como uma primeira aproximação, o escoamento interno pode ser considerado plenamente desenvolvido ao longo de todo o tubo. Expresse os seus resultados em termos de $\dot{m}$, V, T_∞, D, t, k e das propriedades apropriadas da água (a) e do ar (ar). Calcule a taxa de perda de calor por unidade de comprimento na entrada do tubo. Qual é a temperatura média da água na saída do tubo?

8.57 Água, a 290 K e 0,25 kg/s, escoa através de um tubo de Teflon ($k = 0{,}35$ W/(m · K)) com raios interno e externo iguais a 10 e 14 mm, respectivamente. Um fino aquecedor elétrico em forma de fita, enrolado ao redor da superfície externa do tubo, fornece um fluxo térmico superficial uniforme de 2500 W/m^2, enquanto um coeficiente convectivo de 25 W/(m^2 · K) é mantido na superfície externa da fita pelo ar ambiente a 300 K. Qual é a fração da potência dissipada pela fita transferida para a água? Qual é a temperatura da superfície externa do tubo de Teflon?

8.58 A temperatura dos gases de exaustão que escoam através da grande chaminé de uma caldeira é medida por um termopar que se encontra no interior de um tubo cilíndrico, conforme mostrado na figura. O eixo do tubo é orientado na direção normal a do escoamento e o termopar mede uma temperatura T_t, que corresponde à da superfície do tubo. A vazão mássica e a temperatura do gás são designadas por $\dot{m}_g$ e T_g, respectivamente, e o escoamento do gás pode ser considerado plenamente desenvolvido. A chaminé é fabricada com uma folha metálica que se encontra a uma temperatura uniforme T_s e está exposta ao ar ambiente a T_∞ e a uma grande vizinhança a T_{viz}. O coeficiente convectivo associado à superfície externa do duto é designado por h_e, enquanto aqueles associados à superfície interna do duto e à superfície do tubo do termopar são designados por h_i e h_t, respectivamente. As emissividades das superfícies do tubo do termopar e do duto da chaminé são designadas por ε_t e ε_s, respectivamente.

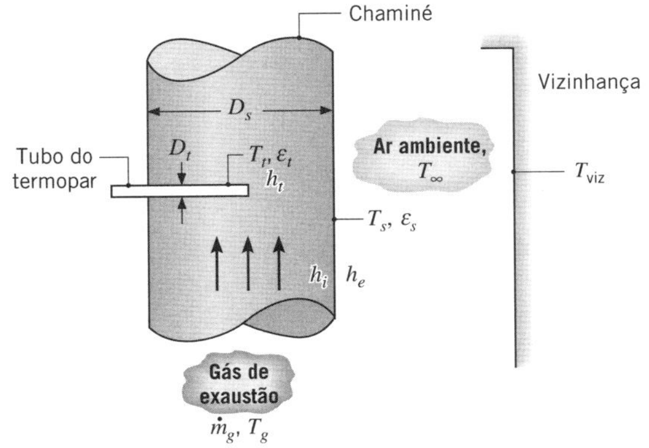

(a) Desprezando as perdas por condução ao longo do tubo do termopar, desenvolva uma análise que possa ser usada para estimar o erro ($T_g - T_t$) na medida da temperatura.

(b) Admitindo que os gases de exaustão possuam as propriedades do ar atmosférico, estime o erro para $T_t = 300$ °C, $D_s = 0{,}6$ m, $D_t = 10$ mm, $\dot{m}_g = 1$ kg/s, $T_\infty = T_{viz} = 27$ °C, $\varepsilon_t = \varepsilon_s = 0{,}8$ e $h_e = 25$ W/(m^2 · K).

8.59 Em um processo de fabricação de suprimentos biomédicos, há a exigência de que uma grande placa deva ser mantida a uma temperatura de 45 ± 0,25 °C. O projeto proposto apresenta a fixação de tubos de aquecimento à placa com um espaçamento entre tubos de S. Os tubos de cobre com paredes espessas possuem diâmetro interno de $D_i = 8$ mm e estão fixados à placa por meio de uma solda de elevada condutividade térmica e que proporciona um contato de largura $2D_i$. O fluido de aquecimento (etilenoglicol) escoa através de cada tubo a uma vazão fixa de $\dot{m} = 0{,}06$ kg/s. A placa possui uma espessura de $w = 25$ mm e é fabricada em aço inoxidável com uma condutividade térmica de 15 W/(m · K).

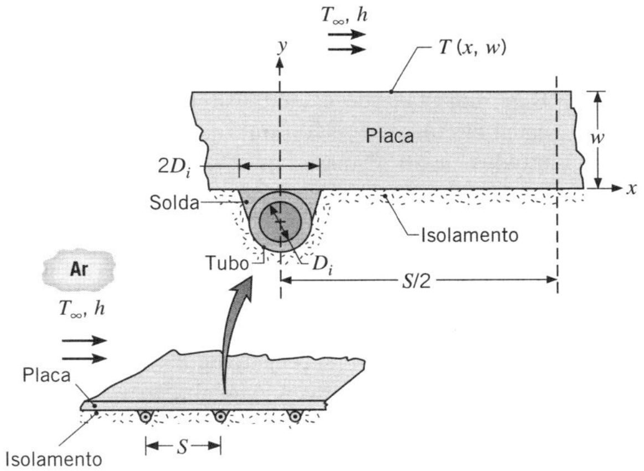

Considerando a seção transversal bidimensional da placa mostrada no detalhe, efetue uma análise para determinar a temperatura do fluido de aquecimento T_m e o espaçamento entre tubos S necessários para manter a temperatura da superfície da placa, $T(x, w)$, em 45 ± 0,25 °C, quando a temperatura ambiente é de 25 °C e o coeficiente convectivo é de 100 W/(m^2 · K).

8.60 Considere a bomba de calor do Problema 5.78, que usa o subsolo, em condições de inverno nas quais o líquido é descarregado pela bomba de calor no interior de um tubo de polietileno de alta densidade, com espessura $t = 8$ mm e condutividade térmica $k = 0{,}47$ W/(m · K). O tubo atravessa o solo, que mantém uma temperatura uniforme, de aproximadamente 10 °C, na sua superfície externa. As propriedades do fluido podem ser aproximadas pelas da água.

(a) Para um diâmetro interno do tubo e uma vazão de $D_i = 25$ mm e $\dot{m} = 0{,}03$ kg/s, e uma temperatura na entrada do fluido de $T_{m,ent} = 0$ °C, determine a temperatura do fluido na saída do tubo (temperatura na entrada da bomba de calor), $T_{m,sai}$, em função do comprimento do tubo L para $10 \leq L \leq 50$ m.

(b) Recomende um comprimento apropriado para o sistema. Como a sua recomendação seria afetada por variações na vazão do escoamento do líquido?

Dutos Não Circulares

8.61 Ar, a 4×10^{-4} kg/s e 20 °C, entra em um duto retangular que possui um metro de comprimento e 4 mm por 16 mm de lado. Um fluxo térmico uniforme de 500 W/m^2 é imposto na superfície do duto. Qual é a temperatura do ar e da superfície do duto na sua saída?

8.62 Ar a 25 °C escoa com uma vazão de 30×10^{-6} kg/s através de canais com 100 mm de comprimento usados para resfriar um molde metálico de alta condutividade térmica. Suponha que o escoamento esteja fluidodinâmica e termicamente plenamente desenvolvido.

(a) Determine taxa de calor transferida para o ar em um canal circular (D = 10 mm), quando a temperatura do molde é de 50 °C (caso A).

(b) Usando novos métodos de fabricação (veja o Problema 8.80), canais com seção transversal complexa podem ser prontamente produzidos no interior de objetos metálicos, como os moldes. Considere o ar escoando nas mesmas condições do caso A, exceto que agora o canal é segmentado em seis seções triangulares menores. A área de escoamento do caso A é igual à área de escoamento total do caso B. Determine o calor transferido para o ar no caso do canal segmentado.

(c) Compare as quedas de pressão nos casos A e B.

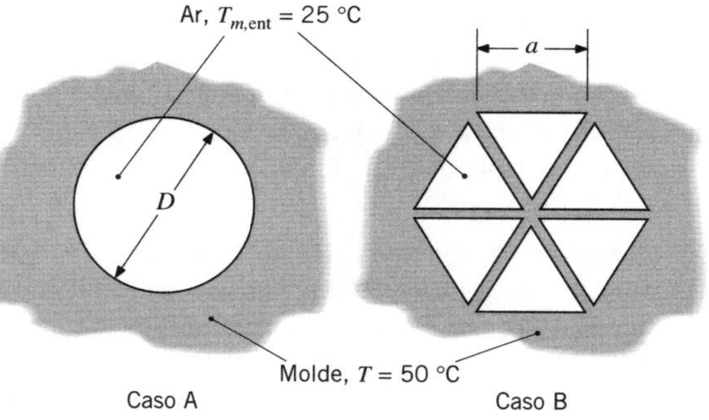

8.63 Uma *placa fria* é um dispositivo de resfriamento ativo fixado a um sistema de geração de calor com o objetivo de dissipar o calor mantendo o sistema a uma temperatura aceitável. Em geral, ela é fabricada com um material de elevada condutividade térmica, k_{pf}, no interior do qual são usinados canais por onde passa um refrigerante. Considere uma placa fria feita em cobre, com altura H e lados com largura W, no interior da qual água escoa através de canais quadrados com $w = h$. O espaçamento entre canais adjacentes δ é igual a duas vezes a distância entre a parede lateral de um canal externo e a parede lateral da placa fria.

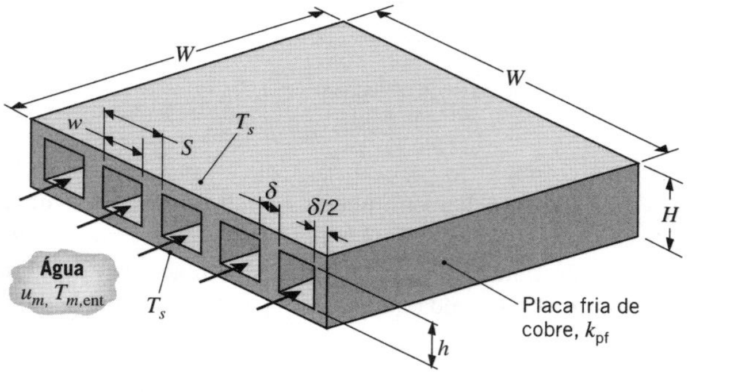

Considere condições nas quais sistemas de geração de calor *equivalentes* estão fixados às superfícies superior e inferior da placa fria, mantendo-as a uma mesma temperatura T_s. A velocidade média e a temperatura na entrada do refrigerante são u_m e $T_{m,ent}$, respectivamente.

(a) Admitindo escoamento turbulento plenamente desenvolvido ao longo de toda a extensão de cada canal, obtenha um sistema de equações que possa ser usado para estimar a taxa de transferência de calor total para a placa fria, q, e a temperatura de saída da água, $T_{m,sai}$, em termos dos parâmetros especificados.

(b) Considere uma placa fria com largura W = 100 mm e altura H = 10 mm, com dez canais quadrados com largura w = 6 mm e um espaçamento entre canais de δ = 4 mm. A água entra nos canais a uma temperatura $T_{m,ent}$ = 300 K e a uma velocidade u_m = 2 m/s. Se as superfícies superior e inferior da placa fria estão a T_s = 360 K, quais são a temperatura de saída da água e a taxa de transferência de calor total para a placa fria? A condutividade térmica do cobre é de 400 W/(m · K), enquanto as propriedades médias da água podem ser supostas iguais a ρ = 984 kg/m^3, c_p = 4184 J/(kg · K), $\mu = 489 \times 10^{-6}$ N · s/m^2, k = 0,65 W/(m · K) e Pr = 3,15. Esse projeto de placa fria é bom? Como o seu desempenho poderia ser melhorado?

8.64 Ar, a 1 atm e 310 K, entra em um duto retangular com 2 m de comprimento e seção transversal de 80 mm × 160 mm. O duto é mantido a uma temperatura superficial constante de 430 K, e a vazão mássica do ar é de 0,09 kg/s. Determine a taxa de transferência de calor do duto para o ar e a temperatura de saída do ar.

8.65 Um trocador de calor de paredes duplas é usado para transferir calor entre líquidos que escoam através de tubos de cobre semicirculares. Cada tubo possui uma parede com espessura t = 3 mm e raio interno r_i = 20 mm, sendo mantido um bom contato entre as duas superfícies planas pela presença de cintas firmemente apertadas. As superfícies externas dos tubos encontram-se isoladas termicamente.

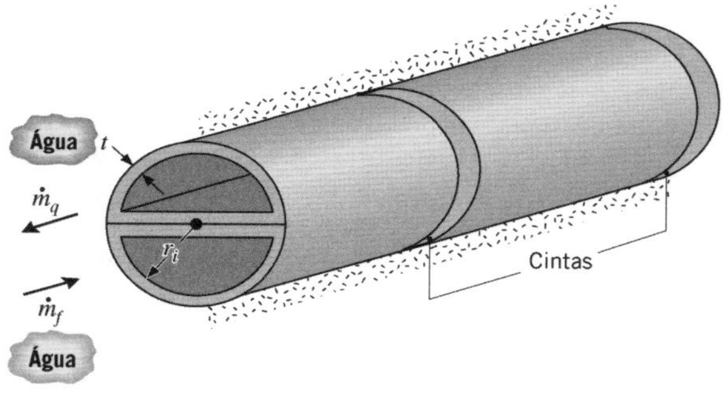

(a) Se água quente e água fria a temperaturas médias de $T_{q,m}$ = 330 K e $T_{f,m}$ = 290 K escoam pelos tubos adjacentes com $\dot{m}_q = \dot{m}_f$ = 0,2 kg/s, qual é a taxa de transferência de calor por unidade de comprimento do tubo? A resistência térmica de contato entre as paredes é de 10^{-5} m^2 · K/W. Aproxime as propriedades tanto da água quente quanto da água fria por $\mu = 800 \times 10^{-6}$ kg/(s · m), k = 0,625 W/(m · K) e Pr = 5,35. *Sugestão:* a transferência de calor é intensificada pela condução através das porções semicirculares das paredes dos tubos, e cada porção pode ser subdividida em duas aletas planas com extremidades adiabáticas.

(b) Usando o modelo térmico desenvolvido para o item (a), determine a taxa de transferência de calor por unidade de comprimento quando os fluidos forem o etilenoglicol. Também, qual será o efeito sobre a taxa de transferência de calor ao se fabricar o trocador com uma liga de alumínio? O aumento da espessura das paredes dos tubos trará um efeito favorável?

8.66 Seja o escoamento laminar, plenamente desenvolvido, em um canal com temperatura superficial constante T_s. Para uma certa vazão mássica e comprimento do duto especificado, determine qual canal retangular, b/a = 1,0; 1,43; ou 2,0; irá fornecer a maior taxa de transferência de calor. Esta taxa de transferência de calor é maior, igual ou menor do que a taxa de transferência de calor associada a um tubo circular?

8.67 Um fluido refrigerante escoa através de um canal retangular (*galeria*) no interior do corpo de um molde que é utilizado para produzir peças metálicas. As dimensões da galeria são $a = 90$ mm e $b = 9{,}5$ mm, e a vazão volumétrica do fluido é de $1{,}3 \times 10^{-3}$ m³/s. A temperatura do refrigerante é de 15 °C, e a parede do molde encontra-se a uma temperatura aproximadamente uniforme de 140 °C.

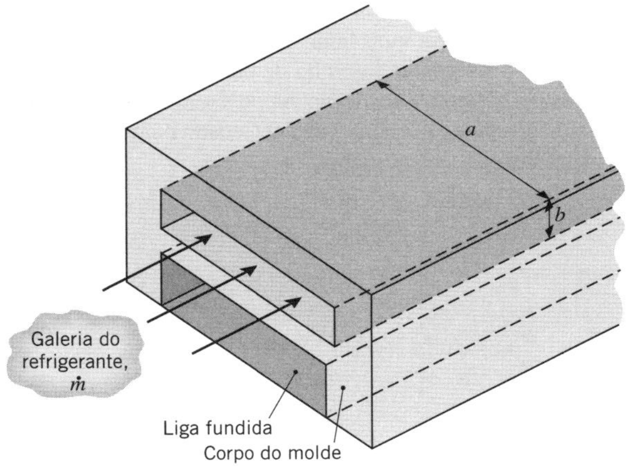

Para minimizar os problemas de corrosão no molde, que é uma peça de custo elevado, comumente se utiliza o etilenoglicol como fluido refrigerante, no lugar de água de processo. Compare os coeficientes convectivos da água e do etilenoglicol nesta aplicação. Qual é o compromisso entre o desempenho térmico e a minimização da corrosão?

8.68 Canais retangulares para escoamento são formados pela perfuração de longos sulcos em placas metálicas planas e pela brasagem das placas juntas, tal como mostrado a seguir. Grandes canais (Configuração A) ou canais duas vezes menores (Configuração B) podem ser formados pelo deslocamento relativo das placas entre si antes da brasagem. Considere placas isotérmicas a T_s = 67 °C com etilenoglicol a T_m = 27 °C escoando a uma vazão de 0,1 kg/s em cada um dos canais grandes. A vazão em cada canal pequeno é de 0,05 kg/s. Para dimensões a = 10 mm e b = 30 mm, determine a taxa de transferência de calor por unidade de comprimento para um canal grande e para um par de canais pequenos. Determine também o gradiente de pressão no fluido associado às Configurações A e B.

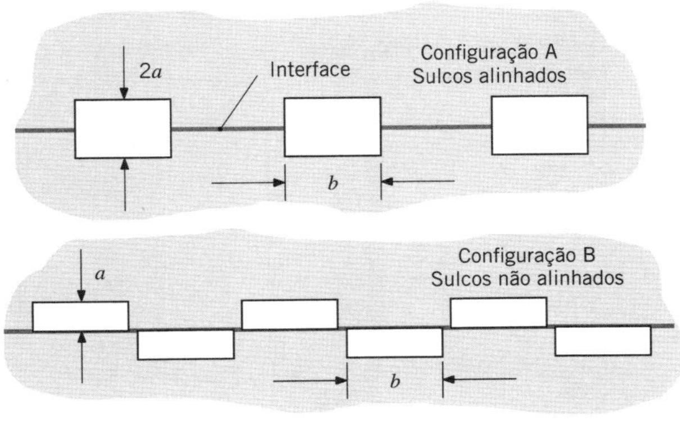

8.69 Uma placa de circuito impresso (PCI) é resfriada pelo escoamento de ar em regime laminar, plenamente desenvolvido, em canais adjacentes entre placas paralelas de comprimento L e distância de separação a. Os canais podem ser considerados infinitos na direção transversal (normal à página), e as superfícies superior e inferior são isoladas. A temperatura T_s da placa PCI é uniforme e o escoamento do ar, com uma temperatura de entrada igual a $T_{m,\text{ent}}$, é impulsionado por uma diferença de pressões Δp.

Calcule a taxa de retirada de calor média do PCI por unidade de área (W/m²).

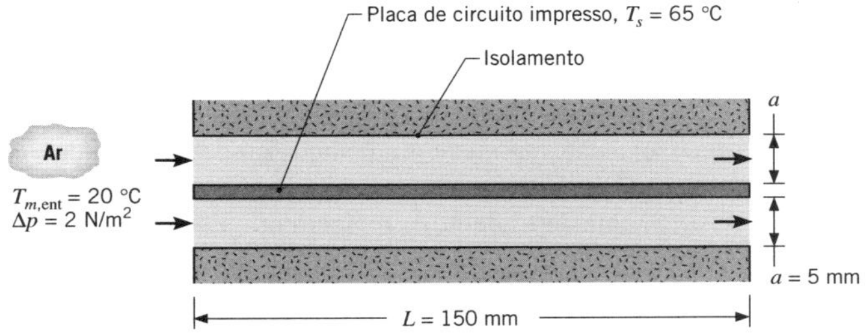

8.70 Água, a $\dot{m}$ = 0,02 kg/s e $T_{m,\text{ent}}$ = 20 °C, entra em uma região anular formada por um tubo interno com diâmetro D_i = 25 mm e um tubo externo com diâmetro D_e = 100 mm. Vapor d'água saturado escoa pelo tubo interno, mantendo a sua superfície a uma temperatura uniforme de $T_{s,i}$ = 100 °C, enquanto a superfície externa do tubo externo encontra-se isolada termicamente. Se condições plenamente desenvolvidas podem ser admitidas ao longo de toda a região anular, qual deve ser o comprimento do sistema para fornecer uma temperatura de saída da água de 75 °C? Qual é o fluxo térmico saindo do tubo interno na seção de saída do sistema?

8.71 Para as condições do Problema 8.70, qual deve ser o comprimento da região anular se a vazão da água for de 0,35 kg/s em vez de 0,02 kg/s?

8.72 Com referência à Figura 8.11, considere condições em uma região anular que possui a superfície externa isolada ($q_e'' = 0$) e um fluxo térmico uniforme, q_i'', na superfície interna. O escoamento pode ser considerado laminar e plenamente desenvolvido.

(a) Determine o perfil de velocidades $u(r)$ na região anular.

(b) Determine o perfil de temperaturas $T(r)$ e obtenha uma expressão para o número de Nusselt Nu_i associado à superfície interna.

8.73 Considere uma região anular entre dois tubos concêntricos na qual os diâmetros interno e externo são de 25 mm e 50 mm. Água entra na região anular a 0,03 kg/s e 25 °C. Se a parede do tubo interno for aquecida eletricamente a uma taxa (por unidade de comprimento) de q' = 3000 W/m, enquanto a parede do tubo externo é termicamente isolada, qual deve ser o comprimento dos tubos para que a água atinja uma temperatura de 85 °C na saída? Qual é a temperatura na superfície do tubo interno na saída, onde condições plenamente desenvolvidas podem ser consideradas?

8.74 Um arranjo de tubos concêntricos, para o qual os diâmetros interno e externo são 80 mm e 100 mm, respectivamente, é usado para remover calor de uma reação bioquímica ocorrendo em um tanque de repouso com um metro de comprimento. Calor é gerado uniformemente no interior do tanque a uma taxa de 10^5 W/m³, e uma vazão de 0,2 kg/s de água passa pela região anular.

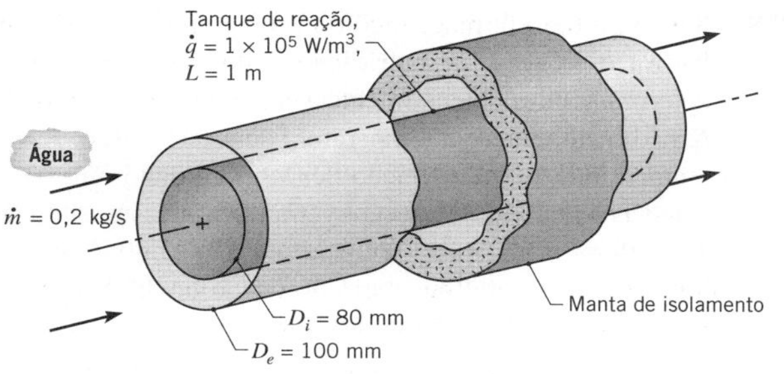

(a) Determine a temperatura de entrada da água vinda do suprimento que irá manter uma temperatura da superfície do tanque média de 37 °C. Suponha o escoamento e as condições térmicas plenamente desenvolvidas. Esta hipótese é razoável?

(b) Deseja-se ter um leve gradiente axial de temperatura na superfície do tanque, pois a taxa da reação bioquímica é altamente dependente da temperatura. Esboce a variação axial das temperaturas da água e da superfície no sentido do escoamento para os dois casos a seguir: (i) as condições plenamente desenvolvidas do item (a), e (ii) condições nas quais os efeitos de entrada são importantes. Comente sobre as características das distribuições de temperaturas. Qual mudança no sistema ou nas condições operacionais você faria para reduzir o gradiente da temperatura superficial?

Intensificação da Transferência de Calor

8.75 Sejam o sistema de resfriamento de ar e as condições do Problema 8.27, mas com um comprimento do tubo especificado de $L = 15$ m.

(a) Qual é a temperatura de saída do ar, $T_{m,\text{sai}}$? Qual é a potência necessária no ventilador?

(b) O coeficiente convectivo associado ao escoamento do ar pelo tubo pode ser dobrado a partir da inserção de uma mola helicoidal ao longo do comprimento do tubo para romper as condições do escoamento próximo à superfície interna. Se tal esquema de intensificação da transferência de calor for adotado, qual é o respectivo valor de $T_{m,\text{sai}}$? O uso do interno não virá sem um aumento correspondente na potência requerida no ventilador. Qual é a potência necessária se o fator de atrito for aumentado em 50 %?

(c) Após uma exposição prolongada à água, uma fina camada de matéria orgânica se forma na superfície externa do tubo, e a sua resistência térmica (para uma área unitária da superfície externa) é de $R''_{t,e} = 0{,}050$ m² · K/W. Qual é o valor correspondente de $T_{m,\text{sai}}$, sem considerar o interno do item (b)?

8.76 Considere a esterilização do produto farmacêutico do Problema 8.21. Para evitar qualquer possibilidade de aquecimento do produto até uma temperatura inaceitavelmente alta, vapor d'água a pressão atmosférica é condensado no exterior do tubo no lugar do aquecedor por resistência, fornecendo uma temperatura na superfície uniforme, $T_s = 100$ °C.

(a) Para as condições do Problema 8.21, determine o comprimento de tubo reto, L_r, que seria necessário para aumentar a temperatura média do produto farmacêutico de 25 °C para 75 °C?

(b) Analise a substituição do tubo reto por uma serpentina caracterizada por um diâmetro de serpentina $C = 100$ mm e um passo de $S = 25$ mm. Determine o comprimento total da serpentina, L_s (isto é, o produto do passo pelo número de voltas), necessário para elevar a temperatura média do fármaco até o valor desejado.

(c) Calcule a queda de pressão no tubo reto e na serpentina.

(d) Calcule a taxa de condensação do vapor.

8.77 Um engenheiro propôs inserir um bastão sólido de diâmetro D_i no interior de um tubo circular de diâmetro D_o para melhorar a transferência de calor do fluido em escoamento, com temperatura T_m, para a parede do tubo externo que está a uma temperatura igual a $T_{s,o}$. Supondo escoamento laminar, calcule a razão entre os fluxos térmicos do fluido para a parede do tubo externo com o bastão e sem o bastão, $q''_{o,\text{com}}/q''_{o,\text{sem}}$, para $D_i/D_o = 0$; 0,10; 0,25; e 0,50. O bastão é posicionado concentricamente em relação ao tubo externo.

8.78 Um transformador de potência elétrica, com diâmetro de 230 mm e altura de 500 mm, dissipa 1000 W. Deseja-se manter a sua temperatura superficial em 47 °C, passando etilenoglicol a 24 °C através de um tubo de parede delgada, com diâmetro de 20 mm, soldado na superfície lateral do transformador. Supõe-se que todo calor dissipado pelo transformador é transferido para o etilenoglicol.

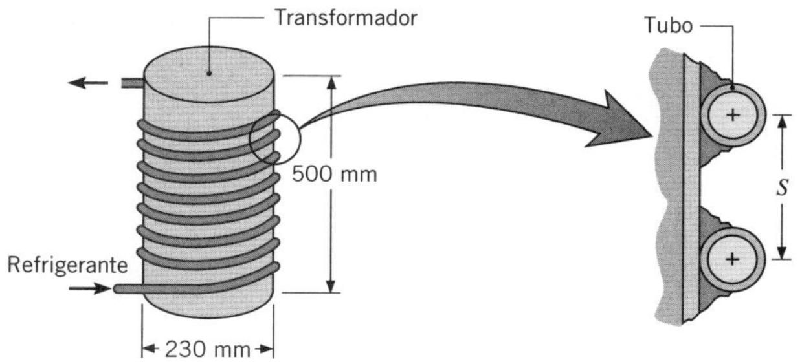

Admitindo que a elevação de temperatura máxima permitida do refrigerante seja de 6 °C, determine a vazão mássica necessária de refrigerante, o comprimento total do tubo e o passo da serpentina S entre suas voltas.

8.79 Um *resfriador baioneta* (*bayonet cooler*) é usado para reduzir a temperatura de um fluido farmacêutico. O fluido farmacêutico escoa através do resfriador, que é fabricado com um tubo de parede delgada, com diâmetro de 10 mm, e tem duas seções retas com comprimento de 250 mm e uma serpentina, com seis voltas e meia, cujo diâmetro é de 75 mm. Um refrigerante escoa no lado externo do resfriador, com um coeficiente convectivo na superfície externa de $h_e = 500$ W/(m² · K) e uma temperatura de 20 °C. Considere a situação na qual o fluido farmacêutico entra a 90 °C, com uma vazão mássica de 0,005 kg/s. O fluido farmacêutico tem as seguintes propriedades: $\rho = 1200$ kg/m³, $\mu = 4 \times 10^{-3}$ N · s/m², $c_p = 2000$ J/(kg · K) e $k = 0{,}5$ W/(m · K).

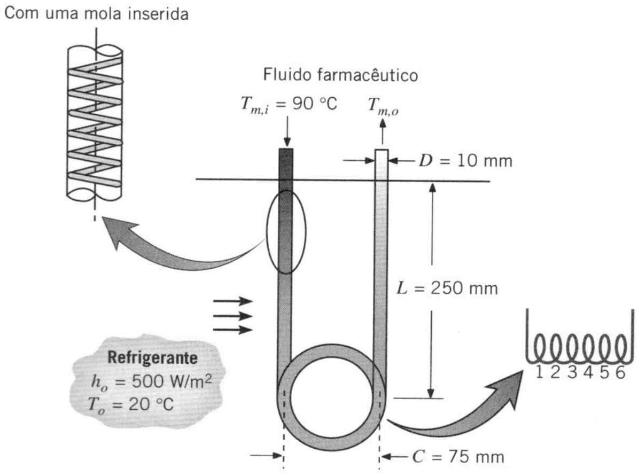

(a) Determine a temperatura de saída do fluido farmacêutico.

(b) Deseja-se reduzir ainda mais a temperatura de saída do fármaco. Entretanto, como o processo de resfriamento é somente uma parte de uma operação de processamento complicada, as vazões não podem ser modificadas. Um engenheiro jovem sugere que a temperatura de saída pode ser reduzida a partir da inserção de molas helicoidais de aço inoxidável nas seções transversais do resfriador, baseado no fato de que as molas irão romper o escoamento adjacente à parede interna do tubo e, desta forma, aumentar o coeficiente de transferência de calor nessa parede interna. Um engenheiro sênior afirma que a inserção das molas poderia dobrar o coeficiente de transferência de calor nas paredes internas retas do tubo. Determine a temperatura de saída do fluido farmacêutico com as molas no interior dos tubos, supondo que o engenheiro sênior esteja correto na sua afirmação.

(c) Você esperaria que a temperatura de saída do fármaco dependesse da forma de orientação das espirais das molas (curva à esquerda × curva à direita)? Por quê?

8.80 O molde usado em um processo de moldagem por injeção é constituído por uma metade superior e uma metade inferior. Cada metade tem 60 mm × 60 mm × 20 mm e é feita de metal (ρ = 7800 kg/m^3, c = 450 J/(kg · K)). O molde frio (100 °C) deve ser aquecido até 200 °C com água pressurizada (disponível a 275 °C e com uma vazão total de 0,02 kg/s) antes da injeção do material termoplástico. A injeção demora somente uma fração de segundo, e o molde aquecido (200 °C) é resfriado em sequência com água fria (disponível a 25 °C e com uma vazão total de 0,02 kg/s) antes da ejeção da parte moldada. Após a ejeção, que também demora uma fração de segundo, o processo é repetido.

(a) No projeto convencional do molde, passagens de resfriamento (aquecimento) retas são perfuradas através do molde em um local no qual as passagens não interferem com a parte moldada. Determine as taxas de resfriamento e de aquecimento iniciais do molde, quando cinco passagens com 5 mm de diâmetro e 60 mm de comprimento são perfuradas em cada metade do molde (total de dez passagens). A distribuição de velocidades na água está plenamente desenvolvida na entrada de cada passagem no molde quente (ou frio).

(b) Novos processos de fabricação, conhecidos como *fabricação de formas livres seletivas*, ou FFLS, são usados para construir moldes configurados com *passagens de resfriamento conformais*. Considere o mesmo molde de antes, mas agora com uma passagem curva em forma de serpentina, com 5 mm de diâmetro, projetada no interior de cada metade do molde, fabricada através da FFLS. Cada uma das duas passagens em forma de serpentina tem N = 2 voltas. A passagem em forma de serpentina não interfere na parte moldada. Os canais têm um diâmetro de serpentina C = 50 mm. A vazão total da água permanece a mesma do item (a) (0,01 kg/s por serpentina). Determine as taxas de resfriamento e de aquecimento iniciais do molde.

(c) Compare as áreas superficiais das passagens de resfriamento convencionais e em serpentina. Compare as taxas nas quais a temperatura do molde varia em moldes com passagens de resfriamento/aquecimento convencionais e em serpentina. Qual tipo de passagens de resfriamento, convencional ou em serpentina, irá permitir a produção de uma maior quantidade de peças por dia? Despreze a presença do material termoplástico.

8.81 Seja o produto farmacêutico do Problema 8.21. Antes de finalizar o processo de fabricação, testes são realizados para determinar experimentalmente a dependência da validade do remédio em relação à temperatura de esterilização. Assim, a temperatura de esterilização deve ser cuidadosamente controlada nos testes. Para promover uma boa mistura do fármaco e, desta forma, uma temperatura de saída relativamente uniforme na seção transversal de saída do tubo, os experimentos são realizados usando um dispositivo constituído por duas serpentinas entrelaçadas, cada uma com diâmetro de tubo de 10 mm. Os tubos de parede delgada estão soldados em um bastão sólido com alta condutividade térmica e diâmetro de D_b = 40 mm. Uma serpentina transporta o produto farmacêutico com uma velocidade média de u_f = 0,1 m/s e uma temperatura de entrada de 25 °C, enquanto na segunda serpentina passa água líquida pressurizada com u_a = 0,12 m/s e uma temperatura de entrada de 127 °C. As serpentinas não entram em contato entre si, mas estão soldadas no bastão de metal, com cada serpentina dando 20 voltas ao redor do bastão. A parte externa do dispositivo é termicamente isolada.

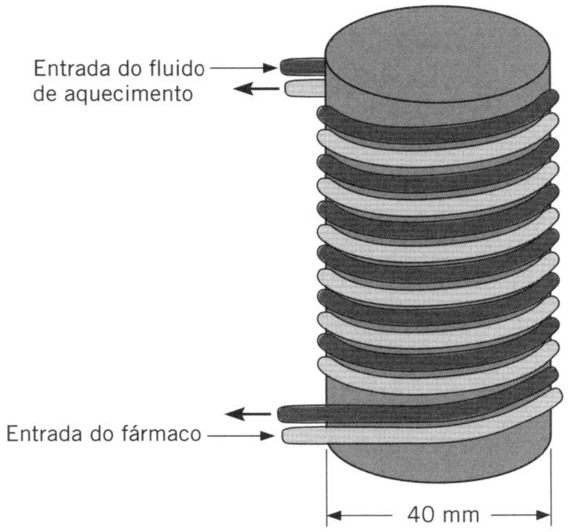

(a) Determine a temperatura de saída do produto farmacêutico. Estime as propriedades da água líquida a 380 K.

[(b)] Investigue a sensibilidade da temperatura de saída do fármaco em relação à velocidade da água pressurizada na faixa 0,10 < u_a < 0,25 m/s.

Escoamento em Canais Pequenos

8.82 Um método extremamente efetivo para resfriar circuitos integrados de silício com elevada densidade de potência envolve a gravação de microcanais na superfície inferior (sem circuitos) do *chip*. Os canais são cobertos por uma cobertura de silício, e o resfriamento é mantido através da passagem de água pelos canais.

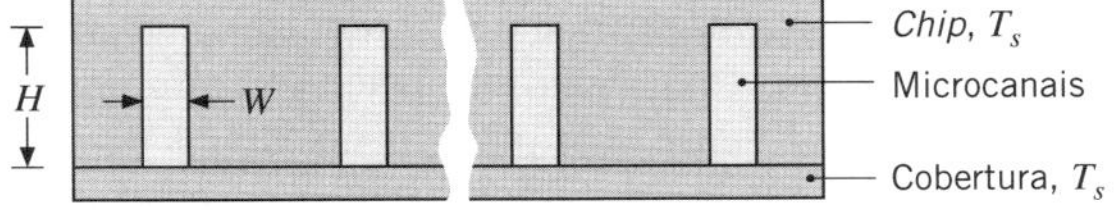

Seja um *chip* com 10 mm × 10 mm de lado no qual foram gravados 50 microcanais retangulares com 10 mm de comprimento, cada um com largura W = 50 μm e altura H = 200 μm. Considere condições operacionais nas quais água entra em cada microcanal a uma temperatura de 290 K e a uma vazão de 10^{-4} kg/s, enquanto o *chip* e a cobertura se encontram a uma temperatura uniforme de 350 K. Considerando escoamento plenamente desenvolvido nos canais e que todo o calor dissipado pelos circuitos seja transferido para a água, determine a temperatura de saída da água e a potência dissipada pelo *chip*. As propriedades da água podem ser estimadas a 300 K.

8.83 Em função de sua comparativamente alta condutividade térmica, a água é um fluido com preferência para o resfriamento convectivo. Entretanto, em aplicações envolvendo dispositivos eletrônicos, a água não pode entrar em contato com esses dispositivos e fluidos dielétricos, como o ar, são normalmente usados no lugar da água.

Considere o resfriamento do *chip* com microcanais do Problema 8.82, mas com ar como o refrigerante e uma vazão de $\dot{m}_1 = 10^{-6}$ kg/s por canal. Determine a temperatura de saída do ar e a dissipação de potência do *chip*. Estime as propriedades do ar a $T = 300$ K e $p = 1$ atm. Utilize coeficientes de acomodação térmica e de momento de $\alpha_t = 0{,}8$ e $\alpha_p = 0{,}9$, respectivamente. Considere que $Nu_D = hD_h/k$ para a condição de temperatura de parede uniforme é aumentado em razão dos efeitos de microescala na mesma proporção que no caso do escoamento em um tubo circular com condição de fluxo térmico uniforme.

8.84 Um gás ideal escoa no interior de um tubo de pequeno diâmetro. Deduza uma expressão para a densidade (massa específica) de transição do gás, ρ_c, abaixo da qual os efeitos de microescala têm que ser levados em conta. Expresse os seus resultados em termos do diâmetro da molécula do gás, da constante universal dos gases, da constante de Boltzmann e do diâmetro do tubo. Avalie a densidade de transição para um tubo com diâmetro $D = 8$ µm, para o hidrogênio, o ar e o dióxido de carbono. Compare as densidades de transição calculadas com as densidades dos gases a pressão atmosférica e $T = 23$ °C.

8.85 Considere o arranjo de resfriamento com microcanais do Problema 8.82. Entretanto, em vez de supor o *chip* inteiro e a cobertura a uma temperatura uniforme, adote uma abordagem mais conservadora (e realística), que especifica uma temperatura de $T_s = 350$ K na base dos canais ($x = 0$) e permite uma diminuição da temperatura com o aumento de x ao longo das paredes laterais de cada canal.

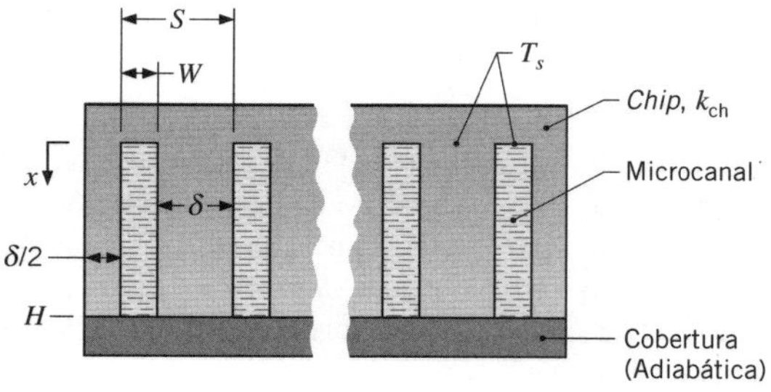

(a) Para as condições operacionais especificadas no Problema 8.82 e uma condutividade térmica do *chip* de $k_{ch} = 140$ W/(m · K), determine a temperatura de saída da água e a dissipação de potência no *chip*. A transferência de calor das laterais do *chip* para a vizinhança e da parede lateral de um canal para a cobertura podem ser desprezadas. Observe que o espaçamento entre os canais, $\delta = S - W$, é o dobro do espaçamento entre a parede lateral de um canal externo e a superfície externa do *chip*. O passo dos canais é $S = L/N$, com $L = 10$ mm sendo a largura do *chip* e $N = 50$ o número dos canais.

(b) A geometria do canal especificada no Problema 8.82 e usada no item (a) não é otimizada e taxas de transferências de calor maiores podem ser dissipadas a partir do ajuste de dimensões relacionadas entre si. Considere o efeito da redução do passo até valores de $S = 100$ μm, mantendo uma largura de $W = 50$ μm e uma vazão por canal de $\dot{m}_1 = 10^{-4}$ kg/s.

8.86 O início da turbulência em um gás escoando em um tubo circular ocorre em $Re_{D,c} \approx 2300$, enquanto a transição do escoamento incompressível para o compressível ocorre em um número de Mach crítico de $Ma_c \approx 0{,}3$. Determine o diâmetro do tubo crítico, D_c, abaixo do qual escoamento incompressível e transferência de calor turbulentos não podem existir para (i) ar, (ii) CO_2, (iii) He. Avalie as propriedades a pressão atmosférica e a temperatura $T = 300$ K.

8.87 Muitas das superfícies sólidas nas quais os valores dos coeficientes de acomodação térmica e de momento foram medidos são muito diferentes das usadas em micro e nanodispositivos. Represente graficamente o número de Nusselt Nu_D associado ao escoamento laminar plenamente desenvolvido, com fluxo na superfície constante, *versus* o diâmetro do tubo para 1 μm $\leq D \leq$ 1 mm e (i) $\alpha_t = 1$, $\alpha_p = 1$, (ii) $\alpha_t = 0{,}1$, $\alpha_p = 0{,}1$, (iii) $\alpha_t = 1$, $\alpha_p = 0{,}1$, (iv) $\alpha_t = 0{,}1$, $\alpha_p = 1$. Para tubos de que diâmetros os coeficientes de acomodação começam a influenciar a transferência de calor convectiva? Para qual combinação de α_t e α_p o número de Nusselt exibe a menor sensibilidade em relação a mudanças no diâmetro do tubo? Qual combinação resulta em números de Nusselt maiores do que o valor convencional para o escoamento laminar plenamente desenvolvido com fluxo na parede constante, $Nu_D = 4{,}36$? Qual combinação está associada aos menores valores do número de Nusselt? O que você pode falar sobre a capacidade de se prever coeficientes de transferência de calor por convecção, em dispositivos de pequena escala, se os coeficientes de acomodação não forem conhecidos para o material com o qual o dispositivo é fabricado? Use propriedades do ar na pressão atmosférica e a $T = 300$ K.

8.88 Seja o escoamento de ar através de um tubo de aço com pequeno diâmetro. Represente graficamente o número de Nusselt associado ao escoamento laminar plenamente desenvolvido, com fluxo na superfície constante, para diâmetros de tubos variando de 1 μm $\leq D \leq$ 1 mm. Avalie as propriedades do ar a $T = 350$ K e a pressão atmosférica. Os coeficientes de acomodação térmica e de momento são $\alpha_t = 0{,}92$ e $\alpha_p = 0{,}87$, respectivamente. Compare os números de Nusselt aqui calculados com o valor fornecido na Equação 8.53, $Nu_D = 4{,}36$.

8.89 Um experimento é projetado para estudar a convecção forçada em microescala. Água, a $T_{m,\text{ent}} = 300$ K, deve ser aquecida em um tubo de vidro circular e reto com 50 μm de diâmetro interno e espessura de parede de 1 mm. Água morna, a $T_\infty = 350$ K e com $V = 2$ m/s, escoa em escoamento cruzado sobre a superfície externa do tubo. O experimento é projetado para cobrir a faixa operacional $1 \leq Re_D \leq 2000$, sendo Re_D o número de Reynolds associado ao escoamento interno.

(a) Determine o comprimento do tubo L que satisfaz a uma exigência de projeto de que o tubo seja duas vezes mais longo do que o comprimento de entrada associado ao maior número de Reynolds de interesse. Estime as propriedades da água a 305 K.

(b) Determine a temperatura de saída da água, $T_{m,\text{sai}}$, que se espera esteja associada a $Re_D = 2000$. Estime as propriedades da água de aquecimento (água em escoamento cruzado sobre o tubo) a 330 K.

(c) Calcule a queda de pressão da entrada até a saída do tubo para $Re_D = 2000$.

(d) Com base na vazão mássica e na queda de pressão no tubo calculadas, estime a altura de uma coluna de água (a 300 K) necessária para suprir a pressão na entrada do tubo e o tempo necessário para coletar 0,1 litro de água. Discuta como a temperatura de saída da água que escoa pelo tubo, $T_{m,\text{sai}}$, pode ser medida.

8.90 Determine o diâmetro do tubo que corresponde a 10 % de redução no coeficiente de transferência convectiva de calor para coeficientes de acomodação térmica e de momento iguais a $\alpha_t = 0{,}92$ e $\alpha_p = 0{,}89$, respectivamente. Determine o espaçamento entre canais, a, que está associado à redução de 10 % no h usando os mesmos coeficientes de acomodação. O gás é o ar a $T = 350$ K e a pressão atmosférica, tanto para o tubo quanto para as placas paralelas. O escoamento é laminar e plenamente desenvolvido, com fluxo na superfície constante.

8.91 Um experimento é planejado para medir o escoamento de líquidos e taxas de transferência de calor por convecção em canais em microescala. A vazão mássica através do canal é determinada pela medição da quantidade de líquido que escoou pelo canal e a sua divisão pela duração do experimento. A temperatura média do fluido na saída também é medida. Para minimizar o tempo necessário para realizar o experimento (isto é, para coletar uma quantidade suficiente de líquido de tal forma que sua massa e sua temperatura possam ser medidas de forma acurada), geralmente são usadas séries de microcanais. Considere uma série de microcanais de seção transversal circular, cada um com um diâmetro nominal de 50 μm, perfurados em um bloco de cobre. Os canais têm 20 mm de comprimento e o bloco é mantido a 310 K. Água, a uma temperatura de entrada de 300 K, é forçada para dentro dos canais a partir de um tanque pressurizado, de tal forma que uma diferença de pressões de $2{,}5 \times 10^6$ Pa está presente entre a entrada e a saída de cada canal.

Em muitos sistemas em microescala, as dimensões características são similares às tolerâncias que podem ser controladas durante a fabricação do equipamento experimental. Consequentemente, uma análise cuidadosa dos efeitos das tolerâncias de fabricação tem que ser feita na interpretação dos resultados experimentais.

(a) Seja o caso no qual três microcanais são perfurados no bloco de cobre. Os diâmetros dos canais exibem algum desvio em razão das restrições de construção e possuem diâmetros reais de 45 μm, 50 μm e 55 μm, respectivamente. Calcule a vazão mássica em cada um dos três canais, bem como as respectivas temperaturas de saída.

(b) Se a água saindo de cada um dos três canais for coletada e misturada em um único recipiente, calcule a vazão mássica média em cada um dos três canais e a temperatura de saída média de toda a água, que é coletada dos três canais.

(c) O experimentalista entusiasmado usa a vazão mássica média e a temperatura de saída média após a mistura para analisar o desempenho do canal de diâmetro médio (50 μm) e conclui que vazões mássicas e coeficientes de transferência de calor são aumentados e diminuídos, respectivamente, por aproximadamente 5 % quando a convecção forçada está presente em microcanais. Comente sobre a validade da conclusão do experimentalista.

Transferência de Massa

8.92 No processamento de tubos plásticos muito longos, com 2 mm de diâmetro interno, ar escoa no interior do tubo com um número de Reynolds igual a 1000. A camada interior do material plástico evapora para o ar sob condições plenamente desenvolvidas. O plástico e o ar estão a 400 K, e o número de Schmidt para a mistura do vapor do plástico com o ar é igual a 2,0. Determine o coeficiente de transferência de massa por convecção.

8.93 Ar seco, a 300 K e a uma vazão de 3 kg/h, passa em sentido ascendente através de um tubo de 30 mm de diâmetro, como mostrado na figura. Uma fina película de água, também a 300 K, escoa lentamente em sentido descendente sobre a superfície interna do tubo. A superfície da película de água, que possui uma espessura média de 1 mm, é caracterizada por ondulações induzidas por forças de cisalhamento causadas pelo ar. Se um fluxo de evaporação de $n''_A = 0{,}55$ kg/(h · m^2) é medido, determinar a percentagem de mudança no coeficiente de transferência de massa em comparação com aquele associado a uma película de água estacionária perfeitamente lisa. Assuma condições plenamente desenvolvidas.

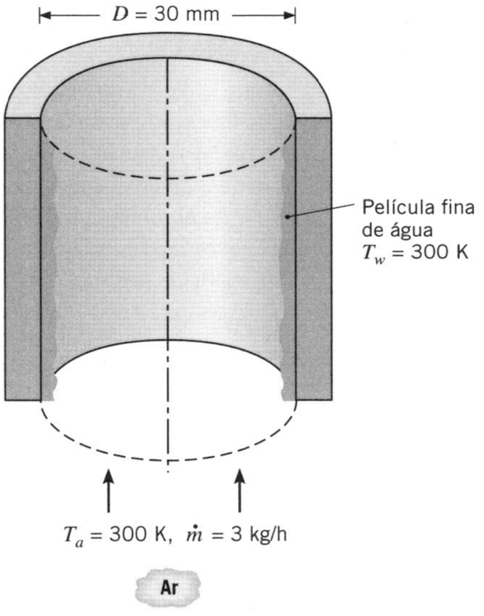

8.94 Qual é o coeficiente de transferência de massa por convecção associado ao escoamento plenamente desenvolvido de ar atmosférico a 27 °C e 0,04 kg/s através de um tubo com 50 mm de diâmetro, cuja superfície interna é coberta por uma fina camada de naftaleno? Determine os comprimentos de entrada fluidodinâmico e de concentração.

8.95 Ar é forçado através de furos feitos em um bloco, com 0,5 m de espessura, feito de um sólido (de massa molar 95 kg/kmol) que sublima no ar em escoamento. Considere ar a 320 K e a uma pressão de 2 atm escoando através de um furo de 10 mm de diâmetro a uma vazão de 3×10^{-4} kg/s. A pressão de vapor do material em sublimação na interface sólido-vapor é de 10 mm Hg. O coeficiente de difusão do vapor no ar a 1 atm e 320 K é de $2{,}5 \times 10^{-5}$ m^2/s. Considerando que a concentração de vapor sublimado no ar é desprezível em qualquer posição axial, determine os fluxos mássicos locais a partir do sólido para $x = 0{,}1$; 0,25 e 0,5 m. Baseado nos fluxos calculados, estime os diâmetros nas posições axiais anteriores do furo depois de 30 minutos de operação. A massa específica do material sólido é de 1500 kg/m^3.

8.96 Ar, escoando através de um tubo de 75 mm de diâmetro, atravessa uma seção rugosa com 150 mm de comprimento construída com naftaleno, que possui as propriedades $\mathcal{M}$ = 128,16 kg/mol e p_{sat}(300 K) = 1,31 × 10^{-4} bar. O ar está a 1 atm e 300 K, e o número de Reynolds é Re_D = 35.000. Em um experimento no qual o escoamento foi mantido durante três horas, a perda de massa por sublimação na superfície rugosa foi de 0,01 kg. Qual é o coeficiente de transferência de massa por convecção associado? Qual seria o coeficiente de transferência de calor por convecção correspondente? Compare esses resultados com aqueles estimados com correlações convencionais para tubos lisos.

8.97 Considere o escoamento de um gás com massa específica ρ e vazão $\dot{m}$ através de um tubo cuja superfície interna está coberta por um líquido ou um sólido sublimável com concentração mássica de vapor uniforme $\rho_{A,s}$. Deduza a Equação 8.86 para a variação da concentração mássica do vapor média $\rho_{A,m}$ com a distância x a partir da entrada do tubo e a Equação 8.83 para a taxa total de transferência de vapor em um tubo com comprimento L.

8.98 Ar atmosférico, a 25 °C e 3 × 10^{-4} kg/s, escoa através de um tubo circular com 10 mm de diâmetro e um metro de comprimento, cuja superfície interna se encontra umedecida por uma película de água também mantida a 25 ºC. Determine a concentração de vapor d'água na saída do tubo, admitindo que o ar na entrada esteja seco. Qual é a taxa na qual o vapor é adicionado ao ar?

8.99 Ar, a 25 °C e 1 atm, encontra-se em escoamento plenamente desenvolvido com uma vazão $\dot{m} = 10^{-3}$ kg/s através de um tubo circular com 10 mm de diâmetro, cuja superfície interna é umedecida com água também mantida a 25 °C. Determine o comprimento de tubo necessário para que o vapor d'água no ar atinja 99 % de seu valor de saturação. O ar na entrada é seco.

8.100 A etapa final de um processo de fabricação, na qual um revestimento protetor é aplicado na superfície interna de um tubo circular, envolve a passagem de ar atmosférico seco através do tubo para remover o líquido residual associado ao processo. Considere um tubo revestido com 5 m de comprimento e um diâmetro interno de 50 mm. O tubo é mantido a uma temperatura de 300 K e o líquido residual está presente como uma fina película cuja pressão de vapor correspondente é de 15 mm Hg. A massa molar e o coeficiente de difusão do vapor são $\mathcal{M}_A$ = 70 kg/kmol e $D_{AB} = 10^{-5}$ m²/s, respectivamente. O ar entra no tubo com uma velocidade média de 0,5 m/s e a uma temperatura de 300 K.

(a) Estime a pressão parcial e a concentração mássica do vapor no ar que sai do tubo.

(b) Qual é a taxa de remoção de líquido do tubo em kg/s?

8.101 Ar seco é inalado a uma taxa de 10 litros/min através de uma traqueia com um diâmetro de 20 mm e um comprimento de 125 mm. A superfície interna da traqueia e o ar encontram-se na temperatura normal do corpo de 37 °C e a traqueia pode ser considerada saturada de água.

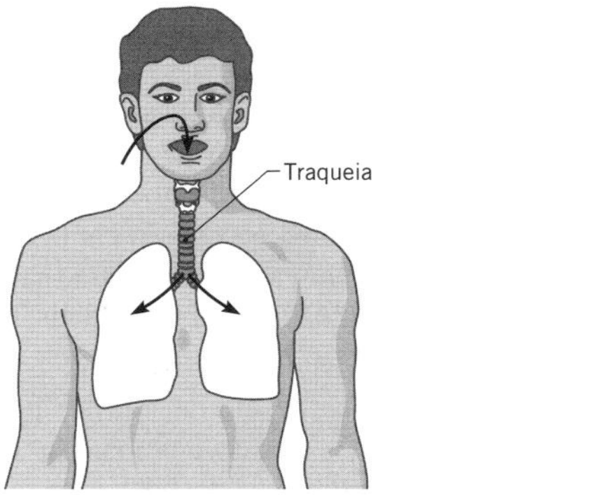

(a) Supondo escoamento plenamente desenvolvido, em regime estacionário, na traqueia, estime o coeficiente convectivo de transferência de massa.

(b) Estime a perda diária de água (litros/dia) associada à evaporação na traqueia.

8.102 Uma operação de transferência de massa é precedida pelo escoamento laminar de uma espécie gasosa B através de um tubo circular suficientemente longo para que se obtenha um perfil de velocidades plenamente desenvolvido. Uma vez atingida a condição plenamente desenvolvida, o gás entra em uma seção do tubo que se encontra molhada com um filme de um líquido (A). Este filme mantém uma concentração mássica do vapor uniforme $\rho_{A,s}$ ao longo de toda a superfície do tubo.

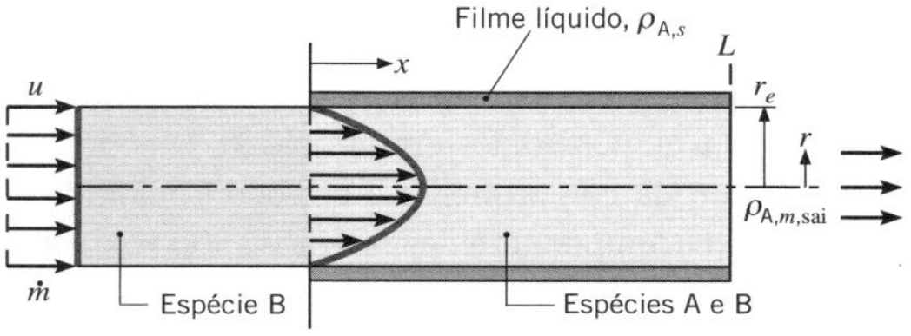

(a) Escreva a equação diferencial e as condições de contorno que governam a distribuição de concentrações mássicas da espécie A, $\rho_A(x, r)$, para $x > 0$.

(b) Qual é a problema análogo a esse na transferência de calor? Com base nesse análogo, escreva uma expressão para o número de Sherwood médio associado à troca de massa ao longo da região $0 \leq x \leq L$.

(c) Partindo da utilização do princípio da conservação de uma espécie em um volume de controle diferencial $\pi r_e^2 dx$, deduza uma expressão (Equação 8.86) que possa ser usada para determinar a concentração mássica média do vapor, $\rho_{A,m,sai}$, em $x = L$.

(d) Considere condições nas quais a espécie B é o ar, a 25 °C e 1 atm, e o filme líquido é formado por água, também a 25 °C. A vazão mássica é $\dot{m}$ = 2,5 × 10^{-4} kg/s, e o diâmetro do tubo é D = 10 mm. Qual é a concentração média do vapor na saída do tubo, se L = 1 m?

CAPÍTULO 9

Convecção Natural

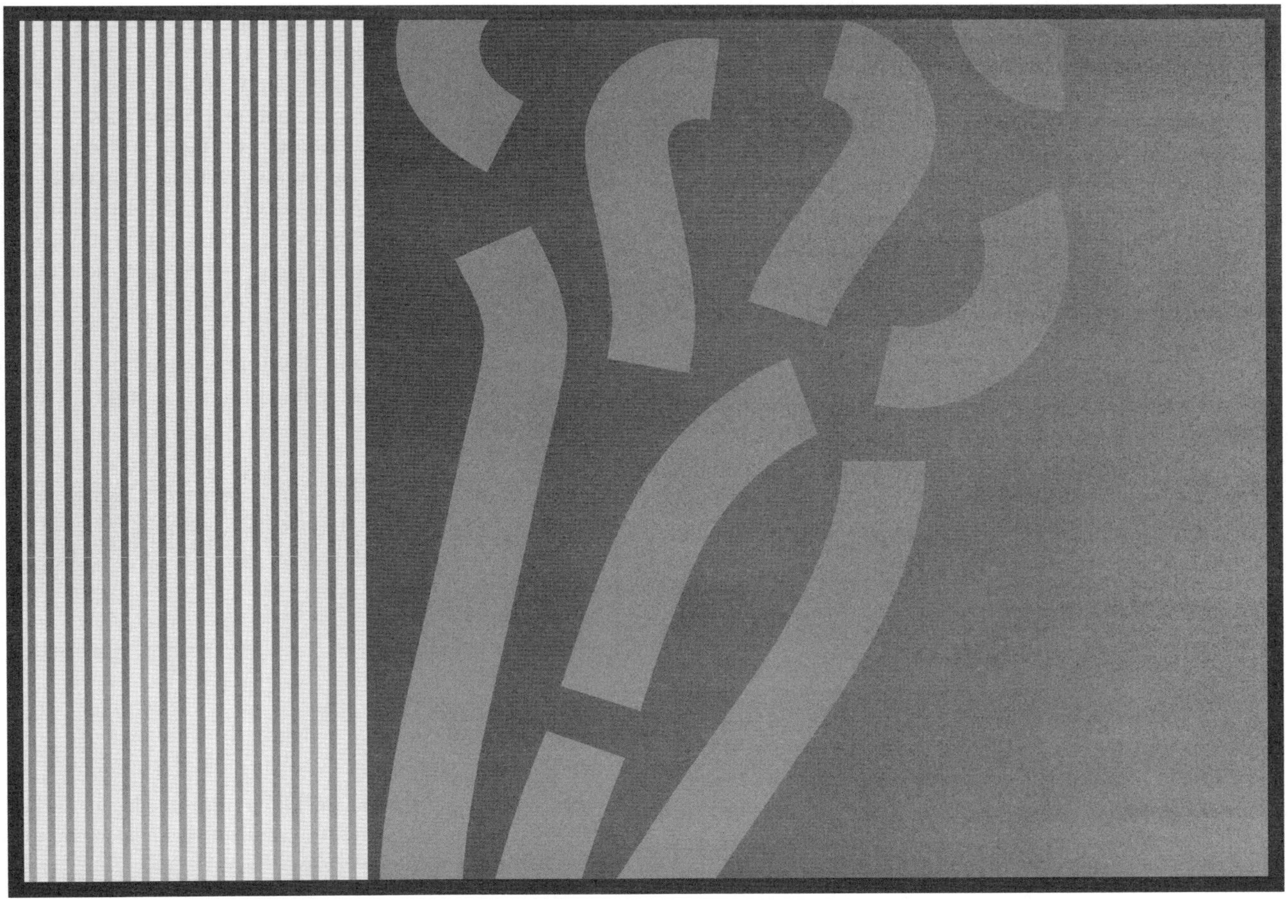

Em capítulos anteriores consideramos a transferência convectiva em escoamentos de fluidos originados de uma condição *motriz externa*. Por exemplo, o movimento do fluido pode ser induzido por um ventilador ou uma bomba, ou pode resultar da propulsão de um sólido através do fluido. Na presença de um gradiente de temperatura, irá ocorrer transferência de calor por *convecção forçada*.

Agora analisamos situações nas quais não há velocidade *forçada*, porém existem correntes de convecção no interior do fluido. Tais situações são conhecidas por *convecção livre* ou *natural*, e aparecem quando uma *força de corpo* atua sobre um fluido no qual existem *gradientes de massa específica*. O efeito líquido é uma *força de empuxo*, que induz correntes de convecção natural. No caso mais comum, o gradiente de massa específica é devido a um gradiente de temperatura e a força de corpo é devida ao campo gravitacional.

Como as velocidades em escoamentos de convecção natural são, em geral, muito menores do que aquelas associadas à convecção forçada, as taxas de transferência por convecção correspondentes são também menores. Portanto, talvez seja tentador atribuir menos importância aos processos de convecção natural. Essa tentação deve ser evitada. Em muitos sistemas envolvendo diversos tipos de transferência de calor, a convecção natural fornece a maior resistência à transferência de calor e, consequentemente, assume um papel importante no projeto ou no desempenho do sistema. Além disso, quando é desejável minimizar taxas de transferência de calor ou custos operacionais, a convecção natural é frequentemente preferida à convecção forçada.

Há, obviamente, muitas aplicações. A convecção natural influencia significativamente as temperaturas de operação em dispositivos de geração de potência e eletrônicos. Ela desempenha papel importante em uma ampla série de aplicações de processamento térmico. A convecção natural é relevante no estabelecimento de distribuições de temperaturas no interior de edificações e na determinação de perdas de calor ou cargas térmicas em sistemas de aquecimento, ventilação e ar condicionado. A convecção natural distribui os produtos venenosos da combustão durante incêndios e é relevante para as ciências do meio ambiente, onde é responsável pelos movimentos do oceano e da atmosfera, assim como pelos processos relacionados com a transferência de calor e de massa.

Neste capítulo, nossos objetivos são obter um conhecimento das origens físicas e da natureza de escoamentos movidos pelo empuxo, e adquirir ferramentas para efetuar cálculos de transferência de calor a eles relacionados.

9.1 Considerações Físicas

Na convecção natural, o movimento do fluido é devido às forças de empuxo no seu interior, enquanto na convecção forçada o movimento é imposto externamente. *O empuxo é devido à presença combinada de um gradiente de massa específica no fluido e de uma força de corpo proporcional à massa específica*. Na prática, a força de corpo é geralmente *gravitacional*, embora ela possa ser uma força centrífuga em equipamentos em que há rotação de fluidos, ou uma força de Coriolis nos movimentos rotacionais na atmosfera e nos oceanos. Existem também várias formas nas quais um gradiente de massa específica pode aparecer em um fluido, mas, no caso mais usual, ele se deve à presença de um gradiente de temperatura. Sabemos que a massa específica de gases e de líquidos depende da temperatura, geralmente diminuindo (em face da expansão do fluido) com o aumento da temperatura ($\partial\rho/\partial T < 0$).

Neste texto, concentramos a nossa atenção em problemas de convecção natural nos quais o gradiente de massa específica é resultado de um gradiente de temperatura e a força de corpo é gravitacional. Contudo, a presença de um gradiente de massa específica em um fluido em um campo gravitacional não assegura a existência de correntes de convecção natural. Considere as condições da Figura 9.1. Um fluido está confinado por duas grandes placas horizontais a diferentes temperaturas ($T_1 \neq T_2$). No caso *a*, a temperatura da placa inferior é maior do que a temperatura da placa superior, e a massa específica diminui no sentido da força gravitacional. Se a diferença de temperaturas é superior a um valor crítico, as condições são *instáveis* e as forças de empuxo são capazes de superar a influência retardadora das forças viscosas. A força gravitacional no fluido mais denso nas camadas superiores excede aquela que atua no fluido mais leve nas camadas inferiores, e determinado padrão de circulação irá existir. O fluido mais pesado irá descer, sendo aquecido durante o processo, enquanto o fluido mais leve irá subir, resfriando-se à medida que se desloca. Entretanto, essa condição não caracteriza o caso *b*, no qual $T_1 > T_2$, e a massa específica não mais diminui no sentido da força gravitacional. As condições agora são *estáveis* e não há movimento global no fluido. No caso *a*, a transferência de calor ocorre por convecção natural ou livre da superfície inferior para a superfície superior; no caso *b*, a transferência de calor (do topo para a base) se dá por condução.

Escoamentos de convecção natural podem ser classificados de acordo com o fato de estarem ou não limitados por uma superfície. Na ausência de uma superfície adjacente, podem ocorrer *escoamentos de fronteiras livres* na forma de uma *pluma* ou de um *jato livre* (Figura 9.2). Uma pluma está associada à ascensão de um fluido originada em um objeto aquecido nele submerso. Considere o fio aquecido da Figura 9.2*a*, que está imerso em um fluido *extenso e quiescente*.[1] O fluido aquecido pelo fio ascende em razão das forças de empuxo, arrastando fluido da região quiescente. Embora a largura da pluma

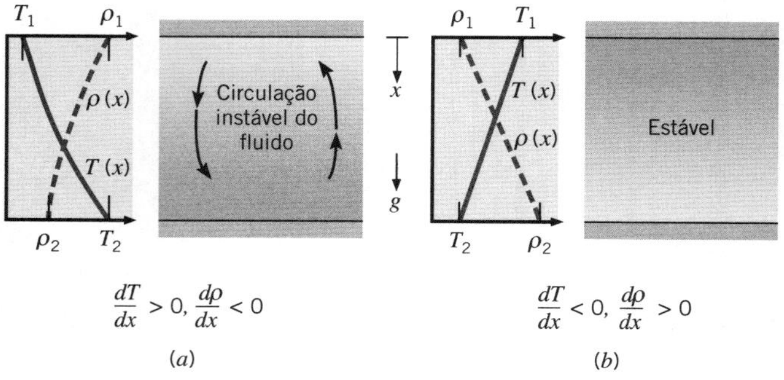

FIGURA 9.1 Condições em um fluido entre grandes placas horizontais a diferentes temperaturas. (*a*) Gradiente de temperatura instável. (*b*) Gradiente de temperatura estável.

[1] Um meio extenso é, em princípio, um meio infinito. Como um fluido quiescente é um fluido que, a menos do que ocorre perto do fio, está em repouso, a sua velocidade longe do fio aquecido é zero.

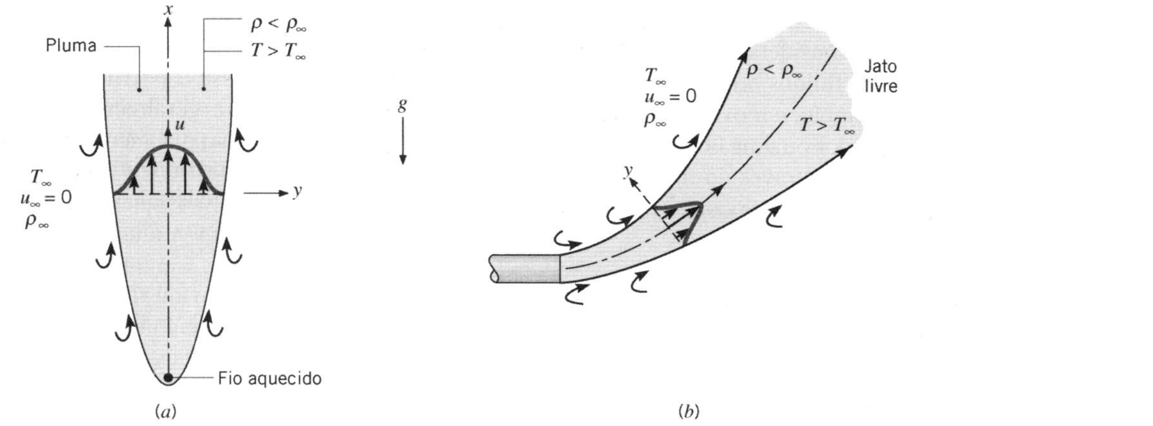

FIGURA 9.2 Escoamentos de camada-limite natural movidos por empuxo em um meio extenso quiescente. (*a*) Formação de pluma acima de um fio aquecido. (*b*) Jato livre associado a uma descarga aquecida.

aumente com a distância do fio, a pluma tende finalmente a se dissipar como resultado dos efeitos viscosos e de uma redução na força de empuxo causada pelo resfriamento do fluido na pluma. A diferença entre uma pluma e um jato livre é feita geralmente com base na velocidade *inicial* do fluido. Essa velocidade é zero para a pluma, mas diferente de zero no jato livre. A Figura 9.2*b* mostra um fluido aquecido sendo descarregado como um jato horizontal no interior de um meio quiescente que se encontra a uma temperatura mais baixa. O movimento vertical que o jato começa a adquirir deve-se à força de empuxo. Tal condição acontece quando água quente do condensador de uma central de potência é descarregada no interior de um reservatório contendo água mais fria. Escoamentos de fronteiras livres são discutidos com certo grau de detalhamento por Jaluria [1] e por Gebhart *et al.* [2].

Neste texto nos concentramos nos escoamentos de convecção natural limitados por uma superfície, e um exemplo clássico desse tipo de escoamento é o desenvolvimento de uma camada-limite em uma placa vertical aquecida (Figura 9.3). A placa encontra-se imersa em um fluido extenso quiescente e, com $T_s > T_\infty$, o fluido próximo à placa é menos denso do que o fluido dela afastado. Consequentemente, as forças de empuxo induzem o aparecimento de uma camada-limite de convecção natural na qual o fluido aquecido se movimenta verticalmente, arrastando fluido da região quiescente. A distribuição de velocidades resultante é diferente da associada às camadas-limite de convecção forçada. Em particular, a velocidade é zero quando $y \to \infty$, bem como em $y = 0$. Uma camada-limite de convecção natural também se desenvolve se $T_s < T_\infty$. Nesse caso, contudo, o movimento do fluido é descendente.

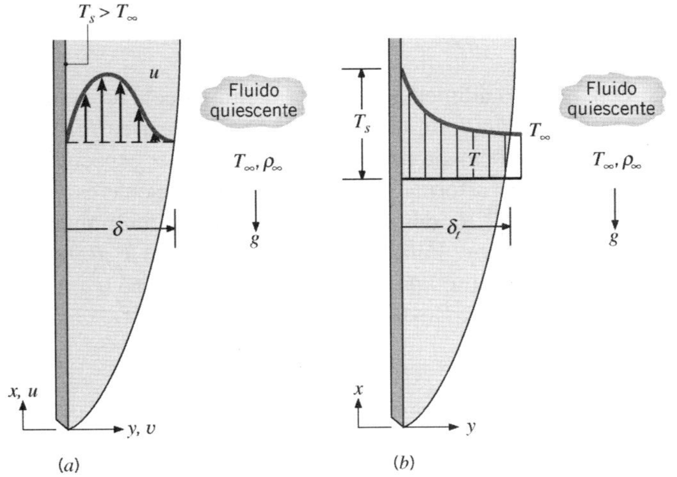

FIGURA 9.3 Desenvolvimento da camada-limite sobre uma placa vertical aquecida: (*a*) Camada-limite de velocidade. (*b*) Camada-limite térmica.

9.2 As Equações que Governam Camadas-Limite Laminares

Como para a convecção forçada, as equações que descrevem as transferências de momento e de energia na convecção natural são originadas nos princípios de conservação correspondentes. Além disso, os processos específicos são muito semelhantes aos dominantes na convecção forçada. As forças inerciais e viscosas permanecem importantes, assim como as transferências de energia por advecção e difusão. A diferença entre os dois escoamentos é que, na convecção natural, as forças de empuxo desempenham um papel importante. São essas forças que, na realidade, impulsionam o escoamento.

Considere um escoamento de camada-limite laminar (Figura 9.3) que tenha como força motriz forças de empuxo. Admita condições bidimensionais, em regime estacionário e com propriedades constantes, nas quais a força da gravidade atua no sentido negativo da direção x. Também, com uma exceção, considere o fluido incompressível. A exceção envolve levar em conta o efeito da massa específica variável somente na força de empuxo, uma vez que é essa variação que induz o movimento do fluido. Finalmente, suponha que as aproximações de camada-limite da Seção 6.4.1 são válidas.

Com as simplificações anteriores, a equação do momento na direção x (Equação E.2) se reduz à equação da camada-limite (Equação 6.28), exceto pelo fato de que o termo X da força de corpo é mantido. Se a única contribuição para essa força for dada pela gravidade, a força de corpo por unidade de volume é $X = -\rho g$, em que g é a aceleração local devida à gravidade. A forma apropriada da equação do momento na direção x é, então,

$$u\frac{\partial u}{\partial x} + v\frac{\partial u}{\partial y} = -\frac{1}{\rho}\frac{dp_\infty}{dx} - g + \nu\frac{\partial^2 u}{\partial y^2} \tag{9.1}$$

na qual dp_∞/dx é o gradiente de pressão na corrente livre na região quiescente *fora* da camada-limite. Nessa região, $u = 0$ e a Equação 9.1 se reduz a

$$\frac{dp_\infty}{dx} = -\rho_\infty g$$

Substituindo esta Equação na 9.1, obtemos a expressão a seguir:

$$u\frac{\partial u}{\partial x} + v\frac{\partial u}{\partial y} = g(\Delta\rho/\rho) + \nu\frac{\partial^2 u}{\partial y^2} \tag{9.2}$$

na qual $\Delta\rho = \rho_\infty - \rho$. Essa expressão é válida em todo ponto na camada-limite de convecção natural.

A primeira parcela do lado direito da Equação 9.2 é a força de empuxo por unidade de massa, e o escoamento é gerado em função da massa específica ρ ser variável. Se a variação da massa específica for somente devida à variação de temperatura, essa parcela pode ser relacionada com uma propriedade do fluido conhecida como o *coeficiente de expansão volumétrica térmica*

$$\beta = -\frac{1}{\rho}\left(\frac{\partial\rho}{\partial T}\right)_p \tag{9.3}$$

Essa propriedade *termodinâmica* do fluido fornece uma medida da variação da massa específica em resposta a uma mudança na temperatura, a pressão constante. Se ela for escrita na seguinte forma aproximada,

$$\beta \approx -\frac{1}{\rho}\frac{\Delta\rho}{\Delta T} = -\frac{1}{\rho}\frac{\rho_\infty - \rho}{T_\infty - T}$$

tem-se que

$$(\rho_\infty - \rho) \approx \rho\beta(T - T_\infty)$$

Essa simplificação é conhecida como *aproximação de Boussinesq* e, com a sua substituição na Equação 9.2, a equação do momento na direção x se torna

$$u\frac{\partial u}{\partial x} + v\frac{\partial u}{\partial y} = g\beta(T - T_\infty) + \nu\frac{\partial^2 u}{\partial y^2} \tag{9.4}$$

na qual agora fica aparente como a força de empuxo, que impulsiona o escoamento, está relacionada com a diferença de temperaturas.

Como os efeitos do empuxo estão restritos à equação do momento (Equação 9.4), as equações de conservação de massa e de energia permanecem sem alterações em relação à convecção forçada. As Equações 6.27 e 6.29 podem, então, ser usadas para completar a formulação do problema. O conjunto de equações que governam a convecção natural é, então,

$$\frac{\partial u}{\partial x} + \frac{\partial v}{\partial y} = 0 \tag{9.5}$$

$$u\frac{\partial T}{\partial x} + v\frac{\partial T}{\partial y} = \alpha\frac{\partial^2 T}{\partial y^2} \tag{9.6}$$

e a Equação 9.4. Note que a dissipação viscosa foi desprezada na equação da energia, Equação 9.6, uma hipótese certamente razoável para as baixas velocidades associadas à convecção natural. Matematicamente, o surgimento do termo relacionado com o empuxo na Equação 9.4 complica a questão. Não é mais possível que o problema fluidodinâmico, dado pelas Equações 9.4 e 9.5, seja desacoplado e resolvido sem o problema térmico, dado pela Equação 9.6. A solução da equação do momento depende do conhecimento de T e, assim, da solução da equação da energia. Consequentemente, as Equações 9.4 a 9.6 são fortemente acopladas e devem ser resolvidas simultaneamente.

Como evidente na Equação 9.4, o coeficiente de expansão volumétrica térmica, β, do fluido desempenha um papel direto na indução do escoamento na convecção natural. Para um gás ideal, $\rho = p/RT$, e com base na Equação 9.3,

$$\beta = -\frac{1}{\rho}\left(\frac{\partial\rho}{\partial T}\right)_p = \frac{1}{\rho}\frac{p}{RT^2} = \frac{1}{T} \tag{9.7}$$

sendo T a temperatura *absoluta*. Para líquidos e gases não ideais, β deve ser obtido em tabelas de propriedades apropriadas (Apêndice A).

9.3 Considerações de Similaridade

Agora vamos analisar os parâmetros adimensionais que governam o escoamento vinculado à convecção natural e a transferência de calor em uma placa vertical. Como para a convecção forçada (Capítulo 6), os parâmetros podem ser obtidos pela adimensionalização das equações que governam o processo. Definindo

$$x^* \equiv \frac{x}{L} \qquad y^* \equiv \frac{y}{L}$$

$$u^* \equiv \frac{u}{u_0} \qquad v^* \equiv \frac{v}{u_0} \qquad T^* \equiv \frac{T - T_\infty}{T_s - T_\infty}$$

sendo L um comprimento característico e u_0 uma velocidade de referência,[2] as equações do momento na direção x e da energia (Equações 9.4 e 9.6) se reduzem a

$$u^*\frac{\partial u^*}{\partial x^*} + v^*\frac{\partial u^*}{\partial y^*} = \frac{g\beta(T_s - T_\infty)L}{u_0^2}T^* + \frac{1}{Re_L}\frac{\partial^2 u^*}{\partial y^{*2}} \tag{9.8}$$

$$u^*\frac{\partial T^*}{\partial x^*} + v^*\frac{\partial T^*}{\partial y^*} = \frac{1}{Re_L\,Pr}\frac{\partial^2 T^*}{\partial y^{*2}} \tag{9.9}$$

O parâmetro adimensional na primeira parcela do lado direito da Equação 9.8 é uma consequência direta da força de empuxo. A velocidade de referência u_0 pode ser especificada para simplificar a forma da equação. É conveniente escolher $u_0^2 = g\beta(T_s - T_\infty)L$, de tal forma que o termo multiplicando T^* se torna unitário. Então, Re_L se torna $[g\beta(T_s - T_\infty)L^3/\nu^2]^{1/2}$. Costuma-se definir o *número de Grashof* Gr_L como o quadrado deste número de Reynolds:

$$Gr_L \equiv \frac{g\beta(T_s - T_\infty)L^3}{\nu^2} \tag{9.10}$$

[2] Como as condições na corrente livre são quiescentes, não há uma velocidade externa de referência apropriada (V ou u_∞), como na convecção forçada.

Como um resultado, Re_L nas Equações 9.8 e 9.9 é substituído por $Gr_L^{1/2}$ e vemos que o número de Grashof (ou, mais precisamente, $Gr_L^{1/2}$) desempenha na convecção natural o mesmo papel que o número de Reynolds desempenha na convecção forçada. Isto é, enquanto o número de Reynolds é uma medida da razão entre as forças *inerciais* e as forças viscosas, o número de Grashof é uma medida da razão entre a força de *empuxo* e as forças viscosas. Consequentemente, esperamos que as correlações de transferência de calor para convecção natural sejam da forma

$$\overline{Nu}_L = f(Gr_L, Pr) \qquad (9.11)$$

Com exceção de condições de gravidade zero, forças inerciais *e* de empuxo estarão presentes em todos os cenários de transferência de calor com convecção forçada. De modo similar, forças de empuxo *e* inerciais estarão presentes na camada-limite da Figura 9.3, se a velocidade na corrente livre, u_∞, for diferente de zero. No caso da Figura 9.3 com $u_\infty \neq 0$, é conveniente escolher u_∞ como velocidade característica, resultando em $u^*(y^* \to \infty) \to 1$. O termo de T^* na Equação 9.8 será então multiplicado por Gr_L/Re_L^2, e as expressões resultantes para o número de Nusselt terão a forma

$$\overline{Nu}_L = f(Re_L, Gr_L, Pr) \qquad (9.12)$$

Em geral, o movimento do fluido pode ser impulsionado por forças inerciais, predominantes em relação às de empuxo, ou por uma combinação de forças inerciais e de empuxo. O efeito dominante é determinado pelo valor de Gr_L/Re_L^2, que é uma medida das forças de empuxo em relação às forças inerciais. Os vários processos convectivos são resumidos na Tabela 9.1. Note que, nos Capítulos 6 a 8, consideramos implicitamente que a desigualdade $Gr_L/Re_L^2 \ll 1$ foi satisfeita. Consideraremos $Gr_L/Re_L^2 \gg 1$ nas Seções 9.1 a 9.8. Uma discussão das convecções natural e forçada combinadas (mista) é apresentada na Seção 9.9.

9.4 Convecção Natural Laminar sobre uma Superfície Vertical

Inúmeras soluções para as equações de camada-limite da convecção natural em regime laminar foram obtidas, e um caso particular que recebeu muita atenção envolve a convecção natural em uma superfície vertical isotérmica em um grande meio quiescente (Figura 9.3). Nessa geometria, as Equações 9.4 a 9.6 devem ser resolvidas sujeitas a condições de contorno na forma[3]

$$y = 0: \quad u = v = 0 \quad T = T_s$$
$$y \to \infty: \quad u \to 0 \quad T \to T_\infty$$

Uma solução por similaridade para o problema anterior foi obtida por Ostrach [3]. A solução envolve uma transformação de variáveis com a introdução de uma variável de similaridade que tem a forma

$$\eta \equiv \frac{y}{x}\left(\frac{Gr_x}{4}\right)^{1/4} \qquad (9.13)$$

e a representação dos componentes da velocidade em termos de uma função corrente definida como

$$\psi(x, y) \equiv f(\eta)\left[4\nu\left(\frac{Gr_x}{4}\right)^{1/4}\right] \qquad (9.14)$$

Com a definição anterior para a função corrente, o componente da velocidade na direção x pode ser expresso por

$$u = \frac{\partial \psi}{\partial y} = \frac{\partial \psi}{\partial \eta}\frac{\partial \eta}{\partial y} = 4\nu\left(\frac{Gr_x}{4}\right)^{1/4} f'(\eta)\frac{1}{x}\left(\frac{Gr_x}{4}\right)^{1/4}$$
$$= \frac{2\nu}{x} Gr_x^{1/2} f'(\eta) \qquad (9.15)$$

com a linha nas grandezas indicando a diferenciação em relação a η. Assim, $f'(\eta) \equiv df/d\eta$. Determinando o componente y da velocidade, $v = -\partial\psi/\partial x$, de maneira análoga e definindo a temperatura adimensional

$$T^* \equiv \frac{T - T_\infty}{T_s - T_\infty} \qquad (9.16)$$

as três equações diferenciais parciais originais (Equações 9.4 a 9.6) podem, então, ser reduzidas a duas equações diferenciais ordinárias nas formas

$$f''' + 3ff'' - 2(f')^2 + T^* = 0 \qquad (9.17)$$

$$T^{*''} + 3Pr f T^{*'} = 0 \qquad (9.18)$$

em que f e T^* são funções apenas de η e as linhas duplas e triplas se referem, respectivamente, à segunda e à terceira derivadas em relação a η. Note que f é a variável dependente-chave na camada-limite de velocidade e que a equação da continuidade (Equação 9.5) é satisfeita automaticamente pela definição da função corrente.

As condições de contorno transformadas, necessárias para a solução das equações do momento e da energia (Equações 9.17 e 9.18), têm as formas

$$\eta = 0: \quad f = f' = 0 \quad T^* = 1$$
$$\eta \to \infty \quad f' \to 0 \quad T^* \to 0$$

TABELA 9.1 Processos de convecção natural, forçada e mista e as formas correspondentes das correlações

Processo	Medida das Forças de Empuxo em Relação às Inerciais	Forma da Correlação	
Convecção forçada	$Gr_L Re_L^2 \ll 1$	$\overline{Nu}_L = f(Re_L, Pr)$	(6.50)
Convecção natural	$Gr_L Re_L^2 \gg 1$	$\overline{Nu}_L = f(Gr_L, Pr)$	(9.11)
Convecção mista	$Gr_L Re_L^2 \approx 1$	$\overline{Nu}_L = f(Re_L, Gr_L, Pr)$	(9.12)

[3] As aproximações de camada-limite são consideradas ao se usar as Equações 9.4 a 9.6. Contudo, as aproximações são válidas somente para $(Gr_x Pr) \gtrsim 10^4$. Abaixo deste valor (próxima à borda frontal), a espessura da camada-limite é muito grande em comparação ao comprimento característico x para garantir a validade das aproximações.

Uma solução numérica foi obtida por Ostrach [3], e resultados selecionados são mostrados na Figura 9.4. Valores do componente da velocidade da direção x, u, e da temperatura, T, em qualquer valor de x e y podem ser obtidos nas Figuras 9.4*a* e 9.4*b*, respectivamente.

A Figura 9.4*b* também pode ser usada para inferir a forma apropriada da correlação de transferência de calor. Usando a lei do resfriamento de Newton para o coeficiente convectivo local h, o número de Nusselt local pode ser representado por

$$Nu_x = \frac{hx}{k} = \frac{[q_s''/(T_s - T_\infty)]\,x}{k}$$

Usando a lei de Fourier para obter q_s'' e expressando o gradiente de temperatura na superfície em termos de η, Equação 9.13, e T^*, Equação 9.16, tem-se que

$$q_s'' = -k\frac{\partial T}{\partial y}\bigg|_{y=0} = -\frac{k}{x}(T_s - T_\infty)\left(\frac{Gr_x}{4}\right)^{1/4}\frac{dT^*}{d\eta}\bigg|_{\eta=0}$$

Da qual

$$Nu_x = \frac{hx}{k} = -\left(\frac{Gr_x}{4}\right)^{1/4}\frac{dT^*}{d\eta}\bigg|_{\eta=0} = \left(\frac{Gr_x}{4}\right)^{1/4} g(Pr) \qquad (9.19)$$

que confirma que o gradiente de temperatura adimensional na superfície é uma função do número de Prandtl $g(Pr)$. Essa dependência fica evidente na Figura 9.4*b* e foi determinada numericamente para valores selecionados de Pr [3]. Os resultados foram correlacionados, com precisão de até 0,5 %, por uma fórmula de interpolação na forma [4]

$$g(Pr) = \frac{0{,}75\,Pr^{1/2}}{(0{,}609 + 1{,}221\,Pr^{1/2} + 1{,}238\,Pr)^{1/4}} \qquad (9.20)$$

que se aplica para $0 \leq Pr \leq \infty$.

Usando a Equação 9.19 para o coeficiente convectivo local e substituindo o número de Grashof local,

$$Gr_x = \frac{g\beta(T_s - T_\infty)x^3}{\nu^2}$$

o coeficiente convectivo médio em uma superfície de comprimento L é, então,

$$\bar{h} = \frac{1}{L}\int_0^L h\,dx = \frac{k}{L}\left[\frac{g\beta(T_s - T_\infty)}{4\nu^2}\right]^{1/4} g(Pr)\int_0^L \frac{dx}{x^{1/4}}$$

Integrando, tem-se que

$$\overline{Nu}_L = \frac{\bar{h}L}{k} = \frac{4}{3}\left(\frac{Gr_L}{4}\right)^{1/4} g(Pr) \qquad (9.21)$$

ou, substituindo a Equação 9.19, com $x = L$,

$$\overline{Nu}_L = \tfrac{4}{3}Nu_L \qquad (9.22)$$

Os resultados anteriores se aplicam tanto para $T_s > T_\infty$ quanto para $T_s < T_\infty$. Se $T_s < T_\infty$, as condições são invertidas em relação àquelas da Figura 9.3. A borda frontal é no topo da placa, e o sentido positivo do eixo x é definido no sentido da força da gravidade.

9.5 Os Efeitos da Turbulência

É importante observar que as camadas-limite de convecção natural não estão restritas ao escoamento laminar. Como na convecção forçada, *instabilidades fluidodinâmicas* podem aparecer. Isto é, distúrbios no escoamento podem ser amplificados, levando à transição de escoamento laminar para turbulento. Esse processo é mostrado esquematicamente na Figura 9.5 em uma placa vertical aquecida.

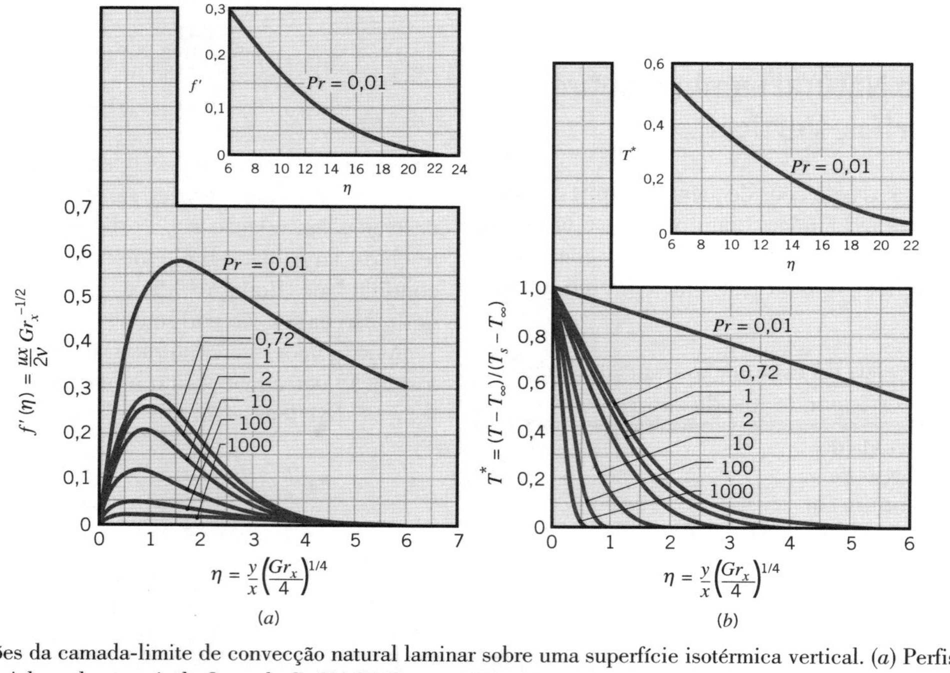

FIGURA 9.4 Condições da camada-limite de convecção natural laminar sobre uma superfície isotérmica vertical. (*a*) Perfis de velocidades. (*b*) Perfis de temperaturas. Adaptada a partir de Ostrach, S., NACA Report 1111, 1953.

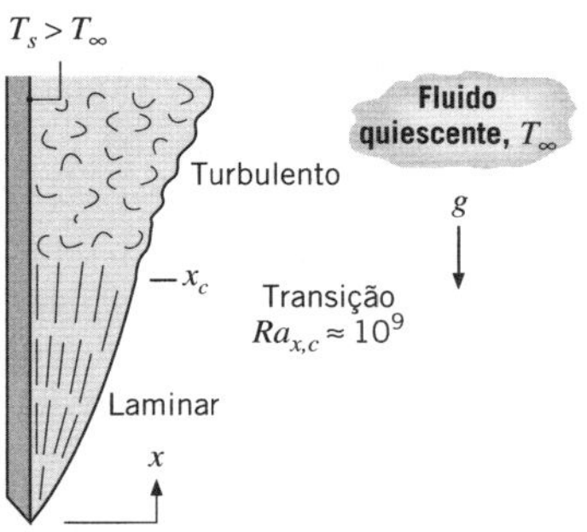

FIGURA 9.5 Transição na camada-limite de convecção natural em uma placa vertical.

A transição na camada-limite de convecção natural depende da magnitude relativa das forças de empuxo e das forças viscosas no fluido. É comum correlacionar a sua ocorrência em termos do *número de Rayleigh*, que é simplesmente o produto dos números de Grashof e de Prandtl. Para placas verticais, o número de Rayleigh crítico é

$$Ra_{x,c} = Gr_{x,c}\,Pr = \frac{g\beta(T_s - T_\infty)x^3}{\nu\alpha} \approx 10^9 \qquad (9.23)$$

Uma extensa discussão dos efeitos de estabilidade e da transição é apresentada por Gebhart *et al.* [2].

Como na convecção forçada, a transição para o regime turbulento tem um grande efeito sobre a transferência de calor. Dessa forma, os resultados da seção anterior se aplicam somente se $Ra_L \lesssim 10^9$. Para obter correlações apropriadas para o escoamento turbulento, a ênfase é voltada para resultados experimentais.

EXEMPLO 9.1

Seja uma placa vertical com 0,25 m de comprimento que está a 70 °C. A placa está suspensa em ar quiescente a uma temperatura de 25 °C. Estime a espessura da camada-limite e a velocidade ascendente máxima na borda de saída da placa. Como essa espessura se compara a que existiria caso o ar estivesse escoando sobre a placa com uma velocidade na corrente livre de 5 m/s?

SOLUÇÃO

Dados: Placa vertical em ar quiescente a uma temperatura mais baixa.

Achar: Espessura da camada-limite de velocidade e velocidade ascendente máxima na borda de saída. Comparação da espessura da camada-limite com o valor correspondente para uma velocidade do ar de 5 m/s.

Esquema:

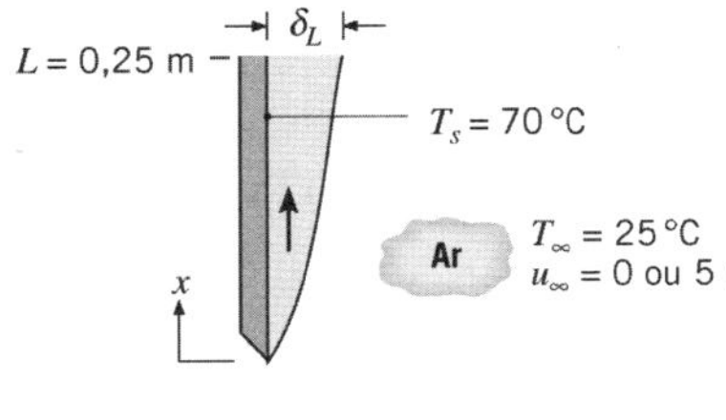

Considerações:

1. Gás ideal.
2. Propriedades constantes.

Propriedades: Tabela A.4, ar ($T_f = 320{,}5$ K): $\nu = 17{,}95 \times 10^{-6}$ m²/s, $Pr = 0{,}7$, $\beta = T_f^{-1} = 3{,}12 \times 10^{-3}$ K^{-1}.

Análise: A Equação 9.10 fornece

$$Gr_L = \frac{g\beta(T_s - T_\infty)L^3}{\nu^2}$$
$$= \frac{9{,}8 \text{ m/s}^2 \times (3{,}12 \times 10^{-3} \text{ K}^{-1})(70 - 25)\ °\text{C}(0{,}25 \text{ m})^3}{(17{,}95 \times 10^{-6} \text{ m}^2\text{/s})^2}$$
$$= 6{,}69 \times 10^7$$

Dessa forma, $Ra_L = Gr_L Pr = 4{,}68 \times 10^7$ e, da Equação 9.23, a camada-limite de convecção natural é laminar. A análise da Seção 9.4 é, portanto, aplicável. Dos resultados da Figura 9.4*a*, tem-se que, para $Pr = 0{,}7$, $\eta \approx 6{,}0$ na extremidade da camada-limite, isto é, em $y \approx \delta$. Assim,

$$\delta_L \approx \frac{6L}{(Gr_L/4)^{1/4}} = \frac{6(0{,}25 \text{ m})}{(1{,}67 \times 10^7)^{1/4}}$$
$$= 0{,}024 \text{ m} \qquad \triangleleft$$

Na Figura 9.4*a*, pode-se ver que a velocidade máxima corresponde a $f'(\eta) \approx 0{,}28$ e a velocidade é

$$u = \frac{2\nu f'(\eta) Gr_L^{1/2}}{L}$$
$$\approx \frac{2 \times 17{,}95 \times 10^{-6} \text{ m}^2\text{/s} \times 0{,}28 \times (6{,}69 \times 10^7)^{1/2}}{0{,}25 \text{ m}}$$
$$= 0{,}33 \text{ m/s} \qquad \triangleleft$$

Para o escoamento de ar com $u_\infty = 5$ m/s

$$Re_L = \frac{u_\infty L}{\nu} = \frac{(5 \text{ m/s}) \times 0{,}25 \text{ m}}{17{,}95 \times 10^{-6} \text{ m}^2\text{/s}}$$
$$= 6{,}97 \times 10^4$$

e $Gr_L/Re_L^2 = 6{,}69 \times 10^7/(6{,}97 \times 10^4)^2 = 0{,}014 \ll 1$, então uma análise usando os resultados do Capítulo 7 se aplica. Como $Re_L < 5 \times 10^5$, a camada-limite é laminar, e da Equação 7.19,

$$\delta_L \approx \frac{5L}{Re_L^{1/2}} = \frac{5(0{,}25 \text{ m})}{(6{,}97 \times 10^4)^{1/2}}$$
$$= 0{,}0047 \text{ m} \qquad \triangleleft$$

Comentários: Camadas-limite de convecção natural têm, em geral, menores velocidades do que nas de convecção forçada, o que leva a camadas-limite mais espessas. Desta forma, camadas-limites de convecção natural apresentam uma maior resistência à transferência de calor do que as camadas-limite de convecção forçada.

9.6 Correlações Empíricas: Escoamentos de Convecção Natural Externos

Nas seções anteriores, analisamos a convecção natural associada ao desenvolvimento de camadas-limite laminares adjacentes a uma placa vertical aquecida e a transição do escoamento laminar para um estado turbulento. Ao fazer isto, definimos dois parâmetros adimensionais, o número de Grashof *Gr* e o número de Rayleigh *Ra*, que também aparecem em correlações empíricas para a convecção natural envolvendo tanto condições de escoamento laminar quanto turbulento, e em geometrias diferentes da placa plana.

Nesta seção resumimos correlações empíricas que foram desenvolvidas para geometrias *imersas* (escoamentos externos) mais comuns. As correlações são adequadas para muitos cálculos de engenharia e têm, em geral, a forma

$$\overline{Nu}_L = \frac{\overline{h}L}{k} = C\,Ra_L^n \tag{9.24}$$

na qual o número de Rayleigh,

$$Ra_L = Gr_L Pr = \frac{g\beta(T_s - T_\infty)L^3}{\nu\alpha} \tag{9.25}$$

está baseado no comprimento característico da geometria, *L*. Normalmente, $n = 1/4$ e $1/3$ para escoamentos laminares e turbulentos, respectivamente. Para o escoamento turbulento tem-se, então, que $\overline{h}_L$ é independente de *L*. Note que todas as propriedades são estimadas na temperatura do filme, $T_f \equiv (T_s + T_\infty)/2$.

9.6.1 *A Placa Vertical*

Expressões com a forma dada pela Equação 9.24 foram desenvolvidas para a placa vertical [5–7]. Para o escoamento laminar ($10^4 \lesssim Ra_L \lesssim 10^9$), $C = 0{,}59$ e $n = 1/4$, e para o escoamento turbulento ($10^9 \lesssim Ra_L \lesssim 10^{13}$), $C = 0{,}10$ e $n = 1/3$. Uma correlação que pode ser aplicada ao longo de *todo* o intervalo de Ra_L foi recomendada por Churchill e Chu [8] e tem a forma

$$\overline{Nu}_L = \left\{0{,}825 + \frac{0{,}387\,Ra_L^{1/6}}{[1 + (0{,}492/Pr)^{9/16}]^{8/27}}\right\}^2 \tag{9.26}$$

na qual *L* é o comprimento da placa. Embora a Equação 9.26 seja adequada para a maioria dos cálculos de engenharia, uma acurácia ligeiramente superior pode ser obtida, para o escoamento laminar, usando [8]

$$\overline{Nu}_L = 0{,}68 + \frac{0{,}670\,Ra_L^{1/4}}{[1 + (0{,}492/Pr)^{9/16}]^{4/9}} \quad Ra_L \lesssim 10^9 \tag{9.27}$$

Quando o número de Rayleigh é moderadamente alto, a segunda parcela do lado direito das Equações 9.26 e 9.27 domina, e as correlações têm a mesma forma da Equação 9.24, exceto pelo fato de a constante *C* ser substituída por uma função de *Pr*. A Equação 9.27 está, então, em excelente concordância quantitativa com a solução analítica dada pelas Equações 9.21 e 9.20. Por outro lado, quando o número de Rayleigh é pequeno, a primeira parcela no lado direito das Equações 9.26 e 9.27 domina, e as equações fornecem o mesmo comportamento, pois $0{,}825^2 \approx 0{,}68$. A presença de constantes para o limite nas Equações 9.26 e 9.27 levam em conta que, para pequenos números de Rayleigh, as hipóteses de camada-limite se tornam inválidas e a condução paralela à placa é importante.

Cumpre reconhecer que os resultados anteriores foram obtidos para uma placa isotérmica (T_s constante). No entanto, se a condição superficial for de fluxo térmico uniforme (q_s'' constante), a diferença de temperaturas $(T_s - T_\infty)$ irá variar com *x*, aumentando a partir da borda frontal. Um procedimento aproximado para determinar essa variação pode se basear em resultados [8, 9] que mostram que correlações obtidas para $\overline{Nu}_L$ em placas isotérmicas ainda podem ser usadas, com uma excelente aproximação, se $\overline{Nu}_L$ e Ra_L forem definidos em termos da diferença de temperaturas no ponto médio da placa, $\Delta T_{L/2} = T_s(L/2) - T_\infty$. Assim, com $\overline{h} \equiv q_s''/\Delta T_{L/2}$, uma correlação tal como a Equação 9.27 poderia ser usada para determinar $\Delta T_{L/2}$ (por exemplo, usando uma técnica de tentativa e erro) e, portanto, a temperatura da superfície no ponto intermediário da placa, $T_s(L/2)$. Se for considerado que $Nu_x \propto Ra_x^{1/4}$ em toda a extensão da placa, tem-se que

$$\frac{q_s'' x}{k\Delta T} \propto \Delta T^{1/4} x^{3/4}$$

ou

$$\Delta T \propto x^{1/5}$$

Assim, a diferença de temperaturas em qualquer *x* é

$$\Delta T_x \approx \frac{x^{1/5}}{(L/2)^{1/5}}\Delta T_{L/2}$$
$$= 1{,}15\left(\frac{x}{L}\right)^{1/5}\Delta T_{L/2} \tag{9.28}$$

Uma discussão mais detalhada de resultados para fluxo térmico constante é apresentada por Churchill [10].

Os resultados anteriores também podem ser utilizados para cilindros *verticais* com altura *L*, se a espessura da camada-limite δ for muito menor do que o diâmetro do cilindro *D*. Sabe-se que essa condição é satisfeita [11] quando

$$\frac{D}{L} \gtrsim \frac{35}{Gr_L^{1/4}}$$

Cebeci [12] e Minkowycz e Sparrow [13] apresentam resultados para cilindros verticais finos que não satisfazem a essa condição, nos quais a curvatura transversal influencia o desenvolvimento da camada-limite e intensifica a taxa de transferência de calor.

EXEMPLO 9.2

Um anteparo de vidro, usado em frente a uma lareira para reduzir o arraste do ar ambiente através da chaminé, possui uma altura de 0,71 m e uma largura de 1,02 m, e atinge uma temperatura de 232 °C. Se a temperatura da sala é de 23 °C, estime a taxa de transferência de calor por convecção da lareira para a sala.

SOLUÇÃO

Dados: Tela de vidro localizada na frente da abertura de uma lareira.

Achar: Transferência de calor por convecção entre a tela e o ar da sala.

Esquema:

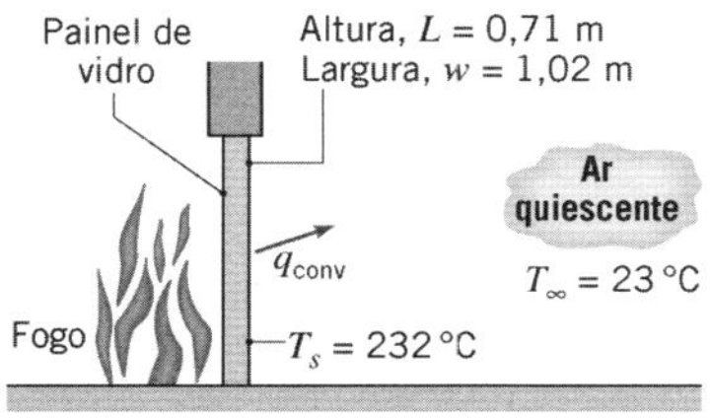

Considerações:

1. Tela a uma temperatura uniforme T_s.
2. Ar na sala quiescente.
3. Gás ideal.
4. Propriedades constantes.

Propriedades: Tabela A.4, ar (T_f = 400 K): $k = 33{,}8 \times 10^{-3}$ W/(m · K), $\nu = 26{,}4 \times 10^{-6}$ m²/s, $\alpha = 38{,}3 \times 10^{-6}$ m²/s, $Pr = 0{,}690$, $\beta = (1/T_f) = 0{,}0025$ K^{-1}.

Análise: A taxa de transferência de calor por convecção natural do painel para a sala é dada pela lei do resfriamento de Newton

$$q = \bar{h}A_s(T_s - T_\infty)$$

na qual $\bar{h}$ pode ser obtido a partir do conhecimento do número de Rayleigh. Usando a Equação 9.25,

$$Ra_L = \frac{g\beta(T_s - T_\infty)L^3}{\alpha\nu}$$

$$= \frac{9{,}8 \text{ m/s}^2 \times 0{,}0025 \text{ K}^{-1} \times (232 - 23) \text{ °C} \times (0{,}71 \text{ m})^3}{38{,}3 \times 10^{-6} \text{ m}^2\text{/s} \times 26{,}4 \times 10^{-6} \text{ m}^2\text{/s}}$$

$$= 1{,}813 \times 10^9$$

e, da Equação 9.23, tem-se que há transição para o regime turbulento sobre o painel. A correlação apropriada é, então, dada pela Equação 9.26

$$\overline{Nu}_L = \left\{0{,}825 + \frac{0{,}387\, Ra_L^{1/6}}{[1 + (0{,}492/Pr)^{9/16}]^{8/27}}\right\}^2$$

$$\overline{Nu}_L = \left\{0{,}825 + \frac{0{,}387(1{,}813 \times 10^9)^{1/6}}{[1 + (0{,}492/0{,}690)^{9/16}]^{8/27}}\right\}^2 = 147$$

Onde

$$\bar{h} = \frac{\overline{Nu}_L \cdot k}{L} = \frac{147 \times 33{,}8 \times 10^{-3} \text{ W/(m} \cdot \text{K)}}{0{,}71 \text{ m}}$$

$$= 7{,}0 \text{ W/(m}^2 \cdot \text{K)}$$

e

$$q = 7{,}0 \text{ W/(m}^2 \cdot \text{K)}\,(1{,}02 \times 0{,}71)\text{ m}^2\,(232 - 23) \text{ °C}$$
$$= 1060 \text{ W} \quad \triangleleft$$

Comentários:

1. Os efeitos da transferência de calor por radiação são frequentemente significativos em relação à convecção natural. Usando a Equação 1.7 e admitindo que $\varepsilon = 1{,}0$ para a superfície do vidro e T_{viz} = 23 °C, a taxa líquida de transferência de calor por radiação entre o vidro e a vizinhança é

$$q_{rad} = \varepsilon A_s \sigma (T_s^4 - T_{viz}^4)$$

$$q_{rad} = 1(1{,}02 \times 0{,}71)\text{m}^2 \times 5{,}67 \times 10^{-8} \text{ W/(m}^2\cdot\text{K}^4) \, (505^4 - 296^4)\text{ K}^4$$

$$q_{rad} = 2355 \text{ W}$$

Dessa forma, neste exemplo, a transferência de calor por radiação é superior à taxa de transferência de calor por convecção natural por um fator maior do que 2.

2. Os efeitos da radiação e da convecção natural na transferência de calor saindo do vidro dependem fortemente de sua temperatura. Com $q \propto T_s^4$ para a radiação e $q \propto T_s^n$ para a convecção natural, com $1{,}25 < n < 1{,}33$, esperamos que a influência relativa da radiação aumente com o aumento da temperatura. Esse comportamento é revelado pelo cálculo e representação gráfica das taxas de transferência de calor em função da temperatura no intervalo $50 \le T_s \le 250$ °C.

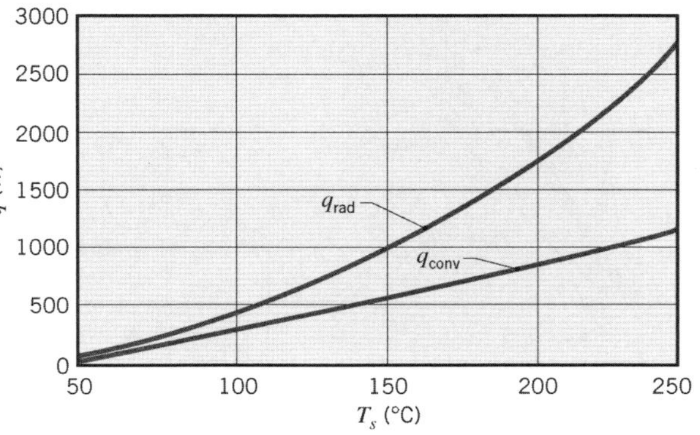

Para cada valor de T_s usado para gerar os resultados mostrados no gráfico para a convecção natural, as propriedades do ar foram determinadas no valor correspondente de T_f.

9.6.2 *Placas Inclinadas e Horizontais*

Para uma placa vertical, aquecida (ou resfriada) em relação a um fluido ambiente, a placa está alinhada com o vetor gravitacional e a força de empuxo atua exclusivamente para induzir movimento do fluido no sentido ascendente (ou descendente). Contudo, se a placa estiver inclinada em relação à gravidade, a força de empuxo possui um componente normal e um paralelo à superfície da placa. Com uma redução na força de empuxo paralela à superfície, há uma redução nas velocidades do fluido ao longo da placa, e pode-se esperar a ocorrência simultânea de uma redução na transferência de calor por convecção. Na realidade, a existência de tal redução na taxa de transferência de calor depende se o interesse está voltado para a transferência de calor na superfície superior ou na superfície inferior da placa.

Como mostrado na Figura 9.6*a*, se a placa estiver resfriada, o componente *y* da força de empuxo, que é normal à placa, atua na manutenção do escoamento descendente na camada-limite em contato com a superfície superior da placa. Como o componente *x* da aceleração da gravidade é reduzido para $g \cos(\theta)$, as velocidades do fluido ao longo da placa são reduzidas e há uma consequente redução na transferência de calor por convecção na superfície superior da placa. Entretanto, na superfície inferior, o componente *y* da força de empuxo atua afastando o fluido da superfície, e o desenvolvimento da camada-limite é interrompido pelo descarregamento de porções de fluido frio oriundas da região próxima à superfície (Figura 9.6*a*). O escoamento resultante é tridimensional, e, como mostrado por outra vista (na direção do eixo *z*) na Figura 9.6*b*, o fluido frio oriundo da proximidade da superfície inferior é continuamente substituído pelo fluido do ambiente, mais quente. O deslocamento do fluido mais frio da camada-limite pelo fluido ambiente mais quente e a consequente redução na espessura da camada-limite térmica agem para aumentar a transferência de calor convectiva na superfície inferior. Na realidade, a intensificação da transferência de calor devida ao escoamento tridimensional normalmente excede a redução associada à diminuição no componente de *g* na direção *x*, e o efeito combinado é o aumento da transferência de calor na superfície inferior. Tendências similares caracterizam uma placa aquecida (Figura 9.6*c*,*d*), e o escoamento tridimensional está agora associado à superfície superior, a partir da qual porções do fluido mais quente são descarregadas. Tais escoamentos foram observados por diversos pesquisadores [14–16].

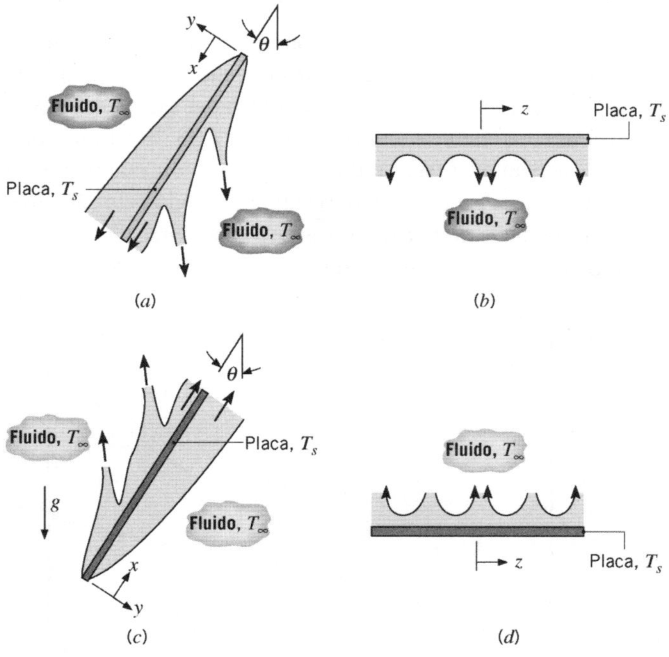

FIGURA 9.6 Escoamentos impulsionados pelo empuxo em uma placa inclinada: (*a*) Vista lateral de escoamentos nas superfícies superior e inferior de uma placa fria ($T_s < T_\infty$). (*b*) Vista da extremidade do escoamento na superfície inferior de uma placa fria. (*c*) Vista lateral de escoamentos nas superfícies superior e inferior de uma placa quente ($T_s > T_\infty$). (*d*) Vista da extremidade do escoamento na superfície superior de uma placa quente.

Em um estudo anterior da transferência de calor em placas inclinadas, Rich [17] sugeriu que os coeficientes convectivos poderiam ser determinados a partir de correlações para placas verticais, se *g* fosse substituído por $g \cos(\theta)$ no cálculo do número de Rayleigh para a placa. Desde então, no entanto, foi determinado que esse procedimento só é satisfatório para as superfícies superior e inferior de placas resfriadas e aquecidas, respectivamente. Ele não é apropriado para as superfícies superior e inferior de placas aquecidas e resfriadas, respectivamente, onde a tridimensionalidade do escoamento limita a possibilidade de desenvolvimento de correlações generalizadas. Nas superfícies superior e inferior de placas inclinadas resfriadas e aquecidas, respectivamente, é, portanto, recomendado que, para $0 \leq \theta \lesssim 60°$, *g* seja substituído por $g \cos(\theta)$ e que a Equação 9.26 ou 9.27 seja usada para calcular o número de Nusselt médio. Para as superfícies opostas não são feitas recomendações e a literatura deve ser consultada [14–16].

Se a placa estiver na horizontal, a força de empuxo é exclusivamente normal à superfície. Como para a placa inclinada, os padrões de escoamento e a transferência de calor dependem fortemente se a superfície está resfriada ou aquecida, assim como se ela está voltada para cima ou para baixo. Para uma superfície fria voltada para cima (Figura 9.7*a*) e uma superfície quente voltada para baixo (Figura 9.7*d*), a tendência do fluido para mover-se no sentido descendente e ascendente, respectivamente, é impedida pela placa. O escoamento tem que ser horizontal antes que ele possa descender ou ascender além dos limites da placa, e a transferência de calor por convecção, de certa forma, não é efetiva. Ao contrário, para uma superfície fria voltada para baixo (Figura 9.7*b*) e uma superfície quente voltada para cima (Figura 9.7*c*), o escoamento é movido por porções do fluido descendentes e ascendentes, respectivamente. A conservação da massa dita que o fluido frio (quente) descendente (ascendente) oriundo da superfície seja substituído pelo fluido ascendente (descendente) mais quente (mais frio) do ambiente, e a transferência de calor é muito mais efetiva.

Para placas horizontais de várias formas (por exemplo, quadrados, retângulos ou círculos), há necessidade de se definir o comprimento característico para ser usado nos números de Nusselt e de Rayleigh. Experimentos mostraram [18, 19] que um único conjunto de correlações pode ser usado para diferentes formas de placas quando o comprimento característico é definido por

$$L \equiv \frac{A_s}{P} \tag{9.29}$$

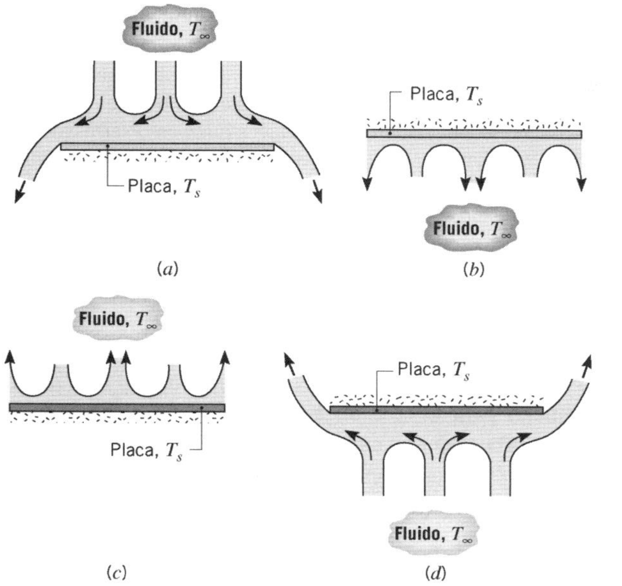

FIGURA 9.7 Escoamentos impulsionados pelo empuxo em placas horizontais frias ($T_s < T_\infty$) e quentes ($T_s > T_\infty$): (*a*) Superfície superior de placa fria. (*b*) Superfície inferior de placa fria. (*c*) Superfície superior de placa quente. (*d*) Superfície inferior de placa quente.

sendo A_s e P a área superficial (um lado) e o perímetro da placa, respectivamente. Usando este comprimento característico, as correlações recomendadas para o número de Nusselt médio são

Superfície Superior de uma Placa Aquecida ou Superfície Inferior de uma Placa Resfriada [19]:

$$\overline{Nu}_L = 0{,}54\, Ra_L^{1/4} \quad (10^4 \lesssim Ra_L \lesssim 10^7,\ Pr \gtrsim 0{,}7) \qquad (9.30)$$

$$\overline{Nu}_L = 0{,}15\, Ra_L^{1/3} \quad (10^7 \lesssim Ra_L \lesssim 10^{11},\ \text{todos } Pr) \qquad (9.31)$$

Superfície Inferior de uma Placa Aquecida ou Superfície Superior de uma Placa Resfriada [20]:

$$\overline{Nu}_L = 0{,}52\, Ra_L^{1/5} \quad (10^4 \lesssim Ra_L \lesssim 10^9,\ Pr \gtrsim 0{,}7) \qquad (9.32)$$

Mais correlações podem ser encontradas em [21].

EXEMPLO 9.3

Um escoamento de ar através de um longo duto retangular de aquecimento, com 0,75 m de largura por 0,3 m de altura, mantém a superfície externa do duto a uma temperatura de 45 °C. Se o duto não possui isolamento térmico e está exposto ao ar a 15 °C no porão de uma casa, qual é a taxa de perda térmica no duto por metro de comprimento?

SOLUÇÃO

Dados: Temperatura na superfície de um longo duto retangular.

Achar: Taxa de perda térmica no duto por metro de comprimento.

Esquema:

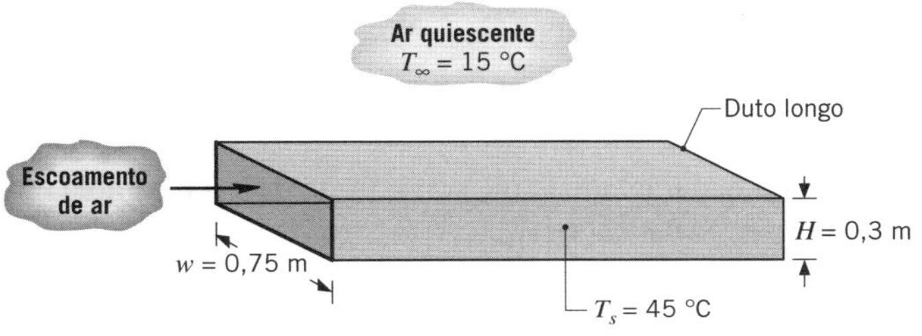

Considerações:

1. Ar ambiente quiescente.
2. Efeitos da radiação nas superfícies desprezíveis.
3. Gás ideal.
4. Propriedades constantes.

Propriedades: Tabela A.4, ar (T_f = 303 K): $\nu = 16{,}2 \times 10^{-6}$ m²/s, $\alpha = = 22{,}9 \times 10^{-6}$ m²/s, $k = 0{,}0265$ W/(m · K), $\beta = 0{,}0033$ K^{-1}, $Pr = 0{,}71$.

Análise: A perda térmica pela superfície se dá por convecção natural nas laterais verticais e nas superfícies horizontais superior e inferior. Da Equação 9.25

$$Ra_L = \frac{g\beta(T_s - T_\infty)L^3}{\nu\alpha}$$

$$= \frac{(9{,}8\ \text{m/s}^2)(0{,}0033\ \text{K}^{-1})(30\ \text{K})\,L^3\,(\text{m}^3)}{(16{,}2 \times 10^{-6}\ \text{m}^2/\text{s})(22{,}9 \times 10^{-6}\ \text{m}^2/\text{s})}$$

$$Ra_L = 2{,}62 \times 10^9\, L^3$$

Para as duas laterais, $L = H = 0{,}3$ m. Assim, $Ra_L = 7{,}07 \times 10^7$. A camada-limite de convecção natural é, portanto, laminar, e da Equação 9.27

$$\overline{Nu}_L = 0{,}68 + \frac{0{,}670\, Ra_L^{1/4}}{[1 + (0{,}492/Pr)^{9/16}]^{4/9}}$$

O coeficiente de transferência de calor por convecção associado às laterais é, então,

$$\bar{h}_s = \frac{k}{H}\overline{Nu}_L$$

$$\bar{h}_s = \frac{0{,}0265\ \text{W/(m}\cdot\text{K)}}{0{,}3\ \text{m}}\left\{0{,}68 + \frac{0{,}670(7{,}07 \times 10^7)^{1/4}}{[1 + (0{,}492/0{,}71)^{9/16}]^{4/9}}\right\}$$

$$= 4{,}23\ \text{W/(m}^2\cdot\text{K)}$$

Para as superfícies superior e inferior, $L = (A_s/P) \approx (w/2) = 0{,}375$ m. Assim, $Ra_L = 1{,}38 \times 10^8$, e a partir das Equações 9.31 e 9.32, respectivamente,

$$\bar{h}_t = [k/(w/2)] \times 0{,}15\, Ra_L^{1/3} = \frac{0{,}0265 \text{ W/(m·K)}}{0{,}375 \text{ m}} \times 0{,}15(1{,}38 \times 10^8)^{1/3} = 5{,}47 \text{ W/(m}^2\text{·K)}$$

$$\bar{h}_b = [k/(w/2)] \times 0{,}52\, Ra_L^{1/5} = \frac{0{,}0265 \text{ W/(m·K)}}{0{,}375 \text{ m}} \times 0{,}52(1{,}38 \times 10^8)^{1/5} = 1{,}56 \text{ W/(m}^2\text{·K)}$$

A taxa de perda térmica por unidade de comprimento do duto é, então,

$$q' = 2q'_s + q'_t + q'_b = (2\bar{h}_s \cdot H + \bar{h}_t \cdot w + \bar{h}_b \cdot w)(T_s - T_\infty)$$

$$q' = (2 \times 4{,}23 \times 0{,}3 + 5{,}47 \times 0{,}75 + 1{,}56 \times 0{,}75)(45 - 15) \text{ W/m}$$

$$q' = 234 \text{ W/m} \qquad \triangleleft$$

Comentários:

1. A perda térmica pode ser reduzida pelo isolamento térmico do duto. Analisamos essa opção adotando uma manta de isolamento ($k = 0{,}035$ W/(m · K)) com 25 mm de espessura, instalada na parte externa do duto.

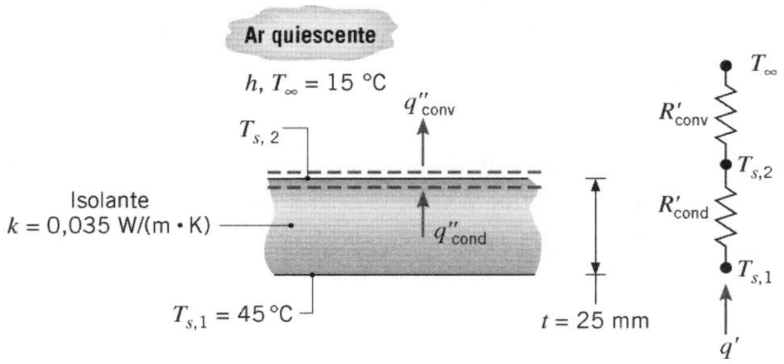

A perda térmica em cada superfície pode ser representada por

$$q' = \frac{T_{s,1} - T_\infty}{R'_{\text{cond}} + R'_{\text{conv}}}$$

sendo R'_{conv} associada à convecção natural na superfície externa e, portanto, dependendo da temperatura desconhecida $T_{s,2}$. Essa temperatura pode ser determinada utilizando-se um balanço de energia na superfície externa, que indica que

$$q''_{\text{cond}} = q''_{\text{conv}}$$

ou

$$\frac{(T_{s,1} - T_{s,2})}{(t/k)} = \frac{(T_{s,2} - T_\infty)}{(1/\bar{h})}$$

Como diferentes coeficientes convectivos estão associados às superfícies laterais, superior e inferior ($\bar{h}_s$, $\bar{h}_t$, e $\bar{h}_b$), uma solução para essa equação deve ser obtida em separado para cada uma das superfícies. As soluções são iterativas, uma vez que as propriedades do ar e os coeficientes convectivos dependem de T_s. Efetuando os cálculos, obtemos

Laterais	$T_{s,2} = 24$ °C,	$\bar{h}_s = 3{,}18$ W/(m²·K)
Superior	$T_{s,2} = 23$ °C,	$\bar{h}_t = 3{,}66$ W/(m²·K)
Inferior	$T_{s,2} = 30$ °C,	$\bar{h}_b = 1{,}36$ W/(m²·K)

Desprezando as perdas térmicas pelas arestas do isolamento térmico, a taxa de transferência de calor total por unidade de comprimento do duto é, então,

$$q' = 2q'_s + q'_t + q'_b$$

$$q' = \frac{2H(T_{s,1} - T_\infty)}{(t/k) + (1/\bar{h}_s)} + \frac{w(T_{s,1} - T_\infty)}{(t/k) + (1/\bar{h}_t)} + \frac{w(T_{s,1} - T_\infty)}{(t/k) + (1/\bar{h}_b)}$$

o que fornece

$$q' = (17{,}5 + 22{,}8 + 15{,}5) \text{ W/m} = 55{,}8 \text{ W/m}$$

Consequentemente, o isolamento proporciona uma redução de 76 % na perda térmica para o ar ambiente por convecção natural.

2. Embora tenham sido desprezadas, as perdas por radiação podem ainda ser significativas. Pela Equação 1.7 com ε considerado igual a um e $T_{\text{viz}} = 288$ K, $q'_{\text{rad}} = 398$ W/m para o duto sem isolamento. A inclusão dos efeitos radiantes no balanço de energia no duto com isolamento térmico iria reduzir a temperatura das superfícies externas, reduzindo dessa forma as taxas de transferência de calor por convecção. Com a radiação, no entanto, a taxa total de transferência de calor ($q'_{\text{conv}} + q'_{\text{rad}}$) iria aumentar.

9.6.3 *O Cilindro Horizontal Longo*

Essa importante geometria foi intensamente estudada e muitas correlações existentes foram revistas por Morgan [22]. Para um cilindro isotérmico, Morgan sugere uma expressão com a forma

$$\overline{Nu}_D = \frac{\bar{h}D}{k} = C\, Ra_D^n \qquad (9.33)$$

na qual C e n são dados na Tabela 9.2, e Ra_D e $\overline{Nu}_D$ são baseados no diâmetro do cilindro. Por outro lado, Churchill e Chu [23] recomendaram uma única correlação para uma ampla faixa de números de Rayleigh:

$$\overline{Nu}_D = \left\{0{,}60 + \frac{0{,}387\, Ra_D^{1/6}}{[1 + (0{,}559/Pr)^{9/16}]^{8/27}}\right\}^2 \quad Ra_D \lesssim 10^{12} \qquad (9.34)$$

As correlações anteriores fornecem o número de Nusselt médio ao longo de toda a circunferência de um cilindro isotérmico. Como mostrado na Figura 9.8 para um cilindro aquecido, os números de Nusselt locais são influenciados pelo

TABELA 9.2 Constantes da Equação 9.33 para a convecção natural sobre um cilindro circular horizontal [22]

Ra_D	C	n
10^{-10}–10^{-2}	0,675	0,058
10^{-2}–10^{2}	1,02	0,148
10^{2}–10^{4}	0,850	0,188
10^{4}–10^{7}	0,480	0,250
10^{7}–10^{12}	0,125	0,333

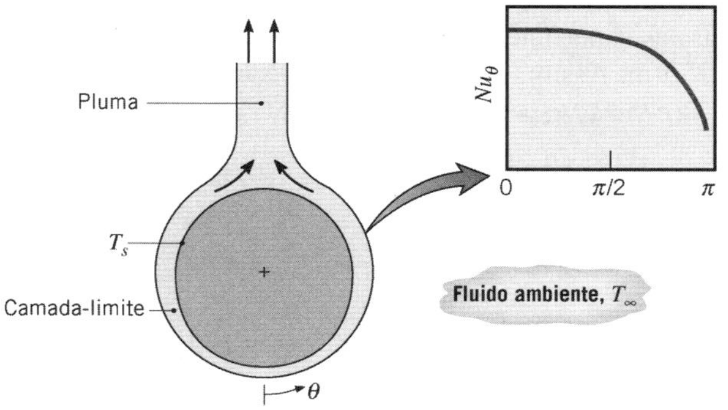

FIGURA 9.8 Desenvolvimento da camada-limite e distribuição de números de Nusselt sobre um cilindro horizontal aquecido.

desenvolvimento da camada-limite, que começa em $\theta = 0$ e termina em $\theta < \pi$ com a formação de uma pluma ascendente a partir do cilindro. Se o escoamento permanecer laminar ao longo de toda a superfície, a distribuição dos números de Nusselt locais em função de θ é caracterizada por um máximo em $\theta = 0$ e um decaimento monotônico com o aumento de θ. Esta diminuição seria interrompida em números de Rayleigh suficientemente grandes ($Ra_D \gtrsim 10^9$) para permitir a transição para o regime turbulento no interior da camada-limite. Se o cilindro for resfriado em relação ao fluido ambiente, o desenvolvimento da camada-limite inicia em $\theta = \pi$, o número de Nusselt local tem um valor máximo nessa posição e a pluma é formada para baixo.

EXEMPLO 9.4

O fluido do Exemplo 2.2 é caracterizado por uma condutividade térmica, uma massa específica, um calor específico e uma viscosidade dinâmica iguais a 0,705 W/(m · K), 1146 kg/m^3, 3587 J/(kg · K) e 962×10^{-6} N · s/m^2, respectivamente. Um experimento é realizado no qual um longo bastão de alumínio de diâmetro $D = 20$ mm e temperatura inicial $T_i = 32$ °C é subitamente imerso horizontalmente em um grande banho do fluido a uma temperatura $T_\infty = 22$ °C. Em $t = 65$ s, a temperatura medida no bastão é $T_f = 23$ °C. Determine o coeficiente de expansão térmica β do fluido.

SOLUÇÃO

Dados: Temperaturas inicial e final de um bastão de alumínio de diâmetro conhecido. Temperatura e propriedades do fluido.

Achar: Coeficiente de expansão térmica do fluido.

Esquema:

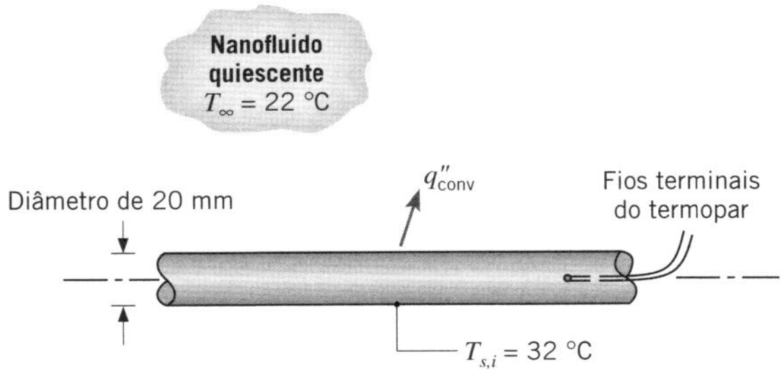

Considerações:

1. Propriedades constantes.
2. Temperatura no bastão espacialmente uniforme (aproximação da capacitância global pode ser adotada).

Propriedades: Tabela A.1, alumínio ($\bar{T} = 300$ K): $\rho_s = 2702$ kg/m^3, $c_{p,s} = 903$ J/(kg · K), $k_s = 237$ W/(m · K).

Análise: Como a diferença de temperaturas entre o bastão e o fluido diminui com o tempo, esperamos que o coeficiente de transferência de calor por convecção diminua na medida em que o resfriamento progride. Como $\bar{h}$ depende das forças de empuxo estabelecidas pelas diferenças de temperaturas, a análise da Seção 5.3.3 pode ser utilizada. Das Equações 5.28 e 5.26

$$\frac{\theta}{\theta_i} = \left[\frac{nC_1A_{s,c}\theta_i^n}{\rho_s V c_{p,s}}t + 1\right]^{-1/n} \quad (1)$$

sendo $\bar{h} = C_1(T_s - T_\infty)^n$ e $\theta = T_s - T_\infty$. Da Equação 9.33, $\overline{Nu}_D = C\,Ra_D^n$. Substituindo as definições dos números de Nusselt e de Rayleigh na Equação 9.33 obtém-se

$$\bar{h} = C\frac{k_l}{D}\left[\frac{g\beta D^3}{\nu_l\alpha_l}\right]^n (T_s - T_\infty)^n \quad (2)$$

A partir de uma comparação da Equação 2 com a expressão $\bar{h} = C_1(T_s - T_\infty)^n$, fica evidente que

$$C_1 = C\frac{k_l}{D}\left[\frac{g\beta D^3}{\nu_l\alpha_l}\right]^n \quad (3)$$

Definindo um excesso final de temperatura como $\theta_f = T_{s,f} - T_\infty$ em $t = t_f$ e observando que $\nu_l = \mu_l/\rho_l$, $\alpha_l = k_l/(\rho_l\, c_{p,l})$ e $A_{s,c}/V = 4/D$, a Equação 3 pode ser substituída na Equação 1, fornecendo

$$\beta = \frac{k_l\mu_l}{c_{p,l}\rho_l^2 g D^3}\left\{\frac{\rho_s c_{p,s} D^2}{4k_l C n t_f \theta_i^n}\left[\left(\frac{\theta_f}{\theta_i}\right)^{-n} - 1\right]\right\}^{1/n} \quad (4)$$

Por agora iremos considerar que o número de Rayleigh está na faixa $10^4 \leq Ra_D \leq 10^7$, na qual $C = 0{,}480$ e $n = 0{,}250$, conforme a Tabela 9.2. Desta forma, o coeficiente de expansão térmica é

$$\beta = \frac{0{,}705\ \text{W/(m·K)} \times 962 \times 10^{-6}\ \text{N·s/m}^2}{3587\ \text{J/(kg·K)} \times (1146\ \text{kg/m}^3)^2 \times 9{,}8\ \text{m/s}^2 \times (20 \times 10^{-3}\ \text{m})^3} \times \left\{ \frac{2702\ \text{kg/m}^3 \times 903\ \text{J/(kg·K)} \times (20 \times 10^{-3}\ \text{m})^2}{4 \times 0{,}705\ \text{W/(m·K)} \times 0{,}480 \times 0{,}25 \times 65\ \text{s} \times (10\ \text{K})^{0{,}25}} \left[\left(\frac{1{,}0}{10}\right)^{-0{,}25} - 1 \right] \right\}^{1/0{,}25}$$

$$= 261 \times 10^{-6}\ \text{K}^{-1} \qquad \triangleleft$$

Usando este valor para o coeficiente de expansão térmica, o número de Rayleigh baseado na diferença inicial de temperaturas é

$$Ra_{D,\text{máx}} = \frac{g\beta\theta_i D^3}{\nu_l \alpha_l} = \frac{g\beta\rho^2 c_{p,l}\theta_i D^3}{\mu_l k_l}$$

$$= \frac{9{,}8\ \text{m/s}^2 \times 261 \times 10^{-6}\ \text{K}^{-1} \times (1146\ \text{kg/m}^3)^2 \times 3587\ \text{J/(kg·K)} \times 10\ \text{K} \times (20 \times 10^{-3}\ \text{m})^3}{962 \times 10^{-6}\ \text{N·s/m}^2 \times 0{,}705\ \text{W/(m·K)}} = 1{,}42 \times 10^6$$

Como $\theta_f = \theta_i/10$, o valor mínimo do número de Rayleigh durante o processo de resfriamento é $Ra_{D,\text{mín}} = Ra_{D,\text{máx}}/10 = 1{,}42 \times 10^5$. Consequentemente, $10^4 < Ra_{D,\text{mín}} < Ra_{D,\text{máx}} < 10^7$, e os valores de C e n selecionados na Tabela 9.2 são apropriados. Desta forma, o valor anterior do coeficiente de expansão térmica está correto.

Comentários:

1. A forma na qual a temperatura do bastão diminui durante o processo de resfriamento pode ser determinada pela Equação 1 com C_1 obtido pela Equação 3. O histórico da temperatura do bastão é mostrado na figura.

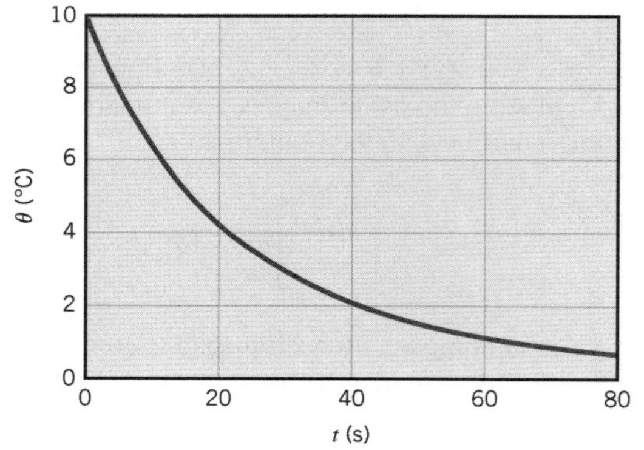

2. Como a diferença de temperaturas entre o bastão e o fluido diminui com o tempo, o número de Rayleigh também diminui com a progressão do resfriamento. Isto leva a uma redução gradual do coeficiente de transferência de calor por convecção durante o resfriamento, como pode ser determinado usando a Equação 2, uma vez que $\theta(t)$ é conhecida.

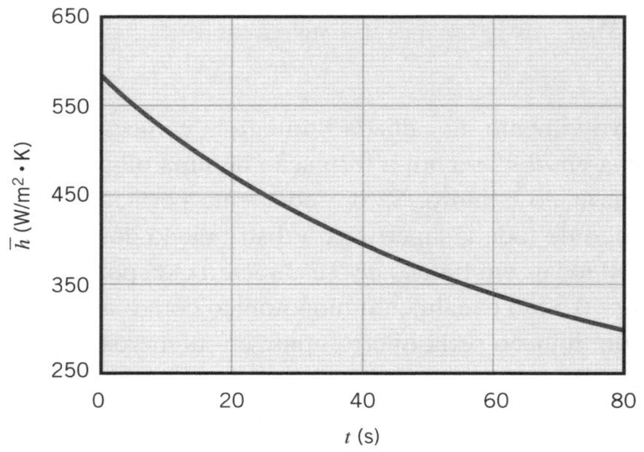

3. O valor máximo do coeficiente de transferência de calor por convecção é $\bar{h}_{\text{máx}} = 584\ \text{W/(m}^2 \cdot \text{K)}$. Isto corresponde a um número de Biot máximo de $Bi_{\text{máx}} = \bar{h}_{\text{máx}}\,(D/2)/k_s = 584\ \text{W/(m}^2 \cdot \text{K)} \times (20 \times 10^{-3}\ \text{m/2})/(237\ \text{W/(m} \cdot \text{K))} = 0{,}025$, quando o critério da Equação 5.10 é aplicado de forma conservadora. Como $Bi_{\text{máx}} < 0{,}1$, concluímos que a aproximação da capacitância global é válida.

4. Como a temperatura do bastão diminui de modo contínuo, as forças de empuxo no fluido diminuem com o tempo. Em decorrência, a velocidade do fluido se modifica continuamente na medida em que a diferença de temperaturas entre o bastão e o fluido diminui lentamente. A Equação 9.33 se aplica efetivamente somente em condições de regime estacionário. Ao utilizar a correlação aqui, implicitamente admitimos que a taxa de transferência de calor instantânea saindo do bastão é igual à taxa de transferência de calor em regime estacionário *se* a mesma diferença de temperaturas estivesse presente entre o bastão e o fluido. Esta hipótese, com frequência, fornece predições com precisão aceitável e é chamada de *aproximação de regime pseudoestacionário*.

9.6.4 *Esferas*

A correlação a seguir, desenvolvida por Churchill [10], é recomendada para esferas em fluidos com $Pr \gtrsim 0{,}7$ e para $Ra_D \lesssim 10^{11}$.

$$\overline{Nu}_D = 2 + \frac{0{,}589\, Ra_D^{1/4}}{[1 + (0{,}469/Pr)^{9/16}]^{4/9}} \qquad (9.35)$$

No limite quando $Ra_D \to 0$, a Equação 9.35 se reduz a $\overline{Nu}_D = 2$, que corresponde à transferência de calor por condução entre uma superfície esférica e um meio infinito estacionário, de forma consistente com as Equações 7.56 e 7.57.

As correlações recomendadas nesta seção estão resumidas na Tabela 9.3. Resultados para outras geometrias imersas e condições especiais estão apresentadas nas revisões abrangentes efetuadas por Churchill [10] e Raithby e Hollands [21].

Tabela 9.3 Resumo de correlações empíricas para a convecção natural em geometrias imersas

Geometria	Correlação Recomendada	Restrições
1. Placas verticais[a] 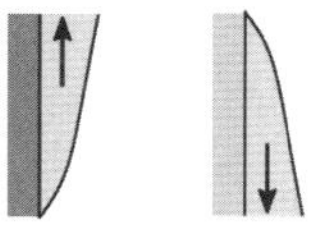	Equação 9.26	Nenhuma
2. Placas inclinadas Superfície fria para cima ou quente para baixo 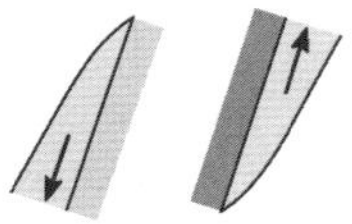	Equação 9.26 $g \rightarrow g \cos\theta$	$0 \leq \theta \lesssim 60°$
3. Placas horizontais (*a*) Superfície quente para cima ou fria para baixo 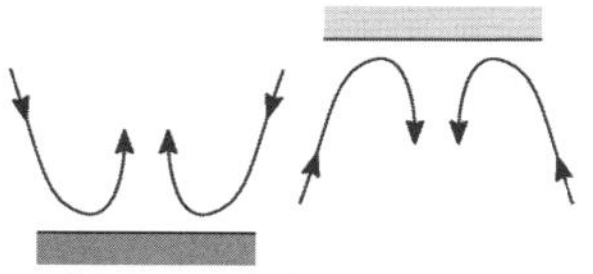	Equação 9.30 Equação 9.31	$10^4 \lesssim Ra_L \lesssim 10^7$, $Pr \gtrsim 0{,}7$ $10^7 \lesssim Ra_L \lesssim 10^{11}$
(b) Superfície fria para cima ou quente para baixo 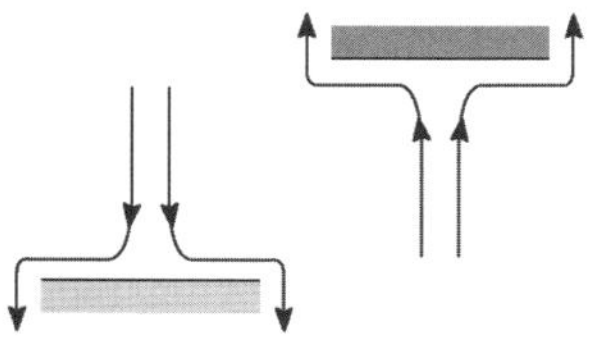	Equação 9.32	$10^4 \lesssim Ra_L \lesssim 10^9$, $Pr \gtrsim 0{,}7$
4. Cilindro horizontal 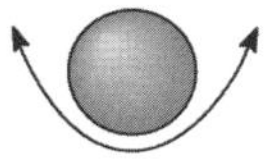	Equação 9.34	$Ra_D \lesssim 10^{12}$
5. Esfera 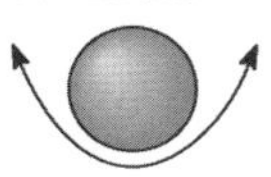	Equação 9.35	$Ra_D \lesssim 10^{11}$ $Pr \gtrsim 0{,}7$

[a]A correlação pode ser utilizada para um cilindro vertical se $(D/L) \gtrsim (35/Gr_L^{1/4})$.

9.7 Convecção Natural no Interior de Canais Formados entre Placas Paralelas

Uma geometria comum na convecção natural são os canais verticais (ou inclinados) formados entre placas paralelas e abertos para o ambiente nas suas extremidades opostas (Figura 9.9). As placas podem ser uma série de aletas usadas para aumentar a transferência de calor por convecção natural em uma superfície de base à qual as aletas estão fixadas, ou elas podem ser placas de circuitos com componentes eletrônicos dissipando calor. As condições térmicas nas superfícies podem ser idealizadas como isotérmicas ou com fluxo térmico uniforme, e simétricas ($T_{s,1} = T_{s,2}$; $q''_{s,1} = q''_{s,2}$) ou assimétricas ($T_{s,1} \neq T_{s,2}$; $q''_{s,1} \neq q''_{s,2}$).

Nos canais verticais ($\theta = 0$), o empuxo atua exclusivamente para induzir o movimento na direção da corrente (eixo x) e, iniciando em $x = 0$, camadas-limite se desenvolvem sobre cada superfície. Para canais curtos e/ou grandes espaçamentos (L/S pequeno), ocorre o desenvolvimento independente das camadas-limite em cada superfície e condições correspondentes às de uma *única placa* em um meio quiescente infinito estão presentes. Entretanto, para grandes L/S, as camadas-limite que se desenvolvem sobre as superfícies opostas acabam se fundindo, fornecendo uma condição plenamente desenvolvida. Se o canal for inclinado, há um componente da força de empuxo na direção normal à direção da corrente, bem como um componente na direção paralela, e as condições podem ser fortemente influenciadas pelo desenvolvimento de um escoamento secundário tridimensional.

9.7.1 *Canais Verticais*

Começando com o conhecido trabalho de Elenbaas [24], a orientação vertical tem sido estudada extensivamente envolvendo placas aquecidas simétrica e assimetricamente, com condições superficiais isotérmicas ou de fluxo térmico uniforme. Para *placas isotérmicas aquecidas simetricamente*, Elenbaas obteve a seguinte correlação semiempírica:

$$\overline{Nu}_S = \frac{1}{24} Ra_S \left(\frac{S}{L}\right)\left\{1 - \exp\left[-\frac{35}{Ra_S(S/L)}\right]\right\}^{3/4} \qquad (9.36)$$

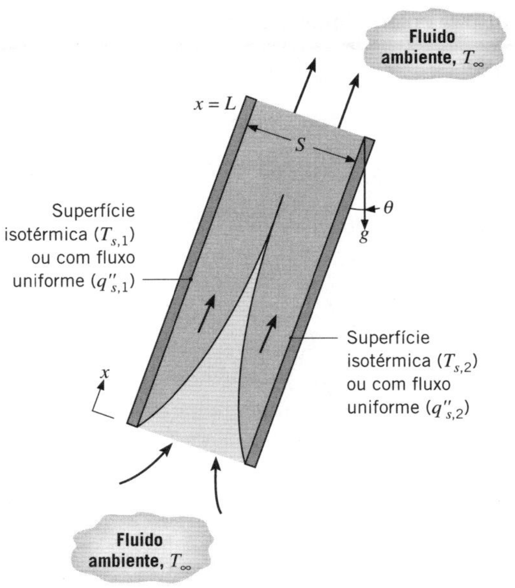

FIGURA 9.9 Escoamento de convecção natural entre placas paralelas aquecidas com extremidades opostas expostas a um fluido quiescente.

na qual os números de Nusselt médio e de Rayleigh são definidos como

$$\overline{Nu}_S = \left(\frac{q/A}{T_s - T_\infty}\right)\frac{S}{k} \tag{9.37}$$

e

$$Ra_S = \frac{g\beta(T_s - T_\infty)S^3}{\alpha\nu} \tag{9.38}$$

A Equação 9.36 foi desenvolvida para o ar como fluido de trabalho, e a sua faixa de aplicação é

$$\left[10^{-1} \lesssim \frac{S}{L} Ra_S \lesssim 10^5\right]$$

Consequentemente, o conhecimento do número de Nusselt médio para uma placa permite a determinação da taxa total de transferência de calor na placa. No limite plenamente desenvolvido ($S/L \rightarrow 0$), a Equação 9.36 se reduz a

$$\overline{Nu}_{S(\text{cd})} = \frac{Ra_S(S/L)}{24} \tag{9.39}$$

A manutenção da dependência em L resulta da definição de $\overline{Nu}_s$ em termos da temperatura de entrada (ambiente) fixa e não em termos da temperatura média de mistura do fluido, que não é conhecida explicitamente. Para a condição usual correspondente a placas adjacentes, uma isotérmica ($T_{s,1}$) e outra isolada termicamente ($q''_{s,2} = 0$), o limite plenamente desenvolvido fornece a expressão a seguir para a superfície isotérmica [25]:

$$\overline{Nu}_{S(\text{cd})} = \frac{Ra_S(S/L)}{12} \tag{9.40}$$

Para superfícies com fluxo térmico uniforme, é mais conveniente definir um número de Nusselt local como

$$Nu_{S,L} = \left(\frac{q''_s}{T_{s,L} - T_\infty}\right)\frac{S}{k} \tag{9.41}$$

e correlacionar os resultados em termos de um número de Rayleigh modificado, definido como

$$Ra_S^* = \frac{g\beta q''_s S^4}{k\alpha\nu} \tag{9.42}$$

O subscrito L se refere às condições em $x = L$, nas quais a temperatura da placa assume um valor máximo. Para placas simétricas, com fluxo uniforme, o limite plenamente desenvolvido corresponde a [25]

$$Nu_{S,L(\text{cd})} = 0{,}144[Ra_S^*(S/L)]^{1/2} \tag{9.43}$$

e, para condições assimétricas, com fluxo uniforme, e uma superfície isolada ($q''_{s,2} = 0$), o limite é

$$Nu_{S,L(\text{cd})} = 0{,}204[Ra_S^*(S/L)]^{1/2} \tag{9.44}$$

Combinando as relações anteriores para o limite plenamente desenvolvido com os resultados disponíveis para o limite com uma única placa, Bar-Cohen e Rohsenow [25] obtiveram correlações para o número de Nusselt que são aplicáveis no intervalo completo de S/L. Para condições isotérmicas e de fluxo uniforme, respectivamente, as correlações possuem as formas

$$\overline{Nu}_S = \left[\frac{C_1}{(Ra_S\, S/L)^2} + \frac{C_2}{(Ra_S\, S/L)^{1/2}}\right]^{-1/2} \tag{9.45}$$

$$Nu_{S,L} = \left[\frac{C_1}{Ra_S^*\, S/L} + \frac{C_2}{(Ra_S^*\, S/L)^{2/5}}\right]^{-1/2} \tag{9.46}$$

nas quais as constantes C_1 e C_2 são dadas na Tabela 9.4 para as diferentes condições térmicas nas superfícies. Em cada caso, os limites para condições plenamente desenvolvidas e para uma placa única correspondem a Ra_S (ou Ra_S^*)$S/L \lesssim 10$ e Ra_S (ou Ra_S^*)$S/L \gtrsim 100$, respectivamente.

Bar-Cohen e Rohsenow [25] usaram as correlações anteriores para inferir o espaçamento ótimo entre placas, S_{oti}, com o objetivo de maximizar a transferência de calor em uma série de placas isotérmicas, assim como o espaçamento $S_{\text{máx}}$ necessário para maximizar a transferência de calor em cada placa em uma série. A existência de um ótimo para a série resulta do fato de que, embora a transferência de calor em cada placa diminua com a diminuição de S, o número de placas que podem ser colocadas em um dado volume aumenta. Dessa forma, S_{oti} maximiza a transferência de calor na série fornecendo um máximo para o produto envolvendo o $\bar{h}$ e a área superficial total das placas. Por outro lado, para maximizar a transferência de calor em cada placa, $S_{\text{máx}}$ deve ser grande o suficiente para evitar a superposição de camadas-limite adjacentes, de tal

TABELA 9.4 Parâmetros da transferência de calor por convecção natural entre placas paralelas verticais

Condições Superficiais	C_1	C_2	S_{oti}	$S_{máx}/S_{oti}$
Placas isotérmicas simétricas ($T_{s,1} = T_{s,2}$)	576	2,87	$2{,}71\ (Ra_S/S^3L)^{-1/4}$	1,71
Placas com fluxos uniformes simétricos ($q''_{s,1} = q''_{s,2}$)	48	2,51	$2{,}12\ (Ra_S^*/S^4L)^{-1/5}$	4,77
Placas isotérmicas/adiabáticas ($T_{s,1}$, $q''_{s,2} = 0$)	144	2,87	$2{,}15\ (Ra_S/S^3L)^{-1/4}$	1,71
Placas com fluxo uniforme/adiabáticas ($q''_{s,1}$, $q''_{s,2} = 0$)	24	2,51	$1{,}69\ (Ra_S^*/S^4L)^{-1/5}$	4,77

modo que o limite de placa única permaneça válido ao longo de toda a placa.

A consideração do espaçamento ótimo entre as placas é particularmente importante para placas paralelas verticais usadas como aletas para aumentar a transferência de calor por convecção natural em uma superfície de base de largura W fixa. Com a temperatura das aletas superior à do fluido ambiente, o escoamento entre as aletas é induzido pelas forças de empuxo. Entretanto, a resistência ao escoamento está associada às forças viscosas impostas pela superfície das aletas, e a vazão mássica entre aletas adjacentes é governada pelo equilíbrio entre as forças de empuxo e viscosa. Como as forças viscosas aumentam com a diminuição de S, há uma correspondente diminuição da vazão mássica, e assim do $\bar{h}$. Contudo, para W fixa, o correspondente aumento no número de aletas aumenta a área superficial total A_s e fornece um máximo em $\bar{h}A_s$ para $S = S_{oti}$. Para $S < S_{oti}$, a proporção na qual $\bar{h}$ é diminuído pelos efeitos viscosos supera o aumento em A_s; para $S > S_{oti}$, a proporção na qual A_s é diminuída supera o aumento em $\bar{h}$.

Para placas com fluxos térmicos uniformes, a taxa volumétrica de transferência de calor total aumenta simplesmente com a diminuição de S. Entretanto, a necessidade de manter T_s abaixo de limites estabelecidos impede a redução de S a valores extremamente pequenos. Assim, S_{oti} pode ser definido como o valor de S que fornece a máxima dissipação volumétrica de calor por unidade de diferença de temperaturas, $T_s(L) - T_\infty$. O espaçamento $S_{máx}$, que fornece a temperatura na superfície mais baixa possível para um fluxo térmico especificado, sem levar em conta considerações volumétricas, é novamente o valor de S que impede a fusão das camadas-limite. Valores de S_{oti} e $S_{máx}/S_{oti}$ para placas com espessura desprezível são apresentados na Tabela 9.4.

Ao usar as correlações anteriores, as propriedades do fluido são estimadas nas temperaturas médias $\bar{T} = (T_s + T_\infty)/2$ para superfícies isotérmicas e $\bar{T} = (T_{s,L} + T_\infty)/2$ para superfícies com fluxo térmico uniforme.

9.7.2 *Canais Inclinados*

Experimentos foram efetuados por Azevedo e Sparrow [16] para canais inclinados em água. Placas isotérmicas simétricas e placas isotérmicas isoladas termicamente foram analisadas para $0 \leq \theta \leq 45°$ e condições no limite de placa única, $Ra_S(S/L) > 200$. Embora escoamentos secundários tridimensionais tenham sido observados na placa inferior quando ela era aquecida, os dados para todas as condições experimentais foram correlacionados com acurácia de ± 10 % pela expressão

$$\overline{Nu}_S = 0{,}645[Ra_S(S/L)]^{1/4} \tag{9.47}$$

Os desvios dos dados experimentais em relação à previsão da correlação foram mais pronunciados nos ângulos de maior inclinação com aquecimento da superfície inferior e foram atribuídos à intensificação na transferência de calor causada pelo escoamento secundário tridimensional. As propriedades do fluido são estimadas a $\bar{T} = (T_s + T_\infty)/2$.

9.8 Correlações Empíricas: Espaços Confinados

Os resultados anteriores dizem respeito à convecção natural entre uma superfície e um meio fluido extenso. Contudo, aplicações em engenharia envolvem frequentemente a transferência de calor entre superfícies a diferentes temperaturas e separadas por um fluido *confinado*. Nesta seção são apresentadas correlações pertinentes a várias geometrias usuais.

9.8.1 *Cavidades Retangulares*

A cavidade retangular (Figura 9.10) tem sido amplamente estudada, e revisões abrangentes de resultados tanto experimentais quanto teóricos estão disponíveis [26, 27]. Duas das paredes opostas são mantidas a temperaturas diferentes ($T_1 > T_2$), enquanto as paredes restantes se encontram isoladas da vizinhança. O ângulo de inclinação τ entre as superfícies aquecida e resfriada e o plano horizontal pode variar de 0° (*cavidade horizontal* com aquecimento na superfície inferior) até 90° (*cavidade vertical* com aquecimento lateral), e até 180° (*cavidade horizontal* com aquecimento na superfície superior). O fluxo térmico através da cavidade, representado por

$$q'' = h(T_1 - T_2) \tag{9.48}$$

pode depender fortemente da razão de forma H/L, assim como do valor de τ. Para grandes valores da razão w/L, a sua dependência em relação a w/L é pequena e pode ser desprezada dentro dos propósitos deste texto.

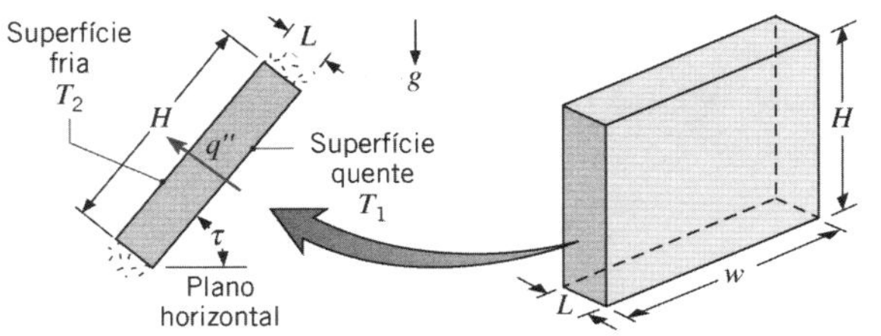

FIGURA 9.10 Convecção natural em uma cavidade retangular.

A cavidade horizontal aquecida pela superfície inferior ($\tau = 0$) foi analisada por muitos investigadores. Para H/L, $w/L \gg 1$ e números de Rayleigh menores do que o valor crítico de $Ra_{L,c} = 1708$, as forças de empuxo não suplantam a resistência imposta pelas forças viscosas e não há advecção no interior da cavidade. Assim, a transferência de calor da superfície inferior para a superfície superior se dá por condução ou, para um gás, por condução e radiação. Como as condições correspondem a uma condução unidimensional através de uma camada plana de fluido, o coeficiente convectivo é $h = k/L$ e $Nu_L = 1$. Porém, para

$$Ra_L \equiv \frac{g\beta(T_1 - T_2)L^3}{\alpha\nu} > 1708$$

as condições são termicamente instáveis e há advecção no interior da cavidade. Para números de Rayleigh no intervalo $1708 < Ra_L \lesssim 5 \times 10^4$, o movimento do fluido se dá em células de circulação com espaçamento regular (Figura 9.11), enquanto para números de Rayleigh maiores as células se quebram e o movimento do fluido ocorre com vários padrões diferentes antes de se tornar turbulento.

Como uma primeira aproximação, os coeficientes convectivos na cavidade horizontal aquecida pela superfície inferior podem ser obtidos pela correlação a seguir proposta por Globe e Dropkin [28]:

$$\overline{Nu}_L = \frac{\overline{h}L}{k} = 0{,}069\, Ra_L^{1/3}\, Pr^{0{,}074}$$

$$3 \times 10^5 \lesssim Ra_L \lesssim 7 \times 10^9 \qquad (9.49)$$

na qual todas as propriedades são avaliadas na temperatura média, $\overline{T} \equiv (T_1 + T_2)/2$. A correlação se aplica para valores de L/H suficientemente pequenos para assegurar que o efeito das superfícies laterais seja desprezível. Correlações mais detalhadas, que se aplicam em uma faixa mais ampla de Ra_L, foram propostas [29, 30]. Ao concluir a discussão das cavidades horizontais, observe que, na ausência de radiação, para aquecimento de cima ($\tau = 180°$), a transferência de calor da superfície superior para a superfície inferior é exclusivamente por condução ($Nu_L = 1$), independentemente do valor de Ra_L.

Na cavidade vertical retangular ($\tau = 90°$), as superfícies verticais são aquecidas e resfriadas, enquanto as superfícies horizontais são adiabáticas. Como mostrado na Figura 9.12, o movimento do fluido é caracterizado por um escoamento circular ou celular no qual o fluido se move na direção ascendente ao longo da parede quente e na direção descendente ao longo da parede fria. Para pequenos números de Rayleigh, $Ra_L \lesssim 10^3$, o escoamento induzido pelo empuxo é fraco e, na ausência da radiação, a transferência de calor se dá principalmente por condução através do fluido. Assim, pela lei de Fourier, o número de Nusselt é novamente $Nu_L = 1$. Com o aumento do número de Rayleigh, o escoamento celular se intensifica e se torna concentrado no interior de estreitas camadas-limite adjacentes às paredes laterais. O núcleo fica praticamente estagnado, embora células adicionais possam se desenvolver nos cantos e as camadas-limite nas paredes laterais possam apresentar transição para a turbulência. Para razões de forma na faixa $1 \lesssim (H/L) \lesssim 10$, as seguintes correlações foram sugeridas [27]:

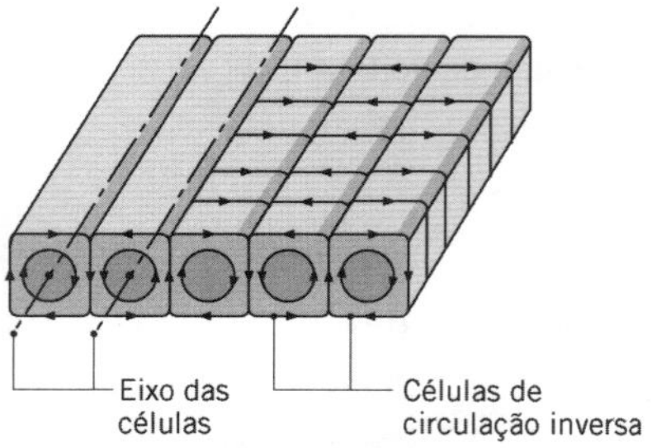

FIGURA 9.11 Células de circulação longitudinais características da advecção em uma camada horizontal de fluido aquecida pela superfície inferior ($1708 < Ra_L \lesssim 5 \times 10^4$).

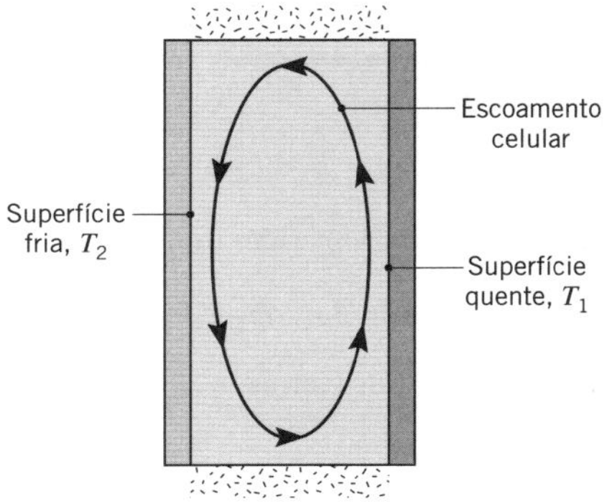

FIGURA 9.12 Escoamento celular em uma cavidade vertical com temperaturas nas paredes laterais diferentes.

$$\overline{Nu}_L = 0{,}22\left(\frac{Pr}{0{,}2 + Pr} Ra_L\right)^{0{,}28}\left(\frac{H}{L}\right)^{-1/4} \qquad (9.50)$$

$$\begin{bmatrix} 2 \lesssim \dfrac{H}{L} \lesssim 10 \\ Pr \lesssim 10^5 \\ 10^3 \lesssim Ra_L \lesssim 10^{10} \end{bmatrix}$$

$$\overline{Nu}_L = 0{,}18\left(\frac{Pr}{0{,}2 + Pr} Ra_L\right)^{0{,}29} \qquad (9.51)$$

$$\begin{bmatrix} 1 \lesssim \dfrac{H}{L} \lesssim 2 \\ 10^{-3} \lesssim Pr \lesssim 10^5 \\ 10^3 \lesssim \dfrac{Ra_L\, Pr}{0{,}2 + Pr} \end{bmatrix}$$

enquanto para razões de forma maiores, as seguintes correlações foram propostas [31]:

$$\overline{Nu}_L = 0{,}42\, Ra_L^{1/4}\, Pr^{0{,}012}\left(\frac{H}{L}\right)^{-0{,}3} \quad \begin{bmatrix} 10 \lesssim \dfrac{H}{L} \lesssim 40 \\ 1 \lesssim Pr \lesssim 2 \times 10^4 \\ 10^4 \lesssim Ra_L \lesssim 10^7 \end{bmatrix} \qquad (9.52)$$

$$\overline{Nu}_L = 0{,}046\, Ra_L^{1/3} \quad \begin{bmatrix} 1 \lesssim \frac{H}{L} \lesssim 40 \\ 1 \lesssim Pr \lesssim 20 \\ 10^6 \lesssim Ra_L \lesssim 10^9 \end{bmatrix} \qquad (9.53)$$

Os coeficientes convectivos calculados com as expressões anteriores devem ser usados com a Equação 9.48. Mais uma vez, todas as propriedades são estimadas na temperatura média, $(T_1 + T_2)/2$.

Estudos de convecção natural em cavidades inclinadas são frequentemente estimulados por aplicações envolvendo coletores solares planos [32–37]. Para tais cavidades, o movimento do fluido é constituído por uma combinação da estrutura circulante da Figura 9.11 e da estrutura celular da Figura 9.12. Em geral, a transição entre os dois tipos de movimentação do fluido ocorre em um ângulo de inclinação crítico, τ^*, com uma mudança correspondente no valor de $\overline{Nu}_L$. Para grandes razões de forma, $(H/L) \gtrsim 12$, e ângulos de inclinação menores do que o valor crítico τ^* fornecido na Tabela 9.5, a correlação a seguir, desenvolvida por Hollands *et al.* [37], apresenta uma excelente concordância com os dados disponíveis:

$$\overline{Nu}_L = 1 + 1{,}44\left[1 - \frac{1708}{Ra_L \cos\tau}\right]^{\cdot}\left[1 - \frac{1708(\text{sen}\,1{,}8\,\tau)^{1{,}6}}{Ra_L \cos\tau}\right] + \left[\left(\frac{Ra_L \cos\tau}{5830}\right)^{1/3} - 1\right]^{\cdot} \quad \begin{bmatrix} \frac{H}{L} \gtrsim 12 \\ 0 < \tau \lesssim \tau^* \end{bmatrix} \qquad (9.54)$$

A notação $[\,]^{\cdot}$ implica que, se a grandeza entre colchetes for negativa, seu valor deve ser igualado a zero. A razão é que, se o número de Rayleigh for menor do que um valor crítico $Ra_{L,c} = 1708/(\cos(\tau))$, não há escoamento no interior da cavidade. Para pequenos valores da razão de forma, Catton [27] sugere que resultados razoáveis podem ser obtidos com uma correlação na forma

$$\overline{Nu}_L = \overline{Nu}_L(\tau = 0)\left[\frac{\overline{Nu}_L(\tau = 90°)}{\overline{Nu}_L(\tau = 0)}\right]^{\tau/\tau^*}(\text{sen}\,\tau^*)^{(\tau/4\tau^*)} \quad \begin{bmatrix} \frac{H}{L} \lesssim 12 \\ 0 < \tau \lesssim \tau^* \end{bmatrix} \qquad (9.55)$$

Além do ângulo de inclinação crítico, as correlações a seguir, propostas por Ayyaswamy e Catton [32] e Arnold *et al.* [35], respectivamente, foram recomendadas [27] para todas as razões de forma (H/L):

$$\overline{Nu}_L = \overline{Nu}_L(\tau = 90°)(\text{sen}\,\tau)^{1/4} \qquad \tau^* \lesssim \tau < 90° \qquad (9.56)$$

$$\overline{Nu}_L = 1 + [\overline{Nu}_L(\tau = 90°) - 1]\,\text{sen}\,\tau \qquad 90° < \tau < 180° \qquad (9.57)$$

TABELA 9.5 Ângulos críticos em cavidades retangulares inclinadas

(H/L)	1	3	6	12	>12
τ^*	25°	53°	60°	67°	70°

9.8.2 Cilindros Concêntricos

A transferência de calor por convecção natural no espaço anular entre *longos* cilindros horizontais concêntricos (Figura 9.13) foi analisada por Raithby e Hollands [38]. O escoamento na região anular é caracterizado por duas células que são simétricas em relação ao plano vertical intermediário. Se o cilindro interno estiver aquecido e o cilindro externo resfriado $(T_i > T_e)$, o fluido sobe e desce ao longo dos cilindros interno e externo, respectivamente. Se $T_i < T_e$, os escoamentos celulares são invertidos. A taxa de transferência de calor (W) entre os dois cilindros, cada um com comprimento L, é representada pela Equação 3.32 (com uma *condutividade térmica efetiva*, k_{ef}, substituindo a condutividade térmica molecular, k) na forma

$$q = \frac{2\pi L k_{ef}(T_i - T_e)}{\ln(r_e/r_i)} \qquad (9.58)$$

Vemos que a condutividade efetiva de um fluido fictício *estacionário* irá transferir a mesma quantidade de calor que o fluido real *em movimento*. A correlação sugerida para k_{ef} é

$$\frac{k_{ef}}{k} = 0{,}386\left(\frac{Pr}{0{,}861 + Pr}\right)^{1/4} Ra_c^{1/4} \qquad (9.59)$$

com a escala de comprimento no Ra_c dada por

$$L_c = \frac{2[\ln(r_e/r_i)]^{4/3}}{(r_i^{-3/5} + r_e^{-3/5})^{5/3}} \qquad (9.60)$$

A Equação 9.59 pode ser usada no intervalo $0{,}7 \lesssim Pr \lesssim 6000$ e $Ra_c \lesssim 10^7$. As propriedades são avaliadas na temperatura média, $T_m = (T_i + T_e)/2$. Obviamente, a taxa de transferência de calor mínima entre os cilindros não pode estar abaixo do limite da condução; consequentemente, $k_{ef} = k$ se o valor de k_{ef}/k previsto na Equação 9.59 for menor do que a unidade. Uma correlação mais detalhada, que leva em consideração efeitos de excentricidade da região anular, foi desenvolvida por Kuehn e Goldstein [39].

9.8.3 Esferas Concêntricas

Raithby e Hollands [38] também analisaram a transferência de calor por convecção natural entre esferas concêntricas (Figura 9.13) e representam a taxa de transferência de calor total pela

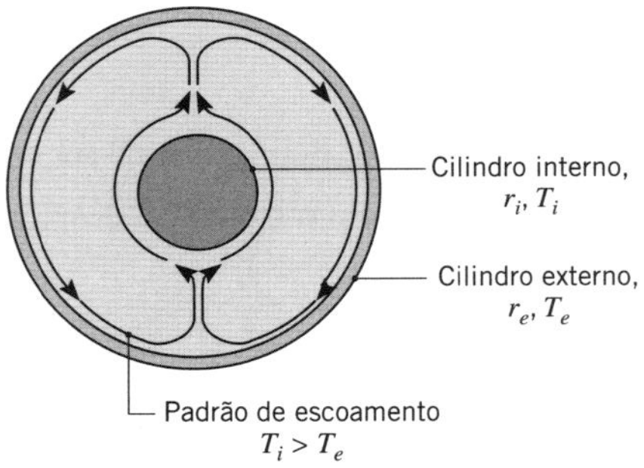

FIGURA 9.13 Escoamento de convecção natural no espaço anular entre cilindros concêntricos longos e horizontais ou entre esferas concêntricas de raio interno r_i e raio externo r_e.

Equação 3.40 (com uma condutividade térmica efetiva, k_{ef}, substituindo a condutividade térmica molecular, k) na forma

$$q = \frac{4\pi k_{ef}(T_i - T_e)}{(1/r_i) - (1/r_e)} \tag{9.61}$$

A condutividade térmica efetiva é

$$\frac{k_{ef}}{k} = 0{,}74\left(\frac{Pr}{0{,}861 + Pr}\right)^{1/4} Ra_s^{1/4} \tag{9.62}$$

com a escala de comprimento no Ra_s dada por

$$L_s = \frac{\left(\frac{1}{r_i} - \frac{1}{r_e}\right)^{4/3}}{2^{1/3}(r_i^{-7/5} + r_e^{-7/5})^{5/3}} \tag{9.63}$$

O resultado pode ser usado com uma aproximação razoável para $0{,}7 \lesssim Pr \lesssim 4000$ e $Ra_s \lesssim 10^4$. As propriedades são avaliadas a $T_m = (T_i + T_e)/2$ e $k_{ef} = k$, se o valor previsto para k_{ef}/k na Equação 9.62 for menor do que a unidade.

EXEMPLO 9.5

Um tubo longo com 0,1 m de diâmetro é mantido a 120 °C pela passagem de vapor d'água através do seu interior. Uma barreira de radiação é instalada concêntrica ao tubo deixando um espaço de ar de 10 mm. Se a barreira se encontra a 35 °C, estime a transferência de calor por convecção natural deixando o tubo por unidade de comprimento. Qual é a perda de calor se o espaço entre o tubo e a barreira for preenchido por uma manta isolante de fibra de vidro?

SOLUÇÃO

Dados: Temperaturas e diâmetros de um tubo com passagem de vapor d'água e de uma barreira de radiação concêntrica.

Achar:

1. Perda de calor por unidade de comprimento do tubo.
2. Perda de calor se o espaço anular de ar for preenchido por uma manta isolante de fibra de vidro.

Esquema:

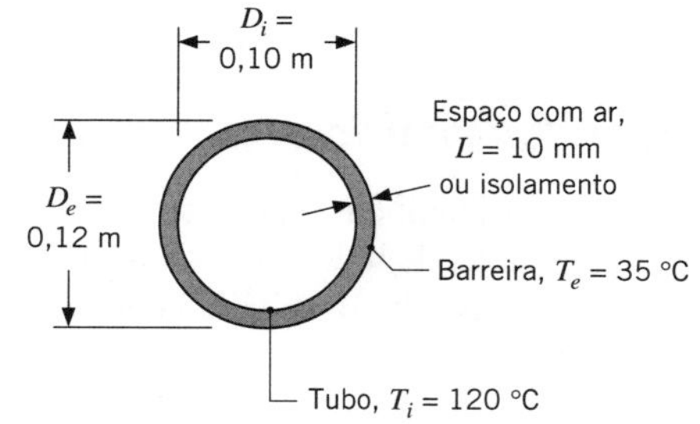

Considerações:

1. Transferência de calor por radiação pode ser desprezada.
2. Resistência de contato com o isolante é desprezível.
3. Gás ideal.
4. Propriedades constantes.

Propriedades: Tabela A.4, ar [$T = (T_i + T_e)/2 = 350$ K]: $k = 0{,}030$ W/(m · K), $\nu = 20{,}92 \times 10^{-6}$ m²/s, $\alpha = 29{,}9 \times 10^{-6}$ m²/s, $Pr = 0{,}70$, $\beta = 0{,}00285$ K^{-1}. Tabela A.3, isolante térmico, fibra de vidro ($T \approx 300$ K): $k = 0{,}038$ W/(m · K).

Análise:

1. Pela Equação 9.58, a perda de calor por unidade de comprimento por convecção natural é

$$q' = \frac{2\pi k_{ef}(T_i - T_e)}{\ln(r_e/r_i)}$$

sendo k_{ef} obtida com as Equações 9.59 e 9.60. Com

$$L_c = \frac{2[\ln(r_e/r_i)]^{4/3}}{(r_i^{-3/5} + r_e^{-3/5})^{5/3}}$$

$$= \frac{2[\ln(0{,}06\text{ m}/0{,}05\text{ m})]^{4/3}}{(0{,}05^{-3/5} + 0{,}06^{-3/5})^{5/3}\text{ m}^{-1}} = 0{,}00117\text{ m}$$

encontramos

$$Ra_c = \frac{g\beta(T_i - T_e)L_c^3}{\nu\alpha}$$

$$= \frac{9{,}8\text{ m/s}^2 \times 0{,}00285\text{ K}^{-1} \times (120 - 35)\text{ °C} \times (0{,}00117\text{ m})^3}{20{,}92 \times 10^{-6}\text{ m}^2\text{/s} \times 29{,}9 \times 10^{-6}\text{ m}^2\text{/s}}$$

$$= 171$$

A condutividade térmica efetiva é, então,

$$k_{ef} = 0{,}386k\left(\frac{Pr}{0{,}861 + Pr}\right)^{1/4} Ra_c^{1/4}$$

$$= 0{,}386 \times 0{,}030\text{ W/(m·K)}\left(\frac{0{,}70}{0{,}861 + 0{,}70}\right)^{1/4}(171)^{1/4}$$

$$= 0{,}0343\text{ W/(m·K)}$$

e a perda de calor é

$$q' = \frac{2\pi k_{ef}(T_i - T_e)}{\ln(r_e/r_i)} = \frac{2\pi(0{,}0343\text{ W/(m·K)})}{\ln(0{,}06\text{ m}/0{,}05\text{ m})}(120 - 35)\text{ °C}$$

$$= 100\text{ W/m} \quad \triangleleft$$

2. Com o isolante térmico no espaço entre o tubo e a barreira, a perda de calor é por condução; comparando a Equação 3.32 com a Equação 9.58,

$$q'_{iso} = q'\frac{k_{iso}}{k_{ef}} = 100\text{ W/m}\,\frac{0{,}038\text{ W/(m·K)}}{0{,}0343\text{ W/(m·K)}}$$

$$= 111\text{ W/m} \quad \triangleleft$$

Comentários: Embora haja um pouco mais de perda de calor por condução através da manta isolante do que por convecção natural através do espaço de ar, a perda de calor total pela camada de ar pode exceder a perda através da camada de isolante devido aos efeitos da radiação. A perda de calor devida à radiação pode ser minimizada pelo uso de uma barreira de radiação com baixa emissividade, e os meios para calcular essa perda serão desenvolvidos no Capítulo 13.

9.9 Convecções Natural e Forçada Combinadas

Ao lidarmos com a convecção forçada (Capítulos 6 a 8), ignoramos os efeitos da convecção natural. Isso foi, obviamente, uma hipótese, pois, como agora já sabemos, forças de empuxo se desenvolvem em fluidos como resultado de gradientes de temperatura, e gradientes instáveis podem induzir a convecção natural. De maneira análoga, nas seções anteriores deste capítulo, admitimos que a convecção forçada era desprezível. Agora é a hora de reconhecermos que podem existir situações nas quais os efeitos das convecções natural e forçada são comparáveis, quando então não é apropriado desprezar um dos dois processos. Na Seção 9.3, indicamos que a convecção natural é desprezível quando $(Gr_L/Re_L^2) \ll 1$ e que a convecção forçada é desprezível quando $(Gr_L/Re_L^2) \gg 1$. Dessa forma, o *regime de convecção natural* e *forçada combinadas* (ou *convecção mista*) ocorre geralmente quando $(Gr_L/Re_L^2) \approx 1$.

O efeito do empuxo na transferência de calor em um escoamento forçado é fortemente influenciado pelo sentido da força de empuxo em relação ao do escoamento. Três casos particulares, que foram extensivamente estudados, correspondem aos movimentos forçado e induzido pelo empuxo na mesma direção e mesmo sentido (escoamento *paralelo*), na mesma direção e sentidos opostos (escoamento *oposto*), e em direções perpendiculares (escoamento *transversal*). Movimentos forçados nas direções ascendente e descendente sobre uma placa vertical aquecida são exemplos de escoamentos paralelos e opostos, respectivamente. Exemplos de escoamentos transversais incluem o movimento horizontal sobre um cilindro aquecido, esfera ou placa horizontal. Nos escoamentos paralelos e transversais, o empuxo atua na intensificação da taxa de transferência de calor associada à convecção forçada pura; em escoamentos opostos, ele atua na diminuição dessa taxa.

Tornou-se prática usual correlacionar os resultados para a transferência de calor por convecção mista em escoamentos externos e internos por uma expressão na forma

$$Nu^n = Nu_F^n \pm Nu_N^n \tag{9.64}$$

Para a geometria particular de interesse, os números de Nusselt Nu_F e Nu_N são determinados por correlações disponíveis para a convecção forçada pura e para a convecção natural (livre) pura, respectivamente. O sinal positivo no lado direito da Equação 9.64 se aplica para o caso de escoamentos paralelos e transversais, enquanto o sinal de menos se aplica para o escoamento oposto. A melhor correlação dos dados é frequentemente obtida com $n = 3$, embora valores de 7/2 e 4 possam ser mais adequados para escoamentos transversais envolvendo placas horizontais e cilindros (ou esferas), respectivamente.

A Equação 9.64 deve ser vista como uma primeira aproximação, e qualquer tratamento sério de um problema de convecção mista deve ser acompanhado por um exame da literatura aberta. Escoamentos com convecção mista receberam atenção considerável do final da década de 1970 até a década de 1990, e revisões abrangentes da literatura estão disponíveis [40–43]. Os escoamentos são dotados de uma variedade de características interessantes e incomuns, que podem complicar as previsões da transferência de calor. Por exemplo, em um canal horizontal formado por placas paralelas, escoamentos tridimensionais na forma de vórtices longitudinais são induzidos pelo aquecimento através da superfície inferior, e a variação longitudinal do número de Nusselt é caracterizada por uma oscilação amortecida [44, 45]. Além disso, nos escoamentos em canais, assimetrias significativas podem estar associadas à transferência de calor convectiva nas superfícies superior e inferior [46]. Finalmente, observamos que, embora os efeitos do empuxo possam intensificar significativamente a transferência de calor em escoamentos com convecção forçada no regime laminar, a intensificação normalmente é desprezível se o escoamento forçado for turbulento [47].

9.10 Transferência de Massa por Convecção

O termo de empuxo no lado direito da Equação 9.3 é devido a variações de massa específica no fluido, que podem aparecer a partir de gradientes de concentração de espécies, assim como de gradientes de temperatura. Consequentemente, uma forma mais geral para o número de Grashof, Equação 9.10, é

$$Gr_L = \frac{g(\Delta\rho/\rho)L^3}{\nu^2} = \frac{g(\rho_s - \rho_\infty)L^3}{\rho\nu^2} \tag{9.65}$$

que pode ser aplicada em escoamentos de convecção natural impulsionados por gradientes de concentração e/ou gradientes de temperatura. Como mostrado na Seção 9.2, se as variações de massa específica foram somente devidas aos gradientes de temperatura, $(\Delta\rho/\rho) = -\beta\Delta T$. Entretanto, se não houver gradientes de temperatura, a movimentação pode ainda ser induzida por variações espaciais na composição das espécies, e considerações de similaridade levam à conclusão de que $Sh_L = f(Gr_L, Sc)$. Além disso, correlações para a transferência de massa por convecção podem ser inferidas a partir daquelas para a transferência de calor pelo uso da analogia entre as transferências de calor e massa. Por exemplo, se a espécie A estiver evaporando ou sublimando em uma superfície vertical para um ambiente quiescente formado por um fluido B, o coeficiente de transferência de massa por convecção pode ser obtido a partir da forma análoga da Equação 9.24. Isto é,

$$\overline{Sh}_L = \frac{\overline{h}_m L}{D_{AB}} = C(Gr_L\, Sc)^n \tag{9.66}$$

sendo Gr_L dado pela Equação 9.65. Se a massa molar da espécie A for menor do que a da espécie B, $\rho_s < \rho_\infty$ e o escoamento induzido pelo empuxo é para cima ao longo da superfície. Se o oposto for verdadeiro, $\rho_s > \rho_\infty$ e o escoamento é descendente.

A analogia somente pode ser aplicada na forma anterior, em condições isotérmicas. Se houver gradientes de temperatura e de concentração de espécies, as transferências de massa e de calor irão ocorrer simultaneamente por convecção natural. Considerações de similaridade então fornecem $\overline{Nu}_L = f(Gr_L, Pr, Sc)$ e $\overline{Sh}_L = f(Gr_L, Sc, Pr)$, em que a diferença de massas específicas $\Delta\rho$ depende das variações de temperaturas e de concentrações. Como uma primeira aproximação, correlações existentes com a forma $\overline{Nu}_L = f(Gr_L, Pr)$ e $\overline{Sh}_L = f(Gr_L, Sc)$ podem ser usadas para determinar os coeficientes de transferência convectiva, desde que o valor de $\Delta\rho = \rho_s - \rho_\infty$ seja calculado incluindo os efeitos das variações de temperatura e de concentração em ρ_s e ρ_∞, e $Le = Pr/Sc \approx 1$. Em uma mistura binária das espécies A e B, as massas específicas na superfície e na corrente livre são definidas como $\rho_s = \rho_{s,A} + \rho_{s,B}$ e $\rho_\infty = \rho_{\infty,A} + \rho_{\infty,B}$, respectivamente, com as concentrações mássicas das espécies dependendo das temperaturas na superfície e na corrente livre. A massa específica média através da(s) camada(s)-limite é $\rho = (\rho_s + \rho_\infty)/2$. Para casos envolvendo fluidos com Le muito menor ou muito maior que a unidade, a literatura deve ser consultada.

9.11 Resumo

Analisamos escoamentos convectivos originados, em parte ou exclusivamente, das forças de empuxo, e apresentamos os parâmetros adimensionais necessários para caracterizar tais escoamentos. Você deve ser capaz de decidir quando os efeitos da convecção natural são importantes, bem como quantificar as taxas de transferência de calor associadas. Uma grande variedade de correlações empíricas foi fornecida com esse propósito.

Para testar o seu entendimento de conceitos relacionados com os assuntos aqui tratados, analise as questões a seguir.

- O que é um fluido *quiescente* e *extenso*?
- Quais condições são necessárias para um escoamento impulsionado pelo empuxo?
- Qual é a diferença entre os perfis de velocidades em uma camada-limite de convecção natural sobre uma placa vertical aquecida e em uma camada-limite associada ao escoamento forçado sobre uma placa paralela?
- Qual é a forma geral do termo do empuxo na equação do momento na direção x em uma camada-limite de convecção natural? Como ele pode ser aproximado se o escoamento é devido a variações de temperatura? Qual é o nome da aproximação?
- Qual é a interpretação física do *número de Grashof*? O que é o *número de Rayleigh*? Como cada um destes parâmetros depende do comprimento característico?
- Para uma placa horizontal aquecida em ar quiescente, você acha que a transferência de calor será maior na superfície superior ou na inferior? Por quê? Para uma placa horizontal resfriada em ar quiescente, você espera que a transferência de calor seja maior na superfície superior ou na inferior? Por quê?
- Para a convecção natural no interior de um canal vertical entre placas paralelas, que tipo de equilíbrio de forças governa a vazão no canal?
- Para um canal vertical entre placas paralelas isotérmicas, qual é a base física para a existência de um espaçamento ótimo?
- Qual é a natureza do escoamento em uma cavidade cujas superfícies verticais são uma aquecida e outra resfriada? Qual é a natureza do escoamento em um espaço anular entre superfícies cilíndricas concêntricas que são uma aquecida e outra resfriada?
- O que significa o termo *convecção mista*? Como se pode determinar se os efeitos da convecção mista devam ser considerados em uma análise de transferência de calor? Sob quais condições a transferência de calor é intensificada pela convecção mista? Sob quais condições ela é reduzida?
- Seja o transporte da espécie A de uma superfície horizontal voltada para cima em um fluido quiescente B. Se $T_s = T_\infty$ e a massa molar de A é menor do que a de B, qual é o problema análogo de transferência de calor? Qual é o problema análogo de transferência de calor se a massa molar de A ultrapassar a de B?

Referências

1. Jaluria, Y., *Natural Convection Heat and Mass Transfer*, Pergamon Press, New York, 1980.
2. Gebhart, B., Y. Jaluria, R. L. Mahajan, and B. Sammakia, *Buoyancy-Induced Flows and Transport*, Hemisphere Publishing, Washington, DC, 1988.
3. Ostrach, S., "An Analysis of Laminar Free Convection Flow and Heat Transfer About a Flat Plate Parallel to the Direction of the Generating Body Force," National Advisory Committee for Aeronautics, Report 1111, 1953.
4. LeFevre, E. J., "Laminar Free Convection from a Vertical Plane Surface," *Proc. Ninth Int. Congr. Appl. Mech.*, Brussels, Vol. 4, 168, 1956.
5. McAdams, W. H., *Heat Transmission*, 3rd ed., McGraw-Hill, New York, 1954, Chap. 7.
6. Warner, C. Y., and V. S. Arpaci, *Int. J. Heat Mass Transfer*, **11**, 397, 1968.
7. Bayley, F. J., *Proc. Inst. Mech. Eng.*, **169**, 361, 1955.
8. Churchill, S. W., and H. H. S. Chu, *Int. J. Heat Mass Transfer*, **18**, 1323, 1975.
9. Sparrow, E. M., and J. L. *Gregg, Trans. ASME*, **78**, 435, 1956.
10. Churchill, S. W., "Free Convection Around Immersed Bodies," in G. F. Hewitt, Exec. Ed., *Heat Exchanger Design Handbook*, Section 2.5.7, Begell House, New York, 2002.
11. Sparrow, E. M., and J. L. Gregg, *Trans. ASME*, **78**, 1823, 1956.
12. Cebeci, T., "Laminar-Free-Convective Heat Transfer from the Outer Surface of a Vertical Slender Circular Cylinder," *Proc. Fifth Int. Heat Transfer Conf.*, Paper NC1.4, pp. 15–19, 1974.
13. Minkowycz, W. J., and E. M. Sparrow, *J. Heat Transfer*, **96**, 178, 1974.
14. Vliet, G. C., *Trans. ASME*, **91C**, 511, 1969.
15. Fujii, T., and H. Imura, *Int. J. Heat Mass Transfer*, **15**, 755, 1972.
16. Azevedo, L. F. A., and E. M. Sparrow, *J. Heat Transfer*, **107**, 893, 1985.
17. Rich, B. R., *Trans. ASME*, **75**, 489, 1953.
18. Goldstein, R. J., E. M. Sparrow, and D. C. Jones, *Int. J. Heat Mass Transfer*, **16**, 1025, 1973.
19. Lloyd, J. R., and W. R. Moran, *J. Heat Transfer*, **96**, 443, 1974.

20. Radziemska, E., and W. M. Lewandowski, *Applied Energy*, **68,** 347, 2001.
21. Raithby, G. D., and K. G. T. Hollands, in W. M. Rohsenow, J. P. Hartnett, and Y. I. Cho, Eds., *Handbook of Heat Transfer Fundamentals*, Chap. 4, McGraw-Hill, New York, 1998.
22. Morgan, V. T., "The Overall Convective Heat Transfer from Smooth Circular Cylinders," in T. F. Irvine and J. P. Hartnett, Eds., *Advances in Heat Transfer*, Vol. 11, Academic Press, New York, 1975, pp. 199–264.
23. Churchill, S. W., and H. H. S. Chu, *Int. J. Heat Mass Transfer*, **18,** 1049, 1975.
24. Elenbaas, W., *Physica*, **9,** 1, 1942.
25. Bar-Cohen, A., and W. M. Rohsenow, *J. Heat Transfer*, **106,** 116, 1984.
26. Ostrach, S., "Natural Convection in Enclosures," in J. P. Hartnett and T. F. Irvine, Eds., *Advances in Heat Transfer*, Vol. 8, Academic Press, New York, 1972, pp. 161–227.
27. Catton, I., "Natural Convection in Enclosures," *Proc. 6th Int. Heat Transfer Conf.*, Toronto, Canada, 1978, Vol. 6, pp. 13–31.
28. Globe, S., and D. Dropkin, *J. Heat Transfer*, **81C,** 24, 1959.
29. Hollands, K. G. T., G. D. Raithby, and L. Konicek, *Int. J. Heat Mass Transfer*, **18,** 879, 1975.
30. Churchill, S. W., "Free Convection in Layers and Enclosures," in G. F. Hewitt, Exec. Ed., *Heat Exchanger Design Handbook*, Section 2.5.8, Begell House, New York, 2002.
31. MacGregor, R. K., and A. P. Emery, *J. Heat Transfer*, **91,** 391, 1969.
32. Ayyaswamy, P. S., and I. Catton, *J. Heat Transfer*, **95,** 543, 1973.
33. Catton, I., P. S. Ayyaswamy, and R. M. Clever, *Int. J. Heat Mass Transfer*, **17,** 173, 1974.
34. Clever, R. M., *J. Heat Transfer*, **95,** 407, 1973.
35. Arnold, J. N., I. Catton, and D. K. Edwards, "Experimental Investigation of Natural Convection in Inclined Rectangular Regions of Differing Aspect Ratios," ASME Paper 75-HT-62, 1975.
36. Buchberg, H., I. Catton, and D. K. Edwards, *J. Heat Transfer*, **98,** 182, 1976.
37. Hollands, K. G. T., S. E. Unny, G. D. Raithby, and L. Konicek, *J. Heat Transfer*, **98,** 189, 1976.
38. Raithby, G. D., and K. G. T. Hollands, "A General Method of Obtaining Approximate Solutions to Laminar and Turbulent Free Convection Problems," in T. F. Irvine and J. P. Hartnett, Eds., *Advances in Heat Transfer*, Vol. 11, Academic Press, New York, 1975, pp. 265–315.
39. Kuehn, T. H., and R. J. Goldstein, *Int. J. Heat Mass Transfer*, **19,** 1127, 1976.
40. Churchill, S. W., "Combined Free and Forced Convection around Immersed Bodies," in G. F. Hewitt, Exec. Ed., *Heat Exchanger Design Handbook*, Section 2.5.9, Begell House, New York, 2002.
41. Churchill, S. W., "Combined Free and Forced Convection in Channels," in G. F. Hewitt, Exec. Ed., *Heat Exchanger Design Handbook*, Section 2.5.10, Begell House, New York, 2002.
42. Chen, T. S., and B. F. Armaly, in S. Kakac, R. K. Shah, and W. Aung, Eds., *Handbook of Single-Phase Convective Heat Transfer*, Chap. 14, Wiley-Interscience, New York, 1987.
43. Aung, W., in S. Kakac, R. K. Shah, and W. Aung, Eds., *Handbook of Single-Phase Convective Heat Transfer*, Chap. 15, Wiley-Interscience, New York, 1987.
44. Incropera, F. P., A. J. Knox, and J. R. Maughan, *J. Heat Transfer*, **109,** 434, 1987.
45. Maughan, J. R., and F. P. Incropera, *Int. J. Heat Mass Transfer*, **30,** 1307, 1987.
46. Osborne, D. G., and F. P. Incropera, *Int. J. Heat Mass Transfer*, **28,** 207, 1985.
47. Osborne, D. G., and F. P. Incropera, *Int. J. Heat Mass Transfer*, **28,** 1337, 1985.

Problemas

Propriedades e Considerações Gerais

9.1 A parede plana unidimensional da Figura 3.1 tem espessura $L = 75$ mm e condutividade térmica $k = 2{,}5$ W/(m · K). As temperaturas do fluido são $T_{\infty,1} = 200$ °C e $T_{\infty,2} = 100$ °C, respectivamente. Usando os valores mínimo e máximo típicos dos coeficientes de transferência de calor por convecção listados na Tabela 1.1, determine os fluxos térmicos, em regime estacionário, mínimos e máximos através da parede para (i) convecção natural em gases, (ii) convecção natural em líquidos, (iii) convecção forçada em gases, (iv) convecção forçada em líquidos, e (v) convecção com mudança de fase.

9.2 Usando os valores para a massa específica da água da Tabela A.6, calcule o coeficiente de expansão volumétrica térmica a 300 K a partir de sua definição, Equação 9.3, e compare o seu resultado com o valor apresentado na tabela.

9.3 Um objeto com comprimento característico $L = 0{,}5$ m está 10 °C mais quente que o fluido adjacente, que está escoando a uma velocidade de 0,5 m/s. Faça um gráfico do número de Reynolds, do número de Grashof e da razão Gr_L/Re_L^2 ao longo do intervalo $10 \leq T_f \leq 90$ °C, no qual T_f é a temperatura de filme. Considere que o fluido seja ar atmosférico ou água líquida. O uso do *IHT* é recomendado.

9.4 Considere um objeto com comprimento característico de 0,015 m e uma situação na qual a diferença de temperaturas é de 10 °C. Estimando as propriedades termofísicas nas condições especificadas, determine o número de Rayleigh para os seguintes fluidos: ar (1 atm, 400 K), hélio (1 atm, 400 K), glicerina (285 K) e água (310 K).

9.5 Para avaliar a eficácia de diferentes líquidos no resfriamento por convecção natural, é conveniente introduzir um *índice de mérito*, F_N, que combina a influência de todas as propriedades pertinentes do fluido no coeficiente convectivo. Sendo o número de Nusselt descrito por uma expressão com a forma $Nu_L \sim Ra^n$, obtenha a relação correspondente entre F_N e as propriedades do fluido. Para um valor representativo de $n = 0{,}33$, calcule valores de F_N para o ar ($k = 0{,}026$ W/(m · K), $\beta = 0{,}0035$ K^{-1}, $\nu = 1{,}5 \times 10^{-5}$ m²/s, $Pr = 0{,}70$); água ($k = 0{,}600$ W/(m · K), $\beta = 2{,}7 \times 10^{-4}$ K^{-1}, $\nu = 10^{-6}$ m²/s, $Pr = 5{,}0$); e um líquido dielétrico ($k = 0{,}064$ W/(m · K), $\beta = 0{,}0014$ K^{-1}, $\nu = 10^{-6}$ m²/s, $Pr = 25$). Qual fluido é o agente de resfriamento mais efetivo?

9.6 Em muitos casos, estamos interessados na convecção natural envolvendo gases que estão confinados em recintos lacrados. Considere o ar a 27 °C e a pressões de 1, 10 e 100 bar. Determine o *índice de mérito* descrito no Problema 9.5 para cada uma destas três pressões. Qual pressão do ar propiciará o resfriamento mais efetivo? *Sugestão*: veja o Problema 6.19.

Placas Verticais

9.7 Seja uma grande placa vertical com uma temperatura superficial uniforme de 100 °C suspensa em ar quiescente a 25 °C e a pressão atmosférica.

(a) Estime a espessura da camada-limite em uma posição a 0,28 m da borda inferior da placa.

(b) Qual é a velocidade máxima na camada-limite nesse local e em qual posição na camada-limite esse máximo ocorre?

(c) Usando o resultado da solução por similaridade, Equação 9.19, determine o coeficiente de transferência de calor a 0,25 m da borda inferior da placa.

(d) Em qual local na placa, medido a partir de sua borda inferior, a camada-limite irá se tornar turbulenta?

9.8 Para o escoamento laminar de convecção natural em uma placa vertical, os valores recomendados de C e n para serem usados na correlação da Equação 9.24 são 0,59 e 1/4, respectivamente. Deduza os valores de C a partir da solução por similaridade, Equação 9.21, para $Pr = 0{,}01$; 1; 10 e 100.

9.9 Considere uma série de aletas retangulares verticais, que deve ser usada para resfriar um componente eletrônico montado em ar atmosférico quiescente a $T_\infty = 27$ °C. Cada aleta possui $L = 20$ mm e $H = 150$ mm, e opera a uma temperatura aproximadamente uniforme de $T_s = 77$ °C.

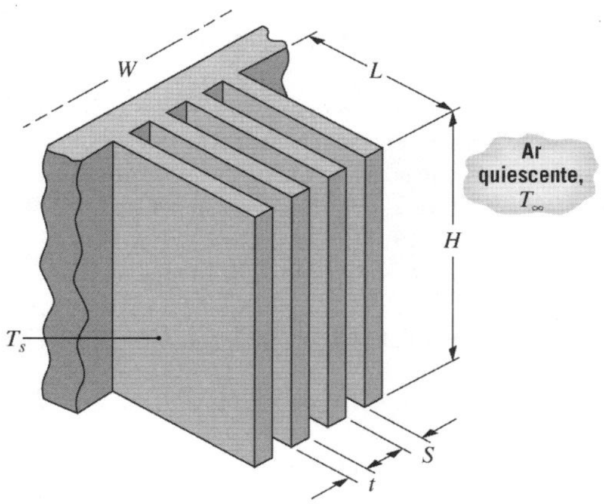

(a) Admitindo que cada superfície da aleta seja uma placa vertical em um meio quiescente infinito, descreva sucintamente o motivo da existência de um espaçamento ótimo entre aletas S. Usando a Figura 9.4, estime o valor ótimo de S para as condições especificadas.

(b) Para o valor ótimo de S e uma espessura das aletas de $t = 1{,}5$ mm, estime a taxa de transferência de calor saindo das aletas para uma série de aletas com largura $W = 355$ mm.

9.10 Uma quantidade de placas delgadas deve ser resfriada pela sua suspensão, em posição vertical, no interior de um banho de água a 20 °C. Se as placas estão inicialmente a 60 °C e têm 0,10 m de comprimento, qual deve ser o espaçamento mínimo entre as placas para evitar a interferência entre as suas camadas-limite de convecção natural?

9.11 Uma placa de alumínio quadrada, com 5 mm de espessura e 150 mm de lado, é aquecida enquanto permanece suspensa, em posição vertical, em ar quiescente a 75 °C. Determine o coeficiente de transferência de calor médio na placa quando a sua temperatura é de 15 °C, a partir de dois métodos: usando resultados da solução por similaridade das equações da camada-limite e usando resultados obtidos com uma correlação empírica.

9.12 Uma placa em liga de alumínio (2024), aquecida até uma temperatura uniforme de 227 °C, é resfriada enquanto permanece suspensa em posição vertical em uma sala cujo ar ambiente e a vizinhança se encontram a 27 °C. A placa é quadrada, com 0,3 m de lado e 15 mm de espessura. Sua emissividade é de 0,25.

(a) Desenvolva uma expressão para a taxa de variação da temperatura da placa com o tempo, admitindo que a temperatura seja uniforme em qualquer tempo.

(b) Determine a taxa inicial de resfriamento (K/s), quando a temperatura da placa é de 227 °C.

(c) Justifique a hipótese de temperatura uniforme na placa.

[(d)] Calcule e represente graficamente o histórico da temperatura da placa de $t = 0$ até o tempo necessário para ela atingir a temperatura de 30 °C. Calcule e represente graficamente as variações correspondentes nas taxas de transferência de calor convectiva e radiante.

9.13 Considere uma placa vertical com dimensões 0,25 m × 0,50 m que se encontra a $T_s = 100$ °C em um ambiente quiescente a $T_\infty = 20$ °C. Com objetivo de minimizar a transferência de calor na placa, qual orientação, (A) ou (B), é preferível? Qual é a transferência de calor por convecção natural na superfície frontal da placa com ela posicionada na orientação preferível?

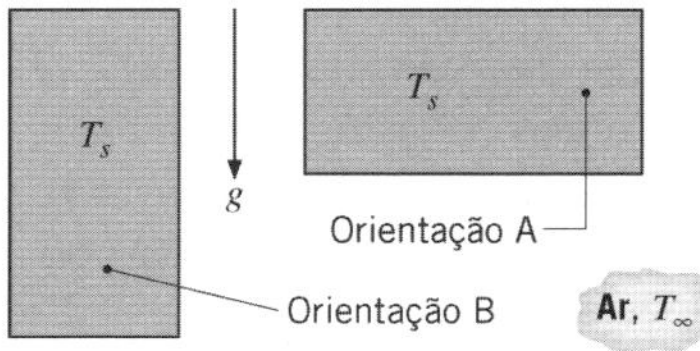

9.14 Mostre que as correlações para convecção natural laminar em uma placa plana isotérmica vertical de altura L podem ser aplicadas para um cilindro isotérmico vertical de diâmetro D e altura L, se a espessura da camada-limite no topo do cilindro for aproximadamente um quarto do diâmetro do cilindro. Determine o diâmetro crítico do cilindro, $D_{crít}$, abaixo do qual as correlações para a placa plana não podem ser aplicadas quando a superfície está a $T_s = 35$ °C e $L = 0{,}75$ m, na presença de ar quiescente a $T_\infty = 25$ °C. Calcule a taxa de transferência de calor por convecção natural a partir da parede do cilindro vertical correspondente ao diâmetro crítico do cilindro.

9.15 Durante um dia de inverno, uma porta de vidro externa, com altura de 1,8 m e largura de 1,0 m, mostra uma linha de gelo próximo a sua base. A temperatura das paredes da sala e do ar em seu interior é de 15 °C.

(a) Explique por que a camada de gelo na porta de vidro se forma na sua base em vez de na sua parte superior.

(b) Estime a taxa de perda de calor através da porta de vidro devido à convecção natural e à radiação. Suponha que a porta de vidro tenha uma temperatura uniforme de 0 °C e que a emissividade da superfície do vidro seja igual a 0,94. Se a sala tiver um aquecedor elétrico, estime o custo diário correspondente à perda de calor pela porta de vidro para um preço da eletricidade de 0,18 \$/(kW · h).

9.16 Uma chapa fina de vidro de uma janela com um metro de lado separa o ar quiescente de uma sala a $T_{\infty,i} = 20$ °C do ar ambiente externo, também quiescente, a $T_{\infty,e} = -20$ °C. As paredes da sala e a vizinhança externa (paisagem, prédios etc.) estão também a $T_{viz,i} = 20$ °C e $T_{viz,e} = -20$ °C, respectivamente.

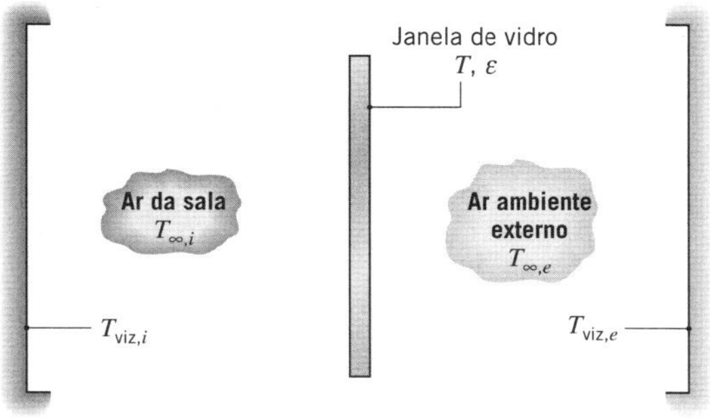

Se o vidro possui uma emissividade $\varepsilon = 1$, qual é a sua temperatura T? Qual é a taxa de perda de calor através do vidro?

9.17 Considere as condições do Problema 9.16, só que agora há uma diferença entre as temperaturas superficiais interna e externa da janela, $T_{s,i}$ e $T_{s,e}$. Para uma espessura e condutividade térmica do vidro de $t_v = 10$ mm e $k_v = 1{,}4$ W/(m · K), respectivamente, determine $T_{s,i}$ e $T_{s,e}$. Qual é a taxa de perda de calor através da janela?

9.18 Seja o escoamento laminar ao longo de uma placa isotérmica vertical de comprimento L, fornecendo um coeficiente de transferência de calor médio $\bar{h}_L$. Se a placa for dividida em N placas menores, cada uma com comprimento $L_N = L/N$, determine uma expressão para a razão entre o coeficiente de transferência de calor médio em relação às N placas e o coeficiente médio na placa original, $\bar{h}_{L,N}/\bar{h}_{L,1}$.

9.19 Seja o sistema de transporte descrito no Problema 7.19, mas sob condições nas quais a corrente transportadora encontra-se parada e o ar está quiescente. Efeitos radiantes e interações entre camadas-limite sobre superfícies adjacentes podem ser desprezados.

(a) Para as dimensões e a temperatura inicial especificadas das placas, assim como para a temperatura do ar fornecida, qual é a taxa inicial de transferência de calor a partir de uma das placas?

(b) Quanto tempo leva para uma placa resfriar de 300 °C para 100 °C? Comente sobre a suposição de radiação desprezível.

9.20 Um recipiente com paredes delgadas contendo um fluido de processo quente a 50 °C recebe um banho de água fria quiescente a 10 °C. A transferência de calor nas superfícies interna e externa do recipiente pode ser aproximada pela convecção natural em placas verticais.

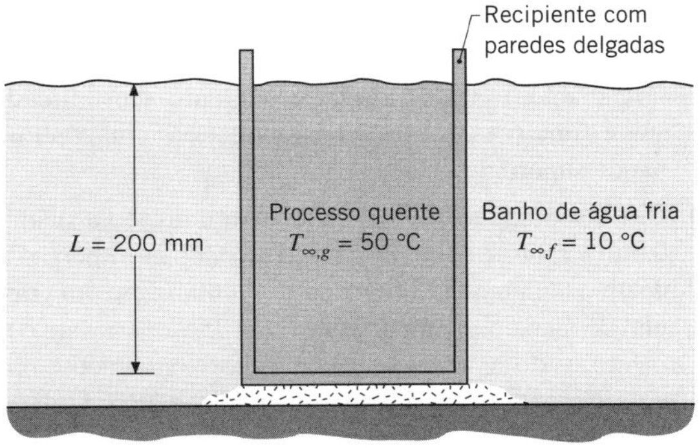

(a) Determine o coeficiente global de transferência de calor entre o fluido de processo quente e o banho de água fria. Admita que as propriedades do fluido de processo quente sejam iguais às da água nas mesmas condições.

(b) Gere um gráfico do coeficiente global de transferência de calor como uma função da temperatura do fluido de processo quente $T_{\infty,g}$ na faixa de 20 a 60 °C, com todas as demais condições permanecendo inalteradas.

9.21 Considere um experimento para investigar a transição para o escoamento turbulento em uma camada-limite de convecção natural que se desenvolve ao longo de uma placa vertical suspensa em uma grande sala. A placa é constituída por um aquecedor fino posicionado entre duas placas de alumínio e pode ser considerada isotérmica. A placa aquecida tem um metro de altura e 2 m de largura. O ar quiescente e a vizinhança estão a 25 °C.

(a) As superfícies expostas da placa de alumínio são cobertas com um revestimento muito fino de alta emissividade ($\varepsilon = 0{,}95$). Determine a potência elétrica que tem que ser fornecida ao aquecedor para manter a placa a uma temperatura de $T_s = 35$ °C. Qual parcela da placa está exposta às condições turbulentas na camada-limite de convecção natural?

(b) O responsável pelo experimento especula que a rugosidade do revestimento está afetando a transição para a turbulência na camada-limite e decide remover o revestimento e polir a superfície do alumínio ($\varepsilon = 0{,}05$). Se a mesma potência for fornecida à placa como no item (a), qual será a temperatura da placa em regime estacionário? Qual parcela da placa está exposta às condições turbulentas na camada-limite de convecção natural?

9.22 A janela traseira vertical de um automóvel possui uma espessura $L = 8$ mm e uma altura $H = 0{,}5$ m. O vidro contém fios aquecedores formando uma malha fina que pode induzir um aquecimento volumétrico praticamente uniforme, $\dot{q}$ (W/m^3).

(a) Considere condições de regime estacionário, nas quais a superfície interna da janela está exposta ao ar quiescente a 10 °C, enquanto a superfície externa está exposta ao ar ambiente a -10 °C, movendo-se paralelamente à superfície com uma velocidade de 20 m/s. Determine a taxa volumétrica de aquecimento necessária para manter a superfície interna da janela a uma temperatura de $T_{s,i} = 15$ °C.

(b) As temperaturas interna e externa da janela, $T_{s,i}$ e $T_{s,e}$, dependem das temperaturas no interior do carro e no ambiente, $T_{\infty,i}$ e $T_{\infty,e}$, respectivamente, assim como da velocidade u_∞ do ar escoando sobre a superfície externa e da taxa volumétrica de aquecimento $\dot{q}$. Sujeitos à restrição de que $T_{s,i}$ deve ser mantida a 15 °C, desejamos desenvolver diretrizes para variar a taxa de aquecimento em resposta a variações em $T_{\infty,i}$, $T_{\infty,e}$ e/ou u_∞. Se $T_{\infty,i}$ for mantido a 10 °C, como irão variar $\dot{q}$ e $T_{s,e}$ em função de $T_{\infty,e}$ no intervalo $-25 \leq T_{\infty,e} \leq 5$ °C, com $u_\infty = 10$, 20 e 30 m/s? Se for mantida uma velocidade constante do veículo, tal que $u_\infty = 30$ m/s, como irão variar $\dot{q}$ e $T_{s,e}$ em função de $T_{\infty,i}$ no intervalo $5 \leq T_{\infty,i} \leq 20$ °C, para $T_{\infty,e} = -25$, -10 e 5 °C?

9.23 Os componentes de uma placa de circuitos vertical quadrada, com 150 mm de lado, dissipam 5 W. A superfície posterior é isolada termicamente e a superfície frontal está exposta ao ar quiescente a 27 °C.

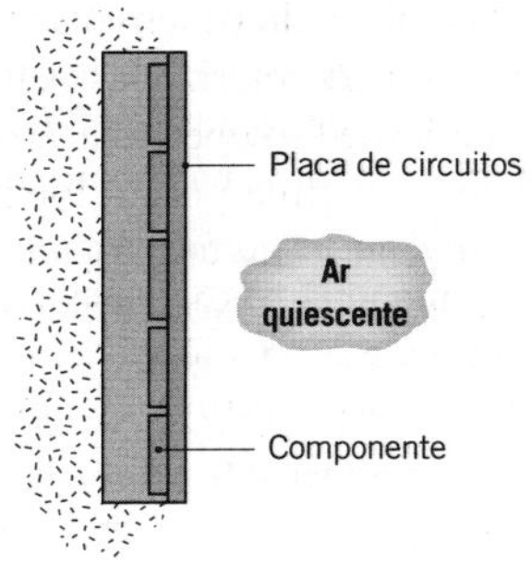

Admitindo um fluxo térmico na superfície uniforme, qual é a temperatura máxima na placa? Qual é a temperatura da placa para uma condição de superfície isotérmica?

9.24 Uma porta de um refrigerador possui uma altura de $H = 1$ m e uma largura de $W = 0{,}65$ m, e está localizada em uma grande sala na qual o ar e as paredes estão a $T_\infty = T_{viz} = 25$ °C. A porta é formada por uma camada de isolamento térmico à base de poliestireno ($k = 0{,}03$ W/(m · K)) posicionada entre finas chapas de aço ($\varepsilon = 0{,}6$) e de polipropileno. Sob condições normais de operação, a superfície interna da porta é mantida a uma temperatura fixa de $T_{s,i} = 5$ °C.

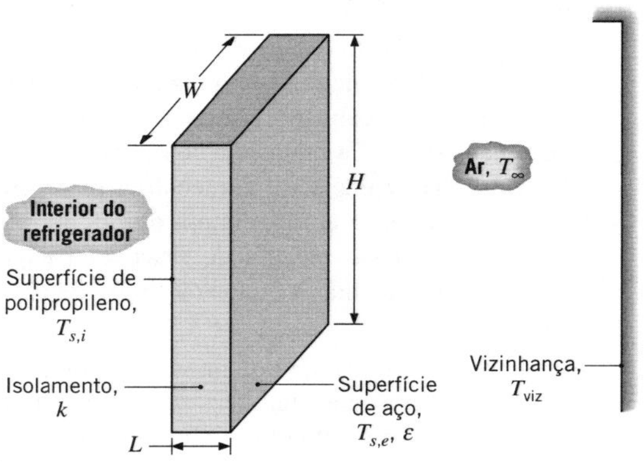

(a) Estime a taxa do ganho de calor através da porta na pior condição, que corresponde à ausência da camada de isolante ($L = 0$).

[(b)] Calcule e represente graficamente a taxa do ganho de calor e a temperatura da superfície externa $T_{s,e}$ como funções da espessura da camada de isolante para $0 \leq L \leq 25$ mm.

9.25 No conceito de *coleta centralizada* em uma planta de potência solar, muitos espelhos no nível do solo são usados para direcionar um fluxo solar concentrado q''_S para o receptor, que se encontra posicionado no topo de uma torre. Contudo, mesmo com a absorção de toda a radiação solar pela superfície externa do receptor, perdas devidas à convecção natural e à radiação reduzem a eficiência de coleta para valores abaixo do máximo possível de 100 %. Considere um receptor cilíndrico de diâmetro $D = 7$ m, comprimento $L = 12$ m e emissividade $\varepsilon = 0{,}20$.

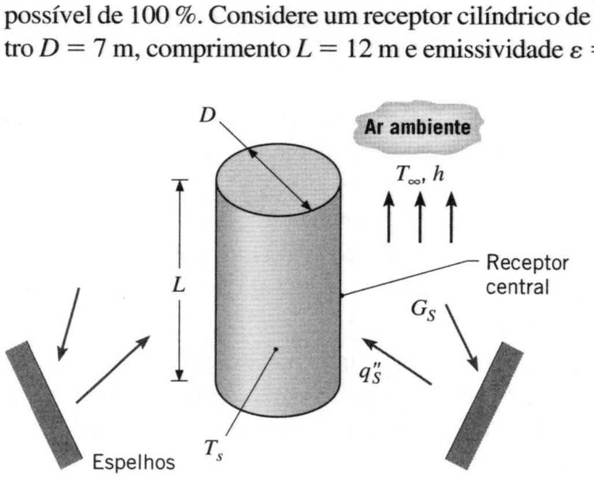

(a) Se todo o fluxo solar for absorvido pelo receptor e uma temperatura superficial de $T_s = 800$ K for mantida nele, qual será a taxa de perda de calor no receptor central? O ar ambiente está quiescente a uma temperatura de $T_\infty = 300$ K e a irradiação vinda da vizinhança pode ser desprezada. Se o valor correspondente do fluxo solar concentrado for de $q''_s = 10^5$ W/m², qual será a eficiência do coletor?

[(b)] A temperatura da superfície do receptor é afetada por condições de projeto e operacionais na planta de potência. Na faixa de 600 a 1000 K, represente graficamente a variação das taxas convectiva, radiante e total como funções de T_s. Para um valor fixo de $q''_s = 10^5$ W/m², represente graficamente a variação correspondente da eficiência do receptor.

Placas Horizontais e Inclinadas

9.26 O escoamento de ar através de um longo duto de ar-condicionado, com formato quadrado e 0,3 m de lado, mantém a sua superfície externa a uma temperatura de 15 °C. Se o duto, na posição horizontal, não possui isolamento térmico e está exposto ao ar a 35 °C no porão de uma casa, qual é o ganho de calor por unidade de comprimento do duto? Despreze a radiação.

[9.27] Considere as condições do Exemplo 9.3, incluindo o efeito da adição de uma camada de isolamento térmico com espessura t e condutividade térmica $k = 0{,}035$ W/(m · K) no duto. Desejamos, agora, incluir o efeito da radiação nas temperaturas das superfícies externas e na taxa de perda de calor total por unidade de comprimento do duto.

(a) Se $T_{s,1} = 45$ °C, $t = 25$ mm, $\varepsilon = 1$ e $T_{viz} = 288$ K, quais são as temperaturas das superfícies laterais, superior e inferior? Quais são as taxas de perda de calor correspondentes por unidade de comprimento de duto?

(b) Para a superfície superior, calcule e represente graficamente $T_{s,2}$ e q' como funções da espessura do isolante para $0 \leq t \leq 50$ mm. A superfície do duto exposta ($t = 0$) também pode ser considerada com uma emissividade de $\varepsilon = 1$.

9.28 Um aquecedor elétrico com a forma de um disco horizontal com 500 mm de diâmetro é usado para aquecer o fundo de um tanque de óleo de motor a uma temperatura de 10 °C. Calcule a potência necessária para manter a temperatura da superfície do aquecedor a 65 °C.

9.29 Considere uma aleta plana horizontal fabricada em aço-carbono não ligado ($k = 57$ W/(m · K), $\varepsilon = 0{,}5$), com 5 mm de espessura e 100 mm de comprimento. A base da aleta é mantida a 100 °C, enquanto o ar ambiente quiescente e a vizinhança se encontram a 25 °C. Admita que a extremidade da aleta seja adiabática e estime a taxa de transferência de calor na aleta por unidade de largura, q'_a. Use uma temperatura média de 80 °C para a superfície da aleta para estimar o coeficiente de convecção natural e o coeficiente de transferência por radiação linearizado. Qual a sensibilidade desta sua estimativa em relação à escolha da temperatura média para a superfície da aleta?

9.30 Um disco aquecido de liga de alumínio, com diâmetro de 0,5 m e espessura de 35 mm, é resfriado por imersão a partir de uma temperatura inicial de $T_i = 400$ °C em um grande banho de óleo com temperatura $T_\infty = 35$ °C. Durante o resfriamento, o disco está posicionado horizontalmente no fundo do recipiente bem isolado contendo o banho. Utilize os resultados da Seção 5.3.3 para determinar o tempo necessário para reduzir a temperatura do disco para 100 °C. As propriedades do metal são $\rho = 1000$ kg/m^3, $k = 185$ W/(m · K) e $c = 775$ J/(kg · K).

9.31 Coeficientes de transferência de calor por convecção para uma superfície horizontal aquecida voltada para cima podem ser determinados por um sensor cujas características específicas dependem se a temperatura da vizinhança é conhecida. Para a configuração A, um disco de cobre, eletricamente aquecido na parte inferior, é encaixado em um material isolante de tal forma que todo o calor é transferido por convecção e radiação na superfície superior. Se a emissividade da superfície e as temperaturas do ar e da vizinhança forem conhecidas, o coeficiente convectivo pode ser determinado a partir de medidas da potência elétrica e da temperatura superficial do disco. A configuração B é usada em situações nas quais a temperatura da vizinhança não é conhecida. Uma fina fita isolante separa discos semicirculares com aquecedores elétricos independentes e diferentes emissividades. Se as emissividades e a temperatura do ar forem conhecidas, o coeficiente convectivo pode ser determinado a partir de medidas da potência elétrica fornecida para cada disco para mantê-los a uma mesma temperatura.

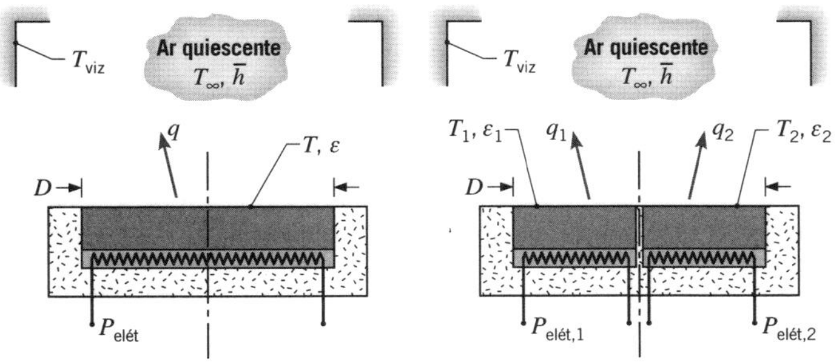

(*a*) (*b*)

(a) Em uma aplicação da configuração A, com um disco com diâmetro $D = 160$ mm e emissividade $\varepsilon = 0{,}8$, valores de $P_{elét} = 10{,}8$ W e $T = 67$ °C são medidos para $T_\infty = T_{viz} = 27$ °C. Qual é o valor correspondente do coeficiente convectivo médio? Como ele se compara às previsões baseadas em correlações padrões?

(b) Agora considere uma aplicação com a configuração B na qual $T_\infty = 17$ °C e T_{viz} não é conhecida. Com $D = 160$ mm, $\varepsilon_1 = 0{,}8$ e $\varepsilon_2 = 0{,}1$; valores de $P_{elét,1} = 9{,}70$ W e $P_{elét,2} = 5{,}67$ W são medidos quando $T_1 = T_2 = 77$ °C. Determine o valor correspondente do coeficiente convectivo e a temperatura da vizinhança. Como o coeficiente convectivo se compara às previsões com uma correlação apropriada?

9.32 Muitos computadores portáteis (*laptop*) são equipados com sistemas de gerenciamento térmico que envolvem o resfriamento com líquido da unidade central de processamento (CPU – *Central Processing Unit*), a transferência do líquido aquecido para a parte de trás do dispositivo da tela do *laptop* e a dissipação do calor a partir da parte de trás do dispositivo da tela, através de um dissipador de calor plano e isotérmico. O líquido resfriado é recirculado para a CPU e o processo continua. Considere um dissipador de calor de alumínio com largura $w = 275$ mm e altura $L = 175$ mm. O dispositivo da tela está orientado com um ângulo $\theta = 30°$ em relação à direção vertical, e o dissipador de calor está fixado ao envoltório plástico, com espessura $t = 3$ mm, com um adesivo condutor térmico. O envoltório plástico tem uma condutividade térmica $k = 0{,}21$ W/(m · K) e emissividade $\varepsilon = 0{,}85$. A resistência de contato associada à interface dissipador de calor-envoltório é $R''_{t,c} = 2{,}0 \times 10^{-4}$ m^2 · K/W. Se a CPU gera, em média, 15 W de energia térmica, qual é a temperatura do dissipador de calor quando $T_\infty = T_{viz} = 23$ °C? Qual resistência térmica (contato, condutiva, radiante e convecção natural) é a maior?

9.33 Considere o teto do baú do caminhão refrigerado descrito no Problema 7.16, em condições nas quais o caminhão encontra-se estacionado ($V = 0$). Todas as outras condições permanecem inalteradas. Para $\alpha_S = \varepsilon = 0{,}6$; determine a temperatura da superfície externa, $T_{s,e}$, e a carga térmica imposta ao sistema de refrigeração. *Sugestão*: suponha $T_{s,e} > T_\infty$ e $Ra_L > 10^7$.

9.34 No final de seu processo de fabricação, uma pastilha de silício de diâmetro $D = 150$ mm, espessura $\delta = 1$ mm e emissividade $\varepsilon = 0{,}65$ está a uma temperatura inicial de $T_i = 325$ °C e é deixada resfriar exposta ao ar ambiente quiescente e a uma grande vizinhança, com $T_\infty = T_{viz} = 25$ °C.

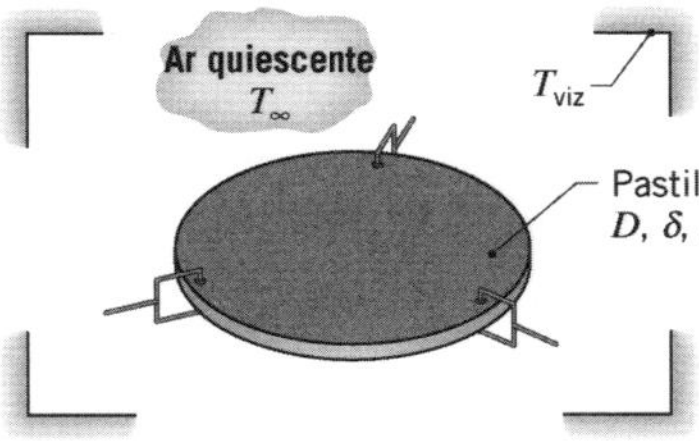

(a) Qual é a taxa de resfriamento inicial?

(b) Quanto tempo é necessário para a pastilha atingir uma temperatura de 50 °C? Comente como os efeitos relativos da convecção e da radiação variam com o tempo durante o processo de resfriamento.

9.35 Um azulejo quadrado, com 200 mm de lado e 10 mm de espessura, possui as propriedades termofísicas do Pyrex ($\varepsilon = 0{,}80$) e sai de um processo de cura a uma temperatura inicial de $T_i = 140$ °C. A superfície inferior do azulejo encontra-se isolada e a superfície superior está exposta ao ar ambiente e a uma vizinhança, ambos a 25 °C.

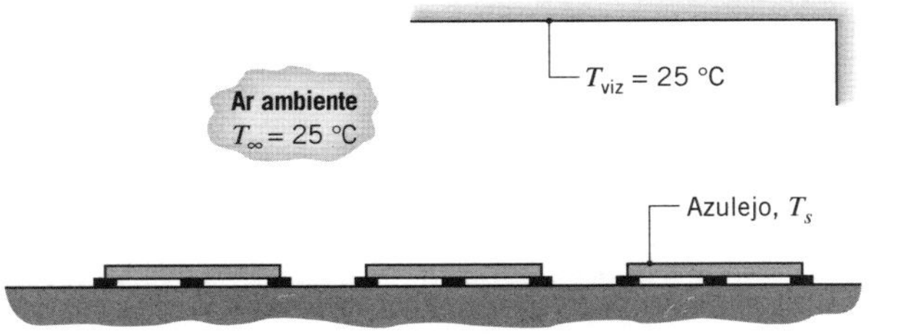

(a) Estime o tempo necessário para que o azulejo resfrie até uma temperatura final, segura ao toque, de $T_f = 40$ °C. Utilize uma temperatura superficial média para o azulejo de $\bar{T} = (T_i + T_f)/2$ para calcular o coeficiente de transferência de calor por convecção natural médio e o coeficiente de transferência de calor por radiação linearizado. Qual é a sensibilidade de sua estimativa em relação ao valor de $\bar{T}$ utilizado?

(b) Estime o tempo de resfriamento necessário com o ar ambiente sendo soprado em escoamento paralelo sobre o azulejo com uma velocidade de 10 m/s.

9.36 Uma placa de alumínio altamente polida com comprimento de 0,5 m e largura de 0,2 m é submetida a uma corrente de ar a uma temperatura de 23 °C e a uma velocidade de 10 m/s. Em face das condições a montante, o escoamento é turbulento ao longo de toda a extensão da placa. Uma série de aquecedores segmentados, controlados independentemente, está fixada à superfície inferior da placa com o objetivo de manter condições aproximadamente isotérmicas ao longo de toda a placa. O aquecedor elétrico, cobrindo a seção localizada entre x_1 = 0,2 m e x_2 = 0,3 m, é mostrado na figura.

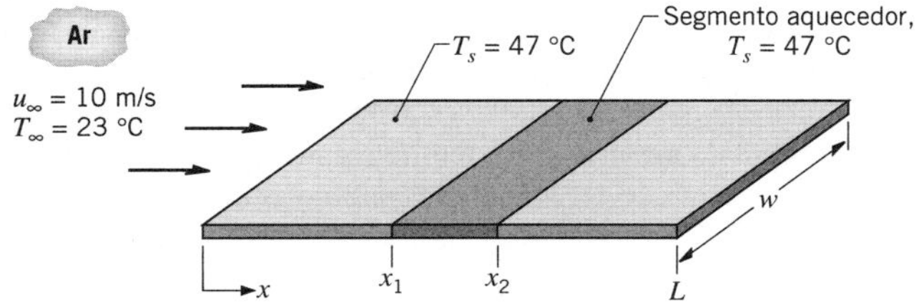

(a) Estime a potência elétrica que deve ser fornecida ao segmento aquecedor identificado para manter a temperatura superficial da placa a T_s = 47 °C.

(b) Se o soprador que mantém a velocidade da corrente de ar sobre a placa apresentar problemas, mas a potência nos aquecedores permanecer constante, estime a temperatura superficial do segmento identificado. Considere o ar ambiente infinito e quiescente a 23 °C.

9.37 Certos projetos de fornos que queimam madeira estão baseados exclusivamente na transferência de calor por radiação e convecção natural para a vizinhança. Considere um forno que forma um compartimento cúbico, L_f = 1 m de lado, no interior de uma grande sala. As paredes externas do forno possuem uma emissividade de ε = 0,8 e estão a uma temperatura de operação de $T_{s,f}$ = 500 K.

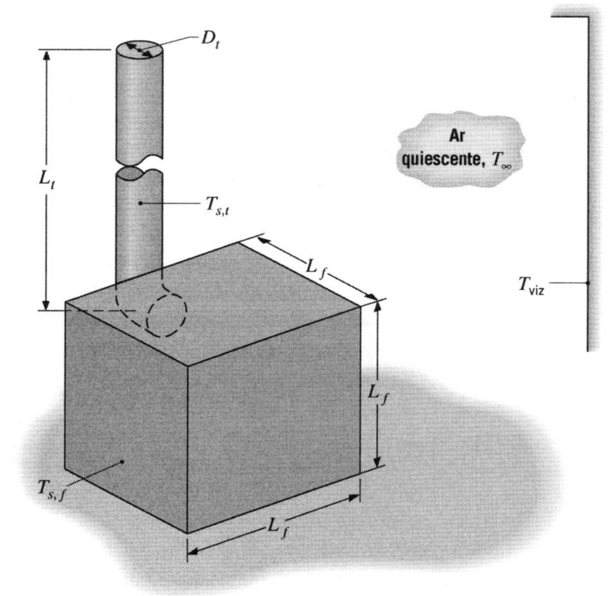

O tubo do forno, que pode ser considerado isotérmico a uma temperatura de operação de $T_{s,t}$ = 400 K, possui diâmetro D_t = 0,25 m e altura L_t = 2 m, e se estende do forno até o teto. O forno encontra-se em uma grande sala cujo ar e as paredes estão a $T_\infty = T_{viz}$ = 300 K. Desprezando a transferência de calor na pequena seção horizontal do tubo e a troca de calor por radiação entre o tubo e o forno, estime a taxa de transferência de calor do forno e do tubo para o ar e a vizinhança.

9.38 Uma placa, com dimensões de 1 m por 1 m e inclinada com um ângulo de 45°, tem a sua superfície inferior exposta a um fluxo térmico radiante líquido de 300 W/m². Estando a superfície superior da placa isolada termicamente, estime a temperatura que a placa atingirá quando o ar ambiente estiver quiescente e a uma temperatura de 0 °C.

Cilindros Horizontais e Esferas

9.39 Uma tubulação de vapor d'água horizontal, sem isolamento térmico, passa através de uma grande sala cujas paredes e o ar ambiente estão a 300 K. A tubulação, com 125 mm de diâmetro, possui uma emissividade de 0,85 e uma temperatura superficial externa de 373 K. Calcule a taxa de perda de calor por unidade de comprimento da tubulação.

9.40 Como discutido na Seção 5.2, a aproximação pela capacitância global pode ser aplicada se $Bi < 0,1$ e, quando implementada de forma conservadora para um longo cilindro, o comprimento característico é o raio do cilindro. Após sua extrusão, um longo bastão de vidro com diâmetro D = 15 mm é suspenso horizontalmente em uma sala e resfriado a partir de sua temperatura inicial por convecção natural e radiação. Em quais temperaturas do bastão a aproximação pela capacitância global pode ser aplicada? A temperatura do ar quiescente é a mesma da vizinhança, $T_\infty = T_{viz}$ = 27 °C, e a emissividade do vidro é ε= 0,94.

9.41 Uma longa linha de vapor d'água não isolada, na posição horizontal, com 100 mm de diâmetro e emissividade superficial de 0,8, transporta vapor a 150 °C e está exposta ao ar atmosférico e a uma grande vizinhança a uma temperatura equivalente de 20 °C.

(a) Calcule a taxa de perda de calor por unidade de comprimento em um dia calmo.

(b) Calcule a taxa de perda de calor em um dia com vento, com a sua velocidade igual a 8 m/s.

(c) Para as condições do item (a), calcule a taxa da perda térmica com uma camada de isolante (k = 0,08 W/(m · K)) com 20 mm de espessura. A perda térmica irá mudar significativamente com uma velocidade de vento razoável?

9.42 Considere o Problema 8.38. Uma solução mais realista levaria em consideração a resistência à transferência de calor devido à convecção natural na parafina durante o processo de liquefação. Admitindo que a superfície do tubo possua uma temperatura uniforme de 55 °C e que a parafina seja um líquido quiescente com dimensões infinitas, determine o coeficiente convectivo associado à superfície externa. Usando esse resultado e reconhecendo que a temperatura superficial do tubo é desconhecida, determine a temperatura de saída da água, a taxa de transferência de calor total e o tempo necessário para a completa liquefação da parafina, nas condições que foram especificadas. As propriedades termofísicas associadas ao estado líquido da parafina são k = 0,15 W/(m · K), $\beta = 8 \times 10^{-4}$ K^{-1}, ρ = 770 kg/m³, $\nu = 5 \times 10^{-6}$ m²/s e $\alpha = 8,85 \times 10^{-8}$ m²/s.

9.43 Vapor d'água saturado, a uma pressão absoluta de 4 bar e uma velocidade média de 3 m/s, escoa através de uma tubulação horizontal cujos diâmetros interno e externo são de 55 e 65 mm, respectivamente. O coeficiente de transferência de calor para o escoamento do vapor é de 11.000 W/(m² · K).

(a) Se a tubulação está coberta por uma camada de isolamento térmico de magnésia a 85 % com 25 mm de espessura e encontra-se exposta ao ar atmosférico a 25 °C, determine a taxa de transferência de calor por convecção natural para a sala por unidade de comprimento da tubulação. Se o vapor está saturado na entrada da tubulação, estime o seu título (qualidade) na saída de uma tubulação com 30 m de comprimento.

(b) A radiação líquida para a vizinhança também contribui para a perda de calor na tubulação. Se o isolamento térmico possui uma emissividade superficial de $\varepsilon = 0{,}8$ e a vizinhança se encontra a $T_{viz} = T_\infty = 25$ °C, qual é a taxa de transferência de calor para a sala por unidade de comprimento da tubulação? Qual é o título (qualidade) do vapor na saída da tubulação?

(c) A perda de calor pode ser reduzida pelo aumento da espessura da camada de isolamento térmico e/ou pela redução de sua emissividade. Qual é o efeito do aumento da espessura da camada de isolamento térmico para 50 mm, se $\varepsilon = 0{,}8$? E da diminuição da emissividade para 0,2 quando a espessura da camada de isolamento é de 25 mm? E da redução da emissividade para 0,2 e do aumento da espessura da camada de isolamento térmico para 50 mm?

9.44 A temperatura superficial máxima no eixo, com 20 mm de diâmetro, de um motor que opera no ar ambiente a 27 °C não deve exceder 87 °C. Em face da dissipação de potência no interior da carcaça do motor, deseja-se dissipar a maior quantidade de calor possível através do eixo para o ar ambiente. Neste problema, iremos investigar vários métodos para a remoção do calor.

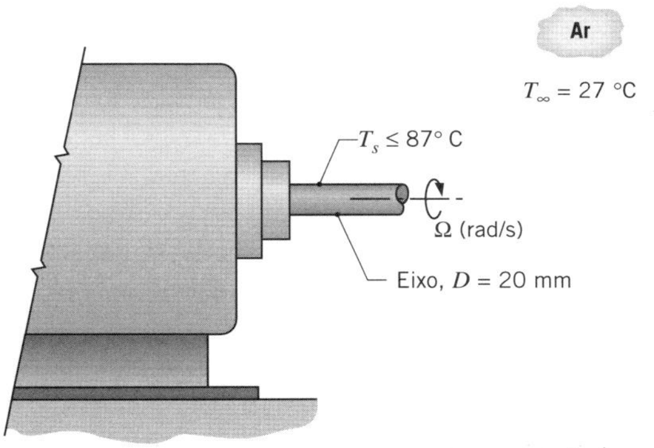

(a) Para cilindros horizontais com movimento de rotação, uma correlação apropriada para estimar o coeficiente convectivo tem a forma

$$\overline{Nu}_D = 0{,}133\, Re_D^{2/3}\, Pr^{1/3}$$
$$(Re_D < 4{,}3 \times 10^5, \quad 0{,}7 < Pr < 670)$$

na qual $Re_D \equiv \Omega D^2/\nu$ e Ω é a velocidade de rotação (rad/s). Determine o coeficiente convectivo e a máxima taxa de transferência de calor por unidade de comprimento em função da velocidade de rotação no intervalo entre 5000 e 15.000 rpm.

(b) Estime o coeficiente convectivo de convecção natural e a taxa máxima de transferência de calor por unidade de comprimento para o eixo parado. Os efeitos combinados de convecção natural e convecção forçada podem se tornar significativos quando $Re_D < 4{,}7(Gr_D^3/Pr)^{0{,}137}$. Os efeitos da convecção natural são importantes na faixa de velocidades de rotação especificada no item (a)?

(c) Considerando a emissividade do eixo igual a 0,8 e a vizinhança na mesma temperatura do ar ambiente, a transferência de calor por radiação é importante?

(d) Se o ar ambiente escoar em escoamento cruzado em relação ao eixo, quais velocidades do ar serão requeridas para remover as taxas de transferência de calor determinadas no item (a)?

9.45 Considere um pino (aleta) horizontal com 6 mm de diâmetro e 60 mm de comprimento fabricado em aço-carbono não ligado ($k = 57$ W/(m · K), $\varepsilon = 0{,}5$). A base do pino é mantida a 150 °C, enquanto o ar ambiente quiescente e a vizinhança estão a 25 °C. Considere a extremidade do pino adiabática.

(a) Estime a taxa de transferência de calor no pino, q_a. Use uma temperatura média para a superfície do pino de 125 °C ao avaliar o coeficiente de transferência de calor por convecção natural e o coeficiente de transferência por radiação linearizado. Qual é a sensibilidade dessa estimativa em relação à sua escolha da temperatura média para a superfície do pino?

(b) Use o método de diferenças finitas para obter q_a com os coeficientes de transferência de calor por convecção e por radiação baseados nas temperaturas locais no pino, em lugar da temperatura média. Como o seu resultado se compara ao da solução analítica obtido no item (a)?

9.46 O conceito de um raio crítico de isolamento foi apresentado no Exemplo 3.6. Seja o tubo de cobre com parede delgada e o isolamento do exemplo. Agora, a temperatura do tubo é de −10 °C e ele está suspenso horizontalmente em ar quiescente a 25 °C. Desprezando a radiação, determine a taxa de transferência de calor por unidade de comprimento do tubo para uma espessura de isolamento de 10 mm. Faça um gráfico das resistências térmicas de condução, de convecção e a resistência total, por unidade de comprimento, para uma espessura de isolamento $r - r_i$ no intervalo $0 \le r - r_i \le 50$ mm e compare os seus resultados com aquele do exemplo. Repita o seu cálculo e o gráfico para um tubo com diâmetro de 1 mm. Para cada caso, existe um raio crítico de isolamento? Por que sim ou por que não? Adote as propriedades do ar a 285 K.

9.47 Considere o tubo de água quente do Problema 7.42, mas sob condições nas quais o ar ambiente não está em escoamento cruzado sobre o tubo, estando sim quiescente. Levando em conta os efeitos da radiação com uma emissividade do tubo de $\varepsilon_t = 0{,}6$, qual é o custo diário correspondente da perda térmica por unidade de comprimento do tubo não isolado?

9.48 Uma prática comum em plantas de processamento químico é o revestimento do isolamento de tubulações com uma folha de alumínio espessa e durável. As funções da folha de alumínio são proteger a camada de isolamento e reduzir a transferência de calor por radiação para a vizinhança. Em virtude da presença de cloro (em unidades de cloro ou próximas ao mar), a superfície da folha de alumínio, que se encontra inicialmente brilhante, se torna fosca após algum tempo de serviço. Normalmente, a emissividade dessa superfície pode variar de 0,12 na sua instalação até 0,36 com o serviço prolongado. Em uma tubulação revestida com folha de alumínio com 300 mm de diâmetro e temperatura superficial de 90 °C, esse aumento na emissividade da superfície em função da degradação de seu acabamento irá afetar de maneira significativa a perda de calor na tubulação? Considere duas situações com a vizinhança e o ar ambiente a 25 °C: (a) ar quiescente e (b) vento em direção cruzada a uma velocidade de 10 m/s.

9.49 Considere o aquecedor elétrico do Problema 7.36. Se o soprador apresentar defeito, interrompendo o escoamento do ar enquanto o aquecedor continua operando a 1000 W/m, qual temperatura o aquecedor irá atingir? Quanto tempo será necessário para que a temperatura no aquecedor chegue a 10 °C desse valor? Leve também em consideração a troca de calor por radiação entre o aquecedor ($\varepsilon = 0{,}8$) e as paredes do duto, que também estão a 27 °C.

9.50 Um lingote de aço inoxidável AISI 316, com um diâmetro de 150 mm e um comprimento de 500 mm, emerge de um processo de tratamento térmico a 200 °C e recebe um banho de óleo não agitado mantido a 20 °C.

(a) Determine se é recomendável se posicionar o lingote dentro do banho com o seu eixo central na horizontal ou na vertical com objetivo de diminuir o tempo de resfriamento.

(b) Estime o tempo para o lingote resfriar até 30 °C na posição preferida.

9.51 Um fluido biológico escoa a uma vazão mássica de $\dot{m} = 0{,}02$ kg/s através de uma serpentina com parede delgada e 5 mm de diâmetro. A serpentina encontra-se submersa em um grande banho de água mantido a 50 °C. O fluido entra na serpentina a uma temperatura de 25 °C.

(a) Estime o comprimento da serpentina e o número de voltas necessárias para fornecer uma temperatura do fluido biológico na saída de $T_{m,\text{sai}} = 38$ °C. Suponha que o banho de água seja um meio quiescente infinito, que a serpentina se aproxime de um tubo horizontal e que o fluido biológico possua propriedades termofísicas iguais às da água.

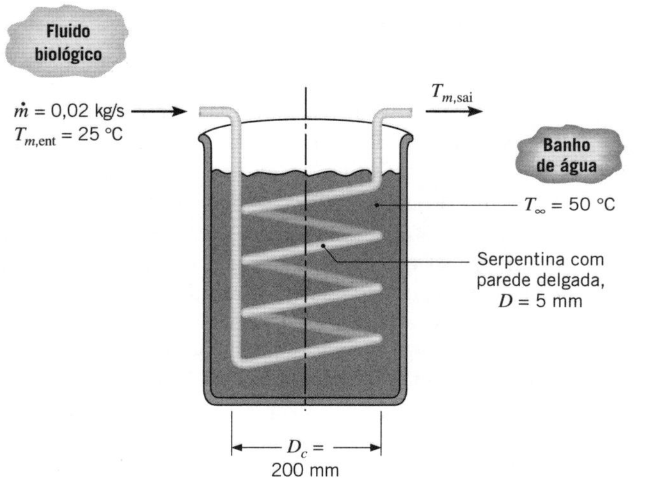

(b) A vazão através da serpentina é controlada por uma bomba cuja vazão bombeada varia aproximadamente ±10 % em qualquer condição operacional. Essa situação preocupa o engenheiro de projetos, uma vez que a variação correspondente na temperatura de saída do fluido biológico pode influenciar o processo a jusante. Qual variação em $T_{m,\text{sai}}$ você esperaria com uma mudança de ±10 % em $\dot{m}$?

9.52 Considere um processo em batelada no qual 200 litros de um fármaco são aquecidos de 25 °C a 70 °C, por vapor d'água saturado se condensando a 2,455 bar quando escoa através de uma serpentina com tubo de 15 mm de diâmetro e 15 m de comprimento. Em qualquer instante durante o processo, o líquido pode ser aproximado por um meio quiescente infinito, com temperatura uniforme, e pode ser considerado com propriedades constantes iguais a: $\rho = 1100$ kg/m^3, $c = 2000$ J/(kg · K), $k = 0{,}25$ W/(m · K), $\nu = 4{,}0 \times 10^{-6}$ m^2/s, $Pr = 10$ e $\beta = 0{,}002$ K^{-1}. As resistências térmicas no vapor condensando e na parede do tubo da serpentina podem ser desprezadas.

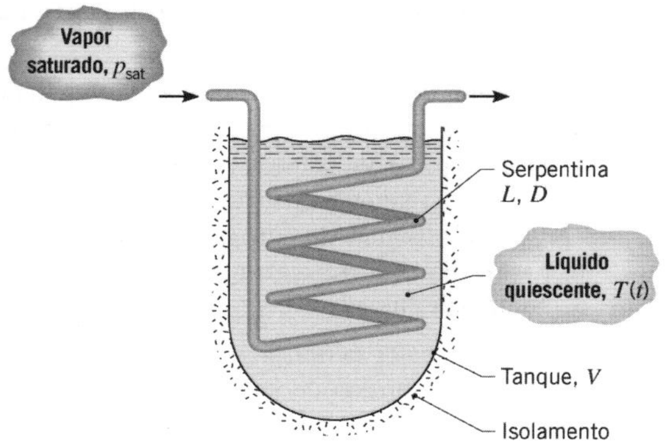

(a) Qual é a taxa de transferência de calor inicial para o fármaco?

(b) Desprezando a transferência de calor entre o tanque e a sua vizinhança, quanto tempo demora para aquecer o fármaco até 70 °C? Represente graficamente a variação com o tempo correspondente da temperatura do fluido e do coeficiente convectivo na superfície externa da serpentina. Quanto vapor é condensado durante o processo de aquecimento?

9.53 No tratamento analítico da aleta com área de seção transversal uniforme foi suposto que o coeficiente de transferência de calor por convecção era constante ao longo do comprimento da aleta. Considere uma aleta de aço AISI 316 com 6 mm de diâmetro e 50 mm de comprimento (com extremidade isolada), que opera sob as seguintes condições: $T_b = 125$ °C, $T_\infty = 27$ °C, $T_{\text{viz}} = 27$ °C e $\varepsilon = 0{,}6$.

(a) Estime valores médios para os coeficientes de transferência de calor por convecção natural (h_c) e por radiação (h_r) na aleta. Use esses valores para estimar a temperatura na extremidade da aleta e a sua efetividade.

(b) Utilize um método numérico para estimar os parâmetros anteriores com os coeficientes convectivo e radiante na aleta baseados em valores locais, e não em valores médios.

9.54 Um fluido quente a 35 °C deve ser transportado através de um tubo posicionado horizontalmente em ar quiescente a 25 °C. Qual das formas de tubo mostradas a seguir, todas com a mesma área de seção transversal, você utilizaria com o objetivo de minimizar as perdas térmicas para o ambiente por convecção natural?

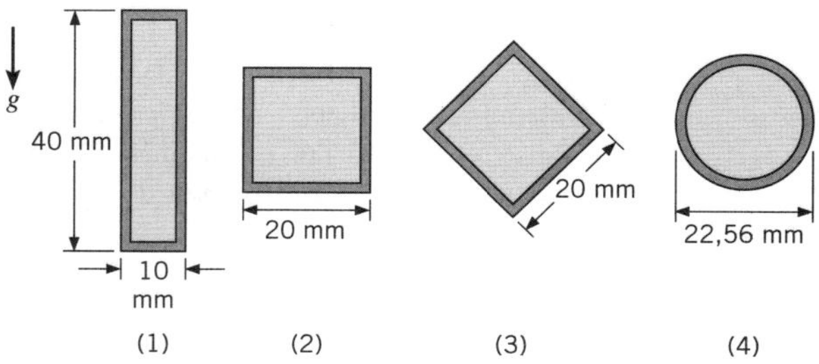

Use a correlação a seguir, proposta por Lienhard [*Int. J. Heat Mass Transfer*, **16**, 2121, 1973], para aproximar o coeficiente convectivo no regime laminar em um corpo imerso, no qual a camada-limite não se separa da superfície,

$$\overline{Nu}_l = 0{,}52\, Ra_l^{1/4}$$

O comprimento característico l é o comprimento do percurso do fluido na camada-limite ao longo da superfície de cada forma.

9.55 Considere uma esfera com 2 mm de diâmetro imersa em um fluido a 300 K e 1 atm.

(a) Se o fluido ao redor da esfera é infinito e quiescente, mostre que o limite condutivo para a transferência de calor a partir da esfera pode ser representado por $Nu_{D,\text{cond}} = 2$. *Sugestão*: comece com a expressão para a resistência térmica de uma esfera oca, Equação 3.41, faça $r_2 \to \infty$ e, então, represente o resultado em termos do número de Nusselt.

(b) Considerando convecção natural, a qual temperatura superficial o número de Nusselt irá ser o dobro do limite condutivo? Considere ar e água como os fluidos.

(c) Considerando convecção forçada, a qual velocidade o número de Nusselt irá ser o dobro do limite condutivo? Considere ar e água como os fluidos.

9.56 Uma esfera com 30 mm de diâmetro possui um aquecedor elétrico em seu interior. Calcule a potência necessária para manter a temperatura superficial a 89 °C, quando a esfera está exposta a um meio quiescente a 25 °C, sendo esse meio: (a) ar à pressão atmosférica, (b) água e (c) óleo de motor.

Canais entre Placas Paralelas

9.57 Considere duas longas placas verticais mantidas a temperaturas uniformes $T_{s,1} > T_{s,2}$. O espaço formado entre elas é aberto nas suas extremidades e as placas estão separadas pela distância $2L$.

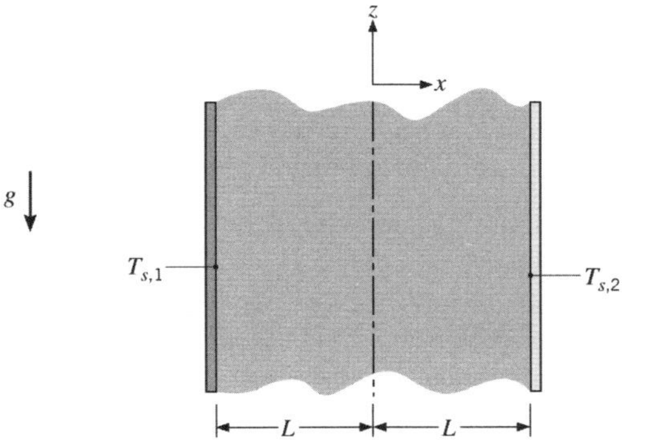

(a) Esboce a distribuição de velocidades no espaço entre as placas.

(b) Escreva formas apropriadas para as equações da continuidade, do momento e da energia para o escoamento laminar entre as placas.

(c) Determine a distribuição de temperaturas e expresse o seu resultado em termos da temperatura média, $T_m = (T_{s,1} + T_{s,2})/2$.

(d) Estime o gradiente de pressão na direção vertical, admitindo que a massa específica seja uma constante ρ_m correspondente a T_m. Usando a aproximação de Boussinesq, obtenha a forma resultante da equação do momento.

(e) Determine a distribuição de velocidades.

9.58 Considere as condições do Problema 9.9, mas agora encare o problema como um envolvendo convecção natural em canais verticais formados por placas paralelas. Qual é o espaçamento ótimo, S, entre as aletas? Para esse espaçamento e os valores especificados para t e W, qual é a taxa de transferência de calor nas aletas?

9.59 Uma série de placas de circuitos verticais encontra-se imersa em ar ambiente quiescente a $T_\infty = 17$ °C. Embora os componentes sejam salientes em relação aos substratos, é razoável, em uma primeira aproximação, considerar placas *planas* com fluxo térmico na superfície uniforme q''_s. Considere placas com comprimento e largura $L = W = 0{,}4$ m e espaçamento $S = 25$ mm. Se a temperatura máxima admissível na placa é de 77 °C, qual é a potência máxima que pode ser dissipada por placa?

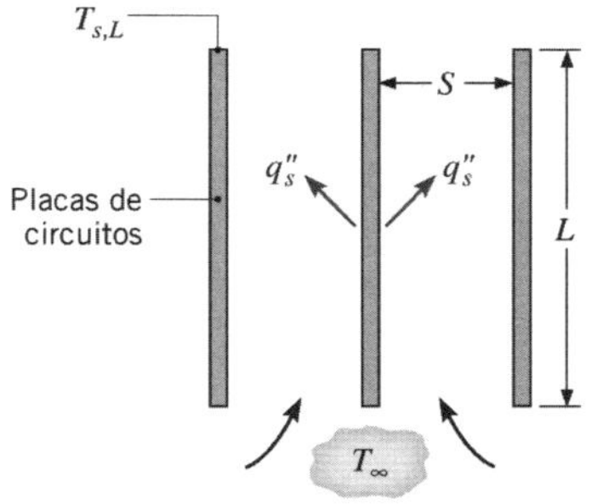

9.60 Determinados a reduzir o custo semanal de $7 associado à perda de calor através da porta de vidro por convecção e radiação, os inquilinos do Problema 9.15 cobriram a parte interna da porta com uma folha de isolante extrudado com 50 mm de espessura. Como eles não são cuidadosos em relação à casa, o isolante não foi bem colocado, resultando em um espaço $S = 5$ mm entre o isolante extrudado e a lâmina de vidro, que permite ao ar se infiltrar no espaço entre o vidro e o isolante.

(a) Determine a perda de calor pela porta de vidro e o custo semanal associado ao isolante mal instalado. O isolante reduzirá significativamente as perdas por radiação através da porta de vidro. As perdas serão praticamente devidas inteiramente à convecção.

(b) Represente graficamente as perdas térmicas pela porta de vidro como uma função do espaçamento entre o vidro e o isolante para 1 mm $\leq S \leq$ 20 mm.

9.61 A porta frontal de uma lava-louças, com largura de 580 mm, possui um respiradouro de ar vertical com 500 mm de altura que apresenta um espaçamento de 20 mm entre a bacia interna, que opera a 52 °C, e uma placa externa, que é isolada termicamente.

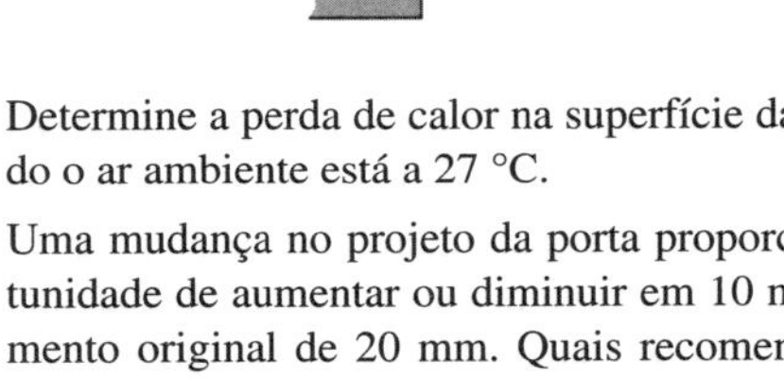

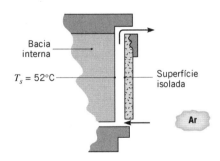

(a) Determine a perda de calor na superfície da bacia quando o ar ambiente está a 27 °C.

(b) Uma mudança no projeto da porta proporciona a oportunidade de aumentar ou diminuir em 10 mm o espaçamento original de 20 mm. Quais recomendações você faria com base em como o espaçamento irá alterar a perda de calor?

9.62 Um aquecedor de ar por convecção natural é constituído por uma série de placas verticais paralelas igualmente espaçadas, que podem ser mantidas a uma temperatura fixa T_s por aquecedores elétricos nelas embutidos. As placas têm comprimento e largura $L = W = 300$ mm e estão no ar atmosférico quiescente a $T_\infty = 20$ °C. A largura total da série não pode ser maior do que $W_{ser} = 150$ mm.

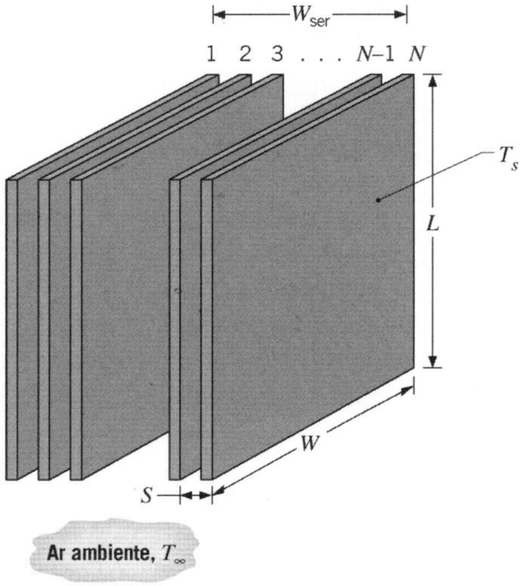

Para $T_s = 75$ °C, qual é o espaçamento S que maximiza a transferência de calor na série? Para esse espaçamento, quantas placas compõem a série e qual é a taxa de transferência de calor correspondente na série?

9.63 Um conjunto de fornos de secagem é montado sobre uma prateleira em uma sala com o ar ambiente a uma temperatura de 27 °C. Os fornos cúbicos têm 500 mm de lado e o espaçamento entre eles é de 15 mm.

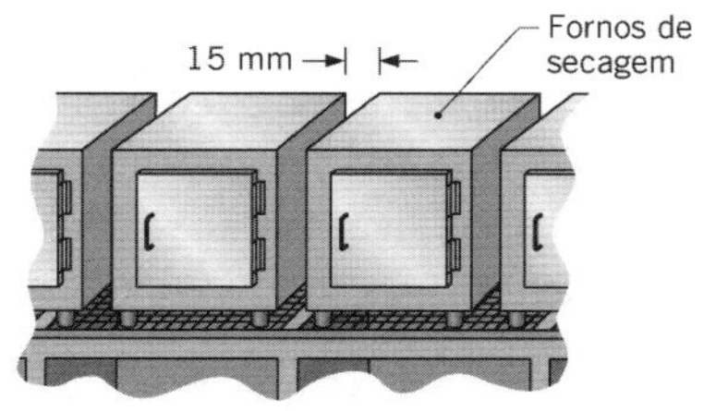

(a) Estime a taxa de perda térmica pela parede lateral de um forno quando a sua temperatura superficial é igual a 47 °C.

(b) Explore a influência do espaçamento na taxa de perda térmica. Em qual espaçamento a perda térmica é máxima? Descreva o comportamento da camada-limite nessa condição. Pode essa condição ser analisada tratando a lateral de um forno como uma placa vertical isolada?

9.64 Um coletor solar possui um canal formado por placas paralelas que está conectado a um reservatório de armazenamento de água na sua parte inferior e a um sumidouro de calor na parte superior. O canal está inclinado em $\theta = 30°$ em relação à vertical e possui uma placa de cobertura transparente. Radiação solar transmitida através da placa de cobertura e da água mantém a placa de absorção isotérmica a uma temperatura $T_s = 47$ °C, enquanto a água que retorna para o reservatório, vinda do sumidouro, está a $T_\infty = 27$ °C. O sistema opera como um *termossifão*, no qual o escoamento da água é induzido exclusivamente pelas forças de empuxo. O espaçamento entre as placas é de $S = 15$ mm e o comprimento das placas é de $L = 1{,}2$ m.

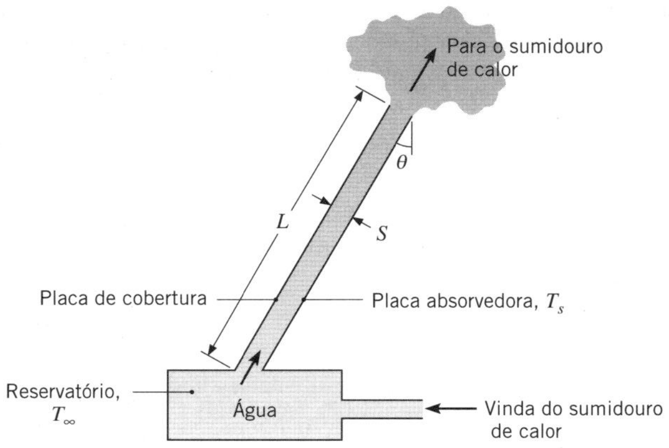

Admitindo que a placa de cobertura seja adiabática em relação à transferência de calor por convecção para ou da água, estime a taxa de transferência de calor da placa de absorção para a água, por unidade de largura da placa, que é normal à direção do escoamento (W/m).

Cavidades Retangulares

9.65 Como está evidente nos dados de propriedades nas Tabelas A.3 e A.4, a condutividade térmica do vidro na temperatura ambiente é mais do que 50 vezes maior do que a do ar. Consequentemente, é desejável que se use janelas de vidro duplo, nas quais as duas lâminas de vidro delimitam um espaço de ar. Se a transferência de calor através do espaço de ar for por condução, a resistência térmica correspondente pode ser aumentada pelo aumento da espessura L do espaço. Entretanto, há limites para a eficácia desta proposta, pois correntes de convecção são induzidas se L for superior a um valor crítico, além do qual a resistência térmica diminui.

Considere ar atmosférico confinado por lâminas verticais nas temperaturas de $T_1 = 22$ °C e $T_2 = -20$ °C. Sendo o número de Rayleigh crítico para o início da convecção igual a $Ra_L \approx 2000$, qual é o espaçamento máximo permitido para a condução através do ar? Como esse espaçamento é afetado pelas temperaturas das lâminas? Como ele é afetado pela pressão do ar, como, por exemplo, pela adoção de uma pressão inferior à atmosférica (vácuo) no espaço?

9.66 A lâmina de vidro da janela de um edifício, que possui 1,2 m de altura por 0,8 m de largura, é protegida do ambiente externo por outra janela (contra tempestades) com as mesmas altura e largura. O espaço de ar entre as duas janelas tem uma espessura de 0,06 m. Estando as janelas interna e externa a 20 °C e −10 °C, respectivamente, qual é a taxa de perda de calor por convecção natural através da camada de ar localizada entre as janelas?

9.67 Para reduzir perdas térmicas, um duto retangular horizontal, com $W = 0{,}80$ m de largura e $H = 0{,}3$ m de altura, encontra-se envolto por uma barreira de radiação. A parede do duto e a barreira estão separadas por uma camada de ar com espessura $t = 0{,}06$ m. Para uma temperatura na parede do duto de $T_d = 40$ °C e uma temperatura da barreira de $T_{bar} = 20$ °C, determine a perda de calor por convecção na parede do duto por unidade de comprimento.

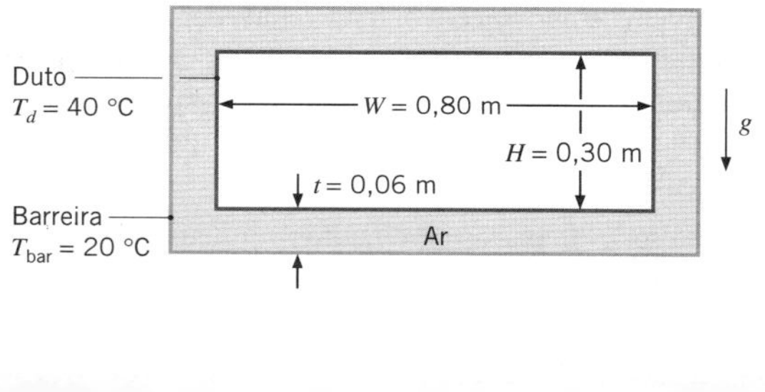

9.68 A placa absorvedora e a placa de cobertura adjacente em um coletor solar plano estão a 70 °C e 35 °C, respectivamente, e encontram-se separadas por uma camada de ar com 0,05 m de espessura. Qual é a taxa de transferência de calor por convecção natural, por unidade de área superficial, entre as duas placas, estando elas inclinadas com 60° em relação à horizontal?

9.69 Considere um sistema de armazenamento térmico no qual o material que muda de fase (parafina) é confinado em um grande reservatório, cuja superfície inferior, horizontal, é mantida a $T_s = 50$ °C por água morna enviada por um coletor solar.

(a) Desprezando a mudança na energia sensível da fase líquida, estime a quantidade de parafina que é derretida em um período de cinco horas começando com uma camada inicial líquida na base do recipiente de espessura $s_i = 10$ mm. A parafina dos Problemas 8.38 e 9.42 é usada como material de mudança de fase e está inicialmente na temperatura de mudança de fase, $T_{pf} = 27{,}4$ °C. A área da base do recipiente é de $A = 2{,}5$ m^2.

(b) Compare a quantidade de energia necessária para fundir a parafina com a quantidade de energia requerida para elevar a temperatura da mesma quantidade de líquido da temperatura de mudança de fase até a temperatura do líquido média, $(T_s + T_{pf})/2$.

(c) Desprezando a mudança na energia sensível na fase líquida, estime a quantidade de parafina que derreteria em um período de cinco horas, se a placa quente for posicionada no topo do recipiente e $s_i = 10$ mm.

9.70 Um espaço de ar com 50 mm de espessura separa duas placas de metal horizontais que formam a superfície superior de um forno industrial. A placa inferior está a $T_q = 200$ °C e a placa superior a $T_f = 50$ °C. O operador da planta deseja colocar um isolamento entre as placas para minimizar a perda térmica. As temperaturas relativamente altas impedem o uso de materiais isolantes na forma de espumas ou feltros. Materiais isolantes com vácuo não podem ser usados em função do ambiente industrial hostil e de seu custo. Um jovem engenheiro sugere que folhas de alumínio horizontais, muito finas e igualmente espaçadas, podem ser inseridas no espaço para eliminar a convecção natural e minimizar a perda térmica através do espaço de ar.

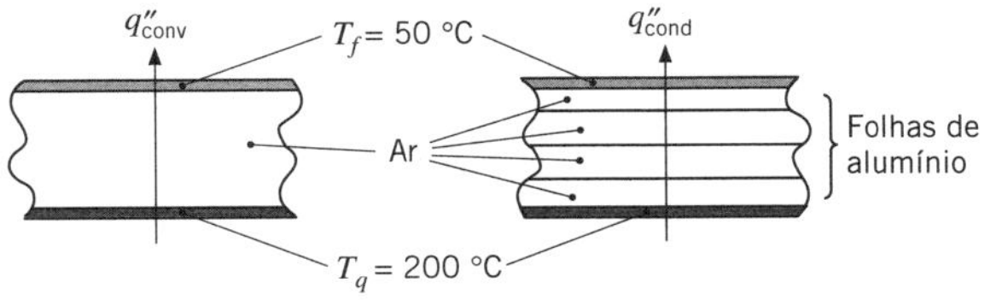

(a) Determine o fluxo térmico convectivo através do espaço quando não há isolamento.

(b) Determine o número mínimo de folhas que deve ser inserido no espaço para eliminar a convecção natural.

(c) Determine o fluxo térmico condutivo através do espaço de ar com as folhas de alumínio no lugar.

9.71 Uma janela de vidro duplo, vertical, que tem um metro de lado e um espaço de 25 mm preenchido com ar atmosférico, separa o ar quiescente de uma sala a $T_{\infty,i} = 20$ °C do ar ambiente externo, também quiescente, a $T_{\infty,e} = -20$ °C. As trocas radiantes entre as lâminas de vidro, assim como entre as lâminas de vidro e os seus ambientes adjacentes, podem ser desprezadas.

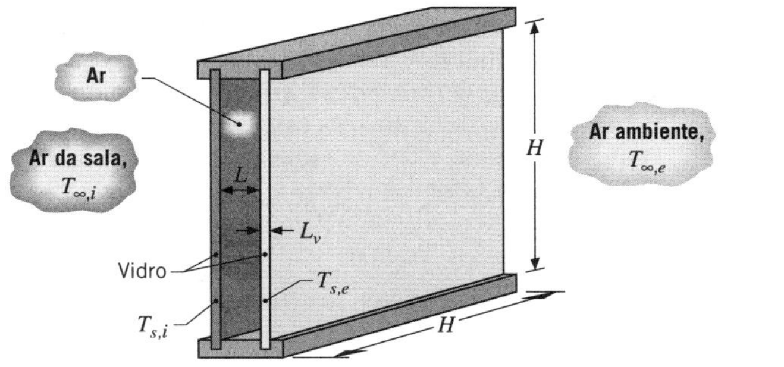

(a) Desprezando a resistência térmica associada à transferência de calor por condução através de cada lâmina de vidro, determine a temperatura correspondente de cada lâmina e a taxa de transferência de calor através da janela.

(b) Comente sobre a validade de se desprezar a resistência condutiva nas lâminas de vidro, se cada uma tiver uma espessura de $L_v = 6$ mm.

9.72 Considere uma veneziana instalada no espaço de ar entre as duas lâminas de uma janela vertical de vidro duplo. A janela tem $H = 0{,}5$ m de altura e $w = 0{,}5$ m de largura, e a veneziana tem $N = 19$ lâminas, cada uma com largura $L = 25$ mm. Quando a veneziana está aberta, 20 espaços menores de seção quadrada são formados ao longo da altura da janela. Na posição fechada, a veneziana forma uma folha praticamente contínua com dois espaços abertos com $t = 12{,}5$ mm no topo e na base do espaço entre os vidros da janela. Determine a taxa de transferência de calor por convecção entre a lâmina de vidro interna, que é mantida a $T_{s,i} = 20$ °C, e a lâmina externa, que está a $T_{s,e} = -20$ °C, estando a veneziana na posição aberta e na posição fechada, respectivamente. Explique por que a veneziana fechada tem pouca influência na transferência de calor por convecção através da cavidade.

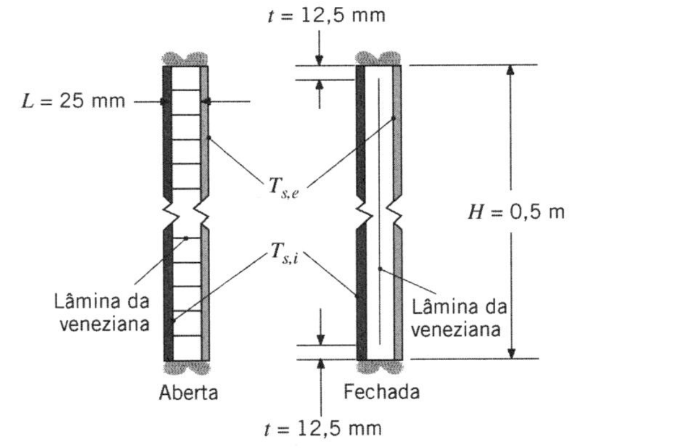

9.73 Um aquecedor solar de água é formado por um coletor plano acoplado a um tanque de armazenamento. O coletor possui uma placa de cobertura transparente e uma placa de absorção, que são separadas por uma camada de ar.

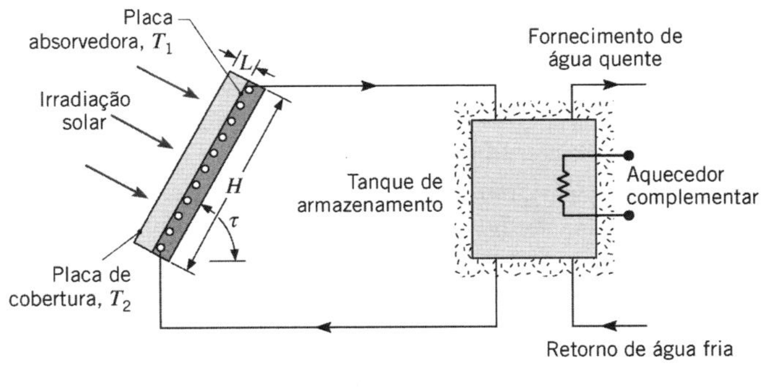

Embora a maior parte da energia solar absorvida na placa de absorção seja transferida para um fluido de serviço que passa através de um tubo em espiral soldado na superfície posterior da placa de absorção, uma parte da energia é perdida por convecção natural e por radiação através da camada de ar. No Capítulo 13, iremos avaliar a contribuição da radiação nesta perda. No momento, restringiremos nossa atenção ao efeito da convecção natural.

(a) Considere um coletor solar inclinado com um ângulo $\tau = 60°$ e que possui dimensões $H = w = 2$ m de lado, com uma camada de ar de $L = 30$ mm. Se as placas de absorção e de cobertura estão a $T_1 = 70$ °C e $T_2 = 30$ °C, respectivamente, qual é a taxa de transferência de calor por convecção natural saindo da placa de absorção?

(b) A perda de calor por convecção natural depende do espaçamento entre as placas. Calcule e represente graficamente esta perda de calor em função do espaçamento para $5 \leq L \leq 50$ mm. Existe um espaçamento ótimo?

Cilindros e Esferas Concêntricos

9.74 Seja a barreira de radiação cilíndrica do Exemplo 9.5, com 0,12 m de diâmetro, que está instalada concêntrica a um tubo transportando vapor d'água com 0,10 m de diâmetro. A distância gera um espaço de ar com $L = 10$ mm.

(a) Calcule a taxa de perda térmica por convecção, por unidade de comprimento do tubo, quando uma segunda barreira com 0,14 m de diâmetro é instalada e mantida a 35 °C. Compare o resultado com aquele do exemplo para uma barreira.

(b) Na configuração com duas barreiras do item (a), os espaços anulares de ar formados pelos tubos concêntricos têm $L = 10$ mm. Calcule a taxa de perda térmica por unidade de comprimento do tubo se as dimensões dos espaços forem $L = 15$ mm. Você espera que a perda térmica aumente ou diminua?

9.75 A condutividade térmica efetiva k_{ef} para cilindros concêntricos e esferas concêntricas é fornecida pelas Equações 9.59 e 9.62, respectivamente. Deduza expressões para os números de Rayleigh críticos associados às geometrias cilíndrica e esférica, $Ra_{c,\text{crít}}$ e $Ra_{e,\text{crít}}$, respectivamente, abaixo dos quais k_{ef} é minimizada. Calcule $Ra_{c,\text{crít}}$ e $Ra_{e,\text{crít}}$ para o ar, para a água e para a glicerina, a uma temperatura média de 300 K. Para temperaturas superficiais interna e externa especificadas, assim como raios do cilindro interno ou da esfera interna, comente sobre a taxa de transferência de calor para o cilindro externo ou esfera externa com raios correspondentes aos $Ra_{c,\text{crít}}$ e $Ra_{e,\text{crít}}$, respectivamente.

9.76 Um projeto de coletor solar é constituído por um tubo interno inserido concentricamente em um tubo externo, que é transparente à radiação solar. Os tubos possuem paredes delgadas e os diâmetros dos tubos interno e externo são de 0,08 e 0,10 m, respectivamente. O espaço anular entre os tubos é completamente fechado nas extremidades e preenchido por ar à pressão atmosférica. Sob condições de operação, nas quais as temperaturas nas superfícies dos tubos interno e externo são de 80 °C e 30 °C, respectivamente, qual é a taxa de perda de calor por convecção através da camada de ar por metro de comprimento do tubo?

9.77 Represente graficamente a perda térmica por unidade de comprimento no coletor solar do Problema 9.76 na faixa $0{,}1 \leq D_e \leq 0{,}25$ m, considerando (i) transferência de calor por condução através do espaço anular e (ii) transferência de calor por convecção através do espaço anular. Determine o diâmetro externo que está associado à mínima de perda de calor através do espaço com ar por unidade de comprimento do coletor, e o valor desta perda.

9.78 Foi proposto usar grandes conjuntos de baterias de lítio recarregáveis para impulsionar veículos elétricos. Nas baterias cilíndricas, cada uma com um raio $r_i = 9$ mm e comprimento $L = 65$ mm, há reações eletroquímicas exotérmicas enquanto são descarregadas. Como temperaturas excessivamente altas danificam as baterias, propõem-se inseri-las em um material de mudança de fase que se funde quando as baterias se descarregam (e solidifica-se quando as baterias são carregadas; o carregamento está associado a uma reação eletroquímica endotérmica). Considere a parafina dos Problemas 8.38 e 9.42.

(a) Em um instante no tempo durante a descarga da bateria, parafina líquida ocupa uma região anular de raio externo $r_e = 19$ mm ao redor da bateria, que está gerando $\dot{E}g = 1$ W de energia térmica. Determine a temperatura na superfície da bateria.

(b) No instante de tempo de interesse no item (a), qual é a taxa na qual a região anular de líquido está aumentando?

(c) Faça um gráfico da temperatura da superfície da bateria *versus* o raio externo da região anular ocupada pelo líquido. Explique a relativa insensibilidade da temperatura da superfície da bateria em relação ao tamanho da região anular para 15 mm $\leq r_e \leq$ 30 mm.

9.79 Convecção natural ocorre entre esferas concêntricas. A esfera interna tem diâmetro $D_i = 50$ mm e está a uma temperatura de $T_i = 50$ °C, enquanto a esfera externa é mantida a $T_e = 20$ °C. No espaço entre as esferas há ar. Qual diâmetro da esfera externa é requerido de modo que a transferência de calor por convecção saindo da esfera interna é a mesma que aconteceria se ela estivesse colocada em um grande ambiente com ar quiescente a $T_\infty = 20$ °C?

9.80 Seja o material mudando de fase (MMF) dos Problemas 8.38 e 9.42. O MMF encontra-se encapsulado em um recipiente cilíndrico, longo e horizontal, isolado termicamente e com diâmetro $D_e = 200$ mm. Neste cilindro há um cilindro interno concêntrico, aquecido e com diâmetro $D_i = 30$ mm. Inicialmente, o MMF está todo sólido e na sua temperatura de mudança de fase. A temperatura do cilindro interno é subitamente elevada para $T_q = 50$ °C. Supondo que o MMF se funde formando uma região líquida concêntrica e em expansão ao redor do cilindro interno, como a mostrada na figura, determine quanto tempo leva para que a metade do MMF se funda.

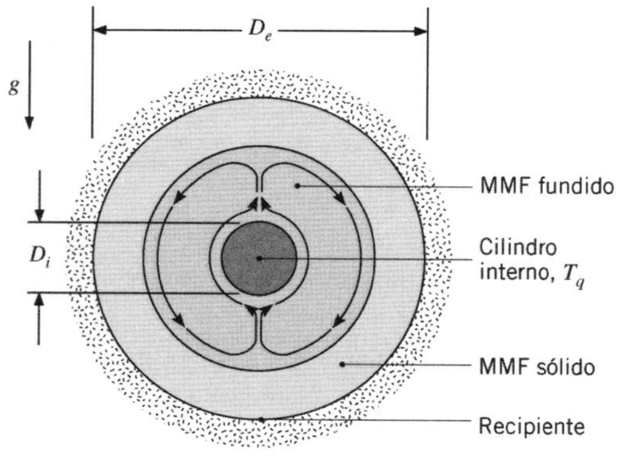

9.81 O olho humano contém humor aquoso, que separa a córnea externa da estrutura interna íris-cristalino. Supõe-se que, em alguns indivíduos, pequenas lascas de pigmento sejam liberadas intermitentemente da íris e migram para a córnea e, em sequência, a danificam. Aproximando a geometria da cavidade formada pela córnea e a estrutura íris-cristalino como um par de hemisferas concêntricas de raio externo $r_e = 10$ mm e raio interno $r_i = 7$ mm, respectivamente, investigue se pode ocorrer convecção natural no humor aquoso, estimando a razão efetiva de condutividades térmicas, k_{ef}/k. Se a convecção natural puder ocorrer, é possível que as partículas danosas sejam arrastadas da íris para a córnea. A estrutura íris-cristalino encontra-se na temperatura corporal, $T_i = 37$ °C, enquanto a temperatura da córnea foi medida como igual a $T_e = 34$ °C. As propriedades do humor aquoso são $\rho = 990$ kg/m³, $k = 0{,}58$ W/(m · K), $c_p = 4{,}2 \times 10^3$ J/(kg · K), $\mu = 7{,}1 \times 10^{-4}$ N · s/m² e $\beta = 3{,}2 \times 10^{-4}$ K^{-1}.

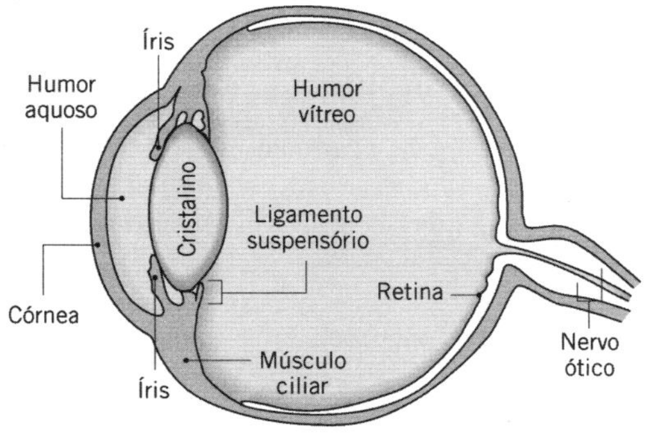

Convecção Mista

9.82 Um cilindro horizontal, com 25 mm de diâmetro, é mantido a uma temperatura superficial uniforme de 35 °C. Um fluido com uma velocidade de 0,05 m/s e uma temperatura de 20 °C escoa, em escoamento cruzado, sobre o cilindro. Determine se a transferência de calor por convecção natural será significativa para (i) ar, (ii) água, (iii) óleo de motor e (iv) mercúrio.

9.83 De acordo com resultados experimentais para o escoamento de ar paralelo a placas verticais aquecidas e isotérmicas, o efeito da convecção natural no coeficiente de transferência de calor por convecção será de 5 % quando $Gr_L/Re_L^2 = 0{,}08$. Seja uma placa vertical aquecida, com 0,5 m de altura, com a superfície mantida a uma temperatura de 55 °C em ar atmosférico a 30 °C. Qual é a velocidade vertical mínima necessária para um escoamento de ar de modo que os efeitos da convecção natural sejam inferiores a 5 % da taxa de transferência de calor?

9.84 Um conjunto de placas de circuitos verticais com 150 mm de altura deve ser resfriado com ar de tal maneira que a temperatura nas placas não seja superior a 60 °C, quando a temperatura do ambiente é de 25 °C.

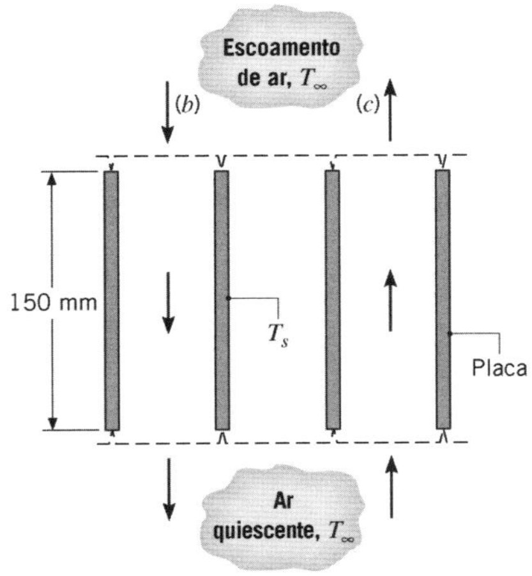

(a)

Admitindo condições de superfícies isotérmicas, determine a dissipação de potência elétrica admissível por placa nas seguintes configurações de resfriamento:

(a) Somente convecção natural (nenhum escoamento forçado de ar).

(b) Escoamento de ar com uma velocidade descendente de 0,6 m/s.

(c) Escoamento de ar com uma velocidade ascendente de 0,3 m/s.

(d) Escoamento de ar com uma velocidade (ascendente ou descente) de 5 m/s.

9.85 Um cilindro horizontal, com 25 mm de diâmetro, é mantido a uma temperatura superficial uniforme de 35 °C. Ar a pressão atmosférica com uma velocidade de 0,10 m/s e temperatura de 20 °C escoa, em escoamento cruzado, sobre o cilindro. Calcule a taxa de transferência de calor por convecção por unidade de comprimento do cilindro. Como o cilindro poderia ser mantido aquecido se a sua superfície é adiabática?

9.86 Um sensor, usado para medir a velocidade do ar em um túnel de vento de baixa velocidade, é fabricado com um tubo de alumínio, que fica na posição horizontal, com comprimento $L = 100$ mm e diâmetro externo $D = 8$ mm. Resistores de potência são inseridos dentro do tubo estacionário e dissipam $P = 1{,}5$ W. A temperatura superficial do tubo é determinada experimentalmente pela medida da radiação emitida pela parte externa do tubo. Para maximizar a emissão desta superfície, a parte externa do tubo é pintada com tinta preta com uma emissividade de $\varepsilon = 0{,}95$.

(a) Para ar a uma temperatura e a uma velocidade em escoamento cruzado de $T_\infty = 25$ °C e $V = 0{,}1$ m/s, respectivamente, determine a temperatura superficial do tubo. A temperatura da vizinhança é $T_{viz} = 25$ °C.

(b) Para as condições do item (a), represente graficamente a temperatura da superfície do tubo *versus* a velocidade do escoamento cruzado na faixa 0,05 m/s $\leq V \leq$ 1 m/s.

9.87 Um tubo horizontal com 100 mm de diâmetro escoa óleo quente que deve ser usado no projeto de um aquecedor de água industrial. Com base em uma vazão consumida de água típica, a sua velocidade sobre o tubo é de 0,5 m/s. O óleo quente mantém a temperatura da superfície externa do tubo a 85 °C e a temperatura da água é de 37 °C.

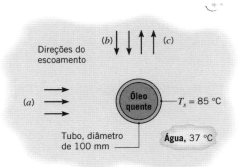

Investigue o efeito da direção do escoamento sobre a taxa de transferência de calor (W/m) para escoamentos: (a) horizontal, (b) descendente e (c) ascendente.

9.88 Determine a taxa de transferência de calor nas placas de aço do Problema 7.19, levando em conta a convecção natural nas superfícies das placas. Qual é a taxa de variação da temperatura da placa correspondente? Represente graficamente o coeficiente de transferência de calor associado à convecção natural, à convecção forçada e à convecção mista para velocidades do ar variando na faixa $2 \leq u_\infty \leq 10$ m/s. A velocidade da placa é pequena em comparação com a velocidade do ar.

9.89 Um experimento envolve o aquecimento de uma esfera bem pequena, que se encontra suspensa por um fio fino em ar, com um raio de *laser* para induzir a maior temperatura possível na esfera. Após verificar a Equação 9.64, um auxiliar de pesquisa sugere a indução de um escoamento de ar uniforme e descendente para contrabalançar *exatamente* a convecção natural a partir da esfera, desta forma minimizando as perdas térmicas e maximizando a temperatura da esfera no regime estacionário. No caso limite de uma esfera *muito pequena*, qual é o valor mínimo do coeficiente de transferência de calor por convecção escrito em termos do diâmetro da esfera e da condutividade térmica do ar?

Transferência de Massa

9.90 Um pedaço de tecido úmido com 205 mm × 245 mm está pendurado, para secar, em um dia quente e ensolarado. O ar parado encontra-se a uma temperatura de 30 °C e tem uma umidade relativa de 40 %. Para maximizar a taxa de secagem, o tecido deve ser pendurado com a sua dimensão maior ou menor na direção vertical? Determine a taxa máxima de secagem quando a temperatura do tecido é igual a 26 °C.

9.91 Um banho de água é usado para manter recipientes fechados contendo reações biológicas experimentais a uma temperatura uniforme de 37 °C. A parte superior do banho tem largura e comprimento de 0,25 m e 0,50 m, respectivamente, e é descoberta para permitir fácil acesso para a remoção ou colocação dos recipientes. O banho está localizado em um laboratório sem correntes de ar, com o ar a pressão atmosférica, a uma temperatura de 20 °C e com uma umidade relativa de 60 %. As paredes do laboratório estão a uma temperatura uniforme de 25 °C.

(a) Estime a taxa de perda térmica na superfície do banho por troca radiante com a vizinhança.

(b) Calcule o número de Grashof usando a Equação 9.65, que pode ser empregada em escoamentos de convecção natural impulsionados por gradientes de temperatura e de concentração. Use um comprimento característico L que seja apropriado para a superfície exposta do banho de água.

(c) Estime o coeficiente de transferência de calor por convecção natural usando o resultado para Gr_L obtido no item (b).

(d) Recorra à analogia entre as transferências de calor e de massa e use uma correlação apropriada para estimar o coeficiente de transferência de massa usando Gr_L. Calcule a taxa de evaporação da água em base diária e a perda térmica por evaporação.

(e) Calcule a taxa de perda de calor total na superfície e compare as contribuições relativas dos efeitos sensível, latente e radiante. Reveja as hipóteses feitas em sua análise, especialmente aquelas relacionadas com a analogia da transferência de calor e massa.

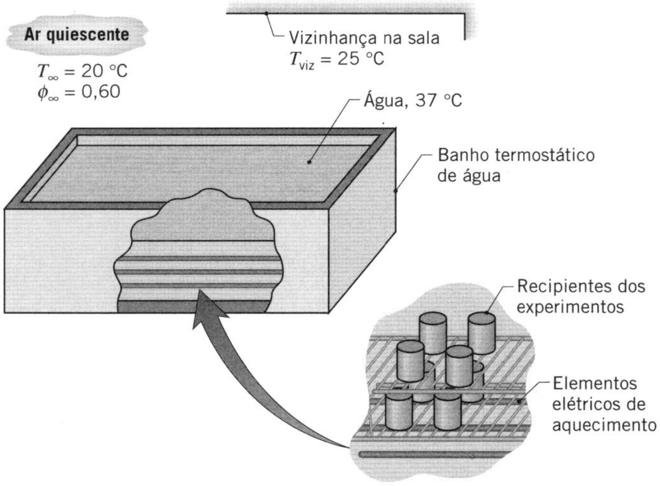

9.92 Em uma manhã muito calma, a temperatura da superfície de um lago usado para resfriar o condensador de uma planta de potência está a 30 °C, enquanto o ar ambiente está a 23 °C com uma umidade relativa de 80 %. Suponha uma temperatura da vizinhança de 290 K. O lago pode ser considerado com uma forma circular com um diâmetro de aproximadamente 5 km. Determine a perda térmica na superfície do lago por radiação, por convecção natural e por evaporação. Essa perda térmica determina a capacidade do lago de resfriar o condensador. Justifique por que a correlação da transferência de calor que você selecionou é útil, mesmo com o Ra_L fora da faixa para qual ela é especificada. *Sugestão*: veja o Problema 9.91.

CAPÍTULO

10

Ebulição e Condensação

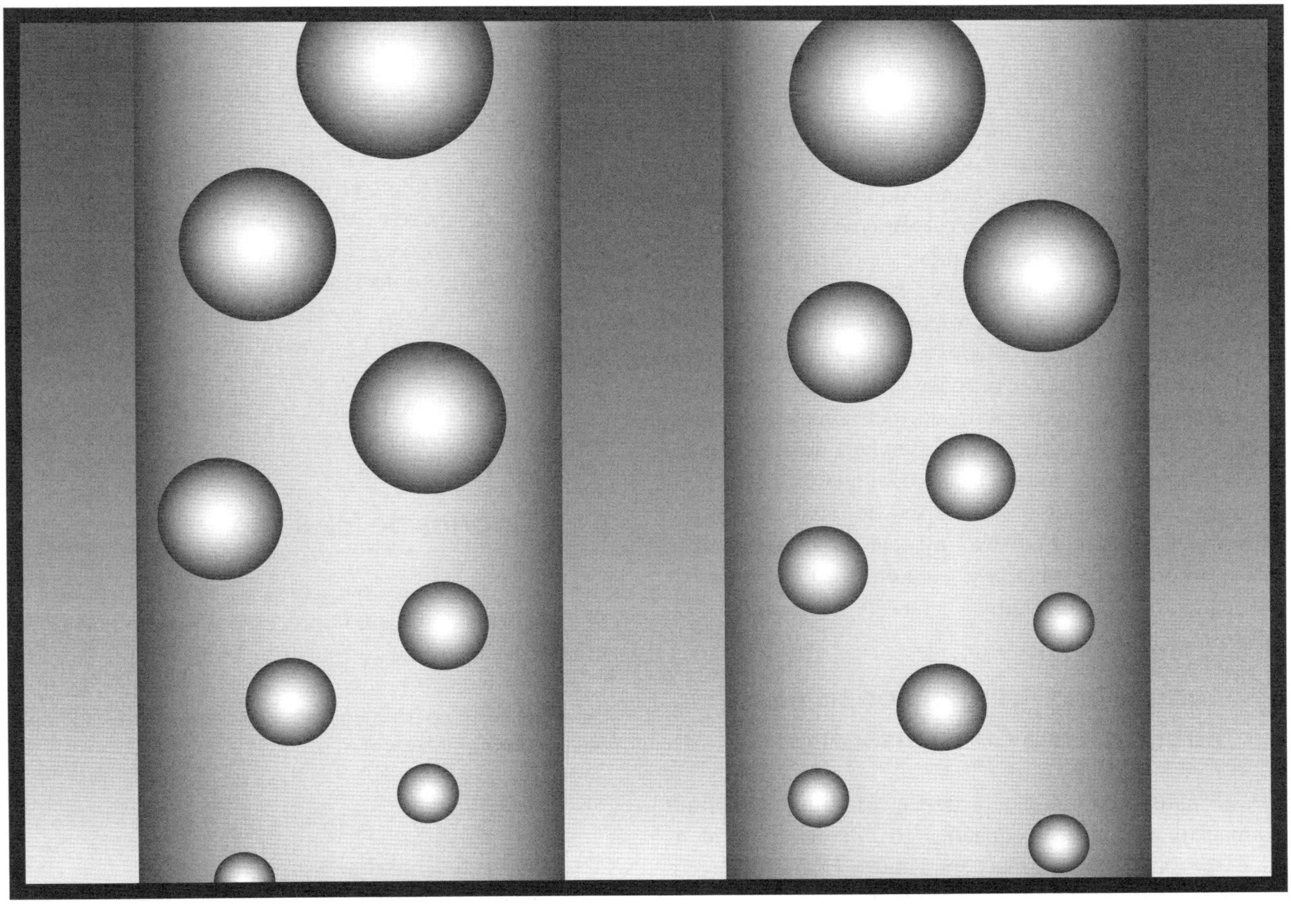

Neste capítulo focamos em processos convectivos associados à mudança de fase de um fluido. Em particular, analisamos processos que podem ocorrer em uma interface sólido-líquido ou sólido-vapor, como a *ebulição* e a *condensação*. Nesses casos, os efeitos do calor *latente* associado à mudança de fase são significativos. A mudança do estado líquido para o estado vapor, em razão da ebulição, é mantida pela transferência de calor oriunda de uma superfície sólida; por outro lado, a condensação de um vapor para o estado líquido resulta em transferência de calor para a superfície sólida.

Como envolvem movimentação do fluido, a ebulição e a condensação são classificadas como tipos do modo de transferência de calor por convecção. Entretanto, elas são caracterizadas por fatores específicos. Em função de haver uma mudança de fase, a transferência de calor para ou a partir do fluido pode ocorrer sem influenciar na sua temperatura. Na realidade, na ebulição ou na condensação, altas taxas de transferência de calor podem ser atingidas com pequenas diferenças de temperaturas. Além do *calor latente* h_{fg}, dois outros parâmetros são importantes na caracterização desses processos. São eles: a *tensão superficial* σ na interface líquido-vapor e a *diferença de massas específicas* entre as duas fases. Essa diferença induz uma *força de empuxo*, que é proporcional a $g(\rho_l - \rho_v)$. Em função dos efeitos combinados do calor latente e do escoamento induzido pelo empuxo, as taxas e os coeficientes de transferência de calor na ebulição e na condensação são, em geral, muito maiores do que aqueles característicos da transferência de calor por convecção sem mudança de fase.

Muitas aplicações na Engenharia caracterizadas por altos fluxos térmicos envolvem ebulição e condensação. Em um ciclo de potência em circuito fechado, líquido pressurizado é convertido em vapor em uma *caldeira*. Após a expansão em uma turbina, o vapor retorna ao estado líquido em um *condensador*, de onde é bombeado para a caldeira para repetir o ciclo. *Evaporadores*, nos quais ocorre o processo de ebulição, e condensadores também são componentes essenciais em ciclos de refrigeração por compressão de vapor. Os altos coeficientes de transferência de calor associados à ebulição a tornam atrativa para ser considerada com propósitos de gerenciamento do desempenho térmico de equipamentos eletrônicos avançados. O projeto racional de tais componentes exige que os processos associados de mudança de fase sejam bem compreendidos.

Neste capítulo, nossos objetivos são desenvolver um entendimento das condições físicas associadas à ebulição e à condensação e fornecer uma base para efetuar os cálculos de transferência de calor correlatos.

10.1 Parâmetros Adimensionais na Ebulição e na Condensação

Em nossa análise dos fenômenos de camada-limite (Capítulo 6), adimensionalizamos as equações governantes para identificar os grupos adimensionais relevantes. Esta abordagem melhorou a nossa compreensão dos mecanismos físicos relacionados com os processos e sugeriu procedimentos simplificados para generalizar e representar os resultados da transferência de calor.

Como é difícil desenvolver as equações que governam os processos de ebulição e de condensação, os parâmetros adimensionais apropriados podem ser obtidos usando o teorema pi de Buckingham [1]. Para ambos os processos, o coeficiente convectivo pode depender da diferença entre as temperaturas na superfície e de saturação, $\Delta T = |T_s - T_{sat}|$, da força de corpo originada na diferença de massas específicas entre as fases líquida e vapor, $g(\rho_l - \rho_v)$, do calor latente h_{fg}, da tensão superficial σ, de um comprimento característico L, e das propriedades termofísicas do líquido ou do vapor: ρ, c_p, k e μ. Isto é,

$$h = h\,[\Delta T, g(\rho_l - \rho_v), h_{fg}, \sigma, L, \rho, c_p, k, \mu] \tag{10.1}$$

Como são dez variáveis e cinco dimensões (m, kg, s, J, K), existem (10 − 5) = 5 grupos pi, que podem ser representados nas seguintes formas:

$$\frac{hL}{k} = f\left[\frac{\rho g(\rho_l - \rho_v)L^3}{\mu^2}, \frac{c_p\,\Delta T}{h_{fg}}, \frac{\mu c_p}{k}, \frac{g(\rho_l - \rho_v)L^2}{\sigma}\right] \tag{10.2a}$$

ou, definindo os grupos adimensionais,

$$Nu_L = f\left[\frac{\rho g\,(\rho_l - \rho_v)L^3}{\mu^2}, Ja, Pr, Bo\right] \tag{10.2b}$$

Os números de Nusselt e de Prandtl são conhecidos de nossas análises anteriores da transferência de calor convectiva envolvendo uma única fase. Os novos parâmetros adimensionais são o número de Jakob, *Ja*, o número de Bond, *Bo*, e um parâmetro que não possui nome, mas tem uma forte semelhança com o número de Grashof (veja a Equação 9.10 e lembre-se de que $\beta\Delta T \approx \Delta\rho/\rho$). Esse parâmetro sem nome representa o efeito do movimento do fluido induzido pelo empuxo na transferência de calor. O número de Jakob é a razão entre a máxima energia sensível absorvida pelo líquido (vapor) e a energia latente absorvida pelo líquido (vapor) durante a condensação (ebulição). Em muitas aplicações, a energia sensível é muito menor do que a energia latente e *Ja* possui um valor numérico pequeno. O número de Bond representa a razão entre a força de empuxo e a força de tensão superficial. Nas seções a seguir, iremos delinear o papel desses parâmetros na ebulição e na condensação.

10.2 Modos de Ebulição

Quando a evaporação ocorre em uma interface sólido-líquido, ela é chamada *ebulição*. O processo acontece quando a temperatura da superfície T_s é superior à temperatura de saturação T_{sat} correspondente à pressão no líquido. Calor é transferido da superfície sólida para o líquido, e a forma apropriada da lei do resfriamento de Newton é

$$q''_s = h(T_s - T_{sat}) = h\,\Delta T_e \tag{10.3}$$

na qual $\Delta T_e \equiv T_s - T_{sat}$ é chamado de *excesso de temperatura*. O processo é caracterizado pela formação de bolhas de vapor que crescem e, em seguida, se desprendem da superfície. O crescimento e a dinâmica da bolha de vapor dependem, de forma complicada, do excesso de temperatura, da natureza da superfície e de propriedades termofísicas do fluido, como, por exemplo, a sua tensão superficial. Por sua vez, a dinâmica da formação da bolha de vapor afeta o movimento do líquido próximo à superfície e, portanto, influencia fortemente o coeficiente de transferência de calor.

A ebulição pode ocorrer sob várias condições. Por exemplo, na *ebulição em piscina*, o líquido encontra-se quiescente e o seu movimento próximo à superfície deve-se à convecção natural e à mistura induzida pelo crescimento e o desprendimento das bolhas. Em contraste, na *ebulição com convecção forçada*, o movimento do fluido é induzido por meios externos, bem como pela convecção natural e pela mistura induzida pelas bolhas. A ebulição também pode ser classificada em função de estar *sub-resfriada* ou *saturada*. Na ebulição sub-resfriada, a temperatura da maior parte do líquido encontra-se abaixo da temperatura de saturação e as bolhas formadas na superfície podem se condensar no líquido. Por outro lado, a temperatura do líquido excede ligeiramente a temperatura de saturação na *ebulição saturada*. As bolhas formadas na superfície são, então, impelidas através do líquido pelas forças de empuxo, terminando por aflorar na superfície livre.

10.3 Ebulição em Piscina

A *ebulição saturada em piscina*, como mostrada na Figura 10.1, tem sido muito estudada. Embora exista um aumento brusco na temperatura do líquido próximo à superfície do sólido, a temperatura na maior parte do líquido permanece ligeiramente acima do valor de saturação. Bolhas geradas na interface sólido-líquido ascendem até a interface líquido-vapor, onde finalmente o vapor é transportado através da interface. Uma visão dos mecanismos físicos envolvidos pode ser obtida pelo exame da *curva de ebulição*.

10.3.1 *A Curva de Ebulição*

Usando o equipamento mostrado na Figura 10.2, Nukiyama [2] foi o primeiro a identificar diferentes regimes de ebulição em piscina. O fluxo térmico de um fio horizontal de *níquel-cromo* para a água saturada foi determinado pela medição da corrente elétrica I e do diferencial de potencial E. A temperatura do fio foi estabelecida a partir do conhecimento da forma pela qual a sua resistência elétrica varia com a temperatura. Esse sistema é conhecido como dispositivo de aquecimento com *potência controlada*, no qual a temperatura do fio T_s (e, assim, o excesso de temperatura ΔT_e) é a variável dependente, e o ajuste da potência (e, assim, o fluxo térmico q''_s) é a variável independente. Seguindo as setas da *curva de aquecimento* na Figura 10.3, fica evidente que, à medida que a potência é aplicada, o fluxo térmico aumenta com o excesso de temperatura, inicialmente de maneira lenta e, posteriormente, muito rapidamente.

Nukiyama observou que a ebulição, evidenciada pela presença de bolhas, não iniciou até que $\Delta T_e \approx 5$ °C. Com a elevação adicional da potência, o fluxo térmico aumentou para níveis bastante elevados até que, *subitamente*, em um valor

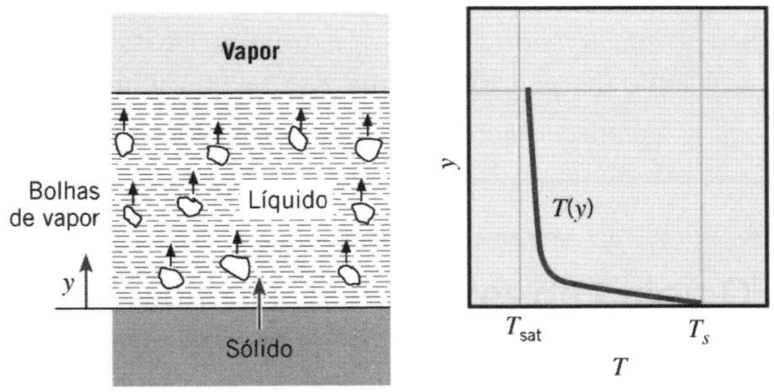

FIGURA 10.1 Distribuição de temperaturas na ebulição saturada em piscina com uma interface líquido-vapor.

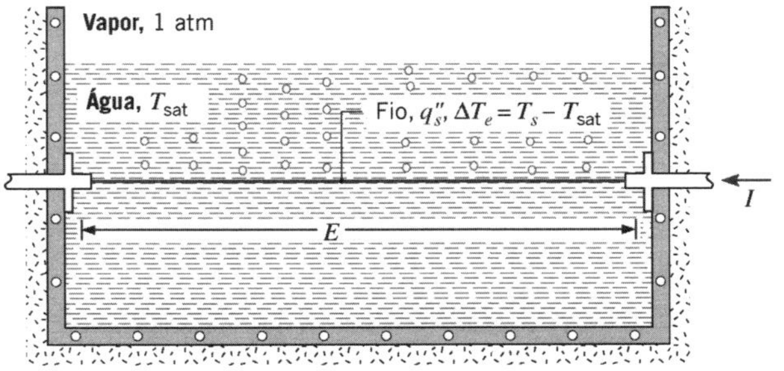

FIGURA 10.2 Equipamento de aquecimento com potência controlada de Nukiyama para demonstração da curva de ebulição.

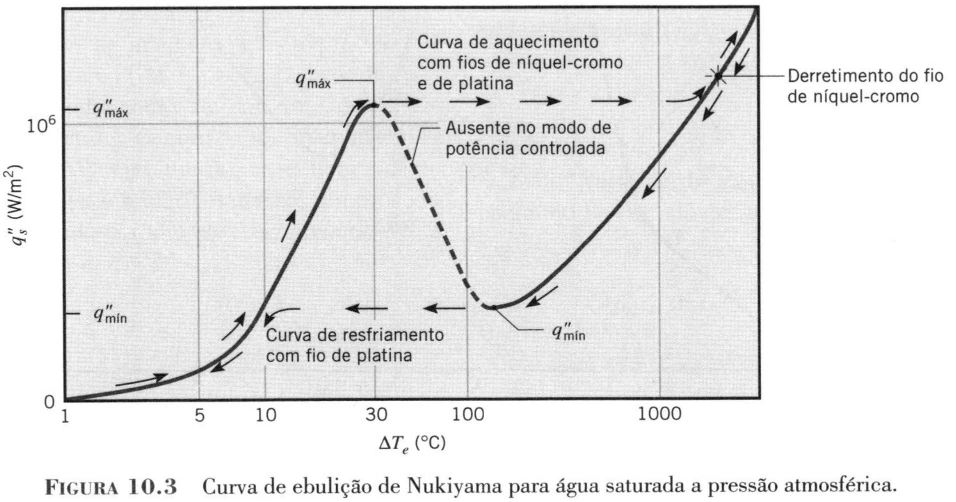

FIGURA 10.3 Curva de ebulição de Nukiyama para água saturada a pressão atmosférica.

ligeiramente superior a $q''_{máx}$, a temperatura do fio saltou para o seu ponto de fusão e o seu derretimento (*burnout* – "queima") aconteceu. Contudo, repetindo o experimento com um fio de *platina*, que possui um ponto de fusão mais elevado (2045 K contra 1500 K), Nukiyama foi capaz de manter fluxos térmicos acima de $q''_{máx}$ sem a ocorrência da ruptura do fio. Quando, em seguida, ele reduziu a potência, a variação de ΔT_e com q''_s seguiu a *curva de resfriamento* da Figura 10.3. Quando o fluxo térmico atingiu o ponto de mínimo $q''_{mín}$, uma diminuição adicional na potência causou uma queda brusca do excesso de temperatura, e o processo passou a seguir a curva de aquecimento original até o ponto de saturação.

Nukiyama supôs que o efeito de histerese na Figura 10.3 fosse uma consequência do método de aquecimento com potência controlada, no qual ΔT_e é uma variável dependente. Ele também acreditava que, com o uso de um processo de aquecimento que permitisse o controle independente de ΔT_e, a porção da curva de ebulição que estava faltando (tracejada) poderia ser obtida. Sua conjectura foi confirmada posteriormente por Drew e Mueller [3]. Pela condensação de vapor no interior de um tubo a diferentes pressões, eles foram capazes de controlar o valor de ΔT_e na ebulição de um fluido orgânico com baixo ponto de ebulição sobre a superfície externa do tubo, obtendo, dessa forma, a parte que faltava da curva de ebulição.

10.3.2 *Modos da Ebulição em Piscina*

Uma avaliação dos mecanismos físicos envolvidos no processo pode ser efetuada com o exame dos diferentes modos, ou regimes, da ebulição em piscina. Esses regimes estão identificados na curva de ebulição da Figura 10.4. Esta curva específica refere-se à água a 1 atm, embora tendências semelhantes caracterizem o comportamento de outros fluidos. Na Equação 10.3, observamos que q''_s depende do coeficiente convectivo h, assim como do excesso de temperatura ΔT_e. Diferentes regimes de ebulição podem ser identificados de acordo com o valor de ΔT_e.

Ebulição com Convecção Natural Diz-se existir ebulição com convecção natural se $\Delta T_e \leq \Delta T_{e,A}$, sendo $\Delta T_{e,A} \approx 5$ °C. A temperatura da superfície deve estar um pouco acima da temperatura de saturação para manter a formação de bolhas. À medida que o excesso de temperatura é aumentado, o início da formação de bolhas acabará ocorrendo, mas abaixo do ponto A (denominado *início da ebulição nucleada*, IEN) o movimento do fluido é determinado principalmente pelos efeitos da convecção natural. De acordo com a natureza do escoamento, laminar ou turbulento, h varia com ΔT_e elevado a 1/4 ou a 1/3, respectivamente, situação na qual q''_s varia em função de ΔT_e elevado às potências 5/4 ou 4/3. Para uma grande placa horizontal, o escoamento do fluido é turbulento e a Equação 9.31 pode ser usada para prever a porção da convecção natural da curva de ebulição, como mostrado na Figura 10.4.

Ebulição Nucleada A ebulição nucleada existe no intervalo $\Delta T_{e,A} \leq \Delta T_e \leq \Delta T_{e,C}$, sendo $\Delta T_{e,C} \approx 30$ °C. Nessa faixa, dois regimes de escoamento diferentes podem ser distinguidos. Na região A–B, *bolhas isoladas* se formam nos sítios de nucleação e se desprendem da superfície, como ilustrado na Figura 10.2. Esse desprendimento induz uma considerável mistura no

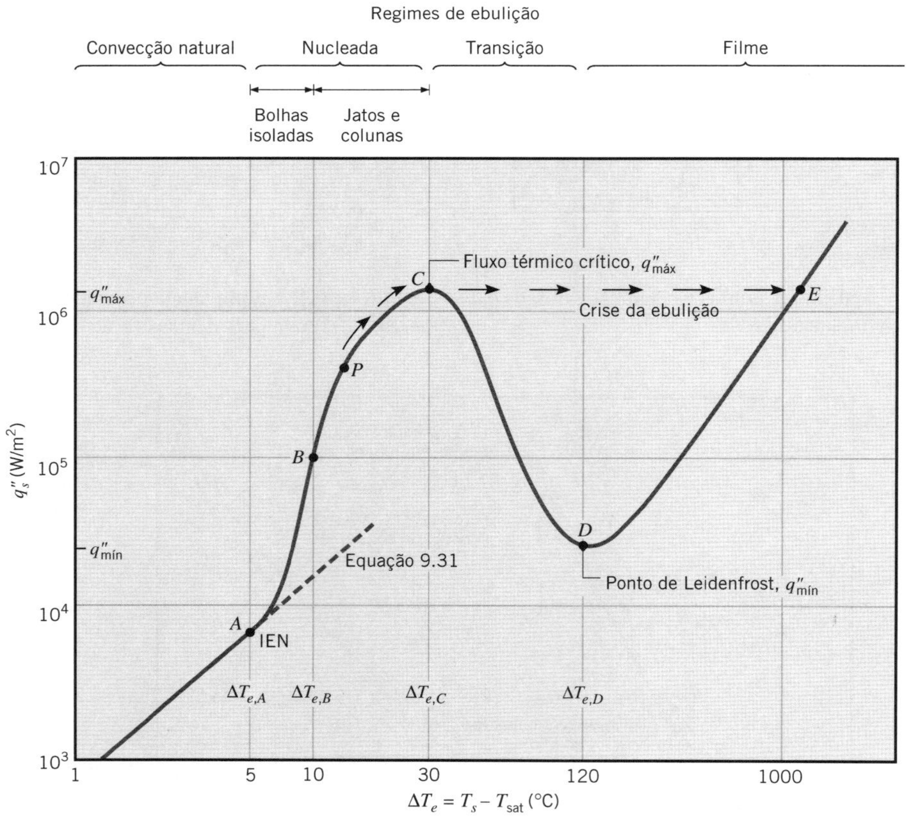

FIGURA 10.4 Curva de ebulição típica para a água a 1 atm: fluxo térmico superficial q''_s como uma função do excesso de temperatura, $\Delta T_e \equiv T_s - T_{sat}$.

fluido próximo à superfície, aumentando substancialmente h e q''_s. Nesse regime, a maior parte da troca de calor se dá por transferência direta da superfície para o líquido em movimento sobre ela, e não através das bolhas de vapor ascendendo a partir da superfície. Quando ΔT_e ultrapassa $\Delta T_{e,B}$, mais sítios de nucleação se tornam ativos e a maior formação de bolhas causa a interferência e a coalescência entre as bolhas. Na região B–C, o vapor ascende como *jatos* ou *colunas de bolhas*, que logo se unem para formar bolsões de vapor. Essa condição está ilustrada na Figura 10.5*a*. A interferência entre as bolhas densamente aglomeradas inibe o movimento do líquido na região próxima à superfície. O ponto P na Figura 10.4 representa uma mudança no comportamento da curva de ebulição. Antes do ponto P, a curva de ebulição pode ser aproximada por uma linha reta em um gráfico log-log, significando que $q''_s \propto \Delta T_e^n$. A partir deste ponto, o fluxo térmico aumenta mais lentamente com o aumento de ΔT_e. Em algum ponto entre P e C, o aumento decrescente do fluxo térmico leva a uma redução do coeficiente de transferência de calor $h = q''_s/\Delta T_e$. O fluxo térmico máximo, $q''_{s,C} = q''_{\text{máx}}$, é normalmente chamado de *fluxo térmico crítico*, e para a água a pressão atmosférica é superior a 1 MW/m^2. No ponto desse máximo, uma quantidade considerável de vapor está sendo formada, tornando difícil para o líquido molhar continuamente a superfície.

Como elevadas taxas de transferência de calor e coeficientes de transferência de calor estão relacionados com pequenos valores do excesso de temperatura, é desejável operar muitos equipamentos no regime de ebulição nucleada. A magnitude aproximada do coeficiente convectivo pode ser inferida com o uso da Equação 10.3 com a curva de ebulição da Figura 10.4. Dividindo q''_s por ΔT_e, fica evidente que coeficientes convectivos superiores a 10^4 W/(m^2 · K) são característicos desse regime. Esses valores são consideravelmente maiores do que aqueles normalmente presentes nos processos convectivos sem mudança de fase.

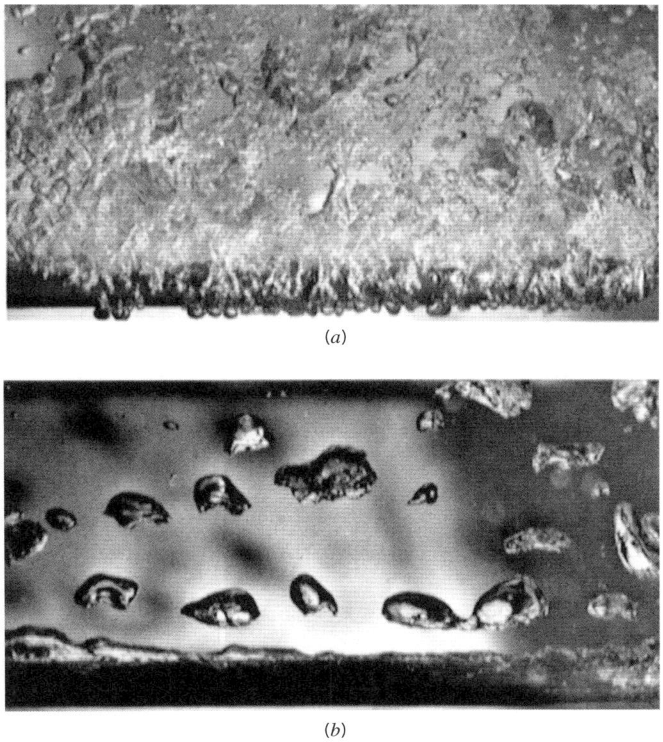

(*a*)

(*b*)

FIGURA 10.5 Ebulição de metanol sobre um tubo horizontal. (*a*) Ebulição nucleada no regime de jatos e colunas de bolhas. (*b*) Ebulição em filme. (As fotografias são cortesias do Professor J. W. Westwater, University of Illinois, em Champaign-Urbana).

Ebulição no Regime de Transição A região correspondente a $\Delta T_{e,C} \leq \Delta T_e \leq \Delta T_{e,D}$, sendo $\Delta T_{e,D} \approx 120$ °C, é conhecida por região de *ebulição no regime de transição*, *ebulição em filme instável*, ou *ebulição em filme parcial*. Agora a formação das bolhas é tão rápida que um filme ou uma manta de vapor começa a se formar sobre a superfície. Em qualquer ponto sobre a superfície, as condições oscilam entre a ebulição em filme e a ebulição nucleada, mas a fração da superfície total coberta pelo filme de vapor aumenta com o aumento de ΔT_e. Como a condutividade térmica do vapor é muito menor do que a do líquido, h (e q''_s) tem que diminuir com o aumento de ΔT_e.

Ebulição em Filme (em Película) A ebulição em filme existe quando $\Delta T_e \geq \Delta T_{e,D}$. No ponto D da curva de ebulição, conhecido como *ponto de* Leidenfrost,[1] o fluxo térmico atinge um mínimo, $q''_{s,D} = q''_{\text{mín}}$, e a superfície encontra-se completamente coberta por uma *manta de vapor*. A transferência de calor da superfície para o líquido ocorre por condução e radiação por meio do vapor. À medida que a temperatura superficial é aumentada, a radiação pelo filme de vapor se torna mais significativa e o fluxo térmico aumenta com o crescimento de ΔT_e. A Figura 10.5*b* ilustra a natureza da formação do vapor e a dinâmica das bolhas associadas à ebulição em filme. As fotografias da Figura 10.5 foram obtidas na ebulição de metanol sobre um tubo horizontal.

Embora a discussão anterior sobre a curva de ebulição admita que o controle sobre T_s possa ser mantido, é importante lembrar o experimento de Nukiyama e estar atento para as muitas aplicações que envolvem o controle de q''_s (por exemplo, em um reator nuclear ou em um equipamento de aquecimento por resistência elétrica) em vez de ΔT_e. Considere partir do P na Figura 10.4 e aumentar gradativamente q''_s. O valor de ΔT_e, e assim o de T_s, também irá aumentar, seguindo a curva de ebulição até o ponto C. Entretanto, qualquer aumento em q''_s além do ponto C induzirá um aumento abrupto de $\Delta T_{e,C} \approx 30$ °C para $\Delta T_{e,E} \equiv T_{s,E} - T_{\text{sat}} \approx 1100$ °C. Como $T_{s,E}$ pode exceder o ponto de fusão do sólido, pode ocorrer a destruição do sistema. Por esse motivo, o ponto C é frequentemente chamado de *ponto de queima* ou de *crise de ebulição*, e o conhecimento preciso do *fluxo térmico crítico* (FTC), $q''_{s,C} \equiv q''_{\text{máx}}$, é importante. Embora possamos desejar operar uma superfície de transferência de calor em condições próximas às do FTC, raramente desejaremos ultrapassá-lo.

10.4 Correlações da Ebulição em Piscina

Pela forma da curva de ebulição e com base no fato de que diversos mecanismos físicos caracterizam os diferentes regimes, não é surpresa a existência de uma multiplicidade de correlação de transferência de calor para o processo de ebulição. Para a região abaixo de $\Delta T_{e,A}$ na curva de ebulição (Figura 10.4),

[1] Foi Leidenfrost quem, em 1756, observou que gotículas de água sustentadas pelo filme de vapor evaporam lentamente ao se moverem ao longo de uma superfície quente.

correlações apropriadas da convecção natural, apresentadas no Capítulo 9, podem ser usadas para estimar os coeficientes e as taxas de transferência de calor. Nesta seção, apresentamos algumas das correlações mais utilizadas para a ebulição nucleada e a ebulição em filme.

10.4.1 *Ebulição Nucleada em Piscina*

A análise da ebulição nucleada exige uma estimativa do número de sítios de nucleação na superfície e da taxa na qual as bolhas são formadas em cada sítio. Os mecanismos associados a esse regime de ebulição têm sido estudados extensivamente, porém modelos matemáticos completos e confiáveis ainda estão por ser desenvolvidos. Yamagata *et al.* [4] foram os primeiros a mostrar a influência dos sítios de nucleação na taxa de transferência de calor e a demonstrar que q''_s é aproximadamente proporcional a ΔT_e^3. Tem-se por objetivo desenvolver correlações que reflitam essa relação entre o fluxo térmico superficial e o excesso de temperatura.

Na Seção 10.3.2 observamos que, na região *A–B* da Figura 10.4, a maior parte da transferência de calor resulta da transferência direta da superfície aquecida para o líquido. Dessa forma, o fenômeno da ebulição nessa região pode ser pensado como um tipo de convecção forçada na fase líquida no qual o movimento do fluido é induzido pelas bolhas em ascensão. Vimos que as correlações da convecção forçada têm usualmente a forma

$$\overline{Nu}_L = C_{cf}\, Re_L^{m_{cf}} Pr^{n_{cf}} \qquad (7.1)$$

e a Equação 7.1 pode oferecer uma ideia de como os dados da ebulição em piscina podem ser correlacionados, desde que uma escala de comprimento e uma velocidade característica possam ser identificadas para inclusão nos números de Nusselt e de Reynolds. O subscrito *cf* é adicionado às constantes que aparecem na Equação 7.1 para nos lembrar que elas se aplicam nesta correlação de *convecção forçada*. Como vimos no Capítulo 7, estas constantes são determinadas experimentalmente para escoamentos complicados. Como é postulado que as bolhas em ascensão misturam o líquido, uma escala de comprimento apropriada para superfícies de aquecimento relativamente grandes é o diâmetro das bolhas, D_b. O diâmetro das bolhas logo após o seu desprendimento da superfície aquecida pode ser determinado a partir de um balanço de forças no qual a força de empuxo (que promove o desprendimento da bolha e é proporcional a D_b^3) é igual à força da tensão superficial (que adere a bolha à superfície e é proporcional a D_b), resultando na expressão

$$D_b \propto \sqrt{\frac{\sigma}{g(\rho_l - \rho_v)}} \qquad (10.4a)$$

A constante de proporcionalidade depende do ângulo de contato entre o líquido, seu vapor e a superfície sólida; o ângulo de contato depende do líquido e da superfície sólida considerada. Os subscritos *l* e *v* indicam os estados de líquido e de vapor saturados, respectivamente, e σ (N/m) é a tensão superficial.

Uma velocidade característica para a agitação do líquido pode ser encontrada pela divisão da distância percorrida pelo líquido para preencher o espaço deixado pela bolha ao se desprender (proporcional a D_b) pelo tempo entre os desprendimentos de bolhas, t_b. O tempo t_b é igual à energia usada para formar uma bolha de vapor (proporcional a D_b^3), dividida pela taxa na qual calor é adicionado através da área de contato sólido-vapor (proporcional a D_b^2). Assim,

$$V \propto \frac{D_b}{t_b} \propto \frac{D_b}{\left(\dfrac{\rho_l h_{fg} D_b^3}{q''_s D_b^2}\right)} \propto \frac{q''_s}{\rho_l h_{fg}} \qquad (10.4b)$$

Substituindo as Equações 10.4a e 10.4b na Equação 7.1, absorvendo as proporcionalidades na constante C_{cf} e substituindo a expressão resultante para *h* na Equação 10.3, obtém-se a expressão a seguir, na qual as constantes $C_{s,f}$ e *n* foram recentemente introduzidas e o expoente m_{cf} da Equação 7.1 tem um valor de 2/3 determinado experimentalmente:

$$q''_s = \mu_l h_{fg}\left[\frac{g(\rho_l - \rho_v)}{\sigma}\right]^{1/2}\left(\frac{c_{p,l}\,\Delta T_e}{C_{s,f}\, h_{fg}\, Pr_l^n}\right)^3 \qquad (10.5)$$

A Equação 10.5 foi desenvolvida por Rohsenow [5] e é a primeira e mais amplamente utilizada correlação para ebulição nucleada. Todas as propriedades são do líquido, exceto ρ_v, e todas devem ser avaliadas a T_{sat}. O coeficiente $C_{s,f}$ e o expoente *n* dependem da combinação sólido-fluido e valores representativos determinados experimentalmente destes parâmetros são apresentados na Tabela 10.1. Valores para outras combinações sólido-fluido podem ser obtidos na literatura [6–8]. Valores da tensão superficial e do calor latente de vaporização da água são apresentados na Tabela A.6 e de alguns fluidos selecionados na Tabela A.5. Valores para outros líquidos podem ser obtidos em qualquer edição recente do *Handbook of Chemistry and Physics*. Se a Equação 10.5 for reescrita em termos de um número de Nusselt baseado em uma escala de comprimento arbitrária *L*, ela terá a forma $Nu_L \propto Ja^2\, Pr^{1-3n}\, Bo^{1/2}$. Comparando com a Equação 10.2b, vemos que somente o primeiro parâmetro adimensional não está presente. Se o

TABELA 10.1 Valores de $C_{s,f}$ para várias combinações superfície-fluido [5–7]

Combinação Superfície–Fluido	$C_{s,f}$	*n*
Água-cobre		
Riscada	0,0068	1,0
Polida	0,0128	1,0
Água-aço inoxidável		
Tratada quimicamente	0,0133	1,0
Polida mecanicamente	0,0132	1,0
Esmerilhada e polida	0,0080	1,0
Água-latão	0,0060	1,0
Água-níquel	0,006	1,0
Água-platina	0,0130	1,0
n-Pentano-cobre		
Polida	0,0154	1,7
Esmerilhada	0,0049	1,7
Benzeno-cromo	0,0101	1,7
Álcool etílico-cromo	0,0027	1,7

número de Nusselt for baseado no diâmetro da bolha característico dado pela Equação 10.4a, a expressão se reduz a uma forma mais simples $Nu_{D_b} \propto Ja^2\, Pr^{1-3n}$.

A correlação de Rohsenow se aplica somente para superfícies limpas. Quando ela é empregada para estimar o fluxo térmico, os erros podem chegar a ± 100 %. Entretanto, como $\Delta T_e \propto (q''_s)^{1/3}$, esse erro é reduzido por um fator igual a três quando a correlação é usada para estimar ΔT_e a partir do conhecimento de q''_s. Também, como $q''_s \propto h_{fg}^{-2}$ e h_{fg} diminui com o aumento da pressão de saturação (temperatura), o fluxo térmico na ebulição nucleada aumentará com a pressurização do líquido.

10.4.2 *Fluxo Térmico Crítico na Ebulição Nucleada em Piscina*

Reconhecemos que o fluxo térmico crítico, $q''_{s,C} = q''_{\text{máx}}$, representa um ponto importante na curva de ebulição. Podemos desejar operar um processo de ebulição em uma região próxima a esse ponto, mas devemos reconhecer o perigo de dissipar calor a uma taxa além desse limite. Kutateladze [9], a partir da análise dimensional, e Zuber [10], mediante uma análise de estabilidade hidrodinâmica, obtiveram uma expressão que pode ser aproximada por

$$q''_{\text{máx}} = C h_{fg} \rho_v \left[\frac{\sigma g(\rho_l - \rho_v)}{\rho_v^2} \right]^{1/4} \qquad (10.6)$$

que é independente do material da superfície e depende fracamente da geometria da superfície aquecida por meio da primeira constante C. Para grandes cilindros horizontais, para esferas e para muitas superfícies aquecidas grandes e finitas, o uso da primeira constante com um valor de $C = \pi/24 \approx 0{,}131$ (a constante de Zuber) concorda com dados experimentais com precisão média de 16 % [11]. Para placas horizontais grandes, um valor de $C = 0{,}149$ fornece uma melhor concordância com os dados experimentais. As propriedades na Equação 10.6 são avaliadas na temperatura de saturação. A Equação 10.6 se aplica quando o comprimento característico da superfície aquecida, L, é grande em relação ao diâmetro das bolhas, D_b. Entretanto, quando a superfície quente é pequena de tal forma que o número de Confinamento, $Co = \sqrt{\sigma / (g[\rho_l - \rho_v])} / L = Bo^{-1/2}$ [12], é maior do que aproximadamente 0,2, um fator de correção deve ser usado para levar em conta o pequeno tamanho do aquecedor. Lienhard [11] informa fatores de correção para várias geometrias, incluindo placas horizontais, cilindros, esferas e fitas verticais e horizontais.

É importante observar que o fluxo térmico crítico depende fortemente da pressão, sobretudo através das dependências em relação à pressão da tensão superficial e do calor de vaporização. Cichelli e Bonilla [13] demonstraram experimentalmente que o fluxo térmico máximo aumenta com a pressão até um terço da pressão crítica, quando então passa a decrescer até atingir o valor zero na pressão crítica.

10.4.3 *Fluxo Térmico Mínimo*

A ebulição no regime de transição possui pouco interesse prático, uma vez que ela só pode ser obtida com o controle da temperatura da superfície do aquecedor. Embora nenhuma teoria adequada tenha sido desenvolvida para esse regime, as condições podem ser caracterizadas pelo contato periódico *instável* entre o líquido e a superfície aquecida. Entretanto, o limite superior desse regime possui interesse, uma vez que ele corresponde à formação de uma manta ou filme de vapor *estável* e a uma condição de fluxo térmico mínimo. Se o fluxo térmico cair para um valor abaixo desse mínimo, o filme irá colapsar, causando o resfriamento da superfície e o restabelecimento de uma condição de ebulição nucleada.

Zuber [10] utilizou a teoria da estabilidade para deduzir a expressão a seguir para o fluxo térmico mínimo, $q''_{s,D} = q''_{\text{mín}}$, em uma grande placa horizontal:

$$q''_{\text{mín}} = C \rho_v h_{fg} \left[\frac{g\sigma(\rho_l - \rho_v)}{(\rho_l + \rho_v)^2} \right]^{1/4} \qquad (10.7)$$

na qual as propriedades são avaliadas na temperatura de saturação. A constante, $C = 0{,}09$, foi determinada experimentalmente por Berenson [14]. Esse resultado possui uma acurácia de aproximadamente 50 % para a maioria dos fluidos a pressões moderadas, porém fornece piores estimativas em pressões mais elevadas [15]. Um resultado semelhante foi obtido para cilindros horizontais [16].

10.4.4 *Ebulição em Filme em Piscina*

Para excessos de temperatura além do ponto de Leidenfrost, um filme contínuo de vapor cobre a superfície e não há contato entre a fase líquida e a superfície. Como as condições no filme estável de vapor possuem uma grande semelhança com as existentes na condensação em filme laminar (Seção 10.7), é comum basear as correlações para a ebulição em filme em resultados obtidos na teoria da condensação. Um desses resultados, que se aplica à ebulição em filme sobre um cilindro ou esfera de diâmetro D, possui a forma

$$\overline{Nu}_D = \frac{\bar{h}_{\text{conv}} D}{k_v} = C \left[\frac{g(\rho_l - \rho_v) h'_{fg} D^3}{\nu_v k_v (T_s - T_{\text{sat}})} \right]^{1/4} \qquad (10.8)$$

A constante da correlação C é igual a 0,62 para cilindros horizontais [17] e a 0,67 para esferas [11]. O calor latente corrigido h'_{fg} leva em consideração a energia sensível necessária para manter a temperatura no interior do filme de vapor acima da temperatura de saturação. Embora ele possa ser aproximado por $h'_{fg} = h_{fg} + 0{,}80 c_{p,v}(T_s - T_{sat})$, sabe-se que ele depende fracamente do número de Prandtl do vapor [18]. As propriedades do vapor são estimadas na pressão do sistema e na temperatura do filme, $T_f = (T_s + T_{\text{sat}})/2$, enquanto ρ_l e h_{fg} são avaliados na temperatura de saturação.

Em temperaturas superficiais elevadas ($T_s \gtrsim 300$ °C), a transferência de calor por radiação através do filme de vapor se torna significativa. Como a radiação atua para aumentar a espessura do filme, não é razoável supor que os processos radiante e convectivo simplesmente se somem. Bromley [17] investigou a ebulição em filme na superfície externa de tubos horizontais e sugeriu o cálculo do coeficiente de transferência de calor total em uma equação transcendental na forma

$$\bar{h}^{4/3} = \bar{h}_{\text{conv}}^{4/3} + \bar{h}_{\text{rad}} \bar{h}^{1/3} \qquad (10.9)$$

Se $\overline{h}_{rad} < \overline{h}_{conv}$, uma forma mais simples pode ser usada:

$$\overline{h} = \overline{h}_{conv} + \tfrac{3}{4}\overline{h}_{rad} \quad (10.10)$$

O coeficiente radiante efetivo $\overline{h}_{rad}$ é determinado por

$$\overline{h}_{rad} = \frac{\varepsilon\sigma(T_s^4 - T_{sat}^4)}{T_s - T_{sat}} \quad (10.11)$$

sendo ε a emissividade do sólido (Tabela A.11) e σ a constante de Stefan-Boltzmann.

Note que a analogia entre a ebulição em filme e a condensação em filme não é válida para pequenas superfícies com elevada curvatura em função da grande disparidade entre as espessuras dos filmes de vapor e de líquido nos dois processos. A analogia também é questionável em uma superfície vertical, embora estimativas satisfatórias tenham sido obtidas para condições limitadas.

10.4.5 *Efeitos Paramétricos na Ebulição em Piscina*

Nesta seção analisamos resumidamente outros parâmetros que podem afetar a ebulição em piscina, restringindo nossa atenção ao campo gravitacional, ao sub-resfriamento do líquido e às condições da superfície sólida.

A influência do *campo gravitacional* sobre a ebulição deve ser considerada em aplicações que envolvem viagens espaciais e máquinas rotativas. Essa influência fica evidente pela presença da aceleração da gravidade g nas expressões anteriores. Siegel [19], na sua revisão sobre efeitos da gravidade reduzida, confirma que a dependência de $g^{1/4}$ nas Equações 10.6, 10.7 e 10.8 (para os fluxos térmicos máximo e mínimo, e para a ebulição em filme) está correta para valores de g de até 0,10 m/s^2. Para a ebulição nucleada, contudo, há evidências de que o fluxo térmico é praticamente independente da aceleração da gravidade, o que contraria a dependência $g^{1/2}$ indicada na Equação 10.5. Forças gravitacionais acima da normal apresentam efeitos similares, embora na região próxima ao IEN a gravidade possa influenciar a convecção induzida pelas bolhas.

Se um líquido em um sistema de ebulição em piscina for mantido a uma temperatura menor do que a temperatura de saturação, diz-se que o líquido está *sub-resfriado*, com $\Delta T_{sub} \equiv T_{sat} - T_l$. No regime de convecção natural, geralmente o fluxo térmico aumenta em função de $(T_s - T_l)^n$ ou $(\Delta T_e + \Delta T_{sub})^n$, com n na faixa $5/4 \leq n \leq 4/3$ dependendo da geometria da superfície aquecida. Por outro lado, na ebulição nucleada, a influência do sub-resfriamento é considerada desprezível, embora se saiba que os fluxos térmicos máximo e mínimo, $q''_{máx}$ e $q''_{mín}$, aumentem linearmente com ΔT_{sub}. No caso da ebulição em filme, o fluxo térmico aumenta fortemente com o aumento de ΔT_{sub}.

A influência da *rugosidade da superfície* (por usinagem, introdução de ranhuras, entalhe ou jateamento de areia) sobre os fluxos térmicos máximo e mínimo e sobre a ebulição em filme é desprezível. Contudo, conforme demonstrado por Berenson [20], o aumento na rugosidade da superfície pode causar um grande aumento no fluxo térmico no regime de ebulição nucleada. Como mostra a Figura 10.6, uma superfície rugosa possui inúmeras cavidades que servem para reter vapor, fornecendo sítios maiores e em maior quantidade para o crescimento das bolhas. Tem-se que a densidade de sítios de nucleação em uma superfície rugosa pode ser substancialmente maior do que em uma superfície lisa. Contudo, sob condições de ebulição prolongada, os efeitos da rugosidade da superfície geralmente diminuem, indicando que os sítios novos e maiores formados pelo aumento da rugosidade não são locais estáveis para a retenção de vapor.

Arranjos superfícies especiais que proporcionam um *aumento* (*intensificação*) estável da ebulição nucleada estão disponíveis comercialmente e foram revisadas por Webb [21]. Estas *superfícies intensificadoras* podem ser de dois tipos: (1) revestimentos com materiais muito porosos formados por sinterização, solda, pulverização por chama, deposição eletrolítica ou empolamento, e (2) cavidades reentrantes, formadas mecanicamente ou por usinagem, que asseguram um contínuo aprisionamento do vapor (veja a Figura 10.7). Tais superfícies proporcionam uma renovação contínua do vapor nos sítios de nucleação e o aumento da transferência de calor em mais de uma ordem de grandeza. Técnicas de intensificação ativas, tais como varredura rotativa sobre a superfície, vibração da superfície, vibração do fluido e campos eletrostáticos, também foram revisadas por Bergles [22, 23]. Entretanto, uma vez que essas técnicas complicam o sistema de ebulição e, em muitos casos, prejudicam a sua confiabilidade, elas são pouco utilizadas em aplicações práticas.

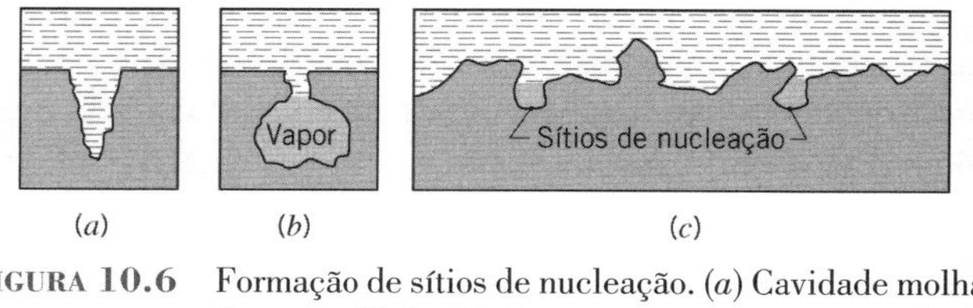

FIGURA 10.6 Formação de sítios de nucleação. (*a*) Cavidade molhada sem retenção de vapor. (*b*) Cavidade reentrante com vapor retido. (*c*) Perfil ampliado de uma superfície rugosa.

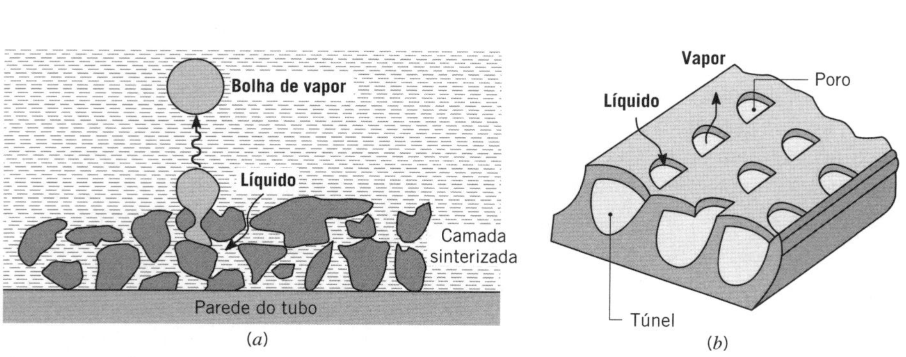

FIGURA 10.7 Superfícies estruturadas típicas para a intensificação da ebulição nucleada. (*a*) Revestimento metálico sinterizado. (*b*) Cavidades reentrantes duplas formadas mecanicamente.

EXEMPLO 10.1

O fundo de uma panela de cobre, com 0,3 m de diâmetro, é mantido a 118 °C por um aquecedor elétrico. Estime a potência necessária para ferver água nessa panela. Qual é a taxa de evaporação? Calcule o fluxo térmico crítico.

SOLUÇÃO

Dados: Água fervendo em uma panela de cobre com temperatura superficial especificada.

Achar:

1. Potência exigida no aquecedor elétrico para causar a ebulição.
2. Taxa de evaporação da água em função da ebulição.
3. Fluxo térmico crítico correspondente ao ponto de "queima".

Esquema:

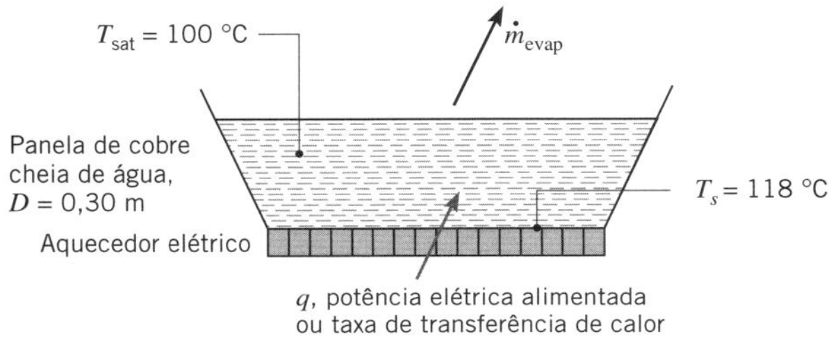

Considerações:

1. Condições de regime estacionário.
2. Água exposta à pressão atmosférica padrão: 1,01 bar.
3. Água a uma temperatura uniforme, T_{sat} = 100 °C.
4. Superfície da base da panela grande e de cobre polido.
5. Perdas térmicas do aquecedor e da panela para a vizinhança desprezíveis.

Propriedades: Tabela A.6, água saturada, líquida (100 °C): $\rho_l = 1/v_f = 957{,}9\ \text{kg/m}^3$, $c_{p,l} = c_{p,f} = 4{,}217\ \text{kJ/(kg}\cdot\text{K)}$, $\mu_l = \mu_f = 279 \times 10^{-6}\ \text{N}\cdot\text{s/m}^2$, $Pr_l = Pr_f = 1{,}76$, $h_{fg} = 2257$ kJ/kg; $\sigma = 58{,}9 \times 10^{-3}$ N/m. Tabela A.6, água saturada, vapor (100 °C): $\rho_v = 1/v_g = 0{,}5956\ \text{kg/m}^3$.

Análise:

1. A partir do conhecimento da temperatura de saturação T_{sat} da água em ebulição a 1 atm e da temperatura da superfície aquecida de cobre T_s, o excesso de temperatura ΔT_e é

$$\Delta T_e \equiv T_s - T_{sat} = 118\,°\text{C} - 100\,°\text{C} = 18\,°\text{C}$$

De acordo com a curva de ebulição da Figura 10.4, irá ocorrer ebulição nucleada em piscina e a correlação recomendada para estimar o fluxo térmico superficial é dada pela Equação 10.5.

$$q_s'' = \mu_l h_{fg}\left[\frac{g(\rho_l - \rho_v)}{\sigma}\right]^{1/2}\left(\frac{c_{p,l}\,\Delta T_e}{C_{s,f}h_{fg}\,Pr_l^n}\right)^3$$

Os valores de $C_{s,f}$ e n correspondentes à combinação "superfície de cobre polida-água" são determinados a partir dos resultados experimentais da Tabela 10.1, sendo $C_{s,f}$ = 0,0128 e n = 1,0. Substituindo os valores numéricos, o fluxo térmico na ebulição é

$$\begin{aligned} q_s'' &= 279 \times 10^{-6}\ \text{N}\cdot\text{s/m}^2 \times 2257 \times 10^3\ \text{J/kg} \\ &\times \left[\frac{9{,}8\ \text{m/s}^2\,(957{,}9 - 0{,}5956)\ \text{kg/m}^3}{58{,}9 \times 10^{-3}\ \text{N/m}}\right]^{1/2} \\ &\times \left(\frac{4{,}217 \times 10^3\ \text{J/(kg}\cdot\text{K)} \times 18\ °\text{C}}{0{,}0128 \times 2257 \times 10^3\ \text{J/kg} \times 1{,}76}\right)^3 \\ &= 836\ \text{kW/m}^2 \end{aligned}$$

Assim, a taxa de transferência de calor na ebulição é

$$q_s = q_s'' \times A = q_s'' \times \frac{\pi D^2}{4}$$

$$q_s = 8{,}36 \times 10^5\ \text{W/m}^2 \times \frac{\pi(0{,}30\ \text{m})^2}{4} = 59{,}1\ \text{kW} \qquad \triangleleft$$

2. Desprezando perdas para a vizinhança, toda adição de calor na panela resultará na evaporação da água. Assim,

$$q_s = \dot{m}_{evap}\,h_{fg}$$

sendo $\dot{m}_{evap}$ a taxa na qual a água evapora da superfície livre para a sala. Tem-se, então, que

$$\dot{m}_{evap} = \frac{q_s}{h_{fg}} = \frac{5{,}91 \times 10^4\ \text{W}}{2257 \times 10^3\ \text{J/kg}} = 0{,}0262\ \text{kg/s} = 94\ \text{kg/h} \qquad \triangleleft$$

3. O fluxo térmico crítico para a ebulição nucleada em piscina pode ser estimado pela Equação 10.6:

$$q''_{\text{máx}} = 0{,}149 h_{fg}\rho_v\left[\frac{\sigma g(\rho_l - \rho_v)}{\rho_v^2}\right]^{1/4}$$

Substituindo os valores numéricos apropriados,

$$\begin{aligned} q''_{\text{máx}} &= 0{,}149 \times 2257 \times 10^3\ \text{J/kg} \times 0{,}5956\ \text{kg/m}^3 \\ &\times \left[\frac{58{,}9\times 10^{-3}\ \text{N/m}\times 9{,}8\ \text{m/s}^2(957{,}9 - 0{,}5956)\ \text{kg/m}^3}{(0{,}5956\ \text{kg/m}^3)^2}\right]^{1/4} \end{aligned}$$

$$q''_{\text{máx}} = 1{,}26\ \text{MW/m}^2 \qquad \triangleleft$$

Comentários:

1. Note que o fluxo térmico crítico, $q''_{\text{máx}}$ = 1,26 MW/m², representa o fluxo térmico máximo para a ebulição nucleada de água a pressão atmosférica normal. Portanto, a operação do aquecedor a q_s'' = 0,836 MW/m² está abaixo da condição crítica.
2. Usando a Equação 10.7, o fluxo térmico mínimo no ponto de Leidenfrost é $q''_{\text{mín}}$ = 18,9 kW/m². Note na Figura 10.4 que, para essa condição, $\Delta T_e \approx 120$ °C.

EXEMPLO 10.2

Um elemento aquecedor com revestimento metálico, com 6 mm de diâmetro e emissividade $\varepsilon = 1$, encontra-se imerso em posição horizontal em um banho de água. A temperatura da superfície do metal é de 255 °C sob condições de ebulição em regime estacionário. Estime a dissipação de potência por unidade de comprimento do aquecedor.

SOLUÇÃO

Dados: Ebulição a partir da superfície externa de um cilindro horizontal imerso em água.

Achar: Dissipação de potência por unidade de comprimento do cilindro, q'_s.

Esquema:

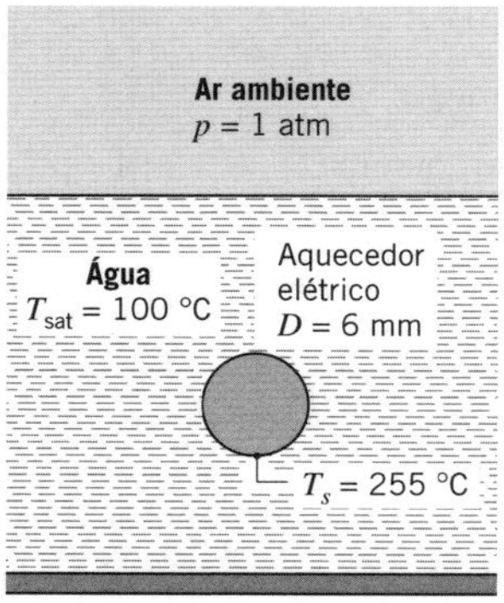

Considerações:

1. Condições de regime estacionário.
2. Água exposta à pressão atmosférica padrão e a uma temperatura uniforme T_{sat}.

Propriedades: Tabela A.6, água saturada, líquida (100 °C): $\rho_l = 1/v_f = 957{,}9$ kg/m³, $h_{fg} = 2257$ kJ/kg. Tabela A.4, vapor d'água a pressão atmosférica ($T_f \approx 450$ K): $\rho_v = 0{,}4902$ kg/m³, $c_{p,v} = 1{,}980$ kJ/(kg · K), $k_v = 0{,}0299$ W/(m · K), $\mu_v = 15{,}25 \times 10^{-6}$ N · s/m².

Análise: O excesso de temperatura é

$$\Delta T_e = T_s - T_{sat} = 255\,°\text{C} - 100\,°\text{C} = 155\,°\text{C}$$

De acordo com a curva de ebulição da Figura 10.4, são atingidas condições de ebulição em filme em piscina quando a transferência de calor ocorre por convecção e por radiação. A taxa de transferência de calor segue da Equação 10.3, escrita com base em um comprimento unitário para uma superfície cilíndrica com diâmetro D:

$$q'_s = q''_s \pi D = \bar{h}\pi D\,\Delta T_e$$

O coeficiente de transferência de calor $\bar{h}$ é calculado pela Equação 10.9,

$$\bar{h}^{4/3} = \bar{h}_{\text{conv}}^{4/3} + \bar{h}_{\text{rad}}\bar{h}^{1/3}$$

na qual os coeficientes de transferência de calor por convecção e por radiação são obtidos nas Equações 10.8 e 10.11, respectivamente. Para o coeficiente convectivo:

$$\bar{h}_{\text{conv}} = 0{,}62\left[\frac{k_v^3\rho_v(\rho_l-\rho_v)g(h_{fg}+0{,}8c_{p,v}\,\Delta T_e)}{\mu_v D\,\Delta T_e}\right]^{1/4}$$

$$\bar{h}_{\text{conv}} = 0{,}62 \times \left[\frac{(0{,}0299\ \text{W/(m}\cdot\text{K)})^3 \times 0{,}4902\,\text{kg/m}^3(957{,}9-0{,}4902)\,\text{kg/m}^3 \times 9{,}8\ \text{m/s}^2}{1}\right.$$

$$\left.\times\frac{(2257\times10^3\ \text{J/kg} + 0{,}8\times1{,}98\times10^3\ \text{J/(kg}\cdot\text{K)}\times155\ °\text{C})}{15{,}25\times10^{-6}\ \text{N}\cdot\text{s/m}^2\times6\times10^{-3}\ \text{m}\times155\ °\text{C}}\right]^{1/4} = 238\ \text{W/(m}^2\cdot\text{K)}$$

Para o coeficiente de transferência de calor por radiação:

$$\bar{h}_{\text{rad}} = \frac{\varepsilon\sigma(T_s^4 - T_{\text{sat}}^4)}{T_s - T_{\text{sat}}}$$

$$\bar{h}_{\text{rad}} = \frac{5{,}67 \times 10^{-8}\ \text{W/(m}^2\cdot\text{K}^4)(528^4 - 373^4)\text{K}^4}{(528 - 373)\ \text{K}} = 21{,}3\ \text{W/(m}^2\cdot\text{K)}$$

Resolvendo a Equação 10.9 por tentativa e erro,

$$\bar{h}^{4/3} = 238^{4/3} + 21{,}3\bar{h}^{1/3}$$

tem-se que

$$\bar{h} = 254{,}1\ \text{W/(m}^2\cdot\text{K)}$$

Assim, a taxa de transferência de calor por unidade de comprimento do elemento aquecedor é

$$q_s' = 254{,}1\ \text{W/(m}^2\cdot\text{K)} \times \pi \times 6 \times 10^{-3}\ \text{m} \times 155\ °\text{C} = 742\ \text{W/m} \qquad \triangleleft$$

Comentários: A Equação 10.10 é também apropriada para estimar $\bar{h}$; ela fornece um valor de 254,0 W/(m^2 · K).

10.5 Ebulição com Convecção Forçada

Na *ebulição em piscina*, o escoamento do fluido ocorre principalmente em função do movimento das bolhas induzido pelo empuxo a partir da superfície aquecida. Em contraste, na *ebulição com convecção forçada* o escoamento é resultado de uma movimentação dirigida (ou global) do fluido, assim como em função dos efeitos do empuxo. As condições dependem fortemente da geometria, que pode envolver um escoamento *externo* sobre placas e cilindros aquecidos ou um escoamento *interno* (em dutos). A ebulição com convecção forçada em um escoamento interno é comumente referida como um *escoamento bifásico* e caracterizada por mudanças rápidas do estado líquido para o estado vapor no sentido do escoamento.

10.5.1 *Ebulição com Convecção Forçada em Escoamento Externo*

Para o escoamento externo sobre uma placa aquecida, o fluxo térmico pode ser estimado por correlações-padrão da convecção forçada até o ponto onde se inicia a ebulição. À medida que a temperatura da placa aquecida é aumentada, a ebulição nucleada ocorrerá, ocasionando um aumento no fluxo térmico. Se a geração de vapor não for muito grande e o líquido estiver sub-resfriado, Bergles e Rohsenow [24] sugerem um método para estimar o fluxo térmico total em termos de componentes relativos à convecção forçada pura e à ebulição em piscina.

Sabe-se que tanto a convecção forçada quanto o sub-resfriamento aumentam o fluxo térmico crítico $q''_{\text{máx}}$ na ebulição nucleada. Valores experimentais de até 35 MW/m^2 (compare com 1,3 MW/m^2 para ebulição em piscina de água a 1 atm) foram relatados [25]. Para um líquido com velocidade V em escoamento cruzado sobre um cilindro com diâmetro D, Lienhard e Eichhorn [26] desenvolveram as expressões a seguir para escoamentos com baixas e altas velocidades, nas quais as propriedades são estimadas na temperatura de saturação.

Baixa Velocidade:

$$\frac{q''_{\text{máx}}}{\rho_v h_{fg} V} = \frac{1}{\pi}\left[1 + \left(\frac{4}{We_D}\right)^{1/3}\right] \tag{10.12}$$

Alta Velocidade:

$$\frac{q''_{\text{máx}}}{\rho_v h_{fg} V} = \frac{(\rho_l/\rho_v)^{3/4}}{169\pi} + \frac{(\rho_l/\rho_v)^{1/2}}{19{,}2\pi\, We_D^{1/3}} \tag{10.13}$$

O número de Weber, We_D, é a razão entre as forças de inércia e as forças de tensão superficial, e tem a forma

$$We_D \equiv \frac{\rho_v V^2 D}{\sigma} \tag{10.14}$$

As regiões de alta e baixa velocidade, respectivamente, são determinadas em função de o valor do parâmetro do fluxo térmico, $q''_{\text{máx}}/\rho_v h_{fg} V$, ser menor ou maior do que $[(0{,}275/\pi)(\rho_l/\rho_v)^{1/2} + 1]$. Na maioria dos casos, as Equações 10.12 e 10.13 correlacionam os dados para $q''_{\text{máx}}$ com aproximação de 20 %.

10.5.2 *Escoamento Bifásico*

A ebulição com convecção forçada em escoamentos internos está associada à formação de bolhas na superfície interna de um tubo aquecido através do qual um líquido escoa. O crescimento e o desprendimento das bolhas são fortemente influenciados pela velocidade do escoamento, e os efeitos fluidodinâmicos diferem significativamente dos presentes na ebulição em piscina. O processo é acompanhado pela existência de uma variedade de padrões de escoamento bifásico.

Considere o desenvolvimento do escoamento no interior de um tubo vertical que é submetido a um fluxo térmico superficial constante, através do qual o fluido se movimenta no sentido ascendente, conforme mostrado na Figura 10.8. A transferência de calor para o líquido sub-resfriado que entra no tubo é inicialmente por *convecção forçada monofásica* e pode ser prevista usando-se as correlações do Capítulo 8. Mais abaixo no tubo, a temperatura da parede se torna superior à temperatura de saturação do líquido, e a vaporização inicia-se na *região de ebulição com escoamento sub-resfriado* (*subcooled flow boiling region*). Essa região é caracterizada por grandes gradientes de temperatura radiais, com bolhas se formando adjacentes à parede aquecida e líquido sub-resfriado escoando perto do centro do tubo. A espessura da região das bolhas aumenta ao longo do tubo até que o núcleo do líquido atinge a temperatura de saturação do fluido. Então, as bolhas podem estar presentes em qualquer posição radial e a fração mássica do vapor no fluido média no tempo,[2] X, é maior do que zero em qualquer posição radial. Isso marca o início da *região de ebulição com escoamento saturado* (*saturated flow boiling region*). No interior da região de ebulição com escoamento saturado, a fração mássica de vapor média, definida como

$$\overline{X} \equiv \frac{\int_{A_{tr}} \rho u(r,x) X dA_{tr}}{\dot{m}}$$

aumenta e, em razão da grande diferença de densidades entre as fases vapor e líquido, a velocidade média do fluido, u_m, aumenta significativamente.

O primeiro estágio da região de ebulição com escoamento saturado corresponde ao *regime de escoamento com bolhas* (*bubbly flow regime*). Na medida em que $\overline{X}$ aumenta, bolhas individuais coalescem formando bolsões de vapor. Esse *regime de escoamento em bolsões* (*slug-flow regime*) é seguido pelo *regime de escoamento anular* (*annular-flow regime*), no qual o líquido forma um filme na parede do tubo. Esse filme se move ao longo da superfície interna do tubo, enquanto o vapor se move com uma velocidade maior através do núcleo do tubo. A seguir, pontos secos aparecem na superfície interna do tubo e crescem em tamanho em um *regime de transição* (*transition regime*). Eventualmente, a superfície inteira do tubo está completamente seca e todo líquido remanescente está na forma de gotículas que viajam a alta velocidade no interior do núcleo central do tubo no *regime de névoa* (*mist regime*). Depois de as gotas serem totalmente vaporizadas, o fluido é constituído por vapor superaquecido em uma *segunda* região de convecção forçada monofásica. O aumento da fração mássica de vapor ao longo do comprimento do tubo, em conjunto com a significativa diferença das massas específicas das fases líquida e vapor, aumentam a velocidade média do fluido por várias ordens de grandeza entre a primeira e a segunda regiões de convecção forçada monofásica.

O coeficiente de transferência de calor local varia significativamente na medida em que $\overline{X}$ e u_m diminuem e aumentam, respectivamente, ao longo do comprimento do tubo, x. Em geral, o coeficiente de transferência de calor pode aumentar em aproximadamente uma ordem de grandeza através da região de ebulição com escoamento sub-resfriado. Os coeficientes de transferência de calor aumentam mais nos primeiros estágios da região de ebulição com escoamento saturado. As condições se tornam mais complexas mais para dentro da região de ebulição com escoamento saturado, pois o coeficiente convectivo, definido na Equação 10.3, *tanto* aumenta *quanto* diminui com o aumento de $\overline{X}$, dependendo do fluido e do material da parede do tubo. Em geral, o menor coeficiente convectivo está

[2] Esse termo é frequentemente chamado de *qualidade* do fluido bifásico.

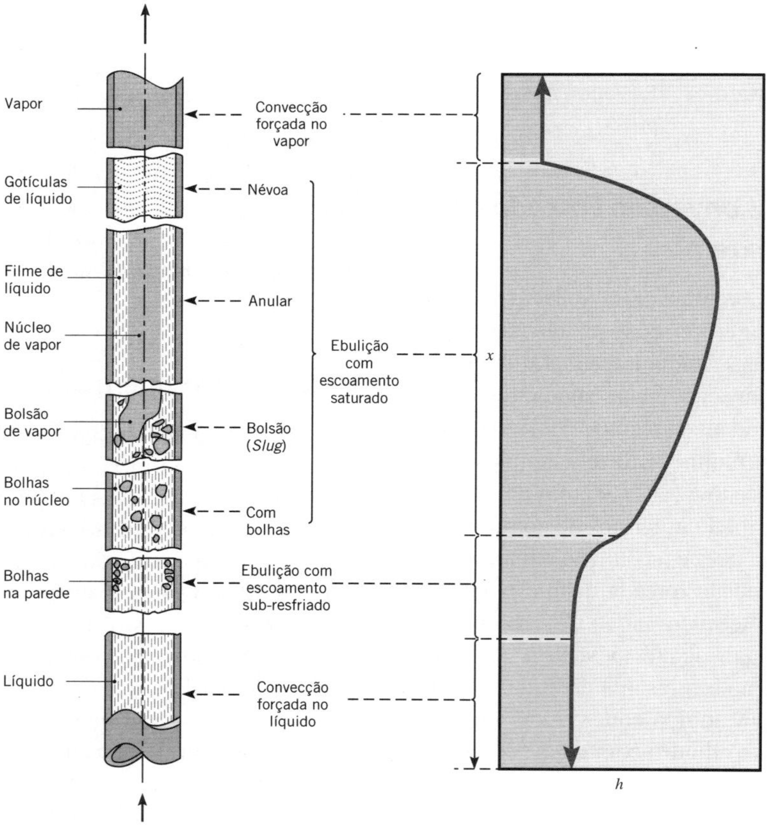

FIGURA 10.8 Regimes de escoamento na ebulição com convecção forçada em um tubo.

presente na segunda (vapor) região de convecção forçada em razão da baixa condutividade térmica do vapor em relação à do líquido.

As correlações a seguir foram desenvolvidas para a região de ebulição com escoamento saturado em tubos circulares lisos [27, 28]:

$$\frac{h}{h_{mf}} = 0{,}6683\left(\frac{\rho_l}{\rho_v}\right)^{0{,}1} \overline{X}^{0{,}16}(1-\overline{X})^{0{,}64} f(Fr) + 1058\left(\frac{q_s''}{\dot{m}''h_{fg}}\right)^{0{,}7}(1-\overline{X})^{0{,}8} G_{s,f} \quad (10.15a)$$

ou

$$\frac{h}{h_{mf}} = 1{,}136\left(\frac{\rho_l}{\rho_v}\right)^{0{,}45} \overline{X}^{0{,}72}(1-\overline{X})^{0{,}08} f(Fr) + 667{,}2\left(\frac{q_s''}{\dot{m}''h_{fg}}\right)^{0{,}7}(1-\overline{X})^{0{,}8} G_{s,f} \quad (10.15b)$$

$$0 < \overline{X} \lesssim 0{,}8$$

com $\dot{m}'' = \dot{m}/A_{tr}$ sendo a vazão mássica por unidade de área transversal. Ao utilizar a Equação 10.15, os maiores valores do coeficiente de transferência de calor, h, devem ser usados. Nessa expressão, o *número de Froude* da fase líquida é $(Fr) = (\dot{m}''/\rho_l)^2/(gD)$ e o coeficiente $G_{s,f}$ depende da combinação superfície-fluido. Valores representativos para $G_{s,f}$ são dados na Tabela 10.2. A Equação 10.15 se aplica para tubos verticais e horizontais, em que o *parâmetro de estratificação*, $f(Fr)$, leva em conta a estratificação das fases líquida e vapor que pode ocorrer em tubos horizontais. Seu valor é unitário para tubos verticais e para tubos horizontais, com $Fr \gtrsim 0{,}04$. Para tubos horizontais com $Fr \lesssim 0{,}04$, $f(Fr) = 2{,}63\ Fr^{0{,}3}$. Todas as propriedades são avaliadas na temperatura de saturação, T_{sat}. O coeficiente convectivo monofásico, h_{mf}, está associado à região de convecção forçada no líquido da Figura 10.8 e é obtido com a Equação 8.62 com as propriedades avaliadas a T_{sat}. Como a Equação 8.62 é para o escoamento turbulento, recomenda-se que a Equação 10.15 não seja usada em situações nas quais a convecção no líquido monofásico seja em regime laminar. A Equação 10.15 se aplica quando as dimensões do canal são grandes em relação ao diâmetro da bolha, isto é, para números de Confinamento, $Co = \sqrt{\sigma/(g[\rho_l - \rho_v])}/D_h \lesssim 1/2$ [3].

Para usar a Equação 10.15, a fração mássica de vapor média, $\overline{X}$, tem que ser conhecida. Para variações desprezíveis nas energias cinética e potencial do fluido, assim como com trabalho desprezível, a Equação 1.12d pode ser reorganizada para fornecer

$$\overline{X}(x) = \frac{q_s''\pi Dx}{\dot{m}h_{fg}} \quad (10.16)$$

na qual a origem da coordenada x, $x = 0$, corresponde à posição axial na qual $\overline{X}$ passa a ser maior do que zero, e a variação da entalpia, $u_t + pv$, é igual à variação de $\overline{X}$ multiplicada pela entalpia de vaporização, h_{fg}.

Correlações para a região de ebulição com escoamento sub-resfriado, assim como para os regimes anular e de névoa, estão disponíveis na literatura [28]. Para condições de fluxo térmico constante, fluxos térmicos críticos podem ocorrer na região de ebulição com escoamento sub-resfriado, na região de ebulição com escoamento saturado, na qual $\overline{X}$ é grande, ou na região de convecção forçada no vapor. Condições de fluxo térmico crítico podem levar à fusão do material do tubo em situações extremas [29]. Discussões adicionais da ebulição com escoamento estão disponíveis na literatura [7, 30−33]. Grandes bases de dados com milhares de valores do fluxo térmico crítico medidos experimentalmente para amplas faixas de condições operacionais estão também disponíveis [34, 35].

TABELA 10.2 Valores de $G_{s,f}$ para várias combinações superfície-líquido [27, 28]

Fluido em Tubo de Cobre Comercial	$G_{s,f}$
Querosene	0,488
Refrigerante R-134a	1,63
Refrigerante R-152a	1,10
Água	1,00
Para tubos de aço inoxidável, use $G_{s,f} = 1$.	

10.5.3 *Escoamento Bifásico em Microcanais*

Microcanais com escoamentos bifásicos exibem ebulição convectiva forçada de um líquido através de canais circulares ou não circulares, com diâmetros hidráulicos na faixa de 10 a 1000 μm, com taxas de transferência de calor extremamente altas [36, 37]. Nessas situações, o tamanho característico das bolhas pode ocupar uma fração significativa do diâmetro do tubo e o número de Confinamento pode se tornar muito grande ($Co \gtrsim 1/2$). Portanto, há diferentes tipos de regime de escoamento, incluindo regimes nos quais as bolhas ocupam aproximadamente todo o diâmetro do tubo [38]. Isso pode levar a um aumento expressivo do coeficiente convectivo, h, correspondendo ao pico na Figura 10.8. Depois disso, h diminui com o aumento de x como acontece na Figura 10.8. A Equação 10.15 não pode ser usada para prever valores corretos do coeficiente de transferência de calor e nem mesmo prevê tendências corretas para os casos de ebulição com escoamento em microcanais. Há necessidade de se recorrer a uma modelagem mais sofisticada [36, 39].

10.6 Condensação: Mecanismos Físicos

A condensação ocorre quando a temperatura de um vapor é reduzida a valores inferiores aos de sua temperatura de saturação. Em equipamentos industriais, o processo usualmente resulta do contato entre o vapor e uma *superfície* fria (Figuras 10.9*a*, *b*). A energia latente do vapor é liberada, calor é transferido para a superfície e o condensado é formado. Outros modos comuns são a condensação *homogênea* (Figura 10.9*c*), na qual o vapor condensa em gotículas que permanecem suspensas em uma fase gasosa, formando uma névoa, e a condensação por *contato direto* (Figura 10.9*d*), que ocorre quando o vapor entra em contato com um líquido frio. Neste capítulo iremos analisar somente a condensação sobre superfícies.

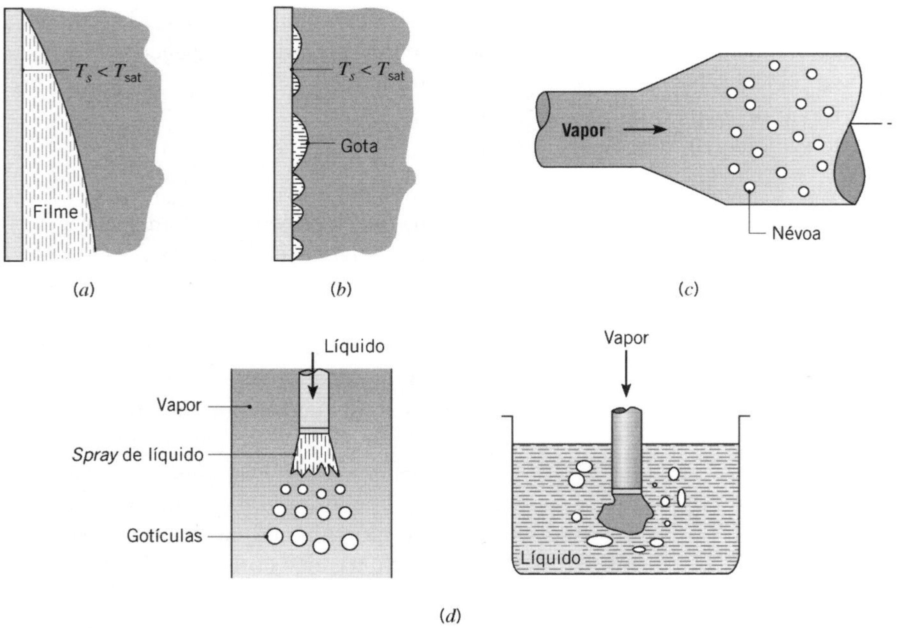

FIGURA 10.9 Modos de condensação. (*a*) Em filme. (*b*) Condensação em gotas sobre uma superfície. (*c*) Condensação homogênea ou formação de névoa resultante do aumento de pressão em face da expansão. (*d*) Condensação por contato direto.

Como mostrado nas Figuras 10.9*a*,*b*, a condensação pode ocorrer em uma de duas formas, dependendo da condição da superfície. A forma dominante de condensação é aquela na qual um filme de líquido cobre toda a superfície de condensação e, sob a ação da gravidade, o filme escoa continuamente deixando a superfície. A *condensação em filme* é, geralmente, característica de superfícies limpas e isentas de contaminação. Entretanto, se a superfície for revestida com uma substância que induza uma baixa molhabilidade, é possível manter a *condensação em gotas*. As gotas se formam em rachaduras, pequenas depressões e cavidades sobre a superfície e podem crescer e coalescer a partir da condensação continuada. Em geral, mais de 90 % da superfície é coberta pelas gotas, que variam de uns poucos micrômetros em diâmetro até aglomerações visíveis a olho nu. As gotículas deixam a superfície em razão da ação da gravidade. As condensações em filme e em gotas de vapor d'água sobre uma superfície de cobre, na posição vertical, são mostradas na Figura 10.10. Uma fina camada de oleato cúprico foi aplicada na parcela esquerda da superfície para promover a condensação em gotas. Uma sonda de termopar com 1 mm de diâmetro se estende ao longo da fotografia.

FIGURA 10.10 Condensação sobre uma superfície vertical. (*a*) Em gotas. (*b*) Em filme. (A fotografia é cortesia do Professor J. W. Westwater, University of Illinois, em Champaign-Urbana.)

Independentemente do fato de estar na forma de um filme ou de gotas, o condensado representa uma resistência à transferência de calor entre o vapor e a superfície. Como essa resistência aumenta com a espessura do condensado, que, por sua vez, aumenta na direção do escoamento, é desejável utilizar superfícies verticais com pequena altura ou cilindros horizontais em situações envolvendo condensação em filme. Consequentemente, a maioria dos condensadores possui matrizes de tubos horizontais, no interior dos quais escoa um refrigerante líquido, enquanto no lado externo é passado o vapor a ser condensado. Visando à manutenção de elevadas taxas de condensação e de transferência de calor, a formação de gotas é melhor do que a formação de um filme. Na condensação em gotas, a maior parte da transferência de calor se dá através de gotas com diâmetros menores do que 100 μm e podem ser alcançadas taxas de transferência de calor superiores, em mais de uma ordem de grandeza, daquelas associadas à condensação em filme. Portanto, é uma prática usual utilizar revestimentos superficiais que induzam baixas molhabilidades e, dessa forma, estimulam a condensação em gotas. Silicones, Teflon e uma variedade de ceras e ácidos graxos são frequentemente usados com esse propósito. Entretanto, tais revestimentos perdem gradualmente a sua eficácia em virtude da oxidação, deposição ou simplesmente remoção, e a condensação em filme eventualmente ocorre.

Embora seja desejável se obter a condensação em gotas em aplicações industriais, é frequentemente difícil manter essa condição. Por esse motivo e como os coeficientes convectivos na condensação em filmes são menores do que aqueles associados à condensação em gotas, os cálculos de projeto de condensadores são, com frequência, baseados na hipótese de que ocorre condensação em filme. Nas seções seguintes deste capítulo, concentramo-nos na condensação em filme e mencionamos apenas sucintamente resultados disponíveis para a condensação em gotas.

10.7 Condensação em Filme Laminar sobre uma Placa Vertical

Como mostrado na Figura 10.11*a*, podem existir diversas características complicadoras associadas à condensação em filme (ou em película). O filme inicia a sua formação no topo da placa e escoa na direção descendente sob a influência da gravidade. A espessura δ e a vazão mássica de condensado $\dot{m}$ aumentam com o aumento de x, em função da condensação contínua na interface líquido-vapor, que se encontra a T_{sat}. Há, então, transferência de calor dessa interface, através do filme, para a superfície, que é mantida a $T_s < T_{sat}$. No caso mais geral, o vapor pode estar superaquecido ($T_{v,\infty} > T_{sat}$) e pode ser parte de uma mistura que contenha um ou mais gases não condensáveis. Além disso, há uma tensão de cisalhamento na interface líquido-vapor não nula, que contribui para um gradiente de velocidade no vapor, bem como no filme [40, 41].

Apesar da complexidade associada à condensação em filme, resultados úteis podem ser obtidos fazendo-se suposições originadas de uma análise de Nusselt [42].

1. Escoamento laminar e propriedades constantes são supostas no filme líquido.
2. Considera-se que o gás é um vapor puro a uma temperatura uniforme igual a T_{sat}. Com a ausência de gradiente de temperatura no vapor, a transferência de calor para a interface líquido-vapor pode ocorrer somente pela condensação na interface e não por condução vinda do vapor.
3. Supõe-se que a tensão cisalhante na interface líquido-vapor seja desprezível, neste caso, $\partial u/\partial y|_{y=\delta} = 0$. Com essa suposição e a anterior de temperatura uniforme no vapor, não há necessidade de se considerar as camadas-limite de velocidade ou térmica no vapor, mostradas na Figura 10.11*a*.
4. As transferências de momento e de energia por advecção no filme de condensado são consideradas desprezíveis. Essa hipótese é razoável em virtude das baixas velocidades associadas ao filme. Tem-se, então, que a transferência de calor através do filme ocorre apenas por condução, situação na qual a distribuição de temperaturas no líquido é linear.

As condições no filme resultantes dessas hipóteses estão mostradas na Figura 10.11*b*.

A equação do momento na direção x para o filme pode ser obtida da Equação 9.1, com $\rho = \rho_l$ e $\nu = \nu_l$ para o líquido, e com o sinal da parcela da gravidade trocado, pois x está agora no sentido da gravidade. O gradiente de pressão é obtido nas condições da corrente livre e é igual a $dp_\infty/dx = +\rho_v g$, pois a massa específica da corrente livre é a massa específica do vapor. A partir da quarta aproximação, as parcelas referentes à advecção de momento podem ser desprezadas e a equação do momento na direção x pode ser escrita como

$$\frac{\partial^2 u}{\partial y^2} = -\frac{g}{\mu_l}(\rho_l - \rho_v) \tag{10.17}$$

Integrando duas vezes e aplicando condições de contorno nas formas $u(0) = 0$ e $\partial u/\partial y|_{y=\delta} = 0$, o perfil de velocidades no interior do filme se torna

$$u(y) = \frac{g(\rho_l - \rho_v)\delta^2}{\mu_l}\left[\frac{y}{\delta} - \frac{1}{2}\left(\frac{y}{\delta}\right)^2\right] \tag{10.18}$$

Desse resultado, a vazão mássica de condensado por unidade de largura $\Gamma(x)$ pode ser obtida em termos de uma integral que envolve o perfil de velocidades:

$$\frac{\dot{m}(x)}{b} = \int_0^{\delta(x)} \rho_l u(y)\, dy \equiv \Gamma(x) \tag{10.19}$$

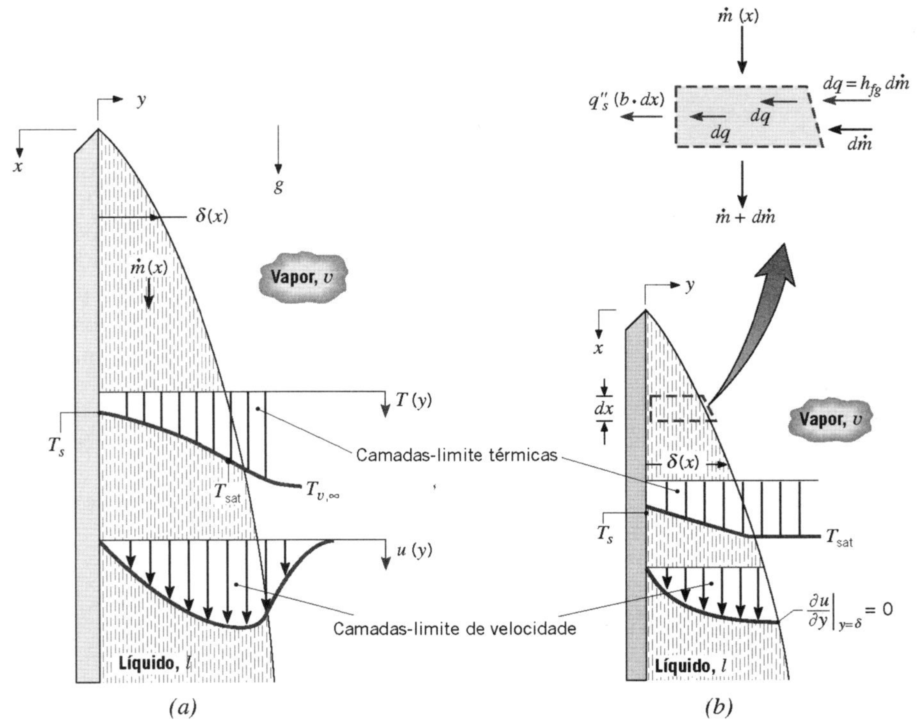

FIGURA 10.11 Efeitos de camada-limite relacionados com a condensação em filme sobre uma superfície vertical. (*a*) Sem aproximação. (*b*) Com hipóteses associadas à análise de Nusselt, para uma placa vertical com largura *b*.

Substituindo a Equação 10.18, tem-se que

$$\Gamma(x) = \frac{g\rho_l(\rho_l - \rho_v)\delta^3}{3\mu_l} \qquad (10.20)$$

A variação específica de δ em função de x, e assim de Γ, pode ser obtida aplicando-se, em primeiro lugar, a exigência de conservação da energia no elemento diferencial mostrado na Figura 10.11*b*. Em uma porção da interface líquido-vapor, com largura unitária e comprimento dx, a taxa de transferência de calor para o interior do filme, dq, deve ser igual à taxa de energia liberada em razão da condensação na interface. Dessa forma,

$$dq = h_{fg}\, d\dot{m} \qquad (10.21)$$

Como a advecção é desprezada, tem-se também que a taxa de transferência de calor através da interface deve ser igual à taxa de transferência de calor para a superfície. Assim,

$$dq = q_s''(b \cdot dx) \qquad (10.22)$$

Como a distribuição de temperaturas no líquido é linear, a lei de Fourier pode ser usada para expressar o fluxo térmico superficial como

$$q_s'' = \frac{k_l(T_{\text{sat}} - T_s)}{\delta} \qquad (10.23)$$

Combinando as Equações 10.19 e 10.21 até 10.23, obtemos então

$$\frac{d\Gamma}{dx} = \frac{k_l(T_{\text{sat}} - T_s)}{\delta h_{fg}} \qquad (10.24)$$

Diferenciando a Equação 10.20, também obtemos

$$\frac{d\Gamma}{dx} = \frac{g\rho_l(\rho_l - \rho_v)\delta^2}{\mu_l}\frac{d\delta}{dx} \qquad (10.25)$$

Combinando as Equações 10.24 e 10.25, tem-se que

$$\delta^3 d\delta = \frac{k_l\mu_l(T_{\text{sat}} - T_s)}{g\rho_l(\rho_l - \rho_v)h_{fg}}\, dx$$

Integrando de $x = 0$, com $\delta = 0$, até uma posição qualquer x de interesse sobre a superfície,

$$\delta(x) = \left[\frac{4k_l\mu_l(T_{\text{sat}} - T_s)x}{g\rho_l(\rho_l - \rho_v)h_{fg}}\right]^{1/4} \qquad (10.26)$$

Esse resultado pode, então, ser substituído na Equação 10.20 para se obter $\Gamma(x)$.

Uma melhora do resultado anterior para $\delta(x)$ foi feita por Nusselt [42] e Rohsenow [43], que mostraram que, com a inclusão dos efeitos da advecção térmica, um termo é adicionado ao calor latente de vaporização. Em lugar de h_{fg}, Rohsenow recomendou o uso de um calor latente modificado com a forma $h'_{fg} = h_{fg} + 0{,}68c_{p,l}(T_{\text{sat}} - T_s)$, ou, em termos do número de Jakob,

$$h'_{fg} = h_{fg}(1 + 0{,}68\, Ja) \qquad (10.27)$$

Mais recentemente, Sadasivan e Lienhard [18] mostraram que o calor latente modificado depende fracamente do número de Prandtl do líquido.

O fluxo térmico superficial pode ser representado por

$$q_s'' = h_x(T_{\text{sat}} - T_s) \qquad (10.28)$$

Igualando à Equação 10.23, o coeficiente convectivo local é então

$$h_x = \frac{k_l}{\delta} \qquad (10.29)$$

ou, da Equação 10.26 com h_{fg} substituído por h'_{fg},

$$h_x = \left[\frac{g\rho_l(\rho_l - \rho_v)k_l^3 h'_{fg}}{4\mu_l(T_{\text{sat}} - T_s)x}\right]^{1/4} \qquad (10.30)$$

Como h_x depende de $x^{-1/4}$, tem-se que o coeficiente convectivo médio para toda a extensão da placa é

$$\overline{h}_L = \frac{1}{L}\int_0^L h_x dx = \frac{4}{3}h_L$$

ou

$$\overline{h}_L = 0{,}943\left[\frac{g\rho_l(\rho_l - \rho_v)k_l^3 h'_{fg}}{\mu_l(T_{\text{sat}} - T_s)L}\right]^{1/4} \qquad (10.31)$$

Então, o número de Nusselt médio possui a forma

$$\overline{Nu}_L = \frac{\overline{h}_L L}{k_l} = 0{,}943\left[\frac{\rho_l g(\rho_l - \rho_v)h'_{fg}L^3}{\mu_l k_l(T_{\text{sat}} - T_s)}\right]^{1/4} \qquad (10.32)$$

Ao usar essa equação em conjunto com a Equação 10.27, todas as propriedades do líquido devem ser avaliadas na temperatura do filme, $T_f = (T_{\text{sat}} + T_s)/2$. A massa específica do vapor ρ_v e o calor latente de vaporização h_{fg} devem ser estimados a T_{sat}.

Uma análise de camada-limite mais detalhada da condensação em filme sobre uma placa vertical foi efetuada por Sparrow e Gregg [40]. Seus resultados, confirmados por Chen [44], indicam que os erros associados ao uso da Equação 10.32 são inferiores a 3 % para $Ja \leq 0{,}1$ e $1 \leq Pr \leq 100$. Dhir e Lienhard [45] também mostraram que a Equação 10.32 pode ser usada para placas inclinadas, se g for substituído por $g \cdot \cos(\theta)$, sendo θ o ângulo entre a vertical e a superfície. Contudo, essa correção deve ser usada com cautela para grandes valores de θ e não se aplica quando $\theta = \pi/2$. A expressão pode ser usada para condensação sobre a superfície interna ou externa de um tubo vertical com raio R, se $R \gg \delta$.

A transferência de calor total para a superfície é obtida utilizando-se a Equação 10.31 em conjunto com a seguinte forma da lei do resfriamento de Newton:

$$q = \overline{h}_L A(T_{\text{sat}} - T_s) \qquad (10.33)$$

A taxa de condensação total pode, então, ser determinada pela relação

$$\dot{m} = \frac{q}{h'_{fg}} = \frac{\overline{h}_L A(T_{\text{sat}} - T_s)}{h'_{fg}} \qquad (10.34)$$

Em geral, as Equações 10.33 e 10.34 são aplicáveis em qualquer geometria superficial, embora a forma de $\overline{h}_L$ varie de acordo com a geometria e as condições de escoamento.

10.8 Condensação em Filme Turbulento

Da mesma forma que para todos os fenômenos convectivos discutidos anteriormente, condições de escoamento turbulento podem estar presentes na condensação em filme. Considere a superfície vertical da Figura 10.12*a*. O critério de transição pode ser expresso em termos de um número de Reynolds definido por

$$Re_\delta \equiv \frac{4\Gamma}{\mu_l} \quad (10.35)$$

Com a vazão mássica do condensado dada por $\dot{m} = \rho_l u_m b\delta$, o número de Reynolds pode ser escrito como

$$Re_\delta = \frac{4\dot{m}}{\mu_l b} = \frac{4\rho_l u_m \delta}{\mu_l} \quad (10.36)$$

sendo u_m a velocidade média no filme e δ, a espessura do filme, sendo o comprimento característico. Como no caso das camadas-limite monofásicas, o número de Reynolds é um indicador das condições do escoamento. Como mostrado na Figura 10.12*b*, para $Re_\delta \lesssim 30$, o filme é laminar e isento de ondulações. Para Re_δ maiores, tem-se a formação de ondulações ou marolas na superfície do filme de condensado e, em $Re_\delta \approx 1800$, a transição do escoamento laminar para o turbulento está completa.

Na região laminar isenta de ondulações ($Re_\delta \lesssim 30$), as Equações 10.35 e 10.20 podem ser combinadas para fornecer

$$Re_\delta = \frac{4g\rho_l(\rho_l - \rho_v)\delta^3}{3\mu_l^2} \quad (10.37)$$

Admitindo que $\rho_l \gg \rho_v$, as Equações 10.26, 10.31 e 10.37 podem ser combinadas para gerar uma expressão para um número de Nusselt modificado médio associado à condensação no regime laminar sem ondulações:

$$\overline{Nu}_L = \frac{\overline{h}_L(\nu_l^2/g)^{1/3}}{k_l} = 1{,}47\, Re_\delta^{-1/3} \qquad Re_\delta \lesssim 30 \quad (10.38)$$

na qual o coeficiente de transferência de calor médio $\overline{h}_L$ está associado à condensação em toda a placa. Quando o escoamento

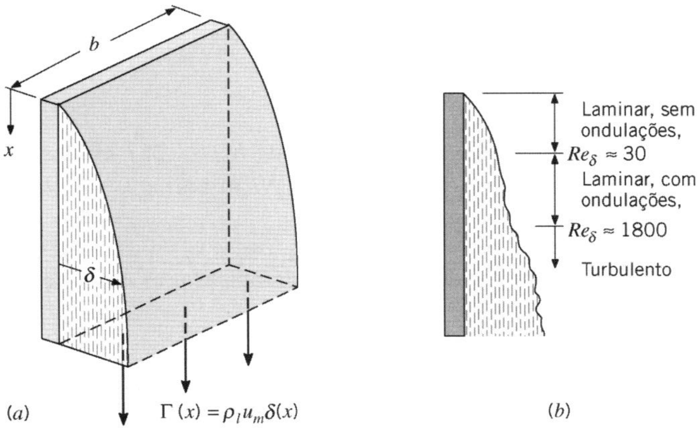

FIGURA 10.12 Condensação em filme sobre uma placa vertical. (*a*) Taxa de condensado para uma placa com largura *b*. (*b*) Regimes de escoamento.

na base da placa está no regime laminar com ondulações, Kutateladze [46] recomenda uma correlação com a forma

$$\overline{Nu}_L = \frac{\overline{h}_L(\nu_l^2/g)^{1/3}}{k_l} = \frac{Re_\delta}{1{,}08\, Re_\delta^{1{,}22} - 5{,}2} \qquad 30 \lesssim Re_\delta \lesssim 1800 \quad (10.39)$$

e, quando o escoamento na base da placa está no regime turbulento, Labuntsov [47] recomenda

$$\overline{Nu}_L = \frac{\overline{h}_L(\nu_l^2/g)^{1/3}}{k_l} = \frac{Re_\delta}{8750 + 58\, Pr_l^{-0{,}5}(Re_\delta^{0{,}75} - 253)} \qquad Re_\delta \gtrsim 1800,\ Pr_l \geq 1 \quad (10.40)$$

Uma representação gráfica dos resultados das correlações anteriores é apresentada na Figura 10.13. As tendências observadas foram verificadas experimentalmente por Gregorig *et al.* [48] para a água no intervalo $1 < Re_\delta < 7200$. Todas as propriedades são avaliadas como para a condensação em filme laminar, como explicado depois da Equação 10.32.

O número de Reynolds nas Equações 10.38 a 10.40 refere-se à espessura do filme δ que existe na base da superfície sobre a qual há condensação, $x = L$. Se δ for desconhecido, é preferível reescrever estas equações em uma forma que elimine Re_δ. Para fazer isso, as Equações 10.34 e 10.36 devem ser combinadas com a definição do número de Nusselt médio para fornecer a expressão

$$Re_\delta = 4P\,\frac{\overline{h}_L(\nu_l^2/g)^{1/3}}{k_l} = 4P\,\overline{Nu}_L \quad (10.41)$$

na qual o parâmetro adimensional P é

$$P = \frac{k_l L(T_{sat} - T_s)}{\mu_l h'_{fg}(\nu_l^2/g)^{1/3}} \quad (10.42)$$

Substituindo a Equação 10.41 nas Equações 10.38, 10.39 e 10.40, podemos explicitar os números de Nusselt médios em termos de P,

$$\overline{Nu}_L = \frac{\overline{h}_L(\nu_l^2/g)^{1/3}}{k_l} = 0{,}943\, P^{-1/4} \qquad P \lesssim 15{,}8 \quad (10.43)$$

$$\overline{Nu}_L = \frac{\overline{h}_L(\nu_l^2/g)^{1/3}}{k_l} = \frac{1}{P}(0{,}68\,P + 0{,}89)^{0{,}82} \qquad 15{,}8 \lesssim P \lesssim 2530 \quad (10.44)$$

$$\overline{Nu}_L = \frac{\overline{h}_L(\nu_l^2/g)^{1/3}}{k_l} = \frac{1}{P}[(0{,}024\,P - 53)Pr_l^{1/2} + 89]^{4/3} \qquad P \gtrsim 2530,\ Pr_l \geq 1 \quad (10.45)$$

A Equação 10.43 é idêntica à Equação 10.32 com $\rho_l \gg \rho_v$.

Em um problema específico, P pode ser determinado pela Equação 10.42, quando então o número de Nusselt médio ou o coeficiente de transferência de calor médio pode ser determinado usando as Equações 10.43, 10.44 ou 10.45.

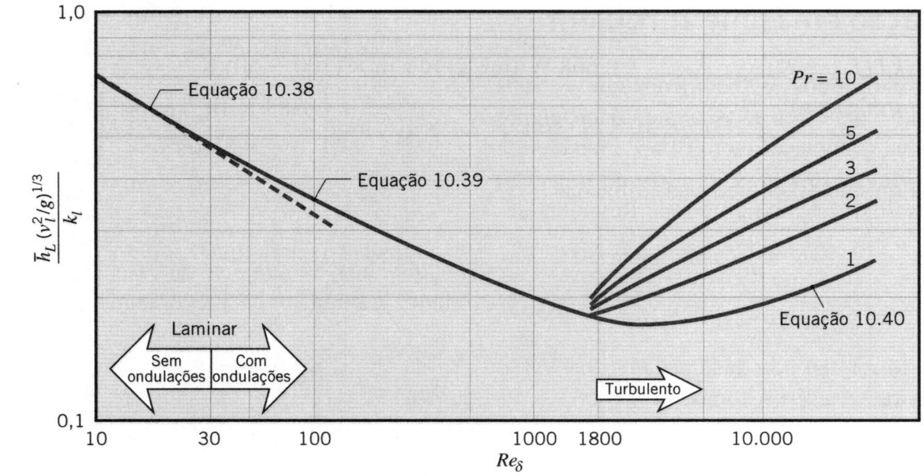

Figura 10.13 Número de Nusselt modificado para a condensação sobre uma placa vertical.

EXEMPLO 10.3

A superfície externa de um tubo vertical, com um metro de comprimento e 80 mm de diâmetro externo, está exposta a vapor d'água saturado a pressão atmosférica e é mantida a 50 °C pelo escoamento de água fria no seu interior. Qual é a taxa de transferência de calor para o refrigerante e qual é a taxa de condensação do vapor na superfície?

SOLUÇÃO

Dados: Dimensões e temperatura de um tubo vertical com condensação de vapor sobre a sua superfície externa.

Achar: Taxas de transferência de calor e de condensação.

Esquema:

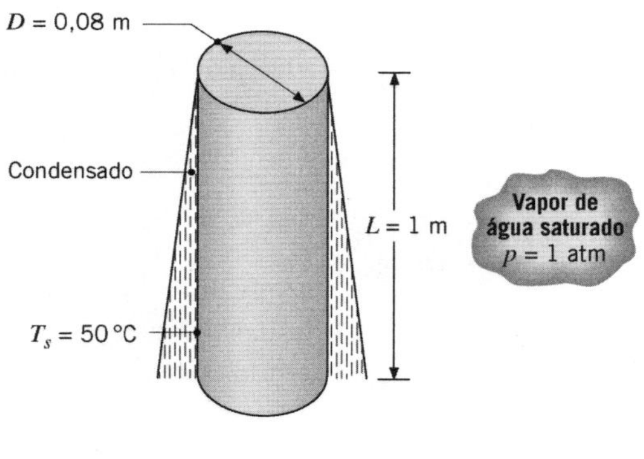

Considerações:

1. A espessura do filme de condensado é pequena em relação ao diâmetro do cilindro.
2. Concentração de gases não condensáveis no vapor d'água desprezível.

Propriedades: Tabela A.6, vapor saturado (p = 1,0133 bar): T_{sat} = 100 °C, $\rho_v = (1/v_g)$ = 0,596 kg/m^3, h_{fg} = 2257 kJ/kg. Tabela A.6, líquido saturado (T_f = 75 °C): $\rho_l = (1/v_f)$ = 975 kg/m^3, $\mu_l = 375 \times 10^{-6}$ N · s/m^2, k_l = 0,668 W/(m · K), $c_{p,l}$ = 4193 J/(kg · K), $\nu_l = \mu_l/\rho_l = 385 \times 10^{-9}$ m^2/s.

Análise: Como consideramos a espessura do filme pequena em relação ao diâmetro do cilindro, podemos usar as correlações das Seções 10.7 e 10.8. Com

$$Ja = \frac{c_{p,l}(T_{sat} - T_s)}{h_{fg}} = \frac{4193\ \text{J/(kg·K)}(100 - 50)\ \text{K}}{2257 \times 10^3\ \text{J/kg}} = 0{,}0929$$

tem-se que

$$h'_{fg} = h_{fg}(1 + 0{,}68\,Ja) = 2257\ \text{kJ/kg}\ (1{,}0632) = 2400\ \text{kJ/kg}$$

Da Equação 10.42,

$$P = \frac{k_l L(T_{sat} - T_s)}{\mu_l h'_{fg}(\nu_l^2/g)^{1/3}} = \frac{0{,}668\ \text{W/(m}\cdot\text{K)} \times 1\ \text{m} \times (100 - 50)\ \text{K}}{375 \times 10^{-6}\ \text{N}\cdot\text{s/m}^2 \times 2{,}4 \times 10^6\ \text{J/kg}\left[\dfrac{(385 \times 10^{-9}\ \text{m}^2/\text{s})^2}{9{,}8\ \text{m/s}^2}\right]^{1/3}} = 1501$$

Consequentemente, a Equação 10.44 pode ser utilizada:

$$\overline{Nu}_L = \frac{1}{P}(0{,}68\,P + 0{,}89)^{0{,}82} = \frac{1}{1501}(0{,}68 \times 1501 + 0{,}89)^{0{,}82} = 0{,}20$$

Então

$$\bar{h}_L = \frac{\overline{Nu}_L k_l}{(\nu_l^2/g)^{1/3}} = \frac{0{,}20 \times 0{,}668\ \text{W/(m}\cdot\text{K)}}{\left[\dfrac{(385 \times 10^{-9}\ \text{m}^2/\text{s})^2}{9{,}8\ \text{m/s}^2}\right]^{1/3}} = 5300\ \text{W/(m}^2\cdot\text{K)}$$

e a partir das Equações 10.33 e 10.34

$$q = \bar{h}_L(\pi DL)(T_{sat} - T_s) = 5300\ \text{W/(m}^2\cdot\text{K)} \times \pi \times 0{,}08\ \text{m} \times 1\ \text{m}\ (100 - 50)\ \text{K} = 66{,}6\ \text{kW} \qquad \triangleleft$$

$$\dot{m} = \frac{q}{h'_{fg}} = \frac{66{,}6 \times 10^3\ \text{W}}{2{,}4 \times 10^6\ \text{J/kg}} = 0{,}0276\ \text{kg/s} \qquad \triangleleft$$

Observe que usando a Equação 10.26, com o calor latente corrigido, a espessura do filme na base do tubo $\delta(L)$ para a hipótese de regime laminar sem ondulações é

$$\delta(L) = \left[\frac{4k_l\mu_l(T_{sat} - T_s)L}{g\rho_l(\rho_l - \rho_v)h'_{fg}}\right]^{1/4} = \left[\frac{4 \times 0{,}668\ \text{W/(m}\cdot\text{K)} \times 375 \times 10^{-6}\ \text{kg/(s}\cdot\text{m)}\ (100 - 50)\ \text{K} \times 1\ \text{m}}{9{,}8\ \text{m/s}^2 \times 975\ \text{kg/m}^3\,(975 - 0{,}596)\ \text{kg/m}^3 \times 2{,}4 \times 10^6\ \text{J/kg}}\right]^{1/4}$$

$$\delta(L) = 2{,}18 \times 10^{-4}\ \text{m} = 0{,}218\ \text{mm}$$

Dessa forma, $\delta(L) \ll (D/2)$, e o uso da correlação para placas verticais em um cilindro vertical se justifica.

Comentários:

1. As taxas de transferência de calor e de formação de condensado podem ser aumentadas pelo aumento do comprimento do tubo. Para $1 \leq L \leq 2$ m, os cálculos fornecem as variações mostradas na figura, para as quais $1000 \leq Re_\delta \leq 2330$ ou $1500 \leq P \leq 3010$. Os cálculos anteriores foram efetuados usando a correlação laminar com ondulações, Equação 10.44, para $P \leq 2530$ ($L \leq 1{,}68$ m), e Equação 10.45, para $P > 2530$ ($L > 1{,}68$ m). Observe, contudo, que as correlações não fornecem resultados equivalentes em $P = 2530$. Especificamente, a Equação 10.45 é uma função do Pr, enquanto a Equação 10.44 não o é.

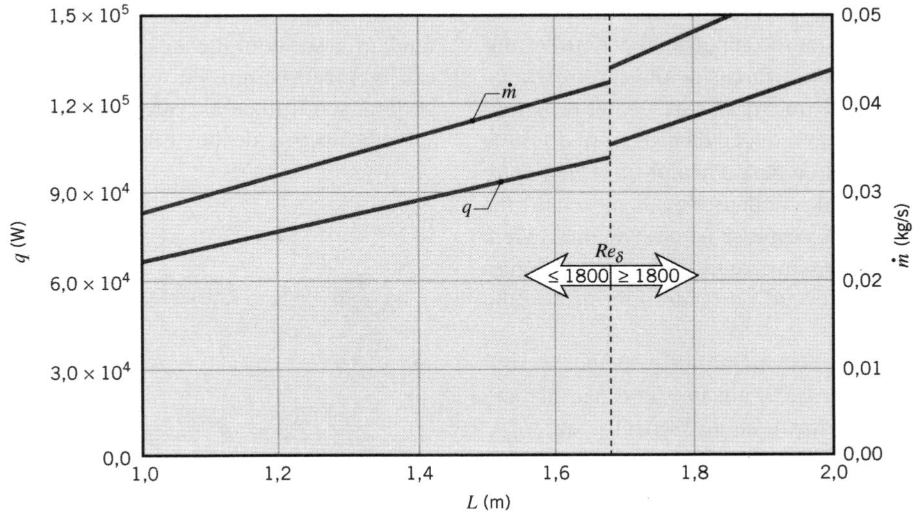

2. Se um gás não condensável, como o ar, estiver misturado no vapor d'água, as taxas de transferência de calor e de condensação podem ser reduzidas significativamente. Isto ocorre em função de múltiplos efeitos [36]. Por exemplo, q e $\dot{m}$ podem cair 65 % se o vapor d'água contiver somente 1 % em massa de ar. Condensadores de vapor d'água que operam a pressões subatmosféricas, como os utilizados em ciclos Rankine, têm que ser meticulosamente projetados para evitar a infiltração de ar.

10.9 Condensação em Filme sobre Sistemas Radiais

A análise de Nusselt da Seção 10.7 pode ser estendida para a condensação em filme laminar sobre a superfície externa de uma esfera ou de um tubo horizontal (Figuras 10.14*a*,*b*), e o número de Nusselt médio pode ser representado por

$$\overline{Nu}_D = \frac{\overline{h}_D D}{k_l} = C\left[\frac{\rho_l g(\rho_l - \rho_v)h'_{fg}D^3}{\mu_l k_l(T_{sat} - T_s)}\right]^{1/4} \quad (10.46)$$

com C = 0,826 para a esfera [49] e 0,729 para o tubo [45]. As propriedades nessa equação e nas Equações 10.48 e 10.49 a seguir são avaliadas como explicado após a Equação 10.32.

Quando a interface líquido-vapor é curva, como as mostradas na Figura 10.14, diferenças de pressões são estabelecidas através da interface pelos efeitos da tensão superficial. Esta diferença de pressões é descrita pela equação de *Young-Laplace*, que, para um sistema bidimensional, pode ser escrita na forma

$$\Delta p = p_v - p_l = \frac{\sigma}{r_c} \quad (10.47)$$

sendo r_c o raio de curvatura local da interface líquido-vapor. Se r_c variar ao longo da interface (e a pressão de vapor p_v for constante), a pressão no lado do líquido na interface não é uniforme, influenciando a distribuição de velocidades no interior do líquido e a taxa de transferência de calor. Para o tubo sem aletas da Figura 10.14*b*, a curvatura da interface é relativamente grande, $r_c \approx D/2$, exceto onde a lâmina líquida se afasta da base do tubo. Desta forma, $p_l \approx p_v$ ao longo de quase toda a interface líquido-vapor, e a tensão superficial não influencia a taxa de condensação.

A condensação sobre um tubo com aletas anulares é mostrada na Figura 10.15. Neste caso, os cantos vivos do tubo aletado causam grandes variações na curvatura da interface líquido-vapor, e os efeitos da tensão superficial podem ser importantes. Para o tubo aletado, as forças de tensão superficial tendem a aumentar as taxas de transferência de calor próximas às extremidades das aletas pela redução da espessura do filme e a diminuir as taxas de transferência de calor na região entre aletas em função da retenção de condensado. Da mesma forma que a camada de líquido é mais espessa na base de uma esfera (Figura 10.14*a*) ou de um tubo horizontal não aletado (Figura 10.14*b*), há mais condensado retido no lado inferior do tubo aletado horizontal.

Taxas de transferência de calor para o tubo aletado q_{ta} podem ser relacionadas com as taxas em um tubo não aletado correspondente q_{tna} por uma *razão de melhora*, $\varepsilon_{ta} = q_{ta}/q_{tna}$. O nível de aumento depende principalmente do fluido, da pressão ambiente e da geometria da aleta, e é fracamente dependente da diferença entre as temperaturas do tubo e do ambiente [50]. Aletas pequenas, em relação às usadas normalmente na convecção monofásica, promovem uma superfície líquida altamente curva e, desta forma, podem aumentar a transferência de calor significativamente. As aletas pequenas (curtas) podem ser fabricadas, por exemplo, pela retirada de material de um tubo com raio r_2, como mostrado na Figura 10.15, assim também eliminando resistências de contato na interface tubo-aleta. Além disso, quando fabricadas com um material de alta condutividade térmica, como o cobre, é frequentemente razoável supor que o tubo e as pequenas aletas tenham a mesma temperatura uniforme.

Correlações da transferência de calor em tubos aletados tendem a ser complicadas e têm faixas de aplicação restritas [51]. Entretanto, em projetos, correlações de Rose [50] podem ser utilizadas para estimar a melhora *mínima* associada ao uso de um tubo aletado. Esta melhora mínima

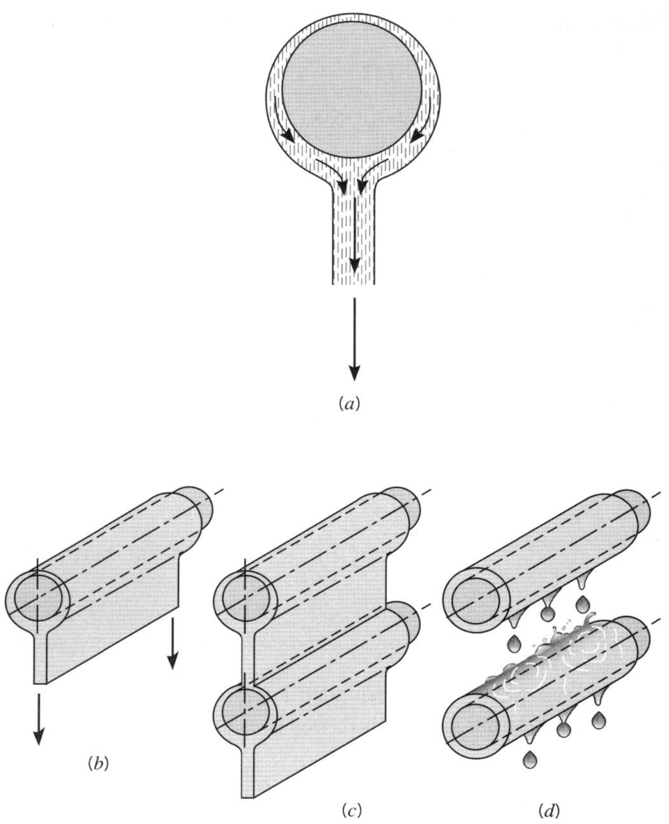

FIGURA 10.14 Condensação em filme sobre (*a*) uma esfera, (*b*) um único tubo horizontal, (*c*) uma fileira vertical de tubos horizontais com uma lâmina contínua de condensado e (*d*) com gotejamento do condensado.

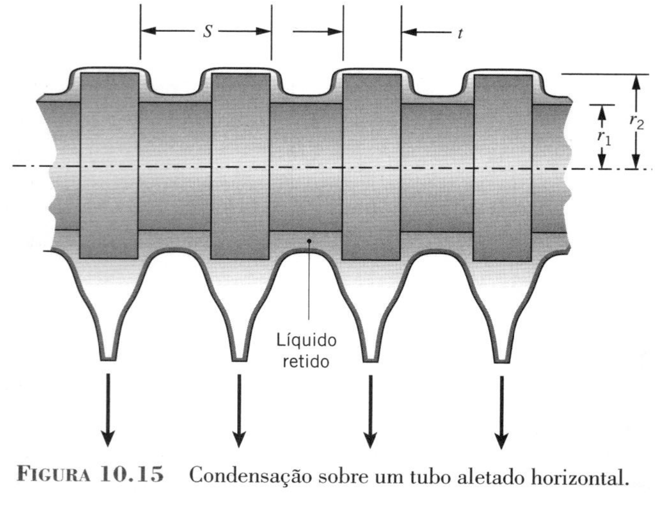

FIGURA 10.15 Condensação sobre um tubo aletado horizontal.

ocorre quando o condensado está retido em *toda* a região entre aletas, e é

$$\varepsilon_{\text{ta,mín}} = \frac{q_{\text{ta,mín}}}{q_{\text{ma}}} = \frac{tr_2}{Sr_1}\left[\frac{r_1}{r_2} + 1{,}02\,\frac{\sigma r_1}{(\rho_l - \rho_v)gt^3}\right]^{1/4} \qquad (10.48)$$

sendo ρ_l e ρ_v avaliados como descrito após a Equação 10.32 e a tensão superficial σ é determinada a T_{sat}. Melhoras reais são maiores do que $\varepsilon_{\text{ta,mín}}$ e foram reportadas para a água na faixa $2 \leq \varepsilon_{ta} \leq 4$ [50]. Procedimentos para estimar taxas de transferência de calor associadas a aletas não isotérmicas são fornecidas por Briggs e Rose [52].

Para tubos alinhados verticalmente com lâminas contínuas de condensado, como mostrado na Figura 10.14*c*, a taxa de transferência de calor associada aos tubos inferiores é menor do que a dos tubos do topo, pois os filmes sobre os tubos inferiores são mais espessos do que no topo. Para uma fileira vertical com N tubos horizontais *não aletados*, o coeficiente convectivo médio (nos N tubos) pode ser determinado por

$$\overline{h}_{D,N} = \overline{h}_D N^n \qquad (10.49)$$

sendo $\overline{h}_D$ o coeficiente de transferência de calor para o primeiro tubo (tubo superior) dado pela Equação 10.46. A análise de Nusselt pode ser estendida para levar em conta o aumento da espessura do filme de tubo para tubo, fornecendo $n = -1/4$. Entretanto, um valor empírico de $n = -1/6$ é frequentemente tomado como mais apropriado [53].

Os desvios entre os valores analíticos e empíricos para n podem ser atribuídos a diversos efeitos. A análise está baseada na hipótese da presença de uma lâmina de condensado contínua e adiabática cobrindo os tubos, como mostrado na Figura 10.14*c*. Entretanto, a transferência de calor para a lâmina de líquido e o seu ganho de momento à medida que cai livremente sob o efeito da gravidade também aumentam a taxa global de transferência de calor. Chen [54] levou em consideração estas influências e reportou seus efeitos em termos do número de Jakob e do número de tubos na fileira vertical, N. Para $Ja < 0{,}1$, a melhora na transferência foi prevista menor do que 15 %. Valores medidos maiores de $\overline{h}_{D,N}$ podem também ser atribuídos ao gotejamento de condensado, como ilustrado na Figura 10.14*d*. À medida que gotas individuais de condensado atingem o tubo inferior, turbulência e ondas se propagam através do filme, aumentando a transferência de calor. Para tubos com aletas anulares, a propagação lateral do condensado é impedida pelas aletas, expondo diretamente mais da superfície do tubo inferior ao vapor e resultando em valores de n na faixa $-1/6 < n \lesssim 0$ [53].

Se a razão comprimento/diâmetro de um tubo não aletado for superior a 1,8 tan(θ) [55], as Equações 10.46 e 10.49 podem ser usadas em tubos inclinados com substituição de g por g cos(θ), sendo o ângulo θ medido a partir da posição horizontal. Para tubos aletados e não aletados, a presença de gases não condensáveis diminuirá o coeficiente de transferência de calor em relação aos valores obtidos com as correlações anteriores.

EXEMPLO 10.4

O feixe tubular de um condensador de vapor d'água é constituído por uma matriz quadrada com 400 tubos, cada um com $D = 2r_1 = 6$ mm de diâmetro.

1. Se os tubos horizontais não aletados estão expostos ao vapor saturado a uma pressão $p = 0{,}15$ bar e a temperatura superficial dos tubos é mantida a $T_s = 25$ °C, qual é a taxa de condensação do vapor por unidade de comprimento da matriz tubular?
2. Se aletas anulares de altura $h = r_2 - r_1 = 1$ mm, espessura $t = 1$ mm e passo $S = 2$ mm forem colocadas, determine a taxa de condensação mínima por unidade de comprimento dos tubos.

SOLUÇÃO

Dados: Configuração e temperatura superficial dos tubos aletados e não aletados de um condensador que estão em contato com vapor saturado a 0,15 bar.

Achar:

1. Taxa de condensação por unidade de comprimento dos tubos não aletados.
2. Taxa de condensação mínima por unidade de comprimento dos tubos aletados.

Esquema:

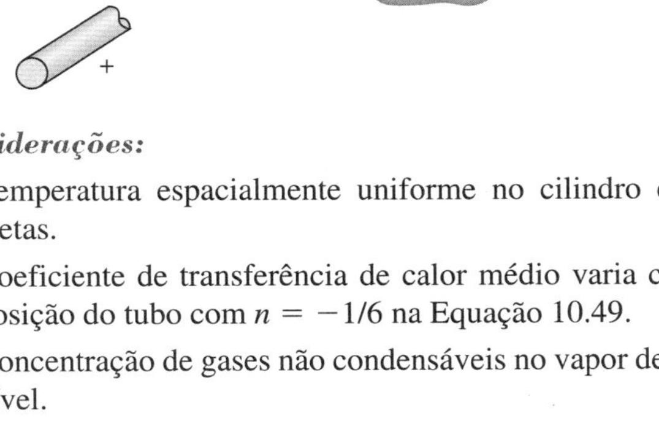

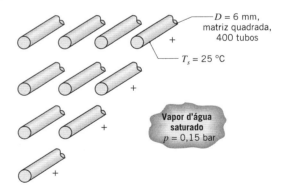

Considerações:

1. Temperatura espacialmente uniforme no cilindro e nas aletas.
2. Coeficiente de transferência de calor médio varia com a posição do tubo com $n = -1/6$ na Equação 10.49.
3. Concentração de gases não condensáveis no vapor desprezível.

Propriedades: Tabela A.6, vapor saturado ($p = 0{,}15$ bar): $T_{\text{sat}} = 327$ K $= 54$ °C, $\rho_v = (1/v_g) = 0{,}098$ kg/m^3, $h_{fg} = 2373$ kJ/kg, $\sigma = 0{,}0671$ N/m. Tabela A.6, água líquida saturada ($T_f = 312{,}5$ K): $\rho_l = (1/v_f) = 992$ kg/m^3, $\mu_l = 663 \times 10^{-6}$ N · s/m^2, $k_l = 0{,}631$ W/(m · K), $c_{p,l} = 4178$ J/(kg · K).

Análise:

1. A Equação 10.46 pode ser rearranjada para fornecer uma expressão para o coeficiente convectivo no tubo não aletado no topo, chegando à forma

$$\overline{h}_D = C\left[\frac{\rho_l g(\rho_l - \rho_v)k_l^3 h'_{fg}}{\mu_l(T_{sat} - T_s)D}\right]^{1/4}$$

com $C = 0{,}729$ para um tubo e

$$h'_{fg} = h_{fg}(1 + 0{,}68\,Ja) = h_{fg} + 0{,}68c_{p,l}(T_{sat} - T_s)$$
$$= 2373 \times 10^3\ \text{J/kg} + 0{,}68 \times 4178\ \text{J/(kg}\cdot\text{K)}$$
$$\times(327 - 298)\ \text{K} = 2455\ \text{kJ/kg}$$

Consequentemente,

$$\overline{h}_D = 0{,}729\left[\frac{992\ \text{kg/m}^3 \times 9{,}8\ \text{m/s}^2 \times (992 - 0{,}098)\ \text{kg/m}^3 \times (0{,}631\ \text{W/(m}\cdot\text{K)})^3 \times 2455 \times 10^3\ \text{J/kg}}{663 \times 10^{-6}\ \text{kg/(s}\cdot\text{m)} \times (327 - 298)\ \text{K} \times 6 \times 10^{-3}\ \text{m}}\right]^{1/4}$$
$$= 10.980\ \text{W/(m}^2\cdot\text{K)}$$

Da Equação 10.49, o coeficiente convectivo médio na matriz é

$$\overline{h}_{D,N} = \overline{h}_D N^n = 10.980\ \text{W/(m}^2\cdot\text{K)} \times 20^{-1/6}$$
$$= 6667\ \text{W/(m}^2\cdot\text{K)}$$

Da Equação 10.34, a taxa de condensação por unidade de comprimento dos tubos é

$$\dot{m}'_{tna} = N \times N\frac{\overline{h}_{D,N}(\pi D)(T_{sat} - T_s)}{h'_{fg}}$$
$$= 20 \times 20 \times 6667\ \text{W/(m}^2\cdot\text{K)} \times \pi \times 6 \times 10^{-3}\ \text{m}$$
$$\times\ (327 - 298)\ \text{K}/2455 \times 10^3\ \text{J/kg}$$
$$= 0{,}594\ \text{kg/(s}\cdot\text{m)} \quad \triangleleft$$

2. Da Equação 10.48, a melhora mínima atribuível às aletas anulares é

$$\varepsilon_{ta,mín} = \frac{q_{ta,mín}}{q_{tna}} = \frac{\dot{m}'_{ta,mín}}{\dot{m}'_{tna}} = \frac{tr_2}{Sr_1}\left[\frac{r_1}{r_2} + 1{,}02\frac{\sigma r_1}{(\rho_l - \rho_v)gt^3}\right]^{1/4}$$
$$= \frac{1 \times 4}{2 \times 3}\left[\frac{3}{4} + 1{,}02\frac{0{,}0671\ \text{N/m} \times 3 \times 10^{-3}\ \text{m}}{(992 - 0{,}098)\ \text{kg/m}^3 \times 9{,}8\ \text{m/s}^2 \times (1 \times 10^{-3}\ \text{m})^3}\right]^{1/4}$$
$$= 1{,}44$$

Consequentemente, a taxa de condensação mínima para os tubos aletados é

$$\dot{m}'_{ta,mín} = \varepsilon_{ta,mín}\dot{m}'_{tna} = 1{,}44 \times 0{,}594\ \text{kg/(s}\cdot\text{m)} = 0{,}855\ \text{kg/(s}\cdot\text{m)} \quad \triangleleft$$

Comentários: Um valor de $n = -1/6$ foi usado na Equação 10.49. Entretanto, para tubos aletados espera-se que o valor de n esteja entre zero e $-1/6$. Para $n = 0$, a taxa de condensação por unidade de comprimento dos tubos seria

$$\dot{m}'_{ta,mín} = \varepsilon_{ta,mín} \times N \times N\frac{\overline{h}_D(\pi D)(T_{sat} - T_s)}{h'_{fg}}$$
$$= 1{,}44 \times 20 \times 20 \times 10.980\ \text{W/(m}^2\cdot\text{K)} \times \pi \times 6 \times 10^{-3}\ \text{m}$$
$$\times\ (327 - 298)\ \text{K}/2455 \times 10^3\ \text{J/kg} = 1{,}41\ \text{kg/(s}\cdot\text{m)}$$

A taxa anterior é para uma condição *não otimizada* na qual o condensado preenche totalmente a região entre aletas. Melhoras reais de $\varepsilon_{ta,máx} \approx 4$ podem ser esperadas [50]. Para $\varepsilon_{ta,máx} = 4$ e $n = 0$, a taxa de condensação seria

$$\dot{m}'_{ta} = \varepsilon_{ta,máx} \times N \times N\frac{\overline{h}_D(\pi D)(T_{sat} - T_s)}{h'_{fg}}$$
$$= 4 \times 20 \times 20 \times 10.980\ \text{W/(m}^2\cdot\text{K)} \times \pi \times 6 \times 10^{-3}\ \text{m}$$
$$\times\ (327 - 298)\ \text{K}/2455 \times 10^3\ \text{J/kg} = 3{,}91\ \text{kg/(s}\cdot\text{m)}$$

Assim, potencialmente a taxa de condensação poderia ser aumentada de 100 × (3,91 − 0,594) kg/(s · m) / (0,594 kg/(s · m)) = 559 % com o uso de tubos aletados.

10.10 Condensação em Tubos Horizontais

Condensadores utilizados em sistemas de refrigeração e de condicionamento de ar envolvem, geralmente, a condensação de vapor no interior de tubos horizontais ou verticais. As condições no interior dos tubos dependem fortemente da velocidade do vapor escoando no interior do tubo, da fração mássica do vapor X, que diminui ao longo do tubo na medida em que a condensação ocorre, e das propriedades do fluido. Se a velocidade do vapor for pequena, a condensação ocorre da maneira ilustrada na Figura 10.16*a* em um tubo horizontal. O fluido condensa nas regiões superiores da parede do tubo e escoa da região superior para a região inferior do tubo, onde se forma uma poça de líquido. A poça de líquido, por sua vez, é impulsionada ao longo do tubo pelas forças de cisalhamento causadas pelo vapor em escoamento. Para baixas velocidades do escoamento do vapor, de modo que

$$Re_{v,ent} = \left(\frac{\rho_v u_{m,v} D}{\mu_v}\right)_{ent} < 35.000 \qquad (10.50)$$

com *ent* se referindo à entrada do tubo, a transferência de calor ocorre predominantemente através do filme descendente de condensado. Dobson e Chato [56] recomendam o uso da Equação 10.46 com $C = 0{,}555$ e $h'_{fg} = h_{fg} + 0{,}375c_{p,l}(T_{sat} - T_s)$. O valor de C é menor do que o recomendado para a condensação no lado externo do cilindro ($C = 0{,}729$), pois a transferência de calor associada à poça de condensado é pequena. A avaliação das propriedades é explicada após a Equação 10.32.

Com velocidades do vapor elevadas, o regime do escoamento bifásico se torna turbulento e anular (Figura 10.16*b*). O vapor ocupa a parte central da região anular, que diminui o seu

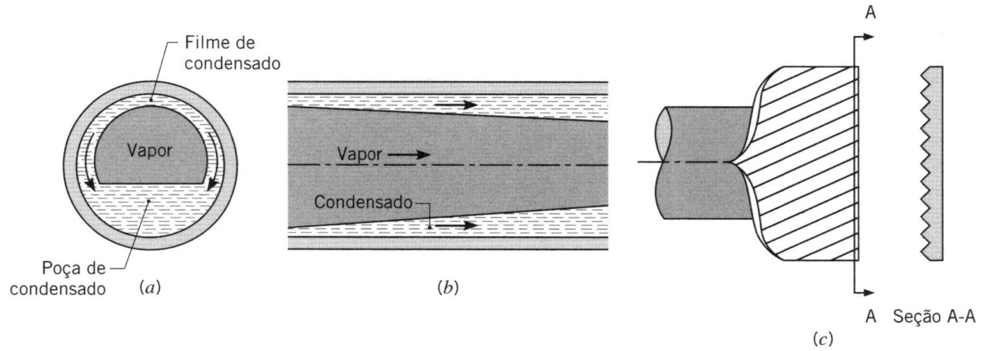

FIGURA 10.16 Condensação em filme no interior de tubos horizontais. (*a*) Seção transversal do escoamento do condensado para baixas velocidades do vapor. (*b*) Seção longitudinal do escoamento do condensado para altas velocidades do vapor. (*c*) Microaletas organizadas em um padrão helicoidal.

diâmetro à medida que a espessura da camada externa de condensado aumenta ao longo do escoamento. Dobson e Chato [56] recomendam uma correlação empírica para o coeficiente de transferência de calor local h com a forma

$$Nu_D = \frac{hD}{k_l} = 0{,}023\, Re_{D,l}^{0,8}\, Pr_l^{0,4}\left[1 + \frac{2{,}22}{X_{tt}^{0,89}}\right] \quad (10.51a)$$

com $Re_{D,l} = 4\,\dot{m}(1 - X)/(\pi D \mu_l)$. $X \equiv \dot{m}_v/\dot{m}$ é a fração mássica do vapor no fluido e X_{tt} é o *parâmetro de Martinelli* correspondente à existência de escoamento turbulento nas fases líquida e vapor

$$X_{tt} = \left(\frac{1 - X}{X}\right)^{0,9}\left(\frac{\rho_v}{\rho_l}\right)^{0,5}\left(\frac{\mu_l}{\mu_v}\right)^{0,1} \quad (10.51b)$$

Na geração das Equações 10.51a,b, Dobson e Chato avaliaram todas as propriedades na temperatura de saturação T_{sat}. As equações são recomendadas para serem usadas quando a vazão mássica por unidade da seção transversal do tubo for superior a 500 kg/(s · m²) [56]. Para a convecção monofásica em líquidos, $X \rightarrow 0$, $X_{tt} \rightarrow \infty$ e $Re_{D,l} \rightarrow Re_D$. Nesse caso, a Equação 10.51a se reduz à correlação de Dittus-Boelter, Equação 8.60, exceto pelo expoente do número de Prandtl.

A condensação no interior de tubos em velocidades do vapor intermediárias (ou a baixas frações mássicas de vapor) é caracterizada por uma variedade de complexos regimes de escoamento. Correlações para a transferência de calor foram desenvolvidas para cada regime e recomendações para a sua utilização podem ser vistas em Dobson e Chato [56]. A condensação no interior de tubos menores é influenciada por efeitos da tensão superficial e por outras considerações [36].

As taxas de condensação podem ser aumentadas pela adição de pequenas aletas no interior do tubo. Tubos com microaletas são, em geral, feitos de cobre com aletas em forma triangular ou trapezoidal com altura de 0,1 a 0,25 mm, como mostrado na Figura 10.16*c*. A transferência de calor é aumentada em razão do acréscimo na área superficial do cobre, mas também da turbulência induzida pela estrutura da aleta e por efeitos da tensão superficial similares aos discutidos para a Figura 10.15. As aletas são comumente organizadas em um padrão helicoidal ou de espinha de peixe no sentido a jusante do tubo. As taxas de transferência de calor são aumentadas de 50 % a 180 % [51].

10.11 Condensação em Gotas

Em geral, os coeficientes de transferência de calor na condensação em gotas são uma ordem de grandeza maior do que a da condensação em filme. Na realidade, em aplicações envolvendo trocadores de calor nas quais a condensação em gotas é induzida, outras resistências térmicas podem ser significativamente maiores do que a devida ao processo de condensação e, consequentemente, não são necessárias correlações confiáveis para o processo de condensação.

Entre os muitos sistemas superfície-fluido estudados [57, 58], a maior parte dos dados experimentais refere-se à condensação de vapor d'água sobre superfícies de cobre preparadas — isto é, superfícies nas quais a molhabilidade é inibida — e são correlacionados por uma expressão com a forma [59]

$$\bar{h}_{cg} = 51.104 + 2044\, T_{sat}(°\text{C}) \qquad 22\,°\text{C} \lesssim T_{sat} \lesssim 100\,°\text{C} \quad (10.52)$$

$$\bar{h}_{cg} = 255.510 \qquad 100\,°\text{C} \lesssim T_{sat} \quad (10.53)$$

na qual o coeficiente de transferência de calor possui unidades (W/(m² · K)). As taxas de transferência de calor e de condensação podem ser calculadas pelas Equações 10.33 e 10.34, nas quais h'_{fg} é dado pela Equação 10.27, e as propriedades são avaliadas como explicado após a Equação 10.32. O efeito do sub-resfriamento, $T_{sat} - T_s$, em $\bar{h}_{cg}$ é pequeno e pode ser desprezado.

O efeito de vapores não condensáveis no vapor d'água pode ser muito importante e foi estudado por Shade e Mikic [60]. Além disso, se o material que compõe a superfície de condensação não for tão bom condutor quanto o cobre ou a prata, a sua resistência térmica se torna um fator a ser levado em consideração. Como todo o calor é transferido para as gotas, que são muito pequenas e estão bem distribuídas sobre a superfície, as linhas de fluxo térmico no interior do material que compõe a superfície localizadas próximas às áreas ativas de condensação irão *se agrupar*, induzindo uma resistência de *constrição*. Esse efeito foi estudado por Hannemann e Mikic [61].

10.12 Resumo

Este capítulo identifica as características físicas essenciais dos processos de ebulição e de condensação, e apresenta correlações adequadas para a realização de cálculos de engenharia aproximados. Entretanto, uma grande quantidade de informações adicionais está disponível e uma parte significativa encontra-se resumida em diversas e amplas revisões sobre o assunto [7, 15, 25, 30–33, 36, 51, 56, 58–59, 61–67].

Você pode testar o seu entendimento da transferência de calor com mudança de fase respondendo às questões a seguir.

- O que é *ebulição em piscina*? *Ebulição com convecção forçada*? *Ebulição sub-resfriada*? *Ebulição saturada*?
- Como o *excesso de temperatura* é definido?
- Esboce a *curva de ebulição* e identifique regimes e características importantes. O que é o *fluxo térmico crítico*? O que é o *ponto de Leidenfrost*? Como ocorre a progressão ao longo da curva de ebulição se o fluxo térmico superficial for controlado? Qual é a natureza do efeito de histerese? Como ocorre a progressão ao longo da curva de ebulição se a temperatura na superfície for controlada?
- Como o fluxo térmico depende do excesso de temperatura no regime de *ebulição nucleada*?
- Quais modos de transferência de calor estão associados à *ebulição em filme*?
- Como é definida a intensidade de *sub-resfriamento* do líquido?
- Com qual intensidade o fluxo térmico na ebulição é influenciado pelas magnitudes do campo gravitacional, do sub-resfriamento do líquido e da rugosidade superficial?
- Como o escoamento bifásico e a transferência de calor em microcanais se diferem do escoamento bifásico e da transferência de calor em tubos maiores?
- Como a *condensação em gotas* difere da *condensação em filme*? Qual modo de condensação é caracterizado por maiores taxas de transferência de calor?
- Para condensação em filme laminar sobre uma superfície vertical, como os coeficientes convectivos local e médio variam com a distância da borda frontal (superior)?
- Como o número de Reynolds é definido na condensação em filme sobre uma superfície vertical? Quais são os regimes de escoamento correspondentes?
- Como a tensão superficial afeta a condensação sobre ou no interior de tubos aletados?

Referências

1. Fox, R. W., A. T. McDonald, and P. J. Pritchard, *Introduction to Fluid Mechanics*, 6th ed. Wiley, Hoboken, NJ, 2003.
2. Nukiyama, S., *J. Japan Soc. Mech. Eng.*, **37**, 367, 1934 (Translation: *Int. J. Heat Mass Transfer*, **9**, 1419, 1966).
3. Drew, T. B., and C. Mueller, *Trans. AIChE*, **33**, 449, 1937.
4. Yamagata, K., F. Kirano, K. Nishiwaka, and H. Matsuoka, *Mem. Fac. Eng. Kyushu*, **15**, 98, 1955.
5. Rohsenow, W. M., *Trans. ASME*, **74**, 969, 1952.
6. Vachon, R. I., G. H. Nix, and G. E. Tanger, *J. Heat Transfer*, **90**, 239, 1968.
7. Collier, J. G., and J. R. Thome, *Convective Boiling and Condensation*, 3rd ed., Oxford University Press, New York, 1996.
8. Pioro I. L., *Int. J. Heat Mass Transfer*, **42**, 2003, 1999.
9. Kutateladze, S. S., *Kotloturbostroenie*, **3**, 10, 1948.
10. Zuber, N., *Trans. ASME*, **80**, 711, 1958.
11. Lienhard, J. H., *A Heat Transfer Textbook*, 2nd ed., Prentice-Hall, Englewood Cliffs, NJ, 1987.
12. Nakayama, W., A. Yabe, P. Kew, K. Cornwell, S. G. Kandlikar, and V. K. Dhir, in S. G. Kandlikar, M. Shoji, and V. K. Dhir, Eds., *Handbook of Phase Change: Boiling and Condensation*, Chap. 16, Taylor & Francis, New York, 1999.
13. Cichelli, M. T., and C. F. Bonilla, *Trans. AIChE*, **41**, 755, 1945.
14. Berenson, P. J., *J. Heat Transfer*, **83**, 351, 1961.
15. Hahne, E., and U. Grigull, *Heat Transfer in Boiling*, Hemisphere/ Academic Press, New York, 1977.
16. Lienhard, J. H., and P. T. Y. Wong, *J. Heat Transfer*, **86**, 220, 1964.
17. Bromley, L. A., *Chem. Eng. Prog.*, **46**, 221, 1950.
18. Sadasivan, P., and J. H. Lienhard, *J. Heat Transfer*, **109**, 545, 1987.
19. Siegel, R., *Adv. Heat Transfer*, **4**, 143, 1967.
20. Berenson, P. J., *Int. J. Heat Mass Transfer*, **5**, 985, 1962.
21. Webb, R. L., *Heat Transfer Eng.*, **2**, 46, 1981, and *Heat Transfer Eng.*, **4**, 71, 1983.
22. Bergles, A. E., "Enhancement of Heat Transfer," *Heat Transfer 1978*, Vol. 6, pp. 89–108, Hemisphere Publishing, New York, 1978.
23. Bergles, A. E., in G. F. Hewitt, Exec. Ed., *Heat Exchanger Design Handbook*, Section 2.7.9, Begell House, New York, 2002.
24. Bergles, A. E., and W. H. Rohsenow, *J. Heat Transfer*, **86**, 365, 1964.
25. van Stralen, S., and R. Cole, *Boiling Phenomena*, McGrawHill/ Hemisphere, New York, 1979.
26. Lienhard, J. H., and R. Eichhorn, *Int. J. Heat Mass Transfer*, **19**, 1135, 1976.
27. Kandlikar, S. G., *J. Heat Transfer*, **112**, 219, 1990.
28. Kandlikar, S. G., and H. Nariai, in S. G. Kandlikar, M. Shoji, and V. K. Dhir, Eds., *Handbook of Phase Change: Boiling and Condensation*, Chap. 15, Taylor & Francis, New York, 1999.
29. Celata, G. P., and A. Mariani, in S. G. Kandlikar, 1. M. Shoji, and V. K. Dhir, Eds., *Handbook of Phase Change: Boiling and Condensation*, Chap. 17, Taylor & Francis, New York, 1999.
30. Tong, L. S., and Y. S. Tang, *Boiling Heat Transfer and Two Phase Flow*, 2nd ed., Taylor & Francis, New York, 1997.
31. Rohsenow, W. M., in W. M. Rohsenow and J. P. Hartnett, Eds., *Handbook of Heat Transfer*, Chap. 13, McGrawHill, New York, 1973.
32. Griffith, P., in W. M. Rohsenow and J. P. Hartnett, Eds., *Handbook of Heat Transfer*, Chap. 14, McGraw-Hill, New York, 1973.
33. Ginoux, J. N., *Two-Phase Flow and Heat Transfer*, McGraw-Hill/ Hemisphere, New York, 1978.
34. Hall, D. D., and I. Mudawar, *Int. J. Heat Mass Transfer*, **43**, 2573, 2000.
35. Hall, D. D., and I. Mudawar, *Int. J. Heat Mass Transfer*, **43**, 2605, 2000.
36. Faghri, A., and Y. Zhang, *Transport Phenomena in Multiphase Systems*, Elsevier, Amsterdam, 2006.
37. Qu, W., and I. Mudawar, *Int. J. Heat Mass Transfer*, **46**, 2755, 2003.
38. Ghiaasiaan, S. M., and S. I. AbdelKhalik, in J. P. Hartnett, T. F. Irvine, Y. I. Cho, and G. A. Greene, Eds., *Advances in Heat Transfer*, Vol. 34, Academic Press, New York, 2001.
39. Qu, W., and I. Mudawar, *Int. J. Heat Mass Transfer*, **46**, 2773, 2003.
40. Sparrow, E. M., and J. L. Gregg, *J. Heat Transfer*, **81**, 13, 1959.
41. Koh, J. C. Y., E. M. Sparrow, and J. P. Hartnett, *Int. J. Heat Mass Transfer*, **2**, 69, 1961.
42. Nusselt, W., *Z. Ver. Deut. Ing.*, **60**, 541, 1916.
43. Rohsenow, W. M., *Trans. ASME*, **78**, 1645, 1956.
44. Chen, M. M., *J. Heat Transfer*, **83**, 48, 1961.
45. Dhir, V. K., and J. H. Lienhard, *J. Heat Transfer*, **93**, 97, 1971.
46. Kutateladze, S. S., *Fundamentals of Heat Transfer*, Academic Press, New York, 1963.
47. Labuntsov, D. A., *Teploenergetika*, **4**, 72, 1957.
48. Gregorig, R., J. Kern, and K. Turek, *Wärme Stoffübertrag.*, **7**, 1, 1974.

49. Popiel, Cz. O., and L. Boguslawski, *Int. J. Heat Mass Transfer*, **18**, 1486, 1975.
50. Rose, J. W., *Int. J. Heat Mass Transfer*, **37**, 865, 1994.
51. Cavallini, A., G. Censi, D. Del Col, L. Doretti, G. A. Longo, L. Rossetto, and C. Zilio, *Int. J. Refrig.* **26**, 373, 2003.
52. Briggs, A., and J. W. Rose, *Int. J. Heat Mass Transfer*, **37**, 457, 1994.
53. Murase, T., H. S. Wang, and J. W. Rose, *Int. J. Heat Mass Transfer*, **49**, 3180, 2006.
54. Chen, M. M., *J. Heat Transfer*, **83**, 55, 1961.
55. Selin, G., "Heat Transfer by Condensing Pure Vapours Outside Inclined Tubes," *International Developments in Heat Transfer*, Part 2, International Heat Transfer Conference, University of Colorado, pp. 278–289, ASME, New York, 1961.
56. Dobson, M. K., and J. C. Chato, *J. Heat Transfer*, **120**, 193, 1998.
57. Tanner, D. W., D. Pope, C. J. Potter, and D. West, *Int. J. Heat Mass Transfer*, **11**, 181, 1968.
58. Rose, J. W., *Proc. Instn. Mech. Engrs. A: Power and Energy*, **216**, 115, 2001.
59. Griffith, P., in G. F. Hewitt, Exec. Ed., *Heat Exchanger Design Handbook*, Section 2.6.5, Hemisphere Publishing, New York, 1990.
60. Shade, R., and B. Mikic, "The Effects of Noncondensable Gases on Heat Transfer During Dropwise Condensation," Paper 67b presented at the 67th Annual Meeting of the American Institute of Chemical Engineers, Washington, DC, 1974.
61. Hannemann, R., and B. Mikic, *Int. J. Heat Mass Transfer*, **19**, 1309, 1976.
62. Marto, P. J., in W. M. Rohsenow, J. P. Hartnett, and Y. I. Cho, Eds., *Handbook of Heat Transfer*, 3rd ed., Chap. 14, McGraw-Hill, New York, 1998.
63. Collier, J. G., and V. Wadekar, in G. F. Hewitt, Exec. Ed., *Heat Exchanger Design Handbook*, Section 2.7.2, Begell House, New York, 2002.
64. Butterworth, D., in D. Butterworth and G. F. Hewitt, Eds., *Two-Phase Flow and Heat Transfer*, Oxford University Press, London, 1977, pp. 426–462.
65. McNaught, J., and D. Butterworth, in G. F. Hewitt, Exec. Ed., *Heat Exchanger Design Handbook*, Section 2.6.2, Begell House, New York, 2002.
66. Rose, J. W., *Int. J. Heat Mass Transfer*, **24**, 191, 1981.
67. Pioro, L. S., and I. L. Pioro, *Industrial Two-Phase Thermosyphons*, Begell House, New York, 1997.

Problemas

Considerações Gerais

10.1 Mostre que, para a água a uma pressão de 1 atm e com $T_s - T_{sat} = 8$ °C, o número de Jakob é muito menor do que a unidade. Qual é o significado físico desse resultado? Verifique se essa conclusão se aplica ao etileno glicol.

10.2 A superfície de um cilindro horizontal com 7 mm de diâmetro é mantida com um excesso de temperatura de 5 °C em água saturada a 1 atm. Estime o fluxo térmico usando uma correlação apropriada da convecção natural e compare o seu resultado com a curva de ebulição da Figura 10.4. Repita o cálculo para um fio horizontal com 7 μm de diâmetro com o mesmo excesso de temperatura. O que você pode dizer sobre a aplicabilidade geral da Figura 10.4 em todas as situações envolvendo ebulição de água a 1 atm?

10.3 O papel da tensão superficial na formação de bolhas pode ser demonstrado considerando-se uma bolha esférica de vapor saturado puro em equilíbrio *mecânico* e *térmico* com o seu líquido superaquecido.

(a) Iniciando com um esboço de uma bolha isolada, efetue um balanço de forças para obter uma expressão para o raio da bolha,

$$r_b = \frac{2\sigma}{p_{sat} - p_l}$$

sendo p_{sat} a pressão do vapor saturado e p_l a pressão no líquido superaquecido externo à bolha.

(b) Em um diagrama *p*–*v*, represente os estados do líquido e da bolha. Discuta quais mudanças nessas condições causarão o aumento ou o colapso da bolha.

(c) Calcule o tamanho da bolha sob condições de equilíbrio nas quais o vapor está saturado a 101 °C e a pressão no líquido corresponde a uma temperatura de saturação de 100 °C.

10.4 Estime o coeficiente de transferência de calor, *h*, associado aos pontos *A*, *B*, *C*, *D* e *E* na Figura 10.4. Qual ponto está associado ao maior valor de *h*? Qual ponto refere-se ao menor valor de *h*? Determine a espessura da manta de vapor no ponto de Leidenfrost, desprezando a transferência de calor por radiação através da manta. Admita que o sólido é uma superfície plana.

Ebulição Nucleada e Fluxo Térmico Crítico

10.5 Uma corrente elétrica passa por um longo fio com 2 mm de diâmetro. Há dissipação de 4700 W/m e a temperatura superficial do fio atinge 118 °C, quando ele está submerso em água a 1 atm. Qual é o coeficiente de transferência de calor da ebulição? Estime o valor do coeficiente de correlação $C_{s,f}$.

10.6 Represente graficamente o fluxo térmico da ebulição nucleada de água saturada a pressão atmosférica sobre uma grande placa horizontal de cobre polido, na faixa de excesso de temperatura de 5 °C $\leq \Delta T_e \leq$ 30 °C. Compare os seus resultados com a Figura 10.4. Também determine o excesso de temperatura correspondente ao fluxo térmico crítico.

10.7 O comportamento com histerese da curva de ebulição se torna menos pronunciado à medida que a diferença entre os fluxos térmicos mínimo e máximo (crítico) se torna pequena. Calcule a razão entre os fluxos térmicos máximo e mínimo na ebulição para água, etanol, refrigerante R-134a e refrigerante R-22. Qual fluido possui o maior potencial para apresentar o efeito de histerese mais intenso? Qual dos fluidos possui o maior fluxo térmico crítico e qual é o seu valor? A ebulição ocorre a pressão atmosférica em uma grande superfície horizontal.

10.8 No Exemplo 10.1 analisamos condições nas quais uma ebulição vigorosa ocorre em uma panela de água e determinamos a potência elétrica (taxa de transferência de calor) requerida para manter uma temperatura especificada na base da panela. Entretanto, a potência elétrica é, na verdade, a variável de controle (independente), que tem como consequência de seu valor a temperatura da panela.

(a) Para a ebulição nucleada na panela de cobre do Exemplo 10.1, calcule e represente graficamente a temperatura da panela como uma função da taxa de transferência de calor para $1 \leq q \leq 100$ kW.

(b) Se a temperatura inicial da água fosse igual à temperatura da sala, obviamente, ela teria que ser aquecida por um período de tempo até que entre em ebulição. Considere condições logo após o início do aquecimento e que a água esteja a 20 °C. Estime a temperatura da base da panela para uma taxa de transferência de calor de 8 kW.

10.9 Água a pressão atmosférica está em ebulição sobre a superfície de um grande tubo horizontal de cobre. O fluxo térmico é 90 % do valor crítico. A superfície do tubo encontra-se inicialmente riscada; entretanto, com o passar do tempo os efeitos dos riscos diminuem e a ebulição acaba por exibir comportamento similar ao associado com superfícies polidas. Determine a temperatura da superfície do tubo imediatamente após a sua instalação e após um longo tempo de serviço.

10.10 O fundo de uma panela de cobre, que possui 200 mm de diâmetro, é mantido a 113 °C por um elemento de aquecimento elétrico. Estime a potência necessária para ferver a água nesta panela. Determine a taxa de evaporação. Qual é a razão entre o fluxo térmico superficial e o fluxo térmico crítico? Qual temperatura na panela é requerida para atingir o fluxo térmico crítico?

10.11 Um elemento aquecedor coberto com níquel, com uma espessura de 15 mm e uma condutividade térmica de 50 W/(m · K), está exposto à água saturada a pressão atmosférica. Um termopar é fixado à sua superfície posterior, que é bem isolada. Medidas em uma condição de operação particular fornecem uma dissipação de potência elétrica no elemento aquecedor de $6{,}950 \times 10^7$ W/m^3 e uma temperatura de $T_o = 266{,}4$ °C.

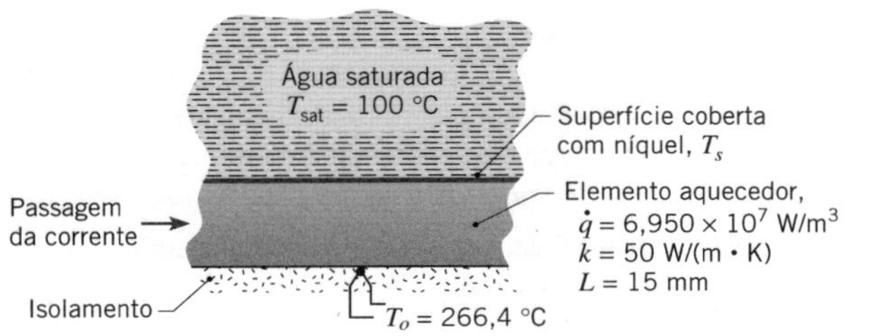

(a) A partir dos dados anteriores, calcule a temperatura da superfície, T_s, e o fluxo térmico superficial exposto.

(b) Usando o fluxo térmico superficial determinado no item (a), estime a temperatura da superfície utilizando uma correlação de ebulição apropriada.

10.12 Um disco horizontal de cobre, com 0,3 m de diâmetro e 5 mm de espessura, é aquecido a partir de sua superfície inferior a uma taxa de 70 kW. O topo do disco é polido e está exposto a um banho com água a pressão atmosférica. Determine a temperatura máxima do disco quando está ocorrendo ebulição nucleada. Em um esforço para reduzir a temperatura do disco de cobre, um revestimento de 1 mm de espessura de níquel é aplicado no topo do disco, que, por sua vez, diminui o valor de $C_{s,f}$. Calcule a máxima temperatura do disco com revestimento. O revestimento reduz a temperatura máxima do cobre? Despreze qualquer resistência de contato entre o substrato de cobre e o revestimento de níquel.

10.13 Etileno glicol saturado a 1 atm é aquecido por uma superfície horizontal revestida de cromo, que possui um diâmetro de 200 mm e é mantida a uma temperatura de 480 K. Estime a potência de aquecimento exigida e a taxa de evaporação. Qual fração da potência máxima associada ao fluxo térmico crítico é representada pela potência exigida pelo processo? A 470 K, as propriedades do líquido saturado são: $\mu = 0{,}38 \times 10^{-3}$ N · s/m^2, $c_p = 3280$ J/(kg · K) e $Pr = 8{,}7$. A massa específica do vapor saturado é $\rho = 1{,}66$ kg/m^3. Considere as constantes da ebulição nucleada iguais a $C_{s,f} = 0{,}01$ e $n = 1{,}0$.

10.14 Considere uma caldeira que queima gás na qual cinco serpentinas de cobre, com parede delgada, diâmetro de 25 mm e 8 m de comprimento, estão submersas em água pressurizada a 4,37 bar. As paredes das serpentinas são riscadas e podem ser consideradas isotérmicas. Gases de combustão entram em cada serpentina com uma temperatura de $T_{m,\text{ent}} = 700$ °C e a uma vazão de $\dot{m} = 0{,}08$ kg/s, respectivamente.

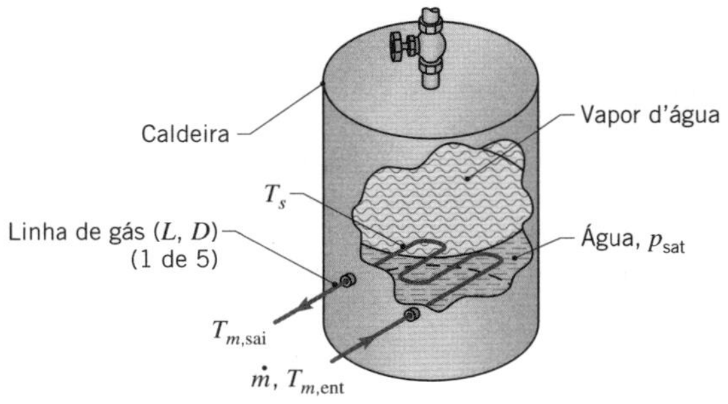

(a) Determine a temperatura da parede do tubo T_s e a temperatura do gás na saída da serpentina, $T_{m,\text{sai}}$, para as condições especificadas. Como uma primeira aproximação, as propriedades dos gases de combustão podem ser consideradas iguais às do ar a 700 K.

(b) Com o passar do tempo os efeitos dos riscos diminuem, levando a um comportamento similar ao de superfícies polidas de cobre. Determine a temperatura da parede e a temperatura do gás na saída para estas condições.

10.15 Estime a potência (W/m^2) necessária para manter uma placa de latão a $\Delta T_e = 10$ °C em contato com água saturada fervendo a 1 atm. Qual é a potência necessária se a água estiver pressurizada a 10 atm? A que fração do fluxo térmico crítico a placa está operando?

10.16 Um fluido dielétrico a pressão atmosférica é aquecido com um fio horizontal de platina com diâmetro de 0,5 mm. Determine a temperatura do fio se o fluxo térmico é 50 % do fluxo térmico crítico. As propriedades do fluido são $c_{p,l} = 1300$ J/(kg · K), $h_{fg} = 142$ kJ/kg, $k_l = 0{,}075$ W/(m · K), $\nu_l = 0{,}32 \times 10^{-6}$ m^2/s, $\rho_l = 1400$ kg/m^3, $\rho_v = 7{,}2$ kg/m^3, $\sigma = 12{,}4 \times 10^{-3}$ N/m, $T_{sat} = 34$ °C. Considere para as constantes da ebulição nucleada $C_{s,f} = 0{,}005$ e $n = 1{,}7$. Para cilindros horizontais pequenos, o fluxo térmico crítico é encontrado multiplicando-se o valor referente a um cilindro horizontal grande por um fator de correção F, sendo $F = 0{,}89 + 2{,}27 \exp(-3{,}44Co^{-1/2})$. O número de Confinamento é baseado no raio do cilindro, e a faixa de aplicação do fator de correção é $1{,}3 \lesssim Co \lesssim 6{,}7$ [11].

10.17 Foi demonstrado experimentalmente que o fluxo térmico crítico depende de forma significativa da pressão, sobretudo da dependência da tensão superficial do fluido e do calor latente de vaporização em relação à pressão. Usando a Equação 10.6, calcule valores de $q''_{\text{máx}}$ para a água sobre uma grande superfície horizontal como uma função da pressão. Demonstre que a condição de pico para o fluxo térmico crítico ocorre a uma pressão de aproximadamente um terço da pressão crítica ($p_c = 221$ bar). Como todos os fluidos comuns apresentam essa característica, sugira quais coordenadas devem ser usadas para representar graficamente a relação entre valores do fluxo térmico crítico e da pressão para obter uma curva que seja universal.

10.18 Um *chip* de silício com espessura $L = 2{,}5$ mm e condutividade térmica $k_s = 135$ W/(m · K) é resfriado pela ebulição de um fluorocarboneto líquido saturado ($T_{sat} = 57$ °C) sobre a sua superfície. Os circuitos eletrônicos na parte inferior do *chip* produzem um fluxo térmico uniforme de $q''_o = 5 \times 10^4$ W/m^2, enquanto os lados do *chip* são perfeitamente isolados.

As propriedades do fluorocarboneto saturado são $c_{p,l} = 1100$ J/(kg · K), $h_{fg} = 84.400$ J/kg, $\rho_l = 1619{,}2$ kg/m³, $\rho_v = 13{,}4$ kg/m³, $\sigma = 8{,}1 \times 10^{-3}$ N/m, $\mu_l = 440 \times 10^{-6}$ kg/(m · s) e $Pr_l = 9{,}01$. Além disso, as constantes da ebulição nucleadas são $C_{s,f} = 0{,}005$ e $n = 1{,}7$.

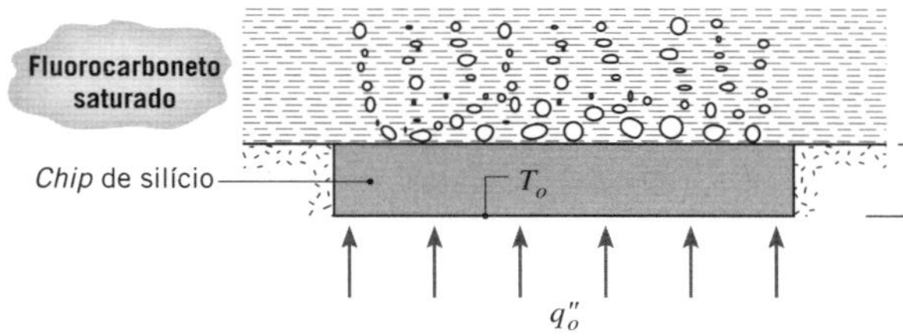

(a) Em condições de regime estacionário, qual é a temperatura T_o na superfície inferior do *chip*? Se, durante a realização de testes com o chip, q''_o for aumentado para 90 % do fluxo térmico crítico, qual será o novo valor da temperatura T_o em regime estacionário?

(b) Calcule e represente graficamente as temperaturas nas superfícies do *chip* (superior e inferior) como uma função do fluxo térmico para $0{,}20 \le q''_o/q''_{\text{máx}} \le 0{,}90$. Se a temperatura máxima admitida no *chip* é de 80 °C, qual é o valor máximo permitido para q''_o?

10.19 Um aparelho para efetuar experimentos de ebulição possui uma barra de cobre ($k = 400$ W/(m · K)), que tem uma de suas extremidades exposta a um líquido em ebulição e um aquecedor elétrico encapsulado na extremidade oposta, que encontra-se isolada termicamente da vizinhança em todas as suas superfícies, exceto a exposta ao líquido. São inseridos termopares na barra usados para medir as temperaturas em posições distantes $x_1 = 10$ mm e $x_2 = 25$ mm da superfície.

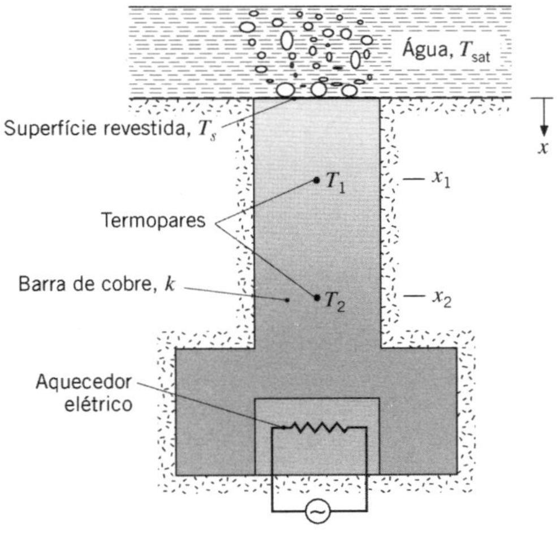

(a) Um experimento é efetuado para determinar as características de ebulição de um revestimento especial que é aplicado sobre a superfície exposta. Sob condições de regime estacionário, ebulição nucleada é mantida em água saturada à pressão atmosférica e valores $T_1 = 133{,}7$ °C e $T_2 = 158{,}6$ °C são registrados. Se $n = 1$, qual o valor do coeficiente $C_{s,f}$ associado à correlação de Rohsenow?

(b) Supondo a aplicabilidade da correlação de Rohsenow com o valor de $C_{s,f}$ determinado no item (a), calcule e represente graficamente o excesso de temperatura ΔT_e como uma função do fluxo térmico na ebulição para $10^5 \le q''_s \le 10^6$ W/m². Quais são os valores correspondentes de T_1 e T_2 para $q''_s = 10^6$ W/m²? Se q''_s for aumentado para $1{,}5 \times 10^6$ W/m², podem os resultados anteriores ser extrapolados para inferir os valores correspondentes de ΔT_e, T_1 e T_2?

Fluxo Térmico Mínimo e Ebulição em Filme

10.20 Uma esfera feita da liga de alumínio 2024, com diâmetro de 20 mm e temperatura uniforme de 500 °C, é subitamente imersa em um banho de água saturada mantido a pressão atmosférica. A superfície da esfera tem uma emissividade de 0,25.

(a) Calcule o coeficiente de transferência de calor total para a condição inicial. Qual fração do coeficiente total é contribuição da radiação?

(b) Estime a temperatura da esfera 30 s após ser imersa no banho?

10.21 Determine as temperaturas mínima e máxima possíveis de um tubo horizontal de cobre polido com diâmetro $D = 35$ mm, imerso em água a pressão atmosférica, associado a um fluxo térmico de 2×10^4 W/m².

10.22 Um rotor de turbina na forma de disco é tratado termicamente pela imersão em água a $p = 1$ atm. Inicialmente, o rotor está a uma temperatura uniforme de $T_i = 1100$ °C e a água está em seu ponto de ebulição quando o rotor é imerso no banho de têmpera por um gancho.

(a) Supondo comportamento de capacitância global e propriedades constantes no rotor, represente em um gráfico cuidadosamente a temperatura do rotor com o tempo, apontando características importantes na sua curva $T(t)$. O rotor encontra-se na Orientação A.

(b) Se o rotor for reorientado de modo que suas superfícies maiores fiquem na horizontal (Orientação B), a diminuição da temperatura do rotor será mais ou menos rápida em relação à Orientação A?

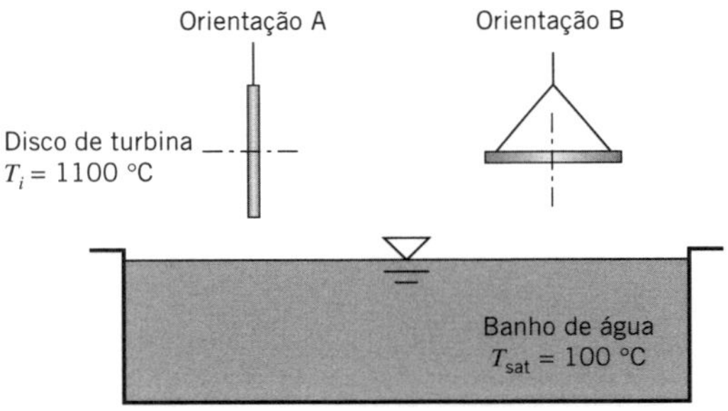

10.23 Uma barra de aço, com 25 mm de diâmetro, 300 mm de comprimento e uma emissividade de 0,85, é removida de um forno a 455 °C e subitamente submersa na posição horizontal em um banho de água a pressão atmosférica. Estime a taxa inicial de transferência de calor que sai da barra.

10.24 Um elemento aquecedor de 5 mm de diâmetro é mantido com uma temperatura superficial de 350 °C, quando imerso horizontalmente em água sob pressão atmosférica. A cobertura do elemento é de aço inoxidável com acabamento de polimento mecânico com uma emissividade de 0,25.

(a) Calcule a dissipação de potência elétrica e a taxa de produção de vapor por unidade de comprimento do aquecedor.

(b) Se o aquecedor fosse operado na mesma taxa de dissipação de potência no regime de ebulição nucleada, qual temperatura a superfície atingiria? Calcule a taxa de produção de vapor por unidade de comprimento para essa condição de operação.

(c) Esboce a curva de ebulição e represente as duas condições de operação dos itens (a) e (b). Compare os resultados de suas análises. Se o elemento aquecedor for operado na opção de potência controlada, explique como você alcançaria essas duas condições de operação, iniciando a partir de um elemento frio.

10.25 A energia térmica gerada por um *chip* de silício aumenta na proporção de sua velocidade de processamento. O *chip* de silício do Problema 10.18 é projetado para operar no regime de ebulição nucleada a aproximadamente 30 % do fluxo térmico crítico. Um pulso súbito na velocidade de processamento do *chip* dispara a ebulição em filme, após o qual a velocidade e a dissipação de potência retornam aos seus valores de projeto.

(a) Em qual regime de ebulição o *chip* opera após a dissipação de potência retornar ao seu valor de projeto?

(b) Para retornar ao regime de ebulição nucleada, em quanto a velocidade de processamento tem que ser reduzida em relação ao valor de projeto?

10.26 Um fio horizontal de platina, com 1 mm de diâmetro e emissividade $\varepsilon = 0{,}25$, opera em água saturada a pressão de 1 atm.

(a) Qual será o fluxo térmico superficial se a sua temperatura superficial for $T_s = 800$ K?

(b) Para emissividades de 0,1; 0,25 e 0,95, faça um gráfico em escala log-log do fluxo térmico como uma função do excesso de temperatura na superfície, $\Delta T_e \equiv T_s - T_{sat}$, para $150 \leq \Delta T_e \leq 550$ K. Mostre no gráfico o fluxo térmico crítico e o ponto de Leidenfrost. Separadamente, represente graficamente a contribuição percentual da radiação no fluxo térmico total para $150 \leq \Delta T_e \leq 550$ K.

10.27 Uma esfera polida de cobre com 10 mm de diâmetro, inicialmente a uma temperatura elevada T_i especificada, é temperada em um banho contendo água saturada (1 atm). Usando o método da capacitância global da Seção 5.3.3, estime o tempo necessário para resfriar a esfera (a) de $T_i = 130$ °C até 110 °C e (b) de $T_i = 550$ °C até 220 °C. Use as temperaturas médias na esfera na avaliação das temperaturas. Represente graficamente o histórico da temperatura para cada um dos processos de têmpera.

Ebulição com Convecção Forçada

10.28 Um tubo com 2 mm de diâmetro é usado para aquecer água saturada a 1 atm, que escoa em escoamento cruzado sobre a sua superfície externa. Calcule e represente graficamente o fluxo térmico crítico como uma função da velocidade da água no intervalo entre 0 e 2 m/s. No seu gráfico, identifique a região de ebulição em piscina e a região de transição entre as faixas de velocidades baixas e elevadas. *Sugestão*: o Problema 10.16 contém informações relevantes para a ebulição em piscina sobre cilindros de pequenos diâmetros.

10.29 Água, saturada a 1 atm e a uma velocidade de 3 m/s, escoa sobre um elemento de aquecimento cilíndrico com 10 mm de diâmetro. Qual é a taxa máxima de aquecimento (W/m) para a ebulição nucleada em piscina?

10.30 Um tubo vertical de aço com diâmetro $D = 0{,}1$ m transporta água a uma pressão de 10 bar. A água líquida saturada é bombeada para dentro do tubo na sua extremidade inferior ($x = 0$), com uma velocidade média de $u_m = 0{,}05$ m/s. O tubo está exposto à combustão de carvão pulverizado, que fornece um fluxo térmico uniforme de $q'' = 100.000$ W/m^2.

(a) Determine a temperatura da parede do tubo e a qualidade (fração vaporizada) da corrente em escoamento em $x = 15$ m. Suponha $G_{s,f} = 1$.

(b) Determine a temperatura da parede do tubo em um local depois de $x = 15$ m, no qual há escoamento monofásico de vapor a uma temperatura média de T_{sat}. Suponha que o vapor nesse local também esteja a uma pressão de 10 bar.

(c) Represente graficamente a temperatura da parede do tubo na faixa de $-5 \text{ m} \leq x \leq 30$ m.

10.31 Seja o refrigerante R-134a escoando em um tubo horizontal liso, com 10 mm de diâmetro interno e 2 mm de espessura de parede. O refrigerante está a uma temperatura de saturação de 15 °C (para a qual $\rho_{v,sat} = 23{,}75$ kg/m^3) e escoa a uma vazão de 0,01 kg/s. Determine a temperatura de parede máxima associada a um fluxo térmico de 10^5 W/m^2 na superfície interna da parede em uma posição 0,4 m a jusante do início da ebulição para tubos feitos de (a) cobre puro e (b) aço inoxidável AISI 316.

10.32 Determine o diâmetro do tubo associado a $p = 1$ atm e um número de Confinamento crítico de 0,5 para o etanol, o mercúrio, a água, o R-134a e o fluido dielétrico do Problema 10.18.

Condensação em Filme

10.33 Vapor d'água saturado a 0,2 bar condensa com um coeficiente de transferência de calor de 6000 W/(m^2 · K) no lado externo de um tubo de latão, que possui diâmetros interno e externo de 16 e 19 mm, respectivamente. O coeficiente de transferência de calor na água escoando no interior do tubo é igual a 5000 W/(m^2 · K). Estime a taxa de condensação do vapor por unidade de comprimento do tubo, com a temperatura média da água igual a 30°C.

10.34 Considere um recipiente exposto a um vapor saturado, T_{sat}, que possui uma superfície inferior fria, $T_s < T_{sat}$ e com paredes laterais isoladas.

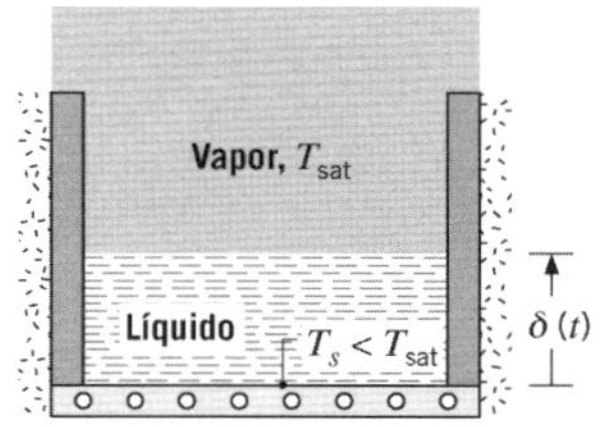

Admitindo uma distribuição de temperaturas linear no líquido, efetue um balanço de energia na interface líquido-vapor para obter a expressão a seguir para a taxa de crescimento da camada de líquido:

$$\delta(t) = \left[\frac{2k_l(T_{sat} - T_s)}{\rho_l h_{fg}} t\right]^{1/2}$$

Calcule a espessura da camada de líquido formada em uma hora, para uma superfície inferior com 200 mm^2, mantida a 80 °C e exposta a vapor d'água saturado a 1 atm. Compare esse resultado com o condensado formado em uma placa *vertical* com as mesmas dimensões e no mesmo período de tempo.

10.35 Vapor d'água saturado a 1 atm condensa sobre a superfície externa de um tubo vertical com 100 mm de diâmetro e um metro de comprimento, com uma temperatura superficial uniforme de 94 °C. Estime a taxa de condensação total e a taxa de transferência de calor para o tubo.

10.36 Determine a taxa de condensação total de água sobre a superfície frontal de uma placa vertical que tem 10 mm de altura e um metro de largura. A placa é exposta a vapor d'água saturado a pressão atmosférica e mantida a 75 ºC. Determine a taxa total de condensação da água ao longo de um tubo horizontal de um metro de comprimento que possua as mesmas área superficial e temperatura que aquelas da placa vertical.

10.37 Considere a condensação laminar sem ondulações sobre uma placa vertical isotérmica de comprimento L, fornecendo um coeficiente de transferência de calor médio $\bar{h}_L$. Se a placa for dividida em N placas menores, cada uma com comprimento $L_N = L/N$, determine uma expressão para a razão entre o coeficiente de transferência de calor médio para todas as N placas e o coeficiente de transferência de calor médio na placa original, $\bar{h}_{L,N}/\bar{h}_{L,1}$.

10.38 Uma placa vertical de 3 m × 3 m tem um lado exposto a vapor d'água saturado a pressão atmosférica e o outro à água de resfriamento que mantém a temperatura da placa a 50 °C.

(a) Qual é a taxa de transferência de calor para o refrigerante? Qual a taxa na qual o vapor condensa sobre a placa?

(b) Para placas inclinadas com um ângulo θ em relação à vertical, o coeficiente convectivo médio para a condensação na superfície superior, $\bar{h}_{L(\text{incl})}$, pode ser aproximado por uma expressão com a forma, $\bar{h}_{L(\text{incl})} \approx (\cos(\theta))^{1/4} \cdot \bar{h}_{L(\text{vert})}$, sendo $\bar{h}_{L(\text{vert})}$ o coeficiente médio para a orientação vertical. Estando a placa 3 m × 3 m inclinada de 30° em relação à normal, quais são as taxas de transferência de calor e de condensação?

10.39 Uma placa vertical com 2,5 m de altura, mantida a uma temperatura uniforme de 54 °C, está exposta a vapor d'água saturado a pressão atmosférica.

(a) Estime as taxas de condensação e de transferência de calor por unidade de largura da placa.

(b) Se a altura da placa fosse reduzida à metade, o regime de escoamento permanecerá o mesmo ou mudará?

(c) Para o intervalo $54 \le T_s \le 90$ °C, represente graficamente a taxa de condensação como uma função da temperatura da placa para as duas alturas da placa especificadas nos itens (a) e (b).

10.40 Taxas de condensação podem ser restringidas pela velocidade do som na fase vapor. Desta forma, a condensação pode atingir um *limite sônico*. Seja uma fenda vertical com $S = 2$ mm de largura e $L = 200$ mm de comprimento em um bloco sólido de metal. A fenda é longa na direção da página, desta forma, o escoamento do fluido é bidimensional. Vapor d'água saturado a pressão atmosférica condensa nas duas grandes superfícies verticais da fenda, mantidas a $T_s = 40$ ºC. À medida que a condensação prossegue, água líquida deixa a fenda através de uma abertura em seu fundo, sendo reposta por vapor d'água saturado escoando de baixo para cima através da mesma abertura. Estime o número de Mach para o escoamento ascendente do vapor pela abertura da fenda. Para qual largura da fenda o número de Mach do escoamento do vapor atinge a unidade?

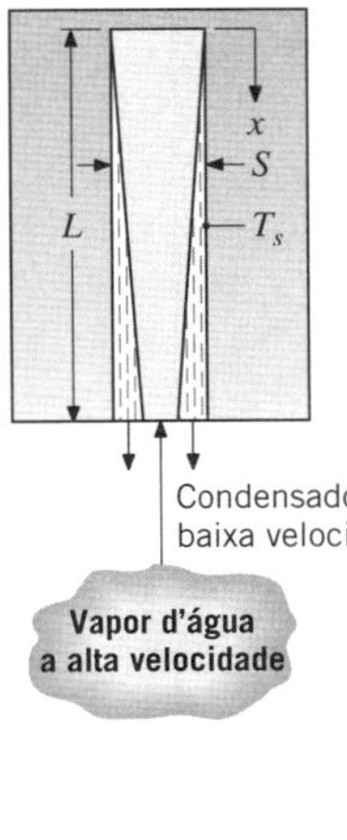

10.41 O condensador de uma planta de potência a vapor é constituído por uma matriz quadrada alinhada com 900 tubos, cada um com diâmetro de 25 mm. Considere condições nas quais vapor d'água saturado a 0,135 bar condensa sobre a superfície externa de cada tubo, enquanto uma temperatura de parede do tubo igual a 23 °C é mantida pelo escoamento de água de resfriamento no seu interior. Qual é a taxa de transferência de calor para a água por unidade de comprimento da matriz tubular? Qual é a taxa de condensação correspondente?

10.42 Vapor saturado oriundo de um processo químico condensa a uma taxa baixa sobre a superfície interna de um recipiente cilíndrico vertical com paredes finas, comprimento L e diâmetro D. A parede do recipiente é mantida a uma temperatura uniforme T_s pelo escoamento de água fria ao redor de sua superfície externa.

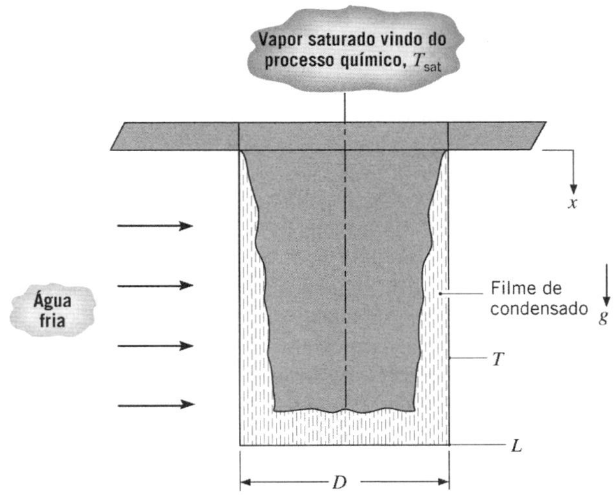

Deduza uma expressão para o tempo, t_e, necessário para o enchimento completo do recipiente com o condensado, admitindo que o filme de condensado seja laminar. Expresse o seu resultado em termos de D, L, $(T_{sat} - T_s)$, g e das propriedades do fluido pertinentes.

10.43 Determine a taxa de condensação total e a taxa de transferência de calor para o processo de condensação do Problema 10.35, estando o tubo inclinado com ângulos $\theta = 0$, 30, 45 e 60° a partir da horizontal.

10.44 Um tubo horizontal, com 50 mm de diâmetro externo e temperatura superficial de 34 °C, está exposto a vapor d'água a 0,2 bar. Estime a taxa de condensação e a taxa de transferência de calor por unidade de comprimento do tubo.

10.45 O tubo do Problema 10.44 é modificado pela usinagem de sulcos com cantos vivos ao redor de sua periferia, como na Figura 10.15. Os sulcos com profundidade de 2 mm têm 2 mm de largura e passo $S = 4$ mm. Estime as taxas mínimas de transferência de calor e de condensação por unidade de comprimento que seriam esperadas neste tubo modificado. Qual foi a melhora do desempenho em relação ao tubo original do Problema 10.44?

10.46 Um trocador de calor tubular de tubos concêntricos, operando na posição horizontal, possui tubos de parede delgada com 0,19 m de comprimento e é usado para aquecer água deionizada de 40 a 60 °C a uma vazão mássica de 5 kg/s. A água deionizada escoa pelo tubo interno, que possui 30 mm de diâmetro, enquanto vapor d'água saturado a 1 atm é alimentado na região anular formada com o tubo externo que tem 60 mm de diâmetro. As propriedades termofísicas da água deionizada são $\rho = 982{,}3$ kg/m³, $c_p = 4181$ J/(kg · K), $k = 0{,}643$ W/(m · K), $\mu = 548 \times 10^{-6}$ N · s/m² e $Pr = 3{,}56$.

Estime os coeficientes convectivos em ambos os lados do tubo interno e determine a temperatura na parede do tubo interno na extremidade da saída da água. A condensação proporciona uma temperatura na parede do tubo interno quase uniforme e aproximadamente igual à temperatura de saturação do vapor?

10.47 Uma esfera de cobre com 10 mm de diâmetro, inicialmente a uma temperatura uniforme de 50 °C, é colocada no interior de um grande recipiente contendo vapor d'água saturado a 1 atm. Usando o método da capacitância global, estime o tempo necessário para que a esfera atinja uma condição de equilíbrio. Qual a quantidade de condensado (kg) formada durante esse período?

Condensação Dentro de Tubos

10.48 O Ato do Ar Limpo (*Clean Air Act*) proibiu a produção de clorofluorocarbonos (CFC) nos Estados Unidos a partir de 1996. Um CFC amplamente usado, refrigerante R-12, foi substituído pelo R-134a em muitas aplicações em função de suas propriedades similares, incluindo um baixo ponto de ebulição a pressão atmosférica, $T_{sat} = 243$ K e 246,9 K para o R-12 e o R-134a, respectivamente. Compare o desempenho desses dois refrigerantes sob as condições a seguir. O vapor saturado do refrigerante a 310 K condensa ao escoar no interior de um tubo, com 30 mm de diâmetro e 0,8 m de comprimento, cuja temperatura de parede é mantida a 290 K. Se o vapor entra no tubo a uma vazão de 0,010 kg/s, quais são a taxa de condensação e a vazão de vapor deixando o tubo? As propriedades relevantes do R-12 a $T_{sat} = 310$ K são $\rho_v = 50{,}1$ kg/m^3, $h_{fg} = 160$ kJ/kg e $\mu_v = 150 \times 10^{-7}$ N·s/m^2, e as do R-12 líquido a $T_f = 300$ K são $\rho_l = 1306$ kg/m^3, $c_{p,l} = 978$ J/(kg · K), $\mu_l = 2{,}54 \times 10^{-4}$ N · s/m^2 e $k_l = 0{,}072$ W/(m · K). As propriedades do vapor de R-134a saturado são $\rho_v = 46{,}1$ kg/m^3, $h_{fg} = 166$ kJ/kg e $\mu_v = 136 \times 10^{-7}$ N · s/m^2.

10.49 Vapor d'água saturado a 1,5 bar condensa no interior de um tubo horizontal com 75 mm de diâmetro, cuja superfície é mantida a 100 °C. Supondo baixas velocidades no escoamento do vapor e um processo de condensação em filme, estime o coeficiente de transferência de calor e a taxa de condensação por unidade de comprimento do tubo.

10.50 Sejam as condições do Problema 10.49, mas agora com velocidade do vapor relativamente alta, com uma vazão mássica do fluido de $\dot{m} = 2{,}5$ kg/s.

(a) Determine o coeficiente de transferência de calor e a taxa de condensação por unidade de comprimento do tubo para uma fração mássica de vapor de $X = 0{,}2$.

(b) Represente graficamente o coeficiente de transferência de calor e a taxa de condensação para $0{,}1 \leq X \leq 0{,}3$.

10.51 Refrigerante R-22, a uma vazão mássica de $\dot{m} = 8{,}75 \times 10^{-3}$ kg/s, é condensado no interior de um tubo com 7 mm de diâmetro. Observa-se escoamento anular. A temperatura de saturação do refrigerante pressurizado é $T_{sat} = 45$ °C e a temperatura de parede é $T_s = 40$ °C. As propriedades do vapor são $\rho_v = 77$ kg/m^3 e $\mu_v = 15 \times 10^{-6}$ N · s/m^2.

(a) Determine o coeficiente de transferência de calor e as taxas de transferência de calor e de condensação por unidade de comprimento para uma qualidade de $X = 0{,}5$.

(b) Represente graficamente a taxa de condensação por unidade de comprimento no intervalo $0{,}2 < X < 0{,}8$.

Condensação em Gotas

10.52 Considere o Problema 10.33. Em um esforço para aumentar a taxa de condensação, um engenheiro propõe revestir com Teflon, em que $L = 100$ μm de espessura, a superfície exterior do tubo de latão para promover a condensação em gotas. Estime o novo coeficiente de transferência de calor por condensação e a nova taxa de condensação de vapor d'água por unidade de comprimento do tubo após a aplicação do revestimento. Comente sobre o efeito do procedimento proposto na taxa de condensação (a taxa de condensação por unidade de comprimento no Problema 10.33 é de aproximadamente $1{,}8 \times 10^{-3}$ kg/s).

10.53 O molhamento de algumas superfícies metálicas pode ser inibido com a implantação de íons na superfície antes do seu uso, desta forma promovendo a condensação em gotas. O nível da inibição ao molhamento e, por sua vez, a eficácia do processo de implantação variam de metal para metal. Seja uma placa metálica vertical, exposta a vapor d'água saturado a pressão atmosférica. A placa tem espessura $t = 1$ mm e suas dimensões vertical e horizontal são $L = 250$ mm e $b = 100$ mm, respectivamente. A temperatura da superfície da placa que está exposta ao vapor d'água é igual a $T_s = 90$ °C, enquanto a sua superfície oposta é mantida a uma temperatura menor, T_f.

(a) Determine T_f para alumínio 2024-T6. Admita que o processo de implantação de íons não promova condensação em gotas para este metal.

(b) Determine T_f para aço inoxidável AISI 302, supondo que o processo de implantação de íons é efetivo na promoção da condensação em gotas.

Ebulição/Condensação Combinadas

10.54 Um termossifão é formado por um recipiente fechado que absorve calor ao longo de sua seção de ebulição e rejeita calor ao longo de sua seção de condensação. Considere um termossifão formado por um cilindro de aço inoxidável, polido mecanicamente, que possui paredes finas e um diâmetro D. O calor fornecido ao termossifão ferve água saturada a pressão atmosférica sobre as superfícies da seção de ebulição (região inferior), que possui comprimento L_e. O calor é, então, rejeitado na condensação do vapor, formando um fino filme que desce por gravidade ao longo da parede da seção de condensação, com comprimento L_c, retornando para a seção de ebulição. As duas seções são separadas por uma seção termicamente isolada, que possui comprimento L_i. A superfície superior da seção de condensação pode ser tratada como estando termicamente isolada. As dimensões do termossifão são: $D = 20$ mm, $L_e = 20$ mm, $L_c = 40$ mm e $L_i = 40$ mm.

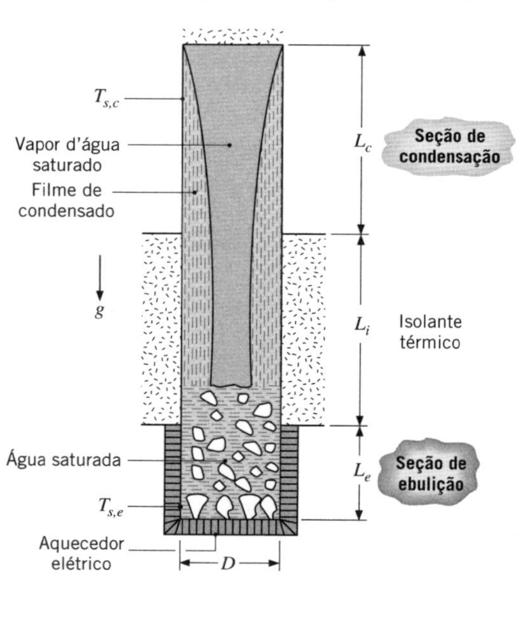

(a) Determine a temperatura média da superfície de ebulição, $T_{s,e}$, se o fluxo térmico na ebulição nucleada deve ser mantido a 30 % do fluxo térmico crítico.

(b) Determine a taxa de condensação total, $\dot{m}$, e a temperatura média da superfície da seção de condensação, $T_{s,c}$.

10.55 Um esquema inovador para o resfriamento de *chips* de computadores utiliza um termossifão contendo um fluorocarboneto saturado. O *chip* é soldado no fundo de um recipiente com uma forma parecida com a de uma xícara, no interior do qual o calor é dissipado por ebulição, sendo a seguir transferido para um refrigerante externo (água) pela condensação do vapor sobre a superfície interna de um tubo com parede delgada.

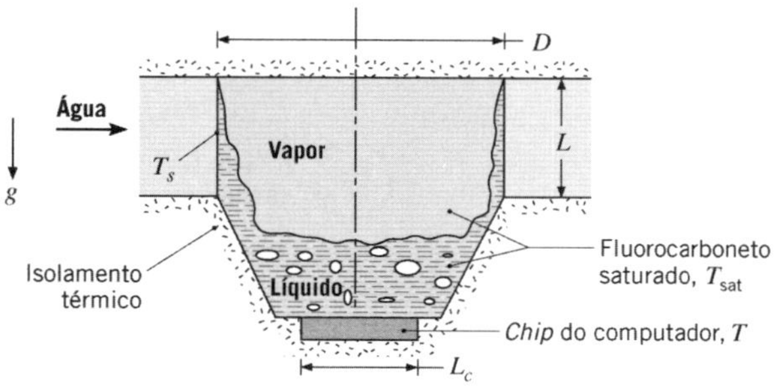

As constantes da ebulição nucleada e as propriedades do fluorocarboneto são as fornecidas no Problema 10.18. Além disso, $k_l = 0{,}054$ W/(m · K).

(a) Se o *chip* opera sob condições de regime estacionário e o seu fluxo térmico superficial é mantido a 75 % do fluxo térmico crítico, qual é a sua temperatura *T*? Qual é a dissipação de potência total, se a largura do *chip* é de $L_c = 25$ mm?

(b) Se o diâmetro do tubo é de $D = 35$ mm e a sua superfície é mantida pela água a $T_s = 25$ °C, qual é o comprimento de tubo *L* necessário para manter as condições especificadas?

10.56 Seja o termossifão do Problema 10.54. Em muitas aplicações, um cenário mais realístico é um no qual a seção de condensação é resfriada pelo escoamento de um fluido externo. Determine a taxa de transferência de calor do termossifão, assim como as temperaturas superficiais das seções de ebulição e condensação, se a superfície vertical do cilindro na seção de condensação é exposta a um fluido a 20 ºC associado a um coeficiente de transferência de calor por convecção de 500 W/(m^2 · K). Sugestão: você pode começar considerando que a resistência térmica externa domina a seção de condensação com o objetivo de estimar o fluxo térmico.

10.57 Um recipiente cilíndrico de paredes delgadas, com diâmetro *D* e altura *L*, contém, até uma altura *y*, um líquido (A) com baixo ponto de ebulição, que se encontra a $T_{sat,A}$. O recipiente está localizado no interior de uma grande câmara, na qual há vapor de um fluido (B) com elevado ponto de ebulição. O vapor B condensa em um filme laminar sobre a superfície externa do recipiente cilíndrico, que se forma a partir da localização da superfície livre do líquido A. O processo de condensação mantém a ebulição nucleada do líquido A ao longo da parede do recipiente, de acordo com a relação $q'' = C(T_s - T_{sat})^3$, sendo *C* uma constante empírica conhecida.

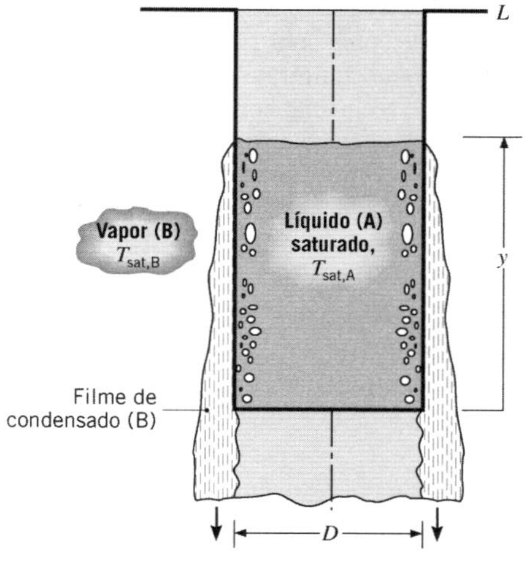

(a) Para a porção da parede coberta pelo filme de condensado, deduza uma equação para a temperatura média da parede do recipiente, T_s. Suponha que as propriedades dos fluidos A e B sejam conhecidas.

(b) A que taxa o calor é fornecido ao líquido A?

(c) Admitindo que, inicialmente, o recipiente se encontre completamente cheio do líquido, ou seja, $y = L$, deduza uma expressão para o tempo necessário para evaporar todo o líquido no recipiente.

10.58 Foi proposto que o ar muito quente retido no interior do sótão de uma casa no verão pode ser usado como a fonte de energia para um aquecedor de água *passivo* instalado no sótão. Custos com energia para o aquecimento da água fria e com o condicionamento do ar são ambos reduzidos. Dez termossifões, similares aos do Problema 10.54, são inseridos na base de um aquecedor de água bem isolado termicamente. Cada termossifão tem uma seção de condensação com $L_c = 50$ mm de comprimento, uma seção isolada com $L_i = 40$ mm e uma seção de ebulição com $L_e = 30$ mm de comprimento. O diâmetro de cada termossifão é igual a $D = 20$ mm. O fluido de trabalho no interior dos termossifões é água a uma pressão de $p = 0{,}047$ bar.

(a) Determine a taxa de aquecimento fornecida pelos dez termossifões, quando a ebulição ocorre a 25 % do fluxo térmico crítico. Quais são as temperaturas médias nas seções de ebulição e de condensação?

(b) Durante a noite, a temperatura do sótão fica inferior à temperatura da água. Estime a perda de calor do tanque de água quente para o sótão frio, supondo que as perdas pelo isolamento do tanque são desprezíveis e que a espessura dos tubos de aço inoxidável de cada termossifão é muito pequena.

11

CAPÍTULO

Trocadores de Calor

Videoaulas incluídas

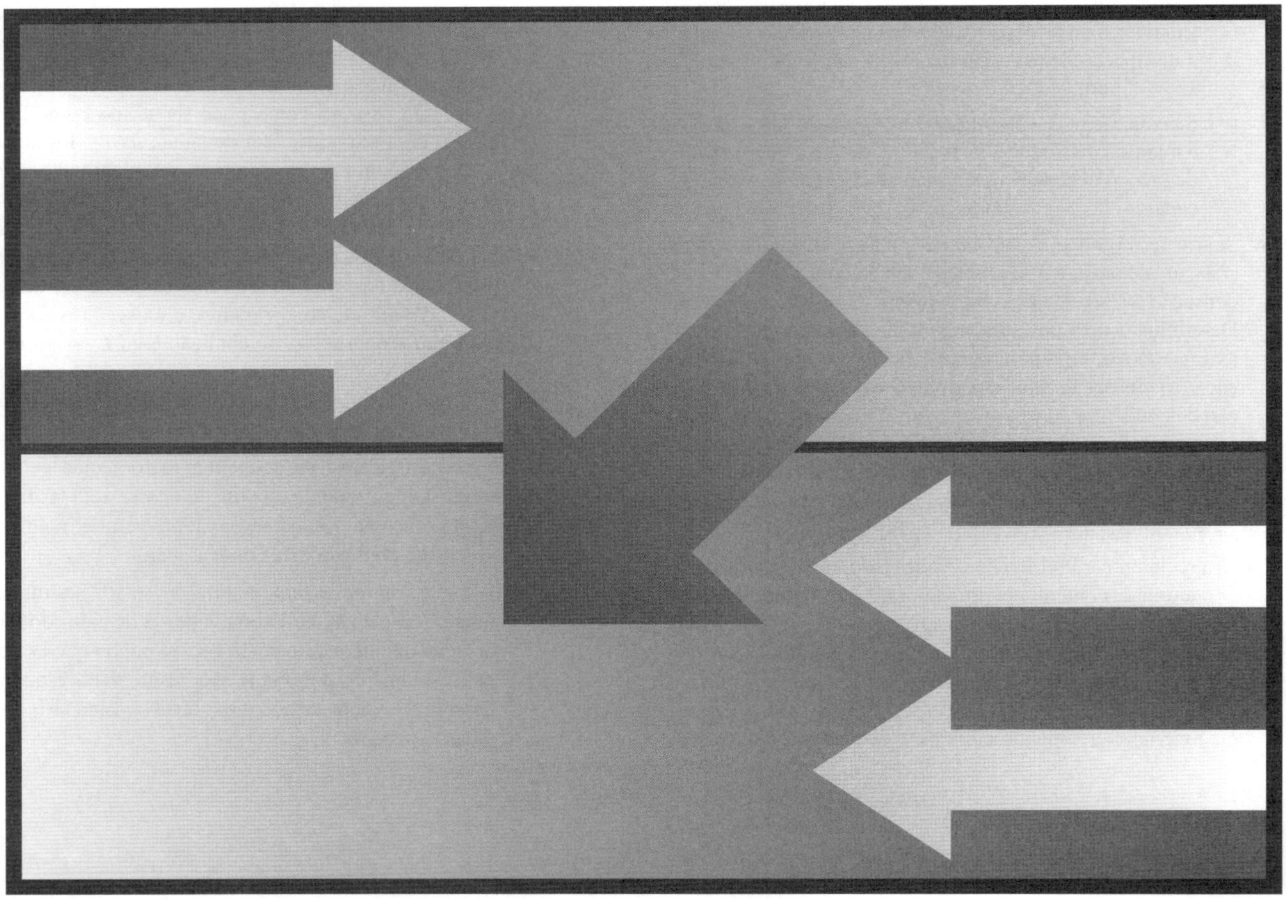

O processo de troca de calor entre dois fluidos que estão a diferentes temperaturas e se encontram separados por uma parede sólida ocorre em muitas aplicações de engenharia. O equipamento usado para implementar essa troca é conhecido por *trocador de calor*, e suas aplicações específicas podem ser encontradas no aquecimento de ambientes, em sistemas de ar condicionado, na produção de potência, na recuperação de calor em processos e no processamento químico.

Neste capítulo nossos objetivos são apresentar os parâmetros de desempenho para avaliar a eficácia de um trocador de calor e desenvolver metodologias para projetar um trocador de calor ou para prever o desempenho de um trocador existente operando sob condições especificadas.

11.1 Tipos de Trocadores de Calor

Comumente, os trocadores de calor são classificados em função da *configuração do escoamento* e do *tipo de construção*. No trocador de calor mais simples, os fluidos quente e frio se movem no mesmo sentido ou em sentidos opostos em uma construção com *tubos concêntricos* (ou *bitubular*). Na configuração *paralela* da Figura 11.1*a*, os fluidos quente e frio entram pela mesma extremidade, escoam no mesmo sentido e deixam o equipamento também na mesma extremidade. Na configuração *contracorrente* da Figura 11.1*b*, os fluidos entram por extremidades opostas, escoam em sentidos opostos e deixam o equipamento em extremidades opostas.

De modo alternativo, os fluidos podem se mover em *escoamento cruzado* (um fluido escoa perpendicularmente ao outro), como ilustrado pelos trocadores de calor tubulares, *com* e *sem aletas*, na Figura 11.2. Em geral, as duas configurações são diferenciadas por uma idealização que trata o escoamento do fluido sobre os tubos como *misturado* e *não misturado*. Na Figura 11.2*a*, diz-se que o fluido está não misturado, pois as aletas impedem o movimento na direção (y) que é transversal à direção (x) do escoamento principal. Nesse caso, a temperatura do fluido em escoamento cruzado varia com x e y. Ao contrário, para o feixe tubular não aletado da Figura 11.2*b*, o movimento do fluido, e consequentemente sua mistura na direção transversal, é possível, e a variação de temperatura ocorre principalmente na direção do escoamento principal. Como o escoamento no interior dos tubos é não misturado, em trocadores aletados os dois fluidos são não misturados, enquanto em trocadores não aletados o fluido em escoamento cruzado é misturado e o fluido escoando por dentro dos tubos não. A natureza da condição de mistura influencia o desempenho do trocador de calor.

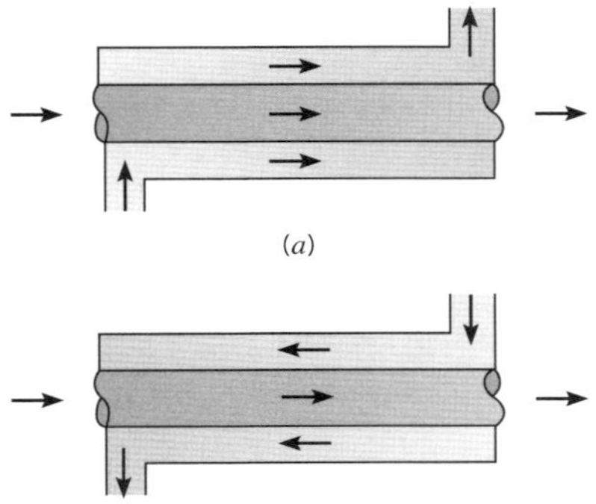

FIGURA 11.1 Trocadores de calor de tubos concêntricos. (*a*) Escoamento paralelo. (*b*) Escoamento contracorrente.

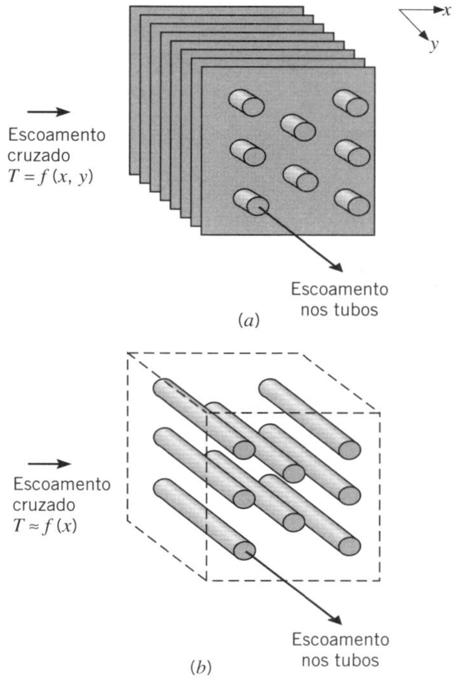

FIGURA 11.2 Trocadores de calor com escoamentos cruzados. (*a*) Aletado com ambos os fluidos não misturados. (*b*) Não aletado com um fluido misturado e o outro não misturado.

Outra configuração comum é o trocador de calor *casco e tubos* [1]. Formas específicas desse tipo de trocador de calor se diferem em função dos números de passes no casco e nos tubos. Sua forma mais simples envolve um único *passe* nos tubos e no casco, sendo mostrada na Figura 11.3. Normalmente, são instaladas chicanas para aumentar o coeficiente convectivo no fluido no lado do casco, a partir da indução de turbulência e de um componente de velocidade na direção do escoamento cruzado. Além disso, as chicanas apoiam fisicamente os tubos, reduzindo a vibração dos tubos induzida pelo escoamento. Trocadores de calor com chicanas e com um passe no casco e dois passes nos tubos, e com dois passes no casco e quatro passes nos tubos são mostrados nas Figuras 11.4*a* e 11.4*b*, respectivamente.

Uma classe especial e importante de trocadores de calor é utilizada para atingir superfícies de transferência de calor

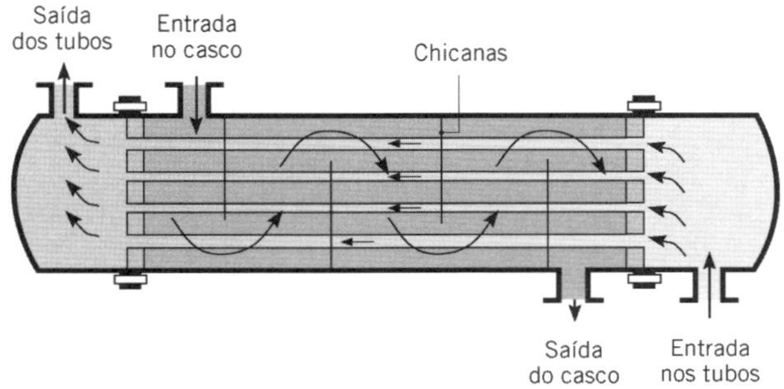

FIGURA 11.3 Trocador de calor casco e tubos com um passe no casco e um passe nos tubos (modo de operação contracorrente).

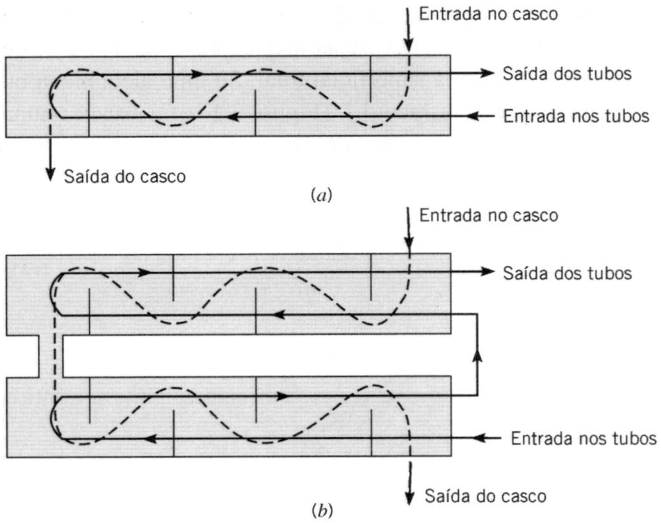

FIGURA 11.4 Trocadores de calor casco e tubos. (*a*) Um passe no casco e dois passes nos tubos. (*b*) Dois passes no casco e quatro passes nos tubos.

muito grandes ($\gtrsim$ 400 m^2/m^3 para líquidos e $\gtrsim$ 700 m^2/m^3 para gases) por unidade de volume. Conhecidos por *trocadores de calor compactos*, esses equipamentos possuem densas matrizes de tubos aletados ou placas e, em geral, são usados quando pelo menos um dos fluidos é um gás, sendo, portanto, caracterizados por um pequeno coeficiente de convecção. Os tubos podem ser *planos* ou *circulares*, como nas Figuras 11.5*a* e 11.5*b*, *c*, respectivamente, e as aletas podem ser *planas* ou *circulares*, como nas Figuras 11.5*a*, *b* e 11.5*c*, respectivamente. Trocadores de calor com placas paralelas podem ser aletados ou corrugados, e podem ser utilizados com modos de operação de um único passe (Figura 11.5*d*) ou com múltiplos passes (Figura 11.5*e*). As seções de escoamento associadas aos trocadores de calor compactos são tipicamente pequenas ($D_h \lesssim$ 5 mm), e o escoamento é normalmente laminar.

11.2 O Coeficiente Global de Transferência de Calor

Uma etapa essencial, e frequentemente a mais imprecisa, de qualquer análise de trocadores de calor é a determinação do *coeficiente global de transferência de calor*. Lembrando da Equação 3.19, esse coeficiente é definido em função da resistência térmica total à transferência de calor entre dois fluidos. Nas Equações 3.18 e 3.36, o coeficiente foi determinado levando-se em consideração as resistências condutivas e convectivas entre fluidos separados por paredes compostas planas e cilíndricas, respectivamente. Para uma parede separando dois fluidos, o coeficiente global de transferência de calor pode ser escrito na forma

$$\frac{1}{UA} = \frac{1}{U_f A_f} = \frac{1}{U_q A_q} = \frac{1}{(hA)_f} + R_p + \frac{1}{(hA)_q} \tag{11.1a}$$

na qual *f* e *q* indicam os fluidos frio e quente, respectivamente. Note que o cálculo do produto *UA* não exige a especificação do lado quente ou do lado frio ($U_f A_f = U_q A_q$). Entretanto, o cálculo de um coeficiente global depende se está baseado na área superficial no lado do fluido quente ou do fluido frio, uma vez que $U_f \neq U_q$ se $A_f \neq A_q$. A resistência condutiva na parede R_p é obtida da Equação 3.6 no caso de uma parede plana, ou da Equação 3.33 para uma parede cilíndrica.

É importante reconhecer, contudo, que a Equação 11.1a se aplica somente no caso de superfícies *limpas* e *sem aletas*. Ao longo da operação normal de trocadores de calor, com frequência as superfícies estão sujeitas à deposição de impurezas dos fluidos, à formação de ferrugem ou a outras reações entre o fluido e o material que compõe a parede. A consequente formação de um filme ou de incrustações sobre a superfície pode aumentar significativamente a resistência à transferência de calor entre os fluidos. Esse efeito pode ser levado em

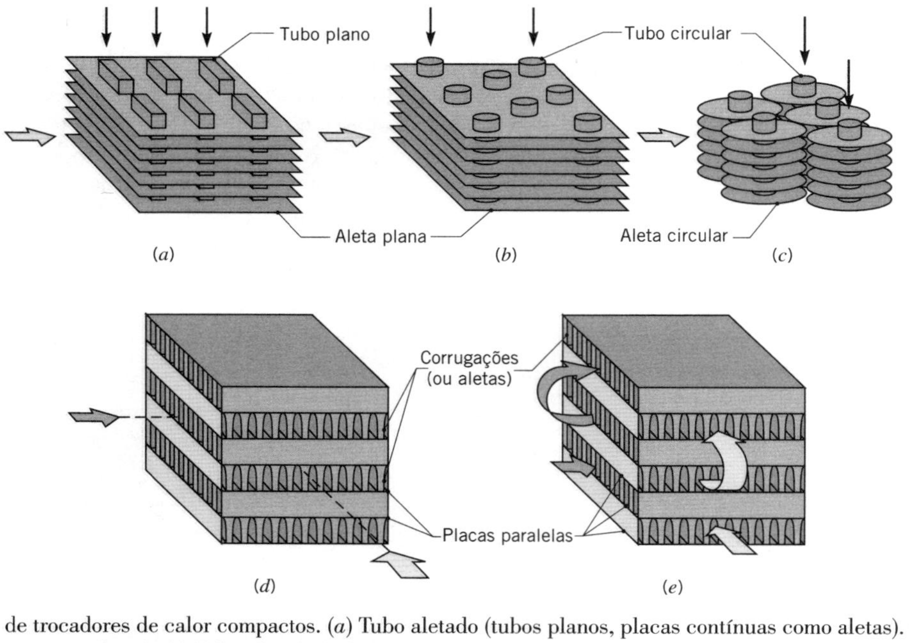

FIGURA 11.5 Núcleos de trocadores de calor compactos. (*a*) Tubo aletado (tubos planos, placas contínuas como aletas). (*b*) Tubo aletado (tubos circulares, placas contínuas como aletas). (*c*) Tubo aletado (tubos circulares, aletas circulares). (*d*) Placa aletada (passe único). (*e*) Placa aletada (múltiplo passe).

conta com a introdução de uma resistência térmica adicional na Equação 11.1a, conhecida por *fator de deposição*, R_d. O seu valor depende da temperatura de operação, da velocidade do fluido e do tempo de serviço do trocador de calor.

Além disso, sabemos que frequentemente são adicionadas aletas às superfícies expostas a um ou ambos os fluidos que, ao aumentarem a área superficial, reduzem a resistência global à transferência de calor. Nesse sentido, com a inclusão dos efeitos relativos à deposição e às aletas (superfícies estendidas), o coeficiente global de transferência de calor é modificado como a seguir:

$$\frac{1}{UA} = \frac{1}{(\eta_o hA)_f} + \frac{R''_{d,f}}{(\eta_o A)_f} + R_p + \frac{R''_{d,q}}{(\eta_o A)_q} + \frac{1}{(\eta_o hA)_q} \quad (11.1b)$$

Embora valores representativos para o fator de deposição (R''_d) estejam listados na Tabela 11.1, esse fator é uma variável ao longo da operação de um trocador de calor (aumentando a partir de zero, no caso de uma superfície limpa, em função do acúmulo de depósitos sobre a superfície). Discussões abrangentes sobre a deposição estão disponíveis nas Referências 2 a 4.

A grandeza η_o na Equação 11.1b é conhecida como *eficiência global da superfície* ou *efetividade da temperatura* em uma superfície aletada. Ela é definida de tal modo que, para a superfície do lado quente ou do lado frio sem deposição, a taxa de transferência de calor é

$$q = \eta_o hA(T_b - T_\infty) \quad (11.2)$$

sendo T_b a temperatura da superfície na qual as aletas estão instaladas (Figura 3.21) e A a área superficial total (aletas mais a base exposta). Esta grandeza foi apresentada na Seção 3.6.5, e a expressão a seguir foi deduzida:

$$\eta_o = 1 - \frac{A_a}{A}(1 - \eta_a) \quad (11.3)$$

na qual A_a é a área superficial de todas as aletas e η_a é a eficiência de uma única aleta. Para ser coerente com a nomenclatura comumente utilizada na análise de trocadores de calor, a razão entre a área superficial das aletas e a área superficial total foi representada na forma A_a/A. Essa representação difere daquela utilizada na Seção 3.6.5, em que a razão está representada na forma NA_a/A_t, com A_a representando a área de uma aleta e A_t a área superficial total. Se uma aleta plana ou um pino com comprimento L (Figura 3.17) for usada e uma extremidade adiabática for suposta, as Equações 3.81 e 3.91 fornecem

$$\eta_a = \frac{\tanh(mL)}{mL} \quad (11.4)$$

com $m = (2h/(kt))^{1/2}$ e t a espessura da aleta. Para diversas geometrias de aletas mais usuais, a eficiência pode ser obtida na Tabela 3.5.

Note que, como escrita, a Equação 11.2 corresponde à deposição desprezível. Entretanto, se a deposição for significativa, o coeficiente convectivo na Equação 11.2 deve ser substituído por um coeficiente global de transferência de calor *parcial* com a forma $U_p = h/(1 + hR''_d)$. Ao contrário da Equação 11.1b, que fornece o coeficiente global de transferência de calor entre os fluidos quente e frio, U_p é chamado de coeficiente parcial porque ele somente inclui o coeficiente convectivo e o fator de deposição associados a um fluido e a sua superfície adjacente. Coeficientes parciais para os lados quente e frio são, então, $U_{p,q} = h_q/(1 + h_q R''_{d,q})$ e $U_{p,f} = h_f/(1 + h_f R''_{d,f})$, respectivamente. A Equação 11.3 pode ainda ser usada para avaliar η_o para o lado quente e/ou frio, mas U_p tem que ser usado no lugar de h para avaliar a eficiência da aleta correspondente. Além disso, mostra-se facilmente que as segunda e quarta parcelas no lado direito da Equação 11.1b podem ser retiradas se os coeficientes convectivos nas primeira e quinta parcelas foram substituídos por $U_{p,f}$ e $U_{p,q}$, respectivamente.

Com frequência, a parcela relativa à condução na parede na Equação 11.1a ou 11.1b pode ser desprezada, uma vez que paredes delgadas com elevada condutividade térmica são geralmente utilizadas. Também um dos coeficientes convectivos normalmente é muito menor do que o outro e, assim, domina a determinação do coeficiente global. Por exemplo, se um dos fluidos for um gás e o outro um líquido ou uma mistura líquido-vapor em ebulição ou condensação, o coeficiente de convecção no lado do gás é muito menor. É em tais situações que são utilizadas aletas para melhorar a convecção no lado do gás. Valores representativos do coeficiente global são resumidos na Tabela 11.2.

TABELA 11.1 Fatores de deposição representativos [1]

Fluido	R''_d **(m² · K/W)**
Água do mar e água tratada para alimentação de caldeira (abaixo de 50 °C)	0,0001
Água do mar e água tratada para alimentação de caldeira (acima de 50 °C)	0,0002
Água de rio (abaixo de 50 °C)	0,0002–0,001
Óleo combustível	0,0009
Líquidos de refrigeração	0,0002
Vapor d'água (sem arraste de óleo)	0,0001

TABELA 11.2 Valores representativos do coeficiente global de transferência de calor

Combinação de Fluidos	**U (W/(m² · K))**
Água para água	850–1700
Água para óleo	110–350
Condensador de vapor d'água (água nos tubos)	1000–6000
Condensador de amônia (água nos tubos)	800–1400
Condensador de álcool (água nos tubos)	250–700
Trocador de calor com tubos aletados (água nos tubos, ar em escoamento cruzado)	25–50

Para os trocadores de calor tubulares não aletados das Figuras 11.1 a 11.4, a Equação 11.1b se reduz a

$$\frac{1}{UA} = \frac{1}{U_iA_i} = \frac{1}{U_eA_e}$$
$$= \frac{1}{h_iA_i} + \frac{R''_{d,i}}{A_i} + \frac{\ln(D_e/D_i)}{2\pi kL} + \frac{R''_{d,e}}{A_e} + \frac{1}{h_eA_e} \quad (11.5)$$

com os subscritos i e e se referindo às superfícies interna e externa do tubo ($A_i = \pi D_i L$ e $A_e = \pi D_e L$), que podem estar expostas tanto ao fluido quente quanto ao fluido frio.

O coeficiente global de transferência de calor pode ser determinado a partir do conhecimento dos coeficientes de convecção nos fluidos quente e frio, dos fatores de deposição e de parâmetros geométricos apropriados. Para superfícies não aletadas, os coeficientes convectivos podem ser estimados pelas correlações apresentadas nos Capítulos 7 e 8. Para configurações padronizadas de aletas, os coeficientes podem ser obtidos a partir de resultados compilados por Kays e London [5].

11.3 Análise de Trocadores de Calor: Uso da Média Log das Diferenças de Temperaturas

Para projetar ou prever o desempenho de um trocador de calor, é essencial relacionar a taxa total de transferência de calor a grandezas, tais como: as temperaturas de entrada e de saída dos fluidos, o coeficiente global de transferência de calor e a área superficial total disponível para a transferência de calor. Duas dessas relações podem ser obtidas, de imediato, com a aplicação de balanços globais de energia nos fluidos quente e frio, como mostrado na Figura 11.6. Em particular, se q é a taxa total de transferência de calor entre os fluidos quente e frio, e a transferência de calor entre o trocador e a vizinhança é desprezível, assim como as mudanças nas energias potencial e cinética, a aplicação da equação da energia para processos contínuos em regime estacionário, Equação 1.12*d*, fornece

$$q = \dot{m}_q(i_{q,\text{ent}} - i_{q,\text{sai}}) \quad (11.6a)$$

e

$$q = \dot{m}_f(i_{f,\text{sai}} - i_{f,\text{ent}}) \quad (11.7a)$$

sendo i a entalpia do fluido. Os subscritos q e f se referem aos fluidos quente e frio, enquanto *ent* e *sai* designam as condições do fluido na entrada e na saída. Se os fluidos não passam por uma mudança de fase e se forem admitidos calores específicos constantes, essas expressões se reduzem a

$$q = \dot{m}_q c_{p,q}(T_{q,\text{ent}} - T_{q,\text{sai}}) \quad (11.6b)$$

e

$$q = \dot{m}_f c_{p,f}(T_{f,\text{sai}} - T_{f,\text{ent}}) \quad (11.7b)$$

com as temperaturas que aparecem nas expressões se referindo às temperaturas *médias* dos fluidos nas localizações indicadas. Note que as Equações 11.6 e 11.7 são independentes da configuração do escoamento e do tipo do trocador de calor.

Outra expressão útil pode ser obtida relacionando-se a taxa de transferência de calor total q à diferença de temperaturas ΔT entre os fluidos quente e frio, sendo

$$\Delta T \equiv T_q - T_f \quad (11.8)$$

Tal expressão seria uma extensão da lei do resfriamento de Newton, com o coeficiente global de transferência de calor U usado no lugar de um único coeficiente de transferência de calor h. Entretanto, como ΔT varia com a posição no trocador de calor, torna-se necessário se trabalhar com uma equação para a taxa na forma

$$q = UA\Delta T_m \quad (11.9)$$

na qual ΔT_m é uma *média* apropriada de diferenças de temperaturas. A Equação 11.9 pode ser usada com as Equações 11.6 e 11.7 para efetuar uma análise de trocadores de calor. Contudo, antes de poder realizar essa análise, a forma específica de ΔT_m deve ser estabelecida.

11.3.1 O Trocador de Calor com Escoamento Paralelo

As distribuições de temperaturas médias nos fluidos quente e frio associadas a um trocador de calor com escoamento paralelo estão mostradas na Figura 11.7. Inicialmente, a diferença de temperaturas ΔT é grande, mas diminui com o aumento de x, aproximando-se assintoticamente de zero. É importante observar que, nesse tipo de trocador, a temperatura de saída do fluido frio nunca pode ser superior à do fluido quente. Na Figura 11.7, os subscritos 1 e 2 indicam as extremidades opostas do trocador de calor. Essa convenção é utilizada em todos os tipos de trocadores de calor analisados. Para o escoamento paralelo, tem-se que $T_{q,\text{ent}} = T_{q,1}$; $T_{q,\text{sai}} = T_{q,2}$; $T_{f,\text{ent}} = T_{f,1}$ e $T_{f,\text{sai}} = T_{f,2}$.

A forma de ΔT_m pode ser determinada pela aplicação de um balanço de energia em elementos diferenciais nos fluidos quente e frio. Cada elemento possui um comprimento dx e uma área de transferência de calor dA, como ilustrado na Figura 11.7. Os balanços de energia e a análise a seguir estão sujeitos às seguintes considerações:

1. O trocador de calor encontra-se isolado termicamente da vizinhança, situação na qual a única troca de calor ocorre entre os fluidos quente e frio.

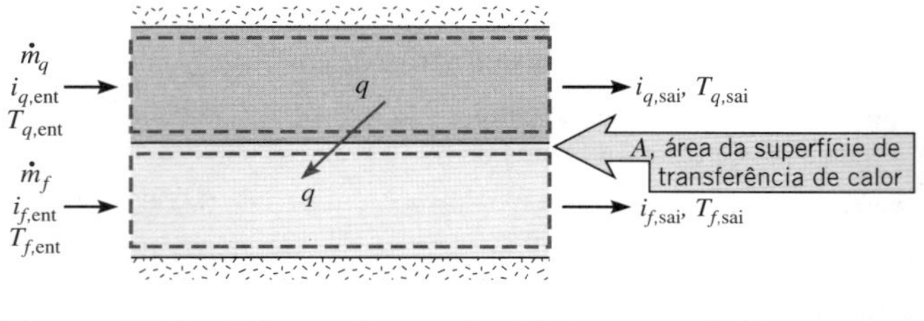

FIGURA 11.6 Balanços de energia globais para os fluidos quente e frio de um trocador de calor com dois fluidos.

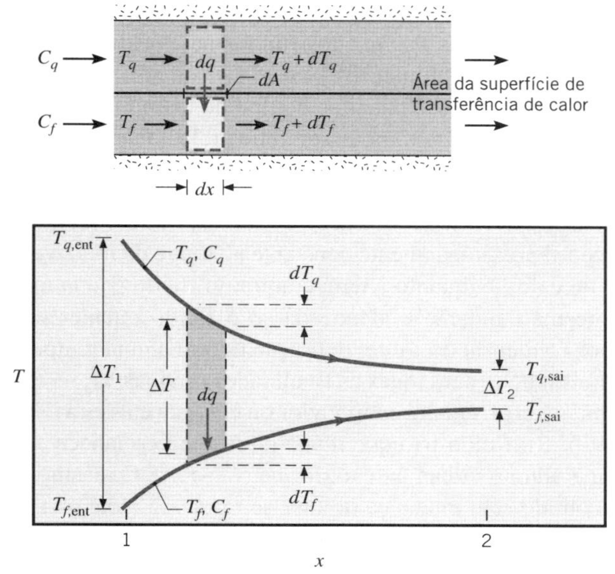

FIGURA 11.7 Distribuições de temperaturas em um trocador de calor com escoamento paralelo.

2. A condução axial ao longo dos tubos é desprezível.
3. As mudanças nas energias cinética e potencial são desprezíveis.
4. Os calores específicos dos fluidos são constantes.
5. O coeficiente global de transferência de calor é constante.

Os calores específicos podem, naturalmente, variar em função das mudanças de temperatura, e o coeficiente global de transferência de calor pode variar em face das mudanças nas propriedades dos fluidos e nas condições de escoamento. Entretanto, em muitas aplicações, tais variações não são significativas, e é razoável trabalhar com valores médios de $c_{p,f}$, $c_{p,q}$ e U no trocador de calor.

Aplicando um balanço de energia em cada um dos elementos diferenciais da Figura 11.7, tem-se que

$$dq = -\dot{m}_q c_{p,q} dT_q \equiv -C_q dT_q \tag{11.10}$$

e

$$dq = \dot{m}_f c_{p,f} dT_f \equiv C_f dT_f \tag{11.11}$$

com C_q e C_f sendo as *taxas de capacidade calorífica* dos fluidos quente e frio, respectivamente. Essas expressões podem ser integradas ao longo do trocador de calor, fornecendo os balanços de energia globais representados pelas Equações 11.6b e 11.7b. A taxa de transferência de calor através da área dA também pode ser escrita como

$$dq = U \Delta T dA \tag{11.12}$$

com $\Delta T = T_q - T_f$ sendo a diferença de temperaturas *local* entre os fluidos quente e frio.

Para determinar a forma integrada da Equação 11.12, iniciamos pela substituição das Equações 11.10 e 11.11 na forma diferencial da Equação 11.8

$$d(\Delta T) = dT_q - dT_f$$

para obter

$$d(\Delta T) = -dq\left(\frac{1}{C_q} + \frac{1}{C_f}\right)$$

Substituindo dq a partir da Equação 11.12 e integrando ao longo do trocador de calor, obtemos

$$\int_1^2 \frac{d(\Delta T)}{\Delta T} = -U\left(\frac{1}{C_q} + \frac{1}{C_f}\right)\int_1^2 dA$$

ou

$$\ln\left(\frac{\Delta T_2}{\Delta T_1}\right) = -UA\left(\frac{1}{C_q} + \frac{1}{C_f}\right) \tag{11.13}$$

Substituindo C_q e C_f pelas Equações 11.6b e 11.7b, respectivamente, tem-se que

$$\ln\left(\frac{\Delta T_2}{\Delta T_1}\right) = -UA\left(\frac{T_{q,\text{ent}} - T_{q,\text{sai}}}{q} + \frac{T_{f,\text{sai}} - T_{f,\text{ent}}}{q}\right)$$

$$= -\frac{UA}{q}[(T_{q,\text{ent}} - T_{f,\text{ent}}) - (T_{q,\text{sai}} - T_{f,\text{sai}})]$$

Reconhecendo que, para o trocador de calor com escoamento paralelo da Figura 11.7, $\Delta T_1 = (T_{q,\text{ent}} - T_{f,\text{ent}})$ e $\Delta T_2 = (T_{q,\text{sai}} - T_{f,\text{sai}})$, obtemos então

$$q = UA\frac{\Delta T_2 - \Delta T_1}{\ln(\Delta T_2/\Delta T_1)}$$

Comparando a expressão anterior com a Equação 11.9, concluímos que a diferença de temperaturas média apropriada é uma *média logarítmica* (*média log*) *das diferenças de temperaturas*, ΔT_{ml}. Consequentemente, podemos escrever

$$q = UA\,\Delta T_{\text{ml}} \tag{11.14}$$

com

$$\Delta T_{\text{ml}} = \frac{\Delta T_2 - \Delta T_1}{\ln(\Delta T_2/\Delta T_1)} = \frac{\Delta T_1 - \Delta T_2}{\ln(\Delta T_1/\Delta T_2)} \tag{11.15}$$

Lembre-se de que, para o *trocador com escoamento paralelo*,

$$\begin{bmatrix} \Delta T_1 \equiv T_{q,1} - T_{f,1} = T_{q,\text{ent}} - T_{f,\text{ent}} \\ \Delta T_2 \equiv T_{q,2} - T_{f,2} = T_{q,\text{sai}} - T_{f,\text{sai}} \end{bmatrix} \tag{11.16}$$

Uma olhada na Seção 8.3.3 mostra-nos que há uma forte similaridade entre a análise anterior e a análise do escoamento interno em um tubo no qual há transferência de calor entre o fluido escoando e uma superfície com temperatura constante, ou um fluido externo com temperatura constante. Por esta razão, o escoamento interno em tubos é algumas vezes referenciado como um *trocador de calor com uma corrente*. As Equações 8.43 e 8.44 ou Equações 8.45a e 8.46a são análogas às Equações 11.14 e 11.15.

11.3.2 O Trocador de Calor com Escoamento Contracorrente

As distribuições de temperaturas nos fluidos quente e frio associadas ao trocador de calor com escoamento contracorrente estão mostradas na Figura 11.8. De forma diferente do trocador com escoamento paralelo, essa configuração proporciona a transferência de calor entre as parcelas mais quentes dos dois fluidos em uma extremidade, assim como entre as parcelas mais frias na outra extremidade. Por esse motivo, a variação na diferença de temperaturas, $\Delta T = T_q - T_f$, em relação ao x não é em posição alguma tão elevada quanto na região de entrada de um trocador de calor com escoamento paralelo. Note que a temperatura de saída do fluido frio pode, agora, ser maior do que a temperatura de saída do fluido quente.

As Equações 11.6b e 11.7b se aplicam em qualquer trocador de calor e, portanto, podem ser usadas para o arranjo contracorrente. Além disso, a partir de uma análise como a efetuada na Seção 11.3.1, pode-se mostrar que as Equações 11.14 e 11.15 também são utilizáveis. Entretanto, no *trocador contracorrente* as diferenças de temperaturas nas extremidades devem agora ser definidas como

$$\begin{bmatrix} \Delta T_1 \equiv T_{q,1} - T_{f,1} = T_{q,\text{ent}} - T_{f,\text{sai}} \\ \Delta T_2 \equiv T_{q,2} - T_{f,2} = T_{q,\text{sai}} - T_{f,\text{ent}} \end{bmatrix} \tag{11.17}$$

Note que, para as mesmas temperaturas de entrada e de saída, a média log das diferenças de temperaturas no arranjo contracorrente é superior à do paralelo, $\Delta T_{\text{ml,CC}} > \Delta T_{\text{ml,EP}}$. Dessa forma, admitindo-se um mesmo valor de U para os dois arranjos, a área necessária para que ocorra uma dada taxa de transferência de calor q é menor no arranjo contracorrente do que no arranjo paralelo. Observe também que $T_{f,\text{sai}}$ pode ser maior do que $T_{q,\text{sai}}$ no arranjo contracorrente, mas não no paralelo.

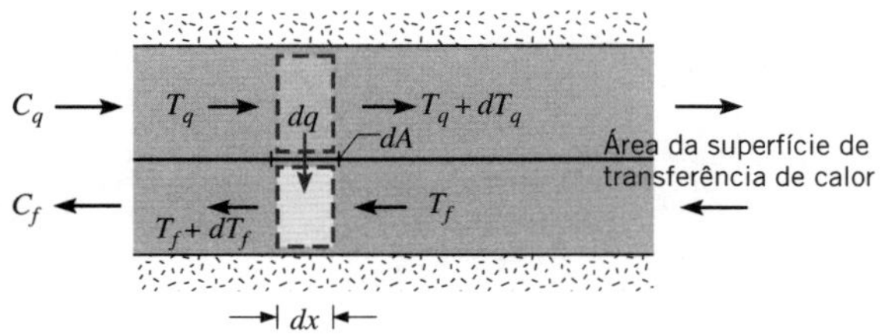

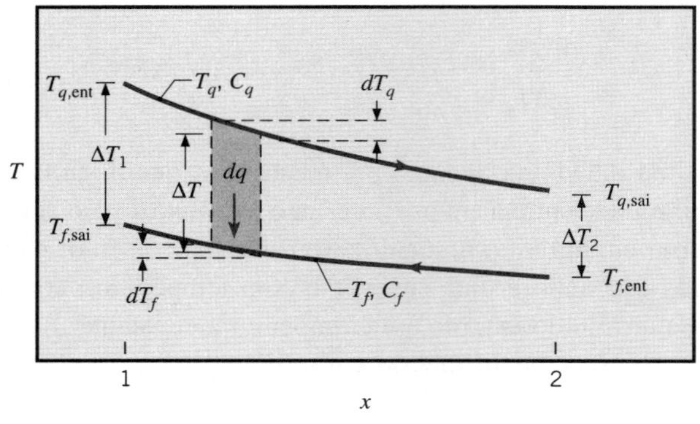

FIGURA 11.8 Distribuições de temperaturas em um trocador de calor com escoamento contracorrente.

11.3.3 Condições Operacionais Especiais

É útil observar certas condições especiais nas quais os trocadores de calor podem ser operados. A Figura 11.9*a* ilustra distribuições de temperaturas em um trocador de calor no qual o fluido quente possui uma taxa de capacidade calorífica, $C_q \equiv \dot{m}_q c_{p,q}$, que é muito maior do que a do fluido frio, $C_f \equiv \dot{m}_f c_{p,f}$. Nesse caso, a temperatura do fluido quente permanece aproximadamente constante ao longo de todo o trocador de calor, enquanto a temperatura do fluido frio aumenta. A mesma condição é alcançada se o fluido quente for um vapor condensando. A condensação ocorre a uma temperatura constante e, para todas as finalidades práticas, $C_q \to \infty$. De forma inversa, em um evaporador ou em uma caldeira (Figura 11.9*b*), é o fluido frio que muda de fase e permanece a uma temperatura praticamente uniforme ($C_f \to \infty$). O mesmo efeito é obtido sem mudança de fase se $C_q \ll C_f$. Note que, com a condensação ou a evaporação, a taxa de transferência de calor é dada pela Equação 11.6a ou 11.7a, respectivamente. As condições ilustradas na Figura 11.9*a* ou 11.9*b* também caracterizam o escoamento interno em um tubo (ou *trocador de calor de uma corrente*) trocando calor com uma superfície a temperatura constante ou com um fluido externo também a temperatura constante.

O terceiro caso especial (Figura 11.9*c*) envolve um trocador de calor contracorrente no qual as taxas de capacidades caloríficas são iguais ($C_q = C_f$). A diferença de temperaturas ΔT deve, então, ser uma constante ao longo de todo o trocador, situação na qual $\Delta T_1 = \Delta T_2 = \Delta T_{\text{ml}}$.

Embora as condições de escoamento sejam mais complicadas em trocadores de calor com múltiplos passes ou com escoamento cruzado, as Equações 11.6, 11.7, 11.14 e 11.15 podem ainda ser utilizadas se forem feitas modificações na definição da média log das diferenças de temperaturas [6].

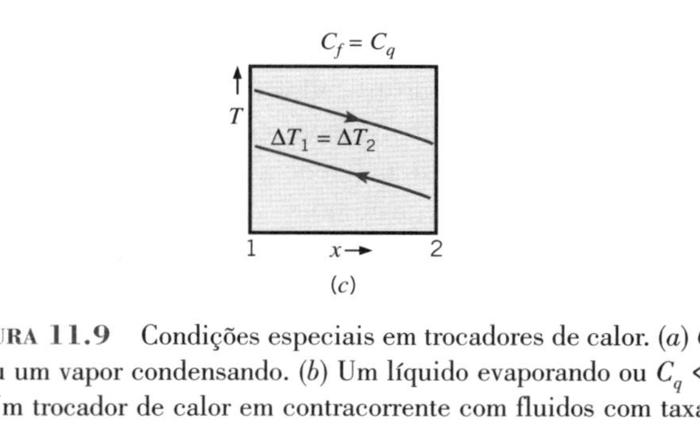

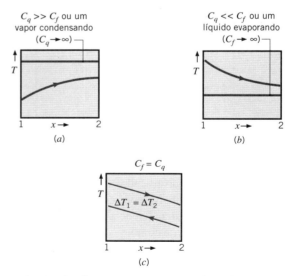

FIGURA 11.9 Condições especiais em trocadores de calor. (*a*) $C_q \gg C_f$ ou um vapor condensando. (*b*) Um líquido evaporando ou $C_q \ll C_f$. (*c*) Um trocador de calor em contracorrente com fluidos com taxas de capacidades caloríficas equivalentes ($C_q = C_f$).

Metodologias para usar o método MLDT em outros tipos de trocadores de calor estão na Seção 11S.1.

EXEMPLO 11.1

Um trocador de calor bitubular (tubos concêntricos) com configuração contracorrente é utilizado para resfriar o óleo lubrificante para um grande motor de turbina a gás industrial. A vazão mássica da água de resfriamento através do tubo interno (D_i = 25 mm) é de 0,2 kg/s, enquanto a vazão do óleo através da região anular (D_e = 45 mm) é de 0,1 kg/s. O óleo e a água entram a temperaturas de 100 e 30 °C, respectivamente. Qual deve ser o comprimento do trocador, para se obter uma temperatura de saída do óleo de 60 °C?

SOLUÇÃO

Dados: Vazões e temperaturas de entrada dos fluidos em um trocador de calor bitubular em contracorrente, cujos diâmetros interno e externo são conhecidos.

Achar: Comprimento do trocador para alcançar uma temperatura de saída do fluido quente especificada.

Esquema:

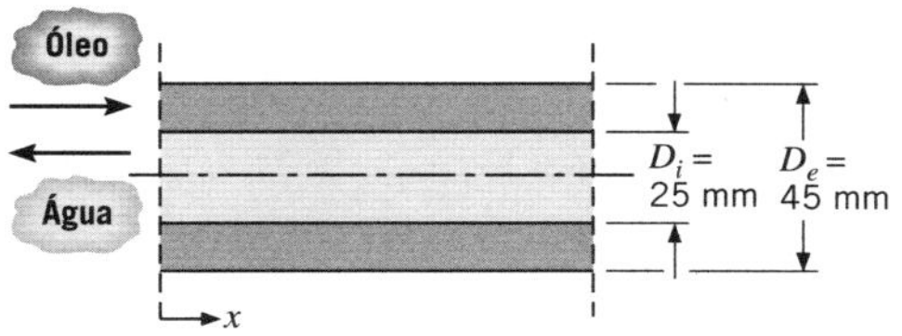

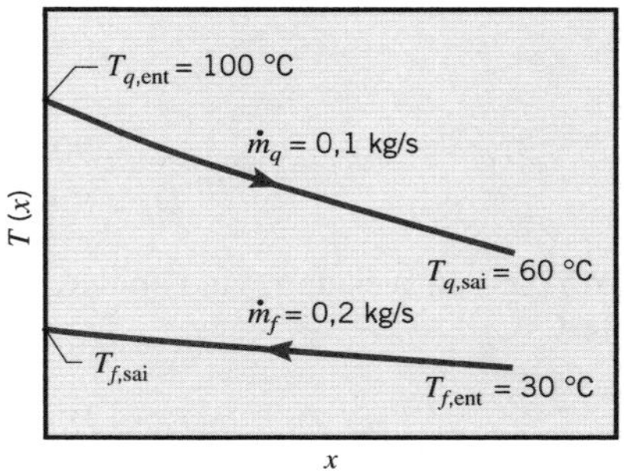

Considerações:

1. Perda de calor para a vizinhança desprezível.
2. Mudanças nas energias cinética e potencial desprezíveis.
3. Propriedades constantes.
4. Resistência térmica na parede do tubo e fatores de deposição desprezíveis.
5. Condições de escoamento plenamente desenvolvidas na água e no óleo (U independente de x).

Propriedades: Tabela A.5, óleo de motor não usado ($\overline{T}_q$ = 80 °C = 353 K): c_p = 2131 J/(kg · K), $\mu = 3{,}25 \times 10^{-2}$ N · s/m^2, k = 0,138 W/(m · K). Tabela A.6, água ($\overline{T}_f \approx 35$ °C): c_p = 4178 J/(kg · K), $\mu = 725 \times 10^{-6}$ N · s/m^2, k = 0,625 W/(m · K), Pr = 4,85.

Análise: A taxa de transferência de calor requerida pode ser obtida em um balanço de energia global no fluido quente, Equação 11.6b.

$$q = \dot{m}_q c_{p,q}(T_{q,\text{ent}} - T_{q,\text{sai}})$$

$$q = 0{,}1\ \text{kg/s} \times 2131\ \text{J/(kg} \cdot \text{K)}(100 - 60)\ °\text{C} = 8524\ \text{W}$$

Utilizando a Equação 11.7b, a temperatura de saída da água é

$$T_{f,\text{sai}} = \frac{q}{\dot{m}_f c_{p,f}} + T_{f,\text{ent}}$$

$$T_{f,\text{sai}} = \frac{8524\ \text{W}}{0{,}2\ \text{kg/s} \times 4178\ \text{J/(kg} \cdot \text{K)}} + 30\ °\text{C} = 40{,}2\ °\text{C}$$

Consequentemente, o uso de $\overline{T}_f$ = 35 °C para avaliar as propriedades da água foi uma boa escolha. Agora, o comprimento do trocador de calor pode ser obtido pela Equação 11.14,

$$q = UA\,\Delta T_{\text{ml}}$$

com $A = \pi D_i L$ e das Equações 11.15 e 11.17

$$\Delta T_{ml} = \frac{(T_{q,ent} - T_{f,sai}) - (T_{q,sai} - T_{f,ent})}{\ln[(T_{q,ent} - T_{f,sai})/(T_{q,sai} - T_{f,ent})]} = \frac{59,8 - 30}{\ln(59,8/30)} = 43,2\ °C$$

Da Equação 11.5, o coeficiente global de transferência de calor é

$$U = \frac{1}{(1/h_i) + (1/h_e)}$$

Para o escoamento da água no interior do tubo,

$$Re_D = \frac{4\dot{m}_f}{\pi D_i \mu} = \frac{4 \times 0,2\ \text{kg/s}}{\pi(0,025\ \text{m})725 \times 10^{-6}\ \text{N} \cdot \text{s/m}^2} = 14.050$$

Consequentemente, o escoamento é turbulento e o coeficiente de transferência de calor pode ser calculado pela Equação 8.60

$$Nu_D = 0,023\, Re_D^{4/5}\, Pr^{0,4}$$

$$Nu_D = 0,023\,(14.050)^{4/5}(4,85)^{0,4} = 90$$

Da qual

$$h_i = Nu_D \frac{k}{D_i} = \frac{90 \times 0,625\ \text{W/(m} \cdot \text{K)}}{0,025\ \text{m}} = 2250\ \text{W/(m}^2 \cdot \text{K)}$$

Para o escoamento do óleo através da região anular, o diâmetro hidráulico é, pela Equação 8.71, $D_h = D_e - D_i = 0,02$ m, e o número de Reynolds é

$$Re_D = \frac{\rho u_m D_h}{\mu} = \frac{\rho(D_e - D_i)}{\mu} \times \frac{\dot{m}_q}{\rho \pi (D_e^2 - D_i^2)/4}$$

$$Re_D = \frac{4\dot{m}_q}{\pi(D_e + D_i)\mu} = \frac{4 \times 0,1\ \text{kg/s}}{\pi(0,045 + 0,025)\ \text{m} \times 3,25 \times 10^{-2}\ \text{kg/(s} \cdot \text{m)}} = 56,0$$

O escoamento na região anular é, portanto, laminar. Supondo temperatura uniforme ao longo da superfície interna da região anular e a superfície externa perfeitamente isolada, o coeficiente de transferência de calor na superfície *interna* pode ser obtido a partir de Nu_i na Tabela 8.2. Com $(D_i/D_e) = 0,56$, uma interpolação linear fornece

$$Nu_i = \frac{h_e D_h}{k} = 5,63$$

e

$$h_e = 5,63\, \frac{0,138\ \text{W/(m} \cdot \text{K)}}{0,020\ \text{m}} = 38,8\ \text{W/(m}^2 \cdot \text{K)}$$

O coeficiente global de transferência de calor por convecção é, então,

$$U = \frac{1}{(1/2250\ \text{W/(m}^2 \cdot \text{K})) + (1/38,8\ \text{W/(m}^2 \cdot \text{K}))} = 38,1\ \text{W/(m}^2 \cdot \text{K)}$$

e, a partir da equação para a taxa de transferência de calor (equação da taxa), tem-se que

$$L = \frac{q}{U \pi D_i\, \Delta T_{ml}} = \frac{8524\ \text{W}}{38,1\ \text{W/(m}^2 \cdot \text{K)}\, \pi\, (0,025\ \text{m})\, (43,2\ °\text{C})} = 65,9\ \text{m} \qquad \triangleleft$$

Comentários:

1. O coeficiente convectivo no lado do fluido quente controla a taxa de transferência de calor entre os dois fluidos, e o baixo valor de h_e é o responsável pelo elevado valor de L. A incorporação de métodos de intensificação da transferência de calor, como os descritos na Seção 8.7, poderia ser usada para diminuir o tamanho do trocador de calor.
2. Como $h_i \gg h_e$, a temperatura na parede do tubo irá seguir de perto a temperatura da água de resfriamento. Consequentemente, a hipótese de temperatura uniforme na parede, inerente quando se usa a Tabela 8.2 na obtenção do h_e, é razoável.

EXEMPLO 11.2

O trocador de calor bitubular com configuração contracorrente do Exemplo 11.1 é substituído por um trocador tipo placas, compacto, constituído por um conjunto de placas finas de metal, separadas por N espaços (canais) de espessura a. Os escoamentos do óleo e da água são subdivididos em $N/2$ correntes individuais, com a água e o óleo escoando em sentidos opostos em canais alternados. É desejável que o conjunto tenha a forma cúbica, com uma dimensão característica externa igual a L. Determine as dimensões externas do trocador de calor como uma função do número de canais entre placas, sendo as vazões, as temperaturas de entrada e a temperatura de saída do óleo desejada as mesmas do Exemplo 11.1. Compare as quedas de pressão nas correntes de óleo e de água no trocador tipo placas com as quedas de pressão nas correntes do Exemplo 11.1, se forem especificados 60 canais entre placas.

SOLUÇÃO

Dados: Configuração de um trocador de calor tipo placas. Vazões dos fluidos, temperaturas de entrada e temperatura de saída do óleo desejada.

Achar:

1. Dimensões externas do trocador de calor.
2. Quedas de pressão no trocador de calor tipo placas com $N = 60$ canais e no trocador bitubular do Exemplo 11.1.

Esquema:

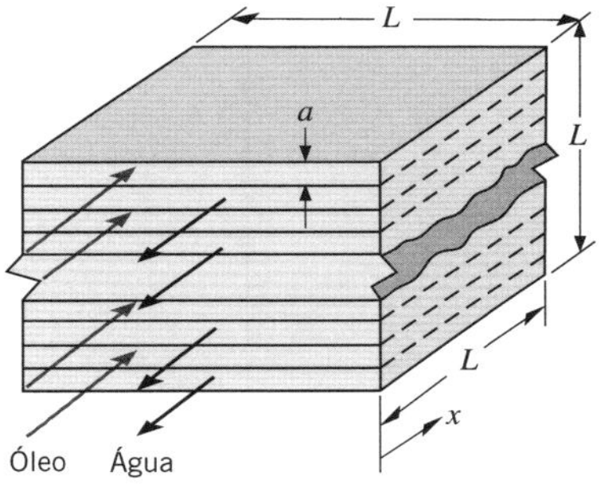

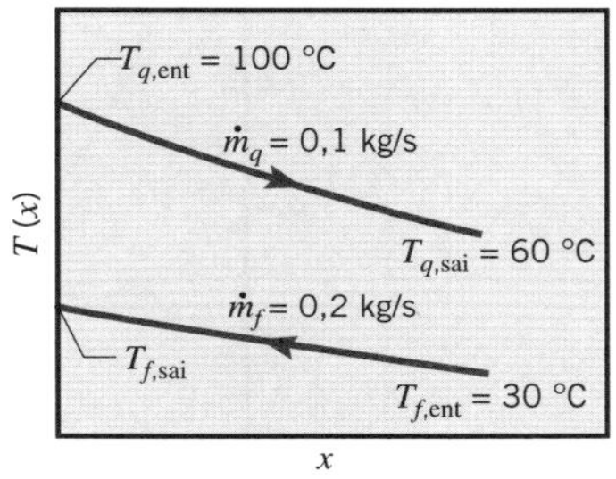

Considerações:

1. Perda de calor para a vizinhança desprezível.
2. Mudanças nas energias cinética e potencial desprezíveis.
3. Propriedades constantes.
4. Resistência térmica nas placas e fatores de deposição desprezíveis.
5. Condições de escoamento plenamente desenvolvido na água e no óleo.
6. Coeficientes de transferência de calor idênticos nas duas superfícies de cada canal.
7. Dimensão externa do trocador de calor é grande se comparada à espessura dos canais.

Propriedades: Veja no Exemplo 11.1. Além destas, Tabela A.5, óleo de motor não usado ($\overline{T}_q = 353$ K): $\rho = 852{,}1$ kg/m^3. Tabela A.6, água ($\overline{T}_f \approx 35$ °C): $\rho = v_f^{-1} = 994$ kg/m^3.

Análise:

1. A espessura dos canais entre placas pode ser relacionada com a dimensão global do trocador de calor pela expressão $a = L/N$, e a área de transferência de calor total é $A = L^2(N - 1)$. Supondo $a \ll L$ e a presença de escoamento laminar, o número de Nusselt para cada canal é fornecido na Tabela 8.1 e é

$$Nu_D = \frac{hD_h}{k} = 7{,}54$$

Da Equação 8.66, o diâmetro hidráulico é $D_h = 2a$. A combinação das equações anteriores fornece para a água:

$$h_f = 7{,}54kN/2L = 7{,}54 \times 0{,}625 \text{ W/(m}\cdot\text{K)} \times N/2L = (2{,}36 \text{ W/(m}\cdot\text{K))}\, N/L$$

Da mesma forma, para o óleo:

$$h_q = 7{,}54kN/2L = 7{,}54 \times 0{,}138 \text{ W/(m}\cdot\text{K)} \times N/2L = (0{,}520 \text{ W/(m}\cdot\text{K))}\, N/L$$

e o coeficiente global convectivo é

$$U = \frac{1}{1/h_f + 1/h_q}$$

Do Exemplo 11.1, a média log das diferenças de temperaturas e a taxa de transferência de calor requeridas são $\Delta T_{ml} = 43{,}2$ °C e $q = 8524$ W, respectivamente. Da Equação 11.14, tem-se que

$$UA = \frac{L^2(N-1)}{1/h_f + 1/h_q} = \frac{q}{\Delta T_{ml}}$$

que pode ser rearranjada para fornecer

$$L = \frac{q}{\Delta T_{ml}(N-1)}\left[\frac{1}{h_f L} + \frac{1}{h_q L}\right] = \frac{8524\ \text{W}}{43{,}2\ ^\circ\text{C}(N-1)N}\left[\frac{1}{2{,}36\ \text{W/(m}\cdot\text{K)}} + \frac{1}{0{,}520\ \text{W/(m}\cdot\text{K)}}\right] = \frac{463\ \text{m}}{N(N-1)}$$

O tamanho do trocador de calor compacto diminui à medida que o número de canais é aumentado, como mostrado na figura a seguir.

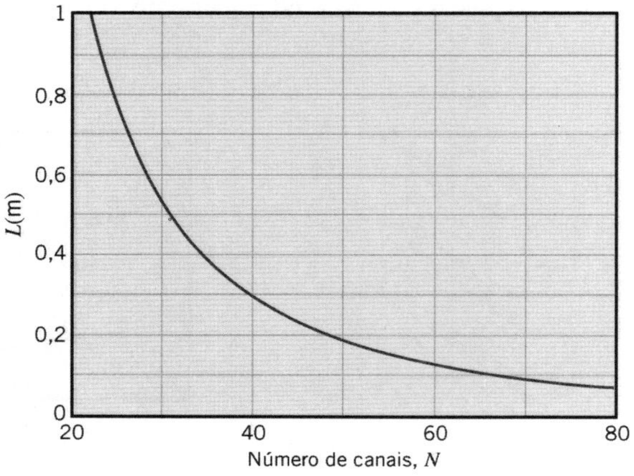

2. Para $N = 60$ canais, a dimensão do conjunto é $L = 0{,}131$ m com base nos resultados da parte 1, e a espessura dos canais é $a = L/N = 0{,}131\ \text{m}/60 = 0{,}00218$ m.

O diâmetro hidráulico é $D_h = 0{,}00436$ m, e a velocidade média em cada canal de passagem de água é

$$u_m = \frac{\dot{m}}{\rho L^2/2} = \frac{2 \times 0{,}2\ \text{kg/s}}{994\ \text{kg/m}^3 \times 0{,}131^2\ \text{m}^2} = 0{,}0235\ \text{m/s}$$

fornecendo um número de Reynolds de

$$Re_D = \frac{\rho u_m D_h}{\mu} = \frac{994\ \text{kg/m}^3 \times 0{,}0235\ \text{m/s} \times 0{,}00436\ \text{m}}{725 \times 10^{-6}\ \text{N}\cdot\text{s/m}^2} = 141$$

Para os canais por onde escoa o óleo

$$u_m = \frac{\dot{m}}{\rho L^2/2} = \frac{2 \times 0{,}1\ \text{kg/s}}{852{,}1\ \text{kg/m}^3 \times 0{,}131^2\ \text{m}^2} = 0{,}0137\ \text{m/s}$$

fornecendo um número de Reynolds de

$$Re_D = \frac{\rho u_m D_h}{\mu} = \frac{852{,}1\ \text{kg/m}^3 \times 0{,}0137\ \text{m/s} \times 0{,}00436\ \text{m}}{3{,}25 \times 10^{-2}\ \text{N}\cdot\text{s/m}^2} = 1{,}57$$

Consequentemente, o escoamento é laminar em ambos os fluidos, como considerado na parte 1. As Equações 8.19 e 8.22a podem ser usadas para calcular a queda de pressão para a água:

$$\Delta p = \frac{64}{Re_D}\cdot\frac{\rho u_m^2}{2D_h}\cdot L = \frac{64}{141} \times \frac{994\ \text{kg/m}^3 \times 0{,}0235^2\ \text{m}^2/\text{s}^2}{2 \times 0{,}00436\ \text{m}} \times 0{,}131\ \text{m} = 3{,}76\ \text{N/m}^2 \qquad \triangleleft$$

Analogamente, para o óleo

$$\Delta p = \frac{64}{Re_D} \cdot \frac{\rho u_m^2}{2D_h} \cdot L = \frac{64}{1{,}57} \times \frac{852{,}1 \text{ kg/m}^3 \times 0{,}0137^2 \text{ m}^2\text{/s}^2}{2 \times 0{,}00436 \text{ m}} \times 0{,}131 \text{ m} = 98{,}2 \text{ N/m}^2 \quad \triangleleft$$

No Exemplo 11.1, o fator de atrito associado ao escoamento da água pode ser calculado usando a Equação 8.21, que, para condições de tubo liso, é $f = (0{,}790 \ln(14.050) - 1{,}64)^{-2} = 0{,}0287$. A velocidade média é $u_m = 4\dot{m}/(\rho\pi D_i^2) = 4 \times 0{,}2$ kg/s/(994 kg/m³ × π × 0,025² m²) = 0,410 m/s, e a queda de pressão é

$$\Delta p = f \cdot \frac{\rho u_m^2}{2D_h} \cdot L = 0{,}0287 \times \frac{994 \text{ kg/m}^3 \times 0{,}410^2 \text{ m}^2\text{/s}^2}{2 \times 0{,}025 \text{ m}} \times 65{,}9 \text{ m} = 6.310 \text{ N/m}^2 \quad \triangleleft$$

Para o óleo escoando na região anular, a velocidade média é $u_m = 4\dot{m}/[\rho\pi(D_e^2 - D_i^2)] = 4 \times 0{,}1$ kg/s/[852,1 kg/m³ × π × (0,045² − 0,025²) m²] = 0,107 m/s, e a queda de pressão é

$$\Delta p = \frac{64}{Re_D} \cdot \frac{\rho u_m^2}{2D_h} \cdot L = \frac{64}{56} \times \frac{852{,}1 \text{ kg/m}^3 \times 0{,}107^2 \text{ m}^2\text{/s}^2}{2 \times 0{,}020 \text{ m}} \times 65{,}9 \text{ m} = 18.300 \text{ N/m}^2 \quad \triangleleft$$

Comentários:

1. O aumento do número de canais aumenta o produto UA a partir, simultaneamente, de uma maior disponibilidade de área superficial e do aumento dos coeficientes de transferência de calor associados aos escoamentos dos fluidos através de passagens menores.
2. A razão área-volume do trocador de calor com $N = 60$ é $L^2(N-1)/L^3 = (N-1)/L = (60-1)/0{,}131$ m = 451 m²/m³.
3. O volume ocupado pelo trocador de calor bitubular é $V = \pi D_e^2 L/4 = \pi \times 0{,}045^2$ m² × 65,9 m/4 = 0,10 m³, enquanto o volume do trocador tipo placas compacto é $V = L^3 = 0{,}131^3$ m³ = 0,0022 m³. O uso do trocador de calor tipo placas resulta em uma redução de 97,8 % no volume em relação ao trocador de calor bitubular convencional.
4. As quedas de pressão associadas ao uso do trocador de calor compacto são significativamente menores em relação às da configuração bitubular convencional. As quedas de pressão são reduzidas em 99,9 % e 99,5 % nos escoamentos da água e do óleo, respectivamente.
5. A deposição nas superfícies de transferência de calor pode resultar em uma diminuição na espessura dos canais, assim como em uma associada redução na taxa de transferência de calor e em um aumento na queda de pressão.
6. Como $h_f > h_q$, as temperaturas das finas placas de metal irão seguir de perto as da água e, como no Exemplo 11.1, a hipótese de condições de temperatura uniforme para obter h_f e h_q é razoável.
7. Um método para fabricar um trocador de calor deste tipo é apresentado por C. F. McDonald, *Appl. Thermal Engin.*, **20**, 471, 2000.

11.4 Análise de Trocadores de Calor: O Método da Efetividade-NUT

É uma tarefa fácil usar o método da média logarítmica das diferenças de temperaturas (MLDT) na análise de trocadores de calor quando as temperaturas dos fluidos na entrada são conhecidas e as temperaturas de saída ou são especificadas ou podem ser determinadas de imediato pelas expressões do balanço de energia, Equações 11.6b e 11.7b. O valor da ΔT_{ml} para o trocador de calor pode, então, ser determinado. Entretanto, se apenas as temperaturas na entrada forem conhecidas, o uso do método da MLDT exige um processo iterativo trabalhoso. Consequentemente, é preferível utilizar um procedimento alternativo, conhecido por método da *efetividade*-NUT (ou método ε-NUT).

11.4.1 *Definições*

Para definir a *efetividade de um trocador de calor*, devemos em primeiro lugar determinar a *taxa de transferência de calor máxima possível*, $q_{máx}$, em um trocador. Essa taxa de transferência de calor poderia, em princípio, ser alcançada em um trocador de calor contracorrente (Figura 11.8) com comprimento infinito. Em tal trocador, um dos fluidos iria apresentar a máxima diferença de temperaturas possível, $T_{q,\text{ent}} - T_{f,\text{ent}}$. Para ilustrar isso, considere uma situação na qual $C_f < C_q$, em que, pelas Equações 11.10 e 11.11, $|dT_f| > |dT_q|$. O fluido frio iria então experimentar a maior variação de temperatura e, como $L \to \infty$, ele seria aquecido até a temperatura de entrada do fluido quente ($T_{f,\text{sai}} = T_{q,\text{ent}}$). Desta forma, da Equação 11.7b,

$$C_f < C_q: \qquad q_{máx} = C_f(T_{q,ent} - T_{f,ent})$$

De modo similar, se $C_q < C_f$, o fluido quente iria experimentar a maior variação de temperatura e seria resfriado até a temperatura de entrada do fluido frio ($T_{q,\text{sai}} = T_{f,\text{ent}}$). Da Equação 11.6b, obteríamos então

$$C_q < C_f: \qquad q_{máx} = C_q(T_{q,ent} - T_{f,ent})$$

Com base nos resultados anteriores, estamos prontos para escrever a expressão geral

$$q_{máx} = C_{mín}(T_{q,ent} - T_{f,ent}) \tag{11.18}$$

sendo $C_{mín}$ igual ao menor entre C_f e C_q. Para temperaturas de entrada de fluido quente e frio conhecidas, a Equação 11.18 fornece a taxa de transferência de calor máxima que poderia ser alcançada em um trocador. Um rápido exercício mental deve ser capaz de convencer o leitor de que a taxa de transferência de calor máxima possível *não* é igual a $C_{máx}(T_{q,ent} - T_{f,ent})$. Se o fluido que apresenta a maior taxa de capacidade calorífica também experimentar a máxima variação de temperatura possível, a conservação de energia na forma $C_f(T_{f,sai} - T_{f,ent}) = C_q(T_{q,ent} - T_{q,sai})$ exige que o outro fluido experimente uma variação de temperatura ainda maior. Por exemplo, se $C_{máx} = C_f$ e fosse argumentado que é possível que $T_{f,sai}$ seja igual a $T_{q,ent}$, tem-se que $(T_{q,ent} - T_{q,sai}) = (C_f/C_q)(T_{q,ent} - T_{f,ent})$, ou seja, $(T_{q,ent} - T_{q,sai}) > (T_{q,ent} - T_{f,ent})$. Tal condição é, obviamente, impossível.

Agora fica lógico definir a *efetividade*, ε, como a razão entre a taxa de transferência de calor real em um trocador de calor e a taxa de transferência de calor máxima possível:

$$\varepsilon \equiv \frac{q}{q_{máx}} \tag{11.19}$$

Das Equações 11.6b, 11.7b e 11.18, tem-se que

$$\varepsilon = \frac{C_q(T_{q,ent} - T_{q,sai})}{C_{mín}(T_{q,ent} - T_{f,ent})} \tag{11.20}$$

ou

$$\varepsilon = \frac{C_f(T_{f,sai} - T_{f,ent})}{C_{mín}(T_{q,ent} - T_{f,ent})} \tag{11.21}$$

Por definição, a efetividade, que é adimensional, tem que estar no intervalo $0 \leq \varepsilon \leq 1$. Ela é útil, pois se ε, $T_{q,ent}$ e $T_{f,ent}$ forem conhecidos, a taxa de transferência de calor real pode ser determinada de imediato pela expressão

$$q = \varepsilon C_{mín}(T_{q,ent} - T_{f,ent}) \tag{11.22}$$

Para qualquer trocador de calor, pode ser mostrado que [5]

$$\varepsilon = f\left(\text{NUT}, \frac{C_{mín}}{C_{máx}}\right) \tag{11.23}$$

na qual $C_{mín}/C_{máx}$ é igual a C_f/C_q ou C_q/C_f, dependendo das magnitudes relativas das taxas de capacidades caloríficas dos fluidos quente e frio. O *número de unidades de transferência* (NUT) é um parâmetro adimensional amplamente utilizado na análise de trocadores de calor, sendo definido como

$$\text{NUT} \equiv \frac{UA}{C_{mín}} \tag{11.24}$$

11.4.2 *Relações Efetividade-NUT*

Para determinar a forma específica da relação efetividade-NUT, Equação 11.23, considere um trocador de calor com *escoamento paralelo* no qual $C_{mín} = C_q$. Da Equação 11.20, obtemos então

$$\varepsilon = \frac{T_{q,ent} - T_{q,sai}}{T_{q,ent} - T_{f,ent}} \tag{11.25}$$

e, das Equações 11.6b e 11.7b, tem-se que

$$\frac{C_{mín}}{C_{máx}} = \frac{\dot{m}_q c_{p,q}}{\dot{m}_f c_{p,f}} = \frac{T_{f,sai} - T_{f,ent}}{T_{q,ent} - T_{q,sai}} \tag{11.26}$$

Considere agora a Equação 11.13, que pode ser escrita na forma

$$\ln\left(\frac{T_{q,sai} - T_{f,sai}}{T_{q,ent} - T_{f,ent}}\right) = -\frac{UA}{C_{mín}}\left(1 + \frac{C_{mín}}{C_{máx}}\right)$$

ou, da Equação 11.24

$$\frac{T_{q,sai} - T_{f,sai}}{T_{q,ent} - T_{f,ent}} = \exp\left[-\text{NUT}\left(1 + \frac{C_{mín}}{C_{máx}}\right)\right] \tag{11.27}$$

Rearranjando o lado esquerdo dessa expressão para a forma

$$\frac{T_{q,sai} - T_{f,sai}}{T_{q,ent} - T_{f,ent}} = \frac{T_{q,sai} - T_{q,ent} + T_{q,ent} - T_{f,sai}}{T_{q,ent} - T_{f,ent}}$$

e substituindo $T_{f,sai}$ a partir da Equação 11.26, tem-se que

$$\frac{T_{q,sai} - T_{f,sai}}{T_{q,ent} - T_{f,ent}} =$$

$$= \frac{(T_{q,sai} - T_{q,ent}) + (T_{q,ent} - T_{f,ent}) - (C_{mín}/C_{máx})(T_{q,ent} - T_{q,sai})}{T_{q,ent} - T_{f,ent}}$$

ou, a partir da Equação 11.25,

$$\frac{T_{q,sai} - T_{f,sai}}{T_{q,ent} - T_{f,ent}} = -\varepsilon + 1 - \left(\frac{C_{mín}}{C_{máx}}\right)\varepsilon = 1 - \varepsilon\left(1 + \frac{C_{mín}}{C_{máx}}\right)$$

Substituindo a expressão anterior na Equação 11.27 e explicitando ε, obtemos para o *trocador de calor com escoamento paralelo*

$$\varepsilon = \frac{1 - \exp\{-\text{NUT}[1 + (C_{mín}/C_{máx})]\}}{1 + (C_{mín}/C_{máx})} \tag{11.28a}$$

Como exatamente o mesmo resultado pode ser obtido para $C_{mín} = C_f$, a Equação 11.28a se aplica para qualquer trocador de calor com escoamento paralelo, independentemente do fato de a taxa de capacidade calorífica mínima estar associada ao fluido quente ou ao fluido frio.

Expressões similares foram desenvolvidas para uma variedade de trocadores de calor [5], e resultados representativos estão resumidos na Tabela 11.3, na qual C_r é a *razão entre as taxas de capacidades caloríficas*, $C_r \equiv C_{mín}/C_{máx}$. Na dedução da Equação 11.31a para um trocador casco e tubos com múltiplos passes no casco, considera-se que o NUT total esteja igualmente distribuído entre os passes nos cascos com a mesma configuração, $\text{NUT} = n(\text{NUT})_1$. Para determinar ε, $(\text{NUT})_1$ deve ser calculado em primeiro lugar usando-se a área de transferência de calor de um casco, ε_1 ser então calculado

TABELA 11.3 Relações da efetividade de trocadores de calor [5]

Configuração do Escoamento	Relação		
Escoamento paralelo	$\varepsilon = \dfrac{1 - \exp[-\text{NUT}(1 + C_r)]}{1 + C_r}$		(11.28a)
Escoamento contracorrente	$\varepsilon = \dfrac{1 - \exp[-\text{NUT}(1 - C_r)]}{1 - C_r \exp[-\text{NUT}(1 - C_r)]}$	$(C_r < 1)$	
	$\varepsilon = \dfrac{\text{NUT}}{1 + \text{NUT}}$	$(C_r = 1)$	(11.29a)
Casco e tubos			
Um passe no casco (2, 4, ... passes nos tubos)	$\varepsilon_1 = 2\left\{1 + C_r + (1 + C_r^2)^{1/2} \times \dfrac{1 + \exp[-(\text{NUT})_1(1 + C_r^2)^{1/2}]}{1 - \exp[-(\text{NUT})_1(1 + C_r^2)^{1/2}]}\right\}^{-1}$		(11.30a)
n passes no casco (2*n*, 4*n*, ... passes nos tubos)	$\varepsilon = \left[\left(\dfrac{1 - \varepsilon_1 C_r}{1 - \varepsilon_1}\right)^n - 1\right]\left[\left(\dfrac{1 - \varepsilon_1 C_r}{1 - \varepsilon_1}\right)^n - C_r\right]^{-1}$		(11.31a)
Escoamento cruzado (passe único)			
Dois fluidos não misturados	$\varepsilon = 1 - \exp\left[\left(\dfrac{1}{C_r}\right)(\text{NUT})^{0,22}\{\exp[-C_r(\text{NUT})^{0,78}] - 1\}\right]$		(11.32)
$C_{máx}$ (misturado), $C_{mín}$ (não misturado)	$\varepsilon = \left(\dfrac{1}{C_r}\right)(1 - \exp\{-C_r[1 - \exp(-\text{NUT})]\})$		(11.33a)
$C_{mín}$ (misturado), $C_{máx}$ (não misturado)	$\varepsilon = 1 - \exp(-C_r^{-1}\{1 - \exp[-C_r(\text{NUT})]\})$		(11.34a)
Todos os trocadores ($C_r = 0$)	$\varepsilon = 1 - \exp(-\text{NUT})$		(11.35a)

com a Equação 11.30a e, por fim, ε calculado com a Equação 11.31a. Note que, para $C_r = 0$, como em uma caldeira, em um condensador, ou em um trocador de uma corrente, ε é dada pela Equação 11.35a para *todas as configurações de escoamento. Assim, nesse caso particular, tem-se que o comportamento do trocador de calor é independente da configuração do escoamento*. Para o trocador de calor com escoamento cruzado com ambos os fluidos não misturados, a Equação 11.32 é exata somente para $C_r = 1$. Entretanto, ela pode ser usada como uma boa aproximação para todos $0 < C_r \leq 1$. Para $C_r = 0$, a Equação 11.35a deve ser usada.

Em cálculos envolvendo o projeto de trocadores de calor (Seção 11.5), é mais conveniente trabalhar com relações ε-NUT na forma

$$\text{NUT} = f\left(\varepsilon, \frac{C_{mín}}{C_{máx}}\right)$$

Relações explícitas para o NUT em função da ε e de C_r são fornecidas na Tabela 11.4. Note que a Equação 11.32 não pode ser manipulada para fornecer uma relação direta do NUT em função de ε e C_r. Observe também que, para determinar o NUT de um trocador de calor casco e tubos com múltiplos passes no casco, ε deveria ser determinada em primeiro lugar para todo o trocador. As variáveis F e ε_1 seriam, então, calculadas usando-se as Equações 11.31c e 11.31b, respectivamente. O parâmetro E seria determinado em sequência pela Equação 11.30c e substituído na Equação 11.30b para achar $(\text{NUT})_1$. Finalmente, esse resultado seria multiplicado por n para obter o NUT de todo o trocador, como indicado na Equação 11.31d.

As expressões anteriores estão representadas graficamente nas Figuras 11.10 a 11.15. Ao se usar a Figura 11.13, a abscissa corresponde ao número total de unidades de transferência, $\text{NUT} = n(\text{NUT})_1$. Na Figura 11.15, as linhas contínuas correspondem ao caso de $C_{mín}$ misturado e $C_{máx}$ não misturado, enquanto as linhas tracejadas correspondem ao caso de $C_{mín}$ não misturado e $C_{máx}$ misturado. Note que, para $C_r = 0$, todos os trocadores de calor possuem a mesma efetividade, que pode ser calculada pela Equação 11.35a. Além disso, se $\text{NUT} \lesssim 0{,}25$, todos os trocadores de calor possuem aproximadamente a mesma efetividade, independentemente do valor de C_r, e ε pode, mais uma vez, ser calculada pela Equação 11.35a. Sendo mais abrangente, quando $C_r > 0$ e $\text{NUT} \gtrsim 0{,}25$, o trocador de calor em contracorrente é o mais efetivo. Para qualquer trocador, os valores máximo e mínimo da efetividade estão associados a $C_r = 0$ e $C_r = 1$, respectivamente.

Como observado anteriormente, no contexto dos trocadores de calor com escoamento cruzado, os termos *misturado* e *não misturado* são idealizações representando casos limites de condições reais de escoamento. Isto é, a maioria dos escoamentos não é completamente misturada nem completamente não misturada, exibindo na verdade níveis parciais de mistura. Esse problema foi tratado por DiGiovanni e Webb [7], e expressões algébricas foram desenvolvidas para determinar a relação ε-NUT para valores arbitrários de mistura parcial.

Também chamamos a atenção para o fato de que os métodos MLDT e ε-NUT abordam a análise de trocadores de calor em uma perspectiva global, não fornecendo informações sobre as condições no interior do trocador. Embora variações de escoamento e de temperatura no interior de um trocador

TABELA 11.4 Relações para o NUT de trocadores de calor

Configuração do Escoamento	Relação	
Escoamento paralelo	$\text{NUT} = -\dfrac{\ln[1 - \varepsilon(1 + C_r)]}{1 + C_r}$	(11.28b)
Escoamento contracorrente	$\text{NUT} = \dfrac{1}{C_r - 1}\ln\left(\dfrac{\varepsilon - 1}{\varepsilon C_r - 1}\right) \quad (C_r < 1)$	
	$\text{NUT} = \dfrac{\varepsilon}{1 - \varepsilon} \quad (C_r = 1)$	(11.29b)
Casco e tubos		
Um passe no casco (2, 4, ... passes nos tubos)	$(\text{NUT})_1 = -(1 + C_r^2)^{-1/2}\ln\left(\dfrac{E - 1}{E + 1}\right)$	(11.30b)
	$E = \dfrac{2/\varepsilon_1 - (1 + C_r)}{(1 + C_r^2)^{1/2}}$	(11.30c)
n passes no casco ($2n$, $4n$, ... passes nos tubos)	Use as Equações 11.30b e 11.30c com	
	$\varepsilon_1 = \dfrac{F - 1}{F - C_r} \quad F = \left(\dfrac{\varepsilon C_r - 1}{\varepsilon - 1}\right)^{1/n} \quad \text{NUT} = n(\text{NUT})_1$	(11.31b, c, d)
Escoamento cruzado (passe único)		
$C_{máx}$ (misturado), $C_{mín}$ (não misturado)	$\text{NUT} = -\ln\left[1 + \left(\dfrac{1}{C_r}\right)\ln(1 - \varepsilon C_r)\right]$	(11.33b)
$C_{mín}$ (misturado), $C_{máx}$ (não misturado)	$\text{NUT} = -\left(\dfrac{1}{C_r}\right)\ln[C_r \ln(1 - \varepsilon) + 1]$	(11.34b)
Todos os trocadores ($C_r = 0$)	$\text{NUT} = -\ln(1 - \varepsilon)$	(11.35b)

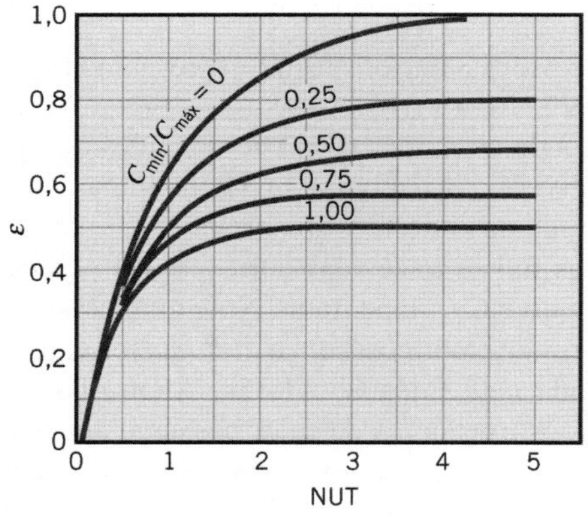

FIGURA 11.10 Efetividade de um trocador de calor com configuração paralela (Equação 11.28).

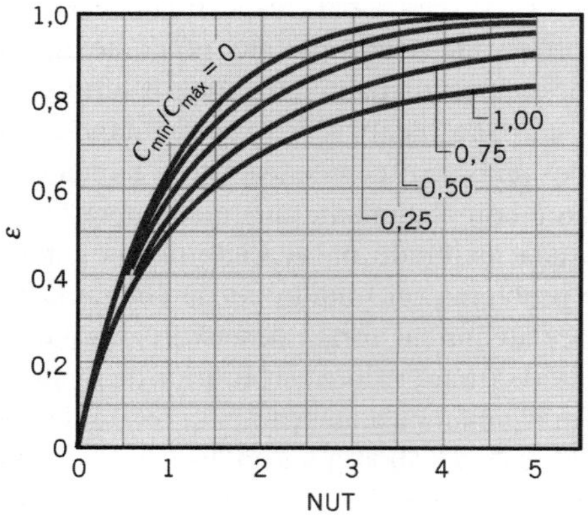

FIGURA 11.11 Efetividade de um trocador de calor com configuração contracorrente (Equação 11.29).

de calor possam ser determinadas usando-se códigos computacionais comerciais de CFD (*computational fluid dynamic* – fluidodinâmica computacional), procedimentos numéricos mais simples podem ser empregados. Tais procedimentos foram usados por Ribando *et al.* para determinar variações de temperatura em trocadores de calor bitubulares e casco e tubos [8].

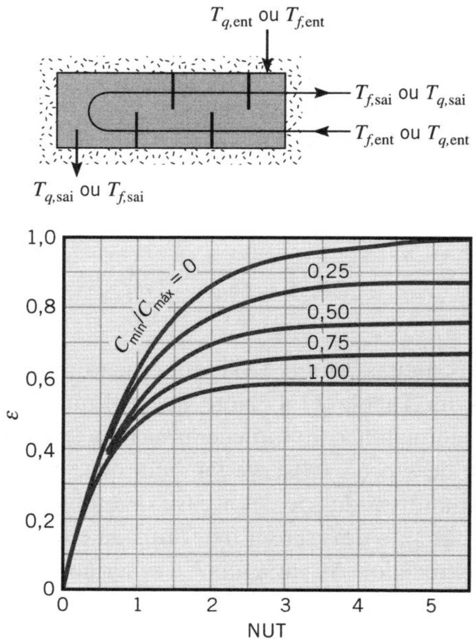

FIGURA 11.12 Efetividade de um trocador de calor casco e tubos com um passe no casco e qualquer múltiplo de dois passes nos tubos (dois, quatro etc. passes nos tubos) (Equação 11.30).

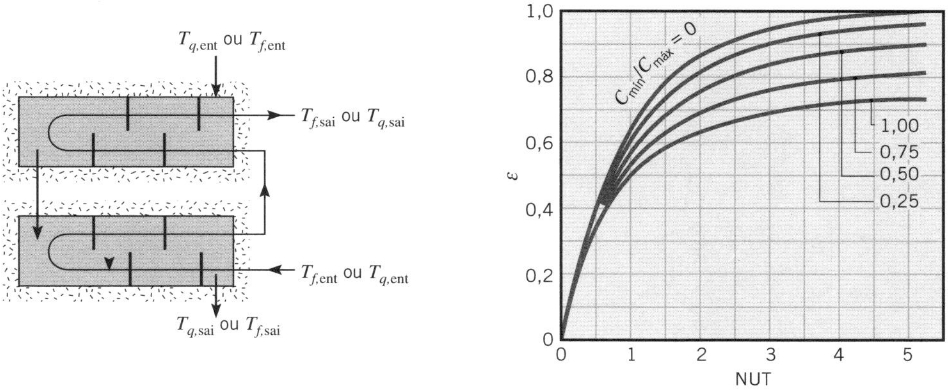

Figura 11.13 Efetividade de um trocador de calor casco e tubos com dois passes no casco e qualquer múltiplo de quatro passes nos tubos (quatro, oito etc. passes nos tubos) (Equação 11.31 com $n = 2$).

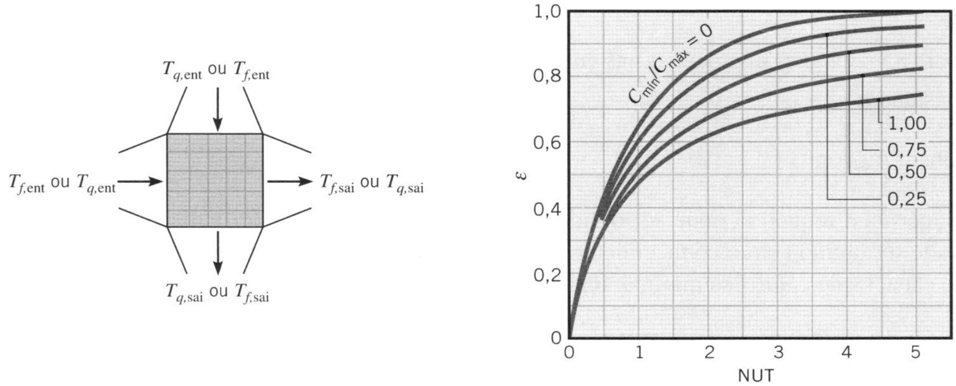

Figura 11.14 Efetividade de um trocador de calor de escoamento cruzado com um passe, com os dois fluidos não misturados (Equação 11.32).

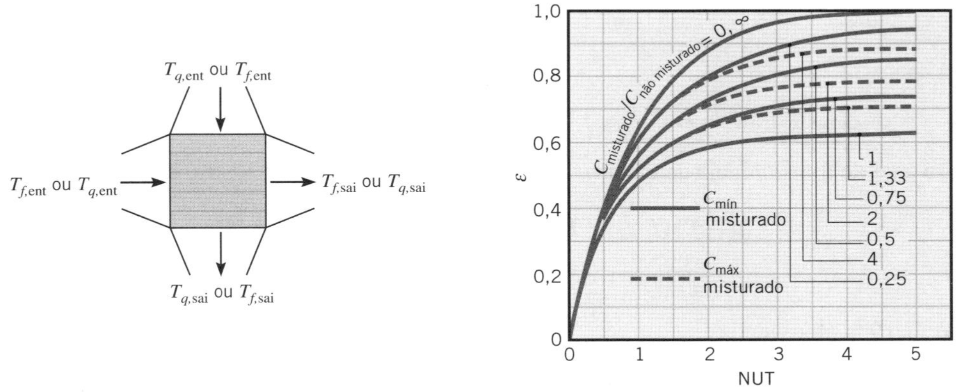

Figura 11.15 Efetividade de um trocador de calor de escoamento cruzado com um passe, com um fluido misturado e o outro não misturado (Equações 11.33 e 11.34).

EXEMPLO 11.3

Gases quentes de exaustão, a uma temperatura de 300 °C, entram em um trocador de calor com tubos aletados e escoamento cruzado e deixam esse trocador a 100 °C, sendo usados para aquecer uma vazão de 1 kg/s de água pressurizada de 35 °C a 125 °C. O coeficiente global de transferência de calor baseado na área superficial no lado do gás é igual a $U_q = 100$ W/(m^2 · K). Utilizando o método ε-NUT, determine a área superficial no lado do gás, A_q, necessária para a troca térmica especificada.

SOLUÇÃO

Dados: Temperaturas de entrada e de saída dos gases quentes e da água utilizados em um trocador de calor com escoamento cruzado e tubos aletados. Vazão mássica da água e coeficiente global de transferência de calor baseado na área da superfície no lado do gás.

Achar: Área superficial requerida no lado do gás.

Esquema:

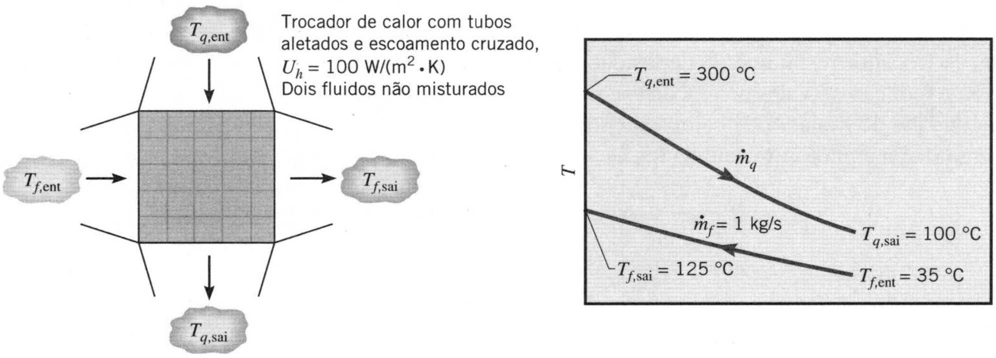

Considerações:

1. Perda de calor para a vizinhança e variações nas energias cinética e potencial desprezíveis.

2. Propriedades constantes.

Propriedades: Tabela A.6, água ($\overline{T}_f$ = 80 °C): $c_{p,f}$ = 4197 J/(kg · K).

Análise: A área superficial requerida pode ser obtida a partir do conhecimento do número de unidades de transferência, o qual, por sua vez, pode ser obtido com o conhecimento da razão entre as taxas de capacidades caloríficas e da efetividade. Para determinar a taxa de capacidade calorífica mínima, iniciamos calculando

$$C_f = \dot{m}_f c_{p,f} = 1 \text{ kg/s} \times 4197 \text{ J/(kg} \cdot \text{K)} = 4197 \text{ W/K}$$

Como $\dot{m}_q$ não é especificada, C_q é obtida pela combinação dos balanços globais de energia, Equações 11.6b e 11.7b:

$$C_q = \dot{m}_q c_{p,q} = C_f \frac{T_{f,\text{sai}} - T_{f,\text{ent}}}{T_{q,\text{ent}} - T_{q,\text{sai}}} = 4197 \frac{125 - 35}{300 - 100} = 1889 \text{ W/K} = C_{\text{mín}}$$

Da Equação 11.18

$$q_{\text{máx}} = C_{\text{mín}}(T_{q,\text{ent}} - T_{f,\text{ent}}) = 1889 \text{ W/K } (300 - 35) \text{ °C} = 5{,}00 \times 10^5 \text{ W}$$

Pela Equação 11.7b, a taxa de transferência de calor real é

$$q = C_f(T_{f,\text{sai}} - T_{f,\text{ent}}) = 4197 \text{ W/K } (125 - 35) \text{ °C}$$

$$q = 3{,}78 \times 10^5 \text{ W}$$

Assim, pela Equação 11.19, a efetividade é

$$\varepsilon = \frac{q}{q_{\text{máx}}} = \frac{3{,}78 \times 10^5 \text{ W}}{5{,}00 \times 10^5 \text{ W}} = 0{,}755$$

Com

$$\frac{C_{\text{mín}}}{C_{\text{máx}}} = \frac{1889}{4197} = 0{,}45$$

tem-se que, com base na Figura 11.14,

$$\text{NUT} = \frac{U_q A_q}{C_{\text{mín}}} \approx 2{,}0$$

ou

$$A_q = \frac{2{,}0(1889 \text{ W/K})}{100 \text{ W/(m}^2 \cdot \text{K)}} = 37{,}8 \text{ m}^2 \qquad \triangleleft$$

Comentários:

1. A Equação 11.32 pode ser resolvida iterativamente ou por tentativa e erro para fornecer NUT = 2,0, que apresenta uma excelente concordância com a estimativa obtida nos gráficos.
2. Com o trocador de calor dimensionado ($A_q = 37{,}8\ \text{m}^2$) e colocado em operação, o seu desempenho real está sujeito a variações não controladas na temperatura de entrada dos gases de exaustão ($200 \leq T_{q,\text{ent}} \leq 400\ °\text{C}$) e à degradação gradual das superfícies do trocador resultante da deposição (U_q diminui de 100 para 60 W/(m^2 · K)). Para um valor fixo de $C_{\text{mín}} = C_q = 1889$ W/K, a redução no valor de U_q corresponde a uma redução no valor de NUT (para NUT ≈ 1,20) e, portanto, a uma redução na efetividade do trocador de calor, que pode ser calculada pela Equação 11.32. Os efeitos dessas variações sobre a temperatura de saída da água foram calculados e o gráfico a seguir apresenta os resultados.

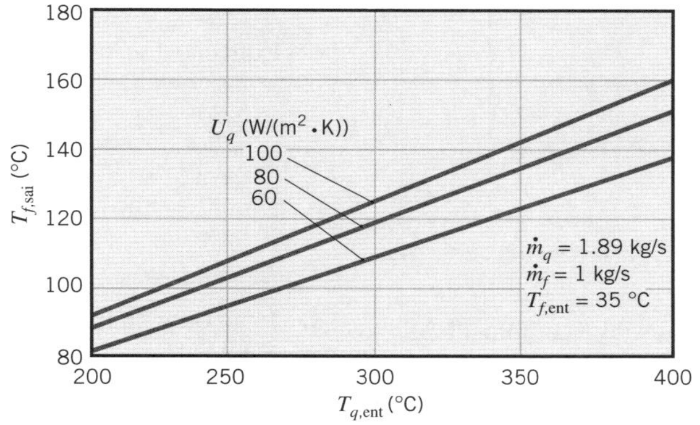

Se a intenção é manter uma temperatura da água na saída fixa e igual a $T_{f,\text{sai}} = 125\ °\text{C}$, poderiam ser feitos ajustes nas vazões, $\dot m_f$ e $\dot m_q$, a fim de compensar essas variações. As equações do modelo podem ser usadas para determinar tais ajustes e, desta forma, servem como base para o projeto do *controlador* necessário.

11.5 Cálculos de Projeto e de Desempenho de Trocadores de Calor

Dois tipos gerais de problemas envolvendo trocadores de calor são comumente encontrados pelo engenheiro que trabalha nesta área.

No *problema de projeto de trocadores*, as temperaturas de entrada dos fluidos e suas vazões, assim como uma temperatura de saída desejada do fluido quente ou frio, estão especificadas. O problema de projeto é, então, o de especificar o tipo do trocador de calor e determinar a sua dimensão – isto é, a área da superfície de transferência de calor A – requerida para se alcançar as temperaturas de saída desejadas. O problema de projeto é normalmente encontrado quando um trocador de calor deve ser especialmente construído para uma aplicação específica. Alternativamente, em um *cálculo de desempenho de trocador de calor*, um trocador de calor existente é analisado para determinar a taxa de transferência de calor e as temperaturas de saída dos fluidos para condições especificadas de vazões e temperaturas de entrada. O cálculo de desempenho está comumente associado ao uso de tipos e tamanhos de trocadores de calor padronizados disponíveis em um fornecedor.

Em problemas de projeto de trocadores de calor, o método ε-NUT pode ser usado calculando-se primeiramente ε e ($C_{\text{mín}}/C_{\text{máx}}$). A equação apropriada (ou gráfico) pode então ser usada para obter o valor do NUT, que, por sua vez, pode ser utilizado para determinar A. Em um cálculo de desempenho, os valores do NUT e de ($C_{\text{mín}}/C_{\text{máx}}$) podem ser calculados e o valor de ε pode, então, ser determinado com a equação apropriada (ou gráfico) para um tipo específico de trocador. Como $q_{\text{máx}}$ também pode ser calculada com a Equação 11.18, torna-se uma questão simples determinar a taxa de transferência de calor real a partir da exigência de que $q = \varepsilon q_{\text{máx}}$. As temperaturas de saída dos dois fluidos podem, então, ser determinadas pelas Equações 11.6b e 11.7b.

EXEMPLO 11.4

Considere um trocador de calor similar ao do Exemplo 11.3, ou seja, um trocador com tubos aletados e escoamento cruzado, com um coeficiente global de transferência de calor baseado na área no lado do gás e uma área no lado do gás de 100 W/(m^2 · K) e 40 m^2, respectivamente. A vazão mássica e a temperatura de entrada da água permanecem iguais a 1 kg/s e 35 °C. Entretanto, uma mudança nas condições operacionais do gerador de gases quentes faz com que os gases passem a entrar no trocador de calor a uma vazão de 1,5 kg/s e a uma temperatura de 250 °C. Qual é a taxa de transferência de calor no trocador e quais são as temperaturas de saída do gás e da água?

SOLUÇÃO

Dados: Condições de entrada dos fluidos quente e frio em um trocador de calor com tubos aletados e escoamento cruzado, com área de transferência de calor e coeficiente global de transferência de calor conhecidos.

Achar: Taxa de transferência de calor e temperatura de saída dos fluidos.

Esquema:

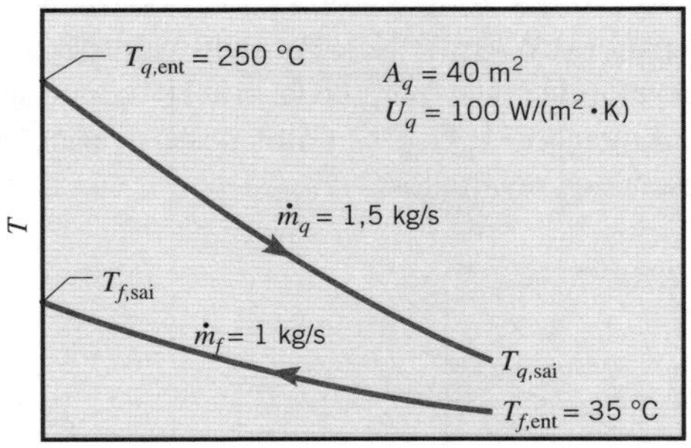

Considerações:

1. Perda de calor para a vizinhança e variações nas energias cinética e potencial desprezíveis.
2. Propriedades constantes (as mesmas do Exemplo 11.3).

Análise: O problema pode ser classificado como *cálculo do desempenho* de um trocador de calor. As taxas de capacidades caloríficas são

$$C_f = \dot m_f c_{p,f} = 1 \text{ kg/s} \times 4197 \text{ J/(kg}\cdot\text{K)} = 4197 \text{ W/K}$$

$$C_q = \dot m_q c_{p,q} = 1{,}5 \text{ kg/s} \times 1000 \text{ J/(kg}\cdot\text{K)} = 1500 \text{ W/K} = C_{\text{mín}}$$

situação na qual

$$\frac{C_{\text{mín}}}{C_{\text{máx}}} = \frac{1500}{4197} = 0{,}357$$

O número de unidades de transferência é

$$\text{NUT} = \frac{U_q A_q}{C_{\text{mín}}} = \frac{100 \text{ W/(m}^2\cdot\text{K)} \times 40 \text{ m}^2}{1500 \text{ W/K}} = 2{,}67$$

Com base na Figura 11.14, a efetividade do trocador de calor é então $\varepsilon \approx 0{,}82$ e, a partir da Equação 11.18, a taxa de transferência de calor máxima possível é

$$q_{\text{máx}} = C_{\text{mín}}(T_{q,\text{ent}} - T_{f,\text{ent}}) = 1500 \text{ W/K } (250 - 35)\text{ °C}$$
$$= 3{,}23 \times 10^5 \text{ W}$$

Assim, com base na definição de ε, Equação 11.19, a taxa de transferência de calor real é

$$q = \varepsilon q_{\text{máx}} = 0{,}82 \times 3{,}23 \times 10^5 \text{ W} = 2{,}65 \times 10^5 \text{ W} \quad \triangleleft$$

Agora, torna-se uma questão simples a determinação das temperaturas de saída a partir dos balanços de energia globais. Usando a Equação 11.6b

$$T_{q,\text{sai}} = T_{f,\text{ent}} - \frac{q}{\dot m_q c_{p,q}} = 250 \text{ °C} - \frac{2{,}65 \times 10^5 \text{ W}}{1500 \text{ W/K}} = 73{,}3 \text{ °C} \quad \triangleleft$$

e a Equação 11.7b

$$T_{f,\text{sai}} = T_{f,\text{ent}} + \frac{q}{\dot m_f c_{p,f}} = 35 \text{ °C} + \frac{2{,}65 \times 10^5 \text{ W}}{4197 \text{ W/K}}$$
$$= 98{,}1 \text{ °C} \quad \triangleleft$$

Comentários:

1. Com base na Equação 11.32, $\varepsilon = 0{,}845$, o que está em boa concordância com a estimativa obtida no gráfico.
2. De maneira implícita, foi considerado que o valor do coeficiente global de transferência de calor permaneceu inalterado com a variação em $\dot m_q$. Na realidade, com uma redução de aproximadamente 20 % no valor de $\dot m_q$, haveria uma redução em U_q que, apesar de ser percentualmente menor, ainda assim seria significativa.
3. Como discutido no Comentário do Exemplo 11.3, poderiam ser feitos ajustes na vazão para manter uma temperatura de saída da água fixa. Se, por exemplo, a temperatura de saída tivesse que ser mantida em $T_{f,\text{sai}} = 125$ °C, a vazão da água deveria ser reduzida para o valor dado pela Equação 11.7b. Isto é,

$$\dot m_f = \frac{q}{c_{p,f}(T_{f,\text{sai}} - T_{f,\text{ent}})} = \frac{2{,}65 \times 10^5 \text{ W}}{4197 \text{ J/(kg}\cdot\text{K) } (125 - 35)\text{ °C}}$$
$$= 0{,}702 \text{ kg/s}$$

Mais uma vez, foi admitido que a variação na vazão tem um efeito desprezível no valor de U_q. Nesse caso essa hipótese é boa, uma vez que a contribuição dominante para o valor de U_q é do coeficiente de convecção no lado do gás, e não do coeficiente no lado da água.

EXEMPLO 11.5

O condensador de uma grande usina de potência a vapor é um trocador de calor no qual há a condensação de vapor d'água em água líquida. Considere que o condensador é um trocador de calor *casco e tubos* com um único casco e 30.000 tubos, cada um efetuando dois passes. Os tubos possuem parede delgada e diâmetro $D = 25$ mm, e o vapor condensa sobre a superfície externa dos tubos, com um coeficiente de transferência de calor associado à condensação igual a $h_e = 11.000$ W/(m² · K). A taxa de transferência de calor que deve ser efetivada pelo trocador é de $q = 2 \times 10^9$ W, e isto é atingido pela passagem de água de resfriamento através dos tubos a uma vazão de 3×10^4 kg/s (a vazão em cada tubo é portanto de 1 kg/s). A água entra nos tubos a 20 °C, enquanto o vapor condensa a uma temperatura de 50 °C. Qual é a temperatura da água de resfriamento na saída do condensador? Qual deve ser o comprimento L, por passe, dos tubos?

SOLUÇÃO

Dados: Trocador de calor com um casco e 30.000 tubos com dois passes cada um.

Achar:

1. Temperatura de saída da água de resfriamento.
2. Comprimento do tubo por passe para atingir a transferência de calor requerida.

Esquema:

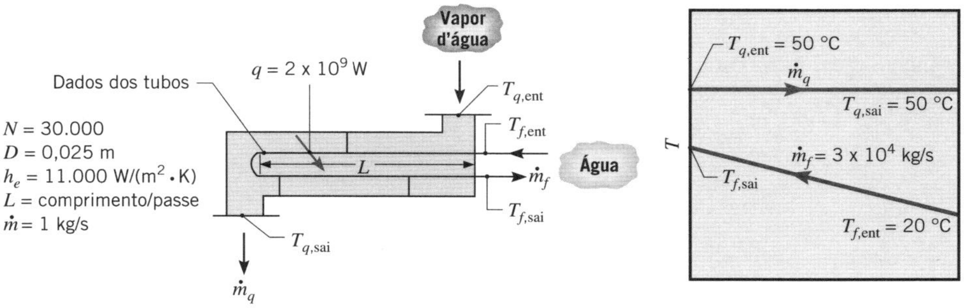

Considerações:

1. Transferência de calor entre o trocador e a vizinhança e variações nas energias cinética e potencial desprezíveis.
2. Escoamento e condições térmicas no interior dos tubos plenamente desenvolvidos.
3. Resistência térmica no material do tubo e efeitos da deposição desprezíveis.
4. Propriedades constantes.

Propriedades: Tabela A.6, água (admita $\overline{T}_f \approx 27$ °C = 300 K): $\rho = 997$ kg/m^3, $c_p = 4179$ J/(kg · K), $\mu = 855 \times 10^{-6}$ N · s/m^2, $k = 0{,}613$ W/(m · K), $Pr = 5{,}83$.

Análise:

1. A temperatura de saída da água de resfriamento pode ser obtida pelo balanço de energia global, Equação 11.7b. Consequentemente,

$$T_{f,\text{sai}} = T_{f,\text{ent}} + \frac{q}{\dot{m}_f c_{p,f}} = 20\ °\text{C} + \frac{2 \times 10^9\ \text{W}}{3 \times 10^4\ \text{kg/s} \times 4179\ \text{J/(kg}\cdot\text{K)}}$$

$$T_{f,\text{sai}} = 36{,}0\ °\text{C}$$

2. O problema pode ser classificado como de *cálculo de projeto de trocador de calor*. Em primeiro lugar, determinamos o coeficiente global de transferência de calor para ser utilizado no método ε-NUT.

A partir da Equação 11.5

$$U = \frac{1}{(1/h_i) + (1/h_e)}$$

com h_i podendo ser estimado por uma correlação do escoamento interno. Com

$$Re_D = \frac{4\dot{m}}{\pi D \mu} = \frac{4 \times 1\ \text{kg/s}}{\pi(0{,}025\ \text{m})855 \times 10^{-6}\ \text{N}\cdot\text{s/m}^2} = 59.567$$

o escoamento é turbulento e a partir da Equação 8.60 temos

$$Nu_D = 0{,}023\, Re_D^{4/5}\, Pr^{0,4} = 0{,}023(59.567)^{0,8}(5{,}83)^{0,4} = 308$$

Assim

$$h_i = Nu_D \frac{k}{D} = 308\, \frac{0{,}613\ \text{W/(m}\cdot\text{K)}}{0{,}025\ \text{m}} = 7543\ \text{W/(m}^2\cdot\text{K)}$$

$$U = \frac{1}{[(1/7543) + (1/11{,}000)]\ \text{m}^2\cdot\text{K/W}} = 4474\ \text{W/(m}^2\cdot\text{K)}$$

Usando a metodologia de cálculo de projeto, observamos que

$$C_q = C_{\text{máx}} = \infty$$

e

$$C_{\text{mín}} = \dot{m}_f c_{p,f} = 3 \times 10^4 \text{ kg/s} \times 4179 \text{ J/(kg}\cdot\text{K)} = 1{,}25 \times 10^8 \text{ W/K}$$

a partir da qual

$$\frac{C_{\text{mín}}}{C_{\text{máx}}} = C_r = 0$$

A taxa de transferência de calor máxima possível é

$$q_{\text{máx}} = C_{\text{mín}}(T_{q,\text{ent}} - T_{f,\text{ent}}) = 1{,}25 \times 10^8 \text{ W/K} \times (50 - 20)\text{ K} = 3{,}76 \times 10^9 \text{ W}$$

a partir da qual

$$\varepsilon = \frac{q}{q_{\text{máx}}} = \frac{2 \times 10^9 \text{ W}}{3{,}76 \times 10^9 \text{ W}} = 0{,}532$$

Com a Equação 11.35b ou na Figura 11.12, achamos que NUT = 0,759. Da Equação 11.24, tem-se que o comprimento dos tubos por passe é

$$L = \frac{\text{NUT} \cdot C_{\text{mín}}}{U(N2\pi D)} = \frac{0{,}759 \times 1{,}25 \times 10^8 \text{ W/K}}{4474 \text{ W/(m}^2\cdot\text{K)}\,(30.000 \times 2 \times \pi \times 0{,}025 \text{ m})} = 4{,}51 \text{ m} \quad \triangleleft$$

Comentários:

1. Lembre-se de que L é o comprimento do tubo por passe, e neste caso o comprimento total por tubo é de 9,0 m. O comprimento total de todos os tubos no condensador é $N \times L \times 2 = 30.000 \times 4{,}51 \text{ m} \times 2 = 271.000$ m ou 271 km.
2. Com o transcorrer do tempo, o desempenho do trocador de calor piora em razão da deposição sobre as superfícies interna e externa dos tubos. Uma programação de manutenção representativa indicaria a retirada do trocador da linha de processo e a limpeza dos seus tubos quando os fatores de deposição atingissem os valores de $R''_{d,i} = R''_{d,e} = 10^{-4}\text{ m}^2\cdot\text{K/W}$. Para determinar o efeito da deposição no desempenho do trocador, o método ε-NUT pode ser utilizado para calcular a taxa de transferência de calor total em função do fator de deposição, com $R''_{d,e}$ considerado igual a $R''_{d,i}$. Os resultados a seguir são obtidos:

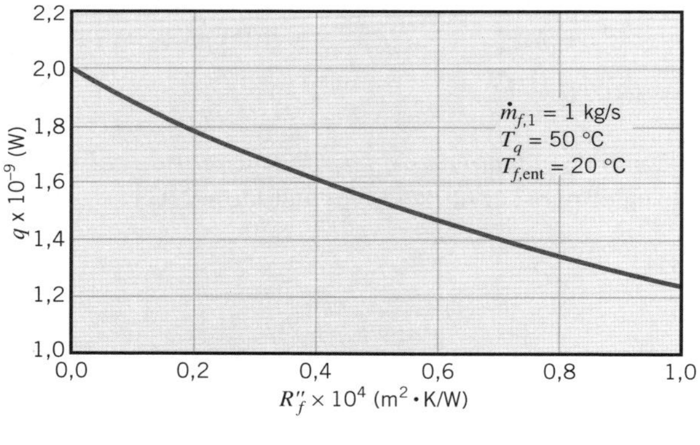

Para manter a exigência de $q = 2 \times 10^9$ W com a deposição máxima permissível e a restrição de $\dot{m}_{f,1} = 1$ kg/s, o comprimento dos tubos ou o número de tubos tem que ser aumentado. Mantendo o comprimento por passe em $L = 4{,}51$ m, seriam necessários $N = 48.300$ tubos para transferir 2×10^9 W para $R''_{d,i} = R''_{d,e} = 10^{-4}\text{ m}^2\cdot\text{K/W}$. O aumento correspondente na vazão mássica total para $\dot{m}_f = N\dot{m}_{f,1} = 48.300$ kg/s teria o efeito colateral benéfico de reduzir a temperatura de saída da água para $T_{f,\text{sai}} = 29{,}9$ °C, diminuindo dessa forma os danos potenciais que estariam associados à sua descarga no meio ambiente. O comprimento adicional dos tubos associado ao aumento do número de tubos para $N = 48.300$ é de 165 km, que resultaria em um aumento significativo no investimento do condensador.

3. A planta de potência a vapor gera 1250 MW de eletricidade com um valor de venda de \$0,05 por kW·h. Se a planta for parada por 48 horas para limpar os tubos do condensador, a perda de receita do proprietário da planta é de $48 \text{ h} \times 1250 \times 10^6 \text{ W} \times \$0{,}05/(1 \times 10^3 \text{ W}\cdot\text{h}) = \$3$ milhões.
4. Admitindo condições de superfície lisa no interior de cada tubo, o fator de atrito pode ser determinado pela Equação 8.21, $f = (0{,}790 \ln(59.567) - 1{,}64)^{-2} = 0{,}020$. A queda de pressão em um tubo de comprimento $L = 9$ m pode ser determinada pela Equação 8.22a, na qual $u_m = 4\dot{m}/(\rho\pi D^2) = (4 \times 1 \text{ kg/s})/(997 \text{ kg/m}^3 \times \pi \times 0{,}025^2 \text{ m}^2) = 2{,}04$ m/s.

$$\Delta p = f\frac{\rho u_m^2}{2D}L = 0{,}020\frac{997 \text{ kg/m}^3(2{,}04 \text{ m/s})^2}{2(0{,}025 \text{ m})}9{,}0 \text{ m} = 15.300 \text{ N/m}^2 \quad \triangleleft$$

Consequentemente, a potência requerida para bombear a água de resfriamento através dos 48.300 tubos pode ser encontrada usando a Equação 8.22b e é

$$P = \frac{\Delta p \dot{m}}{\rho} = \frac{15.300 \text{ N/m}^2 \times 48.300 \text{ kg/s}}{997 \text{ kg/m}^3} = 742.000 \text{ W} = 0{,}742 \text{ MW}$$

A bomba da água de resfriamento é impulsionada por um motor elétrico. Sendo a eficiência da combinação bomba-motor igual a 87 %, o custo anual em função das perdas por atrito nos tubos do condensador é de 24 h/dia × 365 dias/ano × 0,742 × 10^6 W × \$0,05/1 × 10^3 W · h/0,87 = \$374.000.

5. Projetos ótimos de condensadores são baseados no desempenho térmico desejado e em considerações ambientais, assim como no investimento, nos custos operacionais e nos custos de manutenção associados ao equipamento.

EXEMPLO 11.6

Uma planta de potência geotérmica utiliza água subterrânea de grande profundidade, sob pressão, a T_G = 147 °C como a fonte de calor para um *ciclo Rankine orgânico*, cuja operação é descrita adiante no Comentário 2. Um evaporador, constituído por um trocador de calor casco e tubos, verticalmente posicionado, com um passe no casco e um passe nos tubos, transfere energia entre a água subterrânea, passando pelos tubos, e o fluido orgânico do ciclo de potência, escoando pelo casco, em uma configuração contracorrente. O fluido orgânico entra no casco do evaporador como um líquido sub-resfriado a $T_{f,\text{ent}}$ = 27 °C e deixa o evaporador como um vapor saturado, com *qualidade* $X_{R,\text{sai}}$ = 1 e temperatura $T_{f,\text{sai}} = T_{\text{sat}}$ = 122 °C. No interior do evaporador, há transferência de calor entre a água subterrânea líquida e o fluido orgânico no Estágio A com U_A = 900 W/(m² · K), e entre a água subterrânea líquida e o fluido orgânico em ebulição no Estágio B com U_B = 1200 W/(m² · K). Para vazões da água subterrânea e do fluido orgânico de $\dot{m}_G$ = 10 kg/s e $\dot{m}_R$ = 5,2 kg/s, respectivamente, determine a área da superfície de transferência de calor requerida do evaporador. O calor específico do fluido orgânico líquido do ciclo Rankine é $c_{p,R}$ = 1300 J/(kg · K) e seu calor latente de vaporização é h_{fg} = 110 kJ/kg.

SOLUÇÃO

Dados: Vazões mássicas da água subterrânea e do fluido orgânico do ciclo Rankine. Temperaturas de entrada e de saída, e qualidades do fluido orgânico. Temperatura de entrada da água. Coeficientes globais de transferência de calor nos estágios de topo e de fundo do evaporador.

Achar: Área superficial de transferência de calor requerida do evaporador.

Esquema:

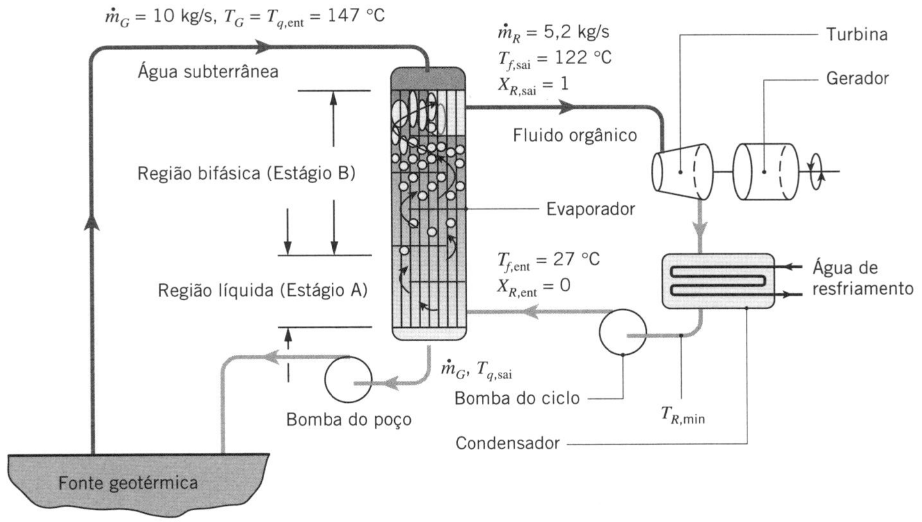

Considerações:

1. Condições de regime estacionário.
2. Propriedades constantes.
3. Perdas para a vizinhança e variações nas energias cinética e potencial desprezíveis.

Propriedades: Tabela A.6, água (admita $\overline{T} \approx 405$ K): $c_{p,G} = 4267$ J/(kg · K).

Análise: A aplicação do princípio da conservação de energia no fluido orgânico no interior do evaporador, constituído pelos Estágios A e B, fornece

$$q = q_A + q_B = \dot{m}_R[c_{p,R}(T_{sat} - T_{f,ent}) + h_{fg}]$$

$$= 5{,}2 \text{ kg/s}[1300 \text{ J/(kg} \cdot \text{K)} (122 - 27) \text{ °C} + 110 \times 10^3 \text{ J/kg}]$$

$$= 642 \times 10^3 \text{ W} + 572 \times 10^3 \text{ W} = 1{,}214 \times 10^6 \text{ W} = 1{,}214 \text{ MW}$$

A temperatura da água subterrânea saindo do evaporador pode ser determinada a partir de um balanço de energia na corrente quente

$$T_{q,sai} = T_{q,ent} - \frac{q}{\dot{m}_G c_{p,G}} = 147 \text{ °C} - \frac{1{,}214 \times 10^6 \text{ W}}{10 \text{ kg/s} \times 4267 \text{ J/(kg} \cdot \text{K)}} = 118{,}5 \text{ °C}$$

As temperaturas de entrada e de saída da corrente fria são

$$T_{f,ent,A} = T_{f,ent} = 27 \text{ °C}; \quad T_{f,sai,A} = 122 \text{ °C}; \quad T_{f,ent,B} = T_{f,sai,A} = 122 \text{ °C}; \quad T_{f,sai,B} = T_{f,sai} = 122 \text{ °C}$$

enquanto para a corrente quente

$$T_{q,ent,B} = T_{q,ent} = 147 \text{ °C}; \; T_{q,sai,B} = T_{q,ent,B} - \frac{q_B}{\dot{m}_G c_{p,G}} = 147 \text{ °C} - \frac{572 \times 10^3 \text{ W}}{10 \text{ kg/s} \times 4267 \text{ J/(kg} \cdot \text{K)}} = 133{,}6 \text{ °C}$$

$$T_{q,ent,A} = T_{q,sai,B} = 133{,}6 \text{ °C}; \; T_{q,sai,A} = T_{q,sai} = 118{,}5 \text{ °C}$$

As taxas de capacidade caloríficas no estágio da base (A) do evaporador são

$$C_q = \dot{m}c_{p,q} = \dot{m}_G c_{p,G} = 10 \text{ kg/s} \times 4267 \text{ J/(kg} \cdot \text{K)} = 42.670 \text{ W/K}$$

$$C_f = \dot{m}c_{p,f} = \dot{m}_R c_{p,R} = 5{,}2 \text{ kg/s} \times 1300 \text{ J/(kg} \cdot \text{K)} = 6760 \text{ W/K}$$

$$C_{r,A} = \frac{C_{mín,A}}{C_{máx,A}} = \frac{6760}{42.670} = 0{,}158$$

Consequentemente, a efetividade associada ao estágio na base do evaporador é

$$\varepsilon_A = \frac{q_A}{C_{mín,A}(T_{q,ent,A} - T_{f,ent,A})} = \frac{642 \times 10^3 \text{ W}}{6760 \text{ W/K} \times (133{,}6 - 27) \text{ °C}} = 0{,}891$$

O NUT pode ser calculado com a relação para o trocador de calor em contracorrente, Equação 11.29b, sendo

$$\text{NUT}_A = \frac{1}{C_{r,A} - 1} \ln\left(\frac{\varepsilon_A - 1}{\varepsilon_A C_{r,A} - 1}\right) = \frac{1}{0{,}158 - 1} \ln\left(\frac{0{,}891 - 1}{0{,}891 \times 0{,}158 - 1}\right) = 2{,}45$$

Assim, a área de transferência de calor requerida para o Estágio A é

$$A_A = \frac{\text{NUT}_A C_{mín,A}}{U_A} = \frac{2{,}45 \times 6760 \text{ W/K}}{900 \text{ W/(m}^2 \cdot \text{K)}} = 18{,}4 \text{ m}^2$$

Há mudança de fase no fluido orgânico no estágio no topo (B). Consequentemente, $C_{r,B} = 0$ e $C_{mín,B} = 42.670$ W/K. A efetividade do Estágio B é

$$\varepsilon_B = \frac{q_B}{C_{mín,B}(T_{q,ent,B} - T_{f,ent,B})} = \frac{572 \times 10^3 \text{ W}}{42.670 \text{ W/K} \times (147 - 122) \text{ °C}} = 0{,}536$$

Da Equação 11.35b

$$\text{NUT}_B = -\ln(1 - \varepsilon_B) = -\ln(1 - 0{,}536) = 0{,}768$$

e

$$A_B = \frac{\text{NUT}_B C_{mín,B}}{U_B} = \frac{0{,}768 \times 42.670 \text{ W/K}}{1200 \text{ W/(m}^2 \cdot \text{K)}} = 27{,}3 \text{ m}^2$$

Assim, a área completa de transferência de calor é

$$A = A_A + A_B = 18{,}4\ \text{m}^2 + 27{,}3\ \text{m}^2 = 45{,}7\ \text{m}^2 \qquad \triangleleft$$

Comentários:

1. Embora seja utilizado um trocador casco e tubos com chicanas, há somente um passe nos tubos, sendo apropriada a consideração de condições contracorrente.
2. Ciclos termodinâmicos podem ser descritos em termos de seus diagramas temperatura-entropia (diagramas $T - s$) [9]. Um ciclo Rankine com água como fluido de trabalho é mostrado no diagrama à esquerda, a seguir. Também é mostrado o *domo de vapor* da água, abaixo do qual há uma mistura bifásica de líquido e vapor. À direita do domo de vapor há vapor d'água superaquecido. Note que no interior da turbina a água está presente como uma mistura bifásica; gotículas de líquido saturado estão misturadas com o vapor saturado. As gotículas podem colidir nas pás da turbina, causando danos à turbina. Desta forma, a maioria dos ciclos de Rankine requer a adição de um superaquecedor caro para garantir que não ocorra condensação no interior da turbina.

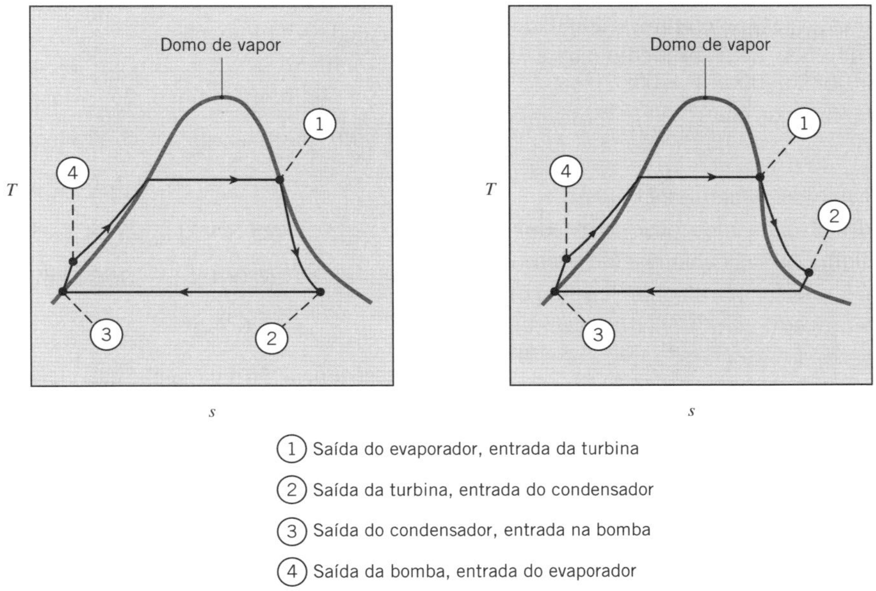

Muitos fluidos orgânicos são caracterizados por um domo de vapor, como o mostrado no diagrama da direita. Note que, de forma distinta ao uso da água como fluido de trabalho, a condensação não pode ocorrer na turbina. Desta forma, o superaquecedor não é necessário, tornando os ciclos Rankine orgânicos atraentes para uma ampla variedade de aplicações, como a geração geotérmica de energia, a conversão em eletricidade de calor de exaustão de grandes turbinas e de motores diesel, e em aplicações de geração de potência com energia solar concentrada, como no Exemplo 8.5, no qual a redução de custos é crítica [10].

3. As temperaturas e vazões neste problema correspondem a uma geração de potência elétrica de 250 kW usando pentafluoropropano (R245fa) como o fluido orgânico de trabalho, com as pressões alta e baixa de $p = 20$ e 1,2 bar, respectivamente.

11.6 Considerações Adicionais

Como existem muitas aplicações importantes, a pesquisa e desenvolvimento voltados para os trocadores de calor possuem um longo histórico. Tal atividade não está em hipótese alguma terminada, pois muitos trabalhadores talentosos continuam buscando formas para melhorar o projeto e o desempenho desses equipamentos. Na realidade, com o aumento da preocupação com a conservação de energia, tem havido uma constante e substancial intensificação dessa atividade. Um ponto central nesses trabalhos é a *intensificação da transferência de calor*, que inclui a busca por superfícies especiais para trocadores de calor, através das quais um aumento na taxa de transferência pode ser conseguido. Além disso, como discutido na Seção 11.1 e ilustrado no Exemplo 11.2, *trocadores de calor compactos* normalmente são usados quando a intensificação é desejada e pelo menos um dos dois fluidos é um gás. Diferentes configurações tubulares e de placas têm sido consideradas, onde as diferenças resultam, principalmente, do projeto e do arranjo das aletas.

Além da aplicação na análise de trocadores de calor, os métodos da média log e do ε-NUT são ferramentas poderosas que também podem ser aplicadas em sistemas térmicos similares, como ilustrado nos próximos dois exemplos.

Uma discussão da análise de trocadores de calor compactos é apresentada na Seção 11S.2.

EXEMPLO 11.7

Um pequeno dissipador de calor feito de cobre, com dimensões $W_1 = W_2 = 40$ mm, $L_b = 1{,}0$ mm, $S = 1{,}6$ mm, $t = 0{,}8$ mm e $L_a = 5$ mm, tem uma temperatura máxima uniforme de $T_q = 50$ °C na sua superfície inferior. Uma placa isolante é colocada na parte superior do dissipador. Água é usada como refrigerante, entrando no dissipador a $T_{m,\text{ent}} = 30$ °C e $u_m = 1{,}75$ m/s, fornecendo um coeficiente de transferência de calor médio de $\bar{h} = 7590$ W/(m^2 · K). Determine a taxa de transferência de calor da superfície quente para a água.

SOLUÇÃO

Dados: Dimensões de um dissipador de cobre, temperatura máxima do dissipador de calor, e temperatura, velocidade média e coeficiente de transferência de calor médio para a água.

Achar: Taxa de transferência de calor.

Esquema:

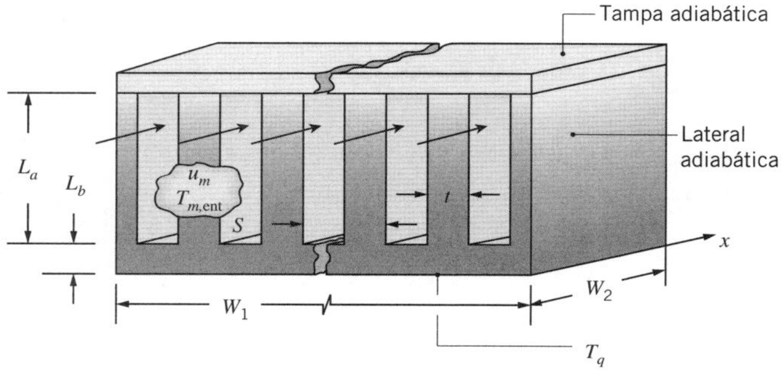

Considerações:

1. Condições de regime estacionário.
2. Extremidades adiabáticas nas aletas do dissipador.
3. Superfícies laterais, frontal e traseira do dissipador adiabáticas.
4. Temperatura superficial isotérmica na base, T_q.
5. Propriedades constantes.
6. Condução axial no dissipador desprezível.

Propriedades: Tabela A.1, cobre ($T = 300$ K): $k_{\text{Cu}} = 401$ W/(m · K). Tabela A.6, água (admita $\bar{T} \approx 310$ K): $\rho = 993$ kg/m^3, $c_p = 4178$ J/(kg · K).

Análise: Como a temperatura da superfície inferior do dissipador é uniforme espacialmente e a condução axial é desprezada, o comportamento térmico do dissipador corresponde ao de um trocador de calor de uma corrente, como mostrado na Figura 11.9*a*. Especificamente, a temperatura da superfície inferior não varia na direção x, mas a temperatura da água aumenta na medida em que ela escoa através do dissipador. Assim, podemos usar a Equação 11.22 para determinar a taxa de transferência de calor,

$$q = \varepsilon C_{\text{mín}}(T_{q,\text{ent}} - T_{f,\text{ent}}) \tag{1}$$

com $C_{\text{mín}} = C_f = \dot{m}_f c_{p,f}$ e $C_r \to 0$. Da Seção 11.2 e da discussão sobre as Equações 8.45b e 8.46b, observamos que o termo $1/(UA)$, usado na definição do NUT, corresponde à resistência térmica global entre as duas correntes de fluidos em um trocador de calor. No presente exemplo, $UA = 1/R_{\text{tot}}$, sendo R_{tot} a resistência térmica total entre a base do dissipador de calor e o fluido. Consequentemente, a Equação 11.35a pode ser escrita na forma

$$\varepsilon = 1 - \exp(-\text{NUT})$$
$$= 1 - \exp\left(-\frac{UA}{C_{\text{mín}}}\right) = 1 - \exp\left(-\frac{1}{R_{\text{tot}}C_{\text{mín}}}\right) \tag{2}$$

Uma vez avaliados $C_{\text{mín}}$ e R_{tot}, a efetividade pode ser determinada usando a Equação 2 e a taxa de transferência de calor calculada pela Equação 1.

O número de aletas é igual ao número de canais e é $N = W_1/S = 40$ mm/1,6 mm $= 25$. A taxa de capacidade calorífica mínima é

$$C_{\text{mín}} = \dot{m}_f c_{p,f} = N\rho u_m L_f (S - t)c_p$$
$$= 25 \times 993\ \text{kg/m}^3 \times 1{,}75\ \text{m/s} \times 0{,}005\ \text{m}$$
$$\times (0{,}0016\ \text{m} - 0{,}0008\ \text{m}) \times 4178\ \text{J/(kg·K)}$$
$$= 726\ \text{W/K}$$

A resistência térmica total é calculada no Comentário 4, sendo $R_{\text{tot}} = 17{,}8 \times 10^{-3}$ K/W. Da Equação 2,

$$\varepsilon = 1 - \exp\left(-\frac{1}{R_{\text{tot}}C_{\text{mín}}}\right)$$
$$= 1 - \exp\left(-\frac{1}{17{,}8 \times 10^{-3}\ \text{K/W} \times 726\ \text{W/K}}\right) = 0{,}0745$$

e da Equação 1,

$$q = \varepsilon C_{\text{mín}}(T_q - T_{f,\text{ent}})$$
$$= 0{,}0745 \times 726\ \text{W/K} \times (50\ °\text{C} - 30\ °\text{C}) = 1080\ \text{W}$$

Comentários:

1. Se a temperatura da água considerada permanecer constante ao longo de seu escoamento através do dissipador, a taxa de transferência de calor é $q = (T_q - T_{f,\text{ent}})/R_{\text{tot}} = (50\ °\text{C} - 30\ °\text{C})/(17{,}8 \times 10^{-3}\ \text{K/W}) = 1120$ W. A consideração de temperatura da água constante leva a uma superestimativa da taxa de transferência de calor em relação à taxa real.
2. A temperatura de saída da água é $T_{f,\text{sai}} = T_{f,\text{ent}} + q/C_{\text{mín}} = 30\ °\text{C} + (1080\ \text{W})/(726\ \text{W/K}) = 31{,}5$ °C.
3. Das Equações 11.15 e 11.16, $\Delta T_{\text{ml}} = [(T_b - T_{f,\text{ent}}) - (T_b - T_{f,\text{sai}})]/\ln[(T_b - T_{f,\text{ent}})/(T_b - T_{f,\text{sai}})] = [31{,}5\ °\text{C} - 30\ °\text{C}]/\ln[(50\ °\text{C} - 30\ °\text{C})/(50\ °\text{C} - 31{,}5\ °\text{C})] = 19{,}2$ °C e $q = \Delta T_{\text{ml}}/R_{\text{tot}} = 19{,}2\ °\text{C}/(17{,}8 \times 10^{-3}\ \text{K/W}) = 1080$ W. Consequentemente, a diferença média de temperaturas apropriada mostrada no circuito térmico adiante, ΔT_m, é a *média log das diferenças de temperaturas* [11]. Assim, este problema poderia ter sido resolvido usando uma abordagem MLDT, porém uma solução iterativa teria sido necessária.

4. A resistência térmica total corresponde ao circuito térmico a seguir.

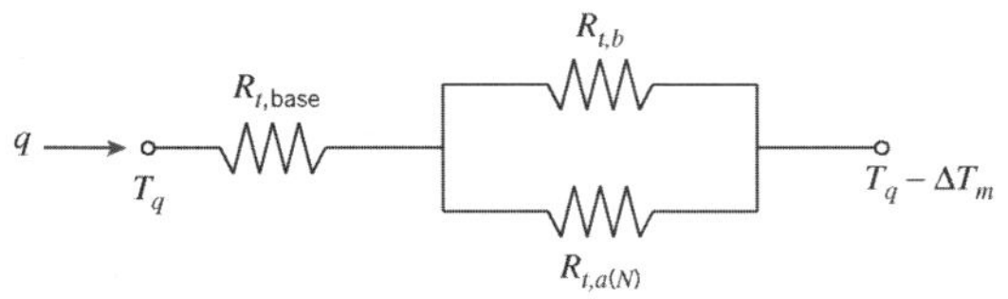

Neste circuito, ΔT_m é a diferença de temperaturas média apropriada entre a base do dissipador e o fluido. A resistência térmica da base é

$$R_{t,\text{base}} = L_b/(k_{\text{Cu}} W_1 W_2)$$
$$= (0{,}001 \text{ m})/(401 \text{ W/(m}\cdot\text{K)} \times 0{,}040 \text{ m} \times 0{,}040 \text{ m})$$
$$= 1{,}56 \times 10^{-3} \text{ K/W}$$

As resistências em paralelo no circuito térmico representam as aletas e a parcela sem aletas da base. A combinação destas duas resistências é a resistência térmica global da série de aletas, como dada pela Equação 3.108 com a Equação 11.3:

$$R_{t,e} = \frac{1}{\eta_e \bar{h} A} = \frac{1}{\bar{h}[A - A_a(1 - \eta_a)]}$$

Nesta expressão, A_a é a área superficial de todas as aletas e $A = A_a + A_b$, sendo A_b a área da parcela da base não aletada. Assim,

$$A_a = 2L_a W_2 N = 2 \times 0{,}005 \text{ m} \times 0{,}040 \text{ m} \times 25 = 0{,}01 \text{ m}^2$$

e

$$A = A_a + (W_1 - Nt)W_2$$
$$= 0{,}01 \text{ m}^2 + (0{,}040 \text{ m} - 25 \times 0{,}0008 \text{ m}) \times 0{,}040 \text{ m}$$
$$= 0{,}0108 \text{ m}^2$$

A grandeza η_a é a eficiência de uma aleta, dada pela Equação 11.4. Primeiramente, calculamos

$$mL_a = \sqrt{2\bar{h}/k_{\text{Cu}} t}\, L_a$$
$$= \sqrt{2 \times 7590 \text{ W/(m}^2\cdot\text{K)}/(401 \text{ W/(m}\cdot\text{K)} \times 0{,}0008 \text{ m})}$$
$$\times 0{,}005 \text{ m} = 1{,}09$$

Então

$$\eta_a = \frac{\tanh(mL_a)}{mL_a} = \frac{\tanh(1{,}09)}{1{,}09} = 0{,}732$$

$$R_{t,e} = \frac{1}{\bar{h}[A - A_a(1 - \eta_a)]}$$
$$= \frac{1}{7590 \text{ W/(m}^2\cdot\text{K)}[0{,}0108 \text{ m}^2 - 0{,}01 \text{ m}^2(1 - 0{,}732)]}$$
$$= 0{,}0162 \text{ K/W}$$

Consequentemente, a resistência térmica total é

$$R_{\text{tot}} = R_{t,\text{base}} + R_{t,e} = 1{,}56 \times 10^{-3} \text{ K/W} + 0{,}0162 \text{ K/W}$$
$$= 17{,}8 \times 10^{-3} \text{ K/W}$$

EXEMPLO 11.8

Esferas de aço, com diâmetro $D = 10$ mm, são resfriadas de uma temperatura inicial $T_{q,i} = 1000$ K pela submersão em um banho isolado termicamente de óleo inicialmente a $T_{o,i} = 300$ K. A massa total das esferas é $m_q = 200$ kg, enquanto a massa do óleo é $m_o = 500$ kg. O coeficiente convectivo associado às esferas e ao óleo é $h = 40$ W/(m² · K), e as propriedades do aço são $k_q = 40$ W/(m · K), $\rho_q = 7800$ kg/m³ e $c_q = 600$ J/(kg · K). Determine as temperaturas das esferas e do óleo no estado estacionário, e o tempo necessário para as esferas atingirem a temperatura de $T_{q,f} = 500$ K.

SOLUÇÃO

Dados: Massa, diâmetro, propriedades e temperatura inicial de esferas de aço. Massa e temperatura inicial do banho de óleo.

Achar: Temperaturas no estado estacionário das esferas e do óleo, tempo para resfriar as esferas até $T_{q,f} = 500$ K.

Esquema:

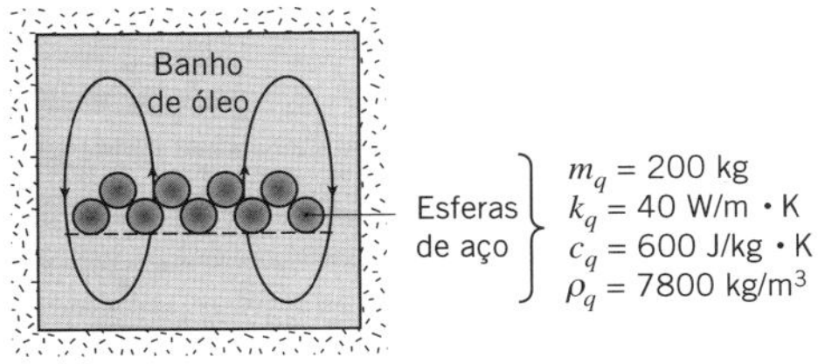

Considerações:

1. Propriedades constantes.
2. Perda de calor no banho de óleo desprezível.

Propriedades: Tabela A.5, óleo de motor (suponha $\bar{T} \approx 350$ K): $c_o = 2118$ J/(kg · K).

Análise: Iniciamos examinando se a análise pela capacitância global do Capítulo 5 pode ser utilizada para as esferas. Com $L_c = r_o/3$, tem-se da Equação 5.10 que

$$Bi = \frac{h(r_o/3)}{k_q} = \frac{40 \text{ W/(m}^2\cdot\text{K)} \times (0{,}005 \text{ m}/3)}{40 \text{ W/(m}\cdot\text{K)}} = 0{,}0017$$

Consequentemente, a Equação 5.10 é satisfeita, e as esferas são praticamente isotérmicas em qualquer instante de tempo. Tratando coletivamente as esferas de aço, as temperaturas das esferas e média do óleo, T_q e T_o, respectivamente, podem ser determinadas a partir de um balanço de energia com a forma

$$\Delta E_o = -\Delta E_q = \Delta E = C_{t,o}(T_o - T_{o,i})$$
$$= C_{t,q}(T_{q,i} - T_q) \qquad (1)$$

sendo $C_{t,o} = m_o c_o = 500 \text{ kg} \times 2118 \text{ J/(kg}\cdot\text{K)} = 1{,}06 \times 10^6$ J/K e $C_{t,q} = m_q c_q = 200 \text{ kg} \times 600 \text{ J/(kg}\cdot\text{K)} = 120 \times 10^3$ J/K as capacitâncias térmicas do óleo e das esferas, respectivamente, como definidas na Equação 5.7. A temperatura no estado estacionário é atingida quando $T_o = T_q = T_{ee}$, em que

$$T_{ee} = \frac{C_{t,q}T_{q,i} + C_{t,o}T_{o,i}}{C_{t,q} + C_{t,o}}$$

$$= \frac{120 \times 10^3 \text{ J/K} \times 1000 \text{ K} + 1{,}06 \times 10^6 \text{ J/K} \times 300 \text{ K}}{120 \times 10^3 \text{ J/K} + 1{,}06 \times 10^6 \text{ J/K}}$$

$$= 371 \text{ K} \quad \triangleleft$$

Como a temperatura do óleo aumenta com o tempo, a análise da capacitância global do Capítulo 5, que supõe uma temperatura ambiente T_∞ constante, não é válida. Especificamente, a transferência de calor segue o processo descrito no esquema a seguir.

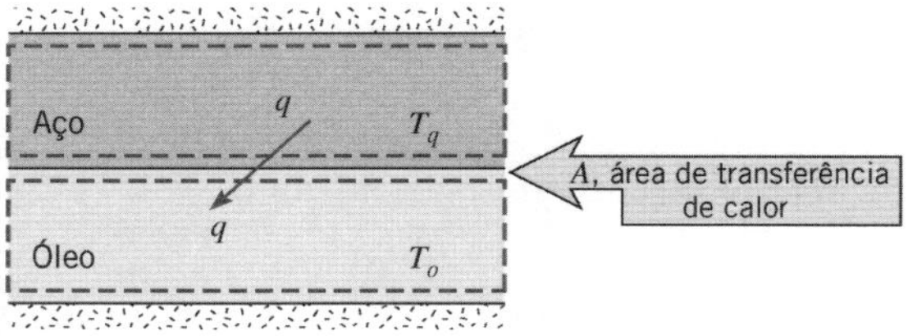

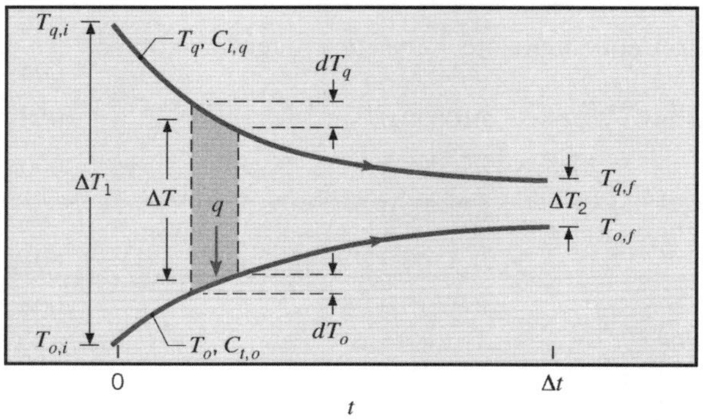

Esse processo é análogo ao do trocador com escoamentos paralelos mostrado na Figura 11.7, em que a área total de transferência de calor para as N esferas é

$$A = N4\pi r_o^2 = \frac{m_q}{\rho_q(4/3)\pi r_o^3} 4\pi r_o^2 = \frac{3m_q}{\rho_q r_o}$$

$$= \frac{3 \times 200 \text{ kg}}{7800 \text{ kg/m}^3 \times 0{,}005 \text{ m}} = 15{,}5 \text{ m}^2$$

Fazendo um balanço de energia em cada um dos elementos diferenciais mostrados no esquema anterior, obtemos

$$dE = qdt = -C_{t,q}dT_q \quad \text{e} \quad dE = qdt = C_{t,o}dT_o \qquad (2a, b)$$

em que

$$q = hA(T_q - T_o) = UA\Delta T = UA(T_q - T_o) \qquad (3)$$

Substituindo expressões para dT_q e dT_o vindas das Equações 2a,b na expressão $d(\Delta T) = dT_q - dT_o$, temos

$$d(\Delta T) = -\frac{qdt}{C_{t,q}} - \frac{qdt}{C_{t,o}} \qquad (4)$$

A combinação das Equações 3 e 4 fornece a relação

$$d(\Delta T) = -\frac{UA\Delta T}{C_{t,q}}dt - \frac{UA\Delta T}{C_{t,o}}dt$$

Separando variáveis e integrando,

$$\int_1^2 \frac{d(\Delta T)}{\Delta T} = -UA\left(\frac{1}{C_{t,q}} + \frac{1}{C_{t,o}}\right)\int_{t_1}^{t_2} dt$$

ou

$$\ln\left(\frac{\Delta T_2}{\Delta T_1}\right) = -UA\left(\frac{1}{C_{t,q}} + \frac{1}{C_{t,o}}\right)\Delta t \qquad (5)$$

que pode ser rearranjada para fornecer

$$\Delta t = -\frac{1}{UA}\ln\left[\frac{T_{q,f} - T_{o,f}}{T_{q,i} - T_{o,i}}\right] \Bigg/ \left[\frac{1}{C_{t,q}} + \frac{1}{C_{t,o}}\right] \qquad (6)$$

Da Equação 1,

$$T_{o,f} = T_{o,i} + \frac{C_{t,q}}{C_{t,o}}(T_{q,i} - T_{q,f})$$

$$= 300 \text{ K} + \frac{120 \times 10^3 \text{ J/K}}{1{,}06 \times 10^6 \text{ J/K}}(1000 \text{ K} - 500 \text{ K})$$

$$= 357 \text{ K}$$

Consequentemente, a Equação 6 pode ser usada para determinar Δt

$$\Delta t = -\frac{1}{40 \text{ W/(m}^2 \cdot \text{K)} \times 15{,}5 \text{ m}^2}$$

$$\ln\left[\frac{500 \text{ K} - 357 \text{ K}}{1000 \text{ K} - 300 \text{ K}}\right] \Bigg/ \left[\frac{1}{120 \times 10^3 \text{ K/J}} + \frac{1}{1{,}06 \times 10^6 \text{ K/J}}\right]$$

$$= 278 \text{ s} \quad \triangleleft$$

Comentários:

1. Os históricos das temperaturas das esferas e do óleo são representados graficamente a seguir. Observe a aproximação assintótica das duas temperaturas para o valor do estado estacionário, $T_{ee} = 371$ K.

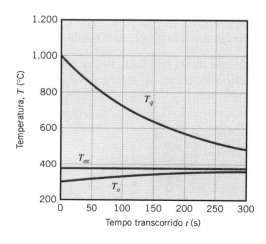

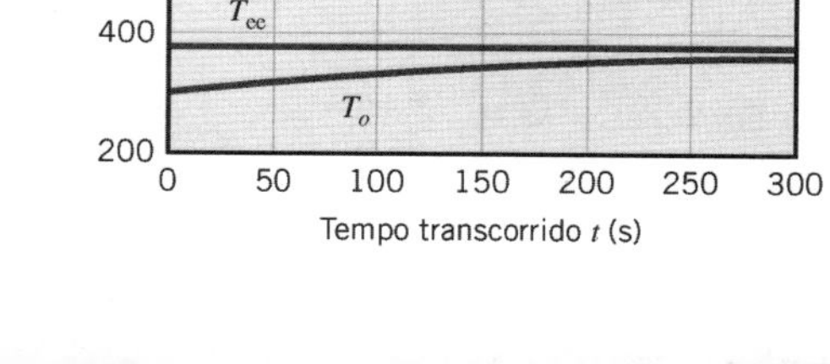

2. A Equação 5 pode ser reescrita na forma

$$\frac{T_{q,f} - T_{o,f}}{T_{q,i} - T_{o,i}} = \exp\left[-UA\left(\frac{1}{C_{t,q}} + \frac{1}{C_{t,o}}\right)\Delta t\right]$$

e, para um banho óleo *infinitamente grande*, $C_{t,o} \to \infty$, e $T_{o,f} = T_{o,i} = T_\infty$. Consequentemente,

$$\frac{T_{q,f} - T_\infty}{T_{q,i} - T_\infty} = \exp\left[-\left(\frac{UA}{\rho_q m_q}\right)\Delta t\right]$$

que é equivalente à Equação 5.6 da análise da capacitância global.

3. Da Equação 1, observamos que $C_{t,o} = \Delta E/(T_{o,f} - T_{o,i})$ e $C_{t,q} = \Delta E/(T_{q,i} - T_{q,f})$. Substituindo estas duas expressões na Equação 6, temos

$$\ln\left(\frac{\Delta T_2}{\Delta T_1}\right) = -UA\Delta t\left(\frac{T_{q,i} - T_{q,f}}{\Delta E} + \frac{T_{o,f} - T_{o,i}}{\Delta E}\right)$$
$$= -\frac{UA\Delta t}{\Delta E}(\Delta T_1 - \Delta T_2)$$

que pode ser rearranjada para fornecer uma expressão envolvendo uma *média log de diferenças de temperaturas* que tem a mesma forma da Equação 11.15

$$\Delta E = UA\Delta t\frac{\Delta T_2 - \Delta T_1}{\ln(\Delta T_2/\Delta T_1)} = UA\Delta t\Delta T_{ml}$$

Aplicando a expressão da MLDT no presente problema, temos

$$\Delta E = 40\ \text{W/(m}^2\cdot\text{K)} \times 15{,}5\ \text{m}^2$$
$$\times 278\ \text{s}\left[\frac{(500\ \text{K} - 357\ \text{K}) - (1000\ \text{K} - 300\ \text{K})}{\ln\left(\dfrac{500\ \text{K} - 357\ \text{K}}{1000\ \text{K} - 300\ \text{K}}\right)}\right]$$
$$= 60 \times 10^6\ \text{J} = 60\ \text{MJ}$$

que pode ser verificada usando a Equação 1, com $\Delta E = C_{t,o}(T_{o,f} - T_{o,i}) = C_{t,q}(T_{q,i} - T_{q,f}) = 1{,}06 \times 10^6$ J/K $\times$ (357 K $-$ 300 K) $= 120 \times 10^3$ J/K $\times$ (1000 K $-$ 500 K) $=$ 60 MJ.

4. Procedendo de forma similar ao trocador de calor com dois fluidos em paralelo, note que a troca máxima possível de energia térmica das esferas para o óleo é

$$\Delta E_{\text{máx}} \equiv C_{t,\text{mín}}(T_{q,i} - T_{o,i})$$

Da mesma forma, uma efetividade e um NUT modificados podem ser definidos por

$$\varepsilon^* = \frac{\Delta E}{\Delta E_{\text{máx}}} \quad \text{e} \quad \text{NUT}^* = \frac{UA\Delta t}{C_{t,\text{mín}}}$$

Pode ser mostrado que, com $C_{t,r} = C_{t,\text{mín}}/C_{t,\text{máx}}$,

$$\varepsilon^* = \frac{1 - \exp[-\text{NUT}^*(1 + C_{t,r})]}{1 + C_{t,r}} \quad \text{e} \quad \text{NUT}^* = -\frac{\ln[1 - \varepsilon^*(1 + C_{t,r})]}{1 + C_{t,r}}$$

que têm a mesma forma das Equações 11.28a e 11.28b, respectivamente. Para o problema em análise, $C_{t,r} = 120 \times 10^3$ J/K/(1,06 $\times$ 10^6 J/K) = 0,113 e $\varepsilon^* = \Delta E/\Delta E_{\text{máx}} = 60 \times 10^6$ J/K/[120 $\times$ 10^3 J/K $\times$ (1000 K $-$ 300 K)] = 0,714. Consequentemente,

$$\text{NUT}^* = -\frac{\ln[1 - 0{,}714(1 + 0{,}113)]}{1 + 0{,}113} = 1{,}42$$

e

$$\Delta t = \text{NUT}^* C_{t,\text{mín}}/UA$$
$$= 1{,}42 \times 120 \times 10^3\ \text{J/K}/[40\ \text{W/(m}^2\cdot\text{K)} \times 15{,}5\ \text{m}^2]$$
$$= 278\ \text{s}$$

que está em acordo com a solução do problema.

5. Este problema ilustra o valor de reconhecer o *comportamento análogo* que caracteriza vários sistemas térmicos. Em geral, a análise de trocadores de calor pelo MLDT ou ε-NUT pode ser usada para determinar respostas térmicas transientes de dois materiais entre os quais calor é trocado, se cada material for caracterizado por uma única temperatura em cada instante de tempo.

11.7 Resumo

Neste capítulo desenvolvemos ferramentas que irão permitir que você efetue cálculos aproximados de trocadores de calor. Considerações mais detalhadas a respeito desse assunto estão disponíveis na literatura, incluindo o tratamento das incertezas associadas à análise de trocadores de calor [3, 4, 7, 12−18].

Embora tenhamos restringido nossa atenção aos trocadores de calor nos quais há a separação dos fluidos quente e frio por meio de uma parede estacionária, existem outras opções importantes. Por exemplo, trocadores de calor *evaporativos* permitem o *contato direto* entre um líquido e um gás (não há parede de separação), e, em função dos efeitos da energia latente, elevadas taxas de transferência de calor por unidade de volume são possíveis. Também, para a troca térmica entre gases, são frequentemente utilizados *regeneradores*, nos quais o mesmo espaço é ocupado alternadamente pelos gases quente e frio. Em um regenerador fixo, tal como um leito recheado, os gases quente e frio entram alternadamente em um sólido poroso estacionário. Em um regenerador rotativo, o sólido poroso é uma roda que gira, que expõe alternadamente as suas superfícies aos gases quente e frio, que escoam continuamente. Descrições detalhadas desses tipos de trocadores de calor estão disponíveis na literatura [3, 4, 12, 15, 19−22].

Você pode testar o seu entendimento de aspectos fundamentais respondendo às questões a seguir.

- Quais são as duas possíveis configurações de um *trocador de calor de tubos concêntricos* (*trocador bitubular*)? Para cada configuração, quais restrições estão associadas às temperaturas de saída dos fluidos?
- Ao serem usados em um *trocador de calor de escoamentos cruzados*, qual o significado dos termos *misturado* e *não*

misturado? Em qual sentido eles são idealizações das condições reais?

- Por que são usadas chicanas em um *trocador de calor casco e tubos*?
- Qual é a característica principal que distingue um *trocador de calor compacto*?
- Qual efeito a *deposição* tem sobre o coeficiente global de transferência de calor e, assim, no desempenho de um trocador de calor?
- Qual efeito as *superfícies aletadas* têm sobre o coeficiente global de transferência de calor e, assim, no desempenho de um trocador de calor? Quando o uso de aletas é mais apropriado?
- Quando o coeficiente global de transferência de calor pode ser representado por $U = (h_i^{-1} + h_e^{-1})^{-1}$?
- Qual é a forma apropriada da diferença de temperatura média entre os dois fluidos em um trocador de calor com escoamento paralelo ou contracorrente?
- O que pode ser dito sobre a variação na temperatura de um fluido saturado evaporando ou condensando em um trocador de calor?
- Qual fluido irá apresentar a maior variação de temperatura em um trocador de calor, o fluido com a máxima ou com a mínima taxa de capacidade calorífica?
- Por que a taxa de transferência de calor máxima possível em um trocador de calor *não é* igual a $C_{\text{máx}}(T_{q,\text{ent}} - T_{f,\text{ent}})$? Pode, em alguma situação, a temperatura de saída do fluido frio ser superior à temperatura de entrada do fluido quente?
- O que é a *efetividade* de um trocador de calor? Qual é o intervalo de seus valores possíveis? O que é o *número de unidades de transferência*? Qual é o intervalo de seus valores possíveis?
- Geralmente, como varia a efetividade se o tamanho (área da superfície) de um trocador de calor for aumentado? Se o coeficiente global de transferência de calor for aumentado? Se a razão das taxas de capacidades caloríficas for diminuída? Em relação ao número de unidades de transferência, há limitações nas tendências anteriores? Qual penalidade está associada ao aumento do tamanho de um trocador de calor? E ao aumento do coeficiente global de transferência de calor?

Referências

1. *Standards of the Tubular Exchange Manufacturers Association*, 6th ed., Tubular Exchanger Manufacturers Association, New York, 1978.
2. Chenoweth, J. M., and M. Impagliazzo, Eds., *Fouling in Heat Exchange Equipment*, American Society of Mechanical Engineers Symposium Volume HTD-17, ASME, New York, 1981.
3. Kakac, S., A. E. Bergles, and F. Mayinger, Eds., *Heat Exchangers*, Hemisphere Publishing, New York, 1981.
4. Kakac, S., R. K. Shah, and A. E. Bergles, Eds., *Low Reynolds Number Flow Heat Exchangers*, Hemisphere Publishing, New York, 1983.
5. Kays, W. M., and A. L. London, *Compact Heat Exchangers*, 3rd ed., McGraw-Hill, New York, 1984.
6. Bowman, R. A., A. C. Mueller, and W. M. Nagle, *Trans. ASME*, **62**, 283, 1940.
7. DiGiovanni, M. A., and R. L. Webb, *Heat Transfer Eng.*, **10**, 61, 1989.
8. Ribando, R. J., G. W. O'Leary, and S. Carlson-Skalak, *Comp. Appl. Eng. Educ.*, **5**, 231, 1997.
9. Moran, M. J., and H. N. Shapiro, *Engineering Thermodynamics*, 6th ed., Wiley, Hoboken, NJ, 2008.
10. Dai, Y., J. Wang, and L. Gao, *Energy Conv. Management*, **50**, 576, 2009.
11. Webb, R. L., *Trans. ASME, J. Heat Transfer*, **129**, 899, 2007.
12. Shah, R. K., C. F. McDonald, and C. P. Howard, Eds., *Compact Heat Exchangers*, American Society of Mechanical Engineers Symposium Volume HTD-10, ASME, New York, 1980.
13. Webb, R. L., in G. F. Hewitt, Exec. Ed., *Heat Exchanger Design Handbook*, Section 3.9, Begell House, New York, 2002.
14. Marner, W. J., A. E. Bergles, and J. M. Chenoweth, *Trans. ASME, J. Heat Transfer*, **105**, 358, 1983.
15. G. F. Hewitt, Exec. Ed., *Heat Exchanger Design Handbook*, Vols. 1–5, Begell House, New York, 2002.
16. Webb, R. L., and N.-H. Kim, *Principles of Enhanced Heat Transfer*, 2nd ed., Taylor & Francis, New York, 2005.
17. Andrews, M. J., and L. S. Fletcher, *ASME/JSME Thermal Eng. Conf.*, **4**, 359, 1995.
18. James, C. A., R. P. Taylor, and B. K. Hodge, *ASME/JSME Thermal Eng. Conf.*, **4**, 337, 1995.
19. Coppage, J. E., and A. L. London, *Trans. ASME*, **75**, 779, 1953.
20. Treybal, R. E., *Mass-Transfer Operations*, 3rd ed., McGraw-Hill, New York, 1980.
21. Sherwood, T. K., R. L. Pigford, and C. R. Wilkie, *Mass Transfer*, McGraw-Hill, New York, 1975.
22. Schmidt, F. W., and A. J. Willmott, *Thermal Energy Storage and Regeneration*, Hemisphere Publishing, New York, 1981.

Problemas

Coeficiente Global de Transferência de Calor

11.1 Uma caldeira industrial é constituída por tubos no interior dos quais escoam gases de combustão quentes. Água ferve sobre a superfície exterior dos tubos. Quando instalada, a caldeira limpa tem um coeficiente global de transferência de calor igual a 300 W/(m^2 · K). Com base na experiência, sabe-se que os fatores de deposição nas superfícies interna e externa irão aumentar linearmente com o tempo, $R''_{d,i} = a_i t$ e $R''_{d,e} = a_e t$, sendo $a_i = 2{,}5 \times 10^{-11}$ m^2 · K/(W · s) e $a_e = 1{,}0 \times 10^{-11}$ m^2 · K/(W · s), para as superfícies interna e externa, respectivamente. Se a caldeira deve ser limpa quando o coeficiente global de transferência de calor é reduzido de seu valor inicial em 25 %, quanto tempo depois da instalação deverá ser realizada a primeira limpeza? Considere que a caldeira opera continuamente entre limpezas.

11.2 Um tubo de aço inoxidável AISI 302, com diâmetros interno e externo de D_i = 22 mm e D_e = 27 mm, respectivamente, é usado em um trocador de calor com escoamento cruzado. Os fatores de deposição, R''_d, nas superfícies interna e externa, são estimados serem iguais a 0,0004 m^2 · K/W e 0,0002 m^2 · K/W, respectivamente.

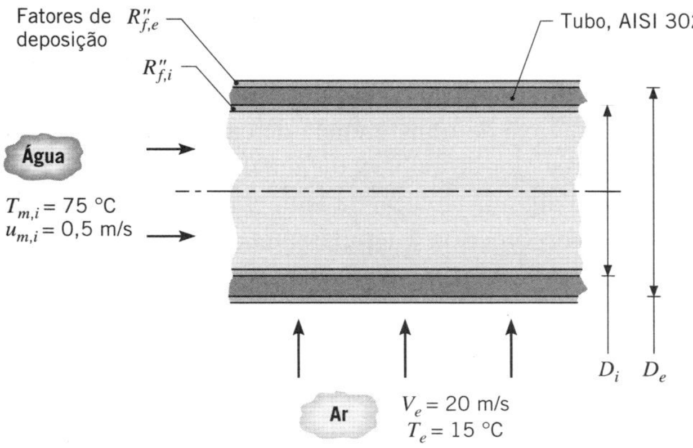

(a) Determine o coeficiente global de transferência de calor baseado na área externa do tubo, U_e. Compare as resistências térmicas em função da convecção, da condução na parede do tubo e da deposição.

(b) Em vez de ar escoando sobre o tubo, considere uma situação na qual o fluido em escoamento cruzado é água a 15 °C, com uma velocidade de V_e = 1 m/s. Determine o coeficiente global de transferência de calor baseado na área externa do tubo, U_e. Compare as resistências térmicas em razão da convecção, da condução na parede do tubo e da deposição.

(c) Para as condições água-ar do item (a) e velocidades médias, $u_{m,i}$, de 0,2; 0,5 e 1,0 m/s, represente graficamente o valor do coeficiente global de transferência de calor como uma função da velocidade do escoamento cruzado para $5 \leq V_e \leq 30$ m/s.

(d) Para as condições água-água do item (b) e velocidades do escoamento cruzado, V_e, de 1, 3 e 8 m/s, represente graficamente o valor do coeficiente global de transferência de calor como uma função da velocidade média para $0{,}5 \leq u_{m,i} \leq 2{,}5$ m/s.

11.3 Um trocador de calor casco e tubos deve aquecer um líquido ácido que escoa em tubos não aletados com diâmetros interno e externo D_i = 10 mm e D_e = 11 mm, respectivamente. Um gás quente escoa pelo casco. Para evitar corrosão no material dos tubos, o engenheiro pode especificar a utilização de uma liga metálica Ni-Cr-Mo resistente à corrosão (ρ_m = 8900 kg/m³, k_m = 8 W/(m · K)) ou de fluoreto de polivinilideno (PVDF) (ρ_f = 1780 kg/m³, k_f = 0,17 W/(m · K)). Os coeficientes de transferência de calor interno e externo são h_i = 1500 W/(m² · K) e h_e = 200 W/(m² · K), respectivamente.

(a) Determine a razão entre as áreas das superfícies do plástico e do metal necessárias para transferir calor a uma mesma taxa.

(b) Determine a razão entre as massas do plástico e do metal associadas aos projetos dos dois trocadores de calor.

(c) O custo da liga metálica por unidade de massa é três vezes maior do que o do plástico. Determine qual material do tubo deveria ser especificado com base no custo.

11.4 Um equipamento para recuperação de calor envolve a transferência de energia dos gases de combustão quentes, que passam através de uma região anular, para água pressurizada que escoa através do tubo interno. Esse tubo interno possui diâmetros interno e externo de 24 e 30 mm, e está conectado a um tubo externo por oito barras de suporte. O tubo externo encontra-se isolado termicamente da vizinhança e tem 60 mm de diâmetro. Cada barra de suporte possui 3 mm de espessura e é fabricada formando um conjunto integrado com o tubo interno em aço-carbono (k = 50 W/(m · K)).

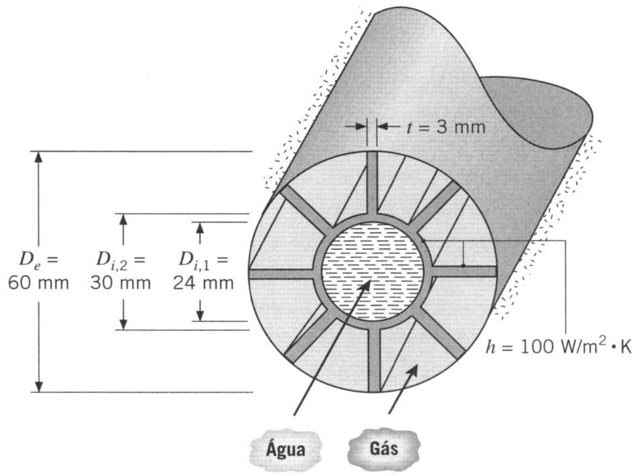

Considere condições nas quais a água a 300 K escoa através do tubo interno a uma vazão de 0,161 kg/s, enquanto os gases de combustão a 800 K escoam através da região anular, mantendo um coeficiente convectivo de 100 W/(m² · K) sobre as superfícies das barras de suporte e a superfície externa do tubo interno. Qual é a taxa de transferência de calor do gás para a água, por unidade de comprimento do tubo?

11.5 O condensador de uma planta de potência a vapor possui N = 1000 tubos de latão (k_t = 110 W/(m · K)), cada um com diâmetros interno e externo D_i = 25 mm e D_e = 28 mm, respectivamente. A condensação do vapor d'água na superfície externa dos tubos é caracterizada por um coeficiente convectivo de h_e = 10.000 W/(m² · K).

(a) Se água de resfriamento, vinda de um grande lago, é bombeada através dos tubos do condensador a $\dot{m}_f$ = 400 kg/s, qual é o coeficiente global de transferência de calor U_e baseado na área da superfície externa de um tubo? Propriedades da água podem ser aproximadas como μ = 9,60 × 10⁻⁴ N · s/m², k = 0,60 W/(m · K) e Pr = 6,6.

(b) Se, após uma longa operação, a deposição causar uma resistência de $R''_{d,i} = 10^{-4}$ m² · K/W na superfície interna, qual é o valor de U_e?

(c) Se a água é retirada do lago a 15 °C e 10 kg/s de vapor d'água a 0,0622 bar devem ser condensados, qual é a temperatura correspondente da água ao deixar o condensador? O calor específico da água é de 4180 J/(kg · K).

11.6 Tubos de alumínio com paredes delgadas e diâmetro D = 10 mm são usados no condensador de um aparelho de ar condicionado. Sob condições normais de operação, um coeficiente de transferência de calor por convecção de h_i = 5000 W/(m² · K) está associado à condensação sobre a superfície interna dos tubos, enquanto um coeficiente h_e = 100 W/(m² · K) é mantido pelo escoamento de ar sobre os tubos.

(a) Qual é o valor do coeficiente global de transferência de calor se os tubos não forem aletados?

(b) Qual é o valor do coeficiente global de transferência de calor baseado na superfície interna, U_i, se aletas anulares (circulares) em alumínio, com espessura t = 1,5 mm, diâmetro externo D_e = 20 mm e passo S = 3,5 mm forem instaladas na superfície externa dos tubos? Baseie seus cálculos em uma seção de tubo com um metro de comprimento. Submetido às exigências de que $t \geq 1$ mm e $(S - t) \geq 1{,}5$ mm, explore os efeitos de variações em t e S sobre o valor de U_i. Qual combinação de t e S propiciaria o melhor desempenho da transferência de calor?

11.7 Um trocador de calor de escoamento cruzado e tubos aletados deve usar o gás de exaustão de uma turbina a gás para aquecer água pressurizada. Medidas em laboratório são efetuadas em uma versão protótipo do trocador, que tem área superficial de 8 m^2, para determinar o coeficiente global de transferência de calor como uma função das condições operacionais. Medidas efetuadas sob condições particulares, nas quais $\dot{m}_q = 1{,}5$ kg/s, $T_{q,\text{ent}} = 325$ °C, $\dot{m}_f = 0{,}5$ kg/s e $T_{f,\text{ent}} = 25$ °C, revelam uma temperatura de saída da água de $T_{f,\text{sai}} = 125$ °C. Qual é o valor do coeficiente global de transferência de calor no trocador?

11.8 Água, a uma vazão de 45.500 kg/h, é aquecida de 80 até 150 °C em um trocador de calor que possui dois passes no casco e oito passes nos tubos, com uma área superficial total de 925 m^2. Gases quentes de exaustão, que possuem aproximadamente as mesmas propriedades termofísicas do ar, entram no trocador a 350 °C e o deixam a 175 °C. Determine o coeficiente global de transferência de calor.

11.9 Um novo conceito de trocador de calor consiste em um grande número de folhas de polipropileno extrudado ($k = 0{,}17$ W/(m · K)), cada uma possuindo uma geometria semelhante a de uma superfície aletada, que são posteriormente empilhadas e fundidas para formarem o núcleo do trocador de calor. Além de ser barato, o trocador de calor pode ser facilmente reciclado ao final de sua vida útil. Dióxido de carbono, a uma temperatura média de 10 °C e a uma pressão de 2 atm, escoa nos canais frios com uma velocidade média de $u_m = 0{,}1$ m/s. Ar, a 30 °C e 2 atm, escoa nos canais quentes a 0,2 m/s. Desprezando a resistência térmica de contato na interface soldada, determine o produto do coeficiente global de transferência de calor e da área de transferência de calor, UA, para um núcleo do trocador de calor constituído por 200 canais frios e 200 canais quentes.

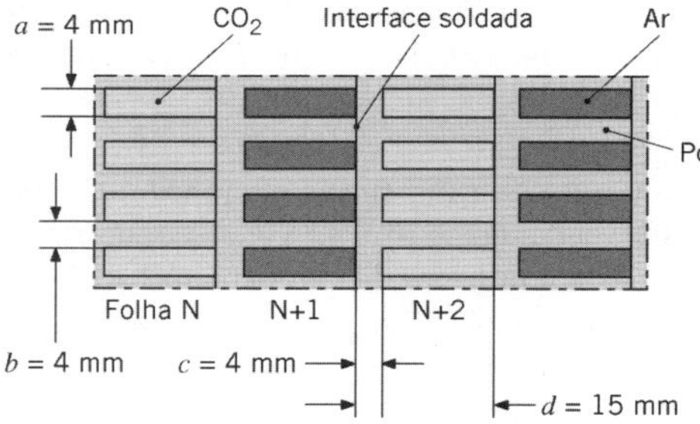

Cálculos de Projeto e de Desempenho

11.10 As propriedades e as vazões dos fluidos quente e frio de um trocador de calor são mostradas na tabela a seguir. Qual fluido limita a taxa de transferência de calor no trocador? Explique a sua escolha.

	Fluido quente	**Fluido frio**
Massa específica, kg/m^3	997	1247
Calor específico, J/(kg · K)	4179	2564
Condutividade térmica, W/(m · K)	0,613	0,287
Viscosidade, N · s/m^2	$8{,}55 \times 10^{-4}$	$1{,}68 \times 10^{-4}$
Vazão, m^3/h	14	16

11.11 Um fluido de processo, com calor específico de 3500 J/(kg · K) e escoando a 2 kg/s, deve ser resfriado de 80 °C a 50 °C com água gelada, que é fornecida a uma temperatura de 15 °C e a uma vazão de 2,5 kg/s. Considerando um coeficiente global de transferência de calor igual a 2000 W/(m^2 · K), calcule as áreas de transferência de calor necessárias para as seguintes configurações de trocadores de calor: (a) escoamento paralelo, (b) escoamento contracorrente, (c) casco e tubos, um passe no casco e dois passes nos tubos e (d) escoamento cruzado, único passe, dois fluidos não misturados. Compare os resultados de sua análise. Usando o *IHT*, o seu trabalho pode ser reduzido.

11.12 Um trocador de calor casco e tubos (dois passes no casco e quatro passes nos tubos) é usado para aquecer 10.000 kg/h de água pressurizada de 35 a 120 °C, utilizando 5000 kg/h de água pressurizada que entra no trocador a 300 °C. Sendo o coeficiente global de transferência de calor igual a 1500 W/(m^2 · K), determine a área de transferência de calor requerida.

11.13 Considere o trocador de calor do Problema 11.12. Após vários anos de operação, observa-se que a temperatura de saída da água fria atinge somente 95 °C, e não os 120 °C desejados, para as mesmas vazões e temperaturas de entrada dos fluidos. Determine o fator de deposição total (superfícies interna e externa), que é a causa do desempenho pior do equipamento.

11.14 Seja o Exemplo 7.7. Determine a taxa de transferência de calor usando o método ε-NUT. Considere que o ar escoa em um duto de altura $N_T S_T$, no qual $N_T = 8$ tubos por fila e S_T é o passo transversal nos tubos. O comprimento dos tubos e a largura do duto são ambos iguais a um metro.

Os tubos no Exemplo 7.7 foram considerados isotérmicos. Agora, considere a vazão mássica de água de 10 kg/s através do feixe de tubos. Utilizando o coeficiente de convecção médio do exemplo para o lado do ar, determine o coeficiente global de transferência de calor para o trocador de calor. Utilize as propriedades da água a 70 °C. A suposição de tubos isotérmicos poderia ter sido considerada válida?

11.15 As temperaturas de entrada quente e fria em um trocador de calor bitubular são $T_{q,\text{ent}} = 200$ °C e $T_{f,\text{ent}} = 100$ °C, respectivamente. As temperaturas de saída são $T_{q,\text{sai}} = 120$ °C e $T_{f,\text{sai}} = 125$ °C. O trocador de calor está operando em uma configuração paralela ou contracorrente? Qual é a efetividade do trocador de calor? Qual é o NUT? Não há mudança de fase nos dois fluidos.

11.16 Um trocador de calor bitubular com comprimento $L = 2$ m é usado para processar termicamente um produto farmacêutico escoando com uma velocidade média de $u_{m,f} = 0{,}1$ m/s, com uma temperatura de entrada de $T_{f,\text{ent}} = 20$ °C. O tubo interno, com diâmetro $D_i = 10$ mm, tem parede delgada e a parte externa do tubo externo ($D_e = 20$ mm) encontra-se termicamente isolada. Água escoa na região anular entre os tubos com uma velocidade média de $u_{m,q} = 0{,}2$ m/s e com uma temperatura de entrada de $T_{q,\text{ent}} = 60$ °C. As propriedades do produto farmacêutico são $\nu = 10 \times 10^{-6}$ m^2/s, $k = 0{,}25$ W/(m · K), $\rho = 1100$ kg/m^3 e $c_p = 2460$ J/(kg · K). Avalie as propriedades da água a $\overline{T}_q = 50$ °C.

(a) Determine o valor do coeficiente global de transferência de calor U.

(b) Determine a temperatura média na saída do produto farmacêutico com o trocador operando em contracorrente.

(c) Determine a temperatura média na saída do produto farmacêutico com o trocador operando em paralelo.

11.17 Considere um trocador de calor bitubular com uma área de 60 m^2 operando nas seguintes condições:

	Fluido quente	Fluido frio
Taxa de capacidade calorífica, kW/K	6	4
Temperatura de entrada, °C	70	40
Temperatura de saída, °C	54	—

(a) Determine a temperatura de saída do fluido frio.

(b) O trocador está operando com escoamento paralelo ou contracorrente, ou você não pode dizer com base nas informações fornecidas?

(c) Calcule o coeficiente global de transferência de calor.

(d) Calcule a efetividade desse trocador.

(e) Qual seria a efetividade desse trocador se o seu comprimento fosse tornado muito grande?

11.18 Como parte de um grande projeto, foi dada a tarefa a um aluno de projetar um trocador de calor que atinja as seguintes especificações:

	$\dot{m}$ (kg/s)	$T_{m,\text{ent}}$ (°C)	$T_{m,\text{sai}}$ (°C)
Água quente	28	90	—
Água fria	27	34	60

Como em muitas situações do mundo real, o cliente não revelou, ou não conhece, exigências adicionais que permitiriam a você definir diretamente uma configuração final. No início, é útil a elaboração de um projeto simplificado baseado em suposições simplificadoras, que pode ser avaliado para determinar quais exigências adicionais e compromissos deveriam ser considerados pelo cliente.

(a) Projete um trocador de calor para atingir as especificações anteriores. Liste e explique suas hipóteses. *Sugestão:* inicie achando o valor requerido para UA e, usando valores representativos para U, determine valores para A.

(b) Avalie o seu projeto identificando quais características e configurações poderiam ser exploradas com o seu cliente, com o objetivo de desenvolver especificações mais completas.

11.19 Um trocador de calor casco e tubos deve ser projetado para aquecer 2,5 kg/s de água de 15 a 85 °C. O aquecimento será feito pela passagem de óleo de motor quente, que está disponível a 160 °C, através do casco do trocador de calor. Sabe-se que o óleo fornece um coeficiente convectivo médio de h_e = 400 W/(m^2 · K) no lado externo dos tubos. A água atravessa o casco passando no interior de dez tubos. Cada tubo tem parede delgada, com diâmetro D = 25 mm, e faz oito passes no casco. Se o óleo deixa o trocador a 100 °C, qual é a sua vazão? Que comprimento os tubos devem ter para satisfazer o aquecimento especificado?

11.20 Um trocador de calor bitubular, utilizado para o resfriamento de óleo lubrificante, possui um tubo interno com parede fina e 25 mm de diâmetro, que transporta água, e um tubo externo com 45 mm de diâmetro, que transporta o óleo. O trocador opera em contracorrente com um coeficiente global de transferência de calor de 55 W/(m^2 · K). As propriedades médias dos fluidos são apresentadas na tabela.

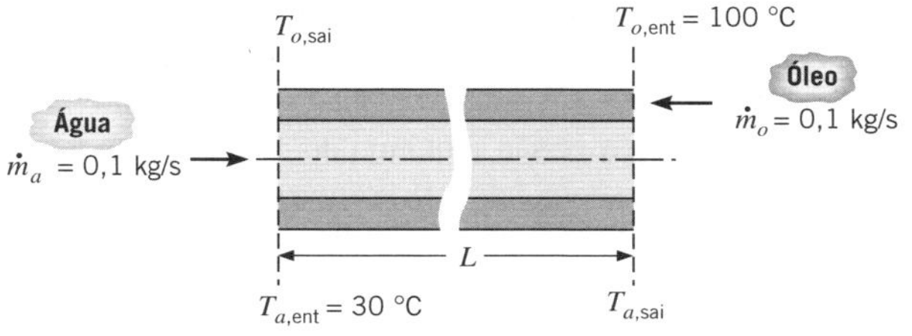

Propriedades	Água	Óleo
ρ (kg/m^3)	1000	800
c_p (J/(kg · K))	4200	1900
ν (m^2/s)	7×10^{-7}	1×10^{-5}
k (W(m · K))	0,64	0,134
Pr	4,7	140

(a) Se a temperatura de saída do óleo for de 50 °C, determine a taxa de transferência de calor total e a temperatura de saída da água.

(b) Determine o comprimento necessário para o trocador de calor.

11.21 Um radiador de automóvel pode ser visto como um trocador de calor com escoamento cruzado, com os dois fluidos não misturados. Água, a uma vazão de 0,05 kg/s, entra no radiador a 400 K e deve deixá-lo a 330 K. A água é resfriada por ar, que entra a 0,75 kg/s e a 300 K.

(a) Sendo o coeficiente global de transferência de calor igual a 200 W/(m^2 · K), qual é a área de transferência de calor necessária?

[(b)] Um engenheiro de montagem afirma que podem ser gravados sulcos sobre a superfície aletada do trocador, que poderiam aumentar significativamente o coeficiente global de transferência de calor. Com todas as demais condições permanecendo as mesmas e a área de transferência de calor determinada no item (a), faça um gráfico das temperaturas de saída do ar e da água como funções do U para $200 \leq U \leq 400$ W/(m^2 · K). Que benefícios resultam do aumento no coeficiente global de transferência de calor nessa aplicação?

11.22 Ar quente para uma operação de secagem em grande escala deve ser produzido pela passagem do ar sobre uma matriz de tubos (não misturado), enquanto produtos de combustão escoam pelo interior dos tubos. A área do trocador de calor de escoamento cruzado é de A = 25 m^2 e, para as condições de operação propostas, o fabricante especifica um coeficiente global de transferência de calor U = 35 W/(m^2 · K). Pode ser considerado que tanto o ar quanto os gases de combustão possuem um calor específico de c_p = 1040 J/(kg · K). Considere condições nas quais os gases de combustão, escoando a uma vazão de 1 kg/s, entram no trocador de calor a 800 K, enquanto o ar a uma vazão de 5 kg/s tem uma temperatura de entrada de 300 K.

(a) Quais são as temperaturas de saída do ar e dos gases de combustão?

(b) Após uma operação por um longo período, espera-se que a deposição sobre a superfície interna dos tubos cause uma resistência de depósitos igual a R''_d = 0,004 m^2 · K/W. A operação deve ser interrompida com o objetivo de proceder à limpeza dos tubos?

[(c)] O desempenho do trocador de calor pode ser melhorado pelo aumento de sua área e/ou do coeficiente global de transferência de calor. Explore o efeito de mudanças nesses parâmetros sobre a temperatura de saída do ar para $500 \le UA \le 2500$ W/K.

11.23 Em uma indústria de laticínios, leite, a uma vazão de 250 L/hora e a uma temperatura do *corpo da vaca* de 38,6 °C, deve ser refrigerado até uma temperatura segura para o armazenamento de 13 °C ou menos. Água do subsolo a 10 °C está disponível a uma vazão de 0,72 m^3/h. A massa específica e o calor específico do leite são 1030 kg/m^3 e 3860 J/(kg · K), respectivamente.

(a) Determine o produto UA de um trocador de calor em contracorrente necessário para o processo de refrigeração. Determine o comprimento do trocador, se o tubo interno tiver um diâmetro de 50 mm e o coeficiente global de transferência de calor for de $U = 1000$ W/(m^2 · K).

(b) Determine a temperatura de saída da água.

(c) Usando o valor de UA achado no item (a), determine a temperatura de saída do leite se a vazão da água for dobrada. Qual é a temperatura de saída se a vazão for dividida por dois?

11.24 Um trocador de calor de tubos geminados, com escoamento em contracorrente, opera com vazões iguais de 0,003 kg/s nas correntes de ar quente e de ar frio. A corrente fria entra a 280 K e deve ser aquecida até 340 K, utilizando o ar quente disponível a 360 K. A pressão média das correntes de ar é 1 atm e a queda de pressão máxima permissível na linha de ar frio é de 10 kPa. Pode ser considerado que as paredes dos tubos atuam como aletas, cada uma com uma eficiência de 100 %.

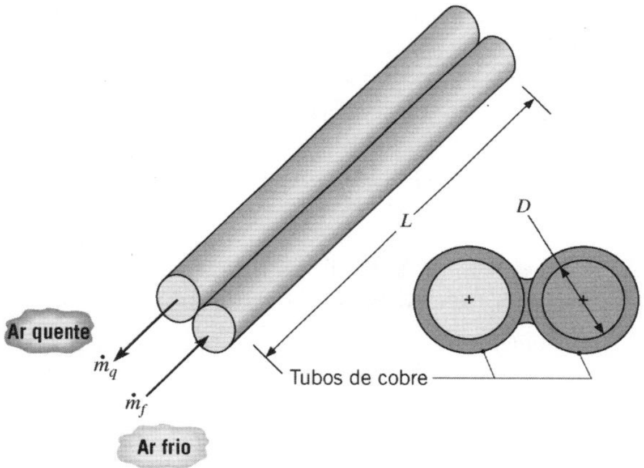

(a) Determine o diâmetro D e o comprimento L dos tubos que satisfazem às exigências de transferência de calor e queda de pressão especificadas.

(b) Para o diâmetro D e o comprimento L determinados no item (a), gere gráficos da temperatura de saída da corrente fria, da taxa de transferência de calor e da queda de pressão como funções das vazões iguais no intervalo de 0,002 a 0,004 kg/s. Comente os seus resultados.

11.25 Um trocador de calor com escoamento cruzado e único passe usa gases de exaustão quentes (misturados) para aquecer uma vazão de 3 kg/s de água (não misturada) de 30 até 80 °C. Os gases de exaustão, que possuem propriedades termofísicas similares às do ar, entram e saem do trocador a 225 e 100 °C, respectivamente. Sendo o coeficiente global de transferência de calor igual a 200 W/(m^2 · K), estime a área de transferência de calor necessária.

11.26 O aquecedor interno de um automóvel troca calor entre o fluido quente do radiador e o ar externo mais frio. A vazão da água é grande quando comparada à vazão do ar e sabe-se que a efetividade ε do aquecedor depende da vazão do ar de acordo com a relação $\varepsilon \sim \dot{m}_{ar}^{-0,25}$.

(a) Se o controle do ventilador for trocado de velocidade baixa para velocidade alta, com a $\dot{m}_{ar}$ sendo dobrada, determine o aumento percentual no calor adicionado ao interior do automóvel, se as temperaturas de entrada dos dois fluidos permanecerem inalteradas.

(b) Para a condição de operação do ventilador com velocidade baixa, o aquecedor aquece o ar externo de −10 a 30 °C. Quando o ventilador é ajustado em velocidade média, a vazão do ar aumenta em 50 %. Ache a nova temperatura de saída do ar.

11.27 Um trocador de calor de tubos geminados, que opera em contracorrente, é construído pela soldagem de dois tubos circulares de níquel, cada um com 40 m de comprimento, conforme mostrado na figura. Água quente escoa pelo tubo menor, com 10 mm de diâmetro, e ar, a pressão atmosférica, escoa através do tubo maior, que tem 30 mm de diâmetro. Os dois tubos possuem uma espessura de parede de 2 mm. A condutância térmica de contato por unidade de comprimento da junta soldada é de 100 W/(m · K). As vazões mássicas da água e do ar são 0,04 e 0,12 kg/s, respectivamente. As temperaturas de entrada da água e do ar são de 85 e 23 °C, respectivamente.

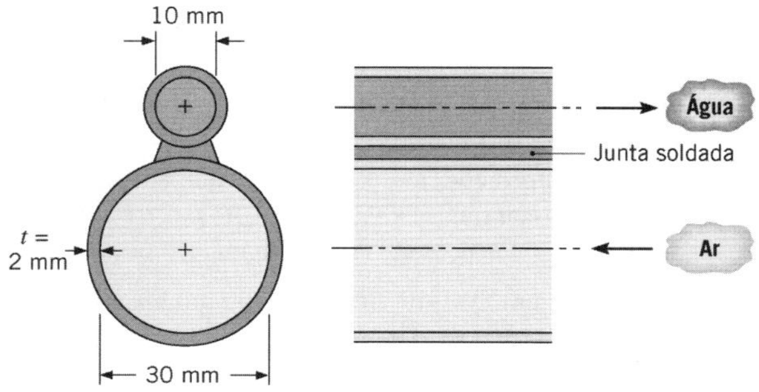

Empregue o método ε-NUT para determinar a temperatura de saída do ar. *Sugestão:* leve em consideração os efeitos da condução circunferencial nas paredes dos tubos tratando-as como se fossem superfícies estendidas.

11.28 Um trocador de calor casco e tubos com um passe no casco e dois passes nos tubos é projetado para aquecer água líquida escoando a uma vazão de 3,0 kg/s, de 25 a 65 °C, usando ar quente. O ar entra no casco do trocador a 175 °C e, quando o trocador é novo, ele deixa o trocador a 90 °C. O coeficiente global de transferência de calor é composto pelas resistências térmicas associadas ao escoamento da água no interior dos tubos, a condução através da parede dos tubos e do escoamento do ar através do feixe de tubos, sendo seu valor inicial igual a 200 W/(m^2 · K). Ao longo do tempo, 20 % dos tubos apresentam vazamentos e são então selados durante uma manutenção de rotina. Com a mesma vazão mássica de água escoando em menos tubos, você esperaria que o valor do coeficiente global de transferência de calor mudasse significativamente? Explique o seu raciocínio. Considerando que o coeficiente global de transferência de global permanece constante, determine a temperatura de saída da água com o trocador operando com apenas 80 % dos tubos ativos.

11.29 Por questões de saúde, espaços públicos requerem a substituição contínua de uma certa massa de ar interno viciado por ar externo fresco. Para conservar energia durante a temporada de aquecimento, é comum recuperar a energia térmica do ar interno aquecido que é descartado e transferi-la para o ar externo frio que é alimentado no ambiente interno. Um trocador de calor de escoamento cruzado *acoplado* com os dois fluidos não misturados é instalado nos dutos de alimentação e descarga de um sistema de aquecimento, como mostrado no esquema. Água, contendo um agente anticongelante, é usada como fluido de trabalho no trocador de calor acoplado, composto por dois trocadores de calor individuais A e B. Desta forma, calor é transferido do ar quente viciado para o ar frio fresco através da água bombeada através dos trocadores A e B.

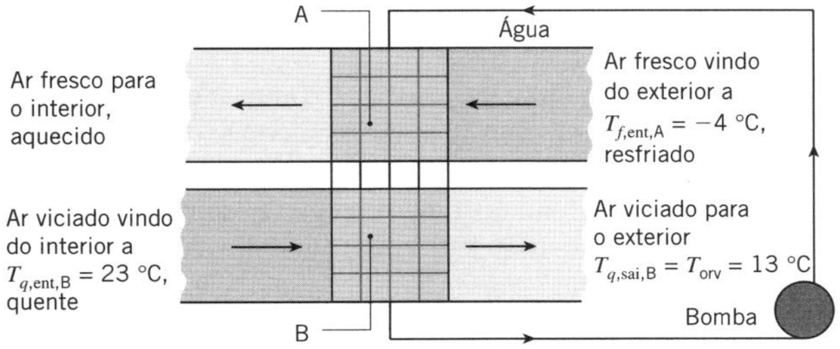

Sejam uma vazão mássica de ar especificada (em cada duto) de $\dot{m} = 1{,}50$ kg/s, um produto área-coeficiente global de transferência de calor de $UA = 2500$ W/K (para cada trocador de calor), uma temperatura do lado externo de $T_{f,\text{ent,A}} = -4$ °C e uma temperatura do ambiente interno de $T_{q,\text{ent,B}} = 23$ °C. Como o ar quente foi umidificado, uma transferência de calor excessiva pode resultar em condensação nos dutos, fato não desejado. Qual vazão mássica de água é necessária para maximizar a transferência de calor e garantir uma temperatura de saída associada ao trocador B não inferior a temperatura de orvalho, $T_{q,\text{sai,B}} = T_{\text{orv}} = 13$ °C? *Sugestão*: suponha que a taxa de capacidade calorífica máxima está associada ao ar.

11.30 Um trocador de calor de escoamento cruzado, usado em um procedimento de *bypass* cardiopulmonar, resfria sangue escoando a uma vazão de 5 L/min de uma temperatura do corpo de 37 °C até 25 °C para induzir a hipotermia do corpo, que reduz o metabolismo e as exigências de oxigênio. O refrigerante é água gelada a 0 °C, e a sua vazão é ajustada para fornecer uma temperatura de saída de 15 °C. O trocador de calor opera com os dois fluidos não misturados e o coeficiente global de transferência de calor é igual a 750 W/(m^2 · K). A massa específica e o calor específico do sangue são 1050 kg/m^3 e 3740 J/(kg · K), respectivamente.

(a) Determine a taxa de transferência de calor no trocador.

(b) Calcule a vazão da água.

(c) Qual é a área da superfície do trocador de calor?

(d) Calcule e represente graficamente as temperaturas de saída do sangue e da água como uma função da vazão da água na faixa de 2 a 4 L/min, supondo que todos os outros parâmetros permaneçam inalterados. Comente sobre como as variações nas temperaturas de saída são afetadas pelas variações na vazão da água. Explique esse comportamento e por que ele é uma vantagem para esta aplicação.

11.31 Um aquecedor de água de alimentação, que abastece uma caldeira, é constituído por um trocador de calor casco e tubos, com um passe no casco e dois passes nos tubos. Ele possui 100 tubos com paredes delgadas, diâmetro de 20 mm e comprimento (por passe) de 2 m. Sob condições normais de operação, a água entra nos tubos com uma vazão total de 10 kg/s e a 290 K, sendo aquecida pela condensação de vapor d'água saturado a 1 atm sobre a superfície externa dos tubos. O coeficiente de convecção no lado do vapor saturado é de 10.000 W/(m^2 · K).

(a) Determine a temperatura de saída da água.

(b) Com todas as demais condições permanecendo inalteradas, porém levando em consideração variações no coeficiente global de transferência de calor, represente graficamente a temperatura de saída da água como uma função de sua vazão para $5 \le \dot{m}_f \le 20$ kg/s.

(c) No gráfico do item (b), adicione duas curvas para a temperatura de saída da água como uma função de sua vazão para fatores de deposição de $R''_d = 0{,}0002$ e 0,0005 m^2 · K/W.

11.32 Vapor d'água saturado a 110 °C é condensado em um trocador de calor casco e tubos (um passe no casco; dois, quatro, ... passes nos tubos) com um valor de UA de 2,5 kW/K. A água de resfriamento entra a 40 °C.

(a) Calcule a vazão de água de resfriamento requerida para manter uma taxa de transferência de calor de 150 kW.

(b) Supondo que UA seja independente da vazão, calcule e represente graficamente a vazão da água requerida para fornecer taxas de transferência de calor na faixa de 130 a 160 kW. Comente sobre a validade de suas suposições.

11.33 Um trocador de calor casco e tubos (um passe no casco, dois passes nos tubos) deve ser usado para condensar 3,0 kg/s de vapor d'água saturado a 330 K. A condensação ocorre na superfície externa dos tubos e o coeficiente convectivo correspondente é de 10.000 W/(m^2 · K). A temperatura da água de resfriamento entrando nos tubos é de 20 °C, enquanto a temperatura de saída não deve ser superior a 30 °C. São especificados tubos de 20 mm de diâmetro com parede delgada, e a velocidade média do escoamento da água através dos tubos deve ser mantida a 0,5 m/s.

(a) Qual é o número mínimo de tubos que deve ser usado e qual é o comprimento dos tubos por passe correspondente?

(b) Para reduzir o tamanho do trocador, é proposto o aumento do coeficiente convectivo no lado da água com a inserção de uma malha de fios nos tubos. Se a malha aumentar o coeficiente convectivo por um fator igual a dois, qual é o novo comprimento dos tubos por passe requerido?

11.34 Vapor d'água saturado deixa uma turbina a vapor a uma vazão de 1,5 kg/s e a uma pressão de 0,51 bar. O vapor deve ser completamente condensado em líquido saturado em um trocador de calor casco e tubos que usa água da rede pública como fluido frio. A água entra nos tubos, com paredes delgadas, a 17 °C e deve deixá-los a 57 °C. Supondo um coeficiente global de transferência de calor de 2000 W/(m^2 · K), determine a área da superfície de transferência de calor necessária e a vazão de água. Após um longo período de operação, a deposição causa uma diminuição no coeficiente global de transferência de calor para 1000 W/(m^2 · K), de tal modo que para condensar completamente o vapor deve haver uma redução em sua vazão. Para as mesmas temperatura de entrada e vazão da água, qual é a nova vazão de vapor necessária para uma condensação completa?

11.35 Um trocador de calor tem temperaturas de entrada e de saída de 90 e 45 °C para o fluido quente e de 15 e 42 °C para o fluido frio. Você pode dizer se este trocador está operando em contracorrente ou em paralelo? Determine a efetividade do trocador de calor.

11.36 O cérebro humano é especialmente sensível a elevadas temperaturas. O sangue frio nas veias deixando a face e o pescoço e retornando ao coração pode contribuir para a regulação térmica do cérebro, a partir do resfriamento do sangue arterial que escoa para o cérebro. Considere uma veia e uma artéria ligando o tórax à base do crânio, por uma distância de $L = 250$ mm, com vazões mássicas de 3×10^{-3} kg/s em sentidos opostos nos dois vasos. Os vasos têm diâmetro $D = 5$ mm e são separados por uma distância $w = 7$ mm. A condutividade térmica do tecido circundante é $k_t = 0{,}5$ W/(m · K). Se o sangue arterial entra a 37 °C e o sangue venoso entra a 27 °C, a que temperatura o sangue arterial irá sair? Se o sangue arterial se aquecer em demasia e o corpo responder diminuindo pela metade a vazão do sangue, o quanto mais quente o sangue arterial que entra pode estar, ainda mantendo a sua temperatura de saída abaixo de 37 °C? *Sugestão:* se considerarmos que todo o calor que sai da artéria entra na veia, então a transferência de calor entre os dois vasos pode ser modelada usando uma relação disponível na Tabela 4.1. Aproxime as propriedades do sangue pelas propriedades da água.

11.37 Considere um trocador de calor bitubular *muito comprido* com temperaturas de entrada da água quente e da água fria de 85 e 15 °C. A vazão da água quente é duas vezes a da água fria. Considerando calores específicos equivalentes para a água quente e a água fria, determine a temperatura de saída da água quente para as seguintes modalidades de operação: (a) escoamento em contracorrente e (b) escoamento em paralelo.

11.38 Um trocador de calor casco e tubos deve aquecer 10.000 kg/h de água de 16 a 84 °C, utilizando óleo de motor quente que escoa através do casco. O óleo faz um único passe no casco, entrando a 160 °C e deixando o trocador a 94 °C, com um coeficiente de transferência de calor médio de 400 W/(m^2 · K). A água escoa através de 11 tubos de latão com 22,9 mm de diâmetro interno e 25,4 mm de diâmetro externo, com cada tubo fazendo quatro passes no casco.

(a) Admitindo o escoamento da água plenamente desenvolvido, determine o comprimento dos tubos por passe requerido.

(b) Para o comprimento dos tubos determinado no item (a), represente graficamente a efetividade, as temperaturas de saída dos fluidos e o coeficiente de convecção no lado da água como funções da vazão da água para $5000 \leq \dot{m}_f \leq 15.000$ kg/h, com todas as demais condições permanecendo inalteradas.

11.39 Sítios geotérmicos não explorados nos Estados Unidos têm um potencial estimado de fornecer 100.000 MW (elétricos) de energia nova e limpa. O componente-chave de uma planta de potência geotérmica é um trocador de calor que transfere energia térmica de uma salmoura geotérmica quente para um segundo fluido, que é evaporado neste trocador de calor. A salmoura resfriada é reinjetada no poço geotérmico após deixar o trocador de calor, enquanto o vapor, que também deixa o trocador de calor, serve como fluido de trabalho em um ciclo Rankine. Seja uma planta de potência geotérmica projetada para fornecer $P = 25$ MW (elétrica), operando com uma eficiência térmica de $\eta = 0{,}20$. Salmoura pressurizada quente a $T_{q,\text{ent}} = 200$ °C é enviada para o lado dos tubos de um trocador de calor casco e tubos, enquanto o fluido de trabalho do ciclo Rankine entra no lado do casco a $T_{f,\text{ent}} = 45$ °C. A salmoura é reinjetada no poço a $T_{q,\text{sai}} = 80$ °C.

(a) Supondo que a salmoura tenha as propriedades da água, determine a vazão de salmoura requerida, a efetividade requerida do trocador de calor e a área de transferência de calor necessária. O coeficiente global de transferência de calor é $U = 4000$ W/(m^2 · K).

(b) Com o passar do tempo, a salmoura suja a área de transferência de calor, resultando em um $U = 2000$ W/(m^2 · K). Para as condições de operação do item (a), determine a potência elétrica gerada pela planta geotérmica com o trocador de calor com deposição.

11.40 Um sistema de armazenamento de energia é proposto para absorver energia térmica coletada durante o dia por um coletor solar e liberá-la durante a noite para aquecer uma edificação. O componente-chave do sistema é um trocador de calor casco e tubos com o lado do casco cheio de *n*-octadecano (veja o Problema 8.38).

(a) Água quente vinda do coletor solar é enviada ao trocador de calor a $T_{q,\text{ent}} = 40$ °C e $\dot{m} = 2$ kg/s, passando por dentro dos tubos do feixe tubular que tem 50 tubos, dois passes nos tubos e um comprimento dos tubos por passe de $L_t = 2$ m. Os tubos metálicos, de paredes delgadas, têm diâmetro $D = 25$ mm. No *n*-octadecano fundido há convecção natural, fornecendo um coeficiente de transferência de calor médio de $h_e = 25$ W/(m^2 · K) no lado externo de cada tubo. Determine o volume de *n*-octadecano que é fundido em um período de 12 h. Se o volume total de *n*-octadecano deve ser 50 % superior ao volume fundido em 12 horas, determine o diâmetro do casco que tem comprimento igual a $L_c = 2{,}2$ m.

(b) Durante a noite, água a $T_{f,\text{ent}} = 15$ °C é passada pelo trocador de calor, elevando a sua temperatura e solidificando o *n*-octadecano. Você espera que a taxa de transferência de calor seja igual, maior ou menor do que a taxa de transferência de calor no item (a)? Apresente a sua argumentação.

11.41 Um sistema de conversão de energia térmica oceânica está sendo proposto para a geração de energia elétrica. Tal sistema está baseado no ciclo-padrão de energia no qual o fluido de serviço é evaporado, passa através de uma turbina e, em sequência, é condensado. O sistema deve ser utilizado em locais muito especiais, nos quais a temperatura da água do oceano na região próxima à superfície é de aproximadamente 300 K, enquanto a temperatura em profundidades razoáveis é de aproximadamente 280 K. A água mais quente é usada como uma fonte de calor para evaporar o fluido de serviço, enquanto a água mais fria é utilizada como um sumidouro de calor para a condensação do fluido. Considere uma unidade que deve gerar 2 MW de eletricidade com uma eficiência (produção de energia elétrica em relação ao calor alimentado) de 3 %. O evaporador é um trocador de calor com um único casco e muitos tubos fazendo dois passes. Se o fluido de serviço é evaporado na sua temperatura de mudança de fase de 290 K, com a água do oceano entrando no trocador a 300 K e deixando-o a 292 K, qual é a área de troca térmica que o evaporador deve possuir? Qual é a vazão de água através do evaporador que deve ser mantida? O coeficiente global de transferência de calor pode ser aproximado por 1200 W/(m^2 · K).

11.42 Usando os resultados mostrados na Tabela 11.3, determine uma expressão para a razão entre a efetividade de um trocador de calor contracorrente e a efetividade de um trocador com escoamento paralelo. Considerando o mesmo trocador de calor em cada caso, contracorrente e escoamento paralelo, qual é o valor limite da razão entre as efetividades para trocadores de calor de área extremamente pequena (baixo custo)? Qual é o valor limite da razão entre as efetividades para trocadores de calor de área infinita (alto custo)? Represente graficamente a razão entre efetividades na faixa de $0 \leq NUT \leq 10$ para C_r = 0,25; 0,5 e 0,75. Sob quais condições (alto ou baixo custo) a configuração contracorrente excede o desempenho da configuração de escoamento paralelo de forma mais significativa?

11.43 Um trocador de calor de escoamento cruzado com único passe, com os dois fluidos não misturados, está sendo usado para aquecer água ($\dot{m}_f$ = 2 kg/s, c_p = 4200 J/(kg · K)) de 20 °C para 100 °C com gases de exaustão quentes (c_p = 1200 J/(kg · K)) entrando a 320 °C. Qual é a vazão mássica requerida dos gases de exaustão? Admita que *UA* é igual ao seu valor de projeto de 4700 W/K, independentemente da vazão mássica do gás.

11.44 O engenheiro chefe de uma universidade que está construindo um grande número de novos dormitórios para os estudantes decide instalar um trocador de calor bitubular, operando em contracorrente, na tubulação de cada chuveiro nos dormitórios. As tubulações de cobre têm parede delgada e um diâmetro D_i = 50 mm. Água para descarte vinda dos chuveiros entra nos trocadores de calor a $T_{q,\text{ent}}$ = 38 °C, enquanto a água para uso entra nos dormitórios a $T_{f,\text{ent}}$ = 10 °C. A água de descarte escoa para baixo na parede vertical interna da tubulação em um fino *filme descendente*, fornecendo um h_q = 10.000 W/(m² · K).

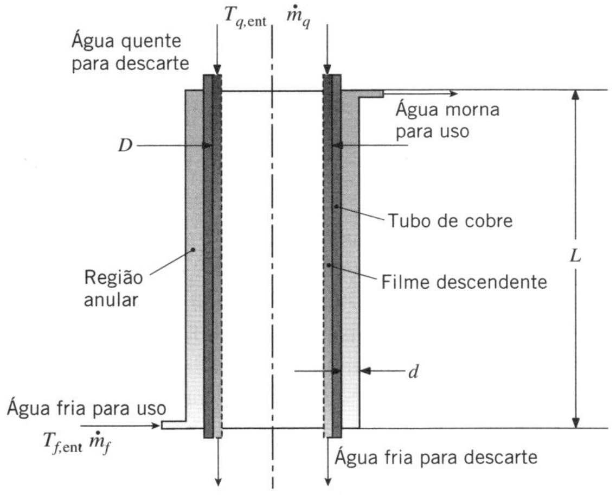

(a) Se o espaço anular tem d = 10 mm, o comprimento do trocador de calor é L = 1 m e a vazão de água para uso é $\dot{m}$ = 10 kg/min, determine a taxa de transferência de calor e a temperatura de saída da água morna para uso.

(b) Se uma mola helicoidal for instalada no espaço anular de tal modo que a água para uso seja forçada a seguir uma trajetória em espiral de sua entrada até a sua saída, resultando em um h_f = 9050 W/(m² · K), determine a taxa de transferência de calor e a temperatura de saída da água para uso.

(c) Com base no resultado do item (b), calcule a economia diária se 15.000 estudantes tomarem, cada um, um banho de 10 min por dia e o custo de aquecimento da água for de $0,07/(kW · h).

11.45 Um trocador de calor casco e tubos, com um passe no casco e 20 passes nos tubos, utiliza água quente no lado dos tubos para aquecer óleo que escoa pelo lado do casco. O único tubo, de cobre, possui diâmetros interno e externo de 20 e 24 mm, e um comprimento por passe de 3 m. A água entra a 87 °C e 0,2 kg/s, e sai a 27 °C. As temperaturas de entrada e de saída do óleo são 7 °C e 37 °C. Qual é o valor do coeficiente de transferência de calor por convecção médio na superfície externa do tubo?

11.46 O óleo em um motor é resfriado por ar em um trocador de calor de escoamento cruzado no qual os dois fluidos são não misturados. Ar atmosférico entra a 10 °C e 0,5 kg/s. Óleo, a uma vazão de 0,02 kg/s, entra a 90 °C e escoa através de um tubo com 10 mm de diâmetro. Supondo escoamento plenamente desenvolvido e fluxo térmico constante na parede, estime o coeficiente de transferência de calor no lado do óleo. Sendo o coeficiente global de transferência de calor por convecção igual a 60 W/(m² · K) e a área total de transferência de calor igual a 1 m², determine a efetividade. Qual é a temperatura de saída do óleo?

11.47 É proposto que o gás de exaustão de uma planta de geração de potência elétrica a gás natural seja usado para gerar vapor d'água em um trocador de calor casco e tubos com um passe no casco e um passe nos tubos. Os tubos de aço têm condutividade térmica de 40 W/(m · K), um diâmetro interno de 50 mm e uma espessura de parede de 4 mm. O gás de exaustão, cuja vazão é de 2 kg/s, entra no trocador de calor a 400 °C e tem que deixá-lo a 215 °C. Para limitar a queda de pressão no interior dos tubos, a velocidade do gás nos tubos não deve ser superior a 25 m/s. Se água saturada a 11,7 bar é alimentada no lado do casco do trocador, determine o número necessário de tubos e o seu comprimento. Suponha que as propriedades do gás de exaustão possam ser aproximadas pelas do ar atmosférico e que a resistência térmica no lado da água seja desprezível. Entretanto, leve em consideração a deposição nos tubos no lado do gás e use uma resistência de depósito de 0,0015 m² · K/W.

11.48 Um recuperador é um trocador de calor no qual o escoamento deixando um processo de elevada temperatura é usado para preaquecer o escoamento que é alimentado. Um recuperador é usado para aquecer ar para um processo de combustão pela extração de energia de produtos de combustão. Ele pode ser usado para aumentar a eficiência de uma turbina a gás a partir do aumento da temperatura do ar que entra no combustor.

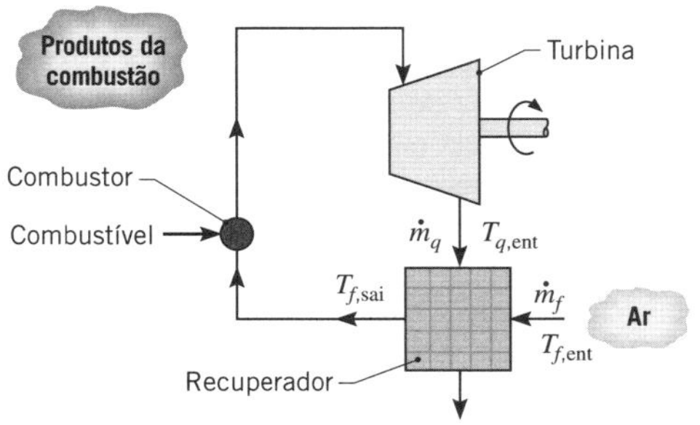

Seja um sistema no qual o recuperador é um trocador de calor de escoamento cruzado, com os dois fluidos não misturados, sendo as vazões associadas à exaustão da turbina e ao ar iguais a $\dot{m}_q$ = 6,5 kg/s e $\dot{m}_f$ = 6,2 kg/s, respectivamente. O valor correspondente do coeficiente global de transferência de calor é U = 100 W/(m² · K).

(a) Sendo as temperaturas de entrada do gás e do ar $T_{q,\text{ent}}$ = 700 K e $T_{f,\text{ent}}$ = 300 K, respectivamente, qual área de transferência de calor é necessária para fornecer uma temperatura de saída do ar de $T_{f,\text{sai}}$ = 500 K? Tanto o ar quanto os produtos da combustão podem ser considerados com um calor específico de 1040 J/(kg · K).

[(b)] Para as condições especificadas, calcule e represente graficamente a temperatura de saída do ar como uma função da área de transferência de calor.

11.49 Um trocador de calor bitubular utiliza água, disponível a 25 °C, para resfriar etilenoglicol de 110 para 70 °C. As vazões da água e do etilenoglicol são de 0,25 kg/s cada uma. Quais são a taxa de transferência de calor máxima possível e a efetividade do trocador de calor? Qual o modo de operação preferível, escoamento em paralelo ou escoamento em contracorrente?

11.50 Água é usada nas duas correntes que escoam através de um trocador de calor com escoamentos cruzados (não misturados) e um único passe. A água quente entra a 80 °C e 15.000 kg/h, enquanto a água fria entra a 10 °C e 18.000 kg/h. Sendo a efetividade do trocador igual a 65 %, determine a temperaturas de saída da água fria e da água quente, e a área da superfície de transferência de calor. O coeficiente global de transferência de calor é igual a $U = 340\ \text{W/(m}^2 \cdot \text{K)}$.

11.51 O gás de exaustão de uma fornalha é usado para preaquecer o ar de combustão alimentado nos queimadores da fornalha. O gás, que possui uma vazão de 15 kg/s e uma temperatura de entrada de 1100 K, passa no interior dos tubos de uma matriz tubular, enquanto o ar, a uma vazão de 10 kg/s e a uma temperatura de entrada de 300 K, encontra-se em escoamento cruzado sobre o lado externo dos tubos. Os tubos não possuem aletas e o coeficiente global de transferência de calor é de $100\ \text{W/(m}^2 \cdot \text{K)}$. Determine a área total da superfície dos tubos necessária para se obter uma temperatura de saída do ar de 850 K. Pode-se supor que tanto o gás de exaustão como o ar possuem um calor específico de 1075 J/(kg · K).

11.52 Deduza a Equação 11.35a. *Sugestão*: consulte a Seção 8.3.3.

11.53 Uma instalação de regaseificação de gás natural liquefeito (GNL) utiliza um trocador de calor vertical ou *vaporizador*, constituído por um casco com um feixe tubular de passe único, na conversão do combustível para a sua forma vapor para posterior transporte por um gasoduto terrestre. GNL pressurizado é descarregado do navio-tanque e alimentado na base do vaporizador a $T_{f,\text{ent}} = -155$°C e $\dot{m}_{\text{GNL}} = 150$ kg/s, escoando através do casco. O GNL pressurizado tem uma temperatura de vaporização de $T_{\text{vap}} = -75$ °C e calor específico $c_{p,l} = 4200$ J/(kg · K). O calor específico do gás natural vaporizado é $c_{p,v} = 2210$ J/(kg · K) e o gás tem um calor latente de vaporização de $h_{fg} = 575$ kJ/kg. O GNL é aquecido por água do mar escoando no interior dos tubos, também alimentada pela base do vaporizador e disponível a $T_{q,\text{ent}} = 20$ °C, com um calor específico $c_{p,\text{AM}} = 3985$ J/(kg · K). Se o gás deve deixar o vaporizador a $T_{f,\text{sai}} = 8$ °C e a água do mar a $T_{q,\text{sai}} = 10$ °C, determine a área de transferência de calor requerida para o vaporizador. *Sugestão*: divida o vaporizador em três seções, como mostrado no esquema, com $U_{\text{A}} = 150\ \text{W/(m}^2 \cdot \text{K)}$, $U_{\text{B}} = 260\ \text{W/(m}^2 \cdot \text{K)}$ e $U_{\text{C}} = 40\ \text{W/(m}^2 \cdot \text{K)}$.

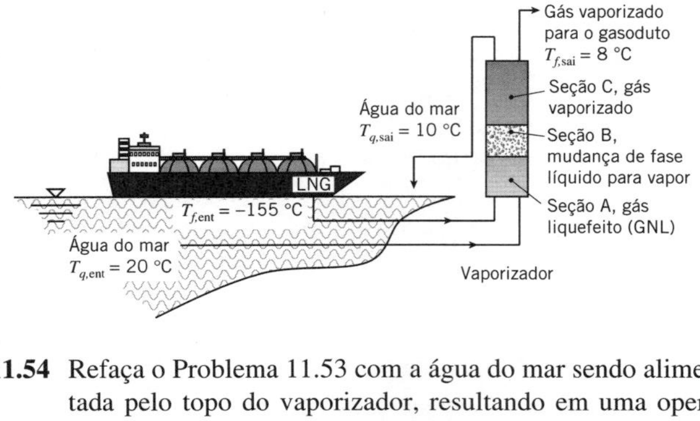

11.54 Refaça o Problema 11.53 com a água do mar sendo alimentada pelo topo do vaporizador, resultando em uma operação em contracorrente da água do mar e do GNL no vaporizador.

11.55 Um trocador de calor casco e tubos, com um passe no casco e dois passes nos tubos, é usado para transferir calor de uma solução de etilenoglicol-água (lado do casco), vinda de um coletor solar instalado no telhado, para água pura (lado dos tubos) usada em atividades domésticas. Os tubos possuem diâmetros interno e externo de $D_i = 3{,}6$ mm e $D_e = 3{,}8$ mm, respectivamente. Cada um dos 100 tubos tem 0,8 m de comprimento (0,4 m por passe), e o coeficiente de transferência de calor associado à mistura etilenoglicol-água é de $h_e = 11.000\ \text{W/(m}^2 \cdot \text{K)}$.

(a) Para tubos de cobre puro, calcule a taxa de transferência de calor da solução de etilenoglicol-água ($\dot{m} = 2{,}5$ kg/s, $T_{q,\text{ent}} = 80$ °C) para a água pura ($\dot{m} = 2{,}5$ kg/s, $T_{f,\text{ent}} = 20$ °C). Determine as temperaturas de saída das duas correntes de fluidos. A massa específica e o calor específico da mistura etilenoglicol-água são 1040 kg/m^3 e 3660 J/(kg · K), respectivamente.

(b) Propõe-se substituir a matriz tubular de cobre por uma matriz composta por tubos de náilon resistente a altas temperaturas com os mesmos diâmetro e espessura de parede. O náilon é caracterizado por uma condutividade térmica de $k_n = 0{,}31$ W/(m · K). Determine o comprimento dos tubos necessário para transferir a mesma quantidade de energia do item (a).

11.56 Ao analisar ciclos termodinâmicos envolvendo trocadores de calor, é útil expressar a taxa de transferência de calor em termos de uma resistência térmica global R_t e das temperaturas de entrada dos fluidos quente e frio,

$$q = \frac{(T_{q,\text{ent}} - T_{f,\text{ent}})}{R_t}$$

A taxa de transferência de calor também pode ser representada em termos de equações de taxas,

$$q = UA\,\Delta T_{\text{ml}} = \frac{1}{R_{\text{ml}}}\Delta T_{\text{ml}}$$

(a) Deduza uma relação para R_{ml}/R_t para um trocador de calor com escoamento em paralelo em termos de um único parâmetro adimensional B, que não envolve qualquer temperatura dos fluidos, mas apenas U, A, C_q, C_f (ou $C_{\text{mín}}$, $C_{\text{máx}}$).

(b) Calcule e represente graficamente R_{ml}/R_t para valores de $B = 0{,}1$; 1,0 e 5,0. Que conclusões podem ser tiradas a partir do gráfico?

11.57 Em um sistema de potência de Rankine, 1,5 kg/s de vapor d'água deixa a turbina como vapor saturado a 0,51 bar. O vapor é condensado em líquido saturado pela sua passagem sobre os tubos de um trocador de calor casco e tubos, enquanto água líquida, com uma temperatura de entrada de $T_{f,\text{ent}} = 280$ K, escoa pelo interior dos tubos. O condensador possui 100 tubos com paredes delgadas, cada um com diâmetro de 10 mm, e a vazão total da água através dos tubos é de 15 kg/s. O coeficiente convectivo médio associado à condensação sobre a superfície externa dos tubos pode ser aproximado por $\overline{h}_e = 5000\ \text{W/(m}^2 \cdot \text{K)}$. Os valores apropriados para as propriedades da água líquida são $c_p = 4178$ J/(kg · K), $\mu = 700 \times 10^{-6}$ kg/(s · m), $k = 0{,}628$ W/(m · K) e $Pr = 4{,}6$.

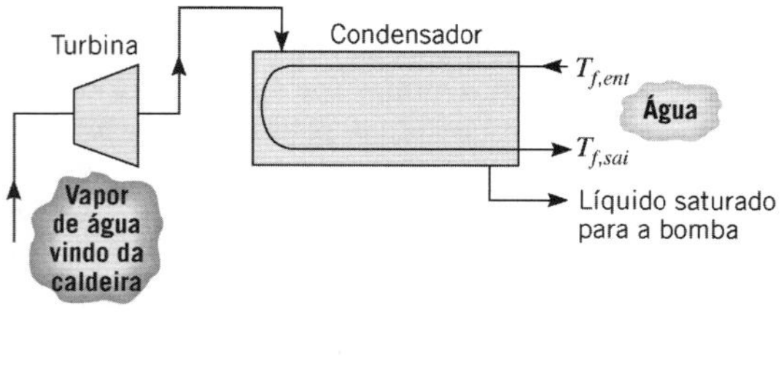

(a) Qual é a temperatura de saída da água?

(b) Qual é o comprimento requerido dos tubos (por tubo)?

(c) Após o uso prolongado do trocador de calor, depósitos que se acumulam sobre as superfícies interna e externa dos tubos proporcionam um fator de deposição total igual a 0,0003 $m^2 \cdot K/W$. Para as condições de entrada especificadas e o comprimento dos tubos calculado, qual é a fração mássica do vapor que se condensa?

[d] Para o comprimento dos tubos calculado no item (b) e o fator de deposição dado no item (c), explore a faixa de variação da vazão e a temperatura de entrada da água (dentro de valores fisicamente razoáveis) com o objetivo de melhorar o desempenho do condensador. Represente os seus resultados graficamente e apresente conclusões apropriadas.

11.58 Considere um ciclo de Rankine com o vapor d'água saturado deixando a caldeira a uma pressão de 2 MPa e uma pressão no condensador de 10 kPa.

(a) Calcule a eficiência térmica do ciclo de Rankine ideal para essas condições de operação.

(b) Se o trabalho reversível líquido para o ciclo for de 0,5 MW, calcule a vazão de água de resfriamento requerida no condensador a 15 °C com uma elevação de temperatura permitida de 10 °C.

(c) Projete um trocador de calor casco e tubos (um casco com múltiplos passes nos tubos) que irá satisfazer as condições de taxa de transferência de calor e de temperatura requeridas no condensador. Seu projeto deve especificar o número de tubos e os seus diâmetro e comprimento.

11.59 Considere o ciclo de Rankine do Problema 11.58, que rejeita 2,3 MW no condensador, que, por sua vez, é alimentado com água de resfriamento a uma vazão de 70 kg/s a 15 °C.

(a) Calcule *UA*, um parâmetro indicativo do tamanho do condensador requerido por essa condição de operação.

(b) Considere agora uma situação na qual o coeficiente global de transferência de calor no condensador, *U*, sofre uma redução de 10 % em razão da deposição. Determine a redução na eficiência térmica do ciclo causada pela deposição, admitindo que as vazões da água de resfriamento e a temperatura da água permaneçam as mesmas e que o condensador é operado na mesma pressão no lado do vapor d'água.

11.60 O espaço livre em qualquer planta de processo que abrigue trocadores de calor casco e tubos tem que ser suficientemente grande para permitir que a manutenção da matriz tubular seja efetuada facilmente. Uma regra prática dita que o espaço livre deve ser no mínimo 2,5 vezes o comprimento da matriz tubular, de tal forma que a matriz possa ser removida completamente do casco (assim, o valor mínimo absoluto do espaço livre é o dobro do comprimento da matriz) e depois limpa, reparada ou trocada facilmente (associadas à metade extra do comprimento da matriz no espaço livre). O local no qual o trocador de calor do Problema 11.19 deve ser instalado tem 8 m de comprimento e, consequentemente, o trocador de calor com 4,7 m é muito grande para o local previsto. Um trocador de calor casco e tubos com dois cascos, um sobre o outro, será suficientemente pequeno para caber no local previsto? Cada casco possui dez tubos, com oito passes nos tubos.

11.61 Analise a influência de uma espessura de placa não nula no Exemplo 11.2, quando há 40 canais.

(a) Determine as dimensões externas, *L*, do núcleo do trocador de calor para uma espessura de placa igual a t = 0,8 mm, considerando placas de alumínio puro (k_{Al} = 237 W/(m · K)) e de fluoreto de polivinilideno (PVDF, k_{pv} = 0,17 W/(m · K)). Despreze as espessuras das placas exteriores superior e inferior.

[b] Represente graficamente a dimensão do núcleo do trocador como uma função da espessura das placas para o alumínio e para o PVDF no intervalo $0 \leq t \leq 1$ mm.

11.62 Gases quentes de exaustão são utilizados em um trocador de calor casco e tubos para aquecer 3,0 kg/s de água de 30 °C a 90 °C. Os gases, que podem ser considerados portadores das propriedades do ar, entram no trocador a 210 °C e o deixam a 105 °C. O coeficiente global de transferência de calor é de 175 W/(m^2 · K). Usando o método da efetividade (ε-NUT), calcule a área do trocador de calor.

11.63 Em cirurgias com coração aberto sob condições hipotérmicas, o sangue do paciente é resfriado antes da cirurgia e reaquecido após a mesma. Propõe-se para este fim a utilização de um trocador de calor bitubular em contracorrente com 0,5 m de comprimento. O tubo interno possui parede delgada e um diâmetro de 55 mm. O calor específico do sangue é de 3500 J/(kg · K).

(a) Se água a $T_{q,ent}$ = 60 °C e $\dot{m}_q$ = 0,10 kg/s é usada para aquecer o sangue que entra no trocador a $T_{f,ent}$ = 18 °C e $\dot{m}_f$ = 0,05 kg/s, qual é a temperatura do sangue ao deixar o trocador de calor? O coeficiente global de transferência de calor é de 500 W/(m^2 · K).

[b] O cirurgião pode desejar controlar a taxa de transferência de calor q e a temperatura de saída $T_{f,sai}$ do sangue com a alteração da vazão e/ou da temperatura de entrada da água durante o processo de reaquecimento. Para auxiliar o desenvolvimento de um controlador apropriado para os valores especificados de $\dot{m}_f$ e $T_{f,ent}$, calcule e represente graficamente q e $T_{f,sai}$ como funções de $\dot{m}_q$ para $0{,}05 \leq \dot{m}_q \leq 0{,}20$ kg/s e valores de $T_{q,ent}$ = 50, 60 e 70 °C. Como a influência dominante sobre o coeficiente global de transferência de calor está associada às condições do escoamento do sangue, o valor de *U* pode ser considerado constante, permanecendo igual a 500 W/(m^2 · K). Devem algumas condições de operação ser excluídas?

11.64 Uma caldeira usada para gerar vapor d'água saturado tem a forma de um trocador de calor com escoamentos cruzados e tubos sem aletas, com a água escoando no interior dos tubos e um gás a alta temperatura em escoamento cruzado sobre os tubos. O gás, que possui um calor específico de 1120 J/(kg · K) e uma vazão mássica de 10 kg/s, entra no trocador de calor a 1400 K. A água, a uma vazão de 3 kg/s, entra como líquido saturado a 450 K e sai como vapor saturado à mesma temperatura. Se o coeficiente global de transferência de calor é de 50 W/(m^2 · K) e há 500 tubos, cada um com 0,025 m de diâmetro, qual é o comprimento necessário dos tubos?

11.65 Um trocador de calor é formado por um feixe com 1200 tubos com paredes delgadas sobre os quais ar escoa em escoamento cruzado. Os tubos estão posicionados em linha, perfazendo 40 colunas longitudinais (ao longo da direção do escoamento do ar) e 30 linhas transversais. Os tubos possuem 0,07 m de diâmetro e 2 m de comprimento, com passos transversal e longitudinal de 0,14 m. O fluido quente, escoando no interior dos tubos, é vapor d'água saturado, condensando a 400 K. O coeficiente de transferência de calor por convecção no vapor em condensação é muito maior do que aquele no lado do ar.

(a) Se o ar entra no trocador de calor a $\dot{m}_f = 120$ kg/s, 300 K e 1 atm, qual é a sua temperatura de saída?

(b) A taxa de condensação pode ser controlada pela variação da vazão do ar. Calcule e represente graficamente a temperatura de saída do ar, a taxa de transferência de calor e a taxa de condensação como funções da vazão do ar para $10 \leq \dot{m}_f \leq 50$ kg/s.

Considerações Adicionais

11.66 Deduza a expressão para a efetividade modificada ε^*, dada no Comentário 4 do Exemplo 11.8.

11.67 Em uma operação de manufatura, uma capa tubular de aço de 1 mm de espessura deve ser contraída de forma a se encaixar em um pino de seção reta circular de 3 mm de diâmetro. Antes de iniciar a operação de encaixe, a capa é aquecida a 200 °C e a liga de alumínio do pino é resfriada a −100 °C. Depois que estas temperaturas são atingidas, a capa quente rapidamente é deslizada através do pino frio. A capa posteriormente resfria e encolhe, assim como o pino aquece e expande, formando finalmente uma forte junção entre eles. Se a junção entre as peças é obtida quando a diferença de temperaturas entre a capa e o pino é reduzida a 50 °C, quanto tempo irá decorrer até a formação da junção? Antes da junção se formar, uma resistência térmica de contato de 5×10^{-4} m^2 · K/W existirá na interface pino-capa. Represente graficamente as temperaturas do aço e do alumínio ao longo do intervalo $0 \leq t \leq 2$s. A massa específica e o calor específico da liga de alumínio são 2800 kg/m^3 e 1000 J/(kg · K), respectivamente, enquanto as propriedades correspondentes do aço são 7800 kg/m^3 e 510 J/(kg · K).

11.68 Seja o Problema 3.144a.

(a) Usando uma correlação apropriada do Capítulo 8, determine a velocidade de entrada do ar em cada canal do dissipador de calor. Suponha escoamento laminar e avalie as propriedades do ar a $T = 300$ K.

(b) Levando em conta o aumento da temperatura do ar na medida em que ele escoa através do dissipador, determine a potência do *chip* q_c e a temperatura de saída do ar que deixa cada canal. Suponha que o escoamento do ar ao longo das superfícies externas exerça um efeito de resfriamento similar ao escoamento no interior dos canais.

(c) Se a velocidade do ar for reduzida à metade, determine a potência do *chip* e a temperatura de saída do ar.

11.69 Refaça o Problema 7.22, levando em conta o aumento da temperatura da água ao longo de seu escoamento através do dissipador. As propriedades da água estão listadas no Problema 7.22. Use também $\rho = 995$ kg/m^3 e $c_p = 4178$ J/(kg · K). *Sugestão*: suponha que a água não escape pela superfície superior do dissipador de calor e que as camadas limite sobre a superfície de cada aleta não se encontrem, permitindo, assim, a avaliação do coeficiente de transferência de calor usando uma correlação do Capítulo 7. Veja também o Problema 11.52.

11.70 O dissipador de calor do Problema 7.22 tem a sua utilização cogitada em uma aplicação na qual a dissipação de potência é de somente 70 W, e o engenheiro propõe o uso no resfriamento de ar a $T_\infty = 20$ °C. Considere o aumento da temperatura do ar ao longo de seu escoamento através do dissipador de calor, represente graficamente a dissipação de potência permitida e a temperatura de saída do ar como funções da velocidade do ar, na faixa 1 m/s $\leq u_\infty \leq$ 5 m/s, com a restrição de que a temperatura da base não exceda $T_b = 70$ °C. As propriedades do ar podem ser aproximadas por $k = 0{,}027$ W/(m · K), $\nu = 16{,}4 \times 10^{-6}$ m^2/s, $Pr = 0{,}706$, $\rho = 1{,}145$ kg/m^3 e $c_p = 1007$ J/(kg · K). *Sugestão*: suponha que o ar não escape pela superfície superior do dissipador de calor, use uma correlação para escoamento interno e veja o Problema 11.52.

11.71 Resolva o Problema 8.85a usando o método da efetividade (ε-NUT).

11.72 Seja o Problema 7.90. Estime a taxa de transferência de calor para o ar, levando em conta o aumento da temperatura do ar ao longo de seu escoamento através da espuma e a resistência térmica associada à condução na espuma na direção x. Você espera que a taxa de transferência de calor real para o ar seja igual, menor ou maior do que o valor que você calculou?

11.73 A espuma metálica do Problema 7.90 é soldada na superfície de um *chip* de silício de largura $W = 25$ mm. O dissipador na forma de espuma tem altura de $L = 10$ mm. Ar a uma temperatura de $T_{ent} = 27$ °C e com uma velocidade de $V = 5$ m/s atinge o dissipador de calor, enquanto a superfície do *chip* é mantida a 70 °C. Determine a taxa de transferência de calor saindo do *chip*. Para fazer uma estimativa conservadora da taxa de transferência de calor, despreze a convecção e a radiação nas superfícies superior e laterais do dissipador de calor.

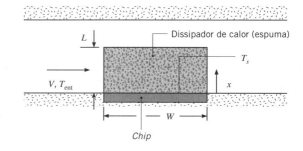

CAPÍTULO 12

Radiação: Processos e Propriedades

Passamos a reconhecer que a transferência de calor por condução e por convecção exigem a presença de um gradiente de temperatura em alguma forma de matéria. De forma distinta, a transferência de calor por *radiação térmica* não exige a presença de um meio material. Ela é um processo extremamente importante e, no sentido físico, talvez o modo mais interessante de transferência de calor. Ela é relevante em muitos processos industriais de aquecimento, resfriamento e secagem, assim como em métodos de conversão de energia que envolvem a combustão de combustíveis fósseis e a radiação solar.

Neste capítulo, nosso objetivo é analisar os meios pelos quais a radiação térmica é gerada, a natureza específica da radiação e a forma como ela interage com a matéria. Damos atenção especial às interações radiantes em uma superfície e às propriedades que devem ser introduzidas para descrever essas interações. No Capítulo 13, focamos os meios para calcular a troca radiante entre duas ou mais superfícies.

12.1 Conceitos Fundamentais

Considere um sólido que se encontra inicialmente a uma temperatura mais elevada T_s do que a de sua vizinhança T_{viz}, ao redor do qual há vácuo (Figura 12.1). A presença do vácuo impede a perda de energia na superfície do sólido por condução ou convecção. Contudo, nossa intuição nos diz que o sólido irá esfriar e finalmente atingir o equilíbrio térmico com a sua vizinhança. Esse resfriamento está associado a uma redução na energia interna armazenada pelo sólido e é uma consequência direta da *emissão* de radiação térmica pela sua superfície. Por sua vez, a superfície irá interceptar e absorver radiação originada na vizinhança. Entretanto, se $T_s > T_{viz}$ a taxa de transferência de calor por radiação *líquida*, $q_{rad,líq}$, está *saindo* da superfície e a superfície resfriará até que T_s atinja T_{viz}.

Associamos a radiação térmica à taxa na qual a energia é emitida pela matéria como um resultado de sua temperatura. Nesse momento, radiação térmica está sendo emitida por toda matéria que circunda você: pela mobília e pelas paredes da sala, se você estiver em um ambiente fechado, ou pelo solo, pelos prédios e pela atmosfera e Sol, se você estiver em um ambiente aberto. O mecanismo da emissão está relacionado com a energia liberada como um resultado de oscilações ou transições dos muitos elétrons que constituem a matéria. Essas oscilações são, por sua vez, sustentadas pela energia interna e, consequentemente, pela temperatura da matéria. Assim, associamos a emissão de radiação térmica às condições excitadas termicamente no interior da matéria.

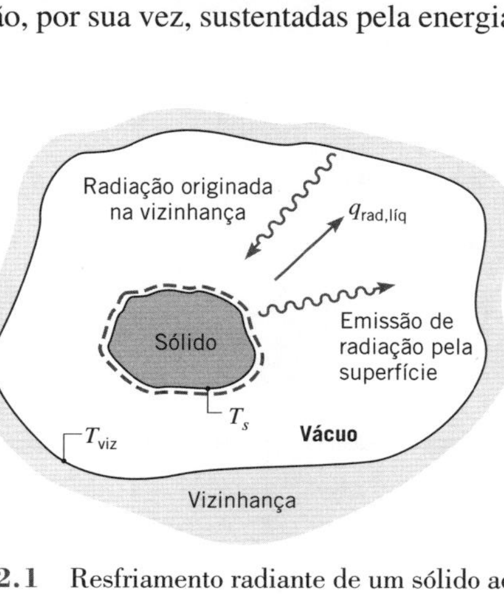

FIGURA 12.1 Resfriamento radiante de um sólido aquecido.

Todas as formas de matéria emitem radiação. Em gases e sólidos semitransparentes, como o vidro e cristais de sais a elevadas temperaturas, a emissão é um *fenômeno volumétrico*, como ilustrado na Figura 12.2. Isto é, a radiação que emerge de um volume finito de matéria corresponde ao efeito integrado da emissão local em todo o volume. Entretanto, neste livro, nos concentraremos em situações nas quais a radiação pode ser tratada como um *fenômeno de superfície*. Na maioria dos sólidos e líquidos, a radiação emitida pelas moléculas localizadas no interior do volume é fortemente absorvida pelas moléculas a elas adjacentes. Consequentemente, a radiação emitida por um sólido ou um líquido se origina nas moléculas que se encontram a uma distância de até aproximadamente 1 μm de sua superfície exposta. É por essa razão que a emissão a partir de um sólido ou de um líquido para o interior de um gás a eles adjacente ou para o vácuo pode ser vista como um fenômeno superficial, exceto em situações envolvendo dispositivos em nano ou microescala.

Sabemos que a radiação surge da emissão pela matéria e que o seu transporte subsequente não exige a presença de qualquer matéria. Mas qual é a natureza desse transporte? Uma teoria vê a radiação como a propagação de um conjunto de partículas conhecidas por *fótons* ou *quanta*. De modo

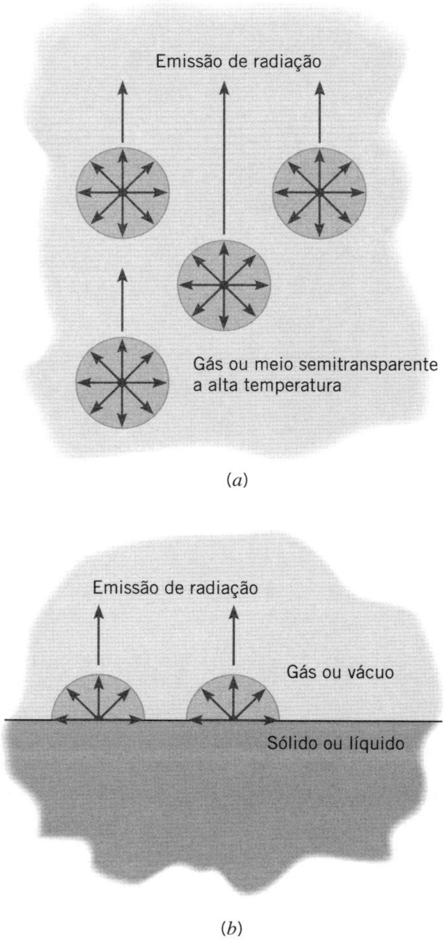

FIGURA 12.2 O processo de emissão. (*a*) Como um fenômeno volumétrico. (*b*) Como um fenômeno superficial.

alternativo, a radiação pode ser vista como a propagação de *ondas eletromagnéticas*. De qualquer forma, desejamos atribuir à radiação as propriedades padrões da onda, a frequência ν e de comprimento de onda λ. Para a radiação se propagando em determinado meio, as duas propriedades estão relacionadas por

$$\lambda = \frac{c}{\nu} \tag{12.1}$$

sendo c a velocidade da luz no meio. Para a propagação no vácuo, $c_o = 2{,}998 \times 10^8$ m/s. A unidade de comprimento de onda é comumente o micrômetro (μm), com 1 μm = 10^{-6} m.

O espectro eletromagnético completo está delineado na Figura 12.3. As radiações de pequeno comprimento de onda raios gama, raios X e ultravioleta (UV) são de interesse principalmente dos físicos de altas energias e dos engenheiros nucleares, enquanto as micro-ondas e as ondas de rádio, que possuem grandes comprimentos de onda ($\lambda > 10^5$ μm), são de interesse dos engenheiros eletricistas. É a porção intermediária do espectro, que se estende aproximadamente de 0,1 até 100 μm e que inclui uma fração da UV e todo o visível e o infravermelho (IV), que é chamada de *radiação térmica*, porque é causada por e afeta o estado térmico ou a temperatura da matéria. Por essa razão, a radiação térmica é pertinente à transferência de calor.

A radiação térmica emitida por uma superfície inclui uma faixa de comprimentos de onda. Como mostrado na Figura 12.4*a*, a magnitude da radiação varia com o comprimento de onda, e o termo *espectral* é usado para se referir à natureza dessa dependência. Como veremos, tanto a magnitude da radiação em qualquer comprimento de onda quanto a *distribuição espectral* variam com a natureza e a temperatura da superfície emissora.

A natureza espectral da radiação térmica é uma das duas características que complicam a sua descrição. A segunda característica está relacionada com sua *natureza direcional*. Como mostrado na Figura 12.4*b*, uma superfície pode emitir preferencialmente em certas direções, criando uma *distribuição direcional* da radiação emitida. Para quantificar os conceitos da emissão, da absorção, da reflexão e da transmissão introduzidos no Capítulo 1, devemos ser capazes de tratar os efeitos espectrais e os direcionais.

12.2 Fluxos Térmicos Radiantes

Vários tipos de fluxos térmicos são pertinentes na análise da transferência de calor radiante. A Tabela 12.1 lista quatro fluxos radiantes distintos que podem ser definidos em uma superfície como aquela na Figura 12.2*b*. O *poder emissivo*, E (W/m^2), é a taxa na qual radiação é emitida de uma superfície por unidade de área superficial, em todos os comprimentos de onda e direções. No Capítulo 1, esse poder emissivo foi relacionado com o comportamento de um *corpo negro* pela relação $E = \varepsilon\sigma T_s^4$ (Equação 1.5), na qual ε é uma propriedade da superfície conhecida como *emissividade*.

Radiação vinda da vizinhança, que pode ser constituída por múltiplas superfícies a várias temperaturas, incide sobre a superfície. A superfície também pode ser irradiada pelo o Sol ou por um *laser*. Em qualquer caso, definimos a *irradiação*,

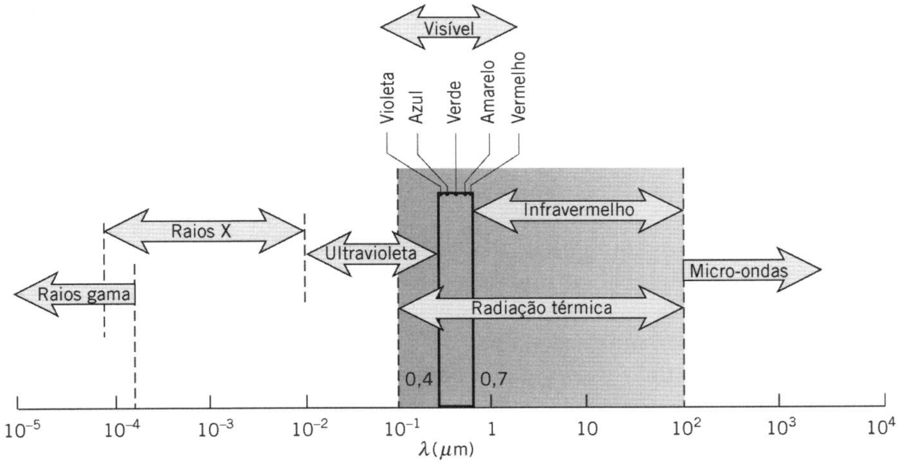

FIGURA 12.3 Espectro da radiação eletromagnética.

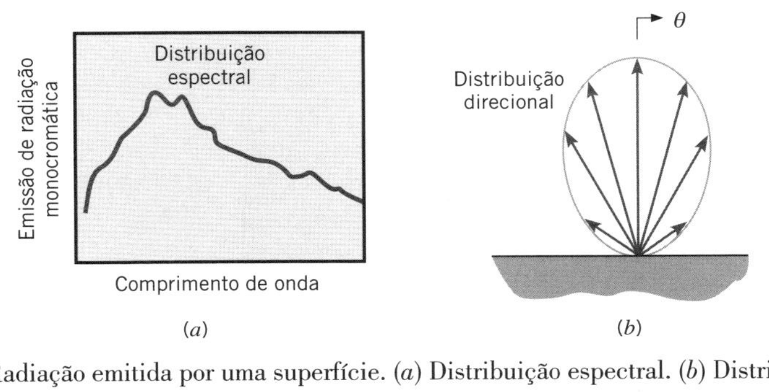

FIGURA 12.4 Radiação emitida por uma superfície. (*a*) Distribuição espectral. (*b*) Distribuição direcional.

TABELA 12.1 Fluxos Radiantes (em todos os comprimentos de onda e em todas as direções)

Fluxo (W/m²)	Descrição	Comentário
Poder emissivo, E	Taxa na qual radiação é emitida de uma superfície por unidade de área	$E = \varepsilon\sigma T_s^4$
Irradiação, G	Taxa na qual radiação incide sobre uma superfície por unidade de área	Irradiação pode ser refletida, absorvida ou transmitida
Radiosidade, J	Taxa na qual radiação deixa uma superfície por unidade de área	Para uma superfície opaca $J = E + \rho G$
Fluxo radiante líquido, $q''_{rad} = J - G$	Taxa líquida de radiação deixando uma superfície por unidade de área	Para uma superfície opaca $q''_{rad} = \varepsilon\sigma T_s^4 - \alpha G$

G (W/m²), como a taxa na qual radiação incide sobre uma superfície por unidade de área superficial, com todos os comprimentos de onda e vinda de todas as direções. Os dois fluxos térmicos restantes da Tabela 12.1 são prontamente descritos uma vez que se considere o destino da irradiação que chega na superfície.

Quando a radiação incide em um meio *semitransparente*, parcelas da irradiação podem ser refletidas, absorvidas e transmitidas, como discutido na Seção 1.2.3 e ilustrado na Figura 12.5*a*. Transmissão se refere à radiação atravessando o meio, como ocorre quando uma camada de água ou uma placa de vidro é irradiada pelo Sol ou por iluminação artificial. A absorção ocorre quando a radiação interage com o meio, causando um aumento na energia térmica interna do meio. A reflexão é o processo no qual a radiação incidente é redirecionada para fora da superfície, sem efeito no meio. Definimos a refletividade ρ como a fração da irradiação refletida, a absortividade α como a fração da irradiação absorvida e a transmissividade τ como a fração da irradiação transmitida. Como toda a irradiação tem que ser refletida, absorvida ou transmitida, tem-se que

$$\rho + \alpha + \tau = 1 \qquad (12.2)$$

Um meio no qual não há transmissão ($\tau = 0$) é *opaco*, neste caso

$$\rho + \alpha = 1 \qquad (12.3)$$

Com este entendimento do parcelamento da irradiação em componentes refletidos, absorvidos e transmitidos, dois fluxos radiantes adicionais e úteis podem ser definidos. A radiosidade, J (W/m²), de uma superfície leva em conta *toda* a energia radiante deixando a superfície. Para uma superfície opaca, ela inclui a emissão e a parcela refletida da irradiação, como ilustrado na Figura 12.5*b*. Consequentemente, ela é representada por

$$J = E + G_{ref} = E + \rho G \qquad (12.4)$$

A radiosidade pode também ser definida em uma superfície de um meio semitransparente. Neste caso, a radiosidade deixando a superfície superior na Figura 12.5*a* (não mostrada) incluiria a radiação transmitida através do meio de baixo para cima.

Finalmente, o fluxo radiante *líquido saindo* da superfície, q''_{rad} (W/m²), é a diferença entre as radiações saindo e entrando

$$q''_{rad} = J - G \qquad (12.5)$$

Combinando as Equações 12.5, 12.4. 12.3 e 1.4, o fluxo líquido para uma superfície opaca é

$$q''_{rad} = E + \rho G - G = \varepsilon\sigma T_s^4 - \alpha G \qquad (12.6)$$

Uma expressão similar pode ser escrita para uma superfície semitransparente envolvendo a transmissividade. Em função de afetar a distribuição de temperaturas no sistema, o fluxo radiante líquido (ou taxa de transferência de calor radiante líquida, $q_{rad} = q''_{rad}A$) é uma grandeza importante em análises da transferência de calor. Como ficará evidente, as grandezas E, G e J são geralmente usadas para determinar q''_{rad}, mas elas também são intrinsecamente importantes em aplicações envolvendo a *detecção de radiação* e a *medida de temperatura*.

Os vários fluxos na Tabela 12.1 podem, em geral, ser quantificados somente quando as naturezas espectral e direcional da radiação são conhecidas. Efeitos direcionais são considerados pela introdução do conceito de *intensidade de radiação* na Seção 12.3, enquanto os efeitos espectrais são tratados pela apresentação do conceito de radiação do corpo negro na Seção 12.4. O poder emissivo de uma superfície real será relacionado com o do corpo negro a partir da definição da *emissividade* na Seção 12.5. As características espectral e direcional da emissividade, absortividade, refletividade e transmissividade de superfícies reais estão incluídas nas Seções 12.5 e 12.6. As Seções 12.7 e 12.8 desenvolvem o conceito importante de uma superfície cinza, difusa, que tem a propriedade que $\alpha = \varepsilon$.

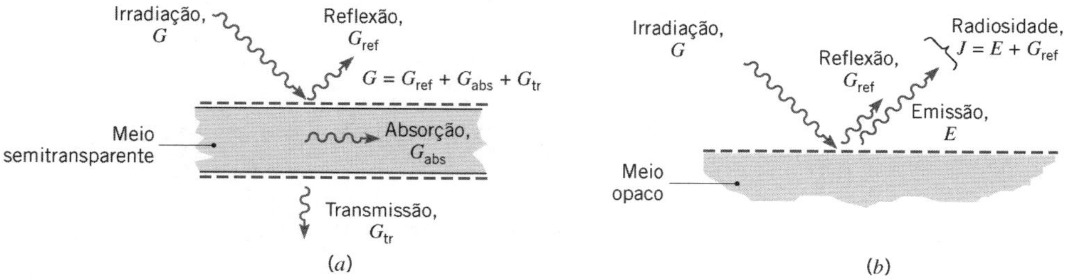

FIGURA 12.5 Radiação em uma superfície. (*a*) Reflexão, absorção e transmissão da irradiação em um meio semitransparente. (*b*) A radiosidade de um meio opaco.

Implicitamente, até aqui, consideramos superfícies cinzas e difusas em nosso tratamento da transferência de calor por radiação. Finalmente, a Seção 12.9 trata da radiação ambiental ou da interação entre a radiação solar e a radiação emitida pela superfície terrestre.

12.3 Intensidade de Radiação

A radiação que deixa uma superfície pode se propagar em todas as direções possíveis (Figura 12.4*b*), e frequentemente estamos interessados em conhecer a sua distribuição direcional. Também, a radiação que incide sobre uma superfície pode vir de diferentes direções, e a maneira pela qual a superfície responde a essa radiação depende da direção. Tais efeitos direcionais podem ter grande importância na determinação da taxa de transferência de calor radiante líquida e podem ser tratados com a introdução do conceito de *intensidade de radiação*.

12.3.1 *Definições Matemáticas*

Em face de sua natureza, o tratamento matemático da transferência de calor por radiação envolve o uso extensivo do sistema de coordenadas esféricas. Na Figura 12.6*a*, relembramos que o ângulo plano diferencial $d\alpha$ é definido por uma região entre os raios de um círculo e medido como a razão entre o comprimento de arco dl sobre o círculo e o raio r do círculo. De modo similar, na Figura 12.6*b*, o ângulo sólido diferencial $d\omega$ é definido por uma região entre os raios de uma esfera e medido como a razão entre a área dA_n sobre a esfera e o quadrado do raio da esfera. Consequentemente,

$$d\omega \equiv \frac{dA_n}{r^2} \tag{12.7}$$

Considere a emissão em uma direção particular a partir de um elemento com área superficial dA_1, como mostrado na Figura 12.6*c*. A direção pode ser especificada em termos dos ângulos de zênite e azimutal, θ e ϕ, respectivamente, de um sistema de coordenadas esféricas (Figura 12.6*d*). A área dA_n, através da qual a radiação passa, corresponde a um ângulo sólido diferencial $d\omega$ quando vista de um ponto sobre dA_1. Como mostrado na Figura 12.7, a área dA_n é um retângulo de dimensões $r\,d\theta \times r\,\text{sen}(\theta)\,d\phi$; desta forma, $dA_n = r^2\,\text{sen}(\theta)\,d\theta\,d\phi$. Portanto,

$$d\omega = \text{sen}\,\theta\,d\theta\,d\phi \tag{12.8}$$

Quando vista a partir de um ponto sobre um elemento de área superficial *opaco* dA_1, a radiação pode ser emitida em qualquer direção definida por um hemisfério hipotético sobre a superfície. O ângulo sólido associado ao hemisfério completo pode ser obtido pela integração da Equação 12.8 entre os limites $\phi = 0$ até $\phi = 2\pi$ e $\theta = 0$ até $\theta = \pi/2$. Assim,

$$\int_h d\omega = \int_0^{2\pi}\int_0^{\pi/2} \text{sen}\,\theta\,d\theta\,d\phi = 2\pi\int_0^{\pi/2}\text{sen}\,\theta\,d\theta = 2\pi\ \text{sr} \tag{12.9}$$

com o subscrito h se referindo à integração no hemisfério. Note que a unidade do ângulo sólido é o esterorradiano (sr), análogo ao radiano para ângulos planos.

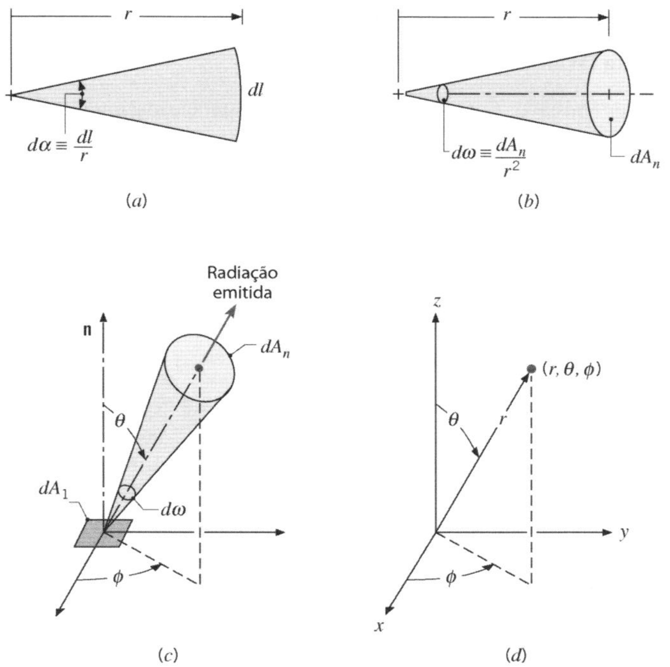

FIGURA 12.6 Definições matemáticas. (*a*) Ângulo plano. (*b*) Ângulo sólido. (*c*) Emissão da radiação a partir de uma área diferencial dA_1 para um ângulo sólido $d\omega$ subtendido por dA_n em um ponto sobre dA_1. (*d*) O sistema de coordenadas esféricas.

12.3.2 *Intensidade de Radiação e Sua Relação com a Emissão*

Retornando à Figura 12.6*c*, agora estamos interessados na taxa na qual a emissão a partir de dA_1 passa através de dA_n. Essa grandeza pode ser expressa em termos da intensidade espectral $I_{\lambda,e}$ da radiação emitida. Definimos formalmente $I_{\lambda,e}$ como a *taxa na qual energia radiante é emitida no comprimento de onda* λ *na direção* (θ, ϕ), *por unidade de área da superfície emissora normal a essa direção, por unidade de ângulo sólido no entorno dessa direção e por unidade de intervalo de comprimento de onda* $d\lambda$ *no entorno de* λ. Observe que a área utilizada para definir a intensidade é o componente de dA_1 perpendicular à direção da radiação. Na Figura 12.8, vemos que essa área projetada é igual a $dA_1\cos(\theta)$. De fato, esta é a forma como dA_1 iria ser vista por um observador situado sobre dA_n. A intensidade espectral, que possui unidades de $W/(m^2 \cdot sr \cdot \mu m)$, é então

$$I_{\lambda,e}(\lambda, \theta, \phi) \equiv \frac{dq}{dA_1\cos\theta \cdot d\omega \cdot d\lambda} \tag{12.10}$$

sendo $(dq/d\lambda) \equiv dq_\lambda$ a taxa na qual radiação de comprimento de onda λ deixa dA_1 e passa através de dA_n. Rearranjando a Equação 12.10, tem-se que

$$dq_\lambda = I_{\lambda,e}(\lambda, \theta, \phi)dA_1\cos\theta\,d\omega \tag{12.11}$$

na qual dq_λ tem unidades de $W/\mu m$. Essa importante expressão nos permite calcular a taxa na qual a radiação emitida por uma superfície se propaga para a região do espaço definida pelo ângulo sólido $d\omega$ no entorno da direção (θ, ϕ). Entretanto, para calcular essa taxa, a intensidade espectral $I_{\lambda,e}$ da radiação emitida tem que ser conhecida. A maneira pela qual

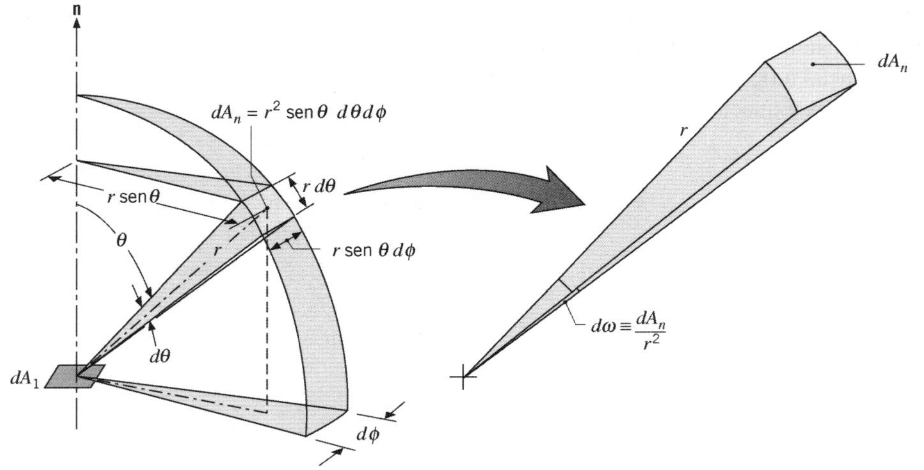

FIGURA 12.7 O ângulo sólido subentendido por dA_n em um ponto sobre dA_1 no sistema de coordenadas esféricas.

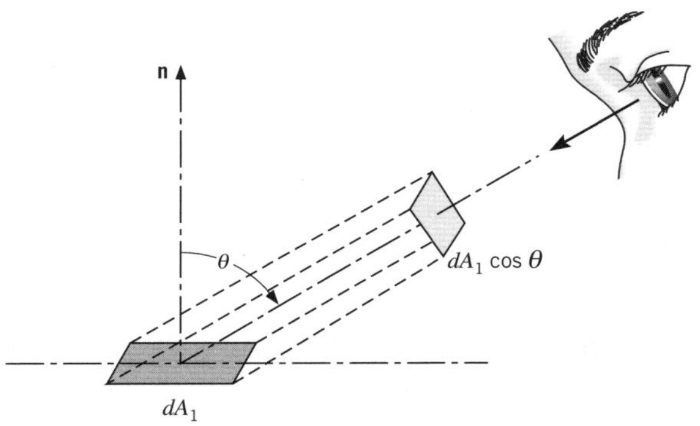

FIGURA 12.8 A projeção de dA_1 normal à direção da radiação.

essa grandeza pode ser determinada é discutida a seguir, nas Seções 12.4 e 12.5. Expressando a Equação 12.11 por unidade de área da superfície emissora e substituindo a Equação 12.8, o *fluxo* de radiação espectral associado a dA_1 é

$$dq''_\lambda = I_{\lambda,e}(\lambda, \theta, \phi) \cos\theta \text{ sen } \theta \, d\theta \, d\phi \qquad (12.12)$$

Se as distribuições espectral e direcional de $I_{\lambda,e}$ forem conhecidas, ou seja, $I_{\lambda,e}(\lambda, \theta, \phi)$ é conhecida, o fluxo térmico associado à emissão em qualquer ângulo sólido finito ou ao longo de qualquer intervalo de comprimentos de onda finito pode ser determinado pela integração da Equação 12.12. Por exemplo, definimos o *poder emissivo hemisférico espectral* E_λ (W/(m^2 · μm)) como a taxa na qual radiação de comprimento de onda λ é emitida em *todas as direções* a partir de uma superfície por unidade de intervalo de comprimentos de onda $d\lambda$ no entorno de λ e por unidade de área superficial. Assim, E_λ é o fluxo térmico espectral associado à emissão para um hemisfério hipotético acima de dA_1, como mostrado na Figura 12.9, ou

$$E_\lambda(\lambda) = q''_\lambda(\lambda)$$
$$= \int_0^{2\pi}\int_0^{\pi/2} I_{\lambda,e}(\lambda, \theta, \phi) \cos\theta \text{ sen}\theta \, d\theta \, d\phi \qquad (12.13)$$

Note que E_λ é um fluxo baseado na área superficial *real*, enquanto $I_{\lambda,e}$ é baseada na área *projetada*. O termo cos(θ) que aparece no integrando é uma consequência dessa diferença.

O *poder emissivo hemisférico total*, E(W/m^2), é a taxa na qual a radiação é emitida por unidade de área em todos os comprimentos de onda possíveis e em todas as direções possíveis. Consequentemente,

$$E = \int_0^\infty E_\lambda(\lambda)\, d\lambda \qquad (12.14)$$

ou, a partir da Equação 12.13

$$E = \int_0^\infty\int_0^{2\pi}\int_0^{\pi/2} I_{\lambda,e}(\lambda, \theta, \phi) \cos\theta \text{ sen } \theta \, d\theta \, d\phi \, d\lambda \qquad (12.15)$$

Como o termo "poder emissivo" implica emissão em todas as direções, o adjetivo "hemisférico" é redundante e, com frequência, omitido. Fala-se, então, de *poder emissivo espectral* E_λ, ou de *poder emissivo total* E, que foi primeiramente apresentado na Equação 1.5 e novamente na Tabela 12.1.

Embora a distribuição direcional da emissão de uma superfície varie de acordo com a natureza da superfície, existe um caso especial que fornece uma aproximação razoável para

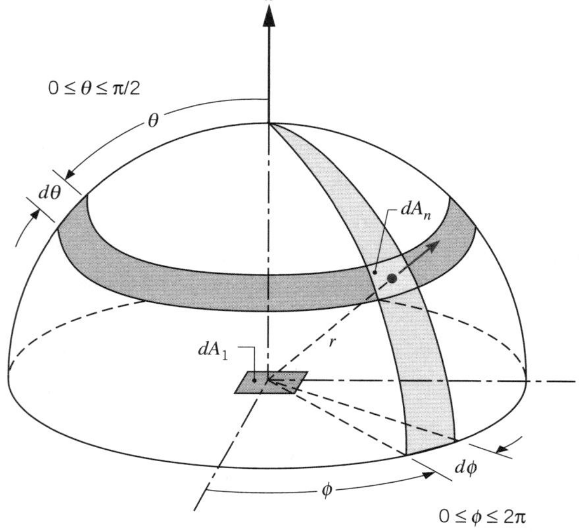

FIGURA 12.9 Emissão a partir de um elemento de área diferencial dA_1 para um hemisfério hipotético centrado em um ponto em dA_1.

muitas superfícies. Falamos de um *emissor difuso* como uma superfície para a qual a intensidade da radiação emitida é independente da direção, situação na qual, $I_{\lambda,e}(\lambda, \theta, \phi) = I_{\lambda,e}(\lambda)$. Retirando $I_{\lambda,e}$ do integrando da Equação 12.13 e efetuando a integração, tem-se que

$$E_\lambda(\lambda) = \pi I_{\lambda,e}(\lambda) \qquad (12.16)$$

De maneira análoga, a partir da Equação 12.15

$$E = \pi I_e \qquad (12.17)$$

sendo I_e a *intensidade total* da radiação emitida. Note que a constante que aparece nas expressões anteriores é π e não 2π, e tem a unidade de esferorradianos (ou esterradianos).

EXEMPLO 12.1

Sabe-se que uma pequena superfície com área $A_1 = 10^{-3}$ m² emite de forma difusa e que, com base em medições, a intensidade total associada à emissão na direção normal é $I_n = 7000$ W/(m² · sr).

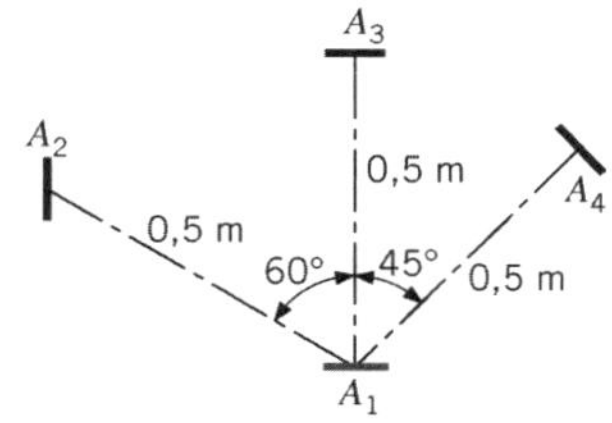

A radiação emitida pela superfície é interceptada por três outras superfícies com áreas $A_2 = A_3 = A_4 = 10^{-3}$ m², que distam 0,5 m de A_1 e estão orientadas conforme ilustrado na figura. Qual é a intensidade associada à emissão em cada uma das três direções? Quais são os ângulos sólidos subentendidos pelas três superfícies quando vistas de A_1? Quais são as taxas nas quais a radiação emitida por A_1 é interceptada pelas três superfícies?

SOLUÇÃO

Dados: Intensidade normal de um emissor difuso com área A_1 e orientação de três superfícies em relação a A_1.

Achar:

1. Intensidade de emissão em cada uma das três direções.
2. Ângulos sólidos correspondentes às três superfícies.
3. Taxa na qual a radiação é interceptada pelas três superfícies.

Esquema:

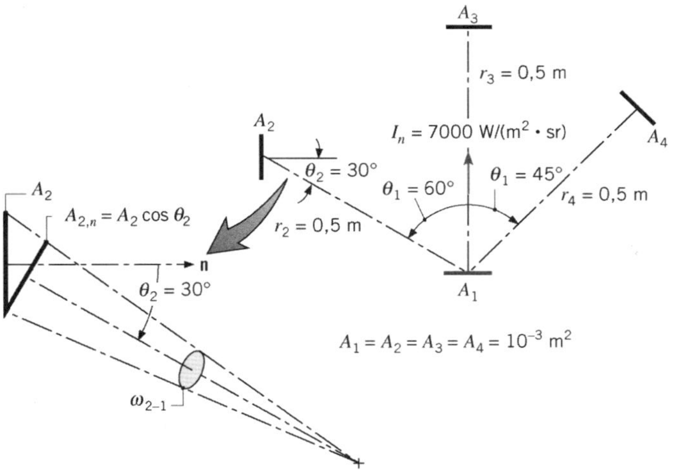

Considerações:

1. A superfície A_1 emite de forma difusa.
2. A_1, A_2, A_3 e A_4 podem ser aproximadas por superfícies diferenciais, $A_j/r_j^2) \ll 1$.

Análise:

1. Pela definição de emissor difuso, sabemos que a intensidade da radiação emitida é independente da direção. Dessa forma,

$$I = 7000\,\text{W/(m}^2 \cdot \text{sr)} \qquad \triangleleft$$

para cada uma das três direções.

2. Tratando A_2, A_3 e A_4 como áreas superficiais diferenciais, os ângulos sólidos podem ser calculados pela Equação 12.7

$$d\omega \equiv \frac{dA_n}{r^2}$$

com dA_n sendo a projeção da superfície normal à direção da radiação. Como as superfícies A_3 e A_4 são normais à direção da radiação, os ângulos sólidos correspondentes a estas superfícies podem ser achados diretamente a partir desta equação como

$$\omega_{3-1} = \omega_{4-1} = \frac{A_3}{r^2} = \frac{10^{-3}\,\text{m}^2}{(0{,}5\,\text{m})^2}$$
$$= 4{,}00 \times 10^{-3}\,\text{sr} \qquad \triangleleft$$

Como a superfície A_2 não é normal à direção da radiação, usamos $dA_{n,2} = dA_2 \cos(\theta_2)$, sendo θ_2 o ângulo entre a normal à superfície e a direção da radiação. Assim,

$$\omega_{2-1} = \frac{A_2 \cos \theta_2}{r^2} = \frac{10^{-3}\,\text{m}^2 \times \cos 30°}{(0{,}5\,\text{m})^2}$$
$$= 3{,}46 \times 10^{-3}\,\text{sr} \qquad \triangleleft$$

3. Aproximando A_1 como uma superfície diferencial, a taxa na qual a radiação é interceptada por cada uma das três superfícies pode ser estimada pela Equação 12.11, que, para a radiação total, pode ser escrita como

$$q_{1-j} = I \times A_1 \cos \theta_1 \times \omega_{j-1}$$

sendo θ_1 o ângulo entre a normal à superfície 1 e à direção da radiação. Assim,

$$q_{1-2} = 7000\,\text{W/(m}^2 \cdot \text{sr)}\,(10^{-3}\,\text{m}^2 \times \cos 60°)\,3{,}46 \times 10^{-3}\,\text{sr}$$
$$= 12{,}1 \times 10^{-3}\,\text{W} \qquad \triangleleft$$

$$q_{1-3} = 7000\ \text{W/(m}^2\cdot\text{sr)}\ (10^{-3}\ \text{m}^2 \times \cos 0°)\ 4{,}00 \times 10^{-3}\ \text{sr}$$
$$= 28{,}0 \times 10^{-3}\ \text{W} \qquad \triangleleft$$

$$q_{1-4} = 7000\ \text{W/(m}^2\cdot\text{sr)}\ (10^{-3}\ \text{m}^2 \times \cos 45°)\ 4{,}00 \times 10^{-3}\ \text{sr}$$
$$= 19{,}8 \times 10^{-3}\ \text{W} \qquad \triangleleft$$

Comentários:

1. Observe a diferença dos valores de θ_1 para a superfície emissora e de θ_2, θ_3 e θ_4 para as superfícies receptoras.
2. Se as superfícies não fossem pequenas em relação ao quadrado da distância de separação entre elas, os ângulos sólidos e as taxas de transferência de calor por radiação teriam que ser obtidos pela integração das Equações 12.8 e 12.11, respectivamente, ao longo das áreas superficiais apropriadas.
3. Qualquer componente espectral da taxa radiante pode também ser obtido usando esses procedimentos, se a intensidade espectral I_λ for conhecida.
4. Embora a intensidade da radiação emitida seja independente da direção, as taxas nas quais a radiação é interceptada pelas três superfícies diferem significativamente em função das diferenças nos ângulos sólidos e nas áreas projetadas. Por exemplo, considere o deslocamento da superfície A_4 por várias posições θ_1, mantendo A_4 normal à direção da radiação e r_4 constante em 0,5 m, como mostrado na Figura (*a*) a seguir.

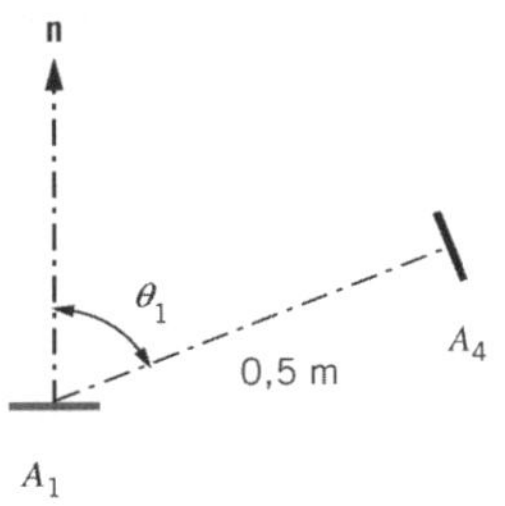

(*a*)

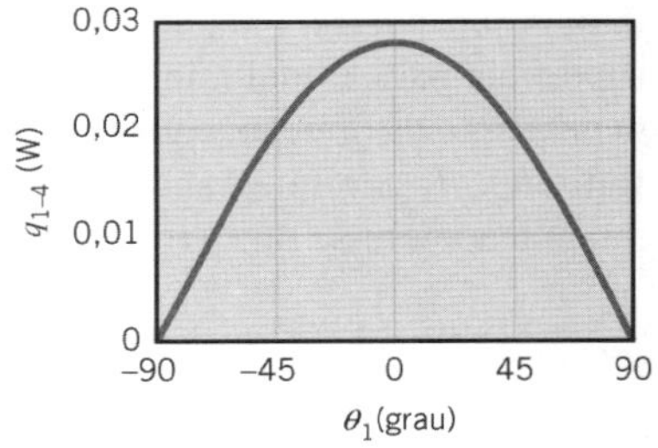

(*b*)

Nestas condições $\omega_{4-1} = 4{,}00 \times 10^{-3}$ sr é constante e

$$q_{1-4} = I \times A_1\omega_{4-1} \cos\theta_1$$
$$= [7000\ \text{W/(m}^2\cdot\text{sr)} \times 10^{-3}\ \text{m}^2 \times 4{,}00 \times 10^{-3}\ \text{sr}] \times \cos\theta_1$$

A energia emitida por A_1 e em sequência interceptada por A_4 é representada graficamente na Figura (*b*) antes apresentada. Consistente com a nossa intuição, a energia interceptada pela superfície A_4 é máxima em $\theta_1 = 0°$ ($q_{1-4} = 28{,}0 \times 10^{-3}$ W), uma vez que um observador em A_4 veria a maior área projetada de A_1. Também de acordo com a nossa intuição, a energia interceptada por A_4 é zero em $\theta_1 = \pm 90$ °C, mesmo com a intensidade da radiação emitida de A_1 sendo independente de θ. Em $\theta_1 = \pm 90$ °C, um observador em A_4 seria incapaz de ver A_1 e, assim, não interceptaria nenhuma energia emitida de A_1. Muitas superfícies reais emitem radiação de uma forma aproximadamente difusa.

12.3.3 *Relação com a Irradiação*

Os conceitos anteriores podem ser estendidos para a radiação *incidente* (Figura 12.10). Tal radiação pode ter a sua origem na emissão e reflexão que ocorrem em outras superfícies e terá distribuições espectral e direcional determinadas pela intensidade espectral $I_{\lambda,i}(\lambda, \theta, \phi)$. Essa grandeza é definida como a taxa na qual energia radiante de comprimento de onda λ incide a partir da direção (θ, ϕ), por unidade de área da *superfície receptora* normal a essa direção, por unidade de ângulo sólido no entorno dessa direção e por unidade de intervalo de comprimento de onda $d\lambda$ no entorno de λ.

A intensidade da radiação incidente pode ser relacionada com a irradiação, que engloba a radiação incidente *a partir de todas as direções*. A *irradiação espectral* G_λ (W/(m² · μm)) é definida como a taxa na qual radiação de comprimento de onda λ incide sobre uma superfície, por unidade de área da superfície e por unidade de intervalo de comprimento de onda $d\lambda$ no entorno de λ. Consequentemente,

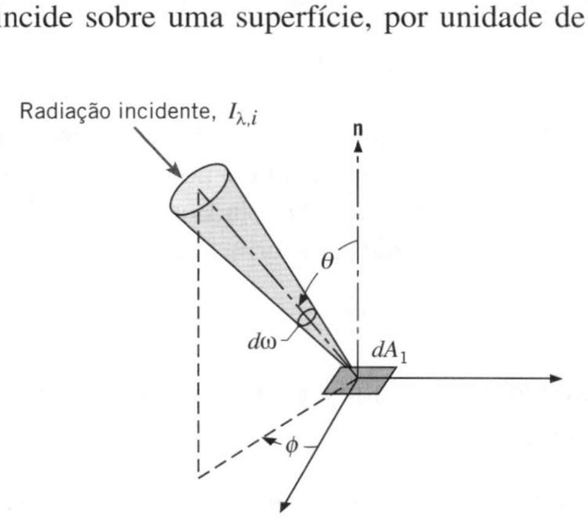

FIGURA 12.10 Natureza direcional da radiação incidente.

$$G_\lambda(\lambda) = \int_0^{2\pi}\int_0^{\pi/2} I_{\lambda,i}(\lambda, \theta, \phi)\cos\theta\ \text{sen}\,\theta\ d\theta\ d\phi \qquad (12.18)$$

com sen(θ) $d\theta\ d\phi$ sendo o ângulo sólido unitário. O fator cos(θ) aparece porque G_λ é um fluxo baseado na área superficial real, enquanto $I_{\lambda,i}$ é definido em termos da área projetada. Se a *irradiação total* G (W/m²) representa a taxa na qual radiação incide por unidade de área a partir de todas as direções e em todos os comprimentos de onda, tem-se que

$$G = \int_0^\infty G_\lambda(\lambda)\ d\lambda \qquad (12.19)$$

ou da Equação 12.18

$$G = \int_0^\infty\int_0^{2\pi}\int_0^{\pi/2} I_{\lambda,i}(\lambda, \theta, \phi)\cos\theta\ \text{sen}\,\theta\ d\theta\ d\phi\ d\lambda \qquad (12.20)$$

A irradiação total foi primeiramente introduzida na Seção 1.2.3 e novamente na Tabela 12.1. Se a radiação incidente for *difusa*, $I_{\lambda,i}$ é independente de θ e ϕ, e tem-se que

$$G_\lambda(\lambda) = \pi I_{\lambda,i}(\lambda) \qquad (12.21)$$

e

$$G = \pi I_i \qquad (12.22)$$

EXEMPLO 12.2

A distribuição espectral da irradiação sobre uma superfície pode ser representada como se segue:

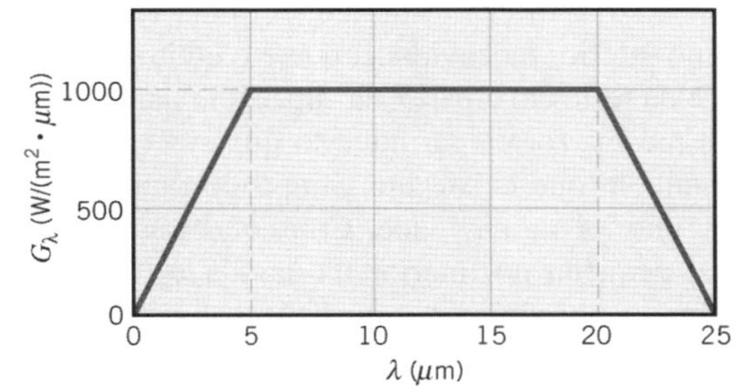

Qual é o valor da irradiação total?

SOLUÇÃO

Dados: Distribuição espectral da irradiação sobre uma superfície.

Achar: Irradiação total.

Análise: A irradiação total pode ser obtida usando a Equação 12.19.

$$G = \int_0^\infty G_\lambda \, d\lambda$$

A integral pode ser calculada facilmente dividindo-a em partes. Isto é,

$$G = \int_0^{5\,\mu\text{m}} G_\lambda \, d\lambda + \int_{5\,\mu\text{m}}^{20\,\mu\text{m}} G_\lambda \, d\lambda + \int_{20\,\mu\text{m}}^{25\,\mu\text{m}} G_\lambda \, d\lambda + \int_{25\,\mu\text{m}}^{\infty} G_\lambda \, d\lambda$$

Assim

$$\begin{aligned} G &= \tfrac{1}{2}(1000\ \text{W/(m}^2\cdot\mu\text{m}))(5-0)\ \mu\text{m} \\ &\quad + (1000\ \text{W/(m}^2\cdot\mu\text{m}))(20-5)\ \mu\text{m} \\ &\quad + \tfrac{1}{2}(1000\ \text{W/(m}^2\cdot\mu\text{m}))(25-20)\ \mu\text{m} + 0 \\ &= (2500 + 15.000 + 2500)\ \text{W/m}^2 \end{aligned}$$

$$G = 20.000\ \text{W/m}^2$$

Comentário: Geralmente, as fontes de radiação não fornecem uma irradiação com uma distribuição espectral regular conforme a apresentada neste exemplo. Entretanto, o procedimento para calcular a irradiação total a partir do conhecimento de sua distribuição espectral permanece o mesmo, embora a determinação da integral possa envolver um maior detalhamento.

12.3.4 Relação com a Radiosidade para uma Superfície Opaca

Como discutido na Seção 12.2, a radiosidade leva em consideração *toda* a energia radiante que deixa uma superfície. Uma vez que essa radiação inclui a parcela *refletida* da irradiação, assim como a emissão direta (Figura 12.15*b*), a radiosidade é, em geral, diferente do poder emissivo. A *radiosidade espectral* J_λ (W/(m² · μm)) representa a taxa na qual radiação de comprimento de onda λ deixa uma área unitária da superfície, por unidade de intervalo de comprimento de onda $d\lambda$ no entorno de λ. Como ela leva em consideração a radiação que deixa a superfície em todas as direções, está relacionada com a intensidade associada à emissão e à reflexão, $I_{\lambda,e+r}(\lambda, \theta, \phi)$, pela expressão

$$J_\lambda(\lambda) = \int_0^{2\pi}\int_0^{\pi/2} I_{\lambda,e+r}(\lambda, \theta, \phi)\cos\theta \operatorname{sen}\theta \, d\theta \, d\phi \qquad (12.23)$$

Assim, a *radiosidade total* J (W/m²) associada ao espectro completo é

$$J = \int_0^\infty J_\lambda(\lambda)\, d\lambda \qquad (12.24)$$

ou

$$J = \int_0^\infty\int_0^{2\pi}\int_0^{\pi/2} I_{\lambda,e+r}(\lambda, \theta, \phi)\cos\theta \operatorname{sen}\theta \, d\theta \, d\phi \, d\lambda \qquad (12.25)$$

Esta grandeza está presente na Tabela 12.1. Se a superfície for tanto um *refletor difuso* quanto um *emissor difuso*, $I_{\lambda,e+r}$ é independente de θ e ϕ, e tem-se que

$$J_\lambda(\lambda) = \pi I_{\lambda,e+r}(\lambda) \qquad (12.26)$$

e

$$J = \pi I_{e+r} \qquad (12.27)$$

Mais uma vez, note que o fluxo radiante, nesse caso a radiosidade, está baseado na área superficial real, enquanto a intensidade está baseada na área projetada.

12.3.5 Relação com o Fluxo Radiante Líquido para uma Superfície Opaca

Como pode ser visto na Equação 12.5, o fluxo radiante líquido saindo de uma superfície opaca é igual à diferença entre a radiosidade que sai J e a irradiação que chega G. Das Equações 12.20 e 12.25, a Equação 12.5 pode ser escrita em termos das intensidades associadas à emissão, reflexão e irradiação, na forma

$$\begin{aligned} q''_{\text{rad}} &= \int_0^\infty\int_0^{2\pi}\int_0^{\pi/2} I_{\lambda,e+r}(\lambda, \theta, \phi)\cos\theta \operatorname{sen}\theta \, d\theta \, d\phi \, d\lambda \\ &\quad - \int_0^\infty\int_0^{2\pi}\int_0^{\pi/2} I_{\lambda,i}(\lambda, \theta, \phi)\cos\theta \operatorname{sen}\theta \, d\theta \, d\phi \, d\lambda \end{aligned} \qquad (12.28)$$

Desta forma, o fluxo térmico radiante líquido pode ser determinado se várias intensidades forem conhecidas. A integração formal da Equação 12.28 é, algumas vezes, realizada na prática, mas não será efetuada aqui. Alternativamente, como ficará evidente nas Seções 12.4 a 12.7, a avaliação do fluxo radiante líquido pode ser simplificada pela representação das várias intensidades em termos da intensidade associada à superfície emissora e absorvedora perfeita, o corpo negro, e pelo uso da emissividade, absortividade e refletividade da superfície.

12.4 Radiação de Corpo Negro

Para determinar o poder emissivo, a irradiação, a radiosidade ou o fluxo térmico radiante líquido de uma superfície real opaca, devemos quantificar as intensidades espectrais usadas nas Equações 12.15, 12.20, 12.25 e 12.28. Para fazer isto, é interessante, em primeiro lugar, introduzir o conceito de um *corpo negro*.

1. *Um corpo negro absorve toda a radiação incidente, independentemente de seu comprimento de onda e de sua direção.*
2. *Para uma dada temperatura e comprimento de onda, nenhuma superfície pode emitir mais energia do que um corpo negro.*
3. *Embora a radiação emitida por um corpo negro seja uma função do comprimento de onda e da temperatura, ela é independente da direção. Isto é, o corpo negro é um emissor difuso.*

Como o absorvedor e o emissor perfeito, o corpo negro serve como um *padrão* em relação ao qual as propriedades radiantes de superfícies reais podem ser comparadas.

Embora aproximadas muito de perto por algumas superfícies, é importante observar que nenhuma superfície possui exatamente as propriedades de um corpo negro. A melhor aproximação é atingida por uma *cavidade* cuja superfície interna se encontra a uma temperatura uniforme. Se a radiação entrar na cavidade através de uma pequena abertura (Figura 12.11*a*), é muito provável que ela passe por muitas reflexões até que saia passando novamente pelo orifício. Como alguma radiação é absorvida pela superfície interna em cada reflexão, ela é praticamente inteiramente absorvida pela cavidade, e o comportamento de corpo negro é aproximado. A partir de princípios da termodinâmica, pode-se então argumentar que a radiação que deixa a abertura depende somente da temperatura da superfície e corresponde à emissão de um corpo negro (Figura 12.11*b*). Como a emissão de um corpo negro é difusa, a intensidade espectral $I_{\lambda,cn}$ da radiação que deixa a cavidade é independente da direção. Além disso, uma vez que o campo radiante no interior da cavidade, que é o efeito cumulativo da emissão e da reflexão a partir da superfície da cavidade, deve possuir a mesma forma da radiação que emerge da abertura, tem-se também que existe um campo de radiação de corpo negro no interior da cavidade. Consequentemente, qualquer superfície pequena no interior da cavidade (Figura 12.11*c*) recebe uma irradiação para a qual $G_\lambda = E_{\lambda,cn}(\lambda, T)$. Essa superfície é irradiada de maneira difusa, independentemente de sua orientação. *Radiação de corpo negro existe no interior da cavidade independentemente do fato de a superfície da cavidade ser altamente reflexiva ou absorvedora.*

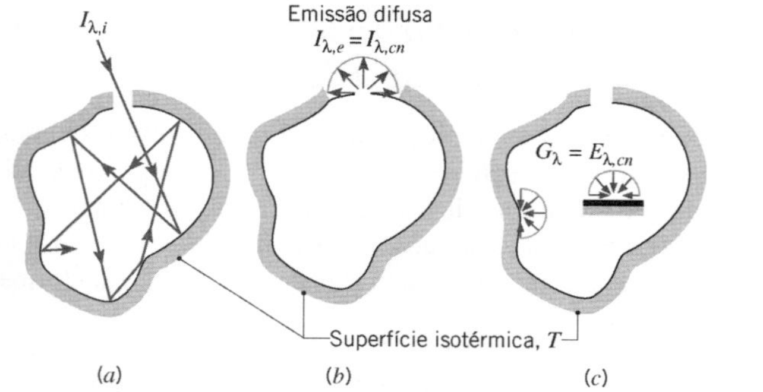

FIGURA 12.11 Características de uma cavidade isotérmica, comportando-se como um corpo negro. (*a*) Absorção completa. (*b*) Emissão difusa a partir de uma abertura. (*c*) Irradiação difusa das superfícies interiores.

12.4.1 *A Distribuição de Planck*

A intensidade espectral de um corpo negro é bem conhecida, tendo sido determinada primeiramente por Planck [1]. Ela é

$$I_{\lambda,cn}(\lambda,T) = \frac{2hc_o^2}{\lambda^5[\exp(hc_o/\lambda k_B T) - 1]} \tag{12.29}$$

sendo $h = 6{,}626 \times 10^{-34}$ J · s e $k_B = 1{,}381 \times 10^{-23}$ J/K as constantes universais de Planck e Boltzmann, respectivamente, $c_o = 2{,}998 \times 10^8$ m/s a velocidade da luz no vácuo e T a temperatura *absoluta* do corpo negro (K). Como o corpo negro é um emissor difuso, tem-se da Equação 12.16 que o seu poder emissivo espectral é

$$E_{\lambda,cn}(\lambda,T) = \pi I_{\lambda,cn}(\lambda,T) = \frac{C_1}{\lambda^5[\exp(C_2/\lambda T) - 1]} \tag{12.30}$$

na qual a primeira e a segunda constantes da radiação são $C_1 = 2\pi hc_o^2 = 3{,}742 \times 10^8$ W · μm^4/m^2 e $C_2 = (hc_o/k_B) = 1{,}439 \times 10^4$ μm · K.

A Equação 12.30, conhecida por *distribuição de Planck*, ou *lei de Planck*, está representada na Figura 12.12 para temperaturas selecionadas. Algumas características importantes devem ser observadas.

1. A radiação emitida varia *continuamente* com o comprimento de onda.[1]
2. Em qualquer comprimento de onda, a magnitude da radiação emitida aumenta com o aumento da temperatura.
3. A região espectral na qual a radiação está concentrada depende da temperatura, com, *comparativamente*, mais radiação aparecendo com menores comprimentos de onda na medida em que a temperatura aumenta.

[1] A natureza *contínua* da emissão do corpo negro pode ser determinada *somente* pela consideração dos estados de energia *descontínuos* da matéria atômica. A dedução de Planck da distribuição de intensidades do corpo negro é uma das mais importantes descobertas na física quântica [2].

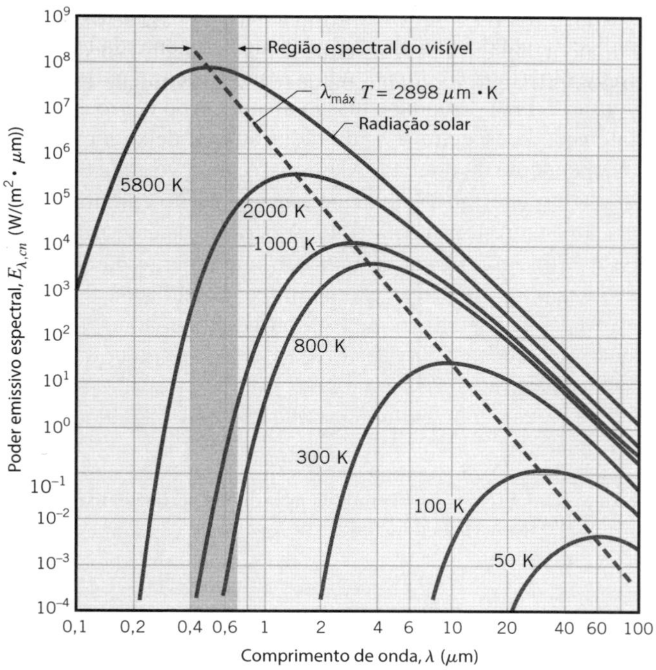

FIGURA 12.12 Poder emissivo espectral de corpos negros.

4. Uma fração significativa da radiação emitida pelo Sol, que pode ser aproximado por um corpo negro a 5800 K, encontra-se na região do visível no espectro. Em contraste, para $T \lesssim 800$ K, a emissão encontra-se predominantemente na região do infravermelho no espectro, não sendo visível a olho humano.

12.4.2 *Lei do Deslocamento de Wien*

Na Figura 12.12, vemos que a distribuição espectral do corpo negro possui um máximo e que o comprimento de onda correspondente a esse máximo $\lambda_{máx}$ depende da temperatura. A natureza dessa dependência pode ser obtida derivando-se a Equação 12.30 em relação a λ e igualando o resultado a zero. Ao fazer isso, obtemos

$$\lambda_{máx} T = C_3 \qquad (12.31)$$

sendo a terceira constante da radiação $C_3 = 2898\ \mu m \cdot K$.

A Equação 12.31 é conhecida por *lei do deslocamento de Wien*, e o lugar geométrico dos pontos descritos por essa lei está representado na forma de uma linha tracejada na Figura 12.12. De acordo com esse resultado, o poder emissivo espectral máximo é deslocado para comprimentos de onda menores com o aumento da temperatura. Essa emissão encontra-se no meio da região do visível no espectro ($\lambda \approx 0{,}50\ \mu m$) para a radiação solar, uma vez que o Sol emite aproximadamente como um corpo negro a 5800 K. Para um corpo negro a 1000 K, o pico da emissão ocorre em 2,90 μm, com parte da radiação emitida sendo visível como luz vermelha. Com o aumento da temperatura, os menores comprimentos de onda se tornam mais expressivos, até que finalmente tem-se uma emissão significativa ao longo de todo o espectro visível. Por exemplo, uma lâmpada com filamento de tungstênio, operando a 2900 K ($\lambda_{máx} = 1\ \mu m$), emite luz branca, embora a maior parte de sua emissão esteja na região do infravermelho.

12.4.3 *A Lei de Stefan-Boltzmann*

Substituindo a distribuição de Planck, Equação 12.30, na Equação 12.14, o poder emissivo total de um corpo negro E_{cn} pode ser representado por

$$E_{cn} = \int_0^{\infty} \frac{C_1}{\lambda^5[\exp(C_2/\lambda T) - 1]} d\lambda$$

Efetuando a integração, pode ser mostrado que

$$E_{cn} = \sigma T^4 \qquad (12.32)$$

em que a *constante de Stefan-Boltzmann*, que depende de C_1 e C_2, possui o valor numérico de

$$\sigma = 5{,}670 \times 10^{-8}\ W/(m^2 \cdot K^4)$$

Esse resultado simples, porém, importante, é conhecido por *lei de Stefan-Boltzmann*. Ela permite calcular a quantidade de radiação emitida em todas as direções e ao longo de todos os comprimentos de onda simplesmente a partir do conhecimento da temperatura do corpo negro. Como essa emissão é difusa, tem-se da Equação 12.17 que a intensidade total associada à emissão de um corpo negro é

$$I_{cn} = \frac{E_{cn}}{\pi} \qquad (12.33)$$

12.4.4 *Emissão em uma Banda*

Para levar em conta efeitos espectrais, com frequência é necessário conhecer a fração da emissão total de um corpo negro que se encontra no interior de um certo intervalo de comprimentos de onda ou *banda*. Para uma dada temperatura e o intervalo compreendido entre 0 e λ, essa fração é determinada pela razão entre a seção sombreada e a área total sob a curva mostrada na Figura 12.13. Assim,

$$F_{(0\rightarrow\lambda)} \equiv \frac{\int_0^{\lambda} E_{\lambda,cn}\, d\lambda}{\int_0^{\infty} E_{\lambda,cn}\, d\lambda} = \frac{\int_0^{\lambda} E_{\lambda,cn}\, d\lambda}{\sigma T^4} = \int_0^{\lambda T} \frac{E_{\lambda,cn}}{\sigma T^5} d(\lambda T) = f(\lambda T) \qquad (12.34)$$

Como o integrando $(E_{\lambda,cn}/(\sigma T^5))$ é exclusivamente uma função do produto entre o comprimento de onda e a temperatura λT, a integral da Equação 12.34 pode ser avaliada para se

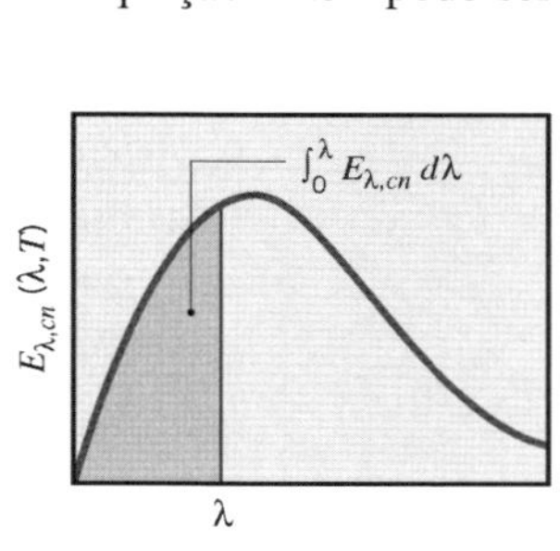

FIGURA 12.13 Emissão de radiação a partir de um corpo negro na banda espectral de 0 a λ.

obter $F_{(0 \to \lambda)}$ como uma função apenas de λT. Os resultados são apresentados na Tabela 12.2 e na Figura 12.14. Eles também podem ser usados para se obter a fração da radiação que se encontra entre quaisquer dois comprimentos de onda λ_1 e λ_2, uma vez que

$$F_{(\lambda_1 \to \lambda_2)} = \frac{\int_0^{\lambda_2} E_{\lambda,cn}\, d\lambda - \int_0^{\lambda_1} E_{\lambda,cn} d\lambda}{\sigma T^4} = F_{(0 \to \lambda_2)} - F_{(0 \to \lambda_1)} \tag{12.35}$$

Outras funções de corpo negro estão listadas na terceira e na quarta colunas da Tabela 12.2. A terceira coluna facilita o cálculo da intensidade espectral para um comprimento de onda e uma temperatura especificados. Em vez de calcular essa grandeza a partir da Equação 12.29, ela pode ser obtida simplesmente pela multiplicação do valor apresentado na tabela de $I_{\lambda,cn}/(\sigma T^5)$ por σT^5. A quarta coluna é usada para se obter uma estimativa rápida da razão entre a intensidade espectral em um comprimento de onda qualquer e a intensidade espectral em $\lambda_{máx}$.

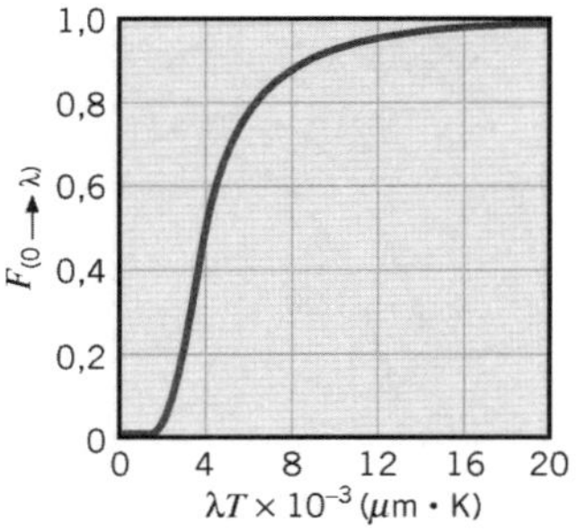

FIGURA 12.14 Fração da emissão total de um corpo negro na banda espectral de 0 a λ como uma função de λT.

TABELA 12.2 Funções da radiação de corpo negro

λT (μm · K)	$F_{(0 \to \lambda)}$	$I_{\lambda,cn}(\lambda, T)/\sigma T^5$ (μm · K · sr)$^{-1}$	$\dfrac{I_{\lambda,cn}(\lambda, T)}{I_{\lambda,cn}(\lambda_{máx}, T)}$
200	0,000000	$0{,}375034 \times 10^{-27}$	0,000000
400	0,000000	$0{,}490335 \times 10^{-13}$	0,000000
600	0,000000	$0{,}104046 \times 10^{-8}$	0,000014
800	0,000016	$0{,}991126 \times 10^{-7}$	0,001372
1.000	0,000321	$0{,}118505 \times 10^{-5}$	0,016406
1.200	0,002134	$0{,}523927 \times 10^{-5}$	0,072534
1.400	0,007790	$0{,}134411 \times 10^{-4}$	0,186082
1.600	0,019718	0,249130	0,344904
1.800	0,039341	0,375568	0,519949
2.000	0,066728	0,493432	0,683123
2.200	0,100888	$0{,}589649 \times 10^{-4}$	0,816329
2.400	0,140256	0,658866	0,912155
2.600	0,183120	0,701292	0,970891
2.800	0,227897	0,720239	0,997123
2.898	0,250108	$0{,}722318 \times 10^{-4}$	1,000000
3.000	0,273232	$0{,}720254 \times 10^{-4}$	0,997143
3.200	0,318102	0,705974	0,977373
3.400	0,361735	0,681544	0,943551
3.600	0,403607	0,650396	0,900429
3.800	0,443382	$0{,}615225 \times 10^{-4}$	0,851737
4.000	0,480877	0,578064	0,800291
4.200	0,516014	0,540394	0,748139
4.400	0,548796	0,503253	0,696720
4.600	0,579280	0,467343	0,647004
4.800	0,607559	0,433109	0,599610
5.000	0,633747	0,400813	0,554898
5.200	0,658970	$0{,}370580 \times 10^{-4}$	0,513043
5.400	0,680360	0,342445	0,474092
5.600	0,701046	0,316376	0,438002
5.800	0,720158	0,292301	0,404671

(*continua*)

TABELA 12.2 Funções da radiação de corpo negro (*continuação*)

λT (μm · K)	$F_{(0 \to \lambda)}$	$I_{\lambda,cn}(\lambda, T)/\sigma T^5$ (μm · K · sr)$^{-1}$	$\dfrac{I_{\lambda,cn}(\lambda, T)}{I_{\lambda,cn}(\lambda_{máx}, T)}$
6.000	0,737818	0,270121	0,373965
6.200	0,754140	$0,249723 \times 10^{-4}$	0,345724
6.400	0,769234	0,230985	0,319783
6.600	0,783199	0,213786	0,295973
6.800	0,796129	0,198008	0,274128
7.000	0,808109	0,183534	0,254090
7.200	0,819217	$0,170256 \times 10^{-4}$	0,235708
7.400	0,829527	0,158073	0,218842
7.600	0,839102	0,146891	0,203360
7.800	0,848005	0,136621	0,189143
8.000	0,856288	0,127185	0,176079
8.500	0,874608	$0,106772 \times 10^{-4}$	0,147819
9.000	0,890029	$0,901463 \times 10^{-5}$	0,124801
9.500	0,903085	0,765338	0,105956
10.000	0,914199	$0,653279 \times 10^{-5}$	0,090442
10.500	0,923710	0,560522	0,077600
11.000	0,931890	0,483321	0,066913
11.500	0,939959	0,418725	0,057970
12.000	0,945098	$0,364394 \times 10^{-5}$	0,050448
13.000	0,955139	0,279457	0,038689
14.000	0,962898	0,217641	0,030131
15.000	0,969981	$0,171866 \times 10^{-5}$	0,023794
16.000	0,973814	0,137429	0,019026
18.000	0,980860	$0,908240 \times 10^{-6}$	0,012574
20.000	0,985602	0,623310	0,008629
25.000	0,992215	0,276474	0,003828
30.000	0,995340	$0,140469 \times 10^{-6}$	0,001945
40.000	0,997967	$0,473891 \times 10^{-7}$	0,000656
50.000	0,998953	0,201605	0,000279
75.000	0,999713	$0,418597 \times 10^{-8}$	0,000058
100.000	0,999905	0,135752	0,000019

EXEMPLO 12.3

Determine uma expressão para o fluxo térmico radiante líquido na superfície do pequeno objeto sólido da Figura 12.1 em termos das temperaturas da superfície e da vizinhança e da constante de Stefan-Boltzmann. O objeto pequeno é um corpo negro.

SOLUÇÃO

Dados: Temperatura superficial de um pequeno corpo negro, T_s, e a temperatura da vizinhança, T_{viz}.

Achar: Expressão para o fluxo radiante líquido na superfície do objeto pequeno, q''_{rad}.

Consideração: Objeto pequeno recebe irradiação de corpo negro.

Esquema:

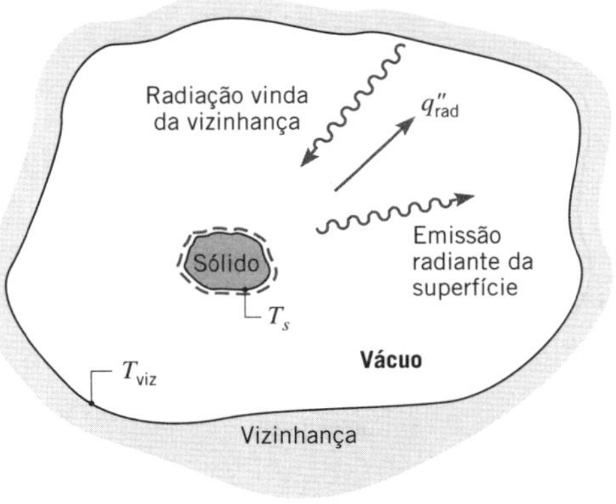

Análise: Como não há reflexão da radiação no objeto pequeno, a Equação 12.28 pode ser escrita na forma

$$q''_{rad} = \int_0^{\infty}\int_0^{2\pi}\int_0^{\pi/2} I_{\lambda,e}(\lambda, \theta, \phi) \cos\theta \text{ sen } \theta \, d\theta \, d\phi \, d\lambda$$
$$- \int_0^{\infty}\int_0^{2\pi}\int_0^{\pi/2} I_{\lambda,i}(\lambda, \theta, \phi) \cos\theta \text{ sen } \theta \, d\theta \, d\phi \, d\lambda \quad (1)$$

A intensidade emitida pelo objeto pequeno corresponde à de um corpo negro. Assim,

$$I_{\lambda,e}(\lambda, \theta, \phi) = I_{\lambda,cn}(\lambda, T_s) \quad (2)$$

A intensidade correspondente à irradiação também é de um corpo negro. Consequentemente,

$$I_{\lambda,i}(\lambda, \theta, \phi) = I_{\lambda,cn}(\lambda, T_{viz}) \quad (3)$$

Como a intensidade de um corpo negro é difusa, ela é independente dos ângulos θ e ϕ. Assim, substituindo as Equações 2 e 3 na Equação 1, obtém-se

$$q''_{rad} = \int_0^{2\pi}\int_0^{\pi/2} \cos\theta \text{ sen } \theta \, d\theta \, d\phi \times \int_0^{\infty} I_{\lambda,cn}(\lambda, T_{viz}) \, d\lambda$$
$$- \int_0^{2\pi}\int_0^{\pi/2} \cos\theta \text{ sen } \theta \, d\theta \, d\phi \times \int_0^{\infty} I_{\lambda,cn}(\lambda, T_s) \, d\lambda$$
$$= \pi\left[\int_0^{\infty} I_{\lambda,cn}(\lambda, T_{viz}) \, d\lambda - \int_0^{\infty} I_{\lambda,cn}(\lambda, T_s) \, d\lambda\right]$$

A substituição das Equações 12.32 e 12.33 fornece

$$q''_{rad} = \sigma(T_s^4 - T_{viz}^4) \quad \triangleleft$$

que é idêntica à Equação 1.7 para $\varepsilon = 1$.

EXEMPLO 12.4

Considere um grande recinto (cavidade) isotérmico mantido a uma temperatura uniforme de 2000 K. Calcule o poder emissivo da radiação que emerge de uma pequena abertura na superfície do recinto. Qual é o comprimento de onda λ_1 abaixo do qual estão concentrados 10 % da emissão? Qual é o comprimento de onda λ_2 acima do qual estão concentrados 10 % da emissão? Determine o poder emissivo espectral máximo e o comprimento de onda no qual essa emissão ocorre. Qual é a irradiação incidente sobre um pequeno objeto localizado no interior do recinto?

SOLUÇÃO

Dados: Grande recinto isotérmico mantido a uma temperatura uniforme.

Achar:

1. Poder emissivo em uma pequena abertura no recinto.
2. Comprimentos de onda abaixo e acima dos quais estão concentrados 10 % da radiação.
3. Poder emissivo espectral e comprimento de onda associados à máxima emissão.
4. Irradiação sobre um pequeno objeto no interior do recinto.

Esquema:

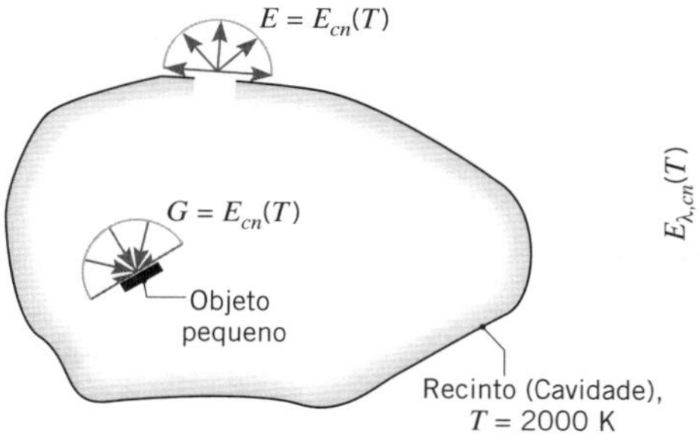

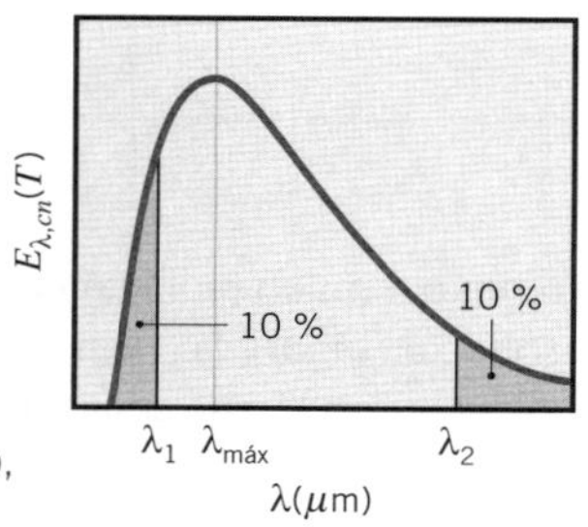

Consideração: As áreas da abertura e do objeto são muito pequenas quando comparadas à superfície do recinto.

Análise:

1. A emissão a partir de abertura em qualquer cavidade isotérmica irá possuir as características da radiação de um corpo negro. Dessa forma, pela Equação 12.32,

$$E = E_{cn}(T) = \sigma T^4 = 5{,}670 \times 10^{-8} \text{ W/(m}^2 \cdot \text{K}^4\text{)} (2000 \text{ K})^4$$

$$E = 9{,}07 \times 10^5 \text{ W/m}^2 \quad \triangleleft$$

2. O comprimento de onda λ_1 corresponde ao limite superior da banda espectral ($0 \rightarrow \lambda_1$) que contém 10 % da radiação emitida. Com $F_{(0\rightarrow\lambda_1)} = 0{,}10$, tem-se na Tabela 12.2 que $\lambda_1 T = 2195\ \mu\text{m} \cdot \text{K}$. Assim,

$$\lambda_1 = 1{,}1\ \mu\text{m} \quad \triangleleft$$

O comprimento de onda λ_2 corresponde ao limite inferior da banda espectral ($\lambda_2 \rightarrow \infty$) que contém 10 % da radiação emitida. Com

$$F_{(\lambda_2\rightarrow\infty)} = 1 - F_{(0\rightarrow\lambda_2)} = 0{,}1$$
$$F_{(0\rightarrow\lambda_2)} = 0{,}9$$

tem-se na Tabela 12.2 que $\lambda_2 T = 9382\ \mu\text{m} \cdot \text{K}$. Dessa forma,

$$\lambda_2 = 4{,}69\ \mu\text{m} \quad \triangleleft$$

3. Pela lei do deslocamento de Wien, Equação 12.31, $\lambda_{\text{máx}} T = 2898\ \mu\text{m} \cdot \text{K}$. Assim,

$$\lambda_{\text{máx}} = 1{,}45\ \mu\text{m} \quad \triangleleft$$

O poder emissivo espectral associado a esse comprimento de onda pode ser calculado pela Equação 12.30 ou a partir da terceira coluna da Tabela 12.2. Para $\lambda_{\text{máx}} T = 2898\ \mu\text{m} \cdot \text{K}$, tem-se na Tabela 12.2 que

$$I_{\lambda,cn}(1{,}45\ \mu\text{m}, T) = 0{,}722 \times 10^{-4}\sigma T^5$$

Donde

$$I_{\lambda,cn}(1{,}45\ \mu\text{m}, 2000\ \text{K}) = 0{,}722 \times 10^{-4}\,(\mu\text{m}\cdot\text{K}\cdot\text{sr})^{-1} \times 5{,}67 \times 10^{-8}\ \text{W/(m}^2\cdot\text{K}^4)\,(2000\ \text{K})^5$$
$$I_{\lambda,cn}(1{,}45\ \mu\text{m}, 2000\ \text{K}) = 1{,}31 \times 10^5\ \text{W/(m}^2\cdot\text{sr}\cdot\mu\text{m})$$

Como a emissão é difusa, tem-se pela Equação 12.16 que

$$E_{\lambda,cn} = \pi I_{\lambda,cn} = 4{,}12 \times 10^5\ \text{W/(m}^2\cdot\mu\text{m}) \quad \triangleleft$$

4. A irradiação sobre qualquer objeto pequeno no interior do recinto pode ser aproximada como igual à emissão de um corpo negro na temperatura da superfície do recinto. Dessa forma, $G = E_{cn}(T)$, e nesse caso

$$G = 9{,}07 \times 10^5\ \text{W/m}^2 \quad \triangleleft$$

EXEMPLO 12.5

Uma superfície emite como um corpo negro a 1500 K. Qual é a taxa, por unidade de área (W/m²), na qual ela emite radiação em todas as direções que correspondem a $0° \leq \theta \leq 60°$ e no intervalo de comprimentos de onda $2\ \mu\text{m} \leq \lambda \leq 4\ \mu\text{m}$?

SOLUÇÃO

Dados: Temperatura de uma superfície que emite como um corpo negro.

Achar: Taxa de emissão por unidade de área em todas as direções entre $\theta = 0°$ e $60°$, e em todos comprimentos de onda entre $\lambda = 2$ e $4\ \mu\text{m}$.

Esquema:

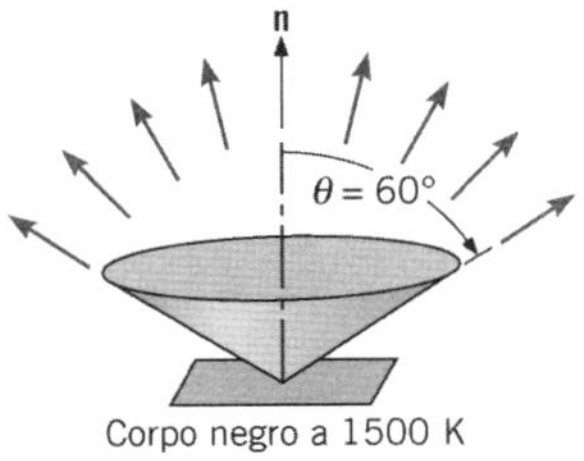

Consideração: A superfície emite como um corpo negro.

Análise: A emissão desejada pode ser inferida da Equação 12.15, com os limites de integração restritos como se segue:

$$\Delta E = \int_2^4 \int_0^{2\pi} \int_0^{\pi/3} I_{\lambda,cn} \cos\theta \,\text{sen}\,\theta \, d\theta \, d\phi \, d\lambda$$

ou, como um corpo negro emite de forma difusa,

$$\Delta E = \int_2^4 I_{\lambda,cn}\left(\int_0^{2\pi}\int_0^{\pi/3} \cos\theta \,\text{sen}\,\theta \, d\theta \, d\phi\right) d\lambda$$

$$\Delta E = \int_2^4 I_{\lambda,cn}\left(2\pi \frac{\text{sen}^2\theta}{2}\bigg|_0^{\pi/3}\right) d\lambda = 0{,}75\int_2^4 \pi I_{\lambda,cn}\, d\lambda$$

Substituindo a Equação 12.16 e multiplicando e dividindo por E_{cn}, esse resultado pode ser colocado em uma forma que permite o uso da Tabela 12.2 na avaliação da integração espectral. Em particular,

$$\Delta E = 0{,}75 E_{cn} \int_2^4 \frac{E_{\lambda,cn}}{E_{cn}}\, d\lambda = 0{,}75 E_{cn}[F_{(0\rightarrow 4)} - F_{(0\rightarrow 2)}]$$

na qual, da Tabela 12.2,

$$\lambda_1 T = 2\ \mu\text{m} \times 1500\ \text{K} = 3000\ \mu\text{m}\cdot\text{K}: \qquad F_{(0\rightarrow 2)} = 0{,}273$$
$$\lambda_2 T = 4\ \mu\text{m} \times 1500\ \text{K} = 6000\ \mu\text{m}\cdot\text{K}: \qquad F_{(0\rightarrow 4)} = 0{,}738$$

Assim,

$$\Delta E = 0{,}75(0{,}738 - 0{,}273)E_{cn}$$
$$= 0{,}75(0{,}465)E_{cn}$$

Da Equação 12.31, tem-se, então, que

$$\Delta E = 0{,}75(0{,}465)5{,}67 \times 10^{-8}\ \text{W/(m}^2\cdot\text{K}^4)(1500\ \text{K})^4$$
$$= 10^5\ \text{W/m}^2 \quad \triangleleft$$

Comentário: O poder emissivo hemisférico total é reduzido em 25 % e 53,5 % em razão das restrições direcional e espectral, respectivamente.

12.5 Emissão de Superfícies Reais

Tendo desenvolvido a noção de um corpo negro para descrever o comportamento de uma superfície *ideal*, podemos agora analisar o comportamento de superfícies reais. Lembre-se de que o corpo negro é um emissor ideal no sentido de que nenhuma superfície pode emitir mais radiação do que um corpo negro à mesma temperatura. É, portanto, conveniente escolher o corpo negro como referência ao se descrever a emissão de uma superfície real. Uma propriedade radiante da superfície conhecida por *emissividade*[2] pode, então, ser definida como a *razão* entre a radiação emitida pela superfície e a radiação emitida por um corpo negro à mesma temperatura.

É importante reconhecer que, em geral, a radiação espectral emitida por uma superfície real difere da distribuição de Planck (Figura 12.15*a*). Além disso, a distribuição direcional (Figura 12.15*b*) pode ser diferente da difusa. Dessa forma, a emissividade pode assumir diferentes valores de acordo com o fato de se estar interessado na emissão em um dado comprimento de onda ou em uma dada direção, ou então em médias integradas ao longo de comprimentos de onda e direções.

A emissividade que leva em conta a emissão em todos os comprimentos de onda e em todas as direções é a emissividade *hemisférica total*, que é a razão entre o poder emissivo total de uma superfície real, $E(T)$, e o poder emissivo total de um corpo negro na mesma temperatura, $E_{cn}(T)$. Isto é,

$$\varepsilon(T) \equiv \frac{E(T)}{E_{cn}(T)} \tag{12.36}$$

Se a emissividade hemisférica total de uma superfície for conhecida, é uma questão simples representar o seu poder emissivo em termos do poder emissivo de um corpo negro a partir da combinação da Equação 12.36 com a Equação 12.32, ou seja,

$$E(T) = \varepsilon(T)E_{cn}(T) = \varepsilon(T)\sigma T^4 \tag{12.37}$$

Apesar de a Equação 12.37 ser simples na forma, sua simplicidade é ilusória, pois $\varepsilon(T)$ depende das características direcional e espectral da emissão da superfície. Para desenvolver um entendimento apropriado da Equação 12.37, definimos a *emissividade direcional espectral* $\varepsilon_{\lambda,\theta}(\lambda, \theta, \phi, T)$ de uma superfície na temperatura T como a razão entre a intensidade da radiação emitida no comprimento de onda λ e na direção de θ e ϕ, e a intensidade da radiação emitida por um corpo negro nos mesmos valores de T e λ. Assim

$$\varepsilon_{\lambda,\theta}(\lambda, \theta, \phi, T) \equiv \frac{I_{\lambda,e}(\lambda, \theta, \phi, T)}{I_{\lambda,cn}(\lambda, T)} \tag{12.38}$$

Note como os subscritos λ e θ designam o interesse em um comprimento de onda e em uma direção específicos para a emissividade. Ao contrário, os termos que aparecem entre parênteses designam a dependência funcional em relação ao comprimento de onda, à direção e/ou à temperatura. A ausência de variáveis direcionais nos parênteses do denominador da Equação 12.38 implica que a intensidade é independente da direção, o que é, naturalmente, uma característica da emissão de um corpo negro. De maneira semelhante, uma *emissividade direcional total* ε_θ, que representa uma média espectral de $\varepsilon_{\lambda,\theta}$, pode ser definida como

$$\varepsilon_\theta(\theta, \phi, T) \equiv \frac{I_e(\theta, \phi, T)}{I_{cn}(T)} \tag{12.39}$$

Na maioria dos cálculos em engenharia, deseja-se trabalhar com propriedades superficiais que representam médias direcionais. Uma *emissividade hemisférica espectral* é, portanto, definida como

$$\varepsilon_\lambda(\lambda, T) \equiv \frac{E_\lambda(\lambda, T)}{E_{\lambda,cn}(\lambda, T)} \tag{12.40}$$

Ela pode ser relacionada com a emissividade direcional $\varepsilon_{\lambda,\theta}$ pela substituição da expressão para o poder emissivo espectral, Equação 12.13, obtendo-se

$$\varepsilon_\lambda(\lambda, T) = \frac{\int_0^{2\pi}\int_0^{\pi/2} I_{\lambda,e}(\lambda, \theta, \phi, T)\cos\theta \operatorname{sen}\theta \, d\theta \, d\phi}{\int_0^{2\pi}\int_0^{\pi/2} I_{\lambda,cn}(\lambda, T)\cos\theta \operatorname{sen}\theta \, d\theta \, d\phi}$$

[2] Neste texto, usamos o sufixo *-ividade*, em lugar de *-ância*, para as propriedades radiantes dos materiais (por exemplo, "emissividade" em vez de "emitância"). Embora tenham sido feitos esforços para reservar o sufixo *-ividade* para superfícies não contaminadas, oticamente lisas, tal distinção não é feita em muitos textos na literatura, de forma que também nenhuma distinção é feita no presente texto.

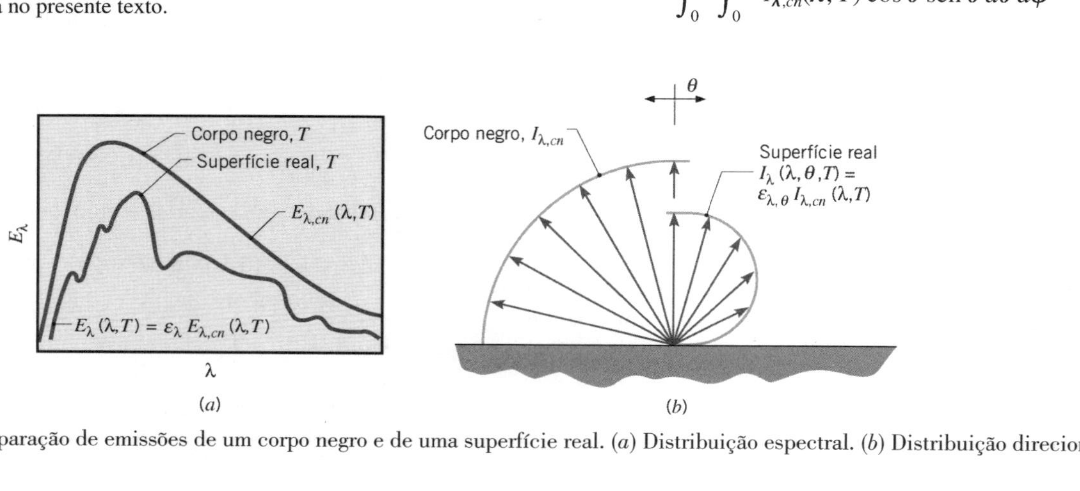

FIGURA 12.15 Comparação de emissões de um corpo negro e de uma superfície real. (*a*) Distribuição espectral. (*b*) Distribuição direcional.

Ao contrário do que acontece na Equação 12.13, agora a dependência da emissão em relação à temperatura é reconhecida. Pela Equação 12.38 e como $I_{\lambda,cn}$ é independente de θ e ϕ, tem-se que

$$\varepsilon_\lambda(\lambda, T) = \frac{\int_0^{2\pi}\int_0^{\pi/2} \varepsilon_{\lambda,\theta}(\lambda, \theta, \phi, T)\cos\theta \operatorname{sen}\theta\, d\theta\, d\phi}{\int_0^{2\pi}\int_0^{\pi/2} \cos\theta \operatorname{sen}\theta\, d\theta\, d\phi} \quad (12.41)$$

Considerando $\varepsilon_{\lambda,\theta}$ independente de ϕ, o que é uma hipótese razoável para a maioria das superfícies, e calculando o denominador, obtemos

$$\varepsilon_\lambda(\lambda, T) = 2\int_0^{\pi/2} \varepsilon_{\lambda,\theta}(\lambda, \theta, T)\cos\theta \operatorname{sen}\theta\, d\theta \quad (12.42)$$

A *emissividade hemisférica total*, que representa uma média em todas as direções e comprimentos de onda possíveis, é definida na Equação 12.36. Substituindo as Equações 12.14 e 12.40 na Equação 12.36, tem-se que

$$\varepsilon(T) = \frac{\int_0^{\infty} \varepsilon_\lambda(\lambda, T) E_{\lambda,cn}(\lambda, T)\, d\lambda}{E_{cn}(T)} \quad (12.43)$$

Se as emissividades de uma superfície foram conhecidas, é uma questão simples calcular as características da sua emissão. Por exemplo, se $\varepsilon_\lambda(\lambda, T)$ for conhecido, ele pode ser usado com as Equações 12.30 e 12.40 para determinar o poder emissivo espectral da superfície em quaisquer comprimento de onda e temperatura,

$$E_\lambda(\lambda, T) = \varepsilon_\lambda(\lambda, T) E_{\lambda,cn}(\lambda, T) = \frac{C_1 \varepsilon_\lambda(\lambda, T)}{\lambda^5[\exp(C_2/\lambda T) - 1]} \quad (12.44)$$

Como observado anteriormente, se $\varepsilon(T)$ for conhecida, ela pode ser usada para calcular o poder emissivo da superfície em qualquer temperatura, como na Equação 12.37. Foram efetuadas medições para determinar essas propriedades de muitos materiais e diversos revestimentos superficiais.

A emissividade direcional de um *emissor difuso* é uma constante, independente da direção. Entretanto, embora essa condição seja frequentemente uma *aproximação* razoável, todas as superfícies exibem algum desvio do comportamento difuso. Variações representativas de ε_θ em função de θ são mostradas esquematicamente na Figura 12.16 para materiais condutores e materiais não condutores. Para condutores, ε_θ é aproximadamente constante na faixa de $\theta \lesssim 40°$, acima da qual ela aumenta com o aumento de θ, posteriormente decaindo para zero. Ao contrário, para materiais não condutores, ε_θ é aproximadamente constante para $\theta \lesssim 70°$, além do que ela diminui rapidamente com o aumento de θ. Uma implicação dessas variações é que, embora existam direções preferenciais para a emissão, a emissividade hemisférica ε não irá diferir acentuadamente do valor da emissividade normal à superfície ε_n, que corresponde a $\theta = 0$. Na realidade, a razão raramente se situa fora do intervalo $1{,}0 \leq (\varepsilon/\varepsilon_n) \leq 1{,}3$ para materiais condutores e do intervalo $0{,}95 \leq (\varepsilon/\varepsilon_n) \leq 1{,}0$ para materiais não condutores. Assim, com uma aproximação razoável,

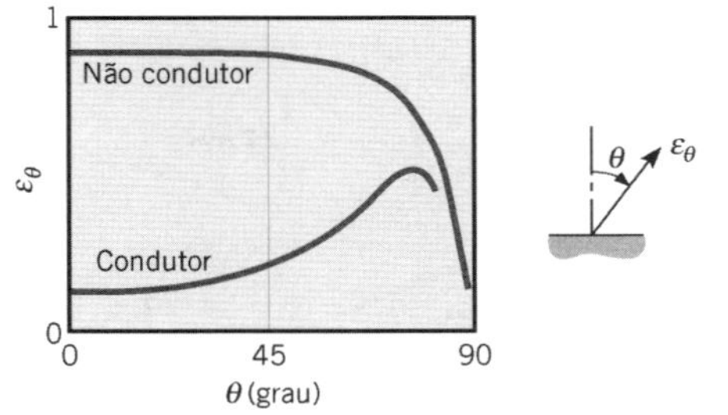

FIGURA 12.16 Distribuições direcionais representativas da emissividade direcional total.

$$\varepsilon \approx \varepsilon_n \quad (12.45)$$

Note que, embora as considerações anteriores tenham sido feitas para a emissividade total, elas também se aplicam às componentes espectrais.

Como a distribuição espectral da emissão de superfícies reais se afasta da distribuição de Planck (Figura 12.15*a*), não esperamos que o valor da emissividade espectral ε_λ seja independente do comprimento de onda. Algumas distribuições espectrais representativas de ε_λ são mostradas na Figura 12.17. A forma na qual ε_λ varia com λ depende se o sólido é um condutor ou não condutor, assim como da natureza do revestimento da superfície.

Valores representativos da emissividade normal total ε_n são representados nas Figuras 12.18 e 12.19, e listadas na Tabela A.11. Várias generalizações podem ser feitas.

1. A emissividade de superfícies metálicas é geralmente pequena, atingindo valores da ordem de 0,02 para superfícies altamente polidas de ouro e de prata.
2. A presença de camadas de óxidos pode aumentar significativamente a emissividade de superfícies metálicas. Na Figura 12.18, compare os valores de 0,3 e 0,7 para o aço inoxidável a 900 K, dependendo do fato de ele estar polido ou muito oxidado.
3. A emissividade de materiais não condutores é comparativamente maior, sendo, em geral, superior a 0,6.
4. A emissividade de condutores aumenta com o aumento da temperatura; entretanto, dependendo do material, a emissividade de não condutores pode tanto aumentar como diminuir com o aumento da temperatura. Note que as variações de ε_n com T apresentadas na Figura 12.18 são consistentes com as distribuições espectrais de $\varepsilon_{\lambda,n}$ mostradas na Figura 12.17. Essas tendências seguem a Equação 12.43. Embora a distribuição espectral de $\varepsilon_{\lambda,n}$ seja aproximadamente independente da temperatura, há proporcionalmente uma maior emissão em menores comprimentos de onda com o aumento da temperatura. Dessa forma, se para um material em particular $\varepsilon_{\lambda,n}$ aumenta com a diminuição do comprimento de onda, ε_n irá aumentar com o aumento da temperatura para esse material.

Deve ser reconhecido que a emissividade depende fortemente da natureza da superfície, que pode ser influenciada pelo método de fabricação, seu ciclo térmico e reações químicas com o ambiente. Compilações mais abrangentes a respeito da emissividade de superfícies estão disponíveis na literatura [3–6].

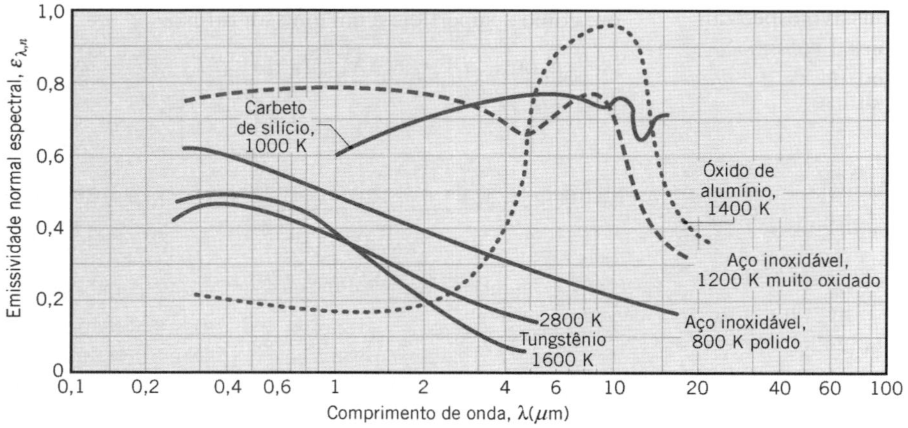

FIGURA 12.17 Dependência espectral da emissividade normal espectral $\varepsilon_{\lambda,n}$ de materiais selecionados.

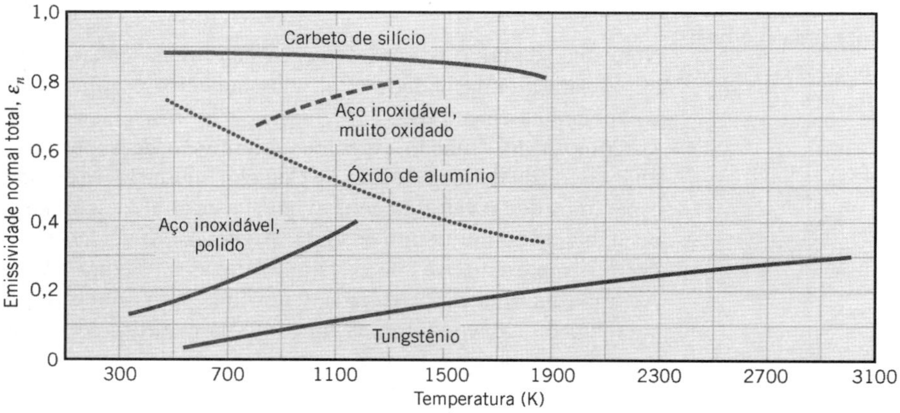

FIGURA 12.18 Dependência com a temperatura da emissividade normal total ε_n de materiais selecionados.

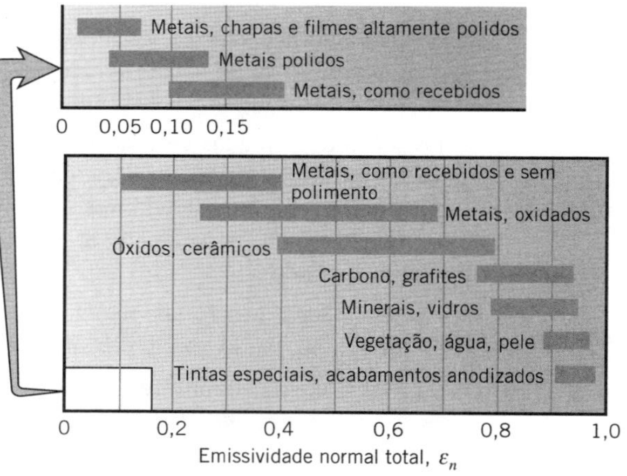

FIGURA 12.19 Valores representativos da emissividade normal total ε_n.

EXEMPLO 12.6

Uma superfície difusa a 1600 K possui a emissividade hemisférica espectral mostrada na figura.

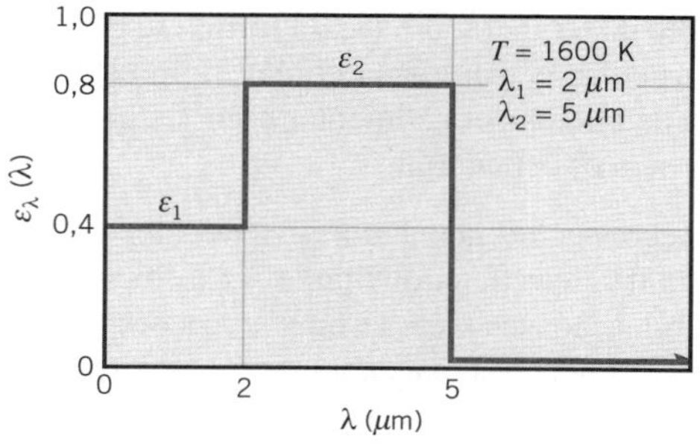

Determine a emissividade hemisférica total e o poder emissivo total. Em qual comprimento de onda o poder emissivo espectral atinge o seu valor máximo?

SOLUÇÃO

Dados: Emissividade hemisférica espectral de uma superfície difusa a 1600 K.

Achar:

1. Emissividade hemisférica total.
2. Poder emissivo total.

3. Comprimento de onda no qual o poder emissivo espectral atinge o valor máximo.

Consideração: A superfície é um emissor difuso.

Análise:

1. A emissividade hemisférica total é dada pela Equação 12.43, cuja integração pode ser efetuada por partes como se segue:

$$\varepsilon = \frac{\int_0^\infty \varepsilon_\lambda E_{\lambda,cn}\, d\lambda}{E_{cn}} = \frac{\varepsilon_1 \int_0^2 E_{\lambda,cn}\, d\lambda}{E_{cn}} + \frac{\varepsilon_2 \int_2^5 E_{\lambda,cn}\, d\lambda}{E_{cn}}$$

ou

$$\varepsilon = \varepsilon_1 F_{(0 \to 2\,\mu\text{m})} + \varepsilon_2 [F_{(0 \to 5\,\mu\text{m})} - F_{(0 \to 2\,\mu\text{m})}]$$

Na Tabela 12.2, obtemos

$$\lambda_1 T = 2\,\mu\text{m} \times 1600\,\text{K} = 3200\,\mu\text{m}\cdot\text{K}: \quad F_{(0 \to 2\,\mu\text{m})} = 0{,}318$$

$$\lambda_2 T = 5\,\mu\text{m} \times 1600\,\text{K} = 8000\,\mu\text{m}\cdot\text{K}: \quad F_{(0 \to 5\,\mu\text{m})} = 0{,}856$$

Portanto,

$$\varepsilon = 0{,}4 \times 0{,}318 + 0{,}8[0{,}856 - 0{,}318] = 0{,}558 \quad \triangleleft$$

2. Da Equação 12.36, o poder emissivo total é

$$E = \varepsilon E_b = \varepsilon \sigma T^4$$

$$E = 0{,}558(5{,}67 \times 10^{-8}\,\text{W/(m}^2\cdot\text{K}^4))(1600\,\text{K})^4 = 207\,\text{kW/m}^2 \quad \triangleleft$$

3. Se a superfície emitisse como um corpo negro ou se a sua emissividade fosse uma constante, independente de λ, o comprimento de onda correspondente ao poder emissivo espectral máximo poderia ser obtido pela lei do deslocamento de Wien. Entretanto, como ε_λ varia com λ, não é imediatamente óbvio onde ocorre o pico de emissão. Da Equação 12.31, sabemos que

$$\lambda_{\text{máx}} = \frac{2898\,\mu\text{m}\cdot\text{K}}{1600\,\text{K}} = 1{,}81\,\mu\text{m}$$

O poder emissivo espectral nesse comprimento de onda pode ser obtido usando a Equação 12.40 com a Tabela 12.2. Ou seja,

$$E_\lambda(\lambda_{\text{máx}}, T) = \varepsilon_\lambda(\lambda_{\text{máx}}) E_{\lambda,cn}(\lambda_{\text{máx}}, T)$$

ou, como a superfície é um emissor difuso,

$$E_\lambda(\lambda_{\text{máx}}, T) = \pi \varepsilon_\lambda(\lambda_{\text{máx}}) I_{\lambda,cn}(\lambda_{\text{máx}}, T)$$

$$= \pi \varepsilon_\lambda(\lambda_{\text{máx}}) \frac{I_{\lambda,cn}(\lambda_{\text{máx}}, T)}{\sigma T^5} \times \sigma T^5$$

$$E_\lambda(1{,}81\,\mu\text{m}, 1600\,\text{K}) = \pi \times 0{,}4 \times 0{,}722 \times 10^{-4}\,(\mu\text{m}\cdot\text{K}\cdot\text{sr})^{-1} \times 5{,}67 \times 10^{-8}\,\text{W/(m}^2\cdot\text{K}^4) \times (1600\,\text{K})^5$$

$$= 54\,\text{kW/(m}^2\cdot\mu\text{m)}$$

Como $\varepsilon_\lambda = 0{,}4$ de $\lambda = 0$ até $\lambda = 2\,\mu$m, o resultado anterior fornece o poder emissivo espectral máximo na região $\lambda < 2\,\mu$m. Contudo, com a mudança em ε_λ que ocorre em $\lambda = 2\,\mu$m, o valor de E_λ em $\lambda = 2\,\mu$m pode ser maior do que aquele para $\lambda = 1{,}81\,\mu$m. Para determinar se isto de fato ocorre, calculamos

$$E_\lambda(\lambda_1, T) = \pi \varepsilon_\lambda(\lambda_1) \frac{I_{\lambda,cn}(\lambda_1, T)}{\sigma T^5} \times \sigma T^5$$

na qual, para $\lambda_1 T = 3200\,\mu\text{m}\cdot\text{K}$, $[I_{\lambda,cn}(\lambda_1, T)/(\sigma T^5)] = 0{,}706 \times 10^{-4}\,(\mu\text{m}\cdot\text{K}\cdot\text{sr})^{-1}$. Assim,

$$E_\lambda(2\,\mu\text{m}, 1600\,\text{K}) = \pi \times 0{,}80 \times 0{,}706 \times 10^{-4}\,(\mu\text{m}\cdot\text{K}\cdot\text{sr})^{-1} \times 5{,}67 \times 10^{-8}\,\text{W/(m}^2\cdot\text{K}^4)\,(1600\,\text{K})^5$$

$$E_\lambda(2\,\mu\text{m}, 1600\,\text{K}) = 105{,}5\,\text{kW/(m}^2\cdot\mu\text{m)} > E_\lambda(1{,}81\,\mu\text{m}, 1600\,\text{K})$$

e o pico da emissão ocorre em

$$\lambda = \lambda_1 = 2\,\mu\text{m}$$

Comentário: Para a distribuição espectral especificada de ε_λ, o poder emissivo espectral irá variar com o comprimento de onda conforme ilustrado.

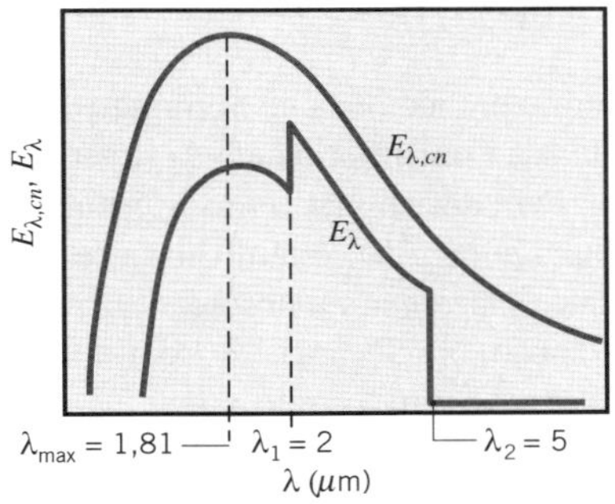

EXEMPLO 12.7

Medições da emissividade direcional espectral de uma superfície metálica a $T = 2000$ K e $\lambda = 1{,}0\,\mu$m fornecem uma distribuição direcional que pode ser aproximada pelo seguinte comportamento:

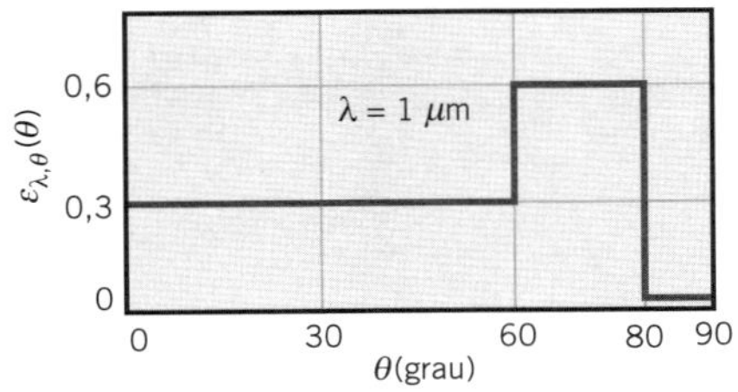

Determine os valores correspondentes para a emissividade normal espectral, para a emissividade hemisférica espectral, para a intensidade espectral da radiação emitida na direção normal e para o poder emissivo espectral.

SOLUÇÃO

Dados: Distribuição direcional de $\varepsilon_{\lambda,\theta}$ em $\lambda = 1\,\mu$m para uma superfície metálica a 2000 K.

Achar:

1. Emissividade normal espectral $\varepsilon_{\lambda,n}$ e emissividade hemisférica espectral ε_λ.

2. Intensidade normal espectral $I_{\lambda,n}$ e poder emissivo espectral E_λ.

Análise:

1. A partir das medições de $\varepsilon_{\lambda,\theta}$ em $\lambda = 1\ \mu$m, vemos que

$$\varepsilon_{\lambda,n} = \varepsilon_{\lambda,\theta}(1\ \mu\text{m}, 0°) = 0{,}3$$

Da Equação 12.42, a emissividade hemisférica espectral é

$$\varepsilon_\lambda(1\ \mu\text{m}) = 2\int_0^{\pi/2} \varepsilon_{\lambda,\theta} \cos\theta \operatorname{sen}\theta\, d\theta$$

ou

$$\varepsilon_\lambda(1\ \mu\text{m}) = 2\left[0{,}3\int_0^{\pi/3} \cos\theta \operatorname{sen}\theta\, d\theta + 0{,}6\int_{\pi/3}^{4\pi/9} \cos\theta \operatorname{sen}\theta\, d\theta\right]$$

$$\varepsilon_\lambda(1\ \mu\text{m}) = 2\left[0{,}3\left.\frac{\operatorname{sen}^2\theta}{2}\right|_0^{\pi/3} + 0{,}6\left.\frac{\operatorname{sen}^2\theta}{2}\right|_{\pi/3}^{4\pi/9}\right]$$

$$= 2\left[\frac{0{,}3}{2}(0{,}75) + \frac{0{,}6}{2}(0{,}97 - 0{,}75)\right]$$

$$\varepsilon_\lambda(1\ \mu\text{m}) = 0{,}36$$

2. Da Equação 12.38, a intensidade espectral da radiação emitida em $\lambda = 1\ \mu$m na direção normal é

$$I_{\lambda,n}(1\ \mu\text{m}, 0°, 2000\ \text{K}) = \varepsilon_{\lambda,\theta}(1\ \mu\text{m}, 0°) I_{\lambda,cn}(1\ \mu\text{m}, 2000\ \text{K})$$

com $\varepsilon_{\lambda,\theta}$ (1 μm, 0°) = 0,3 e $I_{\lambda,cn}$ (1 μm, 2000 K) podendo ser obtido na Tabela 12.2. Para $\lambda T = 2000\ \mu\text{m} \cdot \text{K}$, $(I_{\lambda,cn}/(\sigma T^5)) = 0{,}493 \times 10^{-4}\ (\mu\text{m} \cdot \text{K} \cdot \text{sr})^{-1}$ e

$$I_{\lambda,cn} = 0{,}493 \times 10^{-4}\ (\mu\text{m} \cdot \text{K} \cdot \text{sr})^{-1} \times 5{,}67 \times 10^{-8}\ \text{W/(m}^2 \cdot \text{K}^4)(2000\ \text{K})^5$$

$$I_{\lambda,cn} = 8{,}95 \times 10^4\ \text{W/(m}^2 \cdot \mu\text{m} \cdot \text{sr)}$$

Portanto,

$$I_{\lambda,n}(1\ \mu\text{m}, 0°, 2000\ \text{K}) = 0{,}3 \times 8{,}95 \times 10^4\ \text{W/(m}^2 \cdot \mu\text{m} \cdot \text{sr)}$$

$$I_{\lambda,n}(1\ \mu\text{m}, 0°, 2000\ \text{K}) = 2{,}69 \times 10^4\ \text{W/(m}^2 \cdot \mu\text{m} \cdot \text{sr)} \quad \triangleleft$$

Da Equação 12.40, o poder emissivo espectral em $\lambda = 1\ \mu$m e $T = 2000$ K é

$$E_\lambda(1\ \mu\text{m}, 2000\ \text{K}) = \varepsilon_\lambda(1\ \mu\text{m}) E_{\lambda,cn}(1\ \mu\text{m}, 2000\ \text{K})$$

sendo

$$E_{\lambda,cn}(1\ \mu\text{m}, 2000\ \text{K}) = \pi I_{\lambda,cn}(1\ \mu\text{m}, 2000\ \text{K})$$

$$E_{\lambda,cn}(1\ \mu\text{m}, 2000\ \text{K}) = \pi\ \text{sr} \times 8{,}95 \times 10^4\ \text{W/(m}^2 \cdot \mu\text{m} \cdot \text{sr)}$$

$$= 2{,}81 \times 10^5\ \text{W/(m}^2 \cdot \mu\text{m)}$$

Donde

$$E_\lambda(1\ \mu\text{m}, 2000\ \text{K}) = 0{,}36 \times 2{,}81 \times 10^5\ \text{W/(m}^2 \cdot \mu\text{m)}$$

ou

$$E_\lambda(1\ \mu\text{m}, 2000\ \text{K}) = 1{,}01 \times 10^5\ \text{W/(m}^2 \cdot \mu\text{m)} \quad \triangleleft$$

12.6 Absorção, Reflexão e Transmissão em Superfícies Reais

Na seção anterior, aprendemos que a emissão de uma superfície real está associada a uma propriedade da superfície chamada de emissividade ε. Para determinar o fluxo térmico radiante líquido saindo de uma superfície, é também necessário considerar propriedades que determinam a absorção, a reflexão e a transmissão da irradiação. Na Seção 12.3.3 definimos a *irradiação espectral* G_λ (W/(m^2 · μm)) como a taxa na qual radiação de comprimento de onda λ incide sobre uma superfície por unidade de área da superfície e por unidade de intervalo de comprimento de onda $d\lambda$ no entorno de λ. Ela pode incidir a partir de todas as direções possíveis e ter a sua origem em diversas fontes diferentes. A *irradiação total* G(W/m^2) engloba todas as contribuições espectrais e pode ser avaliada pela Equação 12.19.

Na situação mais geral, a irradiação interage com um *meio semitransparente*, tal como uma camada de água ou uma placa de vidro. Como mostrado na Figura 12.20 para uma componente espectral da irradiação, porções dessa radiação podem ser *refletidas*, *absorvidas* e *transmitidas*. A partir de um balanço da radiação no meio, tem-se que

$$G_\lambda = G_{\lambda,\text{ref}} + G_{\lambda,\text{abs}} + G_{\lambda,\text{tr}} \qquad (12.46)$$

Em geral, a determinação desses componentes é complexa, dependendo das condições nas superfícies superior e inferior, do comprimento de onda da radiação e da composição e espessura do meio. Além disso, as condições podem ser fortemente influenciadas por efeitos *volumétricos* que ocorrem no interior do meio.

Em uma situação mais simples, pertinente à maioria das aplicações em engenharia, o meio é *opaco* à radiação incidente. Nesse caso, $G_{\lambda,\text{tr}} = 0$ e os processos remanescentes de absorção e reflexão podem ser tratados como *fenômenos de superfície*. Isto é, eles são controlados por processos que ocorrem em uma fração de um micrômetro a partir da superfície irradiada. É, portanto, apropriado falar da irradiação sendo absorvida e refletida *pela superfície*, com as magnitudes relativas de $G_{\lambda,\text{abs}}$ e $G_{\lambda,\text{ref}}$ dependendo de λ e da natureza do material da superfície. Não há efeito líquido do processo de reflexão no meio, enquanto a absorção tem o efeito de aumentar a energia interna térmica do meio.

É interessante observar que a absorção e a reflexão na superfície são responsáveis pela nossa percepção de *cor*. A menos que a superfície esteja a uma temperatura elevada ($T_s \gtrsim$ 1000 K), estando, portanto, *incandescente*, a cor em nenhuma

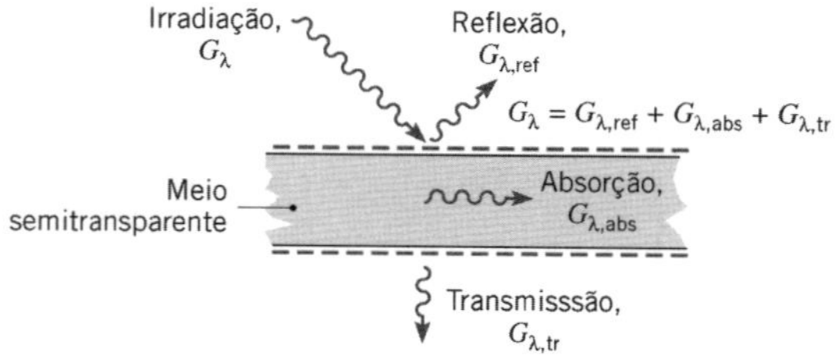

FIGURA 12.20 Processos de absorção, reflexão e transmissão espectrais associados a um meio semitransparente.

hipótese se deve à emissão, que se encontra concentrada na região do infravermelho (IV), sendo, portanto, imperceptível a olho humano. A cor se deve à reflexão e à absorção seletivas da porção visível da irradiação oriunda do Sol ou de uma fonte de luz artificial. Uma camisa é "vermelha" porque contém um pigmento que absorve preferencialmente os componentes azul, verde e amarelo da luz incidente. Assim, as contribuições relativas desses componentes na luz refletida, que é vista pelo olho humano, são diminuídas e o componente vermelho é dominante. De forma semelhante, uma folha é "verde" porque suas células contêm clorofila, um pigmento que apresenta uma forte absorção do azul e do vermelho, e uma reflexão preferencial do verde. Uma superfície aparece "preta" quando absorve toda a radiação visível incidente, e "branca" quando reflete essa radiação. Entretanto, devemos ter cuidado como interpretamos tais efeitos *visuais*. Para uma dada irradiação, a "cor" de uma superfície pode não indicar a sua capacidade global como um absorvedor ou um refletor, uma vez que uma grande parte da irradiação pode estar na região IV. Por exemplo, uma superfície "branca" como a neve é altamente refletiva à radiação visível, porém absorve fortemente radiação IV, aproximando-se, dessa forma, ao comportamento de um corpo negro em maiores comprimentos de onda.

Na Seção 12.2, introduzimos propriedades para caracterizar os processos de absorção, reflexão e transmissão. Em geral, essas propriedades dependem do material da superfície e do seu acabamento, da temperatura superficial e do comprimento de onda e da direção da radiação incidente. Estas propriedades são analisadas nas subseções a seguir.

12.6.1 *Absortividade*

A absortividade é uma propriedade que determina a fração da irradiação que é absorvida por uma superfície. Como a emissividade, ela pode ser caracterizada tanto por uma dependência direcional como por uma dependência espectral. A *absortividade direcional espectral*, $\alpha_{\lambda,\theta}(\lambda, \theta, \phi)$, de uma superfície é definida como a fração da intensidade espectral incidente na direção θ e ϕ que é absorvida pela superfície. Assim,

$$\alpha_{\lambda,\theta}(\lambda, \theta, \phi) \equiv \frac{I_{\lambda,i,\text{abs}}(\lambda, \theta, \phi)}{I_{\lambda,i}(\lambda, \theta, \phi)} \qquad (12.47)$$

Nessa expressão, desprezamos qualquer dependência da absortividade em relação à temperatura superficial. Tal dependência é pequena para a maioria das propriedades radiantes espectrais.

Está implícito no resultado anterior que as superfícies podem exibir uma absorção seletiva em relação ao comprimento de onda e à direção da radiação incidente. Para a maioria dos cálculos de engenharia, contudo, trabalha-se com propriedades superficiais que representam médias direcionais. Consequentemente, definimos uma *absortividade hemisférica espectral* $\alpha_\lambda(\lambda)$ como

$$\alpha_\lambda(\lambda) \equiv \frac{G_{\lambda,\text{abs}}(\lambda)}{G_\lambda(\lambda)} \qquad (12.48)$$

que, utilizando as Equações 12.18 e 12.47, pode ser expressa como

$$\alpha_\lambda(\lambda) = \frac{\int_0^{2\pi}\int_0^{\pi/2} \alpha_{\lambda,\theta}(\lambda, \theta, \phi) I_{\lambda,i}(\lambda, \theta, \phi) \cos\theta \,\text{sen}\,\theta \, d\theta \, d\phi}{\int_0^{2\pi}\int_0^{\pi/2} I_{\lambda,i}(\lambda, \theta, \phi) \cos\theta \,\text{sen}\,\theta \, d\theta \, d\phi} \qquad (12.49)$$

Assim, α_λ depende da distribuição direcional da radiação incidente, bem como de seu comprimento de onda e da natureza da superfície absorvedora. Note que, se a radiação incidente estiver distribuída de forma difusa e $\alpha_{\lambda,\theta}$ for independente de ϕ, a Equação 12.49 se reduz a

$$\alpha_\lambda(\lambda) = 2\int_0^{\pi/2} \alpha_{\lambda,\theta}(\lambda, \theta) \cos\theta \,\text{sen}\,\theta \, d\theta \qquad (12.50)$$

A *absortividade hemisférica total*, α, representa uma média integrada em relação à direção e ao comprimento de onda. Ela é definida como a fração da irradiação total que é absorvida por uma superfície

$$\alpha \equiv \frac{G_{\text{abs}}}{G} \qquad (12.51)$$

e, utilizando as Equações 12.19 e 12.48, pode ser representada por

$$\alpha = \frac{\int_0^\infty \alpha_\lambda(\lambda) G_\lambda(\lambda) \, d\lambda}{\int_0^\infty G_\lambda(\lambda) \, d\lambda} \qquad (12.52)$$

Consequentemente, α depende da distribuição espectral da radiação incidente, assim como de sua distribuição direcional e da natureza da superfície absorvedora. Note que, embora α seja aproximadamente independente da temperatura superficial, o mesmo não pode ser dito a respeito da emissividade hemisférica total, ε. Na Equação 12.43 fica evidente que essa propriedade apresenta uma forte dependência em relação à temperatura.

Como α depende da distribuição espectral da irradiação, seu valor para uma superfície exposta à radiação solar pode diferir significativamente de seu valor para a mesma superfície quando exposta a uma radiação com maiores comprimentos de onda, originada em uma fonte a uma temperatura mais baixa. Como a distribuição espectral da radiação solar é praticamente proporcional à da emissão de um corpo negro a 5800 K, tem-se pela Equação 12.52 que a absortividade total para a radiação solar α_S pode ser aproximada por

$$\alpha_S \approx \frac{\int_0^\infty \alpha_\lambda(\lambda) E_{\lambda,cn}(\lambda, 5800\text{ K}) \, d\lambda}{\int_0^\infty E_{\lambda,cn}(\lambda, 5800\text{ K}) \, d\lambda} \qquad (12.53)$$

As integrais que aparecem nessa equação podem ser calculadas utilizando-se a função de radiação de corpo negro, $F_{(0\to\lambda)}$, da Tabela 12.2.

12.6.2 *Refletividade*

Superfícies podem ser idealizadas como *difusas* ou *especulares*, de acordo com a forma como refletem radiação (Figura 12.21). Reflexão difusa ocorre se, independentemente da direção da radiação incidente, a intensidade da radiação refletida for independente do ângulo de reflexão. Por outro lado, se toda a reflexão for na direção de θ_2, que é igual ao ângulo de incidência θ_1, diz-se ocorrer reflexão especular. Embora nenhuma superfície seja perfeitamente difusa ou especular, a última condição é aproximada mais de perto por superfícies polidas, que parecem espelhos, enquanto a primeira condição é aproximada por superfícies rugosas. A hipótese de reflexão difusa é razoável para a maioria das aplicações de engenharia.

A refletividade é uma propriedade que determina a fração da radiação incidente que é refletida por uma superfície. Entretanto, sua definição específica pode assumir diversas formas diferentes, uma vez que essa propriedade é inerentemente *bidirecional* [7] como implícito na Figura 12.21. Ou seja, além de depender da direção da radiação incidente, ela também depende da direção da radiação refletida. Evitaremos essa complicação trabalhando exclusivamente com uma refletividade que representa uma média integrada no hemisfério associado à radiação refletida e, portanto, não fornecendo informação a respeito da distribuição direcional dessa radiação. Consequentemente, a *refletividade direcional espectral*, $\rho_{\lambda,\theta}(\lambda, \theta, \phi)$, de uma superfície é definida como a fração da intensidade espectral incidente na direção θ e ϕ que é refletida pela superfície. Assim,

$$\rho_{\lambda,\theta}(\lambda, \theta, \phi) \equiv \frac{I_{\lambda,i,\text{ref}}(\lambda, \theta, \phi)}{I_{\lambda,i}(\lambda, \theta, \phi)} \qquad (12.54)$$

A *refletividade hemisférica espectral* $\rho_\lambda(\lambda)$ é, então, definida como a fração da irradiação espectral que é refletida pela superfície. Consequentemente,

$$\rho_\lambda(\lambda) \equiv \frac{G_{\lambda,\text{ref}}(\lambda)}{G_\lambda(\lambda)} \qquad (12.55)$$

que é equivalente a

$$\rho_\lambda(\lambda) = \frac{\int_0^{2\pi}\int_0^{\pi/2} \rho_{\lambda,\theta}(\lambda, \theta, \phi) I_{\lambda,i}(\lambda, \theta, \phi) \cos\theta \,\text{sen}\,\theta \, d\theta \, d\phi}{\int_0^{2\pi}\int_0^{\pi/2} I_{\lambda,i}(\lambda, \theta, \phi) \cos\theta \,\text{sen}\,\theta \, d\theta \, d\phi} \qquad (12.56)$$

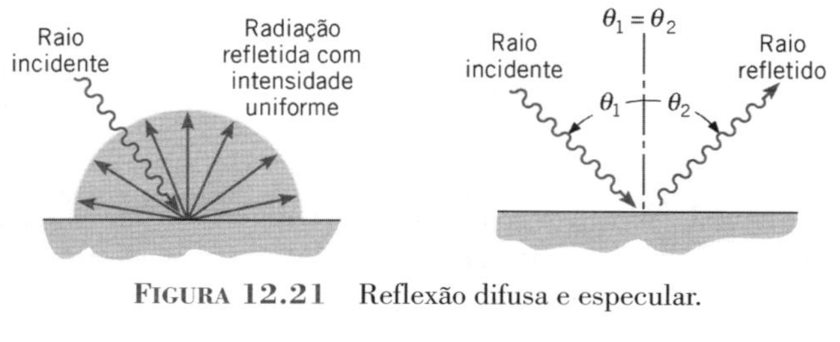

FIGURA 12.21 Reflexão difusa e especular.

A *refletividade hemisférica total* ρ é, então, definida como

$$\rho \equiv \frac{G_{\text{ref}}}{G} \qquad (12.57)$$

e, neste caso,

$$\rho = \frac{\int_0^\infty \rho_\lambda(\lambda) G_\lambda(\lambda)\, d\lambda}{\int_0^\infty G_\lambda(\lambda)\, d\lambda} \qquad (12.58)$$

12.6.3 *Transmissividade*

Embora o tratamento avançado da resposta de um material semitransparente à radiação incidente seja um problema complicado [7], resultados razoáveis podem ser obtidos com frequência com o uso de transmissividades hemisféricas definidas por

$$\tau_\lambda = \frac{G_{\lambda,\text{tr}}(\lambda)}{G_\lambda(\lambda)} \qquad (12.59)$$

e

$$\tau = \frac{G_{\text{tr}}}{G} \qquad (12.60)$$

A transmissividade total τ está relacionada com o componente espectral τ_λ pela expressão

$$\tau = \frac{\int_0^\infty G_{\lambda,\text{tr}}(\lambda)\, d\lambda}{\int_0^\infty G_\lambda(\lambda)\, d\lambda} = \frac{\int_0^\infty \tau_\lambda(\lambda) G_\lambda(\lambda)\, d\lambda}{\int_0^\infty G_\lambda(\lambda)\, d\lambda} \qquad (12.61)$$

12.6.4 *Considerações Especiais*

A partir do balanço de radiação da Equação 12.46 e das definições anteriores,

$$\rho_\lambda + \alpha_\lambda + \tau_\lambda = 1 \qquad (12.62)$$

para um meio *semitransparente*. Este resultado é análogo ao da Equação 12.2, porém em base espectral. Naturalmente, se o meio for *opaco*, não há transmissão, e a absorção e a reflexão são processos de superfície para os quais

$$\alpha_\lambda + \rho_\lambda = 1 \qquad (12.63)$$

resultado análogo ao da Equação 12.3. Assim, o conhecimento de uma propriedade implica a determinação da outra.

Na Figura 12.22, estão representadas distribuições espectrais da refletividade e da absortividade normais de superfícies *opacas* selecionadas. Um material como o vidro ou a água, que é semitransparente em pequenos comprimentos de onda, torna-se opaco em maiores comprimentos de onda. Esse comportamento é mostrado na Figura 12.23, que apresenta a transmissividade espectral de diversos materiais *semitransparentes* comuns. Note que a transmissividade do vidro é afetada pelo seu teor de ferro e que a transmissividade de plásticos, tais como o Tedlar, é maior do que aquela do vidro na região IV. Esses fatores possuem um peso importante na seleção de materiais para placas de cobertura em aplicações que envolvem coletores solares, no projeto e seleção de janelas para conservação de energia e na especificação de materiais para a fabricação de componentes óticos em sistemas de imagens infravermelhas. Valores para a transmissividade total à radiação solar de materiais que usualmente são usados em coberturas de coletores solares são apresentados na Tabela A.12, juntamente com absortividades solares e emissividades a baixas temperaturas.

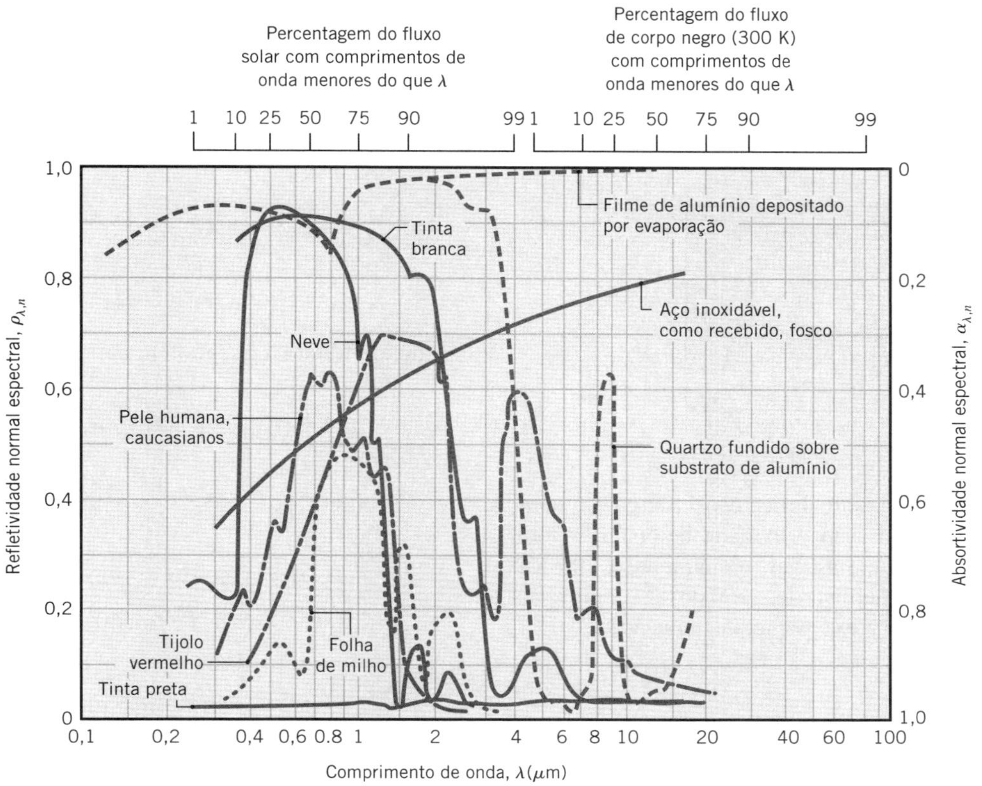

FIGURA 12.22 Dependência espectral da absortividade $\alpha_{\lambda,n}$ e da refletividade $\rho_{\lambda,n}$ normais espectrais de materiais opacos selecionados.

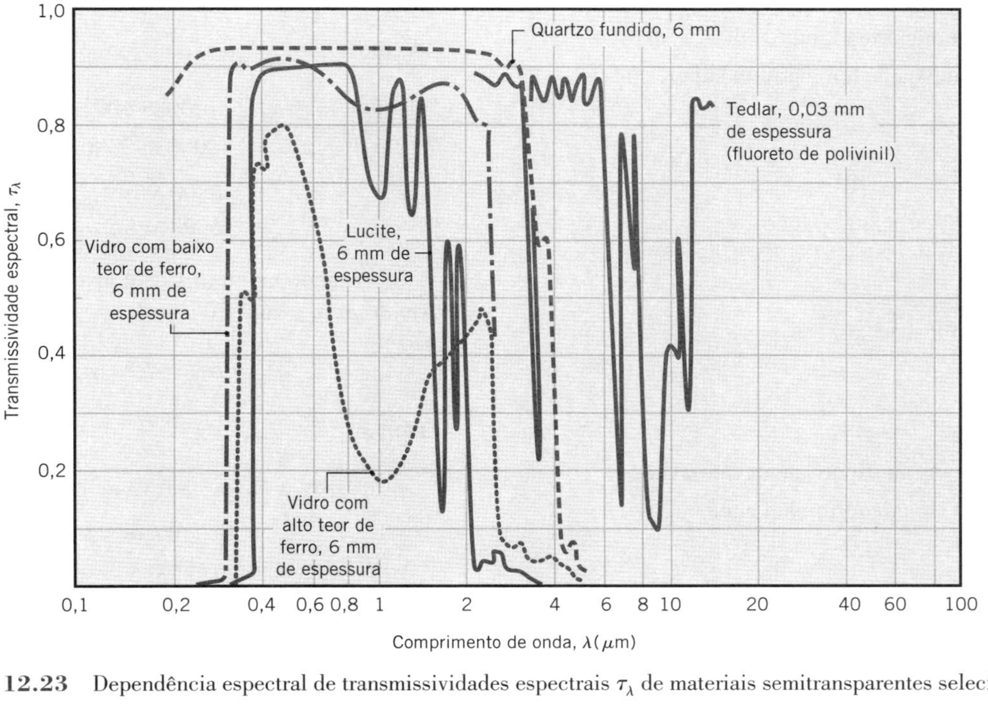

FIGURA 12.23 Dependência espectral de transmissividades espectrais τ_λ de materiais semitransparentes selecionados.

EXEMPLO 12.8

A absortividade hemisférica espectral de uma superfície opaca e a irradiação espectral sobre a superfície são mostradas nas figuras a seguir.

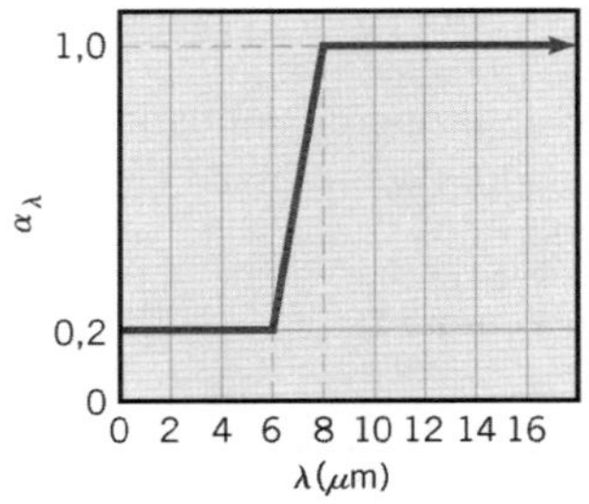

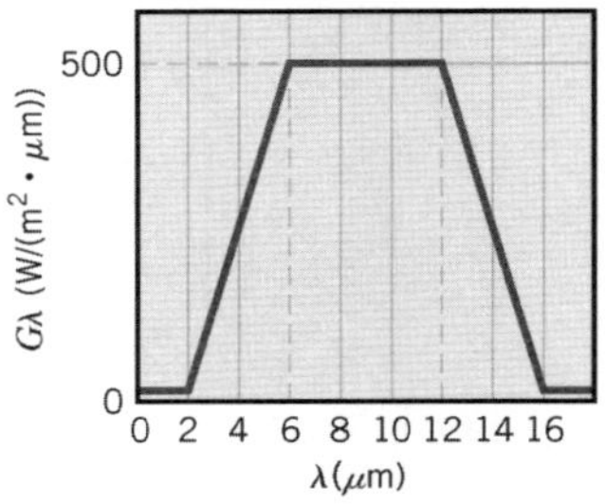

Como varia a refletividade hemisférica espectral com o comprimento de onda? Qual é a absortividade hemisférica total da superfície? Se a superfície estiver inicialmente a 500 K e possuir uma emissividade hemisférica total de 0,8, como a sua temperatura irá variar com a exposição à irradiação?

SOLUÇÃO

Dados: Absortividade hemisférica espectral e irradiação de uma superfície. Temperatura superficial (500 K) e emissividade hemisférica total (0,8).

Achar:

1. Distribuição espectral da refletividade.
2. Absortividade hemisférica total.
3. Natureza da mudança na temperatura superficial.

Esquema:

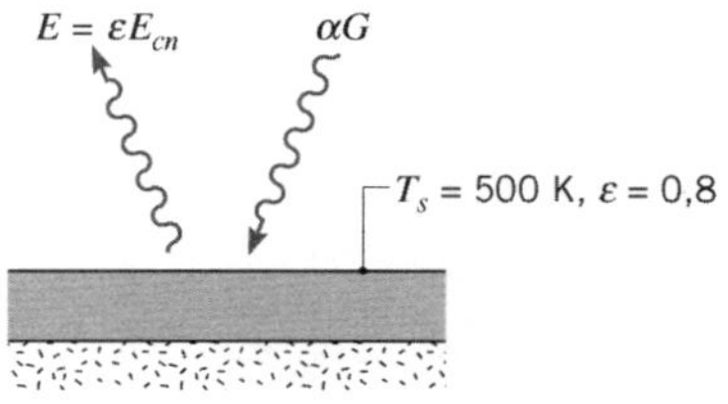

Considerações:

1. Superfície opaca.
2. Efeitos convectivos na superfície desprezíveis.
3. Superfície negra isolada termicamente.

Análise:

1. Da Equação 12.63, $\rho_\lambda = 1 - \alpha_\lambda$. Dessa forma, a partir do conhecimento de $\alpha_\lambda(\lambda)$, a distribuição espectral de ρ_λ correspondente é mostrada a seguir.

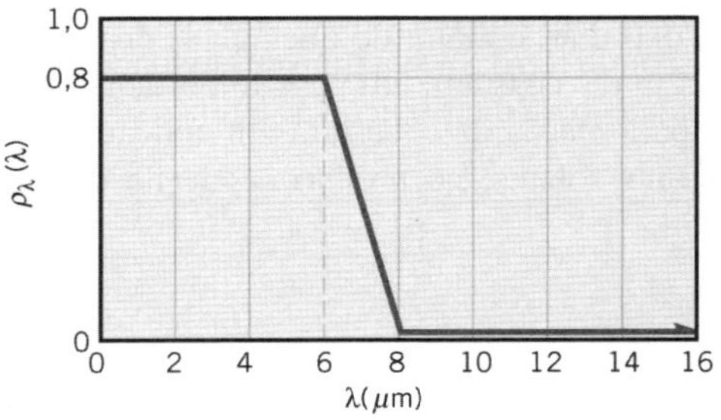

2. Das Equações 12.51 e 12.52,

$$\alpha = \frac{G_{abs}}{G} = \frac{\int_0^\infty \alpha_\lambda G_\lambda \, d\lambda}{\int_0^\infty G_\lambda \, d\lambda}$$

ou, dividindo a integral em partes,

$$\alpha = \frac{0{,}2\int_2^6 G_\lambda \, d\lambda + 500\int_6^8 \alpha_\lambda \, d\lambda + 1{,}0\int_8^{16} G_\lambda \, d\lambda}{\int_2^6 G_\lambda \, d\lambda + \int_6^{12} G_\lambda \, d\lambda + \int_{12}^{16} G_\lambda \, d\lambda}$$

$$\begin{aligned}\alpha = \{&0{,}2(\tfrac{1}{2})500 \text{ W/(m}^2\cdot\mu\text{m)}(6-2)\,\mu\text{m} \\ &+ 500 \text{ W/(m}^2\cdot\mu\text{m)}[0{,}2(8-6)\,\mu\text{m} \\ &+ (1-0{,}2)(\tfrac{1}{2})(8-6)\,\mu\text{m}] \\ &+ [1 \times 500 \text{ W/(m}^2\cdot\mu\text{m)}(12-8)\,\mu\text{m} \\ &+ 1(\tfrac{1}{2})500 \text{ W/(m}^2\cdot\mu\text{m)}(16-12)\,\mu\text{m}]\} \\ &\div [(\tfrac{1}{2})500 \text{ W/(m}^2\cdot\mu\text{m)}(6-2)\,\mu\text{m} \\ &+ 500 \text{ W/(m}^2\cdot\mu\text{m)}(12-6)\,\mu\text{m} \\ &+ (\tfrac{1}{2})500 \text{ W/(m}^2\cdot\mu\text{m)}(16-12)\,\mu\text{m}]\end{aligned}$$

Assim,

$$\alpha = \frac{G_{abs}}{G} = \frac{(200 + 600 + 3000)\text{ W/m}^2}{(1000 + 3000 + 1000)\text{ W/m}^2}$$

$$= \frac{3800 \text{ W/m}^2}{5000 \text{ W/m}^2} = 0{,}76 \qquad \triangleleft$$

3. Desprezando os efeitos da convecção, o fluxo térmico líquido *para* a superfície é

$$q''_{liq} = \alpha G - E = \alpha G - \varepsilon\sigma T^4$$

Donde

$$q''_{liq} = 0{,}76(5000 \text{ W/m}^2) - 0{,}8 \times 5{,}67 \times 10^{-8} \text{ W/(m}^2\cdot\text{K}^4)(500 \text{ K})^4$$

$$q''_{liq} = 3800 - 2835 = 965 \text{ W/m}^2$$

Como $q''_{liq} > 0$, a temperatura da superfície *irá aumentar* com o tempo.

EXEMPLO 12.9

A cobertura de vidro de um coletor solar de placa plana possui um baixo teor de ferro e a sua transmissividade espectral pode ser aproximada pela distribuição a seguir.

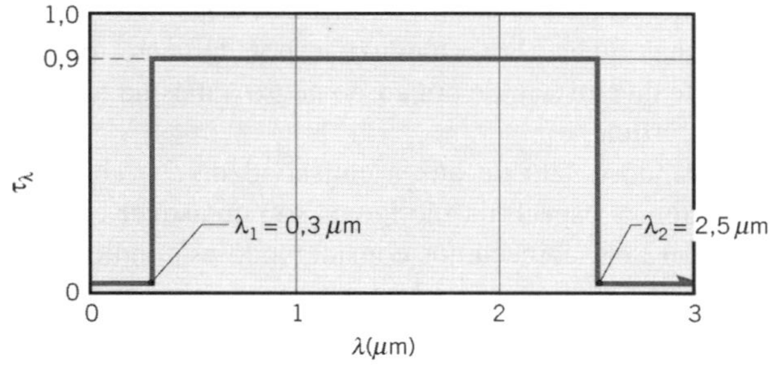

Qual é a transmissividade total da cobertura de vidro para a radiação solar?

SOLUÇÃO

Dados: Transmissividade espectral da cobertura de vidro de um coletor solar.

Achar: Transmissividade total da cobertura de vidro para a radiação solar.

Consideração: Distribuição espectral da irradiação solar proporcional à emissão de um corpo negro a 5800 K.

Análise: Da Equação 12.61, a transmissividade total da cobertura é

$$\tau = \frac{\int_0^\infty \tau_\lambda G_\lambda\, d\lambda}{\int_0^\infty G_\lambda\, d\lambda}$$

na qual a irradiação G_λ é resultante da emissão solar. Tendo considerado que o Sol emite como um corpo negro a 5800 K, tem-se que

$$G_\lambda(\lambda) \propto E_{\lambda,cn}(5800\ \text{K})$$

Com a constante de proporcionalidade cancelada no numerador e no denominador da expressão para τ, obtemos

$$\tau = \frac{\int_0^\infty \tau_\lambda E_{\lambda,cn}(5800\ \text{K})\, d\lambda}{\int_0^\infty E_{\lambda,cn}(5800\ \text{K})\, d\lambda}$$

ou, para a distribuição espectral de $\tau_\lambda(\lambda)$ fornecida,

$$\tau = 0{,}90 \frac{\int_{0,3}^{2,5} E_{\lambda,cn}(5800\ \text{K})\, d\lambda}{E_{cn}(5800\ \text{K})}$$

Da Tabela 12.2,

$$\lambda_1 = 0{,}3\ \mu\text{m}, T = 5800\ \text{K}: \quad \lambda_1 T = 1740\ \mu\text{m}\cdot\text{K}, F_{(0\rightarrow\lambda_1)} = 0{,}0335$$

$$\lambda_2 = 2{,}5\ \mu\text{m}, T = 5800\ \text{K}: \quad \lambda_2 T = 14.500\ \mu\text{m}\cdot\text{K}, F_{(0\rightarrow\lambda_2)} = 0{,}9664$$

Assim, da Equação 12.35

$$\tau = 0{,}90[F_{(0\rightarrow\lambda_2)} - F_{(0\rightarrow\lambda_1)}] = 0{,}90(0{,}9664 - 0{,}0335) = 0{,}84 \quad \triangleleft$$

Comentário: É importante reconhecer que a irradiação sobre a placa de cobertura não é igual ao poder emissivo de um corpo negro a 5800 K, $G_\lambda \neq E_{\lambda,cn}$ (5800 K). Admite-se simplesmente que ela seja proporcional a esse poder emissivo, e neste caso é considerado que ela possui uma distribuição espectral com a mesma forma. Com G_λ aparecendo no numerador e no denominador da expressão para τ, torna-se então possível substituir G_λ por $E_{\lambda,cn}$.

12.7 Lei de Kirchhoff

Nas seções anteriores, analisamos separadamente as propriedades superficiais associadas à emissão e à irradiação. Nas Seções 12.7 e 12.8, consideramos condições nas quais a emissividade e a absortividade são iguais.

Seja um *grande recinto isotérmico* com temperatura superficial T_s, no interior do qual estão confinados vários corpos pequenos (Figura 12.24). Como esses corpos são pequenos quando comparados ao recinto, a sua influência é desprezível no campo de radiação, em razão do efeito cumulativo da emissão e da reflexão na superfície do recinto. Lembre-se de que, independentemente de suas propriedades radiantes, tal superfície forma uma *cavidade que se comporta como um corpo negro*. Em consequência, independentemente de sua orientação, a irradiação incidente em qualquer corpo no interior da cavidade é difusa e igual à emissão de um corpo negro a T_s.

$$G = E_{cn}(T_s) \tag{12.64}$$

Sob condições de regime estacionário, deve existir *equilíbrio térmico* entre os corpos e o recinto. Dessa forma, $T_1 = T_2 = \cdots = T_s$, e a taxa líquida de transferência de energia para cada superfície deve ser igual a zero. Aplicando um balanço de energia em uma superfície de controle ao redor do corpo 1, tem-se que

$$\alpha_1 G A_1 - E_1(T_s) A_1 = 0$$

ou, da Equação 12.64,

$$\frac{E_1(T_s)}{\alpha_1} = E_{cn}(T_s)$$

Como esse resultado deve ser aplicável a cada um dos corpos confinados, obtemos então

$$\frac{E_1(T_s)}{\alpha_1} = \frac{E_2(T_s)}{\alpha_2} = \cdots = E_{cm}(T_s) \tag{12.65}$$

Essa relação é conhecida por *lei de Kirchhoff*. Uma consequência importante é que, como $\alpha \leq 1$, $E(T_s) \leq E_{cn}(T_s)$. Assim,

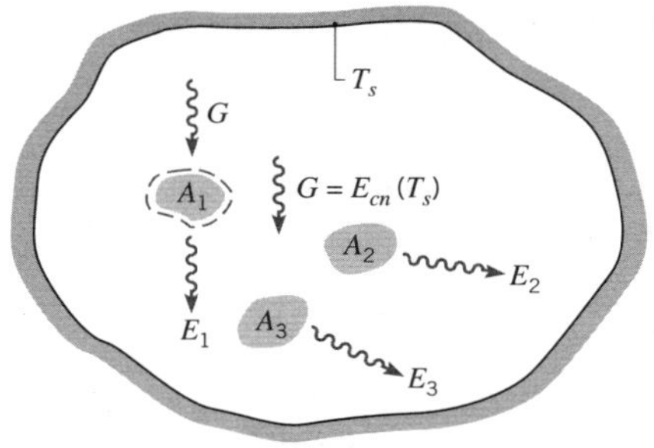

FIGURA 12.24 Troca radiante em uma cavidade isotérmica.

nenhuma superfície real pode ter um poder emissivo superior àquele de uma superfície negra à mesma temperatura, e o conceito do corpo negro como um emissor ideal está confirmado.

A partir da definição da emissividade hemisférica total, Equação 12.36, uma forma alternativa da lei de Kirchhoff é

$$\frac{\varepsilon_1}{\alpha_1} = \frac{\varepsilon_2}{\alpha_2} = \cdots = 1$$

Assim, para qualquer superfície no interior do recinto,

$$\varepsilon = \alpha \tag{12.66}$$

Isto é, a emissividade hemisférica total da superfície é igual à sua absortividade hemisférica total *se* condições isotérmicas estejam presentes *e* não haja transferência de calor radiante líquida em qualquer das superfícies.

Adiante, iremos verificar que cálculos envolvendo trocas radiantes entre superfícies são muito simplificados *se* a Equação 12.66 puder ser aplicada a cada uma das superfícies. Contudo, as condições restritivas inerentes de sua dedução devem ser lembradas. Em particular, foi suposto que a irradiação da superfície corresponde à emissão de um corpo negro à mesma temperatura da superfície. Na Seção 12.8, consideramos outras condições, menos restritivas, nas quais a Equação 12.66 se aplica.

A dedução anterior pode ser repetida em condições espectrais. Para qualquer superfície no interior do recinto, tem-se que

$$\varepsilon_\lambda = \alpha_\lambda \tag{12.67}$$

Condições associadas ao uso da Equação 12.67 são menos restritivas do que aquelas relacionadas com a Equação 12.66. Em particular, será mostrado que a Equação 12.67 pode ser aplicada se a irradiação for difusa ou se a superfície for difusa. Uma forma da lei de Kirchhoff para a qual *não há restrições* envolve as propriedades direcionais espectrais.

$$\varepsilon_{\lambda,\theta} = \alpha_{\lambda,\theta} \tag{12.68}$$

Essa igualdade é *sempre* aplicável, porque $\varepsilon_{\lambda,\theta}$ e $\alpha_{\lambda,\theta}$ são propriedades *inerentes* da superfície. Isto é, respectivamente, elas são independentes das distribuições espectral e direcional das radiações emitida e incidente.

Desenvolvimentos mais detalhados da lei de Kirchhoff são fornecidos por Planck [1] e por Howell *et al.* [7].

12.8 A Superfície Cinza

No Capítulo 13, iremos verificar que o problema de prever a troca de energia radiante entre superfícies é muito simplificado se a Equação 12.66 puder ser utilizada em cada uma das superfícies. É, portanto, importante examinar se essa igualdade pode ser utilizada em condições outras que não sejam aquelas nas quais ela foi deduzida, notadamente, irradiação resultante da emissão de um corpo negro à mesma temperatura da superfície.

Aceitando o fato de que a emissividade e a absortividade direcionais espectrais são iguais sob quaisquer condições, Equação 12.68, começamos considerando as condições associadas ao uso da Equação 12.67. De acordo com as definições das propriedades hemisféricas espectrais, Equações 12.41 e 12.49, estamos, na realidade, perguntando sob quais condições, se é que de fato existe alguma, a seguinte igualdade será válida:

$$\varepsilon_\lambda = \frac{\int_0^{2\pi}\int_0^{\pi/2} \varepsilon_{\lambda,\theta} \cos\theta \,\text{sen}\,\theta \, d\theta \, d\phi}{\int_0^{2\pi}\int_0^{\pi/2} \cos\theta \,\text{sen}\,\theta \, d\theta \, d\phi} \stackrel{?}{=} \frac{\int_0^{2\pi}\int_0^{\pi/2} \alpha_{\lambda,\theta} I_{\lambda,i} \cos\theta \,\text{sen}\,\theta \, d\theta \, d\phi}{\int_0^{2\pi}\int_0^{\pi/2} I_{\lambda,i} \cos\theta \,\text{sen}\,\theta \, d\theta \, d\phi} = \alpha_\lambda \tag{12.69}$$

Como $\varepsilon_{\lambda,\theta} = \alpha_{\lambda,\theta}$, tem-se, por inspeção da Equação 12.69, que a Equação 12.67 é aplicável se *uma* das seguintes condições for satisfeita:

1. A *irradiação é difusa* ($I_{\lambda,i}$ é independente de θ e ϕ).
2. A *superfície é difusa* ($\varepsilon_{\lambda,\theta}$ e $\alpha_{\lambda,\theta}$ são independentes de θ e ϕ).

A primeira condição é uma aproximação razoável para muitos cálculos em engenharia; a segunda condição é razoável para muitas superfícies, particularmente de materiais que não conduzem eletricidade (Figura 12.16).

Admitindo a existência de irradiação difusa ou de uma superfície difusa, agora consideramos quais condições *adicionais* devem ser satisfeitas para que a Equação 12.66 seja válida. Das Equações 12.43 e 12.52, a igualdade se aplica se

$$\varepsilon = \frac{\int_0^\infty \varepsilon_\lambda E_{\lambda,cn}(\lambda, T)\, d\lambda}{E_{cn}(T)} \stackrel{?}{=} \frac{\int_0^\infty \alpha_\lambda G_\lambda(\lambda)\, d\lambda}{G} = \alpha \tag{12.70}$$

Como $\varepsilon_\lambda = \alpha_\lambda$, tem-se que, por inspeção da Equação 12.70, que a Equação 12.66 pode ser utilizada se *uma* das seguintes condições for satisfeita:

1. A irradiação corresponde à emissão de um corpo negro com temperatura superficial T, em cujo caso $G_\lambda(\lambda) = E_{\lambda,cn}(\lambda, T)$ e $G = E_{cn}(T)$.
2. A *superfície é cinza* (ε_λ e α_λ são independentes de λ).

Note que a primeira condição corresponde à principal hipótese necessária para a dedução da lei de Kirchhoff (Seção 12.7).

Como a absortividade total de uma superfície depende da distribuição espectral da irradiação, não se pode afirmar inequivocamente que $\alpha = \varepsilon$. Por exemplo, uma superfície particular pode ser altamente absorvedora da radiação em uma região espectral e virtualmente não absorvedora em outra região (Figura 12.25*a*). Consequentemente, para os dois possíveis campos de irradiação, $G_{\lambda,1}(\lambda)$ e $G_{\lambda,2}(\lambda)$ mostrados na Figura 12.25*b*, os valores de α irão diferir drasticamente. Em contraste, o valor de ε é independente da irradiação. Assim, *não* há base para se estabelecer que α seja *sempre* igual a ε.

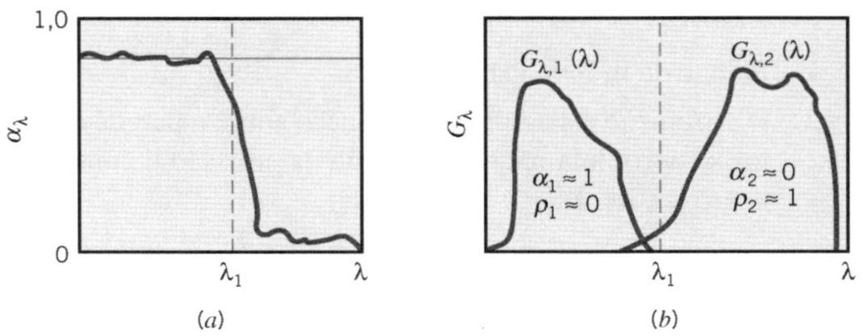

FIGURA 12.25 Distribuição espectral (*a*) da absortividade espectral de uma superfície e (*b*) da irradiação espectral na superfície.

Para admitir comportamento de superfície cinza e, portanto, a validade da Equação 12.66, não é necessário que α_λ e ε_λ sejam independentes de λ em todo o espectro. Falando pragmaticamente, uma *superfície cinza* pode ser definida como *uma superfície para a qual* α_λ *e* ε_λ são independentes de λ nas regiões espectrais da irradiação e da emissão superficial. Por exemplo, da Equação 12.70, mostra-se facilmente que o comportamento de superfície cinza pode ser admitido para as condições da Figura 12.26. Isto é, a irradiação e a emissão superficial estão concentradas em uma região na qual as propriedades espectrais da superfície são aproximadamente constantes. Consequentemente,

$$\varepsilon = \frac{\varepsilon_{\lambda,o}\int_{\lambda_1}^{\lambda_2} E_{\lambda,cn}(\lambda,T)\,d\lambda}{E_{cn}(T)} = \varepsilon_{\lambda,o} \quad \text{e} \quad \alpha = \frac{\alpha_{\lambda,o}\int_{\lambda_3}^{\lambda_4} G_\lambda(\lambda)\,d\lambda}{G} = \alpha_{\lambda,o}$$

caso no qual $\alpha = \varepsilon = \varepsilon_{\lambda,o}$. Entretanto, se a irradiação se encontrasse em uma região espectral que correspondesse a $\lambda < \lambda_1$ ou $\lambda > \lambda_4$, o comportamento de superfície cinza não poderia ser admitido.

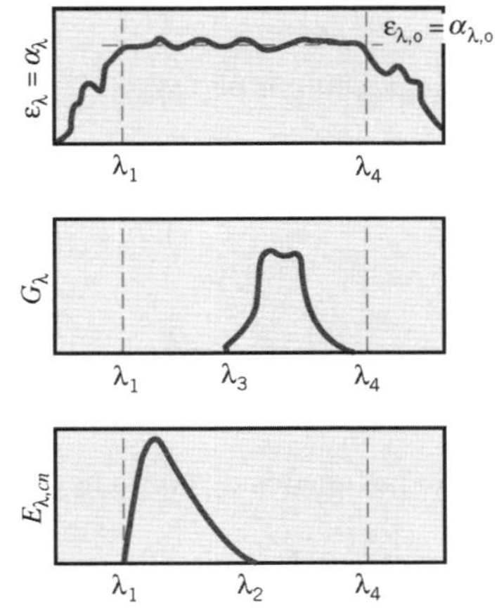

FIGURA 12.26 Um conjunto de condições nas quais o comportamento de superfície cinza pode ser suposto.

Uma superfície para a qual $\alpha_{\lambda,\theta} = \varepsilon_{\lambda,\theta}$ são independentes de θ e λ é conhecida por *superfície cinza difusa* (difusa devido à independência direcional e cinza em função da independência em relação ao comprimento de onda). Ela é uma superfície para a qual as Equações 12.66 e 12.67 são satisfeitas. Nós *admitimos* tais condições superficiais em muitas das nossas considerações subsequentes, particularmente no Capítulo 13. Contudo, embora a hipótese de superfície cinza seja razoável para muitas aplicações práticas, alguma cautela deve ser tomada ao utilizá-la, particularmente se as regiões espectrais da irradiação e da emissão forem significativamente afastadas.

EXEMPLO 12.10

Uma parede de tijolos refratários difusa, com temperatura $T_s = 500$ K, possui a emissividade espectral mostrada na figura e está exposta a um leito de carvão a 2000 K.

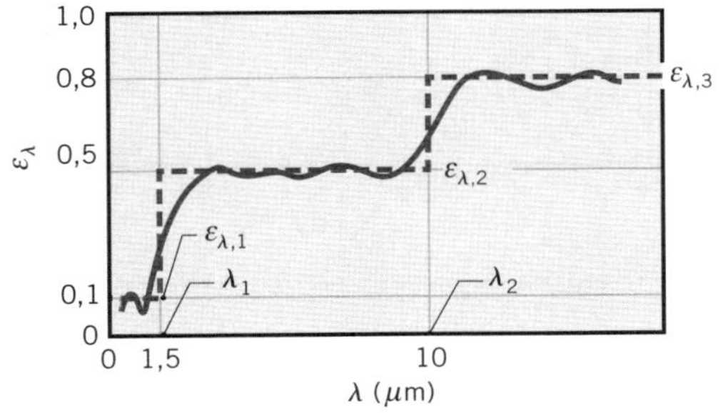

Determine a emissividade hemisférica total e o poder emissivo da parede de tijolos refratários. Qual é a absortividade total da parede em relação à irradiação resultante da emissão do carvão?

SOLUÇÃO

Dados: Parede de tijolos com temperatura superficial $T_s = 500$ K e valor de $\varepsilon_\lambda(\lambda)$ especificado, exposta ao carvão a $T_c = 2000$ K.

Achar:

1. Emissividade hemisférica total da parede de tijolos refratários.
2. Poder emissivo total da parede de tijolos.
3. Absortividade da parede em relação à irradiação oriunda do carvão.

Esquema:

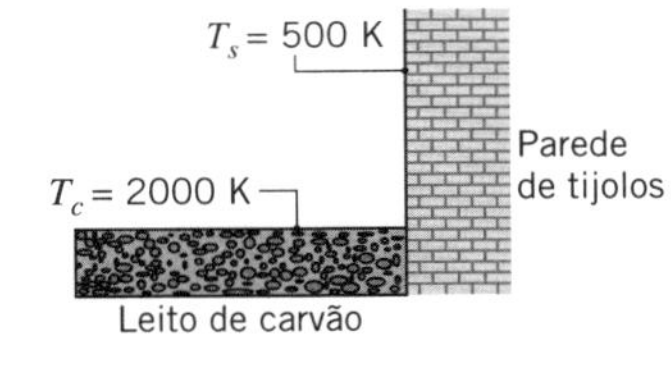

Considerações:

1. Parede de tijolos opaca e difusa.
2. Distribuição espectral da irradiação sobre a parede de tijolos se aproxima daquela oriunda da emissão de um corpo negro a 2000 K.

Análise:

1. A emissividade hemisférica total, segundo a Equação 12.43, é

$$\varepsilon(T_s) = \frac{\int_0^\infty \varepsilon_\lambda(\lambda) E_{\lambda,cn}(\lambda, T_s)\, d\lambda}{E_{cn}(T_s)}$$

Fazendo a integração por partes,

$$\varepsilon(T_s) = \varepsilon_{\lambda,1} \frac{\int_0^{\lambda_1} E_{\lambda,cn}\, d\lambda}{E_{cn}} + \varepsilon_{\lambda,2} \frac{\int_{\lambda_1}^{\lambda_2} E_{\lambda,cn}\, d\lambda}{E_{cn}} + \varepsilon_{\lambda,3} \frac{\int_{\lambda_2}^{\infty} E_{\lambda,cn}\, d\lambda}{E_{cn}}$$

e introduzindo as funções de corpo negro, segue-se que

$$\varepsilon(T_s) = \varepsilon_{\lambda,1} F_{(0\to\lambda_1)} + \varepsilon_{\lambda,2}[F_{(0\to\lambda_2)} - F_{(0\to\lambda_1)}] + \varepsilon_{\lambda,3}[1 - F_{(0\to\lambda_2)}]$$

Da Tabela 12.2

$\lambda_1 T_s = 1{,}5\ \mu\text{m} \times 500\ \text{K} = 750\ \mu\text{m}\cdot\text{K}$: $F_{(0\to\lambda_1)} = 0{,}000$

$\lambda_2 T_s = 10\ \mu\text{m} \times 500\ \text{K} = 5000\ \mu\text{m}\cdot\text{K}$: $F_{(0\to\lambda_2)} = 0{,}634$

Assim,

$$\varepsilon(T_s) = 0{,}1 \times 0 + 0{,}5 \times 0{,}634 + 0{,}8\,(1 - 0{,}634) = 0{,}610 \quad \triangleleft$$

2. Das Equações 12.32 e 12.36, o poder emissivo total é

$$E(T_s) = \varepsilon(T_s) E_{cn}(T_s) = \varepsilon(T_s)\sigma T_s^4$$

$$E(T_s) = 0{,}61 \times 5{,}67 \times 10^{-8}\ \text{W/(m}^2\cdot\text{K}^4)(500\ \text{K})^4 = 2162\ \text{W/m}^2 \quad \triangleleft$$

3. Da Equação 12.52, a absortividade total da parede em relação à radiação oriunda do carvão é

$$\alpha = \frac{\int_0^\infty \alpha_\lambda(\lambda) G_\lambda(\lambda)\, d\lambda}{\int_0^\infty G_\lambda(\lambda)\, d\lambda}$$

Como a superfície é difusa, $\alpha_\lambda(\lambda) = \varepsilon_\lambda(\lambda)$. Além disso, como a distribuição espectral da irradiação se aproxima daquela emitida por um corpo negro a 2000 K, $G_\lambda(\lambda) \propto E_{\lambda,cn}(\lambda, T_c)$. Tem-se então que

$$\alpha = \frac{\int_0^\infty \varepsilon_\lambda(\lambda) E_{\lambda,cn}(\lambda, T_c)\, d\lambda}{\int_0^\infty E_{\lambda,cn}(\lambda, T_c)\, d\lambda}$$

Separando a integral em partes e introduzindo as funções de corpo negro, obtemos então

$$\alpha = \varepsilon_{\lambda,1} F_{(0\to\lambda_1)} + \varepsilon_{\lambda,2}[F_{(0\to\lambda_2)} - F_{(0\to\lambda_1)}] + \varepsilon_{\lambda,3}[1 - F_{(0\to\lambda_2)}]$$

Da Tabela 12.2

$\lambda_1 T_c = 1{,}5\ \mu\text{m} \times 2000\ \text{K} = 3000\ \mu\text{m}\cdot\text{K}$: $F_{(0\to\lambda_1)} = 0{,}273$

$\lambda_2 T_c = 10\ \mu\text{m} \times 2000\ \text{K} = 20.000\ \mu\text{m}\cdot\text{K}$: $F_{(0\to\lambda_2)} = 0{,}986$

Assim,

$$\alpha = 0{,}1 \times 0{,}273 + 0{,}5(0{,}986 - 0{,}273) + 0{,}8(1 - 0{,}986) = 0{,}395 \quad \triangleleft$$

Comentários:

1. A emissividade depende da temperatura superficial T_s, enquanto a absortividade depende da distribuição espectral da irradiação, que, por sua vez, depende da temperatura de sua fonte T_c.
2. A superfície não é cinza, $\alpha \neq \varepsilon$. Esse resultado era de se esperar. Como a emissão está associada à $T_s = 500$ K, o seu máximo espectral ocorre em $\lambda_{máx} \approx 6\ \mu$m. Por outro lado, como a irradiação está associada à emissão a partir de uma fonte a $T_c = 2000$ K, o seu máximo espectral ocorre em $\lambda_{máx} \approx 1{,}5\ \mu$m. Mesmo que ε_λ e α_λ sejam iguais, porque eles não são constantes ao longo das faixas espectrais da emissão e da irradiação, $\alpha \neq \varepsilon$. Para a distribuição espectral especificada de $\alpha_\lambda = \varepsilon_\lambda$, ε e α diminuem com o aumento de T_s e T_c, respectivamente, e somente quando $T_s = T_c$ que $\varepsilon = \alpha$. As expressões anteriores para ε e α podem ser usadas para determinar as suas variações equivalentes com T_s e T_c, sendo obtidos os seguintes resultados:

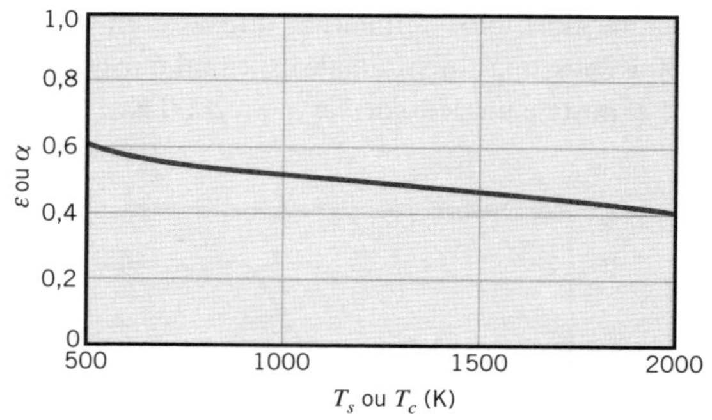

EXEMPLO 12.11

Uma *pequena* esfera metálica sólida possui um revestimento opaco e difuso, para o qual $\alpha_\lambda = 0{,}8$ para $\lambda \leq 5\ \mu$m e $\alpha_\lambda = 0{,}1$ para $\lambda > 5\ \mu$m. A esfera, que se encontra inicialmente a uma temperatura uniforme de 300 K, é introduzida em um *grande* forno cujas paredes estão a 1200 K. Determine a absortividade e a emissividade hemisféricas totais do revestimento para a condição inicial e a condição final no regime estacionário.

SOLUÇÃO

Dados: Pequena esfera metálica com absortividade espectralmente seletiva, inicialmente a $T_s = 300$ K, introduzida no interior de um grande forno a $T_f = 1200$ K.

Achar:

1. Absortividade e emissividade hemisféricas totais do revestimento da esfera para a condição inicial.
2. Valores de α e ε após a esfera permanecer no interior do forno por um longo tempo.

Esquema:

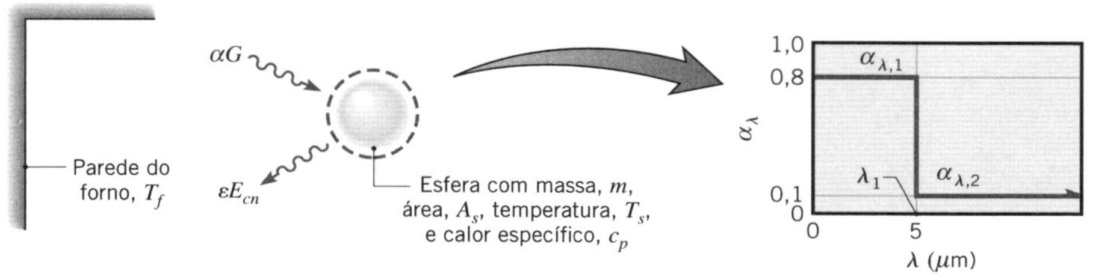

Considerações:

1. Revestimento opaco e difuso.
2. Como a superfície das paredes do forno é muito maior do que a da esfera, a irradiação na esfera se aproxima da emissão de um corpo negro a T_f.

Análise:

1. Da Equação 12.52, a absortividade hemisférica total é

$$\alpha = \frac{\int_0^\infty \alpha_\lambda(\lambda) G_\lambda(\lambda)\, d\lambda}{\int_0^\infty G_\lambda(\lambda)\, d\lambda}$$

ou, com $G_\lambda = E_{\lambda,cn}(T_f) = E_{\lambda,cn}(\lambda, 1200 \text{ K})$,

$$\alpha = \frac{\int_0^\infty \alpha_\lambda(\lambda) E_{\lambda,cn}(\lambda, 1200 \text{ K})\, d\lambda}{E_{cn}(1200 \text{ K})}$$

Assim

$$\alpha = \alpha_{\lambda,1} \frac{\int_0^{\lambda_1} E_{\lambda,cn}(\lambda, 1200 \text{ K})\, d\lambda}{E_{cn}(1200 \text{ K})} + \alpha_{\lambda,2} \frac{\int_{\lambda_1}^\infty E_{\lambda,cn}(\lambda, 1200 \text{ K})\, d\lambda}{E_{cn}(1200 \text{ K})}$$

ou

$$\alpha = \alpha_{\lambda,1} F_{(0\to\lambda_1)} + \alpha_{\lambda,2}[1 - F_{(0\to\lambda_1)}]$$

Da Tabela 12.2,

$$\lambda_1 T_f = 5\ \mu\text{m} \times 1200 \text{ K} = 6000\ \mu\text{m} \cdot \text{K:} \quad F_{(0\to\lambda_1)} = 0{,}738$$

Donde

$$\alpha = 0{,}8 \times 0{,}738 + 0{,}1\,(1 - 0{,}738) = 0{,}62$$

A emissividade hemisférica total, segundo a Equação 12.43, é

$$\varepsilon(T_s) = \frac{\int_0^\infty \varepsilon_\lambda E_{\lambda,cn}(\lambda, T_s)\, d\lambda}{E_{cn}(T_s)}$$

Como a superfície é difusa, $\varepsilon_\lambda = \alpha_\lambda$ e tem-se que

$$\varepsilon = \alpha_{\lambda,1}\frac{\int_0^{\lambda_1} E_{\lambda,cn}(\lambda, 300\text{ K})\,d\lambda}{E_{cn}(300\text{ K})} + \alpha_{\lambda,2}\frac{\int_{\lambda_1}^{\infty} E_{\lambda,cn}(\lambda, 300\text{ K})\,d\lambda}{E_{cn}(300\text{ K})}$$

ou

$$\varepsilon = \alpha_{\lambda,1} F_{(0\to\lambda_1)} + \alpha_{\lambda,2}[1 - F_{(0\to\lambda_1)}]$$

Da Tabela 12.2,

$$\lambda_1 T_s = 5\ \mu\text{m} \times 300\text{ K} = 1500\ \mu\text{m}\cdot\text{K}: \quad F_{(0\to\lambda_1)} = 0{,}014$$

Donde

$$\varepsilon = 0{,}8 \times 0{,}014 + 0{,}1(1 - 0{,}014) = 0{,}11 \qquad \triangleleft$$

2. Como as características do revestimento e a temperatura do forno permanecem fixas, não há mudança no valor de α com o transcorrer do tempo. Entretanto, à medida que T_s aumenta com o tempo, o valor de ε irá mudar. Após um tempo suficientemente longo, $T_s = T_f$, e $\varepsilon = \alpha$ ($\varepsilon = 0{,}62$).

Comentários:

1. A condição de equilíbrio que será finalmente atingida ($T_s = T_f$) corresponde precisamente à condição para a qual a lei de Kirchhoff foi deduzida. Assim, α tem que ser igual a ε.
2. Utilizando para a esfera o modelo da capacitância global e desprezando a transferência de calor por convecção, um balanço de energia em um volume de controle ao redor da esfera fornece

$$\dot{E}_{\text{ent}} - \dot{E}_{\text{sai}} = \dot{E}_{\text{acu}}$$

$$(\alpha G)A_s - (\varepsilon\sigma T_s^4)A_s = mc_p\frac{dT_s}{dt}$$

A equação diferencial pode ser resolvida para determinar $T(t)$, para $t > 0$, e a variação no valor de ε que ocorre com o passar do tempo deveria ser incluída na solução.

12.9 Radiação Ambiental

A radiação solar é essencial a toda vida na Terra. Por meio do processo de fotossíntese, ela satisfaz às nossas necessidades de alimentos, fibras e combustíveis. Utilizando os processos térmicos e fotovoltaicos, ela também tem potencial para satisfazer a considerável demanda por calor e eletricidade. Em conjunto, a radiação solar e a radiação emitida por superfícies em terra e nos oceanos da Terra compreendem o que é comumente chamado de *radiação ambiental*. É a interação da radiação ambiental com a atmosfera terrestre que determina a temperatura de nosso planeta.

12.9.1 *Radiação Solar*

O Sol é uma fonte de radiação praticamente esférica que possui $1{,}39 \times 10^9$ m de diâmetro e se encontra localizado a $1{,}50 \times 10^{11}$ m de distância da Terra. Como observado anteriormente, o Sol emite aproximadamente como um corpo negro a 5800 K. Na medida em que a radiação emitida pelo Sol atravessa o espaço, o fluxo radiante diminui, pois ele atravessa áreas esféricas cada vez maiores. No limite externo da atmosfera terrestre, o fluxo da energia solar diminuiu por um fator de $(r_s/r_d)^2$, sendo r_s o raio do Sol e r_d a distância entre o Sol e a Terra. A *constante solar*,[3] S_c, é definida como o fluxo de energia solar que incide sobre uma superfície com orientação normal aos raios solares no limite externo da atmosfera terrestre, quando a Terra se encontra à sua distância média do Sol (Figura 12.27). Ela tem um valor de $1368 \pm 0{,}65$ W/m². Para uma superfície *horizontal* (isto é, paralela à superfície terrestre), a radiação solar comporta-se como um feixe de *raios praticamente paralelos* que formam um ângulo θ, o ângulo de zênite, em relação à normal à superfície. A *irradiação solar extraterrestre*, $G_{S,e}$, definida para uma superfície horizontal, depende da latitude geográfica, assim como da hora do dia e do ano. Ela pode ser determinada por uma expressão com a forma

$$G_{S,e} = S_c \cdot f \cdot \cos\theta$$

A grandeza f é um fator de correção para levar em consideração a excentricidade da órbita da Terra ao redor do Sol ($0{,}97 \lesssim f \lesssim 1{,}03$). Em uma base média no tempo e na área superficial, a Terra recebe $S_c \times \pi r_e^2/(4\pi r_e^2) = S_c/4 = 342$ W/m² de irradiação solar. O diâmetro da Terra é $d_t = 2\,r_t = 1{,}27 \times 10^7$ m.

[3] O termo *constante solar* é uma designação incorreta, pois o seu valor varia com o tempo de uma forma previsível. A radiação emitida pelo Sol passa por um ciclo de 11 anos, com o pico da emissão (+0,65 W/m²) correspondendo aos períodos de alta atividade das manchas solares [8].

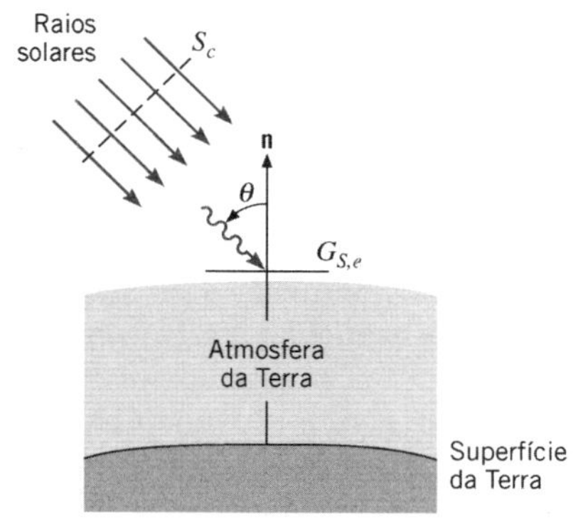

FIGURA 12.27 Natureza direcional da radiação solar fora da atmosfera terrestre.

Como ilustrado na Figura 12.28*a*, a distribuição espectral da irradiação solar extraterrestre *se aproxima* daquela de um corpo negro a 5800 K. A radiação está concentrada na região de pequenos comprimentos de onda ($0{,}2 \lesssim \lambda \lesssim 3$ μm) do espectro, com o pico de emissão ocorrendo em aproximadamente 0,50 μm. Entretanto, na medida em que a radiação solar atravessa a atmosfera terrestre, sua magnitude e suas distribuições espectral e direcional experimentam uma mudança significativa. A mudança se deve à *absorção* e ao *espalhamento* da radiação pelos constituintes da atmosfera. O efeito da absorção pelos gases atmosféricos O_3 (ozônio), H_2O, O_2 e CO_2 está ilustrado na curva inferior da Figura 12.28*a*, correspondente à irradiação solar na superfície terrestre, após ter atravessado a atmosfera. A absorção pelo ozônio é mais forte na região

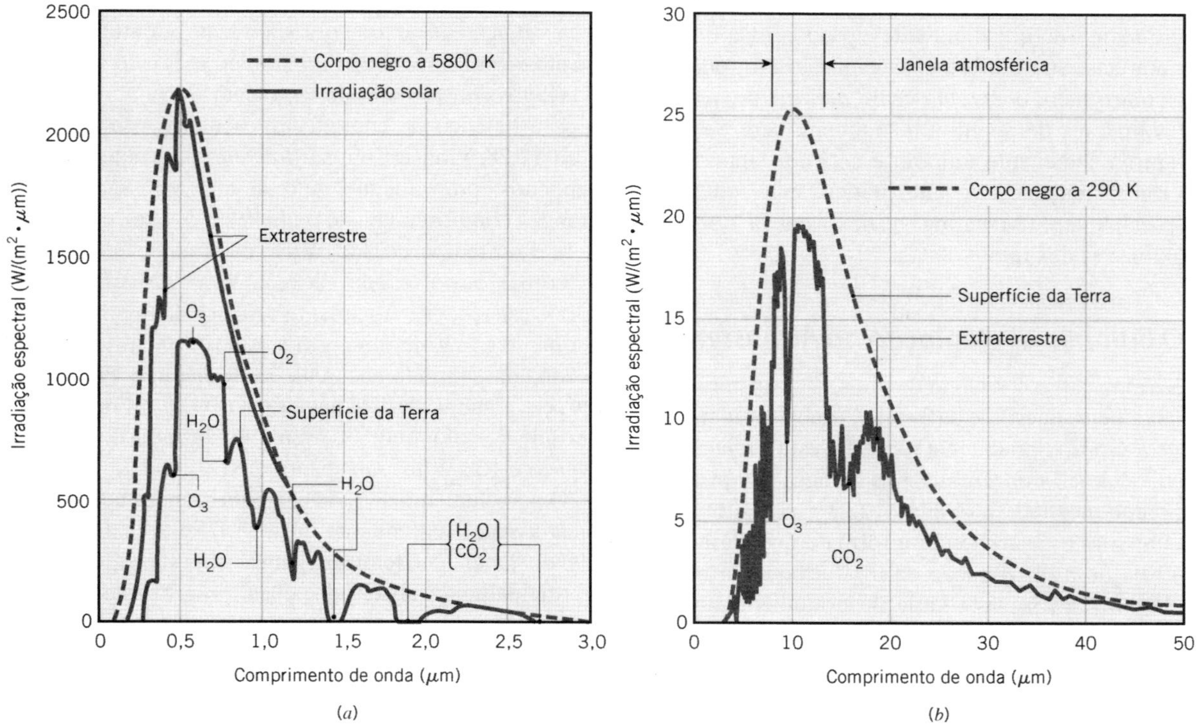

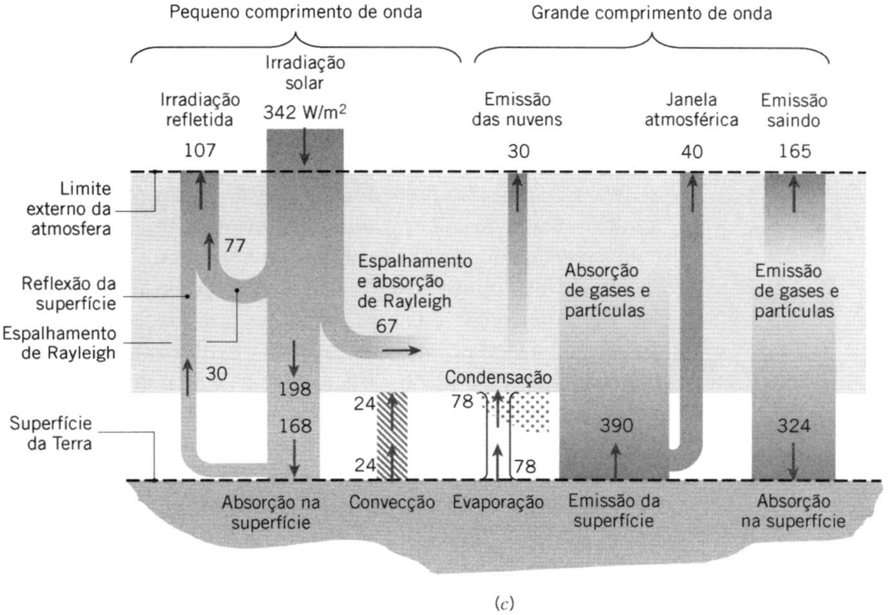

FIGURA 12.28 Radiação solar e ambiental. (*a*) Distribuição espectral da radiação solar de pequenos comprimentos de onda que se propaga na direção do solo. (*b*) Distribuição espectral da radiação ambiental de grandes comprimentos de onda se propagando para cima. (*c*) Balanço de energia na atmosfera para temperatura moderada e condições nubladas [9].

UV, proporcionando uma atenuação considerável em comprimentos de onda abaixo de 0,4 μm e uma atenuação completa abaixo de 0,3 μm. Na região visível, há alguma absorção pelo O_3 e o O_2, enquanto nas regiões do IV próximo e distante a absorção é dominada pelo vapor d'água. Ao longo de todo espectro solar, há também absorção contínua de radiação de pequeno comprimento de onda pela poeira e pelos aerossóis presentes na atmosfera, incluindo os produtos da combustão de combustíveis fósseis como a fuligem.

O espalhamento na atmosfera proporciona um *redirecionamento* dos raios solares e, consequentemente, também afeta a radiação solar que atinge a superfície da Terra. Dois tipos de espalhamento são mostrados na Figura 12.29. O *espalhamento de Rayleigh* (ou *molecular*) é causado por moléculas muito pequenas de gases. Ele ocorre quando a razão entre o diâmetro efetivo da molécula e o comprimento de onda da radiação, $\pi D/\lambda$, é muito menor do que a unidade e proporciona um espalhamento praticamente uniforme da radiação em todas as direções. Por outro lado, o *espalhamento de Mie*, provocado por partículas maiores de poeira e de fuligem, ocorre quando $\pi D/\lambda$ é aproximadamente unitária e está concentrada na direção dos raios incidentes. Assim, praticamente toda essa radiação de espalhamento Mie atinge a superfície da Terra em direções próximas às dos raios solares.

12.9.2 O Balanço de Radiação na Atmosfera

Em adição à irradiação solar vinda de cima, a atmosfera é irradiada de baixo pela superfície da Terra. Como a temperatura média da Terra é aproximadamente 290 K, esta radiação se propagando para cima é concentrada nos grandes comprimentos de onda, como mostrado na Figura 12.28*b*. A distribuição espectral da emissão terrestre tem um formato que varia suavemente em relação à distribuição da irradiação solar extraterrestre da Figura 12.28*a*; esta variação é também característica de muitas superfícies trabalhadas. Entretanto, de forma parecida com a irradiação solar se propagando para baixo da Figura 12.28*a*, a emissão terrestre é modificada pela absorção e pelo espalhamento na medida em que se propaga para cima através da atmosfera. A absorção pelo vapor d'água ocorre ao longo de todo espectro. Uma forte absorção pelo ozônio é notada na região de comprimentos de onda por volta de 9 μm

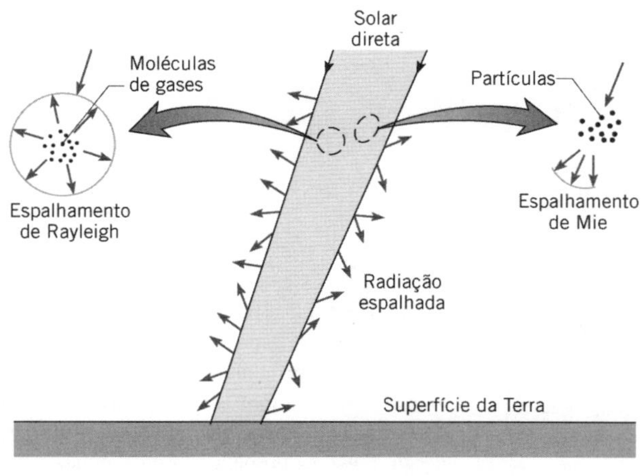

FIGURA 12.29 Espalhamento da radiação solar na atmosfera terrestre.

e uma significativa absorção pelo CO_2 se espalha na região de comprimentos de onda de $13 \lesssim \lambda \lesssim 16$ μm. A maioria da emissão terrestre na chamada *janela atmosférica*, $8 \lesssim \lambda \lesssim 13$ μm, se propaga para fora do limite externo da atmosfera, exceto na faixa espectral associada à forte absorção pelo ozônio. Espalhamentos de Rayleigh e de Mie envolvendo a emissão terrestre com grandes comprimentos de onda são disparados pela presença de várias partículas e aerossóis na atmosfera.

A modificação tanto da irradiação solar extraterrestre se propagando para baixo (Figura 12.28*a*) quanto da emissão terrestre para cima (Figura 12.28*b*) resultante da absorção e do espalhamento tem uma forte influência no balanço de energia da atmosfera. *Tanto* para a radiação se propagando para cima *quanto* para a radiação se propagando para baixo, o efeito líquido é o aquecimento da atmosfera, uma vez que o conteúdo de energia da radiação deixando a atmosfera é menor do que o da radiação que entra correspondente. Contudo, este aquecimento é equilibrado pelo resfriamento devido à radiação emitida pelos constituintes da atmosfera.

Um balanço de energia representativo do *equilíbrio* (Figura 12.28*c*) mostra o *parcelamento* da irradiação solar com pequenos comprimentos de onda e da emissão terrestre com grandes comprimentos de onda [9]. Do valor médio na superfície e no tempo de 342 W/m^2 da irradiação solar no limite externo da atmosfera terrestre, 77 W/m^2 são refletidos de volta para o espaço, principalmente pelo espalhamento de Rayleigh, enquanto 67 W/m^2 aquecem a atmosfera através do efeito da absorção, incluindo absorção por fuligem, poeira e nuvens. A parcela restante da irradiação solar (198 W/m^2) atinge a superfície do solo, onde 30 W/m^2 são refletidos de volta para o espaço e 168 W/m^2 são absorvidos.

O parcelamento da radiação com grandes comprimentos de onda associada à emissão da superfície terrestre é mais complexo. A média no tempo da emissão na superfície (390 W/m^2) é principalmente absorvida pela atmosfera, exceto os 40 W/m^2 correspondentes à janela atmosférica. Os 350 W/m^2 restantes da emissão da superfície se reúnem à absorção da radiação de pequenos comprimentos de onda (67 W/m^2), à convecção (24 W/m^2) saindo da superfície da Terra e à condensação na forma de precipitação nas regiões inferiores da atmosfera (78 W/m^2), para o aquecimento global da atmosfera. Por sua vez, os gases atmosféricos aquecidos emitem radiação com grandes comprimentos de onda resultando em um fluxo radiante de 165 W/m^2 no limite exterior da atmosfera e em um fluxo radiante correspondente, para baixo, de 324 W/m^2 na superfície terrestre. A emissão das nuvens responde por um fluxo radiante de 30 W/m^2. Como as condições são *consideradas* no equilíbrio, a transferência de calor *líquida* no limite exterior da atmosfera e na superfície terrestre são ambas iguais a zero.

Na realidade, as condições não estão em equilíbrio, uma vez que a absorção e o espalhamento da radiação de pequenos e grandes comprimentos de onda envolvem a resposta às mudanças na quantidade das substâncias e de particulados em nossa atmosfera. A atividade antropogênica que influencia a composição da atmosfera está principalmente relacionada com a combustão de combustíveis fósseis, levando a um aumento na quantidade de CO_2 e de aerossóis na atmosfera. Assim, a absorção pelos gases e o espalhamento (e absorção) induzido pelos aerossóis estão continuamente sendo afetados pela atividade humana. Em geral, com o aumento da quantidade de

CO_2 na atmosfera, a radiação com grandes comprimentos de onda, emitida pela superfície da Terra e absorvida pela atmosfera (350 W/m^2), será absorvida mais perto da superfície da Terra, resultando em uma diminuição da emissão com grandes comprimentos de onda saindo (165 W/m^2) pela extremidade superior da atmosfera e em um aumento correspondente no fluxo radiante para a superfície da Terra (324 W/m^2). Com uma redução na emissão de grandes comprimentos de onda que sai, a transferência de calor *líquida* na extremidade superior da atmosfera, chamada de forçamento radiante (*radiative forcing*), é para dentro da atmosfera, e as temperaturas atmosféricas têm que aumentar.

A redução na emissão de grandes comprimentos de onda saindo pode ser compensada por aumentos em outras parcelas no topo da atmosfera, como o aumento da reflexão da irradiação solar de pequenos comprimentos de onda resultante do espalhamento de Rayleigh (107 W/m^2) [10] ou a reflexão da radiação de pequenos comprimentos de onda vinda da superfície da Terra (30 W/m^2) [11]. Entretanto, por exemplo, na medida em que os engenheiros melhoram a eficiência e limpeza dos processos de combustão, as concentrações de aerossóis e partículas responsáveis pelo espalhamento são reduzidas. A diminuição da produção de poluentes a partir da melhora da tecnologia da combustão tem importante benefícios para a saúde da humanidade, mas ironicamente pode levar a uma redução na benéfica reflexão dos pequenos comprimentos de onda (107 W/m^2), aumentando a temperatura da atmosfera e também potencialmente mudando a convecção e a precipitação que ocorrem na baixa atmosfera, influenciando e modificando padrões climáticos [12–14]. Claramente, a combustão de combustíveis fósseis e os efeitos a ela associados na transferência de calor radiante no ambiente são complexos, e, enquanto não estão completamente entendidos, eles podem ter um impacto profundo em escala global.

12.9.3 *Irradiação Solar na Superfície da Terra*

A irradiação solar na superfície terrestre pode ser utilizada em uma ampla gama de aplicações de engenharia, incluindo, mas não limitada, a geração de calor e eletricidade. O aumento do uso da irradiação solar com estes propósitos reduz nossa dependência dos combustíveis fósseis e, por sua vez, pode mitigar o potencial para o aquecimento atmosférico. Para tal, o conhecimento da natureza da irradiação solar na superfície da Terra é crucial. O tratamento detalhado das tecnologias da energia solar é deixado para a literatura [15−19].

O efeito cumulativo dos processos de espalhamento sobre a *distribuição direcional* da radiação solar que atinge a superfície terrestre está mostrado na Figura 12.30*a*. Aquela parcela da radiação que atravessou a atmosfera sem ser espalhada (ou absorvida) está na direção do ângulo de zênite e é conhecida por *radiação direta*. A radiação espalhada incide a partir de todas as direções, embora sua intensidade seja maior nas direções próximas à da radiação direta. A radiação que sofreu espalhamento pode variar de aproximadamente 10 % da radiação solar total em um dia claro até perto de 100 % em um dia completamente encoberto. A parcela que sofreu espalhamento da radiação solar é frequentemente *aproximada* como independente da direção (Figura 12.30*b*), ou *difusa*.

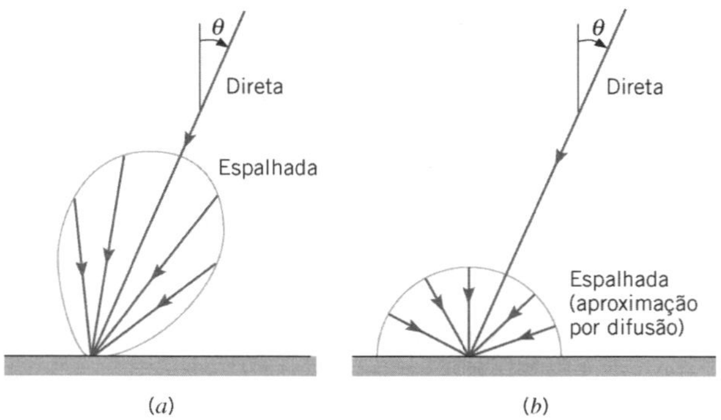

FIGURA 12.30 Distribuição direcional da radiação solar na superfície da Terra. (*a*) Distribuição real. (*b*) Aproximação difusa.

Como evidente na Figura 12.28*c*, formas de radiação ambiental com grandes comprimentos de onda incluem a emissão da superfície terrestre, assim como a emissão de certos constituintes da atmosfera. O poder emissivo associado à superfície terrestre pode ser calculado da forma convencional. Isto é,

$$E = \varepsilon \sigma T^4 \qquad (12.72)$$

em que ε e T são a emissividade e a temperatura da superfície, respectivamente. Como implícito na Figura 12.28*b*, as emissividades estão, em geral, próximas à unidade. A da água, por exemplo, é de aproximadamente 0,97. Usando $\varepsilon = 0{,}97$ e $\overline{E} = 390$ W/m^2 a partir da Figura 12.28*c*, a temperatura radiante efetiva da Terra é $\overline{T} = 291$ K. A emissão está concentrada na região espectral de aproximadamente 4 até 40 μm, com o pico ocorrendo em aproximadamente 10 μm, como mostra a Figura 12.28*b*.

A emissão atmosférica se propagando para baixo que incide na superfície terrestre é, em grande parte, decorrente de CO_2 e H_2O presentes na atmosfera, e está concentrada nas regiões espectrais entre 5 e 8 μm, e acima de 13 μm. Embora a distribuição espectral da emissão atmosférica não corresponda à de um corpo negro, sua contribuição para a irradiação da superfície terrestre pode ser emitida usando-se a Equação 12.32. Em particular, a irradiação na superfície terrestre em razão da emissão atmosférica pode ser escrita na forma

$$G_{\text{atm}} = \sigma T_{\text{céu}}^4 \qquad (12.73)$$

sendo $T_{\text{céu}}$ conhecida como a *temperatura efetiva do céu*. O seu valor depende das condições atmosféricas, e para condições nubladas da Figura 12.28*c* com uma temperatura moderada, $G_{\text{atm}} = 324$ W/m^2 e $T_{\text{céu}} = 275$ K. Valores reais variam de 230 K em condições de céu claro e frio, até um valor de aproximadamente 285 K sob condições encobertas e quentes. Quando o seu valor é pequeno, como acontece em uma noite clara e fria, uma poça d'água exposta ao ambiente pode congelar mesmo quando a temperatura do ar for superior a 273 K.

Finalizamos relembrando que os valores das propriedades espectrais de uma superfície em pequenos comprimentos de onda podem diferir consideravelmente dos valores em grandes comprimentos de onda (Figuras 12.17 e 12.22). Como a radiação solar está concentrada na região do espectro de pequenos comprimentos de onda e a emissão superficial encontra-se em comprimentos de onda muito maiores, tem-se que muitas superfícies não podem ser aproximadas como cinzas no que se refere à sua resposta à irradiação solar. Em outras palavras, a absortividade solar de uma superfície α_S pode diferir de sua emissividade ε. Valores de α_S e da emissividade de algumas superfícies representativas a temperaturas moderadas são apresentados na Tabela 12.3. Note que a razão α_S/ε é um parâmetro de engenharia importante. Valores reduzidos são desejados toda vez que a superfície deve rejeitar calor; valores elevados são necessários quando a superfície deve coletar energia solar.

TABELA 12.3 Absortividade solar α_S e emissividade ε de superfícies com absortividade espectral fornecida na Figura 12.22

Superfície	α_S	ε (300 K)	α_S/ε
Filme de alumínio depositado por evaporação	0,09	0,03	3,0
Quartzo fundido sobre substrato de alumínio	0,19	0,81	0,24
Tinta branca sobre substrato metálico	0,21	0,96	0,22
Tinta preta sobre substrato metálico	0,97	0,97	1,0
Aço inoxidável, como recebido, fosco	0,50	0,21	2,4
Tijolo vermelho	0,63	0,93	0,68
Pele humana (caucasianos)	0,62	0,97	0,64
Neve	0,28	0,97	0,29
Folha de milho	0,76	0,97	0,78

EXEMPLO 12.12

Um coletor solar plano sem placa de cobertura possui uma superfície de absorção seletiva com emissividade de 0,1 e absortividade solar de 0,95. Em determinada hora do dia, a temperatura da superfície absorvedora T_s é de 120 °C quando a irradiação solar é de 750 W/m², a temperatura efetiva do céu é de −10 °C e a temperatura do ar ambiente T_∞ é de 30 °C. Admita que o coeficiente de transferência de calor por convecção para condições de dia calmo possa ser estimado pela expressão

$$\bar{h} = 0{,}22(T_s - T_\infty)^{1/3}\ \mathrm{W/(m^2\cdot K)}$$

Para essas condições, calcule a taxa de remoção de calor útil (W/m²) no coletor. Qual é a eficiência correspondente do coletor?

SOLUÇÃO

Dados: Condições de operação de um coletor solar de placa plana.

Achar:

1. Taxa de remoção de calor útil por unidade de área, q''_u(W/m²).
2. Eficiência η do coletor.

Esquema:

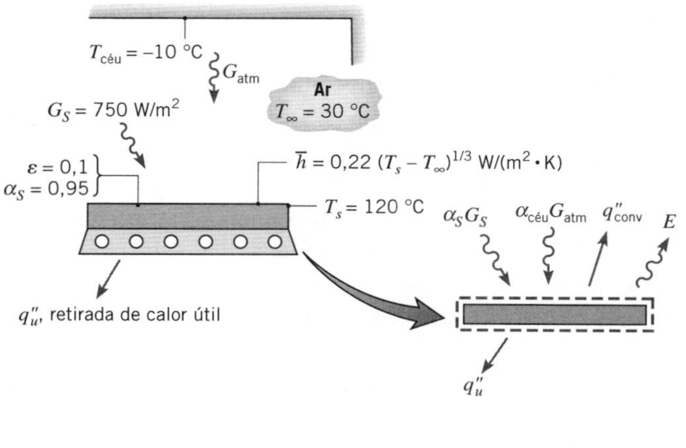

Considerações:

1. Condições de regime estacionário.
2. Parte inferior do coletor termicamente isolada.
3. Superfície absorvedora difusa.

Análise:

1. Efetuando um balanço de energia no absorvedor,

$$\dot{E}_{ent} - \dot{E}_{sai} = 0$$

ou, por unidade de área superficial,

$$\alpha_S G_S + \alpha_{céu} G_{atm} - q''_{conv} - E - q''_u = 0$$

Da Equação 12.73,

$$G_{atm} = \sigma T^4_{céu}$$

Como a irradiação atmosférica está concentrada aproximadamente na mesma região espectral da radiação emitida pela superfície, é razoável admitir-se que

$$\alpha_{céu} \approx \varepsilon = 0{,}1$$

Com

$$q''_{conv} = \bar{h}(T_s - T_\infty) = 0{,}22(T_s - T_\infty)^{4/3} \quad \text{e} \quad E = \varepsilon\sigma T_s^4$$

tem-se que

$$q''_u = \alpha_S G_S + \varepsilon\sigma T^4_{céu} - 0{,}22(T_s - T_\infty)^{4/3} - \varepsilon\sigma T_s^4$$

$$q''_u = \alpha_S G_S - 0{,}22(T_s - T_\infty)^{4/3} - \varepsilon\sigma(T_s^4 - T^4_{céu})$$

$$q''_u = 0{,}95 \times 750\ \mathrm{W/m^2} - 0{,}22(120 - 30)^{4/3}\ \mathrm{W/m^2}$$
$$-0{,}1 \times 5{,}67 \times 10^{-8}\ \mathrm{W/(m^2\cdot K^4)}\,(393^4 - 263^4)\ \mathrm{K^4}$$

$$q''_u = (712{,}5 - 88{,}7 - 108{,}1)\ \mathrm{W/m^2} = 516\ \mathrm{W/m^2} \quad \triangleleft$$

2. A eficiência do coletor, definida como a fração da irradiação solar extraída como energia útil, é então

$$\eta = \frac{q''_u}{G_S} = \frac{516 \text{ W/m}^2}{750 \text{ W/m}^2} = 0{,}69 \qquad \triangleleft$$

Comentários:

1. Como a faixa espectral da G_{atm} é inteiramente diferente da faixa de G_S, seria *incorreto* supor que $\alpha_{céu} = \alpha_S$.
2. O coeficiente de transferência de calor por convecção é extremamente pequeno ($\bar{h} \approx 1$ W/(m^2 · K)). Com um pequeno aumento para $\bar{h} = 5$ W/(m^2 · K)), o fluxo coletado útil e a eficiência são reduzidos para $q''_u = 154$ W/m^2 e $\eta = 0{,}21$, respectivamente. Uma placa de cobertura pode contribuir significativamente para reduzir a perda de calor por convecção (e por radiação) na placa absorvedora.

12.10 Resumo

Muitas ideias importantes foram apresentadas neste capítulo, juntamente com uma considerável quantidade de novas terminologias. Entretanto, o assunto foi desenvolvido de uma maneira sistemática, e uma nova leitura cuidadosa do material deve deixá-lo mais familiarizado com a sua aplicação. Um glossário é fornecido na Tabela 12.4 para ajudá-lo na assimilação da terminologia.

Teste o seu entendimento dos termos e dos conceitos apresentados neste capítulo respondendo às questões a seguir.

- Qual é a natureza da radiação? Quais as duas propriedades importantes que caracterizam a radiação?
- Qual é a origem física da *emissão* de radiação a partir de uma superfície? Como a emissão afeta a energia térmica de um material?
- Em qual região do espectro eletromagnético a *radiação térmica* está concentrada?
- O que é a *intensidade espectral* da radiação emitida por uma superfície? Ela depende de quais variáveis? Como o conhecimento desta dependência pode ser usado para determinar a taxa na qual a matéria perde energia térmica devido à emissão a partir de sua superfície?
- O que é um *esferorradiano*? Quantos esferorradianos estão associados a um hemisfério?
- Qual é a diferença entre radiação *espectral* e *total*? Entre radiação *direcional* e *hemisférica*?
- O que é o *poder emissivo total*? Qual papel ele desempenha em um balanço de energia na superfície?
- O que é um *emissor difuso*? Para tal emissor, como a intensidade está relacionada com o poder emissivo total?
- O que é *irradiação*? Como ela está relacionada com a intensidade de radiação incidente, se a radiação for difusa?
- O que é *radiosidade*? Que papel a radiosidade total e a irradiação total desempenham em um balanço de energia na superfície?
- Quais são as características de um *corpo negro*? Tal coisa existe realmente na natureza? Qual é o papel principal do comportamento do corpo negro na análise de radiação?
- O que é a *distribuição de Planck*? O que é a *lei do deslocamento de Wien*?
- Esboce, de memória, a distribuição espectral da emissão de radiação de um corpo negro a três temperaturas, $T_1 < T_2 < T_3$. Identifique características marcantes destas distribuições.
- Em qual região do espectro eletromagnético está concentrada a emissão de radiação de uma superfície a temperatura ambiente? Qual é a região espectral de concentração para uma superfície a 1000 °C? Para a superfície do Sol?
- O que é a *lei de Stefan-Boltzmann*? Como você determinaria a intensidade total de radiação emitida por um corpo negro a uma temperatura especificada?
- Como você aproximaria a irradiação total de uma pequena superfície em um grande envoltório isotérmico?
- No termo *emissividade hemisférica total*, a que se referem os adjetivos *total* e *hemisférica*?
- Como varia a emissividade direcional de um material na medida em que o ângulo de zênite associado à emissão se aproxima de 90°?
- Se a emissividade espectral de um material aumenta com o aumento do comprimento de onda, como a sua emissividade total varia com a temperatura?
- Qual é maior, a emissividade de um metal polido ou de um metal oxidado? De um tijolo refratário ou do gelo?
- Quais processos estão associados à irradiação de um material *semitransparente*? E de um material *opaco*?
- O vidro e a água são materiais semitransparentes ou opacos?
- Como a cor percebida de um material é determinada pela sua resposta à irradiação na porção infravermelha do espectro? Como a sua cor é afetada por sua temperatura?
- Pode a neve ser vista como uma boa absorvedora ou refletora de radiação infravermelha incidente?
- Como a energia térmica de um material é afetada pela absorção da radiação incidente? E pela reflexão da radiação incidente?
- A absortividade total de uma superfície opaca a uma temperatura fixa pode mudar em função de a irradiação ser proveniente de uma fonte à temperatura ambiente ou à temperatura do Sol? A sua refletividade pode mudar? E a sua emissividade?
- O que é um *refletor difuso*? Um *refletor especular*? Como a rugosidade da superfície afeta a natureza da reflexão na superfície?
- Sob quais condições há equivalência entre a emissividade direcional espectral de uma superfície e a absortividade direcional espectral? E entre a emissividade hemisférica espectral e a absortividade hemisférica espectral? E entre a emissividade hemisférica total e a absortividade hemisférica total?
- O que é uma *superfície cinza*?
- Como a presença de gases e aerossóis na atmosfera modifica a variação espectral da radiação solar se propagando para baixo? Como a composição da atmosfera modifica a variação espectral da emissão terrestre se propagando para cima?
- O que significa forçamento radiante (*radiative forcing*) e qual o impacto de tal grandeza na temperatura da atmosfera terrestre?

TABELA 12.4 Glossário de termos ligados à radiação térmica

Termo	Definição
Absorção	O processo de converter a radiação interceptada pela matéria em energia térmica interna.
Absortividade	Fração da radiação incidente absorvida pela matéria. Equações 12.47, 12.48 e 12.51. Qualificadores: *direcional, hemisférica, espectral, total.*
Corpo negro	O emissor e absorvedor ideal. Qualificação que se refere ao comportamento ideal. Indicado pelo subscrito *cn*.
Difuso	Qualificador que se refere à independência direcional da intensidade associada à radiação emitida, refletida ou incidente.
Direcional	Qualificador que se refere a uma direção em particular. Indicado pelo subscrito θ.
Distribuição direcional	Refere-se à variação com a direção.
Emissão	O processo de produção de radiação pela matéria a uma temperatura não nula. Qualificadores: *difusa, de corpo negro, espectral.*
Poder emissivo	Taxa de energia radiante emitida por uma superfície em todas as direções por unidade de área da superfície, E (W/m^2). Qualificadores: *espectral, total, de corpo negro.*
Emissividade	Razão entre a radiação emitida por uma superfície e a radiação emitida por um corpo negro na mesma temperatura. Equações 12.36, 12.38, 12.39 e 12.40. Qualificadores: *direcional, hemisférica, espectral, total.*
Superfície cinza	Uma superfície na qual a absortividade e a emissividade espectrais são independentes do comprimento de onda nas regiões espectrais da irradiação e da emissão da superfície.
Hemisférica	Qualificador que se refere a todas as direções no espaço acima de uma superfície.
Intensidade	Taxa de propagação de energia radiante em uma direção particular, por unidade de área normal a essa direção, por unidade de ângulo sólido no entorno dessa direção, I (W/(m$^2 \cdot$ sr)). Qualificador: *espectral.*
Irradiação	Taxa na qual a radiação incide sobre uma superfície oriunda de todas as direções, por unidade de área da superfície, G (W/m^2). Qualificadores: *espectral, total, difusa.*
Lei de Kirchhoff	Relação entre as propriedades de emissão e de absorção de superfícies irradiadas por um corpo negro na mesma temperatura. Equações 12.65, 12.66, 12.67 e 12.68.
Lei de Planck	Distribuição espectral da emissão de um corpo negro. Equação 12.30.
Radiosidade	Taxa na qual a radiação deixa uma superfície devido à emissão e à reflexão em todas as direções, por unidade de área da superfície, J (W/m^2). Qualificadores: *espectral, total.*
Reflexão	O processo de redirecionamento da radiação incidente sobre uma superfície. Qualificadores: *difusa, especular.*
Refletividade	Fração da radiação incidente refletida pela matéria. Equações 12.54, 12.55 e 12.57. Qualificadores: *direcional, hemisférica, espectral, total.*
Semitransparente	Refere-se a um meio no qual a absorção de radiação é um processo volumétrico.
Ângulo sólido	Região compreendida por um elemento de área sobre a superfície de uma esfera em relação ao centro da esfera, ω (sr). Equações 12.7 e 12.8.
Espectral	Qualificador que se refere a um componente com um comprimento de onda (monocromático). Indicado pelo subscrito λ.
Distribuição espectral	Refere-se à variação com o comprimento de onda.
Especular	Refere-se a uma superfície na qual o ângulo da radiação refletida é igual ao ângulo da radiação incidente.
Lei de Stefan-Boltzmann	Poder emissivo de um corpo negro. Equação 12.32.
Radiação térmica	Energia eletromagnética emitida pela matéria a uma temperatura não nula e concentrada na região espectral de aproximadamente 0,1 até 100 μm.
Total	Qualificador que se refere a todos os comprimentos de onda.
Transmissão	O processo de passagem da radiação térmica através da matéria.
Transmissividade	Fração da radiação incidente transmitida pela matéria. Equações 12.59 e 12.60. Qualificadores: *hemisférica, espectral, total.*
Lei do deslocamento de Wien	Lugar geométrico dos comprimentos de onda correspondentes aos picos de emissão de corpos negros. Equação 12.31.

- Como a temperatura radiante efetiva da Terra pode ser calculada a partir do balanço de radiação na atmosfera? O que é a temperatura do céu efetiva e como ela pode ser determinada a partir do balanço de radiação na atmosfera?
- Qual é a natureza direcional da radiação solar fora da atmosfera terrestre? E na superfície da Terra?
- Qual é a principal diferença entre os espalhamentos de Rayleigh e de Mie? No contexto das radiações ambiental e solar, como estes fenômenos de espalhamento afetam a temperatura da atmosfera da Terra? Como pode a atividade antropogênica afetar o espalhamento, a absorção e a emissão na atmosfera?

Referências

1. Planck, M., *The Theory of Heat Radiation,* Dover Publications, New York, 1959.
2. Zetteli, N., *Quantum Mechanics Concepts and Applications*, Wiley, Chichester, 2001.
3. Gubareff, G. G., J. E. Janssen, and R. H. Torberg, *Thermal Radiation Properties Survey,* 2nd ed., Honeywell Research Center, Minneapolis, 1960.
4. Wood, W. D., H. W. Deem, and C. F. Lucks, *Thermal Radiative Properties,* Plenum Press, New York, 1964.
5. Touloukian, Y. S., *Thermophysical Properties of High Temperature Solid Materials,* Macmillan, New York, 1967.
6. Touloukian, Y. S., and D. P. DeWitt, *Thermal Radiative Properties,* Vols. 7, 8, and 9, from *Thermophysical Properties of Matter,* TPRC Data Series, Y.S. Touloukian and C. Y. Ho, Eds., IFI Plenum, New York, 1970–1972.
7. Howell, J. R., R. Siegel, and M. P. Menguc, *Thermal Radiation Heat Transfer*, 5th ed., Taylor & Francis, New York, 2010.
8. National Academy of Sciences, *Solar Influences on Global Change*, National Academy Press, Washington, D.C. 2004.
9. Kiehl, J. T., and K. E. Trenberth, *Bull. Am. Met. Soc.* **78**, 197, 1997.
10. Myhre, G., *Science*, **325**, 187, 2009.
11. Akbari, H., S. Menon, and A. Rosenfeld, *Climate Change*, **94**, 275, 2009.
12. Arneth, A., N. Unger, M. Kulmala, and M. O. Andreae, *Science*, **326**, 672, 2009.
13. Shindell, D. T., G. Faluvegi, D. M. Koch, G. A. Schmidt, N. Unger, and S. E. Bauer, *Science*, **326**, 716, 2009.
14. Ramanathan, V., P. J. Crutzen, J. T. Kiehl, and D. Rosenfeld, *Science*, **294**, 2119, 2001.
15. Duffie, J. A., and W. A. Beckman, *Solar Engineering of Thermal Processes*, 3rd ed., Wiley, Hoboken, NJ, 2006.
16. Goswami, D. Y., F. Kreith, and J. F. Kreider, *Principles of Solar Energy*, 2nd ed., Taylor & Francis, New York, 2002.
17. Howell, J. R., R. B. Bannerot, and G. C. Vliet, *Solar-Thermal Energy Systems, Analysis and Design,* McGraw-Hill, New York, 1982.
18. Kalogirou, S. A., *Prog. Energy Comb. Sci.*, **30**, 231, 2004.
19. Kalogirou, S. A., *Solar Energy Engineering: Processes and Systems*, Elsevier, Oxford, 2009.

Problemas

Fluxos Radiantes: Definições

12.1 Seja uma placa horizontal opaca que é isolada termicamente no lado de trás. A irradiação sobre a placa é igual a 2500 W/m^2, dos quais 500 W/m^2 são refletidos. A placa está a 227 °C e tem um poder emissivo de 1200 W/m^2. Ar, a 127 °C, escoa sobre a placa com um coeficiente de transferência de calor convectivo igual a 15 $W/(m^2 \cdot K)$). Determine a emissividade, a absortividade e a radiosidade da placa. Qual é a taxa de transferência de calor líquida por unidade de área?

12.2 Uma superfície opaca e horizontal, a uma temperatura de 80 °C em regime estacionário, está exposta a uma corrente de ar com uma temperatura na corrente livre de 25 °C, com um coeficiente de transferência de calor convectivo de 20 $W/(m^2 \cdot K)$. O poder emissivo da superfície é de 628 W/m^2, a irradiação é de 1380 W/m^2 e a refletividade é de 0,30. Determine a absortividade e o fluxo térmico radiante líquido nesta superfície. Este fluxo térmico é para a superfície ou saindo da superfície? Determine o fluxo térmico combinado na superfície. Este fluxo térmico é para a superfície ou saindo da superfície?

12.3 A superfície superior de uma placa de alumínio anodizado com espessura $L = 5$ mm é irradiada com $G = 1000$ W/m^2, estando simultaneamente exposta a condições convectivas caracterizadas por $h = 50$ $W/(m^2 \cdot K)$ e $T_\infty = 25$ °C. A parte de trás da placa encontra-se isolada termicamente. Para uma temperatura da placa de 400 K, assim como $\alpha = 0{,}14$ e $\varepsilon = 0{,}76$, determine a radiosidade na superfície superior da placa, o fluxo radiante líquido na superfície superior e a taxa na qual a temperatura da placa varia com o tempo.

12.4 Uma placa horizontal semitransparente é irradiada uniformemente em cima e embaixo, enquanto ar a $T_\infty = 310$ K escoa sobre as superfícies superior e inferior, fornecendo um coeficiente de transferência de calor convectivo uniforme de $h = 50$ $W/(m^2 \cdot K)$. A absortividade da placa em relação à irradiação é de 0,40. Sob condições de regime estacionário, medidas feitas com um detector de radiação acima da superfície superior indicam uma radiosidade (que inclui transmissão, assim como reflexão e emissão) de $J = 5500$ W/m^2, enquanto a placa está a uma temperatura uniforme de $T = 360$ K.

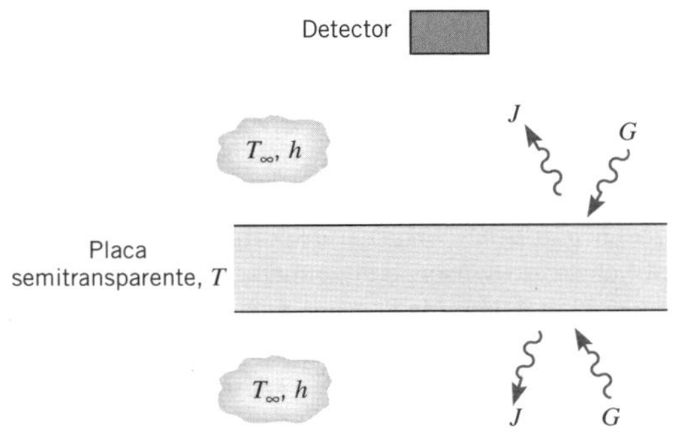

Determine a irradiação G e a emissividade da placa. A placa é cinza ($\varepsilon = \alpha$) para as condições especificadas?

Intensidade, Poder Emissivo e Irradiação

12.5 Qual é a irradiação nas superfícies A_2, A_3 e A_4 do Exemplo 12.1 devido à emissão a partir de A_1?

12.6 Considere uma pequena superfície com área $A_1 = 10^{-4}$ m^2, que emite difusamente com um poder emissivo hemisférico total de $E_1 = 5 \times 10^4$ W/m^2.

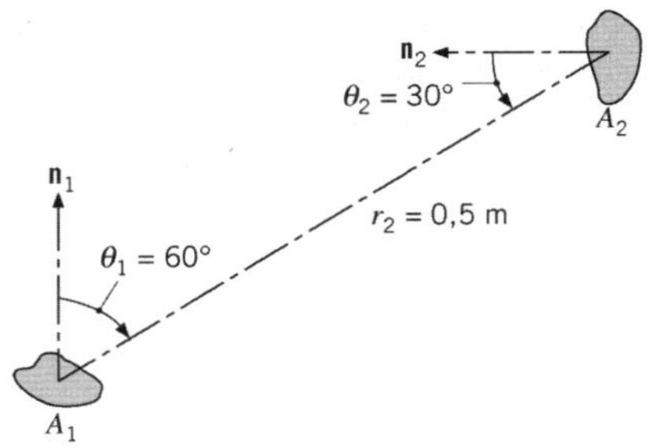

(a) A que taxa essa emissão é interceptada por uma pequena superfície com área $A_2 = 5 \times 10^{-4}$ m^2, que se encontra orientada como mostrado na figura?

(b) Qual é a irradiação G_2 sobre A_2?

(c) Para ângulos de zênite de $\theta_2 = 0$, 30 e 60°, represente graficamente G_2 como uma função da distância de separação para $0{,}25 \leq r_2 \leq 1{,}0$ m.

12.7 Um detector de radiação tem uma abertura de área $A_a = 10^{-6}$ m^2 e está posicionado a uma distância de $r = 2$ m de uma superfície de área $A_s = 10^{-4}$ m^2. O ângulo formado pela normal ao detector e a normal à superfície é $\theta = 25°$.

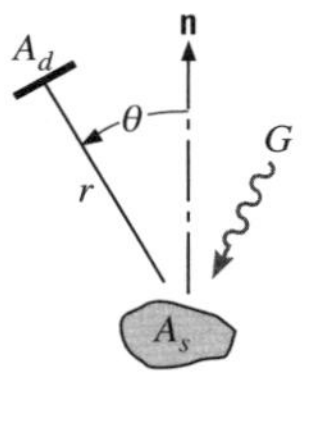

A superfície está a 500 K e é opaca, difusa e cinza com uma emissividade de 0,8. Se a irradiação na superfície é 2500 W/m^2, qual é a taxa na qual o detector intercepta a radiação desta superfície?

12.8 A intensidade emitida por um material não condutor pode ser aproximada como a seguir:

$$I_e = I_n \qquad 0 \leq \theta \leq \pi/3$$

$$I_e = I_n\left(3 - \frac{6\theta}{\pi}\right) \qquad \pi/3 < \theta \leq \pi/2$$

sendo $I_n = 500$ W/(m$^2 \cdot$ sr). Determine o poder emissivo total desta superfície. Compare o poder emissivo total com aquele de uma superfície difusa com intensidade I_n.

12.9 Com o objetivo de iniciar a operação de um processo, um sensor de movimento infravermelho (detector de radiação) é empregado para determinar a aproximação de uma parte quente em uma correia transportadora. Para ajustar o amplificador do sensor, o engenheiro necessita de uma relação entre o sinal de saída do sensor, S, e a posição da parte sobre a correia. O sinal de saída do sensor é proporcional à taxa na qual a radiação incide sobre o sensor.

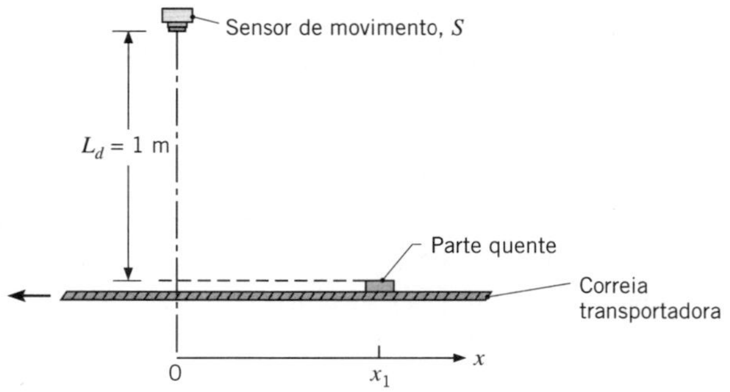

(a) Para $L_d = 1$ m, em qual localização x_1 o sinal do sensor S_1 será 75 % do valor do sinal correspondente à posição diretamente abaixo do sensor, S_o ($x = 0$)?

(b) Para valores de $L_d = 0{,}8$; 1,0 e 1,2 m represente graficamente a razão entre os sinais, S/S_o, *versus* a posição da parte aquecida, x, para razões entre os sinais no intervalo de 0,2 até 1,0. Compare as posições x nas quais $S/S_o = 0{,}75$.

12.10 Uma pequena fonte de calor radiante com área $A_1 = 2 \times 10^{-4}$ m^2 emite difusamente com uma intensidade $I_1 = 1000$ W/(m$^2 \cdot$ sr). Uma segunda área pequena, $A_2 = 1 \times 10^{-4}$ m^2 está localizada como mostrado no esboço a seguir.

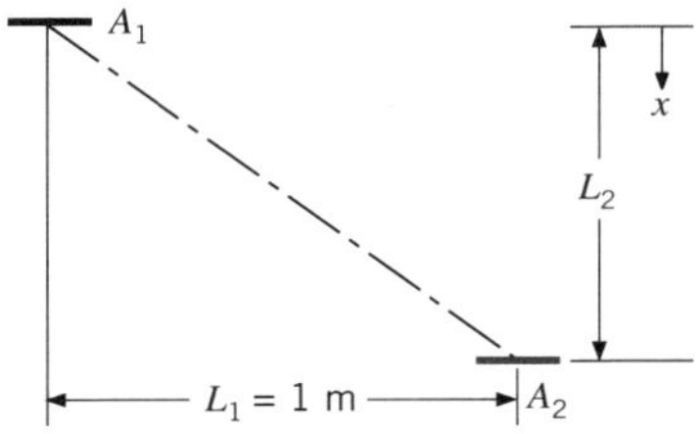

(a) Determine a irradiação de A_2 para $L_2 = 0{,}5$ m.

(b) Represente graficamente A_2 no intervalo $0 \leq A_2 \leq 10$ m.

12.11 Determine a fração do poder emissivo hemisférico total que deixa uma superfície difusa nas direções $\pi/4 \leq \theta \leq \pi/2$ e $0 \leq \phi \leq \pi$.

12.12 A distribuição espectral da radiação emitida por uma superfície difusa pode ser aproximada como se segue.

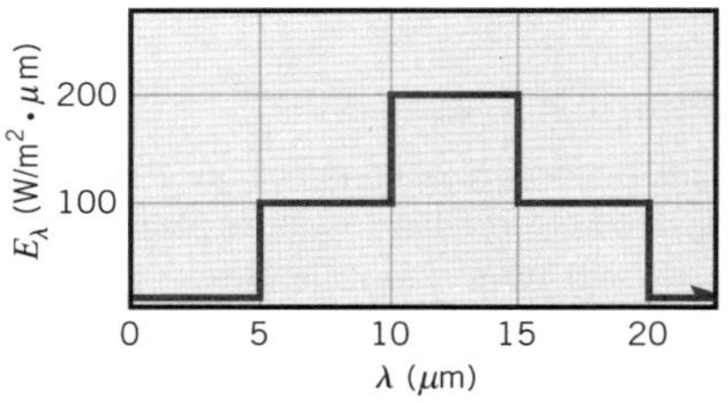

(a) Qual é o poder emissivo total?

(b) Qual é a intensidade total da radiação emitida na direção normal e em um ângulo de 30° em relação à normal?

(c) Determine a fração do poder emissivo deixando a superfície nas direções $\pi/4 \leq \theta \leq \pi/2$.

Radiação de Corpo Negro

12.13 A superfície escura do topo de um fogão cerâmico pode ser aproximada por um corpo negro. Os "queimadores", que estão integrados ao topo do fogão, são aquecidos por baixo por aquecedores de resistência elétrica.

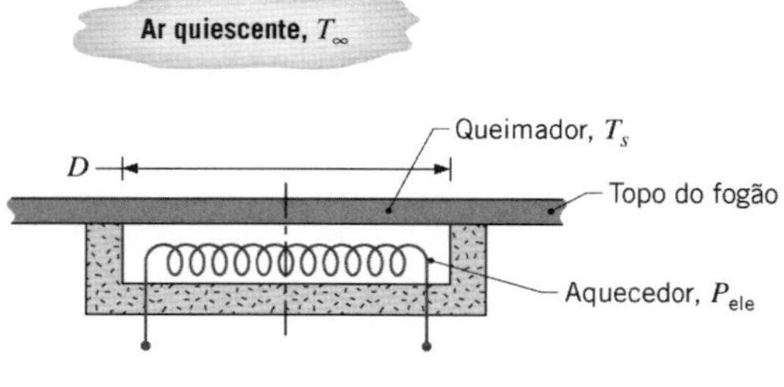

(a) Considere um queimador com diâmetro $D = 200$ mm operando com uma temperatura na superfície uniforme de $T_s = 250$ °C em ar ambiente a $T_\infty = 20$ °C. Sem um pote ou panela sobre o queimador, quais são as taxas de perda térmica por radiação e por convecção no queimador? Sendo a eficiência associada à transferência de energia dos aquecedores para os queimadores de 90 %, qual é a exigência de potência elétrica? Em qual comprimento de onda a emissão espectral é um máximo?

(b) Calcule e represente graficamente o efeito da temperatura do queimador nas taxas de transferência de calor para $100 \leq T_s \leq 350$ °C.

12.14 O fluxo de energia associado à radiação solar que incide sobre a superfície externa da atmosfera terrestre foi medido com precisão e o seu valor é de 1368 W/m^2. Os diâmetros do Sol e da Terra são de $1{,}39 \times 10^9$ e $1{,}27 \times 10^7$ m, respectivamente, e a distância entre o Sol e a Terra é de $1{,}5 \times 10^{11}$ m.

(a) Qual é o poder emissivo do Sol?

(b) Aproximando a superfície do Sol por uma superfície negra, qual é a sua temperatura?

(c) Em qual comprimento de onda o poder emissivo espectral do Sol é máximo?

(d) Admitindo que a superfície da Terra seja uma superfície negra e que o Sol seja a sua única fonte de energia, estime a temperatura da superfície da Terra.

12.15 Uma casca esférica de alumínio, com diâmetro interno D = 2 m e vácuo no seu interior, é utilizada como uma câmara de testes de radiação. Se a superfície interna é revestida com negro de fumo e mantida a 800 K, qual é a irradiação sobre uma pequena superfície de teste colocada no interior da câmara? Se a superfície interna não estivesse revestida e fosse mantida a 800 K, qual seria o valor da irradiação?

12.16 Propõe-se que as temperaturas extremamente altas necessárias para disparar a fusão nuclear sejam geradas pela irradiação com *laser* de uma pequena partícula de deutério e trítio com diâmetro D_p = 1,8 mm.

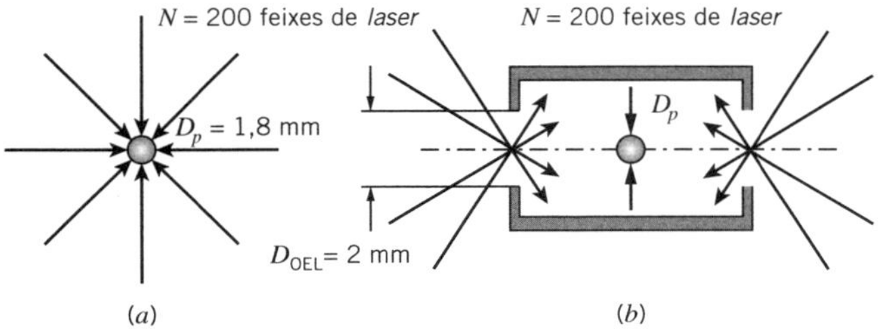

(a) Determine a temperatura do combustível máxima que pode ser atingida pela irradiação da partícula com 200 *lasers*, cada um produzindo uma potência de P = 500 W. A partícula tem uma absortividade α = 0,3 e emissividade ε = 0,8.

(b) A partícula é posicionada no interior de um recinto cilíndrico. Dois orifícios para entrada dos *lasers* estão localizados em cada extremidade do recipiente e têm um diâmetro de D_{OEL} = 2 mm. Determine a temperatura máxima que pode ser gerada no interior do recipiente.

12.17 Um recipiente possui uma área superficial interna de 50 m^2, e esta superfície, mantida a uma temperatura constante, é negra. Uma pequena abertura no recipiente possui uma área de 0,01 m^2. A taxa de energia radiante emitida a partir dessa abertura é de 52 W. Qual é a temperatura da parede interna do recipiente? Se a superfície interior for mantida a essa temperatura e agora estiver polida de forma que sua emissividade é 0,15, qual será o valor da taxa de energia radiante emitida a partir da abertura?

12.18 Um método proposto para geração de eletricidade a partir da irradiação solar consiste em concentrar a irradiação no interior de uma cavidade inserida no interior de um grande recipiente de um sal com alto ponto de fusão. Se todas as perdas térmicas forem desprezadas, parte da irradiação solar que entra na cavidade é usada para fundir o sal, enquanto o restante é usado para alimentar um ciclo de Rankine. (O sal é fundido durante o dia e ressolidificado à noite de modo a gerar energia nas 24 horas do dia.)

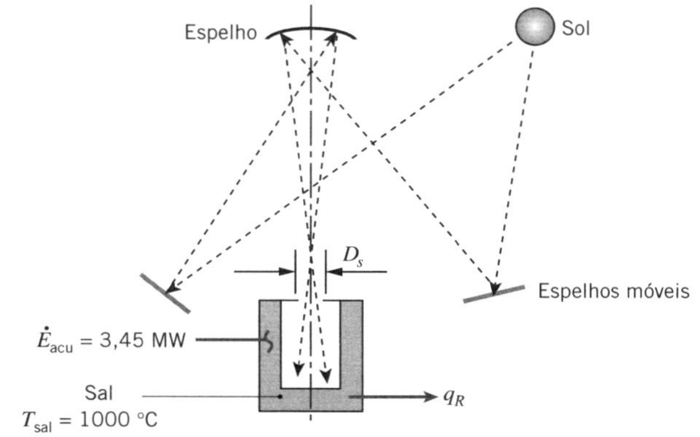

Considere condições nas quais a potência solar entrando na cavidade é de q_{sol} = 7,50 MW e a taxa de acúmulo de energia no sal é de $\dot{E}_{acu}$ = 3,45 MW. Para uma abertura na cavidade de diâmetro D_s = 1 m, determine a taxa de transferência de calor para o ciclo Rankine, q_R. A temperatura do sal é mantida no seu ponto de fusão, $T_{sal} = T_m$ = 1000 °C. Despreze perdas térmicas por convecção e a irradiação da vizinhança.

12.19 As distribuições espectrais de Wien e de Rayleigh-Jeans são aproximações da lei de Planck para o poder emissivo espectral, que são úteis nos limites inferior e superior do produto λT, respectivamente.

(a) Mostre que a distribuição espectral de Planck terá a forma

$$E_{\lambda,cn}(\lambda, T) \approx \frac{C_1}{\lambda^5} \exp\left(-\frac{C_2}{\lambda T}\right)$$

quando $C_2/(\lambda T) \gg 1$ e determine o erro (em comparação com a distribuição exata) para a condição λT = 2898 μm · K. Essa forma é conhecida por lei de Wien.

(b) Mostre que a distribuição de Planck assumirá a forma

$$E_{\lambda,cn}(\lambda, T) \approx \frac{C_1}{C_2} \frac{T}{\lambda^4}$$

quando $C_2/(\lambda T) \ll 1$ e determine o erro (em comparação com a distribuição exata) para a condição λT = 100.000 μm · K. Essa forma é conhecida por lei de Rayleigh-Jeans.

12.20 Estime o comprimento de onda que corresponde à máxima emissão de cada uma das seguintes superfícies: o Sol, um filamento de tungstênio a 2500 K, um metal aquecido a 1500 K, pele humana a 305 K e uma superfície metálica resfriada criogenicamente a 60 K. Estime a fração da emissão solar que se encontra nas seguintes regiões espectrais: ultravioleta, visível e infravermelha.

12.21 A tabela a seguir apresenta as quatro estrelas isoladas mais brilhantes visíveis a partir da Terra. A temperatura da estrela, seu raio (um raio solar é igual ao raio do Sol) e a distância entre a estrela e a Terra são fornecidas. Determine a ordem de diminuição do brilho da estrela, como observado por um astronauta em órbita ao redor da Terra.

Estrela	T_s	R_e (raio solar)	$D_{e\text{-}T}$ (anos-luz)
Arcturus	4286	25,4	36,7
Canopus	7350	71,4	310
Sirius A	9940	1,71	8,60
Vega	9602	2,50	25,0

12.22 Um elemento aquecedor radiante em forma de um anel é energizado eletricamente e mantido a uma temperatura T_a = 3000 K. O elemento aquecedor é usado em um processo de fabricação para aquecer uma pequena peça que possui uma área superficial A_p = 0,007 m². A superfície do elemento aquecedor pode ser considerada uma superfície negra.

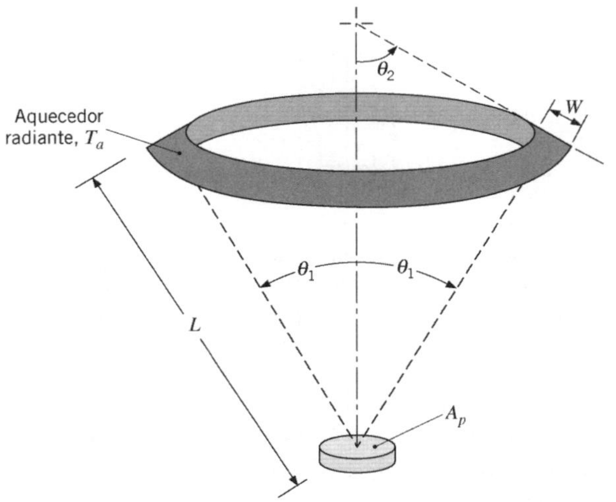

Para θ_1 = 30°, θ_2 = 60°, L = 3 m e W = 30 mm, qual é a taxa na qual a energia radiante emitida pelo aquecedor incide sobre a peça?

12.23 Fornos isotérmicos com pequenas aberturas, que se aproximam de um corpo negro, são usados com frequência para calibrar medidores de fluxo térmico, termômetros de radiação e outros equipamentos radiométricos. Em tais aplicações, é necessário controlar a potência fornecida ao forno, de tal maneira que a variação da temperatura e da intensidade espectral da abertura fique dentro de limites desejáveis.

(a) Levando em consideração a distribuição espectral de Planck, Equação 12.30, mostre que a razão entre a variação relativa da intensidade espectral e a variação relativa da temperatura do forno tem a forma

$$\frac{dI_\lambda/I_\lambda}{dT/T} = \frac{C_2}{\lambda T}\frac{1}{1 - \exp(-C_2/\lambda T)}$$

(b) Usando essa relação, determine a variação permissível na temperatura do forno, operando a 2000 K, para garantir que a intensidade espectral a 0,65 μm não irá variar em mais de 0,5 %. Qual é a variação permissível para 10 μm?

Emissividade

12.24 Para os materiais A e B, cujas emissividades hemisféricas espectrais variam com o comprimento de onda conforme mostrado a seguir, como a emissividade hemisférica total varia com a temperatura? Explique sucintamente.

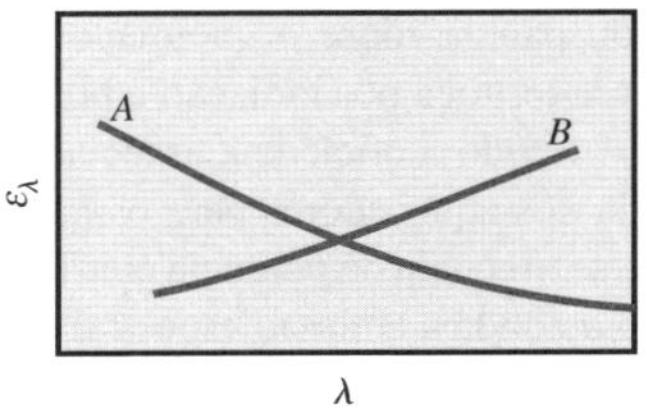

12.25 Considere a superfície metálica do Exemplo 12.7. Medições adicionais da emissividade hemisférica espectral fornecem uma distribuição espectral que pode ser aproximada como a seguir:

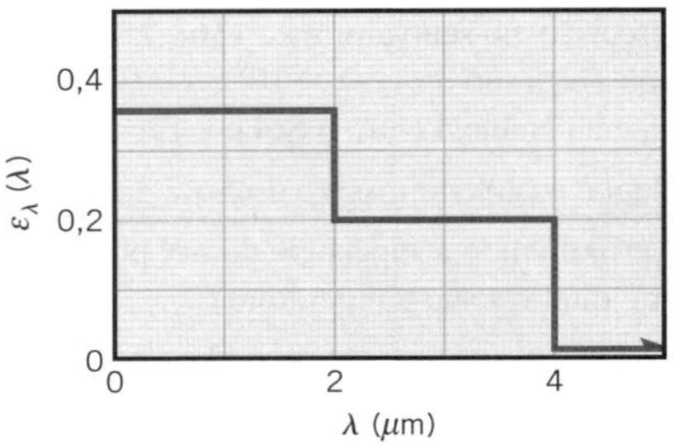

(a) Determine os valores correspondentes da emissividade hemisférica total ε e do poder emissivo total E a 2000 K.

(b) Represente graficamente a emissividade como uma função da temperatura para 500 ≤ T ≤ 3000 K. Explique a variação.

12.26 A emissividade espectral de titânio não oxidado a temperatura ambiente é bem descrita pela expressão $\varepsilon_\lambda = 0{,}52\,\lambda^{-0{,}5}$ para 0,3 μm ≤ λ ≤ 30 μm.

(a) Determine o poder emissivo associado a uma superfície de titânio não oxidado a T = 300 K. Suponha que a emissividade espectral seja ε_λ = 0,1 para λ > 30 μm.

(b) Determine o valor de $\lambda_{máx}$ para o poder emissivo da superfície no item (a).

12.27 A emissividade direcional espectral de um material difuso a 2500 K possui a seguinte distribuição:

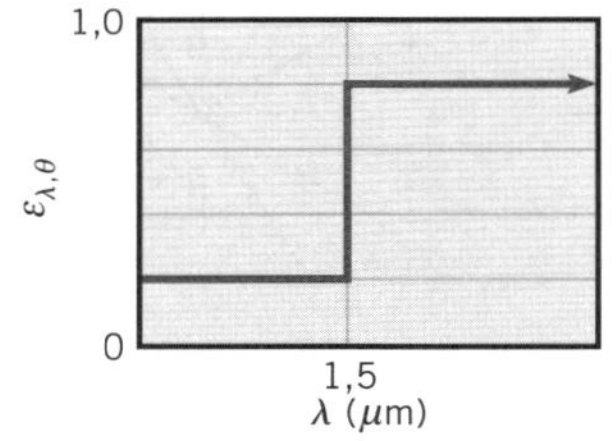

Determine a emissividade hemisférica total a 2500 K. Determine o poder emissivo na faixa espectral compreendida entre 0,8 e 2,5 μm *e* nas direções 0 ≤ θ ≤ 15°.

12.28 Uma superfície difusa é caracterizada pela distribuição de emissividades hemisféricas espectrais mostrada na figura. Considerando temperaturas superficiais na faixa de 300 ≤ T_s ≤ 1000 K, em qual temperatura o poder emissivo será minimizado?

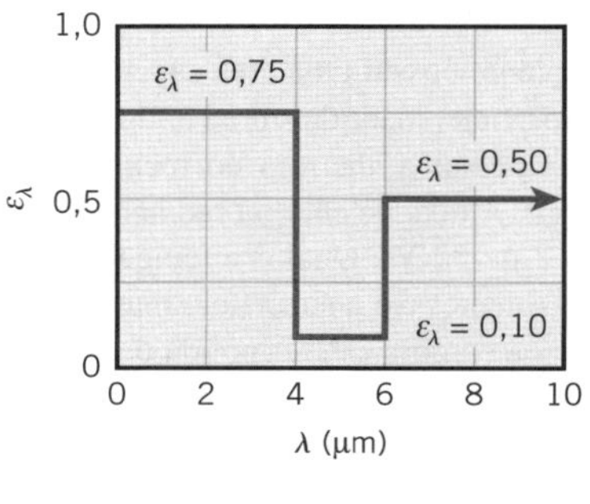

12.29 Considere a superfície difusa do Problema 12.28. Determine a emissividade hemisférica da superfície e o seu poder emissivo a T = 300, 500 e 700 K. Em qual comprimento de onda ocorre o pico de emissão quando a superfície se encontra em cada uma destas temperaturas.

12.30 Considere a superfície direcionalmente seletiva que possui a emissividade direcional ε_θ mostrada a seguir.

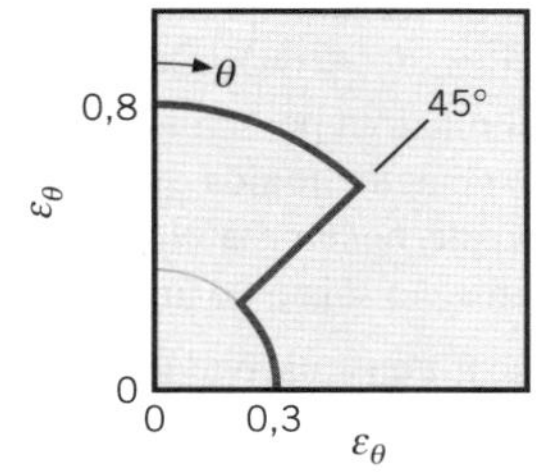

Supondo que a superfície seja isotrópica na direção ϕ, calcule a razão entre a emissividade normal ε_n e a emissividade hemisférica ε_h.

12.31 Uma esfera suspensa no ar de um quarto escuro é mantida a uma temperatura uniforme que a mantém incandescente. Quando vista pela primeira vez a olho nu, a esfera parece estar mais brilhante na periferia. Após algumas horas, contudo, ela parece estar mais brilhante no centro. De que material você imaginaria que a esfera pudesse ser feita? Forneça explicações plausíveis para a não uniformidade do brilho da esfera e para a mudança na sua aparência com o passar do tempo.

12.32 Estime a emissividade hemisférica total ε do aço inoxidável polido a 800 K, usando a Equação 12.43 com as informações fornecidas na Figura 12.17. Suponha que a emissividade hemisférica é igual à emissividade normal. Efetue a integração usando um *cálculo por bandas*, dividindo a integral em cinco bandas, cada uma contendo 20 % da emissão de um corpo negro a 800 K. Em cada banda, admita que a emissividade média esteja associada a um comprimento de onda mediano na banda λ_m, para o qual a metade da radiação do corpo negro no interior da banda esteja acima de λ_m (e metade esteja abaixo de λ_m). Por exemplo, a primeira banda vai de $\lambda = 0$ até λ_1, tal que $F_{(0\rightarrow\lambda 1)} = 0{,}2$ e o comprimento de onda mediano para a primeira banda é escolhido de modo que $F_{(0\rightarrow\lambda m)} = 0{,}1$. Também determine o poder emissivo da superfície.

Absortividade, Refletividade e Transmissividade

12.33 Uma superfície opaca com a distribuição de refletividades hemisféricas espectrais especificada é submetida à irradiação espectral mostrada.

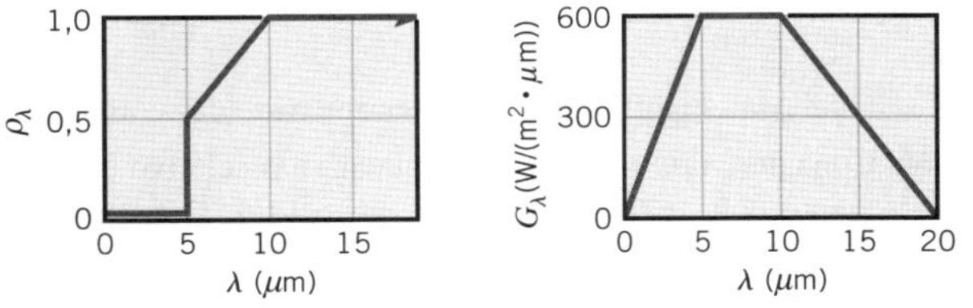

(a) Esboce a distribuição da absortividade hemisférica espectral.

(b) Determine a irradiação total sobre a superfície.

(c) Determine o fluxo radiante absorvido pela superfície.

(d) Qual é a absortividade hemisférica total dessa superfície?

12.34 Um pequeno objeto opaco e difuso, a T_s = 500 K, está suspenso em um grande forno cujas paredes internas estão a T_f = 2500 K. As paredes são difusas e cinzas, e possuem uma emissividade de 0,37. A emissividade hemisférica espectral da superfície do pequeno objeto é dada a seguir.

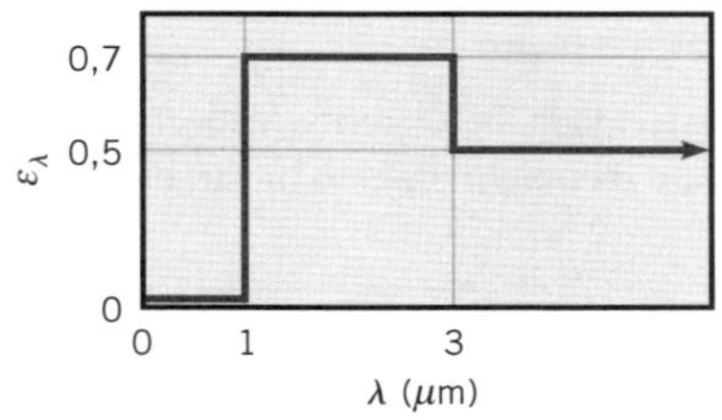

(a) Determine a emissividade total e a absortividade total da superfície.

(b) Avalie o fluxo radiante refletido e o fluxo radiante líquido *para* a superfície.

(c) Qual é o poder emissivo espectral em λ = 2 μm?

(d) Qual é o comprimento de onda $\lambda_{1/2}$ para o qual metade da radiação total emitida pela superfície se encontra na região espectral $\lambda \geq \lambda_{1/2}$?

12.35 Um de dois finos revestimentos pode ser aplicado em uma placa metálica, fornecendo as emissividades espectrais a seguir, acima e abaixo de um *comprimento de onda limite* de λ_l = 8 μm.

Revestimento	$\varepsilon_\lambda(\lambda_l \leqslant 8\ \mu m)$	$\varepsilon_\lambda(\lambda_l > 8\ \mu m)$
A	0,75	0,25
B	0,25	0,75
Nenhum	0,25	0,25

Estando a placa a uma temperatura de T_s = 600 K e a vizinhança a 400 K, determine a radiosidade e o fluxo térmico radiante líquido na superfície da placa para a condição sem revestimento, com o revestimento A e com o revestimento B. Qual revestimento fornece o maior fluxo radiante líquido? Se o comprimento de onda limite for λ_l = 6 μm em vez de 8 μm, qual revestimento fornecerá o maior fluxo radiante líquido?

12.36 Uma superfície opaca, com dimensões 2 m × 2 m, é mantida a 350 K e simultaneamente exposta à irradiação solar com G_S = 1200 W/m². A superfície é difusa e sua absortividade espectral é α_λ = 0; 0,8; 0; e 0,9, nos intervalos $0 \leq \lambda \leq 0{,}6$ μm; 0,6 μm $< \lambda \leq 1{,}2$ μm; 1,2 μm $< \lambda \leq 2$ μm; e $\lambda >$ 2 μm, respectivamente. Determine a irradiação absorvida, o poder emissivo, a radiosidade e a transferência de calor radiante líquida saindo da superfície.

12.37 Uma superfície opaca e difusa, a 680 K, possui emissividades espectrais $\varepsilon_\lambda = 0$ para $0 \leq \lambda \leq 3$ μm; $\varepsilon_\lambda = 0{,}4$ para $3 < \lambda \leq 10$ μm; e $\varepsilon_\lambda = 0{,}7$ para $10 < \lambda < \infty$. Um fluxo radiante de 1000 W/m², uniformemente distribuído entre 1 e 6 μm, incide sobre a superfície com um ângulo de 30° em relação à sua normal.

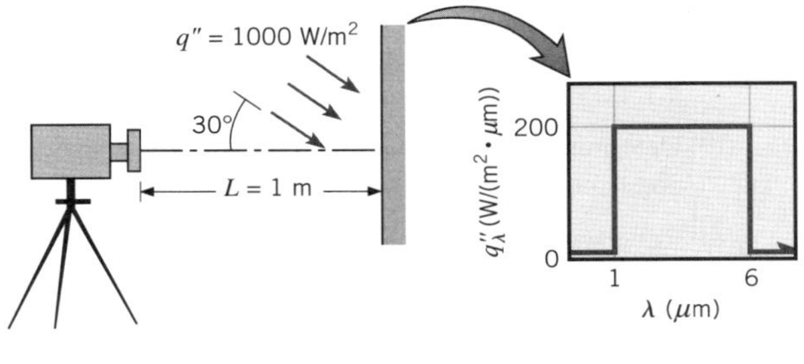

Calcule a potência radiante total que sai de uma área da superfície com 10^{-4} m^2 e atinge um detector de radiação que está posicionado ao longo da direção normal a essa área. A abertura do detector tem 10^{-5} m^2 e a sua distância da superfície é de um metro.

12.38 A absortividade hemisférica espectral de uma superfície opaca tem o comportamento mostrado a seguir.

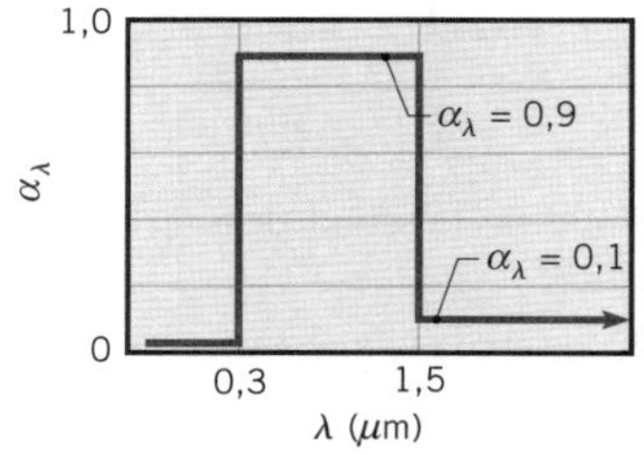

Qual é a absortividade solar, α_S? Se for considerado que $\varepsilon_\lambda = \alpha_\lambda$ e que a superfície se encontra a uma temperatura de 340 K, qual é a sua emissividade hemisférica total?

12.39 A absortividade hemisférica espectral de uma superfície opaca e a distribuição espectral da radiação que incide sobre a superfície estão mostradas na figura.

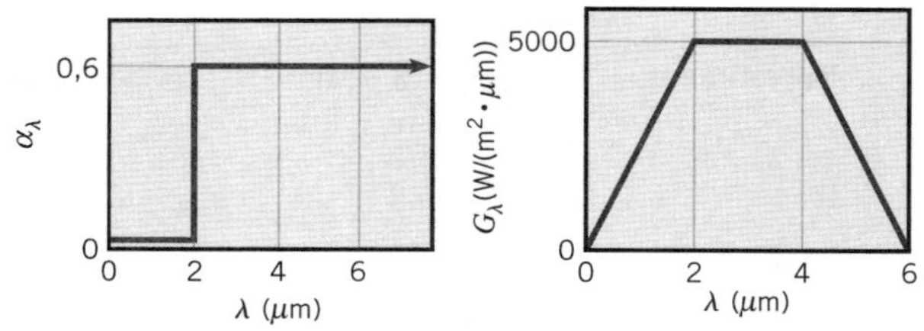

Qual é a absortividade hemisférica total da superfície? Se for considerado que $\varepsilon_\lambda = \alpha_\lambda$ e que a superfície está a 1000 K, qual é a sua emissividade hemisférica total? Qual é o fluxo radiante líquido para a superfície?

12.40 A emissividade espectral de uma superfície difusa e opaca é mostrada na figura.

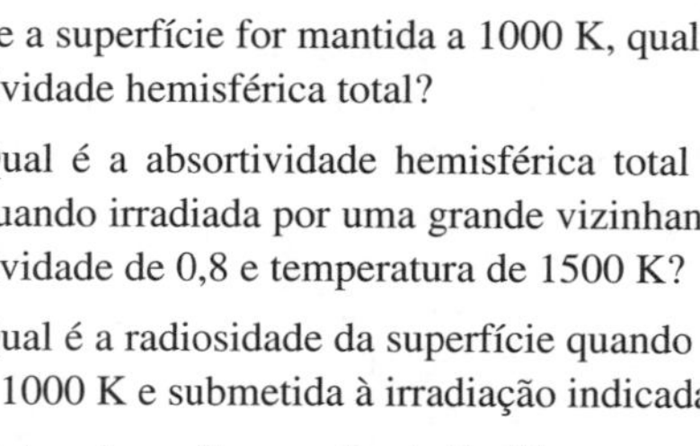

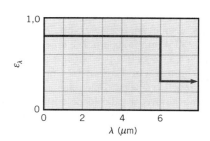

(a) Se a superfície for mantida a 1000 K, qual é a sua emissividade hemisférica total?

(b) Qual é a absortividade hemisférica total da superfície quando irradiada por uma grande vizinhança com emissividade de 0,8 e temperatura de 1500 K?

(c) Qual é a radiosidade da superfície quando ela é mantida a 1000 K e submetida à irradiação indicada no item (b)?

(d) Determine o fluxo radiante líquido para a superfície nas condições do item (c).

(e) Represente graficamente cada um dos parâmetros calculados nos itens (a)–(d) como funções da temperatura da superfície para $750 \leq T \leq 2000$ K.

12.41 A transmissividade espectral de uma camada de água com 1 mm de espessura pode ser aproximada como apresentado a seguir:

$$\tau_{\lambda 1} = 0{,}99 \quad 0 \leq \lambda \leq 1{,}2\ \mu\text{m}$$
$$\tau_{\lambda 2} = 0{,}54 \quad 1{,}2\ \mu\text{m} < \lambda \leq 1{,}8\ \mu\text{m}$$
$$\tau_{\lambda 3} = 0 \quad 1{,}8\ \mu\text{m} < \lambda$$

(a) Água líquida somente pode existir abaixo de sua temperatura crítica, $T_c = 647{,}3$ K. Determine a transmissividade total máxima possível de uma camada de 1 mm de espessura de água líquida quando a água é guardada em um recipiente opaco e a ebulição não ocorre. Suponha que a irradiação seja a de um corpo negro.

(b) Determine a transmissividade de uma camada de 1 mm de espessura de água líquida associada à fusão do fio de platina usado no experimento de ebulição de Nukiyama, como descrito na Seção 10.3.1.

(c) Determine a transmissividade total de uma camada de 1 mm de espessura de água líquida exposta à irradiação solar. Suponha que o Sol emita como um corpo negro a $T_s = 5800$ K.

12.42 As transmissividades espectrais de vidros simples e vidros coloridos podem ser aproximadas como a seguir:

Vidro simples:	$\tau_\lambda = 0{,}9$	$0{,}3 \leq \lambda \leq 2{,}5\ \mu$m
Vidro colorido:	$\tau_\lambda = 0{,}9$	$0{,}5 \leq \lambda \leq 1{,}5\ \mu$m

Fora dos intervalos de comprimentos de onda especificados, a transmissividade espectral para os dois tipos de vidro é igual a zero. Compare a energia solar que pode ser transmitida através dos vidros. Com irradiação solar sobre os vidros, compare a energia radiante visível que pode ser transmitida.

12.43 Quatro superfícies difusas, que possuem as características espectrais mostradas nas figuras, se encontram a 300 K e estão expostas à radiação solar.

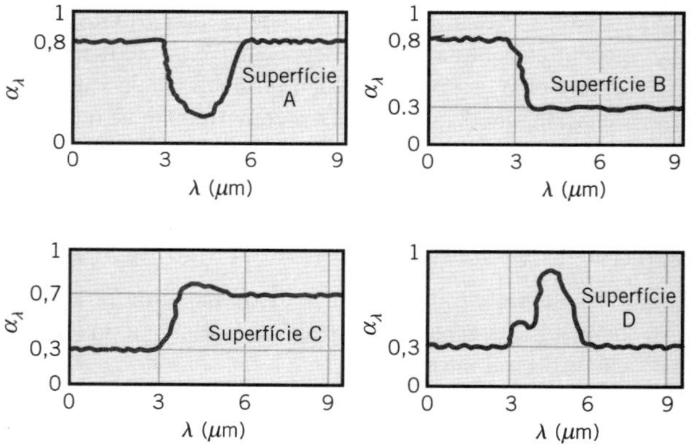

Quais das superfícies podem ser aproximadas como cinzas?

12.44 Considere um material que é cinza, mas seletivo direcionalmente com $\alpha_\theta(\theta, \phi) = 0{,}8(1 - \cos(\phi))$. Determine a absortividade hemisférica α quando um fluxo solar colimado irradia a superfície do material na direção $\theta = 45°$ e $\phi = 45°$. Determine a emissividade hemisférica ε do material.

Taxas e Fluxos Radiantes

12.45 Uma placa horizontal opaca tem uma espessura de $L = 21$ mm e condutividade térmica de $k = 25$ W/(m · K). Água escoa em contato com a superfície inferior da placa e está a uma temperatura de $T_{\infty,\text{água}} = 25$ °C. Ar escoa acima da placa a $T_{\infty,\text{ar}} = 260$ °C, com $h_{\text{ar}} = 40$ W/(m^2 · K). A parte superior da placa é difusa e irradiada com G = 1450 W/m^2, dos quais 435 W/m^2 são refletidos. As temperaturas em regime estacionário das superfícies superior e inferior da placa são T_{sup} = 43 °C e T_{inf} = 35 °C, respectivamente. Determine a transmissividade, a refletividade, a absortividade e a emissividade da placa. A placa é cinza? Qual é a radiosidade associada à superfície superior da placa? Qual é o coeficiente convectivo de transferência de calor associado ao escoamento da água?

12.46 Um fluxo solar de 1000 W/m^2 incide no lado superior de uma placa cuja superfície tem uma absortividade solar de 0,9 e uma emissividade de 0,2. O ar e a vizinhança encontram-se a 25 °C e o coeficiente de transferência de calor convectivo entre a placa e o ar é igual a 20 W/(m^2 · K). Considerando que o lado inferior da placa está isolado termicamente, determine os fluxos térmicos convectivo e radiante na superfície, e a temperatura da placa em regime estacionário.

12.47 Duas superfícies pequenas, A e B, estão localizadas no interior de um recipiente isotérmico a uma temperatura uniforme. O recipiente proporciona uma irradiação de 6300 W/m^2 em cada uma das superfícies, e as superfícies A e B absorvem a radiação incidente nas taxas de 5600 e 630 W/m^2, respectivamente. Considere condições após transcorrer um longo período de tempo.

(a) Quais são os fluxos térmicos líquidos para cada superfície? Quais são as suas temperaturas?

(b) Determine a absortividade de cada superfície.

(c) Quais são os poderes emissivos de cada superfície?

(d) Determine a emissividade de cada superfície.

12.48 Sejam superfícies paralelas que são opacas para a radiação térmica. As superfícies horizontais são separadas por um espaço de L = 0,12 m de espessura. A superfície superior encontra-se a uma temperatura T_2 e está coberta com uma tinta de alta emissividade, $\varepsilon \approx 1$. A superfície inferior está a temperatura T_1 e é caracterizada por:

$$\varepsilon_\lambda = 0{,}1 \qquad 0 \leqslant \lambda \leqslant 10\ \mu\text{m}$$
$$\varepsilon_\lambda = 0{,}8 \qquad \lambda > 10\ \mu\text{m}$$

(a) O compartimento formado pelas superfícies é preenchido com ar a pressão atmosférica com T_1 = 500 K e T_2 = 300 K. Determine o fluxo térmico através do compartimento.

(b) O compartimento é preenchido com água líquida a uma temperatura média de $\overline{T}$ = 300 K. Há uma diferença de temperatura de 5 K através do compartimento, onde a superfície inferior está aquecida. Determine o fluxo térmico através do compartimento.

12.49 Uma superfície difusa, que possui as características espectrais a seguir, é mantida a 500 K quando localizada no interior de um grande forno cujas paredes são mantidas a 1500 K:

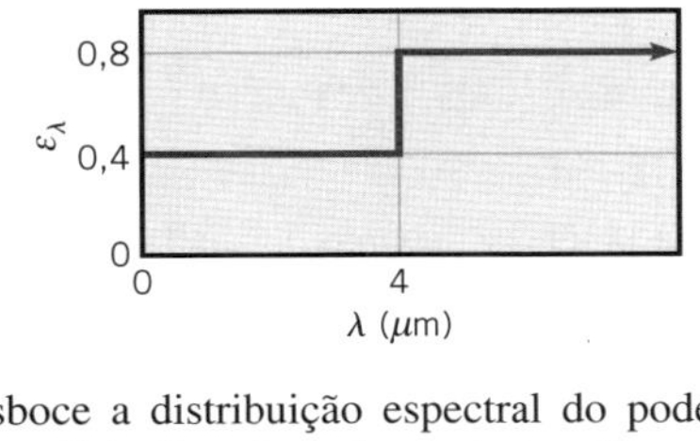

(a) Esboce a distribuição espectral do poder emissivo da superfície E_λ e do poder emissivo $E_{\lambda,cn}$ que a superfície teria caso ela fosse um corpo negro.

(b) Desprezando efeitos convectivos, qual é o fluxo térmico líquido para a superfície nas condições especificadas?

(c) Represente graficamente o fluxo térmico líquido como uma função da temperatura superficial para 500 ≤ T ≤ 1000 K. No mesmo sistema de coordenadas, represente os fluxos térmicos para uma superfície difusa e cinza com emissividades totais de 0,4 e 0,8.

(d) Para a distribuição espectral de ε_λ fornecida, como a emissividade e a absortividade totais da superfície variam com a temperatura no intervalo 500 ≤ T ≤ 1000 K?

12.50 Uma amostra pequena de uma superfície opaca encontra-se inicialmente a 1200 K e possui a absortividade hemisférica espectral mostrada na figura.

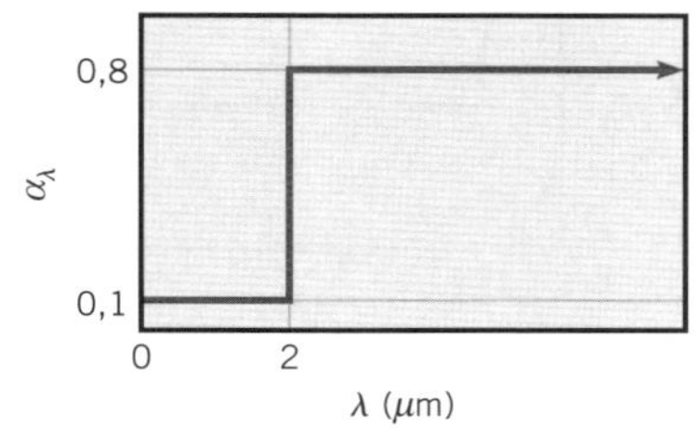

A amostra é colocada no interior de um grande compartimento cujas paredes possuem uma emissividade de 0,2 e são mantidas a 2400 K.

(a) Qual é a absortividade hemisférica total da superfície da amostra?

(b) Qual é a sua emissividade hemisférica total?

(c) Quais são os valores da absortividade e da emissividade após a amostra permanecer no interior do compartimento por um longo período de tempo?

(d) Para uma amostra esférica com diâmetro de 10 mm em um compartimento no interior do qual há vácuo, calcule e represente graficamente a variação da temperatura da amostra com o tempo, à medida que ela é aquecida partindo de sua temperatura inicial de 1200 K.

12.51 Considere uma superfície difusa e opaca cuja refletividade espectral varia em função do comprimento de onda conforme ilustrado. A superfície se encontra a 750 K, e a irradiação sobre um dos seus lados varia em função do comprimento de onda conforme ilustrado. O outro lado da superfície está isolado termicamente.

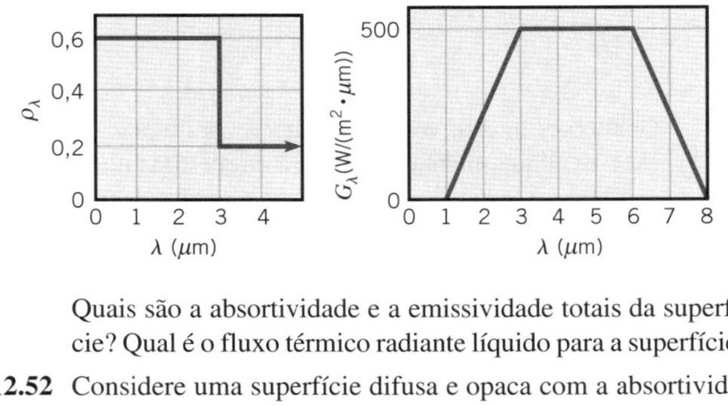

Quais são a absortividade e a emissividade totais da superfície? Qual é o fluxo térmico radiante líquido para a superfície?

12.52 Considere uma superfície difusa e opaca com a absortividade espectral e a irradiação apresentadas a seguir:

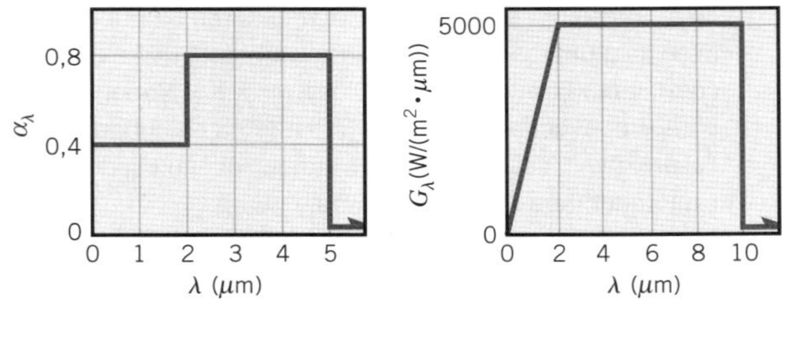

Qual é a absortividade total da superfície para a irradiação especificada? Se a superfície se encontra a uma temperatura de 500 K, qual é o seu poder emissivo? Como a temperatura da superfície irá variar com o tempo, para as condições especificadas?

12.53 O aço laminado que emerge da seção de laminação a quente de uma usina siderúrgica possui uma temperatura de 1000 K, uma espessura $\delta = 2{,}5$ mm e a seguinte distribuição para a emissividade hemisférica espectral.

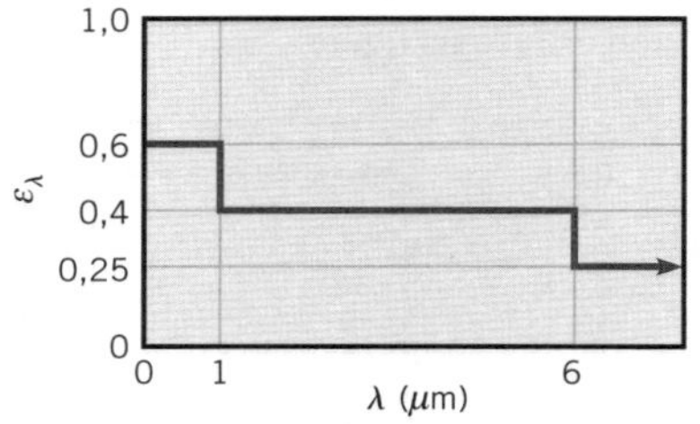

A massa específica e o calor específico do aço são 7900 kg/m^3 e 640 J/(kg · K), respectivamente. Qual é o valor da emissividade hemisférica total? Levando em consideração a emissão a partir de ambos os lados da lâmina de aço e desprezando a condução, a convecção e a radiação a partir da vizinhança, determine a taxa inicial de mudança da temperatura da lâmina em relação ao tempo $(dT/dt)_i$. À medida que o aço resfria, ele oxida e a sua emissividade hemisférica total aumenta. Se esse aumento puder ser correlacionado por uma expressão com a forma $\varepsilon = \varepsilon_{1000}[1000\ \text{K}/T(\text{K})]$, quanto tempo será necessário para a lâmina de aço esfriar de 1000 a 500 K?

12.54 Dois revestimentos especiais estão disponíveis para aplicação em uma placa de absorção instalada abaixo da cobertura de vidro descrita no Exemplo 12.9. Cada um dos revestimentos é difuso e caracterizado pela distribuição espectral mostrada a seguir.

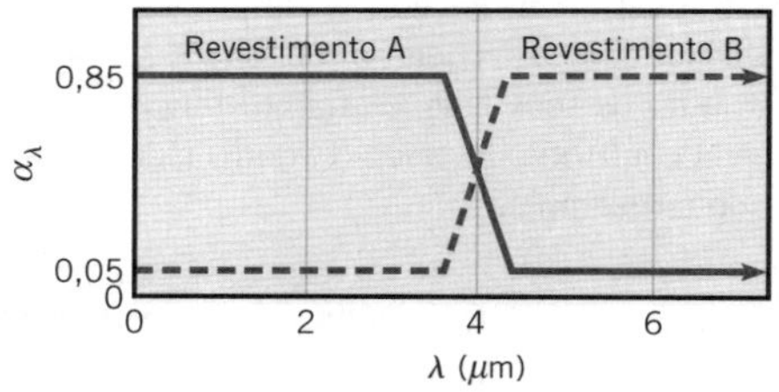

Qual revestimento você selecionaria para a placa de absorção? Explique sucintamente. Para o revestimento selecionado, qual é a taxa na qual a radiação é absorvida por unidade de área da placa de absorção, se a irradiação solar total na cobertura de vidro for de $G_S = 1000$ W/m^2?

12.55 A janela de inspeção (com 50 mm de diâmetro) de uma grande fornalha operando a 450 °C é coberta com um material que tem $\tau = 0{,}8$ e $\rho = 0$ para a irradiação originada no interior da fornalha. O material tem uma emissividade de 0,8 e é opaco para a irradiação oriunda de uma fonte na temperatura do ambiente externa. A superfície externa da cobertura está exposta a uma vizinhança e ao ar ambiente a 27 °C, com um coeficiente convectivo de 50 W/(m^2 · K). Supondo que os efeitos convectivos na superfície interna da cobertura sejam desprezíveis, calcule a perda térmica pela janela de inspeção e a temperatura de sua cobertura.

12.56 A janela de uma grande câmara de vácuo é fabricada com um material com características espectrais conhecidas. Um feixe colimado de energia radiante, gerado por um simulador solar, incide sobre a janela e possui um fluxo de 3000 W/m^2. As paredes internas da câmara, que são grandes quando comparadas à área da janela, são mantidas a 77 K. A superfície externa da janela está exposta a uma vizinhança e ao ar ambiente, ambos a 25 °C, com um coeficiente de transferência de calor por convecção de 15 W/(m^2 · K).

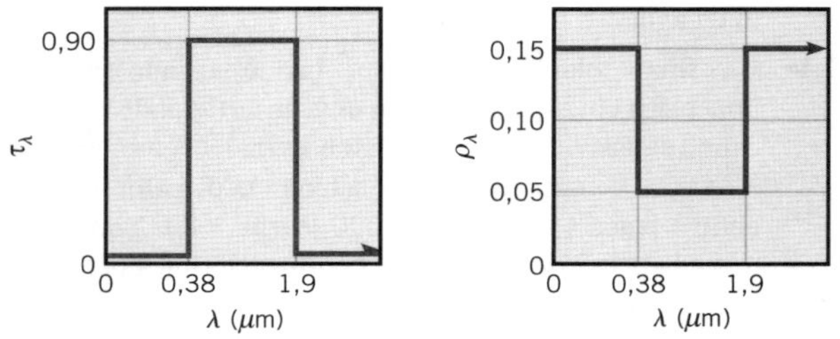

(a) Determine a transmissividade do material da janela em relação à radiação do simulador solar, que possui uma distribuição espectral aproximadamente igual à do Sol.

(b) Admitindo que a janela esteja isolada termicamente de sua estrutura de fixação à câmara, qual é a temperatura que ela atingirá em condições de regime estacionário?

(c) Calcule a transferência radiante líquida por unidade de área da janela para a parede da câmara de vácuo, excluindo o fluxo solar simulado que é transmitido.

12.57 Um termopar cuja superfície é difusa e cinza, possuindo uma emissividade de 0,6, indica uma temperatura de 180 °C quando é utilizado para medir a temperatura de um gás que escoa através de um grande duto cujas paredes possuem uma emissividade de 0,85 e uma temperatura uniforme de 450 °C.

(a) Se o coeficiente de transferência de calor por convecção entre o termopar e a corrente de gás for de $h = 125$ W/(m^2 · K) e as perdas por condução pelo termopar forem desprezíveis, determine a temperatura do gás.

(b) Considere uma temperatura do gás de 125 °C. Calcule e represente graficamente o *erro de medida* do termopar como uma função do coeficiente convectivo para $10 \leq h \leq 1000$ W/(m^2 · K). Quais são as implicações de seus resultados?

12.58 Um pequeno disco com 4 mm de diâmetro está posicionado no centro de uma cúpula hemisférica isotérmica. O disco é difuso e cinza com uma emissividade de 0,8, sendo mantido a 1000 K. A cúpula hemisférica, mantida a 300 K, tem um raio de 100 mm e uma emissividade de 0,85.

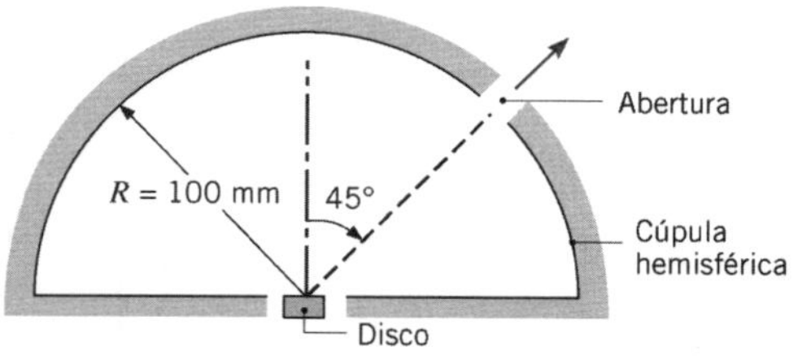

Calcule a potência radiante deixando uma abertura de diâmetro igual a 2,5 mm localizada na cúpula como mostrado.

12.59 Radiação deixa um forno, que possui temperatura superficial interna de 1500 K, através de uma abertura com 20 mm de diâmetro. Uma porção dessa radiação é interceptada por um detector que se encontra a uma distância de um metro da abertura, possui uma área superficial de 10^{-5} m^2 e está orientado conforme ilustrado.

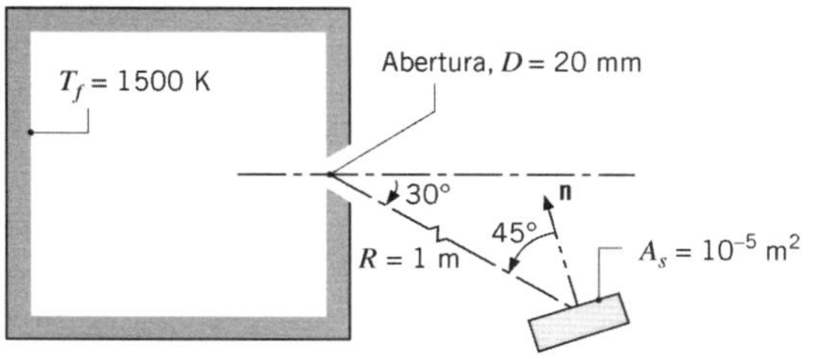

Se a abertura estiver aberta, qual é a taxa na qual a radiação que deixa o forno é interceptada pelo detector? Se a abertura estiver coberta com um material difuso e semitransparente cuja transmissividade espectral seja $\tau_\lambda = 0{,}8$ para $\lambda \leq 2\ \mu$m e $\tau_\lambda = 0$ para $\lambda > 2\ \mu$m, qual será a taxa na qual a radiação que deixa o forno é interceptada pelo detector?

12.60 Fazendo referência à distribuição da transmissividade espectral do vidro com baixo teor de ferro (Figura 12.23), descreva sucintamente o que significa o "efeito estufa". Isto é, como o vidro influencia a transferência de energia para e a partir do conteúdo de uma estufa?

12.61 Um cilindro, com 30 mm de diâmetro e 150 mm de comprimento, é aquecido em um grande forno cujas paredes se encontram a 1000 K, enquanto ar a 400 K e a uma velocidade de 3 m/s circula em seu interior. Estime a temperatura do cilindro em regime estacionário nas condições especificadas a seguir.

(a) O escoamento é cruzado ao cilindro e sua superfície é difusa e cinza com uma emissividade de 0,5.

(b) O escoamento é cruzado ao cilindro, porém a sua superfície é espectralmente seletiva com $\alpha_\lambda = 0{,}1$ para $\lambda \leq 3\ \mu$m e $\alpha_\lambda = 0{,}5$ para $\lambda > 3\ \mu$m.

(c) A superfície do cilindro está posicionada de tal forma que o escoamento de ar é longitudinal e a sua superfície é difusa e cinza.

(d) Nas condições do item (a), calcule e represente graficamente a temperatura do cilindro como uma função da velocidade do ar para $1 \leq V \leq 20$ m/s.

12.62 Duas placas, uma com a superfície pintada de preto e a outra com um revestimento especial (cobre oxidado quimicamente), estão em órbita da Terra e expostas à radiação solar. Os raios solares fazem um ângulo de 30° com as normais das placas. Estime a temperatura de equilíbrio de cada placa, supondo que elas são difusas e que o fluxo solar é de 1368 W/m². A absortividade espectral da superfície pintada de preto pode ser aproximada por $\alpha_\lambda = 0{,}95$ para $0 \leq \lambda \leq \infty$ e a do revestimento especial por $\alpha_\lambda = 0{,}95$ para $0 \leq \lambda < 3\ \mu$m e $\alpha_\lambda = 0{,}05$ para $\lambda \geq 3\ \mu$m.

12.63 A absortividade direcional de uma superfície cinza varia com θ como a seguir.

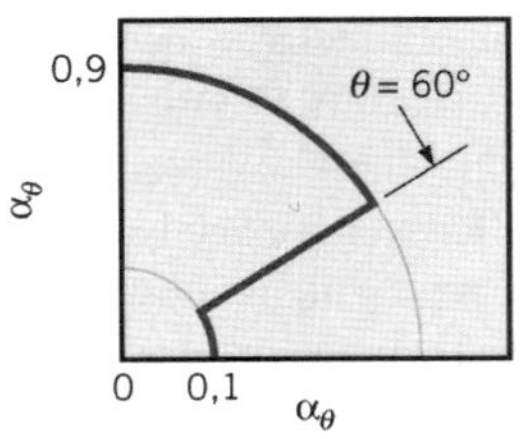

(a) Qual é a razão entre a absortividade normal α_n e a emissividade hemisférica da superfície?

(b) Considere uma placa com essas características superficiais em ambos os lados, que se encontra em órbita da Terra. Se o fluxo solar incidente sobre um dos lados da placa é de $q_s'' = 1368$ W/m², qual será a temperatura de equilíbrio que a placa irá atingir se ela estiver orientada em posição normal aos raios solares? Qual é a temperatura que ela irá atingir se estiver orientada a 75° dos raios solares?

12.64 A absortividade espectral do alumínio revestido por uma fina camada de dióxido de silício pode ser aproximada por $\alpha_{\lambda,1} = 0{,}98$ para $\lambda < \lambda_c$ e $\alpha_{\lambda,2} = 0{,}05$ para $\lambda \geq \lambda_c$, sendo o *comprimento de onda de corte* (ou de salto) $\lambda_c = 0{,}15\ \mu$m sob condições normais.

(a) Determine a temperatura de equilíbrio de uma peça plana do alumínio revestido quando exposta à irradiação solar, $G_S = 1368$ W/m², em sua superfície superior. A superfície oposta encontra-se isolada termicamente.

(b) O comprimento de onda de corte pode ser modificado através da mudança da espessura do revestimento. Determine o valor de λ_c que irá maximizar a temperatura de equilíbrio da superfície.

Detecção de Radiação

12.65 Um termômetro de radiação mede a irradiação incidente em seu sensor e é calibrado para indicar a temperatura de um corpo negro que produz o mesmo fluxo. Um lingote de aço com uma superfície cinza e difusa, com emissividade 0,8, é aquecido em uma fornalha cujas paredes estão a 1500 K. Um termômetro de radiação vê o lingote através de um pequeno furo na fornalha. Estime a temperatura real do lingote, quando o termômetro de radiação indica 1160 K. Considere que o termômetro seja sensível à irradiação total.

12.66 Um pequeno bloco de alumínio anodizado, a 35 °C, é aquecido em um grande forno cujas paredes são difusas e cinzas com $\varepsilon = 0{,}85$ e mantidas a uma temperatura uniforme de 175 °C. O revestimento anodizado também é difuso e cinza, com $\varepsilon = 0{,}92$. Um detector de radiação avista o bloco através de uma pequena abertura no forno e recebe a energia radiante de uma pequena área sobre o bloco, A_a, denominada alvo. O alvo possui um diâmetro de 3 mm e o detector recebe a radiação em um ângulo sólido de 0,001 sr centrado ao redor da normal ao bloco.

(a) Se o detector de radiação avista um pequeno, porém profundo, orifício perfurado no bloco, qual é a taxa de energia total (W) recebida pelo detector?

(b) Se o detector de radiação agora avista uma área sobre a superfície do bloco, qual é a taxa de energia total (W) recebida pelo detector?

12.67 Um termógrafo de infravermelho (IV) é um radiômetro que fornece uma imagem de um cenário-alvo, indicando a temperatura aparente dos elementos no cenário em termos de uma escala de brilho branco e preto ou colorida azul e vermelho. A radiação originada de um elemento no cenário-alvo incide sobre o detector de radiação, que fornece um sinal proporcional à taxa de energia radiante incidente. O sinal estabelece a escala de brilho ou de cor para o ponto da imagem (pixel) associado ao elemento. É proposto um procedimento para a calibragem do campo de um termógrafo de infravermelho que possui um detector de radiação cuja banda de passagem espectral está localizada entre 3 e 5 μm. Uma placa metálica aquecida, mantida a 327 °C e que possui quatro revestimentos difusos e cinzas com emissividades diferentes, é focalizada pelo termógrafo IV em local com uma vizinhança a $T_{viz} = 87$ °C.

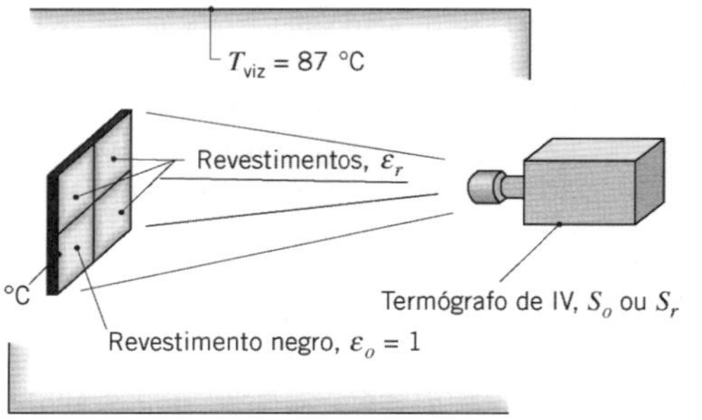

(a) Considere o sinal de saída do termógrafo quando ele está examinando o revestimento negro, $\varepsilon_o = 1$. A radiação que atinge o detector é proporcional ao produto entre o poder emissivo de corpo negro (ou intensidade emitida) na temperatura da superfície e a fração da banda de emissão corresponde à banda de passagem espectral do termógrafo IV. A constante de proporcionalidade é conhecida por responsividade, $R(\mu V \cdot m^2/W)$. Escreva uma expressão para o sinal de saída do termógrafo, S_o, em termos de R, do poder emissivo de corpo negro do revestimento e da fração apropriada da banda de emissão. Supondo $R = 1\ \mu V \cdot m^2/W$, avalie S_o (μV).

(b) Considere o sinal de saída do termógrafo quando ele está examinando um dos revestimentos com emissividade ε_r menor do que a unidade. A radiação vinda do revestimento atinge o detector em face da emissão e da reflexão da irradiação da vizinhança. Escreva uma expressão para o sinal, S_r, em termos de R, do poder emissivo de corpo negro do revestimento, do poder emissivo de corpo negro da vizinhança, da emissividade do revestimento e das frações apropriadas de banda de emissão. Para os revestimentos cinzas e difusos, a refletividade é $\rho_r = 1 - \varepsilon_r$.

(c) Supondo $R = 1\ \mu V \cdot m^2/W$, avalie os sinais de saída do termógrafo, S_r (μV), quando ele estiver apontado para painéis com emissividades de 0,8; 0,5 e 0,2.

(d) O termógrafo é calibrado de forma que o sinal S_o (do revestimento negro) irá fornecer uma indicação de escala correta para T_s = 327 °C. Os sinais dos outros três revestimentos, S_r, são menores do que S_o. Dessa forma, o termógrafo irá indicar uma temperatura aparente (de corpo negro) inferior a T_s. Estime as temperaturas indicadas pelo termógrafo para os três painéis do item (c).

12.68 Um objeto esférico difuso, com diâmetro e temperatura de 9 mm e 600 K, respectivamente, tem uma emissividade de 0,95. Dois detectores de radiação sensíveis, cada um com uma área de abertura de 300×10^{-6} m², detectam o objeto quando ele passa sobre eles a uma grande velocidade da esquerda para a direita, como mostrado no esquema. Os detectores capturam irradiação hemisférica e são equipados com filtros caracterizados por $\tau_\lambda = 0{,}9$ para $\lambda < 2{,}5\ \mu m$ e $\tau_\lambda = 0$ para $\lambda \geq 2{,}5\ \mu m$. No tempo $t_1 = 0$, os detectores A e B indicam irradiações de $G_{A,1}$ = 5,060 mW/m² e $G_{B,1}$ = 5,000 mW/m², respectivamente. No tempo t_2 = 4 ms, os detectores A e B indicam irradiações de $G_{A,2}$ = 5,010 mW/m² e $G_{B,2}$ = 5,050 mW/m², respectivamente. O ambiente encontra-se a 300 K. Determine os componentes da velocidade da partícula, v_x e v_y. Determine quando e onde o objeto irá se chocar com um plano horizontal localizado em $y = 0$. *Sugestão:* o objeto está posicionado a uma elevação positiva y = 2 m quando ele é detectado. Suponha que a trajetória do objeto seja uma linha reta no plano da página. Lembre-se de que a área projetada de uma esfera é um círculo.

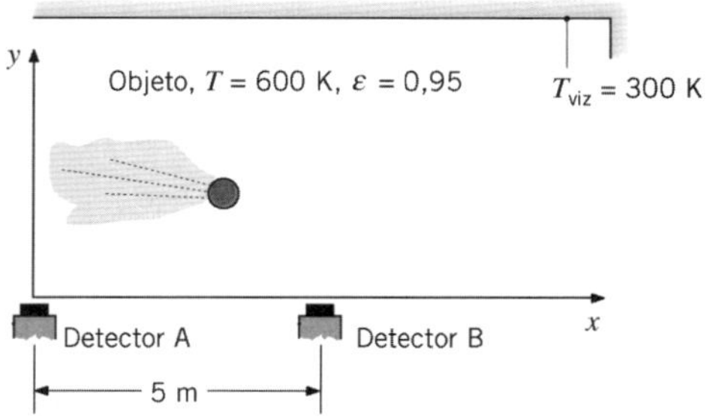

12.69 Um *pirômetro de duas cores* é um dispositivo usado para medir a temperatura de uma superfície difusa, T_s. O dispositivo mede a intensidade direcional espectral emitida pela superfície em dois comprimentos de onda distintos, separados por $\Delta\lambda$. Calcule e represente graficamente a razão entre as intensidades $I_{\lambda+\Delta\lambda,e}(\lambda + \Delta\lambda, \theta, \phi, T_s)$ e $I_{\lambda,e}(\lambda, \theta, \phi, T_s)$ como uma função da temperatura da superfície no intervalo 500 K $\leq T_s \leq$ 1000 K, para $\lambda = 5\ \mu m$ e $\Delta\lambda$ = 0,1; 0,5 e 1 μm. Comente sobre a sensibilidade em relação à temperatura e se a razão depende da emissividade da superfície. Discuta os compromissos associados à especificação dos vários valores de $\Delta\lambda$. *Sugestão:* a variação da emissividade em pequenos intervalos de comprimentos de onda é modesta para a maioria dos sólidos, como evidente na Figura 12.17.

12.70 Seja um pirômetro de duas cores, como o do Problema 12.69, que opera com $\lambda_1 = 0{,}65\ \mu m$ e $\lambda_2 = 0{,}63\ \mu m$. Usando a lei de Wien (veja o Problema 12.19), determine a temperatura de uma chapa de aço inoxidável para uma razão das radiações detectadas de $I_{\lambda 1}/I_{\lambda 2} = 2{,}15$.

Aplicações

12.71 Placas quadradas, após serem borrifadas com uma tinta epóxi, devem ser curadas a 140 °C por um período de tempo prolongado. As placas estão localizadas em um grande compartimento e são aquecidas por um conjunto de lâmpadas infravermelho. Na superfície superior de cada placa, que possui uma emissividade de $\varepsilon = 0{,}8$, há convecção com uma corrente de ar de ventilação a T_∞ = 27 °C, com um coeficiente de transferência de calor por convecção de h = 20 W/(m² · K). Estima-se que a irradiação a partir das paredes do compartimento seja de G_{par} = 450 W/m², para a qual a absortividade da placa é de $\alpha_{par} = 0{,}7$.

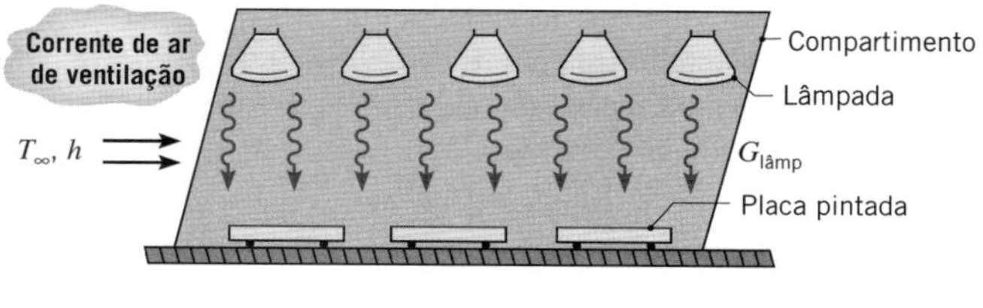

(a) Determine a irradiação que deve ser fornecida pelas lâmpadas, $G_{lâmp}$. A absortividade da superfície da placa para essa irradiação é de $\alpha_{lâmp} = 0{,}6$.

(b) Para coeficientes convectivos de h = 15, 20 e 30 W/(m² · K), represente graficamente a irradiação das lâmpadas, $G_{lâmp}$, como uma função da temperatura da placa, T_s, para 100 $\leq T_s \leq$ 300 °C.

(c) Para coeficientes convectivos na faixa compreendida entre 10 e 30 W/(m² · K) e uma irradiação das lâmpadas $G_{lâmp}$ = 3000 W/m², represente graficamente a temperatura da corrente de ar T_∞ necessária para manter a placa a T_s = 140 °C.

12.72 Um equipamento normalmente usado para medir a refletividade de materiais é mostrado na figura. Uma amostra resfriada por água, com 30 mm de diâmetro e temperatura $T_s = 300$ K, é fixada junto à superfície interior de um grande compartimento fechado. As paredes do compartimento são cinzas e difusas, com uma emissividade de 0,8 e uma temperatura uniforme $T_f = 1000$ K. Uma pequena abertura localizada na parte inferior do compartimento permite a visão da amostra ou da parede do compartimento. A refletividade espectral ρ_λ de uma amostra de um material opaco e difuso é mostrada na figura. O coeficiente de transferência de calor por convecção entre a amostra e o ar no interior da cavidade, que também está a 1000 K, é $h = 10$ W/(m^2 · K).

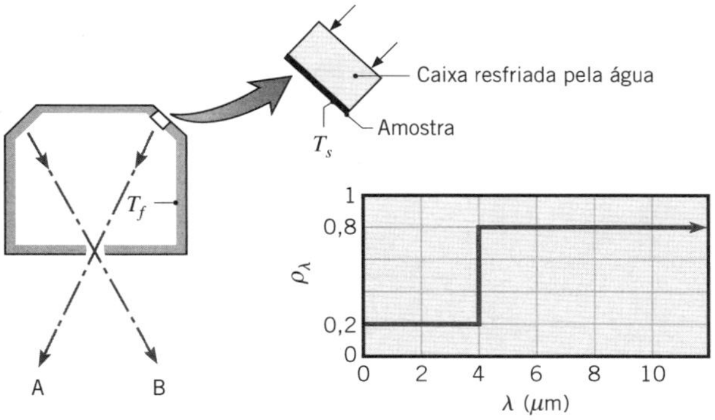

(a) Calcule a absortividade da amostra.

(b) Calcule a emissividade da amostra.

(c) Determine a taxa de remoção de calor (W) pelo refrigerante.

(d) A razão entre a radiação na direção A e a radiação na direção B irá fornecer a refletividade da amostra. Explique sucintamente o porquê.

12.73 Um processo de fabricação envolve o aquecimento de longos bastões de cobre, que são revestidos com uma fina película, em um grande forno cujas paredes são mantidas a uma temperatura elevada T_p. O forno contém gás nitrogênio quiescente a 1 atm de pressão e a uma temperatura $T_\infty = T_p$. A película é uma superfície difusa com emissividade espectral $\varepsilon_\lambda = 0{,}9$ para $\lambda \leq 2$ μm e $\varepsilon_\lambda = 0{,}4$ para $\lambda > 2$ μm.

(a) Considere condições nas quais um bastão com diâmetro D e temperatura inicial T_i é inserido no forno, de tal maneira que o seu eixo fica na posição horizontal. Admitindo válida a aproximação da capacitância global, deduza uma equação que possa ser usada para determinar a taxa de variação da temperatura do bastão no instante de sua inserção no forno. Expresse o seu resultado em termos das variáveis apropriadas.

(b) Se $T_p = T_\infty = 1500$ K, $T_i = 300$ K e $D = 10$ mm, qual é a taxa inicial de variação da temperatura do bastão? Confirme a validade da aproximação através da capacitância global.

[(c)] Calcule e represente graficamente a variação da temperatura do bastão com o tempo durante o processo de aquecimento.

12.74 Materiais fotovoltaicos convertem a luz solar diretamente em potência elétrica. Alguns dos fótons que incidem sobre o material deslocam elétrons que são então capturados para gerar a corrente elétrica. A eficiência global de um painel fotovoltaico, η, é a razão entre a energia elétrica produzida e a energia contida na radiação incidente. A eficiência depende principalmente de duas propriedades do material fotovoltaico, (i) a *band gap*, que identifica os estados de energia dos fótons que têm o potencial de serem convertidos em corrente elétrica, e (ii) a eficiência de conversão interbanda, η_{ib}, que é a fração da energia total dos fótons no interior da *band gap* convertida em eletricidade. Consequentemente, $\eta = \eta_{ib} F_{ib}$, sendo F_{ib} a fração da energia na forma de fótons incidente na superfície no interior da *band gap*. Fótons que estejam fora da *band gap* do material ou que estejam dentro da *band gap*, mas não sejam convertidos em energia elétrica, são refletidos pelo painel ou absorvidos e convertidos em energia térmica.

Considere um material fotovoltaico com uma *band gap* de $1{,}1 \leq B \leq 1{,}8$ eV, sendo B o estado de energia de um fóton. O comprimento de onda está relacionado com o estado de energia de um fóton pela relação $\lambda = 1240$ eV · nm/B. A irradiação solar incidente se aproxima daquela de um corpo negro a 5800 K e $G_S = 1000$ W/m^2.

(a) Determine a faixa de comprimentos de onda da irradiação solar correspondente à *band gap*.

(b) Determine a eficiência global do material fotovoltaico se a eficiência de conversão interbanda for igual a $\eta_{ib} = 0{,}50$.

(c) Se a metade dos fótons incidentes, que não é convertida em eletricidade, for absorvida e convertida em energia térmica, determine a absorção de calor por unidade de área superficial do painel.

12.75 O equipamento para aquecer uma pastilha durante um processo de fabricação de semicondutores é mostrado na figura. A pastilha é aquecida por uma fonte de feixe de íons (não mostrada) até uma temperatura uniforme e em estado estacionário. A grande câmara contém o gás de processo, e as suas paredes estão a uma temperatura uniforme de $T_{câm} = 400$ K. Uma área-alvo de 5×5 mm^2 sobre a pastilha é focada por um radiômetro, cuja lente objetiva tem um diâmetro de 25 mm e está localizada 500 mm distante da pastilha. A linha de visão do radiômetro está a 30° da normal da pastilha.

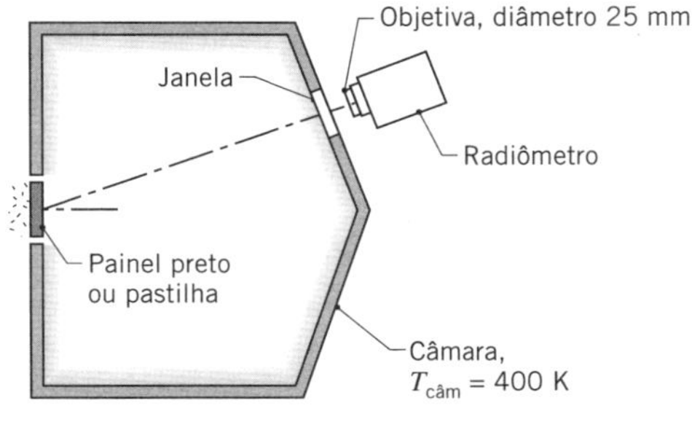

(a) Em um teste de pré-produção do equipamento, um painel preto ($\varepsilon \approx 1{,}0$) substitui a pastilha. Calcule a potência radiante (W) recebida pelo radiômetro, sendo a temperatura do painel igual a 800 K.

(b) A pastilha, que é opaca, difusa e cinza, com uma emissividade de 0,7, encontra-se agora posicionada no equipamento, e o feixe de íons é ajustado de tal forma que a potência recebida pelo radiômetro é a mesma encontrada no item (a). Calcule a temperatura da pastilha para essa condição de aquecimento.

12.76 Um dispositivo para o processamento de materiais com *laser* utiliza uma amostra em forma de um disco, com diâmetro $D = 25$ mm e espessura $w = 1$ mm. A amostra possui uma superfície difusa, cuja distribuição espectral da emissividade, $\varepsilon_\lambda(\lambda)$, é conhecida. Para reduzir a oxidação, uma corrente de um gás inerte, com temperatura $T_\infty = 500$ K e coeficiente convectivo $h = 50$ W/(m$^2 \cdot$ K), escoa sobre as superfícies superior e inferior da amostra. O interior do equipamento é grande e possui paredes isotérmicas a $T_{rec} = 300$ K. Para manter a amostra a uma temperatura de operação apropriada de $T_a = 2000$ K, um feixe colimado de raios *laser* com um comprimento de onda de $\lambda = 0{,}5$ μm irradia a sua superfície superior.

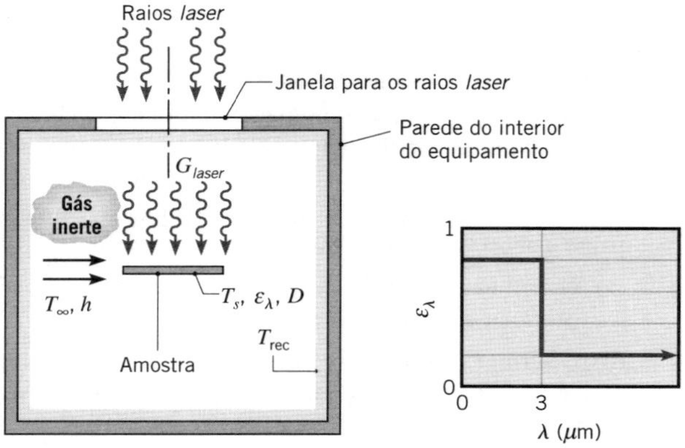

(a) Determine a emissividade total ε da amostra.

(b) Determine a absortividade total α da amostra para a irradiação oriunda das paredes do interior do equipamento.

(c) Efetue um balanço de energia na amostra e determine a irradiação com *laser*, G_{laser}, requerida para manter a amostra a $T_a = 2000$ K.

(d) Considere um processo de *resfriamento* após a desativação do *laser* e do escoamento do gás inerte. Esboce a emissividade total em função da temperatura da amostra, $T_a(t)$, durante o processo. Identifique as características principais dessa curva, incluindo a emissividade na condição final do processo ($t \to \infty$).

(e) Estime o tempo necessário para resfriar a amostra desde a sua condição de operação $T_a(0) = 2000$ K até uma temperatura *segura para o toque* de $T_a(t) = 40$ °C. Utilize o método da capacitância global e inclua os efeitos da convecção para o gás inerte com $h = 50$ W/(m$^2 \cdot$ K) e $T_\infty = T_{rec} = 300$ K. As propriedades termofísicas do material que compõe a amostra são: $\rho = 3900$ kg/m^3, $c_p = 760$ J/(kg $\cdot$ K) e $k = 45$ W/(m $\cdot$ K).

12.77 Uma placa com parede delgada separa o interior de um grande forno de sua vizinhança, que se encontra a 300 K. A placa é feita com um material cerâmico cujo comportamento da superfície pode ser considerado difuso. A superfície exterior da placa é resfriada pelo ar. Com o forno operando a 2400 K, a convecção na superfície interior da placa pode ser desprezada.

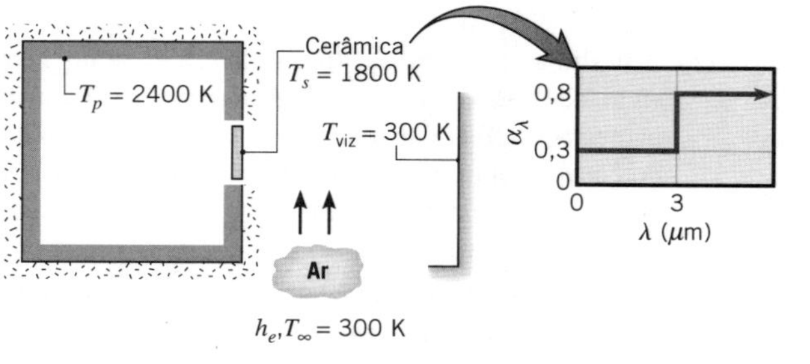

(a) Se a temperatura na placa cerâmica não pode exceder 1800 K, qual é o valor mínimo do coeficiente de transferência de calor por convecção na superfície externa da placa, h_e, que deve ser mantido pelo sistema de resfriamento por ar?

(b) Calcule e represente graficamente a temperatura da placa como uma função de h_e para $50 \leq h_e \leq 250$ W/(m$^2 \cdot$ K).

12.78 Um revestimento fino, aplicado sobre longos bastões cilíndricos de cobre com 10 mm de diâmetro, é curado pela inserção de bastões, em posição horizontal, no interior de um grande forno cujas paredes são mantidas a 1300 K. No interior do forno há nitrogênio gasoso, que também se encontra a 1300 K e a uma pressão de 1 atm. O revestimento é difuso e a sua emissividade espectral possui a distribuição mostrada na figura.

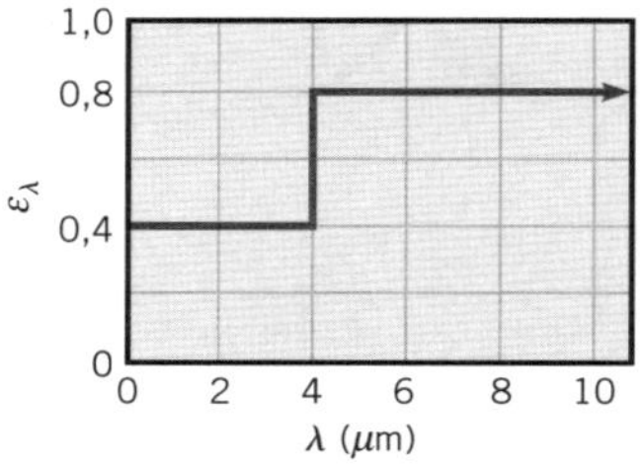

(a) Quais são a emissividade e a absortividade dos bastões revestidos quando a sua temperatura é de 300 K?

(b) Qual é a taxa inicial de variação da temperatura dos bastões?

(c) Quais são a emissividade e a absortividade dos bastões revestidos quando eles atingem a temperatura do regime estacionário?

(d) Estime o tempo necessário para que a temperatura dos bastões atinja 1000 K.

12.79 Um grande forno convectivo-radiante é usado para tratar termicamente um pequeno produto cilíndrico com diâmetro de 25 mm e comprimento de 0,2 m. As paredes do forno são mantidas a uma temperatura uniforme de 1000 K, e ar quente a 750 K escoa em escoamento cruzado sobre o cilindro com uma velocidade de 5 m/s. A superfície do cilindro é opaca e difusa, com a emissividade espectral mostrada na figura.

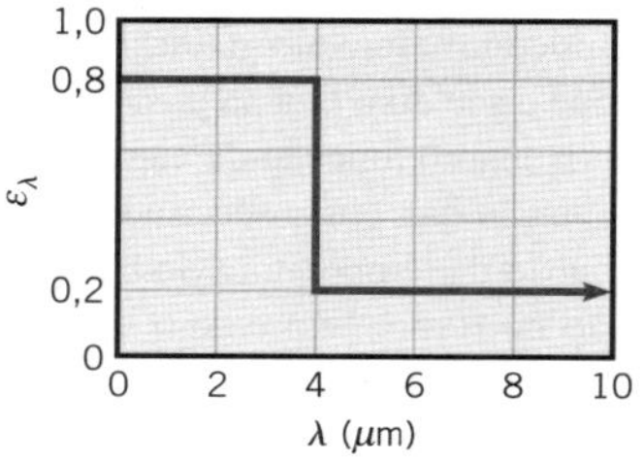

(a) Determine a taxa de transferência de calor para o cilindro quando ele é introduzido no forno a uma temperatura de 300 K.

(b) Qual é a temperatura do cilindro em condições de regime estacionário?

(c) Quanto tempo será necessário para que o cilindro atinja uma temperatura que esteja a 50 °C de sua temperatura em condições de regime estacionário?

12.80 Um corpo de prova, com 10 mm de espessura e inicialmente a 25 °C, deve ser temperado a uma temperatura acima de 725 °C por um período de pelo menos cinco minutos e depois resfriado. O corpo é opaco e difuso, e a distribuição espectral de sua emissividade é mostrada na figura. O aquecimento é efetuado em uma grande fornalha com paredes e ar circulante a 750 °C e um coeficiente convectivo de 100 W/(m^2 · K). As propriedades termofísicas do corpo de prova são ρ = 2700 kg/m^3, c = 885 J/(kg · K) e k = 165 W/(m · K).

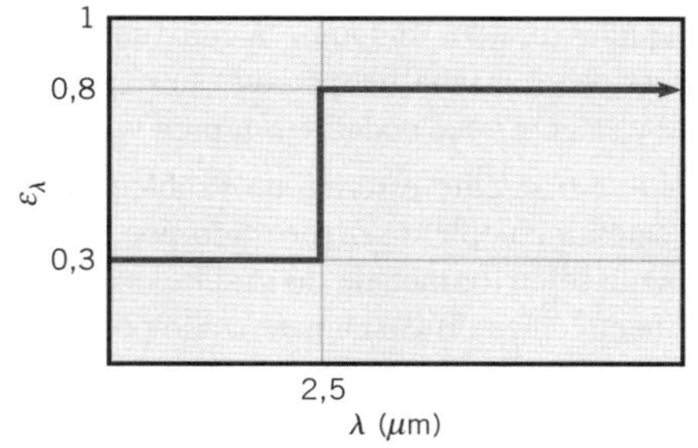

(a) Calcule a emissividade e a absortividade do corpo de prova quando ele é colocado na fornalha com sua temperatura inicial de 25 °C.

(b) Determine o fluxo térmico líquido para a peça nesta condição inicial. Qual é a correspondente taxa de variação da temperatura do corpo, dT/dt?

(c) Calcule o tempo necessário para o corpo ser resfriado de 750 °C até a temperatura segura para o toque de 40 °C, com a temperatura da vizinhança e a temperatura do ar de resfriamento iguais a 25 °C e um coeficiente convectivo igual a 100 W/(m^2 · K).

12.81 Na concepção de um receptor central para coleta de energia solar, um grande número de helióstatos (refletores) fornece um fluxo solar concentrado de q''_s = 80.000 W/m^2 a um receptor, que se encontra posicionado no topo de uma torre.

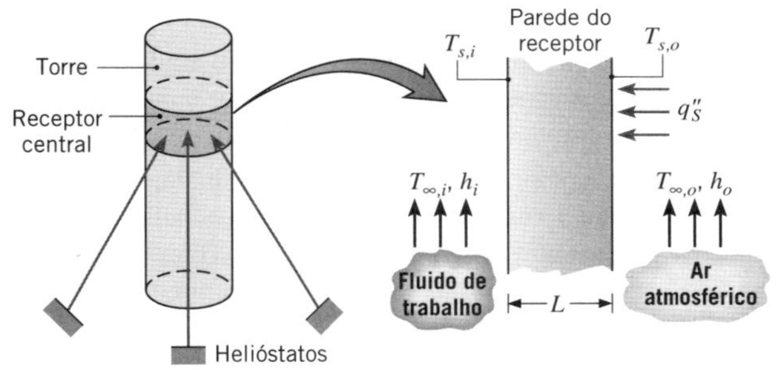

A parede do receptor recebe um fluxo solar sobre a sua superfície externa, que está exposta ao ar atmosférico, com $T_{\infty,e}$ = 300 K e h_e = 25 W/(m^2 · K). A superfície externa é opaca e difusa, com uma absortividade espectral de α_λ = 0,9 para $\lambda < 3$ μm e α_λ = 0,2 para $\lambda > 3$ μm. A superfície interna está em contato com um fluido de trabalho (um líquido pressurizado) com $T_{\infty,i}$ = 700 K e h_i = 1000 W/(m^2 · K). A superfície externa também está exposta a uma vizinhança a T_{viz} = 300 K. Se a parede é fabricada com um material resistente a altas temperaturas com k = 15 W/(m · K), qual é a espessura mínima L necessária para assegurar que a temperatura da superfície externa não exceda $T_{s,e}$ = 1000 K? Qual é a eficiência de coleta associada a essa espessura?

12.82 Considere que o receptor central do Problema 12.81 seja uma casca cilíndrica com diâmetro externo D = 7 m e comprimento L = 12 m. A superfície externa é opaca e difusa, com uma absortividade espectral de α_λ = 0,9 para $\lambda < 3$ μm e α_λ = 0,2 para $\lambda > 3$ μm. Esta superfície está exposta ao ar ambiente *quiescente*, com T_∞ = 300 K.

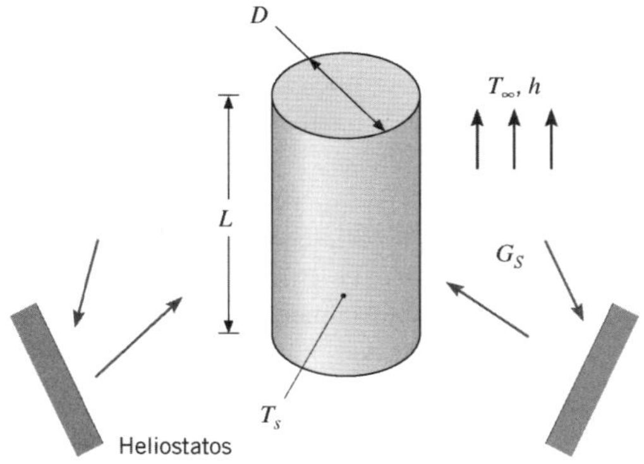

(a) Considere condições de operação representativas nas quais irradiação solar com G_S = 80.000 W/m^2 está uniformemente distribuída ao longo da superfície receptora, que se encontra a uma temperatura de T_s = 800 K. Determine a taxa na qual a energia é coletada pelo receptor e a eficiência do coletor correspondente.

(b) A temperatura superficial é afetada pelas condições internas no receptor. Para G_S = 80.000 W/m^2, calcule e represente graficamente a taxa de coleta de energia e a eficiência do coletor para $600 \leq T_s \leq 1000$ K.

Radiação no Espaço

12.83 Um satélite esférico com diâmetro D encontra-se em órbita ao redor da Terra e é revestido por um material difuso, que possui absortividade espectral α_λ = 0,6 para $\lambda \leq 3$ μm e α_λ = 0,3 para $\lambda > 3$ μm. Quando o satélite se encontra no lado "escuro" da Terra, ele vê somente a irradiação a partir da superfície da Terra. Essa irradiação pode ser suposta incidindo como raios paralelos e com uma magnitude de G_T = 340 W/m^2. No lado "iluminado" da Terra, o satélite vê a irradiação terrestre G_T mais a irradiação solar G_S = 1368 W/m^2. A distribuição espectral da radiação terrestre pode ser aproximada pela emitida por um corpo negro a 280 K, e pode ser admitido que a temperatura do satélite permanece inferior a 500 K.

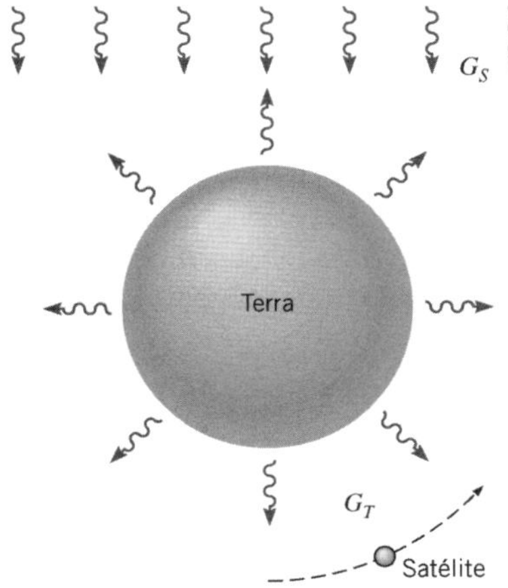

Qual é a temperatura do satélite em condições de regime estacionário quando ele se encontra no lado escuro da Terra e quando ele se encontra no lado iluminado da Terra?

12.84 Um satélite esférico em órbita próxima à Terra está exposto à irradiação solar de 1368 W/m^2. Para manter uma temperatura operacional desejada, o engenheiro de controle térmico pensa em usar um padrão de cobertura quadriculada no qual uma fração F da superfície do satélite é revestida por um filme de alumínio depositado por evaporação (ε = 0,03 e α_S = 0,09), e a fração (1 − F) é coberta por uma tinta branca de óxido de zinco ($\varepsilon = 0{,}85$ e $\alpha_S = 0{,}22$). Suponha que o satélite seja isotérmico e não apresente dissipação interna de potência. Determine a fração F do padrão de cobertura quadriculada necessária para manter o satélite a 300 K.

12.85 Uma aleta anular com espessura t é usada como um radiador para dissipar calor de um sistema de potência espacial. A aleta tem sua parte inferior termicamente isolada e pode estar exposta à irradiação solar G_S. A aleta está revestida com um material difuso espectralmente seletivo, cuja refletividade espectral é especificada.

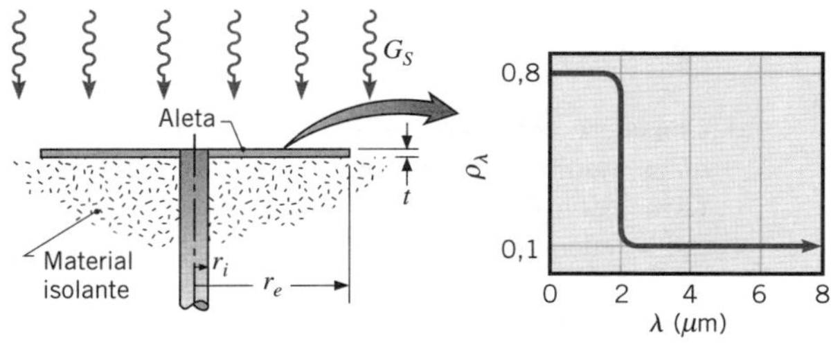

O calor é conduzido para a aleta através de um bastão sólido de raio r_i, e a superfície superior da aleta (superfície exposta) irradia para o espaço livre, que pode ser considerado a uma temperatura igual ao zero absoluto.

(a) Se a condução através do bastão mantém uma temperatura na base da aleta de $T(r_i) = T_b = 400$ K e a eficiência da aleta é de 100 %, qual é a taxa de dissipação de calor em uma aleta com raio $r_e = 0{,}5$ m? Considere dois casos. No primeiro, o radiador está exposto ao Sol com $G_S = 1000$ W/m^2, e no segundo não há exposição do radiador ($G_S = 0$).

(b) Na prática, a eficiência da aleta será inferior a 100 % e a sua temperatura irá diminuir com o aumento do raio. Partindo de um volume de controle apropriado, deduza a equação diferencial que determine a distribuição radial de temperaturas na aleta em condições de regime estacionário. Especifique as condições de contorno apropriadas.

12.86 Uma placa retangular de espessura t, comprimento L e largura W é proposta para ser usada como um dissipador radiante (radiador) em uma nave espacial. O material da placa tem uma condutividade térmica de 300 W/(m^2 · K), uma absortividade solar de 0,45 e uma emissividade de 0,9. O radiador está exposto à radiação solar somente em sua superfície superior, enquanto ambas as superfícies estão expostas às profundezas do espaço a uma temperatura de 4 K.

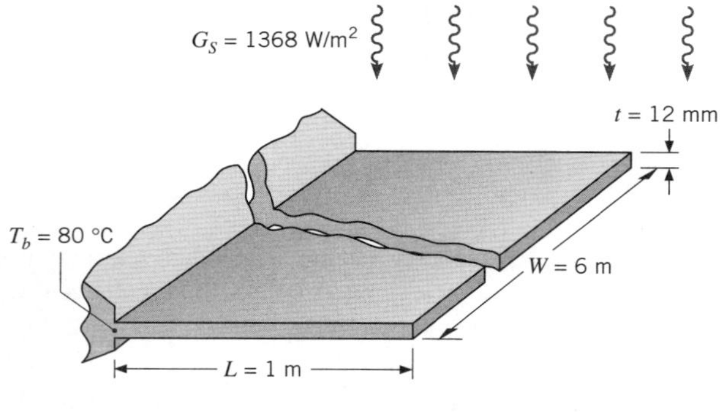

(a) Se a base do dissipador é mantida a $T_b = 80$ °C, quais são a temperatura em sua extremidade e a taxa de transferência de calor dissipada? Use um método de diferenças finitas, apoiado em um código computacional e com um incremento no espaço de 0,1 m, para obter a sua solução.

(b) Repita os cálculos do item (a) para o caso no qual a espaçonave encontra-se no lado escuro da Terra e não está exposta ao Sol.

(c) Use o seu código computacional para calcular a taxa de transferência de calor e a temperatura na extremidade para $G_S = 0$ e um valor extremamente elevado da condutividade térmica. Compare os seus resultados com aqueles obtidos em um cálculo manual que supõe o dissipador a uma temperatura uniforme T_b. Qual outra abordagem você poderia usar para validar o seu código?

12.87 Considere o satélite esférico do Problema 12.83. No lugar de o satélite completo ser revestido por um material espectralmente seletivo, metade do satélite é coberta com um revestimento cinza difuso caracterizado por $\alpha_1 = 0{,}6$. A outra metade do satélite é revestida com um material cinza difuso com $\alpha_2 = 0{,}3$.

(a) Determine a temperatura do satélite em regime estacionário quando o satélite encontra-se no lado iluminado da Terra, com a cobertura de alta absortividade voltada para o Sol. Determine a temperatura do satélite em regime estacionário quando a cobertura de baixa absortividade está voltada para o Sol. *Sugestão:* suponha que um hemisfério do satélite seja irradiado pelo Sol e o hemisfério oposto seja irradiado pela Terra.

(b) Determine a temperatura do satélite em regime estacionário quando o satélite encontra-se no lado escuro da Terra, com a cobertura de alta absortividade voltada para a Terra. Determine a temperatura do satélite em regime estacionário quando a cobertura de baixa absortividade está voltada para a Terra.

(c) Identifique um esquema para minimizar as variações de temperatura do satélite na medida em que ele viaja entre os lados iluminado e escuro da Terra.

12.88 Considere o satélite esférico do Problema 12.83. A partir da mudança da espessura do material difuso usado como revestimento, os engenheiros podem controlar o *comprimento de onda de corte* que marca o limite entre $\alpha_\lambda = 0{,}6$ e $\alpha_\lambda = 0{,}3$.

(a) Qual comprimento de onda de corte irá minimizar a temperatura em regime estacionário do satélite quando ele se encontra no lado iluminado da Terra? Usando esse revestimento, qual será a temperatura em regime estacionário no lado escuro da Terra?

(b) Qual comprimento de onda de corte irá maximizar a temperatura em regime estacionário do satélite quando ele encontra-se no lado escuro da Terra? Qual será a temperatura em regime estacionário correspondente no lado iluminado da Terra?

12.89 Um painel solar montado em uma espaçonave tem uma área de 1 m^2 e uma eficiência de conversão de energia solar para energia elétrica de 12 %. O lado do painel com o conjunto fotovoltaico tem uma emissividade de 0,8 e uma absortividade solar de 0,8. A parte de trás do painel tem uma emissividade de 0,7. O conjunto está orientado de forma a estar normal à irradiação solar de 1500 W/m^2.

(a) Determine a temperatura em regime estacionário do painel e a potência elétrica (W) produzida nas condições especificadas.

(b) Se o painel fosse uma placa fina sem as células solares, porém com as mesmas propriedades radiantes, determine a temperatura da placa nas condições especificadas. Compare esse resultado com o do item (a). Eles são iguais ou diferentes? Explique por quê.

(c) Determine a temperatura do painel solar 1500 s após ele ser eclipsado por um planeta. A capacidade térmica do painel por unidade de área é de 9000 J/(m^2 · K).

Radiação Ambiente

12.90 Considere condições de céu limpo, nas quais a radiação direta incide a $\theta = 30°$, com um fluxo total (baseado em uma área que é normal aos raios) $q''_{\text{dir}} = 1000$ W/m^2, e a intensidade total de radiação difusa é igual a $I_{\text{dif}} = 70$ W/(m^2 · sr). Qual é a irradiação solar total na superfície da Terra?

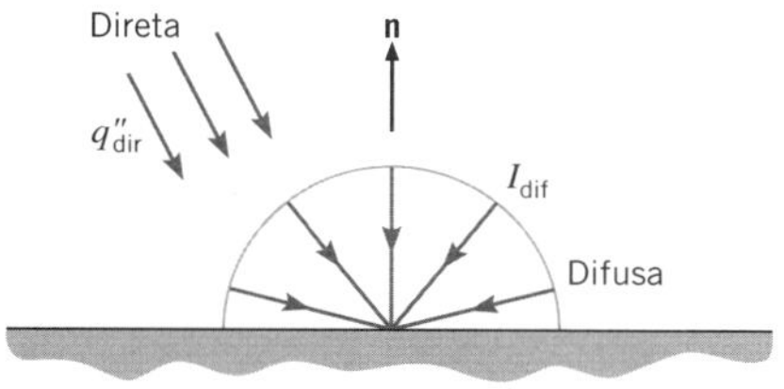

12.91 Radiação solar incidente na superfície da Terra pode ser dividida nas parcelas direta e difusa descritas no Problema 12.90. Considere condições para um dia no qual a intensidade da radiação solar direta é $I_{\text{dir}} = 2{,}10 \times 10^7$ W/(m^2 · sr) no ângulo sólido correspondente ao Sol em relação à Terra, $\Delta\omega_s = 6{,}74 \times 10^{-5}$ sr. A intensidade da radiação difusa é $I_{\text{dif}} = 70$ W/(m^2 · sr).

(a) Qual é a irradiação solar total na superfície da Terra quando a radiação direta incide com um ângulo $\theta = 30°$?

(b) Verifique o valor especificado para $\Delta\omega_s$.

12.92 Em um dia encoberto, a distribuição direcional da radiação solar que incide na superfície terrestre pode ser aproximada por uma expressão com a forma $I_i = I_n \cos(\theta)$, sendo I_n a intensidade total da radiação direcional normal à superfície e θ o ângulo de zênite. Qual é a o valor de I_n quando a irradiação solar incidente é de $G = 200$ W/m^2.

12.93 Desprezando os efeitos da absorção, emissão e espalhamento da radiação em suas atmosferas, calcule a temperatura média da Terra, de Vênus e de Marte, supondo comportamento difuso e de corpo cinza. A distância média do Sol para cada um dos três planetas, $L_{s\text{-}p}$, juntamente com suas temperaturas médias *medidas*, $\overline{T}_p$, são mostradas na tabela a seguir. Com base em uma comparação entre as temperaturas calculadas e medidas, qual planeta é mais afetado pela transferência radiante em sua atmosfera?

Planeta	$L_{s\text{-}p}$ **(m)**	$\overline{T}_p$ **(K)**
Vênus	$1{,}08 \times 10^{11}$	735
Terra	$1{,}50 \times 10^{11}$	287
Marte	$2{,}30 \times 10^{11}$	227

12.94 Considere uma superfície cinza e opaca, cuja absortividade direcional é de 0,8 para $0 \le \theta \le 30°$ e de 0,1 para $\theta > 30°$. A superfície é horizontal e está exposta à irradiação solar com os componentes direto e difuso.

(a) Qual é a absortividade da superfície para a radiação solar direta que incide com um ângulo de 45° em relação à normal? Qual é a absortividade para a irradiação difusa?

(b) Desprezando a transferência de calor por convecção entre a superfície e o ar na vizinhança, qual seria a temperatura de equilíbrio da superfície se os componentes direto e difuso da irradiação fossem 500 e 200 W/m^2, respectivamente? A parte inferior da superfície encontra-se isolada termicamente.

12.95 A placa absorvedora de um coletor solar pode ser revestida com um material opaco cuja absortividade direcional espectral é caracterizada por relações da forma

$$\alpha_{\lambda,\theta}(\lambda, \theta) = \alpha_1 \cos\theta \qquad \lambda < \lambda_c$$
$$\alpha_{\lambda,\theta}(\lambda, \theta) = \alpha_2 \qquad \lambda > \lambda_c$$

O ângulo de zênite θ é formado pelos raios do Sol e a normal à placa, e α_1 e α_2 são constantes.

(a) Obtenha uma expressão para a absortividade hemisférica total, α_S, da placa em relação à radiação solar incidente com $\theta = 45°$. Calcule α_S para $\alpha_1 = 0{,}93$, $\alpha_2 = 0{,}25$ e um comprimento de onda de salto de $\lambda_c = 2$ μm.

(b) Obtenha uma expressão para a emissividade hemisférica total ε da placa. Calcule ε para uma temperatura da placa de $T_p = 60$ °C e os valores especificados para α_1, α_2 e λ_c.

(c) Para um fluxo solar de $q''_S = 1000$ W/m^2 incidente com $\theta = 45°$ e os valores especificados de α_1, α_2 e λ_c e T_p, qual é o fluxo térmico radiante líquido, $q''_{\text{líq}}$, para a placa?

(d) Usando as condições especificadas e a opção *Radiation/Band Emission Factor* na seção *Tools* do *IHT* para determinar uma rotina computacional para estimar $F_{(0\to\lambda c)}$, explore o efeito de λ_c em α_S, ε e $q''_{\text{líq}}$ no intervalo de comprimentos de onda $0{,}7 \le \lambda_c \le 5$ μm.

12.96 Não é incomum que as temperaturas do céu durante a noite em regiões desérticas caiam até −40 °C. Se a temperatura do ar ambiente é de 20 °C e o coeficiente convectivo em condições de ar sem movimentação é de aproximadamente 5 W/(m^2 · K), pode a água em um recipiente raso congelar? A água pode congelar sob condições de vento nas quais $\overline{h} = 10$ W/(m^2 · K).

12.97 A irradiação da superfície terrestre vinda da atmosfera exibe uma forte variação espectral, principalmente associada à janela atmosférica descrita na Seção 12.9.2.

(a) Na faixa de $0 \le \lambda \le 8$ μm, a emissividade espectral do céu sob condições normais pode ser aproximada por $\varepsilon_{\lambda,1} = 0{,}90$, enquanto $\varepsilon_{\lambda,3} = 0{,}85$ para $\lambda > 13$ μm. No interior da janela atmosférica, 8 μm $\le \lambda \le 13$ μm, a emissividade espectral é aproximadamente $\varepsilon_{\lambda,2} = 0{,}05$; 0,8 e 0,9 para céus claros, moderadamente nublados e nublados, respectivamente. Calcule a temperatura do céu efetiva correspondente a uma temperatura real da atmosfera de 280 K nas três condições atmosféricas.

(b) Pouca água existe na atmosfera nas condições geladas e sem nuvens verificadas na Antártica, onde emissividades espectrais foram medidas aproximadamente como $\varepsilon_{\lambda,1} = 0{,}75$, $\varepsilon_{\lambda,2} = 0{,}03$ e $\varepsilon_{\lambda,3} = 0{,}75$, relativas a uma temperatura real da atmosfera de 220 K. Determine a temperatura do céu nestas condições extremas. Explique como as temperaturas superficiais mais frias já medidas na Terra foram encontradas na Antártica com valores inferiores a 200 K.

12.98 Folhas de plantas têm pequenos canais que conectam a região interna úmida da folha com o ambiente. Os canais, chamados de *estômatos*, representam a primeira resistência ao transporte de umidade através da planta, e o diâmetro de um único estômato é sensível ao nível de CO_2 na atmosfera. Seja uma folha de um pé de milho cuja superfície superior está exposta à irradiação solar com $G_S = 600$ W/m^2 e a uma temperatura do céu efetiva de $T_{\text{céu}} = 0$ °C. A superfície inferior da folha é irradiada pelo solo que se encontra a uma temperatura de $T_{solo} = 20$ °C. As superfícies superior e inferior estão sujeitas a condições convectivas caracterizadas por $h = 35$ W/(m^2 · K) e $T_\infty = 25$ °C, havendo também evaporação através dos estômatos. Supondo que o fluxo de evaporação da água seja de 50×10^{-6} kg/(m^2 · s) em condições atmosféricas com concentrações de CO_2 típicas de zonas rurais e que ele seja reduzido a 5×10^{-6} kg/(m^2 · s) quando as concentrações de CO_2 são dobradas próximo a uma zona urbana, calcule a temperatura da folha na zona rural e próximo a zona urbana. O calor de vaporização da água é de $h_{fg} = 2400$ kJ/kg, admita que $\alpha = \varepsilon = 0{,}97$ para as trocas radiantes com o céu e com o solo, e que $\alpha_S = 0{,}76$ para a irradiação solar.

12.99 A radiação vinda da atmosfera ou do céu pode ser estimada como uma fração da radiação de corpo negro correspondente à temperatura do ar próxima ao solo, T_{ar}. Isto é, a irradiação vinda do céu pode ser representada por $G_{atm} = \varepsilon_{céu}\sigma T_{ar}^4$ e, para um céu noturno limpo, a emissividade é correlacionada por uma expressão com a forma $\varepsilon_{céu} = 0{,}741 + 0{,}0062\ T_{po}$, sendo T_{po} a temperatura do ponto de orvalho (°C). Seja uma placa plana exposta ao céu noturno em um ar ambiente a 15 °C com uma umidade relativa de 70 %. Suponha que a parte de trás da placa esteja isolada e que o coeficiente convectivo na parte frontal possa ser estimado pela correlação h(W/(m^2 · K)) = 1,25 $\Delta T^{1/3}$, sendo ΔT o valor absoluto da diferença de temperaturas entre a placa e o ar. Haverá a formação de orvalho sobre a placa se a superfície for (a) limpa e metálica com $\varepsilon = 0{,}23$ e (b) pintada com $\varepsilon = 0{,}85$?

12.100 Plantadores usam ventiladores gigantescos para evitar o congelamento de uvas quando a temperatura efetiva do céu é baixa. A uva, que pode ser vista como uma fina película, com resistência térmica desprezível que encerra um volume de água açucarada, está exposta ao ar ambiente e é irradiada pelo céu e pelo solo. Considere a uva uma esfera isotérmica com 17 mm de diâmetro e admita irradiação de corpo negro uniforme sobre os seus hemisférios superior e inferior em função das emissões do céu e da Terra, respectivamente.

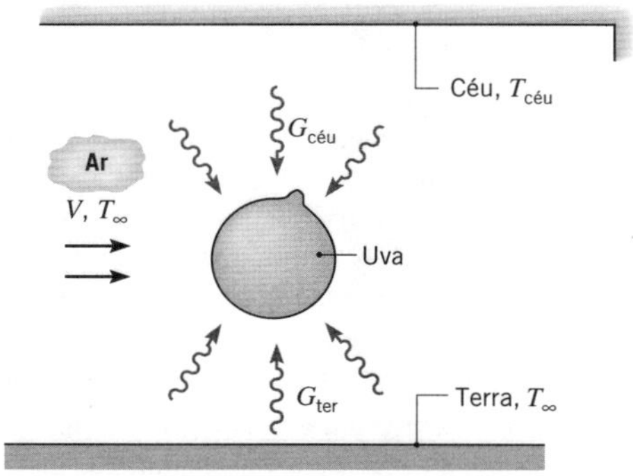

(a) Deduza uma expressão para a taxa de variação da temperatura da uva. Expresse o seu resultado em termos de um coeficiente convectivo e de temperaturas e grandezas radiantes apropriadas.

(b) Sob condições nas quais $T_{céu} = 235$ K, $T_\infty = 273$ K e o ventilador desligado ($V = 0$), determine se as uvas irão congelar. Com uma boa aproximação, a emissividade da película é igual a um e as propriedades termofísicas da uva são aquelas da água sem açúcar. Entretanto, em face da presença do açúcar, as uvas congelam a –5 °C.

(c) Com todas as demais condições permanecendo sem alteração, com exceção do fato de que agora os ventiladores estão operando e proporcionando uma $V = 1$ m/s, as uvas irão congelar?

12.101 Um gato de rua gosta de dormir sobre o telhado de nosso barracão no fundo do quintal. A superfície do telhado é de uma folha metálica galvanizada desgastada pelo tempo ($\varepsilon = 0{,}65$ e $\alpha_S = 0{,}8$). Considere um dia de primavera frio quando o ar ambiente esteja a 10 °C e o coeficiente convectivo possa ser estimado por uma correlação empírica com a forma $\overline{h} = 1{,}0\Delta T^{1/3}$, sendo ΔT a diferença entre as temperaturas da superfície e do ambiente. Suponha que a temperatura do céu seja de −40 °C.

(a) Admitindo que a parte de baixo do telhado seja isolada termicamente, calcule a temperatura do telhado quando a irradiação solar é de 600 W/m^2. O gato irá se sentir à vontade para dormir nestas condições?

(b) Considere o caso no qual a parte de baixo do telhado não é isolada, mas está exposta ao ar ambiente com a mesma relação para o coeficiente convectivo e troca radiação com o chão, que se encontra também na temperatura do ar ambiente. Calcule a temperatura do telhado e comente se o telhado será um local confortável para o gato cochilar.

12.102 Seja uma placa delgada opaca e horizontal, com um aquecedor elétrico na sua superfície inferior. A superfície frontal está exposta ao ar ambiente a 20 °C, com um coeficiente de transferência de calor por convecção de 20 W/(m^2 · K), uma irradiação solar de 800 W/m^2 e uma temperatura do céu efetiva de −40 °C.

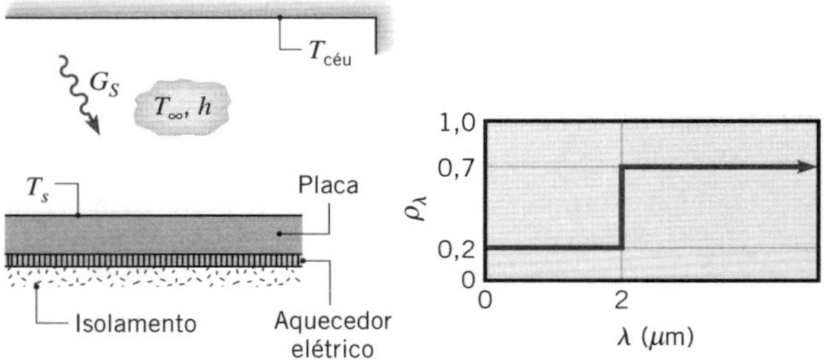

Qual é a potência elétrica (W/m^2) necessária para manter a temperatura superficial da placa em $T_s = 60$ °C, sendo a placa difusa e com a refletividade hemisférica espectral mostrada na figura?

12.103 A asa de alumínio oxidado de um avião tem um comprimento de corda de $L_c = 4$ m e uma emissividade hemisférica espectral caracterizada pela distribuição mostrada na figura.

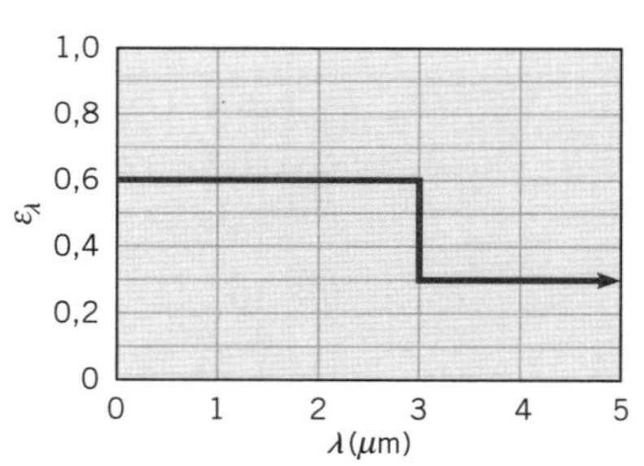

(a) Considere condições nas quais o avião está em terra onde a temperatura do ar é de 27 °C, a irradiação solar é de 800 W/m^2 e a temperatura do céu efetiva é de 270 K. Se ar estiver quiescente, qual é a temperatura da superfície superior da asa? A asa pode ser aproximada por uma placa plana horizontal.

(b) Quando o avião está voando a uma altitude de aproximadamente 9000 m e a uma velocidade de 200 m/s, a temperatura do ar, a irradiação solar e a temperatura do céu efetiva são −40 °C, 1100 W/m² e 235 K, respectivamente. Qual é a temperatura da superfície superior da asa? As propriedades do ar podem ser aproximadas por $\rho = 0{,}470$ kg/m³, $\mu = 1{,}50 \times 10^{-5}$ N · s/m², $k = 0{,}021$ W/(m · K) e $Pr = 0{,}72$.

Transferência de Calor e de Massa

12.104 Sabe-se que em noites limpas uma fina camada de água sobre o solo irá congelar antes que a temperatura do ar desça abaixo de 0 °C. Considere tal camada de água em uma noite limpa na qual a temperatura do céu efetiva é de −35 °C e o coeficiente de transferência de calor por convecção devido ao vento é de $h = 20$ W/(m² · K). Pode-se considerar a emissividade da água igual a 1,0 e que a camada de água esteja isolada do solo no que se refere à transferência de calor por condução. Desprezando a evaporação, determine a menor temperatura que o ar pode ter sem que ocorra o congelamento da água. Levando agora em consideração o efeito da evaporação, qual é a menor temperatura que o ar pode ter sem que ocorra o congelamento da água? Admita que o ar esteja com 20 % de umidade relativa.

12.105 Uma fina camada de água está exposta ao ambiente natural, conforme mostrado na figura.

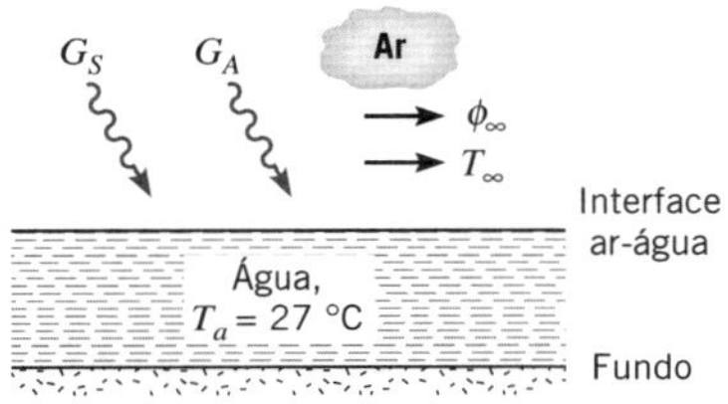

Considere condições nas quais as irradiações solar e atmosférica são $G_S = 600$ W/m² e $G_{atm} = 300$ W/m², respectivamente, e a temperatura e a umidade relativa do ar são $T_\infty =$ 27 °C e $\phi_\infty = 0{,}50$, respectivamente. As refletividades da superfície da água em relação às irradiações solar e atmosférica são $\rho_S = 0{,}3$ e $\rho_{atm} = 0$, respectivamente, enquanto a emissividade superficial é $\varepsilon = 0{,}97$. O coeficiente de transferência de calor por convecção na interface ar-água é $h =$ 25 W/(m² · K). Se a água está a 27 °C, essa temperatura irá aumentar ou diminuir com o passar do tempo?

12.106 Um sistema de resfriamento de telhados, que opera mantendo uma fina película de água sobre a superfície do telhado, pode ser usado para reduzir os custos de condicionamento do ar ou para manter um ambiente mais frio em prédios sem condicionamento de ar. Para determinar a efetividade de tal sistema, considere um telhado formado por uma lâmina metálica com absortividade solar α_S igual a 0,50 e emissividade hemisférica ε de 0,3. Condições representativas correspondem a um coeficiente de transferência de calor por convecção na superfície h de 20 W/(m² · K), uma irradiação solar G_S de 700 W/m², uma temperatura do céu de −10 °C, uma temperatura atmosférica de 30 °C e uma umidade relativa de 65 %. A superfície inferior do telhado pode ser considerada isolada termicamente. Determine a temperatura da superfície do telhado sem a película de água. Admitindo que as temperaturas da película e da superfície do telhado sejam iguais, determine a temperatura da superfície com a presença da película. A absortividade solar e a emissividade hemisférica da combinação película-superfície são $\alpha_S = 0{,}8$ e $\varepsilon = 0{,}9$; respectivamente.

12.107 Uma toalha molhada está pendurada em uma corda de roupas sob condições nas quais uma superfície recebe irradiação solar de $G_S = 900$ W/m² e as duas superfícies estão expostas à radiação da atmosfera (céu) e do solo de $G_{atm} = 200$ W/m² e $G_{solo} = 250$ W/m², respectivamente. Sob condições de vento moderado, o escoamento do ar, a uma temperatura de 27 °C e a uma umidade relativa de 60 %, mantém um coeficiente de transferência de calor por convecção de 20 W/(m² · K) em ambas as superfícies da toalha. A toalha molhada tem uma emissividade de 0,96 e uma absortividade solar de 0,65. Como uma primeira aproximação, as propriedades do ar atmosférico podem ser calculadas a uma temperatura de 300 K.

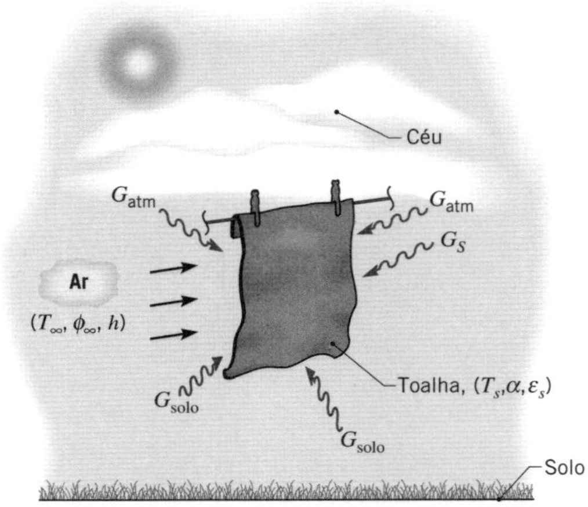

Determine a temperatura T_s da toalha. Qual é a taxa de evaporação correspondente para uma toalha que tem 0,75 m de largura e 1,50 m de comprimento?

12.108 Nossos alunos efetuam um experimento de laboratório para determinar a transferência de massa em uma toalha de papel embebida em água, na qual há convecção forçada e irradiação de lâmpadas radiantes. Para os valores de T_∞ e T_{bu} fornecidos na figura, determinou-se a temperatura da toalha igual a $T_s = 310$ K. Além disso, correlações para placas planas forneceram coeficientes convectivos médios de transferência de calor e de transferência de massa de $\overline{h} = 28{,}7$ W/(m² · K) e $\overline{h}_m = 0{,}027$ m/s, respectivamente. A toalha possui dimensões de 92,5 mm × 92,5 mm e é difusa e cinza, com uma emissividade de 0,96.

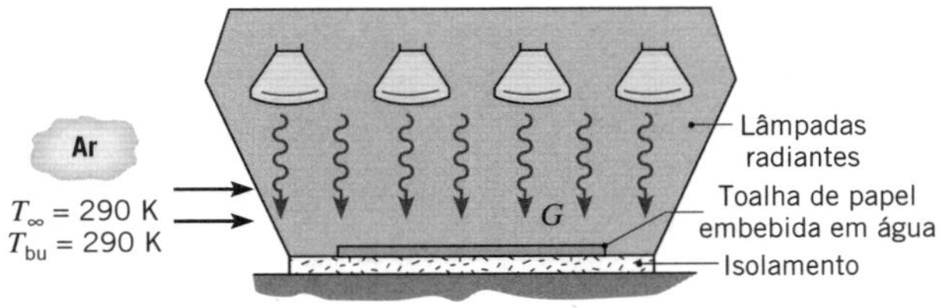

(a) Com base nos resultados anteriores, determine as concentrações de vapor d'água, $\rho_{A,s}$ e $\rho_{A,\infty}$, a taxa de evaporação, n_A (kg/s), e a taxa líquida de transferência de calor por radiação para a toalha, q_{rad} (W).

(b) Usando os resultados do item (a) e admitindo que a irradiação G é uniforme sobre a toalha, determine o poder emissivo E, a irradiação G e a radiosidade J.

13

CAPÍTULO

Troca de Radiação entre Superfícies

Tendo até o momento restringido nossa atenção aos processos radiantes que ocorrem em uma única superfície, agora analisaremos o problema da transferência de radiação entre duas ou mais superfícies. Essa transferência depende fortemente das geometrias e orientações das superfícies, assim como de suas propriedades radiantes e temperaturas. Inicialmente, admitimos que as superfícies são separadas por um *meio não participante*. Uma vez que tal meio não emite nem absorve ou espalha, ele não tem qualquer efeito sobre a transferência de radiação entre as superfícies. Um vácuo satisfaz essas exigências de forma exata e a maioria dos gases as satisfazem com uma excelente aproximação.

Nosso primeiro objetivo é estabelecer as características geométricas do problema da transferência radiante, desenvolvendo a noção de um *fator de forma*. Nosso segundo objetivo consiste em desenvolver procedimentos para prever a transferência radiante entre superfícies que formam um *ambiente fechado*. Limitaremos nossa atenção às superfícies que são supostas opacas, difusas e cinzas. Concluímos nosso estudo da troca radiante entre superfícies considerando os efeitos de um *meio participante*, notadamente, um gás que se interpõe entre as superfícies e que emite e absorve radiação.

13.1 O Fator de Forma

Para calcular a troca radiante entre duas superfícies quaisquer, devemos, em primeiro lugar, introduzir o conceito de um *fator de forma* (também conhecido por *fator de configuração, de visão* ou *de vista*).

13.1.1 *A Integral do Fator de Forma*

O fator de forma F_{ij} é definido como a *fração da radiação que deixa a superfície i e é interceptada pela superfície j*. Para desenvolver uma expressão geral para F_{ij}, utilizamos as superfícies arbitrariamente orientadas A_i e A_j, mostradas na Figura 13.1. Elementos de área sobre cada superfície, dA_i e dA_j, são conectados por uma linha de comprimento R, que forma os ângulos polares θ_i e θ_j, respectivamente, com as normais às superfícies $\mathbf{n}_i$ e $\mathbf{n}_j$. Os valores de R, θ_i e θ_j variam com a posição dos elementos de área sobre A_i e A_j.

A partir da definição de intensidade de radiação, Seção 12.3.2, e da Equação 12.11, a taxa na qual a radiação *deixa* dA_i e é *interceptada* por dA_j pode ser escrita na forma

$$dq_{i\to j} = I_{e+r,i} \cos\theta_i \, dA_i \, d\omega_{j-i}$$

sendo $I_{e+r,i}$ a intensidade da radiação que deixa a superfície i, por emissão e reflexão, e $d\omega_{j-i}$ é o ângulo sólido subentendido por dA_j quando visto de dA_i. Com $d\omega_{j-i} = (\cos(\theta_j)\, dA_j)/R^2$ segundo a Equação 12.7, tem-se que

$$dq_{i\to j} = I_{e+r,i} \frac{\cos\theta_i \cos\theta_j}{R^2} dA_i \, dA_j$$

Admitindo que a superfície *i emite* e *reflete de forma difusa* e utilizando a Equação 12.27, obtemos então

$$dq_{i\to j} = J_i \frac{\cos\theta_i \cos\theta_j}{\pi R^2} dA_i \, dA_j$$

A taxa total na qual a radiação deixa a superfície i e é interceptada por j pode, então, ser obtida pela integração ao longo das duas superfícies. Isto é,

$$q_{i\to j} = J_i \int_{A_i}\int_{A_j} \frac{\cos\theta_i \cos\theta_j}{\pi R^2} dA_i \, dA_j$$

na qual se considera que a radiosidade J_i é uniforme ao longo da superfície A_i. A partir da definição do fator de forma como a fração da radiação que deixa A_i e é interceptada por A_j,

$$F_{ij} = \frac{q_{i\to j}}{A_i J_i}$$

segue-se que

$$F_{ij} = \frac{1}{A_i}\int_{A_i}\int_{A_j} \frac{\cos\theta_i \cos\theta_j}{\pi R^2} dA_i \, dA_j \qquad (13.1)$$

De modo similar, o fator de forma F_{ji} é definido como a fração da radiação que deixa A_j e é interceptada por A_i. O mesmo desenvolvimento fornece, então,

$$F_{ji} = \frac{1}{A_j}\int_{A_i}\int_{A_j} \frac{\cos\theta_i \cos\theta_j}{\pi R^2} dA_i \, dA_j \qquad (13.2)$$

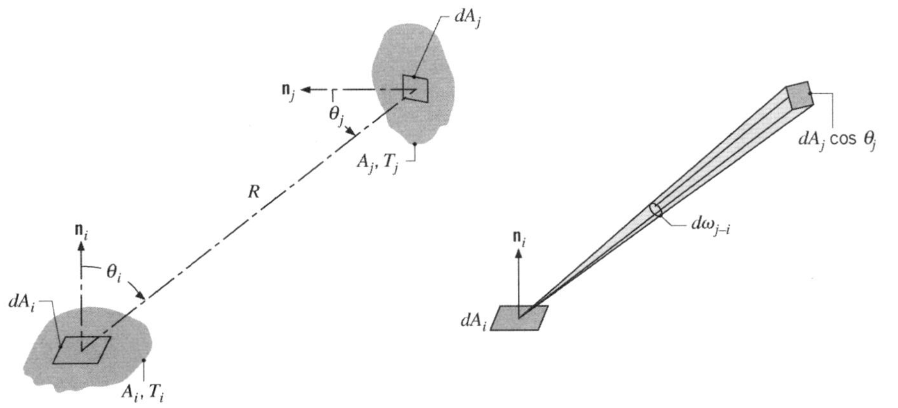

FIGURA 13.1 Fator de forma associado à troca de radiação entre elementos de superfície com áreas dA_i e dA_j.

A Equação 13.1 ou a Equação 13.2 pode ser usada para determinar o fator de forma associado a duas superfícies quaisquer que sejam *emissoras* e *refletoras difusas* e possuam *radiosidade uniforme*.

13.1.2 *Relações do Fator de Forma*

Uma relação importante do fator de forma é sugerida pelas Equações 13.1 e 13.2. Em particular, igualando as integrais que aparecem nessas equações, tem-se que

$$A_i F_{ij} = A_j F_{ji} \tag{13.3}$$

Essa expressão, conhecida por *relação de reciprocidade*, é útil para determinar um fator de forma a partir do conhecimento do outro.

Outra relação importante do fator de forma diz respeito às superfícies de uma *cavidade fechada* (Figura 13.2). Pela definição do fator de forma, a *regra da soma*

$$\sum_{j=1}^{N} F_{ij} = 1 \tag{13.4}$$

pode ser aplicada em cada uma das N superfícies no interior da cavidade. Essa regra é uma consequência da exigência de conservação que dita que toda a radiação que deixa a superfície i deve ser interceptada pelas superfícies da cavidade. O termo F_{ii}, que aparece nesse somatório, representa a fração da radiação que deixa a superfície i e é interceptada diretamente por i. Se a superfície for côncava, ela *vê a si mesma* e F_{ii} é diferente de zero. Entretanto, para uma superfície plana ou convexa, $F_{ii} = 0$.

Para calcular a troca de radiação em uma cavidade fechada com N superfícies, é necessário um total de N^2 fatores de forma. Essa exigência se torna evidente quando os fatores de forma são organizados na forma matricial:

$$\begin{bmatrix} F_{11} & F_{12} & \cdots & F_{1N} \\ F_{21} & F_{22} & \cdots & F_{2N} \\ \vdots & \vdots & & \vdots \\ F_{N1} & F_{N2} & \cdots & F_{NN} \end{bmatrix}$$

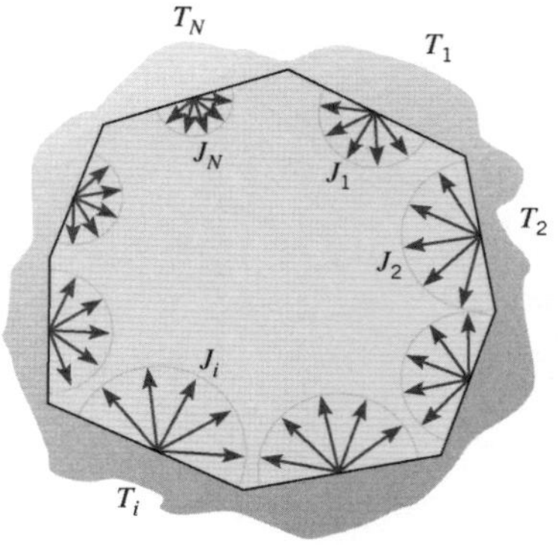

FIGURA 13.2 Troca de radiação em uma cavidade fechada.

Entretanto, nem todos os fatores de forma precisam ser calculados *diretamente*. Um total de N fatores de forma pode ser obtido nas N equações associadas à aplicação da regra da soma, Equação 13.4, a cada uma das superfícies no interior da cavidade. Além disso, $N(N - 1)/2$ fatores de forma podem ser obtidos por $N(N - 1)/2$ aplicações da relação de reciprocidade, Equação 13.3, que são possíveis na cavidade. Consequentemente, apenas $[N^2 - N - N(N - 1)/2] = N(N - 1)/2$ fatores de forma necessitam ser determinados diretamente. Por exemplo, em uma cavidade fechada com três superfícies, essa exigência corresponde a apenas $3(3 - 1)/2 = 3$ fatores de forma. Os seis fatores de forma restantes podem ser obtidos pela solução das seis equações que resultam do uso das Equações 13.3 e 13.4.

Para ilustrar o procedimento anterior, considere a cavidade simples formada por duas superfícies esféricas mostrada na Figura 13.3. Embora a cavidade seja caracterizada por $N^2 = 4$ fatores de forma (F_{11}, F_{12}, F_{21}, F_{22}), apenas $N(N - 1)/2 = 1$ fator de forma necessita ser determinado diretamente. Nesse caso, tal determinação pode ser feita por *inspeção*. Em particular, como toda radiação que deixa a superfície interna atinge necessariamente a superfície externa, tem-se que $F_{12} = 1$. O mesmo não pode ser dito a respeito da radiação que deixa a superfície externa, uma vez que essa superfície vê a si mesma. Contudo, a partir da relação de reciprocidade, Equação 13.3, obtemos

$$F_{21} = \left(\frac{A_1}{A_2}\right) F_{12} = \left(\frac{A_1}{A_2}\right)$$

A partir da regra da soma, também obtemos

$$F_{11} + F_{12} = 1$$

com $F_{11} = 0$, e

$$F_{21} + F_{22} = 1$$

sendo

$$F_{22} = 1 - \left(\frac{A_1}{A_2}\right)$$

Em geometrias mais complicadas, o fator de forma pode ser determinado a partir da solução da integral dupla da Equação 13.1. Tais soluções foram obtidas para muitas configurações de superfície diferentes e estão disponíveis na forma de equações, gráficos e tabelas [1–4]. Resultados para várias

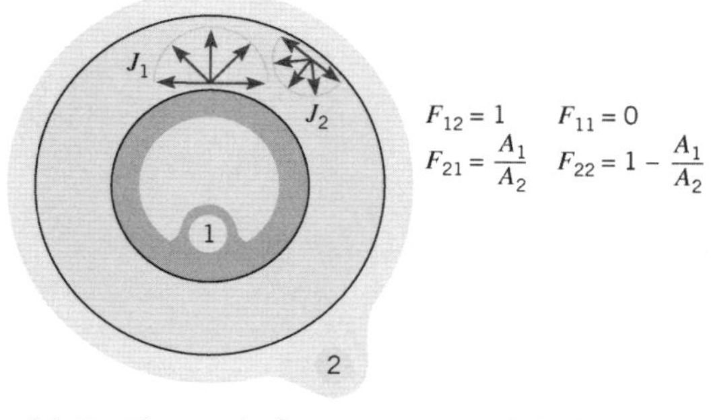

FIGURA 13.3 Fatores de forma para a cavidade formada por duas esferas.

geometrias comuns são apresentados nas Tabelas 13.1 e 13.2 e nas Figuras 13.4 a 13.6. As configurações da Tabela 13.1 são consideradas infinitamente longas (na direção perpendicular à página), sendo, portanto, bidimensionais. As configurações da Tabela 13.2 e das Figuras 13.4 a 13.6 são tridimensionais.

É útil observar que os resultados das Figuras 13.4 a 13.6 podem ser usados para determinar outros fatores de forma. Por exemplo, o fator de forma para uma superfície na extremidade de um cilindro (ou de um cone truncado) em relação à superfície lateral pode ser obtido pelo uso dos resultados da Figura 13.5

TABELA 13.1 Fatores de forma para geometrias bidimensionais

Geometria	Relação
Placas Paralelas com Linhas Centrais Conectadas por uma Perpendicular 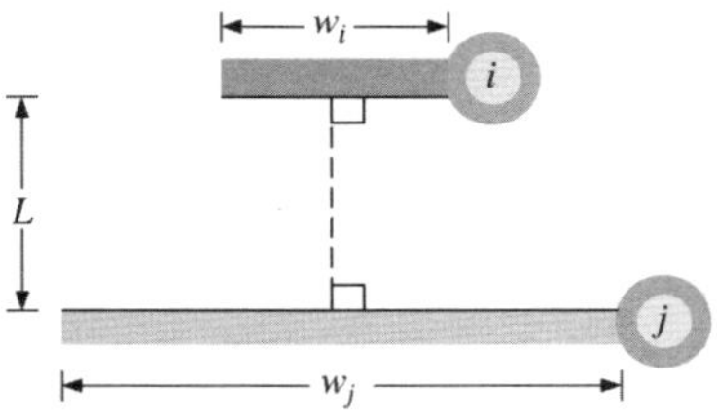	$F_{ij} = \dfrac{[(W_i + W_j)^2 + 4]^{1/2} - [(W_j - W_i)^2 + 4]^{1/2}}{2W_i}$ $W_i = w_i/L,\ W_j = w_j/L$
Placas Planas Inclinadas com Igual Largura e uma Aresta Comum 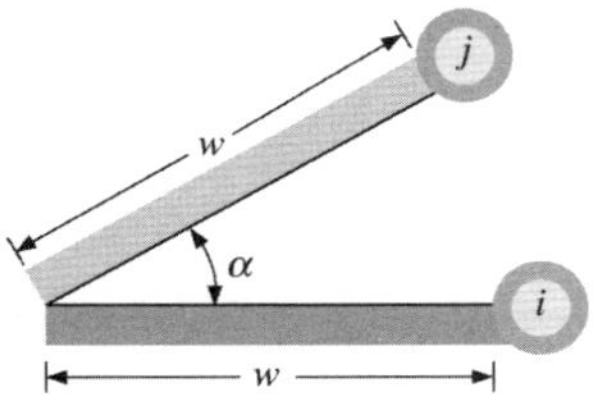	$F_{ij} = 1 - \text{sen}\left(\dfrac{\alpha}{2}\right)$
Placas Perpendiculares com uma Aresta Comum 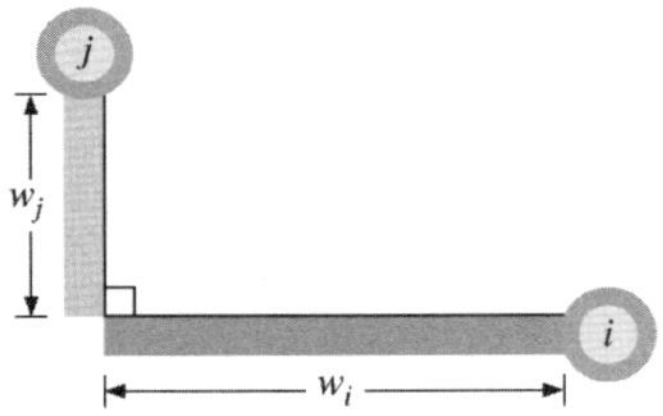	$F_{ij} = \dfrac{1 + (w_j/w_i) - [1 + (w_j/w_i)^2]^{1/2}}{2}$
Cavidade com Três Lados 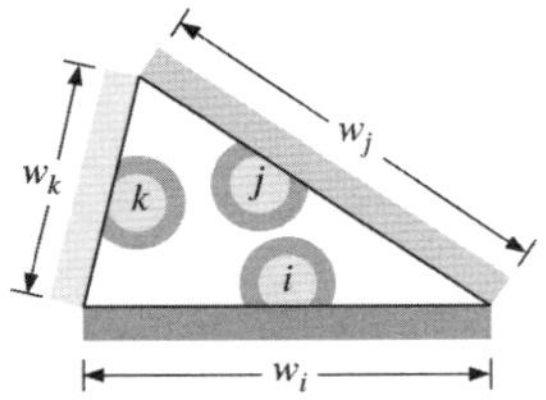	$F_{ij} = \dfrac{w_i + w_j - w_k}{2w_i}$
Cilindros Paralelos com Raios Diferentes 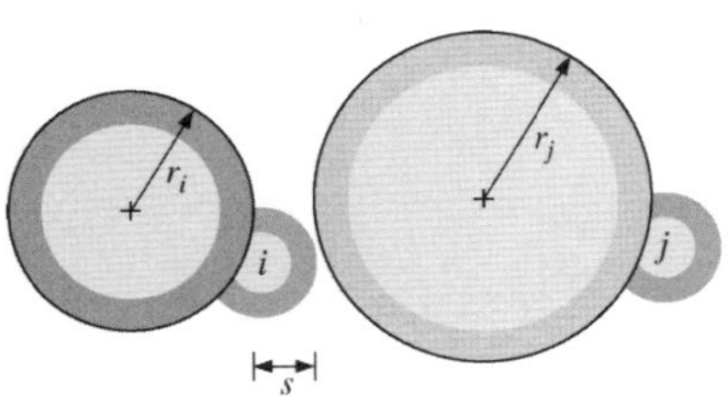	$F_{ij} = \dfrac{1}{2\pi}\left\{\pi + [C^2 - (R+1)^2]^{1/2} - [C^2 - (R-1)^2]^{1/2} + (R-1)\cos^{-1}\left[\left(\dfrac{R}{C}\right) - \left(\dfrac{1}{C}\right)\right] - (R+1)\cos^{-1}\left[\left(\dfrac{R}{C}\right) + \left(\dfrac{1}{C}\right)\right]\right\}$ $R = r_j/r_i,\ S = s/r_i$ $C = 1 + R + S$

(*continua*)

TABELA 13.1 Fatores de forma para geometrias bidimensionais (*continuação*)

Geometria | **Relação**

Cilindro e Retângulo Paralelos

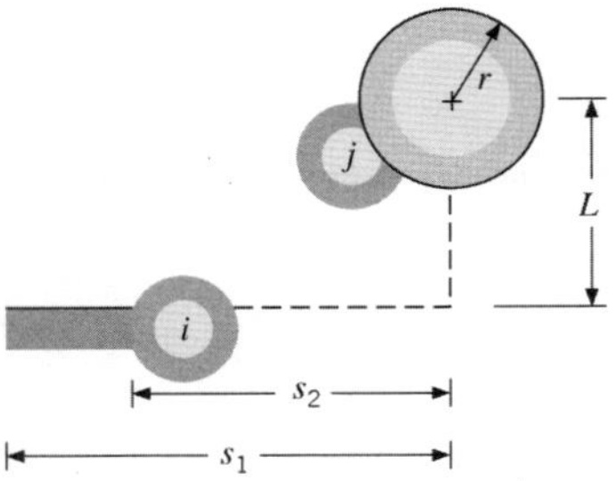

$$F_{ij} = \frac{r}{s_1 - s_2}\left[\tan^{-1}\frac{s_1}{L} - \tan^{-1}\frac{s_2}{L}\right]$$

Placa Infinita e Linha de Cilindros

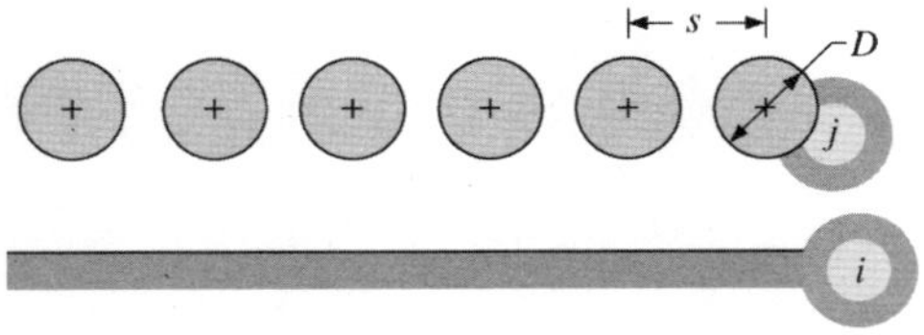

$$F_{ij} = 1 - \left[1 - \left(\frac{D}{s}\right)^2\right]^{1/2} + \left(\frac{D}{s}\right)\tan^{-1}\left[\left(\frac{s^2 - D^2}{D^2}\right)^{1/2}\right]$$

Dados de Howell, J. R., *A Catalog of Radiation Configuration Factors*, McGraw-Hill, New York, 1982.

TABELA 13.2 Fatores de forma para geometrias tridimensionais

Geometria | **Relação**

Retângulos Paralelos Alinhados

$\bar{X} = X/L, \bar{Y} = Y/L$

(Figura 13.4)

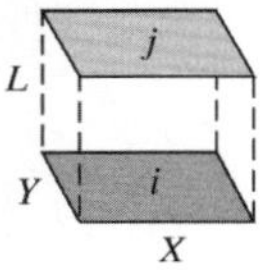

$$F_{ij} = \frac{2}{\pi \bar{X}\bar{Y}}\left\{\ln\left[\frac{(1+\bar{X}^2)(1+\bar{Y}^2)}{1+\bar{X}^2+\bar{Y}^2}\right]^{1/2} + \bar{X}(1+\bar{Y}^2)^{1/2}\tan^{-1}\frac{\bar{X}}{(1+\bar{Y}^2)^{1/2}} + \bar{Y}(1+\bar{X}^2)^{1/2}\tan^{-1}\frac{\bar{Y}}{(1+\bar{X}^2)^{1/2}} - \bar{X}\tan^{-1}\bar{X} - \bar{Y}\tan^{-1}\bar{Y}\right\}$$

Discos Paralelos Coaxiais
(Figura 13.5)

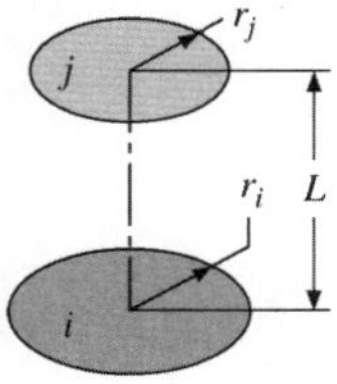

$R_i = r_i/L, R_j = r_j/L$

$$S = 1 + \frac{1 + R_j^2}{R_i^2}$$

$$F_{ij} = \frac{1}{2}\{S - [S^2 - 4(r_j/r_i)^2]^{1/2}\}$$

Retângulos Perpendiculares com uma Aresta Comum
(Figura 13.6)

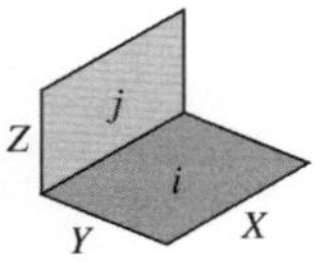

$H = Z/X, W = Y/X$

$$F_{ij} = \frac{1}{\pi W}\left(W\tan^{-1}\frac{1}{W} + H\tan^{-1}\frac{1}{H} - (H^2+W^2)^{1/2}\tan^{-1}\frac{1}{(H^2+W^2)^{1/2}} + \frac{1}{4}\ln\left\{\frac{(1+W^2)(1+H^2)}{1+W^2+H^2}\left[\frac{W^2(1+W^2+H^2)}{(1+W^2)(W^2+H^2)}\right]^{W^2} \times \left[\frac{H^2(1+H^2+W^2)}{(1+H^2)(H^2+W^2)}\right]^{H^2}\right\}\right)$$

Dados de Howell, J. R., *A Catalog of Radiation Configuration Factors*, McGraw-Hill, New York, 1982.

em conjunto com a regra da soma, Equação 13.4. Além disso, as Figuras 13.4 e 13.6 podem ser usadas para obter outros resultados úteis se duas relações adicionais para o fator de forma forem desenvolvidas.

A primeira relação diz respeito à natureza aditiva do fator de forma em uma superfície subdividida e pode ser inferida a partir da Figura 13.7. Considerando a radiação da superfície i para a superfície j, que pode ser dividida em n componentes, fica evidente que

$$F_{i(j)} = \sum_{k=1}^{n} F_{ik} \tag{13.5}$$

na qual os parênteses em um subscrito indicam que ela é uma superfície composta, em cujo caso (j) é equivalente a (1, 2, ..., k, ... n). Essa expressão simplesmente enuncia que a radiação que atinge uma superfície composta é a soma da radiação que atinge as suas partes. Embora diga respeito à subdivisão da superfície receptora, ela também pode ser usada para obter a segunda relação para o fator de forma, relacionada com a subdivisão da superfície de origem da radiação. Multiplicando

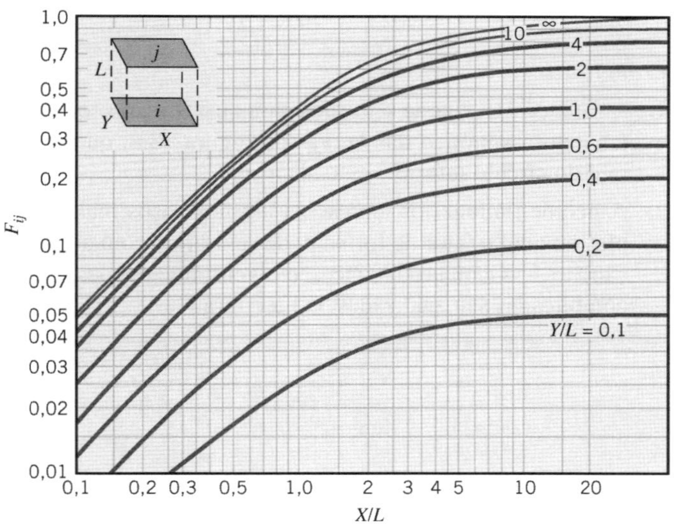

FIGURA 13.4 Fatores de forma para retângulos paralelos alinhados.

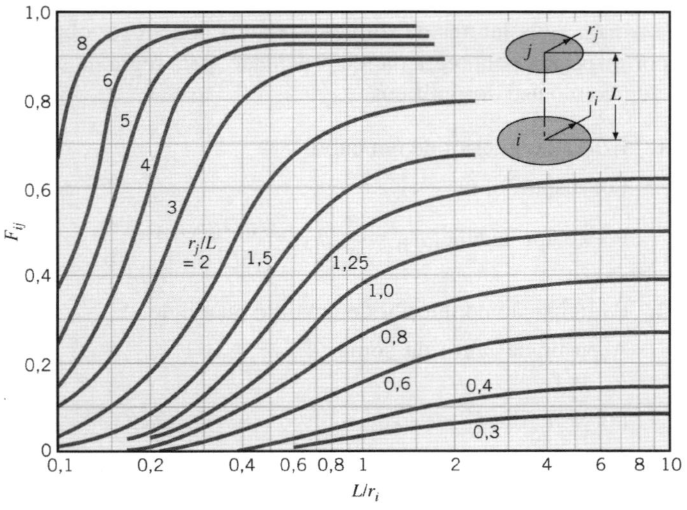

FIGURA 13.5 Fatores de forma para discos paralelos coaxiais.

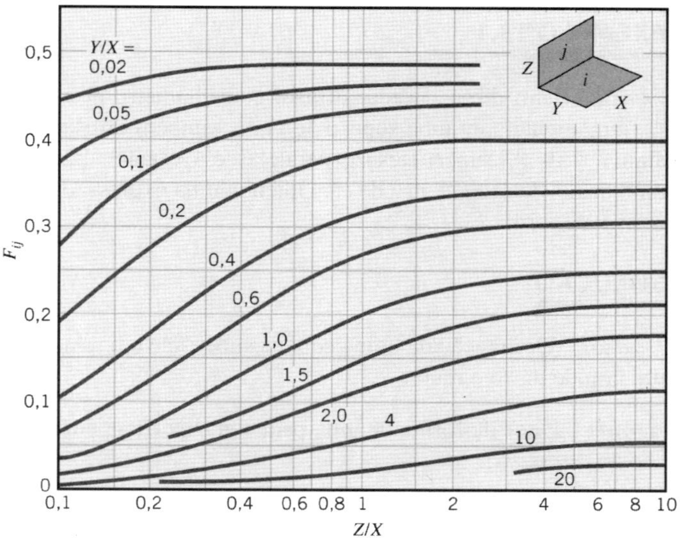

FIGURA 13.6 Fatores de forma para retângulos perpendiculares com uma aresta comum.

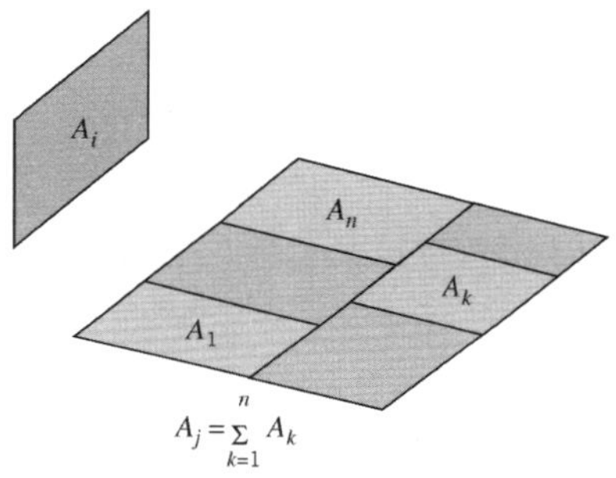

FIGURA 13.7 Áreas usadas para ilustrar relações de fatores de forma.

a Equação 13.5 por A_i e aplicando a relação de reciprocidade, Equação 13.3, a cada um dos termos resultantes, tem-se que

$$A_j F_{(j)i} = \sum_{k=1}^{n} A_k F_{ki} \tag{13.6}$$

ou

$$F_{(j)i} = \frac{\sum_{k=1}^{n} A_k F_{ki}}{\sum_{k=1}^{n} A_k} \tag{13.7}$$

As Equações 13.6 e 13.7 podem ser utilizadas quando a superfície de origem é composta por várias partes.

Em problemas envolvendo geometrias complicadas, pode não ser possível a obtenção de soluções analíticas para a Equação 13.1, quando então valores para os fatores de forma devem ser estimados usando-se métodos numéricos. Em situações que compreendem estruturas extremamente complexas que podem ter centenas ou milhares de superfícies radiantes, um erro considerável pode estar associado aos fatores de forma calculados numericamente. Em tais situações, a Equação 13.3 deve ser usada para verificar a acurácia de fatores de forma individuais, e a Equação 13.4 deve ser empregada para determinar se o princípio de conservação da energia é satisfeito [5].

EXEMPLO 13.1

Considere um disco circular difuso, com diâmetro D e área A_j, juntamente com uma superfície plana também difusa com área $A_i \ll A_j$. As superfícies são paralelas, e A_i está localizada a uma distância L do centro de A_j. Obtenha uma expressão para o fator de forma F_{ij}.

SOLUÇÃO

Dados: Orientação de uma pequena superfície em relação a um grande disco circular.

Achar: Fator de forma de uma pequena superfície em relação ao disco, F_{ij}.

Esquema:

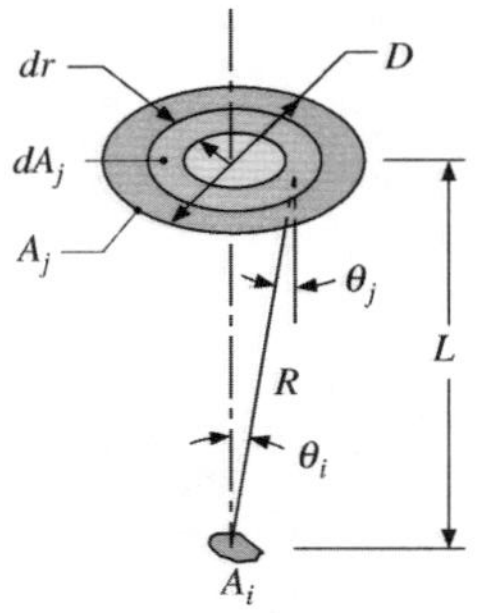

Considerações:

1. Superfícies difusas.
2. $A_i \ll A_j$.
3. Radiosidade uniforme sobre a superfície A_i.

Análise: O fator de forma desejado pode ser obtido pela Equação 13.1.

$$F_{ij} = \frac{1}{A_i}\int_{A_i}\int_{A_j} \frac{\cos\theta_i \cos\theta_j}{\pi R^2}\, dA_i\, dA_j$$

Reconhecendo que θ_i, θ_j e R são aproximadamente independentes da posição sobre A_i, essa expressão se reduz a

$$F_{ij} = \int_{A_j} \frac{\cos\theta_i \cos\theta_j}{\pi R^2}\, dA_j$$

ou, com $\theta_i = \theta_j \equiv \theta$,

$$F_{ij} = \int_{A_j} \frac{\cos^2\theta}{\pi R^2}\, dA_j$$

Com $R^2 = r^2 + L^2$, $\cos(\theta) = (L/R)$, e $dA_j = 2\pi r\, dr$, tem-se que

$$F_{ij} = 2L^2 \int_0^{D/2} \frac{r\, dr}{(r^2 + L^2)^2} = \frac{D^2}{D^2 + 4L^2} \quad \lhd \quad (13.8)$$

Comentários:

1. A Equação 13.8 pode ser usada para quantificar o comportamento assintótico das curvas na Figura 13.5, quando o raio do círculo inferior, r_i, tende a zero.
2. A geometria anterior representa um dos casos mais simples no qual o fator de forma pode ser obtido com a Equação 13.1. Geometrias que envolvem integrações mais complicadas são analisadas na literatura [1, 3].

EXEMPLO 13.2

Determine os fatores de forma F_{12} e F_{21} para as geometrias a seguir:

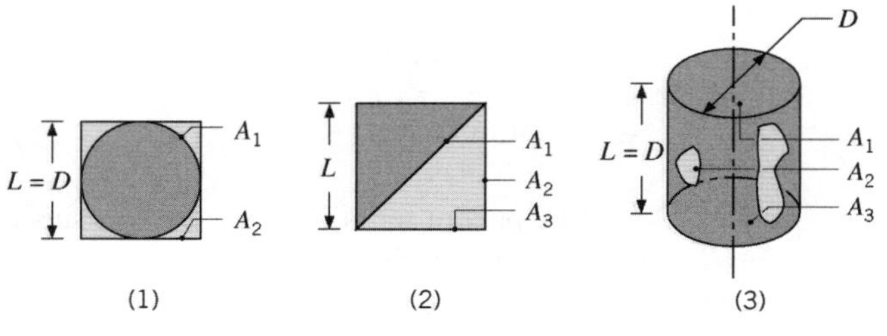

1. Esfera com diâmetro D no interior de uma caixa cúbica de comprimento $L = D$.
2. Um lado de uma partição diagonal no interior de um longo duto de seção reta quadrada.
3. Extremidade e lateral de um tubo circular com comprimento igual ao diâmetro.

SOLUÇÃO

Dados: Geometrias das superfícies.

Achar: Fatores de forma.

Considerações: Superfícies difusas com radiosidades uniformes.

Análise: Os fatores de forma desejados podem ser obtidos por inspeção, pela regra da reciprocidade, pela regra da soma e/ou com o uso dos gráficos.

1. Esfera no interior de um cubo:

   Por inspeção, $F_{12} = 1$. $\lhd$

   Por reciprocidade, $F_{21} = \frac{A_1}{A_2} F_{12} = \frac{\pi D^2}{6L^2} \times 1 = \frac{\pi}{6}$ $\lhd$

2. Participação no interior de um duto quadrado:

   A partir da regra da soma, $F_{11} + F_{12} + F_{13} = 1$, com $F_{11} = 0$

   Por simetria: $F_{12} = F_{13}$

   Consequentemente, $F_{12} = 0{,}50$ $\lhd$

   Por reciprocidade, $F_{21} = \frac{A_1}{A_2} F_{12} = \frac{\sqrt{2}L}{L} \times 0{,}5 = 0{,}71$ $\lhd$

3. Tubo circular:

Da Tabela 13.2 ou Figura 13.5, com $(r_3/L) = 0{,}5$ e $(L/r_1) = 2$; $F_{13} = 0{,}172$.

Da regra da soma, $F_{11} + F_{12} + F_{13} = 1$

ou, com $F_{11} = 0$, $F_{12} = 1 - F_{13} = 0{,}828$ ◁

Por reciprocidade, $F_{21} = \frac{A_1}{A_2} F_{12} = \frac{\pi D^2/4}{\pi DL} \times 0{,}828 = 0{,}207$ ◁

Comentário: As superfícies geométricas podem, na realidade, não ser caracterizadas por radiosidades uniformes. As consequências de radiosidades não uniformes são discutidas no Exemplo 13.3.

13.2 Troca de Radiação entre Corpos Negros

Em geral, a radiação pode deixar uma superfície em função tanto da reflexão quanto da emissão, e, ao atingir uma segunda superfície, é refletida, bem como absorvida. Entretanto, as coisas são simplificadas em superfícies que podem ser aproximadas por corpos negros, uma vez que não há reflexão. Nestes casos, a energia deixa a superfície como um resultado somente da emissão e toda radiação incidente é absorvida.

Seja a troca radiante entre duas superfícies negras com forma arbitrária (Figura 13.8). Definindo $q_{i \to j}$ como a taxa na qual a radiação *deixa* a superfície *i* e é *interceptada* pela superfície *j*, tem-se que

$$q_{i \to j} = (A_i J_i) F_{ij} \tag{13.9}$$

ou, como para uma superfície negra a radiosidade é igual ao poder emissivo ($J_i = E_{cni}$),

$$q_{i \to j} = A_i F_{ij} E_{cni} \tag{13.10}$$

Analogamente,

$$q_{j \to i} = A_j F_{ji} E_{cnj} \tag{13.11}$$

A *troca radiante líquida* entre as duas superfícies pode então ser definida como

$$q_{ij} = q_{i \to j} - q_{j \to i} \tag{13.12}$$

a partir da qual tem-se que

$$q_{ij} = A_i F_{ij} E_{cni} - A_j F_{ji} E_{cnj}$$

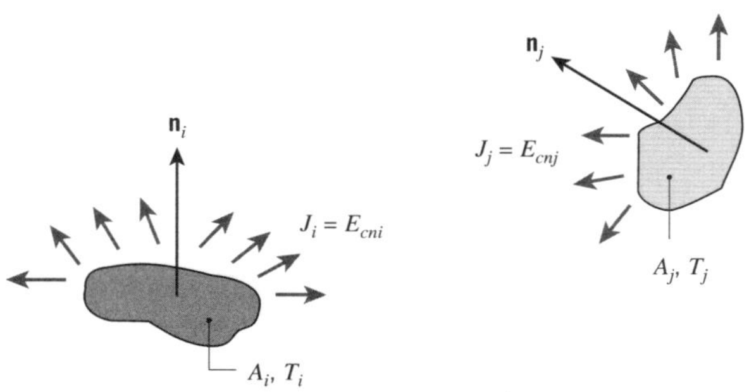

FIGURA 13.8 Transferência de radiação entre duas superfícies que podem ser aproximadas como corpos negros.

ou, das Equações 12.32 e 13.3

$$q_{ij} = A_i F_{ij} \sigma (T_i^4 - T_j^4) \tag{13.13}$$

A Equação 13.13 fornece uma taxa *líquida* na qual a radiação *deixa* a superfície *i* como um resultado de sua interação com *j*, que é igual à taxa *líquida* na qual *j ganha* radiação em razão de sua interação com *i*.

O resultado anterior também pode ser usado para avaliar a transferência de radiação líquida a partir de qualquer superfície em uma *cavidade fechada* de superfícies negras. Com *N* superfícies mantidas a diferentes temperaturas, a transferência líquida de radiação da superfície *i* é resultante da troca com as superfícies restantes e pode ser assim escrita

$$q_i = \sum_{j=1}^{N} A_i F_{ij} \sigma (T_i^4 - T_j^4) \tag{13.14}$$

O fluxo térmico radiante líquido, $q_i'' = q_i/A_i$, foi apresentado como q''_{rad} nos Capítulos 1 e 12. Por conveniência, aqui o subscrito *rad* foi retirado.

EXEMPLO 13.3

O interior de um forno, que possui a forma de um cilindro com 50 mm de diâmetro e 150 mm de comprimento, é aberto em uma de suas extremidades para uma grande vizinhança a 27 °C. A base da cavidade é aquecida independentemente, como também o são as três seções anulares que compreendem as laterais da cavidade. Todas as superfícies interiores da cavidade podem ser aproximadas como corpos negros e são mantidas a 1650 °C. Qual é a potência elétrica necessária para o aquecimento da base da cavidade? Quais são as potências elétricas necessárias para o aquecimento das seções superior, média e inferior na lateral da cavidade? As partes externas dos aquecedores elétricos são termicamente bem isoladas.

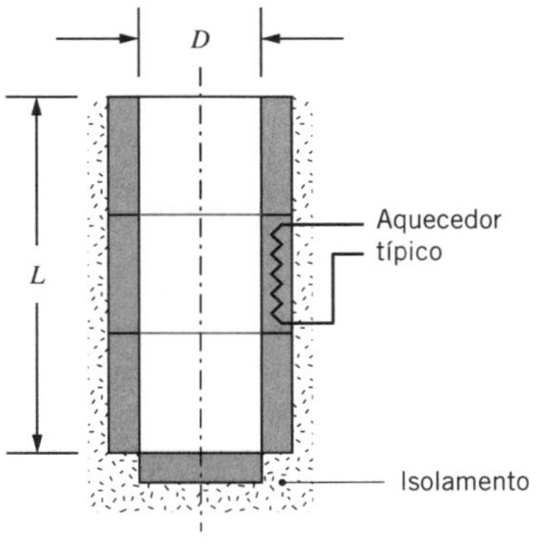

SOLUÇÃO

Dados: Temperatura das superfícies do forno e temperatura da vizinhança.

Achar: Potência elétrica necessária para manter quatro seções do forno na temperatura especificada.

Esquema:

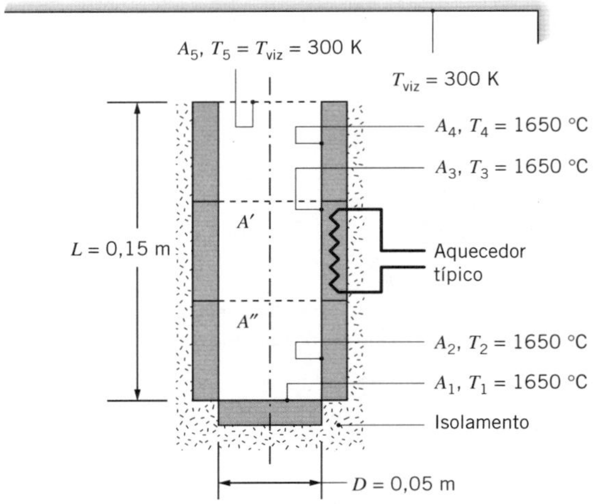

Considerações:

1. Superfícies internas se comportam como corpos negros, com radiosidade e irradiação uniformes.
2. Transferência de calor por convecção desprezível.
3. Partes externas dos aquecedores elétricos termicamente isoladas.

Análise: Com base nas considerações anteriores, a única perda térmica do forno é por radiação através de sua abertura. Como a vizinhança é grande, a irradiação vinda dela é igual à emissão de um corpo negro a T_{viz}, como discutido na Seção 12.7. Além disso, como a transferência de calor radiante entre o forno e a vizinhança tem que passar pela abertura, a troca radiante pode ser analisada como se fosse entre o forno e uma superfície negra hipotética 5 na abertura, com $T_5 = T_{viz}$. Esta abordagem é discutida em detalhes no Exemplo 13.4. A potência elétrica fornecida a cada superfície equilibra a perda radiante correspondente, que pode ser obtida pela Equação 13.14. Após utilizar a Equação 13.3, podemos escrever as equações a seguir para as superfícies 1 a 4.

Superfície 1:

$$q_1 = A_1F_{15}\sigma(T_1^4 - T_5^4) = A_5F_{51}\sigma(T_1^4 - T_5^4) \qquad (1)$$

Superfície 2:

$$q_2 = A_2F_{25}\sigma(T_2^4 - T_5^4) = A_5F_{52}\sigma(T_2^4 - T_5^4) \qquad (2)$$

Superfície 3:

$$q_3 = A_3F_{35}\sigma(T_3^4 - T_5^4) = A_5F_{53}\sigma(T_3^4 - T_5^4) \qquad (3)$$

Superfície 4:

$$q_4 = A_4F_{45}\sigma(T_4^4 - T_5^4) = A_5F_{54}\sigma(T_4^4 - T_5^4) \qquad (4)$$

Determinaremos os fatores de forma, primeiramente definindo duas superfícies hipotéticas A' e A'', como mostrado no esquema. Da Tabela 13.2 com $(r_i/L) = (r_j/L) = (0{,}025 \text{ m}/0{,}150 \text{ m}) = 0{,}167$; $F_{51} = 0{,}0263$. Com $(r_i/L) = (r_j/L) = (0{,}025 \text{ m}/0{,}100 \text{ m}) = 0{,}25$; $F_{5A''} = 0{,}0557$, de modo que $F_{52} = F_{5A''} - F_{51} = 0{,}0557 - 0{,}0263 = 0{,}0294$. De forma semelhante, com $(r_i/L) = (r_j/L) = (0{,}025 \text{ m}/0{,}050 \text{ m}) = 0{,}5$; $F_{5A'} = 0{,}172$, de modo que $F_{53} = F_{5A'} - F_{5A''} = 0{,}172 - 0{,}0557 = 0{,}1163$. Finalmente, $F_{54} = 1 - F_{5A'} = 1 - 0{,}172 = 0{,}828$. A potência elétrica fornecida para cada uma das quatro superfícies pode agora ser determinada pela solução das Equações 1 a 4 para a perda radiante em cada superfície, com $A_5 = \pi D^2/4 = \pi \times (0{,}05 \text{ m})^2/4 = 0{,}00196 \text{ m}^2$.

$$q_1 = 0{,}00196 \text{ m}^2 \times 0{,}0263 \times 5{,}67 \times 10^{-8} \text{ W/(m}^2 \cdot \text{K}^4)$$
$$\times (1923 \text{ K}^4 - 300 \text{ K}^4) = 39{,}9 \text{ W} \qquad \triangleleft$$

$$q_2 = 0{,}00196 \text{ m}^2 \times 0{,}0294 \times 5{,}67 \times 10^{-8} \text{ W/(m}^2 \cdot \text{K}^4)$$
$$\times (1923 \text{ K}^4 - 300 \text{ K}^4) = 44{,}7 \text{ W} \qquad \triangleleft$$

$$q_3 = 0{,}00196 \text{ m}^2 \times 0{,}1163 \times 5{,}67 \times 10^{-8} \text{ W/(m}^2 \cdot \text{K}^4)$$
$$\times (1923 \text{ K}^4 - 300 \text{ K}^4) = 177 \text{ W} \qquad \triangleleft$$

$$q_4 = 0{,}00196 \text{ m}^2 \times 0{,}828 \times 5{,}67 \times 10^{-8} \text{ W/(m}^2 \cdot \text{K}^4)$$
$$\times (1923 \text{ K}^4 - 300 \text{ K}^4) = 1260 \text{ W} \qquad \triangleleft$$

Comentários:

1. A soma dos fatores de forma correspondentes à superfície 5 fornece

$$F_{51} + F_{52} + F_{53} + F_{54} + F_{55} = 0{,}0263 + 0{,}0294 + 0{,}1163 + 0{,}828 + 0 = 1$$

Desta forma, a regra da cavidade fechada, Equação 13.4, é satisfeita, indicando que os fatores de forma foram calculados corretamente. De modo alternativo, a regra da cavidade fechada poderia ter sido utilizada para determinar um dos fatores de forma usados na solução do problema.

2. A taxa da perda térmica radiante do forno é $q_{tot} = q_1 + q_2 + q_3 + q_4 = 1522$ W $= 1{,}522$ kW. Se o forno tivesse que ser tratado como uma única superfície *f*, a perda térmica poderia ser rapidamente calculada como $q_{tot} = A_5F_{5f}\sigma(T_f^4 - T_{viz}^4) = 0{,}00196 \text{ m}^2 \times 1 \times 5{,}67 \times 10^{-8} \text{ W/(m}^2 \cdot \text{K)} \times ((1923 \text{ K})^4 - (300 \text{ K})^4) = 1{,}522$ kW. A resposta é a mesma da determinada na solução do problema, pois $F_{5f} = 1 = F_{51} + F_{52} + F_{53} + F_{54} + F_{55}$.

3. Admitimos que cada superfície *i* era *isotérmica* e caracterizada por uma *radiosidade uniforme*, J_i, assim como por uma *irradiação uniforme*, G_i. Em função de as paredes do forno terem sido tratadas como corpos negros, $J_i = E_{cni}$ e a consideração de radiosidade uniforme é válida. Entretanto, a distribuição da irradiação nas superfícies do forno *não* é uniforme, pois, por exemplo, a irradiação vinda da vizinhança mais fria influencia a região superior de uma superfície anular mais do que a superfície inferior. Para quantificar este efeito, o fluxo térmico radiante *local* ao longo da parede vertical do forno pode ser determinado pela consideração de um elemento na forma de um anel com área diferencial $dA = \pi D dx$, como mostrado. Ambos os lados da Equação 13.13 podem ser divididos por dA, fornecendo $q''(x) = F_{dA\text{-}A5}\,\sigma(T_f^4 - T_{viz}^4)$, com o fator

de forma do elemento diferencial na forma de anel para a abertura, área A_5, sendo [4]

$$F_{dA-A_5} = \frac{(x/D)^2 + 1/2}{\sqrt{1 + (x/D)^2}} - x/D$$

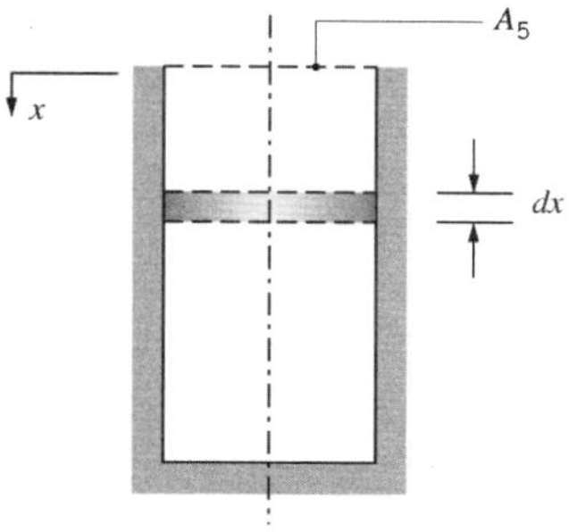

Substituindo a expressão para F_{dA-A5} na equação para o fluxo térmico $q''(x)$, obtém-se a distribuição de fluxos térmicos mostrada a seguir. Também estão mostrados os fluxos térmicos *médios* associados aos três segmentos da superfície lateral do forno, $\overline{q''_2} = q_2/(\pi DL/3) = 44{,}7$ W/$(\pi \times 0{,}05$ m $\times$ $0{,}15$ m/3$) = 5690$ W/m^2 $= 5{,}69$ kW/m^2, $\overline{q''_3} = q_3/(\pi DL/3) = 22{,}5$ kW/m^2, e $\overline{q''_4} = q_4/(\pi DL/3) = 160$ kW/m^2.

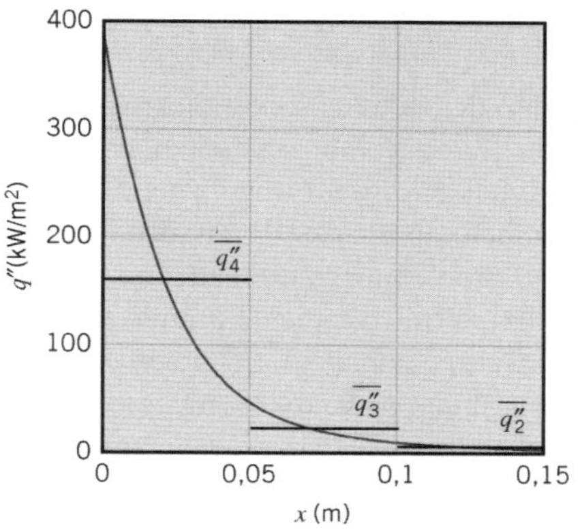

Em função da não uniformidade da irradiação ao longo das paredes laterais do forno, o fluxo térmico local é altamente não uniforme, com o maior valor ocorrendo adjacente à abertura do forno. Se houver o interesse nas temperaturas ou nos fluxos térmicos locais, é necessário subdividir as várias *superfícies geométricas* em *superfícies radiantes* menores. Isto pode ser feito analiticamente, como aqui demonstrado, ou numericamente. A determinação computacional das temperaturas ou dos fluxos térmicos locais podem envolver centenas ou talvez milhares de superfícies radiantes, mesmo para superfícies simples como a deste exemplo.

13.3 Troca de Radiação entre Superfícies Cinzas, Difusas e Opacas em uma Cavidade Fechada

Em geral, a radiação pode deixar uma superfície opaca em razão da reflexão e da emissão, e ao atingir uma segunda superfície opaca experimenta reflexão assim como absorção. Em uma cavidade fechada, como a da Figura 13.9*a*, a radiação pode passar por múltiplas reflexões em todas as superfícies, com absorção parcial ocorrendo em cada uma delas.

A análise da troca de radiação em uma cavidade fechada pode ser simplificada fazendo-se certas considerações. Supõe-se que cada superfície da cavidade seja *isotérmica* e caracterizada por uma *radiosidade uniforme* e por uma *irradiação uniforme*. As superfícies são também supostas *opacas* ($\tau = 0$)

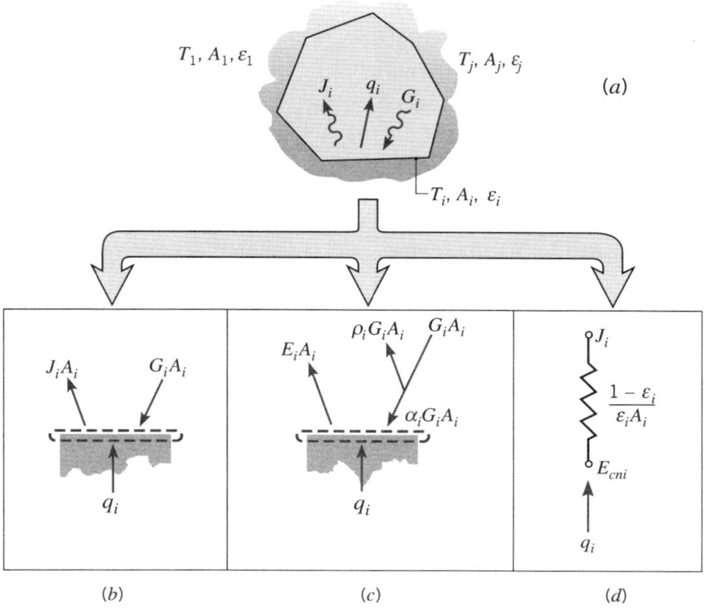

FIGURA 13.9 Troca de radiação em uma cavidade fechada de superfícies cinzas e difusas com um meio não participante em seu interior. (*a*) Esquema da cavidade fechada. (*b*) Balanço de radiação de acordo com a Equação 13.15. (*c*) Balanço de radiação de acordo com a Equação 13.17. (*d*) Resistência representando a transferência líquida de radiação saindo de uma superfície, Equação 13.19.

e com emissividades, absortividades e refletividades independentes da direção (as superfícies são *difusas*) e independentes do comprimento de onda (as superfícies são *cinzas*). Foi mostrado na Seção 12.8 que sob estas condições a emissividade é igual à absortividade, $\varepsilon = \alpha$ (uma forma da lei de Kirchhoff). Finalmente, o meio no interior da cavidade é considerado *não participante*. O problema é geralmente um no qual a temperatura T_i ou o fluxo térmico radiante líquido q_i'' associado a cada uma das superfícies é conhecido. O objetivo é usar essa informação para determinar os fluxos térmicos radiantes e as temperaturas desconhecidas associadas a cada uma das superfícies.

13.3.1 Troca Radiante Líquida em uma Superfície

O termo q_i, que é a taxa *líquida* na qual a radiação *deixa* a superfície *i*, representa o efeito líquido das interações radiantes que ocorrem na superfície (Figura 13.9*b*). Ele representa a taxa na qual energia teria que ser transferida para a superfície por outros meios para mantê-la a uma temperatura constante. Ela é igual à diferença entre a radiosidade da superfície e a sua irradiação, e, com base na Equação 12.5, pode ser assim escrita

$$q_i = A_i(J_i - G_i) \qquad (13.15)$$

Usando a definição de radiosidade, Equação 12.4,

$$J_i \equiv E_i + \rho_i G_i \qquad (13.16)$$

a transferência radiante líquida a partir da superfície também pode ser escrita como

$$q_i = A_i(E_i - \alpha_i G_i) \qquad (13.17)$$

na qual a relação $\alpha_i = 1 - \rho_i$ para uma superfície opaca foi utilizada. Esta relação corresponde à Equação 12.6 e é ilustrada na Figura 13.9*c*. Observando que $E_i = \varepsilon_i E_{cni}$ e reconhecendo que $\rho_i = 1 - \alpha_i = 1 - \varepsilon_i$ para uma superfície cinza, difusa e opaca, a radiosidade também pode ser representada por

$$J_i = \varepsilon_i E_{cni} + (1 - \varepsilon_i) G_i \qquad (13.18)$$

Explicitando G_i e substituindo na Equação 13.15, tem-se que

$$q_i = A_i\left(J_i - \frac{J_i - \varepsilon_i E_{cni}}{1 - \varepsilon_i}\right)$$

ou

$$q_i = \frac{E_{cni} - J_i}{(1 - \varepsilon_i)/\varepsilon_i A_i} \qquad (13.19)$$

A Equação 13.19 fornece uma representação conveniente para a taxa de transferência de calor radiante líquida a partir de uma superfície. Essa transferência, que está representada na Figura 13.9*d*, está associada ao potencial motriz $(E_{cni} - J_i)$ e a uma *resistência radiante superficial* com a forma $(1 - \varepsilon_i)/(\varepsilon_i A_i)$. Assim, se o poder emissivo que a superfície teria caso ela fosse negra excede a sua radiosidade, há uma transferência de calor líquida por radiação saindo da superfície; se o inverso for verdadeiro, a transferência líquida se dá para a superfície.

Às vezes, ocorre que uma das superfícies é muito grande em relação à outra em uma análise. Por exemplo, o sistema pode ser constituído de múltiplas pequenas superfícies em uma grande sala. Nesse caso, a área da maior superfície é efetivamente infinita ($A_i \to \infty$) e vemos que sua resistência radiante superficial, $(1 - \varepsilon_i)/(\varepsilon_i A_i)$, é efetivamente zero, como o seria para uma superfície negra ($\varepsilon_i = 1$). Assim, $J_i = E_{cni}$ e *uma superfície que é grande, em relação a todas as outras superfícies sendo consideradas, pode ser tratada como se fosse um corpo negro*. Essa conclusão importante foi obtida na Seção 12.7 e usada no Exemplo 13.3, onde esteve baseada em um argumento físico e foi agora confirmada com o nosso tratamento da troca radiante entre superfícies cinzas. Novamente, a explicação física é de que, mesmo que a superfície grande possa refletir parte da irradiação incidente sobre ela, ela é tão grande que há uma grande probabilidade de que a radiação refletida atinja outro ponto na mesma superfície. Após muitas destas reflexões, toda a radiação que incidiu originalmente sobre a superfície grande é absorvida por ela, e nenhuma dessa radiação atinge qualquer uma das superfícies menores.

13.3.2 Troca Radiante entre Superfícies

Para utilizar a Equação 13.19, a radiosidade da superfície J_i tem que ser conhecida. Para determinar essa grandeza, é necessário considerar a troca de radiação entre as superfícies da cavidade fechada.

A irradiação da superfície *i* pode ser determinada a partir das radiosidades de todas as superfícies da cavidade. Em particular, pela definição do fator de forma, tem-se que a taxa total na qual a radiação atinge a superfície *i* oriunda de todas as superfícies, incluindo *i*, é

$$A_i G_i = \sum_{j=1}^{N} F_{ji} A_j J_j$$

ou, da relação de reciprocidade, Equação 13.3,

$$A_i G_i = \sum_{j=1}^{N} A_i F_{ij} J_j$$

Cancelando a área A_i e substituindo G_i na Equação 13.15,

$$q_i = A_i\left(J_i - \sum_{j=1}^{N} F_{ij} J_j\right)$$

ou, com base na regra da soma, Equação 13.4,

$$q_i = A_i\left(\sum_{j=1}^{N} F_{ij} J_i - \sum_{j=1}^{N} F_{ij} J_j\right)$$

Assim

$$q_i = \sum_{j=1}^{N} A_i F_{ij}(J_i - J_j) = \sum_{j=1}^{N} q_{ij} \qquad (13.20)$$

Abordagem da Rede de Radiação A Equação 13.20 iguala a taxa radiante líquida na superfície i, q_i, à soma dos componentes q_{ij} que estão relacionados com a troca radiante com as outras superfícies. Cada componente pode ser representado por um *elemento da rede*, para o qual $(J_i - J_j)$ é o potencial motriz e $(A_iF_{ij})^{-1}$ representa uma *resistência espacial* ou *geométrica* (Figura 13.10).

Combinando as Equações 13.19 e 13.20, obtemos então

$$\frac{E_{cni} - J_i}{(1-\varepsilon_i)/\varepsilon_i A_i} = \sum_{j=1}^{N} \frac{J_i - J_j}{(A_iF_{ij})^{-1}} \quad (13.21)$$

Como mostrado na Figura 13.10, essa expressão representa um balanço de radiação no *nó* de radiosidade associado à superfície i. A taxa de transferência de radiação (corrente) para i através de sua resistência superficial deve ser igual à taxa de transferência de radiação líquida (correntes) de i para todas as demais superfícies por intermédio das resistências espaciais correspondentes.

Note que a Equação 13.21 é especialmente útil quando a temperatura superficial T_i (portanto, E_{cni}) for conhecida. Embora essa situação seja típica, ela nem sempre se aplica. Em particular, podem surgir situações nas quais a taxa radiante líquida na superfície q_i, e não a temperatura T_i, seja conhecida. Em tais casos, a forma apropriada do balanço de radiação é a Equação 13.20, rearranjada como

$$q_i = \sum_{j=1}^{N} \frac{J_i - J_j}{(A_iF_{ij})^{-1}} \quad (13.22)$$

O uso das representações em forma de redes foi sugerido inicialmente por Oppenheim [6]. A rede é construída pela identificação inicial dos nós associados às radiosidades de cada uma das N superfícies da cavidade fechada. O método proporciona uma ferramenta útil para visualizar a troca de radiação na cavidade e, pelo menos para cavidades simples, pode ser usado como a base para prever essa troca.

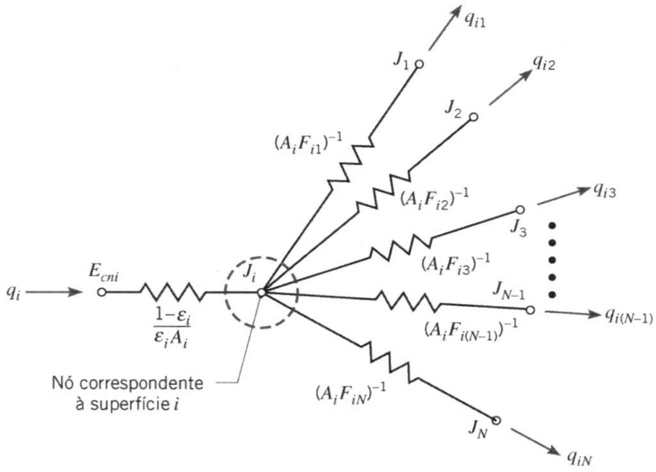

FIGURA 13.10 Representação da rede de troca radiante entre a superfície i e as superfícies restantes de uma cavidade fechada.

Abordagem Direta Uma *abordagem direta* alternativa para resolver problemas de radiação em cavidades fechadas envolve escrever a Equação 13.21 para cada superfície na qual T_i é conhecida, e escrever a Equação 13.22 para cada superfície na qual q_i é conhecido. O conjunto resultante de N equações algébricas lineares é resolvido para $J_1, J_2, ..., J_N$. Com o conhecimento dos J_i, a Equação 13.19 pode, então, ser usada para determinar a taxa radiante líquida q_i em cada superfície com T_i conhecida ou o valor de T_i em cada superfície com q_i conhecido. Para qualquer número N de superfícies na cavidade, o problema anterior pode ser facilmente resolvido pelos métodos iterativos ou de inversão de matrizes do Capítulo 4 e do Apêndice D.

EXEMPLO 13.4

Na sua fabricação, o revestimento especial sobre uma superfície de um absorvedor solar curvo, com área $A_2 = 15\ m^2$, é curado pela sua exposição a um aquecedor por infravermelho com largura $W = 1$ m. O absorvedor solar e o aquecedor possuem comprimento $L = 10$ m e estão separados por uma distância $H = 1$ m. A superfície superior do absorvedor e a superfície inferior do aquecedor são isoladas termicamente.

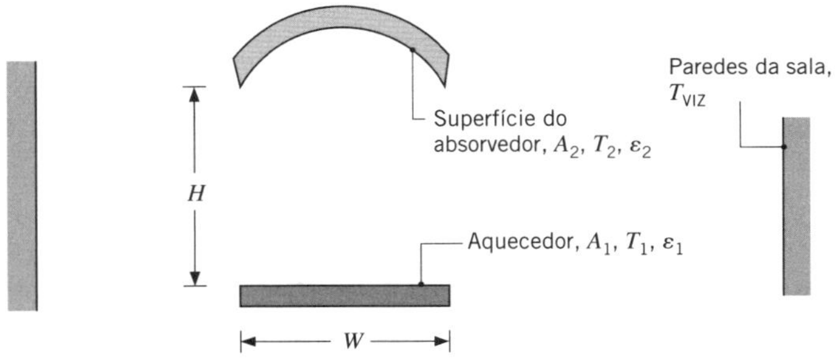

O aquecedor está a $T_1 = 1000$ K e possui uma emissividade $\varepsilon_1 = 0,9$; enquanto o absorvedor está a $T_2 = 600$ K e possui uma emissividade $\varepsilon_2 = 0,5$. O sistema encontra-se em uma grande sala cujas paredes estão a 300 K. Qual é a taxa de transferência de calor líquida para a superfície do absorvedor?

SOLUÇÃO

Dados: Uma superfície curva de um absorvedor solar, com um revestimento especial sendo curado em uma grande sala com um aquecedor por infravermelho.

Achar: Taxa de transferência de calor líquida para a superfície do absorvedor.

Esquema:

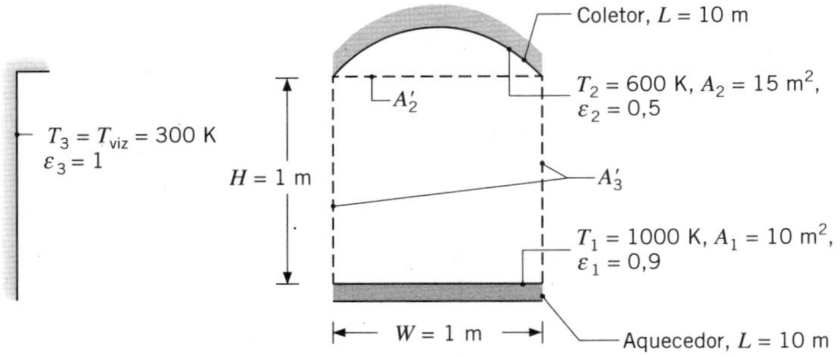

Considerações:

1. Condições de regime estacionário.

2. Efeitos convectivos desprezíveis.

3. Superfícies do absorvedor e do aquecedor difusas e cinzas, sendo caracterizadas por radiosidades e irradiações uniformes.

4. A vizinhança (paredes da sala) é grande e, consequentemente, se comporta como um corpo negro.

Análise: O sistema pode ser visto como uma cavidade fechada com três superfícies, com a terceira superfície sendo a grande sala, que se comporta como um corpo negro. Estamos interessados em obter a taxa de transferência de radiação líquida para a superfície 2. Resolveremos o problema usando duas abordagens: a rede de radiação e a abordagem direta.

Abordagem via Rede de Radiação A rede de radiação é construída identificando-se, primeiramente, os nós associados às radiosidades de cada superfície, como mostrado na etapa 1 da figura a seguir. Feito isto, cada nó de radiosidade é conectado a cada um dos outros nós de radiosidade por meio das resistências espaciais apropriadas, como mostrado na etapa 2. Trataremos a vizinhança considerando que ela tem uma grande área não especificada, o que introduz uma dificuldade em expressar as resistências espaciais $(A_3F_{31})^{-1}$ e $(A_3F_{32})^{-1}$. Felizmente, a partir da relação de reciprocidade (Equação 13.3), podemos substituir A_3F_{31} por A_1F_{13} e A_3F_{32} por A_2F_{23}, que são mais facilmente obtidas. A etapa final consiste em unir os poderes emissivos de corpo negro associados às temperaturas de cada superfície aos nós de radiosidade, usando a forma apropriada das resistências superficiais.

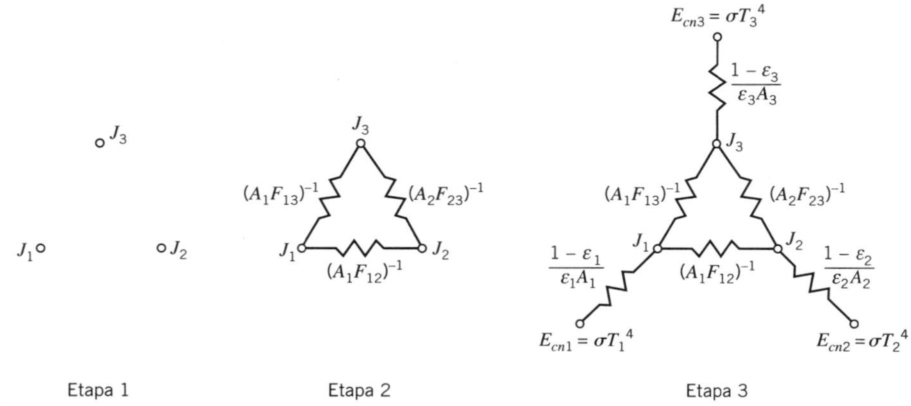

Nesse problema, a resistência superficial associada à superfície 3 é zero de acordo com a consideração 4; consequentemente, $J_3 = E_{cn3} = \sigma T_3^4 = 459$ W/m².

A soma das correntes no nó J_1 fornece

$$\frac{\sigma T_1^4 - J_1}{(1-\varepsilon_1)/\varepsilon_1 A_1} = \frac{J_1 - J_2}{1/A_1F_{12}} + \frac{J_1 - \sigma T_3^4}{1/A_1F_{13}} \tag{1}$$

enquanto a soma das correntes no nó J_2 resulta em

$$\frac{\sigma T_2^4 - J_2}{(1-\varepsilon_2)/\varepsilon_2 A_2} = \frac{J_2 - J_1}{1/A_1F_{12}} + \frac{J_2 - \sigma T_3^4}{1/A_2F_{23}} \tag{2}$$

O fator de forma F_{12} pode ser obtido reconhecendo-se que $F_{12} = F_{12'}$, sendo A_2' mostrada na figura como a base retangular da superfície do absorvedor. Então, da Figura 13.4 ou da Tabela 13.2, com $Y/L = 10/1 = 10$ e $X/L = 1/1 = 1$,

$$F_{12} = 0{,}39$$

Da regra da soma e reconhecendo que $F_{11} = 0$, tem-se também que

$$F_{13} = 1 - F_{12} = 1 - 0{,}39 = 0{,}61$$

O último fator de forma necessário é F_{23}. Reconhecendo que, como a propagação de radiação da superfície 2 para a superfície 3 tem que passar através da superfície hipotética A_2',

$$A_2F_{23} = A_2'F_{2'3}$$

e, com base na simetria, $F_{2'3} = F_{13}$. Assim,

$$F_{23} = \frac{A_2'}{A_2}F_{13} = \frac{10\ \text{m}^2}{15\ \text{m}^2} \times 0{,}61 = 0{,}41$$

Agora podemos determinar J_1 e J_2 resolvendo as Equações 1 e 2. Reconhecendo que $E_{cn1} = \sigma T_1^4 = 56.700\ \text{W/m}^2$ e eliminado a área A_1, podemos reescrever a Equação 1 na forma

$$\frac{56.700 - J_1}{(1-0{,}9)/0{,}9} = \frac{J_1 - J_2}{1/0{,}39} + \frac{J_1 - 459}{1/0{,}61}$$

ou

$$-10J_1 + 0{,}39J_2 = -510.582 \tag{3}$$

Observando que $E_{cn2} = \sigma T_2^4 = 7348\ \text{W/m}^2$ e dividindo pela área A_2, podemos escrever a Equação 2 como

$$\frac{7348 - J_2}{(1-0{,}5)/0{,}5} = \frac{J_2 - J_1}{15\ \text{m}^2/(10\ \text{m}^2 \times 0{,}39)} + \frac{J_2 - 459}{1/0{,}41}$$

ou

$$0{,}26J_1 - 1{,}67J_2 = -7536 \tag{4}$$

A solução simultânea das Equações 3 e 4 fornece $J_2 = 12.487\ \text{W/m}^2$.

Uma expressão para a taxa de transferência de calor líquida *saindo* da superfície do absorvedor, q_2, pode ser escrita por inspeção da rede de radiação, sendo

$$q_2 = \frac{\sigma T_2^4 - J_2}{(1-\varepsilon_2)/\varepsilon_2 A_2}$$

resultando em

$$q_2 = \frac{(7348 - 12.487)\text{W/m}^2}{(1-0{,}5)/(0{,}5 \times 15\ \text{m}^2)} = -77{,}1\ \text{kW}$$

Desta forma, a taxa de transferência de calor líquida *para* o absorvedor é $q_{\text{líq}} = -q_2 = 77{,}1\ \text{kW}$.

Abordagem Direta Com a abordagem direta, escrevemos a Equação 13.21 para cada uma das três superfícies. Usamos a reciprocidade para reescrever as resistências espaciais em termos dos fatores de forma determinados anteriormente e para eliminar A_3.

Superfície 1

$$\frac{\sigma T_1^4 - J_1}{(1-\varepsilon_1)/\varepsilon_1 A_1} = \frac{J_1 - J_2}{1/A_1F_{12}} + \frac{J_1 - J_3}{1/A_1F_{13}} \tag{5}$$

Superfície 2

$$\frac{\sigma T_2^4 - J_2}{(1-\varepsilon_2)/\varepsilon_2 A_2} = \frac{J_2 - J_1}{1/A_2F_{21}} + \frac{J_2 - J_3}{1/A_2F_{23}} = \frac{J_2 - J_1}{1/A_1F_{12}} + \frac{J_2 - J_3}{1/A_2F_{23}} \tag{6}$$

Superfície 3

$$\frac{\sigma T_3^4 - J_3}{(1-\varepsilon_3)/\varepsilon_3 A_3} = \frac{J_3 - J_1}{1/A_3F_{31}} + \frac{J_3 - J_2}{1/A_3F_{32}} = \frac{J_3 - J_1}{1/A_1F_{13}} + \frac{J_3 - J_2}{1/A_2F_{23}} \tag{7}$$

Substituindo os valores das áreas, das temperaturas, das emissividades e dos fatores de forma nas Equações 5 a 7 e resolvendo-as simultaneamente, obtemos $J_1 = 51.541$ W/m², $J_2 = 12.487$ W/m² e $J_3 = 459$ W/m². A Equação 13.19 pode, então, ser escrita para a superfície 2 na forma

$$q_2 = \frac{\sigma T_2^4 - J_2}{(1-\varepsilon_2)/\varepsilon_2 A_2}$$

Esta expressão é idêntica à expressão que foi desenvolvida usando a rede de radiação. Assim, $q_2 = -77{,}1$ kW. ◁

Comentários:

1. Para resolver as Equações 5 a 7 simultaneamente, devemos em primeiro lugar multiplicar os dois lados da Equação 7 por $(1 - \varepsilon_3)/(\varepsilon_3 A_3) = 0$ para evitar a divisão por zero, o que resulta em uma forma simplificada da Equação 7, que é $J_3 = \sigma T_3^4$.
2. Se substituirmos $J_3 = \sigma T_3^4$ nas Equações 5 e 6, fica evidente que as Equações 5 e 6 são idênticas às Equações 1 e 2, respectivamente.
3. A abordagem direta é recomendada para problemas envolvendo $N \geq 4$ superfícies, pois as redes de radiação se tornam bem mais complexas à medida que o número de superfícies aumenta.
4. Como será visto na Seção 13.4, a abordagem via redes de radiação é particularmente útil quando a energia térmica é transferida para ou a partir de superfícies por meios adicionais, isto é, por condução e/ou por convecção. Nestas situações de transferência de calor por *múltiplos modos*, a energia adicional entregue ou retirada da superfície pode ser representada por correntes adicionais entrando ou saindo de um nó.
5. Reconheça a utilidade do uso de superfícies hipotéticas (A_2') para simplificar a determinação de fatores de forma.
6. Poderíamos ter chegado à solução de uma maneira um pouco diferente. A radiação deixando a superfície 1 tem que passar através das aberturas (superfície hipotética 3') para alcançar a vizinhança. Assim, podemos escrever:

$$F_{13} = F_{13'}$$
$$A_1F_{13} = A_1F_{13'} = A_3'F_{3'1}$$

Uma relação similar pode ser escrita para a troca entre a superfície 2 e a vizinhança, ou seja, $A_2F_{23} = A_3'F_{3'2}$. Deste modo, as resistências espaciais que se conectam ao nó 3 de radiosidade na rede de radiação anterior podem ser substituídas pelas resistências espaciais relacionadas com a superfície 3'. A rede de resistências permaneceria inalterada, e as resistências espaciais teriam o mesmo valor daqueles determinados na solução anterior. Entretanto, pode ser mais conveniente calcular os fatores de forma mediante a utilização das superfícies hipotéticas 3'. Com a resistência superficial para a superfície 3 igual a zero, vemos que *aberturas de cavidades que trocam radiação com grandes vizinhanças podem ser tratadas como superfícies negras não refletoras hipotéticas* ($\varepsilon_3 = 1$), *cujas temperaturas são iguais às das vizinhanças* ($T_3 = T_{viz}$).

7. As superfícies do aquecedor e do absorvedor não seriam caracterizadas por irradiação ou radiosidade uniformes. A taxa térmica calculada pode ser verificada pela divisão do aquecedor e do absorvedor em superfícies menores e pela repetição da análise.

13.3.3 *A Cavidade com Duas Superfícies*

O exemplo mais simples de uma cavidade é aquela formada por duas superfícies que trocam radiação somente entre si. Tal cavidade é mostrada esquematicamente na Figura 13.11*a*. Como há somente duas superfícies, a taxa de transferência de radiação líquida *saindo* da superfície 1, q_1, deve ser igual à taxa de transferência de radiação líquida *para* a superfície 2, $-q_2$, e as duas grandezas devem ser iguais à taxa líquida na qual a radiação é trocada entre 1 e 2. Consequentemente,

$$q_1 = -q_2 = q_{12}$$

A taxa de transferência radiante pode ser determinada aplicando a Equação 13.21 às superfícies 1 e 2 e resolvendo as duas equações resultantes para J_1 e J_2. Os resultados podem, então, ser usados com a Equação 13.19 para determinar q_1 (ou q_2). Contudo, nesse caso, o resultado desejado é obtido de forma mais simples trabalhando-se com a representação da cavidade pela rede equivalente, conforme mostrado na Figura 13.11*b*.

Na Figura 13.11*b*, observamos que a resistência total à troca de radiação entre as superfícies 1 e 2 é composta pelas duas resistências superficiais e pela resistência espacial. Assim,

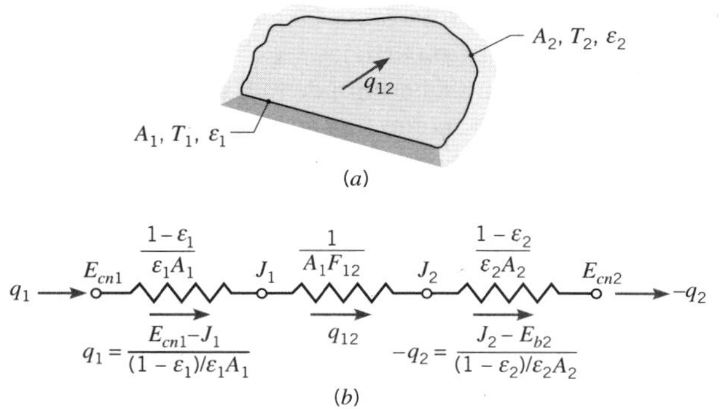

FIGURA 13.11 A cavidade fechada com duas superfícies. (*a*) Esquema. (*b*) Representação como uma rede.

substituindo a Equação 12.32, a troca radiante líquida entre as superfícies pode ser representada por

$$q_{12} = q_1 = -q_2 = \frac{\sigma(T_1^4 - T_2^4)}{\dfrac{1-\varepsilon_1}{\varepsilon_1 A_1} + \dfrac{1}{A_1 F_{12}} + \dfrac{1-\varepsilon_2}{\varepsilon_2 A_2}} \qquad (13.23)$$

O resultado anterior pode ser usado para quaisquer duas superfícies cinzas e difusas *que formem uma cavidade fechada* e *cada uma seja caracterizada por radiosidades e irradiações uniformes*. Alguns casos particulares importantes estão resumidos na Tabela 13.3.

13.3.4 Cavidades com Duas Superfícies em Série e Barreiras de Radiação

A análise anterior da cavidade de duas superfícies pode ser facilmente estendida para sistemas que têm múltiplas cavidades de duas superfícies posicionadas em série. Uma importante aplicação de tais arranjos é o uso de *barreiras de radiação*, geralmente construídas com materiais de baixa emissividade (elevada refletividade), para reduzir a transferência radiante líquida entre duas superfícies.

Um exemplo é mostrado na Figura 13.12*a*, na qual uma fina barreira de radiação é posicionada entre as superfícies 1 e 2. Se todas as superfícies somente trocarem energia por radiação, e não forem aquecidas ou resfriadas por outro processo, a taxa de transferência radiante tem que ser a mesma em todas as superfícies, isto é, $q = q_1 = q_{1s} = q_{s2} = -q_2$. Este cenário pode ser representado por uma rede de radiação em série (Figura 13.12*b*), que inclui uma resistência superficial para cada uma das quatro superfícies (abrangendo ambos os lados da barreira) e uma resistência espacial entre cada par de superfícies adjacentes. Note que a emissividade de um lado da barreira (ε_{s1}) pode ser diferente daquela associada ao lado oposto (ε_{s2}) e que as radiosidades serão sempre diferentes. A taxa de transferência de calor resultante através do sistema é dada por

$$q = \frac{\sigma(T_1^4 - T_2^4)}{\dfrac{1-\varepsilon_1}{\varepsilon_1 A_1} + \dfrac{1}{A_1 F_{1s}} + \dfrac{1-\varepsilon_{s1}}{\varepsilon_{s1} A_s} + \dfrac{1-\varepsilon_{s2}}{\varepsilon_{s2} A_s} + \dfrac{1}{A_s F_{s2}} + \dfrac{1-\varepsilon_2}{\varepsilon_2 A_2}} \qquad (13.28)$$

TABELA 13.3 Cavidades particulares com duas superfícies cinzas e difusas

Grandes Planos Paralelos (Infinitos)

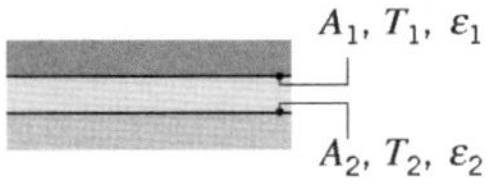

$A_1 = A_2 = A$

$F_{12} = 1$

$$q_{12} = \frac{A\sigma(T_1^4 - T_2^4)}{\dfrac{1}{\varepsilon_1} + \dfrac{1}{\varepsilon_2} - 1} \qquad (13.24)$$

Longos Cilindros Concêntricos (Infinitos)

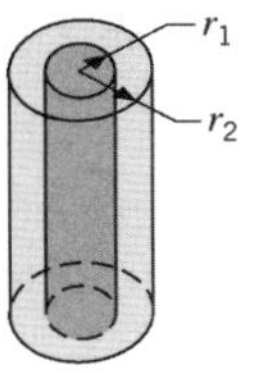

$\dfrac{A_1}{A_2} = \dfrac{r_1}{r_2}$

$F_{12} = 1$

$$q_{12} = \frac{\sigma A_1(T_1^4 - T_2^4)}{\dfrac{1}{\varepsilon_1} + \dfrac{1-\varepsilon_2}{\varepsilon_2}\left(\dfrac{r_1}{r_2}\right)} \qquad (13.25)$$

Esferas Concêntricas

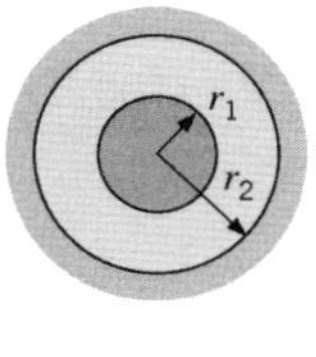

$\dfrac{A_1}{A_2} = \dfrac{r_1^2}{r_2^2}$

$F_{12} = 1$

$$q_{12} = \frac{\sigma A_1(T_1^4 - T_2^4)}{\dfrac{1}{\varepsilon_1} + \dfrac{1-\varepsilon_2}{\varepsilon_2}\left(\dfrac{r_1}{r_2}\right)^2} \qquad (13.26)$$

Pequeno Objeto Convexo em uma Grande Cavidade

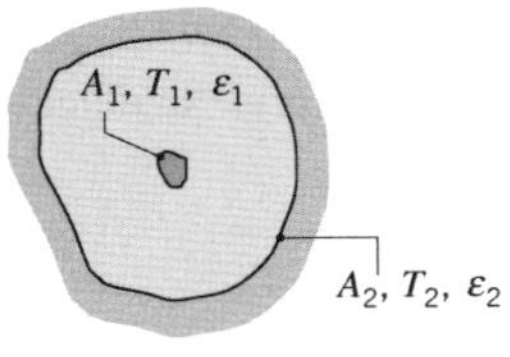

$\dfrac{A_1}{A_2} \approx 0$

$F_{12} = 1$

$$q_{12} = \sigma A_1 \varepsilon_1 (T_1^4 - T_2^4) \qquad (13.27)$$

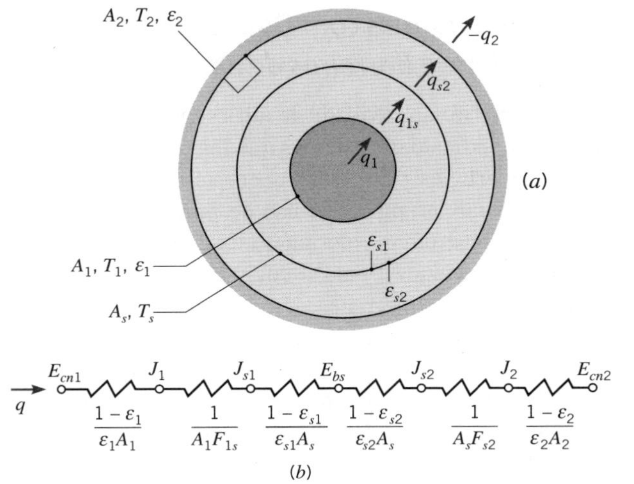

FIGURA 13.12 Troca radiante entre superfícies com a presença de uma barreira de radiação. (*a*) Esquema. (*b*) Representação como uma rede.

Este resultado não é restrito à configuração da Figura 13.12*a*, pois se aplica a qualquer geometria na qual a barreira bloqueia completamente a troca de radiação direta entre as duas outras superfícies ($F_{12} = 0$).

Sem a barreira de radiação, a taxa de transferência de radiação líquida entre as superfícies 1 e 2 é dada pela Equação 13.23. Entretanto, com a barreira de radiação, estão presentes resistências adicionais, como fica evidente na Equação 13.28, e a taxa de transferência de calor é reduzida. Note que as resistências associadas à barreira de radiação aumentam quando as emissividades ε_{s1} e ε_{s2} são pequenas.

A Equação 13.28 pode ser usada para determinar a taxa de transferência de calor líquida se T_1 e T_2 forem conhecidas. A partir do conhecimento de q, o valor da temperatura da barreira, T_s, pode então ser determinado usando a Equação 13.23 entre as superfícies 1 e $s1$ ou entre as superfícies $2s$ e 2.

O procedimento anterior pode ser facilmente estendido para problemas que envolvem múltiplas barreiras de radiação. No caso particular de superfícies formadas por planos infinitos paralelos (isto é, todos os fatores de forma são unitários) e no qual as emissividades são iguais, pode-se mostrar que, com N barreiras,

$$(q_{12})_N = \frac{1}{N+1}(q_{12})_0 \tag{13.29}$$

sendo $(q_{12})_0$ a taxa de transferência de radiação na ausência de barreiras ($N = 0$).

EXEMPLO 13.5

Um fluido criogênico escoa por um longo tubo com 20 mm de diâmetro, cuja superfície externa é difusa e cinza, com $\varepsilon_1 = 0{,}02$ e $T_1 = 77$ K. Esse tubo é concêntrico a um tubo maior, com diâmetro de 50 mm, cuja superfície interna é difusa e cinza, com $\varepsilon_2 = 0{,}05$ e $T_2 = 300$ K. Há vácuo no espaço compreendido entre as superfícies. Calcule o calor recebido pelo fluido criogênico por unidade de comprimento dos tubos. Se uma barreira de radiação delgada com 35 mm de diâmetro e $\varepsilon_3 = 0{,}02$ (nos dois lados) for inserida entre as superfícies interna e externa no meio da distância entre elas, calcule a variação (percentual) no ganho de calor pelo fluido por unidade de comprimento dos tubos.

SOLUÇÃO

Dados: Arranjo de tubos concêntricos com superfícies cinzas e difusas, com diferentes emissividades e temperaturas.

Achar:

1. Taxa de ganho de calor pelo fluido criogênico que escoa no tubo interno.
2. Variação percentual no ganho de calor com a inserção de uma barreira de radiação no meio da distância entre os tubos interno e externo.

Esquema:

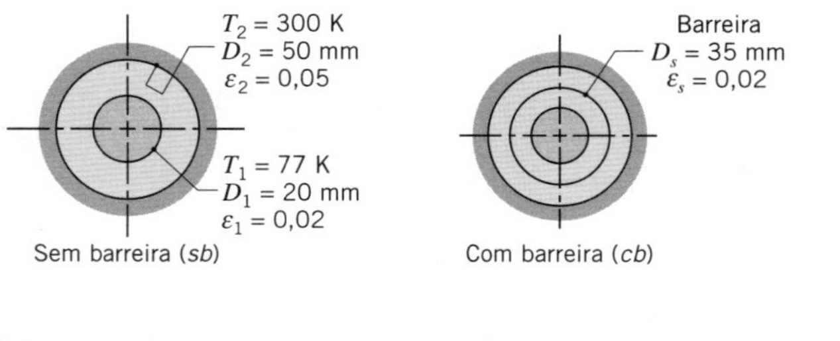

Considerações:

1. Superfícies difusas e cinzas, sendo caracterizadas por irradiação e radiosidade uniformes.
2. Vácuo no espaço entre os tubos.
3. Resistência condutiva na barreira de radiação desprezível.
4. Tubos concêntricos formam uma cavidade com duas superfícies (efeitos das extremidades desprezíveis).

Análise:

1. A representação em rede do sistema sem a barreira está mostrada na Figura 13.11, e a taxa de transferência de calor pode ser obtida com a Equação 13.25, na qual

$$q = \frac{\sigma(\pi D_1 L)(T_1^4 - T_2^4)}{\dfrac{1}{\varepsilon_1} + \dfrac{1-\varepsilon_2}{\varepsilon_2}\left(\dfrac{D_1}{D_2}\right)}$$

Portanto,

$$q' = \frac{q}{L} = \frac{5{,}67\times10^{-8}\,\text{W/(m}^2\cdot\text{K}^4)(\pi\times0{,}02\,\text{m})[(77\,\text{K})^4-(300\,\text{K})^4]}{\dfrac{1}{0{,}02}+\dfrac{1-0{,}05}{0{,}05}\left(\dfrac{0{,}02\,\text{m}}{0{,}05\,\text{m}}\right)}$$

$$q' = -0{,}50\ \text{W/m} \qquad \triangleleft$$

2. A representação em rede do sistema com a barreira está mostrada na Figura 13.12, e a taxa de transferência de calor é agora

$$q = \frac{E_{cn1} - E_{cn2}}{R_{\text{tot}}} = \frac{\sigma(T_1^4 - T_2^4)}{R_{\text{tot}}}$$

em que

$$R_{tot} = \frac{1-\varepsilon_1}{\varepsilon_1(\pi D_1 L)} + \frac{1}{(\pi D_1 L)F_{13}} + 2\left[\frac{1-\varepsilon_3}{\varepsilon_3(\pi D_3 L)}\right] + \frac{1}{(\pi D_3 L)F_{32}} + \frac{1-\varepsilon_2}{\varepsilon_2(\pi D_2 L)}$$

ou

$$R_{tot} = \frac{1}{L}\left\{\frac{1-0{,}02}{0{,}02(\pi \times 0{,}02\ \text{m})} + \frac{1}{(\pi \times 0{,}02\ \text{m})1} + 2\left[\frac{1-0{,}02}{0{,}02(\pi \times 0{,}035\ \text{m})}\right] + \frac{1}{(\pi \times 0{,}035\ \text{m})1} + \frac{1-0{,}05}{0{,}05(\pi \times 0{,}05\ \text{m})}\right\}$$

$$R_{tot} = \frac{1}{L}(779{,}9 + 15{,}9 + 891{,}3 + 9{,}1 + 121{,}0) = \frac{1817}{L}\left(\frac{1}{\text{m}^2}\right)$$

Donde

$$q' = \frac{q}{L} = \frac{5{,}67 \times 10^{-8}\ \text{W/(m}^2\cdot\text{K}^4)[(77\ \text{K})^4 - (300\ \text{K})^4]}{1817\ (1/\text{m})}$$

$$= -0{,}25\ \text{W/m} \qquad \triangleleft$$

A variação percentual no ganho de calor é então

$$\frac{q'_{cb} - q'_{sb}}{q'_{sb}} \times 100 = \frac{(-0{,}25\ \text{W/m}) - (-0{,}50\ \text{W/m})}{-0{,}50\ \text{W/m}} \times 100 = -50\% \qquad \triangleleft$$

Comentário: Como as geometrias são concêntricas, e as emissividades e as temperaturas superficiais especificadas são espacialmente uniformes, cada superfície é caracterizada por distribuições de irradiação e de radiosidade uniformes. Portanto, as taxas de transferência de calor calculadas não mudariam se as superfícies cilíndricas fossem subdivididas em superfícies radiantes menores.

13.3.5 *A Superfície Rerradiante*

A hipótese de uma *superfície rerradiante* é comum em muitas aplicações industriais. Essa superfície idealizada é caracterizada por uma transferência radiante líquida igual a *zero* ($q_i = 0$). Ela é bem aproximada por superfícies reais que são isoladas termicamente em um lado *e* no lado oposto (radiante) os efeitos convectivos podem ser desprezados. Com $q_i = 0$, tem-se das Equações 13.15 e 13.19 que $G_i = J_i = E_{cni}$. Assim, se a radiosidade da superfície rerradiante for conhecida, sua temperatura é facilmente determinada. Em uma cavidade, a temperatura de equilíbrio de uma superfície rerradiante é determinada por suas interações com as outras superfícies, e é *independente da emissividade da superfície rerradiante*.

Uma cavidade com três superfícies, na qual a terceira superfície, superfície R, é rerradiante, é mostrada na Figura 13.13*a*, e a rede correspondente é apresentada na Figura 13.13*b*. Considera-se que a superfície R seja isolada termicamente e os efeitos convectivos desprezíveis. Assim, com $q_R = 0$, a transferência de radiação líquida a partir da superfície 1 deve ser igual à transferência de radiação líquida para a superfície 2. A rede é um arranjo simples série-paralelo, e com base em sua análise pode ser mostrado facilmente que

$$q_1 = -q_2 = \frac{E_{cn1} - E_{cn2}}{\dfrac{1-\varepsilon_1}{\varepsilon_1 A_1} + \dfrac{1}{A_1F_{12} + [(1/A_1F_{1R}) + (1/A_2F_{2R})]^{-1}} + \dfrac{1-\varepsilon_2}{\varepsilon_2 A_2}} \tag{13.30}$$

Sabendo que $q_1 = -q_2$, a Equação 13.19 pode ser aplicada às superfícies 1 e 2 para determinar as suas radiosidades J_1 e J_2. Conhecendo J_1, J_2 e as resistências espaciais, a radiosidade da superfície rerradiante J_R pode ser determinada a partir do balanço de radiação

$$\frac{J_1 - J_R}{(1/A_1F_{1R})} - \frac{J_R - J_2}{(1/A_2F_{2R})} = 0 \tag{13.31}$$

A temperatura da superfície rerradiante pode então ser determinada pela exigência de que $\sigma T_R^4 = J_R$.

Note que o procedimento geral descrito na Seção 13.3.2 pode ser utilizado em cavidades com superfícies rerradiantes. Para cada superfície deste tipo, é apropriado usar a Equação 13.22 com $q_i = 0$.

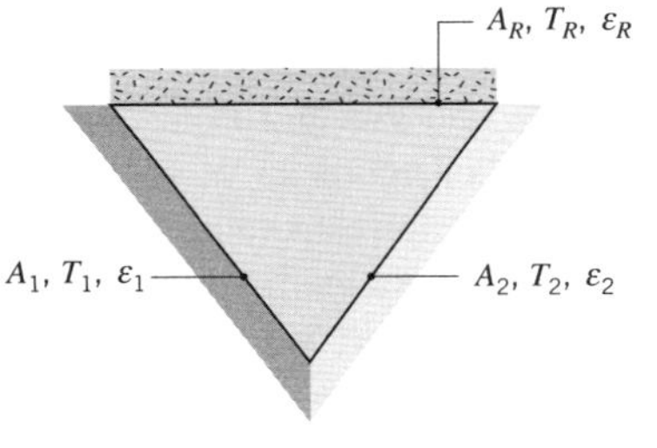

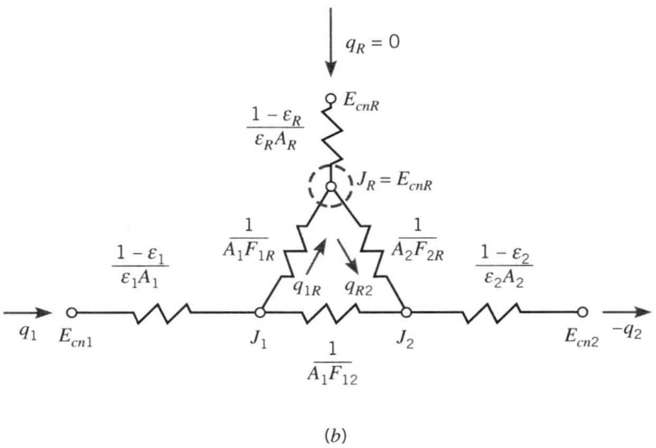

FIGURA 13.13 Uma cavidade com três superfícies com uma superfície rerradiante. (*a*) Esquema. (*b*) Representação como uma rede.

EXEMPLO 13.6

Um forno de recozimento de tintas é constituído por um longo duto triangular, no qual uma superfície aquecida é mantida a 1200 K e outra superfície encontra-se termicamente isolada. Painéis pintados, mantidos a 500 K, ocupam a terceira superfície. Os lados do triângulo possuem dimensão de $W = 1$ m, e as superfícies aquecida e isolada possuem uma emissividade de 0,8. A emissividade dos painéis é igual a 0,4. Durante a operação em regime estacionário, em qual taxa a energia deve ser fornecida à superfície aquecida, por unidade de comprimento do duto, para manter sua temperatura a 1200 K? Qual é a temperatura da superfície isolada?

SOLUÇÃO

Dados: Propriedades das superfícies de um longo duto triangular que possui uma superfície isolada, uma aquecida e a outra resfriada.

Achar:

1. Taxa na qual o calor deve ser fornecido por unidade de comprimento do duto.
2. Temperatura da superfície isolada.

Esquema:

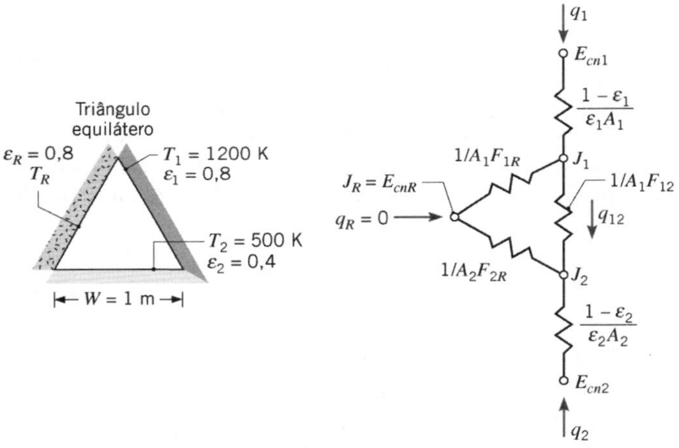

Considerações:

1. Condições de regime estacionário.
2. Todas as superfícies opacas, difusas e cinzas, com radiosidade e irradiação uniformes.
3. Efeitos convectivos desprezíveis.
4. Superfície R rerradiante.
5. Efeitos de extremidade desprezíveis.

Análise:

1. O sistema pode ser modelado como uma cavidade fechada com três superfícies, sendo uma rerradiante. A taxa na qual energia deve ser fornecida à superfície aquecida pode, então, ser obtida pela Equação 13.30:

$$q_1 = \frac{E_{cn1} - E_{cn2}}{\dfrac{1-\varepsilon_1}{\varepsilon_1 A_1} + \dfrac{1}{A_1F_{12} + [(1/A_1F_{1R}) + (1/A_2F_{2R})]^{-1}} + \dfrac{1-\varepsilon_2}{\varepsilon_2 A_2}}$$

Por simetria, $F_{12} = F_{1R} = F_{2R} = 0,5$. Também, $A_1 = A_2 = W \cdot L$, na qual L é o comprimento do duto. Assim,

$$q_1' = \frac{q_1}{L} = \frac{5,67 \times 10^{-8}\ \text{W/(m}^2\cdot\text{K}^4)(1200^4 - 500^4)\ \text{K}^4}{\dfrac{1-0,8}{0,8 \times 1\ \text{m}} + \dfrac{1}{1\ \text{m} \times 0,5 + (2+2)^{-1}\ \text{m}} + \dfrac{1-0,4}{0,4 \times 1\ \text{m}}}$$

ou

$$q_1' = 37\ \text{kW/m} = -q_2' \qquad \triangleleft$$

2. A temperatura da superfície isolada pode ser obtida a partir da exigência de que $J_R = E_{cnR}$, com J_R podendo ser obtida pela Equação 13.31. Entretanto, para usar essa expressão J_1 e J_2 devem ser conhecidos. Aplicando o balanço de energia superficial, Equação 13.19, nas superfícies 1 e 2, tem-se que

$$J_1 = E_{cn1} - \frac{1-\varepsilon_1}{\varepsilon_1 W} q_1' = 5,67 \times 10^{-8}\ \text{W/(m}^2\cdot\text{K}^4)(1200\ \text{K})^4 - \frac{1-0,8}{0,8 \times 1\ \text{m}} \times 37.000\ \text{W/m} = 108.323\ \text{W/m}^2$$

$$J_2 = E_{cn2} - \frac{1-\varepsilon_2}{\varepsilon_2 W} q_2' = 5,67 \times 10^{-8}\ \text{W/(m}^2\cdot\text{K}^4)(500\ \text{K})^4 - \frac{1-0,4}{0,4 \times 1\ \text{m}}(-37.000\ \text{W/m}) = 59.043\ \text{W/m}^2$$

Do balanço de energia na superfície rerradiante, Equação 13.31, tem-se que

$$\frac{108.323 - J_R}{\dfrac{1}{W \times L \times 0,5}} - \frac{J_R - 59.043}{\dfrac{1}{W \times L \times 0,5}} = 0$$

Donde

$$J_R = 83.683\ \text{W/m}^2 = E_{cnR} = \sigma T_R^4$$

$$T_R = \left(\frac{83.683\ \text{W/m}^2}{5,67 \times 10^{-8}\ \text{W/(m}^2\cdot\text{K}^4)}\right)^{1/4} = 1102\ \text{K} \qquad \triangleleft$$

Comentários:

1. Esperaríamos que a temperatura na superfície rerradiante fosse maior nas regiões adjacentes à superfície 1 e menor nas regiões próximas à superfície 2. Nossa intuição corresponde ao fato de que as distribuições de irradiação e de radiosidade não são uniformes, colocando em dúvida a validade da Consideração 2. A distribuição de temperaturas na superfície rerradiante poderia ser determinada a partir de uma abordagem analítica ou numérica, como descrito no Comentário 3 do Exemplo 13.3. Se cada superfície geométrica fosse dividida em dez elementos menores, necessitaríamos de $(3 \times 10)^2 = 900$ fatores de forma. A previsão precisa das taxas de transferência de calor radiante em cavidades cujas superfícies geométricas não

são caracterizadas por distribuições de radiosidade e de irradiação uniformes envolve um compromisso entre acurácia e esforço computacional.

2. Os resultados são independentes do valor de ε_R.
3. Esse problema também pode ser resolvido usando-se a abordagem direta. A solução envolve, em primeiro lugar, a determinação das três radiosidades desconhecidas, J_1, J_2 e J_R. As equações que governam o processo são obtidas escrevendo-se a Equação 13.21 para as duas superfícies com temperaturas conhecidas, 1 e 2, e a Equação 13.22 para a superfície R. As três equações são

$$\frac{E_{cn1} - J_1}{(1-\varepsilon_1)/\varepsilon_1 A_1} = \frac{J_1 - J_2}{(A_1F_{12})^{-1}} + \frac{J_1 - J_R}{(A_1F_{1R})^{-1}}$$

$$\frac{E_{cn2} - J_2}{(1-\varepsilon_2)/\varepsilon_2 A_2} = \frac{J_2 - J_1}{(A_2F_{21})^{-1}} + \frac{J_2 - J_R}{(A_2F_{2R})^{-1}}$$

$$0 = \frac{J_R - J_1}{(A_RF_{R1})^{-1}} + \frac{J_R - J_2}{(A_RF_{R2})^{-1}}$$

Eliminando a área A_1, a primeira equação se reduz a

$$\frac{117.573 - J_1}{0,25} = \frac{J_1 - J_2}{2} + \frac{J_1 - J_R}{2}$$

ou

$$10J_1 - J_2 - J_R = 940.584 \quad (1)$$

De maneira análoga, para a superfície 2,

$$\frac{3544 - J_2}{1,50} = \frac{J_2 - J_1}{2} + \frac{J_2 - J_R}{2}$$

ou

$$-J_1 + 3,33J_2 - J_R = 4725 \quad (2)$$

e para a superfície rerradiante,

$$0 = \frac{J_R - J_1}{2} + \frac{J_R - J_2}{2}$$

ou

$$-J_1 - J_2 + 2J_R = 0 \quad (3)$$

Resolvendo as Equações 1, 2 e 3 simultaneamente, tem-se

$$J_1 = 108.328 \text{ W/m}^2 \quad J_2 = 59.018 \text{ W/m}^2 \quad \text{e} \quad J_R = 83.673 \text{ W/m}^2$$

Reconhecendo que $J_R = \sigma T_R^4$, segue-se que

$$T_R = \left(\frac{J_R}{\sigma}\right)^{1/4} = \left(\frac{83.673 \text{ W/m}^2}{5,67 \times 10^{-8} \text{ W/(m}^2\cdot\text{K}^4)}\right)^{1/4} = 1102 \text{ K}$$

13.4 Transferência de Calor com Múltiplos Modos

Até o momento, a troca de radiação em uma cavidade foi analisada sob condições nas quais as transferências de calor por condução e convecção podiam ser desprezadas. Entretanto, em muitas aplicações a convecção e/ou a condução são comparáveis à radiação e devem ser consideradas na análise da transferência de calor.

Considere a condição geral de uma superfície mostrada na Figura 13.14*a*. Além de trocar energia por radiação com as demais superfícies da cavidade, também pode existir adição externa de calor para a superfície, por exemplo, através de aquecimento elétrico, e transferência de calor na superfície tanto por convecção como por condução. A partir de um balanço de energia na superfície, tem-se que

$$q_{i,\text{ext}} = q_{i,\text{rad}} + q_{i,\text{conv}} + q_{i,\text{cond}} \quad (13.32)$$

sendo $q_{i,\text{rad}}$, a taxa de transferência por radiação líquida saindo da superfície, determinada por procedimentos padrões para uma cavidade. Dessa forma, em geral, $q_{i,\text{rad}}$ pode ser determinada usando as Equações 13.19 ou 13.20, enquanto para casos particulares, como o de uma cavidade de duas superfícies ou de uma cavidade de três superfícies com uma rerradiante,

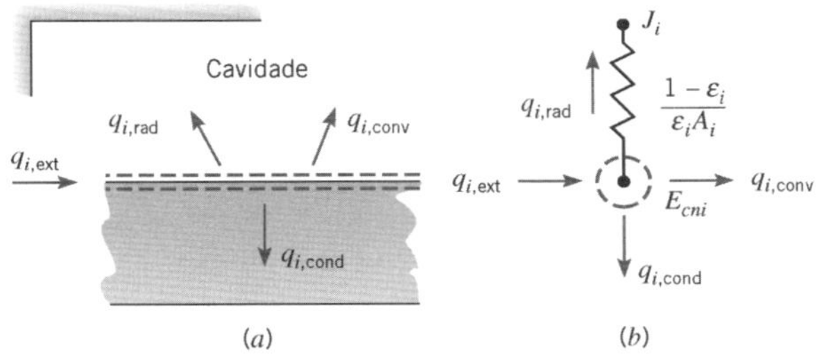

FIGURA 13.14 Transferência de calor com múltiplos modos em uma superfície de uma cavidade. (*a*) Balanço de energia na superfície. (*b*) Representação como um circuito.

ela pode ser determinada usando as Equações 13.23 e 13.30, respectivamente. O elemento que representa a superfície no circuito de radiação é modificado de acordo com a Figura 13.14*b*, na qual $q_{i,\text{ext}}$, $q_{i,\text{cond}}$ e $q_{i,\text{conv}}$ representam correntes para ou saindo do nó da superfície. Note, contudo, que enquanto $q_{i,\text{cond}}$ e $q_{i,\text{conv}}$ são proporcionais às diferenças de temperaturas, $q_{i,\text{rad}}$ é proporcional à diferença entre as temperaturas elevadas à quarta potência. As condições são simplificadas se a parte posterior da superfície estiver termicamente isolada, pois nesse caso $q_{i,\text{cond}} = 0$. Além disso, se não houver aquecimento externo e a convecção for desprezível, a superfície é rerradiante.

EXEMPLO 13.7

Considere um aquecedor de ar constituído por um tubo semicircular no qual a superfície plana é mantida a 1000 K e a outra superfície encontra-se termicamente isolada. O raio do tubo é igual a 20 mm e ambas as superfícies possuem uma emissividade de 0,8. Se ar atmosférico escoa através do tubo a 0,01 kg/s e $T_m = 400$ K, qual é a taxa na qual o calor deve ser fornecido, por unidade de comprimento, para manter a superfície plana a 1000 K? Qual é a temperatura da superfície isolada?

SOLUÇÃO

Dados: Condições do escoamento de ar em um aquecedor tubular e as condições nas superfícies do aquecedor.

Achar: Taxa na qual o calor deve ser fornecido e a temperatura da superfície isolada.

Esquema:

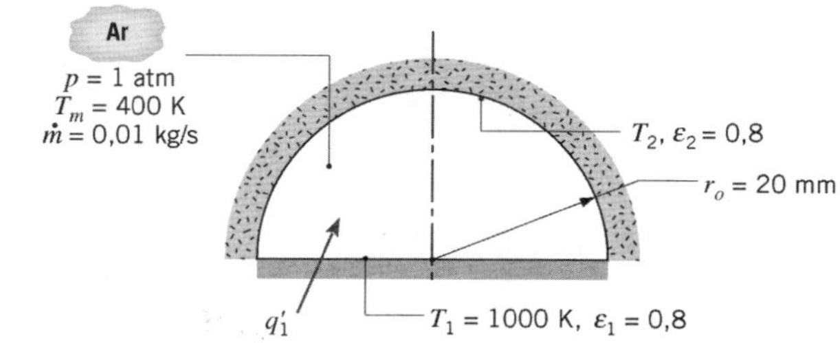

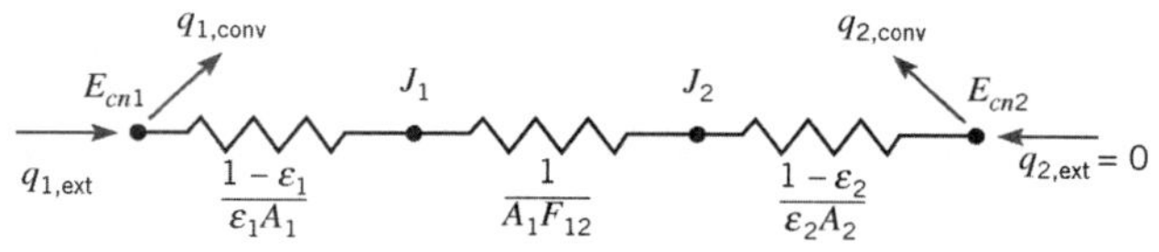

Considerações:

1. Condições de regime estacionário.
2. Superfícies difusas e cinzas, com irradiação e radiosidade uniformes.
3. Efeitos das extremidades do tubo e variação axial da temperatura do gás desprezíveis.
4. Escoamento plenamente desenvolvido.

Propriedades: Tabela A.4, ar (1 atm, 400 K): $k = 0{,}0338$ W/(m · K), $\mu = 230 \times 10^{-7}$ kg/(s · m), $c_p = 1014$ J/(kg · K), $Pr = 0{,}69$.

Análise: Como a superfície semicircular está isolada termicamente e não há adição externa de calor, um balanço de energia na superfície fornece

$$-q_{2,\text{rad}} = q_{2,\text{conv}}$$

Considerando que o tubo é uma cavidade com duas superfícies, a transferência radiante líquida para a superfície 2 pode ser avaliada pela Equação 13.23. Assim,

$$\frac{\sigma(T_1^4 - T_2^4)}{\dfrac{1-\varepsilon_1}{\varepsilon_1 A_1} + \dfrac{1}{A_1 F_{12}} + \dfrac{1-\varepsilon_2}{\varepsilon_2 A_2}} = hA_2(T_2 - T_m)$$

com o fator de forma $F_{12} = 1$ e, por unidade de comprimento, as áreas superficiais são $A_1 = 2r_o$ e $A_2 = \pi r_o$. Com

$$Re_D = \frac{\rho u_m D_h}{\mu} = \frac{\dot m D_h}{A_c \mu} = \frac{\dot m D_h}{(\pi r_o^2/2)\mu}$$

o diâmetro hidráulico é

$$D_h = \frac{4A_{tr}}{P} = \frac{2\pi r_o}{\pi + 2} = \frac{0{,}04\pi \text{ m}}{\pi + 2} = 0{,}0244 \text{ m}$$

Portanto,

$$Re_D = \frac{0{,}01 \text{ kg/s} \times 0{,}0244 \text{ m}}{(\pi/2)(0{,}02 \text{ m})^2 \times 230 \times 10^{-7} \text{ kg/(s} \cdot \text{m)}} = 16.900$$

Pela equação de Dittus-Boelter,

$$Nu_D = 0{,}023\, Re_D^{4/5} Pr^{0{,}4}$$

$$Nu_D = 0{,}023(16.900)^{4/5}(0{,}69)^{0{,}4} = 47{,}8$$

$$h = \frac{k}{D_h} Nu_D = \frac{0{,}0338 \text{ W/(m} \cdot \text{K)}}{0{,}0244 \text{ m}} 47{,}8 = 66{,}2 \text{ W/(m}^2 \cdot \text{K)}$$

Dividindo ambos os lados do balanço de energia por A_1, tem-se que

$$\frac{5{,}67 \times 10^{-8} \text{ W/(m}^2 \cdot \text{K}^4)[(1000)^4 - T_2^4]\text{K}^4}{\dfrac{1-0{,}8}{0{,}8} + 1 + \dfrac{1-0{,}8}{0{,}8}\dfrac{2}{\pi}}$$

$$= 66{,}2 \frac{\pi}{2}(T_2 - 400) \text{ W/m}^2$$

ou

$$5{,}67 \times 10^{-8} T_2^4 + 146{,}5 T_2 - 115.313 = 0$$

que fornece

$$T_2 = 696 \text{ K} \qquad \triangleleft$$

A partir de um balanço de energia na superfície aquecida,

$$q_{1,\text{ext}} = q_{1,\text{rad}} + q_{1,\text{conv}} = q_{2,\text{conv}} + q_{1,\text{conv}}$$

Então, com base em uma unidade de comprimento do tubo,

$$q'_{1,\text{ext}} = h\pi r_o(T_2 - T_m) + h2r_o(T_1 - T_m)$$

$$q'_{1,\text{ext}} = 66{,}2 \times 0{,}02[\pi(696 - 400) + 2(1000 - 400)] \text{ W/m}$$

$$q'_{1,\text{ext}} = (1231 + 1589) \text{ W/m} = 2820 \text{ W/m} \qquad \triangleleft$$

Comentários:

1. As distribuições da irradiação, da radiosidade e do fluxo térmico convectivo ao longo das superfícies não seriam uniformes. Como uma consequência, esperaríamos que a temperatura da superfície isolada fosse maior nas regiões próximas às arestas adjacentes à superfície 1 e menores na coroa da cavidade. A determinação das distribuições da irradiação, da radiosidade, da temperatura e do fluxo térmico convectivo ao longo das várias superfícies requereria uma análise mais complexa, incorporando muitas superfícies radiantes.
2. Aplicando um balanço de energia em um volume de controle diferencial no ar, tem-se que

$$\frac{dT_m}{dx} = \frac{q_1'}{\dot m c_p} = \frac{2820 \text{ W/m}}{0{,}01 \text{ kg/s}\,(1014 \text{ J/(kg} \cdot \text{K))}} = 278 \text{ K/m}$$

Assim, a variação axial da temperatura do ar é significativa, e uma análise mais representativa deveria subdividir o tubo em zonas axiais, permitindo variações nas temperaturas do ar e da superfície isolada entre as zonas. Além disso, uma análise da transferência radiante com base em duas superfícies não seria mais apropriada.

13.5 Implicações das Considerações Simplificadoras

Embora tenhamos desenvolvido meios para prever a troca radiante entre superfícies, é importante estar ciente das limitações inerentes de nossas análises. Lembre-se de que analisamos *superfícies idealizadas* que são isotérmicas, opacas e cinzas, que emitem e refletem difusamente, e são caracterizadas por distribuições de radiosidade e de irradiação uniformes. Além disso, os meios no interior das cavidades que analisamos foram considerados não participantes, isto é, eles não absorvem nem espalham a radiação vinda das superfícies, e também não emitem radiação.

As técnicas de análise apresentadas neste capítulo podem frequentemente ser utilizadas para obter primeiras estimativas e, em muitos casos, resultados suficientemente acurados para a transferência de calor radiante envolvendo múltiplas superfícies que formam uma cavidade. Entretanto, em alguns casos, as considerações são inapropriadas, e métodos de predição mais refinados são necessários. Estando além do escopo do presente texto, os métodos são discutidos em tratamentos mais avançados da transferência radiante [3, 7–12].

13.6 Troca Radiante com Meio Participante

Exceto em nossa discussão de radiação ambiental (Seção 12.9), falamos pouco sobre radiação gasosa, tendo concentrado nossa atenção na troca radiante na superfície de um sólido ou líquido opaco. Para gases *apolares*, como O_2 ou N_2, essa não consideração é justificável, uma vez que esses gases não emitem radiação e são essencialmente transparentes à radiação térmica incidente. Contudo, o mesmo não pode ser dito para moléculas polares, como CO_2, H_2O (vapor), NH_3 e hidrocarbonetos gasosos, que emitem e absorvem em uma ampla faixa de temperaturas. Para tais gases, a questão é complicada pelo fato de que, ao contrário da radiação a partir de um sólido ou de um líquido (distribuída continuamente em relação ao comprimento de onda), a radiação dos gases é concentrada em *intervalos de comprimentos de onda* específicos (chamados de bandas). Além disso, a radiação em gases não é um fenômeno de superfície, mas, sim, um fenômeno *volumétrico.*

13.6.1 *Absorção Volumétrica*

A absorção de radiação espectral em um gás (ou em um líquido ou sólido semitransparente) é uma função do coeficiente de absorção κ_λ (1/m) e da espessura L do meio (Figura 13.15). Se um feixe monocromático com intensidade $I_{\lambda,0}$ incide no meio, a intensidade é reduzida em razão da absorção, e a redução que ocorre em uma camada infinitesimal com espessura dx pode ser representada por

$$dI_\lambda(x) = -\kappa_\lambda I_\lambda(x)\, dx \qquad (13.33)$$

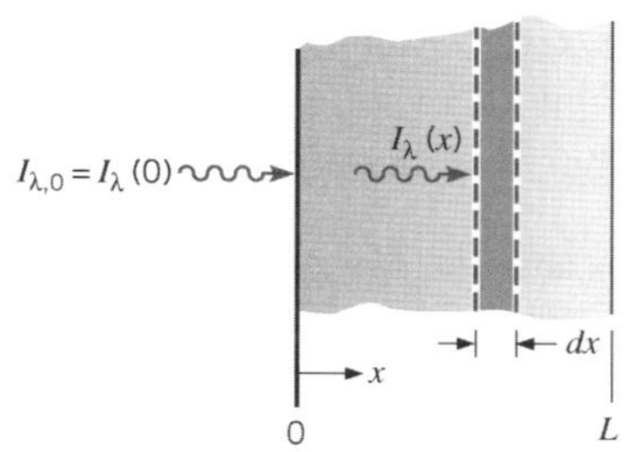

FIGURA 13.15 Absorção em uma camada de gás ou de líquido.

Separando variáveis e integrando ao longo de toda a camada, obtemos

$$\int_{I_{\lambda,0}}^{I_{\lambda,L}} \frac{dI_\lambda(x)}{I_\lambda(x)} = -\kappa_\lambda \int_0^L dx$$

com κ_λ considerado independente de x. Tem-se então que

$$\frac{I_{\lambda,L}}{I_{\lambda,0}} = e^{-\kappa_\lambda L} \qquad (13.34)$$

Esse decaimento exponencial, conhecido por *lei de Beer*, é uma ferramenta útil na análise aproximada da radiação. Ele pode, por exemplo, ser usado para inferir a absortividade espectral global do meio. Em particular, com a transmissividade definida por

$$\tau_\lambda = \frac{I_{\lambda,L}}{I_{\lambda,0}} = e^{-\kappa_\lambda L} \qquad (13.35)$$

a absortividade é

$$\alpha_\lambda = 1 - \tau_\lambda = 1 - e^{-\kappa_\lambda L} \qquad (13.36)$$

Se a lei de Kirchhoff for considerada válida, $\alpha_\lambda = \varepsilon_\lambda$, a Equação 13.36 também fornece a emissividade espectral do meio.

13.6.2 *Emissão e Absorção em Gases*

Um cálculo comum em engenharia é aquele que requer a determinação do fluxo térmico radiante de um gás para uma superfície adjacente. Apesar dos complicados efeitos espectral e direcional, tão inerentes nesses cálculos, um procedimento simplificado pode ser usado. O método foi desenvolvido por Hottel [13] e envolve a determinação da emissão de radiação por uma massa gasosa hemisférica à temperatura T_g para um elemento de superfície dA_1, que está localizado no centro da base do hemisfério. A emissão do gás por unidade de área da superfície é representada por

$$E_g = \varepsilon_g \sigma T_g^4 \qquad (13.37)$$

com a emissividade do gás ε_g determinada pela correlação de dados disponíveis. Em particular, ε_g foi correlacionada em termos da temperatura T_g e da pressão total do gás p, da pressão parcial p_g da espécie radiante e do raio L do hemisfério.

Resultados para a emissividade do vapor d'água estão representados graficamente na Figura 13.16 como uma função da temperatura do gás, para uma pressão total de 1 atm e para diferentes valores do produto entre a pressão parcial do vapor e o raio do hemisfério. Para determinar a emissividade a pressões totais diferentes de 1 atm, a emissividade obtida na Figura 13.16 deve ser multiplicada pelo fator de correção C_a, dado pela Figura 13.17. Resultados análogos foram obtidos para o dióxido de carbono e são apresentados nas Figuras 13.18 e 13.19.

Os resultados anteriores se aplicam quando o vapor d'água ou o dióxido de carbono aparecem *separadamente* em uma mistura com outras espécies não radiantes. Entretanto, os resultados podem ser facilmente estendidos para situações nas quais vapor d'água e dióxido de carbono aparecem *juntos* em uma mistura com outros gases não radiantes. Em particular, a emissividade total do gás pode ser representada por

$$\varepsilon_g = \varepsilon_a + \varepsilon_c - \Delta\varepsilon \qquad (13.38)$$

com o fator de correção $\Delta\varepsilon$ apresentado na Figura 13.20 para diferentes valores da temperatura do gás. Esse fator leva em consideração a redução na emissão associada à absorção mútua de radiação entre as duas espécies.

Lembre-se de que os resultados anteriores fornecem a emissividade de uma massa de gás hemisférica, com raio L, radiando para um elemento de área localizado no centro de sua base. Contudo, os resultados podem ser estendidos para outras geometrias do gás com a introdução do conceito de um *comprimento de feixe médio, L_e*. A grandeza foi introduzida para correlacionar, em termos de um único parâmetro, a dependência da emissividade do gás em relação ao tamanho e à forma da geometria do gás. Ele pode ser interpretado como o raio de uma massa gasosa hemisférica cuja emissividade é equivalente à da geometria de interesse. Seu valor foi determinado para inúmeras geometrias de gases [13], e resultados representativos são listados na Tabela 13.4. Substituindo L por L_e nas Figuras 13.16 a 13.20, a emissividade associada à geometria de interesse pode, então, ser determinada.

Usando os resultados da Tabela 13.4 com as Figuras 13.16 a 13.20, é possível determinar a taxa de transferência de calor radiante para uma superfície em face da emissão a partir de um gás adjacente. Essa taxa de transferência de calor pode ser representada por

$$q = \varepsilon_g A_s \sigma T_g^4 \qquad (13.39)$$

com A_s sendo a área da superfície. Se a superfície for negra, ela irá, obviamente, absorver toda essa radiação. Uma superfície

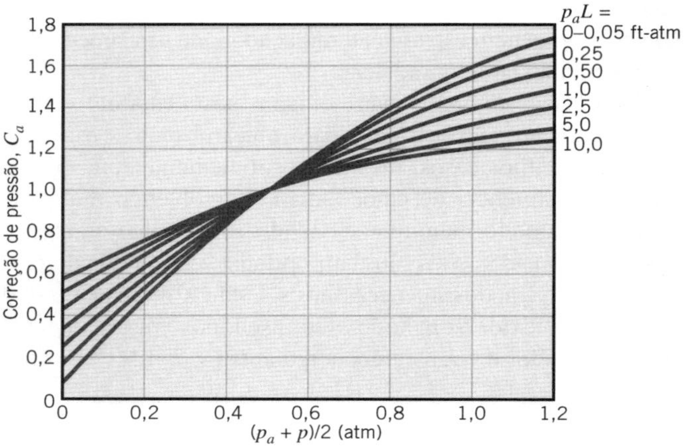

FIGURA 13.17 Fator de correção para obter emissividades do vapor d'água em pressões totais diferentes de 1 atm ($\varepsilon_{a,p\neq 1\text{atm}} = C_a\varepsilon_{a,p=1\text{atm}}$) [13]. Usada com permissão.

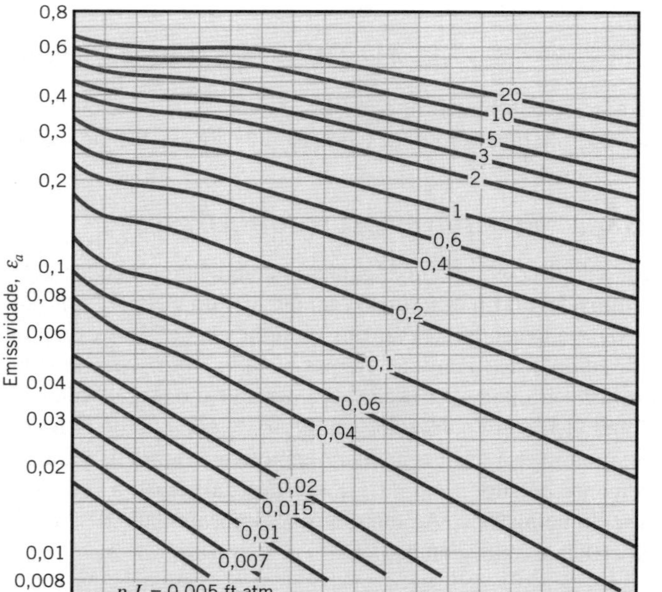

FIGURA 13.16 Emissividade do vapor d'água em uma mistura com gases não radiantes a uma pressão total de 1 atm e com a forma de um hemisfério [13]. Usada com permissão.

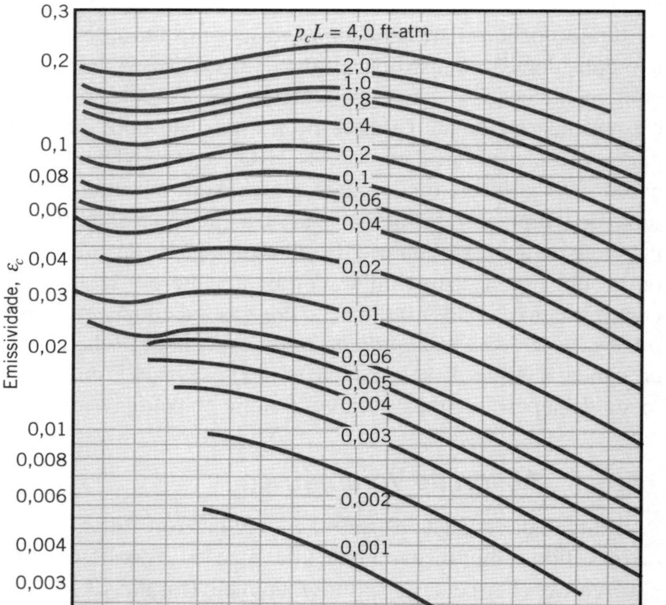

FIGURA 13.18 Emissividade do dióxido de carbono em uma mistura com gases não radiantes a uma pressão total de 1 atm e com a forma de um hemisfério [13]. Usada com permissão.

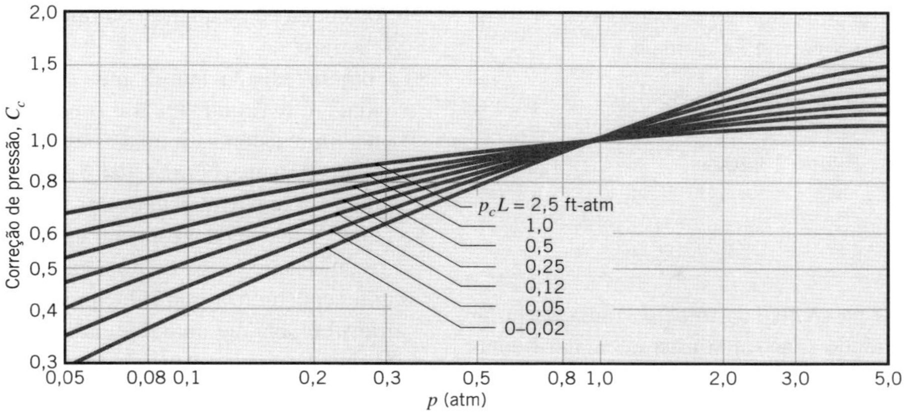

FIGURA 13.19 Fator de correção para obter emissividades do dióxido de carbono em pressões totais diferentes de 1 atm ($\varepsilon_{c,p\neq 1\text{atm}} = C_c\varepsilon_{c,p=1\text{atm}}$) [13]. Usada com permissão.

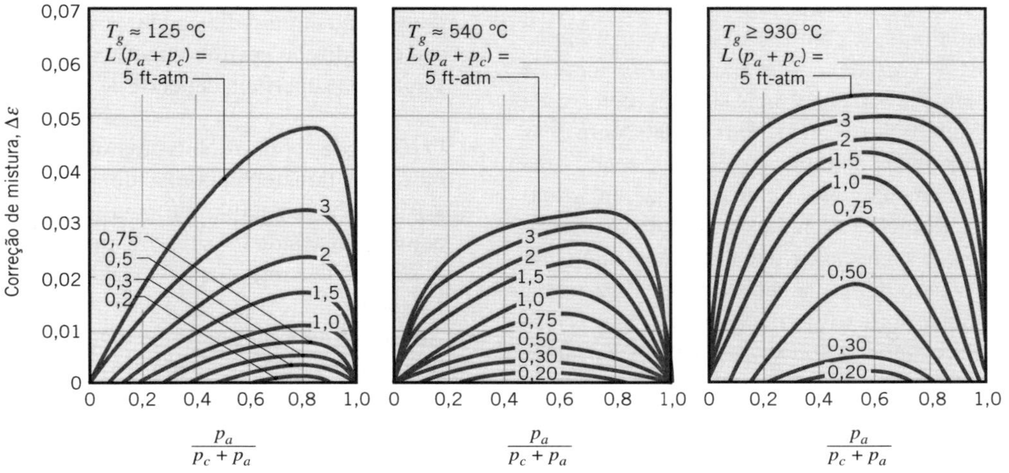

FIGURA 13.20 Fator de correção associado a misturas de vapor d'água e dióxido de carbono [13]. Usada com permissão.

TABELA 13.4 Comprimentos de feixe médios L_e para várias geometrias de gases

Geometria	Comprimento Característico	L_e
Esfera (radiação para a superfície)	Diâmetro (D)	$0{,}65D$
Cilindro circular infinito (radiação para a superfície curva)	Diâmetro (D)	$0{,}95D$
Cilindro circular semi-infinito (radiação para a base)	Diâmetro (D)	$0{,}65D$
Cilindro circular com altura igual ao diâmetro (radiação para a superfície inteira)	Diâmetro (D)	$0{,}60D$
Planos paralelos infinitos (radiação para os planos)	Distância entre os planos (L)	$1{,}80L$
Cubo (radiação para qualquer superfície)	Lado (L)	$0{,}66L$
Forma arbitrária do volume V (radiação para a superfície de área A)	Razão volume por área (V/A)	$3{,}6V/A$

negra irá também emitir radiação, e a taxa líquida na qual a radiação é trocada entre a superfície a T_s e o gás a T_g é

$$q_{\text{liq}} = A_s\sigma(\varepsilon_g T_g^4 - \alpha_g T_s^4) \qquad (13.40)$$

Para o vapor d'água e o dióxido de carbono, a absortividade do gás α_g requerida pode ser calculada a partir da emissividade com expressões na forma [13]

Água:

$$\alpha_a = C_a\left(\frac{T_g}{T_s}\right)^{0,45} \times \varepsilon_a\left(T_s, p_a L_e \frac{T_s}{T_g}\right) \qquad (13.41)$$

Dióxido de carbono:

$$\alpha_c = C_c\left(\frac{T_g}{T_s}\right)^{0,65} \times \varepsilon_c\left(T_s, p_c L_e \frac{T_s}{T_g}\right) \qquad (13.42)$$

com ε_a e ε_c determinadas nas Figuras 13.16 e 13.18, respectivamente, e C_a e C_c nas Figuras 13.17 e 13.19, respectivamente. Note, contudo, que, ao utilizar as Figuras 13.16 e 13.18, T_g é substituído por T_s e p_aL_e ou p_cL_e é substituído por $p_aL_e(T_s/T_g)$ ou $p_cL_e(T_s/T_g)$, respectivamente. Observe também que, na presença de vapor d'água e de dióxido de carbono, a absortividade total do gás pode ser escrita na forma

$$\alpha_g = \alpha_a + \alpha_c - \Delta\alpha \quad (13.43)$$

com $\Delta\alpha = \Delta\varepsilon$ obtido na Figura 13.20.

13.7 Resumo

Neste capítulo focamos na análise da troca de radiação entre superfícies de uma cavidade e, ao tratar essa troca, apresentamos o conceito de um *fator de forma*. Como o conhecimento dessa grandeza geométrica é essencial na determinação da troca de radiação entre quaisquer duas superfícies difusas, você deve estar familiarizado com os meios pelos quais ele pode ser determinado. Também deve estar apto a executar cálculos de radiação em uma cavidade com superfícies *cinzas*, *difusas*, *opacas* e *isotérmicas*, com *radiosidade* e *irradiação uniformes*. Além disso, você deve estar familiarizado com os resultados que se aplicam aos casos mais simples, como o de uma cavidade com superfícies negras, uma cavidade com duas superfícies ou uma cavidade com três superfícies, sendo uma delas rerradiante. Finalmente, esteja ciente de que em situações nas quais as distribuições de radiosidade e de irradiação não são uniformes, pode ser necessário realizar uma análise da troca radiante envolvendo muitas superfícies para determinar temperaturas superficiais e fluxos térmicos locais.

Teste o seu entendimento dos conceitos pertinentes respondendo às questões a seguir.

- O que é um *fator de forma*? Que hipóteses estão, em geral, associadas ao cálculo do fator de forma entre duas superfícies?
- O que é a *relação de reciprocidade* para fatores de forma? O que é a *regra da soma*?
- Pode o fator de forma de uma superfície em relação a si mesma ser diferente de zero? Se afirmativo, que tipo de superfície exibe tal comportamento?
- O que é um *meio não participante*?
- Que hipóteses são inerentes no tratamento da troca radiante entre superfícies de uma cavidade que não podem ser aproximadas por corpos negros? Comente sobre a validade das considerações e quando ou onde eles têm mais chances de falharem.
- Como a resistência radiante de uma superfície em uma cavidade é definida? Qual é o potencial motriz que relaciona essa resistência à taxa de transferência radiante líquida saindo da superfície? Qual é a resistência se a superfície puder ser aproximada por um corpo negro?
- Como a resistência espacial associada à troca radiante entre duas superfícies de uma cavidade é definida? Qual é o potencial motriz que relaciona essa resistência à taxa de transferência radiante líquida entre as superfícies?
- O que é uma *barreira de radiação* e como a troca de radiação líquida entre duas superfícies é afetada por uma barreira entre elas? É vantagem para uma barreira ter as superfícies com absortividade ou refletividade alta?
- O que é uma *superfície rerradiante*? Sob quais condições pode uma superfície ser aproximada por rerradiante? Qual é a relação entre radiosidade, poder emissivo de corpo negro e irradiação em uma superfície rerradiante? A temperatura de tal superfície depende de suas propriedades radiantes?
- O que pode ser dito sobre uma superfície de uma cavidade na qual a transferência de calor por radiação líquida para a superfície é equilibrada pela transferência de calor por convecção saindo da superfície para um gás na cavidade? A superfície é rerradiante? O lado posterior da superfície é adiabático?
- Considere uma superfície em uma cavidade na qual a transferência de radiação líquida saindo da superfície é superior à transferência de calor por convecção vinda de um gás na cavidade. Que outro processo ou processos têm que ocorrer na superfície, de forma independente ou coletiva?
- Que características moleculares fazem um gás não emissor e não absorvedor? Que características permitem a emissão e a absorção de radiação por um gás?
- Que características distinguem a emissão e a absorção de radiação por um gás daquelas em um sólido opaco?
- Como a intensidade da radiação que se propaga através de um meio semitransparente varia com a distância ao longo do meio? O que pode ser dito sobre essa variação se o coeficiente de absorção for muito grande? E se o coeficiente for muito pequeno?

Referências

1. Hamilton, D. C., and W. R. Morgan, "Radiant Interchange Configuration Factors," National Advisory Committee for Aeronautics, Technical Note 2836, 1952.
2. Eckert, E. R. G., "Radiation: Relations and Properties," in W. M. Rohsenow and J. P. Hartnett, Eds., *Handbook of Heat Transfer*, 2nd ed., McGraw-Hill, New York, 1973.
3. Howell, J. R., R. Siegel, and M. P. Menguc, *Thermal Radiation Heat Transfer*, 5th ed., Taylor & Francis, New York, 2010.
4. Howell, J. R., *A Catalog of Radiation Configuration Factors*, McGraw-Hill, New York, 1982.
5. Emery, A. F., O. Johansson, M. Lobo, and A. Abrous, *J. Heat Transfer*, **113**, 413, 1991.
6. Oppenheim, A. K., *Trans. ASME*, **65**, 725, 1956.
7. Hottel, H. C., and A. F. Sarofim, *Radiative Transfer*, McGraw-Hill, New York, 1967.
8. Tien, C. L., "Thermal Radiation Properties of Gases," in J. P. Hartnett and T. F. Irvine, Eds., *Advances in Heat Transfer*, Vol. 5, Academic Press, New York, 1968.
9. Sparrow, E. M., "Radiant Interchange Between Surfaces Separated by Nonabsorbing and Nonemitting Media," in W. M. Rohsenow and J. P. Hartnett, Eds., *Handbook of Heat Transfer*, McGraw-Hill, New York, 1973.
10. Dunkle, R. V., "Radiation Exchange in an Enclosure with a Participating Gas," in W. M. Rohsenow and J. P. Hartnett, Eds., *Handbook of Heat Transfer*, McGraw-Hill, New York, 1973.
11. Sparrow, E. M., and R. D. Cess, *Radiation Heat Transfer*, Hemisphere Publishing, New York, 1978.
12. Edwards, D. K., *Radiation Heat Transfer Notes*, Hemisphere Publishing, New York, 1981.
13. Hottel, H. C., and R. B. Egbert, *AIChE J.*, **38**, 531, 1942.

Problemas

Fatores de Forma

13.1 Determine F_{12} e F_{21} para as seguintes configurações usando o teorema da reciprocidade e outras relações básicas do fator de forma. Não utilize tabelas ou gráficos.

(a) Pequena esfera com área A_1 sob um hemisfério concêntrico com área $A_2 = 3A_1$

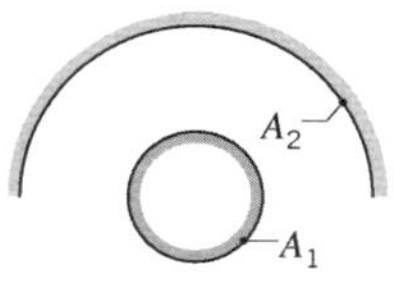

(*a*)

(b) Duto longo. Também qual o valor de F_{22} nesse caso?

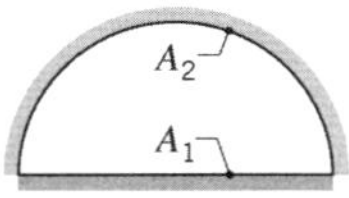

(*b*)

(c) Longas placas inclinadas (o ponto *B* encontra-se diretamente acima do centro de A_1)

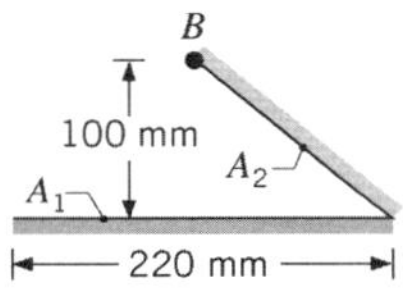

(*c*)

(d) Cilindro longo apoiado sobre um plano infinito

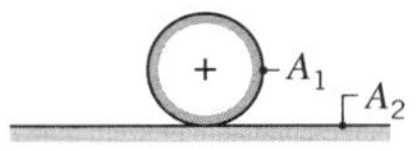

(*d*)

(e) Configuração hemisfério-disco

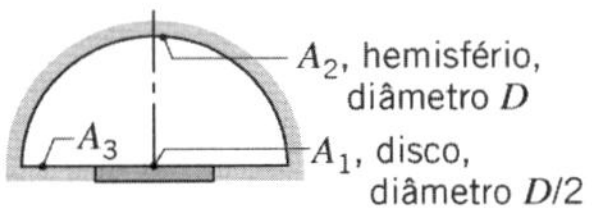

(*e*)

(f) Canal aberto longo

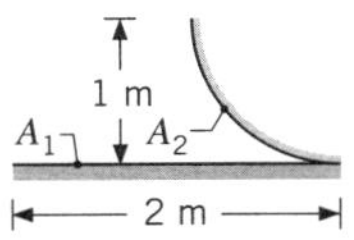

(*f*)

(g) Cilindros longos com $A_2 = 4A_1$. Também qual o valor de F_{22}?

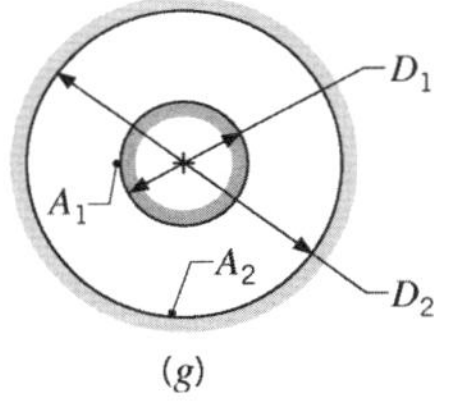

(*g*)

(h) Bastão quadrado longo no interior de um cilindro. Também qual o valor de F_{22}?

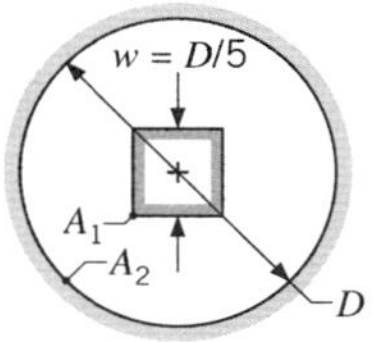

(*h*)

13.2 Uma partícula esférica de raio r_1 = 5 mm encontra-se suspensa por um fio fino no interior de um tubo cilíndrico de raio interno r_2 = 15 mm e comprimento L = 0,5 m. Determine os fatores de forma F_{11}, F_{12}, F_{13} e F_{14} para S = 5 e 250 mm. O fator de forma entre a esfera e a base inferior do tubo (um disco de raio r_3) é $F_{13} = 0,5\left[1-\left(1+R_3^2\right)^{-1/2}\right]$ com $R_3 = r_3/S$.

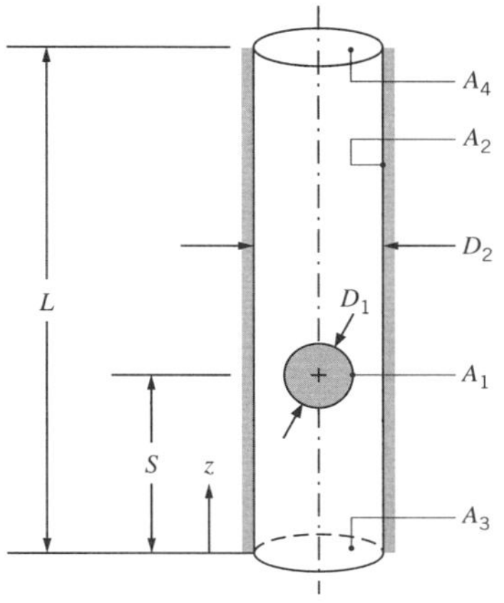

13.3 Considere as seguintes fendas, cada uma com largura *W*, que foram usinadas em um bloco de material sólido.

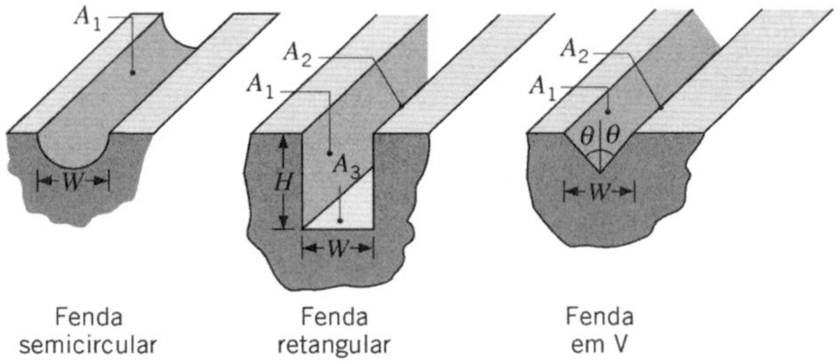

(a) Para cada caso, obtenha uma expressão para o fator de forma da fenda com relação à vizinhança fora da fenda.

(b) Para a fenda em forma de V, obtenha uma expressão para o fator de forma F_{12}, sendo A_1 e A_2 as superfícies opostas.

(c) Se H = 1,3 W na fenda retangular, qual é o fator de forma F_{12}?

13.4 Um cone circular e um cilindro circular com o mesmo diâmetro e comprimento (A_2) estão posicionados coaxialmente, a uma distância L_o, de um disco circular (A_1), como mostrado no esquema. As superfícies da base e da lateral internas do cilindro podem ser tratadas como uma superfície única, A_2. A área hipotética correspondente à abertura do cone e do cilindro é identificada por A_3.

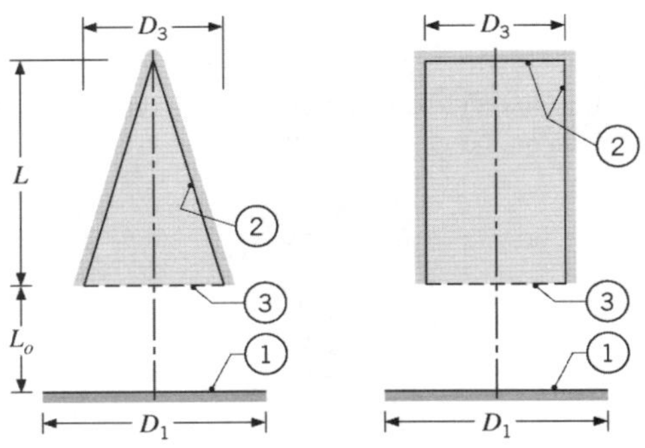

(*a*) Cone circular (*b*) Cilindro circular

(a) Mostre que, para os dois arranjos, $F_{21} = (A_1/A_2)F_{13}$ e $F_{22} = 1 - (A_3/A_2)$, sendo F_{13} o fator de forma entre dois discos paralelos coaxiais (Tabela 13.2).

(b) Para $L = L_o = 50$ mm e $D_1 = D_3 = 50$ mm, calcule F_{21} e F_{22} para as configurações cônica e cilíndrica e compare seus valores relativos. Explique quaisquer similaridades e diferenças.

(c) Os valores relativos de F_{21} e F_{22} variam nas configurações cônica e cilíndrica quando L aumenta e todos os outros parâmetros permanecem fixos? No limite de L muito grande, o que você espera que aconteça? Esboce as variações de F_{21} e F_{22} com L e explique as características marcantes.

13.5 Considere os dois discos em forma de anel, coaxiais e paralelos, mostrados na figura.

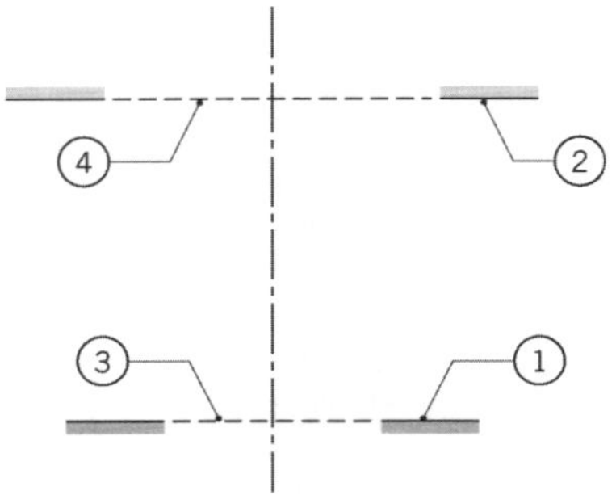

Mostre que F_{12} pode ser representado por

$$F_{12} = \frac{1}{A_1}\{A_{(1,3)}F_{(1,3)(2,4)} - A_3F_{3(2,4)} - A_4(F_{4(1,3)} - F_{43})\}$$

com todos os fatores de forma no lado direito da equação podendo ser determinados na Figura 13.5 ou na Tabela 13.2 para discos coaxiais paralelos.

13.6 O método dos "filamentos cruzados" de Hottel [7] fornece um meio simples para calcular fatores de forma entre superfícies que possuem extensão infinita em uma direção. Para duas destas superfícies (*a*) com visões sem obstrução uma da outra, o fator de forma possui a forma

$$F_{12} = \frac{1}{2w_1}[(ac + bd) - (ad + bc)]$$

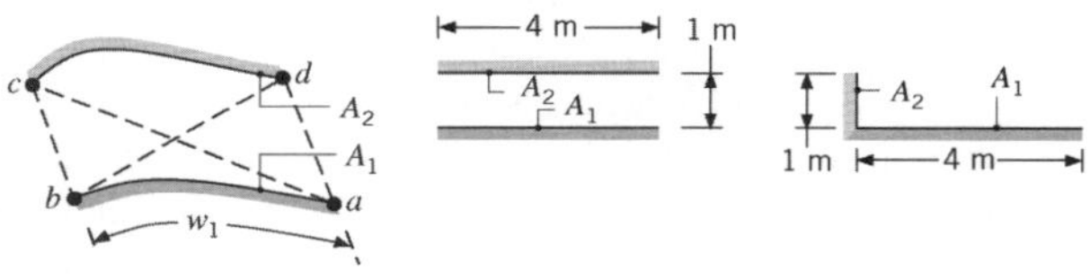

(*a*) (*b*) (*c*)

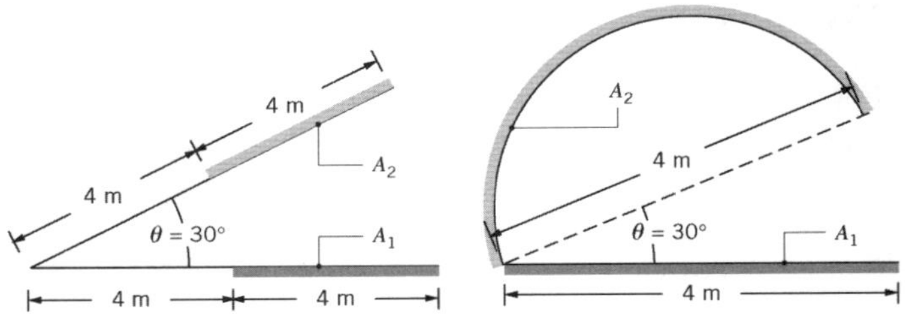

(*d*) (*e*)

Use esse método para determinar os fatores de forma F_{12} nas figuras (*b*) a (*e*). Compare os seus resultados com aqueles obtidos nos gráficos, nas expressões analíticas e nas relações de fatores de forma apropriadas.

13.7 Considere o cilindro circular de diâmetro D, comprimento L e áreas A_1, A_2 e A_3, representando as superfícies da base, interna e superior, respectivamente.

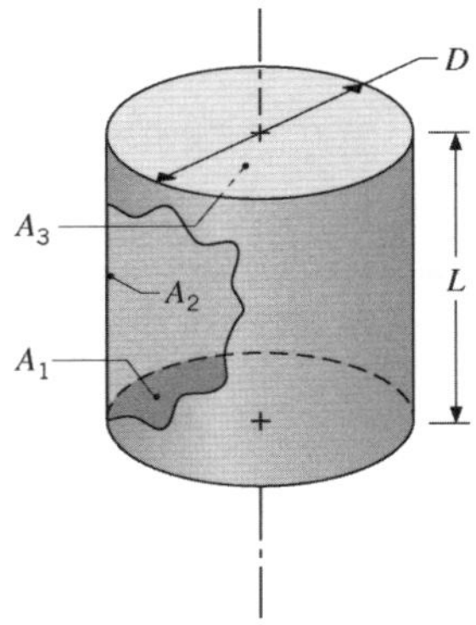

(a) Mostre que o fator de forma entre a base do cilindro e a sua superfície interna tem a forma $F_{12} = 2H[(1 + H^2)^{1/2} - H]$, com $H = L/D$.

(b) Mostre que o fator de forma da superfície interna para ela mesma tem a forma $F_{22} = 1 + H - (1 + H^2)^{1/2}$.

13.8 A relação de reciprocidade, a regra da soma e as Equações 13.5 a 13.7 podem ser usadas para desenvolver relações para o fator de forma que permitem a utilização das Figuras 13.4 e/ou 13.6 para configurações mais complexas. Considere o fator de forma F_{14} para as superfícies 1 e 4 na geometria a seguir. Essas superfícies são perpendiculares, porém não possuem uma aresta comum.

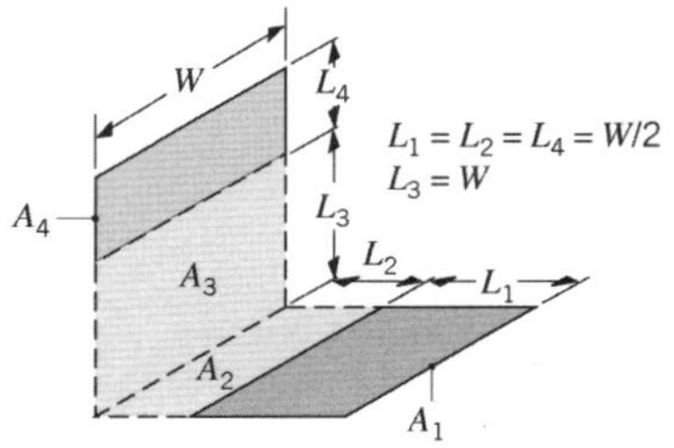

(a) Obtenha a seguinte expressão para o fator de forma F_{14}:

$$F_{14} = \frac{1}{A_1}[(A_1 + A_2)F_{(1,2)(3,4)} + A_2F_{23} - (A_1 + A_2)F_{(1,2)3} - A_2F_{2(3,4)}]$$

(b) Se $L_1 = L_2 = L_4 = (W/2)$ e $L_3 = W$, qual é o valor de F_{14}?

13.9 Determine o fator de forma, F_{12}, para os retângulos mostrados nas figuras.

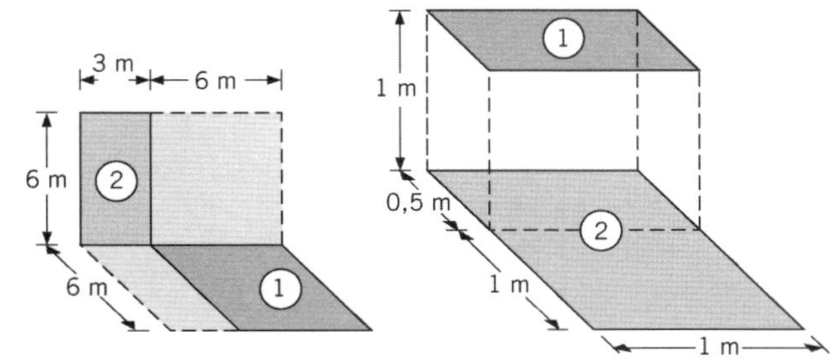

(a) Retângulos perpendiculares sem uma aresta comum.

(b) Retângulos paralelos com áreas diferentes.

13.10 Considere os planos paralelos, com extensão infinita na direção normal à página, que possuem arestas opostas alinhadas conforme mostrado na figura.

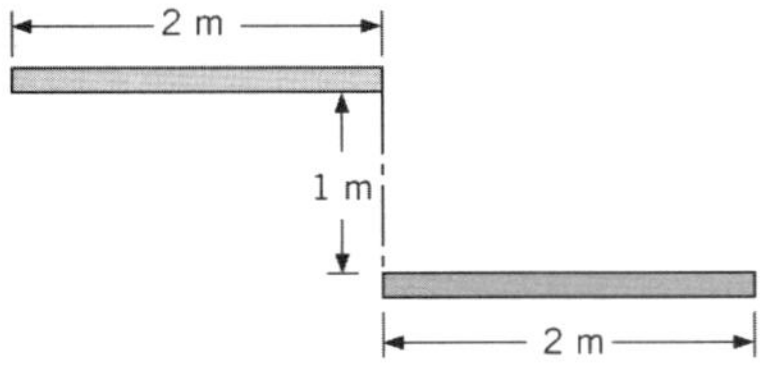

(a) Usando relações apropriadas do fator de forma e resultados para planos paralelos opostos, desenvolva uma expressão para o fator de forma F_{12} e calcule-o.

(b) Use o método dos filamentos cruzados de Hottel, descrito no Problema 13.6, para determinar o fator de forma.

13.11 Considere duas superfícies difusas A_1 e A_2 no interior de uma cavidade esférica com raio R. Usando os métodos a seguir, deduza uma expressão para o fator de forma F_{12} em termos de A_2 e R.

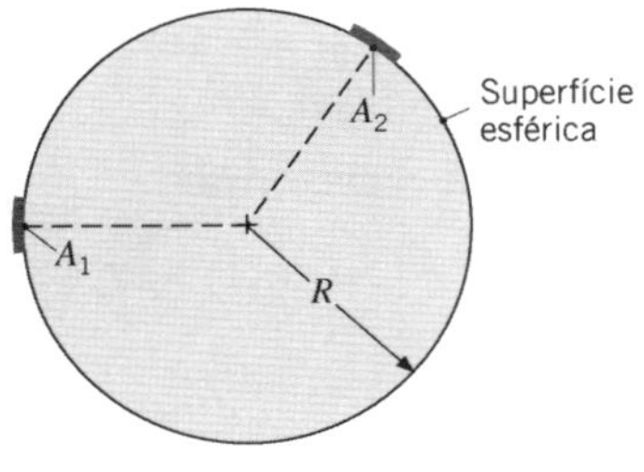

(a) Determine F_{12} partindo da expressão $F_{ij} = q_{i\to j}/(A_iJ_i)$.

(b) Determine F_{12} usando a integral do fator de forma, Equação 13.1.

13.12 Como mostrado na figura, considere o disco A_1 localizado coaxialmente a 1 m de distância, porém inclinado 30° em relação à reta normal a uma coroa circular A_2.

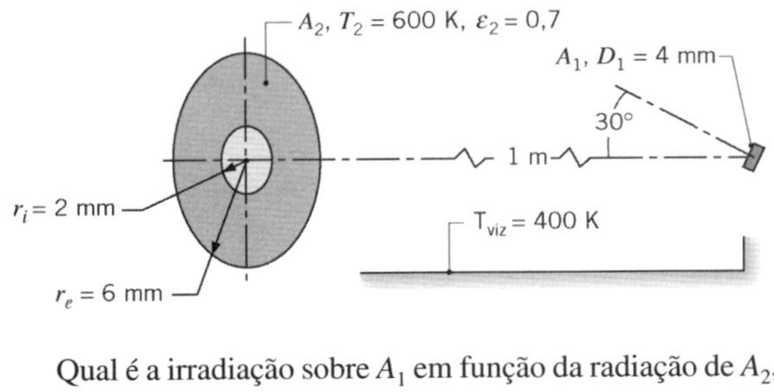

Qual é a irradiação sobre A_1 em função da radiação de A_2, que é uma superfície cinza e difusa com emissividade de 0,7?

13.13 Um sensor de fluxo térmico com 4 mm de diâmetro está posicionado normal e a 1 m de distância da abertura, com 5 mm de diâmetro, de um forno a 1000 K que se comporta como um corpo negro. A cobertura que protege a abertura do forno, cinza e difusa ($\varepsilon = 0{,}2$), possui um diâmetro externo de 100 mm e a sua temperatura é de 350 K. O forno e o sensor estão localizados no interior de uma grande sala cujas paredes têm uma emissividade de 0,8 e estão a 300 K.

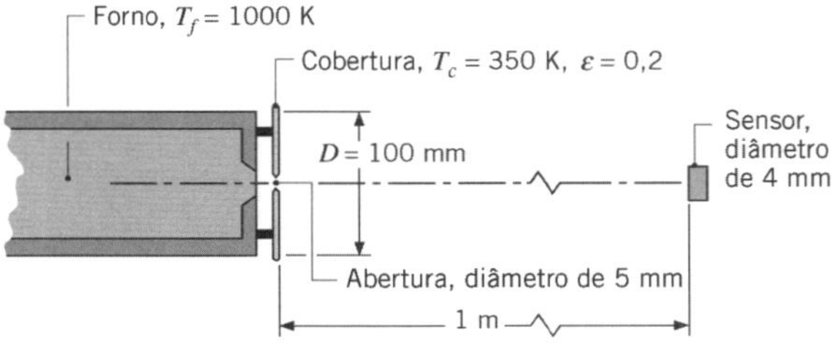

(a) Qual é a irradiação sobre o sensor, G_s (W/m^2), considerando somente a emissão a partir da abertura do forno?

(b) Qual é a irradiação sobre o sensor em razão da radiação a partir da cobertura e da abertura?

Troca de Radiação entre Corpos Negros

13.14 Um forno de secagem é constituído por um longo duto semicircular com diâmetro $D = 1{,}5$ m.

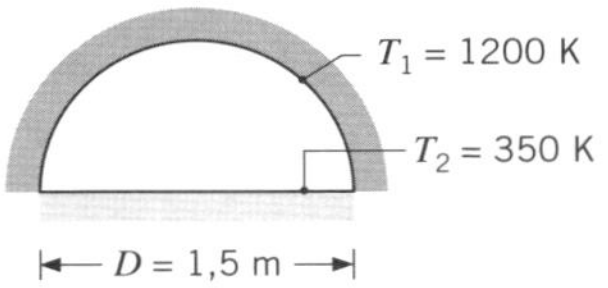

Os materiais a serem secados cobrem a base do forno, enquanto a parede é mantida a 1200 K. Qual é a taxa de secagem por unidade de comprimento do forno (kg/(s · m)), se uma camada de material coberta por água for mantida a 350 K durante o processo de secagem? Comportamento de corpo negro pode ser considerado para a superfície da água e para a parede do forno.

13.15 Considere o arranjo das três superfícies negras mostrado na figura, no qual A_1 é pequena quando comparada com A_2 ou A_3.

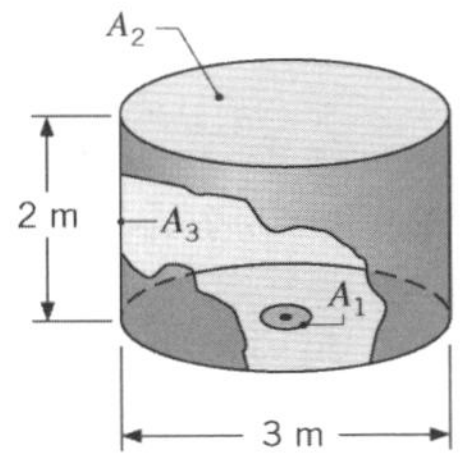

Determine o valor de F_{13}. Calcule a transferência de calor por radiação líquida de A_1 para A_3, se $A_1 = 0{,}05$ m^2, $T_1 = 1000$ K e $T_3 = 500$ K.

13.16 Uma peça longa em forma de V é tratada termicamente pela sua suspensão no interior de um forno tubular com um diâmetro de 2 m e uma temperatura de parede de 1000 K. O "V" tem os lados com um metro de comprimento e um ângulo de 60°.

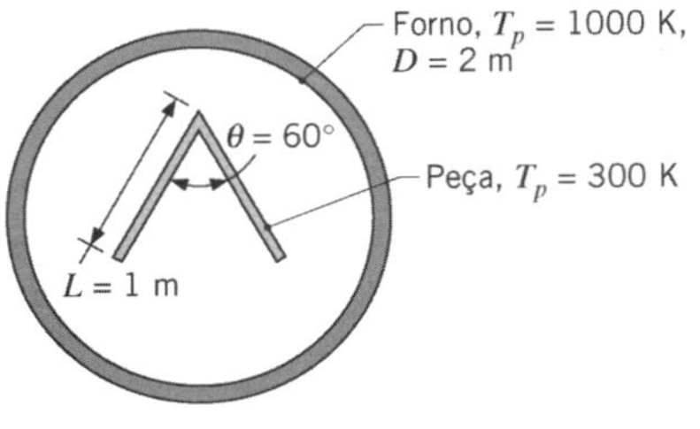

Se a parede do forno e as superfícies da peça puderem ser aproximadas por corpos negros e a peça se encontra a uma temperatura inicial de 300 K, qual é a taxa de transferência de calor por radiação líquida, por unidade de comprimento, para a peça?

13.17 Considere discos negros, paralelos e coaxiais, separados por uma distância de 0,20 m. O disco inferior, com diâmetro de 0,40 m, é mantido a 500 K, enquanto a vizinhança está a 310 K.

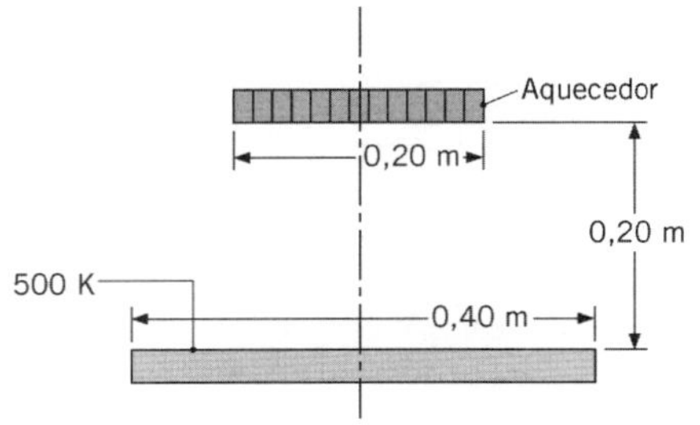

Qual será a temperatura que o disco superior, com diâmetro de 0,20 m, irá atingir se uma potência elétrica de 15 W for suprida ao aquecedor que se encontra na sua parte posterior?

13.18 Um aquecedor tubular com a superfície interna negra de temperatura uniforme $T_s = 1000$ K irradia um disco que se encontra em posição coaxial ao tubo.

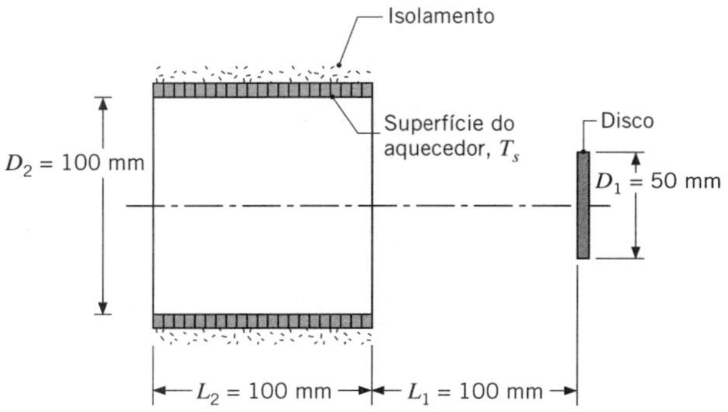

(a) Determine a potência radiante oriunda do aquecedor que incide sobre o disco, $q_{s\rightarrow 1}$. Qual é a irradiação sobre o disco, G_1?

(b) Para diâmetros do disco de $D_1 = 25$, 50 e 100 mm, represente graficamente $q_{s\rightarrow 1}$ e G_1 como funções da distância de separação L_1 para $0 \leq L_1 \leq 200$ mm.

13.19 Dois projetos de forno, como ilustrados e dimensionados no Problema 13.4, são usados para aquecer um corpo de prova em forma de disco (A_1). A potência fornecida aos fornos cônico e cilíndrico (A_2) é de 50 W. O corpo de prova está localizado em uma grande sala a uma temperatura de 300 K, e o seu lado de baixo está termicamente isolado. Considerando todas as superfícies negras, determine a temperatura do corpo de prova, T_1, e a temperatura da superfície interna do forno, T_2, para cada um dos projetos. Na sua análise, use as expressões fornecidas no Problema 13.4 para os fatores de forma, F_{21} e F_{22}.

13.20 Para melhorar o descarte de calor em espaçonaves, um engenheiro propõe fixar uma série de aletas retangulares à superfície externa da espaçonave e revestir todas as superfícies com um material que se aproxima de um comportamento de corpo negro.

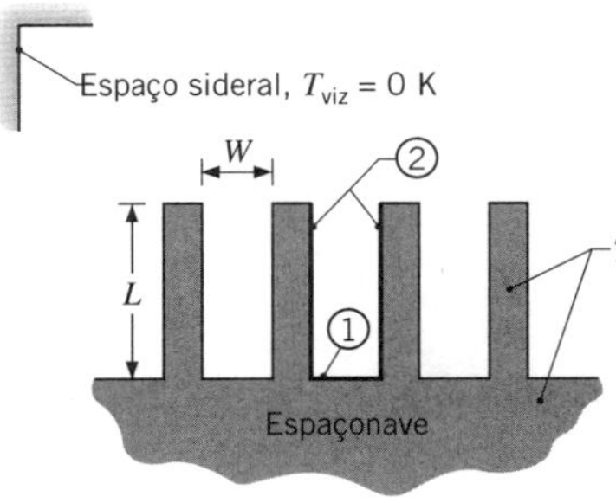

Considere a região em forma de U entre duas aletas adjacentes e subdivida a superfície em componentes associados à base (1) e ao lado (2). Obtenha uma expressão para a taxa, por unidade de comprimento, na qual a radiação é transferida das superfícies para o espaço sideral, que pode ser aproximado por um corpo negro com a temperatura igual ao zero absoluto. As aletas e a base podem ser consideradas isotérmicas a uma temperatura T. Comente os seus resultados. A proposta do engenheiro tem mérito?

13.21 Uma cavidade cilíndrica com diâmetro D e profundidade L é usinada em um bloco de metal, e as condições são tais que as suas superfícies da base e lateral são mantidas a $T_1 = 950$ K e $T_2 = 650$ K, respectivamente. Aproximando as superfícies por superfícies negras, determine o poder emissivo da cavidade, sendo $L = 25$ mm e $D = 15$ mm.

13.22 Na configuração mostrada na figura, o disco inferior possui um diâmetro de 30 mm e uma temperatura de 500 K. A superfície superior, que está a 1000 K, é uma coroa circular (anel) cujos diâmetros interno e externo são de 0,15 m e 0,2 m. Essa superfície superior está alinhada e paralela ao disco inferior, estando separada deste por uma distância de um metro.

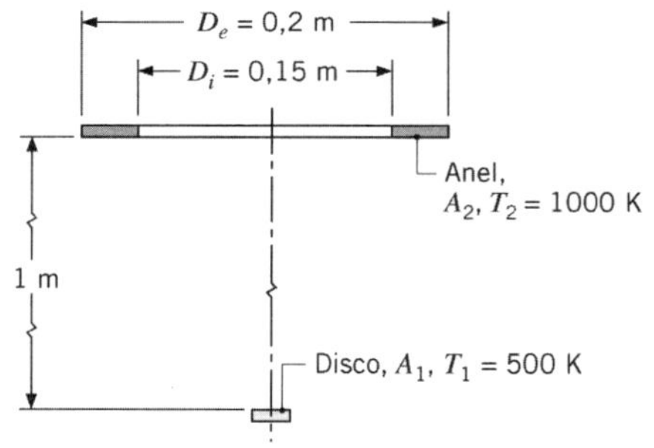

Considerando que as superfícies sejam corpos negros, calcule a transferência radiante líquida entre elas.

13.23 Dois discos planos coaxiais estão separados por uma distância $L = 0{,}80$ m. O disco inferior (A_1) é sólido e possui um diâmetro $D_e = 0{,}80$ m e uma temperatura $T_1 = 300$ K. O disco superior (A_2), à temperatura $T_2 = 900$ K, possui o mesmo diâmetro externo, mas tem a forma de um anel com diâmetro interno $D_i = 0{,}40$ m.

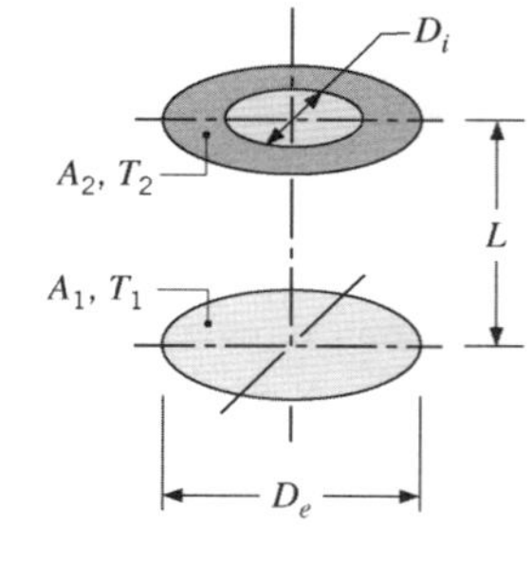

Admitindo que os discos sejam corpos negros, calcule a troca líquida de calor por radiação entre eles.

13.24 Um medidor para medir a potência de um raio *laser* é construído com uma cavidade cônica negra, de paredes delgadas, que é isolada termicamente de seu envoltório. A cavidade tem uma abertura com $D = 10$ mm e uma profundidade de $L = 12$ mm. O envoltório do medidor e a vizinhança se encontram a 25,0 °C.

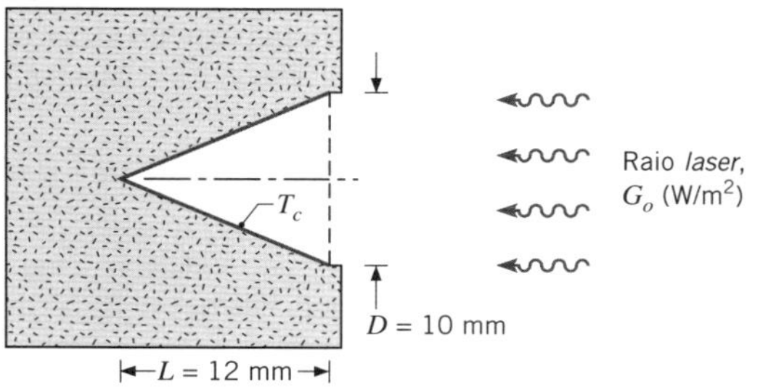

Um termopar de fio fino fixado na superfície da cavidade indica um aumento na temperatura de 10,1 °C quando um raio *laser* incide sobre o medidor. Qual é o fluxo radiante do raio *laser*, G_o(W/m^2)?

13.25 A configuração mostrada é usada para calibrar um medidor de fluxo térmico. O medidor possui uma superfície negra com 8 mm de diâmetro, mantida a 10 °C por uma placa de suporte resfriada com água. O aquecedor, com 150 mm de diâmetro, possui uma superfície negra mantida a 800 K e localizada a 0,5 m do medidor. A vizinhança e o ar estão a 27 °C, e o coeficiente de transferência de calor por convecção entre o medidor e o ar é de 15 W/(m^2 · K).

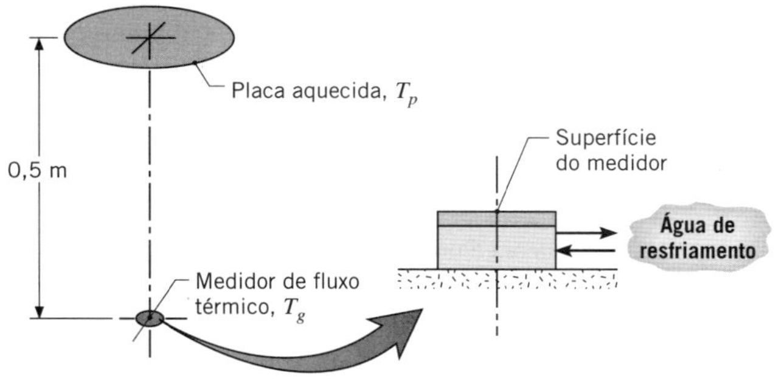

(a) Determine a troca de radiação líquida entre o aquecedor e o medidor.

(b) Determine a transferência de radiação líquida para o medidor por unidade de área do medidor.

(c) Qual é a taxa de transferência de calor líquida para o medidor por unidade de área do medidor?

13.26 Um longo elemento aquecedor cilíndrico com 20 mm de diâmetro, operando a 700 K em meio ao vácuo, está posicionado a 40 mm de uma parede isolada de baixa condutividade térmica.

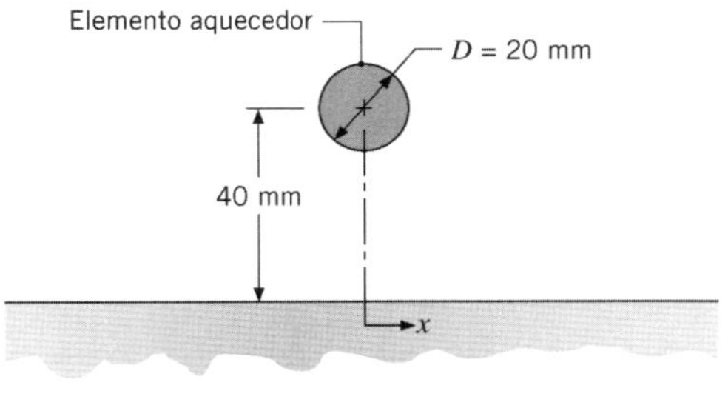

(a) Admitindo que o elemento e a parede sejam negros, estime a temperatura máxima atingida pela parede quando a vizinhança está a 300 K.

(b) Calcule e represente graficamente a distribuição de temperaturas na parede em regime estacionário no intervalo $-100 \text{ mm} \leq x \leq 100$ mm.

13.27 Água escoando através de um grande número de longos tubos circulares com paredes delgadas é aquecida por placas paralelas quentes, localizadas acima e abaixo da linha de tubos. Há vácuo no espaço entre as placas, e as superfícies das placas e dos tubos podem ser aproximadas por corpos negros.

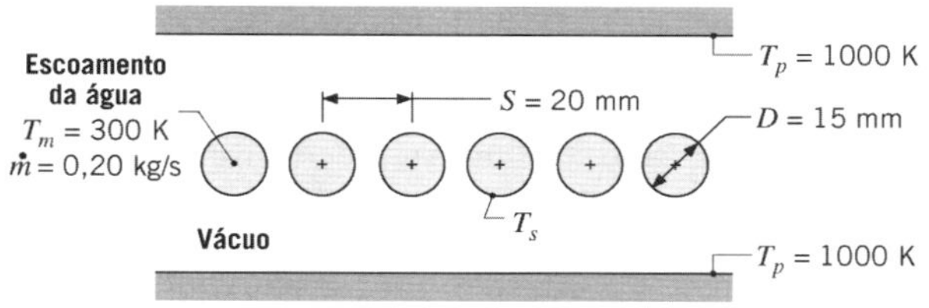

(a) Desprezando variações axiais, determine a temperatura na superfície do tubo, T_s, se a água escoar através de cada tubo com uma vazão mássica de $\dot{m} = 0{,}20$ kg/s e a uma temperatura média $T_m = 300$ K.

(b) Calcule e represente graficamente a temperatura superficial como uma função da vazão para $0{,}05 \leq \dot{m} \leq 0{,}25$ kg/s.

13.28 Uma linha de elementos aquecedores cilíndricos, regularmente espaçados, é usada para manter uma parede de um forno, dotada de isolamento térmico, a uma temperatura de 500 K. A parede oposta encontra-se a uma temperatura uniforme de 300 K.

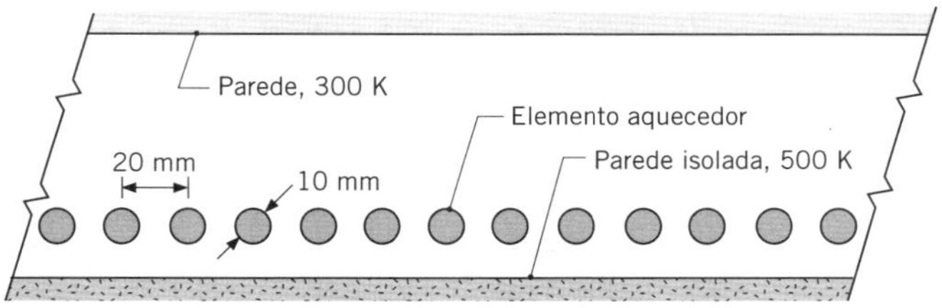

A parede isolada troca calor por convecção com ar a 450 K, com um coeficiente de transferência de calor por convecção de 200 W/(m^2 · K). Considerando que as paredes e os elementos aquecedores sejam negros, estime a temperatura de operação exigida para os elementos.

13.29 Considere as superfícies negras inclinadas (A_1 e A_2), muito longas, mantidas nas temperaturas uniformes de $T_1 = 1000$ K e $T_2 = 800$ K.

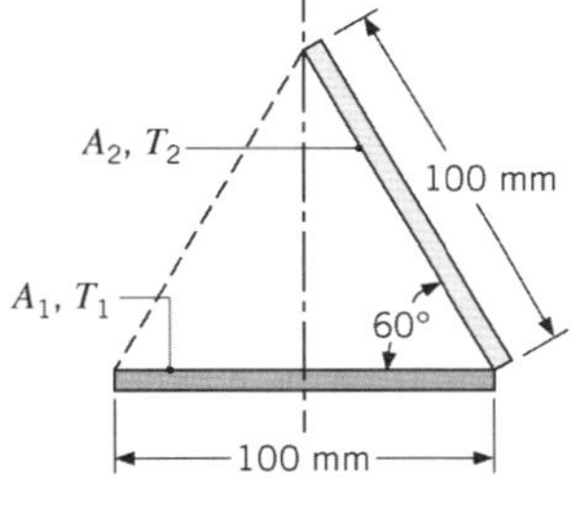

Determine a troca de radiação líquida entre as superfícies por unidade de comprimento das superfícies. Considere a configuração quando uma superfície negra (A_3), cuja superfície posterior é isolada termicamente, está posicionada ao longo da linha tracejada mostrada na figura. Calcule a transferência de radiação líquida para a superfície A_2, por unidade de comprimento da superfície, e determine a temperatura da superfície isolada A_3.

13.30 Muitos produtos são processados de um modo que requer uma temperatura do produto especificada como uma função do tempo. Considere um produto com a forma de um longo cilindro, com 10 mm de diâmetro, que é transportado lentamente através de um forno de processamento, como mostrado na figura. O produto exibe um comportamento próximo ao de um corpo negro e é fixado à correia transportadora pelas suas extremidades. A vizinhança está a 300 K, enquanto os aquecedores na forma de painéis radiantes estão a 500 K e têm superfícies que exibem um comportamento próximo ao de um corpo negro. Um engenheiro propõe um novo projeto de forno com uma superfície superior inclinada de modo a ser capaz de mudar rapidamente a resposta térmica do produto.

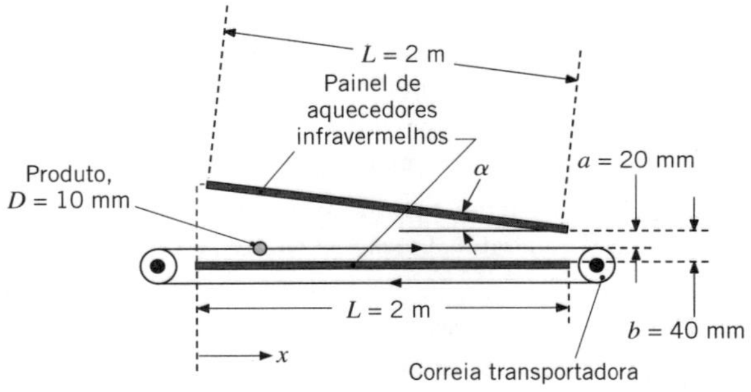

(a) Determine a radiação por unidade de comprimento incidente sobre o produto em $x = 0{,}5$ m e $x = 1$ m, para $\alpha = 0$.

(b) Determine a radiação por unidade de comprimento incidente sobre o produto em $x = 0{,}5$ m e $x = 1$ m, para $\alpha = \pi/15$. *Sugestão*: o fator de forma do cilindro para a vizinhança no lado esquerdo pode ser achado pela soma dos fatores de forma do cilindro para as duas superfícies mostradas com tracejado cinza escuro na figura.

Cavidades com Duas Superfícies e Barreiras de Radiação

13.31 Considere duas placas paralelas muito grandes com superfícies cinzas e difusas.

Determine a irradiação e a radiosidade na placa superior. Qual é a radiosidade da placa inferior? Qual é a troca de radiação líquida entre as placas por unidade de área das placas?

13.32 A Equação 1.7 está sujeita a várias restrições, tais como a vizinhança isotérmica e uma superfície bem maior do que a outra. Considere as superfícies pequena e grande formadas por esferas concêntricas e isotérmicas de raios r_1 e r_2, respectivamente.

(a) Calcule a razão entre os raios, r_2/r_1, para a qual a Equação 1.7 fornece uma taxa radiante de calor que esteja a 1 % da taxa dada pela Equação 13.26 nos casos a seguir. As superfícies opacas são difusas e cinzas.

Caso 1: $\varepsilon_1 = 0{,}9$, $\varepsilon_2 = 0{,}9$
Caso 2: $\varepsilon_1 = 0{,}9$, $\varepsilon_2 = 0{,}1$
Caso 3: $\varepsilon_1 = 0{,}1$, $\varepsilon_2 = 0{,}9$
Caso 4: $\varepsilon_1 = 0{,}1$, $\varepsilon_2 = 0{,}1$

(b) Represente graficamente o raio requerido *versus* a emissividade da esfera maior para as duas emissividades da esfera menor.

13.33 Um orifício com fundo plano e 8 mm de diâmetro é perfurado até uma profundidade de 24 mm em um material cinza e difuso, que tem uma emissividade de 0,8 e uma temperatura uniforme de 1000 K.

(a) Determine a potência radiante que deixa a abertura da cavidade.

(b) A emissividade efetiva ε_{ef} da cavidade é definida como a razão entre a potência radiante que deixa a cavidade e a potência radiante de um corpo negro que possui a área da abertura da cavidade e a temperatura de suas superfícies internas. Calcule a emissividade efetiva da cavidade descrita anteriormente.

(c) Se a profundidade do orifício fosse aumentada, o valor ε_{ef} aumentaria ou diminuiria? Qual é o limite de ε_{ef} à medida que a profundidade do orifício aumenta?

13.34 Considere uma janela de vidro duplo. A superfície do vidro pode ser tratada com um revestimento de baixa emissividade para reduzir sua emissividade de $\varepsilon = 0{,}95$ para $\varepsilon = 0{,}05$. Determine o fluxo térmico radiante entre as duas lâminas de vidro para: caso 1: $\varepsilon_1 = \varepsilon_2 = 0{,}95$; caso 2: $\varepsilon_1 = \varepsilon_2 = 0{,}05$; e caso 3: $\varepsilon_1 = 0{,}05$, $\varepsilon_2 = 0{,}95$. As temperaturas dos vidros são $T_1 = 20$ °C e $T_2 = -20$ °C, respectivamente.

13.35 Duas placas paralelas grandes são mantidas a $T_1 = 500$ K e $T_2 = 300$ K, respectivamente. A placa quente tem uma emissividade de 0,9, enquanto a placa fria é igual a 0,7.

(a) Determine o fluxo térmico por radiação sem e com a barreira de radiação formada por uma lâmina plana localizada no ponto médio entre as placas. Ambos os lados da barreira possuem emissividade de 0,05.

(b) Um esquema é proposto para diminuir mais o fluxo térmico radiante entre as placas pela adição de mais material à barreira através da corrugação da lâmina plana. Calcule o fluxo térmico radiante associado à barreira corrugada do esquema com um ângulo da dobra de $\alpha = \pi/4$. O esquema proposto será bem-sucedido na redução do fluxo térmico?

(c) Represente em um gráfico o fluxo térmico radiante entre as placas sem a barreira, com uma barreira plana posicionada entre as placas e com uma barreira corrugada para a faixa de $0 \le \alpha \le \pi$. Explique o comportamento mostrado em seu gráfico.

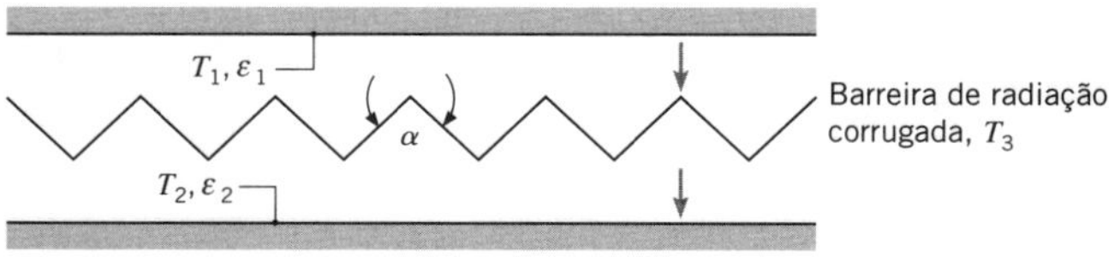

13.36 Nos Problemas 12.14 e 12.93, estimamos a temperatura da superfície da Terra supondo que ela fosse negra. A maioria da superfície da Terra é água, que tem uma emissividade hemisférica de $\varepsilon = 0{,}96$. Na realidade, a superfície da água não é plana, havendo normalmente ondas e ondulações.

(a) Supondo que a geometria das ondas possa ser aproximada de perto como bidimensional e como mostrada na figura, determine a emissividade efetiva da superfície da água, como definida no Problema 13.33, para $\alpha = 3\pi/4$.

(b) Calcule e represente graficamente a emissividade efetiva da superfície da água, normalizada pela emissividade hemisférica da água ($\varepsilon_{ef}/\varepsilon$), na faixa de $\pi/2 \leq \alpha \leq \pi$.

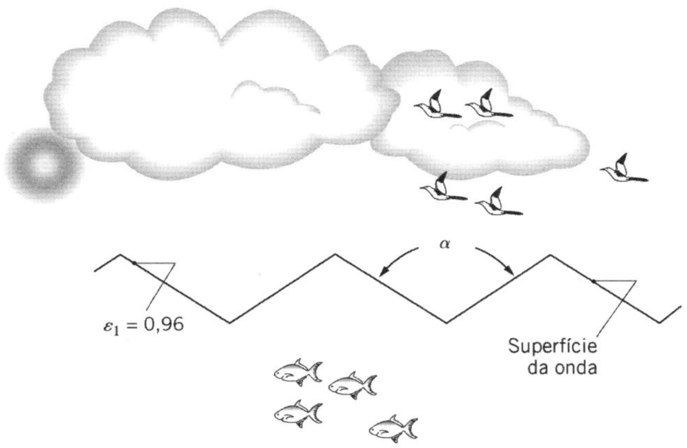

13.37 Considere as cavidades formadas por um cone, um cilindro e uma esfera que possuem o mesmo tamanho de abertura (d) e dimensão principal (L), como mostrado na figura.

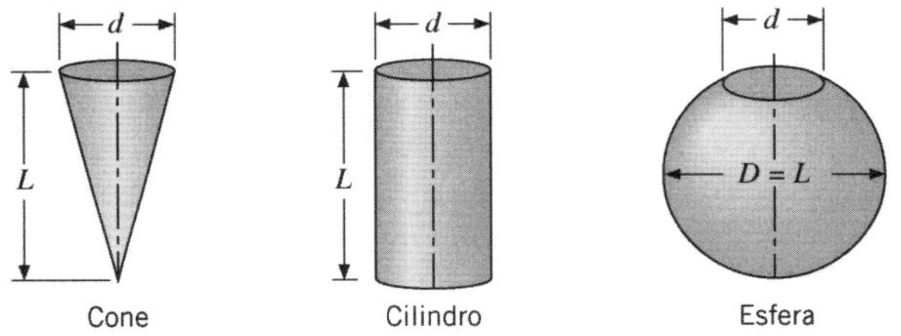

(a) Determine o fator de forma entre a superfície interna de cada cavidade e a sua abertura.

(b) Determine a emissividade efetiva de cada cavidade, ε_{ef}, conforme definida no Problema 13.33, admitindo que as paredes internas são difusas e cinzas com uma emissividade ε_p.

(c) Para cada cavidade e emissividades da parede de ε_p = 0,5; 0,7 e 0,9, represente graficamente ε_{ef} como uma função da razão entre a dimensão principal e o tamanho da abertura, L/d, para valores dessa razão entre um e dez.

13.38 Considere o sótão de uma casa localizada em um local de clima quente. O piso do sótão é caracterizado por uma largura L_1 = 8 m, enquanto o telhado faz um ângulo de $\theta = 30°$ a partir da direção horizontal, como mostrado na figura. O proprietário quer reduzir a carga térmica para a casa instalando um filme de alumínio brilhante (ε_f = 0,07) sobre as superfícies do espaço do sótão. Antes da instalação do filme, as superfícies tinham uma emissividade de ε_o = 0,90.

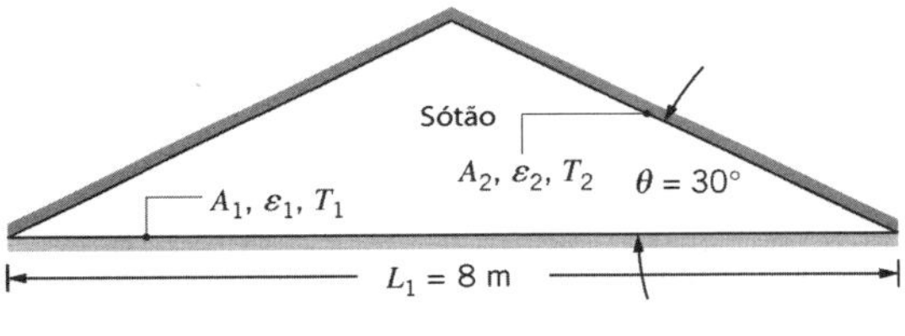

(a) Considere a instalação somente na superfície inferior do telhado do sótão. Determine a razão entre as transferências de calor radiantes após e antes da instalação do filme.

(b) Determine a razão entre as transferências de calor radiantes após e antes da instalação se o filme for instalado somente sobre o piso do sótão.

(c) Determine a razão entre as transferências de calor radiantes se o filme for instalado sobre o piso do sótão e a parte inferior do telhado.

13.39 Uma chapa de alumínio anodizado, com espessura de t = 5 mm, é usada para descartar calor em um dispositivo de potência para uso no espaço. A borda da chapa é fixada à fonte quente, e a chapa é mantida em condições quase isotérmicas a T = 300 K. Não há irradiação sobre a chapa.

(a) Determine a transferência de calor por radiação líquida para o espaço nos dois lados da chapa com 200 mm × 200 mm.

(b) Um engenheiro sugere fazer furos de 3 mm de diâmetro ao longo da chapa. Os furos são espaçados de 5 mm. As superfícies internas dos furos são anodizadas após a sua perfuração. Determine a transferência de calor por radiação líquida para o espaço nos dois lados da chapa.

(c) Como um projeto alternativo, os furos de 3 mm não transpassam a chapa. Nos dois lados são feitos furos com profundidade de 2 mm, com fundo plano, deixando assim uma película de alumínio com 1 mm de espessura separando o fundo dos furos localizados nas superfícies opostas. Determine a transferência de calor por radiação líquida para o espaço nos dois lados da chapa.

(d) Compare a razão entre a transferência de calor por radiação líquida e a massa da chapa para os três projetos.

13.40 Considere o sistema de descarte de calor em espaçonaves do Problema 13.20, mas sob condições nas quais as superfícies 1 e 2 não podem ser aproximadas por corpos negros.

(a) Para superfícies isotérmicas com temperatura T = 325 K e emissividade ε = 0,7, e uma seção em U com largura W = 25 mm e comprimento L = 125 mm, determine a taxa, por unidade de comprimento (normal à página), na qual radiação é transferida de uma seção para o espaço.

(b) Explore o efeito da emissividade na taxa de descarte de calor e compare os seus resultados com aqueles para emissão exclusivamente a partir da base da seção.

13.41 Oxigênio líquido é armazenado em um vaso esférico com parede delgada e 0,75 m de diâmetro, que se encontra no interior de um segundo vaso esférico, também com parede delgada e com 1,1 m de diâmetro. As superfícies dos vasos são cinzas, difusas e opacas, com uma emissividade de 0,05, e separadas por um espaço no qual há vácuo. Se a superfície externa está a 280 K e a superfície interna está a 90 K, qual é a taxa mássica de perda de oxigênio resultante da evaporação? (O calor latente de vaporização do oxigênio é de 2,13 × 10^5 J/kg.)

13.42 Duas esferas concêntricas com diâmetro D_1 = 0,8 m e D_2 = 1,2 m estão separadas por um espaço contendo ar e possuem temperaturas superficiais de T_1 = 400 K e T_2 = 300 K.

(a) Se as superfícies forem negras, qual é a taxa de troca de radiação líquida entre as esferas?

(b) Qual é a taxa de troca de radiação líquida entre as superfícies se elas forem difusas e cinzas com ε_1 = 0,5 e ε_2 = 0,05?

(c) Qual é a taxa de troca de radiação líquida se o valor de D_2 for aumentado para 20 m, com ε_2 = 0,05; ε_1 = 0,5 e D_1 = 0,8 m? Qual seria o erro introduzido caso fosse admitido um comportamento de corpo negro para a superfície externa ($\varepsilon_2 = 1$), com todas as demais condições permanecendo as mesmas?

(d) Para $D_2 = 1{,}2$ m e emissividades de $\varepsilon_1 = 0{,}1$; 0,5 e 1,0 calcule e represente graficamente a taxa de troca de radiação líquida como uma função de ε_2 para $0{,}05 \le \varepsilon_2 \le 1{,}0$.

13.43 Transferência de calor por radiação ocorre entre duas grandes placas paralelas, que são mantidas a temperaturas T_1 e T_2, com $T_1 > T_2$. Para reduzir a taxa de transferência de calor entre as placas, propõe-se que elas sejam separadas por uma barreira delgada que possua emissividades diferentes em suas superfícies opostas. Em particular, uma superfície possui a emissividade $\varepsilon_b < 0{,}5$, enquanto a superfície oposta possui uma emissividade de $2\varepsilon_b$.

(a) Como a barreira deve ser orientada para proporcionar a maior redução na taxa de transferência de calor entre as placas? Isto é, a superfície com emissividade ε_b ou a com emissividade $2\varepsilon_b$ deve estar orientada na direção da placa com temperatura T_1?

(b) Que orientação irá resultar no maior valor da temperatura da barreira T_b?

13.44 A extremidade de um tanque cilíndrico no espaço, que contém um propelente criogênico líquido, deve ser protegida da radiação externa (solar) pela inserção de uma fina barreira metálica em frente ao tanque. Considere que o fator de forma F_{tb} entre o tanque e a barreira seja igual à unidade, que todas as superfícies são difusas e cinzas e que a vizinhança está a 0 K.

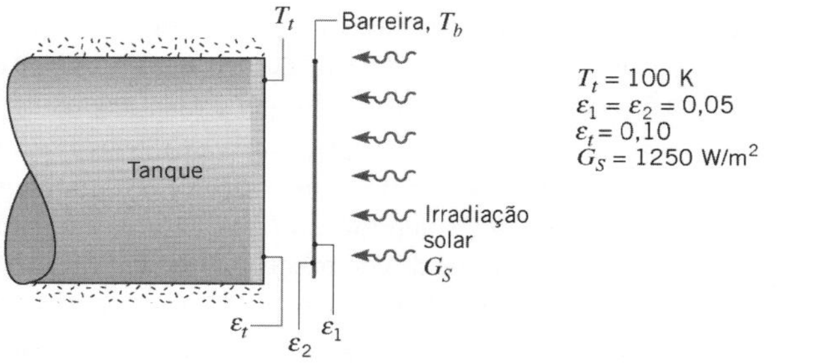

Determine a temperatura da barreira T_b e o fluxo térmico (W/m^2) para a extremidade do tanque.

13.45 No fundo de uma grande câmara de vácuo cujas paredes estão a 300 K, um painel negro com 0,1 m de diâmetro é mantido a 77 K. Para reduzir o calor ganho nesse painel, uma barreira de radiação com o mesmo diâmetro D e uma emissividade de 0,05 é colocada muito próxima ao painel. Calcule o ganho de calor líquido no painel.

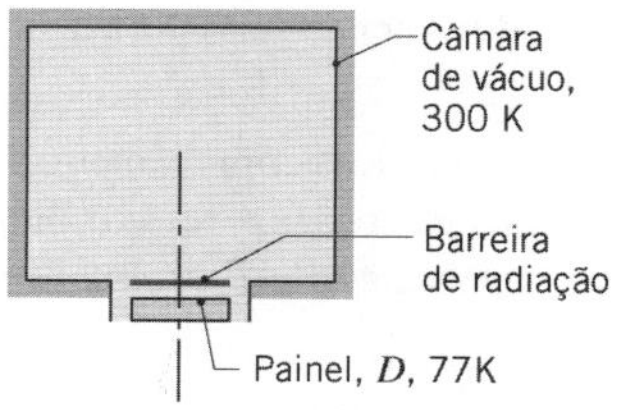

13.46 Um forno está localizado próximo a um denso conjunto de tubos de transporte de um fluido criogênico. O conjunto de tubos cobertos por gelo formam aproximadamente uma superfície plana com uma temperatura média de $T_t = 0$ °C e uma emissividade de $\varepsilon_t = 0{,}6$. A parede do forno tem uma temperatura de $T_f = 200$ °C e uma emissividade de $\varepsilon_f = 0{,}9$. Para proteger o equipamento de refrigeração e a tubulação de uma carga térmica em excesso, barreiras de radiação de alumínio refletivas com uma emissividade de $\varepsilon_b = 0{,}1$ são instaladas entre os tubos e a parede do forno, como mostrado na figura. Considere todas as superfícies difusas e cinzas.

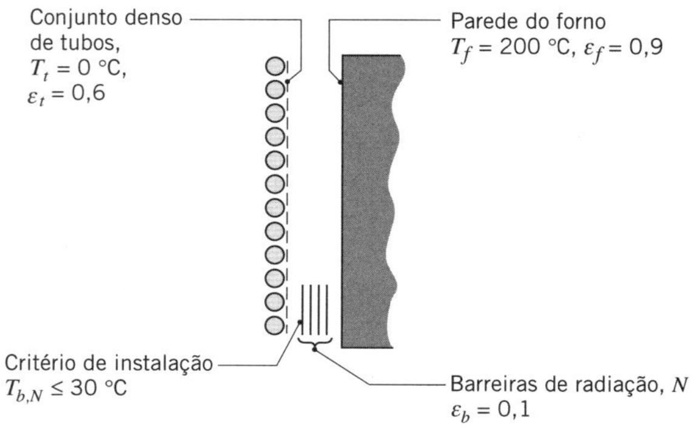

Se a temperatura da barreira mais próxima dos tubos $T_{b,N}$ tem que ser inferior a 30 °C, quantas barreiras de radiação, N, devem ser instaladas entre os tubos e a parede do forno?

13.47 Um fluido criogênico escoa por um tubo com 20 mm de diâmetro, cuja superfície externa é difusa e cinza, com uma emissividade de 0,05 e uma temperatura de 77 K. Esse tubo é concêntrico a um tubo maior, com 50 mm de diâmetro, cuja superfície interna é difusa e cinza, com uma emissividade de 0,05 e uma temperatura de 300 K. Há vácuo no espaço entre as superfícies. Determine o calor ganho pelo fluido criogênico, por unidade de comprimento do tubo interno. Se uma barreira de radiação com parede delgada, difusa e cinza, com emissividade de 0,05 (os dois lados), for inserida no meio da distância entre as superfícies interna e externa, calcule a variação (percentual) no ganho de calor, por unidade de comprimento do tubo interno. Em qual proporção a troca de energia vai mudar se a emissividade da barreira for 1,0 (os dois lados)?

Cavidades com Superfície Rerradiante

13.48 Um longo duto é construído com paredes difusas e cinzas, com 0,5 m de largura. O topo e a base do duto são isolados termicamente. As emissividades das paredes são $\varepsilon_1 = 0{,}45$; $\varepsilon_2 = 0{,}65$ e $\varepsilon_3 = 0{,}15$; respectivamente, enquanto as temperaturas das paredes 1 e 2 são 500 K e 700 K, respectivamente.

(a) Determine a temperatura das paredes isoladas.

(b) Determine a taxa de transferência de calor líquida saindo da superfície 2 por unidade de comprimento do duto.

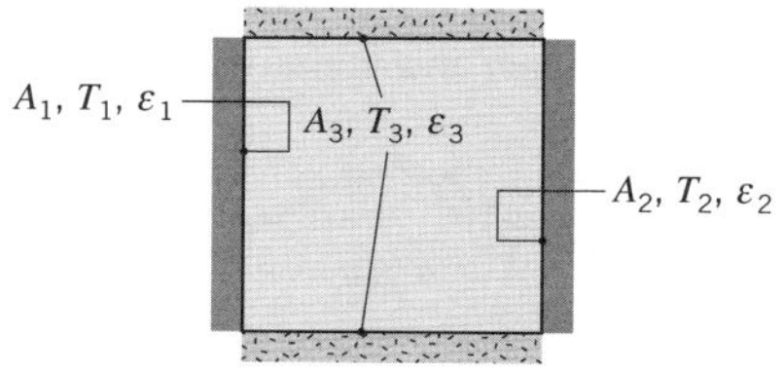

13.49 Um forno tem a forma de uma seção de cone truncado, como mostrado na figura. O piso do forno tem uma emissividade de $\varepsilon_1 = 0{,}7$ e é mantido a 1000 K com um fluxo térmico de 2200 W/m^2. A parede lateral é isolada termicamente e tem uma emissividade de $\varepsilon_3 = 0{,}3$. Considere que todas as superfícies sejam difusas e cinzas.

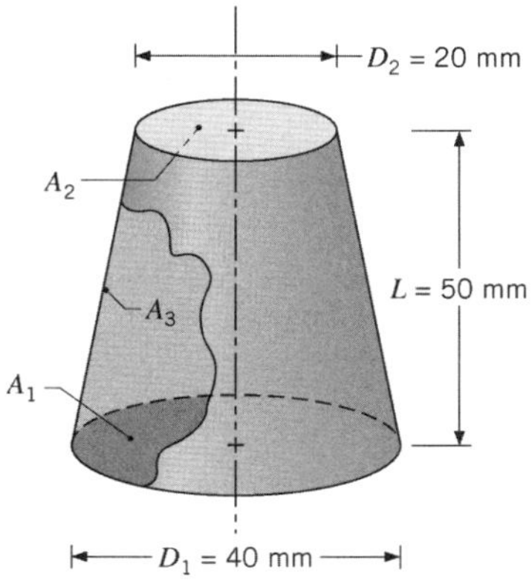

(a) Determine a temperatura da superfície superior, T_2, se a sua emissividade for igual a $\varepsilon_2 = 0{,}5$. Qual é a temperatura da parede lateral, T_3?

(b) Se as condições no piso do forno permanecerem as mesmas, mas todas as superfícies forem negras em vez de difusas e cinzas, determine T_2 e T_3. A partir das análises das cavidades difusas e com comportamento de corpo negro, o que você pode dizer sobre a influência de ε_2 em seus resultados?

13.50 Dois discos paralelos alinhados, com 0,35 m de diâmetro e separados por uma distância de 0,1 m, estão localizados em uma grande sala cujas paredes são mantidas a 300 K. Um dos discos é mantido a uma temperatura uniforme de 600 K, com uma emissividade de 0,8; enquanto o lado de trás do segundo disco encontra-se isolado termicamente. Se os discos são superfícies cinza e difusas, determine a temperatura do disco isolado.

13.51 Revestimentos aplicados a longas tiras metálicas são curados pela instalação das tiras ao longo das paredes de um longo forno com seção transversal quadrada.

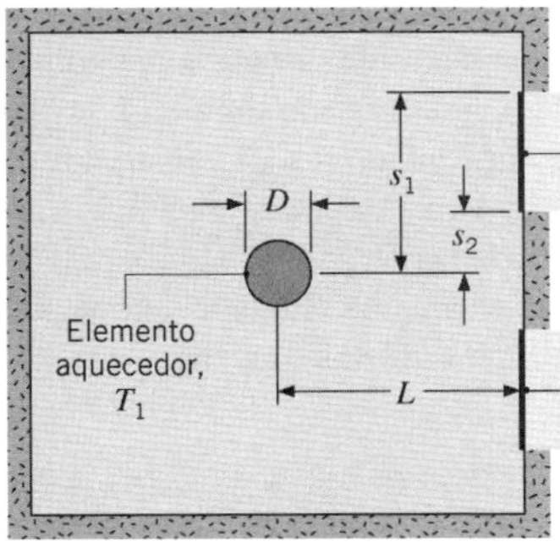

As condições térmicas no interior do forno são mantidas por um longo bastão de carbeto de silício (elemento aquecedor), que tem diâmetro $D = 20$ mm e opera a $T_1 = 1700$ K. Cada uma das duas tiras sobre uma parede lateral possui a mesma orientação em relação ao bastão ($s_1 = 60$ mm, $s_2 = 25$ mm, $L = 80$ mm) e opera a $T_2 = 600$ K. Todas as superfícies são difusas e cinzas com $\varepsilon_1 = 0{,}9$ e $\varepsilon_2 = 0{,}3$. Admitindo que o forno esteja isolado termicamente em todas as suas superfícies à exceção das superfícies das tiras e desprezando os efeitos convectivos, determine a demanda de energia por unidade de comprimento (W/m).

13.52 Barras longas e cilíndricas são termicamente tratadas em um forno infravermelho. As barras, com diâmetro $D = 50$ mm, são dispostas sobre uma bandeja isolada e aquecidas por um painel infravermelho acima delas, mantida a temperatura de $T_p = 800$ K, com $\varepsilon_p = 0{,}85$. As barras estão a $T_b = 300$ K e têm emissividade de $\varepsilon_b = 0{,}92$.

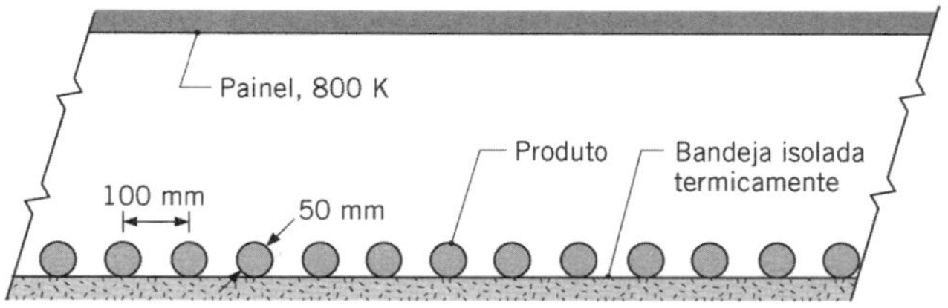

(a) Para um espaçamento do produto de $s = 100$ mm e um comprimento do produto de $L = 1$ m, determine o fluxo térmico radiante chegando ao produto. Determine o fluxo térmico na superfície do painel aquecedor.

(b) Represente graficamente o fluxo térmico radiante experimentado pelo produto e o fluxo térmico radiante no painel aquecedor na região 50 mm $\leq s \leq$ 250 mm.

13.53 Uma liga de alumínio fundida a 950 K é despejada em um recipiente cilíndrico que é isolado termicamente de uma grande vizinhança a 300 K. O diâmetro interno do recipiente é de 500 mm e a distância do líquido para o topo do recipiente é de 200 mm.

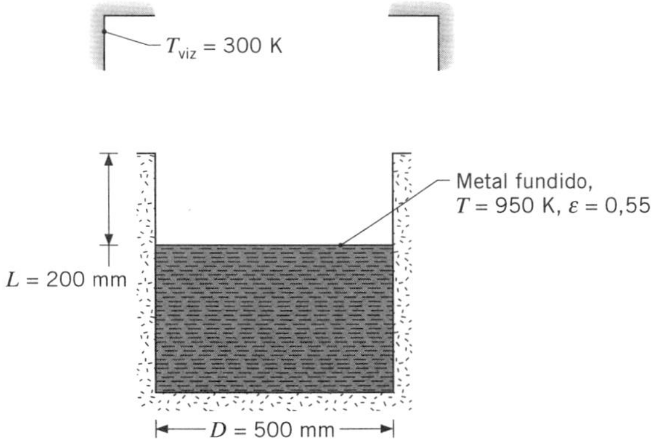

Se o alumínio oxidado na superfície da massa fundida tiver uma emissividade de 0,55, qual é a taxa de transferência de calor líquida por radiação saindo da massa fundida?

13.54 Um aquecedor radiante é constituído por um banco de tubos cerâmicos com elementos aquecedores internos. Os tubos têm diâmetro $D = 20$ mm e estão separados por uma distância $s = 50$ mm. Uma superfície rerradiante está posicionada por trás dos tubos de aquecimento, como mostrado na figura. Determine o fluxo térmico radiante líquido para o material aquecido quando os tubos de aquecimento ($\varepsilon_{aq} = 0{,}87$) são mantidos a 1000 K. O material aquecido ($\varepsilon_m = 0{,}26$) está a uma temperatura de 500 K.

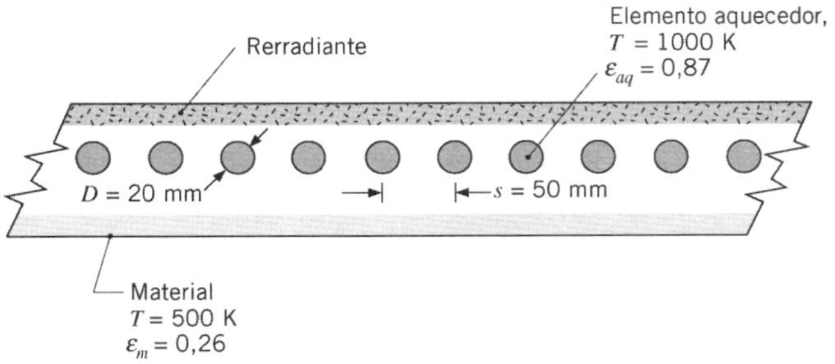

13.55 Um forno cúbico, com 2,5 m de lado, é usado para tratar termicamente uma placa de aço. A superfície superior do forno é formada por aquecedores elétricos radiantes que possuem uma emissividade de 0,85 e são alimentados por uma potência de $1,5 \times 10^5$ W. As paredes laterais são construídas com um material refratário isolado termicamente, enquanto a base é a placa de aço, que possui uma emissividade de 0,4. Admita um comportamento de superfície cinza e difusa para o aquecedor e a placa, e considere condições nas quais a placa está a 300 K. Quais são as temperaturas correspondentes na superfície do aquecedor e nas paredes laterais?

13.56 Um forno elétrico com duas seções de aquecimento, superior e inferior, é usado para tratar termicamente um revestimento que é aplicado em ambas as superfícies de uma placa metálica delgada inserida na metade da distância entre os aquecedores.

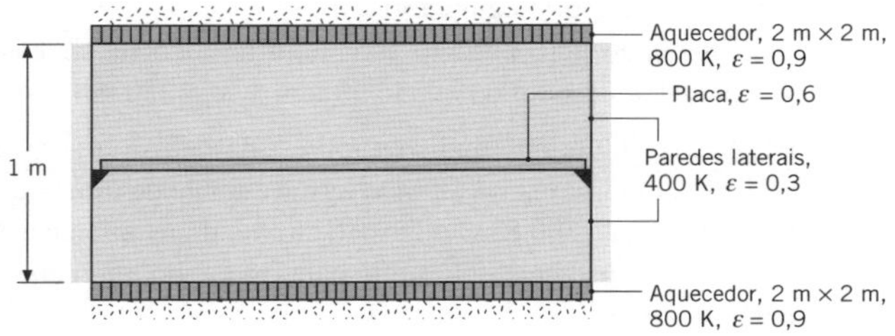

Os aquecedores e a placa possuem dimensões 2 m × 2 m, e cada aquecedor está separado da placa por uma distância de 0,5 m. Cada aquecedor é isolado termicamente no seu lado externo e possui uma emissividade de 0,9 na superfície exposta interna. A placa e as paredes laterais possuem emissividades de 0,6 e 0,3, respectivamente. Esboce o circuito (rede) de radiação equivalente ao sistema e identifique todas as resistências e potenciais pertinentes. Para as condições especificadas, obtenha a potência elétrica exigida e a temperatura da placa.

13.57 Um coletor solar é formado por um longo duto através do qual ar é soprado; sua seção transversal forma um triângulo equilátero com um metro de lado. Um dos lados é uma cobertura de vidro com emissividade $\varepsilon_1 = 0,9$, enquanto os outros dois lados são placas de absorção com $\varepsilon_2 = \varepsilon_3 = 1,0$.

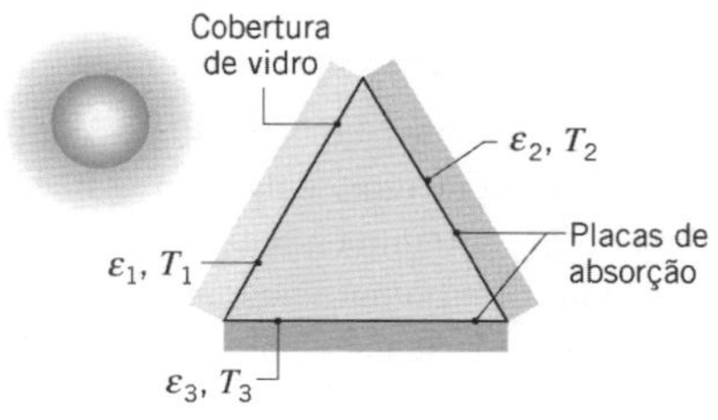

Durante a operação, sabe-se que as temperaturas superficiais são $T_1 = 25$ °C, $T_2 = 60$ °C e $T_3 = 70$ °C. Qual é a taxa líquida na qual a radiação é transferida para a cobertura em face da troca com as placas de absorção?

13.58 Um pistão sem atrito com diâmetro $D_p = 50$ mm, espessura $\delta = 10$ mm e massa específica $\rho = 8000$ kg/m³ é posicionado no interior de um cilindro vertical com comprimento total $L = 100$ mm. O cilindro é escavado em um material com condutividade térmica muito baixa, e uma massa de ar de $M_a = 75 \times 10^{-6}$ kg encontra-se confinada no volume abaixo do cilindro. A vizinhança encontra-se a $T_{viz} = 300$ K, enquanto a superfície da base do cilindro é mantida a T_1. A emissividade de todas as superfícies é $\varepsilon = 0,3$.

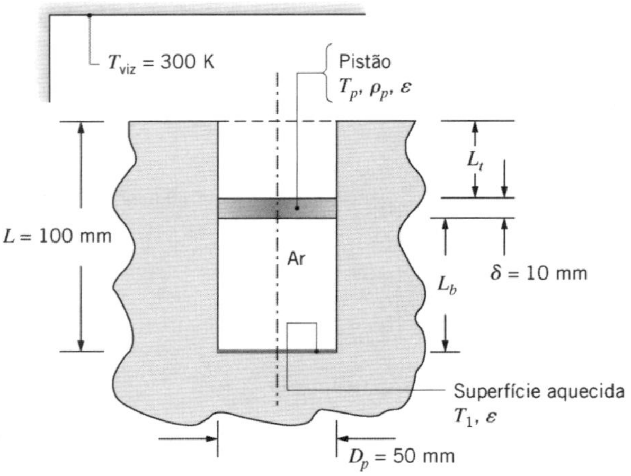

Qual a distância entre a superfície inferior do pistão e a base do cilindro, L_b, para $T_1 = 300$, 450 e 600 K? Qual é a temperatura do pistão? *Sugestão*: despreze a transferência de calor por convecção e suponha que a temperatura do ar média seja $\overline{T}_a = (T_p + T_1)/2$.

13.59 A vigia cilíndrica em uma parede de fornalha com espessura $L = 250$ mm tem um diâmetro $D = 125$ mm. O interior da fornalha está a uma temperatura de 1300 K, e a vizinhança externa à fornalha tem uma temperatura de 300 K.

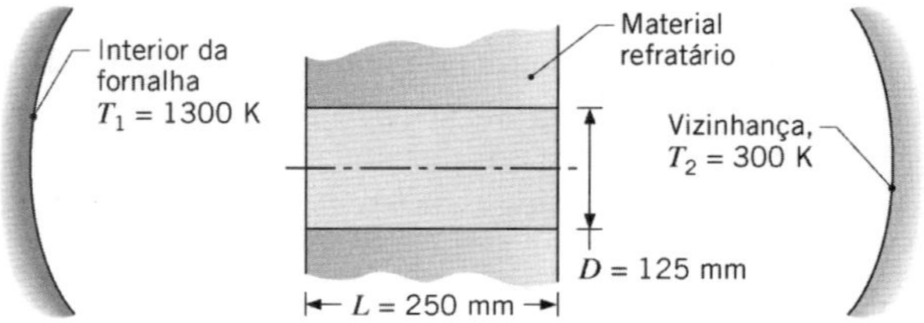

Determine a perda térmica por radiação através da vigia.

13.60 Uma parede composta é feita com duas grandes placas separadas por folhas de isolamento refratário, como mostrado na figura. No processo de instalação, as folhas de espessura $L = 50$ mm e condutividade térmica $k = 0,05$ W/(m · K) são separadas em intervalos de um metro por espaços de largura $w = 10$ mm. As placas quente e fria têm temperaturas e emissividades $T_1 = 400$ °C, $\varepsilon_1 = 0,85$ e $T_2 = 35$ °C, $\varepsilon_2 = 0,5$, respectivamente. Suponha que as placas e o isolante sejam superfícies difusas e cinzas.

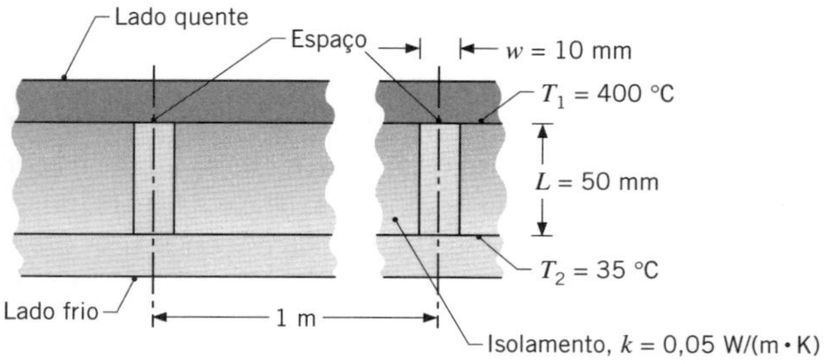

(a) Determine a taxa da perda térmica por radiação através do espaço por unidade de comprimento da parede composta (normal à página).

(b) Reconhecendo que os espaços estão localizados com um espaçamento de um metro, determine qual fração da perda térmica total através da parede composta é resultante da transferência por radiação através dos espaços do isolamento.

13.61 Um pequeno disco com diâmetro D_1 = 50 mm e emissividade ε_1 = 0,6 é mantido a uma temperatura de T_1 = 900 K. O disco é coberto com uma barreira de radiação hemisférica com o mesmo diâmetro e uma emissividade ε_2 = 0,02 (ambos os lados). O disco e a redoma estão localizados na base de um grande recipiente refratário (ε_4 = 0,85), onde há vácuo, defronte a outro disco com diâmetro $D_3 = D_1$, emissividade ε_3 = 0,4 e temperatura T_3 = 400 K. O fator de forma F_{23} da barreira em relação ao disco superior é igual a 0,3.

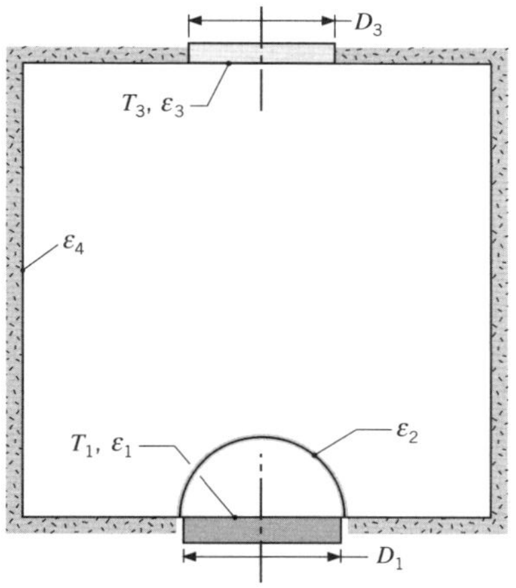

(a) Construa um circuito térmico equivalente ao sistema em análise. Identifique todos os nós, resistências e correntes.

(b) Determine a taxa de transferência de calor líquida entre o disco quente e o resto do sistema.

Cavidades: Três ou Mais Superfícies

13.62 Considere uma cavidade cilíndrica de diâmetro D = 100 mm e profundidade L = 50 mm, cuja parede lateral e o fundo são difusos e cinzas com uma emissividade de 0,6 e estão a uma temperatura uniforme de 1500 K. O topo da cavidade é aberto e exposto a uma vizinhança que é grande e encontra-se a 300 K.

(a) Calcule a taxa de transferência de calor radiante líquida saindo da cavidade, tratando o fundo e a parede lateral da cavidade como uma superfície (q_A).

(b) Calcule a taxa de transferência de calor radiante líquida saindo da cavidade, tratando o fundo e a parede lateral da cavidade como duas superfícies separadas (q_B).

(c) Represente graficamente a diferença percentual entre q_A e q_B como uma função de L no intervalo 5 mm $\leq L \leq$ 100 mm.

13.63 Considere um forno circular que possui 0,5 m de comprimento e 0,5 m de diâmetro. As duas extremidades possuem superfícies cinzas e difusas, mantidas a 400 e 500 K, com emissividades de 0,4 e 0,5, respectivamente. A superfície lateral também é cinza e difusa, com uma emissividade de 0,7 e uma temperatura de 800 K. Determine a transferência radiante líquida em cada uma das superfícies.

13.64 Três longas barras cilíndricas, com 20 mm de diâmetro, devem ser tratadas termicamente em um forno. As barras encontram-se inicialmente a uma temperatura de 300 K, enquanto as paredes do forno estão carbonizadas e a 450 K. As barras e as paredes do forno possuem emissividade de 0,85 e 1, respectivamente. Determine a taxa de transferência de calor radiante inicial por unidade de comprimento para cada uma das três barras se todas elas são colocadas em paralelo horizontalmente sobre uma grade fina no interior do forno. Considere distâncias de separação entre as superfícies das barras de s = 0, 10 e 50 mm. Para qual distância de separação e para qual barra (ou barras) a taxa de transferência de calor radiante é maximizada? Para qual distância de separação e para qual barra (ou barras) a taxa de transferência de calor radiante é minimizada? Represente graficamente a taxa de transferência de calor inicial por unidade de comprimento para a barra do meio e para as barras da ponta para distâncias de separação de $0 \leq s \leq 1$ m.

13.65 Dois objetos convexos estão no interior de um grande recipiente, no qual há vácuo. As paredes do recipiente são mantidas a T_3 = 300 K. Os objetos têm a mesma área, igual a 0,2 m^2, e a mesma emissividade, igual a 0,2. O fator de forma do objeto 1 para o 2 é F_{12} = 0,3. Embutido no objeto 2 há um aquecedor que gera 400 W. A temperatura do objeto 1 é mantida a T_1 = 200 K pela circulação de um fluido no interior de canais nele usinados. A qual taxa calor deve ser fornecido (ou removido) pelo fluido para manter a temperatura desejada no objeto 1? Qual é a temperatura do objeto 2?

13.66 Considere a cavidade composta por quatro superfícies cinzas e difusas, com todos os lados iguais, mostrada na figura. As temperaturas de três superfícies são especificadas, enquanto a quarta encontra-se termicamente isolada e pode ser tratada como uma superfície rerradiante. Determine a temperatura da superfície rerradiante (4).

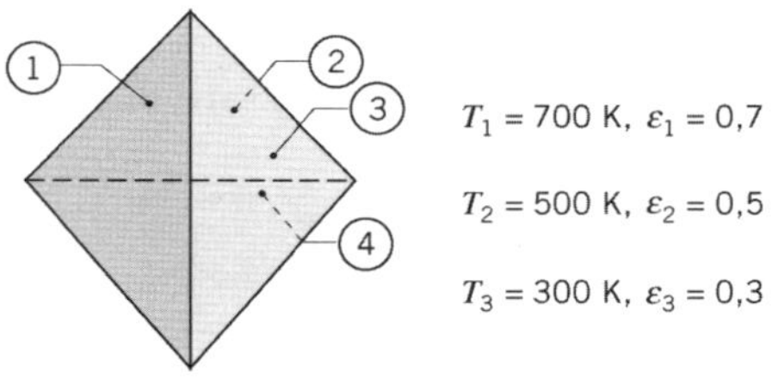

13.67 Um forno cilíndrico usado para o tratamento térmico de materiais no ambiente de uma nave espacial possui um diâmetro de 90 mm e um comprimento total de 180 mm. Os elementos aquecedores, na seção com 135 mm de comprimento (1), mantêm um revestimento refratário com ε_1 = 0,8 a 800 °C. Os revestimentos das seções inferior (2) e superior (3) são feitos com o mesmo material refratário, porém são termicamente isolados.

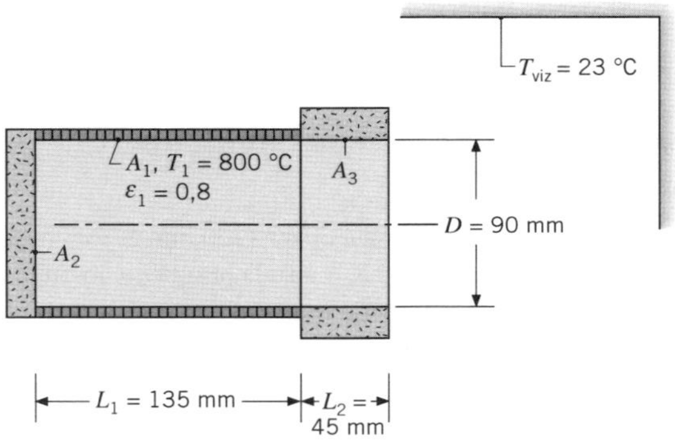

Determine a potência exigida para manter as condições de operação do forno quando a vizinhança se encontra a 23 °C.

13.68 Um forno de laboratório tem uma câmara interna cúbica com um metro de lado, com superfícies interiores com emissividade $\varepsilon = 0{,}85$.

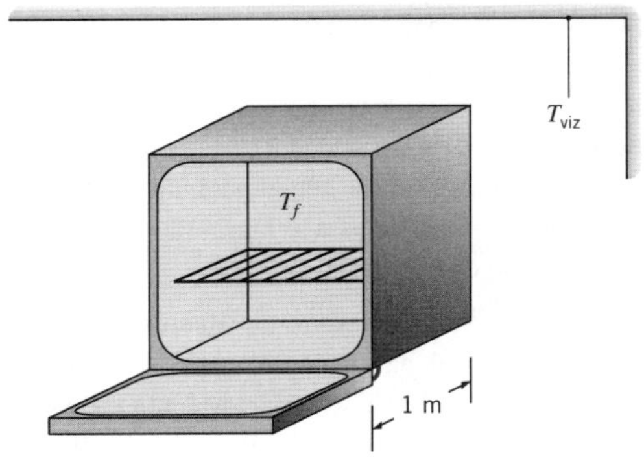

Determine a taxa de transferência de calor radiante inicial para o laboratório, no qual o forno encontra-se colocado, quando a sua porta está aberta. As temperaturas do forno e da vizinhança são $T_f = 375$ °C e $T_{viz} = 20$ °C, respectivamente. Trate a porta do forno como uma superfície e as cinco paredes internas restantes do forno como outra.

13.69 Um pequeno forno é constituído por uma caixa cúbica, de lado $L = 0{,}1$ m, como mostrado. O piso da caixa é constituído por um aquecedor que fornece $P = 400$ W. As paredes restantes perdem calor para a vizinhança fora do forno, fato que mantém suas temperaturas a $T_3 = 400$ K. Um objeto esférico, com diâmetro $D = 30$ mm, encontra-se posicionado no centro do forno. Algum tempo após a esfera ser posicionada no interior do forno, sua temperatura é de $T_1 = 420$ K. Todas as superfícies possuem emissividade igual a 0,4.

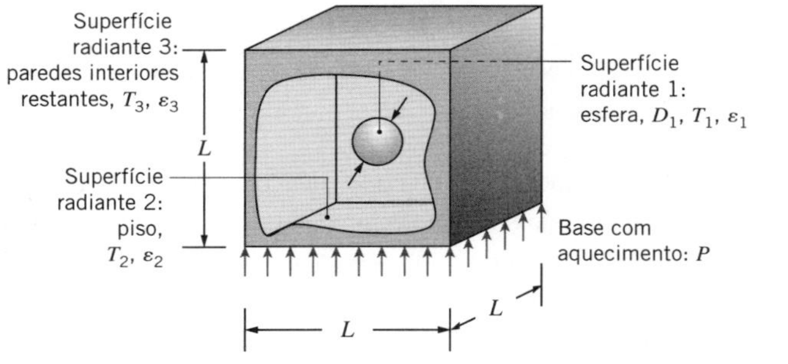

(a) Determine os seguintes fatores de forma: F_{12}, F_{13}, F_{21}, F_{31}, F_{23}, F_{32}, F_{33}.

(b) Determine a temperatura do piso e a taxa de transferência de calor líquida por radiação deixando a esfera. A esfera está em condições de regime estacionário?

Transferência de Calor com Múltiplos Modos: Introdutória

13.70 Uma placa cinza, difusa e opaca (200 mm × 200 mm), com uma emissividade de 0,8, é instalada sobre a abertura de um forno e sabe-se que, em determinado instante, ela se encontra a 400 K. A base do forno, que possui as mesmas dimensões da placa, é negra e opera a 1000 K. As paredes laterais do forno são isoladas termicamente. A parte superior da placa está exposta ao ar ambiente, com um coeficiente de transferência de calor por convecção de 25 W/(m² · K) e a uma grande vizinhança. O ar e a vizinhança estão a 300 K.

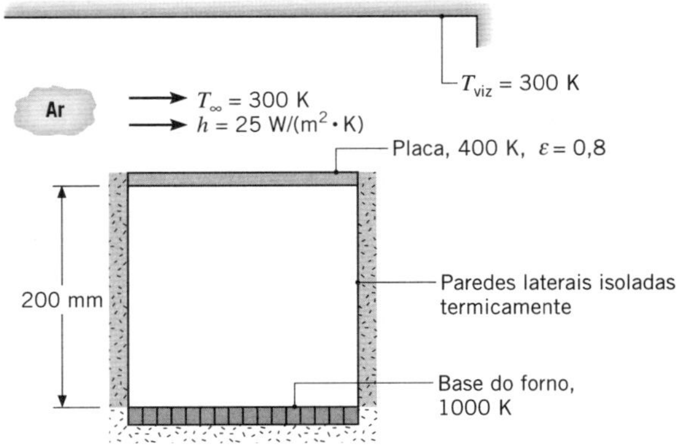

(a) Calcule a taxa de transferência radiante líquida para a superfície inferior da placa.

(b) Se a placa possui uma massa e um calor específico de 2 kg e 900 J/(kg · K), respectivamente, qual será a variação da temperatura da placa com o tempo, dT_p/dt? Suponha que a transferência de calor por convecção na superfície inferior da placa seja desprezível.

(c) Estendendo a análise do item (b), gere um gráfico da variação da temperatura da placa com o tempo, dT_p/dt, como uma função da temperatura da placa para $350 \leq T_p \leq 900$ K, considerando todas as demais condições permanecendo as mesmas. Qual é a temperatura da placa em condições de regime estacionário?

13.71 Seja o Problema 6.14. A placa estacionária, o ar ambiente e a vizinhança estão a $T_\infty = T_{viz} = 20$ °C. Sendo a temperatura do disco em rotação de $T_s = 80$ °C, qual é a potência total dissipada a partir da superfície superior do disco para $g = 2$ mm, $\Omega = 150$ rad/s, estando a placa estacionária e o disco pintados com tinta preta Parsons? Com o passar do tempo, a tinta sobre o disco em rotação se desgasta em função da presença de poeira no ar, expondo a sua base metálica, que tem uma emissividade de $\varepsilon = 0{,}10$. Determine a potência total dissipada a partir da superfície superior do disco desgastada.

13.72 A maioria dos arquitetos sabe que o teto de uma pista de patinação no gelo tem que ter uma alta refletividade. Caso contrário pode ocorrer condensação no teto e a água pingar sobre o gelo, causando calombos na superfície de patinação. A condensação irá ocorrer no teto quando a sua temperatura superficial ficar inferior ao ponto de orvalho do ar ambiente interno. O seu trabalho é efetuar uma análise para determinar o efeito da emissividade do teto na sua temperatura e, consequentemente, na propensão para haver condensação.

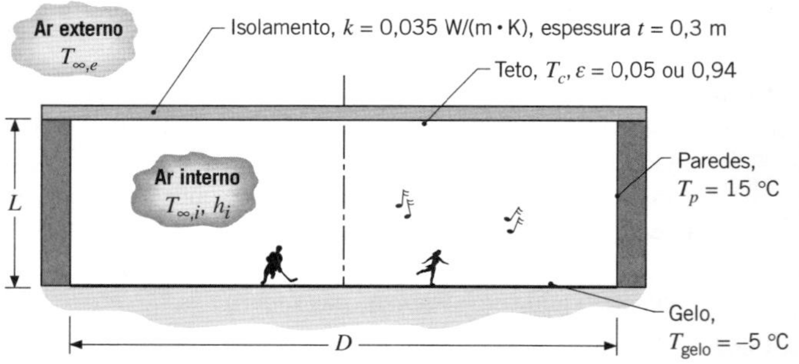

A pista tem um diâmetro $D = 50$ m e a altura do ambiente interno é de $L = 10$ m, e as temperaturas do gelo e das paredes são −5 °C e 15 °C, respectivamente. A temperatura do ar interno é de 15 °C e um coeficiente convectivo de 5 W/(m² · K) caracteriza as condições na superfície do teto.

A espessura e a condutividade térmica do isolamento do teto são 0,3 m e 0,035 W/(m · K), respectivamente, e a temperatura do ar externo é de −5 °C. Considere que o teto é uma superfície difusa e cinza e que as paredes e o gelo podem ser aproximados por corpos negros.

(a) Suponha um teto plano com uma emissividade de 0,05 (painéis altamente refletivos) ou de 0,94 (painéis pintados). Efetue um balanço térmico no teto para calcular os valores correspondentes da temperatura do teto. Se a umidade relativa do ar interno é de 70 %, ocorrerá condensação para uma ou para as duas emissividades?

[(b)] Para cada uma das emissividades, calcule e represente graficamente a temperatura do teto como uma função da espessura do isolante para $0{,}1 \leq t \leq 1$ m. Identifique condições nas quais a condensação irá ocorrer no teto.

13.73 Tubos de caldeiras expostos aos produtos da combustão de carvão em usinas de potência estão sujeitos à deposição de cinzas (minerais) presentes no gás de combustão. As cinzas formam um depósito sólido sobre a superfície externa dos tubos, que reduz a transferência de calor para uma mistura pressurizada de água e vapor que escoa no interior dos tubos. Considere um tubo de caldeira com parede delgada (D_t = 0,05 m), cuja superfície é mantida a T_t = 600 K pelo processo de ebulição. Os gases de combustão, escoando sobre o tubo a T_∞ = 1800 K, proporcionam um coeficiente convectivo de $\overline{h}$ = 100 W/(m^2 · K), enquanto a radiação incidente no tubo a partir do gás e das paredes da caldeira pode ser aproximada por aquela que se origina de uma grande vizinhança a T_{viz} = 1500 K.

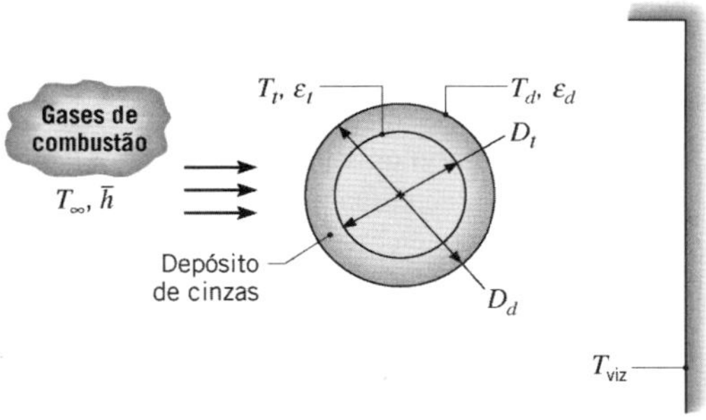

(a) Se a superfície do tubo é difusa e cinza, com ε_t = 0,8, e *não* existe a camada de depósito, qual é a taxa de transferência de calor por unidade de comprimento, q', para o tubo da caldeira?

(b) Se uma camada de depósito, com diâmetro D_d = 0,055 m e condutividade térmica k = 1 W/(m · K), se formar sobre o tubo, qual é a temperatura da superfície do depósito, T_d? O depósito é difuso e cinza, com ε_d = 0,9. Os valores de T_t, T_∞, $\overline{h}$ e T_{viz} permanecem sem alteração. Qual é a taxa líquida de transferência de calor por unidade de comprimento, q', para o tubo da caldeira?

[(c)] Explore o efeito de variações de D_d em T_d e q', assim como sobre as contribuições relativas da convecção e da radiação para a taxa líquida de transferência de calor. Represente graficamente os seus resultados.

13.74 Considere duas placas paralelas muito grandes. A placa inferior é mais quente do que a superior, que é mantida a uma temperatura constante de T_1 = 330 K. As placas estão separadas por L = 0,1 m, e no espaço entre as duas superfícies há ar à pressão atmosférica. O fluxo térmico a partir da placa inferior é de q'' = 250 W/m^2.

(a) Determine a temperatura da placa inferior e a razão entre os fluxos térmicos convectivo e radiante para $\varepsilon_1 = \varepsilon_2$ = 0,5. Calcule as propriedades do ar a T = 350 K.

(b) Repita o item (a) para $\varepsilon_1 = \varepsilon_2$ = 0,25 e 0,75.

13.75 Uma janela de vidro duplo tem duas placas de vidro, cada uma com espessura t = 6 mm. A temperatura no lado interior é T_i = 20 °C, com h_i = 7,7 W/(m^2 · K), enquanto a temperatura no lado externo é T_e = −10 °C, com h_e = 25 W/(m^2 · K). O espaço entre as placas de vidro tem espessura L = 5 mm e é preenchido com um gás. As superfícies do vidro podem ser tratadas com um revestimento de baixa emissividade para reduzir sua emissividade de ε = 0,95 para ε = 0,05. Determine o fluxo térmico através da janela para: caso 1: $\varepsilon_1 = \varepsilon_2$ = 0,95; caso 2: $\varepsilon_1 = \varepsilon_2$ = 0,05; e caso 3: ε_1 = 0,05, ε_2 = 0,95. Considere que o espaço entre as placas de vidro possa ser preenchido com ar ou com argônio, que tem condutividade térmica $k_{Ar} = 17{,}7 \times 10^{-3}$ W/(m · K). Transferência de calor por radiação ocorrendo nas superfícies externas das duas placas de vidro é desprezível, assim como a convecção natural entre as duas placas.

13.76 A absortividade espectral de uma grande superfície difusa é α_λ = 0,9 para $\lambda < 1$ μm e α_λ = 0,3 para $\lambda \geq 1$ μm. A parte inferior da superfície encontra-se isolada termicamente, enquanto a sua parte superior pode estar exposta a uma de duas condições diferentes.

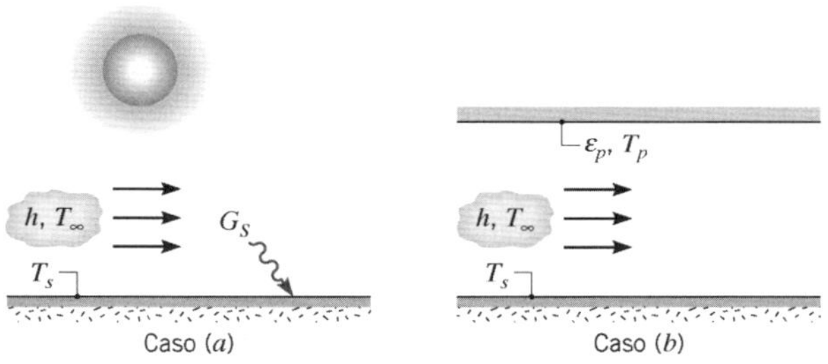

(a) No caso (*a*), a superfície está exposta ao Sol, que fornece uma irradiação de G_S = 1200 W/m^2, e a um escoamento de ar com T_∞ = 300 K. Se a temperatura superficial é T_s = 320 K, qual é o valor do coeficiente convectivo associado ao escoamento do ar?

(b) No caso (*b*), a superfície está protegida do Sol por uma grande placa e um escoamento de ar é mantido entre essa placa e a superfície. A placa é difusa e cinza, com uma emissividade ε_p = 0,8. Se T_∞ = 300 K e o coeficiente convectivo é igual ao obtido no item (a), qual é a temperatura da placa T_p necessária para manter a superfície a T_s = 320 K?

13.77 Um longo bastão uniforme com 50 mm de diâmetro e uma condutividade térmica de 15 W/(m · K) é aquecido internamente a partir da geração volumétrica de energia igual a 20 kW/m^3. O bastão está posicionado coaxialmente no interior de um tubo circular de maior diâmetro, 60 mm, cuja superfície é mantida a 500 °C. Há vácuo na região anular entre o bastão e o tubo, e suas superfícies são difusas e cinzas, com emissividade de 0,2.

(a) Determine as temperaturas no centro e na superfície do bastão.

(b) Determine as temperaturas no centro e na superfície do bastão se o espaço anular estiver ocupado por ar atmosférico.

[(c)] Para diâmetros do tubo de 60, 100 e 1000 mm, e para as condições de vácuo e com ar atmosférico, calcule e represente graficamente as temperaturas no centro e na superfície do bastão como funções das emissividades superficiais, consideradas iguais, no intervalo entre 0,1 e 1,0.

13.78 Pequenos bastões cilíndricos similares aos do Problema 4.19 são posicionados entre as lâminas de vidro com um espaçamento entre bastões adjacentes igual a W. A superfície interna de uma das lâminas de vidro é tratada com um revestimento de baixa emissividade, caracterizado por $\varepsilon_1 = 0{,}05$. A segunda superfície interna tem uma emissividade de $\varepsilon_2 = 0{,}95$. Determine a razão entre as transferências de calor por condução e por radiação através de uma área unitária quadrada com dimensão $W \times W$, para W = 10, 20 e 30 mm. O bastão de aço inoxidável está localizado no centro da área unitária e tem um comprimento de $L = 0{,}4$ mm e diâmetro $D = 0{,}15$ mm. As resistências de contato e as temperaturas dos vidros são as mesmas do Problema 4.19.

13.79 A aplicação de tintas de alta emissividade em superfícies radiantes é uma técnica normalmente usada para aumentar a transferência de calor por radiação.

(a) Para grandes placas paralelas, determine o fluxo térmico radiante através do espaço entre elas quando as superfícies estão a $T_1 = 350$ K, $T_2 = 300$ K, $\varepsilon_1 = \varepsilon_2 = \varepsilon_s = 0{,}85$.

(b) Determine o fluxo térmico radiante quando uma camada muito fina de uma tinta de alta emissividade, $\varepsilon_t = 0{,}98$, é aplicada nas duas superfícies.

(c) Determine o fluxo térmico radiante quando as camadas de tinta têm, cada uma, uma espessura $L = 2$ mm e a condutividade térmica da tinta é $k = 0{,}21$ W/(m · K).

(d) Represente graficamente o fluxo térmico através do espaço para as superfícies sem revestimento como uma função de ε_s, com $0{,}05 \leq \varepsilon_s \leq 0{,}95$. Mostre no mesmo gráfico os fluxos térmicos para as superfícies pintadas com a camada muito fina e com a camada de espessura $L = 2$ mm.

Transferência de Calor com Múltiplos Modos: Avançada

13.80 Opções para proteger termicamente o teto superior de um grande forno incluem o uso de um material isolante com espessura L e condutividade térmica k, caso (*a*), ou uma camada de ar com espessura equivalente formada pela instalação de uma folha de aço acima do teto, caso (*b*).

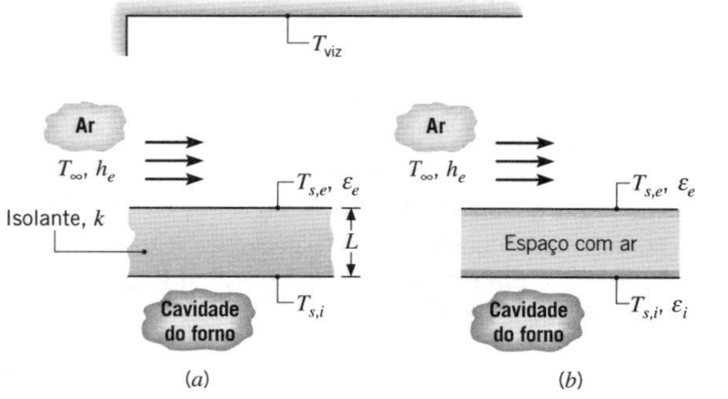

(a) Desenvolva modelos matemáticos que possam ser usados para avaliar qual das duas opções é a melhor. Em ambos os casos, a superfície interna é mantida na mesma temperatura $T_{s,i}$, e o ar ambiente e a vizinhança estão a temperaturas equivalentes ($T_\infty = T_{viz}$).

(b) Se $k = 0{,}090$ W/(m · K), $L = 25$ mm, $h_e = 25$ W/(m^2 · K), as superfícies são difusas e cinzas, com $\varepsilon_i = \varepsilon_e = 0{,}50$; $T_{s,i} = 900$ K e $T_\infty = T_{viz} = 300$ K, quais são a temperatura da superfície externa $T_{s,e}$ e a taxa de perda de calor, por unidade de área superficial, associada a cada opção?

(c) Para cada caso, avalie os efeitos das propriedades radiantes da superfície sobre a temperatura da superfície externa e sobre a taxa de perda de calor por unidade de área, para $\varepsilon_i = \varepsilon_e$ variando entre 0,1 e 0,9. Represente graficamente os seus resultados.

13.81 O isolamento térmico composto mostrado na figura, que foi descrito no Capítulo 1 (Problema 1.62d), está sendo cogitado como material para um teto.

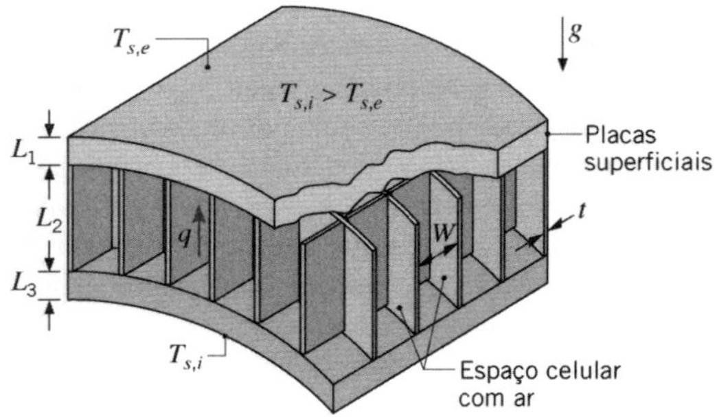

Foi proposto que as placas externa e interna sejam feitas com material aglomerado de baixa densidade, com espessuras $L_1 = L_3 = 12{,}5$ mm, e que o núcleo com estrutura de colmeia seja construído com placas aglomeradas de alta densidade. As células quadradas do núcleo devem possuir um comprimento $L_2 = 50$ mm, largura $W = 10$ mm e espessura de parede $t = 2$ mm. A emissividade das duas placas aglomeradas é aproximadamente 0,85 e as células da colmeia são preenchidas com ar a uma pressão de 1 atm. Para avaliar a efetividade do isolante, sua resistência térmica total deve ser determinada sob condições operacionais representativas, nas quais a temperatura da superfície inferior (interna) é $T_{s,i}$ = 25 °C e a temperatura da superfície superior (externa) é $T_{s,e} = -10$ °C. Para avaliar o efeito da convecção natural no espaço contendo ar, considere uma diferença de temperatura na célula de 20 °C e avalie as propriedades do ar a 7,5 °C. Para avaliar o efeito da radiação através do espaço contendo ar, admita temperaturas nas superfícies internas das chapas externa e interna de −5 e de 15 °C, respectivamente.

13.82 Café quente está armazenado em uma garrafa térmica cilíndrica que possui comprimento $L = 0{,}3$ m e se encontra apoiada na sua lateral (horizontalmente).

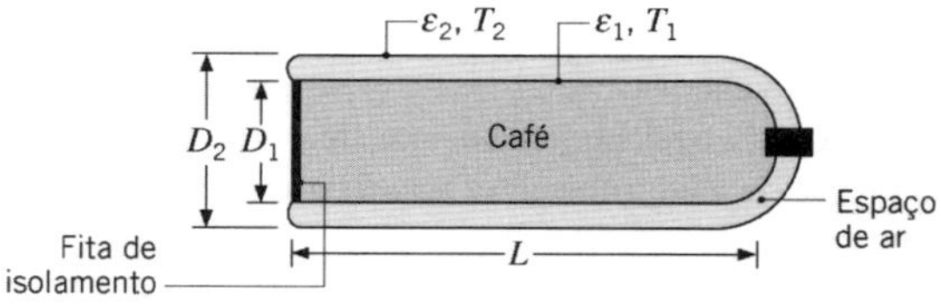

A garrafa térmica é constituída por um frasco de vidro com diâmetro $D_1 = 0{,}08$ m, separado de um invólucro de alumínio com diâmetro $D_2 = 0{,}09$ m por um espaço preenchido com ar a pressão atmosférica. A superfície externa do frasco e a superfície interna do invólucro são revestidas com prata a fim de proporcionar emissividades de $\varepsilon_1 = \varepsilon_2 = 0{,}20$. Se as temperaturas dessas superfícies estiverem a $T_1 = 75$ °C e $T_2 = 35$ °C, qual é a taxa de perda térmica do café?

13.83 Considere a janela dupla do Problema 9.71, na qual lâminas de 1 m × 1 m são separadas por um espaço de 25 mm com ar atmosférico. As lâminas da janela são aproximadamente isotérmicas e separam o ar quiescente de um quarto a $T_{\infty,i} = 20$ °C do ar ambiente externo, também quiescente, a $T_{\infty,e} = -20$ °C.

(a) Para lâminas de vidro com emissividade $\varepsilon_v = 0{,}90$, determine a temperatura de cada lâmina e a taxa de transferência de calor através da janela.

(b) Quantifique as melhoras na conservação de energia que podem ser efetivadas se for feito vácuo no espaço entre as lâminas e/ou um revestimento de baixa emissividade ($\varepsilon_r = 0{,}10$) for aplicado à superfície de cada lâmina voltada para o espaço entre elas.

13.84 Um coletor solar plano, constituído por uma placa absorvedora e uma única placa de cobertura, está inclinado com um ângulo $\tau = 60°$ em relação à horizontal.

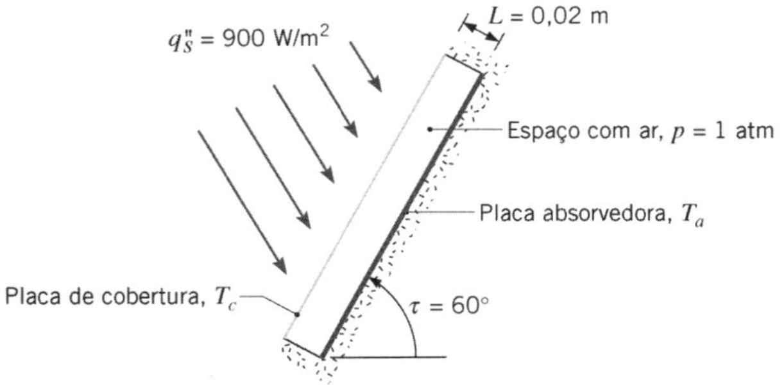

Considere condições nas quais a radiação solar incidente é colimada formando um ângulo de 60° em relação à horizontal e o fluxo solar é de 900 W/m². A placa de cobertura é perfeitamente transparente à radiação solar ($\lambda \leq 3$ μm) e opaca à radiação com comprimentos de onda mais longos. As placas de cobertura e de absorção são superfícies difusas, que possuem as absortividades espectrais mostradas a seguir.

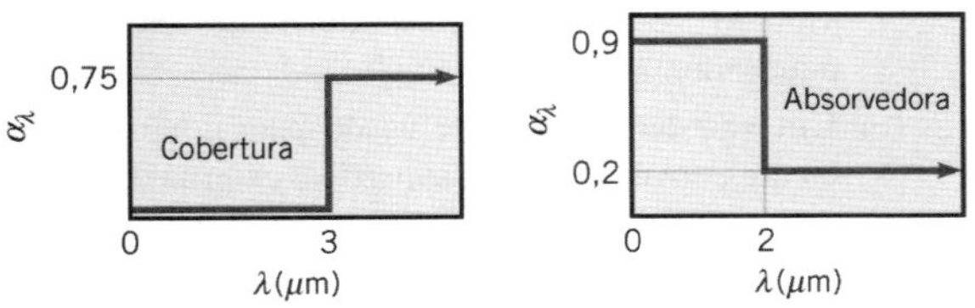

O comprimento e a largura das placas absorvedora e de cobertura são muito maiores do que o espaçamento entre elas, L. Qual é a taxa na qual a radiação solar é absorvida por unidade de área da placa absorvedora? Com a placa de absorção isolada termicamente na sua superfície inferior e temperaturas das placas de absorção e de cobertura, T_a e T_c, de 70 °C e 27 °C, respectivamente, qual é a taxa de perda térmica por unidade de área da placa absorvedora?

13.85 Considere o coletor solar plano apresentado no Problema 9.73. A placa de absorção possui um revestimento para o qual $\varepsilon_1 = 0{,}96$, e a placa de cobertura possui uma emissividade de $\varepsilon_2 = 0{,}92$. Com relação à troca radiante, as duas placas podem ser aproximadas por superfícies cinzas e difusas.

(a) Para as condições do Problema 9.73, qual é a taxa de transferência de calor por convecção natural que sai da placa de absorção e a taxa radiante líquida entre as placas?

(b) A temperatura da placa absorvedora varia de acordo com a vazão do fluido de trabalho que escoa através dos tubos em sua face inferior. Com todos os demais parâmetros permanecendo como especificados, calcule e represente graficamente as taxas de transferência de calor por convecção natural e por radiação como funções da temperatura da placa de absorção para $50 \leq T_1 \leq 100$ °C.

13.86 A superfície de uma barreira de radiação voltada para uma parede negra quente, a 400 K, tem uma refletividade de 0,95. Fixada ao lado de trás da barreira há uma folha de material isolante com 25 mm de espessura, que possui uma condutividade térmica de 0,016 W/(m · K). O coeficiente de transferência de calor global (convecção e radiação) na superfície exposta ao ar ambiente e a vizinhança, a 300 K, é de 10 W/(m² · K).

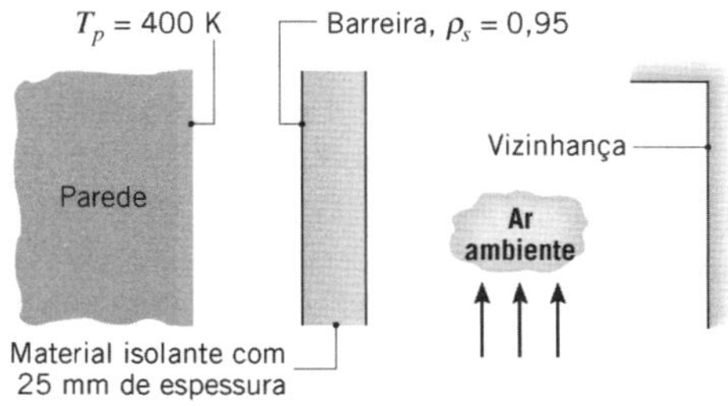

(a) Admitindo convecção desprezível na região entre a parede e a barreira, estime a taxa de perda de calor por unidade de área na parede quente.

(b) Efetue uma análise de sensibilidade paramétrica no sistema de isolamento, considerando os efeitos da refletividade da barreira, ρ_b, e da condutividade térmica do isolante, k. Qual é a influência desses parâmetros sobre a perda térmica na parede quente? Qual é o efeito que tem um maior coeficiente de transferência de calor global sobre a perda térmica? Mostre os resultados de suas análises em forma gráfica.

13.87 O tubo de chama de um sistema de aquecimento de água é constituído por um longo duto circular com diâmetro $D = 0{,}07$ m e temperatura $T_s = 385$ K, através do qual gases de combustão escoam a uma temperatura de $T_{m,g} = 900$ K. Para melhorar a transferência de calor do gás para o tubo, uma fina divisória é inserida ao longo do plano central do tubo. Considere que os gases possuam as propriedades termofísicas do ar e um comportamento radiante não participante.

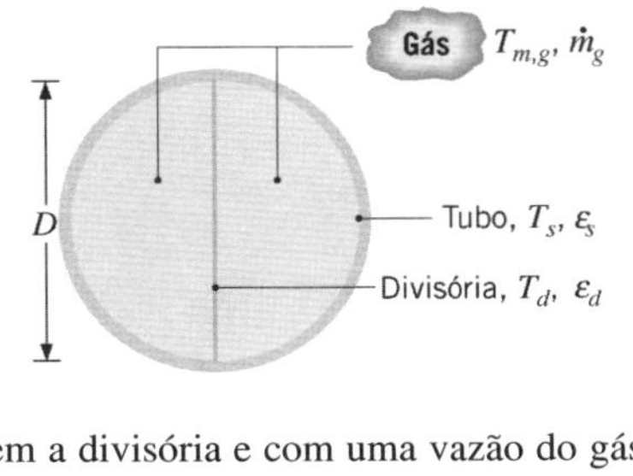

(a) Sem a divisória e com uma vazão do gás de $\dot{m}_g = 0{,}05$ kg/s, qual é a taxa de transferência de calor para o tubo por unidade de comprimento, q'?

(b) Para uma vazão do gás de $\dot{m}_g = 0{,}05$ kg/s e emissividades de $\varepsilon_s = \varepsilon_d = 0{,}5$, determine a temperatura da divisória, T_d, e a taxa de transferência de calor total para o tubo, q'.

(c) Para $\dot{m}_g = 0{,}02$; 0,05 e 0,08 kg/s e emissividades equivalentes, $\varepsilon_d = \varepsilon_s \equiv \varepsilon$, calcule e represente graficamente T_d e q' como funções de ε para $0{,}1 \leq \varepsilon \leq 1{,}0$. Para $\dot{m}_g = 0{,}05$ kg/s e emissividades equivalentes, represente graficamente as contribuições convectiva e radiante para q' como funções de ε.

13.88 Considere o Problema 9.70 com $N = 4$ finas folhas de alumínio ($\varepsilon_f = 0{,}07$), igualmente espaçadas ao longo do espaço de 50 mm, formando, assim, cinco espaços de ar individuais, cada um com 10 mm de espessura. As superfícies quente e fria da cavidade são caracterizadas por $\varepsilon = 0{,}85$.

(a) Desprezando a condução ou a convecção no ar, determine o fluxo térmico através do sistema.

(b) Considerando a condução e desprezando a radiação, determine o fluxo térmico através do sistema. O efeito da variação das propriedades é importante. Calcule as propriedades do ar em cada espaço independentemente, com base na temperatura média no espaço.

(c) Considerando a condução e a radiação, determine o fluxo térmico através do sistema. Calcule as propriedades do ar em cada espaço independentemente.

(d) A convecção natural é desprezível no item (c)? Explique por que sim ou por que não.

13.89 Um revestimento superficial especial, sobre um painel quadrado com 5 m × 5 m de lado, é curado pela instalação do painel diretamente sob uma fonte de calor radiante que possui as mesmas dimensões. A fonte de calor é difusa e cinza, e opera com uma alimentação de potência de 75 kW. A superfície superior do aquecedor, bem como a superfície inferior do painel, podem ser consideradas termicamente isoladas. O sistema encontra-se no interior de uma grande sala com ar e paredes a uma temperatura de 25 °C. O revestimento superficial é difuso e cinza, com uma emissividade de 0,30 e um limite superior de temperatura de 400 K. Desprezando os efeitos da convecção, qual é o espaçamento mínimo que pode ser mantido entre o aquecedor e o painel para assegurar que a temperatura do painel não ultrapasse 400 K? Levando em consideração os efeitos da convecção na superfície revestida do painel, qual deve ser o espaçamento mínimo?

13.90 Um longo aquecedor na forma de bastão, com diâmetro $D_1 = 10$ mm e emissividade $\varepsilon_1 = 1{,}0$, encontra-se posicionado coaxialmente a um refletor semicilíndrico isolado termicamente com diâmetro $D_2 = 1$ m. Um longo painel, com largura $W = 1$ m, está alinhado com o refletor e separado do aquecedor por uma distância $H = 1$ m. O painel está revestido com uma tinta especial ($\varepsilon_3 = 0{,}7$), que é curada pela sua manutenção a 400 K. O painel é isolado termicamente no seu lado posterior, e todo o sistema está localizado no interior de uma grande sala onde as paredes e o ar atmosférico quiescente estão a 300 K. A transferência de calor por convecção pode ser desprezada na superfície do refletor.

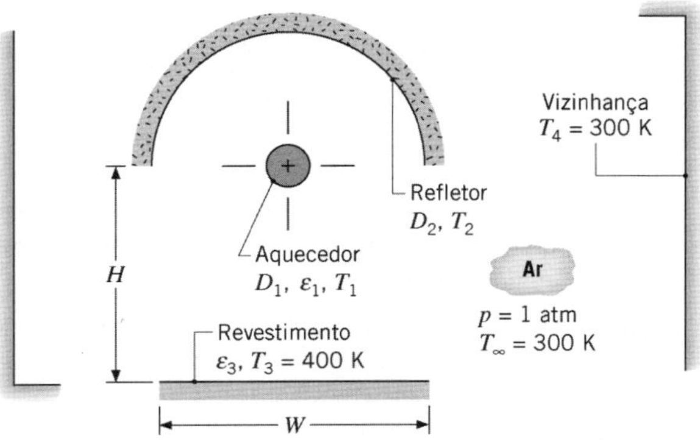

(a) Esboce o circuito térmico equivalente ao sistema e identifique todas as resistências e potenciais pertinentes.

(b) Expressando os seus resultados em termos das variáveis apropriadas, escreva o sistema de equações necessário para determinar as temperaturas do aquecedor e do refletor, T_1 e T_2, respectivamente. Determine essas temperaturas para as condições especificadas.

(c) Determine a taxa na qual deve ser suprida potência elétrica, por unidade de comprimento, ao bastão aquecedor.

13.91 Um aquecedor a gás natural utiliza a combustão em um leito poroso de material catalítico para manter uma placa cerâmica, com emissividade $\varepsilon_c = 0{,}95$, a uma temperatura uniforme de $T_c = 1000$ K. A placa cerâmica encontra-se separada de uma placa de vidro por um espaço que contém ar, cuja espessura é $L = 50$ mm. A superfície do vidro é difusa e suas transmissividades e absortividades espectrais podem ser aproximadas por $\tau_\lambda = 0$ e $\alpha_\lambda = 1$ para $0 \leq \lambda \leq 0{,}4$ μm, $\tau_\lambda = 1$ e $\alpha_\lambda = 0$ para $0{,}4 < \lambda \leq 1{,}6$ μm, e $\tau_\lambda = 0$ e $\alpha_\lambda = 0{,}9$ para $\lambda > 1{,}6$ μm. A superfície externa do vidro está exposta ao ar ambiente quiescente e a uma grande vizinhança, sendo $T_\infty = T_{viz} = 300$ K. A altura e a largura do aquecedor são $H = W = 2$ m.

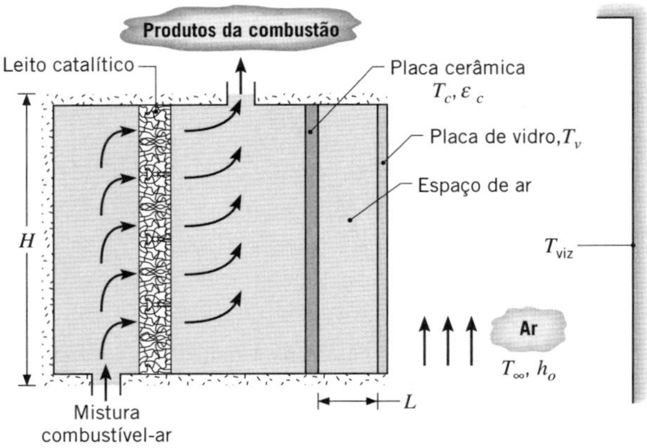

(a) Qual é a transmissividade total do vidro em relação à irradiação originada na placa cerâmica? O vidro pode ser aproximado como opaco e cinza?

(b) Nas condições especificadas, calcule a temperatura do vidro, T_v, e a taxa de transferência de calor a partir do aquecedor, q_a.

[c] Um ventilador pode ser usado para controlar o coeficiente convectivo h_e na superfície externa do vidro. Calcule e represente graficamente T_v e q_a como funções de h_e para $10 \leq h_e \leq 100$ W/(m² · K).

Meios Participantes

13.92 Silício sólido puro é produzido a partir de material fundido, como no Problema 1.37. Silício sólido é semitransparente, e a distribuição do coeficiente de absorção espectral para o silício puro pode ser aproximada por

$$\kappa_{\lambda,1} = 10^8 \text{ m}^{-1} \quad (\lambda \leq 0{,}4\ \mu\text{m})$$
$$\kappa_{\lambda,2} = 0 \text{ m}^{-1} \quad (0{,}4\ \mu\text{m} < \lambda \leq 8\ \mu\text{m})$$
$$\kappa_{\lambda,3} = 10^2 \text{ m}^{-1} \quad (8\ \mu\text{m} < \lambda \leq 25\ \mu\text{m})$$
$$\kappa_{\lambda,4} = 0 \text{ m}^{-1} \quad (25\ \mu\text{m} < 1)$$

(a) Determine o coeficiente de absorção total, definido como

$$\kappa = \frac{\int_0^\infty \kappa_\lambda G_\lambda(\lambda) d\lambda}{G}$$

para a irradiação a partir da vizinhança a uma temperatura igual ao ponto de fusão do silício.

(b) Estime a transmissividade total, a absortividade total e a emissividade total de uma lâmina de silício sólido, com $L = 140\ \mu m$ de espessura, no seu ponto de fusão.

13.93 Um forno que possui uma cavidade esférica com 0,4 m de diâmetro contém uma mistura gasosa a 1 atm e 1400 K. A mistura é formada por CO_2, com uma pressão parcial de 0,25 atm, e nitrogênio com uma pressão parcial de 0,75 atm. Se a parede da cavidade for negra, qual é a taxa de resfriamento necessária para manter sua temperatura a 500 K?

13.94 Uma câmara de combustão de uma turbina a gás pode ser aproximada por um longo tubo com 0,4 m de diâmetro. O gás de combustão encontra-se a uma pressão e temperatura de 1 atm e 1000 °C, respectivamente, enquanto a temperatura da superfície da câmara é de 500 °C. Se o gás de combustão contém CO_2 e vapor d'água, ambos com uma fração molar de 0,15, qual é o fluxo térmico radiante líquido entre o gás e a superfície da câmara, que pode ser aproximada por um corpo negro?

13.95 Um gás de combustão, a uma pressão total de 1 atm e a temperatura de 1400 K, contém CO_2 e vapor d'água a pressões parciais de 0,05 e 0,10 atm, respectivamente. Se o gás escoa através de uma longa chaminé com um metro de diâmetro e 400 K de temperatura superficial, determine o fluxo térmico radiante líquido do gás para a superfície. Pode ser admitido um comportamento de corpo negro para a superfície da chaminé.

13.96 Um forno é constituído por duas grandes placas paralelas que estão separadas entre si por uma distância de 0,75 m. Uma mistura gasosa composta por O_2, N_2, CO_2 e vapor d'água, com frações molares de 0,20; 0,50; 0,15 e 0,15, respectivamente, escoa entre as placas a uma pressão total de 2 atm e a uma temperatura de 1300 K. Se as placas podem ser aproximadas por corpos negros e mantidas a 500 K, qual é o fluxo térmico radiante líquido para as placas?

13.97 Em um processo industrial, produtos de combustão, a uma temperatura e pressão de 2000 K e 1 atm, respectivamente, escoam através de uma longa tubulação com 0,25 m de diâmetro, cuja superfície interna é negra. O gás de combustão contém CO_2 e vapor d'água, cada um com uma pressão parcial de 0,10 atm. Pode ser considerado que o gás possua as propriedades termofísicas do ar atmosférico e que se encontre em escoamento plenamente desenvolvido a uma vazão de $\dot{m} = 0{,}25$ kg/s. A tubulação é resfriada pela passagem de água em escoamento cruzado sobre sua superfície externa. A velocidade e a temperatura desta água a montante do sistema são 0,30 m/s e 300 K, respectivamente. Determine a temperatura da parede da tubulação e o fluxo térmico. *Sugestão:* a emissão da parede da tubulação pode ser desprezada.

13.98 Observando na Figura 13.16 que a emissividade de gases pode ser aumentada pela adição de vapor d´água, é proposto aumentar a transferência de calor com a injeção de vapor d'água saturado a 100 °C na entrada do tubo do Problema 13.97. A vazão mássica injetada de vapor é 50 % da vazão mássica de vapor d'água nos produtos da combustão. Determine a radiação do gás para a parede do tubo com e sem a injeção do vapor d'água. *Sugestão*: a temperatura dos gases quentes diminui, e as pressões parciais do vapor d'água e do CO_2 mudam quando vapor, relativamente frio, é injetado. Use o seu conhecimento de misturas gasosas da termodinâmica para calcular as pressões parciais e as vazões mássicas. Suponha que a massa molar da mistura original seja igual à do ar.

13.99 A recuperação de calor dos gases de exaustão (gases de combustão) de um forno de fundição é feita com a passagem dos gases através de um tubo metálico vertical e a introdução de água saturada (estado líquido) na parte inferior de uma região anular ao redor do tubo.

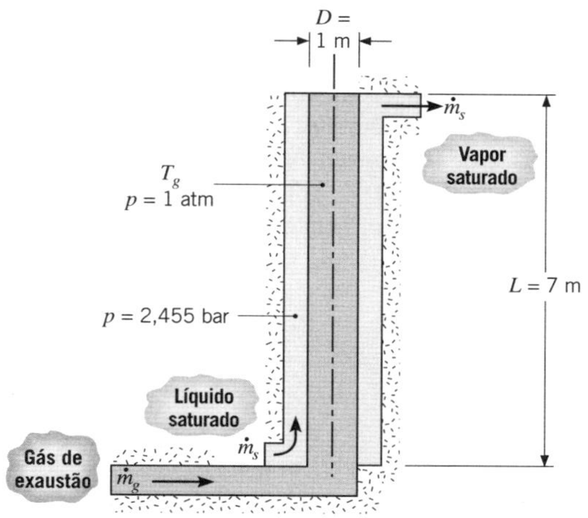

O comprimento do tubo e o seu diâmetro interno são de sete e um metro, respectivamente, e a superfície interna do tubo é negra. O gás no interior do tubo encontra-se à pressão atmosférica, com pressões parciais de CO_2 e de H_2O (vapor) iguais a 0,1 e 0,2 atm, respectivamente, e a sua temperatura média pode ser aproximada por $T_g = 1400$ K. A vazão do gás é de $\dot{m}_g = 2$ kg/s. Se água saturada for alimentada a uma pressão de 2,455 bar, estime a vazão de água $\dot{m}_s$ para a qual há conversão completa de líquido saturado na alimentação para vapor saturado na saída. As propriedades termofísicas do gás podem ser aproximadas por $\mu = 530 \times 10^{-7}$ kg/(s · m), $k = 0{,}091$ W/(m · K) e $Pr = 0{,}70$.

Transferência de Calor e de Massa

13.100 Um forno radiante para a secagem de papel de impressão é constituído por um longo duto ($L = 20$ m) com seção transversal semicircular. O papel se move ao longo do forno sobre uma esteira transportadora a uma velocidade de $V = 0{,}2$ m/s. O papel possui um teor de água de 0,02 kg/m² quando entra no forno e encontra-se completamente seco ao sair do forno. Para assegurar qualidade, o papel deve ser mantido à temperatura ambiente (300 K) durante sua secagem. Para auxiliar na manutenção dessa condição, todos os componentes do sistema e o ar que escoa através do forno estão a uma temperatura de 300 K. A superfície interna do duto semicircular, que possui uma emissividade de 0,8 e uma temperatura T_1, fornece o calor radiante necessário para proceder à secagem. A superfície molhada do papel pode ser considerada negra. O ar que entra no forno encontra-se a uma temperatura de 300 K, com umidade relativa de 20 %.

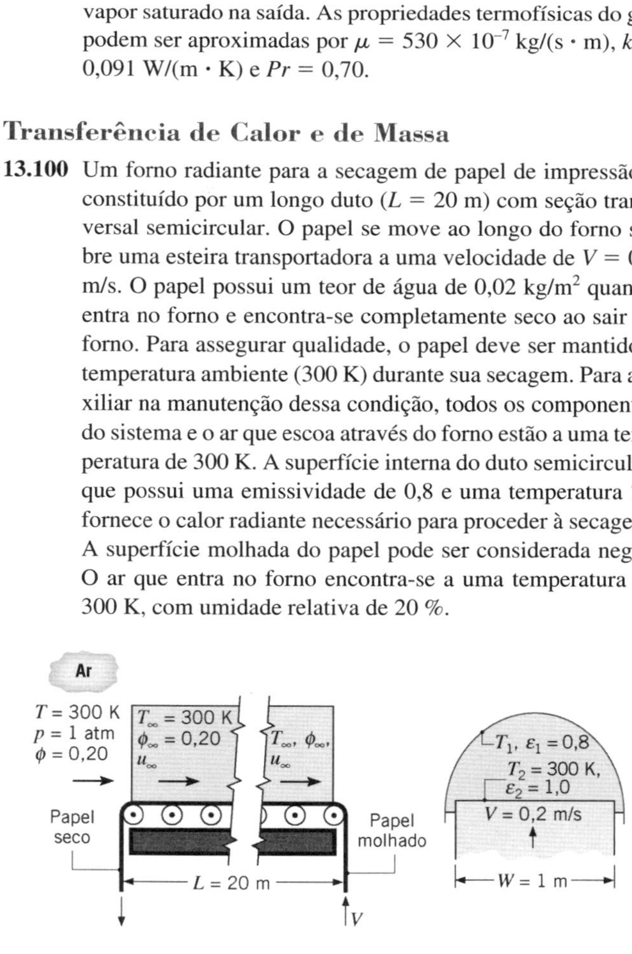

Como a velocidade do ar é elevada, sua temperatura e umidade relativa podem ser consideradas constantes ao longo de todo o comprimento do forno. Calcule a taxa de evaporação exigida, a velocidade do ar u_∞ e a temperatura T_1 que irão assegurar ao processo condições de regime estacionário.

13.101 Um secador de grãos é constituído por um longo duto semicircular com raio $R = 1$ m. Metade da superfície da base é ocupada por uma placa eletricamente aquecida, com emissividade $\varepsilon_p = 0{,}8$, enquanto a outra metade suporta os grãos a serem secos, que têm uma emissividade de $\varepsilon_g = 0{,}9$. Em um processo de secagem em batelada, no qual a temperatura dos grãos é de $T_g = 330$ K, 2,50 kg de água devem ser removidos por metro de comprimento do duto em um período de uma hora.

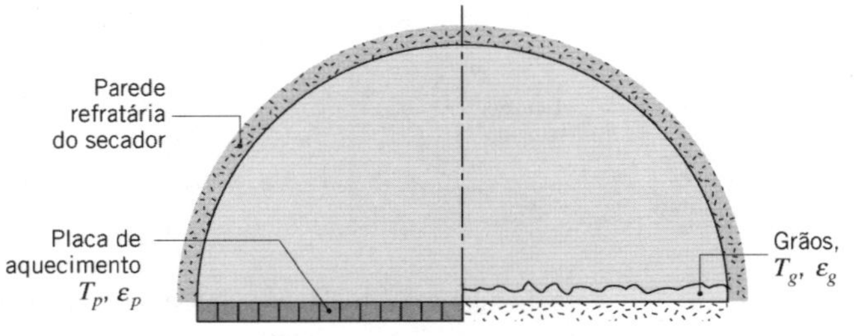

(a) Desprezando a transferência de calor por convecção, determine a temperatura T_p que a placa aquecedora deve possuir.

(b) Se o vapor d'água é removido do duto pelo escoamento de ar seco, qual é o valor do coeficiente de transferência de massa h_m que deve ser mantido pelo escoamento?

(c) Se o ar estiver a 300 K, a hipótese de convecção desprezível se justifica?

13.102 Tabletes farmacêuticos úmidos são processados em um secador de infravermelho constituído por um tambor cilíndrico ($D_t = 0{,}5$ m) que gira lentamente ao redor de um aquecedor cilíndrico de infravermelho estacionário ($D_a = 0{,}1$ m). A parte externa do tambor encontra-se isolada termicamente. A umidade dos tabletes é transferida para o nitrogênio que escoa axialmente através do secador. À medida que o tambor gira, os tabletes caem em função do efeito combinado das acelerações rotacional e da gravidade, formando uma fina camada de produtos farmacêuticos que cobre metade da superfície inferior do tambor. Considere tabletes a uma temperatura $T_{tb} = 320$ K e com uma emissividade de $\varepsilon_{tb} = 0{,}95$. Se o escoamento do nitrogênio mantiver um coeficiente convectivo de transferência de massa de 0,025 m/s na superfície dos tabletes, qual é a taxa de evaporação por unidade de comprimento do tambor? Desprezando a transferência de calor convectiva, determine a temperatura do aquecedor, T_a, que tem que ser mantida para promover a evaporação. Qual é a temperatura da superfície interna do tambor não coberta pelos tabletes? O aquecedor infravermelho tem uma emissividade $\varepsilon_a = 0{,}85$. O fator de forma de um longo meio cilindro de diâmetro D_t para ele mesmo, na presença de um cilindro coaxial concêntrico de diâmetro D_a, pode ser representado por

$$F_{ii} = 1 - \frac{2}{\pi}\{[1 - (D_a/D_t)^2]^{1/2} + (D_a/D_t)\,\text{sen}^{-1}(D_a/D_t)\}$$

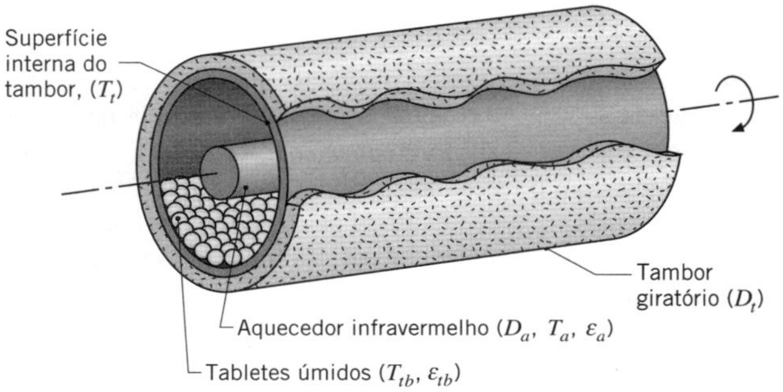

CAPÍTULO 14

Transferência de Massa por Difusão

Videoaula incluída

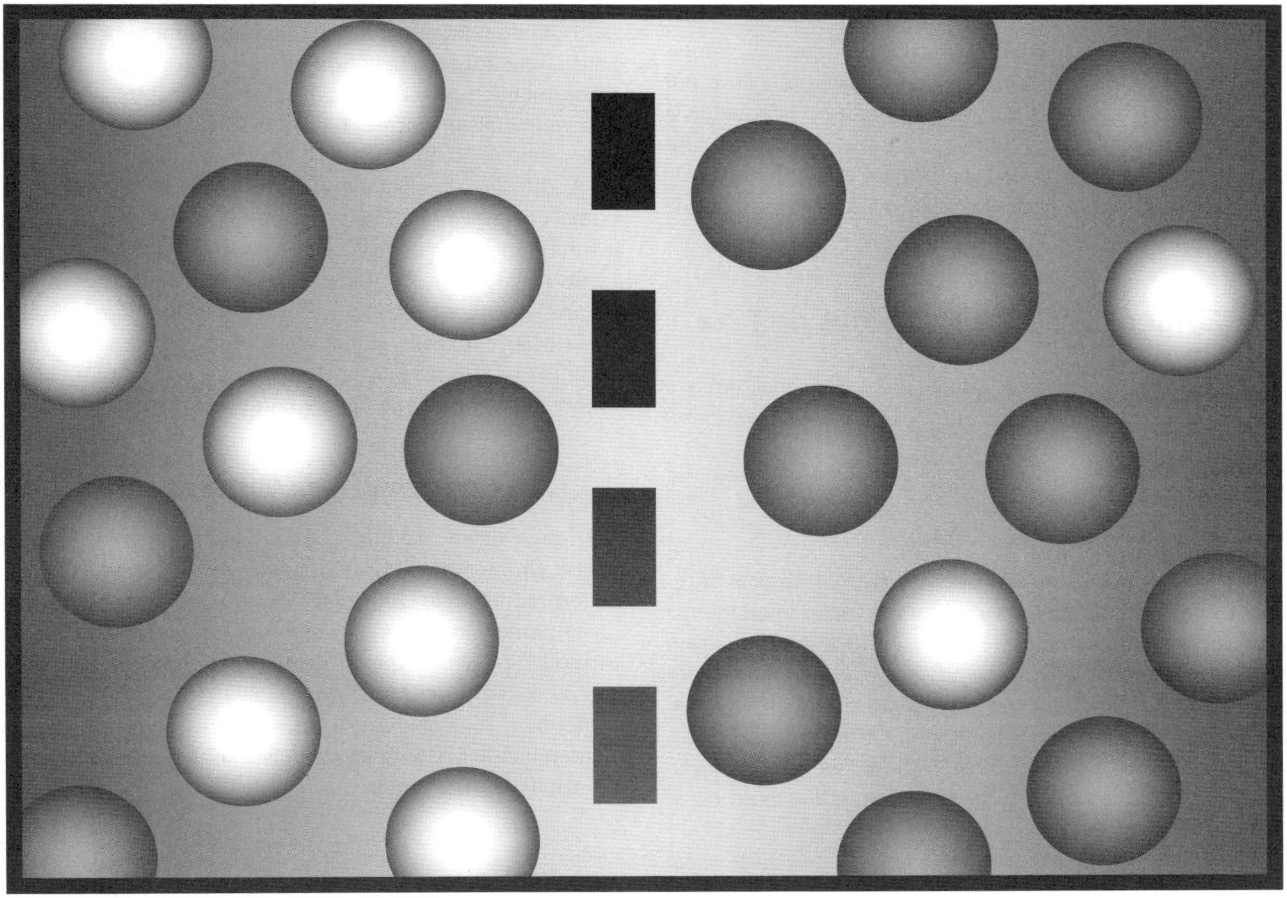

Aprendemos que calor é transferido se existir uma diferença de temperaturas em um meio. De maneira semelhante, se houver uma diferença na concentração de alguma espécie química em uma mistura, transferência de massa *tem que* ocorrer.[1]

Transferência de massa é massa em trânsito como resultado de uma diferença de concentrações de uma espécie em uma mistura.

Da mesma forma que um *gradiente de temperatura* é o *potencial motriz* para a transferência de calor, um *gradiente de concentração* de uma espécie em uma mistura fornece o *potencial motriz* para o transporte desta espécie.

É importante compreender claramente o contexto no qual o termo *transferência de massa* é usado. Embora massa seja certamente transferida toda vez que existir movimento global no fluido, não é isso o que temos em mente. Por exemplo, *não* usamos o termo *transferência de massa* para descrever o movimento do ar que é induzido por um ventilador ou o movimento da água sendo forçado através de um tubo. Em ambos os casos, há movimento macroscópico ou global do fluido em razão do trabalho mecânico. Contudo, usamos o termo para descrever o movimento relativo de espécies em uma mistura devido à presença de gradientes de concentração. Um exemplo é a dispersão de óxidos de enxofre liberados no meio ambiente na fumaça da chaminé de uma usina de potência. Outro exemplo é a transferência de vapor d'água para o ar seco, como em um umidificador doméstico.

Existem *modos* de *transferência de massa* que são similares aos modos de transferência de calor por condução e por convecção. Nos Capítulos 6 a 8, analisamos a transferência de massa por convecção, que é *análoga* à transferência de calor por convecção; neste capítulo, analisamos a transferência de massa por difusão, que pode ser *análoga* à transferência de calor por condução.

14.1 Origens Físicas e Equações de Taxa

Do ponto de vista das origens físicas e das equações de taxa governantes, há fortes analogias entre os processos de transferência de calor e de massa por difusão.

14.1.1 *Origens Físicas*

Considere uma câmara na qual duas espécies gasosas diferentes, nas mesmas temperatura e pressão, estão inicialmente separadas por uma divisória. Se a divisória for removida sem perturbar o fluido, as duas espécies serão transportadas por difusão. A Figura 14.1 mostra a situação que existiria logo após a remoção da divisória. Uma maior concentração significa mais moléculas por unidade de volume, e a concentração da espécie A (pontos claros) diminui com o aumento de x,

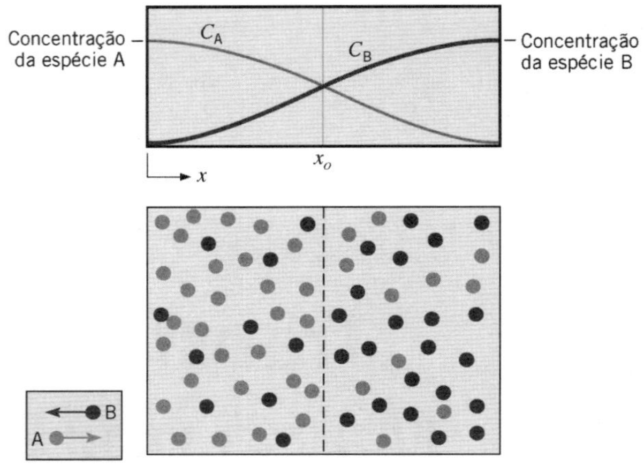

FIGURA 14.1 Transferência de massa por difusão em uma mistura gasosa binária.

enquanto a concentração de B aumenta com x. Como a difusão mássica ocorre no sentido da diminuição de concentração, há transporte líquido da espécie A para a direita e da espécie B para a esquerda. O mecanismo físico pode ser explicado considerando o plano imaginário indicado como uma linha tracejada em x_o. Como o movimento molecular é aleatório, há igual probabilidade de qualquer molécula se mover para a esquerda ou para a direita. Consequentemente, mais moléculas da espécie A cruzam o plano vindas da esquerda (uma vez que este é o lado com maior concentração de A) do que vindas da direita. De modo similar, a concentração de moléculas de B é maior à direita do plano do que à esquerda, e o movimento aleatório causa uma transferência *líquida* da espécie B para a esquerda. Obviamente, transcorrido um tempo suficiente, são atingidas concentrações uniformes de A e B, e não há transporte *líquido* da espécie A ou da espécie B através do plano imaginário.

A difusão mássica ocorre em líquidos e sólidos, assim como em gases. Entretanto, como a transferência de massa é fortemente influenciada pelo espaçamento molecular, a difusão ocorre mais facilmente em gases do que em líquidos, e mais facilmente em líquidos do que nos sólidos. Exemplos da difusão em gases, líquidos e sólidos, respectivamente, incluem o óxido nitroso da descarga de um automóvel no ar, oxigênio dissolvido na água e hélio no Pyrex.

14.1.2 *Composição de Misturas*

Ao longo deste capítulo, vamos analisar a transferência de massa em misturas. Primeiramente, revemos vários conceitos da termodinâmica. Uma mistura é constituída por dois ou mais constituintes químicos (*espécies*), e a quantidade de qualquer espécie i pode ser quantificada em termos de sua *concentração mássica* ρ_i (kg/m^3) ou de sua *concentração molar* C_i (kmol/m^3). A concentração mássica e a concentração molar estão relacionadas através da massa molar da espécie, $\mathcal{M}_i$ (kg/kmol), de tal forma que

$$\rho_i = \mathcal{M}_i C_i \tag{14.1}$$

Com ρ_i representando a massa da espécie i por unidade de volume da mistura, a massa específica da mistura é

$$\rho = \sum_i \rho_i \tag{14.2}$$

[1] Uma espécie é uma molécula identificável, tal como dióxido de carbono, CO_2, que pode ser transportada por difusão e advecção e/ou convertida em alguma outra forma por uma reação química. Uma espécie pode ser um átomo sozinho ou uma molécula poliatômica complexa. Também pode ser apropriada para a identificação de uma mistura (como o ar) como uma espécie.

De maneira análoga, a quantidade de matéria por unidade de volume da mistura é

$$C = \sum_i C_i \qquad (14.3)$$

A quantidade da espécie i em uma mistura também pode ser quantificada em termos de sua *fração mássica*

$$m_i = \frac{\rho_i}{\rho} \qquad (14.4)$$

ou de sua *fração molar*[2]

$$x_i = \frac{C_i}{C} \qquad (14.5)^2$$

Das Equações 14.2 e 14.3, tem-se que

$$\sum_i m_i = 1 \qquad (14.6)$$

e

$$\sum_i x_i = 1 \qquad (14.7)$$

Para uma mistura de gases ideais, a concentração mássica e a concentração molar de qualquer constituinte estão relacionadas com a pressão parcial do constituinte por meio da lei do gás ideal. Isto é,

$$\rho_i = \frac{p_i}{R_i T} \qquad (14.8)$$

e

$$C_i = \frac{p_i}{\mathcal{R} T} \qquad (14.9)$$

nas quais R_i é a constante dos gases para a espécie i e $\mathcal{R}$ é a constante universal dos gases. Usando as Equações 14.5 e 14.9 em conjunto com a *lei de Dalton* das pressões parciais,

$$p = \sum_i p_i \qquad (14.10)$$

segue-se que

$$x_i = \frac{C_i}{C} = \frac{p_i}{p} \qquad (14.11)$$

14.1.3 *Lei de Fick da Difusão*

Como mecanismos físicos similares estão associados às transferências de calor e de massa por difusão, não é surpresa que as equações de taxa correspondentes possuam a mesma forma. A equação da taxa para a difusão mássica é conhecida como *lei de Fick*, e para a transferência da espécie A em uma *mistura binária* de A e B, ela pode ser escrita na forma vetorial como

$$\mathbf{j}_A = -\rho D_{AB} \nabla m_A \qquad (14.12)^3$$

ou

$$\mathbf{J}_A^* = -C D_{AB} \nabla x_A \qquad (14.13)^3$$

A forma dessas expressões é análoga àquela da lei de Fourier, Equação 2.3. Além disso, da mesma forma que a lei de Fourier serve para definir uma importante propriedade de transporte, a condutividade térmica, a lei de Fick define uma segunda propriedade de transporte importante, o *coeficiente de difusão binária* ou *difusividade mássica*, D_{AB}.

A grandeza $\mathbf{j}_A$ (kg/(s · m^2)) é definida como o fluxo mássico difusivo da espécie A. Ele representa a quantidade de A que é transferida por difusão por unidade de tempo e por unidade de área perpendicular à direção da transferência, e ele é proporcional à massa específica da mistura, $\rho = \rho_A + \rho_B$ (kg/m^3), e ao gradiente da fração mássica da espécie, $m_A = \rho_A/\rho$. O fluxo da espécie pode também ser avaliado em uma base molar, na qual $\mathbf{J}_A^*$ (kmol/(s · m^2)) é o fluxo molar difusivo da espécie A. Ele é proporcional à concentração molar total da mistura, $C = C_A + C_B$ (kmol/m^3), e ao gradiente da fração molar da espécie, $x_A = C_A/C$. As formas anteriores da lei de Fick podem ser simplificadas quando a massa específica da mistura ρ ou a concentração molar total C for uma constante.

14.1.4 *Difusividade Mássica*

Uma atenção considerável tem sido dada à predição da difusividade mássica, D_{AB}, em uma mistura binária de dois gases, A e B. Admitindo comportamento de gás ideal, a teoria cinética pode ser usada para mostrar que

$$D_{AB} \approx \frac{1}{3}\bar{c}\lambda_{lpm} \sim p^{-1}T^{3/2} \qquad (14.14)$$

sendo T expressa em kelvin. Como observado na Seção 2.2.1, $\bar{c}$ aumenta com o aumento da temperatura e com a diminuição da massa molar, e, consequentemente, a difusividade mássica aumenta com o aumento da temperatura e com a diminuição da massa molar. Como λ_{lpm} é inversamente proporcional à pressão do gás, a difusividade mássica diminui com o aumento da pressão. Essa relação se aplica em intervalos de pressão e de temperatura restritos, e é útil para estimar valores da difusividade mássica em condições diferentes daquelas nas quais os dados estão disponíveis. Bird *et al.* [1–3] fornecem discussões detalhadas dos tratamentos teóricos disponíveis e comparações de suas previsões com dados experimentais.

Para soluções líquidas binárias, é necessário confiar exclusivamente em medições experimentais. Para pequenas concentrações de A (o soluto) em B (o solvente), sabe-se que D_{AB} aumenta com o aumento da temperatura. O mecanismo da difusão de gases, líquidos e sólidos em sólidos é complicado e teorias generalizadas não estão disponíveis. Além disso, apenas um número limitado de resultados experimentais está disponível na literatura.

Dados de difusões binárias em misturas selecionadas são apresentados na Tabela A.8. Skelland [4] e Poling *et al.* [5] fornecem tratamentos mais detalhados desse assunto.

---

[2] Não confunda x_i, a fração molar da espécie i, com a coordenada espacial x. A primeira variável terá sempre um subscrito com a designação da espécie.

[3] Está inerente nas Equações 14.12 e 14.13 a hipótese de que a difusão mássica resulta somente de um gradiente de concentração. Na realidade, difusão mássica pode também resultar de um gradiente de temperatura, de um gradiente de pressão ou de uma força externa. Na maioria dos problemas, esses efeitos são desprezíveis e o potencial motriz dominante é o gradiente de concentração da espécie. Essa condição é chamada de *difusão ordinária*. Tratamento dos outros efeitos (de ordem superior) é apresentado por Bird *et al.* [1–3].

EXEMPLO 14.1

Considere a difusão de hidrogênio (espécie A) em ar, água líquida ou ferro (espécie B), a $T = 293$ K. Calcule os fluxos da espécie nas bases molar e mássica, se o gradiente de concentração em um local específico for igual a $dC_A/dx = 1$ kmol/(m^3 · m). Compare o valor da difusividade mássica com o da condutividade térmica. A fração molar do hidrogênio, x_A, é muito menor do que um.

SOLUÇÃO

Dados: Gradiente de concentração do hidrogênio no ar, na água líquida ou no ferro a $T = 293$ K.

Achar: Fluxos mássico e molar do hidrogênio e os valores relativos das difusividades térmica e mássica nos três casos.

Esquema:

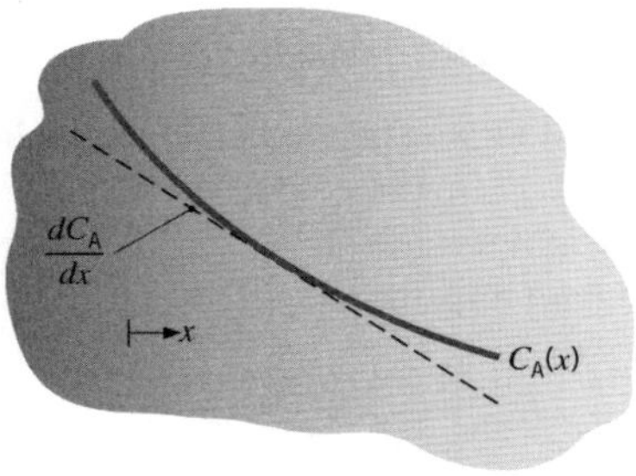

Considerações: Condições de regime estacionário.

Propriedades: Tabela A.8, hidrogênio-ar (298 K): $D_{AB} = 0{,}41 \times 10^{-4}$ m^2/s, hidrogênio-água (298 K): $D_{AB} = 0{,}63 \times 10^{-8}$ m^2/s, hidrogênio-ferro (293 K): $D_{AB} = 0{,}26 \times 10^{-12}$ m^2/s. Tabela A.4, ar (293 K): $\alpha = 21{,}6 \times 10^{-6}$ m^2/s; Tabela A.6, água (293 K): $k_f = 0{,}603$ W/(m · K), $\rho = 998$ kg/m^3, $c_p = 4182$ J/(kg · K). Tabela A.1, ferro (300 K): $\alpha = 23{,}1 \times 10^{-6}$ m^2/s.

Análise:

1. Usando a Equação 14.14, achamos que a difusividade mássica do hidrogênio no ar a $T = 293$ K é

$$D_{AB,T} = D_{AB,298\,K} \times \left(\frac{T}{298\text{ K}}\right)^{3/2}$$

$$= 0{,}41 \times 10^{-4}\text{ m}^2/\text{s} \times \left(\frac{293\text{ K}}{298\text{ K}}\right)^{3/2} = 0{,}40 \times 10^{-4}\text{ m}^2/\text{s}$$

Para o caso no qual o hidrogênio é uma *espécie diluída*, isto é, $x_A \ll 1$, as propriedades térmicas do meio podem ser tomadas como aquelas do *meio hospedeiro*, constituído pela espécie B. A difusividade térmica da água é

$$\alpha = \frac{k}{\rho c_p} = \frac{0{,}603\text{ W/(m}\cdot\text{K)}}{998\text{ kg/m}^3 \cdot 4182\text{ J/(kg}\cdot\text{K)}} = 0{,}144 \times 10^{-6}\text{ m}^2/\text{s}$$

A razão entre a difusividade térmica e a difusividade mássica é o número de Lewis, *Le*, definido na Equação 6.57.

O fluxo molar do hidrogênio é descrito pela lei de Fick, Equação 14.13,

$$\mathbf{J}^*_{A,x} = -CD_{AB}\frac{dx_A}{dx}$$

A concentração molar total, C, é aproximadamente constante uma vez que A é a espécie diluída; consequentemente,

$$\mathbf{J}^*_{A,x} = -D_{AB}\frac{dC_A}{dx}$$

Assim, para a mistura hidrogênio-ar,

$$\mathbf{J}^*_{A,x} = -0{,}40 \times 10^{-4}\text{ m}^2/\text{s} \times \left(1\,\frac{\text{kmol}}{\text{m}^3\cdot\text{m}}\right) = -4 \times 10^{-5}\,\frac{\text{kmol}}{\text{s}\cdot\text{m}^2} \quad \triangleleft$$

O fluxo mássico do hidrogênio no ar é encontrado pela expressão

$$\mathbf{j}_{A,x} = \mathcal{M}_A\mathbf{J}^*_{A,x} = 2\,\frac{\text{kg}}{\text{kmol}} \times \left(-4 \times 10^{-5}\,\frac{\text{kmol}}{\text{s}\cdot\text{m}^2}\right)$$

$$= -8 \times 10^{-5}\,\frac{\text{kg}}{\text{s}\cdot\text{m}^2} \quad \triangleleft$$

2. Os resultados para as três diferentes misturas estão resumidos na tabela a seguir. ◁

Espécie B	$\alpha \times 10^6$ (m^2/s)	$D_{AB} \times 10^6$ (m^2/s)	*Le*	$\mathbf{j}_{A,x} \times 10^6$ (kg/(s · m^2))
Ar	21,6	40	0,54	80
Água	0,14	$6{,}3 \times 10^{-3}$	23	13×10^{-3}
Ferro	23,1	260×10^{-9}	89×10^6	$0{,}52 \times 10^{-6}$

Comentários:

1. As difusividades térmicas dos três meios variam em duas ordens de grandeza. Vimos, no Capítulo 5, que essa relativamente ampla faixa de difusividades térmicas é responsável pelas diferentes taxas nas quais os objetos respondem termicamente durante processos condutivos transientes. Na transferência de massa, difusividades mássicas podem variar em oito ou mais ordens de grandeza, com as maiores difusividades associadas à difusão em gases e as menores difusividades ligadas à difusão em sólidos. Diferentes materiais respondem à transferência de massa com taxas muito diferentes, dependendo se o meio hospedeiro é um gás, um líquido ou um sólido.
2. A razão entre a difusividade térmica e a difusividade mássica, o número de Lewis, é geralmente de ordem igual a um para gases. Isto implica mudanças na evolução de distribuições térmicas e de espécies em taxas similares em gases nos quais há difusão térmica e mássica simultâneas. Em sólidos ou líquidos, energia térmica é conduzida mais facilmente do que espécies químicas possam ser transferidas por difusão.

14.2 Transferência de Massa em Meios Não Estacionários[4]

14.2.1 *Fluxos Absoluto e Difusivo de uma Espécie*

Vimos que a transferência de massa por difusão é análoga à transferência de calor por condução e que os fluxos difusivos, como dados pelas Equações 14.12 e 14.13, são análogos aos fluxos térmicos representados pela lei de Fourier. Se houver movimento global, então, como na transferência de calor, a transferência de massa pode também ocorrer por advecção. Entretanto, de forma distinta da transferência de calor por condução, a difusão de uma espécie sempre envolve o movimento de moléculas ou átomos de um local para outro. Em muitos casos, esse movimento em escala molecular resulta em movimento global. Nesta seção, definimos o *fluxo absoluto* ou total de uma espécie, que inclui tanto o componente difusivo quanto o componente advectivo.

O fluxo mássico (ou molar) absoluto de uma espécie é definido como o fluxo total em relação a um sistema de coordenadas fixo. Para obter uma expressão para o fluxo mássico absoluto, considere a espécie A em uma mistura binária de A e B. O fluxo mássico absoluto $\mathbf{n}''_A$ está relacionado com a velocidade absoluta da espécie $\mathbf{v}_A$ por

$$\mathbf{n}''_A \equiv \rho_A \mathbf{v}_A \qquad (14.15)$$

O valor de $\mathbf{v}_A$ pode estar associado a qualquer ponto da mistura, e é interpretado como a velocidade média de todas as partículas de A em um pequeno elemento de volume no entorno do ponto. Uma velocidade média, ou agregada, também pode ser associada às partículas da espécie B, nesse caso

$$\mathbf{n}''_B \equiv \rho_B \mathbf{v}_B \qquad (14.16)$$

Uma *velocidade mássica média para a mistura* pode, então, ser obtida a partir da exigência de que

$$\rho \mathbf{v} = \mathbf{n}'' = \mathbf{n}''_A + \mathbf{n}''_B = \rho_A \mathbf{v}_A + \rho_B \mathbf{v}_B \qquad (14.17)$$

fornecendo

$$\mathbf{v} = m_A \mathbf{v}_A + m_B \mathbf{v}_B \qquad (14.18)$$

É importante observar que definimos as velocidades ($\mathbf{v}_A$, $\mathbf{v}_B$, $\mathbf{v}$) e os fluxos ($\mathbf{n}''_A$, $\mathbf{n}''_B$, $\mathbf{n}''$) como grandezas *absolutas*. Isto é, elas estão definidas em relação a eixos que se encontram fixos no espaço. A velocidade mássica média $\mathbf{v}$ é um parâmetro útil em misturas binárias, por duas razões. Primeira, ela só precisa ser multiplicada pela massa específica para se obter o fluxo mássico total em relação a eixos fixos. Segunda, é a velocidade mássica média que é requerida nas equações que representam as conservações de massa, de momento e de energia, como aquelas apresentadas e discutidas no Capítulo 6.

Agora podemos definir o *fluxo mássico da espécie* A *em relação à velocidade mássica média da mistura* como

$$\mathbf{j}_A \equiv \rho_A(\mathbf{v}_A - \mathbf{v}) \qquad (14.19)$$

[4] Se o leitor estiver interessado somente em problemas envolvendo meios estacionários, ele deve ir direto para a Seção 14.3.

Enquanto $\mathbf{n}''_A$ representa o *fluxo absoluto* da espécie A, $\mathbf{j}_A$ é o *fluxo difusivo* ou *relativo* da espécie, sendo a grandeza fornecida anteriormente pela lei de Fick, Equação 14.12. Ele representa o movimento da espécie em relação ao movimento médio da mistura. Tem-se das Equações 14.15 e 14.19 que

$$\mathbf{n}''_A = \mathbf{j}_A + \rho_A \mathbf{v} \qquad (14.20)$$

Essa expressão mostra as duas contribuições para o fluxo absoluto da espécie A: uma contribuição resultante da *difusão* (isto é, em função do movimento de A *em relação* ao movimento mássico médio da mistura) e uma contribuição decorrente da *advecção* (isto é, em face do movimento de A *com* a movimentação mássica média da mistura). Substituindo as Equações 14.12 e 14.17, obtemos

$$\mathbf{n}''_A = -\rho D_{AB} \nabla m_A + m_A(\mathbf{n}''_A + \mathbf{n}''_B) \qquad (14.21)$$

Se a segunda parcela no lado direito da Equação 14.21 for zero, a transferência de massa da espécie A ocorre somente por difusão, e a situação é análoga à transferência de calor somente por condução. Mais tarde, identificaremos situações especiais nas quais isto ocorre.

As considerações anteriores podem ser estendidas para a espécie B. O *fluxo mássico de* B *em relação à velocidade mássica média da mistura* (*o fluxo difusivo*) é

$$\mathbf{j}_B \equiv \rho_B(\mathbf{v}_B - \mathbf{v}) \qquad (14.22)$$

na qual

$$\mathbf{j}_B = -\rho D_{BA} \nabla m_B \qquad (14.23)$$

Tem-se, das Equações 14.17, 14.19 e 14.22, que os fluxos difusivos em uma mistura binária estão relacionados por

$$\mathbf{j}_A + \mathbf{j}_B = 0 \qquad (14.24)$$

Se as Equações 14.12 e 14.23 forem substituídas na Equação 14.24, e for reconhecido que $\nabla m_A = -\nabla m_B$, uma vez que $m_A + m_B = 1$ em uma mistura binária, tem-se que

$$D_{BA} = D_{AB} \qquad (14.25)$$

Dessa forma, como na Equação 14.21, o fluxo *absoluto* da espécie B pode ser escrito como

$$\mathbf{n}''_B = -\rho D_{AB} \nabla m_B + m_B(\mathbf{n}''_A + \mathbf{n}''_B) \qquad (14.26)$$

Embora as expressões anteriores digam respeito a fluxos *mássicos*, o mesmo procedimento pode ser usado para se obter resultados em base *molar*. Os fluxos molares absolutos das espécies A e B podem ser escritos como

$$\mathbf{N}''_A \equiv C_A \mathbf{v}_A \quad \text{e} \quad \mathbf{N}''_B \equiv C_B \mathbf{v}_B \qquad (14.27)$$

e a *velocidade molar média da mistura*, $\mathbf{v}^*$, é obtida da exigência de que

$$\mathbf{N}'' = \mathbf{N}''_A + \mathbf{N}''_B = C\mathbf{v}^* = C_A \mathbf{v}_A + C_B \mathbf{v}_B \qquad (14.28)$$

fornecendo

$$\mathbf{v}^* = x_A\mathbf{v}_A + x_B\mathbf{v}_B \tag{14.29}$$

Note que a velocidade molar média não é igual à velocidade mássica média, não sendo, consequentemente, apropriada para ser usada nas equações de conservação do Capítulo 6.

A importância da velocidade molar média é que, quando multiplicada pela concentração molar total C, obtém-se o fluxo molar total $\mathbf{N}''$ em relação a um sistema com coordenadas fixo. A Equação 14.27 fornece o *fluxo molar absoluto* das espécies A e B. Por outro lado, o fluxo molar de A em relação à velocidade molar média da mistura $\mathbf{J}_A^*$, denominado *fluxo difusivo*, pode ser obtido a partir da Equação 14.13 ou da expressão

$$\mathbf{J}_A^* \equiv C_A(\mathbf{v}_A - \mathbf{v}^*) \tag{14.30}$$

Para determinar uma expressão com formato semelhante ao da Equação 14.21, combinamos as Equações 14.27 e 14.30 para obter

$$\mathbf{N}_A'' = \mathbf{J}_A^* + C_A\mathbf{v}^* \tag{14.31}$$

ou, das Equações 14.13 e 14.28,

$$\mathbf{N}_A'' = -CD_{AB}\nabla x_A + x_A(\mathbf{N}_A'' + \mathbf{N}_B'') \tag{14.32}$$

Note que a Equação 14.32 representa o fluxo molar absoluto como a soma de um fluxo difusivo e de um fluxo advectivo. Novamente, se a segunda parcela do lado direito for nula, a transferência de massa é somente por difusão e é análoga à condução térmica, quando formulada em grandezas molares em vez de em grandezas mássicas. Para a mistura binária, tem-se também que

$$\mathbf{J}_A^* + \mathbf{J}_B^* = 0 \tag{14.33}$$

14.2.2 *Evaporação em uma Coluna*

Vamos analisar agora a difusão na mistura gasosa binária da Figura 14.2. Concentrações fixas das espécies $C_{A,L}$ e $C_{B,L}$ são mantidas no topo de um tubo no qual há uma camada de líquido da espécie A, e o sistema está a pressão e temperatura constantes. Como há equilíbrio entre as fases líquido e vapor na interface do líquido, a concentração de vapor corresponde às condições de saturação. Como $C_{A,0} > C_{A,L}$, a espécie A *evapora* na interface do líquido e é transferida para cima por difusão. Para condições de regime estacionário e unidimensional, sem reações químicas, não pode haver acúmulo da espécie A no volume de controle mostrado na Figura 14.2, e o fluxo molar absoluto de A tem que ser constante ao longo de toda a coluna. Desta forma,

$$\frac{dN''_{A,x}}{dx} = 0 \tag{14.34}$$

A partir da definição da concentração molar total, $C = C_A + C_B$, $x_A + x_B = 1$ ao longo de toda a coluna. Sabendo que $C_{A,0} > C_{A,L}$, concluímos que $x_{A,0} > x_{A,L}$ e $x_{B,0} < x_{B,L}$. Consequentemente, dx_B/dx é positivo, e tem que haver difusão do gás B do topo da coluna para a interface do líquido. Entretanto, se a espécie B não puder ser absorvida no líquido A, condições de regime estacionário podem ser mantidas somente se

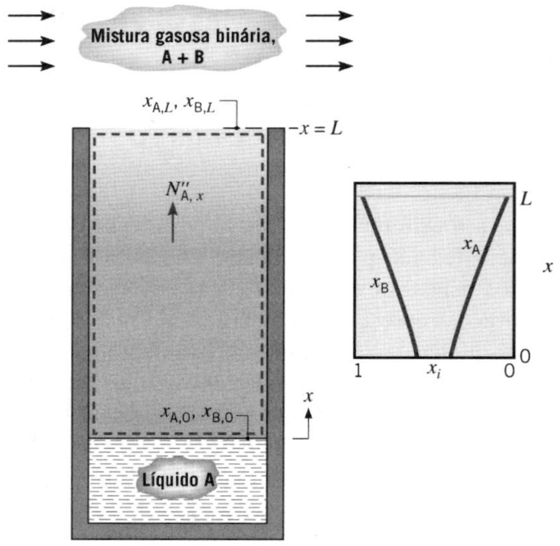

FIGURA 14.2 Evaporação do líquido A em uma mistura gasosa binária, A + B.

$N''_{B,x} = 0$ em qualquer local no interior do volume de controle na Figura 14.2. A única forma de isso ser possível é se a difusão para baixo do gás B for exatamente compensada pela advecção para cima do gás B. A implicação desta importante conclusão é que temos que levar em conta a advecção dos gases na coluna de modo a prever com sucesso as distribuições das frações molares das espécies $x_A(x)$ e $x_B(x)$, e então as distribuições das concentrações das espécies $C_A(x) = x_A(x)C$ e $C_B(x) = x_B(x)C$, assim como a taxa de evaporação do líquido A. Uma expressão apropriada para $N''_{A,x}$ pode ser obtida com a substituição da exigência de que $N''_{B,x} = 0$ na Equação 14.32, que fornece

$$N''_{A,x} = -CD_{AB}\frac{dx_A}{dx} + x_A N''_{A,x} \tag{14.35}$$

ou, da Equação 14.28,

$$N''_{A,x} = -CD_{AB}\frac{dx_A}{dx} + C_A v_x^* \tag{14.36}$$

Com base nesta equação é evidente que o transporte difusivo da espécie A $[-CD_{AB}(dx_A/dx)]$ é aumentado pelo movimento global $(C_A v_x^*)$. Manipulando a Equação 14.35, obtemos

$$N''_{A,x} = -\frac{CD_{AB}}{1 - x_A}\frac{dx_A}{dx} \tag{14.37}$$

Para p e T constantes, C e D_{AB} são também constantes. Substituindo a Equação 14.37 na Equação 14.34, obtemos então

$$\frac{d}{dx}\left(\frac{1}{1 - x_A}\frac{dx_A}{dx}\right) = 0$$

Integrando duas vezes, temos

$$-\ln(1 - x_A) = C_1 x + C_2$$

Aplicando as condições $x_A(0) = x_{A,0}$ e $x_A(L) = x_{A,L}$, as constantes de integração podem ser determinadas e a distribuição de frações molares se torna

$$\frac{1 - x_A}{1 - x_{A,0}} = \left(\frac{1 - x_{A,L}}{1 - x_{A,0}}\right)^{x/L} \tag{14.38}$$

Como $1 - x_A = x_B$, também obtemos que

$$\frac{x_B}{x_{B,0}} = \left(\frac{x_{B,L}}{x_{B,0}}\right)^{x/L} \quad (14.39)$$

Para determinar a taxa de evaporação da espécie A, a Equação 14.38 é primeiramente usada para avaliar o gradiente da fração molar (dx_A/dx). Substituindo o resultado na Equação 14.37, tem-se que

$$N''_{A,x} = \frac{CD_{AB}}{L}\ln\left(\frac{1 - x_{A,L}}{1 - x_{A,0}}\right) \quad (14.40)$$

EXEMPLO 14.2

Um tecido resistente à água é formado a partir de um material polimérico impermeável. Para permitir que vapor d'água passe através do tecido, sua microestrutura é constituída por poros abertos de diâmetro $D = 10\ \mu$m que se estendem por toda a espessura do tecido, que é igual a $L = 100\ \mu$m. O diâmetro do poro pequeno impede que água líquida atravesse o tecido. Determine a taxa na qual o vapor d'água é transferido através de um único poro, quando líquido saturado está presente na superfície superior do tecido e ar úmido, a uma umidade relativa $\phi_\infty = 50$ %, está em contato com a sua superfície inferior. Calcule a taxa de transferência a uma temperatura $T = 298$ K e a uma pressão $p = 1$ atm. Investigue a sensibilidade da taxa de transferência em relação à temperatura e compare as taxas de transferência às taxas que são previstas desprezando-se o movimento molar médio da mistura no poro.

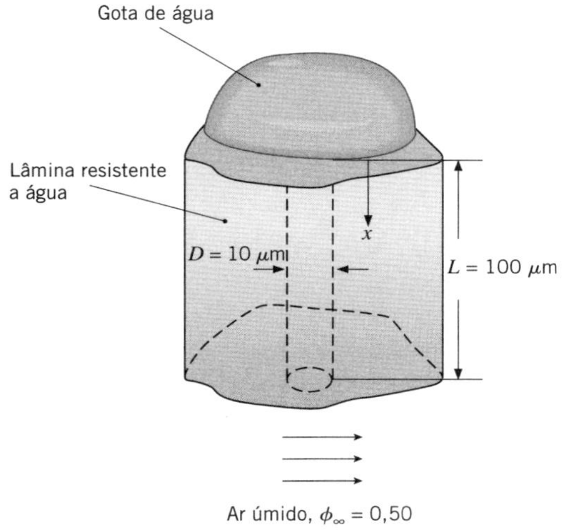

SOLUÇÃO

Dados: Espessura e diâmetro do poro de um tecido poroso, condições térmicas e umidade.

Achar: Taxa de evaporação através de um único poro, incluindo e desprezando o movimento molar médio. Determine a sensibilidade da taxa de evaporação em relação à temperatura.

Considerações:

1. Condições unidimensionais, isotérmicas e em regime estacionário.
2. Ausência de reações químicas.
3. Poro atravessa a espessura do tecido de forma perpendicular e tem seção transversal circular.
4. Gás ideal constituído por vapor d'água (A) e ar (B).

Propriedades: Tabela A.6, água saturada, vapor (298 K): $p_{sat} = 0{,}03165$ bar. Tabela A.8, vapor d'água-ar (298 K): $D_{AB} = 0{,}26 \times 10^{-4}$ m²/s.

Análise:

1. A Equação 14.40 pode ser usada para determinar o vapor d'água transferido através de um único poro, levando em conta os efeitos da velocidade molar média não nula. Assim,

$$N_{A,x} = A_{poro}N''_{A,x} = \frac{\pi D^2 CD_{AB}}{4L}\ln\left(\frac{1 - x_{A,L}}{1 - x_{A,0}}\right) \quad (1)$$

na qual a concentração total é

$$C = \frac{p}{\mathcal{R}T} = \frac{1{,}0133 \text{ bar}}{8{,}314 \times 10^{-2}\ \dfrac{\text{m}^3\cdot\text{bar}}{\text{kmol}\cdot\text{K}} \times 298 \text{ K}}$$

$$= 40{,}9 \times 10^{-3} \text{ kmol/m}^3$$

Da Equação 14.11 e considerando condições de saturação no vapor d'água adjacente a gota de água, a fração molar em $x = 0$ é

$$x_{A,0} = \frac{p_{A,sat}}{p} = \frac{0{,}03165 \text{ bar}}{1{,}0133 \text{ bar}} = 31{,}23 \times 10^{-3}$$

enquanto em $x = L$ a fração molar é

$$x_{A,L} = \frac{\phi_\infty p_{A,sat}}{p} = \frac{0{,}5 \times 0{,}03165 \text{ bar}}{1{,}0133 \text{ bar}} = 15{,}62 \times 10^{-3}$$

Consequentemente, a taxa de evaporação por poro pode ser avaliada usando a Equação 1, sendo

$$N_{A,x} = \frac{\pi \times (10 \times 10^{-6} \text{ m})^2 \times 40{,}9 \times 10^{-3} \text{ kmol/m}^3 \times 0{,}26 \times 10^{-4} \text{ m}^2\text{/s}}{4 \times 100 \times 10^{-6} \text{ m}}$$

$$\times \ln\left(\frac{1 - 15{,}62 \times 10^{-3}}{1 - 31{,}23 \times 10^{-3}}\right) = 13{,}4 \times 10^{-15} \text{ kmol/s} \quad \triangleleft$$

2. Desprezando os efeitos da velocidade molar média, vemos que a Equação 14.32 se reduz a

$$N''_{A,x} = -CD_{AB}\frac{dx_A}{dx}$$

na qual a concentração total, C, é constante e o fluxo de vapor d'água é independente de x. Consequentemente, a taxa de transferência da espécie por poro pode ser escrita como

$$N_{A,x} = A_{poro} N''_{A,x} = \frac{\pi D^2 C D_{AB}}{4L}(x_{A,0} - x_{A,L})$$

$$= \frac{\pi \times (10 \times 10^{-6}\ m)^2 \times 40{,}9 \times 10^{-3}\ kmol/m^3 \times 0{,}26 \times 10^{-4}\ m^2/s}{4 \times 100 \times 10^{-6}\ m}$$
$$\times (31{,}23 \times 10^{-3} - 15{,}62 \times 10^{-3})$$
$$= 13{,}0 \times 10^{-15}\ kmol/s \quad \triangleleft$$

Uma taxa de evaporação ligeiramente superior é prevista quando a advecção é considerada.

3. A dependência com a temperatura da taxa de evaporação é determinada levando-se em consideração a sensibilidade do coeficiente de difusão binária em relação à temperatura (Equação 14.14), $D_{AB} \propto T^{3/2}$, e repetindo os cálculos na faixa de $300 < T < 360$ K. Os resultados, mostrados a seguir, indicam uma dependência significativa da taxa de evaporação em relação à temperatura. Essa forte dependência resulta, basicamente, da variação significativa da pressão de saturação do vapor d'água com a temperatura, como está evidente na Tabela A.6.

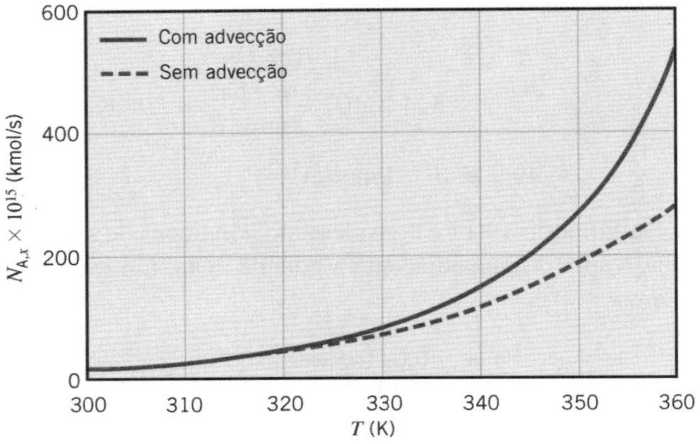

Comentários:

1. A taxa de evaporação total por unidade de área do material poderia ser determinada pela multiplicação do número de poros por unidade de área pela taxa de evaporação por poro.
2. A pressão foi considerada constante no desenvolvimento dessa solução. Como a velocidade molar média não é nula, tem que existir um gradiente de pressão para vencer o atrito na parede do poro. Se o poro for verticalmente orientado, há também um gradiente de pressão estática. O gradiente de pressão para vencer o atrito pode ser estimado, primeiramente, determinando-se a velocidade mássica média. Da Equação 14.17

$$v_x = \frac{n''_{A,x} + n''_{B,x}}{\rho} = \frac{n''_{A,x}}{\rho} = \frac{N''_{A,x}\mathcal{M}_A}{\rho} = \frac{N_{A,x}\mathcal{M}_A}{A_{poro}\rho}$$

Então, o gradiente de pressão pode ser estimado tratando-se o escoamento como se ele fosse um escoamento plenamente desenvolvido em um tubo circular. Da Equação 8.14

$$\left|\frac{dp}{dx}\right| = \frac{32\mu v_x}{D^2} = \frac{32\nu N_{A,x}\mathcal{M}_A}{A_{poro}D^2}$$

Como a mistura na sua maioria é ar, usamos a viscosidade cinemática do ar. Então, tomando o pior caso com $T = 360$ K, $N_{A,x} = 530 \times 10^{-15}$ kmol/s,

$$\left|\frac{dp}{dx}\right| = \frac{32 \times 22{,}0 \times 10^{-6}\ m^2/s \times 530 \times 10^{-15}\ kmol/s \times 18\ kg/kmol}{\pi(10 \times 10^{-6}\ m)^4/4}$$
$$= 860 \times 10^3\ Pa/m$$

Assim, a queda de pressão para vencer o atrito é

$$\Delta p_{atrito} = 860 \times 10^3\ Pa/m \times 100 \times 10^{-6}\ m = 86\ Pa$$

Se o poro for vertical, a variação de pressão estática é

$$\Delta p_{estática} = \rho_{ar}\, gL$$
$$= 0{,}970\ kg/m^3 \times 9{,}8\ m/s^2 \times 100 \times 10^{-6}\ m$$
$$= 0{,}001\ Pa$$

Essas duas diferenças de pressão são desprezíveis em relação à pressão atmosférica, de tal forma que a hipótese de pressão constante foi apropriada.

3. Na medida em que a temperatura e, assim, a pressão de saturação e a fração molar do vapor d'água aumentam, a velocidade molar média torna-se grande e os efeitos da advecção se tornam importantes. De modo alternativo, a velocidade molar média pode ser desprezada quando a concentração de vapor d'água é pequena. A existência das duas condições $N''_B \approx 0$ e $x_A \ll 1$ é chamada de *aproximação de meio estacionário*.

14.3 A Aproximação de Meio Estacionário

A lei de Fick para o fluxo difusivo de uma espécie foi apresentada nas Equações 14.12 e 14.13. Na Seção 14.2, vimos que o movimento molecular associado à transferência de massa pode induzir movimento global em um fluido, que, de outra forma, estaria estagnado. Nesse caso, o fluxo da espécie total ou absoluto (dado pela Equação 14.21 ou 14.32) inclui um componente difusivo (dado pela Equação 14.12 ou 14.13) e um componente advectivo associado ao movimento global. Nesta seção, analisamos um cenário no qual é apropriado desprezar a contribuição advectiva para a transferência de massa.

Quando a difusão de uma quantidade muito pequena da espécie A ocorre no interior de uma espécie B estagnada, o movimento molecular associado à transferência de massa não induzirá movimentação global significativa do meio. Essa situação é comum quando se analisa a difusão de um gás *diluído* ou de um líquido no interior de um meio hospedeiro líquido estagnado ou sólido, tal como quando vapor d'água é transferido através de uma parede sólida de uma sala. Nesses casos, o meio pode ser considerado *estacionário*, e a advecção pode ser desprezada. Em situações nas quais a *aproximação de meio estacionário* é apropriada, os fluxos difusivos mássico e molar das Equações 14.12 e 14.13 são idênticos aos fluxos mássico e molar absolutos.[5] Isto é,

$$\mathbf{n}''_A = \mathbf{j}_A = -\rho D_{AB} \nabla m_A \quad (14.41)$$

$$\mathbf{N}''_A = \mathbf{J}^*_A = -C D_{AB} \nabla x_A \quad (14.42)$$

Além disso, como a concentração da espécie A é pequena, a massa específica (ρ) ou a concentração total (C) é aproximadamente aquela do meio hospedeiro, a espécie B. A conclusão importante é que a aproximação de meio estacionário nos permite utilizar resultados dos Capítulos 2 a 5 a partir do emprego de uma *analogia* entre a transferência de calor por condução e a transferência de massa por difusão. No restante do capítulo, restringiremos nossa atenção aos casos nos quais a aproximação de meio estacionário é apropriada.

14.4 Conservação de Espécies em um Meio Estacionário

Da mesma forma que a primeira lei da termodinâmica (a lei de *conservação da energia*) desempenha um papel importante na análise da transferência de calor, a lei da *conservação de espécies* desempenha um papel importante na análise de problemas da transferência de massa. Nesta seção, consideramos um enunciado geral dessa lei, assim como a sua aplicação na difusão de espécies em um meio estacionário.

14.4.1 *Conservação de Espécies em um Volume de Controle*

Uma formulação geral para a exigência de conservação da energia, Equação 1.12c, foi escrita para o volume de controle da Figura 1.8*b*. Podemos agora escrever uma exigência análoga para a conservação da massa de uma espécie no volume de controle da Figura 14.3.

> *A taxa na qual a massa de alguma espécie entra em um volume de controle, mais a taxa na qual a massa da espécie é gerada no interior do volume de controle, menos a taxa na qual a massa dessa espécie deixa o volume de controle, tem que ser igual à taxa de aumento da massa da espécie acumulada no interior do volume de controle.*

Por exemplo, qualquer espécie A pode entrar e sair do volume de controle em razão tanto ao movimento do fluido quanto à difusão através da superfície de controle; esses processos são fenômenos de *superfície* representados por $\dot{M}_{A,ent}$ e $\dot{M}_{A,sai}$.

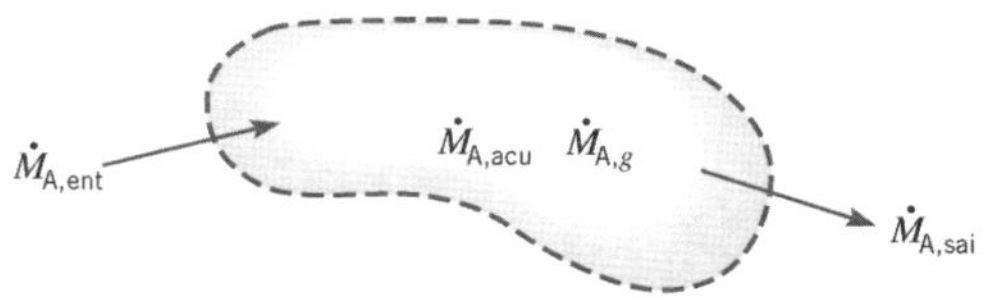

FIGURA 14.3 Conservação de uma espécie em um volume de controle.

A mesma espécie A também pode ser gerada, $\dot{M}_{A,g}$, e acumulada ou armazenada, $\dot{M}_{A,acu}$, *no interior* do volume de controle. A equação de conservação pode então ser escrita, em termos de taxas, na forma

$$\dot{M}_{A,ent} + \dot{M}_{A,g} - \dot{M}_{A,sai} = \frac{dM_A}{dt} \equiv \dot{M}_{A,acu} \quad (14.43)$$

Há geração de uma espécie quando ocorrem reações químicas no sistema. Por exemplo, para uma reação de dissociação na forma $AB \rightarrow A + B$, haveria uma produção líquida das espécies A e B, assim como uma redução líquida da espécie AB.

14.4.2 *A Equação da Difusão Mássica*

O resultado anterior pode ser usado para obter uma equação para a difusão mássica, ou de uma espécie, que é análoga à equação do calor do Capítulo 2. Iremos considerar um meio, constituído por uma mistura binária das espécies A e B, no qual a aproximação de meio estacionário se aplica. Isto é, a transferência de massa pode ser aproximada como ocorrendo somente por difusão, com a advecção sendo desprezível. A equação resultante pode ser resolvida para fornecer a distribuição de concentrações da espécie, que pode, por sua vez, ser usada com a lei de Fick para determinar a taxa de difusão da espécie em qualquer ponto do meio.

Admitindo a existência de gradientes de concentração em cada uma das direções coordenadas x, y e z, primeiramente definimos um volume de controle diferencial, $dx\,dy\,dz$, no interior do meio (Figura 14.4) e consideramos os processos que influenciam a distribuição da espécie A. Com os gradientes de concentração, a difusão tem que resultar no transporte da espécie A através das superfícies de controle. Além disso, em relação a coordenadas estacionárias, as taxas de transporte da espécie em superfícies opostas devem estar relacionadas por

$$n''_{A,x+dx}\,dy\,dz = n''_{A,x}\,dy\,dz + \frac{\partial[n''_{A,x}\,dy\,dz]}{\partial x}dx \quad (14.44a)$$

$$n''_{A,y+dy}\,dx\,dz = n''_{A,y}\,dx\,dz + \frac{\partial[n''_{A,y}\,dx\,dz]}{\partial y}dy \quad (14.44b)$$

$$n''_{A,z+dz}\,dx\,dy = n''_{A,z}\,dx\,dy + \frac{\partial[n''_{A,z}\,dx\,dy]}{\partial z}dz \quad (14.44c)$$

Adicionalmente, podem existir reações químicas volumétricas (também chamadas de *homogêneas*) em todo o meio, podendo ser até de forma não uniforme. A taxa na qual a espécie A é gerada no interior do volume de controle devido a essas reações pode ser representada por

$$\dot{M}_{A,g} = \dot{n}_A\,dx\,dy\,dz \quad (14.45)$$

[5] Para leitores que pularam a Seção 14.2 sobre transferência de massa em meios *não estacionários*, o fluxo absoluto da espécie A medido em relação a coordenadas fixas é representado por $\mathbf{n}''_A$ (fluxo mássico) ou $\mathbf{N}''_A$ (fluxo molar). Para aqueles que leram a Seção 14.2, observem que a aproximação de meio estacionário é equivalente a dizer que o meio hospedeiro (B) está estacionário, $\mathbf{n}''_B$ e $\mathbf{N}''_B = 0$, e a espécie A se encontra diluída, $m_A \ll 1$ e $x_A \ll 1$. Assim, nas Equações 14.21 e 14.32, o componente advectivo é desprezível, resultando nas Equações 14.41 e 14.42.

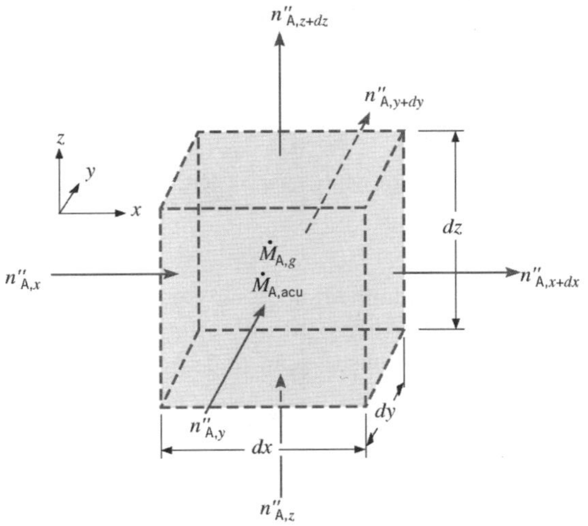

FIGURA 14.4 Volume de controle diferencial, $dx\,dy\,dz$, para a análise da difusão de uma espécie em coordenadas cartesianas.

sendo $\dot{n}_A$ a taxa de aumento da massa da espécie A por unidade de volume da mistura (kg/(s · m^3)). Finalmente, esses processos podem alterar a massa da espécie A acumulada no interior do volume de controle, e a taxa de variação é

$$\dot{M}_{A,acu} = \frac{\partial \rho_A}{\partial t}\, dx\, dy\, dz \qquad (14.46)$$

Com as taxas mássicas de entrada determinadas por $n''_{A,x}$, $n''_{A,y}$ e $n''_{A,z}$ e as taxas mássicas de saída determinadas pelas Equações 14.44, as Equações 14.44 a 14.46 podem ser substituídas na Equação 14.43, obtendo-se

$$-\frac{\partial n''_A}{\partial x} - \frac{\partial n''_A}{\partial y} - \frac{\partial n''_A}{\partial z} + \dot{n}_A = \frac{\partial \rho_A}{\partial t}$$

Então, substituindo os componentes x, y e z da Equação 14.41, obtemos

$$\frac{\partial}{\partial x}\left(\rho D_{AB}\frac{\partial m_A}{\partial x}\right) + \frac{\partial}{\partial y}\left(\rho D_{AB}\frac{\partial m_A}{\partial y}\right) + \frac{\partial}{\partial z}\left(\rho D_{AB}\frac{\partial m_A}{\partial z}\right) + \dot{n}_A = \frac{\partial \rho_A}{\partial t} \qquad (14.47a)$$

Em termos da concentração molar, uma dedução similar fornece

$$\frac{\partial}{\partial x}\left(C D_{AB}\frac{\partial x_A}{\partial x}\right) + \frac{\partial}{\partial y}\left(C D_{AB}\frac{\partial x_A}{\partial y}\right) + \frac{\partial}{\partial z}\left(C D_{AB}\frac{\partial x_A}{\partial z}\right) + \dot{N}_A = \frac{\partial C_A}{\partial t} \qquad (14.48a)$$

Em tratamentos subsequentes do fenômeno da difusão de espécies, iremos trabalhar com versões simplificadas das equações anteriores. Em particular, se D_{AB} e ρ forem constantes, a Equação 14.47a pode ser escrita na forma

$$\frac{\partial^2 \rho_A}{\partial x^2} + \frac{\partial^2 \rho_A}{\partial y^2} + \frac{\partial^2 \rho_A}{\partial z^2} + \frac{\dot{n}_A}{D_{AB}} = \frac{1}{D_{AB}}\frac{\partial \rho_A}{\partial t} \qquad (14.47b)$$

De maneira análoga, se D_{AB} e C forem constantes, a Equação 14.48a pode ser escrita na forma

$$\frac{\partial^2 C_A}{\partial x^2} + \frac{\partial^2 C_A}{\partial y^2} + \frac{\partial^2 C_A}{\partial z^2} + \frac{\dot{N}_A}{D_{AB}} = \frac{1}{D_{AB}}\frac{\partial C_A}{\partial t} \qquad (14.48b)$$

As Equações 14.47b e 14.48b são análogas à equação do calor, Equação 2.21. Assim como para a equação do calor, duas condições de contorno devem ser especificadas para cada coordenada necessária na descrição do sistema. Condições também são requeridas em um *tempo inicial* se o problema de interesse for transiente. Consequentemente, tem-se que, para condições de contorno e inicial análogas, a solução da Equação 14.47b para $\rho_A(x, y, z, t)$ ou da Equação 14.48b para $C_A(x, y, z, t)$ possui a mesma forma da solução da Equação 2.21 para $T(x, y, z, t)$.

As equações da difusão de espécies também podem ser escritas em coordenadas cilíndricas e esféricas. Essas formas alternativas podem ser inferidas a partir das expressões análogas para a transferência de calor, Equações 2.26 e 2.29, e, em termos da concentração molar, têm as seguintes formas:

Coordenadas Cilíndricas:

$$\frac{1}{r}\frac{\partial}{\partial r}\left(C D_{AB} r \frac{\partial x_A}{\partial r}\right) + \frac{1}{r^2}\frac{\partial}{\partial \phi}\left(C D_{AB}\frac{\partial x_A}{\partial \phi}\right) + \frac{\partial}{\partial z}\left(C D_{AB}\frac{\partial x_A}{\partial z}\right) + \dot{N}_A = \frac{\partial C_A}{\partial t} \qquad (14.49)$$

Coordenadas Esféricas:

$$\frac{1}{r^2}\frac{\partial}{\partial r}\left(C D_{AB} r^2 \frac{\partial x_A}{\partial r}\right) + \frac{1}{r^2 \operatorname{sen}^2\theta}\frac{\partial}{\partial \phi}\left(C D_{AB}\frac{\partial x_A}{\partial \phi}\right) + \frac{1}{r^2 \operatorname{sen}\theta}\frac{\partial}{\partial \theta}\left(C D_{AB}\operatorname{sen}\theta\frac{\partial x_A}{\partial \theta}\right) + \dot{N}_A = \frac{\partial C_A}{\partial t} \qquad (14.50)$$

Formas mais simples estão, obviamente, associadas à ausência de reações químicas ($\dot{n}_A = \dot{N}_A = 0$) e às condições unidimensionais em regime estacionário.

14.4.3 *Meio Estacionário com Concentrações nas Superfícies Especificadas*

Considere, por exemplo, a difusão unidimensional da espécie A através de um meio plano composto por A e B, como mostrado na Figura 14.5. Para condições de regime estacionário,

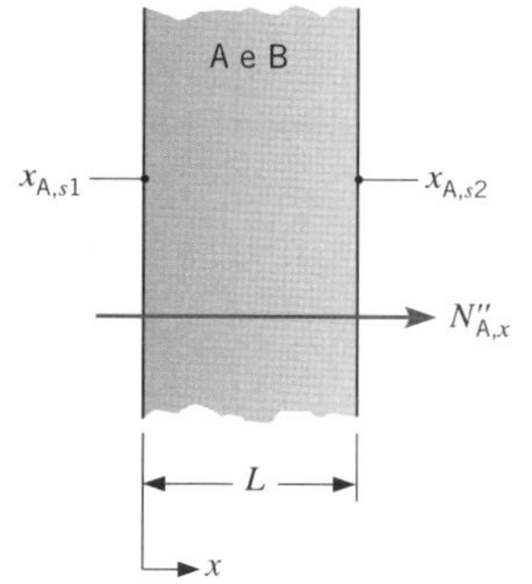

Figura 14.5 Transferência de massa em um meio plano estacionário.

sem reações químicas homogêneas, a forma molar da equação da difusão de uma espécie (Equação 14.48a) se reduz a

$$\frac{d}{dx}\left(CD_{AB}\frac{dx_A}{dx}\right) = 0 \tag{14.51}$$

Supondo que a concentração molar total e o coeficiente de difusão sejam constantes, a Equação 14.51 pode ser resolvida e as condições de contorno ilustradas na Figura 14.5 podem ser aplicadas, fornecendo

$$x_A(x) = (x_{A,s2} - x_{A,s1})\frac{x}{L} + x_{A,s1} \tag{14.52}$$

Da Equação 14.42, tem-se que

$$N''_{A,x} = -CD_{AB}\frac{x_{A,s2} - x_{A,s1}}{L} \tag{14.53}$$

Multiplicando pela área da superfície A e substituindo $x_A \equiv C_A/C$, a taxa molar é, então,

$$N_{A,x} = \frac{D_{AB}A}{L}(C_{A,s1} - C_{A,s2}) \tag{14.54}$$

A partir dessa expressão, podemos definir uma resistência à transferência da espécie por difusão em um meio plano como

$$R_{m,\text{dif}} = \frac{C_{A,s1} - C_{A,s2}}{N_{A,x}} = \frac{L}{D_{AB}A} \tag{14.55}$$

Comparando os resultados anteriores com aqueles obtidos para a condução unidimensional e em regime estacionário, em uma parede plana na ausência de geração (Seção 3.1), fica evidente a existência de uma analogia direta entre as transferências de calor e de massa por difusão.

A analogia também se aplica aos sistemas cilíndrico e esférico. Para a difusão unidimensional, em regime estacionário, em um meio cilíndrico não reativo, a Equação 14.49 se reduz a

$$\frac{d}{dr}\left(rCD_{AB}\frac{dx_A}{dr}\right) = 0 \tag{14.56}$$

De modo análogo, para um meio esférico,

$$\frac{d}{dr}\left(r^2CD_{AB}\frac{dx_A}{dr}\right) = 0 \tag{14.57}$$

As Equações 14.56 e 14.57, assim como a Equação 14.51, estabelecem que a taxa de transferência de massa em base molar, $N_{A,r}$ ou $N_{A,x}$, é constante na direção da transferência (r ou x). Supondo C e D_{AB} constantes, torna-se uma questão simples a obtenção de soluções gerais para as Equações 14.56 e 14.57. Para concentrações das espécies nas superfícies especificadas, as soluções e as resistências difusivas correspondentes estão resumidas na Tabela 14.1. Apesar de as resistências à difusão de uma espécie serem exatamente análogas às resistências térmicas condutivas, não é geralmente válida a combinação de resistências difusivas em série para múltiplas camadas como foi feito no Capítulo 3 com as resistências condutivas. A transferência de massa é complicada pela existência de concentrações de espécies descontínuas através de interfaces entre diferentes materiais, como será tratado mais adiante neste capítulo.

Tabela 14.1 Resumo de soluções para a difusão de espécies em meios estacionários com concentrações nas superfícies especificadas[a]

Geometria	Distribuição de Frações Molares da Espécie, $x_A(x)$ ou $x_A(r)$	Resistência Difusiva da Espécie, $R_{m,\text{dif}}$
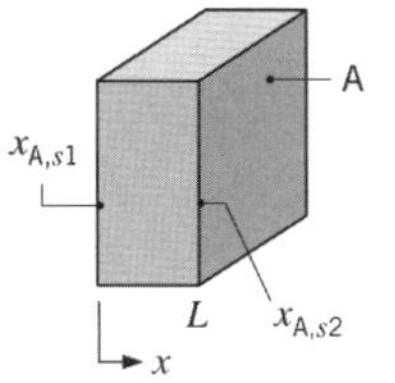	$x_A(x) = (x_{A,s2} - x_{A,s1})\frac{x}{L} + x_{A,s1}$	$R_{m,\text{dif}} = \frac{L}{D_{AB}A}$ [b]
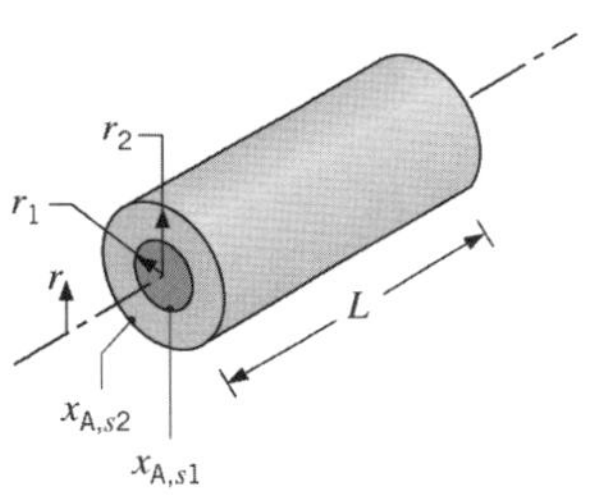	$x_A(r) = \frac{x_{A,s1} - x_{A,s2}}{\ln(r_1/r_2)}\ln\left(\frac{r}{r_2}\right) + x_{A,s2}$	$R_{m,\text{dif}} = \frac{\ln(r_2/r_1)}{2\pi L D_{AB}}$ [c]

(*continua*)

TABELA 14.1 Resumo de soluções para a difusão de espécies em meios estacionários com concentrações nas superfícies especificadas[a] (*continuação*)

Geometria	Distribuição de Frações Molares da Espécie, $x_A(x)$ ou $x_A(r)$	Resistência Difusiva da Espécie, $R_{m,\text{dif}}$
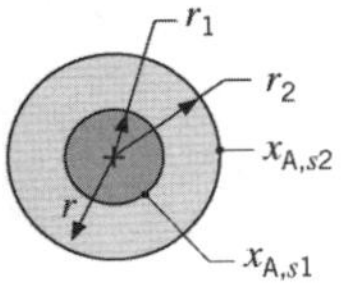	$x_A(r) = \dfrac{x_{A,s1} - x_{A,s2}}{1/r_1 - 1/r_2}\left(\dfrac{1}{r} - \dfrac{1}{r_2}\right) + x_{A,s2}$	$R_{m,\text{dif}} = \dfrac{1}{4\pi D_{AB}}\left(\dfrac{1}{r_1} - \dfrac{1}{r_2}\right)^c$

[a] Supondo C e D_{AB} constantes.
[b] $N_{A,x} = (C_{A,s1} - C_{A,s2})/R_{m,\text{dif}} = C(x_{A,s1} - x_{A,s2})/R_{m,\text{dif}}$.
[c] $N_{A,r} = (C_{A,s1} - C_{A,s2})/R_{m,\text{dif}} = C(x_{A,s1} - x_{A,s2})/R_{m,\text{dif}}$.

EXEMPLO 14.3

A eficácia de produtos farmacêuticos é reduzida pela exposição prolongada a altas temperaturas, à luz e à umidade. Para produtos consumidos que são sensíveis ao vapor d'água e encontram-se na forma de comprimidos ou cápsulas, e são guardados em ambientes úmidos, como armários de banheiro, *embalagens blister* são usadas para limitar a exposição direta do medicamento às condições de umidade até o momento imediatamente anterior a sua ingestão.

Considere comprimidos que estão contidos em uma embalagem *blister* composta por uma *folha de cobertura* plana e uma segunda *folha moldada*, que possui compartimentos que abrigam cada comprimido. A folha moldada tem espessura $L = 50\ \mu$m e é fabricada com um material polimérico. Cada compartimento possui diâmetro $D = 5$ mm e profundidade $h = 3$ mm. A folha de cobertura é feita de alumínio. O coeficiente de difusão binária do vapor d'água no polímero é $D_{AB} = 6 \times 10^{-14}\ \text{m}^2/\text{s}$, enquanto pode-se supor que o alumínio seja impermeável em relação ao vapor d'água. Para concentrações molares do vapor d'água no polímero nas superfícies externa e interna de $C_{A,s1} = 4{,}5 \times 10^{-3}\ \text{kmol/m}^3$ e $C_{A,s2} = 0{,}5 \times 10^{-3}\ \text{kmol/m}^3$, respectivamente, determine a taxa na qual o vapor d'água é transferido através da parede do compartimento para o comprimido.

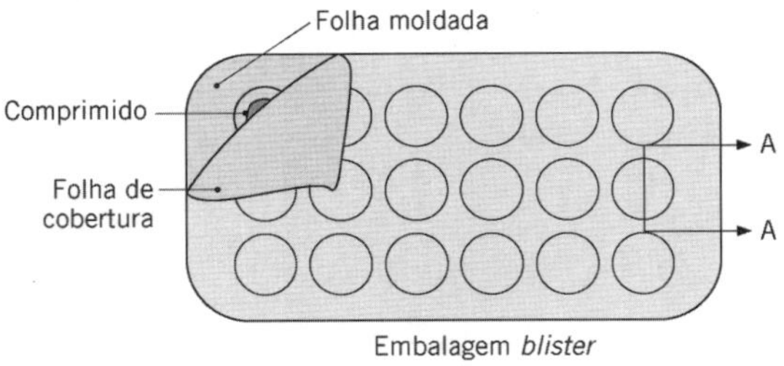

SOLUÇÃO

Dados: Concentrações molares do vapor d'água nas superfícies interna e externa de uma folha de polímero e geometria do compartimento do comprimido.

Achar: Taxa da transferência difusiva molar do vapor d'água através da parede do compartimento.

Esquema:

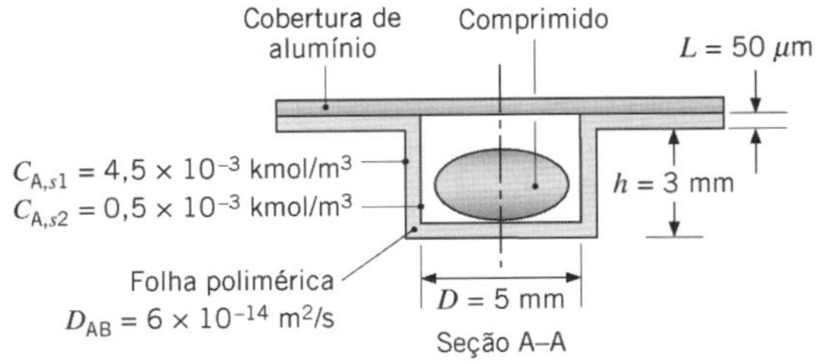

Considerações:

1. Condições unidimensionais e em regime estacionário.
2. Meio estacionário.
3. Ausência de reações químicas.
4. A folha polimérica é fina em relação às dimensões do compartimento do comprimido, e a difusão pode, então, ser analisada como se ocorresse através de uma parede plana.

Análise: A taxa de transferência total de vapor d'água é a soma das taxas de transferência através da parede cilíndrica do compartimento e através da superfície circular de sua base. Da Equação 14.54 podemos escrever

$$N_{A,x} = \frac{D_{AB}A}{L}(C_{A,s1} - C_{A,s2})$$

$$= \frac{D_{AB}}{L}\left(\frac{\pi D^2}{4} + \pi D h\right)(C_{A,s1} - C_{A,s2})$$

Consequentemente,

$$N_{A,x} = \frac{6\times10^{-14}\text{m}^2/\text{s}}{50\times10^{-6}\text{m}}\left(\frac{\pi(5\times10^{-3}\text{m})^2}{4} + \pi(5\times10^{-3}\text{m})(3\times10^{-3}\text{m})\right)$$

$$\times (4{,}5\times 10^{-3} - 0{,}5\times10^{-3})\ \text{kmol/m}^3$$

$$= 0{,}32\times10^{-15}\ \text{kmol/s}$$ ◁

Comentários:

1. A taxa de difusão mássica do vapor d'água é $n_{A,x} = \mathcal{M}_A N_{A,x} = 18$ kg/kmol $\times$ 0,32 $\times$ 10^{-15} kmol/s $=$ 5,8 $\times$ 10^{-15} kg/s.
2. O *tempo de prateleira* do medicamento é inversamente proporcional à taxa na qual o vapor d'água é transferido através da folha do polímero. O tempo de prateleira pode ser estendido pelo aumento da espessura da folha, resultando em um aumento do custo da embalagem. A especificação de materiais para o uso em embalagens *blister* envolve compromissos entre o tempo de prateleira, o custo e as possibilidades de moldagem e de reciclagem do material polimérico.

14.5 Condições de Contorno e Concentrações Descontínuas em Interfaces

Na seção anterior, expressões para resistências da transferência de massa foram desenvolvidas aplicando-se condições de contorno de concentração na superfície constante. Para uma superfície em $x = 0$, a condição de contorno de concentração de uma espécie na superfície constante é representada por

$$C_A(0,t) = C_{A,s} \tag{14.58a}$$

ou

$$x_A(0,t) = x_{A,s} \tag{14.58b}$$

Já usamos as Equações 14.58a e 14.58b nos Exemplos 14.2 e 14.3. Uma condição de contorno de concentração na superfície constante pode ser representada de forma equivalente em termos de uma fração ou concentração mássicas. Enquanto as formas das Equações 14.58a e 14.58b são simples, a determinação do valor apropriado de $x_{A,s}$ (ou $C_{A,s}$) pode ser complicada, como discutido a seguir.

A segunda condição de contorno, que é análoga às condições da transferência de calor por condução da Tabela 2.2, é aquela de um fluxo da espécie constante, $J^*_{A,s}$, na superfície. Usando a lei de Fick, a Equação 14.13, a condição é representada para uma superfície em $x = 0$ na forma

$$-CD_{AB}\left.\frac{\partial x_A}{\partial x}\right|_{x=0} = J^*_{A,s} \tag{14.59}$$

Um caso particular dessa condição corresponde ao da *superfície impermeável*, para a qual $\partial x_A/\partial x|_{x=0} = 0$ quando um meio estacionário é considerado. Uma condição de contorno de fluxo da espécie constante pode também ser representada na base mássica.

Um fenômeno que torna a transferência de massa mais complexa do que a transferência de calor é que as concentrações de espécies são, em geral, *descontínuas* na interface entre dois materiais, enquanto a temperatura é contínua. Para tomar um exemplo familiar, considere uma poça d'água exposta ao ar. Se estivermos interessados em determinar a taxa na qual o vapor d'água é transferido para o ar, necessitaríamos especificar a concentração de vapor d'água no ar na interface ar-água. Sabemos que a fração molar da água na poça é essencialmente unitária (desprezando a pequena quantidade de oxigênio ou nitrogênio dissolvida na água). Porém, seria incorreto especificar $x_{A,s} = 1$ para a fração molar do vapor d'água *no ar* na interface. Claramente, a concentração da água é descontínua através da interface. Em geral, condições de contorno de concentração na interface que separa dois materiais descrevem uma *relação* entre as concentrações nos dois lados da interface. As relações são baseadas na teoria ou deduzidas a partir de experimentos. Elas podem ser representadas em uma variedade de formas e poucas delas são apresentadas a seguir.

14.5.1 *Evaporação e Sublimação*

Um cenário comum da transferência de massa é a transferência da espécie A para uma corrente gasosa devida à evaporação ou à sublimação a partir de uma superfície líquida ou sólida, respectivamente (Figura 14.6*a*). As condições *no interior da fase gasosa* de interesse e a concentração (ou pressão parcial) da espécie A na fase gasosa na interface (localizada em $x = 0$) podem ser prontamente determinadas com a *lei de Raoult*,

$$p_A(0) = x_A(0)p_{A,sat} \tag{14.60}$$

com p_A sendo a pressão parcial de A *na fase gasosa*, x_A é a fração molar da espécie A *no líquido ou no sólido* e $p_{A,sat}$ a pressão de saturação da espécie A na temperatura da superfície. A lei de Raoult se aplica se a fase gasosa puder ser aproximada

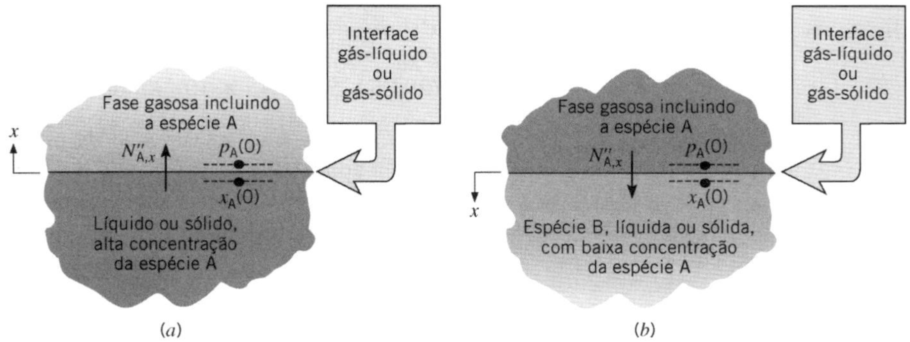

FIGURA 14.6 Concentração de espécies em uma interface gás-líquido ou gás-sólido. (*a*) Evaporação ou sublimação da espécie A de um líquido ou um sólido para um gás. (*b*) Transferência da espécie fracamente solúvel A de um gás para um líquido ou sólido.

como ideal e a fase líquida ou sólida tem uma alta concentração da espécie A. Se o líquido ou o sólido for uma espécie A pura, isto é, $x_A = 1$, a Equação 14.60 é simplificada para $p_A(0) = p_{A,sat}$. Ou seja, a pressão parcial do vapor na interface corresponde às condições de saturação na temperatura da interface e pode ser determinada em tabelas termodinâmicas padrões. Essa condição de contorno foi utilizada na solução do Exemplo 14.2 e na Seção 6.7.2.

14.5.2 *Solubilidade de Gases em Líquidos e Sólidos*

Outro cenário comum é a transferência de massa da espécie A *de uma fase gasosa para um líquido ou um sólido*, a espécie B (Figura 14.6*b*). O interesse é na transferência de massa no interior da fase líquida ou sólida, e a concentração da espécie A na interface é requerida como uma condição de contorno.

Se a espécie A for apenas fracamente solúvel (x_A é pequena) em um *líquido*, a *lei de Henry* pode ser usada para relacionar a fração molar de A no líquido com a pressão parcial de A na fase gasosa externa ao líquido:

$$x_A(0) = \frac{p_A(0)}{H} \qquad (14.61)$$

O coeficiente H é conhecido como *constante de Henry*, e os seus valores para soluções aquosas selecionadas encontram-se listados na Tabela A.9. Ainda que H dependa da temperatura, sua dependência em relação à pressão pode, em geral, ser desprezada para valores de p até 5 bar.

Condições em uma interface *gás-sólido* também podem ser determinadas se o gás, espécie A, se dissolve no sólido, espécie B, formando uma solução. Em tais situações, a transferência de massa no sólido é independente da estrutura do sólido e pode ser tratada como um processo de difusão. Em contraste, há muitas situações nas quais a porosidade do sólido influencia fortemente o transporte do gás através do sólido. Tais situações podem, algumas vezes, ser tratadas de forma análoga à transferência de calor em meios porosos como discutida na Seção 3.1.5, porém frequentemente devem ser abordadas usando-se métodos descritos em textos mais avançados [2, 4].

Tratando o gás e o sólido como uma solução, podemos obter a concentração do gás no sólido, na interface, a partir do uso de uma propriedade conhecida por *solubilidade*, S. Ela é definida pela expressão

$$C_A(0) = S p_A(0) \qquad (14.62)$$

com $p_A(0)$ sendo mais uma vez a pressão parcial (em bar) do gás adjacente à interface. A concentração molar de A no sólido, na interface, $C_A(0)$, está em unidades de quilomols de A por metro cúbico de sólido, situação na qual as unidades de S devem ser *quilomols de* A *por metro cúbico de sólido, por bar* (*ou atm*) *de pressão parcial de* A. Valores de S para várias combinações gás-sólido são dados na Tabela A.10. Valores da solubilidade são comumente apresentados em unidades de metros cúbicos da espécie A (nas CNTP, Condições Normais de Temperatura e Pressão, de 0 °C e 1 atm) por metro cúbico de sólido, por atm de pressão parcial de A. Representando esse valor de solubilidade por $\tilde{S}$ e reconhecendo que nas CNTP 1 kmol ocupa 22,414 m^3, achamos que a conversão de unidades é dada por $S = \tilde{S}/(22{,}414\ m^3/kmol)$. (Conversão adicional entre bar e atm pode ser necessária.)

EXEMPLO 14.4

Gás hélio está armazenado a 20 °C em um vaso esférico feito com sílica fundida (SiO_2), que possui um diâmetro de 0,20 m e uma espessura de parede de 2 mm. Se o vaso é carregado até uma pressão inicial de 4 bar, qual é a taxa na qual essa pressão diminui com o tempo?

SOLUÇÃO

Dados: Pressão inicial de hélio em um vaso esférico de sílica fundida, com diâmetro D e espessura de parede L especificados.

Achar: A taxa de variação da pressão do hélio, dp_A/dt.

Esquema:

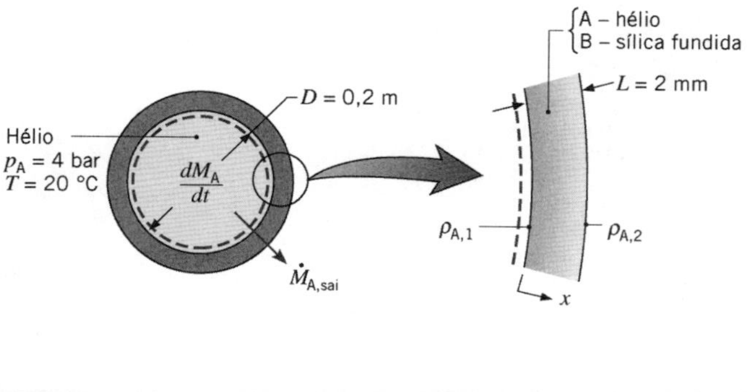

Considerações:

1. Como $D \gg L$, a difusão pode ser aproximada como unidimensional através de uma parede plana.
2. Difusão em estado quase estacionário (a variação da pressão é suficientemente lenta para permitir que sejam admitidas condições de regime estacionário para a difusão através da sílica fundida em qualquer instante).
3. Meio estacionário com massa específica uniforme ρ.
4. Pressão do hélio no ar exterior ao vaso desprezível.
5. Hélio com comportamento de gás ideal.

Propriedades: Tabela A.8, hélio-sílica fundida (293 K): $D_{AB} = 0{,}4 \times 10^{-13}\ m^2/s$. Tabela A.10, hélio-sílica fundida (293 K): $S = 0{,}45 \times 10^{-3}\ kmol/(m^3 \cdot bar)$.

Análise: A taxa de variação da pressão do hélio pode ser obtida aplicando-se a exigência de conservação de espécies, Equação 14.43, em um volume de controle ao redor do hélio. Tem-se, então, que

$$-\dot{M}_{A,sai} = \dot{M}_{A,acu}$$

ou, como a saída do hélio é resultante da difusão através da sílica fundida,

$$\dot{M}_{A,sai} = n''_{A,x} A$$

e a variação no acúmulo de massa é

$$\dot{M}_{A,acu} = \frac{dM_A}{dt} = \frac{d(\rho_A V)}{dt}$$

o balanço da espécie se reduz a

$$-n''_{A,x}A = \frac{d(\rho_A V)}{dt}$$

Reconhecendo que $\rho_A = \mathcal{M}_A C_A$ e utilizando a lei do gás ideal

$$C_A = \frac{p_A}{\mathcal{R}T}$$

o balanço da espécie se torna

$$\frac{dp_A}{dt} = -\frac{\mathcal{R}T}{\mathcal{M}_A V} A n''_{A,x}$$

Em um meio estacionário, o fluxo absoluto da espécie A através da sílica fundida é igual ao fluxo difusivo, $n''_{A,x} = j_{A,x}$, quando, com base na lei de Fick, Equação 14.41,

$$n''_{A,x} = -\rho D_{AB}\frac{dm_A}{dx} = -D_{AB}\frac{d\rho_A}{dx}$$

ou, para as condições admitidas,

$$n''_{A,x} = D_{AB}\frac{\rho_{A,1} - \rho_{A,2}}{L}$$

As concentrações mássicas da espécie, $\rho_{A,1}$ e $\rho_{A,2}$, estão relacionadas com as condições *no interior* da sílica fundida nas suas superfícies interna e externa, respectivamente, e podem ser avaliadas a partir do conhecimento da solubilidade pela Equação 14.62. Dessa forma, com $\rho_A = \mathcal{M}_A C_A$,

$$\rho_{A,1} = \mathcal{M}_A S p_{A,i} = \mathcal{M}_A S p_A \quad \text{e} \quad \rho_{A,2} = \mathcal{M}_A S p_{A,o} = 0$$

com $p_{A,i}$ e $p_{A,e}$ sendo, respectivamente, as pressões de hélio nas superfícies interna e externa. Assim,

$$n''_{A,x} = \frac{D_{AB}\mathcal{M}_A S p_A}{L}$$

e, substituindo no balanço da espécie, tem-se que

$$\frac{dp_A}{dt} = -\frac{\mathcal{R}TAD_{AB}S}{LV}p_A$$

ou, com $A = \pi D^2$ e $V = \pi D^3/6$,

$$\frac{dp_A}{dt} = -\frac{6\mathcal{R}TD_{AB}S}{LD}p_A$$

Substituindo os valores numéricos, a taxa de variação da pressão é

$$\frac{dp_A}{dt} = [-6(0{,}08314\ \text{m}^3\cdot\text{bar/(kmol}\cdot\text{K))}\ 293\ \text{K}\ (0{,}4\times10^{-13}\text{m}^2/\text{s})$$
$$\times 0{,}45\times10^{-3}\text{kmol/(m}^3\cdot\text{bar)}\times 4\ \text{bar}] \div [0{,}002\ \text{m}\ (0{,}2\ \text{m})]$$

$$\frac{dp_A}{dt} = -2{,}63\times10^{-8}\ \text{bar/s} \qquad \triangleleft$$

Comentário: O resultado anterior fornece a taxa de vazamento inicial (máxima) para o sistema. A taxa de vazamento diminui à medida que a pressão interna diminui, em função da dependência de $\rho_{A,1}$ com p_A.

EXEMPLO 14.5

Hidrogênio gasoso é mantido a pressões de 3 bar e de 1 bar nos lados opostos de uma membrana plástica com 0,3 mm de espessura. A temperatura é de 25 °C e o coeficiente de difusão binária do hidrogênio no plástico é igual a $8{,}7 \times 10^{-8}$ m²/s. A solubilidade do hidrogênio na membrana é de $1{,}5 \times 10^{-3}$ kmol/(m³ · bar). Qual é o fluxo mássico difusivo de hidrogênio através da membrana?

SOLUÇÃO

Dados: Pressão de hidrogênio nos lados opostos de uma membrana.

Achar: O fluxo mássico difusivo de hidrogênio, $n''_{A,x}$ (kg/(s · m²)).

Esquema:

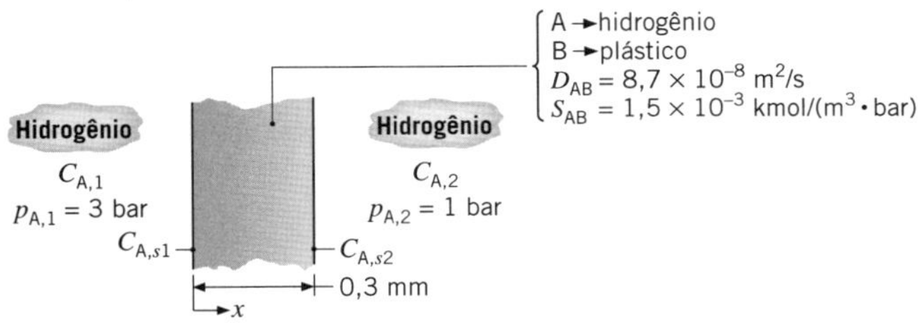

Considerações:

1. Condições unidimensionais e em regime estacionário.
2. Membrana é um meio estacionário, não reativo, com concentração molar total uniforme.

Análise: Nas condições especificadas, a Equação 14.42 se reduz à Equação 14.53, que pode ser escrita na forma

$$N''_{A,x} = CD_{AB}\frac{x_{A,s1} - x_{A,s2}}{L} = \frac{D_{AB}}{L}(C_{A,s1} - C_{A,s2})$$

As concentrações molares do hidrogênio nas superfícies podem ser obtidas pela Equação 14.62, na qual

$$C_{A,s1} = 1{,}5\times10^{-3}\ \text{kmol/(m}^3\cdot\text{bar)}\times 3\ \text{bar} = 4{,}5\times10^{-3}\ \text{kmol/m}^3$$

$$C_{A,s2} = 1{,}5\times10^{-3}\ \text{kmol/(m}^3\cdot\text{bar)}\times 1\ \text{bar} = 1{,}5\times10^{-3}\ \text{kmol/m}^3$$

Assim

$$N''_{A,x} = \frac{8{,}7 \times 10^{-8}\ \text{m}^2/\text{s}}{0{,}3 \times 10^{-3}\ \text{m}}(4{,}5 \times 10^{-3} - 1{,}5 \times 10^{-3})\ \text{kmol/m}^3$$

$$N''_{A,x} = 8{,}7 \times 10^{-7}\ \text{kmol/(s}\cdot\text{m}^2)$$

Na base mássica,

$$n''_{A,x} = N''_{A,x}\mathcal{M}_A$$

na qual a massa molar do hidrogênio é de 2 kg/kmol. Assim,

$$n''_{A,x} = 8{,}7 \times 10^{-7}\ \text{kmol/(s}\cdot\text{m}^2) \times 2\ \text{kg/kmol}$$
$$= 1{,}74 \times 10^{-6}\ \text{kg/(s}\cdot\text{m}^2) \quad \triangleleft$$

Comentário: As concentrações molares do hidrogênio na fase gasosa, $C_{A,1}$ e $C_{A,2}$, diferem das concentrações superficiais na membrana e podem ser calculadas pela equação de estado do gás ideal

$$C_A = \frac{p_A}{\mathcal{R}T}$$

sendo $\mathcal{R} = 8{,}314 \times 10^{-2}\ \text{m}^3\cdot\text{bar/(kmol}\cdot\text{K)}$. Tem-se que $C_{A,1} = 0{,}121\ \text{kmol/m}^3$ e $C_{A,2} = 0{,}040\ \text{kmol/m}^3$. Embora $C_{A,s2} < C_{A,2}$, o transporte de hidrogênio irá ocorrer da membrana para o gás a $p_{A,2} = 1$ bar. Esse resultado, aparentemente anômalo, pode ser explicado reconhecendo-se que as duas concentrações estão baseadas em volumes *diferentes*; em um caso, a concentração é por unidade de volume da membrana, enquanto, no outro, ela é por unidade de volume da fase gasosa adjacente. Por esse motivo, não é possível inferir o sentido do transporte de hidrogênio a partir de uma simples comparação dos valores numéricos de $C_{A,s2}$ e $C_{A,2}$.

14.5.3 *Reações Catalíticas na Superfície*

Muitos problemas de transferência de massa envolvem a especificação do fluxo da espécie em vez de sua concentração em uma superfície. Um desses problemas está relacionado com o processo de catálise, que envolve o uso de superfícies especiais para promover *reações químicas heterogêneas*. Uma reação química heterogênea ocorre na superfície de um material, podendo ser vista como um *fenômeno de superfície* e, então, tratada como uma condição de contorno.[6] Frequentemente, uma análise de difusão unidimensional pode ser usada para *aproximar* o desempenho de um reator catalítico.

Considere o sistema da Figura 14.7. Uma superfície catalítica é colocada em uma corrente gasosa para promover uma reação química heterogênea envolvendo a espécie A. Admita que a reação produza a espécie A a uma taxa $\dot{N}''_A$, que é definida como a taxa molar de produção por unidade de área superficial do catalisador. Uma vez atingidas as condições de regime estacionário, a taxa de transporte da espécie A saindo da superfície, $N''_{A,x}$, deve ser igual à taxa de reação na superfície:

$$N''_{A,x}(0) = \dot{N}''_A \qquad (14.63)$$

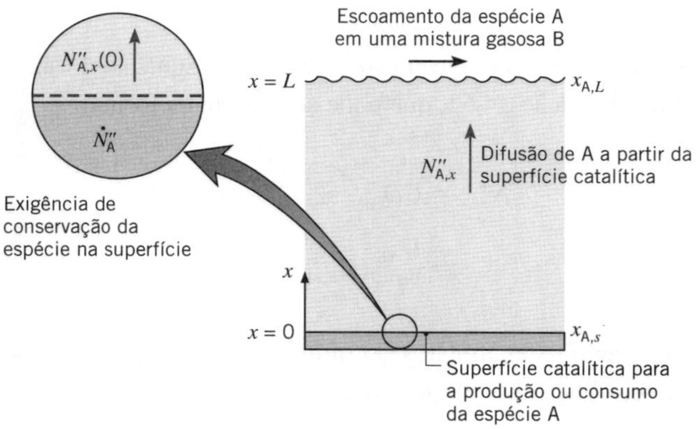

FIGURA 14.7 Difusão unidimensional com catálise heterogênea.

[6] Os termos de geração que aparecem nas Equações 14.47 a 14.50 são decorrentes das reações químicas que ocorrem *volumetricamente*. Essas reações volumétricas são chamadas de *reações químicas homogêneas* e serão tratadas na Seção 14.6.

Também é admitido que a espécie A deixa a superfície como um resultado da transferência unidimensional através de um fino filme com espessura L e que não ocorram reações no interior deste filme. A fração molar de A em $x = L$, $x_{A,L}$, corresponde às condições na corrente principal da mistura e supõe-se que seja conhecida. Representando as demais espécies da mistura como uma única espécie B e supondo o meio estacionário, a Equação 14.48a se reduz a

$$\frac{d}{dx}\left(CD_{AB}\frac{dx_A}{dx}\right) = 0 \qquad (14.64)$$

sendo D_{AB} o coeficiente de difusão binária de A em B, podendo B ser uma mistura multicomposta. Supondo C e D_{AB} constantes, a Equação 14.64 pode ser resolvida sujeita às condições

$$x_A(L) = x_{A,L}$$

e

$$N''_{A,x}(0) = -CD_{AB}\left.\frac{dx_A}{dx}\right|_{x=0} = \dot{N}''_A \qquad (14.65)$$

Essa expressão é obtida da Equação 14.63 e da substituição da lei de Fick, Equação 14.42.

Para uma superfície catalítica, a taxa de reação na superfície $\dot{N}''_A$ depende, geralmente, da concentração na superfície $C_A(0)$. Para uma *reação de primeira ordem* que resulta no consumo da espécie na superfície, a taxa de reação possui a forma

$$\dot{N}''_A = -k''_1 C_A(0) \qquad (14.66)$$

sendo k''_1 (m/s) a constante de velocidade da reação. Consequentemente, a condição de contorno na superfície, Equação 14.65, se reduz a

$$-D_{AB}\left.\frac{dx_A}{dx}\right|_{x=0} = -k''_1 x_A(0) \qquad (14.67)$$

Resolvendo a Equação 14.64 sujeita às condições anteriores, pode ser facilmente verificado que a distribuição de concentrações é linear e tem a forma

$$\frac{x_A(x)}{x_{A,L}} = \frac{1 + (xk''_1/D_{AB})}{1 + (Lk''_1/D_{AB})} \qquad (14.68)$$

Na superfície catalítica, esse resultado se reduz a

$$\frac{x_A(0)}{x_{A,L}} = \frac{1}{1 + (Lk_1''/D_{AB})} \qquad (14.69)$$

e o fluxo molar é

$$N_A''(0) = -CD_{AB}\left.\frac{dx_A}{dx}\right|_{x=0} = -k_1''Cx_A(0)$$

ou

$$N_A''(0) = -\frac{k_1''Cx_{A,L}}{1 + (Lk_1''/D_{AB})} \qquad (14.70)$$

O sinal negativo indica que a transferência de massa se dá *para* a superfície.

Dois casos limites dos resultados anteriores são de especial interesse. Para o limite $k_1'' \to 0$, $(Lk_1''/D_{AB}) \ll 1$ e as Equações 14.69 e 14.70 se reduzem a

$$\frac{x_{A,s}}{x_{A,L}} \approx 1 \quad \text{e} \quad N_A''(0) \approx -k_1''Cx_{A,L}$$

Em tais casos, a taxa de reação é controlada pela constante de velocidade da reação, e a limitação em função da difusão é desprezível. O processo é dito ser *limitado pela reação*. Inversamente, para o limite $k_1'' \to \infty$, $(Lk_1''/D_{AB}) \gg 1$ e as Equações 14.69 e 14.70 se reduzem a

$$x_{A,s} \approx 0 \quad \text{e} \quad N_A''(0) \approx -\frac{CD_{AB}x_{A,L}}{L}$$

Nesse caso, a reação é controlada pela taxa de difusão para a superfície, e o processo é dito ser *limitado pela difusão*.

14.6 Difusão Mássica com Reações Químicas Homogêneas

Da mesma forma que a difusão térmica pode ser influenciada por fontes internas de energia, a transferência difusiva de uma espécie pode ser influenciada por reações químicas homogêneas. Restringimos nossa atenção aos meios estacionários, condição na qual a Equação 14.41 ou 14.42 determina o fluxo absoluto da espécie. Se também supusermos transferência unidimensional e em regime estacionário na direção x, e valores de D_{AB} e C constantes, a Equação 14.48b se reduz a

$$D_{AB}\frac{d^2C_A}{dx^2} + \dot{N}_A = 0 \qquad (14.71)$$

A taxa de produção volumétrica, $\dot{N}_A$, é frequentemente descrita usando-se uma das formas a seguir.

Reação de Ordem Zero:

$$\dot{N}_A = k_0$$

Reação de Primeira Ordem:

$$\dot{N}_A = k_1 C_A$$

Isto é, a reação pode ocorrer a uma taxa constante (ordem zero) ou a uma taxa que é proporcional à concentração local da espécie (primeira ordem). As unidades de k_0 e k_1 são kmol/(s · m^3) e s^{-1}, respectivamente. Se N_A for positiva, a reação resulta na geração da espécie A; se for negativa, ela resulta no consumo de A.

Em muitas aplicações, a espécie de interesse é convertida em outra forma por meio de uma reação química de primeira ordem, e a Equação 14.71 se torna

$$D_{AB}\frac{d^2C_A}{dx^2} - k_1C_A = 0 \qquad (14.72)$$

Essa equação diferencial linear e homogênea tem como solução geral

$$C_A(x) = C_1e^{mx} + C_2e^{-mx} \qquad (14.73)$$

com $m = (k_1/D_{AB})^{1/2}$ e as constantes C_1 e C_2 dependendo das condições de contorno especificadas. A forma desta equação é idêntica àquela que caracteriza a condução térmica em uma superfície estendida, Equação 3.71.

Considere a situação ilustrada na Figura 14.8. O gás A é solúvel no líquido B, onde é transferido por difusão e experimenta uma reação química de primeira ordem. A solução é diluída e a concentração de A no líquido, na interface, é uma constante conhecida $C_{A,0}$. Se o fundo do recipiente for impermeável ao componente A, as condições de contorno são

$$C_A(0) = C_{A,0} \quad \text{e} \quad \left.\frac{dC_A}{dx}\right|_{x=L} = 0$$

Essas condições de contorno em termos da espécie são análogas às condições de contorno térmicas do caso B na Tabela 3.4. Como a Equação 14.73 possui a mesma forma da Equação 3.71, tem-se que

$$C_A(x) = C_{A,0}\frac{\cosh m(L-x)}{\cosh mL} \qquad (14.74)$$

As grandezas de interesse especial são a concentração de A no fundo do recipiente e o fluxo de A através da interface gás-líquido. Aplicando a Equação 14.74 em $x = L$, obtemos

$$C_A(L) = \frac{C_{A,0}}{\cosh mL} \qquad (14.75)$$

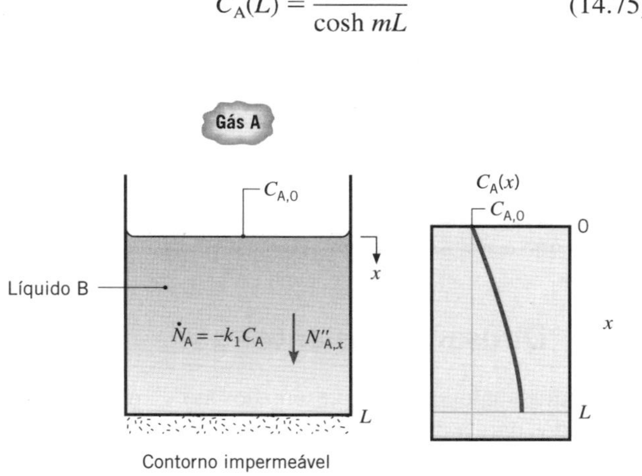

FIGURA 14.8 Difusão e reação homogênea do gás A no líquido B.

Além disso,

$$N''_{A,x}(0) = -D_{AB}\left.\frac{dC_A}{dx}\right|_{x=0}$$

$$= D_{AB}C_{A,0}m\left.\frac{\text{senh}\, m(L-x)}{\cosh mL}\right|_{x=0}$$

ou

$$N''_{A,x}(0) = D_{AB}C_{A,0}\, m \tanh mL \qquad (14.76)$$

Resultados para um recipiente com o seu fundo mantido a uma concentração fixa ou com uma profundidade infinita podem ser obtidos por analogia com os casos C e D, respectivamente, da Tabela 3.4.

EXEMPLO 14.6

Biofilmes, que são colônias de bactérias que podem aderir a superfícies vivas ou inertes, podem causar uma ampla série de infecções humanas. Infecções causadas por bactérias que vivem no interior de biofilmes são frequentemente crônicas, pois antibióticos que são aplicados na superfície de um biofilme têm dificuldades de penetração através da espessura do filme. Considere um biofilme que está associado a uma infecção cutânea. Um antibiótico (espécie A) é aplicado na camada superior de um biofilme (espécie B) de tal forma que uma concentração fixa do medicamento, $C_{A,0} = 4 \times 10^{-3}$ kmol/m^3, está presente na superfície superior do biofilme. O coeficiente de difusão do medicamento no interior do biofilme é $D_{AB} = 2 \times 10^{-12}$ m^2/s. O antibiótico é consumido por reações bioquímicas no interior do filme, e a taxa de consumo depende da concentração local do medicamento na forma $\dot{N}_A = -k_1 C_A$, com $k_1 = 0{,}1$ s^{-1}. Para eliminar a bactéria, o antibiótico tem que ser consumido a uma taxa de, no mínimo, $0{,}2 \times 10^{-3}$ kmol/(s · m^3) ($\dot{N}_A \leq -0{,}2 \times 10^{-3}$ kmol/(s · m^3)), pois, em taxas absolutas de consumo menores, a bactéria será capaz de crescer mais rápido do que ela é destruída. Determine a espessura máxima do biofilme, L, que pode ser tratada com sucesso pelo antibiótico.

SOLUÇÃO

Dados: Antibiótico tópico e propriedades do biofilme, concentração do medicamento na superfície e taxa de consumo do antibiótico mínima necessária.

Achar: Espessura máxima de um biofilme carregado de bactérias, L, que pode ser tratado com sucesso.

Esquema:

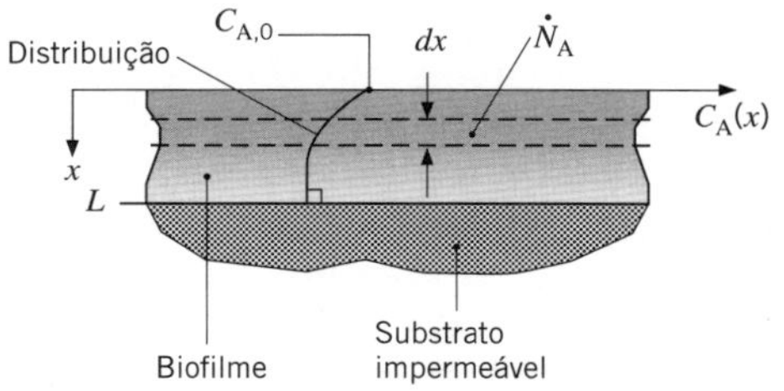

Considerações:

1. Condições unidimensionais e em regime estacionário.
2. Meio estacionário e homogêneo, com propriedades constantes.
3. Base do biofilme impermeável.

Análise: A taxa absoluta de consumo do antibiótico será menor em $x = L$, onde a concentração do antibiótico é a menor. Assim, exigimos que $\dot{N}_A(L) = -0{,}2 \times 10^{-3}$ kmol/(s · m^3). A expressão para a reação de primeira ordem pode ser combinada com a Equação 14.74, fornecendo

$$\dot{N}_A(L) = -k_1 C_A(L) = -k_1 \frac{C_{A,0}}{\cosh mL} \qquad (1)$$

na qual

$$m = (k_1/D_{AB})^{1/2} = \left(\frac{0{,}1\ \text{s}^{-1}}{2 \times 10^{-12}\ \text{m}^2/\text{s}}\right)^{1/2} = 2{,}24 \times 10^5\ \text{m}^{-1}$$

A Equação 1 pode ser explicitada em relação à espessura máxima permitida:

$$L = m^{-1}\cosh^{-1}\left(\frac{-k_1 C_{A,0}}{\dot{N}_A(L)}\right) \qquad (2)$$

A substituição dos valores na Equação 2 fornece

$$L = (2{,}24 \times 10^5\ \text{m}^{-1})^{-1}\cosh^{-1}\left(\frac{-0{,}1\ \text{s}^{-1} \times 4 \times 10^{-3}\ \text{kmol/m}^3}{-0{,}2 \times 10^{-3}\ \text{kmol/(s·m}^3)}\right)$$

$$= 5{,}9 \times 10^{-6}\ \text{m} = 5{,}9\ \mu\text{m} \qquad \triangleleft$$

Comentários: A capacidade do agente antibiótico de matar em biofilmes mais espessos é dificultada pela alta taxa na qual o agente é consumido e pela baixa taxa na qual ele pode ser difundido através da matriz polimérica complexa do biofilme [6]. A taxa de difusão pode ser aumentada pela diminuição do tamanho da molécula do antibiótico, permitindo que ele penetre através do biofilme com uma resistência menor. Esta é uma área ativa de pesquisa em *nanomedicina*.

14.7 Difusão Transiente

Resultados análogos aos apresentados no Capítulo 5 podem ser obtidos para a difusão transiente de uma espécie diluída A em um meio estacionário. Admitindo que não existam reações homogêneas, que os valores de D_{AB} e C sejam constantes e que a transferência seja unidimensional na direção x, a Equação 14.48b se reduz a

$$\frac{\partial^2 C_A}{\partial x^2} = \frac{1}{D_{AB}}\frac{\partial C_A}{\partial t} \qquad (14.77)$$

Supondo uma concentração inicial uniforme,

$$C_A(x, 0) = C_{A,i} \tag{14.78}$$

A Equação 14.77 pode ser resolvida para condições de contorno que dependem de determinada geometria e das condições na superfície. Se, por exemplo, a geometria for uma parede plana com espessura $2L$ com as mesmas condições convectivas impostas em cada superfície exposta, as condições de contorno são

$$\left.\frac{\partial C_A}{\partial x}\right|_{x=0} = 0 \tag{14.79}$$

$$C_A(L, t) = C_{A,s} \tag{14.80}$$

A Equação 14.79 descreve a exigência de simetria no plano intermediário. A Equação 14.80 representa a condição de convecção na superfície se o *número de Biot para a transferência de massa*, $Bi_m = h_m L / D_{AB}$, for muito maior do que a unidade. Nesse caso, a resistência à transferência da espécie por difusão no meio é muito maior do que a resistência à transferência da espécie por convecção na superfície. Se essa situação for levada ao limite de $Bi_m \to \infty$, ou $Bi_m^{-1} \to 0$, tem-se que a concentração da espécie no fluido é essencialmente uniforme, igual à sua concentração na corrente livre. Então $C_{A,s}$, a concentração da espécie no meio em sua superfície, pode ser determinado pela Equação 14.60 ou 14.61, sendo p_A a pressão parcial da espécie A na corrente livre.

A analogia entre as transferências de calor e de massa pode ser aplicada de forma conveniente se adimensionalizarmos as equações anteriores. Definindo uma concentração adimensional e um tempo adimensional, como a seguir,

$$\gamma^* \equiv \frac{\gamma}{\gamma_i} = \frac{C_A - C_{A,s}}{C_{A,i} - C_{A,s}} \tag{14.81}$$

$$t_m^* \equiv \frac{D_{AB} t}{L^2} \equiv Fo_m \tag{14.82}$$

e substituindo na Equação 14.77, obtemos

$$\frac{\partial^2 \gamma^*}{\partial x^{*2}} = \frac{\partial \gamma^*}{\partial Fo_m} \tag{14.83}$$

sendo $x^* = x/L$. De maneira similar, as condições inicial e de contorno são

$$\gamma^*(x^*, 0) = 1 \tag{14.84}$$

$$\left.\frac{\partial \gamma^*}{\partial x^*}\right|_{x^*=0} = 0 \tag{14.85}$$

e

$$\gamma^*(1, t_m^*) = 0 \tag{14.86}$$

Para confirmar a existência da analogia, basta somente comparar as Equações 14.83 a 14.86 com as Equações 5.37 a 5.39 e a Equação 5.40 para a condição de $Bi \to \infty$. Note que para $Bi \to \infty$, a Equação 5.40 se reduz a $\theta^*(1, t^*) = 0$, que é análoga à Equação 14.86. Consequentemente, os dois sistemas de equações devem possuir soluções equivalentes.

A correspondência entre variáveis para as difusões térmica e mássica em regime transiente está resumida na Tabela 14.2. Com base nessa correspondência, é possível usar muitos dos resultados da transferência de calor do Capítulo 5 para resolver problemas transientes de transferência de massa por difusão. Por exemplo, se a restrição de $Fo_m > 0{,}2$ for satisfeita, a Equação 5.44 pode ser usada substituindo-se θ_o^* e Fo por γ_o^* e Fo_m, com $Bi \to \infty$ ($\zeta_1 = 1{,}5708$; $C_1 = 1{,}2733$), para determinar a concentração da espécie A no plano central $C_{A,o}$. As equações restantes podem ser usadas de forma similar, incluindo os resultados obtidos para o sólido semi-infinito ou para objetos com temperaturas superficiais ou fluxos térmicos na superfície constantes.

Os resultados das Seções 5.5 e 5.6 devem ser usados com cuidado, pois, como ilustrado no Exemplo 14.1 e na Tabela A.8, as difusividades mássicas associadas a muitos meios hospedeiros líquidos e sólidos são extremamente pequenas em relação as suas difusividades térmicas. Em decorrência, valores do número de Fourier da transferência de massa, Fo_m, são normalmente muitas ordens de grandeza menores em relação aos valores do número de Fourier da transferência de calor, Fo. Dessa forma, as *soluções aproximadas* das Seções 5.5.2 e 5.6.2 são, com frequência, de pouco valor na análise da transferência de massa em meios estacionários, pois as soluções aproximadas são válidas somente para $Fo_m > 0{,}2$. Pode ser necessário recorrer à solução das *expressões exatas* das Seções 5.5.1 e 5.6.1. As soluções em séries infinitas das Equações 5.42, 5.50 e 5.51 podem necessitar da avaliação de muitos termos antes de se obter a convergência. Por outro lado, as soluções de sólido semi-infinito da Seção 5.7 são frequentemente aplicáveis em problemas de transferência de massa, em função das pequenas taxas de difusão das informações das condições de contorno para dentro do meio hospedeiro. Os resultados aproximados da Seção 5.8 são também aplicáveis, pois esses resultados são apresentados em toda a faixa do número de Fourier.

TABELA 14.2 Correspondência entre variáveis das transferências de calor e de massa na difusão transiente

Transferência de Calor	Transferência de Massa
$\theta^* = \dfrac{T - T_\infty}{T_i - T_\infty}$	$\gamma^* = \dfrac{C_A - C_{A,s}}{C_{A,i} - C_{A,s}}$
$1 - \theta^* = \dfrac{T - T_i}{T_\infty - T_i}$	$1 - \gamma^* = \dfrac{C_A - C_{A,i}}{C_{A,s} - C_{A,i}}$
$Fo = \dfrac{\alpha t}{L^2}$	$Fo_m = \dfrac{D_{AB} t}{L^2}$
$Bi = \dfrac{hL}{k}$	$Bi_m = \dfrac{h_m L}{D_{AB}}$
$\dfrac{x}{2\sqrt{\alpha t}}$	$\dfrac{x}{2\sqrt{D_{AB} t}}$

EXEMPLO 14.7

A aplicação de drogas através da pele envolve a liberação controlada no tempo de medicamentos da pele para a corrente sanguínea, normalmente a partir de um *adesivo* aplicado no corpo. Vantagens incluem taxas de liberação da droga contínuas e suaves, que reduzem o choque no sistema passível de ocorrer com infusões intravenosas; a capacidade de liberar medicamentos para pacientes com náuseas ou inconscientes, que, de outra forma, deveriam ser ministradas por via oral; e a facilidade de uso.

Considere um adesivo quadrado com comprimento e largura $L = 50$ mm, como um meio hospedeiro contendo uma concentração mássica inicial uniforme de um medicamento, $\rho_{A,a,i} = 100$ kg/m^3. O adesivo é aplicado na pele, que possui uma concentração inicial do medicamento de $\rho_{A,p,i} = 0$. Na interface adesivo-pele, localizada em $x = 0$, a razão entre as concentrações mássicas do medicamento no lado do adesivo e no lado do paciente é descrita por um *coeficiente de partição* $K = 0{,}5$.

1. Determine a quantidade total do medicamento (dosagem) liberada para o paciente durante um período de tratamento de uma semana. Valores nominais dos coeficientes de difusão do medicamento no interior do adesivo e da pele são $D_{Aa} = 0{,}1 \times 10^{-12}$ m^2/s e $D_{Ap} = 0{,}2 \times 10^{-12}$ m^2/s, respectivamente.
2. Investigue a sensibilidade da dosagem total liberada para o paciente em relação à difusividade mássica no adesivo, D_{Aa}, e em relação à difusividade mássica na pele do paciente, D_{Ap}.

SOLUÇÃO

Dados: Concentração inicial de um medicamento no interior de um adesivo transdérmico, tamanho do adesivo, coeficiente de partição e difusividades mássicas.

Achar: A dosagem total do medicamento liberada para o paciente durante um período de uma semana, sensibilidade da dosagem em relação às difusividades mássicas no adesivo e na pele.

Esquema:

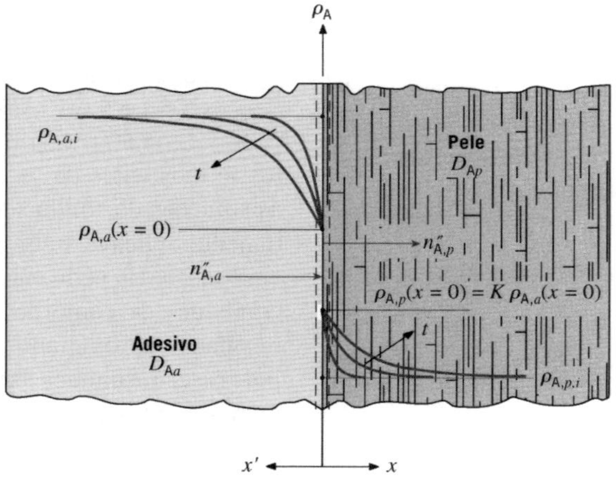

Considerações:

1. Condições unidimensionais com propriedades constantes.
2. Adesivo e pele semi-infinitos.
3. Ausência de reações químicas.
4. Meio estacionário.

Análise:

1. A equação de conservação da espécie se aplica no adesivo e na pele. Com as considerações anteriores, a Equação 14.47b se torna

$$\frac{\partial^2 \rho_A}{\partial x^2} = \frac{1}{D_{AB}} \frac{\partial \rho_A}{\partial t}$$

que é análoga à Equação 5.29. Além disso, as condições iniciais

$$\rho_A(x < 0, t = 0) = \rho_{A,a,i}; \quad \rho_A(x > 0, t = 0) = \rho_{A,p,i}$$

as condições de contorno

$$\rho_{A,a}(x \rightarrow -\infty) = \rho_{A,a,i}; \quad \rho_{A,p}(x \rightarrow +\infty) = \rho_{A,p,i} \tag{1a}$$

e a condição de interface

$$n''_{A,x,a}(x = 0) = n''_{A,x,p}(x = 0) \tag{1b}$$

são análogas à situação na Figura 5.9 e na Equação 5.64, onde dois sólidos semi-infinitos são colocados em contato térmico. Nesse problema, a partição da espécie também tem que ser levada em conta. Ou seja,

$$\rho_{A,p}(x = 0) = K \cdot \rho_{A,a}(x = 0) \tag{1c}$$

Por analogia com a Equação 5.65, temos

$$\frac{-D_{Aa}(\rho_{A,a}(x = 0) - \rho_{A,a,i})}{\sqrt{\pi D_{Aa} t}} = \frac{D_{Ap}(\rho_{A,p}(x = 0) - \rho_{A,p,i})}{\sqrt{\pi D_{Ap} t}}$$

que, após substituição da Equação 1c e lembrando que $\rho_{A,p,i} = 0$, pode ser explicitada para fornecer

$$\rho_{A,p}(x = 0) = \rho_{A,a,i}\left(\frac{\sqrt{D_{Aa}}}{\sqrt{D_{Ap}} + \sqrt{D_{Aa}}/K}\right) \tag{2}$$

O fluxo instantâneo do medicamento para o paciente pode ser determinado observando a analogia com a Equação 5.61:

$$n''_A(x = 0, t) = \frac{D_{Ap}\rho_{A,p}(x = 0)}{\sqrt{\pi D_{Ap} t}} \tag{3}$$

A substituição da Equação 2 na Equação 3 fornece

$$n''_A(x = 0, t) = \frac{\rho_{A,a,i}}{\sqrt{\pi t}} \cdot \frac{\sqrt{D_{Ap} D_{Aa}}}{\sqrt{D_{Ap}} + \sqrt{D_{Aa}}/K}$$

A dosagem, D, liberada para o paciente de $t = 0$ até um tempo de tratamento t_t pode ser escrita na forma

$$D = L^2 \int_{t=0}^{t_t} n''_A(x = 0, t)dt$$

$$D = \frac{\rho_{A,a,i} L^2}{\sqrt{\pi}} \cdot \frac{\sqrt{D_{Ap} D_{Aa}}}{\sqrt{D_{Ap}} + \sqrt{D_{Aa}}/K} \int_{t=0}^{t_t} t^{-1/2} dt = \frac{2\rho_{A,a,i} L^2}{\sqrt{\pi}} \cdot \frac{\sqrt{D_{Ap} D_{Aa}}}{\sqrt{D_{Ap}} + \sqrt{D_{Aa}}/K} \sqrt{t} \tag{4}$$

Para um tempo total de tratamento de t_t = 7 dias × 24 h/dia × 3600 s/h = 605 × 10^3 s, a dosagem é

$$D = \frac{2 \times 100\ \text{kg/m}^3 \times (50 \times 10^{-3}\ \text{m})^2}{\sqrt{\pi}} \times \frac{\sqrt{0{,}2 \times 10^{-12}\ \text{m}^2/\text{s} \times 0{,}1 \times 10^{-12}\ \text{m}^2/\text{s}}}{\sqrt{0{,}2 \times 10^{-12}\ \text{m}^2/\text{s}} + \sqrt{0{,}1 \times 10^{-12}\ \text{m}^2/\text{s}}/0{,}5} \sqrt{605 \times 10^3\ \text{s}}$$

$$= 29 \times 10^{-6}\ \text{kg} = 29\ \text{mg}$$ ◁

2. A sensibilidade da dosagem em relação às difusividades mássicas no adesivo e na pele pode ser avaliada a partir da solução da Equação 4 para diferentes combinações de D_{Aa} e D_{Ap}. Resultados são mostrados nos gráficos a seguir para $D_{Aa} = 0{,}1 \times 10^{-12}$ m²/s e $0{,}01 \times 10^{-12}$ m²/s e para $D_{Ap} = 0{,}1 \times 10^{-12}$ m²/s; $0{,}2 \times 10^{-12}$ m²/s e $0{,}4 \times 10^{-12}$ m²/s. Note que quando qualquer uma das difusividades mássicas aumenta, a dosagem também aumenta.

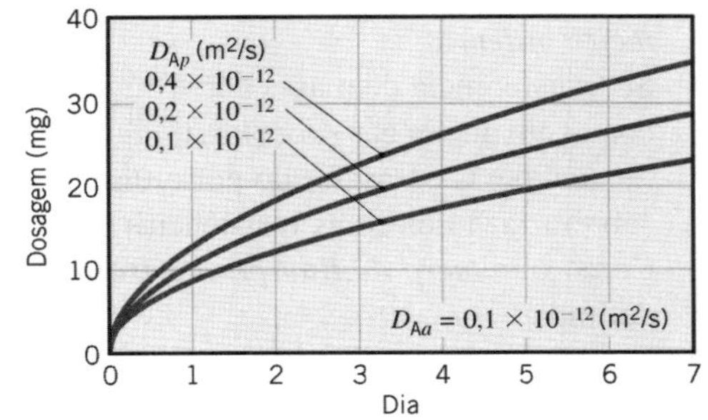

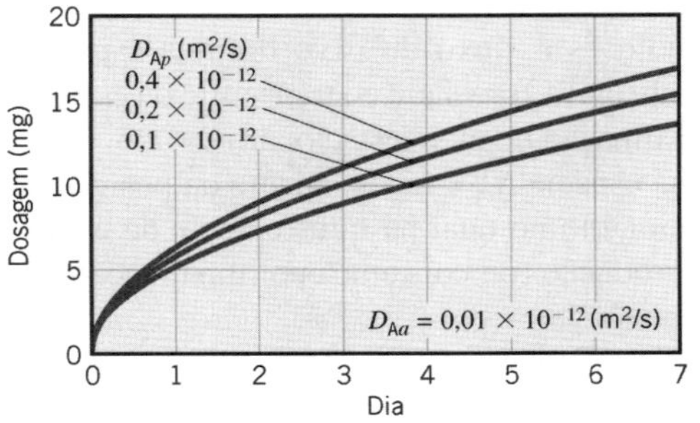

Comentários:

1. A função da camada externa da pele, a *epiderme*, é a de proteger o corpo de contaminações externas. A liberação transdermal de drogas é possível somente para medicamentos caracterizados por moléculas extremamente pequenas, que podem se difundir através da epiderme relativamente impenetrável. Considerações de transferência de massa restringem o número de drogas que podem ser liberadas através da pele.

2. É desejável tornar a dosagem não sensível a variações na difusividade da pele, pois esse parâmetro varia de paciente para paciente. Consequentemente, o meio hospedeiro do adesivo (chamado de *veículo*) é projetado de tal forma que ele seja o fator limitante da taxa no controle da dosagem. A sensibilidade da dosagem em relação à difusividade da pele do paciente é reduzida pela diminuição da difusividade mássica no veículo, como evidente ao se comparar os resultados da parte 2 do problema. Em geral, deseja-se projetar o veículo de tal forma que $D_{Aa}/D_{Ap} \ll 1$.

3. O adesivo é projetado para liberar medicamentos como se fosse um meio semi-infinito. A espessura do adesivo necessária para essa hipótese ser válida pode ser estimada pelo cálculo do local onde a concentração do medicamento no veículo é reduzida em 95 % da diferença entre $\rho_{A,a,i}$ e $\rho_{A,a}(x = 0)$ ao longo do tempo do tratamento. Por analogia com a Equação 5.60, a *espessura de penetração da concentração*, $\delta_{p,c}$, associada a 5 % de depleção da droga pode ser determinada a partir de

$$\frac{\rho_{A,a}(x') - \rho_{A,a}(x' = 0)}{\rho_{A,a,i} - \rho_{A,a}(x' = 0)} = 0{,}95 = \operatorname{erf} \frac{\delta_{p,c}}{\sqrt{4D_{Aa}t_t}}$$

O cálculo usando esta expressão fornece uma espessura de penetração da espécie de 690×10^{-6} m = 0,69 mm. A hipótese de adesivo semi-infinito é válida para uma espessura do veículo maior do que 0,69 mm.

4. Se o veículo for mais fino do que a espessura de penetração da espécie calculada no Comentário 3, a dosagem real será menor do que a dosagem necessária planejada para o final do período de tratamento de uma semana. Consequentemente, um compromisso no projeto do adesivo envolve (a) colocar uma quantidade de medicamento suficiente para garantir o comportamento semi-infinito e (b) minimizar o custo do adesivo. Na prática, mais de 95 % do medicamento permanece no veículo após o período de tratamento, necessitando cuidado no seu descarte após o uso.

14.8 Resumo

Neste capítulo, nos concentramos na análise da transferência de massa por difusão de uma espécie. Ainda que as taxas de transferência sejam normalmente pequenas, particularmente em líquidos e sólidos, o processo é relevante em muitas tecnologias, assim como nas ciências ambientais e da vida. Você pode testar o seu entendimento de aspectos fundamentais respondendo às questões a seguir.

- Se um cubo de açúcar for colocado em uma xícara de café, qual será o potencial motriz para a dispersão do açúcar no café? Qual é o mecanismo físico responsável pela dispersão se o café estiver estagnado? Qual é o mecanismo físico se o café for agitado?
- Qual é a relação entre a concentração molar e a concentração mássica de uma espécie em uma mistura?
- Como é definida a massa específica de uma mistura? E a concentração molar de uma mistura?
- Ao usar a *lei de Fick* para determinar o fluxo molar ou mássico de uma espécie em uma mistura, o que especificamente está sendo determinado?
- Sob quais condições o fluxo difusivo de uma espécie é igual ao fluxo absoluto associado ao transporte da espécie?
- O que é a aproximação de meio estacionário?
- O fluxo de uma espécie N''_A é independente da posição em um meio estacionário no qual há transferência da espécie por difusão e produção (ou consumo) por uma reação química heterogênea?
- Sob quais condições pode uma resistência difusiva ser usada para determinar o fluxo da espécie a partir do conhecimento das concentrações da espécie nas superfícies interna e externa de um meio?
- Na transferência de calor, o equilíbrio dita temperaturas equivalentes nos lados do gás e do líquido (ou sólido) de uma interface entre duas fases. O mesmo pode ser dito sobre a concentração de uma espécie presente nas fases gás e líquida (ou sólida)?
- O que é a *lei de Raoult*? Como a pressão parcial de uma espécie na fase gasosa está relacionada com a fração molar da mesma espécie em um líquido ou sólido adjacente?
- O que é a *constante de Henry*? Como a concentração de uma espécie química em um líquido varia com a pressão parcial da espécie no gás adjacente? Como a concentração varia com a temperatura do líquido?
- Qual é a diferença entre *reação química homogênea* e *reação química heterogênea*?
- Na catálise heterogênea, o que está implícito se o processo é dito *limitado pela reação*? O que está implícito se o processo é dito *limitado pela difusão*?
- O que é uma *reação de ordem zero*? E uma *reação de primeira ordem*?
- Se transferência de massa convectiva está associada ao escoamento de um gás sobre um líquido ou sólido, no interior do qual o gás é transferido por difusão, o que pode ser dito sobre a razão entre as resistências convectiva e difusiva? Como o *número de Biot para a transferência de massa* é definido?
- Em um processo difusivo transiente, o que pode ser dito sobre o número de Biot para a transferência de massa?

Referências

1. Bird, R. B., *Adv. Chem. Eng.*, **1**, 170, 1956.
2. Bird, R. B., W. E. Stewart, and E. N. Lightfoot, *Transport Phenomena*, revised 2nd ed. Wiley, Hoboken, NJ, 2007.
3. Hirschfelder, J. O., C. F. Curtiss, and R. B. Bird, *Molecular Theory of Gases and Liquids*, Wiley, Hoboken, NJ, 1964.
4. Skelland, A. H. P., *Diffusional Mass Transfer*, Krieger, Malabar, FL, 1985.
5. Poling, B. E., J. M. Prausnitz, and J. O'Connell, *The Properties of Gases and Liquids*, 5th ed., McGraw-Hill, New York, 2001.
6. Costerton, J. W., P. S. Stewart, and E. P. Greenberg, *Science*, **284**, 1318, 1999.

Problemas

Composição de Misturas

14.1 Admitindo que o ar seja composto exclusivamente por O_2 e N_2, com suas pressões parciais na razão 0,21:0,79, quais são as suas frações mássicas?

14.2 Seja uma mistura de gases ideais com *n* espécies.

(a) Deduza uma equação para determinar a fração mássica da espécie *i* a partir do conhecimento da fração molar e da massa molar de cada uma das *n* espécies. Deduza uma equação para determinar a fração molar da espécie *i* a partir do conhecimento da fração mássica e da massa molar de cada uma das *n* espécies.

(b) Em uma mistura contendo frações molares iguais de O_2, N_2 e CO_2, qual é a fração mássica de cada espécie? Em uma mistura contendo frações mássicas iguais de O_2, N_2 e CO_2, qual é a fração molar de cada espécie?

14.3 Uma mistura de CO_2 e N_2 encontra-se em um recipiente a 45 °C, com cada uma das espécies com uma pressão parcial de 0,75 bar. Calcule a concentração molar, a concentração mássica, a fração molar e a fração mássica de cada espécie.

14.4 Um recipiente contém uma mistura de O_2 e H_2 a uma pressão total de 1 atm. A fração mássica de O_2 é igual a 0,75. Sendo a temperatura da mistura igual a 45 °C, calcule a massa específica da mistura, a fração molar e a pressão parcial de cada espécie.

14.5 Uma mistura He-Xe contendo uma fração molar de hélio de 0,75 é usada para resfriar dispositivos eletrônicos em um sistema de um avião. A uma temperatura de 300 K e a pressão atmosférica, calcule a fração mássica de hélio e a massa específica, a concentração molar e a massa molar da mistura. Se a capacidade do sistema de resfriamento é de 10 litros, qual é a massa do refrigerante?

Lei de Fick e Difusividade Mássica

14.6 Estime valores da difusividade mássica D_{AB} em misturas binárias dos seguintes gases a 350 K e 1 atm: amônia-ar e hidrogênio-ar.

14.7 Represente graficamente a difusividade mássica, D_{AB}, *versus* a massa molar da Substância A, sendo a Substância B ar a $p = 1{,}5$ atm e $T = 320$ K. A Substância A é cada uma das oito primeiras entradas na Tabela A.8. O seu gráfico está consistente em relação à teoria cinética? Consulte várias fontes, incluindo a Tabela A.4 e o Exemplo 6.2, para obter os valores das massas molares.

14.8 Um cilindro oco de ferro, com 100 mm de comprimento, está exposto a um gás de carburização (uma mistura de CO e CO_2) a 1000 °C nas suas superfícies interna e externa com raios 4,30 e 5,70 mm, respectivamente. Considere condições de regime estacionário, nas quais o carbono se difunde da superfície interna da parede de ferro para a superfície externa e a quantidade total do transporte de $3{,}6 \times 10^{-3}$ kg de carbono em 100 horas. A variação da composição de carbono (percentagem em massa de carbono) com o raio é mostrada na tabela em raios selecionados.

r (mm)	4,49	4,66	4,79	4,91	5,16	5,27	5,40	5,53
% C (massa)	1,42	1,32	1,20	1,09	0,82	0,65	0,46	0,28

(a) Iniciando com a lei de Fick e com a hipótese de coeficiente de difusão constante, $D_{C\text{-}Fe}$, mostre que $d\rho_C/d(\ln(r))$ é uma constante. Esboce a concentração mássica de carbono, $\rho_C(r)$, como uma função de ln(*r*) para tal processo difusivo.

(b) A tabela anterior corresponde a uma distribuição de concentrações mássicas de carbono medidas. $D_{C\text{-}Fe}$ é uma constante nesse processo difusivo? Se não, $D_{C\text{-}Fe}$ aumenta ou diminui com o aumento da concentração de carbono?

(c) Usando os dados experimentais, calcule e mostre em uma tabela $D_{C\text{-}Fe}$ para as composições de carbono selecionadas.

14.9 Considere ar no interior de um recipiente cilíndrico fechado, cujo eixo está na posição vertical e cujas extremidades opostas são mantidas a temperaturas diferentes. Admita que a pressão total do ar seja uniforme no interior do recipiente.

(a) Se a superfície inferior estiver mais fria do que a superfície superior, qual é a natureza das condições no interior do recipiente? Por exemplo, irão existir gradientes verticais nas concentrações das espécies (O_2 e N_2)? Há algum movimento do ar? Há transferência de massa?

(b) Qual é a natureza das condições no interior do recipiente se ele for invertido (isto é, a superfície aquecida está agora na parte inferior)?

14.10 Um medicamento encontra-se no interior de um velho frasco farmacêutico de vidro. A boca está fechada com uma rolha de borracha que tem 20 mm de altura, com 15 mm de diâmetro na extremidade inferior, alargando-se até 20 mm na extremidade superior. A concentração molar do vapor do medicamento na rolha é de 2×10^{-3} kmol/m³ na sua superfície inferior e desprezível na superfície superior. Sendo a difusividade mássica do medicamento na borracha de $0{,}15 \times 10^{-9}$ m²/s, ache a taxa (kmol/s) na qual o vapor sai pela rolha.

Meio Não Estacionário: Evaporação em uma Coluna

14.11 Considere a evaporação do líquido A em uma coluna contendo uma mistura gasosa binária de A e B. A espécie B não pode ser absorvida no líquido A e as condições de contorno são as mesmas da Seção 14.2.2. Mostre como a razão entre a velocidade média molar e a velocidade da espécie A, $v_x^*/v_{A,x}$, varia com a fração molar da espécie A.

14.12 Um tubo vertical aberto com 5 mm de diâmetro e 100 mm de altura (acima da água a 27 °C) está exposto ao ar ambiente a 27 °C e com 25 % de umidade relativa. Determine a taxa de evaporação, admitindo que ocorra somente difusão mássica.

Determine a taxa de evaporação considerando também o movimento global.

14.13 Uma gota esférica do líquido A, com raio r_o, evapora para uma camada estagnada de um gás B. Deduza uma expressão para a taxa de evaporação da espécie A em termos da pressão de saturação de A, $p_A(r_o) = p_{A,sat}$, da pressão parcial da espécie A em um raio arbitrário r, $p_A(r)$, da pressão total p e de outras grandezas pertinentes. Admita que a gota e a mistura estejam a uma pressão p e uma temperatura T uniformes.

14.14 A presença de uma pequena quantidade de ar pode causar uma redução significativa na taxa de transferência de calor na superfície de um condensador de vapor d'água que é resfriada com água. Para uma superfície limpa, com vapor d'água puro e as condições especificadas, a taxa de condensação é de 0,020 kg/(m² · s). Com a presença de ar estagnado no vapor, a temperatura da superfície do condensado cai de 28 para 24 °C, e a taxa de condensação é reduzida pela metade.

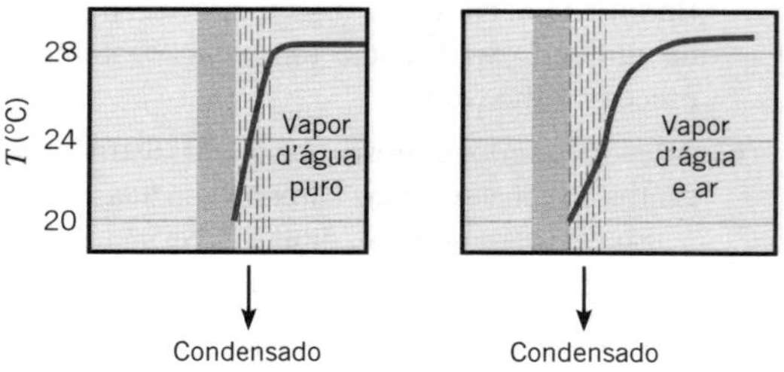

Para a mistura ar-vapor d'água, determine a pressão parcial do ar como uma função da distância do filme de condensado.

14.15 Um equipamento de laboratório para medir coeficientes de difusão de misturas vapor-gás é constituído por uma coluna vertical, com diâmetro pequeno, na qual há uma fase líquida que evapora para um gás escoando sobre a boca da coluna. A vazão do gás é suficiente para manter uma concentração do vapor desprezível no plano de saída. A coluna tem 200 mm de altura, e a pressão e a temperatura na câmara são mantidas a 0,25 atm e 320 K, respectivamente.

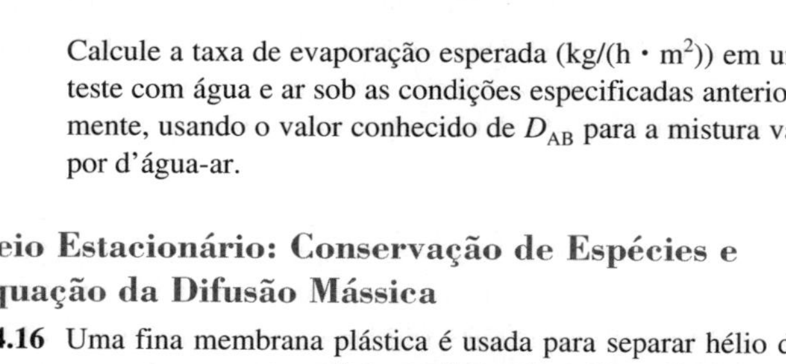

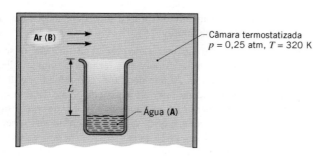

Calcule a taxa de evaporação esperada (kg/(h · m²)) em um teste com água e ar sob as condições especificadas anteriormente, usando o valor conhecido de D_{AB} para a mistura vapor d'água-ar.

Meio Estacionário: Conservação de Espécies e Equação da Difusão Mássica

14.16 Uma fina membrana plástica é usada para separar hélio de uma corrente gasosa. Sob condições de regime estacionário, a concentração do hélio na membrana é conhecida como 0,02 e 0,008 kmol/m³ nas superfícies interna e externa, respectivamente. Se a membrana possui uma espessura de 0,5 mm e o coeficiente de difusão binária do hélio em relação ao plástico é de 10^{-9} m²/s, qual é o valor do fluxo difusivo?

14.17 Partindo de um volume de controle diferencial, deduza a equação da difusão, em base molar, para a espécie A em um meio estacionário tridimensional (em coordenadas cartesianas), levando em consideração geração da espécie e propriedades constantes. Compare o seu resultado com a Equação 14.48b.

14.18 Considere a difusão radial de uma espécie gasosa (A) através da parede de um tubo plástico (B), na presença de reações químicas que proporcionam o consumo da espécie A a uma taxa de $\dot{N}_A$ (kmol/(s · m³)). Deduza uma equação diferencial que descreva a concentração molar da espécie A no plástico. Compare seus resultados com os da Equação 14.49.

14.19 Partindo de um volume de controle diferencial, deduza a equação da difusão, em base molar, para a espécie A em um meio estacionário esférico unidimensional, levando em conta a geração da espécie. Compare o seu resultado com a Equação 14.50.

14.20 Hidrogênio gasoso, a 10 bar e 27 °C, está armazenado em um tanque esférico, com 100 mm de diâmetro interno e parede de aço com 2 mm de espessura. A concentração molar do hidrogênio no aço é de 1,50 kmol/m³ na superfície interna e desprezível na superfície externa, enquanto o coeficiente de difusão do hidrogênio no aço é aproximadamente $0,3 \times 10^{-12}$ m²/s. Qual é a taxa mássica inicial de perda de hidrogênio por difusão através da parede do tanque? Qual é a taxa inicial de queda de pressão no interior do tanque?

Concentrações Descontínuas em Interfaces

14.21 Um recipiente esférico de borracha, com diâmetro de 200 mm e 1 mm de espessura, contém um gás a uma pressão de 5 bar. O recipiente é colocado no ar com pressão de 1 bar e temperatura de 20 °C. Determine a taxa inicial na qual a pressão no interior do recipiente varia, sendo o gás em seu interior nitrogênio puro. Determine a taxa temporal de variação da pressão, sendo o gás em seu interior oxigênio puro. Considere o ar composto exclusivamente por O_2 e N_2, com as respectivas pressões parciais na razão 0,21:0,79.

14.22 Considere a interface entre o ar atmosférico e um corpo de água, ambos a 17 °C.

(a) Quais são as frações molar e mássica da água no lado do ar da interface? E no lado da água da interface?

(b) Quais são as frações molar e mássica do oxigênio no lado do ar da interface? E no lado da água da interface? O ar atmosférico pode ser considerado contendo 20,5 % de oxigênio em volume.

14.23 Hidrogênio a uma pressão de 5 atm escoa no interior de um tubo com 40 mm de diâmetro e espessura de parede de 1,0 mm. A superfície externa está exposta a uma corrente de gás na qual a pressão parcial do hidrogênio é de 0,05 atm. A difusividade mássica e a solubilidade do hidrogênio no material do tubo são $1,8 \times 10^{-11}$ m²/s e 160 kmol/(m³ · atm), respectivamente. Qual é a taxa de transferência de hidrogênio através da parede do tubo por unidade de comprimento (kg/(s · m))?

14.24 Oxigênio gasoso é mantido a pressões de 1,5 bar e 0,5 bar nos lados opostos de uma membrana de borracha, que possui uma espessura de 0,75 mm, e o sistema inteiro se encontra a 25 °C. Qual é o fluxo difusivo molar do O_2 através da membrana? Quais são as concentrações molares do O_2 em ambos os lados da membrana (do lado de fora da borracha)?

14.25 Isolamentos térmicos degradam-se (passam por um aumento de sua condutividade térmica) se forem submetidos à condensação de vapor d'água. O problema pode ocorrer com isolamentos domésticos durante períodos frios, quando o vapor de uma sala umidificada se difunde através da placa de *drywall* e condensa no isolamento adjacente. Estime a taxa de difusão mássica em uma parede com 3 m × 4 m, sob condições nas quais a pressão parcial do vapor é de 0,035 bar no ar da sala e de 0,0 bar no isolamento. A placa de *drywall* possui 15 mm de espessura e a solubilidade do vapor d'água no *drywall* é de aproximadamente 5×10^{-3} kmol/(m^3 · bar). O coeficiente de difusão binária do vapor d'água na placa de *drywall* é de aproximadamente 10^{-9} m^2/s.

14.26 Seja o Exemplo 14.4. Encontre o tempo requerido para a pressão no recipiente cair em 1 % e em 10 %, levando em consideração que, à medida que a pressão no interior cai, a taxa de vazamento também cai. Compare seu resultado com o tempo estimado usando a taxa inicial de queda de pressão encontrada no Exemplo 14.4.

14.27 Gás hélio a 25 °C e 6 bar está contido no interior de um cilindro de vidro com 100 mm de diâmetro interno e parede com 5 mm de espessura. Qual é a taxa de perda de massa de hélio por unidade de comprimento do cilindro? Considere as propriedades do vidro iguais às do SiO_2.

14.28 Considere o material da embalagem *blister* do Exemplo 14.3.

(a) Sob as mesmas condições do exemplo, determine a solubilidade do material polimérico (kmol/(m^3 · bar)) se a temperatura for de 295 K e as umidades relativas dentro e fora da embalagem forem de $\phi_2 = 0{,}1$ e $\phi_1 = 0{,}9$, respectivamente.

(b) Selecionando um material diferente para a embalagem, a difusividade do filme pode ser mudada. Determine a taxa total de transferência de vapor d'água associada à redução da difusividade a 10 % de seu valor original.

(c) A solubilidade do material adjacente a sua superfície exposta pode ser modificada pelo seu revestimento com vários filmes finos. Determine a taxa de transferência de vapor d'água após o revestimento dos dois lados da folha original de polímero, desta forma reduzindo a solubilidade perto de ambas as superfícies a 10 % do valor original.

(d) Determine a taxa de transferência de vapor d'água após o revestimento do lado externo da folha original de polímero, reduzindo a solubilidade por um fator igual a 9, enquanto a superfície interna permanece sem tratamento.

14.29 Um experimento é projetado para medir o coeficiente de partição, K, associado à transferência de um produto farmacêutico através de um material polimérico. O coeficiente de partição é definido como a razão das concentrações da espécie de interesse (o produto farmacêutico) em cada lado de uma interface. No experimento, um fármaco líquido (ρ_f = 1100 kg/m^3) é injetado em uma esfera de polímero oca com diâmetros interno e externo de D_i = 5 mm e D_e = 5,2 mm, respectivamente. A esfera é exposta a condições convectivas nas quais a concentração do fármaco na superfície externa é nula. Após uma semana, a massa da esfera é reduzida em Δm = 5,1 mg. Qual é o valor do coeficiente de partição se a difusividade mássica for $D_{AB} = 0{,}2 \times 10^{-11}$ m^2/s?

14.30 Hidrogênio ultrapuro é requerido em aplicações desde a fabricação de semicondutores até na alimentação de células a combustível. A estrutura cristalina do paládio permite somente a transferência de hidrogênio atômico (H) através de sua espessura e, consequentemente, membranas de paládio são usadas para filtrar hidrogênio de correntes contaminadas contendo misturas de hidrogênio e outros gases. As moléculas de hidrogênio (H_2) são, primeiramente, absorvidas sobre a superfície do paládio e, então, dissociadas em átomos (H), que, em sequência, se difundem através do metal. Os átomos H se recombinam no lado oposto da membrana, formando H_2 puro. A concentração superficial de H toma a forma $C_H = K_s p_{H_2}^{0,5}$, sendo $K_s \approx 1{,}4$ kmol/(m^3 · bar^{0,5}) conhecida como *constante de Sievert*. Considere um purificador de hidrogênio industrial constituído por uma série de tubos de paládio com uma extremidade ligada em um tubo coletor e a outra extremidade fechada. A matriz de tubos é inserida em um casco. H_2 impuro, a T = 600 K, p = 15 bar e x_{H_2} = 0,85 é introduzido no casco, enquanto H_2 puro, a p = 6 bar, T = 600 K é extraído dos tubos. Determine a taxa de produção de hidrogênio puro (kg/h) para N = 100 tubos que têm diâmetro interno D_i = 1,6 mm, espessura de parede t = 75 μm e comprimento L = 80 mm. A difusividade mássica do hidrogênio (H) no paládio a 600 K é aproximadamente $D_{AB} = 7 \times 10^{-9}$ m^2/s.

Reações Catalíticas em Superfícies

14.31 Emissões de óxido nítrico (NO) pela descarga de automóveis podem ser reduzidas com o uso de um conversor catalítico. A seguinte reação ocorre na superfície do catalisador:

$$NO + CO \rightarrow \tfrac{1}{2}N_2 + CO_2$$

A concentração de NO é reduzida pela passagem dos gases de exaustão sobre a superfície do catalisador, e a taxa de redução no catalisador é governada por uma reação de primeira ordem com a forma dada pela Equação 14.66. Como uma primeira aproximação, pode-se supor que o NO atinge a superfície por difusão unidimensional através de um fino filme de gás com espessura L, que se encontra adjacente à superfície. Fazendo referência à Figura 14.7, considere uma situação na qual o gás de exaustão está a 500 °C e 1,2 bar, e a fração molar do NO é de $x_{A,L}$ = 0,10. Para $D_{AB} = 10^{-4}$ m^2/s, k_1'' = 0,05 m/s e espessura do filme L = 1 mm, qual é a fração molar do NO na superfície do catalisador e qual é a taxa de remoção do NO para uma superfície com área A = 250 cm^2?

14.32 Carvão pulverizado, com partículas que podem ser aproximadas por esferas com raio r_o = 1 mm, é queimado em uma atmosfera de oxigênio puro a 1450 K e 1 atm. Oxigênio é transferido para a superfície das partículas por difusão, onde é consumido na reação $C + O_2 \rightarrow CO_2$. A taxa de reação é de primeira ordem e tem a forma $N_{O_2} = -k_1''C_{O_2}(r_o)$, sendo k_1'' = 0,1 m/s. Desprezando variações em r_o, determine a taxa de consumo molar de O_2, em kmol/s, em condições de regime estacionário. A 1450 K, o coeficiente de difusão binária do O_2 e do CO_2 é de $1{,}71 \times 10^{-4}$ m^2/s.

14.33 Para aumentar a superfície efetiva, e assim a taxa de reação química, as superfícies dos catalisadores frequentemente possuem a forma de sólidos porosos. Um desses sólidos pode ser visualizado como constituído por um grande número de poros cilíndricos, cada um com diâmetro D e comprimento L.

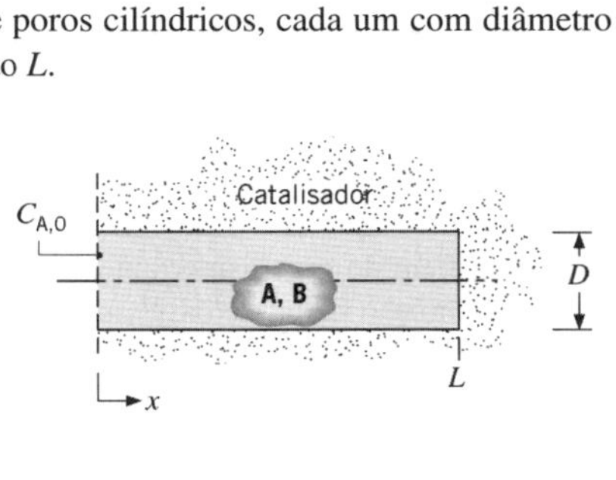

Considere condições envolvendo uma mistura gasosa de A e B, na qual a espécie A é consumida quimicamente na superfície do catalisador. Sabe-se que a reação é de primeira ordem, e a sua taxa por unidade de área da superfície pode ser escrita como $k_1''C_A$, sendo k_1'' (m/s) a constante da taxa de reação e C_A (kmol/m^3) a concentração molar local da espécie A. Sob condições de regime estacionário, sabe-se que o escoamento sobre o sólido poroso mantém um valor fixo da concentração molar $C_{A,0}$ na entrada do poro. Partindo dos princípios fundamentais, obtenha a equação diferencial que governa a variação de C_A com a distância x ao longo do poro. Utilizando condições de contorno apropriadas, resolva a equação para obter uma expressão para $C_A(x)$.

14.34 Um reator catalítico de platina em um carro é usado para converter monóxido de carbono em dióxido de carbono em uma reação de oxidação com a forma $2CO + O_2 \rightarrow 2CO_2$. A transferência de espécies entre a superfície catalítica e os gases de exaustão pode ser suposta ocorrer por difusão em um filme de espessura $L = 8$ mm. Considere um gás de exaustão que tem uma pressão de 1,2 bar, uma temperatura de 500 °C e uma fração molar de CO de 0,001. Sendo a constante da taxa de reação do catalisador de $k_1'' = 0{,}005$ m/s e o coeficiente de difusão do CO na mistura de 10^{-4} m^2/s, qual é a concentração molar do CO na superfície do catalisador? Qual é a taxa de remoção de CO por unidade de área do catalisador? Qual é a taxa de remoção se k_1'' for ajustada para tornar o processo limitado pela difusão?

14.35 Um novo processo foi proposto para criar um tubo de compósito de paládio para ser usado como uma membrana para separação de hidrogênio na produção de hidrogênio com alta pureza. Para fabricar o tubo de compósito de paládio, um gás contendo paládio (espécie A) escoa através de um tubo de parede porosa, e o paládio se deposita nos poros da parede do tubo. A vazão mássica do gás é $\dot{m}$ e a concentração mássica de paládio na entrada é $\rho_{A,m,ent}$. O coeficiente de transferência de massa para a transferência do paládio entre o gás e a superfície é h_m, e a taxa de deposição é proporcional à concentração mássica do paládio na superfície do tubo, isto é, $-n''_{A,s} = k_1\rho_{A,s}$. O paládio é uma espécie diluída, de tal forma que a vazão mássica total é aproximadamente constante ao longo do comprimento do tubo.

(a) Trabalhando com base na analogia da transferência de massa convectiva apresentada na Seção 8.9, deduza uma expressão para a variação da concentração mássica média do paládio com a distância da entrada do tubo e determine uma expressão para a taxa de deposição local (kg/(m^2 · s)) para um tubo com diâmetro D. Despreze qualquer perda de gás através da parede porosa.

(b) Se o tubo for muito longo, a variação na espessura do depósito será inaceitavelmente alta. Qual é a razão das taxas de deposição em $x = L$ e $x = 0$?

Reações Químicas Homogêneas: Estado Estacionário

14.36 Considere um organismo esférico de raio r_o no interior do qual ocorre respiração a uma taxa volumétrica uniforme de $\dot{N}_A = -k_0$. Isto é, o consumo de oxigênio (espécie A) é governado por uma reação química homogênea de ordem zero.

(a) Se uma concentração molar de $C_A(r_o) = C_{A,o}$ for mantida na superfície do organismo, obtenha uma expressão para a distribuição radial de oxigênio, $C_A(r)$, no interior do organismo. Com base em sua solução, você pode perceber algum limite na aplicação do resultado?

(b) Obtenha uma expressão para a taxa de consumo de oxigênio no interior do organismo.

(c) Considere um organismo de raio $r_o = 0{,}12$ mm e um coeficiente de difusão para a transferência do oxigênio de $D_{AB} = 10^{-8}$ m^2/s. Sendo $C_{A,o} = 5 \times 10^{-5}$ kmol/m^3 e $k_0 = 1{,}0 \times 10^{-4}$ kmol/(s · m^3), qual é a concentração molar do O_2 no centro do organismo?

14.37 Com referência ao Problema 14.36, um modelo mais representativo da respiração em um organismo esférico indica o consumo de oxigênio governado por uma reação de primeira ordem com a forma $\dot{N}_A = -k_1C_A$.

(a) Se uma concentração molar de $C_A(r_o) = C_{A,o}$ for mantida na superfície do organismo, obtenha uma expressão para a distribuição radial do oxigênio, $C_A(r)$, no interior do organismo. *Sugestão*: para simplificar a solução da equação da difusão da espécie, use a transformação $y \equiv rC_A$.

(b) Obtenha uma expressão para a taxa de consumo de oxigênio no interior do organismo.

(c) Considere um organismo de raio $r_o = 0{,}10$ mm e um coeficiente de difusão de $D_{AB} = 10^{-8}$ m^2/s. Sendo $C_{A,o} = 5 \times 10^{-5}$ kmol/m^3 e $k_1 = 20$ s^{-1}, estime o valor correspondente da concentração molar no centro do organismo. Qual é a taxa de consumo de oxigênio pelo organismo?

14.38 Considere a combustão de gás hidrogênio em uma mistura de hidrogênio e oxigênio adjacente à parede metálica de uma câmara de combustão. A combustão ocorre a temperatura e pressão constantes, de acordo com a reação química $2H_2 + O_2 \rightarrow 2H_2O$. Medições efetuadas sob condições de regime estacionário a uma distância de 10 mm da parede indicam que as concentrações molares de hidrogênio, de oxigênio e de vapor d'água são 0,10; 0,10 e 0,20 kmol/m^3, respectivamente. A taxa de geração de vapor d'água é de $0{,}96 \times 10^{-2}$ kmol/(m^3 · s) ao longo de toda a região de interesse. O coeficiente de difusão binária de cada espécie (H_2, O_2 e H_2O) nas demais espécies é igual a $0{,}6 \times 10^{-5}$ m^2/s.

(a) Determine uma expressão e faça um gráfico qualitativo de C_{H_2} como uma função da distância da parede.

(b) Determine o valor de C_{H_2} na parede.

(c) Nas mesmas coordenadas usadas no item (a), esboce curvas para as concentrações de oxigênio e de vapor d'água.

(d) Qual é o fluxo molar de vapor d'água em $x = 10$ mm?

14.39 Considere o problema da transferência de oxigênio da cavidade interior do pulmão, atravessando o tecido pulmonar, para a rede de vasos sanguíneos no lado oposto. O tecido pulmonar (espécie B) pode ser aproximado por uma parede plana com espessura L. Pode-se considerar que o processo de inalação é capaz de manter uma concentração molar constante $C_A(0)$ de oxigênio (espécie A) no tecido na sua superfície interna ($x = 0$), e que a assimilação do oxigênio pelo sangue é capaz de manter uma concentração molar constante $C_A(L)$ de oxigênio no tecido em sua superfície externa ($x = L$). Há consumo de oxigênio no tecido devido aos processos metabólicos, e a reação é de ordem zero, com $\dot{N}_A = -k_0$. Obtenha expressões para a distribuição das concentrações de oxigênio no tecido e para a taxa de assimilação do oxigênio pelo sangue por unidade de área superficial do tecido.

14.40 Como um empregado da Comissão de Qualidade do Ar de Los Angeles, foi solicitado a você o desenvolvimento de um modelo para calcular a distribuição de NO_2 na atmosfera.

O fluxo molar de NO_2 no nível do solo, $\dot{N}_{A,0}$, é considerado conhecido. Esse fluxo é atribuído às emissões dos automóveis e das chaminés das indústrias. Sabe-se também que a concentração de NO_2 a uma distância bem acima do nível do solo é nula e que o NO_2 reage quimicamente na atmosfera. Em particular, o NO_2 reage com hidrocarbonetos não queimados (em um processo ativado pela luz do Sol) para produzir PAN (nitrato de peroxiacetila), o produto final da névoa fotoquímica. A reação é de primeira ordem e a taxa local na qual ela ocorre pode ser representada por $\dot{N}_A = -k_1 C_A$.

(a) Supondo condições de regime estacionário e uma atmosfera estagnada, obtenha uma expressão para a distribuição vertical $C_A(x)$ da concentração molar do NO_2 na atmosfera.

(b) Se uma pressão parcial de NO_2 de $p_A = 2 \times 10^{-6}$ bar é suficiente para causar danos pulmonares, qual é o valor do fluxo molar no nível do solo para o qual você emitiria um aviso de alerta? Você pode admitir uma atmosfera isotérmica a $T = 300$ K, um coeficiente de reação de $k_1 = 0{,}03\ s^{-1}$ e um coeficiente de difusão NO_2-ar de $D_{AB} = 0{,}15 \times 10^{-4}\ m^2/s$.

Difusão Transiente: Introdutória

14.41 No Problema 14.40, o transporte de NO_2 por difusão em uma atmosfera estagnada foi analisado sob condições de regime estacionário. Contudo, na realidade, o problema é função do tempo, e uma análise mais realista deveria levar em consideração os efeitos transientes. Considere que a emissão de NO_2 no nível do solo tenha início nas primeiras horas da manhã (em $t = 0$), quando a concentração de NO_2 na atmosfera é, em todo lugar, igual a zero. A emissão ocorre ao longo de todo o dia, a um fluxo constante $\dot{N}''_{A,0}$, e o NO_2 novamente participa de uma reação fotoquímica de primeira ordem na atmosfera ($\dot{N}_A = -k_1 C_A$).

(a) Para um elemento diferencial na atmosfera, deduza uma equação diferencial que possa ser usada para determinar a concentração molar $C_A(x, t)$. Estabeleça condições inicial e de contorno apropriadas.

(b) Obtenha uma expressão para $C_A(x, t)$ sob a condição particular na qual as reações fotoquímicas podem ser desprezadas. Nessa condição, quais são as concentrações molares de NO_2 no nível do solo e a 100 m de altura, após transcorridas três horas do início das emissões, sendo $\dot{N}''_{A,0} = 3 \times 10^{-11}$ kmol/(s · m²) e $D_{AB} = 0{,}15 \times 10^{-4}\ m^2/s$?

14.42 Uma grande placa de material com 50 mm de espessura contém hidrogênio (H_2) dissolvido com uma concentração uniforme de 3 kmol/m³. A placa é exposta a uma corrente de fluido que faz com que a concentração do hidrogênio dissolvido seja reduzida abruptamente a zero em ambas as superfícies da placa. Essa condição na superfície é mantida constante a partir desse instante. Se a difusividade mássica do hidrogênio é de $8 \times 10^{-7}\ m^2/s$, quanto tempo é necessário para que a concentração do hidrogênio dissolvido no centro da placa atinja um valor de 1,2 kg/m³?

14.43 Um procedimento comumente utilizado para aumentar o teor de umidade no ar é borbulhar o ar através de uma coluna de água. Admita que as bolhas de ar sejam esferas com raio $r_o = 1$ mm e que estejam em equilíbrio térmico com a água a 25 °C. Quanto tempo as bolhas devem permanecer em contato com a água para atingirem uma concentração de vapor no centro equivalente a 90 % da máxima concentração possível (saturação)? O ar encontra-se seco ao entrar na coluna de água.

14.44 Seja o Problema 14.43.

(a) Quanto tempo as bolhas deveriam ficar na água para atingirem uma concentração de vapor média igual a 95 % do valor máximo?

(b) Quanto tempo as bolhas deveriam ficar na água para atingirem uma concentração de vapor média igual a 50 % do valor máximo?

14.45 Aço é carburizado em um processo a alta temperatura que depende da transferência de carbono por difusão. O valor do coeficiente de difusão depende fortemente da temperatura e pode ser aproximado pela relação $D_{C\text{-}A}(m^2/s) \approx 2 \times 10^{-5} \exp[-17.000/T(K)]$. Se o processo é conduzido a uma temperatura de 950 °C e uma fração molar de carbono de 0,025 é mantida na superfície do aço, quanto tempo é necessário para elevar o teor de carbono no aço de um valor inicial de 0,1 % até um valor de 1,0 %, a uma profundidade de 1 mm?

14.46 Uma placa espessa de ferro puro a 1000 °C é submetida a um processo de carburização no qual a superfície da placa é subitamente exposta a um gás que induz uma concentração de carbono $C_{C,s}$ em uma das superfícies. O coeficiente de difusão médio para o carbono no ferro nessa temperatura é $D_{C\text{-}Fe} = 3 \times 10^{-11}\ m^2/s$. Use a correspondência entre as variáveis das transferências de calor e de massa ao responder as questões a seguir.

(a) Considere o problema análogo na transferência de calor ao processo de carburização. Esboce os sistemas de transferência de calor e de massa. Mostre e explique a correspondência entre as variáveis. Forneça as soluções analíticas para os problemas das transferências de calor e de massa.

(b) Determine a razão de concentrações de carbono, $C_C(x, t)/C_{C,s}$, a uma profundidade de 1 mm após uma hora de carburização.

(c) Com base na analogia, mostre que a dependência com o tempo do fluxo mássico de carbono entrando na placa pode ser representada por $n''_C = \rho_{C,s}(D_{C\text{-}Fe}/\pi t)^{1/2}$. Também obtenha uma expressão para a massa de carbono por unidade de área entrando na placa de ferro no período de tempo t.

14.47 Um produto farmacêutico é projetado para ser absorvido no trato gastrointestinal. O ingrediente ativo é pressionado no interior de um comprimido com uma concentração mássica $\rho_A = 15$ kg/m³, enquanto o restante do comprimido é composto de ingredientes inativos. O coeficiente de partição é $K = 3 \times 10^{-2}$ e o coeficiente de difusão do ingrediente ativo no fluido gastrointestinal é $D_{AB} = 0{,}4 \times 10^{-10}\ m^2/s$.

(a) Estime a dosagem liberada em um período de cinco horas para um comprimido esférico com diâmetro $D = 6$ mm. *Sugestão*: considere que a mudança no diâmetro do comprimido durante o período da dosagem seja pequena.

(b) Estime a dosagem liberada nas cinco horas para $N = 200$ pequenos comprimidos esféricos contidos em uma cápsula gelatinosa que se dissolve rapidamente após a ingestão, liberando a medicação. A massa inicial da medicação é a mesma do item (a).

14.48 Uma piscina solar opera utilizando o princípio de que perdas térmicas de uma fina camada de água, que atua como um absorvedor solar, podem ser minimizadas pelo estabelecimento de um gradiente vertical de salinidade estável na água. Na prática, tal condição pode ser atingida pela introdução de uma camada de sal puro no fundo da piscina e, então, uma de água pura sobre a camada de sal. O sal entra na solução pela sua superfície inferior e é transferido através da camada de água por difusão, desta forma estabelecendo condições estratificadas na solução.

Como uma primeira aproximação, a massa específica ρ e o coeficiente de difusão do sal na água (D_{AB}) podem ser considerados constantes, com $D_{AB} = 1{,}2 \times 10^{-9}$ m²/s.

(a) Se uma concentração de saturação $\rho_{A,s}$ for mantida para o sal em solução na base da camada de água, que tem espessura $L = 1$ m, quanto tempo será necessário para que a concentração mássica do sal no topo da camada atinja 25 % de seu valor de saturação?

(b) No tempo necessário para atingir 25 % da saturação do sal no topo da camada de líquido, quanto sal é transferido da base para o interior da água por unidade de área superficial (kg/m²)? A concentração de saturação do sal na solução é $\rho_{A,s} = 380$ kg/m³.

(c) Se a camada de sal no fundo se esgota no exato instante em que a concentração do sal atinge 25 % de seu valor de saturação no topo da camada, qual é a concentração final (em condições de regime estacionário) do sal na base? Qual é a concentração final do sal no topo da camada de líquido?

Difusão Transiente: Avançada

14.49 A presença de CO_2 em solução é essencial para o crescimento de plantas aquáticas, com o CO_2 sendo usado como um reagente na fotossíntese. Considere um corpo de água estagnada no qual a concentração de CO_2 (ρ_A) é nula em qualquer lugar. No tempo $t = 0$, a água é exposta a uma fonte de CO_2, que mantém a concentração na superfície ($x = 0$) em um valor fixo $\rho_{A,0}$. Para $t > 0$, começa o acúmulo de CO_2 na água, mas esse acúmulo é inibido pelo consumo de CO_2 em virtude da fotossíntese. A taxa na qual esse consumo ocorre por unidade de volume é igual ao produto entre uma constante da taxa de reação k_1 e a concentração local do CO_2, $\rho_A(x, t)$.

(a) Escreva (não deduza) uma equação diferencial que possa ser usada para determinar $\rho_A(x, t)$ na água. O que cada parcela da equação representa fisicamente?

(b) Escreva condições de contorno apropriadas que possam ser usadas para obter uma solução particular, supondo um corpo de água "profundo". Qual seria a forma desta solução para o caso particular de consumo de CO_2 desprezível ($k_1 \approx 0$)?

14.50 Gás hidrogênio é usado em um processo para fabricar uma folha de material com 6 mm de espessura. No final do processo, H_2 permanece em solução no interior do material com uma concentração uniforme de 320 kmol/m³. Para remover o H_2 do material, as duas superfícies da folha são expostas a uma corrente de ar a 555 K e a uma pressão total de 3 atm. Por causa da contaminação, a pressão parcial de hidrogênio é de 0,1 atm na corrente de ar, que fornece um coeficiente de transferência de massa por convecção de 1,5 m/h. A difusividade mássica e a solubilidade do hidrogênio (A) na folha de material (B) são $D_{AB} = 2{,}6 \times 10^{-8}$ m²/s e $S_{AB} = 160$ kmol/(m³ · atm), respectivamente.

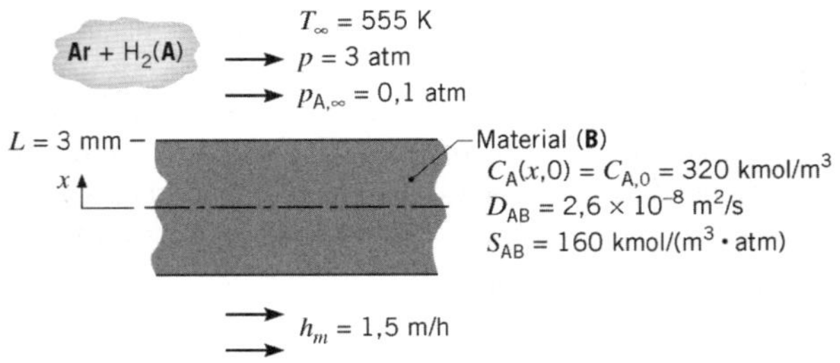

(a) Se a folha de material for deixada exposta à corrente de ar por um longo tempo, determine a quantidade final de hidrogênio no material (kg/m³).

(b) Identifique e estime o parâmetro que pode ser usado para determinar se o processo de difusão mássica transiente na folha pode ser considerado caracterizado por uma concentração uniforme em qualquer tempo durante o processo. *Sugestão*: essa situação é análoga àquela usada para determinar a validade do método da capacitância global para a análise da transferência de calor transiente.

(c) Determine o tempo necessário para reduzir a concentração mássica do hidrogênio no centro da folha para o dobro do valor limite calculado no item (a).

14.51 Considere o processo de remoção de hidrogênio descrito no Problema 14.50, mas sob condições nas quais a difusividade mássica do gás hidrogênio (A) no material da folha (B) é $D_{AB} = 1{,}8 \times 10^{-11}$ m²/s (no lugar de $2{,}6 \times 10^{-8}$ m²/s). Com o menor valor de D_{AB}, uma *concentração uniforme* não pode mais ser suposta no material ao longo do processo de remoção.

(a) Se a folha de material for deixada exposta à corrente de ar por um longo tempo, qual será a quantidade final de hidrogênio no material (kg/m³)?

(b) Identifique e estime os parâmetros que descrevem o processo de difusão mássica transiente na folha. *Sugestão*: a situação é análoga àquela da condução térmica transiente em uma parede plana.

(c) Determine o tempo necessário para reduzir a concentração mássica de hidrogênio no centro da folha ao dobro do valor limite calculado no item (a).

(d) Supondo uma concentração uniforme em qualquer instante durante o processo de remoção, calcule o tempo necessário para atingir o dobro da concentração limite calculada no item (a). Compare os resultados com aqueles obtidos no item (c) e explique as diferenças.

14.52 Uma folha quadrada (100 mm × 100 mm) de um polímero, com espessura de 1 mm, está suspensa em uma balança de precisão no interior de uma câmara caracterizada por uma temperatura e umidade relativa de $T = 300$ K e $\phi = 0$, respectivamente. Subitamente, no tempo $t = 0$, a umidade relativa da câmara é elevada para $\phi = 0{,}95$. A massa medida da folha aumenta em 0,012 mg em 24 horas e em 0,016 mg em 48 horas. Determine a solubilidade e a difusividade mássica do vapor d'água no polímero. Experimentos preliminares indicaram que a difusividade mássica é maior do que 7×10^{-13} m²/s.

14.53 Uma fibra ótica de sílica vítrea com 100 μm de diâmetro é usada para enviar sinais óticos de um sensor localizado no interior de uma câmara de hidrogênio. O hidrogênio está a uma pressão de 20 bar. A difusividade mássica e a solubilidade do hidrogênio na fibra de vidro são $D_{AB} = 2{,}88 \times 10^{-15}$ m^2/s e $S = 4{,}15 \times 10^{-3}$ kmol/($m^3 \cdot$ bar), respectivamente. A difusão do hidrogênio para dentro da fibra é indesejada, pois ele muda a transmissividade espectral e o índice de refração do vidro e pode levar à falha do sistema de detecção.

(a) Determine a concentração média de hidrogênio em uma fibra ótica não revestida, $\overline{C}$, após 100 horas de operação no ambiente de hidrogênio. Determine a variação correspondente no índice de refração, Δn, da fibra. Para a sílica vítrea, $\Delta n = (1{,}6 \times 10^{-3}\ m^3/kmol) \times \overline{C}$.

(b) Determine a concentração média de hidrogênio e a variação no índice de refração após uma hora e dez horas de operação no ambiente de hidrogênio.

14.54 A superfície do vidro desenvolve *rapidamente* pequenas *microfendas* quando exposta a alta umidade. Ainda que as microfendas possam ser ignoradas com segurança na maioria das aplicações, elas podem diminuir significativamente a resistência mecânica de estruturas de vidro muito pequenas, como as fibras óticas. Considere uma fibra ótica de vidro com diâmetro $D_i = 125\ \mu m$, revestida com um polímero de acrilato formando uma fibra revestida com diâmetro externo $D_e = 250\ \mu m$. Um engenheiro de telecomunicações insiste que a fibra ótica seja estocada em um ambiente de baixa umidade antes de sua instalação de modo que ela esteja suficientemente forte para suportar o tratamento sem cuidado dos técnicos na instalação. Se a instalação de um rolo de fibra requer vários dias quentes e úmidos para estar completa, a cuidadosa estocagem anterior irá impedir a formação de microfendas? A difusividade mássica do vapor d'água no acrilato é $D_{AB} = 5{,}5 \times 10^{-13}\ m^2/s$, enquanto o vidro pode ser considerado impermeável.

14.55 Um pessoa aplica um repelente de insetos sobre uma área exposta de $A = 0{,}1\ m^2$ de seu corpo. A massa de *spray* usado é de $m = 2$ gramas, e o *spray* contém 15 % (em massa) do ingrediente ativo. O ingrediente inativo evapora rapidamente da superfície da pele.

(a) Sendo o *spray* aplicado uniformemente e a concentração mássica do ingrediente ativo seco igual a $\rho = 2000\ kg/m^3$, determine a espessura inicial do filme de ingrediente ativo na superfície da pele. A temperatura, massa molar e pressão de saturação do ingrediente ativo são 32 °C, 152 kg/kmol e $1{,}2 \times 10^{-5}$ bar, respectivamente.

(b) Sendo o coeficiente de transferência de massa por convecção associado à sublimação do ingrediente ativo no ar igual a $\overline{h}_m = 5 \times 10^{-3}$ m/s, o coeficiente de partição associado à interface ingrediente-pele $K = 0{,}05$ e a difusividade mássica do ingrediente ativo na pele $D_{AB} = 1 \times 10^{-13}\ m^2/s$, determine por quanto tempo o repelente do inseto permanece efetivo. O coeficiente de partição é a razão entre a concentração mássica do ingrediente na pele e a sua concentração mássica fora da pele.

(c) Se o *spray* for reformulado de tal forma que o coeficiente de partição se torne muito pequeno, por quanto tempo o repelente de insetos permanece efetivo?

14.56 Como visto na Seção 2.2.1, a lei de Fourier não pode ser usada para prever o fenômeno da transferência de calor associado às moléculas individuais. Analogamente, a lei de Fick descreve o comportamento agregado de um grande número de moléculas, e não pode ser usada para prever o comportamento de um pequeno número de moléculas.

O nariz humano pode ser sensível a somente poucas moléculas de uma substancia aromática. Em uma demonstração em sala de aula de aquecimento volumétrico, seu professor aquece um pacote de pipoca em um forno de micro-ondas e mede a sua mudança de temperatura. Um segundo após abrir o saco quente para inserir um termopar, estudantes sentados na última fila da sala, localizada a 30 m do professor, sentem o odor da pipoca quente. É plausível que o aroma da pipoca tenha atingido os alunos por advecção? Usando a lei da Fick, estime o tempo requerido para os estudantes estarem expostos a uma pequena quantidade (traço) do aroma, $C/C_s = 0{,}0001$, usando o conceito de espessura de penetração da Seção 5.7 e valores típicos do coeficiente de difusão binária para gases no ar. A concentração C_s corresponde à concentração máxima do aroma localizada na abertura do saco. A lei de Fick pode ser usada para explicar a velocidade na qual a substância aromática se movimenta da frente até o fundo da sala de aula?

APÊNDICE **A**

Propriedades Termofísicas da Matéria[1]

Tabela		*Página*
A.1	Propriedades Termofísicas de Sólidos Metálicos Selecionados	583
A.2	Propriedades Termofísicas de Sólidos Não Metálicos Selecionados	586
A.3	Propriedades Termofísicas de Materiais Comuns	588
	Materiais Estruturais para Construção	588
	Materiais e Sistemas de Isolamento	588
	Isolamento Industrial	589
	Outros Materiais	591
A.4	Propriedades Termofísicas de Gases à Pressão Atmosférica	593
A.5	Propriedades Termofísicas de Fluidos Saturados	597
	Líquidos Saturados	597
	Líquido-Vapor Saturado, 1 atm	598
A.6	Propriedades Termofísicas da Água Saturada	599
A.7	Propriedades Termofísicas de Metais Líquidos	601
A.8	Coeficientes de Difusão Binária a Uma Atmosfera	601
A.9	Constante de Henry para Gases Selecionados em Água à Pressão Moderada	602
A.10	A Solubilidade de Gases e Sólidos Selecionados	602
A.11	Emissividade Normal (n) ou Hemisférica (h) Total de Superfícies Selecionadas	603
	Sólidos Metálicos e Seus Óxidos	603
	Substâncias Não Metálicas	604
A.12	Propriedades Radiantes Solares de Materiais Selecionados	605
	Referências	606

[1] A convenção utilizada para apresentar valores numéricos das propriedades é ilustrada por este exemplo:

T (K)	$\nu \cdot 10^7$ (m^2/s)	$k \cdot 10^3$ ($W/(m \cdot K)$)
300	0,349	521

sendo $\nu = 0{,}349 \times 10^{-7}$ m^2/s e $k = 521 \times 10^{-3} = 0{,}521$ $W/(m \cdot K)$ a 300 K.

TABELA A.1 Propriedades Termofísicas de Sólidos Metálicos Selecionados[a]

Composição	Ponto de Fusão (K)	Propriedades a 300 K: ρ (kg/m^3)	c_p (J/(kg · K))	k (W/(m · K))	$\alpha \cdot 10^6$ (m^2/s)	Propriedades em Várias Temperaturas (K) — k (W/(m · K))/c_p (J/(kg · K)): 100	200	400	600	800	1000	1200	1500	2000	2500
Alumínio															
Puro	933	2702	903	237	97,1	302	237	240	231	218					
						482	798	949	1033	1146					
Liga 2024-T6	775	2770	875	177	73,0	65	163	186	186						
(4,5 % Cu, 1,5 % Mg, 0,6 % Mn)						473	787	925	1042						
Liga 195, de fundição		2790	883	168	68,2			174	185						
(4,5 % Cu)								—	—						
Berílio	1550	1850	1825	200	59,2	990	301	161	126	106	90,8	78,7			
						203	1114	2191	2604	2823	3018	3227	3519		
Bismuto	545	9780	122	7,86	6,59	16,5	9,69	7,04							
						112	120	127							
Boro	2573	2500	1107	27,0	9,76	190	55,5	16,8	10,6	9,60	9,85				
						128	600	1463	1892	2160	2338				
Cádmio	594	8650	231	96,8	48,4	203	99,3	94,7							
						198	222	242							
Cromo	2118	7160	449	93,7	29,1	159	111	90,9	80,7	71,3	65,4	61,9	57,2	49,4	
						192	384	484	542	581	616	682	779	937	
Cobalto	1769	8862	421	99,2	26,6	167	122	85,4	67,4	58,2	52,1	49,3	42,5		
						236	379	450	503	550	628	733	674		
Cobre															
Puro	1358	8933	385	401	117	482	413	393	379	366	352	339			
						252	356	397	417	433	451	480			
Bronze comercial	1293	8800	420	52	14		42	52	59						
(90 % Cu, 10 % Al)							785	460	545						
Bronze fosforoso de engrenagem	1104	8780	355	54	17		41	65	74						
(89 % Cu, 11 % Sn)							—	—	—						
Latão para cartuchos	1188	8530	380	110	33,9	75	95	137	149						
(70 % Cu, 30 % Zn)							360	395	425						
Constantan	1493	8920	384	23	6,71	17	19								
(55 % Cu, 45 % Ni)						237	362								
Germânio	1211	5360	322	59,9	34,7	232	96,8	43,2	27,3	19,8	17,4	17,4			
						190	290	337	348	357	375	395			
Ouro	1336	19300	129	317	127	327	323	311	298	284	270	255			
						109	124	131	135	140	145	155			
Irídio	2720	22500	130	147	50,3	172	153	144	138	132	126	120	111		
						90	122	133	138	144	153	161	172		
Ferro															
Puro	1810	7870	447	80,2	23,1	134	94,0	69,5	54,7	43,3	32,8	28,3	32,1		
						216	384	490	574	680	975	609	654		
Armco															
(99,75 % puro)		7870	447	72,7	20,7	95,6	80,6	65,7	53,1	42,2	32,3	28,7	31,4		
						215	384	490	574	680	975	609	654		

(continua)

TABELA A.1 Propriedades Termofísicas de Sólidos Metálicos Selecionados[a] (*Continuação*)

Composição	Ponto de Fusão (K)	Propriedades a 300 K: ρ (kg/m^3)	c_p (J/(kg · K))	k (W/(m · K))	$\alpha \cdot 10^6$ (m^2/s)	Propriedades em Várias Temperaturas (K), k (W/(m · K))/c_p (J/(kg · K)): 100	200	400	600	800	1000	1200	1500	2000	2500
Aços-carbono															
Não ligado (Mn ≤ 1 %, Si ≤ 0,1 %)		7854	434	60,5	17,7			56,7 487	48,0 559	39,2 685	30,0 1169				
AISI 1010		7832	434	63,9	18,8			58,7 487	48,8 559	39,2 685	31,3 1168				
Carbono–silício (Mn ≤ 1 %, 0,1 % < Si ≤ 0,6 %)		7817	446	51,9	14,9			49,8 501	44,0 582	37,4 699	29,3 971				
Carbono–manganês–silício (1 % < Mn ≤ 1,65 %, 0,1 % < Si ≤ 0,6 %)		8131	434	41,0	11,6			42,2 487	39,7 559	35,0 685	27,6 1090				
Aços (com baixo teor de) cromo															
$\frac{1}{2}$Cr–$\frac{1}{4}$Mo–Si (0,18 % C, 0,65 % Cr, 0,23 % Mo, 0,6 % Si)		7822	444	37,7	10,9			38,2 492	36,7 575	33,3 688	26,9 969				
1 Cr–$\frac{1}{2}$Mo (0,16 % C, 1 % Cr, 0,54 % Mo, 0,39 % Si)		7858	442	42,3	12,2			42,0 492	39,1 575	34,5 688	27,4 969				
1 Cr–V (0,2 % C, 1,02 % Cr, 0,15 % V)		7836	443	48,9	14,1			46,8 492	42,1 575	36,3 688	28,2 969				
Aços inoxidáveis															
AISI 302		8055	480	15,1	3,91			17,3 512	20,0 559	22,8 585	25,4 606				
AISI 304	1670	7900	477	14,9	3,95	9,2 272	12,6 402	16,6 515	19,8 557	22,6 582	25,4 611	28,0 640	31,7 682		
AISI 316		8238	468	13,4	3,48			15,2 504	18,3 550	21,3 576	24,2 602				
AISI 347		7978	480	14,2	3,71			15,8 513	18,9 559	21,9 585	24,7 606				
Chumbo	601	11340	129	35,3	24,1	39,7 118	36,7 125	34,0 132	31,4 142						
Magnésio	923	1740	1024	156	87,6	169 649	159 934	153 1074	149 1170	146 1267					
Molibdênio	2894	10240	251	138	53,7	179 141	143 224	134 261	126 275	118 285	112 295	105 308	98 330	90 380	86 459
Níquel															
Puro	1728	8900	444	90,7	23,0	164 232	107 383	80,2 485	65,6 592	67,6 530	71,8 562	76,2 594	82,6 616		
Nicromo (80 % Ni, 20 % Cr)	1672	8400	420	12	3,4			14 480	16 525	21 545					
Inconel X-750 (73 % Ni, 15 % Cr, 6,7 % Fe)	1665	8510	439	11,7	3,1	8,7 —	10,3 372	13,5 473	17,0 510	20,5 546	24,0 626	27,6 —	33,0 —		

(*continua*)

TABELA A.1 Propriedades Termofísicas de Sólidos Metálicos Selecionados[a] (*Continuação*)

Composição	Ponto de Fusão (K)	Propriedades a 300 K				Propriedades em Várias Temperaturas (K)									
		ρ (kg/m³)	c_p (J/(kg · K))	k (W/(m · K))	$\alpha \cdot 10^6$ (m²/s)	k (W/(m · K))/c_p (J/(kg · K))									
						100	200	400	600	800	1000	1200	1500	2000	2500
Nióbio	2741	8570	265	53,7	23,6	55,2	52,6	55,2	58,2	61,3	64,4	67,5	72,1	79,1	
						188	249	274	283	292	301	310	324	347	
Paládio	1827	12020	244	71,8	24,5	76,5	71,6	73,6	79,7	86,9	94,2	102	110		
						168	227	251	261	271	281	291	307		
Platina															
Pura	2045	21450	133	71,6	25,1	77,5	72,6	71,8	73,2	75,6	78,7	82,6	89,5	99,4	
						100	125	136	141	146	152	157	165	179	
Liga 60Pt-40Rh (60 % Pt, 40 % Rh)	1800	16630	162	47	17,4			52	59	65	69	73	76		
								—	—	—	—	—	—		
Rênio	3453	21100	136	47,9	16,7	58,9	51,0	46,1	44,2	44,1	44,6	45,7	47,8	51,9	
						97	127	139	145	151	156	162	171	186	
Ródio	2236	12450	243	150	49,6	186	154	146	136	127	121	116	110	112	
						147	220	253	274	293	311	327	349	376	
Silício	1685	2330	712	148	89,2	884	264	98,9	61,9	42,2	31,2	25,7	22,7		
						259	556	790	867	913	946	967	992		
Prata	1235	10500	235	429	174	444	430	425	412	396	379	361			
						187	225	239	250	262	277	292			
Tântalo	3269	16600	140	57,5	24,7	59,2	57,5	57,8	58,6	59,4	60,2	61,0	62,2	64,1	65,6
						110	133	144	146	149	152	155	160	172	189
Tório	2023	11700	118	54,0	39,1	59,8	54,6	54,5	55,8	56,9	56,9	58,7			
						99	112	124	134	145	156	167			
Estanho	505	7310	227	66,6	40,1	85,2	73,3	62,2							
						188	215	243							
Titânio	1953	4500	522	21,9	9,32	30,5	24,5	20,4	19,4	19,7	20,7	22,0	24,5		
						300	465	551	591	633	675	620	686		
Tungstênio	3660	19300	132	174	68,3	208	186	159	137	125	118	113	107	100	95
						87	122	137	142	145	148	152	157	167	176
Urânio	1406	19070	116	27,6	12,5	21,7	25,1	29,6	34,0	38,8	43,9	49,0			
						94	108	125	146	176	180	161			
Vanádio	2192	6100	489	30,7	10,3	35,8	31,3	31,3	33,3	35,7	38,2	40,8	44,6	50,9	
						258	430	515	540	563	597	645	714	867	
Zinco	693	7140	389	116	41,8	117	118	111	103						
						297	367	402	436						
Zircônio	2125	6570	278	22,7	12,4	33,2	25,2	21,6	20,7	21,6	23,7	26,0	28,8	33,0	
						205	264	300	322	342	362	344	344	344	

[a] Adaptada das Referências 1–7.

Tabela A.2 Propriedades Termofísicas de Sólidos Não Metálicos Selecionados[a]

Composição	Ponto de Fusão (K)	Propriedades a 300 K: ρ (kg/m^3)	c_p (J/(kg · K))	k (W/(m · K))	$\alpha \cdot 10^6$ (m^2/s)	Propriedades em Várias Temperaturas (K), k (W/(m · K))/c_p (J/(kg · K)): 100	200	400	600	800	1000	1200	1500	2000	2500
Óxido de alumínio, safira	2323	3970	765	46	15,1	450	82	32,4	18,9	13,0	10,5				
						—	—	940	1110	1180	1225				
Óxido de alumínio, policristalino	2323	3970	765	36,0	11,9	133	55	26,4	15,8	10,4	7,85	6,55	5,66	6,00	
						—	—	940	1110	1180	1225	—	—	—	
Óxido de berílio	2725	3000	1030	272	88,0			196	111	70	47	33	21,5	15	
								1350	1690	1865	1975	2055	2145	2750	
Boro	2573	2500	1105	27,6	9,99	190	52,5	18,7	11,3	8,1	6,3	5,2			
						—	—	1490	1880	2135	2350	2555			
Compósito epóxi com fibras de boro (30 % vol)	590	2080													
k, ‖ às fibras				2,29		2,10	2,23	2,28							
k, ⊥ às fibras				0,59		0,37	0,49	0,60							
c_p			1122			364	757	1431							
Carbono															
Amorfo	1500	1950	—	1,60	—	0,67	1,18	1,89	2,19	2,37	2,53	2,84	3,48		
						—	—	—	—	—	—	—	—		
Diamante, isolante tipo IIa	—	3500	509	2300	—	10.000	4000	1540							
						21	194	853							
Grafite, pirolítico	2273	2210													
k, ‖ às camadas				1950		4970	3230	1390	892	667	534	448	357	262	
k, ⊥ às camadas				5,70		16,8	9,23	4,09	2,68	2,01	1,60	1,34	1,08	0,81	
c_p			709			136	411	992	1406	1650	1793	1890	1974	2043	
Compósito epóxi com fibras de grafite (25 % vol)	450	1400													
k, fluxo térmico ‖ às fibras				11,1		5,7	8,7	13,0							
k, fluxo térmico ⊥ às fibras				0,87		0,46	0,68	1,1							
c_p			935			337	642	1216							
Pirocerâmica, Corning 9606	1623	2600	808	3,98	1,89	5,25	4,78	3,64	3,28	3,08	2,96	2,87	2,79		
						—	—	908	1038	1122	1197	1264	1498		

(*continua*)

TABELA A.2 Propriedades Termofísicas de Sólidos Não Metálicos Selecionados[a] (*Continuação*)

		Propriedades a 300 K				Propriedades em Várias Temperaturas (K) k (W/(m·K))/c_p (J/(kg·K))									
Composição	Ponto de Fusão (K)	ρ (kg/m³)	c_p (J/(kg·K))	k (W/(m·K))	$\alpha \cdot 10^6$ (m²/s)	100	200	400	600	800	1000	1200	1500	2000	2500
Carbeto de silício	3100	3160	675	490	230			— 880	— 1050	— 1135	87 1195	58 1243	30 1310		
Dióxido de silício, cristalino (quartzo)	1883	2650													
k, ‖ ao eixo *c*				10,4		39	16,4	7,6	5,0	4,2					
k, ⊥ ao eixo *c*				6,21		20,8	9,5	4,70	3,4	3,1					
c_p			745			—	—	885	1075	1250					
Dióxido de silício, policristalino (sílica fundida)	1883	2220	745	1,38	0,834	0,69 —	1,14 —	1,51 905	1,75 1040	2,17 1105	2,87 1155	4,00 1195			
Nitreto de silício	2173	2400	691	16,0	9,65	— —	— 578	13,9 778	11,3 937	9,88 1063	8,76 1155	8,00 1226	7,16 1306	6,20 1377	
Enxofre	392	2070	708	0,206	0,141	0,165 403	0,185 606								
Dióxido de tório	3573	9110	235	13	6,1			10,2 255	6,6 274	4,7 285	3,68 295	3,12 303	2,73 315	2,5 330	
Dióxido de titânio, policristalino	2133	4157	710	8,4	2,8			7,01 805	5,02 880	3,94 910	3,46 930	3,28 945			

[a] Adaptada das Referências 1, 2, 3 e 6.

TABELA A.3 Propriedades Termofísicas de Materiais Comuns[a]

Descrição/Composição	Massa Específica, ρ (kg/m³)	Condutividade Térmica, k (W/(m · K))	Calor Específico, c_p (J/(kg · K))
Materiais Estruturais para Construção	**Propriedades Típicas a 300 K**		
Placas de Construção			
Placas de cimento-amianto	1920	0,58	—
Placas de gesso ou reboco	800	0,17	—
Compensado de madeira	545	0,12	1215
Revestimento, densidade regular	290	0,055	1300
Azulejo acústico	290	0,058	1340
Compensado, divisória	640	0,094	1170
Compensado, alta densidade	1010	0,15	1380
Aglomerado, baixa densidade	590	0,078	1300
Aglomerado, alta densidade	1000	0,170	1300
Madeiras			
Madeiras de lei (carvalho, bordo)	720	0,16	1255
Madeiras moles (abeto, pinho)	510	0,12	1380
Materiais de Alvenaria			
Argamassa de cimento	1860	0,72	780
Tijolo, comum	1920	0,72	835
Tijolo, fachada	2083	1,3	—
Tijolo cerâmico, oco			
1 furo de profundidade, 10 cm de espessura	—	0,52	—
3 furos de profundidade, 30 cm de espessura	—	0,69	—
Bloco de concreto, 3 núcleos ovais			
Areia/brita, 20 cm de espessura	—	1,0	—
Agregado de cinzas/carvão, 20 cm de espessura	—	0,67	—
Bloco de concreto, núcleo retangular			
2 núcleos, 20 cm de espessura, 16 kg	—	1,1	—
Idem, com furos preenchidos	—	0,60	—
Materiais para Reboco			
Reboco de cimento, agregado de areia	1860	0,72	—
Reboco de gesso, agregado de areia	1680	0,22	1085
Reboco de gesso, agregado de vermiculita	720	0,25	—
Materiais e Sistemas de Isolamento			
Manta			
Fibra de vidro, revestida com papel	16	0,046	—
	28	0,038	—
	40	0,035	—
Fibra de vidro, revestida; isolamento de dutos	32	0,038	835
Placas e Blocos			
Vidro celular	145	0,058	1000
Fibra de vidro, cola orgânica	105	0,036	795
Poliestireno, expandido			
Extrudado (R-12)	55	0,027	1210
Pérolas moldadas	16	0,040	1210
Placa de fibra mineral; material para telhados	265	0,049	—
Madeira, picada/aglomerada	350	0,087	1590
Cortiça	120	0,039	1800
Enchimentos Não Compactados			
Cortiça, granulada	160	0,045	—
Sílica diatomácea, partículas grandes	350	0,069	—
Pó	400	0,091	—
Sílica diatomácea, pó fino	200	0,052	—
	275	0,061	—
Fibra de vidro, derramada ou soprada	16	0,043	835
Vermiculita, flocos	80	0,068	835
	160	0,063	1000
Formado/Injetado como Espuma no Local			
Grânulos de lã mineral com cimentos amianto/ligantes inorgânicos, aspergidos	190	0,046	—
Mastique de cortiça e acetato de polivinila; aspergido ou colocado com espátulas	—	0,100	—
Uretana, mistura de duas partes; espuma rígida	70	0,026	1045
Refletores			
Folhas de alumínio separando mantas de flocos de vidro; 10–12 camadas, em vácuo; para aplicações criogênicas (150 K)	40	0,00016	—
Folha de alumínio e papel de vidro laminado; 75–150 camadas, em vácuo; para aplicações criogênicas (150 K)	120	0,000017	—
Pó de sílica típico, em vácuo	160	0,0017	—

TABELA A.3 Propriedades Termofísicas de Materiais Comuns[a] (*Continuação*)

Isolamento Industrial

Descrição/ Composição	Temperatura de Serviço Máxima (K)	Densidade típica (kg/m³)	Condutividade Térmica Típica, k(W/(m · K)), a Várias Temperaturas (K)													
			200	215	230	240	255	270	285	300	310	365	420	530	645	750
Mantas																
Manta, fibra mineral, com reforço metálico	920	96–192									0,038	0,046	0,056	0,078		
	815	40–96									0,035	0,045	0,058	0,088		
Manta, fibra mineral e vidro; fibra fina com cola orgânica	450	10				0,036	0,038	0,040	0,043	0,048	0,052	0,076				
		12				0,035	0,036	0,039	0,042	0,046	0,049	0,069				
		16				0,033	0,035	0,036	0,039	0,042	0,046	0,062				
		24				0,030	0,032	0,033	0,036	0,039	0,040	0,053				
		32				0,029	0,030	0,032	0,033	0,036	0,038	0,048				
		48				0,027	0,029	0,030	0,032	0,033	0,035	0,045				
Manta, fibra de sílica-alumina	1530	48												0,071	0,105	0,150
		64												0,059	0,087	0,125
		96												0,052	0,076	0,100
		128												0,049	0,068	0,091
Feltro, semirrígido; cola orgânica	480	50–125						0,035	0,036	0,038	0,039	0,051	0,063			
	730	50	0,023	0,025	0,026	0,027	0,029	0,030	0,032	0,033	0,035	0,051	0,079			
Feltro, laminado; sem ligante	920	120											0,051	0,065	0,087	
Blocos, Placas e Isolamentos para Tubulações																
Papel de amianto, laminado e corrugado																
4-camadas	420	190								0,078	0,082	0,098				
6-camadas	420	255								0,071	0,074	0,085				
8-camadas	420	300								0,068	0,071	0,082				
Magnésia, 85 %	590	185									0,051	0,055	0,061			
Silicato de cálcio	920	190									0,055	0,059	0,063	0,075	0,089	0,104

(*continua*)

TABELA A.3 Propriedades Termofísicas de Materiais Comuns[a] (*Continuação*)

Isolamento Industrial (*Continuação*)

Descrição/ Composição	Temperatura de Serviço Máxima (K)	Densidade típica (kg/m³)	Condutividade Térmica Típica, k(W/(m · K)), a Várias Temperaturas (K)													
			200	215	230	240	255	270	285	300	310	365	420	530	645	750
Vidro celular	700	145			0,046	0,048	0,051	0,052	0,055	0,058	0,062	0,069	0,079			
Sílica	1145	345												0,092	0,098	0,104
diatomácea	1310	385												0,101	0,100	0,115
Poliestireno, rígido																
Extrudado (R-12)	350	56	0,023	0,023	0,022	0,023	0,023	0,025	0,026	0,027	0,029					
Extrudado (R-12)	350	35	0,023	0,023	0,023	0,025	0,025	0,026	0,027	0,029						
Pérolas moldadas	350	16	0,026	0,029	0,030	0,033	0,035	0,036	0,038	0,040						
Espuma de borracha rígida	340	70						0,029	0,030	0,032	0,033					
Cimento Isolante																
Fibra mineral (rocha, escória ou vidro)																
Aglutinada com argila	1255	430									0,071	0,079	0,088	0,105	0,123	
Aglutinada com cimento hidráulico	922	560									0,108	0,115	0,123	0,137		
Enchimento Não Compactado																
Celulose, madeira ou polpa de papel	—	45							0,038	0,039	0,042					
Perlita expandida	—	105	0,036	0,039	0,042	0,043	0,046	0,049	0,051	0,053	0,056					
Vermiculita expandida	—	122			0,056	0,058	0,061	0,063	0,065	0,068	0,071					
		80			0,049	0,051	0,055	0,058	0,061	0,063	0,066					

(*continua*)

TABELA A.3 Propriedades Termofísicas de Materiais Comuns[a] (*Continuação*)

Outros Materiais

Descrição/ Composição	**Temperatura (K)**	**Massa Específica, ρ (kg/m³)**	**Condutividade Térmica, k (W/(m · K))**	**Calor Específico, c_p (J/(kg · K))**
Asfalto	300	2115	0,062	920
Baquelite	300	1300	1,4	1465
Tijolos refratários				
Carborundo	872	—	18,5	—
	1672	—	11,0	—
Tijolo de cromita	473	3010	2,3	835
	823		2,5	
	1173		2,0	
Sílica diatomácea, queimada	478	—	0,25	—
	1145	—	0,30	
Tijolo de argila, queimado a 1600 K	773	2050	1,0	960
	1073	—	1,1	
	1373	—	1,1	
Tijolo de argila, queimado a 1725 K	773	2325	1,3	960
	1073		1,4	
	1373		1,4	
Tijolo de argila queimado	478	2645	1,0	960
	922		1,5	
	1478		1,8	
Magnesita	478	—	3,8	1130
	922	—	2,8	
	1478		119	
Argila	300	1460	1,3	880
Carvão, antracita	300	1350	0,26	1260
Concreto (com brita)	300	2300	1,4	880
Algodão	300	80	0,06	1300
Gêneros alimentícios				
Banana (75,7% de teor de água)	300	980	0,481	3350
Maçã vermelha (75% de teor de água)	300	840	0,513	3600
Massa de bolo	300	720	0,223	—
Bolo, totalmente assado	300	280	0,121	—
Carne de frango, branca (74,4% de teor de água)	198	—	1,60	—
	233	—	1,49	
	253		1,35	
	263		1,20	
	273		0,476	
	283		0,480	
	293		0,489	
Vidro				
Chapa (vidro de soda)	300	2500	1,4	750
Pyrex	300	2225	1,4	835
Gelo	273	920	1,88	2040
	253	—	2,03	1945
Couro (solas)	300	998	0,159	—
Papel	300	930	0,180	1340
Parafina	300	900	0,240	2890

(continua)

TABELA A.3 Propriedades Termofísicas de Materiais Comuns[a] (*Continuação*)

Outros Materiais (*Continuação*)

Descrição/ Composição	Temperatura (K)	Massa Específica, ρ (kg/m^3)	Condutividade Térmica, k (W/(m · K))	Calor Específico, c_p (J/(kg · K))
Rocha				
Granito, Barre	300	2630	2,79	775
Calcário, Salem	300	2320	2,15	810
Mármore, Halston	300	2680	2,80	830
Quartzito, Sioux	300	2640	5,38	1105
Arenito, Berea	300	2150	2,90	745
Borracha, vulcanizada				
Macia	300	1100	0,13	2010
Dura	300	1190	0,16	—
Areia	300	1515	0,27	800
Solo	300	2050	0,52	1840
Neve	273	110	0,049	—
		500	0,190	—
Teflon	300	2200	0,35	—
	400		0,45	—
Tecido humano				
Pele	300	—	0,37	—
Camada de gordura (tecido adiposo)	300	—	0,2	—
Músculo	300	—	0,5	—
Madeira, corte transversal				
Balsa	300	140	0,055	—
Cipreste	300	465	0,097	—
Abeto	300	415	0,11	2720
Carvalho	300	545	0,17	2385
Pinho amarelo	300	640	0,15	2805
Pinho branco	300	435	0,11	—
Madeira, corte radial				
Carvalho	300	545	0,19	2385
Abeto	300	420	0,14	2720

[a] Adaptada das Referências 1 e 8–13.

TABELA A.4 Propriedades Termofísicas de Gases à Pressão Atmosférica[a]

T (K)	ρ (kg/m^3)	c_p (kJ/(kg · K))	$\mu \cdot 10^7$ (N · s/m^2)	$\nu \cdot 10^6$ (m^2/s)	$k \cdot 10^3$ (W/(m · K))	$\mu \cdot 10^6$ (m^2/s)	Pr
Ar, $\mathcal{M}$ = 28,97 kg/kmol							
100	3,5562	1,032	71,1	2,00	9,34	2,54	0,786
150	2,3364	1,012	103,4	4,426	13,8	5,84	0,758
200	1,7458	1,007	132,5	7,590	18,1	10,3	0,737
250	1,3947	1,006	159,6	11,44	22,3	15,9	0,720
300	1,1614	1,007	184,6	15,89	26.,3	22,5	0,707
350	0,9950	1,009	208,2	20,92	30,0	29,9	0,700
400	0,8711	1,014	230,1	26,41	33,8	38,3	0,690
450	0,7740	1,021	250,7	32,39	37,3	47,2	0,686
500	0,6964	1,030	270,1	38,79	40,7	56,7	0,684
550	0,6329	1,040	288,4	45,57	43,9	66,7	0,683
600	0,5804	1,051	305,8	52,69	46,9	76,9	0,685
650	0,5356	1,063	322,5	60,21	49,7	87,3	0,690
700	0,4975	1,075	338,8	68,10	52,4	98,0	0,695
750	0,4643	1,087	354,6	76,37	54,9	109	0,702
800	0,4354	1,099	369,8	84,93	57,3	120	0,709
850	0,4097	1,110	384,3	93,80	59,6	131	0,716
900	0,3868	1,121	398,1	102,9	62,0	143	0,720
950	0,3666	1,131	411,3	112,2	64,3	155	0,723
1000	0,3482	1,141	424,4	121,9	66,7	168	0,726
1100	0,3166	1,159	449,0	141,8	71,5	195	0,728
1200	0,2902	1,175	473,0	162,9	76,3	224	0,728
1300	0,2679	1,189	496,0	185,1	82	257	0,719
1400	0,2488	1,207	530	213	91	303	0,703
1500	0,2322	1,230	557	240	100	350	0,685
1600	0,2177	1,248	584	268	106	390	0,688
1700	0,2049	1,267	611	298	113	435	0,685
1800	0,1935	1,286	637	329	120	482	0,683
1900	0,1833	1,307	663	362	128	534	0,677
2000	0,1741	1,337	689	396	137	589	0,672
2100	0,1658	1,372	715	431	147	646	0,667
2200	0,1582	1,417	740	468	160	714	0,655
2300	0,1513	1,478	766	506	175	783	0,647
2400	0,1448	1,558	792	547	196	869	0,630
2500	0,1389	1,665	818	589	222	960	0,613
3000	0,1135	2,726	955	841	486	1570	0,536
Amônia (NH_3), $\mathcal{M}$ = 17,03 kg/kmol							
300	0,6894	2,158	101,5	14,7	24,7	16,6	0,887
320	0,6448	2,170	109	16,9	27,2	19,4	0,870
340	0,6059	2,192	116,5	19,2	29,3	22,1	0,872
360	0,5716	2,221	124	21,7	31,6	24,9	0,872
380	0,5410	2,254	131	24,2	34,0	27,9	0,869
400	0,5136	2,287	138	26,9	37,0	31,5	0,853
420	0,4888	2,322	145	29,7	40,4	35,6	0,833
440	0,4664	2,357	152,5	32,7	43,5	39,6	0,826
460	0,4460	2,393	159	35,7	46,3	43,4	0,822
480	0,4273	2,430	166,5	39,0	49,2	47,4	0,822
500	0,4101	2,467	173	42,2	52,5	51,9	0,813
520	0,3942	2,504	180	45,7	54,5	55,2	0,827
540	0,3795	2,540	186,5	49,1	57,5	59,7	0,824
560	0,3708	2,577	193	52,0	60,6	63,4	0,827
580	0,3533	2,613	199,5	56,5	63,8	69,1	0,817

(continua)

Tabela A.4 Propriedades Termofísicas de Gases à Pressão Atmosférica[a] (*Continuação*)

T (K)	ρ (kg/m³)	c_p (kJ/(kg · K))	$\mu \cdot 10^7$ (N · s/m²)	$\nu \cdot 10^6$ (m²/s)	$k \cdot 10^3$ (W/(m · K))	$\mu \cdot 10^6$ (m²/s)	Pr
Dióxido de Carbono (CO_2), $\mathcal{M}$ = 44,01 kg/kmol							
280	1,9022	0,830	140	7,36	15,20	9,63	0,765
300	1,7730	0,851	149	8,40	16,55	11,0	0,766
320	1,6609	0,872	156	9,39	18,05	12,5	0,754
340	1,5618	0,891	165	10,6	19,70	14,2	0,746
360	1,4743	0,908	173	11,7	21,2	15,8	0,741
380	1,3961	0,926	181	13,0	22,75	17,6	0,737
400	1,3257	0,942	190	14,3	24,3	19,5	0,737
450	1,1782	0,981	210	17,8	28,3	24,5	0,728
500	1,0594	1,02	231	21,8	32,5	30,1	0,725
550	0,9625	1,05	251	26,1	36,6	36,2	0,721
600	0,8826	1,08	270	30,6	40,7	42,7	0,717
650	0,8143	1,10	288	35,4	44,5	49,7	0,712
700	0,7564	1,13	305	40,3	48,1	56,3	0,717
750	0,7057	1,15	321	45,5	51,7	63,7	0,714
800	0,6614	1,17	337	51,0	55,1	71,2	0,716
Monóxido de Carbono (CO), $\mathcal{M}$ = 28,01 kg/kmol							
200	1,6888	1,045	127	7,52	17,0	9,63	0,781
220	1,5341	1,044	137	8,93	19,0	11,9	0,753
240	1,4055	1,043	147	10,5	20,6	14,1	0,744
260	1,2967	1,043	157	12,1	22,1	16,3	0,741
280	1,2038	1,042	166	13,8	23,6	18,8	0,733
300	1,1233	1,043	175	15,6	25,0	21,3	0,730
320	1,0529	1,043	184	17,5	26,3	23,9	0,730
340	0,9909	1,044	193	19,5	27,8	26,9	0,725
360	0,9357	1,045	202	21,6	29,1	29,8	0,725
380	0,8864	1,047	210	23,7	30,5	32,9	0,729
400	0,8421	1,049	218	25,9	31,8	36,0	0,719
450	0,7483	1,055	237	31,7	35,0	44,3	0,714
500	0,67352	1,065	254	37,7	38,1	53,1	0,710
550	0,61226	1,076	271	44,3	41,1	62,4	0,710
600	0,56126	1,088	286	51,0	44,0	72,1	0,707
650	0,51806	1,101	301	58,1	47,0	82,4	0,705
700	0,48102	1,114	315	65,5	50,0	93,3	0,702
750	0,44899	1,127	329	73,3	52,8	104	0,702
800	0.42095	1.140	343	81.5	55.5	116	0.705
Hélio (He), $\mathcal{M}$ = 4,003 kg/kmol							
100	0,4871	5,193	96,3	19,8	73,0	28,9	0,686
120	0,4060	5,193	107	26,4	81,9	38,8	0,679
140	0,3481	5,193	118	33,9	90,7	50,2	0,676
160	—	5,193	129	—	99,2	—	—
180	0,2708	5,193	139	51,3	107,2	76,2	0,673
200	—	5,193	150	—	115,1	—	—
220	0,2216	5,193	160	72,2	123,1	107	0,675
240	—	5,193	170	—	130	—	—
260	0,1875	5,193	180	96,0	137	141	0,682
280	—	5,193	190	—	145	—	—
300	0,1625	5,193	199	122	152	180	0,680
350	—	5,193	221	—	170	—	—
400	0,1219	5,193	243	199	187	295	0,675
450	—	5,193	263	—	204	—	—
500	0,09754	5,193	283	290	220	434	0,668

(*continua*)

TABELA A.4 Propriedades Termofísicas de Gases à Pressão Atmosférica[a] (*Continuação*)

T (K)	ρ (kg/m^3)	c_p (kJ/(kg · K))	$\mu \cdot 10^7$ (N · s/m^2)	$\nu \cdot 10^6$ (m^2/s)	$k \cdot 10^3$ (W/(m · K))	$\mu \cdot 10^6$ (m^2/s)	Pr
Hélio (He) (*Continuação*)							
550	—	5,193	—	—	—	—	—
600	—	5,193	320	—	252	—	—
650	—	5,193	332	—	264	—	—
700	0,06969	5,193	350	502	278	768	0,654
750	—	5,193	364	—	291	—	—
800	—	5,193	382	—	304	—	—
900	—	5,193	414	—	330	—	—
1000	0,04879	5,193	446	914	354	1400	0,654
Hidrogênio (H_2), $\mathcal{M}$ = 2,016 kg/kmol							
100	0,24255	11,23	42,1	17,4	67,0	24,6	0,707
150	0,16156	12,60	56,0	34,7	101	49,6	0,699
200	0,12115	13,54	68,1	56,2	131	79,9	0,704
250	0,09693	14,06	78,9	81,4	157	115	0,707
300	0,08078	14,31	89,6	111	183	158	0,701
350	0,06924	14,43	98,8	143	204	204	0,700
400	0,06059	14,48	108,2	179	226	258	0,695
450	0,05386	14,50	117,2	218	247	316	0,689
500	0,04848	14,52	126,4	261	266	378	0,691
550	0,04407	14,53	134,3	305	285	445	0,685
600	0,04040	14,55	142,4	352	305	519	0,678
700	0,03463	14,61	157,8	456	342	676	0,675
800	0,03030	14,70	172,4	569	378	849	0,670
900	0,02694	14,83	186,5	692	412	1030	0,671
1000	0,02424	14,99	201,3	830	448	1230	0,673
1100	0,02204	15,17	213,0	966	488	1460	0,662
1200	0,02020	15,37	226,2	1120	528	1700	0,659
1300	0,01865	15,59	238,5	1279	568	1955	0,655
1400	0,01732	15,81	250,7	1447	610	2230	0,650
1500	0,01616	16,02	262,7	1626	655	2530	0,643
1600	0,0152	16,28	273,7	1801	697	2815	0,639
1700	0,0143	16,58	284,9	1992	742	3130	0,637
1800	0,0135	16,96	296,1	2193	786	3435	0,639
1900	0,0128	17,49	307,2	2400	835	3730	0,643
2000	0,0121	18,25	318,2	2630	878	3975	0,661
Nitrogênio (N_2), $\mathcal{M}$ = 28,01 kg/kmol							
100	3,4388	1,070	68,8	2,00	9,58	2,60	0,768
150	2,2594	1,050	100,6	4,45	13,9	5,86	0,759
200	1,6883	1,043	129,2	7,65	18,3	10,4	0,736
250	1,3488	1,042	154,9	11,48	22,2	15,8	0,727
300	1,1233	1,041	178,2	15,86	25,9	22,1	0,716
350	0,9625	1,042	200,0	20,78	29,3	29,2	0,711
400	0,8425	1,045	220,4	26,16	32,7	37,1	0,704
450	0,7485	1,050	239,6	32,01	35,8	45,6	0,703
500	0,6739	1,056	257,7	38,24	38,9	54,7	0,700
550	0,6124	1,065	274,7	44,86	41,7	63,9	0,702
600	0,5615	1,075	290,8	51,79	44,6	73,9	0,701
700	0,4812	1,098	321,0	66,71	49,9	94,4	0,706
800	0,4211	1,122	349,1	82,90	54,8	116	0,715
900	0,3743	1,146	375,3	100,3	59,7	139	0,721
1000	0,3368	1,167	399,9	118,7	64,7	165	0,721

TABELA A.4 Propriedades Termofísicas de Gases à Pressão Atmosférica[a] (*Continuação*)

T (K)	ρ (kg/m^3)	c_p (kJ/(kg · K))	$\mu \cdot 10^7$ (N · s/m^2)	$\nu \cdot 10^6$ (m^2/s)	$k \cdot 10^3$ (W/(m · K))	$\mu \cdot 10^6$ (m^2/s)	Pr
Nitrogênio (N_2) (*Continuação*)							
1100	0,3062	1,187	423,2	138,2	70,0	193	0,718
1200	0,2807	1,204	445,3	158,6	75,8	224	0,707
1300	0,2591	1,219	466,2	179,9	81,0	256	0,701
Oxigênio (O_2), $\mathcal{M}$ = 32,00 kg/kmol							
100	3,945	0,962	76,4	1,94	9,25	2,44	0,796
150	2,585	0,921	114,8	4,44	13,8	5,80	0,766
200	1,930	0,915	147,5	7,64	18,3	10,4	0,737
250	1,542	0,915	178,6	11,58	22,6	16,0	0,723
300	1,284	0,920	207,2	16,14	26,8	22,7	0,711
350	1,100	0,929	233,5	21,23	29,6	29,0	0,733
400	0,9620	0,942	258,2	26,84	33,0	36,4	0,737
450	0,8554	0,956	281,4	32,90	36,3	44,4	0,741
500	0,7698	0,972	303,3	39,40	41,2	55,1	0,716
550	0,6998	0,988	324,0	46,30	44,1	63,8	0,726
600	0,6414	1,003	343,7	53,59	47,3	73,5	0,729
700	0,5498	1,031	380,8	69,26	52,8	93,1	0,744
800	0,4810	1,054	415,2	86,32	58,9	116	0,743
900	0,4275	1,074	447,2	104,6	64,9	141	0,740
1000	0,3848	1,090	477,0	124,0	71,0	169	0,733
1100	0,3498	1,103	505,5	144,5	75,8	196	0,736
1200	0,3206	1,115	532,5	166,1	81,9	229	0,725
1300	0,2960	1,125	588,4	188,6	87,1	262	0,721
Vapor d'Água, (Steam), $\mathcal{M}$ = 18,02 kg/kmol							
380	0,5863	2,060	127,1	21,68	24,6	20,4	1,06
400	0,5542	2,014	134,4	24,25	26,1	23,4	1,04
450	0,4902	1,980	152,5	31,11	29,9	30,8	1,01
500	0,4405	1,985	170,4	38,68	33,9	38,8	0,998
550	0,4005	1,997	188,4	47,04	37,9	47,4	0,993
600	0,3652	2,026	206,7	56,60	42,2	57,0	0,993
650	0,3380	2,056	224,7	66,48	46,4	66,8	0,996
700	0,3140	2,085	242,6	77,26	50,5	77,1	1,00
750	0,2931	2,119	260,4	88,84	54,9	88,4	1,00
800	0,2739	2,152	278,6	101,7	59,2	100	1,01
850	0,2579	2,186	296,9	115,1	63,7	113	1,02

[a] Adaptada das Referências 8, 14 e 15.

TABELA A.5 Propriedades Termofísicas de Fluidos Saturados[a]

Líquidos Saturados

T (K)	ρ (kg/m³)	c_p (kJ/(kg · K))	$\mu \cdot 10^2$ (N · s/m²)	$\nu \cdot 10^6$ (m²/s)	$k \cdot 10^3$ (W/(m · K))	$\alpha \cdot 10^7$ (m²/s)	Pr	$\beta \cdot 10^3$ (K⁻¹)
Óleo de Motor (Não Usado)								
273	899,1	1,796	385	4280	147	0,910	47,000	0,70
280	895,3	1,827	217	2430	144	0,880	27,500	0,70
290	890,0	1,868	99,9	1120	145	0,872	12,900	0,70
300	884,1	1,909	48,6	550	145	0,859	6400	0,70
310	877,9	1,951	25,3	288	145	0,847	3400	0,70
320	871,8	1,993	14,1	161	143	0,823	1965	0,70
330	865,8	2,035	8,36	96,6	141	0,800	1205	0,70
340	859,9	2,076	5,31	61,7	139	0,779	793	0,70
350	853,9	2,118	3,56	41,7	138	0,763	546	0,70
360	847,8	2,161	2,52	29,7	138	0,753	395	0,70
370	841,8	2,206	1,86	22,0	137	0,738	300	0,70
380	836,0	2,250	1,41	16,9	136	0,723	233	0,70
390	830,6	2,294	1,10	13,3	135	0,709	187	0,70
400	825,1	2,337	0,874	10,6	134	0,695	152	0,70
410	818,9	2,381	0,698	8,52	133	0,682	125	0,70
420	812,1	2,427	0,564	6,94	133	0,675	103	0,70
430	806,5	2,471	0,470	5,83	132	0,662	88	0,70
Etilenoglicol [$C_2H_4(OH)_2$]								
273	1130,8	2,294	6,51	57,6	242	0,933	617	0,65
280	1125,8	2,323	4,20	37,3	244	0,933	400	0,65
290	1118,8	2,368	2,47	22,1	248	0,936	236	0,65
300	1114,4	2,415	1,57	14,1	252	0,939	151	0,65
310	1103,7	2,460	1,07	9,65	255	0,939	103	0,65
320	1096,2	2,505	0,757	6,91	258	0,940	73,5	0,65
330	1089,5	2,549	0,561	5,15	260	0,936	55,0	0,65
340	1083,8	2,592	0,431	3,98	261	0,929	42,8	0,65
350	1079,0	2,637	0,342	3,17	261	0,917	34,6	0,65
360	1074,0	2,682	0,278	2,59	261	0,906	28,6	0,65
370	1066,7	2,728	0,228	2,14	262	0,900	23,7	0,65
373	1058,5	2,742	0,215	2,03	263	0,906	22,4	0,65
Glicerina [$C_3H_5(OH)_3$]								
273	1276,0	2,261	1060	8310	282	0,977	85,000	0,47
280	1271,9	2,298	534	4200	284	0,972	43,200	0,47
290	1265,8	2,367	185	1460	286	0,955	15,300	0,48
300	1259,9	2,427	79,9	634	286	0,935	6780	0,48
310	1253,9	2,490	35,2	281	286	0,916	3060	0,49
320	1247,2	2,564	21,0	168	287	0,897	1870	0,50
Refrigerante-134a ($C_2H_2F_4$)								
230	1426,8	1,249	0,04912	0,3443	112,1	0,629	5,5	2,02
240	1397,7	1,267	0,04202	0,3006	107,3	0,606	5,0	2,11
250	1367,9	1,287	0,03633	0,2656	102,5	0,583	4,6	2,23
260	1337,1	1,308	0,03166	0,2368	97,9	0,560	4,2	2,36
270	1305,1	1,333	0,02775	0,2127	93,4	0,537	4,0	2,53
280	1271,8	1,361	0,02443	0,1921	89,0	0,514	3,7	2,73
290	1236,8	1,393	0,02156	0,1744	84,6	0,491	3,5	2,98
300	1199,7	1,432	0,01905	0,1588	80,3	0,468	3,4	3,30
310	1159,9	1,481	0,01680	0,1449	76,1	0,443	3,3	3,73
320	1116,8	1,543	0,01478	0,1323	71,8	0,417	3,2	4,33
330	1069,1	1,627	0,01292	0,1209	67,5	0,388	3,1	5,19
340	1015,0	1,751	0,01118	0,1102	63,1	0,355	3,1	6,57
350	951,3	1,961	0,00951	0,1000	58,6	0,314	3,2	9,10
360	870,1	2,437	0,00781	0,0898	54,1	0,255	3,5	15,39
370	740,3	5,105	0,00580	0,0783	51,8	0,137	5,7	55,24

TABELA A.5 Propriedades Termofísicas de Fluidos Saturados[a] (*Continuação*)

Líquidos Saturados (*Continuação*)

T (K)	ρ (kg/m^3)	c_p (kJ/(kg · K))	$\mu \cdot 10^2$ (N · s/m^2)	$\nu \cdot 10^6$ (m^2/s)	$k \cdot 10^3$ (W/(m · K))	$\alpha \cdot 10^7$ (m^2/s)	Pr	$\beta \cdot 10^3$ (K^{-1})
Refrigerante-22 ($CHClF_2$)								
230	1416,0	1,087	0,03558	0,2513	114,5	0,744	3,4	2,05
240	1386,6	1,100	0,03145	0,2268	109,8	0,720	3,2	2,16
250	1356,3	1,117	0,02796	0,2062	105,2	0,695	3,0	2,29
260	1324,9	1,137	0,02497	0,1884	100,7	0,668	2,8	2,45
270	1292,1	1,161	0,02235	0,1730	96,2	0,641	2,7	2,63
280	1257,9	1,189	0,02005	0,1594	91,7	0,613	2,6	2,86
290	1221,7	1,223	0,01798	0,1472	87,2	0,583	2,5	3,15
300	1183,4	1,265	0,01610	0,1361	82,6	0,552	2,5	3,51
310	1142,2	1,319	0,01438	0,1259	78,1	0,518	2,4	4,00
320	1097,4	1,391	0,01278	0,1165	73,4	0,481	2,4	4,69
330	1047,5	1,495	0,01127	0,1075	68,6	0,438	2,5	5,75
340	990,1	1,665	0,00980	0,0989	63,6	0,386	2,6	7,56
350	920,1	1,997	0,00831	0,0904	58,3	0,317	2,8	11,35
360	823,4	3,001	0,00668	0,0811	53,1	0,215	3,8	23,88
Mercúrio (Hg)								
273	13,595	0,1404	0,1688	0,1240	8180	42,85	0,0290	0,181
300	13,529	0,1393	0,1523	0,1125	8540	45,30	0,0248	0,181
350	13,407	0,1377	0,1309	0,0976	9180	49,75	0,0196	0,181
400	13,287	0,1365	0,1171	0,0882	9800	54,05	0,0163	0,181
450	13,167	0,1357	0,1075	0,0816	10,400	58,10	0,0140	0,181
500	13,048	0,1353	0,1007	0,0771	10,950	61,90	0,0125	0,182
550	12,929	0,1352	0,0953	0,0737	11,450	65,55	0,0112	0,184
600	12,809	0,1355	0,0911	0,0711	11,950	68,80	0,0103	0,187

Líquido–Vapor Saturado, 1 atm[b]

Fluido	T_{sat} (K)	h_{fg} (kJ/kg)	ρ_f (kg/m^3)	ρ_g (kg/m^3)	$\sigma \cdot 10^3$ (N/m)
Etanol	351	846	757	1,44	17,7
Etilenoglicol	470	812	1111[c]	—	32,7
Glicerina	563	974	1260[c]	—	63,0[c]
Mercúrio	630	301	12.740	3,90	417
Refrigerante R-134a	247	217	1377	5,26	15,4
Refrigerante R-22	232	234	1409	4,70	18,1

[a] Adaptada das Referências 15–19.
[b] Adaptada das Referências 8, 20 e 21.
[c] Valores das propriedades correspondentes a 300 K.

TABELA A.6 Propriedades Termofísicas da Água Saturada[a]

Temperatura, T (K)	Pressão, p (bars)[b]	Volume Específico (m³/kg)		Calor de Vaporização, h_{fg} (kJ/kg)	Calor Específico (kJ/(kg · K))		Viscosidade (N · s/m²)		Condutividade Térmica (W/(m · K))		Número de Prandtl		Tensão Superficial, $\sigma_f \cdot 10^3$ (N/m)	Coeficiente de Expansão, $\beta_f \cdot 10^6$ (K⁻¹)	Temperatura, T (K)
		$v_f \cdot 10^3$	v_g		$c_{p,f}$	$c_{p,g}$	$\mu_f \cdot 10^6$	$\mu_g \cdot 10^6$	$k_f \cdot 10^3$	$k_g \cdot 10^3$	Pr_f	Pr_g			
273,15	0,00611	1,000	206,3	2502	4,217	1,854	1750	8,02	569	18,2	12,99	0,815	75,5	−68,05	273,15
275	0,00697	1,000	181,7	2497	4,211	1,855	1652	8,09	574	18,3	12,22	0,817	75,3	−32,74	275
280	0,00990	1,000	130,4	2485	4,198	1,858	1422	8,29	582	18,6	10,26	0,825	74,8	46,04	280
285	0,01387	1,000	99,4	2473	4,189	1,861	1225	8,49	590	18,9	8,81	0,833	74,3	114,1	285
290	0,01917	1,001	69,7	2461	4,184	1,864	1080	8,69	598	19,3	7,56	0,841	73,7	174,0	290
295	0,02617	1,002	51,94	2449	4,181	1,868	959	8,89	606	19,5	6,62	0,849	72,7	227,5	295
300	0,03531	1,003	39,13	2438	4,179	1,872	855	9,09	613	19,6	5,83	0,857	71,7	276,1	300
305	0,04712	1,005	29,74	2426	4,178	1,877	769	9,29	620	20,1	5,20	0,865	70,9	320,6	305
310	0,06221	1,007	22,93	2414	4,178	1,882	695	9,49	628	20,4	4,62	0,873	70,0	361,9	310
315	0,08132	1,009	17,82	2402	4,179	1,888	631	9,69	634	20,7	4,16	0,883	69,2	400,4	315
320	0,1053	1,011	13,98	2390	4,180	1,895	577	9,89	640	21,0	3,77	0,894	68,3	436,7	320
325	0,1351	1,013	11,06	2378	4,182	1,903	528	10,09	645	21,3	3,42	0,901	67,5	471,2	325
330	0,1719	1,016	8,82	2366	4,184	1,911	489	10,29	650	21,7	3,15	0,908	66,6	504,0	330
335	0,2167	1,018	7,09	2354	4,186	1,920	453	10,49	656	22,0	2,88	0,916	65,8	535,5	335
340	0,2713	1,021	5,74	2342	4,188	1,930	420	10,69	660	22,3	2,66	0,925	64,9	566,0	340
345	0,3372	1,024	4,683	2329	4,191	1,941	389	10,89	664	22,6	2,45	0,933	64,1	595,4	345
350	0,4163	1,027	3,846	2317	4,195	1,954	365	11,09	668	23,0	2,29	0,942	63,2	624,2	350
355	0,5100	1,030	3,180	2304	4,199	1,968	343	11,29	671	23,3	2,14	0,951	62,3	652,3	355
360	0,6209	1,034	2,645	2291	4,203	1,983	324	11,49	674	23,7	2,02	0,960	61,4	697,9	360
365	0,7514	1,038	2,212	2278	4,209	1,999	306	11,69	677	24,1	1,91	0,969	60,5	707,1	365
370	0,9040	1,041	1,861	2265	4,214	2,017	289	11,89	679	24,5	1,80	0,978	59,5	728,7	370
373,15	1,0133	1,044	1,679	2257	4,217	2,029	279	12,02	680	24,8	1,76	0,984	58,9	750,1	373,15
375	1,0815	1,045	1,574	2252	4,220	2,036	274	12,09	681	24,9	1,70	0,987	58,6	761	375
380	1,2869	1,049	1,337	2239	4,226	2,057	260	12,29	683	25,4	1,61	0,999	57,6	788	380
385	1,5233	1,053	1,142	2225	4,232	2,080	248	12,49	685	25,8	1,53	1,004	56,6	814	385
390	1,794	1,058	0,980	2212	4,239	2,104	237	12,69	686	26,3	1,47	1,013	55,6	841	390
400	2,455	1,067	0,731	2183	4,256	2,158	217	13,05	688	27,2	1,34	1,033	53,6	896	400
410	3,302	1,077	0,553	2153	4,278	2,221	200	13,42	688	28,2	1,24	1,054	51,5	952	410
420	4,370	1,088	0,425	2123	4,302	2,291	185	13,79	688	29,8	1,16	1,075	49,4	1010	420
430	5,699	1,099	0,331	2091	4,331	2,369	173	14,14	685	30,4	1,09	1,10	47,2		430

(continua)

TABELA A.6 Propriedades Termofísicas da Água Saturada[a] (*Continuação*)

Temperatura, T (K)	Pressão, p (bars)[b]	Volume Específico (m³/kg) $v_f \cdot 10^3$	v_g	Calor de Vaporização, h_{fg} (kJ/kg)	Calor Específico (kJ/(kg · K)) $c_{p,f}$	$c_{p,g}$	Viscosidade (N · s/m²) $\mu_f \cdot 10^6$	$\mu_g \cdot 10^6$	Condutividade Térmica (W/(m · K)) $k_f \cdot 10^3$	$k_g \cdot 10^3$	Número de Prandtl Pr_f	Pr_g	Tensão Superficial, $\sigma_f \cdot 10^3$ (N/m)	Coeficiente de Expansão, $\beta_f \cdot 10^6$ (K⁻¹)	Temperatura, T (K)
440	7,333	1,110	0,261	2059	4,36	2,46	162	14,50	682	31,7	1,04	1,12	45,1		440
450	9,319	1,123	0,208	2024	4,40	2,56	152	14,85	678	33,1	0,99	1,14	42,9		450
460	11,71	1,137	0,167	1989	4,44	2,68	143	15,19	673	34,6	0,95	1,17	40,7		460
470	14,55	1,152	0,136	1951	4,48	2,79	136	15,54	667	36,3	0,92	1,20	38,5		470
480	17,90	1,167	0,111	1912	4,53	2,94	129	15,88	660	38,1	0,89	1,23	36,2		480
490	21,83	1,184	0,0922	1870	4,59	3,10	124	16,23	651	40,1	0,87	1,25	33,9	—	490
500	26,40	1,203	0,0766	1825	4,66	3,27	118	16,59	642	42,3	0,86	1,28	31,6	—	500
510	31,66	1,222	0,0631	1779	4,74	3,47	113	16,95	631	44,7	0,85	1,31	29,3	—	510
520	37,70	1,244	0,0525	1730	4,84	3,70	108	17,33	621	47,5	0,84	1,35	26,9	—	520
530	44,58	1,268	0,0445	1679	4,95	3,96	104	17,72	608	50,6	0,85	1,39	24,5	—	530
540	52,38	1,294	0,0375	1622	5,08	4,27	101	18,1	594	54,0	0,86	1,43	22,1	—	540
550	61,19	1,323	0,0317	1564	5,24	4,64	97	18,6	580	58,3	0,87	1,47	19,7	—	550
560	71,08	1,355	0,0269	1499	5,43	5,09	94	19,1	563	63,7	0,90	1,52	17,3	—	560
570	82,16	1,392	0,0228	1429	5,68	5,67	91	19,7	548	76,7	0,94	1,59	15,0	—	570
580	94,51	1,433	0,0193	1353	6,00	6,40	88	20,4	528	76,7	0,99	1,68	12,8	—	580
590	108,3	1,482	0,0163	1274	6,41	7,35	84	21,5	513	84,1	1,05	1,84	10,5	—	590
600	123,5	1,541	0,0137	1176	7,00	8,75	81	22,7	497	92,9	1,14	2,15	8,4	—	600
610	137,3	1,612	0,0115	1068	7,85	11,1	77	24,1	467	103	1,30	2,60	6,3	—	610
620	159,1	1,705	0,0094	941	9,35	15,4	72	25,9	444	114	1,52	3,46	4,5	—	620
625	169,1	1,778	0,0085	858	10,6	18,3	70	27,0	430	121	1,65	4,20	3,5	—	625
630	179,7	1,856	0,0075	781	12,6	22,1	67	28,0	412	130	2,0	4,8	2,6	—	630
635	190,9	1,935	0,0066	683	16,4	27,6	64	30,0	392	141	2,7	6,0	1,5	—	635
640	202,7	2,075	0,0057	560	26	42	59	32,0	367	155	4,2	9,6	0,8	—	640
645	215,2	2,351	0,0045	361	90	—	54	37,0	331	178	12	26	0,1	—	645
647,3[c]	221,2	3,170	0,0032	0	∞	∞	45	45,0	238	238	∞	∞	0,0	—	647,3[c]

[a] Adaptada da Referência 22.
[b] 1 bar = 10^5 N/m².
[c] Temperatura crítica.

TABELA A.7 Propriedades Termofísicas de Metais Líquidos[a]

Composição	Ponto de Fusão (K)	T (K)	ρ (kg/m³)	c_p (kJ/(kg · K))	$\nu \cdot 10^7$ (m²/s)	k (W/(m · K))	$\alpha \cdot 10^5$ (m²/s)	Pr
Bismuto	544	589	10.011	0,1444	1,617	16,4	1,138	0,0142
		811	9739	0,1545	1,133	15,6	1,035	0,0110
		1033	9467	0,1645	0,8343	15,6	1,001	0,0083
Chumbo	600	644	10.540	0,159	2,276	16,1	1,084	0,024
		755	10.412	0,155	1,849	15,6	1,223	0,017
		977	10.140	—	1,347	14,9	—	—
Potássio	337	422	807,3	0,80	4,608	45,0	6,99	0,0066
		700	741,7	0,75	2,397	39,5	7,07	0,0034
		977	674,4	0,75	1,905	33,1	6,55	0,0029
Sódio	371	366	929,1	1,38	7,516	86,2	6,71	0,011
		644	860,2	1,30	3,270	72,3	6,48	0,0051
		977	778,5	1,26	2,285	59,7	6,12	0,0037
NaK, (56%/44%)	292	366	887,4	1,130	6,522	25,6	2,552	0,026
		644	821,7	1,055	2,871	27,5	3,17	0,0091
		977	740,1	1,043	2,174	28,9	3,74	0,0058
NaK, (22%/78%)	262	366	849,0	0,946	5,797	24,4	3,05	0,019
		672	775,3	0,879	2,666	26,7	3,92	0,0068
		1033	690,4	0.883	2,118	—	—	—
PbBi, (44,5%/55,5%)	398	422	10.524	0,147	—	9,05	0,586	—
		644	10.236	0,147	1,496	11,86	0,790	0,189
		922	9835	—	1,171	—	—	—
Mercúrio	234			Ver Tabela A.5				

[a] Adaptada da Referência 23.

TABELA A.8 Coeficientes de Difusão Binária a Uma Atmosfera[a,b]

Substância A	Substância B	T (K)	D_{AB} (m²/s)
Gases			
NH_3	Ar	298	$0,28 \times 10^{-4}$
H_2O	Ar	298	$0,26 \times 10^{-4}$
CO_2	Ar	298	$0,16 \times 10^{-4}$
H_2	Ar	298	$0,41 \times 10^{-4}$
O_2	Ar	298	$0,21 \times 10^{-4}$
Acetona	Ar	273	$0,11 \times 10^{-4}$
Benzeno	Ar	298	$0,88 \times 10^{-5}$
Naftaleno	Ar	300	$0,62 \times 10^{-5}$
Ar	N_2	293	$0,19 \times 10^{-4}$
H_2	O_2	273	$0,70 \times 10^{-4}$
H_2	N_2	273	$0,68 \times 10^{-4}$
H_2	CO_2	273	$0,55 \times 10^{-4}$
CO_2	N_2	293	$0,16 \times 10^{-4}$
CO_2	O_2	273	$0,14 \times 10^{-4}$
O_2	N_2	273	$0,18 \times 10^{-4}$
Soluções Diluídas			
Cafeína	H_2O	298	$0,63 \times 10^{-9}$
Etanol	H_2O	298	$0,12 \times 10^{-8}$
Glicose	H_2O	298	$0,69 \times 10^{-9}$
Glicerol	H_2O	298	$0,94 \times 10^{-9}$
Acetona	H_2O	298	$0,13 \times 10^{-8}$
CO_2	H_2O	298	$0,20 \times 10^{-8}$
O_2	H_2O	298	$0,24 \times 10^{-8}$
H_2	H_2O	298	$0,63 \times 10^{-8}$
N_2	H_2O	298	$0,26 \times 10^{-8}$
Sólidos			
O_2	Borracha	298	$0,21 \times 10^{-9}$
N_2	Borracha	298	$0,15 \times 10^{-9}$
CO_2	Borracha	298	$0,11 \times 10^{-9}$
He	SiO_2	293	$0,4 \times 10^{-13}$
H_2	Fe	293	$0,26 \times 10^{-12}$
Cd	Cu	293	$0,27 \times 10^{-18}$
Al	Cu	293	$0,13 \times 10^{-33}$

[a] Adaptada com permissão das Referências 24, 25 e 26.

[b] Supondo comportamento de gás ideal, a dependência do coeficiente de difusão de uma mistura binária de gases em relação à pressão e à temperatura pode ser estimada a partir da relação

$$D_{AB} \propto p^{-1} T^{3/2}$$

TABELA A.9 Constante de Henry para Gases Selecionados em Água à Pressão Moderada[a]

	$H = p_{A,i}/x_{A,i}$ (bars)							
T (K)	NH_3	Cl_2	H_2S	SO_2	CO_2	CH_4	O_2	H_2
273	21	265	260	165	710	22.880	25.500	58.000
280	23	365	335	210	960	27.800	30.500	61.500
290	26	480	450	315	1300	35.200	37.600	66.500
300	30	615	570	440	1730	42.800	45.700	71.600
310	—	755	700	600	2175	50.000	52.500	76.000
320	—	860	835	800	2650	56.300	56.800	78.600
323	—	890	870	850	2870	58.000	58.000	79.000

[a] Adaptada com permissão da Referência 27.

TABELA A.10 A Solubilidade de Gases e Sólidos Selecionados[a]

Gás	Sólido	T (K)	$S = C_{A,i}/p_{A,i}$ (kmol/(m^3 · bar))
O_2	Borracha	298	$3{,}12 \times 10^{-3}$
N_2	Borracha	298	$1{,}56 \times 10^{-3}$
CO_2	Borracha	298	$40{,}15 \times 10^{-3}$
He	SiO_2	293	$0{,}45 \times 10^{-3}$
H_2	Ni	358	$9{,}01 \times 10^{-3}$

[a] Dados da Referência 26.

TABELA A.11 Emissividade Normal (n) ou Hemisférica (h) Total de Superfícies Selecionadas

Sólidos Metálicos e Seus Óxidos[a]

Descrição/Composição		100	200	300	400	600	800	1000	1200	1500	2000	2500
		Emissividade, ε_n ou ε_h, a Várias Temperaturas (K)										
Alumínio												
Altamente polido, película	(h)	0,02	0,03	0,04	0,05	0,06						
Folha, brilhante	(h)	0,06	0,06	0,07								
Anodizado	(h)			0,82	0,76							
Cromo												
Polido ou laminado	(n)	0,05	0,07	0,10	0,12	0,14						
Cobre												
Altamente polido	(h)			0,03	0,03	0,04	0,04	0,04				
Com oxidação estável	(h)					0,50	0,58	0,80				
Ouro												
Altamente polido ou película	(h)	0,01	0,02	0,03	0,03	0,04	0,05	0,06				
Folha, brilhante	(h)	0,06	0,07	0,07								
Molibdênio												
Polido	(h)					0,06	0,08	0,10	0,12	0,15	0,21	0,26
Jateado, fosco	(h)					0,25	0,28	0,31	0,35	0,42		
Com oxidação estável	(h)					0,80	0,82					
Níquel												
Polido	(h)					0,09	0,11	0,14	0,17			
Com oxidação estável	(h)					0,40	0,49	0,57				
Platina												
Polida	(h)						0,10	0,13	0,15	0,18		
Prata												
Polida	(h)			0,02	0,02	0,03	0,05	0,08				
Aços inoxidáveis												
Típico, polido	(n)			0,17	0,17	0,19	0,23	0,30				
Típico, limpo	(n)			0,22	0,22	0,24	0,28	0,35				
Típico, ligeiramente oxidado	(n)						0,33	0,40				
Típico, altamente oxidado	(n)						0,67	0,70	0,76			
AISI 347, com oxidação estável	(n)					0,87	0,88	0,89	0,90			
Tântalo												
Polido	(h)								0,11	0,17	0,23	0,28
Tungstênio												
Polido	(h)							0,10	0,13	0,18	0,25	0,29

(continua)

TABELA A.11 Emissividade Normal (n) ou Hemisférica (h) Total de Superfícies Selecionadas (*Continuação*)

Substâncias Não Metálicas[b]

Descrição/Composição		Temperatura (K)	Emissividade ε
Óxido de alumínio	(n)	600	0,69
		1000	0,55
		1500	0,41
Pavimentação de asfalto	(h)	300	0,85–0,93
Materiais de construção			
Placas de amianto	(h)	300	0,93–0,96
Tijolo, vermelho	(h)	300	0,93–0,96
Placa de gesso ou estuque	(h)	300	0,90–0,92
Madeira	(h)	300	0,82–0,92
Tecido	(h)	300	0,75–0,90
Concreto	(h)	300	0,88–0,93
Vidro, janela	(h)	300	0,90–0,95
Gelo	(h)	273	0,95–0,98
Tintas			
Preta (Parsons)	(h)	300	0,98
Branca, acrílica	(h)	300	0,90
Branca, óxido de zinco	(h)	300	0,92
Papel branco	(h)	300	0,92–0,97
Pyrex	(n)	300	0,82
		600	0,80
		1000	0,71
		1200	0,62
Pirocerâmica	(n)	300	0,85
		600	0,78
		1000	0,69
		1500	0,57
Refratários (revestimentos de fornos)			
Tijolo de alumina	(n)	800	0,40
		1000	0,33
		1400	0,28
		1600	0,33
Tijolo de magnésia	(n)	800	0,45
		1000	0,36
		1400	0,31
		1600	0,40
Tijolo isolante de caulim	(n)	800	0,70
		1200	0,57
		1400	0,47
		1600	0,53
Areia	(h)	300	0,90
Carbeto de silício	(n)	600	0,87
		1000	0,87
		1500	0,85
Pele	(h)	300	0,95
Neve	(h)	273	0,82–0,90
Solo	(h)	300	0,93–0,96
Rochas	(h)	300	0,88–0,95
Teflon	(h)	300	0,85
		400	0,87
		500	0,92
Vegetação	(h)	300	0,92–0,96
Água	(h)	300	0,96

[a] Adaptada da Referência 1.

[b] Dados das Referências 1, 9, 28 e 29.

TABELA A.12 Propriedades Radiantes Solares de Materiais Selecionados[a]

Descrição/Composição	α_S	ε^b	α_S/ε	τ_S
Alumínio				
Polido	0,09	0,03	3,0	
Anodizado	0,14	0,84	0,17	
Revestido com quartzo	0,11	0,37	0,30	
Folha	0,15	0,05	3.0	
Tijolo, vermelho (Purdue)	0,63	0,93	0,68	
Concreto	0,60	0,88	0,68	
Chapa de metal galvanizada				
Limpa, nova	0,65	0,13	5,0	
Oxidada ao tempo	0,80	0,28	2,9	
Vidro, 3,2 mm de espessura				
Tratado em banho metálico ou temperado				0,79
Tipo baixo teor de óxido de ferro				0,88
Metal, revestido				
Sulfeto negro	0,92	0,10	9,2	
Óxido de cobalto negro	0,93	0,30	3,1	
Óxido de níquel negro	0,92	0,08	11	
Cromo negro	0,87	0,09	9,7	
Mylar, 0,13 mm de espessura				0,87
Tintas				
Preta (Parsons)	0,98	0,98	1,0	
Branca, acrílica	0,26	0,90	0,29	
Branca, óxido de zinco	0,16	0,93	0,17	
Plexiglas, 3,2 mm de espessura				0,90
Neve				
Partículas finas, fresca	0,13	0,82	0,16	
Grãos de gelo	0,33	0,89	0,37	
Tedlar, 0,10 mm de espessura				0,92
Teflon, 0,13 mm de espessura				0,92

[a] Com base em tabelas da Referência 29.

[b] Os valores de emissividade nesta tabela correspondem a uma temperatura superficial de aproximadamente 300 K.

Referências

1. Touloukian, Y. S., and C. Y. Ho, Eds., *Thermophysical Properties of Matter,* Vol. 1, *Thermal Conductivity of Metallic Solids;* Vol. 2, *Thermal Conductivity of Nonmetallic Solids;* Vol. 4, *Specific Heat of Metallic Solids;* Vol. 5, *Specific Heat of Nonmetallic Solids;* Vol. 7, *Thermal Radiative Properties of Metallic Solids;* Vol. 8, *Thermal Radiative Properties of Nonmetallic Solids;* Vol. 9, *Thermal Radiative Properties of Coatings,* Plenum Press, New York, 1972.
2. Touloukian, Y. S., and C. Y. Ho, Eds., *Thermophysical Properties of Selected Aerospace Materials,* Part I: Thermal Radiative Properties; Part II: Thermophysical Properties of Seven Materials. Thermophysical and Electronic Properties Information Analysis Center, CINDAS, Purdue University, West Lafayette, IN, 1976.
3. Ho, C. Y., R. W. Powell, and P. E. Liley, *J. Phys. Chem. Ref. Data,* **3,** Supplement 1, 1974.
4. Desai, P. D., T. K. Chu, R. H. Bogaard, M. W. Ackermann, and C. Y. Ho, Part I: Thermophysical Properties of Carbon Steels; Part II: Thermophysical Properties of Low Chromium Steels; Part III: Thermophysical Properties of Nickel Steels; Part IV: Thermophysical Properties of Stainless Steels. CINDAS Special Report, Purdue University, West Lafayette, IN, September 1976.
5. American Society for Metals, *Metals Handbook,* Vol. 1, *Properties and Selection of Metals,* 8th ed., ASM, Metals Park, OH, 1961.
6. Hultgren, R., P. D. Desai, D. T. Hawkins, M. Gleiser, K. K. Kelley, and D. D. Wagman, *Selected Values of the Thermodynamic Properties of the Elements,* American Society of Metals, Metals Park, OH, 1973.
7. Hultgren, R., P. D. Desai, D. T. Hawkins, M. Gleiser, and K. K. Kelley, *Selected Values of the Thermodynamic Properties of Binary Alloys,* American Society of Metals, Metals Park, OH, 1973.
8. American Society of Heating, Refrigerating and Air Conditioning Engineers, *ASHRAE Handbook of Fundamentals,* ASHRAE, New York, 1981.
9. Mallory, J. F., *Thermal Insulation,* Van Nostrand Reinhold, New York, 1969.
10. Hanley, E. J., D. P. DeWitt, and R. E. Taylor, "The Thermal Transport Properties at Normal and Elevated Temperature of Eight Representative Rocks," *Proceedings of the Seventh Symposium on Thermophysical Properties,* American Society of Mechanical Engineers, New York, 1977.
11. Sweat, V. E., "A Miniature Thermal Conductivity Probe for Foods," American Society of Mechanical Engineers, Paper 76-HT-60, August 1976.
12. Kothandaraman, C. P., and S. Subramanyan, *Heat and Mass Transfer Data Book,* Halsted Press/Wiley, Hoboken, NJ, 1975.
13. Chapman, A. J., *Heat Transfer,* 4th ed., Macmillan, New York, 1984.
14. Vargaftik, N. B., *Tables of Thermophysical Properties of Liquids and Gases,* 2nd ed., Hemisphere Publishing, New York, 1975.
15. Eckert, E. R. G., and R. M. Drake, *Analysis of Heat and Mass Transfer,* McGraw-Hill, New York, 1972.
16. Vukalovich, M. P., A. I. Ivanov, L. R. Fokin, and A. T. Yakovelev, *Thermophysical Properties of Mercury,* State Committee on Standards, State Service for Standards and Handbook Data, Monograph Series No. 9, Izd. Standartov, Moscow, 1971.
17. Tillner-Roth, R., and H. D. Baehr, *J. Phys. Chem. Ref. Data,* **23**, 657, 1994.
18. Kamei, A., S. W. Beyerlein, and R. T. Jacobsen, *Int. J. Thermophysics,* **16**, 1155, 1995.
19. Lemmon, E. W., M. O. McLinden, and M. L. Huber, *NIST Standard Reference Database* 23: Reference Fluid Thermodynamic and Transport Properties-REFPROP, Version 7.0 National Institute of Standards and Technology, Standard Reference Data Program, Gaithersburg, 2002.
20. Bolz, R. E., and G. L. Tuve, Eds., *CRC Handbook of Tables for Applied Engineering Science*, 2nd ed., CRC Press, Boca Raton, FL, 1979.
21. Liley, P. E., private communication, School of Mechanical Engineering, Purdue University, West Lafayette, IN, May 1984.
22. Liley, P. E., Steam Tables in SI Units, private communication, School of Mechanical Engineering, Purdue University, West Lafayette, IN, March 1984.
23. *Liquid-Metals Handbook,* 2nd ed., The Atomic Energy Commission, Department of the Navy, Washington, DC, 1952.
24. Perry, J. H., Ed., *Chemical Engineer's Handbook,* 4th ed., McGraw-Hill, New York, 1963.
25. Geankoplis, C. J., *Mass Transport Phenomena,* Holt, Rinehart & Winston, New York, 1972.
26. Barrer, R. M., *Diffusion in and Through Solids,* Macmillan, New York, 1941.
27. Spalding, D. B., *Convective Mass Transfer,* McGraw-Hill, New York, 1963.
28. Gubareff, G. G., J. E. Janssen, and R. H. Torborg, *Thermal Radiation Properties Survey,* Minneapolis-Honeywell Regulator Company, Minneapolis, MN, 1960.
29. Kreith, F., and J. F. Kreider, *Principles of Solar Energy,* Hemisphere Publishing, New York, 1978.

APÊNDICE B

Relações e Funções Matemáticas

Seção		*Página*
B.1	Funções Hiperbólicas	607
B.2	Função Erro de Gauss	608
B.3	As Quatro Primeiras Raízes da Equação Transcendental, ξ_n tg $(\xi_n) = Bi$, para a Condução Transiente em uma Parede Plana	609
B.4	Funções de Bessel de Primeira Espécie	610
B.5	Funções de Bessel Modificadas de Primeira e de Segunda Espécies	611

TABELA B.1 Funções Hiperbólicas[1]

x	senh x	cosh x	tgh x	x	senh x	cosh x	tgh x
0,00	0,0000	1,0000	0,00000	2,00	3,6269	3,7622	0,96403
0,10	0,1002	1,0050	0,09967	2,10	4,0219	4,1443	0,97045
0,20	0,2013	1,0201	0,19738	2,20	4,4571	4,5679	0,97574
0,30	0,3045	1,0453	0,29131	2,30	4,9370	5,0372	0,98010
0,40	0,4108	1.0811	0,37995	2,40	5,4662	5,5569	0,98367
0,50	0,5211	1,1276	0,46212	2,50	6,0502	6,1323	0,98661
0,60	0,6367	1,1855	0,53705	2,60	6.6947	6,7690	0,98903
0,70	0,7586	1,2552	0,60437	2,70	7,4063	7,4735	0,99101
0,80	0,8881	1,3374	0,66404	2,80	8,1919	8,2527	0,99263
0,90	1,0265	1,4331	0,71630	2,90	9,0596	9,1146	0,99396
1,00	1,1752	1,5431	0,76159	3,00	10,018	10,068	0,99505
1,10	1,3356	1,6685	0,80050	3,50	16,543	16,573	0,99818
1,20	1,5095	1,8107	0,83365	4,00	27,290	27,308	0,99933
1,30	1,6984	1,9709	0,86172	4,50	45,003	45,014	0,99975
1,40	1,9043	2,1509	0,88535	5,00	74,203	74,210	0,99991
1,50	2,1293	2,3524	0,90515	6,00	201,71	201,72	0,99999
1,60	2,3756	2,5775	0,92167	7,00	548,32	548,32	1,0000
1,70	2,6456	2,8283	0,93541	8,00	1490,5	1490,5	1,0000
1,80	2,9422	3,1075	0,94681	9,00	4051,5	4051,5	1,0000
1,90	3,2682	3,4177	0,95624	10,000	11013	11013	1,0000

[1] As funções hiperbólicas são definidas pelas relações

$$\text{senh}\, x = \tfrac{1}{2}(e^x - e^{-x}) \qquad \cosh x = \tfrac{1}{2}(e^x + e^{-x}) \qquad \text{tgh}\, x = \frac{e^x - e^{-x}}{e^x + e^{-x}} = \frac{\text{senh}\, x}{\cosh x}$$

As derivadas das funções hiperbólicas da variável u são dadas por

$$\frac{d}{dx}(\text{senh}\, u) = (\cosh u)\frac{du}{dx} \qquad \frac{d}{dx}(\cosh u) = (\text{senh}\, u)\frac{du}{dx} \qquad \frac{d}{dx}(\text{tgh}\, u) = \left(\frac{1}{\cosh^2 u}\right)\frac{du}{dx}$$

TABELA B.2 Função Erro de Gauss[1]

w	erf w	w	erf w	w	erf w
0,00	0,00000	0,36	0,38933	1,04	0,85865
0,02	0,02256	0,38	0,40901	1,08	0,87333
0,04	0,04511	0,40	0,42839	1,12	0,88679
0,06	0,06762	0,44	0,46622	1,16	0,89910
0,08	0,09008	0,48	0,50275	1,20	0,91031
0,10	0,11246	0,52	0,53790	1,30	0,93401
0,12	0,13476	0,56	0,57162	1,40	0,95228
0,14	0,15695	0,60	0,60386	1,50	0,96611
0,16	0,17901	0,64	0,63459	1,60	0,97635
0,18	0,20094	0,68	0,66378	1,70	0,98379
0,20	0,22270	0,72	0,69143	1,80	0,98909
0,22	0,24430	0,76	0,71754	1,90	0,99279
0,24	0,26570	0,80	0,74210	2,00	0,99532
0,26	0,28690	0,84	0,76514	2,20	0,99814
0,28	0,30788	0,88	0,78669	2,40	0,99931
0,30	0,32863	0,92	0,80677	2,60	0,99976
0,32	0,34913	0,96	0,82542	2,80	0,99992
0,34	0,36936	1,00	0,84270	3,00	0,99998

[1] A função erro de Gauss é definida pela relação

$$\text{erf}\, w = \frac{2}{\sqrt{\pi}} \int_0^w e^{-v^2}\, dv$$

A função erro complementar é definida pela relação

$$\text{erfc}\, w \equiv 1 - \text{erf}\, w$$

TABELA B.3 As Quatro Primeiras Raízes da Equação Transcendental, ξ_n tg $(\xi_n) = Bi$, para a Condução Transiente em uma Parede Plana

$Bi = \frac{hL}{k}$	ξ_1	ξ_2	ξ_3	ξ_4
0	0	3,1416	6,2832	9,4248
0,001	0,0316	3,1419	6,2833	9,4249
0,002	0,0447	3,1422	6,2835	9,4250
0,004	0,0632	3,1429	6,2838	9,4252
0,006	0,0774	3,1435	6,2841	9,4254
0,008	0,0893	3,1441	6,2845	9,4256
0,01	0,0998	3,1448	6,2848	9,4258
0,02	0,1410	3,1479	6,2864	9,4269
0,04	0,1987	3,1543	6,2895	9,4290
0,06	0,2425	3,1606	6,2927	9,4311
0,08	0,2791	3,1668	6,2959	9,4333
0,1	0,3111	3,1731	6,2991	9,4354
0,2	0,4328	3,2039	6,3148	9,4459
0,3	0,5218	3,2341	6,3305	9,4565
0,4	0,5932	3,2636	6,3461	9,4670
0,5	0,6533	3,2923	6,3616	9,4775
0,6	0,7051	3,3204	6,3770	9,4879
0,7	0,7506	3,3477	6,3923	9,4983
0,8	0,7910	3,3744	6,4074	9,5087
0,9	0,8274	3,4003	6,4224	9,5190
1,0	0,8603	3,4256	6,4373	9,5293
1,5	0,9882	3,5422	6,5097	9,5801
2,0	1,0769	3,6436	6,5783	9,6296
3,0	1,1925	3,8088	6,7040	9,7240
4,0	1,2646	3,9352	6,8140	9,8119
5,0	1,3138	4,0336	6,9096	9,8928
6,0	1,3496	4,1116	6,9924	9,9667
7,0	1,3766	4,1746	7,0640	10,0339
8,0	1,3978	4,2264	7,1263	10,0949
9,0	1,4149	4,2694	7,1806	10,1502
10,0	1,4289	4,3058	7,2281	10,2003
15,0	1,4729	4,4255	7,3959	10,3898
20,0	1,4961	4,4915	7,4954	10,5117
30,0	1,5202	4,5615	7,6057	10,6543
40,0	1,5325	4,5979	7,6647	10,7334
50,0	1,5400	4,6202	7,7012	10,7832
60,0	1,5451	4,6353	7,7259	10,8172
80,0	1,5514	4,6543	7,7573	10,8606
100,0	1,5552	4,6658	7,7764	10,8871
∞	1,5708	4,7124	7,8540	10,9956

TABELA B.4 Funções de Bessel de Primeira Espécie

x	$J_0(x)$	$J_1(x)$
0,0	1,0000	0,0000
0,1	0,9975	0,0499
0,2	0,9900	0,0995
0,3	0,9776	0,1483
0,4	0,9604	0,1960
0,5	0,9385	0,2423
0,6	0,9120	0,2867
0,7	0,8812	0,3290
0,8	0,8463	0,3688
0,9	0,8075	0,4059
1,0	0,7652	0,4400
1,1	0,7196	0,4709
1,2	0,6711	0,4983
1,3	0,6201	0,5220
1,4	0,5669	0,5419
1,5	0,5118	0,5579
1,6	0,4554	0,5699
1,7	0,3980	0,5778
1,8	0,3400	0,5815
1,9	0,2818	0,5812
2,0	0,2239	0,5767
2,1	0,1666	0,5683
2,2	0,1104	0,5560
2,3	0,0555	0,5399
2,4	0,0025	0,5202

TABELA B.5 Funções de Bessel Modificadas[1] de Primeira e de Segunda Espécies

x	$e^{-x}I_0(x)$	$e^{-x}I_1(x)$	$e^{x}K_0(x)$	$e^{x}K_1(x)$
0,0	1,0000	0,0000	∞	∞
0,2	0,8269	0,0823	2,1407	5,8334
0,4	0,6974	0,1368	1,6627	3,2587
0,6	0,5993	0,1722	1,4167	2,3739
0,8	0,5241	0,1945	1,2582	1,9179
1,0	0,4657	0,2079	1,1445	1,6361
1,2	0,4198	0,2152	1,0575	1,4429
1,4	0,3831	0,2185	0,9881	1,3010
1,6	0,3533	0,2190	0,9309	1,1919
1,8	0,3289	0,2177	0,8828	1,1048
2,0	0,3085	0,2153	0,8416	1,0335
2,2	0,2913	0,2121	0,8056	0,9738
2,4	0,2766	0,2085	0,7740	0,9229
2,6	0,2639	0,2046	0,7459	0,8790
2,8	0,2528	0,2007	0,7206	0,8405
3,0	0,2430	0,1968	0,6978	0,8066
3,2	0,2343	0,1930	0,6770	0,7763
3,4	0,2264	0,1892	0,6579	0,7491
3,6	0,2193	0,1856	0,6404	0,7245
3,8	0,2129	0,1821	0,6243	0,7021
4,0	0,2070	0,1787	0,6093	0,6816
4,2	0,2016	0,1755	0,5953	0,6627
4,4	0,1966	0,1724	0,5823	0,6453
4,6	0,1919	0,1695	0,5701	0,6292
4,8	0,1876	0,1667	0,5586	0,6142
5,0	0,1835	0,1640	0,5478	0,6003
5,2	0,1797	0,1614	0,5376	0,5872
5,4	0,1762	0,1589	0,5279	0,5749
5,6	0,1728	0,1565	0,5188	0,5633
5,8	0,1696	0,1542	0,5101	0,5525
6,0	0,1666	0,1520	0,5019	0,5422
6,4	0,1611	0,1479	0,4865	0,5232
6,8	0,1561	0,1441	0,4724	0,5060
7,2	0,1515	0,1405	0,4595	0,4905
7,6	0,1473	0,1372	0,4476	0,4762
8,0	0,1434	0,1341	0,4366	0,4631
8,4	0,1398	0,1312	0,4264	0,4511
8,8	0,1365	0,1285	0,4168	0,4399
9,2	0,1334	0,1260	0,4079	0,4295
9,6	0,1305	0,1235	0,3995	0,4198
10,0	0,1278	0,1213	0,3916	0,4108

[1] $I_{n+1}(x) = I_{n-1}(x) - (2n/x)I_n(x)$

APÊNDICE C

Condições Térmicas Associadas à Geração Uniforme de Energia em Sistemas Unidimensionais em Regime Estacionário

Na Seção 3.5, o problema da condução com geração de energia térmica foi analisado em condições unidimensionais, em regime estacionário. A forma da equação do calor é diferente, em função de o sistema ser uma parede plana, uma casca cilíndrica ou uma casca esférica (Figura C.1). Em cada caso, há diversas opções para a condição de contorno em cada superfície e, desta forma, um número maior de possibilidades de formas específicas da distribuição de temperaturas e da taxa de transferência de calor (ou do fluxo térmico).

Uma alternativa para a resolução da equação do calor para cada combinação possível de condições de contorno envolve a obtenção de uma solução a partir do estabelecimento de *condições de contorno de primeira espécie*, Equação 2.31, em ambas as superfícies e, então, a realização de um balanço de energia em cada superfície na qual a temperatura é desconhecida. Para as geometrias da Figura C.1, com temperaturas uniformes $T_{s,1}$ e $T_{s,2}$ especificadas em cada superfície, soluções para as formas apropriadas da equação do calor são obtidas prontamente e estão resumidas na Tabela C.1. As distribuições de temperaturas podem ser usadas com a lei de Fourier para obter as distribuições correspondentes dos fluxos térmicos e das taxas de transferência de calor. Se $T_{s,1}$ e $T_{s,2}$ forem ambas conhecidas em um problema particular, as expressões da Tabela C.1 fornecem tudo o que é necessário para determinar completamente as condições térmicas relacionadas com o problema. Se $T_{s,1}$ e/ou $T_{s,2}$ não forem conhecidas, os resultados ainda podem ser utilizados em conjunto com balanços de energia nas superfícies para determinar as condições térmicas desejadas.

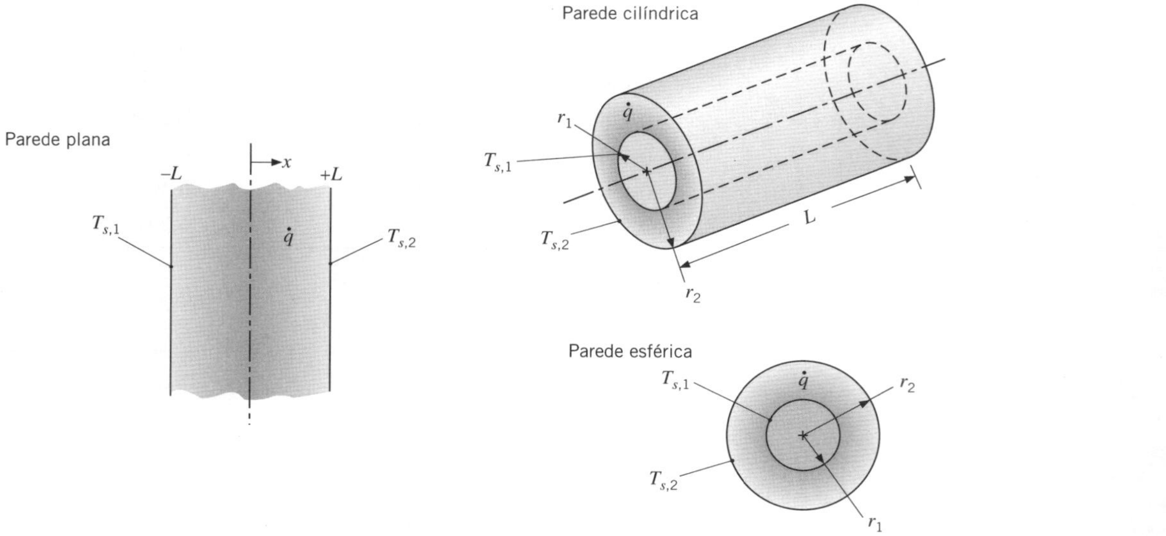

FIGURA C.1 Sistemas condutivos unidimensionais com geração de energia térmica uniforme: uma parede plana com condições nas superfícies assimétricas, uma casca cilíndrica e uma casca esférica.

TABELA C.1 Soluções da Equação do Calor Unidimensionais e em Regime Estacionário para Paredes Planas, Cilíndricas e Esféricas com Geração Uniforme e Condições nas Superfícies Assimétricas

Distribuição de Temperaturas

Parede Plana

$$T(x) = \frac{\dot{q}L^2}{2k}\left(1 - \frac{x^2}{L^2}\right) + \frac{T_{s,2} - T_{s,1}}{2}\frac{x}{L} + \frac{T_{s,1} + T_{s,2}}{2} \quad \text{(C.1)}$$

Parede Cilíndrica

$$T(r) = T_{s,2} + \frac{\dot{q}r_2^2}{4k}\left(1 - \frac{r^2}{r_2^2}\right) - \left[\frac{\dot{q}r_2^2}{4k}\left(1 - \frac{r_1^2}{r_2^2}\right) + (T_{s,2} - T_{s,1})\right]\frac{\ln(r_2/r)}{\ln(r_2/r_1)} \quad \text{(C.2)}$$

Parede Esférica

$$T(r) = T_{s,2} + \frac{\dot{q}r_2^2}{6k}\left(1 - \frac{r^2}{r_2^2}\right) - \left[\frac{\dot{q}r_2^2}{6k}\left(1 - \frac{r_1^2}{r_2^2}\right) + (T_{s,2} - T_{s,1})\right]\frac{(1/r) - (1/r_2)}{(1/r_1) - (1/r_2)} \quad \text{(C.3)}$$

Fluxo Térmico

Parede Plana

$$q''(x) = \dot{q}x - \frac{k}{2L}(T_{s,2} - T_{s,1}) \quad \text{(C.4)}$$

Parede Cilíndrica

$$q''(r) = \frac{\dot{q}r}{2} - \frac{k\left[\frac{\dot{q}r_2^2}{4k}\left(1 - \frac{r_1^2}{r_2^2}\right) + (T_{s,2} - T_{s,1})\right]}{r\ln(r_2/r_1)} \quad \text{(C.5)}$$

Parede Esférica

$$q''(r) = \frac{\dot{q}r}{3} - \frac{k\left[\frac{\dot{q}r_2^2}{6k}\left(1 - \frac{r_1^2}{r_2^2}\right) + (T_{s,2} - T_{s,1})\right]}{r^2[(1/r_1) - (1/r_2)]} \quad \text{(C.6)}$$

Taxa de Transferência de Calor

Parede Plana

$$q(x) = \left[\dot{q}x - \frac{k}{2L}(T_{s,2} - T_{s,1})\right]A_x \quad \text{(C.7)}$$

Parede Cilíndrica

$$q(r) = \dot{q}\pi Lr^2 - \frac{2\pi Lk}{\ln(r_2/r_1)}\cdot\left[\frac{\dot{q}r_2^2}{4k}\left(1 - \frac{r_1^2}{r_2^2}\right) + (T_{s,2} - T_{s,1})\right] \quad \text{(C.8)}$$

Parede Esférica

$$q(r) = \frac{\dot{q}4\pi r^3}{3} - \frac{4\pi k\left[\frac{\dot{q}r_2^2}{6k}\left(1 - \frac{r_1^2}{r_2^2}\right) + (T_{s,2} - T_{s,1})\right]}{(1/r_1) - (1/r_2)} \quad \text{(C.9)}$$

Condições superficiais alternativas poderiam envolver a especificação de um fluxo térmico uniforme na superfície (*condição de contorno de segunda espécie*, Equação 2.32 ou 2.33) ou uma condição convectiva (*condição de contorno de terceira espécie*, Equação 2.34). Em cada caso, a temperatura superficial não seria conhecida, porém poderia ser determinada pela utilização de um balanço de energia na superfície. As formas que tais balanços podem assumir estão resumidas na Tabela C.2. Note que, para contemplar situações nas quais uma superfície de interesse possa estar adjacente a uma parede composta, na qual não há geração, a condição de contorno de terceira espécie foi aplicada com a utilização do coeficiente global de transferência de calor U no lugar do coeficiente convectivo h.

Como um exemplo, considere uma parede plana na qual uma temperatura superficial uniforme (conhecida) $T_{s,1}$ é especificada em $x = -L$ e um fluxo térmico uniforme $q''_{s,2}$ é especificado em $x = +L$. A Equação C.11 pode ser utilizada para avaliar $T_{s,2}$, e as Equações C.1, C.4 e C.7 podem então ser usadas para determinar as distribuições de temperaturas, de fluxos térmicos e de taxas de transferência de calor, respectivamente.

Casos particulares das configurações anteriores envolvem uma parede plana com uma superfície adiabática, um cilindro sólido (um bastão circular) e uma esfera (Figura C.2). Submetidas às exigências de que $dT/dx|_{x=0} = 0$ e $dT/dr|_{r=0} = 0$, as formas correspondentes da equação do calor podem ser resolvidas para se obter as Equações C.22 a C.24 da Tabela C.3. As soluções estão baseadas no estabelecimento de uma temperatura uniforme T_s em $x = L$ e $r = r_o$. Usando a lei de Fourier com as distribuições de temperaturas, as distribuições de fluxos térmicos (Equações C.25 a C.27) e de taxas de transferência de calor (Equações C.28 a C.30) também podem ser obtidas. Se T_s não for conhecida, ela pode ser determinada a partir do uso de um balanço de energia na superfície, cujas formas apropriadas estão resumidas na Tabela C.4.

TABELA C.2 Condições Superficiais Alternativas e Balanços de Energia para Soluções Unidimensionais em Regime Estacionário da Equação do Calor para Paredes Planas, Cilíndricas e Esféricas com Geração Uniforme

Parede Plana

Fluxo Térmico na Superfície Uniforme

$$x = -L: \quad q''_{s,1} = -\dot{q}L - \frac{k}{2L}(T_{s,2} - T_{s,1}) \tag{C.10}$$

$$x = +L: \quad q''_{s,2} = \dot{q}L - \frac{k}{2L}(T_{s,2} - T_{s,1}) \tag{C.11}$$

Coeficiente de Transporte e Temperatura Ambiente Especificados

$$x = -L: \quad U_1(T_{\infty,1} - T_{s,1}) = -\dot{q}L - \frac{k}{2L}(T_{s,2} - T_{s,1}) \tag{C.12}$$

$$x = +L: \quad U_2(T_{s,2} - T_{\infty,2}) = \dot{q}L - \frac{k}{2L}(T_{s,2} - T_{s,1}) \tag{C.13}$$

Parede Cilíndrica

Fluxo Térmico na Superfície Uniforme

$$r = r_1: \quad q''_{s,1} = \frac{\dot{q}r_1}{2} - \frac{k\left[\frac{\dot{q}r_2^2}{4k}\left(1 - \frac{r_1^2}{r_2^2}\right) + (T_{s,2} - T_{s,1})\right]}{r_1 \ln(r_2/r_1)} \tag{C.14}$$

$$r = r_2: \quad q''_{s,2} = \frac{\dot{q}r_2}{2} - \frac{k\left[\frac{\dot{q}r_2^2}{4k}\left(1 - \frac{r_1^2}{r_2^2}\right) + (T_{s,2} - T_{s,1})\right]}{r_2 \ln(r_2/r_1)} \tag{C.15}$$

Coeficiente de Transporte e Temperatura Ambiente Especificados

$$r = r_1: \quad U_1(T_{\infty,1} - T_{s,1}) = \frac{\dot{q}r_1}{2} - \frac{k\left[\frac{\dot{q}r_2^2}{4k}\left(1 - \frac{r_1^2}{r_2^2}\right) + (T_{s,2} - T_{s,1})\right]}{r_1 \ln(r_2/r_1)} \tag{C.16}$$

$$r = r_2: \quad U_2(T_{s,2} - T_{\infty,2}) = \frac{\dot{q}r_2}{2} - \frac{k\left[\frac{\dot{q}r_2^2}{4k}\left(1 - \frac{r_1^2}{r_2^2}\right) + (T_{s,2} - T_{s,1})\right]}{r_2 \ln(r_2/r_1)} \tag{C.17}$$

Parede Esférica

Fluxo Térmico na Superfície Uniforme

$$r = r_1: \quad q''_{s,1} = \frac{\dot{q}r_1}{3} - \frac{k\left[\frac{\dot{q}r_2^2}{6k}\left(1 - \frac{r_1^2}{r_2^2}\right) + (T_{s,2} - T_{s,1})\right]}{r_1^2[(1/r_1) - (1/r_2)]} \tag{C.18}$$

$$r = r_2: \quad q''_{s,2} = \frac{\dot{q}r_2}{3} - \frac{k\left[\frac{\dot{q}r_2^2}{6k}\left(1 - \frac{r_1^2}{r_2^2}\right) + (T_{s,2} - T_{s,1})\right]}{r_2^2[(1/r_1) - (1/r_2)]} \tag{C.19}$$

Coeficiente de Transporte e Temperatura Ambiente Especificados

$$r = r_1: \quad U_1(T_{\infty,1} - T_{s,1}) = \frac{\dot{q}r_1}{3} - \frac{k\left[\frac{\dot{q}r_2^2}{6k}\left(1 - \frac{r_1^2}{r_2^2}\right) + (T_{s,2} - T_{s,1})\right]}{r_1^2[(1/r_1) - (1/r_2)]} \tag{C.20}$$

$$r = r_2: \quad U_2(T_{s,2} - T_{\infty,2}) = \frac{\dot{q}r_2}{3} - \frac{k\left[\frac{\dot{q}r_2^2}{6k}\left(1 - \frac{r_1^2}{r_2^2}\right) + (T_{s,2} - T_{s,1})\right]}{r_2^2[(1/r_1) - (1/r_2)]} \tag{C.21}$$

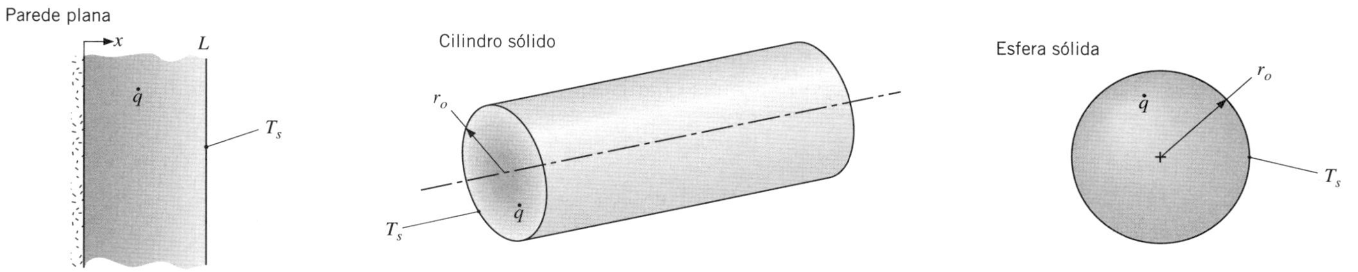

FIGURA C.2 Sistemas condutivos unidimensionais com geração de energia térmica uniforme: uma parede plana com uma superfície adiabática, um bastão cilíndrico e uma esfera.

TABELA C.3 Soluções Unidimensionais em Regime Estacionário da Equação do Calor com Geração Uniforme em uma Parede Plana com uma Superfície Adiabática, em um Cilindro Sólido e em uma Esfera Sólida

Distribuição de Temperaturas

Parede Plana	$T(x) = \frac{\dot{q}L^2}{2k}\left(1 - \frac{x^2}{L^2}\right) + T_s$	(C.22)
Bastão Cilíndrico	$T(r) = \frac{\dot{q}r_o^2}{4k}\left(1 - \frac{r^2}{r_o^2}\right) + T_s$	(C.23)
Esfera	$T(r) = \frac{\dot{q}r_o^2}{6k}\left(1 - \frac{r^2}{r_o^2}\right) + T_s$	(C.24)

Fluxo Térmico

Parede Plana	$q''(x) = \dot{q}x$	(C.25)
Bastão Cilíndrico	$q''(r) = \frac{\dot{q}r}{2}$	(C.26)
Esfera	$q''(r) = \frac{\dot{q}r}{3}$	(C.27)

Taxa de Transferência de Calor

Parede Plana	$q(x) = \dot{q}xA_x$	(C.28)
Bastão Cilíndrico	$q(r) = \dot{q}\pi Lr^2$	(C.29)
Esfera	$q(r) = \frac{\dot{q}4\pi r^3}{3}$	(C.30)

TABELA C.4 Condições Superficiais Alternativas e Balanços de Energia para Soluções Unidimensionais em Regime Estacionário da Equação do Calor com Geração Uniforme em uma Parede Plana com uma Superfície Adiabática, em um Cilindro Sólido e em uma Esfera Sólida

Coeficiente de Transporte e Temperatura Ambiente Especificados

Parede Plana

$x = L$: $\dot{q}L = U(T_s - T_\infty)$ (C.31)

Bastão Cilíndrico

$r = r_o$: $\frac{\dot{q}r_o}{2} = U(T_s - T_\infty)$ (C.32)

Esfera

$r = r_o$: $\frac{\dot{q}r_o}{3} = U(T_s - T_\infty)$ (C.33)

APÊNDICE D

O Método de Gauss-Seidel

O método de Gauss-Seidel é um exemplo de abordagem iterativa para resolver sistemas de equações algébricas lineares, como aquele representado pela Equação 4.47, reproduzido a seguir.

$$\begin{aligned} a_{11}T_1 + a_{12}T_2 + a_{13}T_3 + \cdots + a_{1N}T_N &= C_1 \\ a_{21}T_1 + a_{22}T_2 + a_{23}T_3 + \cdots + a_{2N}T_N &= C_2 \\ \vdots \quad\quad \vdots \quad\quad \vdots \quad\quad \vdots \quad\quad \vdots \quad &\quad \vdots \\ a_{N1}T_1 + a_{N2}T_2 + a_{N3}T_3 + \cdots + a_{NN}T_N &= C_N \end{aligned} \tag{4.47}$$

Para um pequeno número de equações, a iteração de Gauss-Seidel pode ser realizada a mão. A aplicação do método de Gauss-Seidel ao sistema de equações representado pela Equação 4.47 é facilitada pelo procedimento a seguir.

1. O máximo possível, as equações devem ser reordenadas para fornecerem elementos na diagonal cujos valores são maiores do que aqueles dos outros elementos na mesma linha. Ou seja, é desejável colocar em ordem as equações tais que $|a_{11}| > |a_{12}|, |a_{13}|, ..., |a_{1N}|$; $|a_{22}| > |a_{21}|, |a_{23}|, ..., |a_{2N}|$; e assim por diante.
2. Após reordenar, cada uma das N equações deve ser escrita na forma explícita para a temperatura associada ao seu elemento diagonal. Cada temperatura no vetor solução terá então a forma

$$T_i^{(k)} = \frac{C_i}{a_{ii}} - \sum_{j=1}^{i-1} \frac{a_{ij}}{a_{ii}} T_j^{(k)} - \sum_{j=i+1}^{N} \frac{a_{ij}}{a_{ii}} T_j^{(k-1)} \tag{D.1}$$

   na qual $i = 1, 2, ..., N$. O sobrescrito k se refere ao nível da iteração.
3. Um valor inicial ($k = 0$) é estimado para cada temperatura T_i. Cálculos em sequência podem ser reduzidos pela seleção de valores baseados em estimativas racionais da solução real.
4. Especificando $k = 1$ na Equação D.1, valores de $T_i^{(1)}$ são então calculados pela substituição de valores estimados (segundo somatório, $k - 1 = 0$) ou novos (primeira somatório, $k = 1$) valores de T_j no lado direito. Esta etapa é a primeira ($k = 1$) iteração.
5. Usando a Equação D.1, o procedimento iterativo é seguido pelo cálculo de novos valores de $T_i^{(k)}$ a partir dos valores $T_j^{(k)}$ da iteração atual, na qual $1 \le j \le i - 1$, e os valores $T_j^{(k-1)}$ da iteração anterior, na qual $i + 1 \le j \le N$.
6. A iteração é terminada quando satisfeito o *critério de convergência* especificado. O critério pode ser escrito na forma

$$|T_j^{(k)} - T_i^{(k-1)}| \le \varepsilon \tag{D.2}$$

   no qual ε representa um erro na temperatura considerado aceitável.

Se o passo 1 puder ser efetivado para cada equação, o sistema resultante é dito *diagonalmente dominante*, e a taxa de convergência é maximizada (o número de iterações requeridas é minimizado). Entretanto, a convergência também pode ser alcançada em muitas situações nas quais a dominância diagonal não pode ser obtida, porém, a taxa de convergência é desacelerada. A maneira pela qual novos valores de T_i são calculados (passos 4 e 5) deve também ser observada. Como os T_i para uma certa iteração são calculados sequencialmente, cada valor pode ser calculado usando-se as *estimativas mais recentes* dos outros T_i. Esta característica está implícita na Equação D.1, na qual o valor de cada incógnita é atualizado logo que possível, isto é, para $1 \le j \le i - 1$.

Um problema exemplo que utiliza o método de Gauss-Seidel encontra-se na Seção 4S.2.

APÊNDICE E

As Equações de Transferência da Convecção

No Capítulo 2, consideramos uma substância estacionária na qual o calor é transferido por condução e desenvolvemos meios para a determinação da distribuição de temperaturas no interior da substância. Fizemos isso aplicando a *conservação de energia* em um volume de controle diferencial (Figura 2.11) e deduzindo uma equação diferencial que foi chamada de *equação do calor*. Para uma geometria e condições de contorno especificadas, a equação pode ser resolvida para determinar a distribuição de temperaturas correspondente.

Se a substância não estiver estacionária, as condições se tornam mais complexas. Por exemplo, se a conservação de energia for aplicada em um volume de controle diferencial estacionário em um fluido em movimento, os efeitos do movimento do fluido (*advecção*) na transferência de energia através das superfícies do volume de controle devem ser considerados, juntamente com os da condução. A equação diferencial resultante, que fornece a base para a previsão da distribuição de temperaturas, requer agora o conhecimento das equações da velocidade, deduzidas da aplicação da *conservação de massa* e da *segunda lei de Newton do movimento* em um volume de controle diferencial.

Neste apêndice, analisamos condições envolvendo o escoamento de um *fluido viscoso* no qual há transferência de calor e de massa simultaneamente. Restringimos nossa atenção no *escoamento bidimensional em regime estacionário* de um *fluido incompressível* com *propriedades constantes* nas direções x e y de um sistema cartesiano de coordenadas, e apresentamos as equações diferenciais que podem ser usadas para prever os campos de velocidade, de temperatura e de concentração no interior do fluido. Essas equações podem ser deduzidas aplicando a segunda lei de Newton do movimento e as conservações de massa, de energia e de espécies em um volume de controle diferencial no fluido.

E.1 Conservação de Massa

Uma lei de conservação pertinente no escoamento de um fluido viscoso é que a matéria não pode ser nem criada nem destruída. Para o escoamento em regime estacionário, essa lei requer que *a taxa líquida na qual a massa entra em um volume de controle* (entrada – saída) *tem que ser igual a zero*. A aplicação dessa lei em um volume de controle diferencial no escoamento fornece

$$\frac{\partial u}{\partial x} + \frac{\partial v}{\partial y} = 0 \qquad \text{(E.1)}$$

na qual u e v são os componentes nas direções x e y da *velocidade mássica média*.

A Equação E.1, a *equação da continuidade*, é uma expressão geral da exigência de conservação da *massa global*, e ela deve ser satisfeita em todos os pontos no fluido. A equação se aplica a um fluido constituído por uma única espécie, assim como a misturas nas quais podem estar ocorrendo difusão de espécies e reações químicas, desde que o fluido possa ser aproximado como *incompressível*, isto é, com massa específica constante.

E.2 Segunda Lei de Newton do Movimento

A segunda lei fundamental pertinente ao escoamento de um fluido viscoso é a *segunda lei de Newton do movimento*. Para um volume de controle diferencial no fluido, sob condições de regime estacionário, essa exigência determina que *a soma de todas as forças atuando no volume de controle deve ser igual à taxa líquida na qual o momento deixa o volume de controle* (saída – entrada).

Dois tipos de força podem atuar no fluido: *forças de corpo*, que são proporcionais ao volume, e *forças de superfície*, que são proporcionais à área. Os campos gravitacional, centrífugo, magnético e/ou elétrico podem contribuir para a força de corpo total, e designamos os componentes x e y dessa força, por unidade de volume do fluido, por X e Y, respectivamente. As forças de superfície são devidas à pressão estática no fluido, assim como às *tensões viscosas*.

A aplicação da segunda lei de Newton do movimento (nas direções x e y) em um volume de controle diferencial no

Estas equações são deduzidas na Seção 6S.1.

fluido, levando em conta as forças de corpo e de superfície, fornece

$$\rho\left(u\frac{\partial u}{\partial x}+v\frac{\partial u}{\partial y}\right)=-\frac{\partial p}{\partial x}+\mu\left(\frac{\partial^2 u}{\partial x^2}+\frac{\partial^2 u}{\partial y^2}\right)+X \quad \text{(E.2)}$$

$$\rho\left(u\frac{\partial v}{\partial x}+v\frac{\partial v}{\partial y}\right)=-\frac{\partial p}{\partial y}+\mu\left(\frac{\partial^2 v}{\partial x^2}+\frac{\partial^2 v}{\partial y^2}\right)+Y \quad \text{(E.3)}$$

nas quais p é a pressão e μ é a viscosidade do fluido.

Não devemos perder de vista a física representada pelas Equações E.2 e E.3. As duas parcelas no lado esquerdo de cada equação representam a taxa *líquida* de escoamento de momento saindo do volume de controle. As parcelas no lado direito, em ordem, levam em conta a força de pressão líquida, as forças viscosas líquidas e a força de corpo. Essas equações devem ser satisfeitas em cada ponto no fluido e, com a Equação E.1, elas podem ser resolvidas para determinar o campo de velocidades.

E.3 Conservação de Energia

Como mencionado no início deste Apêndice, no Capítulo 2 analisamos uma substância estacionária na qual calor é transferido por condução e aplicamos a conservação de energia em um volume de controle diferencial (Figura 2.11) para deduzir a equação do calor. Quando a conservação de energia é aplicada em um volume de controle diferencial *em um fluido em movimento* sob condições de regime estacionário, ela expressa que a taxa líquida na qual a energia entra no volume de controle, mais a taxa na qual calor é adicionado, menos a taxa na qual trabalho é realizado pelo fluido no volume de controle, é igual a zero. Após muita manipulação, o resultado pode ser reescrito como uma *equação da energia térmica*. Para o escoamento bidimensional em regime estacionário de um fluido incompressível com propriedades constantes, a equação diferencial resultante é

$$\rho c_p\left(u\frac{\partial T}{\partial x}+v\frac{\partial T}{\partial y}\right)=k\left(\frac{\partial^2 T}{\partial x^2}+\frac{\partial^2 T}{\partial y^2}\right)+\mu\Phi+\dot{q} \quad \text{(E.4)}$$

na qual T é a temperatura, c_p é o calor específico a pressão constante, k é a condutividade térmica, $\dot{q}$ é a taxa volumétrica de geração de energia térmica e $\mu\Phi$, a *dissipação viscosa*, é definida como

$$\mu\Phi\equiv\mu\left\{\left(\frac{\partial u}{\partial y}+\frac{\partial v}{\partial x}\right)^2+2\left[\left(\frac{\partial u}{\partial x}\right)^2+\left(\frac{\partial v}{\partial y}\right)^2\right]\right\} \quad \text{(E.5)}$$

A mesma forma da equação da energia térmica, Equação E.4, também se aplica a um gás ideal com variação de pressão desprezível.

Na Equação E.4, as parcelas no lado esquerdo levam em conta a taxa líquida na qual a energia térmica deixa o volume de controle devido ao movimento global do fluido (advecção), enquanto as parcelas no lado direito consideram a entrada líquida de energia em função da condução, da dissipação viscosa e da geração. A dissipação viscosa representa a taxa líquida na qual trabalho mecânico é convertido irreversivelmente em energia térmica devido a efeitos viscosos no fluido. A parcela de geração caracteriza a conversão de outras formas de energia (tais como química, elétrica, eletromagnética ou nuclear) em energia térmica.

E.4 Conservação de Espécies

Se o fluido viscoso for uma mistura binária na qual há gradientes de concentrações das espécies, irá ocorrer transporte *relativo* das espécies, e *a conservação de espécies* deve ser satisfeita em cada ponto do fluido. Para escoamento em regime estacionário, essa lei exige que *a taxa líquida na qual a espécie* A *entra em um volume de controle* (entrada – saída) *mais a taxa na qual a espécie* A *é produzida no volume de controle* (por reações químicas) *deve ser igual a zero*. A aplicação dessa lei em um volume de controle diferencial no escoamento fornece a equação diferencial a seguir, que está escrita em base molar:

$$u\frac{\partial C_A}{\partial x}+v\frac{\partial C_A}{\partial y}=D_{AB}\left(\frac{\partial^2 C_A}{\partial x^2}+\frac{\partial^2 C_A}{\partial y^2}\right)+\dot{N}_A \quad \text{(E.6)}$$

na qual C_A é a concentração molar da espécie A, D_{AB} é o coeficiente de difusão binária e $\dot{N}_A$ é a taxa molar de produção da espécie A por unidade de volume. Novamente, essa expressão foi deduzida supondo escoamento bidimensional em regime estacionário de um fluido incompressível com propriedades constantes. Parcelas no lado esquerdo levam em conta o transporte líquido da espécie A em razão do movimento global do fluido (advecção), enquanto as parcelas no lado direito consideram a entrada líquida devido à difusão e a produção em função de reações químicas.

Um problema exemplo envolvendo a solução das equações de transferência da convecção está incluído na Seção 6S.1.

APÊNDICE F

Equações de Camada-Limite para o Escoamento Turbulento

Foi observado, na Seção 6.3, que o escoamento turbulento é inerentemente *instável*. Esse comportamento está mostrado na Figura F.1, na qual a variação de uma propriedade do escoamento arbitrária P é representada graficamente como uma função do tempo em alguma posição dentro de uma camada limite turbulenta. A propriedade P pode ser um componente da velocidade, a temperatura do fluido ou a concentração de uma espécie e, em qualquer instante, ela pode ser representada como a soma de um valor *médio no tempo* $\overline{P}$ e de um componente flutuante P'. A média é feita ao longo de um tempo que é grande comparado com o período de uma flutuação típica e, se $\overline{P}$ for independente do tempo, o escoamento médio no tempo é dito ser em *regime estacionário*.

Como os engenheiros estão normalmente interessados nas propriedades médias no tempo, $\overline{P}$, a dificuldade de resolver as equações governantes, que são dependentes do tempo, é frequentemente eliminada pela execução de uma média das equações em relação ao tempo. Para o escoamento em camadas limite com propriedades constantes, incompressível e em regime estacionário (na média), com dissipação viscosa desprezível, usando procedimentos de média no tempo bem estabelecidos [1], as formas a seguir das equações da continuidade, do momento na direção x, da energia e da conservação de espécies podem ser obtidas:

$$\frac{\partial \overline{u}}{\partial x} + \frac{\partial \overline{v}}{\partial y} = 0 \quad \text{(F.1)}$$

$$\overline{u}\,\frac{\partial \overline{u}}{\partial x} + \overline{v}\,\frac{\partial \overline{u}}{\partial y} = -\frac{1}{\rho}\frac{d\overline{p}_\infty}{dx} + \frac{1}{\rho}\frac{\partial}{\partial y}\left(\mu\,\frac{\partial \overline{u}}{\partial y} - \rho\overline{u'v'}\right) \quad \text{(F.2)}$$

$$\overline{u}\,\frac{\partial \overline{T}}{\partial x} + \overline{v}\,\frac{\partial \overline{T}}{\partial y} = \frac{1}{\rho c_p}\frac{\partial}{\partial y}\left(k\,\frac{\partial \overline{T}}{\partial y} - \rho c_p\overline{v'T'}\right) \quad \text{(F.3)}$$

$$\overline{u}\,\frac{\partial \overline{C}_A}{\partial x} + \overline{v}\,\frac{\partial \overline{C}_A}{\partial y} = \frac{\partial}{\partial y}\left(D_{AB}\frac{\partial \overline{C}_A}{\partial y} - \overline{v'C_A'}\right) \quad \text{(F.4)}$$

As equações são parecidas com aquelas para a camada limite laminar, Equações 6.27 a 6.30 (após desprezar a dissipação viscosa), exceto pela presença de termos adicionais com a forma $\overline{a'b'}$. Estes termos levam em conta os efeitos das flutuações turbulentas nos transportes de momento, de energia e de espécies.

Com base nos resultados anteriores, é comum se falar de uma tensão cisalhante *total* e em fluxos *totais* de calor e de uma espécie, que são definidos como

$$\tau_{tot} = \left(\mu\,\frac{\partial \overline{u}}{\partial y} - \rho\overline{u'v'}\right) \quad \text{(F.5)}$$

$$q''_{tot} = -\left(k\frac{\partial \overline{T}}{\partial y} - \rho c_p\overline{v'T'}\right) \quad \text{(F.6)}$$

$$N''_{A,tot} = -\left(D_{AB}\frac{\partial \overline{C}_A}{\partial y} - \overline{v'C_A'}\right) \quad \text{(F.7)}$$

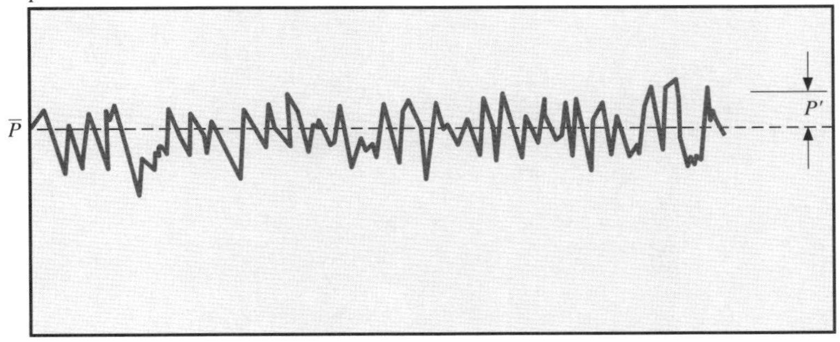

FIGURA F.1 Variação de propriedades com o tempo em algum ponto em uma camada limite turbulenta.

sendo constituídos por contribuições da difusão molecular e da mistura turbulenta. A partir da forma destas equações, vemos como as taxas de transferência de momento, de energia e de uma espécie são aumentadas pela existência da turbulência. A parcela $-\rho\overline{u'v'}$, que aparece na Equação F.5, representa o fluxo de momento em função das flutuações turbulentas e é frequentemente chamada de *tensão de Reynolds*. As parcelas $\rho c_p\overline{v'T'}$ e $\overline{v'C'_A}$ nas Equações F.6 e F.7, respectivamente, representam os fluxos térmico e da espécie A em função das flutuações turbulentas. Infelizmente, esses novos termos introduzidos pelo processo de média no tempo são incógnitas adicionais, de tal forma que o número de incógnitas é superior ao número de equações. A solução deste problema é o assunto da área de *modelagem da turbulência* [2].

Referências

1. Kays, W. M., M. E. Crawford, and B. Weigand, *Convective Heat and Mass Transfer*, 4th ed., McGraw-Hill Higher Education, Boston, 2005.
2. Wilcox, D. C., *Turbulence Modeling for CFD*, 2nd ed., DCW Industries, La Cañada, 1998.

APÊNDICE G

Uma Solução Integral da Camada-Limite Laminar para o Escoamento Paralelo sobre uma Placa Plana

Uma abordagem alternativa para a solução das equações de camada limite envolve o uso de um método *integral* aproximado. A abordagem foi proposta originalmente por von Kárman [1], em 1921, e aplicada pela primeira vez por Pohlhausen [2]. Ela não possui as complicações matemáticas inerentes do método *exato* (*similaridade*) da Seção 7.2.1, porém pode ser utilizada para obter resultados razoavelmente acurados para os principais parâmetros da camada limite ($\delta, \delta_t, \delta_c, C_f, h$ e h_m). Embora o método tenha sido utilizado com algum sucesso para uma variedade de condições de escoamento, restringimos nossa atenção ao escoamento paralelo sobre uma placa plana, submetido às mesmas restrições enumeradas na Seção 7.2.1, isto é, *escoamento laminar incompressível* com *propriedades constantes do fluido* e *dissipação viscosa desprezível*.

Para usar o método, as equações de camada limite, Equações 7.4 a 7.7, devem ser colocadas na forma integral. Essas formas são obtidas pela integração das equações na direção y ao longo de toda a camada limite. Por exemplo, integrando a Equação 7.4, obtemos

$$\int_0^\delta \frac{\partial u}{\partial x}\,dy + \int_0^\delta \frac{\partial v}{\partial y}\,dy = 0 \tag{G.1}$$

ou, com $v = 0$ em $y = 0$,

$$v(y = \delta) = -\int_0^\delta \frac{\partial u}{\partial x}\,dy \tag{G.2}$$

De maneira análoga, da Equação 7.5, obtemos

$$\int_0^\delta u\frac{\partial u}{\partial x}\,dy + \int_0^\delta v\frac{\partial u}{\partial y}\,dy = \nu\int_0^\delta \frac{\partial}{\partial y}\left(\frac{\partial u}{\partial y}\right)dy$$

ou, integrando por partes a segunda parcela no lado esquerdo,

$$\int_0^\delta u\frac{\partial u}{\partial x}\,dy + uv\Big|_0^\delta - \int_0^\delta u\frac{\partial v}{\partial y}\,dy = \nu\frac{\partial u}{\partial y}\Big|_0^\delta$$

Substituindo as Equações 7.4 e G.2, obtemos

$$\int_0^\delta u\frac{\partial u}{\partial x}\,dy - u_\infty\int_0^\delta \frac{\partial u}{\partial x}\,dy + \int_0^\delta u\frac{\partial u}{\partial x}\,dy = -\nu\frac{\partial u}{\partial y}\Big|_{y=0}$$

ou

$$u_\infty\int_0^\delta \frac{\partial u}{\partial x}\,dy - \int_0^\delta 2u\frac{\partial u}{\partial x}\,dy = \nu\frac{\partial u}{\partial y}\Big|_{y=0}$$

Consequentemente,

$$\int_0^\delta \frac{\partial}{\partial x}(u_\infty \cdot u - u \cdot u)\,dy = \nu\frac{\partial u}{\partial y}\Big|_{y=0}$$

Rearranjando, obtemos então

$$\frac{d}{dx}\left[\int_0^\delta (u_\infty - u)u\,dy\right] = \nu\frac{\partial u}{\partial y}\Big|_{y=0} \tag{G.3}$$

A Equação G.3 é a forma integral da equação do momento da camada limite. Do mesmo modo, as formas integrais a seguir das equações da energia e da continuidade de uma espécie na camada limite podem ser obtidas:

$$\frac{d}{dx}\left[\int_0^{\delta_t} (T_\infty - T)u\,dy\right] = \alpha\frac{\partial T}{\partial y}\Big|_{y=0} \tag{G.4}$$

$$\frac{d}{dx}\left[\int_0^{\delta_c} (\rho_{A,\infty} - \rho_A)u\,dy\right] = D_{AB}\frac{\partial \rho_A}{\partial y}\Big|_{y=0} \tag{G.5}$$

As Equações G.3 a G.5 satisfazem as exigências de conservação do momento na direção x, da energia e de uma espécie A em uma forma *integral* (ou *média*) ao longo de toda a camada limite. Por outro lado, as equações de conservação originais, (7.5) a (7.7), satisfazem as exigências de conservação *localmente*, isto é, em cada ponto na camada limite.

As equações integrais podem ser usadas para se obter soluções de camada limite *aproximadas*. O procedimento envolve, inicialmente, *a suposição* de formas funcionais razoáveis para as incógnitas u, T e ρ_A em função das espessuras de camada limite correspondentes (*desconhecidas*). As formas supostas devem satisfazer condições de contorno apropriadas. Substituindo essas formas nas equações integrais, expressões para a espessura da camada limite podem ser determinadas e as formas funcionais supostas podem então ser completamente especificadas. Embora esse método seja aproximado, ele, com frequência, conduz a resultados precisos para os parâmetros da superfície.

Considere a camada limite hidrodinâmica, para a qual condições de contorno apropriadas são

$$u(y=0) = \left.\frac{\partial u}{\partial y}\right|_{y=\delta} = 0 \qquad \text{e} \qquad u(y=\delta) = u_\infty$$

Da Equação 7.5 tem-se também que, como $u = v = 0$ em $y = 0$,

$$\left.\frac{\partial^2 u}{\partial y^2}\right|_{y=0} = 0$$

Com as condições anteriores, podemos, por exemplo, aproximar o perfil de velocidades por um polinômio do terceiro grau com a forma

$$\frac{u}{u_\infty} = a_1 + a_2\left(\frac{y}{\delta}\right) + a_3\left(\frac{y}{\delta}\right)^2 + a_4\left(\frac{y}{\delta}\right)^3$$

e aplicar as condições para determinar os coeficientes a_1 a a_4. Verifica-se facilmente que $a_1 = a_3 = 0$, $a_2 = 3/2$ e $a_4 = -1/2$, quando então

$$\frac{u}{u_\infty} = \frac{3}{2}\frac{y}{\delta} - \frac{1}{2}\left(\frac{y}{\delta}\right)^3 \tag{G.6}$$

O perfil de velocidades é, então, especificado em função da espessura da camada limite δ desconhecida. Essa incógnita pode ser determinada pela substituição da Equação G.6 na G.3 e posterior integração em y para obter

$$\frac{d}{dx}\left(\frac{39}{280}u_\infty^2\,\delta\right) = \frac{3}{2}\frac{\nu u_\infty}{\delta}$$

Separando as variáveis e integrando em x, obtemos

$$\frac{\delta^2}{2} = \frac{140}{13}\frac{\nu x}{u_\infty} + \text{constante}$$

Entretanto, como $\delta = 0$ na borda frontal da placa ($x = 0$), a constante de integração deve ser zero e

$$\delta = 4{,}64\left(\frac{\nu x}{u_\infty}\right)^{1/2} = \frac{4{,}64x}{Re_x^{1/2}} \tag{G.7}$$

Substituindo a Equação G.7 na Equação G.6 e avaliando $\tau_s = \mu(\partial u/\partial y)_s$, obtemos também

$$C_{f,x} = \frac{\tau_s}{\rho u_\infty^2/2} = \frac{0{,}646}{Re_x^{1/2}} \tag{G.8}$$

Apesar da natureza aproximada do procedimento anterior, as Equações G.7 e G.8 se aproximam bem dos resultados obtidos com a solução exata, Equações 7.19 e 7.20.

De forma semelhante, podemos admitir um perfil de temperaturas na forma

$$T^* = \frac{T - T_s}{T_\infty - T_s} = b_1 + b_2\left(\frac{y}{\delta_t}\right) + b_3\left(\frac{y}{\delta_t}\right)^2 + b_4\left(\frac{y}{\delta_t}\right)^3$$

e determinar os coeficientes com base nas condições

$$T^*(y=0) = \left.\frac{\partial T^*}{\partial y}\right|_{y=\delta_t} = 0$$

$$T^*(y=\delta_t) = 1$$

assim como

$$\left.\frac{\partial^2 T^*}{\partial y^2}\right|_{y=0} = 0$$

que é inferida a partir da equação da energia (7.6). Obtemos, então,

$$T^* = \frac{3}{2}\frac{y}{\delta_t} - \frac{1}{2}\left(\frac{y}{\delta_t}\right)^3 \tag{G.9}$$

Substituindo as Equações G.6 e G.9 na Equação G.4, obtemos, após alguma manipulação e admitindo $Pr \gtrsim 1$,

$$\frac{\delta_t}{\delta} = \frac{Pr^{-1/3}}{1{,}026} \tag{G.10}$$

Esse resultado está bem de acordo com aquele obtido da solução exata, Equação 7.24. Além disso, o coeficiente de transferência de calor pode então ser calculado a partir de

$$h = \frac{-k\,\partial T/\partial y|_{y=0}}{T_s - T_\infty} = \frac{3}{2}\frac{k}{\delta_t}$$

Substituindo as Equações G.7 e G.10, obtemos

$$Nu_x = \frac{hx}{k} = 0{,}332\,Re_x^{1/2}\,Pr^{1/3} \tag{G.11}$$

Este resultado está precisamente de acordo com aquele obtido a partir da solução exata, Equação 7.23. Utilizando os mesmos procedimentos, resultados análogos podem ser obtidos para a camada limite de concentração.

Referências

1. von Kármán, T., *Z. Angew. Math. Mech.*, **1**, 232, 1921.

2. Pohlhausen, K., *Z. Angew. Math. Mech.*, **1**, 252, 1921.

Fatores de Conversão

Aceleração	1 m/s^2	= 4,2520 × 10^7 ft/h^2
Área	1 m^2	= 1550,0 in^2
		= 10,764 ft^2
Massa específica	1 kg/m^3	= 0,06243 lb$_m$/ft^3
Energia	1 J (0,2388 cal)	= 9,4782 × 10^{-4} Btu
Força	1 N	= 0,22481 lb$_f$
Taxa de transferência de calor	1 W	= 3,4121 Btu/h
Fluxo térmico	1 W/m^2	= 0,3170 Btu/(h · ft^2)
Taxa de geração de calor	1 W/m^3	= 0,09662 Btu/(h · ft^3)
Coeficiente de transferência de calor	1 W/(m^2 · K)	= 0,17611 Btu/(h · ft^2 · °F)
Viscosidade cinética e difusividades	1 m^2/s	= 3,875 × 10^4 ft^2/h
Calor latente	1 J/kg	= 4,2992 × 10^{-4} Btu/lb$_m$
Comprimento	1 m	= 39,370 in
		= 3,2808 ft
	1 km	= 0,62137 milha
Massa	1 kg	= 2,2046 lb$_m$
Concentração mássica	1 kg/m^3	= 0,06243 lb$_m$/ft^3
Vazão mássica	1 kg/s	= 7936,6 lb$_m$/h
Coeficiente de transferência de massa	1 m/s	= 1,1811 × 10^4 ft/h
Potência	1 kW	= 3412,1 Btu/h
		= 1,341 hp
Pressão e tensão[1]	1 N/m^2 (1 Pa)	= 0,020885 lb$_f$/ft^2
		= 1,4504 × 10^{-4} lb$_f$/in^2
		= 4,015 × 10^{-3} in água
		= 2,953 × 10^{-4} in Hg
	1,0133 × 10^5 N/m^2	= 1 atmosfera padrão
	1 × 10^5 N/m^2	= 1 bar
Calor específico	1 kJ/(kg · K)	= 0,2388 Btu/(lb$_m$ · °F)
Temperatura	K	= (5/9) °R
		= (5/9)(°F + 459,67)
		= °C + 273,15
Diferença de temperaturas	1 K	= 1 °C
		= (9/5) °R = (9/5) °F
Condutividade térmica	1 W/(m · K)	= 0,57779 Btu/(h · ft · °F)
Resistência térmica	1 K/W	= 0,52753 °F/(h · Btu)
Viscosidade (dinâmica)[2]	1 N · s/m^2	= 2419,1 lb$_m$/(ft · h)
		= 5,8015 × 10^{-6} lb$_f$ · h/ft^2
Volume	1 m^3	= 6,1023 × 10^4 in^3
		= 35,315 ft^3
		= 264,17 gal (U.S.)
Vazão volumétrica	1 m^3/s	= 1,2713 × 10^5 ft^3/h
		= 2,1189 × 10^3 ft^3/min
		= 1,5850 × 10^4 gal/min

[1] O nome SI para a quantidade de pressão é pascal (Pa), tendo unidades de N/m^2 ou kg/(m · s^2).

[2] Também representado em unidades equivalentes de kg/(s · m).

Constantes Físicas

Constante Universal dos Gases:

$$\mathcal{R} = 8{,}206 \times 10^{-2}\ \text{m}^3 \cdot \text{atm/(kmol} \cdot \text{K)}$$
$$= 8{,}314 \times 10^{-2}\ \text{m}^3 \cdot \text{bar/(kmol} \cdot \text{K)}$$
$$= 8{,}314\ \text{kJ/(kmol} \cdot \text{K)}$$
$$= 1545\ \text{ft} \cdot \text{lb}_f\text{/(lbmol} \cdot {}^\circ\text{R)}$$
$$= 1{,}986\ \text{Btu/(lbmol} \cdot {}^\circ\text{R)}$$

Número de Avogadro:

$$\mathcal{N} = 6{,}022 \times 10^{23}\ \text{moléculas/mol}$$

Constante de Planck:

$$h = 6{,}626 \times 10^{-34}\ \text{J} \cdot \text{s}$$

Constante de Boltzmann:

$$k_B = 1{,}381 \times 10^{-23}\ \text{J/K}$$

Velocidade da Luz no Vácuo:

$$c_o = 2{,}998 \times 10^{8}\ \text{m/s}$$

Constante de Stefan-Boltzmann:

$$\sigma = 5{,}670 \times 10^{-8}\ \text{W/(m}^2 \cdot \text{K}^4)$$

Constantes da Radiação de Corpo Negro:

$$C_1 = 3{,}742 \times 10^{8}\ \text{W} \cdot \mu\text{m}^4/\text{m}^2$$
$$C_2 = 1{,}439 \times 10^{4}\ \mu\text{m} \cdot \text{K}$$
$$C_3 = 2898\ \mu\text{m} \cdot \text{K}$$

Constante Solar:

$$S_c = 1368\ \text{W/m}^2$$

Aceleração Gravitacional (Nível do Mar):

$$g = 9{,}807\ \text{m/s}^2 = 32{,}174\ \text{ft/s}^2$$

Pressão Atmosférica Padrão:

$$p = 101.325\ \text{N/m}^2 = 101{,}3\ \text{kPa}$$

Calor de Fusão da Água a Pressão Atmosférica:

$$h_{sf} = 333{,}7\ \text{kJ/kg}$$

Calor de Vaporização da Água a Pressão Atmosférica:

$$h_{fg} = 2257\ \text{kJ/kg}$$

Índice

A

- Abordagem(ns)
  - analíticas, gráficas e numéricas, 134
  - da rede de radiação, 521
  - direta, 521, 523
  - experimental ou empírica, 256
  - teórica, 256
  - via rede de radiação, 522
- Absorção volumétrica, 531
- Absortividade, 7, 477
  - direcional espectral, 477
  - hemisférica total, 477
- Acúmulo de energia, 48
  - térmica, 13, 26
- Adiabata, 134, 149
- Adimensionalização, 173
- Advecção, 4
  - de energia, 9
- Aleta(s), 64, 88
  - anular, 88, 97
  - com área de seção transversal
    - não uniforme, 95
    - uniforme, 90
  - infinita, 125
  - piniforme, 88
  - plana, 88
    - triangular, 97
- Alvo, 501
- Ambiente fechado, 511
- Análise
  - de trocadores de calor
    - o método da efetividade-NUT, 429
    - uso da média log das diferenças de temperaturas, 422
  - geral da condução, 89
- Analogia(s)
  - das camadas-limite, 240
  - de Chilton-Colburn, 244
  - de Reynolds, 244, 245
    - modificada, 244
  - entre as transferências de calor e de massa, 240, 245
- Anemômetro de fio quente, 29
- Aplicação
  - das equações de taxa, 13
  - das leis de conservação: metodologia, 17
- Aproximação
  - de Boussinesq, 354
  - de meio estacionário, 560, 561
  - de regime pseudoestacionário, 364
  - de sólido semi-infinito, 181
- Aquecimento
  - ôhmico, resistivo ou Joule, 82
  - periódico, 189
- Área superficial total da aleta, 91
- Arrasto(s)
  - de atrito ou arrasto viscoso, 268
  - de forma ou arrasto de pressão, 268
- Atrito superficial, 223
- Autovalores, 174

B

- Balanço
  - de energia, 311
    - em uma superfície, 15
    - global, 310
  - de radiação na atmosfera, 488
- Bandas, 531
- Barreiras de radiação, 525
- Base molar, 557
- Bocais
  - circulares, 283
  - retangulares, 283

C

- Cálculos de projeto e de desempenho de trocadores de calor, 435
- Calor(es)
  - específicos constantes, 11
  - latente de fusão h_{fs}, 15
- Caloria do alimento (quilocalorias), 34
- Camada de amortecimento, 228
- Camada(s)-limite
  - da convecção, 221
  - de concentração, 222
  - de velocidade, 221
  - hidrodinâmica ou de velocidade, 5, 26
  - laminar, 227
  - mista, 261
  - térmica, 5, 26, 222
    - e de concentração de espécies laminares e turbulentas, 229, 245
  - turbulenta, 227
- Campo
  - de temperaturas, 47
  - de velocidades, 232
- Canais
  - inclinados, 367
  - verticais, 365
- Capacidade térmica volumétrica, 44
- Capacitância térmica global, 164
- Casca
  - cilíndrica, 109
  - esférica, 109
- Cavidade(s)
  - com duas superfícies, 524
    - em série e barreiras de radiação, 525
  - fechada, 512
    - de superfícies negras, 517
  - horizontal, 367
  - vertical, 367
- Choque térmico, 25
- Ciclo de Rankine, 322
  - orgânico, 439
- Cilindro(s)
  - concêntricos, 369
  - em escoamento cruzado, 267
  - horizontal longo, 362
  - infinito, 176
  - oco, 78
- Circuito(s)
  - térmicos, 64
    - equivalentes, 65
  - termoelétrico, 102
- Coeficiente(s)
  - convectivo médio, 224
  - de acomodação de momento, 221, 329
  - de atrito, 221
    - C_f, 223, 245
    - local, 261
  - de difusão binária, 223, 555
  - de expansão volumétrica térmica, 354
  - de Seebeck, 102
  - de transferência de calor
    - por convecção, 5, 26, 223
    - por radiação, 7
  - global de transferência de calor, 66, 420
  - parcial, 421
- Combustíveis fósseis, 24
- Componente
  - latente, 10
  - nuclear, 11
  - químico, 11
  - sensível, 10
- Composição de misturas, 554
- Comprimento
  - característico, 139, 165, 183
  - da aleta corrigido, 94
  - de entrada
    - de concentração, 332
    - fluidodinâmica (ou hidrodinâmica), 305
    - térmico, 308
  - de equilíbrio, 318
  - de feixe médio, 532
  - do arco, 49
  - inicial não aquecido, 262, 285, 319
  - médio da trajetória, 42
- Conceito de resistência térmica, 8
- Concentração
  - mássica, 554
  - molar, 554
- Condensação, 5, 10, 388
  - em filme, 400
    - laminar sobre uma placa vertical, 401
    - sobre sistemas radiais, 406
    - turbulento, 403
  - em gotas, 409
  - em tubos horizontais, 408
  - homogênea, 399
- Condição
  - de camada-limite mista, 261
  - de contorno, 51, 173
    - de fluxo térmico constante, 184
    - de primeira espécie, 612
    - de segunda espécie, 51, 613
    - de temperatura constante, 183
    - de terceira espécie, 52
    - do segundo tipo, 85
    - do terceiro tipo, 85
    - na forma, 355
    - primeira espécie, 51

de Dirichlet, 51
de Neumann, 51
de projeto, 19
do escoamento, 224, 225, 227, 305
e concentrações descontínuas em interfaces, 565
inicial, 51, 52, 173
nas fronteiras, 51
Condução, 2
através de interfaces sólido-sólido, 107
com geração de energia térmica, 82
convecção e radiação, 26
em nanoescala, 107
por meio de finas camadas de gás, 107
Condutividade
térmica, 3, 26, 39, 40
efetiva, 44, 53, 68, 369
global, 41
Configuração bitubular, 116
Conservação(ões)
da(s) energia(s), 2, 24, 618
térmica e mecânica, 12
em um instante, 10
em um intervalo de tempo, 10
total, 9, 12
de espécies, 618
em um meio estacionário, 561
em um volume de controle, 561
de massa, 617
Constante(s), 76
de Boltzmann, 43
de Henry, 565, 566
de Sievert, 577
de Stefan-Boltzmann, 6, 467
de tempo, 200
térmica, 164
na direção radial, 79
solar, 486
Convecção(ões), 2, 4, 221
com mudança de fase, 256
em microescala
em gases, 329
em líquidos, 330
em nanoescala, 330
forçada, 5, 26, 284, 352
em canais pequenos, 329
livre ou natural, 5, 26, 352
mista, 371, 372
na superfície, 181
natural, 256
forçada e combinada, 371
laminar sobre uma superfície vertical, 355
no interior de canais formados entre placas paralelas, 365
pura, 5, 26
Conversão de energia elétrica em energia térmica, 82
Coordenadas
cilíndricas, 49
esféricas, 49
Correlação
da ebulição em piscina, 391
de Hilpert, 271
de Ranz e Marshall, 274
empírica, 257
escoamentos de convecção natural externos, 358
espaços confinados, 367
Criocirurgias, 25
Crise de ebulição, 391
Critério
de convergência, 616
de estabilidade, 192
Curva
de aquecimento, 389
de ebulição, 389
de resfriamento, 390

D

Desempenho de aletas, 93
Diagrama de Moody, 307
Diâmetro hidráulico, 282, 326
Diferença(s)
adiantada, 191
atrasada, 195
central, 191
de massas específicas, 388
de temperaturas, 15, 21
global, 65
finitas, 134, 191
Difusão
mássica com reações químicas homogêneas, 569
ordinária, 555
transiente, 570
Difusividade(s)
de momento, 238
mássica, 555
térmica, 45, 48, 238
Discretização da equação do calor
método explícito, 191
método implícito, 195
Dispositivo(s)
de aquecimento com potência controlada, 389
microfluídicos, 329
Dissipação viscosa, 618
Distância média líquida, 42
Distribuição
de Planck, 466
de temperaturas, 39, 47, 64
direcional, 459
espectral, 459
unidimensional em *x*, 76
Dopantes, 42

E

Ebulição, 5, 388
com convecção
forçada, 389, 397
em escoamento externo, 397
natural, 390
com escoamento saturado (*saturated flow boiling region*), 398
em filme
(em película), 391
em piscina, 393
instável, 391
parcial, 391
em piscina, 389
no regime de transição, 391
nucleada, 390
em piscina, 392
saturada, 389
em piscina, 389
Efeito(s)
da turbulência, 356
de microescala, 51
paramétricos na ebulição em piscina, 394
Peltier, 103
Seebeck, 102
Efetividade
da aleta, 110
e resistência da aleta, 93
de um trocador de calor, 429
Eficiência
da aleta, 94, 110
de Carnot, 18, 20, 324
global da superfície, 95
ou efetividade da temperatura, 421
Efusividade térmica, 181, 182
Elemento(s)
da rede, 521
de contorno, 134
finitos, 134
Emissão
de superfícies reais, 472
e absorção em gases, 531
em uma banda, 467
Emissividade, 6, 26, 459, 472
direcional
espectral, 472
total, 472
hemisférica
espectral, 472
total, 472, 473
Emissor difuso, 463, 465
Energia(s)
interna, 10
térmica e mecânica, 10
total, 9
Engenharia biomédica, 25
Entrada e saída, 11
Enunciado de Kelvin-Planck, 17
Equação(ões)
algébrica aproximada, 141
da camada-limite, 230
para o escoamento laminar, 230
da difusão mássica, 561
da energia térmica, 618
de Bessel modificada, 95
de diferenças finitas, 140
de Dittus-Boelter, 321
de Pennes, 99
de taxa, 3
de transferência convectiva, 245
de Young-Laplace, 406
diferencial exata, 141
do biocalor, 99
do calor, 39, 48, 617
que governam camadas-limite laminares, 353
simplificada da energia térmica com escoamento em regime estacionário, 11
Escoamento(s)
bidimensional em regime estacionário, 231
bifásico, 397
em microcanais, 399
compressível, 232
cruzado em feixes tubulares, 275
de fronteiras livres, 352
externo, 256, 284
internos, 256, 305, 334
laminar, 284
em tubos circulares, 316
sobre uma placa isotérmica, 257, 261
turbulento e, 227
lento, 273
não reativo, 231
oposto, 371
paralelo, 371
plenamente desenvolvido, 334, 335
secundário, 327
transversal, 371
turbulento, 284
Esfera(s), 176, 273, 364
concêntricas, 369
oca, 81
Esferorradianos (ou esterradianos), 463
Espalhamento, 153
de Mie, 488
de Rayleigh, 488, 489
Espessura
da camada-limite, 221
de penetração
da concentração, 574
térmica, 181

Estado(s)
fluido, 42
efeitos em escalas micro e nano, 44
saturado, 225
sólido, 40
efeitos em escalas micro e nano, 41
Estômatos, 507
Evaporação, 565
em uma coluna, 558
Excesso de temperatura, 90, 388
Exigência de simetria, 173

F

Fabricação de formas livres seletivas, 347
Fator
de atrito
de Fanning, 307
de Moody (ou de Darcy), 307
de configuração, 511
de deposição, 421
de forma, 137, 511, 534
da condução, 137
de visão, 511
de vista, 511
j de Colburn, 244
Fenômeno
de superfície, 458, 476, 561, 568
volumétrico, 11, 458, 531
Fenomenológica, 39
Finas camadas de gás e finos filmes sólidos, 64
Fluência do *laser*, 151
Fluido
extenso e quiescente, 352, 372
newtoniano, 222
Fluxo(s)
absoluto, 557
de calor por convecção, 5
difusivo, 558
mássicos, 557
molar absoluto, 558
térmico(s), 26, 109, 245
crítico (FTC), 391
mínimo, 393
na ebulição nucleada em piscina, 393
na superfície
constante, 181, 312, 316
uniforme, 310
uniforme na superfície, 309
q_x'' (W/m^2), 3, 26
radiantes, 459
Folha
de cobertura, 564
moldada, 564
Fônons, 41
Fonte(s), 48
alternativas, 24
de energia, 47
Força
de corpo, 617
de empuxo, 352, 388
de superfície, 617
Forçamento radiante (*radiative forcing*), 489
Forma(s)
da equação do calor
em diferenças finitas, 141
sem geração e propriedades constantes, 140
explícitas e implícitas, 191
Fótons, 458
Fração
de vazio, 284
mássica, 555
molar, 555
Fronteiras dos grãos, 42
Função(ões)
de Bessel modificadas, 95
em *Tools/Finite-Difference Equations*, 161
erro
complementar, 181
de Gauss, 181
ortogonais, 136
universal de x^*, 174
Fusão, 10

G

Gás(gases)
apolares, 531
esgotado, 281
ideal, 11
Geometria(s)
da superfície, 224, 225
imersas, 358
Geração
de calor metabólica e da perfusão, 64
de energia, 10
térmica, 26
ou mecânica, 10
de potência termoelétrica, 102
Grade nodal, 140
Gradiente
de concentração, 554
de massa específica, 352
de pressão
adverso, 267
e fator de atrito no escoamento plenamente desenvolvido, 307
favorável, 267
de temperatura, 26, 39, 554
Grande vizinhança, 66
Grandeza(s)
absolutas, 557
média no tempo, 13

H

Hipotermia, 25
Hipótese de comprimento infinito, 92
Históricos dinâmicos das temperaturas, 329

I

Idealização útil, 179
Ilha
aquecida, 74
sensora, 74
Implicações das considerações simplificadoras, 531
Início da ebulição nucleada, 390
Instabilidades fluidodinâmicas, 356
Instante de tempo, 18, 26
anterior, 191
Integral do fator de forma, 511
Intensidade
de radiação, 460, 461
e sua relação com a emissão, 461
Intensificação da transferência de calor, 327, 441
Interações de trabalho e calor, 2
Interative Heat Transfer (IHT), 13
Interface gás-sólido, 565
Intervalo(s)
de comprimentos de onda, 531
de tempo, 26
Irradiação(ões)
espectral, 464, 476
solar
extraterrestre, 486
na superfície da terra, 489
total, 464, 476
uniforme, 518, 519
Isolante(s)
celular, 44
refletivos, 44
térmicos, 44
Isotermas, 40, 134, 149

J

Janela atmosférica, 488
Jato(s)
colidentes, 280
de parede, 281, 285
livre, 280
Joule, 21
Junta de pressão, 95

L

Lattice, 40
Lei
da conservação de espécies, 561
de Beer, 531
de conservação da energia, 561
de Dalton, 555
de Fick, 223, 555
de Fourier, 3, 26, 39, 163
de Henry, 565
de Kirchhoff, 481, 531
de Planck, 466
de Raoult, 565
de Rayleigh-Jeans, 495
de Stefan-Boltzmann, 6, 26, 467
de Stokes, 273
de Wien, 495
do deslocamento de Wien, 467
do resfriamento de Newton, 5, 26, 222, 223, 309
Leito
fluidizado, 284, 285
recheado, 68, 284, 285
Limitações no uso de coeficientes convectivos, 263
Linhas de fluxo de calor, 134, 149
Líquido
base, 44
incompressível, 11

M

Malha
fina, 140
nodal, 140
Máquina térmica, 9
Massa, 20
Material(ais)
compósitos nanoestruturados, 47
isotrópico, 53
nanoestruturado, 42
Matriz dos coeficientes, 142
Mecanismo(s)
de gatilho, 228
físicos, 2, 26
Média(s)
aritmética das diferenças de temperatura, 315
log das diferenças de temperatura, 442, 445
logarítmica das diferenças de temperatura, 277, 314, 423
Meio(s)
estacionário com concentrações nas superfícies especificadas, 562
hospedeiro do adesivo, 574
poroso insaturado, 68
semitransparente, 36
Metais líquidos, 43, 261
Método(s)
aproximados, 134
da capacitância global, 163, 200

da efetividade-NUT (ou método ε-NUT), 429
da separação de variáveis, 134
da similaridade, 256
de diferenças finitas, 191
de Gauss-Seidel, 616
do balanço de energia, 141
com resistências térmicas, 145
dos elementos de contorno, 140
empírico, 256
gráficos, 134
integral, 256
numéricos, 134
Metodologia para um cálculo de convecção, 263
Mistura, 554
binária, 555
de convecção forçada e natural, 5
de fluidos e sólidos, 44
Modelagem da turbulência, 620
Modo(s)
de ebulição, 388
em piscina, 390
de transferência de massa, 554
Módulos termoelétricos, 104
Motor de turbina a gás, 24
Motriz externa, 352
Movimento
global, ou macroscópico, 4
molecular aleatório (difusão), 24

N

Nanoatuador, 126
Nanocápsulas, 185
Nanodissipador de calor, 127
Nanofluido, 44
Nó(s), 140
de radiosidade, 521
Núcleo potencial, 280
Número
de Avogadro, 43
de Biot, 164, 173, 183, 200, 239
para a transferência de massa, 571
de Bond, 388
de Eckert, 239
de Fourier, 165, 185, 200
de Froude, 399
de Graetz, 319
de Grashof, 239, 245, 354, 358, 372
de Jakob, 388
de Knudsen, 41
de Lewis , 239, 245
de Mach, 237
de Nusselt, 234, 239
local, 261
médio, 235, 262, 360
periférico, 328
de Peclet, 261
de Prandtl, 238, 245
de Rayleigh, 357, 358, 372
de Reynolds, 228, 273
crítico, 262, 328
de Schmidt, 238, 245
de Sherwood, 235
local, 261
médio, 235
de Stanton, 244
da transferência de massa, 244
de Weber, 397

O

Objetos com temperaturas ou fluxos térmicos constantes na superfície, 183
Onda(s)
eletromagnéticas, 459
na estrutura de retículos, 3
Origens físicas, 554

P

Painel fotovoltaico, 72
Parâmetro(s)
adimensional(ais), 164
dependentes, 233
na ebulição e na condensação, 388
-chave de similaridade da camada-limite, 232
da camada-limite médios para condições laminares, 260
de desempenho, 64
de estratificação, 399
de similaridade, 233
da camada-limite, 233
Parede(s)
composta, 66
plana, 64, 82, 88, 109, 174
com convecção, 174
Passo
longitudinal, 276
transversal, 276
Pellets, 102, 103
Perfil(is)
de temperaturas, 222
de velocidades
na camada-limite, 221
na região de escoamento plenamente desenvolvido, 306
parabólico, 307
plenamente desenvolvido, 319
parabólico, 97
Perfusão, 25, 99
Placa(s)
inclinadas e horizontais, 360
isotérmicas aquecidas simetricamente, 365
plana(s)
com condições de fluxo térmico constante, 262
em escoamento paralelo, 257
vertical, 358
Poder emissivo, 6, 459
espectral, 462
hemisférico
espectral, 462
total, 462
total, 462
Ponto(s)
de estagnação, 282
frontal, 267
de Leidenfrost, 391
de queima, 391
de separação, 267
nodais, 140, 149
discretos, 191
Porosidade, 284
Potencial motriz, 554
Primeira lei da termodinâmica (lei da conservação de energia), 9
Problema(s)
da convecção, 224, 244, 256
mássica, 225
da transferência
convectiva de calor, 224
de massa convectiva, 225
de projeto de trocadores, 435
do comprimento de entrada
combinada, 319, 320
térmica, 319, 320
não estacionários, ou transientes, 163
Procedimento-padrão, 65
Processo
de deposição, 19
de discretização, 149
reversível, 18
Propriedade(s)
de transporte, 40, 44
dependentes da temperatura, 321
do fluido, 224
constantes, 257
térmicas da matéria, 40
termodinâmicas, 44
termofísicas, 44

Q

Qualidade do fluido bifásico, 398
Quanta, 458
Queimaduras térmicas, 25
Quilomols, 565

R

Radiação, 6
ambiental, 486
de corpo negro, 466
direta, 489
incidente, 464
líquida, 458
solar, 486
térmica, 2, 6, 458, 459
Radiador(es)
de gotículas líquidas (LDR – *Liquid Droplet Radiator*), 206
ideal ou corpo negro, 6
Radiosidade
espectral, 465
total, 465
uniforme, 518, 519
Raio crítico do isolante, 80, 109, 139
Razão entre as taxas de capacidades caloríficas, 430
Reação(ões)
catalíticas na superfície, 568
de ordem zero, 569
de primeira ordem, 568, 569
químicas
heterogêneas, 568
homogêneas, 568
volumétricas (homogêneas), 561
Rede nodal, 140, 149
Refletividade, 478
direcional espectral, 477
hemisférica total, 477
Refletor difuso, 465
Reflexão difusa, 329
Refrigeradores termoelétricos ou aquecedores termoelétricos, 105
Região
de ebulição
com escoamento sub-resfriado (*subcooled flow boiling region*), 398
no regime de transição, 391
de entrada, 319
de concentração, 335
fluidodinâmica, 334
térmica, 334
Regime
de escoamento
anular (*annular-flow regime*), 398
com bolhas (*bubbly flow regime*), 398
em bolsões (*slug-flow regime*), 398
de transição (*transition regime*), 398
estacionário, 10, 15, 26, 48, 64, 77, 619
transiente, 15
Regra da soma, 512
Relação(ões)
com a termodinâmica, 9
de Churchill, 271
de reciprocidade, 512
de Zukauskas, 271
do fator de forma, 512
efetividade-NUT, 430

Resfriamento evaporativo, 243
Resistência
da aleta, 93, 110
de contato, 37, 109
espacial ou geométrica, 521
radiante superficial, 520
térmica(s), 8, 64, 65
de contato, 37, 67
de fronteira, 107-108
para a convecção, 65
para a radiação, 65
total, 65, 110
Responsividade, 502
Revestimento barreira térmica
cerâmico, 24
(RBT), 114
Rugosidade da superfície, 394

S

Saída líquida, 231
Seção transversal, 89
Segunda lei de Newton do movimento, 230, 617
Separação da camada-limite, 267
Série de bocais
circulares, 283
retangulares, 283
Sistema(s)
de espumas, 44
de isolamento, 44
fechado, 9
inglês de unidades, 20
radiais, 78, 85
térmicos, 25
Solidificação, congelamento, 10
Sólido(s)
finitos, 163
semi-infinito, 163, 179, 183, 184, 200
Solubilidade, 566
de gases em líquidos e sólidos, 566
Solução(ões)
adimensional, 174
aproximada, 174, 176
da transferência
de calor, 259
de massa, 260
exatas, 176
fluidodinâmica, 258
por similaridade, 258
Streaks, 227
Subcamada viscosa, 228
Sublimação, 222, 565
Substância incompressível, 10
Sumidouro, 48
de calor, 52
Superfície(s)
adiabática, 83
cinza, 482, 511
difusa, 483
de controle, 9
difusas, 511
estendidas, 64, 88
geométricas, 519
idealizadas, 531
impermeável, 565
inferior de uma placa
aquecida, 361
resfriada, 361
isotérmica, 39
opacas, 511
perfeitamente isolada ou adiabática, 52
primária, 97
radiantes, 519
rerradiante, 527
superior de uma placa
aquecida, 361
resfriada, 361

T

Taxa(s)
de capacidade calorífica, 423
de condução de calor adimensional, 137, 139
em regime estacionário, 137
de energia, 10
de transferência de calor
condutiva adimensional, 183
por condução, 3, 79
por convecção, 89
total de transferência de calor, 223
volumétricas de geração de energia, 25
Técnica numérica
de diferenças finitas, 140
dos elementos finitos, 140
Tecnologia da informação, 24
Temperatura(s)
absoluta, 6
da superfície constante, 320
de parede adiabática, 284
de recuperação, 284
do filme, 257, 285
efetiva do céu, 489
estacionária, 163
internas, 18
média, 309
de mistura, 334
na superfície constante, 181
superficial, 176
constante, 314
máxima, 139
média, 185, 263
espacial, 139
uniforme, 309
Tempo adimensional, 165
Tensão(ões)
de cisalhamento, 221
de Reynolds, 620
superficial, 388
viscosas, 617
Termorregulação, 16
Trabalho de escoamento, 11
Transferência
de calor, 2, 223
com múltiplos modos, 529
e de massa por convecção, 268, 281
em superfícies estendidas, 88
externa: várias geometrias, 183, 184
interna: parede plana, cilindro e esfera, 183, 184
por convecção, 223
por múltiplos modos, 524
de massa, 224, 554
em meios não estacionários, 557
por convecção, 223, 332, 371
total de energia, 174, 176
unidimensional sem geração de calor, 77
Transição na camada-limite, 267
Transmissividade, 478
Transportadores de energia, 41
Tratamentos hipertérmicos, 25
Troca
de radiação
entre corpos negros, 517
entre superfícies cinzas, difusas e opacas em uma cavidade fechada, 519
radiante
com meio participante, 531
entre superfícies, 520
líquida, 517
em uma superfície, 520
térmica em contracorrente, 25
Trocador(es) de calor, 419
casco e tubos, 419
com aletas, 419
com escoamento
contracorrente, 424
paralelo, 422
com uma corrente, 423, 424
compactos, 420, 441
sem aletas, 419

U

Unidade(s)
básicas do SI, 20
de área, 3
de massa, 11
derivadas, 21
suplementares do SI, 20
Unidimensional, 64

V

Valor(es)
líquido
do calor transferido, 9
do trabalho efetuado pelo sistema, 9
máximo possível de k_{ef}, 69
Vaporização, evaporação, ebulição, 10
Variação(ões)
da energia total acumulada no sistema, 9
de pressão, 232
nas energias térmica e mecânica acumuladas, 10
Variável
de similaridade, 258
similar η, 180
Vazão
mássica, 11
volumétrica, 11
Veículo, 574
Velocidade
do fluido máxima, 277
mássica média, 617
para a mistura, 557
média, 306
molar média da mistura, 557
Vetor(es)
coluna, 146
solução, 146
Viscosidade dinâmica, 222
Volume de controle
diferencial (infinitesimal), 17
finito, 17

Z

Zona
de colisão, 280, 285
de estagnação, 280, 285